H. Windrich

DUBBEL

Taschenbuch für den Maschinenbau

Berichtigter Neudruck
der 13. Auflage

Herausgegeben von
F. Sass† Ch. Bouché A. Leitner

Erster Band

Springer-Verlag Berlin Heidelberg New York 1974

Die beiden Bände enthalten über 3000 Bilder

ISBN 3-540-06389-7 13. Aufl., ber. Neudruck,
Springer-Verlag Berlin Heidelberg New York

ISBN 0-387-06389-7 13th. ed., rev. printing,
Springer-Verlag New York Heidelberg Berlin

ISBN 3-540-05073-6 13. Aufl., Springer-Verlag Berlin Heidelberg New York
ISBN 0-387-05073-6 13th ed. Springer-Verlag New York Heidelberg Berlin

Library of Congress Catalog Card Number 73-17990

Herausgeber

Bouché, Ch., Dipl.-Ing., Baudirektor a. D., Berlin.

Leitner, A., Dr.-Ing., Obering., Berlin.

Sass, F. †, Dr.-Ing., Dr.-Ing. E. h., Prof.

Unter Mitwirkung von

Martyrer, E., Dr.-Ing., Prof., Technische Universität Hannover.

Mitarbeiterverzeichnis *

Bouché, Ch., Dipl.-Ing., Baudirektor a. D., Berlin: *Linien, Flächen und Körper* (in Gemeinschaft mit Dr.-Ing. **A. Leitner** [s. d.]); *Elemente des Maschinenbaues; Maschinenteile; Grundlagen der Brennkraftmaschinen; Gasmaschinen; Kolbenpumpen; Pumpen und Verdichter verschiedener Bauart.*

Bretthauer, K., Dr.-Ing., Prof., Technische Universität Clausthal: *Elektrotechnik.*

Deublein, O., Dr.-Ing., Direktor, Lingen (Ems): *Wärmelehre.*

Ebert, K.-A., Dr.-Ing., Frankfurt/M.: *Schweißen, Löten, Kleben* (in Gemeinschaft mit Prof. Dr.-Ing. **J. Ruge** [s. d.]).

Eck, B., Dr.-Ing., Köln-Klettenberg: *Statik flüssiger und gasförmiger Körper; Strömungslehre.*

Fiala, E., Dr. tech., Prof., Technische Universität Berlin: *Kraftfahrzeugmotoren; Kraftwagen.*

Fröhlich, F., Dr.-Ing., Prof., Technische Universität Berlin: *Kolbendampfmaschinen; Kolbenverdichter.*

Garve, A., Obering., Augsburg: *Strömungsmaschinen* (in Gemeinschaft mit Prof. Dr.-Ing. **E. Sörensen** [s. d.]).

Hain, K., Abteilungsleiter im Institut für landtechnische Grundlagenforschung der Forschungsanstalt für Landwirtschaft, Braunschweig-Völkenrode; Lehrbeauftragter der Technischen Universität Braunschweig: *Getriebetechnik.*

Happach, V., Dr. phil., Oberbaurat i. R., Ratzeburg-Bäk: *Einführung in die Nomographie.*

Köhler, G., Dipl.-Ing., Baudirektor, Staatliche Ingenieurakademie Beuth, Berlin: *Statik starrer Körper; Federnde Verbindungen.*

Kraemer, O., Dr. rer. nat. h. c., Prof., Universität Karlsruhe (TH): *Dieselmaschinen; Massenausgleich, Schwungräder, Schwingungen und Fliehkraftregler.*

Kraussold, H., Dr.-Ing., Direktor, Ingelheim am Rhein: *Kondensation und Rückkühlung.*

Leitner, A., Dr.-Ing., Obering., Berlin: *Mathematik-Tafeln* und *Tafeln im Anhang; Linien, Flächen und Körper* (in Gemeinschaft mit Dipl.-Ing. **Ch. Bouché** [s. d.]).

Lenz, W., Dr.-Ing., Düsseldorf: *Dampferzeugungsanlagen.*

Liedtke, G., Ing., Berlin: *Speisewasseraufbereitungsanlagen.*

Metzmeier, E., Dr.-Ing., Prof., Technische Universität Berlin: *Ähnlichkeitslehre.*

---

* Die kursiven Angaben bezeichnen die von den Verfassern im Taschenbuch behandelten Themen.

Meyer zur Capellen, W., Dr.-Ing., Prof., Rhein.-Westf. Technische Hochschule Aachen: *Mathematik; Dynamik; Festigkeitslehre.*

Nesselmann, K., Dr.-Ing., Prof., (Universität Karlsruhe), Bad Dürrh…: *Kältetechnik.*

Riediger, B., Dr. techn. Dr. jur., Abteilungsdirektor, Frankfurt (M.…Ober-stedten/Taunus: *Brennstoffe, Verbrennung und Vergasung; Kopp… bzw. Erzeugung und Verwendung von Kraft und Wärme.*

Rögnitz, H., Dr.-Ing., Berlin: *Verfahren und Maschinen der Metallbearb…*

Röper, R., Dr.-Ing., Technische Universität Hannover: *Hydraulische u… matische Triebe.*

Ruge, J., Dr.-Ing., Prof., Technische Universität Braunschweig: *Schweißen, … Kleben* (in Gemeinschaft mit Dr.-Ing. **K.-A. Ebert** [s. d.]).

Schäfer, O., Dr. phil. nat., Prof., Rhein.-Westf. Technische Hochschule Aache… *Regelungstechnik.*

Sigwart, H., Dr.-Ing., Direktor, Stuttgart-Untertürkheim: *Werkstoffkunde.*

Sörensen, E., Dr.-Ing., Prof., Freudenstadt: *Strömungsmaschinen* (in Gemeinschaft mit Obering. **A. Garve** [s. d.]).

Vierling, A., Dr.-Ing., Prof., Technische Universität Hannover: *Hebe- und Fördermittel.*

Wettstädt F., Dr.-Ing., Maschinenbaudirektor a. D., Bad Abbach: *Kraftstoffe.*

Zeiske, K., Dipl.-Phys., Obering., Ruhr-Universität Bochum: *Analog- und Digitalrechner für die Datenverarbeitung*

Vorwort zur dreizehnten Auflage

Die Herausgeber legen der Fachwelt mit der vorliegenden 13. Auflage des DUBBEL, Taschenbuch für den Maschinenbau, eine wiederum erweiterte und tiefgreifend neu bearbeitete Ausgabe vor.

Die Vorbereitung einer neuen Auflage, das Bearbeiten und Abstimmen der einzelnen Beiträge erfordert eine geraume Zeit. Gegen Ende dieser Bearbeitungszeit ist Herr Prof. Dr.-Ing. Dr.-Ing. E. h. *Friedrich Sass* am 26. Februar 1968 verstorben. Seit der 11. Auflage, die 1953 erschien, war er an der Herausgabe dieses Taschenbuches beteiligt und hat dessen Inhalt und Stil maßgebend beeinflußt. Der Dank für seine unermüdliche Mitarbeit sei ihm an dieser Stelle vom Verlag und seinen Herausgeber-Kollegen nochmals ausgesprochen.

Aufbau und Zielsetzung des Taschenbuches blieben unverändert. Die Herausgeber haben sich bemüht, dessen Eigenart als Nachschlagewerk für den in der Praxis stehenden Maschineningenieur wie auch als Lehrbuch für den Studierenden noch weiter zu entwickeln. Sie standen dabei vor der Frage, ob — wie bisher — das „Technische Maßsystem“ — für die Mechanik mit den Grundeinheiten m, kp, sec für die Grundgrößen Länge, Kraft, Zeit — oder das „Internationale Maßsystem (SI = Système international)“, — für die Mechanik als MKS-System mit den Grundeinheiten m, kg, sec für die Grundgrößen Länge, Masse, Zeit — zugrunde gelegt werden sollte. Die Tatsache, daß viele in der Praxis stehende Ingenieure noch mit dem technischen Maßsystem zu rechnen gewohnt sind, dagegen der Ingenieurnachwuchs von der Ausbildung her mit dem MKS-System vertraut ist, führte zu der Lösung, wichtige Gleichungen und viele Rechenbeispiele in *beiden* Systemen, neben- oder nacheinander, zu bringen; dabei sind die Darstellungen im MKS-System zum besseren Hervorheben in ≋ Rautengitter ≋ eingeschlossen.

Zum tieferen Eindringen in die Fragen der Maßsysteme seien die an das Vorwort anschließenden Ausführungen empfohlen.

Eine Tabelle zur Umrechnung der geläufigsten Einheiten vom technischen in das MKS-System und umgekehrt ist auf der vorderen Innenseite des Buchdeckels abgedruckt, damit sie der Benutzer des Taschenbuches stets griffbereit zur Verfügung hat.

Eine weitere Neuerung, die sich auf sämtliche Beiträge erstreckt, ist die Anpassung an DIN 1304, Allgemeine Formelzeichen (Ausgabe März 1968). In Anlehnung an die ISO-Empfehlungen R 31 (1958 bis 1965) werden z. B. die Fläche mit A, der Querschnitt mit S, die Kraft mit F, die Arbeit bzw. Energie mit W, die Leistung mit P, die Beschleunigung mit a, der Wärmeinhalt (Enthalpie) mit h usw. bezeichnet. Lediglich bei der Wiedergabe aus einigen Normen oder behördlichen Vorschriften sind die bisherigen, dort noch benutzten Formelzeichen übernommen worden.

In zwei Fällen wurde von den üblichen Formelzeichen bewußt abgewichen: die Zeiteinheit hat man mit sec statt s, die Raumeinheit mit lit statt mit l bezeichnet, um Verwechslungen mit dem Weg s bzw. mit der Ziffer 1 auszuschließen.

Dem Fortschritt der Technik wurde durch Einbeziehen zweier neuer Gebiete Rechnung getragen: Im ersten Band wurde ein Abschnitt „Hydraulische und pneumatische Triebe“, im zweiten Band ein Abschnitt „Analog- und Digitalrechner für die Datenverarbeitung“ aufgenommen.

Es ist selbstverständlich, daß alle Beiträge dem neuesten Stand angepaßt wurden. Das Vordringen statistischer Betrachtungen in Betriebs- und Versuchstechnik ließ es geboten erscheinen, im Beitrag „Mathematik“ das Kapitel „Wahrscheinlichkeitsrechnung und ihre technischen Anwendungen“ neu zu bearbeiten und wesentlich zu erweitern.

Die früheren Angaben zur Flächen- und Körperberechnung im Beitrag „Mathematik“ und zur Schwerpunktberechnung im Beitrag „Statik“ wurden in einem selbständigen Abschnitt „Linien, Flächen und Körper“ vereinigt; damit kom[illegible] die Wiederholung der bildlichen Darstellung der einzelnen Gebilde vermieden werd[illegible].

In den Beiträgen „Dynamik“, „Strömungslehre“, „Festigkeitslehre“ und „Wärmelehre“ werden die Ergänzungen nach dem MKS-System besonders deutlich.

Einige Beiträge sind von neuen Autoren bearbeitet worden, z. B. „Brennstoffe, Verbrennung und Vergasung“ (im ersten Band), „Dampferzeugungsanlagen“, „Dieselmaschinen“, „Kraftfahrzeugmotoren“, „Massenausgleich, Schwungräder, Schwingungen und Fliehkraftregler“, „Kraftwagen“ und „Elektrotechnik“ (im zweiten Band); damit ist eine neuartige Darstellung gewährleistet.

Die Tafeln im Anhang des ersten Bandes enthalten neben den bisherigen Dampftafeln für at und kcal auch die für bar und kJ und ein ganzseitiges Mollier-h,s-Diagramm für Wasserdampf. Die Umrechnungstabellen für deutsche und ausländische Maßeinheiten wurden erweitert und eine Darstellung logarithmierter Verhältnisgrößen neu aufgenommen.

Bei allen Beiträgen war man bemüht, den neuesten Stand der einschlägigen Normen des Deutschen Normenausschusses zu erfassen; von besonderer Bedeutung ist dies für die Beiträge „Werkstoffkunde“, „Elemente des Maschinenbaues“ und „Maschinenteile“.

Den Herausgebern ist es eine angenehme Pflicht, allen am Zustandekommen des Werkes Beteiligten zu danken: den Autoren der einzelnen Beiträge für das verständnisvolle Eingehen auf die bei der Bearbeitung sich ergebenden Fragen und Anregungen; dem Springer-Verlag für die großzügige Ausstattung des Taschenbuches; den Herstellern für die bei der satz- und drucktechnischen Übertragung der oft recht schwierigen Text- und Bildvorlagen bewiesene Sorgfalt. Sie alle haben dazu beigetragen, den Benutzern ein Vademekum von anerkanntem Wert zur Verfügung zu stellen.

Die Herausgeber

Vorwort

zum berichtigten Neudruck der dreizehnten Auflage

Die dreizehnte Auflage des „Dubbel“ hat eine günstige Aufnahme gefunden. Der Inhalt mit seiner der Entwicklung angepaßten sachlichen Erweiterung bietet den im Bereich des Maschinenbaus tätigen Benutzern Grundlage und Hilfe für die tägliche Arbeit. Besondere Aufmerksamkeit und Anerkennung hat das Nebeneinanderstellen des bisherigen technischen Maßsystems und des MKS-Systems mit den SI-Einheiten in Grundformeln und Beispielen gefunden.

Im vorliegenden Neudruck sind die am Schluß des zweiten Bandes der ersten Ausgabe zusammengestellten Berichtigungen und Ergänzungen — soweit für das Verständnis wesentlich — eingearbeitet worden; ebenso sind weitere dankenswerte Hinweise aus dem Kreis der Benutzer berücksichtigt.

Wir geben den berichtigten Neudruck den Lernenden, Lehrenden und den Ingenieuren in der Praxis mit dem Wunsch in die Hand, daß auch dieser Neudruck ihnen allen bei ihrer Arbeit von Nutzen sein möge.

Berlin, im Frühjahr 1974

Die Herausgeber

Maßsysteme und Einheiten

Maßsysteme. Um Vorgänge oder Zustände im naturwissenschaftlich-technischen Bereich darzustellen und zahlenmäßig auszuwerten, braucht man eine bestimmte Zahl von Grundgrößen (Basisgrößen) mit ihren Grundeinheiten (Basiseinheiten), aus denen weitere Größen und Einheiten abgeleitet werden können (im allgemeinen zusammengesetzt aus den Basiseinheiten, bisweilen mit besonderem Namen und Symbol, z. B. 1 Newton = 1 N = 1 kg m/sec^2; 1 Newtonmeter = 1 Nm = 1 Joule = 1 J; 1 Gal [von Galilei] = 1 cm/sec^2).

Wird ein Sachgebiet durch i voneinander unabhängige Naturgesetze beschrieben, in denen k verschiedene Größen auftreten, so müssen $k - i$ Grundgrößen frei gewählt und definiert werden.

Die Mechanik z. B. wird von zwei Newtonschen Gesetzen, dem Massenanziehungs (Gravitations)-gesetz $F = G \cdot m_1 m_2 / r^2$ und dem dynamischen Grundgesetz $F = m \cdot a$ beschrieben; in ihnen sind fünf verschiedene Größen enthalten, F, G, m, r und a. Also ergibt sich die Zahl von $5 - 2 = 3$ notwendigen und hinreichenden Grundgrößen.

Bezieht man weitere Disziplinen noch mit ein, so tritt je eine weitere Grundgröße hinzu.

In der Physik wird seit langem das physikalische oder CGS-System mit den Basisgrößen Länge l in cm, Masse m in g und Zeit t in sec benutzt. Die Einheit g der Masse ist dabei der 1000ste Teil des Kilogrammprototyps (1 kg) in Paris (1875). Die Krafteinheit ist eine abgeleitete Größe (1 dyn = 1 g · 1 cm/sec^2).

In der Technik war früher das „alte" technische Maßsystem mit den Basisgrößen Länge l in m, Kraft F in kg und Zeit t in sec im Gebrauch. Die Einheit der Kraft ist darin definiert als die Anziehungskraft, die auf den Kilogrammprototyp unter der Normfallbeschleunigung ausgeübt wird. Die Masseneinheit ist eine abgeleitete Größe (1 kg = 1 kp/9,81 m/sec^2).

In beiden Systemen tritt das kg bzw. g auf, jedoch in verschiedener physikalischer Bedeutung, und zwar im physikalischen System als Masseneinheit, im technischen System als Krafteinheit. Um diese Doppeldeutigkeit zu beseitigen, pflegte man zuweilen das Massenkilogramm mit kg_i, kg* oder kg^+ (Index i = inertia = Trägheit), das Kraftkilogramm einfach mit kg oder mit kg_f oder kgf (= Kilogramm-force) zu bezeichnen.

Diese wenig befriedigende Lösung einerseits und die Tatsache andererseits, daß das Kilogramm schon seit 1875 durch die internationale Meterkonvention als Einheit der Masse festgesetzt war, drängten dahin, dem Kraftkilogramm eine gesonderte Bezeichnung zu geben. F. Hoffmann schlug 1934 hierfür das Kilopond (kp) vor, das dann 1939 die damalige Phys.-Techn. Reichsanstalt (PTR, heute Phys.-Techn. Bundesanstalt PTB) für ihren Geschäftsbereich als verbindlich erklärte. Diese Übung fand auch allgemein im technischen Bereich Eingang.

Im Nachfolgenden und in den Beiträgen der vorliegenden Auflage ist für die Krafteinheit im „neuen" technischen Maßsystem das kp als Einheit der Kraft mit seinem dezimalen Teil „pond" (p) = 1/1000 kp und seinem dezimalen Vielfachen „Megapond" (Mp) = 1000 kp benutzt.

Das kg als Einheit der Masse tritt im reinen technischen Maßsystem überhaupt nicht auf. Dagegen ist zu beachten, daß das technische Maßsystem bei der Definition seiner Krafteinheit kp nicht auf die ihm systemfremde Masseneinheit kg verzichten kann.

Eine vorteilhafte Lösung hatte sich schon um die Jahrhundertwende angebahnt. Der Professor der Elektrotechnik Giovanni Giorgi (1871—1950) hatte 1901 das MKSA-System mit den 4 Grundgrößen: Länge (m), Masse (kg), Zeit (sec) und Stromstärke (A) vorgeschlagen. Das System ist auf die Thermodynamik durch Aufnahme der Temperatureinheit °K (gem. 13. Generalkonferenz für Maß und Gewicht [1967] ohne °-Zeichen nur K) und schließlich auf die Optik durch Aufnahme der Lichtstärkeneinheit Candela (cd) ausgedehnt worden und wird in dieser Vollständigkeit als MKSAKC-System oder als internationales Einheitensystem (système international d'unités SI) bezeichnet.

In diesem System — bei Beschränkung auf die Mechanik MKS-System genannt — ist die Krafteinheit, der man die Bezeichnung „Newton" (N) gab, eine abgeleitete Einheit (wie im CGS-System). Ein Newton ist die Kraft, die der Masseneinheit 1 kg die Einheit der Beschleunigung 1 m/sec² erteilt:

$$1\ \mathrm{N} = 1\ \mathrm{kg} \cdot 1\ \mathrm{m/sec^2}.$$

Diese Gleichung wie auch alle anderen Einheitenbeziehungen dieses Systems zeichnen sich durch den Vorteil der Kohärenz aus, d. h. in den Gleichungen für die Beziehungen der Einheiten untereinander treten keine anderen Zahlenfaktoren auf als die 1.

Nachstehend seien die Grundgrößen und einige daraus abgeleitete Größen im „neuen technischen Maßsystem" und im MKS-System einander gegenübergestellt. Dabei sind, wie auch in allen späteren Beiträgen alle Rechnungen und Angaben im MKS-System in Rautengitter eingeschlossen.

Größe	Formelgröße	Einheit im neuen technischen Maßsystem	Einheit im MKS-System
Länge	l	m	m
Zeit	t	sec	sec
Kraft und Masse sind über die dynamische Grundgleichung $F = m \cdot a$ miteinander verknüpft.			
Kraft	F	1 kp = 1 kg · 9,81 m/sec² = 9,81 kg · 1 m/sec²	1 N = 1 kg · 1 m/sec²
Masse	m	Man hat vorgeschlagen, die Masse 9,81 kg als eine neue technische Masseneinheit „1 Hyl" aufzufassen, womit man ebenfalls eine kohärente Bezeichnung erhält: 1 kp = 1 Hyl · 1 m/sec²; Diese Einheit Hyl = 1 kpsec²/m hat sich aber nicht einbürgern können.	kg
Arbeit Energie Wärmemenge	W	kpm; 427 kpm = 1 kcal; kcal	Nm = Wsec = = Joule (J)

Weitere Einheiten und ihre Umrechnungen von einem System in das andere sind aus einer tabellarischen Gegenüberstellung auf der vorderen Innenseite der Einbanddecke zu ersehen.

Gewicht. Dieser Begriff ist seit jeher in seiner Bedeutung umstritten gewesen. Nach DIN 1305 (Ausgabe Juni 1968) wird mit ihm bezeichnet:

a) „eine Größe von der Art einer Masse bei der Angabe von Mengen im Sinne eines Wägeergebnisses",
b) „eine Größe von der Art einer Kraft, und zwar für das Produkt der Masse eines Körpers und der örtlichen Fallbeschleunigung";
c) die dritte Bedeutung von Gewicht als „Gewichtsstück" sei nur der Vollständigkeit wegen erwähnt.

Zu a) Auf einer Hebelwaage werden Massen durch ihre Gewichtswirkungen miteinander verglichen (die Masse des zu wägenden Körpers mit der Masse des Gewichtsstückes). Da das Kraftfeld der Erde beim Wägevorgang auf beide Waagschalen gleichermaßen wirkt, ist das Wägeergebnis unabhängig von der Größe der Fallbeschleunigung, d. h. unabhängig vom Ort und von der Entfernung vom Erdmittelpunkt. Die Masse bleibt unter üblichen Bedingungen konstant (Ruhmasse). Von der Zunahme der Masse mit wachsender Geschwindigkeit, bis zum Betrag ∞ bei Lichtgeschwindigkeit, kann bei technischen Vorgängen abgesehen werden.

Zu b) Durch die Definition der Gewichtskraft als Produkt aus Masse und örtlicher Fallbeschleunigung ergibt sich ihre Abhängigkeit vom Ort. Das Wägen mit Hilfe einer Federwaage zeigt diese Veränderlichkeit. Als Gewicht in diesem Sinn ist die Kraft zu verstehen, die von einer Masse an einem bestimmten Ort im Erd-Schwerefeld auf eine ruhende Unterlage ausgeübt wird. Da das Schwerefeld der Erde von Ort zu Ort verschieden ist, hat man 1901 international die Normfallbeschleunigung zu

$$g_n = 9{,}80665 \text{ m/sec}^2$$

vereinbart, und damit ist das Normgewicht

$$G_n = g_n \cdot m$$

und seine Einheit zu

$$\text{kp} = g_n \cdot \text{kg}$$

definiert.

Der in DIN 1305 aufgezeigten Mehrdeutigkeit des Begriffs „Gewicht" begegnet man allenthalben in der Praxis.

Beispiele: 1. Bei einem LKW ist der Fuhrunternehmer ausschließlich an der Menge (in t), die befördert werden kann, (vielfach Trag*fähigkeit* genannt), interessiert. Dagegen ist für die Bemessung der Bauteile und die Fahrbahnbelastung die Trag*kraft* in Mp maßgebend.

2. Beim Leistungsgewicht eines *Flugzeugmotors* wird man die Einheit kp/PS vorziehen, weil es hier auf äußersten Leichtbau ankommt.

Das Leistungsgewicht eines *Kraftfahrzeugs* sollte man dagegen in kg/PS angeben, da dieser Wert ein Maß für das Beschleunigungsvermögen des Fahrzeugs ist.

3. Träger wird man stets nach ihrer Menge (Masse), errechnet aus kg/m, in kg oder t bestellen; sobald man aber den Träger in eine Konstruktion einbaut, kommt es auf dessen Gewicht in kp/m an, da man hieraus die Auflagerkräfte ermittelt. So ist in den Profil-Tafeln S. 904/20 das Gewicht in kp/m angegeben, weil die Werte nur in dieser Bedeutung in den einschlägigen Beiträgen gebraucht werden.

Das Wort „Gewicht" ist in der vorliegenden Auflage im allgemeinen nur im Sinn von „Gewichtskraft" benutzt.

Menge. Für die Angabe von Stoffmengen gibt es mehrere Möglichkeiten. Man gibt sie durch Größen an, die der Stoffmenge proportional sind. Außerdem sollten sie für den Stoff geeignet und für das Einheitensystem, in dem man rechnen will, zweckmäßig sein.

Das kann z. B. die Stückzahl sein (5 Schrauben) oder das Volumen (1 m^3) oder die Anzahl der Moleküle, wovon man in der Chemie und Thermodynamik durch die Angabe in Mol Gebrauch macht. Im „neuen" technischen Maßsystem ist es zweckmäßig, die Menge durch das Normgewicht (kp), im MKS-System durch die Masse (kg) anzugeben.

Bezogene (spezifische) Größen. Die Überlegungen zum Begriff „Menge" gelten gleichermaßen auch für Größen, die auf die Mengeneinheit bezogen werden, etwa das spez. Volumen, die spez. Wärme, die spez. Enthalpie usw.

Es wäre also zu schreiben:

$$\frac{\text{m}^3}{\text{kp}}, \quad \frac{\text{kcal}}{\text{kp grd}}, \quad \frac{\text{kcal}}{\text{kp}}, \qquad \frac{\text{m}^3}{\text{kg}}, \quad \frac{\text{J}}{\text{kg grd}}, \quad \frac{\text{J}}{\text{kg}},$$

wobei die Zahlenwerte der spez. Größen jeweils einander gleich sind, wenn gleiche Einheiten auf die Gewichtseinheit kp (technisches Maßsystem) oder auf die Masseneinheit kg (MKS-System) bezogen werden.

Sinngemäß gilt das gleiche, wenn die Menge im Zähler steht, z. B. beim Volumenstrom, beim spez. Gewicht bzw. der Dichte und dem Gewichts- bzw. dem Massenstrom:

$$\frac{m^3}{sec}, \quad \frac{kp}{m^3}, \quad \frac{kp}{sec}, \qquad\qquad \frac{m^3}{sec}, \quad \frac{kg}{m^3}, \quad \frac{kg}{sec}.$$

Schlußbemerkung: Allgemeine Größengleichungen sind völlig unabhängig von der Wahl des Maßsystems und der Einheiten. Sobald man aber eine Rechnung beginnt, sollte man sich für ein bestimmtes Maßsystem entscheiden und konsequent mit ihm arbeiten. Besonderen Vorteil bietet das MKS-System, da es in seiner reinen Form nur kohärente Einheiten enthält.

Dennoch wird es sich oft nicht vermeiden lassen, in der Praxis gebräuchliche nicht kohärente Einheiten zu verwenden, z. B. U/min für die Drehzahl, km/h für die Fahrgeschwindigkeit, g/PSh für den Brennstoffverbrauch usw.

Die Einheit kg für die Masse im MKS-System ist als Bezugsgröße für die Menge zur Bildung spez. Größen so zweckmäßig und hat sich so durchgesetzt, daß sie auch in Verbindung mit Einheiten des techn. Maßsystems verwendet wird. Diese Verbindung der Einheit kg mit den Einheiten m, kp, sec des technischen Maßsystems wird als „gemischtes Vierersystem" bezeichnet; in ihm ist allerdings die saubere Trennung zwischen beiden Systemen verwischt.

Das Kilopond und die von ihm abgeleiteten Einheiten für den Druck p in kp/cm^2 und für die Spannung σ in kp/mm^2 für Angabe von Festigkeitswerten werden allgemein verwendet und in Zukunft auch nicht zu entbehren sein.

Man sollte sich aber zur Regel machen, am Beginn einer Rechnung alle nicht dem gewählten Einheitensystem angehörenden Angaben systemrichtig umzurechnen, um die Gefahr von Fehlern zu vermeiden.

Die Herausgeber

Inhaltsverzeichnis

Erster Band

Mathematik

Abschnitte II bis VIII und X
bearbeitet von Prof. Dr.-Ing. *W. Meyer zur Capellen*, Aachen

Linien, Flächen und Körper

Mechanik

Maschinenteile

Bearbeitet von Dipl.-Ing. *Ch. Bouché*, Berlin

Hydraulische und pneumatische Triebe

Bearbeitet von Dr.-Ing. *R. Röper*, Hannover

Getriebetechnik

Bearbeitet von Ing. *K. Hain*, Braunschweig

Zweiter Band

Mathematik

I. Tafeln

2 A. Tafel der Potenzen, Wurzeln, natürlichen Logarithmen, Kreisumfänge und -inhalte

n	n^2	n^3	$\sqrt{n}$	$\sqrt[3]{n}$	$\ln n$	$\frac{1000}{n}$	πn	$\frac{\pi n^2}{4}$	n
1	1	1	1,0000	1,0000	0,0000	1000,000	3,142	0,7854	1
2	4	8	1,4142	1,2599	0,6932	500,000	6,283	3,1416	2
3	9	27	1,7321	1,4422	1,0986	333,333	9,425	7,0686	3
4	16	64	2,0000	1,5874	1,3863	250,000	12,566	12,5664	4
5	25	125	2,2361	1,7100	1,6094	200,000	15,708	19,6350	5
6	36	216	2,4495	1,8171	1,7918	166,667	18,850	28,2743	6
7	49	343	2,6458	1,9129	1,9459	142,857	21,991	38,4845	7
8	64	512	2,8284	2,0000	2,0794	125,000	25,133	50,2655	8
9	81	729	3,0000	2,0801	2,1972	111,111	28,274	63,6173	9
10	100	1 000	3,1623	2,1544	2,3026	100,000	31,416	78,5398	**10**
11	121	1 331	3,3166	2,2240	2,3979	90,9091	34,558	95,0332	11
12	144	1 728	3,4641	2,2894	2,4849	83,3333	37,699	113,097	12
13	169	2 197	3,6056	2,3513	2,5650	76,9231	40,841	132,732	13
14	196	2 744	3,7417	2,4101	2,6391	71,4286	43,982	153,938	14
15	225	3 375	3,8730	2,4662	2,7081	66,6667	47,124	176,715	15
16	256	4 096	4,0000	2,5198	2,7726	62,5000	50,265	201,062	16
17	289	4 913	4,1231	2,5713	2,8332	58,8235	53,407	226,980	17
18	324	5 832	4,2426	2,6207	2,8904	55,5556	56,549	254,469	18
19	361	6 859	4,3589	2,6684	2,9444	52,6316	59,690	283,529	19
20	400	8 000	4,4721	2,7144	2,9957	50,0000	62,832	314,159	**20**
21	441	9 261	4,5826	2,7589	3,0445	47,6190	65,973	346,361	21
22	484	10 648	4,6904	2,8020	3,0910	45,4545	69,114	380,133	22
23	529	12 167	4,7958	2,8439	3,1355	43,4783	72,257	415,476	23
24	576	13 824	4,8990	2,8845	3,1781	41,6667	75,398	452,389	24
25	625	15 625	5,0000	2,9240	3,2189	40,0000	78,540	490,874	25
26	676	17 576	5,0990	2,9625	3,2581	38,4615	81,681	530,929	26
27	729	19 683	5,1962	3,0000	3,2958	37,0370	84,823	572,555	27
28	784	21 952	5,2915	3,0366	3,3322	35,7143	87,965	615,752	28
29	841	24 389	5,3852	3,0723	3,3673	34,4828	91,106	660,520	29
30	900	27 000	5,4772	3,1072	3,4012	33,3333	94,248	706,858	**30**
31	961	29 791	5,5678	3,1414	3,4340	32,2581	97,389	754,768	31
32	1024	32 768	5,6569	3,1748	3,4657	31,2500	100,531	804,248	32
33	1089	35 937	5,7446	3,2075	3,4965	30,3030	103,673	855,299	33
34	1156	39 304	5,8310	3,2396	3,5264	29,4118	106,814	907,920	34
35	1225	42 875	5,9161	3,2711	3,5554	28,5714	109,956	962,113	35
36	1296	46 656	6,0000	3,3019	3,5835	27,7778	113,097	1017,88	36
37	1369	50 653	6,0828	3,3322	3,6109	27,0270	116,239	1075,21	37
38	1444	54 872	6,1644	3,3620	3,6376	26,3158	119,381	1134,11	38
39	1521	59 319	6,2450	3,3912	3,6636	25,6410	122,522	1194,59	39
40	1600	64 000	6,3246	3,4200	3,6889	25,0000	125,66	1256,64	**40**
41	1681	68 921	6,4031	3,4482	3,7136	24,3902	128,81	1320,25	41
42	1764	74 088	6,4807	3,4760	3,7377	23,8095	131,95	1385,44	42
43	1849	79 507	6,5574	3,5034	3,7612	23,2558	135,09	1452,20	43
44	1936	85 184	6,6332	3,5303	3,7842	22,7273	138,23	1520,53	44
45	2025	91 125	6,7082	3,5569	3,8067	22,2222	141,37	1590,43	45
46	2116	97 336	6,7823	3,5830	3,8286	21,7391	144,51	1661,90	46
47	2209	103 823	6,8557	3,6088	3,8502	21,2766	147,65	1734,94	47
48	2304	110 592	6,9282	3,6342	3,8712	20,8333	150,80	1809,56	48
49	2401	117 649	7,0000	3,6593	3,8918	20,4082	153,94	1885,74	49
50	2500	125 000	7,0711	3,6840	3,9120	20,0000	157,08	1963,50	**50**

$\ln 10^{\pm 1} = \pm 2{,}3026$, $\ln 10^{\pm 2} = \pm 4{,}6052$, $\ln 10^{\pm 3} = \pm 6{,}9078$,

$\ln 10^{\pm 4} = \pm 9{,}2103$, $\ln 10^{\pm 5} = \pm 11{,}5129$, $\ln 10^{\pm 6} = \pm 13{,}8155$,

$\ln 10^{\pm 7} = \pm 16{,}1181$, $\ln 10^{\pm 8} = \pm 18{,}4207$.

n	n^2	n^3	$\sqrt{n}$	$\sqrt[3]{n}$	$\ln n$	$\frac{1000}{n}$	πn	$\frac{\pi n^2}{4}$	n
50	2500	125000	7,0711	3,6840	3,9120	20,0000	157,08	1963,50	**50**
51	2601	132651	7,1414	3,7084	3,9318	19,6078	160,22	2042,82	51
52	2704	140608	7,2111	3,7325	3,9512	19,2308	163,36	2123,72	52
53	2809	148877	7,2801	3,7563	3,9703	18,8679	166,50	2206,18	53
54	2916	157464	7,3485	3,7798	3,9890	18,5185	169,65	2290,22	54
55	3025	166375	7,4162	3,8030	4,0073	18,1818	172,79	2375,83	55
56	3136	175616	7,4833	3,8259	4,0254	17,8571	175,93	2463,01	56
57	3249	185193	7,5498	3,8485	4,0431	17,5439	179,07	2551,76	57
58	3364	195112	7,6158	3,8709	4,0604	17,2414	182,21	2642,08	58
59	3481	205379	7,6811	3,8930	4,0775	16,9492	185,35	2733,97	59
60	3600	216000	7,7460	3,9149	4,0943	16,6667	188,50	2827,43	**60**
61	3721	226981	7,8102	3,9365	4,1109	16,3934	191,64	2922,47	61
62	3844	238328	7,8740	3,9579	4,1271	16,1290	194,78	3019,07	62
63	3969	250047	7,9373	3,9791	4,1431	15,8730	197,92	3117,25	63
64	4096	262144	8,0000	4,0000	4,1589	15,6250	201,06	3216,99	64
65	4225	274625	8,0623	4,0207	4,1744	15,3846	204,20	3318,31	65
66	4356	287496	8,1240	4,0412	4,1897	15,1515	207,35	3421,19	66
67	4489	300763	8,1854	4,0615	4,2047	14,9254	210,49	3525,65	67
68	4624	314432	8,2462	4,0817	4,2195	14,7059	213,63	3631,68	68
69	4761	328509	8,3066	4,1016	4,2341	14,4928	216,77	3739,28	69
70	4900	343000	8,3666	4,1213	4,2485	14,2857	219,91	3848,45	**70**
71	5041	357911	8,4261	4,1408	4,2627	14,0845	223,05	3959,19	71
72	5184	373248	8,4853	4,1602	4,2767	13,8889	226,19	4071,50	72
73	5329	389017	8,5440	4,1793	4,2905	13,6986	229,34	4185,39	73
74	5476	405224	8,6023	4,1983	4,3041	13,5135	232,48	4300,84	74
75	5625	421875	8,6603	4,2172	4,3175	13,3333	235,62	4417,86	75
76	5776	438976	8,7178	4,2358	4,3307	13,1579	238,76	4536,46	76
77	5929	456533	8,7750	4,2543	4,3438	12,9870	241,90	4656,63	77
78	6084	474552	8,8318	4,2727	4,3567	12,8205	245,04	4778,36	78
79	6241	493039	8,8882	4,2908	4,3695	12,6582	248,19	4901,67	79
80	6400	512000	8,9443	4,3089	4,3820	12,5000	251,33	5026,55	**80**
81	6561	531441	9,0000	4,3267	4,3945	12,3457	254,47	5153,00	81
82	6724	551368	9,0554	4,3445	4,4067	12,1951	257,61	5281,02	82
83	6889	571787	9,1104	4,3621	4,4188	12,0482	260,75	5410,61	83
84	7056	592704	9,1652	4,3795	4,4308	11,9048	263,89	5541,77	84
85	7225	614125	9,2195	4,3968	4,4427	11,7647	267,04	5674,50	85
86	7396	636056	9,2736	4,4140	4,4544	11,6279	270,18	5808,80	86
87	7569	658503	9,3274	4,4310	4,4659	11,4943	273,32	5944,68	87
88	7744	681472	9,3808	4,4480	4,4773	11,3636	276,46	6082,12	88
89	7921	704969	9,4340	4,4647	4,4886	11,2360	279,60	6221,14	89
90	8100	729000	9,4868	4,4814	4,4998	11,1111	282,74	6361,73	**90**
91	8281	753571	9,5394	4,4979	4,5109	10,9890	285,88	6503,88	91
92	8464	778688	9,5917	4,5144	4,5218	10,8696	289,03	6647,61	92
93	8649	804357	9,6437	4,5307	4,5326	10,7527	292,17	6792,91	93
94	8836	830584	9,6954	4,5468	4,5433	10,6383	295,31	6939,78	94
95	9025	857375	9,7468	4,5629	4,5539	10,5263	298,45	7088,22	95
96	9216	884736	9,7980	4,5789	4,5644	10,4167	301,59	7238,23	96
97	9409	912673	9,8489	4,5947	4,5747	10,3093	304,73	7389,81	97
98	9604	941192	9,8995	4,6104	4,5850	10,2041	307,88	7542,96	98
99	9801	970299	9,9499	4,6261	4,5951	10,1010	311,02	7697,69	99
100	10000	1000000	10,0000	4,6416	4,6052	10,0000	314,16	7853,98	**100**

1. Beispiel: ln **66 377** = ?

ln 66 377 = ln (663,77 · 100) = ln 663,77 + ln 100 = 6,4980 + 4,6052 = **11,1032.**

2. Beispiel: ln **0,003 745** = ? $\quad 0{,}003\,745 = 374{,}5 \cdot 10^{-5}$

ln 0,003 745 = 5,9256 − 11,5129 = − **5,5873.**

n	n^2	n^3	$\sqrt{n}$	$\sqrt[3]{n}$	$\ln n$	$\frac{1000}{n}$	πn	$\frac{\pi n^2}{4}$	n
100	10000	1000000	10,0000	4,6416	4,6052	10,0000	314,16	7853,98	**100**
101	10201	1030301	10,0499	4,6570	4,6151	9,9010	317,30	8011,85	101
102	10404	1061208	10,0995	4,6723	4,6250	9,8039	320,44	8171,28	102
103	10609	1092727	10,1489	4,6875	4,6347	9,7087	323,58	8332,29	103
104	10816	1124864	10,1980	4,7027	4,6444	9,6154	326,73	8494,87	104
105	11025	1157625	10,2470	4,7177	4,6540	9,5238	329,87	8659,01	105
106	11236	1191016	10,2956	4,7326	4,6634	9,4340	333,01	8824,73	106
107	11449	1225043	10,3441	4,7475	4,6728	9,3458	336,15	8992,02	107
108	11664	1259712	10,3923	4,7622	4,6821	9,2593	339,29	9160,88	108
109	11881	1295029	10,4403	4,7769	4,6914	9,1743	342,43	9331,32	109
110	12100	1331000	10,4881	4,7914	4,7005	9,0909	345,58	9503,32	**110**
111	12321	1367631	10,5357	4,8059	4,7095	9,0090	348,72	9676,89	111
112	12544	1404928	10,5830	4,8203	4,7185	8,9286	351,86	9852,03	112
113	12769	1442897	10,6301	4,8346	4,7274	8,8496	355,00	10028,7	113
114	12996	1481544	10,6771	4,8488	4,7362	8,7719	358,14	10207,0	114
115	13225	1520875	10,7238	4,8629	4,7449	8,6957	361,28	10386,9	115
116	13456	1560896	10,7703	4,8770	4,7536	8,6207	364,42	10568,3	116
117	13689	1601613	10,8167	4,8910	4,7622	8,5470	367,57	10751,3	117
118	13924	1643032	10,8628	4,9049	4,7707	8,4746	370,71	10935,9	118
119	14161	1685159	10,9087	4,9187	4,7791	8,4034	373,85	11122,0	119
120	14400	1728000	10,9545	4,9324	4,7875	8,3333	376,99	11309,7	**120**
121	14641	1771561	11,0000	4,9461	4,7958	8,2645	380,13	11499,0	121
122	14884	1815848	11,0454	4,9597	4,8040	8,1967	383,27	11689,9	122
123	15129	1860867	11,0905	4,9732	4,8122	8,1301	386,42	11882,3	123
124	15376	1906624	11,1355	4,9866	4,8203	8,0645	389,56	12076,3	124
125	15625	1953125	11,1803	5,0000	4,8283	8,0000	392,70	12271,8	125
126	15876	2000376	11,2250	5,0133	4,8363	7,9365	395,84	12469,0	126
127	16129	2048383	11,2694	5,0265	4,8442	7,8740	398,98	12667,7	127
128	16384	2097152	11,3137	5,0397	4,8520	7,8125	402,12	12868,0	128
129	16641	2146689	11,3578	5,0528	4,8598	7,7519	405,27	13069,8	129
130	16900	2197000	11,4018	5,0658	4,8675	7,6923	408,41	13273,2	**130**
131	17161	2248091	11,4455	5,0788	4,8752	7,6336	411,55	13478,2	131
132	17424	2299968	11,4891	5,0916	4,8828	7,5758	414,69	13684,8	132
133	17689	2352637	11,5326	5,1045	4,8904	7,5188	417,83	13892,9	133
134	17956	2406104	11,5758	5,1172	4,8978	7,4627	420,97	14102,6	134
135	18225	2460375	11,6190	5,1299	4,9053	7,4074	424,12	14313,9	135
136	18496	2515456	11,6619	5,1426	4,9127	7,3529	427,26	14526,7	136
137	18769	2571353	11,7047	5,1551	4,9200	7,2993	430,40	14741,1	137
138	19044	2628072	11,7473	5,1676	4,9273	7,2464	433,54	14957,1	138
139	19321	2685619	11,7898	5,1801	4,9345	7,1942	436,68	15174,7	139
140	19600	2744000	11,8322	5,1925	4,9416	7,1429	439,82	15393,8	**140**
141	19881	2803221	11,8743	5,2048	4,9488	7,0922	442,96	15614,5	141
142	20164	2863288	11,9164	5,2171	4,9558	7,0423	446,11	15836,8	142
143	20449	2924207	11,9583	5,2293	4,9628	6,9930	449,25	16060,6	143
144	20736	2985984	12,0000	5,2415	4,9698	6,9444	452,39	16286,0	144
145	21025	3048625	12,0416	5,2536	4,9767	6,8966	455,53	16513,0	145
146	21316	3112136	12,0830	5,2656	4,9836	6,8493	458,67	16741,5	146
147	21609	3176523	12,1244	5,2776	4,9904	6,8027	461,81	16971,7	147
148	21904	3241792	12,1655	5,2896	4,9972	6,7568	464,96	17203,4	148
149	22201	3307949	12,2066	5,3015	5,0040	6,7114	468,10	17436,6	149
150	22500	3375000	12,2474	5,3133	5,0106	6,6667	471,24	17671,5	**150**

n	n^2	n^3	$\sqrt{n}$	$\sqrt[3]{n}$	$\ln n$	$\frac{1000}{n}$	πn	$\frac{\pi n^2}{4}$	n
150	22500	3375000	12,2474	5,3133	5,0106	6,6667	471,24	17671,5	**150**
151	22801	3442951	12,2882	5,3251	5,0173	6,6225	474,38	17907,9	151
152	23104	3511808	12,3288	5,3368	5,0239	6,5790	477,52	18145,8	152
153	23409	3581577	12,3693	5,3485	5,0304	6,5360	480,66	18385,4	153
154	23716	3652264	12,4097	5,3601	5,0370	6,4935	483,81	18626,5	154
155	24025	3723875	12,4499	5,3717	5,0434	6,4516	486,95	18869,2	155
156	24336	3796416	12,4900	5,3832	5,0499	6,4103	490,09	19113,4	156
157	24649	3869893	12,5300	5,3947	5,0563	6,3694	493,23	19359,3	157
158	24964	3944312	12,5698	5,4061	5,0626	6,3291	496,37	19606,7	158
159	25281	4019679	12,6095	5,4175	5,0689	6,2893	499,51	19855,7	159
160	25600	4096000	12,6491	5,4288	5,0752	6,2500	502,65	20106,2	**160**
161	25921	4173281	12,6886	5,4401	5,0814	6,2112	505,80	20358,3	161
162	26244	4251528	12,7279	5,4514	5,0876	6,1728	508,94	20612,0	162
163	26569	4330747	12,7671	5,4626	5,0938	6,1350	512,08	20867,2	163
164	26896	4410944	12,8062	5,4737	5,0999	6,0976	515,22	21124,1	164
165	27225	4492125	12,8452	5,4848	5,1060	6,0606	518,36	21382,5	165
166	27556	4574296	12,8841	5,4959	5,1120	6,0241	521,50	21642,4	166
167	27889	4657463	12,9228	5,5069	5,1180	5,9880	524,65	21904,0	167
168	28224	4741632	12,9615	5,5178	5,1240	5,9524	527,79	22167,1	168
169	28561	4826809	13,0000	5,5288	5,1299	5,9172	530,93	22431,8	169
170	28900	4913000	13,0384	5,5397	5,1358	5,8824	534,07	22698,0	**170**
171	29241	5000211	13,0767	5,5505	5,1417	5,8480	537,21	22965,8	171
172	29584	5088448	13,1149	5,5613	5,1475	5,8140	540,35	23235,2	172
173	29929	5177717	13,1529	5,5721	5,1533	5,7804	543,50	23506,2	173
174	30276	5268024	13,1909	5,5828	5,1591	5,7471	546,64	23778,7	174
175	30625	5359375	13,2288	5,5934	5,1648	5,7143	549,78	24052,8	175
176	30976	5451776	13,2665	5,6041	5,1705	5,6818	552,92	24328,5	176
177	31329	5545233	13,3041	5,6147	5,1762	5,6497	556,06	24605,7	177
178	31684	5639752	13,3417	5,6252	5,1818	5,6180	559,20	24884,6	178
179	32041	5735339	13,3791	5,6357	5,1874	5,5866	562,35	25164,9	179
180	32400	5832000	13,4164	5,6462	5,1930	5,5556	565,49	25446,9	**180**
181	32761	5929741	13,4536	5,6567	5,1985	5,5249	568,63	25730,4	181
182	33124	6028568	13,4907	5,6671	5,2040	5,4945	571,77	26015,5	182
183	33489	6128487	13,5277	5,6774	5,2095	5,4645	574,91	26302,2	183
184	33856	6229504	13,5647	5,6877	5,2149	5,4348	578,05	26590,4	184
185	34225	6331625	13,6015	5,6980	5,2204	5,4054	581,19	26880,3	185
186	34596	6434856	13,6382	5,7083	5,2257	5,3763	584,34	27171,6	186
187	34969	6539203	13,6748	5,7185	5,2311	5,3476	587,48	27464,6	187
188	35344	6644672	13,7113	5,7287	5,2364	5,3192	590,62	27759,1	188
189	35721	6751269	13,7477	5,7388	5,2418	5,2910	593,76	28055,2	189
190	36100	6859000	13,7840	5,7489	5,2470	5,2632	596,90	28352,9	**190**
191	36481	6967871	13,8203	5,7590	5,2523	5,2356	600,04	28652,1	191
192	36864	7077888	13,8564	5,7690	5,2575	5,2083	603,19	28952,9	192
193	37249	7189057	13,8924	5,7790	5,2627	5,1814	606,33	29255,3	193
194	37636	7301384	13,9284	5,7890	5,2679	5,1546	609,47	29559,2	194
195	38025	7414875	13,9642	5,7989	5,2730	5,1282	612,61	29864,8	195
196	38416	7529536	14,0000	5,8088	5,2781	5,1020	615,75	30171,9	196
197	38809	7645373	14,0357	5,8186	5,2832	5,0761	618,89	30480,5	197
198	39204	7762392	14,0712	5,8285	5,2883	5,0505	622,04	30790,7	198
199	39601	7880599	14,1067	5,8383	5,2933	5,0251	625,18	31102,6	199
200	40000	8000000	14,1421	5,8480	5,2983	5,0000	628,32	31415,9	**200**

n	n^2	n^3	$\sqrt{n}$	$\sqrt[3]{n}$	$\ln n$	$\frac{1000}{n}$	πn	$\frac{\pi n^2}{4}$	n
200	40000	8000000	14,1421	5,8480	5,2983	5,0000	628,32	31415,9	**200**
201	40401	8120601	14,1774	5,8578	5,3033	4,9751	631,46	31730,9	201
202	40804	8242408	14,2127	5,8675	5,3083	4,9505	634,60	32047,4	202
203	41209	8365427	14,2478	5,8771	5,3132	4,9261	637,74	32365,5	203
204	41616	8489664	14,2829	5,8868	5,3181	4,9020	640,88	32685,1	204
205	42025	8615125	14,3178	5,8964	5,3230	4,8781	644,03	33006,4	205
206	42436	8741816	14,3527	5,9059	5,3279	4,8544	647,17	33329,2	206
207	42849	8869743	14,3875	5,9155	5,3327	4,8309	650,31	33653,5	207
208	43264	8998912	14,4222	5,9250	5,3375	4,8077	653,45	33979,5	208
209	43681	9129329	14,4568	5,9345	5,3423	4,7847	656,59	34307,0	209
210	44100	9261000	14,4914	5,9439	5,3471	4,7619	659,73	34636,1	**210**
211	44521	9393931	14,5258	5,9533	5,3519	4,7393	662,88	34966,7	211
212	44944	9528128	14,5602	5,9627	5,3566	4,7170	666,02	35298,9	212
213	45369	9663597	14,5945	5,9721	5,3613	4,6948	669,16	35632,7	213
214	45796	9800344	14,6287	5,9814	5,3660	4,6729	672,30	35968,1	214
215	46225	9938375	14,6629	5,9907	5,3706	4,6512	675,44	36305,0	215
216	46656	10077696	14,6969	6,0000	5,3753	4,6296	678,58	36643,5	216
217	47089	10218313	14,7309	6,0092	5,3799	4,6083	681,73	36983,6	217
218	47524	10360232	14,7648	6,0185	5,3845	4,5872	684,87	37325,3	218
219	47961	10503459	14,7986	6,0277	5,3891	4,5662	688,01	37668,5	219
220	48400	10648000	14,8324	6,0368	5,3936	4,5455	691,15	38013,3	**220**
221	48841	10793861	14,8661	6,0459	5,3982	4,5249	694,29	38359,6	221
222	49284	10941048	14,8997	6,0550	5,4027	4,5045	697,43	38707,6	222
223	49729	11089567	14,9332	6,0641	5,4072	4,4843	700,58	39057,1	223
224	50176	11239424	14,9666	6,0732	5,4116	4,4643	703,72	39408,1	224
225	50625	11390625	15,0000	6,0822	5,4161	4,4444	706,86	39760,8	225
226	51076	11543176	15,0333	6,0912	5,4205	4,4248	710,00	40115,0	226
227	51529	11697083	15,0665	6,1002	5,4250	4,4053	713,14	40470,8	227
228	51984	11852352	15,0997	6,1091	5,4294	4,3860	716,28	40828,1	228
229	52441	12008989	15,1327	6,1180	5,4337	4,3668	719,42	41187,1	229
230	52900	12167000	15,1658	6,1269	5,4381	4,3478	722,57	41547,6	**230**
231	53361	12326391	15,1987	6,1358	5,4424	4,3290	725,71	41909,6	231
232	53824	12487168	15,2315	6,1446	5,4467	4,3103	728,85	42273,3	232
233	54289	12649337	15,2643	6,1534	5,4510	4,2919	731,99	42638,5	233
234	54756	12812904	15,2971	6,1622	5,4553	4,2735	735,13	43005,3	234
235	55225	12977875	15,3297	6,1710	5,4596	4,2553	738,27	43373,6	235
236	55696	13144256	15,3623	6,1797	5,4638	4,2373	741,42	43743,5	236
237	56169	13312053	15,3948	6,1885	5,4681	4,2194	744,56	44115,0	237
238	56644	13481272	15,4272	6,1972	5,4723	4,2017	747,70	44488,1	238
239	57121	13651919	15,4596	6,2058	5,4765	4,1841	750,84	44862,7	239
240	57600	13824000	15,4919	6,2145	5,4806	4,1667	753,98	45238,9	**240**
241	58081	13997521	15,5242	6,2231	5,4848	4,1494	757,12	45616,7	241
242	58564	14172488	15,5563	6,2317	5,4889	4,1322	760,27	45996,1	242
243	59049	14348907	15,5885	6,2403	5,4931	4,1152	763,41	46377,0	243
244	59536	14526784	15,6205	6,2488	5,4972	4,0984	766,55	46759,5	244
245	60025	14706125	15,6525	6,2573	5,5013	4,0816	769,69	47143,5	245
246	60516	14886936	15,6844	6,2658	5,5053	4,0650	772,83	47529,2	246
247	61009	15069223	15,7162	6,2743	5,5094	4,0486	775,97	47916,4	247
248	61504	15252992	15,7480	6,2828	5,5134	4,0323	779,11	48305,1	248
249	62001	15438249	15,7797	6,2912	5,5175	4,0161	782,26	48695,5	249
250	62500	15625000	15,8114	6,2996	5,5215	4,0000	785,40	49087,4	**250**

n	n^2	n^3	$\sqrt{n}$	$\sqrt[3]{n}$	$\ln n$	$\frac{1000}{n}$	πn	$\frac{\pi n^2}{4}$	n
250	62500	15625000	15,8114	6,2996	5,5215	4,0000	785,40	49087,4	**250**
251	63001	15813251	15,8430	6,3080	5,5255	3,9841	788,54	49480,9	251
252	63504	16003008	15,8745	6,3164	5,5294	3,9683	791,68	49875,9	252
253	64009	16194277	15,9060	6,3247	5,5334	3,9526	794,82	50272,6	253
254	64516	16387064	15,9374	6,3330	5,5373	3,9370	797,96	50670,7	254
255	65025	16581375	15,9687	6,3413	5,5413	3,9216	801,11	51070,5	255
256	65536	16777216	16,0000	6,3496	5,5452	3,9063	804,25	51471,9	256
257	66049	16974593	16,0312	6,3579	5,5491	3,8911	807,39	51874,8	257
258	66564	17173512	16,0624	6,3661	5,5530	3,8760	810,53	52279,2	258
259	67081	17373979	16,0935	6,3743	5,5568	3,8610	813,67	52685,3	259
260	67600	17576000	16,1245	6,3825	5,5607	3,8462	816,81	53092,9	**260**
261	68121	17779581	16,1555	6,3907	5,5645	3,8314	819,96	53502,1	261
262	68644	17984728	16,1864	6,3988	5,5683	3,8168	823,10	53912,9	262
263	69169	18191447	16,2173	6,4070	5,5722	3,8023	826,24	54325,2	263
264	69696	18399744	16,2481	6,4151	5,5760	3,7879	829,38	54739,1	264
265	70225	18609625	16,2788	6,4232	5,5797	3,7736	832,52	55154,6	265
266	70756	18821096	16,3095	6,4312	5,5835	3,7594	835,66	55571,6	266
267	71289	19034163	16,3401	6,4393	5,5873	3,7453	838,81	55990,2	267
268	71824	19248832	16,3707	6,4473	5,5910	3,7313	841,95	56410,4	268
269	72361	19465109	16,4012	6,4553	5,5947	3,7175	845,09	56832,2	269
270	72900	19683000	16,4317	6,4633	5,5984	3,7037	848,23	57255,5	**270**
271	73441	19902511	16,4621	6,4713	5,6021	3,6900	851,37	57680,4	271
272	73984	20123648	16,4924	6,4792	5,6058	3,6765	854,51	58106,9	272
273	74529	20346417	16,5227	6,4872	5,6095	3,6630	857,65	58534,9	273
274	75076	20570824	16,5529	6,4951	5,6131	3,6496	860,80	58964,6	274
275	75625	20796875	16,5831	6,5030	5,6168	3,6364	863,94	59395,7	275
276	76176	21024576	16,6132	6,5108	5,6204	3,6232	867,08	59828,5	276
277	76729	21253933	16,6433	6,5187	5,6240	3,6101	870,22	60262,8	277
278	77284	21484952	16,6733	6,5265	5,6276	3,5971	873,36	60698,7	278
279	77841	21717639	16,7033	6,5343	5,6312	3,5842	876,50	61136,2	279
280	78400	21952000	16,7332	6,5421	5,6348	3,5714	879,65	61575,2	**280**
281	78961	22188041	16,7631	6,5499	5,6384	3,5587	882,79	62015,8	281
282	79524	22425768	16,7929	6,5577	5,6419	3,5461	885,93	62458,0	282
283	80089	22665187	16,8226	6,5654	5,6455	3,5336	889,07	62901,8	283
284	80656	22906304	16,8523	6,5731	5,6490	3,5211	892,21	63347,1	284
285	81225	23149125	16,8819	6,5808	5,6525	3,5088	895,35	63794,0	285
286	81796	23393656	16,9115	6,5885	5,6560	3,4965	898,50	64242,4	286
287	82369	23639903	16,9411	6,5962	5,6595	3,4843	901,64	64692,5	287
288	82944	23887872	16,9706	6,6039	5,6630	3,4722	904,78	65144,1	288
289	83521	24137569	17,0000	6,6115	5,6664	3,4602	907,92	65597,2	289
290	84100	24389000	17,0294	6,6191	5,6699	3,4483	911,06	66052,0	**290**
291	84681	24642171	17,0587	6,6267	5,6733	3,4364	914,20	66508,3	291
292	85264	24897088	17,0880	6,6343	5,6768	3,4247	917,35	66966,2	292
293	85849	25153757	17,1172	6,6419	5,6802	3,4130	920,49	67425,6	293
294	86436	25412184	17,1464	6,6494	5,6836	3,4014	923,63	67886,7	294
295	87025	25672375	17,1756	6,6569	5,6870	3,3898	926,77	68349,3	295
296	87616	25934336	17,2047	6,6644	5,6904	3,3784	929,91	68813,4	296
297	88209	26198073	17,2337	6,6719	5,6937	3,3670	933,05	69279,2	297
298	88804	26463592	17,2627	6,6794	5,6971	3,3557	936,19	69746,5	298
299	89401	26730899	17,2916	6,6869	5,7004	3,3445	939,34	70215,4	299
300	90000	27000000	17,3205	6,6943	5,7038	3,3333	942,48	70685,8	**300**

n	n^2	n^3	$\sqrt{n}$	$\sqrt[3]{n}$	$\ln n$	$\frac{1000}{n}$	πn	$\frac{\pi n^2}{4}$	n
300	90000	27000000	17,3205	6,6943	5,7038	3,3333	942,48	70685,8	**300**
301	90601	27270901	17,3494	6,7018	5,7071	3,3223	945,62	71157,9	301
302	91204	27543608	17,3781	6,7092	5,7104	3,3113	948,76	71631,5	302
303	91809	27818127	17,4069	6,7166	5,7137	3,3003	951,90	72106,6	303
304	92416	28094464	17,4356	6,7240	5,7170	3,2895	955,04	72583,4	304
305	93025	28372625	17,4642	6,7313	5,7203	3,2787	958,19	73061,7	305
306	93636	28652616	17,4929	6,7387	5,7236	3,2680	961,33	73541,5	306
307	94249	28934443	17,5214	6,7460	5,7269	3,2573	964,47	74023,0	307
308	94864	29218112	17,5499	6,7533	5,7301	3,2468	967,61	74506,0	308
309	95481	29503629	17,5784	6,7606	5,7333	3,2363	970,75	74990,6	309
310	96100	29791000	17,6068	6,7679	5,7366	3,2258	973,89	75476,8	**310**
311	96721	30080231	17,6352	6,7752	5,7398	3,2154	977,04	75964,5	311
312	97344	30371328	17,6635	6,7824	5,7430	3,2051	980,18	76453,8	312
313	97969	30664297	17,6918	6,7897	5,7462	3,1949	983,32	76944,7	313
314	98596	30959144	17,7200	6,7969	5,7494	3,1847	986,46	77437,1	314
315	99225	31255875	17,7482	6,8041	5,7526	3,1746	989,60	77931,1	315
316	99856	31554496	17,7764	6,8113	5,7557	3,1646	992,74	78426,7	316
317	100489	31855013	17,8045	6,8185	5,7589	3,1546	995,88	78923,9	317
318	101124	32157432	17,8326	6,8256	5,7621	3,1447	999,03	79422,6	318
319	101761	32461759	17,8606	6,8328	5,7652	3,1348	1002,2	79922,9	319
320	102400	32768000	17,8885	6,8399	5,7683	3,1250	1005,3	80424,8	**320**
321	103041	33076161	17,9165	6,8470	5,7714	3,1153	1008,5	80928,2	321
322	103684	33386248	17,9444	6,8541	5,7746	3,1056	1011,6	81433,2	322
323	104329	33698267	17,9722	6,8612	5,7777	3,0960	1014,7	81939,8	323
324	104976	34012224	18,0000	6,8683	5,7807	3,0864	1017,9	82448,0	324
325	105625	34328125	18,0278	6,8753	5,7838	3,0769	1021,0	82957,7	325
326	106276	34645976	18,0555	6,8824	5,7869	3,0675	1024,2	83469,0	326
327	106929	34965783	18,0831	6,8894	5,7900	3,0581	1027,3	83981,8	327
328	107584	35287552	18,1108	6,8964	5,7930	3,0488	1030,4	84496,3	328
329	108241	35611289	18,1384	6,9034	5,7961	3,0395	1033,6	85012,3	329
330	108900	35937000	18,1659	6,9104	5,7991	3,0303	1036,7	85529,9	**330**
331	109561	36264691	18,1934	6,9174	5,8021	3,0212	1039,9	86049,0	331
332	110224	36594368	18,2209	6,9244	5,8051	3,0121	1043,0	86569,7	332
333	110889	36926037	18,2483	6,9313	5,8081	3,0030	1046,2	87092,0	333
334	111556	37259704	18,2757	6,9382	5,8111	2,9940	1049,3	87615,9	334
335	112225	37595375	18,3030	6,9451	5,8141	2,9851	1052,4	88141,3	335
336	112896	37933056	18,3303	6,9521	5,8171	2,9762	1055,6	88668,3	336
337	113569	38272753	18,3576	6,9589	5,8201	2,9674	1058,7	89196,9	337
338	114244	38614472	18,3848	6,9658	5,8231	2,9586	1061,9	89727,0	338
339	114921	38958219	18,4120	6,9727	5,8260	2,9499	1065,0	90258,7	339
340	115600	39304000	18,4391	6,9795	5,8290	2,9412	1068,1	90792,0	**340**
341	116281	39651821	18,4662	6,9864	5,8319	2,9326	1071,3	91326,9	341
342	116964	40001688	18,4932	6,9932	5,8348	2,9240	1074,4	91863,3	342
343	117649	40353607	18,5203	7,0000	5,8377	2,9155	1077,6	92401,3	343
344	118336	40707584	18,5472	7,0068	5,8406	2,9070	1080,7	92940,9	344
345	119025	41063625	18,5742	7,0136	5,8435	2,8986	1083,8	93482,0	345
346	119716	41421736	18,6011	7,0203	5,8464	2,8902	1087,0	94024,7	346
347	120409	41781923	18,6279	7,0271	5,8493	2,8818	1090,1	94569,0	347
348	121104	42144192	18,6548	7,0338	5,8522	2,8736	1093,3	95114,9	348
349	121801	42508549	18,6815	7,0406	5,8551	2,8653	1096,4	95662,3	349
350	122500	42875000	18,7083	7,0473	5,8579	2,8571	1099,6	96211,3	**350**

n	n^2	n^3	$\sqrt{n}$	$\sqrt[3]{n}$	$\ln n$	$\frac{1000}{n}$	πn	$\frac{\pi n^2}{4}$	n
350	122500	42875000	18,7083	7,0473	5,8579	2,8571	1099,6	96211,3	**350**
351	123201	43243551	18,7350	7,0540	5,8608	2,8490	1102,7	96761,8	351
352	123904	43614208	18,7617	7,0607	5,8636	2,8409	1105,8	97314,0	352
353	124609	43986977	18,7883	7,0674	5,8665	2,8329	1109,0	97867,7	353
354	125316	44361864	18,8149	7,0740	5,8693	2,8249	1112,1	98423,0	354
355	126025	44738875	18,8414	7,0807	5,8721	2,8169	1115,3	98979,8	355
356	126736	45118016	18,8680	7,0873	5,8749	2,8090	1118,4	99538,2	356
357	127449	45499293	18,8944	7,0940	5,8777	2,8011	1121,5	100098	357
358	128164	45882712	18,9209	7,1006	5,8805	2,7933	1124,7	100660	358
359	128881	46268279	18,9473	7,1072	5,8833	2,7855	1127,8	101223	359
360	129600	46656000	18,9737	7,1138	5,8861	2,7778	1131,0	101788	**360**
361	130321	47045881	19,0000	7,1204	5,8889	2,7701	1134,1	102354	361
362	131044	47437928	19,0263	7,1269	5,8916	2,7624	1137,3	102922	362
363	131769	47832147	19,0526	7,1335	5,8944	2,7548	1140,4	103491	363
364	132496	48228544	19,0788	7,1400	5,8972	2,7473	1143,5	104062	364
365	133225	48627125	19,1050	7,1466	5,8999	2,7397	1146,7	104635	365
366	133956	49027896	19,1311	7,1531	5,9026	2,7322	1149,8	105209	366
367	134689	49430863	19,1572	7,1596	5,9054	2,7248	1153,0	105784	367
368	135424	49836032	19,1833	7,1661	5,9081	2,7174	1156,1	106362	368
369	136161	50243409	19,2094	7,1726	5,9108	2,7100	1159,2	106941	369
370	136900	50653000	19,2354	7,1791	5,9135	2,7027	1162,4	107521	**370**
371	137641	51064811	19,2614	7,1855	5,9162	2,6954	1165,5	108103	371
372	138384	51478848	19,2873	7,1920	5,9189	2,6882	1168,7	108687	372
373	139129	51895117	19,3132	7,1984	5,9216	2,6810	1171,8	109272	373
374	139876	52313624	19,3391	7,2048	5,9243	2,6738	1175,0	109858	374
375	140625	52734375	19,3649	7,2112	5,9269	2,6667	1178,1	110447	375
376	141376	53157376	19,3907	7,2177	5,9296	2,6596	1181,2	111036	376
377	142129	53582633	19,4165	7,2240	5,9323	2,6525	1184,4	111628	377
378	142884	54010152	19,4422	7,2304	5,9349	2,6455	1187,5	112221	378
379	143641	54439939	19,4679	7,2368	5,9375	2,6385	1190,7	112815	379
380	144400	54872000	19,4936	7,2432	5,9402	2,6316	1193,8	113411	**380**
381	145161	55306341	19,5192	7,2495	5,9428	2,6247	1196,9	114009	381
382	145924	55742968	19,5448	7,2558	5,9454	2,6178	1200,1	114608	382
383	146689	56181887	19,5704	7,2622	5,9480	2,6110	1203,2	115209	383
384	147456	56623104	19,5959	7,2685	5,9506	2,6042	1206,4	115812	384
385	148225	57066625	19,6214	7,2748	5,9532	2,5974	1209,5	116416	385
386	148996	57512456	19,6469	7,2811	5,9558	2,5907	1212,7	117021	386
387	149769	57960603	19,6723	7,2874	5,9584	2,5840	1215,8	117628	387
388	150544	58411072	19,6977	7,2936	5,9610	2,5773	1218,9	118237	388
389	151321	58863869	19,7231	7,2999	5,9636	2,5707	1222,1	118847	389
390	152100	59319000	19,7484	7,3061	5,9662	2,5641	1225,2	119459	**390**
391	152881	59776471	19,7737	7,3124	5,9687	2,5575	1228,4	120072	391
392	153664	60236288	19,7990	7,3186	5,9713	2,5510	1231,5	120687	392
393	154449	60698457	19,8242	7,3248	5,9738	2,5445	1234,6	121304	393
394	155236	61162984	19,8494	7,3310	5,9764	2,5381	1237,8	121922	394
395	156025	61629875	19,8746	7,3372	5,9789	2,5317	1240,9	122542	395
396	156816	62099136	19,8997	7,3434	5,9814	2,5253	1244,1	123163	396
397	157609	62570773	19,9249	7,3496	5,9839	2,5189	1247,2	123786	397
398	158404	63044792	19,9499	7,3558	5,9865	2,5126	1250,4	124410	398
399	159201	63521199	19,9750	7,3619	5,9890	2,5063	1253,5	125036	399
400	160000	64000000	20,0000	7,3681	5,9915	2,5000	1256,6	125664	**400**

n	n^2	n^3	$\sqrt{n}$	$\sqrt[3]{n}$	$\ln n$	$\frac{1000}{n}$	πn	$\frac{\pi n^2}{4}$	n
400	160000	64000000	20,0000	7,3681	5,9915	2,5000	1256,6	125664	**400**
401	160801	64481201	20,0250	7,3742	5,9940	2,4938	1259,8	126293	401
402	161604	64964808	20,0499	7,3803	5,9965	2,4876	1262,9	126923	402
403	162409	65450827	20,0749	7,3864	5,9989	2,4814	1266,1	127556	403
404	163216	65939264	20,0998	7,3925	6,0014	2,4753	1269,2	128190	404
405	164025	66430125	20,1246	7,3986	6,0039	2,4691	1272,3	128825	405
406	164836	66923416	20,1494	7,4047	6,0064	2,4631	1275,5	129462	406
407	165649	67419143	20,1742	7,4108	6,0088	2,4570	1278,6	130100	407
408	166464	67917312	20,1990	7,4169	6,0113	2,4510	1281,8	130741	408
409	167281	68417929	20,2237	7,4229	6,0137	2,4450	1284,9	131382	409
410	168100	68921000	20,2485	7,4290	6,0162	2,4390	1288,1	132025	**410**
411	168921	69426531	20,2731	7,4350	6,0186	2,4331	1291,2	132670	411
412	169744	69934528	20,2978	7,4410	6,0210	2,4272	1294,3	133317	412
413	170569	70444997	20,3224	7,4470	6,0235	2,4213	1297,5	133965	413
414	171396	70957944	20,3470	7,4530	6,0259	2,4155	1300,6	134614	414
415	172225	71473375	20,3715	7,4590	6,0283	2,4096	1303,8	135265	415
416	173056	71991296	20,3961	7,4650	6,0307	2,4039	1306,9	135918	416
417	173889	72511713	20,4206	7,4710	6,0331	2,3981	1310,0	136572	417
418	174724	73034632	20,4450	7,4770	6,0355	2,3923	1313,2	137228	418
419	175561	73560059	20,4695	7,4829	6,0379	2,3866	1316,3	137885	419
420	176400	74088000	20,4939	7,4889	6,0403	2,3810	1319,5	138544	**420**
421	177241	74618461	20,5183	7,4948	6,0426	2,3753	1322,6	139205	421
422	178084	75151448	20,5426	7,5007	6,0450	2,3697	1325,8	139867	422
423	178929	75686967	20,5670	7,5067	6,0474	2,3641	1328,9	140531	423
424	179776	76225024	20,5913	7,5126	6,0497	2,3585	1332,0	141196	424
425	180625	76765625	20,6155	7,5185	6,0521	2,3529	1335,2	141863	425
426	181476	77308776	20,6398	7,5244	6,0544	2,3474	1338,3	142531	426
427	182329	77854483	20,6640	7,5302	6,0568	2,3419	1341,5	143201	427
428	183184	78402752	20,6882	7,5361	6,0591	2,3365	1344,6	143872	428
429	184041	78953589	20,7123	7,5420	6,0615	2,3310	1347,7	144545	429
430	184900	79507000	20,7364	7,5478	6,0638	2,3256	1350,9	145220	**430**
431	185761	80062991	20,7605	7,5537	6,0661	2,3202	1354,0	145896	431
432	186624	80621568	20,7846	7,5595	6,0684	2,3148	1357,2	146574	432
433	187489	81182737	20,8087	7,5654	6,0707	2,3095	1360,3	147254	433
434	188356	81746504	20,8327	7,5712	6,0730	2,3042	1363,5	147934	434
435	189225	82312875	20,8567	7,5770	6,0754	2,2989	1366,6	148617	435
436	190096	82881856	20,8806	7,5828	6,0776	2,2936	1369,7	149301	436
437	190969	83453453	20,9045	7,5886	6,0799	2,2883	1372,9	149987	437
438	191844	84027672	20,9284	7,5944	6,0822	2,2831	1376,0	150674	438
439	192721	84604519	20,9523	7,6001	6,0845	2,2779	1379,2	151363	439
440	193600	85184000	20,9762	7,6059	6,0868	2,2727	1382,3	152053	**440**
441	194481	85766121	21,0000	7,6117	6,0890	2,2676	1385,4	152745	441
442	195364	86350888	21,0238	7,6174	6,0913	2,2624	1388,6	153439	442
443	196249	86938307	21,0476	7,6232	6,0936	2,2573	1391,7	154134	443
444	197136	87528384	21,0713	7,6289	6,0958	2,2523	1394,9	154830	444
445	198025	88121125	21,0950	7,6346	6,0981	2,2472	1398,0	155528	445
446	198916	88716536	21,1187	7,6403	6,1003	2,2422	1401,2	156228	446
447	199809	89314623	21,1424	7,6460	6,1026	2,2371	1404,3	156930	447
448	200704	89915392	21,1660	7,6517	6,1048	2,2321	1407,4	157633	448
449	201601	90518849	21,1896	7,6574	6,1070	2,2272	1410,6	158337	449
450	202500	91125000	21,2132	7,6631	6,1093	2,2222	1413,7	159043	**450**

n	n^2	n^3	$\sqrt{n}$	$\sqrt[3]{n}$	$\ln n$	$\frac{1000}{n}$	πn	$\frac{\pi n^2}{4}$	n
450	202500	91125000	21,2132	7,6631	6,1093	2,2222	1413,7	159043	**450**
451	203401	91733851	21,2368	7,6688	6,1115	2,2173	1416,9	159751	451
452	204304	92345408	21,2603	7,6744	6,1137	2,2124	1420,0	160460	452
453	205209	92959677	21,2838	7,6801	6,1159	2,2075	1423,1	161171	453
454	206116	93576664	21,3073	7,6857	6,1181	2,2026	1426,3	161883	454
455	207025	94196375	21,3307	7,6914	6,1203	2,1978	1429,4	162597	455
456	207936	94818816	21,3542	7,6970	6,1225	2,1930	1432,6	163313	456
457	208849	95443993	21,3776	7,7026	6,1247	2,1882	1435,7	164030	457
458	209764	96071912	21,4009	7,7082	6,1269	2,1834	1438,8	164748	458
459	210681	96702579	21,4243	7,7138	6,1291	2,1787	1442,0	165468	459
460	211600	97336000	21,4476	7,7194	6,1312	2,1739	1445,1	166190	**460**
461	212521	97972181	21,4709	7,7250	6,1334	2,1692	1448,3	166914	461
462	213444	98611128	21,4942	7,7306	6,1356	2,1645	1451,4	167639	462
463	214369	99252847	21,5174	7,7362	6,1377	2,1598	1454,6	168365	463
464	215296	99897344	21,5407	7,7418	6,1399	2,1552	1457,7	169093	464
465	216225	100544625	21,5639	7,7473	6,1420	2,1505	1460,8	169823	465
466	217156	101194696	21,5870	7,7529	6,1442	2,1459	1464,0	170554	466
467	218089	101847563	21,6102	7,7584	6,1463	2,1413	1467,1	171287	467
468	219024	102503232	21,6333	7,7639	6,1485	2,1368	1470,3	172021	468
469	219961	103161709	21,6564	7,7695	6,1506	2,1322	1473,4	172757	469
470	220900	103823000	21,6795	7,7750	6,1527	2,1277	1476,5	173494	**470**
471	221841	104487111	21,7025	7,7805	6,1549	2,1231	1479,7	174234	471
472	222784	105154048	21,7256	7,7860	6,1570	2,1186	1482,8	174974	472
473	223729	105823817	21,7486	7,7915	6,1591	2,1142	1486,0	175716	473
474	224676	106496424	21,7715	7,7970	6,1612	2,1097	1489,1	176460	474
475	225625	107171875	21,7945	7,8025	6,1633	2,1053	1492,3	177205	475
476	226576	107850176	21,8174	7,8079	6,1654	2,1008	1495,4	177952	476
477	227529	108531333	21,8403	7,8134	6,1675	2,0964	1498,5	178701	477
478	228484	109215352	21,8632	7,8188	6,1696	2,0921	1501,7	179451	478
479	229441	109902239	21,8861	7,8243	6,1717	2,0877	1504,8	180203	479
480	230400	110592000	21,9089	7,8297	6,1738	2,0833	1508,0	180956	**480**
481	231361	111284641	21,9317	7,8352	6,1759	2,0790	1511,1	181711	481
482	232324	111980168	21,9545	7,8406	6,1779	2,0747	1514,2	182467	482
483	233289	112678587	21,9773	7,8460	6,1800	2,0704	1517,4	183225	483
484	234256	113379904	22,0000	7,8514	6,1821	2,0661	1520,5	183984	484
485	235225	114084125	22,0227	7,8568	6,1842	2,0619	1523,7	184745	485
486	236196	114791256	22,0454	7,8622	6,1862	2,0576	1526,8	185508	486
487	237169	115501303	22,0681	7,8676	6,1883	2,0534	1530,0	186272	487
488	238144	116214272	22,0907	7,8730	6,1903	2,0492	1533,1	187038	488
489	239121	116930169	22,1133	7,8784	6,1924	2,0450	1536,2	187805	489
490	240100	117649000	22,1359	7,8837	6,1944	2,0408	1539,4	188574	**490**
491	241081	118370771	22,1585	7,8891	6,1964	2,0367	1542,5	189345	491
492	242064	119095488	22,1811	7,8944	6,1985	2,0325	1545,7	190117	492
493	243049	119823157	22,2036	7,8998	6,2005	2,0284	1548,8	190890	493
494	244036	120553784	22,2261	7,9051	6,2025	2,0243	1551,9	191665	494
495	245025	121287375	22,2486	7,9105	6,2046	2,0202	1555,1	192442	495
496	246016	122023936	22,2711	7,9158	6,2066	2,0161	1558,2	193221	496
497	247009	122763473	22,2935	7,9211	6,2086	2,0121	1561,4	194000	497
498	248004	123505992	22,3159	7,9264	6,2106	2,0080	1564,5	194782	498
499	249001	124251499	22,3383	7,9317	6,2126	2,0040	1567,7	195565	499
500	250000	125000000	22,3607	7,9370	6,2146	2,0000	1570,8	196350	**500**

n	n^2	n^3	$\sqrt{n}$	$\sqrt[3]{n}$	$\ln n$	$\frac{1000}{n}$	πn	$\frac{\pi n^2}{4}$	n
500	250000	125000000	22,3607	7,9370	6,2146	2,0000	1570,8	196350	**500**
501	251001	125751501	22,3830	7,9423	6,2166	1,9960	1573,9	197136	501
502	252004	126506008	22,4054	7,9476	6,2186	1,9920	1577,1	197923	502
503	253009	127263527	22,4277	7,9528	6,2206	1,9881	1580,2	198713	503
504	254016	128024064	22,4499	7,9581	6,2226	1,9841	1583,4	199504	504
505	255025	128787625	22,4722	7,9634	6,2246	1,9802	1586,5	200296	505
506	256036	129554216	22,4944	7,9686	6,2265	1,9763	1589,6	201090	506
507	257049	130323843	22,5167	7,9739	6,2285	1,9724	1592,8	201886	507
508	258064	131096512	22,5389	7,9791	6,2305	1,9685	1595,9	202683	508
509	259081	131872229	22,5610	7,9843	6,2324	1,9646	1599,1	203482	509
510	260100	132651000	22,5832	7,9896	6,2344	1,9608	1602,2	204282	**510**
511	261121	133432831	22,6053	7,9948	6,2364	1,9570	1605,4	205084	511
512	262144	134217728	22,6274	8,0000	6,2383	1,9531	1608,5	205887	512
513	263169	135005697	22,6495	8,0052	6,2403	1,9493	1611,6	206692	513
514	264196	135796744	22,6716	8,0104	6,2422	1,9455	1614,8	207499	514
515	265225	136590875	22,6936	8,0156	6,2442	1,9418	1617,9	208307	515
516	266256	137388096	22,7156	8,0208	6,2461	1,9380	1621,1	209117	516
517	267289	138188413	22,7376	8,0260	6,2480	1,9342	1624,2	209928	517
518	268324	138991832	22,7596	8,0311	6,2500	1,9305	1627,3	210741	518
519	269361	139798359	22,7816	8,0363	6,2519	1,9268	1630,5	211556	519
520	270400	140608000	22,8035	8,0415	6,2538	1,9231	1633,6	212372	**520**
521	271441	141420761	22,8254	8,0466	6,2558	1,9194	1636,8	213189	521
522	272484	142236648	22,8473	8,0517	6,2577	1,9157	1639,9	214008	522
523	273529	143055667	22,8692	8,0569	6,2596	1,9121	1643,1	214829	523
524	274576	143877824	22,8910	8,0620	6,2615	1,9084	1646,2	215651	524
525	275625	144703125	22,9129	8,0671	6,2634	1,9048	1649,3	216475	525
526	276676	145531576	22,9347	8,0723	6,2653	1,9011	1652,5	217301	526
527	277729	146363183	22,9565	8,0774	6,2672	1,8975	1655,6	218128	527
528	278784	147197952	22,9783	8,0825	6,2691	1,8939	1658,8	218956	528
529	279841	148035889	23,0000	8,0876	6,2710	1,8904	1661,9	219787	529
530	280900	148877000	23,0217	8,0927	6,2729	1,8868	1665,0	220618	**530**
531	281961	149721291	23,0434	8,0978	6,2748	1,8832	1668,2	221452	531
532	283024	150568768	23,0651	8,1028	6,2766	1,8797	1671,3	222287	532
533	284089	151419437	23,0868	8,1079	6,2785	1,8762	1674,5	223123	533
534	285156	152273304	23,1084	8,1130	6,2804	1,8727	1677,6	223961	534
535	286225	153130375	23,1301	8,1180	6,2823	1,8692	1680,8	224801	535
536	287296	153990656	23,1517	8,1231	6,2841	1,8657	1683,9	225642	536
537	288369	154854153	23,1733	8,1281	6,2860	1,8622	1687,0	226484	537
538	289444	155720872	23,1948	8,1332	6,2879	1,8587	1690,2	227329	538
539	290521	156590819	23,2164	8,1382	6,2897	1,8553	1693,3	228175	539
540	291600	157464000	23,2379	8,1433	6,2916	1,8519	1696,5	229022	**540**
541	292681	158340421	23,2594	8,1483	6,2934	1,8484	1699,6	229871	541
542	293764	159220088	23,2809	8,1533	6,2953	1,8450	1702,7	230722	542
543	294849	160103007	23,3024	8,1583	6,2971	1,8416	1705,9	231574	543
544	295936	160989184	23,3238	8,1633	6,2990	1,8382	1709,0	232428	544
545	297025	161878625	23,3452	8,1683	6,3008	1,8349	1712,2	233283	545
546	298116	162771336	23,3666	8,1733	6,3026	1,8315	1715,3	234140	546
547	299209	163667323	23,3880	8,1783	6,3045	1,8282	1718,5	234998	547
548	300304	164566592	23,4094	8,1833	6,3063	1,8248	1721,6	235858	548
549	301401	165469149	23,4307	8,1882	6,3081	1,8215	1724,7	236720	549
550	302500	166375000	23,4521	8,1932	6,3099	1,8182	1727,9	237583	**550**

n	n^2	n^3	$\sqrt{n}$	$\sqrt[3]{n}$	$\ln n$	$\frac{1000}{n}$	πn	$\frac{\pi n^2}{4}$	n
550	302500	166375000	23,4521	8,1932	6,3099	1,8182	1727,9	237583	**550**
551	303601	167284151	23,4734	8,1982	6,3117	1,8149	1731,0	238448	551
552	304704	168196608	23,4947	8,2031	6,3136	1,8116	1734,2	239314	552
553	305809	169112377	23,5160	8,2081	6,3154	1,8083	1737,3	240182	553
554	306916	170031464	23,5372	8,2130	6,3172	1,8051	1740,4	241051	554
555	308025	170953875	23,5584	8,2180	6,3190	1,8018	1743,6	241922	555
556	309136	171879616	23,5797	8,2229	6,3208	1,7986	1746,7	242795	556
557	310249	172808693	23,6008	8,2278	6,3226	1,7953	1749,9	243669	557
558	311364	173741112	23,6220	8,2327	6,3244	1,7921	1753,0	244545	558
559	312481	174676879	23,6432	8,2377	6,3261	1,7889	1756,2	245422	559
560	313600	175616000	23,6643	8,2426	6,3279	1,7857	1759,3	246301	**560**
561	314721	176558481	23,6854	8,2475	6,3297	1,7825	1762,4	247181	561
562	315844	177504328	23,7065	8,2524	6,3315	1,7794	1765,6	248063	562
563	316969	178453547	23,7276	8,2573	6,3333	1,7762	1768,7	248947	563
564	318096	179406144	23,7487	8,2621	6,3351	1,7731	1771,9	249832	564
565	319225	180362125	23,7697	8,2670	6,3368	1,7699	1775,0	250719	565
566	320356	181321496	23,7908	8,2719	6,3386	1,7668	1778,1	251607	566
567	321489	182284263	23,8118	8,2768	6,3404	1,7637	1781,3	252497	567
568	322624	183250432	23,8328	8,2816	6,3421	1,7606	1784,4	253388	568
569	323761	184220009	23,8537	8,2865	6,3439	1,7575	1787,6	254281	569
570	324900	185193000	23,8747	8,2913	6,3456	1,7544	1790,7	255176	**570**
571	326041	186169411	23,8956	8,2962	6,3474	1,7513	1793,8	256072	571
572	327184	187149248	23,9165	8,3010	6,3491	1,7483	1797,0	256970	572
573	328329	188132517	23,9374	8,3059	6,3509	1,7452	1800,1	257869	573
574	329476	189119224	23,9583	8,3107	6,3526	1,7422	1803,3	258770	574
575	330625	190109375	23,9792	8,3155	6,3544	1,7391	1806,4	259672	575
576	331776	191102976	24,0000	8,3203	6,3561	1,7361	1809,6	260576	576
577	332929	192100033	24,0208	8,3251	6,3578	1,7331	1812,7	261482	577
578	334084	193100552	24,0416	8,3300	6,3596	1,7301	1815,8	262389	578
579	335241	194104539	24,0624	8,3348	6,3613	1,7271	1819,0	263298	579
580	336400	195112000	24,0832	8,3396	6,3630	1,7241	1822,1	264208	**580**
581	337561	196122941	24,1039	8,3443	6,3648	1,7212	1825,3	265120	581
582	338724	197137368	24,1247	8,3491	6,3665	1,7182	1828,4	266033	582
583	339889	198155287	24,1454	8,3539	6,3682	1,7153	1831,6	266948	583
584	341056	199176704	24,1661	8,3587	6,3699	1,7123	1834,7	267865	584
585	342225	200201625	24,1868	8,3634	6,3716	1,7094	1837,8	268783	585
586	343396	201230056	24,2074	8,3682	6,3733	1,7065	1841,0	269703	586
587	344569	202262003	24,2281	8,3730	6,3750	1,7036	1844,1	270624	587
588	345744	203297472	24,2487	8,3777	6,3767	1,7007	1847,3	271547	588
589	346921	204336469	24,2693	8,3825	6,3784	1,6978	1850,4	272471	589
590	348100	205379000	24,2899	8,3872	6,3801	1,6949	1853,5	273397	**590**
591	349281	206425071	24,3105	8,3919	6,3818	1,6921	1856,7	274325	591
592	350464	207474688	24,3311	8,3967	6,3835	1,6892	1859,8	275254	592
593	351649	208527857	24,3516	8,4014	6,3852	1,6863	1863,0	276184	593
594	352836	209584584	24,3721	8,4061	6,3869	1,6835	1866,1	277117	594
595	354025	210644875	24,3926	8,4108	6,3886	1,6807	1869,2	278051	595
596	355216	211708736	24,4131	8,4155	6,3902	1,6779	1872,4	278986	596
597	356409	212776173	24,4336	8,4202	6,3919	1,6750	1875,5	279923	597
598	357604	213847192	24,4540	8,4249	6,3936	1,6722	1878,7	280862	598
599	358801	214921799	24,4745	8,4296	6,3953	1,6695	1881,8	281802	599
600	360000	216000000	24,4949	8,4343	6,3969	1,6667	1885,0	282743	**600**

n	n^2	n^3	$\sqrt{n}$	$\sqrt[3]{n}$	$\ln n$	$\frac{1000}{n}$	πn	$\frac{\pi n^2}{4}$	n
600	360000	216000000	24,4949	8,4343	6,3969	1,6667	1885,0	282743	**600**
601	361201	217081801	24,5153	8,4390	6,3986	1,6639	1888,1	283687	601
602	362404	218167208	24,5357	8,4437	6,4003	1,6611	1891,2	284631	602
603	363609	219256227	24,5561	8,4484	6,4019	1,6584	1894,4	285578	603
604	364816	220348864	24,5764	8,4530	6,4036	1,6556	1897,5	286526	604
605	366025	221445125	24,5967	8,4577	6,4052	1,6529	1900,7	287475	605
606	367236	222545016	24,6171	8,4623	6,4069	1,6502	1903,8	288426	606
607	368449	223648543	24,6374	8,4670	6,4085	1,6475	1906,9	289379	607
608	369664	224755712	24,6577	8,4716	6,4102	1,6447	1910,1	290333	608
609	370881	225866529	24,6779	8,4763	6,4118	1,6420	1913,2	291289	609
610	372100	226981000	24,6982	8,4809	6,4135	1,6393	1916,4	292247	**610**
611	373321	228099131	24,7184	8,4856	6,4151	1,6367	1919,5	293206	611
612	374544	229220928	24,7386	8,4902	6,4167	1,6340	1922,7	294166	612
613	375769	230346397	24,7588	8,4948	6,4184	1,6313	1925,8	295128	613
614	376996	231475544	24,7790	8,4994	6,4200	1,6287	1928,9	296092	614
615	378225	232608375	24,7992	8,5040	6,4216	1,6260	1932,1	297057	615
616	379456	233744896	24,8193	8,5086	6,4232	1,6234	1935,2	298024	616
617	380689	234885113	24,8395	8,5132	6,4249	1,6208	1938,4	298992	617
618	381924	236029032	24,8596	8,5178	6,4265	1,6181	1941,5	299962	618
619	383161	237176659	24,8797	8,5224	6,4281	1,6155	1944,6	300934	619
620	384400	238328000	24,8998	8,5270	6,4297	1,6129	1947,8	301907	**620**
621	385641	239483061	24,9199	8,5316	6,4313	1,6103	1950,9	302882	621
622	386884	240641848	24,9399	8,5362	6,4329	1,6077	1954,1	303858	622
623	388129	241804367	24,9600	8,5408	6,4346	1,6051	1957,2	304836	623
624	389376	242970624	24,9800	8,5453	6,4362	1,6026	1960,4	305815	624
625	390625	244140625	25,0000	8,5499	6,4378	1,6000	1963,5	306796	625
626	391876	245314376	25,0200	8,5544	6,4394	1,5974	1966,6	307779	626
627	393129	246491883	25,0400	8,5590	6,4410	1,5949	1969,8	308763	627
628	394384	247673152	25,0599	8,5635	6,4425	1,5924	1972,9	309748	628
629	395641	248858189	25,0799	8,5681	6,4441	1,5898	1976,1	310736	629
630	396900	250047000	25,0998	8,5726	6,4457	1,5873	1979,2	311725	**630**
631	398161	251239591	25,1197	8,5772	6,4473	1,5848	1982,3	312715	631
632	399424	252435968	25,1396	8,5817	6,4489	1,5823	1985,5	313707	632
633	400689	253636137	25,1595	8,5862	6,4505	1,5798	1988,6	314700	633
634	401956	254840104	25,1794	8,5907	6,4521	1,5773	1991,8	315696	634
635	403225	256047875	25,1992	8,5952	6,4536	1,5748	1994,9	316692	635
636	404496	257259456	25,2190	8,5997	6,4552	1,5723	1998,1	317690	636
637	405769	258474853	25,2389	8,6043	6,4568	1,5699	2001,2	318690	637
638	407044	259694072	25,2587	8,6088	6,4583	1,5674	2004,3	319692	638
639	408321	260917119	25,2784	8,6132	6,4599	1,5650	2007,5	320695	639
640	409600	262144000	25,2982	8,6177	6,4615	1,5625	2010,6	321699	**640**
641	410881	263374721	25,3180	8,6222	6,4630	1,5601	2013,8	322705	641
642	412164	264609288	25,3377	8,6267	6,4646	1,5576	2016,9	323713	642
643	413449	265847707	25,3574	8,6312	6,4661	1,5552	2020,0	324722	643
644	414736	267089984	25,3772	8,6357	6,4677	1,5528	2023,2	325733	644
645	416025	268336125	25,3969	8,6401	6,4693	1,5504	2026,3	326745	645
646	417316	269586136	25,4165	8,6446	6,4708	1,5480	2029,5	327759	646
647	418609	270840023	25,4362	8,6490	6,4724	1,5456	2032,6	328775	647
648	419904	272097792	25,4558	8,6535	6,4739	1,5432	2035,8	329792	648
649	421201	273359449	25,4755	8,6579	6,4754	1,5408	2038,9	330810	649
650	422500	274625000	25,4951	8,6624	6,4770	1,5385	2042,0	331831	**650**

n	n^2	n^3	$\sqrt{n}$	$\sqrt[3]{n}$	$\ln n$	$\frac{1000}{n}$	πn	$\frac{\pi n^2}{4}$	n
650	422500	274625000	25,4951	8,6624	6,4770	1,5385	2042,0	331831	**650**
651	423801	275894451	25,5147	8,6668	6,4785	1,5361	2045,2	332853	651
652	425104	277167808	25,5343	8,6713	6,4800	1,5337	2048,3	333876	652
653	426409	278445077	25,5539	8,6757	6,4816	1,5314	2051,5	334901	653
654	427716	279726264	25,5734	8,6801	6,4831	1,5291	2054,6	335927	654
655	429025	281011375	25,5930	8,6845	6,4846	1,5267	2057,7	336955	655
656	430336	282300416	25,6125	8,6890	6,4862	1,5244	2060,9	337985	656
657	431649	283593393	25,6320	8,6934	6,4877	1,5221	2064,0	339016	657
658	432964	284890312	25,6515	8,6978	6,4892	1,5198	2067,2	340049	658
659	434281	286191179	25,6710	8,7022	6,4907	1,5175	2070,3	341083	659
660	435600	287496000	25,6905	8,7066	6,4922	1,5152	2073,5	342119	**660**
661	436921	288804781	25,7099	8,7110	6,4938	1,5129	2076,6	343157	661
662	438244	290117528	25,7294	8,7154	6,4953	1,5106	2079,7	344196	662
663	439569	291434247	25,7488	8,7198	6,4968	1,5083	2082,9	345237	663
664	440896	292754944	25,7682	8,7241	6,4983	1,5060	2086,0	346279	664
665	442225	294079625	25,7876	8,7285	6,4998	1,5038	2089,2	347323	665
666	443556	295408296	25,8070	8,7329	6,5013	1,5015	2092,3	348368	666
667	444889	296740963	25,8263	8,7373	6,5028	1,4993	2095,4	349415	667
668	446224	298077632	25,8457	8,7416	6,5043	1,4970	2098,6	350464	668
669	447561	299418309	25,8650	8,7460	6,5058	1,4948	2101,7	351514	669
670	448900	300763000	25,8844	8,7503	6,5073	1,4925	2104,9	352565	**670**
671	450241	302111711	25,9037	8,7547	6,5088	1,4903	2108,0	353618	671
672	451584	303464448	25,9230	8,7590	6,5103	1,4881	2111,2	354673	672
673	452929	304821217	25,9422	8,7634	6,5118	1,4859	2114,3	355730	673
674	454276	306182024	25,9615	8,7677	6,5132	1,4837	2117,4	356788	674
675	455625	307546875	25,9808	8,7721	6,5147	1,4815	2120,6	357847	675
676	456976	308915776	26,0000	8,7764	6,5162	1,4793	2123,7	358908	676
677	458329	310288733	26,0192	8,7807	6,5177	1,4771	2126,9	359971	677
678	459684	311665752	26,0384	8,7850	6,5192	1,4749	2130,0	361035	678
679	461041	313046839	26,0576	8,7893	6,5206	1,4728	2133,1	362101	679
680	462400	314432000	26,0768	8,7937	6,5221	1,4706	2136,3	363168	**680**
681	463761	315821241	26,0960	8,7980	6,5236	1,4684	2139,4	364237	681
682	465124	317214568	26,1151	8,8023	6,5250	1,4663	2142,6	365308	682
683	466489	318611987	26,1343	8,8066	6,5265	1,4641	2145,7	366380	683
684	467856	320013504	26,1534	8,8109	6,5280	1,4620	2148,8	367453	684
685	469225	321419125	26,1725	8,8152	6,5294	1,4599	2152,0	368528	685
686	470596	322828856	26,1916	8,8194	6,5309	1,4577	2155,1	369605	686
687	471969	324242703	26,2107	8,8237	6,5323	1,4556	2158,3	370684	687
688	473344	325660672	26,2298	8,8280	6,5338	1,4535	2161,4	371764	688
689	474721	327082769	26,2488	8,8323	6,5352	1,4514	2164,6	372845	689
690	476100	328509000	26,2679	8,8366	6,5367	1,4493	2167,7	373928	**690**
691	477481	329939371	26,2869	8,8408	6,5381	1,4472	2170,8	375013	691
692	478864	331373888	26,3059	8,8451	6,5396	1,4451	2174,0	376099	692
693	480249	332812557	26,3249	8,8493	6,5410	1,4430	2177,1	377187	693
694	481636	334255384	26,3439	8,8536	6,5425	1,4409	2180,3	378276	694
695	483025	335702375	26,3629	8,8578	6,5439	1,4389	2183,4	379367	695
696	484416	337153536	26,3818	8,8621	6,5453	1,4368	2186,5	380459	696
697	485809	338608873	26,4008	8,8663	6,5468	1,4347	2189,7	381553	697
698	487204	340068392	26,4197	8,8706	6,5482	1,4327	2192,8	382649	698
699	488601	341532099	26,4386	8,8748	6,5497	1,4306	2196,0	383746	699
700	490000	343000000	26,4575	8,8790	6,5511	1,4286	2199,1	384845	**700**

n	n^2	n^3	$\sqrt{n}$	$\sqrt[3]{n}$	$\ln n$	$\frac{1000}{n}$	πn	$\frac{\pi n^2}{4}$	n
700	490000	343000000	26,4575	8,8790	6,5511	1,4286	2199,1	384845	**700**
701	491401	344472101	26,4764	8,8833	6,5525	1,4265	2202,3	385945	701
702	492804	345948408	26,4953	8,8875	6,5539	1,4245	2205,4	387047	702
703	494209	347428927	26,5141	8,8917	6,5554	1,4225	2208,5	388151	703
704	495616	348913664	26,5330	8,8959	6,5568	1,4205	2211,7	389256	704
705	497025	350402625	26,5518	8,9001	6,5582	1,4184	2214,8	390363	705
706	498436	351895816	26,5707	8,9043	6,5596	1,4164	2218,0	391471	706
707	499849	353393243	26,5895	8,9085	6,5610	1,4144	2221,1	392580	707
708	501264	354894912	26,6083	8,9127	6,5624	1,4124	2224,2	393692	708
709	502681	356400829	26,6271	8,9169	6,5639	1,4104	2227,4	394805	709
710	504100	357911000	26,6458	8,9211	6,5653	1,4085	2230,5	395919	**710**
711	505521	359425431	26,6646	8,9253	6,5667	1,4065	2233,7	397035	711
712	506944	360944128	26,6833	8,9295	6,5681	1,4045	2236,8	398153	712
713	508369	362467097	26,7021	8,9337	6,5695	1,4025	2240,0	399272	713
714	509796	363994344	26,7208	8,9378	6,5709	1,4006	2243,1	400393	714
715	511225	365525875	26,7395	8,9420	6,5723	1,3986	2246,2	401515	715
716	512656	367061696	26,7582	8,9462	6,5737	1,3967	2249,4	402639	716
717	514089	368601813	26,7769	8,9503	6,5751	1,3947	2252,5	403765	717
718	515524	370146232	26,7955	8,9545	6,5765	1,3928	2255,7	404892	718
719	516961	371694959	26,8142	8,9587	6,5779	1,3908	2258,8	406020	719
720	518400	373248000	26,8328	8,9628	6,5793	1,3889	2261,9	407150	**720**
721	519841	374805361	26,8514	8,9670	6,5806	1,3870	2265,1	408282	721
722	521284	376367048	26,8701	8,9711	6,5820	1,3850	2268,2	409415	722
723	522729	377933067	26,8887	8,9752	6,5834	1,3831	2271,4	410550	723
724	524176	379503424	26,9072	8,9794	6,5848	1,3812	2274,5	411687	724
725	525625	381078125	26,9258	8,9835	6,5862	1,3793	2277,7	412825	725
726	527076	382657176	26,9444	8,9876	6,5876	1,3774	2280,8	413965	726
727	528529	384240583	26,9629	8,9918	6,5889	1,3755	2283,9	415106	727
728	529984	385828352	26,9815	8,9959	6,5903	1,3736	2287,1	416248	728
729	531441	387420489	27,0000	9,0000	6,5917	1,3717	2290,2	417393	729
730	532900	389017000	27,0185	9,0041	6,5930	1,3699	2293,4	418539	**730**
731	534361	390617891	27,0370	9,0082	6,5944	1,3680	2296,5	419686	731
732	535824	392223168	27,0555	9,0123	6,5958	1,3661	2299,6	420835	732
733	537289	393832837	27,0740	9,0164	6,5972	1,3643	2302,8	421986	733
734	538756	395446904	27,0924	9,0205	6,5985	1,3624	2305,9	423138	734
735	540225	397065375	27,1109	9,0246	6,5999	1,3605	2309,1	424293	735
736	541696	398688256	27,1293	9,0287	6,6012	1,3587	2312,2	425447	736
737	543169	400315553	27,1477	9,0328	6,6026	1,3569	2315,4	426604	737
738	544644	401947272	27,1662	9,0369	6,6039	1,3550	2318,5	427762	738
739	546121	403583419	27,1846	9,0410	6,6053	1,3532	2321,6	428922	739
740	547600	405224000	27,2029	9,0450	6,6067	1,3514	2324,8	430084	**740**
741	549081	406869021	27,2213	9,0491	6,6080	1,3495	2327,9	431247	741
742	550564	408518488	27,2397	9,0532	6,6094	1,3477	2331,1	432412	742
743	552049	410172407	27,2580	9,0572	6,6107	1,3459	2334,2	433578	743
744	553536	411830784	27,2764	9,0613	6,6120	1,3441	2337,3	434746	744
745	555025	413493625	27,2947	9,0654	6,6134	1,3423	2340,5	435916	745
746	556516	415160936	27,3130	9,0694	6,6147	1,3405	2343,6	437087	746
747	558009	416832723	27,3313	9,0735	6,6161	1,3387	2346,8	438259	747
748	559504	418508992	27,3496	9,0775	6,6174	1,3369	2349,9	439433	748
749	561001	420189749	27,3679	9,0816	6,6187	1,3351	2353,1	440609	749
750	562500	421875000	27,3861	9,0856	6,6201	1,3333	2356,2	441786	**750**

n	n^2	n^3	$\sqrt{n}$	$\sqrt[3]{n}$	$\ln n$	$\frac{1000}{n}$	πn	$\frac{\pi n^2}{4}$	n
750	562500	421875000	27,3861	9,0856	6,6201	1,3333	2356,2	441786	**750**
751	564001	423564751	27,4044	9,0896	6,6214	1,3316	2359,3	442965	751
752	565504	425259008	27,4226	9,0937	6,6227	1,3298	2362,5	444146	752
753	567009	426957777	27,4408	9,0977	6,6241	1,3280	2365,6	445328	753
754	568516	428661064	27,4591	9,1017	6,6254	1,3263	2368,8	446511	754
755	570025	430368875	27,4773	9,1057	6,6267	1,3245	2371,9	447697	755
756	571536	432081216	27,4955	9,1098	6,6280	1,3228	2375,0	448883	756
757	573049	433798093	27,5136	9,1138	6,6294	1,3210	2378,2	450072	757
758	574564	435519512	27,5318	9,1178	6,6307	1,3193	2381,3	451262	758
759	576081	437245479	27,5500	9,1218	6,6320	1,3175	2384,5	452453	759
760	577600	438976000	27,5681	9,1258	6,6333	1,3158	2387,6	453646	**760**
761	579121	440711081	27,5862	9,1298	6,6346	1,3141	2390,8	454841	761
762	580644	442450728	27,6043	9,1338	6,6360	1,3123	2393,9	456037	762
763	582169	444194947	27,6225	9,1378	6,6373	1,3106	2397,0	457234	763
764	583696	445943744	27,6405	9,1418	6,6386	1,3089	2400,2	458434	764
765	585225	447697125	27,6586	9,1458	6,6399	1,3072	2403,3	459635	765
766	586756	449455096	27,6767	9,1498	6,6412	1,3055	2406,5	460837	766
767	588289	451217663	27,6948	9,1537	6,6425	1,3038	2409,6	462041	767
768	589824	452984832	27,7128	9,1577	6,6438	1,3021	2412,7	463247	768
769	591361	454756609	27,7308	9,1617	6,6451	1,3004	2415,9	464454	769
770	592900	456533000	27,7489	9,1657	6,6464	1,2987	2419,0	465663	**770**
771	594441	458314011	27,7669	9,1696	6,6477	1,2970	2422,2	466873	771
772	595984	460099648	27,7849	9,1736	6,6490	1,2953	2425,3	468085	772
773	597529	461889917	27,8029	9,1775	6,6503	1,2937	2428,5	469298	773
774	599076	463684824	27,8209	9,1815	6,6516	1,2920	2431,6	470513	774
775	600625	465484375	27,8388	9,1855	6,6529	1,2903	2434,7	471730	775
776	602176	467288576	27,8568	9,1894	6,6542	1,2887	2437,9	472948	776
777	603729	469097433	27,8747	9,1933	6,6554	1,2870	2441,0	474168	777
778	605284	470910952	27,8927	9,1973	6,6567	1,2854	2444,2	475389	778
779	606841	472729139	27,9106	9,2012	6,6580	1,2837	2447,3	476612	779
780	608400	474552000	27,9285	9,2052	6,6593	1,2821	2450,4	477836	**780**
781	609961	476379541	27,9464	9,2091	6,6606	1,2804	2453,6	479062	781
782	611524	478211768	27,9643	9,2130	6,6619	1,2788	2456,7	480290	782
783	613089	480048687	27,9821	9,2170	6,6631	1,2771	2459,9	481519	783
784	614656	481890304	28,0000	9,2209	6,6644	1,2755	2463,0	482750	784
785	616225	483736625	28,0179	9,2248	6,6657	1,2739	2466,2	483982	785
786	617796	485587656	28,0357	9,2287	6,6670	1,2723	2469,3	485216	786
787	619369	487443403	28,0535	9,2326	6,6682	1,2707	2472,4	486451	787
788	620944	489303872	28,0713	9,2365	6,6695	1,2690	2475,6	487688	788
789	622521	491169069	28,0891	9,2404	6,6708	1,2674	2478,7	488927	789
790	624100	493039000	28,1069	9,2443	6,6720	1,2658	2481,9	490167	**790**
791	625681	494913671	28,1247	9,2482	6,6733	1,2642	2485,0	491409	791
792	627264	496793088	28,1425	9,2521	6,6746	1,2626	2488,1	492652	792
793	628849	498677257	28,1603	9,2560	6,6758	1,2610	2491,3	493897	793
794	630436	500566184	28,1780	9,2599	6,6771	1,2595	2494,4	495143	794
795	632025	502459875	28,1957	9,2638	6,6783	1,2579	2497,6	496391	795
796	633616	504358336	28,2135	9,2677	6,6796	1,2563	2500,7	497641	796
797	635209	506261573	28,2312	9,2716	6,6809	1,2547	2503,8	498892	797
798	636804	508169592	28,2489	9,2754	6,6821	1,2531	2507,0	500145	798
799	638401	510082399	28,2666	9,2793	6,6834	1,2516	2510,1	501399	799
800	640000	512000000	28,2843	9,2832	6,6846	1,2500	2513,3	502655	**800**

n	n^2	n^3	$\sqrt{n}$	$\sqrt[3]{n}$	$\ln n$	$\frac{1000}{n}$	πn	$\frac{\pi n^2}{4}$	n
800	640000	512000000	28,2843	9,2832	6,6846	1,2500	2513,3	502655	**800**
801	641601	513922401	28,3019	9,2870	6,6859	1,2484	2516,4	503912	801
802	643204	515849608	28,3196	9,2909	6,6871	1,2469	2519,6	505171	802
803	644809	517781627	28,3373	9,2948	6,6884	1,2453	2522,7	506432	803
804	646416	519718464	28,3549	9,2986	6,6896	1,2438	2525,8	507694	804
805	648025	521660125	28,3725	9,3025	6,6908	1,2422	2529,0	508958	805
806	649636	523606616	28,3901	9,3063	6,6921	1,2407	2532,1	510223	806
807	651249	525557943	28,4077	9,3102	6,6933	1,2392	2535,3	511490	807
808	652864	527514112	28,4253	9,3140	6,6946	1,2376	2538,4	512758	808
809	654481	529475129	28,4429	9,3179	6,6958	1,2361	2541,5	514028	809
810	656100	531441000	28,4605	9,3217	6,6970	1,2346	2544,7	515300	**810**
811	657721	533411731	28,4781	9,3255	6,6983	1,2331	2547,8	516573	811
812	659344	535387328	28,4956	9,3294	6,6995	1,2315	2551,0	517848	812
813	660969	537367797	28,5132	9,3332	6,7007	1,2300	2554,1	519124	813
814	662596	539353144	28,5307	9,3370	6,7020	1,2285	2557,3	520402	814
815	664225	541343375	28,5482	9,3408	6,7032	1,2270	2560,4	521681	815
816	665856	543338496	28,5657	9,3447	6,7044	1,2255	2563,5	522962	816
817	667489	545338513	28,5832	9,3485	6,7056	1,2240	2566,7	524245	817
818	669124	547343432	28,6007	9,3523	6,7069	1,2225	2569,8	525529	818
819	670761	549353259	28,6182	9,3561	6,7081	1,2210	2573,0	526814	819
820	672400	551368000	28,6356	9,3599	6,7093	1,2195	2576,1	528102	**820**
821	674041	553387661	28,6531	9,3637	6,7105	1,2180	2579,2	529391	821
822	675684	555412248	28,6705	9,3675	6,7117	1,2166	2582,4	530681	822
823	677329	557441767	28,6880	9,3713	6,7130	1,2151	2585,5	531973	823
824	678976	559476224	28,7054	9,3751	6,7142	1,2136	2588,7	533267	824
825	680625	561515625	28,7228	9,3789	6,7154	1,2121	2591,8	534562	825
826	682276	563559976	28,7402	9,3827	6,7166	1,2107	2595,0	535858	826
827	683929	565609283	28,7576	9,3865	6,7178	1,2092	2598,1	537157	827
828	685584	567663552	28,7750	9,3902	6,7190	1,2077	2601,2	538456	828
829	687241	569722789	28,7924	9,3940	6,7202	1,2063	2604,4	539758	829
830	688900	571787000	28,8097	9,3978	6,7214	1,2048	2607,5	541061	**830**
831	690561	573856191	28,8271	9,4016	6,7226	1,2034	2610,7	542365	831
832	692224	575930368	28,8444	9,4053	6,7238	1,2019	2613,8	543671	832
833	693889	578009537	28,8617	9,4091	6,7250	1,2005	2616,9	544979	833
834	695556	580093704	28,8791	9,4129	6,7262	1,1990	2620,1	546288	834
835	697225	582182875	28,8964	9,4166	6,7274	1,1976	2623,2	547599	835
836	698896	584277056	28,9137	9,4204	6,7286	1,1962	2626,4	548912	836
837	700569	586376253	28,9310	9,4241	6,7298	1,1947	2629,5	550226	837
838	702244	588480472	28,9482	9,4279	6,7310	1,1933	2632,7	551541	838
839	703921	590589719	28,9655	9,4316	6,7322	1,1919	2635,8	552858	839
840	705600	592704000	28,9828	9,4354	6,7334	1,1905	2638,9	554177	**840**
841	707281	594823321	29,0000	9,4391	6,7346	1,1891	2642,1	555497	841
842	708964	596947688	29,0172	9,4429	6,7358	1,1877	2645,2	556819	842
843	710649	599077107	29,0345	9,4466	6,7370	1,1862	2648,4	558142	843
844	712336	601211584	29,0517	9,4503	6,7382	1,1848	2651,5	559467	844
845	714025	603351125	29,0689	9,4541	6,7393	1,1834	2654,6	560794	845
846	715716	605495736	29,0861	9,4578	6,7405	1,1820	2657,8	562122	846
847	717409	607645423	29,1033	9,4615	6,7417	1,1806	2660,9	563452	847
848	719104	609800192	29,1204	9,4652	6,7429	1,1793	2664,1	564783	848
849	720801	611960049	29,1376	9,4690	6,7441	1,1779	2667,2	566116	849
850	722500	614125000	29,1548	9,4727	6,7452	1,1765	2670,4	567450	**850**

n	n^2	n^3	$\sqrt{n}$	$\sqrt[3]{n}$	$\ln n$	$\frac{1000}{n}$	πn	$\frac{\pi n^2}{4}$	n
850	722500	614125000	29,1548	9,4727	6,7452	1,1765	2670,4	567450	**850**
851	724201	616295051	29,1719	9,4764	6,7464	1,1751	2673,5	568786	851
852	725904	618470208	29,1890	9,4801	6,7476	1,1737	2676,6	570124	852
853	727609	620650477	29,2062	9,4838	6,7488	1,1723	2679,8	571463	853
854	729316	622835864	29,2233	9,4875	6,7499	1,1710	2682,9	572803	854
855	731025	625026375	29,2404	9,4912	6,7511	1,1696	2686,1	574146	855
856	732736	627222016	29,2575	9,4949	6,7523	1,1682	2689,2	575490	856
857	734449	629422793	29,2746	9,4986	6,7534	1,1669	2692,3	576835	857
858	736164	631628712	29,2916	9,5023	6,7546	1,1655	2695,5	578182	858
859	737881	633839779	29,3087	9,5060	6,7558	1,1641	2698,6	579530	859
860	739600	636056000	29,3258	9,5097	6,7569	1,1628	2701,8	580880	**860**
861	741321	638277381	29,3428	9,5134	6,7581	1,1614	2704,9	582232	861
862	743044	640503928	29,3598	9,5171	6,7593	1,1601	2708,1	583585	862
863	744769	642735647	29,3769	9,5207	6,7604	1,1588	2711,2	584940	863
864	746496	644972544	29,3939	9,5244	6,7616	1,1574	2714,3	586297	864
865	748225	647214625	29,4109	9,5281	6,7627	1,1561	2717,5	587655	865
866	749956	649461896	29,4279	9,5317	6,7639	1,1547	2720,6	589014	866
867	751689	651714363	29,4449	9,5354	6,7650	1,1534	2723,8	590375	867
868	753424	653972032	29,4618	9,5391	6,7662	1,1521	2726,9	591738	868
869	755161	656234909	29,4788	9,5427	6,7673	1,1508	2730,0	593102	869
870	756900	658503000	29,4958	9,5464	6,7685	1,1494	2733,2	594468	**870**
871	758641	660776311	29,5127	9,5501	6,7696	1,1481	2736,3	595835	871
872	760384	663054848	29,5296	9,5537	6,7708	1,1468	2739,5	597204	872
873	762129	665338617	29,5466	9,5574	6,7719	1,1455	2742,6	598575	873
874	763876	667627624	29,5635	9,5610	6,7731	1,1442	2745,8	599947	874
875	765625	669921875	29,5804	9,5647	6,7742	1,1429	2748,9	601320	875
876	767376	672221376	29,5973	9,5683	6,7754	1,1416	2752,0	602696	876
877	769129	674526133	29,6142	9,5719	6,7765	1,1403	2755,2	604073	877
878	770884	676836152	29,6311	9,5756	6,7777	1,1390	2758,3	605451	878
879	772641	679151439	29,6479	9,5792	6,7788	1,1377	2761,5	606831	879
880	774400	681472000	29,6648	9,5828	6,7799	1,1364	2764,6	608212	**880**
881	776161	683797841	29,6816	9,5865	6,7811	1,1351	2767,7	609595	881
882	777924	686128968	29,6985	9,5901	6,7822	1,1338	2770,9	610980	882
883	779689	688465387	29,7153	9,5937	6,7833	1,1325	2774,0	612366	883
884	781456	690807104	29,7321	9,5973	6,7845	1,1312	2777,2	613754	884
885	783225	693154125	29,7489	9,6010	6,7856	1,1299	2780,3	615143	885
886	784996	695506456	29,7658	9,6046	6,7867	1,1287	2783,5	616534	886
887	786769	697864103	29,7825	9,6082	6,7878	1,1274	2786,6	617927	887
888	788544	700227072	29,7993	9,6118	6,7890	1,1261	2789,7	619321	888
889	790321	702595369	29,8161	9,6154	6,7901	1,1249	2792,9	620717	889
890	792100	704969000	29,8329	9,6190	6,7912	1,1236	2796,0	622114	**890**
891	793881	707347971	29,8496	9,6226	6,7923	1,1223	2799,2	623513	891
892	795664	709732288	29,8664	9,6262	6,7935	1,1211	2802,3	624913	892
893	797449	712121957	29,8831	9,6298	6,7946	1,1198	2805,4	626315	893
894	799236	714516984	29,8998	9,6334	6,7957	1,1186	2808,6	627718	894
895	801025	716917375	29,9166	9,6370	6,7968	1,1173	2811,7	629124	895
896	802816	719323136	29,9333	9,6406	6,7979	1,1161	2814,9	630530	896
897	804609	721734273	29,9500	9,6442	6,7991	1,1148	2818,0	631938	897
898	806404	724150792	29,9666	9,6477	6,8002	1,1136	2821,2	633348	898
899	808201	726572699	29,9833	9,6513	6,8013	1,1124	2824,3	634760	899
900	810000	729000000	30,0000	9,6549	6,8024	1,1111	2827,4	636173	**900**

n	n^2	n^3	$\sqrt{n}$	$\sqrt[3]{n}$	$\ln n$	$\frac{1000}{n}$	πn	$\frac{\pi n^2}{4}$	n
900	810000	729000000	30,0000	9,6549	6,8024	1,1111	2827,4	636173	**900**
901	811801	731432701	30,0167	9,6585	6,8035	1,1099	2830,6	637587	901
902	813604	733870808	30,0333	9,6620	6,8046	1,1087	2833,7	639003	902
903	815409	736314327	30,0500	9,6656	6,8057	1,1074	2836,9	640421	903
904	817216	738763264	30,0666	9,6692	6,8068	1,1062	2840,0	641840	904
905	819025	741217625	30,0832	9,6727	6,8079	1,1050	2843,1	643261	905
906	820836	743677416	30,0998	9,6763	6,8090	1,1038	2846,3	644683	906
907	822649	746142643	30,1164	9,6799	6,8101	1,1025	2849,4	646107	907
908	824464	748613312	30,1330	9,6834	6,8112	1,1013	2852,6	647533	908
909	826281	751089429	30,1496	9,6870	6,8124	1,1001	2855,7	648960	909
910	828100	753571000	30,1662	9,6905	6,8134	1,0989	2858,8	650388	**910**
911	829921	756058031	30,1828	9,6941	6,8145	1,0977	2862,0	651818	911
912	831744	758550528	30,1993	9,6976	6,8156	1,0965	2865,1	653250	912
913	833569	761048497	30,2159	9,7012	6,8167	1,0953	2868,3	654684	913
914	835396	763551944	30,2324	9,7047	6,8178	1,0941	2871,4	656118	914
915	837225	766060875	30,2490	9,7082	6,8189	1,0929	2874,6	657555	915
916	839056	768575296	30,2655	9,7118	6,8200	1,0917	2877,7	658993	916
917	840889	771095213	30,2820	9,7153	6,8211	1,0905	2880,8	660433	917
918	842724	773620632	30,2985	9,7188	6,8222	1,0893	2884,0	661874	918
919	844561	776151559	30,3150	9,7224	6,8233	1,0881	2887,1	663317	919
920	846400	778688000	30,3315	9,7259	6,8244	1,0870	2890,3	664761	**920**
921	848241	781229961	30,3480	9,7294	6,8255	1,0858	2893,4	666207	921
922	850084	783777448	30,3645	9,7329	6,8266	1,0846	2896,5	667654	922
923	851929	786330467	30,3809	9,7364	6,8276	1,0834	2899,7	669103	923
924	853776	788889024	30,3974	9,7400	6,8287	1,0823	2902,8	670554	924
925	855625	791453125	30,4138	9,7435	6,8298	1,0811	2906,0	672006	925
926	857476	794022776	30,4302	9,7470	6,8309	1,0799	2909,1	673460	926
927	859329	796597983	30,4467	9,7505	6,8320	1,0788	2912,3	674915	927
928	861184	799178752	30,4631	9,7540	6,8330	1,0776	2915,4	676372	928
929	863041	801765089	30,4795	9,7575	6,8341	1,0764	2918,5	677831	929
930	864900	804357000	30,4959	9,7610	6,8352	1,0753	2921,7	679291	**930**
931	866761	806954491	30,5123	9,7645	6,8363	1,0741	2924,8	680752	931
932	868624	809557568	30,5287	9,7680	6,8373	1,0730	2928,0	682216	932
933	870489	812166237	30,5450	9,7715	6,8384	1,0718	2931,1	683680	933
934	872356	814780504	30,5614	9,7750	6,8395	1,0707	2934,2	685147	934
935	874225	817400375	30,5778	9,7785	6,8406	1,0695	2937,4	686615	935
936	876096	820025856	30,5941	9,7819	6,8416	1,0684	2940,5	688084	936
937	877969	822656953	30,6105	9,7854	6,8427	1,0672	2943,7	689555	937
938	879844	825293672	30,6268	9,7889	6,8438	1,0661	2946,8	691028	938
939	881721	827936019	30,6431	9,7924	6,8448	1,0650	2950,0	692502	939
940	883600	830584000	30,6594	9,7959	6,8459	1,0638	2953,1	693978	**940**
941	885481	833237621	30,6757	9,7993	6,8469	1,0627	2956,2	695455	941
942	887364	835896888	30,6920	9,8028	6,8480	1,0616	2959,4	696934	942
943	889249	838561807	30,7083	9,8063	6,8491	1,0605	2962,5	698415	943
944	891136	841232384	30,7246	9,8097	6,8501	1,0593	2965,7	699897	944
945	893025	843908625	30,7409	9,8132	6,8512	1,0582	2968,8	701380	945
946	894916	846590536	30,7571	9,8167	6,8522	1,0571	2971,9	702865	946
947	896809	849278123	30,7734	9,8201	6,8533	1,0560	2975,1	704352	947
948	898704	851971392	30,7896	9,8236	6,8544	1,0549	2978,2	705840	948
949	900601	854670349	30,8058	9,8270	6,8554	1,0537	2981,4	707330	949
950	902500	857375000	30,8221	9,8305	6,8565	1,0526	2984,5	708822	**950**

n	n^2	n^3	$\sqrt{n}$	$\sqrt[3]{n}$	$\ln n$	$\frac{1000}{n}$	πn	$\frac{\pi n^2}{4}$	n
950	902500	857375000	30,8221	9,8305	6,8565	1,0526	2984,5	708822	**950**
951	904401	860085351	30,8383	9,8339	6,8575	1,0515	2987,7	710315	951
952	906304	862801408	30,8545	9,8374	6,8586	1,0504	2990,8	711809	952
953	908209	865523177	30,8707	9,8408	6,8596	1,0493	2993,9	713306	953
954	910116	868250664	30,8869	9,8443	6,8607	1,0482	2997,1	714803	954
955	912025	870983875	30,9031	9,8477	6,8617	1,0471	3000,2	716303	955
956	913936	873722816	30,9192	9,8511	6,8628	1,0460	3003,4	717804	956
957	915849	876467493	30,9354	9,8546	6,8638	1,0449	3006,5	719306	957
958	917764	879217912	30,9516	9,8580	6,8649	1,0438	3009,6	720810	958
959	919681	881974079	30,9677	9,8614	6,8659	1,0428	3012,8	722316	959
960	921600	884736000	30,9839	9,8648	6,8669	1,0417	3015,9	723823	**960**
961	923521	887503681	31,0000	9,8683	6,8680	1,0406	3019,1	725332	961
962	925444	890277128	31,0161	9,8717	6,8690	1,0395	3022,2	726842	962
963	927369	893056347	31,0322	9,8751	6,8701	1,0384	3025,4	728354	963
964	929296	895841344	31,0483	9,8785	6,8711	1,0373	3028,5	729867	964
965	931225	898632125	31,0644	9,8819	6,8721	1,0363	3031,6	731382	965
966	933156	901428696	31,0805	9,8854	6,8732	1,0352	3034,8	732899	966
967	935089	904231063	31,0966	9,8888	6,8742	1,0341	3037,9	734417	967
968	937024	907039232	31,1127	9,8922	6,8752	1,0331	3041,1	735937	968
969	938961	909853209	31,1288	9,8956	6,8763	1,0320	3044,2	737458	969
970	940900	912673000	31,1448	9,8990	6,8773	1,0309	3047,3	738981	**970**
971	942841	915498611	31,1609	9,9024	6,8783	1,0299	3050,5	740506	971
972	944784	918330048	31,1769	9,9058	6,8794	1,0288	3053,6	742032	972
973	946729	921167317	31,1929	9,9092	6,8804	1,0278	3056,8	743559	973
974	948676	924010424	31,2090	9,9126	6,8814	1,0267	3059,9	745088	974
975	950625	926859375	31,2250	9,9160	6,8824	1,0256	3063,1	746619	975
976	952576	929714176	31,2410	9,9194	6,8835	1,0246	3066,2	748151	976
977	954529	932574833	31,2570	9,9227	6,8845	1,0235	3069,3	749685	977
978	956484	935441352	31,2730	9,9261	6,8855	1,0225	3072,5	751221	978
979	958441	938313739	31,2890	9,9295	6,8865	1,0215	3075,6	752758	979
980	960400	941192000	31,3050	9,9329	6,8876	1,0204	3078,8	754296	**980**
981	962361	944076141	31,3209	9,9363	6,8886	1,0194	3081,9	755837	981
982	964324	946966168	31,3369	9,9396	6,8896	1,0183	3085,0	757378	982
983	966289	949862087	31,3528	9,9430	6,8906	1,0173	3088,2	758922	983
984	968256	952763904	31,3688	9,9464	6,8916	1,0163	3091,3	760466	984
985	970225	955671625	31,3847	9,9497	6,8926	1,0152	3094,5	762013	985
986	972196	958585256	31,4006	9,9531	6,8937	1,0142	3097,6	763561	986
987	974169	961504803	31,4166	9,9565	6,8947	1,0132	3100,8	765111	987
988	976144	964430272	31,4325	9,9598	6,8957	1,0122	3103,9	766662	988
989	978121	967361669	31,4484	9,9632	6,8967	1,0111	3107,0	768214	989
990	980100	970299000	31,4643	9,9666	6,8977	1,0101	3110,2	769769	**990**
991	982081	973242271	31,4802	9,9699	6,8987	1,0091	3113,3	771325	991
992	984064	976191488	31,4960	9,9733	6,8997	1,0081	3116,5	772882	992
993	986049	979146657	31,5119	9,9766	6,9007	1,0071	3119,6	774441	993
994	988036	982107784	31,5278	9,9800	6,9017	1,0060	3122,7	776002	994
995	990025	985074875	31,5436	9,9833	6,9027	1,0050	3125,9	777564	995
996	992016	988047936	31,5595	9,9866	6,9038	1,0040	3129,0	779128	996
997	994009	991026973	31,5753	9,9900	6,9048	1,0030	3132,2	780693	997
998	996004	994011992	31,5911	9,9933	6,9058	1,0020	3135,3	782260	998
999	998001	997002999	31,6070	9,9967	6,9068	1,0010	3138,5	783828	999

B. Tafel der 4stelligen Mantissen der Briggsschen Logarithmen von 100 bis 999

Zahl	0	1	2	3	4	5	6	7	8	9	*D*
10	0000	0043	0086	0128	0170	0212	0253	0294	0334	0374	40
11	0414	0453	0492	0531	0569	0607	0645	0682	0719	0755	37
12	0792	0828	0864	0899	0934	0969	1004	1038	1072	1106	33
13	1139	1173	1206	1239	1271	1303	1335	1367	1399	1430	31
14	1461	1492	1523	1553	1584	1614	1644	1673	1703	1732	29
15	1761	1790	1818	1847	1875	1903	1931	1959	1987	2014	27
16	2041	2068	2095	2122	2148	2175	2201	2227	2253	2279	25
17	2304	2330	2355	2380	2405	2430	2455	2480	2504	2529	24
18	2553	2577	2601	2625	2648	2672	2695	2718	2742	2765	23
19	2788	2810	2833	2856	2878	2900	2923	2945	2967	2989	21
20	3010	3032	3054	3075	3096	3118	3139	3160	3181	3201	21
21	3222	3243	3263	3284	3304	3324	3345	3365	3385	3404	20
22	3424	3444	3464	3483	3502	3522	3541	3560	3579	3598	19
23	3617	3636	3655	3674	3692	3711	3729	3747	3766	3784	18
24	3802	3820	3838	3856	3874	3892	3909	3927	3945	3962	17
25	3979	3997	4014	4031	4048	4065	4082	4099	4116	4133	17
26	4150	4166	4183	4200	4216	4232	4249	4265	4281	4298	16
27	4314	4330	4346	4362	4378	4393	4409	4425	4440	4456	16
28	4472	4487	4502	4518	4533	4548	4564	4579	4594	4609	15
29	4624	4639	4654	4669	4683	4698	4713	4728	4742	4757	14
30	4771	4786	4800	4814	4829	4843	4857	4871	4886	4900	14
31	4914	4928	4942	4955	4969	4983	4997	5011	5024	5038	13
32	5051	5065	5079	5092	5105	5119	5132	5145	5159	5172	13
33	5185	5198	5211	5224	5237	5250	5263	5276	5289	5302	13
34	5315	5328	5340	5353	5366	5378	5391	5403	5416	5428	13
35	5441	5453	5465	5478	5490	5502	5514	5527	5539	5551	12
36	5563	5575	5587	5599	5611	5623	5635	5647	5658	5670	12
37	5682	5694	5705	5717	5729	5740	5752	5763	5775	5786	12
38	5798	5809	5821	5832	5843	5855	5866	5877	5888	5899	12
39	5911	5922	5933	5944	5955	5966	5977	5988	5999	6010	11
40	6021	6031	6042	6053	6064	6075	6085	6096	6107	6117	11
41	6128	6138	6149	6160	6170	6180	6191	6201	6212	6222	10
42	6232	6243	6253	6263	6274	6284	6294	6304	6314	6325	10
43	6335	6345	6355	6365	6375	6385	6395	6405	6415	6425	10
44	6435	6444	6454	6464	6474	6484	6493	6503	6513	6522	10
45	6532	6542	6551	6561	6571	6580	6590	6599	6609	6618	10
46	6628	6637	6646	6656	6665	6675	6684	6693	6702	6712	9
47	6721	6730	6739	6749	6758	6767	6776	6785	6794	6803	9
48	6812	6821	6830	6839	6848	6857	6866	6875	6884	6893	9
49	6902	6911	6920	6928	6937	6946	6955	6964	6972	6981	9
50	6990	6998	7007	7016	7024	7033	7042	7050	7059	7067	9
51	7076	7084	7093	7101	7110	7118	7126	7135	7143	7152	8
52	7160	7168	7177	7185	7193	7202	7210	7218	7226	7235	8
53	7243	7251	7259	7267	7275	7284	7292	7300	7308	7316	8
54	7324	7332	7340	7348	7356	7364	7372	7380	7388	7396	8

Spalte *D* enthält die Differenz des letzten lg mit dem ersten der folgenden Zeile.

B. Tafel der 4stelligen Mantissen der Briggsschen Logarithmen
von 550 bis 999

Zahl	0	1	2	3	4	5	6	7	8	9	*D*
55	7404	7412	7419	7427	7435	7443	7451	7459	7466	7474	8
56	7482	7490	7497	7505	7513	7520	7528	7536	7543	7551	8
57	7559	7566	7574	7582	7589	7597	7604	7612	7619	7627	7
58	7634	7642	7649	7657	7664	7672	7679	7686	7694	7701	8
59	7709	7716	7723	7731	7738	7745	7752	7760	7767	7774	8
60	7782	7789	7796	7803	7810	7818	7825	7832	7839	7846	7
61	7853	7860	7868	7875	7882	7889	7896	7903	7910	7917	7
62	7924	7931	7938	7945	7952	7959	7966	7973	7980	7987	6
63	7993	8000	8007	8014	8021	8028	8035	8041	8048	8055	7
64	8062	8069	8075	8082	8089	8096	8102	8109	8116	8122	7
65	8129	8136	8142	8149	8156	8162	8169	8176	8182	8189	6
66	8195	8202	8209	8215	8222	8228	8235	8241	8248	8254	7
67	8261	8267	8274	8280	8287	8293	8299	8306	8312	8319	6
68	8325	8331	8338	8344	8351	8357	8363	8370	8376	8382	6
69	8388	8395	8401	8407	8414	8420	8426	8432	8439	8445	6
70	8451	8457	8463	8470	8476	8482	8488	8494	8500	8506	7
71	8513	8519	8525	8531	8537	8543	8549	8555	8561	8567	6
72	8573	8579	8585	8591	8597	8603	8609	8615	8621	8627	6
73	8633	8639	8645	8651	8657	8663	8669	8675	8681	8686	6
74	8692	8698	8704	8710	8716	8722	8727	8733	8739	8745	6
75	8751	8756	8762	8768	8774	8779	8785	8791	8797	8802	6
76	8808	8814	8820	8825	8831	8837	8842	8848	8854	8859	6
77	8865	8871	8876	8882	8887	8893	8899	8904	8910	8915	6
78	8921	8927	8932	8938	8943	8949	8954	8960	8965	8971	5
79	8976	8982	8987	8993	8998	9004	9009	9015	9020	9025	6
80	9031	9036	9042	9047	9053	9058	9063	9069	9074	9079	6
81	9085	9090	9096	9101	9106	9112	9117	9122	9128	9133	5
82	9138	9143	9149	9154	9159	9165	9170	9175	9180	9186	5
83	9191	9196	9201	9206	9212	9217	9222	9227	9232	9238	5
84	9243	9248	9253	9258	9263	9269	9274	9279	9284	9289	5
85	9294	9299	9304	9309	9315	9320	9325	9330	9335	9340	5
86	9345	9350	9355	9360	9365	9370	9375	9380	9385	9390	5
87	9395	9400	9405	9410	9415	9420	9425	9430	9435	9440	5
88	9445	9450	9455	9460	9465	9469	9474	9479	9484	9489	5
89	9494	9499	9504	9509	9513	9518	9523	9528	9533	9538	4
90	9542	9547	9552	9557	9562	9566	9571	9576	9581	9586	4
91	9590	9595	9600	9605	9609	9614	9619	9624	9628	9633	5
92	9638	9643	9647	9652	9657	9661	9666	9671	9675	9680	5
93	9685	9689	9694	9699	9703	9708	9713	9717	9722	9727	4
94	9731	9736	9741	9745	9750	9754	9759	9763	9768	9773	4
95	9777	9782	9786	9791	9795	9800	9805	9809	9814	9818	5
96	9823	9827	9832	9836	9841	9845	9850	9854	9859	9863	5
97	9868	9872	9877	9881	9886	9890	9894	9899	9903	9908	4
98	9912	9917	9921	9926	9930	9934	9939	9943	9948	9952	4
99	9956	9961	9965	9969	9974	9978	9983	9987	9991	9996	4

Spalte *D* enthält die Differenz des letzten lg mit dem ersten der folgenden Zeile.

C. Tafel der Kreisfunktionen

sin 0° ↓ 45°

Min.	0	6	12	18	24	30	36	42	48	54	60	
Grd	,0	,1	,2	,3	,4	,5	,6	,7	,8	,9	1,0	
0	0,0000	0017	0035	0052	0070	0087	0105	0122	0140	0157	0175	89
1	0175	0192	0209	0227	0244	0262	0279	0297	0314	0332	0349	88
2	0349	0366	0384	0401	0419	0436	0454	0471	0488	0506	0523	87
3	0523	0541	0558	0576	0593	0610	0628	0645	0663	0680	0698	86
4	0698	0715	0732	0750	0767	0785	0802	0819	0837	0854	0872	85
5	0,0872	0889	0906	0924	0941	0958	0976	0993	1011	1028	1045	84
6	1045	1063	1080	1097	1115	1132	1149	1167	1184	1201	1219	83
7	1219	1236	1253	1271	1288	1305	1323	1340	1357	1374	1392	82
8	1392	1409	1426	1444	1461	1478	1495	1513	1530	1547	1564	81
9	1564	1582	1599	1616	1633	1650	1668	1685	1702	1719	1736	**80**
10	0,1736	1754	1771	1788	1805	1822	1840	1857	1874	1891	1908	79
11	1908	1925	1942	1959	1977	1994	2011	2028	2045	2062	2079	78
12	2079	2096	2113	2130	2147	2164	2181	2198	2215	2233	2250	77
13	2250	2267	2284	2300	2317	2334	2351	2368	2385	2402	2419	76
14	2419	2436	2453	2470	2487	2504	2521	2538	2554	2571	2588	75
15	0,2588	2605	2622	2639	2656	2672	2689	2706	2723	2740	2756	74
16	2756	2773	2790	2807	2823	2840	2857	2874	2890	2907	2924	73
17	2924	2940	2957	2974	2990	3007	3024	3040	3057	3074	3090	72
18	3090	3107	3123	3140	3156	3173	3190	3206	3223	3239	3256	71
19	3256	3272	3289	3305	3322	3338	3355	3371	3387	3404	3420	**70**
20	0,3420	3437	3453	3469	3486	3502	3518	3535	3551	3567	3584	69
21	3584	3600	3616	3633	3649	3665	3681	3697	3714	3730	3746	68
22	3746	3762	3778	3795	3811	3827	3843	3859	3875	3891	3907	67
23	3907	3923	3939	3955	3971	3987	4003	4019	4035	4051	4067	66
24	4067	4083	4099	4115	4131	4147	4163	4179	4195	4210	4226	65
25	0,4226	4242	4258	4274	4289	4305	4321	4337	4352	4368	4384	64
26	4384	4399	4415	4431	4446	4462	4478	4493	4509	4524	4540	63
27	4540	4555	4571	4586	4602	4617	4633	4648	4664	4679	4695	62
28	4695	4710	4726	4741	4756	4772	4787	4802	4818	4833	4848	61
29	4848	4863	4879	4894	4909	4924	4939	4955	4970	4985	5000	**60**
30	0,5000	5015	5030	5045	5060	5075	5090	5105	5120	5135	5150	59
31	5150	5165	5180	5195	5210	5225	5240	5255	5270	5284	5299	58
32	5299	5314	5329	5344	5358	5373	5388	5402	5417	5432	5446	57
33	5446	5461	5476	5490	5505	5519	5534	5548	5563	5577	5592	56
34	5592	5606	5621	5635	5650	5664	5678	5693	5707	5721	5736	55
35	0,5736	5750	5764	5779	5793	5807	5821	5835	5850	5864	5878	54
36	5878	5892	5906	5920	5934	5948	5962	5976	5990	6004	6018	53
37	6018	6032	6046	6060	6074	6088	6101	6115	6129	6143	6157	52
38	6157	6170	6184	6198	6211	6225	6239	6252	6266	6280	6293	51
39	6293	6307	6320	6334	6347	6361	6374	6388	6401	6414	6428	**50**
40	0,6428	6441	6455	6468	6481	6494	6508	6521	6534	6547	6561	49
41	6561	6574	6587	6600	6613	6626	6639	6652	6665	6678	6691	48
42	6691	6704	6717	6730	6743	6756	6769	6782	6794	6807	6820	47
43	6820	6833	6845	6858	6871	6884	6896	6909	6921	6934	6947	46
44	0,6947	6959	6972	6984	6997	7009	7022	7034	7046	7059	7071	45
	1,0	,9	,8	,7	,6	,5	,4	,3	,2	,1	,0	Grd
	60	54	48	42	36	30	24	18	12	6	0	Min.

90° ↑ 45° cos

sin 45° ↓ 90°

Min.	0	6	12	18	24	30	36	42	48	54	60	
Grd	,0	,1	,2	,3	,4	,5	,6	,7	,8	,9	1,0	
45	0,7071	7083	7096	7108	7120	7133	7145	7157	7169	7181	7193	44
46	7193	7206	7218	7230	7242	7254	7266	7278	7290	7302	7314	43
47	7314	7325	7337	7349	7361	7373	7385	7396	7408	7420	7431	42
48	7431	7443	7455	7466	7478	7490	7501	7513	7524	7536	7547	41
49	7547	7559	7570	7581	7593	7604	7615	7627	7638	7649	7660	**40**
50	0,7660	7672	7683	7694	7705	7716	7727	7738	7749	7760	7771	39
51	7771	7782	7793	7804	7815	7826	7837	7848	7859	7869	7880	38
52	7880	7891	7902	7912	7923	7934	7944	7955	7965	7976	7986	37
53	7986	7997	8007	8018	8028	8039	8049	8059	8070	8080	8090	36
54	8090	8100	8111	8121	8131	8141	8151	8161	8171	8181	8192	35
55	0,8192	8202	8211	8221	8231	8241	8251	8261	8271	8281	8290	34
56	8290	8300	8310	8320	8329	8339	8348	8358	8368	8377	8387	33
57	8387	8396	8406	8415	8425	8434	8443	8453	8462	8471	8480	32
58	8480	8490	8499	8508	8517	8526	8536	8545	8554	8563	8572	31
59	8572	8581	8590	8599	8607	8616	8625	8634	8643	8652	8660	**30**
60	0,8660	8669	8678	8686	8695	8704	8712	8721	8729	8738	8746	29
61	8746	8755	8763	8771	8780	8788	8796	8805	8813	8821	8829	28
62	8829	8838	8846	8854	8862	8870	8878	8886	8894	8902	8910	27
63	8910	8918	8926	8934	8942	8949	8957	8965	8973	8980	8988	26
64	8988	8996	9003	9011	9018	9026	9033	9041	9048	9056	9063	25
65	0,9063	9070	9078	9085	9092	9100	9107	9114	9121	9128	9135	24
66	9135	9143	9150	9157	9164	9171	9178	9184	9191	9198	9205	23
67	9205	9212	9219	9225	9232	9239	9245	9252	9259	9265	9272	22
68	9272	9278	9285	9291	9298	9304	9311	9317	9323	9330	9336	21
69	9336	9342	9348	9354	9361	9367	9373	9379	9385	9391	9397	**20**
70	0,9397	9403	9409	9415	9421	9426	9432	9438	9444	9449	9455	19
71	9455	9461	9466	9472	9478	9483	9489	9494	9500	9505	9511	18
72	9511	9516	9521	9527	9532	9537	9542	9548	9553	9558	9563	17
73	9563	9568	9573	9578	9583	9588	9593	9598	9603	9608	9613	16
74	9613	9617	9622	9627	9632	9636	9641	9646	9650	9655	9659	15
75	0,9659	9664	9668	9673	9677	9681	9686	9690	9694	9699	9703	14
76	9703	9707	9711	9715	9720	9724	9728	9732	9736	9740	9744	13
77	9744	9748	9751	9755	9759	9763	9767	9770	9774	9778	9781	12
78	9781	9785	9789	9792	9796	9799	9803	9806	9810	9813	9816	11
79	9816	9820	9823	9826	9829	9833	9836	9839	9842	9845	9848	**10**
80	0,9848	9851	9854	9857	9860	9863	9866	9869	9871	9874	9877	9
81	9877	9880	9882	9885	9888	9890	9893	9895	9898	9900	9903	8
82	9903	9905	9907	9910	9912	9914	9917	9919	9921	9923	9925	7
83	9925	9928	9930	9932	9934	9936	9938	9940	9942	9943	9945	6
84	9945	9947	9949	9951	9952	9954	9956	9957	9959	9960	9962	5
85	0,9962	9963	9965	9966	9968	9969	9971	9972	9973	9974	9976	4
86	9976	9977	9978	9979	9980	9981	9982	9983	9984	9985	9986	3
87	9986	9987	9988	9989	9990	9990	9991	9992	9993	9993	9994	2
88	9994	9995	9995	9996	9996	9997	9997	9997	9998	9998	9998	1
89	0,9998	9999	9999	9999	9999	1,0	1,0	1,0	1,0	1,0	1,0	**0**
	1,0	,9	,8	,7	,6	,5	,4	,3	,2	,1	,0	Grd
	60	54	48	42	36	30	24	18	12	6	0	Min.

45° ↑ 0° cos

tan 0° ↓ 45°

Min.	0	6	12	18	24	30	36	42	48	54	60	
Grd	,0	,1	,2	,3	,4	,5	,6	,7	,8	,9	1,0	
0	0,0000	0017	0035	0052	0070	0087	0105	0122	0140	0157	0175	89
1	0175	0192	0209	0227	0244	0262	0279	0297	0314	0332	0349	88
2	0349	0367	0384	0402	0419	0437	0454	0472	0489	0507	0524	87
3	0524	0542	0559	0577	0594	0612	0629	0647	0664	0682	0699	86
4	0699	0717	0734	0752	0769	0787	0805	0822	0840	0857	0875	85
5	0,0875	0892	0910	0928	0945	0963	0981	0998	1016	1033	1051	84
6	1051	1069	1086	1104	1122	1139	1157	1175	1192	1210	1228	83
7	1228	1246	1263	1281	1299	1317	1334	1352	1370	1388	1405	82
8	1405	1423	1441	1459	1477	1495	1512	1530	1548	1566	1584	81
9	1584	1602	1620	1638	1655	1673	1691	1709	1727	1745	1763	**80**
10	0,1763	1781	1799	1817	1835	1853	1871	1890	1908	1926	1944	79
11	1944	1962	1980	1998	2016	2035	2053	2071	2089	2107	2126	78
12	2126	2144	2162	2180	2199	2217	2235	2254	2272	2290	2309	77
13	2309	2327	2345	2364	2382	2401	2419	2438	2456	2475	2493	76
14	2493	2512	2530	2549	2568	2586	2605	2623	2642	2661	2679	75
15	0,2679	2698	2717	2736	2754	2773	2792	2811	2830	2849	2867	74
16	2867	2886	2905	2924	2943	2962	2981	3000	3019	3038	3057	73
17	3057	3076	3096	3115	3134	3153	3172	3191	3211	3230	3249	72
18	3249	3269	3288	3307	3327	3346	3365	3385	3404	3424	3443	71
19	3443	3463	3482	3502	3522	3541	3561	3581	3600	3620	3640	**70**
20	0,3640	3659	3679	3699	3719	3739	3759	3779	3799	3819	3839	69
21	3839	3859	3879	3899	3919	3939	3959	3979	4000	4020	4040	68
22	4040	4061	4081	4101	4122	4142	4163	4183	4204	4224	4245	67
23	4245	4265	4286	4307	4327	4348	4369	4390	4411	4431	4452	66
24	4452	4473	4494	4515	4536	4557	4578	4599	4621	4642	4663	65
25	0,4663	4684	4706	4727	4748	4770	4791	4813	4834	4856	4877	64
26	4877	4899	4921	4942	4964	4986	5008	5029	5051	5073	5095	63
27	5095	5117	5139	5161	5184	5206	5228	5250	5272	5295	5317	62
28	5317	5340	5362	5384	5407	5430	5452	5475	5498	5520	5543	61
29	5543	5566	5589	5612	5635	5658	5681	5704	5727	5750	5774	**60**
30	0,5774	5797	5820	5844	5867	5890	5914	5938	5961	5985	6009	59
31	6009	6032	6056	6080	6104	6128	6152	6176	6200	6224	6249	58
32	6249	6273	6297	6322	6346	6371	6395	6420	6445	6469	6494	57
33	6494	6519	6544	6569	6594	6619	6644	6669	6694	6720	6745	56
34	6745	6771	6796	6822	6847	6873	6899	6924	6950	6976	7002	55
35	0,7002	7028	7054	7080	7107	7133	7159	7186	7212	7239	7265	54
36	7265	7292	7319	7346	7373	7400	7427	7454	7481	7508	7536	53
37	7536	7563	7590	7618	7646	7673	7701	7729	7757	7785	7813	52
38	7813	7841	7869	7898	7926	7954	7983	8012	8040	8069	8098	51
39	8098	8127	8156	8185	8214	8243	8273	8302	8332	8361	8391	**50**
40	0,8391	8421	8451	8481	8511	8541	8571	8601	8632	8662	8693	49
41	8693	8724	8754	8785	8816	8847	8878	8910	8941	8972	9004	48
42	9004	9036	9067	9099	9131	9163	9195	9228	9260	9293	9325	47
43	9325	9358	9391	9424	9457	9490	9523	9556	9590	9623	9657	46
44	0,9657	9691	9725	9759	9793	9827	9861	9896	9930	9965	1,0	45
	1,0	,9	,8	,7	,6	,5	,4	,3	,2	,1	,0	Grd
	60	54	48	42	36	30	24	18	12	6	0	Min.

90° ↑ 45° cot

tan 45° → 90°

Min.	0	6	12	18	24	30	36	42	48	54	60	
Grd	,0	,1	,2	,3	,4	,5	,6	,7	,8	,9	1,0	
45	1,000	1,003	1,007	1,011	1,014	1,018	1,021	1,025	1,028	1,032	1,036	44
46	1,036	1,039	1,043	1,046	1,050	1,054	1,057	1,061	1,065	1,069	1,072	43
47	1,072	1,076	1,080	1,084	1,087	1,091	1,095	1,099	1,103	1,107	1,111	42
48	1,111	1,115	1,118	1,122	1,126	1,130	1,134	1,138	1,142	1,146	1,150	41
49	1,150	1,154	1,159	1,163	1,167	1,171	1,175	1,179	1,183	1,188	1,192	**40**
50	1,192	1,196	1,200	1,205	1,209	1,213	1,217	1,222	1,226	1,230	1,235	39
51	1,235	1,239	1,244	1,248	1,253	1,257	1,262	1,266	1,271	1,275	1,280	38
52	1,280	1,285	1,289	1,294	1,299	1,303	1,308	1,313	1,317	1,322	1,327	37
53	1,327	1,332	1,337	1,342	1,347	1,351	1,356	1,361	1,366	1,371	1,376	36
54	1,376	1,381	1,387	1,392	1,397	1,402	1,407	1,412	1,418	1,423	1,428	35
55	1,428	1,433	1,439	1,444	1,450	1,455	1,460	1,466	1,471	1,477	1,483	34
56	1,483	1,488	1,494	1,499	1,505	1,511	1,517	1,522	1,528	1,534	1,540	33
57	1,540	1,546	1,552	1,558	1,564	1,570	1,576	1,582	1,588	1,594	1,600	32
58	1,600	1,607	1,613	1,619	1,625	1,632	1,638	1,645	1,651	1,658	1,664	31
59	1,664	1,671	1,678	1,684	1,691	1,698	1,704	1,711	1,718	1,725	1,732	**30**
60	1,732	1,739	1,746	1,753	1,760	1,767	1,775	1,782	1,789	1,797	1,804	29
61	1,804	1,811	1,819	1,827	1,834	1,842	1,849	1,857	1,865	1,873	1,881	28
62	1,881	1,889	1,897	1,905	1,913	1,921	1,929	1,937	1,946	1,954	1,963	27
63	1,963	1,971	1,980	1,988	1,997	2,006	2,014	2,023	2,032	2,041	2,050	26
64	2,050	2,059	2,069	2,078	2,087	2,097	2,106	2,116	2,125	2,135	2,145	25
65	2,145	2,154	2,164	2,174	2,184	2,194	2,204	2,215	2,225	2,236	2,246	24
66	2,246	2,257	2,267	2,278	2,289	2,300	2,311	2,322	2,333	2,344	2,356	23
67	2,356	2,367	2,379	2,391	2,402	2,414	2,426	2,438	2,450	2,463	2,475	22
68	2,475	2,488	2,500	2,513	2,526	2,539	2,552	2,565	2,578	2,592	2,605	21
69	2,605	2,619	2,633	2,646	2,660	2,675	2,689	2,703	2,718	2,733	2,747	**20**
70	2,747	2,762	2,778	2,793	2,808	2,824	2,840	2,856	2,872	2,888	2,904	19
71	2,904	2,921	2,937	2,954	2,971	2,989	3,006	3,024	3,042	3,060	3,078	18
72	3,078	3,096	3,115	3,133	3,152	3,172	3,191	3,211	3,230	3,251	3,271	17
73	3,271	3,291	3,312	3,333	3,354	3,376	3,398	3,420	3,442	3,465	3,487	16
74	3,487	3,511	3,534	3,558	3,582	3,606	3,630	3,655	3,681	3,706	3,732	15
75	3,732	3,758	3,785	3,812	3,839	3,867	3,895	3,923	3,952	3,981	4,011	14
76	4,011	4,041	4,071	4,102	4,134	4,165	4,198	4,230	4,264	4,297	4,331	13
77	4,331	4,366	4,402	4,437	4,474	4,511	4,548	4,586	4,625	4,665	4,705	12
78	4,705	4,745	4,787	4,829	4,872	4,915	4,959	5,005	5,050	5,097	5,145	11
79	5,145	5,193	5,242	5,292	5,343	5,396	5,449	5,503	5,558	5,614	5,671	**10**
80	5,671	5,730	5,789	5,850	5,912	5,976	6,041	6,107	6,174	6,243	6,314	9
81	6,314	6,386	6,460	6,535	6,612	6,691	6,772	6,855	6,940	7,026	7,115	8
82	7,115	7,207	7,300	7,396	7,495	7,596	7,700	7,806	7,916	8,028	8,144	7
83	8,144	8,264	8,386	8,513	8,643	8,777	8,915	9,058	9,205	9,357	9,514	6
84	9,514	9,677	9,845	10,02	10,20	10,39	10,58	10,78	10,99	11,20	11,43	5
85	11,43	11,66	11,91	12,16	12,43	12,71	13,00	13,30	13,62	13,95	14,30	4
86	14,30	14,67	15,06	15,46	15,89	16,35	16,83	17,34	17,89	18,46	19,08	3
87	19,08	19,74	20,45	21,20	22,02	22,90	23,86	24,90	26,03	27,27	28,64	2
88	28,64	30,14	31,82	33,69	35,80	38,19	40,92	44,07	47,74	52,08	57,29	1
89	57,29	63,66	71,62	81,85	95,49	114,6	143,2	191,0	286,5	573,0	∞	**0**
	1,0	,9	,8	,7	,6	,5	,4	,3	,2	,1	,0	Grd
	60	54	48	42	36	30	24	18	12	6	0	Min.

cot 0° → 45°

D. Bogenlängen, Bogenhöhen, Sehnenlängen

Zentriwinkel in Grad	Bogenlänge b	Bogenhöhe	Sehnenlänge	Inhalt des Kreisabschnitts	Zentriwinkel in Grad	Bogenlänge b	Bogenhöhe	Sehnenlänge	Inhalt des Kreisabschnitts
1	0,0175	0,0000	0,0175	0,00000	46	0,8029	0,0795	0,7815	0,0418
2	0,0349	0,0002	0,0349	0,00000	47	0,8203	0,0829	0,7975	0,0445
3	0,0524	0,0003	0,0524	0,00001	48	0,8378	0,0865	0,8135	0,0473
4	0,0698	0,0006	0,0698	0,00003	49	0,8552	0,0900	0,8294	0,0503
5	0,0873	0,0010	0,0872	0,00006	**50**	0,8727	0,0937	0,8452	0,0533
6	0,1047	0,0014	0,1047	0,00010	51	0,8901	0,0974	0,8610	0,0565
7	0,1222	0,0019	0,1221	0,00015	52	0,9076	0,1012	0,8767	0,0598
8	0,1396	0,0024	0,1395	0,0002	53	0,9250	0,1051	0,8924	0,0632
9	0,1571	0,0031	0,1569	0,0003	54	0,9425	0,1090	0,9080	0,0667
10	0,1745	0,0038	0,1743	0,0004	55	0,9599	0,1130	0,9235	0,0704
11	0,1920	0,0046	0,1917	0,0006	56	0,9774	0,1171	0,9389	0,0742
12	0,2094	0,0055	0,2091	0,0008	57	0,9948	0,1212	0,9543	0,0781
13	0,2269	0,0064	0,2264	0,0010	58	1,0123	0,1254	0,9696	0,0821
14	0,2443	0,0075	0,2437	0,0012	59	1,0297	0,1296	0,9848	0,0863
15	0,2618	0,0086	0,2611	0,0015	**60**	1,0472	0,1340	1,0000	0,0906
16	0,2793	0,0097	0,2783	0,0018	61	1,0647	0,1384	1,0151	0,0950
17	0,2967	0,0110	0,2956	0,0022	62	1,0821	0,1428	1,0301	0,0996
18	0,3142	0,0123	0,3129	0,0026	63	1,0996	0,1474	1,0450	0,1043
19	0,3316	0,0137	0,3301	0,0030	64	1,1170	0,1520	1,0598	0,1091
20	0,3491	0,0152	0,3473	0,0035	65	1,1345	0,1566	1,0746	0,1141
21	0,3665	0,0167	0,3645	0,0041	66	1,1519	0,1613	1,0893	0,1192
22	0,3840	0,0184	0,3816	0,0047	67	1,1694	0,1661	1,1039	0,1244
23	0,4014	0,0201	0,3987	0,0054	68	1,1868	0,1710	1,1184	0,1298
24	0,4189	0,0219	0,4158	0,0061	69	1,2043	0,1759	1,1328	0,1354
25	0,4363	0,0237	0,4329	0,0069	**70**	1,2217	0,1808	1,1472	0,1410
26	0,4538	0,0256	0,4499	0,0077	71	1,2392	0,1859	1,1614	0,1468
27	0,4712	0,0276	0,4669	0,0086	72	1,2566	0,1910	1,1756	0,1528
28	0,4887	0,0297	0,4838	0,0096	73	1,2741	0,1961	1,1896	0,1589
29	0,5061	0,0319	0,5008	0,0107	74	1,2915	0,2014	1,2036	0,1651
30	0,5236	0,0341	0,5176	0,0118	75	1,3090	0,2066	1,2175	0,1715
31	0,5411	0,0364	0,5345	0,0130	76	1,3265	0,2120	1,2313	0,1781
32	0,5585	0,0387	0,5513	0,0143	77	1,3439	0,2174	1,2450	0,1848
33	0,5760	0,0412	0,5680	0,0157	78	1,3614	0,2229	1,2586	0,1916
34	0,5934	0,0437	0,5847	0,0171	79	1,3788	0,2284	1,2722	0,1986
35	0,6109	0,0463	0,6014	0,0186	**80**	1,3963	0,2340	1,2856	0,2057
36	0,6283	0,0489	0,6180	0,0203	81	1,4137	0,2396	1,2989	0,2130
37	0,6458	0,0517	0,6346	0,0220	82	1,4312	0,2453	1,3121	0,2205
38	0,6632	0,0545	0,6511	0,0238	83	1,4486	0,2510	1,3252	0,2280
39	0,6807	0,0574	0,6676	0,0257	84	1,4661	0,2569	1,3383	0,2358
40	0,6981	0,0603	0,6840	0,0277	85	1,4835	0,2627	1,3512	0,2437
41	0,7156	0,0633	0,7004	0,0298	86	1,5010	0,2686	1,3640	0,2517
42	0,7330	0,0664	0,7167	0,0320	87	1,5184	0,2746	1,3767	0,2599
43	0,7505	0,0696	0,7330	0,0343	88	1,5359	0,2807	1,3893	0,2683
44	0,7679	0,0728	0,7492	0,0366	89	1,5533	0,2867	1,4018	0,2768
45	0,7854	0,0761	0,7654	0,0392	**90**	1,5708	0,2929	1,4142	0,2854

Die Spalte „Bogenlänge b" gibt für $r = 1$ (wie vorausgesetzt) zugleich das Bogenmaß arc (in rad) des daneben im Gradmaß angegebenen Winkels. Bezgl. Bogenmaß s. S. 64.

Ist r der Kreishalbmesser und φ der Zentriwinkel in Grad, so ergibt sich:

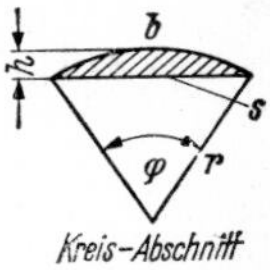

Kreis-Abschnitt

1. die Bogenlänge: $b = \pi r \frac{\varphi}{180} = 0{,}0175 r\varphi \approx \sqrt{s^2 + \frac{16}{3} h^2}$;

2. die Bogenhöhe: $h = r\left(1 - \cos\frac{\varphi}{2}\right) = \frac{s}{2} \tan\frac{\varphi}{4} = 2r \sin^2\frac{\varphi}{4}$;

und Kreisabschnitte für den Halbmesser $r = 1$

Zentri-winkel in Grad	Bogen-länge b	Bogen-höhe	Sehnen-länge	Inhalt des Kreis-abschnitts	Zentri-winkel in Grad	Bogen-länge b	Bogen-höhe	Sehnen-länge	Inhalt des Kreis-abschnitts
91	1,5882	0,2991	1,4265	0,2942	136	2,3736	0,6254	1,8544	0,8395
92	1,6057	0,3053	1,4387	0,3032	137	2,3911	0,6335	1,8608	0,8546
93	1,6232	0,3116	1,4507	0,3123	138	2,4086	0,6416	1,8672	0,8697
94	1,6406	0,3180	1,4627	0,3215	139	2,4260	0,6498	1,8733	0,8850
95	1,6581	0,3244	1,4746	0,3309	**140**	2,4435	0,6580	1,8794	0,9003
96	1,6755	0,3309	1,4863	0,3405	141	2,4609	0,6662	1,8853	0,9158
97	1,6930	0,3374	1,4979	0,3502	142	2,4784	0,6744	1,8910	0,9314
98	1,7104	0,3439	1,5094	0,3601	143	2,4958	0,6827	1,8966	0,9470
99	1,7279	0,3506	1,5208	0,3701	144	2,5133	0,6910	1,9021	0,9627
100	1,7453	0,3572	1,5321	0,3803	145	2,5307	0,6993	1,9074	0,9786
101	1,7628	0,3639	1,5432	0,3906	146	2,5482	0,7076	1,9126	0,9945
102	1,7802	0,3707	1,5543	0,4010	147	2,5656	0,7160	1,9176	1,0105
103	1,7977	0,3775	1,5652	0,4117	148	2,5831	0,7244	1,9225	1,0266
104	1,8151	0,3843	1,5760	0,4224	149	2,6005	0,7328	1,9273	1,0428
105	1,8326	0,3912	1,5867	0,4333	**150**	2,6180	0,7412	1,9319	1,0590
106	1,8500	0,3982	1,5973	0,4444	151	2,6354	0,7496	1,9363	1,0753
107	1,8675	0,4052	1,6077	0,4556	152	2,6529	0,7581	1,9406	1,0917
108	1,8850	0,4122	1,6180	0,4670	153	2,6704	0,7666	1,9447	1,1082
109	1,9024	0,4193	1,6282	0,4785	154	2,6878	0,7750	1,9487	1,1247
110	1,9199	0,4264	1,6383	0,4901	155	2,7053	0,7836	1,9526	1,1413
111	1,9373	0,4336	1,6483	0,5019	156	2,7227	0,7921	1,9563	1,1580
112	1,9548	0,4408	1,6581	0,5138	157	2,7402	0,8006	1,9598	1,1747
113	1,9722	0,4481	1,6678	0,5259	158	2,7576	0,8092	1,9633	1,1915
114	1,9897	0,4554	1,6773	0,5381	159	2,7751	0,8178	1,9665	1,2084
115	2,0071	0,4627	1,6868	0,5504	**160**	2,7925	0,8264	1,9696	1,2253
116	2,0246	0,4701	1,6961	0,5629	161	2,8100	0,8350	1,9726	1,2422
117	2,0420	0,4775	1,7053	0,5755	162	2,8274	0,8436	1,9754	1,2592
118	2,0595	0,4850	1,7143	0,5883	163	2,8449	0,8522	1,9780	1,2763
119	2,0769	0,4925	1,7233	0,6012	164	2,8623	0,8608	1,9805	1,2934
120	2,0944	0,5000	1,7321	0,6142	165	2,8798	0,8695	1,9829	1,3105
121	2,1118	0,5076	1,7407	0,6273	166	2,8972	0,8781	1,9851	1,3277
122	2,1293	0,5152	1,7492	0,6406	167	2,9147	0,8868	1,9871	1,3449
123	2,1468	0,5228	1,7576	0,6540	168	2,9322	0,8955	1,9890	1,3621
124	2,1642	0,5305	1,7659	0,6676	169	2,9496	0,9042	1,9908	1,3794
125	2,1817	0,5383	1,7740	0,6813	**170**	2,9671	0,9128	1,9924	1,3967
126	2,1991	0,5460	1,7820	0,6951	171	2,9845	0,9215	1,9938	1,4140
127	2,2166	0,5538	1,7899	0,7090	172	3,0020	0,9302	1,9951	1,4314
128	2,2340	0,5616	1,7976	0,7230	173	3,0194	0,9390	1,9963	1,4488
129	2,2515	0,5695	1,8052	0,7372	174	3,0369	0,9477	1,9973	1,4662
130	2,2689	0,5774	1,8126	0,7514	175	3,0543	0,9564	1,9981	1,4836
131	2,2864	0,5853	1,8199	0,7658	176	3,0718	0,9651	1,9988	1,5010
132	2,3038	0,5933	1,8271	0,7803	177	3,0892	0,9738	1,9993	1,5185
133	2,3213	0,6013	1,8341	0,7950	178	3,1067	0,9825	1,9997	1,5359
134	2,3387	0,6093	1,8410	0,8097	179	3,1241	0,9913	1,9999	1,5533
135	2,3562	0,6173	1,8478	0,8245	**180**	3,1416	1,0000	2,0000	1,5708

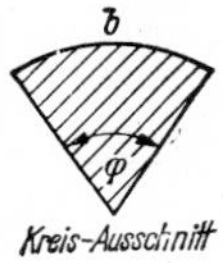

Kreis-Ausschnitt

3. die Sehnenlänge: $s = 2r \sin \frac{\varphi}{2}$;

4. der Inhalt des Kreisabschnitts $= \frac{r^2}{2}\left(\frac{\pi}{180}\varphi - \sin\varphi\right)$;

5. „ „ „ Kreisausschnitts $= \frac{\varphi}{360}\pi r^2 = 0{,}0087\varphi r^2$.

E. Tafel der Hyperbelfunktionen[1]

sinh φ für φ = 0 bis φ = 5,99

φ	0	1	2	3	4	5	6	7	8	9	D
0,0	0,0000	0100	0200	0300	0400	0500	0600	0701	0801	0901	101
0,1	0,1002	1102	1203	1304	1405	1506	1607	1708	1810	1912	102
0,2	0,2013	2116	2218	2320	2423	2526	2629	2733	2837	2941	104
0,3	0,3045	3150	3255	3360	3466	3572	3678	3785	3892	4000	108
0,4	0,4108	4216	4325	4434	4543	4653	4764	4875	4987	5098	113
0,5	0,5211	5324	5438	5552	5666	5782	5897	6014	6131	6248	119
0,6	0,6367	6485	6605	6725	6846	6968	7090	7213	7336	7461	125
0,7	0,7586	7712	7838	7966	8094	8223	8353	8484	8615	8748	133
0,8	0,8881	9015	9150	9286	9423	9561	9700	9840	9981	*0122	143
0,9	1,0265	0409	0554	0700	0847	0995	1144	1294	1446	1598	154
1,0	1,1752	1907	2063	2220	2379	2539	2700	2862	3025	3190	167
1,1	1,3357	3524	3693	3863	4035	4208	4382	4558	4736	4914	181
1,2	1,5095	5276	5460	5645	5831	6019	6209	6400	6593	6788	196
1,3	1,6984	7182	7381	7583	7786	7991	8198	8406	8617	8829	214
1,4	1,9043	9259	9477	9697	9919	*0143	*0369	*0597	*0827	*1059	234
1,5	2,1293	1529	1768	2008	2251	2496	2743	2993	3245	3499	257
1,6	2,3756	4015	4276	4540	4806	5075	5346	5620	5896	6175	281
1,7	2,6456	6741	7027	7317	7609	7904	8202	8503	8806	9113	309
1,8	2,9422	9734	*0049	*0367	*0689	*1013	*1340	*1671	*2005	*2342	340
1,9	3,2682	3025	3372	3722	4075	4432	4792	5156	5523	5894	375
2,0	3,6269	6647	7028	7414	7803	8196	8593	8993	9398	9806	413
2,1	4,0219	0635	1056	1480	1909	2342	2779	3221	3666	4117	454
2,2	4,4571	5030	5494	5962	6434	6912	7394	7880	8372	8868	502
2,3	4,9370	9876	*0387	*0903	*1425	*1951	*2483	*3020	*3562	*4109	553
2,4	5,4662	5221	5785	6354	6929	7510	8097	8689	9288	9892	610
2,5	6,0502	1118	1741	2369	3004	3645	4293	4946	5607	6274	673
2,6	6,6947	7628	8315	9009	9709	*0417	*1132	*1854	*2583	*3319	744
2,7	7,4063	4814	5572	6338	7112	7894	8683	9480	*0285	*1098	821
2,8	8,1919	2749	3586	4432	5287	6150	7021	7902	8791	9689	907
2,9	9,0596	1512	2437	3371	4315	5268	6231	7203	8185	9177	1002
3,0	10,0179	1191	2212	3245	4287	5340	6403	7477	8562	9658	1107
3,1	11,0765	1882	3011	4151	5303	6466	7641	8827	*0026	*1236	1223
3,2	12,2459	3694	4941	6201	7473	8758	*0056	*1367	*2691	*4028	1351
3,3	13,5379	6743	8121	9513	*0919	*2338	*3772	*5221	*6684	*8161	1493
3,4	14,965	15,116	15,268	15,422	15,577	15,734	15,893	16,053	16,214	16,378	165
3,5	16,543	16,709	16,877	17,047	17,219	17,392	17,567	17,744	17,923	18,103	182
3,6	18,285	18,470	18,655	18,843	19,033	19,224	19,418	19,613	19,811	20,010	201
3,7	20,211	20,415	20,620	20,828	21,037	21,249	21,463	21,679	21,897	22,117	222
3,8	22,339	22,564	22,791	23,020	23,252	23,486	23,722	23,961	24,202	24,445	246
3,9	24,691	24,939	25,190	25,444	25,700	25,958	26,219	26,483	26,749	27,018	272
4,0	27,290	27,564	27,842	28,122	28,404	28,690	28,979	29,270	29,564	29,862	300
4,1	30,162	30,465	30,772	31,081	31,393	31,709	32,028	32,350	32,675	33,004	332
4,2	33,336	33,671	34,009	34,351	34,697	35,046	35,398	35,754	36,113	36,476	367
4,3	36,843	37,214	37,588	37,966	38,347	38,733	39,122	39,515	39,913	40,314	405
4,4	40,719	41,129	41,542	41,960	42,382	42,808	43,238	43,673	44,112	44,555	448
4,5	45,003	45,455	45,912	46,374	46,840	47,311	47,787	48,267	48,752	49,242	495
4,6	49,737	50,237	50,742	51,252	51,767	52,288	52,813	53,344	53,880	54,422	547
4,7	54,969	55,522	56,080	56,643	57,213	57,788	58,369	58,955	59,548	60,147	604
4,8	60,751	61,362	61,979	62,601	63,231	63,866	64,508	65,157	65,812	66,473	668
4,9	67,141	67,816	68,498	69,186	69,882	70,584	71,293	72,010	72,734	73,465	738
5,0	74,203	74,949	75,702	76,463	77,232	78,008	78,792	79,584	80,384	81,192	816
5,1	82,008	82,832	83,665	84,506	85,355	86,213	87,079	87,955	88,839	89,732	901
5,2	90,633	91,544	92,464	93,394	94,332	95,281	96,238	97,205	98,182	99,169	997
5,3	100,166	101,173	102,189	103,217	104,254	105,302	106,360	107,429	108,509	109,599	1102
5,4	110,701	111,814	112,938	114,072	115,219	116,377	117,547	118,728	119,921	121,127	1217
5,5	122,344	123,574	124,816	126,070	127,337	128,617	129,910	131,215	132,534	133,866	1345
5,6	135,211	136,570	137,943	139,329	140,730	142,144	143,573	145,016	146,473	147,945	1487
5,7	149,432	150,934	152,451	153,983	155,531	157,094	158,673	160,267	161,878	163,505	1643
5,8	165,148	166,808	168,485	170,178	171,888	173,616	175,361	177,123	178,903	180,701	1816
5,9	182,517	184,352	186,205	188,076	189,966	191,875	193,804	195,752	197,719	199,706	2007

[1] *Hayashi, K.:* Fünfstellige Tafeln der Kreis- und Hyperbelfunktionen sowie der Funk-

cosh φ für φ = 0 bis φ = 5,99

φ	0	1	2	3	4	5	6	7	8	9	D
0,0	1,0000	0001	0002	0005	0008	0013	0018	0025	0032	0041	9
0,1	1,0050	0061	0072	0085	0098	0113	0128	0145	0162	0181	20
0,2	1,0201	0221	0243	0266	0289	0314	0340	0367	0395	0424	29
0,3	1,0453	0484	0516	0550	0584	0619	0655	0692	0731	0770	41
0,4	1,0811	0852	0895	0939	0984	1030	1077	1125	1174	1225	51
0,5	1,1276	1329	1383	1438	1494	1551	1609	1669	1730	1792	63
0,6	1,1855	1919	1984	2051	2119	2188	2258	2330	2403	2477	75
0,7	1,2552	2628	2706	2785	2865	2947	3030	3114	3199	3286	88
0,8	1,3374	3464	3555	3647	3740	3835	3932	4029	4128	4229	102
0,9	1,4331	4434	4539	4645	4753	4862	4973	5085	5199	5314	117
1,0	1,5431	5549	5669	5790	5913	6038	6164	6292	6421	6553	132
1,1	1,6685	6820	6956	7093	7233	7374	7517	7662	7808	7957	150
1,2	1,8107	8258	8412	8568	8725	8884	9045	9208	9373	9540	169
1,3	1,9709	9880	*0053	*0228	*0404	*0583	*0764	*0947	*1132	*1320	189
1,4	2,1509	1701	1894	2090	2288	2488	2691	2896	3103	3312	212
1,5	2,3524	3738	3955	4174	4395	4619	4845	5074	5305	5538	237
1,6	2,5775	6014	6255	6499	6746	6995	7247	7502	7760	8020	263
1,7	2,8283	8549	8818	9090	9364	9642	9922	*0206	*0493	*0782	293
1,8	3,1075	1371	1669	1972	2277	2585	2897	3212	3531	3852	325
1,9	3,4177	4506	4838	5173	5512	5855	6201	6551	6904	7261	361
2,0	3,7622	7987	8355	8727	9103	9483	9867	*0255	*0647	*1043	400
2,1	4,1443	1847	2256	2669	3086	3507	3932	4362	4797	5236	443
2,2	4,5679	6127	6580	7037	7499	7966	8437	8914	9395	9881	491
2,3	5,0372	0868	1370	1876	2388	2905	3427	3954	4487	5026	544
2,4	5,5570	6119	6674	7235	7801	8373	8951	9535	*0125	*0721	602
2,5	6,1323	1931	2545	3166	3793	4426	5066	5712	6365	7024	666
2,6	6,7690	8363	9043	9729	*0423	*1123	*1831	*2546	*3268	*3998	737
2,7	7,4735	5479	6231	6990	7758	8533	9316	*0107	*0905	*1712	815
2,8	8,2527	3351	4182	5022	5871	6728	7594	8469	9352	*0244	902
2,9	9,1146	2056	2976	3905	4844	5792	6749	7716	8693	9680	997
3,0	10,0677	1684	2701	3728	4765	5814	6872	7942	9022	*0113	1102
3,1	11,1215	2328	3453	4589	5736	6895	8065	9247	*0442	*1648	1219
3,2	12,2867	4097	5340	6596	7864	9146	*0440	*1747	*3067	*4401	1347
3,3	13,5748	7108	8483	9871	*1273	*2689	*4120	*5565	*7024	*8498	1489
3,4	14,999	15,149	15,301	15,455	15,610	15,766	15,924	16,084	16,245	16,408	165
3,5	16,573	16,739	16,907	17,077	17,248	17,421	17,596	17,772	17,951	18,131	182
3,6	18,313	18,497	18,682	18,870	19,059	19,250	19,444	19,639	19,836	20,035	201
3,7	20,236	20,439	20,644	20,852	21,061	21,272	21,486	21,702	21,919	22,140	222
3,8	22,362	22,586	22,813	23,042	23,273	23,507	23,743	23,982	24,222	24,466	245
3,9	24,711	24,960	25,210	25,463	25,719	25,977	26,238	26,502	26,768	27,037	271
4,0	27,308	27,583	27,860	28,139	28,422	28,707	28,996	29,287	29,581	29,878	300
4,1	30,178	30,482	30,788	31,097	31,409	31,725	32,044	32,365	32,691	33,019	332
4,2	33,351	33,686	34,024	34,366	34,711	35,060	35,412	35,768	36,127	36,490	367
4,3	36,857	37,227	37,601	37,979	38,360	38,746	39,135	39,528	39,925	40,326	406
4,4	40,732	41,141	41,554	41,972	42,393	42,819	43,250	43,684	44,123	44,566	448
4,5	45,014	45,466	45,923	46,385	46,851	47,321	47,797	48,277	48,762	49,252	495
4,6	49,747	50,247	50,752	51,262	51,777	52,297	52,823	53,354	53,890	54,431	547
4,7	54,978	55,531	56,089	56,652	57,221	57,796	58,377	58,964	59,556	60,155	604
4,8	60,759	61,370	61,987	62,609	63,239	63,874	64,516	65,164	65,819	66,481	668
4,9	67,149	67,823	68,505	69,193	69,889	70,591	71,300	72,017	72,741	73,472	738
5,0	74,210	74,956	75,709	76,470	77,238	78,014	78,798	79,590	80,390	81,198	816
5,1	82,014	82,838	83,671	84,512	85,361	86,219	87,085	87,960	88,844	89,737	902
5,2	90,639	91,550	92,470	93,399	94,338	95,286	96,243	97,211	98,187	99,174	997
5,3	100,171	101,178	102,194	103,221	104,259	105,307	106,365	107,434	108,513	109,604	1102
5,4	110,706	111,818	112,942	114,077	115,223	116,381	117,551	118,732	119,925	121,131	1217
5,5	122,348	123,578	124,820	126,074	127,341	128,621	129,913	131,219	132,538	133,870	1345
5,6	135,215	136,574	137,947	139,333	140,733	142,147	143,576	145,019	146,476	147,949	1486
5,7	149,435	150,937	152,454	153,986	155,534	157,097	158,676	160,270	161,881	163,508	1643
5,8	165,151	166,811	168,488	170,181	171,891	173,619	175,364	177,126	178,906	180,704	1816
5,9	182,520	184,354	186,207	188,079	189,969	191,878	193,806	195,754	197,721	199,709	2007

tionen e^x und e^{-x}. Neudruck. Berlin/Hamburg: W. de Gruyter 1960.

tanh φ für $\varphi = 0$ bis $\varphi = 2,89$

φ	0	1	2	3	4	5	6	7	8	9	D
0,0	0,0000	0100	0200	0300	0400	0500	0599	0699	0798	0898	99
0,1	0,0997	1096	1194	1293	1391	1489	1587	1684	1781	1878	96
0,2	0,1974	2070	2165	2260	2355	2449	2543	2636	2729	2821	92
0,3	0,2913	3004	3095	3185	3275	3364	3452	3540	3627	3714	86
0,4	0,3800	3885	3969	4053	4136	4219	4301	4382	4462	4542	79
0,5	0,4621	4700	4777	4854	4930	5005	5080	5154	5227	5299	71
0,6	0,5371	5441	5511	5581	5649	5717	5784	5850	5915	5980	64
0,7	0,6044	6107	6169	6231	6291	6352	6411	6469	6527	6584	56
0,8	0,6640	6696	6751	6805	6858	6911	6963	7014	7064	7114	49
0,9	0,7163	7211	7259	7306	7352	7398	7443	7487	7531	7574	42
1,0	0,7616	7658	7699	7739	7779	7818	7857	7895	7932	7969	36
1,1	0,8005	8041	8076	8110	8144	8178	8210	8243	8275	8306	31
1,2	0,8337	8367	8397	8426	8455	8483	8511	8538	8565	8591	26
1,3	0,8617	8643	8668	8693	8717	8741	8764	8787	8810	8832	22
1,4	0,8854	8875	8896	8917	8937	8957	8977	8996	9015	9033	19
1,5	0,9052	9069	9087	9104	9121	9138	9154	9170	9186	9202	15
1,6	0,9217	9232	9246	9261	9275	9289	9302	9316	9329	9342	12
1,7	0,9354	9367	9379	9391	9402	9414	9425	9436	9447	9458	10
1,8	0,9468	9478	9488	9498	9508	9518	9527	9536	9545	9554	8
1,9	0,9562	9571	9579	9587	9595	9603	9611	9619	9626	9633	7
2,0	0,9640	9647	9654	9661	9668	9674	9680	9687	9693	9699	6
2,1	0,9705	9710	9716	9722	9727	9732	9738	9743	9748	9753	4
2,2	0,9757	9762	9767	9771	9776	9780	9785	9789	9793	9797	4
2,3	0,9801	9805	9809	9812	9816	9820	9823	9827	9830	9834	3
2,4	0,9837	9840	9843	9846	9849	9852	9855	9858	9861	9864	2
2,5	0,9866	9869	9871	9874	9876	9879	9881	9884	9886	9888	2
2,6	0,9890	9892	9895	9897	9899	9901	9903	9905	9906	9908	2
2,7	0,9910	9912	9914	9915	9917	9919	9920	9922	9923	9925	1
2,8	0,9926	9928	9929	9931	9932	9933	9935	9936	9937	9938	2

F. e^x und e^{-x} für $x = 0$ bis $x = 7$

x	e^x	e^{-x}	x	e^x	e^{-x}	x	e^x	e^{-x}
0,00	1,00000	1,00000	0,20	1,22140	0,81873	0,40	1,49182	0,67032
01	1,01005	0,99005	21	1,23368	0,81058	41	1,50682	0,66365
02	1,02020	0,98020	22	1,24608	0,80252	42	1,52196	0,65705
03	1,03045	0,97045	23	1,25860	0,79453	43	1,53726	0,65051
04	1,04081	0,96079	24	1,27125	0,78663	44	1,55271	0,64404
05	1,05127	0,95123	25	1,28403	0,77880	45	1,56831	0,63763
06	1,06184	0,94176	26	1,29693	0,77105	46	1,58407	0,63128
07	1,07251	0,93239	27	1,30996	0,76338	47	1,59999	0,62500
08	1,08329	0,92312	28	1,32313	0,75578	48	1,61607	0,61878
09	1,09417	0,91393	29	1,33643	0,74826	49	1,63232	0,61263
0,10	1,10517	0,90484	0,30	1,34986	0,74082	0,50	1,64872	0,60653
11	1,11628	0,89583	31	1,36343	0,73345	51	1,66529	0,60050
12	1,12750	0,88692	32	1,37713	0,72615	52	1,68203	0,59452
13	1,13883	0,87810	33	1,39097	0,71892	53	1,69893	0,58860
14	1,15027	0,86936	34	1,40495	0,71177	54	1,71601	0,58275
15	1,16183	0,86071	35	1,41907	0,70469	55	1,73325	0,57695
16	1,17351	0,85214	36	1,43333	0,69768	56	1,75067	0,57121
17	1,18530	0,84366	37	1,44773	0,69073	57	1,76827	0,56553
18	1,19722	0,83527	38	1,46228	0,68386	58	1,78604	0,55990
19	1,20925	0,82696	39	1,47698	0,67706	59	1,80399	0,55433
0,20	1,22140	0,81873	0,40	1,49182	0,67032	0,60	1,82212	0,54881

x	e^x	e^{-x}	x	e^x	e^{-x}	x	e^x	e^{-x}
0,60	1,82212	0,54881	1,10	3,00417	0,33287	2,00	7,38906	0,13534
61	1,84043	0,54335	11	3,03436	0,32956	10	8,16617	0,12246
62	1,85893	0,53794	12	3,06485	0,32628	20	9,02501	0,11080
63	1,87761	0,53259	13	3,09566	0,32303	30	9,97418	0,10026
64	1,89648	0,52729	14	3,12677	0,31982	40	11,02318	0,09072
65	1,91554	0,52205	15	3,15819	0,31664	50	12,18249	0,08208
66	1,93479	0,51685	16	3,18993	0,31349	60	13,46374	0,07427
67	1,95424	0,51171	17	3,22199	0,31037	70	14,87973	0,06721
68	1,97388	0,50662	18	3,25437	0,30728	80	16,44465	0,06081
69	1,99372	0,50158	19	3,28708	0,30422	90	18,17415	0,05502
0,70	2,01375	0,49659	1,20	3,32012	0,30119	3,00	20,08554	0,04979
71	2,03399	0,49164	21	3,35348	0,29820	10	22,19795	0,04505
72	2,05443	0,48675	22	3,38718	0,29523	20	24,53253	0,04076
73	2,07508	0,48191	23	3,42123	0,29229	30	27,11264	0,03688
74	2,09594	0,47711	24	3,45561	0,28938	40	29,96410	0,03337
75	2,11700	0,47237	25	3,49034	0,28650	50	33,11545	0,03020
76	2,13828	0,46767	26	3,52542	0,28365	60	36,59823	0,02732
77	2,15977	0,46301	27	3,56085	0,28083	70	40,44730	0,02472
78	2,18147	0,45841	28	3,59664	0,27804	80	44,70118	0,02237
79	2,20340	0,45384	29	3,63279	0,27527	90	49,40245	0,02024
0,80	2,22554	0,44933	1,30	3,66930	0,27253	4,00	54,59815	0,01832
81	2,24791	0,44486	31	3,70617	0,26982	10	60,34029	0,01657
82	2,27050	0,44043	32	3,74342	0,26714	20	66,68633	0,01500
83	2,29332	0,43605	33	3,78104	0,26448	30	73,69979	0,01357
84	2,31637	0,43171	34	3,81904	0,26185	40	81,45087	0,01228
85	2,33965	0,42741	35	3,85743	0,25924	50	90,01713	0,01111
86	2,36316	0,42316	36	3,89619	0,25666	60	99,48432	0,01005
87	2,38691	0,41895	37	3,93535	0,25411	70	109,9472	0,00910
88	2,41090	0,41478	38	3,97490	0,25158	80	121,5104	0,00823
89	2,43513	0,41066	39	4,01485	0,24908	90	134,2898	0,00745
0,90	2,45960	0,40657	1,40	4,05520	0,24660	5,00	148,4132	0,00674
91	2,48432	0,40252	41	4,09596	0,24414	10	164,0219	0,00610
92	2,50929	0,39852	42	4,13712	0,24171	20	181,2722	0,00552
93	2,53451	0,39455	43	4,17870	0,23931	30	200,3368	0,00499
94	2,55998	0,39063	44	4,22070	0,23693	40	221,4064	0,00452
95	2,58571	0,38674	45	4,26311	0,23457	50	244,6919	0,00409
96	2,61170	0,38289	46	4,30596	0,23224	60	270,4264	0,00370
97	2,63794	0,37908	47	4,34924	0,22993	70	298,8674	0,00335
98	2,66446	0,37531	48	4,39295	0,22764	80	330,2996	0,00303
99	2,69123	0,37158	49	4,43710	0,22537	90	365,0375	0,00274
1,00	2,71828	0,36788	1,50	4,48169	0,22313	6,00	403,4288	0,00248
01	2,74560	0,36422	55	4,71147	0,21225	10	445,8578	0,00224
02	2,77319	0,36059	60	4,95303	0,20190	20	492,7490	0,00203
03	2,80107	0,35701	65	5,20698	0,19205	30	544,5719	0,00184
04	2,82922	0,35345	70	5,47395	0,18268	40	601,8450	0,00166
05	2,85765	0,34994	75	5,75460	0,17377	50	665,1416	0,00150
06	2,88637	0,34646	80	6,04965	0,16530	60	735,0952	0,00136
07	2,91538	0,34301	85	6,35982	0,15724	70	812,4058	0,00123
08	2,94468	0,33960	90	6,68589	0,14957	80	897,8473	0,00111
09	2,97427	0,33622	95	7,02869	0,14227	90	992,2747	0,00101
1,10	3,00417	0,33287	2,00	7,38906	0,13534	7,00	1096,6332	0,00091

	0	1	2	3	4	5	6	7	8	9
0					2^2		$2\cdot3$		2^3	3^2
1	$2\cdot5$		$2^2\cdot3$		$2\cdot7$	$3\cdot5$	2^4		$2\cdot3^2$	
2	$2^2\cdot5$	$3\cdot7$	$2\cdot11$		$2^3\cdot3$	5^2	$2\cdot13$	3^3	$2^2\cdot7$	
3	$2\cdot3\cdot5$		2^5	$3\cdot11$	$2\cdot17$	$5\cdot7$	$2^2\cdot3^2$		$2\cdot19$	$3\cdot13$
4	$2^3\cdot5$		$2\cdot3\cdot7$		$2^2\cdot11$	$3^2\cdot5$	$2\cdot23$		$2^4\cdot3$	7^2
5	$2\cdot5^2$	$3\cdot17$	$2^2\cdot13$		$2\cdot3^3$	$5\cdot11$	$2^3\cdot7$	$3\cdot19$	$2\cdot29$	
6	$2^2\cdot3\cdot5$		$2\cdot31$	$3^2\cdot7$	2^6	$5\cdot13$	$2\cdot3\cdot11$		$2^2\cdot17$	$3\cdot23$
7	$2\cdot5\cdot7$		$2^3\cdot3^2$		$2\cdot37$	$3\cdot5^2$	$2^2\cdot19$	$7\cdot11$	$2\cdot3\cdot13$	
8	$2^4\cdot5$	3^4	$2\cdot41$		$2^2\cdot3\cdot7$	$5\cdot17$	$2\cdot43$	$3\cdot29$	$2^3\cdot11$	
9	$2\cdot3^2\cdot5$	$7\cdot13$	$2^2\cdot23$	$3\cdot31$	$2\cdot47$	$5\cdot19$	$2^5\cdot3$		$2\cdot7^2$	$3^2\cdot11$
10	$2^2\cdot5^2$		$2\cdot3\cdot17$		$2^3\cdot13$	$3\cdot5\cdot7$	$2\cdot53$		$2^2\cdot3^3$	
11	$2\cdot5\cdot11$	$3\cdot37$	$2^4\cdot7$		$2\cdot3\cdot19$	$5\cdot23$	$2^2\cdot29$	$3^2\cdot13$	$2\cdot59$	$7\cdot17$
12	$2^3\cdot3\cdot5$	11^2	$2\cdot61$	$3\cdot41$	$2^2\cdot31$	5^3	$2\cdot3^2\cdot7$		2^7	$3\cdot43$
13	$2\cdot5\cdot13$		$2^2\cdot3\cdot11$	$7\cdot19$	$2\cdot67$	$3^3\cdot5$	$2^3\cdot17$		$2\cdot3\cdot23$	
14	$2^2\cdot5\cdot7$	$3\cdot47$	$2\cdot71$	$11\cdot13$	$2^4\cdot3^2$	$5\cdot29$	$2\cdot73$	$3\cdot7^2$	$2^2\cdot37$	
15	$2\cdot3\cdot5^2$		$2^3\cdot19$	$3^2\cdot17$	$2\cdot7\cdot11$	$5\cdot31$	$2^2\cdot3\cdot13$		$2\cdot79$	$3\cdot53$
16	$2^5\cdot5$	$7\cdot23$	$2\cdot3^4$		$2^2\cdot41$	$3\cdot5\cdot11$	$2\cdot83$		$2^3\cdot3\cdot7$	13^2
17	$2\cdot5\cdot17$	$3^2\cdot19$	$2^2\cdot43$		$2\cdot3\cdot29$	$5^2\cdot7$	$2^4\cdot11$	$3\cdot59$	$2\cdot89$	
18	$2^2\cdot3^2\cdot5$		$2\cdot7\cdot13$	$3\cdot61$	$2^3\cdot23$	$5\cdot37$	$2\cdot3\cdot31$	$11\cdot17$	$2^2\cdot47$	$3^3\cdot7$
19	$2\cdot5\cdot19$		$2^6\cdot3$		$2\cdot97$	$3\cdot5\cdot13$	$2^2\cdot7^2$		$2\cdot3^2\cdot11$	
20	$2^3\cdot5^2$	$3\cdot67$	$2\cdot101$	$7\cdot29$	$2^2\cdot3\cdot17$	$5\cdot41$	$2\cdot103$	$3^2\cdot23$	$2^4\cdot13$	$11\cdot19$
21	$2\cdot3\cdot5\cdot7$		$2^2\cdot53$	$3\cdot71$	$2\cdot107$	$5\cdot43$	$2^3\cdot3^3$	$7\cdot31$	$2\cdot109$	$3\cdot73$
22	$2^2\cdot5\cdot11$	$13\cdot17$	$2\cdot3\cdot37$		$2^5\cdot7$	$3^2\cdot5^2$	$2\cdot113$		$2^2\cdot3\cdot19$	
23	$2\cdot5\cdot23$	$3\cdot7\cdot11$	$2^3\cdot29$		$2\cdot3^2\cdot13$	$5\cdot47$	$2^2\cdot59$	$3\cdot79$	$2\cdot7\cdot17$	
24	$2^4\cdot3\cdot5$		$2\cdot11^2$	3^5	$2^2\cdot61$	$5\cdot7^2$	$2\cdot3\cdot41$	$13\cdot19$	$2^3\cdot31$	$3\cdot83$
25	$2\cdot5^3$		$2^2\cdot3^2\cdot7$	$11\cdot23$	$2\cdot127$	$3\cdot5\cdot17$	2^8		$2\cdot3\cdot43$	$7\cdot37$
26	$2^2\cdot5\cdot13$	$3^2\cdot29$	$2\cdot131$		$2^3\cdot3\cdot11$	$5\cdot53$	$2\cdot7\cdot19$	$3\cdot89$	$2^2\cdot67$	
27	$2\cdot3^3\cdot5$		$2^4\cdot17$	$3\cdot7\cdot13$	$2\cdot137$	$5^2\cdot11$	$2^2\cdot3\cdot23$		$2\cdot139$	$3^2\cdot31$
28	$2^3\cdot5\cdot7$		$2\cdot3\cdot47$		$2^2\cdot71$	$3\cdot5\cdot19$	$2\cdot11\cdot13$	$7\cdot41$	$2^5\cdot3^2$	17^2
29	$2\cdot5\cdot29$	$3\cdot97$	$2^2\cdot73$		$2\cdot3\cdot7^2$	$5\cdot59$	$2^3\cdot37$	$3^3\cdot11$	$2\cdot149$	$13\cdot23$
30	$2^2\cdot3\cdot5^2$	$7\cdot43$	$2\cdot151$	$3\cdot101$	$2^4\cdot19$	$5\cdot61$	$2\cdot3^2\cdot17$		$2^2\cdot7\cdot11$	$3\cdot103$
31	$2\cdot5\cdot31$		$2^3\cdot3\cdot13$		$2\cdot157$	$3^2\cdot5\cdot7$	$2^2\cdot79$		$2\cdot3\cdot53$	$11\cdot29$
32	$2^6\cdot5$	$3\cdot107$	$2\cdot7\cdot23$	$17\cdot19$	$2^2\cdot3^4$	$5^2\cdot13$	$2\cdot163$	$3\cdot109$	$2^3\cdot41$	$7\cdot47$
33	$2\cdot3\cdot5\cdot11$		$2^2\cdot83$	$3^2\cdot37$	$2\cdot167$	$5\cdot67$	$2^4\cdot3\cdot7$		$2\cdot13^2$	$3\cdot113$
34	$2^2\cdot5\cdot17$	$11\cdot31$	$2\cdot3^2\cdot19$	7^3	$2^3\cdot43$	$3\cdot5\cdot23$	$2\cdot173$		$2^2\cdot3\cdot29$	
35	$2\cdot5^2\cdot7$	$3^3\cdot13$	$2^5\cdot11$		$2\cdot3\cdot59$	$5\cdot71$	$2^2\cdot89$	$3\cdot7\cdot17$	$2\cdot179$	
36	$2^3\cdot3^2\cdot5$	19^2	$2\cdot181$	$3\cdot11^2$	$2^2\cdot7\cdot13$	$5\cdot73$	$2\cdot3\cdot61$		$2^4\cdot23$	$3^2\cdot41$
37	$2\cdot5\cdot37$	$7\cdot53$	$2^2\cdot3\cdot31$		$2\cdot11\cdot17$	$3\cdot5^3$	$2^3\cdot47$	$13\cdot29$	$2\cdot3^3\cdot7$	
38	$2^2\cdot5\cdot19$	$3\cdot127$	$2\cdot191$		$2^7\cdot3$	$5\cdot7\cdot11$	$2\cdot193$	$3^2\cdot43$	$2^2\cdot97$	
39	$2\cdot3\cdot5\cdot13$	$17\cdot23$	$2^3\cdot7^2$	$3\cdot131$	$2\cdot197$	$5\cdot79$	$2^2\cdot3^2\cdot11$		$2\cdot199$	$3\cdot7\cdot19$
40	$2^4\cdot5^2$		$2\cdot3\cdot67$	$13\cdot31$	$2^2\cdot101$	$3^4\cdot5$	$2\cdot7\cdot29$	$11\cdot37$	$2^3\cdot3\cdot17$	
41	$2\cdot5\cdot41$	$3\cdot137$	$2^2\cdot103$	$7\cdot59$	$2\cdot3^2\cdot23$	$5\cdot83$	$2^5\cdot13$	$3\cdot139$	$2\cdot11\cdot19$	
42	$2^2\cdot3\cdot5\cdot7$		$2\cdot211$	$3^2\cdot47$	$2^3\cdot53$	$5^2\cdot17$	$2\cdot3\cdot71$	$7\cdot61$	$2^2\cdot107$	$3\cdot11\cdot13$
43	$2\cdot5\cdot43$		$2^4\cdot3^3$		$2\cdot7\cdot31$	$3\cdot5\cdot29$	$2^2\cdot109$	$19\cdot23$	$2\cdot3\cdot73$	
44	$2^3\cdot5\cdot11$	$3^2\cdot7^2$	$2\cdot13\cdot17$		$2^2\cdot3\cdot37$	$5\cdot89$	$2\cdot223$	$3\cdot149$	$2^6\cdot7$	
45	$2\cdot3^2\cdot5^2$	$11\cdot41$	$2^2\cdot113$	$3\cdot151$	$2\cdot227$	$5\cdot7\cdot13$	$2^3\cdot3\cdot19$		$2\cdot229$	$3^3\cdot17$
46	$2^2\cdot5\cdot23$		$2\cdot3\cdot7\cdot11$		$2^4\cdot29$	$3\cdot5\cdot31$	$2\cdot233$		$2^2\cdot3^2\cdot13$	$7\cdot67$
47	$2\cdot5\cdot47$	$3\cdot157$	$2^3\cdot59$	$11\cdot43$	$2\cdot3\cdot79$	$5^2\cdot19$	$2^2\cdot7\cdot17$	$3^2\cdot53$	$2\cdot239$	
48	$2^5\cdot3\cdot5$	$13\cdot37$	$2\cdot241$	$3\cdot7\cdot23$	$2^2\cdot11^2$	$5\cdot97$	$2\cdot3^5$		$2^3\cdot61$	$3\cdot163$
49	$2\cdot5\cdot7^2$		$2^2\cdot3\cdot41$	$17\cdot29$	$2\cdot13\cdot19$	$3^2\cdot5\cdot11$	$2^4\cdot31$	$7\cdot71$	$2\cdot3\cdot83$	

	0	1	2	3	4	5	6	7	8	9
50	$2^2\cdot5^3$	$3\cdot167$	$2\cdot251$		$2^3\cdot3^2\cdot7$	$5\cdot101$	$2\cdot11\cdot23$	$3\cdot13^2$	$2^2\cdot127$	
51	$2\cdot3\cdot5\cdot17$	$7\cdot73$	2^9	$3^3\cdot19$	$2\cdot257$	$5\cdot103$	$2^2\cdot3\cdot43$	$11\cdot47$	$2\cdot7\cdot37$	$3\cdot173$
52	$2^3\cdot5\cdot13$		$2\cdot3^2\cdot29$		$2^2\cdot131$	$3\cdot5^2\cdot7$	$2\cdot263$	$17\cdot31$	$2^4\cdot3\cdot11$	23^2
53	$2\cdot5\cdot53$	$3^2\cdot59$	$2^2\cdot7\cdot19$	$13\cdot41$	$2\cdot3\cdot89$	$5\cdot107$	$2^3\cdot67$	$3\cdot179$	$2\cdot269$	$7^2\cdot11$
54	$2^2\cdot3^3\cdot5$		$2\cdot271$	$3\cdot181$	$2^5\cdot17$	$5\cdot109$	$2\cdot3\cdot7\cdot13$		$2^2\cdot137$	$3^2\cdot61$
55	$2\cdot5^2\cdot11$	$19\cdot29$	$2^3\cdot3\cdot23$	$7\cdot79$	$2\cdot277$	$3\cdot5\cdot37$	$2^2\cdot139$		$2\cdot3^2\cdot31$	$13\cdot43$
56	$2^4\cdot5\cdot7$	$3\cdot11\cdot17$	$2\cdot281$		$2^2\cdot3\cdot47$	$5\cdot113$	$2\cdot283$	$3^4\cdot7$	$2^3\cdot71$	
57	$2\cdot3\cdot5\cdot19$		$2^2\cdot11\cdot13$	$3\cdot191$	$2\cdot7\cdot41$	$5^2\cdot23$	$2^6\cdot3^2$		$2\cdot17^2$	$3\cdot193$
58	$2^2\cdot5\cdot29$	$7\cdot83$	$2\cdot3\cdot97$	$11\cdot53$	$2^3\cdot73$	$3^2\cdot5\cdot13$	$2\cdot293$		$2^2\cdot3\cdot7^2$	$19\cdot31$
59	$2\cdot5\cdot59$	$3\cdot197$	$2^4\cdot37$		$2\cdot3^3\cdot11$	$5\cdot7\cdot17$	$2^2\cdot149$	$3\cdot199$	$2\cdot13\cdot23$	
60	$2^3\cdot3\cdot5^2$		$2\cdot7\cdot43$	$3^2\cdot67$	$2^2\cdot151$	$5\cdot11^2$	$2\cdot3\cdot101$		$2^5\cdot19$	$3\cdot7\cdot29$
61	$2\cdot5\cdot61$	$13\cdot47$	$2^2\cdot3^2\cdot17$		$2\cdot307$	$3\cdot5\cdot41$	$2^3\cdot7\cdot11$		$2\cdot3\cdot103$	
62	$2^2\cdot5\cdot31$	$3^3\cdot23$	$2\cdot311$	$7\cdot89$	$2^4\cdot3\cdot13$	5^4	$2\cdot313$	$3\cdot11\cdot19$	$2^2\cdot157$	$17\cdot37$
63	$2\cdot3^2\cdot5\cdot7$		$2^3\cdot79$	$3\cdot211$	$2\cdot317$	$5\cdot127$	$2^2\cdot3\cdot53$	$7^2\cdot13$	$2\cdot11\cdot29$	$3^2\cdot71$
64	$2^7\cdot5$		$2\cdot3\cdot107$		$2^2\cdot7\cdot23$	$3\cdot5\cdot43$	$2\cdot17\cdot19$		$2^3\cdot3^4$	$11\cdot59$
65	$2\cdot5^2\cdot13$	$3\cdot7\cdot31$	$2^2\cdot163$		$2\cdot3\cdot109$	$5\cdot131$	$2^4\cdot41$	$3^2\cdot73$	$2\cdot7\cdot47$	
66	$2^2\cdot3\cdot5\cdot11$		$2\cdot331$	$3\cdot13\cdot17$	$2^3\cdot83$	$5\cdot7\cdot19$	$2\cdot3^2\cdot37$	$23\cdot29$	$2^2\cdot167$	$3\cdot223$
67	$2\cdot5\cdot67$	$11\cdot61$	$2^5\cdot3\cdot7$		$2\cdot337$	$3^3\cdot5^2$	$2^2\cdot13^2$		$2\cdot3\cdot113$	$7\cdot97$
68	$2^3\cdot5\cdot17$	$3\cdot227$	$2\cdot11\cdot31$		$2^2\cdot3^2\cdot19$	$5\cdot137$	$2\cdot7^3$	$3\cdot229$	$2^4\cdot43$	
69	$2\cdot3\cdot5\cdot23$		$2^2\cdot173$	$3^2\cdot7\cdot11$	$2\cdot347$	$5\cdot139$	$2^3\cdot3\cdot29$	$17\cdot41$	$2\cdot349$	$3\cdot233$
70	$2^2\cdot5^2\cdot7$		$2\cdot3^3\cdot13$	$19\cdot37$	$2^6\cdot11$	$3\cdot5\cdot47$	$2\cdot353$	$7\cdot101$	$2^2\cdot3\cdot59$	
71	$2\cdot5\cdot71$	$3^2\cdot79$	$2^3\cdot89$	$23\cdot31$	$2\cdot3\cdot7\cdot17$	$5\cdot11\cdot13$	$2^2\cdot179$	$3\cdot239$	$2\cdot359$	
72	$2^4\cdot3^2\cdot5$	$7\cdot103$	$2\cdot19^2$	$3\cdot241$	$2^2\cdot181$	$5^2\cdot29$	$2\cdot3\cdot11^2$		$2^3\cdot7\cdot13$	3^6
73	$2\cdot5\cdot73$	$17\cdot43$	$2^2\cdot3\cdot61$		$2\cdot367$	$3\cdot5\cdot7^2$	$2^5\cdot23$	$11\cdot67$	$2\cdot3^2\cdot41$	
74	$2^2\cdot5\cdot37$	$3\cdot13\cdot19$	$2\cdot7\cdot53$		$2^3\cdot3\cdot31$	$5\cdot149$	$2\cdot373$	$3^2\cdot83$	$2^2\cdot11\cdot17$	$7\cdot107$
75	$2\cdot3\cdot5^3$		$2^4\cdot47$	$3\cdot251$	$2\cdot13\cdot29$	$5\cdot151$	$2^2\cdot3^3\cdot7$		$2\cdot379$	$3\cdot11\cdot23$
76	$2^3\cdot5\cdot19$		$2\cdot3\cdot127$	$7\cdot109$	$2^2\cdot191$	$3^2\cdot5\cdot17$	$2\cdot383$	$13\cdot59$	$2^8\cdot3$	
77	$2\cdot5\cdot7\cdot11$	$3\cdot257$	$2^2\cdot193$		$2\cdot3^2\cdot43$	$5^2\cdot31$	$2^3\cdot97$	$3\cdot7\cdot37$	$2\cdot389$	$19\cdot41$
78	$2^2\cdot3\cdot5\cdot13$	$11\cdot71$	$2\cdot17\cdot23$	$3^3\cdot29$	$2^4\cdot7^2$	$5\cdot157$	$2\cdot3\cdot131$		$2^2\cdot197$	$3\cdot263$
79	$2\cdot5\cdot79$	$7\cdot113$	$2^3\cdot3^2\cdot11$	$13\cdot61$	$2\cdot397$	$3\cdot5\cdot53$	$2^2\cdot199$		$2\cdot3\cdot7\cdot19$	$17\cdot47$
80	$2^5\cdot5^2$	$3^2\cdot89$	$2\cdot401$	$11\cdot73$	$2^2\cdot3\cdot67$	$5\cdot7\cdot23$	$2\cdot13\cdot31$	$3\cdot269$	$2^3\cdot101$	
81	$2\cdot3^4\cdot5$		$2^2\cdot7\cdot29$	$3\cdot271$	$2\cdot11\cdot37$	$5\cdot163$	$2^4\cdot3\cdot17$	$19\cdot43$	$2\cdot409$	$3^2\cdot7\cdot13$
82	$2^2\cdot5\cdot41$		$2\cdot3\cdot137$		$2^3\cdot103$	$3\cdot5^2\cdot11$	$2\cdot7\cdot59$		$2^2\cdot3^2\cdot23$	
83	$2\cdot5\cdot83$	$3\cdot277$	$2^6\cdot13$	$7^2\cdot17$	$2\cdot3\cdot139$	$5\cdot167$	$2^2\cdot11\cdot19$	$3^3\cdot31$	$2\cdot419$	
84	$2^3\cdot3\cdot5\cdot7$	29^2	$2\cdot421$	$3\cdot281$	$2^2\cdot211$	$5\cdot13^2$	$2\cdot3^2\cdot47$	$7\cdot11^2$	$2^4\cdot53$	$3\cdot283$
85	$2\cdot5^2\cdot17$	$23\cdot37$	$2^2\cdot3\cdot71$		$2\cdot7\cdot61$	$3^2\cdot5\cdot19$	$2^3\cdot107$		$2\cdot3\cdot11\cdot13$	
86	$2^2\cdot5\cdot43$	$3\cdot7\cdot41$	$2\cdot431$		$2^5\cdot3^3$	$5\cdot173$	$2\cdot433$	$3\cdot17^2$	$2^2\cdot7\cdot31$	$11\cdot79$
87	$2\cdot3\cdot5\cdot29$	$13\cdot67$	$2^3\cdot109$	$3^2\cdot97$	$2\cdot19\cdot23$	$5^3\cdot7$	$2^2\cdot3\cdot73$		$2\cdot439$	$3\cdot293$
88	$2^4\cdot5\cdot11$		$2\cdot3^2\cdot7^2$		$2^2\cdot13\cdot17$	$3\cdot5\cdot59$	$2\cdot443$		$2^3\cdot3\cdot37$	$7\cdot127$
89	$2\cdot5\cdot89$	$3^4\cdot11$	$2^2\cdot223$	$19\cdot47$	$2\cdot3\cdot149$	$5\cdot179$	$2^7\cdot7$	$3\cdot13\cdot23$	$2\cdot449$	$29\cdot31$
90	$2^2\cdot3^2\cdot5^2$	$17\cdot53$	$2\cdot11\cdot41$	$3\cdot7\cdot43$	$2^3\cdot113$	$5\cdot181$	$2\cdot3\cdot151$		$2^2\cdot227$	$3^2\cdot101$
91	$2\cdot5\cdot7\cdot13$		$2^4\cdot3\cdot19$	$11\cdot83$	$2\cdot457$	$3\cdot5\cdot61$	$2^2\cdot229$	$7\cdot131$	$2\cdot3^3\cdot17$	
92	$2^3\cdot5\cdot23$	$3\cdot307$	$2\cdot461$	$13\cdot71$	$2^2\cdot3\cdot7\cdot11$	$5^2\cdot37$	$2\cdot463$	$3^2\cdot103$	$2^5\cdot29$	
93	$2\cdot3\cdot5\cdot31$	$7^2\cdot19$	$2^2\cdot233$	$3\cdot311$	$2\cdot467$	$5\cdot11\cdot17$	$2^3\cdot3^2\cdot13$		$2\cdot7\cdot67$	$3\cdot313$
94	$2^2\cdot5\cdot47$		$2\cdot3\cdot157$	$23\cdot41$	$2^4\cdot59$	$3^3\cdot5\cdot7$	$2\cdot11\cdot43$		$2^2\cdot3\cdot79$	$13\cdot73$
95	$2\cdot5^2\cdot19$	$3\cdot317$	$2^3\cdot7\cdot17$		$2\cdot3^2\cdot53$	$5\cdot191$	$2^2\cdot239$	$3\cdot11\cdot29$	$2\cdot479$	$7\cdot137$
96	$2^6\cdot3\cdot5$	31^2	$2\cdot13\cdot37$	$3^2\cdot107$	$2^2\cdot241$	$5\cdot193$	$2\cdot3\cdot7\cdot23$		$2^3\cdot11^2$	$3\cdot17\cdot19$
97	$2\cdot5\cdot97$		$2^2\cdot3^5$	$7\cdot139$	$2\cdot487$	$3\cdot5^2\cdot13$	$2^4\cdot61$		$2\cdot3\cdot163$	$11\cdot89$
98	$2^2\cdot5\cdot7^2$	$3^2\cdot109$	$2\cdot491$		$2^3\cdot3\cdot41$	$5\cdot197$	$2\cdot17\cdot29$	$3\cdot7\cdot47$	$2^2\cdot13\cdot19$	$23\cdot43$
99	$2\cdot3^2\cdot5\cdot11$		$2^5\cdot31$	$3\cdot331$	$2\cdot7\cdot71$	$5\cdot199$	$2^2\cdot3\cdot83$		$2\cdot499$	$3^3\cdot37$
100	$2^3\cdot5^3$	$7\cdot11\cdot13$	$2\cdot3\cdot167$	$17\cdot59$	$2^2\cdot251$	$3\cdot5\cdot67$	$2\cdot503$	$19\cdot53$	$2^4\cdot3^2\cdot7$	

H. Evolventenfunktion ev $\alpha = \tan \alpha - \text{arc}\, \alpha$ (s. S. 146 u. S. 762)

$\alpha°$	0′	10′	20′	30′	40′	50′
12	0,003117	0,003250	0,003387	0,003528	0,003673	0,003822
13	0,003975	4132	4294	4459	4629	4803
14	0,004982	5165	5353	5545	5742	5943
15	0,006150	6361	6577	6798	7025	7256
16	0,007493	7735	7982	8234	8492	8756
17	0,009025	9299	9580	9866	10158	10456
18	0,010760	11071	11387	11709	12038	12373
19	0,012715	13063	13418	13779	14148	14523
20	0,014904	0,015293	0,015689	0,016092	0,016502	0,016920
21	0,017345	17777	18217	18665	19120	19583
22	0,020054	20533	21019	21514	22018	22529
23	0,023049	23577	24114	24660	25214	25777
24	0,026350	26931	27521	28121	28729	29348
25	0,029975	30613	31260	31917	32583	33260
26	0,033947	34644	35352	36069	36798	37537
27	0,038287	39047	39819	40602	41395	42201
28	0,043017	43845	44685	45537	46400	47276
29	0,048164	49064	49976	50901	51838	52788
30	0,053751	0,054728	0,055717	0,056720	0,057736	0,058765

J. Wichtige Zahlenwerte und ihre Briggsschen Logarithmen

Größe	n	lg n	Größe	n	lg n	Größe	n	lg n
π	3,14159	0,49715	$\sqrt[3]{\pi}$	1,46459	0,16572	g	9,81	0,99167
$\pi:2$	1,57080	0,19612	$\sqrt[3]{2\pi}$	1,84526	0,26606		(9,80665)	(0,99152)
$\pi:3$	1,04720	0,02003	$\pi\sqrt[3]{\pi}$	4,60115	0,66287	g^2	96,2361	1,98334
$\pi:4$	0,78540	0,89509–1	$\sqrt[3]{\pi^2}$	2,14503	0,33143	$\sqrt{g}$	3,13209	0,49583
$\pi:6$	0,52360	0,71900–1	$\pi\sqrt[3]{\pi^2}$	6,73881	0,82858	$2\sqrt{g}$	6,26418	0,79686
$\pi:12$	0,26180	0,41797–1	$\sqrt[3]{\pi:2}$	1,16245	0,06537	$\pi\sqrt{g}$	9,83976	0,99298
$\pi:16$	0,19635	0,29303–1	$1:\pi$	0,31831	0,50285–1	$\sqrt{2g}$	4,42945	0,64635
$\pi:32$	0,09818	0,99202–2	$2:\pi$	0,63662	0,80388–1	$\pi\sqrt{2g}$	13,91536	1,14350
$\pi:64$	0,04909	0,69099–2	$16:\pi$	5,09296	0,70697	$1:g$	0,10194	0,00833–1
$\pi:90$	0,03491	0,54295–2	$32:\pi$	10,18592	1,00800	$1:2g$	0,05097	0,70730–2
$\pi:180$	0,01745	0,24180–2	$64:\pi$	20,37184	1,30903	$\pi^2:g$	1,00608	0,00263
π^2	9,86960	0,99430	$90:\pi$	28,64790	1,45709	$1:g^2$	0,01039	0,01666–2
$4\pi^2$	39,47842	1,59636	$180:\pi$	57,29580	1,75812	$1:\sqrt{g}$	0,31928	0,50417–1
$\pi^2:4$	2,46740	0,39224	$1:\pi^2$	0,10132	0,00570–1	$\pi:\sqrt{g}$	1,00303	0,00132
$\pi^2:16$	0,61685	0,79018–1	$1:\pi^3$	0,03225	0,50855–2	$\pi:\sqrt{2g}$	0,70925	0,85080–1
π^3	31,00628	1,49145	$1:\pi^4$	0,01027	0,01140–2			
π^4	97,40909	1,98860	$\sqrt{1:\pi}$	0,56419	0,75143–1	e	2,71828	0,43429
$\sqrt{\pi}$	1,77245	0,24858	$\sqrt{2:\pi}$	0,79789	0,90194–1	e^2	7,38906	0,86859
$\sqrt{2\pi}$	2,50663	0,39909	$\sqrt{3:\pi}$	0,97721	0,98998–1	$1:e$	0,36788	0,56571–1
$2\sqrt{\pi}$	3,54491	0,54961	$\sqrt[3]{1:\pi}$	0,68278	0,83428–1	$1:e^2$	0,13534	0,23141–1
$\sqrt{\pi:2}$	1,25331	0,09806	$\sqrt[3]{2:\pi}$	0,86025	0,93463–1	$\sqrt{e}$	1,64872	0,21715
$\pi\sqrt{\pi}$	5,56833	0,74572	$\sqrt[3]{3:\pi}$	0,98475	0,99332–1	$\sqrt[3]{e}$	1,39561	0,14476

Die Abschnitte II bis VIII, X und XI sind bearbeitet von Prof. Dr.-Ing. **W. Meyer zur Capellen**, Aachen, Abschnitt IX von Dr. **V. Happach**, Ratzeburg

II. Arithmetik und Algebra

A. Potenz-, Wurzel- und Logarithmenrechnung

1. Potenzrechnung

1. *Begriff:* $a^n = a \cdot a \cdot a \ldots$ (n-mal als Faktor); $3^4 = 3 \cdot 3 \cdot 3 \cdot 3 = 81$, $a^1 = a$. a = Grundzahl (Basis), n = Exponent, a^n = Potenz.

2. $0^n = 0$. 3. $\lim\limits_{n\to\infty} a^n = \begin{matrix} 0 \\ \infty \end{matrix}$ für $\begin{matrix} |a| < 1 \\ |a| > 1 \end{matrix}$ *; (1^∞, 0^0, ∞^0 vgl. „Unbest. Formen" S. 62, ferner S. 76 u. f.).

4. Gerader Exponent: $(\pm a)^{2n} = +a^{2n}$; $(\pm 4)^2 = +16$.

5. Ungerader Exponent: $(\pm a)^{2n+1} = \pm a^{2n+1}$; $(+4)^3 = +64$, $(-4)^3 = -64$.

6. $a^m a^n = a^{m+n}$; $2^2 \cdot 2^5 = 2^7$. 7. $a^m b^m = (ab)^m$; $3^3 \cdot 2^3 = 6^3$.

8. $a^m/a^n = a^{m-n} = 1/a^{n-m}$ (vgl. 11); $5^5/5^2 = 5^3$; $5^2/5^5 = 5^{-3} = 1/5^3$.

9. $a^m/b^m = (a/b)^m$; $8^3/2^3 = 4^3$. 10. $(a^m)^n = a^{mn}$; $(3^2)^4 = 3^8$.

11. $a^{-m} = 1/a^m$; $10^{-4} = 1/10000 = 0{,}0001$.

Die Regeln 6 bis 11 gelten für jeden Exponenten — für positive, negative, ganze oder gebrochene Werte.

12. $a^0 = 1$. 13. $\lim\limits_{n\to 0} 1/n = \infty$. 14. $\lim\limits_{n\to\infty} 1/n = 0$.

Das Zeichen $\to\infty$ bedeutet, daß die betreffende Zahl über alle Grenzen wächst.

15. $a^{m/n} = \sqrt[n]{a^m}$ (vgl. Wurzelrechnung); $a^{4/3} = \sqrt[3]{a^4} = a \cdot a^{1/3} = a\sqrt[3]{a}$; $a^{1,41}/a^{0,41} = a^1 = a$.

16. $(a+b)(a-b) = a^2 - b^2$; $164^2 - 36^2 = (164+36)(164-36) = 200 \cdot 128 = 25600$.

17. $(a \pm b)^2 = a^2 \pm 2ab + b^2$; $98^2 = (100-2)^2 = 10000 - 2 \cdot 2 \cdot 100 + 4 = 9604$.

18. $(a \pm b)^3 = a^3 \pm 3a^2 b + 3ab^2 \pm b^3$; $29^3 = (30-1)^3 = 27000 - 2700 + 90 - 1 = 24389$.

19. *Binomischer Lehrsatz* für ganze, positive n (Erweiterung vgl. S. 60):

$$(a+b)^n = a^n + \binom{n}{1} a^{n-1} b + \binom{n}{2} a^{n-2} b^2 + \cdots + \binom{n}{k} a^{n-k} b^k + \cdots + \binom{n}{n-1} a b^{n-1} + b^n.$$

Ist b negativ, so sind die Vorzeichen der ungeraden Potenzen von b negativ.

$\binom{n}{k}$, sprich „n über k", ist der k-te Binomialkoeffizient, und zwar ist

$$\binom{n}{k} = \frac{n(n-1)(n-2)(n-3)\cdots(n-k+1)}{1 \cdot 2 \cdot 3 \cdot 4 \cdots k}.$$

Der Nenner heißt $1 \cdot 2 \cdot 3 \cdots k = k!$, sprich „$k$ Fakultät" (vgl. S. 41).

Es ist $\binom{n}{1} = \binom{n}{n-1} = n$, $\binom{n}{0} = \binom{n}{n} = 1$. Für ganze Werte n können die Beiwerte aus dem nebenstehenden *Pascal*schen Dreieck abgelesen werden (hier von $n = 0$ bis $n = 7$ fortgeführt), in dem sich jede Zahl als Summe der beiden in der vorhergehenden Reihe rechts und links von ihr stehenden Zahlen ergibt.

```
                1
              1   1
            1   2   1
          1   3   3   1
        1   4   6   4   1
      1   5  10  10   5   1
    1   6  15  20  15   6   1
  1   7  21  35  35  21   7   1
  .   .   .   .   .   .   .   .   .
```

Wenn n ganz und positiv ist, so gelten folgende Beziehungen:

20. $(a^n - b^n) : (a - b) = a^{n-1} + a^{n-2} b + \cdots + a b^{n-2} + b^{n-1}$.
$(a^3 - b^3) : (a - b) = a^2 + ab + b^2$;

21. $(a^{2n} - b^{2n}) : (a + b) = a^{2n-1} - a^{2n-2} b + a^{2n-3} b^2 - + \cdots - b^{2n-1}$.
$(a^6 - b^6) : (a + b) = a^5 - a^4 b + a^3 b^2 - a^2 b^3 + a b^4 - b^5$.

---

* $|\ |$ heißt absoluter Betrag.

22. $(a^{2n+1} + b^{2n+1}) : (a + b) = a^{2n} - a^{2n-1}b + a^{2n-2}b^2 - + \cdots + b^{2n}$.
$(a^5 + b^5) : (a + b) = a^4 - a^3b + a^2b^2 - ab^3 + b^4$.

Das Potenzieren hat zwei Umkehrungen, je nachdem in $a^b = c$ die Zahl a gesucht wird (Wurzelrechnung) oder die Zahl b (Logarithmenrechnung).

2. Wurzelrechnung

1. *Begriff:* Wenn $b^n = a$, so ist $b = \sqrt[n]{a}$; a heißt Radikand, b Wurzel und n Wurzelexponent[1]. Dann ist

2. $\left(\sqrt[n]{a}\right)^n = a$; 3. $\sqrt[1]{a} = a$; 4. $\sqrt[n]{0} = 0$.

5. Jede Wurzel kann als Potenz mit gebrochenem Exponent angesehen werden (vgl. oben 15): $b = \sqrt[n]{a} = a^{1/n}$, da $b^n = (a^{1/n})^n = a^1 = a$.

6. Gerader Wurzelexponent: $\sqrt[2n]{+a}$ ist reell; $\sqrt[2n]{-a}$ ist komplex (S. 40); $\sqrt[4]{81} = 3$.

7. Ungerader Wurzelexponent: $\sqrt[2n+1]{\pm a} = \pm \left|\sqrt[2n+1]{a}\right|$; $\sqrt[3]{-64} = -4$, $\sqrt[3]{64} = 4$.

8. $\sqrt[m]{a}\,\sqrt[m]{b} = \sqrt[m]{ab}$. 9. $\sqrt[m]{a}/\sqrt[m]{b} = \sqrt[m]{a/b}$. 10. $\sqrt[m]{a^n} = \left(\sqrt[m]{a}\right)^n = a^{n/m}$.

$\sqrt{3} \cdot \sqrt{12} = \sqrt{36} = 6$; $\sqrt{28}/\sqrt{7} = \sqrt{4} = 2$; $\sqrt{16^3} = \left(\sqrt{16}\right)^3 = 4^3 = 64$.

11. Der Exponent der Wurzel und des Radikanden können mit ein und derselben Zahl multipliziert und durch ein und dieselbe Zahl dividiert werden:

$$\sqrt{x^3} = \sqrt[4]{x^6}; \quad \sqrt[9]{8x^6} = \sqrt[9]{2^3x^6} = \sqrt[3]{2x^2}.$$

12. $\sqrt[m]{\sqrt[n]{a}} = (a^{1/n})^{1/m} = \sqrt[n]{\sqrt[m]{a}} = \sqrt[mn]{a}$; $\sqrt[3]{\sqrt[4]{27}} = \sqrt[4]{\sqrt[3]{27}} = \sqrt[4]{3}$.

13. $a\sqrt[n]{b} = \sqrt[n]{a^n b}$. 14. $\sqrt[n]{a}\,\sqrt[m]{b} = \sqrt[nm]{a^m b^n}$.

15. $\sqrt{a} \pm \sqrt{b} = +\sqrt{a + b \pm 2\sqrt{ab}}$, $a > b$.

Beispiel für das Ziehen einer Quadratwurzel:

Man teilt den Radikanden vom Komma aus nach beiden Seiten in Zweiergruppen und beginnt mit der größten in der ersten Gruppe enthaltenen Quadratzahl. Die Wurzel aus der größten Quadratzahl (64) in der ersten Zweiergruppe ergibt die erste Ziffer (8) des Resultats. Die nächste Ziffer (2) des Ergebnisses wird gewonnen, indem man zum Rest (4) die nächste Zweiergruppe herunterzieht und untersucht, wie oft darin das Doppelte (16) des bisherigen Ergebnisses (8) mit der angehängten nächsten Ergebnisziffer (2) enthalten ist:

$\sqrt[2]{6887{,}361}$	$= 82{,}99\ldots$
64	
487	$: 16_2$
324	
163 36	$: 164_9$
148 41	
14 9510	$: 1658_9$
14 9301	
20900	
⋮	

Ermittlung der Quadratwurzel unter Benutzung des Verfahrens nach *Newton* vgl. S. 53.

3. Logarithmenrechnung

1. *Begriff:* $m = {}^a\log b$, sprich: Logarithmus b zur Basis a, heißt $b = a^m$. a ist die Grundzahl (Basis), m der Logarithmus. (Verlauf der logarithmischen Kurve vgl. Bild 136, S. 143.) Es ist im allgemeinen $a > 1$.

2. *Brigg*sche oder *dekadische* Logarithmen haben die Grundzahl 10. Man schreibt nach DIN 1302 ${}^{10}\log b = \lg b$.

3. Die *natürlichen* Logarithmen haben als Grundzahl die *Euler*sche Zahl $e = 2{,}7182818..$ (vgl. S. 60 u. 77. Man schreibt ${}^e\log b = \ln b$ (logarithmus naturalis).

4. Zur Umrechnung gilt $\ln x = 2{,}3026 \cdot \lg x$ und $\lg x = 0{,}4343 \cdot \ln x$. Die Zahl $1/2{,}3026 = 0{,}4343$ heißt *Modul* des *Brigg*schen Logarithmensystems (genauer $1/2{,}302585\ldots = 0{,}434294\ldots$).

---

[1] Über die n verschiedenen Werte der n-ten Wurzeln vgl. S. 41. Für $k = 1$ erhält man den „Hauptwert", d. h. z. B. $\sqrt{4} = 2$, $\sqrt[3]{27} = 3$. Dieser ist hier gemeint. Dagegen lautet die Parabelgleichung (S. 125) $y^2 = ax$ aufgelöst $y = \pm\sqrt{ax}$ (vgl. S. 41).

5. Aus dem Begriff des Logarithmus folgt

$$^{a}\log 1 = 0,\quad ^{a}\log 0 = -\infty,\quad ^{a}\log \infty = \infty,\quad ^{a}\log a = 1,\quad \lg 10 = 1,\quad \ln e = 1.$$

Die *Briggs*schen und die natürlichen Logarithmen negativer Zahlen sind komplex.

Für das Rechnen mit Logarithmen gelten die folgenden vier Regeln:

6. $^{a}\log (uv) = {}^{a}\log u + {}^{a}\log v$; 7. $^{a}\log (u/v) = {}^{a}\log u - {}^{a}\log v$;

8. $^{a}\log u^n = n\, {}^{a}\log u$; 9. $^{a}\log \sqrt[n]{u} = 1/n\, {}^{a}\log u$. 10. $\lg 10^n = n$, d. h.

$\lg 1 = 0$, da $10^0 = 1$	
$\lg 10 = 1$, da $10^1 = 10$	$\lg 0{,}1 = -1$, da $10^{-1} = 0{,}1$
$\lg 100 = 2$, da $10^2 = 100$	$\lg 0{,}01 = -2$, da $10^{-2} = 0{,}01$
$\lg 1000 = 3$, da $10^3 = 1000$	$\lg 0{,}001 = -3$, da $10^{-3} = 0{,}001$.

11. Für dekadische Logarithmen ist ferner zu beachten:

Es ist z. B. $\lg 1{,}092 = 0{,}0382$ (vgl. S. 22); ferner ist $\lg 10{,}92 = \lg (1{,}092 \cdot 10) = \lg 1{,}092 + \lg 10 = 1{,}0382$; sinngemäß ist $\lg 0{,}1092 = \lg (1{,}092/10) = \lg 1{,}092 - \lg 10 = 0{,}0382 - 1$.

Entsprechend ist

$\lg 109{,}2 = 2{,}0382$;	$\lg 0{,}01092 = 0{,}0382 - 2$;
$\lg 1092 = 3{,}0382$ usw.,	$\lg 0{,}001092 = 0{,}0382 - 3$ usw.

Die vom Stellenwert der ersten Ziffer der zu logarithmierenden Zahl (Numerus) abhängige ganze Zahl des Logarithmus (0, 1, 2, 3, ..., −1, −2, −3, ...) heißt *Kennziffer*, der dahinter stehende Dezimalbruch heißt *Mantisse*. Zahlen mit gleicher Ziffernfolge haben die gleiche Mantisse. Diese ist in den Tafeln für die *Briggs*schen Logarithmen zu finden (vgl. S. 22/23).

Beispiele: Zweckmäßig ist die Verwendung eines Schemas, bei dem links die Zahlen und rechts ihre jeweiligen Logarithmen stehen:

1. $x = \dfrac{0{,}536 \cdot 217{,}3}{0{,}0281}$

Zahl	Logarithmus
0,536	0,7292 − 1
217,3	2,3371
Zähler	2,0663
0,0281	0,4487 − 2 (−)
$x = 4146$	3,6176

2. $x = \dfrac{\sqrt[3]{0{,}0827} \cdot 565{,}1}{0{,}923^4 \cdot 46{,}2}$

Zahl	Logarithmus
0,0827	0,9175 − 2
	= 1,9175 − 3
	: 3
	0,6392 − 1
565,1	2,7521 (+)
Zähler	2,3913
0,923	0,9652 − 1
	× 4
	3,8608 − 4
	= 0,8608 − 1
46,2	1,6646 (+)
Nenner	1,5254
$x = 7{,}343$	0,8659

3. $x = 2{,}78^{1{,}41}$

2,78	0,4440
	× 1,41
$x = 4{,}227$	0,6260

4. $x = 0{,}687^{1{,}33}$

0,687	0,8370 − 1
	× 1,33
	1,1132 − 1,33
	−0,33 + 0,33
$x = 0{,}607$	0,7832 − 1

5. $x = 0{,}427^{1/1{,}05}$

0,427	0,6304 − 1
	+ 0,05 − 0,05
	0,6804 − 1,05
	: 1,05
$x = 0{,}4446$	0,6480 − 1

6. $x = \ln \dfrac{0{,}678}{0{,}0753}$, d. h. $x = \ln \dfrac{678 \cdot 10}{753}$

678	6,5191
10	2,3026
	8,8217
753	6,6241
	2,1976 = x

B. Zahlensysteme

Zahlen

- komplexe Zahlen
- reelle Zahlen
  - rationale Zahlen (vgl. S. 62/64)
    - ganze Zahlen
    - Brüche
  - irrationale Zahlen
    - algebraisch irrationale Zahlen
    - transzendent irrationale Zahlen
- imaginäre Zahlen

1. Reelle Zahlen

Sämtliche ganze Zahlen, gewöhnliche Brüche, endliche und unendlich *periodische* Dezimalbrüche bilden das System der *rationalen* Zahlen. Alle übrigen reellen Zahlen, deren Wert durch einen unendlichen, *nicht* periodischen Dezimalbruch ausgedrückt wird, nennt man *irrationale* Zahlen. Diejenigen irrationalen Zahlen, die Lösungen einer Gleichung n-ten Grades mit rationalen Koeffizienten sind, z. B. alle Wurzeln, heißen algebraische, die übrigen transzendente Zahlen, z. B. π, e.

2. Imaginäre und komplexe Zahlen

a) Die **imaginäre Einheit** ist $i = +\sqrt{-1}$, so daß $i^2 = -1$. Eine imaginäre *Zahl* ib ist das Produkt aus der imaginären Einheit und einer reellen Zahl. So ist z. B. $+\sqrt{-9} = 3i$. Die Werte der Potenzen von i sind aus nebenstehendem Schema zu ersehen.

Potenzen von i			Wert
$\cdot\cdot\, i^{-4}$	i^0	$i^4 \cdot\cdot\, i^{4n}$	$+1$
$\cdot\cdot\, i^{-3}$	i^1	$i^5 \cdot\cdot\, i^{4n+1}$	$+i$
$\cdot\cdot\, i^{-2}$	i^2	$i^6 \cdot\cdot\, i^{4n+2}$	-1
$\cdot\cdot\, i^{-1}$	i^3	$i^7 \cdot\cdot\, i^{4n+3}$	$-i$

Eine Verbindung zwischen einer reellen und einer imaginären Zahl, z. B. $z = a + ib$, heißt **komplexe Zahl.** a ist der Realteil, b der Imaginärteil. $a + ib$ und $a - ib$ sind konjugiert komplexe Zahlen. Aus $a + ib = 0$ folgt $a = 0$ und $b = 0$; aus $a + ib = c + id$ folgt $a = c$ und $b = d$. Unter Beachtung von $i^2 = -1$ gelten für komplexe Zahlen die gleichen Rechenregeln wie für reelle Zahlen. Potenzieren vgl. c). — Ausdrücke i^i und i^{-i} vgl. S. 103 Nr. 12.

Beispiele: $(a + ib) + (c + id) = (a + c) + i(b + d)$; $(a + ib) - (c + id) = (a - c) + i(b - d)$; $(a + ib)(c + id) = (ac - bd) + i(ad + bc)$; $(a + ib)(a - ib) = a^2 + b^2$.

$$\frac{a + ib}{c + id} = \frac{(a + ib)(c - id)}{(c + id)(c - id)} = \frac{ac + bd}{c^2 + d^2} + i \cdot \frac{bc - ad}{c^2 + d^2}, \quad c + id \neq 0.$$

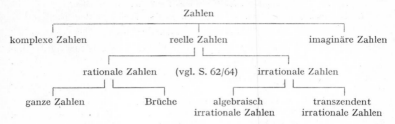

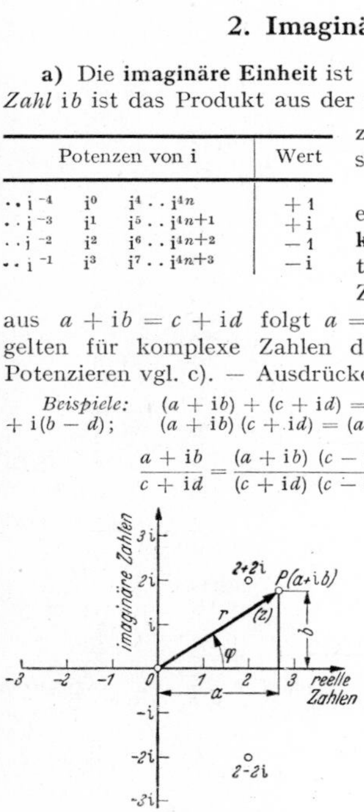

Bild 1

b) Eine komplexe Zahl $z = a + ib$ wird in der **Gaußschen Zahlenebene** durch einen Punkt mit den Koordinaten a und b dargestellt, Bild 1: Den reellen Zahlen wird die waagerechte Achse, den imaginären Zahlen die dazu senkrechte Achse zugeordnet.

Unter Einführung von Polarkoordinaten liest man mit $a = r\cos\varphi$, $b = r\sin\varphi$ die **Normalform** oder trigonometrische Form

$$z = a + ib = r(\cos\varphi + i\sin\varphi)$$

ab. Hierin ist $r = \sqrt{a^2 + b^2}$ der Absolut*betrag* (Modul) der komplexen Zahl, d. i. die Länge der Strecke OP, und φ, gegeben durch $\tan\varphi = b/a$, der *Winkel* (das Argument) der komplexen Zahl.

Man kann auch den von O nach P gezogenen Vektor (vgl. S. 154) $z = \overrightarrow{OP}$ als Darstellung der komplexen Zahl auffassen; seine Richtung ist durch φ, seine Länge durch r gegeben.

c) Die Normalform liefert den **Moivreschen Satz** für beliebiges reelles n:

$$(\cos\varphi \pm \mathrm{i}\sin\varphi)^n = \cos n\varphi \pm \mathrm{i}\sin n\varphi\,;$$

eine komplexe Zahl $z = r(\cos\varphi + \mathrm{i}\sin\varphi)$ wird hiernach mit n potenziert, indem man den Absolutbetrag mit n potenziert und den Winkel mit n multipliziert. So wird

$$\sqrt[n]{a + \mathrm{i}b} = \left|\sqrt[n]{r}\right| \cdot \left(\cos\frac{\varphi + 2k\pi}{n} + \mathrm{i}\sin\frac{\varphi + 2k\pi}{n}\right), \quad \varphi \text{ im Bogenmaß};$$

mit den Werten $k = 0, 1, 2, \ldots, n-1$ erhält man sämtliche n Wurzeln oder Lösungen.

d) Aus c) folgen mit $r = 1$ und $\varphi = 0$ bzw. $\varphi = \pi$ die **Einheitswurzeln:**

$$\sqrt[n]{1} = \cos\frac{2k\pi}{n} + \mathrm{i}\sin\frac{2k\pi}{n}, \qquad k = 0, 1, 2, \ldots, n-1.$$

$$\sqrt[n]{-1} = \cos\frac{(2k+1)\pi}{n} + \mathrm{i}\sin\frac{(2k+1)\pi}{n}, \qquad k = 0, 1, 2, \ldots, n-1.$$

Beispiel: $\sqrt[3]{1} = +1$ bzw. $-0{,}5 + 0{,}866\mathrm{i}$ bzw. $-0{,}5 - 0{,}866\mathrm{i}$.

Die komplexe Zahl $z = r(\cos\varphi + \mathrm{i}\sin\varphi)$ kann auch geschrieben werden $z = r\,\mathrm{e}^{\mathrm{i}\varphi}$ (vgl. S. 60). — Anwendung auf die konforme Abbildung vgl. S. 102[1].

C. Kombinationslehre

a) Die Zahl der **Permutationen,** d. h. der möglichen Zusammenstellungen von n ungleichen Elementen, ist

$$1 \cdot 2 \cdot 3 \cdot 4 \cdots (n-1) \cdot n = n! \quad \text{(sprich „}n\text{-Fakultät“)}.$$

Befinden sich unter den n Elementen p gleiche einer Art, q gleiche einer anderen Art, r gleiche einer dritten Art usw., so ist die Anzahl der möglichen Permutationen

$$\frac{n!}{p! \cdot q! \cdot r! \cdots}.$$

Beispiele: 1. 6 Elemente $abcdef$ haben $6! = 720$ Permutationen.

2. Die 3 Elemente abc haben $3! = 6$ Permutationen, nämlich abc, bca, cab, cba, acb, bac, wie sich durch zyklisches Vertauschen und nachfolgendes Umkehren der Reihenfolge ergibt.

3. Die 9 Elemente $aaaabbbcc$ haben $\frac{9!}{4! \cdot 3! \cdot 2!} = 1260$ Permutationen.

b) Eine Zusammenstellung, die nicht sämtliche n Elemente enthält, heißt eine **Variation:** ist k die Anzahl der zusammengestellten Elemente, so liegt eine Variation der n Elemente zur k-ten Klasse vor. Die Anzahl aller möglichen Variationen ist damit

$$\text{ohne Wiederholung } \binom{n}{k} \cdot k! = \frac{n!}{(n-k)!}, \quad \text{mit Wiederholung } n^k,$$

d. h. je nachdem das gleiche Element in der Zusammenstellung nur einmal oder mehrfach vorkommt. $\binom{n}{k}$ sind die Binomialkoeffizienten von S. 37.

Beispiele: 1. Die 4 Gegenstände $abcd$ haben in Gruppen zu je 2 Elementen ohne Wiederholung $\binom{4}{2} \cdot 2! = 12$ Variationen, nämlich ab, ac, ad, bc, bd, cd, ba, ca, da, cb, db, dc.

2. Bei Wiederholung erhält man $4^2 = 16$, d. h. außer den genannten noch aa, bb, cc, dd.

---

[1] Über duale Zahlensysteme vgl. Bd. II: Verf. u. Masch. d. Metallbearbeitung, Abs. Numerische Steuerungen, und *Mager, T.:* Einige binäre Zahlensysteme. Feinwerktechnik 66 (1962) Nr. 11 S. 412/15.

c) Die Anzahl der **Kombinationen** von n Elementen zur k-ten Klasse, d. h. die Anzahl der verschiedenen Arten, auf welche man n Elemente zu je k Elementen ohne Rücksicht auf die Reihenfolge anordnen kann, ist

$$\text{ohne Wiederholung (vgl. ob.) } \binom{n}{k}, \quad \text{mit Wiederholung } \binom{n+k-1}{k}.$$

Beispiele: 1. Die 4 Gegenstände $abcd$ haben in Gruppen zu je 2 Gliedern ohne Wiederholung $\binom{4}{2} = \frac{4 \cdot 3}{1 \cdot 2} = 6$ Kombinationen, nämlich ab, ac, ad, bc, bd, cd.

2. Mit Wiederholung erhält man $\binom{4+2-1}{2} = \binom{5}{2} = 10$ Kombinationen. Es kommen hinzu aa, bb, cc, dd.

D. Determinanten

Literatur: 1. *Neiss, Fr.:* Determinanten und Matrizen. 6. Aufl. Berlin: Springer 1962. — 2. *Schmeidler, W.:* Vorträge über Determinanten und Matrizen mit Anwendungen in Physik und Technik. Berlin: Akademie-Verl. 1949. — 3. *Zurmühl, R.:* Matrizen. 4. Aufl. Berlin: Springer 1964.

Bei verschiedenen Aufgaben der Mathematik und ihrer Anwendungsgebiete trifft man auf gewisse Zahlenausdrücke, die *Determinanten*, die nach ganz bestimmten Gesetzen gebaut sind und durch besondere Schreibweise auch besonders einfach darzustellen sind.

Unter anderem läßt sich — um aus den vielen Anwendungsmöglichkeiten *eine* herauszugreifen — in der Schwingungslehre die Bedingungsgleichung zur Bestimmung der Eigenfrequenzen eines schwingungsfähigen, mehrgliedrigen Systems in der Form $D = 0$ schreiben, wo D eine gewisse Determinante bedeutet.

a) Determinanten 2. und 3. Grades sind $\begin{vmatrix} a_1 & b_1 \\ a_2 & b_2 \end{vmatrix} = a_1 b_2 - a_2 b_1$;

$$\begin{vmatrix} a_1 & b_1 & c_1 \\ a_2 & b_2 & c_2 \\ a_3 & b_3 & c_3 \end{vmatrix} = a_1 \begin{vmatrix} b_2 & c_2 \\ b_3 & c_3 \end{vmatrix} - a_2 \begin{vmatrix} b_1 & c_1 \\ b_3 & c_3 \end{vmatrix} + a_3 \begin{vmatrix} b_1 & c_1 \\ b_2 & c_2 \end{vmatrix}$$

$$= a_1(b_2c_3 - b_3c_2) - a_2(b_1c_3 - b_3c_1) + a_3(b_1c_2 - b_2c_1)$$

$$= a_1b_2c_3 + a_2b_3c_1 + a_3b_1c_2 - a_1b_3c_2 - a_2b_1c_3 - a_3b_2c_1.$$

Die *Determinante n-ten Grades* von n^2 Elementen $a_1, a_2, \ldots, a_n$; $b_1, b_2, \ldots, b_n$; r_1, r_2, r_n hat n Zeilen (waagerechte Reihen) und n Spalten (senkrechte Reihen). Sie wird geschrieben

$$\begin{vmatrix} a_1 & b_1 & c_1 & .. & r_1 \\ a_2 & b_2 & c_2 & .. & r_2 \\ a_3 & b_3 & c_3 & .. & r_3 \\ . & . & . & .. & . \\ . & . & . & .. & . \\ a_n & b_n & c_n & .. & r_n \end{vmatrix}$$

und stellt die Summe $\sum \pm (a_1 b_2 c_3 \ldots r_n)$ dar, in der die einzelnen Summanden durch Permutation (S. 41) der Zeiger (Indizes) 1, 2, 3, ... des diagonalen Produktes $a_1 b_2 c_3 \ldots r_n$ gewonnen werden. Jedes alphabetisch geordnete Produkt erhält ein positives oder negatives Vorzeichen, je nachdem die Zahl der Umkehrungen seiner Zeiger gerade oder ungerade ist. Die Determinante enthält $n! = 1 \cdot 2 \cdot 3 \cdots n$ Produkte. Beispiele vgl. a).

b) Eine Determinante n-ten Grades kann mit Hilfe von *Unterdeterminanten* $(n-1)$-ten Grades zerlegt werden [vgl. a) u. h)]:

$$\begin{vmatrix} a_1 & b_1 & c_1 & d_1 \\ a_2 & b_2 & c_2 & d_2 \\ a_3 & b_3 & c_3 & d_3 \\ a_4 & b_4 & c_4 & d_4 \end{vmatrix} = a_1 \begin{vmatrix} b_2 & c_2 & d_2 \\ b_3 & c_3 & d_3 \\ b_4 & c_4 & d_4 \end{vmatrix} - a_2 \begin{vmatrix} b_1 & c_1 & d_1 \\ b_3 & c_3 & d_3 \\ b_4 & c_4 & d_4 \end{vmatrix} + a_3 \begin{vmatrix} b_1 & c_1 & d_1 \\ b_2 & c_2 & d_2 \\ b_4 & c_4 & d_4 \end{vmatrix} - a_4 \begin{vmatrix} b_1 & c_1 & d_1 \\ b_2 & c_2 & d_2 \\ b_3 & c_3 & d_3 \end{vmatrix}.$$

Die *Unterdeterminante* zu einem Element in der i-ten Zeile und der k-ten Spalte wird erhalten, indem man die i-te Zeile und die k-te Spalte der ursprünglichen

Determinante durchstreicht und die so entstehende Determinante mit $(-1)^{i+k}$ multipliziert.

c) In einer Determinante kann man die Zeilen mit den Spalten unter Beibehaltung der Reihenfolge vertauschen:

$$\begin{vmatrix} a_1 & b_1 \\ a_2 & b_2 \end{vmatrix} = \begin{vmatrix} a_1 & a_2 \\ b_1 & b_2 \end{vmatrix} ; \quad \begin{vmatrix} a_1 & b_1 & c_1 \\ a_2 & b_2 & c_2 \\ a_3 & b_3 & c_3 \end{vmatrix} = \begin{vmatrix} a_1 & a_2 & a_3 \\ b_1 & b_2 & b_3 \\ c_1 & c_2 & c_3 \end{vmatrix}.$$

d) Werden in der Determinante 2 Zeilen oder 2 Spalten miteinander vertauscht, so ändert die Determinante ihr Vorzeichen.

e) Sind die entsprechenden Elemente zweier Spalten oder zweier Zeilen verhältnisgleich (also auch einander gleich und gleich Null), so ist die Determinante gleich Null.

$$\begin{vmatrix} a_1 & a_1 & c_1 \\ a_2 & a_2 & c_2 \\ a_3 & a_3 & c_3 \end{vmatrix} = 0; \quad \begin{vmatrix} a_1 & b_1 & c_1 \\ a_1 & b_1 & c_1 \\ a_3 & b_3 & c_3 \end{vmatrix} = 0; \quad \begin{vmatrix} a_1 & a_2 & ka_2 \\ b_1 & b_2 & kb_2 \\ c_1 & c_2 & kc_2 \end{vmatrix} = 0.$$

f) Sind alle Elemente einer Zeile oder einer Spalte mit der gleichen Zahl multipliziert, so kann der Faktor vor die Determinante gesetzt werden:

$$\begin{vmatrix} ka_1 & b_1 & c_1 \\ ka_2 & b_2 & c_2 \\ ka_3 & b_3 & c_3 \end{vmatrix} = k \begin{vmatrix} a_1 & b_1 & c_1 \\ a_2 & b_2 & c_2 \\ a_3 & b_3 & c_3 \end{vmatrix} = \begin{vmatrix} ka_1 & kb_1 & kc_1 \\ a_2 & b_2 & c_2 \\ a_3 & b_3 & c_3 \end{vmatrix}.$$

g) Der Wert einer Determinante bleibt unverändert, wenn man zu den Elementen einer Zeile oder Spalte das gleiche Vielfache der entsprechenden Elemente einer anderen Zeile oder Spalte addiert oder subtrahiert:

$$\begin{vmatrix} a_1 & b_1 & c_1 \\ a_2 & b_2 & c_2 \\ a_3 & b_3 & c_3 \end{vmatrix} = \begin{vmatrix} a_1 & b_1 & c_1 + ka_1 \\ a_2 & b_2 & c_2 + ka_2 \\ a_3 & b_3 & c_3 + ka_3 \end{vmatrix}.$$

h) Eine *Determinante 3. Grades* kann auch folgendermaßen gebildet werden:

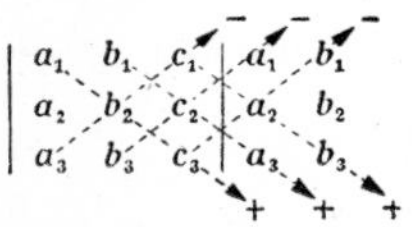

$$\begin{vmatrix} a_1 & b_1 & c_1 \\ a_2 & b_2 & c_2 \\ a_3 & b_3 & c_3 \end{vmatrix} \begin{matrix} a_1 & b_1 \\ a_2 & b_2 \\ a_3 & b_3 \end{matrix} = \begin{matrix} a_1 b_2 c_3 + b_1 c_2 a_3 + c_1 a_2 b_3 \\ - a_3 b_2 c_1 - b_3 c_2 a_1 - c_3 a_2 b_1, \end{matrix}$$

d. h. man setzt die beiden ersten Spalten in der gleichen Reihenfolge neben die letzte und bildet die 6 Produkte der Elemente, die auf einer Diagonalen liegen. Die Produkte erhalten je nach Pfeilrichtung $+$ ($\searrow$) oder $-$ ($\nearrow$) als Vorzeichen.

Zahlenbeispiele: 1. Zu b):

$$\begin{vmatrix} 2 & 3 & 4 \\ 1 & 3 & 4 \\ 3 & 0 & 2 \end{vmatrix} = 2 \begin{vmatrix} 3 & 4 \\ 0 & 2 \end{vmatrix} - 1 \begin{vmatrix} 3 & 4 \\ 0 & 2 \end{vmatrix} + 3 \begin{vmatrix} 3 & 4 \\ 3 & 4 \end{vmatrix} = 2 \cdot (3 \cdot 2) - 1 \cdot (3 \cdot 2) + 0 = 6.$$

2. Zu e):

$$\begin{vmatrix} 12 & 4 & 2 \\ 6 & 2 & 1 \\ 3 & 5 & 3 \end{vmatrix} = \begin{vmatrix} 2 \cdot 6 & 2 \cdot 2 & 2 \cdot 1 \\ 6 & 2 & 1 \\ 3 & 5 & 3 \end{vmatrix} = 0.$$

3. Zu f), g), b):

$$\begin{vmatrix} 4 & 12 & 8 \\ 2 & 3 & 4 \\ 3 & 6 & 9 \end{vmatrix} = 4 \cdot \begin{vmatrix} 1 & 3 & 2 \\ 2 & 3 & 4 \\ 3 & 6 & 9 \end{vmatrix} = 4 \cdot 3 \cdot \begin{vmatrix} 1 & 3 & 2 \\ 2 & 3 & 4 \\ 1 & 2 & 3 \end{vmatrix} = 12 \cdot \begin{vmatrix} 1 & 3 & 2 \\ 1 & 1 & 1 \\ 1 & 2 & 3 \end{vmatrix} = 12 \cdot \begin{vmatrix} 0 & 2 & 1 \\ 1 & 1 & 1 \\ 1 & 2 & 3 \end{vmatrix}$$

$$= 12 \cdot \begin{vmatrix} 0 & 2 & 1 \\ 1 & 1 & 1 \\ 0 & 1 & 2 \end{vmatrix} = 12 \cdot \left\{ 0 - 1 \cdot \begin{vmatrix} 2 & 1 \\ 1 & 2 \end{vmatrix} + 0 \right\} = -12 \cdot (2 \cdot 2 - 1 \cdot 1) = -36.$$

Über Anwendung bei Gleichungen 1. Grades mit mehreren Unbekannten vgl. S. 45. Ferner vgl. S. 116.

i) Unter einer *Matrix* versteht man ein rechteckiges Schema von Zahlen oder Elementen. Besteht sie aus m waagerechten Zeilen zu je n Elementen oder, was dasselbe ist, aus n waagerechten Zeilen zu je m Elementen, so hat man eine mn-reihige Matrix oder, kürzer, eine m-n-Matrix. Das Schema einer Matrix wird durch eine runde Klammer angegeben;

$$\begin{pmatrix} \alpha_1 & \beta_1 & \gamma_1 & \delta_1 & \varepsilon_1 \\ \alpha_2 & \beta_2 & \gamma_2 & \delta_2 & \varepsilon_2 \\ \alpha_3 & \beta_3 & \gamma_3 & \delta_3 & \varepsilon_3 \end{pmatrix} \quad \text{ist eine Matrix mit 3 Zeilen und 5 Spalten.}$$

$$\text{Die quadratische Matrix } (m = n) \begin{pmatrix} a_1 b_1 c_1 \\ a_2 b_2 c_2 \\ a_3 b_3 c_3 \end{pmatrix} \text{ ist die Matrix der Determinante } D = \begin{vmatrix} a_1 b_1 c_1 \\ a_2 b_2 c_2 \\ a_3 b_3 c_3 \end{vmatrix},$$

oder umgekehrt, D ist die Determinante der quadratischen Matrix.

E. Gleichungen

Eine Gleichung drückt aus, daß 2 Größen einander gleich sind. Eine *identische* Gleichung zeigt eine algebraische oder rechnerische Umformung an, z. B. $(a + b)(a - b) = a^2 - b^2$. Eine *Bestimmungs*gleichung, z. B. $x - 9 = 0$, dient zur Ermittlung einer unbekannten Größe, z. B. x, und ist nur für einen bestimmten Wert x (oder mehrere) eine identische, im Beispiel für $x = 9$.

Werden auf beiden Seiten einer Gleichung die gleichen Rechenoperationen vorgenommen, so führt die neue Form der Gleichung zu den gleichen Lösungen[1].

Zur Ermittlung von n Unbekannten sind n voneinander unabhängige Gleichungen erforderlich.

Gleichungen, die sich derart umformen lassen, daß nur ganzzahlige Potenzen der Unbekannten auftreten, heißen *algebraische* Gleichungen (E, 1). In *transzendenten* Gleichungen (S. 52) tritt mindestens eine nicht zu beseitigende transzendente Funktion der Unbekannten auf.

Beispiel: $\tan x - \lambda x = 0$.

Schreibt man eine Gleichung in der Form $f(x) = 0$, so sind die Lösungen die *Nullstellen* der Funktion $y = f(x)$.

1. Algebraische Gleichungen

Algebraische Gleichungen haben die Form

$$R(x) \equiv x^n + a_{n-1}x^{n-1} + a_{n-2}x^{n-2} + \cdots + a_1 x + a_0 = 0;$$

ihre Lösungen sind also die Nullstellen der ganzen rationalen Funktion n-ten Grades $R(x)$, vgl. S. 63.

a) Lineare Gleichungen (Gleichungen 1. Grades). α) *Gleichung mit einer Unbekannten.* Eine solche läßt sich immer auf die Form $ax - b = 0$ oder $ax = b$ bringen. Zur Umformung (die in entsprechender Weise auch auf andere Gleichungen übertragen werden kann) ist zu beachten:

1. Sind in einer Gleichung mehrere Glieder mit x und mehrere Glieder ohne x enthalten, so bringt man die Glieder mit x auf die eine und die ohne x auf die andere Seite. Hierbei müssen Klammerausdrücke, die x enthalten, aufgelöst werden.
2. Enthält die Gleichung Brüche, steht besonders x im Nenner, so ist die Gleichung mit dem Hauptnenner zu multiplizieren.
3. Steht x in der Basis einer Potenz (oder im Radikanden einer Wurzel), so ist die Potenz (Wurzel) auf eine Seite zu bringen und dann die Wurzel zu ziehen (die Gleichung zu potenzieren). Sind mehrere Wurzeln vorhanden, so ist mehrfaches Potenzieren erforderlich.
4. Steht x im Exponenten einer Potenz (Exponentialgleichung), so ist die Potenz auf eine Seite zu bringen und dann die Gleichung zu logarithmieren.

Beispiel: $4{,}6 + 2{,}3^{3-x} = 10$; $2{,}3^{3-x} = 5{,}4$; $(3 - x) \cdot \lg 2{,}3 = \lg 5{,}4$; $3 - x = \frac{\lg 5{,}4}{\lg 2{,}3} = \frac{0{,}7324}{0{,}3617} = 2{,}025$; $x = 3 - 2{,}025 = 0{,}975$. — Das Logarithmieren kann fortfallen bei Benutzung der Log-log-Teilung auf dem Rechenstab[2].

[1] Division durch Null ist naturgemäß nicht erlaubt.

[2] *Meyer zur Capellen, W.:* Mathematische Instrumente. 3. Aufl. Leipzig: Akad. Verlagsges. 1949; ders.: Instrumentelle Mathematik für den Ingenieur. Essen: W. Girardet 1952.

β) Gleichungen mit mehreren Unbekannten. αα) Rückführung auf (n — 1) Gleichungen. n Gleichungen mit n Unbekannten werden rechnerisch derart aufgelöst, daß man zunächst aus ihnen durch Umformen und Zusammenfassen passender Gleichungen $n-1$ Gleichungen mit $n-1$ Unbekannten bildet. Durch Wiederholung dieses Verfahrens erhält man $n-2$ Gleichungen mit $n-2$ Unbekannten usw., schließlich 1 Gleichung mit einer Unbekannten. Nach Ausrechnung dieser Unbekannten setzt man ihren Wert in eine der zwei Gleichungen mit 2 Unbekannten ein und erhält so die zweite Unbekannte. Durch weiteres Einsetzen erhält man der Reihe nach sämtliche n Unbekannten.

Zur Rückführung sind folgende Wege möglich:

Additionsmethode: Wegschaffen einer Unbekannten durch Addition bzw. Subtraktion der Gleichungen nach passender Umformung (gleiche Faktoren der wegzuschaffenden Größen).

Gleichsetzungsmethode: Wegschaffen einer Unbekannten dadurch, daß man diese oder ein passendes Vielfaches von ihr in jeder Gleichung durch die anderen Unbekannten ausdrückt und die so erhaltenen Werte einander gleichsetzt.

Einsetzungsmethode: Eine Unbekannte wird dadurch weggeschafft, daß man in einer Gleichung diese Unbekannte durch die anderen ausdrückt und den so erhaltenen Wert in die übrigen Gleichungen einsetzt.

ββ) Unter *Benutzung von Determinanten* (S. 42) können die Lösungen unmittelbar hingeschrieben werden. So folgt z. B. für ein System von 3 linearen Gleichungen:

$$\begin{aligned} a_1x + b_1y + c_1z &= d_1, \\ a_2x + b_2y + c_2z &= d_2, \\ a_3x + b_3y + c_3z &= d_3, \end{aligned} \qquad D = \begin{vmatrix} a_1 & b_1 & c_1 \\ a_2 & b_2 & c_2 \\ a_3 & b_3 & c_3 \end{vmatrix} \neq 0,$$

$x = D_1/D,\ y = D_2/D,\ z = D_3/D,$ wo

$$D_1 = \begin{vmatrix} d_1 & b_1 & c_1 \\ d_2 & b_2 & c_2 \\ d_3 & b_3 & c_3 \end{vmatrix}, \quad D_2 = \begin{vmatrix} a_1 & d_1 & c_1 \\ a_2 & d_2 & c_2 \\ a_3 & d_3 & c_3 \end{vmatrix}, \quad D_3 = \begin{vmatrix} a_1 & b_1 & d_1 \\ a_2 & b_2 & d_2 \\ a_3 & b_3 & d_3 \end{vmatrix}.$$

Für ein beliebiges lineares Gleichungssystem gelten entsprechende Formeln: Die Faktoren der Unbekannten liefern, unter Beachtung von Zeile und Spalte, die „Systemdeterminante" D. Die Determinanten $D_1, D_2, \ldots$ findet man, indem man in D die Spalte der Beiwerte der betreffenden Unbekannten ersetzt durch die Werte auf den rechten Seiten.

Ist $D = 0$, so widersprechen sich die Gleichungen, oder eine Gleichung ist die Folge der anderen (z. B. $x - y = 4$ und $2x - 2y = 8$), vgl. aber γγ).

Beispiel: $\begin{aligned} 2x + 1{,}4y &= 13; \\ 6{,}5x - 3{,}1y &= 4; \end{aligned} \quad D = \begin{vmatrix} 2 & 1{,}4 \\ 6{,}5 & -3{,}1 \end{vmatrix} = -2 \cdot 3{,}1 - 6{,}5 \cdot 1{,}4 = -15{,}3;$

$$D_1 = \begin{vmatrix} 13 & 1{,}4 \\ 4 & -3{,}1 \end{vmatrix} = -13 \cdot 3{,}1 - 4 \cdot 1{,}4 = -45{,}9; \qquad x = -45{,}9 : (-15{,}3) = 3;$$

$$D_2 = \begin{vmatrix} 2 & 13 \\ 6{,}5 & 4 \end{vmatrix} = 2 \cdot 4 - 6{,}5 \cdot 13 = -76{,}5; \qquad y = -76{,}5 : (-15{,}3) = 5.$$

Für viele Unbekannte führen beide Wege (αα und ββ) im allgemeinen nur langsam zum Ziel. Dann empfehlen sich zeichnerische oder instrumentelle Methoden[1] oder Verfahren zur schrittweisen Näherung („Iterationsverfahren").[2] Bei Anwendung eines Digitalrechners empfiehlt sich der Weg nach ββ), da die Programmiersprachen „Algol" oder „Fortran" gerade zur Verarbeitung von Matrizen (S. 44) und Determinanten gut geeignet sind.

γγ) In *homogenen Gleichungen* sind im Gegensatz zu inhomogenen Gleichungen die rechten Seiten (oben $d_1, d_2, \ldots$) gleich Null. n homogene lineare Gleichungen

$$\begin{aligned} a_{11}x_1 + a_{12}x_2 + a_{13}x_3 + \cdots + a_{1n}x_n &= 0 \\ a_{21}x_1 + a_{22}x_2 + a_{23}x_3 + \cdots + a_{2n}x_n &= 0 \\ \cdots\cdots\cdots\cdots\cdots\cdots\cdots& \\ a_{n1}x_1 + a_{n2}x_2 + a_{n3}x_3 + \cdots + a_{nn}x_n &= 0 \end{aligned}$$

---

[1] Vgl. Anm. 2, S. 44.

[2] Vgl. z. B. *Zurmühl, R.:* Praktische Mathematik für Ingenieure und Physiker. 4. Aufl. Berlin: Springer 1963.

für die Unbekannten $x_1, x_2, \ldots, x_n$ können nur dann nebeneinander bestehen, wenn ihre Systemdeterminante, d. h. die Determinante der Koeffizienten

$$D = \begin{vmatrix} a_{11} & a_{12} & \cdots & a_{1n} \\ a_{21} & a_{22} & \cdots & a_{2n} \\ \cdot & \cdot & \cdot & \cdot \\ a_{n1} & a_{n2} & \cdots & a_{nn} \end{vmatrix} = 0$$

ist, wenn man von den trivialen Lösungen $x_1 = x_2 = \cdots = x_n = 0$ absieht.

Ein homogenes System kann durch die *Substitution* $x_1/x_n = \xi_1,\ x_2/x_n = \xi_2, \ldots, x_n/x_n = \xi_n = 1$ in ein äquivalentes inhomogenes umgewandelt werden, dessen erste Gleichung z. B. $a_{11}\xi_1 + a_{12}\xi_2 + a_{13}\xi_3 + \cdots + a_{1(n-1)}\xi_{n-1} = -a_{1n}$ lauten würde. Es können danach nur die Verhältnisse der Unbekannten ermittelt werden, so daß hierfür eine Gleichung überflüssig ist.

Ist z. B. $a_{11}x_1 + a_{12}x_2 = 0,\ a_{21}x_1 + a_{22}x_2 = 0,$ so muß $\begin{vmatrix} a_{11} & a_{12} \\ a_{21} & a_{22} \end{vmatrix} = 0$ sein,
und es ist $x_1 : x_2 = -a_{12} : a_{11} = -a_{22} : a_{21}$.

Bei 3 Gleichungen mit 3 Unbekannten gilt entsprechend

$$x_1 : x_2 : x_3 = \begin{vmatrix} a_{12} & a_{13} \\ a_{22} & a_{23} \end{vmatrix} : \begin{vmatrix} a_{13} & a_{11} \\ a_{23} & a_{21} \end{vmatrix} : \begin{vmatrix} a_{11} & a_{12} \\ a_{21} & a_{22} \end{vmatrix}.$$

Umgekehrt kann ein inhomogenes Gleichungssystem

$$\begin{aligned} a_{11}x_1 + a_{12}x_2 + \cdots + a_{1n}x_n &= b_1 \\ a_{21}x_1 + a_{22}x_2 + \cdots + a_{2n}x_n &= b_2 \\ \cdots\cdots\cdots\cdots\cdots\cdots \\ a_{n1}x_1 + a_{n2}x_2 + \cdots + a_{nn}x_n &= b_n \end{aligned}$$

durch die Substitution $x_1 = u_1/t,\ x_2 = u_2/t, \ldots x_n = u_n/t$ in ein homogenes verwandelt werden, dessen erste Gleichung z. B. $a_{11}u_1 + a_{12}u_2 + \cdots + a_{1n}u_n - b_1 t = 0$ lauten würde.

b) Gleichungen n-ten Grades. Nach dem *Fundamentalsatz* der Algebra hat eine Gleichung n-ten Grades von der Form

$$R(x) \equiv x^n + a_{n-1}x^{n-1} + \cdots + a_1 x + a_0 = 0$$

n Lösungen oder Wurzeln (wenn die u. U. zusammenfallenden Lösungen[1] in ihrer Vielfachheit mitgezählt werden). Komplexe Lösungen treten bei reellen Koeffizienten immer paarweise konjugiert auf. Sind $x_1, x_2, \ldots, x_n$ die Lösungen, so kann die Gleichung auch

$$(x - x_1)(x - x_2)\cdots(x - x_n) = 0$$

geschrieben werden, und wenn eine Lösung, z. B. x_1, bekannt ist, so erniedrigt die Division von $R(x)$ durch $(x - x_1)$ den Grad der Gleichung auf $n - 1$.

Beispiel: Die Gleichung $x^3 - 13x - 12 = 0$ hat offensichtlich die Lösung $x_1 = -1$. Nach Division durch $(x - x_1)$, d. h. durch $(x + 1)$, folgt $x^2 - x - 12 = 0$ mit $x_2 = 4$ und $x_3 = -3$ als weiteren Lösungen.

Durch Ausmultiplikation und Koeffizientenvergleich ergeben sich gewisse Beziehungen zwischen den Lösungen und den Koeffizienten einer Gleichung n-ten Grades (*Satz von Viéta*). Es gilt

$$\begin{aligned} a_{n-1} &= -(x_1 + x_2 + \cdots + x_n), \\ a_{n-2} &= x_1x_2 + x_1x_3 + x_1x_4 + \cdots + x_2x_3 + x_3x_4 + \cdots x_{n-1}x_n, \\ a_{n-3} &= -(x_1x_2x_3 + x_1x_2x_4 + \cdots x_{n-2}x_{n-1}x_n). \\ &\cdots\cdots\cdots\cdots\cdots\cdots \\ a_0 &= (-1)^n x_1 x_2 \ldots x_{n-1}x_n; \end{aligned}$$

d. h. der Koeffizient a_{n-k} ist gleich $(-1)^k$-mal der Summe aller k-fachen Produkte der Lösungen $x_1, x_2, \ldots, x_n$. Diese Summe besteht aus $\binom{n}{k}$ Summanden (vgl. Abschn. C, c S. 42).

Geschlossene Lösungen, d. h. durch Wurzelausdrücke angebbare Lösungen einer Gleichung n-ten Grades sind, abgesehen von Sonderfällen, nur bei Gleichungen

[1] Bei einer Gleichung 2. Grades können zwei, bei einer Gleichung 3. Grades zwei oder drei Lösungen zusammenfallen (vgl. α und γ).

bis zum 4. Grad möglich. Gleichungen höheren Grades müssen instrumentell[1] oder mit Näherungsverfahren gelöst werden (S. 52).

α) *Gleichungen 2. Grades mit einer Unbekannten.* $\alpha\alpha$) Rechnerische Lösung. Jede quadratische Gleichung kann auf die

$$\textit{Normalform}\quad x^2 + ax + b = 0$$

gebracht werden. Hierfür ähnliche Umformungen wie unter a, α), S. 44.

Für die Lösungen der quadratischen Gleichung $x^2 + ax + b = 0$ folgt mit

$$x^2 + 2 \cdot (a/2) \cdot x + (a/2)^2 = (a/2)^2 - b \quad \text{oder} \quad (x + a/2)^2 = (a/2)^2 - b:$$

$$\begin{aligned} x_1 &= -a/2 + \sqrt{(a/2)^2 - b}, \\ x_2 &= -a/2 - \sqrt{(a/2)^2 - b}, \end{aligned} \qquad \text{worin } (a/2)^2 - b = \Delta = \text{„Diskriminante“}.$$

Die Gleichung hat 2 reelle Wurzeln, wenn $\Delta > 0$,
2 zusammenfallende reelle „ , „ $\Delta = 0$,
2 konjugiert komplexe „ , „ $\Delta < 0$.

Ist $a = 0$, so liegt eine rein quadratische Gleichung vor: $x_{1,2} = \pm\sqrt{-b}$.

Ist $b = 0$, so ist $x_1 = 0$ und $x_2 = -a$, denn es ist $x^2 + ax = 0$ oder $x(x + a) = 0$, d. h. $x_1 = 0$ oder $(x + a) = 0$, d. h. $x_2 = -a$.

Beispiele:

1. $x^2 - {}^3/_2 x - 1 = 0$	2. $x^2 - 10x + 25 = 0$	3. $x^2 + 6x + 10 = 0$	4. $x^2 - 10x = 0$
$x = +{}^3/_4 \pm \sqrt{{}^9/_{16} + 1}$	$(x - 5)^2 = 0$	$x = -3 \pm \sqrt{9 - 10}$	$x(x - 10) = 0$
$x_1 = {}^3/_4 + {}^5/_4 = 2$	$x_1 = x_2 = 5.$	$x_1 = -3 + \mathrm{i}$	$x_1 = 0$
$x_2 = {}^3/_4 - {}^5/_4 = -{}^1/_2.$		$x_2 = -3 - \mathrm{i}.$	$x_2 = 10.$

Nach dem *Satz von Viëta* (S. 46) muß

$$x_1 x_2 = b \quad \text{und} \quad x_1 + x_2 = -a$$

sein. Bei *komplexen* Lösungen ist

$$x_1 = \alpha + \mathrm{i}\beta, \quad x_2 = \alpha - \mathrm{i}\beta \quad \text{mit} \quad \alpha = -a/2, \quad \beta = \sqrt{b - (a/2)^2}.$$

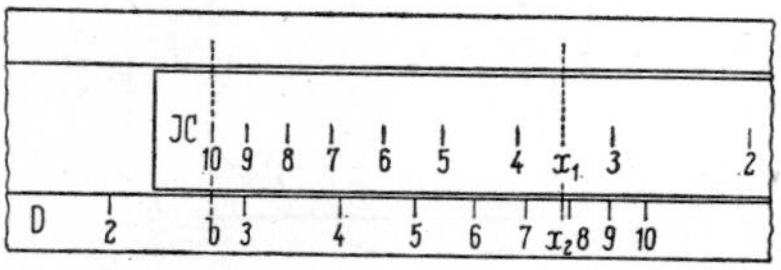

Bild 2

Lösung mit dem Rechenstab: Stellt man b auf der Grundteilung des Stabes ein und dividiert durch einen angenommenen Wert x_1, so folgt nach vorstehendem $x_2 = b/x_1$. Die Lösungen sind richtig, wenn gleichzeitig $x_1 + x_2 = -a$ ist. Bei Benutzung der inversen oder Reziprok-Teilung IC, die man auch durch Umdrehen des Schiebers (d. h. der Zunge) erhalten kann, folgt, Bild 2: Die 10 oder 1 der I-Teilung über b der Grundteilung D einstellen. Der Strich des Glasläufers über x_1 der I-Teilung liefert auf D den Wert $x_2 = b/x_1$. Es muß dann wie oben $x_1 + x_2 = -a$ sein. Ist b negativ, so ist eine Lösung negativ.

Beispiel: $x^2 + 4{,}3x - 27{,}3 = 0$ (Bild 2); $x_1 x_2 = -27{,}3$; $x_1 + x_2 = -a = -4{,}3$. Einstellen von $x_1 = 3{,}5$ liefert $x_2 = -27{,}3/3{,}5 = -7{,}8$; $3{,}5 - 7{,}8 = -4{,}3$, d. h. die Lösungen sind richtig.

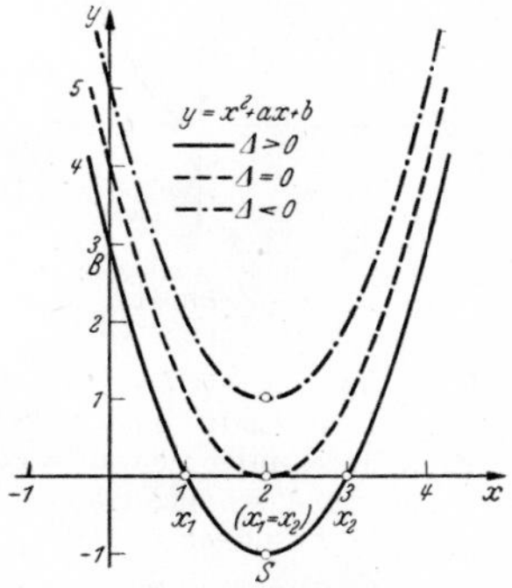

Bild 3. Schnittverfahren bei der quadratischen Gleichung

$\beta\beta$) Zeichnerische Lösung. Trägt man die Kurve $y = x^2 + ax + b$ (Parabel, S. 125) als Funktion von x auf, so sind die Abszissen ihrer Schnittpunkte mit der x-Achse die gesuchten Lösungen, Bild 3. Je nach dem Wert von Δ (vgl. $\alpha\alpha$) schneidet die Parabel die x-Achse ($\Delta > 0$), berührt sie diese ($\Delta = 0$) oder schneidet sie nicht ($\Delta < 0$).

[1] Vgl. Anm. 2, S. 44.

Im *Beispiel*, Bild 3, sind benutzt

$x^2 - 4x + 3 = 0, \quad \Delta > 0; \qquad x^2 - 4x + 4 = 0, \quad \Delta = 0; \qquad x^2 - 4x + 5 = 0, \quad \Delta < 0.$

1. Schnittverfahren für reelle Lösungen: Die Schnittpunkte der Kurve $y = x^2 + ax + b$ mit der x-Achse geben die Lösungen an. $y = \mathrm{f}(x)$ stellt die verschobene Einheitsparabel dar: Sie geht durch den Punkt B der y-Achse mit der Ordinate $y = b$ (Bild 3), ihre Achse ist parallel der y-Achse, und ihr Scheitel S hat die Koordinaten $x_0 = -a/2$, $y_0 = \mathrm{f}(-a/2) = -\Delta$ (vgl. $\alpha\alpha$). — Die nicht verschobene Einheitsparabel hat die Gleichung $y = x^2$.

2. Aufspaltung für reelle Lösungen: Schreibt man die Gleichung $x^2 + ax + b = 0$ in der Form $x^2 = -ax - b$ und setzt $y_1 = \mathrm{f}_1(x) = x^2$, $y_2 = \mathrm{f}_2(x) = -ax - b$, so sind die Lösungen die Abszissen der Schnittpunkte der Kurve y_1 mit der Kurve y_2, da nur im Schnittpunkt $y_1 = y_2$, also $x^2 = -ax - b$ ist, Bild 4. y_1 ist die für alle Gleichungen festliegende Einheitsparabel, y_2 ist eine Gerade, deren Lage durch a und b bestimmt ist.

Liegen die Schnittpunkte sehr weit auseinander, so müssen für x und y verschiedene Maßstäbe gewählt werden; diese brauchen auch sonst nicht gleich zu sein.

Je nach der Größe von Δ (vgl. o. $\alpha\alpha$) schneidet die Gerade die Parabel ($\Delta > 0$), berührt sie ($\Delta = 0$) oder schneidet sie nicht ($\Delta < 0$).

Beispiele, Bild 4:

$\Delta > 0$	$\Delta = 0$	$\Delta < 0$
1. $x^2 - 1{,}1x - 1{,}26 = 0$	2. $x^2 - 1{,}6x + 0{,}64 = 0$	3. $x^2 - x + 1{,}25 = 0$
$x_1 = 1{,}8, \quad x_2 = -0{,}7$	$x_1 = x_2 = 0{,}8$	komplexe Wurzeln

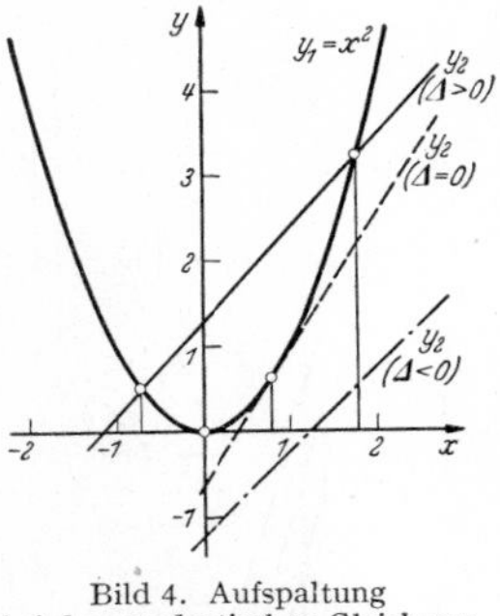

Bild 4. Aufspaltung bei der quadratischen Gleichung

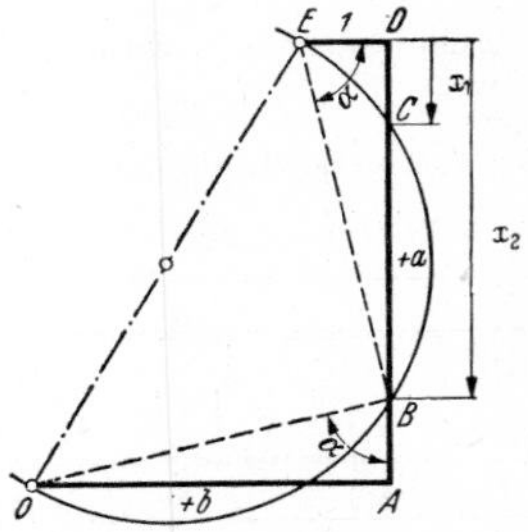

Bild 5. Verfahren von *Lill*

3. Verfahren von Lill: Man trägt, Bild 5, waagerecht die Strecke b auf, positiv nach rechts, negativ nach links; dazu senkrecht die Strecke a, positiv nach oben, negativ nach unten; daran waagerecht nach links die Strecke „Eins". Der Halbkreis über OE schneidet auf a (oder der Verlängerung) vom Endpunkt D aus gemessen die Lösungen x_1 und x_2 aus, nach oben positiv, nach unten negativ.

Beweis: Setzt man $DB = -x$ (da nach unten gerichtet), so folgt nach Bild 5, daß $\tan\alpha = DB : 1 = OA : AB$ oder daß $-x : 1 = b : [a - (-x)]$ oder $b = -x(a + x)$ oder $x^2 + ax + b = 0$ ist; d. h. die Gleichung ist erfüllt. Das gleiche gilt für C, ebenso für andere Vorzeichen von a und b.

Beispiel: In Bild 5 ist $b = 4\ (+)$, $a = 5\ (+)$; daher x_1 und x_2 von D aus gemessen negativ: $x_1 = -1$, $x_2 = -4$.

4. Das *nomographische* Verfahren[1] bei reellen Lösungen zeigt für beliebige Werte a und b das aus einer gekrümmten und zwei parallelen, geraden und linear geteilten Leitern bestehende Nomogramm, Bild 6: Die durch a und b gelegte Fluchtgerade

[1] Vgl. Abschn. Nomographie, S. 181.

schneidet auf der gekrümmten Leiter die Lösungen x_1 und x_2 aus. Die Flucht *2a* in Bild 6 schneidet jedoch nur einmal; es gilt dann allgemein für das Vorzeichen die Regel: x hat das obere (+) oder das untere (−) Vorzeichen, je nachdem das Vorzeichen für den Wert a der betreffenden Gleichung oben oder unten steht. Ist überhaupt kein Schnittpunkt vorhanden (vgl. nachstehendes Beisp. 4), so liegen komplexe Lösungen vor, die rechnerisch bestimmt werden müssen oder auch aus einem Sondernomogramm[1] abgelesen werden können.

Beispiele: 1. $x^2-3{,}7x+3=0$; a negativ, Gerade *1*, Punkte A und B, $x_1=+2{,}5$; $x_2=+1{,}2$.
2. $x^2+3{,}5x-7{,}5=0$; a positiv; Gerade *2a*, Punkt C, ergibt $x_1=+1{,}5$; Gerade *2b*, Punkt D ergibt $x_2=-5$, da das Vorzeichen von a (+) unten steht.
3. $x^2+7{,}7x+1{,}5=0$; a positiv, Gerade *3*, Punkte E und F, $x_1=-0{,}2$, $x_2=-7{,}5$, da das Vorzeichen von a (+) unten steht.
4. $x^2+x+4=0$; Gerade *4a* bzw. *4b* liefert keinen Schnittpunkt; daher komplexe Lösungen.

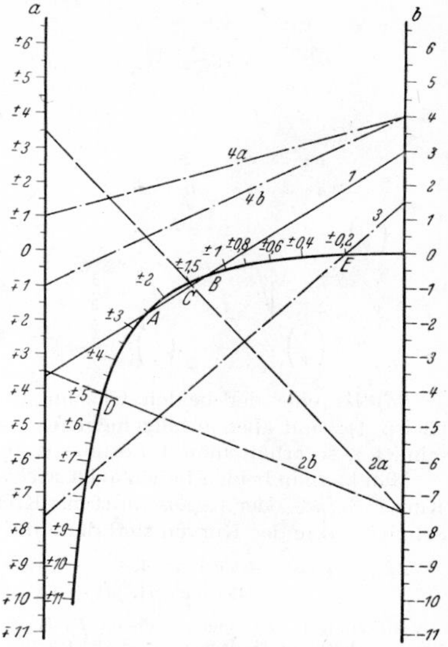

Bild 6
Nomogramm zur quadratischen Gleichung

Entwurf des Nomogramms:

Für alle durch den Punkt P (Bild 7) mit den Koordinaten u und v gehenden Geraden folgt mit den Abschnitten a und b auf den Leitern a und b

$$\frac{b-v}{c-u}=\frac{v-a}{c+u};$$

ausmultipliziert und geordnet:

$$-2vc+a(c-u)+b(c+u)=0$$

oder $$-\frac{2vc}{c+u}+a\frac{c-u}{c+u}+b=0.$$

Vergleicht man diese Form mit der quadratischen Gleichung $x^2+a\,x+b=0$, so müssen, wenn für einen bestimmten Wert $x=x_0$ die Gleichungen für jeden Wert a und b übereinstimmen sollen, auch die Koeffizienten übereinstimmen, d. h. es muß sein

$$-\frac{2vc}{c+u}=x_0^2 \quad\text{und}\quad \frac{c-u}{c+u}=x_0.$$

Daraus berechnen sich die Koordinaten u, v des Punktes P zu

$$u=-c\frac{x_0-1}{x_0+1} \quad\text{und}\quad v=-\frac{x_0^2}{x_0+1}.$$

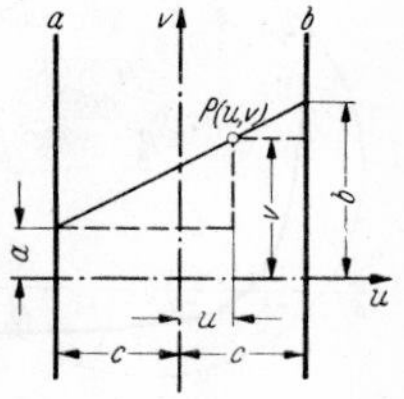

Bild 7

Der Wert für c kann beliebig angenommen werden.

Die Folge dieser Punkte P liefert die gekrümmte Leiter (Hyperbel), die hiernach für glatte Werte x_0 gezeichnet und mit diesen Werten $x=x_0$ beziffert werden kann. Die Fluchtgerade für ein Wertepaar a und b trifft dann die Kurve in den Lösungen x_1 und x_2 der quadratischen Gleichung $x^2+ax+b=0$.

Für negative Lösungen kann man x durch $(-x)$ ersetzen und erhält dann die oben angegebene Regel für das Vorzeichen.

β) Gleichungen 2. Grades mit mehreren Unbekannten. αα) n Gleichungen mit n Unbekannten werden in der auf S. 45 für lineare Gleichungen angegebenen Weise durch allmähliches Wegschaffen der einzelnen Unbekannten bis auf eine Gleichung mit einer Unbekannten aufgelöst. Im allgemeinen sind hierzu die dort angegebenen Methoden anwendbar, doch wird häufig die Einführung neuer Unbekannter u. ä. die Rechnung wesentlich vereinfachen.

[1] *Heck, O.*, u. *A. Walther:* Ing.-Arch. 1 (1930) 211; vgl. *Meyer zur Capellen, W.:* Leitfaden der Nomographie. Berlin: Springer 1953.

Beispiele:

1. $x^2 + y^2 = 20{,}5;$
$x - y = 4; \quad x = y + 4;$

$y^2 + 8y + 16 + y^2 = 20{,}5;$
$y^2 + 4y = 2{,}25;$
$y = -2 \pm \sqrt{4 + 2{,}25};$
$y = -2 \pm 2{,}5;$

$y_1 = +0{,}5; \quad y_2 = -4{,}5;$
$x_1 = +4{,}5; \quad x_2 = -0{,}5.$

2. $x^2 - 2xy + 3y^2 = 3(x - y) \quad | \cdot 3$
$2x^2 + xy - y^2 = 9(x - y) \quad | \cdot 1$

$3x^2 - 6xy + 9y^2 = 2x^2 + xy - y^2,$
$x^2 - 7xy + 10y^2 = 0,$
$\left(\frac{x}{y}\right)^2 - 7 \cdot \frac{x}{y} + 10 = 0,$
$\frac{x}{y} = \frac{7}{2} \pm \sqrt{\frac{49-40}{4}} = \frac{7}{2} \pm \frac{3}{2},$
$\left(\frac{x}{y}\right)_1 = 5, \quad \left(\frac{x}{y}\right)_2 = 2.$

$x = 5y$ in die erste Gleichung eingesetzt, ergibt
$25y^2 - 10y^2 + 3y^2 = 12y,$
$18y^2 - 12y = 0$ oder $6y(3y - 2) = 0,$
d.h. $\underline{y_1 = 0}$ und $\underline{x_1 = 5y_1 = 0}$, oder $3y - 2 = 0,$
also $\underline{y_2 = {}^2/_3}$ und $\underline{x_2 = 5y_2 = 3^1/_3}$.
$x = 2y$ eingesetzt, ergibt
$4y^2 - 4y^2 + 3y^2 = 3y,$
$y^2 - y = 0$ oder $y(y - 1) = 0,$
d. h. $\underline{y_3 = 0 = y_1}$ und $\underline{x_3 = 0 = x_1}$ oder
$y - 1 = 0$, also $\underline{y_4 = 1}$ und $\underline{x_4 = 2y_4 = 2}$.

$\beta\beta$) Ist eine der beiden Gleichungen linear, so erhält man 2 Lösungspaare (Beisp. 1); sind aber im allgemeinsten Fall beide Gleichungen quadratisch (Kegelschnitte), so erhält man 4 Lösungspaare (Beisp. 2, wo 2 Paare zusammenfallen).

Man kann in beiden Fällen auch *zeichnerisch* vorgehen: Jede Gleichung stellt eine Kurve (Gerade oder Kegelschnitt mit Kreis als Sonderfall) dar. Die Koordinaten der Schnittpunkte der Kurven sind dann die gesuchten Lösungspaare.

Zahlenbeispiel: Gleichung I. $(x + 3{,}5)^2 + (y - 2{,}7)^2 = 21.$
Gleichung II. $(x + 7{,}2) \cdot (y + 1{,}3) = 2.$

Gleichung I stellt einen Kreis um P_0 ($x_0 = -3{,}5$, $y_0 = +2{,}7$) mit dem Radius $\sqrt{21} \approx 4{,}6$, Bild 8, Gleichung II dagegen eine gleichseitige Hyperbel dar, deren Asymptoten die Parallelen zu den Achsen im Abstand $-1{,}3$ und $-7{,}2$ sind. Kreis und Hyperbel schneiden sich in den beiden reellen Punkten P_1 ($x_1 = -6{,}9$, $y_1 = 5{,}9$) und P_2 ($x_2 = -0{,}7$, $y_2 = -1{,}0$). Die beiden anderen Schnittpunkte sind imaginär. Die Gleichungen haben also die beiden reellen Lösungen:

$$x_1 = -6{,}9, \quad y_1 = +5{,}9, \quad x_2 = -0{,}7, \quad y_2 = -1{,}0.$$

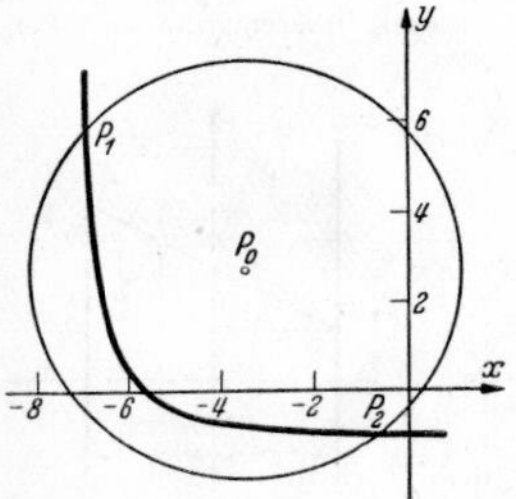

Bild 8

Da sich rechnerisch durch Elimination von x oder y eine Gleichung 4. Grades ergibt, liefert nach b) S. 46 eine Division der Gleichung durch $(x - x_1)(x - x_2)$ bzw. $(y - y_1)(y - y_2)$ eine Gleichung 2. Grades für die fehlenden Lösungen x_3, x_4 bzw. y_3, y_4.

Genügt bei nur flüchtiger Skizze die Genauigkeit der Ablesung nicht, so lassen sich die erhaltenen Werte mittels der Näherungsverfahren (S. 52) verbessern.

Schneiden sich die beiden Kurven nicht, so sind sämtliche Lösungen komplex; ein viermaliger Schnitt liefert 4 Paare reeller Lösungen, ein zweimaliger (vorstehendes Beisp.) 2 Paare reeller Lösungen (die 2 anderen Paare sind komplex). Wird im Grenzfall aus 2 Schnittpunkten 1 Berührungspunkt, so fallen 2 Paare reeller Lösungen in 1 Paar (Beisp. 2, oben) zusammen.

γ) *Gleichungen 3. Grades.* $\alpha\alpha$) Rechnerische Lösung. Eine *kubische* Gleichung in der Form

$$y^3 + Ay^2 + By + C = 0$$

geht durch Einsetzen von $y = x - A/3$ über in die

$$\textit{reduzierte Form} \quad x^3 + ax + b = 0,$$

wobei $a = B - {}^1/_3 A^2$ und $b = C + {}^2/_{27} A^3 - {}^1/_3 AB$. Ist $\Delta = (b/2)^2 + (a/3)^3$ die „Diskriminante", so hat man folgende Hauptfälle und Lösungswege:

1. $\Delta > 0$: 1 reelle und 2 konjugiert komplexe Wurzeln, Lösung mit der *Cardanischen* Formel:

$$x_1 = \alpha + \beta, \qquad x_{2,3} = -\tfrac{1}{2}(\alpha + \beta) \pm \mathrm{i}/2\,\sqrt{3}\cdot(\alpha - \beta),$$

wo $$\alpha = \sqrt[3]{-b/2 + \sqrt{\Delta}}, \qquad \beta = \sqrt[3]{-b/2 - \sqrt{\Delta}}, \qquad \mathrm{i} = \sqrt{-1}.$$

Beispiel: $x^3 - 9x + 28 = 0$, $\Delta = 14^2 + (-3)^3 = 169$, $\sqrt{\Delta} = 13$, $\alpha = \sqrt[3]{-14 + 13} = -1$, $\beta = \sqrt[3]{-14 - 13} = \sqrt[3]{-27} = -3$, $\alpha - \beta = 2$, $x_1 = \alpha + \beta = -4$, $x_2 = 2 + \mathrm{i}\sqrt{3}$, $x_3 = 2 - \mathrm{i}\sqrt{3}$.

2. $\Delta \leqq 0$: 3 reelle Wurzeln. Am besten *trigonometrische* Lösung: Mit Einführung des Winkels φ, der aus $\cos 3\varphi = -\dfrac{b}{2\sqrt{(-a/3)^3}}$ berechnet wird, folgt:

$$x_1 = 2\sqrt{-a/3}\cdot\cos\varphi,$$

$$x_2 = 2\sqrt{-a/3}\cdot\cos(\varphi + 120°), \qquad x_3 = 2\sqrt{-a/3}\cdot\cos(\varphi + 240°).$$

Beispiel: Reduzierte Form $x^3 - 7x + 5 = 0$, $\Delta = 2{,}5^2 + (-7/3)^3 < 0$, also Fall 2.

$$\cos 3\varphi = -\frac{5}{2\sqrt{(7/3)^3}} = -0{,}7015; \qquad 3\varphi = 134°\,33', \qquad \varphi = 44°\,51'.$$

$$x_1 = 2\sqrt{7/3}\cdot\cos\ 44°\,51' = +2{,}166;$$

$$x_2 = 2\sqrt{7/3}\cdot\cos 164°\,51' = -2{,}949; \qquad x_3 = 2\sqrt{7/3}\cdot\cos 284°\,51' = +0{,}783.$$

3. Für $\Delta = 0$ sind 2 Lösungen einander gleich und halb so groß (aber von entgegengesetztem Vorzeichen) wie die dritte. Dann wird nach der *Cardanischen* Formel $\alpha = \beta = \sqrt[3]{-b/2}$, also $x_1 = 2\alpha$ und $x_2 = x_3 = -\alpha$.

$\beta\beta$) Zeichnerische Lösungen nach gleichen Methoden wie bei quadratischen Gleichungen (S. 47).

1. Schnittverfahren: Die Lösungen der Gleichung $f(x) = 0$ sind die Abszissen der Schnittpunkte der Kurve $y = f(x)$ mit der x-Achse.

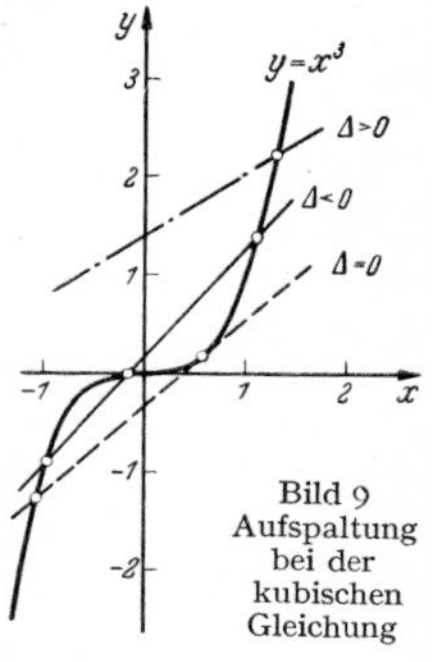

Bild 9 Aufspaltung bei der kubischen Gleichung

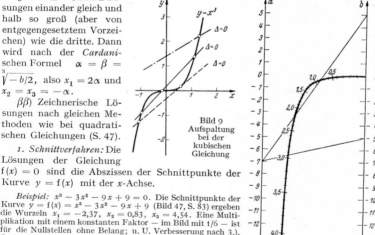

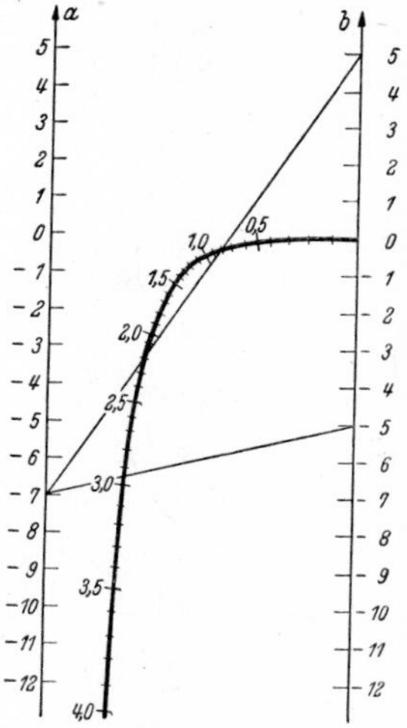

Bild 10. Nomogramm zur kubischen reduzierten Gleichung

Beispiel: $x^3 - 3x^2 - 9x + 9 = 0$. Die Schnittpunkte der Kurve $y = f(x) = x^3 - 3x^2 - 9x + 9$ (Bild 47, S. 83) ergeben die Wurzeln $x_1 = -2{,}37$, $x_2 = 0{,}83$, $x_3 = 4{,}54$. Eine Multiplikation mit einem konstanten Faktor — im Bild mit 1/6 — ist für die Nullstellen ohne Belang; u. U. Verbesserung nach 3.), S. 52.

2. Aufspaltung: Die Zerlegung der *reduzierten Form* $x^3 + ax + b = 0$ in $f_1(x) = f_2(x)$, wo $y_1 = f_1(x) = x^3$ (kubische Einheitsparabel) und $y_2 = f_2(x) = -ax - b$ (Gerade) ist, liefert die Lösungen als die Abszissen der Schnittpunkte dieser beiden Kurven, Bild 9, mit den 3 Sonderfällen (vgl. o.).

3. Zur *nomographischen Lösung* für die *reduzierte* Form führt der gleiche Weg wie auf S. 48, vgl. Bild 10.

Nur folgt jetzt für die Koordinaten u und v des Punktes P in entsprechender Weise

$$u = -c\,\frac{x_0 - 1}{x_0 + 1} \quad \text{und} \quad v = \frac{x_0^3}{x_0 + 1}.$$

Die Fluchtgerade durch die Punkte a und b schneidet die gekrümmte Leiter in den gesuchten Lösungen. Hinsichtlich des Vorzeichens gilt:

Schneidet die Fluchtgerade die gekrümmte Leiter zweimal, so liefert die Gerade durch $-b$ die dritte, aber negative Lösung, im Beispiel $x^3 - 7x + 5 = 0$ wird für $+b = +5$ (Bild 10) $x_1 = 0{,}78$ und $x_2 = 2{,}17$, während für $-b = -5$ der Wert $x_3 = -2{,}95$ folgt. Schneidet die Gerade nur einmal $(x^3 - 7x - 5 = 0)$, so ergibt sich eine positive Lösung $(x_1 = +2{,}95)$. Für die beiden anderen Wurzeln zeichnet man die Gerade durch $-b$; schneidet diese die gekrümmte Leiter, so ergeben sich die beiden anderen, aber negativen Lösungen (im Beispiel $x_2 = -0{,}78$, $x_3 = -2{,}17$); schneidet sie die gekrümmte Leiter nicht, so liegen komplexe Lösungen vor.

Schneidet schließlich die Gerade die Leiter überhaupt nicht, so liegen zwei komplexe Lösungen vor, die dritte, negative, findet man mit der Geraden durch $-b$.

Denn ersetzt man x durch $-x$, so wird $x^3 + ax - b = 0$, die Gleichung ist für $-b$ zu lösen.

Der *nomographische* Weg ist auch für Gleichungen *höheren* Grades von der Form $x^n + ax^m + b = 0$ gangbar. Graphisches Verfahren zur Auflösung algebraischer Gleichungen 4. Grades[1].

2. Transzendente Gleichungen

Transzendente Gleichungen müssen — von Sonderfällen abgesehen — nach den unter 3. geschilderten Methoden gelöst werden. So hat $\cos x = 1$ die reellen Lösungen $x = (2k - 1)\pi/2$ mit $k = 0, \pm 1, \pm 2, \ldots$, während $\tan x - \lambda x = 0$ nur mit Näherungsverfahren gelöst werden kann.

So könnte die Kurve $y_1 = \tan x$ mit der Geraden $y_2 = \lambda x$ zum Schnitt gebracht werden. Eine Skizze zeigt, daß für $\lambda > 0$ die Lösungen sich immer mehr den Werten $(2k - 1)\pi/2$ nähern, $k = 1, 2, \ldots$ für $\lambda > 1$ bzw. $k = 2, 3, \ldots$ für $\lambda < 1$. Deswegen schreibt man besser $x = (2k - 1)\pi/2 - \varepsilon_k$ und findet nach dem Additionstheorem für $\tan(\alpha + \beta)$ nach S. 66: $\tan x = \cot \varepsilon_k$, also $\cot \varepsilon_k = \lambda(2k - 1)\pi/2 - \lambda\varepsilon_k$. Dann braucht man nur den im ersten Quadranten gelegenen Teil der cot-Kurve mit den Geraden $\lambda(\pi/2 - \varepsilon)$, $\lambda(3\pi/2 - \varepsilon)$, ... zum Schnitt zu bringen. Eine weitere Verbesserung ist mit den Verfahren unter 3a) und b) möglich. — Beispiel vgl. S. 142.

3. Näherungsverfahren

a) Zeichnerische Verfahren beruhen auf den bereits bei den Gleichungen 2. und 3. Grades (S. 47 u. 51) und vorstehend benutzten Verfahren: Aufzeichnen der Funktionskurve $f(x)$ und Bestimmung ihrer Nullstellen oder Aufspalten der Gleichung in $f_1(x) = f_2(x)$ und Bestimmung der Abszissen der Schnittpunkte dieser Kurven.

b) Newtonsches Verfahren. Ist x_0 ein Näherungswert für die Lösung einer Gleichung $f(x) = 0$ [in der Nähe des Schnittpunktes der Kurve $y = f(x)$ mit der x-Achse], so denke man sich, Bild 11, im Punkt P_0 mit der Ordinate $y_0 = f(x_0)$ die Tangente mit der Steigung (Ableitung) $y_0' = f'(x_0)$ gezogen. $x_1 = x_0 - h$ ist ein besserer Näherungswert. Es folgt $x_1 = x_0 - h = x_0 - f(x_0)/f'(x_0) = x_0 - y_0/y_0'$. Durch Wiederholung für x_1 läßt sich dieser Wert x_1 verbessern: $x_2 = x_1 - y_1/y_1'$ usw. (vgl. Zahlenbeispiel).

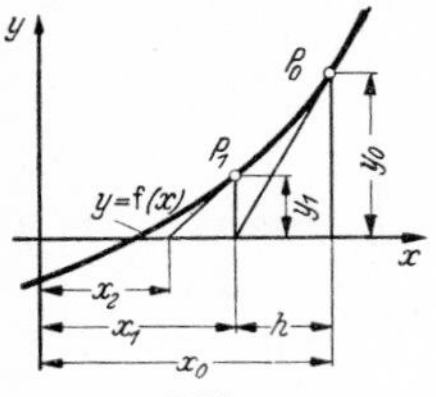

Bild 11
Zum Verfahren von *Newton*

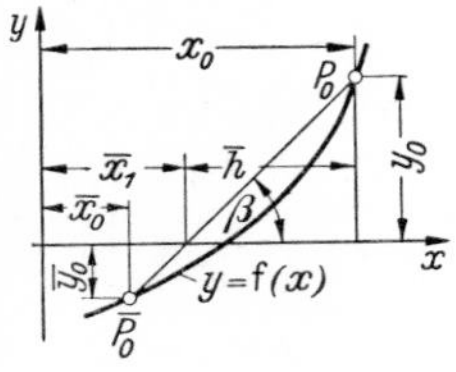

Bild 12
Zur regula falsi

Das Verfahren konvergiert gegen die richtige Lösung, wenn auf dem die Lösung enthaltenden Kurvenbogen $y' \neq 0$, $y'' \neq 0$, $y' \neq \infty$, und wenn in einem Punkt begonnen wird, in dem y' und y'' gleiches Vorzeichen haben.

c) Regula falsi. Hier ersetzt man die Tangente durch die Sekante durch 2 auf verschiedenen Seiten der x-Achse in der Nähe des Schnittpunktes der Kurve mit der x-Achse liegende Punkte P_0 und $\overline{P}_0$, Bild 12. Der Schnittpunkt mit der x-Achse liefert den zwischen x_0 und $\bar{x}_0$ liegenden Näherungswert $\bar{x}_1 = x_0 - \bar{h}$.

[1] *Gonnermann, H.:* Regelungstechnik 7 (1959) Nr. 2 S. 53/56.

Da $\bar{h} = y_0/\tan\beta$ und $\tan\beta = [f(x_0) - f(\bar{x}_0)] : (x_0 - \bar{x}_0)$, folgt

$$\bar{x}_1 = x_0 - \frac{f(x_0)\cdot(x_0 - \bar{x}_0)}{f(x_0) - f(\bar{x}_0)} = x_0 - \frac{y_0\cdot(x_0 - \bar{x}_0)}{y_0 - \bar{y}_0}.$$

Eine Fortsetzung liefert bessere Näherungswerte (vgl. Beisp.).

Das Verfahren konvergiert, wenn auf dem die Lösung enthaltenden Bogen $y' \neq 0$, $y'' \neq 0$, $y' \neq \infty$, und wenn Funktionswerte von entgegengesetzten Vorzeichen benutzt werden.

Für $\lim (x_0 - \bar{x}_0) \to 0$ erhält man das *Newton*sche Verfahren. Aus dem Differenzenquotient wird der Differentialquotient (S. 76).

x	$y = f(x)$
2	-1
3	$+11$
2,1	$-0{,}439$
2,2	$+0{,}248$

Beispiele: 1. $y = f(x) \equiv x^3 - 7x + 5 = 0$; also $y' = f'(x) = 3x^2 - 7$.

Nach *Newton:* $x_0 = 2{,}2$, $y_0 = f(x_0) = 0{,}248$, $y_0' = f'(x_0) = 7{,}52$,

$x_1 = x_0 - h = 2{,}2 - 0{,}248/7{,}52 = 2{,}2 - 0{,}033 = 2{,}167$ (zu groß);

Regula falsi: $x_0 = 2{,}2$, $y_0 = 0{,}248$, $\bar{x}_0 = 2{,}1$, $\bar{y}_0 = -0{,}439$,

$\bar{x}_1 = x_0 - \bar{h} = 2{,}2 - 0{,}248\cdot 0{,}1/0{,}687 = 2{,}2 - 0{,}036 = 2{,}164$ (zu klein).

Der nächste Schritt liefert unter Verwendung von x_1 und $\bar{x}_1$: $y_1 = 0{,}007$, $y_1' = 7{,}088$, $\bar{y}_1 = f(\bar{x}_1) = -0{,}0142$, $x_1 - \bar{x}_1 = 0{,}003$, $y_1 - \bar{y}_1 = 0{,}0212$.

Newton: $x_2 = x_1 - h_1 = 2{,}167 - 0{,}007/7{,}088 \approx 2{,}167 - 0{,}001 = 2{,}166$ (zu groß);

Regula falsi: $\bar{x}_2 = x_1 - \bar{h}_1 = 2{,}167 - 0{,}007\cdot 0{,}003/0{,}0212 \approx 2{,}167 - 0{,}001 = 2{,}166$ (zu klein).

Man hat also durch Benutzung beider Näherungsverfahren zusammen die gleiche Genauigkeit wie auf unmittelbarem Weg (S. 51) mit vierstelligen Tafeln.

2. Ermittlung der Quadratwurzel $x = \sqrt{a}$. Es muß $x^2 = a$ oder $f(x) \equiv x^2 - a = 0$ sein. Ist nun x_n ein Näherungswert für die Lösung der Gleichung $f(x) = 0$, so ist nach Abs. b)

$$x_{n+1} = x_n - \frac{f(x_n)}{f'(x_n)},$$

und da hier $f'(x) = 2x$ ist, folgt die Näherungsformel

$$x_{n+1} = x_n - \frac{x_n^2 - a}{2x_n} \quad \text{oder} \quad x_{n+1} = {}^1/_2\left(x_n + \frac{a}{x_n}\right); \qquad n = 0, 1, 2, \ldots$$

Das Verfahren ist fehlerfest und für das Berechnen von Quadratwurzeln auf einer elektronischen Rechenmaschine sehr geeignet.

Zahlenbeispiel: Gesucht $x = \sqrt{2}$, d. h. es ist $a = 2$. Die erste Näherung sei $x_0 = 2$. Dann folgt

$$x_1 = {}^1/_2(x_0 + 2/x_0) = {}^1/_2\cdot(2 + 2/2) = 1{,}5, \quad x_2 = {}^1/_2(x_1 + 2/x_1) = {}^1/_2(1{,}5 + 2/1{,}5) = 1{,}4166,$$

$$x_3 = {}^1/_2(x_2 + 2/x_2) = {}^1/_2(1{,}4166 + 2/1{,}4166) = 1{,}4142.$$

Hiernach ist x_3 bereits vier Stellen nach dem Komma genau.

4. Transformationen

Eng verknüpft mit der Theorie der Gleichungen ist die der Transformationen, speziell der Lineartransformationen.

a) Lineartransformationen. Unter einer *Linearform* der Veränderlichen $x_1, x_2, \ldots$ versteht man die Funktion 1. Grades oder die lineare Funktion $a_1x_1 + a_2x_2 + \cdots$, worin die a_i Konstanten sind. Oft ist es zweckmäßig, in einer Funktion $f(x_1, x_2, \ldots, x_n)$ der Veränderlichen $x_1, x_2, \ldots, x_n$ an Stelle dieser neue Veränderliche $y_1, y_2, \ldots, y_n$ einzuführen (zu substituieren) gemäß der Vorschrift

$$\left.\begin{aligned} x_1 &= a_{11}y_1 + a_{12}y_2 + \cdots + a_{1n}y_n, \\ x_2 &= a_{21}y_1 + a_{22}y_2 + \cdots + a_{2n}y_n, \\ &\ldots\ldots\ldots\ldots\ldots \\ x_n &= a_{n1}y_1 + a_{n2}y_2 + \cdots + a_{nn}y_n, \end{aligned}\right\} \qquad (1)$$

so daß die x_i *linear* von den y_i abhängen.

Unter Abbildung oder Transformation eines bestimmten Teiles eines Raumes oder einer Ebene versteht man ein Gesetz, nach dem jedem Punkt, dem Originalpunkt, ein anderer Punkt, der Bildpunkt, zugeordnet ist. Man kann hierbei an die Umzeichnung einer Figur denken oder auch daran, daß der betreffende Raum- bzw. Ebenenteil von einer deformierbaren Substanz erfüllt ist, so daß also die Transformation gleichbedeutend einer Deformation ist, bei der jeder Punkt aus einer Anfangs- in eine Endlage übergeht (elastischer Körper).

Sind x, y, z die Koordinaten des Originalpunktes, x', y', z' die Koordinaten des Bildpunktes im gleichen, rechtwinkligen Koordinatensystem, so bedeutet die entsprechende lineare Transformation des Raumes (bzw. der Ebene) eine *affine* Transformation gemäß den Gleichungen

$$\left.\begin{aligned} x' &= a_{11}x + a_{12}y + a_{13}z \\ y' &= a_{21}x + a_{22}y + a_{23}z \\ z' &= a_{31}x + a_{32}y + a_{33}z \end{aligned}\right\} \quad (2\text{a}) \qquad \left.\begin{aligned} x' &= a_{11}x + a_{12}y \\ y' &= a_{21}x + a_{22}y \end{aligned}\right\} \quad (2\text{b})$$

Vgl. S. 119.

Man kann aber die Transformationsgleichungen auch so auffassen, daß x, y, z die Koordinaten eines Punktes im System x, y, z und x', y', z' die Koordinaten des gleichen Punktes im neuen Koordinatensystem x', y', z' bedeuten (wobei das letztere an sich nicht rechtwinklig oder orthogonal zu sein braucht).

Eine Transformation gemäß den Gleichungen (1) heißt *umkehrbar* (reversibel, nichtsingulär) oder *nichtumkehrbar* (irreversibel, singulär), je nachdem die Systemdeterminante der Koeffizienten a_{ik} nicht verschwindet oder gleich Null ist.

Bei der affinen Abbildung des Raumes bzw. der Ebene bedeutet die Umkehrbarkeit, daß Bild und Originalpunkt vertauscht werden können, also zu jedem Bildpunkt ein eindeutig bestimmter Originalpunkt gehört. Dazu brauchen die Gln. (2a) bzw. (2b) nur nach x, y, z aufgelöst zu werden. Das ist aber nach S. 45 nur dann möglich, wenn die Determinante D nicht verschwindet.

b) Orthogonale Transformation.

Bei der Transformation des als *orthogonal* vorausgesetzten Koordinatensystems x, y, z in ein wiederum orthogonales System x', y', z' gemäß den Gln. (2a) oder (2b) bleibt der Abstand des Punktes vom gemeinsamen Koordinatenursprung unverändert, d. h. es muß

$$x^2 + y^2 + z^2 = x'^2 + y'^2 + z'^2 \quad \text{sein.}$$

Hieran anlehnend nennt man die Transformation oder Substitution gemäß den Gln. (1) *orthogonal*, wenn die Summe der Variablenquadrate unverändert bleibt, also

$$x_1^2 + x_2^2 + \cdots + x_n^2 = y_1^2 + y_2^2 + \cdots + y_n^2 \tag{3a}$$

ist. Die Bedingung für die *Orthogonalität* lautet, wenn μ, ν beliebige Zahlen der Reihe $1, 2, \ldots, n$ bedeuten,

$$a_{1\mu}a_{1\nu} + a_{2\mu}a_{2\nu} + \cdots + a_{n\mu}a_{n\nu} = \begin{matrix} 0 \text{ für } \mu \neq \nu, \\ 1 \text{ für } \mu = \nu. \end{matrix} \tag{3b}$$

Gemäß den Gln. (2a) für den Raum müßte sein

$$\begin{aligned} a_{11}^2 + a_{21}^2 + a_{31}^2 &= 1, \\ a_{12}^2 + a_{22}^2 + a_{32}^2 &= 1, \\ a_{13}^2 + a_{23}^2 + a_{33}^2 &= 1, \end{aligned}$$

und die anderen Produkte müßten gleich Null sein. Die a_{ik} sind hierbei die cosinus der Winkel zwischen den Achsen für den Raum wie für die Ebene (vgl. Analytische Geometrie S. 151).

Im Fall der Orthogonalität gilt für die Auflösung der Gln. (1) nach den y_i:

$$y_i = a_{1i}x_1 + a_{2i}x_2 + a_{3i}x_3 + \cdots + a_{ni}x_n, \tag{4}$$

$i = 1, 2, \ldots, n$; d. h. gegenüber den ursprünglichen Koeffizienten sind Zeile und Spalte vertauscht.

c) Quadratische Formen. Eine *quadratische* Form ist eine homogene Funktion 2. Grades von n Argumenten $x_1, x_2, \ldots$ und wird geschrieben

$$f = \sum a_{ik}x_i x_k, \tag{5}$$

wobei die Indizes i und k unabhängig voneinander die Zahlen $1, 2, \ldots n$ durchlaufen und die gegebenen konstanten Koeffizienten a_{ik} die Bedingung $a_{ik} = a_{ki}$ erfüllen.

Solche Formen treten u. a. bei Untersuchung der Flächen 2. Grades und deren Anwendungen, z. B. der Trägheitsmomente (S. 364), auf.

Bei *zwei* Argumenten $x_1 = x$, $x_2 = y$ folgt die *binäre* Form: $f = a_{11}x^2 + 2a_{12}xy + a_{22}y^2$.

Bei *drei* Argumenten $x_1 = x$, $x_2 = y$, $x_3 = z$ folgt die *ternäre* Form:

$$f = a_{11}x^2 + 2a_{12}xy + a_{22}y^2 + 2a_{23}yz + a_{33}z^2 + 2a_{31}zx.$$

Die wegen der Bedingung $a_{ik} = a_{ki}$ *symmetrische* Determinante

$$\Delta = \begin{vmatrix} a_{11} & a_{12} & \cdots & a_{1n} \\ a_{21} & a_{22} & \cdots & a_{2n} \\ \cdot & \cdot & \cdot & \cdot \\ a_{n1} & a_{n2} & \cdots & a_{nn} \end{vmatrix}$$

heißt die *Diskriminante* der quadratischen Form.

Die quadratische Form kann mit Hilfe der linearen Substitution

$$u_\nu = a_{\nu 1} x_1 + a_{\nu 2} x_2 + \cdots + a_{\nu n} x_n \qquad (\nu = 1, 2, \ldots, n)$$

auf den Ausdruck $\mathrm{f} = x_1 u_1 + x_2 u_2 + \cdots + x_n u_n$ gebracht werden.

d) Säkulargleichung.

Eine gegebene reelle quadratische Form gemäß Gl. (5) soll durch eine reelle Orthogonalsubstitution

$$x_\nu = \alpha_{\nu 1} y_1 + \alpha_{\nu 2} y_2 + \cdots + \alpha_{\nu n} y_n \qquad (\nu = 1, 2, \ldots, n)$$

in eine Summe von Quadraten der Gestalt

$$\lambda_1 y_1^2 + \lambda_2 y_2^2 + \cdots + \lambda_n y_n^2$$

transformiert werden. Dies führt zunächst auf das homogene Gleichungssystem

$$\begin{aligned} (a_{11} - \lambda)\alpha_{1\nu} + a_{12}\alpha_{2\nu} + \cdots + a_{1n}\alpha_{n\nu} &= 0, \\ a_{21}\alpha_{1\nu} + (a_{22} - \lambda)\alpha_{2\nu} + \cdots + a_{2n}\alpha_{n\nu} &= 0, \\ \cdots\cdots\cdots\cdots\cdots\cdots\cdots\cdots & \\ a_{n1}\alpha_{1\nu} + a_{n2}\alpha_{2\nu} + \cdots + (a_{nn} - \lambda)\alpha_{n\nu} &= 0 \end{aligned}$$

für die n Unbekannten $\alpha_{1\nu}, \alpha_{2\nu}, \ldots, \alpha_{n\nu}$. Dieses Gleichungssystem kann aber nur existieren, wenn die Systemdeterminante D gleich Null ist, d. h.

$$D = \begin{vmatrix} (a_{11} - \lambda) & a_{12} & \cdots & a_{1n} \\ a_{21} & (a_{22} - \lambda) & \cdot & a_{2n} \\ \cdot & \cdot & \cdot & \cdot \\ a_{n1} & a_{n2} & \cdots & (a_{nn} - \lambda) \end{vmatrix} = 0.$$

Diese Bedingung liefert zur Berechnung der gesuchten λ eine Gleichung n-ten Grades, die sogenannte *Säkulargleichung*. Substituiert man einen Wert λ_ν in das Gleichungssystem, so erhält man durch Auflösen das Verhältnis der Unbekannten $\alpha_{1\nu}, \alpha_{2\nu}, \ldots, \alpha_{n\nu}$. Zur endgültigen Bestimmung wird noch die Orthogonalitätsbedingung $\alpha_{1\nu}^2 + \alpha_{2\nu}^2 + \cdots + \alpha_{n\nu}^2 = 1$ hinzugenommen. Die Säkulargleichung hat nur *reelle* Werte (vgl. Abschn. Schwingungen, S. 285).

F. Reihen

Ist $u_1, u_2, u_3, \ldots, u_n \ldots$ eine Folge von Zahlen bestimmter Gesetzmäßigkeit, so ist $u_1 + u_2 + u_3 + \cdots + u_n + \cdots$ eine Reihe. Die einzelnen positiven oder negativen Zahlen $u_1, u_2, u_3, \ldots, u_n, \ldots$ heißen die Glieder der Reihe. Eine *endliche* Reihe hat endlich viele Glieder (n endlich), eine *unendliche* Reihe hat unendlich viele Glieder ($n \to \infty$).

Die *Summe* einer Reihe ist $s = u_1 + u_2 + u_3 + \cdots + u_n$. Existiert bei einer unendlichen Reihe der Grenzwert, dem sich die Summe der ersten n Glieder nähert, wenn n nach unendlich geht, so heißt dieser die Summe der Reihe. Es ist dann $s = \sum_{n=1}^{n=\infty} u_n$. Weiteres vgl. Abschn. 2.

Beispiele: 1. $1 + 2 + 3 + 4 + 5 + \cdots + 100 = 5050$ [vgl. 1. a)].
2. $0{,}3 + 0{,}03 + 0{,}003 + \cdots = 1/3$ (vgl. 2. a).

1. Endliche Reihen

a) Eine **arithmetische Reihe 1. Ordnung** ist eine Reihe, in der die Differenz zweier aufeinanderfolgender Glieder konstant ist. Schreibt man

a = Anfangsglied, d = Differenz (const), n = Anzahl der Glieder, so lauten die Glieder $a, a + d, a + 2d, \ldots, a + (n - 1)d$. Dabei ist jedes Glied das *arithmetische Mittel* aus den beiden benachbarten Gliedern. Ferner ist die Summe des ersten und letzten Gliedes gleich der Summe des zweiten und vorletzten usw. Daraus folgt für die *Summe* der Reihe mit $t = a + (n - 1)d$ als n-tem Glied (Endglied):

$$s = a + a + d + a + 2d + \cdots + a + (n - 1)d = n/2 \cdot (a + t)$$

$$\text{oder} \quad s = n/2 \cdot [2a + (n - 1)d].$$

Beispiele: 1. $\sum_{k=1}^{k=1000} k = 1 + 2 + 3 + \cdots + 1000 = \frac{1000}{2} \cdot (1 + 1000) = 500500,$

2. $\sum_{k=1}^{k=500} (2k - 1) = 1 + 3 + 5 + 7 + \cdots + 999 = \frac{500}{2} \cdot (1 + 999) = 250000.$

b) Eine **arithmetische Reihe n-ter Ordnung** ist eine solche Reihe, bei der die n-ten Differenzen konstant sind oder die n-te Differenzenreihe aus konstanten Gliedern besteht. Eine Differenzenreihe wird gebildet aus den Differenzen je zweier aufeinanderfolgender Glieder einer gegebenen Reihe:

2, 3, 7, 8, 15, 52, 158, 387...	Hauptreihe
1, 4, 1, 7, 37, 106, 229...	1. Differenzenreihe
3, −3, 6, 30, 69, 123 ...	2. ,,
−6, 9, 24, 39, 54 ...	3. ,,
15, 15, 15, 15 ...	4. ,,
0, 0, 0 ...	

Die Hauptreihe ist also eine arithmetische Reihe 4. Ordnung.

Eine Reihe n-ter Ordnung ist durch das Anfangsglied A_1 und die Anfangsglieder a_1, b_1, c_1 usw. aller Differenzenreihen eindeutig bestimmt:

$$\begin{array}{ccccccccccccccc} A_1 & & A_2 & & A_3 & & A_4 & & A_5 & & A_6 & & A_7 & & A_8 \ldots \\ & a_1 & & a_2 & & a_3 & & a_4 & & a_5 & & a_6 & & a_7 \ldots & \\ & & b_1 & & b_2 & & b_3 & & b_4 & & b_5 & & b_6 \ldots & & \\ & & & c_1 & & c_2 & & c_3 & & c_4 & & c_5 \ldots & & & \end{array}$$

Die Summe der ersten k Glieder der Hauptreihe ist

$$s_k = \binom{k}{1} A_1 + \binom{k}{2} a_1 + \binom{k}{3} b_1 + \binom{k}{4} c_1 + \cdots \text{[Binomialkoeffizienten } \binom{k}{r} \text{ S. 37].}$$

Beispiele: 1. Im obigen Zahlenbeispiel ist für die 7 Glieder (bis 158):

$$s_7 = \binom{7}{1} \cdot 2 + \binom{7}{2} \cdot 1 + \binom{7}{3} \cdot 3 + \binom{7}{4} \cdot (-6) + \binom{7}{5} \cdot 15$$
$$= 7 \cdot 2 + 21 \cdot 1 + 35 \cdot 3 + 35 \cdot (-6) + 21 \cdot 15$$
$$= 14 + 21 + 105 - 210 + 315 = 245.$$

Probe: $2 + 3 + 7 + 8 + 15 + 52 + 158 = 245.$

2. $\sum_{x=1}^{x=n} x^2 = 1^2 + 2^2 + 3^2 + \cdots + n^2 = 1 + 4 + 9 + 16 + \cdots + n^2$ Hauptreihe
$3 \quad 5 \quad 7 \ldots$ 1. Differenzenreihe
$2 \quad 2 \ldots$ 2. ,,

$$\sum_{x=1}^{x=n} x^2 = \binom{n}{1} + \binom{n}{2} \cdot 3 + \binom{n}{3} \cdot 2 = n + \frac{n \cdot (n-1)}{1 \cdot 2} \cdot 3 + \frac{n \cdot (n-1) \cdot (n-2)}{1 \cdot 2 \cdot 3} \cdot 2 =$$
$$= \frac{n^3}{3} + \frac{n^2}{2} + \frac{n}{6} = \frac{1}{6} \cdot n \cdot (n + 1) \cdot (2n + 1).$$

3. $\sum_{x=1}^{x=n} x^3 = 1^3 + 2^3 + 3^3 + \cdots + n^3 = \frac{n^4}{4} + \frac{n^3}{2} + \frac{n^2}{4} = \frac{1}{4} \cdot n^2 \cdot (n + 1)^2.$

Wird in eine ganze rationale Funktion n-ten Grades

$$f(x) = A x^n + B x^{n-1} + C x^{n-2} + \cdots$$

für x der Reihe nach $0, 1, 2, 3, \ldots$ gesetzt, so bilden die Werte $f(0), f(1), f(2), f(3), \ldots$ der äquidistanten Ordinaten eine arithmetische Folge n-ter Ordnung.

c) Eine **geometrische Reihe** ist eine Reihe, in welcher der Quotient zweier aufeinanderfolgender Glieder konstant ist. Ihre Glieder sind $a, aq, aq^2, aq^3, \ldots, aq^{n-1}$ (n-tes Glied). Jedes Glied ist das *geometrische Mittel* aus den beiden benachbarten Gliedern. Die *Summe* der ersten n Glieder beträgt

$$s = a \cdot \frac{1 - q^n}{1 - q} = a \cdot \frac{q^n - 1}{q - 1},$$

denn

$$\begin{aligned} s &= a + aq + aq^2 + \cdots + aq^{n-1}; \\ sq &= \phantom{a + {}} aq + aq^2 + aq^3 + \cdots + aq^n; \; (-) \\ \hline s(1 - q) &= a(1 - q^n). \end{aligned}$$

Ist $|q| < 1$, so ist für $n \to \infty$ die Summe der *unendlichen* geometrischen Reihe mit $\lim\limits_{n\to\infty} q^n = 0$ durch $s = a/(1 - q)$ (vgl. S. 60) gegeben. Die Logarithmen der Glieder einer geometrischen Reihe bilden eine arithmetische Reihe 1. Ordnung.

Beispiele aus Zinseszins- und Rentenrechnung. 1. Ein Kapital vom Betrag K_0, das zu $p\%$ auf Zinsen steht, wächst in n Jahren auf den Betrag

$$K_n = K_0 (1 + p/100)^n = K_0 q^n \quad \text{(Zinseszinsformel von } \textit{Leibniz}\text{)}$$

an, wenn die Zinsen am Ende jedes Jahres zum Kapital geschlagen werden. Bei halbjährlicher Verzinsung ist statt $q = 1 + p/100$ der Zinsfaktor $1 + p/200$ und statt n die Anzahl der Zeitabschnitte $2n$, bei vierteljährlicher Verzinsung entsprechend $1 + p/400$ und $4n$ zu setzen. Für Zinszuschlag in jedem Augenblick (stetige Verzinsung) wird mit $e = 2{,}718\ldots$ (S. 76)

$$K_n = K_0 \, e^{0{,}01pn}.$$

2. Der Barwert K eines nach n Jahren fälligen Betrages K_n ist $K = K_n/q^n = K_n v^n$, worin $1/q = v =$ Diskontierungsfaktor; $K_n - K =$ Diskont.

3. Wird am Ende jedes Jahres ein Kapital R eingezahlt, so ist das Endkapital

$$K_n = R \frac{q^n - 1}{q - 1} \quad \text{(nachschüssig)},$$

wird das Kapital R am Anfang jedes Jahres eingezahlt, so folgt

$$K_n = Rq \frac{q^n - 1}{q - 1} \quad \text{(vorschüssig)}.$$

4. Ist ein Kapital K_0 vorhanden und werden jährlich R Mark hinzugezahlt bzw. fortgenommen, so folgt die Sparerformel (+) bzw. die Rentnerformel (−):

$$K_n = K_0 q^n \pm R \frac{q^n - 1}{q - 1} \quad \text{(nachschüssig)}, \qquad K_n = K_0 q^n \pm Rq \frac{q^n - 1}{q - 1} \quad \text{(vorschüssig)}.$$

5. Setzt man in der Rentnerformel $K_n = 0$, so ergibt sich, daß die Rente durch eine sofortige Zahlung, durch ihren „Barwert", abgelöst werden kann:

$$K_0 = R \frac{q^n - 1}{q^n (q - 1)} \quad \text{(nachschüssig)}, \qquad K_0 = R \frac{q^n - 1}{q^{n-1} (q - 1)} \quad \text{(vorschüssig)}.$$

6. Läuft die Rente dauernd ($n \to \infty$), so ist der Barwert dieser „ewigen Rente"

$$K_0 = \frac{R}{q - 1} = R \frac{100}{p} \quad \text{(nachschüssig)}, \qquad K_0 = R \frac{q}{q - 1} \quad \text{(vorschüssig)}.$$

7. Ein Kapital K_0 ist nach Beisp. 4. in n Jahren abgeschrieben, wenn bei einem Zinsfaktor $q = 1 + p/100$ die jährliche Abschreibungssumme $R = K_0 q^n \dfrac{q - 1}{q^n - 1}$ beträgt.

Zahlenbeispiel: Wann ist ein Kapital von 20000 Mark aufgezehrt, wenn am Ende jedes Jahres 3000 Mark abgehoben werden? $p = 3^1/_2\%$ — Setzt man in der ersten Formel von Beisp. 4

$$K_n = 0, \text{ so wird } 0 = K_0 q^n (q - 1) - R(q^n - 1), \quad \text{d. h.} \quad q^n = \frac{R}{R - K_0 (q - 1)},$$

$$1{,}035^n = \frac{3000}{3000 - 20000 \cdot 0{,}035} = \frac{3}{3 - 0{,}7} = \frac{3}{2{,}3}.$$

$$n \cdot \lg 1{,}035 = \lg \frac{3}{2{,}3}, \quad n \cdot 0{,}0149 = 0{,}1154, \quad n = \frac{0{,}1154}{0{,}0149} = 7{,}74;$$

d. h. man kann 7 Jahre lang 3000 Mark und dann noch einen Rest fortnehmen. (Mit der Log-Log-Teilung auf dem Rechenstab kann n ohne Logarithmieren unmittelbar abgelesen werden.)

2. Unendliche Reihen

a) Existiert bei einer unendlichen Reihe der Grenzwert, dem sich die einzelnen Teilsummen s_n für $n \to \infty$ nähern, so heißt dieser die **Summe** der Reihe. Es ist $s = \sum_{i=1}^{i=\infty} u_i = \lim_{n\to\infty} s_n$, worin die Teilsumme die Werte $s_1 = u_1$, $s_2 = u_1 + u_2$, $s_3 = u_1 + u_2 + u_3, \ldots, s_n = u_1 + u_2 + \cdots + u_n$ bedeuten.

Beispiel: $0{,}3 + 0{,}03 + 0{,}003 + \cdots$ hat die Teilsummen $s_1 = 0{,}3$, $s_2 = 0{,}33$, $s_3 = 0{,}333, \ldots,$ so daß $\lim_{n\to\infty} s_n = 1/3$.

b) In einer **konvergenten Reihe** existiert der in Abs. a) definierte Grenzwert der Teilsummen, bei einer **divergenten Reihe** nicht.

Beispiele: 1. Die Reihe im Beispiel zu a) ist konvergent, da $\lim_{n\to\infty} s_n = 1/3$.

2. Die *harmonische* Reihe $1 + \frac{1}{2} + \frac{1}{3} + \cdots + \frac{1}{n} + \cdots$ ist divergent, da $\lim_{n\to\infty} s_n = \infty$.

Für die folgenden n Glieder ist $\frac{1}{n+1} + \frac{1}{n+2} + \cdots + \frac{1}{2n} > \left(n \cdot \frac{1}{2n} = \frac{1}{2}\right)$. Die Summe der nächsten $2n$ Glieder $\left(\frac{1}{2n+1} + \cdots\right)$ ist wieder $> \frac{1}{2}$. Wieviel Glieder man auch zusammenfaßt, der Rest wird immer größer als $1/2$ sein, d. h. die Summe ist unendlich groß.

c) Konvergenzbedingungen. α) *Notwendige* Bedingung ist $\lim_{n\to\infty} u_n = 0$, d. h. von einem bestimmten n an müssen die Glieder kleiner werden und mit wachsendem n gegen Null streben. Daß diese Bedingung nicht hinreichend ist, zeigt Beisp. 2 zu b). Bei Reihen mit abwechsend positiven und negativen Gliedern (*alternierenden* Reihen) ist diese Bedingung *auch hinreichend.*

Beispiel: Die Reihe $1 - 1/2 + 1/3 - 1/4 + - \cdots$ ist hiernach konvergent. Nach Formel 10, S. 60, stellt diese unendliche Reihe den Wert ln 2 dar.

β) *Hinreichende* Bedingung nach *Cauchy:* Eine Reihe ist konvergent (divergent), wenn von einem beliebigen Glied an der Quotient der Absolutbeträge aus einem Glied und dem vorangehenden kleiner (größer) ist als eine bestimmte Zahl, $q < 1$ $(q > 1)$, oder auch wenn

$$\lim_{n\to\infty} \left|\frac{u_{n+1}}{u_n}\right| < 1 \text{ (Konvergenz)}, \quad \lim_{n\to\infty} \left|\frac{u_{n+1}}{u_n}\right| > 1 \text{ (Divergenz)}.$$

Ist der Quotient gleich 1, so sind besondere Untersuchungen anzustellen.

Beispiele: 1. In der *harmonischen* Reihe $1 + 1/2 + 1/3 + \cdots + 1/n + 1/(n+1) + \cdots$ ist $u_{n+1} : u_n = 1 : (1 + 1/n)$, also $\lim_{n\to\infty} (u_{n+1} : u_n) = 1$, daher besonderer Beweis, vgl. Beisp. 2 zu b).

2. In der Reihe für $e^x = 1 + \frac{x}{1!} + \frac{x^2}{2!} + \frac{x^3}{3!} + \cdots$ (vgl. S. 60) ist $|u_{n+1} : u_n| = q = |x| : n$. Von $n > |x|$ ab ist $q < 1$, und es wird $\lim_{n\to\infty} |u_{n+1} : u_n| = 0$, d. h. die Reihe konvergiert für jeden (endlichen) Wert x.

γ) Eine Reihe mit Gliedern *beliebigen Vorzeichens* ist konvergent, wenn die Reihe aus den absoluten Beträgen konvergiert (absolut konvergente Reihe).

Beispiel: Für die Reihe $1 - x + x^2 - x^3 + x^4 + - \cdots$ ist $|u_{n+1} : u_n| = q = |x|$, d. h. die Reihe konvergiert für $|x| < 1$.

δ) Bildet man aus zwei konvergenten Reihen eine neue durch *Addition oder Subtraktion* der entsprechenden Glieder (oder auch eine lineare Kombination), so ist die neue Reihe auch konvergent.

Beispiel: Die Subtraktion der Reihen 10 und 11 (S. 60) liefert die Reihe für $\ln \frac{1+x}{1-x}$, die für $|x| < 1$ konvergiert.

Ferner gelten noch folgende Regeln:

ε) Eine Reihe von nur positiven Gliedern konvergiert, wenn von einem beliebigen n an $\sqrt[n]{u_n} \leq k$ ist, wo $0 < k < 1$; sie divergiert, wenn $\sqrt[n]{u_n} \geq 1$ ist.

ζ) Eine Reihe konvergiert, wenn von einem beliebigen Glied an die absoluten Beträge ihrer Glieder kleiner sind als die entsprechenden Glieder einer anderen konvergenten Reihe.

3. Entwicklung der Funktionen in Potenzreihen

a) Der **Taylorsche Satz:** Ist eine Funktion $f(x)$ in dem Intervall x_0 (einschließlich) bis $x_0 + h$ (einschließlich) nebst ihren sämtlichen Ableitungen $f'(x_0), f''(x_0), \ldots$ stetig, und sind sämtliche Werte der Funktion und ihrer Ableitungen endlich (und nicht sämtlich gleich Null), so gilt für $f(x_0 + h)$ die folgende konvergente, nach ganzen, positiven Potenzen von h fortschreitende Reihenentwicklung

$$f(x_0 + h) = f(x_0) + \frac{h}{1!} f'(x_0) + \frac{h^2}{2!} f''(x_0) + \cdots + \frac{h^{n-1}}{(n-1)!} f^{(n-1)}(x_0) + \cdots.$$

Bricht man die Reihe hinter dem n-ten Glied ab, so ist der Rest

$$R_n = \frac{h^n}{n!} f^{(n)}(x_0) + \frac{h^{n+1}}{(n+1)!} f^{(n+1)}(x_0) + \cdots = \frac{h^n}{n!} f^{(n)}(x_0 + kh)$$

(*Lagrange*sche Form des Restgliedes); hierin ist $0 < k < 1$, und es muß $\lim_{n\to\infty} R_n = 0$ sein. Die Konvergenz ist im Einzelfall zu prüfen.

b) Entwickelt man die Funktion von $x_0 = 0$ aus, setzt also $x_0 = 0$ und ersetzt dabei h durch x, so folgt die **Potenzreihe**

$$f(x) = f(0) + \frac{x}{1!} f'(0) + \frac{x^2}{2!} f''(0) + \cdots,$$

worin das Restglied $R_n = \frac{x^n}{n!} f^{(n)}(kx)$; $0 < k < 1$. Konvergenz vgl. a).

c) In Abschn. Prakt. Math., S. 195, wird gezeigt, daß sich eine Funktion $f(x)$ durch eine ganze rationale Funktion $f^*(x) = c_0 + c_1 x + c_2 x^2 + \cdots + c_n x_n$, die mit der Kurve $f(x)$ n Punkte gemeinsam hat, ersetzen läßt. Diese Näherung ist um so besser, je mehr Glieder berücksichtigt werden; für $n \to \infty$ entsteht die obige unendliche Potenzreihe. Bricht man diese Potenzreihe hinter dem n-ten Glied ab, so hat sie mit der Kurve n unendlich benachbarte Punkte gemeinsam und schmiegt sich mehr oder weniger gut der Kurve in dem betrachteten Punkt an (vgl. S. 121).

Beispiele: 1. $y = f(x) = \sin x$, $f(0) = 0$, $f'(x) = \cos x$, $f'(0) = 1$, $f''(x) = -\sin x$, $f''(0) = 0 \ldots$, also $\sin x = x/1! - x^3/3! + x^5/5! - x^7/7! + - \cdots$. Für $\sin 15° = \sin(\pi/12)$ folgt $\sin 15° \approx 0{,}261\,799 - 0{,}261\,799^3/6 + 0{,}261\,799^5/120 - 0{,}261\,799^7/5040 = 0{,}261\,799 - 0{,}002990 + 0{,}000010 - 0{,}000000 = 0{,}258819$ (vgl. damit S. 24, wo auf 4 Stellen nach dem Komma abgerundet ist).

2. Für $y = f(x) = e^x$ folgt $y = e^x = y' = y'' = \cdots$ oder $f(0) = f'(0) = f''(0) = \cdots = 1$, also $e^x = 1 + x/1! + x^2/2! + x^3/3! + \cdots$. Insbesondere folgt für $x = 1$ die *Euler*sche Zahl e (S. 76).

3. $f(x) = \ln x$ läßt sich nicht für $x = 0$ entwickeln, da $\ln 0 = -\infty$. Für $f(x) = \ln(1 + x)$ wird jedoch $f'(x) = \frac{1}{1+x}$, $f''(x) = -\frac{1}{(1+x)^2}$, $f'''(x) = \frac{1 \cdot 2}{(1+x)^3}$ usw., d. h. $f(0) = 0$, $f'(0) = 1$, $f''(0) = -1$, $f'''(0) = 1 \cdot 2$ usw., also $\ln(1 + x) = x/1 - x^2/2 + x^3/3 - x^4/4 + - \cdots$.

4. Für $f(x) = (1 + x)^m$ ist $f'(x) = m \cdot (1 + x)^{m-1}$, $f''(x) = m(m-1)(1 + x)^{m-2}$, ..., d. h. $f(0) = 1$, $f'(0) = m$, $f''(0) = m(m-1)$, ..., also wird, da $\frac{m(m-1)}{2!} = \binom{m}{2}$ usw.

$$(1 + x)^m = 1 + \binom{m}{1} x + \binom{m}{2} x^2 + \binom{m}{3} x^3 + \cdots.$$

Für ganze und positive m entsteht der binomische Lehrsatz (S. 37) mit endlich vielen Gliedern; für beliebige m entsteht eine unendliche Reihe, diese konvergiert für $|x| < 1$.

d) Ist eine Funktion $f(x)$ durch eine Potenzreihe darstellbar, so kann das Integral $\int f(x)\,dx$ durch **gliedweise ausgeführte Integration** der Potenzreihe gewonnen werden. Die Reihe für das Integral konvergiert stärker, da $\int x^n\,dx = x^{n+1}/(n + 1)$. (Anwendung zur angenäherten Integration.)

Aus $y = \arcsin x$ folgt $y' = \frac{1}{\sqrt{1 - x^2}} = 1 + \frac{1}{2} x^2 + \frac{1 \cdot 3}{2 \cdot 4} x^4 + \frac{1 \cdot 3 \cdot 5}{2 \cdot 4 \cdot 6} x^6 + \cdots$. Integriert man gliedweise, so ergibt sich die unter 4 Nr. 28 angegebene Reihe.

4. Zusammenstellung der wichtigsten Potenzreihen

a) Exponentialreihen (für jedes x konvergent):

1. $e^x = 1 + x/1! + x^2/2! + x^3/3! + \cdots$; also $e = 1 + 1/1! + 1/2! + 1/3! + \cdots$.
2. $e^{-x} = 1 - x/1! + x^2/2! - x^3/3! + \cdots$.
3. $\frac{1}{2}(e^x + e^{-x}) = 1 + x^2/2! + x^4/4! + \cdots = \cosh x$ (S. 73).
4. $\frac{1}{2}(e^x - e^{-x}) = x + x^3/3! + x^5/5! + \cdots = \sinh x$ (S. 73).
5. $e^{ix} = 1 + ix/1! - x^2/2! - ix^3/3! + x^4/4! + ix^5/5! - + \cdots$
   $= 1 - x^2/2! + x^4/4! - \cdots + i(x/1! - x^3/3! + x^5/5! - \cdots)$
   $= \cos x + i \sin x$, nach 24 u. 25.
6. $e^{-ix} = 1 - ix/1! - x^2/2! + ix^3/3! + x^4/4! - + \cdots$
   $= \cos x - i \sin x$, nach 24 u. 25.

(5. und 6.: *Euler*sche Formeln)

Addition bzw. Subtraktion von 5. und 6. ergibt:

7. $\frac{1}{2}(e^{ix} + e^{-ix}) = \cos x$. 8. $\frac{1}{2}(e^{ix} - e^{-ix}) = i \sin x$.
9. $a^x = 1 + \dfrac{\ln a}{1!} x + \dfrac{(\ln a)^2}{2!} x^2 + \dfrac{(\ln a)^3}{3!} x^3 + \cdots$; gilt für $a > 0$.

b) Logarithmische Reihen:

10. $\ln(1 + x) = x - x^2/2 + x^3/3 - x^4/4 + - \cdots; \quad -1 < x \leqq +1$.
11. $\ln(1 - x) = -x - x^2/2 - x^3/3 - x^4/4 - \cdots; \quad -1 \leqq x < +1$.

Durch Subtraktion von 10. und 11. folgt:

12. $\ln \dfrac{1 + x}{1 - x} = 2\left\{x + \dfrac{x^3}{3} + \dfrac{x^5}{5} + \dfrac{x^7}{7} + \cdots\right\}; \quad -1 < x < +1$.
13. $\ln \dfrac{x + 1}{x - 1} = \ln \dfrac{1 + 1/x}{1 - 1/x} = 2\left\{\dfrac{1}{x} + \dfrac{1}{3x^3} + \dfrac{1}{5x^5} + \dfrac{1}{7x^7} + \cdots\right\}; \quad |x| > 1$.

Ersetzt man x in 12. durch $\dfrac{x-1}{x+1}$ oder durch $\dfrac{x}{2a+x}$, so erhält man 14. bzw. 15.

14. $\ln x = 2\left\{\dfrac{x - 1}{x + 1} + \dfrac{1}{3}\left(\dfrac{x - 1}{x + 1}\right)^3 + \dfrac{1}{5}\left(\dfrac{x - 1}{x + 1}\right)^5 + \cdots\right\}$ gilt für jedes positive x.
15. $\ln(a + x) = \ln a + 2\left\{\dfrac{x}{2a + x} + \dfrac{1}{3}\left(\dfrac{x}{2a + x}\right)^3 + \dfrac{1}{5}\left(\dfrac{x}{2a + x}\right)^5 + \cdots\right\}$
    gilt für $x > -a$, wenn a positive Zahl.

c) Binomische Reihen, konvergent für $|x| < 1$:

16. $(1 + x)^n = \sum\limits_{k=0}^{\infty} \binom{n}{k} x^k = 1 + \binom{n}{1} x + \binom{n}{2} x^2 + \binom{n}{3} x^3 + \cdots$.

Hierbei ist n eine beliebige reelle Zahl. Für ganze, positive n bricht die Reihe ab und gilt dann für *jedes* x (Binomischer Lehrsatz S. 37).

17. $(a + b)^n = a^n(1 + b/a)^n = a^n(1 + x)^n$ ist nach dieser Reihe zu entwickeln, wenn $|b/a| < 1$, d. h. wenn a die größere der beiden Zahlen des zu entwickelnden Binoms bezeichnet.

Für Sonderfälle der binomischen Reihe wird:

18. $(1 \pm x)^{-1} = \dfrac{1}{1 \pm x} = 1 \mp x + x^2 \mp x^3 + x^4 \mp \ldots$; unendliche geometrische Reihe (S. 57).
19. $\dfrac{x}{x \pm 1} = \dfrac{1}{1 \pm 1/x} = 1 \mp 1/x + 1/x^2 \mp 1/x^3 + 1/x^4 \mp \ldots; \quad |x| > 1$.

20. $(1+x)^{1/2} = \sqrt{1+x} = 1 + \frac{1}{2}x - \frac{1}{2\cdot 4}x^2 + \frac{1\cdot 3}{2\cdot 4\cdot 6}x^3 - \frac{1\cdot 3\cdot 5}{2\cdot 4\cdot 6\cdot 8}x^4 + - \cdots$

$= 1 + {}^1/_2 x - {}^1/_8 x^2 + {}^1/_{16} x^3 - {}^5/_{128} x^4 + {}^7/_{256} x^5 - + \cdots.$

21. $(1+x)^{1/3} = \sqrt[3]{1+x} = 1 + \frac{1}{3}x - \frac{1\cdot 2}{3\cdot 6}x^2 + \frac{1\cdot 2\cdot 5}{3\cdot 6\cdot 9}x^3 - \frac{1\cdot 2\cdot 5\cdot 8}{3\cdot 6\cdot 9\cdot 12}x^4 + - \cdots$

$= 1 + {}^1/_3 x - {}^1/_9 x^2 + {}^5/_{81} x^3 - {}^{10}/_{243} x^4 + {}^{22}/_{729} x^5 - + \cdots.$

22. $\frac{1}{\sqrt{1+x}} = 1 - \frac{1}{2}x + \frac{1\cdot 3}{2\cdot 4}x^2 - \frac{1\cdot 3\cdot 5}{2\cdot 4\cdot 6}x^3 + \frac{1\cdot 3\cdot 5\cdot 7}{2\cdot 4\cdot 6\cdot 8}x^4 - + \cdots$

$= 1 - {}^1/_2 x + {}^3/_8 x^2 - {}^5/_{16} x^3 + {}^{35}/_{128} x^4 - {}^{63}/_{256} x^5 + - \cdots.$

23. $\frac{1}{\sqrt[3]{1+x}} = 1 - \frac{1}{3}x + \frac{1\cdot 4}{3\cdot 6}x^2 - \frac{1\cdot 4\cdot 7}{3\cdot 6\cdot 9}x^3 + \frac{1\cdot 4\cdot 7\cdot 10}{3\cdot 6\cdot 9\cdot 12}x^4 - + \cdots$

$= 1 - {}^1/_3 x + {}^2/_9 x^2 - {}^{14}/_{81} x^3 + {}^{35}/_{243} x^4 - {}^{91}/_{729} x^5 + - \cdots.$

d) Reihen für Kreis-, Arcus- und Hyperbelfunktionen. In den Formeln 24 bis 27 ist x im Bogenmaß zu messen (S. 64).

24. $\sin x = x/1! - x^3/3! + x^5/5! - x^7/7! + - \cdots$ gilt für jedes x.

25. $\cos x = 1 - x^2/2! + x^4/4! - x^6/6! + - \cdots$ gilt für jedes x.

26. $\tan x = x + {}^1/_3 x^3 + {}^2/_{15} x^5 + {}^{17}/_{315} x^7 + {}^{62}/_{2835} x^9 + \cdots$ $\quad |x| < \pi/2.$

27. $\cot x = 1/x - {}^1/_3 x - {}^1/_{45} x^3 - {}^2/_{945} x^5 - {}^1/_{4725} x^7 - \cdots$ $\quad 0 < |x| < \pi.$

28. $\arcsin x = x + \frac{1}{2}\frac{x^3}{3} + \frac{1\cdot 3}{2\cdot 4}\frac{x^5}{5} + \frac{1\cdot 3\cdot 5}{2\cdot 4\cdot 6}\frac{x^7}{7} + \cdots.$ $\quad |x| \leqq 1.$

Sonderfall: $\arcsin 1/2 = \pi/6 = 1/2 + 1/48 + 3/1280 + 5/14336 + \cdots.$

29. $\arctan x = x/1 - x^3/3 + x^5/5 - x^7/7 + - \cdots.$ $\quad |x| \leqq 1.$

Sonderfall: $\arctan 1 = \pi/4 = 1 - 1/3 + 1/5 - 1/7 + - \cdots.$ *Leibnizsche* Reihe.

30. $\sinh x = x + x^3/3! + x^5/5! + x^7/7! + \cdots$ hyperbolischer Sinus;

31. $\cosh x = 1 + x^2/2! + x^4/4! + x^6/6! + \cdots$ hyperbolischer Cosinus;

(30, 31:) gilt für jedes x.

5. Anwendungen

a) Näherungsformeln (Rechnen mit kleinen Größen). In Rechnungen, in denen so kleine Größen vorkommen, daß ihre zweiten und höheren Potenzen sowie ihre Produkte untereinander vernachlässigt werden können, lassen sich die Formeln sehr vereinfachen. Viele derartige Formeln beruhen auf der *Taylor*schen Entwicklung eines Ausdrucks: So ist $f(x_0 + h) \approx f(x_0) + hf'(x_0)$ oder $f(x) \approx f(0) + xf'(0)$, wenn die höheren Potenzen von h oder x vernachlässigt werden. Da hiernach $f(x_0 + h) - f(x_0) \approx hf'(x_0)$ gilt, so ist die Funktionsdifferenz (S. 76) $\Delta y = f(x_0 + h) - f(x_0)$ durch das Differential $\mathrm{d}y = f'(x_0)\,\mathrm{d}x = f'(x_0)\,h$, Bild 13, ersetzt worden. So wird z. B. $\sin(x + h) \approx \sin x + h\cos x$.

Unter Umständen können die Näherungsformeln unter Berücksichtigung auch der zweiten Potenzen der kleinen Größen erweitert werden. Ist ε im folgenden die „kleine Größe" und φ der Fehler, so ergibt sich:

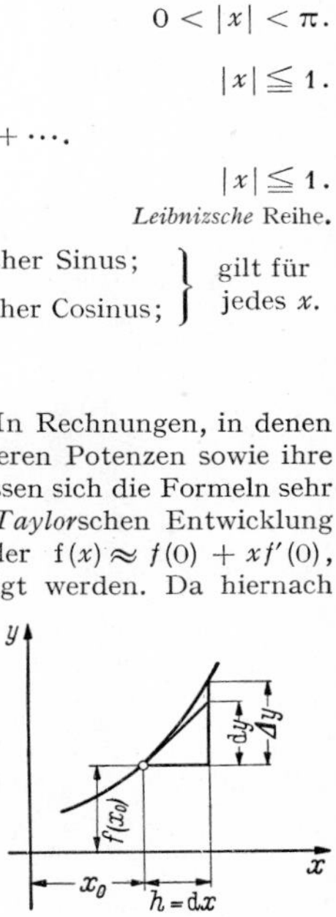

Bild 13

1. $(a + \varepsilon_1)(b + \varepsilon_2) \approx ab(1 + \varepsilon_1/a + \varepsilon_2/b)$.
2. $(a + \varepsilon_1)/(b + \varepsilon_2) \approx a/b \cdot (1 + \varepsilon_1/a - \varepsilon_2/b)$.
3. $(1 \pm \varepsilon)^n \approx 1 \pm n\varepsilon$.
4. $(a \pm b)^n \approx a^n(1 \pm nb/a)$, wenn $|b| \ll |a|$.
5. $(1 \pm \varepsilon)^2 \approx 1 \pm 2\varepsilon$, $\quad \varphi < 1\%\ (0{,}1\%)$ für $\varepsilon < 0{,}1\ (0{,}03)$.
6. $1/(1 \pm \varepsilon) \approx 1 \mp \varepsilon$, $\quad \varphi < 1\%\ (0{,}1\%)$ für $\varepsilon < 0{,}1\ (0{,}03)$.
7. $\sqrt[m]{1 \pm \varepsilon} \approx 1 \pm \varepsilon/m$. 8. $\sqrt{a^2 \pm b^2} \approx a(1 \pm {}^1/_2 b^2/a^2)$, wenn $b^2 \ll a^2$.

9. $\sqrt{1 \pm \varepsilon} \approx 1 \pm \varepsilon/2$, $\begin{cases} \varphi < 1\% \ (0{,}12\%) & \text{für } \varepsilon < 0{,}3 \ (0{,}1) \quad \text{bei } \sqrt{1+\varepsilon}, \\ \varphi < 1\% \ (0{,}13\%) & \text{für } \varepsilon < 0{,}27 \ (0{,}1) \quad \text{bei } \sqrt{1-\varepsilon}. \end{cases}$

10. $e^{\pm\varepsilon} \approx 1 \pm \varepsilon$. 11. $e^{x\pm\varepsilon} \approx e^x(1 \pm \varepsilon)$. 12. $a^{x\pm\varepsilon} \approx a^x(1 \pm \varepsilon \ln a)$, wenn $|\varepsilon \ln a| \ll 1$.

13. $\sin \varepsilon^\circ \approx \tan \varepsilon^\circ \approx \varepsilon = \varepsilon^\circ \pi/180^\circ = 0{,}01745\, \varepsilon^\circ$;
Beispiel: $\sin 5^\circ \approx 0{,}01745 \cdot 5 \approx 0{,}0873$.

14. $\cos \varepsilon^\circ \approx 1 - \varepsilon^2/2 \approx 1$. 15. $\cot \varepsilon^\circ \approx 1/\varepsilon$.

16. $\sin(\alpha^\circ \pm \varepsilon^\circ) \approx \sin \alpha^\circ \pm \varepsilon \cos \alpha^\circ$. 17. $\cos(\alpha^\circ \pm \varepsilon^\circ) \approx \cos \alpha^\circ \mp \varepsilon \sin \alpha^\circ$.

(13.–17.: ε° im Gradmaß, ε im Bogenmaß.)

18. $\sinh \varepsilon \approx \tanh \varepsilon \approx \varepsilon$. 19. $\cosh \varepsilon \approx 1 + \varepsilon^2/2 \approx 1$. 20. $\coth \varepsilon \approx 1/\varepsilon$.

b) Unbestimmte Formen. Nähern sich in dem Bruch $y(x) = \mathrm{F}(x)/\mathrm{f}(x)$ für $x \to a$ Zähler und Nenner je dem Wert Null, so entsteht eine „unbestimmte Form" 0/0. Die Funktion kann jedoch nach S. 76 einen bestimmten Wert (Grenzwert) haben:

Nach dem Satz von *Taylor* gilt $y(a+h) = \dfrac{F(a+h)}{f(a+h)} = \dfrac{F(a) + hF'(a) + {}^1\!/_2 h^2 F''(a) + \cdots}{f(a) + hf'(a) + {}^1\!/_2 h^2 f''(a) + \cdots}$.

Da $F(a) = 0$ und $f(a) = 0$, ergibt sich nach Kürzung durch h

$$y(a+h) = \frac{F'(a) + {}^1\!/_2 hF''(a) + \cdots}{f'(a) + {}^1\!/_2 hf''(a) + \cdots}.$$

Damit wird für $x \to a$, d. h. $h \to 0$: $\lim\limits_{x\to a} \dfrac{\mathrm{F}(x)}{\mathrm{f}(x)} = \lim\limits_{h\to 0} \dfrac{F(a+h)}{f(a+h)} = \lim\limits_{h\to 0} y(a+h) = \dfrac{F'(a)}{f'(a)}$.

Um den Grenzwert zu bestimmen, hat man also nur Zähler und Nenner einzeln nach x zu differentiieren (S. 76) und dann $x = a$ zu setzen. Erhält man wieder 0/0, so ist das Verfahren zu wiederholen (S. 81). Das gleiche gilt für die Form ∞/∞. Andere unbestimmte Formen, wie $0 \cdot \infty$, $\infty - \infty$, 1^∞, 0^0, ∞^0 u. a. lassen sich auf beide Fälle zurückführen.

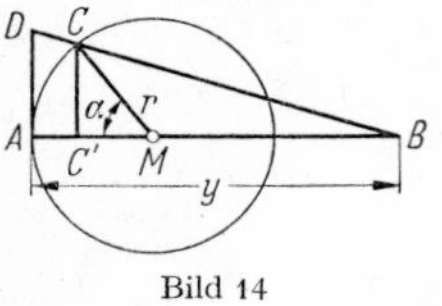

Bild 14

Beispiel: Angenäherte Streckung eines Kreisbogens. Es sei, Bild 14, AD Tangente an den Kreis und $\overline{AD} = \widehat{AC}$. Die Verlängerung von DC schneidet die Verlängerung von AM in B. Welchem Grenzwert nähert sich die Strecke $y = \overline{AB}$ für kleine Bögen, d. h. für $\alpha \to 0$?

Es ist $BA : BC' = DA : CC' = \widehat{AC} : CC'$ oder $\dfrac{y}{y - r(1-\cos\alpha)} = \dfrac{r\alpha}{r\sin\alpha}$, d. h. $y = r \cdot \dfrac{\alpha(1-\cos\alpha)}{\alpha - \sin\alpha}$. Für $\alpha = 0$ folgt $y = 0/0$; dann wird, wenn man Zähler und Nenner für sich differentiiert,

$$\lim_{\alpha\to 0} y = r \cdot \lim_{\alpha\to 0} \frac{1 - \cos\alpha + \alpha\sin\alpha}{1 - \cos\alpha} \left(= \frac{0}{0}\right) = r \cdot \lim_{\alpha\to 0} \frac{2\sin\alpha + \alpha\cos\alpha}{\sin\alpha} \left(= \frac{0}{0}\right) =$$
$$= r \cdot \lim_{\alpha\to 0} \frac{3\cos\alpha - \alpha\sin\alpha}{\cos\alpha} = 3r.$$

Wenn man also $AB = 3r$ macht und B mit C verbindet, so wird auf der Tangente in A eine Strecke AD abgeschnitten, die für kleine Winkel α angenähert gleich dem kleinen Bogen AC ist. (Hilfsmittel zur angenäherten Streckung eines Kreisbogens.)[1]

III. Funktionenlehre

Literatur: 1. *Emde, F.:* Tafeln elementarer Funktionen. Teubner: Leipzig 1940. — 2. *Tölke, Fr.:* Praktische Funktionenlehre, 1. Bd. Elementare und elementare transzendente Funktionen. 2. Aufl. Berlin: Springer 1950.

A. Algebraische Funktionen

1. Rationale Funktionen

a) Eine **ganze rationale Funktion** n-ten Grades $\mathrm{R}(x)$, d. h.

$$y = a_0 + a_1 x + \cdots + a_{n-1} x^{n-1} + a_n x^n$$

[1] Getriebetechnische Anwendung bei *Meyer zur Capellen, W.:* Die Streckung eines Kreisbogens und die Kurbelschleife. Konstruktion 11 (1959) Nr. 9 S. 329/32.

mit positivem, ganzen n hat höchstens n reelle Nullstellen ($y = 0$), vgl. S. 46, und $n-1$ reelle Extrema (Minima bzw. Maxima, S. 82).

Ist n gerade, so ist mindestens ein reelles Extremum vorhanden, ist n ungerade, so ist mindestens eine reelle Nullstelle vorhanden.

Numerische Berechnung und zeichnerische Ermittlung S. 196.

b) Eine **gebrochene rationale Funktion**

$$y = \frac{a_0 + a_1 x + \cdots + a_n x^n}{b_0 + b_1 x + \cdots + b_m x^m} \equiv \frac{\mathrm{g}(x)}{\mathrm{h}(x)}$$

ist der Quotient zweier ganzer rationaler Funktionen g und h. Zähler und Nenner sollen keinen gemeinsamen Faktor mehr haben. Die Nullstellen des Zählers sind Nullstellen von y, und Nullstellen des Nenners geben unendlich große Werte von y.

Die Funktion ist *echt* oder *unecht* gebrochen, je nachdem $n < m$ oder $n \geqq m$ ist. Eine unecht gebrochene Funktion läßt sich stets als Summe einer ganzen rationalen Funktion und einer echt gebrochenen Funktion darstellen.

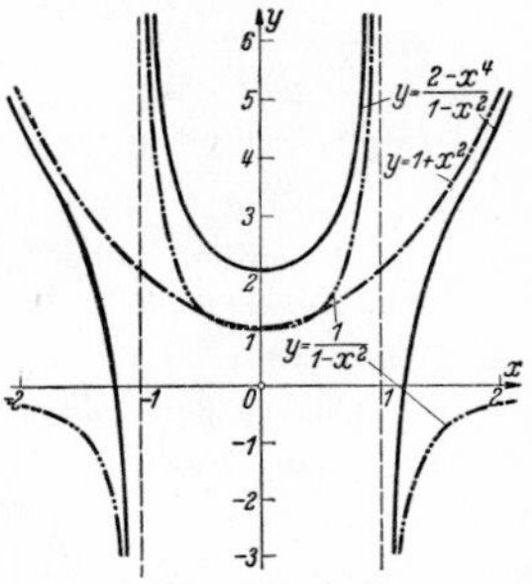

Bild 15. Beispiel einer unecht gebrochenen rationalen Funktion

Eine echt gebrochene Funktion strebt für $x \to \pm\infty$ nach Null und hat die x-Achse als Asymptote, während eine unecht gebrochene Funktion der zugehörigen ganzen rationalen Funktion zustrebt (Bild 15 und Beisp. 2).

Beispiele: 1. $y = \dfrac{ax+b}{cx+d}$ führt nach Division auf $y = \dfrac{a}{c} + \dfrac{bc-ad}{c(cx+d)}$; $bc - ad \neq 0$.

2. $y = \dfrac{2-x^4}{1-x^2}$ führt auf $y = \dfrac{1-x^4}{1-x^2} + \dfrac{1}{1-x^2} = (1+x^2) + \dfrac{1}{1-x^2}$, vgl. Bild 15.

Jede echt gebrochene rationale Funktion läßt sich in *Partialbrüche* zerlegen, d. h. als Summe von einzelnen Brüchen schreiben, und zwar auf nur eine Weise:

Ist $\mathrm{h}(x) = (x-a)^\alpha (x-b)^\beta \cdots (x-m)^\mu$, d. h. sind $a, b, \ldots, m$ die Nullstellen und $\alpha, \beta, \ldots, \mu$ ihre Ordnungszahlen, so läßt sich $\mathrm{g}(x)/\mathrm{h}(x)$ als Summe von Teilbrüchen mit konstanten Zählern und mit $(x-a)^\alpha$, $(x-a)^{\alpha-1}$, ..., $(x-b)^\beta$, $(x-b)^{\beta-1}$, ..., $(x-m)^\mu$, $(x-m)^{\mu-1}$, ... als Nennern schreiben. Wenn man die Brüche auf den Hauptnenner bringt und addiert, so ergeben sich durch Vergleich gleich hoher Potenzen von x genügend viele lineare Gleichungen zur Bestimmung der Konstanten der Zähler.

Beispiele: 1. $y = \dfrac{26+3x}{x^2+x-12}$ führt auf $y = \dfrac{26+3x}{(x-3)(x+4)} = \dfrac{A}{x-3} + \dfrac{B}{x+4} = \dfrac{A(x+4)+B(x-3)}{(x-3)(x+4)}$. Durch Vergleich der Zähler ergibt sich:

$$\left.\begin{aligned}\text{Glieder mit } x^0&: 26 = 4A - 3B,\\ \text{Glieder mit } x^1&: 3 = A + B,\end{aligned}\right\} \text{ d. h. } A = 5 \text{ und } B = -2, \text{ also } y = \frac{5}{x-3} - \frac{2}{x+4}.$$

2. Es ist $y = \dfrac{1}{x^2(x-p)} = \dfrac{A}{x^2} + \dfrac{B}{x} + \dfrac{C}{x-p} = \dfrac{A(x-p) + Bx(x-p) + Cx^2}{x^2(x-p)}$.

Der Vergleich der Zähler liefert:

$$\left.\begin{aligned}\text{Glieder mit } x^0&: 1 = -pA,\\ \text{,, \quad ,, } x^1&: 0 = A - pB,\\ \text{,, \quad ,, } x^2&: 0 = B + C,\end{aligned}\right\} \text{ d. h. } \begin{aligned}A &= -1/p,\\ B &= -1/p^2,\\ C &= 1/p^2.\end{aligned}$$

3. Für $y = \dfrac{mx+n}{x^2+2px+q}$ ist der Nenner gleich $(x+p)^2 - (p^2-q) = (x-a)(x-b)$, worin $a = -p + \sqrt{p^2-q}$ und $b = -p - \sqrt{p^2-q}$. Es sei

a) $p^2 - q > 0$, d. h. a, b reell. Dann ist $y = \dfrac{mx+n}{(x-a)(x-b)} = \dfrac{A}{x-a} + \dfrac{B}{x-b}$. Aus $mx + n = A(x-b) + B(x-a)$ folgt durch Koeffizientenvergleich, oder wenn man beachtet, daß die Gleichung für jedes x erfüllt ist, auch für $x = a$ der Wert $A = \dfrac{ma+n}{a-b}$ und für $x = b$ der Wert $B = \dfrac{mb+n}{b-a}$.

b) Ist $p^2 - q = 0$, also $a = b = -p$, so gilt $y = \frac{mx + n}{(x-a)^2}$, d. h. nach der oben allgemein angegebenen Zerlegung des Nenners $h(x)$ ist der Exponent $\alpha = 2$. Hiernach wird $y = \frac{A}{(x-a)^2} + \frac{B}{x-a}$, also $mx + n = A + B(x - a)$, was auf $B = m$ und $A = n + am = n - pm$ führt.

c) Ist $p^2 - q < 0$, so ergeben sich komplexe Werte für die Nullstellen des Nenners; Anwendung in der Integralrechnung S. 87.

2. Irrationale Funktionen

Irrationale Funktionen können in der impliziten Form

$$f_0 + y f_1 + y^2 f_2 + y^3 f_3 + \cdots + y^n f_n = 0$$

geschrieben werden, wobei $f_0, f_1, \ldots, f_n$ ganze rationale Funktionen von x sind.

Auf solche Funktionen wird man z. B. geführt, wenn man die Umkehrfunktionen zu den rationalen Funktionen betrachtet. Die Umkehrung von $y = x^n$ führt auf $y = \sqrt[n]{x}$, oder die ganze rationale Funktion $R(x)$ auf $y = \sqrt[m]{R(x)}$ oder die gebrochene rationale Funktion auf $y = \sqrt[m]{g(x)/h(x)}$, worin g und h ganze rationale Funktionen (vgl. Abschn. 1. a) sind.

B. Elementare transzendente Funktionen

1. Die trigonometrischen Funktionen

Das *Gradmaß* eines Winkels gibt die Gradzahl an, um die ein Schenkel eines Winkels gedreht werden muß, damit er mit dem anderen zur Deckung gebracht wird. Eine volle Drehung wird gleich 360° gesetzt, $1° = 60'$, $1' = 60''$.

Bei der *Neugrad*teilung wird eine volle Umdrehung gleich 400 Neugrad (g) gesetzt:

$$100^g = 90°; \quad 1^g = 54'; \quad 1^g = 100^c \text{ (Neuminuten)};$$
$$1^c = 100^{cc} \text{ (Neusekunden)}$$
$$1° = 1^g\,11^c\,11{,}11\ldots^{cc} = 1{,}11\ldots^g.$$

Das *Bogenmaß* ist das Verhältnis der Länge des Bogens b (arcus) zwischen den Schenkeln des Winkels zum Radius r des Kreisbogens.

$$\operatorname{arc}\varphi = \widehat{\varphi} = b/r.$$

Im Einheitskreis, Bild 16, (r z. B. $= 1$ cm) wird $\operatorname{arc}\varphi = b$ cm/1 cm. $b/r = 1$ ist die Einheit des Winkels im Bogenmaß, der *Radiant* (rad). 1 rad $\triangleq 57°17'45''$.

Zur *Umrechnung* gilt:

Gradmaß $\varphi°$	360°	180°	90°	$\varphi°$	1°	57°17′45″
Bogenmaß $\operatorname{arc}\varphi = \widehat{\varphi}$ rad	2π	π	$\pi/2$	$\varphi° \cdot \pi/180$	0,01745	1

Mehrfachen Umdrehungen entspricht also ein Mehrfaches von 2π als Winkel im Bogenmaß.

a) Begriff der trigonometrischen Funktion. α) *Spitze Winkel:* Im rechtwinkligen Dreieck, Bild 17, ist der

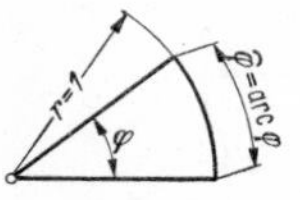

Bild 16

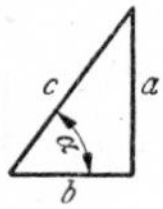

Bild 17

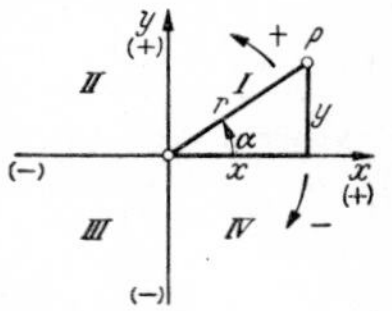

Bild 18

Sinus (sin)	eines Winkels das Verhältnis von Gegenkathete zu Hypotenuse,
Cosinus (cos)	„ „ „ „ „ Ankathete zu Hypotenuse,
Tangens (tan)	„ „ „ „ „ Gegenkathete zu Ankathete,
Cotangens (cot)	„ „ „ „ „ Ankathete zu Gegenkathete.

Nach Bild 17 ist also: $\sin\alpha = a/c$, $\cos\alpha = b/c$, $\tan\alpha = a/b$, $\cot\alpha = b/a$.

β) *Beliebige Winkel:* Hat der Punkt P, Bild 18, im Koordinatensystem die Abszisse x, die Ordinate y und den Abstand r (Radius) vom Ursprung, so ist

$$\sin\alpha = \text{Ordinate/Radius} = y/r; \quad \tan\alpha = \text{Ordinate/Abszisse} = y/x;$$
$$\cos\alpha = \text{Abszisse/Radius} = x/r; \quad \cot\alpha = \text{Abszisse/Ordinate} = x/y.$$

γ) Am *Einheitskreis*, Bild 19, werden, da $r = 1$ ist, die trigonometrischen Funktionen durch Strecken dargestellt (Beispiele für einen Winkel φ im 1. Quadranten mit Punkt P und für einen Winkel β im 2. Quadranten mit Punkt Q): Der Sinus ist die Ordinate des Punktes P bzw. Q, der Cosinus ist die Abszisse des Punktes P bzw. Q. Der Tangens wird auf der Tangente durch A, der Cotangens auf der Cotangente (durch B) abgeschnitten.

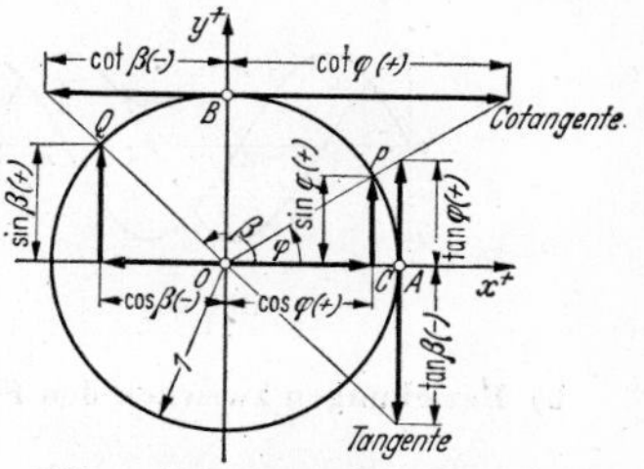

Bild 19. Trigonometrische Funktionen am Einheitskreis

δ) Die *Grundbeziehungen* zwischen den vier trigonometrischen Funktionen sind nach Bild 19, da $OP = r = 1$, $CP = \sin\varphi$ und $OC = \cos\varphi$ ist:

$$\sin^2\varphi + \cos^2\varphi = 1; \qquad \tan\varphi = \sin\varphi/\cos\varphi;$$
$$\cot\varphi = \cos\varphi/\sin\varphi; \qquad \tan\varphi\,\cot\varphi = 1$$

ε) Die *Vorzeichen der Funktionen* sind nach β) und γ) durch die Vorzeichen von Abszisse und Ordinate bestimmt, insbesondere hat sin das Vorzeichen von y, cos das Vorzeichen von x und tan dasselbe wie cot (vgl. Tab.). Nach β) und γ) lassen sich die trigonometrischen Funktionen beliebiger Winkel auf die der spitzen Winkel zurückführen (vgl. Tab.).

φ / Funktion	Vorzeichen in den Quadranten				Umformungen			
	I 0 bis $\pi/2$	II $\pi/2$ bis π	III π bis $3\pi/2$	IV $3\pi/2$ bis 2π	$\pm\varphi$	$\pi/2 \pm \varphi$	$\pi \pm \varphi$	$3\pi/2 \pm \varphi$
sinus	+	+	−	−	$\pm\sin\varphi$	$+\cos\varphi$	$\mp\sin\varphi$	$-\cos\varphi$
cosinus	+	−	−	+	$+\cos\varphi$	$\mp\sin\varphi$	$-\cos\varphi$	$\pm\sin\varphi$
tangens	+	−	+	−	$\pm\tan\varphi$	$\mp\cot\varphi$	$\pm\tan\varphi$	$\mp\cot\varphi$
cotangens	+	−	+	−	$\pm\cot\varphi$	$\mp\tan\varphi$	$\pm\cot\varphi$	$\mp\tan\varphi$

ζ) *Wichtige Werte der Funktionen:*

φ	0	$\pi/2$	π	$\frac{3}{2}\pi$	2π	30°	45°	60°	120°
sin	0	1	0	−1	0	$\frac{1}{2} = 0{,}5$	$\frac{1}{2}\sqrt{2} = 0{,}707$	$\frac{1}{2}\sqrt{3} = 0{,}866$	$\frac{1}{2}\sqrt{3} = 0{,}866$
cos	1	0	−1	0	1	$\frac{1}{2}\sqrt{3} = 0{,}866$	$\frac{1}{2}\sqrt{2} = 0{,}707$	$\frac{1}{2} = 0{,}5$	$-\frac{1}{2} = -0{,}5$
tan	0	∞	0	∞	0	$\frac{1}{3}\sqrt{3} = 0{,}577$	1	$\sqrt{3} = 1{,}732$	$-\sqrt{3} = -1{,}732$
cot	∞	0	∞	0	∞	$\sqrt{3} = 1{,}732$	1	$\frac{1}{3}\sqrt{3} = 0{,}577$	$-\frac{1}{3}\sqrt{3} = -0{,}577$

η) Für den *Verlauf der Funktionen*, Bild 20 und 21, ist zu beachten, daß sie *periodisch* sind: sinus und cosinus haben die Periode 2π, so daß mit k als ganzer Zahl gilt:

$$\sin(\varphi \pm 2k\pi) = \sin\varphi \quad \text{und} \quad \cos(\varphi \pm 2k\pi) = \cos\varphi.$$

Dagegen haben tangens und cotangens die Periode π, d. h. es ist:

$$\tan(\varphi \pm k\pi) = \tan\varphi \quad \text{und} \quad \cot(\varphi \pm k\pi) = \cot\varphi.$$

Während für sin φ und cos φ die Grenzen

$-1 \leqq \begin{matrix}\sin\varphi\\ \cos\varphi\end{matrix} \leqq 1$ gelten, können $\tan\varphi$ und $\cot\varphi$ alle Zahlenwerte annehmen.

Die cos-Kurve ist eine um $90° = \pi/2$ verschobene sin-Kurve.

ϑ) Für *kleine Winkel* (S. 61/62) ist $\sin\varphi° \approx \approx \tan\varphi° \approx \operatorname{arc}\varphi \approx 0{,}01745 \cdot \varphi°$ und $\cos\varphi° \approx \approx 1 - \varphi^2/2 \approx 1$ (φ im Bogenmaß).

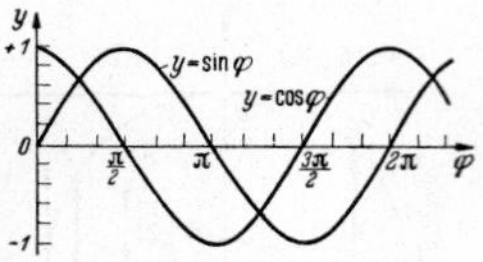

Bild 20

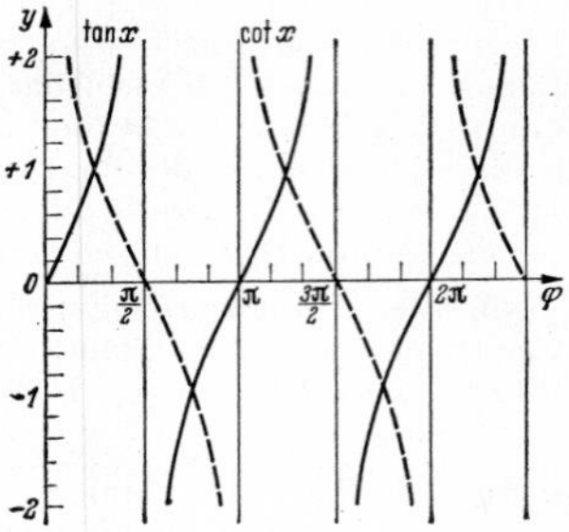

Bild 21

b) Beziehungen zwischen den Funktionen eines Winkels.

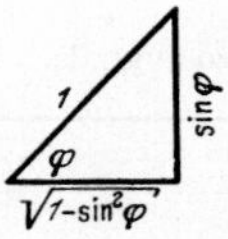

Bild 22

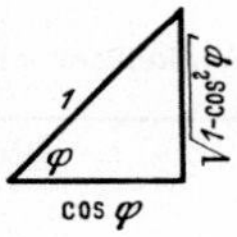

Bild 23

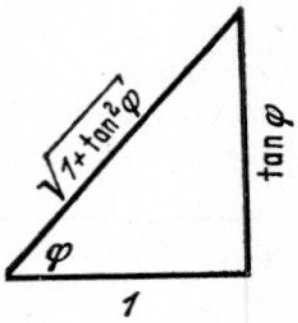

Bild 24

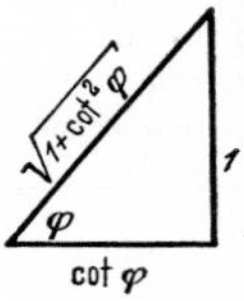

Bild 25

1. $\cos\varphi = \sqrt{1-\sin^2\varphi}$	2. $\sin\varphi = \sqrt{1-\cos^2\varphi}$	3. $\sin\varphi = \dfrac{\tan\varphi}{\sqrt{1+\tan^2\varphi}}$	4. $\sin\varphi = \dfrac{1}{\sqrt{1+\cot^2\varphi}}$
$\tan\varphi = \dfrac{\sin\varphi}{\sqrt{1-\sin^2\varphi}}$	$\tan\varphi = \dfrac{\sqrt{1-\cos^2\varphi}}{\cos\varphi}$	$\cos\varphi = \dfrac{1}{\sqrt{1+\tan^2\varphi}}$	$\cos\varphi = \dfrac{\cot\varphi}{\sqrt{1+\cot^2\varphi}}$
$\cot\varphi = \dfrac{\sqrt{1-\sin^2\varphi}}{\sin\varphi}$	$\cot\varphi = \dfrac{\cos\varphi}{\sqrt{1-\cos^2\varphi}}$	$\cot\varphi = \dfrac{1}{\tan\varphi}$	$\tan\varphi = \dfrac{1}{\cot\varphi}$

5. $1 + \tan^2\varphi = 1/\cos^2\varphi$; 6. $1 + \cot^2\varphi = 1/\sin^2\varphi$.

Das Vorzeichen der Wurzeln ist durch den Quadranten bestimmt, in dem der Endschenkel des Winkels liegt.

c) Beziehungen zwischen den Funktionen zweier Winkel (Additionstheoreme).

α) *Funktionen von Summe und Differenz*

$$\sin(\alpha \pm \beta) = \sin\alpha\cos\beta \pm \cos\alpha\sin\beta,$$

$$\cos(\alpha \pm \beta) = \cos\alpha\cos\beta \mp \sin\alpha\sin\beta,$$

$$\tan(\alpha \pm \beta) = \frac{\tan\alpha \pm \tan\beta}{1 \mp \tan\alpha\tan\beta}, \qquad \cot(\alpha \pm \beta) = \frac{\cot\alpha\cot\beta \mp 1}{\cot\beta \pm \cot\alpha}.$$

β) Aus den ersten beiden Formeln folgt für $\alpha + \beta = x$ und $\alpha - \beta = y$ durch Addition bzw. Subtraktion:

$$\sin x + \sin y = 2\sin\frac{x+y}{2}\cos\frac{x-y}{2}, \qquad \cos x + \cos y = 2\cos\frac{x+y}{2}\cos\frac{x-y}{2},$$

$$\sin x - \sin y = 2\cos\frac{x+y}{2}\sin\frac{x-y}{2}, \qquad \cos x - \cos y = -2\sin\frac{x+y}{2}\sin\frac{x-y}{2}.$$

γ) Aus den beiden ersten Formeln von α) folgt je durch Addition bzw. Subtraktion:

$$2 \sin\alpha \cos\beta = \sin(\alpha+\beta) + \sin(\alpha-\beta),$$
$$2 \cos\alpha \cos\beta = \cos(\alpha+\beta) + \cos(\alpha-\beta),$$
$$2 \sin\alpha \sin\beta = -[\cos(\alpha+\beta) - \cos(\alpha-\beta)].$$

δ) Aus der ersten Formel von α) folgt durch Division mit $\cos\alpha\cos\beta$ bzw. $\sin\alpha\sin\beta$:

$$\tan\alpha \pm \tan\beta = \frac{\sin(\alpha\pm\beta)}{\cos\alpha\cos\beta}; \qquad \cot\alpha \pm \cot\beta = \frac{\sin(\beta\pm\alpha)}{\sin\alpha\sin\beta}.$$

ε) Aus den beiden ersten Formeln von α) folgt durch Multiplikation:

$$\sin(\alpha+\beta)\sin(\alpha-\beta) = \sin^2\alpha - \sin^2\beta = \cos^2\beta - \cos^2\alpha,$$
$$\cos(\alpha+\beta)\cos(\alpha-\beta) = \cos^2\alpha - \sin^2\beta = \cos^2\beta - \sin^2\alpha.$$

d) Funktionen der Vielfachen und Teile eines Winkels. α) Aus c, α) folgt mit $\alpha = \beta$:

$$\sin 2\alpha = 2\sin\alpha\cos\alpha, \qquad \sin\alpha = 2\sin(\alpha/2)\cos(\alpha/2),$$
$$\cos 2\alpha = \cos^2\alpha - \sin^2\alpha, \qquad \cos\alpha = \cos^2(\alpha/2) - \sin^2(\alpha/2),$$
$$\tan 2\alpha = \frac{2\tan\alpha}{1-\tan^2\alpha}, \qquad \tan\alpha = \frac{2\tan(\alpha/2)}{1-\tan^2(\alpha/2)}.$$
$$\cot 2\alpha = \frac{\cot^2\alpha - 1}{2\cot\alpha}. \qquad \cot\alpha = \frac{\cot^2(\alpha/2) - 1}{2\cot(\alpha/2)}.$$

β) Aus α) folgt mit $\sin^2\alpha + \cos^2\alpha = 1$:

$$\sin\alpha = \sqrt{(1-\cos 2\alpha)/2}, \qquad \sin(\alpha/2) = \sqrt{(1-\cos\alpha)/2},$$
$$\cos\alpha = \sqrt{(1+\cos 2\alpha)/2}, \qquad \cos(\alpha/2) = \sqrt{(1+\cos\alpha)/2},$$

oder:

$$2\sin^2\alpha = 1 - \cos 2\alpha, \qquad 2\sin^2(\alpha/2) = 1 - \cos\alpha,$$
$$2\cos^2\alpha = 1 + \cos 2\alpha, \qquad 2\cos^2(\alpha/2) = 1 + \cos\alpha.$$

$$\tan\alpha = \sqrt{\frac{1-\cos 2\alpha}{1+\cos 2\alpha}} = \frac{\sin 2\alpha}{1+\cos 2\alpha}, \qquad \tan\frac{\alpha}{2} = \sqrt{\frac{1-\cos\alpha}{1+\cos\alpha}} = \frac{\sin\alpha}{1+\cos\alpha},$$

$$\cos\alpha \pm \sin\alpha = \sqrt{1 \pm \sin 2\alpha}.$$

Das Vorzeichen der Wurzeln ist durch den Quadranten bestimmt, in dem sich jeweilig der Winkel befindet.

γ) $\sin 3\alpha = 3\sin\alpha - 4\sin^3\alpha; \qquad \cos 3\alpha = 4\cos^3\alpha - 3\cos\alpha.$

δ) $\sin n\alpha = n\sin\alpha\cos^{n-1}\alpha - \binom{n}{3}\sin^3\alpha\cos^{n-3}\alpha + \binom{n}{5}\sin^5\alpha\cos^{n-5}\alpha - + \cdots$ *

$$\cos n\alpha = \cos^n\alpha - \binom{n}{2}\sin^2\alpha\cos^{n-2}\alpha + \binom{n}{4}\sin^4\alpha\cos^{n-4}\alpha - + \cdots *$$

Binomialkoeffizienten $\binom{n}{k}$ vgl. S. 37.

e) Funktionen für 3 Winkel, wenn $\alpha + \beta + \gamma = \pi$.

$$\sin\alpha + \sin\beta + \sin\gamma = 4\cos(\alpha/2)\cos(\beta/2)\cos(\gamma/2)$$
$$\cos\alpha + \cos\beta + \cos\gamma = 4\sin(\alpha/2)\sin(\beta/2)\sin(\gamma/2) + 1$$
$$\sin\alpha + \sin\beta - \sin\gamma = 4\sin(\alpha/2)\sin(\beta/2)\cos(\gamma/2)$$
$$\cos\alpha + \cos\beta - \cos\gamma = 4\cos(\alpha/2)\cos(\beta/2)\sin(\gamma/2) - 1$$

* Über die Reihenentwicklung von $\sin^n\alpha$ und $\cos^n\alpha$ nach Fourier vgl. z. B. *Meyer zur Capellen, W.*: Integraltafeln. Berlin: Springer 1950.

$$\sin 2\alpha + \sin 2\beta + \sin 2\gamma = 4 \sin\alpha \sin\beta \sin\gamma$$
$$\cos 2\alpha + \cos 2\beta + \cos 2\gamma = -4 \cos\alpha \cos\beta \cos\gamma - 1$$
$$\sin 2\alpha + \sin 2\beta - \sin 2\gamma = 4 \cos\alpha \cos\beta \sin\gamma$$
$$\cos 2\alpha + \cos 2\beta - \cos 2\gamma = -4 \sin\alpha \sin\beta \cos\gamma + 1$$
$$\sin^2\alpha + \sin^2\beta + \sin^2\gamma = 2 \cos\alpha \cos\beta \cos\gamma + 2$$
$$\cos^2\alpha + \cos^2\beta + \cos^2\gamma = -2 \cos\alpha \cos\beta \cos\gamma + 1$$
$$\sin^2\alpha + \sin^2\beta - \sin^2\gamma = 2 \sin\alpha \sin\beta \cos\gamma$$
$$\cos^2\alpha + \cos^2\beta - \cos^2\gamma = -2 \sin\alpha \sin\beta \cos\gamma + 1$$
$$\tan\alpha + \tan\beta + \tan\gamma = \tan\alpha \tan\beta \tan\gamma$$
$$\cot(\alpha/2) + \cot(\beta/2) + \cot(\gamma/2) = \cot(\alpha/2) \cot(\beta/2) \cot(\gamma/2)$$
$$\cot\alpha \cot\beta + \cot\beta \cot\gamma + \cot\gamma \cot\alpha = 1.$$

Derartige Umformungen von Summen in Produkte sind besonders bei logarithmischen Rechnungen nützlich.

2. Berechnung ebener Dreiecke

a) Das **rechtwinklige Dreieck**: *Vier Grundaufgaben* (Bild 26)

Fall	gegeben	z. B.	Rechnungsgang
1	1 Kathete, 1 Winkel	a, α	$\beta = 90° - \alpha,\ c = a/\sin\alpha,\ b = a\cot\alpha$
2	Hypothenuse, 1 Winkel	c, α	$\beta = 90° - \alpha,\ a = c\sin\alpha,\ b = c\cos\alpha$
3	beide Katheten	a, b	$\tan\alpha = a/b,\ \tan\beta = b/a$ oder $\beta = 90° - \alpha$, $c = \sqrt{a^2 + b^2} = a/\sin\alpha$
4	Hypothenuse, 1 Kathete	c, a	$\sin\alpha = \cos\beta = a/c,\ b = \sqrt{c^2 - a^2} = c\cos\alpha = a\cot\alpha$

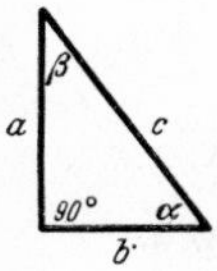

Bild 26

b) Das schiefwinklige Dreieck. Bedeutung der einzelnen Stücke vgl. Bild 27.

Aus den folgenden Formeln findet man weitere durch „zyklische Vertauschung", indem man

von a nach b, von b nach c, von c nach a und
von α nach β, von β nach γ, von γ nach α weitergeht.

α) *Grundformeln* (vgl. auch Abs. 1e)

1. $\alpha + \beta + \gamma = 180° = \pi$;
   $\alpha/2 + \beta/2 + \gamma/2 = 90° = \pi/2$.
2. $\sin\alpha = \sin(\beta + \gamma)$; $\quad \sin\dfrac{\alpha}{2} = \cos\dfrac{\beta+\gamma}{2}$.
3. $\cos\alpha = -\cos(\beta + \gamma)$; $\cos\dfrac{\alpha}{2} = \sin\dfrac{\beta+\gamma}{2}$.
4. *Projektionssatz:* $a = b\cos\gamma + c\cos\beta$.
5. *Sinussatz:* $a : b : c = \sin\alpha : \sin\beta : \sin\gamma$.
6. *Cosinussatz* (allgemeiner pythagoreischer Lehrsatz):
$$a^2 = b^2 + c^2 - 2bc\cos\alpha$$
$$= (b + c)^2 - 4bc\cos^2(\alpha/2)$$
$$= (b - c)^2 + 4bc\sin^2(\alpha/2).$$
7. *Tangenssatz* (*Neper*sche Formeln):
$$(a + b) : (a - b) = \tan\frac{\alpha+\beta}{2} : \tan\frac{\alpha-\beta}{2}.$$

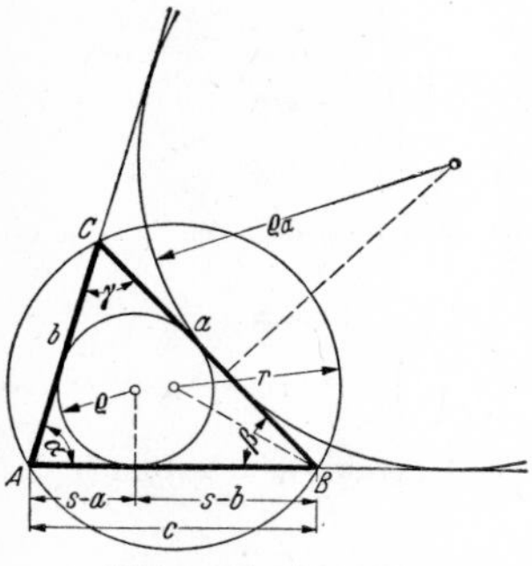

Bild 27. Bezeichnungen am schiefwinkligen Dreieck

8. *Mollweide*sche Formeln:
$$a\cos\frac{\beta-\gamma}{2} = (b + c)\sin\frac{\alpha}{2} = (b + c)\cos\frac{\beta+\gamma}{2};$$
$$a\sin\frac{\beta-\gamma}{2} = (b - c)\cos\frac{\alpha}{2} = (b - c)\sin\frac{\beta+\gamma}{2}.$$

9. *Sehnenformeln:* $a = 2r \sin\alpha, \quad b = 2r \sin\beta, \quad c = 2r \sin\gamma.$

10. Mit $a + b + c = 2s$, also

$$a + b - c = 2(s - c), \qquad a - b + c = 2(s - b), \qquad -a + b + c = 2(s - a),$$

wird $$\sin\frac{\alpha}{2} = \sqrt{\frac{(s-b)(s-c)}{bc}}; \qquad \cos\frac{\alpha}{2} = \sqrt{\frac{s(s-a)}{bc}}.$$

Durch zyklische Vertauschung folgt hier:

$$\sin\frac{\beta}{2} = \sqrt{\frac{(s-c)(s-a)}{ca}}; \quad \cos\frac{\beta}{2} = \sqrt{\frac{s(s-b)}{ca}};$$

$$\sin\frac{\gamma}{2} = \sqrt{\frac{(s-a)(s-b)}{ab}}; \quad \cos\frac{\gamma}{2} = \sqrt{\frac{s(s-c)}{ab}}.$$

11. $$\tan\frac{\alpha}{2} = \sqrt{\frac{(s-b)(s-c)}{s(s-a)}} = \frac{\varrho}{s-a}.$$

12. *Flächeninhalt:* $$A = \varrho s = \sqrt{s(s-a)(s-b)(s-c)}$$
$$= {}^1/_2 ab \sin\gamma = 2r^2 \sin\alpha \sin\beta \sin\gamma.$$

13. $$\varrho = 4r \sin\frac{\alpha}{2} \sin\frac{\beta}{2} \sin\frac{\gamma}{2} = \frac{abc}{4rs};$$

$$\varrho_a = s \tan\frac{\alpha}{2} = \frac{\varrho s}{s-a} = \sqrt{\frac{s(s-b)(s-c)}{s-a}}.$$

14. $$s = 4r \cos(\alpha/2) \cdot \cos(\beta/2) \cdot \cos(\gamma/2).$$

β) Vier Grundaufgaben

Fall	gegeben	z. B.	Rechnungsgang
1	2 Seiten, ein geschlossener Winkel	a, b γ	$\frac{\alpha+\beta}{2} = 90° - \frac{\gamma}{2}$; $\alpha = \frac{\alpha+\beta}{2} + \frac{\alpha-\beta}{2}$ $\tan\frac{\alpha-\beta}{2} = \frac{a-b}{a+b}\cot\frac{\gamma}{2}$; $\beta = \frac{\alpha+\beta}{2} - \frac{\alpha-\beta}{2}$ $c = a \sin\gamma/\sin\alpha$ oder $c = \sqrt{a^2 + b^2 - 2ab\cos\gamma}$
2	1 Seite, 2 Winkel	a α, β	$\gamma = 180° - (\alpha + \beta), \quad b = a \sin\beta/\sin\alpha, \quad c = a \sin\gamma/\sin\alpha$
3	3 Seiten	a, b, c	$a + b + c = 2s, \quad \varrho = \sqrt{\frac{s(s-a)(s-b)(s-c)}{s}}$ $\tan(\alpha/2) = \varrho/(s-a), \quad \tan(\beta/2) = \varrho/(s-b), \quad \tan(\gamma/2) = \varrho/(s-c)$ oder auch $\cos\alpha = \frac{b^2+c^2-a^2}{2bc}, \quad \cos\beta = \frac{c^2+a^2-b^2}{2ca}, \quad \cos\gamma = \frac{a^2+b^2-c^2}{2ab}$
4	2 Seiten, 1 Gegenwinkel	a, b α	$\sin\beta = \frac{b\sin\alpha}{a}, \quad \gamma = 180° - (\alpha+\beta), \quad c = \frac{a\sin\gamma}{\sin\alpha}.$ Lösung nur möglich, wenn $b\sin\alpha \leqq a$. Ist $b\sin\alpha = a$, dann wird $\beta = 90°$. Ist $b\sin\alpha < a$ und außerdem $a < b$, dann erhält man 2 Werte für β, also zwei Dreiecke ($\beta_2 = 180° - \beta_1$). Ist $b\sin\alpha < a$ und außerdem $a \geqq b$, dann erhält man nur eine Lösung.

γ) *Konstruktion von Winkeln* mit Hilfe der trigonometrischen Funktionen: Ist der Tangens eines Winkels bekannt, z. B. $\tan\alpha = z$, so erhält man den Winkel selbst, indem man senkrecht zur Strecke l die Strecke $lz = l \tan\alpha$ aufträgt (l glatte Werte 1, 2, 5, 10 o. ä.), Bild 28. Ist der Sinus eines Winkels bekannt, z. B. $\sin\alpha = y$, so erhält man den Winkel selbst, indem man über der Strecke l einen Halbkreis zieht, Bild 29, und die Strecke $ly = l \sin\alpha$ als Kathete einträgt. Entsprechendes gilt für cot und cos.

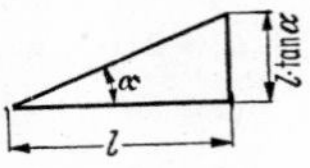

Bild 28

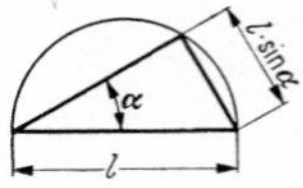

Bild 29

3. Berechnung sphärischer Dreiecke

a) Das **sphärische Dreieck.** α) Das *Hauptdreieck.* Drei Punkte A, B, C auf der Kugel, die nicht auf einem Großkreis liegen, Bild 30, bilden ein sphärisches Dreieck. Die Seiten sind die drei Großkreisbogen $\widehat{AB}$, $\widehat{BC}$, $\widehat{CA}$, und die zugehörigen Zentriwinkel werden mit c, a, b bezeichnet: Für den Kugelradius R gleich 1 ist $c = \widehat{AB}$, $a = \widehat{BC}$, $b = \widehat{CA}$. Die *Winkel* α, β, γ des sphärischen Dreiecks sind die Winkel zwischen den Großkreisebenen.

Die weiteren Betrachtungen gelten für *Euler*sche Dreiecke, d. h. Dreiecke ohne überstumpfen Winkel. Die drei Großkreise teilen die Kugelfläche in acht Dreiecksfelder ein. Diese liefern das *Hauptdreieck* ABC,

die Gegenpunkte A_1 zu A, B_1 zu B, C_1 zu C das Gegendreieck $A_1B_1C_1$ (das gleiche Winkel und Seiten wie das Hauptdreieck, aber den entgegengesetzten Umlaufsinn hat), ferner

drei Scheiteldreiecke AB_1C_1, BC_1A_1, CA_1B_1,

drei Nebendreiecke A_1BC_1, B_1CA, C_1AB.

Die Großkreise entsprechen den Geraden in der ebenen Geometrie.

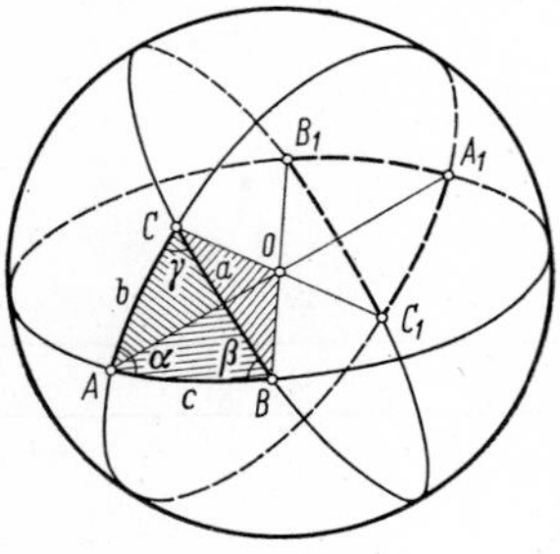

Bild 30

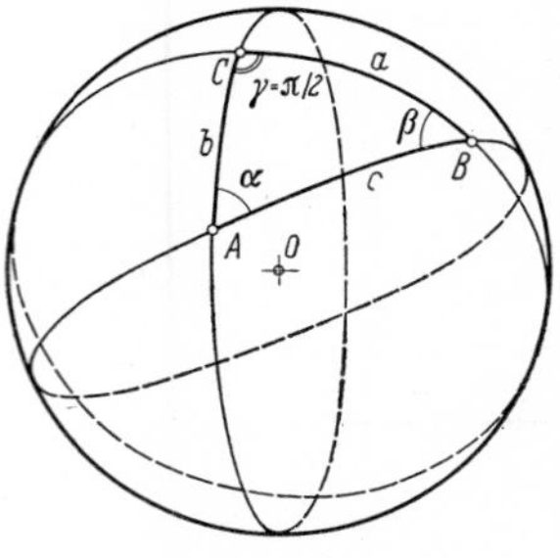

Bild 31

β) *Winkel und Seiten*

β1) Die Winkelsumme w eines Kugeldreiecks liegt zwischen 180° und 540°, die Seitensumme s ist immer kleiner als 360°:

$$180° < w < 540°, \quad w - 180° = \varepsilon \text{ (sphärischer Exzeß)}; \quad s < 360°.$$

β2) Die um den dritten Winkel verminderte Summe zweier Winkel ist stets kleiner als 180°.

β3) Die Summe zweier Seiten ist immer größer als die dritte Seite.

β4) Der größeren Seite liegt stets der größere Winkel gegenüber. Die Sätze β3) und β4) stimmen mit denen für das ebene Dreieck überein.

b) Das **rechtwinklige sphärische Dreieck.** α) Die *Neperschen Regeln.* In einem rechtwinkligen sphärischen Dreieck ist ein Winkel gleich 90°, z. B. γ in Bild 31. Dann gelten die *Neper*schen Regeln:

Im rechtwinkligen sphärischen Dreieck ist der Cosinus eines jeden Stückes gleich dem Produkt der Cotangenten der anliegenden Stücke und gleich dem Produkt der Sinus der nicht anliegenden Stücke, wenn man den rechten Winkel nicht mitzählt und bei den Katheten die Komplemente setzt; in Formeln:

$\cos c = \cot\alpha \cot\beta$ (1), $\cos c = \cos a \cos b$ (2),
$\cos\beta = \cot c \tan a$ (3), $\cos\beta = \cos b \sin\alpha$ (4),
$\sin a = \cot\beta \tan b$ (5), $\sin a = \sin c \sin\alpha$ (6),
$\sin b = \tan a \cot\alpha$ (7), $\sin b = \sin c \sin\beta$ (8),
$\cos\alpha = \cot c \tan b$ (9), $\cos\alpha = \sin\beta \cos a$ (10).

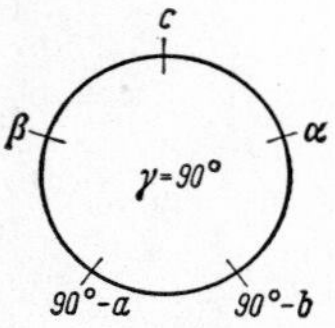

Bild 32

Zur Unterstützung zeichne man sich die Stücke auf einem Kreisumfang auf, Bild 32.

β) Die *Grundaufgaben.* Da $\alpha + \beta \neq 90°$ ist, kommen gegenüber dem ebenen rechtwinkligen Dreieck (S. 68) noch zwei Grundaufgaben hinzu

Sechs Grundaufgaben

Fall	gegeben	z. B.	Rechnungsgang unter Benutzung der Neperschen Regeln (N. R.)	
1	1 Kathete Gegenwinkel	a α	b aus N. R. 7 c aus N. R. 6	β aus N. R. 10
2	1 Kathete anliegender Winkel	a β	b aus N. R. 5 c aus N. R. 3	α aus N. R. 10
3	Hypothenuse anliegender Winkel	c α	a aus N. R. 6 b aus N. R. 9	β aus N. R. 1
4	beide Katheten	a, b	c aus N. R. 2	α aus N. R. 7 β aus N. R. 5
5	Hypothenuse 1 Kathete	c a	b aus N. R. 7	α aus N. R. 6 β aus N. R. 3
6	2 Winkel	α, β	a aus N. R. 10 b aus N. R. 4 c aus N. R. 1	

c) Das **schiefwinklige sphärische Dreieck.** α) *Grundformeln.* Aus den folgenden Formeln findet man die weiteren durch „zyklische Vertauschung", vgl. a. S. 68 und Bild 33.

α1) Der Sinussatz:

$$\sin a : \sin b : \sin c = \sin\alpha : \sin\beta : \sin\gamma. \qquad (11)$$

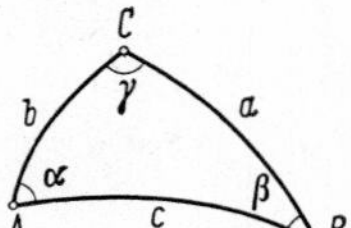

Bild 33

α2) Der Seiten-Cosinussatz:

$$\cos a = \cos b \cos c + \sin b \sin c \cos\alpha. \qquad (12)$$

α3) Der Winkel-Cosinussatz:

$$\cos\alpha = -\cos\beta \cos\gamma + \sin\beta \sin\gamma \cos a. \qquad (13)$$

α4) Der Cotangentensatz: Sind I, II, III, IV vier aufeinanderfolgende Stücke, wobei I immer eine Seite ist, so gilt

$$\cos \mathrm{II} \cos \mathrm{III} = \cot \mathrm{I} \sin \mathrm{III} - \sin \mathrm{II} \cot \mathrm{IV}.$$

Der Umlaufsinn ist beliebig. Beispiel (Bild 33):

$$a\ (\mathrm{I}),\ \gamma\ (\mathrm{II}),\ b\ (\mathrm{III}),\ \alpha\ (\mathrm{IV}),$$

d. h.
$$\cos\gamma \cos b = \cot a \sin b - \sin\gamma \cot\alpha.$$

α5) Der Halbseitensatz: Mit der halben Winkelsumme $\sigma = (\alpha + \beta + \gamma)/2$ gilt

$$\tan\frac{a}{2} = \sqrt{-\frac{\cos\sigma \cos(\sigma - \alpha)}{\cos(\sigma - \beta)\cos(\sigma - \gamma)}}. \qquad (14)$$

α6) Der Halbwinkelsatz: Mit der halben Seitensumme $s = (a + b + c)/2$ gilt

$$\tan\frac{\alpha}{2} = \sqrt{\frac{\sin(s - b)\sin(s - c)}{\sin s \sin(s - b)}}. \qquad (15)$$

α7) Die *Neper*schen Analogien:

$$\tan\frac{\alpha+\beta}{2} : \cot\frac{\gamma}{2} = \cos\frac{a-b}{2} : \cos\frac{a+b}{2}, \tag{16}$$

$$\tan\frac{\alpha-\beta}{2} : \cot\frac{\gamma}{2} = \sin\frac{a-b}{2} : \sin\frac{a+b}{2}, \tag{17}$$

$$\tan\frac{a+b}{2} : \tan\frac{c}{2} = \cos\frac{\alpha-\beta}{2} : \cos\frac{\alpha+\beta}{2}, \tag{18}$$

$$\tan\frac{a-b}{2} : \tan\frac{c}{2} = \sin\frac{\alpha-\beta}{2} : \sin\frac{\alpha+\beta}{2}. \tag{19}$$

β) *Sechs Grundaufgaben:*

Fall	gegeben	z. B.	Rechnungsgang unter Benutzung der Gleichungen 11 bis 19
1	2 Seiten	a, b	c nach Gl. (12): $\cos c = \cos a \cos b + \sin a \sin b \cos\gamma$
	eingeschlossener Winkel	γ	α, β aus Gl. (11): $\sin\alpha = \frac{\sin a}{\sin c}\sin\gamma$, $\sin\beta = \frac{\sin b}{\sin c}\sin\gamma$ oder aus den Gln. (16) und (17) $(\alpha+\beta)/2$ und $(\alpha-\beta)/2$ berechnen und daraus α und β, dann c aus Gl. (18) oder (19)*
2	2 Winkel	α, β	γ nach Gl. (13): $\cos\gamma = -\cos\alpha\cos\beta + \sin\alpha\sin\beta\cos c$
	Zwischenseite	c	a, b aus Gl. (11): $\sin a = \frac{\sin\alpha}{\sin\gamma}\sin c$, $\sin b = \frac{\sin\beta}{\sin\gamma}\sin c$ oder aus den Gln. (18) und (19) $(a+b)/2$ und $(a-b)/2$ berechnen und daraus a und b, dann γ aus Gl. (16) oder Gl. (11): $\sin\gamma = \frac{\sin c}{\sin a}\sin\alpha$
3	2 Winkel	α, γ	a aus Gl. (11): $\sin a = \frac{\sin\alpha}{\sin\gamma}\sin c$
	1 Gegenseite	c	b aus Gl. (12), β nach Gl. (13): $\cos\beta = -\cos\alpha\cos\gamma + \sin\alpha\sin\gamma\cos b$ oder b und β nach den Gln. (19) u. (17): $\tan\frac{b}{2} : \tan\frac{c-a}{2} = \sin\frac{\gamma+\alpha}{2} : \sin\frac{\gamma-\alpha}{2}$ $\cot\frac{\beta}{2} : \tan\frac{\gamma-\alpha}{2} = \sin\frac{c+a}{2} : \sin\frac{c-a}{2}$
4	3 Seiten	a, b, c	α, β, γ nach Gl. (12): $\cos\alpha = \frac{\cos a - \cos b\cos c}{\sin b\sin c}$ $\cos\beta$, $\cos\gamma$ durch entsprechende zyklische Vertauschung oder $\alpha/2$ aus Gl. (15) und entsprechend $\beta/2$ und $\gamma/2$ durch zyklische Vertauschung.
5	2 Seiten	a, c	α aus Gl. (11): $\sin\alpha = \frac{a}{c}\sin\gamma$
	1 Gegenwinkel	γ	b und β nach Gl. (19) und Gl. (17): $\tan\frac{b}{2} : \tan\frac{c-a}{2} = \sin\frac{\gamma+\alpha}{2} : \sin\frac{\gamma-\alpha}{2}$ $\cot\frac{\beta}{2} : \tan\frac{\gamma-\alpha}{2} = \sin\frac{c+a}{2} : \sin\frac{c-a}{2}$
6	3 Winkel	α, β, γ	a, b, c nach Gl. (13): $\cos a = \frac{\cos\alpha + \cos\beta\cos\gamma}{\sin\beta\,\sin\gamma}$ $\cos b$, $\cos c$ durch entsprechende zyklische Vertauschung oder $a/2$ aus Gl. (14) und $b/2$, $c/2$ durch entsprechende zyklische Vertauschung.

* Anmerkung: Es gilt auch $\tan\alpha = \frac{\bar\mu\sin\gamma}{1-\bar\nu\cos\gamma}$, $\tan\beta = \frac{\mu\sin\gamma}{1-\nu\cos\gamma}$ mit den Abkürzungen $\bar\mu = \frac{\tan a}{\sin b}$, $\bar\nu = \frac{\tan a}{\tan b}$, $\mu = \frac{\tan b}{\sin a}$, $\nu = \frac{\tan b}{\tan a} = 1/\bar\nu$. Für $a = \pi/2$ (rechtseitiges Dreieck) folgt $\tan\alpha = -\frac{1}{\cos b}\tan\gamma$, $\tan\beta = \tan b\sin\gamma$.

d) Das **rechtseitige sphärische Dreieck.** Setzt man in den Grundformeln für das schiefwinklige Dreieck einen *Winkel* gleich 90°, z. B. γ, so erhält man die Formeln für das rechtwinklige Dreieck (Abs. b). Setzt man eine *Seite* gleich 90°, z. B. c, so erhält man die entsprechenden Formeln für das *rechtseitige* Dreieck.

4. Die Arcusfunktionen

a) Die **Umkehrfunktionen** (S. 78) der trigonometrischen Funktionen heißen **„zyklometrische“** (Kreisbogen messende) oder Arcus-Funktionen. Ihre graphischen Darstellungen sind also Spiegelbilder der trigonometrischen Funktionen zur Winkelhalbierenden im I. Quadranten des Koordinatensystems, vgl. Bild 34.

$x = \sin y$ heißt $y = \text{arc}\sin x$ (sprich „arcus sinus x“), d. h. y ist der Bogen im Einheitskreis oder der Winkel im Bogenmaß, dessen sinus gleich x ist, Bild 35a, b.

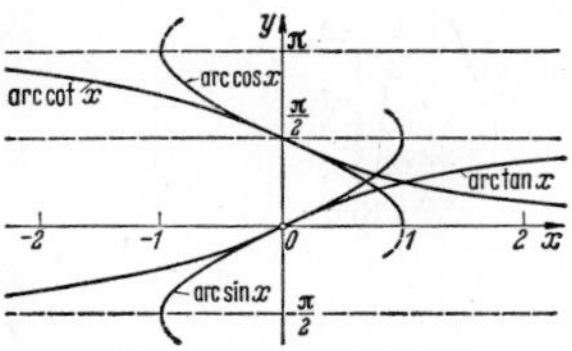

Bild 34

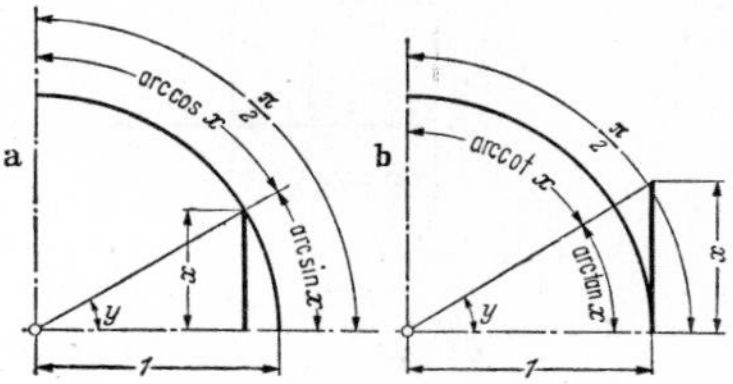

Bild 35a u. b

b) Da die trigonometrischen Funktionen periodisch sind, so sind die Arcusfunktionen *vieldeutig*; zu einem Wert x gehören unendlich viele Werte y. Um diese Vieldeutigkeit zu vermeiden, hat man die **Hauptwerte** eingeführt, und es gilt dann, vgl. Bild 35a, b:

$y = \arcsin x$ heißt $x = \sin y$, $-1 \leqq x \leqq 1$; Hauptwerte: $-\pi/2 \leqq y \leqq \pi/2$.

$y = \arccos x$ „ $x = \cos y$, $-1 \leqq x \leqq 1$; „ $0 \leqq y \leqq \pi$.

$y = \arctan x$ „ $x = \tan y$ $\}$ x beliebig; „ $-\pi/2 < y < \pi/2$.

$y = \text{arccot}\, x$ „ $x = \cot y$ $\}$ x beliebig; „ $0 < y < \pi$.

c) Für Funktion und **Cofunktion** folgt:

$\arcsin x + \arccos x = \pi/2$, Bild 35a, da $\sin\alpha = \cos(\pi/2 - \alpha)$;

$\arctan x + \text{arccot}\, x = \pi/2$, Bild 35b, da $\tan\alpha = \cot(\pi/2 - \alpha)$;

$\arctan x = \text{arccot}\,(1/x)$, $x > 0$ [s. Abs. d)], da $\tan\alpha = 1/\cot\alpha$.

d) Für **negative** Werte x folgt durch Umkehrung:

$\arcsin(-x) = -\arcsin x$, $\arccos(-x) = \pi - \arccos x$.

$\arctan(-x) = -\arctan x$, $\text{arccot}\,(-x) = \pi - \text{arccot}\, x$.

5. Hyperbelfunktionen

a) Begriff. Die Hyperbel- oder hyperbolischen Funktionen sind folgendermaßen definiert:

Hyperbolischer Sinus: $\sinh\varphi = {}^1/_2(e^{\varphi} - e^{-\varphi})$ $\}$ Reihenentwicklung S. 61,

„ Cosinus: $\cosh\varphi = {}^1/_2(e^{\varphi} + e^{-\varphi})$

„ Tangens: $\tanh\varphi = \dfrac{\sinh\varphi}{\cosh\varphi} = \dfrac{e^{\varphi} - e^{-\varphi}}{e^{\varphi} + e^{-\varphi}}$,

„ Cotangens: $\coth\varphi = \dfrac{\cosh\varphi}{\sinh\varphi} = \dfrac{e^{\varphi} + e^{-\varphi}}{e^{\varphi} - e^{-\varphi}}$.

Die vorstehende Schreibweise gem. DIN 1302 (Febr. 1961) tritt an die Stelle der bisherigen Zeichen Sin, Cof, Tg und Ctg. Bisweilen findet man im Ausland noch sh, ch, th und cth.

b) Geometrisch können die Hyperbelfunktionen in ähnlicher Weise an der Einheitshyperbel durch Strecken dargestellt werden, Bild 36, wie die trigonometrischen Funktionen am Kreis.

Aus $2\cosh\varphi = e^{\varphi} + e^{-\varphi}$ folgt $2e^{\varphi}\cosh\varphi = e^{2\varphi} + 1$ oder nach Lösen der in e^{φ} quadratischen Gleichung:

$$e^{\varphi} = \cosh\varphi + \sqrt{\cosh^2\varphi - 1}\,^*,$$

d. h. $$\varphi = \ln\left[\cosh\varphi + \sqrt{\cosh^2\varphi - 1}\right]. \qquad (1)$$

Für den Inhalt A des doppelten Sektors der Einheitshyperbel $x^2 - y^2 = 1$, Bild 36, erhält man aber

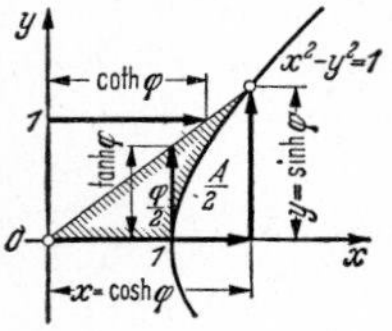

Bild 36. Hyperbelfunktionen an der Einheitshyperbel

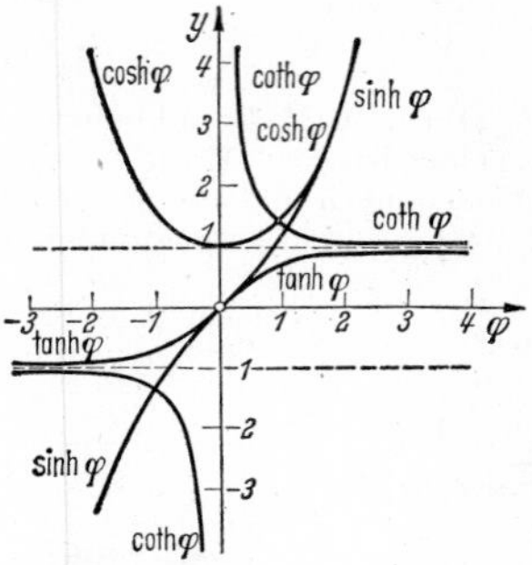

Bild 37

$$A = xy - 2\int y\,dx = xy - 2\int_1^x \sqrt{x^2 - 1}\,dx = \ln\left(x + \sqrt{x^2 - 1}\right) \qquad (2)$$

nach S. 89, Formel 7.

Setzt man $x = \cosh\varphi$, so zeigt der Vergleich von (1) und (2), daß φ den doppelten Hyperbelsektor darstellt. In gleicher Weise sind, Bild 36, $y = \sqrt{x^2 - 1} = \sqrt{\cosh^2\varphi - 1} = \sinh\varphi$ [vgl. a)] als Ordinate, $\tanh\varphi = \sinh\varphi/\cosh\varphi$ auf der Scheiteltangente und $\coth\varphi = 1/\tanh\varphi$ auf der x-Parallelen $y = 1$ zu deuten.

In Analogie kann in Bild 19, S. 65, φ als der Flächeninhalt des doppelten Kreissektors aufgefaßt werden, dessen Inhalt gleich $2 \cdot 1^2 \cdot \varphi/2 = \varphi$ ist.

c) Der **Verlauf** der Hyperbelfunktionen ist aus den Tafeln S. 30/32 und aus Bild 37 zu erkennen. Hierbei ist zu beachten, daß $\sinh\varphi$ jeden positiven und negativen Wert annehmen kann, während für reelle Werte φ

$$\cosh\varphi \geqq 1, \qquad -1 \leqq \tanh\varphi \leqq 1, \qquad -1 \geqq \coth\varphi \geqq 1$$

ist. Für *kleine* Werte φ gilt (S. 61 u. 62)

$$\sinh\varphi \approx \tanh\varphi \approx \varphi, \qquad \cosh\varphi \approx 1 + \varphi^2/2 \approx 1, \qquad \coth\varphi \approx 1/\varphi.$$

$\sinh\varphi$ und $\cosh\varphi$ haben die Periode $2\pi i$, $\tanh\varphi$ und $\coth\varphi$ die Periode πi (vgl. e)].

Über Anwendung der Hyperbelfunktionen bei der Kettenlinie vgl. S. 109 und 142.

d) Grundformeln. Aus der Begriffsbestimmung ergibt sich ähnlich wie bei den trigonometrischen Funktionen:

$$\cosh^2\varphi - \sinh^2\varphi = 1; \qquad \tanh\varphi = \frac{\sinh\varphi}{\cosh\varphi}; \qquad \coth\varphi = \frac{\cosh\varphi}{\sinh\varphi},$$

$$\cosh\varphi + \sinh\varphi = e^{\varphi}; \qquad \cosh\varphi - \sinh\varphi = e^{-\varphi}.$$

Ferner
$$\sinh(-\varphi) = -\sinh\varphi, \qquad \cosh(-\varphi) = +\cosh\varphi,$$
$$\tanh(-\varphi) = -\tanh\varphi, \qquad \coth(-\varphi) = -\coth\varphi.$$
$$\sinh(\alpha \pm \beta) = \sinh\alpha\cosh\beta \pm \cosh\alpha\sinh\beta,$$
$$\cosh(\alpha \pm \beta) = \cosh\alpha\cosh\beta \pm \sinh\alpha\sinh\beta,$$
$$\tanh(\alpha \pm \beta) = \frac{\tanh\alpha \pm \tanh\beta}{1 \pm \tanh\alpha\tanh\beta}, \qquad \coth(\alpha \pm \beta) = \frac{1 \pm \coth\alpha\coth\beta}{\coth\alpha \pm \coth\beta}.$$
$$\sinh n\alpha = n\sinh\alpha\cosh^{n-1}\alpha + \binom{n}{3}\sinh^3\alpha\cosh^{n-3}\alpha + \cdots \qquad \text{(vgl. S. 67)}$$
$$\cosh n\alpha = \cosh^n\alpha + \binom{n}{2}\cosh^{n-2}\alpha\sinh^2\alpha + \binom{n}{4}\cosh^{n-4}\alpha\sinh^4\alpha + \cdots$$

---

* Das negative Vorzeichen der Wurzel ist unterdrückt.

e) Der **Zusammenhang zwischen Hyperbel- und Kreisfunktionen** folgt aus den Reihenentwicklungen für $\sinh\varphi$, $\cosh\varphi$ bzw. $\sin\varphi$, $\cos\varphi$ (S. 61):

$$\begin{array}{lll} \sinh\varphi = -\mathrm{i}\sin \mathrm{i}\varphi, & \sin\varphi = -\mathrm{i}\sinh \mathrm{i}\varphi, & \sin \mathrm{i}\varphi = \mathrm{i}\sinh\varphi, \\ \cosh\varphi = \cos \mathrm{i}\varphi, & \cos\varphi = \cosh \mathrm{i}\varphi, & \cos \mathrm{i}\varphi = \cosh\varphi, \\ \tanh\varphi = -\mathrm{i}\tan \mathrm{i}\varphi, & \tan\varphi = -\mathrm{i}\tanh \mathrm{i}\varphi, & \tan \mathrm{i}\varphi = \mathrm{i}\tanh\varphi, \\ \coth\varphi = \mathrm{i}\cot \mathrm{i}\varphi, & \cot\varphi = \mathrm{i}\coth \mathrm{i}\varphi, & \cot \mathrm{i}\varphi = -\mathrm{i}\coth\varphi. \end{array}$$

f) Die **Umkehrfunktionen** der Hyperbelfunktionen heißen *Areafunktionen* [area = Fläche, geometrisch deutbar als Fläche des Hyperbelsektors, vgl. b)]:

$y = \operatorname{arsinh} x$ (sprich „Area Sinus x") heißt $x = \sinh y$ usw.

Die Werte der Areafunktionen lassen sich aus den Tafeln S. 30/32 durch Vertauschen von abhängig und unabhängig Veränderlichen ablesen. Sie können jedoch unmittelbar, wie unter b) für $\cosh\varphi$ gezeigt ist, mit Hilfe des natürlichen Logarithmus ausgedrückt werden:

$$\operatorname{arsinh} x = \ln\left(x + \sqrt{x^2 + 1}\right);$$

$$\operatorname{arcosh} x = \ln\left(x \pm \sqrt{x^2 - 1}\right), \quad x \geqq 1;$$

$$\operatorname{artanh} x = \frac{1}{2}\ln\frac{1 + x}{1 - x}, \quad -1 \leqq x \leqq 1;$$

$$\operatorname{arcoth} x = \frac{1}{2}\ln\frac{x + 1}{x - 1}, \quad -1 \geqq x \geqq 1.$$

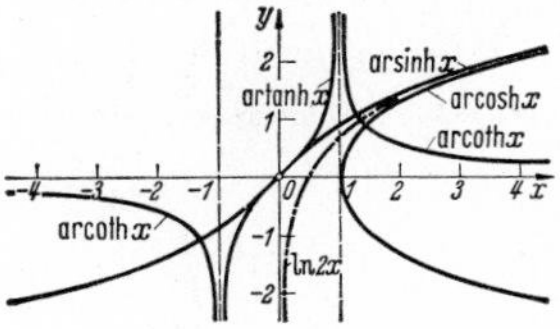

Bild 38

Die *graphische Darstellung* der Areafunktionen erhält man durch Spiegelung der Hyperbelfunktionen an der Winkelhalbierenden des I. Quadranten, vgl. Bild 38. $\operatorname{artanh} x$ und $\operatorname{arcoth} x$ streben für $x = \pm 1$ nach ∞; $\operatorname{arcoth} x$ geht für $x = \infty$ nach Null, während $\operatorname{arsinh} x$ und $\operatorname{arcosh} x$ sich der Kurve $\ln 2x$ nähern.

6. Exponential- und logarithmische Funktionen

Diese Funktionen werden bei den Kurvendarstellungen S. 141 behandelt.

IV. Differential- und Integralrechnung

Literatur: 1. *Barner, M.:* Differential- u. Integralrechnung. 2. Aufl. Berlin: de Gruyter 1963. — 2. *Courant, R.:* Vorlesungen über Differential- u. Integralrechnung. 3. Aufl. Berlin: Springer 1961. — 3. *Grüss, G.:* Differential- u. Integralrechnung. 2. Aufl. Leipzig, Akad. Verl.-Ges. 1953. — 4. *Sauer, R.:* Ingenieur-Mathematik. I. Bd.: Differential- u. Integralrechnung. 3. Aufl. Berlin: Springer 1964.

A. Differentialrechnung

1. Grenzwert, Differentialquotient, Differential

a) Es bedeutet $x \to a$ oder $\lim x = a$ (limes = Grenzwert), daß die Veränderliche x sich immer mehr dem Festwert a nähert.

b) Ist $y = \mathrm{f}(x)$ eine Funktion von x, d. h. sind die Werte der Veränderlichen y den Werten einer anderen Veränderlichen x zugeordnet, so hat

$$\lim_{x \to a} \mathrm{f}(x) = b$$

folgende Bedeutung: Wenn sich x immer mehr dem Wert a nähert, so nähert sich $\mathrm{f}(x)$ immer mehr dem Wert b. Hierbei braucht der Wert $f(x)$ für $x = a$ nicht zu existieren; z. B. ist der Funktionswert $y = (x^2 - 1)/(x - 1)$ für $x = 1$ nicht definiert, da Null durch Null unbestimmt ist. Die Kurve $y = \mathrm{f}(x)$ hat für $x = 1$ zunächst eine Lücke. Man formt um und bestimmt die beiden Grenzwerte von y

für $x \to 1 - 0$ und $x \to 1 + 0$. Dann folgt $\lim\limits_{x \to 1 \pm 0} (x^2 - 1)/(x - 1) = \lim\limits_{x \to 1 \pm 0} (x + 1) = 2$ als Funktionswert für $x = 1$.

Man beachte: f (steil) gibt allgemein eine Funktion an, ebenso f′ (oder y′) deren Ableitung. Dagegen bezeichnen f und f' (kursiv) (y und y') den Wert der Funktion oder ihrer Ableitung an einer *bestimmten* Stelle, z. B. x oder $x + h$.

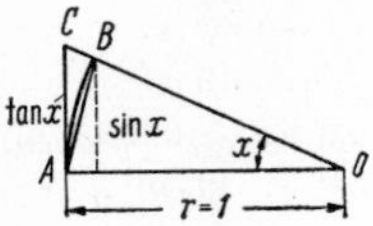

Bild 39

Beispiele: 1. In Bild 39 ist der Inhalt des Dreiecks OAB kleiner als der Inhalt des Kreisausschnitts OAB, während der Inhalt des Dreiecks OAC größer ist. Folglich wird

$$^1/_2 \sin x < {}^1/_2 x < {}^1/_2 \tan x \quad \text{oder} \quad 1 < x/\sin x < 1/\cos x$$

und
$$\cos x < x/\tan x < 1.$$

Für $x \to 0$ geht $1/\cos x \to 1$. Da $x/\sin x$ zwischen 1 und $1/\cos x$ liegt, so ist

$$\lim_{x \to 0} \frac{x}{\sin x} = 1 \text{ und damit auch } \lim_{x \to 0} \frac{\sin x}{x} = 1. \text{ Ebenso wird } \lim_{x \to 0} \frac{\tan x}{x} = 1.$$

Für kleine Winkel kann der sin bzw. tan angenähert durch den Bogen ersetzt werden (S. 62).

2. Der Grenzwert $\lim\limits_{n \to \infty} \left(1 + \frac{1}{n}\right)^n$ ist gleich 2,7182818... und wird mit e (*Euler*sche Zahl) bezeichnet; er folgt angenähert, wenn man $n = 1, 10, 100, \ldots$ setzt.

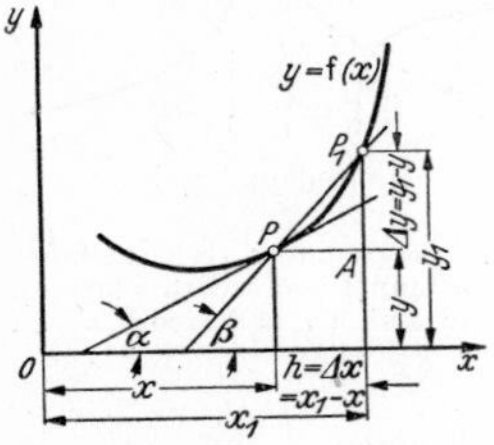

Bild 40

c) In Bild 40 werde der Punkt $P(x, y)$ der Kurve $y = \mathrm{f}(x)$ mit dem Punkt $P_1(x_1, y_1)$ verbunden; diese Verbindungsgerade, die Sekante der Kurve, bildet mit der positiven Richtung der x-Achse den Winkel β. Dann ist

$$\tan \beta = \frac{y_1 - y}{x_1 - x} = \frac{\Delta y}{\Delta x} = \frac{\Delta y}{h},$$

wenn man den Zuwachs $y_1 - y$ von y, die Funktionsdifferenz, mit Δy und den Zuwachs $x_1 - x$ von x mit h oder Δx bezeichnet. $\tan \beta$ heißt die Steigung der Sekante und $\Delta y / \Delta x$ der Differenzenquotient. Da $x_1 = x + \Delta x = x + h$ ist und y_1 dem Werte x_1 zugeordnet ist, so kann für y_1 auch $f(x_1) = f(x + \Delta x) = f(x + h)$ geschrieben werden, so daß

$$\frac{\Delta y}{\Delta x} = \frac{f(x + \Delta x) - f(x)}{\Delta x} = \frac{f(x + h) - f(x)}{h}.$$

Nähert sich der Punkt P_1 immer mehr dem Punkt P, d. h. geht $x_1 \to x$ oder $\Delta x \to 0$, d. h. $h \to 0$, so kann sich auch der Differenzenquotient einem Grenzwert nähern; dieser Wert, der von der Abszisse x des betrachteten Punktes abhängt, wird der **Differentialquotient** oder die **Ableitung** der Funktion y genannt und mit $\mathrm{d}y/\mathrm{d}x$, $\mathrm{y}'(x)$ oder $\mathrm{f}'(x)$ bezeichnet. Es ist also

$$\frac{\mathrm{d}y}{\mathrm{d}x} = \mathrm{f}'(x) = \frac{\mathrm{d}}{\mathrm{d}x}[\mathrm{f}(x)] = \lim_{\Delta x \to 0} \frac{\Delta y}{\Delta x} = \lim_{h \to 0} \frac{f(x + h) - f(x)}{h}.$$

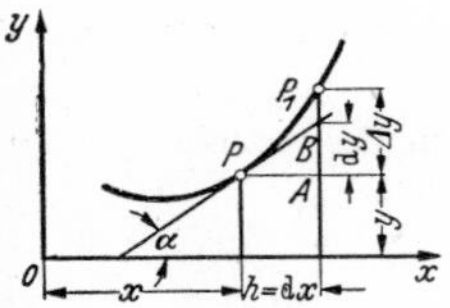

Bild 41

Geometrisch bedeutet der Grenzübergang, daß die Sekante ihrer Grenzlage als Tangente zustrebt. Bildet diese mit der positiven Richtung der x-Achse den Winkel α (Bild 40), so muß

$$\tan \alpha = \lim_{h \to 0} \tan \beta = \mathrm{y}'(x) = \mathrm{f}'(x)$$

sein. Die Steigung der Tangente ist gleich dem Differentialquotienten oder der Ableitung.

d) In Bild 41 ist $AB = h \tan \alpha = y' \,\mathrm{d}x$, wenn man für h auch $\mathrm{d}x$ schreibt. Dieses Produkt aus der Ableitung y′ und der Abszissendifferenz h heißt das **Differential** von y und wird $\mathrm{d}y$ oder $\mathrm{d}[\mathrm{f}(x)]$ geschrieben.

Ebenso heißt auch $\mathrm{d}x$ das Differential von x. Dann ist das Differential

$$\mathrm{d}y = y'\,\mathrm{d}x = f'(x)\,\mathrm{d}x,$$

und die Ableitung y' („Differential-Quotient") erscheint als Quotient der im allgemeinen *endlichen* Differentiale $\mathrm{d}y$ und $\mathrm{d}x$:

$$y' = f'(x) = \mathrm{d}y/\mathrm{d}x.$$

2. Beispiele für die Ableitung elementarer Funktionen

a) Ableitung von $y = x^n$ (*Potenzfunktion*). Ist n eine positive ganze Zahl, so folgt nach dem binomischen Lehrsatz (S. 37) für den Differenzenquotienten

$$\frac{f(x+h)-f(x)}{h} = \frac{(x+h)^n - x^n}{h} = \frac{x^n + n x^{n-1} h + \frac{n(n-1)}{2} x^{n-2} h^2 + \cdots + h^n - x^n}{h} =$$

$$= n x^{n-1} + {}^1/_2\, n(n-1)\, x^{n-2} h + \cdots + h^{n-1}.$$

Daher ergibt sich

$$y' = \lim_{h\to 0} \frac{f(x+h)-f(x)}{h} = n x^{n-1}.$$

Über die Gültigkeit für beliebiges n vgl. S. 79, Abs. f, Beispiel 3.

b) Ableitung von $y = \sin x$. Für den Differenzenquotienten folgt (S. 66):

$$\frac{\sin(x+h) - \sin x}{h} = \frac{2}{h} \cos\frac{(x+h)+x}{2} \sin\frac{(x+h)-x}{2} =$$

$$= \frac{2}{h} \cos\frac{2x+h}{2} \sin\frac{h}{2} = \cos\frac{2x+h}{2} \cdot \frac{\sin(h/2)}{h/2}.$$

Da mit h auch $h/2$ gegen Null geht, so wird $\lim\limits_{h\to 0} \frac{\sin(h/2)}{h/2} = 1$ (S. 76); folglich ist

$$y' = \cos x.$$

Ableitungen der übrigen trigonometrischen Funktionen siehe 3. und 5.

c) Ableitung der logarithmischen Funktion $y = \ln x$. Für den Differenzenquotienten folgt nach Umformung mit $h = x/n$:

$$\frac{\ln(x+h) - \ln x}{h} = \frac{1}{h} \ln\left(\frac{x+h}{x}\right) = \frac{n}{x} \ln\left(1 + \frac{1}{n}\right) = \frac{1}{x} \ln\left(1 + \frac{1}{n}\right)^n.$$

Beim Grenzübergang $h \to 0$, d. h. $n \to \infty$, wird $\lim\limits_{n\to\infty} (1 + 1/n)^n = e$ (*Euler*sche Zahl); da $\ln e = 1$, folgt

$$\frac{\mathrm{d}}{\mathrm{d}x} (\ln x) = \frac{1}{x}.$$

3. Differentialformeln (vgl. a. Abschn. 4 u. 5)

1.	$y = a$;	$\mathrm{d}y = 0$.	2.	$y = mx + b$;	$\mathrm{d}y = m\,\mathrm{d}x$.
3.	$y = x^n$;	$\mathrm{d}y = n x^{n-1}\,\mathrm{d}x$.	4.	$y = a x^n$;	$\mathrm{d}y = a n x^{n-1}\,\mathrm{d}x$.
5.	$y = \sqrt{x}$;	$\mathrm{d}y = \mathrm{d}x/(2\sqrt{x})$.	6.	$y = 1/x$;	$\mathrm{d}y = -\mathrm{d}x/x^2$.
7.	$y = e^x$;	$\mathrm{d}y = e^x\,\mathrm{d}x$.	8.	$y = a^x$;	$\mathrm{d}y = a^x \ln a\,\mathrm{d}x$.
9.	$y = \ln x$;	$\mathrm{d}y = \mathrm{d}x/x$.	10.	$y = {}^a\!\log x$;	$\mathrm{d}y = \frac{1}{\ln a} \frac{\mathrm{d}x}{x}$.
11.	$y = \sin x$;	$\mathrm{d}y = \cos x\,\mathrm{d}x$.	12.	$y = \cos x$;	$\mathrm{d}y = -\sin x\,\mathrm{d}x$.
13.	$y = \tan x$;	$\mathrm{d}y = (1 + \tan^2 x)\,\mathrm{d}x$ $= \mathrm{d}x/\cos^2 x$.	14.	$y = \cot x$;	$\mathrm{d}y = -(1 + \cot^2 x)\,\mathrm{d}x$ $= -\mathrm{d}x/\sin^2 x$.

15. $y = \arcsin x$; $dy = \dfrac{dx}{\sqrt{1-x^2}}$.
16. $y = \arccos x$; $dy = -\dfrac{dx}{\sqrt{1-x^2}}$.
17. $y = \arctan x$; $dy = \dfrac{dx}{1+x^2}$.
18. $y = \operatorname{arccot} x$; $dy = -\dfrac{dx}{1+x^2}$.
19. $y = \sinh x$; $dy = \cosh x\, dx$.
20. $y = \cosh x$; $dy = \sinh x\, dx$.
21. $y = \tanh x$; $dy = (1 - \tanh^2 x)\, dx = dx/\cosh^2 x$.
22. $y = \coth x$; $dy = (1 - \coth^2 x)\, dx = -dx/\sinh^2 x$.
23. $y = \operatorname{arsinh} x$; $dy = \dfrac{dx}{\sqrt{x^2+1}}$.
24. $y = \operatorname{arcosh} x$; $dy = \dfrac{dx}{\sqrt{x^2-1}}$.
25. $y = \operatorname{artanh} x$; $dy = \dfrac{dx}{1-x^2}$.
26. $y = \operatorname{arcoth} x$; $dy = \dfrac{dx}{1-x^2}$.

4. Allgemeine Regeln

a) Ableitung einer Funktion, die einen konstanten Faktor enthält. Ist $y = c\,f(x)$, so wird die Ableitung $y' = c\,f'(x)$: Ein konstanter Faktor kann vor das Differentialzeichen gesetzt werden.

Beispiel: Für $y = 2 \sin x$ wird $y' = 2 \cos x$.

b) Ableitung von Summe und Differenz. Ist $y = u(x) + v(x)$, wobei u und v differentiierbare Funktionen von x sind, so wird die Ableitung

$$y'(x) = u'(x) + v'(x) \quad \text{oder das Differential} \quad dy = du + dv.$$

Eine Summe wird differentiiert, indem man die Summanden einzeln differentiiert und addiert.

Ist $y = u(x) - v(x)$, so wird entsprechend $y'(x) = u'(x) - v'(x)$.

Ist $y = u + v + w + \cdots$, so wird $y'(x) = u'(x) + v'(x) + w'(x) + \cdots$.

c) Ableitung von Produkt und Quotient. α) Ist $y = u(x)\,v(x)$, so wird $y'(x) = u(x)\,v'(x) + v(x)\,u'(x)$ oder $dy = u\,dv + v\,du$ (*Produktregel*).

Ist $y = uvw\ldots$, so wird $dy = (du/u + dv/v + dw/w + \cdots)\,uvw\ldots$

β) Aus $y = u(x)/v(x)$ folgt $u(x) = y(x)\,v(x)$ und daraus nach c) durch Differentiieren von $u(x)$:

$$y'(x) = \frac{v(x)\,u'(x) - u(x)\,v'(x)}{[v(x)]^2} \quad (\textit{Bruchregel}).$$

d) Kettenregel. Es sei $y = f(z)$ und $z = \varphi(x)$; durch Einsetzen entsteht die zusammengesetzte Funktion $y = f[\varphi(x)]$. Durch Differentiieren von y nach z und von z nach x folgt

$$dy = f'(z)\,dz \quad \text{und} \quad dz = \varphi'(x)\,dx.$$

Einsetzen von dz in dy liefert mit $f'(z) = dy/dz$ und $\varphi'(x) = dz/dx$

$$dy = f'(z)\varphi'(x)\,dx \quad \text{oder} \quad \frac{dy}{dx} = f'(z)\varphi'(x) = \frac{dy}{dz}\,\frac{dz}{dx}.$$

Man zerlegt also $y = f[\varphi(x)]$ in $y = f(z)$ und $z = \varphi(x)$, bildet von beiden Funktionen die Ableitungen und multipliziert diese miteinander. Schließlich ist $\varphi(x)$ für z zu setzen.

Beispiel: $y = \cos^2 x$ wird zerlegt in $y = z^2$ und $z = \cos x$.

Es ist $\quad y'(z) = 2z \quad$ und $\quad z'(x) = -\sin x$,

folglich $\quad y'(x) = y'(z)\,z'(x) = -2z \sin x = -2 \cos x \sin x = -\sin 2x$.

e) Ableitung der Umkehrfunktionen. Löst man die Gleichung $y = f(x)$ nach x auf, so sei $x = \varphi(y)$ geschrieben. Vertauscht man jetzt x und y, so erhält man in $y = \varphi(x)$ die Umkehrfunktion (inverse Funktion) zu $y = \mathrm{f}(x)$. Aus $x = \varphi(y)$ folgt nach 1 d) (S. 76)

$$\frac{\mathrm{d}x}{\mathrm{d}y} = 1 : \frac{\mathrm{d}y}{\mathrm{d}x} \quad \text{oder} \quad \varphi'(y) = \frac{1}{\mathrm{f}'(x)}; \quad \text{d. h.} \quad \mathrm{f}'(x) = \frac{1}{\varphi'(y)}.$$

Beispiele: 1. $y = \mathrm{f}(x) = \arcsin x$ gibt $x = \varphi(y) = \sin y$ und $\mathrm{d}x = \cos y\,\mathrm{d}y$; also

$$\mathrm{f}'(x) = 1/\cos y = 1/\sqrt{1 - x^2}.$$

2. Aus $y = a^x$ folgt $x = {}^a\!\log y$, $\mathrm{d}x = \mathrm{d}y/(y \ln a)$, $y' = \mathrm{d}y/\mathrm{d}x = y \ln a = a^x \ln a$; insbesondere wird für $y = \mathrm{e}^x$ mit $\ln \mathrm{e} = 1$ die Ableitung $y' = \mathrm{e}^x$.

f) Ableitung unentwickelter Funktionen. Ist die Beziehung zwischen x und y in der Form $\mathrm{f}(x) = \varphi(y)$ gegeben, d. h. $\mathrm{f}(x) = \varphi[y(x)]$, so folgt durch Differentiieren nach x unter Anwendung der Kettenregel für die rechte Seite

$$\frac{\mathrm{d}\mathrm{f}}{\mathrm{d}x} = \frac{\mathrm{d}\varphi}{\mathrm{d}y} \cdot \frac{\mathrm{d}y}{\mathrm{d}x} \quad \text{oder} \quad \mathrm{f}'(x) = \varphi'(y) \cdot \frac{\mathrm{d}y}{\mathrm{d}x},$$

d. h.

$$\mathrm{f}'(x)\,\mathrm{d}x = \varphi'(y)\,\mathrm{d}y.$$

Beispiele: 1. Aus $y^2 = 2px$ (Parabel) folgt $2y\,\mathrm{d}y = 2p\,\mathrm{d}x$ oder $\mathrm{d}y/\mathrm{d}x = p/y$.
2. Aus $y^2 = r^2 - x^2$ (Kreis): $2y\,\mathrm{d}y = -2x\,\mathrm{d}x$ oder $\mathrm{d}y/\mathrm{d}x = -x/y$.
3. Aus $y = x^n$ bei beliebigen Exponenten folgt durch Logarithmieren $\ln y = n \ln x$. Also wird

$$\frac{1}{y}\,\mathrm{d}y = n\,\frac{1}{x}\,\mathrm{d}x \quad \text{oder} \quad \frac{\mathrm{d}y}{\mathrm{d}x} = \frac{ny}{x} = nx^{n-1}.$$

g) Ableitung bei Parameterdarstellung. Sind $x = \mathrm{x}(t)$ und $y = \mathrm{y}(t)$ als Funktionen des veränderlichen Parameters t gegeben, so schreibt man für die Ableitungen der beiden Funktionen nach t abgekürzt $\mathrm{d}x/\mathrm{d}t = \dot{x}$, $\mathrm{d}y/\mathrm{d}t = \dot{y}$ und hat dann

$$\mathrm{d}y/\mathrm{d}x = \mathrm{d}y/\mathrm{d}t : \mathrm{d}x/\mathrm{d}t \quad \text{oder} \quad \mathrm{y}'(x) = \dot{y}/\dot{x}.$$

Beispiel: Aus der Gleichung der Ellipse $x = a \cos t$, $y = b \sin t$ folgt $\dot{x} = -a \sin t$, $\dot{y} = b \cos t$, also für die Steigung der Tangente

$$\mathrm{y}'(x) = b \cos t/(-a \sin t) = -b^2/a^2 \cdot x/y.$$

In der *Mathematik* ist t die allgemeine Bezeichnung für einen Parameter; dagegen haben $\dot{x}$ und $\dot{y}$ in der *Mechanik* die spezielle Bedeutung der Ableitung nach der *Zeit t*.

h) Partielle Ableitung. Die Funktion $z = \mathrm{f}(x, y)$ der beiden Veränderlichen x und y kann aufgefaßt werden als Darstellung einer Fläche. Eine Ebene $y = \text{const}$ schneidet eine Kurve aus, auf der nur x veränderlich ist. Die so bei konstantem y nach x gebildete Ableitung heißt partielle Ableitung von f nach x und wird geschrieben $\partial\mathrm{f}/\partial x = \mathrm{f}_x$. Ebenso ist $\partial\mathrm{f}/\partial y = \mathrm{f}_y$ die partielle Ableitung nach y bei konstantem x. Da f_x und f_y wiederum Funktionen von x und y sind, können weitere Ableitungen gebildet werden:

$$\frac{\partial}{\partial x}\left(\frac{\partial\mathrm{f}}{\partial x}\right) = \frac{\partial^2\mathrm{f}}{\partial x^2} = \mathrm{f}_{xx}; \qquad \frac{\partial}{\partial y}\left(\frac{\partial\mathrm{f}}{\partial y}\right) = \frac{\partial^2\mathrm{f}}{\partial y^2} = \mathrm{f}_{yy}; \qquad \frac{\partial}{\partial x}\left(\frac{\partial\mathrm{f}}{\partial y}\right) = \frac{\partial^2\mathrm{f}}{\partial x\,\partial y} = \mathrm{f}_{yx}$$

und $\dfrac{\partial}{\partial y}\left(\dfrac{\partial\mathrm{f}}{\partial x}\right) = \dfrac{\partial^2\mathrm{f}}{\partial y\,\partial x} = \mathrm{f}_{xy}$, ebenso die dritten Ableitungen usw. Wenn die „gemischten" Ableitungen f_{xy} und f_{yx} stetige Funktionen von x sind, so ist $\mathrm{f}_{xy} = \mathrm{f}_{yx}$.

Beispiele: 1. $z = x^2 + xy + y^2$; $z_x = 2x + y$; $z_y = x + 2y$; $z_{xx} = 2$; $z_{yy} = 2$; $z_{xy} = z_{yx} = 1$.
2. $z = \mathrm{e}^{xy}$; $z_x = y\mathrm{e}^{xy}$; $z_y = x\mathrm{e}^{xy}$; $z_{xx} = y^2\mathrm{e}^{xy}$; $z_{yy} = x^2\mathrm{e}^{xy}$; $z_{xy} = z_{yx} = (1 + xy)\mathrm{e}^{xy}$.

Entsprechend dem Differential bei zwei Veränderlichen in der Ebene (vgl. S. 76) bezeichnet man die Summe der beiden Differentiale in der x- und in der y-Richtung, d. h.

$$\mathrm{d}z = \frac{\partial z}{\partial x}\,\mathrm{d}x + \frac{\partial z}{\partial y}\,\mathrm{d}y = z_x\,\mathrm{d}x + z_y\,\mathrm{d}y$$

als *totales Differential* von $z = \mathrm{f}(x, y)$, vgl. Bild 42.

Wenn man zwei Punkte mit den Koordinaten x, y und $x + \Delta x = x + h,\ y + \Delta y = y + k$ betrachtet, so ist

$$\frac{dz}{dx} = \lim_{\substack{\Delta x \to 0 \\ \Delta y \to 0}} \frac{\Delta z}{\Delta x} = \lim_{\substack{h \to 0 \\ k \to 0}} \frac{f(x+h, y+k) - f(x,y)}{h}$$

oder durch Hinzufügen von $f(x+h, y) - f(x+h, y)$ und Erweiterung mit k auch

$$\frac{dz}{dx} = \lim_{h\to 0, k\to 0}\left[\frac{f(x+h,y) - f(x,y)}{h} + \frac{f(x+h,y+k) - f(x+h,y)}{k}\cdot\frac{k}{h}\right] = \frac{\partial f}{\partial x} + \frac{\partial f}{\partial y}\cdot\frac{dy}{dx},$$

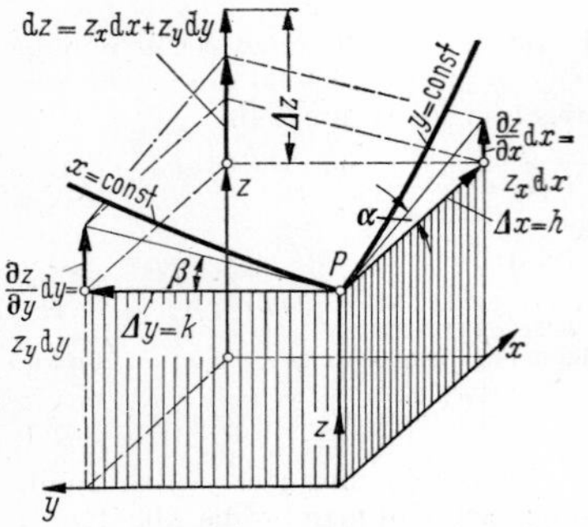

Bild 42. Das totale Differential

da $\lim_{h\to 0} \frac{k}{h} = \lim_{h\to 0} \frac{y(x+h) - y(x)}{h} = \frac{dy}{dx}$ ist und die anderen Differenzenquotienten in die partiellen Differentialquotienten $\partial f/\partial x$ und $\partial f/\partial y$ übergehen. Multiplikation mit dx liefert die angegebene Formel für dz.

In Bild 42 ist $\tan\alpha = z_x$, $\tan\beta = z_y$ und sind $dx \tan\alpha$, $dy \tan\beta$ die zugehörigen Differentiale, ihre Summe ist dann dz.

In Bild 42 liegen die Endpunkte der Differentiale $z_x\,dx$, $z_y\,dy$ und des totalen Differentials dz in der im Punkt P an die Fläche gelegten Tangentialebene, und für kleine Zunahmen h und k der Veränderlichen x und y kann die Funktionsdifferenz

$$\Delta z = f(x+h, y+k) - f(x,y)$$

durch das Differential dz ersetzt werden.

Bei *impliziter* Darstellung einer Funktion von zwei Veränderlichen in der Form $f(x,y) = 0$ kann diese als Schnittkurve der Fläche $z = f(x,y)$ mit der x,y-Ebene aufgefaßt werden. Auf dieser Kurve ist $z = \text{const} = \text{Null}$ und damit dz ständig gleich Null. Daraus folgt $f_x\,dx + f_y\,dy = 0$ oder

$$y'(x) = dy/dx = -f_x/f_y.$$

Beispiel: Es ist die Steigung $m = \tan\alpha$ der Tangente im Punkte $P(x,y)$ der Hyperbel $x^2/a^2 - y^2/b^2 = 1$ zu bestimmen. Man schreibt die Gleichung $b^2x^2 - a^2y^2 - a^2b^2 = 0$ und findet $f_x = 2b^2x$, $f_y = -2a^2y$, also $y' = \tan\alpha = m = b^2x/a^2y$.

5. Anwendung der Differentialformeln

1. $y = mx + b$; $\quad dy/dx = y' = m$.
2. $y = a^2 - x^2$; $\quad dy/dx = y' = -2x$.
3. $y = \sqrt{ax} = \sqrt{a}\cdot x^{1/2}$; $\quad y' = \sqrt{a}\cdot {}^1/_2\cdot x^{-1/2} = \sqrt{a}/2\sqrt{x} = {}^1/_2\cdot\sqrt{a/x}$.
4. $y = 1/x^3 = x^{-3}$; $\quad y' = -3x^{-4} = -3/x^4$.
5. $y = (a + bx)^n$; setze $a + bx = z$; $b\,dx = dz$; $y = z^n$;
   $dy = nz^{n-1}\,dz = n(a+bx)^{n-1}b\,dx$; $\quad y' = nb(a+bx)^{n-1}$.
6. $y = \sqrt{a^2 - x^2}$ oder $y^2 = a^2 - x^2$. Nach 4 f) folgt $2y\,dy = -2x\,dx$;
   $dy/dx = -x/y = -x/\sqrt{a^2 - x^2}$.
7. $y = \sqrt{a^2 + bx + cx^2}$; $y^2 = a^2 + bx + cx^2$; $2y\,dy = (b + 2cx)\,dx$;
   $dy/dx = (b + 2cx)/2y = (b + 2cx)/2\sqrt{a^2 + bx + cx^2}$.
8. $y = a/\sqrt{a - x} = a/\sqrt{z}$; $dy = -{}^1/_2 a z^{-3/2} dz = -{}^1/_2 a z^{-3/2}(-dx)$; $\quad y' = a/2\sqrt{(a-x)^3}$.
9. $y = x^2(a + bx^3)$; setze $x^2 = u$; $a + bx^3 = v$; $2x = u'$; $3bx^2 = v'$;
   $y' = x^2\cdot 3bx^2 + (a + bx^3)\cdot 2x = x(2a + 5bx^3)$.
10. $y = x^m(a - bx)^n$; setze $u = x^m$; $v = (a - bx)^n$; $u' = mx^{m-1}$; $v' = -nb(a - bx)^{n-1}$ (vgl. 5.); also $y' = x^m\cdot[-nb(a - bx)^{n-1}] + (a - bx)^n\cdot mx^{m-1}$
    $= x^{m-1}(a - bx)^{n-1}[ma - (m+n)\,bx]$.
11. $y = \frac{1}{x}\sqrt{a^2 - x^2}$; $y^2 = \frac{a^2}{x^2} - 1$; $2y\,dy = -\frac{2a^2}{x^3}\,dx$; $y' = -\frac{a^2}{x^3y} = -\frac{a^2}{x^2\sqrt{a^2 - x^2}}$.

12. $y = \sqrt{a+x}\sqrt{b-x^2}$ oder $y^2 = (a+x)(b-x^2)$. Mit $u = a+x$, $du = dx$ und $v = b - x^2$, $dv = -2x\,dx$ folgt

$$2y\,dy = u\,dv + v\,du = (a+x)(-2x\,dx) + (b-x^2)\,dx = (b - 2ax - 3x^2)\,dx;$$

$$y' = (b - 2ax - 3x^2)/2\sqrt{(a+x)(b-x^2)}.$$

13. $y = \dfrac{ax}{b+x} = a\dfrac{u}{v}$, wenn $x = u$; $b + x = v$; $u' = 1$; $v' = 1$;

$$y' = a \cdot \frac{(b+x)\cdot 1 - x \cdot 1}{(b+x)^2}; \; y' = \frac{ab}{(b+x)^2}.$$

14. $y = \dfrac{a - x^n}{a + x^n}$; $u = a - x^n$; $u' = -nx^{n-1}$; $v = a + x^n$; $v' = nx^{n-1}$;

$$y' = \frac{(a+x^n)(-nx^{n-1}) - (a - x^n)nx^{n-1}}{(a+x^n)^2} = -\frac{2anx^{n-1}}{(a+x^n)^2}.$$

15. $y = \dfrac{x}{\sqrt{a^2-x^2}} = \dfrac{u}{v}$; $u' = 1$; $v' = -x/\sqrt{a^2-x^2}$ (vgl. 6.);

$$y' = \frac{\sqrt{a^2-x^2} + x^2/\sqrt{a^2-x^2}}{a^2-x^2} = \frac{a^2}{\sqrt{(a^2-x^2)^3}}.$$

16. $y = \sqrt{\dfrac{a^2-x^2}{a^2+x^2}}$; $y^2 = \dfrac{a^2-x^2}{a^2+x^2}$; $2y\,dy = -\dfrac{2a^2\cdot 2x}{(a^2+x^2)^2}\,dx$ (vgl. 14.);

$dy/dx = -2a^2x/y(a^2+x^2)^2 = -2a^2x/\left[(a^2+x^2)\sqrt{a^4-x^4}\right]$.

17. $y = \sin ax$; setze $ax = z$; $dz = a\,dx$;
$dy = \cos z\,dz = \cos ax \cdot a\,dx$; $y' = a\cos ax$.

18. $y = \sin ax + \cos bx$; $y' = a\cos ax - b\sin bx$.

19. $y = \sin^n x$; setze $\sin x = z$; $dz = \cos x\,dx$;
$dy = nz^{n-1}\,dz = n\sin^{n-1}x\cos x\,dx$; $y' = n\sin^{n-1}x\cos x$.

20. $y = \sin(\omega x + \varphi)$; setze $\omega x + \varphi = z$; $dz = \omega\,dx$; $y = \sin z$;
$dy = \cos z\,dz = \omega\cos(\omega x + \varphi)\,dx$; $y' = \omega\cos(\omega x + \varphi)$.

21. $y = x\sin ax$; $x = u$; $u' = 1$; $\sin ax = v$; $v' = a\cos ax$; $y' = ax\cos ax + \sin ax$.

22. $y = \tan x = \sin x/\cos x$; $u = \sin x$; $u' = \cos x$; $v = \cos x$; $v' = -\sin x$;

$$y' = \frac{\cos x\cos x + \sin x \sin x}{\cos^2 x} = \frac{1}{\cos^2 x} = 1 + \tan^2 x \text{ (S. 66).}$$

23. $y = \ln[f(x)]$; setze $f(x) = z$; $dz = f'(x)\,dx$; $y = \ln z$; $dy = dz/z = f'(x)\,dx/f(x)$;
$y' = f'(x)/f(x)$.
Zum Beispiel wird für $y = \ln\cos x$; $f(x) = \cos x$; $f'(x) = -\sin x$;
$y' = -\sin x/\cos x = -\tan x$.

24. $y = \ln\dfrac{1+x}{1-x} = \ln(1+x) - \ln(1-x) = \ln u - \ln v$; also $du = -dv = dx$ und

$$dy = \frac{dx}{1+x} + \frac{dx}{1-x} = \frac{2\,dx}{1-x^2}; \; y' = \frac{2}{1-x^2}.$$

25. $y = e^{kx}$; setze $kx = z$; $dz = k\,dx$; $y = e^z$; $dy = e^z\,dz = e^{kx}k\,dx$; $y' = ke^{kx}$.

26. $y = e^x x^n$; setze $e^x = u$; $u' = e^x$; $x^n = v$; $v' = nx^{n-1}$,
so daß $y' = e^x nx^{n-1} + x^n e^x = e^x x^{n-1}(n + x)$.

27. $y = x^x$: $\ln y = x\ln x$; $d(\ln y) = d(x\ln x)$; $dy/y = x\,dx/x + \ln x\,dx = (1 + \ln x)\,dx$;
$y' = dy/dx = y(1 + \ln x) = x^x(1 + \ln x)$

28. $y = \cosh x = {}^1/_2(e^x + e^{-x})$; $y' = {}^1/_2(e^x - e^{-x}) = \sinh x$ (S. 73).

29. $y = \operatorname{arcosh} x$ oder $x = \cosh y$; $dx = \sinh y\,dy = \sqrt{\cosh^2 y - 1}\,dy = \sqrt{x^2-1}\,dy$;
$dy/dx = 1/\sqrt{x^2-1}$

6. Ableitungen höherer Ordnung, Differentialkurven

Ist $y = f(x)$ die gegebene Funktion, so muß die Ableitung $y' = f'(x)$ wieder eine Funktion von x sein; für die Ableitung dieser Funktion, d. h. die zweite Ableitung, folgt:

$$d(y')/dx = y'' = d^2y/dx^2 = f''(x).$$

Die zweite Ableitung ist wieder eine Funktion von x. Ihre Ableitung ergibt die dritte Ableitung $\mathrm{d}(y'')/\mathrm{d}x$, für die man $y''' = \mathrm{d}^3y/\mathrm{d}x^3 = f'''(x)$ schreibt.

Bei n-maliger Wiederholung ergibt sich der n-te Differentialquotient oder die n-te Ableitung

$$\mathrm{d}^{(n)}y/\mathrm{d}x^n = y^{(n)} = f^{(n)}(x).$$

Die in diesen höheren Ableitungen auftretenden Differentiale $\mathrm{d}^2y, \mathrm{d}^3y, \ldots, \mathrm{d}^{(n)}y$ bezeichnet man als Differentiale zweiter, dritter, ..., n-ter Ordnung. Für die Berechnung einer höheren Ableitung gelten dieselben Regeln wie bei der ersten Ableitung.

Geometrisch bedeutet $y' = \tan\alpha$ die Steigung der Kurve $y = f(x)$. Ist y' als Funktion von x aufgetragen, so kann leicht (Bild 43) im Punkt P_1 der Kurve $y = f(x)$ die Tangente gezogen werden.

Man bezeichnet die Kurve $y'(x)$ als Differentialkurve. Trägt man die Steigung dieser ersten Differentialkurve, d. h. $\mathrm{d}(y')/\mathrm{d}x = y''$ als Funktion von x auf, so erhält man die zweite Differentialkurve und durch Wiederholen die n-te Differentialkurve $y^{(n)} = f^{(n)}(x)$.

Beispiele: 1. Ist t die Zeit, v_0 die Anfangsgeschwindigkeit und g die konstante Beschleunigung, so ist der Weg der gleichmäßig beschleunigten Bewegung (S. 238) $s = v_0t + {}^1/_2gt^2$. Die Ableitung des Weges nach der Zeit gibt die Geschwindigkeit $v = \mathrm{d}s/\mathrm{d}t = v_0 + gt$, die Ableitung der Geschwindigkeit nach der Zeit die Beschleunigung $b = \mathrm{d}v/\mathrm{d}t = \mathrm{d}^2s/\mathrm{d}t^2 = g$. Es ist $v = f(t)$ die Differentialkurve zu $s = f(t)$; $b = f(t)$ ist die Differentialkurve zu $v = f(t)$, also die zweite Differentialkurve zu $s = f(t)$ (Bild 44).

2. $y = \sin x$ hat die Ableitungen

$$y' = \mathrm{d}y/\mathrm{d}x = \cos x,\quad y'' = \mathrm{d}(y')/\mathrm{d}x = -\sin x,\quad y''' = \mathrm{d}(y'')/\mathrm{d}x = -\cos x.$$

Die Differentialkurven $y', y'', y''', \ldots$ der Funktion $y = \sin x$ sind Sinuslinien, gegen y um $\pi/2$ bzw. π bzw. $3\pi/2$ usw. nach links verschoben (Bild 45), so daß $y^{(4)} = \sin x$.

Ist das Gesetz der Kurve durch ihre Gleichung $y = f(x)$ gegeben, so kann die Differentialkurve rechnerisch aus $y' = f'(x)$ bestimmt werden. Ist aber, wie in vielen technischen Beispielen (zeitlicher Verlauf eines Weges, einer Geschwindigkeit, eines Kraftflusses u. a. m.), das Gesetz nur zeichnerisch gegeben, so muß man zeichnerisch oder instrumentell differentiieren (S. 199).

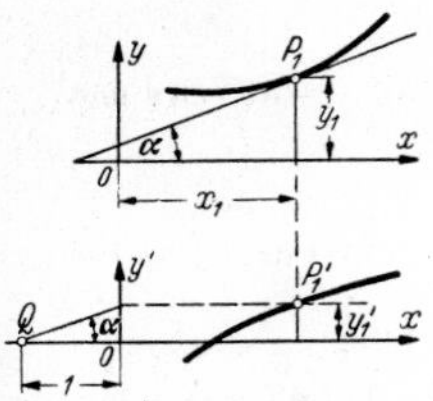

Bild 43
Erste Differentialkurve

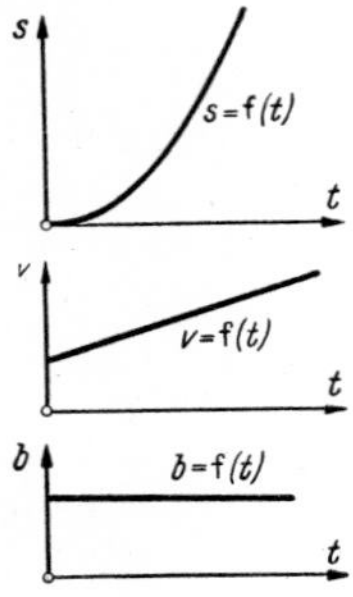

Bild 44

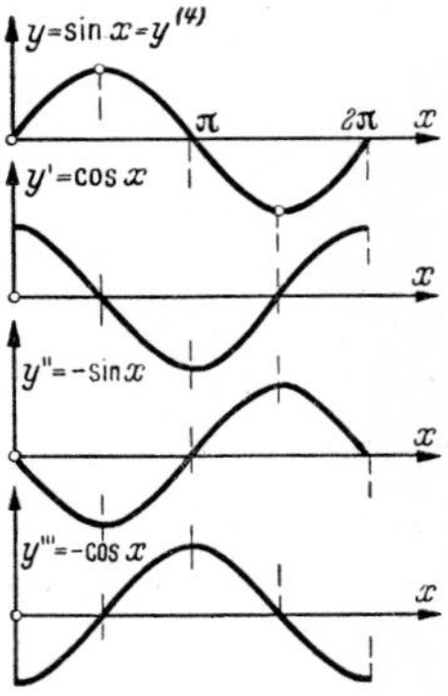

Bild 45

7. Maxima und Minima

Ein (relatives) Maximum bzw. Minimum einer Funktion oder ein Gipfel- bzw. Talpunkt der sie darstellenden Kurve (G bzw. T in Bild 46) liegt vor, wenn der betreffende Funktionswert oder die entsprechende Ordinate größer bzw. kleiner als die benachbarten ist. Es müssen somit diese Kurvenpunkte zur x-Achse parallele Tangenten haben, d. h. es muß $y'(x) = 0$ werden. In der Nähe des Gipfelpunktes G geht die Ableitung und damit die Differentialkurve $y'(x)$ fallend, in der Nähe des

Talpunktes T steigend durch Null. Wenn aber $y'(x)$ fällt bzw. steigt, muß die Steigung von y', d. h. $y''(x)$ kleiner bzw. größer als Null sein:

Ein $\begin{matrix}\text{Maximum}\\ \text{Minimum}\end{matrix}$ liegt vor, wenn $y' = 0$ und $\begin{matrix} y'' < 0. \\ y'' > 0. \end{matrix}$

Vgl. auch Bild 45 mit den höheren Ableitungen von $y = \sin x$.

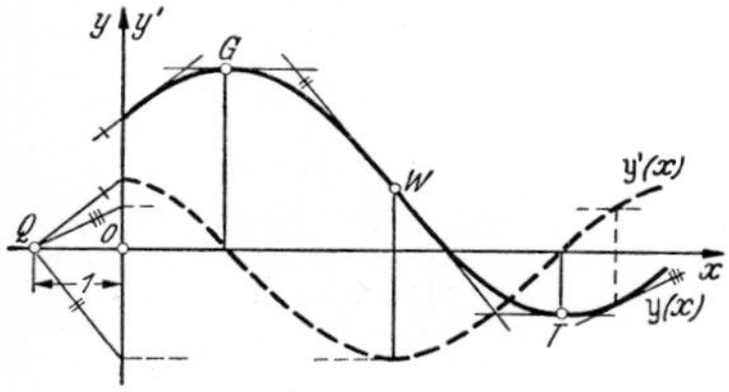

Bild 46. Maximum, Minimum, Wendepunkt

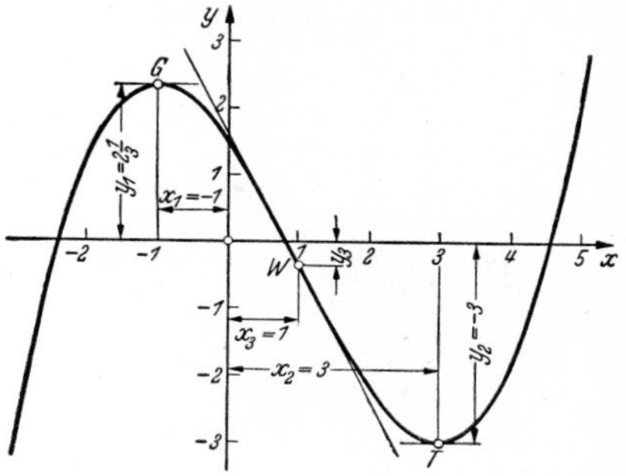

Bild 47

Man bildet also $y'(x)$, $y''(x)$, berechnet aus der Gleichung $y'(x) = 0$ die entsprechenden x-Werte und stellt fest, ob für diese x-Werte $y''(x)$ größer oder kleiner als Null ist. Danach berechnet man die zugehörigen gesuchten Funktionswerte $y(x)$.

Im Wendepunkt W, Bild 46, muß die Steigung ein Maximum bzw. Minimum haben, d. h. es muß $y''(x) = 0$ sein (vgl. S. 122).

Beispiele: 1. Die Maxima und Minima der Funktion $y = {}^1/_6(x^3 - 3x^2 - 9x + 9)$ (Bild 47) sind zu bestimmen. Aus $y' = {}^1/_2 \cdot x^2 - x - 1{,}5 = 0$ folgt $x = 1 \pm 2$, also $x_1 = -1$, $x_2 = 3$. Durch die zweite Ableitung $y'' = x - 1$ ergibt sich

$$\text{für } x_1 = -1 \text{ ein Maximum, da } y''(x_1) = y''(-1) = -2 < 0,$$
$$\text{für } x_2 = 3 \text{ ein Minimum, da } y''(x_2) = y''(3) = 2 > 0.$$

Die zugehörigen Funktionswerte sind somit $y_1 = 2^1/_3$ und $y_2 = -3$. Das Aufzeichnen der Kurve läßt erkennen, daß größere und kleinere Funktionswerte auftreten können als im Maximum bzw. Minimum; sie erfüllen aber nicht die Maximum- oder Minimum-Bedingung, größer bzw. kleiner als *benachbarte* Funktionswerte zu sein. Wendepunkt vgl. S. 122, Beispiel 2.

2. Aus einem quadratischen Blech soll ein oben offener Kasten größten Rauminhalts mit quadratischer Grundfläche hergestellt werden. Wie groß sind seine Höhe und sein Rauminhalt?

Durch Wegschneiden der Ecken (Bild 48) folgt für den Rauminhalt $V = (a - x)^2 \cdot x/2$. Mit $2 \cdot V'(x) = (a - x)^2 - 2x(a - x) = (a - x)(a - 3x) = 0$ hat man $a - 3x = 0$ oder $x_1 = a/3$ und $a - x = 0$ oder $x_2 = a$. Da $V''(x) = -2a + 3x$ und damit $V''(x_1) = -a < 0$, $V''(x_2) = a > 0$, hat der Rauminhalt für die Höhe $x_1/2 = a/6$ ein Maximum von der Größe $V_{\max} = 2a^3/27$.

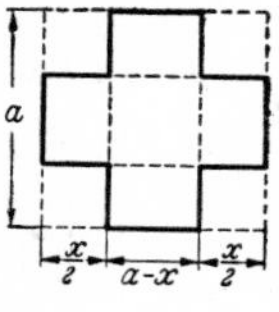

Bild 48

Sind in einem Punkt sowohl y' als auch y'' gleich Null, so liegt ein Wendepunkt vor, wenn die erste der weiteren Ableitungen, welche nicht verschwindet, ungerader Ordnung ist. Ist diese gerader Ordnung, so liegt ein Maximum (Minimum) vor, wenn diese negativ (positiv) ist. So hat die Kurve $y = x^5$ für $x = 0$ einen Wendepunkt und die Kurve $y = x^6$ dort ein Minimum.

B. Integralrechnung

1. Unbestimmtes und bestimmtes Integral. Flächeninhalt

a) Das **unbestimmte Integral.** In der Differentialrechnung wird zu einer gegebenen Funktion $y = \mathrm{J}(x)$ die Ableitung $\mathrm{J}'(x) = \mathrm{f}(x)$ gesucht; in der Integralrechnung soll umgekehrt eine Funktion ermittelt werden, deren Ableitung gegeben ist; diese Ableitung sei gleich $\mathrm{f}(x)$. Zunächst ist $\mathrm{J}(x)$ eine gesuchte Funktion, weil $\mathrm{J}'(x) = \mathrm{f}(x)$ ist. Weitere Funktionen, deren Ableitungen gleich der gegebenen

Funktion $f(x)$ sind, findet man durch Hinzufügen einer willkürlichen Konstanten C zu $J(x)$. Denn die Ableitung von $J(x) + C$ ist gleich $J'(x) = f(x)$, da die Ableitung einer Konstanten gleich Null ist.

Die gesuchten Funktionen unterscheiden sich nur um konstante Zahlen und werden nach *Leibniz* mit

$$\int f(x)\,dx = J(x) + C$$

bezeichnet. Die vorstehende Gleichung bedeutet dasselbe wie

$$\frac{d}{dx}\int f(x)\,dx = f(x) \quad \text{oder} \quad d\int f(x)\,dx = f(x)\,dx;$$

Differentiieren und Integrieren sind inverse Operationen.

$\int f(x)\,dx$ heißt das unbestimmte Integral von $f(x)$; C wird Integrationskonstante genannt.

Beispiele: 1. Ein Körper habe die konstante Geschwindigkeit v m/sec; wie groß ist der nach t sec zurückgelegte Weg s in m? Die Geschwindigkeit wurde als Ableitung des Weges nach der Zeit definiert, s ist daher so zu bestimmen, daß $ds/dt = v$ wird. Durch Probieren findet man $s = vt$, denn es ist tatsächlich $ds/dt = v$. Daher ist $s = \int v\,dt = vt + s_0$, wenn man die Integrationskonstante mit s_0 bezeichnet; s_0 ist der zur Zeit $t = 0$ zurückgelegte Weg.

2. Da die Ableitung von $\sin x$ gleich $\cos x$ ist, wird $\int \cos x\,dx = \sin x + C$.

3. Aus $y = \frac{x^{n+1}}{n+1}$ folgt $dy = x^n\,dx$ und daher $y = \int x^n\,dx = \frac{x^{n+1}}{n+1} + C$. Hierbei muß n verschieden von -1 sein, weil $y = \frac{x^{n+1}}{n+1} = \frac{x^0}{0} = \infty$ keinen Sinn hat. Aber auch das Integral von $1/x$ kann durch Umkehren einer Differentialformel gewonnen werden. Aus $y = \ln x$ folgt $dy = dx/x$, und daher $y = \int dx/x = \ln x + C$.

b) Das bestimmte Integral. Flächeninhalt. In Bild 49 wird die mit $F(x)$ bezeichnete Fläche von der Kurve $y = f(x)$, der x-Achse und den beiden Ordinaten $f(a)$ und $f(x)$ begrenzt. Wächst x um h, so wächst der Flächeninhalt um die über h liegende Fläche $F(x + h) - F(x)$; wie Bild 49 erkennen läßt, liegt dieser Flächenzuwachs zwischen dem Inhalt des kleineren Rechteckes von der Breite h und der Höhe $f(x)$ und dem Inhalt des größeren Rechteckes, das die Breite h und die Höhe $f(x + h)$ hat. Es ist daher

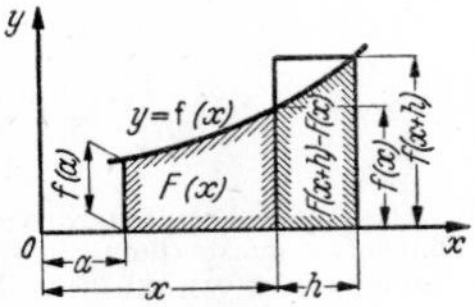

Bild 49

$$f(x)h < F(x + h) - F(x) < f(x + h)h.$$

Die Division durch h ergibt

$$f(x) < \frac{F(x+h) - F(x)}{h} < f(x + h).$$

Geht h gegen Null, so unterscheidet sich $f(x)$ immer weniger von $f(x + h)$. Für den dazwischenliegenden Wert wird für $h \to 0$ nach S. 76

$$\lim_{n \to 0} \frac{F(x+h) - F(x)}{h} = F'(x),$$

folglich muß $F'(x) = f(x)$ sein, oder nach der Erklärung des unbestimmten Integrals unter a)

$$F(x) = \int f(x)\,dx = J(x) + C.$$

Die Integrationskonstante C ergibt sich aus der Bedingung, daß für $x = a$ der Wert des Flächeninhalts verschwindet; es ist daher

$$F(a) = J(a) + C = 0, \qquad J(a) = -C$$

und

$$F(x) = J(x) - J(a).$$

Um anzudeuten, daß der Flächeninhalt zwischen den Abszissen a und x genommen werden soll, schreibt man diese Werte an das Integralzeichen:

$$F(x) = \int_a^x f(x)\,dx = J(x)\Big|_a^x = J(x) - J(a);$$

a wird die untere, x die obere Grenze des Integrals genannt.

Wählt man für x einen festen Wert b, so hat der Flächeninhalt einen ganz bestimmten Wert A (Bild 50). Durch Einsetzen von $x = b$ in die letzte Gleichung wird

$$A = \int_a^b \mathrm{f}(x)\,\mathrm{d}x = \mathrm{J}(x)\Big|_a^b = J(b) - J(a).$$

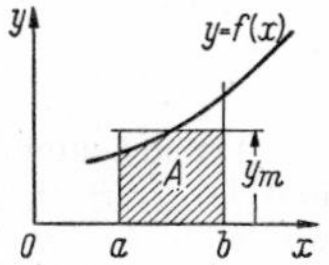

Bild 50

$\int_a^b \mathrm{f}(x)\,\mathrm{d}x$ heißt das *bestimmte Integral* von $\mathrm{f}(x)\,\mathrm{d}x$ und wird nach vorstehendem dadurch erhalten, daß man das Integral $\mathrm{J}(x)$ bildet und den Funktionswert $J(b)$ für die obere Grenze vermindert um den Funktionswert $J(a)$ für die untere Grenze. $y_m = A/(b-a)$ heißt *mittlere Höhe.*

Wächst $\mathrm{f}(x)$ nicht beständig mit x, wie in Bild 49 angenommen, so kann der Beweis ähnlich wie oben geführt werden.

Die in Bild 49 über h liegende schraffierte Fläche kann als Flächenzuwachs mit ΔF bezeichnet werden. Aus $\mathrm{d}F/\mathrm{d}x = \mathrm{f}(x)$ folgt $\mathrm{d}F = \mathrm{f}(x)\,\mathrm{d}x$. Mit $h = \mathrm{d}x$ (S. 76) ist daher das kleinere Rechteck des Bildes 49 gleich dem Differential $\mathrm{d}F$ der Fläche.

Beispiele: 1. Es soll die Fläche ermittelt werden, die von der Kurve $y = x^2/2$, der x-Achse und den zu $x = 1$ und $x = 3$ gehörenden Ordinaten begrenzt wird (Bild 51).

Es ist $$A = \frac{1}{2}\int_1^3 x^2\,\mathrm{d}x = \frac{1}{2}\left[\frac{x^3}{3}\right]_1^3 = \frac{1}{6}(27-1) = \frac{13}{3}.$$

2. Es ist die *Arbeit bei isothermischer Zustandsänderung* von v_0 auf v_1 zu bestimmen. Ist p_0, v_0 (Bild 52) der Anfangszustand eines Gases, so gilt bei konstanter Temperatur

$$pv = p_0 v_0.$$

Bezeichnet man die Kolbenfläche mit A, die auf den Kolben wirkende Kraft mit F und den Weg mit s, so ist $F = Ap$ und $v = As$, mithin das Differential der Arbeit $\mathrm{d}W = F\,\mathrm{d}s = Ap\,\mathrm{d}v/A = p\,\mathrm{d}v$; hieraus ergibt sich $W = \int p\,\mathrm{d}v$. Mit $p = p_0v_0/v$ wird $W = p_0v_0\int \mathrm{d}v/v = p_0v_0 \ln v\Big|_{v_0}^{v_1}$ (S. 86), oder $W = p_0v_0(\ln v_1 - \ln v_0) = p_0v_0\ln(v_1/v_0)$.

Im techn. Maßsystem:

Für $p_0 = 8\ \text{at} = 80000\ \text{kp/m}^2$
$v_0 = 1\ \text{m}^3$ $v_1 = 3\ \text{m}^3$ wird
$W = 80000 \cdot 1 \cdot \ln 3 = 80000 \cdot 1{,}0986$
$= 87888\ \text{kpm}$

Im MKS-System:

$p_0\ [= 8\ \text{at} = 80000 \cdot 9{,}81] = 784800\ \text{N/m}^2$
$v_0 = 1\ \text{m}^3$ $v_1 = 3\ \text{m}^3$ wird
$W = 784800 \cdot 1 \cdot \ln 3 = 784000 \cdot 1{,}0986$
$= 862181\ \text{Nm}.$

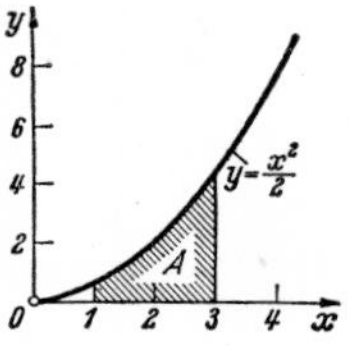

Bild 51

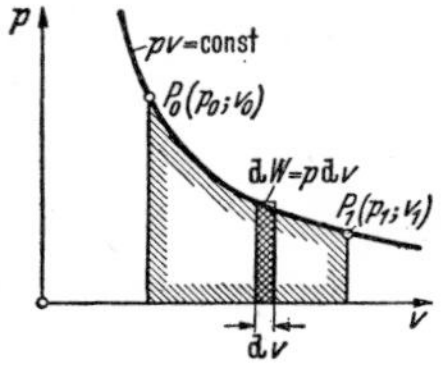

Bild 52

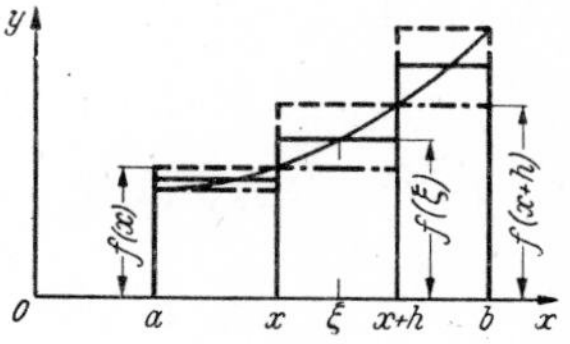

Bild 53

Flächen, die *unterhalb* der x-Achse liegen und für welche die Anfangsordinate links und die Endordinate rechts liegt, erhalten das negative Vorzeichen. Will man den *absoluten* Flächeninhalt haben, so ist besonders darauf zu achten: Jeder ober- oder unterhalb der x-Achse befindliche Flächenteil muß für sich integriert werden.

c) Das **bestimmte Integral als Grenzwert einer Summe.** Nach S. 84 kann der Flächeninhalt A oder das Integral $\int_a^b \mathrm{f}(x)\,\mathrm{d}x$ als Grenzwert der Summen $U = \sum \mathrm{f}(x)h$ und $O = \sum \mathrm{f}(x+h)h$ aufgefaßt werden (Bild 53). Wählt man in jedem Teilintervall einen Wert ξ zwischen x und $x+h$, so ist $f(x) < f(\xi) < f(x+h)$ und daher auch $U < \sum f(\xi)h < O$. Daher muß $M = \sum f(\xi)h$ mit wachsender Unterteilung gegen $\int_a^b f(x)\,dx$ gehen, wenn die Breiten aller Teilintervalle kleiner und kleiner werden; es ist

$$\lim_{h\to 0} \sum f(\xi)h = \int_a^b f(x)\,dx\,^* \qquad x < \xi < (x+h).$$

d) Flächeninhalt bei Parameterdarstellung. Wenn die Kurve durch $x = x(t)$ und $y = y(t)$ (S. 79) gegeben ist, kann $dA = y\,dx$ mit $dx = \dot{x}(t)\,dt$ geschrieben werden $dA = y\dot{x}(t)\,dt$, so daß $A = \int y(t)\,\dot{x}(t)\,dt$.

Beispiel: Für den Flächeninhalt A der Ellipse $x = a\cos t$, $y = b\sin t$ folgt mit den Grenzen $t_1 = \pi$, $t_2 = 0$, da $\dot{x} = -a\sin t$, $dA = -ab\sin^2 t\,dt$, oder, da die Fläche der ganzen Ellipse gleich der doppelten Fläche der halben Ellipse ist,

$$A = -2ab\int_\pi^0 \sin^2 t\,dt = -2ab\left[{}^1\!/_2\, t - {}^1\!/_4 \sin 2t\right]_\pi^0 = ab\pi \qquad \text{(vgl. S. 90, Formel 5).}$$

e) Flächeninhalt bei Polarkoordinaten. Ähnlich wie bei rechtwinkligen Koordinaten kann nachgewiesen werden, daß das Differential der Fläche durch den in Bild 54 schraffierten Kreisausschnitt dargestellt werden kann; demnach ist

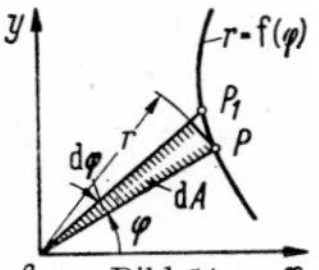

Bild 54

$$dA = {}^1\!/_2\, r^2\,d\varphi \quad \text{und} \quad A = {}^1\!/_2 \int_\varphi^{\varphi_1} r^2\,d\varphi.$$

Beispiel: Welchen Flächeninhalt beschreibt der Leitstrahl der Archimedischen Spirale? Es ist $r = a\varphi$, $r^2 = a^2\varphi^2$, so daß

$$A = {}^1\!/_2 \int_0^\varphi a^2\varphi^2\,d\varphi = {}^1\!/_2 a^2 \left.\frac{\varphi^3}{3}\right|_0^\varphi = a^2\varphi^3/6 = r^2\varphi/6 = r^3/6a \quad \text{wird.}$$

2. Grundintegrale

Diese Integrale können durch „Umkehren" (S. 83) aus den Differentialformeln S. 77/78 gewonnen werden (vgl. A, 3).

1. $\int x^n\,dx = \dfrac{x^{n+1}}{n+1} + C;\ n \neq -1$ (vgl. 2.).
2. $\int \dfrac{dx}{x} = \ln x + C = \ln cx$.
3. $\int e^x\,dx = e^x + C$.
4. $\int a^x\,dx = \dfrac{a^x}{\ln a} + C$.
5. $\int \sin x\,dx = -\cos x + C$.
6. $\int \cos x\,dx = \sin x + C$.
7. $\int \dfrac{dx}{\sin^2 x} = -\cot x + C$.
8. $\int \dfrac{dx}{\cos^2 x} = \tan x + C$.
9. $\int \dfrac{dx}{\sqrt{1-x^2}} = \arcsin x + C = -\arccos x + C_1$.
10. $\int \dfrac{dx}{1+x^2} = \arctan x + C = -\operatorname{arccot} x + C_1$.

3. Allgemeine Regeln

a) Integration einer Funktion mit konstantem Faktor. Bedeutet c eine Konstante, so folgt durch Umkehr der Regel für die Ableitung einer Funktion mit konstantem Faktor (S. 78), daß

$$\int c\,f(x)\,dx = c\int f(x)\,dx.$$

Man kann also einen konstanten Faktor vor das Integralzeichen setzen.

* Voraussetzung bei dieser Entwicklung ist, daß die Summen U und O für $h \to 0$ den gleichen Grenzwert haben.

b) Integration einer Summe oder Differenz. Durch Umkehren der Regel für das Differentiieren einer Summe oder Differenz zweier Funktionen (S. 78) folgt

$$\int [\mathrm{u}(x) \pm \mathrm{v}(x)]\,\mathrm{d}x = \int \mathrm{u}(x)\,\mathrm{d}x \pm \int \mathrm{v}(x)\,\mathrm{d}x.$$

Das Integral einer Summe oder Differenz von Funktionen ist gleich der Summe oder Differenz der Integrale der einzelnen Funktionen.

Beispiel: Eine Fläche ist durch die Kurve $y = 4x^3 + 9x^2 - 8x - 5$ begrenzt; wie groß ist ihr Flächeninhalt zwischen $x_1 = 0$ und $x_2 = 3$? Aus $A = \int y\,\mathrm{d}x$ erhält man

$$A = \int_0^3 (4x^3 + 9x^2 - 8x - 5)\,\mathrm{d}x = \int_0^3 4x^3\,\mathrm{d}x + \int_0^3 9x^2\,\mathrm{d}x - \int_0^3 8x\,\mathrm{d}x - \int_0^3 5\,\mathrm{d}x,$$

$$A = \left[4\cdot\frac{x^4}{4} + 9\cdot\frac{x^3}{3} - 8\cdot\frac{x^2}{2} - 5\cdot x\right]_0^3 = 3^4 + 3\cdot 3^3 - 4\cdot 3^2 - 5\cdot 3 = 111.$$

c) Partielle Integration (*Teilintegration*). Aus $\mathrm{d}(uv) = u\,\mathrm{d}v + v\,\mathrm{d}u$ erhält man durch Integration

$$\int \mathrm{d}(uv) = uv = \int u\,\mathrm{d}v + \int v\,\mathrm{d}u,$$

so daß

$$\int u\,\mathrm{d}v = uv - \int v\,\mathrm{d}u$$

wird.

Beispiele: 1. Für $u = \ln x$, $\mathrm{d}v = \mathrm{d}x$ wird $\mathrm{d}u = \frac{1}{x}\mathrm{d}x$, $v = x$, und daher

$$\int \ln x\,\mathrm{d}x = \ln x\cdot x - \int x\frac{1}{x}\,\mathrm{d}x = x\ln x - x + C = x(\ln x - 1) + C.$$

2. Für $u = \sin^{n-1}x$, $\mathrm{d}v = \sin x\,\mathrm{d}x$ wird $\mathrm{d}u = (n-1)\sin^{n-2}x\cos x\,\mathrm{d}x$, $v = -\cos x$ und

$$\int \sin^n x\,\mathrm{d}x = -\sin^{n-1}x\cos x - \int(-\cos x)(n-1)\sin^{n-2}x\cos x\,\mathrm{d}x$$

$$= -\sin^{n-1}x\cos x + (n-1)\int \sin^{n-2}x(1 - \sin^2 x)\,\mathrm{d}x$$

$$= -\sin^{n-1}x\cos x + (n-1)\int \sin^{n-2}x\,\mathrm{d}x - (n-1)\int \sin^n x\,\mathrm{d}x,$$

$$n\int \sin^n x\,\mathrm{d}x = -\sin^{n-1}x\cos x + (n-1)\int \sin^{n-2}x\,\mathrm{d}x$$

oder

$$\int \sin^n x\,\mathrm{d}x = -\frac{\cos x\sin^{n-1}x}{n} + \frac{n-1}{n}\int \sin^{n-2}x\,\mathrm{d}x.$$

Das Integral $\int \sin^n x\,\mathrm{d}x$ kann also nicht sofort gelöst werden, doch wird durch wiederholtes Anwenden der „Rekursionsformel" der Potenzgrad des sinus immer um 2 erniedrigt, bis schließlich $\int \sin^0 x\,\mathrm{d}x = \int \mathrm{d}x = x + C$ oder $\int \sin x\,\mathrm{d}x = -\cos x + C$ erhalten wird.

d) Einführen einer neuen Veränderlichen. Oft gelingt es, das gesuchte Integral durch Einführen (*Substitution*) einer neuen Veränderlichen auf ein Grundintegral (S. 86) zurückzuführen.

Beispiele: 1. $J = \int \frac{x\,\mathrm{d}x}{1 - x^2}$; setzt man $z = 1 - x^2$, so wird $\mathrm{d}z = -2x\,\mathrm{d}x$, $x\,\mathrm{d}x = -\frac{1}{2}\mathrm{d}z$

und damit $J = \int -\frac{\mathrm{d}z}{2z} = -\frac{1}{2}\int\frac{\mathrm{d}z}{z} = -\frac{1}{2}\ln z = -\frac{1}{2}\ln(1 - x^2) + C = -\ln\sqrt{1 - x^2} + C.$

2. $\int \mathrm{e}^{mx}\,\mathrm{d}x = \int \mathrm{e}^z\frac{\mathrm{d}z}{m} = \frac{1}{m}\mathrm{e}^z\,\mathrm{d}z = \frac{1}{m}\mathrm{e}^z = \frac{1}{m}\mathrm{e}^{mx} + C.$

e) Integration durch Partialbruchzerlegung. Gebrochene rationale Funktionen lassen sich durch Partialbruchzerlegung (S. 63/64) integrieren.

Beispiele: 1. Nach Seite 63 ist $y = \frac{26 + 3x}{x^2 + x - 12} = \frac{5}{x - 3} - \frac{2}{x + 4}$, also

$$\int y\,\mathrm{d}x = 5\int\frac{\mathrm{d}x}{x - 3} - 2\int\frac{\mathrm{d}x}{x + 4} = 5\ln(x - 3) - 2\ln(x + 4).$$

2. $y = \frac{mx + n}{x^2 + 2ax + b^2}$. Nach S. 63 folgt

a) Für $a^2 - b^2 > 0$: $\int y\,\mathrm{d}x = A\int\frac{\mathrm{d}x}{x - \alpha} + B\int\frac{\mathrm{d}x}{x - \beta} = A\ln(x - \alpha) + B\ln(x - \beta);$

Bedeutung von A, B, α, β vgl. S. 63.

b) Für $a^2 - b^2 = 0$: $\int y\,dx = A \int \left(\frac{1}{x+a}\right)^2 dx + B \int \frac{dx}{x+a} = -\frac{A}{x+a} + B \ln(x+a)$;

Bedeutung von A, B vgl. S. 63.

c) Für $a^2 - b^2 < 0$ schreibt man $y = \frac{mx+n}{(x+a)^2 + (b^2 - a^2)} = \frac{mz + (n - am)}{z^2 + c^2}$ mit $x + a = z$ und $b^2 - a^2 = c^2$, also wird

$\int y\,dx = m \int \frac{z\,dz}{z^2+c^2} + (n - am) \int \frac{dz}{z^2+c^2}$. Das erste Integral führt mit $z^2 + c^2 = u$ auf $\frac{1}{2}\int \frac{du}{u}$, das zweite mit $\frac{z}{c} = v$ auf $\frac{1}{c}\int \frac{dv}{(1+v^2)}$, d. h.

$$\int y\,dx = \frac{m}{2} \ln(z^2 + c^2) + \frac{n - am}{c} \arctan\frac{z}{c}$$

$$= \frac{m}{2} \ln(x^2 + 2ax + b^2) + \frac{n - am}{\sqrt{b^2 - a^2}} \arctan\frac{x+a}{\sqrt{b^2 - a^2}}.$$

f) Integration durch Reihenentwicklung. Bei nicht geschlossen lösbaren Integralen läßt sich (S. 59) der Integrand in eine Reihe entwickeln und dann gliedweise integrieren. Hierdurch können auch neue Funktionen gewonnen werden (S. 75, e u. S. 95). Beisp. vgl. S. 59, d.

g) Differentiation eines Integrals. Das Integral $\int_a^b f(x, t)\,dt$ ist eine Funktion von x, da nach ausgeführter Integration die Integrationsveränderliche t durch die Grenzen ersetzt wird. Hierbei können auch die Grenzen a und b Funktionen von x sein, wie z. B. bei $\int_0^x f(t)\,dt$. — Für die Ableitungen eines Integrals ergeben sich folgende wichtige Fälle:

1. $\frac{d}{dx}\int_a^b f(x,t)\,dt = \int_a^b \frac{\partial}{\partial x}[f(x,t)]\,dt$, d. h. bei *festen* Grenzen kann unter dem Integralzeichen differentiiert werden. So ist z. B. $\frac{d}{d\lambda}\int_a^b \sin \lambda t\,dt = \int_a^b t \cos \lambda t\,dt$.

2. $\frac{d}{dx}\int_0^x f(t)\,dt = f(x)$.

3. $\frac{d}{dx}\int_a^x f(x,t)\,dt = \int_a^x \frac{\partial}{\partial x}[f(x,t)]\,dt + f(x,x)$,

bzw. $\frac{d}{dx}\int_x^b f(x,t)\,dt = \int_x^b \frac{\partial}{\partial x}[f(x,t)]\,dt - f(x,x)$,

d. h. die *Ableitung des Integrals nach der oberen* (unteren) *Grenze* ist gleich dem Integral der Ableitung des Integranden, vermehrt (vermindert) um den Funktionswert des Integranden für die obere (untere) Grenze. (Anwendung vgl. Abschn. B 6 über uneigentliche Integrale, S. 94, ferner Beispiel 3, S. 95).

Beispiel: $\frac{d}{dx}\int_a^x \sin(x+t)\,dt = \int_a^x \cos(x+t)\,dt + \sin(x+x) = \sin(x+t)\Big|_a^x + \sin 2x =$

$= 2 \sin 2x - \sin(x+a)$.

Sind die Grenzen Funktionen von x, so wird

$$\frac{d}{dx}\int_a^b f(x,t)\,dt = \int_a^b \frac{\partial}{\partial x}[f(x,t)]\,dt + f(x,b)\frac{db}{dx} - f(x,a)\frac{da}{dx}.$$

4. Integralformeln

Literatur: Meyer zur Capellen, W.: Integraltafeln. Berlin: Springer 1950.

a) Rationale Funktionen

1. $\int (a+bx)^n \, dx = \frac{1}{(n+1)b}(a+bx)^{n+1} + C, \qquad n \neq -1$ (vgl. 2.).

2. $\int \frac{dx}{a+bx} = \frac{1}{b} \ln|a+bx| + C = \frac{1}{b} \ln|c(a+bx)|.$

3. $\int \frac{dx}{x^2} = -\frac{1}{x} + C.$ 4. $\int \frac{dx}{(a+bx)^2} = -\frac{1}{b(a+bx)} + C.$

5. $\int \frac{dx}{a+bx^2} = \frac{1}{\sqrt{ab}} \arctan\left(x\sqrt{\frac{b}{a}}\right) + C$

6. $\int \frac{dx}{a-bx^2} = \frac{1}{2\sqrt{ab}} \ln\left|\frac{\sqrt{ab}+bx}{\sqrt{ab}-bx}\right| + C = \frac{1}{\sqrt{ab}} \operatorname{artanh}\left(x\sqrt{\frac{b}{a}}\right) + C$

(5. und 6.) für $ab > 0$.

7. $\int \frac{dx}{a+2bx+cx^2} = \frac{1}{\sqrt{ac-b^2}} \arctan\frac{b+cx}{\sqrt{ac-b^2}} + C, \quad$ wenn $ac > b^2$,

$$= \frac{1}{2\sqrt{b^2-ac}} \ln\left|\frac{\sqrt{b^2-ac}-b-cx}{\sqrt{b^2-ac}+b+cx}\right| + C, \quad \text{wenn } b^2 > ac$$

$$= -\frac{1}{b+cx} + C, \quad \text{wenn } b^2 = ac.$$

b) Algebraisch irrationale Funktionen.

1. $\int R\left(x, \sqrt[n]{a+bx}\right) dx$, worin R = rationale Funktion, führt mit $a + bx = v^n$ auf das Integral rationaler Funktionen

$$\frac{n}{b}\int R\left(\frac{v^n-a}{b}, v\right) v^{n-1}\, dv;$$ vgl. a) 1. für gebrochene Exponenten.

2. $\int \frac{x\,dx}{\sqrt{a+bx}} = \frac{2}{b^2}\left[\frac{1}{3}\sqrt{(a+bx)^3} - a\sqrt{a+bx}\right] + C.$

3. $\int \frac{dx}{x\sqrt{a+bx}} = \frac{2}{\sqrt{-a}} \arctan\frac{v}{\sqrt{-a}} + C$ für $a < 0$,

$$= \frac{1}{\sqrt{a}} \ln\left|\frac{v-\sqrt{a}}{v+\sqrt{a}}\right| + C \quad \text{für } a > 0,$$

mit $v = \sqrt{a+bx}$.

4. $\int \frac{dx}{\sqrt{a^2-x^2}} = \arcsin(x/a) + C_1 = -\arccos(x/a) + C_2.$

5. $\int \sqrt{a^2-x^2}\, dx = {}^1/_2 x\sqrt{a^2-x^2} + {}^1/_2 a^2 \arcsin(x/a) + C.$

6. $\int \frac{dx}{\sqrt{x^2 \pm a^2}} = \ln\left(x + \sqrt{x^2 \pm a^2}\right) + C = \begin{cases} \operatorname{arsinh}(x/a) + C_1 \\ \operatorname{arcosh}(x/a) + C_2 \end{cases}$ für das $\begin{matrix}\text{obere}\\ \text{untere}\end{matrix}$ Vorzeichen.

7. $\int \sqrt{x^2 \pm a^2}\, dx = {}^1/_2 x\sqrt{x^2 \pm a^2} \pm {}^1/_2 a^2 \ln\left(x + \sqrt{x^2 \pm a^2}\right) + C;$ vgl. Nr. 6.

8. $\int R\left(x, \sqrt{\alpha + \beta x^2}\right) dx$, R = rationale Funktion, wird auf eine der folgenden Formen gebracht. Diese werden durch die angegebenen Substitutionen auf Integrale rationaler Funktionen zurückgeführt.

8a. $\int R\left(x, \sqrt{a^2 - x^2}\right) dx;$ Substitution $v = \sqrt{\frac{a-x}{a+x}}$; $x = a\,\frac{1-v^2}{1+v^2}$;

$$\sqrt{a^2 - x^2} = \frac{2av}{1+v^2}; \quad dx = -\frac{4av\,dv}{(1+v^2)^2}.$$

8b. $\int R\left(x, \sqrt{x^2 - a^2}\right) dx;$ Substitution $v = \sqrt{\frac{x-a}{x+a}}$; $x = a\,\frac{1+v^2}{1-v^2}$;

$$\sqrt{x^2 - a^2} = \frac{2av}{1-v^2}; \quad dx = \frac{4av\,dv}{(1-v^2)^2}.$$

8c. $\int R\left(x, \sqrt{x^2 + a^2}\right) dx;$ Substitution $v = x + \sqrt{x^2 + a^2}$; $x = \frac{v^2 - a^2}{2v}$;

$$\sqrt{x^2 + a^2} = \frac{v^2 + a^2}{2v}; \quad dx = \frac{v^2 + a^2}{2\,v^2}\,dv.$$

9. $\int R\left(x, \sqrt{ax^2 + 2bx + c}\right) dx$ führt mit $\Delta = ac - b^2 \neq 0$ und

$u = \frac{ax+b}{\sqrt{\pm\Delta}}\left(\begin{matrix}+\\-\end{matrix} \text{ für } \Delta \begin{matrix}>\\<\end{matrix} 0\right)$ auf eine der Formen 8,

und zwar wird die Wurzel gleich

$\sqrt{\Delta/a}\cdot\sqrt{u^2+1}$ für $a > 0$, $\Delta > 0$;

$\sqrt{-\Delta/a}\cdot\sqrt{u^2-1}$ für $a > 0$, $\Delta < 0$;

$\sqrt{\Delta/a}\cdot\sqrt{1-u^2}$ für $a < 0$, $\Delta < 0$.

9a. So wird z. B.

$\int dx/\sqrt{ax^2 + 2bx + c} = 1/\sqrt{a}\cdot\int du/\sqrt{u^2+1}$ für $a > 0$, $\Delta > 0$, (vgl. Nr. 6);

$= 1/\sqrt{a}\cdot\int du/\sqrt{u^2-1}$ für $a > 0$, $\Delta < 0$ (vgl. Nr. 6);

$= 1/\sqrt{-a}\cdot\int du/\sqrt{1-u^2}$ für $a < 0$, $\Delta < 0$ (vgl. Nr. 4).

10. $\int R\left(x, \sqrt{y}\right) dx$, worin y eine ganze rationale Funktion 3. oder 4. Grades von der Form $y = a_0 + a_1x + a_2x^2 + a_3x^3 + a_4x^4$ ist, führt durch geeignete Umformungen und Substitutionen auf *elliptische Integrale* (vgl. S. 98 u. S. 89 Lit.).

10a. $\int\limits_0^x \frac{dt}{\sqrt{(a^2-t^2)(b^2-t^2)}} = \frac{1}{b}\int\limits_0^\varphi \frac{d\psi}{\sqrt{1-k^2\sin^2\psi}} = \frac{1}{b}\,F(\alpha, \varphi);$

10b. $\int\limits_0^x \sqrt{\frac{b^2-t^2}{a^2-t^2}}\,dt = b\int\limits_0^\varphi \sqrt{1-k^2\sin^2\psi}\,d\psi = b\,E(\alpha, \varphi);$

(zu 10a und 10b:) $t = a\sin\psi$ bzw. $x = a\sin\varphi$; $\sin\alpha = k = a/b$; $a^2 < b^2$.

c) Transzendente Funktionen.

1. $\int \ln x\,dx = x(\ln x - 1) + C.$ 2. $\int e^{mx}\,dx = (1/m)e^{mx} + C.$

3. $\int \sinh x\,dx = \cosh x + C.$ 4. $\int \cosh x\,dx = \sinh x + C.$

5. $\int \sin^2 x\,dx = -{}^1/_4 \sin 2x + {}^1/_2 x + C.$

6. $\int \cos^2 x\,dx = {}^1/_4 \sin 2x + {}^1/_2 x + C.$

7. $\int \sin^n x \cos x\,dx = \frac{\sin^{n+1} x}{n+1} + C; \quad n \neq -1.$

8. $\int \sin^n x\,dx = -\frac{\cos x \sin^{n-1} x}{n} + \frac{n-1}{n}\int \sin^{n-2} x\,dx;$

9. $\int \cos^n x\,dx = \frac{\sin x \cos^{n-1} x}{n} + \frac{n-1}{n}\int \cos^{n-2} x\,dx;$

(zu 8 und 9:) n ganz und positiv.

10. $\int \sin mx\,dx = -\frac{\cos mx}{m} + C.$ 11. $\int \cos mx\,dx = \frac{\sin mx}{m} + C.$

12. $\int \sin mx \cos nx \, dx = -\dfrac{\cos(m+n)x}{2(m+n)} - \dfrac{\cos(m-n)x}{2(m-n)} + C$

13. $\int \sin mx \sin nx \, dx = \dfrac{\sin(m-n)x}{2(m-n)} - \dfrac{\sin(m+n)x}{2(m+n)} + C$ $\quad m \neq n.$

14. $\int \cos mx \cos nx \, dx = \dfrac{\sin(m-n)x}{2(m-n)} + \dfrac{\sin(m+n)x}{2(m+n)} + C$

15. $\int \tan x \, dx = -\ln \cos x + C.$ 16. $\int \cot x \, dx = \ln \sin x + C.$

17. $\int \dfrac{dx}{\sin x} = \ln \tan \dfrac{x}{2} + C.$ 18. $\int \dfrac{dx}{\cos x} = \ln \tan\left(\dfrac{\pi}{4} + \dfrac{x}{2}\right) + C.$

19. $\int \dfrac{dx}{1+\cos x} = \tan \dfrac{x}{2} + C.$ 20. $\int \dfrac{dx}{1-\cos x} = -\cot \dfrac{x}{2} + C.$

21. $\int x^n e^x \, dx = x^n e^x - n \int x^{n-1} e^x \, dx;$ n ganz und positiv.

22. $\int e^{ax} \sin bx \, dx = \dfrac{e^{ax}(a \sin bx - b \cos bx)}{a^2+b^2} + C.$

23. $\int e^{ax} \cos bx \, dx = \dfrac{e^{ax}(a \cos bx + b \sin bx)}{a^2+b^2} + C.$ Vgl. ferner S. 96.

5. Anwendungen

a) Bogenlänge. α) *Grundformel.* Um die Bogenlänge $AB = s$ der gegebenen Kurve $y = f(x)$ zu ermitteln, greift man ein Bogenelement $\widehat{PP_1} = \Delta s$ heraus, das man zunächst durch die zugehörige Sehne Δl ersetzen kann, Bild 55. Aus dem rechtwinkligen Dreieck folgt

$$\Delta l = \sqrt{\Delta x^2 + \Delta y^2} = \Delta x \sqrt{1 + (\Delta y/\Delta x)^2} \quad \text{oder}$$

$$\frac{\Delta s}{\Delta x} = \frac{\Delta s}{\Delta l}\,\frac{\Delta l}{\Delta x} = \frac{\Delta s}{\Delta l}\sqrt{1 + \left(\frac{\Delta y}{\Delta x}\right)^2}.$$

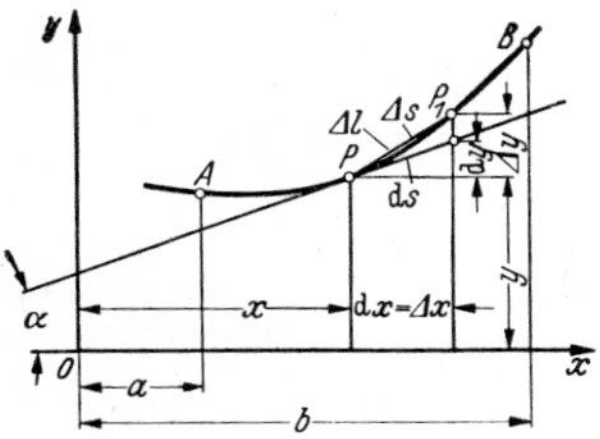

Bild 55. Bogenlänge allgemein

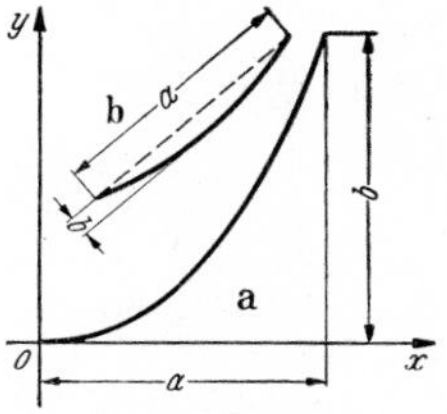

Bild 56. a Bogenlänge einer Parabel; b eines flachen Bogens

Beim Grenzübergang $\Delta x \to 0$ wird $\lim\limits_{\Delta x \to 0} \Delta s/\Delta l = 1$, $\lim\limits_{\Delta x \to 0} \Delta y/\Delta x = y'$, $\lim\limits_{\Delta x \to 0} \Delta s/\Delta x = ds/dx$, also folgt $ds/dx = \sqrt{1 + y'^2}$ oder das *Bogenelement* $ds = \sqrt{1+y'^2}\,dx$ und die *Bogenlänge* $s = \int\limits_{x_1}^{x_2} \sqrt{1+y'^2}\,dx.$

Beispiel: Gesucht die *Bogenlänge der Parabel* $y = b(x/a)^2$, Bild 56. Es ist $y' = 2bx/a^2$ und $s = \int\limits_0^a \sqrt{1 + \dfrac{4b^2x^2}{a^4}}\,dx = \dfrac{2b}{a^2}\int\limits_0^a \sqrt{\left(\dfrac{a^2}{2b}\right)^2 + x^2}\,dx.$ Dies führt nach Formel Nr. 7 in 4b, wenn dort

a durch $a^2/2b = \lambda$ ersetzt wird, auf

$$s = \frac{1}{\lambda}\left[\frac{1}{2}x\sqrt{x^2+\lambda^2} + \frac{1}{2}\lambda^2 \ln\left(x + \sqrt{x^2+\lambda^2}\right)\right]_0^a$$

$$= \frac{1}{\lambda}\left[\frac{1}{2}a\sqrt{a^2+\lambda^2} + \frac{1}{2}\lambda^2\left\{\ln\left(a+\sqrt{a^2+\lambda^2}\right) - \ln\lambda\right\}\right]$$

$$= \frac{1}{2}\sqrt{a^2+4b^2} + \frac{a^2}{4b}\ln\left(\frac{2b}{a} + \frac{1}{a}\sqrt{a^2+4b^2}\right).$$

Angenähert ist $s \approx a\,[1 + 2/3\,(b/a)^2 - 2/5\,(b/a)^4]$, wenn b/a klein ist.
Diese Formel gilt auch für einen beliebigen flachen Bogen, Bild 56b, wenn a die Sehne, b die Höhe des Bogens ist und in der Klammer a durch $a/2$ ersetzt wird.

β) *Die Parameterform* der Kurve $x = \mathrm{x}(t)$ und $y = \mathrm{y}(t)$ liefert (S. 79) $\mathrm{d}x = \dot{x}(t)\,\mathrm{d}t$ und $\mathrm{d}y = \dot{y}(t)\,\mathrm{d}t$, d. h. $\mathrm{d}s^2 = (\dot{x}^2 + \dot{y}^2)\,\mathrm{d}t^2$ oder

$$s = \int\sqrt{\dot{x}^2+\dot{y}^2}\,\mathrm{d}t.$$

Beispiel: Es ist die *Länge des Bogens der gewöhnlichen Zykloide* zu berechnen. Die Gleichung der Kurve lautet in Parameterform (S. 143):

$$x = r(\varphi - \sin\varphi); \qquad y = r(1-\cos\varphi),$$

folglich ist $\dot{x}(\varphi) = r(1-\cos\varphi)\,\mathrm{d}\varphi$; $\quad \dot{y}(\varphi) = r\sin\varphi\,\mathrm{d}\varphi$;

$$\mathrm{d}s^2 = [r^2(1-\cos\varphi)^2 + r^2\sin^2\varphi]\,\mathrm{d}\varphi^2 = 2r^2(1-\cos\varphi)\,\mathrm{d}\varphi^2 = 4r^2\sin^2\frac{\varphi}{2}\cdot\mathrm{d}\varphi^2;$$

$$s = \int\mathrm{d}s = \int 2r\sin\frac{\varphi}{2}\,\mathrm{d}\varphi = 4r\left(-\cos\frac{\varphi}{2}\right)_0^{\varphi} = 4r\left(1-\cos\frac{\varphi}{2}\right).$$

Rollt der Kreis ganz ab, d. h. wächst φ von 0 bis 2π, so wird $s = 4r(1-\cos\pi) = 8r$.

γ) *Die Polarkoordinaten* liefern unmittelbar aus Bild 89a, b (S. 121), wobei zu beachten ist, daß r eine Funktion von φ ist:

$$\mathrm{d}s^2 = (r\,\mathrm{d}\varphi)^2 + (\mathrm{d}r)^2 \quad\text{oder}\quad \mathrm{d}s = \sqrt{r^2 + (\mathrm{d}r/\mathrm{d}\varphi)^2}\,\mathrm{d}\varphi = \sqrt{r^2+r'^2}\,\mathrm{d}\varphi \quad\text{und}$$

$$s = \int\sqrt{r^2+r'^2}\,\mathrm{d}\varphi.$$

Beispiel: Aus der Gleichung der logarithmischen Spirale (S. 147) $r = a\mathrm{e}^{m\varphi}$ folgt

$$r' = \mathrm{d}r/\mathrm{d}\varphi = am\mathrm{e}^{m\varphi}, \qquad s = \int_0^{\varphi}\sqrt{a^2\mathrm{e}^{2m\varphi} + a^2m^2\mathrm{e}^{2m\varphi}}\,\mathrm{d}\varphi = \int_0^{\varphi} a\mathrm{e}^{m\varphi}\sqrt{1+m^2}\,\mathrm{d}\varphi$$

$$= \left[\frac{a\sqrt{1+m^2}}{m}\mathrm{e}^{m\varphi}\right]_0^{\varphi} = \frac{a\sqrt{1+m^2}}{m}(\mathrm{e}^{m\varphi}-1) = \frac{r-a}{m}\sqrt{1+m^2} = (r-a)\sqrt{1+\left(\frac{1}{m}\right)^2}$$

$= (r-a)/\cos\alpha$ (Bild 143, S. 147).

b) Oberfläche von Drehkörpern. Wird eine ebene Kurve $y = \mathrm{f}(x)$ von der Länge s um eine in ihrer Ebene liegende Achse, z. B. die x-Achse, gedreht, so schneiden, Bild 57, zwei Ebenen senkrecht zur Achse im Abstand Δx eine ringförmige Oberfläche aus, deren Inhalt ΔO genähert gleich dem Mantel des Kegelstumpfes von der Mantellänge Δl ist und dessen mittlerer Radius gleich $^1/_2(y + y + \Delta y) = y + {}^1/_2\Delta y$ ist.

Also wird

$$\Delta O = 2\pi(y + {}^1/_2\Delta y)\Delta l = 2\pi(y + {}^1/_2\Delta y)\,(\Delta l/\Delta s)\cdot\Delta s$$

oder $\Delta O/\Delta s = 2\pi(y + {}^1/_2\Delta y)\Delta l/\Delta s$. Für $\Delta s \to 0$ bleibt, da $\Delta l/\Delta s \to 1$ strebt [vgl. a)], $\mathrm{d}O/\mathrm{d}s = 2\pi y$ oder $O = 2\pi\int y\,\mathrm{d}s$ und bei Drehung um die y-Achse $O = 2\pi\int x\,\mathrm{d}s$ (vgl. S. 205/06).

Beispiele: 1. Oberfläche der *Kugel.* Der Kreis, Bild 58, wird um die x-Achse gedreht. Dann wird $\mathrm{d}s = r\,\mathrm{d}\varphi$, $y = r\sin\varphi$ und damit für die Kugel*kappe*

$$O = 2\pi\int y\,\mathrm{d}s = 2\pi r^2\int_0^{\varphi_0}\sin\varphi\,\mathrm{d}\varphi = 2\pi r^2(-\cos\varphi)\Big|_0^{\varphi_0} = 2\pi r(r - r\cos\varphi_0) = 2\pi r h_1,$$

wofür auch mit $2rh_1 = a^2 + h_1^2$ geschrieben werden kann: $\quad O = \pi(a^2 + h_1^2)$.

Für die Kugel*zone* als Differenz zweier Kugelkappen folgt, Bild 58, $O = 2\pi r(h_2 - h_1) = 2\pi r h$ (vgl. auch S. 204) und für die ganze *Kugel* mit $h = 2r$

$$O = 4\pi r^2.$$

2. Oberfläche des *Drehparaboloids* bei Drehung um die x-Achse. Die Gleichung der durch den Punkt mit den Koordinaten $x = a$ und $y = b$ gehenden Parabel lautet

$$y = b\sqrt{\frac{x}{a}}. \quad \text{Damit wird} \quad y' = \frac{b}{2\sqrt{ax}}$$

und

$$O = 2\pi\int y\,\mathrm{d}s = 2\pi\int y\sqrt{1 + y'^2}\,\mathrm{d}x = 2\pi\int_0^a b\sqrt{\frac{x}{a}}\sqrt{1 + \frac{b^2}{4ax}}\,\mathrm{d}x$$

$$= \pi\frac{b}{a}\int_0^a \sqrt{4ax + b^2}\,\mathrm{d}x.$$

Nach Formel Nr. 1 in 4a) (S. 89) folgt mit $n = 1/2$, und wenn dort a durch b^2 und b durch $4a$ ersetzt wird, der Wert

$$O = \frac{\pi b}{6a^2}\left[(4ax + b^2)^{3/2}\right]_0^a = \frac{\pi b}{6a^2}\left[(4a^2 + b^2)^{3/2} - b^3\right].$$

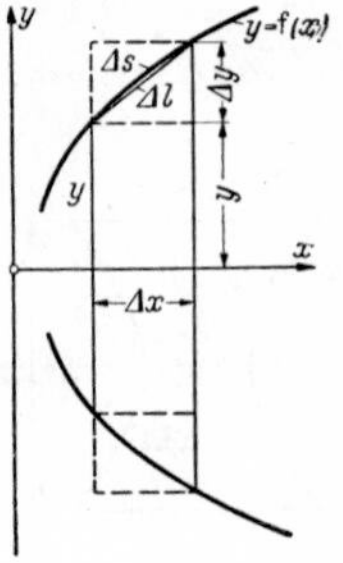

Bild 57

Ist der Parabelbogen sehr *flach*, also a/b klein, so ist

$$O \approx \pi b^2[1 + (a/b)^2 - 2/3\,(a/b)^4].$$

c) Rauminhalt von Drehkörpern. Wird das unter der Kurve $y = f(x)$ liegende Flächenstück um die x-Achse gedreht, so liegt der Raumzuwachs ΔV, Bild 57, zwischen zwei Zylindern mit der Höhe Δx und den Radien y bzw. $y + \Delta y$. Es ist also

$$\pi y^2\,\Delta x < \Delta V < \pi(y + \Delta y)^2\Delta x$$

oder

$$\pi y^2 < \Delta V/\Delta x < \pi(y + \Delta y)^2.$$

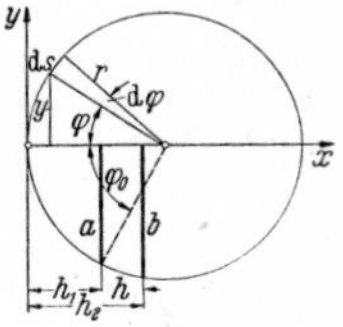

Bild 58

Beim Grenzübergang $\Delta x \to 0$ wird $\lim\limits_{\Delta x \to 0}(y + \Delta y) = y$ und

$$\lim_{\Delta x \to 0}\Delta V/\Delta x = \mathrm{d}V/\mathrm{d}x, \quad \text{d. h.} \quad \mathrm{d}V/\mathrm{d}x = \pi y^2 \quad \text{oder} \quad V = \pi\int_{x_1}^{x_2} y^2\,\mathrm{d}x.$$

Bei Drehung der *gleichen* Fläche um die y-Achse kann man sich den Körper in kleine Hohlzylinder von der Wandstärke Δx, den mittleren Radien x und den Höhen y zerlegt denken (vgl. auch S. 206). Dann gilt ähnlich

$$V = 2\pi\int_{x_2}^{x_1} xy\,\mathrm{d}x.$$

Bei Drehung der zwischen Kurve und y-Achse gelegenen Fläche folgt entsprechend

$$V = \pi\int_{y_2}^{y_1} x^2\,\mathrm{d}y; \quad \text{vgl. Beisp. 2.}$$

Beispiele: 1. *Inhalt eines Drehparaboloids.* Wird die Parabel $y = b\sqrt{x/a}$ (vgl. oben) um die x-Achse gedreht, so folgt

$$V = \pi\int_{x=0}^{x=a} y^2\,\mathrm{d}x = \pi\int_0^a \frac{b^2}{a}x\,\mathrm{d}x = \pi\frac{b^2}{a}\cdot\frac{x^2}{2}\Bigg|_0^a = \pi\frac{ab^2}{2},$$

d. h. der Rauminhalt des Drehparaboloids ist halb so groß wie der Rauminhalt des Zylinders, der durch Drehung des Rechtecks mit den Seiten a und b um die x-Achse entsteht.

2. *Inhalt eines Drehhyperboloids.* Die Hyperbel $x^2/a^2 - y^2/b^2 = 1$ wird um die y-Achse gedreht (Bild 59). Der Rauminhalt zwischen den Ebenen $y = h$ und $y = -h$ ist zu bestimmen:

$$V = \pi\int x^2\,\mathrm{d}y = \pi a^2\int_{-h}^{h}\left(1 + \frac{y^2}{b^2}\right)\mathrm{d}y = 2\pi a^2\left[y + \frac{y^3}{3b^2}\right]_0^h = 2\pi a^2 h\left(1 + \frac{h^2}{3b^2}\right).$$

Da aus der Hyperbelgleichung $\frac{y^2}{b^2} = \frac{x^2}{a^2} - 1$, also $\frac{h^2}{b^2} = \frac{r^2}{a^2} - 1$ folgt (vgl. Bild 59), wird

$$V = 2\pi a^2 h \left(1 + \frac{r^2}{3a^2} - \frac{1}{3}\right) = \frac{2\pi h}{3}(2a^2 + r^2).$$

Für $r = a$ und $b = \infty$ entartet die Hyperbel in 2 parallele Geraden, und man erhält den Rauminhalt $V = \pi a^2 \cdot 2h$ eines Zylinders von der Höhe $2h$ und dem Grundkreisradius a; für $a = 0$ entartet die Hyperbel in 2 sich schneidende Geraden, und es folgt der Rauminhalt des Doppelkegels (Bild 59 gestrichelt) zu

$$V = {}^2/_3\,\pi r^2 h.$$

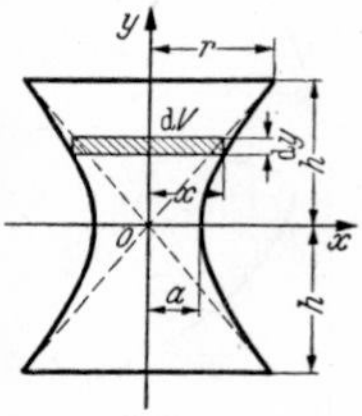

Bild 59

Oberfläche und Inhalt von Umdrehungskörpern können auch mit Hilfe der *Guldin*schen Regel (S. 205) ermittelt werden, sofern der Schwerpunkt der gedrehten Linie bzw. Fläche bekannt ist. Weitere Anwendungen des bestimmten Integrals enthält der Abschnitt Trägheits-, Widerstands- und Fliehmomente ebener Flächen (S. 364), ferner dynamische Trägheitsmomente S. 269.

d) Integralkurven. Gegeben sei die Kurve $y = f(x)$. Dann heißt das graphische Bild des Integrals, d. h. der Funktion

$$F(x) = \int f(x)\,dx,$$

die Integralkurve zu $y = f(x)$. Da bei der Integration eine willkürliche Konstante hinzugefügt werden kann, ist die Aufgabe zunächst unbestimmt. Es gibt zu $y = f(x)$ unendlich viele Integralkurven. Die Konstante kann aus den jeweiligen Anfangsbedingungen bestimmt werden, wie diese bei physikalischen oder technischen Aufgaben vorliegen.

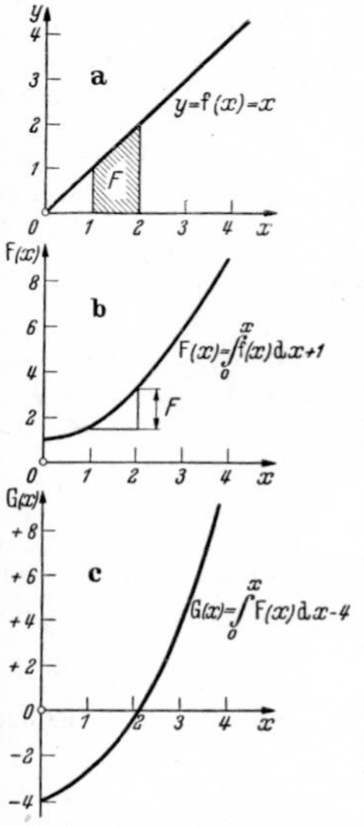

Bild 60a, b, c Integralkurven

So ist z. B. für $y = x$ (Bild 60a) $F(x) = \int x\,dx = {}^1/_2 x^2 + C$ (Bild 60b); soll $F(x)$ durch den Punkt mit den Koordinaten $x = 0$ und $F = 1$ gehen, so folgt aus $1 = 0 + C$, daß $C = 1$ sein muß, also $F(x) = {}^1/_2 x^2 + 1$ die gesuchte, die Anfangsbedingung erfüllende Lösung ist.

Gemäß der Definition des Integrals ist $F'(x) = f(x)$, d. h. die gegebene Kurve $y = f(x)$ ist die Differentialkurve von $F(x)$, vgl. S. 81/82.

Das *bestimmte* Integral $\int_a^b f(x)\,dx = F(b) - F(a)$, d. h. der Flächeninhalt unter der Kurve $y = f(x)$ in den Grenzen $x = a$ und $x = b$ ist der Unterschied der Ordinaten $F(b)$ und $F(a)$.

So ist in Bild 60b die Strecke F ein Maß für die schraffierte Fläche in Bild 60a, bei der $a = 1$ und $b = 2$ ist.

Zur Kurve $F(x)$ läßt sich nochmals die Integralkurve $G(x) = \int F(x)\,dx$, d. h. die *zweite* Integralkurve bilden.

Im obigen Beispiel, Bild 60b, war $F(x) = {}^1/_2 x^2 + 1$. Es ist also $G(x) = \int ({}^1/_2 x^2 + 1)\,dx = {}^1/_6 x^3 + x + C_1$. Soll z. B. $G = -4$ für $x = 0$ sein, so muß $C_1 = -4$ sein, d. h. es folgt $G(x) = {}^1/_6 x^3 + x - 4$, vgl. Bild 60c.

Anwendungen und Weiteres vgl. Differentialgleichungen S. 106, Dynamik S. 239, Festigkeitslehre S. 379f.

6. Eigentliche und uneigentliche bestimmte Integrale

a) Das bestimmte Integral war auf S. 84 als $\int_a^b f(x)\,dx = J(b) - J(a)$ definiert; hierbei kann auch das Intervall unterteilt werden, so daß $\int_a^b = \int_a^{a_1} + \int_{a_1}^b$ ist. Geht der Integrand in dem betrachteten Intervall ins Unendlich oder erstreckt sich eine

Integrationsgrenze ins Unendliche, so hat man kein eigentliches, sondern ein **uneigentliches Integral.** Es muß im Einzelfall untersucht werden, ob das Integral existiert oder nicht.

Strebt der Integrand für $x = b$ einem unendlich großen Wert zu, so ist das Integral $\int_a^b f(x)\,dx$ definiert durch $\lim_{\varepsilon\to 0}\int_a^{b-\varepsilon} f(x)\,dx$, sofern dieser Grenzwert existiert.

Wird das Intervall unendlich groß, so ist das Integral $\int_a^\infty f(x)\,dx$ definiert durch $\lim_{A\to\infty}\int_a^A f(x)\,dx$, sofern dieser Grenzwert existiert.

Beispiele: 1. Gesucht $\int dx/x^m$ von $x = 0$ bis $x = 1$.

Man bildet $\int_\varepsilon^1 dx/x^m = \int_\varepsilon^1 x^{-m}\,dx = (1 - \varepsilon^{1-m})/(1 - m)$, $m \neq 1$, und erkennt, daß dieser Wert für $\varepsilon \to 0$ nur dann existiert, wenn $m < 1$ ist. Es folgt dann der Wert $1/(1 - m)$. Für $m = 1$ ergibt sich $\ln \varepsilon$, d. h. auch hier existiert das Integral nicht, da $\ln 0 = -\infty$.

2. $$\int_0^\infty e^{-kx}\,dx = \lim_{A\to\infty}\int_0^A e^{-kx}\,dx = \lim_{A\to\infty}\left(-\frac{1}{k}e^{-kx}\right)\Bigg|_0^A = \lim_{A\to\infty}\frac{1}{k}(1 - e^{-kA}) = \frac{1}{k}.$$

3. Nach Beisp. 2 ist $\int_0^\infty e^{-xt}\,dx = 1/t$. Nach den Regeln über die Differentiation eines Integrals nach einem Parameter (S. 88) folgt für die linke Seite

$$\frac{d}{dt}\int_0^\infty e^{-xt}\,dx = \int_0^\infty \frac{\partial}{\partial t}(e^{-xt})\,dx = -\int_0^\infty x e^{-xt}\,dx.$$

Für die rechte Seite folgt als Ableitung $-1/t^2$, d. h. $\int_0^\infty x\,e^{-xt}\,dx = 1/t^2$. Wiederholung der Differentiation liefert

$$\int_0^\infty x^2\,e^{-xt}dx = \frac{2!}{t^3},\quad \ldots,\quad \int_0^\infty x^n\,e^{-xt}\,dx = \frac{n!}{t^{n+1}}.$$

Für $t = 1$ insbesondere folgt $\int_0^\infty x^n\,e^{-x}\,dx = n!$, d. h. die Integraldarstellung der Γ-Funktion $\Pi(n) = n!$, vgl. S. 100.

b) Wichtige bestimmte Integrale.

1. $$\int_0^a \frac{dx}{x^m} = \frac{a^{1-m}}{1-m};\quad m < 1.$$

2. $$\int_a^\infty \frac{dx}{x^m} = \frac{1}{(m-1)\,a^{m-1}};\quad m > 1.$$

3. $$\int_0^{\sqrt{a/b}} \frac{dx}{a + bx^2} = \frac{\pi}{4\sqrt{ab}} = \frac{1}{2}\int_0^\infty \frac{dx}{a + bx^2}.$$

4. $$\int_0^a \frac{dx}{\sqrt{a^2 - x^2}} = \frac{\pi}{2}.$$

5. $$\int_a^b \frac{dx}{\sqrt{x^2 - a^2}} = \operatorname{arcosh}\frac{b}{a}.$$

6. $$\int_0^a \sqrt{a^2 - x^2}\,dx = \frac{a^2\pi}{4}.$$

7. $$\int_0^{\pi/2k} \sin kx\,dx = \int_0^{\pi/2k} \cos kx\,dx = 1/k.$$

8. $$\int_0^{2\pi/k} \sin kx\,dx = \int_0^{2\pi/k} \cos kx\,dx = 0.$$

9. $$\int_0^{\pi/2k} \sin^{2m+1} kx\,dx = \int_0^{\pi/2k} \cos^{2m+1} kx\,dx = \frac{1}{k}\cdot\frac{2\cdot 4\cdot 6\ldots 2m}{3\cdot 5\cdot 7\ldots(2m+1)}$$

10. $$\int_0^{\pi/2k} \sin^{2m} kx\,dx = \int_0^{\pi/2k} \cos^{2m} kx\,dx = \frac{1}{k}\cdot\frac{1\cdot 3\cdot 5\ldots(2m-1)}{2\cdot 4\cdot 6\ldots 2m}\cdot\frac{\pi}{2}$$

(9. und 10.: m ganz und > 0.)

11. $\int\limits_0^{\pi/2} \frac{d\varphi}{\sqrt{1 - k^2 \sin^2 \varphi}} = F\left(\alpha, \frac{\pi}{2}\right)$ und 12. $\int\limits_0^{\pi/2} \sqrt{1 - k^2 \sin^2 \varphi}\, d\varphi = E\left(\alpha, \frac{\pi}{2}\right)$; vgl. S. 98.

13. $\int\limits_0^{\infty} \frac{\sin kx}{x}\, dx = \frac{\pi}{2}; \quad k > 0.$ 14. $\int\limits_0^{\infty} \frac{\tan kx}{x}\, dx = \frac{\pi}{2}; \quad k > 0.$

15. $\int\limits_0^{\infty} e^{-kx}\, dx = \frac{1}{k}.$ 16. $\int\limits_0^{\infty} e^{-x^2}\, dx = \frac{1}{2}\sqrt{\pi}.$

17. $\int\limits_0^{\infty} x^n e^{-kx}\, dx = \frac{n!}{k^{n+1}};$ $k > 0$, n ganz und > 0. 18. $\int\limits_0^{\infty} \frac{x^{n-1}}{x+1}\, dx = \frac{\pi}{\sin n\pi}; \quad 0 < n < 1.$

7. Mehrfache Integrale und Linienintegrale

a) Mehrfache Integrale. Gesucht ist das Integral der Funktion $z = f(x, y)$ über dem Bereich $\mathfrak{B}$ der x,y-Ebene. Dieser möge zwischen den Stützgeraden $x = x_0$, $x = x_1$ und $y = y_0$, $y = y_1$ liegen, und es mögen die begrenzenden Kurven die Gleichungen $y = \psi_1(x)$, $y = \psi_2(x)$ bzw. $x = \varphi_1(y)$, $x = \varphi_2(y)$ haben, Bild 61. Dann sind die Integrale

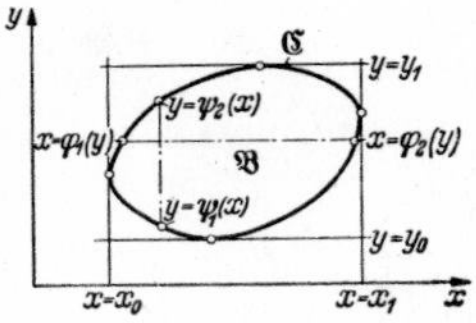

Bild 61

$$\int\limits_{\varphi_1(y)}^{\varphi_2(y)} f(x, y)\, dx \quad \text{und} \quad \int\limits_{\psi_1(x)}^{\psi_2(x)} f(x, y)\, dy$$

längs der Sehnen, d. h. längs der Geraden $y = \text{const}$ bzw. $x = \text{const}$, erstreckt, und es ist im ersten Fall y ein Parameter, der auch in den Grenzen erscheint. Das gleiche gilt hinsichtlich x für das zweite Integral. Dann hat das gesuchte *Doppelintegral* den Wert

$$\iint\limits_{\mathfrak{B}} f(x, y)\, dx\, dy = \int\limits_{y_0}^{y_1} dy \int\limits_{\varphi_1(y)}^{\varphi_2(y)} f(x, y)\, dx = \int\limits_{x_0}^{x_1} dx \int\limits_{\psi_1(x)}^{\psi_2(x)} f(x, y)\, dy.$$

In gleicher Weise kann ein *dreifaches* Integral von $F(x, y, z)$ über einen räumlichen Bereich $\mathfrak{R}$ erstreckt werden.

Beispiele: 1. Das vorstehende Doppelintegral kann als Rauminhalt des über dem Bereich $\mathfrak{B}$ liegenden Raumes der Fläche $z = f(x, y)$ aufgefaßt werden, wobei $z\, dx\, dy$ als das über dem Flächenelement $dx\, dy$ gelegene Volumenelement angesehen werden kann.

2. Ist der Bereich der Kreis mit der Gleichung $x^2 + y^2 = 1$, so wird man schreiben

$$\iint\limits_{\mathfrak{B}} f(x,y)\, dx\, dy = \int\limits_{-1}^{+1} dx \int\limits_{-\sqrt{1-x^2}}^{+\sqrt{1-x^2}} f(x,y)\, dy \quad \text{oder} \quad \int\limits_{-1}^{+1} dy \int\limits_{-\sqrt{1-y^2}}^{+\sqrt{1-y^2}} f(x,y)\, dx.$$

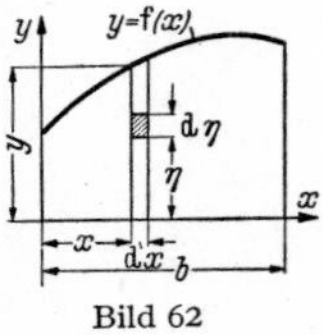

Bild 62

3. So wie $dx\, dy$ als Flächenelement dA einer ebenen Fläche mit $f(x,y) = 1$ aufgefaßt werden kann, so $dx\, dy\, dz$ als Raumelement dV mit $F(x, y, z) = 1$; d. h. Flächeninhalt und Rauminhalt können als Doppelintegral bzw. dreifaches Integral dargestellt werden:

$$A = \iint\limits_{\mathfrak{B}} dx\, dy \quad \text{bzw.} \quad V = \iiint\limits_{\mathfrak{R}} dx\, dy\, dz.$$

4. Gesucht das Trägheitsmoment der ebenen Fläche, die von der y-Achse, der x-Achse, der Kurve $y = f(x)$ und der Geraden $x = b$ begrenzt ist, in bezug auf die x-Achse, Bild 62. Es folgt mit $dx\, d\eta = dA$ als Flächenelement

$$I_x = \int \eta^2\, dA = \int \eta^2\, dx\, d\eta = \int\limits_0^b dx \int\limits_0^y \eta^2\, d\eta = \frac{1}{3}\int\limits_0^b y^3\, dx = \frac{1}{3}\int\limits_0^b [f(x)]^3\, dx.$$

Ist z. B. $y = \text{const} = h$ (*Rechteck*), so bleibt $I_x = bh^3/3$. Ist $y = hx/b$ (*Dreieck*), so bleibt $I_x = \frac{1}{3}\left(\frac{h}{b}\right)^3 \int\limits_0^b x^3 \, dx = \frac{1}{12} b h^3$.

b) Linienintegrale. Ist $\mathfrak{C}$ eine ebene Kurve, deren Koordinaten x, y Funktionen eines gemeinsamen Parameters t sind, und ist $f(x, y)$ eine gegebene Funktion, so versteht man unter

$$\int\limits_{\mathfrak{C}} f(x, y) \, dt$$

ein über die Kurve $\mathfrak{C}$ erstrecktes *Kurven-* bzw. *Linienintegral*. Hierbei ist auch $f(x, y)$ eine Funktion des Parameters t.

Sind *allgemeiner* $a = a(x, y, z)$, $b = b(x, y, z)$, $c = c(x, y, z)$ gegebene Funktionen, so ist das über die Kurve $\mathfrak{C}$ erstreckte *Linienintegral* gegeben durch

$$\int\limits_{\mathfrak{C}} (a \, dx + b \, dy + c \, dz) = \int\limits_{\alpha}^{\beta} (a \dot{x} + b \dot{y} + c \dot{z}) \, dt,$$

wobei x, y, z Funktionen eines gemeinsamen Parameters t sind, also $\dot{x} = dx/dt$, $\dot{y} = dy/dt$, $\dot{z} = dz/dt$ ist und α, β die Grenzen des Parameters t auf der Kurve $\mathfrak{C}$ bedeuten (vgl. S. 79).

α) Sind a, b, c die Komponenten eines Vektors $\mathfrak{P}$ (vgl. Vektorrechnung S. 155), und ist $\mathfrak{r}$ der zum Kurvenpunkt x, y, z hinweisende Ortsvektor, so sind $\dot{x}, \dot{y}, \dot{z}$ die Komponenten des Vektors $\dot{\mathfrak{r}} = d\mathfrak{r}/dt$, und der Integrand ist das *innere* Produkt $\mathfrak{P} \cdot \dot{\mathfrak{r}}$, so daß dann das Linienintegral gleich $\int\limits_{\alpha}^{\beta} \mathfrak{P} \dot{\mathfrak{r}} \, dt = \int\limits_{\mathfrak{C}} \mathfrak{P} \, d\mathfrak{r}$ wird.

β) Ist $\mathfrak{F}$ eine Kraft, so bedeutet $\mathfrak{F} \, d\mathfrak{r} = dW$ das Differential der Arbeit, d. h. $\int\limits_{\mathfrak{C}} \mathfrak{F} \, d\mathfrak{r}$ ist die gesamte bei Bewegung längs der Kurve $\mathfrak{C}$ verrichtete Arbeit.

γ) Für einen *ebenen* Bereich fällt die Funktion c fort.

Wenn der Integrand ein *totales Differential* der Funktion $H(x, y, z)$ ist, d. h. $a = \partial H/\partial x = H_x$, $b = \partial H/\partial y = H_y$ und $c = \partial H/\partial z = H_z$ ist, d. h. also $H_x \, dx + H_y \, dy + H_z \, dz = dH$, d. h. gleich dem totalen Differential von H wird, so folgt

$$\int\limits_{\mathfrak{C}} (a \, dx + b \, dy + c \, dz) = \int\limits_{\alpha}^{\beta} (H_x \dot{x} + H_y \dot{y} + H_z \dot{z}) \, dt = \int\limits_{\alpha}^{\beta} dH = H_2 - H_1,$$

wobei in $H[x(t), y(t), z(t)]$ für den Index 1 bzw. 2 die Werte α bzw. β für den Parameter einzusetzen sind. Es hängt also das Kurvenintegral *nicht* von dem Verbindungsweg ab, und längs einer geschlossenen Kurve muß das Integral den Wert Null haben (S. 104 u. 156).

Die vorstehenden Bedingungen bedeuten vektoriell (S. 157), daß der Vektor $\mathfrak{F}$ mit den Koordinaten a, b, c der *Gradient* einer von den Koordinaten abhängigen Funktion $H(x, y, z)$, d. h. eines *Potentials* ist. Es wird $\mathfrak{F} = \text{grad } H$ (sprich „Gradient von H").

Ist $\mathfrak{B}$ ein einfach zusammenhängender Bereich und beschränkt man sich auf die Ebene, so lautet die Bedingung für die Unabhängigkeit des Integrals $\int\limits_{\mathfrak{C}} (a \, dx + b \, dy)$ vom Verbindungsweg zweier Punkte, daß $a_y = b_x$ oder $H_{xy} = H_{yx}$ sein muß.

c) Der **Integralsatz von Gauß** verknüpft das Linienintegral mit dem Doppel- oder *Gebietsintegral* und lautet, hier auf die Ebene beschränkt,

$$\iint\limits_{\mathfrak{B}} (f_x + g_y) \, dx \, dy = \int\limits_{\mathfrak{C}} (f \, dy - g \, dx).$$

Hierbei ist $\mathfrak{B}$ ein geschlossener Bereich, bedeuten $f(x, y)$, $g(x, y)$ zwei die üblichen Stetigkeitsbedingungen erfüllende Funktionen, und das Linienintegral der rechten Seite ist längs des Randes $\mathfrak{C}$ im positiven Sinn (das Innere des Gebietes links lassend) zu erstrecken, vgl. Bild 61.

Führt man die Bogenlänge s der Randkurve $\mathfrak{C}$ als Parameter t ein, so ist $dx/ds = \dot{x}(s)$ und $dy/ds = \dot{y}(s)$. Ferner läßt sich zeigen, daß auch, wenn n die Normalenrichtung bedeutet, $\dot{y}(s) = \partial x/\partial n$ und $\dot{x}(s) = -\partial y/\partial n$ ist. Dann hat der Satz von *Gauß* die Form

$$\iint\limits_{\mathfrak{B}} (\mathfrak{f}_x + \mathfrak{g}_y)\, dx\, dy = \int\limits_{\mathfrak{C}} \left(\mathfrak{f}\frac{\partial x}{\partial n} + \mathfrak{g}\frac{\partial y}{\partial n}\right) ds.$$

Wenn nun $\mathfrak{f}$ und $\mathfrak{g}$ die Komponenten eines Vektors $\mathfrak{P}$ sind (S. 155), so bedeutet der Integrand links div $\mathfrak{P}$ (sprich „Divergenz $\mathfrak{P}$") $= \mathfrak{f}_x + \mathfrak{g}_y$ und der Integrand rechts das skalare Produkt $\mathfrak{P}\cdot\mathfrak{n}$ ($\mathfrak{n}$ = Normalenvektor von der Länge 1); dann hat der Satz von *Gauß* die Form

$$\iint\limits_{\mathfrak{B}} \operatorname{div} \mathfrak{P}\, dx\, dy = \int\limits_{\mathfrak{C}} \mathfrak{P}\cdot\mathfrak{n}\, ds = \int\limits_{\mathfrak{C}} \mathfrak{P}_n\, ds,$$

mit $\mathfrak{P}_n$ als Komponente von $\mathfrak{P}$ senkrecht der Randlinie.

Wird oben im Integralsatz $-\mathfrak{g}$ statt $\mathfrak{g}$ eingeführt, so folgt mit s als Parameter

$$\iint\limits_{\mathfrak{B}} (\mathfrak{f}_x - \mathfrak{g}_y)\, dx\, dy = \int\limits_{\mathfrak{C}} (\mathfrak{g}\dot{x} + \mathfrak{f}\dot{y})\, ds.$$

Wenn jetzt aber $\mathfrak{g}$ die x-Komponente, $\mathfrak{f}$ die y-Komponente eines Vektorfeldes $\mathfrak{P}$ bedeuten und beachtet wird, daß $\dot{x}(s)$, $\dot{y}(s)$ die Komponenten des Tangentenvektors $\mathfrak{t}$ sind, so hat der Integrand rechts den Wert $\mathfrak{P}\cdot\mathfrak{t} = \mathfrak{P}_t$, d. h. er ist gleich der Tangentialkomponente des Vektors $\mathfrak{P}$. Der Integrand der linken Seite stellt aber rot $\mathfrak{P}$ (sprich „Rotor $\mathfrak{P}$") $= \mathfrak{f}_x - \mathfrak{g}_y$ dar, so daß

$$\iint\limits_{\mathfrak{B}} \operatorname{rot} \mathfrak{P}\, dx\, dy = \int\limits_{\mathfrak{C}} \mathfrak{P}_t\, ds$$

wird (*Integralsatz* von *Stokes*).

C. Höhere transzendente Funktionen

Literatur: 1. *Byrd, P. F.*, u. *M. D. Friedman:* Handbook of elliptic integrals for engineers and physicists. Berlin: Springer 1954. — 2. *Doerrie, H.:* Einführung in die Funktionentheorie, München: R. Oldenbourg 1951. — 3. *Jahnke, E.*, u. *F. Emde:* Funktionentafeln mit Formeln und Kurven. 3. Aufl., Leipzig: B. G. Teubner 1938. — 4. *Lense, J.:* Kugelfunktionen. 2. Aufl. Leipzig: Geest u. Portig 1954. — 5. *Rehwald, W.:* Elementare Einführung in die Bessel-, Neumann- u. Hankel-Funktionen. Stuttgart: Hirzel 1959. — 6. *Schuler, M.*, u. *H. Gebelein:* Fünfstellige (ein zweites Buch: Acht- u. neunstellige) Tabellen zu den elliptischen Funktionen. Berlin: Springer 1955. Ferner Lit. S. 89.

1. Elliptische Integrale und Funktionen

a) Elliptische Integrale. α) Unter den *unvollständigen elliptischen Integralen* versteht man die folgenden, durch unbestimmte Integrale dargestellten Funktionen (*Legendre*sche Normalformen):

Elliptisches Integral 1. Gattung
$$F(\alpha, \varphi) = \int\limits_0^{\varphi} \frac{d\psi}{\sqrt{1 - k^2 \sin^2 \psi}} = \int\limits_0^{\sin\varphi} \frac{dx}{\sqrt{(1 - x^2)(1 - k^2x^2)}};$$

Elliptisches Integral 2. Gattung
$$E(\alpha, \varphi) = \int\limits_0^{\varphi} \sqrt{1 - k^2 \sin^2 \psi}\, d\psi = \int\limits_0^{\sin\varphi} \sqrt{\frac{1 - k^2x^2}{1 - x^2}}\, dx,$$

wofür auch $F(k, \varphi)$ bzw. $E(k, \varphi)$ geschrieben wird. Hierin ist $k = \sin\alpha$, außerdem wird $\cos\alpha = \sqrt{1 - k^2}$ auch mit k' bezeichnet; F und E können durch Entwicklung des Integranden in eine Reihe und durch gliedweise ausgeführte Integration gewonnen werden. Graphische Darstellung vgl. Bilder 63 und 64.

Tafeln der elliptischen Integrale mit den Eingängen für α und φ finden sich bei Lit. 1, 3, 6. Der Name „elliptische" Integrale rührt daher, daß die Berechnung des Ellipsenumfangs auf das zweite Integral führt (vgl. S. 90 u. 131). Für $\alpha = \pi/2$, d. h. $k = 1$ wird

$$F\left(\frac{\pi}{2}, \varphi\right) = \int\limits_0^{\varphi} d\psi/\cos\psi = \ln\tan(\pi/4 + \varphi/2) \quad \text{und} \quad E\left(\frac{\pi}{2}, \varphi\right) = \int\limits_0^{\varphi} \cos\psi\, d\psi = \sin\varphi.$$

β) Die *vollständigen elliptischen Integrale* sind die Werte der unvollständigen für $\varphi = \pi/2$, d. h. also bestimmte Integrale. Sie sind nur noch eine Funktion von k und werden mit $\mathbf{K}(k) = \mathrm{F}(k, \pi/2)$ bzw. $\mathrm{E}(k) = \mathbf{E}(k, \pi/2)$ bezeichnet.

So ist $\mathbf{K}(1) = \ln\tan(\pi/2) = \infty$ und $\mathbf{E}(1) = \sin\pi/2 = 1$. Ferner gelten die Bezeichnungen $\mathbf{K}(k') = \mathbf{K}'(k)$, $\mathbf{E}(k') = \mathbf{E}'(k)$, so daß $\mathbf{KE}' + \mathbf{K'E} - \mathbf{KK}' = \pi/2$ wird.

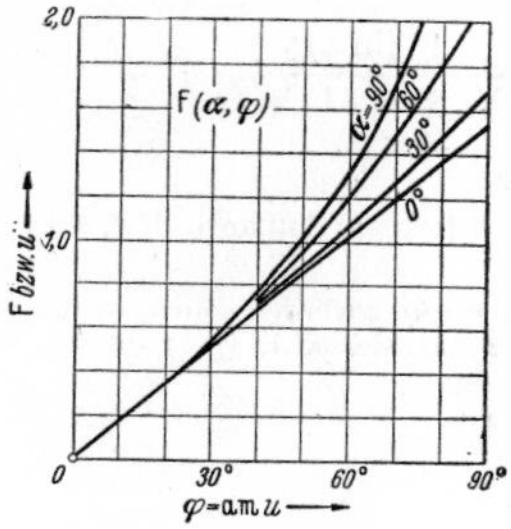

Bild 63
Elliptisches Integral 1. Gattung

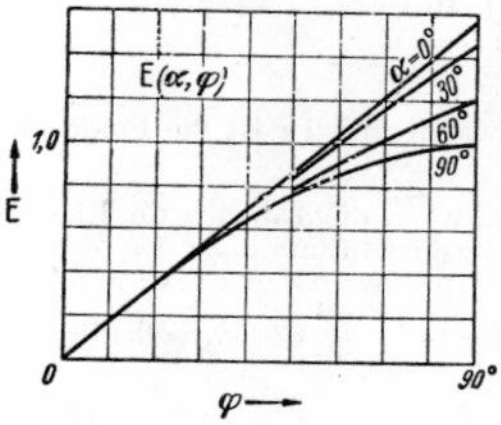

Bild 64
Elliptisches Integral 2. Gattung

b) Elliptische Funktionen. α) Ist $u = \mathrm{F}(k, \varphi)$ eine Funktion von φ, so ist umgekehrt auch φ eine Funktion von u. Diese Umkehrfunktion zum elliptischen Integral 1. Gattung heißt die *Jacobi*sche *Amplitudenfunktion*:

$$\varphi = \mathrm{am}\, u \text{ (sprich „Amplitude von } u\text{“)}.$$

Ihr Verlauf ist aus Bild 63 zu erkennen, wenn u statt F und am u statt φ geschrieben wird. Die Werte können den oben erwähnten Tafeln durch Umkehrung entnommen werden.

β) Aus der Amplitudenfunktion ergeben sich die *elliptischen Funktionen* von *Jacobi* in folgender Weise:

$$x = \sin\varphi \equiv \sin \mathrm{am}\, u \equiv \mathrm{sn}\, u \text{ (sinus der Amplitude } u\text{)},$$

$$\sqrt{1 - x^2} = \cos\varphi \equiv \cos \mathrm{am}\, u \equiv \mathrm{cn}\, u \text{ (cosinus der Amplitude } u\text{)},$$

$$\sqrt{1 - k^2 x^2} = \sqrt{1 - k^2 \sin^2\varphi} \equiv \Delta\, \mathrm{am}\, u \text{ (Delta der Amplitude } u\text{)}.$$

2. Integralsinus und verwandte Funktionen[1]

a) Der **Integralsinus** ist definiert durch

$$\mathrm{Si}\, x = \int_0^x \frac{\sin t}{t}\, \mathrm{d}t = x - \frac{x^3}{3 \cdot 3!} + \frac{x^5}{5 \cdot 5!} - \frac{x^7}{7 \cdot 7!} + - \cdots,$$

wie aus der Integration der einzelnen Glieder der Reihe für $(\sin t)/t$ folgt. Den graphischen Verlauf zeigt Bild 65. Es ist $\mathrm{Si}\,\infty = \pi/2$, und ferner ist $\mathrm{Si}\, x = \pi/2 + \mathrm{si}\, x$,

wobei $\mathrm{si}\, x = -\int_x^\infty \frac{\sin t}{t}\, \mathrm{d}t$ ist.

b) Der **Integralcosinus** (vgl. Bild 65) ist definiert durch

$$\mathrm{Ci}\, x = -\int_x^\infty \frac{\cos t}{t}\, \mathrm{d}t = \ln\gamma x - \int_0^x \frac{1 - \cos t}{t}\, \mathrm{d}t =$$

$$= \ln\gamma x - \left(\frac{x^2}{2 \cdot 2!} - \frac{x^4}{4 \cdot 4!} + \frac{x^6}{6 \cdot 6!} - + \cdots\right),$$

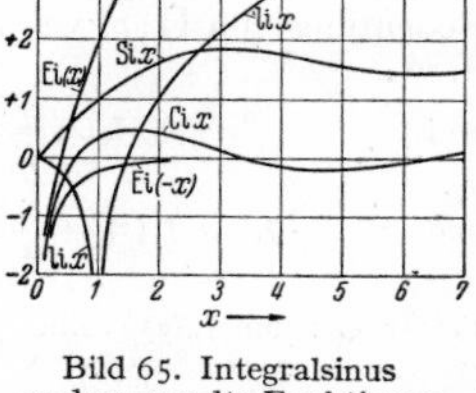

Bild 65. Integralsinus und verwandte Funktionen

[1] Hinsichtlich Tabellen vgl. Lit. 3.

worin $\ln\gamma = 0{,}577215665 = \lim_{n\to\infty}(1 + 1/2 + 1/3 + \cdots + 1/n - \ln n)$ gleich der *Euler*schen Konstanten ist (nicht zu verwechseln mit der *Euler*-Zahl e).

c) Ferner gilt für den **Integrallogarithmus** (vgl. Bild 65) die Entwicklung

$$\mathrm{li}\, x = \int_0^x \frac{\mathrm{d}t}{\ln t} = \ln\gamma + \ln|\ln x| + \ln x + \frac{1}{2}\,\frac{(\ln x)^2}{2!} + \frac{1}{3}\,\frac{(\ln x)^3}{3!} + \cdots;\ \ln\gamma \text{ vgl. b).}$$

Verwandt mit li x ist die Funktion $\mathrm{Ei}\, x = \int_{\infty}^{-x} \frac{\mathrm{e}^{-u}}{u}\,\mathrm{d}u = \mathrm{li}\,(\mathrm{e}^x)$, so daß auch $\mathrm{li}\, x = \mathrm{Ei}\,(\ln x)$ ist, d. h., wenn die Tabellen für Ei x zur Ermittlung von li x benutzt werden sollen, so muß man $z = \ln x$ ermitteln und dazu den Wert Ei z bzw. für negative z statt dessen Ei $(-z)$ ablesen, wobei $\mathrm{Ei}\,(-x) = -\int_x^{\infty} \frac{e^{-t}}{t}\,\mathrm{d}t$ ist, vgl. Bild 65 *.

d) Die **Gammafunktion** ist definiert durch

$$\Gamma(1+x) = \Pi x = x! = \lim_{n\to\infty} \frac{n!\, n^x}{(x+1)(x+2)\cdots(x+n)} = \int_0^{\infty} \mathrm{e}^{-t}\, t^x\,\mathrm{d}t.$$

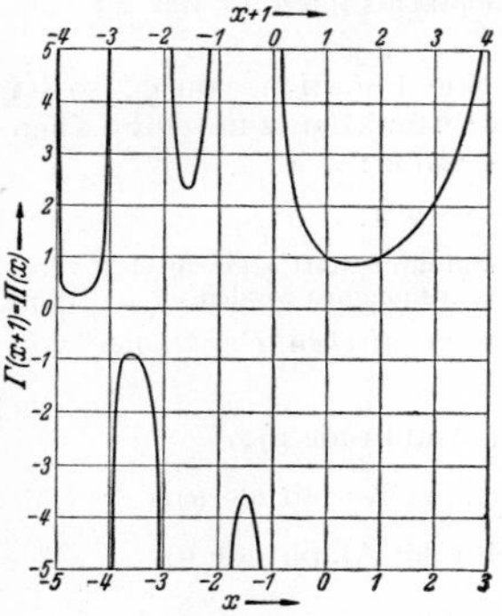

Bild 66. Gammafunktion

Für ganze und positive Werte x erhält man die Fakultäten nach S. 41. Es ist $\Gamma(1) = \Pi(0) = 1$, und die Gammafunktion hat für $x = -1, -2, \ldots$ Unendlichkeitsstellen, Bild 66, ihre reziproken Werte Nullstellen. — Über die Integraldarstellung vgl. S. 95.

Es ist ferner $\Gamma(0{,}5) = \Pi(-0{,}5) = (-0{,}5)! = \sqrt{\pi}$, und es gelten die Rekursionsformeln

$$\Gamma(1+x) = x\,\Gamma(x) \quad \text{oder} \quad x! = x\cdot(x-1)!;$$
$$\Gamma(x)\,\Gamma(1-x) = (x-1)!\,(-x)! = \pi/\sin\pi x;$$
$$\Gamma(1+x)\,\Gamma(1-x) = x!\,(-x)! = \pi x/\sin\pi x.$$

3. Besselsche (Zylinder-) Funktionen

a) Die **Besselschen Funktionen erster Art** p-ter Ordnung sind definiert durch die Reihe

$$\mathrm{J}_p(x) = \frac{(x/2)^p}{\Pi(p)}\left(1 - \frac{x^2}{2^2\cdot 1!\,(1+p)} + \frac{x^4}{2^4\cdot 2!\,(1+p)\,(2+p)} - + \cdots\right).$$

Hierbei braucht p nicht ganzzahlig zu sein; $\mathrm{J}_p(x)$ ist aber nur bei ganzem oder bei gebrochenem, aber positivem p für $x = 0$ endlich (vgl. Bild 67a für J_0 und J_1). Bedeutung von $\Pi(p)$ vgl. 2d), Differentialformeln vgl. 3c), Zahlentafeln vgl. Lit. 3. S. 98.

So ist
$$\mathrm{J}_0(x) = 1 - \frac{x^2}{2^2\cdot 1!} + \frac{x^4}{2^4\cdot(2!)^2} - \frac{x^6}{2^6\cdot(3!)^2} + - \cdots$$

und
$$-J_0' = J_1(x) = \frac{x}{2}\left(1 - \frac{x^2}{2^2\cdot 1!\cdot 2!} + \frac{x^4}{2^4\cdot 2!\cdot 3!} - \frac{x^6}{2^6\cdot 3!\cdot 4!} + - \cdots\right).$$

Ferner gilt $\lim_{x\to 0} \mathrm{J}_p(x) = \lim_{x\to 0} \frac{(x/2)^p}{\Pi(p)}$, und für $p = 1/2$ folgt, wie der Vergleich mit der Reihe

---

* An anderen Stellen (vgl. Lit. 3 S. 98) wird $\overline{\mathrm{Ei}}\, x$ bzw. $\overline{\mathrm{Ei}}\,(x)$ statt Ei x geschrieben.

für $\sin x$ zeigt unter Beachtung, daß $\Pi(0{,}5) = \sqrt{\pi}$ ist, die Darstellung $J_{1/2}(x) = \sin x/\sqrt{0{,}5\pi x}$. Für ganze n hat man die folgende Integraldarstellung:

$$J_{2n}(x) = \frac{2}{\pi}\int_0^{\pi/2} \cos(x \sin\varphi)\cos 2n\varphi \, d\varphi, \qquad J_{2n+1}(x) = \frac{2}{\pi}\int_0^{\pi/2} \sin(x\sin\varphi)\sin(2n+1)\varphi\, d\varphi.$$

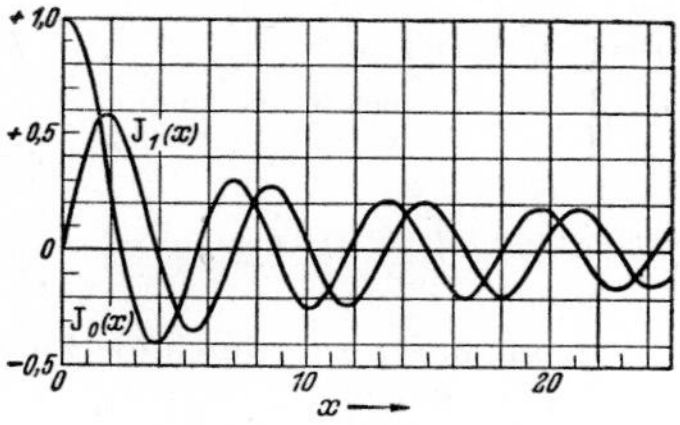

Bild 67a. Besselsche Funktion 1. Art (und nullter bzw. 1. Ordnung)

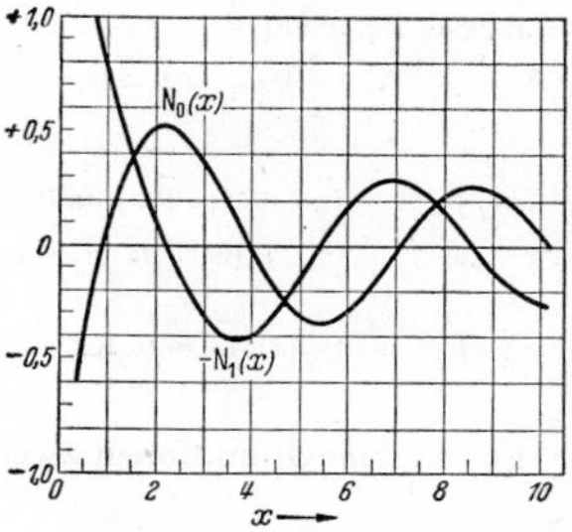

Bild 67b. Besselsche Funktion 2. Art (und nullter bzw. 1. Ordnung)

b) Die **Besselschen Funktionen zweiter Art** p-ter Ordnung $N_p(x)$, die *Neumann*schen Funktionen, sind mit den Funktionen erster Ordnung verknüpft. So ist

$$N_p(x)\sin p\pi = J_p(x)\cos p\pi - J_{-p}(x),$$

und wenn x nach ∞ strebt, so verschwindet $N_p(x)$ ebenso wie $J_p(x)$, während für $x = 0$ die Funktionen zweiter Art immer nach ∞ gehen, vgl. Bild 67b.

Für $p = 0$ ergibt sich auch

$$\pi/2 \cdot N_0(x) = J_0(x)\ln(\gamma x/2) - 2\,[J_2(x) - {}^1\!/_2 J_4(x) + {}^1\!/_3 J_6(x) - {}^1\!/_4 J_8(x) + - \cdots];$$

$\ln\gamma$ vgl. 2b).

c) Weitere Beziehungen. Bezeichnet $Z_p = Z_p(x)$ die Abkürzung für $c_1 J_p(x) + c_2 N_p(x)$ mit willkürlichen Konstanten c_1 und c_2, so gelten für Z_p bzw. J_p, N_p u. a. noch die folgenden Beziehungen:

$$Z_{p-1} + Z_{p+1} = \frac{2p}{x} Z_p; \qquad \text{z. B.} \quad J_0 + J_2 = \frac{2}{x} J_1.$$

$$Z_p' = \frac{dZ_p}{dx} = -\frac{p}{x} Z_p + Z_{p-1} = -\frac{p}{x} Z_p - Z_{p+1} = \frac{1}{2} Z_{p-1} - \frac{1}{2} Z_{p+1},$$

z. B. $$J_1' = -\frac{1}{x} J_1 + J_0 = -\frac{1}{x} J_1 - J_2 = \frac{1}{2} J_{-1} - \frac{1}{2} J_2.$$

Die *Bessel*schen Funktionen J_p, N_p sind die partikulären Integrale der *Bessel*schen *Differentialgleichung*

$$x^2 y'' + x y' + (x^2 - p^2) y = 0,$$

vgl. Differentialgleichungen S. 113.

4. Legendresche (Kugel-) Funktionen

a) Die **Kugelfunktionen erster Art** n-ter Ordnung sind definiert durch

$$P_n(x) = \frac{1}{2^n \cdot n!} \frac{d^{(n)}}{dx^n} (x^2 - 1)^n, \qquad n = 1, 2, \ldots$$

Sie treten auf bei der folgenden Entwicklung:

$$(1 - 2r\cos\vartheta + r^2)^{-1/2} = \begin{cases} P_0(x) + r P_1(x) + r^2 P_2(x) + \cdots, & r < 1, \\ 1/r \cdot P_0(x) + 1/r^2 \cdot P_1(x) + 1/r^3 \cdot P_2(x) + \cdots, & r > 1, \end{cases}$$

wobei $\cos\vartheta = x$ gesetzt ist. Es gilt, vgl. Bild 68:

$$P_0(x) = 1,$$
$$P_1(x) = x = \cos\vartheta,$$
$$P_2(x) = {}^1/_2(3x^2 - 1) = {}^1/_4(3\cos 2\vartheta + 1),$$
$$P_3(x) = {}^1/_2(5x^3 - 3x) = {}^1/_8(5\cos 3\vartheta + 3\cos\vartheta).$$

Weitere Beziehungen:

$$P_{2n+1}(0) = 0; \quad P_{2n}(0) = (-1)^n \cdot \frac{1 \cdot 3 \cdot 5 \cdots (2n-1)}{2 \cdot 4 \cdot 6 \cdot \cdots \cdot 2n};$$

$$P_n(1) = 1; \quad P_n(-x) = (-1)^n P_n(x);$$

$$(n+1)P_{n+1} - (2n+1)xP_n + nP_{n-1} = 0;$$
$$nP_n = xP_n' - P'_{n-1} \text{ (Striche = Ableitungen nach } x);$$

} gilt auch für die Funktionen zweiter Art (vgl. 4b).

$$\int_{-1}^{+1} P_n(x)\, P_m(x)\, dx = 0 \text{ für } m \neq n \text{ (Orthogonalität)}; \qquad \int_{-1}^{+1} P_n^2(x)\, dx = \frac{2}{2n+1}.$$

b) Die **Kugelfunktionen zweiter Art** n-ter Ordnung lassen sich durch die Funktionen erster Ordnung $P_n(x) = P_n$ ausdrücken. Es ist

$$Q_n(x) = \frac{1}{2}P_n \cdot \ln\frac{1+x}{1-x} - \left[\frac{2n-1}{1\cdot n}P_{n-1} + \frac{2n-5}{3(n-1)}P_{n-3} + \frac{2n-9}{5(n-2)}P_{n-5} + \cdots\right].$$

Insbesondere wird $Q_0(x) = \frac{1}{2}\ln\frac{1+x}{1-x}$
$= \text{artanh}\, x$ (S. 75);

$$Q_1(x) = x\,Q_0(x) - 1; \quad Q_2(x) = P_2(x)\,Q_0(x) - 3/2\,x.$$

Ferner sind die Kugelfunktionen P_n und Q_n die partikulären Integrale der *Legendreschen Differentialgleichung*

$$(x^2 - 1)\,y'' + 2xy' - n(n+1)\,y = 0.$$

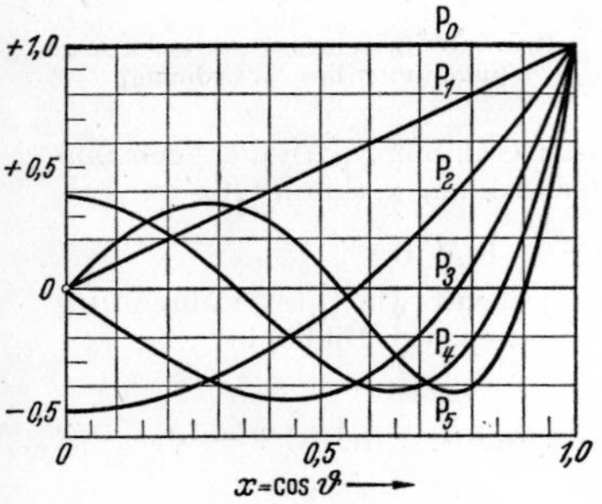

Bild 68. Kugelfunktionen 1. Art

D. Konforme Abbildung

Literatur: 1. *Betz, A.:* Konforme Abbildung. 2. Aufl. Berlin: Springer 1964. — 2. *Bieberbach, L.:* Einführung in die konforme Abbildung (Samml. Göschen Bd. 768/68a). 5. Aufl. Berlin: de Gruyter 1956. — 3. *Gaier, D.:* Konstruktive Methoden der konformen Abbildung. Berlin: Springer 1964.

1. Funktionen eines komplexen Arguments

a) Wird die komplexe Veränderliche $z = x + iy$ (S. 40) eingeführt, so läßt sich jede **rationale Funktion** $w = f(z)$ in der Form $w = u(x, y) + iv(x, y)$ schreiben, wobei u und v rationale Funktionen sind. Hierbei ist u der *Realteil* Re(w) und v der *Imaginärteil* Im(w) der Funktion $w = f(z)$. Das gleiche gilt für algebraisch **irrationale Funktionen,** z. B. $w^2 = z$ oder $w^2 + z^2 = 1$.

Beispiele: 1. Aus $w = z^2 = (x + iy)^2$ folgt $w = x^2 - y^2 + 2ixy$, d. h. $u = x^2 - y^2$ und $v = 2xy$.

2. Aus $w = \frac{1}{z}$ folgt $w = \frac{1}{x+iy} = \frac{x-iy}{x^2+y^2}$,

d. h. $u = \frac{x}{x^2+y^2} = \frac{x}{r^2}$ und $v = \frac{-y}{x^2+y^2} = -\frac{y}{r^2}$.

3. Aus $w = \sqrt{z}$ oder $w^2 = z$ folgt $u^2 - v^2 + 2iuv = x + iy$ oder $u^2 - v^2 = x$ und $2uv = y$, woraus $u = \pm\sqrt{(r+x)/2}$ und $v = \pm\sqrt{(r-x)/2}$ folgt mit $r = \sqrt{x^2+y^2}$.

b) Transzendente Funktionen werden durch ihre Potenzreihen ausgedrückt. Sie ergeben sich aus den Reihen für reelle Veränderliche, wenn diese durch komplexe Veränderliche ersetzt werden; vgl. auch die Potenzreihen für e^{ix} und e^{-ix} S. 60.

Beispiele: 1. Es ist $e^{ix} = \cos x + i \sin x$, wonach einer komplexen Zahl (S. 40) die Form $z = re^{i\varphi}$ gegeben werden kann, $r = \sqrt{x^2 + y^2}$, $\tan \varphi = y/x$.

2. $e^z = e^x(\cos y + i \sin y)$; $u = e^x \cos y$ und $v = e^x \sin y$.

3. $\ln z = \ln (r e^{i\varphi}) = \ln r + i\varphi$; $u = \ln r$ und $v = \varphi$.

4. $\cos ix = \cosh x$ nach Gl. 25 u. 31, S. 61; $\cosh ix = \cos x$.

5. $\sin ix = i \sinh x$ nach Gl. 24 u. 30, S. 61; $\sinh ix = i \sin x$.

6. $\cos z = \cos (x + iy) = \cos x \cosh y - i \sin x \sinh y$.

7. $\sin z = \sin (x + iy) = \sin x \cosh y + i \cos x \sinh y$, also auch $\cos^2 z + \sin^2 z = 1$.

8. $\tan z = \dfrac{\sin z}{\cos z} = \dfrac{\sin 2x + i \sinh 2y}{\cos 2x + \cosh 2y}$.

9. $\cosh z = \cosh (x + iy) = \cosh x \cos y + i \sinh x \sin y$.

10. $\sinh z = \sinh (x + iy) = \sinh x \cos y + i \cosh x \sin y$, also auch $\cosh^2 z - \sinh^2 z = 1$.

11. $\tanh z = \dfrac{\sinh 2x + i \sin 2y}{\cosh 2x + \cos 2y}$.

12a. $i^i = e^{i(\pi/2+2k\pi)\cdot i} = e^{-(\pi/2+2k\pi)}$
12b. $i^{-i} = e^{-i(\pi/2+2k\pi)\cdot i} = e^{(\pi/2+2k\pi)}$ $\Big\}$ $k = 0, \pm 1, \pm 2, \ldots$

2. Differentiieren und Integrieren im Komplexen

a) Die **Ableitung** $f'(z)$ der Funktion $w = f(z)$ ist definiert durch

$$f'(z) = \frac{dw}{dz} = \lim_{\Delta z \to 0} \frac{\Delta w}{\Delta z} = \lim_{\Delta z \to 0} \frac{f(z + \Delta z) - f(z)}{\Delta z}, \tag{1}$$

wobei gegenüber den reellen Veränderlichen (S. 76) hier $\Delta z = h + ik$ ist, so daß h und k gleichzeitig nach Null gehen müssen. Der Wert dw/dz muß aber existieren, ganz gleich auf welchem Weg der Grenzübergang gemacht wird (Bild 69). Diese Eindeutigkeit ist erfüllt oder $f(z)$ ist eine *analytische Funktion*, wenn für diese die *Cauchy-Riemann*schen Differentialgleichungen

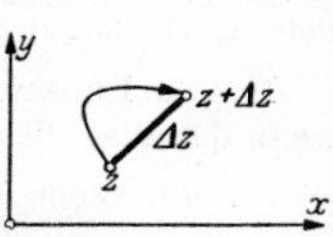

Bild 69

$$\partial u/\partial x = \partial v/\partial y \text{ und } \partial u/\partial y = -\partial v/\partial x \text{ oder } u_x = v_y \text{ und } u_y = -v_x \tag{2}$$

gemäß der Schreibweise nach S. 79 erfüllt sind. An einer singulären Stelle sind diese Gleichungen nicht erfüllt.

Es ist, wenn in Gl. (1) $\Delta z = h + ik$ und $f(z) = u + iv$ eingesetzt wird,

$$f'(z) = \lim_{(h,k\to 0)} \frac{u(x + h, y + k) - u(x, y) + i[v(x + h, y + k) - v(x, y)]}{h + ik}.$$

Setzt man nun einmal $k = 0$ und läßt dann $h \to 0$ gehen, das andere Mal $h = 0$ und läßt $k \to 0$ gehen, so müssen die gleichen Werte folgen, d. h.

$$f'(z) = \frac{\partial u}{\partial x} + i \frac{\partial v}{\partial x} = \frac{\partial w}{\partial x} \quad \text{und} \quad f'(z) = \frac{1}{i}\frac{\partial u}{\partial y} + \frac{\partial v}{\partial y} = \frac{1}{i}\frac{\partial w}{\partial y}.$$

Aus der Gleichheit beider Werte folgen dann die Gln. (2).

Beispiel: Für $w = \dfrac{1}{z}$ folgt $\dfrac{dw}{dz} = -\left(\dfrac{1}{z}\right)^2 = -\left(\dfrac{1}{x + iy}\right)^2 = -\dfrac{x^2 - y^2 - 2ixy}{(x^2 + y^2)^2}$. Andererseits folgt nach Beispiel 2 unter 1a), daß $u = x/r^2$, $v = -y/r^2$ mit $r^2 = x^2 + y^2$, so daß hiernach $\dfrac{\partial u}{\partial x} = -\dfrac{x^2 - y^2}{r^4} = \dfrac{\partial v}{\partial y}$ und $\dfrac{\partial u}{\partial y} = -\dfrac{2xy}{r^4} = -\dfrac{\partial v}{\partial x}$ wird, also die Gln. (2) erfüllt sind.

Durch Differentiieren der Gln. (2) folgt $u_{xx} + u_{yy} = 0$ oder $\Delta u = 0$ bzw. $v_{xx} + v_{yy} = 0$ oder $\Delta v = 0$, d. h. Real- und Imaginärteil einer analytischen Funktion befriedigen die gleiche partielle Differentialgleichung 2. Ordnung, die *Potentialgleichung* (S. 114 u. S. 157).

b) Das **bestimmte Integral** einer analytischen Funktion $f(z)$ ist gegeben durch

$$\int_{z_0}^{z} f(z)\,dz = \int_C f(z)\,dz, \tag{3}$$

wobei das Integral von $z_0 = x_0 + iy_0$ bis $z = x + iy$, und zwar längs der Kurve C zu erstrecken ist (Schreibweise $\int_C$, vgl. Gl. 3). Dieses Integral ist vermöge des Satzes von *Gauß* (S. 97) und der *Cauchy-Riemann*schen Differentialgleichungen *unabhängig* vom Weg, oder es ist $\int_C f(z)\,dz = 0$, wenn das Integral längs einer geschlossenen Kurve genommen wird (Hauptsatz der Funktionentheorie).

Es ist $\int_{z_0}^{z} f(z)\,dz = \int_{x_0,y_0}^{x,y} (u + iv)(dx + i\,dy) = \int_{x_0,y_0}^{x,y} (u\,dx - v\,dy) + i\int_{x_0,y_0}^{x,y} (v\,dx + u\,dy).$

Nach dem Satz von *Gauß* ist bei einer geschlossenen Kurve C

$$\oint_C (u\,dx - v\,dy) = -\iint_{\mathfrak{B}} \left(\frac{\partial v}{\partial x} + \frac{\partial u}{\partial y}\right) dx\,dy,$$

$$\oint_C (v\,dx + u\,dy) = \iint_{\mathfrak{B}} \left(\frac{\partial u}{\partial x} - \frac{\partial v}{\partial y}\right) dx\,dy.$$

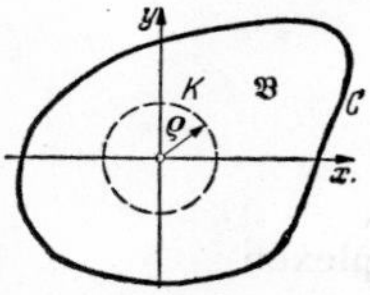

Bild 70

Die Integration auf der rechten Seite ist über den Bereich $\mathfrak{B}$ zu erstrecken. Die rechten Seiten verschwinden gemäß Gln. (2), also wird

$$\oint_C f(z)\,dz = 0.$$

Die Bedingung, daß das Integral unabhängig vom Weg ist, stimmt mit der überein, daß in einem Potentialfeld die Arbeit unabhängig vom Weg ist.

Hat die Funktion eine *singuläre* Stelle, so wird das Integral von Null verschieden, wenn der Weg die singuläre Stelle umschließt.

Beispiel: Da die Funktion $f(z) = 1/z$ außer für $z = 0$ analytisch ist, hat $\oint dz/z$ den Wert Null, wenn der Weg den Nullpunkt nicht umschließt. Andernfalls zieht man um den Nullpunkt einen Kreis K von genügend kleinem Radius ϱ, Bild 70, so daß mit $z = \varrho e^{i\varphi}$ und $dz = i\varrho e^{i\varphi}\,d\varphi$ das Integral den Wert $\oint dz/z = i\int_0^{2\pi} d\varphi = 2\pi i$ erhält. Denn der Rand des Bereiches $\mathfrak{B}$, über den das Integral erstreckt wird, besteht aus der Kurve C und dem Kreis K (vgl. hierzu den *Gauß*schen Satz S. 97).

3. Konforme Abbildung

Durch die Funktion $w = f(z)$ wird die z-Ebene auf die w-Ebene abgebildet, Bild 71. Diese durch eine *analytische* Funktion vermittelte *Abbildung* (oder Transformation) ist in den kleinsten Teilen *ähnlich* oder *konform* und ist *winkeltreu*.

Nach Bild 72 liegt der Vektor $dz = dx + i\,dy = |ds|\,e^{i\alpha}$ (a) auf der Kurventangente, da $\alpha = \text{arc}\,(dz) = \text{arc tan}\,(dy/dx)$ ist. Seine Länge beträgt $|ds| = |dz| = \sqrt{dx^2 + dy^2}$ und ist das Bogenelement der Kurve. Ferner gilt $dw = f'(z)\,dz = g(z)\,dz$ mit $f'(z) = g(z)$ (b). Setzt man entsprechend in der w-Ebene $|dw| = |dS|$, $\text{arc}\,(dw) = \vartheta$, so daß $dw = |dS|\,e^{i\vartheta}$ (c) wird, so folgt aus (a) und (b) für (c) die Beziehung $|dS|\,e^{i\vartheta} = g(z)\,|ds|\,e^{i\alpha}$. Der Vergleich von Betrag und Argument auf beiden Seiten dieser Gleichung liefert, da ja $f'(z) \neq 0$ sein soll:

$$|dS| = |g(z)|\,|ds| = |f'(z)|\,|ds|, \quad \text{und mit} \quad g(z) = |g(z)|\,e^{i\beta},$$

$$\text{also} \quad \beta = \text{arc}\,[g(z)] = \text{arc}\,[f'(z)], \quad \text{folgt ferner} \quad \vartheta = \beta + \alpha = \text{arc}\,[f'(z)] + \alpha.$$

Durch $f'(z)$ wird daher das *Verzerrungsverhältnis* entsprechender Linienelemente ds, dS und durch $\text{arc}\,[f'(z)]$ die *Drehung* der Linienelemente bestimmt.

Sind nun in Bild 71a I und II zwei durch den Punkt z der z-Ebene gehende Kurven mit den Linienelementen ds_{I}, ds_{II} und den Tangentenwinkeln α_{I}, α_{II}, so gilt für die Übertragung auf die w-Ebene, Bild 71b, $dS_{\text{I}} : dS_{\text{II}} = ds_{\text{I}} : ds_{\text{II}}$ und $\vartheta_{\text{I}} - \vartheta_{\text{II}} = \alpha_{\text{I}} - \alpha_{\text{II}}$. Die *Längenverhältnisse* im Unendlichkleinen und die *Schnittwinkel* bleiben erhalten.

Die *Cauchy-Riemann*schen Diff.-Gln. (2) in der Form $\frac{\partial u}{\partial x}\frac{\partial v}{\partial x}+\frac{\partial u}{\partial y}\frac{\partial v}{\partial y}=0$ stellen die Bedingungen dafür dar, daß sich die Kurvenscharen $u(x, y) = \text{const}$ und $v(x, y) = \text{const}$ in der z-Ebene senkrecht schneiden, wie es die Bilder dieser Kurven in der w-Ebene, d. h. die achsenparallelen Geraden $u = \text{const}$ und $v = \text{const}$ tun müssen.

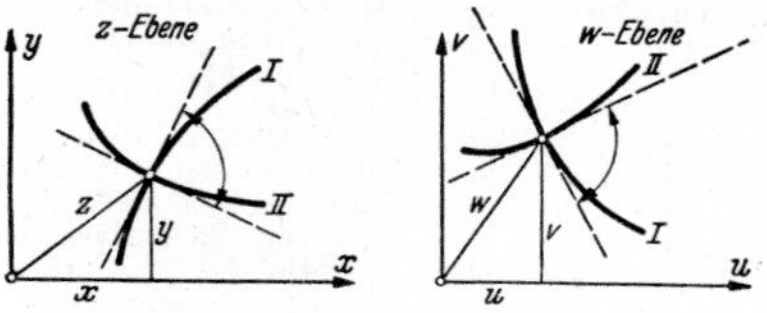

Bild 71. Zur konformen Abbildung

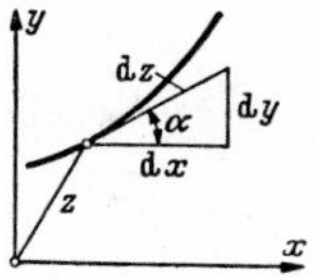

Bild 72

Durch die konforme Abbildung ist es u. a. möglich, Strömungen in der x, y-Ebene vermöge einer geeigneten Abbildung in eine neue Strömung in der u, v-Ebene zu transformieren.

Beispiele: 1. $w = z - z_0$: Verschiebung der z-Ebene längs des Vektors z_0.

2. $w = \lambda z$ mit reellem λ: Maßstäbliche Verzerrung der z-Ebene (S. 53).

3. $w = \lambda z$ mit komplexem λ: Drehstreckung, da $|w| = |\lambda|\,|z|$ und $\operatorname{arc}(w) = \operatorname{arc}(\lambda) + \operatorname{arc}(z)$.

4. $w = az + b$: Verschiebung längs b und Drehstreckung.

5. $w = 1/z$: Mit $w = R\,e^{i\psi}$ und $z = r\,e^{i\varphi}$, d. h. $R = 1/r$ und $\psi = -\varphi$ folgt eine Abbildung durch reziproke Radien am Einheitskreis mit nachfolgender Spiegelung an der x-Achse. Kreise um den Nullpunkt bilden sich in Kreise um diesen ab, das Innere des Einheitskreises auf das Äußere und das Äußere auf das Innere, während der Einheitskreis in sich selbst übergeht, aber seine Punkte in die konjugiert komplexe Lage kommen, Bild 73.

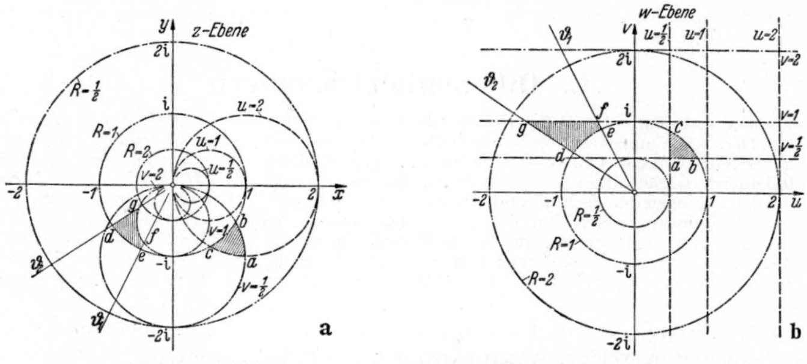

Bild 73. Abbildung $w = 1/z$ (Abb. durch reziproke Radien)

Nach Beispiel 2, Abs. D 1a, war $u = x/r^2$ und $v = -y/r^2$; also entsprechen den Kurven $u = \text{const}$ und $v = \text{const}$ der w-Ebene (Bild 73b) in der z-Ebene (Bild 73a) die durch $x = 0$ und $y = 0$ gehenden Kreise

$$(x - {}^1/_2 u)^2 + y^2 = ({}^1/_2 u)^2 \quad \text{bzw.} \quad x^2 + (y + {}^1/_2 v)^2 = ({}^1/_2 v)^2$$

mit der y- bzw. x-Achse als Tangente im Ursprung. Der Punkt $z = 0$ entspricht dem unendlich fernen Punkt der Geraden.

6. Die linear gebrochene Transformation

$w = \frac{az+b}{cz+d} = \frac{\alpha z+\beta}{z+\delta}$ (mit $\alpha = a/c$, $\beta = b/c$, $\delta = d/c$) oder nach Beisp. 1, S. 63 auch $w = \alpha + \frac{\lambda}{z+\delta}$, $\lambda = \beta - \alpha\delta \neq 0$, wobei a, b, c, d reelle oder komplexe Konstanten sind, kann auf die Transformationen 1, 3, 5 zurückgeführt werden:

$_1w = z + \delta$ bedeutet eine Verschiebung der z-Ebene um δ gemäß 1;
$_2w = 1/(z + \delta) = 1/_1w$ eine Transformation gemäß 5.;
$_3w = \lambda \cdot {}_2w$ eine Drehstreckung gemäß 3.;
$w = \alpha + {}_3w$ wieder eine Verschiebung, und zwar der $_3w$-Ebene um α.

Bild 74 zeigt diese Abbildung für reelle Konstanten unter Beschränkung auf die Transformation des Einheitskreises und eines Durchmessers (Bild 74a). Die Verschiebung um δ zeigt Bild 74b, während Bild 74c sofort den Übergang zur ${}_3w$-Ebene darstellt: Bild 74c entsteht aus 74b durch Abbildung gemäß $1/{}_1w$ bei gleichzeitiger Multiplikation mit dem reellen λ (gemäß Transformation 2). Die weitere Verschiebung um α zu $w = \alpha + {}_3w$ ist nicht mehr angegeben.

Diese linear gebrochene Transformation (mit den vorhergehenden Sonderfällen) ist die einzige *eindeutig umkehrbare* Abbildung. Hier werden im übrigen Kreise in Kreise transformiert (einschließlich der in gerade Linien entarteten).

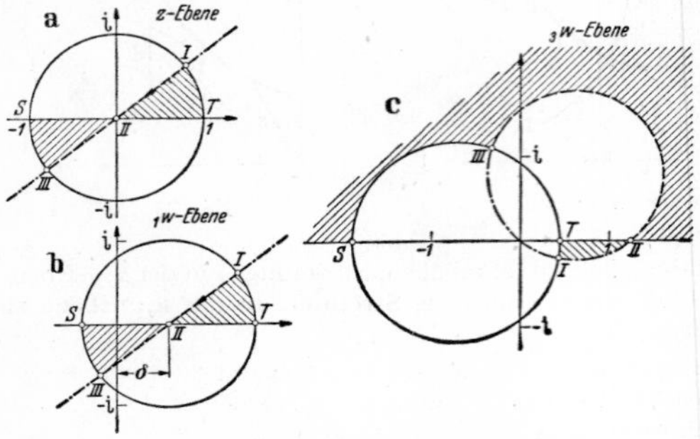

Bild 74. Linear gebrochene Transformation (Beispiel 6)

7. $w = z^2$: Hier ist $z = 0$ eine singuläre Stelle, und nach Beisp. 1 unter D 1a entsprechen den Kurven $u = \text{const}$ und $v = \text{const}$ die gleichseitigen Hyperbeln $x^2 - y^2 = u$ und $2xy = v$. Es ist aber auch $R = r^2$ und $\psi = 2\varphi$ mit $w = Re^{i\psi}$, d. h. Kreise um den Ursprung O gehen in Kreise um O, Strahlen durch O in Strahlen durch O über, aber es findet eine Winkelverdoppelung statt. Die w-Ebene wird doppelt bedeckt, daher die Vorstellung der zweiblättrigen *Riemann*schen Fläche. — Den Geraden $x = \text{const}$ und $y = \text{const}$ entsprechen die konfokalen Parabeln $v^2 = -4x^2(u - x^2)$ und $v^2 = 4y^2(u + y^2)$.

8. $w = \sqrt{z}$: Dies ist die Umkehrung zum vorigen Beispiel. Da auch $z = r\,e^{i(\varphi + 2k\pi)}$ geschrieben werden kann, $(k = 0; 1)$, so folgen die Werte $w = \sqrt{r}\,e^{i\varphi/2}$ und $w = \sqrt{r}\,e^{i(\varphi/2 + \pi)}$, d. h. die Funktion ist doppeldeutig.

9. $w = \cos x$ führt gemäß Beisp. 6 unter 1b) auf $u = \cos x \cosh y$ und $v = -\sin x \sinh y$, und es wird von $x = 0$ bis $x = \pi$ bereits die ganze w-Ebene bedeckt. Die Geraden $x = \text{const}$ und $y = \text{const}$ transformieren sich in die konfokalen Hyperbeln $u^2/\cos^2 x - v^2/\sin^2 x = 1$ [die Asymptotenrichtung wird $\arctan(b/a) = x$] und Ellipsen $u^2/\cosh^2 y + v^2/\sinh^2 y = 1$.

E. Differentialgleichungen

Literatur: 1. *Collatz, L.:* Differentialgleichungen für Ingenieure. 2. Aufl. Stuttgart: Teubner 1960. — 2. Ders.: The numerical treatment of differential equations, 3. Aufl. Berlin: Springer 1960. — 3. *Horn, J.:* Gewöhnliche Differentialgleichungen. 6. Aufl. Berlin: de Gruyter 1960. — 4. Ders.: Partielle Differentialgleichungen. 4. Aufl. Berlin: de Gruyter 1949. — 5. *Hort, W.*, u. *A. Thoma:* Die Differentialgleichungen der Technik und Physik. 7. Aufl. Leipzig: J. A. Barth 1956. — 6. *Kamke, E.:* Differentialgleichungen reeller Funktionen. 3. Aufl. Leipzig: Akad. Verl.-Ges. 1956. — 7. Ders.: Differentialgleichungen, Lösungsmethoden und Lösungen, Bd. 1: 7. Aufl. 1961. Bd. 2: 4. Aufl. 1959. Leipzig: Geest u. Portig. — 8. Ders.: Differentialgleichungen. Teil 1: Gewöhnliche Differentialgleichungen. 5. Aufl. 1964. Teil 2: Partielle Differentialgleichungen 4. Aufl. 1962. Leipzig: Geest u. Portig.

Eine Gleichung, die zur Bestimmung einer oder mehrerer unbekannter Funktionen dient und in welcher Ableitungen der gesuchten Funktionen auftreten, heißt Differentialgleichung. Sie heißt *gewöhnlich*, wenn diese Funktionen nur von einer unabhängig Veränderlichen abhängen, andernfalls *partiell*. Die Ordnung einer Differentialgleichung ist gleich der Ordnung des höchsten in ihr auftretenden Differentialquotienten.

1. Gewöhnliche Differentialgleichungen

a) Differentialgleichungen 1. Ordnung in der allgemeinen Form $dy/dx = y' = f(x, y)$ ordnen jedem Punkt x, y eine bestimmte Richtung zu, da $y' = \tan\alpha$ die Steigung der Kurve ist. Die bei der Integration auftretende Konstante ist durch die *Anfangsbedingungen*, d. h. durch $y(x_0) = y_0$ bestimmt.

α) Für die Form $\underline{y' = f(x)}$ folgt die Lösung $y = \int_{x_0} f(x)\,dx + y_0$ durch einfache Quadratur (vgl. Integralkurven, S. 94).

β) Die Form $\underline{y' = f(x)/g(y)}$ ist durch *Trennung der Veränderlichen* zu lösen: Es folgt $f(x)\,dz = \underline{g(x)\,dy}$ oder $\int_{x_0} f(x)\,dx = \int_{y_0} g(y)\,dy$.

Beispiele: 1. Ein Behälter fasse V m³, die Heizschlange habe A m² Oberfläche; die Anfangstemperatur der Flüssigkeit sei T_0° abs., die Temperatur der Heizschlange T_1° abs., die Dichte der Flüssigkeit sei ϱ, die spez. Wärme c, die Wärmeübergangszahl α. Gesucht ist der Verlauf der Temperatur T als Funktion der Zeit t bei ideal isoliertem Gefäß.

Die Wärmemenge, die in der Zeit $\mathrm{d}t$ durch die Fläche A hindurchgeht, bestimmt sich zu $\mathrm{d}Q = \alpha A(T_1 - T)\,\mathrm{d}t$. Da andererseits der Zuwachs an Wärmeinhalt gleich $\mathrm{d}Q = Vc\varrho\,\mathrm{d}T$ ist, folgt mit $A\alpha/(Vc\varrho) = \nu$ durch Gleichsetzen $\mathrm{d}T/\mathrm{d}t = \nu(T_1 - T)$ oder nach Trennen der Veränderlichen $\int\limits_{T_0} \frac{\mathrm{d}T}{T_1 - T} = \int\limits_0 \nu\,\mathrm{d}t$. Gemäß Formeln 2 in B4 a) S. 89 folgt weiter $-\ln(T_1 - T)\Big|_{T_0}^{T} = \nu t$ oder $\ln\frac{T_1 - T}{T_1 - T_0} = -\nu t$, d. h. $\frac{T_1 - T}{T_1 - T_0} = \mathrm{e}^{-\nu t}$ oder $T = T_1 - (T_1 - T_0)\mathrm{e}^{-\nu t}$.

2. Gleichung der Adiabate. Im 1. Hauptsatz $\mathrm{d}q = c_v\,\mathrm{d}T + Ap\,\mathrm{d}v$ (A ist das Wärmeäquivalent, vgl. Abschn. Wärmelehre) ist $\mathrm{d}q = 0$ zu setzen, da weder Wärme zu- noch abgeführt wird. Setzt man $A = (c_p - c_v)/R$ und $c_p/c_v = \varkappa$ ein, so folgt $c_v\,\mathrm{d}T = -\frac{c_p - c_v}{R}p\,\mathrm{d}v$ oder $R\,\mathrm{d}T = -(\varkappa - 1)p\,\mathrm{d}v$. Aus der Zustandsgleichung $RT = pv$ folgt aber durch Differentiieren $R\,\mathrm{d}T = p\,\mathrm{d}v + v\,\mathrm{d}p$ und daraus durch Gleichsetzen $\varkappa p\,\mathrm{d}v = -v\,\mathrm{d}p$ oder nach Trennung der Veränderlichen $\varkappa\int\frac{\mathrm{d}v}{v} + \int\frac{\mathrm{d}p}{p} = 0$, d. h. $\varkappa\ln v + \ln p = \ln C$ oder $pv^{\varkappa} = C = \mathrm{const}$.

γ) Die Form $y' = \mathrm{f}(Ax + By + C)$, worin A, B, C Konstanten sind, führt mit der Substitution $Ax + By + C = u$, d. h. $A + By' = u'$ oder $y' = (u' - A)/B$ auf $u' = B\mathrm{f}(u) + A$ oder nach α) auf $x = \int\frac{\mathrm{d}u}{B\mathrm{f}(u) + A}$, d. h. $x = \mathrm{x}(u)$. Zum Schluß ist u wieder durch x und y auszudrücken.

δ) Die Form $y' = \mathrm{f}(y/x)$ wird durch die Substitution $u = y/x$ auf β) zurückgeführt: $y = ux$; $y' = u + xu'$; $u + xu' = \mathrm{f}(u)$; $\frac{\mathrm{d}u}{\mathrm{d}x} = \frac{\mathrm{f}(u) - u}{x}$ oder $\int\frac{\mathrm{d}x}{x} = \int\frac{\mathrm{d}u}{\mathrm{f}(u) - u}$. Nach ausgeführter Integration ist u wieder durch y/x zu ersetzen.

Beispiel: Gegeben $y' = -\frac{x + y}{x}$ oder $y' = -\left(1 + \frac{y}{x}\right)$. Nach vorstehendem wird mit $u = y/x$ hier $\int\frac{\mathrm{d}x}{x} = \int\frac{\mathrm{d}u}{-(1 + u) - u}$ oder $\int\frac{\mathrm{d}x}{x} = -\int\frac{\mathrm{d}u}{1 + 2u}$, d. h. $\ln x = -{}^1/_2\ln(1 + 2u) + {}^1/_2\ln C$; $x^2(1 + 2u) = C$ oder, wenn wieder $u = y/x$ eingesetzt wird, $x^2 + 2xy = C$ bzw. $y = (C - x^2)/2x$ (Hyperbelschar).

ε) *Die lineare Differentialgleichung* $y' + y\mathrm{g}(x) + \mathrm{h}(x) = 0$ heißt *homogen*, wenn $\mathrm{h}(x) = 0$, andernfalls *inhomogen*. Die Lösung für die homogene Gleichung ergibt nach β) $y = C\mathrm{e}^{-\mathrm{G}(x)}$, wobei $\mathrm{G}(x) = \int\mathrm{g}(x)\,\mathrm{d}x$ ist.

Für die inhomogene Gleichung führt (nach *Bernoulli*) der Ansatz $y = uv$ mit u als Lösung der homogenen Gleichung auf

$$y = -\mathrm{e}^{-\mathrm{G}(x)}\int\mathrm{h}(x)\,\mathrm{e}^{\mathrm{G}(x)}\,\mathrm{d}x + C\mathrm{e}^{-\mathrm{G}(x)}.$$

Der erste Teil stellt eine Partikulärlösung, der zweite die Lösung der homogenen Gleichung dar, d. h. die Gesamtlösung ist die Summe aus der partikulären Lösung und der Lösung der homogenen Gleichung.

Beispiel: Für die Stromstärke I in einem Stromkreis mit Wechselstromquelle von der Spannung $U = U_0\sin\omega t$, dem Ohmschen Widerstand R und der Selbstinduktion L folgt $U = IR + L\,\mathrm{d}I/\mathrm{d}t$ oder $\mathrm{d}I/\mathrm{d}t + IR/L - U_0/L\cdot\sin\omega t = 0$. Nach vorstehendem ist also $\mathrm{g}(t) = R/L = \mathrm{const}$ und $\mathrm{h}(t) = -U_0/L\cdot\sin\omega t$, d. h. $\mathrm{G}(t) = \int\mathrm{g}(t)\,\mathrm{d}t = Rt/L = \lambda t$. Also $\psi(t) = \int\mathrm{h}(t)\mathrm{e}^{\mathrm{G}(t)}\,\mathrm{d}t = -\frac{U_0}{L}\int\mathrm{e}^{\lambda t}\sin\omega t\,\mathrm{d}t = -\frac{U_0\,\mathrm{e}^{\lambda t}}{L(\lambda^2 + \omega^2)}(\lambda\sin\omega t - \omega\cos\omega t)$ (nach Formel 22 in B. 4c, S. 91) und demnach

$$I = -\mathrm{e}^{-\lambda t}\psi(t) + C\mathrm{e}^{-\lambda t} = \frac{U_0}{L(\lambda^2 + \omega^2)}(\lambda\sin\omega t - \omega\cos\omega t) + C\mathrm{e}^{-\lambda t}.$$

Soll für $t = 0$ die Stromstärke $I = 0$ sein, so folgt $0 = -\frac{U_0\omega}{L(\lambda^2 + \omega^2)} + C$, $C = \frac{U_0\omega}{L(\lambda^2 + \omega^2)}$, also $I = \frac{U_0}{R^2 + L^2\omega^2}(R\sin\omega t - L\omega\cos\omega t) + \frac{U_0 L\omega}{R^2 + L^2\omega^2}\mathrm{e}^{-Rt/L}$.

b) Differentialgleichungen 2. und höherer Ordnung. Eine Diff.-Gl. *zweiter* Ordnung hat die Gestalt $y'' = \mathrm{f}(x, y)$ oder $\mathrm{F}(x, y', y'') = 0$. Bei der Integration treten *zwei Integrationskonstanten* auf, d. h. es müssen zwei Bedingungen gegeben sein: Sind für $x = x_0$ die Ordinate $y(x_0) = y_0$ und die Steigung $y'(x_0) = y_0'$ gegeben, so liegt ein *Anfangswertproblem* vor (vgl. Beisp. 1). Sind aber für zwei Abszissen x_1, x_2 (an den Rändern des Intervalls) die Ordinaten $y_1 = y(x_1)$ und $y_2 = y(x_2)$ gegeben oder auch $y_1 = y(x_1)$ und $y_2' = y'(x_2)$ oder eine entsprechende lineare Kombination zwischen Steigung und Ordinate, so liegt ein *Randwertproblem* vor (vgl. Beisp. 2).

α) Bei der Form $\underline{y'' = \mathrm{f}(x)}$ liefert zweimalige Integration die Lösung

$$y' = \int \mathrm{f}(x)\,\mathrm{d}x + C_1 \equiv \mathrm{F}(x); \qquad y = \int \mathrm{F}(x)\,\mathrm{d}x + C_2.$$

Beispiele: 1. Anfangswertproblem: Bei der gleichförmig beschleunigten Bewegung ist $\mathrm{d}^2 s/\mathrm{d}t^2 = a = \text{const}$ (S. 239). Für $t = 0$ soll $v = v_0$ und $s = s_0$ sein, d. h. $v = \int a\,\mathrm{d}t = at + v_0$ und ferner $s = \int v\,\mathrm{d}t = {}^1/_2\,at^2 + v_0 t + s_0$.

2. Randwertproblem: Die Diff.-Gl. der elastischen Linie (S. 380, Bild 55 d) lautet für kleine Durchbiegungen $y''(x) = M/EI$, wobei M das Biegemoment und I das Trägheitsmoment des Querschnitts ist. Für einen am Ende mit der Kraft F belasteten Freiträger gilt $M = -Fx$. Folglich wird für konstantes I:

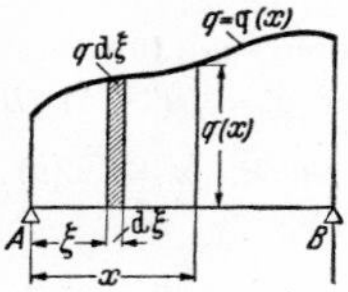

Bild 75

$$y'' = -\frac{1}{EI} Fx \text{ oder } y' = -\frac{F}{EI}\int x\,\mathrm{d}x = -\frac{Fx^2}{EI\,2} + C_1.$$

Die Randbedingungen lauten: 1. Für $x = l$ soll $y' = 0$ sein (Einspannstelle, horizontale Tangente); 2. Für $x = 0$ soll $y = 0$ sein. Aus der ersten Bedingung folgt $0 = -\frac{F}{EI}\frac{l^2}{2} + C_1$; $C_1 = \frac{F}{EI}\frac{l^2}{2}$. Nochmalige Integration liefert

$$y = -\frac{F}{2EI}\int x^2\,\mathrm{d}x + C_1\int \mathrm{d}x = -\frac{F}{2EI}\frac{x^3}{3} + C_1 x + C_2.$$

Aus der zweiten Randbedingung folgt $C_2 = 0$, und nach Einsetzen des Wertes für C_1 ergibt sich

$$y = \frac{Fl^3}{2EI}\left(\frac{x}{l} - \frac{1}{3}\frac{x^3}{l^3}\right).$$

β) Die Form $\underline{y^{(n)} = \mathrm{f}(x)}$ wird durch wiederholte Integration gelöst: $y^{(n-1)} = \int \mathrm{f}(x)\,\mathrm{d}x + C_1$ usw. Zur Bestimmung der n Integrationskonstanten $C_1, C_2, \ldots, C_n$ müssen n voneinander unabhängige Bedingungen gegeben sein.

Beispiele: 1. Träger mit veränderlicher stetiger Belastung $q = \mathrm{q}(x)$, Bild 75. Die *Querkraft Q* ist die Summe sämtlicher links (rechts) vom betrachteten Querschnitt angreifenden Kräfte (S. 374), d. h. $Q = -\int_{\xi=0}^{\xi=x} q\,\mathrm{d}\xi + A$ mit A als Auflagerkraft, d. h. es ist $\mathrm{d}Q/\mathrm{d}x = -q$, und die Integrationskonstante ist gleich A. Dabei stellt Q die Auflagerkraft A vermindert um die der Fläche unter der q-Kurve entsprechende Belastung dar.

Das *Biegemoment M* ist die algebraische Summe der statischen Momente aller links (rechts) von der Stelle x angreifenden Kräfte. Die Kraft $q\,\mathrm{d}\xi$ liefert das Moment $-(x - \xi)q\,\mathrm{d}\xi$ (S. 374 betr. Vorzeichen), so daß $M = -\int_{\xi=0}^{\xi=x} (x - \xi)q\,\mathrm{d}\xi + Ax$ ist. Nach der Regel über die Differentiation eines Integrals nach einem Parameter (S. 88) folgt $\frac{\mathrm{d}M}{\mathrm{d}x} = -\int_{\xi=0}^{\xi=x} q\,\mathrm{d}\xi + A$, d. h. es ist $\mathrm{d}M/\mathrm{d}x = Q$, und M ist die Integralkurve zur Querkraft Q. Ferner wird demnach $\mathrm{d}^2 M/\mathrm{d}x^2 = -q$, und es folgt in Verbindung mit der Differentialgleichung für die Biegelinie $y'' = -M/EI$ auch $y^{(4)} = q/EI$ und $Q = EIy'''$.

Es können somit durch wiederholte rechnerische oder zeichnerische oder instrumentelle Integration (S. 198) die Querkraft-, die Momenten- und die Biegelinie gefunden werden unter Beachtung der Randbedingungen.

2. Anwendung auf einen beiderseits eingespannten Träger mit gleichmäßig verteilter Belastung (Nr. 15, S. 392, x hier von A aus gerechnet). Aus $y^{(4)} = q/EI$ folgt $EIy''' = q(x + C_1)$. Aus Symmetriegründen muß für die Stabmitte, d. h. $x = l/2$, die Querkraft und damit $y''' = 0$ sein. Dies liefert $C_1 = -l/2$, also $EIy''' = q(x - l/2)$ und $EIy'' = EI\int y'''\,\mathrm{d}x = q\left(\frac{x^2}{2} - \frac{l}{2}x + C_2\right)$; $EIy' = EI\int y''\,\mathrm{d}x = q\left(\frac{x^3}{6} - \frac{lx^2}{4} + C_2 x + C_3\right)$. Wegen Symmetrie kann die linke Stabhälfte betrachtet werden, d. h. für $x = 0$ ist $y' = 0$, also $C_3 = 0$, und für $x = \frac{l}{2}$ ist $y' = 0$, d. h. $\frac{l^3}{8\cdot 6} - \frac{l^3}{4\cdot 4} + C_2\frac{l}{2} = 0$ oder $C_2 = \frac{l^2}{12}$ und $EIy' = \frac{q}{12}(2x^3 - 3x^2 l + l^2 x)$ oder

$y = \int y'\,dx = \frac{q}{12EI}\left(\frac{x^4}{2} - x^3 l + \frac{x^2 l^2}{2} + C_4\right)$. Für $x = 0$ ist $y = 0$, also $C_4 = 0$, und somit $y = \frac{ql^4}{24EI}\left[\left(\frac{x}{l}\right)^4 - 2\left(\frac{x}{l}\right)^3 + \left(\frac{x}{l}\right)^2\right]$.

3. Ein Seil ohne Biegesteifigkeit sei zwischen zwei festen Punkten aufgehängt und erfahre eine vertikale Belastung $q(x)$. Die Seilkurve sei in ein Koordinatensystem gelegt, dessen y-Achse senkrecht nach oben gerichtet ist, Bild 76. Dann kann die Seilkraft S in eine horizontale Komponente H und eine vertikale Komponente V zerlegt werden, und die Gleichgewichtsbedingungen für ein Seilstück P_1P_2 ergeben:
1. $\Sigma H = 0$, d. h. $H_1 - H_2 = 0$ oder $H_1 = H_2 = H = \text{const}$.
2. $\Sigma V = 0$, d. h. $V_2 - V_1 = \int q(x)\,dx$ oder, wenn der Punkt P_1 in den Punkt P_2 übergeht, auch $dV/dx = q(x)$. Da $V = H \tan\alpha = Hy'$ ist, folgt $Hy'' = q(x)$ wie unter α).

γ) Die Form $y''(x) = f[y'(x)]$ führt mit $y' = z$, $y'' = z'$ auf $z' = f(z)$, $dx = dz/f(z)$ oder $x = \int dz/f(z) + C_1 = g(z)$. Auflösung nach z liefert $z = \varphi(x) = y'$, d. h. $y = \int \varphi(x)\,dx + C_2$. — Oder: Da $dy = z\,dx = z\,dz/f(z)$ ist, wird auch $y = \int z\,dz/f(z) + C = h(z)$, und durch Elimination von z aus $g(z)$ und $h(z)$ folgt dann $y = y(x)$.

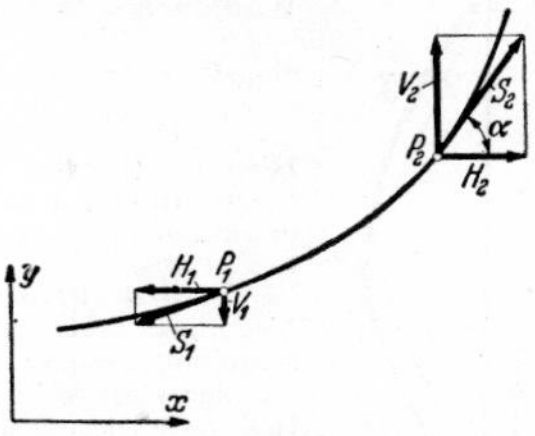

Bild 76

Beispiele: 1. Die Diff.-Gl. $y'' = a + by'$ liefert bei konstantem a und b mit $y' = z$ und $f(y') = a + by'$ nach vorstehendem $x = \int \frac{dz}{a + bz} = \frac{1}{b}\ln(a + bz) - \frac{1}{b}\ln c_1$ (wenn $C_1 = -\frac{1}{b}\ln c_1$ gesetzt wird) oder $bx = \ln\frac{a + bz}{c_1}$; $a + bz = c_1 e^{bx}$; $z = y' = \frac{c_1}{b}e^{bx} - \frac{a}{b}$, also $y = \frac{c_1}{b^2}e^{bx} - \frac{a}{b}x + c_2$.

2. *Die Kettenlinie.* Bei der Seilkurve gemäß Bild 76 und Beisp. 3 unter β) sei nur das Eigengewicht berücksichtigt. Ist dieses je Längeneinheit gleich q, so entfällt auf das Bogenelement ds der Betrag $q\,ds$, und mit $ds = \sqrt{1 + y'^2}\,dx$ ist also in der Gleichung unter β), Beisp. 3, $q(x)$ durch $q\,ds/dx = q\sqrt{1 + y'^2}$ zu ersetzen; d. h. $Hy'' = q\sqrt{1 + y'^2}$ oder mit $H/q = h$ auch $hy'' = \sqrt{1 + y'^2}$. Wird $y' = z$ gesetzt, so folgt mit $hf(y') = \sqrt{1 + y'^2}$ nach obigen Herleitungen $\frac{x}{h} = \int \frac{dz}{\sqrt{1 + z^2}} = \operatorname{arsinh} z + C_1$ (vgl. S. 89) oder $y' = z = \sinh(x/h - C_1)$. Legt man das Koordinatensystem so, daß für $x = 0$ die Tangente waagerecht liegt, also $y'(0) = 0$ ist, so muß $C_1 = 0$ sein. Es wird $y' = \sinh x/h$, und die Integration ergibt $y = \int \sinh\frac{x}{h}\,dx = h\cosh\frac{x}{h} + C_2$. Setzt man $y = h$ für $x = 0$, so bleibt $y = h\cosh\frac{x}{h}$.

δ) Die Form $y'' = f(y)$ führt nach Multiplikation mit y' auf $y''y' = f(y)\,y'$ oder $^1/_2\,d(y'^2) = f(y)\,dy$ oder $y'^2 = 2\int f(y)\,dy + C_1 \equiv G(y)$ oder aufgelöst $y' = \pm\sqrt{G(y)} = F(y)$. Daraus $x = \int \frac{dy}{F(y)} + C_2 = \varphi(y)$ oder $y = y(x)$.

Beispiele: 1. $y'' + a^2y = 0$ oder $y'' = -a^2y$ liefert hiernach $y'^2 = -2a^2\int y\,dy + C_1$ oder $y'^2 = -a^2y^2 + C_1$ und mit $C_1 = c^2a^2$ (> 0, da $y'^2 > 0$ sein muß) $y' = a\sqrt{c^2 - y^2}$ *, d. h. $\int \frac{dy}{\sqrt{c^2 - y^2}} = a\int dx$; $\arcsin y/c = ax + c_2$ mit c_2 als zweiter Integrationskonstanten; $y = c\sin(c_2 + ax) = c\sin c_2\cos ax + c\cos c_2\sin ax$ oder mit $c\sin c_2 = A$ und $c\cos c_2 = B$ auch

$$y = A\cos ax + B\sin ax;$$

Anwendungen vgl. folgendes Beispiel, ferner Schwingungslehre S. 281.

2. Anwendung auf den auf Knicken beanspruchten Stab, Bild 77. Die Diff.-Gl. hat die Form

$$d^2y/dx^2 = -M/EI.$$

Für den Punkt $Q(x, y)$ ist $M = Fy$ und daher

$$d^2y/dx^2 = -Fy/EI = -a^2y \qquad \text{mit} \qquad a^2 = F/EI.$$

Folglich ist
$$y = A\cos ax + B\sin ax.$$

Da für $x = 0$ auch $y = 0$ sein muß, Punkt a, so ist zunächst $A = 0$ und $y = B\sin ax$. Wird die Sehne ac mit s bezeichnet, so muß für $x = s/2$ die Durchbiegung $y = f$ sein, Punkt b, und für

* Das negative Vorzeichen der Wurzel ist unterdrückt; es führt zum gleichen Ergebnis.

$x = s$, $y = 0$ sein, Punkt c. Einsetzen dieser Werte in $y = B \sin ax$ ergibt: $f = B \sin (as/2)$ und $0 = B \sin (as)$. Nach der letzten Gleichung muß $as = \pi$, $as/2 = \pi/2$ und daher nach der ersten Gleichung $B = f$, mithin $y = f \sin ax$ sein. Wird die Länge der elastischen Linie mit l bezeichnet und durch den in Bild 77 gestrichelten Linienzug ersetzt, so ist

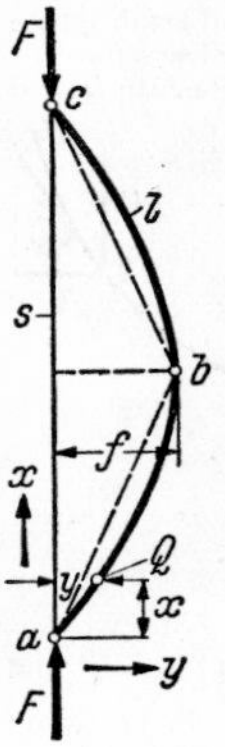

Bild 77
Zur Knickung

$$f^2 \approx (l/2)^2 - (s/2)^2 = l^2/4 - s^2/4 = l^2/4 - \pi^2/4a^2 = l^2/4 - \pi^2 E\,I/4F$$

und daher $\qquad f^2/l^2 = {}^1/_4(1 - \pi^2 E\,I/F l^2), \qquad f/l = {}^1/_2 \sqrt{1 - \pi^2 E\,I/F l^2}.$

Wird die *Euler*sche Knickkraft

$$K = \pi^2 E\,I/l^2$$

eingeführt (S. 413), so ist

$$f/l = {}^1/_2 \sqrt{1 - K/F}.$$

Hieraus folgt: Ist die Last F kleiner als K, so wird f imaginär; ist $F = K$, so ist $f = 0$. In beiden Fällen ist keine Durchbiegung möglich, der Stab behält seine ursprüngliche gerade Form bei. Ist aber $F > K$, so wird f reell und der Stab knickt aus.

Diese Herleitung gibt nur ein *qualitativ* richtiges Bild. Denn für größere Durchbiegungen und solche, die die Proportionalitätsgrenze des Materials (S. 352) überschreiten, die also das *Hooke*sche Gesetz (S. 352) nicht mehr erfüllen, gilt die Diff.-Gl. der elastschen Linie in der obigen Form nicht mehr. Für eine quantitativ richtige Näherungslösung muß auf die strenge Diff.-Gl. $\varrho = -E\,I/M$ (S. 380) zurückgegriffen werden.

ε) *Homogene lineare Differentialgleichungen* mit konstanten Koeffizienten haben die Form

$$y^{(n)} + a_{n-1} y^{(n-1)} + \cdots + a_1 y' + a_0 y = 0.$$

Geht man mit dem Ansatz $y = e^{\alpha x}$ in die Gleichung ein, so folgt, da $y^{(n)} = \alpha^n e^{\alpha x}$ ist, für die Bestimmung der α eine Gleichung n-ten Grades

$$\alpha^n + a_{n-1}\alpha^{n-1} + \cdots + a_1 \alpha + a_0 = 0$$

mit den Lösungen $\alpha_1, \alpha_2, \ldots, \alpha_n$. Dann sind $y_1 = e^{\alpha_1 x}$, $y_2 = e^{\alpha_2 x}, \ldots$ die Partikulärlösungen, und die Gesamtlösung ist gegeben durch

$$y = C_1 e^{\alpha_1 x} + C_2 e^{\alpha_2 x} + \cdots + C_n e^{\alpha_n x},$$

wobei die Konstanten $C_1, C_2, \ldots$ aus den Anfangs- oder Randbedingungen folgen.

Treten mehrfache Lösungen auf, z. B. $\alpha_1 = \alpha_2 = \cdots \alpha_\nu = \alpha$, während die anderen α voneinander verschieden sind, so wird

$$y = (C_1 + C_2 x + C_3 x^2 + \cdots + C_\nu x^{\nu-1}) e^{\alpha x} + C_{\nu+1} e^{\alpha_{\nu+1} x} + \cdots C_n e^{\alpha_n x}.$$

Da komplexe Lösungen konjugiert auftreten, so lassen sich vermöge der *Euler*schen Formeln entsprechende Glieder zu reellen Gliedern zusammenfassen:

Beispiel: Gesucht die Lösung der Diff.-Gl.

$$y'' + 2by' + a^2 y = 0.$$

Der Ansatz $y = e^{\alpha x}$ führt auf $\alpha^2 + 2\alpha b + a^2 = 0$, woraus die Lösungen

$$\alpha_1 = -b + \sqrt{b^2 - a^2} \qquad \text{und} \qquad \alpha_2 = -b - \sqrt{b^2 - a^2}$$

folgen. Damit sind $y_1 = e^{\alpha_1 x}$ und $y_2 = e^{\alpha_2 x}$ zwei partikuläre Lösungen der Diff.-Gl.:

1. Ist $b^2 > a^2$, so werden die Werte α_1, α_2 negativ oder positiv, je nachdem $b > 0$ oder $b < 0$. Im ersten Fall liegt ein aperiodisch gedämpfter Vorgang vor, im zweiten Fall wächst y mit zunehmendem x.

2. Ist $b^2 < a^2$, so werden die Lösungen komplex, d. h. $\alpha_1 = -b + i\delta$, $\alpha_2 = -b - i\delta$, wo $\delta = \sqrt{a^2 - b^2}$, und damit

$$y_1 = e^{-bx} e^{i\delta x} = e^{-bx}(\cos \delta x + i \sin \delta x), \qquad y_2 = e^{-bx} e^{-i\delta x} = e^{-bx}(\cos \delta x - i \sin \delta x).$$

Weitere partikuläre Lösungen sind dann

$$y_3 = (y_1 + y_2)/2 = e^{-bx} \cos \delta x, \qquad y_4 = (y_1 - y_2)/2i = e^{-bx} \sin \delta x.$$

Das allgemeine Integral ist, wenn C_1 und C_2 Integrationskonstanten sind,

$$y = C_1 y_3 + C_2 y_4 = e^{-bx}(C_1 \cos \delta x + C_2 \sin \delta x).$$

Mit $C_1 = C \sin \varepsilon$ und $C_2 = C \cos \varepsilon$, also C und ε als Integrationskonstanten kann auch geschrieben werden

$$y = C e^{-bx} \sin (\delta x + \varepsilon).$$

Es ergibt sich dann ein periodisch gedämpfter oder periodisch angefachter Vorgang, je nachdem $b > 0$ oder $b < 0$. Vgl. Bild 148, S. 150, für $b > 0$.

Der Sonderfall von Beisp. 1 unter δ) ist hierin für $b = 0$ enthalten.

3. Ist $b^2 = a^2$, so fallen die Lösungen zusammen, d. h. es ist $\alpha_1 = \alpha_2 = -b$, und nach obigem wird, wie sich auch durch Einsetzen prüfen läßt,

$$y = (C_1 + C_2 x)\,e^{-bx}$$

als Grenzfall zwischen periodischem und aperiodischem Vorgang. Anwendungen vgl. Schwingungslehre S. 283.

ζ) Bei der *inhomogenen linearen Differentialgleichung* mit konstanten Koeffizienten von der Form

$$y^{(n)} + a_{n-1}y^{(n-1)} + \cdots + a_1 y' + a_0 y = h(x)$$

steht rechts die Störungsfunktion $h(x)$; zur Lösung führt wie oben der Ansatz

$$y = \sum_{m=1}^{m=n} C_m y_m \quad \text{mit} \quad y_m = e^{\alpha_m x}$$

als Lösung der homogenen Gleichung, wobei aber die C_m *keine* Konstanten sondern Funktionen von x sind (*Variation der Konstanten*). Ihre Ableitungen $C_1', C_2', \ldots, C_n'$ lassen sich aus den folgenden n linearen Gleichungen ermitteln:

$$\begin{aligned} C_1'y_1 + C_2'y_2 + \cdots + C_n'y_n &= 0 \\ C_1'y_1' + C_2'y_2' + \cdots + C_n'y_n' &= 0 \\ \cdot\;\cdot\;\cdot\;\cdot\;\cdot\;\cdot\;\cdot\;\cdot\;\cdot\;\cdot\;\cdot\;\cdot \\ C_1'y_1^{(n-1)} + C_2'y_2^{(n-1)} + \cdots + C_n'y_n^{(n-1)} &= h(x). \end{aligned}$$

Sind die $C_1', C_2', \ldots$ berechnet, so folgen die C_1, C_2 durch einfache Integration. — Häufig führen aber die folgenden Wege zum Ziel:

1. Ist $h(x)$ eine trigonometrische Summe (Summe aus cos- und sin-Gliedern; S. 176), so wird

$$y = C_1 y_1 + C_2 y_2 + \cdots C_n y_n + H(x),$$

worin die C_i Konstanten sind und $H(x)$ eine trigonometrische Summe darstellt, deren Koeffizienten durch Einsetzen von y in die Diff.-Gl. und durch Koeffizientenvergleich gefunden werden (vgl. Beispiel).

2. Ist $h(x)$ eine ganze rationale Funktion m-ten Grades, so gilt der gleiche Ansatz, nur ist $H(x)$ eine ganze rationale Funktion m-ten Grades, deren Koeffizienten in gleicher Weise gefunden werden.

Beispiel: Die Diff.-Gl. der gedämpften erzwungenen Schwingung für ein Einmassensystem führt auf die Form

$$\ddot{y} + 2b\dot{y} + a^2 y = r \sin \omega t$$

(die Punkte bedeuten Ableitungen nach der Zeit) und fordert nach obigem den Ansatz

$$y = (C_1 y_1 + C_2 y_2) + A \cos \omega t + B \sin \omega t,$$

wobei der erste Anteil gemäß Beispiel unter ε) ermittelt werden kann. Durch Einsetzen von y in die Diff.-Gl. folgt

$$(-A\omega^2 + 2\omega b B + a^2 A)\cos \omega t + (-B\omega^2 - 2\omega b A + a^2 B)\sin \omega t = r \sin \omega t.$$

Durch Vergleich entsprechender Koeffizienten von $\cos \omega t$ bzw. $\sin \omega t$ folgt

$$\begin{aligned} A(a^2 - \omega^2) + 2\omega b B &= 0, \\ -2\omega b A + B(a^2 - \omega^2) &= r. \end{aligned}$$

Diese beiden Gleichungen mit den Unbekannten A und B ergeben

$$A = -\frac{2\,\omega b r}{D}, \quad B = \frac{r(a^2 - \omega^2)}{D}, \quad \text{worin } D = (a^2 - \omega^2)^2 + 4b^2\omega^2;$$

vgl. Schwingungslehre S. 282.

2. Partielle Differentialgleichungen

a) Definition vgl. S. 106, vgl. ferner S. 79. So ist z. B. $F(z_x, z_y, z, x, y)$ die *allgemeinste Form der partiellen Diff.-Gl. 1. Ordnung* für eine Funktion $z(x, y)$ der zwei unabhängig Veränderlichen x und y. Jede Funktion $z(x, y)$, die, in die Diff.-Gl. eingesetzt, diese identisch erfüllt, ist eine Lösung (ein „Integral") der Diff.-Gl. Eine solche wird schon als gelöst angesehen, wenn sie auf die Lösung einer gewöhnlichen Diff.-Gl. zurückgeführt werden kann.

Beispiele: 1. Gesucht die Flächen, welche die Diff.-Gl. $z_x = 0$ erfüllen. Ihre Lösung ist $z = w(y)$, wobei $w(y)$ eine beliebige Funktion von y ist. Dies ist ein Zylinder, der eine beliebige Kurve in der y,z-Ebene als Basis hat.

2. Gesucht die Lösung von $z_{xx} = 0$. Einmalige Integration hinsichtlich x liefert $z_x = w(y)$ und Wiederholung $z = x\,w(y) + v(y)$, wobei w und v willkürliche Funktionen von y sind.

3. Die Diff.-Gl. $z_{xx} + z = 0$ kann als gewöhnliche Differentialgleichung von der Form $z'' + z = 0$ behandelt werden, deren Lösung $z = A\cos x + B\sin x$ ist. Für die partielle Diff.-Gl. folgt aber, daß A und B Funktionen von y sind, so daß

$$z = \mathrm{A}(y)\cos x + \mathrm{B}(y)\sin x$$

wird, wie sich auch durch Einsetzen prüfen läßt.

b) Für die Anwendungen bedeutsam sind besonders die **linearen partiellen Differentialgleichungen 2. Ordnung** von der Form

$$a z_{xx} + b z_{xy} + c z_{yy} + d z_x + e z_y + f z = 0,$$

worin $a, \ldots f$ Konstanten sind.

Diese läßt sich durch eine reelle Transformation der unabhängig Veränderlichen auf die folgenden Formen zurückführen:

$$\begin{aligned} &u_{xy} + A u_x + B u_y + C u = 0 \quad \text{(hyperbolisch)},\\ &u_{xx} + u_{yy} + A u_x + B u_y + C u = 0 \quad \text{(elliptisch)},\\ &u_{xx} + A u_x + B u_y + C u = 0 \quad \text{(parabolisch)}.\end{aligned}$$

c) Die **wichtigsten** in der *Technik* vorkommenden **Differentialgleichungen** werden nach der *Methode der Partikulärlösungen* von *Bernoulli* gelöst, wie in den folgenden Beispielen gezeigt.

α) *Die Differentialgleichung der schwingenden Saite* lautet

$$\partial^2 y/\partial t^2 = a^2 \partial^2 y/\partial x^2.$$

Hierin ist y die transversale Verschiebung, welche ein Punkt der Saite mit der Abszisse x zur Zeit t erfährt; $a^2 = S/\varrho$, S = Spannung und ϱ = spez. Masse oder Dichte.

Die Saite sei an den Enden ($x = 0$ und $x = l$) eingespannt und zur Zeit $t = 0$ gemäß dem Gesetz $\mathrm{f}(x)$ ausgelenkt. Die Anfangsgeschwindigkeit sei gleich 0. — Der Ansatz (nach *Bernoulli*) $y = \mathrm{v}(x)\mathrm{T}(t)$ führt auf $\frac{1}{a^2}\frac{T''(t)}{T} = \frac{v''(x)}{v}$, und dieser Quotient muß konstant sein, er wird gleich $-\lambda^2$ gesetzt. Also bleiben die gewöhnlichen Differentialgleichungen

$$\mathrm{d}^2 v/\mathrm{d}x^2 + \lambda^2 v = 0 \quad (1) \qquad \text{und} \qquad \mathrm{d}^2 T/\mathrm{d}t^2 + a^2\lambda^2 T = 0 \quad (2).$$

Die Lösung von (1) liefert $v = A\cos\lambda x + B\sin\lambda x$. Da für $x = 0$ und $x = l$ die Ordinate $y = 0$ sein soll, also auch $v = 0$ ist, folgt $A = 0$ und $\sin\lambda l = 0$, d. h. $\lambda = n\pi/l$, $n = 1, 2, \ldots$ (Die Randbedingungen bestimmen hiernach nur *eine* Konstante, aber außerdem den „Eigenwert" λ^2 dieses „Eigenwertproblems"). Damit ist $v = v_n \sin(n\pi x/l)$, $n = 1, 2, \ldots$, wenn $B = 1$ gesetzt wird (v_n ist die n-te „Eigenfunktion").

Die Diff.-Gl. (2) ergibt nach Einsetzen von λ die Lösung

$$T = T_n = A_n \cos\omega_n t + B_n \sin\omega_n t, \qquad \omega_n = n\pi a/l.$$

Damit sind unendlich viele partikuläre Lösungen

$$y_n = (A_n\cos\omega_n t + B_n\sin\omega_n t)\sin(n\pi x/l), \qquad n = 1, 2, \ldots$$

gefunden, welche die Randbedingungen $y(0) = y(l) = 0$ erfüllen. Zu $n = 1$ gehört der Grundton, zu $n = 2, 3, \ldots$ gehören die harmonischen Obertöne, und die Knotenpunkte liegen bei $x = l/n$, $2l/n, \ldots (n-1)l/n$. Auch $u = \Sigma y_n$ ist eine Lösung.

Um die Anfangsbedingungen zu erfüllen, muß $B_n = 0$ und $\mathrm{f}(x) = \sum_{n=1}^{n=\infty} A_n \sin(n\pi x/l)$ sein. Zur Ermittlung der A_n hat man also $\mathrm{f}(x)$ durch eine Fourierreihe darzustellen (S. 176), es ist

$$A_n = \frac{2}{l}\int_0^l \mathrm{f}(x)\sin\frac{n\pi x}{l}\,\mathrm{d}x.$$

Auf die gleiche Diff.-Gl. führen die *Längs-* und die *Torsionsschwingungen* von Stäben. Dann ist $a^2 = E/\varrho$ bzw. $a^2 = G/\varrho$, E = Elastizitätsmodul, G = Gleitmodul. Bei Torsionsschwingungen ist kreis- bzw. kreisringförmiger Querschnitt vorausgesetzt, vgl. a. S. 289 (Dynamik).

β) *Die Differentialgleichung für die Biegeschwingungen von Stäben* führt auf die partielle Diff.-Gl. 4. Ordnung

$$a^4\partial^2 y/\partial t^2 + \partial^4 y/\partial x^4 = 0.$$

y = Auslenkung zur Zeit t an der Stelle x; $a^4 = \varrho F/EI$, ϱ = Dichte, F = Querschnitt, E = Elastizitätsmodul, I = Trägheitsmoment des Querschnitts.

Die Lösung, wieder mit dem Ansatz von *Bernoulli* $y = \mathrm{v}(x)\mathrm{T}(t)$, liefert

$$a^4\mathrm{T}''(t)/\mathrm{T} = -\mathrm{v}^{(4)}/\mathrm{v} = -\lambda^4$$

oder die gewöhnlichen Diff.-Gln.

$$T''(t) + (\lambda/a)^4 T(t) = 0 \quad \text{und} \quad v^{(4)}(x) - \lambda^4 v(x) = 0.$$

Die erste führt auf $T = A\cos\omega t + B\sin\omega t$, $\omega = (\lambda/a)^2$, die zweite (nach E 1 b ε) auf

$$v = C_1\cos\lambda x + C_2\sin\lambda x + C_3\cosh\lambda x + C_4\sinh\lambda x.$$

Die Werte von λ folgen aus den Randbedingungen (Art der Einspannung an den Enden). Ist der Stab an beiden Enden frei gelagert, so ist $v(0) = v(l) = 0$ und $v''(0) = v''(l) = 0$, da dort die v'' proportionalen Momente verschwinden müssen. Dies liefert $C_1 = C_3 = C_4 = 0$ und $\sin\lambda l = 0$, d. h. $\lambda = n\pi/l$, $n = 1, 2, \ldots$ (vgl. oben), also

$$\omega = \omega_n = (n\pi/al)^2; \quad y_n = (A_n\cos\omega_n t + B_n\sin\omega_n t)\sin(n\pi x/l) \quad \text{mit} \quad C_2 = 1.$$

γ) Die Differentialgleichung für die Schwingungen einer Membran

$$\partial^2 u/\partial t^2 = a^2(\partial^2 u/\partial x^2 + \partial^2 u/\partial y^2)$$

mit $a^2 = S/\varrho$, S = Spannung, ϱ = Dichte, führt, wenn die Umrandung ein *Rechteck* von den Seiten p und q ist, mit dem Ansatz $u = T(t)\,v(x)\,w(y)$ auf

$$u = \sum_{m,n}^{1,\ldots\infty} [A_{mn}\cos(\omega_{mn}t) + B_{mn}\sin(\omega_{mn}t)]\sin(m\pi x/p)\cdot\sin(n\pi y/q),$$

wobei $\omega_{mn} = a\pi\sqrt{m^2/p^2 + n^2/q^2}$ ist. Die Anfangsbedingungen $u = f(x, y)$ und $\partial u/\partial t = g(x, y)$ für $t = 0$ liefern für die A_{mn}, B_{mn} zweifache Integrale gemäß einer zweidimensionalen Fourieranalyse. — Bei *kreisförmiger* Umrandung bringen Polarkoordinaten $x = r\cos\varphi$ und $y = r\sin\varphi$ die obige Gleichung auf die Form

$$\frac{\partial^2 u}{\partial t^2} = a^2\left(\frac{\partial^2 u}{\partial r^2} + \frac{1}{r^2}\frac{\partial^2 u}{\partial\varphi^2} + \frac{1}{r}\frac{\partial u}{\partial r}\right).$$

Der *Bernoulli*sche Ansatz $u = T(t)\,v(\varphi)\,w(r)$ führt mit $T''(t) = d^2T/dt^2$, $w'(r) = dw/dr$, $w''(r) = d^2w/dr^2$, $v''(\varphi) = d^2v/d\varphi^2$ auf

$$\frac{T''(t)}{a^2 T} = \frac{1}{r^2}\left[\frac{w''(r)\cdot r^2 + w'(r)\cdot r}{w} + \frac{v''(\varphi)}{v}\right] = \text{const} = -\lambda^2.$$

Da die Gleichheit der beiden Differentialformen für *jedes* Argument erfüllt sein muß, muß jeder Ausdruck konstant sein. Die Konstante wird zweckmäßig gleich $-\lambda^2$ gesetzt. Ebenso ist $v''(\varphi)/v$ = const, und die Konstante wird zweckmäßig gleich $-n^2$ gesetzt. Dann erhält man die gewöhnlichen Differentialgleichungen

$$T''(t) + \omega^2 T(t) = 0 \quad v''(\varphi) + n^2 v(\varphi) = 0; \quad r^2 w''(r) + r w'(r) + (r^2\lambda^2 - n^2) w(r) = 0,$$

wobei $\omega = a\lambda$; diese haben die Lösungen

$$T = A\cos\omega t + B\sin\omega t; \quad v = \overline{A}\cos n\varphi + \overline{B}\sin n\varphi; \quad w = J_n(\lambda r),$$

wobei J_n die *Bessel*sche Funktion erster Art ist (S. 100). Die *Bessel*sche Funktion zweiter Art, die an sich auch die *Bessel*sche Diff.-Gl. für w befriedigt, ist hier keine partikuläre Lösung, weil für $r = 0$ die Auslenkung u endlich sein muß. Da v die Periode 2π (aus Symmetriegründen) haben muß, ist $n = 1, 2, \ldots$, und da am Rande $r = r_0$ die Auslenkung $u = 0$ sein muß, führt die transzendente Gleichung $J_n(\lambda r_0) = 0$ oder $J_n(\alpha) = 0$ mit $\lambda = \alpha/r_0$ zur Ermittlung der λ- bzw. α-Werte. Ein partikuläres Integral der partiellen Diff.-Gl. ist somit

$$u = (A\cos\omega t + B\sin\omega t)(\overline{A}\cos n\varphi + \overline{B}\sin n\varphi)\,J_n(\alpha r/r_0),$$

wobei $\omega = \omega_{mn} = \alpha_{mn}a/r_0$, da für jedes n die Gleichung $J_n(\alpha)$ unendlich viele Lösungen α_{mn}, $m = 1, 2, \ldots$ hat.

δ) Die Differentialgleichung der Wärmeleitung in einem Stab führt, wenn dessen Querschnittdimensionen klein gegen die Länge sind, auf

$$\partial\vartheta/\partial t = a^2\partial^2\vartheta/\partial x^2 - \beta^2\vartheta + \delta^2,$$

worin ϑ die Übertemperatur gegenüber der Umgebung zur Zeit t an der Stelle x ist ($0 \leqq x \leqq l$) und a, β, δ Konstanten sind.

Die Gleichung wird mit $\vartheta = \delta^2/\beta^2 + e^{-\beta^2 t} w(x, t)$ auf $\partial w/\partial t = a^2\partial^2 w/\partial x^2$ gebracht, und der Ansatz $w = v(t)\,u(x)$ liefert die gewöhnlichen Diff.-Gln. $v' + \lambda^2 a^2 v = 0$ und $u'' + \lambda^2 u = 0$ mit den Lösungen $v = C e^{-\lambda^2 a^2 t}$, $u = A\cos\lambda x + B\sin\lambda x$.

Die Randbedingungen $\vartheta(0, t) = \vartheta(l, t)$, d. h. $w(0, t) = w(l, t) = 0$, und die Bedingung über die anfängliche Temperaturverteilung

$$\vartheta(x, 0) = f(x), \quad \text{d. h.} \quad w(x, 0) = g(x) = f(x) - \delta^2/\beta^2$$

führen mit $C = 1$ auf $w = \sum_{n=1}^{n=\infty} B_n e^{-\lambda_n^2 a^2 t}\sin\lambda_n x$; $\lambda_n = n\pi/l$, $n = 1, 2, \ldots$, wobei B_n als Fourierkoeffizient der Entwicklung von $g(x) = \sum_{n=1}^{n=\infty} B_n\sin\lambda_n x$ erscheint.

ε) Die Lösung der *Potentialgleichung* $\Phi_{xx} + \Phi_{yy} = 0$ oder $\Delta\Phi = 0$ (vgl. S. 103 u. 157) wird durch $\Phi = \mathrm{w}(x + \mathrm{i}y) + \mathrm{v}(x - \mathrm{i}y)$ gegeben, d. h. alle Funktionen eines komplexen Argumentes $x + \mathrm{i}y$ sind demnach Lösungen, also auch Real- und Imaginärteil dieser Funktionen und ihrer linearen Kombinationen. — Der Ansatz $\Phi = \mathrm{e}^{\alpha x + \beta y}$ liefert $\beta = \pm \mathrm{i}\alpha$, also $\Phi = \mathrm{e}^{\alpha(x \pm \mathrm{i}y)} = \mathrm{e}^{\alpha x}(\cos \alpha y \pm \mathrm{i} \sin \alpha y)$, so daß für jedes Wertetripel α, A, B auch $\Phi = \mathrm{e}^{\alpha x}(A \cos \alpha y + B \sin \alpha y)$ eine Lösung der Potentialgleichung ist.

F. Variationsrechnung

Literatur: 1. *Baule, B.:* Die Mathematik des Naturforschers u. Ingenieurs, Bd. V: Variationsrechnung, 5. Aufl. Leipzig: Hirzel 1958. — 2. *Bolza, O.:* Vorlesungen über Variationsrechnung. Leipzig: Koehler u. Amelang 1949. — 3. *Grüss, G.:* Variationsrechnung. 2. Aufl. Leipzig: Quelle u. Meyer 1955.

Gegenüber den Maximum- und Minimumaufgaben der Differentialrechnung (S. 82), bei denen die Werte von Variablen gesucht wurden, die eine Funktion zu einem Extrem machen, wird bei der Variationsrechnung nach denjenigen *Funktionen* gesucht, die ein bestimmtes Integral zum Extrem machen.

1. Die einfachsten Variationsprobleme

a) Eulersche Differentialgleichung. Gegeben zwei Punkte $P_1(x_1, y_1)$, $P_2(x_2, y_2)$ in der x, y-Ebene, gesucht ist diejenige Funktion $y = y_0(x)$, welche das Integral

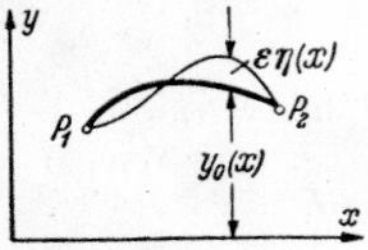

Bild 78

$$J = \int_{x_1}^{x_2} \mathrm{F}(x, y, y')\, \mathrm{d}z$$

zu einem *Extrem* macht. Die gesuchte Funktion heißt „*Extremale*". Die Funktion F soll die üblichen Stetigkeitsbedingungen im Intervall $x_1 \leqq x \leqq x_2$ erfüllen.

Ändert man die Extremale $y_0(x)$ durch Hinzufügen einer Kurve $\varepsilon\eta(x)$, wobei η für $x = x_1$ und für $x = x_2$ gleich Null sein muß, damit auch $y_0 + \varepsilon\eta(x)$ durch P_1 und P_2 hindurchgeht, Bild 78, so muß das Integral für diese neue Kurve einen kleineren bzw. größeren Wert haben, je nachdem jenes für $y = y_0(x)$ ein Maximum bzw. Minimum hat. ε ist ein noch freier Parameter. Jetzt wird $J(\varepsilon) = \int_{x_1}^{x_2} [\mathrm{F}(x, y_0 + \varepsilon\eta, y_0' + \varepsilon\eta')]\, \mathrm{d}x$, wobei $y = y_0 + \varepsilon\eta$, $y' = y_0' + \varepsilon\eta'$ ist. Für $\varepsilon = 0$ muß J ein Extrem haben, d. h. die Ableitung $J'(\varepsilon)$ muß für $\varepsilon = 0$ verschwinden. Die Integrationsgrenzen sind fest, also kann unter dem Integralzeichen differentiiert werden (S. 88):

$$J'(\varepsilon) = \int_{x_1}^{x_2} [\mathrm{F}_y(x, y_0 + \varepsilon\eta, y_0' + \varepsilon\eta')\eta + \mathrm{F}_{y'}(x, y_0 + \varepsilon\eta, y_0' + \varepsilon\eta')\eta']\, \mathrm{d}x,$$

wobei $\mathrm{F}_y = \partial F/\partial y$, $\mathrm{F}_{y'} = \partial F/\partial y'$ bedeuten. Es muß also

$$J'(0) = \int_{x_1}^{x_2} [\mathrm{F}_y(x, y_0, y_0')\eta + \mathrm{F}_{y'}(x, y_0, y_0')\eta']\, \mathrm{d}x \equiv 0$$

sein. Durch Teilintegration beim zweiten Summanden ergibt sich

$$\int_{x_1}^{x_2} \left[\mathrm{F}_y - \frac{\mathrm{d}}{\mathrm{d}x} \mathrm{F}_{y'}\right] \eta(x)\, \mathrm{d}x + \mathrm{F}_{y'}\eta(x) \Big|_{x_1}^{x_2} = 0.$$

Das letzte Glied verschwindet, da $\eta(x_1) = \eta(x_2) = 0$, und das Integral kann für jede zugelassene Funktion $\eta(x)$ nur dann gleich Null sein, wenn der Integrand gleich Null ist, d. h. es muß sein

$$\mathrm{F}_y - \frac{\mathrm{d}}{\mathrm{d}x} \mathrm{F}_{y'} = 0 \quad (\textit{Euler}\text{sche } \textit{Differentialgleichung}).$$

Da F eine gegebene Funktion von x, y, y' ist, liegt eine gewöhnliche Diff.-Gl. 2. Ordnung vor.

b) Oft ist die Darstellung in **Parameterform** (S. 79) zweckmäßig. Dann muß

$$J = \int_{t_1}^{t_2} \mathrm{F}(x, y, \dot{x}, \dot{y})\, \mathrm{d}t$$

ein Extrem werden, und man erhält die beiden *Euler*schen Diff.-Gln.

$$F_x - \frac{d}{dt} F_{\dot{x}} = 0, \qquad F_y - \frac{d}{dt} F_{\dot{y}} = 0,$$

die nicht unabhängig voneinander sind. Je nach Art der Aufgabe kann es zweckmäßig sein, x oder y oder eine andere Veränderliche als Parameter zu wählen. Eine Parameterdarstellung ist besonders bei räumlichen Problemen zweckmäßig, wenn also $\int_{t_1}^{t_2} F(x, y, z, \dot{x}, \dot{y}, \dot{z})\, dt$ ein Extrem werden soll.

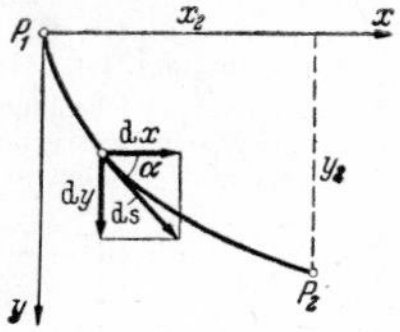

Bild 79

Beispiel: Gegeben zwei Punkte $P_1(x_1, y_1)$ und $P_2(x_2, y_2)$ in einer vertikalen Ebene. Gesucht ist die zwischen P_1 und P_2 gelegene Kurve, auf welcher ein nur der Schwere unterworfener punktförmiger Körper in der kürzesten Zeit von P_1 nach P_2 gelangt (Brachistochrone). Die Anfangsgeschwindigkeit sei Null, und P_1 falle mit dem Ursprung des gewählten Koordinatensystems zusammen, Bild 79. Da $ds = \sqrt{\dot{x}^2 + \dot{y}^2}\, d\tau$ ist, mit zunächst noch nicht festgelegter Bedeutung des Parameters τ, und die Geschwindigkeit $ds/dt = \sqrt{2gy}$ beträgt, muß die Zeit

$$t = \int \frac{ds}{v} = \frac{1}{\sqrt{2g}} \int_{\tau_1}^{\tau_2} \sqrt{\frac{\dot{x}^2 + \dot{y}^2}{y}}\, d\tau \quad \text{oder das Integral} \quad \int_{\tau_1}^{\tau_2} \sqrt{\frac{\dot{x}^2 + \dot{y}^2}{y}}\, d\tau = \int F(y, \dot{x}, \dot{y})\, d\tau$$

ein Minimum werden. Die *Euler*sche Diff.-Gl. $F_x - \frac{d}{d\tau} F_{\dot{x}} = 0$ führt, da $F_x = 0$, auf $F_{\dot{x}} = a = \text{const}$ oder auf $\frac{\dot{x}}{\sqrt{(\dot{x}^2 + \dot{y}^2)y}} = a$ (1). Ist z. B. $a = 0$, so muß $x = \text{const}$ sein (vertikale Gerade). Ist $a \neq 0$, so sei der Tangentenwinkel α als Parameter τ eingeführt, wonach $\dot{x}/\sqrt{\dot{x}^2 + \dot{y}^2} = dx/ds = \cos\alpha$ (2) und $\dot{y} = \dot{x}\tan\alpha$ (3) ist. Nach (1) und (2) wird $y = (1/a)^2 \cos^2 a = (1 + \cos 2\alpha)/2a^2$ (4), und Differentiieren von (4) nach α liefert $\dot{y} = -\frac{1}{a^2}\sin 2\alpha$ und Einsetzen in (3) $\dot{x} = \dot{y}\cot\alpha = -\frac{2}{a^2}\cos^2\alpha$ oder Integration $x = \int \dot{x}\, d\alpha = -\frac{1}{a^2}\left(\alpha + \frac{1}{2}\sin 2\alpha\right) + C$ (5) mit C als Integrationskonstante. Führt man jetzt noch in (4) und (5) statt α den Parameter $\beta = 2\alpha + \pi$ ein, so bleibt, wenn man beachtet, daß für $x = 0$ auch $y = 0$, also $\beta = 0$ sein soll,

$$x = \frac{1}{2a^2}(\beta - \sin\beta); \quad y = \frac{1}{2a^2}(1 - \cos\beta) \quad (6).$$

Die gesuchte Kurve ist eine gewöhnliche Zykloide (S. 143), die durch Abrollen des Kreises vom Radius $R = a^2/2$ auf der x-Achse entsteht. In P_1 liegt die Spitze der Zykloide.

Aus $y(x_2) = y_2$ folgt a und damit R. Soll z. B. $y_2 = 2x_2/\pi$ sein, so folgt $\beta_2 = \pi$ und $R = y_2/2$, und P_2 liegt im Scheitel der Kurve. Für die Zeit t folgt dann $t_{\min} = \pi\sqrt{y_2/2g}$, während z. B. für Bewegung auf der Geraden P_1P_2 der größere Wert $t = t_{\min}\sqrt{1 + (2/\pi)^2}$ folgt.

2. Isoperimetrische Probleme

Ursprünglich handelte es sich um die Aufgabe, mit einer Kurve gegebener Länge eine möglichst große Fläche zu umgrenzen; man versteht jetzt darunter aber jedes *Variationsproblem* mit einer *Nebenbedingung* in *Integralform*:

$$J = \int_{t_1}^{t_2} F(x, y, \dot{x}, \dot{y})\, dt = \text{Extrem}; \quad \text{Nebenbedingung} \int_{t_1}^{t_2} G(x, y, \dot{x}, \dot{y})\, dt = k,$$

wobei wie oben $x(t_1) = x_1$, $y(t_1) = y_1$, $x(t_2) = x_2$, $y(t_2) = y_2$. Die Lösung führt wiederum auf zwei *Euler*sche Diff.-Gln. von der Form

$$H_x - \frac{d}{dt} H_{\dot{x}} = 0 \quad (1) \qquad \text{und} \qquad H_y - \frac{d}{dt} H_{\dot{y}} = 0 \quad (2),$$

wobei aber $H = F - \lambda G$ (3) ist und λ einen *konstanten* Faktor, den *Lagrange*schen Multiplikator bedeutet.

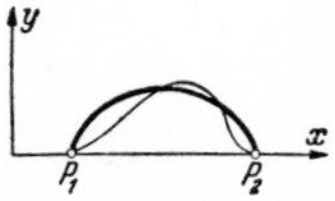

Bild 80

Beispiele: 1. Es soll zwischen zwei auf der x-Achse befindliche Punkte P_1, P_2 eine Kurve von gegebener Länge L so gelegt werden, daß mit der x-Achse eine möglichst große Fläche eingeschlossen wird, Bild 80:

$$\int_{x_1}^{x_2} y\, dx = \int_{t_1}^{t_2} y\dot{x}\, dt = \text{Extrem}; \qquad \text{Nebenbedingung} \int_{x_1}^{x_2} ds = \int_{t_1}^{t_2} \sqrt{\dot{x}^2 + \dot{y}^2}\, dt = L.$$

Also ist $\mathrm{H} = \mathrm{F} - \lambda\mathrm{G} = y\dot{x} - \lambda\sqrt{\dot{x}^2 + \dot{y}^2}$. Die *Euler*schen Gleichungen ergeben, da $\mathrm{H}_x = 0$, $\mathrm{H}_{\dot{x}} = y - \lambda \frac{\dot{x}}{\sqrt{\dot{x}^2 + \dot{y}^2}} = y - \lambda \frac{\dot{x}}{\dot{s}}$ und $\mathrm{H}_y = \dot{x}$, $\mathrm{H}_{\dot{y}} = -\lambda \frac{\dot{y}}{\sqrt{\dot{y}^2 + \dot{x}^2}} = -\lambda \frac{\dot{y}}{\dot{s}}$ wird, $-\dot{y} + \lambda \frac{\mathrm{d}}{\mathrm{d}t}(\dot{x}/\dot{s}) = 0$ und $\dot{x} + \lambda \frac{\mathrm{d}}{\mathrm{d}t}(\dot{y}/\dot{s}) = 0$ oder nach Integration $y + C_2 = \lambda\dot{x}/\dot{s}$, $x + C_1 = -\lambda\dot{y}/\dot{s}$. Da aber mit α als Tangentenwinkel (vgl. Beispiel zu 1b) $\dot{x}/\dot{s} = \cos\alpha$ und $\dot{y}/\dot{s} = \sin\alpha$ ist, folgt $y + C_2 = \lambda\cos\alpha$, $x + C_1 = -\lambda\sin\alpha$, also ein Kreis vom Radius λ mit der Gleichung $(x + C_1)^2 + (y + C_2)^2 = \lambda^2$.

Die Konstanten C_1, C_2, λ folgen aus den Abszissen von P_1, P_2 (Randbedingungen) und der Nebenbedingung. Ist z. B. $L = (x_2 - x_1)\pi/2$, so entsteht ein Halbkreis, $\lambda = (x_2 - x_1)/2$.

2. Gleichgewichtslage eines schweren, an seinen beiden Enden befestigten Seils. Dieses stellt sich so ein, daß sein Schwerpunkt möglichst tief liegt. Ist L die Länge, so ist die Schwerpunktsordinate durch $y_s = M/L$ gegeben, wobei $M = \int y\,\mathrm{d}s$ das statische Moment ist. Es bleibt also die Aufgabe

$$\int_{t_1}^{t_2} y\sqrt{\dot{x}^2 + \dot{y}^2}\,\mathrm{d}t = \text{Extrem mit der Nebenbedingung} \int_{t_1}^{t_2}\sqrt{\dot{x}^2 + \dot{y}^2}\,\mathrm{d}t = L.$$

Als Parameter sei $t = y$ gewählt, daß so $\dot{y} = 1$, $\dot{x} = \mathrm{d}x/\mathrm{d}y = 1/y'$ wird. Demnach $\mathrm{H} = (y - \lambda)\sqrt{\dot{x}^2 + 1}$; $\mathrm{H}_x = 0$; $\mathrm{H}_{\dot{x}} = \dot{x}(y - \lambda)/\sqrt{\dot{x}^2 + 1}$. Also liefert die *Euler*sche Diff.-Gl. $\frac{\mathrm{d}}{\mathrm{d}t} H_{\dot{x}} = 0$; $\mathrm{H}_{\dot{x}} = a^2 = \text{const}$ oder $\dot{x}^2(y - \lambda)^2 = a^2(\dot{x}^2 + 1)$; $\dot{x}^2[(y - \lambda)^2 - a^2] = a^2$; $\frac{\mathrm{d}x}{\mathrm{d}y} = \frac{a}{\sqrt{(y - \lambda)^2 - a^2}}$;
$y - \lambda = au$; $x + C = \int \frac{a\,\mathrm{d}u}{\sqrt{u^2 - 1}} = a \operatorname{arccosh} u$; $u = \cosh\frac{x + C}{a}$; $y = \lambda + a\cosh\frac{x + C}{a}$ (Kettenlinie). — Die Konstanten a, λ, C folgen aus den Anfangsbedingungen und aus der Nebenbedingung. Ist z. B. $x_1 = -x_2$ und $y_1 = y_2$, ferner $y = a$ für $x = 0$, so bleibt $y = a\cosh(x/a)$, a aus der Nebenbedingung (S. 109 u. S. 142).

Auf die gleiche Lösung führt die Aufgabe, in einer Ebene zwischen den Punkten P_1, P_2 eine Kurve gegebener Länge so zu ziehen, daß die Oberfläche des durch Drehung der Kurve um die x-Achse entstehenden Drehkörpers ein Minimum sein soll.

3. Variationsprobleme höherer Ordnung

Bei solchen kommen im Integranden auch Funktionen von mehreren Variablen oder von höheren Ableitungen vor. So hat z. B. beim Problem

$$\int_{x_1}^{x_2} \mathrm{F}(x, y, y', y'')\,\mathrm{d}x = \text{Extrem}$$

die *Euler*sche Diff.-Gl. die Form

$$\mathrm{F}_y - \frac{\mathrm{d}}{\mathrm{d}x}(\mathrm{F}_{y'}) + \frac{\mathrm{d}^2}{\mathrm{d}x^2}(\mathrm{F}_{y''}) = 0.$$

V. Analytische Geometrie und Kurvenlehre

Literatur: Bieberbach, L.: Einführung in die analytische Geometrie. 6. Aufl., Stuttgart: Teubner 1962. — 2. *Kommerell, K.:* Vorlesungen über analytische Geometrie der Ebene. 2. Aufl. Leipzig: Koehler u. Amelang 1950. — 3. Ders.: Vorlesungen über analytische Geometrie des Raumes. 3. Aufl. Ebenda 1953. — 4. *Neiss, F.:* Analytische Geometrie. Berlin: Springer 1950.

A. Punkt und Gerade in der Ebene

1. Punkt und Gerade

a) Die Lage eines Punktes P ist durch die Angabe seiner rechtwinkligen (kartesischen) Koordinaten x, y bzw. durch seine Polarkoordinaten r und φ eindeutig bestimmt (Bild 81). Die positive Richtung der Achsen ist durch einen Pfeil gekennzeichnet. Man nennt x die Abszisse und y die Ordinate des Punktes P.

Sind x_1, y_1 und x_2, y_2 die Koordinaten zweier Punkte P_1 und P_2, so ist ihre Entfernung l bestimmt durch

$$l = \sqrt{(x_2 - x_1)^2 + (y_2 - y_1)^2}.$$

Für $P_1(7; 4)$ und $P_2(2; -8)$, d. h. $x_1 = 7$, $y_1 = 4$ und $x_2 = 2$, $y_2 = -8$ folgt

$$l = \sqrt{[(+2) - (+7)]^2 + [(-8) - (+4)]^2} = 13.$$

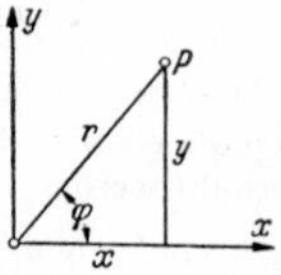

Bild 81

b) Teilt man die Strecke P_1P_2 (Bild 82) innen im Verhältnis $m:n$, d. h. ist $\overline{P_iP_1} : \overline{P_iP_2} = m : n$, so sind die Koordinaten x_i, y_i des inneren Teilpunktes P_i

$$x_i = \frac{mx_2 + nx_1}{m + n}; \quad y_i = \frac{my_2 + ny_1}{m + n}.$$

Für die Koordinaten x_a, y_a des äußeren Teilpunktes P_a ist n durch $-n$ zu ersetzen.

Für $m = n$ folgt für den inneren Teilpunkt (Mittelpunkt der Strecke) $x_i = (x_2 + x_1)/2$ und $y_i = (y_2 + y_1)/2$; der äußere Teilpunkt P_a liegt im Unendlichen.

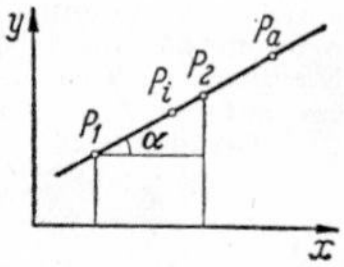

Bild 82
Teilung einer Strecke

c) Ist α der Winkel, den P_1P_2 mit der positiven Richtung der x-Achse bildet, so wird

$$\tan\alpha = \frac{y_2 - y_1}{x_2 - x_1}, \quad 0° \leqq \alpha \leqq 180°.$$

Die Strecke $P_1(2; -6)$ $P_2(-4; 1)$ schließt mit der positiven Richtung der x-Achse entsprechend

$$\tan\alpha = \frac{1 - (-6)}{-4 - 2} = \frac{1 + 6}{-6} = -\frac{7}{6} = -1{,}1667$$

den Winkel (Tafel S. 27) $\alpha = 180° - 49{,}4° = 130{,}6°$ ein.

2. Inhalt eines Dreiecks

Sind $P_1(x_1, y_1)$, $P_2(x_2, y_2)$, $P_3(x_3, y_3)$ die Koordinaten der Eckpunkte des Dreiecks, so ist der Inhalt

$$A = {}^1/_2\,[x_1(y_2 - y_3) + x_2(y_3 - y_1) + x_3(y_1 - y_2)] = 1/2 \begin{vmatrix} x_1 & y_1 & 1 \\ x_2 & y_2 & 1 \\ x_3 & y_3 & 1 \end{vmatrix}$$

(vgl. Determinanten S. 42).

A wird positiv, wenn der Umfahrungssinn des Dreiecks positiv ist, d. h. die Punkte P_1 P_2 und P_3 entgegengesetzt der Bewegung des Uhrzeigers aufeinanderfolgen.

3. Gleichung einer Kurve

Ist eine Kurve gegeben und will man ihre Gleichung ermitteln, so gibt man einem beliebigen Punkt P der Kurve die Koordinaten x und y und versucht, eine Beziehung zwischen diesen Koordinaten zu finden. Diese Beziehung $y = f(x)$ stellt die Gleichung der Kurve dar.

Maßstäbe: Die Form einer Kurve hängt von den benutzten Maßstäben ab. So stellt $y = \sqrt{R^2 - x^2}$, wenn y und x in gleichen Maßstäben aufgetragen werden, einen Kreis vom Radius R, bei verschiedenen Maßstäben aber eine Ellipse dar. — Sehr häufig sind die darzustellenden Größen keine Längen, z. B. kann x eine Zeit (sec) und y eine Geschwindigkeit (m/sec) sein. Dann werden die Größen in geeigneten, z. B. durch Platz oder Größtwerte bedingten Maßstäben dargestellt, am besten in der Form:

Auf der x-Achse bedeutet 1 cm der Zeichnung k_1 Einheiten E_1 (z. B. sec), ausgedrückt: 1 cm $\triangleq$ k_1 sec

auf der y-Achse bedeutet 1 cm der Zeichnung k_2 Einheiten E_2 (z. B. m/sec). ausgedrückt:

1 cm $\triangleq$ k_2 m/sec.

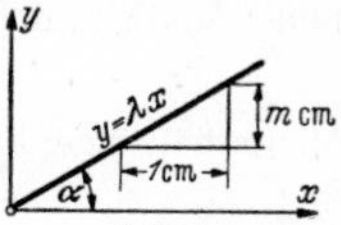

Bild 83

Ist das graphische Bild eine Gerade vom Gesetz $y = \lambda x$, so ist die Steigung der Geraden in der Zeichnung durch $\tan\alpha = m = \lambda k_2/k_1$ gegeben, Bild 83 (vgl. graphisches Differentiieren und Integrieren S. 198).

4. Gerade Linie

a) Sind x und y die Koordinaten eines Punktes und ist die Richtung durch den Neigungswinkel α der Geraden gegen die x-Achse ($\tan\alpha = m$) gegeben (Bild 84), so lautet die Gleichung der Geraden, die auf der y-Achse das Stück b abschneidet:

$$y = mx + b \quad \textbf{(Normalform).}$$

Der Neigungswinkel der Geraden gegen die x-Achse ist gleich dem Winkel, um den die positive Richtung der x-Achse nach der positiven Richtung der y-Achse hin gedreht werden muß, damit sie in die Richtung der Geraden fällt.

Vorzeichen von a, b und m

I, *II* usw. bezeichnet den jeweiligen Quadranten, in welchem das durch die Koordinatenachsen abgeschnittene Stück der Geraden liegt.

	a	b	m
I	+	+	−
II	−	+	+
III	−	−	−
IV	+	−	+

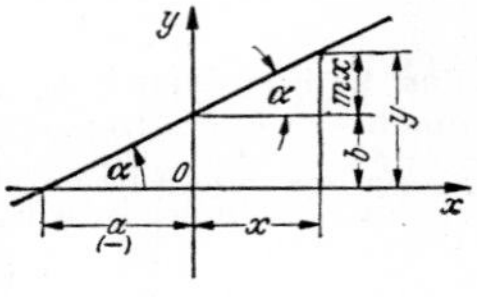

Bild 84

$m = 0$ ergibt $y = b$ als Gleichung einer Parallelen zur x-Achse,

$b = 0$ ergibt $y = mx$ als Gleichung einer Geraden durch den Koordinatenanfangspunkt,

$x = a$ ist die Gleichung einer Parallelen zur y-Achse.

b) Geht die Gerade durch den Punkt $P_1(x_1, y_1)$ und ist $m = \tan\alpha$ ihre Richtungskonstante, so heißt ihre Gleichung

$$y - y_1 = m(x - x_1);$$

geht die Gerade durch die Punkte $P_1(x_1, y_1)$ und $P_2(x_2, y_2)$, so wird

$$y - y_1 = \frac{y_1 - y_2}{x_1 - x_2}(x - x_1).$$

Sollen die drei Punkte P_1, P_2, P_3 auf einer Geraden liegen, so muß die Determinante (vgl. 2.) verschwinden.

c) Schneidet die Gerade auf der x-Achse die Strecke a, auf der y-Achse die Strecke b ab, so folgt (Bild 84) mit $m = \tan\alpha = b/(-a) = -b/a$

$$\frac{x}{a} + \frac{y}{b} = 1 \quad \textbf{(Abschnittsform).}$$

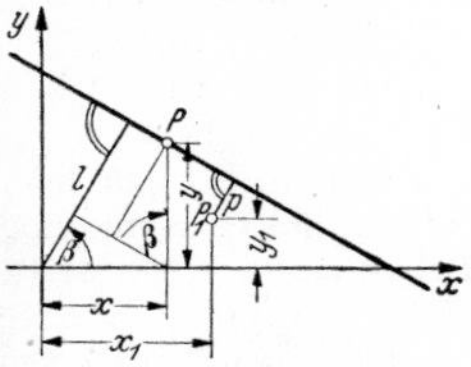

Bild 85

Löst man die allgemeine Gleichung der geraden Linie

$$Ax + By + C = 0$$

nach y auf, so entsteht die Normalform; formt man sie um, daß rechts $+1$ steht, so entsteht die Abschnittsgleichung.

d) Ist β der Winkel, den das Lot vom Ursprung aus auf die gerade Linie mit der positiven x-Achse bildet, und ist l die Länge des Lotes (Bild 85), so wird

$$x\cos\beta + y\sin\beta - l = 0. \quad \textbf{(Hessesche Form).}$$

Man erhält diese aus der allgemeinen Gleichung durch Division mit $\lambda = \sqrt{A^2 + B^2}$:

$$\frac{A}{\lambda}x + \frac{B}{\lambda}y + \frac{C}{\lambda} = 0.$$

Hierbei ist der Wurzel ein solches Vorzeichen zu geben, daß

$$l = -C/\lambda$$

positiv wird. Die Größe des Winkels β wird mit Hilfe von

$$\tan\beta = B/A; \qquad \cos\beta = A/\lambda; \qquad \sin\beta = B/\lambda$$

bestimmt. l ist stets positiv; β liegt zwischen 0° und 360°.

e) Man findet den **Abstand** p eines Punktes $P_1(x_1, y_1)$ von einer Geraden, Bild 85, indem man die *Hesse*sche Normalform der Geraden mit -1 multipliziert und für x und y die Koordinaten des Punktes P_1 einsetzt:

$$p = -(x_1 \cos\beta + y_1 \sin\beta - l);$$

p wird positiv, wenn der Punkt P_1 und der Koordinatenanfangspunkt auf derselben Seite der geraden Linie liegen, und wird negativ, wenn die Gerade zwischen beiden Punkten verläuft.

f) Der **Winkel** δ, den zwei gerade Linien

$$y = m_1 x + b_1; \qquad y = m_2 x + b_2$$

miteinander bilden, ergibt sich aus

$$\tan\delta = \frac{m_2 - m_1}{1 + m_1 m_2}.$$

Die Geraden sind parallel ($\delta = 0$), wenn $m_2 = m_1$ ist; sie stehen senkrecht aufeinander, wenn $m_1 m_2 = -1$ ist. Die Koordinaten x_0, y_0 des *Schnittpunktes* P_0 dieser Geraden ergeben sich, da P_0 beiden Geraden angehört, aus den beiden Gleichungen

$$y_0 = m_1 x_0 + b_1; \qquad y_0 = m_2 x_0 + b_2.$$

5. Umwandlung der Koordinaten

Um die Gleichungen von Kurven zu vereinfachen, bezieht man sie häufig zweckmäßig auf ein anderes Achsenkreuz (*Koordinatentransformation;* S. 53). Die Koordinaten eines Punktes in bezug auf das alte Achsenkreuz seien x, y in bezug auf das neue ξ, η (Bild 86).

a) Das **zweite Achsenkreuz** liege **parallel** zum ersten. Die Koordinaten des neuen Anfangspunktes O' in Beziehung auf das erste Achsenkreuz seien a und b, dann ist:

$$x = a + \xi; \qquad y = b + \eta;$$

oder $$\xi = x - a; \qquad \eta = y - b.$$

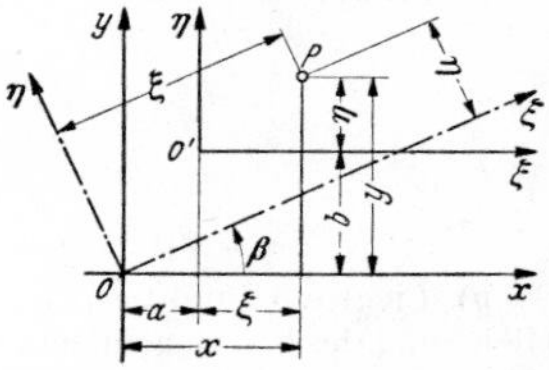

Bild 86. Koordinatentransformation

b) Ist das **zweite Achsenkreuz** unter Beibehaltung des Anfangspunktes O gegen das erste um den **Winkel** β **gedreht** (Bild 86), so gilt

$$x = \xi\cos\beta - \eta\sin\beta; \qquad \xi = x\cos\beta + y\sin\beta;$$
oder
$$y = \xi\sin\beta + \eta\cos\beta; \qquad \eta = -x\sin\beta + y\cos\beta.$$

c) Sollen die Parallelkoordinaten x und y eines Punktes P durch die **Polarkoordinaten** r und φ ausgedrückt werden, so ist für den Fall, daß der Pol mit dem Anfangspunkt und die Polarachse mit der positiven x-Achse zusammenfallen,

$$x = r\cos\varphi; \qquad y = r\sin\varphi; \qquad r = \sqrt{x^2 + y^2} \quad \text{(Bild 81)}.$$

Beispiele: 1. Die Gleichung der Kurve $y = (1-x)/(1+x)$, bezogen auf ein Achsenkreuz, dessen Ursprung die Koordinaten $a = -1$, $b = -1$ hat, ist zu bestimmen.

Es ist $x = -1 + \xi$; $y = -1 + \eta$; also $-1 + \eta = \dfrac{1 + 1 - \xi}{\xi}$ oder $\xi \cdot \eta = 2$ (gleichseitige Hyperbel, S. 133).

2. Die Lemniskate (Schleifenkurve), Bild 87, ist der geometrische Ort aller Punkte P, für die das Produkt der Abstände

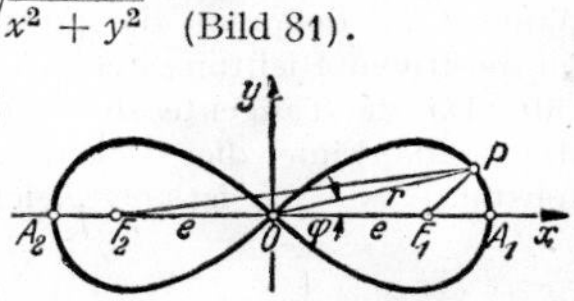

Bild 87. Lemniskate

von zwei festen Punkten F_1 und F_2 den konstanten Wert e^2 hat, wenn $OF_1 = OF_2 = e$ gesetzt wird. Mit $OA_1 = OA_2 = a = e\sqrt{2}$ wird

$$(x^2 + y^2)^2 = a^2(x^2 - y^2).$$

Führt man Polarkoordinaten ein, so wird mit $x = r\cos\varphi$, $y = r\sin\varphi$, $x^2 + y^2 = r^2$:

$$r^4 = a^2 r^2(\cos^2\varphi - \sin^2\varphi) = a^2 r^2 \cos 2\varphi,$$

d. h. $r^2 - a^2\cos 2\varphi = 0$ oder $r = a\sqrt{\cos 2\varphi}$.

B. Krumme Linien in der Ebene

1. Allgemeine Sätze und Erklärungen

a) Sind x und y die laufenden Koordinaten, so lautet die **Gleichung der Kurve** in Parallelkoordinaten

$$y = \mathrm{f}(x),$$

wenn die Gleichung nach y aufgelöst ist (*explizite* Form). — Sie lautet

$$\mathrm{F}(x, y) = 0,$$

wenn die Gleichung nicht nach y aufgelöst ist (*implizite* Form). Mit r und φ als *Polarkoordinaten* des laufenden Punktes erhält man entsprechend

$$r = \mathrm{f}(\varphi) \quad \text{bzw.} \quad \mathrm{F}(r, \varphi) = 0.$$

Es ist häufig bequemer, statt der impliziten Form bzw. der expliziten Form die Gleichung einer Kurve mit Hilfe einer dritten Veränderlichen t, die *Parameter* heißt, zu entwickeln. Die Gleichung $\mathrm{f}(x, y)$ erscheint in zwei Einzelfunktionen

$$x = \mathrm{x}(t) = \mathrm{f}_1(t) \quad \text{und} \quad y = \mathrm{y}(t) = \mathrm{f}_2(t)$$

aufgelöst, wobei $\mathrm{f}_1(t)$ und $\mathrm{f}_2(t)$ irgendwelche Funktionen des Parameters sind.

Dies ist besonders zweckmäßig, wenn zu einem Wert x mehrere y-Werte gehören, also die Funktion mehrdeutig ist.

Zum Beispiel lautet die Scheitelgleichung des Kreises mit dem Radius R für Parallelkoordinaten (vgl. S. 124 u. Bild 98):

	$y^2 - 2Rx + x^2 = 0,$	$\mathrm{F}(x,y) = 0$
oder:	$y = \pm\sqrt{2Rx - x^2},$	$y = \mathrm{f}(x),$
	$r - 2R\cos\varphi = 0,$	$\mathrm{F}(r,\varphi) = 0,$
	$r = 2R\cos\varphi,$	$r = \mathrm{f}(\varphi).$

$$x = R(1 + \cos t), \quad y = R\sin t, \quad x = \mathrm{f}_1(t), \quad y = \mathrm{f}_2(t).$$

b) Liegt ein Punkt $P_1(x_1, y_1)$ auf der Kurve, so müssen seine Koordinaten der Gleichung der Kurve genügen, d. h. die Gleichungen $\mathrm{F}(x_1, y_1) = 0$ oder $y_1 = \mathrm{f}(x_1)$ oder $\mathrm{F}(r_1, \varphi_1) = 0$ oder $r_1 = \mathrm{f}(\varphi_1)$ oder $x_1 = \mathrm{f}_1(t_1)$, $y_1 = \mathrm{f}_2(t_1)$ müssen erfüllt sein.

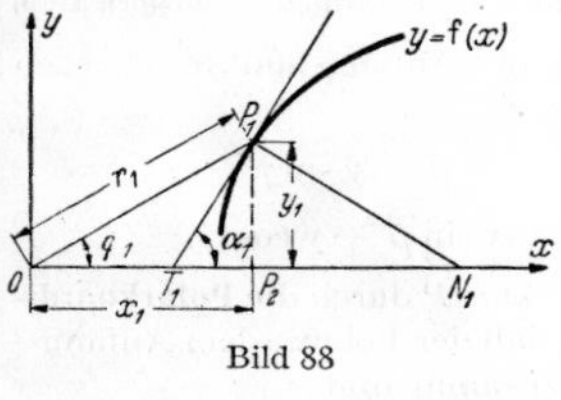

Bild 88

c) Eine Gerade, die die Kurve in zwei Punkten schneidet, heißt **Sekante** (S. 76). Eine Gerade P_1T_1, die die Kurve in dem Punkt P_1 (Bild 88) berührt, heißt *Tangente*. Die gerade Linie P_1N_1, die im Berührungspunkt P_1 auf der Tangente senkrecht steht, heißt *Normale*.

d) Tangente und Normale. Unter dem Neigungswinkel α_1 der Tangente P_1T_1 versteht man den Winkel, um den man die positive Richtung der x-Achse um den Punkt T_1 nach der positiven Richtung der y-Achse drehen muß, bis sie in die Lage der Tangente fällt. Da die Tangente durch den Punkt $P_1(x_1, y_1)$ hindurch gehen soll, hat sie als gerade Linie die Gleichung (S. 118) $y - y_1 = m(x - x_1)$. Die Richtungskonstante $m = m_t$ ist aber gleich $\tan\alpha_1 = f'(x_1) = y_1'$. Folglich ist

$$y - y_1 = y_1'(x - x_1)$$

die *Gleichung der Tangente* im Punkte P_1.

Ist T_1 der Schnittpunkt der Tangente mit der x-Achse, so ist die Länge der Tangente

$$P_1T_1 = y_1/\sin\alpha_1 .$$

Die Länge der *Subtangente* wird $P_2T_1 = y_1 \cot\alpha_1 = y_1/y_1'$.

Die *Normale* P_1N_1 steht senkrecht auf der Tangente. Für ihren Richtungsfaktor m_n folgt (S. 119, Abs. 4f) $m_n m_t = -1$ oder $m_n = -1/y_1'$, und ihre Gleichung lautet $y - y_1 = -(x - x_1)/y_1'$.

Die Länge der Normalen ist $P_1N_1 = y_1/\cos\alpha_1$, die Länge der *Subnormalen*,

$$P_2N_1 = y_1 \tan\alpha_1 = y_1y_1' .$$

Beispiel: Es ist an die Kurve $y = y_0(x/x_0)^n$ (Potenzkurve S. 136) m Punkt $P_1(x_1, y_1)$ die Tangente zu zeichnen.

Es folgt $$y' = \frac{y_0}{x_0{}^n}\, n x^{n-1} = n\,\frac{y_0}{x}\left(\frac{x}{x_0}\right)^n = n\,\frac{y}{x},$$

d. h. für den Punkt $P_1(x_1, y_1)$

$$\tan\alpha_1 = y_1' = n y_1/x_1 .$$

Damit wird die Subtangente $P_2T_1 = y_1/y_1' = x_1/n$. Trägt man also vom Punkt P_2 auf der x-Achse (Bild 88) den n-ten Teil der Abszisse x_1 nach links für $n > 0$, nach rechts für $n < 0$ ab, so erhält man den Schnittpunkt T_1 der Tangente mit der x-Achse (vgl. Bild 115, S. 133 für $n = -1$).

e) Tangente und Normale in Polarkoordinaten. Aus Bild 89a folgt beim Grenzübergang von der Sekante PP_1 zur Tangente für Winkel ψ zwischen Fahrstrahl OP_1 und Sekante P_1P, die im Grenzübergang zur Tangente in P wird (Bild 89b),

$$\cot\psi = \lim_{P_1\to P}\frac{\overline{AP_1}}{\overline{AP}} = \lim_{\Delta\varphi\to 0}\frac{\Delta r}{r\,\Delta\varphi} = \frac{1}{r}\lim_{\Delta\varphi\to 0}\frac{\Delta r}{\Delta\varphi} = \frac{1}{r}\frac{\mathrm{d}r}{\mathrm{d}\varphi} = \frac{r'(\varphi)}{r}$$

oder $$\tan\psi = r/r'(\varphi) = r/r'.$$

Mit der Polarachse (Bild 89b) bildet die Tangente den Winkel α, für den

$$\tan\alpha = \tan(\varphi + \psi) = \frac{\tan\varphi + \tan\psi}{1 - \tan\varphi\tan\psi} = \frac{r'\tan\varphi + r}{r' - r\tan\varphi}$$

ist.

Polarsubnormale bzw. *-tangente* haben die Länge

$$ON = S_n = r\cot\psi = r'(\varphi)$$

bzw. $$OT = S_t = r\tan\psi = r^2/r',$$

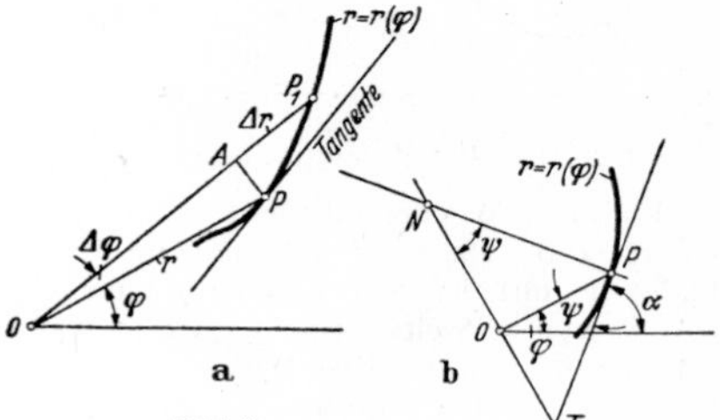

Bild 89

während *Normale* PN und *Tangente* PT die Länge

$$PN = \sqrt{S_n{}^2 + r^2} = \sqrt{r^2 + r'^2} = \mathrm{d}s/\mathrm{d}\varphi \quad \text{(S. 92)}$$

bzw. $$PT = PN\tan\psi = \frac{r}{r'}\sqrt{r^2 + r'^2} \quad \text{haben.}$$

Beispiel: Es sind die Subnormale, Subtangente, Normale und Tangente für die Archimedische Spirale $r = a\varphi$ zu berechnen. Da $r'(\varphi) = a$, folgt, daß die Subnormale ON für alle Punkte den konstanten Wert a hat. Die Konstruktion von Normale und Tangente ergibt sich in einfacher Weise: Ziehe den beliebigen Leitstrahl OP und senkrecht dazu NT (Bild 142, S. 146). Mache $ON = a$; verbinde N mit P, so ist PN Normale und PT Tangente, wenn $PT \perp PN$. Ferner ist

$$\tan\psi = r/r'(\varphi) = a\varphi/a = \varphi .$$

Für $\varphi = 0$ werden auch r und ψ gleich Null, d. h. die Kurve geht durch den Koordinatenanfangspunkt, und die Tangente in diesem Punkt fällt mit der Polarachse zusammen. Die Subtangente wird

$$OT = r^2/r'(\varphi) = r^2/a = a\varphi^2 .$$

Die Länge der Normale folgt zu

$$PN = \sqrt{r'^2 + r^2} = \sqrt{a^2 + r^2}$$

und die der Tangente zu

$$PT = \frac{r}{r'}\sqrt{r'^2 + r^2} = \frac{a\varphi}{a}\sqrt{a^2 + r^2} = \varphi\sqrt{a^2 + r^2} = \frac{r}{a}\sqrt{a^2 + r^2} .$$

f) Wandert der Kurvenpunkt ins Unendliche und nähert sich die Kurve einer Geraden, ohne sie zu erreichen, und zwar von einer Seite (Hyperbel) oder diese dauernd schneidend (vgl. Bild 148), so ist diese Gerade die *Asymptote* der Kurve.

g) Berührung. Zwei Kurven, die einen Punkt gemeinsam haben, bilden eine Berührung n-ter Ordnung, wenn in dem betreffenden Punkt für die beiden Kurven die ersten n Ableitungen $y', y'', \ldots, y^{(n)}$ gleich, die $(n+1)$-ten $y^{(n+1)}$ aber verschieden sind. Die Kurven haben dann $(n+1)$ „unendlich benachbarte" Punkte gemeinsam und berühren sich „$(n+1)$-punktig". Die Berührung ist n-ter Ordnung.

Für eine Berührung erster Ordnung müssen die ersten Ableitungen y' gleich sein; die Tangente an eine Kurve berührt mindestens in der ersten Ordnung oder mindestens „zweipunktig".

Für eine Berührung zweiter Ordnung müssen die ersten Ableitungen y' und die zweiten y'' gleich sein. Eine solche Berührung liegt im gewöhnlichen Wendepunkt [vgl. h)] vor, da für beide Kurven $y'' = 0$ ist und die dritten Ableitungen verschieden sind. Bei einer Berührung von gerader Ordnung durchsetzen sich die Kurven in dem gemeinsamen Berührungspunkt. Bei einer Berührung von ungerader Ordnung berühren sich die Kurven, ohne sich zu durchsetzen.

h) Wendepunkt. Ist in der Nähe eines Punktes P_1 (Bild 90, vgl. Bild 46, S. 83) $y'' > 0$, so wird y' mit wachsendem x größer, die dem Berührungspunkt P_1 benachbarten Punkte liegen oberhalb der Tangente, und die Kurve ist nach oben konkav. Ist aber $y'' < 0$ in der Nähe eines Punktes P_2, so wird y' mit wachsendem x kleiner, die dem Berührungspunkt P_2 benachbarten Punkte liegen unterhalb der Tangente, die Kurve ist nach oben konvex. Geht die Kurve mit wachsendem x von der konkaven in die konvexe Form über (Punkt P_3, Bild 90) bzw. umgekehrt, so heißt der Punkt P_3 *Wendepunkt*, die Tangente in diesem Punkt *Wendetangente*.

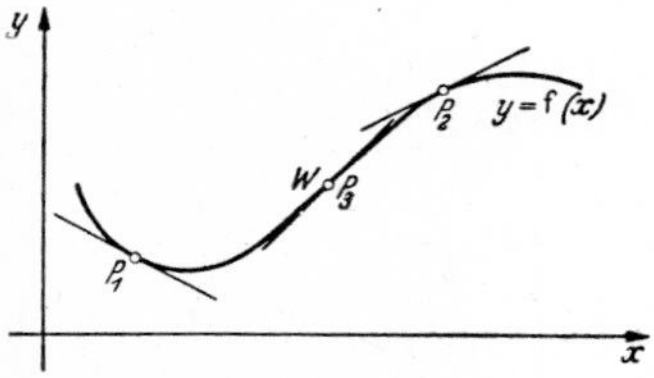

Bild 90

Für einen Wendepunkt muß $y'' = 0$ sein; für einen gewöhnlichen Wendepunkt ist $y''' \neq 0$. Da die Wendetangente durch die Kurve hindurchgeht (Bild 90), so bildet sie mit der Kurve eine Berührung gerader Ordnung, d. h. die letzte Ableitung von y, welche wie die vorhergehenden y'', y''' usw. verschwindet, muß gerade sein [vgl. g)]. Eine Wendetangente hat also eine ungerade Zahl von unendlich benachbarten Punkten mit der Kurve gemeinsam, aber mindestens drei (mindestens dreipunktige Berührung, d. h. zweiter Ordnung).

Beispiele: 1. Für $y = \sin x$ (Bild 45, S. 82) ist in den Schnittpunkten mit der x-Achse $y'' = 0$, y''' aber $\neq 0$; folglich sind diese Punkte Wendepunkte.

2. Es ist der Wendepunkt der Kurve $y = {}^1/_6(x^3 - 3x^2 - 9x + 9)$ (Bild 47, S. 83) zu bestimmen. Es ist $y' = {}^1/_2x^2 - x - 1{,}5$; $y'' = x - 1$; $y''' = 1$. Aus $y'' = x - 1 = 0$ folgt die Abszisse x_w des Wendepunktes W zu $x_w = x_3 = 1$. Da $y''' \neq 0$ ist, liegt ein gewöhnlicher Wendepunkt vor. Für $x_w = 1$ wird $y_w = y_3 = -{}^1/_3$ und $y' = -2$.

i) Krümmung, Krümmungskreis, Evolute und Evolvente. α) Unter der Krümmung k einer Kurve versteht man den Grenzwert, dem sich das Verhältnis der Änderung der Tangentenrichtung zur Änderung der Bogenlänge nähert, wenn die Bogenlänge sehr klein wird. Es ist also (Bild 91)

$$k = \lim_{\Delta s \to 0} \Delta\alpha/\Delta s = d\alpha/ds.$$

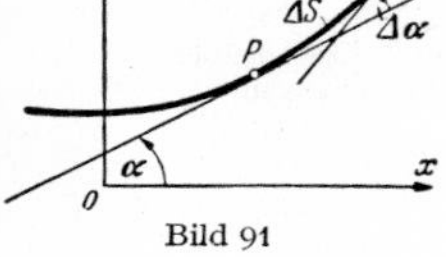

Bild 91

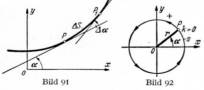

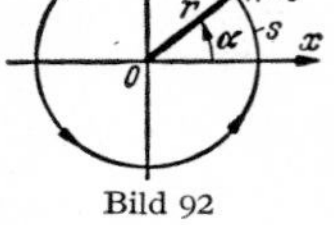

Bild 92

Nach dieser Definition hat die Krümmung einer Kurve ein Vorzeichen. Durchläuft man einen Kreis im mathematisch positiven Sinn (Bild 92), so wird

$$s = r\alpha, \quad \text{also ist} \quad ds = r\,d\alpha, \quad k = d\alpha/ds = 1/r,$$

und zwar positiv. Ein Kreis ist um so stärker gekrümmt, je kleiner der Radius ist.

Für eine beliebige Kurve erklärt man entsprechend als Krümmungsradius den Reziprokwert der Krümmung: es ist der *Krümmungsradius*

$$\varrho = 1/k = \mathrm{d}s/\mathrm{d}\alpha.$$

β) Aus $\tan\alpha = y'$ folgt $\alpha = \arctan y'$.

Es ist daher unter Benutzung der Kettenregel und der Formel 17 (S. 78)

$$\frac{\mathrm{d}\alpha}{\mathrm{d}x} = \frac{\mathrm{d}\alpha}{\mathrm{d}y'} \cdot \frac{\mathrm{d}y'}{\mathrm{d}x} = \frac{y''}{1 + y'^2},$$

worin y'' die Ableitung von y' nach x bedeutet.

Nun ist aber (S. 91) $\mathrm{d}s/\mathrm{d}x = \sqrt{1 + y'^2}$, folglich ist die *Krümmung* $k = \mathrm{d}\alpha/\mathrm{d}s = \mathrm{d}\alpha/\mathrm{d}x : \mathrm{d}s/\mathrm{d}x = y''/(1 + y'^2)^{3/2}$ und der *Krümmungsradius*

$$\varrho = \frac{1}{k} = \frac{(1 + y'^2)^{3/2}}{y''}.$$

Gibt man der Wurzel das positive Vorzeichen, so haben Krümmung und Krümmungsradius das Vorzeichen von y''.

γ) In der *Parameter*darstellung (S. 79 u. 120) ist die Kurve durch $x = \mathrm{x}(t)$ und $y = \mathrm{y}(t)$ gegeben. Dann wird

$$\varrho = 1/k = \mathrm{d}s/\mathrm{d}\alpha = \mathrm{d}s/\mathrm{d}t : \mathrm{d}\alpha/\mathrm{d}t.$$

Aus $\tan\alpha = \dot{y}/\dot{x}$ folgt $\alpha = \arctan(\dot{y}/\dot{x})$ und daraus schließlich

$$\varrho = \frac{(\dot{x}^2 + \dot{y}^2)^{3/2}}{\dot{x}\ddot{y} - \dot{y}\ddot{x}}, \quad \text{worin} \quad \ddot{x} = \mathrm{d}\dot{x}/\mathrm{d}t = \mathrm{d}^2x/\mathrm{d}t^2 \quad \text{und} \quad \ddot{y} = \mathrm{d}\dot{y}/\mathrm{d}t = \mathrm{d}^2y/\mathrm{d}t^2.$$

δ) Bei *Polarkoordinaten* $r = \mathrm{r}(\varphi)$ erhält man mit $x = \mathrm{r}(\varphi)\cos\varphi$ und $y = \mathrm{r}(\varphi)\sin\varphi$ als Funktion des Parameters φ nach vorstehender Formel für ϱ den Wert

$$\varrho = \frac{(r^2 + r'^2)^{3/2}}{r^2 + 2r'^2 - rr''},$$

worin die Striche Ableitungen nach φ bedeuten.

ε) Der *Krümmungskreis* berührt die Kurve im Kurvenpunkt, und zwar mindestens dreipunktig (vgl. Bild 96). Sein Halbmesser ist der Krümmungsradius. Sein Mittelpunkt, der *Krümmungsmittelpunkt,* ist der Schnittpunkt zweier unendlich benachbarter Normalen und liegt auf der Normale. Der Krümmungsmittelpunkt befindet sich links oder rechts von der Kurve in der durch x oder t oder φ festgelegten Fortschreitrichtung, je nachdem $\varrho > 0$ (Bild 93) oder $\varrho < 0$ (Bild 94), da dann $y'' > 0$ bzw. $y'' < 0$ ist.

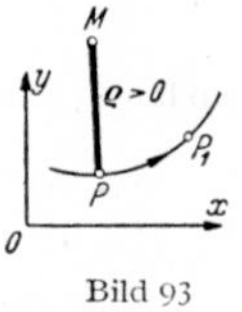

Bild 93

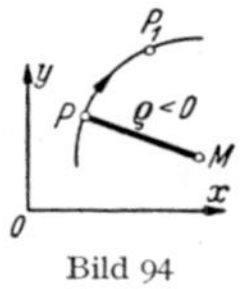

Bild 94

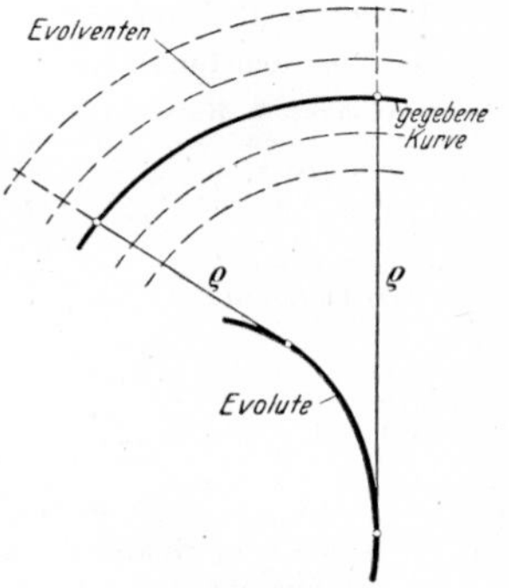

Bild 95

ζ) Der geometrische Ort der Krümmungsmittelpunkte einer Kurve heißt *Evolute.* Wickelt man die Tangente (einen gespannten Faden) von ihr ab, so beschreiben die Punkte dieser Tangente eine Schar paralleler Kurven, welche die *Evolventen* der Evolute heißen und zu denen auch die ursprüngliche Kurve gehört (Bild 95). Die Tangenten der Evolute sind zugleich die Normalen der Evolventen. Bei der Kreisevolvente (S. 146) ist z. B. der Grundkreis die Evolute; auf ihm liegen die entsprechenden Krümmungsmittelpunkte.

η) Wird an einer Stelle der Krümmungsradius $\varrho = 0$, so hat die Kurve eine *Spitze.*

Beispiele: 1. Es ist der Krümmungsradius der Parabel $x^2 = 2py$ oder $y = x^2/2p$ zu berechnen. Es wird

$$y' = x/p; \quad y'' = 1/p; \quad 1 + y'^2 = (p^2 + x^2)/p^2,$$

damit

$$\varrho = (p^2 + x^2)^{3/2}/p^2.$$

Im Scheitel, für $x = 0$, ist der Krümmungsradius ϱ gleich dem halben Parameter, d. h. gleich p (Bild 96). Dort berührt der Krümmungskreis vierpunktig.

2. Die Krümmungsradien in den Scheiteln der Ellipse sind zu berechnen. Aus der Parameterdarstellung der Ellipse

$$x = a\cos t, \qquad y = b\sin t$$

folgt

$$\dot{x} = -a\sin t; \qquad \dot{y} = b\cos t;$$

$$\ddot{x} = -a\cos t; \qquad \ddot{y} = -b\sin t;$$

also

$$\dot{x}^2 + \dot{y}^2 = a^2\sin^2 t + b^2\cos^2 t$$

und

$$\dot{x}\ddot{y} - \dot{y}\ddot{x} = ab\sin^2 t + ab\cos^2 t = ab,$$

d. h.

$$\varrho = \frac{1}{ab}\,(a^2\sin^2 t + b^2\cos^2 t)^{3/2}.$$

In den Endpunkten der großen Achse wird $t = 0$ oder $t = \pi$, d. h. $\varrho = b^2/a$; in den Endpunkten der kleinen Achse wird $t = \pi/2$ oder $t = 3\pi/2$, d. h. $\varrho = a^2/b$.

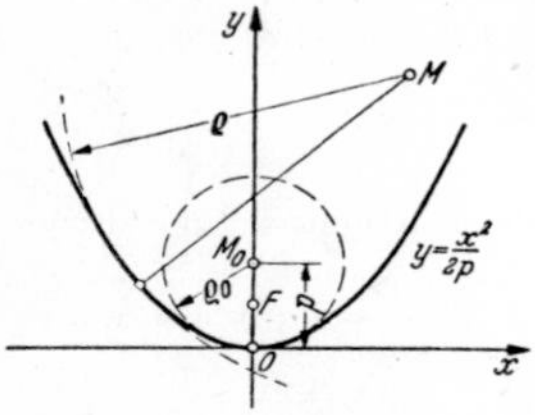

Bild 96
Krümmungskreise der Parabel

3. Für den Krümmungsradius der logarithmischen Spirale $r = r_0 e^{m\varphi}$ folgt mit $r' = m r_0 e^{m\varphi} = mr$ und $r'' = m^2 r_0 e^{m\varphi} = m^2 r$, daß $r^2 + r'^2 = r^2(1 + m^2)$, $r^2 + 2r'^2 - rr'' = r^2(1 + m^2)$, also

$$\varrho = \frac{[r^2(1 + m^2)]^{3/2}}{r^2(1 + m^2)} = r\sqrt{1 + m^2}.$$

ϱ ist gleich der Normale PN, Bild 89 bzw. Bild 143, S. 147.

k) Doppelpunkt. Geht eine Kurve zweimal durch denselben Punkt, so heißt er Doppelpunkt. In diesem Fall ist die Tangentenrichtung unbestimmt. Bei impliziter Darstellung $F(x, y) = 0$ müssen dann F_x und F_y (S. 79) gleichzeitig verschwinden.

Beispiel: Bei der Lemniskate (Bild 87, S. 119) ist $F(x, y) \equiv (x^2 + y^2)^2 - a^2(x^2 - y^2) = 0$. Dann wird $F_x = 4x(x^2 + y^2) - 2a^2x$; $F_y = 4y(x^2 + y^2) + 2a^2y$.

Für $x = 0$ und $y = 0$ hat die Kurve einen Doppelpunkt: es verschwinden F_x und F_y gleichzeitig.

l) Über **Bogenlänge** S. 91.

m) Über den **Inhalt einer Fläche** S. 84 u. 86.

n) Einhüllende Kurve. Die durch die Gleichung $F(x, y, p) = 0$ dargestellte Kurvenschar, worin p ein veränderlicher Parameter ist, kann eine Hüllkurve haben, deren Gleichung sich durch Elimination von p aus

$$\partial F(x, y, p)/\partial p = 0 \quad \text{und} \quad F(x, y, p) = 0$$

ergibt.

o) Eine Kurve, welche eine gegebene Kurvenschar unter einem konstanten Winkel schneidet, heißt **Trajektorie;** ist der Winkel ein Rechter, so heißt sie *orthogonale Trajektorie.*

2. Die Kegelschnitte

a) Der **Kreis.** Die allgemeine Gleichung für Parallelkoordinaten lautet (Bild 97):

$$(x - a)^2 + (y - b)^2 = R^2.$$

Liegt der Koordinatenanfangspunkt im Mittelpunkt, so ergibt sich die *Mittelpunktgleichung,* da $a = 0$ und $b = 0$ werden, zu

$$x^2 + y^2 = R^2.$$

Liegt der Koordinatenanfangspunkt auf der Kreislinie, so lautet die *Scheitelgleichung* mit OM als Halbmesser und der y-Achse als Scheiteltangente, da $a = R$ und $b = 0$, Bild 98:

$$y^2 = 2Rx - x^2.$$

Die Gleichung

$$Ax^2 + By^2 + Cx + Dy + E = 0$$

stellt einen Kreis dar, wenn $A = B$ und $(C^2 + D^2) > 4AE$ ist.

Denn für $A = B$ wird

$$x^2 + y^2 + Cx/A + Dy/A + E/A = 0,$$

$$(x + C/2A)^2 + (y + D/2A)^2 = C^2/4A^2 + D^2/4A^2 - 4AE/4A^2,$$

und es ist daher

$$a = -C/2A; \quad b = -D/2A; \quad R = \sqrt{C^2 + D^2 - 4AE}/2A;$$

der Ausdruck unter der Wurzel muß größer als Null sein.

Für die Kreisgleichung charakteristisch sind die gleichen Koeffizienten der quadratischen Glieder und das Fehlen des Produktes xy.

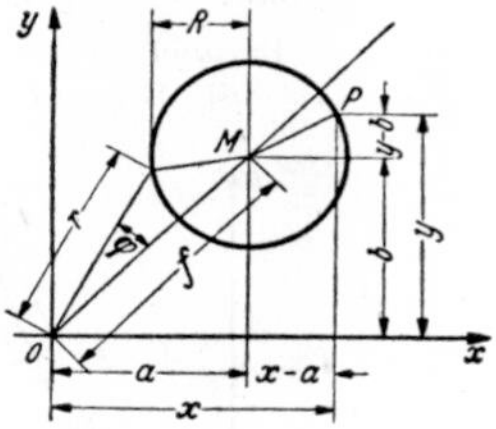

Bild 97
Kreis in allgemeiner Lage

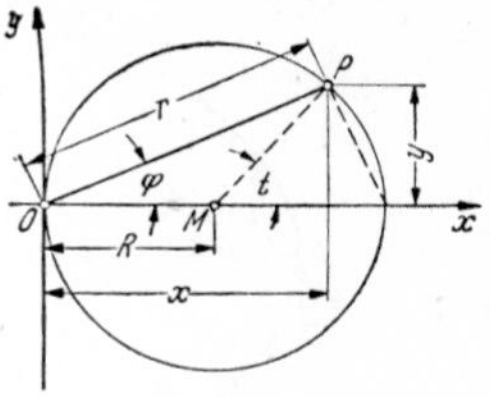

Bild 98
Zur Scheitelgleichung des Kreises

Die *Polargleichung* mit $OM = f$ als Polarachse und O als Pol lautet:

$$r^2 - 2rf\cos\varphi + f^2 = R^2,$$

wobei r der Fahrstrahl ist. Geht der Kreis durch O hindurch, Bild 98, so gilt $r = 2R\cos\varphi$. Bildet PM mit der x-Achse den Winkel t, so gilt die *Parameterdarstellung*, Bild 97.

$$x = a + R\cos t, \quad y = b + R\sin t \quad \text{(vgl. Bild 98 für } a = R \text{ und } b = 0\text{)}.$$

Die *Gleichung* der *Tangente* im Punkt $P_1(x_1, y_1)$ lautet bei der allgemeinen Form $(x - a)(x_1 - a) + (y - b)(y_1 - b) = R^2$.

Umfang und *Inhalt* der Kreisfläche vgl. S. 202 und Tafel A, S. 2.

Inhalt des Kreisausschnittes S. 202. Vgl. ferner Tafel D, S. 28/29.

b) Die **Parabel.** *Bildungsgesetz:* Ein Punkt P (Bild 99) bewege sich so, daß seine Entfernungen von einem festen Punkt F, dem Brennpunkt, und einer festen Geraden L, der Leitlinie, gleich groß sind, d. h. daß $PF = PD$ ist.

Scheitelgleichung: $y^2 = 2px$; der Parameter $2p$ ist die doppelte Ordinate im Brennpunkt und die doppelte Entfernung des Brennpunkts von der Leitlinie, der Anfangspunkt O halbiert diese Entfernung.

Eigenschaften der Parabel: Die zur x-Achse parallele Gerade Px' heißt Durchmesser der Parabel, sie halbiert alle Sehnen ab, die der Tangente AP parallel sind. Die *Tangente* AP halbiert im Punkt E die Strecke $OH = y$ und steht senkrecht auf FE. Die Subtangente AC ist gleich $2x$. Die Gerade BP ist *Normale*, die Subnormale BC ist gleich p, also für alle Punkte der Parabel konstant. Der von dem Brennstrahl FP und dem Durchmesser Px' gebildete Winkel 2α wird von der Normalen PB halbiert.

Hat der Scheitel der Parabel die Koordinaten x_0 und y_0, so hat sie die Gleichung

$$(y - y_0)^2 = 2p(x - x_0).$$

Öffnet sich die Parabel nach links, so kehren sich die Vorzeichen auf der rechten Seite um.

Vertauscht man die x- und y-Achse, so erhält man die Parabel mit *senk*rechter Achse (Bild 100 u. 96), ihre Scheitelgleichung lautet

$$x^2 = 2py \quad \text{oder} \quad y = x^2/2p.$$

Geht die Parabel durch den Punkt P_0 mit den Koordinaten $x = x_0$ und $y = y_0$, so lautet die Gleichung der Parabel

$$y = y_0 \sqrt{x/x_0}$$

(Parabel mit waagerechter Achse, Bild 99)

bzw. $y = y_0 (x/x_0)^2$

(Parabel mit senkrechter Achse, Bild 100).

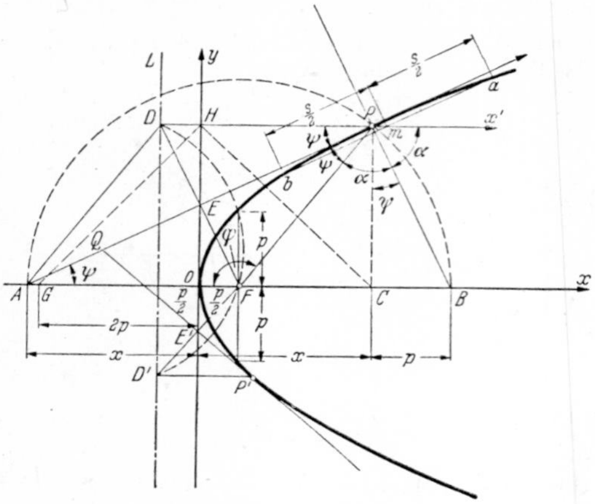

Bild 99. Parabel

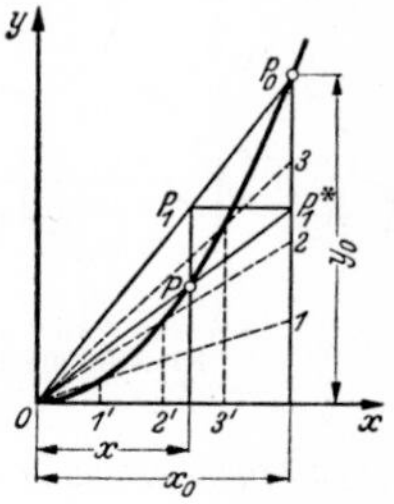

Bild 100

Hat der Scheitel die Koordinaten x_0 und y_0, so hat die Parabel mit *senkrechter* Achse die Gleichung

$$(y - y_0) = (x - x_0)^2/2p,$$

die auf die Form $y = a + bx + cx^2$ gebracht werden kann. Ist c negativ, so öffnet sich die Parabel nach unten, und der Scheitel ist der höchste Punkt.

Im Scheitel der (senkrechten) Parabel

$$y = a + bx + cx^2 \qquad (c \neq 0)$$

ist die Tangente horizontal, d. h. $y' = b + 2cx = 0$. Hieraus folgen seine Koordinaten x_0 und $y_0 = y(x_0)$ zu

$$x_0 = -b/2c \quad \text{und} \quad y_0 = a - b^2/4c.$$

Die Parabelachse halbiert die Sehnen, die parallel zur x-Achse sind.

Löst man die Gleichung $y - y_0 = (x - x_0)^2/2p$ nach y auf, so ist der Faktor von x^2 gleich $1/(2p)$. Durch Vergleich mit der gegebenen Form folgt $|c| = 1/(2p)$, d. h. der Parameter der Parabel ist $2p = |1/c|$.

Konstruktionen der Parabel: α) Mache OG (Bild 99) gleich $2p$. Ziehe den beliebigen Strahl GH; CH senkrecht GH, dann schneiden sich die Waagerechte durch H und die Senkrechte durch C in dem Parabelpunkt P.

β) Gegeben sei der Punkt $P_0(x_0, y_0)$ (Bild 100).

Projiziere den beliebigen Punkt P_1 der Geraden OP_0, dessen Abszisse x ist, auf die gegebene Ordinate y_0; verbinde P_1^* mit dem Anfangspunkt O, dann schneidet OP_1^* die Ordinate des Punktes P_1 im Parabelpunkt P. Daraus folgt die Konstruktion: teile die gegebenen Koordinaten x_0 und y_0 in dieselbe Anzahl gleicher Teile, ziehe das Strahlenbüschel O *1, 2, 3*, dann schneiden die Senkrechten durch *1', 2', 3'* die entsprechenden Strahlen in Punkten der Kurve.

γ) Gegeben sei der Scheitel O (Bild 101) und der Brennpunkt F. Ziehe den beliebigen Strahl Fz und $zz' \perp Fz$, dann ist zz' Tangente an die Parabel. (1. Hüllkonstruktion.) Schneidet die Tangente $z'z$ die x-Achse in A, so trifft der Kreis um z mit zA die Tangente zz' in ihrem Berührungspunkt P mit der Parabel.

δ) Gegeben seien zwei Tangenten QA und QB; die Punkte A und B seien Berührungspunkte. Teile beide Strecken in dieselbe Anzahl gleicher Teile (Bild 102) und verbinde die entsprechenden Punkte, dann sind die Geraden *11*; *22*; *33*; ... Tangenten an die Parabel. (2. Hüllkonstruktion.)

Das rechtwinklige Achsenkreuz hierzu mit der y-Achse als Scheiteltangente wird in folgender Weise gefunden: halbiere AB in C (Bild 103), verbinde Q mit C, dann ist QC Durchmesser der Parabel, der Halbierungspunkt D ist ein Punkt der Kurve. Die x-Achse läuft parallel QC. Da die Subnormalen, d. h. die Projektionen der Normalen auf die x-Achse, gleich sein müssen, folgt:

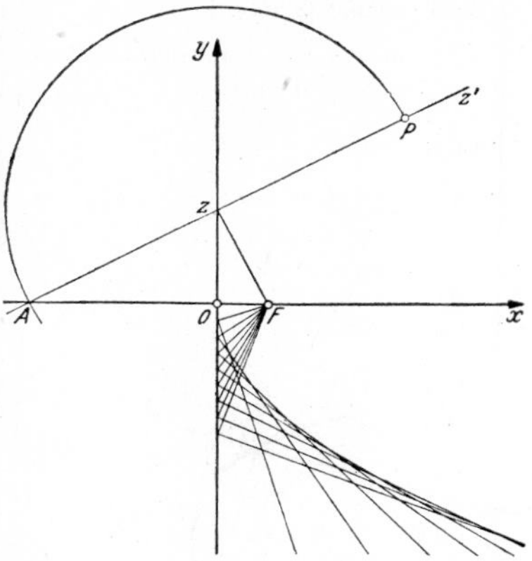

Bild 101. 1. Hüllkonstruktion der Parabel

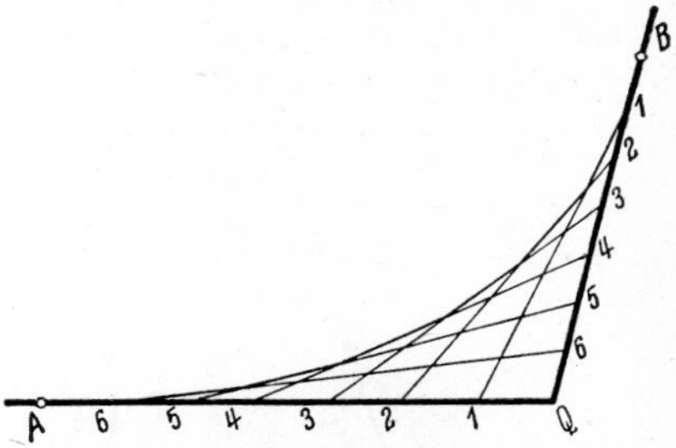

Bild 102. 2. Hüllkonstruktion der Parabel

Ziehe durch A und B zu dem Durchmesser QC Parallelen, mache $Aa_1 = p_2 =$ der Projektion der Normale BB_1 auf den Durchmesser und $Bb_1 = p_1 =$ der Projektion der Normale AA_1 auf den Durchmesser, dann schneidet a_1b_1 die Sehne AB im Punkt E der x-Achse, die parallel QC läuft. Der Anfangspunkt O halbiert die Subtangenten a_2A_2 und B_2b_2.

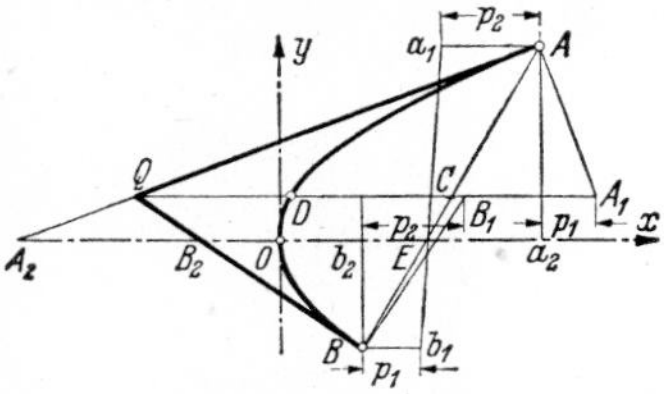

Bild 103
Konstruktion der Achsen zu Bild 100

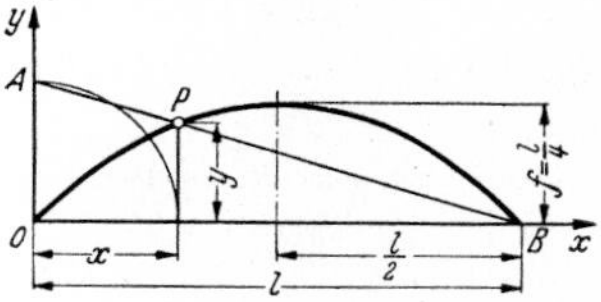

Bild 104

ε) In einem Punkt P (Bild 99) soll an die Parabel die Tangente gezogen werden: Mache $OA = OC$, dann ist AP Tangente, oder halbiere OH in E, dann ist EP Tangente.

ζ) Von einem Punkt Q außerhalb der Parabel soll an diese die Tangente gezogen werden: beschreibe (Bild 99) mit QF um Q einen Kreis, der die Leitlinie in D und D' schneidet, verbinde F mit D bzw. mit D'. Treffen FD und FD' die y-Achse in E und E', so sind die Geraden QE und QE' die Tangenten. Ihre Berührungspunkte P und P' sind die Schnittpunkte der Tangenten und der Parallelen zur x-Achse durch D bzw. D'.

Pfeilhöhe als Parameter. Die Parabel verlaufe nach Bild 104, die Pfeilhöhe sei f, dann lautet die *Gleichung*

$$y = \frac{4f}{l^2}\,x(l-x) \qquad \text{oder} \qquad y = \frac{4f}{l}\,\frac{x(l-x)}{l},$$

und es ergibt sich folgende Konstruktion: Beschreibe mit x um den Anfangspunkt O einen Kreis, so daß $OA = x$ wird, dann schneidet die Gerade AB die Parallele $x = \text{const}$ zur y-Achse im Parabelpunkt P; die Pfeilhöhe wird für diesen Fall $f = l/4$.

Man kann auch $y = 4fx(l - x)/l^2$ in

$$y = 4fx/l - 4fx^2/l^2 = y_1 - y_2$$

zerlegen, wobei $y_1 = 4fx/l$ eine durch den Anfangspunkt und den Punkt P_0 ($x_0 = l$; $y_0 = 4f$) gehende Gerade und $y_2 = 4fx^2/l^2$ eine symmetrisch zur y-Achse liegende, durch denselben Punkt P_0 gehende Parabel darstellen (Bild 105). Die Differenz beider Ordinaten gibt die gesuchte Ordinate. Diese Zerlegung empfiehlt sich besonders bei Parabeln höherer Ordnung (S. 196).

Polargleichung: Ist der Brennpunkt F Pol, die negative Richtung der x-Achse Polarachse, so lautet mit $\sphericalangle AFP = \varphi$ als Polarwinkel (Bild 99) die Gleichung der Parabel

$$r = p/(1 + \cos\varphi) = p/(2\cos^2 {}^1/_2\varphi).$$

Gleichung der Tangente: Ist $P_1(x_1, y_1)$ ein Punkt der Parabel $y^2 = 2px$, so hat die Tangente in diesem Punkt die Gleichung

$$yy_1 = p(x + x_1);$$

die *Gleichung der Normale* im Punkt P_1 ist

$$y - y_1 = -\frac{y_1}{p}(x - x_1).$$

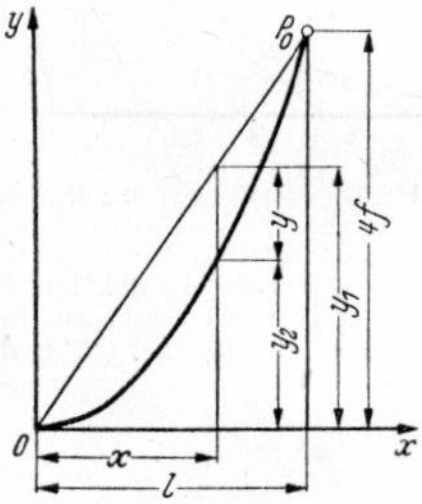

Bild 105

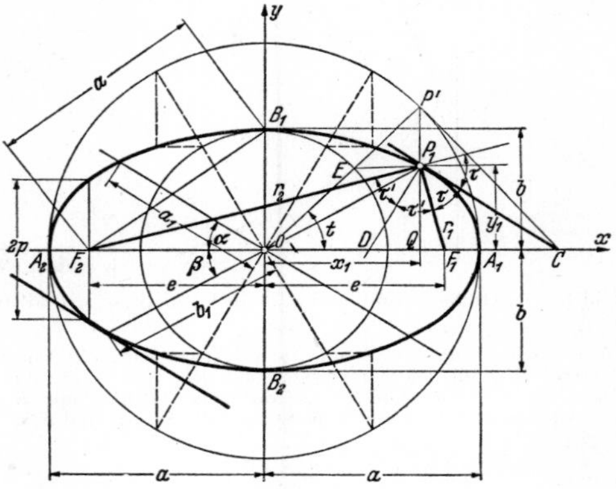

Bild 106. Ellipse

Der *Flächeninhalt* des Parabelsegmentes OCP, Bild 99, folgt mit $OC = x = a$ und $CP = y = \sqrt{2pa} = b$ zu

$$A = \int_0^a y\,dx = \int_0^a \sqrt{2px}\,dx = 2/3\,\sqrt{2p}\,x^{3/2}\Big|_0^a = 2/3\,a\sqrt{2pa} = 2/3\,ab,$$

ist also gleich $^2/_3$ des umbeschriebenen Rechtecks $OCPH$.

Bogenlänge der Parabel vgl. S. 91.

Der *Krümmungsradius* der Parabel im Scheitel ist gleich p, vgl. Bild 96, S. 124.

c) Die **Ellipse.** *Bildungsgesetz:* Ein Punkt P bewegt sich so, daß die Summe $2a$ seiner Entfernungen von zwei festen Punkten, den Brennpunkten F_1 und F_2, konstant ist; d. h. es muß $P_1F_1 + P_1F_2 = 2a$ sein.

Für die Hauptachsen als Koordinatensystem (Bild 106) lautet die *Mittelpunktgleichung*

$$\frac{x^2}{a^2} + \frac{y^2}{b^2} = 1,$$

wobei $OA_1 = a$ und $OB_1 = b$ die Halbachsen sind.

Die entwickelte Form der Gleichung heißt

$$y = \pm b/a \cdot \sqrt{a^2 - x^2}.$$

Ist die y-Achse Scheiteltangente im Punkt A_2, so heißt die *Scheitelgleichung* der Ellipse

$$y^2 = \frac{b^2}{a^2}\,x(2a - x) = 2px\left(1 - \frac{x}{2a}\right),$$

mit $p = b^2/a$ als Halbparameter (Ordinate im Brennpunkt).

Eigenschaften der Ellipse: Ist $2e$ die Entfernung der Brennpunkte, so besteht zwischen e, der linearen Exzentrizität, und den Halbachsen a und b die Beziehung

$$OF_1 = OF_2 = e = \sqrt{a^2 - b^2} = a\sqrt{1 - p/a}.$$

Das Verhältnis $OF_1/OA_1 = e/a = \sqrt{a^2 - b^2}/a = \sqrt{1 - p/a} = \varepsilon < 1$ heißt *numerische Exzentrizität.*

Zieht man von einem beliebigen Punkt P_1 nach den Brennpunkten die Brennstrahlen P_1F_1 und P_1F_2, so ist

$$P_1F_1 = a - \varepsilon x; \qquad P_1F_2 = a + \varepsilon x.$$

Geraden durch den Mittelpunkt heißen *Durchmesser*; sie sind *zugeordnet* (konjugiert), wenn der eine alle Sehnen halbiert, die zu dem andern parallel sind. Bilden sie mit der großen Hauptachse $2a$ die Winkel α und β (in Bild 106 sind $2a_1$ und $2b_1$ konjugierte Durchmesser), so ist, wenn beide Winkel spitz sind,

$$a^2 + b^2 = a_1{}^2 + b_1{}^2.$$

Tangente und Normale *halbieren* die Winkel, die von den Brennstrahlen gebildet werden.

Die *Parameter*darstellung lautet (vgl. Konstruktionen β u. γ)

$$x = a\cos t, \qquad y = b\sin t.$$

Konstruktionen der Ellipse. α) Aus der Bedingung

$$P_1F_1 + P_1F_2 = r_1 + r_2 = 2a$$

ergibt sich die Fadenkonstruktion, wenn die Brennpunkte F_1 und F_2 gegeben sind.

β) Sind die Halbachsen a und b bekannt, so zeichne man mit a und b als Radien Kreise um den Mittelpunkt O (Bild 106): ziehe einen beliebigen Strahl OP', projiziere den Schnittpunkt E auf die Senkrechte durch P', dann ist P_1 ein Punkt der Ellipse. Wenn Winkel $A_1OP' = t$ ist, so liest man ab $x = a\cos t$, $y = b\sin t$.

γ) Bewegt man eine Strecke AB (Bild 107) derart, daß ihre Endpunkte auf zwei zueinander senkrechten Geraden wandern, so beschreibt ein auf ihr gelegener Punkt P eine Ellipse. Die zwischen den Schenkeln liegende Strecke AB bzw. $A'B'$ stellt dann die Summe $a + b$ bzw. die Differenz $a - b$ der Halbachsen dar. (*Papierstreifenkonstruktion; Ellipsenzirkel.*) Jeder mit der Strecke AB fest verbundene, auch nicht auf ihr selbst liegende Punkt beschreibt eine Ellipse.

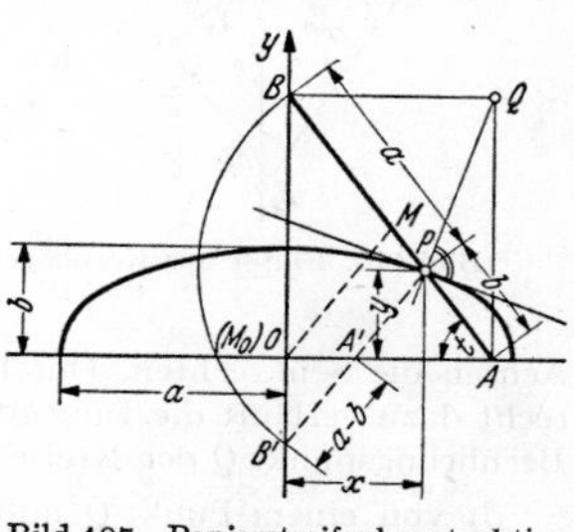

Bild 107. Papierstreifenkonstruktion

δ) Rollt ein Kreis vom Halbmesser r (Bild 108) bei Innenberührung auf einem Kreis mit dem Halbmesser $2r$ ab, so beschreibt jeder Punkt auf dem Umfang des Rollkreises einen Durchmesser und jeder mit dem Rollkreis fest verbundene Punkt P eine Ellipse vom Mittelpunkt M_0 (Kardan-Kreise, *Kardan-Bewegung*). Die Gerade PM trifft den Rollkreis in A und B. Dann sind M_0A und M_0B die Richtungen der Achsen und $PA = b$ und $PB = a$ die Halbachsen der Ellipse.

ε) Sind MA_1 und MB_1 (Bild 109) zwei zugeordnete Halbmesser einer Ellipse, so ziehe man die Tangenten durch die Endpunkte der Durchmesser parallel MA_1 und MB_1; teile B_1C und B_1M in dieselbe Anzahl gleicher Teile und ziehe durch die Teilpunkte aus A_1 und A_2 Strahlen, dann liegen die Schnittpunkte entsprechender Strahlen auf einer Ellipse.

ζ) *Ersatz durch Korbbögen* (Näherungskonstruktionen)[1]. αα) Das Lot von C auf BA (Bild 110b) trifft die x-Achse in A_1. Der Kreis um A_1 mit A_1A als Radius wird von dem Kreis um die Mitte D von BC mit $a/2$ als Radius in P_1 getroffen. P_1A_1 schneidet die y-Achse in B_1. Die Kreise um A_1 mit A_1A und um B_1 mit B_1B sind die Korbbögen, die sich in P_1 auf der gemeinsamen Normale $P_1A_1B_1$ berühren. Bei dieser Konstruktion ist der Kreis um A_1 der *Krümmungskreis* der Ellipse in A (vgl. Bild 123, S. 136).

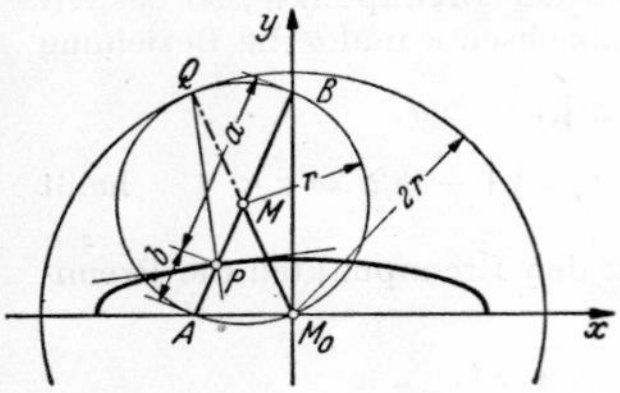

Bild 108. Kardanbewegung

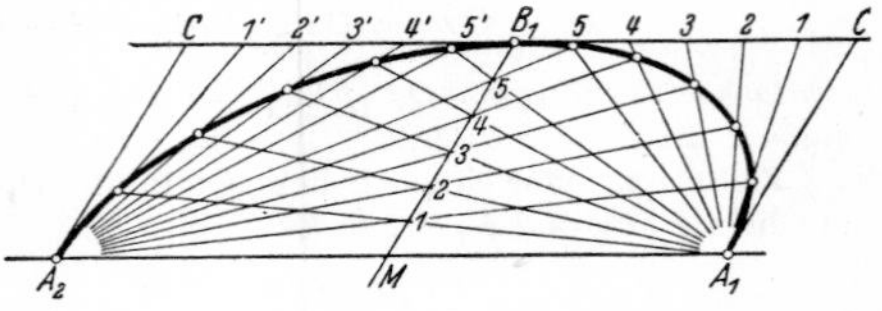

Bild 109. Konstruktion der Ellipse aus zugeordneten Durchmessern

ββ) Ziehe um M (Bild 110a) den die Achsen berührenden Kreis vom Radius $(a - b)/2$; M ist auch der Schnittpunkt der von E und O unter 135° bzw. 45° gegen die x-Achse gezogenen Strahlen. Zeichne von E aus die Tangente an diesen Kreis. Diese schneidet die Achsen in A_2 und B_2. Die Kreise um A_2 und B_2 mit A_2A' bzw. B_2B sind die gesuchten Korbbögen, die sich in P_2 auf der gemeinsamen Normale EA_2B_2 berühren. Bei dieser Konstruktion ist P_2 ein *genauer Ellipsenpunkt*.

Konstruktion der Tangente α) in einem Punkt P_1 der Ellipse. Halbiere den Winkel $F_1P_1F_2$ (Bild 106) der Leitstrahlen und ziehe $CP_1 \perp DP_1$. Oder (Bild 106) konstruiere im Punkt P' des Kreises mit der großen Halbachse die Kreistangente CP', dann ist CP_1 Tangente an die Ellipse. Oder ziehe (Bild 107) in A und B zu den Achsen die Senkrechten. Durch ihren Schnittpunkt Q geht die Normale QP, senkrecht dazu verläuft die Tangente. Ebenso geht in Bild 108 die Normale durch den Berührungspunkt Q der Kreise.

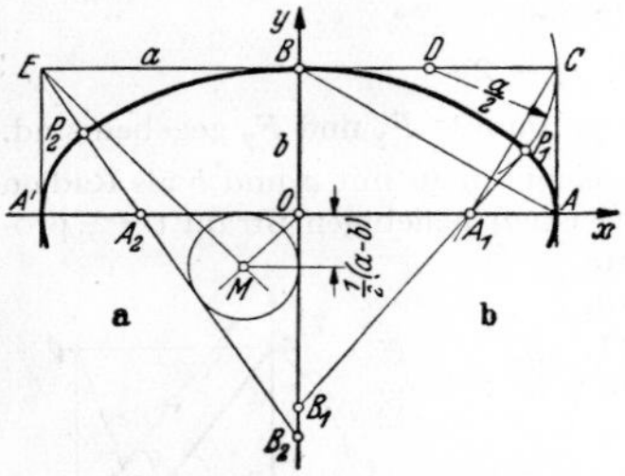

Bild 110. Ellipse aus Korbbögen

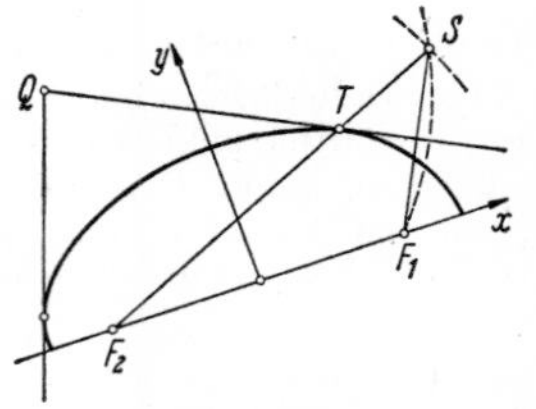

Bild 111. Tangentenkonstruktion

β) von einem Punkt Q außerhalb der Ellipse (Bild 111). Man beschreibe um Q mit QF_1 und um F_2 mit $2a$, der großen Achse, Kreise, verbinde ihren Schnittpunkt S mit F_2 und mit F_1. Dann ist die Senkrechte von Q auf F_1S die Tangente und ihr Schnittpunkt mit F_2S ihr Berührungspunkt T. Die zweite Tangente folgt entsprechend, z. B. durch den zweiten Schnittpunkt der Kreise oder mit Hilfe des Kreises um Q mit QF_2.

Konstruktion der Hauptachsen einer Ellipse aus zwei zugeordneten Halbmessern $OG = OF$ und $OI = OH$ (Bild 112): Mache $OG^* =$ und $\perp OG$. Verbinde G^* mit I. Der Kreis mit MO um den Mittelpunkt M von G^*I trifft die Ge-

[1] *Meyer zur Capellen, W.:* Ersatz der Ellipse durch Korbbögen. Z. math. u. naturw. Unterr. 68 (1937) 212/15; vgl. a. *Goldberger, B.:* Näherungskonstruktion der Ellipse. Forschg. Ing.-Wes. 28 (1962) Nr. 5 S. 161/63.

rade G^*I in A_1 und B_1; OA_1 und OB_1 sind die Achsenrichtungen, und es ist

$$IB_1 = G^*A_1 = a \quad \text{und} \quad IA_1 = G^*B_1 = b.$$

Die *Polargleichung* der Ellipse, bezogen auf den Brennpunkt F_1 als Pol, F_1A_1 als Polarachse und $\sphericalangle A_1F_1P_1 = \varphi$ als Polarwinkel, lautet:

$$r = p/(1 + \varepsilon \cos \varphi); \quad \varepsilon < 1.$$

Gleichung der Tangente im Punkt $P_1(x_1, y_1)$ der Ellipse:

$$xx_1/a^2 + yy_1/b^2 = 1.$$

Gleichung der Normale:

$$(x - x_1)\, a^2 y_1 - (y - y_1)\, b^2 x_1 = 0.$$

Der *Flächeninhalt* der Ellipse ist $\pi a b$ (S. 86).

Die *Krümmungsradien* in den Scheiteln der Ellipse sind $b^2/a = p$ und a^2/b (S. 124). Ihre Konstruktion vgl. Bild 123 (S. 136) [1].

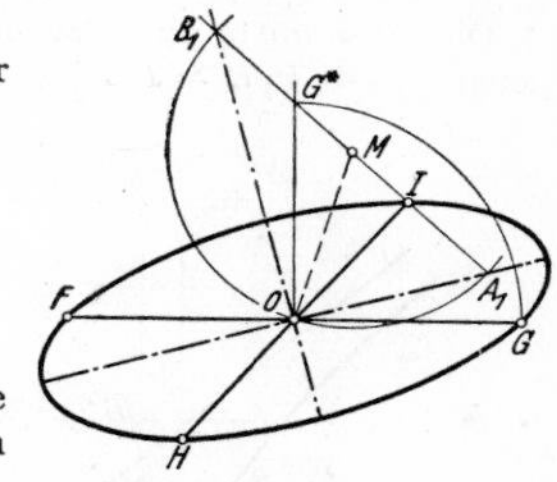

Bild 112. Ellipsenachsen aus konjugierten Durchmessern

Umfang der Ellipse: Für gegebene Werte b und a kann der Umfang U mit Hilfe der folgenden Zahlentafel berechnet werden.

b/a	0,1	0,2	0,3	0,4	0,5	0,6	0,7	0,8	0,9
U/a	4,0640	4,2020	4,3860	4,6026	4,8442	5,1054	5,3824	5,6723	5,9723

Es ist $U = 4a\mathrm{E}(\alpha, \pi/2)$; E = elliptisches Integral 2. Gattung (S. 98); $\sin\alpha = k = \varepsilon = \sqrt{1 - (b/a)^2}$. — Für den im Endpunkt der großen Halbachse ($t = 0$) beginnenden Bogen gilt $L = \alpha\,[\mathrm{E}(\alpha, \pi/2) - \mathrm{E}(\alpha, \pi/2 - t)]$.

d) Hyperbel. *Bildungsgesetz:* Ein Punkt P bewegt sich so, daß die Differenz $2a$ seiner Entfernungen von zwei festen Punkten, den Brennpunkten F_1 und F_2, konstant ist; d. h. $P_1F_2 - P_1F_1 = \pm 2a$.

Für die Hauptachsen als Koordinatensystem (Bild 113) lautet die *Mittelpunktgleichung*

$$\frac{x^2}{a^2} - \frac{y^2}{b^2} = 1,$$

wobei a die reelle und b die imaginäre Halbachse ist.

Die entwickelte Form der Gleichung heißt

$$y = \pm b/a \cdot \sqrt{x^2 - a^2}.$$

Ist die y-Achse Scheiteltangente im Punkt A_2, so heißt die *Scheitelgleichung* der Hyperbel

$$y^2 = \frac{b^2}{a^2}\, x(x - 2a) = 2px\left(\frac{x}{2a} - 1\right),$$

mit $p = b^2/a$ als Halbparameter (Ordinate im Brennpunkt).

Eigenschaften der Hyperbel: Ist $2e$ die Entfernung der Brennpunkte, so besteht zwischen e und den Halbachsen a und b die Beziehung

$$OF_1 = OF_2 = e = \sqrt{a^2 + b^2} = a\sqrt{1 + p/a}.$$

Das Verhältnis $\varepsilon = e/a = \sqrt{1 + p/a} > 1$ heißt *numerische Exzentrizität.*

Die Länge der Brennstrahlen ist

$$P_1F_1 = -a + \varepsilon x; \qquad P_1F_2 = a + \varepsilon x.$$

Über *Durchmesser* und *zugeordnete* Durchmesser vgl. c) Ellipse, S. 129.

[1] Hinsichtlich der Krümmungskreise in beliebigen Punkten vgl. *Florin, F.*: Zur Konstruktion der Ellipse mit Hilfe von Krümmungskreisen. Forschg. Ing.-Wes. 22 (1956) Nr. 4 S. 134/37. — Ferner: *Meyer zur Capellen, W.*: Die Krümmung der Ellipse — kinematisch betrachtet. Maschinenbautechnik 7 (1958) Nr. 7 S. 404/06 u. 408.

Bilden zwei symmetrische Durchmesser der Hyperbel mit der x-Achse die Winkel α, welche durch die Gleichung $\tan\alpha = \pm b/a$ bestimmt sind, so nähert sich die Kurve diesen Geraden, wenn x unbegrenzt wächst; diese Geraden heißen *Asymptoten* (Bild 113 u. S. 122); ihre Gleichungen lauten

$$y = \pm b/a \cdot x.$$

Die Abschnitte einer Sekante zwischen Kurve und Asymptote sind einander gleich; es ist $P_1R = P'R'$ (vgl. Konstruktionen der Hyperbel, γ).

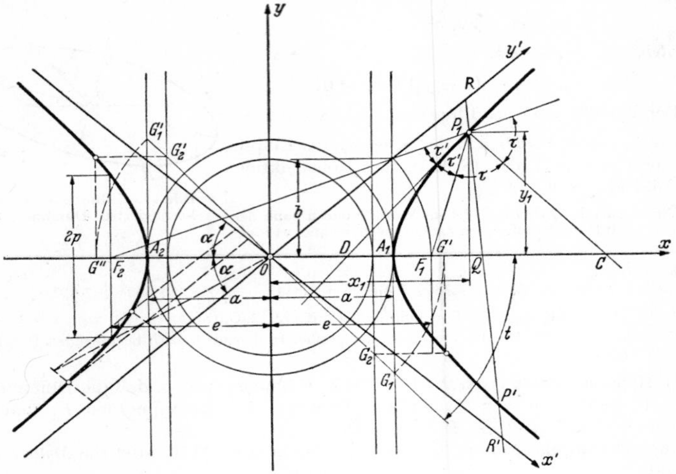

Bild 113. Hyperbel

Die auf die Asymptoten $\xi = x'$, $\eta = y'$ in Bild 113 als Koordinatenachsen bezogene Gleichung der Hyperbel lautet in schiefwinkligen Koordinaten:

$$\xi\eta = (a^2 + b^2)/4 = (e/2)^2.$$

Sonderfall: Gleichseitige Hyperbel (Bild 115); ihre Mittelpunktgleichung lautet, da $b = a$ ist,

$$x^2 - y^2 = a^2;$$

bezogen auf die Asymptoten als Achsen ergibt sich $\xi\eta = a^2/2 = \text{const}$, wobei die Asymptoten aufeinander senkrecht stehen; der Asymptotenwinkel ist $\alpha = 45°$; die Abszissen der Brennpunkte werden $e = \pm a\sqrt{2}$; der Parameter ist $2p = 2a$.

Die Gleichung $y = (Ax + B)/(Cx + D)$ stellt eine gleichseitige Hyperbel dar, deren Asymptoten den Koordinatenachsen parallel sind und von diesen die Abstände $y_0 = A/C$ bzw. $x_0 = -D/C$ haben; vgl. Beisp. 1, S. 119.

Parameterdarstellung: $x = a/\cos t$ und $y = b\tan t$, wobei $t = \sphericalangle G_1Ox$, Bild 113. Oder $x = \pm a\cosh\varphi$ und $y = b\sinh\varphi$ (S. 74).

Konstruktionen der Hyperbel: α) Aus der Bedingung $P_1F_2 - P_1F_1 = r_2 - r_1 = \pm 2a$ ergibt sich die Konstruktion (Bild 114), wenn die Brennpunkte gegeben sind: mache $F_1B = 2a$, ziehe mit dem beliebigen Radius $F_1A_2 = r_1$ um F_1 einen Kreis, der von einem Kreis mit dem Radius $BA_2 = r_1 - 2a = r_2$ um F_2 in den Hyperbelpunkten P_1 und P_1' geschnitten wird. Der Kreis mit $OF_1 = OF_2 = e$ um O schneide die Senkrechte durch C ($OC = a$) in den Punkten D, D; dann sind die Geraden durch O und D die Asymptoten der Hyperbel.

β) Sind die Halbachsen a und b gegeben, so zeichne man um O die Kreise mit den Radien a und b und ziehe an diese die senkrechten Tangenten (Bild 113). Ein beliebiger Strahl durch O schneide die beiden Geraden in G_1 und G_2 (bzw. G_1' und G_2'); ziehe mit OG_1 um O einen Kreis, der die x-Achse in G' schneide, dann liefern die Waagerechte durch G_2 und die Senkrechte durch G' einen Hyperbelpunkt.

γ) Sind die Asymptoten und ein Punkt P_1 der Hyperbel gegeben (Bild 113), so ziehe man ein Strahlenbündel durch P_1 und mache auf einem beliebigen Strahl $P_1R = R'P'$; dann ist P' ein Hyperbelpunkt. Oder man benutze nach der auf die Asymptoten bezogenen Gleichung (vgl. oben) flächengleiche Parallelogramme (Bild 113, dritter Quadrant).

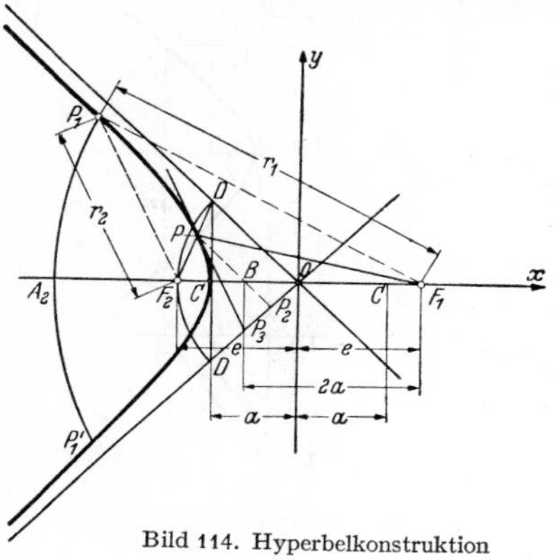

Bild 114. Hyperbelkonstruktion

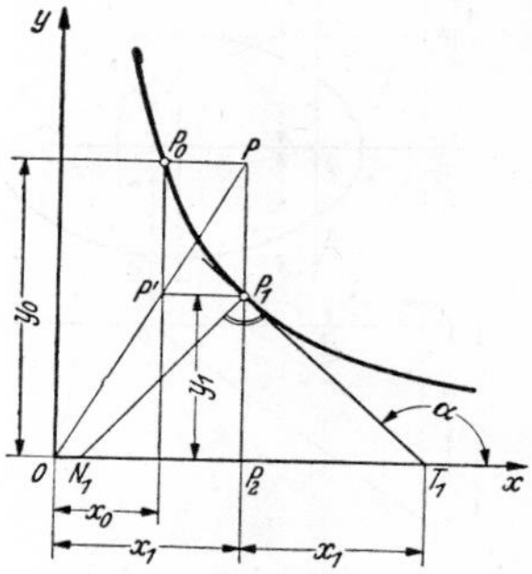

Bild 115. Gleichseitige Hyperbel

δ) Ist $P_0(x_0 y_0)$ ein Punkt der *gleichseitigen* Hyperbel mit den Asymptoten als Koordinatenachsen, so hat die Kurve die Gleichung

$$xy = x_0 y_0 = \text{const}.$$

Aus der Bedingung flächengleicher Rechtecke ergibt sich die Konstruktion (Bild 115): Ziehe einen beliebigen Strahl OP, ferner P_0P parallel zur x-Achse, der Strahl OP schneidet die gegebene Ordinate y_0 in P'; die Waagerechte durch P' und die Senkrechte durch P treffen sich dann in einem Punkt P_1 der gleichseitigen Hyperbel.

T_1P_1 ist Tangente an die Kurve, wenn $P_2T_1 = OP_2$ gemacht wird (S. 121).

Konstruktion der Tangente in einem Punkt P (Bild 114): Ziehe durch den Hyperbelpunkt P eine Parallele PP_2 zu einer Asymptote, mache $P_2P_3 = OP_2$, dann ist PP_3 Tangente an die Kurve.

Tangente und Normale *halbieren* die Winkel, die von den Brennstrahlen gebildet werden (Bild 113).

Polargleichung der Hyperbel, bezogen auf den Brennpunkt F_1 als Pol (Bild 113), F_1A_1 als Polarachse und $\sphericalangle A_1F_1P_1 = \alpha$ als Polarwinkel:

$$r = p/(1 + \varepsilon \cos \varphi); \quad \varepsilon > 1.$$

Gleichung der Tangente im Punkt $P_1(x_1, y_1)$ der Hyperbel:

$$x x_1/a^2 - y y_1/b^2 = 1.$$

Gleichung der Normale:

$$(x - x_1)\, a^2 y_1 + (y - y_1)\, b^2 x_1 = 0.$$

Der *Krümmungsradius* in den Scheiteln ist $b^2/a = p$: die Senkrechte zur Asymptote in ihrem Schnittpunkt mit der Scheiteltangente trifft die x-Achse im Krümmungsmittelpunkt.

Rauminhalt des einschaligen Drehhyperboloids S. 93/94.

e) Gemeinsame Behandlung der Kegelschnitte. α) Ein Kegelschnitt ist *der geometrische Ort* aller Punkte, für die das Verhältnis ε der Abstände von einem festen Punkt und einer festen Geraden konstant ist. Bei der Parabel ist dieses Verhältnis gleich Eins.

Konstruiert man für die Ellipse (Bild 116) zwei Parallelen im Abstand $a^2/e = a/\varepsilon$ von der y-Achse, so ist

$$PE_2 = a/\varepsilon + x; \qquad PE_1 = a/\varepsilon - x.$$

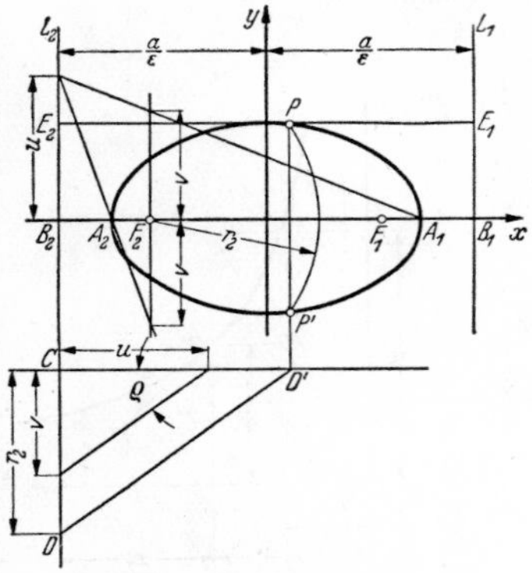

Bild 116. Ellipse und Leitlinie

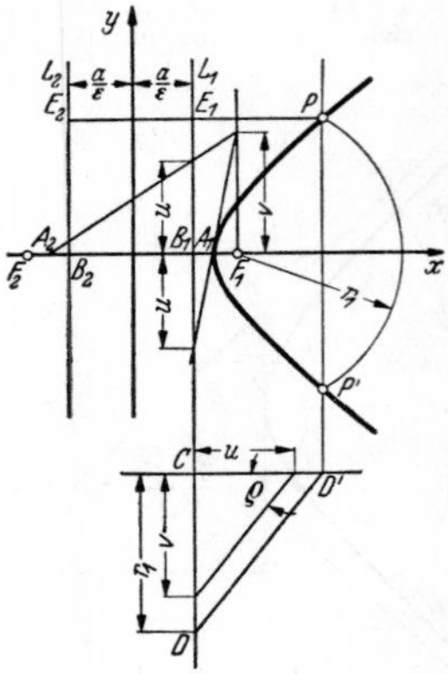

Bild 117. Hyperbel und Leitlinie

Die Längen der Brennstrahlen sind (S. 129):

$$PF_2 = r_2 = a + \varepsilon x = \varepsilon(a/\varepsilon + x) = \varepsilon \cdot PE_2,$$
$$PF_1 = r_1 = a - \varepsilon x = \varepsilon(a/\varepsilon - x) = \varepsilon \cdot PE_1.$$

Folglich ist

$$\frac{r_2}{PE_2} = \frac{r_1}{PE_1} = \varepsilon < 1 \quad \text{(für die Ellipse).}$$

Die Parallelen zur y-Achse im Abstand $a^2/e = a/\varepsilon$ heißen die *Leitlinien der Ellipse*. Für einen Punkt der Ellipse ist demnach das Verhältnis der Entfernungen von den Brennpunkten und den Leitlinien ein konstanter Wert ε. Das gleiche gilt für die *Hyperbel*, doch ist hier $\varepsilon > 1$ (Bild 117). Die Entfernung des Brennpunktes von der zugehörigen Leitlinie ist $F_1B_1 = F_2B_2 = p/\varepsilon$.

Beim *Kreis* ist der Mittelpunkt Brennpunkt, und die Leitlinie liegt im Unendlichen, d. h. es ist $\varepsilon = 0$.

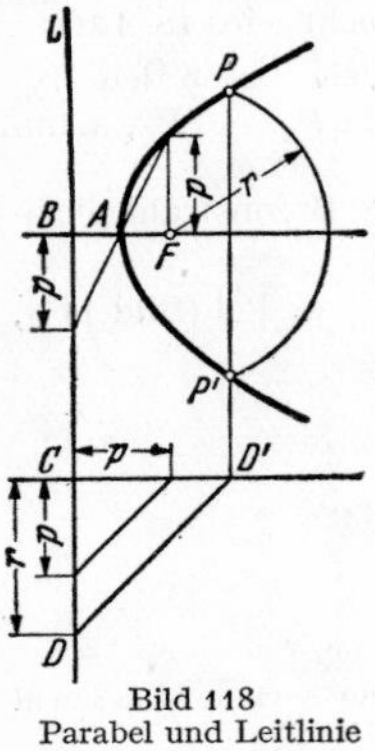

Bild 118
Parabel und Leitlinie

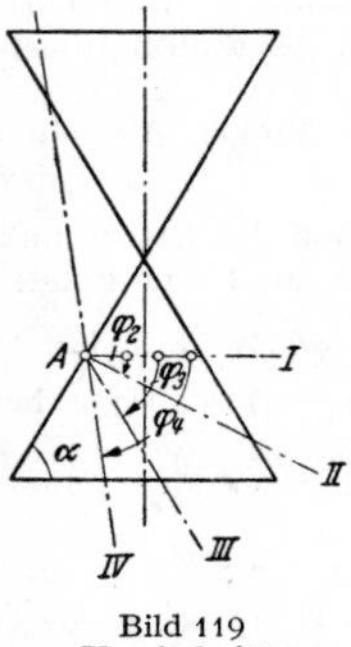

Bild 119
Kegelschnitte

β) Aus der gemeinsamen Erklärung ergibt sich eine *Konstruktion*, die *für alle Kegelschnitte* gilt.

Gegeben seien die Leitlinie L, der Brennpunkt F, das konstante Verhältnis $\varepsilon = \tan \varrho = v : u$.

Trage auf der Leitlinie L eine beliebige Strecke CD ab, ziehe unter dem Winkel ϱ, für den $\tan \varrho = \varepsilon$, die Gerade DD' (Bild 116 bis 118). Dann schneidet der Kreis mit $CD = r$ um F die Senkrechte in D' in zwei Kurvenpunkten P und P'.

Die Scheitel A_1 und A_2 teilen F_1B_1 bzw. F_2B_2 harmonisch; in Bild 118, wo $\varrho = 45°$ ist, halbiert infolgedessen A die Strecke BF. Es ist $u = v = p$.

γ) Räumlich ergeben sich die Kegelschnitte als *Schnittkurven* einer geraden Ebene und eines Kreiskegels (Bild 119). Hiernach erhält man eine Ellipse, Parabel oder Hyperbel, je nachdem die schneidende Ebene zu keiner Mantellinie parallel ist (Ebene *II*), zu einer Mantellinie (Ebene *III*) oder zu zwei Mantellinien parallel ist (Ebene *IV*). Ist die Ebene senkrecht zur Kegelachse (Ebene *I*), so entsteht ein Kreis als Sonderfall von *II*. Die numerische Exzentrizität ist

$$\varepsilon = \sin\varphi/\sin\alpha.$$

4. Die Gleichung $Ax^2 + By^2 + Cx + Dy + E = 0$ stellt dar,

a) wenn A und B verschieden von Null sind und dasselbe Vorzeichen haben:
 α) für $D^2 + BC^2/A > 4BE$ eine Ellipse, insbesondere für $A = B$ einen Kreis;
 β) für $D^2 + BC^2/A \leqq 4BE$ keine reelle Kurve, im Fall des Gleichheitszeichens einen Punkt;

b) wenn A und B verschieden von Null sind und verschiedene Vorzeichen haben:
 α) für $AD^2 + BC^2 \neq 4ABE$ eine Hyperbel;
 β) für $AD^2 + BC^2 = 4ABE$ ein Geradenpaar;

c) wenn $A = 0$, B verschieden von Null ist:
 α) für $C \neq 0$ eine Parabel mit waagerechter Achse;
 β) für $C = 0$ und
 $D^2 > 4BE$ zwei Parallelen zur x-Achse, $D^2 = 4BE$ eine Parallele zur x-Achse,
 $D^2 < 4BE$ keine reelle Kurve;

d) wenn A verschieden von Null und $B = 0$ ist:
 α) für $D \neq 0$ eine Parabel mit senkrechter Achse;
 β) für $D = 0$ und
 $C^2 > 4AE$ zwei Parallelen zur y-Achse, $C^2 = 4AE$ eine Parallele zur y-Achse,
 $C^2 < 4AE$ keine reelle Kurve.

f) Beispiele. 1. Ein zylindrisches, mit Flüssigkeit gefülltes Gefäß drehe sich mit der Winkelgeschwindigkeit ω um die senkrechte Achse. Ein Massenteilchen m an der Oberfläche der Flüssigkeit steht unter dem Einfluß der Schwerkraft mg und der Fliehkraft $mx\omega^2$. Die Resultierende beider Kräfte ist Normale der Kurve. Mit den Bezeichnungen des Bildes 120 wird

$$\tan\varphi = mx\omega^2/mg = x/z \quad \text{mit} \quad z = g/\omega^2 = \text{const}.$$

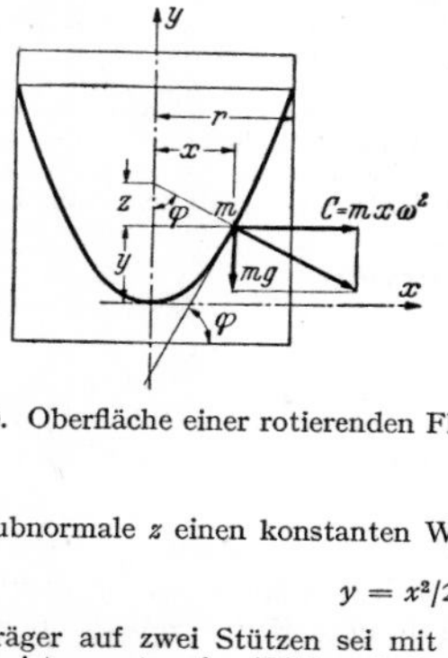

Bild 120. Oberfläche einer rotierenden Flüssigkeit

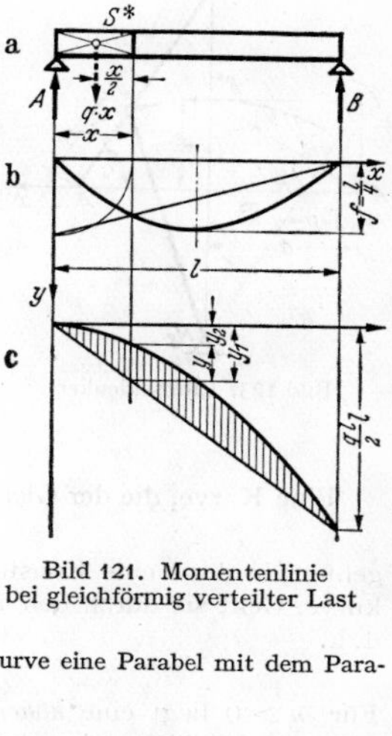

Bild 121. Momentenlinie bei gleichförmig verteilter Last

Da die Subnormale z einen konstanten Wert hat, ist die Kurve eine Parabel mit dem Parameter $2z$:

$$y = x^2/2z = x^2\omega^2/2g.$$

2. Ein Träger auf zwei Stützen sei mit gleichförmig verteilter Last (q kp/m) belastet; die Momentenlinie ist zu entwerfen (Bild 121). Es ist

$$y = M_x = Ax - qx \cdot x/2,$$

wenn man sich die gleichförmige Last über x im Schwerpunkt S^* vereinigt denkt. Mit $A = B = ql/2$ wird das Moment $y = \frac{1}{2}\,qx(l-x) = \frac{ql}{2}\,\frac{x(l-x)}{l} = A\,\frac{x(l-x)}{l}$ und $y_{\max} = Al/4 = ql^2/8$.

Die Momentenfläche ist eine Parabel; konstruiert man sie nach Bild 104, so daß $f = l/4$ gezeichnet wird, so liefern die im Längenmaß gemessenen Ordinaten von Bild 121 b, multipliziert mit der Auflagerkraft A, die Momente.

Die Konstruktion in Bild 121 c entspricht der in Bild 105, da auch $y = Ax - Ax^2/l$ ist. Die den Kurven $y_1 = Ax$ und $y_2 = Ax^2/l$ gemeinsame Ordinate $y_{1B} = y_{2B} = Al$ wird im Momentenmaßstab aufgetragen.

3. Auch die Momentenlinie eines mit „Streckenlast" belasteten Balkens (Bild 49, S. 376 u. S. 390, Nr. 13) ist eine Parabel und kann mit der Hüllkonstruktion (Bild 102) ermittelt werden.

4. Ein Massenpunkt m werde unter dem Winkel α gegen die Waagerechte mit der Anfangsgeschwindigkeit v_0 fortgeschleudert; die Wurfbahn ist unter Vernachlässigung des Luftwiderstands zu bestimmen (Bild 122). Die Anfangsgeschwindigkeit zerlegt man nach waagerechter und senkrechter Richtung in $v_{x0} = v_0 \cos\alpha$ bzw. $v_{y0} = v_0 \sin\alpha$. In waagerechter Richtung ist der nach t sec bei gleichförmiger Bewegung zurückgelegte Weg

$$x = v_{x0} t. \qquad (1)$$

In senkrechter Richtung ist der bei gleichmäßig verzögerter Bewegung zurückgelegte Weg

$$y = v_{y0} t - g t^2/2. \qquad (2)$$

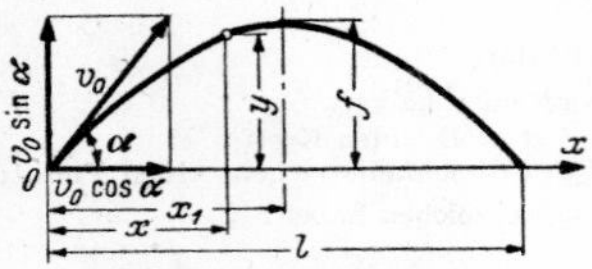

Bild 122. Wurfparabel

Setzt man $t = x/v_{x0}$ in (2) ein und schreibt $v_0^2/2g = h$ (Steighöhe bei senkrechtem Wurf nach oben), so wird

$$y = x \tan\alpha - x^2/(4h\cos^2\alpha). \qquad (3)$$

Der Vergleich mit der zu Bild 104 u. 105 gehörenden Gleichung

$$y = 4fx/l - 4fx^2/l^2$$

zeigt, daß die Wurfbahn eine Parabel ist; bezeichnet man mit f die Wurfhöhe, mit l die Wurfweite, so ergibt das Gleichsetzen der Koeffizienten von x und x^2

$$\tan\alpha = 4f/l; \qquad 1/(4h\cos^2\alpha) = 4f/l^2 = (\tan\alpha)/l.$$

Daher ist

$$l = 4h\cos^2\alpha \tan\alpha = 2h\sin 2\alpha,$$

$$4f = l\tan\alpha = 4h\sin\alpha\cos\alpha\cdot\tan\alpha; \qquad f = h\sin^2\alpha.$$

Bei waagerechtem Wurf ($\alpha = 0$) liegt der Scheitel der Parabel im Anfangspunkt. Es ist $y = -x^2/4h$. Ein waagerecht aus einem Gefäß austretender Wasserstrahl hat bei konstanter Druckhöhe H und bei Reibungsfreiheit die gleiche Bahn. Es ist $v_0 = \sqrt{2gH}$ und $h = H$.

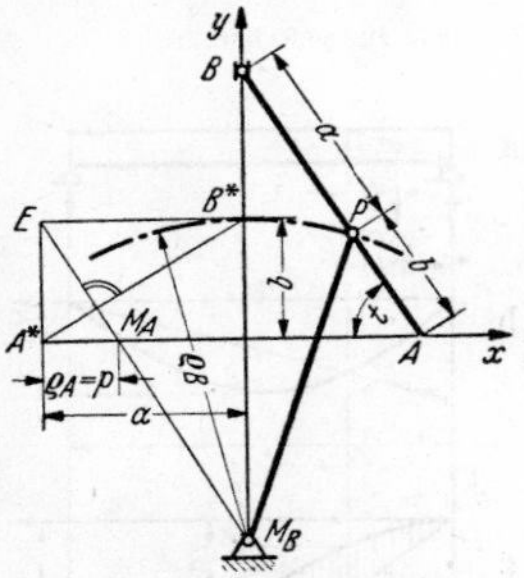

Bild 123. Ellipsenlenker

5. Rollt ein Kreis in einem anderen mit doppelt so großem Durchmesser, Bild 108, so beschreiben alle Punkte seines Umfangs Durchmesser, d. h. es liegt eine genaue Geradführung für diese Punkte vor, für A und B z. B. in zwei aufeinander senkrechten Richtungen. Wird M, Bild 108, durch die Kurbel M_0M auf dem Kreis vom Mittelpunkt M_0 und wird B zwangläufig durch Prismenführung auf der y-Achse geführt (vgl. Bild 107), so muß A eine zur y-Achse senkrechte Bahn beschreiben.

Ebenso kann man einen beliebigen Punkt P der Strecke AB auf seiner Bahnkurve, der Ellipse, führen. Wird jedoch die Ellipse, Bild 123, durch einen Kreisbogen des Krümmungskreises im Scheitel B^* vom Radius $\varrho_B = M_B B^*$ geführt, so bewegt sich A für kleine Winkel $B^* M_B P$ angenähert (vierpunktig) auf einer Geraden. Wird schließlich die Bahn von B durch einen Kreisbogen großen Halbmessers ersetzt, so beschreibt A auch angenähert eine Gerade, man erhält den *Evans*-Lenker.

3. Potenzkurven

Eine Kurve, die der Gleichung

$$y = cx^n$$

genügt, in der c eine Konstante und n eine beliebige reelle Zahl ist, heißt Potenzkurve. Geht sie durch den Punkt $P_0(x_0, y_0)$, so wird $y_0 = c x_0^n$ und $c = y_0/x_0^n$, d. h.

$$y = y_0 (x/x_0)^n.$$

Für $n > 0$ liegt eine *höhere Parabel*, für $n < 0$ eine *höhere Hyperbel* vor. Die Summe oder Differenz mehrerer Parabeln, d. h. eine Kurve mit der Gleichung

$$y = a_0 + a_1 x + a_2 x^2 + a_3 x^3 + \cdots + a_n x^n$$

heißt allgemeine Parabel n-ter Ordnung, vgl. a. S. 62 u. 196.

Die *Subtangente* einer Potenzkurve (vgl. S. 121) ist gleich x/n.

Für $x = 0$ ist die x- oder die y-Achse die Tangente, je nachdem $n > 1$ oder $n < 1$ ist.

Die *Fläche* unter der Potenzkurve in den Grenzen x_1 und x_2 kann mit $y(x_1) = y_1$ und $y(x_2) = y_2$ geschrieben werden

$$A = \int_{x_1}^{x_2} y_0 (x/x_0)^n \, dx = (x_2 y_2 - x_1 y_1)/(n+1), \qquad n \neq -1.$$

Für $n = -1$ wird $A = x_0 y_0 \ln(x_2/x_1) = x_0 y_0 \ln(y_1/y_2)$, S. 85.

Die Ordinaten der Potenzkurve können berechnet, bequem z. B. bei beliebigem Exponenten mit der log-log-Teilung auf dem Rechenstab (vgl. Anm. 2, S. 44) oder zeichnerisch ermittelt werden, wie folgt.

a) Parabeln höherer Ordnung.

α) $n = 1$. $y = y_0(x/x_0)$

ist eine Gerade durch den Ursprung O und durch P_0; vgl. Punkt P_1 mit der Abszisse x (Bild 124).

β) $n = 2$. $y = y_0(x/x_0)^2$

ist die Gleichung der gewöhnlichen, der quadratischen Parabel, Punkt P_2 (Bild 124, bzw. P Bild 100, S. 126). Denn es sind die Strecken $\overline{1b} = \overline{P_1 a} = y_0(x/x_0)$; $\overline{P_2 a} : \overline{1b} = x : x_0$ oder $\overline{P_2 a} = \overline{1b} \cdot (x/x_0) = y_0(x/x_0)^2$.

γ) $n = 3$. $y = y_0(x/x_0)^3$

ist die Gleichung der kubischen Parabel. Zieht man durch P_2 (Bild 124) die Waagerechte und trifft diese die Ordinate y_0 in 2, so trifft $\overline{O2}$ die Senkrechte durch P_1 oder P_2 in P_3, dem gesuchten Kurvenpunkt.

Durch Wiederholung für andere x-Werte erhält man weitere Punkte.

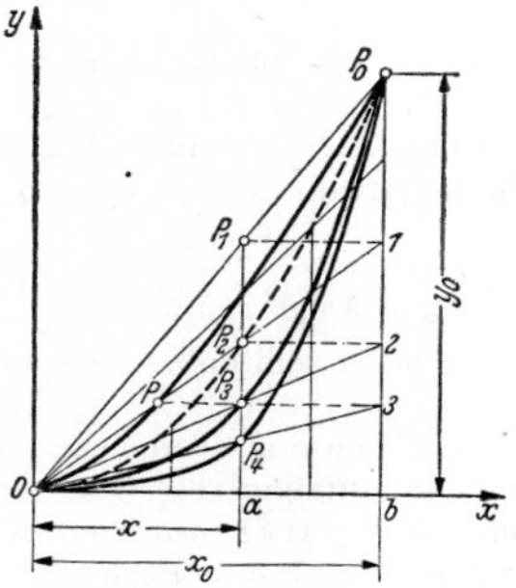

Bild 124. Parabeln höherer Ordnung

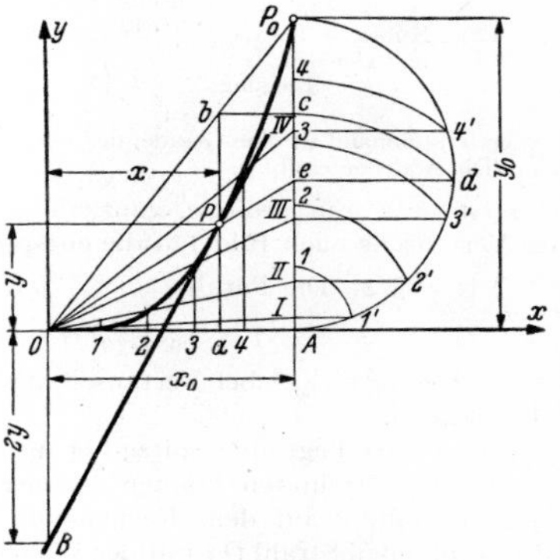

Bild 125. Kubische Parabel

Beweis: Nach β) ist $\overline{b2} = \overline{aP_2} = y_0(x/x_0)^2$, ferner $\overline{aP_3} : \overline{b2} = x : x_0$ oder $\overline{aP_3} = \overline{b2} \cdot (x/x_0) = y_0(x/x_0)^3$.

Andere Konstruktion: Für einen Punkt P mit der Abszisse $Oa = x$ (Bild 125) errichte über $AP_0 = y_0$ einen Halbkreis, mache $ab \perp Oa$, bc parallel zur x-Achse, ziehe um A mit Ac den Kreis, der den Halbkreis in d trifft, ziehe de parallel zur x-Achse. Dann schneidet Oe die Ordinate ab im gesuchten Punkt P.

Beweis: Das Quadrat der Sehne $\overline{Ad}$ ist gleich dem Produkt der Strecken $\overline{Ae}$ und $\overline{AP_0}$, d. h. $(\overline{Ad})^2 = \overline{Ae} \cdot y_0$. Nun ist $\overline{Ad} = \overline{ab} = y_0(x/x_0)$, also $y_0^2(x/x_0)^2 = \overline{Ae} \cdot y_0$ oder $\overline{Ae} = y_0(x/x_0)^2$. Aus $y : Ae = x : x_0$ folgt $y = Ae \cdot (x/x_0) = y_0(x/x_0)^3$.

Weitere Punkte: Teile die Abszisse $x_0 = OA$ und die Ordinate $y_0 = AP_0$ in die gleiche Anzahl Teile mit den Teilpunkten *1, 2, 3,* ... Die Kreise um A mit $A\,1, A\,2, A\,3, \ldots$ treffen den Halbkreis in $1', 2', 3', \ldots$ Die Waagerechten durch $1', 2', 3', \ldots$ schneiden die Ordinate y_0 in $I, II, III, \ldots$ Die entsprechenden Schnittpunkte der Strahlen $O\,I, O\,II, O\,III, \ldots$ und der Senkrechten durch *1, 2, 3* auf der x-Achse treffen sich in den Punkten der gesuchten Kurve.

Die *Tangente* an die Kurve in P ist die Gerade BP, wenn $OB = 2y$ ist. (Subtangente auf der y-Achse gleich $3y$.) In O hat die Kurve einen Wendepunkt mit der x-Achse als Tangente.

Beispiele: 1. Für einen frei aufliegenden Träger mit Dreieckslast (S. 394, Nr. 19) hat die Momentenlinie einen Verlauf gemäß $M = f(x/l) - f(x/l)^3 = y_1 - y_2$ mit $f = Fl/3$. Hierin ist y_1 eine durch A gehende Gerade, die dort gleichzeitig Tangente an M ist, während y_2 als kubische

Parabel nach Bild 125 konstruiert werden kann, deren Ordinatenwerte dann von y_1 subtrahiert werden.

2. Der Träger gleichen Widerstandes gegen Biegung, Bild 126, habe kreisförmigen Querschnitt; die Last F greife am Ende des Trägers an. Die Begrenzung des Längsschnittes ist zu entwerfen. Ist y der Durchmesser des Trägers in der Entfernung x vom Angriffspunkt der Last, so wird

$y^3 = \frac{32F}{\pi\sigma_{zul}} x = d^3 \cdot \frac{x}{l}$; für den eingespannten Querschnitt ist $y = d = \sqrt[3]{\frac{32Fl}{\pi\sigma_{zul}}}$ (vgl. S. 378, Nr. 3). Die gesuchte Kurve ist eine kubische Parabel. Man kann daher das Verfahren Bild 125 anwenden, man hat nur die Achsen zu vertauschen und $BP_0 = d/2$ zu machen, Bild 126. Trägt man die Ordinaten der Kurve von OB aus nach unten ab, so erhält man den unteren, spiegelbildlichen Teil.

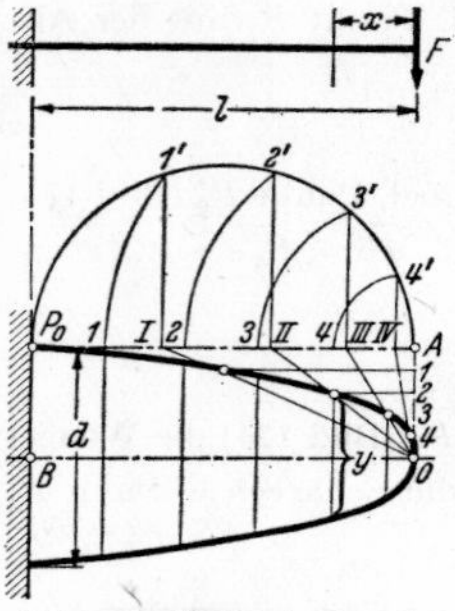

Bild 126. Kubische Parabel bei Träger gleichen Widerstands gegen Biegung

δ) $n = 4$. $\qquad y = y_0 (x/x_0)^4$

ist die Gleichung einer Parabel 4. Ordnung. Ihre Konstruktion ergibt sich aus der für die kubische Parabel (Bild 124). Ist P_3 ein Punkt dieser Kurve (Bild 124), so verbindet man seine Projektion *3* auf die gegebene Ordinate y_0 mit dem Koordinatenanfangspunkt O; die Gerade O *3* schneidet die Senkrechte durch P_3 im Punkt P_4 der gesuchten Kurve.

Beispiel: Die Gleichung der elastischen Linie für den gleichförmig belasteten, einseitig eingespannten Träger lautet (S. 390, Nr. 12)

$$y = C\left(1 - \frac{4}{3}\frac{x}{l}\right) + C \cdot \frac{1}{3}\left(\frac{x}{l}\right)^4 = y_1 + y_2, \quad \text{wobei} \quad C = \frac{Fl^3}{8EI}.$$

Der erste Summand ist eine Gerade, der zweite eine Parabel, die nach Bild 124 gezeichnet werden kann. Die Addition ergibt y.

ε) $n = 5$. Für größere, ganzzahlige Werte n ergeben sich durch Fortsetzung des Verfahrens nach Bild 124 die entsprechenden Konstruktionen.

ζ) $n = 3/2$. Die Parabel

$$y = y_0 (x/x_0)^{3/2} \quad \text{oder} \quad y^2 = y_0^2 (x/x_0)^3$$

bzw. $x^2 = x_0^2 (y/y_0)^3$ bei Vertauschung der Achsen heißt semikubische oder *Neil*sche Parabel.

Für $x = 0$ liegt eine Spitze vor mit der x- bzw. y-Achse als Tangente.

Einzelne Ordinaten können rechnerisch durch Benutzung der Quadrat- und Kubikaufteilung auf dem Rechenstab oder sonst zeichnerisch ermittelt werden: Bringt man den Strahl O *1* mit der Waagerechten durch den Punkt P_3 der kubischen Parabel (Bild 124) zum Schnitt, so ist P ein Punkt der semikubischen Parabel.

b) Hyperbeln höherer Ordnung. Ist bei der Potenzkurve $n < 0$ und setzt man $n = -m$, so lautet die Gleichung der durch den Punkt $P_0(x_0, y_0)$ gehenden Hyperbel $(m+1)$-ter Ordnung

$$y = y_0 (x_0/x)^m \quad \text{oder} \quad yx^m = y_0 x_0^m = \text{const}.$$

α) $m = 1$, $\qquad y = y_0 (x_0/x)$

ist die Gleichung einer gleichseitigen Hyperbel, bezogen auf ihre Asymptoten als Achsen (Bild 115, S. 133, und Bild 127a).

β) $m = 2$, $\qquad y = y_0 (x_0/x)^2$

ist die Hyperbel 3. Ordnung.

Ist P_1 ein Punkt der gleichseitigen Hyperbel (Bild 127b), so verbindet man P_1 mit O; der Schnittpunkt mit der Senkrechten durch P_0 sei II. Projiziert man II auf die Senkrechte durch P_1, so ist P_2 ein Punkt der gesuchten Kurve.

Hinsichtlich des Verlaufes einiger höherer Hyperbeln vgl. Bild 127a.

Beispiel: Ein kegelförmiger Stab beliebigen Querschnitts werde durch eine unveränderliche Axialkraft F auf Druck beansprucht; der Verlauf der Spannungen längs der Trägerachse ist zu bestimmen. Mit den Bezeichnungen des Bildes 128 ist

$$\sigma = F/S; \qquad \sigma_1 = F/S_1.$$

Aus $S_1 : S = H^2 : (H - y)^2$ folgt $S = S_1(H - y)^2/H^2$,
so daß
$$\sigma = \sigma_1 H^2/(H - y)^2$$
wird. Mit $H - y = z$ ist $\sigma = \sigma_1 \cdot (H/z)^2$.

Bei dieser Hyperbel 3. Ordnung liegt der Koordinatenanfangspunkt in der Spitze des Ergänzungskegels, und ein Punkt P_1 ist durch $\sigma_1 = F/S_1$ gegeben. Die Kurve wird nach Bild 127b

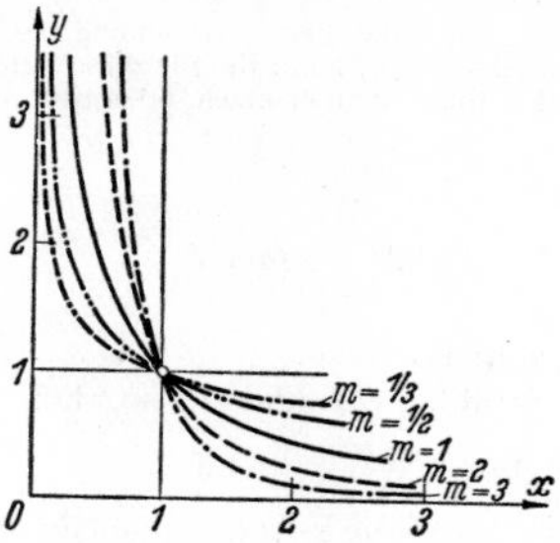

Bild 127a. Hyperbeln höherer Ordnung

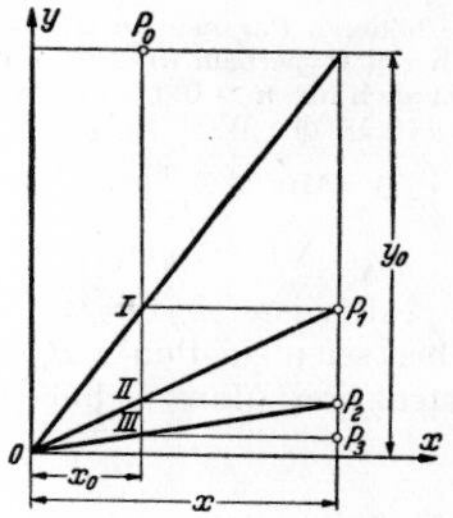

Bild 127b. Konstruktion höherer Hyperbeln

gezeichnet. Nach S. 136, Abschn. 3, würde die Subtangente in bezug auf die z-Achse gleich $-z/2$ und die Tangente liefern. Im Punkt P_2 würde die Subtangente gleich $-(H - l)/2$.

γ) $m = 3$. $\quad y = y_0(x_0/x)^3$

ist eine Hyperbel 4. Ordnung; ihre Konstruktion schließt an die vorhergehende an; vgl. Punkt P_3 von Bild 127b.

c) Beliebige Potenzkurven. Für Potenzkurven mit beliebigen Exponenten ergeben sich die folgenden Konstruktionen:

α) $n > 0$. Gegeben sei der Punkt $P_0(x_0, y_0)$ und der Exponent n.

Konstruktion: Man ziehe (Bild 129) die durch O hindurchgehenden Strahlen OT und OS so, daß mit $\sphericalangle xOS = \alpha$ und $\sphericalangle yOT = \beta$
$$1 + \tan\beta = (1 + \tan\alpha)^n$$

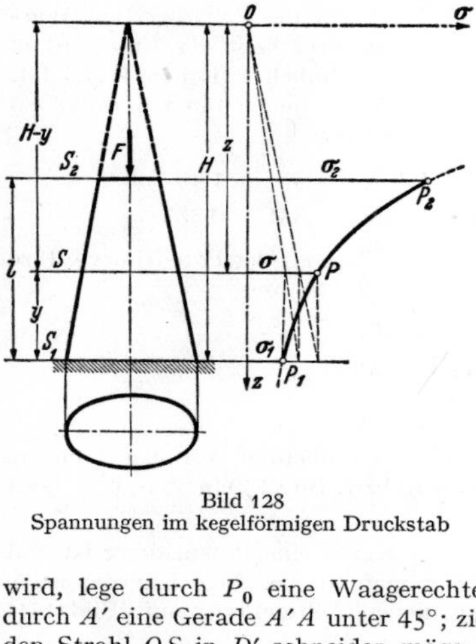

Bild 128
Spannungen im kegelförmigen Druckstab

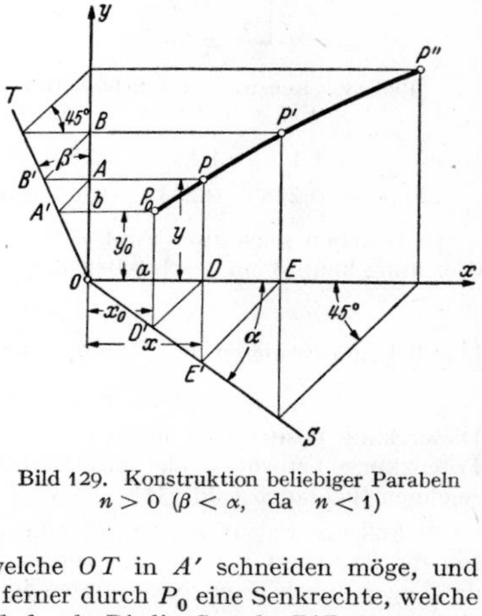

Bild 129. Konstruktion beliebiger Parabeln
$n > 0$ ($\beta < \alpha$, da $n < 1$)

wird, lege durch P_0 eine Waagerechte, welche OT in A' schneiden möge, und durch A' eine Gerade $A'A$ unter 45°; ziehe ferner durch P_0 eine Senkrechte, welche den Strahl OS in D' schneiden möge, und durch D' die Gerade $D'D$ unter 45°. Dann schneiden sich die Waagerechte durch A und die Senkrechte durch D im

Punkt P der Kurve. Um den Punkt P' zu erhalten, verfährt man von P ausgehend in gleicher Weise[1].

Beweis: Sind x und y die Koordinaten des Punktes P, so ist $x = Oa + aD = x_0 + x_0 \tan\alpha = x_0(1 + \tan\alpha)$ und ebenso $y = y_0(1 + \tan\beta)$ oder nach Konstruktion

$$y = y_0(1 + \tan\alpha)^n = y_0(x/x_0)^n.$$

Da für die höheren Parabeln ($n > 0$) formal zwischen β und α die gleiche Beziehung besteht wie für die höheren Hyperbeln ($n < 0$, vgl. den folgenden Abschn. β), kann die für diese aufgestellte Zahlentafel auch für $n > 0$ benutzt werden; hierfür ist m durch n zu ersetzen. So ergibt $n = 1{,}25$ für $\tan\alpha = 0{,}25$ den Wert $\tan\beta = 0{,}322$.

β) $n < 0$. Mit $n = -m$ wird wie unter b)

$$y = y_0(x_0/x)^m \qquad \text{oder} \qquad y x^m = y_0 x_0^m = \text{const},$$

wobei m positiv ist.

Gegeben seien ein Punkt P_0 und der Exponent m.

Konstruktion: Man zeichne (Bild 130) die Strahlen OT und OS so, daß

$$1 + \tan\beta = (1 + \tan\alpha)^m$$

wird, ziehe durch die Projektion A des Punktes P_0 auf die y-Achse eine Gerade AA' unter 45°, lege durch P_0 eine Senkrechte, welche OS in D' schneiden möge, und durch D' ebenfalls eine Gerade $D'D$ unter 45°; dann treffen sich die Waagerechte durch A' und die Senkrechte durch D im Punkt P der Kurve (Bild 130). Um den Punkt P' zu bestimmen, verfährt man von P ausgehend in gleicher Weise.

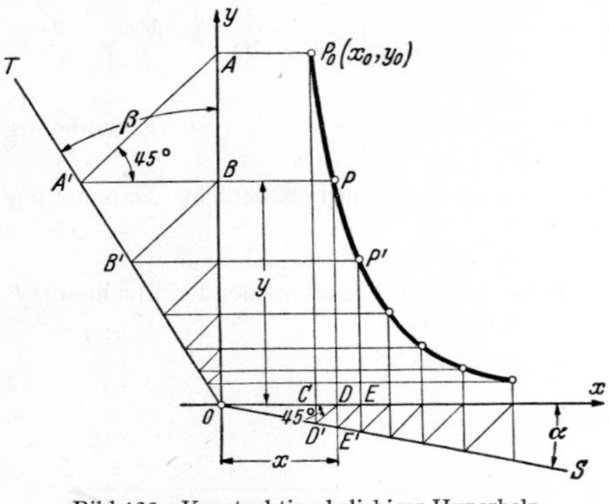

Bild 130. Konstruktion beliebiger Hyperbeln $n < 0$ ($\beta > \alpha$, da $m = -n > 1$)

Beweis: Sind x und y die Koordinaten des Punktes P, so ist

$$x = x_0(1 + \tan\alpha),$$
$$y = y_0/(1 + \tan\beta) = y_0/(1 + \tan\alpha)^m = y_0(x_0/x)^m.$$

Für die *Polytrope* (vgl. Wärmelehre) liegt der Exponent m gewöhnlich zwischen 1 und 1,4. Wählt man $\tan\alpha = 0{,}25$, so ist für

m	=	1,1	1,15	1,20	1,25	1,30	1,35	1,40
$\tan\beta$	=	0,278	0,293	0,307	0,322	0,336	0,351	0,367.

γ) Gegeben seien zwei Punkte $P_1(x_1, y_1)$ und $P_2(x_2, y_2)$ der Potenzkurve. Ihre Gleichung kann dann geschrieben werden

$$y/x^n = y_1/x_1^n = y_2/x_2^n.$$

Durch Logarithmieren der Gleichung folgt der Exponent zu

$$n = (\lg y_2 - \lg y_1)/(\lg x_2 - \lg x_1).$$

Dieser kann positiv oder negativ sein. Mit diesem Exponenten läßt sich dann die Potenzkurve berechnen oder nach Bild 129 ($n > 0$) bzw. Bild 130 ($n < 0$, $n = -m$) zeichnen (vgl. auch Bild 131).

δ) Soll untersucht werden, ob eine vorgelegte Kurve eine Potenzkurve ist und soll ihr Exponent n bestimmt werden, so trägt man für beliebige Kurvenpunkte die Logarithmen ihrer Koordinaten in einem neuen Achsenkreuz auf (Bild 131)

[1] Da im Anfang gemachte Zeichenfehler sich fortpflanzen, empfiehlt es sich, den letzten Punkt durch Rechnung zu prüfen. Dies gilt auch für die Konstruktion nach Bild 130.

oder überträgt die Kurve auf Potenzpapier, bei dem beide Achsen logarithmisch geteilt sind (ganzlogarithmisches Papier).

Ist dann die Verbindungslinie der einzelnen Punkte eine Gerade, so ist die vorgelegte Kurve eine Potenzkurve, deren Exponent n durch die Richtungskonstante $\tan\alpha = n$ der Geraden bestimmt ist (Bild 131); sinngemäß $\tan\beta = m$.

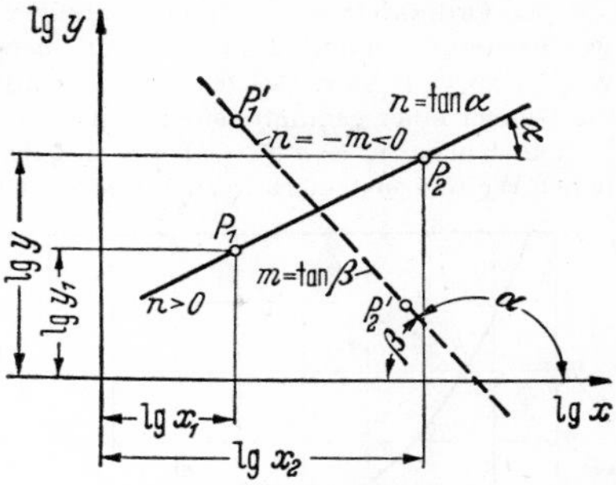

Bild 131. Potenzkurven im ganzlogarithmischen Achsenkreuz

4. Gleichungen einiger anderer Kurven

a) Die **Exponentialkurve** ist die zeichnerische Darstellung der Exponentialfunktion

$$y = a^x \quad \text{oder} \quad y = Ca^x, \quad a > 0.$$

Eine besondere Form der Gleichung ist

$$y = e^x \quad \text{oder} \quad y = Ce^x \quad \text{(S. 60, 76)},$$

wobei $e = 2{,}71828\ldots$ die Basis des natürlichen Logarithmensystems bedeutet.

Die Kurvenpunkte für $y = a^x$ können mit der doppellogarithmischen Teilung des Rechenstabes berechnet[1] oder gemäß Bild 132a zeichnerisch gefunden werden. Für $a = e$ vgl. S. 32/33.

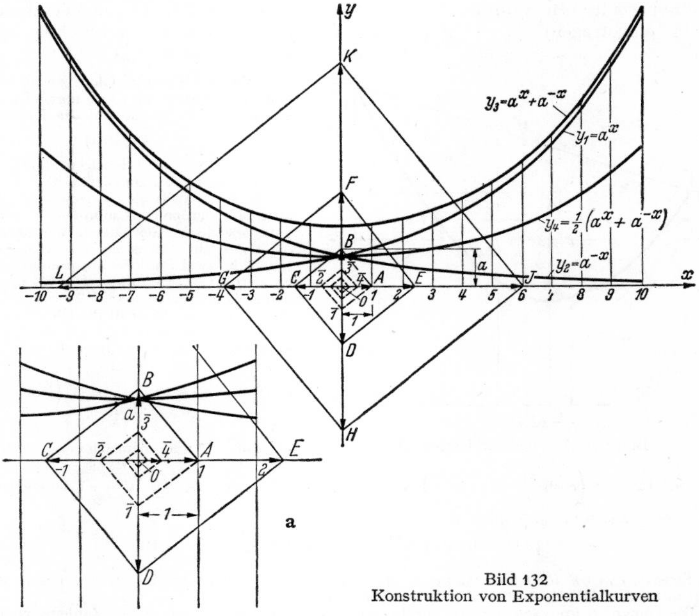

Bild 132
Konstruktion von Exponentialkurven

Mache OA gleich der Einheit der y-Achse (Bild 132)[2] und $OB = a$; zieht man $BC \perp AB$, so wird $OC = a^2$; $CD \perp BC$ liefert $OD = a^3$; $DE \perp CD$ liefert $OE = a^4 \cdots$ Zieht man

---

[1] Vgl. Anm. 2, S. 44. [2] In Bild 132a auch gleich der Einheit der x-Achse.

$A\bar{1} \perp BA$, so wird $O\bar{1} = a^{-1}$; $\bar{2}\bar{1} \perp \bar{1}A$ liefert $O\bar{2} = a^{-2}$, $\bar{3}\bar{2} \perp \bar{2}\bar{1}$ liefert a^{-3}; $\bar{4}\bar{3} \perp \bar{2}\bar{3}$ liefert $a^{-4} \cdots$ Trägt man die so gefundenen Werte $\ldots a^{-2}, a^{-1}, a^0 = 1, a^1, a^2, \ldots$ als Ordinaten zu den zugehörigen Werten $\ldots x = -2$; $x = -1$; $x = 0$; $x = 1$; $x = 2$; ... auf, so erhält man die Exponentialkurve $y_1 = a^x$.

Die Ordinaten der Exponentialkurve sind immer positiv und nehmen mit wachsendem x zu oder ab, je nachdem $a > 1$ (Bild 132) oder $a < 1$ ist. Für $x = 0$ wird $y(0) = 1$ bzw. gleich C, und die äquidistanten Ordinaten verhalten sich wie die Glieder einer geometrischen Reihe.

Die Kurve $y_2 = a^{-x} = (1/a)^x$ mit der Basis $1/a < 1$ (Bild 132) kann in ähnlicher Weise konstruiert werden; sie liegt in bezug auf die y-Achse symmetrisch zu $y_1 = a^x$.

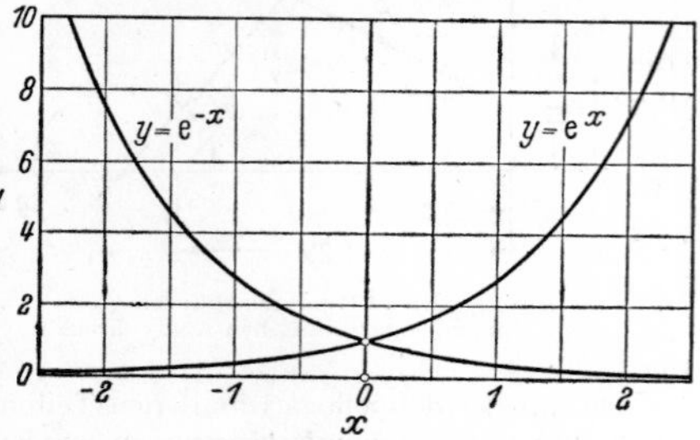

Bild 133. Exponentialkurven $y = e^x$ und $y = e^{-x}$

Den Verlauf der Exponentialfunktionen für $a = e$, d. h. $y = e^x$ und $y = e^{-x}$ zeigt Bild 133; vgl. a. die Tafeln auf S. 32/33.

Durch Addition der Ordinaten der Kurven y_1 und y_2 in Bild 132 erhält man

$$y_3 = y_1 + y_2 = a^x + a^{-x}.$$

Halbiert man die Ordinaten dieser Kurve, so erhält man in

$$y_4 = {}^1/_2\,(a^x + a^{-x})$$

eine neue Kurve, die für $a = e$ den hyperbolischen Cosinus $y = (e^x + e^{-x})/2$ liefert (S. 73). Entsprechend ergibt (nicht eingetragen) $y_5 = {}^1/_2(y_1 - y_2)$ für $a = e$ den hyperbolischen Sinus $y = (e^x - e^{-x})/2$.

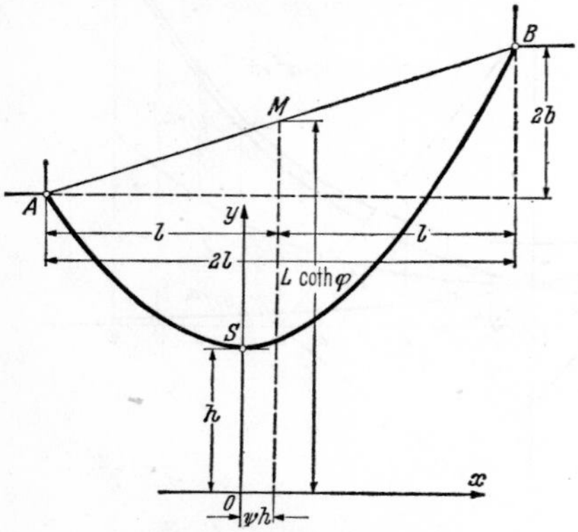

Bild 134. Beispiel zur Kettenlinie

Beispiel: Für die Gleichgewichtsform einer Kette oder eines biegungsfreien Seils ergibt sich (S. 109 u. 116) die *Kettenlinie*

$$y = h \cosh x/h$$

mit $h = H/q$, H = Horizontalkraft und q = Gewicht pro Längeneinheit.

H kann auch als Horizontalspannung aufgefaßt werden (z. B. in kp/cm²); dann ist q das spezifische Gewicht (z. B. in kp/cm³).

Es sei ein solches Seil von $2L = 36$ m Länge in zwei Punkten aufgehängt, deren waagerechte Entfernung $2l = 24$ m und deren Höhenunterschied $2b = 8$ m beträgt, Bild 134. Gesucht die Gleichung der Kurve, insbesondere die Lage des Achsenkreuzes. — Aus der Bogenlänge $2L = \int_{x_A}^{x_B} ds = h \sinh \frac{x}{h}\Big|_{x_A}^{x_B} = h\left(\sinh\frac{x_B}{h} - \sinh\frac{x_A}{h}\right)$ und dem Höhenunterschied $y_B - y_A = 2b = h\left(\cosh\frac{x_B}{h} - \cosh\frac{x_A}{h}\right)$ folgt mit $x_B = l + \varepsilon$ und $x_A = -(l - \varepsilon)$ die Gleichung $\sqrt{L^2 - b^2} = h \sinh l/h$ oder mit $l/h = \varphi$ auch

$$\sqrt{L^2 - b^2}/l = \sqrt{18^2 - 4^2}/12 = 1{,}4624 = \frac{\sinh\varphi}{\varphi}. \qquad (1)$$

Die Strecke $\varepsilon = \psi h$ folgt aus $\tanh\psi = b/L$, und die x-Achse liegt um das Stück $L \coth\varphi$ senkrecht unter dem Mittelpunkt M der Strecke AB.

Die transzendente Gleichung (1) zur Berechnung von φ hat mit den obigen Zahlenwerten die Form $f(\varphi) \equiv \sinh\varphi - 1{,}4624\varphi = 0$. Unter Verwendung des Näherungsverfahrens von *Newton* (S. 52) folgt $f'(\varphi) = \cosh\varphi - 1{,}4624$, und mit dem geschätzten Wert $\varphi_0 = 1{,}6$ wird (unter Verwendung der Tafel S. 30/32)

$$f_0 = \sinh 1{,}6 - 1{,}6 \cdot 1{,}4624 = 0{,}0358;$$
$$f_0' = \cosh 1{,}6 - 1{,}4624 = 1{,}1155;$$

also
$$\varphi_1 = 1,6 - \frac{0,0358}{1,1155} \approx 1,57 = \varphi.$$

Mit dem so bestimmten Wert $\varphi = 1,57$ wird

$$h = l/\varphi = 12/1,57 = 7,65\text{ m}; \quad L \cdot \coth \varphi = L/\tanh \varphi = 18/0,917 = 19,65\text{ m};$$
$$\tanh \psi = b/L = 4/18 = 0,2222; \qquad \psi = 0,226;$$

dann beträgt die waagerechte Ausweichung des Koordinatenanfangspunktes
$$\psi \cdot h = 0,226 \cdot 7,65 = 1,73\text{ m}.$$

Damit ist die Lage des Achsenkreuzes und des tiefsten Punktes festgelegt.

Ist der Durchhang der Kette klein, so kann man die Kettenlinie durch die Parabel $y = h + x^2/2h$ ersetzen (S. 126).

b) Logarithmische Kurve. Aus $y = a^x$ folgt gemäß der Definition des Logarithmus (S. 38) $x = {}^a\log y$. Vertauscht man x und y, so ist
$$y = {}^a\log x$$
die Umkehrfunktion zu $y = a^x$. Geometrisch ist also die logarithmische Kurve das Spiegelbild der Exponentialkurve hinsichtlich der Winkelhalbierenden des ersten Quadranten, Bild 135.

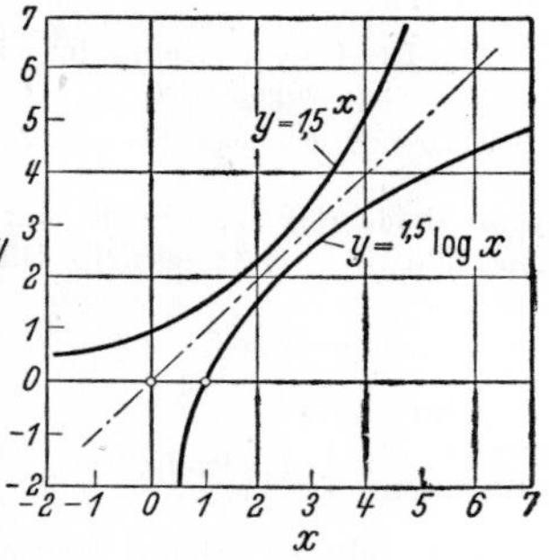

Bild 135. Logarithmische Kurve als Spiegelbild der Exponentialkurve

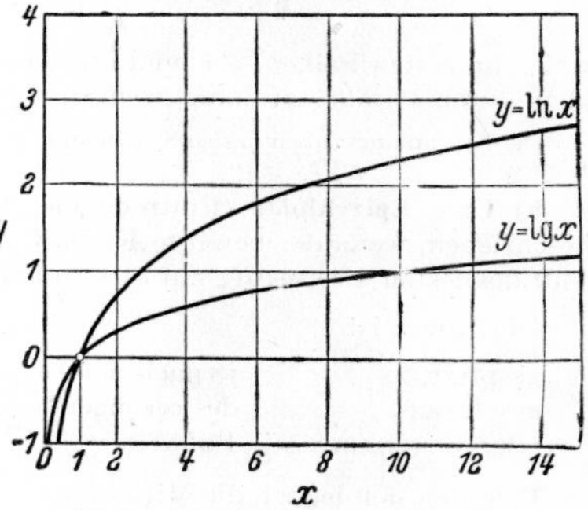

Bild 136. Logarithmische Kurven $y = \lg x$ und $y = \ln x$

Da die Exponentialkurve keine negativen Werte hat, verläuft die Logarithmenkurve rechts von der y-Achse. Es gibt keine reellen Logarithmen negativer Zahlen.

Den Verlauf der Funktionen $y = \lg x$ und $y = \ln x = 2,3026 \lg x$ (vgl. a. S. 38) zeigt Bild 136.

5. Zyklische Kurven

Zyklische Kurven (Trochoiden) werden von den Punkten A eines Kreises K_g (Gangpolbahn, Rollkreis, vgl. a. Dynamik S. 249) beschrieben, der auf einem festen Kreis K_r (Rastpolbahn, Grundkreis) abrollt ohne zu gleiten. Durch den augenblicklichen Berührungspunkt (den Momentanpol P) gehen sämtliche Normalen der im Augenblick beschriebenen Bahnstellen.

a) Bei der **gewöhnlichen Zykloide** (Radlinie, Orthozykloide) ist der Kreis K_r eine Gerade, Bild 137.

α) *Gleichung:* Ist t der Wälzwinkel, so lauten die Gleichungen (da für den gezeichneten Punkt $A = A_4$ der Winkel t stumpf ist)
$$x = r(t - \sin t), \qquad y = r(1 - \cos t).$$

β) *Konstruktion:* Trage den halben Umfang $r\pi$ von A_0 aus auf der x-Achse

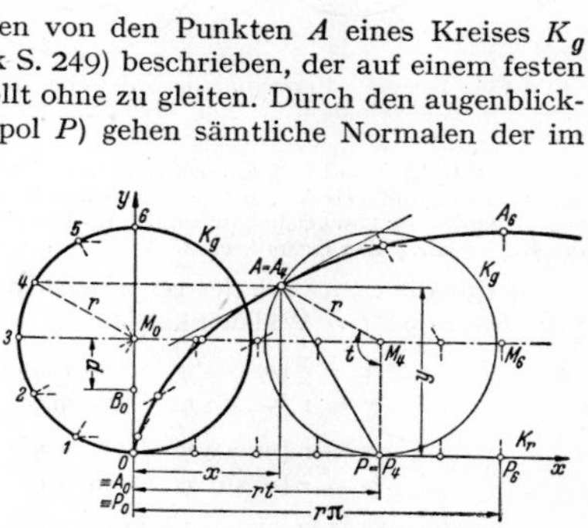

Bild 137. Gewöhnliche Zykloide

bzw. auf den hierzu parallelen Geraden durch M_0 ab und teile diese Strecken und den Halbkreis $o6$ in beliebig viele gleiche, z. B. 6 Teile; ziehe durch z. B. *4* die Parallele zu $M_0 M_4$ und durch M_4 die Parallele zu $M_0 4$. Dann ist ihr Schnittpunkt A_4 ein Kurvenpunkt. Für den Punkt A_3 $(t = \pi/2)$ ist $M_3 A_3$ auf $M_0 M_3$ gleich r zu machen. — Spiegelbildlich zu A_6 setzt sich die Kurve fort.

γ) Der *Krümmungsradius* wird $\varrho = 4r \sin(t/2)$, d. h. gleich der doppelten *Normale* PA. Im Punkt A_0 ist $\varrho = 0$ (Spitze), im Scheitel, d. h. für $t = \pi$, ist $\varrho = 4r$.

δ) Die *Bogenlänge* (vgl. S. 92) ist $s = 4r[1 - \cos(t/2)]$, d. h. der ganze Bogen von $t = 0$ bis $t = 2\pi$ beträgt $8r$.

ε) Die *Fläche* unter der Kurve ist $A = r^2(^3/_2 t - 2\sin t + {}^1/_4 \sin 2t)$, d. h. die Gesamtfläche wird gleich $3\pi r^2$.

ζ) Die *verschlungene* (verlängerte) bzw. die *geschweifte* (verkürzte) Zykloide wird von den Punkten der Kreisebene beschrieben, die außerhalb bzw. innerhalb des Rollkreises liegen. Nach Bild 137 lautet ihre Gleichung

$$x = rt - p \sin t, \qquad y = r - p \cos t,$$

wobei im ersten Fall $p > r$ und im zweiten $p < r$ ist. Die Konstruktion folgt wie oben durch Parallelogramme, wenn mit p um M_0 der Kreis gezogen wird.

Die Krümmungsradien in den Scheiteln, d. h. für $t = 0$ und $t = \pi$ sind, abgesehen vom Vorzeichen, $\varrho = (r \mp p)^2/p$.

b) Eine **Epizykloide** (Epitrochoide) bzw. **Hypozykloide** (Hypotrochoide) wird beschrieben, wenn der bewegte Kreis K_g außerhalb (Bild 139) bzw. innerhalb (Bild 140) des festen Kreises K_r auf diesem abrollt.

Die Kurve ist

gespitzt,	je nach der Lage	auf dem Rollkreis,	
geschweift	des erzeugenden	innerhalb	des Rollkreises.
oder verschlungen	Punktes	oder außerhalb	

Befinden sich jedoch die Mittelpunkte der Kreise innerhalb des festen Kreises K_r bei der Epizykloide bzw. innerhalb des bewegten Kreises K_g bei der Hypozykloide, so gelten die Definitionen umgekehrt, vgl. a. Bild 138a, b über die doppelte Erzeugung.

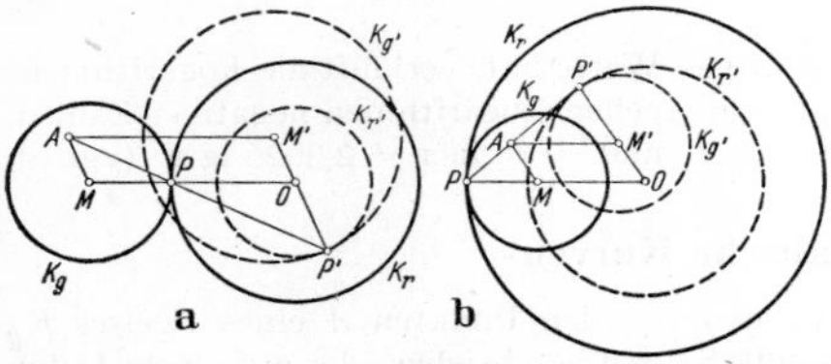

Bild 138. Doppelte Erzeugung der zyklischen Kurven
a) Epizykloide b) Hypozykloide

Sämtliche Bahnnormalen gehen durch den jeweiligen Berührungspunkt P.

α) Satz von der *doppelten Erzeugung:* Jede Trochoide kann durch das Abrollen zweier Kreispaare erzeugt werden, Bild 138:

Ist A ein Punkt des Rollkreises, so ist M' der vierte Eckpunkt des Parallelogramms $OMAM'$, und P' folgt als Schnittpunkt von AP und $M'O$. Dann ist der Kreis um O mit OP' der zweite Grundkreis K_r' und der Kreis um M' mit $M'P'$ der zweite Rollkreis K_g', d. h. die Bahn von A wird auch beschrieben, wenn der Kreis K_g' auf dem Kreis K_r' abrollt. In Bild 138a *umschließt* der Rollkreis K_g' den Grundkreis K_r'.

β) Für die *Gleichung* der *gespitzten* Epi- bzw. Hypozykloide folgt, Bild 139, 140, mit $R/r = n$, $t =$ Wälzwinkel und $\psi = t/n$:

$$\left.\begin{aligned} x &= r(m\cos\psi - \cos m\psi) \\ y &= r(m\sin\psi - \sin m\psi) \end{aligned}\right\} \begin{aligned} &\text{Epizykloide, Bild 139,} \\ &m = (R + r)/r = n + 1; \end{aligned}$$

$$\left.\begin{aligned} x &= r(m\cos\psi + \cos m\psi) \\ y &= r(m\sin\psi - \sin m\psi) \end{aligned}\right\} \begin{aligned} &\text{Hypozykloide, Bild 140,} \\ &m = (R - r)/r = n - 1. \end{aligned}$$

Ist n eine rationale Zahl, so schließt sich die Kurve, es liegt eine algebraische Kurve, andernfalls eine transzendente Kurve vor.

γ) *Konstruktion:* Mache in Bild 139, 140, den Bogen $\widehat{A_0E} \equiv \widehat{P_0P_6}$ gleich dem Halbkreisbogen $\widehat{P_0 6}$, d. h. Winkel $A_0OE = \pi/n$, und teile beide in dieselbe Anzahl gleicher Teile, z. B. in 6 Teile, so daß auf dem Kreis um O durch M_0 die Strahlen durch O und $P_1, P_2, \ldots$ die Punkte $M_1, M_2, \ldots$ ausschneiden. Der Kreis um M_i, z. B. um M_4, mit r und der Kreis um P_i (z. B. P_4) mit $P_0 i$ (z. B. $P_0 4$) treffen sich im Punkt $A_i = A_4$ der gesuchten Kurve. Da PA Normale ist, liegt gleichzeitig eine Hüllkonstruktion vor. Statt des einen Kreises kann auch der Kreis um O mit dem Radius $Oi = O4$ genommen werden.

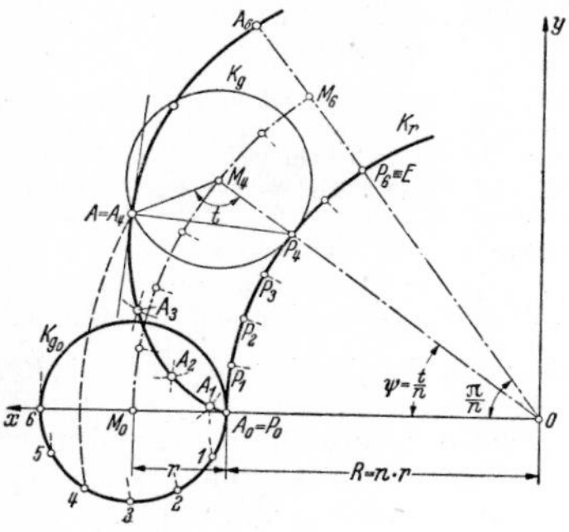

Bild 139. Epizykloide

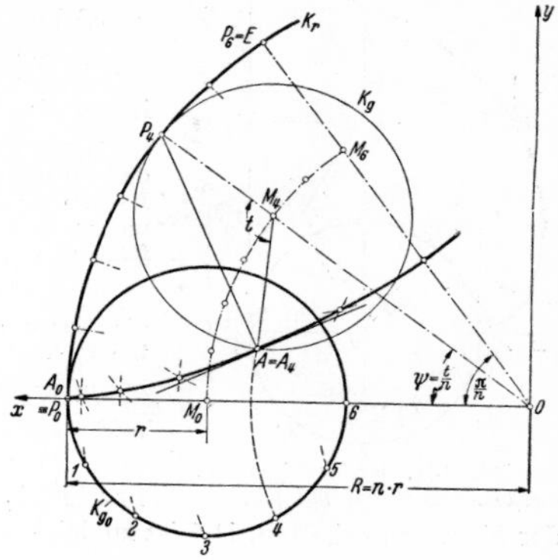

Bild 140. Hypozykloide

δ) *Allgemeine Zykloide*[1]. Liegt der beschreibende Punkt nicht auf dem Rollkreis selbst, sondern um die Strecke p von dessen Mittelpunkt M entfernt, so gilt die Konstruktion entsprechend, und die *Gleichungen* lauten

$$x = rm\cos\psi \mp p\cos m\psi, \qquad y = rm\sin\psi - p\sin m\psi, \qquad m = n \pm 1,$$

oberes Vorzeichen für die Epi-, unteres Vorzeichen für die Hypozykloide.

In den Scheiteln ($\psi = 0$ bzw. $\psi = \pi/n$ oder $t = \pi$) wird der *Krümmungsradius* der

Epizykloide

$$\varrho = \frac{m(r \mp p)^2}{r \mp mp}, \quad m = n + 1.$$

Hypozykloide

$$\varrho = \frac{m(r \mp p)^2}{r \pm mp}, \quad m = n - 1.$$

Bei den *gespitzten* Kurven, d. h. für $p = r$, wird $\varrho = 0$ bzw. $\varrho = 4r(n \pm 1)/(2 \pm n)$, oberes Vorzeichen für die Epi-, unteres Vorzeichen für die Hypozykloide.

ε) *Sonderfälle der Epizykloide:*

αα) Für $n = 1$, d. h. $r = R$ (oder nach der doppelten Erzeugung auch für $n = -1/2$, d. h. $r = 2R$, so daß der Rollkreis den Grundkreis umschließt) werden *Pascal*sche Kurven beschrieben. Mit A als Pol und AO als Polarachse lautet die Gleichung in Polarkoordinaten $\varrho = d + 2R\cos\varphi$, $d = R - p$. Für $d = 2R$ wird die Herzkurve oder *Kardioide* erhalten.

$$\varrho = 2R(1 + \cos\varphi) = 4R\cos^2(\varphi/2).$$

Mit der Polarachse als positiver x-Achse gilt für diese in rechtwinkligen Koordinaten

$$(x^2 + y^2 - 2Rx)^2 - 4R^2(x^2 + y^2) = 0.$$

ββ) Für $r \to \infty$ wird aus dem Rollkreis eine Gerade, vgl. c).

γγ) Für $R \to \infty$ wird aus dem Grundkreis eine Gerade, vgl. a).

ζ) *Sonderfälle der Hypozykloide.*

αα) Für $n = 2$, d. h. $r = R/2$, also $m = n - 1$, liegt (vgl. S. 129) die Kardanbewegung vor, die Bahnkurven werden *Ellipsen:* $x = (r + p)\cos\psi$, $y = (r - p)\sin\psi$, insbesondere beschreiben

[1] Vgl. *Meyer zur Capellen, W.:* Der Zykloidenlenker und seine Weiterentwicklung. Konstruktion 8 (1956) Nr. 12 S. 510/18. — *Ders.:* Die zyklischen Kurven und die Kurbelschleife. Forschg. Ing.-Wes. 24 (1958) Nr. 6 S. 178/86. — *Ders.:* Die harmonische Analyse an zykloidengesteuerten Schleifen. Forschungsbericht Nr. 835 des Landes Nordrhein-Westfalen; Köln und Opladen 1961. — *Ders.:* Zykloidengesteuerte Maltesergetriebe. Techn. Mitt. Haus der Techn. 54 (1961) Nr. 7 S. 245/49.

die Punkte auf dem Umfang des Rollkreises doppelt zählende Durchmesser.

$\beta\beta$) Für $r \to \infty$ vgl. c).

$\gamma\gamma$) Für $R \to \infty$ vgl. a).

$\delta\delta$) Für $n = 4$, d. h. $r = R/4$, und $p = r$ entsteht als gespitzte Hypozykloide die *Astroide* (Sternkurve) mit den Gleichungen $x = R\cos^3\psi$, $y = R\sin^3\psi$ oder auch $x^{2/3} + y^{2/3} = R^{2/3}$.

c) Bei der **Kreisevolvente** wird der Rollkreis zu einer *Geraden*, Bild 141. Die gespitzte Kreisevolvente selbst wird von den Punkten der sich abwälzenden Geraden K_g beschrieben.

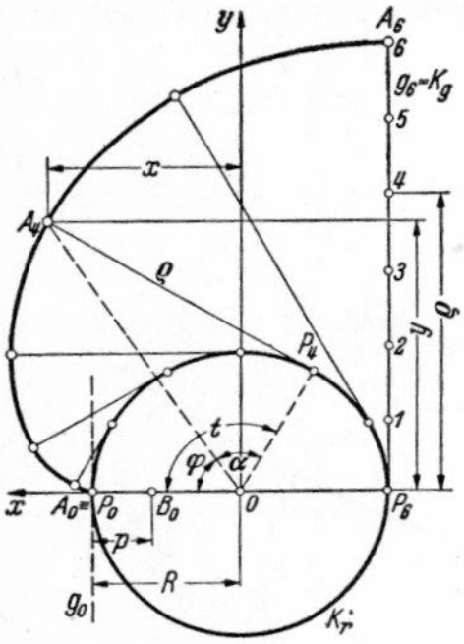

Bild 141. Kreisevolvente

α) Die *Gleichung* folgt mit t als Wälzwinkel zu

$$x = R(\cos t + t\sin t), \qquad y = R(\sin t - t\cos t);$$

in der eingetragenen Lage ist t stumpf.

In der Verzahnungstechnik wird die Gleichung in Polarkoordinaten benutzt, aber in Funktion des Parameters α, Bild 141. Es ist $OA = r = R/\cos\alpha$; ferner wird einerseits $PA = R\tan\alpha$ und andererseits $PA = Rt = R(\alpha + \varphi)$, woraus $\varphi = \tan\alpha - \alpha$ folgt, so daß die Gleichungen

$$r = R/\cos\alpha, \qquad \varphi = \tan\alpha - \alpha$$

die Kurve darstellen. Hierbei ist die (vertafelte) Funktion $\tan\alpha - \alpha = \operatorname{ev}\alpha$ als *Evolventenfunktion* eingeführt, vgl. S. 36.

β) *Konstruktion:* Mache P_6A_6 = Bogen A_0P_6 und teile beide in n gleiche, z. B. 6 Teile. Dann liegt A_i, z. B. A_4, auf der Tangente in P_4, und man hat $P_4A_4 = P_64$ zu machen, um Punkt $A_i = A_4$ der Kurve zu erhalten. PA ist zugleich der Krümmungsradius ϱ, vgl. S. 123.

γ) Eine *allgemeine Kreisevolvente* wird von einem Punkt beschrieben, der nicht auf der rollenden Geraden liegt. Ist er in der Ausgangslage B_0 senkrecht g_0 um p von A_0 entfernt, so wird eine verschlungene oder geschweifte allgemeine Evolvente beschrieben, je nachdem B_0 mit O auf der gleichen Seite der Geraden g_0 liegt oder nicht. Die Gleichungen lauten

$$x = R(\cos t + t\sin t) - p\cos t,$$
$$y = R(\sin t - t\cos t) - p\sin t.$$

Für $p = R$ erhält man die Archimedische Spirale (vgl. Abschn. 6a) $x = Rt\sin t$, $y = -Rt\cos t$. Für $t = 0$ hat der Krümmungsradius den Wert $\varrho = p^2/(R + p)$. Für $p = -R$ und $t = 0$ hat die Kurve einen Flachpunkt.

6. Spiralen

a) Die **Archimedische Spirale** entsteht, wenn sich ein Punkt P (Bild 142) mit unveränderlicher Geschwindigkeit auf einem Strahl OA bewegt, der sich seinerseits gleichförmig um einen festen Punkt, den Pol O, dreht. Hat der Punkt auf dem Leitstrahl bei einer einmaligen Umdrehung von $360° = 2\pi$ im Bogenmaß den Weg $OA = r_0$ zurückgelegt, so lautet mit r als Leitstrahl, φ als Polarwinkel, gemessen von OA aus, die *Polargleichung*

$$r = a\varphi = r_0\varphi/2\pi.$$

Konstruktion: Teile 360° in n gleiche Teile, ebenso die Strecke $OA = r_0$; trage

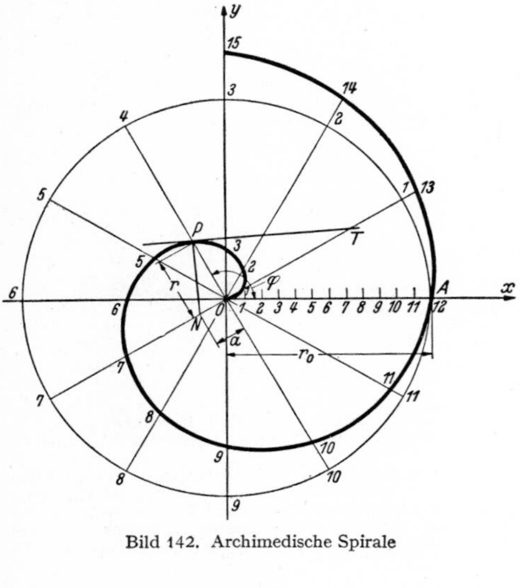

Bild 142. Archimedische Spirale

vom Mittelpunkt nach außen die entsprechenden Strecken $r = r_0/n, 2r_0/n, \ldots$ auf den Strahlen $O\,1$, $O\,2$, ... ab.

Konstruktion der *Tangente* im Punkt P: Trage auf der zum Leitstrahl OP durch O gezogenen Senkrechten die Strecke $ON = a = r_0/2\pi$ ab. PN ist dann Normale; senkrecht dazu durch P geht die Tangente PT (S. 121).

Die Archimedische Spirale wird u. a. bei Kurvenscheiben verwendet (S. 251). Flächeninhalt vgl. S. 86. Im Scheitel ($\varphi = 0$) ist der Krümmungsradius $\varrho = a/2$.

b) Logarithmische Spirale. Ist A in Bild 143 ein Punkt der Kurve und $OA = r_0 = a$, dann lautet ihre Gleichung $r = a\mathrm{e}^{m\varphi}$ $(m > 0)$; da $\lim\limits_{\varphi\to-\infty} r = 0$ wird, so ist der Pol O ein asymptotischer Punkt, dem sich die Spirale für negative φ immer mehr nähert, ohne ihn zu erreichen.

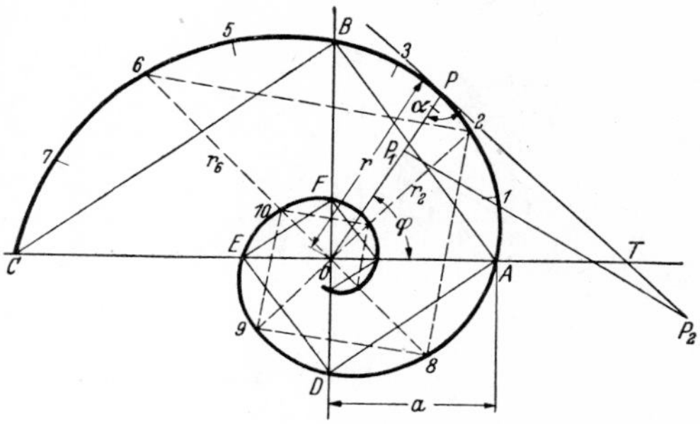

Bild 143. Logarithmische Spirale

Konstruktion: Es sei z. B. $m = 0{,}2$; um für den Bogen von 0 bis π acht Punkte zu finden, setze man $\varphi_n = n\pi/8$; dann ergibt sich

$$r_n = a \cdot \mathrm{e}^{0{,}2\,n\pi/8}$$
$$= a \cdot 1{,}0816^n = ap^n.$$

Die Werte r dieser Gleichung lassen sich rechnerisch, z. B. nach S. 32 (Tafel für e^x)* oder nach Bild 132 zeichnerisch für $n = 1, 2, 3, \ldots 8$ nacheinander bestimmen. Trägt man nunmehr $r_0 = ap^0$; $r_1 = ap^1$; $r_2 = ap^2 \ldots$ auf den entsprechenden Strahlen $\varphi_0 = 0$; $\varphi_1 = {}^1/_8\pi$; $\varphi_2 = {}^2/_8\pi \ldots$ ab (Bild 143), so erhält man die Punkte A, *1*, *2*, *3*, B, *5*, *6*, *7*, C der logarithmischen Spirale für den Bogen ABC.

Um weitere Punkte zeichnerisch zu erhalten, ziehe man $DA \perp BA$; $ED \perp DA$; $FE \perp DE$ ... Dazwischenliegende Punkte erhält man, wenn man z. B. *6* mit *2* verbindet ($O\,6$ und $O\,2$ müssen dabei einen rechten Winkel bilden), auf dieser Geraden in *2* eine Senkrechte errichtet und diese mit der Verlängerung von $\overline{O\,6}$ zum Schnitt bringt. Dieser Schnittpunkt *8* ist ein Kurvenpunkt. Die Senkrechte in *8* auf $\overline{2\,8}$ schneidet die Verlängerung von $\overline{O\,2}$ in einem weiteren Kurvenpunkt usw.

Die *Tangente* TP in dem beliebigen Punkt P der Kurve bildet mit dem Leitstrahl OP den Winkel $\alpha = \text{const}$, wobei $\cot\alpha = m = PP_1/P_1P_2$; denn es ist $\tan\alpha = r/r' = 1/m$ (S. 121, Bild 89, wo der Winkel OPT mit ψ bezeichnet ist). In dem Beispiel ist daher $\cot\alpha = 0{,}2$; $\alpha = 78{,}69°$.

Die logarithmische Spirale wird u. a. bei Fräsern[1] und Kurvenscheiben angewendet.

Krümmungsradius vgl. S. 124, Beispiel 3; Bogenlänge vgl. S. 92.

7. Sinuslinien

Unter der gewöhnlichen Sinuslinie versteht man die zeichnerische Darstellung der Funktion $y = r\sin\varphi$; φ im Bogenmaß (vgl. Bild 20, S. 66).

a) Die **allgemeine Form** ist $\boldsymbol{y = r\sin(\varphi + \varepsilon)}$. Hierin heißt r die *Amplitude*, ε der *Phasenwinkel* und y der *Momentanwert* der Funktion. Diese ist periodisch mit der Periode 2π.

---

* oder mit der log-log-Teilung des Rechenstabes (vgl. Anm. 2, S. 44).

[1] Bei nach einer logarithmischen Spirale hinterdrehten Fräsern bleibt beim radialen Nachschleifen das Profil erhalten.

Häufig hat die Funktion die Gestalt (vgl. S. 281) $y = r \sin(\omega t + \varepsilon)$, worin ω sec^{-1} (bzw. rad/sec) die *Kreisfrequenz* der Schwingung und t sec die Zeit ist. Die Dauer einer Schwingung, die Periode oder die *Schwingungsdauer*, ist dann $T = 2\pi/\omega$ sec. Die Zahl der Schwingungen in der Zeiteinheit heißt *Frequenz* oder Schwingungszahl und hat den Wert $f = 1/T = \omega/2\pi$ sec^{-1}; die Einheit ist das Hertz, 1 Hz = 1/sec.

Zeichnerisch stellt man die Funktion $y = r \sin(\varphi + \varepsilon)$ folgendermaßen dar (Bild 144): Ziehe um M auf der φ-Achse einen Kreis vom Halbmesser r und trage den Winkel $OMB_0 = \varepsilon$ ein. An MB_0 trägt man den Winkel $\varphi = B_0MB$ an und auf der φ-Achse die Strecke $OQ = \varphi$ in bestimmten Maßstab ab. Die Waagerechte durch B und die Senkrechte durch Q treffen sich in einem Punkt der Kurve. Zweckmäßig teilt man von B_0 aus den Kreis in eine Anzahl von gleichen Teilen ein.

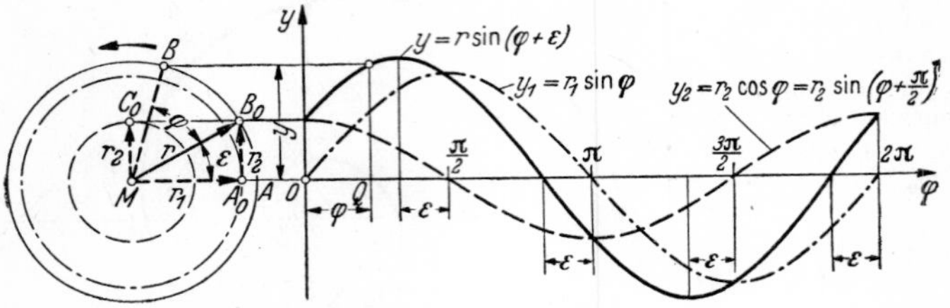

Bild 144. Darstellung von Sinuskurven

Für $\varphi = \pi - \varepsilon$ und $\varphi = 2\pi - \varepsilon$ wird y gleich Null, während für $\varphi = \pi/2 - \varepsilon$ und $\varphi = 3\pi/2 - \varepsilon$ die Kurve eine horizontale Tangente hat; es ist dann $y = r$ bzw. $y = -r$.

Man kann sich auch vorstellen, daß der Strahl MB mit der Winkelgeschwindigkeit ω um M gedreht wird, so daß $\varphi = \omega t$ ist.

Die einfache Sinuskurve $\boldsymbol{y = r \sin \varphi}$ hat den Phasenwinkel Null, die Kosinuskurve $\boldsymbol{y = r \cos \varphi} = r \sin(\varphi + \pi/2)$ hat den Phasenwinkel $\pi/2$, d. h. der Endpunkt von r in der Ausgangsstellung liegt auf der Senkrechten durch M zu MO.

Durch *Zerlegung* kann auch geschrieben werden:

$$y = r \sin(\varphi + \varepsilon) = r \sin\varphi \cos\varepsilon + r \cos\varphi \sin\varepsilon = r_1 \sin\varphi + r_2 \cos\varphi = y_1 + y_2$$

(Bild 144). Hierin ist $r_1 = r \cos\varepsilon$, $r_2 = r \sin\varepsilon$, $\tan\varepsilon = r_2/r_1$ und $r^2 = r_1{}^2 + r_2{}^2$. Die Schwingung kann also aufgefaßt werden als die Summe zweier um 90° versetzter einfacher Sinusschwingungen.

b) Die Funktion $\boldsymbol{y = r \sin n\varphi} = r \sin n\omega t$ stellt eine Sinuskurve dar, die n-mal so schnell schwingt wie die Grundschwingung $y = r \sin\varphi = r \sin \omega t$. Ihre Schwingungsdauer ist der n-te Teil der Grundschwingungsdauer (vgl. z. B. S. 177).

c) Addition und Subtraktion von Sinuskurven gleicher Frequenz. Gegeben sind die Funktionen

$$y_1 = r_1 \sin\varphi = r_1 \sin\omega t \quad \text{und} \quad y_2 = r_2 \sin(\varphi + \varepsilon_2) = r_2 \sin(\omega t + \varepsilon_2),$$

gesucht ist die Darstellung der Funktion

$$y = y_1 + y_2 = r_1 \sin\varphi + r_2 \sin(\varphi + \varepsilon_2).$$

Diese läßt sich wieder als Schwingung

$$y = r \sin(\varphi + \varepsilon)$$

darstellen mit r als resultierender Amplitude und ε als Phasenwinkel:

Trage von M aus (Bild 145) waagerecht die Strecke $MA_0 = r_1$ auf, daran unter dem Winkel ε_2 gegen die φ-Achse die Strecke $A_0B_0 = r_2$. Dann ist $MB_0 = r$, die geometrische Summe von r_1 und r_2, die resultierende Amplitude und Winkel

A_0MB_0 die Phasenverschiebung ε. Denn dreht man das Dreieck MA_0B_0 um den Winkel φ in die Lage MAB, so liest man für die Abstände der Punkte A und B von der φ-Achse bzw. von der Waagerechten durch A ab:

$$y = y_1 + y_2 = r_1 \sin\varphi + r_2 \sin(\varphi + \varepsilon_2) \quad \text{und} \quad y = r \sin(\varphi + \varepsilon).$$

Das heißt, es entsteht eine resultierende Schwingung; r ist auch die vektorielle Summe (vgl. S. 155) der Radienvektoren r_1 und r_2.

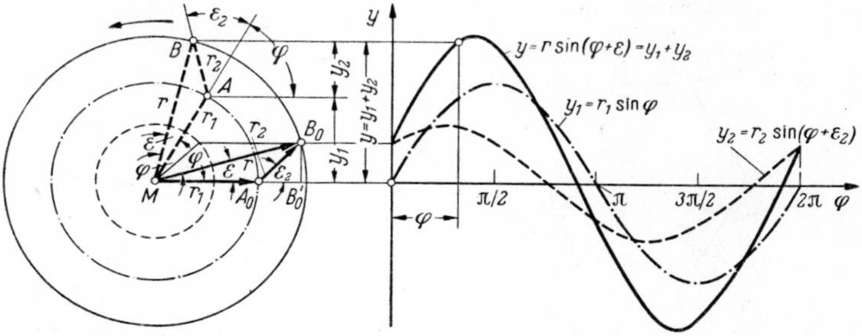

Bild 145. Addition von Sinuskurven gleicher Frequenz

Von B_0 aus kann die Sinuskurve y nach a) gezeichnet werden. Für $\varepsilon_2 = \pi/2$ vgl. Bild 144.

Rechnerisch folgt aus Dreieck MA_0B_0, Bild 145, für r und ε:

$$r^2 = r_1^2 + r_2^2 + 2r_1r_2 \cos\varepsilon_2 \quad \text{und} \quad \tan\varepsilon = \frac{\overline{B_0B_0'}}{\overline{MB_0'}} = \frac{r_2 \sin\varepsilon_2}{r_1 + r_2\cos\varepsilon_2}.$$

Bei **Subtraktion,** d. h. für $y = y_1 - y_2 = r_1 \sin\varphi - r_2 \sin(\varphi + \varepsilon_2)$ folgen für die resultierende Schwingung $y = r\sin(\varphi + \varepsilon)$ die Werte r und ε in ähnlicher Weise, nur ist r_2 in entgegengesetzter Richtung (Bild 146) aufzutragen; d. h. r ist jetzt die geometrische Differenz. Rechnerisch folgen die Werte r und ε aus den obigen Formeln, wenn dort r_2 durch $-r_2$ ersetzt wird.

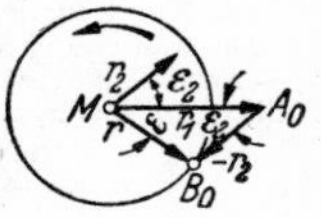

Bild 146

Ist *keine* Phasenverschiebung vorhanden, d. h. $\varepsilon_2 = 0$, so ist r die arithmetische Summe oder Differenz von r_1 und r_2, und ε ist gleich Null.

d) Die Addition und Subtraktion von Schwingungen verschiedener Frequenz kann nur durch Addition bzw. Subtraktion einzelner Ordinaten ausgeführt werden. Ist

$$y = y_1 + y_2 + \cdots = r_1 \sin m_1\varphi + r_2 \sin m_2\varphi + \cdots,$$

so erhält man nur dann wieder eine periodische Funktion oder Kurve, wenn die Zahlen $m_1, m_2, \ldots$ in rationalen Verhältnissen zueinander stehen. Ein Beispiel für die Addition zeigt unter dieser Voraussetzung die Synthese bei der Fourieranalyse, Bild 180, S. 178.

e) Multiplikation von Sinusfunktionen. Gegeben sind

$$y_1 = r_1 \sin\varphi \quad \text{und} \quad y_2 = r_2 \sin(\varphi + \varepsilon),$$

gesucht ist die Funktion

$$y = y_1 y_2 = r_1 r_2 \sin\varphi \sin(\varphi + \varepsilon).$$

Nach Formel c, γ), S. 67 erhält man mit $\alpha = \varphi$ und $\beta = \varphi + \varepsilon$:

$$y = -{}^1\!/_2 r_1 r_2 [\cos(2\varphi + \varepsilon) - \cos\varepsilon].$$

oder mit $r = {}^1\!/_2 r_1 r_2$: $\quad y = r\cos\varepsilon - r\cos(2\varphi + \varepsilon).$

Die gesuchte Funktion setzt sich also zusammen (Bild 147) aus der Parallelen $z_1 = r\cos\varepsilon$ zur φ-Achse und der Schwingung $z_2 = -r\cos(2\varphi + \varepsilon)$, welche die doppelte Frequenz der gegebenen Schwingungen hat. Ihre Achse läuft im Abstand z_1 parallel zur φ-Achse.

Zur *Konstruktion* (Bild 147) der Schwingung $y = y_1 y_2$ trage $MM' = z_1$ senkrecht zu MO auf und ziehe um M' einen Kreis mit dem Halbmesser $r = M'B_0$ (in beliebigem Maßstab), der die Waagerechte in B_0 trifft. Es ist dann Winkel $MM'B_0 = \varepsilon$. Die weitere Konstruktion geht von B_0 aus wie unter a, nur ist $M'O'$ die Achse, und die Periode ist nicht 2π, sondern π.

z_1 ist die mittlere Höhe (S. 85) der Kurve: Das Rechteck $2\pi z_1$ stellt den Flächeninhalt unter der Kurve y in den Grenzen 0 und 2π dar.

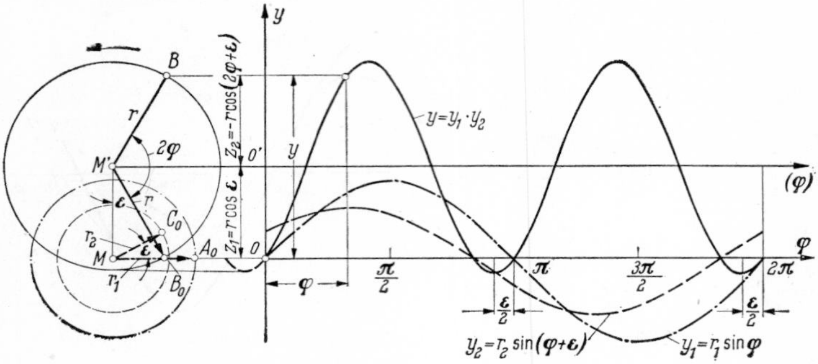

Bild 147. Multiplikation von Sinuskurven

Beispiel: Leistung eines Wechselstroms. Befolgen bei gemischt Ohmscher-induktiver Belastung Spannung $\overline{U}$ und Strom $\overline{I}$ das Gesetz $\overline{U} = U_0 \sin \omega t$ und $\overline{I} = I_0 \sin(\omega t - \varepsilon)$, so ist der Momentanwert der Leistung $P = \overline{U}\,\overline{I} = U_0 I_0 \sin \omega\, t \sin(\omega t - \varepsilon)$. Hierfür kann nach Vorstehendem mit $\omega t = \varphi$ und $U_0 = r_1$, $I_0 = r_2$ geschrieben werden

$$P = {}^1/_2 U_0 I_0 \cos \varepsilon - {}^1/_2 U_0 I_0 \cos(2\omega t - \varepsilon).$$

Mit den Effektivwerten $U_{\text{eff}} = U_0/\sqrt{2}$ und $I_{\text{eff}} = I_0/\sqrt{2}$ ist auch

$$P = U_{\text{eff}} I_{\text{eff}} \cos \varepsilon - U_{\text{eff}} I_{\text{eff}} \cos(2\omega t - \varepsilon).$$

Die Kurve für P kann nach Bild 144 mit $r = U_{\text{eff}} I_{\text{eff}}$ gezeichnet werden.

Die während einer Periode $T = 2\pi/\omega$ geleistete Arbeit ist dann gleich der mittleren Leistung $z_1 = r \cos \varepsilon$ mal der Periode T, d. h. gleich $Tr \cos \varepsilon = 2\pi/\omega \cdot U_{\text{eff}} I_{\text{eff}} \cos \varepsilon$; sie wird gleich Null, wenn $\varepsilon = \pi/2$.

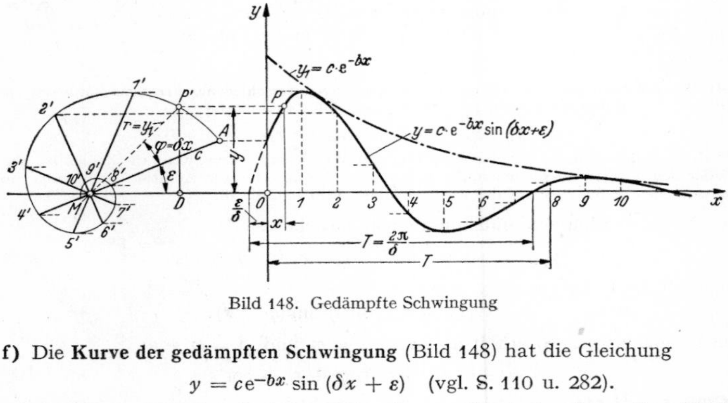

Bild 148. Gedämpfte Schwingung

f) Die **Kurve der gedämpften Schwingung** (Bild 148) hat die Gleichung

$$y = c e^{-bx} \sin(\delta x + \varepsilon) \quad \text{(vgl. S. 110 u. 282).}$$

Ihr Verlauf ist periodisch mit der Periode $T = 2\pi/\delta$, doch nehmen ihre Höchstwerte wie $y_1 = c e^{-bx}$ ab. Setzt man $\delta x = \varphi$, so wird $y = c e^{-b\varphi/\delta} \sin(\varphi + \varepsilon)$. Daraus folgt die *Konstruktion*: Ziehe durch den Punkt M der x-Achse einen Strahl

$MA = c$ unter dem Winkel ε und ermittle rechnerisch oder zeichnerisch wie in Bild 143 in bezug auf M als Pol und MO als Polarachse die logarithmische Spirale $c\mathrm{e}^{-b\varphi/\delta} = c\mathrm{e}^{-bx}$ mit den Punkten $A\,1'2'3' \ldots 8'$ für einen Umlauf. Teile auf der x-Achse die Periode $T = 2\pi/\delta$ in die gleiche Anzahl Teile $0\,1\,2\,3 \ldots 8$. Entsprechende Parallelen durch $1', 2' \ldots$ zur x-Achse und durch $1, 2, 3 \ldots$ zur y-Achse schneiden sich in den gesuchten Kurvenpunkten. Denn die Abstände $P'D$ der Punkte P' von der x-Achse sind gleich $r \sin(\varphi + \varepsilon) = c\mathrm{e}^{-bx} \sin(\delta x + \varepsilon)$.

C. Punkt, gerade Linie und Ebene im Raum

a) Zur Bestimmung der **Lage eines Punktes** P im Raum dient ein räumliches Koordinatensystem (Bild 149): Drei aufeinander senkrecht stehende Koordinatenebenen schneiden sich in den Koordinatenachsen x, y, z vom Ursprung O. Der Punkt P ist dann durch seine Abstände bzw. von der z,y-, z,x-, x,y-Ebene, d.h. durch seine räumlichen Koordinaten

$$PP_1 = AO = x, \qquad PP_2 = BO = y, \qquad PP_3 = CO = z$$

bestimmt.

Die Lage von P kann auch durch die zylindrischen Polarkoordinaten $AOP_3 = \varphi$, $OP_3 = \varrho$ und $P_3P = z$ angegeben werden, wobei φ und ϱ durch $x = \varrho \cos\varphi$ und $y = \varrho \sin\varphi$ verbunden sind.

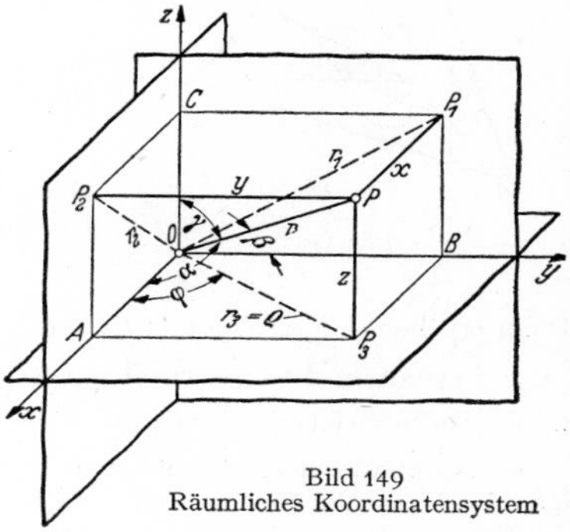

Bild 149
Räumliches Koordinatensystem

Die Strecken $OP_1 = r_1$, $OP_2 = r_2$, $OP_3 = r_3$ sind die Projektionen von r auf die drei *Koordinatenebenen*; die Koordinaten x, y, z selbst sind die Projektionen von r auf die *Koordinatenachsen*. Es ist $r_3^2 = x^2 + y^2$, folglich

$$r^2 = r_3^2 + z^2 = x^2 + y^2 + z^2.$$

b) Sind α, β, γ die **Winkel**, die $OP = r$ mit den Achsen bildet, so wird

$$x = r\cos\alpha; \qquad y = r\cos\beta; \qquad z = r\cos\gamma.$$

Hierin sind die Richtungskosinus $\cos\alpha$, $\cos\beta$ und $\cos\gamma$ nicht voneinander unabhängig. Denn

$$r^2 = x^2 + y^2 + z^2 = r^2(\cos^2\alpha + \cos^2\beta + \cos^2\gamma)$$

führt auf

$$\cos^2\alpha + \cos^2\beta + \cos^2\gamma = 1.$$

Die Lage eines Punktes P ist hiermit durch den Radiusvektor r und die Richtungskosinus festgelegt.

c) Sind x_1, y_1, z_1 die Koordinaten eines Punktes P_1; x_2, y_2, z_2 die eines Punktes P_2, so ist die **Länge der Strecke** P_1P_2 gegeben durch

$$l = \sqrt{(x_2 - x_1)^2 + (y_2 - y_1)^2 + (z_2 - z_1)^2}.$$

d) Geht eine gerade Linie durch den Punkt $P_1(x_1, y_1, z_1)$ und bildet sie mit den Achsen die Winkel α, β, γ, so lautet die **Gleichung der Geraden**

$$(x - x_1)/\cos\alpha = (y - y_1)/\cos\beta;$$
$$(x - x_1)/\cos\alpha = (z - z_1)/\cos\gamma,$$

oder mit

$$\cos\beta/\cos\alpha = m_1; \quad \cos\gamma/\cos\alpha = m_2; \quad y_1 - m_1x_1 = b_1; \quad z_1 - m_2x_1 = b_2$$

auch

$$y = m_1x + b_1, \qquad z = m_2x + b_2,$$

wobei aus

$$\cos^2\alpha = \frac{1}{1+m_1^2+m_2^2}, \quad \cos^2\beta = \frac{m_1^2}{1+m_1^2+m_2^2}, \quad \cos^2\gamma = \frac{m_2^2}{1+m_1^2+m_2^2}$$

die Winkel, welche die Gerade mit den Achsen bildet, bestimmt werden können.

e) Sind $P_1(x_1, y_1, z_1)$ und $P_2(x_2, y_2, z_2)$ zwei Punkte der Geraden, so sind deren Gleichungen

$$\frac{x-x_1}{x_2-x_1} = \frac{y-y_1}{y_2-y_1}; \quad \frac{x-x_1}{x_2-x_1} = \frac{z-z_1}{z_2-z_1}.$$

f) Die allgemeine **Gleichung der Ebene** lautet

$$Ax + By + Cz + D = 0$$

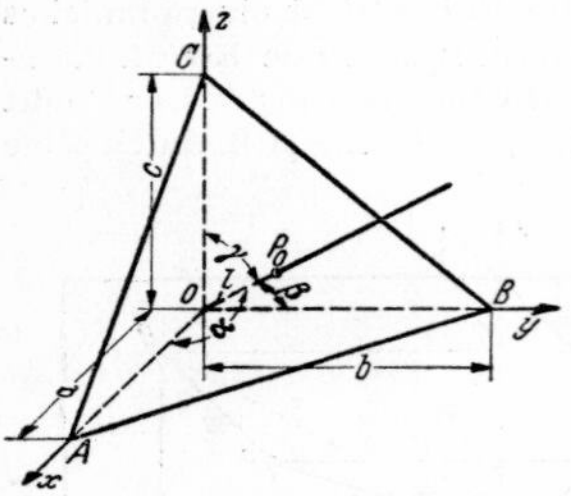

Bild 150

und die Abschnittsgleichung $x/a + y/b + z/c = 1$, worin (Bild 150) $OA = a$, $OB = b$, $OC = c$ die Abschnitte der Ebene auf den Achsen sind.

g) Ist $OP_0 = l$ die Länge des Lotes vom Ursprung O auf die Ebene, Bild 150, sind α, β, γ die Winkel des Lotes mit den Achsen, so wird die **Hesse**sche **Form** der Gleichung der Ebene

$$x\cos\alpha + y\cos\beta + z\cos\gamma - l = 0.$$

Man erhält diese aus der allgemeinen Form durch Division mit

$$Q = \pm\sqrt{A^2 + B^2 + C^2}.$$

Dann ergeben sich α, β, γ und l aus den Gleichungen

$$\cos\alpha = A/Q, \quad \cos\beta = B/Q, \quad \cos\gamma = C/Q, \quad l = -D/Q,$$

wobei das Vorzeichen der Wurzel so zu wählen ist, daß l positiv wird.

h) Man findet den **Abstand eines Punktes** $P_1(x_1, y_1, z_1)$ von einer Ebene, indem man die *Hesse*sche Normalform der Ebene mit -1 multipliziert und für x, y und z die Koordinaten des betrachteten Punktes einsetzt.

i) Sonderfälle:

$By + Cz + D = 0$	Gleichung einer Ebene parallel zur x-Achse,
$Ax + Cz + D = 0$	,, ,, ,, ,, ,, y-Achse,
$Ax + By + D = 0$	,, ,, ,, ,, ,, z-Achse,
$Ax + By + Cz = 0$	,, ,, ,, durch den Koordinatenanfangspunkt.
$x = a$	Gleichung einer Ebene parallel zur y,z-Ebene,
$y = b$	,, ,, ,, ,, ,, x,z-Ebene,
$z = c$	,, ,, ,, ,, ,, x,y-Ebene.

D. Flächen und Raumkurven

a) Fläche. Faßt man bei einer Gleichung zwischen den drei Veränderlichen x, y, z x und y als die unabhängigen Veränderlichen auf, so werden jedem Wertepaar x, y ein bzw. mehrere Werte von z entsprechen, die sich aus einer Gleichung

$$z = \mathrm{F}(x, y)$$

ergeben. Durch bestimmte Werte der unabhängigen Veränderlichen x, y ist im räumlichen Achsenkreuz ein Punkt der x, y-Ebene festgelegt, dem durch $z = \mathrm{F}(x, y)$ ein bzw. mehrere Werte z zugeordnet sind. Durch stetige Änderung von x und y erhält man als geometrischen Ort der Endpunkte der zugehörigen z eine *Fläche*, deren Gleichung durch $z = \mathrm{F}(x, y)$ gegeben ist.

b) Hängen die räumlichen Koordinaten x, y, z von einem gemeinsamen Parameter t derart ab, daß $x = \mathrm{x}(t)$, $y = \mathrm{y}(t)$, $z = \mathrm{z}(t)$, so stellt die Folge der hierdurch bestimmten Punkte eine **Raumkurve** dar, die im allgemeinen nicht eben ist.

Eine solche Kurve kann auch aufgefaßt werden als die Schnittkurve der beiden Flächen

$$z = F_1(x, y) \qquad \text{und} \qquad z = F_2(x, y);$$

die beiden Gleichungen stellen zusammen die Gleichungen der Raumkurve dar. Beseitigt man je eine der Veränderlichen z bzw. y, so erhält man

$$x = f_1(y) \qquad \text{und} \qquad z = f_2(y)$$

als Projektionen der Schnitt- oder der Raumkurve auf die x,y- bzw. y,z-Ebene.

Projiziert man sämtliche Punkte der Raumkurve auf die x,y- und y,z-Ebene, so bilden die Lote *Zylinder*flächen (Bild 151) mit den Gleichungen $x = f_1(y)$ und $z = f_2(y)$. Die Raumkurve kann als Schnitt dieser Zylinder aufgefaßt werden.

Der Schnitt einer Ebene mit einer Fläche liefert eine ebene Kurve.

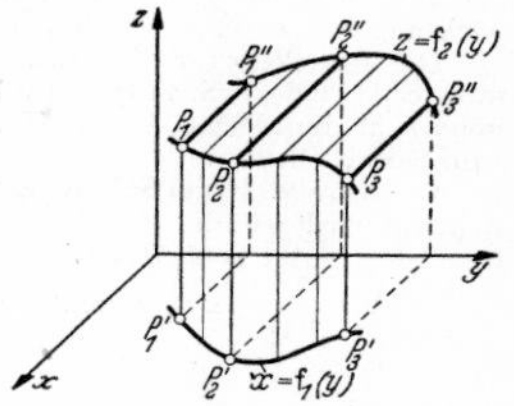

Bild 151. Raumkurve $P_1 P_2 P_3$

Beispiele: 1. Da sämtliche Punkte der **Kugeloberfläche** gleichen Abstand vom Mittelpunkt haben, so ist die *Mittelpunktgleichung der Kugel*

$$x^2 + y^2 + z^2 = r^2;$$

hat der Mittelpunkt die Koordinaten x_0, y_0, z_0, so ist die Gleichung der Kugel:

$$(x - x_0)^2 + (y - y_0)^2 + (z - z_0)^2 = r^2.$$

Oberfläche und Inhalt der Kugel vgl. S. 92 u. S. 204.

2. Sind über den Abschnitten

$$OA = a, \qquad OB = b, \qquad OC = c$$

(Bild 152) auf den Achsen drei Ellipsen errichtet, so schneidet eine Ebene parallel zur x,z-Ebene die Strecken $A'B'$ und $B'C'$ ab, und über diesen Strecken als Halbachsen lassen sich wieder Ellipsen konstruieren. Die so entstandene Fläche heißt **Ellipsoid** und hat die Halbachsen a, b, c. Ihre Gleichung lautet

$$\frac{x^2}{a^2} + \frac{y^2}{b^2} + \frac{z^2}{c^2} = 1.$$

Werden zwei dieser Halbachsen einander gleich, z. B. $b = c$, so erhält man das **Rotationsellipsoid** mit der x-Achse als Umdrehungsachse und der Gleichung

$$\frac{x^2}{a^2} + \frac{y^2}{b^2} + \frac{z^2}{b^2} = 1.$$

Inhalt vgl. S. 205.

3. Wird die Hyperbel

$$\frac{x^2}{a^2} - \frac{y^2}{b^2} = 1$$

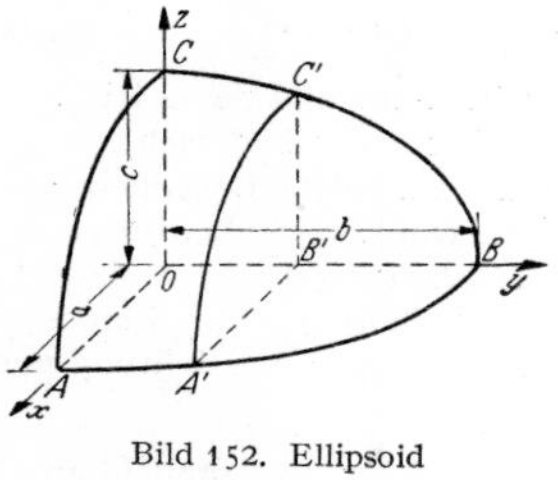

Bild 152. Ellipsoid

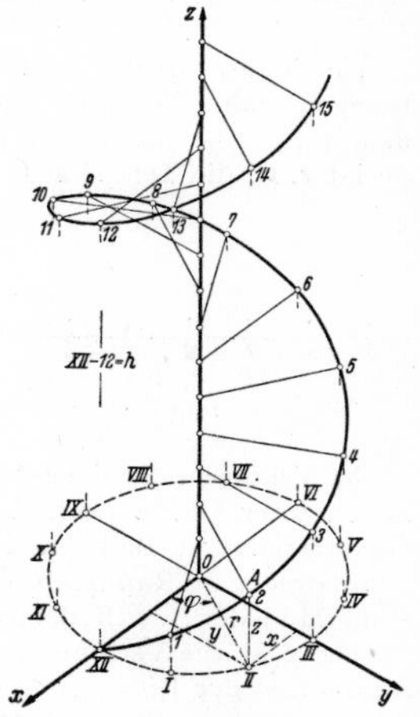

Bild 153. Schraubenlinie und gerade Regelschraubenfläche

(Bild 59, S. 94 u. Bild 113, S. 132) um die y-Achse gedreht, so entsteht ein *einschaliges* **Rotationshyperboloid** mit der Gleichung

$$\frac{x^2}{a^2} - \frac{y^2}{b^2} + \frac{z^2}{a^2} = 1.$$

Rauminhalt S. 93.

Wird die gleiche Hyperbel um die x-Achse gedreht, so entsteht ein *zweischaliges Rotationshyperboloid* mit der Gleichung

$$\frac{x^2}{a^2} - \frac{y^2}{b^2} - \frac{z^2}{b^2} = 1.$$

4. Wird die Parabel $y^2 = 2px$ (Bild 99, S. 126) um die x-Achse gedreht, so entsteht ein **Rotationsparaboloid** mit der Gleichung

$$\frac{y^2}{p} + \frac{z^2}{p} = 2x.$$

Inhalt vgl. S. 93 u. 205, Oberfläche S. 93.

5. Die **Schraubenlinie** beschreibt ein Punkt, der gleichzeitig um eine Achse OZ umläuft und eine dem Drehwinkel φ proportionale Verschiebung parallel zur Achse erfährt (Bild 153). Ist r sein Abstand von der Achse und h die Ganghöhe, d. h. entspricht einer vollen Umdrehung von $\varphi = 2\pi$ eine Verschiebung h, so lauten mit $a = h/2\pi$ die *Gleichungen* der Schraubenlinie

$$x = r\cos\varphi, \qquad y = r\sin\varphi, \qquad z = \varphi a \quad \text{oder} \quad x = r\cos(z/a), \qquad y = r\sin(z/a).$$

Die auf dem Mantel des Zylinders vom Radius r gelegene Schraubenlinie ergibt bei der Abwicklung eine Gerade von der Steigung $\tan\alpha = h/2r\pi = a/r$.

Die Projektion der Schraubenlinie auf die x,z- bzw. y,z-Ebene ist eine cos- bzw. sin-Kurve mit der Periode h (S. 148) und wird konstruiert, indem man den Kreis vom Radius r und die Ganghöhe h in die gleiche Anzahl Teile teilt und entsprechende waagerechte und senkrechte Strahlen zum Schnitt bringt.

Die gerade Regel-**Schraubenfläche** entsteht durch Schraubung der Geraden $O\,1$ (Bild 153), d. h. sie wird gebildet durch die Lote von den Punkten P der Schraubenlinie auf die z-Achse. Ihre *Gleichung* lautet nach Beseitigen von r aus den Gleichungen für die Schraubenlinie

$$z = a\arctan(y/x) \quad \text{oder} \quad y = x\tan(z/a), \quad \text{wo} \quad a = h/2\pi.$$

VI. Einführung in die Rechnung mit Vektoren

Literatur: 1. *Doerrie, H.:* Vektoren. 2. Aufl. München: Leibniz 1950. — 2. *Hofmann, A.:* Einführung in die Vektorrechnung. München: Oldenbourg 1951. — 3. *Lagally, M.:* Vorlesungen über Vektorrechnung. 7. Aufl. Leipzig: Geest u. Portig 1964. — 4. *Lohr, E.:* Vektor- und Dyadenrechnung für Physiker u. Techniker. 2. Aufl. Berlin: W. de Gruyter 1950. — 5. *Ollendorff, F.:* Die Welt der Vektoren. Wien: Springer 1950. — 6. *Teichmann, H.:* Physikalische Anwendung der Vektor- und Tensorrechnung. Mannheim: Bibl. Inst. 1963.

a) Skalare. In der Mathematik und Physik sowie in ihren Anwendungsgebieten begegnet man Begriffen wie Arbeit, Leistung, Temperatur, Wärmemenge, Zeit u. a. m., welche durch einen einzigen Zahlenwert als Maß ihrer Größe bestimmt sind. So ist z. B. die Temperatur eines Körpers durch t °C, die Leistung einer Maschine durch P kW angegeben. Solche Größen heißen *Skalare,* da sie (wie z. B. die Temperatur im Thermometer) durch eine Skala dargestellt werden, d. h. den Punkten einer Zahlengeraden (Bild 154) zugeordnet werden können.

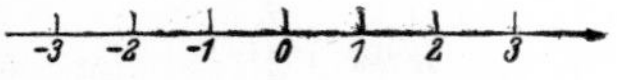

Bild 154

Bild 155

b) Vektoren. Demgegenüber gibt es physikalische und geometrische Begriffe, die neben ihrer Größe noch der Angabe ihrer Richtung bedürfen, wie z. B. Kraft, Geschwindigkeit, Beschleunigung, Moment u. a. m. Solche Begriffe heißen Vektoren: Eine Strecke im Raum mit bestimmter Angabe von Länge, Richtung und Richtungssinn, und jeder Begriff, der sich in dieser Weise *eindeutig* darstellen läßt, heißt *Vektor.*

Um z. B. die Verschiebung des Punktes P (Bild 155) in den Punkt Q anzugeben, muß außer der Entfernung der Punkte P und Q noch die Richtung und der Richtungssinn angegeben werden.

c) Bezeichnungen. Man schreibt einen Vektor mit **deutschen** Buchstaben (Fraktur), z. B. $\mathfrak{a}$, $\mathfrak{A}$, $\mathfrak{v}$, $\mathfrak{B}$, in Sonderfällen mit Überstreichung wie z. B. $\overline{\omega}$, und gibt bei der Darstellung dessen Richtungssinn durch einen Pfeil an.

Soll der Vektor durch seinen Anfangspunkt P und seinen Endpunkt Q (Bild 155) dargestellt werden, so schreibt man $\mathfrak{v} = \overrightarrow{PQ}$ (vgl. DIN 1303).

Der absolute **Betrag** eines Vektors, d. h. die positive Maßzahl für seine Länge, wird mit $|\mathfrak{v}| = v$ bezeichnet. Ein Vektor von der Länge Null, bei dem also Anfangs- und Endpunkt zusammenfallen, heißt **Nullvektor** und wird mit 0 bezeichnet. Ein Vektor, dessen Betrag gleich Eins ist, heißt **Einheitsvektor** (Einsvektor) und wird mit $\mathfrak{v}^0$ (sprich: $\mathfrak{v}$ hoch Null) bezeichnet, so daß ein beliebiger Vektor geschrieben werden kann

$$\mathfrak{v} = |\mathfrak{v}|\,\mathfrak{v}^0 = v\,\mathfrak{v}^0.$$

d) Zwei Vektoren $\mathfrak{a}$ und $\mathfrak{b}$ sind gleich, d. h. es ist $\mathfrak{a} = \mathfrak{b}$, wenn beide den gleichen Betrag, die gleiche Richtung und den gleichen Richtungssinn haben, also durch Parallelverschiebung gleichsinnig zur Deckung gebracht werden können. Ein Vektor kann beliebig parallel zu sich selbst verschoben werden [Ausnahmen vgl. e)].

In den Anwendungen kann oft ein Vektor beliebig verschoben werden, jedoch kommt ihm eine physikalische Bedeutung erst in einem bestimmten Punkt zu. So kann auf einer krummlinigen Bahn die Geschwindigkeit in einem Kurvenpunkt durch den Vektor $\mathfrak{v}$ [vgl. i)] vom Betrag und von der Richtung der Geschwindigkeit dargestellt werden, den Geschwindigkeitsvektor, dem also physikalische Bedeutung erst im Kurvenpunkt zukommt.

e) In der Mechanik gibt es aber Größen, die nur in ihrer Richtung verschoben werden dürfen. Solche Vektoren heißen **gebundene** (axiale) Vektoren (wie Kräfte, Winkelgeschwindigkeiten) im Gegensatz zu den **freien** (planaren) Vektoren. Greifen z. B. an einem Körper mehrere Kräfte in einem Punkt an, so können sie als freie Vektoren behandelt werden. Greifen sie aber nicht in einem Punkt an, so dürfen sie beim starren Körper (vgl. Mechanik) nur in ihrer Wirkungslinie, nicht aber parallel verschoben werden, sind also dann gebundene Vektoren.

f) Multiplikation eines Vektors mit einem Skalar. Unter dem Vektor $\mathfrak{w} = \lambda\mathfrak{v} = \mathfrak{v}\lambda$ soll ein Vektor verstanden werden, der dem Vektor $\mathfrak{v}$ parallel ist und dessen Betrag λ-mal so groß ist wie der von $\mathfrak{v}$, d. h. $|\mathfrak{w}| = |\lambda|\,|\mathfrak{v}| = |\lambda|\cdot v$. Ist $\lambda > 0$, so hat $\mathfrak{w}$ die gleiche, ist $\lambda < 0$, so hat $\mathfrak{w}$ die entgegengesetzte Richtung wie $\mathfrak{v}$ (Bild 156).

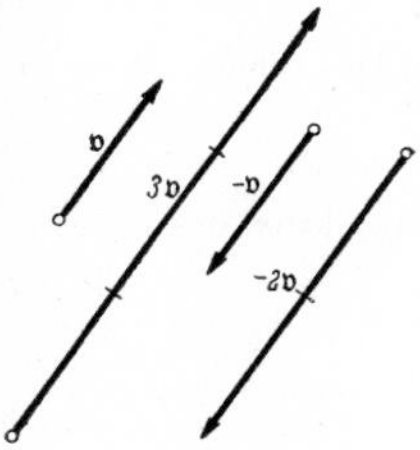

Bild 156

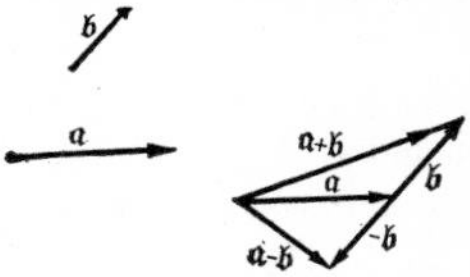

Bild 157

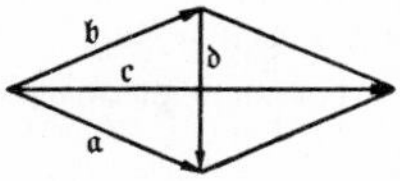

Bild 158

Summe und Differenz von Vektoren

g) Addition und Subtraktion von Vektoren. Trägt man (Bild 157) an den Vektor $\mathfrak{a}$ durch Parallelverschiebung den Vektor $\mathfrak{b}$ an, so entsteht der Vektor $\mathfrak{a} + \mathfrak{b}$. Den Vektor $\mathfrak{a} - \mathfrak{b}$ erhält man, indem man zu dem Vektor $\mathfrak{a}$ den Vektor $-\mathfrak{b}$ addiert. Es ist also

$$\mathfrak{a} - \mathfrak{b} = \mathfrak{a} + (-\mathfrak{b}).$$

In dem durch $\mathfrak{a}$ und $\mathfrak{b}$ bestimmten Parallelogramm sind $\mathfrak{c} = \mathfrak{a} + \mathfrak{b}$ und $\mathfrak{d} = \mathfrak{a} - \mathfrak{b}$ die entsprechend Bild 158 gerichteten Diagonalen.

Übereinstimmend mit den Regeln der Algebra gelten folgende Gesetze, die sich leicht geometrisch nachweisen lassen:

$\mathfrak{a} + \mathfrak{b} = \mathfrak{b} + \mathfrak{a}$ (Vertauschbarkeitsgesetz der Addition),

$\mathfrak{a} + (\mathfrak{b} + \mathfrak{c}) = (\mathfrak{a} + \mathfrak{b}) + \mathfrak{c}$ (Verbindungsgesetz),

$m(\mathfrak{a} + \mathfrak{b}) = m\mathfrak{a} + m\mathfrak{b}$ (Verteilungsgesetz),

$\mathfrak{a} - \mathfrak{a} = 0.$

h) Komponenten eines Vektors. Sind $\mathfrak{i}$, $\mathfrak{j}$, $\mathfrak{k}$ die Einheitsvektoren in den Koordinatenrichtungen eines Rechtssystems, Bild 159, so kann ein Vektor $\mathfrak{r} = \overrightarrow{OP}$ mit den Komponenten x, y, z geschrieben werden (vgl. Bild 149, S. 151)

$$\mathfrak{r} = \mathfrak{i}x + \mathfrak{j}y + \mathfrak{k}z,$$

dessen Betrag $|\mathfrak{r}| = r = +\sqrt{x^2 + y^2 + z^2}$ ist und für den x/r, y/r, z/r die cosinus der Neigungswinkel bedeuten (S. 151).

i) Differentiation eines Vektors. Ist O ein fester Punkt, so kann die krummlinige Bahn eines Körpers dargestellt werden durch die zeitlich veränderlichen Radienvektoren $\overrightarrow{OP} = \mathfrak{r} = \mathfrak{r}(t)$ (Bild 160). Nach Δt Sekunden ist P nach P_1 gewandert, und der entsprechende Vektor ist $\overrightarrow{OP_1} = \mathfrak{r}_1 = \mathfrak{r}(t + \Delta t)$. Dann ist $\overrightarrow{PP_1}$ der in Δt Sekunden zurückgelegte Weg $\Delta \mathfrak{r} = \mathfrak{r}_1 - \mathfrak{r} = \mathfrak{r}(t + \Delta t) - \mathfrak{r}(t)$, und es wird demnach die mittlere Geschwindigkeit gleich $\Delta \mathfrak{r}/\Delta t$.

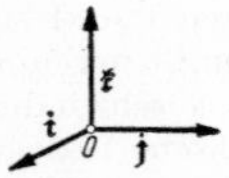

Bild 159
Einheitsvektoren

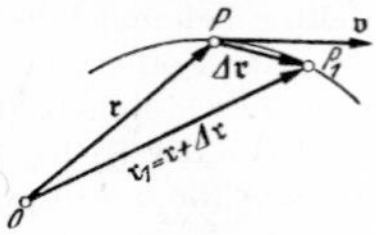

Bild 160
Vektordifferentiation

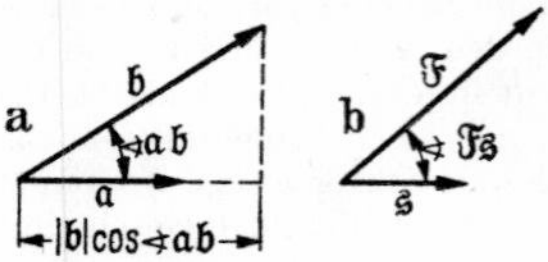

Bild 161. Inneres Produkt

Der Grenzwert dieses Ausdruckes für $\Delta t \to 0$ (S. 76) oder für $P \to P_1$ ist der Geschwindigkeitsvektor

$$\mathfrak{v} = \lim_{\Delta t \to 0} \frac{\mathfrak{r}(t + \Delta t) - \mathfrak{r}(t)}{\Delta t} = \frac{\mathrm{d}\mathfrak{r}}{\mathrm{d}t}\,.$$

Er hat die Richtung der Tangente in P. Ähnlich ist

$$\mathfrak{b} = \mathrm{d}\mathfrak{v}/\mathrm{d}t$$

der Beschleunigungsvektor im Punkt P (vgl. Dynamik S. 241).

k) Eine wichtige Rolle spielen die *Produkte* der Vektoren. Das **innere (skalare) Produkt** der Vektoren $\mathfrak{a}$ und $\mathfrak{b}$ (Bild 161 a) ist der *Skalar*

$$\mathfrak{a} \cdot \mathfrak{b} = |\mathfrak{a}| \cdot |\mathfrak{b}| \cdot \cos \sphericalangle\, \mathfrak{a}\mathfrak{b} = ab \cos \sphericalangle\, \mathfrak{a}\mathfrak{b},$$

also das Produkt aus dem Betrag des einen Vektors und der Projektion des anderen auf ihn. Daher ist $\mathfrak{a} \cdot \mathfrak{b} = \mathfrak{b} \cdot \mathfrak{a}$ und $\mathfrak{a} \cdot \mathfrak{b} = 0$, wenn $\mathfrak{a} \perp \mathfrak{b}$.

Haben $\mathfrak{a}$, $\mathfrak{b}$ die Komponenten a_1, a_2, a_3 bzw. b_1, b_2, b_3, so gilt, da $\mathfrak{i} \cdot \mathfrak{i} = \mathfrak{j} \cdot \mathfrak{j} = \mathfrak{k} \cdot \mathfrak{k} = 1$ und $\mathfrak{i} \cdot \mathfrak{j} = \mathfrak{j} \cdot \mathfrak{k} = \mathfrak{k} \cdot \mathfrak{i} = 0$ ist, $\mathfrak{a} \cdot \mathfrak{b} = a_1 b_1 + a_2 b_2 + a_3 b_3$. Bei Orthogonalität ($\mathfrak{a} \perp \mathfrak{b}$) muß diese Summe oder auch $\cos \alpha_a \cos \alpha_b + \cos \beta_a \cos \beta_b + \cos \gamma_a \cos \gamma_b = 0$ sein, worin α, β, γ die entsprechenden Neigungswinkel sind (vgl. Bild 149, S. 151).

Beispiel: Die Arbeit A einer konstanten Kraft $\mathfrak{F}$ längs eines Weges $\mathfrak{s}$, der mit ihr einen Winkel bildet (Bild 161 b), ist durch das skalare Produkt $A = \mathfrak{F} \cdot \mathfrak{s} = |\mathfrak{F}| \cdot |\mathfrak{s}| \cdot \cos \sphericalangle\, \mathfrak{F}\mathfrak{s}$ gegeben. Bei veränderlicher Kraft kann geschrieben werden $A = \int \mathfrak{F} \cdot \mathrm{d}\mathfrak{s}$ oder mit den Komponenten X, Y, Z von $\mathfrak{F}$ und x, y, z von $\mathfrak{s}$ auch $A = \int (X\,\mathrm{d}x + Y\,\mathrm{d}y + Z\,\mathrm{d}z)$ als Linienintegral (S. 97).

l) Das **äußere (vektorielle) Produkt** der Vektoren $\mathfrak{a}$ und $\mathfrak{b}$ ist ein *Vektor* $\mathfrak{c}$, der geschrieben wird

$$\mathfrak{c} = \mathfrak{a} \times \mathfrak{b}.$$

Sein Betrag ist gleich der Fläche des aus $\mathfrak{a}$ und $\mathfrak{b}$ gebildeten Parallelogramms (Bild 162 a). $\mathfrak{c}$ steht auf der Parallelogrammebene senkrecht, und sein Richtungssinn ist derart, daß $\mathfrak{a}$, $\mathfrak{b}$, $\mathfrak{c}$ ein *Rechts*system bilden. Daher ist $\mathfrak{a} \times \mathfrak{b} = -\mathfrak{b} \times \mathfrak{a}$.

Dreht sich eine rechtsgängige Schraube im gleichen Sinn wie ein Beobachter, der den Vektor $\mathfrak{a}$, dann den Vektor $\mathfrak{b}$ entlang geht, so verschiebt sie sich in der gleichen Richtung wie $\mathfrak{c}$.

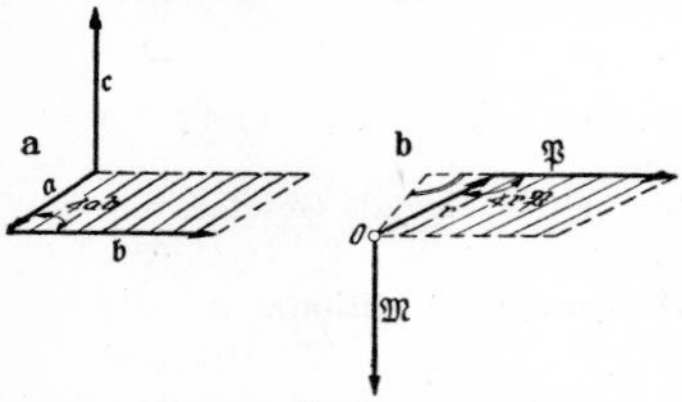

Bild 162. Äußeres Produkt

Für den *Betrag* gilt

$$|\mathfrak{c}| = |\mathfrak{a}| \cdot |\mathfrak{b}| \cdot \sin \sphericalangle\, \mathfrak{a}\mathfrak{b} = ab \sin \sphericalangle\, \mathfrak{a}\mathfrak{b}.$$

Mit den Komponenten a_1, a_2, a_3 und b_1, b_2, b_3 von $\mathfrak{a}$ und $\mathfrak{b}$ wird, da $\mathfrak{i} \times \mathfrak{i} = \mathfrak{j} \times \mathfrak{j} = \mathfrak{k} \times \mathfrak{k} = 0$ und $\mathfrak{i} \times \mathfrak{j} = -\mathfrak{j} \times \mathfrak{i} = \mathfrak{k}$, $\mathfrak{j} \times \mathfrak{k} = -\mathfrak{k} \times \mathfrak{j} = \mathfrak{i}$, $\mathfrak{k} \times \mathfrak{i} = -\mathfrak{i} \times \mathfrak{k} = \mathfrak{j}$ ist, auch (vgl. S. 42/43)

$$\mathfrak{a} \times \mathfrak{b} = \begin{vmatrix} \mathfrak{i} & \mathfrak{j} & \mathfrak{k} \\ a_1 & a_2 & a_3 \\ b_1 & b_2 & b_3 \end{vmatrix}.$$

Beispiel: Das *Drehmoment* einer Kraft $\mathfrak{F}$ am Hebelarm $\mathfrak{r}$ um den Drehpunkt O ist gleich der Kraft mal dem senkrechten Abstand des Punktes O von der Kraft, also gleich $|\mathfrak{r}| \cdot |\mathfrak{F}| \cdot \sin \sphericalangle\, \mathfrak{r}\,\mathfrak{F}$ (Bild 162b)). Um auch den Richtungssinn auszudrücken, kann das Moment als Vektor senkrecht zur Ebene von $\mathfrak{r}$ und $\mathfrak{F}$ dargestellt werden durch

$$\mathfrak{M} = \mathfrak{r} \times \mathfrak{F}.$$

m) Dreifache Produkte.

1. Skalares Produkt mal Vektor: $(\mathfrak{A} \cdot \mathfrak{B}) \cdot \mathfrak{C} = \mathfrak{C} \cdot (\mathfrak{A} \cdot \mathfrak{B}) = \mathfrak{C} \cdot (\mathfrak{B} \cdot \mathfrak{A})$ (Vektor).
2. Vektor skalar multipliziert mit Vektorprodukt:

$$V = \mathfrak{A} \cdot (\mathfrak{B} \times \mathfrak{C}) = \mathfrak{B} \cdot (\mathfrak{C} \times \mathfrak{A}) = \mathfrak{C} \cdot (\mathfrak{A} \times \mathfrak{B})$$

(Skalar, gleich Inhalt eines Parallelflachs mit den Seiten $\mathfrak{A}$, $\mathfrak{B}$, $\mathfrak{C}$. Es ist $V = 0$, wenn $\mathfrak{A}$, $\mathfrak{B}$, $\mathfrak{C}$ in einer Ebene liegen.)

3. Vektor vektoriell mal Vektorprodukt:

$$\mathfrak{P} = \mathfrak{A} \times (\mathfrak{B} \times \mathfrak{C}) = (\mathfrak{C} \times \mathfrak{B}) \times \mathfrak{A} = \mathfrak{B} \cdot (\mathfrak{A} \cdot \mathfrak{C}) - \mathfrak{C} \cdot (\mathfrak{A} \cdot \mathfrak{B}).$$

$\mathfrak{P}$ liegt in der Ebene durch $\mathfrak{B}$ und $\mathfrak{C}$, ferner $\perp$ zur Projektion von $\mathfrak{A}$ auf diese Ebene.

n) Vektorfelder. In einem *Skalarfeld* ist jedem Punkt eine bestimmte skalare Größe φ zugeordnet (z. B. Temperaturfeld). In einem *Vektorfeld* ist jedem Punkt ein bestimmter Vektor φ zugeordnet (z. B. Geschwindigkeit in einer Strömung). Die der Feldrichtung folgenden Kurven heißen Feldlinien und haben die Gleichung $\mathfrak{v} \times d\mathfrak{s} = 0$.

Bei den Feldern spielen die folgenden Größen eine Rolle. Für ihre Darstellung ist der symbolische „∇-" = „nabla-Operator" zweckmäßig, der nach den Regeln der Vektor- und der Differentialrechnung behandelt wird:

$$\nabla = \mathfrak{i}\frac{\partial}{\partial x} + \mathfrak{j}\frac{\partial}{\partial y} + \mathfrak{k}\frac{\partial}{\partial z}.$$

1. Gradient eines Skalars φ: $\operatorname{grad}\varphi = \nabla\varphi = \mathfrak{i}\dfrac{\partial\varphi}{\partial x} + \mathfrak{j}\dfrac{\partial\varphi}{\partial y} + \mathfrak{k}\dfrac{\partial\varphi}{\partial z}$ (Vektor).

Ist $\mathfrak{v} = -\operatorname{grad}\varphi$, so heißt φ das Potential zu $\mathfrak{v}$.

2. Divergenz (Quellstärke) eines Vektors:

$$\operatorname{div}\mathfrak{A} = \nabla \cdot \mathfrak{A} = \frac{\partial A_1}{\partial x} + \frac{\partial A_2}{\partial y} + \frac{\partial A_3}{\partial z} \text{ (Skalar)},$$

wobei A_1, A_2, A_3 die Komponenten von $\mathfrak{A}$ sind.

3. Rotation (Wirbelstärke) eines Vektors:

$$\operatorname{rot}\mathfrak{A} = \nabla \times \mathfrak{A} = \begin{vmatrix} \mathfrak{i} & \mathfrak{j} & \mathfrak{k} \\ \frac{\partial}{\partial x} & \frac{\partial}{\partial y} & \frac{\partial}{\partial z} \\ A_1 & A_2 & A_3 \end{vmatrix} = \mathfrak{i}\left(\frac{\partial A_3}{\partial y} - \frac{\partial A_2}{\partial z}\right) + \mathfrak{j}\left(\frac{\partial A_1}{\partial z} - \frac{\partial A_3}{\partial x}\right) + \mathfrak{k}\left(\frac{\partial A_2}{\partial x} - \frac{\partial A_1}{\partial y}\right).$$

4. $\nabla \times \nabla\varphi = \operatorname{rot}\operatorname{grad}\varphi = 0$. Danach ist ein Potentialfeld wirbelfrei.
5. $\nabla(\nabla \times \mathfrak{A}) = \operatorname{div}\operatorname{rot}\mathfrak{A} = 0$.
6. Führt man den symbolischen „Δ-" = „delta-Operator" (Laplacescher Operator) durch

$$\nabla^2 = \nabla\nabla = \partial^2/\partial x^2 + \partial^2/\partial y^2 + \partial^2/\partial z^2 = \Delta$$

ein, so ist $\nabla(\nabla\varphi) = \nabla\nabla\varphi = \Delta\varphi = \operatorname{div}\operatorname{grad}\varphi$. Wenn die Potentialgleichung $\nabla\varphi = 0$ erfüllt ist, so heißt das, daß die wirbelfreie Strömung, bei der $\mathfrak{v} = -\operatorname{grad}\varphi$ ist (vgl. 4), auch noch quellenfrei sein soll.

7. $\nabla(\nabla\mathfrak{A}) = \operatorname{grad}\operatorname{div}\mathfrak{A}$. 8. $(\nabla\nabla)\mathfrak{A} = \Delta A$.
9. $\nabla \times (\nabla \times \mathfrak{A}) = \nabla(\nabla\mathfrak{A}) - (\nabla\nabla)\mathfrak{A}$, d. h. $\operatorname{rot}\operatorname{rot}\mathfrak{A} = \operatorname{grad}\operatorname{div}\mathfrak{A} - \Delta\mathfrak{A}$.
10. $\operatorname{div}(\mathfrak{B} \times \mathfrak{C}) = \mathfrak{C} \cdot \operatorname{rot}\mathfrak{B} - \mathfrak{B} \cdot \operatorname{rot}\mathfrak{C}$. 11. $\operatorname{div}(\varphi\mathfrak{A}) = \mathfrak{A} \cdot \operatorname{grad}\varphi + \varphi \cdot \operatorname{div}\mathfrak{A}$.

VII. Wahrscheinlichkeitsrechnung und ihre technischen Anwendungen

Literatur: 1. *Daeves, K.:* Rationalisierung durch Großzahl-Forschung. Düsseldorf: Stahleisen 1952. — 2. *Daeves, K.*, u. *A. Beckel:* Großzahl-Methodik und Häufigkeitsanalyse, 2. Aufl. Weinheim: Verlag Chemie 1958. — 3. *Fisz, H.:* Wahrscheinlichkeitsrechnung und mathematische Statistik, 3. Aufl. Berlin: Deutscher Verlag d. Wissenschaften 1965. — 4. *Gnedenko, B. W.:* Lehrbuch der Wahrscheinlichkeitsrechnung, 3. Aufl. Berlin: Akademie-Verlag 1962. — 5. *Gnedenko, B. W.*, u. *A. J. Chintschin:* Elementare Einführung in die Wahrscheinlichkeitsrechnung, 4. Aufl. Berlin: Deutscher Verlag d. Wissenschaften 1964. — 6. *Graf, Henning, Stange:* Formeln und Tabellen der mathematischen Statistik, 2. Aufl. Berlin: Springer 1966. — 7. *Großmann, W.:* Grundzüge der Ausgleichsrechnung, 2. Aufl. Berlin: Springer 1961. — 8. *Ineichen, R.:* Einführung in die elementare Statistik und Wahrscheinlichkeitsrechnung. Luzern: Räber-Verlag 1962. — 9. *Linder, A.:* Statistische Methoden f. Wissenschaftler, Mediziner und Ingenieure, 4. Aufl. Basel/Stuttgart: Birkhäuser 1964. — 10. *v. Mises, R.:* Wahrscheinlichkeit, Statistik und Wahrheit, 3. Aufl. Wien: Springer 1951. — 11. *Morgenstern, D.:* Einführung in die Wahrscheinlichkeitsrechnung und mathematische Statistik. Berlin: Springer 1964. — 12. *Schindowski* u. *Schurz:* Statistische Qualitätskontrolle, 2. Aufl. Berlin: VEB Verlag Technik 1965.

DIN 55302 (Entw. Dez. 1963): Statistische Auswertungsverfahren. Häufigkeitsverteilung, Mittelwert, Streuung. — DIN 1319 (Ausg. Dez. 1963): Grundbegriffe der Meßtechnik.

A. Grundbegriffe

Gegenstand der Wahrscheinlichkeitsrechnung sind Untersuchungen an einer großen Zahl von Dingen, Erscheinungen, Beobachtungen usw., die in gewissen Merkmalen übereinstimmen. Diese Vielheit von Dingen heißt auch Kollektiv oder Gesamtheit K.

1. Definition der Wahrscheinlichkeit

a) Statistische Wahrscheinlichkeit. Liegt eine große Anzahl n von Beobachtungen eines Ereignisses A innerhalb einer Gesamtheit vor und tritt dieses Ereignis dabei m-mal auf, so ist der Quotient

$$m/n = P(A)$$

die *relative Häufigkeit* oder statistische Wahrscheinlichkeit.

Das Zeichen P für Wahrscheinlichkeit entspricht dem englischen „probability"; im älteren, insbesondere deutschen Schrifttum ist auch das Zeichen w zu finden. Das Ereignis, auf das sich die Beobachtungen beziehen, wird mit großen Buchstaben bezeichnet: $P(A)$, $P(B)$ usw.

Beispiel: Mit einem idealen Würfel, dessen Schwerpunkt genau in der geometrischen Mitte liegt usw., wurde bei 300 Würfen 52mal die Zahl 6 geworfen. Die *relative* Häufigkeit ist dann $52/300 = 0{,}173$. Bei 600 Würfen wurde 99mal die 6 geworfen, die relative Häufigkeit ist dann $99/600 = 0{,}165$ usw. Je größer die Zahl der Würfe ist, um so mehr nähert sich die relative Häufigkeit dem Wert 1/6.

b) Wahrscheinlichkeit als Grenzwert. *v. Mises* (Lit. 10) bezeichnet den Grenzwert der relativen Häufigkeit für $\lim n \to \infty$ als Wahrscheinlichkeit, d. h. es ist $P = \lim\limits_{n\to\infty} m/n$.

Der Grenzwert der relativen Häufigkeit muß existieren unabhängig davon, ob man nur bestimmt ausgewählte Kollektivglieder berücksichtigt oder nicht. So muß im obigen Beispiel, wenn z. B. nur der 1., 3., 5., ... oder nur der 2., 4., 6., ... Wurf gewählt wird, doch der gleiche Grenzwert der relativen Häufigkeit, d. h. 1/6, erreicht werden.

c) Klassische Definition. Nach *Laplace* wird die Wahrscheinlichkeit auch als der Quotient $P = g/m$ aus der Zahl g der günstigen Fälle und der Zahl m aller möglichen Fälle definiert.

Beispiele: 1. Befinden sich in einer Urne 4 weiße und 6 schwarze Kugeln, so ist danach die Wahrscheinlichkeit für das Herausnehmen einer weißen Kugel $4/10 = 2/5$, für das Herausnehmen einer schwarzen Kugel $6/10 = 3/5$, d. h. bei sehr vielen Proben werden 2/5 der gesamten Kugeln weiße und 3/5 schwarze sein.

2. Wie groß ist die Wahrscheinlichkeit, aus einer Urne mit 6 weißen und 4 schwarzen Kugeln 3 weiße Kugeln auf einmal herauszugreifen? Nach der Kombinationslehre (S. 41) ist $g = \binom{6}{3} = 20$ und $m = \binom{10}{3} = 120$, also $P = g/m = 20/120 = 1/6$.

d) Grenzen der Wahrscheinlichkeit. Nach a) ist die Wahrscheinlichkeit eines sicheren Ereignisses gleich Eins, die Wahrscheinlichkeit eines unmöglichen Ereignisses gleich Null, die Wahrscheinlichkeit eines möglichen Ereignisses

$$0 < P(A) < 1 .$$

e) Das entgegengesetzte Ereignis. Ist A das betrachtete Ereignis, Z das entgegengesetzte Ereignis, so ist die Wahrscheinlichkeit für das Eintreffen des entgegengesetzten Ereignisses durch $P(Z) = 1 - P(A)$ gegeben, oder es ist $P(A) + P(Z) = 1$.

2. Rechnen mit Wahrscheinlichkeiten

a) Addition. Die Wahrscheinlichkeit innerhalb einer Gesamtheit dafür, daß von mehreren gegenseitig sich ausschließenden Merkmalen eines auftritt, ist gleich der algebraischen Summe der Wahrscheinlichkeiten der einzelnen Merkmalsgruppen. Das heißt: setzt sich ein zufälliges Ereignis B aus einer endlichen Summe unvereinbarer Ergebnisse zusammen, so ist die Wahrscheinlichkeit von B die Wahrscheinlichkeit des Auftretens von Ereignis „A_1 oder A_2 oder A_n", abgekürzt geschrieben „$A_1 \cup A_2 \cup A_n$", gegeben durch

$$P(B) = P(A_1 \cup A_2 \cup \cdots \cup A_n) = P(A_1) + P(A_2) + \cdots + P(A_n).$$

b) Multiplikation. α) *Bedingte Wahrscheinlichkeit.* Werden bei der Berechnung der Wahrscheinlichkeit $P(A)$ außer den Bedingungen der Gesamtheit K keine weiteren Beschränkungen gemacht, so wird von unbedingter Wahrscheinlichkeit gesprochen. Ist aber die Wahrscheinlichkeit eines Ereignisses unter der zusätzlichen Voraussetzung zu bestimmen, daß ein Ereignis B bereits eingetreten ist, so liegt eine *bedingte* Wahrscheinlichkeit vor. Diese wird mit $P(A/B)$ bezeichnet.

β) Dann ist die Wahrscheinlichkeit dafür, daß sowohl A als auch B eintritt, symbolisch mit $P(A \cap B)$ bezeichnet[1], gegeben durch

$$P(A \cap B) = P(A) \cdot P(B/A) = P(B) \cdot P(A/B).$$

Denn ist n die Gesamtzahl der möglichen Ereignisse,

m/n die Wahrscheinlichkeit für Eintreffen des Ereignisses A,
l/n „ „ „ „ „ „ B,
k/n „ „ „ „ „ „ $A \cap B$,

so ist $P(A/B) = \frac{k}{l} = \frac{k/n}{l/n} = \frac{P(A \cap B)}{P(B)}$, d. h. es gilt das vorstehend angegebene Multiplikationstheorem.

γ) Sind die Ereignisse unabhängig voneinander, so gilt $P(A/B) = P(B)$, d. h. $P(A \cap B) = P(A) \cdot P(B)$: die Wahrscheinlichkeit innerhalb einer Gesamtheit dafür, daß mehrere voneinander unabhängige Merkmale auftreten, ist das Produkt der Einzelwahrscheinlichkeiten:

$$P(A_1 \cap A_2 \cap \cdots \cap A_n) = P(A_1) \cdot P(A_2) \cdot \cdots \cdot P(A_n).$$

δ) Sind die Einzelmerkmale gleich wahrscheinlich, so ist $P = P_1{}^n$. Sind von den Einzelmerkmalen r und t je gleich wahrscheinlich, so ist mit den Einzelwahrscheinlichkeiten P_r und P_t die Wahrscheinlichkeit $P = (P_r)^r \cdot (P_t)^t$.

Beispiele: 1. Die Wahrscheinlichkeit dafür, daß ein 30jähriger Mann das 60. Lebensjahr erreicht, ist nach der Statistik $P_1 = 0{,}7$. Die Wahrscheinlichkeit dafür, daß seine Frau ebenfalls noch 30 Jahre lebt, ist $P_2 = 0{,}8$. Dann ist die Wahrscheinlichkeit dafür, daß *beide* noch 30 Jahre leben, nur $P = P_1 \cdot P_2 = 0{,}7 \cdot 0{,}8 = 0{,}56$.

2. Die Wahrscheinlichkeit, mit 2 Würfeln gleichzeitig die gleiche Zahl, z. B. 3, zu werfen, ist $(1/6)^2 = 1/36$.

3. Die Wahrscheinlichkeit, mit einem Würfel zunächst 2mal die Zahl 1 und dann 3mal die Zahl 6 zu werfen, ist $P = (1/6)^2 \cdot (1/6)^3 = 1/6^5 = 1/7776$.

c) Zusammengesetzte Ereignisse. Ein Ereignis B möge immer mit einem der unabhängigen Ereignisse $A_1, A_2, \ldots A_n$ auftreten. Dann ist die Wahrscheinlichkeit für B durch

$$P(B) = \sum_{i=1}^{n} P(B \cap A_i)$$

gegeben oder unter Anwendung des Multiplikationstheorems in Abs. b,β) auch durch

$$P(B) = \sum_{i=1}^{n} P(A_i) \cdot P(B/A_i),$$

d. h. durch die „Formel der totalen Wahrscheinlichkeit".

[1] An anderen Stellen, z. B. bei *Gnedenko* (Lit. 4), mit $P(AB)$ bezeichnet.

Aus $P(A_i \cap B) = P(B)\,P(A_i/B)$ nach Abs. b, β) und unter Verwendung der Formel für die totale Wahrscheinlichkeit folgt die Formel von *Bayes*

$$P(A_i/B) = \frac{P(A_i)\cdot P(B/A_i)}{\sum\limits_{j=1}^{n} P(A_j)\cdot P(B/A_j)}.$$

Beispiele: 1. Drei Urnen enthalten weiße und rote Kugeln. Die i-te Urne ($i = 1, 2, 3$) enthalte n_i Kugeln, z. B. $n_1 = 5$, $n_2 = 7$, $n_3 = 10$. Von den n_i Kugeln seien m_i weiße Kugeln, z. B. $m_1 = 3$, $m_2 = 4$, $m_3 = 6$. Schließlich seien von den m_i weißen Kugeln l_i Kugeln aus Holz, die anderen aus Kunststoff, z. B. $l_1 = 2$, $l_2 = 3$, $l_3 = 3$. Jeder Urne werde eine Kugel entnommen. Wie groß ist die Wahrscheinlichkeit $P(D)$ dafür, daß die drei Kugeln aus Holz sind?

Jedes Ziehen aus einer Urne ist ein unabhängiges Ereignis C_i mit der Wahrscheinlichkeit $P(C_i)$. Damit ist $P(D) = P(C_1)\cdot P(C_2)\cdot P(C_3)$. Wenn A_i das Ereignis „weiß" und B_i das Ereignis „Holz" bedeutet, folgt als Wahrscheinlichkeit für das Ziehen einer weißen Holzkugel $P(C_i) = P(A_i \cap B_i) = P(A_i)\cdot P(B_i/A_i)$ nach Abs. b, β) oder, da $P(A_i) = m_i/n_i$, $P(B_i/A_i) = l_i/m_i$ und $P(C_i) = l_i/n_i$ ist, für die gesuchte Wahrscheinlichkeit

$$P(D) = \frac{l_1}{n_1}\,\frac{l_2}{n_2}\,\frac{l_3}{n_3} = \frac{2}{5}\cdot\frac{3}{7}\cdot\frac{3}{10} = \frac{9}{175}.$$

2. Bei der Produktion von elektrischen Widerständen (z. B. von 10 kΩ) mögen bei einer Serie von n Widerständen im allgemeinen k Präzisionswiderstände mit der Toleranz $\pm 0{,}1\%$ anfallen. Wie groß ist die Wahrscheinlichkeit, daß beim Sortieren m-mal hintereinander ein Präzisionswiderstand herausgegriffen wird?

Die Wahrscheinlichkeit für den ersten Widerstand ist $P(A_1) = k/n$, für den zweiten $P(A_2) = (k-1)/(n-1)$ usw. Nach dem Multiplikationstheorem (Abs. β) folgt dann für die gesuchte Wahrscheinlichkeit

$$P(B) = \frac{k}{n}\,\frac{k-1}{n-1}\,\frac{k-2}{n-2}\cdots\frac{k-(m-1)}{n-(m-1)} = \frac{k!\,(n-m)!}{n!\,(k-m)!},$$

vgl. Abschn. II C (S. 41).

d) Bernoullische Formel. Würde man in Fortsetzung des letzten Beispiels nach der Anzahl der möglichen Reihenfolgen von Präzisionswiderständen und Widerständen größerer Toleranz fragen, so ergäben sich nach der Kombinationslehre (Abschn. II C, S. 41) ohne Wiederholungen $\binom{n}{k}$ Möglichkeiten zur Kombination von n Elementen zur k-ten Klasse. Fragt man aber nach der Wahrscheinlichkeit, aus einer Serie von n Möglichkeiten i-mal das Ereignis A zu erhalten, so folgt mit P als Wahrscheinlichkeit für A die *Bernoulli*sche Formel

$$P_n(i) = \binom{n}{i} p^i (1-p)^i,$$

vgl. Abs. B, 4, a, S. 164.

Da für große n die Formel umständlich zu handhaben ist, kann man sich zur Berechnung der einzelnen Wahrscheinlichkeiten der Rekursionsformel

$$P_n(i+1) = \frac{n-i}{i+1}\,\frac{p}{i-p}\,P_n(i) \quad \text{mit}$$

$P_n(0) = (1-p)^n$ bedienen.

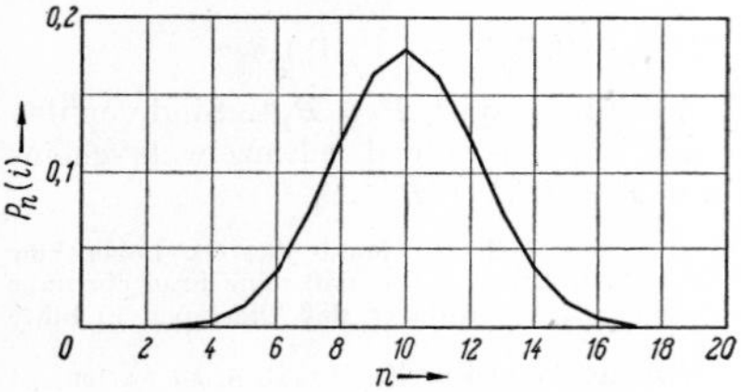

Bild 163. Binomiale Verteilung

In Bild 163 sind die Wahrscheinlichkeiten $P_n(i)$ über n für $n = 20$ und $p = 0{,}5$ aufgetragen. Die Summe aus den Längen der Ordinaten für die diskreten n stellt die gesamte Wahrscheinlichkeit, also den Wert 1 dar.

B. Häufigkeitsverteilung, Durchschnitt, Streuung

1. Grundgesamtheit und Stichprobe

Statistische Untersuchungen beziehen sich auf eine *Grundgesamtheit* (auch als *Kollektiv* oder *statistische Masse* bezeichnet), z. B. auf alle Würfe, die mit einem Würfel gemacht wurden, oder auf alle Glühbirnen, die in einem bestimmten Zeitraum in einer bestimmten Fabrik hergestellt wurden. Das Zahlenmaterial für derartige Untersuchungen wird durch Beobachtung oder durch Messungen gewonnen. Diese beobachteten Werte oder Messungen können als *Stichproben* aufgefaßt werden, und eine wesentliche Aufgabe der Statistik ist, die Beziehungen zwischen Stichprobe und Grundgesamtheit aufzufinden, um von der Stichprobe auf die Grundgesamtheit zu schließen.

2. Häufigkeitsverteilung und Summenhäufigkeit

Werden beispielsweise bei einer Zeitstudie n Zeitmessungen vorgenommen, so ergeben sich x_i verschiedene Werte für die gleiche Tätigkeit. Diese x_i sind unabhängige Zufallsgrößen. Ist die Häufigkeit von x_i durch f_i gegeben, d. h. tritt jeder Wert f_i-mal auf und trägt man die Häufigkeit f_i über x_i auf, so erhält man die *Häufigkeitsverteilung*, Bild 164.

Addiert man fortgesetzt die Häufigkeiten f_i, d. h. bildet $\sum f_i$, so erhält man die *Summenhäufigkeit*, Bild 165, gewonnen aus Bild 164. Die Summenhäufigkeit gibt danach an, wie viele der beobachteten Werte kleiner als ein bestimmter Betrag x_i bzw. gleich einem bestimmten Betrag x_i sind.

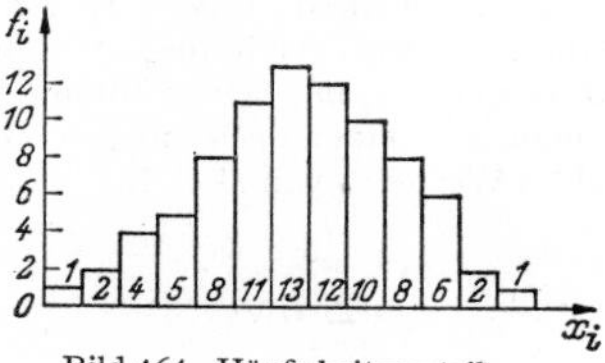

Bild 164. Häufigkeitsverteilung

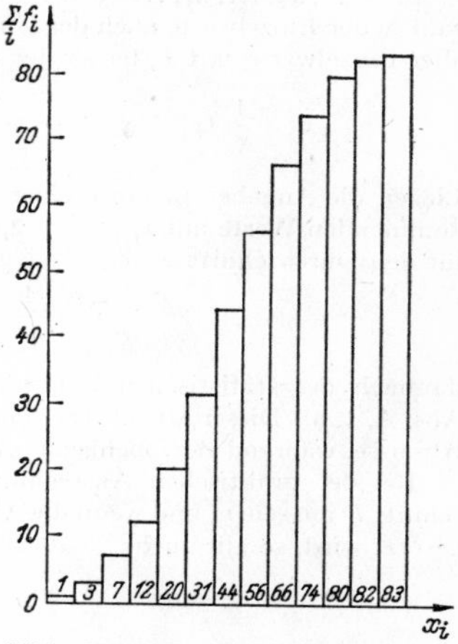

Bild 165. Summenhäufigkeitsverteilung

Beispiel: Über die Brenndauer von 90 Glühlampen bestimmter Art wurde folgende Tabelle gewonnen (Lit. 8):

Brenndauer in Stunden Klasseneinteilung	Häufigkeit absolut, in Stücken	Häufigkeit relativ, in %
500— 600	3	3,3
600— 700	4	4,4
700— 800	6	6,7
800— 900	13	14,5
900—1000	20	22,2
1000—1100	19	21,1
1100—1200	13	14,5
1200—1300	8	8,9
1300—1400	1	1,1
1400—1500	2	2,2
1500—1600	1	1,1
Total	90	100,0

Trägt man der gewählten Klasseneinteilung entsprechend die relative Häufigkeit über der Brenndauer auf, so erhält man eine Säulen-Darstellung, das *Histogramm* der Häufigkeitsverteilung, oft auch als Blockdiagramm bezeichnet, Bild 166. Die Verbindung der Klassenmitten liefert einen Streckenzug, und dieser gibt um so mehr eine Kurve, die Verteilungskurve, wieder, je kleiner die Klasseneinteilung gemacht wird.

Das unmittelbare Auftragen der Häufigkeiten über den Klassenbreiten ist nur zulässig, wenn die Klasseneinteilung einheitlich ist. Bei Klassen *verschiedener Breite* muß die Höhe des jeweiligen Rechtecks so bemessen werden, daß dessen *Fläche* der Häufigkeit proportional ist, d. h. Höhe × × Klassenbreite proportional der Häufigkeit.

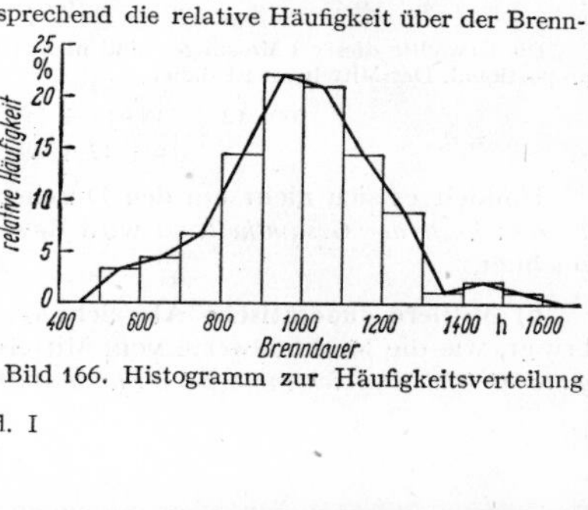

Bild 166. Histogramm zur Häufigkeitsverteilung

3. Mittelwert und Streuung

a) Mittelwert, Durchschnitt. Als Mittelwert könnte der *häufigste* Wert angesehen werden (vgl. u.). Ein weiterer Mittelwert ist die Größe des *mittelsten Einzelwertes*, d. h. desjenigen Wertes, der gleich viel größere und kleinere Werte neben sich hat. Er wird mit mittelster Wert, Zentral- oder Medianwert bezeichnet. Der gebräuchlichste Mittelwert ist das *arithmetische Mittel*; er wird Durchschnitt genannt.

Sind $x_1, x_2, \ldots, x_j, \ldots x_N$ die Einzelwerte einer Stichprobe, wobei die Gesamtzahl N der Einzelwerte auch der Umfang der Stichprobe heißt, und wird die Summe aller Einzelwerte mit T, ferner der Durchschnitt mit $\bar{x}$ bezeichnet, so gilt für diesen

$$\bar{x} = \frac{1}{N}(x_1 + x_2 + \cdots + x_j + \cdots + x_N) = \frac{1}{N}\sum_{j=1}^{N} x_j = \frac{T}{N}. \tag{1}$$

Liegen die Angaben in Form einer Häufigkeitsverteilung vor, und werden die vorkommenden Werte mit x_i ($i = 1, 2, \ldots, M$) ihre Häufigkeit mit f_i bezeichnet, so gilt für den Durchschnitt

$$\bar{x} = \frac{1}{N}\sum_{i=1}^{M} f_i x_i = \sum_{i=1}^{M} p_i x_i, \tag{2}$$

da nach der statistischen Definition der Wahrscheinlichkeit $f_i/N = p_i$ ist (vgl. Abs. A, 1, a). Dieser Mittelwert kennzeichnet die Lage der Verteilungskurve auf der Abszisse, während der obengenannte häufigste Wert das x_i mit dem größten f_i wäre.

Bei der praktischen Ausrechnung kann man von einem geschätzten Durchschnitt D ausgehen, und wenn die Abweichung des Wertes x_j von D, d. h. $x_j - D = r_j$ gesetzt wird, so gilt auch

$$\bar{x} = D + \frac{1}{N}\sum_{j=1}^{N} r_j \quad \text{bzw.} \quad \bar{x} = D + \frac{1}{N}\sum_{i=1}^{M} f_i r_i. \qquad (3\text{a}), (3\text{b})$$

Beispiele: 1. Eine Länge l_i sei durch folgende Messungen bestimmt. Danach sei als Mittelwert geschätzt $D = 30{,}20$.

l_i m	$r_i = l_i - D$
30,10	−0,10
30,30	+0,10
30,20	±0,00
30,40	+0,20
Summe:	+ 0,20

Damit wird $L = 30{,}20 + {}^1/_4 \cdot 0{,}20$
$= 30{,}20 + 0{,}05$
$= 30{,}25$ m.

2. Haben verschiedene Messungen $x_1, x_2, \ldots,$ *verschiedene Gewichte* (verschiedene Genauigkeiten) $f_1, f_2, \ldots,$ so gilt für den Mittelwert $\bar{x}$ die gleiche Beziehung wie bei Entwicklung der Gl. (2).

Die Schwingungszahl einer Stimmgabel wurde mittels einer Sirene von 16 Löchern am Umfang gemessen:

	n Umdrehungen in			t sec	Schwingungszahl $= 16 \cdot n/t$	
1.	388	,,	,,	12,2 ,,	,,	= 509
2.	554	,,	,,	17,2 ,,	,,	= 515
3.	1266	,,	,,	39,2 ,,	,,	= 517
4.	3465	,,	,,	106,0 ,,	,,	= 523

Die Gewichte dieser 4 Messungen sind nicht einander gleich, sondern den Beobachtungszeiten proportional. Der Mittelwert ist daher

$$\frac{509 \cdot 12 + 515 \cdot 17 + 517 \cdot 39 + 523 \cdot 106}{12 + 17 + 39 + 106} = 520.$$

Handelt es sich nicht um den Durchschnitt einer Stichprobe, sondern um den *Durchschnitt der Gesamtheit*, so wird dieser nicht mehr mit $\bar{x}$, sondern mit μ bezeichnet.

b) Mittlere quadratische Abweichung, Varianz. Ein Maß, das zum Ausdruck bringt, wie die Merkmalwerte vom Mittelwert abweichen (streuen), ist die *mittlere quadratische Abweichung s* oder *Standardabweichung s*. Das Quadrat der Standardabweichung, d. h. s^2, wird als *Streuungsquadrat* oder *Varianz* bezeichnet. Diese berechnet sich aus

$$s^2 = \frac{1}{N-1} \sum_{j=1}^{N} (x_j - \bar{x})^2 = \frac{1}{N-1} \left[\sum_{j=1}^{M} x_j^2 - N\bar{x}^2 \right], \tag{4}$$

wenn (vgl. Abs. a) N Einzelwerte einer Stichprobe vorliegen. Hierbei kann das Glied $N\bar{x}^2$ durch $\bar{x}T$ oder T^2/N ersetzt werden (vgl. Abs. a).

Liegen die Angaben in Form einer Häufigkeitsverteilung vor, so folgt

$$s^2 = \frac{1}{N-1} \sum_{i=1}^{M} f_i (x_i - \bar{x})^2 = \frac{1}{N-1} \left[\sum_{i=1}^{M} f_i x_i^2 - N\bar{x}^2 \right]. \tag{5}$$

Wegen der Wahl des arithmetischen Mittels als Mittelwert sind die N Abweichungen $x_j - \bar{x}$ bzw. $x_i - \bar{x}$ nicht voneinander unabhängig, nur $N-1$ Abweichungen sind als unabhängig voneinander anzusehen. $N-1$ ist der Freiheitsgrad.

Bei großen N ist es unwesentlich, ob durch N oder $N-1$ dividiert wird, so daß verschiedene Verfasser den Ausdruck $1/(N-1)$ durch $1/N$ ersetzen.

Für die Summe der Quadrate wird auch häufig zur Abkürzung S_{xx} geschrieben

$$S_{xx} = \sum_{j=1}^{N} (x_j - \bar{x})^2 = \sum_{i=1}^{M} f_i (x_i - \bar{x})^2,$$

dann kann der Varianz auch die Form gegeben werden:

$$s^2 = S_{xx}/(N-1) \qquad (\text{bzw. } S_{xx}/N).$$

Werden aus dieser Summe alle Glieder $x_i - \bar{x}$, die größer oder gleich einer (reellen und positiven) Zahl α sind, weggelassen, so kann die Wahrscheinlichkeit einer Abweichung, die größer als eine beliebige Zahl α ist, durch $P(|x - \bar{x}| > \alpha) \leqq s^2/\alpha$ abgeschätzt werden. Diese Feststellung ist nützlich, wenn aus einer kleinen Stichprobe auf die Qualität der Grundgesamtheit geschlossen wird.

Geht man wieder wie bei der praktischen Ermittlung des Durchschnitts (Abs. a) von einem geschätzten Durchschnitt D aus, so gilt für die Varianz mit $r_i = x_i - D$ und $\bar{r} = \bar{x} - D$ auch

$$s^2 = \frac{1}{N-1} \left(\sum_{i=1}^{M} f_i r_i^2 - \bar{r}^2 \right). \tag{6}$$

Sind nur Einzelwerte gemessen, so ist hierin $f_i = 1$ zu setzen, i durch j und bei der Summenbildung M durch N zu ersetzen.

Beispiele: 1. Für das Beispiel 1 (in Abs. B, 3, a) ergibt sich für die Varianz mit $N = 4$, $D = 30{,}2$ und $\bar{x} = 30{,}25$ der Wert

$$s^2 = {}^1/_3(0{,}10^2 + 0{,}10^2 + 0{,}00^2 + 0{,}20^2) - 0{,}05^2 = 0{,}0192\,,$$

so daß die Standardabweichung hier $s = \sqrt{0{,}0192} \approx 0{,}139$ betragen würde.

2. Die Untersuchung der Festigkeit von Drähten führte bei 401 Proben auf folgende Werte (absolute und relative Häufigkeit):

Festigkeit kp/mm²	36—37	37—38	38—39	39—40	40—41	41—42	42—43	43—44	44—45
absolute relative in %	3 0,75	6 1,5	47 11,7	84 20,9	126 31,4	91 22,8	37 9,2	4 1,0	3 0,75

Gesucht sind Durchschnitt, Varianz und (vgl. Abs. c) der Variationskoeffizient.

a) Durchschnitt geschätzt $D = 40{,}5$. Dann liefert Gl. (3b) mit $N = 401$ die Entwicklung

$$\begin{aligned}
(\bar{x} - 40{,}5) \cdot 401 = {} & 3\,(36{,}5-40{,}5) && -12 \\
+ {} & 6\,(37{,}5-40{,}5) && -18 \\
+ {} & 47\,(38{,}5-40{,}5) && -94 \\
+ {} & 84\,(39{,}5-40{,}5) && -84 \\
+ {} & 126\,(40{,}5-40{,}5) = && 0 \\
+ {} & 91\,(41{,}5-40{,}5) && +91 \\
+ {} & 37\,(42{,}5-40{,}5) && +74 \\
+ {} & 4\,(43{,}5-40{,}5) && +12 \\
+ {} & 3\,(44{,}5-40{,}5) && +12 \\
& && \overline{-19}
\end{aligned}$$

d. h. $\bar{x} - 40{,}5 = -19/401 = -0{,}05$

oder

Durchschnitt $\bar{x} = 40{,}5 - 0{,}05 = 40{,}45\,\text{kp/mm}^2$.

b) Varianz: Aus Gl. (6), Abs. b, folgt mit $\bar{r} = \bar{x} - 40{,}5 = -0{,}05$ und $N - 1 = 400$ hier $s^2 \cdot 400 = (3 \cdot 4^2 + 6 \cdot 3^2 + 47 \cdot 2^2 + 84 \cdot 1^2 + 126 \cdot 0^2 + 91 \cdot 1^2 + 37 \cdot 2^2 + 4 \cdot 3^2 + 3 \cdot 4^2) - 0{,}05^2$ oder Varianz $s^2 \approx 697/400 \approx 1{,}74$ und Standardabweichung $s \approx \sqrt{1{,}74} \approx 1{,}32$.

c) Variationskoeffizient: Aus Gl. (7), Abs. c), folgt

$$v = \frac{1{,}32}{40{,}45} \cdot 100\% = 3{,}27\%.$$

Während mit s die mittlere quadratische Abweichung einer Stichprobe bezeichnet wird, gibt σ die mittlere quadratische Abweichung der Gesamtheit an.

c) Variationskoeffizient. Der Vergleich zwischen der Standardabweichung s und dem Durchschnitt $\bar{x}$ führt auf den Variationskoeffizienten

$$v = \frac{s}{\bar{x}} \cdot 100\%, \tag{7}$$

vgl. Beispiel 2 in Abs. b).

4. Verteilungsgesetze

a) Binomiale Verteilung. Viele Meßwerte und Beobachtungen sind entsprechend ihrer physikalischen oder technischen Aussage nach bestimmten Gesetzen verteilt. So zeigte die *Bernoulli*sche Formel in Abs. A, 2, d), daß die Wahrscheinlichkeit für x-maliges Auftreten eines Ereignisses A in einer Probe aus n Elementen durch

$$\varphi(x) = P_n(x) = \binom{n}{x} p^x (1 - p)^{n-x} \tag{8}$$

gegeben ist. Hierin ist p die Wahrscheinlichkeit für das Auftreten von A in der Grundgesamtheit und $(1 - p)$ die Wahrscheinlichkeit für das entgegengesetzte Ereignis Z. Diese Verteilung heißt *Bernoulli*sche oder binomiale Verteilung.

Zeigt die *Grundgesamtheit* eine solche Verteilung, so hat der Durchschnitt der Grundgesamtheit den Wert $\mu = pn$ und die Varianz den Wert $\sigma^2 = npq$ mit $q = 1 - p$.

b) Normalverteilung. α) *Glockenkurve.* Liegt eine Grundgesamtheit vor, die als normal anzusehen ist, z. B. die Fertigung eines bestimmten Drehteils, so ist z. B. das Längenmaß dieses Teiles „normal" verteilt. Diese *Normalverteilung* kann als Grenzfall der binomialen Verteilung angesehen werden, wenn n gegen unendlich strebt (und p weder Null noch Eins wird). Die so erhaltene Verteilung wird auch als *Gauß-Laplace*-Verteilung (Fehlerverteilungsgesetz) bezeichnet. Die Wahrscheinlichkeitsdichte hat dann die Form

$$\varphi(x) = \frac{1}{C} e^{-k(x-\mu)^2} \tag{9}$$

mit $C = \sigma\sqrt{2\pi}$ und $k = 1/(2\sigma^2)$.

Diese *Glockenkurve* hat für $x = \mu$ das Maximum $\varphi(\mu) = 1/C$, während die Wendepunkte für $x = \mu \pm 1/\sqrt{2k} = \mu \pm \sigma$ und $\varphi = 1/(C\sqrt{e}) = 1/(\sigma\sqrt{2\pi e})$ auftreten.

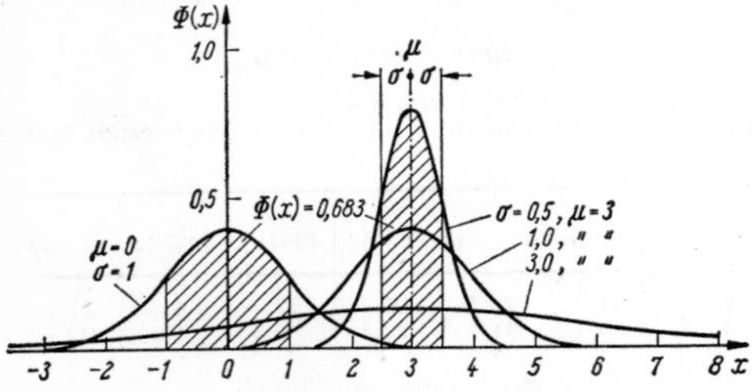

Bild 167. Normalverteilungen für $\sigma = 0{,}5 : 1{,}0 : 3{,}0$

Kleine Werte σ liefern steile, große Werte σ flache Kurven, Bild 167.

Ist $\mu = 0$ und $\sigma = 1$, so wird diese Form der Glockenkurve als *Hauptnormalgesetz* bezeichnet, und diese Funktion, d. h.

$$\varphi(x) = \frac{1}{\sqrt{2\pi}} e^{-x^2/2} \tag{10}$$

liegt vertafelt vor (vgl Tab. 1, S. 165, Spalte 2 und 3).

Tabelle 1. *Wertetabelle der Funktionen $\varphi(x)$ und $\Phi(x)$*

1	2	3	4	5
x	$\varphi(x) = \frac{1}{\sqrt{2\pi}} e^{-\frac{x^2}{2}}$		$\Phi(x) = \frac{1}{\sqrt{2\pi}} \int_{-\infty}^{x} e^{-\frac{t^2}{2}} dt$	
	0,00	0,05	0,00	0,05
0,0	0,3989	0,3984	0,5000	0,5199
0,1	3970	3945	5398	5596
0,2	3910	3867	5793	5987
0,3	3814	3752	6179	6368
0,4	3683	3605	6554	6736
0,5	3521	3429	6915	7088
0,6	3332	3230	7257	7422
0,7	3123	3011	7580	7734
0,8	2897	2780	7881	8023
0,9	2661	2541	8159	8289
1,0	0,2420	0,2299	0,8413	0,8531
1,1	2179	2059	8643	8749
1,2	1942	1826	8849	8944
1,3	1714	1604	9032	9115
1,4	1497	1394	9192	9265
1,5	1295	1200	9332	9394
1,6	1109	1023	9452	9505
1,7	0940	0863	9554	9599
1,8	0790	0721	9641	9678
1,9	0656	0596	9713	9744
2,0	0,0540	0,0488	0,9773	0,9798
2,1	0440	0396	9821	9842
2,2	0355	0317	9861	9878
2,3	0283	0252	9893	9906
2,4	0224	0198	9918	9929
2,5	0175	0154	9938	9946
2,6	0136	0119	9953	9960
2,7	0104	0091	9965	9970
2,8	0079	0069	9974	9978
2,9	0060	0051	9981	9984
3,0	0,0044	0,0038	0,9906	—
3,1	0033	0028		
3,2	0024	0020		
3,3	0017	0015		
3,4	0012	0010		
3,5	0009	0007		
3,6	0006	0005		
3,7	0004	0004		
3,8	0003	0002		
3,9	0002	0002		

Um diese Tabelle für ein bestimmtes σ und μ bei gegebenem x nach Gl. (9) benutzen zu können, gehe man in diese nicht mit x, sondern mit $t = (x - \mu)/\sigma$ als unabhängig Veränderlicher ein. Die so erhaltene Ordinate ist dann noch durch σ zu dividieren.

Beispiel: Welche Ordinate φ ergibt sich für $x = 3{,}5$ bei der Kurve mit den Parametern $\mu = 3$ und $\sigma = 3$ in Bild 167. Man findet für $t = (3{,}5 - 3)/3 = 0{,}167$ in der Tabelle den Wert 0,3934, so daß nach Division durch σ sich $\varphi = 0{,}3934/3 = 0{,}1311$ ergibt.

β) *Fehlerintegral, Summenhäufigkeit.* Die Wahrscheinlichkeit dafür, daß die Abszisse einen Wert zwischen x und dx annimmt, wird durch

$$\mathrm{d}\Phi(x) = \varphi(x)\,\mathrm{d}x$$

gegeben, oder die Wahrscheinlichkeit dafür, daß die Abweichung vom Durchschnitt μ in den Grenzen $-a$ und b liegt, errechnet sich aus

$$\Phi(x) = \int_{x=\mu-a}^{x=\mu+b} \varphi(x)\,\mathrm{d}x,$$

d. h. aus dem *Gaußschen Fehlerintegral.* Der konstante Faktor C in Gl. (9) ergibt sich beiläufig daraus, daß das Integral in den Grenzen $-\infty$ bis $+\infty$ den Wert Eins haben muß. Die Funktion $\Phi(x)$ ist nichts anderes als die in Abs. B, 2 entwickelte Summenhäufigkeit.

Für die Funktion $\Phi(x)$, die auch als Verteilungsfunktion bezeichnet wird, sind je nach den Grenzen zwei Formen üblich und vertafelt, und zwar entsprechend dem Hauptnormalgesetz für $\mu = 0$ und $\sigma = 1$:

Form a: $$\Phi(x) = \frac{1}{\sqrt{2\pi}} \int_{t=0}^{t=x} e^{-t^2/2}\,\mathrm{d}t\,; \qquad (11\,\mathrm{a})$$

hier bedeutet $\Phi(x)$ die schraffierte Fläche in Bild 168a, es ist $\Phi(0) = 0$ und $\Phi(\infty) = 0{,}5$.

Form b: $$\Phi(x) = \frac{1}{\sqrt{2\pi}} \int_{-\infty}^{x} e^{-t^2/2}\,\mathrm{d}t\,; \qquad (11\,\mathrm{b})$$

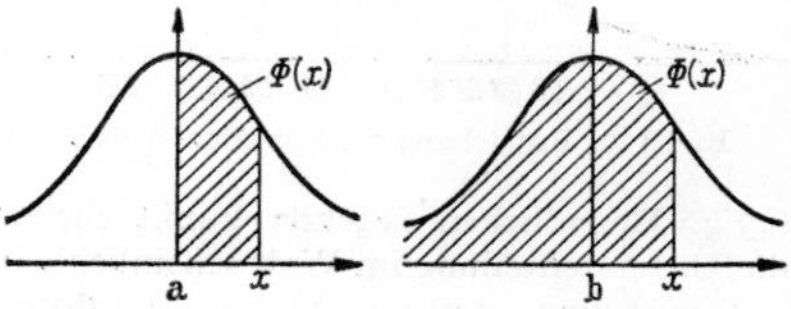

Bild 168. Definitionen von $\Phi(x)$

hierbei bedeutet $\Phi(x)$ die schraffierte Fläche in Bild 168b. Es ist $\Phi(0) = 0{,}5$, $\Phi(+\infty) = 1$, vgl. Tafel, Spalte 4 und 5.

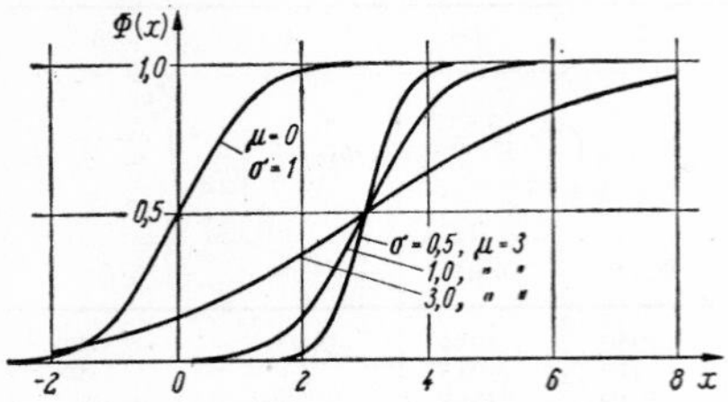

Bild 169. Verteilungsfunktionen $\Phi(x)$

Bei beliebigen Werten μ und σ gilt dann für $\Phi(x)$ im Fall b) die Form

$$\Phi(x) = \int_{t=-\infty}^{t=x} \varphi(t)\,dt \cdot \qquad (12)$$

mit $\varphi(x)$ aus Gl. (9). Vgl. den S-förmigen Verlauf der Verteilungsfunktion in Bild 169 für verschiedene Parameter μ und σ.

Um die Tafel für $\Phi(x)$ in der Normalstandardform für den *allgemeineren Fall* gemäß der Form b) benutzen zu können (Tabelle, Sp. 4 u. 5), gehe man in diese nicht mit x, sondern mit $t = (x - \mu)/\sigma$ wie oben ein. Die Division durch σ ist aber wegen der Integration nicht mehr erforderlich.

Beispiel: Wie groß ist $\Phi(x)$ in Bild 169 für $x = 4$ bei den Parametern $\mu = 3$ und $\sigma = 1$? Geht man mit $t = (x - \mu)/\sigma = (4 - 3)/1 = 1$ in die Zahlentafel ein, so findet man $\Phi(4) = 0{,}8413$.

γ) *Statistische Sicherheit.* Die Bedeutung der Streuung bzw. der Standardabweichung läßt sich jetzt leicht erkennen: Im Gebiet $x = \mu - \sigma$ bis $x = \mu + \sigma$, in Bild 167 für $\mu = 3$ und $\mu = 0$ durch Schraffuren angedeutet, liegen bereits etwa 68,3% aller Meß- oder Beobachtungswerte (vgl. folgendes Beispiel 1). Im Bereich $x = \mu \pm 2\sigma$ beträgt die statistische Sicherheit schon 95,5% und im Bereich $x = \mu \pm 3\sigma$ bereits 99,7%.

In der Technik sind üblich

$$P = \Phi = 95\% \text{ für die Standardabweichung } \pm 1{,}965\,\sigma,$$
$$P = \Phi = 99\% \quad ,, \quad ,, \quad ,, \quad \pm 2{,}586\,\sigma.$$

Beispiele: 1. Man gebe den Inhalt der in Bild 167 schraffierten Flächen an. Für $x = \mu$ ist $t = 0$ und für $x = \mu + \sigma$ ist $t = 1$. Damit wird die Fläche zwischen $x = \mu$ und $x = \mu + \sigma$ gemäß Tafel (Sp. 4) durch $\Phi(1) - \Phi(0) = 0{,}8413 - 0{,}5000 = 0{,}3413$ angegeben. Die gesamte Fläche ist doppelt so groß: $\Phi = 2 \cdot 0{,}3413 \approx 0{,}683$ wie oben angegeben.

2. In Beisp. 2 aus Abs. 3a sei $\bar{x} = 40{,}5$ als Näherung für μ und $s^2 = 1{,}74$ als Näherung für σ^2 genommen. Wie groß ist die Wahrscheinlichkeit dafür, daß die Festigkeit zwischen 39,7 und 41,3, d. h. zwischen $\mu - 0{,}8$ und $\mu + 0{,}8$ liegt? Es wird also $P(|x - 40{,}5| \leqq 0{,}8)$ gesucht. In die Tafel für $\Phi(x)$ muß, da $\sigma \approx s = \sqrt{1{,}74} \approx 1{,}32$ ist, mit der Veränderlichen

$$(x - \mu)/\sigma \approx (x - 40{,}5)/1{,}32 = 0{,}8/1{,}32 \approx 0{,}65$$

eingegangen werden. Diese liefert $\Phi(0{,}65) = 0{,}7422$. Da das Integral zwischen den Grenzen $\mu - 0{,}8$ und $\mu + 0{,}8$ erstreckt werden soll, folgt als Wahrscheinlichkeit dafür, daß die Festigkeit in den angegebenen Grenzen liegt, somit $2 \cdot [\Phi(0{,}65) - \Phi(0)] \approx 48\%$.

δ) *Wahrscheinlichkeitsnetz:* Geht man von der Verteilungskurve nach dem Hauptnormalgesetz ($\mu = 0$, $\sigma = 1$) aus, z. B. Bild 169, zieht Waagerechte durch die glatten Ordinatenwerte, z. B. $\Phi = 0{,}3$, 0,4, 0,5, 0,6 und 0,7 — in Bild 170 schematisch angedeutet — und projiziert die Schnittpunkte mit der Φ-Kurve auf die Abszissenachse, so entsteht auf dieser eine nach dem Φ-Gesetz geteilte Funktionsskala: Angeschrieben sind die glatten Werte von Φ. Dem Wert 0 ist der links von 0,5 im Unendlichen gelegene Punkt, und dem Wert 1 ist der rechts von 0,5 im Unendlichen liegende Punkt zugeordnet. Diese Funktionsskala stellt dann die Ordinatenteilung im Wahrscheinlichkeitspapier dar.

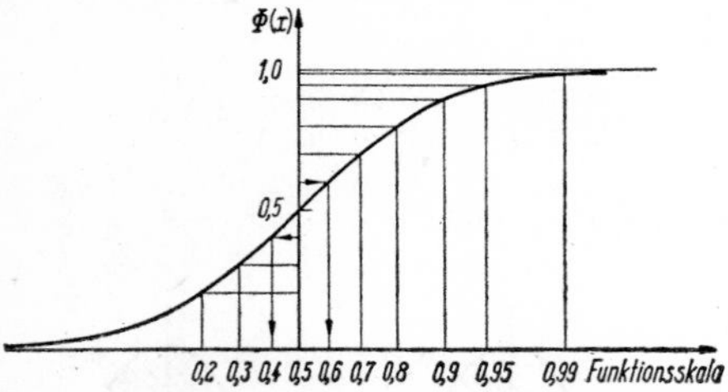

Bild 170. Entstehung der Funktionsskala für $\Phi(x)$

Trägt man somit eine Verteilungsfunktion aus Bild 167 im Wahrscheinlichkeitsnetz auf, Bild 171, so ergibt sich eine gerade Linie. Wird bei einer Stichprobe die

Summenhäufigkeit in Prozenten über der Merkmalsgröße x als Abszisse aufgetragen, und ergibt sich genähert eine Gerade, so kann man ungefähr auf eine Normalverteilung schließen.

Beispiel: Die prozentualen Summenhäufigkeiten aus Beisp. 2, Abs. 3b, sind in das Wahrscheinlichkeitsnetz übertragen (Kreise in Bild 171); sie liegen genähert auf einer Geraden, so daß eine Normalverteilung angenommen werden kann, vgl. letztes Beispiel unter γ).

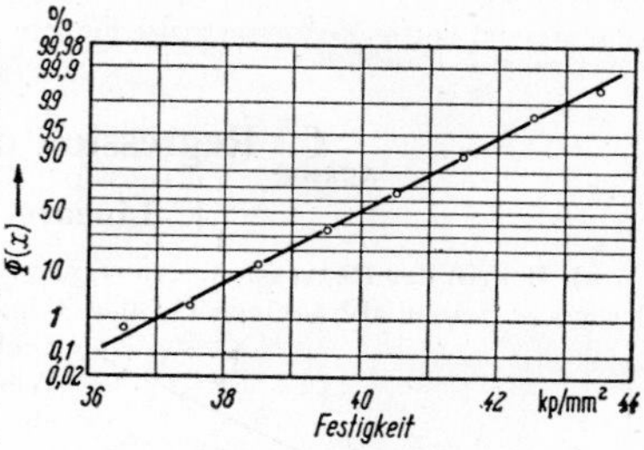

Bild 171. Verteilungsfunktion $\Phi(x)$ im Wahrscheinlichkeitsnetz

c) Weitere Verteilungsgesetze

α) *Poissonsche Verteilung.* Die Wahrscheinlichkeit für das Eintreten eines zeitlich zufälligen Ereignisses im Zeitintervall $t + \mathrm{d}t$ sei unabhängig vom Intervall 0 bis t. Außerdem sei die Wahrscheinlichkeit des Eintretens eines Ereignisses proportional $\mathrm{d}t$. Dann folgt als Wahrscheinlichkeit für das x-malige Eintreten des Ereignisses im Zeitintervall t zu

$$\varphi(x) = \mathrm{e}^{-\lambda} \cdot \lambda^x / x!$$

In dieser „*Poisson*schen Verteilung" ist λ die mittlere Zahl der Ereignisse im Zeitraum t.

β) *t-Verteilung nach Student*[1]. Der Durchschnitt $\bar{x}$ der Stichprobe ist eine Näherung für den Durchschnitt μ der Grundgesamtheit; *Student* hat gezeigt, daß die Häufigkeitsverteilung von $(\bar{x} - \mu)/s$ einem bestimmten Gesetz folgt, so daß sich der Ausdruck

$$t = \frac{\bar{x} - \mu}{s} \sqrt{N}$$

als Prüfgröße eingeführt hat. Die Wahrscheinlichkeitsdichte nach *Student* ist symmetrisch zu $t = 0$ und befolgt das Gesetz

$$\varphi(t) = \frac{\left(\frac{N-2}{2}\right)!}{\left(\frac{N-3}{2}\right)! \sqrt{(N-1)\pi}} \cdot \left(1 + \frac{t^2}{N-1}\right)^{-\frac{N-2}{2}}$$

Andere Verfasser (vgl. z. B. Lit. 4) führen hierin statt der Fakultäten die Gamma-Funktionen (S. 100) ein. Dann ist $\mathrm{d}\Phi(t) = \varphi(t)\,\mathrm{d}t$.

γ) *χ^2-Verteilung.* Die Verteilungsfunktion der Größe

$$\chi^2 = \sum_N (x_j - \mu)^2/\sigma^2$$

heißt χ^2-Verteilung. Für diese ergibt sich die Wahrscheinlichkeitsdichte nach *Pearson* zu

$$\varphi(\chi^2) = \frac{1}{\left(\frac{N-2}{2}\right)!} \left(\frac{\chi^2}{2}\right)^{\frac{N-2}{2}} \cdot \mathrm{e}^{-\chi^2/2}.$$

Die Verteilungsfunktion folgt aus φ wie oben durch Integration, d. h. es ist $\mathrm{d}\Phi = \varphi(\chi^2)\,\mathrm{d}\chi^2$.

δ) *Vertrauensgrenzen.* Mit Hilfe dieser beiden Prüfgrößen, der t- und χ^2-Verteilung, läßt sich die Unsicherheit einer Schätzung bestimmen. Der gesuchte Parameter Θ soll mit einer Wahrscheinlichkeit nicht kleiner als P im Bereich zwischen den Funktionen Θ' und Θ'' liegen. Diese Grenzfunktionen heißen *Vertrauensgrenzen.*

Beispiele: 1. Es soll t_{Grenz} so bestimmt werden, daß $\Phi(t)$ für $|t| > |t_{\text{Grenz}}|$ gleich 0,05 ist. Dann ist t im eingeschlossenen Gebiet mit einer Wahrscheinlichkeit von 95% enthalten. Wegen $t_{\text{Grenz}} = t_{0,05} = \frac{\bar{x} - \mu}{s} \sqrt{N}$ folgen daraus die Vertrauensgrenzen für den Durchschnitt μ der Gesamtheit zu

$$\mu = \bar{x} \pm t_{0,05}\, s/\sqrt{N}.$$

Die außerhalb dieses Vertrauensbereiches liegenden Unsicherheitsanteile (bei $P = 0{,}05$ beträgt der Anteil 5%) nennt man *Fraktile.*

2. Mit dem Gesetz der großen Zahlen ist zu zeigen, daß $\chi^2 = (N-1)s^2/\sigma^2$ ist. Ebenso wie für die t-Verteilung lassen sich zwei χ^2_{Grenz} so finden, daß für $\chi^2 > \chi_{P_1}^2$ die Wahrscheinlichkeit $P = 99\%$ (95%) und weiter für $\chi^2 > \chi_{P_2}^2$ der Wert $P = 1\%$ (5%) beträgt. Beiläufig sei erwähnt, daß die χ^2-Verteilung eine einseitige Verteilung ist. Daraus folgen dann aber sofort Vertrauensgrenzen für die Varianz σ^2:

---

[1] Schriftstellername des englischen Chemikers *Gosset*.

So sind z. B. für

$$\chi_{0,05} \leqq \chi^2 = (N-1)s^2/\sigma^2 \leqq \chi^2_{0,95}$$

durch

$$s^2(N-1)/\chi^2_{0,05} \geqq \sigma^2 \geqq s^2(N-1)/\chi^2_{0,95}$$

die obere und untere Vertrauensgrenze für σ^2 festgelegt, die σ^2 mit einer statistischen Sicherheit von $P = 90\%$ einschließen.

C. Regression und Korrelation

1. Lineare Regression

a) Begriff der Regression. Aus einer Beobachtungsreihe sollen Wertepaare x_i, y_i der voneinander abhängigen Größen x und y bekannt sein, wobei die y_i und die x_i noch von zufälligen Einflüssen abhängig sind. Wenn eine eindeutige Abhängigkeit vorliegt, also y die abhängige und x die unabhängige Veränderliche ist, so kann nach Auftragen der Punkte x_i, y_i im kartesischen Koordinatensystem eine Kurve, die Regressionslinie durch die Punktschar gelegt werden, Bild 172. Ist die geeignete Kurve eine Gerade, so spricht man von linearer Regression. Für die Gleichung der Regressionsgeraden wird angesetzt

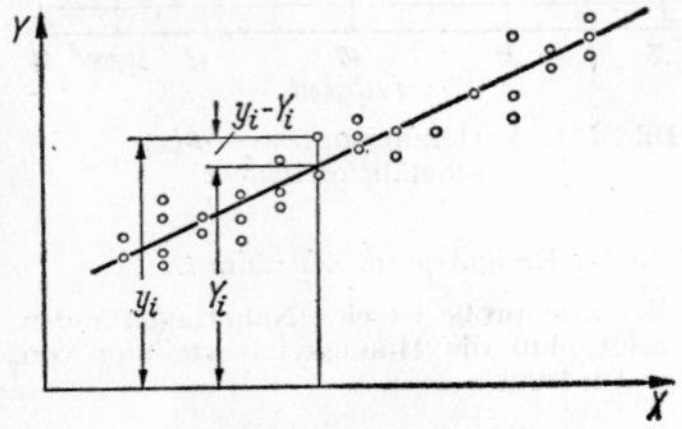

Bild 172. Regressionsgerade

$$Y = a + bX, \tag{13}$$

wobei Y der Regressionswert zu X ist. a ist der Abschnitt auf der Ordinatenachse, b das Steigungsmaß der Geraden[1].

b) Bedingungen. Die Koeffizienten a und b müssen so bestimmt werden, daß die Abweichung der $\bar{y}_i$, d. h. der jeweiligen Durchschnittswerte der y_i, von den Regressionsgrößen möglichst klein wird. Nach der *Gauß*schen Methode der kleinsten Fehlerquadrate (vgl. Abs. D, g) muß die Summe der quadratischen Abweichungen, d. h. $\sum N_i(\bar{y}_i - Y_i)^2$, ein Minimum werden. Hierin ist N_i die Zahl der Beobachtungen y_i für den unabhängigen Wert x_i. Mit $Y_i = a + bX_i$ muß also die Summe $\sum N_i(\bar{y}_i - a - bX_i)^2$ ein Minimum werden. Hierin sind a und b die Unbekannten, und Nullsetzen der partiellen Ableitungen nach a und nach b liefert die linearen Bestimmungsgleichungen:

Die Ableitungen nach a bzw. b ergeben

$$\sum N_i(\bar{y}_i - a - bX_i) = 0 \quad \text{und} \quad \sum N_i X_i(\bar{y}_i - a - bX_i) = 0.$$

Wertet man diese Gleichungen aus und führt die Abkürzungen

$$N = \sum N_i, \qquad T_x = \sum N_i x_i, \qquad T_y = \sum N_i \bar{y}_i \tag{14}$$

ein, so folgt zunächst

$$a = \bar{y} - b\bar{x}, \tag{15}$$

wobei

$$\bar{y} = T_y/N, \qquad \bar{x} = T_x/N. \tag{16}$$

Danach kann der Regressionsgeraden nach Gl. (13) auch die Form

$$Y = \bar{y} + b(x - \bar{x}) \tag{17}$$

gegeben werden. Für die Konstante b, den sogenannten *Regressionskoeffizienten*, folgt ferner

$$b = \frac{N \sum N_i x_i y_i - T_x T_y}{N \sum N_i x_i^2 - T_x^2} = \frac{\sum N_i x_i y_i - N\bar{x}\bar{y}}{\sum N_i x_i^2 - N\bar{x}^2}. \tag{18}$$

Mit den Abkürzungen

$$\sum \sum (x_i - \bar{x})(y_{ij} - \bar{y}) = S_{xy} \quad \text{und} \quad \sum (x_i - \bar{x})^2 = S_{xx} \tag{19}$$

kann der Regressionskoeffizient auch in der einfachen Form

$$b = S_{xy}/S_{xx} \tag{20}$$

[1] Es sind hier also andere Bezeichnungen üblich als bei der gewohnten Normalform der Geraden (S. 118).

geschrieben werden. Dieser gibt beiläufig an, um wieviel y im Durchschnitt zunimmt, wenn x um 1 wächst.

Die Annahme linearer Regression kann mit Hilfe der Streuungszerlegung (Lit. 9) auf Richtigkeit geprüft werden. Auch lassen sich Vertrauensgrenzen für die Regressionsgerade angeben. — Kann die Regressionslinie nicht mehr durch eine Gerade beschrieben werden, so führt vielfach mehrfache lineare Regression oder auch eine geeignete Transformation zum Ziel.

Beispiel: Die Länge l_t eines Metallstabes ist bei 8 verschiedenen Temperaturen t gemessen worden:

1. $l_{25} = 200{,}14$ mm, 3. $l_{75} = 200{,}33$ mm, 5. $l_{125} = 200{,}52$ mm, 7. $l_{175} = 200{,}69$ mm,
2. $l_{50} = 200{,}24$ mm, 4. $l_{100} = 200{,}41$ mm, 6. $l_{150} = 200{,}61$ mm, 8. $l_{200} = 200{,}80$ mm.

Unter Annahme einer linearen Ausdehnung soll die Wärmedehnzahl bestimmt werden. Danach ist mit l_0 als Länge bei $t = 0\,°\text{C}$

$$l_t = l_0(1 + \alpha t) = l_0 + l_0 \alpha t,$$

und für die Verlängerung $\Delta l = l_t - l_{25}$ zeigt sich in Bild 173 ein praktisch linearer Verlauf.

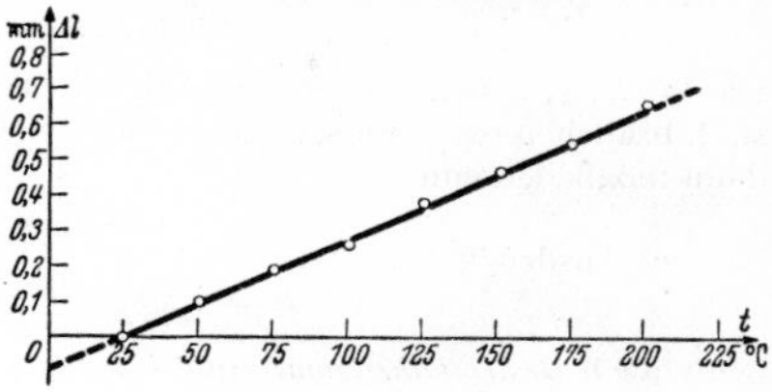

Bild 173

Zur genauen Ermittlung von l_0 und α wird die Regressionsrechnung benutzt. Da $l_0 \approx 200$ mm ist, kann $y = l_t - 200$ als abhängige und $x = t$ als unabhängige Veränderliche eingeführt werden. Es kann dann für Y angesetzt werden

$$Y = a + bx$$

mit $b = l_0 \alpha$, also $\alpha = b/l_0$ und $a = l_0 - 200$, d. h. $l_0 = 200 + a$. Da jeweils nur eine Messung y_i vorgenommen wurde, ist hier $N_i = 1$ und $\sum N_i = N = 8$. — Zur praktischen Auswertung der einzelnen Summen empfehlen sich hier gewisse Umformungen, zumal es sich bei den x_i um gleichabständige Werte handelt. Es ist

$$S_{xx} = \sum (x_i - \bar{x})^2 = \sum x_i^2 - N\bar{x}^2 = \sum x_i^2 - T_x^2/N,$$

ebenso

$$S_{yy} = \sum (y_i - \bar{y})^2 = \sum y_i^2 - N\bar{y}^2 = \sum y_i^2 - T_y^2/N$$

und

$$S_{xy} = \sum (x_i - \bar{x})(y_i - \bar{y}) = \sum x_i(y_i - \bar{y}) - \bar{x} \sum (y_i - \bar{y}) = \sum x_i(y_i - \bar{y}) = \sum x_i y_i - \bar{y} \sum x_i$$

oder

$$S_{xy} = \sum x_i y_i - \bar{y}\, T_x \quad \text{oder} \quad = \sum x_i y_i - N\bar{x}\bar{y}.$$

Die Tabelle liefert $T_x = 900$ (auch einfach als Summe einer arithmetischen Reihe zu finden) und $\bar{x} = 900/8 = 112{,}5$, $T_y = 3{,}74$ und $\bar{y} = 3{,}74/8 = 0{,}4675$. Es ist ferner

$$\sum x_i^2 = 25^2(1^2 + 2^2 + 3^2 + \cdots + 8^2) = 625 \cdot 204 = 127\,500;$$

wegen der einfachen Berechnung wurde die Spalte x_i^2 nicht aufgeführt. Daraus folgt

$$S_{xx} = 127500 - 900^2/8 = 127500 - 101250 = 26250,$$
$$S_{xy} = 518{,}5 - 0{,}4675 \cdot 900 = 97{,}75,$$
$$S_{yy} = 2{,}1128 - 3{,}74^2/8 = 0{,}3644.$$

Nach Gl. (20) wird somit $b = 97{,}75/26250 = 0{,}0037238 \approx 0{,}003724$ und nach Gl. (15) auch $a = \bar{y} - b\bar{x} = 0{,}4675 - 0{,}003724 \cdot 112{,}5 \approx 0{,}049$. Damit ist die Länge des Stabes für $t = 0\,°\text{C}$ durch $l_0 = 200 + a = 200{,}049$ mm gefunden, und die Wärmedehnzahl folgt aus $\alpha = b/l_0$ zu $\alpha = 0{,}003724/200{,}049 \approx 1{,}86 \cdot 10^{-5}$.

Das *Bestimmtheitsmaß* B folgt hier zu $B = 97{,}75^2/(26250 \cdot 0{,}3644) = 0{,}998 \approx 1$, vgl. Gl. (24a) in Abs. C, 2a.

i	x_i	y_i	x_i^2	y_i^2	$x_i y_i$
1	25	0,14		0,0196	3,50
2	50	0,24		0,0576	12,00
3	75	0,33		0,1089	24,75
4	100	0,41		0,1681	41,00
5	125	0,52		0,2704	65,00
6	150	0,61		0,3721	91,50
7	175	0,69		0,4761	120,75
8	200	0,80		0,6400	160,00
$\sum$	900	3,74		2,1128	518,50

c) Mehr als zwei Veränderliche. Hängt eine Veränderliche von mehreren anderen ab, so lautet z. B. die Gleichung für zweifache lineare Regression

$$Y = a + b_1 X_1 + b_2 X_2,$$

wobei man Y, X_1, X_2 als Koordinaten des dreidimensionalen (bei mehreren Veränderlichen als Koordinaten des n-dimensionalen Raumes) auffassen kann. Das oben benutzte Minimumprinzip wird auch hier benutzt und liefert neben a die beiden Regressionskoeffizienten b_1 und b_2.

2. Korrelation

a) Bestimmtheitsmaß. Kann von einer eindeutigen Zuordnung wie in Abs. 1 nicht mehr ausgegangen werden, d. h. kann nicht eindeutig festgelegt werden, ob x oder y die unabhängige Veränderliche ist, so kann die Regressionsrechnung angewendet werden, aber es kommt die Bestimmung des Korrelationsmaßes hinzu.

Liegt wieder das Ergebnis einer Beobachtung in Form einer Tabelle für die zusammengehörigen Werte x_i, y_i vor, so können zwei Regressionsgleichungen, d. h.

$$Y = \bar{y} + b_{yx}(x - \bar{x}) \qquad \text{und} \qquad X = \bar{x} + b_{xy}(y - \bar{y}) \tag{21, 22}$$

aufgestellt werden. Darin folgen nach Abs. 1 die Regressionskoeffizienten

$$b_{yx} = S_{xy}/S_{xx}, \qquad b_{xy} = S_{xy}/S_{yy}. \tag{23}$$

Da die x_i, y_i neben der Gesetzmäßigkeit, der sie unterliegen, noch zufällig verteilt sind, brauchen die beiden Regressionsgeraden nicht zusammenzufallen. Dies ist nur dann möglich, wenn

$$b_{xy} b_{yx} = 1 \tag{24}$$

ist. Der Ausdruck

$$B = b_{xy} b_{yx} = S_{xy}^2/(S_{xx} S_{yy}) \tag{24a}$$

heißt auch *Bestimmtheitsmaß*, und für den Fall, daß die Regressionsgeraden parallel zu den entsprechenden Koordinatenachsen laufen, besteht keine Abhängigkeit zwischen Y und X. Es ist dann $b_{xy} = b_{yx} = 0$, d. h. $B = 0$.

Das Bestimmtheitsmaß B kann also Werte zwischen Null und Eins annehmen und liegt um so dichter bei Eins, je enger der Zusammenhang zwischen beiden Veränderlichen ist.

b) Der **Korrelationskoeffizient** r folgt aus der Gleichung

$$r^2 = B \qquad \text{[vgl. Gl. (24)]}. \tag{25}$$

Soll geprüft werden, ob B nur zufällig von Null abweicht oder ob diese Abweichung gesichert ist, so kann das Prüfverfahren dazu aus der Streuungszerlegung abgeleitet werden. Es ergibt sich die Prüfgröße

$$t^2 = (N - 2) B/(1 - B)$$

mit dem Freiheitsgrad $N - 2$. Setzt man in diese Formel den Wert t_P^2, der zur Sicherheitsschwelle P, z. B. 5%, gehört, ein, so erhält man

$$B_P = t_P^2/(N + t_P^2 - 2).$$

Ist das errechnete Bestimmtheitsmaß B kleiner als B_P, so weicht es nur zufällig von Null ab, ist es hingegen größer, so ist die Abweichung gesichert.

D. Weitere Bemerkungen über Auswertung von Beobachtungen

a) Allgemeines über Meßfehler. Eine fehlerfreie Beobachtung ist unmöglich. Daher darf man das Ergebnis einer Messung erst dann mit Sicherheit verwenden, wenn man bei Nachprüfung durch weitere Messungen eine ausreichende Übereinstimmung erzielt und die erreichte Genauigkeit richtig abgeschätzt hat.

Je größer die Genauigkeit, desto größer ist auch die Zahl der zu berücksichtigenden Nebeneinflüsse — Temperatur, Luftdruck, Feuchtigkeit, nicht vorhandene Proportionalität bei Ablesungen usw. Bei der Auswertung dieser Nebeneinflüsse genügt es, so weit zu gehen, daß die vernachlässigten Korrekturen von geringerer Größenordnung als die sonstigen unvermeidbaren Beobachtungsfehler sind. Zunächst ist also die mit den betreffenden Apparaten erreichbare Meßgenauigkeit abzuschätzen und dann festzustellen, welche Korrekturen beachtet werden müssen. Werden diese notwendigen Korrekturen nicht hinreichend berücksichtigt, so gibt man sich bezüglich der erreichten Genauigkeit einer Selbsttäuschung hin. Andererseits wird häufig auch eine übertriebene Genauigkeit bei der Messung solcher Größen angestrebt, die von z. T. gar nicht genau definierbaren Bedingungen abhängen, wie Reibungszahl u. a.

Sieht man von groben Fehlern, die sich als solche leicht feststellen lassen, ab, so sind die auftretenden Meßfehler von zweierlei Art: Die einen, systematische oder regelmäßige Fehler, geben Abweichungen in ganz bestimmtem Sinn, wie sie durch Fehler der Instrumente, ihre ungünstige Aufstellung und schlechte Handhabung veranlaßt werden. Die anderen, zufälligen oder unregelmäßigen Fehler verfälschen das Resultat bald im positiven, bald im negativen Sinn infolge persönlicher Schätzungsfehler, nicht feststellbarer Einflüsse der Atmosphäre usw. Die regelmäßigen Fehler lassen sich am besten durch verschiedenartige Anordnung des Versuches (verschiedene Methoden) erkennen und dann auf ein Minimum herabdrücken. Eichtafeln von Meßinstrumenten sind von Zeit zu Zeit nachzuprüfen, besonders nach stärkerer Beanspruchung der Instrumente. Sie dürfen nie als unveränderlich richtig betrachtet werden. Die Größenordnung der unregelmäßigen, zufälligen und nicht vermeidbaren Fehler erkennt man bei mehrfacher Wiederholung der gleichen Messung mit den gleichen Meßinstrumenten und unter sonst gleichen Umständen.

b) Mit Hilfe der Wahrscheinlichkeitsrechnung läßt sich die mittlere und die wahrscheinliche Abweichung (Fehler) der Messung und damit ihre Genauigkeit angeben. Ein brauchbares Maß für die Genauigkeit stellt der **scheinbare Fehler** oder die durchschnittliche Abweichung dar, d. h. der arithmetische Mittelwert aus den Absolutfehlern der Einzelbeobachtungen (Abweichung vom Mittelwert der Beobachtungsergebnisse).

Beispiel: Zwei Beobachter haben die gleiche Länge gemessen und das gleiche arithmetische Mittel erhalten (vgl. Abs. B, 3, a), Beisp. 1). Für die scheinbaren Fehler folgt dann:

	Beobachter I		Beobachter II	
	Messung	abs. Fehler	Messung	abs. Fehler
	30,10	0,15	30,23	0,02
	30,30	0,05	30,25	0,00
	30,20	0,05	30,28	0,03
	30,40	0,15	30,24	0,01
Mittelwert	30,25	± 0,10 m	30,25	± 0,02 m

Hiernach ist die Messung des zweiten Beobachters (scheinbarer Fehler ± 2 cm) genauer als die des ersten (scheinbarer Fehler ± 10 cm). Die scheinbaren Fehler sind + und − zu rechnen.

c) Gewichte der einzelnen Messungen. Vgl. Abs. B, 3, a, Beispiel 2.

d) Ausrechnung, letzte Ziffer. Bei der Ausrechnung ist das Ergebnis mit so viel Ziffern anzugeben, daß die letzte keinen großen Anspruch auf Genauigkeit hat, die vorletzte aber noch sicher verbürgt ist. Die Unsicherheit der letzten Ziffer wird mit ± angefügt[1].

Beispiele: 1. Es ist $\frac{10{,}255 \pm 0{,}005}{3} = 3{,}418 \pm 0{,}002$, nicht etwa $3{,}4183 \pm 0{,}0017$.

2. Die 0 ist als technische Zahl ebenso zu behandeln wie jede andere Ziffer, also z. B. $10{,}200 \pm 0{,}005$, nicht $10{,}2 \pm 0{,}005$. Das Hinschreiben der 0 zeigt, daß diese Ziffer gemessen ist:

10,000 m	gemessen bis auf	mm	genau
10,00 m	„	„ „	cm	„
$87 \cdot 10^3$ m	„	„ „	km	„
87000 m	„	„ „	m	„

3. Es ist ein häufig vorkommender Fehler, daß aus technischen Messungen Zahlenwerte errechnet werden, die in keiner Weise verantwortet werden können. Es ist z. B. $8{,}4 \cdot 5{,}2 \cdot 7{,}6 = 330$ (oder auch 332); nicht etwa 331,968. Die 6 Ziffern wären nur dann richtig, wenn auch die Einzelmessungen mit 6 Ziffern gemessen wären: 8,40000 usw. und nicht nur 8,4.

---

[1] Vgl. Runden von Zahlen, Regeln, Kennzeichnung. DIN 1333 (Entwurf Jan. 1965).

Im allgemeinen ist [vgl. Abs. f)] der gesuchte Wert nicht unmittelbar, sondern als Funktion *verschiedener* einzeln gemessener Größen bestimmbar. Der Gesamtfehler ist dann nicht von der Größe der Einzelfehler, sondern auch von der Art der Funktion abhängig. Da die Vorzeichen der Einzelfehler niemals bekannt sind, so ist der mögliche Fehler des Ergebnisses auch bei Differenzen *stets* durch Addition der Teilfehler zu bestimmen. Da es sich um *kleine* Fehler handelt, können die Näherungsformeln für das Rechnen mit kleinen Größen (S. 61) berücksichtigt werden.

Merkregeln. Bei Addition oder Subtraktion fehlerhafter Größen addieren sich ihre *absoluten* Fehler, bei Multiplizieren und Dividieren ihre *prozentualen* Fehler. Beim Potenzieren und Radizieren wird der prozentuale Fehler mit dem ganzen (bzw. gebrochenen) Exponenten multipliziert:

$$(1 \pm \delta)^n \approx 1 \pm n\delta; \qquad \sqrt[m]{1 \pm \delta} \approx 1 \pm \delta/m.$$

Beispiele: 1. $(89{,}7 \pm 0{,}3) + (85{,}3 \pm 0{,}2) = 175{,}0 \pm 0{,}5.$

2. $(89{,}7 \pm 0{,}3) - (85{,}3 \pm 0{,}2) = 4{,}4 \pm 0{,}5.$

Bei der Bestimmung einer kleinen Größe als Differenz zweier großer Zahlen ist größte Vorsicht notwendig (im vorstehenden Beispiel 11% Fehler gegenüber 0,3% bei der Summe und den Einzelmessungen).

3. Bestimmung des spezifischen Gewichtes ≋ der Dichte ≋ durch Wägen des Körpers in Luft und Wasser (γ_W bzw. ≋ ϱ_W ≋)

$$\gamma = \frac{G_L \cdot \gamma_W}{G_L - G_W}\ \text{kp/dm}^3 \quad ≋ \quad \varrho = \frac{m_L \cdot \varrho_W}{m_L - m_W}\ \text{kg/dm}^3 \quad ≋$$

Zahlenrechnung (gilt, da $\gamma_W = 1$ kp/dm³ und ≋ $\varrho_W = 1$ kg/dm³ ≋, für beide Systeme):

$$\frac{185{,}50 \pm 0{,}05}{(185{,}50 \pm 0{,}05) - (161{,}60 \pm 0{,}05)} = \frac{185{,}50 \pm 0{,}05}{23{,}9 \pm 0{,}1} = 7{,}76 \pm 0{,}04$$

Auswertung des Fehlers im Kopf: (*eine* Ziffer genügt)

Fehler des Nenners 1 auf 239 ≈ knapp 0,5%
Fehler des Zählers 5 auf 18550 ≈ 0,03%

Fehler des Bruches = *Summe* der prozentualen Fehler

0,5% + 0,03% ≈ 0,5% von 8 [7,76] ≈ 0,04.

4. $(3{,}37 \pm 0{,}04)^2 \cdot \sqrt[3]{9{,}66 \pm 0{,}06} = 11{,}4 \cdot 2{,}13 = 24{,}3 \pm 0{,}6,$

4 auf 337 ≈ 1,2%	Fehler des Resultates $(2 \cdot 1{,}2 + {}^1/_3 \cdot 0{,}6)\% = 2{,}6\%$
6 auf 966 ≈ 0,6%	2,6% von 24,3 ≈ 0,6.

Die Fehlerrechnung dient nicht nur zur Schätzung der Genauigkeit eines Ergebnisses, sondern sie zeigt vor allem auch, auf welchen Teil der Messung die größte Sorgfalt zu verwenden ist, welche Versuchsanordnung den geringsten Einfluß der Beobachtungsfehler auf das Ergebnis bewirkt und wie weit Abkürzungen beim zahlenmäßigen Rechnen gestattet sind.

e) *Allgemein* ist der **Gesamtfehler** Δu eines Ergebnisses $u = f(x, y, z, \ldots)$, das sich durch verschiedene Einzelmessungen $x, y, z, \ldots$ mit den Fehlern $\Delta x, \Delta y, \Delta z, \ldots$ ergibt, mit Hilfe der partiellen Ableitungen $f_x = \partial f/\partial x$, $f_y = \partial f/\partial y$, $f_z = \partial f/\partial z$, ... (S. 79) bestimmbar gemäß

$$\Delta u = \Delta x f_x + \Delta y f_y + \Delta z f_z + \cdots.$$

Beispiel: Bestimmung der Fallbeschleunigung g durch Messen der Länge l und der Schwingungsdauer t eines Pendels:

$$g = f(l, t) = 4\pi^2 l/t^2,$$

$$\Delta g = \Delta l \cdot \partial f/\partial l + \Delta t \cdot \partial f/\partial t$$
$$= 4\pi^2/t^2 \cdot \Delta l + {}^*4\pi^2 \cdot l/t^3 \cdot 2 \cdot \Delta t,$$
$$\Delta g/g = \Delta l/l + 2 \cdot \Delta t/t.$$

Einfacher logarithmisch:

$$\lg g = \lg 4 + \lg(\pi^2) + \lg l - 2 \cdot \lg t,$$
$$\Delta g/g = \Delta l/l + {}^*2 \cdot \Delta t/t.$$

Die Zeitbestimmung erfordert die größte Sorgfalt. Der prozentuale Fehler der Zeitmessung verdoppelt sich im Resultat. An den angemerkten Stellen (*) ist zu beachten, daß Fehler stets zu *addieren* sind.

f) Bei **Darstellung** eines Vorgangs, der von einer veränderlichen Größe abhängig ist, also **einer Funktion,** z. B. der Bestimmung der Hysteresiskurve von Dynamoblechen (Bild 174), kann von der Bildung eines arithmetischen Mittelwertes keine Rede sein.

α) Das Auftragen der Punkte im Koordinatensystem — hier B in Funktion von H — liefert ein Bild des Vorgangs. Die Kurve hat man, um eine Verzerrung durch die Beobachtungsfehler zu vermeiden, so zwischen die Meßpunkte zu legen, daß die Summe der Abweichungen möglichst klein wird und daß eine regelmäßige Kurve entsteht. Diese *graphische Ausgleichung* ist besonders einfach bei bekanntem Kurvencharakter. Sonst kann auch als erste Annäherung eine ausgleichende Gerade genommen werden, vgl. Abs. C, 1.

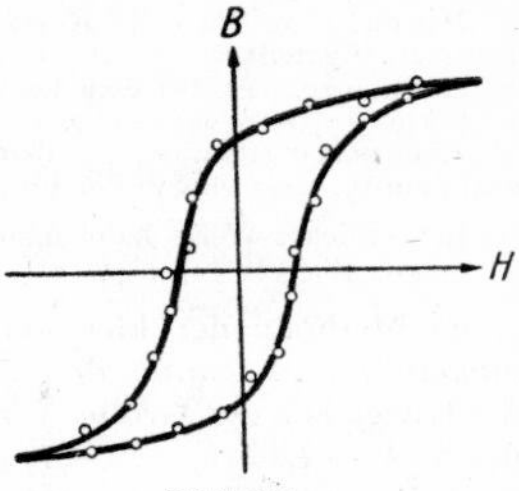

Bild 174

β) Zur klaren Veranschaulichung der Ergebnisse ist eine zweckmäßige *Wahl des Maßstabes* wertvoll, vgl. Bild 175 und 176 für die Abhängigkeit der Umlaufzahl eines Motors vom Drehmoment.

γ) Deutet der Verlauf der graphischen Darstellung auf starke Krümmung, *Maxima* oder *Minima*, so ist beim Ausgleichen besondere *Vorsicht* notwendig; nach Möglichkeit sind solche Punkte durch unmittelbare Messungen sorgfältig zu bestimmen.

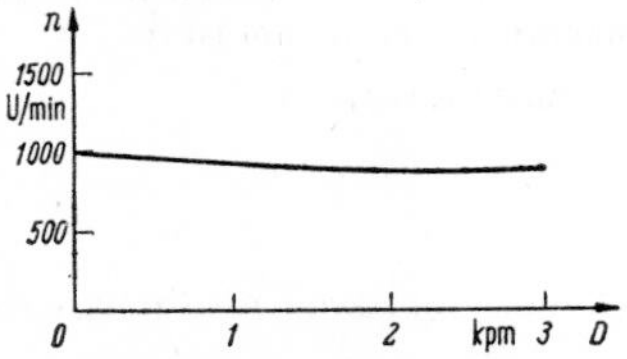

Bild 175. Maßstab unzweckmäßig

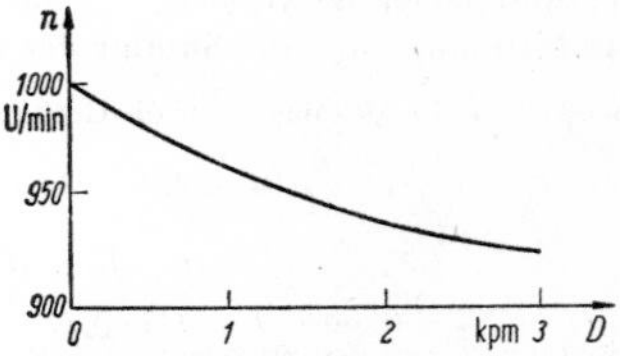

Bild 176. Maßstab günstiger

Beispiel: Die Amplituden oder Schwingungsweiten einer durch einen Wechselstrommagneten erregten Feder (*Frahm*scher Frequenzmesser) zeigen bei verschiedenen Polwechseln (Erregerfrequenzen) die Ergebnisse von Bild 177: Die Resonanz ist bei 100 Polwechseln so stark ausgeprägt, daß die größte Schwingungsweite nur durch unmittelbares Messen ermittelt werden kann.

δ) Über den durch Beobachtung festgestellten Meßbereich hinaus lassen sich Kurven auf Grund der ausgeführten Messungen *niemals fortsetzen*. Das ist nur zulässig, wenn der Charakter der Kurve auch außerhalb des Beobachtungsgebietes auf Grund theoretischer Erwägungen vollkommen klar ist. Selbst wenn die beobachteten Punkte sämtlich in einer Geraden liegen, ist eine Fortsetzung dieser Geraden über den Meßbereich hinaus nicht zulässig. Andernfalls sind Trugschlüsse möglich.

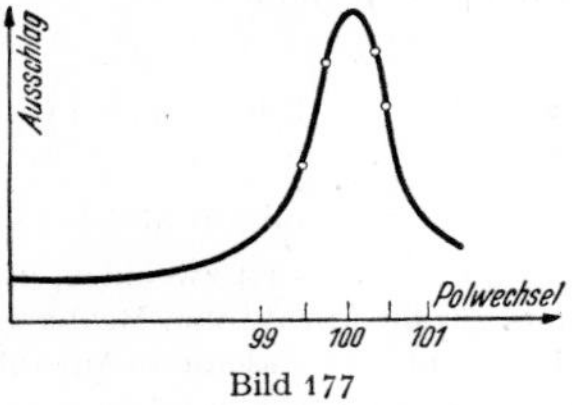

Bild 177

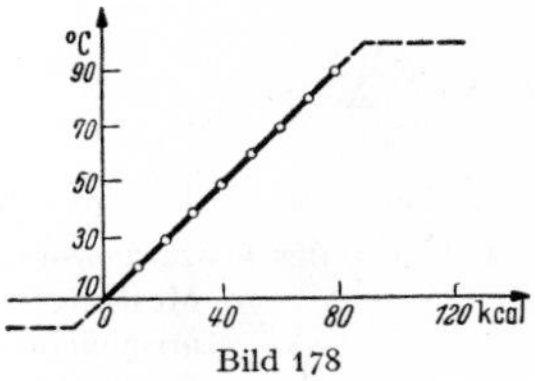

Bild 178

Beispiel: 1 kg Wasser von 10°C werde Wärme zugeführt und die Temperatur als Funktion der zugeführten Wärmemenge gemessen. Die Messung werde bis zu 90°C fortgesetzt. Die in Bild 178 graphisch dargestellten Beobachtungen ergeben eine Gerade. Wollte man aber diese Gerade über den Meßbereich hinaus beliebig verlängern, so käme man zu völlig unrichtigen Ergebnissen. Durch Messung würde sich die gestrichelte Kurve ergeben.

ε) Zur besseren Übersicht wird man häufig die Ergebnisse auf *Funktionspapieren* darstellen (vgl. Nomographie S. 182, ferner Potenzkurven S. 141) (vgl. S. 181, Lit. 2). Und zwar wird man solche Papiere wählen, auf denen die Funktion durch eine Gerade (bzw. angenäherte Gerade) dargestellt wird. Damit ist bei bekanntem Gesetz ein einfacher Überblick möglich und bei unbekanntem Gesetz dieses leicht zu finden.

Beispiele: 1. Wird die Kurve $s = gt^2/2$ in ein Achsenkreuz gezeichnet, dessen eine Achse quadratisch geteilt ist, $z = t^2$, so wird $s = gz/2$ eine Gerade.
2. Potenzpapier, bei dem beide Achsen logarithmisch geteilt sind, wird man für Gesetze von der Form $y = cx^n$ verwenden.
3. Exponentialpapier, bei dem die x-Achse logarithmisch und die y-Achse linear geteilt ist, wird man für Gesetze von der Form $y = ce^{kx}$ oder $y = ca^x$ benutzen.

In ähnlicher Weise kann man sinus- und tangens-Papier verwenden, ebenso Wahrscheinlichkeitspapier (S. 166).

g) Methode der kleinsten Quadrate. Ist eine Größe X durch mehrere Messungen $l_1, l_2, \ldots$ unter den gleichen Bedingungen bestimmt worden und ist L ein Wert, welcher der Größe X möglichst nahe kommt, so sind die *scheinbaren* Fehler gleich $L - l_1 = v_1$, $L - l_2 = v_2$, ... Nach *Gauß* muß für den *wahrscheinlichsten* Wert L der Größe X die *Summe der Quadrate der* scheinbaren *Fehler ein Minimum* sein. Dies gilt um so mehr, je größer die Zahl der Messungen ist.

Auch wenn die gesuchte Größe X nicht unmittelbar durch Versuche gegeben ist und von einem Meßergebnis L_1 oder mehreren $L_1, L_2, \ldots$ abhängt (funktionale Beziehung), so ist der Wert L, welcher der gesuchten Größe X am nächsten kommt, so zu bestimmen, daß die **Summe der Fehlerquadrate ein Minimum** ist.

Beispiel: Bei n Messungen für die Größe X lautet die Minimumbedingung

$$\frac{\mathrm{d}}{\mathrm{d}L}[(L - l_1)^2 + (L - l_2)^2 + \cdots + (L - l_n)^2] = 0$$

oder
$$2[(L - l_1) + (L - l_2) + (L - l_3) + \cdots + (L - l_n)] = 0,$$

d. h. $nL - \sum l = 0$ oder $L = 1/n \cdot \sum l$, mit anderen Worten: der *arithmetische Mittelwert* (vgl. Abs. B, 3, a) *ist* auch *der wahrscheinlichste Wert.*

h) Es bedeuten wieder X den wahren Wert der gemessenen Größe, L den arithmetischen Mittelwert aus den n Messungen $l_1, l_2, \ldots, l_n$ und $v_1 = L - l_1$, $v_2 = L - l_2, \ldots$ die scheinbaren Fehler. Ferner seien die wahren Fehler, d. h. Abweichungen vom wahren Wert mit $\varepsilon_1, \varepsilon_2, \ldots, \varepsilon_n$ bezeichnet, und es sei die Abkürzung $v_1^2 + v_2^2 + \cdots + v_n^2 = [vv]$ und $\varepsilon_1^2 + \varepsilon_2^2 + \cdots + \varepsilon_n^2 = [\varepsilon\varepsilon]$ eingeführt. Dann ist nach *Gauß* der **mittlere Fehler der einzelnen Beobachtung**

$$\varepsilon = \frac{[\varepsilon\varepsilon]}{n} = \sqrt{\frac{[vv]}{n-1}} \left(\approx \sqrt{\frac{[vv]}{n}}, \quad \text{falls} \quad n \gg 1\right).$$

i) Der **mittlere Fehler des Mittelwertes** ist dann nach *Gauß*

$$E = \frac{1}{n} \sum_{i=1}^{i=n} \varepsilon_i = \frac{\varepsilon}{\sqrt{n}} = \sqrt{\frac{[vv]}{n[n-1)}} \left(\approx \frac{1}{n}\sqrt{[vv]}, \quad \text{falls} \quad n \gg 1\right).$$

Der mittlere Fehler des Mittelwertes aus n Beobachtungen nimmt also bei gleichem mittleren Fehler ε der Einzelmessung ab wie $1/\sqrt{n}$, d. h. es ist zwecklos, ungenaue Messungen durch eine große Anzahl von Beobachtungen ausgleichen zu wollen. Für eine kleinere Anzahl n von Beobachtungen nimmt er mit wachsendem n schneller, für eine größere Anzahl n von Beobachtungen nur langsamer ab, Bild 179.

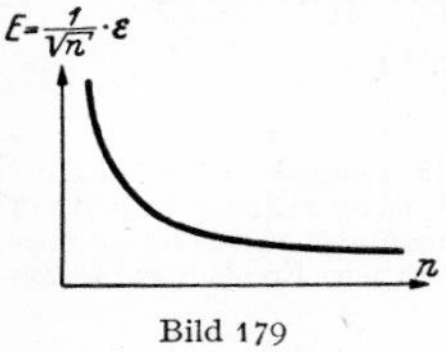

Bild 179

Sind einzelne Messungen ihrem „Gewicht“ (S. 162) entsprechend zu berücksichtigen, so ergeben sich ähnliche Beziehungen.

k) Der **wahrscheinliche Fehler** ϱ ist folgendermaßen definiert: Der Absolutbetrag des wirklichen Fehlers ist mit der gleichen Wahrscheinlichkeit $(P = 0{,}5)$ größer oder kleiner als ϱ. Unter Verwendung des *Gauß*schen

Fehlerverteilungsgesetzes (vgl. Abs. B, 4, a) ist der wahrscheinliche Fehler das 0,674fache ($\approx {}^2/_3$fache) des mittleren Fehlers. Es muß $P(x) - P(0) = 1/2 \cdot 0{,}5$ und damit $P(x) = \Phi(x) = 0{,}75$ sein; danach liefert die Tab. S. 165, Sp. 5, den Wert $x = 0{,}674$.

Beispiel: Die Bestimmung von $\varkappa = c_p/c_v$; nach der Methode von *Clement* und *Desormes* ergab folgende Werte:

$$\varkappa = h_1/(h_1 - h_2).$$

Gemessen			Gerechnet			
Versuch	h_1	h_2	$h_1 - h_2$	$h_1/(h_1 - h_2)$	v	v^2
1	12	4	8	1,50	0,09	0,0081
2	20	6	14	1,43	0,02	0,0004
3	12	$3{,}_5$	$8{,}_5$	1,41	0,00	0,0000
4	18	5	13	$1{,}38_5$	$0{,}02_5$	0,0006
5	28	7	21	1,33	0,08	0,0064
6	$13{,}_5$	$4{,}_5$	9	1,50	0,09	0,0081
7	16	5	11	$1{,}45_5$	$0{,}04_5$	0,0020
8	18	$4{,}_5$	$13{,}_5$	1,33	0,08	0,0064
9	20	$5{,}_5$	$14{,}_5$	1,38	0,03	0,0009
10	12	$3{,}_5$	$8{,}_5$	1,41	0,00	0,0000
			Mittel	1,41		$[vv] = 0{,}0329$

$\varkappa = \mathbf{1{,}41 \pm 0{,}02}$.

Mittlerer Fehler der Einzelmessungen $\Big\}\quad \varepsilon = \sqrt{\dfrac{0{,}0329}{9}} = 0{,}06_0$.

Wahrscheinlicher Fehler $= {}^2/_3 \cdot 0{,}06_0 = 0{,}04$

Mittlerer Fehler des Mittelwertes $\Big\}\quad E = \dfrac{\varepsilon}{\sqrt{10}} = \sqrt{\dfrac{0{,}0329}{9 \cdot 10}} = 0{,}019 \approx 0{,}02$.

Wahrscheinlicher Fehler $= {}^2/_3 \cdot 0{,}019 = 0{,}01_3$.

Wenn der wahrscheinliche Fehler der Einzelmessungen $\pm 0{,}04$ ist, so heißt das: Es ist mit gleicher Wahrscheinlichkeit anzunehmen, daß die Einzelfehler größer bzw. kleiner als 0,04 sind. Tatsächlich sind bei vorstehenden 10 Messungen 5 Fehler größer (Messung Nr. 1, 5, 6, 7 und 8) und 5 kleiner als 0,04.

l) Folgt ein Ergebnis $u = \mathrm{f}(x, y, z, \ldots)$ aus **mehreren Einzelmessungen** $x, y, z, \ldots$ (vgl. S. 172) und sind $\varepsilon_x, \varepsilon_y, \ldots$ die mittleren Fehler der einzelnen Messungen, so ist der mittlere Fehler ε_u der gesuchten Größe u gegeben durch

$$\varepsilon_u = \sqrt{(\varepsilon_x \cdot \partial u/\partial x)^2 + (\varepsilon_y \cdot \partial u/\partial y)^2 + \cdots}.$$

m) Mehrere Unbekannte. Häufig können nur Werte gemessen werden, die eine *Beziehung* zwischen *mehreren* Unbekannten ergeben. Hat man z. B. eine Funktion mit drei Größen, so können diese aus drei Gleichungen berechnet, also auch aus drei Messungen bestimmt werden. Führt man weitere Messungen durch, so ist die Zahl der Gleichungen größer als die Zahl der Unbekannten, die Aufgabe erscheint zunächst nicht lösbar. Um jedoch diese Unbekannten möglichst genau zu erhalten, werden diese so bestimmt, daß nach Abs. g) die Summe der Quadrate der Abweichungen ein Minimum ist.

Dies bedeutet, daß die partiellen Ableitungen der Fehlerquadrate (der Quadrate der Abweichungen) nach den einzelnen Unbekannten gleich Null zu setzen sind.

Für eine lineare Beziehung vgl. Abs. C, 1 und Beispiel in Abs. C, 1, b.

n) Die Methode der kleinsten Quadrate kann auch benutzt werden zur **Aufstellung empirischer Formeln** auf Grund einer Reihe von Beobachtungen.

Geht man von verschiedenen Gesetzen aus und bestimmt für ein und dieselbe Beobachtungsreihe zu jedem dieser Gesetze nach der Methode der kleinsten Quadrate die Unbekannten, so ist das Gesetz am wahrscheinlichsten, bei dem die Summe der Fehlerquadrate am kleinsten ist.

Anwendung der Methode der kleinsten Quadrate bei der harmonischen Analyse vgl. S. 177.

VIII. Fouriersche Reihen

(Harmonische Analyse periodischer Funktionen)

Literatur: Zipperer, L: Tafeln zur harmonischen Analyse und Synthese periodischer Funktionen. 2. Aufl. Würzburg: Physica-Verlag 1962.

a) Jede in dem Intervall $0 \leqq x \leqq 2\pi$ stückweise stetige Funktion $f(x)$, d. h. jede praktisch in der Technik vorkommende periodische Funktion läßt sich in die **Fouriersche Reihe** (mit k als Ordnungszahl)

$$\left.\begin{aligned} f(x) &= a_0 + \sum_{k=1}^{k=\infty} a_k \cos kx + \sum_{k=1}^{k=\infty} b_k \sin kx \\ &= a_0 + a_1 \cos x + a_2 \cos 2x + \cdots + b_1 \sin x + b_2 \sin 2x + \cdots \end{aligned}\right\} \quad (1)$$

entwickeln. Die Funktion ist also dargestellt durch eine Summe von einzelnen „Schwingungen", die für $k = 1$ Grundschwingung oder 1. Harmonische und für $k = 2, 3, \ldots$ Oberschwingungen oder höhere Harmonische heißen.

Die Entwicklung in diese Reihe kann bis zu jeder gewünschten bzw. vertretbaren Genauigkeit durchgeführt werden.

b) Die **harmonische Analyse** ist die Bestimmung der Beiwerte oder *Fourier*koeffizienten $a_0, a_1, a_2, \ldots, b_1, b_2, \ldots$ Anwendungen bei *periodischen* Funktionen; vgl. z. B. Bd. II, Abschn. Massenausgleich, Schwungräder, Schwingungen und Drehzahlregler; Unterabschn. Kritische Drehzahlen.

Die *Synthese* ist die Addition der einzelnen Schwingungen zu einer Resultierenden.

Sonderfälle: Bei einer *geraden* Funktion $[f(-x) = f(x)]$ sind sämtliche Koeffizienten $b_k = 0$; man erhält eine reine cosinus-Reihe.

Bei einer *ungeraden* Funktion $[f(x) = -f(-x)]$ sind $a_0 = 0$ und sämtliche Werte $a_k = 0$ $(k = 1, 2, \ldots)$; man erhält eine reine sinus-Reihe.

Ist $f(x + \pi) = -f(x)$, so treten nur die Koeffizienten mit ungeradem Index auf, und es ist $a_0 = 0$.

c) Durch Zusammenfassen der Glieder mit gleichem Index läßt sich die *Fourier*reihe auch schreiben

$$f(x) = a_0 + \sum_{k=1}^{k=\infty} c_k \sin(kx + \varphi_k), \quad (2)$$

worin $c_k = \sqrt{a_k^2 + b_k^2}$ und $\tan \varphi_k = a_k/b_k$ ist. φ_k heißt **Phasenverschiebung** (Quadrant vgl. Beispiel, Bild 181, S. 180).

Es muß für jedes x die Beziehung

$$c_k \sin(kx + \varphi_k) = c_k \cos kx \sin \varphi_k + c_k \sin kx \cos \varphi_k = a_k \cos kx + b_k \sin kx$$

erfüllt sein; d. h. es ist $a_k = c_k \sin \varphi_k$, $b_k = c_k \cos \varphi_k$, also $a_k^2 + b_k^2 = c_k^2 (\sin^2 \varphi_k + \cos^2 \varphi_k) = c_k^2$ und $a_k/b_k = \tan \varphi_k$.

d) Zur **Berechnung der Fourierkoeffizienten** gelten die Formeln

$$a_0 = \frac{1}{2\pi} \int_0^{2\pi} f(x)\, dx \quad \text{(mittlere Höhe des Kurvenzuges, S. 85)}, \quad (3)$$

$$a_k = \frac{1}{\pi} \int_0^{2\pi} f(x) \cos kx\, dx, \quad (4) \qquad b_k = \frac{1}{\pi} \int_0^{2\pi} f(x) \sin kx\, dx. \quad (5)$$

Beweis: Integriert man Gl. (1) in den Grenzen 0 bis 2π, so folgt Gl. (3); multipliziert man Gl. (1) mit $\cos kx$ bzw. $\sin kx$ und integriert in den Grenzen 0 bis 2π, so folgt

$$\int_0^{2\pi} f(x) \cos kx \, dx = a_k \pi \quad \text{und} \quad \int_0^{2\pi} f(x) \sin kx \, dx = b_k \pi;$$

denn es ist (vgl. S. 91)

$$\int_0^{2\pi} \cos mx \cos nx \, dx = \begin{matrix} 0 & \text{für} & m \neq n \\ \pi & \text{für} & m = n \neq 0 \end{matrix}$$

$$\int_0^{2\pi} \sin mx \sin nx \, dx = \begin{matrix} 0 & \text{für} & m \neq n & \text{und} & m = n = 0, \\ \pi & \text{für} & m = n \neq 0, \end{matrix} \qquad \int_0^{2\pi} \cos mx \sin nx \, dx = 0.$$

Hat die Kurve eine *Unstetigkeitsstelle* (Sprung), d. h. ist

$$\lim_{\varepsilon \to 0} f(x_0 - \varepsilon) = g_1 \quad \text{und} \quad \lim_{\varepsilon \to 0} f(x_0 + \varepsilon) = g_2,$$

so liefert die *Fourier*sche Reihe als Funktionswert für $x = x_0$ den arithmetischen Mittelwert $^1/_2 (g_1 + g_2)$.

Die Koeffizienten lassen sich bei bekanntem, formelmäßig gegebenen Gesetz der Funktion $y = f(x)$ nach den Formeln (3) bis (5) ausrechnen. Der Weg empfiehlt sich aber nur dann, wenn die Integrale in einfacher Weise zu lösen sind. Andernfalls, insbesondere bei graphisch gegebenem Gesetz, bestimmt man die Koeffizienten instrumentell oder durch Näherungsmethoden rechnerisch.

e) Zur **instrumentellen Auswertung** dienen harmonische Analysatoren[1] (*Mader-Ott, Henrici-Coradi, Harvey-Amsler* u. a.), bei denen (wie bei den Funktionsplanimetern, S. 199) nach Umfahren der zu analysierenden Kurve mit einem Fahrstift an einer Meßrolle der gesuchte Koeffizient oder eine ihm proportionale Zahl abgelesen werden kann.

f) Zur angenäherten rechnerischen Auswertung, z. B. auch mit dem Digitalrechner, teilt man das Intervall 0 bis 2π in $2m$ gleiche Teile und ersetzt die Integrale durch Summen unter Anwendung der Trapezregel (S. 197) mit der Streifenbreite $2\pi/2m = \pi/m$. Zum gleichen Ergebnis kommt man mit dem Satz vom Minimum der Fehlerquadrate (vgl. unten).

Sind dann die einzelnen Ordinaten $f(x_q) = y_q$, $(q = 0, 1, 2, \ldots, 2m-1)$, gegeben, so wird

$$a_0 = \frac{1}{2m} \sum_{q=0}^{q=2m-1} y_q \quad \text{und mit} \quad k\frac{2\pi q}{2m} = \frac{kq\pi}{m}, \quad \text{da} \quad x_q = q\frac{\pi}{m},$$

$$a_k = \frac{1}{m} \sum_{q=0}^{q=2m-1} y_q \cos \frac{kq\pi}{m}, \qquad b_k = \frac{1}{m} \sum_{q=0}^{q=2m-1} y_q \sin \frac{kq\pi}{m}.$$

Wenn m durch Zwei teilbar ist und wenn die Resultierende durch die gegebenen Punkte hindurchgehen soll, so kommen in der Formel für a_k nur die Werte $k = 1$ bis $k = m$ und in der für b_k nur die Werte $k = 1$ bis $k = m - 1$ in Frage.

Sind $f(x)$ die gemessenen Werte und $f_r(x)$ die nach der Analyse berechneten, so muß nach dem Satz vom Minimum der Fehlerquadrate $\sum [f_r(x) - f(x)]^2$ ein Minimum werden, d. h. es muß sein:

$$\frac{\partial}{\partial a_k} \sum [f_r(x) - f(x)]^2 = 0 \quad \text{und} \quad \frac{\partial}{\partial b_k} \sum [f_r(x) - f(x)]^2 = 0,$$

woraus ebenfalls die vorstehenden Formeln folgen.

Ist m eine gerade Zahl und sind (vgl. oben) für k die Werte $k = 1$ bis $k = m$ bzw. $k = m - 1$ gesetzt, so wird die Summe der Fehlerquadrate Null.

---

[1] *Meyer zur Capellen, W.:* Mathematische Instrumente. 3. Aufl. Leipzig: Akadem. Verlagsges. 1949. — Ders.: Instrumentelle Mathematik für den Ingenieur. Essen: Girardet 1952. — Ders. u. *E. Lenk:* Tafeln zur harmonischen Analyse der Bewegungen viergliedriger Gelenkgetriebe. Forschungsberichte des Landes Nordrhein-Westfalen Nr. 1302. Köln u. Opladen: Westdeutscher Verlag 1964. — *Lenk, E.:* Analyse niederfrequenter Schwingungen. Arch. techn. Messen V 3620-8 (Aug. 1962).

g) Die **praktische Ausrechnung** der Summen geschieht am besten nach einem Schema wie folgt:

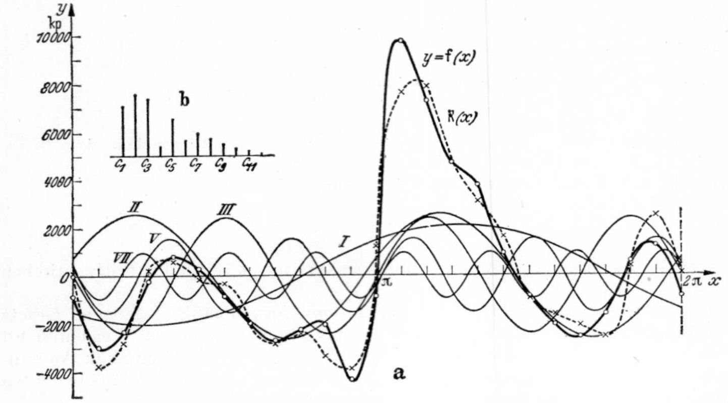

Bild 180. Harmonische Analyse eines Tangentialkraftdiagramms

Ist z. B. $2m = 24$, so wird $\pi/m = 15°$; es sind die Ordinaten y_q mit $\cos(kq \cdot 15°)$ bzw. $\sin(kq \cdot 15°)$ zu multiplizieren und die Produkte dann in der angegebenen Weise zu addieren. Diese Aufgabe kann durch das nachfolgende **Schema** für $2m = 24$ vereinfacht werden. Da der sin durch den cos und die trigonometrischen Funktionen der Winkel in den höheren Quadranten durch die Funktionen der spitzen Winkel ausgedrückt werden können, bleiben als Zahlenfaktoren neben 0 und 1 noch übrig (abgesehen vom Vorzeichen) die cos von 15°, 30°, 45°, 60°, 75°. Schließlich können $\cos 15° = \cos(45° - 30°)$ und $\cos 75° = \cos(45° + 30°)$ durch die trigonometrischen Funktionen von 45° und 30° ausgedrückt werden. Damit bleiben als einzige Zahlenfaktoren (außer der Null und abgesehen vom Vorzeichen) noch übrig $\cos 0° = 1$, $\cos 30° = 0{,}866$, $\cos 45° = 0{,}707$ und $\cos 60° = {}^1/_2$; die Anzahl der Multiplikationen ist damit auf ein Minimum herabgedrückt. Multipliziert werden dann nur noch gewisse Summen und Differenzen, die durch die nachfolgende **Faltung** bestimmt werden.

Dem Schema liegt als **Zahlenbeispiel** ein Tangentialkraftdiagramm[1], $y = f(x)$, Bild 180a zugrunde, dessen Grundperiode auf 2π zurückgeführt ist und für das also a_0, a_1 bis a_{12} und b_1 bis b_{11} zu bestimmen sind.

α) *Faltung:*

y_0 bis y_{12}	$y_0 = -885$	$y_1 = -3000$	$y_2 = -2380$	$y_3 = -214$	$y_4 = +780$
y_{23} bis y_{13}		$y_{23} = +1230$	$y_{22} = +600$	$y_{21} = -1575$	$y_{20} = -2570$
Summen v_0 bis v_{12}	$v_0 = -885$	$v_1 = -1770$	$v_2 = -1780$	$v_3 = -1789$	$v_4 = -1790$
Differenzen w_1 bis w_{11}		$w_1 = -4230$	$w_2 = -2980$	$w_3 = +1361$	$w_4 = +3350$

*)

*) Forts.

$y_5 = +270$	$y_6 = -885$	$y_7 = -2040$	$y_8 = -2730$	$y_9 = -2290$
$y_{19} = -2035$	$y_{18} = -885$	$y_{17} = +910$	$y_{16} = +3740$	$y_{15} = +4660$
$v_5 = -1765$	$v_6 = -1770$	$v_7 = -1130$	$v_8 = +1010$	$v_9 = +2370$
$w_5 = +2305$	$w_6 = 0$	$w_7 = -2950$	$w_8 = -6470$	$w_9 = -6950$

**)

**) Forts.

$y_{10} = -2060$	$y_{11} = -4390$	$y_{12} = -885$
$y_{14} = +7230$	$y_{13} = +9650$	
$v_{10} = +5170$	$v_{11} = +5260$	$v_{12} = -885$
$w_{10} = -9290$	$w_{11} = -14040$	

[1] Aus *Dubbel, H.:* Öl- und Gasmaschinen. Berlin: Springer 1926.

v_0 bis v_6 v_{12} bis v_7	-885 -885	-1770 $+5260$	-1780 $+5170$	-1789 $+2370$	-1790 $+1010$	-1765 -1130	-1770
Summen p_0 bis p_6 Differenzen q_0 bis q_5	$p_0 = -1770$ $q_0 = 0$	$p_1 = +3490$ $q_1 = -7030$	$p_2 = +3390$ $q_2 = -6950$	$p_3 = +581$ $q_3 = -4159$	$p_4 = -780$ $q_4 = -2800$	$p_5 = -2895$ $q_5 = -635$	$p_6 = -1770$

w_1 bis w_6 w_{11} bis w_7	-4230 -14040	-2980 -9290	$+1361$ -6950	$+3350$ -6470	$+2305$ -2950	0
Summen r_1 bis r_6 Differenzen s_1 bis s_5	$r_1 = -18270$ $s_1 = +9810$	$r_2 = -12270$ $s_2 = +6310$	$r_3 = -5589$ $s_3 = +8311$	$r_4 = -3120$ $s_4 = +9820$	$r_5 = -645$ $s_5 = +5255$	$r_6 = 0$

p_0 bis p_3 p_6 bis p_4	-1770 -1770	$+3490$ -2895	$+3390$ -780	$+581$
Summen l_0 bis l_3 Differenzen m_0 bis m_2	$l_0 = -3540$ $m_0 = 0$	$l_1 = +595$ $m_1 = +6385$	$l_2 = +2610$ $m_2 = +4170$	$l_3 = +581$

s_1 bis s_3 s_5, s_4	$+9810$ $+5255$	$+6310$ $+9820$	$+8311$
Summen k_1 bis k_3 Differenzen n_1, n_2	$k_1 = +15065$ $n_1 = +4555$	$k_2 = +16130$ $n_2 = -3510$	$k_3 = +8311$

In dem nunmehr folgenden *Schema* zur endgültigen Berechnung der Koeffizienten sind die eingetragenen Zahlen $l_0, l_1, l_2, \ldots, q_1, q_2$ usw. jeweils mit dem vor der Reihe stehenden Faktor zu multiplizieren, d. h. mit $\cos 60° = 1/2$, $\cos 45° = 0{,}707$, $\cos 30° = 0{,}866$ (zur genaueren Auswertung z. B. mit dem Rechenstab zweckmäßig gleich $1 - 0{,}134$ zu setzen) und mit $\cos 0° = 1$.

β) Schema:

1/2			$-l_2$	l_1	m_2		k_1			
0,866						m_1		k_2	n_1	n_2
1	l_0 l_2	l_1 l_3	l_0	$-l_3$	m_0		k_3			
Summe	I	II	I	II	I	II	I	II	I	II
Summe I + II Differenz I − II	$24\underline{a_0}$ $24\underline{a_{12}}$		$12\underline{a_4}$ $12\underline{a_8}$		$12\underline{a_2}$ $12\underline{a_{10}}$		$12\underline{b_2}$ $12\underline{b_{10}}$		$12\underline{b_4}$ $12\underline{b_8}$	

$$12\underline{a_6} = m_0 - m_2, \qquad 12\underline{b_6} = k_1 - k_3$$

	I	II	I	II
0,707	q_1	q_5	r_1	r_5
Summe I + II Differenz I − II	t_1 t_2		h_1 h_2	

1/2	q_4	t_2			q_4	$-t_2$	$-h_2$	r_2			h_2	r_2
0,707		q_3		$-q_3$		$-q_3$	r_3		r_3		$-r_3$	
0,866	q_2	t_1			$-q_2$	t_1	h_1	r_4			h_1	$-r_4$
1	q_0		q_0 $-q_4$	t_2	q_0			r_6	h_2	r_2 $-r_6$		r_6
Summe	I	II	I	II	I	II	I	II	I	II	I	II
Summe I + II Differenz I − II	$12\underline{a_1}$ $12\underline{a_{11}}$		$12\underline{a_3}$ $12\underline{a_9}$		$12\underline{a_5}$ $12\underline{a_7}$		$12\underline{b_1}$ $12\underline{b_{11}}$		$12\underline{b_3}$ $12\underline{b_9}$		$12\underline{b_5}$ $12\underline{b_7}$	

γ) *Auswertung* für das Zahlenbeispiel:

1/2			−1305	+298	+2085		+ 7533			
0,866						+5529		+13969	+3945	−3040
1	−3540 +2610	+ 595 + 581	−3540	−581	0		+ 8311			
Summe	− 930	+1176	−4845	−283			+15844	+13969		
Summe I + II	$24\underline{a}_0 =$ 246		$12\underline{a}_4 = -5128$		$12\underline{a}_2 = +7614$		$12\underline{b}_2 = +29813$		$12\underline{b}_4 = +\ 905$	
Differenz I − II	$24\underline{a}_{12} = -2106$		$12\underline{a}_8 = -4562$		$12\underline{a}_{10} = -3444$		$12\underline{b}_{10} = +\ 1875$		$12\underline{b}_8 = +6985$	

$$12\underline{a}_6 = 0 - 4170 = -4170, \quad 12\underline{b}_6 = +\,15065 - 8311 = +\,6754.$$

	I	II	I	II
0,707	−4970	−449	−12917	−456
I + II	$t_1 = -5419$		$h_1 = -13373$	
I − II	$t_2 = -4521$		$h_2 = -12461$	

1/2	−1400	−2261			−1400	+2261	+ 6231	−6135			− 6231	−61
0,707		−2940		+2940		+2940	− 3951		− 3951		+ 3951	
0,866	−6019	−4693			+6019	−4693	−11581	−2702			−11581	+27
1	0		0 +2800	−4521	0			0	−12461	−12270 0		0
Summe	−7419	−9894	+2800	−1581	+4619	+ 508	− 9301	−8837	−16412	−12270	−13861	−34
Summe I + II	$12\underline{a}_1 = -17313$		$12\underline{a}_3 = +1219$		$12\underline{a}_5 = +5127$		$12\underline{b}_1 = -18138$		$12\underline{b}_3 = -28682$		$12\underline{b}_5 = -172$	
Differenz I − II	$12\underline{a}_{11} = +\ 2475$		$12\underline{a}_9 = +4381$		$12\underline{a}_7 = +4111$		$12\underline{b}_{11} = -\ 464$		$12\underline{b}_9 = -\ 4142$		$12\underline{b}_7 = -104$	

Hiernach ergeben sich die folgenden Zahlen für die Koeffizienten a_k, b_k, für die Amplituden $c_k = \sqrt{a_k^2 + b_k^2}$ und für die Phasenverschiebungen φ_k aus $\tan \varphi_k = a_k/b_k$. Der Quadrant von φ_k folgt aus Bild 181 oder aus der darüberstehenden Vorzeichentafel.

a_k	b_k	Quadrant
+	+	I
+	−	II
−	−	III
−	+	IV

Bild 181

k	a_k	b_k	c_k	φ_k*
0	10	—	—	—
1	−1443	−1512	|2090	223°
2	+ 635	+2484	|2565	15°
3	+ 102	−2390	|2392	177°
4	− 427	+ 75	434	280°
5	+ 427	−1441	|1503	164°
6	− 348	+ 563	663	328°
7	+ 343	− 869	| 934	159°
8	− 380	+ 582	695	327°
9	+ 365	− 345	502	133°
10	− 287	+ 156	327	299°
11	+ 206	− 39	210	108°
12	− 88	(0)**	(88)**	(270°)**

* Auf volle Grad abgerundet.

** Beim 24-Ordinatenschema wird $b_{12} = 0$, da sämtliche Werte $\sin(kq \cdot 15°) = \sin(q \cdot 180°) = 0$.

Wie auch das „Spektrum", Bild 180b, für die Amplituden der einzelnen Harmonischen zeigt, sind die c_k-Werte mit vorangesetztem senkrechten Strich relativ groß, vielleicht noch c_6, c_8 und c_9.

Berücksichtigt man sämtliche ermittelten Harmonischen, so geht die Resultierende der einzelnen Schwingungen (ihre Konstruktion vgl. Sinuslinien S. 147) wieder durch die gegebenen Punkte hindurch (vgl. f), S. 177). Berücksichtigt man nur die in Bild 180a eingetragenen Harmonischen (c_1, c_2, c_3, c_5, c_7), so erhält man als Annäherung für $f(x)$ die gestrichelt eingetragene Resultierende

$$R(x) = 2090 \cdot \sin(x + 223°) + 2565 \cdot \sin(2x + 15°) + 2392 \sin(3x + 177°) +$$
$$+ 1503 \cdot \sin(5x + 164°) + 934 \cdot \sin(7x + 159°), \qquad x = 0 \text{ bis } 360°.$$

Das angegebene Schema kann auch für 12 Ordinaten verwendet werden, wenn man diese mit $y_0, y_2, y_4, \ldots, y_{12}$ bezeichnet und alle Zahlen $v, s, \ldots$ mit ungeradem Index, die Zahlen h und t und die Beiwerte a_k für $k > 6$, b_k für $k \geqq 6$ gleich Null setzt. Als Schlußsumme erscheinen dann die 12fachen Werte von a_0 bzw. a_6 und die 6fachen der anderen Beiwerte.

Zur *Synthese* kann das vorstehende 24-Ordinatenschema ebenfalls benutzt werden: Statt der Zahlen $v_0, v_1, \ldots, v_{12}$ setzt man die Werte $a_0, a_1, \ldots, a_{12}$, statt der Zahlen $w_1, w_2, \ldots, w_{11}$ die Werte $b_1, b_2, \ldots, b_{11}$ ein. Im Endergebnis des Schemas erscheint dann statt $24a_0$ die Ordinate y_0, statt $24a_{12}$ die Ordinate y_{12}. Bezeichnet man die im obigen Schema mit $12a_1, 12a_2, \ldots$ bezeichneten Summen nunmehr mit $y_1', y_2', \ldots$ und die mit $12b_1, 12b_2, \ldots$ bezeichneten Summen nunmehr mit $y_1'', y_2'', \ldots$, so werden die noch fehlenden Ordinaten

$$y_1 = y_1' + y_1'', \quad y_2 = y_2' + y_2'', \quad y_k = y_k' + y_k'', \quad y_{23} = y_1' - y_1'', \quad y_{22} = y_2' - y_2'',$$
$$y_{24-k} = y_k' - y_k'', \quad k = 1, 2, \ldots, 11.$$

IX. Einführung in die Nomographie

Literatur: 1. *Luckey-Treusch:* Nomographie, 7. Aufl. Mathem.-physik. Bibl., Bd. 59/60. Stuttgart: B. G. Teubner 1954. — 2. *Meyer zur Capellen, W.:* Leitfaden der Nomographie. Berlin: Springer 1953. — 3. *v. Pirani, M.:* Graphische Darstellung in Wissenschaft u. Technik. 3. Aufl. Sammlg. Göschen, Bd. 728. Berlin: W. de Gruyter 1957. — 4. *Zühlke, M.:* Wirtschaftlich Rechnen. 3. Aufl. Braunschweig: Georg Westermann 1952.

Die Nomographie benutzt als Hilfsmittel zur Ausführung numerischer Rechnungen die *Zeichnung*, und zwar:

A. Einzelkurven im rechtwinkligen Koordinatensystem (RKS) (= Diagramme),
B. Kurvenscharen im „ „ (= Netztafeln),
C. Doppel- und Mehrfachskalen im Parallelkoordinatensystem (PKS),
D. Fluchtlinientafeln im Linienkoordinatensystem (LKS).

Einzelkurven und Doppelskalen dienen zur graphischen Darstellung von Funktionen mit nur *zwei* Veränderlichen, während Kurvenscharen (Netztafeln) und Fluchtlinientafeln zur Darstellung von Funktionen mit drei oder gelegentlich auch noch mehr Veränderlichen Verwendung finden.

A. Einzelkurven im rechtwinkligen Koordinatensystem

1. Zusammengesetzte Funktionen und Kurven

Komplizierte funktionale Zusammenhänge stellt man gewöhnlich auf Grund einer tabellarischen Berechnung zusammengehöriger Werte für x und y etwa nach folgendem Schema dar:

Zu zeichnen sei

$$y = 0{,}4 \sin 2(x - \pi/2) \quad \text{für} \quad x \Big|_0^\pi$$

x	$x - \pi/2$	$2(x - \pi/2)$	$\sin 2(x - \pi/2)$	y
0	$-0{,}5\,\pi$	$-\pi$	0	0,0
$0{,}2\,\pi$	$-0{,}3\,\pi$	$-0{,}6\,\pi$	$-0\ 95$	$-0{,}38$
$0{,}4\,\pi$	$-0{,}1\,\pi$	$-0{,}2\,\pi$	$-0{,}588$	$-0{,}235$
$0{,}6\,\pi$	$0{,}1\,\pi$	$0{,}2\,\pi$	0,588	0,235
$0{,}8\,\pi$	$0{,}3\,\pi$	$0{,}6\,\pi$	0,95	0,38
π	$0{,}5\,\pi$	π	0	0,0

Die Rechnung wird durch das vorbereitete Rechenschema von selbst weitergetrieben; man rechnet dabei die Spalten von *oben* nach *unten* durch. Die Zahl der zu berechnenden Punkte richtet sich nach der geforderten Genauigkeit der Zeichnung. Für diese sind dann nur noch die erste (x-) und letzte (y-)Spalte von Interesse, vgl. Bild 182.

Einen Vorteil beim Aufzeichnen zusammengesetzter Kurven bietet gelegentlich die Tatsache, daß die Ordinaten der Kurve zusammengesetzt sein müssen aus den Ordinaten y_1 und y_2 der Einzelkurven, wobei

$$y_1 = f_1(x); \quad y_2 = f_2(x); \quad y = f_1(x) + f_2(x).$$

2. Verschiebung und Drehung der Kurven im Koordinatensystem

Wenn $y = f(x)$ als gezeichnete Kurve gegeben ist, dann stellt die Gleichung

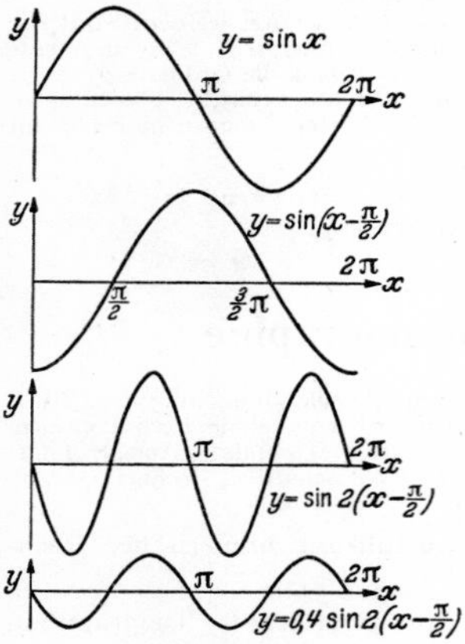

Bild 182

$$y - b = f(x) \text{ oder } y = f(x) + b$$

eine Kurve vom Charakter der gegebenen dar, aber verschoben um b Einheiten in Richtung der $+y$-Achse;

$$y = f(x - a)$$

ist alsdann eine Kurve ebenfalls vom Charakter der gegebenen, aber um a Einheiten in Richtung der $+x$-Achse verschoben;

$$\frac{y}{a} = f(x) \text{ oder } y = a f(x)$$

ist eine Kurve vom Charakter der gegebenen; ihre Ordinaten sind aber bei denselben Abszissen a-mal so groß wie die der gegebenen Kurve;

$$y = f\left(\frac{x}{a}\right)$$

ist eine Kurve vom Charakter der gegebenen, aber mit a-mal vergrößerten Abszissen bei den gleichen Ordinaten wie vorher.

Wenn endlich $y = f(x)$ als gezeichnete Kurve gegeben ist und diese Kurve um den Ursprung des Koordinatensystems um den Winkel φ gedreht wird, so erhält man die Gleichung der gedrehten Kurve, wenn man die ursprünglichen Variablen x und y ersetzt durch

$$x_0 = y \sin\varphi + x \cos\varphi; \qquad y_0 = y \cos\varphi - x \sin\varphi.$$

Die Gleichung der gedrehten Kurve lautet somit

$$y_0 = f(x_0)$$

oder

$$y \cos\varphi - x \sin\varphi = f(y \sin\varphi + x \cos\varphi).$$

In den vorstehenden Betrachtungen sind das Achsenkreuz als feststehend, die Kurven als beweglich angenommen. Man könnte umgekehrt auch die Kurven als feststehend und das Achsenkreuz verschiebbar bzw. drehbar sich vorstellen.

Beispiele: 1. Wie lautet die Gleichung der um $+45°$ gedrehten Hyperbel $x^2 - y^2 = a^2$? (vgl. S. 119.)

Es ist

$$\sin\varphi = \cos\varphi = {}^1/_2\sqrt{2};$$

ferner

$$x_0 = y \cdot {}^1/_2\sqrt{2} + x \cdot {}^1/_2\sqrt{2}; \qquad y_0 = y \cdot {}^1/_2\sqrt{2} - x \cdot {}^1/_2\sqrt{2}.$$

Diese Werte in die gegebene Gleichung für x und y eingesetzt, ergeben nach einfacher Umformung die gesuchte Gleichung:

$$xy = a^2/2 = C \qquad \text{(vgl. S. 133).}$$

2. Bild 182 zeigt die Entwicklung der Kurve $y = 0{,}4 \sin 2(x - \pi/2)$ aus der einfachen Sinuslinie $y = \sin x$.

3. Umformung der Achsenteilungen

Jede Kurve läßt sich im RKS als gerade Linie zeichnen, wenn die Koordinatenachsen nicht mehr „linear“, sondern entsprechend „funktionell“ geteilt werden (vgl. unten). Die Kurve

$$f(y) = a\, f(x) + b \tag{1}$$

wird zur geraden Linie in einem Koordinatensystem, dessen Ordinatenachse funktionell nach $f(y)$ und dessen Abszissenachse funktionell nach $f(x)$ geteilt ist.

Die Achsenteilungen werden entweder analytisch oder graphisch umgeformt.

a) Analytische Verstreckung von Kurven. Um die Gleichung $A = d^2\pi/4$ auf die Normalform der Geraden zu bringen, könnte man mit Bezug auf Gl. (1) etwa

setzen $\qquad \mathrm{f}(y) = A; \qquad \mathrm{f}(x) = d^2,$

und erhält damit $\qquad A = \pi/4 \cdot (d^2).$

Diese Gleichung stellt eine Gerade dar in einem RKS, dessen Ordinate linear nach A und dessen Abszisse quadratisch nach d^2 geteilt ist. Der Tangenswert des Neigungswinkels der Geraden gegen die Abszisse ist $\tan\alpha = \pi/4$, wenn für beide Achsen derselbe Teilungsmaßstab (vgl. unten) verwendet wird (Bild 183).

Eine andere Möglichkeit der analytischen Verstreckung besteht im vorliegenden Fall darin, daß man die vorgelegte Gleichung logarithmiert; sie geht damit über in $\lg A = 2\lg d + \lg(\pi/4)$. Es ist dies die Gleichung einer Geraden in einem Koordinatensystem, dessen Ordinate funktionell nach $\lg A$ und dessen Abszisse nach $\lg d$ geteilt ist. Die Gerade schneidet die durch $A = 2{,}0$ gehende Parallele zur Abszisse im Punkt $d = \sqrt{8/\pi}$ (Bild 184). (Bezüglich der Zeichnung der Funktionsskalen vgl. S. 187.)

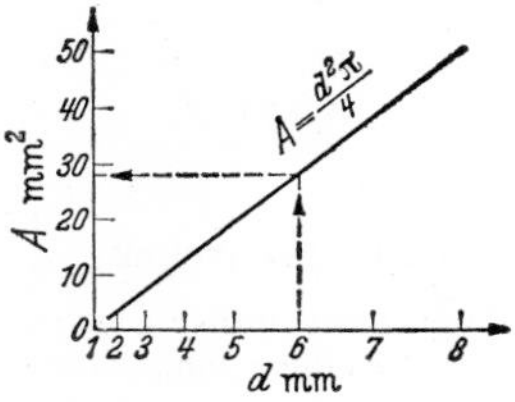

Bild 183

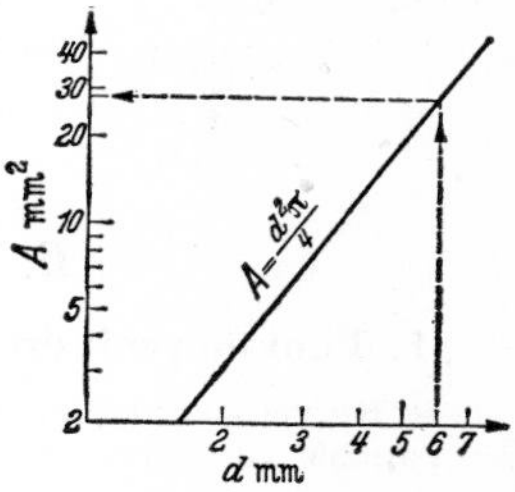

Bild 184

b) Graphische Verstreckung. Eine in einem normalen RKS gegebene Kurve wird verstreckt, indem man sie als eine — an sich beliebige — Gerade zunächst in ein Achsenkreuz ohne Teilung einzeichnet. Die Teilung der Achsen ist nun so auszuführen, daß jeweils zusammengehörige Abszissen- und Ordinatenwerte durch die Gerade einander zugeordnet werden. Dabei ist die *eine* der Achsenteilungen beliebig, während die *andere* sich zwangläufig aus der vorgelegten Kurve bzw. dem durch sie dargestellten Zusammenhang ergibt.

Wenn die Gleichung $y = \mathrm{f}(x)$ der zu verstreckenden Kurve bekannt ist, wird die Verstreckung genauer, wenn man die Teilung der funktionell geteilten Achse auf Grund einer Tabelle entwickelt.

Den Grundgedanken dieses Verfahrens erläutern die Bilder 185 und 186 an Hand des Beispiels $A = d^2 \cdot \pi/4$ unter Benutzung der nachstehenden, für $d = \mathrm{f}(A)$ berechneten Tabelle.

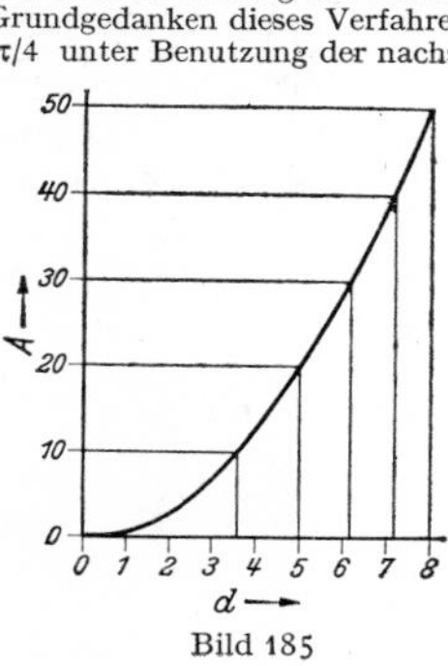

Bild 185

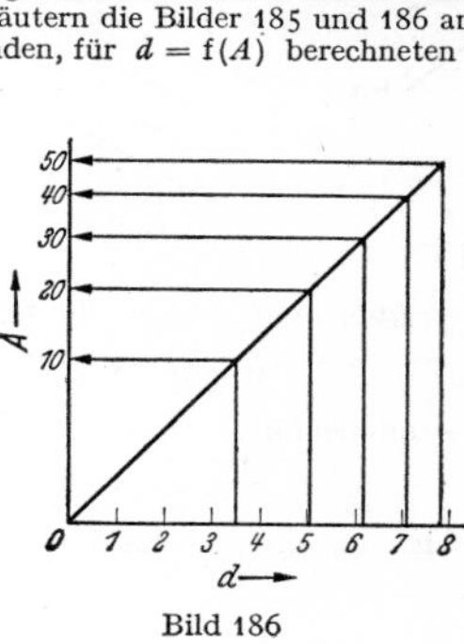

Bild 186

A	d
0	0,00
10	3,57
20	5,05
30	6,18
40	7,14
50	7,98

Auch *zwei* Kurven können rein zeichnerisch genau verstreckt werden, wie Bild 187 zeigt.

Man zeichnet zwei Gerade a' und b', welche die gegebenen Kurven a und b ersetzen sollen, in den gegenüberliegenden Quadranten und findet die Achsenteilungen des neuen Systems auf Grund der Überlegung, daß z. B. die Punkte *1* und *2*, die im alten System die gleiche Ordinate haben, auch im neuen System gleiche Ordinaten haben müssen (*1'* und *2'*). Dasselbe gilt auch für die Abszissen z. B. der Punkte *1* und *3* bzw. *1'* und *3'* usf..

Die Brechpunkte der Konstruktionsordinaten y_1, y_2 usw. und Abszissen x_1, x_3 usw. liegen ihrerseits auf Kurven (Verzerrungskurven), die zur Interpolation einzelner Werte benutzt werden können

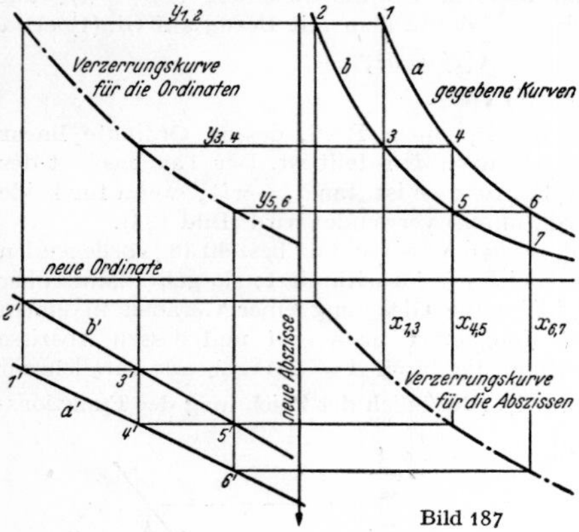

Bild 187

Nach dem gleichen Verfahren können gelegentlich auch ganze Kurvenscharen verstreckt werden, doch erfordern Genauigkeitserwägungen zuvor besondere Untersuchungen darüber, ob das Verfahren auch zulässig ist.

B. Netztafeln

1. Funktion mit drei Variablen als Kurvenschar

Eine ebene Kurvenschar ergibt sich jeweils dann, wenn in der gegebenen Gleichung *drei* Variable vorhanden sind. Die eine der Variablen kann auch ein veränderlicher Parameter sein.

Die Gleichung $y = ax + b$ stellt zwei verschiedene Scharen von Geraden dar, je nachdem man a oder b als veränderlichen Parameter auffaßt. So zeigt

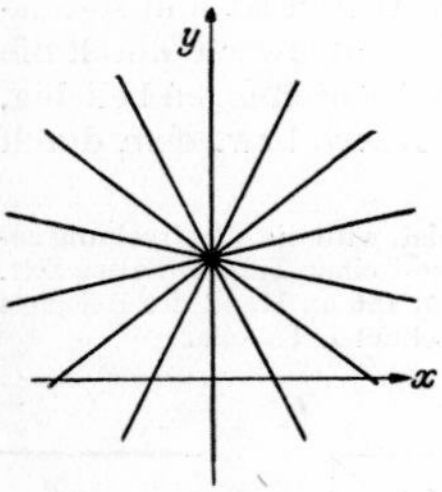
Bild 188

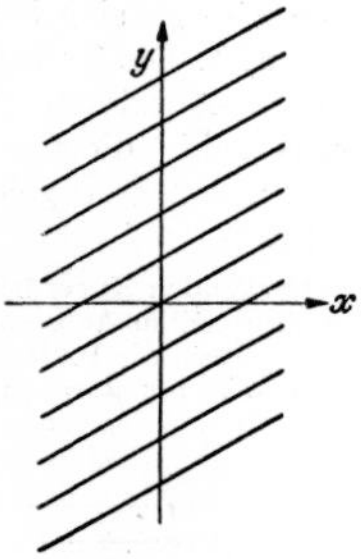
Bild 189

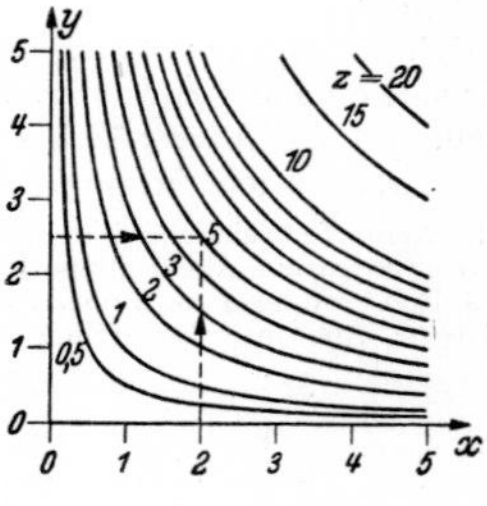

Bild 190. $z = xy$

Bild 188 die Geradenschar, welche die Gleichung

$$y = ax + b \quad (b = \text{const}),$$

Bild 189 die Geradenschar, welche die Gleichung

$$y = ax + b \quad (a = \text{const}),$$

Bild 190 die Kurvenschar, welche die Gleichung

$$xy = z$$

darstellt. Bild 190 kann als Multiplikationstafel benutzt werden. Durch Logarithmieren geht die letzte Gleichung über in

$$\lg y = -\lg x + \lg z;$$

sie stellt eine Schar von geraden Linien dar in einem rechtwinkligen Koordinatensystem, dessen Ordinatenachse nach $\lg y$ und dessen Abszissenachse nach $\lg x$ geteilt ist. Der Tangens des Neigungswinkels ist -1; d. h. die Geraden sind um 135° gegen die Abszissenachse geneigt, Bild 191.

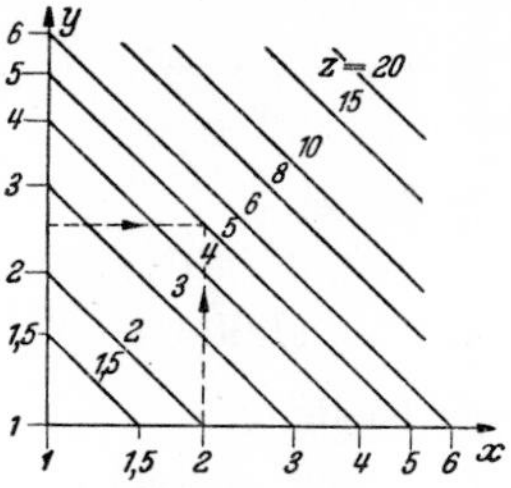

Bild 191. $z = xy$

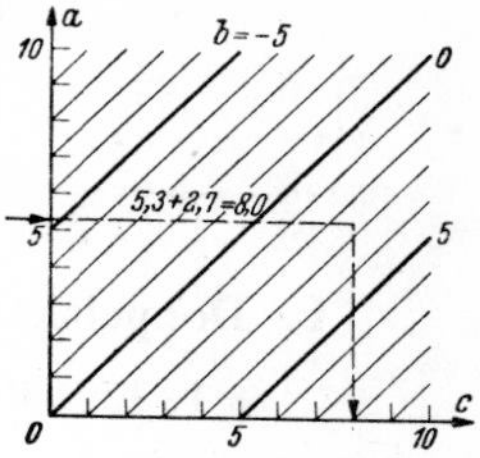

Bild 192. $a + b = c$

Die Bilder 188 und 189 sind grundlegend für die Fertigung von *Netztafeln*, das sind Kurvenscharen, die zur Ausführung der vier Grundrechnungsarten dienen sollen. Für die Addition und Subtraktion ist eine Schar paralleler Geraden, für die Multiplikation und Division ein Strahlenbüschel kennzeichnend (Bilder 192 bis 195). Teilt man die Koordinatenachsen nicht linear, sondern funktionell nach f_1 bzw. f_2, so erhält man Netztafeln für Zusammenhänge der Form $z = f_1 + f_2$, $z = f_1 - f_2$ usw.

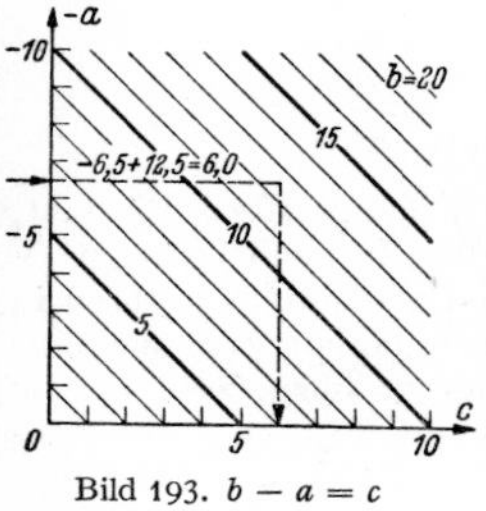

Bild 193. $b - a = c$

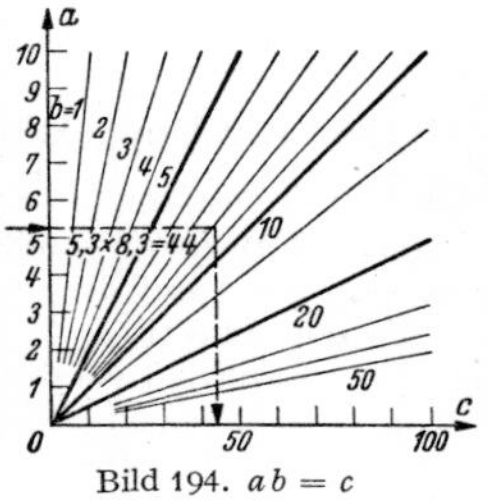

Bild 194. $ab = c$

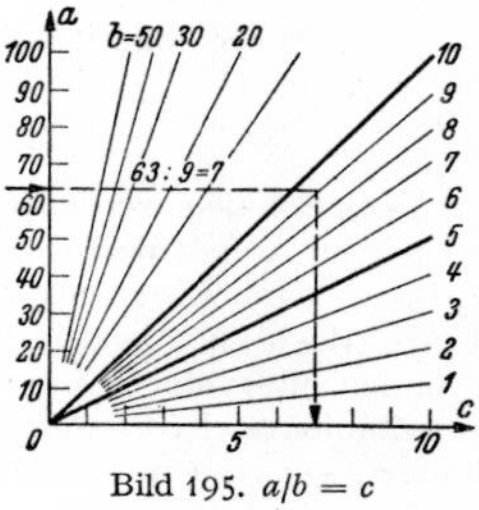

Bild 195. $a/b = c$

2. Gekoppelte Netztafeln

Ist ein Zusammenhang der Form

$$y = f_1 + f_2 + f_3 + \cdots \tag{2}$$

als Netztafel darzustellen, so kann man in der Weise verfahren, daß man setzt

$$H_1 = f_1 + f_2; \quad H_2 = H_1 + f_3; \quad H_3 = H_2 + f_4 \quad \text{usw.}$$

Die einzelnen Tafeln für H_1, H_2 usw. nach Bild 192 usw. fügt man so aneinander, daß der Ausgang aus der 1. Tafel, Bild 196, zugleich der Eingang in die 2. Tafel ist usw. Wenn man weiter durch Einzeichnen von Projektionshilfslinien v_1, v_2 usw. in die einzelnen Netztafeln die Anordnung so trifft, daß die Zwischenresultate H_1, H_2 usw. auf die dem „Eingang" gegenüberliegende Ordinate übertragen werden, Bild 197, so ist es möglich, handliche und übersichtliche Netztafeln für beliebig viele Variable einzurichten. Sie haben aber den Nachteil, daß sie nur Werte für jene Funktion einigermaßen bequem zu finden gestatten, für welche die vorgelegte Gleichung explizit ausgedrückt ist.

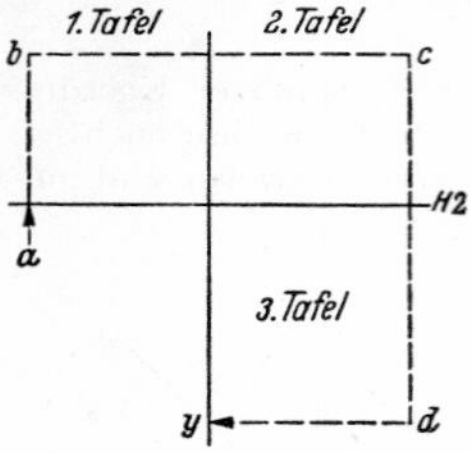

Bild 196

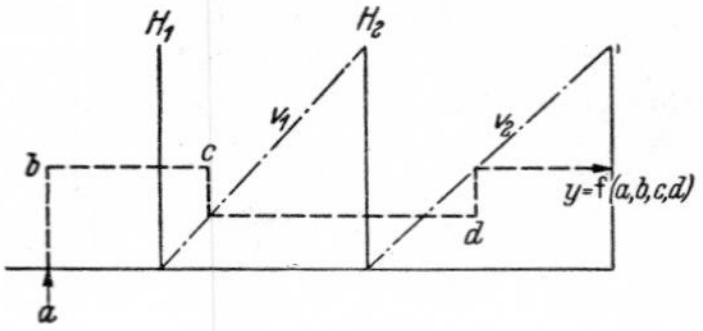

Bild 197

C. Doppelskalen und Funktionsleitern

1. Einteilung der Doppelskalen

Alle Funktionen, die sich im rechtwinkligen Koordinatensystem als Einzelkurve darstellen lassen, können auch als sog. Doppelskalen oder „Funktionsleitern" gezeichnet werden, wobei die Argumente x als Funktionsskala neben der Linearteilung für die Funktionswerte y erscheinen. In vielen Fällen — insbesondere bei Nomogrammen nach der Methode der fluchtrechten Punkte (vgl. Abschn. D) — werden die Linearteilungen weggelassen und nur die Funktionsteilungen benutzt. So läßt sich zeichnen

$$\left.\begin{array}{l} y = x \\ y = ax \\ y = ax + b \end{array}\right\} \text{als lineare Skala,} \quad \left.\begin{array}{l} y = x^2 \\ y = ax^2 \\ y = ax^2 + b \end{array}\right\} \text{als quadratische Skala,}$$

$y = \lg x$ als logarithmische Skala, $y = a/x + b$ als projektive Skala.

2. Auftragen der Doppelskalen

Doppelskalen werden entweder an Hand von Tabellen punktweise gezeichnet, oder man konstruiert sie geometrisch. Bei transzendenten Zusammenhängen — z. B. $y = \tan x$; $y = \lg x$ usw. — kommt nur das zuerst genannte Verfahren in Frage; doch auch bei algebraischen Zusammenhängen wird man aus Genauigkeitsgründen dieses der geometrischen Konstruktion vorziehen, vor allem, wenn bereits eine Zahlentafel vorhanden ist — z. B. bei quadratischen und kubischen Zusammenhängen —; zum mindesten wird man die *Hauptpunkte* der Skala durch *Rechnung* festlegen und nur die Zwischenpunkte nach einem — evtl. *angenäherten* — graphischen Verfahren einschalten. Im übrigen verlangen die Skalen, die Rechenzwecken dienen sollen, äußerste Präzision der Zeichnung.

Von den vielen algebraischen Zusammenhängen, die sich geometrisch konstruieren lassen, sei hier nur die Beziehung

$$y = \frac{a f_1(x) + b}{c f_2(x) + d} \tag{3}$$

erwähnt, die sich als *projektive Skala* zeichnen läßt, wenn

$$f_1(x) = f_2(x) \quad \text{oder} \quad f_1(x) = 0.$$

Der Gang der Konstruktion, den die Sätze der projektiven Geometrie begründen (vgl. Lit. 3), ist folgender:

1. Berechne mindestens 3, oder mehr zusammengehörige Wertepaare, darunter die Extremwerte.
2. Zeichne eine Gerade als Skalenträger für y; trage darauf die berechneten Funktionswerte y in dem vorgeschriebenen oder beliebig gewählten linearen Maßstab auf (Bild 198, ②).

3. Lege durch einen dieser y-Punkte eine beliebig geneigte Gerade, die nach $f(x)$ durchlaufend linear geteilt wird, und zwar so, daß im Schnittpunkt der beiden Teilungen die einander zugeordneten x- und y-Werte angeschrieben stehen ③.

4. Verbinde die übrigen einander zugeordneten Werte der beiden Skalen durch Gerade ④: Sie schneiden sich sämtlich in demselben Punkt P, dem Pol.

5. Ziehe die Polstrahlen ⑤ durch alle übrigen Punkte der $f(x)$-Teilung; sie ergeben die ihnen zugeordneten y-Punkte.

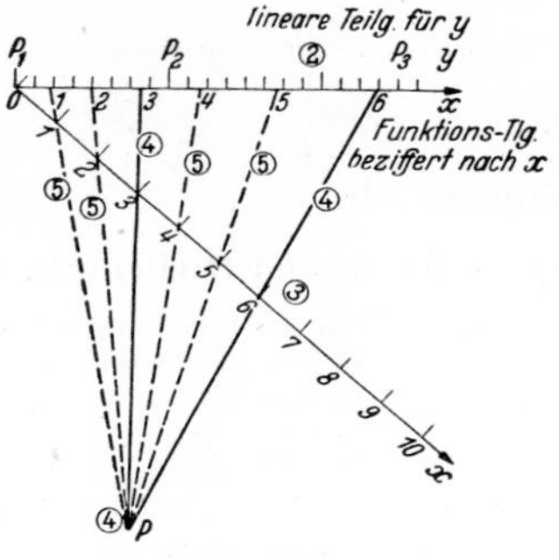

Bild 198

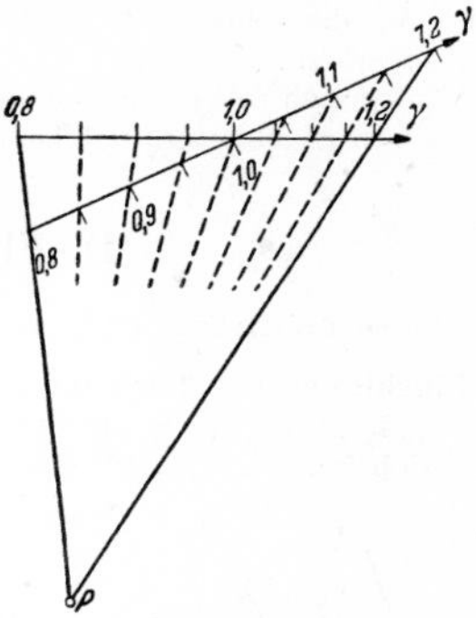

Bild 199

Beispiel: Bild 199 zeigt die Ermittlung einer Aräometerteilung, die der Gleichung

$$l_{cm} = 21{,}5\,(1/\gamma - 1)$$

entspricht. Der Pol wurde auf Grund der nebenstehend berechneten Wertepaare gefunden. Die lineare Teilung für y ist als überflüssig nicht mitgezeichnet worden.

Der Fall, daß die lineare Skala für y nicht benötigt und daher nicht mitgezeichnet wird, ist übrigens recht häufig; die bekannteste derartige „*Funktionsleiter*" ist die logarithmische Teilung des Rechenstabes; sie entspricht der Gleichung

$$y = C \lg x. \qquad (4)$$

γ	l_{cm}
0,8	5,38
0,9	2,38
1,0	0
1,1	−1,93
1,2	−3,59

Gewöhnlich sind bei den Funktionsleitern an Stelle der tatsächlich dargestellten *Funktionswerte* die *Argumente* angegeben.

Die projektive Teilung wird auch mit Vorteil zur Interpolation gegebener Funktionsleitern benutzt.

3. Teilungsmodul

Hat man zwei Skalen f_1 und f_2 mit den Teilungsmoduln m_1 und m_2 — z. B. $m_1 : m_2 = 3:2$ —, so bedeutet dies, daß die *Einheit* der abhängigen Variablen bei der Skala f_1 die Länge m_1 (etwa $m_1 = 3$ mm) und bei der Skala f_2 die Länge m_2 (etwa $m_2 = 2$ mm) hat. Zumeist ist weniger die absolute Länge einer Teilungseinheit von Interesse als vielmehr das Verhältnis zweier oder mehrerer zueinander.

Beispiel: Es seien die Skalen $y = 2x$ und $y = x^2$, und zwar beide für das Intervall $x\Big|_0^{100}$ zu zeichnen; beide Skalen sollen je 100 mm lang werden. Das Verhältnis ihrer Teilungsmoduln berechnet sich dann wie folgt:

a) $y = 2x$ nimmt für $x = 100$ den Wert 200 an.
200 Einheiten sollen demnach 100 mm lang gezeichnet werden,
1 Einheit wird mithin 100/200 = 0,5 mm lang zu zeichnen sein.

b) $y = x^2$ gibt für $x = 100$ den Wert 10^4.
10000 Einheiten sollen hier als Länge von 100 mm gezeichnet werden,
1 Einheit wäre demnach 100/10000 = 0,01 mm lang zu zeichnen.

Die Teilungsmoduln beider Skalen verhalten sich somit wie

$$m_1/m_2 = 0{,}5/0{,}01 = 50/1 = 500/10 \text{ usw.}$$

Die in den Nomogrammen am häufigsten gebrauchten Funktionsteilungen sind die logarithmischen nach Gl. (4). Der „Ausschuß für wirtschaftliche Fertigung" (AWF) gibt solche in Teilungslängen von 2 bis 25 cm, als „Harfe" auf zwei DIN A4-Blätter gedruckt, ab.

Bei Skalen, die für Fluchtlinientafeln (vgl. Abschn. D) Verwendung finden sollen, ist noch folgendes zu beachten:

a) Der Faktor einer Funktion geht in deren Teilungsmodul ein, d. h. die Teilungsmoduln der Funktionen $a_1\,\mathrm{f}(x)$ und $a_2\,\mathrm{f}(x)$ verhalten sich wie $a_1 : a_2$.

b) Eine additive Konstante bei einer Funktion bewirkt lediglich eine Verschiebung des Anfangspunktes der sie darstellenden Skala und hat keinerlei Einfluß auf den Teilungsmodul.

c) Funktionen mit entgegengesetzten Vorzeichen werden dargestellt durch Teilungen mit entgegengesetztem Teilungssinn.

D. Fluchtlinientafeln

1. Zusammenhang zwischen Kurvenscharen und Dreileitertafeln

a) Fluchtliniengrundgleichung. Gegeben seien (Bild 200) in einem RKS die Kurven f_1, f_2 und f_3 sowie die Punkte P_1, P_2 und P_3 auf ihnen. Diese drei Punkte liegen „fluchtrecht", d. h. auf einer Geraden, wenn die Bedingung

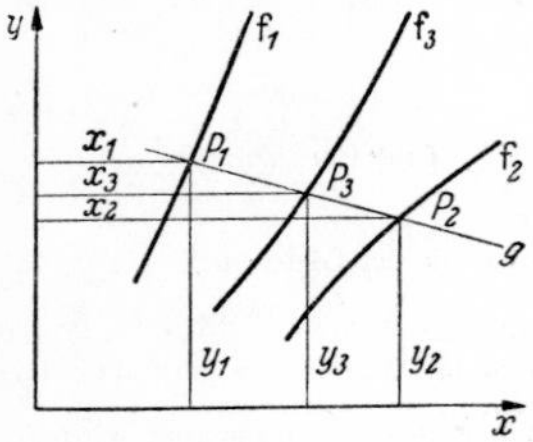

Bild 200

$$\frac{y_3 - y_1}{x_3 - x_1} = \frac{y_2 - y_1}{x_2 - x_1} \tag{5}$$

erfüllt ist, oder auch, wenn entsprechend der Tatsache, daß im Fall der Geradlinigkeit die Fläche des Dreiecks $P_1P_2P_3$ gleich Null sein muß, S. 117,

$$y_1(x_2 - x_3) + y_2(x_3 - x_1) + y_3(x_1 - x_2) = 0. \tag{6}$$

Die Gln. (5) und (6) sind identisch und heißen „Fluchtliniengrundgleichungen"; sie bilden die mathematische Grundlage der „Dreileitertafeln nach der Methode der fluchtrechten Punkte". Bei der weiteren Diskussion des Problems ersetzt man die y-Werte durch — geradlinige oder gekrümmte — Funktionsleitern f_1, f_2 und f_3, die x-Werte durch Funktionen der Ordinaten; ferner macht man sich frei von dem RKS, d. h. man leitet aus bestimmten Anordnungen der Skalen die zugehörigen „Schlüsselgleichungen" ab. Diese nehmen dann die allgemeine Form

$$\Phi(\mathrm{f}_1, \mathrm{f}_2, \mathrm{f}_3) = 0 \quad (7) \qquad \text{bzw.} \qquad \varphi(\mathrm{f}_1, \mathrm{f}_2) = \mathrm{f}_3 \tag{8}$$

an. Dabei erhält man bestimmte Gleichungstypen, die für bestimmte Skalenformen und -anordnungen charakteristisch sind. Jeweils drei der Skalen bilden ein *Linienkoordinatensystem* (LKS).

b) Umformung von RKS- in LKS-Darstellungen. Die wichtigsten Beziehungen der Darstellung einer Gleichung

$$\varphi(\mathrm{f}_1, \mathrm{f}_2) = \mathrm{f}_3,$$

einmal als Kurvenschar im RKS, zum andern als Dreileitertafel im LKS, können etwa wie folgt formuliert werden:

Ein Punkt im RKS erscheint im LKS als gerade Linie; eine gerade Linie im RKS wird im LKS zum Punkt. Eine Geradenschar im RKS wird im LKS zu einer Reihe aufeinanderfolgender Punkte, also zu einer Funktionsleiter, und umgekehrt.

Die Bilder 201 u. 202 veranschaulichen diese *Dualität*: In beiden Abbildungen ist

$$\overline{OB} : \overline{OB'} = \overline{OA} : \overline{A'A}.$$

Die Gerade $\overline{AB}$ im RKS (Bild 201) erscheint im LKS (Bild 202) als Schnittpunkt der Geraden $\overline{OA}$ und $\overline{OB}$; der Punkt mit den rechtwinkligen Koordinaten $\overline{OA'}$ und $\overline{OB'}$ (Bild 201) wird im LKS dargestellt z. B. durch die die Punkte A' und B' verbindende Gerade.

Beispiel: Enlund bestimmte auf empirischem Weg die Abhängigkeit des spez. Widerstandes ϱ_1 bzw. ϱ_2 einer gehärteten und einer nicht gehärteten Stahlprobe vom Kohlenstoffgehalt C. Die graphische Darstellung seiner Ergebnisse in kartesischen Koordinaten zeigt Bild 203; das hiernach empirisch entwickelte Nomogramm veranschaulicht Bild 204. Die linearen Achsenteilungen für ϱ_1 und ϱ_2 wurden als solche auf die beliebig angenommenen äußeren Skalenträger u und v eines LKS übernommen; die Teilpunkte des mittleren Skalenträgers entstanden dadurch, daß jede Parameter-Gerade des Bildes 203 (C-Gehalt) durch die ihre Endpunkte kennzeichnenden Geraden in das LKS (Bild 204) übertragen und die Schnittpunkte dieser Geraden entsprechend beziffert wurden.

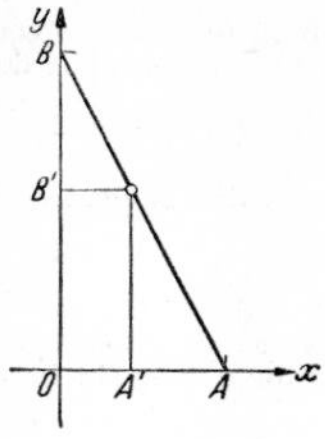

Bild 201

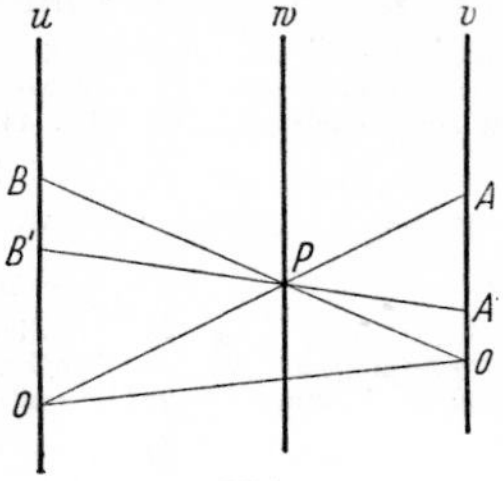

Bild 202

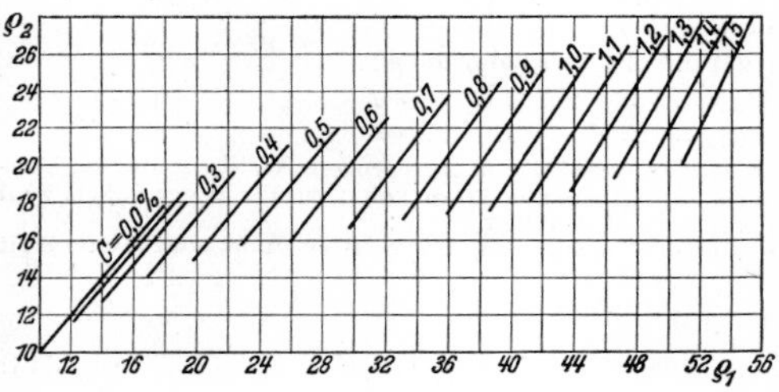

Bild 203

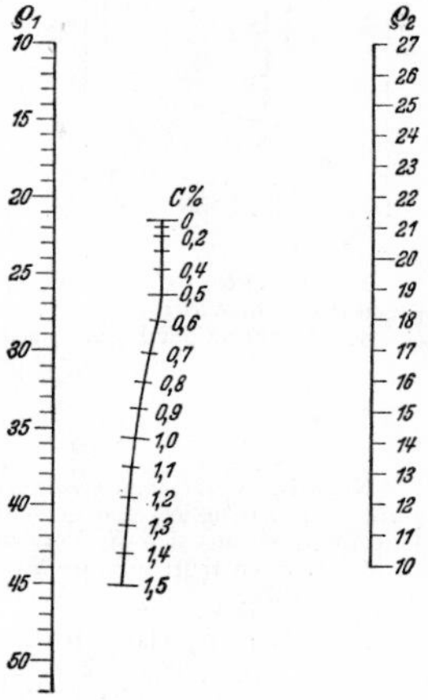

Bild 204

2. Schlüsselgleichungen

a) Paralleltafel: $\mathfrak{f}_1 + \mathfrak{f}_2 = \mathfrak{f}_3$. Sind in der Fluchtliniengrundgleichung (6) die Abszissendifferenzen konstant und setzt man

$$x_2 - x_3 = a_1; \quad x_3 - x_1 = a_2; \quad x_1 - x_2 = a_3,$$

und weiter $\quad y_1 = \mathfrak{f}_1; \quad y_2 = \mathfrak{f}_2; \quad y_3 = \mathfrak{f}_3,$

so erhält man mit

$$a_1 \mathfrak{f}_1 + a_2 \mathfrak{f}_2 = a_3 \mathfrak{f}_3 \tag{9}$$

die Schlüsselgleichung der Paralleltafel. Die a_1, a_2 und a_3 sind irgendwelche Festwerte, die nach den Gln. (9a) und (9b) in die Teilungsmoduln eingehen (vgl. unten); ferner ist

$\mathfrak{f}_1$ eine beliebige Funktion einer ersten Variablen (x),
$\mathfrak{f}_2$ „ „ „ „ zweiten „ (y),
$\mathfrak{f}_3$ „ „ „ „ dritten „ (z).

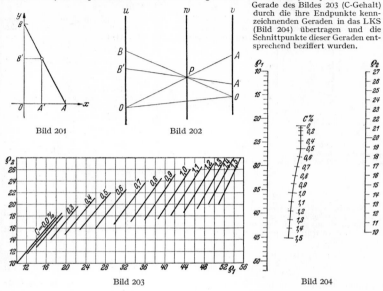

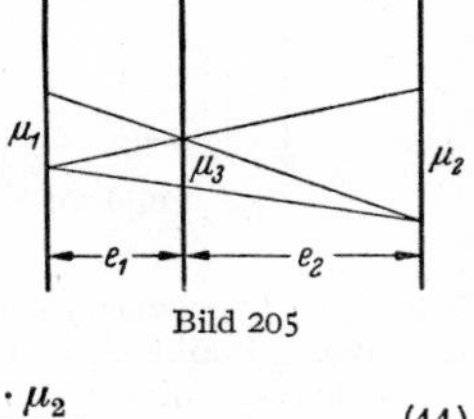

Bild 205

Die äußeren Skalenträger der Paralleltafel sind nach $\mathfrak{f}_1$ und $\mathfrak{f}_2$ zu teilen, der mittlere nach $\mathfrak{f}_3$. Von den Moduln der Teilungen sind nur zwei frei wählbar, der dritte ergibt sich zwangläufig; sie sind gegenseitig voneinander abhängig gemäß Bild 205, und es bestehen die Beziehungen

$$\mu_1 : \mu_2 = e_1 : e_2, \tag{10}$$

$$\mu_3 = \mu_1 \frac{e_2}{e_1 + e_2} = \mu_2 \frac{e_1}{e_1 + e_2} = \frac{\mu_1 \cdot \mu_2}{\mu_1 + \mu_2}. \tag{11}$$

Bei anderen Skalenanordnungen sind die Überlegungen entsprechend.

Ein vorgegebener Zusammenhang, welcher der Schlüsselgleichung (9) entspricht, etwa der Form

$$a\,f(x) + b\,f(y) = c\,f(z),$$

wird in folgenden Arbeitsgängen vertafelt (vgl. Bild 206):

1. Annahme der Teilungsmoduln μ_x und μ_y an sich beliebig, jedoch so, daß die für x bzw. y vorgeschriebenen Intervalle ausreichend groß und deutlich dargestellt werden können; Berechnung des dritten Teilungsmoduls μ nach Gl. (11) zu

$$\mu = \mu_x\mu_y/(\mu_x + \mu_y).$$

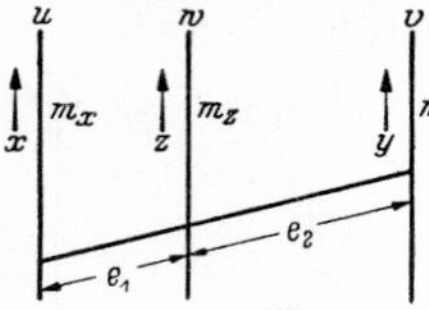

Bild 206

2. Berechnung des Abstandsverhältnisses der drei Skalenträger zu

$$e_1/e_2 = \mu_x/\mu_y.$$

Zeichnung der drei Skalenträger in diesem Abstandsverhältnis.

3. Multiplikation der einzelnen Funktionen der Gl. (9) mit den zugeordneten Teilungsmoduln, so daß die Gleichung übergeht in

$$a\mu_x\,f(x) + b\mu_y\,f(y) = c\mu_z\,f(z) + d\mu_z \tag{9a}$$

oder

$$m_x\,f(x) + m_y\,f(y) = m_z\,f(z) + C. \tag{9b}$$

Man beachte, daß „μ" die in den Gln. 9a und 9b einzuführenden „Rechenmoduln", „m" hingegen die beim Auftragen der Skalen anzuwendenden „Zeichenmoduln" bedeuten, vgl. C 3 a).

4. Zeichnung der Funktionsskalen:

u-Achse:	$f(x)$	mit dem Teilungsmodul	m_x,
v- „	$f(y)$	„ „ „	m_y,
w- „	$f(z)$	„ „ „	m_z.

Negative Vorzeichen erfordern Auftragen der Skalen in entgegengesetzter Richtung; die Konstante C hat lediglich eine Verschiebung der mittleren Skala zur Folge: ein Punkt der z-Skala wird berechnet, woraus sich die Verschiebung der z-Skala ergibt.

Im übrigen trifft man die Anordnung der Teilungen so, daß die Rechentafel etwa ebenso breit wie hoch wird.

Für $e_1 = e_2$ (Gln. 10 u. 11) wird

$$\mu_1 = \mu_2 = \mu \quad (12) \qquad \text{und} \qquad \mu_3 = \mu/2. \tag{13}$$

Paralleltafeln mit gleichen Skalenabständen sind die Voraussetzung für die Entwicklung von Spezialrechenschiebern (vgl. unten).

b) N-Tafel: $f_1/f_2 = f_3$. Die Schlüsselgleichung der „N-Tafel" lautet:

$$f_1 : f_2 = f_3 \qquad \text{oder} \qquad f_2 \cdot f_3 = f_1. \tag{14}$$

Diese Zusammenhänge werden durch eine Fluchtlinientafel mit zwei parallelen, geradlinigen, in entgegengesetzter Richtung geteilten Skalenträgern für f_1 und f_2 dargestellt, Bild 207. Der dritte Skalenträger wird zu einer diagonalen *projektiv* geteilten Geraden, deren Teilpunkte am bequemsten graphisch bestimmt werden.

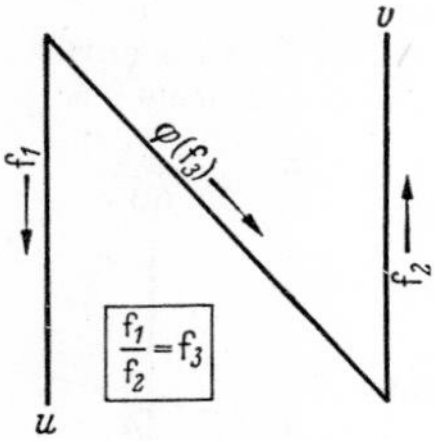

Bild 207

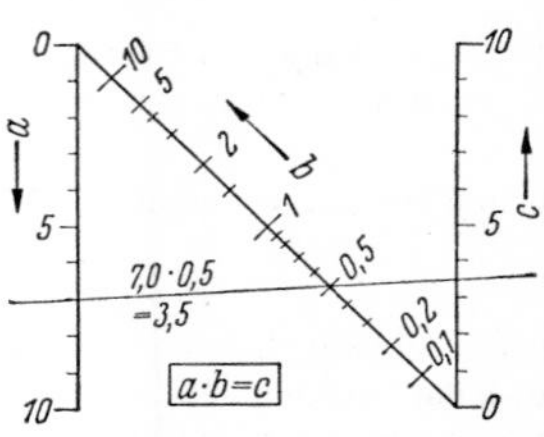

Bild 208

Für $f_2 = 1$ gehen nämlich die Gln. (14) über in $f_1 = f_3$, d. h.: Die Strahlen, die durch den Punkt $f_2 = 1$ zu den Teilpunkten 1; 2; 3; ... auf f_1 gezogen werden, schneiden den diagonalen Skalenträger in den entsprechenden f_3-Werten. Die Teilung für f_3 ist projektiv. Eine sehr einfache N-Tafel ist die Multiplikationstafel für

$$a \cdot b = c.$$

Die Teilungen für $f_1 = a$ und $f_3 = c$ sind einfache Linearteilungen; der diagonale Skalenträger für b ist nach dem o. a. Verfahren graphisch zu entwickeln, Bild 208.

c) Strahlentafel: $1/f_1 + 1/f_2 = 1/f_3$. Zusammenhänge der Form

$$1/f_1 + 1/f_2 = 1/f_3 \quad (15\,a) \qquad \text{bzw.} \qquad f_3 = \frac{f_1 \cdot f_2}{f_1 + f_2} \quad (15\,b)$$

$$\text{oder} \qquad f_1 f_3 + f_2 f_3 = f_1 f_2 \quad (15\,c)$$

führen auf eine Dreileitertafel, deren geradlinige Skalenträger sich in einem Punkt schneiden und die deshalb Strahlentafel genannt wird, Bild 209. Wenn die Skalenträger jeweils Winkel von 60° einschließen, entsprechen die Teilungsmoduln den Gl. (12) u. (13).

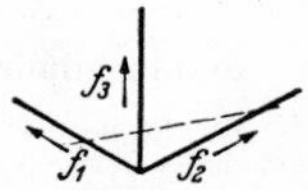

Bild 209

d) Paralleltafel mit krummlinigem mittleren Skalenträger

Die Schlüsselgleichung

$$f_1 f_3 + f_2 \varphi_3 + \psi_3 = 0, \tag{16}$$

in welcher f_1 eine Funktion einer ersten Variablen, f_2 eine Funktion einer zweiten Variablen, f_3, φ_3 und ψ_3 verschiedene Funktionen einer dritten Variablen bedeuten, läßt sich in Form einer Fluchtlinientafel darstellen, wenn (Bild 210)

1. die u-Achse des Parallelkoordinatensystems funktionell nach f_1,
2. die v-Achse funktionell nach f_2 geteilt wird und
3. die Koordinaten der Teilpunkte (z. B. P) des mittleren Skalenträgers den Gleichungen

$$\xi = -e\,\frac{\varphi_3 \mu_1 - f_3 \mu_2}{\varphi_3 \mu_1 + f_3 \mu_2}, \quad (17) \qquad \eta = -\frac{\mu_1 \mu_2 \psi_3}{\varphi_3 \mu_1 + f_3 \mu_2} \quad (18)$$

entsprechen. Es bedeutet darin:

$e = -OA = +OB$,

μ_1 = Teilungsmodul für f_1 (u-Achse), beliebig zu wählen,

μ_2 = „ „ f_2(v-Achse), „ „ „ .

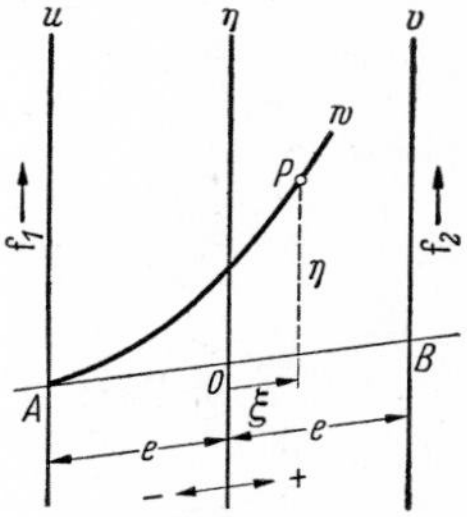

Bild 210

Beispiel: Die Normalform der quadratischen Gleichung $x^2 + ax + b = 0$ hat die Form der Gl. (16), wenn man schreibt: $b + ax + x^2 = 0$.

Es ist alsdann

$$f_1 = b; \qquad f_2 = a; \qquad f_3 = 1;$$

$$\varphi_3 = x; \qquad \psi_3 = x^2.$$

Auf der u-Achse ist also b aufzutragen mit $\mu = 1$, auf der v-Achse ist a aufzutragen. Auch für die a-Teilung wird man möglichst den Teilungsmodul $\mu_2 = 1$ wählen. Damit ergibt sich

$$\xi = -e\,\frac{x-1}{x+1} \text{ (= projektive Teilung),}$$

$$\eta = -\frac{x^2}{x+1}.$$

Die Ordinaten η brauchen nicht einzeln berechnet zu werden; man kann sie vielmehr einfach wie folgt konstruieren. Für $b = 0$ geht die gegebene Gleichung über in

$$x^2 + ax = 0; \qquad x = -a.$$

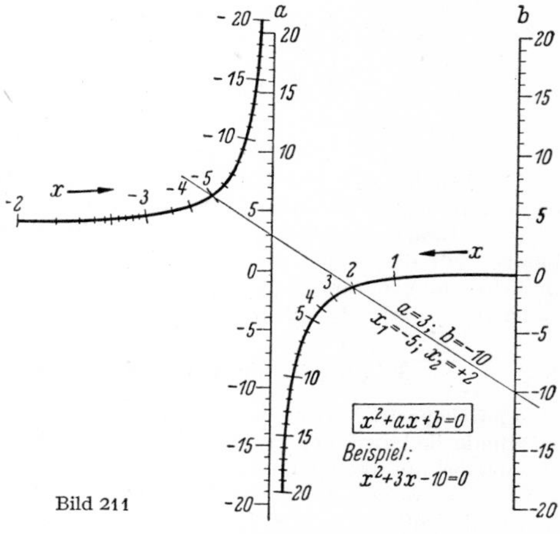

Bild 211

Das bedeutet: Verbindet man den Punkt $b = 0$ folgeweise mit den Punkten $a = -1, -2, -3$ usw., so schneiden die Verbindungsgeraden die Ordinaten η jeweils in den Punkten des mittleren Skalenträgers, die den Werten $x = 1, 2, 3$ usw. zugeordnet sind. Für $a = 0$ wird weiter $x = \pm\sqrt{-b}$, z. B. $x = \pm 1$, $-b = 1$; $x = \pm 2$, $-b = 4$ usw. Das hiernach entworfene Nomogramm zeigt Bild 211. Danach hat die Gleichung

$$x^2 + 3x - 10 = 0$$

die Wurzeln

$$x_1 = +2; \qquad x_2 = -5.$$

Auf die gleiche Weise läßt sich auch eine Fluchtlinientafel für die kubische Gleichung

$$x^3 + px + q = 0$$

entwickeln. Vgl. hierzu die Bilder 6 und 10 auf S. 49 bzw. 51.

e) Fluchtlinientafeln, die nicht auf Parallelkoordinaten beruhen

Es gibt noch viele andere Möglichkeiten, Fluchtlinientafeln zu entwickeln. Von solchen macht man indes nur Gebrauch, wenn es sich um Probleme handelt, bei denen die „klassischen" Methoden nicht zu befriedigenden Lösungen führen. Eine zwingende Notwendigkeit dazu besteht im allgemeinen nicht; denn auch die „nicht vertafelbaren" Zusammenhänge zwischen drei Veränderlichen lassen sich zumeist mathematisch so umformen, daß sie nach einem der behandelten „klassischen" Verfahren vertafelt werden können.

Nachstehend wird noch eine einfache „Kreistafel" behandelt, wobei zugleich der Weg gezeigt wird, auf dem — neben dem durch Gl. (16) gegebenen allgemeinen Verfahren — die geometrische Beziehung zwischen den 3 Variablen auf einfache Weise gefunden werden kann.

In Bild 212 sei CAE der halbkreisförmige Skalenträger z für x,
CBE „ „ „ z „ y,
CDE „ geradlinige „ z „ z.

Dann gilt nach dem Sinussatz der ebenen Trigonometrie

$$z : DB = \sin\varphi : \cos\psi \quad (\text{weil } \sin(90 - \psi) = \cos\psi), \qquad (1 - z) : DB = \cos\varphi : \sin\psi;$$

hieraus

$$z/(1 - z) = \tan\varphi \cdot \tan\psi \mathrel{\hat{=}} f_3 = f_1 \cdot f_2 \tag{19}$$

als Grundgleichung (Schlüsselgleichung) für die in Frage stehende Kreistafel. Bei verschiedenen Teilungsmoduln für z_1 und z_2 gilt

$$\mu_3 = \mu_1 \cdot \mu_2.$$

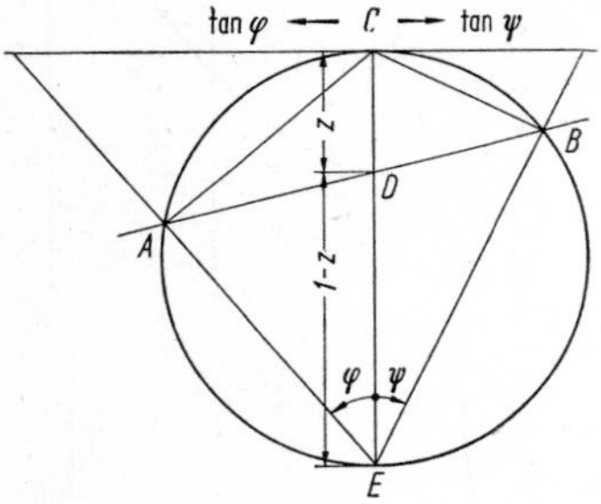

Bild 212

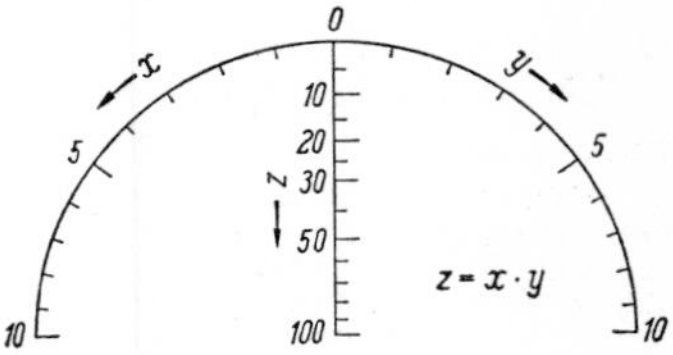

Bild 213

Der Durchmesser $d = 1$ des Kreises ist für f_3 nach $z/(1-z)$ projektiv zu teilen; dann werden die Funktionswerte für f_1 und f_2 auf die beiden Zweige der durch C gelegten Tangente aufgetragen und mit Hilfe eines von E ausgehenden Strahlenbündels auf die beiden an C anschließenden Viertelkreisbögen projiziert, als Gebrauchsteilungen für f_1 bzw. f_2. Ein hiernach für die Gl. $z = x \cdot y$ entwickeltes Nomogramm zeigt Bild 213.

3. Fluchtlinientafeln für mehr als drei Variable

a) Gekoppelte Netztafeln. Sind mehr als drei Variable vorhanden, so führt man als Bindeglied zwischen je zwei Variablen Hilfsfunktionen $f(H_1)$, $f(H_2)$ usw. ein, für welche nur die (geradlinigen) Skalenträger, nicht aber deren Teilungen gezeichnet zu werden brauchen. Man nennt diese nicht bezifferten Hilfslinien auch „Zapfenlinien".

Ist beispielsweise die Gleichung $f(u) + f(v) + f(x) + f(y) + f(z) = 0$ als Rechentafel darzustellen, so geht man schrittweise vor, indem man beispielsweise setzt: $f(u) + f(v) + f(H_1) = 0$ und zunächst *diese* Rechentafel zeichnet.

Dann setzt man weiter: $f(H_1) + f(x) + f(H_2) = 0$ und zeichnet unter Benutzung des im ersten Berechnungsgang gefundenen Skalenträgers für H_1 auch dieses Nomogramm; ihm schließt sich die dritte Rechentafel an für

$$f(H_2) + f(y) + f(z) = 0.$$

Auf diese Weise können Rechentafeln für beliebig viele Veränderliche entworfen werden; die grundsätzliche Anordnung der Skalenträger und der Auswertungsgeraden zeigt Bild 214. Statt die einzelnen Nomogramme *nebeneinander* zu setzen, kann man sie auch *ineinanderzeichnen*, wie z. B. im Nomogramm zur Berechnung zylindrischer Schraubenfedern, vgl. Federnde Verbindungen, S. 698.

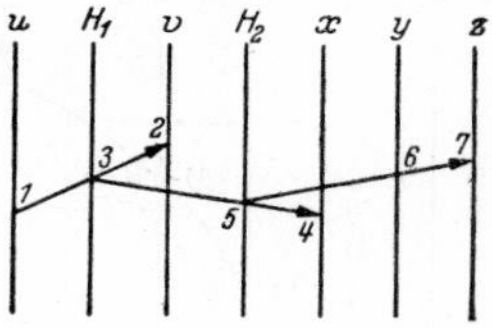

Bild 214

Durch geeignete Wahl der Kopplungsfunktionen, ferner durch Verwendung *eines* Skalenträgers für *zwei* Variable und ähnliche Kunstgriffe lassen sich die Rechentafeln oftmals überraschend einfach gestalten, wodurch freilich die Zahl der Arbeitsgänge (Einstellungen, Ablesungen) nicht vermindert, wohl aber die Auswertebequemlichkeit gesteigert wird. Solche Nomogramme weisen dann bereits sämtliche kennzeichnenden Merkmale einer modernen Analog-Rechenmaschine auf.

b) Gekoppelte Netz- und Leitertafeln. Hat man 4 Veränderliche darzustellen, so kann man auch so verfahren, daß man von dem zu vertafelnden Ausdruck

$$f_4 = (f_1, f_2, f_3) = 0$$

etwa den Teil $\varphi(f_1, f_2) = H$ als Netztafel ausbildet und an diese dann eine Dreileitertafel so anschließt, daß die Teilung der koppelnden Ausgangsskala der Netztafel den Eingang in die Dreileitertafel bildet. Auf diese Weise können auch mehrere Netztafeln mit einer oder mehreren Dreileitertafeln kombiniert werden.

E. Sonderprobleme

1. Gleitkurven

Gleitkurven geben die Möglichkeit, Zusammenhänge bestimmter Art zwischen vier Variablen in nur *einem* Auswertegang, also mit Hilfe nur *einer* Auswertegeraden zu lösen.

Solche Zusammenhänge haben etwa die Form $f_4 = \varphi(f_1, f_2) = \psi(f_2, f_3)$. (20a)

Man entwickelt zunächst eine Dreileitertafel für $f_4 = \varphi(f_1, f_2)$ (20b)

und muß in diese noch die zweite Beziehung $f_4 = \psi(f_2, f_3)$ (20c)

einpassen, wobei sich für die dritte Variable eine Gleitkurvenschar ergibt.

Beispiel: Bild 215 zeigt das Schema eines Nomogramms zur Berechnung der Oberfläche O von Kugelhauben nach den Formeln

$$O = d\pi h = \pi(h^2 + s^2/4).$$

Das Nomogramm für $O = \pi dh$ bzw. $d = O/(\pi h)$ ist eine Dreileitertafel mit logarithmischen Teilungen. Die Fläche zwischen den Leitern für d und O ist ausgefüllt mit der Gleitkurvenschar für

$$O = \pi(h^2 + s^2/4).$$

Diese entstand auf Grund der umstehenden Zahlentafel: Die vier s-Werte wurden als Verbindungsgerade der entsprechenden h- und O-Werte in das Nomogramm eingetragen, sie bilden Tangenten an die vier s-Kurven. Die Kurven selbst wurden mit einem Kurvenlineal ausgezogen. Zieht man zu den gegebenen Teilungsträgern Parallelen, so werden diese durch die Kurven logarithmisch unterteilt, wobei, wenn die Teilungsmoduln für O und h gleich 1 sind, die für die Parallelen von $1/2$ stetig bis 2 zunehmen, und zwar proportional ihrem Abstand

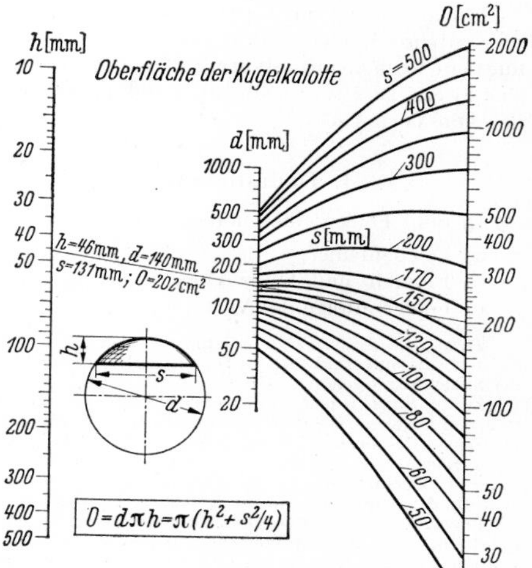

Bild 215

von der h/d-Skala. Die Schnittpunkte der Tangenten an die s-Kurven „gleichen Teilungsmoduls" liegen auf einem nach h/d geteilten Skalenträger im Abstand $a/3$ von der d-Teilung; dies bildet eine wertvolle Zeichenkontrolle, Bild 216.

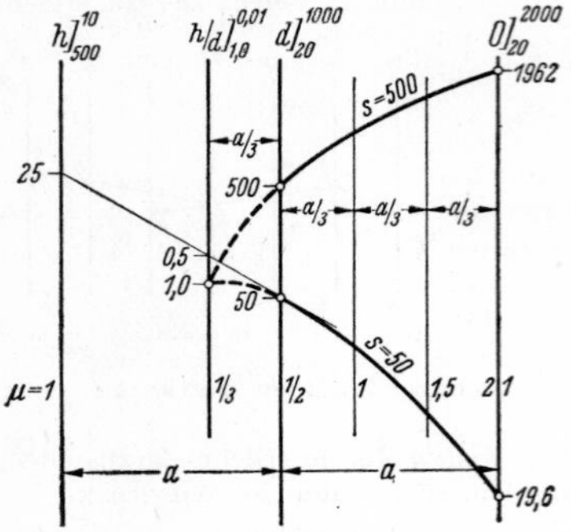

Bild 216

s mm	h mm	O cm²
50	5	20,4
.	10	22,8
.	25	39,4
100	10	82
.	20	91,3
.	50	157
200	20	327
.	40	393
.	100	630
500	50	2040
.	100	2280
.	250	3940

2. Umzeichnung von Kurvenscharen in Fluchtlinientafeln

Solche Umzeichnungen kommen vor allem dann in Frage, wenn es sich um die Auswertung von *Versuchsergebnissen* handelt, für welche der mathematische Zusammenhang entweder nicht bekannt (vgl. Bild 203) oder zu verwickelt ist, um zeichnerisch auf einfache Weise dargestellt zu werden. Man formt die zumeist aus einer vorgegebenen Zahlentafel entwickelte Kurvenschar nach A 3b) in eine Schar von Geraden um, und diese wieder in eine Fluchtlinientafel gemäß D 1b). Für die Verstreckung der Kurven kann es dabei von Vorteil sein, für die Darstellung einfach oder doppelt logarithmisch geteiltes Papier zu benutzen; auch schon die Vertauschung von Argument und Funktion hilft gelegentlich.

3. Spezialrechenstäbe

Voraussetzung für das Entwickeln von Rechenstabteilungen ist das Vorhandensein entsprechender Paralleltafeln nach D 2a). Für einfache Zusammenhänge genügt ein Rechenstab mit *einer* Zunge, bei mehr als drei Veränderlichen nimmt man eine zweite zu Hilfe; auch die Kombination mit einer Kurvenschar kann gelegentlich von Vorteil sein.

4. Genauigkeit der Nomogrammauswertung

In dem Fehler eines nomographisch bestimmten Zahlenwertes sind enthalten:

a) Zeichenfehler,
b) Einstell- und Ablesefehler,
c) Fehler infolge des Vertafelungsprinzips.

Zu a). Die *Zeichenfehler* entsprechen den „Instrumentfehlern" beim Messen mit Meßinstrumenten; die unvermeidlichen Teilungsfehler, nicht scharfe Parallelität und ungenaue Abstände der Skalenträger gehören hierher.

Zu b). *Einstell- und Ablesefehler* sind „persönliche Fehler" und treten als Parallaxe beim Einstellen und Ablesen sowie als Schätzfehler beim Interpolieren funktioneller Intervalle in Erscheinung.

Zu c). Die *unvermeidlichen Fehler*, die durch das gewählte Vertafelungsprinzip in den Auswertefehler eingehen, entsprechen dem „Verfahrensfehler" der allgemeinen Meßtechnik und haben ihre Ursache in dem Charakter der Funktionsleitern, in deren gegenseitiger Lage, die u. U. zu spitze Schnitte der Auswertegeraden mit dem Skalenträger zur Folge hat.

Logarithmische Teilungen z. B. ermöglichen — im Gegensatz zu allen anderen Funktionsteilungen — das Ablesen von Zahlenwerten mit einer (prozentualen) Genauigkeit, die unabhängig von der Größe der Werte ist. Daher sind die verschiedenen Darstellungen ein und desselben Zusammenhanges etwa als Netztafel, als Parallel- oder als N-Tafel usw. fehlertheoretisch durchaus nicht gleichwertig.

Theoretisch liegt die Auswertegenauigkeit für eine Dreileitertafel im Format DIN A4 bei 1 bis 2‰, praktisch jedoch bei 3 bis 8‰, eine Genauigkeit, die indes für die meisten Zwecke des Maschinenbaus völlig ausreichend ist.

5. Äußere Gestaltung der Nomogramme

Fehlertheoretische Gesichtspunkte sind nicht allein für die Wahl des Vertafelungsprinzips, sondern auch für die Wahl des Formates, der Teilstrichdicken und -längen sowie die zahlenmäßige Größe der Teilungsintervalle (Teilungsschritt) entscheidend. Auch Überlegungen, die den bequemen und rationellen Gebrauch der Tafeln betreffen, wie z. B. das Verziffern, Angabe der dargestellten Formel, Einzeichnen eines Beispiels, bei gekoppelten Tafeln auch des Auswertegangs, sind für den Benutzer wesentlich.

X. Zeichnerische und rechnerische Verfahren der praktischen Mathematik

Literatur: 1. *Kantorowitsch, K.:* Näherungsmethoden der höheren Analysis. Berlin: Verlag Deutscher Wissenschaften 1956. — 2. *Meyer zur Capellen, W.:* Mathematische Instrumente. 3. Aufl. Leipzig: Akadem. Verlagsges. 1949. — 3. *Ders.:* Instrumentelle Mathematik für den Ingenieur. Essen: Girardet 1952. — 4. *Ulbricht, H.:* Die lineare Näherung u. ihre Anwendung. Prien: Wintersche Verlagsbuchhandlung 1964. — 5. *Willers, Fr. A.:* Methoden der praktischen Analysis. 3. Aufl. Leipzig: Teubner 1957. — 6. *Zurmühl, R.:* Praktische Mathematik für Ingenieure und Physiker. 5. Aufl., Berlin: Springer 1965.

a) Interpolation. Eine Kurve $y = f(x)$, deren Gesetz oder von der $n+1$ Punkte bekannt sind oder die aufgezeichnet vorliegt, soll durch eine durch $n+1$ Punkte hindurchgehende Parabel n-ter Ordnung

$$y^* = \alpha_0 + \alpha_1 x + \alpha_2 x^2 + \cdots + \alpha_n x^n$$

dargestellt werden. Sind

$$P_0(x_0, y_0); \quad P_1(x_1, y_1); \quad \ldots; \quad P_n(x_n, y_n)$$

diese Punkte, so kann nach der Interpolationsformel von *Newton* geschrieben werden

$$\begin{aligned} y^* = A_0 &+ A_1(x - x_0) + A_2(x - x_0)(x - x_1) \\ &+ A_3(x - x_0)(x - x_1)(x - x_2) + \cdots \\ &+ A_n(x - x_0)(x - x_1)(x - x_2)\cdots(x - x_{n-1}). \end{aligned}$$

Die Koeffizienten $A_0, A_1, \ldots, A_n$ lassen sich nach dem folgenden Schema berechnen:

x_0	$y_0 = A_0$				
x_1	y_1	$a_1 = A_1$			
x_2	y_2	a_2	$b_2 = A_2$		
x_3	y_3	a_3	b_3	$c_3 = A_3$	
x_4	y_4	a_4	b_4	c_4	$d_4 = A_4$

Hierin ist $a_i = \dfrac{y_i - y_0}{x_i - x_0}$, $b_i = \dfrac{a_i - a_1}{x_i - x_1}$, $c_i = \dfrac{b_i - b_2}{x_i - x_2}$, $d_i = \dfrac{c_i - c_3}{x_i - x_3}$ usw., d. h. jeder Ausdruck ist gleich der Differenz des entsprechenden Gliedes der vorhergehenden Spalte gegen das erste Glied derselben Spalte, dividiert durch die zugehörige Abszissendifferenz.

Beispiel: Ein Schwingungsvorgang zeige das in Bild 217 wiedergegebene Zeit-Weg-Diagramm. Die Kurve soll durch eine Parabel vierter Ordnung ersetzt werden.

Die gewählten fünf Punkte der Kurve haben die Koordinaten:

$$P_0\,(0; 0); \quad P_1\,(5; 12{,}2); \quad P_2\,(12; 0{,}2); \quad P_3\,(16; -2{,}4); \quad P_4\,(20; 0).$$

Es ergibt sich daher das folgende Schema:

0	0				
5	12,2	2,44			
12	0,2	0,0167	−0,3462		
16	−2,4	−0,15	−0,2355	+0,02768	
20	0	0	−0,1627	+0,02294	−0,001186

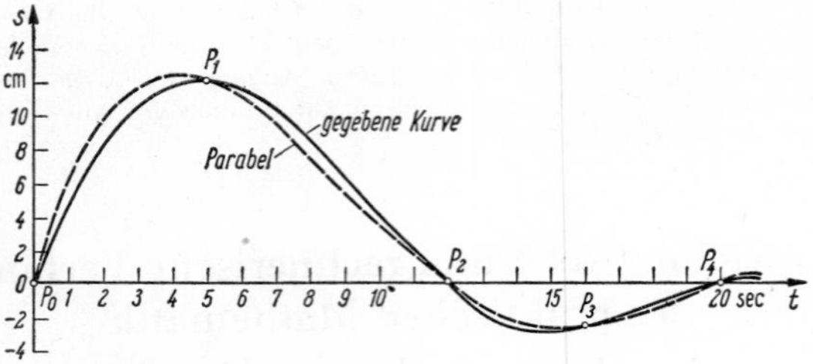

Bild 217. Ersatz einer Kurve durch eine Parabel n-ter Ordnung

Dementsprechend lautet die Gleichung der Parabel vierter Ordnung, wenn t in sec die Zeit, s^* in cm der Weg ist:

$$\begin{aligned} s^* &= 0 + 2{,}44t - 0{,}3462t(t-5) + 0{,}02768t(t-5)(t-12) - 0{,}001186t(t-5)(t-12)(t-16) \\ &= 6{,}971t - 1{,}2105t^2 + 0{,}06682t^3 - 0{,}001186t^4. \end{aligned}$$

Trägt man die Kurve y^* mit $y = f(x)$ zusammen in ein Koordinatensystem zur Prüfung der Annäherung ein und sind dann die Abweichungen zu groß, so kann ein weiterer Punkt eingeschaltet und das Schema für die Werte A um eine Zeile vermehrt werden.

Wird im Beispiel noch ein Punkt P_5 (x_5, y_5) hinzugenommen, der den Koeffizienten A_5 liefert, so wird $s^{**} = s^* + A_5 t(t-5)(t-12)(t-16)(t-20)$.

Ersetzt die Parabel die gegebene Kurve genügend genau, so kann man durch Differentiieren die erste und die zweite Ableitung gewinnen.

Im Beispiel folgt damit für Geschwindigkeit und Beschleunigung:

$$\begin{aligned} v^* &= \mathrm{d}s^*/\mathrm{d}t = 6{,}971 - 2{,}4210t + 0{,}20046t^2 - 0{,}004744t^3, \\ a^* &= \mathrm{d}v^*/\mathrm{d}t = -2{,}4210 + 0{,}40092t - 0{,}014232t^2. \end{aligned}$$

b) Ermittlung des Polynoms

$$y(x) = a_0 + a_1 x + a_2 x^2 + \cdots + a_n x^n$$

für einen bestimmten Wert x.

α) *Rechnerisches Verfahren von Horner:*

a_n	a_{n-1} $+a_n x$	a_{n-2} $+b_{n-1}x$	… …	a_2 $+b_3 x$	a_1 $+b_2 x$	a_0 $+b_1 x$
Summe: a_n	b_{n-1}	b_{n-2}	…	b_2	b_1	$b_0 = y(x)$

In der dritten Reihe steht die Summe der Glieder der beiden ersten Reihen, es ist also $b_{n-1} = a_{n-1} + a_n x$ usw. Man stellt x zum Beispiel auf dem Rechenschieber ein und kann die Werte der zweiten Reihe ohne Änderung der Einstellung ablesen.

Beispiel: Der Wert $s^* = 6{,}971t - 1{,}2105t^2 + 0{,}06682t^3 - 0{,}001186t^4$ [vgl. a)] soll für $t = 2$ berechnet werden.

−0,001186	+0,06682 −0,00237	−1,2105 +0,1289	+6,971 −2,163	0 +9,616
−0,001186	+0,06445	−1,0816	+4,808	9,616

β) *Zeichnerisches Verfahren von Segner.* Man trägt auf der y-Achse, Bild 218, als Strecken die Koeffizienten

$$OA_0 = a_0, \quad A_0A_1 = a_1, \quad A_1A_2 = a_2, \quad \ldots, \quad A_{n-1}A_n = a_n$$

auf, positiv nach oben, negativ nach unten. In Bild 218 ist $n = 3$, die Vorzeichen sind angedeutet. Ziehe die Parallelen (x) und (1) zur Ordinatenachse im Abstand x und 1, ziehe ferner A_nE_n waagerecht, wobei alle Punkte E auf (1) liegen. Die Gerade $A_{n-1}E_n$ liefert den Punkt P_n, der wie alle Punkte P auf (x) liegt. Die Waagerechte durch P_n liefert E_{n-1}, mit dem das Verfahren zu wiederholen ist. Man erhält schließlich P_1 durch den Linienzug E_2A_1, P_2E_1, E_1A_0. Dann hat P_1 den gesuchten Abstand $y(x)$ von der x-Achse. In der Zeichnung wurde ermittelt

$$y = 0{,}2 + 0{,}1x + 0{,}5x^2 - 0{,}25x^3$$

für $x = 0{,}55$; $y(x) = y(0{,}55) = 0{,}365$.

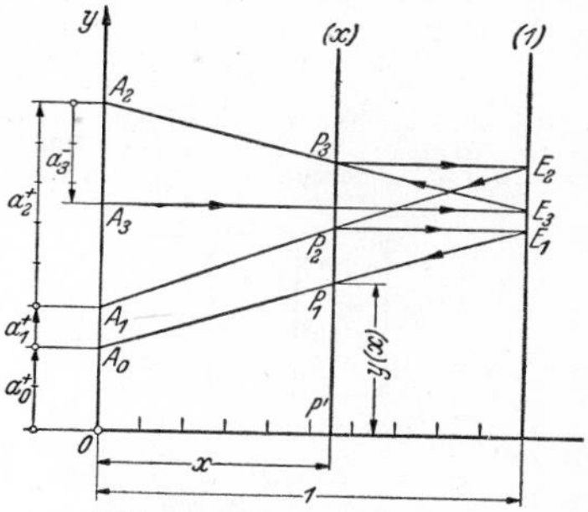

Bild 218. Verfahren von *Segner*

Sind die *Koeffizienten zu groß*, so können sie in anderem Maßstab als x, d. h. im Maßstab von y aufgetragen werden.

Da die Konstruktion ungenau wird, wenn $x > 1$, weil die Geraden AE über (1) hinaus zu verlängern sind, benutzt man dann statt (1) eine Parallele zur y-Achse im Abstand $e > 1$ (z. B. $e = 10$, 20, ...), wobei e nicht kleiner ist als der größte in Frage kommende Wert x.

Auf der y-Achse hat man hierbei die Strecken

$$OA_0 = a_0, \quad A_0A_1 = ea_1, \quad A_1A_2 = e^2a_2, \quad \ldots, \quad A_{n-1}A_n = e^n a_n$$

abzutragen.

c) Flächeninhalt. α) Man zerlegt das Flächenstück, Bild 219, durch senkrechte Linien in Streifen, die man nach dem Augenmaß in Rechtecke verwandelt. Hierzu muß man in jedem Streifen zwei waagerechte Linien so ziehen, daß die durch Schraffieren hervorgehobenen Flächen inhaltsgleich werden. Zeichnet man die Fläche auf Millimeterpapier, so kann man Breite und Höhe der einzelnen Rechtecke ohne weiteres ablesen.

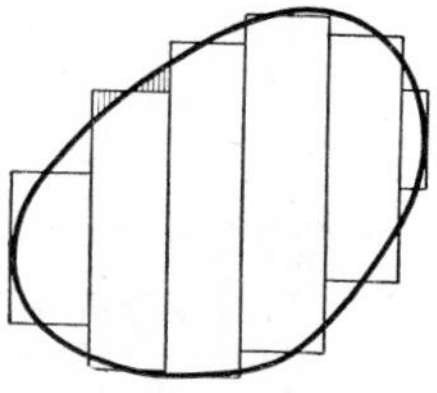
Bild 219

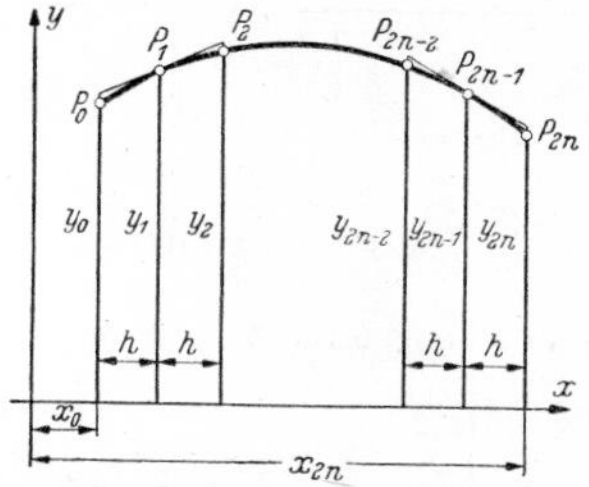

Bild 220. Trapezregel und *Simpson*sche Regel

β) Unterteilt man die gegebene Kurve, Bild 220, in $2n$ Parallelstreifen von gleicher Breite h, indem man in gleichen Abständen Parallelen zur y-Achse zieht, welche die Kurve in den Punkten $P_0(x_0, y_0)$, $P_1(x_1, y_1)$, ..., $P_{2n}(x_{2n}, y_{2n})$ schneiden, so wird, wenn man die Kurve durch das Sehnenpolygon $P_0P_1 \cdots P_{2n}$ ersetzt:

$$A \approx T = h\,(y_0/2 + y_1 + y_2 + \cdots + y_{2n-1} + y_{2n}/2)$$

(*Trapezformel*).

γ) Zieht man in $P_1, P_3, \ldots, P_{2n-1}$ Tangenten und ersetzt den Kurventeil $P_0P_1P_2$ durch das von den Ordinaten y_0 und y_2 abgeschnittene Stück der Tangente in P_1 usw., so wird der Inhalt

$$A \approx U = 2h(y_1 + y_3 + \cdots + y_{2n-1})$$

(*Tangentenformel*).

δ) Ein besserer Näherungswert ergibt sich, wenn das Kurvenstück zwischen drei aufeinanderfolgenden Punkten durch eine allgemeine Parabel 3. Ordnung ersetzt wird; es ist (*Simpson*sche Regel)

$$A \approx S = \frac{2T + U}{3} = \frac{h}{3}\,(y_0 + 4y_1 + 2y_2 + 4y_3 + 2y_4 + \cdots + 4y_{2n-1} + y_{2n})$$

Die *Simpson*sche Regel gibt also genaue Werte für die Funktion

$$y = a_0 + a_1 x + a_2 x^2 + a_3 x^3.$$

Die Güte der Annäherung zeige die Berechnung der Fläche unter der Kurve $y = 0{,}2/(1 + x^2)$ in den Grenzen $x = 0$ und $x = 1$, Bild 221, nach den drei Formeln. Die Kurve wurde in $2n = 10$ Teile geteilt, so daß $h = 0{,}1$ ist.

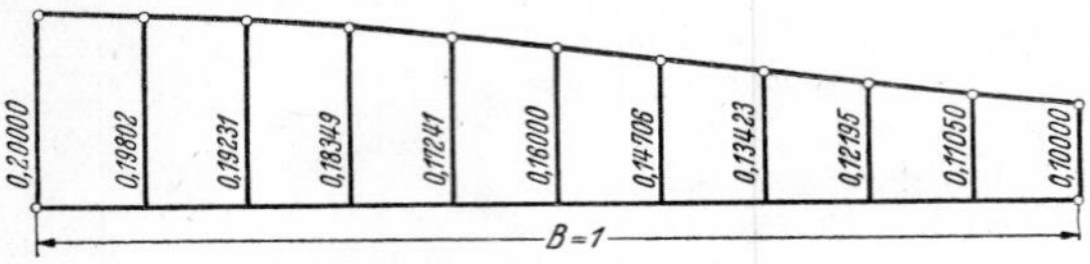

Bild 221

x	y	Trapezformel	Tangentenformel	*Simpson*sche Regel
0,0	0,20000	0,10000	......	1 0,20000
0,1	0,19802	0,19802	0,19802	4 0,79208
0,2	0,19231	0,19231	......	2 0,38462
0,3	0,18349	0,18349	0,18349	4 0,73396
0,4	0,17241	0,17241	......	2 0,34482
0,5	0,16000	0,16000	0,16000	0,64000
0,6	0,14706	0,14706	......	0,29412
0,7	0,13423	0,13423	0,13423	0,53692
0,8	0,12195	0,12195	......	0,24390
0,9	0,11050	0,11050	0,11050	0,44200
1,0	0,10000	0,05000	......	1 0,10000
$\Sigma =$		1,56997	0,78624	4,71242
$A =$		$0{,}1 \cdot 1{,}56997$	$0{,}2 \cdot 0{,}78624$	$\frac{0{,}1}{3} \cdot 4{,}71242$
		$= 0{,}156997$	$= 0{,}157248$	$= 0{,}157081$

Der genaue Wert ist $0{,}2 \int_0^1 \mathrm{d}x/(1 + x^2) = 0{,}2 \arctan 1 = 0{,}2 \cdot \pi/4 = \pi/20 = 0{,}1570796\ldots$

Der Fehler beträgt bei der Trapezformel 0,5‰, bei der Tangentenformel 1‰, bei der *Simpson*schen Regel nur 0,01‰.

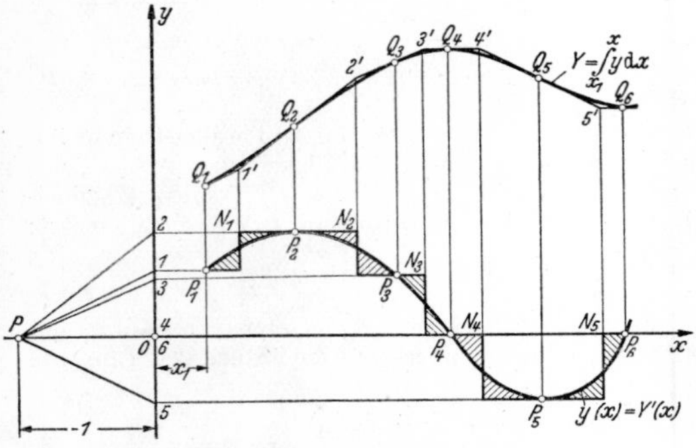

Bild 222. Zeichnerische Integration

d) Zeichnerische Integration. α) *Tangentenverfahren.* Man nimmt auf der zu integrierenden Kurve in beliebigen Abständen eine Reihe von Punkten P_1, P_2, ... an, Bild 222, unter denen sich Maximum, Minimum und der Schnittpunkt mit der x-Achse befinden sollen, zieht durch diese Punkte die Parallelen zur x-Achse und schaltet zwischen sie die y-Parallelen N_1, N_2, ... so ein, daß die in Bild 222 schraffierten

Flächen inhaltsgleich werden. Diese Parallelen bringen bei der so entstehenden treppenförmigen Kurve den Flächenausgleich hervor. Man zieht nun durch die waagerechten Stufen der Treppenkurve Parallelen zur x-Achse, welche die y-Achse in den Punkten 1, 2, ... schneiden. Dann nimmt man den Pol P im Punkt „-1" der x-Achse an, zieht die Strahlen $P1$, $P2$, ... und zu diesen, in Q_1 beginnend, die Parallelen $Q_1 1' \parallel P1$, $1'2' \parallel P2, \ldots$, wobei die Punkte $1', 2', \ldots$ auf den durch $N_1, N_2, \ldots$ gezogenen Senkrechten liegen. Q_1 ist hierbei der senkrecht über P_1 liegende gegebene Punkt, durch den die Integralkurve hindurchgehen soll. Man erhält so ein Tangentenpolygon der gesuchten Integralkurve; die Berührungspunkte $Q_1, Q_2, \ldots$ liegen senkrecht über $P_1, P_2, \ldots$ und sind bei genauem Flächenausgleich genaue Punkte der Integralkurve. Der Flächeninhalt unter der gegebenen Kurve $y(x)$ zwischen x_1 und x_n ist gleich der Differenz der Ordinaten von Q_n und Q_1, also gleich $Y_n - Y_1$.

Ist der Polabstand OP nicht 1, sondern gleich p cm, so ist der Flächeninhalt unter $P_1, \ldots, P_n$ gleich der Differenz der Ordinaten von Q_n und Q_1 mal dem Abstand p.

Sind allgemein die *Maßstäbe* derart, daß auf der x-Achse 1 cm $\triangleq \alpha$ Einheiten E_1, auf der Achse für $y = f(x)$ 1 cm $\triangleq \beta$ Einheiten E_2 und auf der Achse für $Y = \int y\,dx$ 1 cm $\triangleq \gamma$ Einheiten E_3 bedeuten, so gilt mit dem Polabstand $OP = p$ cm: $\gamma = \alpha\beta p$, wobei $E_3 = E_1 \cdot E_2$. Durch die Wahl von p kann die Ausdehnung der Integralkurve nach oben und unten geregelt oder ein geeigneter Maßstab γ erreicht werden.

β) *Seilpolygon.* Ist aus $y'' = f(x)$ die zweite Integralkurve $y = \iint f(x)\,dx\,dx$ zu ermitteln, so kann man das unter α) beschriebene Verfahren zweimal anwenden. Da aber die elastische Linie eines Trägers mit gleichbleibendem Querschnitt, abgesehen vom Maßstab, die zweite Integralkurve zur Momentenlinie ist (S. 94 u. S. 380), so kann auch das dort geschilderte Verfahren zur zweifachen Integration benutzt werden (Bild 58, S. 381). Dieser Weg ist nur bei wenig gekrümmten Kurven $y = f(x)$ zu wählen, da sonst die Schwerpunkte der Flächenstreifen nicht genau zu bestimmen sind.

e) Instrumentelle Integration (Lit. 2, 3). Zur Ermittlung des bestimmten Integrals $\int_{x_1}^{x} y(x)\,dx$ dienen Grundplanimeter oder Planimeter erster Ordnung; zur Ermittlung von $\int_{x_0}^{x} y(x)\,dx$, dem unbestimmten Integral, durch Ablesung an einer Meßrolle dienen Integrimeter (*Ott*), zum Aufzeichnen der Integralkurve $Y(x) = \int_{x_0}^{x} y(x)\,dx$ Grundintegraphen, zur Lösung von Differentialgleichungen allgemeine Integraphen und Integriergeräte oder elektronische Rechenanlagen.

Zur Auswertung von Integralen der Form $J = \int y^n\,dx$, worin $y = f(x)$, dienen Potenzplanimeter; sie können als solche auch zur Bestimmung von statischen Momenten, daher Schwerpunkten, von Trägheitsmomenten, Rauminhalten u. a. m. verwendet werden. Zur Auswertung von Integralen der allgemeineren Form $\int_{x_1}^{x_2} \varphi[f(x)]\,dx$ dienen Funktionsplanimeter.

f) Zeichnerische Differentiation. α) *Tangente in einem Kurvenpunkt P*, Bild 223. Diese kann nach Augenmaß gefunden werden. Oder: Von den Schnittpunkten

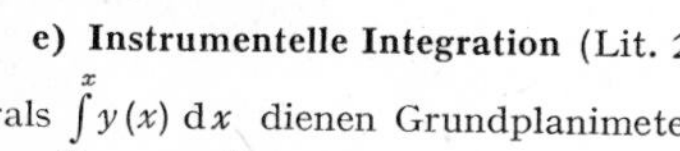

Bild 223. Tangente in einem Punkt

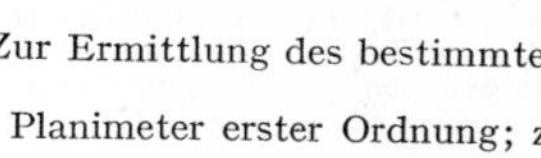

Bild 224. Tangente gegebener Richtung

$b_1, b_2, \ldots$ der Kurve mit den durch P gezogenen Strahlen aus trägt man auf diesen die beliebige, aber unveränderliche Strecke $\overline{b_1 c_1} = \overline{b_2 c_2}$ nach der gleichen Seite ab. Der Kreis um P mit der gleichen Strecke trifft die durch $c_1, c_2, \ldots$ gezogene Kurve in c. Dann ist Pc die gesuchte Tangente.

β) *Tangente gegebener Richtung*, Bild 224. Nach Augenmaß zu zeichnen, oder man zieht parallel zur gegebenen Richtung mehrere Sehnen $s_1, s_2, \ldots$, halbiert diese und verbindet ihre Mittelpunkte $m_1, m_2, \ldots$ durch eine Kurve. Diese schneidet die gegebene Kurve im gesuchten Kurvenpunkt.

γ) *Instrumentelle Hilfsmittel* sind: das Spiegellineal (Spiegelebene senkrecht zur Zeichenebene), das die Normale liefert, das Derivimeter nach *Ott* mit Visolettlupen oder der Derivator nach *Harbou* mit Prismen.

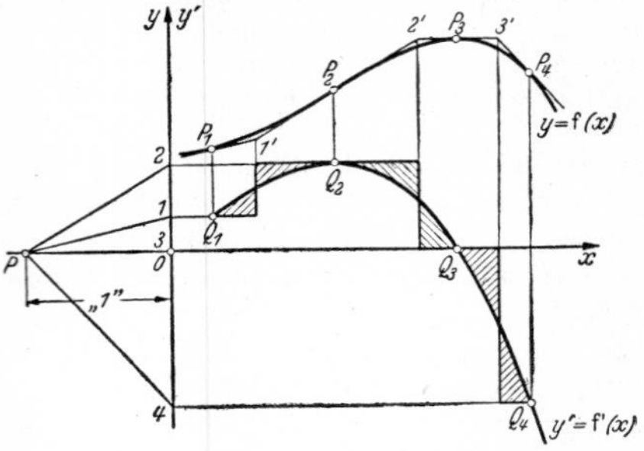

Bild 225. Ausgleich der Differentialkurve

δ) *Differentialkurve*, Bild 225. Man zieht nach α), β) oder γ) an die Kurve $y = f(x)$ mehrere Tangenten in den Punkten $P_1, P_2, \ldots$ und durch den Pol P im Punkte „-1" der x-Achse hierzu die Parallelen (Bild 43, S. 82). Die Waagerechten durch ihre Schnittpunkte 1, 2, ... mit der y-Achse schneiden die Lotrechten durch $P_1, P_2, \ldots$ in den Punkten $Q_1, Q_2, \ldots$ der gesuchten Differentialkurve $y' = f(x)$. Die Senkrechten durch die Schnittpunkte $1', 2', \ldots$ der Tangenten müssen bei der Differentialkurve nach d) den in Bild 225 durch Schraffur angedeuteten Flächenausgleich hervorbringen. Dementsprechend ist die Differentialkurve durch die Punkte $Q_1, Q_2, \ldots$ hindurchzulegen.

Sind allgemein die *Maßstäbe* derart, daß auf der x-Achse 1 cm $\triangleq \alpha$ Einheiten E_1, auf der Achse für $y = f(x)$ 1 cm $\triangleq \beta$ Einheiten E_2 und auf der Achse für y' 1 cm $\triangleq \gamma$ Einheiten E_3 bedeuten, so gilt mit dem Polabstand $OP = p$ cm: $\gamma = \beta/\alpha p$, wobei $E_3 = E_2/E_1$. Durch entsprechende Wahl von p vermeidet man zu steile oder zu flache Differentialkurven und erhält einen geeigneten Maßstabfaktor γ.

Linien, Flächen und Körper

Von den Herausgebern
aus den Beiträgen „Mathematik“ und „Statik“ entnommen und ergänzt

U = Umfang A = Flächeninhalt O = Oberfläche
M = Mantelfläche V = Rauminhalt
S^* = Schwerpunkt mit Koordinaten x_0, y_0

1. Strecken, Linienzüge

a) *Gerade Strecke.* Schwerpunkt liegt in der Mitte der Strecke.

b) *Dreiecksumfang,* Bild 1, mit Seiten a, b, c.

$U = a + b + c = 2s$ (vgl. S. 69, Abs. 10).

S^*; A_1, B_1, C_1 sind die Mitten der Seiten. S^* ist Mittelpunkt des Kreises, der die Verbindungslinien A_1B_1, B_1C_1, C_1A_1 tangiert.

$$y_0 = \frac{h}{2} \cdot \frac{b+c}{a+b+c} = \frac{h}{4} \cdot \frac{b+c}{s}.$$

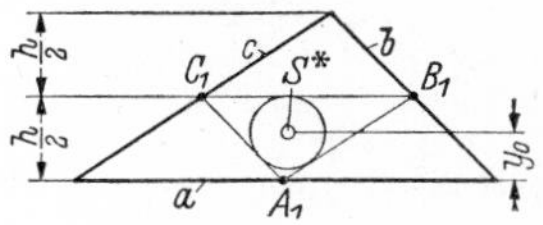

Bild 1

c) *Kreisbogen,* Bild 2, mit Halbmesser r, halbem Zentriwinkel $\varphi/2$.

Bogenlänge b in Funktion vom Zentriwinkel φ, Bogenhöhe h, Sehnenlänge s, vgl. Tab. D, S. 28,

S^* liegt auf Winkelhalbierender als Symmetrieachse.

$y_0 = r \sin(\varphi/2)/\text{arc}(\varphi/2) = rs/b$.

Halbkreisbogen $y_0 = r \cdot 2/\pi \approx 0{,}637r$;
Viertelkreisbogen $y_0 = r \cdot 0{,}5\sqrt{2} \cdot 4/\pi \approx 0{,}900r$;
Sechstelkreisbogen $y_0 = r \cdot 0{,}5 \cdot 6/\pi \approx 0{,}955r$.

Beliebiger flacher Bogen $y_0' \approx {}^2/_3 h$.

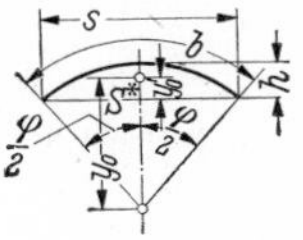

Bild 2

2. Ebene Flächen

a) *Dreieck,* Bild 3, mit $\sphericalangle\ \alpha, \beta, \gamma$; Höhen h_a, h_b, h_c; Mittellinien (Seitenhalbierende) m_a, m_b, m_c; $2\delta = m_a + m_b + m_c$; $s = {}^1/_2(a+b+c)$, vgl. 1, b.

$$A = {}^1/_2 a h_a = {}^1/_2 ab \sin\gamma = \frac{a^2 \sin\beta \sin\gamma}{2 \sin\alpha}$$

$$= 2r^2 \sin\alpha \sin\beta \sin\gamma = \frac{abc}{4r}$$

$$= \varrho^2 \cot(\alpha/2) \cot(\beta/2) \cot(\gamma/2)$$

$$= \sqrt{s(s-a)(s-b)(s-c)}$$

$$= {}^4/_3 \sqrt{\delta(\delta - m_a)(\delta - m_b)(\delta - m_c)} = \varrho s.$$

S^* liegt auf Schnittpunkt der Mittellinien; $y_0 = h_a/3$.
Rechtwinkliges Dreieck mit $\gamma = 90°$ und Hypotenuse c.
$A = {}^1/_2 ab = {}^1/_2 a^2 \cot\alpha$; $a^2 + b^2 = c^2$.

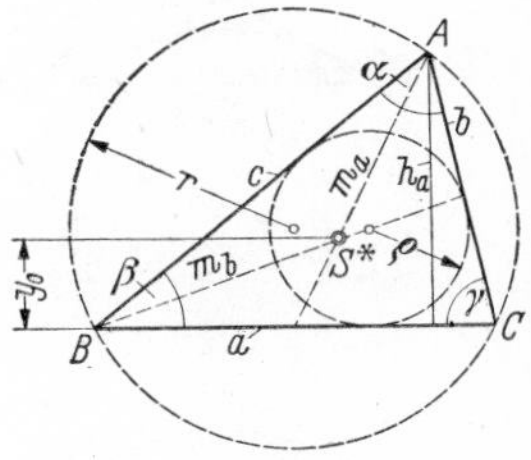

Bild 3

b) *Allgemeines Viereck,* Bild 4.

A; Zerlegen in je zwei Dreiecke durch die Diagonalen D_1 und D_2; h_1 und h_2 Höhen auf D_2; φ spitzer Winkel zwischen D_1 und D_2.

$A = {}^1/_2 D_2(h_1 + h_2) = {}^1/_2 D_1 D_2 \sin\varphi$.

Diese Gleichung gilt auch für Trapez, Parallelogramm und Rhombus.

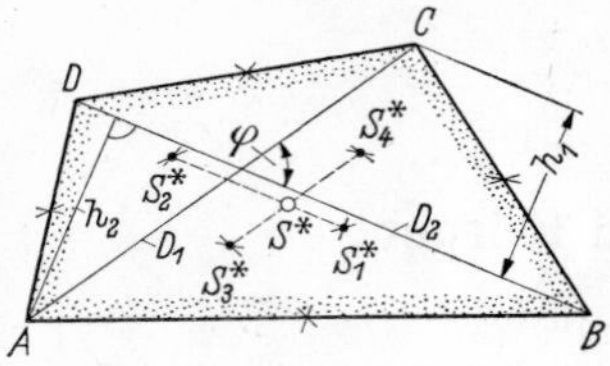

Bild 4

S^*; zeichnerisch bestimmt:

Diagonale D_1
ergibt Teildreieck ABC mit Schwerpunkt S_1^*
und „ ACD „ „ S_2^*,

Diagonale D_2
ergibt Teildreieck ABD mit Schwerpunkt S_3^*
und „ BCD „ „ S_4^*.

S^* ist Schnittpunkt von $S_1^*S_2^*$ mit $S_3^*S_4^*$.
$S_1^*S_2^* \parallel D_2$; $S_3^*S_4^* \parallel D_1$.

c) *Trapez*, Bild 5. Parallele Seiten a, b; Höhe h. $m = {}^1/_2(a + b)$.
$A = {}^1/_2 h(a + b) = mh$.
S^*; zeichnerisch bestimmt. Auf den linken und rechten Verlängerungen der Grundseiten a und b werden die Strecken der anderen Grundseiten aufgetragen. Verbindungslinien der Endpunkte ergeben als Schnittpunkt S^*. Außerdem liegt S^* auf Mittellinie von a und b.

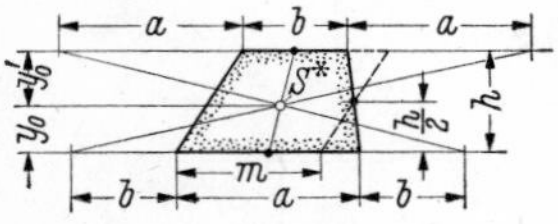

Bild 5

$y_0 = {}^1/_3 h(a + 2b)/(a + b)$; $y_0' = {}^1/_3 h(b + 2a)/(a + b)$.

Anderes graphisches Verfahren vgl. VDI-Z. 101 (1959) 1346.

d) *Parallelogramm*, Bild 5, gestrichelte Linien. Grundlinie m; Höhe h.

$A = mh$.

S^* ist Schnittpunkt der Diagonalen; $y_0 = y_0' = h/2$.

e) *Rhombus*. Seiten a; spitzer Winkel γ.
$A = a^2 \sin\gamma = {}^1/_2 D_1 D_2$; vgl. Bild 4, Viereck; dort ist $A = {}^1/_2 D_1 D_2 \sin\varphi$; hier $\varphi = 90°$.
S^* wie bei d).

f) *Regelmäßiges Vieleck* (n-Eck). Seitenlänge a; Umkreis r; Innenkreis ϱ; halber Zentriwinkel $\varphi/2$.

Halber Eckwinkel des Vielecks ist $90° - \varphi°/2$; $\varphi°/2 = 180°/n$.

$a = 2\sqrt{r^2 - \varrho^2} = 2r \sin(\varphi/2) = 2\varrho \tan(\varphi/2)$.

$U = na = 2nr \sin(\varphi/2) = 2n\varrho \tan(\varphi/2)$. $A = {}^1/_4 na^2 \cot(\varphi/2) = {}^1/_2 nr^2 \sin\varphi = n\varrho^2 \tan(\varphi/2)$.

S^* liegt im Mittelpunkt.

g) *Kreis* mit Halbmesser r, Durchmesser d.

$U = 2\pi r = \pi d$.

$A = \pi r^2 = {}^1/_4 \pi d^2 = 0{,}7854\, d^2$. Zahlenwerte vgl. Tab. A S. 2/21.
S^* liegt im Mittelpunkt.

h) *Kreisabschnitt*, Bild 6. Halber Zentriwinkel $\varphi/2$; Bogenlänge b, Bogenhöhe h und Sehnenlänge s. Formeln und Zahlenwerte für b, h und s, vgl. Tab. D, S. 28.

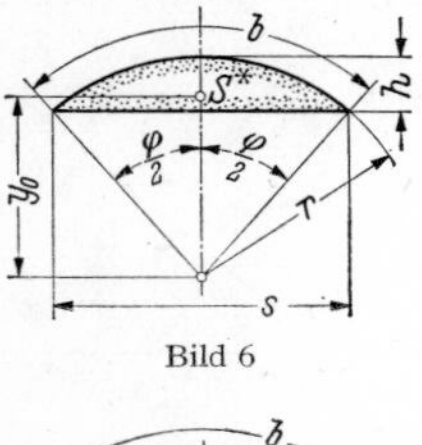

Bild 6

$\widehat{\varphi/2} = \text{arc}(\varphi/2) = \varphi°/2 \cdot \pi/180°$; $\pi/180 = 0{,}01745$
$=$ Marke ϱ auf Rechenstab.

$A = {}^1/_2 r^2(\text{arc}\,\varphi - \sin\varphi) = {}^1/_2[r(b - s) + sh]$;

$b = r\,\text{arc}\,\varphi$.

$$S^*;\ y_0 = \frac{2}{3}\,\frac{r \sin^3(\varphi/2)}{\text{arc}(\varphi/2) - \sin(\varphi/2)\cos(\varphi/2)} = \frac{s^3}{12A}.$$

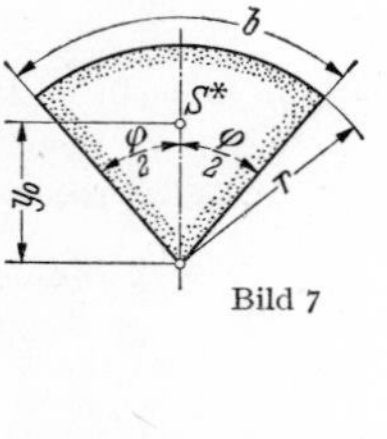

Bild 7

i) *Kreisausschnitt*, Bild 7.

$A = {}^1/_2 r^2\,\text{arc}\,\varphi = br/2$; $b = r\,\text{arc}\,\varphi$.

S^*; $y_0 = {}^2/_3 r \sin(\varphi/2)/\text{arc}(\varphi/2) = {}^2/_3 rs/b$.

Halbkreisfläche mit $\varphi = \pi$; $y_0 = 0{,}424\, r$.

Viertelkreisfläche mit $\varphi = \pi/2$; $y_0 = 0{,}600\, r$.

Sechstelkreisfläche mit $\varphi = \pi/3$; $y_0 \approx 0{,}637\, r$.

k) *Kreisringstück*, Bild 8.

$A = (R^2 - r^2)\,\text{arc}\,(\varphi/2) = (R + r)\,(R - r)\,\text{arc}\,(\varphi/2)$.

S^*; $y_0 = {}^2/_3(R^3 - r^3)\sin(\varphi/2)/(R^2 - r^2)\,\text{arc}\,(\varphi/2) =$
$= {}^2/_3(R^3 - r^3)\sin(\varphi/2)/A$.

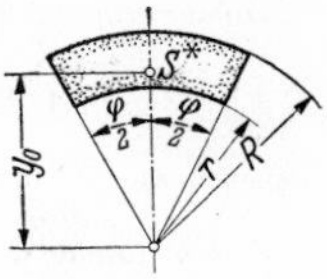

Bild 8

l) *Kreisring* (Kreisringstück mit $\varphi/2 = \pi$).

$A = \pi(R^2 - r^2)$.

S^* liegt im Mittelpunkt.

m) *Ellipse* (*Hyperbel*), *Parabel*.

Allgemein: Bogenlänge. Grundformel vgl. Integralrechnung S. 91.
Inhalt von Flächen, die zum Teil oder ganz von Kurven dieser Art begrenzt sind, vgl. S. 85/86; zeichnerische Verfahren vgl. S. 197.

Ellipse: U; vgl. S. 131.

$A = \pi a b$, vgl. Beispiel S. 86.

Ellipsenabschnitt, Bild 9.

Inhalt der Fläche BCD mit Koordinaten x, y.

$A = ab\,\text{arc}\sin(x/a) - xy$.

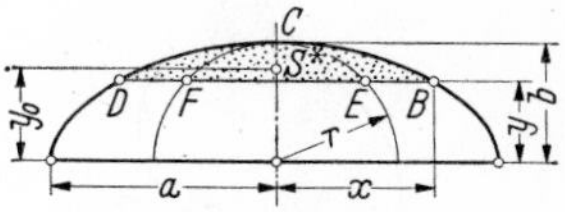

Bild 9

S^*; fällt mit dem Schwerpunkt des Kreisabschnitts ECF (mit Halbmesser $r = b$) zusammen, da Ellipse affine Figur des Kreises. y_0 vgl. h) u. Bild 6.

Parabel, Bild 10.

$A = {}^2/_3$ des Rechtecks $BCDE$; vgl. S. 128.

S^*; $y_0 = 0{,}4h$.

Ergänzungsfläche $A_1 = A/2$.

S_1^*; $y_0' = 0{,}3h$.

Schwerpunkt der halben Parabelfläche $A/2$ ist von Achse durch $S^*S_1^*$ um ${}^3/_{16}\overline{BC}$, der von $A_1/2$ um ${}^3/_8\overline{BC}$ entfernt.

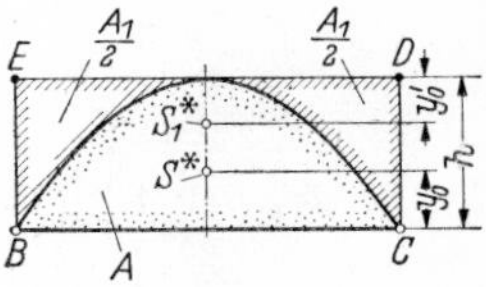

Bild 10

n) Flächen unter flachem Bogen:

Flächeninhalt und Schwerpunkt: Berechnung wie für Parabelfläche (als Annäherung).

3. Einfache homogene Körper

a) *Prisma*, gerades oder schiefes, Bild 11 (und auch Kreiszylinder) mit beliebigen, aber parallelen Endflächen A; Flächenschwerpunkte S_1^* und S_2^*; senkrechter Abstand der Endflächen h.

$V = Ah$.

S^* liegt auf Mitte der Verbindungslinie $S_1^*S_2^*$; $y_0 = h/2$.

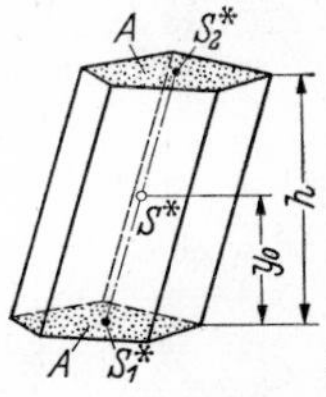

Bild 11

b) Sonderfall *Würfel* mit Kante a; Diagonale $= a\sqrt{3}$.

$O = 6a^2$; $V = a^3$; S^* wie bei a).

c) *Schief abgeschnittenes beliebiges Prisma* mit Endflächen A_1 und A_2, deren Flächenschwerpunkte S_1^* und S_2^* sind; Verbindungslinie $S_1^*S_2^* = l$; Normalfläche dazu A_n. $V = A_n l$.

S^*; Koordinaten sind nach S. 228, Abschn. 3c u. d, zu berechnen.

d) *Obelisk*, Bild 12. Untere waagerechte Fläche $a_1 b_1$ mit Mittelpunkt S_1^*, obere $a_2 b_2$ mit S_2^*; Abstand beider Flächen h.

$V = {}^1/_6 h[(2a_1 + a_2)b_1 + (2a_2 + a_1)b_2]$.

S^* liegt auf $S_1^*S_2^*$.

$$y_0 = \frac{h}{2} \cdot \frac{a_1 b_1 + a_1 b_2 + a_2 b_1 + 3a_2 b_2}{2a_1 b_1 + a_1 b_2 + a_2 b_1 + 2a_2 b_2}.$$

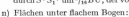

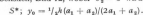

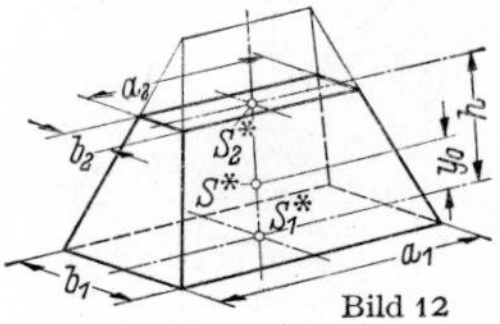

Bild 12

e) *Keil*, als Sonderfall des Obelisken, Bild 12, wobei $b_2 = 0$ wird.

$V = {}^1/_6 h b_1(2a_1 + a_2)$. S^*; $y_0 = {}^1/_2 h(a_1 + a_2)/(2a_1 + a_2)$.

f) Gerader *Pyramidenstumpf* mit unterer Grundfläche A_1 und paralleler oberer Endfläche A_2; Höhe h.

$$V = {}^1/_3 h\left(A_1 + A_2 + \sqrt{A_1 A_2}\right).$$

$$S^*;\ y_0 \text{ (gemessen von } A_1 \text{ aus)} = \frac{h}{4} \cdot \frac{A_1 + 2\sqrt{A_1 A_2} + 3A_2}{A_1 + \sqrt{A_1 A_2} + A_2}.$$

Sonderfall: Für Pyramide mit *Spitze* ist $A_2 = 0$.

g) Gerader *Kreiskegelstumpf* mit R = Radius der unteren Grundfläche und r = Radius der parallelen oberen Endfläche; Höhe h; Seitenlänge (Mantellinie) $s = \sqrt{(R - r)^2 + h^2}$.

$M = \pi(R + r)s;\quad V = {}^1/_3\pi h(R^2 + Rr + r^2).$

S^*; gemäß f) ist $A_1 = \pi R^2,\ A_2 = \pi r^2;\quad y_0 = \dfrac{h}{4} \cdot \dfrac{R^2 + 2Rr + 3r^2}{R^2 + Rr + r^2}.$

Sonderfall: Für Kreiskegel mit *Spitze* ist $r = 0$.

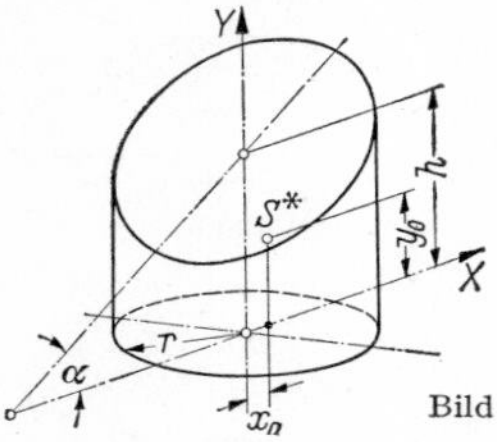

Bild 13

h) Gerader *Kreiszylinder*. Grundflächenradius r; Höhe h.

$M = 2\pi r h;\quad V = \pi r^2 h;\quad S^*;\ y_0 = h/2.$

i) *Schief abgeschnittener gerader Kreiszylinder*, Bild 13. M und V wie bei h).
S^* liegt in x,y-Ebene als Symmetrieebene;

$$x_0 = \frac{1}{4}\frac{r^2}{h}\tan\alpha;\qquad y_0 = \frac{h}{2} + \frac{1}{8}\frac{r^2}{h}\tan^2\alpha;$$

α = Neigungswinkel der schrägen Begrenzungsfläche.

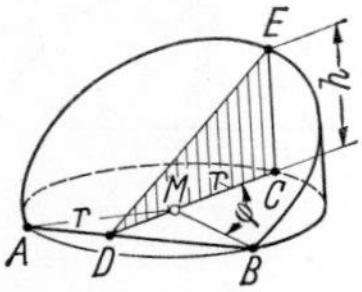

Bild 14

k) *Zylinderhufkörper*, Bild 14. $DC = a$; $AD = BD = b$;

$\sphericalangle CMA = \sphericalangle CMB = \varphi$; $\widehat{\varphi} = \operatorname{arc}\varphi$.

$M = 2rh[(a - r)\operatorname{arc}\varphi + b]/a$.

$V = h[b(3r^2 - b^2) + 3r^2(a - r)\operatorname{arc}\varphi]/3a$.

Grenzfall: D fällt mit M zusammen, vgl. Bild 15.

$M = 2rh;\ V = {}^2/_3 r^2 h.\ S^*;\ x_0 = {}^3/_{16}\pi r;\ y_0 = {}^3/_{32}\pi h.$

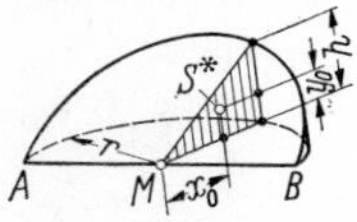

Bild 15

l) *Hohler Zylinderhufkörper* wie Bild 15; Außenradius r_a, Innenradius r_i; Außenhöhe h_a, Innenhöhe h_i.

$V = {}^2/_3(r_a^2 h_a - r_i^2 h_i)$.

$S^*;\ x_0 = {}^3/_{16}\pi(r_a^4 - r_i^4)/(r_a^3 - r_i^3);$

$\quad y_0 = {}^3/_{32}\pi(h_a^4 - h_i^4)/(h_a^3 - h_i^3).$

m) *Kugel*. Halbmesser r, Durchmesser d. Der Steradiant (sr) ist die Einheit des Raumwinkels; er schneidet aus der Oberfläche O der Einheitskugel ($r = 1$ m) die Fläche 1 m² aus. 1 m² $= O/4\pi$.

$O = 4\pi r^2 = 3V/r;\quad r = 0{,}620351\sqrt[3]{V};\qquad V = {}^4/_3\pi r^3 = 4{,}18879 r^3 = {}^1/_6\pi d^3 = 0{,}5236 d^3.$

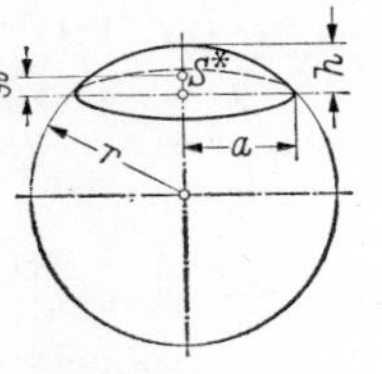

Bild 16

n) *Kugelabschnitt, Kalotte*, Bild 16. Kugelhalbmesser r; Höhe des Abschnitts h;

Halbmesser der Grundfläche $a = \sqrt{h(2r - h)}$.

$M = 2\pi r h = \pi(a^2 + h^2)$. S^* des Mantels liegt in halber Höhe des Abschnitts.

$V = \pi h^2(r - h/3) = {}^1/_6\pi h(3a^2 + h^2)$.

S^* von V; $y_0 = {}^3/_4(2r - h)^2/(3r - h)$.

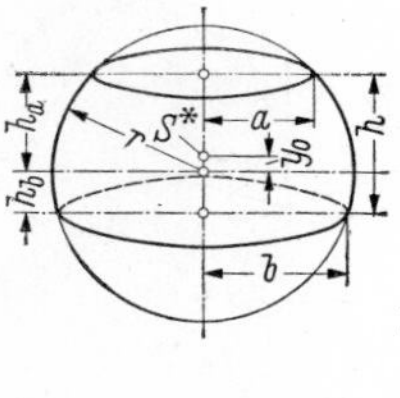

Bild 17

o) *Kugelzone, Kugelschicht*, Bild 17. Kugelhalbmesser r; Höhe der Kugelschicht $h = h_a + h_b$; Halbmesser der Schnittflächen a, b; $h_a^2 = r^2 - a^2$; $h_b^2 = r^2 - b^2$.

$M = 2\pi r h$. S^* des Mantels liegt in halber Höhe der Kugelzone.

$V = {}^1/_6\pi h(3a^2 + 3b^2 + h^2)$.

S^* von V; $y_0 = {}^1/_4\pi(h_a^2 - h_b^2)\,[2r^2 - (h_a^2 + h_b^2)]/V$.

Grenzfälle: *Halbkugel* mit $h_a = r$; $h_b = 0$. S^*; $y_0 = {}^3/_8 r$.

Halbe *Hohlkugel* mit Außenradius r_a, Innenradius r_i.

S^*; $y_0 = {}^3/_8 (r_a^4 - r_i^4)/(r_a^3 - r_i^3)$.

p) *Kugelausschnitt*, Bild 18.

$O = \pi r (2h + a)$.

$V = {}^2/_3 \pi r^2 h = 2{,}0944 r^2 h$.

S^*; $y_0 = {}^3/_8 (2r - h)$.

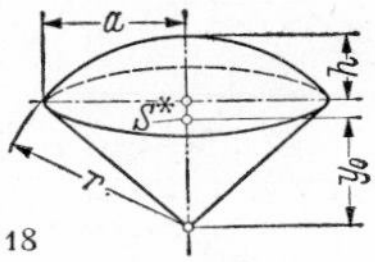

Bild 18

q) *Kugelzweieck, Kugelkeil*, Bild 19 links oben. Winkel φ zwischen den Keilflächen.

$M = 2 r^2 \operatorname{arc} \varphi$.

$V = {}^2/_3 r^3 \operatorname{arc} \varphi$.

r) *Kugeldreieck*, Bild 19 rechts unten.

ε = sphärischer Exzeß,

d. h. $\alpha + \beta + \gamma = 180° + \varepsilon$, vgl. S. 70.

$M = r^2 \operatorname{arc} \varepsilon$. $\quad V = {}^1/_3 r^3 \operatorname{arc} \varepsilon$.

s) *Ellipsoid* mit drei Halbachsen a, b, c.

$V = {}^4/_3 \pi abc$.

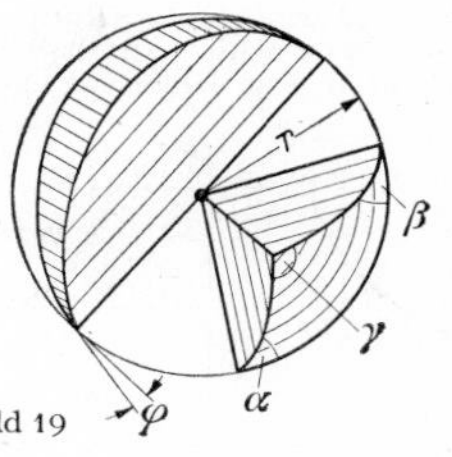

Bild 19

4. Rotationskörper

a) *Rotationsellipsoid* mit zwei Halbachsen a, b.

$V_a = {}^4/_3 \pi a b^2$ bzw. $V_b = {}^4/_3 \pi a^2 b$; Index a bzw. b an V gibt Drehachse an.

S^* ist Mittelpunkt der rotierenden Ellipse.

b) *Rotationsparaboloid*, Bild 20; vgl. a. S. 93.

Höhe h_1.	Höhe h_2.
Halbmesser r_1.	Halbmesser r_2.
$V_1 = {}^1/_2 \pi r_1^2 h_1$.	$V_2 = {}^1/_2 \pi r_2^2 h_2$.
S_1^*; $y_1 = {}^2/_3 h_1$.	S_2^*; $y_2 = {}^2/_3 h_2$.

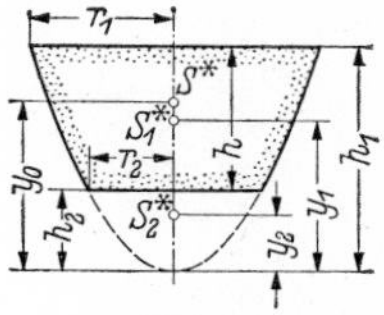

Bild 20

c) *Abgestumpftes Rotationsparaboloid*, Bild 20 (gepunkteter Körper).

Höhe $h = h_1 - h_2$.

Halbmesser r_1 und r_2.

$V = V_1 - V_2 = {}^1/_2 \pi (r_1^2 h_1 - r_2^2 h_2) = {}^1/_2 \pi (r_1^2 + r_2^2) h$.

S^*; $y_0 = (y_1 V_1 - y_2 V_2)/(V_1 - V_2) = {}^2/_3 (r_1^2 h_1^2 - r_2^2 h_2^2)/(r_1^2 + r_2^2) h$.

d) *Faß* mit Bodenhalbmesser r_2; Spundhalbmesser r_1; Höhe h.

Rauminhalt bei parabolischen Dauben $\quad V = 0{,}838 h (2 r_1^2 + r_1 r_2 + 0{,}75 r_2^2)$;

Rauminhalt bei kreisförmigen Dauben $\quad V \approx 1{,}05 h (2 r_1^2 + r_2^2)$.

e) *Kübel, Bottich* (kein Rotationskörper) mit elliptischen Endflächen, Halbmessern a_1, b_1; a_2, b_2. Höhe h. $\quad V = {}^1/_6 \pi h [(2 a_1 + a_2) b_1 + (2 a_2 + a_1) b_2]$.

f) *Guldinsche Regeln für Umdrehungsflächen und -körper*

Für *Umdrehungsflächen*: Rotiert eine ebene Kurve s um eine in ihrer Ebene liegende Achse, welche die Kurve nicht schneidet, so ist die von der Kurve beschriebene Fläche gleich dem Produkt aus der Länge der Kurve und dem Weg ihres Schwerpunktes. Es ist, Bild 21,

$$dA = 2\pi x \, ds; \qquad A = 2\pi \int x \, ds.$$

$x\,ds$ ist das statische Moment des Kurvenelementes ds bezogen auf die y-Achse; $\int x\,ds$ ist die Summe der statischen Momente der Kurventeilchen, bezogen auf die y-Achse. Da die Summe der statischen Momente der einzelnen Teile gleich dem statischen Moment des Ganzen ist, wird

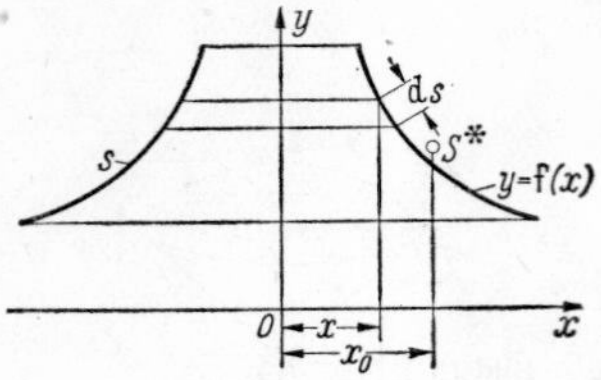

Bild 21

$$\int x\,ds = x_0 s,$$

wobei x_0 der Abstand des Schwerpunktes S^* der erzeugenden Kurve von der Drehachse ist; demnach ist

$$A = 2\pi \int x\,ds = 2\pi x_0 s.$$

$2\pi x_0$ ist gleich dem Umfang des Kreises mit dem Schwerpunktabstand x_0 der Kurvenlänge s als Radius (vgl. S. 92).

Für *Umdrehungskörper:* Rotiert eine ebene Fläche A um eine in ihrer Ebene liegende, sie nicht schneidende Achse, so ist das von dem Flächenstück beschriebene Volumen gleich dem Produkt aus dem Inhalt der Fläche und dem Weg ihres Schwerpunktes.

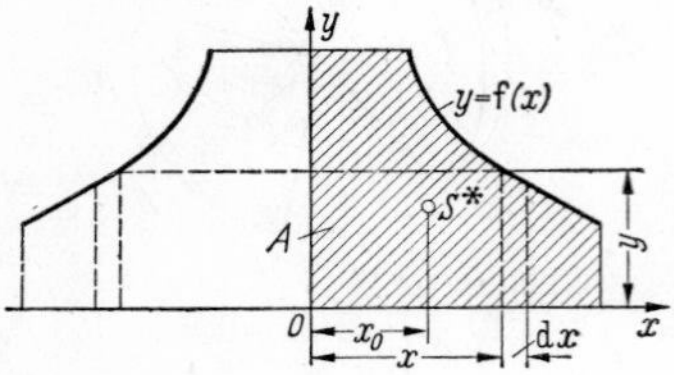

B d 22

Es ist, Bild 22,

$$dV = dA \cdot 2\pi x; \qquad dA = y\,dx;$$

$$dV = 2\pi xy\,dx; \qquad V = 2\pi \int xy\,dx;$$

$xy\,dx$ ist das statische Moment des Flächenelementes $y\,dx$ in bezug auf die y-Achse, $\int xy\,dx$ also die Summe der statischen Momente der Flächenteilchen, bezogen auf dieselbe Achse. Da diese Summe gleich dem statischen Moment der ganzen Fläche sein muß, wird

$$\int xy\,dx = A x_0;$$

demnach

$$V = 2\pi \int xy\,dx = 2\pi x_0 A.$$

$2\pi x_0$ ist gleich dem Umfang des Kreises mit dem Schwerpunktabstand x_0 der erzeugenden Fläche A als Radius (vgl. S. 93).

Mechanik

I. Statik starrer Körper

Bearbeitet von Dipl.-Ing. **G. Köhler**, Berlin

Literatur: 1. *Federhofer, K.:* Prüfungs- und Übungsaufgaben aus der Mechanik des Punktes und des starren Körpers. Berlin: Springer 1953. — 2. *Sonntag, R.:* Aufgaben aus der Technischen Mechanik. Berlin: Springer 1955. — 3. *Szábo, I.:* Einführung in die Technische Mechanik. 7. Aufl. Berlin: Springer 1966.

Statik, die Lehre vom Gleichgewicht (und vom Zusammensetzen und Zerlegen von Kräften), dient der Ermittlung unbekannter Kräfte an Körpern. Deren Kenntnis ist Voraussetzung für die Festigkeits- und Verformungsrechnung von Bauteilen.

Im Gleichgewicht heben sich die an einem Bauteil angreifenden Kräfte in ihrer Wirkung auf; dann bleibt sein Bewegungszustand unverändert, die Geschwindigkeit aller seiner Punkte bleibt nach Größe und Richtung konstant (gleichförmige geradlinige Bewegung). Sonderfall des Gleichgewichts ist der Fall der Ruhe.

A. Grundlagen

a) Die **Kraft** ist die Ursache einer Bewegungs- und Formänderung eines Körpers. Ihre Bestimmungsgrößen sind:

1. Größe im techn. Maßsystem in kp oder Mp,
   ≋ im MKS-System in N (Newton) ≋
2. Richtung,
3. Angriffspunkt (Lage).

Für das Rechnen mit Kräften ist daher ein Bezugssystem (Achsenkreuz) erforderlich; Richtung durch 2 oder 3 Richtungswinkel α, β und γ zwischen Wirkungslinie und Achsen des Bezugssystems gekennzeichnet; Lage der Wirkungslinie meist durch die Koordinaten des Angriffspunktes der Kraft gegeben, Bild 1. Bei graph. Lösungen Größe der Kraft durch Länge des Kraftpfeils dargestellt.

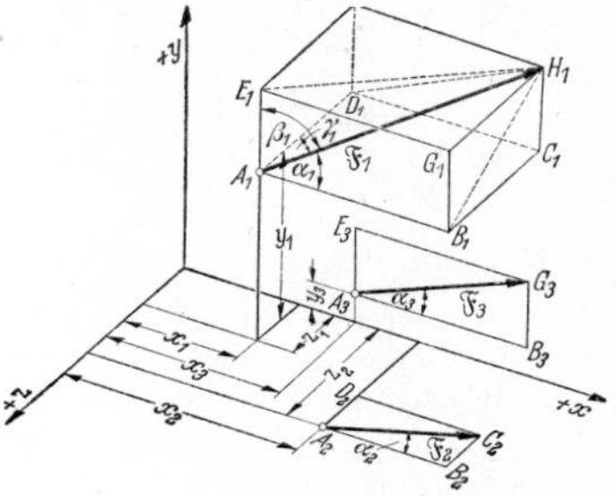

Bild 1

	Kraft $\mathfrak{F}_1$	Kraft $\mathfrak{F}_2$	Kraft $\mathfrak{F}_3$
Richtungswinkel	$\alpha_1 = \sphericalangle H_1A_1B_1$ $\beta_1 = \sphericalangle H_1A_1E_1$ $\gamma_1 = \sphericalangle H_1A_1D_1$	$\alpha_2 = \sphericalangle C_2A_2B_2$ $\beta_2 = 90°$ $\gamma_2 = \sphericalangle C_2A_2D_2$	$\alpha_3 = \sphericalangle G_3A_3B_3$ $\beta_3 = \sphericalangle G_3A_3E_3$ $\gamma_3 = 90°$
Koordinaten des Angriffspunktes A	x_1 y_1 z_1	x_2 $y_2 = 0$ z_2	x_3 y_3 $z_3 = 0$

Verschiebungssatz: Sieht man von Verformung und Beanspruchung des Körpers ab, betrachtet man ihn also als starr, so kann eine Kraft in ihrer Wirkungslinie ohne Einfluß auf den Bewegungszustand des Körpers verschoben werden; die Kraft ist daher ein linienflüchtiger Vektor. Bild 2a: An einem Körper wirken zwei gleich große entgegengesetzt gerichtete Kräfte auf gleicher Wirkungslinie. Verschiebt man z. B. die nach rechts gerichtete Kraft $\mathfrak{F}_2$ von ihrem Angriffspunkt A_2 nach A_3 (Bild 2b), so hat diese Verschiebung in der Wirkungslinie keinen Einfluß auf den Bewegungszustand des Körpers, weil sich sowohl vor wie nach der Verschiebung die nach links und rechts gerichteten Kräfte aufheben. Auf die Verformung und Beanspruchung des Körpers hat diese Verschiebung dagegen einen Einfluß; im Fall a) wird der Körper zwischen A_1 und A_2 auf Zug beansprucht, im Fall b) nur zwischen A_1 und A_3. Untersuchungen über Verformungen und Beanspruchungen gehören in das Gebiet der Festigkeitslehre.

Bild 2

b) Parallelogramm der Kräfte. Die Wirkung zweier an einem Punkt angreifenden Kräfte ist gleich der Wirkung ihrer resultierenden Kraft (Resultierenden) $\mathfrak{R}$, Bild 3. $\mathfrak{R}$ ist nach Größe und Richtung durch die Diagonale des aus den beiden gegebenen Kräften gebildeten Parallelogramms bestimmt. Einzelkräfte und Resultierende haben gemeinsamen Ausgangspunkt im Parallelogramm.

c) Kräftedreieck. Im allgemeinen arbeitet man nur mit dem halben Parallelogramm der Kräfte, dem Kräftedreieck, Bild 4.

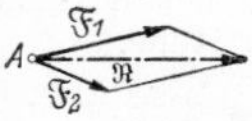

Bild 3

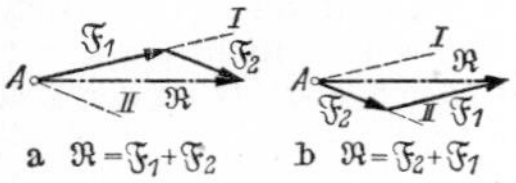

Bild 4

Regel: Richtung von $\mathfrak{R}$ entgegengesetzt dem Umfahrungssinn des Kräftedreiecks. Konstruktion nach Bild 4a und 4b gleichwertig.

Vektorengleichung:

$$\mathfrak{R} = \mathfrak{F}_1 + \mathfrak{F}_2 = \mathfrak{F}_2 + \mathfrak{F}_1. \quad (1)$$

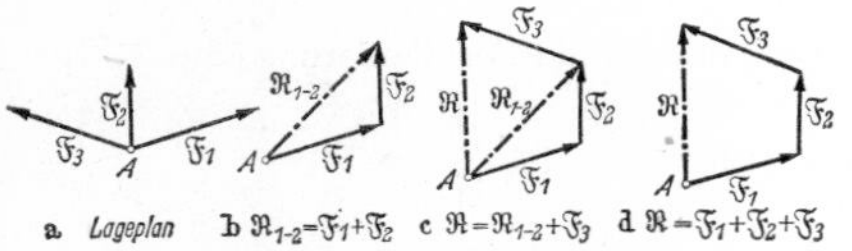

Bild 5

d) Krafteck. Durch Aneinanderreihen mehrerer Kräftedreiecke erhält man ein Krafteck. Bild 5.

Vektorengleichung:

$$\mathfrak{R} = \mathfrak{F}_1 + \mathfrak{F}_2 + \cdots + \mathfrak{F}_n. \quad (2)$$

Zeichnen der Zwischenresultierenden überflüssig (Bild 5d).

e) Vektorengleichung. In einer Vektorengleichung für Kräfte sind jeder Kraft zwei Bestimmungsgrößen, Größe und Richtung, zugeordnet. Die Gleichung ist mit Hilfe des Kraftecks graphisch lösbar, wenn sie nur zwei Unbekannte enthält.

In Gl. (1) sind Größe und Richtung von $\mathfrak{F}_1$ und $\mathfrak{F}_2$ bekannt. Es fehlen Größe und Richtung von $\mathfrak{R}$, also zwei Unbekannte: folglich Gleichung lösbar mit Hilfe des Kraftecks (Kräftedreiecks).

f) Statisches Moment. Statisches Moment $\mathfrak{M}$ einer Kraft $\mathfrak{F}$, beliebig bezogen auf Punkt O oder Achse, ist das Produkt aus Kraft und (rechtwinkligem) Abstand a ihrer Wirkungslinie von Bezugspunkt bzw. Achse; seine Größe ist

$$M = \pm F \cdot a \quad \text{in kpcm oder kpm}, \quad ≋ \text{ Nm } ≋, \quad (3)$$

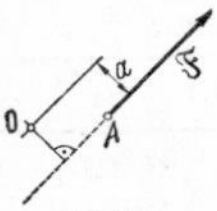

Bild 6

Bild 6. Vorzeichen des Momentes nach DIN 1312 bei Drehsinn entgegengesetzt dem Uhrzeigerverlauf positiv, in der Praxis hiervon häufig abweichend negativ.

Momentensatz: Moment der Resultierenden ist gleich der geometrischen Summe der Momente der Einzelkräfte. Für Kräfte in der Ebene gilt die algebraische Summe

$$M_{\text{res}} = R \cdot a_r = M_1 + M_2 + \cdots + M_n = \sum M_i. \quad (4)$$

Die Wirkung der Resultierenden muß der Wirkung der Einzelkräfte gleich sein. Vgl. Abschn. A, b.

g) Kräftepaar. Als Kräftepaar bezeichnet man zwei gleich große, parallele, entgegengesetzt gerichtete Kräfte. Ihr (senkrechter) Abstand heißt Hebelarm, Bild 7. Sie üben ein Drehmoment (statisches Moment) $M = F \cdot a$ in kpcm oder kpm aus (Produkt aus einer der beiden Kräfte und Hebelarm a). Moment, bezogen auf Punkt O, Bild 7, ist $M = F_1(a + b) - F_2 \cdot b = F \cdot a$. Der Wert eines Kräftepaares ist demnach unabhängig von der Lage des Bezugspunktes; folglich:

1. Verschiebungssatz: Ein Kräftepaar kann beliebig in seiner Ebene verschoben werden, ohne daß sich seine Wirkung auf den starr gedachten Körper ändert, Bild 8a u. b.

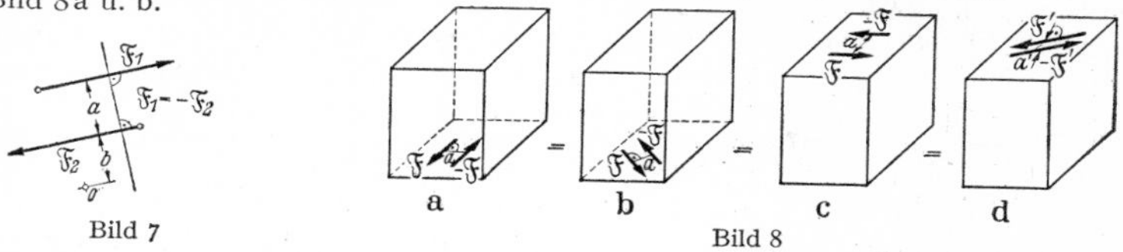

Bild 7 Bild 8

2. Verschiebungssatz: Ein Kräftepaar darf in eine zu seiner Wirkungsebene parallele Ebene verschoben werden, weil sich die Drehwirkung auf den starr gedachten Körper hierdurch nicht ändert, Bild 8b u. c.

α) *Ersatz eines Kräftepaares.* Da für die Wirkung des Kräftepaares nur der Wert des Produktes $F \cdot a$ maßgebend ist, kann ein Kräftepaar $F \cdot a$ durch ein anderes $F' \cdot a' = F \cdot a$ in der gleichen oder einer parallelen Ebene mit gleichem Drehsinn ersetzt werden, Bild 8c u. d.

β) *Zusammensetzen von Kräftepaaren.* Beliebig viele in einer oder auch in parallelen Ebenen liegende Kräftepaare lassen sich zu einem resultierenden Kräftepaar durch algebraische Addition zusammensetzen.

$$M_{\text{res}} = F_1 a_1 + F_2 a_2 + \cdots + F_n a_n = \sum M_i. \tag{5}$$

Die Drehrichtungen sind durch die Vorzeichen zu berücksichtigen (vgl. Abschn. C).

γ) *Darstellung von Kräftepaaren.* Das Moment eines Kräftepaares, Bild 9a, kann *symbolisch*, Bild 9b, oder durch einen Vektor, Bild 9c, dargestellt werden, der senkrecht auf der Wirkungsebene des Momentes steht, eine dessen Größe entsprechende Länge hat und dessen Lage die Drehachse des Momentes bezeichnet.

Der Drehsinn wird durch einen Vektorpfeil angegeben, der so eingetragen wird, daß die Drehrichtung der einer rechtsgängigen Schraube entspricht.

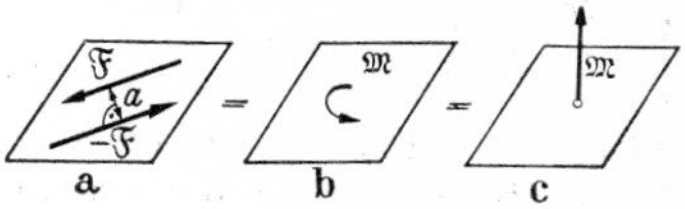

Bild 9

h) Parallelverschieben einer Kraft. Soll eine Kraft $\mathfrak{F}$ parallel zu sich selbst ohne Änderung des Bewegungszustandes des Körpers um die Strecke l von A nach A_1 verschoben werden, Bild 10, so bringt man in A_1 parallel zu ihr 2 gleich große, ein-

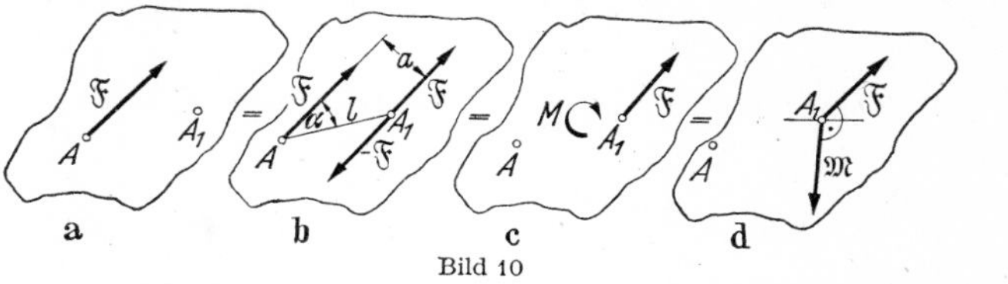

Bild 10

ander entgegengesetzt gerichtete Kräfte $+\mathfrak{F}$ und $-\mathfrak{F}$ an. $-\mathfrak{F}$ bildet mit der gegebenen Kraft $\mathfrak{F}$ in A ein Kräftepaar mit dem Moment $\mathfrak{M}$; $+\mathfrak{F}$ in A_1 ist die nunmehr von A nach A_1 verschobene Kraft. Die Größe von $\mathfrak{M}$ ist dann $M = -Fl \sin \alpha = -Fa$. Vektorielle Darstellung vgl. Bild 10d.

Die Lösung statischer Aufgaben basiert auf den in a) bis h) behandelten Grundlagen.

B. Zerlegen und Zusammensetzen von Kräften

1. Kräfte in der Ebene mit gemeinsamem Angriffspunkt

a) Zerlegen einer Kraft. α) *Zerlegen einer Kraft nach zwei gegebenen Richtungen.* Gegeben: Kraft $\mathfrak{R}$, Richtungen *I* und *II* der gesuchten Teilkräfte (Komponenten).

αα) *Graphische Lösung:* Anwendung des Parallelogramms der Kräfte (vgl. Abschn. A b) oder des Kräftedreiecks (vgl. Abschn. A c). Man zieht durch Anfangs- und Endpunkt von $\mathfrak{R}$ die Parallelen zu den bekannten Wirkungslinien *I* und *II* und erhält das Kräftedreieck. Konstruktion nach Bild 4a und 4b gleichwertig.

Beachte: Richtungssinn von $\mathfrak{R}$ entgegen Umfahrungssinn des Kräftedreiecks.

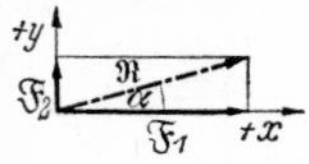

Bild 11

Vektorengleichung: $\mathfrak{F}_1 = \mathfrak{R} - \mathfrak{F}_2$ oder $\mathfrak{F}_2 = \mathfrak{R} - \mathfrak{F}_1$; zwei Unbekannte, also lösbar (vgl. Abschn. A e).

ββ) *Analytische Lösung:* Anwendung nur, wenn Zerlegung in zwei aufeinander senkrechte Richtungen. Dann (Bild 11):

$$F_1 = R\cos\alpha; \quad F_2 = R\sin\alpha \quad \text{(vgl. Abschn. A a)}. \qquad (6)$$

β) *Zerlegen einer Kraft in der Ebene nach mehr als zwei Richtungen* ist statisch unbestimmt, weil vieldeutig.

Vektorengleichung: $\mathfrak{F}_1 = \mathfrak{R}_1 - \mathfrak{F}_2 - \mathfrak{F}_3$; drei Unbekannte, also nicht lösbar (vgl. A e).

b) Zusammensetzen von Kräften. Kräfte in der Ebene mit gemeinsamem Angriffspunkt lassen sich stets zu einer Resultierenden zusammensetzen. Beispiel Bild 12a Lageplan.

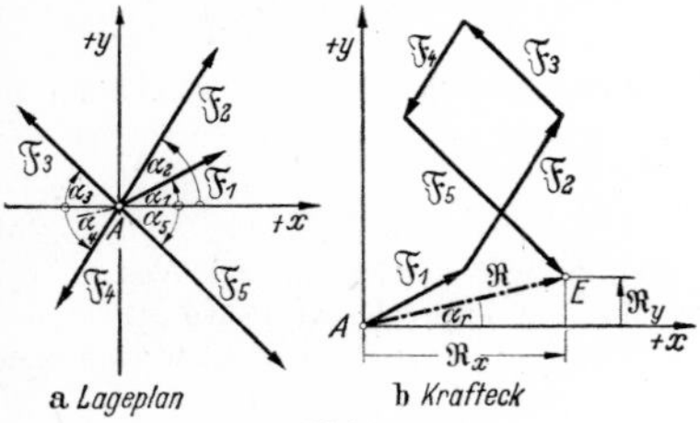

Bild 12

α) *Graphische Lösung:* $\mathfrak{R} = \mathfrak{F}_1 + \mathfrak{F}_2 + \mathfrak{F}_3 + \mathfrak{F}_4 + \mathfrak{F}_5$ (vgl. A, e); gesucht Größe und Richtung von $\mathfrak{R}$. Man bildet das Krafteck aus den Kräften $\mathfrak{F}_1$ bis $\mathfrak{F}_5$, Bild 12b, durch Aneinanderreihen der Kräfte nach Größe und Richtung in beliebiger Reihenfolge. $\mathfrak{R}$ ergibt sich als Schlußlinie entgegen dem Umfahrungssinn.

β) *Analytische Lösung:* Man trägt die Kräfte in ein Bezugssystem ein, Bild 12a. Es empfiehlt sich, stets den spitzen Winkel zwischen Kraft und x-Achse anzugeben. Man erhält dann als Teilkräfte (Komponenten) der einzelnen Kräfte in Richtung der beiden Achsen $F_x = F\cos\alpha$ und $F_y = F\sin\alpha$. Die Resultierenden in Richtung der Bezugsachsen sind, Bild 12b,

$$R_x = \sum F_x \quad \text{und} \quad R_y = \sum F_y. \qquad (7)$$

R_x und R_y sind die Komponenten der gesuchten Resultierenden R,

$$R = \sqrt{R_x^2 + R_y^2}. \qquad (8)$$

Richtungswinkel α_r aus

$$\cos\alpha_r = R_x/R$$

oder

$$\sin\alpha_r = R_y/R$$

oder

$$\tan\alpha_r = R_y/R_x. \qquad (9)$$

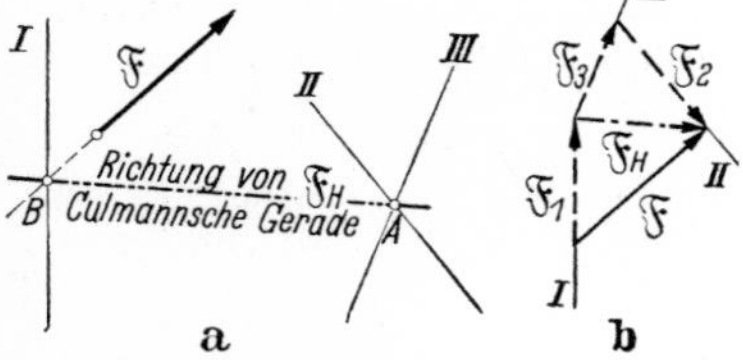

Bild 13

2. Kräfte in der Ebene an verschiedenen Punkten

a) Zerlegen einer Kraft $\mathfrak{F}$ nach drei sich nicht in einem Punkt schneidenden Richtungen I, II und III. Lösung graphisch nach Bild 13.

Vektorengleichung $\mathfrak{F} = \mathfrak{F}_1 + \mathfrak{F}_2 + \mathfrak{F}_3$. Es fehlen die Größen von $\mathfrak{F}_1$, $\mathfrak{F}_2$ und $\mathfrak{F}_3$; also 3 Unbekannte. Gleichung mittels Kraftecks nicht unmittelbar lösbar. Bringt man 2 Wirkungslinien, die einen brauchbaren Schnitt liefern, z. B. *II* und *III* in A, zum Schnitt und denkt sich die zunächst noch unbekannten Kräfte $\mathfrak{F}_2$ und $\mathfrak{F}_3$ zu einer Hilfsresultierenden $\mathfrak{F}_H$ zusammengesetzt, dann muß diese durch A und auch durch den Schnittpunkt B von $\mathfrak{F}$ und I gehen. Damit ist die Richtung von $\mathfrak{F}_H$ bekannt (BA = *Culmannsche Gerade*). Folglich $\mathfrak{F}_1 = \mathfrak{F} - \mathfrak{F}_H$. Gleichung lösbar mittels Krafteck, weil nur 2 Unbekannte, Bild 13b. Man zeichnet zunächst Krafteck aus $\mathfrak{F}$ und den Richtungen von $\mathfrak{F}_H$ und I und erhält die Größen von $\mathfrak{F}_H$ und $\mathfrak{F}_1$. $\mathfrak{F}$ wirkt entgegengesetzt dem Umfahrungssinn des Kraftecks. Anschließend zerlegt man $\mathfrak{F}_H$ in $\mathfrak{F}_2$ und $\mathfrak{F}_3$.

b) Zusammensetzen von Kräften. Kräfte in der Ebene, die nicht in einem Punkt angreifen, lassen sich stets zu einer Resultierenden zusammensetzen (Sonderfall vgl. γ).

α) *Graphische Verfahren:*

$\alpha\alpha$) *mittels Kraft- und Seilecks:* anwendbar für beliebig gerichtete Kräfte. Beispiel: Gegeben die Kräfte $\mathfrak{F}_1$ bis $\mathfrak{F}_4$ nach Lageplan (Bild 14a). Gesucht ihre Resultierende. Lösung:

1. Ermitteln der Größe und Richtung von $\mathfrak{R}$ als Schlußlinie aus dem Krafteck (Bild 14b) in der gleichen Weise, wie wenn die Kräfte an einem gemeinsamen Punkt angreifen würden, vgl. Abschn. B 1 b.

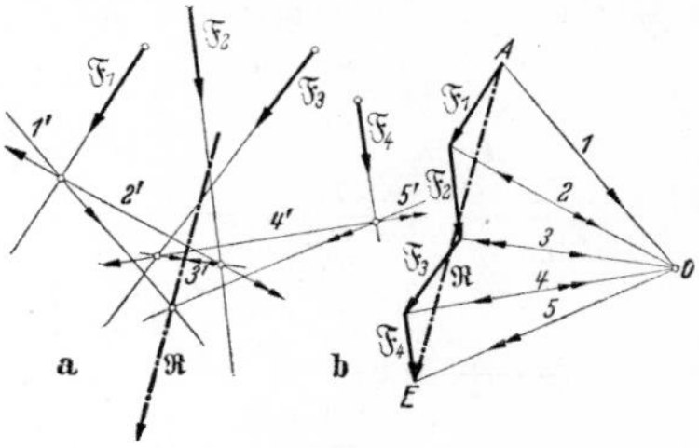

Bild 14

2. Ermitteln der Lage von $\mathfrak{R}$ mittels Seilecks: Man verbindet Anfang und Ende jeder Kraft im Krafteck mit einem beliebig gewählten Pol O. Verbindungslinien heißen Polstrahlen; im Beispiel *1* bis *5*. Hierdurch Erweiterung des Kraftecks zum Poleck. Nun konstruiert man im maßstäblich gezeichneten Lageplan das Seileck. Hierbei beachten:

Jeder Linie des Polecks entspricht eine Parallele im Seileck.
Die Parallelen zu je drei Linien, die im Poleck ein Dreieck bilden, schneiden sich im Seileck in einem Punkt.

Man zieht Seilstrahl *1'* als Parallele zu Polstrahl *1* durch einen beliebigen Punkt der Wirkungslinie von $\mathfrak{F}_1$. Durch den entstandenen Schnittpunkt zieht man Seilstrahl *2'* als Parallele zu Polstrahl *2*. Dann sind die oben genannten Bedingungen erfüllt: $\mathfrak{F}_1$, Polstrahl *1*, Polstrahl *2* bilden im Poleck ein Dreieck; ihre Parallelen im Seileck schneiden sich in einem Punkt. Durch den Schnittpunkt des Seilstrahls *2'* mit der Wirkungslinie von $\mathfrak{F}_2$ zieht man Seilstrahl *3'* als Parallele zu Polstrahl *3* usw. Durch den Schnittpunkt der beiden äußeren Seilstrahlen (im Beispiel *1'* und *5'*) geht die Wirkungslinie der gesuchten Resultierenden parallel zu $\mathfrak{R}$ im Poleck. Ein ausgespanntes, mit den Kräften $\mathfrak{F}_{1-4}$ belastetes Seil nimmt die Gestalt des Seilecks an; daher die Bezeichnung *Seileck* (besonders deutlich erkennbar im Beispiel Bild 15).

Beweis: $\mathfrak{F}_1$ zerlegt man in die beiden Komponenten $\mathfrak{S}_1$ und $\mathfrak{S}_2$ (im Kraft- und Seileck mit einfachen Pfeilen gekennzeichnet, Bild 14b), $\mathfrak{F}_2$ zerlegt man in $\mathfrak{S}_2$ und $\mathfrak{S}_3$ (mit Doppelpfeilen ge-

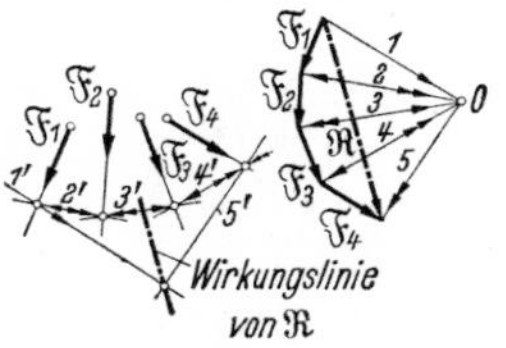

Bild 15

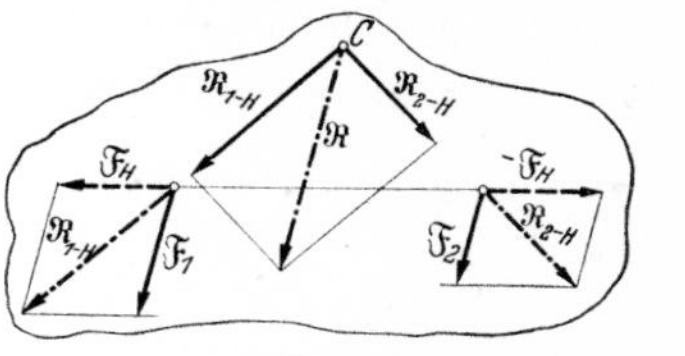

Bild 16

kennzeichnet), $\mathfrak{F}_3$ zerlegt man in $\mathfrak{S}_3$ und $\mathfrak{S}_4$ (mit einfachen Pfeilen) usw. Die in dieselbe Wirkungslinie fallenden Seilkräfte mit einfachen und Doppelpfeilen heben sich gegenseitig auf, sie verändern also nicht die Wirkung der gegebenen Kräfte $\mathfrak{F}_1$ bis $\mathfrak{F}_4$. Übrig bleiben lediglich die äußeren Seilkräfte $\mathfrak{S}_1$ und $\mathfrak{S}_5$. Aus dem Krafteck ist ersichtlich, daß $\mathfrak{R}$ sowohl die Resultierende der gegebenen Kräfte $\mathfrak{F}_1$ bis $\mathfrak{F}_4$ wie auch der beiden äußeren Seilkräfte $\mathfrak{S}_1$ und $\mathfrak{S}_5$ ist. Folglich muß die Wirkungslinie von $\mathfrak{R}$ im Seileck durch den Schnittpunkt von $\mathfrak{S}_1$ und $\mathfrak{S}_5$ gehen.

$\beta\beta$) *mittels Hilfskräften:* anwendbar bei zwei bekannten parallelen Kräften, z. B. $\mathfrak{F}_1$ und $\mathfrak{F}_2$ in Bild 16. Gesucht Resultierende $\mathfrak{R}$.

Man bringt in den Angriffspunkten von $\mathfrak{F}_1$ und $\mathfrak{F}_2$ zwei gleich große entgegengesetzt gerichtete Hilfskräfte vom Betrag F_H an. Diese gegenseitig sich aufhebenden Kräfte haben auf den Bewegungszustand des Körpers keinen Einfluß. Die Hilfsresultierenden $\mathfrak{R}_{1-H}$ und $\mathfrak{R}_{2-H}$ lassen sich als linienflüchtige Vektoren in C zum Schnitt bringen und zur gesuchten Resultierenden $\mathfrak{R}$ zusammensetzen.

β) *Analytisches Verfahren.* Man trägt in den Lageplan ein Achsenkreuz ein, Bild 17a. Die Richtung der Kräfte gibt man gegenüber der x-Achse mit dem spitzen Winkel α an. Dann erhält man als X- bzw. als Y-Komponenten

$$F_x = F \cos\alpha, \qquad F_y = F \sin\alpha.$$

Ihren Richtungssinn gibt das Vorzeichen an. Die Resultierende in Richtung der x-Achse $R_x = \sum F_x = \sum F \cos\alpha$ (Bild 17b) und in Richtung der y-Achse $R_y = \sum F_y = \sum F \sin\alpha$ (Bild 17c) setzt man zur Gesamtresultierenden $R = \sqrt{R_x^2 + R_y^2}$ zusammen (Bild 17d). Deren Richtung ist gegeben durch $\tan\alpha_r = R_y/R_x$, $\sin\alpha_r = R_y/R$ und $\cos\alpha_r = R_x/R$ (Bild 17d).

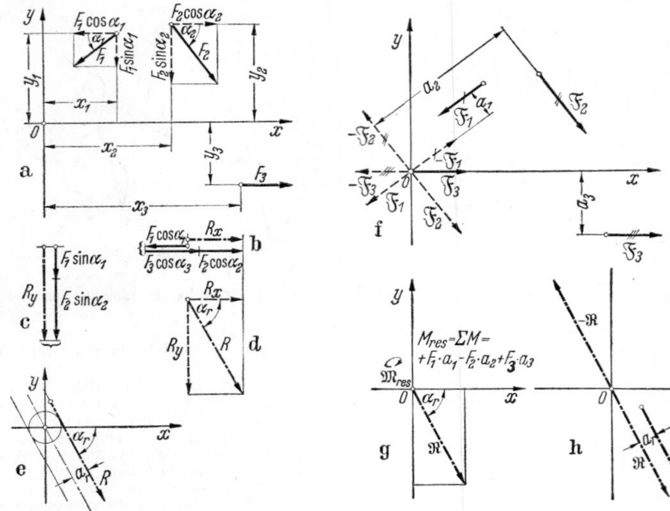

Bild 17

Lage der Wirkungslinie von $\mathfrak{R}$ erhält man aus dem Momentensatz (vgl. S. 208, Gl. 4) zu $a_r = \sum M/R$ unter Berücksichtigung des Drehsinns (Bild 17a; 17e).

$$\sum M = F_1 \cos\alpha_1 y_1 - F_1 \sin\alpha_1 x_1 - F_2 \cos\alpha_2 y_2 - F_2 \sin\alpha_2 x_2 + F_3 \cos\alpha_3 y_3.$$

Beweis: Bild 17f u. g. Unter Anwendung des Satzes über die Parallelverschiebung von Kräften (vgl. Abschn. A h) verschiebt man sämtliche Kräfte in einen beliebigen Bezugspunkt, z. B. den Koordinatenursprung. Dann erhält man $\mathfrak{R} = \Sigma\,\mathfrak{F}$ in diesem Bezugspunkt als Schlußlinie des Kraftecks oder aus den Gln. (7) bis (9). Außerdem ergibt sich ein resultierendes Kräftepaar mit dem Moment $M_{res} = \Sigma M$. (Zusammensetzen von Kräftepaaren vgl. Abschn. A g u. Bild 17g). Dessen Produkt „Kraft mal Hebelarm" läßt sich aufteilen in die Faktoren R und den unbekannten Hebelarm a_r. Somit wird der Abstand der Resultierenden $\mathfrak{R}$ vom Bezugspunkt $a_r = M_{res}/R$, weil sich die andere Kraft des Kräftepaares und die Kraft $\mathfrak{R}$ im Bezugspunkt gegenseitig aufheben, Bild 17h.

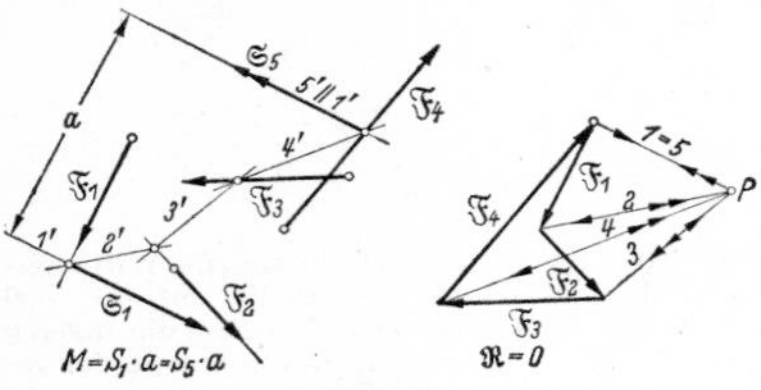

Bild 18

γ) *Sonderfall.* Im Sonderfall heben sich die Kräfte gegenseitig auf; $\mathfrak{R} = 0$. Es bleibt aber ein Kräftepaar übrig.

Beispiel: Bild 18. Die Kräfte $\mathfrak{F}_1$, $\mathfrak{F}_2$, $\mathfrak{F}_3$ und $\mathfrak{F}_4$ ergeben im Krafteck $\mathfrak{R} = 0$; Krafteck geschlossen. Das Seileck dagegen bleibt offen: erster (1') und letzter (5') Seilstrahl schneiden sich als Parallelen im Unendlichen. Die äußeren Seilkräfte ($\mathfrak{S}_1 = -\mathfrak{S}_5$; $S_1 = S_5$) ergeben ein resultierendes Kräftepaar der Größe $M = S_1 \cdot a$. Hebelarm a aus Seileck entnommen.

3. Kräfte im Raum an gemeinsamem Angriffspunkt

a) Zerlegen einer Kraft nach drei nicht in einer Ebene liegenden Richtungen. α) *Analytisches Verfahren:* Nur zweckmäßig bei aufeinander senkrecht stehenden Richtungen, wie in Bild 1.

Komponentengleichungen:

$$(1)\quad F_x = F\cos\alpha; \qquad (2)\quad F_y = F\cos\beta; \qquad (3)\quad F_z = F\cos\gamma.$$

β) *Graphisches Verfahren:* Bild 19. Kraft $\mathfrak{F}$ soll nach den Richtungen I, II und III zerlegt werden.

Vektorengleichung: $\mathfrak{F}_1 = \mathfrak{F} - \mathfrak{F}_2 - \mathfrak{F}_3$ (vgl. Abschn. A, e); es fehlen die Größen von $\mathfrak{F}_1$, $\mathfrak{F}_2$ und $\mathfrak{F}_3$, also 3 Unbekannte; mit Hilfe des Kraftecks nicht unmittelbar lösbar. Zerlegt man $\mathfrak{F}$ zunächst in $\mathfrak{F}_2$ in Richtung AC und in Hilfskraft F_H in Richtung AG, die sowohl in der Ebene ACE als auch in der Ebene ABD liegt, dann läßt sich anschließend die Hilfskraft $\mathfrak{F}_H$ in die Kräfte $\mathfrak{F}_1$ und $\mathfrak{F}_3$ zerlegen. Wirkungslinie von $\mathfrak{F}_H$ ist die *Culmann*sche Gerade (vgl. Abschn. B, 2a). Durchführung in Grund- und Aufriß nach den Regeln der darstellenden Geometrie: Bild 19b u. c. Man ermittelt den Durchstoßpunkt E der Kraft $\mathfrak{F}$ durch die Horizontalebene und bringt die „Spuren" der Ebenen ACE und ABD in G zum Schnitt. Damit liegt die *Culmann*sche Gerade (Hilfslinie) AG sowohl in der Ebene ABD als auch in der Ebene ACE. $\mathfrak{F}$ wird zerlegt in die in ihrer Ebene liegenden Komponenten $\mathfrak{F}_2$ in Richtung II (AC) und $\mathfrak{F}_H$ in Richtung der Culmannschen Geraden AG. Anschließend wird F_H in die in ihrer Ebene liegenden Komponenten $\mathfrak{F}_1$ und $\mathfrak{F}_3$ zerlegt. Die erforderlichen Kraftecke werden in Grund- und Aufriß entwickelt. Zur Bestimmung der wahren Größe F einer Kraft F' entnimmt man ihre „Höhe" h aus dem Aufriß und trägt sie im Grundriß senkrecht an die Kraft an. Die Hypotenuse des Dreiecks ist die wahre Größe der Kraft, Bild 19d.

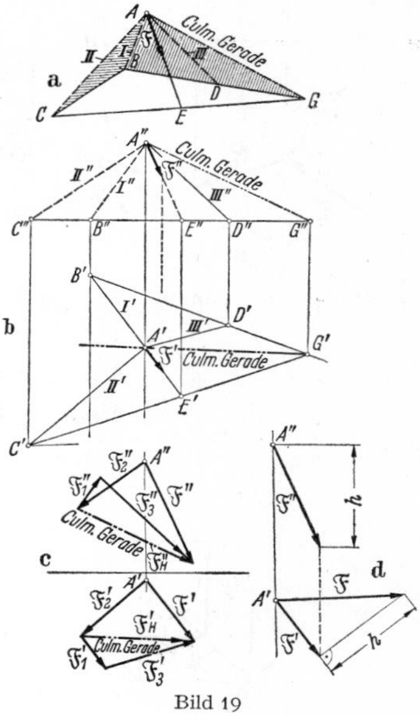

Bild 19

b) Zusammensetzen von Kräften. An einem Punkt angreifende im Raum liegende Kräfte lassen sich stets zu einer Resultierenden zusammensetzen.

α) *Analytische Verfahren.* Nur zweckmäßig bei Verwendung eines rechtwinkligen Achsenkreuzes, Bild 1. Man addiert die Komponenten der Kräfte in Richtung der 3 Achsen algebraisch für jede Richtung:

$$(1)\quad R_x = \Sigma F\cos\alpha; \qquad (2)\quad R_y = \Sigma F\cos\beta; \qquad (3)\quad R_z = \Sigma F\cos\gamma. \tag{10}$$

Die gesuchte Resultierende ist

$$R = \sqrt{R_x^2 + R_y^2 + R_z^2}. \tag{11}$$

Richtungswinkel von $\mathfrak{R}$ aus

$$\cos\alpha_r = R_x/R; \quad \cos\beta_r = R_y/R; \quad \cos\gamma_r = R_z/R. \tag{12}$$

β) *Graphisches Verfahren.* Vektorengleichung: $\mathfrak{R} = \mathfrak{F}_1 + \mathfrak{F}_2 + \mathfrak{F}_3 + \cdots + \mathfrak{F}_n$ (vgl. Abschn. A, e). 2 Unbekannte, demnach mit Krafteck lösbar. Man bildet nach den Regeln der darstellenden Geometrie das Krafteck in Grund- und Aufriß, Bild 20. $\mathfrak{R}$ ist die jeweilige Schlußlinie in diesen Kraftecken. Die wahre Größe erhält man durch Konstruieren des Stützdreiecks, vgl. Bild 20b.

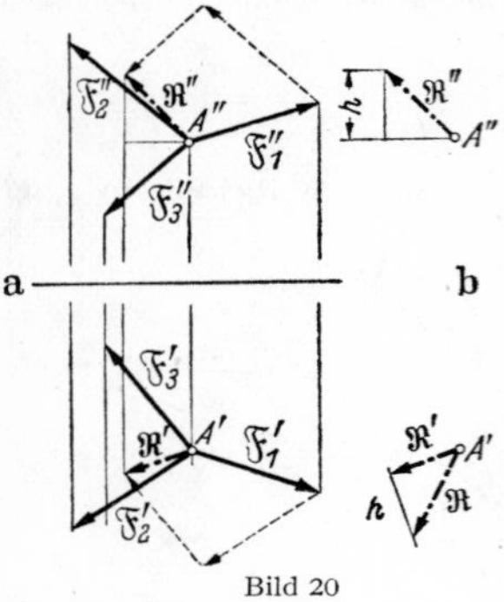

Bild 20

4. Kräfte im Raum mit verschiedenen Angriffspunkten (Bild 1)

Kräfte im Raum mit verschiedenen Angriffspunkten ergeben durch Zusammensetzen

1. eine Resultierende $\mathfrak{R}$ und
2. ein resultierendes Kräftepaar $\mathfrak{M}_{\text{res}}$.

Die Größe des resultierenden Kräftepaares ist von der gewählten Lage der Resultierenden $\mathfrak{R}$ nur dann unabhängig, wenn die Summe der Kräfte $= 0$ ist.

Bezogen auf ein rechtwinkliges Achsenkreuz, Bild 21, ergeben sich für die Resultierende die Gl. (10) bis (12).

Das resultierende Kräftepaar folgt aus den resultierenden Teilmomenten um die drei Achsen, Bild 22:

$$\left.\begin{aligned} M_{\text{res},x} &= \Sigma M_x = \Sigma y F_z - \Sigma z F_y \\ M_{\text{res},y} &= \Sigma M_y = \Sigma z F_x - \Sigma x F_z \\ M_{\text{res},z} &= \Sigma M_z = \Sigma x F_y - \Sigma y F_x \end{aligned}\right\} \tag{13}$$

$$\mathfrak{M}_{\text{res}} = \mathfrak{M}_{\text{res},x} + \mathfrak{M}_{\text{res},y} + \mathfrak{M}_{\text{res},z}; \quad M_{\text{res}} = \sqrt{M_{\text{res}}{}^2{}_{,x} + M_{\text{res}}{}^2{}_{,y} + M_{\text{res}}{}^2{}_{,z}}\,. \tag{14}$$

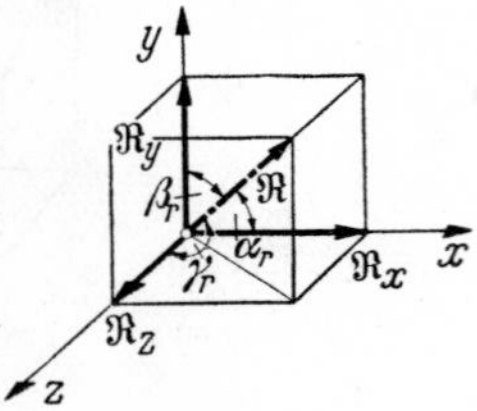

Bild 21

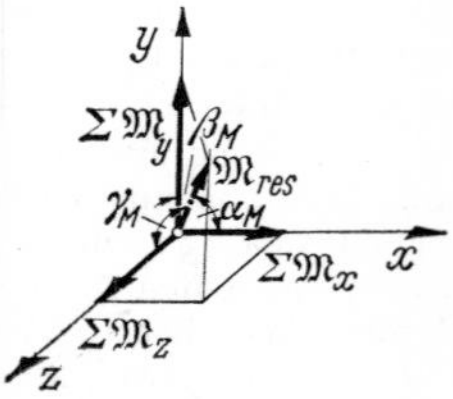

Bild 22

Richtungswinkel des resultierenden Momentenvektors:

$$\cos\alpha_M = M_{\text{res},x}/M_{\text{res}}, \quad \cos\beta_M = M_{\text{res},y}/M_{\text{res}}, \quad \cos\gamma_M = M_{\text{res},z}/M_{\text{res}}. \tag{15}$$

Resultierendes Moment und Resultierende lassen sich zu einer Kraftschraube zusammensetzen.

C. Der Gleichgewichtszustand

1. Die Gleichgewichtsbedingungen

Ein Körper befindet sich im Gleichgewicht, wenn die Resultierende und das resultierende Moment aller an ihm angreifenden Kräfte Null sind. Diese Gleichgewichtsbedingungen lassen sich darstellen:

a) als Vektorengleichungen.

1. $\mathfrak{R} = \Sigma\mathfrak{F} = 0$, (16) 2. $\mathfrak{M}_{\text{res}} = \Sigma\mathfrak{M} = 0$. (17)

b) in Komponentenschreibweise.

Kräfte im Raum	Kräfte in der Ebene	
(1) $R_x = \Sigma F \cos\alpha = 0$	(1) $R_x = \Sigma F \cos\alpha = 0$	(18)
(2) $R_y = \Sigma F \cos\beta = 0$	(2) $R_y = \Sigma F \cos\beta = \Sigma F \sin\alpha = 0$	
(3) $R_z = \Sigma F \cos\gamma = 0$	(3) entfällt	
(4) $M_{\text{res},x} = \Sigma M_x = \Sigma y F_z - \Sigma z F_y = 0$	(4) entfällt	(19)
(5) $M_{\text{res},y} = \Sigma M_y = \Sigma z F_x - \Sigma x F_z = 0$	(5) entfällt	
(6) $M_{\text{res},z} = \Sigma M_z = \Sigma x F_y - \Sigma y F_x = 0$	(6) $M_{\text{res},z} = M_{\text{res}} = \Sigma x F_y - \Sigma y F_x = 0$	

Bei Kräften mit gemeinsamem Angriffspunkt entfallen die Momentenbedingungen. Somit ergibt sich folgende Anzahl von Bestimmungsgleichungen:

	Kräfte im Raum	Kräfte in der Ebene
mit verschiedenen Angriffspunkten	6	3
mit gemeinsamem Angriffspunkt	3	2

c) als graphische Gleichgewichtsbedingungen.

Kräfte im Raum		Kräfte in der Ebene
Räumliches Krafteck und räumliches Momenteck müssen sich schließen;		Ebenes Krafteck und ebenes Momenteck müssen sich schließen;
	oder	
Kraft- und Momenteck im Grund- und Aufriß müssen sich schließen;		
	oder	
Kraft- und Seileck im Grund- und Aufriß müssen sich schließen.		Kraft- und Seileck müssen sich schließen.

Bei Kräften mit gemeinsamem Angriffspunkt entfallen Momentecke und Seilecke.

d) Beispiele für Gleichgewichtsbedingungen. α) *Gleichgewicht zweier Kräfte in der Ebene mit verschiedenen Angriffspunkten.* Aus $\mathfrak{R} = \mathfrak{F}_1 + \mathfrak{F}_2 = 0$; $\mathfrak{F}_1 = -\mathfrak{F}_2$ folgt: Die beiden Kräfte sind gleich groß und entgegengesetzt gerichtet mit gleicher Wirkungslinie, Bild 2.

β) *Gleichgewicht von 3 Kräften in der Ebene mit verschiedenen Angriffspunkten,* Bild 23. Gegeben die Kräfte $\mathfrak{F}_1$ und $\mathfrak{F}_2$ nach Größe, Richtung und Lage. Gesucht $\mathfrak{F}_3$, so daß Gleichgewicht herrscht

$$\mathfrak{R}_{1-3} = \mathfrak{F}_1 + \mathfrak{F}_2 + \mathfrak{F}_3 = 0; \qquad \mathfrak{F}_3 = -(\mathfrak{F}_1 + \mathfrak{F}_2) = -\mathfrak{R}_{1-2}.$$

$\mathfrak{F}_3$ muß also gleich groß, aber entgegengesetzt gerichtet der Resultierenden $\mathfrak{R}_{1-2}$ aus den gegebenen Kräften $\mathfrak{F}_1$ und $\mathfrak{F}_2$ sein. Wirkungslinie von $\mathfrak{F}_3$ und $\mathfrak{R}_{1-2}$ identisch.

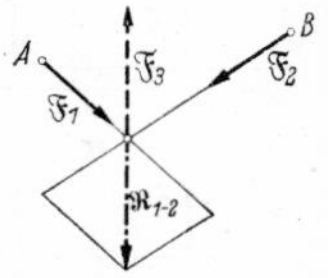

Bild 23

Drei nicht parallele Kräfte sind im Gleichgewicht, wenn sich ihre Wirkungslinien in einem Punkt schneiden und das Krafteck sich schließt.

γ) *Gleichgewicht von 4 Kräften in der Ebene mit verschiedenen Angriffspunkten* Bild 24. Gegeben $\mathfrak{F}_1$, $\mathfrak{F}_2$ und $\mathfrak{F}_3$ nach Größe, Richtung und Lage. Gesucht $\mathfrak{F}_4$, so daß Gleichgewicht herrscht.

$\alpha\alpha$) *Lösung mit Hilfe der Culmannschen Geraden* (vgl. B 2 a).

$$\mathfrak{R}_{1-4} = \mathfrak{F}_1 + \mathfrak{F}_2 + \mathfrak{F}_3 + \mathfrak{F}_4 = 0; \qquad \mathfrak{F}_4 = -(\mathfrak{F}_1 + \mathfrak{F}_2 + \mathfrak{F}_3) = -\mathfrak{R}_{1-3}.$$

Krafteck liefert Größe und Richtung von $\mathfrak{F}_4$, Lage dadurch bestimmt, daß Resultierende $\mathfrak{R}_{2-3}$ aus $\mathfrak{F}_2$ und $\mathfrak{F}_3$ im Gleichgewicht steht mit $\mathfrak{F}_1$ und $\mathfrak{F}_4$.

Hilfskraft $\mathfrak{R}_{2-3}$ muß daher auf der Culmannschen Geraden durch die Schnittpunkte von $\mathfrak{F}_2$ und $\mathfrak{F}_3$ sowie von $\mathfrak{F}_1$ und $\mathfrak{F}_4$ gehen. Sie ist eine Parallele zu $\mathfrak{R}_{2-3}$ im Krafteck.

ββ) Lösung mittels Kraft- und Seilecks vgl. C 1 d, ε.

δ) Gleichgewicht beliebig vieler Kräfte mit gemeinsamem Angriffspunkt in einer Ebene. Gegeben: $\mathfrak{F}_1$ bis $\mathfrak{F}_{n-1}$; gesucht: $\mathfrak{F}_n$, so daß Gleichgewicht herrscht.

αα) Graphische Lösung: Das Krafteck aus $\mathfrak{F}_1$ bis $\mathfrak{F}_n$ muß sich schließen. $\mathfrak{F}_n$ ist die Gegenkraft zur Resultierenden aus $\mathfrak{F}_1$ bis $\mathfrak{F}_{(n-1)}$. $\mathfrak{F} = -\mathfrak{R}_{1\ldots(n-1)}$. Beispiel, Bild 25; gegeben $\mathfrak{F}_1$ bis $\mathfrak{F}_4$; gesucht $\mathfrak{F}_5$.

ββ) Analytische Lösung nach Abschn. C 1 b.

ε) Gleichgewicht beliebig vieler Kräfte mit verschiedenen Angriffspunkten in einer Ebene. Beispiel, Bild 26: Gegeben die Kräfte $\mathfrak{F}_1$ bis $\mathfrak{F}_4$ nach Größe, Richtung und Lage. Gesucht $\mathfrak{F}_5$, so daß Gleichgewicht herrscht.

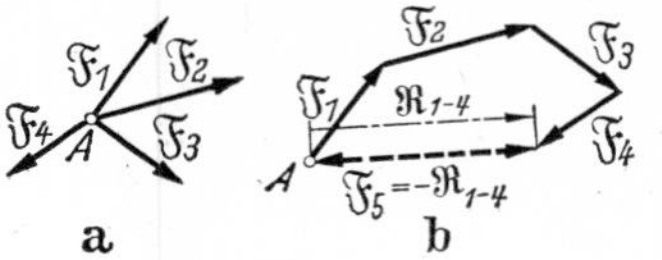

Bild 25

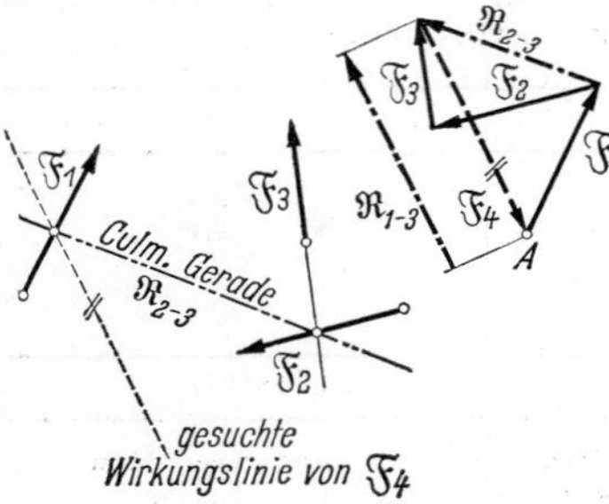

Bild 24

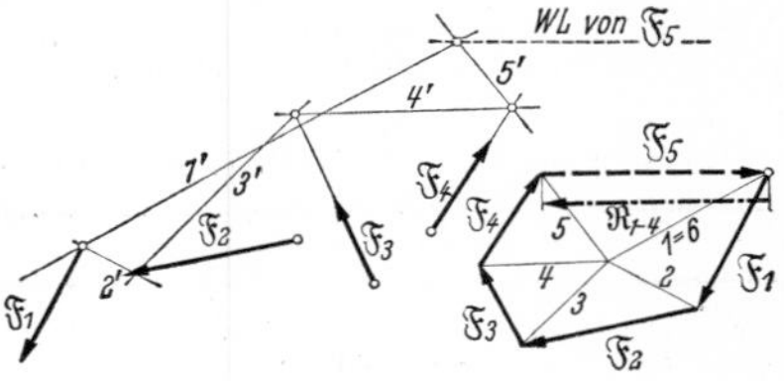

Bild 26

Größe und Richtung von $\mathfrak{F}_5$ aus dem geschlossenen Krafteck; $\mathfrak{F}_5 = -\mathfrak{R}_{1-4}$. Wirkungslinie von $\mathfrak{F}_5$ ist Parallele zu $\mathfrak{F}_5$ im Krafteck durch den Schnittpunkt der Seilstrahlen *1'* und *5'* (geschlossenes Seileck).

2. Ermitteln unbekannter Kräfte an einem Körper

a) Freimachen eines Körpers. Man denkt sich den Körper an allen Verbindungs- oder Berührungsstellen von seiner Umgebung losgelöst. An diesen Trennstellen bringt man die vorher von der Umgebung auf den Körper ausgeübten Kräfte und Momente an. Damit werden innere Kräfte (Momente) zu äußeren.

Beispiel: Bild 27a. Der Träger auf 2 Stützen ist durch die senkrechten Kräfte $\mathfrak{F}_1$ und $\mathfrak{F}_2$ belastet. Man trennt den Träger von den Lagern (Umwelt) und trägt die noch unbekannten, ursprünglich von den Lagern auf den Träger ausgeübten Kräfte *A* und *B* ein. Bild 27b.

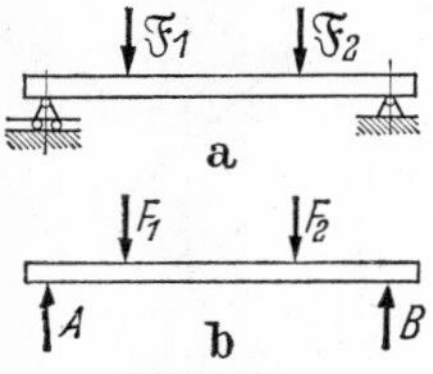

Bild 27

b) Ansetzen der Gleichgewichtsbedingungen. Für die am freigemachten Körper wirkenden Kräfte setzt man die Gleichgewichtsbedingungen an. Ist der Richtungssinn einer unbekannten Kraft falsch angenommen worden, so erscheint sie im Ergebnis negativ.

c) Die wichtigsten Lagerungsarten in der Ebene. Die Anzahl der unbekannten Stützkräfte ist abhängig von der Bauart der Lagerungen, Bild 28a—f. Bei Berücksichtigung der Reibung tritt je nach Bauart eine weitere Unbekannte auf (vgl. E, S. 229). Zu beachten ist, daß mit den drei Gleichgewichtsbedingungen für Kräfte in der Ebene nur 3 Unbekannte ermittelt werden können. Bei räumlichen Problemen stehen 6 Bedingungen zur Verfügung (vgl. C 1, S. 215). Reichen die Gleichgewichtsbedingungen nicht aus, so ist der Körper (äußerlich) statisch unbestimmt. In diesem Fall müssen zur Ermittlung der überzähligen Unbekannten weitere Gleichungen aus der Elastizitätslehre unter Berücksichtigung der elastischen Verformung des Körpers herangezogen werden, vgl. z. B. Festigkeitslehre S. 396.

Beispiele für statisch unbestimmte Systeme:

1. Träger auf 3 Stützen. Gleichgewichtsbedingungen nicht ausreichend, weil 3 unbekannte Kräfte A, B und C (vgl. S. 396).

2. Zweigelenkbogen, Bild 29. In den Gelenken treten die Horizontalkräfte A_x und B_x und die Vertikalkräfte A_y und B_y auf. Gleichgewichtsbedingungen:

$$R_x = F\cos\alpha - A_x - B_x = 0,$$
$$R_y = F\sin\alpha - A_y - B_y = 0,$$
$$M_{res} = B_y \cdot l - F\sin\alpha \cdot a - F\cos\alpha \cdot c = 0 \qquad \text{(vgl. Gl. 19)};$$

hieraus läßt sich nur B_y und A_y errechnen. Die Aufteilung der horizontalen Kraft $F\cos\alpha$ auf die Kräfte A_x und B_x bleibt unbestimmt.

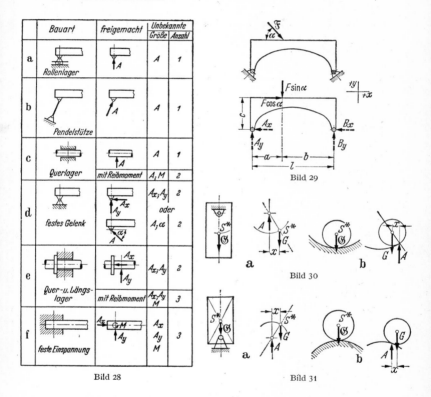

	Bauart	freigemacht	Unbekannte Größe	Unbekannte Anzahl
a	Rollenlager	A	A	1
b	Pendelstütze	A	A	1
c	Querlager	A	A	1
		mit Reibmoment	$A; M$	2
d	festes Gelenk	A_x, A_y	$A_x; A_y$	2
			oder	
		A, α	$A; \alpha$	2
e	Quer- u. Längslager	A_x, A_y	$A_x; A_y$	2
		mit Reibmoment	$A_x; A_y$; M	3
f	feste Einspannung	A_x, M, A_y	A_x A_y M	3

Bild 28

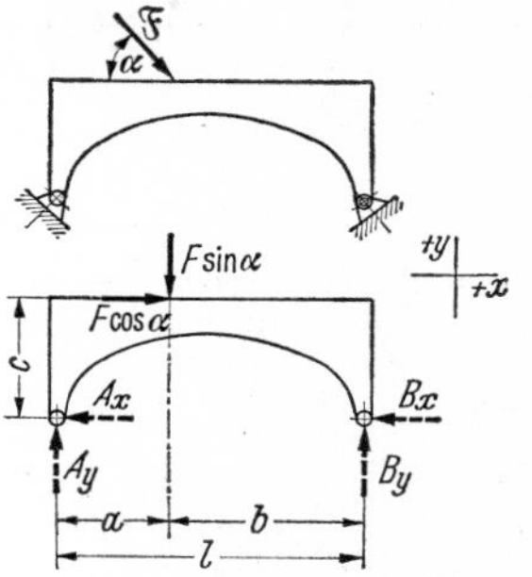

Bild 29

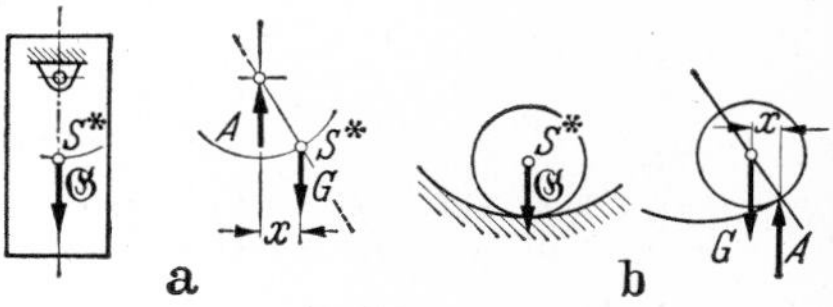

Bild 30

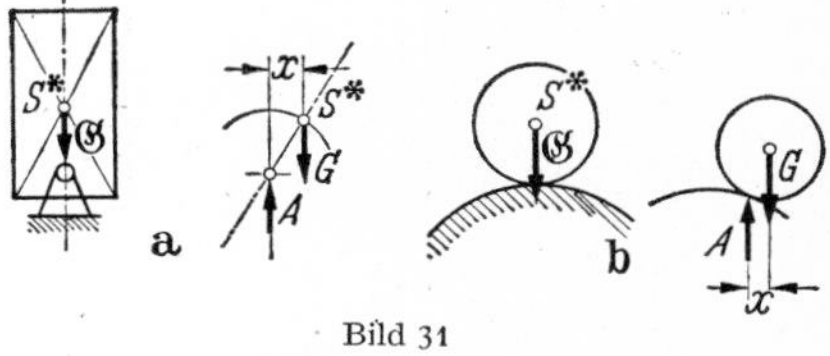

Bild 31

3. Arten des Gleichgewichts eines einfach gestützten Körpers

a) Stabiles Gleichgewicht, Bild 30. Nach Auslenkung aus der Gleichgewichtlage tritt ein Kräftepaar $A \cdot x$ auf, das den Körper wieder in die Gleichgewichtlage zurückführt. $\mathfrak{A} = -\mathfrak{G}$; $A = G$.

In der Gleichgewichtlage ist die potentielle Energie (vgl. S. 260) des Körpers ein Minimum. Schwerpunkt S^* hat seine tiefste Lage.

b) Labiles Gleichgewicht, Bild 31. Bei kleinster Auslenkung aus dieser Gleichgewichtlage tritt ein Kräftepaar $A \cdot x$ auf, das den Körper noch weiter aus dieser Lage entfernt.

In der labilen Gleichgewichtlage ist die potentielle Energie ein Maximum. Schwerpunkt S^* hat seine höchste Lage.

c) **Indifferentes Gleichgewicht,** Bild 32. Jede Lage des Körpers stellt eine Gleichgewichtlage dar. Es treten weder zurückstellende noch auslenkende Kräftepaare auf.

Bei indifferentem Gleichgewicht ist die potentielle Energie in allen Lagen die gleiche. Schwerpunktsabstand von Unterlage gleichbleibend.

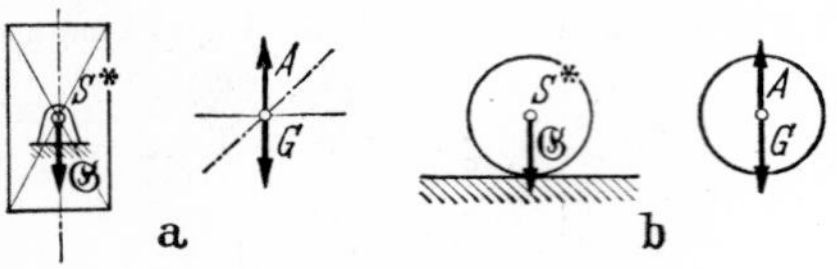

Bild 32

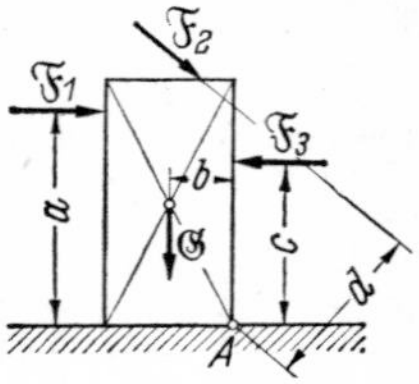

Bild 33

4. Standsicherheit

Als standsicher bezeichnet man einen Körper, wenn in bezug auf die Kippkante die Summe der stützenden Momente (Standmomente) größer ist als die Summe der kippenden Momente (Kippmomente). In Bild 33 ist die Summe der Standmomente (Kippkante A) $\Sigma M_{st} = Gb + F_3 c$, die Summe der Kippmomente $\Sigma M_k = F_1 a + F_2 d$. Für Standsicherheit gilt $\nu = \Sigma M_{st}/\Sigma M_k > 1$. In diesem Fall liegt die Resultierende $\mathfrak{R}$ aller äußeren Lasten innerhalb der Kippkante A (Bild 34a), für $\nu < 1$ außerhalb (Bild 34b). In vielen Fällen muß die Untersuchung auf Standsicherheit für mehrere Kippkanten durchgeführt werden (Krananlagen, Feuerwehrdrehleitern).

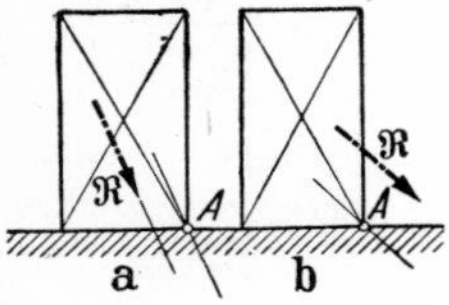

Bild 34

5. Anwendungen

a) **Träger auf zwei Stützen** mit 2 senkrechten Lasten, F_1 und F_2, Bild 35. Gesucht Auflagerkräfte $\mathfrak{A}$ und $\mathfrak{B}$ mittels Kraft- und Seileck.

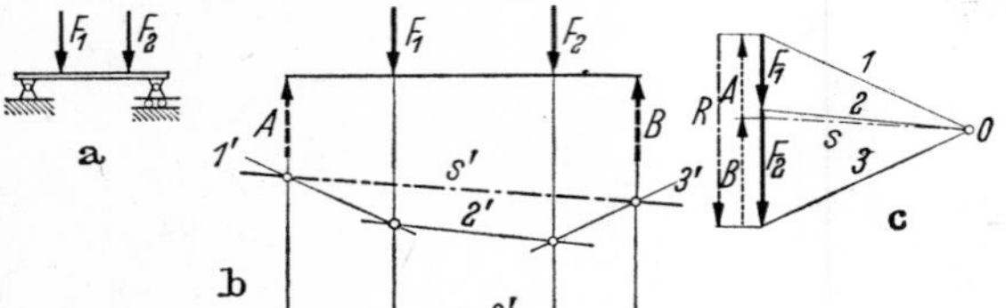

← Bild 35

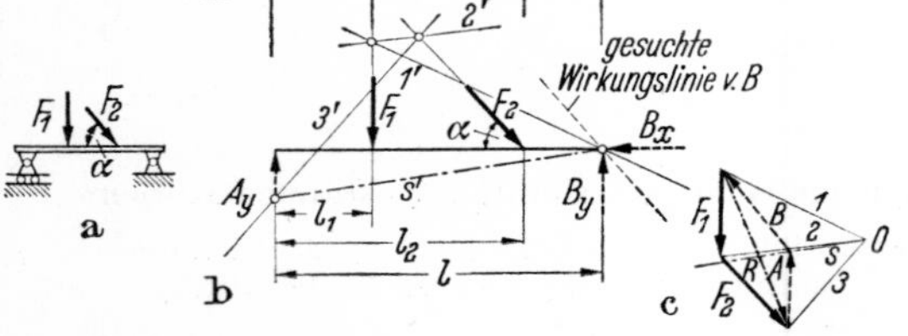

← Bild 36

Man konstruiert das Krafteck aus $\mathfrak{F}_1$ und $\mathfrak{F}_2$ (Bild 35c) und erweitert es zum Poleck. Im Seileck (Bild 35b) müssen die äußeren Seilstrahlen *1'* und *3'* die Wirkungslinien der Auflagerkräfte $\mathfrak{A}$ bzw. $\mathfrak{B}$ schneiden, weil im Krafteck $\mathfrak{A}$ und $\mathfrak{B}$ mit $\mathfrak{R}$ im Gleichgewicht stehen müssen, also auch mit den Polstrahlkräften *1* und *3*. Die Schnittpunkte der äußeren Seilstrahlen mit den Wirkungslinien von $\mathfrak{A}$ bzw. $\mathfrak{B}$ verbindet man durch die Schlußlinie s'. Ihre Parallele im Krafteck zerlegt die Gegenkraft von $\mathfrak{R}$ in die Auflagerkräfte $\mathfrak{A}$ und $\mathfrak{B}$.

b) Träger auf zwei Stützen mit den Lasten $\mathfrak{F}_1$ und $\mathfrak{F}_2$ beliebiger Richtung. Gesucht die Auflagerkräfte, Bild 36.

α) *Analytische Lösung:* Für den freigemachten Träger ergeben sich die Gleichgewichtsbedingungen:

(1) $\Sigma X = F_2 \cdot \cos\alpha - B_x = 0$, hieraus $B_x = F_2 \cdot \cos\alpha$; A_x entfällt, weil Rollenlager (vgl. Bild 36a).

(2) $\Sigma Y = F_1 + F_2 \cdot \sin\alpha - A_y - B_y = 0$.

(3) $\Sigma M = F_1 \cdot l_1 + F_2 \cdot \sin\alpha \cdot l_2 - B_y \cdot l = 0$; hieraus B_y.

Aus (2) folgt nunmehr A_y.

β) *Graphische Lösung:* Aus Krafteck (Bild 36c) ergibt sich Größe und Richtung der Resultierenden $\mathfrak{R}$. Diese muß mit den Auflagerkräften $\mathfrak{A}$ und $\mathfrak{B}$ im Gleichgewicht stehen. Die graphische Zerlegung der Kraft $-\mathfrak{R} = \mathfrak{A} + \mathfrak{B}$ wird mit Hilfe des Seilecks (Bild 36b) durchgeführt. Man zieht im Krafteck die Polstrahlen *1*, *2* und *3*, zieht Seilstrahl *1'* parallel zu Polstrahl *1* durch das feste Auflager, weil er als äußerer Seilstrahl die Wirkungslinie eines Auflagers schneiden muß und von der Wirkungslinie der Auflagerkraft $\mathfrak{B} = \mathfrak{B}_x + \mathfrak{B}_y$ nur der Schnittpunkt dieser beiden Komponenten bekannt ist. Der andere äußere Seilstrahl *3'* schneidet die Wirkungslinie der Auflagerkraft $\mathfrak{A}$. Parallele *s* im Poleck zur Schlußlinie *s'* im Seileck zerlegt die Gegenkraft von $\mathfrak{R}$ in Auflagerkraft $\mathfrak{A}$ und $\mathfrak{B}$. $\mathfrak{B}$ läßt sich zerlegen in $\mathfrak{B}_y$ und $\mathfrak{B}_x$.

c) Träger auf zwei Stützen mit mittelbarer Belastung, Bild 37. Gesucht Auflagerkräfte A, B, C und D.

α) Gesamtträger freigemacht (Bild 37a) ergibt Gleichgewichtsbedingungen

(1a) $\Sigma M = B \cdot l - F \cdot l_1 = 0$; hieraus $B = F l_1/l$;
(2a) $\Sigma Y = A + B - F = 0$; hieraus $A = F - B = F l_2/l$.

β) Oberer Träger freigemacht (Bild 37b) ergibt Gleichgewichtsbedingungen

(1b) $\Sigma M = D(a + b) - F a = 0$; hieraus $D = F a/(a + b)$;
(2b) $\Sigma Y = D + C - F = 0$; hieraus $C = F - D = F b/(a + b)$.

γ) Somit Kräfteverteilung am unteren Träger nach Bild 37c. Querkraft- und Momentenkurven vgl. Abschn. Festigkeitslehre, S. 375.

Untersuchungen für Tragwerke mit wanderden Lasten vgl. Abschn. i, S. 223.

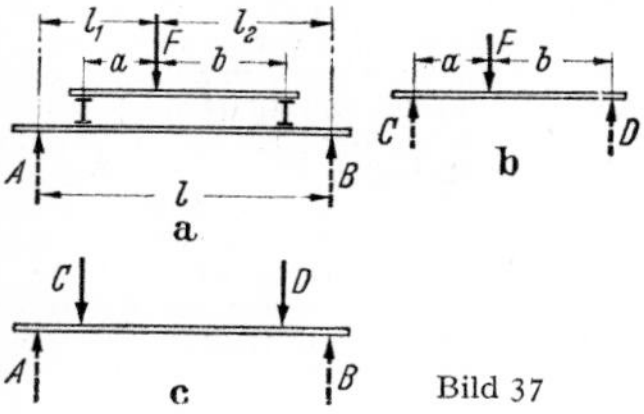

Bild 37

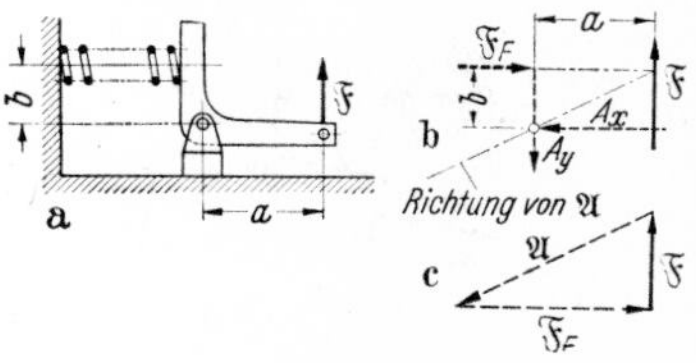

Bild 38

d) Kräfte am zweiarmigen Hebel. Gesucht die Federkraft $\mathfrak{F}_F$, die der bekannten Zugkraft $\mathfrak{F}$ das Gleichgewicht hält, Bild 38.

α) *Graphische Lösung:* Am freigemachten Körper stehen im Gleichgewicht $\mathfrak{F}_F$, $\mathfrak{F}$ und Auflagerkraft $\mathfrak{A}$. Somit $\mathfrak{A} + \mathfrak{F}_F + \mathfrak{F} = 0$. Man bringt Wirkungslinien von $\mathfrak{F}_F$ und $\mathfrak{F}$ zum Schnitt und zieht durch den Schnittpunkt die Wirkungslinie von $\mathfrak{A}$. Krafteck ergibt Größe und Richtung von $\mathfrak{F}_F$ und Auflagerkraft $\mathfrak{A}$, Bild 38b u. c.

β) *Analytische Lösung:* (1) $\Sigma X = F_F - A_x = 0$.
(2) $\Sigma Y = F - A_y = 0$; hieraus $A_y = F$.
(3) $\Sigma M = F_F \cdot b - F \cdot a = 0$; hieraus $F_F = F \cdot a/b$.
Nunmehr aus (1) $A_x = F_F = F \cdot a/b$.

e) Ermitteln der Auflagerkräfte eines Wanddrehkrans, Bild 39.

α) *Analytische Lösung:* Am freigemachten Drehkran wirken die unbekannten Auflagerkräfte: A_x und B_x horizontal, A_y vertikal. Gleichgewichtsbedingungen:

(1) $\Sigma X = A_x - B_x = 0$.
(2) $\Sigma Y = A_y - Q = 0$; hieraus $A_y = Q$.
(3) $\Sigma M = Q l - B_x h = 0$; hieraus $B_x = Q l/h$.

Aus (1): $A_x = B_x$. $A = \sqrt{A_x^2 + A_y^2}$.
Richtungswinkel von α aus $\tan\alpha = A_y/A_x$.

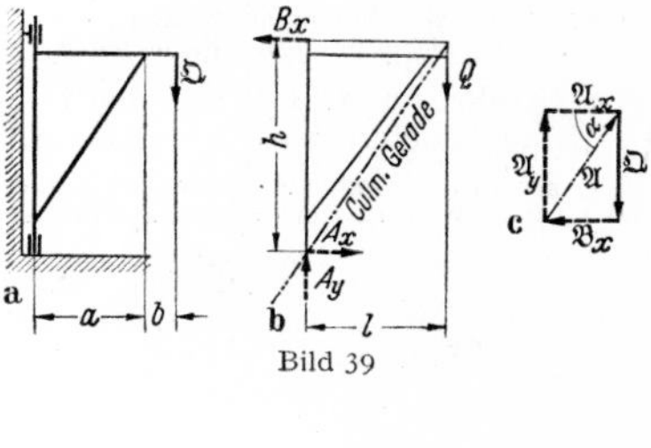

Bild 39

β) Graphische Lösung: $\mathfrak{R} = \mathfrak{Q} + \mathfrak{B}_x + \mathfrak{A}_x + \mathfrak{A}_y = 0$ (vgl. Abschn. A e), somit drei Unbekannte. Krafteck nicht ohne weiteres zu entwerfen. Faßt man $\mathfrak{A}_x$ und $\mathfrak{A}_y$ zu $\mathfrak{A}$ zusammen, so gilt: $\mathfrak{R} = \mathfrak{Q} + \mathfrak{B}_x + \mathfrak{A} = 0$. Hieraus $\mathfrak{A} = -(\mathfrak{Q} + \mathfrak{B}_x)$.

Anwendung der Culmannschen Geraden (vgl. Abschn. B 2 a, S. 210).

Drei Kräfte stehen im Gleichgewicht, wenn sie sich in einem Punkte schneiden und ihr Krafteck sich schließt. Durch Schnittpunkt der bekannten Wirkungslinien von $\mathfrak{Q}$ und $\mathfrak{B}_x$ muß also Wirkungslinie von $\mathfrak{A}$ gehen.

f) Ermitteln der Radkräfte eines Fahrzeugs, Bild 40 (vgl. Bd. II, Kraftwagen). Ein Fahrzeug vom Gewicht $\mathfrak{G}$ (Hinterachsantrieb) fährt mit konstanter Geschwindigkeit eine Steigung unter dem Winkel α hinauf. Am Zughaken gibt es eine Kraft $\mathfrak{F}$ parallel zur Fahrbahn ab. Gesucht die Kräfte zwischen Rädern und Fahrbahn. Luft- und Rollwiderstand vernachlässigt.

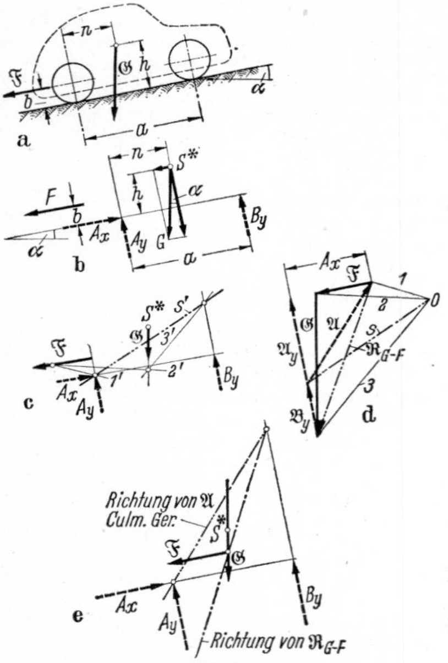

Bild 40

1. Lösung: Bild 40b zeigt das freigemachte Fahrzeug. Sieht man vom Fahrwiderstand ab, so wirken am Vorderrad nur die Normalkraft B_y, am Hinterrad die Normalkraft A_y und die Schubkraft A_x, diese in Fahrtrichtung, da sie vom Boden auf die Räder ausgeübt wird.

Gleichgewichtsbedingungen:

(1) $\Sigma X = A_x - F - G \cdot \sin\alpha = 0$;

hieraus $A_x = F + G \cdot \sin\alpha$.

(2) $\Sigma Y = A_y + B_y - G \cdot \cos\alpha = 0$.

(3) $\Sigma M = B_y \cdot a + G \sin\alpha \cdot h - G \cos\alpha \cdot n + F b = 0$; hieraus B_y.

Nunmehr folgt aus (2) Auflagerkraft A_y.

2. Lösung: Graphische Lösung mit Kraft- und Seileck, Bild 40c u. d.

Man zeichnet das Krafteck aus $\mathfrak{G}$ und $\mathfrak{F}$ mit den Polstrahlen *1*, *2* und *3*. Seilstrahl *1'* parallel Polstrahl *1* durch den Schnittpunkt der Auflagerkräfte $\mathfrak{A}_x$ und $\mathfrak{A}_y$. Durch Schnittpunkt von $\mathfrak{F}$ und Seilstrahl *1'* legt man Seilstrahl *2'* usw. Seilstrahl *3'* schneidet Wirkungslinie von $\mathfrak{B}_y$. Schnittpunkte der äußeren Seilstrahlen *1'* und *3'* mit den Wirkungslinien der gesuchten Auflagerkräfte $\mathfrak{B}_y$ und $\mathfrak{A} = \mathfrak{A}_x + \mathfrak{A}_y$ ergeben Schlußlinie s'. Diese in das Krafteck übertragen, zerlegt die mit $\mathfrak{R}_G \mathfrak{B}_F$ im Gleichgewicht stehende Gegenkraft $-\mathfrak{R}_{G-F}$ in die beiden Auflagerkräfte $\mathfrak{B}_y$ und $\mathfrak{A}$. Letztere läßt sich zerlegen in $\mathfrak{A}_x$ und $\mathfrak{A}_y$.

Beachte: Die Schlußlinie s' des Seilecks geht durch die Schnittpunkte der äußersten Seileckseiten (*1'* und *3'*) mit den Auflagerkräften ($\mathfrak{A}$ und $\mathfrak{B}$).

Im Poleck schneiden sich die Auflagerkräfte ($\mathfrak{A}$ und $\mathfrak{B}$) auf der Schlußlinie s.

3. Lösung: Graphische Lösung mit Hilfe der Culmannschen Geraden. Bild 40e.

$\mathfrak{R} = \mathfrak{A}_x + \mathfrak{A}_y + \mathfrak{B}_y + \mathfrak{F} + \mathfrak{G} = 0$; hieraus z. B. $\mathfrak{B}_y = -\mathfrak{A}_x - \mathfrak{A}_y - \mathfrak{F} - \mathfrak{G}$ (vgl. Abschnitt A e) mit drei Unbekannten. Bringt man die bekannten Kräfte $\mathfrak{G}$ und $\mathfrak{F}$ zum Schnitt und andererseits die beiden noch unbekannten Kräfte $\mathfrak{A}_x$ und $\mathfrak{A}_y$, so erhält man folgende Gleichung:

$$\mathfrak{B}_y + \mathfrak{R}_{G-F} + \mathfrak{R}_{Ax-Ay} = 0;$$

hierin ist $\mathfrak{R}_{G-F}$ nach Größe und Richtung bekannt, $\mathfrak{B}_y$ nach Richtung. Da aber drei Kräfte im Gleichgewicht durch einen Punkt gehen müssen (vgl. C 1 d, β), bringt man die Wirkungslinie von $\mathfrak{B}_y$ mit der Wirkungslinie von $\mathfrak{R}_{G-F}$ zum Schnitt und zieht durch diesen Punkt die Wirkungslinie von $\mathfrak{R}_{Ax-Ay} = \mathfrak{A}$. Man erhält Krafteck nach Bild 40d. In diesem zerlegt man die Hilfsresultierende $\mathfrak{R}_{Ax-Ay}$ wieder in die Komponenten $\mathfrak{A}_x$, $\mathfrak{A}_y$.

g) Kräfte am Kurbeltrieb, Bild 41. Gegeben die Kolbenkraft $\mathfrak{F}$. Gesucht die Kräfte an den einzelnen Bauteilen (vgl. Maschinenteile S. 796 u. 801).

α) Bei Vernachlässigung der Reibung und der Massenkräfte (vgl. S. 247) ergibt sich das Kräftebild am freigemachten Kurbeltrieb nach Bild 41b. Gleichgewichtsbedingungen:

(1α) $\Sigma X = N - A_x = 0$;

(2α) $\Sigma Y = F - A_y = 0$; hieraus $A_y = F$.

(3α) $\Sigma M = Na - M_w = 0$; hieraus das an der Kurbelwelle wirkende Gegenmoment M_w. N erhält man erst durch Freimachen des Kolbens.

β) Am freigemachten Kolben wirken Kräfte nach Bild 41c. Hierfür die Gleichgewichtsbedingungen: (1β) $\Sigma X = N - F_s \sin\beta = 0$ mit F_s als Kraft, die die Schubstange auf den Kolben ausübt.

(2β) $\Sigma Y = F - F_s \cos\beta = 0$; hieraus $F_s = F/\cos\beta$.

Nunmehr aus (1β) $N = F \cdot \tan\beta$. Aus (1α) $A_x = F \cdot \tan\beta$.

γ) Freimachen der Schubstange, Bild 41d.

δ) Freimachen der Kurbel, Bild 41e. Gleichgewichtsbedingungen für Achsenkreuz x', y';

(1δ) $\Sigma X' = F_r - A_r = 0$; hieraus $A_r = F_r = F_s \cdot \cos(\alpha + \beta)$.

(2δ) $\Sigma Y' = F_t - A_t = 0$; hieraus $A_t = F_t = F_s \cdot \sin(\alpha + \beta)$.

(3δ) $\Sigma M = F_t \cdot r - M_w = 0$; hieraus $M_w = F_t \cdot r$.

Die Lagerkraft ergibt sich somit, bezogen auf Achsenkreuz x, y zu $\mathfrak{A} = \mathfrak{A}_x + \mathfrak{A}_y$; $A = \sqrt{F^2 + F^2 \cdot \tan^2\beta} = F\sqrt{1 + \tan^2\beta}$. Bezogen auf Achsenkreuz x', y' zu $\mathfrak{A} = \mathfrak{F}_t + \mathfrak{F}_r$; $A = \sqrt{F_s^2 \cdot \sin^2(\alpha + \beta) + F_s^2 \cdot \cos^2(\alpha + \beta)} = F_s = F/\cos\beta = F\sqrt{1 + \tan^2\beta}$.

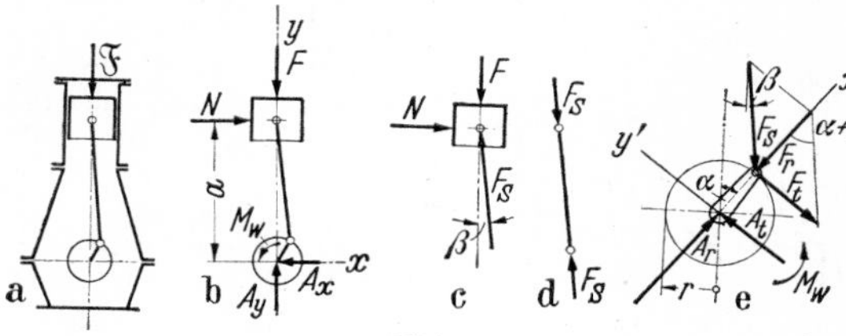

Bild 41

h) Ebene Fachwerke. α) *Aufbau:* Ein Fachwerk ist ein System von Stäben, die man sich durch Gelenke oder Knotenpunkte reibungsfrei verbunden denkt. Jeder Stab wird als Zweigelenkstab von Gelenk zu Gelenk betrachtet. Alle äußeren Kräfte greifen in den Gelenken an oder werden auf diese umgerechnet. Das einfachste Fachwerkgebilde ist der Dreiecksverband nach Bild 42b mit den Gelenken *I*, *II* und *III*. Durch Aneinanderreihen weiterer Dreiecksverbände entstehen die verschiedenen Fachwerkausführungen, Bild 42a.

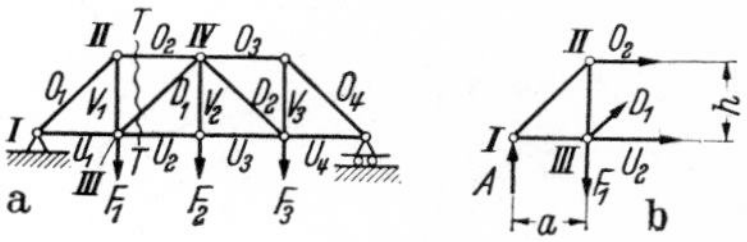

Bild 42

Die äußeren Stäbe nennt man Gurtungen (Obergurtstäbe *O*, Untergurtstäbe *U*), Bild 42. Ober- und Untergurtung werden durch Füllungsstäbe (Vertikale *V*, Diagonale *D*) verbunden.

β) *Statische Bestimmtheit:* 1. Ein Fachwerk ist äußerlich statisch bestimmt, wenn die Gleichgewichtsbedingungen zur Ermittlung der Auflagerkräfte des als Ganzes betrachteten Fachwerks ausreichen.

2. Ein Fachwerk ist innerlich statisch bestimmt, wenn die Gleichgewichtsbedingungen zur Ermittlung der einzelnen Stabkräfte ausreichen. Erforderliche Stabzahl $s = 2n - 3$ mit n Gelenken. Wenn $s < (2n - 3)$, ist Fachwerk in sich beweglich, d. h. unbrauchbar. Wenn $s > (2n - 3)$, so liegt statische Unbestimmtheit vor.

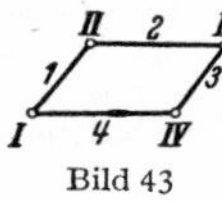

Bild 43

Beispiele: Bild 42. $n = 8$, $s = 13$, $s = (2 \cdot 8) - 3 = 13$; also statisch innerlich bestimmt Bild 43: $n = 4$, $s = 4$. $s < [(2 \cdot 4) - 3 = 5]$, also Fachwerk beweglich, d. h. unbrauchbar..

γ) *Ermittlung der Stabkräfte.* $\alpha\alpha$) *Einzelkraftecke für jedes Gelenk.* Man ermittelt zunächst die Auflagerkräfte des Gesamtverbandes. In Bild 44 aus Symmetriegründen $A = B = F/2$. Anschließend macht man jedes Gelenk frei durch Herausschneiden aus dem Gesamtverband und ermittelt die unbekannten, auf das Gelenk wirkenden Kräfte durch Bilden des Kraftecks für jedes Gelenk. Die Kraftrichtungen entnimmt man den Kraftecken, Bild 44c bis f, und trägt sie in den Lageplan ein, Bild 44b.

Beachte: Die Kraftpfeile geben die von den Stäben auf die Gelenke ausgeübten Kräfte an. Zum Knotenpunkt hin gerichtete Kräfte sind Druckkräfte, vom Knotenpunkt weg gerichtete Kräfte sind Zugkräfte.

ββ) Cremonaplan, Bild 45. Um den Zeichenaufwand bei dem unter αα) behandelten Verfahren einzuschränken, benutzt man den Cremonaplan. Er beruht auf dem Verfahren der Einzelkraftecke (vgl. oben), reiht aber diese *unmittelbar* aneinander.

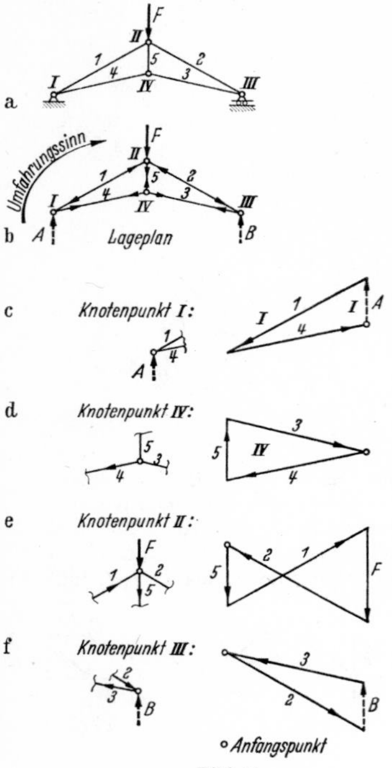

Bild 44

Regeln für den Entwurf eines Cremonaplans:

1. Ermitteln der unbekannten Auflagerkräfte des Gesamtsystems;

2. Zeichnen des Kraftecks aus allen äußeren Kräften (Bild 45) im gewählten Umfahrungssinn (Reihenfolge der Kräfte), Bild 44b;

3. Zeichnen der Kraftecke für die einzelnen Knotenpunkte im angenommenen Umfahrungssinn, beginnend mit der ersten bekannten Kraft am Knoten, Bild 45.

Beispiel: Entwicklung des Cremonaplans für Bild 44a, Cremonaplan Bild 45.
1. Auflagerkräfte $A = B = F/2$ aus Symmetriegründen;
2. Uhrzeigersinn als Umfahrungssinn gewählt; somit Reihenfolge der äußeren Kräfte im Krafteck A, F, B; Punkte *1, 2, 3, 4* in Bild 45.
3. Knotenpunkt *I*. Reihenfolge der Kräfte im Uhrzeigersinn: A, *1, 4*, beginnend mit der ersten bekannten Kraft A. Knotenpunkt *II*: *1*, F, *2, 5*, beginnend mit *1* als der ersten bekannten Kraft im Uhrzeigersinn. Knotenpunkt *IV*: *4, 5, 3*, beginnend mit *4* als der ersten bekannten Kraft im Uhrzeigersinn. Knotenpunkt *III*: *3, 2*, B.

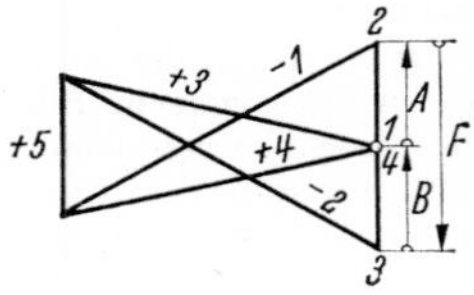

Bild 45

Der *Umfahrungssinn* bezieht sich also auf die *Reihenfolge* der Kräfte im *Lageplan*. Mit dieser Reihenfolge werden die einzelnen Kraftecke gezeichnet. Man trägt die Richtung der im Cremonaplan ermittelten Kräfte sofort in den Lageplan ein und kennzeichnet im Cremonaplan Zugkräfte durch +-Zeichen, Druckkräfte durch −-Zeichen.

γγ) Analytisches Verfahren nach Ritter. Geeignet zur Ermittlung einzelner Stabkräfte, z. B. zur Kontrolle graphischer Verfahren. Nach Bestimmung der Auflagerkräfte teilt man das Fachwerk durch einen Schnitt, der höchstens drei Stäbe mit unbekannten Kräften treffen darf, in zwei Teile. Durch Freimachen des abgeschnittenen Teiles werden die Stabkräfte zu äußeren Kräften. Es empfiehlt sich, die Kräfte grundsätzlich als Zugkräfte einzutragen. Ergibt die Rechnung ein negatives Vorzeichen, so handelt es sich um eine Druckkraft; die angenommene Richtung ist zu ändern. Aus der Gleichgewichtsbedingung $\Sigma M = 0$ für den Schnittpunkt zweier geschnittener Stäbe als Bezugskraft erhält man die dritte unbekannte Stabkraft. In Bild 42a trennt Schnitt $T - T$ das in Bild 42b herausgezeichnete Stück ab. Mit den Stabkräften O_2, D_1 und U_2 an den Trennstellen und mit Gelenk III als Bezugspunkt folgt

$$\Sigma M = A \cdot a + O_2 \cdot h = 0; \quad \text{hieraus } O_2 = -A \cdot a/h.$$

Negatives Vorzeichen zeigt, daß angenommene Richtung von O_2 falsch war. Die Hebelarme a und h werden aus der maßstäblichen Zeichnung abgegriffen. Anschließend können D_1 und U_2 durch Ansetzen der Momentgleichung um Gelenk I bzw. II bestimmt werden.

i) Träger mit wandernden Lasten. Die durch wandernde Lasten hervorgerufenen Auflagerkräfte und Momente an Trägern können u. a. mit Hilfe der sogenannten Auflager- bzw. Momentlinien ermittelt werden.

α) *Wandernde Einzellast F*, Bild 46a. Ermitteln der Auflagerlinien: Für *beliebige* Stellung x der Last F folgt aus der Gleichgewichtsbedingung

$$\Sigma M(x) = F \cdot x - B(x) \cdot l = 0$$

die Auflagerkraft $B(x) = F \cdot x/l$ und aus

$$\Sigma M(x) = F(l - x) - A(x) \cdot l = 0$$

die Auflagerkraft $A(x) = F(l - x)/l$. Die Gleichungen für $A(x)$ und $B(x)$ sind die Gleichungen der A-Linie bzw. B-Linie, Bild 46b. Für jede Stellung x der Last F gilt $A(x) + B(x) = F$.

Ermitteln der Momentlinien: Das Biegemoment an der beliebigen Stelle x der Kraft F ist $M(x) = A(x) \cdot x = F(l - x)x/l = F \cdot x - F \cdot x^2/l$. Die M-Linie ist somit eine Parabel mit dem Maximum $M_{\max} = F \cdot l/4$ für $x = l/2$, aus $\mathrm{d}M/\mathrm{d}x = F - 2Fx/l = 0$, Bild 46c.

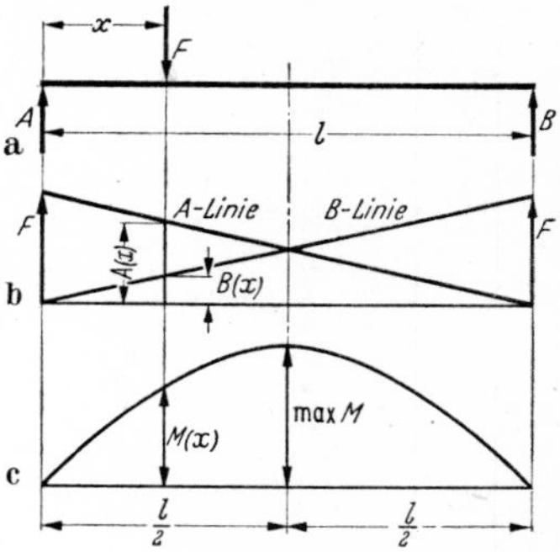

Bild 46

β) *Zwei wandernde Lasten* F_1 und F_2 *mit konstantem Abstand* $b = b_1 + b_2$, Bild 47; $F_1 > F_2$. Auflagerlinien: Entsprechend i, α) bewirkt die Kraft F_1 allein eine Auflagerkraft $A_1(x) = F_1(l - x)/l$; die Kraft F_2 allein eine Auflagerkraft $A_2(x) = F_2(l - x - b)/l$. Ihre Superposition ergibt die Auflagerkraft $A(x) = A_1(x) + A_2(x) = (F_1 + F_2) \times (l - x)/l - F_2 b/l$. Man zieht von der Geraden $y = (F_1 + F_2)(l - x)/l$ den konstanten Betrag $F_2 b/l$ ab und erhält die A-Linie.

Momentlinien: Das Biegemoment an der beliebigen Stelle x der Kraft F_1 ist $M_1(x) = A(x) \cdot x = (F_1 + F_2)(l - x)x/l - F_2 bx/l$. Das Maximum liegt vor, wenn $\mathrm{d}M_1/\mathrm{d}x = (F_1 + F_2) - 2(F_1 + F_2)x/l - F_2 b/l = 0$ ist; somit $x = (l - b_1)/2$.

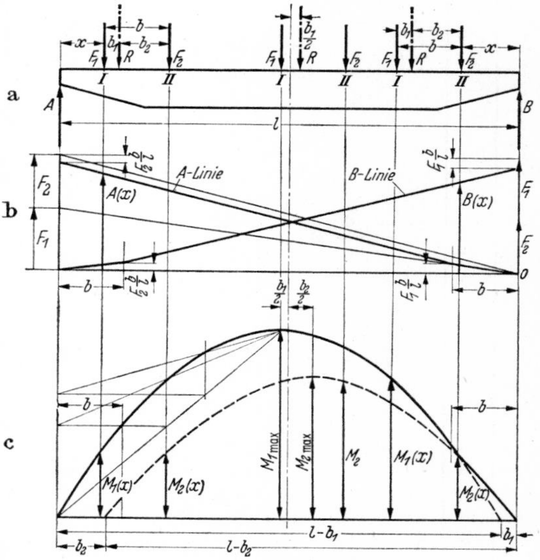

Bild 47 (Im Teilbild a rechts oben lies x' statt x)

Das Maximum liegt demnach um $b_1/2$ aus der Mitte des Trägers nach links verschoben. $M_{1\max} = (F_1 + F_2)(l - b_1)^2/4l$. Forts. S. 226 →

Stabkräfte im Laufkranträger, Bild 48

1	Stabkraft	O_1	O_2	O_3	U_1	(U_1)	U_2	U_3
2	Einheitslast 1 Mp auf Knoten	II	IV	VI	II	III	III	V
3	Schnitt durch Stäbe (Stabkräfte)	O_1; U_1	O_2; D_2; U_2	O_3; D_4; U_3	O_1; U_1	O_1; D_1; (U_1)	O_2; D_2; U_2	O_3; D_4; U_3
4	Gleichgewichts-bedingung	$O_1 \cdot h/2 + A \cdot w = 0$	$O_2 \cdot h + A \cdot 3w = 0$	$O_3 \cdot h + A \cdot 5w = 0$	$-U_1 \cdot h_1/2 + A \cdot w = 0$	$-(U_1) \cdot h_1 - A \cdot 2w = 0$	$-U_2 \cdot h + A \cdot 2w = 0$	$-U_3 \cdot h + A \cdot 4w = 0$
	Drehpunkt	XV	XIII	XII	II	III	III	V
5	Stabkraft aus (4)	$O_1 = -2A$	$O_2 = -3A$	$O_3 = -5A$	$U_1 = A/\sin \alpha_1$	$(U_1) = A/\sin \alpha_1$	$U_2 = 2A$	$U_3 = 4A$
6	Auflagerkräfte A und B für Stellung (2) der Einheitslast	$A \cdot 8w - 1 \cdot 7w = 0$ $A = 7/8$ Mp $B = 1/8$ Mp	$A \cdot 8w - 1 \cdot 5w = 0$ $A = 5/8$ Mp $B = 3/8$ Mp	$A \cdot 8w - 1 \cdot 3w = 0$ $A = 3/8$ Mp $B = 5/8$ Mp	$A \cdot 8w - 1 \cdot 7w = 0$ $A = 7/8$ Mp $B = 1/8$ Mp	$A \cdot 8w - 1 \cdot 6w = 0$ $A = 6/8$ Mp $B = 2/8$ Mp	$A \cdot 8w - 1 \cdot 6w = 0$ $A = 6/8$ Mp $B = 2/8$ Mp	$A \cdot 8w - 1 \cdot 4w = 0$ $A = 0{,}5$ Mp $B = 0{,}5$ Mp
7	Stabkraft für A oder B nach (6) aus (5)	$O_1 = -2 \cdot 7/8$ $O_1 = -1{,}75$ Mp	$O_2 = -3 \cdot 5/8$ $O_2 = -1{,}875$ Mp	$O_3 = -5 \cdot 3/8$ $O_3 = -1{,}875$ Mp	$U_1 = 7/(8 \cdot 0{,}448)$ $U_1 = 1{,}96$ Mp	$(U_1) = 6/(8 \cdot 0{,}448)$ $(U_1) = 1{,}68$ Mp	$U_2 = 2 \cdot 6/8$ $U_2 = 1{,}5$ Mp	$U_3 = 2$ Mp
8	Bemerkungen	Max. der E.-L., wenn Last bei Knoten II	Max. der E.-L., wenn Last bei Knoten IV	E.-L. O_3 spiegelbildlich zu E.-L. O_2	Max. der E.-L., wenn Last bei Knoten II	Max. der E.-L., wenn Last bei Knoten III	Max. der E.-L., wenn Last bei Knoten III	Max. der E.-L., wenn Last bei Knoten V

Stabkräfte im Laufkranträger, Bild 48 (Fortsetzung)

1	V_1	V_2	V_3	D_1	D_2	D_2	D_3	D_3
2	II	III	IV	II	III	IV	IV	V
3	$(O_1);\ V_1;\ U_1$	$(U_1);\ V_2;\ U_2$	$O_2;\ V_3;\ (O_2)$	$(O_1);\ D_1;\ (U_1)$	$O_2;\ D_2;\ U_2$	$O_2;\ D_2;\ U_2$	$(O_2);\ D_3;\ U_3$	$(O_2);\ D_3;\ U_3$
4	$V_1 \cdot w + 1 \cdot w = 0$	$(U_1)\sin\alpha_1 + V_2 = 0$	$V_3 + 1 = 0$	$D_1 \cdot h_2 - 1 \cdot w = 0$	$D_2 \sin\alpha_2 + 1 - A = 0$	$D_2 \sin\alpha_2 - A = 0$	$D_3 \sin\alpha_2 - 1 + A = 0$	$D_3 \sin\alpha_2 + A = 0$
	I	—	—	I	—	—	—	—
5	$V_1 = -1$ Mp	$V_2 = -(U_1)\sin\alpha_1 = -A$	$V_3 = -1$ Mp	$D_1 = 1\,w/2w \sin\alpha_1 = 1/0{,}896$ $D_1 = 1{,}12$ Mp	$D_2 = (A - 1)/\sin\alpha_2$	$D_2 = A/\sin\alpha_2$	$D_3 = (1 - A)/\sin\alpha_2$	$D_3 = -A/\sin\alpha_2$
6	—	$A \cdot 8w - 1 \cdot 6w = 0$ $A = {}^6/_8$ Mp $B = {}^2/_8$ Mp	—	—	$A \cdot 8w - 1 \cdot 6w = 0$ $A = {}^6/_8$ Mp $B = {}^2/_8$ Mp	$A \cdot 8w - 1 \cdot 5w = 0$ $A = {}^5/_8$ Mp $B = {}^3/_8$ Mp	$A \cdot 8w - 1 \cdot 5w = 0$ $A = {}^5/_8$ Mp $B = {}^3/_8$ Mp	$A \cdot 8w - 1 \cdot 4w = 0$ $A = {}^4/_8$ Mp $B = {}^4/_8$ Mp
7	—	$V_2 = -{}^6/_8$ $V_2 = -0{,}75$ Mp	—	—	$D_2 = ({}^6/_8 - 1)/0{,}707 = -\frac{1}{4 \cdot 0{,}707}$ $D_2 = -0{,}354$ Mp	$D_2 = 5/(8 \cdot 0{,}707)$ $D_2 = +0{,}885$ Mp	$D_3 = (1 - {}^5/_8)/0{,}707$ $D_3 = +0{,}53$ Mp	$D_3 = -4/(8 \cdot 0{,}707)$ $D_3 = -0{,}707$ Mp
8	Max. der E.-L., wenn Last bei Knoten II	Max. der E.-L., wenn Last bei Knoten III	Max. der E.-L., wenn Last bei Knoten IV	Max. der E.-L., wenn Last bei Knoten II	E.-L. negativ, wenn Last zwischen Knoten I und III	E.-L. wechselt bei Last zwischen Knoten III und IV von Druck auf Zug; E.-L. positiv, wenn Last zwischen Knoten IV und IX	E.-L. positiv, wenn Last zwischen Knoten I und IV. E.-L. wechselt bei Last zwischen Knoten IV und V von Zug auf Druck	E.-L. negativ, wenn Last zwischen Knoten V und IX

Führt man die Untersuchung für das Auflager B durch, so ergibt sich die B-Linie und die Momentkurve in Abhängigkeit der Stellung x' der Kraft F_2 vom Auflager B. $M_{2\,\max} = (F_1 + F_1)\,(l - b_2)^2/4l$. Das Maximum liegt um $b_2/2$ aus der Mitte des Trägers nach rechts verschoben. Da $F_1 > F_2$, ist $M_{1\,\max} > M_{2\,\max}$.

Die Auflager- und Momentlinien sind nur so lange gültig, bis die eine der beiden Lasten über dem linken bzw. rechten Auflager steht.

Ist $F_1 = F_2$, so ergeben sich mit $b_1 = b_2 = b/2$ gleiche A- und B-Linien und zwei gleiche um $b/2$ versetzte Momentlinien mit $M_{\max} = F\,(l - b/2)^2/2l$.

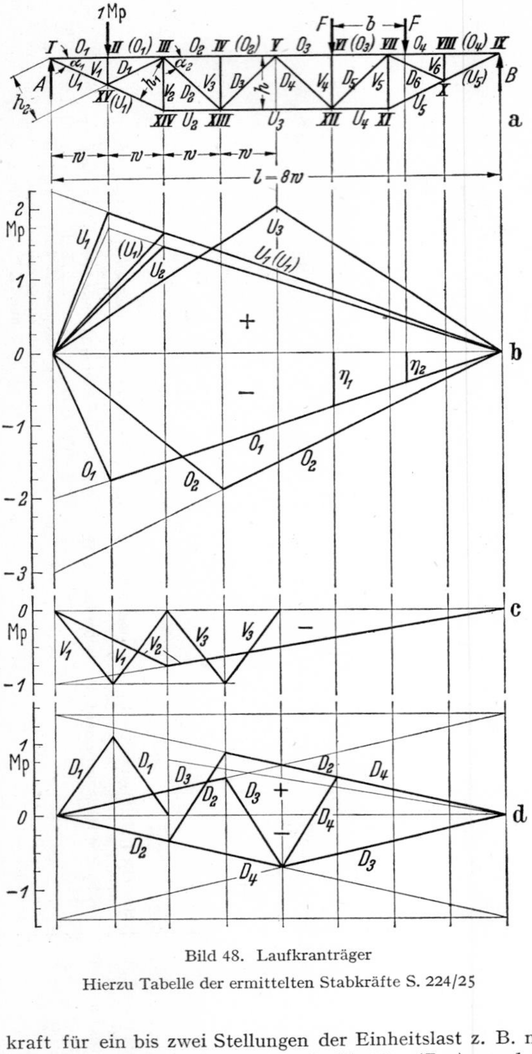

Bild 48. Laufkranträger

Hierzu Tabelle der ermittelten Stabkräfte S. 224/25

γ) *Bestimmung der Stabkräfte eines Fachwerkträgers mit zwei wandernden Lasten.* Die Stabkräfte von Fachwerken mit wandernden Lasten können u. a. mit Hilfe der sogenannten *Einflußlinien* (E.-L.) bestimmt werden. Man ermittelt zunächst die Stabkräfte unabhängig von den gegebenen Kräften für eine angenommene Einzellast der Größe „1" (Einheitslast, z. B. in Mp), die man über den Träger wandern läßt. Die erhaltenen Stabkräfte trägt man über einer Grundlinie in Abhängigkeit der Stellung der Einheitslast auf. Der sich ergebende Linienzug ist die Einflußlinie für die Einheitslast. Anschließend rechnet man die Stabkraft auf die Belastung durch die gegebenen Kräfte um. Bei statisch bestimmten Trägern bestehen die Einflußlinien aus Geraden. Infolgedessen genügt meist die Bestimmung der Stabkraft für ein bis zwei Stellungen der Einheitslast z. B. mit Hilfe des Ritterschen Schnittes. Positive Werte der Stabkräfte (Zug) werden über der Grundlinie, negative (Druck) unterhalb der Grundlinie aufgetragen.

Beispiel: Laufkranträger nach Bild 48a. Belastung durch Laufkatze mit Radlasten F im Abstand b. Trägerhöhe h gleich Feldweite w. Die Einflußlinien sind in Bild 48b–d dargestellt. Ihre rechnerische Ermittlung ist S. 224/225 zusammengestellt. Die Einflußlinien der rechts von der senkrechten Symmetrieachse des Trägers liegenden Stäbe sind Spiegelbilder der entsprechenden Einflußlinien der links der Symmetrieachse liegenden Stäbe.

Ermitteln der Stabkräfte unter Wirkung der wirklich vorhandenen Kräfte: Durch Herabloten der Wirkungslinien der gegebenen Lasten erhält man die Stabkraftanteile η für die Einheitslast. Durch Multiplizieren mit der jeweils gegebenen Last erhält man den Stabkraftanteil für die gegebene Last. Beispiel: Stabkraft O_1 für die gezeichnete Stellung der Laufkatze; $O_1 = +F\cdot\eta_1 + F\cdot\eta_2$ nach Bild 48b. Man sucht für jeden Stab die ungünstigste Laststellung. Für Stab O_1 ist dies z. B. der Fall, wenn die linke Radlast der Katze im Knotenpunkt IV steht.

D. Schwerpunkt

Denkt man sich einen Körper in viele kleine Teile zerlegt, so wirkt an jedem Teil die lotrechte Schwer- oder Gewichtskraft $\Delta\mathfrak{G}$. Das Gesamtgewicht $\mathfrak{G} = \Sigma\Delta\mathfrak{G}$ ist die gleichgerichtete Resultierende dieser Teilgewichte. Der Schnittpunkt der Wirkungslinien von $\mathfrak{G}$ für verschiedene Lagen des Körpers ist der Schwerpunkt S^*. Aus dem Momentsatz, S. 208, Gl. (4), folgt:

1. Das statische Moment des Gesamtgewichts $\mathfrak{G}$ (bzw. Gesamtmasse m, Gesamtfläche A, Gesamtlänge eines Linienzuges l) ist gleich der Summe der statischen Momente der Teilgewichte $\Delta\mathfrak{G}$ (Teilmassen Δm, Teilflächen ΔA, Linienstücke Δl).

2. Ist das statische Moment von $\mathfrak{G}$ (m, A, l) bezogen auf eine Ebene bzw. Gerade gleich Null, so geht diese Ebene bzw. Gerade durch den Schwerpunkt S^*, Bild 49.

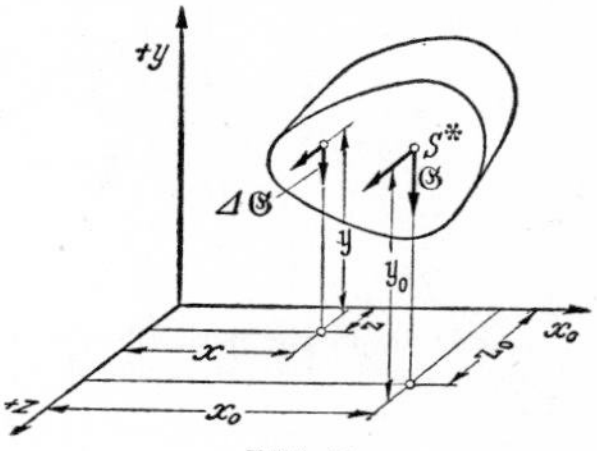

Bild 49

1. Analytische Ermittlung der Schwerpunktskoordinaten (Bild 49)

Mit $m = G/g$, $\Delta m = \Delta G/g$ und $V = G/\gamma$, $\Delta V = \Delta G/\gamma$ und Anwendung des Momentsatzes ergibt sich folgende Übersicht für die Schwerpunktskoordinaten:

Koordinaten	x_0	y_0	z_0	
Körperschwerpunkt	$\Sigma\Delta Gx/G$	$\Sigma\Delta G_y/G$	$\Sigma\Delta Gz/G$	
Massenmittelpunkt	$\Sigma\Delta mx/m$	$\Sigma\Delta my/m$	$\Sigma\Delta mz/m$	
Geometr. Schwerpunkt	$\Sigma\Delta Vx/V$	$\Sigma\Delta Vy/V$	$\Sigma\Delta Vz/V$	(20)
Flächenschwerpunkt	$\Sigma\Delta Ax/A$	$\Sigma\Delta Ay/A$	$\Sigma\Delta Az/A$	
Linienschwerpunkt	$\Sigma\Delta lx/l$	$\Sigma\Delta ly/l$	$\Sigma\Delta lz/l$	

2. Schwerpunktskoordinaten der wichtigsten Linien, Flächen und Körper

Vgl. die gesonderte Zusammenstellung auf den S. 201/206.

Symmetrieachsen (Symmetrieebenen) sind stets Schwerpunktachsen (-ebenen); sie ersparen die Bestimmung einer oder mehrerer Schwerpunktskoordinaten.

Beispiele: Rechteck: Schnittpunkt der Mittellinien;
I-Profile, T-Profile, L-Profile vgl. Tafeln im Anhang.

3. Schwerpunktskoordinaten zusammengesetzter Linienzüge, Flächen und Körper

a) Analytisches Verfahren. Durch geschickte Wahl eines Achsenkreuzes (eine Achse möglichst in einer Symmetrieachse oder -ebene) erspart man die Ermittlung einer Koordinate. Rechnung nach Gl. (20), Abs. D 1. Hohlräume und Aussparungen werden negativ eingesetzt.

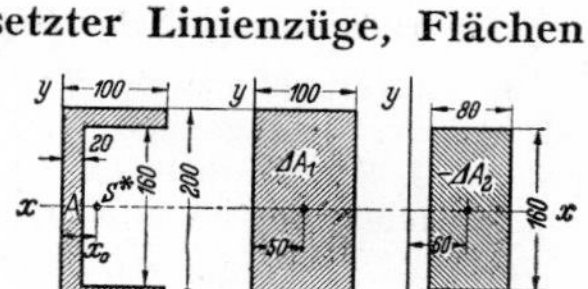

Bild 50

Beispiele: 1. Für die Fläche nach Bild 50 sind die S^*-Koordinaten zu bestimmen. Man denkt sich die Fläche A entstanden aus $A = \Delta A_1 - \Delta A_2$. Auswertung mittels Tabelle.

Nr.	Querschnitt	ΔA	x	$\Delta A \cdot x$
—	cm · cm	cm²	cm	cm³
1	10 · 20	200	5	1000
2	8 · 16	−128	6	−768 negativ, weil Aussparung
Summe		72	—	232

Nach Gl. (20): $x_0 = \Sigma \Delta A\, x/A$; $x_0 = 232/72 = 3{,}22$ cm $= 32{,}2$ mm.
Die y-Koordinate ist aus Symmetriegründen 0.

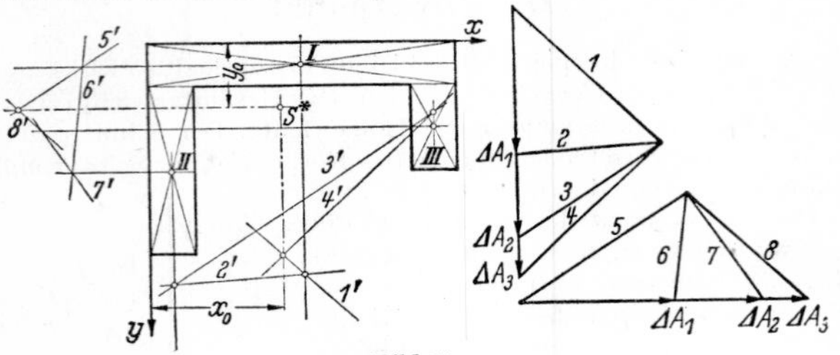

Bild 51

2. Für die Fläche nach Bild 51 sind die S^*-Koordinaten zu bestimmen. Man teilt die Fläche in die Teilflächen ΔA_1, ΔA_2 und ΔA_3, deren Schwerpunktslagen bekannt sind. Auswertung mittels Tabelle:

Nr.	Querschnitt	ΔA	x	$\Delta A\, x$	y	$\Delta A\, y$
—	mm · mm	cm²	cm	cm³	cm	cm³
I	70 · 10	7	3,5	24,5	0,5	3,5
II	40 · 10	4	0,5	2,0	3,0	12,0
III	20 · 10	2	6,5	13,0	2,0	4,0
Summe		13	—	39,5	—	19,5

Nach Gl. (20): $x_0 = \Sigma \Delta A\, x/A = 39{,}5/13 = 3{,}04$ cm; $y_0 = \Sigma \Delta A\, y/A = 19{,}5/13 = 1{,}5$ cm.
Bei räumlichen Gebilden ohne Symmetrieebenen sind stets drei Koordinaten zu bestimmen.

3. Für den Kreisabschnitt (Bild 6, S. 202) ergibt sich y_0, mit Flächenmoment des Kreisausschnitts $A_1 y_{01}$, Flächenmoment des Dreiecks $A_2 y_{02}$ und Flächenmoment des Kreisabschnitts $A y_0$, aus der Beziehung $A y_0 = A_1 y_{01} - A_2 y_{02}$.

b) Graphisches Verfahren (Seileckverfahren). Nach Zerlegen in Teilstücke, deren Schwerpunktlagen und Größen bekannt sind, bringt man in den Teilschwerpunkten die Schwerkräfte an, wobei bei Linien ihre Länge, bei Flächen ihr Inhalt als Schwerkraft gesetzt wird. Aus dem Kraft- und Seileck für zwei, meist aufeinander senkrecht stehende Richtungen ergeben sich die Wirkungslinien des Gesamtschwerpunkts. Ihr Schnittpunkt ist S^*. Bei Körpern wird bisweilen noch eine weitere Untersuchung im Grundriß notwendig.

Beispiel: Bild 51. In Übereinstimmung mit der Untersuchung nach a) wird $x_0 = 3{,}04$ cm; $y_0 = 1{,}5$ cm.

c) Verfahren nach Nehls-Rötscher, vgl. S. 368.

d) Schwerpunkt zweier Teile. Der gemeinsame Schwerpunkt von zwei Teilen erfüllt zwei Bedingungen: 1. Er liegt auf der Verbindungslinie der Teilschwerpunkte. 2. Er teilt diese Linie im umgekehrten Verhältnis der Gewichte (Körper), Flächeninhalte (Flächen) oder Längen (Linien).

Beispiele: 1. Durch zweimaliges Anwenden der Bedingung 1 läßt sich der Schwerpunkt eines Vierecks graphisch bestimmen. Man zerlegt dieses in zweimal zwei Dreiecke und verbindet deren Schwerpunkte paarweise. Der Schnittpunkt der beiden Verbindungslinien ist der gesuchte Schwerpunkt S^*; vgl. Bild 4, S. 202.

2. Teilt man A, Bild 52, Abmessungen wie in Bild 50, in die Teilflächen $\varDelta A_3 = 2 \cdot 20 = 40\ \text{cm}^2$ und $\varDelta A_4 = 2 \cdot 8 \cdot 2 = 32\ \text{cm}^2$ auf, so wird die Verbindungslinie der beiden Teilschwerpunkte $S_3{}^*S_4{}^* = a + b$ nach Bedingung 2 geteilt;

$$a : b = \varDelta A_4 : \varDelta A_3 = 32 : 40 = 4 : 5.$$

$$b = 5/4 \cdot a; \quad a + b = 5\ \text{cm}; \quad a + 5/4 a = 5; \quad a = 2{,}22\ \text{cm}.$$

Es ergibt sich wieder $x_0 = 1 + 2{,}22\ \text{cm} = 3{,}22\ \text{cm}$; vgl. Beispiel 1, S. 228 oben.

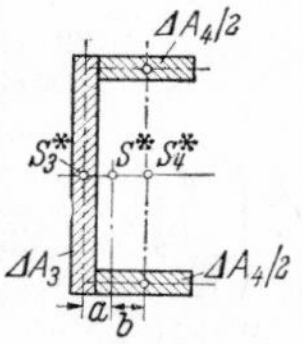

Bild 52

e) Versuchsmäßige Verfahren. α) Man hängt den Körper an einem Faden, Draht oder Seil auf und kennzeichnet die Senkrechte unter dem Aufhängepunkt. Wiederholt man das Verfahren mit verschiedenen Aufhängepunkten des Körpers, so ist der Schnittpunkt der jeweils gefundenen Senkrechten der gesuchte Schwerpunkt.

β) Durch Ausbalancieren auf einer Schneide findet man sinngemäß zu Verfahren α) den Schwerpunkt.

γ) Schwerpunkte von Flächen (aus Pappe ausgeschnitten) lassen sich auch durch Ausbalancieren auf einer Nadel oder dergleichen bestimmen.

δ) Man kann den Schwerpunkt z. B. eines Fahrzeugs durch Ermittlung der Achskräfte auf einer Waage und Anwendung des Momentensatzes bestimmen.

E. Reibung[1]

1. Reibung auf ebener Fläche

a) Gleitreibung (Bewegungsreibung). Gleitet ein Körper vom Gewicht $\mathfrak{G}$ bei konstanter Geschwindigkeit auf einer ebenen Unterlage, so ist eine Kraft $\mathfrak{F}$ zur Überwindung des tangential zur Gleitfläche wirkenden Gleitwiderstandes (Reibkraft) $\mathfrak{W}_t$ erforderlich, Bild 53. Nach dem Coulombschen Reibungsgesetz ist

$$W_t = \mu \cdot W_n. \tag{21}$$

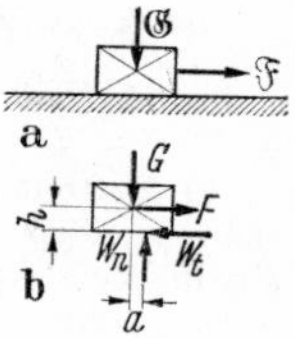

Bild 53

$\mathfrak{W}_n$ ist der normal zur Gleitfläche von der Unterlage auf den Körper ausgeübte Stützwiderstand. Reibungszahl μ ist ein Erfahrungswert und abhängig von der Werkstoffpaarung, den Schmierverhältnissen (trockene, gemischte oder Flüssigkeitsreibung), der Flächenpressung $p = W_n/A$ (zwischen den Gleitflächen A) und der Gleitgeschwindigkeit. Eine Gesetzmäßigkeit zwischen μ und diesen Einflüssen läßt sich nur bei reiner Flüssigkeitsreibung (vgl. Lagerreibung, hydrodynamische Schmiertheorie, S. 714) aufstellen. Die in Bild 55 angegebenen μ-Werte sind nur Richtwerte, die den Einfluß der einzelnen Faktoren nicht erkennen lassen.

Gleichgewichtsbedingungen für den freigemachten Körper (Bild 53b):

(1) $\Sigma Y = G - W_n = 0$; hieraus $W_n = G$.

(2) $\Sigma X = F - W_t = 0$; hieraus $F = W_t$; W_t aus Gl. (21).

$\mathfrak{W}_t$ und $\mathfrak{F}$ bilden ein Kräftepaar der Größe $M = W_t \cdot h$, dem ein gleich großes Kräftepaar der beiden übrigen Kräfte $\mathfrak{G}$ und $\mathfrak{W}_n$ entgegenwirken muß. $\mathfrak{W}_n$ kann demnach nicht in der Wirkungslinie von $\mathfrak{G}$ liegen. Somit

(3) $\Sigma M = W_t \cdot h - W_n \cdot a = 0$; hieraus Abstand a.

Die Reibkraft bei Bewegung (Gleitreibungskraft) $\mathfrak{W}_t$ ist stets primär vorhanden. Im Gleichgewichtsfall muß die treibende Kraft $\mathfrak{F}$ die Größe von $\mathfrak{W}_t$ annehmen; nicht umgekehrt.

[1] *Drescher, H.*: Zur Mechanik der Reibung zwischen festen Körpern. VDI-Z. 101 (1959) Nr. 17 S. 697/707.

Reibkraft $\mathfrak{W}_t$ und Stützkraft $\mathfrak{W}_n$ lassen sich zu einer Resultierenden $\mathfrak{W}$ zusammensetzen:

$$\mathfrak{W} = \mathfrak{W}_t + \mathfrak{W}_n; \quad W = \sqrt{W_t^2 + W_n^2} = W_n \sqrt{\mu^2 + 1}\,. \tag{22}$$

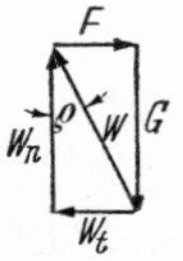

Bild 54

$\mathfrak{W}$ steht unter dem Reibungswinkel ϱ zur Normalkraft $\mathfrak{W}_n$, Bild 54. Folglich: $\tan\varrho = W_t/W_n$. Da andererseits nach dem Coulombschen Gesetz $W_t/W_n = \mu$, ergibt sich

$$\mu = \tan\varrho\,. \tag{23}$$

Leistungsverlust infolge Gleitreibung:

$$P_r = W_t \cdot v \text{ in kpm/sec} \tag{24}$$

mit W_t in kp und v als Gleitgeschwindigkeit (vgl. S. 258) in m/sec.

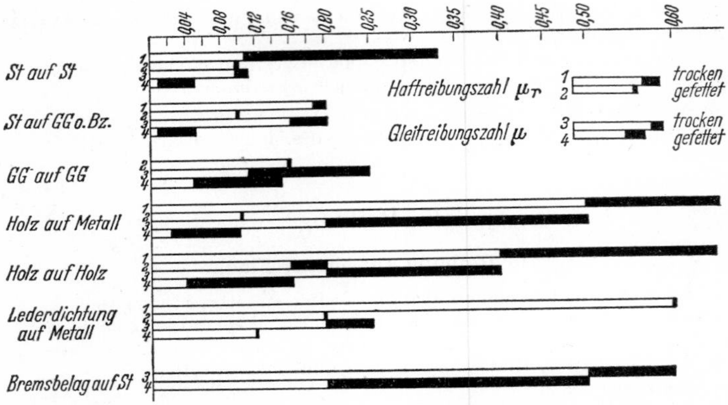

Bild 55. Haftreibungszahlen μ_0 bzw. μ_r (Werte 1 u. 2), Gleitreibungszahlen μ (Werte 3 u. 4)

b) Haftreibung (Reibung bei Ruhe), gekennzeichnet durch Index 0. Befindet sich ein Körper vom Gewicht $\mathfrak{G}$ auf einer waagerechten Ebene in Ruhe, so kann auf ihn eine waagerechte Zugkraft $\mathfrak{F}_0$ bis zu einer bestimmten Größe ausgeübt werden, ohne daß er sich in Bewegung setzt. Gegenkraft zu $\mathfrak{F}_0$ ist im Fall der Ruhe die Haftkraft $\mathfrak{W}_{t_0}$. Erst wenn F_0 einen Wert max W_{t_0} überschreitet, setzt sich der Körper in Bewegung[1]. Gleichgewichtsbedingungen am freigemachten Körper (Bild 56):

(1) $\Sigma X = F_0 - W_{t_0} = 0$; (2) $\Sigma Y = G - W_n = 0$; (3) $\Sigma M = F_0 \cdot h - G \cdot a = 0$.

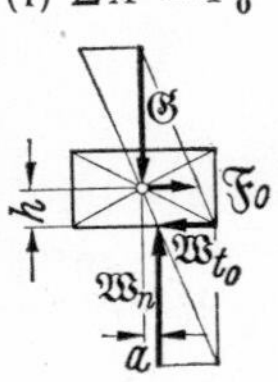

Bild 56

Reibkraft der Ruhe $\mathfrak{W}_{t_0}$ hat keinen festen Wert wie Reibkraft der Bewegung $\mathfrak{W}_t = \mu\,\mathfrak{W}_n$, sondern kann jeden beliebigen Wert annehmen, der mit der eingeprägten Zugkraft $\mathfrak{F}_0$ im Gleichgewicht steht und der Bedingung

$$W_{t_0} \leqq \mu_0 W_n \tag{25}$$

genügt. μ_0 Haftreibungszahl, auch μ_r Ruhereibungszahl (DIN 50281).

Beachte: Bei Gleitreibung mit konstanter Geschwindigkeit muß die Zugkraft $\mathfrak{F}$ die Größe der Reibkraft $\mathfrak{W}_t$ annehmen, bei Haftreibung muß die Reibkraft $\mathfrak{W}_{t_0}$ die Größe der Zugkraft $\mathfrak{F}_0$ annehmen, die den Grenzwert max $W_{t_0} = \mu_0 W_n$ nicht überschreiten darf.

[1] Bei hohen Drücken und niedrigen Gleitgeschwindigkeiten tritt häufig ein unerwünschtes Ruckgleiten, Rattern oder „Stick-Slip" auf. Vgl. *Niemann, G.*, u. *K. Ehrlenspiel:* Anlaufreibung u. Stick-Slip bei Gleitpaarungen. VDI-Z. 105 (1963) Nr. 6 S. 221/33.

Experimenteller Nachweis dieser Gesetzmäßigkeiten: Der Körper vom Gewicht $\mathfrak{G}$ liege auf einer schiefen Ebene mit dem Neigungswinkel α. Gleichgewichtsbedingungen für den freigemachten Körper (Bild 57):

(1) $\Sigma X = G \cdot \sin\alpha - W_{t_0} = 0$; hieraus $W_{t_0} = G \cdot \sin\alpha$

(2) $\Sigma Y = G \cdot \cos\alpha - W_n = 0$; hieraus $W_n = G \cdot \cos\alpha$.

Aus (1) und (2): $W_{t_0}/W_n = \tan\alpha$.

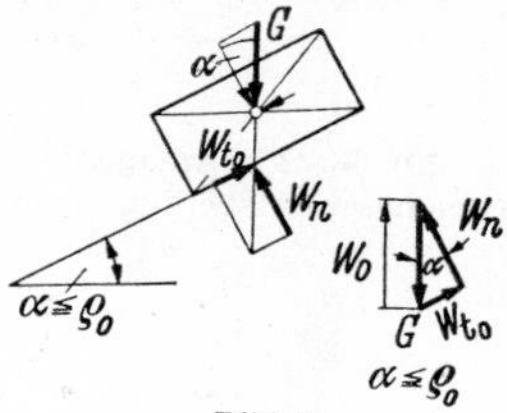

Bild 57

Der Körper bleibt erfahrungsgemäß in Ruhe, solange α einen Grenzwinkel ϱ_0 nicht überschreitet. Im Grenzfall wird also $\max W_{t_0}/W_n = \tan\varrho_0$; ϱ_0 ist der Winkel zwischen $\max \mathfrak{W}_0 = \max \mathfrak{W}_{t_0} + \mathfrak{W}_n$ und $\mathfrak{W}_n$.

Bezeichnet man $\tan\varrho_0$ mit μ_0, so ergibt sich die oben angegebene Beziehung $\max W_{t_0} = \mu_0 W_n$.

Im Bild 57 muß $\mathfrak{G}$ mit Gesamtstützkraft $\mathfrak{W}_0$ im Gleichgewicht stehen, also in der Wirkungslinie von $\mathfrak{W}_0$ liegen.

Denkt man sich in Bild 56 die Zugkraft $\mathfrak{F}_0$ um die zur Stützebene des Körpers senkrechte Achse kreisen, so kreisen die Gesamtstützkraft $\mathfrak{W}_0$ sowie die Resultierende aus $\mathfrak{F}_0$ und $\mathfrak{G}$ ebenfalls um diese Achse. Es entsteht der sogenannte Reibungskegel, Bild 58, dessen Mantellinien im Grenzfall der Haftreibung unter dem Grenzwinkel ϱ_0 zur Achse liegen. Liegt die Resultierende aus den äußeren Kräften (außer $\mathfrak{W}_0$) innerhalb des Reibungskegels, so bleibt der Körper in Ruhe.

c) Anwendungen. α) *Keilnut-Reibung*, Bild 59. Gleichgewichtsbedingungen für den freigemachten Körper unter Voraussetzung gleichförmiger Geschwindigkeit:

(1) $\Sigma X = W_n \cos\alpha - W_n \cos\alpha = 0$;

(2) $\Sigma Y = Q - W_n \sin\alpha - W_n \sin\alpha = 0$;

(3) $\Sigma Z = F - W_t - W_t = F - 2\mu W_n = 0$.

Durch Zusammenfassen von (2) und (3): $F = \mu Q/\sin\alpha$.

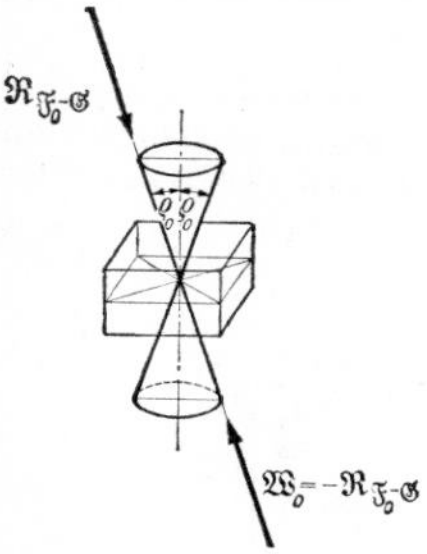

Bild 58

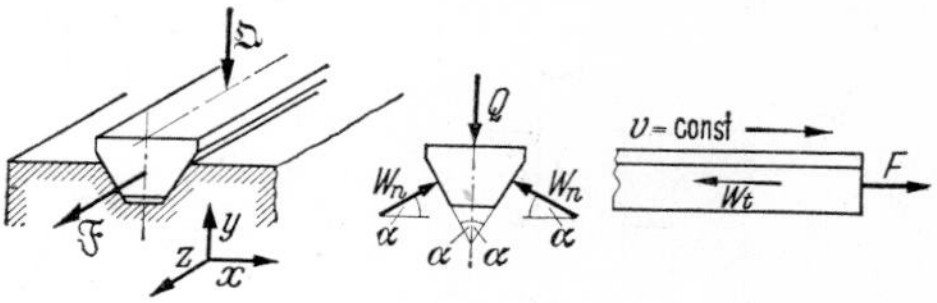

Bild 59

Mit Keilnut-Reibungszahl $\mu' = \mu/\sin\alpha$ wird

$$F = \mu' Q. \tag{26}$$

β) *Schiefe Ebene*, Bild 60. $\alpha\alpha$) Gesucht Kraft $\mathfrak{F}$, welche die Last $\mathfrak{Q}$ mit konstanter Geschwindigkeit aufwärts zieht. Gleichgewichtsbedingungen für den freigemachten Körper: (1) $\Sigma X = F - Q\sin\alpha - W_t = 0$; (2) $\Sigma Y = Q\cos\alpha - W_n = 0$. Ferner gilt Coulombsches Gesetz: $W_t = \mu W_n$. Durch Zusammenfassen: $F = Q(\sin\alpha + \mu\cos\alpha)$. Mit $\mu = \tan\varrho = \sin\varrho/\cos\varrho$ und Anwendung der Additionstheoreme (S. 66, c) folgt:

$$F = Q\sin(\alpha + \varrho)/\cos\varrho. \tag{27}$$

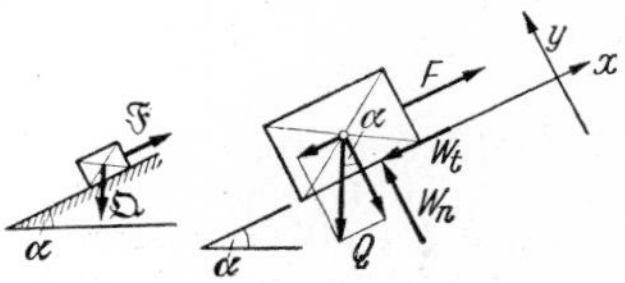

Bild 60

$\beta\beta$) Gesucht Kraft $\mathfrak{F}$, die den Körper am Abgleiten hindert. Gleichgewichtsbedingungen: (1) $\Sigma X = F + W_{t_0} - Q\sin\alpha = 0$; (2) $\Sigma Y = Q\cos\alpha - W_n = 0$. Bei voller Ausnutzung der Haftkraft gilt ferner $\max W_{t_0} = \mu_0 W_n$. Durch Zusammenfassen und Einsetzen von $\mu_0 = \sin\varrho_0/\cos\varrho_0$ erhält man

$$F = Q\sin(\alpha - \varrho_0)/\cos\varrho_0. \tag{28}$$

$\gamma\gamma$) Gesucht waagerechte Kraft $\mathfrak{F}$, die den Körper mit konstanter Geschwindigkeit aufwärts zieht, Bild 61. Gleichgewichtsbedingungen: (1) $\Sigma X = F \cos\alpha - Q \sin\alpha - W_t = 0$; (2) $\Sigma Y = -F \sin\alpha + W_n - Q \cos\alpha = 0$. Ferner $W_t = \mu W_n$. Hieraus: $F = Q(\sin\alpha + \mu\cos\alpha)/(\cos\alpha - \mu\sin\alpha)$. Mit $\mu = \sin\varrho/\cos\varrho$

$$F = Q \tan(\alpha + \varrho). \tag{29}$$

$\delta\delta$) Gesucht waagerechte Kraft $\mathfrak{F}$, die den Körper am Abwärtsgleiten hindert. Gleichgewichtsbedingungen (Bild 62): (1) $\Sigma X = F\cos\alpha + W_{t_0} - Q\sin\alpha = 0$;

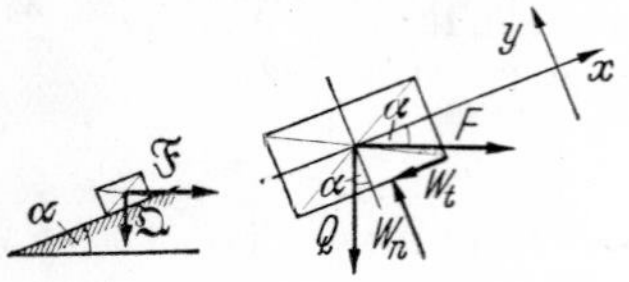

Bild 61

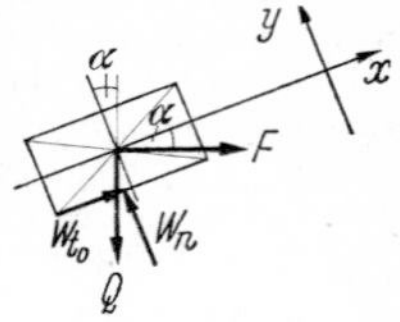

Bild 62

(2) $\Sigma Y = F\sin\alpha - W_n + Q\cos\alpha = 0$. Ferner $W_{t_0} = \mu_0 W_n$ bei voller Ausnutzung der Haftkraft. Durch Zusammenfassen:

$$F = Q(\sin\alpha - \mu_0\cos\alpha)/(\cos\alpha + \mu_0\sin\alpha) = Q\tan(\alpha - \varrho_0). \tag{30}$$

Eine schiefe Ebene ist selbsthemmend, wenn

$$\alpha \leqq \varrho_0. \tag{31}$$

δ) *Keil*, Bild 63a. Gesucht Kraft $\mathfrak{F}$, die das durch $\mathfrak{Q}$ belastete Gleitstück I mit konstanter Geschwindigkeit anhebt. Lösung durch Kombinieren der graphischen und analytischen Verfahren. Zunächst Freimachen der Einzelteile.

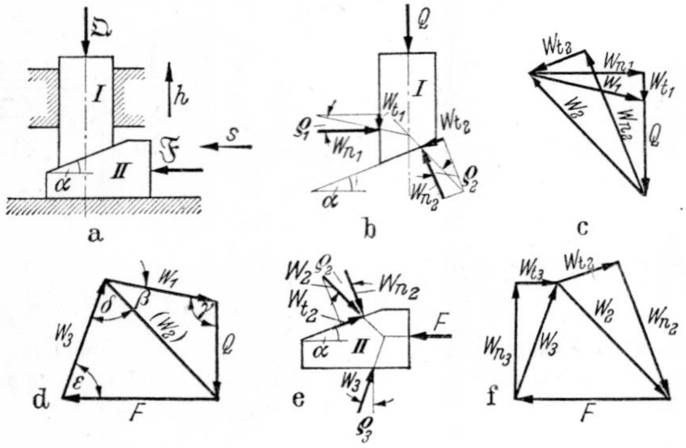

Bild 63

Teil I, Bild 63b, legt sich an die linke Führung an, folglich wirkt dort auf Teil I Normalkraft W_{n1} und der Bewegung entgegen Reibkraft $W_{t1} = \mu_1 W_{n1}$. Beide lassen sich zu W_1 zusammensetzen. Richtung von W_1 unter Winkel ϱ_1 zu W_{n1}. Angriffspunkt unbekannt. An der schrägen Unterseite wirken Normalkraft W_{n2} und Reibkraft W_{t2} nach links unten; sie lassen sich zu W_2 (Winkel ϱ_2) zusammensetzen. Q, W_1 und W_2 stehen im Gleichgewicht; ihr Krafteck muß sich schließen, Bild 63c.

Teil II, Bild 63e. An der schrägen Oberkante wirkt die Reaktionskraft von W_2, somit bekannt nach Größe und Richtung. An der Unterkante wirken Normalkraft W_{n3} und Reibkraft W_{t3} nach rechts. Ihre Resultierende W_3 steht unter Winkel ϱ_3 zu W_{n3}. Somit bekannt Richtung und Größe von $-W_2$ und die Richtungen von $\mathfrak{F}$

und $\mathfrak{W}_3$. Ihr Krafteck muß sich schließen, Bild 63f. Setzt man Kraftecke von Teil I und II zusammen, erhält man Bild 63d. Betrachtet man die Keilkette in ihrer Gesamtheit, so müssen die Kräfte $\mathfrak{Q}$, $\mathfrak{W}_1$, $\mathfrak{W}_3$ und $\mathfrak{F}$ im Gleichgewicht stehen. Kraft $\mathfrak{W}_2$ und ihre Reaktionskraft $-\mathfrak{W}_2$ sind innere Kräfte, die sich gegenseitig aufheben. Krafteck aus den genannten Kräften schließt sich. Aus dem Krafteck lassen sich die einzelnen Größen entnehmen. Genauer ist es, das Krafteck skizzenmäßig zu entwerfen und mit Hilfe des Sinussatzes die exakten Beziehungen zwischen den Kräften abzuleiten:

$$Q/W_2 = \sin[90° - (\alpha + \varrho_1 + \varrho_2)]/\sin(90° + \varrho_1) = \cos(\alpha + \varrho_1 + \varrho_2)/\cos\varrho_1$$

und $$F/W_2 = \sin(\alpha + \varrho_3 + \varrho_2)/\sin(90° - \varrho_3) = \sin(\alpha + \varrho_3 + \varrho_2)/\cos\varrho_3.$$

Somit $$F = Q\sin(\alpha + \varrho_2 + \varrho_3)\cos\varrho_1/[\cos(\alpha + \varrho_1 + \varrho_2)\cos\varrho_3]. \quad (32)$$

Mit $\varrho_1 = \varrho_2 = \varrho_3 = \varrho$ ergibt sich

$$F = Q\tan(\alpha + 2\varrho) \quad (32\text{a})$$

als Eintreibkraft. Betrachtet man F als Kraft zum Festhalten des Keils, so sind die Richtungen der Reibkräfte umzudrehen. In Gl. (32) erhalten die Winkel negative Vorzeichen. Dann ergibt sich

$$F' = Q\sin(\alpha - \varrho_2 - \varrho_3)\cos\varrho_1/[\cos(\alpha - \varrho_1 - \varrho_2)\cos\varrho_3], \quad \text{bzw.}$$

$$F' = Q\tan(\alpha - 2\varrho). \quad (32\text{b})$$

Selbsthemmung, wenn $F' \leqq 0$. Bedingung hierfür $\alpha \leqq (\varrho_2 + \varrho_3)$ und bei gleichen Reibungswinkeln $\alpha \leqq 2\varrho_0$.

Ist $F' < 0$, d. h. negativ, so muß F' zum Lösen des Keils aufgebracht werden.

Wirkungsgrad beim Heben der Last (Nutzarbeit/aufgewendete Arbeit)

$\eta = Q \cdot h/(F \cdot s)$; mit $h = s\tan\alpha$ (Bild 63) und $F = Q\tan(\alpha + 2\varrho)$ n. Gl. (32a) wird

$$\eta = \tan\alpha/\tan(\alpha + 2\varrho), \quad (33)$$

h Hub des Gleitstücks I und s Weg des Keils II, vgl. Bild 63a.

ε) *Schraube* (Bewegungsschraube). $\alpha\alpha$) *Rechteckgewinde*, Bild 64. Gesucht: Drehmoment $M_t = F \cdot l$ zum Heben der Last Q. Gegeben: Außendurchmesser d, Innendurchmesser d_1, Steigung h, Steigungswinkel aus $\tan\alpha = h/2\pi r_m$ mit mittlerem Gewindehalbmesser $r_m = (d + d_1)/4$.

Nimmt man die Last Q auf alle Gewindegänge gleichmäßig verteilt an, so wirkt an jedem tragenden Flächenelement eine Gesamtstützkraft $\mathrm{d}W = \sqrt{\mathrm{d}W_n^2 + \mathrm{d}W_t^2}$ im Abstand r_m von der Achse unter dem Winkel $(\alpha + \varrho)$ zur Achse. Gleichgewichtsbedingungen: (1) $\Sigma Y = Q - \int \mathrm{d}W\cos(\alpha + \varrho) = 0$; hieraus $Q = \cos(\alpha + \varrho)\int \mathrm{d}W$; (2) $\Sigma M = M_t - r_m\sin(\alpha + \varrho)\int \mathrm{d}W = 0$. Aus (1) und (2):

$$M_t = Q r_m \tan(\alpha + \varrho). \quad (34\text{a})$$

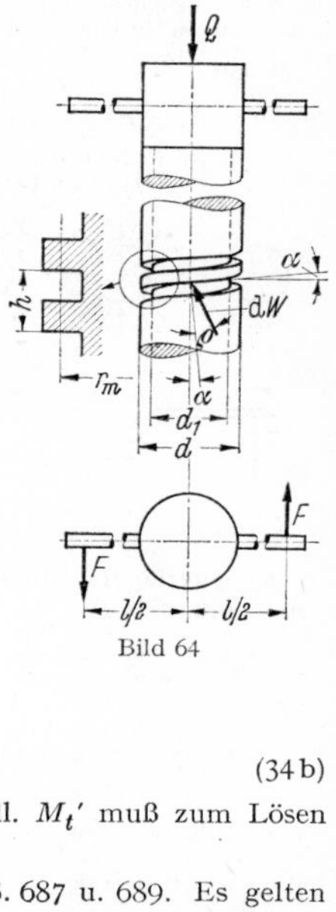

Bild 64

Wirkungsgrad der Schraube:

$$\eta = Qh/M_t 2\pi = \tan\alpha/\tan(\alpha + \varrho). \quad (35)$$

Senken der Last verhindert das äußere Moment

$$M_t' = Q r_m \tan(\alpha - \varrho). \quad (34\text{b})$$

Selbsthemmung bei $\alpha \leqq \varrho_0$; dann M_t' negativ oder Null. M_t' muß zum Lösen (Senken) aufgebracht werden, wenn negativ.

$\beta\beta$) *Dreieck- und Trapezgewinde*, vgl. Bild 37 u. 38, S. 687 u. 689. Es gelten die Beziehungen für das Rechteckgewinde des vorigen Abschnitts, wenn Reibwinkel ϱ durch Winkel ϱ' und Reibungszahl μ durch μ' ersetzt wird. $\mu' \approx \mu/\cos(\beta/2)$ mit Flankenwinkel β, Bild 65*.

ζ) *Spurlager*, Bild 66. Kennzeichen: Last in Richtung der Drehachse.

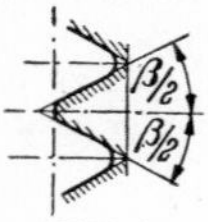

Bild 65

In den Flächenelementen der Zapfenstirnfläche wirken die Normalkräfte $\mathrm{d}W_n = p\,\mathrm{d}A$ mit Flächenpressung p und die Reibkräfte $\mathrm{d}W_t = \mu\,\mathrm{d}W_n$. Das Zapfenreibungsmoment ist dann $\int \mathrm{d}W_t y = \int \mu p\,\mathrm{d}A\,y$. Dieses Integral ist nur lösbar, wenn die Gesetzmäßigkeiten der Druckverteilung und der Reibungszahl μ bekannt sind. Analog der Vereinfachung beim Querlager (vgl. 2b) rechnet man mit dem Reibmoment

$$M_r = \mu_z F r_m \tag{37}$$

mit empirisch ermittelten Reibungszahlen μ_z. Der wirksame Halbmesser ist $r_m = (d_a + d_i)/4$, weil man in der Regel den Zapfen ausspart, um den bei trockener und gemischter Reibung nach der Achse zu wachsenden Druckanstieg zu vermeiden. Bei Flüssigkeitsreibung dient die Aussparung der Zuführung des Schmiermittels. Reibungsleistung

$$P_r = M_r \cdot \omega = \mu_z \cdot F \cdot r_m \cdot \pi \cdot n/30 \quad \text{in kpm/sec} \tag{38}$$

mit F in kp, r_m in m und Drehzahl n in 1/min.

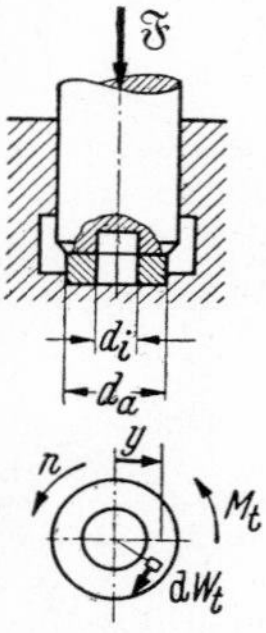

Bild 66

2. Reibung auf Zylinderflächen

a) Preßsitze (vgl. S. 629 u. 638), Bild 67. Kennzeichen: Allseitige Pressung p zwischen den Mantelflächen der gefügten Teile. Gesucht das übertragbare Haftmoment $M_H = F \cdot a$.

Auf ein Flächenelement $\mathrm{d}A$ wirkt die Haftreibung $\mathrm{d}W_t = \mu_0\,\mathrm{d}W_n = \mu_0 p\,\mathrm{d}A$, Reibmoment am Flächenelement $\mathrm{d}W_t \cdot r = \mu_0 p\,\mathrm{d}A \cdot r$. Die Summe aller Reibmomente steht mit dem von außen wirkenden Drehmoment im Gleichgewicht.

Somit $$\Sigma M = F \cdot a - \int \mathrm{d}W_t \cdot r = 0;$$

hieraus $$F \cdot a = \int \mu_0 p \cdot \mathrm{d}A \cdot r = \mu_0 p \cdot r \int \mathrm{d}A = \mu_0 p \cdot r \cdot \pi 2r \cdot l = \mu_0 p \cdot 2V \tag{39}$$

mit Volumen V des gefügten Zapfenteils und Fugenlänge l.

Nach DIN 7190 wird statt μ_0 der Haftbeiwert ν als Erfahrungswert in Rechnung gesetzt. Ermittlung der Flächenpressung vgl. S. 639.

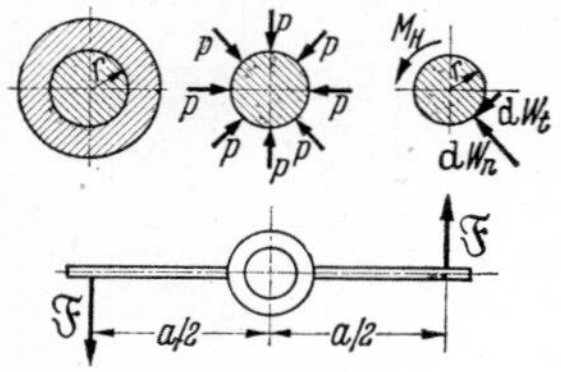

Bild 67

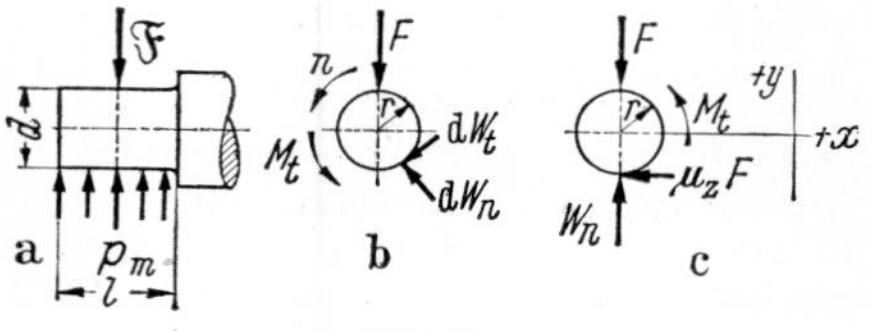

Bild 68

b) Querlager, Bild 68. Kennzeichen: Spiel zwischen den gepaarten Teilen. Last senkrecht zur Mantelfläche. Gesucht das Reibmoment.

Mit den Normalkräften $\mathrm{d}\mathfrak{W}_n$ und den Reibkräften $\mathrm{d}\mathfrak{W}_t$ am Flächenelement $\mathrm{d}A$ des Zapfens wird das Zapfenreibmoment $M = \int r \cdot \mathrm{d}W_t = \int r \cdot \mu\,\mathrm{d}W_n$. Die exakte Lösung dieses Integrals ist nicht möglich, weil die Verteilung der Elementarkräfte $\mathrm{d}\mathfrak{W}_n$ auf der Mantelfläche nicht bekannt ist und die Reibungszahl μ für die verschiedenen Flächenelemente nicht konstant ist. Man setzt in grober Annäherung in Anlehnung an das Coulombsche Gesetz das Zapfenreibmoment

$$M_t = \mu_z\,F r. \tag{40}$$

Hierin enthält die nur versuchsmäßig bestimmbare Zapfenreibungszahl μ_z alle einzeln nicht erfaßbaren Faktoren wie Drehzahl, mittlere Flächenpressung $p_m = F/ld$, Zähigkeit des Schmiermittels und Bauart des Lagers. Bei Gelenken mit trockener oder gemischter Reibung ist μ außer-

* Vgl. Konstruktion 7 (1955) Nr. 2 S. 54.

dem von der Werkstoffpaarung abhängig; bei reiner Flüssigkeitsreibung (vgl. S. 714) entfällt diese Abhängigkeit, weil wegen des trennenden Schmiermittelfilms keine Berührung zwischen Zapfen- und Schalenwerkstoff stattfindet.

Häufig hilft man sich mit einer vereinfachten Darstellung der Kräfteverteilung am Zapfen nach Bild 68c und nimmt in Kauf, daß die Gleichgewichtsbedingung für die x-Richtung nicht erfüllt ist.

Reibungsleistung: $P_r = \mu_z F v$ in kpm/sec (41) mit v als Umfangsgeschwindigkeit des Zapfens in m/sec und F in kp.

3. Rollreibung[1]

Zum Rollen eines Rollkörpers (Rolle, Walze, Rad, Kugel) auf ebener Fläche mit konstanter Geschwindigkeit ist zur Überwindung des Rollwiderstands eine treibende Kraft $\mathfrak{F}$ erforderlich.

a) Bild 69. Last $\mathfrak{Q}$ und treibende Kraft $\mathfrak{F}$ schneiden sich im Mittelpunkt des Rollkörpers. Ihre Resultierende $\mathfrak{R}$ steht im Gleichgewicht mit der Gesamtstützkraft $\mathfrak{W}$. Diese läßt sich zerlegen in Normalkraft $\mathfrak{W}_n$ und Rollwiderstand $\mathfrak{W}_t$. Erforderlicher Abstand f zwischen $\mathfrak{W}_n$ und $\mathfrak{Q}$ wird Hebelarm der rollenden Reibung genannt.

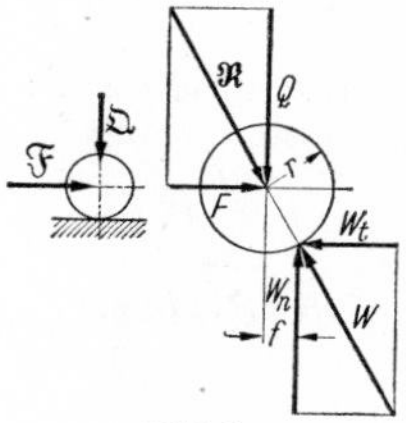

Bild 69

Gleichgewichtsbedingungen:

$$(1)\ \Sigma X = W_t - F = 0; \quad F = W_t;$$
$$(2)\ \Sigma Y = W_n - Q = 0; \quad W_n = Q; \qquad (42)$$
$$(3)\ \Sigma M = W_t r - W_n f = 0; \quad W_t = f/r \cdot W_n.$$

Rollreibungsmoment $M_r = F \cdot r = f \cdot W_n$. (43)

Rollwiderstand $\mathfrak{W}_t$ muß kleiner als Haftreibung sein; andernfalls tritt Gleiten ein; folglich

$$W_t < \mu_0 W_n \quad \text{oder} \quad f/r < \mu_0. \qquad (44)$$

Hebelarm f (abhängig von der elastischen oder plastischen Verformung der Rollkörper und der Rollbahn, also von Werkstoffpaarung, Halbmesser des Rollkörpers, Last und Geschwindigkeit) ist ein reiner Erfahrungswert.

Bei elastischer Verformung von Rollkörper und Rollbahn ist f kleiner als bei plastischer Verformung. Exakte Versuchswerte für f nur spärlich vorhanden:

1. Werkstoff Rad/Rollbahn	f cm
Holz/Holz	0,5
GG/GG	0,05
St/St	0,05

2. Werte nach *Sauthoff* für Eisenbahnräder: Von $f = 0{,}048$ cm bei 90 km/h fallend auf $f = 0{,}028$ cm bei 40 km/h, also stark abhängig von der Geschwindigkeit.

Für Wälzlager können keine Zahlenwerte für f angegeben werden, da nur die Gesamtreibung (einschließlich Käfigreibung usw.) durch Versuche ermittelt wird. Reibungszahl μ wird auf Bohrungshalbmesser bezogen, vgl. Wälzlager, S. 728.

Faßt man den reinen Rollwiderstand zusammen mit den Reibungswiderständen der Lager, so erhält man mit den Bezeichnungen nach Bild 70 den Fahrwiderstand

$$W_{t\,\text{ges}} = f/R \cdot (Q + G) + r/R \cdot \mu_z Q. \qquad (45)$$

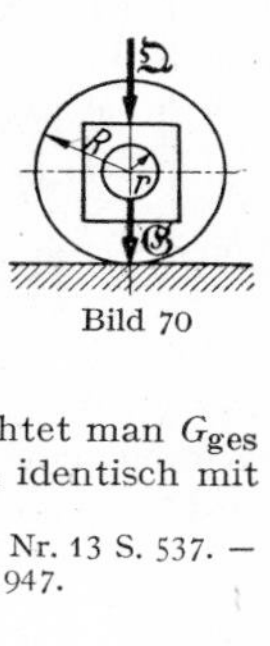

Bild 70

Diese Rechnung wird in der Praxis häufig ersetzt durch die in Versuchen ermittelten spezifischen Fahrwiderstandswerte, die den Fahrwiderstand $W_{t\,\text{ges}}$ (ermittelt aus Schleppversuchen) auf das gesamte Fahrzeuggewicht G_{ges} beziehen.

$$w_{t\,\text{ges}} = W_{t\,\text{ges}}/G_{\text{ges}} \quad \text{in kp Schleppkraft/t Fahrzeuggewicht.} \qquad (46)$$

Beispiel: Zum Abschleppen eines Fahrzeuges von 4 t wird eine Zugkraft von 60 kp benötigt. Somit spezifischer Fahrwiderstand $w_{t\,\text{ges}} = 60$ kp/4 t $= 15$ kp/t.

Gibt man $W_{t\,\text{ges}}$ und G_{ges} in gleichen Einheiten an, d. h. betrachtet man G_{ges} als Gewichtskraft in kp, so ist der *spezifische* Fahrwiderstand $w_{t\,\text{ges}}$ identisch mit

[1] Vgl. VDI-Z. 103 (1961) Nr. 16 S. 693 ff.; 104 (1962) Nr. 18 S. 828; 106 (1964) Nr. 13 S. 537. — *Föppl, L.:* Die strenge Lösung für die rollende Reibung. München: Leibniz-Verl. 1947.

der Rollwiderstandszahl w_r (vgl. Bd. II, Hebe- u. Fördermittel: Kraftwagen). Annähernd ist $w_r = (f + \mu_z r)/R$. Bisweilen wird in der Literatur die Rollwiderstandszahl mit f bezeichnet.

b) Bild 71. Treibende Kraft $\mathfrak{F}$ greift an der auf einer Walze ruhenden Last $\mathfrak{Q}$ nach Bild 71a an (Eigengewicht der Walze vernachlässigt). Gleichgewichtsbedingungen für die freigemachte Walze (Bild 71b):

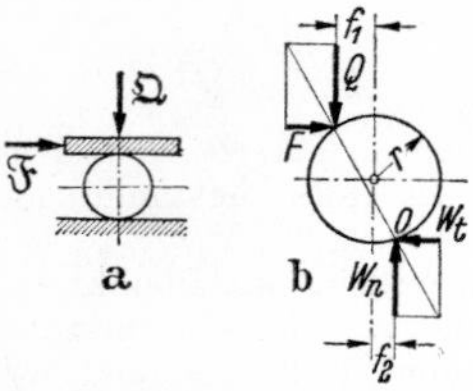

Bild 71

(1) $\Sigma X = F - W_t = 0$; hieraus $F = W_t$.

(2) $\Sigma Y = Q - W_n = 0$; hieraus $W_n = Q$.

(3) $\Sigma M = F \cdot 2r - Q(f_1 + f_2) = 0$ um Drehpunkt O;

Abstand der Kraft F von O rund $2r$.

Mit gleichem Hebelarm der Rollreibung $f = f_1 = f_2$ folgt:

$$W_t = 2f/2r \cdot W_n = f/r \cdot Q.$$

Rollreibungsmoment:

$$M_r = F \cdot 2r = W_t \cdot 2r = 2f \cdot Q. \tag{47}$$

Leistungsverlust bei Rollreibung: $P_r = F \cdot v$ in kpm/sec mit Geschwindigkeit v in m/sec für Angriffspunkt der Kraft F in kp.

4. Rollen und Rollenzüge

a) Feste Rolle, Bild 72. *Ohne* Reibung: Aus Gleichgewichtsbedingung $M = F_0 \cdot r - Q \cdot r = 0$ folgt Kraft F_0 = Last Q. Lastweg h = Kraftweg s.

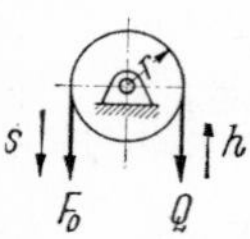
Bild 72

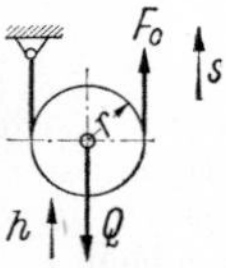
Bild 73

Mit Reibung: Reibungswiderstände bestehen aus Lagerreibung und Biegewiderstand des Seiles. Ermittlung exakt nicht möglich. Die zum Heben der Last Q erforderliche Kraft F ist infolge der Reibungswiderstände größer als F_0 bei Reibungsfreiheit. Man bezeichnet $\eta_f = Q \cdot h/(F \cdot s) = F_0/F$ als Wirkungsgrad der festen Rolle. $\eta_f \approx 0{,}95$.

b) Lose Rolle (Übersetzungsrolle), Bild 73. *Ohne* Reibung: Aus Gleichgewichtsbedingung $M = Q \cdot r - F_0 \cdot 2r = 0$ folgt $F_0 = Q/2$. Lastweg $h = {}^1/_2 \cdot$ Kraftweg s.

Mit Reibung: Es läßt sich rechnerisch nachweisen, daß der Wirkungsgrad der losen Rolle etwas größer ist als der der festen. Praktisch rechnet man jedoch in beiden Fällen mit $\eta \approx 0{,}95$.

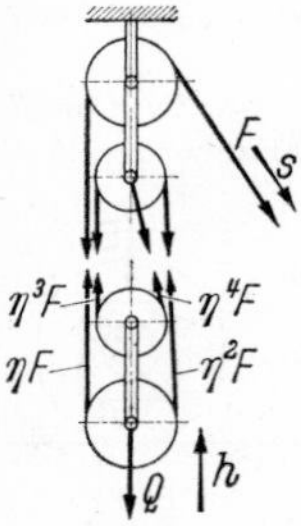
Bild 74

c) Rollenzüge, Bild 74. Übersetzungsverhältnis i = Kraftweg/Lastweg ist gleich der Anzahl der tragenden Seilstänge n am losen Rollensystem, $i = n$. Im Bild erkennt man $n = 4$ tragende Stränge für das freigemachte untere Rollensystem.

Um den Wirkungsgrad des Rollenzuges zu ermitteln, setzt man die Gleichgewichtsbedingungen für die freigemachte untere Flasche (Rollensystem) an: $\Sigma Y = Q - (\eta F + \eta^2 F + \eta^3 F + \eta^4 F) = 0$ bei gleichem η je Rolle. Hieraus $Q = F(\eta + \eta^2 + \eta^3 + \eta^4) = F\eta(1 - \eta^4)/(1 - \eta)$ unter Anwendung der Reihenentwicklung nach S. 57. Bei n tragenden Seilsträngen:

$$Q = F\eta(1 - \eta^n)/(1 - \eta). \tag{48}$$

Wirkungsgrad η_{ges} = Nutzarbeit/Arbeitsaufwand $= Qh/Fs$; $s/h = n$ mit Lastweg h und Kraftweg s. Somit

$$\eta_{ges} = Qh/Fnh = Q/Fn = \eta(1 - \eta^n)/(1 - \eta)n. \tag{49}$$

5. Umschlingungsreibung[1]

An dem um die Scheibe (Bild 75a) gelegten völlig biegsamen Zugmittel (Seil, Band, Riemen) wirkt nach rechts die Kraft $\mathfrak{S}_1$. Am anderen Ende des Zugmittels wirkende Gegenkraft $\mathfrak{S}_2$ ist im Gleichgewichtsfall um die zwischen Scheibe und Zugmittel wirkende Reibkraft $\mathfrak{W}_t$ kleiner.

Zu unterscheiden: 1. Gleitreibung a) Gleiten des Zugmittels über stehende Scheibe (Schiffspoller); b) Gleiten der Scheibe über stehendes Zugmittel (Bandbremse).

2. Haftreibung: Ruhe zwischen Scheibe und Zugmittel (Bandbremse im Stillstand als Haltebremse; Riementrieb, wenn vom Dehnungsschlupf abgesehen wird).

Gleichgewichtsbedingungen für das freigemachte Zugmittelelement nach Bild 75b ergeben Beziehungen zwischen Seilkräften $\mathfrak{S}$, Reibkraft $d\mathfrak{W}_t$, Normalkraft $d\mathfrak{W}_n$ und Fliehkraft $d\mathfrak{C}$ am bewegten Zugmittel (Gewicht und Biegewiderstand vernachlässigt):

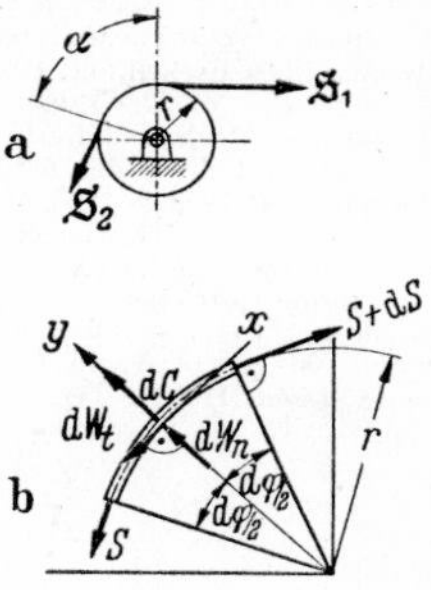

Bild 75

(1) $\Sigma X = (S + dS)\cos d\varphi/2 - S\cos d\varphi/2 - dW_t = 0.$

(2) $\Sigma Y = dW_n + dC - (S + dS)\sin d\varphi/2 - S\sin d\varphi/2 = 0.$

Für kleine Winkel $d\varphi/2$ geht $\cos d\varphi/2 \to 1$ und $\sin d\varphi/2 \to d\varphi/2$.

Die Zentrifugalkraft dC erhält man mit Seilgewicht q und Bandgeschwindigkeit v zu $dC = dm \cdot v^2/r$ (vgl. S. 272).

q in kp/m, v in m/sec	q in kg/m
$dC = q \cdot r \cdot d\varphi \cdot v^2/(g \cdot r)$	$dC = q \cdot r \cdot d\varphi \cdot v^2/r$
$= qv^2 \cdot d\varphi/g$ in kp	$= qv^2 \cdot d\varphi$ in kgm/sec², d. h. in N (Newton)

Aus (1): $dS = dW_t$.

Aus (2): $dW_n = 2S \cdot d\varphi/2 - dC = (S - qv^2/g)\,d\varphi = S' \cdot d\varphi$

mit $S - qv^2/g = S'$ ≋ bzw. $S - qv^2 = S'$ ≋. Letzterer Ausdruck differentiiert ergibt $dS = dS'$, weil qv^2/g ≋ bzw. qv^2 ≋ $=$ const. Man bezeichnet S als volle Spannkraft, S' als freie Spannkraft. Aus (1), (2) und Coulombschem Gesetz $dW_t = \mu\, dW_n$ folgt mit diesen Werten:

$$dS'/S' = \mu \cdot d\varphi.$$

Somit: $\ln S_1' - \ln S_2' = \mu \operatorname{arc} \alpha$ bzw.

$$S_1' = S_2' \cdot e^{\mu\alpha}, \text{ Gesetz der Seilreibung.} \tag{50a}$$

Bei Vernachlässigung der Zentrifugalkraft oder bei ruhendem Zugmittel ergibt sich mit $S' = S$

$$S_1 = S_2 \cdot e^{\mu\alpha}. \quad \text{Werte } e^{\mu\alpha} \text{ vgl. Tafel F, S. 32.} \tag{50b}$$

Der Halbmesser der Scheibe hat auf die Größe der Reibkraft keinen Einfluß.

Beispiel: Mit Hilfe eines dreifach umschlungenen Spillkopfes soll an einem Drahtseil eine Zugkraft $S_1 = 100$ kp aufgebracht werden. Mit welcher Handkraft S_2 muß das Seil gezogen werden? Welche Umfangskraft am Spillkopf muß der Antriebsmotor aufbringen? $\mu_0 = 0{,}12$ gewählt.

$\alpha = 3 \cdot 2\pi = 6\pi$; $\mu\alpha = 0{,}12 \cdot 6\pi = 2{,}26 \approx 2{,}3$. $e^{2,3} = 9{,}97$ nach Tafel F, S. 32. Somit Handkraft $S_2 = S_1/e^{\mu\alpha} = 10$ kp. Umfangskraft am Spillkopf: $F = S_1 - S_2 = 90$ kp. Beachte den Einfluß der unsicheren Reibungsbeiwerte; bei $\mu_0 = 0{,}15$ (+25% gegenüber 0,12) wäre nur eine Handkraft von rd. 6 kp (−40% gegenüber 10 kp) erforderlich.

[1] Vgl. *Amos, St.:* Das Umrollen bandförmiger Materialien ... Die Maschine 1965, Nr. 4 S. 31ff.

II. Dynamik

Bearbeitet von Prof. Dr.-Ing. **W. Meyer zur Capellen**, Aachen

Literatur: 1. *Beyer, R.:* Kinematische Getriebesynthese. Berlin: Springer 1953. — 2. *Ders.:* Kinematisch-getriebeanalytisches Praktikum. Ebenda 1958. — 3. *Ders.:* Kinematisch-getriebedynamisches Praktikum. Ebenda 1960. — 4. *Ders.:* Technische Raumkinematik. Ebenda 1963. — 5. *Biezeno, L.,* u. *R. Grammel:* Technische Dynamik. 2. Aufl. Berlin: Springer 1953. — 6. *Falk, S.:* Technische Mechanik. Berlin: Springer 1967. — 7. *Föppl, A.:* Technische Mechanik. Bd. VI. Die wichtigsten Lehren der höheren Dynamik. München: Oldenbourg 1944. — 8. *Franke, R.:* Vom Aufbau der Getriebe. Bd. I u. II. Düsseldorf: VDI-Verlag 1958 u. 1951. — 9. *Grammel, R.:* Der Kreisel. Bd. I u. II. Berlin: Springer 1950. — 10. *Marguerre, K.:* Technische Mechanik. Berlin: Springer 1967. — 11. *Neuber, H.:* Technische Mechanik. Berlin: Springer 1967. — 12. *Rauh, K.:* Praktische Getriebelehre. 2. Aufl. Berlin: Springer. Bd. I: Die Viergelenkkette, 1951; Bd. II: Die Keilkette: 1954. — 13. *Rödel, H.:* Dynamik u. Schwingungslehre. 5. Aufl. Braunschweig: Westermann 1961. — 14. *Szabó, I.:* Einführung in die Technische Mechanik. 6. Aufl. Berlin: Springer 1963. — 15. *Ders.:* Höhere Technische Mechanik. 4. Aufl. Ebenda 1964.

A. Bewegungslehre (Kinematik)

Eine Bewegung heißt *absolut*, wenn sie auf eine ruhende Umgebung bezogen wird, sie heißt *relativ*, wenn die Umgebung sich selbst in Bewegung befindet.

1. Geradlinige Bewegung des Massenpunktes

a) Bei der **gleichförmigen Bewegung** legt der bewegte Punkt in gleichen Zeiten gleiche Wege zurück. Seine Geschwindigkeit v, d. h. der in der Zeiteinheit zurückgelegte Weg, ist unveränderlich. Der Weg s ist der Vektor vom Anfangspunkt der Bewegung bis zur Lage zur Zeit t. Es gilt dann

$$v = \text{Weg}/\text{Zeit} = s/t \quad \text{m/sec}; \qquad s = vt \quad \text{m}.$$

Jede physikalische Größe hat eine Einheit, die auf Grundeinheiten aufgebaut ist. Diese sind

im technischen Maßsystem	im MKS-System
kp, m, sec	kg, m, sec

Im Weg-Zeit-Bild ist s durch die Gerade $s = vt$ dargestellt, Bild 1a; ihre Steigung $\tan\alpha$ ist (entsprechend dem Maßstab) proportional der Geschwindigkeit v.

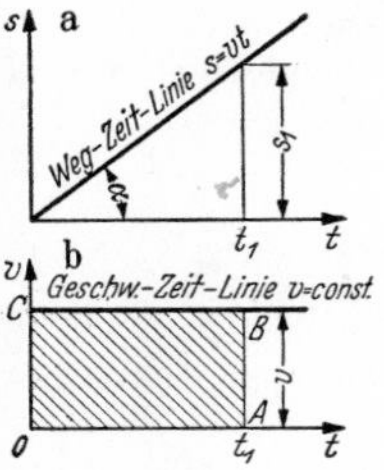

Bild 1

Bei der zeichnerischen Darstellung wird die darzustellende Größe in bestimmtem *Maßstab* aufgetragen. Man drücke diesen immer so aus, daß man die Bedeutung von 1 cm der Zeichnung angibt, also:

1 cm $\triangleq m_t$ sec; 1 cm $\triangleq m_s$ m; 1 cm $\triangleq m_v$ m/sec usw.

Mit diesen Werten folgt z. B. aus Bild 1a, daß $v = \tan\alpha \cdot m_s/m_t$ ist.

Im Geschwindigkeits-Zeit-Bild wird v durch eine zur Zeitachse parallele Gerade dargestellt, Bild 1b, und der bis zur Zeit t_1 zurückgelegte Weg s_1 ist proportional der schraffierten Fläche $OABC$.

Mit den Maßstabfaktoren ist dann 1 cm² $\triangleq m_v m_t$ m.

b) Bei der **ungleichförmigen Bewegung** ändert sich die Geschwindigkeit mit der Zeit. Die Änderung der Geschwindigkeit in der Zeiteinheit heißt Beschleunigung.

α) Bei der *gleichmäßig beschleunigten* Bewegung ist die Beschleunigung a unveränderlich, und es gilt

$$a = \frac{v_2 - v_1}{t_2 - t_1} = \frac{\text{Geschwindigkeitsänderung}}{\text{Zeitänderung}} \text{ m/sec}^2.$$

Ist v_0 die Anfangsgeschwindigkeit, so folgt für Geschwindigkeit v und Weg s

$$v = v_0 + at; \qquad s = v_0 t + at^2/2 = (v_0 + v)\,t/2.$$

Ist die Geschwindigkeit positiv und nimmt sie ab, so spricht man auch wohl von *verzögerter* Bewegung. Ein negatives Vorzeichen von v oder a deutet an, daß v oder a entgegengesetzt der positiven Richtung von s gerichtet sind.

Das Geschwindigkeits-Zeit-Bild ist eine Gerade (Bild 2b für $a > 0$, Bild 3b für $a < 0$), und ihre Steigung $\tan\alpha_2$ ist proportional der Beschleunigung a. Das Weg-Zeit-Bild (Bild 2a u. 3a) ist eine Parabel. Die veränderliche Steigung $\tan\alpha_1$ der Parabel ist proportional der Geschwindigkeit v.

Ist die *Anfangsgeschwindigkeit* v_0 *gleich Null*, so gilt

$$s = at^2/2 = vt/2 = v^2/2a; \quad v = at = \sqrt{2as}; \quad a = v^2/2s = v/t; \quad t = v/a = \sqrt{2s/a}.$$

Die *mittlere* Geschwindigkeit v_m ist diejenige konstante Geschwindigkeit, mit der der Punkt in der gleichen Zeit den zurückgelegten Weg durchlaufen würde:

$$s = v_m t; \qquad v_m = (v_0 + v)/2.$$

Beispiele: 1. *Freier Fall.* Die Beschleunigung des freien Falls oder die Fallbeschleunigung im luftleeren Raum ist in Deutschland im Mittel $\mathbf{g = 9{,}81\ m/sec^2}$ (genauer Wert vgl. S. 256). Mit $v_0 = 0$ wird die durchfallene Höhe

$$h = gt^2/2 = v^2/2g;$$

ferner wird $\quad v = gt = \sqrt{2gh}; \qquad t = v/g = \sqrt{2h/g}.$

2. *Senkrechter Wurf nach oben.* Die Beschleunigung ist negativ (Bild 3b), und zwar gleich $-g$. Daher wird $v = v_0 - gt$; Steigzeit $T = v_0/g$; $s = v_0 t - gt^2/2$; Steighöhe $H = v_0^2/2g$.

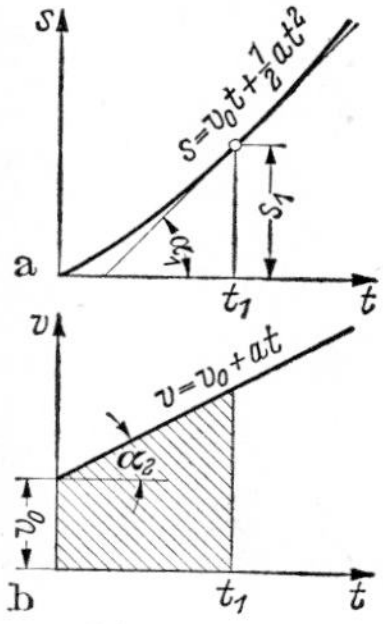

Bild 2: $a > 0$

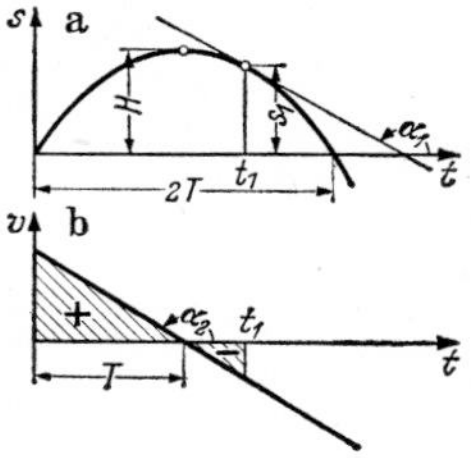

Bild 3: $a < 0$

Gleichmäßig beschleunigte Bewegung

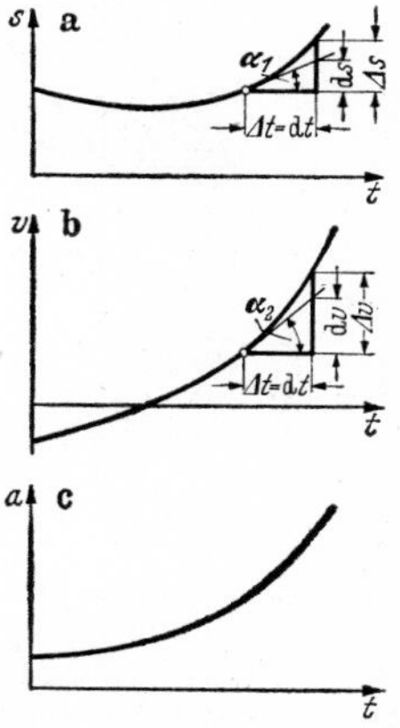

Bild 4. Ungleichmäßig beschleunigte Bewegung

β) Bei der *ungleichmäßig beschleunigten* Bewegung (Bild 4) ist

$$v = \lim_{\Delta t \to 0} \frac{\Delta s}{\Delta t} = \frac{ds}{dt} = \dot{s}\,*; \qquad a = \lim_{\Delta t \to 0} \frac{\Delta v}{\Delta t} = \frac{dv}{dt} = \dot{v} = \frac{d^2 s}{dt^2} = \ddot{s}$$

(S. 76) und $\quad v = \int a\,dt, \quad s = \int v\,dt.$

s ist dabei wieder der Vektor vom Ausgangspunkt bis zur Lage für die Zeit t (nicht mit der Länge der durchlaufenen Bahn zu verwechseln).

Die *mittlere* Geschwindigkeit v_m zwischen zwei Zeitpunkten ist

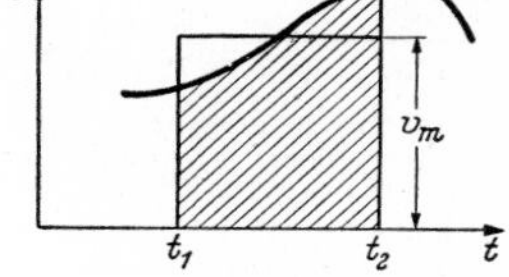

Bild 5

$$v_m = \left(\int_{t_1}^{t_2} v\,dt\right) / (t_2 - t_1)$$

und stellt die Höhe des Rechtecks über der Strecke $t_1 t_2$ dar, das der schraffierten Fläche (Bild 5) inhaltsgleich ist (mittlere Höhe, vgl. S. 85).

* Die Ableitungen nach der Zeit werden durch Punkte angedeutet (S. 79).

Beispiel: Für $s = h \sin \omega t$ wird $v = \dot{s} = h\omega \cos \omega t$; $a = \dot{v} = \ddot{s} = -h\omega^2 \sin \omega t = -\omega^2 s$. (Vgl. ferner Beisp. 1, S. 82 u. Beisp. 1, S. 84.)

c) Graphische Verfahren. α) Die *Weg-Zeit-Kurve* liefert die v,t- bzw. die a,t-Kurve als ihre erste bzw. zweite Differentialkurve (S. 82). Bei vorgezeichneter s,t-Kurve ist das zeichnerische Differentiieren (S. 199) anzuwenden:

Zieht man in dem Punkt A der s,t-Kurve (Bild 6) die Tangente, verschiebt sie in den Pol P auf der negativen Zeitachse, so schneidet sie auf der Wegachse die Strecke $o1' = v$ maßstäblich aus. Die Senkrechte durch A und die Waagerechte durch $1'$ treffen sich im gesuchten Punkt A' der v,t-Kurve. Wiederholung für andere Punkte liefert das v,t-Bild. In gleicher Weise liefern die (gestrichelten) Tangenten der v,t-Kurve die a,t-Kurve.

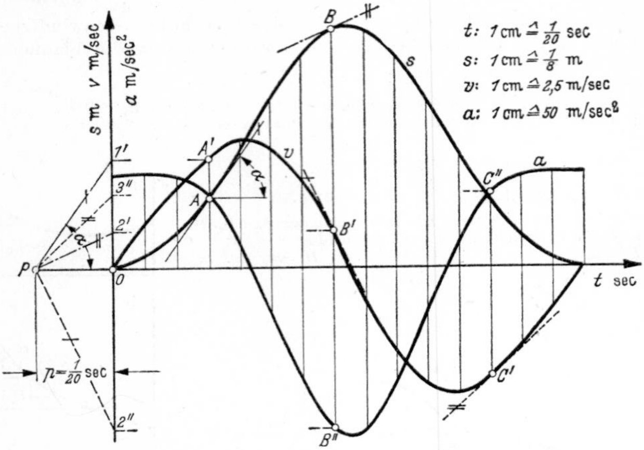

Bild 6. Graphische Ermittlung der Geschwindigkeit und Beschleunigung

Ist der Polabstand $PO \triangleq p$ sec und bedeutet auf der s-Achse 1 cm $\triangleq m_s$ m, so gilt für die v-Achse der Maßstab 1 cm $\triangleq m_v \triangleq m_s/p$ m/sec. Für die Beschleunigung gilt ebenso 1 cm $\triangleq m_a \triangleq m_v/p$ m/sec². Im Beispiel (Bild 6) ist $p = {}^1/_{20}$ sec, woraus die angegebenen Maßstäbe folgen. Geeignete Wahl von p vermeidet einen zu steilen oder zu flachen Verlauf der Kurven und auch ein Überschreiten der Zeichenfläche.

β) Da die v,t- und s,t-Kurven die erste bzw. zweite *Integralkurve* (S. 94) der a,t-Kurve sind, können durch rechnerische oder graphische Integration (S. 198) das v,t- und das s,t-Bild gewonnen werden.

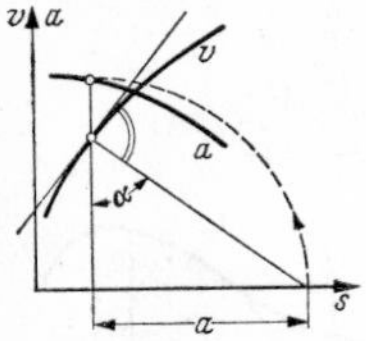

Bild 7. Beschleunigung als Subnormale

Für die *Maßstäbe* gilt dann: Ist $OP \triangleq p$ sec und bedeutet auf der a-Achse 1 cm $\triangleq m_a$ m/sec², so gilt für die v-Achse der Maßstab 1 cm $\triangleq m_v \triangleq p m_a$ m/sec. Entsprechend gilt für die s-Achse 1 cm $\triangleq m_s \triangleq p m_v$ m.

γ) Im *Geschwindigkeits-Weg-Bild* (Bild 7) erscheint die *Beschleunigung* als Subnormale (S. 121), da

$$a = dv/dt = dv/ds \cdot ds/dt = v\,dv/ds = v \tan \alpha,$$

und kann durch zeichnerische Ermittlung der Tangente bzw. der Normale gefunden werden (S. 199/200).

Bedeutet auf der v-Achse 1 cm $\triangleq m_v$ m/sec und auf der s-Achse 1 cm $\triangleq m_s$ m, so gilt für die Beschleunigung a der Maßstab 1 cm $\triangleq m_a \triangleq m_v^2/m_s$ m/sec².

d) Sonderfall: **Harmonische Schwingung.** Dreht sich die Kurbel r der Kreuzschleife oder Kreuzschubkurbel (Bild 8) mit konstanter Winkelgeschwindigkeit ω (S. 243), so ist die Auslenkung des Schiebers P aus seiner Mittellage gegeben durch $x = r \sin \varphi$ (S. 147) oder mit $\varphi = \omega t$ durch das Gesetz der harmonischen Schwingung

$$x = r \sin \omega t.$$

Die größte Auslenkung r heißt *Amplitude* oder Schwingungsweite. Die *Schwingungsdauer* oder Periode $T = 2\pi/\omega$ sec ist die Zeit für einen Hin- und Hergang. Ihr Reziprokwert $f = 1/T = \omega/2\pi\ \text{sec}^{-1}$ ist die Frequenz oder *Schwingungszahl* in der Sekunde und wird durch „Hz" (Hertz) ausgedrückt.

$\omega = 2\pi/T$ heißt die *Kreisfrequenz*. Für Geschwindigkeit und Beschleunigung folgen

$$v = \dot{x} = r\omega\cos\omega t$$

und $$a = \ddot{x} = -r\omega^2\sin\omega t = -\omega^2 x,$$

d. h. die Beschleunigung ist proportional der Auslenkung x und ihr entgegengesetzt gerichtet.

Beispiel: Ein an einer Feder hängender Körper schwingt in der Sekunde 25mal auf und ab. Die Entfernung zwischen den äußersten Lagen ist 0,8 cm. Dann ist $r = 0{,}4$ cm; $T = {}^1/_{25}$ sec; $\omega = 50\pi\ \text{sec}^{-1}$; $s = 0{,}4\sin 50\pi t$ und die größte Beschleunigung $a_{max} = (50\pi)^2 \cdot 0{,}4 = 9869{,}6\ \text{cm/sec}^2 \approx 98{,}70\ \text{m/sec}^2$.

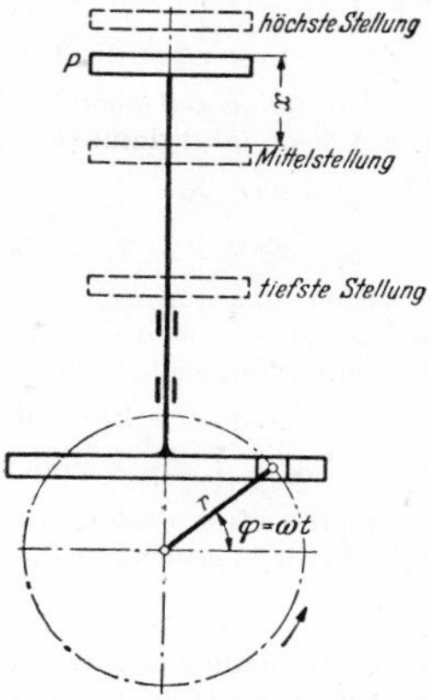

Bild 8. Zur harmonischen Schwingung

2. Krummlinige Bewegung des Massenpunktes

a) Grundbegriffe. Die Lage eines Punktes auf der von ihm beschriebenen Bahn kann durch den von einem festen Punkt O aus (Bild 9) gezogenen Vektor $\overline{OP} = \mathfrak{r}$ angegeben werden[1]. Dann ist die Geschwindigkeit $\mathfrak{v} = d\mathfrak{r}/dt$ ein Vektor in Richtung der Bahntangente (Bild 9, 10). Ist hierbei $s_{1,2}$ die Länge des in der Zeit $t_2 - t_1$ zurückgelegten Weges, so ist die mittlere Geschwindigkeit $v_m = s_{1,2}/(t_2 - t_1)$.

Jede krummlinige Bewegung ist beschleunigt, da die Geschwindigkeit in ihrer Richtung geändert wird. Die Beschleunigung ist immer nach der konkaven Seite der Bahn gerichtet: Trägt man die Geschwindigkeit zweier Bahnpunkte (ebene

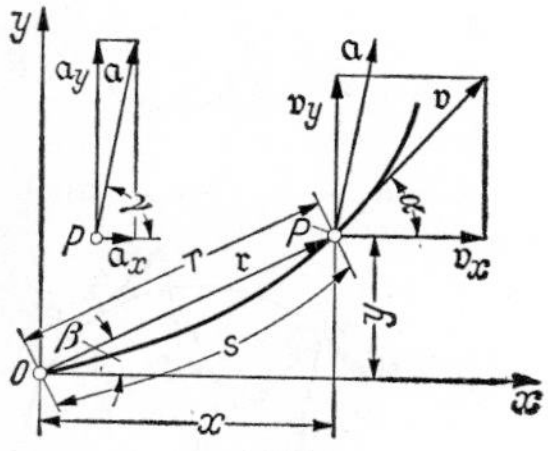

Bild 9

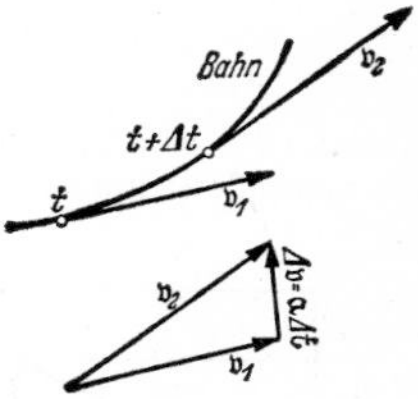

Bild 10

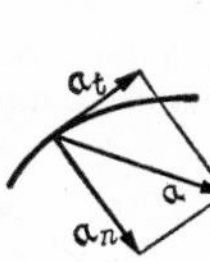
Bild 11

Bewegung) von einem Punkt aus auf (Hodograph, Bild 10), so ist der Geschwindigkeitszuwachs in der Zeit Δt gleich $\Delta\mathfrak{v}$ und damit die Beschleunigung

$$\mathfrak{a} = \lim_{\Delta t \to 0} \Delta\mathfrak{v}/\Delta t = d\mathfrak{v}/dt.$$

$\mathfrak{a}$ fällt *nicht* in die Richtung von $\mathfrak{v}$ (*Ausnahmen* vgl. b).

b) Natürliche Komponenten der Beschleunigung erhält man, wenn man diese in Richtung der Tangente bzw. der Normale zerlegt (Bild 11). Es folgt

die Tangentialbeschleunigung $a_t = dv/dt$ und

die nach der konkaven Seite gerichtete Normalbeschleunigung $a_n = v^2/\varrho$,

worin ϱ der Krümmungsradius (S. 122). Auf der Geraden und im Wendepunkt einer Bahn ist $\varrho = \infty$, daher wird $a_n = 0$, und $\mathfrak{a}$ fällt in die Richtung von $\mathfrak{v}$.

[1] Für die Darstellungen der Vektoren vgl. Vektorrechnung S. 154.

c) Bei **rechtwinkligen Koordinaten** mit O als Anfangspunkt der Bewegung (Bild 9) ist die Länge des auf der Bahn in der Zeit t zurückgelegten Weges s durch $s = \int \mathrm{d}s = \int_0^t \sqrt{\dot{x}^2 + \dot{y}^2}\,\mathrm{d}t$ (S. 92) gegeben. Der die Lage von P bestimmende Radiusvektor $\mathfrak{r}$ hat die Komponenten $x = r\cos\beta$ und $y = r\sin\beta$.

Für die *Komponenten* von Geschwindigkeit und Beschleunigung in Richtung der Achsen folgt dann (Bild 9)

$$v_x = v\cos\alpha = \dot{x}; \quad v_y = v\sin\alpha = \dot{y}; \quad v^2 = v_x^2 + v_y^2; \quad \tan\alpha = v_y/v_x.$$
$$a_x = a\cos\gamma = \ddot{x}; \quad a_y = a\sin\gamma = \ddot{y}; \quad a^2 = a_x^2 + a_y^2; \quad \tan\gamma = a_y/a_x.$$

Eine *gleichförmige*, daher auch geradlinige Bewegung ($a = 0$) liefert gleichförmige Komponenten. Bei ungleichförmiger Bewegung ist mindestens eine Seitenbewegung ungleichförmig.

Für *geradlinige* Bewegung gilt, wenn O Anfangspunkt der Bewegung:

$$\alpha = \beta = \gamma = \text{const} \quad \text{und} \quad y/x = v_y/v_x = a_y/a_x = \tan\alpha = \text{const}.$$

Durch *Zusammensetzen* der Komponenten oder der Seitenbewegungen folgen mit $\mathrm{d}\mathfrak{s}$ als Wegelement die geometrischen oder vektoriellen Summen

$$\mathrm{d}\mathfrak{s} = \mathrm{d}\mathfrak{x} + \mathrm{d}\mathfrak{y}; \quad \mathfrak{v} = \mathfrak{v}_x + \mathfrak{v}_y; \quad \mathfrak{a} = \mathfrak{a}_x + \mathfrak{a}_y.$$

Diese Beziehungen gelten auch für Zerlegung in beliebigen Richtungen; z. B. wird $\mathfrak{v} = \mathfrak{v}_1 + \mathfrak{v}_2$ (Bild 12) und entsprechend $\mathfrak{a} = \mathfrak{a}_1 + \mathfrak{a}_2$.

d) Bei **räumlicher Bewegung,** wenn also die Bahn nicht in der x,y-Ebene liegt oder überhaupt nicht eben ist, ist die Lage des Bahnpunktes P gegeben durch den Radiusvektor $\mathfrak{r} = \overrightarrow{OP}$ (Bild 149, Math. S. 151) mit den räumlichen Koordinaten $x = r\cos\alpha$, $y = r\cos\beta$, $z = r\cos\gamma$ als Komponenten, so daß $r^2 = x^2 + y^2 + z^2$. Für die *Komponenten* von Geschwindigkeit und Beschleunigung (Bild 13) folgt entsprechend

$$\begin{aligned} v_x &= v\cos\alpha_1 = \dot{x}; & a_x &= a\cos\alpha_2 = \ddot{x}; \\ v_y &= v\cos\beta_1 = \dot{y}; & a_y &= a\cos\beta_2 = \ddot{y}; \\ v_z &= v\cos\gamma_1 = \dot{z}; & a_z &= a\cos\gamma_2 = \ddot{z}; \end{aligned} \qquad \begin{aligned} v^2 &= v_x^2 + v_y^2 + v_z^2; \\ a^2 &= a_x^2 + a_y^2 + a_z^2. \end{aligned}$$

Mit vektorieller Darstellung gilt $\mathfrak{v} = \mathfrak{v}_x + \mathfrak{v}_y + \mathfrak{v}_z$; $\mathfrak{a} = \mathfrak{a}_x + \mathfrak{a}_y + \mathfrak{a}_z$, auch wenn die Richtungen der Seitenbewegungen nicht aufeinander senkrecht stehen.

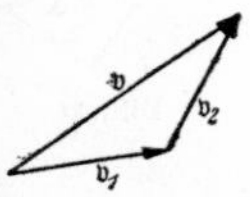

Bild 12

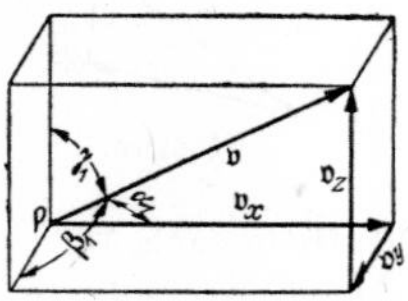

Bild 13. Räumliche Bewegung

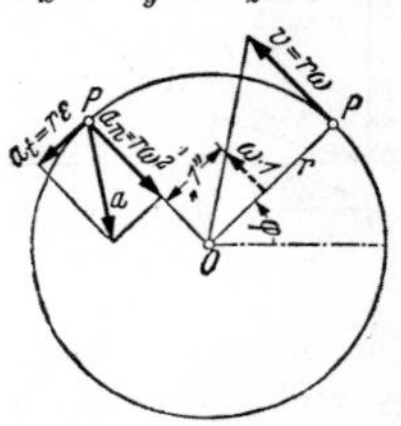

Bild 14. Kreisbewegung

Für *gerade* Bahn bleiben die Winkel $\alpha_1 = \alpha_2$, $\beta_1 = \beta_2$ und $\gamma_1 = \gamma_2$ konstant, und wenn die Bahn durch den Ursprung O geht, auch die Winkel $\alpha = \alpha_1 = \alpha_2$, $\beta = \beta_1 = \beta_2$ und $\gamma = \gamma_1 = \gamma_2$. Die Gleichung der Bahn ist durch die Gleichungen einer Geraden im Raum (vgl. Math. S. 151) gegeben.

e) Kreisbewegung. α) Bewegt sich ein Punkt P auf einem Kreis vom Radius r (Bild 14), so dreht sich der Fahrstrahl OP um den Winkel φ, und der zurückgelegte Weg ist der Bogen $r\varphi$ (φ im Bogenmaß).

Wird Winkel φ in rad angegeben, so hat der Bogen $r\varphi$ die Einheit m · rad.

β) Die *Winkelgeschwindigkeit* beträgt

$\omega = \mathrm{d}\varphi/\mathrm{d}t = \dot{\varphi}\ \mathrm{sec}^{-1}$ ≋ $\omega = \dot{\varphi}$ rad/sec ≋

und entspricht zahlenmäßig auch der Geschwindigkeit eines Punktes im Abstand „Eins" vom Drehpunkt. Der vom Fahrstrahl überstrichene Winkel ist $\varphi = \int \omega\, \mathrm{d}t$.

γ) Die *Geschwindigkeit* des Punktes P ist demnach

$v = r\omega$ m/sec, ≋ $v = r\omega$ mrad/sec, ≋

so daß auch

$\omega = v/r\ \mathrm{sec}^{-1}$, ≋ $\omega = v/r\ \dfrac{\mathrm{mrad}}{\mathrm{sec\ m}} = \mathrm{rad/sec}$. ≋

δ) Die Änderung der Winkelgeschwindigkeit in der Zeiteinheit heißt *Winkelbeschleunigung*

$\varepsilon = \dot{\omega} = \ddot{\varphi}\ \mathrm{sec}^{-2}$, ≋ $\varepsilon = \dot{\omega} = \ddot{\varphi}\ \mathrm{rad/sec}^2$. ≋

Für konstante Winkelbeschleunigung ist daher $\omega = \omega_0 + \int \varepsilon\, \mathrm{d}t = \omega_0 + \varepsilon t$ und bei konstanter Winkelgeschwindigkeit $\varphi = \omega t$.

ε) Die *Beschleunigung* a des Punktes P (Bild 14) hat als Komponenten

die *Normal-(Zentripetal-)Beschleunigung* $a_n = v^2/r = r\omega^2 = v\omega$ und

die *Tangentialbeschleunigung* $a_t = r\varepsilon = r\dot{\omega} = r\ddot{\varphi}$,

so daß $a^2 = a_n{}^2 + a_t{}^2$.

Danach kann bei beliebiger ebener und krummliniger Bewegung (S. 241) mit ϱ als Krümmungsradius auch geschrieben werden $a_n = \varrho\omega^2 = v\omega$ und $a_t = \varrho\varepsilon = \varrho\dot{\omega} = \varrho\ddot{\varphi}$.

ζ) Bei *gleichförmiger Bewegung*, d. h. $\omega = \mathrm{const}$ gilt mit n (U/min)

$$\omega = \pi n/30 = 0{,}1047\, n\ \mathrm{sec}^{-1} \quad (\approx n/10\ \mathrm{sec}^{-1});$$

$$n = 30\,\omega/\pi = 9{,}549\,\omega\ \mathrm{U/min} \quad (\approx 10\,\omega\ \mathrm{U/min}).$$

Umfangsgeschwindigkeit $v = r\omega = r\pi n/30 = D\pi n/60$ m/sec mit $D = 2r$.

Umlaufzeit $T = 60/n = 2\pi/\omega$ sec.

Ist die Zeit einer vollen Umdrehung unveränderlich, ändert sich aber die Winkelgeschwindigkeit ω während einer Umdrehung *periodisch* derart, daß ω zwischen den Grenzen ω_{max} und ω_{min} schwankt, so ist die *mittlere* Winkelgeschwindigkeit $\omega_{\mathrm{mittel}} = \pi n/30$ und der *Ungleichförmigkeitsgrad*

$$\delta = (\omega_{\mathrm{max}} - \omega_{\mathrm{min}})/\omega_{\mathrm{mittel}} \quad \text{(vgl. Bd. II, Abschn. Schwungräder).}$$

η) *Vektoriell* werden die Größen $\overline{\varphi}$, $\overline{\omega}$, $\overline{\varepsilon}$ durch je einen in der Drehachse liegenden Vektor dargestellt. Seine Spitze weist in die Fortschreitungsrichtung einer rechtsgängigen Schraube, die in gleichem Sinn gedreht wird, wie φ, ω, ε anzeigen (Schraubenregel)[1], vgl. Bild 15, 16. Es ist dann $\mathfrak{v}$ das äußere Produkt $\mathfrak{v} = \overline{\omega} \times \mathfrak{r}$ (vgl. Vektorrechnung, S. 156), und für die Beschleunigung $\mathfrak{a}$ folgt

$$\mathfrak{a} = \frac{\mathrm{d}\mathfrak{v}}{\mathrm{d}t} = \frac{\mathrm{d}}{\mathrm{d}t}(\overline{\omega} \times \mathfrak{r}) = \frac{\mathrm{d}\overline{\omega}}{\mathrm{d}t} \times \mathfrak{r} + \overline{\omega} \times \frac{\mathrm{d}\mathfrak{r}}{\mathrm{d}t}.$$

Der erste Teil ist die Tangentialbeschleunigung $\mathfrak{a}_t = \dot{\overline{\omega}} \times \mathfrak{r} = \overline{\varepsilon} \times \mathfrak{r}$ und der zweite die Normalbeschleunigung $\mathfrak{a}_n = \overline{\omega} \times \mathfrak{v}$. Danach weist $\mathfrak{a}_n$ in die Richtung von $-\mathfrak{r}$ und hat, weil $\overline{\omega} \perp \mathfrak{v}$, wie oben den Betrag $a_n = v\omega = r\omega^2$; also ist $\mathfrak{a}_n = -\mathfrak{r}\omega^2$.

f) Zerlegung bei Polarkoordinaten. α) Sind die Polarkoordinaten eines bewegten Punktes A^* (Bild 17a) r und φ, so kann der in der Zeit Δt zurückgelegte Weg Δs zerlegt werden in eine radiale *Komponente* $\Delta s_r = \Delta r$ und in eine dazu senkrechte Komponente $\Delta s_\varphi = r\,\Delta\varphi$, wenn der Fahrstrahl sich um den Winkel $\Delta\varphi$ gedreht hat. Daher folgt für die Komponenten der Geschwindigkeit $\mathfrak{v} = \mathfrak{v}_r + \mathfrak{v}_\varphi$, daß

$$v_r = \lim_{\Delta t \to 0} \Delta r/\Delta t = \mathrm{d}r/\mathrm{d}t = \dot{r}$$

und $$v_\varphi = \lim_{\Delta t \to 0} \Delta s_\varphi/\Delta t = \lim_{\Delta t \to 0} r\,\Delta\varphi/\Delta t = r\,\mathrm{d}\varphi/\mathrm{d}t = r\dot{\varphi} = r\omega.$$

---

[1] Daneben ist auch die *Poinsot*-Regel gebräuchlich: Die Vektor(Pfeil)spitze weist nach jener Richtung, von der aus gesehen z. B. das Moment rechtsdrehend (im Uhrzeigersinn) erscheint.

Die *Geschwindigkeit* kann zerlegt werden in die radiale Komponente $v_r = \dot{r}$ und die Umfangsgeschwindigkeit $v_\varphi = r\dot{\varphi} = r\omega$.

β) Die *Beschleunigung* $\mathfrak{a}$ hat ebenso die Komponenten $\mathfrak{a}_r$ und $\mathfrak{a}_\varphi$, d. h. es ist $\mathfrak{a} = \mathfrak{a}_r + \mathfrak{a}_\varphi$. Einerseits setzt sich a_r zusammen aus der Normalbeschleunigung $a_r^{(2)} = -r\dot{\varphi}^2 = -r\omega^2$ bei unveränderlich gedachter Polstrahllänge r und

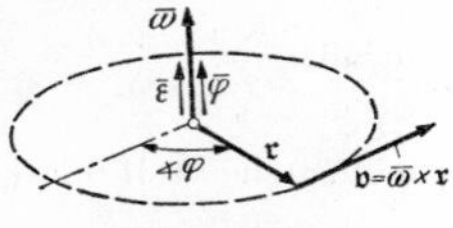

Bild 15. Winkelgeschwindigkeit als Vektor

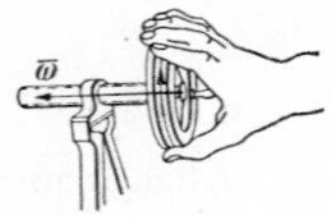

Bild 16

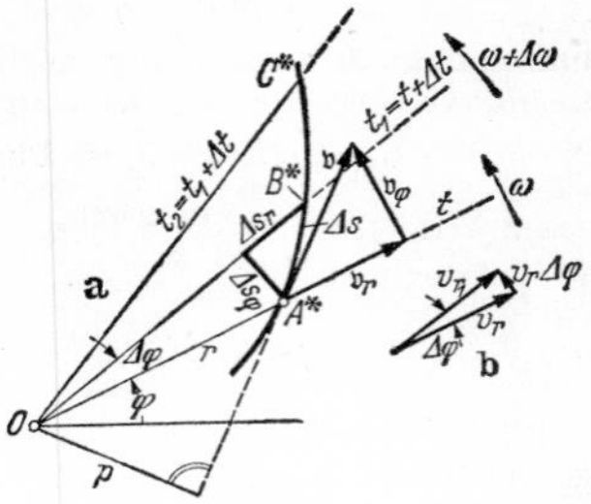

Bild 17

andererseits aus der durch die Änderung des Pol- und Fahrstrahls r bedingten Beschleunigung

$$a_r^{(1)} = \mathrm{d}v_r/\mathrm{d}t = \mathrm{d}^2 r/\mathrm{d}t^2 = \ddot{r},$$

so daß die Radialbeschleunigung $a_r = a_r^{(1)} + a_r^{(2)} = \ddot{r} - r\dot{\varphi}^2 = \ddot{r} - r\omega^2$ wird. Der eine Teil der Umfangsbeschleunigung a_φ ist durch die Richtungsänderung von v_r bedingt: Es ist (Bild 17b)

$$\Delta v_\varphi = v_r\,\Delta\varphi, \qquad \text{also} \qquad a_\varphi^{(1)} = \lim_{\Delta t\to 0} v_r\,\Delta\varphi/\Delta t = v_r\dot{\varphi} = v_r\omega.$$

Der andere Teil folgt aus der Änderung des Betrages der Geschwindigkeit v_φ. Da zur Zeit $t_1 = t + \Delta t$ die Winkelgeschwindigkeit gleich $\omega_1 = \omega + \Delta\omega$ und der Fahrstrahl gleich $r_1 = r + \Delta r$ ist, so wird

$$\Delta v_\varphi^{(2)} = v_{\varphi_1} - v_\varphi = r_1\omega_1 - r\omega = (r + \Delta r)(\omega + \Delta\omega) - r\omega = \omega\,\Delta r + r\,\Delta\omega$$

(bei Vernachlässigung kleiner Größen 2. Ordnung). Also wird

$$a_\varphi^{(2)} = \lim_{\Delta t\to 0}\frac{\Delta v_\varphi^{(2)}}{\Delta t} = \omega\frac{\mathrm{d}r}{\mathrm{d}t} + r\frac{\mathrm{d}\omega}{\mathrm{d}t} = \omega\dot{r} + r\ddot{\varphi} = \omega v_r + r\varepsilon, \text{ wenn } \varepsilon = \dot{\omega} = \ddot{\varphi}.$$

Schließlich folgt mit $a_\varphi = a_\varphi^{(1)} + a_\varphi^{(2)}$ für die *Umfangs*beschleunigung

$$a_\varphi = 2\omega v_r + r\varepsilon = 2\dot{\varphi}\dot{r} + r\ddot{\varphi} = \frac{1}{r}\frac{\mathrm{d}}{\mathrm{d}t}(r^2\dot{\varphi})\left[= \frac{2}{r}\frac{\mathrm{d}^2 A}{\mathrm{d}t^2}, \quad \text{vgl. } \gamma)\right].$$

$\mathfrak{a}_\varphi$ weist je nach Vorzeichen in Richtung ab- oder zunehmender Winkel φ. Die Teilbeschleunigung $\mathfrak{a}_c$ vom Betrag $a_c = 2\omega v_r$ ist gegenüber $\mathfrak{v}_r$ um 90° im Sinn von $\overline{\omega}$ gedreht, d. h. es ist $\mathfrak{a}_c = 2\overline{\omega}\times\mathfrak{v}_r$ (vgl. S. 251).

γ) Die *Flächengeschwindigkeit* ist die in der Zeiteinheit überstrichene Fläche. Zwischen den Fahrstrahlen r und $r_1 = r + \Delta r$ (Bild 17a) liegt die überstrichene Fläche $\Delta A = {}^1/_2 r^2\,\Delta\varphi$, also wird die Flächengeschwindigkeit

$$\mathrm{d}A/\mathrm{d}t = \lim_{\Delta t\to 0}\Delta A/\Delta t = {}^1/_2 r^2\dot{\varphi} = {}^1/_2 r^2\omega = {}^1/_2 v_\varphi r = {}^1/_2 v p,$$

worin p das Lot von O auf die Richtung von $\mathfrak{v}$ ist.

δ) Bei der *Zentralbewegung* geht die Gesamtbeschleunigung durch einen festen Punkt O. Dann ist $a_\varphi = 0$, d. h. auch $\mathrm{d}^2 A/\mathrm{d}t^2 = 0$, und es muß die Flächengeschwindigkeit $\mathrm{d}A/\mathrm{d}t = \text{const}$ sein: In gleichen Zeiten werden gleiche Flächen überstrichen (*Flächensatz*).

Beispiele: Kreisbewegung mit konstanter Winkelgeschwindigkeit. Bewegung der Erde um die Sonne.

3. Zusammensetzung von Schiebungen

a) Erfährt ein Massenpunkt durch irgendwelche Ursachen mehrere Verschiebungen s_1, s_2, s_3, ... in gleicher Richtung (positiv oder negativ), so ist die resultierende **geradlinige** *Verschiebung* $s = s_1 + s_2 + s_3 + \cdots$ (Bild 18), also gleich der algebraischen Summe der Einzelverschiebungen.

Ebenso folgt die resultierende *Geschwindigkeit* v als die Summe der Einzelgeschwindigkeiten: $v = v_1 + v_2 + v_3 + \cdots$.

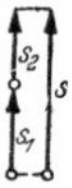

Bild 18

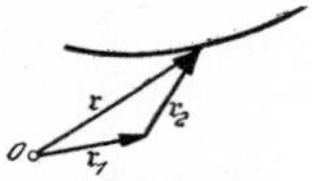

Bild 19

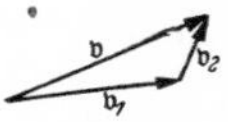

Bild 20

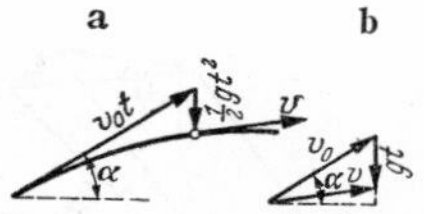

Bild 21 a u. b. Zum schiefen Wurf

b) Erfährt bei **krummliniger** Bahn ein Punkt die Verschiebungen $\mathfrak{r}_1$ und $\mathfrak{r}_2$ in verschiedenen Richtungen, so ist (Bild 19) die resultierende *Verschiebung* gleich der geometrischen Summe der einzelnen Schiebungen: $\mathfrak{r} = \mathfrak{r}_1 + \mathfrak{r}_2$.

Bewegt sich der Punkt in der einen Richtung mit der Geschwindigkeit $\mathfrak{v}_1$, in der anderen mit der Geschwindigkeit $\mathfrak{v}_2$, so ist die resultierende *Geschwindigkeit* die geometrische Summe der Geschwindigkeiten: $\mathfrak{v} = \mathfrak{v}_1 + \mathfrak{v}_2$ (Bild 20).

Beispiel: Wird ein punktförmiger Körper unter dem Winkel α gegen die Horizontale mit der Anfangsgeschwindigkeit v_0 abgeworfen (S. 136), so würde er im luftleeren Raum ohne Wirkung der Fallbeschleunigung in Richtung von v_0 in der Zeit t den Weg $v_0 t$ (Bild 21 a), allein durch die Fallbeschleunigung den Weg $gt^2/2$ zurücklegen. Dann liefert die geometrische Addition dieser Komponenten die Lage und damit die Bahn des Punktes.

Ebenso hat die Geschwindigkeit $\mathfrak{v}$ (Bild 21 b) die Komponenten v_0 in Richtung von v_0 und gt in der senkrechten Fallrichtung. Die horizontale Komponente von v_0 ist konstant, und für die Steigzeit T liest man ab: $gT = v_0 \sin\alpha$ oder $T = \sin\alpha \cdot v_0/g$.

Zusammensetzen von Beschleunigungen und weitere Beispiele vgl. S. 247 u. 250. Zusammensetzen von Drehungen vgl. S. 253.

4. Bewegung des starren Körpers in der Ebene

a) Bei **Drehung** eines Körpers um eine Achse wird die Winkelgeschwindigkeit $\omega = \dot{\varphi} = \mathrm{d}\varphi/\mathrm{d}t$ dargestellt als Vektor, der in der Drehachse liegt (Bild 22). Er kann in dieser verschoben werden wie eine Kraft am starren Körper. Sein Pfeil zeigt nach der Richtung, in der sich eine rechtsgängige Schraube durch die Drehung fortbewegen würde (vgl. Bild 15 u. 16). Alle Punkte beschreiben Kreise.

α) Die *Geschwindigkeit* $\mathfrak{v}$ im Abstand r (Bild 23) steht senkrecht zu $\mathfrak{r}$ und hat den Betrag

$$v = r\omega = r\dot{\varphi}.$$

Die Geschwindigkeiten aller Punkte verhalten sich für einen augenblicklichen Bewegungszustand wie ihre Abstände r vom Drehpunkt.

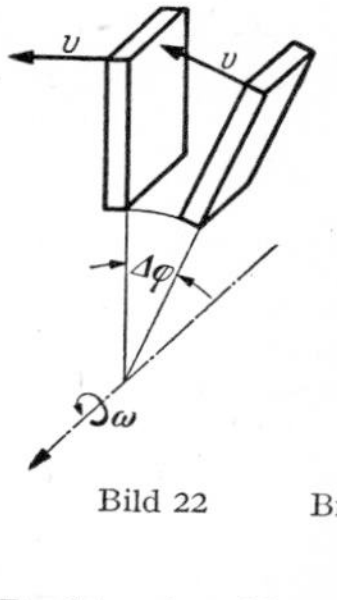

Bild 22

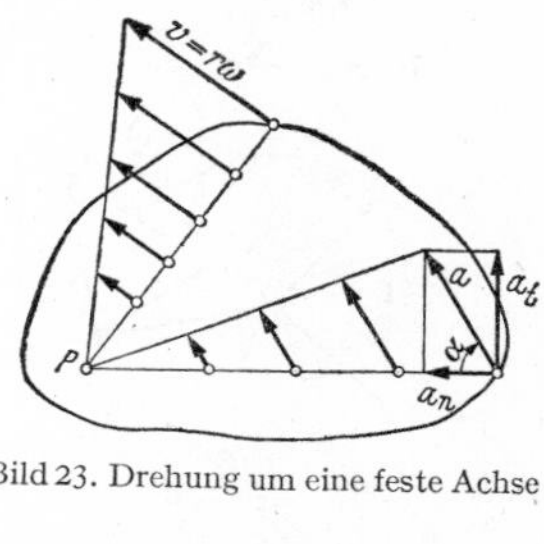

Bild 23. Drehung um eine feste Achse

β) Die *Beschleunigung* $\mathfrak{a}$ eines Punktes im Abstand r kann in Komponenten (Bild 23) mit den folgenden Beträgen zerlegt werden:

Normalbeschleunigung $a_n = r\omega^2 = v^2/r$ (zum Drehpunkt hin gerichtet);

Tangentialbeschleunigung $a_t = r\varepsilon$, wo $\varepsilon = \dot{\omega} = \ddot{\varphi}$ = Winkelbeschleunigung.

Dann ist $a = \sqrt{a_n{}^2 + a_t{}^2} = r\sqrt{\omega^4 + \varepsilon^2}$ und $\tan\alpha = a_t/a_n = \varepsilon/\omega^2$.

Das heißt, für den augenblicklichen Bewegungszustand verhalten sich die Beschleunigungen wie die Abstände r der Punkte vom Drehpunkt und bilden mit den Strahlen durch den Drehpunkt den gleichen Winkel α.

b) Bei einer **Schiebung** (Translation) erfahren alle Punkte des Körpers die gleiche parallele Verschiebung. Ist die *Elementar*schiebung gleich $\mathrm{d}\mathfrak{s}$, so ist die Schiebungsgeschwindigkeit $\mathfrak{v} = \mathrm{d}\mathfrak{s}/\mathrm{d}t$. Wenn der Körper zwei Schiebungen $\mathrm{d}\mathfrak{s}_1$ und $\mathrm{d}\mathfrak{s}_2$ unterworfen ist, so ist die gesamte Verschiebung die geometrische Summe

$$\mathrm{d}\mathfrak{s} = \mathrm{d}\mathfrak{s}_1 + \mathrm{d}\mathfrak{s}_2 .$$

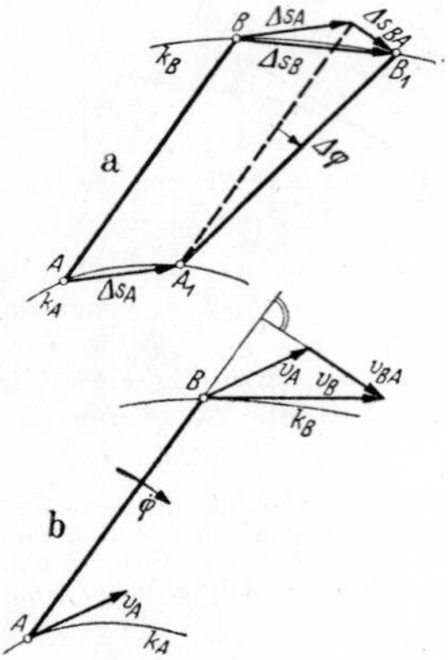

Bild 24. Zum Satz von *Euler*

c) Schiebung und Drehung (Geschwindigkeit). Jede ebene Bewegung kann aufgefaßt werden als eine Zusammensetzung von Schiebung und Drehung:

α) *Geschwindigkeit.* Wird die Strecke AB des Körpers (Bild 24a) in Δt Sekunden in die Lage A_1B_1 gebracht, so kann die Bewegung aufgefaßt werden als eine Parallelverschiebung um die Strecke Δs_A und eine Drehung um den Winkel $\Delta\varphi$. Dann wird die Verschiebung Δs_B des Punktes B aus den Komponenten Δs_A und $\Delta s_{BA} = \overline{AB}\cdot\Delta\varphi$ gebildet. Beim Grenzübergang $\Delta t \to 0$ gilt dann (Bild 24b)

$$\mathfrak{v}_B = \mathfrak{v}_A + \mathfrak{v}_{BA},$$

d. h. *die Geschwindigkeit des Punktes B ist gleich der Geschwindigkeit des Punktes A, geometrisch vermehrt um die Drehgeschwindigkeit* $\mathfrak{v}_{BA}$ *von B gegen A* (Satz von *Euler*). Für den Betrag der letzteren gilt $v_{BA} = \overline{AB}\cdot\dot\varphi$. wenn $\dot\varphi$ die augenblickliche Winkelgeschwindigkeit von AB ist. $\mathfrak{v}_{BA}$ steht senkrecht auf AB.

Beispiel: Der Kurbelendpunkt A der Schubkurbel (Bild 25a) habe die Geschwindigkeit v_A. Die Richtung der Geschwindigkeit v_B des Kreuzkopfes ist bekannt. Trägt man v_A in B an und zieht durch den Endpunkt eine Senkrechte zu AB, so trifft diese die Bahn k_B im gesuchten Endpunkt von v_B. Es ist dann $\dot\varphi = v_{BA}/\overline{AB}$. Das Anbringen dieses Geschwindigkeitsdreiecks in A_0 ergibt: Mache $A_0A = v_A$; die Verlängerung von BA trifft die Senkrechte zu k_B durch A_0 in E, dann ist $A_0E = v_B$. Hat man v_A in anderem Maßstab aufgetragen, so mache man $A_0A'' = v_A$, ziehe durch A'' die Parallele zu BA. Diese trifft die Senkrechte durch A_0 in E''; es ist $A_0E'' = v_B$. Rechnerisch folgt: $v_B = v_A \sin(\alpha+\beta)/\cos\beta$, $v_{BA} = v_A\cos\alpha/\cos\beta$.

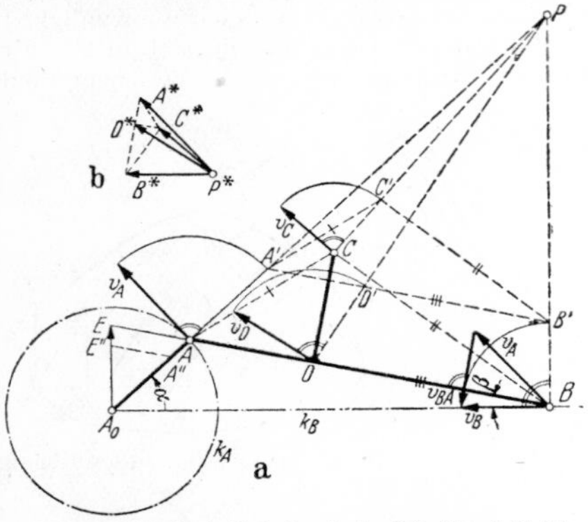

Bild 25. Geschwindigkeiten beim Schubkurbeltrieb

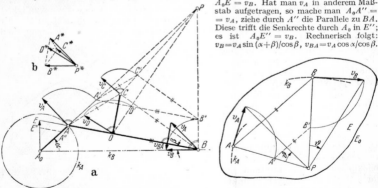

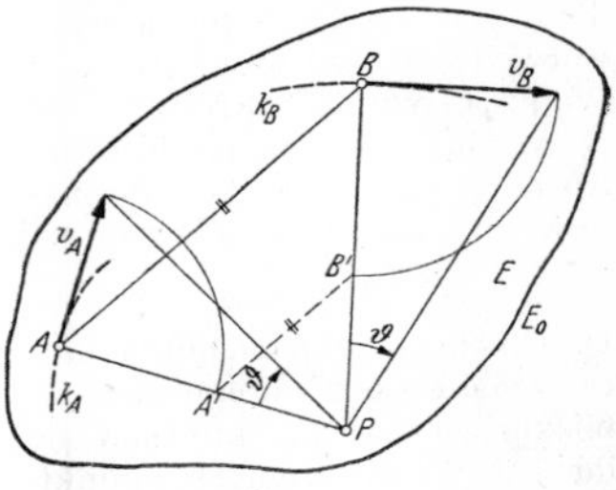

Bild 26. Momentanpol

β) *Momentanpol:* Sind die Geschwindigkeiten v_A und v_B zweier Punkte A und B eines bewegten Körpers, einer Scheibe oder einer Ebene auf ihren Bahnen k_A und k_B gegeben (Bild 26), so ist der *Schnittpunkt* der Senkrechten auf v_A und v_B, d. h. *der Bahnnormalen*, der *Momentanpol*. Er hat im Augenblick die Geschwindigkeit Null, wie aus der zweimaligen Anwendung des Satzes über die Zusammensetzung der Geschwindigkeiten einmal von A aus und einmal von B aus folgt. Der Momentanpol kennzeichnet zwei unendlich benachbarte Lagen.

Die Bewegung kann im Augenblick aufgefaßt werden als eine Drehung um den Momentan- oder Geschwindigkeitspol P mit der Winkelgeschwindigkeit $\dot{\varphi} = v_A/\overline{AP} = v_B/\overline{BP} = \tan\vartheta$ (Bild 26). Die Geschwindigkeiten stehen auf den vom Momentanpol aus gezogenen Strahlen senkrecht und liefern damit auch die Bahntangenten. Die Geschwindigkeiten verhalten sich wie die Abstände der Bahnpunkte vom Momentanpol: $v_A : v_B = \overline{PA} : \overline{PB}$.

γ) Hieraus folgt die Ermittlung der Geschwindigkeiten mit Hilfe der *gedrehten* oder *lotrechten Geschwindigkeiten* (Bild 26): Sind die Bahnnormalen der Punkte A und B und die Geschwindigkeit v_A eines Punktes A bekannt, so drehe man v_A um 90° bis A' auf der Normalen AP, ziehe $A'B'$ parallel AB. Dann ist BB' die gedrehte Geschwindigkeit v_B, und $\mathfrak{v}_B$ steht senkrecht auf BP.

Beispiele: 1. Bei der Schubkurbel (Bild 25a) ist P der Schnittpunkt von A_0A und der Senkrechten in B zu k_B. v_B ist nochmals mit Hilfe der gedrehten Geschwindigkeiten bestimmt. Ebenso liefert die Parallele $A'C'$ zu AC auf dem Polstrahl PC die gedrehte Geschwindigkeit $CC' = v_C$. Ohne Kenntnis des Poles liefern die Parallelen $A'C'$ und $B'C'$ bzw. zu AC und BC den Punkt C'. Maßstab vgl. S. 248.

2. Beim Gelenkviereck, Bild 29a, ist P der Schnittpunkt der Bahnnormalen A_0A und B_0B.

δ) Ein *Geschwindigkeitsplan* vereinfacht die Konstruktionen: Trage von einem beliebigen Punkt P^* aus (Bild 25b) die Geschwindigkeit $\mathfrak{v}_A = \overrightarrow{P^*A^*}$ auf. Mache Dreieck $P^*A^*B^*$ ähnlich Dreieck PAB. Dann ist $\overrightarrow{P^*B^*} = \mathfrak{v}_B$. Ebenso liefert die Ähnlichkeit der Dreiecke ACB und $A^*C^*B^*$ die Geschwindigkeit $\mathfrak{v}_C = \overrightarrow{P^*C^*}$ usw.: Der Geschwindigkeitsplan ist der bewegten Figur ähnlich und gegenüber dieser um 90° gedreht.

d) Schiebung und Drehung (Beschleunigung). α) Sind $\mathfrak{a}_A$ und $\mathfrak{a}_B$ die Beschleunigungen zweier Punkte A und B des bewegten Körpers (Bild 27), so folgt durch Differentiieren des Satzes für die Geschwindigkeiten

$$\mathfrak{a}_B = \mathfrak{a}_A + \mathfrak{a}_{BA},$$

d. h. die *Beschleunigung* des Punktes B ist gleich der geometrischen Summe aus der Beschleunigung des Punktes A und der Beschleunigung $\mathfrak{a}_{BA}$ der Drehung von B

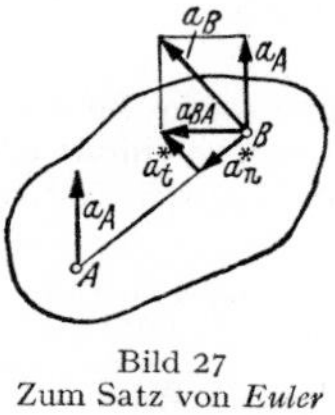

Bild 27
Zum Satz von *Euler*

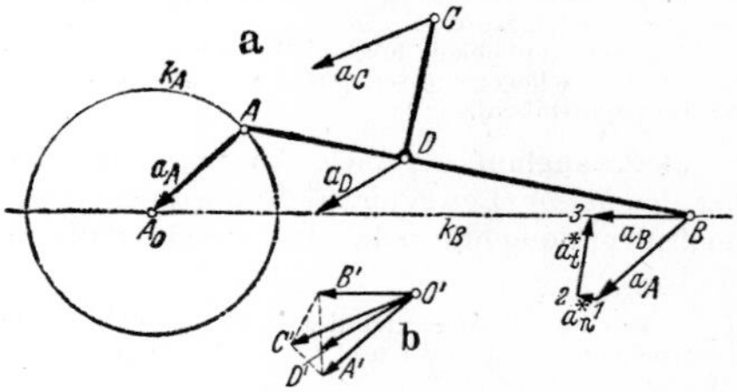

Bild 28. Beschleunigungen beim Schubkurbeltrieb

gegenüber A (Satz von *Euler*, vgl. c α). Die letzte zerfällt mit $l = \overline{AB}$ in eine Normalkomponente $a_n^* = v^2_{BA}/l = l \cdot \dot{\varphi}^2$ in Richtung $\overrightarrow{BA}$ und eine Tangentialkomponente $a_t^* = l \cdot \ddot{\varphi}$ senkrecht AB, wenn $\dot{\varphi}$ und $\ddot{\varphi}$ die augenblickliche Winkelgeschwindigkeit bzw. -beschleunigung bedeuten.

Beispiele: 1. An der Schubkurbel des Bildes 25a soll die Kreuzkopfbeschleunigung bestimmt werden. Die Kurbel drehe sich mit konstanter Winkelgeschwindigkeit ω; es ist $a_A = r\omega^2$ gleich AA_0 (Bild 28) gezeichnet. Die Richtung von a_B ist bekannt; trägt man dann in B die Beschleunigung $\mathfrak{a}_A = \overrightarrow{B1}$ an, daran $\mathfrak{a}_n^* = \overrightarrow{12}$ vom Betrag $a_n^* = v^2_{BA}/l$ (v_{BA} aus Bild 25a bestimmt) parallel BA, so schneidet die Senkrechte zu BA durch 2 auf k_B die gesuchte Beschleunigung $\mathfrak{a}_B = \overrightarrow{B3}$ aus.

Dabei erhält man auch $a_t^* = \overrightarrow{23}$ vom Betrag $a_t = l\varepsilon_2$, also proportional der Winkelbeschleunigung ε_2 der Koppel AB Maßstäbe vgl. Beisp. 2.

Ist ω nicht konstant, so setzt sich a_A aus den Komponenten $a_{An} = r\omega^2$ und $a_{At} = r\varepsilon$ zusammen mit ε als Winkelbeschleunigung der Kurbel.

In den Totlagen wird $\mathfrak{v}_B = 0$ (also B zum Momentanpol) und $\mathfrak{v}_{BA} = -\mathfrak{v}_A$; ferner ist dann $a_n^* = v^2_{BA}/l = v^2_A/l = r^2\omega^2/l = a_A r/l$, wenn ω konstant ist. Daher folgt mit $a_t^* = 0$, daß in den Totlagen $a_B = a_A \pm \pm a_A r/l = a_A(1 \pm r/l)$ ist[1]. Hierbei gilt + für die rechte und — für die linke Totlage.

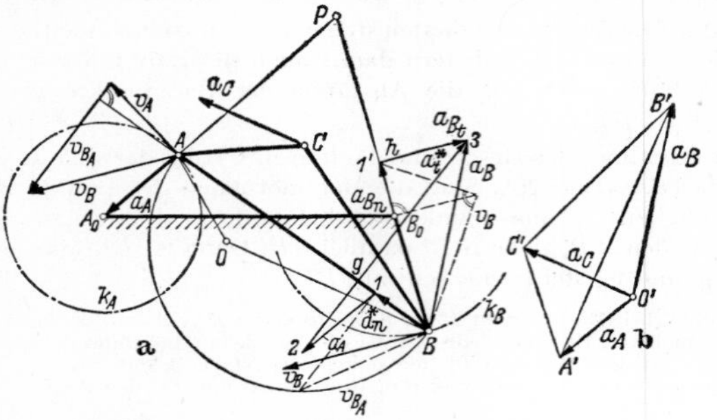

Bild 29. Geschwindigkeiten und Beschleunigungen der Kurbelschwinge

2. Bei der Kurbelschwinge A_0B_0BA (Bild 29a) mit dem festen Steg A_0B_0 drehe sich die Kurbel $A_0A = r$ mit konstanter Drehzahl. Die Methode der gedrehten Geschwindigkeiten liefert bei A die Geschwindigkeiten v_B und v_{BA}. Es ist v_A gleich dem Kurbelradius gezeichnet. Ebenso ist die Beschleunigung $a_A = r\omega^2$ gleich dem Kurbelradius AA_0 gezeichnet. Dann findet man a_B folgendermaßen: Mache $B1 = a^* = v^2_{BA}/\overline{AB}$ parallel BA (geometrisch mit Halbkreis konstruiert), $\overline{12} = a_A$ und ziehe durch 2 eine Senkrechte g zu BA. Für den zweiten geometrischen Ort der Spitze 3 von a_B denke man sich a_B in die natürlichen Komponenten hinsichtlich der Bahn k_B von B zerlegt, also in die Normalkomponente $B1' = v^2_B/\overline{BB_0}$ in Richtung BB_0 (geometrisch konstruiert) und in die Tangentialkomponente a_{Bt} senkrecht BB_0: Die Senkrechte h zu BB_0 durch $1'$ schneidet g im gesuchten Punkt 3, so daß $B3 = a_B$ und $\overline{1'3} = a_{Bt}$.

Ist der Maßstab für die Darstellung des Kurbeltriebs 1 cm $\triangleq m_s$ m, so gelten, da $v_A = r\omega \triangleq r/m_s$ cm und $a_A = r\omega^2 \triangleq r/m_s$ cm gezeichnet sind, für Geschwindigkeit bzw. Beschleunigung die Maßstäbe (vgl. Schubkurbel, vgl. c, γ), Beisp. 1):

$$1\text{ cm} \triangleq m_s\omega\text{ m/sec} \quad \text{bzw.} \quad 1\text{ cm} \triangleq m_s\omega^2\text{ m/sec}^2.$$

Ist ω nicht konstant, so kommt noch zu $a_{An} = r\omega^2$ die Tangentialbeschleunigung $a_{At} = r\varepsilon$ hinzu.

β) *Beschleunigungsplan.* Um die Beschleunigung eines weiteren Punktes C zu finden, trage man im Beispiel (Bild 29b) von einem Punkt O' aus die Beschleunigungen $\overrightarrow{O'A'} = \mathfrak{a}_A$ und $\overrightarrow{O'B'} = \mathfrak{a}_B$ auf und mache Dreieck $A'B'C'$ ähnlich Dreieck ABC. Dann ist $\overrightarrow{O'C'} = \mathfrak{a}_C$. Zeichnet man $\triangle\, ABO \sim \triangle\, A'B'O'$, so ist O der *Beschleunigungspol* mit der Beschleunigung Null.

In gleicher Weise sind bei der Schubkurbel (Bild 28b) noch die Beschleunigungen weiterer Punkte ermittelt worden.

Aus der Ähnlichkeit folgt, daß die Spitzen der Beschleunigungen einer bewegten Strecke auf einer Geraden liegen müssen (für AB in Bild 28a auf A_0B, für AB in Bild 29 auf $A_0 3$ bei den gewählten Maßstäben).

e) Zwanglauf. α) Viele Anwendungen der Sätze betreffen solche Bewegungen, bei denen die Bewegungsrichtung aller Punkte für jede Lage bestimmt ist (also auch der Momentanpol). Man spricht dann von *Zwanglauf.* Die wichtigsten Fälle sind:

1. Zweipunktführung (Bild 30): Zwei Punkte A und B des bewegten Körpers werden auf vorgeschriebenen Bahnen k_A und k_B geführt. Beispiele: Schubkurbel (Bild 28 u. 49), Gelenkviereck (Bild 29 u. 48).

2. Punktkurvenführung (Bild 31): Ein Punkt A wird auf einer vorgeschriebenen Bahn k_A geführt, während eine Kurve c des bewegten Körpers auf einer festen Kurve c_0 gleitet. Beispiel: Kurbelschleife (Bild 32), c ist hierbei eine Gerade, c_0 wird zum Punkt (vgl. Bild 45).

3. Zweikurvenführung (Bild 33): Zwei Kurven a_1 und b_1 des bewegten Körpers gleiten auf zwei festen Kurven a_0 und b_0.

4. Rollung (Bild 34): Eine Kurve k des bewegten Körpers rollt auf einer festen Kurve k_0 ab. Der Berührungspunkt ist Momentanpol. Beispiele: Wagenrad; Rädertriebe.

Für weitere Einzelheiten der Zwanglaufmechanik, der Getriebelehre und der Kinematik der Getriebe vgl. Lit. 1 bis 4, 8, 12.

---

[1] Vgl. *Meyer zur Capellen, W.*: Größtwert und Kleinstwert von Geschwindigkeit und Beschleunigung bei der Geradschubkurbel. Maschinenbau 16 (1937) 529/32, ferner ders. u. Mitarbeiter: Die Bewegungsverhältnisse an der geschränkten Schubkurbel. Forschungsbericht 449 des Wirtschafts- u. Verkehrsministeriums Nordrhein-Westfalen. Köln/Opladen: Westdeutscher Verlag 1958.

β) *Polkurven.* Zeichnet man (Bild 35) bei der Zweipunktführung für die Lage AB den Momentan- oder Drehpol $P = Q$ als Schnittpunkt der Bahnnormalen, so ist für die benachbarte Lage A_1B_1 der Momentanpol P_1 der Schnittpunkt der Bahnnormalen für diese Lage. Die Folge der Momentanpole in der festen Ebene

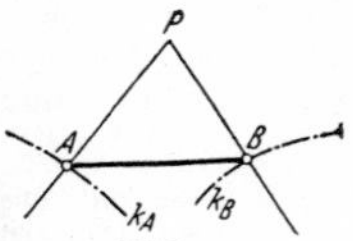

Bild 30

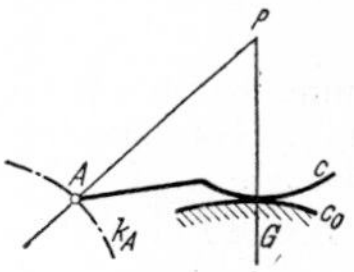

Bild 31

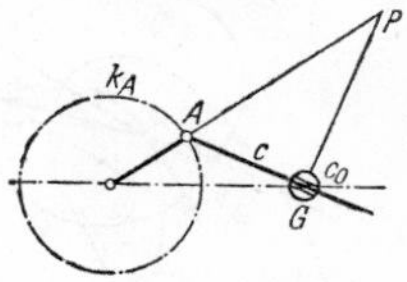

Bild 32

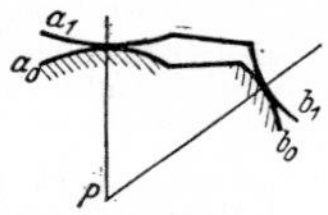

Bild 33

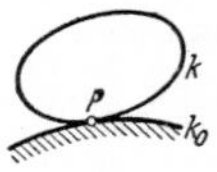

Bild 34

Bild 30 bis 34: Beispiele für Zwanglauf

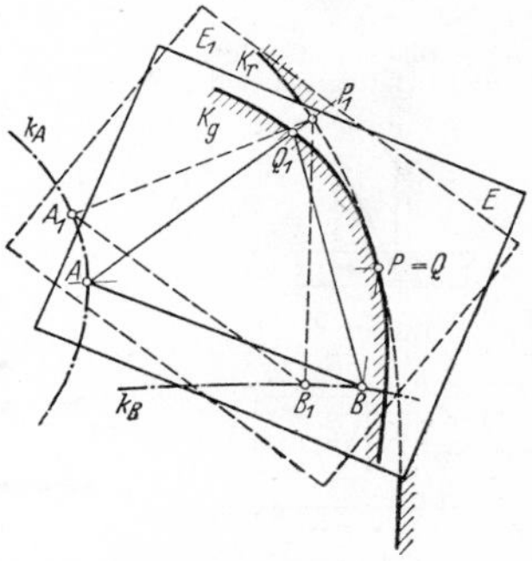

Bild 35. Polkurven

bildet die feste Polkurve oder die *Rastpolkurve* K_r. Faßt man jedoch den Punkt P_1 als Punkt der bewegten Ebene E in der Lage E_1 auf und bringt die Ebene E_1 in die Ausgangslage zurück, macht also $\triangle ABQ_1 \cong \triangle A_1B_1P_1$, so ist Q_1 der Punkt der bewegten Ebene, der in der Lage E_1 zum Momentanpol wird. Die Punkte $P, Q_1, Q_2, \ldots$ bilden in der bewegten Ebene eine Kurve, die bewegliche Polkurve oder *Gangpolkurve* K_g. Da die Bewegung im Augenblick betrachtet werden kann als Drehung um den Momentanpol P, so kommt in der kleinen Zeit Δt der Punkt Q_1 durch Drehung um P nach P_1. Es sind also die Bogenstücke PQ_1 und PP_1 einander gleich (genau für $\Delta t \to 0$). Daraus folgt, daß die Kurven aufeinander abrollen: *Jede* ebene Bewegung kann dargestellt werden durch das Abrollen zweier Kurven aufeinander, der beweglichen *Gangpolkurve* auf der festen *Rastpolkurve*; die Kurven berühren sich im Momentanpol P. Bei kinematischer Umkehrung der Bewegung vertauschen die Kurven ihre Rollen; daraus Konstruktion der Gangpolkurve als Rastpolkurve der kinematischen Umkehrung.

Beispiele: Rädertriebe, Kardan-Bewegung (S. 129); unrunde Räder; bei den zyklischen Kurven (S. 143) ist der Berührungspunkt der Rollkreise der Momentanpol, die Geschwindigkeiten und damit die Tangenten stehen senkrecht auf den von P zu den Bahnpunkten gezogenen Strahlen, den Bahnnormalen.

f) Relativbewegung. Bewegt sich eine Ebene oder Scheibe E_2 gegenüber einer bewegten Ebene E_1 und diese Ebene E_1 gegenüber der festen Ebene E_0, so bezeichnet man die Bewegung von E_2 gegenüber E_0 als *absolute*, gegenüber E_1 als *relative* und die von E_1 gegenüber E_0 als *Führungsbewegung*.

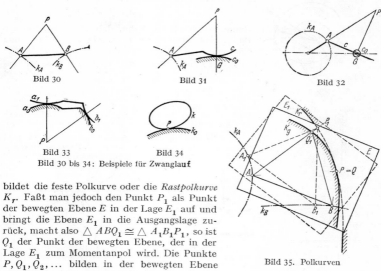

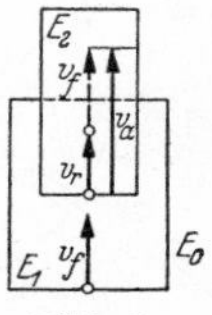

Bild 36

α) Bewegen sich die Körper bzw. die Ebenen E_1 und E_2 parallel und *geradlinig* (Bild 36), hat E_1 gegenüber E_0 die *Führungsgeschwindigkeit* v_f und E_2 gegenüber E_1 die *Relativgeschwindigkeit* v_r, so ist die *Absolutgeschwindigkeit* v_a von E_2 gegenüber E_0 gleich der algebraischen Summe: $v_a = v_f + v_r$, so daß $v_r = v_a - v_f$.

Für die Beschleunigungen gilt *hier* entsprechend $a_a = a_f + a_r$ oder $a_r = a_a - a_f$.

Beispiel: Ein Flugzeug hat gegenüber der Erde 288 km/h = 80 m/sec Fluggeschwindigkeit. Der Wind strömt ihm mit 12 m/sec entgegen. Wie groß ist die für die Leistung des Flugzeuges maßgebende Eigengeschwindigkeit gegenüber dem Windkörper? Es wird $v_r = v_a - v_f = 80 - (-12) = 92$ m/sec $= 331$ km/h.

β) Bei beliebiger, *krummliniger* Bewegung (Bild 37) ist die Absolut*geschwindigkeit* eines Punktes die *geometrische* Summe aus seiner Relativ- und seiner Führungsgeschwindigkeit:

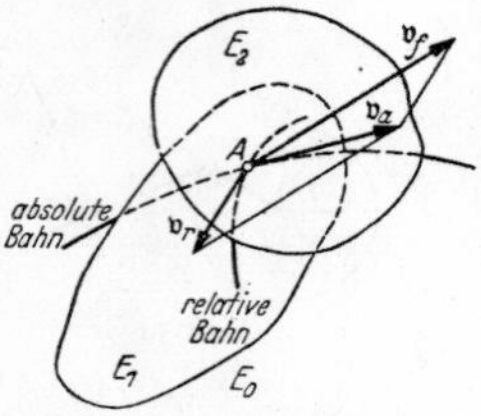

Bild 37. Absolut- und Relativgeschwindigkeit

$$\mathfrak{v}_a = \mathfrak{v}_r + \mathfrak{v}_f \quad \text{oder} \quad \mathfrak{v}_r = \mathfrak{v}_a - \mathfrak{v}_f.$$

Häufig ist die Relativbahn, d. h. die Bahn, die der Punkt A in der Ebene E_1 beschreibt, als Führung bekannt.

Beispiele: 1. Ein Kran hat 1,8 m/sec Geschwindigkeit. Die Laufkatze fährt auf dem Kran (Bild 38) mit 1 m/sec. Dann ist $v_f = 1{,}8$, $v_r = 1$, also die absolute Geschwindigkeit

$$v_a = \sqrt{v_r^2 + v_f^2} = \sqrt{1^2 + 1{,}8^2} = 2{,}06 \text{ m/sec}.$$

2. Ein in Bewegung befindliches Fahrzeug (v_f) von der Breite b (Bild 39) wird von einer Kugel (v_a) senkrecht zur Fahrtrichtung durchschossen. Um wieviel weichen Ein- und Ausschußstelle voneinander ab? Es wird $x = b v_f / v_a$.

3. Beim Schubkurventrieb (Bild 40) sind bekannt: Die Führungsgeschwindigkeit v_f der Schubkurve, die Richtung der Stößelgeschwindigkeit v_a und die Richtung der Relativgeschwindigkeit v_r

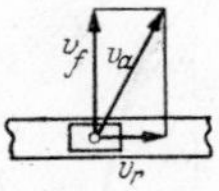

Bild 38

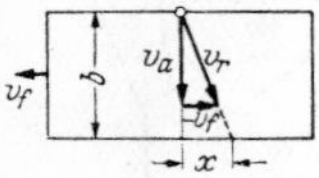

Bild 39

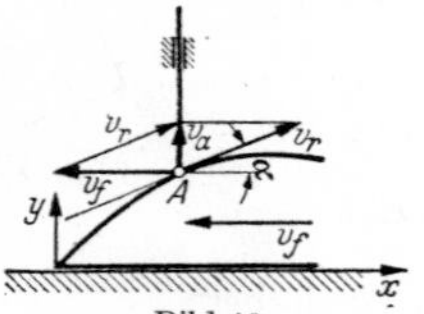

Bild 40. Schubkurventrieb

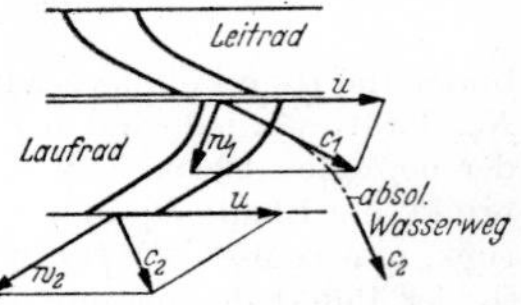

Bild 41. Geschwindigkeiten in der Wasserturbine

als Tangente an die Kurve. Aus $\mathfrak{v}_a = \mathfrak{v}_r + \mathfrak{v}_f$ folgt $\mathfrak{v}_a$ zeichnerisch oder bei gegebenem Kurvengesetz $y = f(x)$ auch rechnerisch zu $v_a = v_f \tan\alpha = v_f \, dy/dx$.

4. Bei einer Wasserturbine strömt das Wasser mit der (Absolut-)Geschwindigkeit c_1 (Bild 41) aus dem festen Leitrad in die Schaufeln des Laufrades, das sich mit der Umfangsgeschwindigkeit u gegenüber dem Leitrad dreht. Beim Übertritt ergibt sich die Relativgeschwindigkeit w_1 des Wassers als geometrische Differenz von c_1 und u. Für stoßfreien Übergang muß w_1 die Richtung des Schaufelbleches haben. Das Wasser tritt mit der Relativgeschwindigkeit w_2 in Richtung des Schaufelbleches aus, und es ergibt sich die (absolute) Austrittsgeschwindigkeit c_2 als die geometrische Summe von u und w_2.

5. Eine mit konstanter Winkelgeschwindigkeit ω sich drehende Scheibe trägt eine gerade, durch den Mittelpunkt hindurchgehende Führung (Bild 42). In dieser bewegt sich ein Punkt A mit konstanter Geschwindigkeit c. Ist A zu Anfang im Mittelpunkt O, so ist $\overline{OA} = r = ct = \varphi c/\omega$, d. h. A beschreibt als absolute Bahn eine Archimedische Spirale (S. 146). Es ist $v_f = r\omega$ senkrecht r und $v_r = c$. Die geometrische Summe liefert die Absolutgeschwindigkeit v_a, die in die Bahntangente fällt, und es ist $v_a^2 = c^2 + r^2\omega^2$.

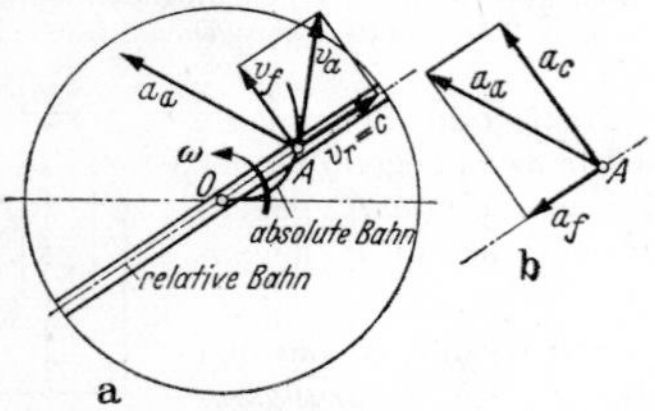

Bild 42. Gedrehte gerade Führung

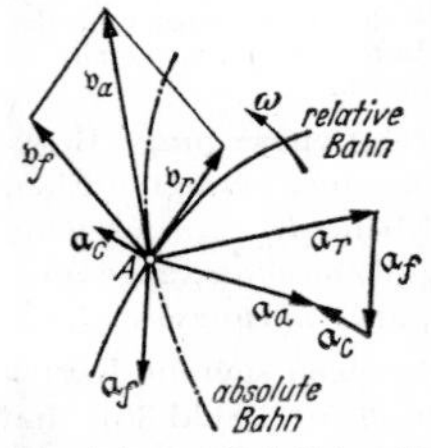

Bild 43. Absolut- und Relativbeschleunigung

γ) Für die *Beschleunigungen* gilt *nicht* das gleiche Gesetz wie für die Geschwindigkeiten. Mit $\mathfrak{a}_a$ als Absolutbeschleunigung, $\mathfrak{a}_f$ als Führungs- und $\mathfrak{a}_r$ als Relativbeschleunigung folgt, Bild 43, $\mathfrak{a}_a$ als geometrische Summe

$$\mathfrak{a}_a = \mathfrak{a}_r + \mathfrak{a}_f + \mathfrak{a}_c \quad \text{oder} \quad \mathfrak{a}_r = \mathfrak{a}_a - \mathfrak{a}_f - \mathfrak{a}_c.$$

Hierin ist $\mathfrak{a}_c = 2\overline{\omega} \times \mathfrak{v}_r$ (vgl. Vektorrechnung S. 156) die Zusatz- oder *Coriolis*beschleunigung vom Betrag $a_c = 2\,v_r\,\omega$ (S. 244), worin ω die Winkelgeschwindigkeit der Führung oder der Relativbahn ist. Dabei ist $\mathfrak{a}_c$ gegenüber $\mathfrak{v}_r$ um 90° im Sinn von $\overline{\omega}$ gedreht.

Wird die Führung nur parallel zu sich verschoben, d. h. erfährt sie nur eine Schiebung, so ist $\omega = 0$ und die Coriolisbeschleunigung wird gleich Null.

$\mathfrak{a}_f$ und $\mathfrak{a}_r$ können noch in ihre Normal- und Tangentialkomponenten zerlegt werden.

Beispiele: 1. Im Beisp. 5 (Bild 42a, b) ist $a_r = 0$, da $v_r = c = \text{const}$; ferner ist $a_f = r\omega^2$ nach O gerichtet und $a_c = 2\omega v_r = 2\omega c$. Die daraus folgende Absolutbeschleunigung $\mathfrak{a}_a = \mathfrak{a}_f + \mathfrak{a}_r + \mathfrak{a}_c$ muß dann nach der konkaven Seite der Absolutbahn weisen.

2. Eine Kurvenscheibe, deren Profil eine Archimedische Spirale ist, drehe sich mit konstanter Winkelgeschwindigkeit um den Anfangspunkt O und treibe einen Stößel an, dessen Bahnrichtung durch O geht (Bild 44a). Da $r = r_0 + c\varphi$, ist $v_a = \dot{r} = c\dot{\varphi} = c\omega = \text{const}$. Mit $v_f = r\omega$ folgt aus der geometrischen Zusammensetzung $v_r^2 = v_a^2 + v_f^2 = \omega^2(c^2 + r^2)$.

Da $v_a = \text{const}$, wird $a_a = 0$ und damit $\mathfrak{a}_r = -\mathfrak{a}_f - \mathfrak{a}_c$ (Bild 44b), wobei $a_f = r\omega^2$ und $a_c = 2\omega v_r = 2\omega^2\sqrt{c^2 + r^2}$. Hierbei hat a_c die Normalenrichtung der Relativbahn, d. h. der Archimedischen Spirale, vgl. S. 146.

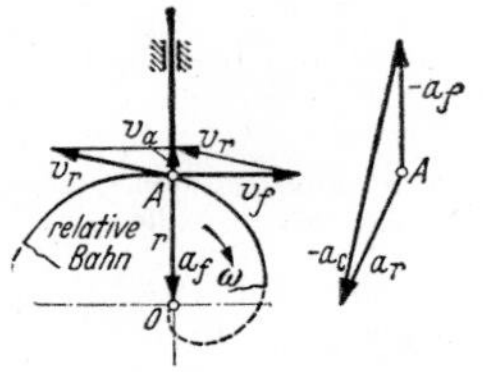

a b

Bild 44. Kurvensteuerung

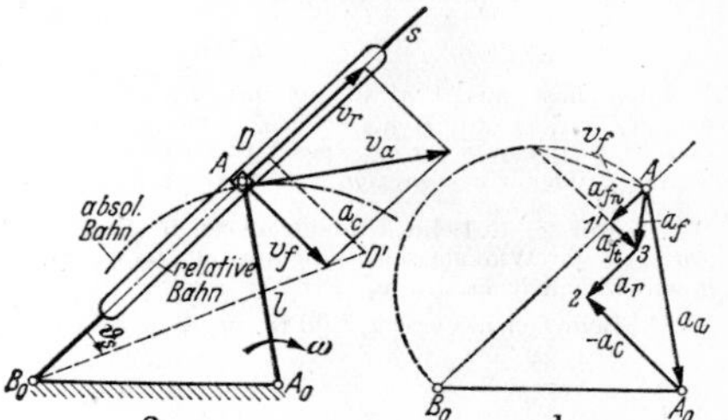

a b

Bild 45. Umlaufende Kurbelschleife

3. Die Kurbel $A_0A = l$ der umlaufenden *Kurbelschleife*[1] (Bild 45a) drehe sich mit konstanter Winkelgeschwindigkeit ω. Geschwindigkeit und Beschleunigungen der Schleife sind gesucht. Es ist $v_a = l\omega$ gleich der Länge $A_0A = l$ gezeichnet. Zerlegung in Richtung der Führung (Relativbahn) und senkrecht dazu liefert v_r und v_f. Die Winkelgeschwindigkeit der Schleife um B_0 ist dann mit $B_0A = r$ durch $\omega_s = \tan\vartheta_s = v_f/r$ bestimmt. Für die Beschleunigung folgt mit $a_a = l\omega^2$ (gleich der Kurbellänge gezeichnet) $\mathfrak{a}_r = \mathfrak{a}_a - \mathfrak{a}_c - \mathfrak{a}_f$. Dabei ist $a_c = 2\omega_s v_r$, und zwar bei dem gewählten Maßstab gleich DD', wenn $B_0D = 2v_r$ gezeichnet wird. Die Richtung von a_r ist bekannt. Von a_f ist die Normalkomponente $a_{fn} = v_f^2/r$ in Richtung AB_0 (geometrisch konstruiert, Bild 45b) und die Richtung von a_{ft} senkrecht B_0A bekannt. Man zeichne (Bild 45b) $\overline{AA_0} = a_a$, $\overline{A_0 2} = -a_c$, $\overline{23}$ parallel v_r, $\overline{A1'} = a_{fn}$, $\overline{1'3}$ senkrecht $A1'$ oder AB_0. Dann ist $\overline{A3} = a_f$, $\overline{32} = a_r$ und $\overline{1'3} = a_{ft}$. Die Winkelbeschleunigung der Schleife ist dann a_{ft}/r. (Maßstäbe vgl. d, Beisp. 2, S. 248.)

Dreht sich die Kurbel A_0A mit veränderlicher Winkelgeschwindigkeit ω, so hat a_a die Komponenten $l\omega^2$ in Richtung AA_0 und $l\varepsilon$ senkrecht dazu, wenn ε die Winkelbeschleunigung der Kurbel ist.

δ) *Drehung dreier Ebenen.* Dreht sich die Ebene E_1 (Bild 46) um den Punkt $P_{1,0}$ der festen Ebene E_0 mit der Winkelgeschwindigkeit $\omega_{1,0} = \tan\vartheta_{1,0}$ und dreht sich die Ebene E_2 um den Punkt $P_{2,1}$ der Ebene E_1 gegenüber dieser mit der Winkelgeschwindigkeit $\omega_{2,1}$, so dreht sich Ebene E_2 gegenüber E_0 um den Punkt $P_{2,0}$ mit der Winkelgeschwindigkeit $\omega_{2,0}$. Dabei liegen die drei Momentanpole $P_{1,0}$, $P_{2,1}$ und $P_{2,0}$ in einer Geraden; $P_{2,0}$ teilt $P_{1,0}P_{2,1}$ innen oder außen im umgekehrten Verhältnis der Winkelgeschwindigkeiten, je nachdem $\omega_{1,0}$ und $\omega_{2,1}$ gleich oder

[1] Vgl. *Meyer zur Capellen, W.:* Folgende Aufsätze in: Werkst. u. Betr.:

Kinematik u. Dynamik der Kurbelschleife. 89 (1956) 581/84, 677/83;
Die elliptischen Zahnräder u. die Kurbelschleife. 91 (1958) Nr. 1 S. 41/45;
Die Kurbelschleife zweiter Art. 90 (1957) Nr. 5 S. 306/08;
Die geschränkte Kurbelschleife zweiter Art. 92 (1959) Nr. 10 S. 773/77; ferner:

Die Kurbelschleife als zentrales periodisches Getriebe. Ind.-Anz. 85 (1963) Nr. 43 S. 887/93, Nr. 60 S. 1439/43;

Die geschränkte Kurbelschleife. I. Bewegungsverhältnisse. Forschungsberichte d. Landes Nordrhein-Westfalen, Nr. 718. Köln/Opladen: Westdeutscher Verlag 1959.

entgegengesetzt gerichtet sind: $\overline{P_{2,0}P_{1,0}}:\overline{P_{2,0}P_{2,1}} = \omega_{2,1}:\omega_{1,0}$; ebenso gilt $\overline{P_{2,1}P_{1,0}}:\overline{P_{2,1}P_{2,0}} = \omega_{2,0}:\omega_{1,0}$.

Die resultierende Winkelgeschwindigkeit $\omega_{2,0}$ ist die algebraische Summe der einzelnen Winkelgeschwindigkeiten: $\omega_{2,0} = \omega_{1,0} + \omega_{2,1}$ oder auch vektoriell geschrieben: $\overline{\omega}_{2,0} = \overline{\omega}_{1,0} + \overline{\omega}_{2,1}$.

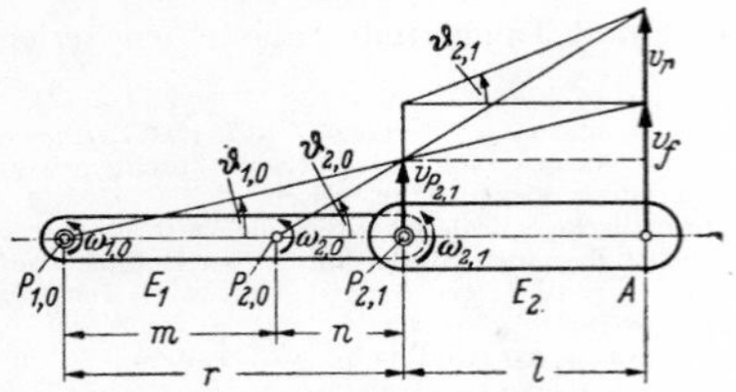

Bild 46. Drehung dreier Ebenen gegeneinander

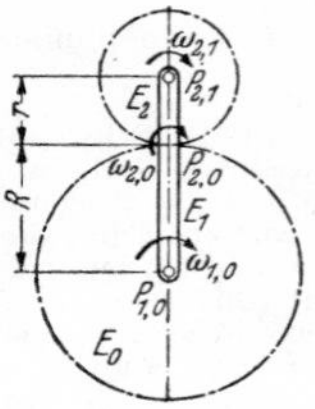

Bild 47. Umlaufrädertrieb

Man liest aus Bild 46 ab mit $\overline{P_{1,0}P_{2,1}} = r$; $\overline{P_{2,1}A} = l$; $\overline{P_{1,0}P_{2,0}} = m$; $\overline{P_{2,0}P_{2,1}} = n$: $v_A = v_f + v_r = (r+l)\omega_{1,0} + l\omega_{2,1} = r\omega_{1,0} + l(\omega_{1,0} + \omega_{2,1})$; ferner, wenn die Geschwindigkeit von $P_{2,1}$ gleich $v = r\omega_{1,0}$ gesetzt wird: $\omega_{2,0} \triangleq \tan\vartheta_{2,0} = (v_A - v)/l = \omega_{1,0} + \omega_{2,1}$; $v = r\omega_{1,0} = n\omega_{2,0}$ oder $r/n = \omega_{2,0}/\omega_{1,0}$ oder $(m+n)/n = (\omega_{1,0} + \omega_{2,1})/\omega_{1,0}$, d. h. $m/n = \omega_{2,1}/\omega_{1,0}$.

Beispiele: 1. Beim Umlaufrädertrieb (Bild 47) hat das Planetenrad gegenüber dem festen Zahnrad die Winkelgeschwindigkeit $\omega_{2,0} = \omega_{1,0}(R+r)/r$ und gegenüber dem Steg die Winkelgeschwindigkeit $\omega_{2,1} = \omega_{1,0}R/r$ [1].

2. Beim Gelenkviereck, Bild 48, liegen je drei Pole auf einer Geraden, und es ist z. B. $\omega_{3,0}:\omega_{1,0} = \overline{P_{1,3}P_{1,0}}:\overline{P_{1,3}P_{3,0}}$.

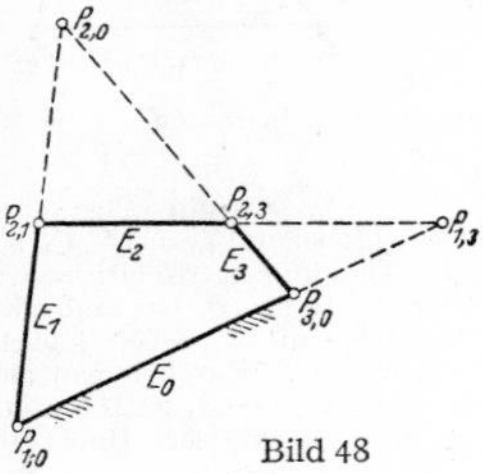

Bild 48

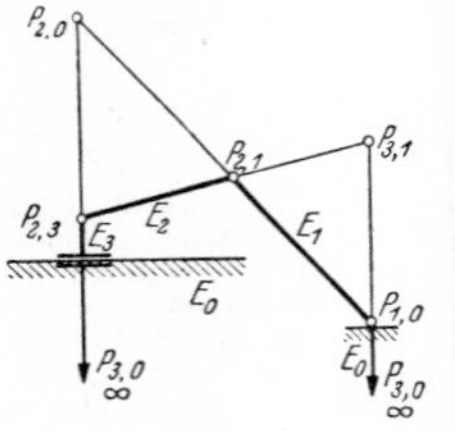

Bild 49

3. Auch bei der geschränkten Schubkurbel (Bild 49) liegen je drei Pole auf einer Geraden. Nur liegt $P_{3,0}$ unendlich fern, da E_3 parallel verschoben wird, und es ist $\omega_{3,0} = 0$.

Anm.: Bei der *Reihenfolge der Indizes* ist zu beachten, daß $\omega_{i,k} = -\omega_{k,i}$; so ist z. B. in Bild 48 $\omega_{1,3} = -\omega_{3,1}$, d. h. E_3 dreht sich gegenüber E_1 im umgekehrten Sinn wie E_1 gegenüber E_3; es ist aber $P_{i,k} = P_{k,i}$.

5. Bewegung des starren Körpers im Raum

a) Die **Bewegung um einen Punkt** kann im Augenblick aufgefaßt werden als die Drehung um eine durch den festen Punkt gehende Drehachse. Die gesamte Bewegung erscheint dann als Abrollen eines bewegten, allgemeinen Kegels auf einem festen (Präzessionsbewegung), wie z. B. bei einem Umlaufkegelrädertrieb (Bild 53) oder allgemein bei sphärischen Getrieben, (S. 238, Lit. 4).

b) Bei der **Schraubung** eines Körpers (der allgemeinsten Bewegung) kann die Elementarbewegung dargestellt werden durch eine Drehung $d\varphi$ (Bild 50) um eine Achse mit der Winkelgeschwindigkeit ω und durch eine Verschiebung ds in Rich-

[1] Hinsichtlich der Umlaufrädertriebe vgl. Anm. 1 S. 145; ferner *Meyer zur Capellen, W.:* folgende Aufsätze in: Industrie-Anzeiger:

Über Summengetriebe-Nomogramme für Umlaufräder. 82 (1960) Nr. 42 S. 635/38.

Kinematik der Umlaufrädertriebe u. ihre Anwendung auf den Wankelmotor. 83 (1961) Nr. 57 S. 21/24;

Das Überlagerungsprinzip bei ebenen u. sphärischen Umlaufrädertrieben. 87 (1965) Nr. 70 S. 1665/74; ferner:

Geschwindigkeiten u. Beschleunigungen an Umlaufrädertrieben. Getriebetechn. 4 (1936) Nr. 10 S. 577/80.

tung der Dreh- oder Schraubachse mit der Schiebungsgeschwindigkeit v_s, d. h. $\mathfrak{v}_A = \overline{\omega} \times \overline{\mathfrak{r}} + \mathfrak{v}_s$. Das Ergebnis ist eine *Elementarschraubung*.

Ist v_s proportional ω und bleibt die Drehachse fest, so beschreiben alle Punkte des Körpers Schraubenlinien (S. 154).

Beispiele: Sämtliche Schraubbewegungen; Schiffsschraube; Luftschraube.

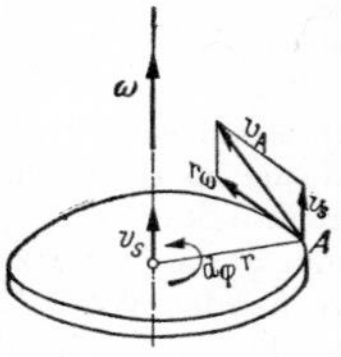

Bild 50

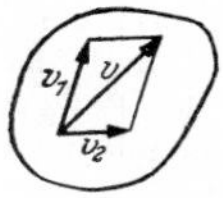

Bild 51

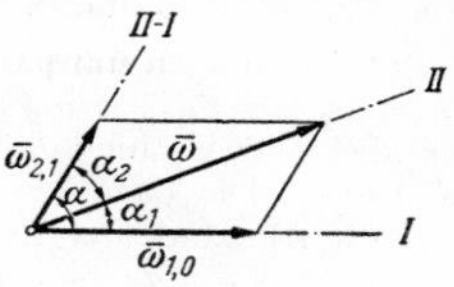

Bild 52

6. Zusammensetzung von Bewegungen

a) Zwei Schiebungen eines Körpers mit den Geschwindigkeiten $\mathfrak{v}_1$ und $\mathfrak{v}_2$ ergeben eine resultierende Schiebung mit der Geschwindigkeit $\mathfrak{v} = \mathfrak{v}_1 + \mathfrak{v}_2$ als geometrischer Summe, Bild 51.

b) Zwei Drehungen um sich schneidende Achsen. Dreht sich ein Körper um die Achse II—I mit der Winkelgeschwindigkeit $\overline{\omega}_{2,1}$ und diese Achse um die Achse I mit der Winkelgeschwindigkeit $\overline{\omega}_{1,0}$, so dreht sich, wenn die Achsen II—I und I sich in einem Punkt schneiden (Bild 52), der Körper um die Achse II mit der resultierenden Winkelgeschwindigkeit $\overline{\omega} \equiv \overline{\omega}_{2,0}$. Hierbei ist $\overline{\omega}$ die geometrische oder vektorielle Summe aus $\overline{\omega}_{1,0}$ und $\overline{\omega}_{2,1}$; ferner fällt die Achse II in Richtung des Vektors $\overline{\omega}$:

$$\overline{\omega} = \overline{\omega}_{1,0} + \overline{\omega}_{2,1}; \qquad \omega = \sqrt{\omega_{1,0}^{\,2} + 2\omega_{1,0}\omega_{2,1}\cos\alpha + \omega_{2,1}^{\,2}};$$

$$\omega_{1,0} : \omega_{2,1} : \omega = \sin\alpha_2 : \sin\alpha_1 : \sin\alpha; \qquad \omega = \omega_{1,0}\cos\alpha_1 + \omega_{2,1}\cos\alpha_2.$$

Beispiele: 1. Dreht sich ein Körper K_1 (Bild 53) mit der Winkelgeschwindigkeit $\omega_{1,0}$ um die am ruhenden Gestell K_0 befestigte Achse *01*, und trägt dieser Körper K_1 eine Achse *21*, um die der Körper K_2 sich mit der (relativen) Winkelgeschwindigkeit $\omega_{2,1}$ gegenüber K_1 dreht, so ist die (absolute) Winkelgeschwindigkeit $\omega_{2,0}$ des Körpers K_2 gegenüber dem Gestell die geometrische Summe aus der (Führungs-)Winkelgeschwindigkeit $\omega_{1,0}$ und der Winkelgeschwindigkeit $\omega_{2,1}$, d. h. $\overline{\omega}_{2,0} = \overline{\omega}_{1,0} + \overline{\omega}_{2,1}$. Die Winkelgeschwindigkeit $\omega_{2,0}$ kann dadurch erzwungen werden, daß das Kegelrad K_2 auf dem festen Kegelrad K_0' abrollt.

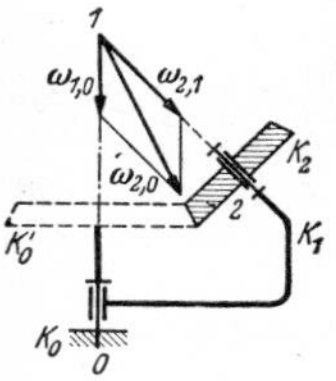

Bild 53

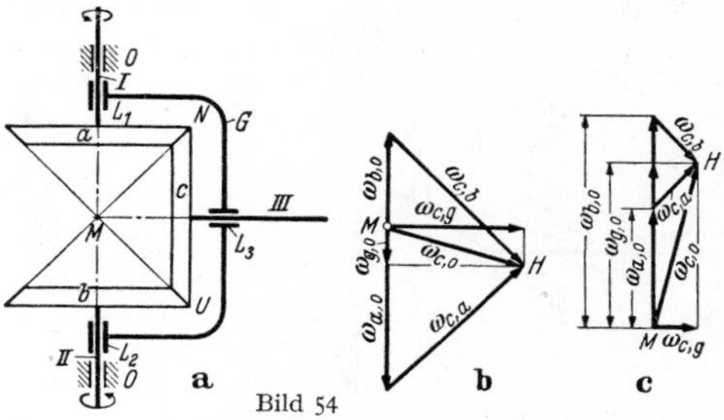

Bild 54

Bild 53 u. 54. Kegelrädertriebe

2. In Bild 54a sitzen die Kegelräder *a* und *b* auf den Wellen *I* und *II*, deren Lager im Maschinengestell *O* angeordnet sind. Außerdem tragen die Wellen die Lager L_1 und L_2, die im Gehäuse *G* angebracht sind. Dieses enthält auch das Lager L_3, in dem sich das Kegelrad *c* mit der Welle *III* dreht. Auf die Räder *a* und *b* werden von außen die Winkelgeschwindigkeiten $\overline{\omega}_{a,o}$ und $\overline{\omega}_{b,o}$ übertragen. Das Rad *c* kann sich im Lager *III* mit der Winkelgeschwindigkeit $\overline{\omega}_{c,g}$ drehen, und das Gehäuse kann sich mit der Winkelgeschwindigkeit $\overline{\omega}_{g,o}$ um die Achse *I II* drehen. Die wahre Winkelgeschwindigkeit $\overline{\omega}_{c,o}$ ist die Resultierende von $\overline{\omega}_{c,g}$ und $\overline{\omega}_{g,o}$. Gesucht sind $\overline{\omega}_{c,g}$ und $\overline{\omega}_{g,o}$, wenn $\overline{\omega}_{a,o}$ und $\overline{\omega}_{b,o}$ gegeben sind.

Der Vektor $\bar{\omega}_{c,o}$ muß stets durch den Punkt M gehen, weil sowohl $\bar{\omega}_{c,g}$ wie $\bar{\omega}_{g,o}$ durch M geht. Es ist $\bar{\omega}_{c,o} = \bar{\omega}_{a,o} + \bar{\omega}_{c,a}$, wobei der Vektor $\bar{\omega}_{c,a}$ die Richtung MN hat, seiner Größe nach aber unbestimmt ist. Ebenso ist $\bar{\omega}_{c,o} = \bar{\omega}_{b,o} + \bar{\omega}_{c,b}$, wobei der Vektor $\bar{\omega}_{c,b}$ die Richtung MU hat, seiner Größe nach unbestimmt ist. $\bar{\omega}_{c,a}$ und $\bar{\omega}_{c,b}$ schneiden sich in H, Bild 54b für entgegengesetzte, Bild 54c für gleichgerichtete Winkelgeschwindigkeiten $\bar{\omega}_{a,o}$ und $\bar{\omega}_{b,o}$. MH ist nach Richtung und Größe gleich $\bar{\omega}_{c,o}$, und dieser Vektor ist in seine horizontale Komponente $\bar{\omega}_{c,g}$ und seine vertikale $\bar{\omega}_{g,o}$ zu zerlegen. Statt der Winkelgeschwindigkeiten können die Umlaufzahlen gesetzt werden. Für $\bar{\omega}_{a,o} = -\bar{\omega}_{b,o}$ ist nach Bild 54b $\bar{\omega}_{g,o} = 0$, das Gehäuse ruht[1].

c) Drehungen um parallele Achsen. Sind die Achsen parallel, so ist wiederum $\bar{\omega} \equiv \bar{\omega}_{2,0} = \bar{\omega}_{1,0} + \bar{\omega}_{2,1}$ (vgl. Abs. 4f und Bild 46) oder, da die ω-Vektoren parallel sind, ist auch ω die algebraische Summe der Winkelgeschwindigkieten $\omega_{1,0}$ und $\omega_{2,1}$. Die Lage der Achse II (oder des Poles $P_{2,0}$) findet man aus dem Satz, daß die Abstände der Relativpole sich umgekehrt wie die entsprechenden Winkelgeschwindigkeiten verhalten: Die Winkelgeschwindigkeiten können wie Kräfte behandelt werden.

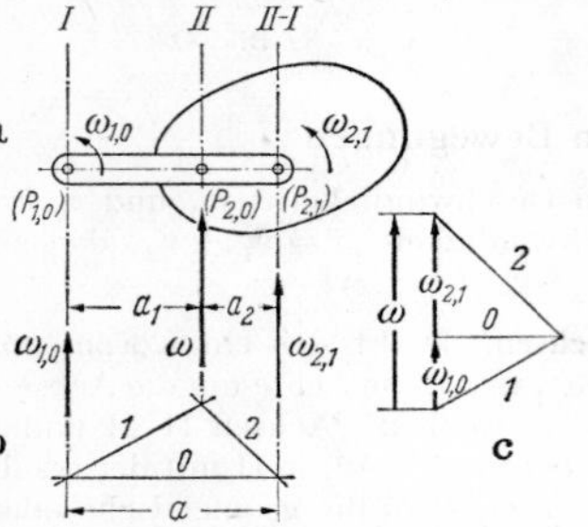

Bild 55 Drehungen um parallele Achsen

α) $\omega_{1,0}$ und $\omega_{2,1}$ sind *gleichgerichtet* (Bild 55). Es ist $\omega = \omega_{1,0} + \omega_{2,1}$. Für die Entfernung der resultierenden Drehachse gilt

$$a_1 : a_2 = \omega_{2,1} : \omega_{1,0}$$
und $a_1 = a\,\omega_{2,1}/\omega$;
$a_2 = a\,\omega_{1,0}/\omega$ (S. 252).

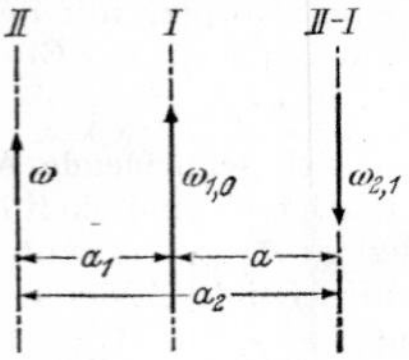

Bild 56

β) $\omega_{1,0}$ und $\omega_{2,1}$ sind *entgegengesetzt gerichtet* (Bild 56). Dann ist $\omega = \omega_{1,0} - \omega_{2,1}$ und die Achse der resultierenden Drehung ω liegt außerhalb der beiden anderen Achsen, und zwar nach der Seite der größeren Winkelgeschwindigkeit. Es ist wieder

$$a_1 = a\,\omega_{2,1}/\omega \quad \text{und} \quad a_2 = a\,\omega_{1,0}/\omega.$$

Beispiel: In Bild 57 drehe sich der Stab B_0B um den Punkt B_0 des Stabes A_0B_0 mit ω_2 und der Stab A_0B_0 seinerseits um A_0 mit ω_1 in entgegengesetzter Richtung. Die resultierende Winkelgeschwindigkeit ist $\omega = \omega_1 - \omega_2$. Der Dreh- oder Momentanpol P liegt auf A_0B_0 um $A_0P = \overline{A_0B_0} \cdot \omega_2/\omega$ von A_0 entfernt. Wenn $\omega_1 < \omega_2$, wird $\omega = \omega_2 - \omega_1$ und ist entgegengesetzt gerichtet wie ω_1.

γ) Der *Sonderfall* $\omega_{2,1} = -\omega_{1,0}$ liefert nach b) $\omega = 0$ und $a_1 = a_2 = \infty$, d. h. die Achse II oder der Pol $P_{2,0}$ liegt im Unendlichen: Das Ergebnis ist eine Schiebung.

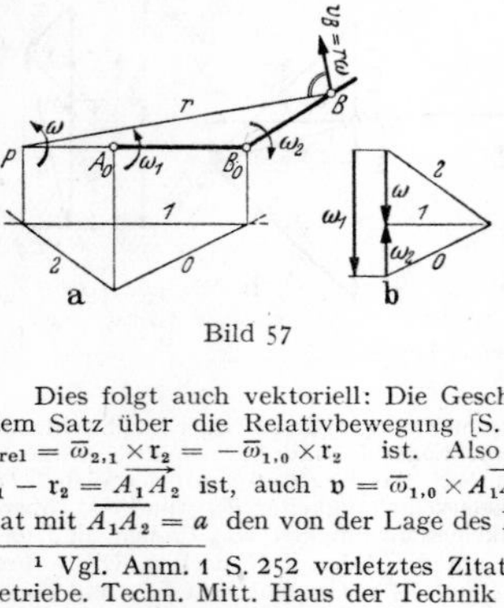

Bild 57

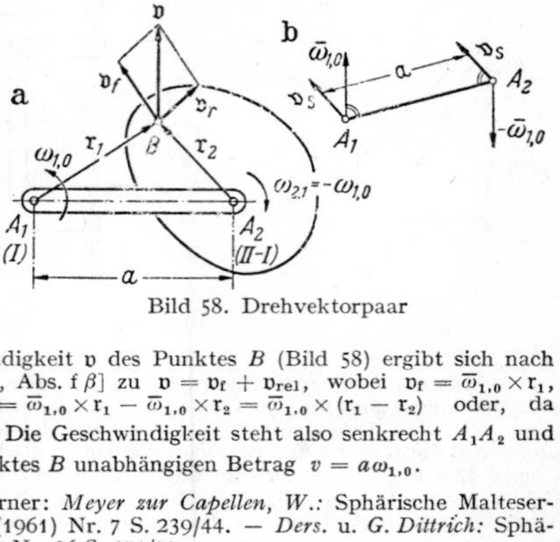

Bild 58. Drehvektorpaar

Dies folgt auch vektoriell: Die Geschwindigkeit $\mathfrak{v}$ des Punktes B (Bild 58) ergibt sich nach dem Satz über die Relativbewegung [S. 250, Abs. f β] zu $\mathfrak{v} = \mathfrak{v}_f + \mathfrak{v}_{rel}$, wobei $\mathfrak{v}_f = \bar{\omega}_{1,0} \times \mathfrak{r}_1$, $\mathfrak{v}_{rel} = \bar{\omega}_{2,1} \times \mathfrak{r}_2 = -\bar{\omega}_{1,0} \times \mathfrak{r}_2$ ist. Also $\mathfrak{v} = \bar{\omega}_{1,0} \times \mathfrak{r}_1 - \bar{\omega}_{1,0} \times \mathfrak{r}_2 = \bar{\omega}_{1,0} \times (\mathfrak{r}_1 - \mathfrak{r}_2)$ oder, da $\mathfrak{r}_1 - \mathfrak{r}_2 = \overrightarrow{A_1A_2}$ ist, auch $\mathfrak{v} = \bar{\omega}_{1,0} \times \overrightarrow{A_1A_2}$: Die Geschwindigkeit steht also senkrecht A_1A_2 und hat mit $\overline{A_1A_2} = a$ den von der Lage des Punktes B unabhängigen Betrag $v = a\omega_{1,0}$.

[1] Vgl. Anm. 1 S. 252 vorletztes Zitat, ferner: *Meyer zur Capellen, W.:* Sphärische Maltesergetriebe. Techn. Mitt. Haus der Technik 54 (1961) Nr. 7 S. 239/44. — *Ders.* u. *G. Dittrich:* Sphärische Umlaufrastgetriebe. Ind.-Anz. 84 (1962) Nr. 26 S. 471/77.

Gleich große und entgegengesetzte Drehungen oder ein Drehvektorpaar ergeben eine Schiebung von der Größe $v_s = a\omega$ senkrecht zum Abstand a der Achsen (Bild 58b). Ein Drehvektorpaar kann wie ein Kräftepaar beliebig parallel verschoben werden.

Umgekehrt kann eine Schiebung immer dargestellt werden als ein Drehvektorpaar $\omega_{1,0} = v_s/a$ und $\omega_{2,1} = -\omega_{1,0}$ (oder durch eine Drehung mit der Winkelgeschwindigkeit Null um eine im Unendlichen liegende Achse).

d) Zwei Drehungen um sich kreuzende Achsen ergeben eine Schraubung: Ist $AB = a$ (Bild 59) der kürzeste Abstand der windschiefen Achsen OA und BD, so kann man in A den Vektor $+\overline{\omega}_2{}' = \overline{\omega}_2$ und den Vektor $-\overline{\omega}_2{}' = -\overline{\omega}_2$ anbringen, ohne den Zustand zu ändern. Die Vektoren $\overline{\omega}_1$ und $\overline{\omega}_2{}'$ ergeben eine resultierende Winkelgeschwindigkeit $\overline{\omega} = \overline{\omega}_1 + \overline{\omega}_2$ mit der Achse OC, während das Drehvektorpaar ω_2 und $-\omega_2{}'$ im Abstand a eine Schiebung $v_s = a\omega_2$ ergibt. Eine Drehung und eine nicht zur Drehachse senkrechte Schiebung ergeben aber eine Schraubung nach e, γ). Jede Schraubung kann umgekehrt durch zwei Drehungen um windschiefe Achsen dargestellt werden.

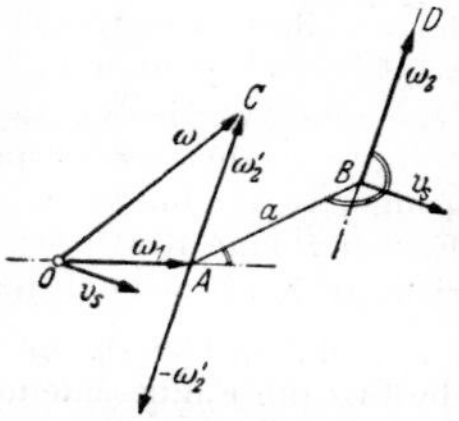

Bild 59. Drehungen um sich kreuzende Achsen

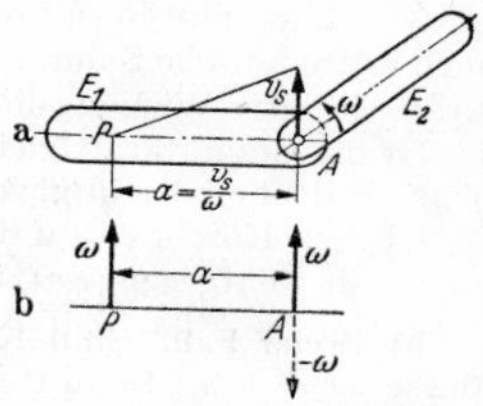

Bild 60 Schiebung ⊥ Drehachse

e) Drehung und Schiebung. α) Eine *Schiebung parallel zur Drehachse* ergibt eine Schraubung (Bild 50).

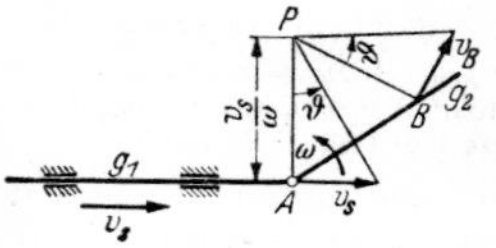

Bild 61

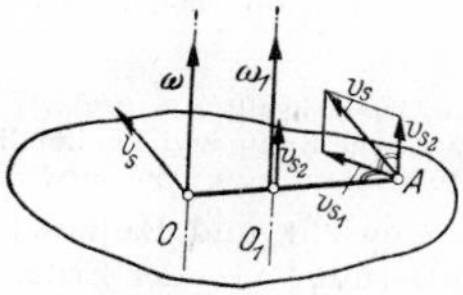

Bild 62. Schiebung schräg zur Drehachse

β) Eine *Schiebung senkrecht zur Drehachse* ergibt nach dem Satz über den Momentanpol (S. 246) eine Drehung um diesen: Hat die Ebene E_1 (Bild 60) die Schubgeschwindigkeit v_s und dreht sich die Ebene E_2 um die Achse $A \perp$ Ebene E_1 mit der Winkelgeschwindigkeit ω, so hat A als Punkt der Ebene E_2 die Geschwindigkeit v_s, die gleich $\overline{PA} \cdot \omega$ sein muß. Der Momentanpol P liegt dann auf der Senkrechten zu v_s durch A im Abstand $\overline{PA} = v_s/\omega$. Die Winkelgeschwindigkeit der Drehung von E_2 um P bleibt ω.

Man kann auch die Schiebung darstellen durch ein Drehvektorpaar der Winkelgeschwindigkeit ω, so daß $v_s = a\omega$. Trägt man $-\omega$ in A (Bild 60b) und ω im Abstand $a = v_s/\omega$ an, so heben sich die Vektoren ω und $-\omega$ im Punkt A auf, und es bleibt die Drehung um P mit derselben Winkelgeschwindigkeit ω.

Beispiel: In Bild 61 wird eine Stange g_1 mit der Geschwindigkeit v_s durch die feststehenden Lager verschoben, während eine zweite Stange g_2 um A mit der Winkelgeschwindigkeit ω gedreht wird. Der Momentanpol P für die Drehung der Stange g_2 gegenüber der ruhenden Ebene liegt senkrecht zu v_s über A im Abstand $a = v_s/\omega$. Die Geschwindigkeit des Punktes B ist $v_B = \overline{PB} \cdot \omega \triangleq \overline{PB} \cdot \tan\vartheta$ und steht senkrecht zu PB. Die Punkte P, A und der unendlich ferne Punkt von PA bilden die drei Momentanpole (S. 251). Vgl. S. 254 unter γ).

γ) Ist die *Schiebung v_s schräg zur Drehachse O* (Bild 62) gerichtet und zerlegt man v_s in eine Komponente v_{s1} senkrecht zum Drehvektor ω und in eine Komponente v_{s2} parallel zu diesem, dann ergeben v_{s1} und ω nach β) eine Drehung mit $\omega = \omega_1$ um eine neue Drehachse O_1 parallel zur ersten, und ω_1 und v_{s2} nach α) eine Schraubung.

B. Dynamik des Massenpunktes

1. Kraft und Masse

a) Das **dynamische Grundgesetz** (*Newton*) für den Massenpunkt lautet

$$\text{Kraft} = \text{Masse} \times \text{Beschleunigung}; \quad \mathfrak{F} = m\mathfrak{a} = m\, \mathrm{d}\mathfrak{v}/\mathrm{d}t.$$

Wirkt also auf einen punktförmigen Körper eine Kraft ein, so erfährt er eine dieser proportionale und gleichgerichtete Beschleunigung; ist umgekehrt ein Körper in beschleunigter (oder verzögerter) Bewegung, so wirkt auf ihn eine Kraft. Ist diese von konstanter Richtung und Größe, so liegt eine gleichmäßig beschleunigte Bewegung vor.

Greifen mehrere Kräfte $\mathfrak{F}_1, \mathfrak{F}_2, \mathfrak{F}_3, \ldots$ an einem punktförmigen Körper an, so ist $\mathfrak{F} = \Sigma \mathfrak{F}_n$ ihre Resultierende, d. h. ihre geometrische oder bei parallelen Kräften auch arithmetische Summe. Hierbei ist zu beachten, daß *nur bei starren* Körpern die Kräfte in ihrer Wirkungslinie verschoben werden können.

Ist die Gesamtkraft gleich Null, so erfährt der Körper keine Beschleunigung, er bleibt in Ruhe oder in gleichförmiger Bewegung (Trägheitsgesetz von *Galilei*).

Übt ein Körper A auf den Körper B eine Kraft aus, so übt B auf A eine ebenso große, aber entgegengesetzt gerichtete Kraft aus (Aktion und Reaktion).

b) Freier Fall. Sind Kraft F und Beschleunigung a bekannt, so folgt für die Masse $m = F/a$. Beim freien Fall ist die Fallbeschleunigung g sowie die wirkende Kraft, d. h. das Gewicht G, bekannt. Hierbei ist das Gewicht eines Körpers die Kraft, die er auf seine Unterlage ausübt, bzw. die Spannkraft eines Fadens, an dem er befestigt ist, jeweils im luftleeren Raum. Dann gilt $m = G/g$. Die Fallbeschleunigung ist in unseren Breiten im Mittel

$$g = 9{,}81\ \text{m/sec}^2.$$

Allgemein gilt $g = (980{,}632 - 2{,}586 \cos 2\varphi + 0{,}003 \cos 4\varphi - 0{,}293\, h)$ cm/sec², wobei φ = geographische Breite und h in km die Höhe über dem Meeresspiegel ist. Als Normwert der Fallbeschleunigung ist $g_n = 9{,}80665$ m/sec² festgelegt (vgl. DIN 1305).

Gewicht und Fallbeschleunigung ändern sich mit dem Ort und auch mit der Entfernung von der Erde, die Masse eines Körpers ist davon unabhängig.

Die Masse eines Körpers bleibt auf dem Mond und der Erde die gleiche, die jeweilige Anziehungskraft ist aber verschieden.

c) Maßsysteme. Ein physikalisches Gesetz wie z. B. $F = ma$ stellt eine Größengleichung dar und ist unabhängig von den gewählten Einheiten. Bei Zahlenrechnungen sind die Maßeinheiten der einzelnen Größen zu beachten; sie hängen vom gewählten Maßsystem ab.

α) *Das technische Maßsystem.* Im technischen Maßsystem ist die Einheit der Kraft das kp (Kilopond), d. h. die Gewichtskraft eines Kilogramm-Gewichtsstückes. In diesem System erscheint die Masse gemäß

$$m = F/a = G/g$$

als abgeleitete Größe; sie hat die Einheit kpsec²/m.

Ein Körper, der auf seine Unterlage die Kraft 9,81 kp ausübt, hat die Masse 1 kpsec²/m (= technische Masseeinheit, für die die Bezeichnung *Hyl* vorgeschlagen wurde), während ein Körper, der auf seine Unterlage die Kraft 1 kp ausübt, die Masse $1/9{,}81 = 0{,}102$ kpsec²/m hat.

Bei Zahlenrechnungen ist zu beachten: Wenn $g = 9{,}81$ m/sec² eingesetzt wird, so sind Längen in m, spez. Gewichte [vgl. Abs. d)] in kp/m³, Spannungen in kp/m² usw. anzugeben.

Als kleinere Kraft wird 1 Gramm-Gewicht mit 1 p (pond) bezeichnet, als größere Kraft 1 Mp (Megapond) = 1000 kp eingeführt.

β) *Das physikalische Maßsystem* (*CGS-System*) ist auf den Einheiten cm, g, sec aufgebaut; in diesem ist die Einheit der Masse das Gramm und die Einheit der Kraft (als abgeleiteter Größe) 1 dyn: Die Kraft 1 dyn erteilt der Masse von einem Gramm, d. h. 1 g, die Beschleunigung 1 cm/sec².

Zur Umrechnung gilt: 1 kp (techn. Maßsystem) $\triangleq 981 \cdot 10^3$ dyn (phys. Maßsystem).

γ) *Das MKS-System.* Neben dem technischen Maßsystem wird das Internationale Einheitensystem der Meterkonvention empfohlen. Es beruht auf sechs voneinander unabhängigen Grundeinheiten, von denen hier besonders das Meter (m) für die Länge, das Kilogramm (kg) für die Masse und die Sekunde (sec) für die Zeit interessieren (die anderen drei Einheiten gelten für die elektrische Stromstärke, die Temperatur und die Lichtstärke). Das Teilsystem mit den ersten drei Grundeinheiten wird als MKS-System bezeichnet.

Wo im folgenden das MKS-System angewendet wird, soll es durch „Eingitterungen" im Text hervorgehoben werden.

Das Ausland zieht es (mit Ausnahme von Österreich und Schweden) vor, für das Kilogramm-Gewicht (kp) „kgf" (kilogrammforce) zu schreiben, da die Bezeichnungen kilopond bzw. pond Anlaß zu Verwechslungen („pound" englisch, „pond" holländisch) geben können.

Die Einheit der Kraft im MKS-System, die wie im CGS-System als abgeleitete Größe erscheint, ist 1 N (Newton), d. h. die Kraft, welche der Masse 1 kg die Beschleunigung 1 m/sec² erteilt:

$$1\ \text{N} = 1\ \text{kg m/sec}^2.$$

Zur Umrechnung gilt:

1 N (MKS-System) $\triangleq 10^5$ dyn (CGS-System);
1 N (MKS-System) $\triangleq 1/9{,}81$ kp $= 0{,}102$ kp $\approx 1/10$ kp (techn. Maßsystem);
1 kp (techn. Maßsystem) $\triangleq 9{,}81$ N ≈ 10 N (MKS-System).

d) Unter **spezifischem Gewicht** γ versteht man das Gewicht der Raumeinheit, $\gamma = G/V$, so daß γ im technischen Maßsystem die Einheit kp/m³ hat. Die **spezifische Masse** oder **Dichte** ϱ ist die Masse der Raumeinheit, $\varrho = m/V$.

$$\varrho = \gamma/g \quad \text{kpsec}^2/\text{m}^4, \qquad \varrho \quad \text{kg/m}^3.$$

Zahlenmäßig haben γ im technischen Maßsystem und ϱ im MKS-System die gleichen Werte.

2. Arbeit und Leistung

a) Die **Arbeit** einer veränderlichen Kraft F längs eines Weges s oder längs einer Kurve c (Bild 63) ist durch die skalare Größe

$$W = \int_{(c)} \mathfrak{F}\, d\mathfrak{s} = \int_{(c)} F\, ds \cos\alpha$$

(als skalares Produkt, vgl. S. 156) gegeben, wobei das Integral längs der Kurve c zu bilden ist. Ist F *konstant* (Bild 64), so ist die Arbeit gleich Kraft mal Projektion des Weges auf die Kraft: $W = F\int ds \cos\alpha$. Auf die *Form* der Bahn kommt es dabei nicht an, sondern nur auf die Länge der Projektion. Vgl. S. 97.

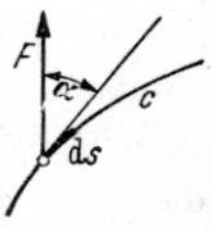

Bild 63

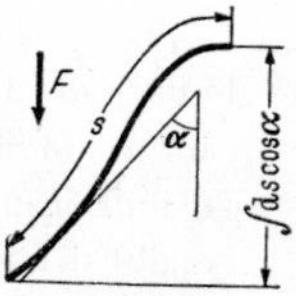

Bild 64

Haben Kraft und Projektion des Weges die gleiche Richtung, so ist die Arbeit W positiv, sind sie entgegengesetzt, so ist W negativ. Eine Kraft *senkrecht* zur Bewegungsrichtung leistet keine Arbeit, da die Projektion Null ist.

Die *Einheit* der *Arbeit* ist im physikalischen System das erg:

$$1\ \text{erg} = 1\ \text{dyn} \times 1\ \text{cm},$$

im technischen Maßsystem das Meterkilopond kpm,

im MKS-System das Joule J
1 J = 1 Newtonmeter Nm
= 1 kgm²sec⁻².

Wirken mehrere Kräfte auf den Körper ein, so ist die *Gesamt*arbeit gleich der Summe der Einzelarbeiten oder gleich der Arbeit der Gesamtkraft.

Befindet sich ein System starrer Körper im Gleichgewicht, so ist bei einer kleinen, mit der Anordnung verträglichen (virtuellen) Verschiebung die gesamte Arbeit der äußeren Kräfte gleich Null. (Auch die Summe der Leistungen der äußeren Kräfte ist gleich Null.)

Bei *Reibungskräften* ist zu beachten, daß diese in die Richtung der Geschwindigkeit fallen, aber ihr entgegengesetzt gerichtet sind. Wirkt auf einen *elastischen* Körper eine Kraft ein, ohne daß er als Ganzes beschleunigt wird, so ist die Arbeit der äußeren Kraft gleich der von der Spannkraft des Körpers geleisteten Arbeit.

b) Sind X, Y, Z die **Komponenten der Kraft** in drei zueinander senkrechten Richtungen und $\mathrm{d}x, \mathrm{d}y, \mathrm{d}z$ die entsprechenden Komponenten des Wegelementes $\mathrm{d}s$, so ist die Arbeit (vgl. S. 97 u. 156) innerhalb der Grenzen von x, y, z

$$W = \int X\,\mathrm{d}x + \int Y\,\mathrm{d}y + \int Z\,\mathrm{d}z.$$

c) Soll die **Arbeit für eine bestimmte Zeit** ermittelt werden, so ist F als Funktion der Zeit aufzufassen; mit $\mathrm{d}s = v\,\mathrm{d}t$ wird [vgl. f)] innerhalb der Grenzen für t

$$W = \int F v \cos\alpha\,\mathrm{d}t,$$

worin α der Winkel zwischen den Richtungen von Kraft und Geschwindigkeit ist.

Beispiele: 1. Wird ein Stab unter der Wirkung der Kraft F um y cm durchgebogen, so ist die Kraft proportional der Durchbiegung: $F = cy$ (*Hooke*sches Gesetz). Damit wird die Arbeit $W = \int cy\,\mathrm{d}y = cy^2/2 = Fy/2$. c ist die Federkonstante (Federsteife).

2. Ein geradlinig nach dem Gesetz $s = a \sin\omega t$ bewegter Körper unterliege der in gleicher Richtung, aber entgegengesetzt wirkenden Kraft $F = F_0 \cos\omega t$. Für die während einer Schwingung von der Dauer $T = 2\pi/\omega$ (S. 241) geleistete Arbeit folgt mit $v = \dot{s} = a\omega\cos\omega t$:

$$W = -\int_0^T F v\,\mathrm{d}t = -F_0 a\omega \int_0^T \cos^2\omega t\,\mathrm{d}t = -F_0 a\omega\left[\frac{1}{2}t + \frac{1}{4\omega}\sin 2\omega t\right]_0^T = -F_0 a\pi.$$

d) Bei **reiner Drehung** beschreibt der Angriffspunkt der Kraft einen Kreisbogen vom Radius r. Das Wegelement wird $\mathrm{d}s = r\,\mathrm{d}\varphi$, und bei tangentialer Richtung der Kraft F wird $\mathrm{d}W = Fr\,\mathrm{d}\varphi$. Da $Fr = M$ das Moment der Kraft F in bezug auf die Drehachse ist, wird die *Arbeit* des *Momentes*

$$W = \int_0^\varphi M\,\mathrm{d}\varphi = \int_0^t M\omega\,\mathrm{d}t,$$

mit ω als Winkelgeschwindigkeit. Ist F oder M konstant, so wird auch $W = M\varphi$.

Beispiel: Die an einer Kurbel vom Radius r angreifende Tangentialkraft sei $T = F_0 + F_1 \sin 2\alpha$ mit α als Drehwinkel der Kurbel. Für die Arbeit in t Sekunden folgt

$$W = \int M\,\mathrm{d}\alpha = \int Tr\,\mathrm{d}\alpha = r\int (F_0 + F_1 \sin 2\alpha)\,\mathrm{d}\alpha = r(F_0\alpha - {}^1/_2 F_1 \cos 2\alpha).$$

Je nach der Einheit von φ und ω

im technischen Maßsystem	≋	im MKS-System	≋
φ im Bogenmaß, ω in $\sec^{-1}$	≋	φ in rad, ω in rad/sec	≋
ergibt sich für die Arbeit W			
kpm	≋	Nm rad.	≋

Die Einführung der Einheit rad für den Winkel (im MKS-System) ermöglicht eine Unterscheidung (hinsichtlich der Einheit) zwischen der Arbeit als Produkt aus Kraft und Weg (kpm ≋ bzw. Nm ≋) und der Arbeit eines Momentes bei drehender Bewegung (kpm rad ≋ bzw. Nm rad ≋). Auf diesen Zusammenhang sei hier einmal hingewiesen, ohne daß diese Unterscheidung im folgenden weiter hervorgehoben wird.

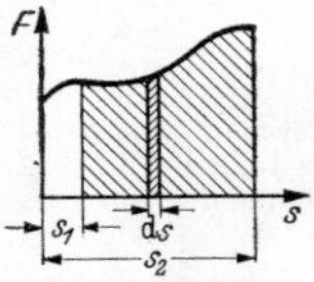

Bild 65. Arbeit als Flächeninhalt

e) Graphische Darstellung. Ist F die Komponente der wirkenden Kraft in Richtung des Weges oder fallen Weg- und Kraftrichtung zusammen, so ist die Arbeit $W = \int F\,\mathrm{d}s$. Trägt man dann F als Funktion des Weges auf (Bild 65), so ist die unterhalb der Kurve für F liegende (schraffierte) Fläche proportional der geleisteten Arbeit. Der Inhalt der Fläche kann durch graphische Integration (S. 198) oder mit dem Planimeter (S. 199) bestimmt werden.

			≋		≋
Maßstäbe:	Maßstab für den Weg s:	1 cm ≙ a cm;	≋	1 cm ≙ α m;	≋
	Maßstab für die Kraft F:	1 cm ≙ b kp;	≋	1 cm ≙ β N;	≋
daher	Maßstab für die Arbeit W:	1 cm² ≙ ab kpcm.	≋	1 cm² ≙ $\alpha\beta$ J.	≋

f) Leistung ist die in der Zeiteinheit geleistete Arbeit

$$P = \mathrm{d}W/\mathrm{d}t = F\,\mathrm{d}s/\mathrm{d}t \cdot \cos\alpha = Fv\cos\alpha.$$

Ist F mit v gleichgerichtet, so ist $P = Fv$.

Die Leistung, eine skalare Größe, hat als Einheit

1 kpm/sec,

1 Watt = 1 J/sec = 1 Nm/sec.

Weitere Einheiten sind

1 PS = 75 kpm/sec,
1 PS =
102 kpm/sec = 1,36 PS =

1 kW = 1000 W,
= 0,736 kW = 736 W
= 1 kW

Aus $P = \mathrm{d}W/\mathrm{d}t$ folgt umgekehrt die *Arbeit* W als Zeitintegral der Leistung (vgl. c) zu

$$W = \int_{t_1}^{t_2} P\,\mathrm{d}t \quad \text{oder} \quad W = P(t_2 - t_1) \quad \text{bei konstanter Leistung.}$$

Trägt man die Leistung P in Abhängigkeit von der Zeit t auf, so ist die Fläche unter der Kurve gleich der geleisteten Arbeit W.

Als Umrechnung gilt

$$102\ \text{kpm/sec} \times 3600\ \text{sec} = 367\,200\ \text{kpm} = 1{,}36\ \text{PSh} = 1\ \text{kWh}.$$

Mit T als Tangentialkraft an einer Kurbel vom Radius r, die sich mit n U/min bzw. der Winkelgeschwindigkeit ω dreht, folgt für die *Leistung eines Momentes M*

$$P = Tv = Tr\omega \qquad \text{oder} \qquad P = M\omega.$$

Da $M = P/\omega$ und $\omega = \pi n/30$, folgt auch $P = M\pi n/30$ kpm/sec $= Mn/716$ PS oder für das *Moment an einer Welle*

$M = 716\ P/n$ kpm (P in PS),
bzw. $M = 974\ P/n$ kpm (P in kW).

$M = 9550\ P/n$ Nm (P in kW).

g) Der **Wirkungsgrad** einer Maschine oder eines Vorganges ist das Verhältnis der von der Maschine oder während des Vorganges geleisteten Nutz-*Arbeit* W_n zu der der Maschine oder während des Vorganges zugeführten Arbeit W_z, d. h.

$$\eta = W_n/W_z < 1.$$

Bei Vorrichtungen aus starren Teilen, bei denen keine Formänderungsarbeit aufgespeichert werden kann, also bei den meisten Maschinen, wird als Wirkungsgrad η das Verhältnis der Nutz-*Leistung* P_n zur zugeführten Leistung P_z aufgefaßt, so daß dann

$$\eta = P_n/P_z < 1.$$

3. Energiesatz

a) Unter **Wucht** oder **kinetischer Energie** eines punktförmigen Körpers versteht man den Wert

$$E = {}^1/_2\, m v^2,$$

worin m die Masse und v die Geschwindigkeit bedeuten.

Wirkt z. B. auf einen geradlinig bewegten Körper die Kraft F, so folgt für die Arbeit

$$W = \int F\,\mathrm{d}s = m\int a\,\mathrm{d}s = m\int \frac{\mathrm{d}v}{\mathrm{d}t}\,v\,\mathrm{d}t = m\int v\,\mathrm{d}v = {}^1/_2\, m v^2 - {}^1/_2\, m v_0^2,$$

wenn v und v_0 die Geschwindigkeiten für $s = s$ und $s = s_0$ sind.

Allgemein gilt

$$W = \int F\,\mathrm{d}s = {}^1/_2\, m v^2 - {}^1/_2\, m v_0^2,$$

d. h. *der Zuwachs an kinetischer Energie ist gleich der von den angreifenden Kräften geleisteten Arbeit* oder die Summe aus potentieller und kinetischer Energie ist konstant.

v in m/sec, m in kpsec²/m, dann E in kpm,

m in kg, dann E in Nm.

b) Potentielle Energie ist gegenüber der kinetischen oder der Bewegungsenergie eine Energie der *Lage*: z. B. die Energie Gh, die ein Körper vom Gewicht G in bezug auf den h m tiefer gelegenen Boden hat, oder die Energie einer gespannten Feder oder eines komprimierten Gases; ferner chemische Energie, Wärmeenergie usw.

Beispiele: 1. Ein Körper wird waagerecht mit der Geschwindigkeit v_0 abgeworfen. Wie groß ist seine Geschwindigkeit unter Vernachlässigung des Luftwiderstands, wenn er um h m gefallen ist?

$$Gh = mv^2/2 - mv_0^2/2; \quad \text{oder mit} \quad G = mg \quad \text{wird} \quad v = \sqrt{2gh + v_0^2}.$$

2. Ein Geschoß, Masse m, Gewicht G, trifft mit Geschwindigkeit v_1 auf einen Körper, durchschlägt ihn und fliegt mit v_2 weiter. Gesucht die Arbeit W beim Durchschlagen.

$G = 40$ p $\quad v_1 = 600$ m/sec, $\quad v_2 = 200$ m/sec

$$W = \frac{0{,}040}{2 \cdot 9{,}81} \cdot (600^2 - 200^2) = 653 \text{ kpm},$$

≋ $m = 40$ g

$$W = \frac{0{,}040}{2}(600^2 - 200^2) = 6400 \frac{\text{kg m}^2}{\text{sec}^2} = 6400 \text{ Nm}. \quad ≋$$

3. Wird eine Schraubenfeder (oder ein ähnliches elastisches Gebilde) durch ein Gewicht G langsam belastet und ist c die Federkonstante, d. h. die Kraft, welche die Feder um die Längeneinheit längt, so ist die Verlängerung gleich G/c. Wird aber der Körper plötzlich aus der ungespannten Lage der Feder losgelassen, so hat nach Längung um x das Gewicht die Arbeit $W_1 = Gx$ geleistet. Diese wird einerseits zur Überwindung der Arbeit W_2 zum Spannen der Feder, d. h. für $W_2 = \int\limits_0^x cx \, dx = cx^2/2$ verwendet, andererseits in Wucht $mv^2/2$ verwandelt. Also folgt

$$W_1 - W_2 = mv^2/2 \quad \text{oder} \quad Gx - cx^2/2 = mv^2/2,$$

d. h. $v = \sqrt{2gx - x^2c/m} = \sqrt{2gx(1 - xc/2G)}$. Für die größte Längung wird $v = 0$ oder $x_{\max} = 2G/c$. Die größte Längung ist doppelt so groß wie bei langsamer Belastung.

Die Einheit der Federkonstante c ist

kp/m oder kp/cm, ≋ N/m = kg/sec². ≋

c) Die Arbeit ist auch $W = \int\limits_{(C)} (X\,dx + Y\,dy + Z\,dz)$, vgl. S. 97. Dieser Ausdruck ist aber nur dann unabhängig vom Weg, wenn dW ein totales Differential (S. 79), also $X = \partial W/\partial x$, $Y = \partial W/\partial y$, $Z = \partial W/\partial z$ ist. Eine Arbeitsfunktion oder ein Potential existiert somit nur, wenn $\partial Y/\partial z = \partial Z/\partial y$, $\partial Z/\partial x = \partial X/\partial z$, $\partial X/\partial y = \partial Y/\partial x$ ist. Die Funktion $U = -W$ heißt **Potential**, und es ist dann $X = -\partial U/\partial x$, $Y = -\partial U/\partial y$, $Z = -\partial U/\partial z$. Ebenso kann das Moment $M = -\partial U/\partial \varphi$ geschrieben werden mit φ als Winkel.

4. Impuls und Drall

a) Bewegungsgröße ist das Produkt $\mathfrak{B} = m\mathfrak{v}$ aus Masse m und Geschwindigkeit $\mathfrak{v}$. Wenn $\mathfrak{F}$ die wirkende Kraft ist, so gilt unter Beachtung des dynamischen Grundgesetzes (vgl. S. 256) innerhalb der einzusetzenden Grenzen

$$\mathfrak{F}\,dt = m\mathfrak{a}\,dt = m\,d\mathfrak{v}$$

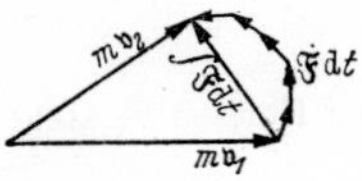

Bild 66
Impulssatz graphisch

oder $\int \mathfrak{F}\,dt = \int m\,d\mathfrak{v} = m\mathfrak{v}_2 - m\mathfrak{v}_1 = \mathfrak{B}_2 - \mathfrak{B}_1$.

$\int \mathfrak{F}\,dt$ heißt *Antrieb* oder *Impuls: Die Zunahme der Bewegungsgröße ist gleich dem Antrieb der Kraft.* Die Bewegungsgröße $m\mathfrak{v}$ ist ein Vektor in Richtung der Geschwindigkeit, und der Antrieb $\int\limits_{t_1}^{t_2} \mathfrak{F}\,dt$, das Zeitintegral der Kraft, stellt als geometrische Summe ebenfalls einen Vektor dar, vgl. Bild 66.

Das dynamische Grundgesetz kann auch in der Form $\mathfrak{F} = d\mathfrak{B}/dt$ geschrieben werden.

Die Einheit der Bewegungsgröße $\mathfrak{B}$ ist

kpsec, ≋ kg · m/sec = N sec. ≋

Beispiel: In Bild 67 ist $u = u_1 = u_2$ die Umfangsgeschwindigkeit des Laufrades, c_1 die absolute Eintrittsgeschwindigkeit des Wassers, w_1 die relative Geschwindigkeit des Wassers im Rad beim Eintritt, w_2 die relative Geschwindigkeit beim Austritt, c_2 die absolute Austrittsgeschwindigkeit und m die durchfließende Wassermenge. Dann ist die Bewegungsgröße dieser Masse waagerecht gemessen beim Eintritt $B_1 = mc_{1u}$, beim Austritt $B_2 = mc_{2u}$, die Änderung der Bewegungsgröße demnach $m(c_{2u} - c_{1u})$. Für die während der Zeit $\Delta t = 1$ sec wirkende Umfangskraft F in horizontaler Richtung gilt demnach

$$F \cdot 1 = B_2 - B_1 = m(c_{2u} - c_{1u}) = -m(c_{1u} - c_{2u}).$$

F ist negativ, d. h. die auf das *Wasser* wirkende Kraft ist nach rechts, die auf die *Schaufel* wirkende Reaktion von F ist nach links gerichtet. Die *Leistung* des Wassers ist $Fu = m(c_{1u} - c_{2u})u$. Ist $c_2 \perp u$, also $c_{2u} = 0$, so wird $Fu = m\, c_{1u} u$.

Hier ist m die Masse/sec, also hat F die Einheit Masse/sec $\times$ m/sec = Masse $\times$ m/sec², also wie erforderlich, die Einheit der Kraft.

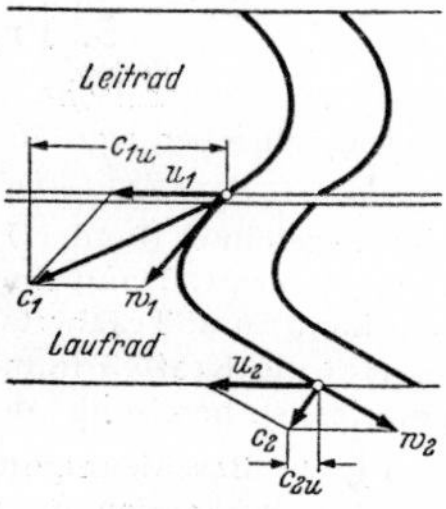

Bild 67. Impulssatz bei der Wasserturbine

b) Drall oder Drehimpuls einer punktförmigen Masse m in bezug auf einen festen Punkt ist das *Moment* $\mathfrak{r} \times m\mathfrak{v}$ *ihrer Bewegungsgröße* $m\mathfrak{v}$ um diesen Punkt, worin $\mathfrak{r}$ den Ortsvektor vom Bezugspunkt zum Massenpunkt bedeutet. Der Drall ist somit ein Vektor $\mathfrak{D}$ (Bild 68), der senkrecht zur Ebene von $\mathfrak{r}$ und $\mathfrak{v}$ steht: $\mathfrak{D} = \mathfrak{r} \times m\mathfrak{v} = m\mathfrak{r} \times \mathfrak{v}$. Mit $\mathfrak{F}$ als Resultierender aller an der Masse angreifenden Kräfte und mit $\mathfrak{M} = \mathfrak{r} \times \mathfrak{F}$ als Moment der Resultierenden um den festen Punkt lautet der Momentensatz (vgl. a. u.)

$$\mathrm{d}\mathfrak{D}/\mathrm{d}t = \mathfrak{M}.$$

Die zeitliche Ableitung des Dralls ist gleich dem resultierenden Moment.

Durch Integration folgt

$$\int_{t_1}^{t_2} \mathfrak{M}\,\mathrm{d}t = \mathfrak{r}_2 \times m\mathfrak{v}_2 - \mathfrak{r}_1 \times m\mathfrak{v}_1 = \mathfrak{D}_2 - \mathfrak{D}_1.$$

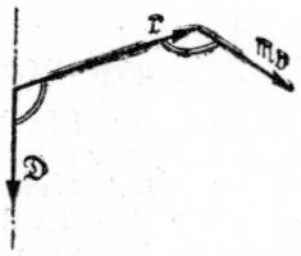

Bild 68. Drall

Hierin ist $\int_{t_1}^{t_2} \mathfrak{M}\,\mathrm{d}t$ der Antrieb des resultierenden Momentes oder das Moment des Antriebs und — wie der Drall — ein Vektor. Somit gilt: *Das Moment des Antriebs ist gleich der Zunahme des Dralls.*

Für die Drehung um eine *feste Achse* folgt (skalar geschrieben)

$$\int_{t_1}^{t_2} M\,\mathrm{d}t = mv_2 r - mv_1 r = D_2 - D_1.$$

Darin bedeutet M das resultierende Moment bezüglich der festen Achse,
r den senkrechten Abstand der Punktmasse m von der Achse,
$D = mvr$ den Drall.

Für konstantes Moment ist $\int_{t_1}^{t_2} M\,\mathrm{d}t = M(t_2 - t_1)$, wenn $t_2 - t_1$ die Dauer der Einwirkung ist.

Von den Komponenten der resultierenden Kraft $\mathfrak{F}$ in axialer und tangentialer Richtung liefert nur die tangentiale Komponente einen Beitrag zum Moment.

Der Drall bleibt konstant, wenn das Moment in bezug auf die Drehachse gleich Null ist, also 1. wenn die Wirkungslinie der Resultierenden $\mathfrak{F}$ stets durch die Drehachse geht; 2. wenn sie der Drehachse parallel ist; 3. wenn keine äußeren Kräfte auf die Masse m wirken.

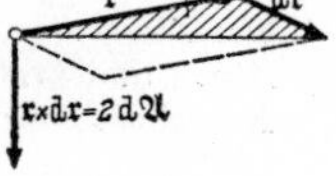

Bild 69

Aus $\mathfrak{D} = \mathfrak{r} \times m\mathfrak{v}$ folgt $\mathrm{d}\mathfrak{D}/\mathrm{d}t = \mathrm{d}\mathfrak{r}/\mathrm{d}t \times m\mathfrak{v} + \mathfrak{r} \times m\,\mathrm{d}\mathfrak{v}/\mathrm{d}t$. Da $\mathrm{d}\mathfrak{r}/\mathrm{d}t = \mathfrak{v}$ und $\mathfrak{v} \times \mathfrak{v} = 0$ ist, wird das erste Produkt gleich Null, und da $\mathrm{d}\mathfrak{v}/\mathrm{d}t = \mathfrak{a}$, d. h. $m\mathfrak{a} = \mathfrak{F}$ wird, bleibt $\mathrm{d}\mathfrak{D}/\mathrm{d}t = \mathfrak{r} \times \mathfrak{F} = \mathfrak{M}$, Gl. (1). — Ferner folgt aus $\mathfrak{D} = \mathfrak{r} \times m\,\mathrm{d}\mathfrak{r}/\mathrm{d}t$ auch $\mathfrak{D}\,\mathrm{d}t = m\mathfrak{r} \times \mathrm{d}\mathfrak{r}$. Der Betrag von $\mathfrak{r} \times \mathrm{d}\mathfrak{r}$ ist gleich dem doppelten Flächenelement dA, das vom Radiusvektor $\mathfrak{r}$ überstrichen, also von $\mathfrak{r}$, $\mathfrak{r} + \mathrm{d}\mathfrak{r}$ und $\mathrm{d}\mathfrak{r}$ umschlossen wird, Bild 69, so daß $\mathfrak{D}\,\mathrm{d}t = 2m\,\mathrm{d}\mathfrak{A}$ oder $\mathfrak{D} = 2m\,\mathrm{d}\mathfrak{A}/\mathrm{d}t$ ist, Gl. (2). Hierin bedeutet $\mathrm{d}\mathfrak{A}/\mathrm{d}t$ die Flächengeschwindigkeit (S. 244), so daß der Drall gleich dem doppelten Produkt aus Masse und Flächengeschwindigkeit ist (*allgemeiner Flächensatz*). Bei der Zentralbewegung (S. 244) geht die Kraft und daher auch die Beschleunigung durch einen festen Punkt, also muß $\mathfrak{M} = 0$ oder nach (1) $\mathrm{d}\mathfrak{D}/\mathrm{d}t = 0$ oder $\mathfrak{D} = \mathrm{const}$ und damit auch $\mathrm{d}A/\mathrm{d}t$, die Flächengeschwindigkeit, konstant sein (*spezieller Flächensatz*).

Die Dimension des Dralls ist Länge × Masse × Geschwindigkeit (oder gemäß $M\,dt = dD$ auch Moment × Zeit), seine Einheit ist also

$$\mathrm{m} \cdot \frac{\mathrm{kp\,sec^2}}{\mathrm{m}} \cdot \frac{\mathrm{m}}{\mathrm{sec}} = \mathrm{kp\,m\,sec}, \qquad \mathrm{m} \cdot \mathrm{kg} \cdot \frac{\mathrm{m}}{\mathrm{sec}} = \frac{\mathrm{kg\,m^2}}{\mathrm{sec}} = \mathrm{N\,m\,sec}.$$

5. Freie Bewegung des Massenpunktes

a) Das dynamische Grundgesetz liefert die Beschleunigung $\mathfrak{a} = \mathfrak{F}/m$ und kann auch geschrieben werden

$$\mathfrak{F} - m\mathfrak{a} = 0.$$

Man bezeichnet die der Beschleunigung entgegengesetzt gerichtete Kraft $-m\mathfrak{a}$ als **Trägheitskraft.** Dann sind äußere Kraft $\mathfrak{F}$ (die auch Resultierende mehrerer Kräfte sein kann) und Trägheitskraft im Gleichgewicht (vgl. S. 264).

Hat die Kraft $\mathfrak{F}$ immer dieselbe Richtung wie die Geschwindigkeit des Massenpunktes, so beschreibt der Punkt eine Gerade, andernfalls eine krummlinige Bahn.

b) Die **Beschleunigung** $\mathfrak{a}$ entspricht der Resultierenden aller Kräfte. Man kann auch die wirkenden Kräfte *zerlegen*, z. B. durch Projektion auf ein rechtwinkliges Koordinatensystem, und erhält dann durch die entsprechenden Kraftkomponenten die Komponenten der Bewegung. Sind X, Y und Z die Komponenten der Resultierenden, so folgt

$$a_x = X/m, \quad a_y = Y/m, \quad a_z = Z/m.$$

Da $a = \dot{v} = \ddot{s}$, können Geschwindigkeit und Weg hiernach durch Integration (S. 240) gewonnen werden.

Beispiel: Ein Körper fällt senkrecht nach unten. Dann wirkt außer dem Gewicht G noch entgegengesetzt der Geschwindigkeit der Luftwiderstand W, der von der Geschwindigkeit abhängt. Ist $W = kv^2$ (vgl. hierzu S. 322), so wird $ma = G - kv^2$. Nach „unendlich" langer, praktisch endlicher Zeit, ist der Widerstand W gleich dem Gewicht geworden, die Beschleunigung ist gleich Null, die Bewegung gleichförmig geworden. Für den Grenzwert v_s der Geschwindigkeit gilt dann $v_s = \sqrt{G/k}$. Ist die Anfangsgeschwindigkeit nicht gleich Null, sondern v_0, so ist die Bewegung beschleunigt oder verzögert, je nachdem $v_0 < v_s$ oder $v_0 > v_s$.

Die Dimension der Konstante k ist Kraft/Geschwindigkeit², ihre Einheit also

$$\mathrm{kp\,m^{-2}sec^2}, \qquad \mathrm{N\,m^{-2}sec^2} = \mathrm{kg\,m^{-1}}.$$

c) Die **natürliche Zerlegung** der Kraft und der Beschleunigung (S. 241) in Richtung von Bahntangente und Bahnnormale liefert die Komponenten

$$F_t = ma_t = m\,dv/dt \quad \text{und} \quad F_n = ma_n = mv^2/\varrho \quad \text{(Zentripetalkraft)},$$

wenn ϱ der Krümmungsradius der Bahn ist.

d) Die Zerlegung der Kraft bei **Polarkoordinaten** (S. 243) in die Komponenten in Richtung des Fahrstrahls und senkrecht dazu liefert für den Fall, daß die zweite Komponente gleich Null ist, die **Zentralbewegung.** Die Kraft geht also immer durch einen festen Punkt.

e) Ist die Bahnkurve ein **Kreis,** führt also der Massenpunkt eine Drehung um eine Achse bzw. um den Mittelpunkt aus, so gelten mit den Formeln für die Komponenten der Beschleunigung nach S. 243 ($a_t = r\varepsilon$, $a_n = r\omega^2 = v^2/r = v\omega$) für die Komponenten der Kraft und für diese selbst die Beziehungen

$$F_t = mr\varepsilon; \qquad F_n = mr\omega^2 = mv^2/r; \qquad F = mr\sqrt{\varepsilon^2 + \omega^4}.$$

Die Kraft F_n (*Zentripetalkraft*) ist nach dem Mittelpunkt hin gerichtet.
Das *Moment* von F in bezug auf den Mittelpunkt ist $M = F_t r = mr^2\varepsilon$.
Arbeit und *Leistung* vgl. S. 257.
Kinetische Energie (*Wucht*) des Massenpunktes: $E = mv^2/2 = mr^2\omega^2/2$ (S. 259).

6. Unfreie Bewegung des Massenpunktes

a) Die unfreie oder *gezwungene* Bewegung kann auf die freie dadurch zurückgeführt werden, daß man die von der **festen Führung** (Leitkurve oder Leitfläche) ausgeübten Kräfte (Reaktionen) als äußere Kräfte einführt. Bei einer *glatten* Fläche steht diese *Zwangskraft* senkrecht zur Tangente der Kurve oder senkrecht zur Tangentialebene. Bei *rauher* Leitfläche oder Leitkurve kommt noch die Reibungskraft hinzu, die in der Tangentialebene oder in der Tangente liegt und der Geschwindigkeit des punktförmigen Körpers gegenüber der Führung entgegengesetzt gerichtet ist.

b) Bewegt sich der Massenpunkt in einer **bewegten Führung,** so folgt für die Beschleunigungen bei der Relativbewegung (S. 250)

$$\mathfrak{a}_a = \mathfrak{a}_f + \mathfrak{a}_r + \mathfrak{a}_c,$$

wo $\mathfrak{a}_c = 2\overline{\omega} \times \mathfrak{v}_r$ vom Betrag $a_c = 2\omega v_r$ die Coriolisbeschleunigung ist (Richtung vgl. S. 251).

Ist $m a_a = F$ die Gesamtkraft,

$m a_f = F_f$ die Kraft, die notwendig ist, um dem Körper die Beschleunigung a_f zu erteilen, die der augenblicklich mit ihm zusammenfallende Punkt der Führung hat, und

$m a_c = 2 m \omega v_r = Z$ die Zusatzkraft,

so folgt für die Gesamtkraft die geometrische Summe (vektoriell geschrieben)

$$\mathfrak{F} = \mathfrak{F}_f + \mathfrak{F}_r + \mathfrak{Z}.$$

Nach $\mathfrak{F}_r$ aufgelöst, folgt

$$\mathfrak{F}_r = \mathfrak{F} - \mathfrak{F}_f - \mathfrak{Z} = \mathfrak{F} - \mathfrak{F}_f + \mathfrak{C}.$$

$\mathfrak{C}$ heißt *Zusatzkraft der Relativbewegung* oder *Corioliskraft,* sie ist der Coriolisbeschleunigung entgegengesetzt gerichtet.

c) Der **Energiesatz** (S. 259) kann auch bei unfreier Bewegung benutzt werden, nur ist bei *rauher* Führung die Arbeit der Reibung zu berücksichtigen, die von der eingeprägten Kraft F mit zu leisten ist.

Die Reaktionskräfte senkrecht zur Führung leisten keine Arbeit.

Beispiele: 1. *Schiefe Ebene.* Auf den Massenpunkt wirken sein Gewicht G und die zur Ebene senkrechte Reaktion N der Ebene. Die Resultierende F von G und N muß, da der Punkt die Ebene nicht verlassen kann, parallel zur Ebene sein. Daraus ergibt sich unter Vernachlässigung der Reibung, Bild 70,

$$N = G \cos\alpha, \qquad F = G \sin\alpha.$$

Da die zu beschleunigende Masse $m = G/g$ ist, so gilt $G \sin\alpha = m a$, d. h. $a = g \sin\alpha$.

2. *Mathematisches Pendel* (Bild 71). An einem Faden von der Länge l hängt ein Massenpunkt vom Gewicht G. Der Faden ist um den Winkel φ aus der vertikalen Lage ausgelenkt. Auf den Massenpunkt wirken ein sein Gewicht G und die Spannkraft S des Fadens. Die Resultierende F von S und G muß senkrecht zum Faden stehen, da sich der Punkt nur auf dem Umfang bewegen kann. Daraus ergibt sich $S = G\cos\varphi$ und $F = G\sin\varphi$. Die augenblickliche Beschleunigung ergibt sich (Reibung usw. vernachlässigt) aus

$$F = ma = -mg\sin\varphi \quad \text{zu} \quad a = -g\sin\varphi.$$

Das negative Vorzeichen ist notwendig, weil die Beschleunigung entgegengesetzt gerichtet ist wie der nach rechts positiv wachsende Winkel φ bzw. Weg des Massenpunktes.

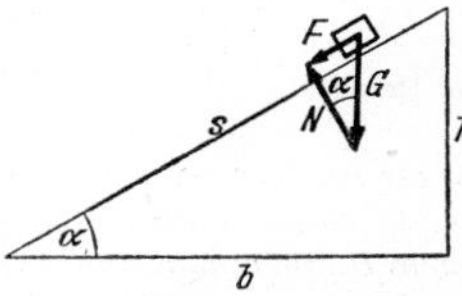

Bild 70. Schiefe Ebene

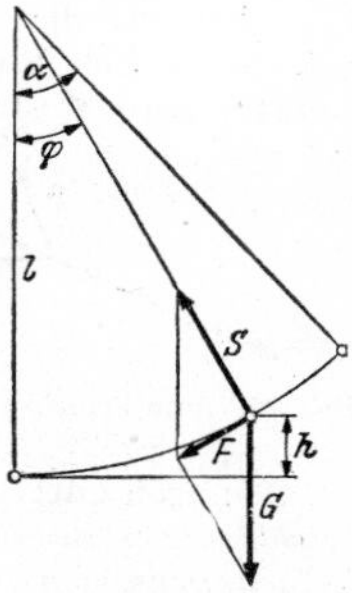

Bild. 71
Mathematisches Pendel

Ist v_m die Geschwindigkeit im tiefsten Punkt, so folgt nach dem Energiesatz für die Geschwindigkeit v beim Erreichen der Höhe h:

$$m v_m^2/2 - m v^2/2 = Gh \qquad \text{oder} \qquad v = \sqrt{v_m^2 - 2gh}.$$

Im tiefsten Punkt ist die Geschwindigkeit am größten, die Tangentialbeschleunigung gleich Null und die Normalbeschleunigung am größten. — Schwingungsdauer vgl. S. 282.

3. Die Geschwindigkeit eines eine *rauhe, schiefe Ebene* herabgleitenden Körpers ist zu bestimmen. Die einwirkenden Kräfte sind das Gewicht G, die Reaktion der Ebene $N = G\cos\alpha$ und die Reibungskraft $R = \mu N = \mu G \cos\alpha$. Fällt der Körper um die Höhe h (Bild 70), so ist die Arbeit des Eigengewichtes Gh, die Arbeit der Reibung $Rs = \mu G \cos\alpha \cdot h/\sin\alpha = \mu G h \cot\alpha$. Also wird $Gh = mgh = mv^2/2 + \mu m g h \cot\alpha$ oder $v = \sqrt{2gh(1 - \mu\cot\alpha)}$; es muß somit $\tan\alpha \geqq \mu$ sein.

C. Dynamik des Punkthaufens

Das bewegte System bestehe aus einer Anzahl von Massenpunkten, deren gegenseitige Lage veränderlich oder wie beim starren Körper unveränderlich sein kann, und welche aufeinander Kräfte (innere Kräfte des Systems) ausüben können oder auch nicht. Wirkt zwischen zwei Punkten A und B eine innere Kraft, so ist, da Wirkung = Gegenwirkung, die Einwirkung auf A gleich groß und entgegengesetzt gerichtet wie die auf B.

Die Bestimmungsstücke (Koordinaten, Parameter), die notwendig sind, um die Lage eines Massenpunktes oder der einzelnen Elemente eines Punkthaufens anzugeben, heißen *Freiheitsgrade.*

So hat ein Punkt auf der Geraden einen, in der Ebene zwei, im Raum drei Freiheitsgrade, wenn er frei beweglich ist; denn im Raum bestimmen drei Koordinaten seine Lage. Ein starrer Körper hat im Raum sechs Freiheitsgrade, da seine Lage durch die Koordinaten des Schwerpunktes und durch die Winkel einer körperfesten Achse gegeben sind. Ein zwangläufiges Getriebe, wie z. B. der Kurbeltrieb in Bild 28, hat aber nur einen Freiheitsgrad.

1. Grundgesetze

a) Prinzip von d'Alembert. Für den Massenpunkt galt das dynamische Grundgesetz (S. 256), das man $\mathfrak{F} - m\mathfrak{a} = 0$ schreiben kann. Hierin ist $\mathfrak{F}$ die eingeprägte Kraft und $\mathfrak{a}$ die dadurch verursachte Beschleunigung. Dann stehen die eingeprägte Kraft und die Trägheitskraft $-m\mathfrak{a}$ im Gleichgewicht. Beim Punkthaufen wirkt jedoch auf einen Massenpunkt noch die durch die Verbindung mit den anderen Massenpunkten bedingte innere Kraft $\mathfrak{Q}$, so daß für den Massenpunkt die Kräfte $\mathfrak{F}$, $\mathfrak{Q}$ und $-m\mathfrak{a}$ im Gleichgewicht stehen: $\mathfrak{F} + \mathfrak{Q} - m\mathfrak{a} = 0$ (Bild 72).

Für den gesamten Punkthaufen können diese Gleichungen an den einzelnen Massenpunkten geometrisch addiert werden. Dabei fallen aber die inneren Kräfte, da sie paarweise auftreten und entgegengesetzt gleich sind, heraus. Setzt man die einzelne Trägheitskraft $-m\mathfrak{a} = \mathfrak{H}$ und bezeichnet die Summe aller äußeren Kräfte mit $\mathfrak{K}$, so folgt

$$\mathfrak{K} + \sum \mathfrak{H} = 0 \quad \text{oder} \quad \mathfrak{K} - m_1\mathfrak{a}_1 - m_2\mathfrak{a}_2 - m_3\mathfrak{a}_3 - \cdots = 0.$$

Es stehen also die Trägheitskräfte $\mathfrak{H} = -m\mathfrak{a}$ und die äußeren Kräfte im Gleichgewicht: Durch Einführen der Trägheits- oder Ersatzkräfte ist die dynamische Aufgabe auf eine statische zurückgeführt.

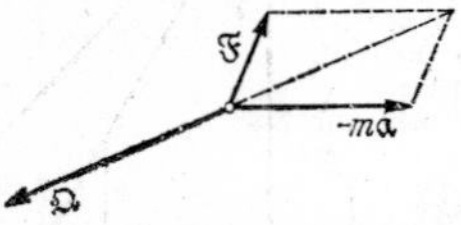

Bild 72. Zum Prinzip von *d'Alembert*

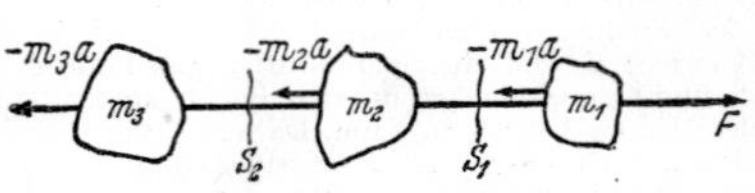

Bild 73

Demnach gilt: *Befindet sich ein System unter der Einwirkung äußerer Kräfte in beschleunigter Bewegung, so kann es wie ein im Gleichgewicht befindliches behandelt werden, wenn man an jedem Punkt eine Kraft hinzufügt, die gleich dem Produkt aus der Masse und der Beschleunigung des Punktes, aber der Beschleunigung entgegengesetzt gerichtet ist* (*Trägheitskräfte*).

Soll die Größe einer inneren Kraft bestimmt werden, so unterteilt man den Punkthaufen derart, daß die gesuchte Kraft in bezug auf den Rest des Punkthaufens als äußere anzusehen ist.

Beispiel: Die Massen m_1, m_2, m_3 (Bild 73) sind miteinander durch Fäden verbunden. An m_1 greift die Kraft F an. Gesucht sind die Spannkräfte in den Fäden zwischen m_1, m_2 und m_2, m_3. Die Gesamtmasse ist $m = m_1 + m_2 + m_3$, also die allen Massen gemeinsame Beschleunigung $a = F/m$. Die Trägheitskräfte, die entgegengesetzt zu F anzusetzen sind, werden m_1F/m, m_2F/m, m_3F/m. Die Fadenkräfte sind innere Kräfte. Zerschneidet man den Faden zwischen m_1 und m_2 und ersetzt ihn durch seine Spannkraft, so ist diese in bezug auf m_1 eine äußere Kraft. Die Gleichgewichtsbedingung für m_1 ergibt $F - m_1F/m + S_1 = 0$, d. h.

$$S_1 = -F(m_2 + m_3)/m \quad \text{(entgegengesetzt } F\text{)}.$$

Ebenso folgt für die Spannkraft S_2 der Betrag $S_2 = m_3 F/m$. Für die mittlere Masse m_2 muß dann die Gleichgewichtsbedingung

$-S_2 + S_1 - m_2 a = 0$, d. h. $-m_3 F/m + (m_2 + m_3) F/m - m_2 F/m = 0$ erfüllt sein.

b) Satz vom Schwerpunkt. *Steht ein Punkthaufen unter Einfluß von Kräften, so bewegt sich sein Schwerpunkt so, als ob alle Kräfte in ihm angriffen.* Dabei ist es gleichgültig, ob der Körper starr ist oder nicht; die inneren Kräfte haben auf die Bewegung des Schwerpunktes keinen Einfluß. Für die Beschleunigung a_s des Schwerpunktes folgt also (vgl. S. 274)

$$\mathfrak{a}_s = (\sum \mathfrak{F})/m.$$

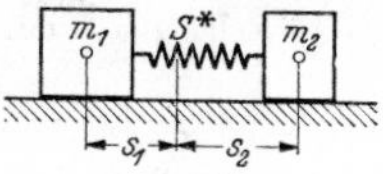

Bild 74

Beispiel: Zwei Massen m_1 und m_2 (Bild 74) sind mit einer elastischen Feder verbunden und gleiten ohne Reibung auf der Unterlage. Entfernt man die beiden Massen voneinander, so schwingen sie hin und her, aber so, daß ihr gemeinsamer Schwerpunkt S^* in Ruhe bleibt; denn für den ganzen Punkthaufen sind keine äußeren Kräfte vorhanden. Für die Verschiebungen relativ zum festen Schwerpunkt gilt $m_1 s_1 = m_2 s_2$ oder $s_1 : s_2 = m_2 : m_1$.

c) Über **Drehung** bzw. Drehung und Schiebung eines Körpers vgl. S. 269ff.

d) Die **kinetische Energie** für die Massenpunkte $m_1, m_2, \ldots, m_i$ beträgt $E = \sum m_i v_i^2/2$ (vgl. S. 259 u. S. 269ff.). — Hierbei sind folgende *Sonderfälle* zu unterscheiden:

α) Es bestehen keine inneren Kräfte; dann ist die Arbeit der äußeren Kräfte gleich dem Zuwachs an kinetischer Energie. Dabei ist zu beachten, daß die Arbeit positiv ist, wenn die Bewegung in Richtung der Kraft erfolgt negativ, wenn sie ihr entgegengesetzt ist, und daß die kinetische Energie eine skalare, stets positive Größe ist.

β) Der Punkthaufen ist starr. Es bestehen dann zwar innere Kräfte, die aber keine Arbeit leisten können, da keine relative Bewegung in Richtung der Spannkraft auftreten kann. Die Arbeit der äußeren Kräfte ist gleich dem Zuwachs an kinetischer Energie.

γ) Der Punkthaufen ist nicht starr, und es wirken innere Kräfte; dann ist die Summe der Arbeiten der äußeren und der inneren Kräfte gleich dem Zuwachs an kinetischer Energie.

e) Satz vom Antrieb. Haben die einzelnen Massenpunkte $m_1, m_2, m_3, \ldots$ die Geschwindigkeiten $\mathfrak{v}_1, \mathfrak{v}_2, \mathfrak{v}_3, \ldots$, so ist die *Bewegungsgröße* $\mathfrak{B}$ (S. 260) *des Systems gleich der vektoriellen* oder geometrischen *Summe der einzelnen Bewegungsgrößen* oder auch *gleich* der *Gesamtmasse* m mal der *Geschwindigkeit* $\mathfrak{v}_s$ *des Schwerpunktes:*

$$\mathfrak{B} = m_1 \mathfrak{v}_1 + m_2 \mathfrak{v}_2 + m_2 \mathfrak{v}_3 + \cdots = m \mathfrak{v}_s.$$

Wirkt eine Kraft $\mathfrak{F}$ während der Zeit $t_2 - t_1$ auf das System ein, so ist *der Antrieb (Impuls) der Kraft gleich dem Zuwachs der Bewegungsgröße des Systems:*

$$\int_{t_1}^{t_2} \mathfrak{F}\,\mathrm{d}t = \mathfrak{B}_2 - \mathfrak{B}_1 \quad \text{oder} \quad \mathfrak{F} = \mathrm{d}\mathfrak{B}/\mathrm{d}t.$$

Dabei ist es gleichgültig, ob $\mathfrak{F}$ auf alle oder nur auf einzelne Massenpunkte einwirkt. Innere Kräfte, z. B. Reibung, haben keinen Einfluß auf die Bewegungsgröße. Sind äußere Kräfte nicht vorhanden, so ist die Bewegungsgröße konstant. Verändert ein Teil eines Punkthaufens seine Bewegungsgröße, ohne daß äußere Kräfte einwirken, so muß der Rest seine Bewegungsgröße auch ändern, und zwar derart, daß die Summe beider Änderungen gleich Null ist.

f) Satz vom Drall. *Drall* oder *Drehimpuls* $\mathfrak{D}$ eines Punkthaufens in bezug auf einen festen Punkt ist die Summe der für die einzelnen Massenpunkte gebildeten Momente $\sum(\mathfrak{r}_i \times m_i \mathfrak{v}_i)$ ihrer Bewegungsgrößen $m_i \mathfrak{v}_i$ um diesen Punkt. Ist $\mathfrak{F}$ wieder (S. 260) eine auf das System wirkende äußere Kraft und $\mathfrak{M} = \mathfrak{r} \times \mathfrak{F}$ das Moment dieser Kraft, so gilt

$$\mathfrak{M} = \mathrm{d}\,\mathfrak{D}/\mathrm{d}t \quad \text{oder} \quad \int_{t_1}^{t_2} \mathfrak{M}\,\mathrm{d}t = \mathfrak{D}_2 - \mathfrak{D}_1,$$

d. h. *der Antrieb des Momentes* (oder das Moment des Antriebs) *ist gleich der Änderung des Dralls.*

Für die Drehung um eine *feste* Achse gilt dann mit $M = Fr$ als Moment der Kraft F im Abstand r von der Achse:

$$\int_{t_1}^{t_2} M\,\mathrm{d}t = D_2 - D_1 \quad \text{oder auch} \quad \int_{t_1}^{t_2} F r\,\mathrm{d}t = \sum(m_i v_i r_i)_2 - \sum(m_i v_i r_i)_1.$$

Die Änderung des Dralls wird gleich Null, d. h. der Drall bleibt konstant, wenn keine äußere Kraft vorhanden ist ($F = 0$) oder eine Zentralbewegung (S. 244 u. 262) vorliegt ($M = 0$).

Der Drall eines sich um eine feste Achse drehenden Körpers beträgt $\mathfrak{D} = \Theta\,\overline{\omega}$ (Θ = Massenträgheitsmoment, vgl. Abs. D).

Innere Kräfte treten paarweise auf (S. 264) und haben keinen Einfluß auf Antrieb oder Drall.

Anwendung beim exzentrischen Stoß vgl. S. 280.

2. Lagrangesche Gleichungen

Bei Aufstellung der Bewegungsgleichungen für einen Körperverband, d. h. für ein aus mehreren Massen bestehendes System, bedient man sich der vorstehenden oder unter D noch folgenden Gesetze, indem man die an den einzelnen Teilen wirkenden Kräfte und Momente unter Beachtung der an den Verbindungsstellen auftretenden inneren Kräfte einführt. Man wird ferner die Lage der einzelnen Teile durch bestimmte Koordinaten ausdrücken, diese aber schließlich z. B. bei einem System mit *einem* Freiheitsgrad (wie beim Kurbeltrieb, Bild 28, 29), auf *eine* Koordinate (etwa den Drehwinkel der Kurbel) zurückführen. Dieser Weg ist umständlich und kann durch Benutzung der *Lagrange*schen Gleichungen *wesentlich* vereinfacht werden, ohne daß die erwähnten Zwischenbetrachtungen notwendig sind, so daß etwa bei einem System von *einem* Freiheitsgrad die Aufstellung nur *einer* Gleichung erforderlich ist.

a) Verallgemeinerte Impulsgleichung. Vielfach wird bei einem zwangläufigen System, wie bei dem erwähnten Kurbeltrieb, die gesamte Masse vermöge der kinetischen Energie auf einen Punkt, z. B. den Kurbelzapfen A, von der Geschwindigkeit v reduziert (S. 270). Dann beträgt die kinetische Energie mit M_r als reduzierter Masse $E = M_r v^2/2$.[1] Andrerseits ist mit u als Geschwindigkeit eines Massenteils die gesamte kinetische Energie $E = \sum m u^2/2$, wobei aber u wegen der kinematischen Zusammenhänge durch v und die augenblickliche Lage des Bezugspunktes A (z. B. durch den Kurbelzapfenweg s) bestimmt ist. Durch Vergleich ergibt sich die reduzierte Masse M_r zu $M_r = \sum m u^2/v^2$, d. h. als alleinige Funktion von s: $M_r = \mathrm{f}_1(s)$.

Die kinetische Energie $E = M_r v^2/2$ ist sonach eine Funktion von s und seiner Ableitung $v = \mathrm{d}s/\mathrm{d}t = \dot{s}$, d. h. $E = \mathrm{f}_2(s, v) = \mathrm{f}_2(s, \dot{s})$.

Das *Newton*sche Grundgesetz in der Form der Impulsgleichung (S. 265) $F = \mathrm{d}B/\mathrm{d}t$ gilt hier aber nicht (da die Masse veränderlich), sondern hat die Form:

$$F = \frac{\mathrm{d}(M_r v)}{\mathrm{d}t} - \frac{1}{2}\frac{\mathrm{d}M_r}{\mathrm{d}s}v^2 \quad (1\,\mathrm{a}), \qquad F = \frac{\mathrm{d}B}{\mathrm{d}t} - \frac{1}{2}\frac{\mathrm{d}M_r}{\mathrm{d}s}v^2 \quad (1\,\mathrm{b})$$

(„verallgemeinerte Impulsgleichung für einen zwangläufigen Körperverband"), wobei $B = M_r v$ *reduzierter* Impuls heißt[2].

Beweis. Aus $\int_0^s F\,\mathrm{d}s = E - E_0$ folgt durch Differentiation nach der Zeit die Leistungsgleichung $Fv = \mathrm{d}E/\mathrm{d}t$ oder mit $E = \mathrm{f}_2(s, v)$ und $M_r = \mathrm{f}_1(s)$ auch durch totale Differentiation $Fv = \frac{\partial E}{\partial s}\frac{\mathrm{d}s}{\mathrm{d}t} + \frac{\partial E}{\partial v}\frac{\mathrm{d}v}{\mathrm{d}t}$. Da $E = \frac{1}{2}M_r v^2$, also $\frac{\partial E}{\partial s} = \frac{1}{2}\frac{\partial M_r}{\partial s}v^2 = \frac{1}{2}\frac{\mathrm{d}M_r}{\mathrm{d}s}v^2$ und $\frac{\partial E}{\partial v} = M_r v$ ist, folgt durch Einsetzen $Fv = \frac{1}{2}\frac{\mathrm{d}M_r}{\mathrm{d}s}v^3 + M_r v\frac{\mathrm{d}v}{\mathrm{d}t}$. Kürzung durch v und Beachtung von $M_r\frac{\mathrm{d}v}{\mathrm{d}t} = \frac{\mathrm{d}(M_r v)}{\mathrm{d}t} - v\frac{\mathrm{d}M_r}{\mathrm{d}t} = \frac{\mathrm{d}(M_r v)}{\mathrm{d}t} - \frac{\mathrm{d}M_r}{\mathrm{d}s}v^2$ liefern Gln. (1a) und (1b).

b) Lagrangesche Gleichung für einen Freiheitsgrad. α) Die obige Gl. (1) kann mit Hilfe der kinetischen Energie $E = M_r v^2/2 = \mathrm{f}_2(s, v)$ durch Elimination von B und $M_r' = \mathrm{d}M_r/\mathrm{d}s$ umgeformt werden.

Da M_r nur von s abhängt, ist

$$B = M_r v = \frac{\partial}{\partial v}(^1/_2 M_r v^2) = \frac{\partial E}{\partial v}, \quad \text{also} \quad \frac{\mathrm{d}B}{\mathrm{d}t} = \frac{\mathrm{d}}{\mathrm{d}t}\left(\frac{\partial E}{\partial v}\right). \tag{2}$$

---

[1] Es kann auch $E = \Theta_r\omega^2/2$ mit ω als Winkelgeschwindigkeit der Kurbel und Θ_r als reduziertem Trägheitsmoment (Abs. D) geschrieben werden, wobei Θ_r eine Funktion des Kurbelwinkels α ist. Vgl. z. B. *Meyer zur Capellen, W.:* Die Bewegung periodischer Getriebe unter Einfluß von Kraft- und Massenwirkungen. Ind.-Anz. 86 (1964) Nr. 41 S. 755/60.

[2] *Weber, M.:* Die Lagrangeschen Bewegungsgleichungen für allgemeine Koordinaten. VDI-Z. 85 (1941) 471/80.

Ferner gilt ebenso $$\tfrac{1}{2}\,\frac{\mathrm{d}M_r}{\mathrm{d}s}\,v^2 = \frac{\partial}{\partial s}\,(\tfrac{1}{2}M_r v^2) = \frac{\partial E}{\partial s}\,. \qquad (3)$$

Gln. (2) und (3) in (1 b) eingesetzt, ergibt $$\frac{\mathrm{d}}{\mathrm{d}t}\left(\frac{\partial E}{\partial v}\right) - \frac{\partial E}{\partial s} = F. \qquad (4)$$

Bezeichnet man die allgemeine Koordinate oder Systemkoordinate mit q, deren zeitliche Ableitung (also die maßgebliche Geschwindigkeit des Verbandes) mit $\dot{q} = \mathrm{d}q/\mathrm{d}t$ und die auf die Koordinate q reduzierte Kraft mit Q, so folgt nach vorstehendem[1] die *Lagrangesche Gleichung zweiter Art* zu

$$\frac{\mathrm{d}}{\mathrm{d}t}\left(\frac{\partial E}{\partial \dot{q}}\right) - \frac{\partial E}{\partial q} = Q.$$

E bedeutet wie oben die kinetische Energie. Hierbei sollen keine Stoß- und Reibungsverluste auftreten.

β) Die *Lagrangesche Kraft* Q kann eine Kraft oder, wenn q ein Winkel, auch ein Moment (oder andere Größen) bedeuten. Da $Q\,\delta q = \delta W$, d. h. gleich der bei der Verrückung δq geleisteten Arbeit ist, gilt allgemein: Man berechnet die bei einer möglichen Verrückung δq der Systemkoordinate q geleistete Arbeit δW und dividiert diese durch δq (vgl. Beispiele).

Die *Lagrange*schen Gleichungen können auch auf thermodynamische, elektrodynamische und andere Vorgänge angewendet werden.

Haben die Kräfte ein Potential U, so ist $Q = -\partial U/\partial q$, und die *Lagrange*sche Gleichung hat die Form

$$\frac{\mathrm{d}}{\mathrm{d}t}\left(\frac{\partial E}{\partial \dot{q}}\right) - \frac{\partial E}{\partial q} = -\frac{\partial U}{\partial q} \quad \text{oder} \quad \frac{\partial L}{\partial q} = \frac{\mathrm{d}}{\mathrm{d}t}\left(\frac{\partial L}{\partial \dot{q}}\right),$$

worin $L = E - U$ die *Lagrangesche Funktion* ist. U hängt nicht von $\dot{q}$ ab.

c) Die Lagrangeschen Gleichungen bei einem System von ***n* Freiheitsgraden** $q_1, q_2, \ldots$ lauten mit q_k als k-ter Koordinate (*Lagrange*scher Koordinate) entsprechend

$$\frac{\mathrm{d}}{\mathrm{d}t}\left(\frac{\partial E}{\partial \dot{q}_k}\right) - \frac{\partial E}{\partial q_k} = Q_k \qquad (k = 1, 2, \ldots, n).$$

Man stellt die gesamte kinetische Energie auf und bildet die vorgeschriebenen Ableitungen. Die *Lagrange*schen Kräfte gewinnt man, indem man unter Festhaltung aller anderen Koordinaten die Arbeit $\delta W q_k$ bestimmt, die bei Vergrößerung von q_k um δq_k geleistet wird, und diese Arbeit durch δq_k dividiert. Hinsichtlich des Potentials gilt das oben Gesagte.

Die Gleichungen gelten für *holonome* Systeme[2], nicht für nichtholonome Systeme, bei denen Bewegungsbeschränkungen im Unendlichkleinen bestehen. — Bei rheonomen Systemen sind im Gegensatz zu skleronomen die Stützpunkte bewegt, z. B. bei einem Pendel, dessen Aufhängepunkt periodisch hin- und herbewegt wird; dabei hängt die kinetische Energie außer von $\dot{q}_k$ auch noch von der Zeit t ab. — Die Gleichungen können nicht ohne weiteres auf Verbände mit geschwindigkeitsabhängigen Reibungskräften angewendet werden. Doch läßt sich dies durch Einführen einer Dissipationsfunktion erreichen[3].

d) Prinzip von Hamilton. Die obigen n *Lagrange*schen Gleichungen lassen sich bei *konservativen* Systemen, bei denen also die Kräfte von einem Potential U abge-

---

[1] Strenge Herleitung vgl. z. B. *Hamel, G.:* Elementare Mechanik. Leipzig: B. G. Teubner 1922 oder *Ders.:* Theoretische Mechanik. Berlin: Springer 1949.

[2] In einem holonomen System können dessen mögliche Lagen durch endliche Beziehungen der Koordinaten angegeben werden, für die Darstellung der Verschiebungen sind also keine Differentialgesetze erforderlich. — In der Darstellung eines rheonomen Systems tritt die Zeit t explizit auf, es liegen also zeitabhängige Bedingungen vor; beim skleronomen System gibt es nur zeitunabhängige Beziehungen.

[3] Vgl. Lit. 5 u. 7, ferner Anm. 2 S. 266, außerdem *Hort, W.*, u. *A. Thoma:* Die Differentialgleichungen der Technik u. Physik. 7. Aufl. Leipzig: J. A. Barth 1956. — Anwendungsbeispiele: *Meyer zur Capellen, W.:* Anm. 1 S. 266, und folgende Aufsätze in Z. Instrkde.:

Das Konchoidenpendel. 52 (1932) Nr. 3 S. 123/28; Getriebependel. 55 (1935) Nr. 10 S. 393/407; Nr. 11 S. 437/48; 61 (1941) Nr. 1 S. 1/14; 62 (1942) Nr. 4 S. 123/38.

leitet werden können, auch als Variationsformel

$$\delta \int_{t_1}^{t_2} (E - U)\,\mathrm{d}t = 0 \qquad \text{oder} \qquad \delta \int_{t_1}^{t_2} L\,\mathrm{d}t = 0$$

ausdrücken (*Variationsprinzip* von *Hamilton*). $L = E - U$ ist die *Lagrange*sche Funktion, und die Formel besagt, daß L einen minimalen Wert haben muß (vgl. Variationsrechnung, S. 114).

Beispiele: 1. Für die freie Bewegung der Scheibe in der Ebene (vgl. Abs. D) hat die kinetische Energie den Wert $E = {}^1/_2 m(\dot{x}^2 + \dot{y}^2) + {}^1/_2 \Theta\dot{\varphi}^2$, und die potentielle Energie sei $U = U(x, y, \varphi)$, wobei als Koordinaten die Schwerpunktskoordinaten x, y und der Drehwinkel φ um die Schwerachse senkrecht zur Ebene gewählt sind. Es wird $\partial E/\partial \dot{x} = m\dot{x}$, $\partial E/\partial \dot{y} = m\dot{y}$, $\partial E/\partial \dot{\varphi} = \Theta\dot{\varphi}$ und $\frac{\mathrm{d}}{\mathrm{d}t}\left(\frac{\partial E}{\partial \dot{x}}\right) = m\ddot{x}$, $\frac{\partial E}{\partial x} = 0$ usw., so daß als Bewegungsgleichungen folgen: $m\ddot{x} = -\partial U/\partial x = X$, $m\ddot{y} = -\partial U/\partial y = Y$, $\Theta\ddot{\varphi} = -\partial U/\partial \varphi = M$.

2. Bei den federnd verbundenen Pendeln, Bild 75, hat die kinetische Energie E den Wert (vgl. Abs. D) $E = \Theta_1\dot{\varphi}^2/2 + \Theta_2\dot{\psi}^2/2$ mit Θ_1, Θ_2 als Trägheitsmomenten bezogen auf die Drehpunkte, so daß z. B. $\frac{\partial E}{\partial \dot{\varphi}} = \Theta_1\dot{\varphi}$, also $\frac{\mathrm{d}}{\mathrm{d}t}\left(\frac{\partial E}{\partial \dot{\varphi}}\right) = \Theta_1\ddot{\varphi}$, ferner $\frac{\partial E}{\partial \varphi} = 0$ wird. Die Verlängerung der Feder hat bei kleinen Auslenkungen φ, ψ den Wert $(l_1\varphi - l_2\psi)$, also ist die Federkraft gleich $-c(l_1\varphi - l_2\psi)$, und bei Auslenkung *nur* um $\delta\varphi$ wird die Arbeit $-c(l_1\varphi - l_2\psi)l_1\,\delta\varphi$ und bei Änderung *nur* um $\delta\psi$ wird die Arbeit $c(l_1\varphi - l_2\psi)\,l_2\,\delta\psi$ geleistet, da hierbei die Feder in der gezeichneten Stellung zusammengedrückt wird. Bei Verschiebung nur um $\delta\varphi$ leistet das Gewicht G_1 die Arbeit $- G_1 \sin\varphi e_1\,\delta\varphi \approx - G_1\varphi e_1\,\delta\varphi$ (bei kleinen Winkeln), da die Komponente $G_1 \cos\varphi$ senkrecht zum Wege keine Arbeit leistet. Für die Verschiebung um $\delta\psi$ gilt entsprechend $- G_2\psi e_2\,\delta\psi$.

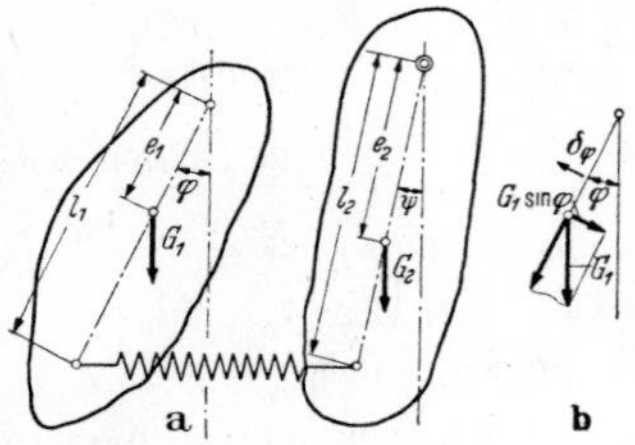

Bild 75

Damit haben die *Lagrange*schen Kräfte den Wert

$$Q_\varphi = -cl_1(l_1\varphi - l_2\psi) - G_1e_1\varphi,$$
$$Q_\psi = cl_2(l_1\varphi - l_2\psi) - G_2e_2\psi,$$

und die beiden *Lagrange*schen Bewegungsgleichungen liefern die folgenden simultanen Differentialgleichungen

$$\Theta_1\ddot{\varphi} + (cl_1^2 + G_1e_1)\varphi - cl_1l_2\psi = 0,$$
$$\Theta_2\ddot{\psi} + (cl_2^2 + G_2e_2)\psi - cl_1l_2\varphi = 0,$$

aus denen durch Integration (vgl. Differentialgleichungen S. 110 u. Schwingungslehre S. 285) die Bewegungsgleichungen selbst gewonnen werden können.

3. Eine starre Stange von der Masse m [Gewicht(skraft) G] ist in den Endpunkten A und B, Bild 76, auf einer horizontalen bzw. senkrechten Geraden geführt (Kardanbewegung S. 129, der Schwerpunkt S^* beschreibt eine Ellipse). Das System hat *einen* Freiheitsgrad, und als *Lagrange*sche Koordinate wird der Winkel φ der Strecke AB mit der y-Achse gewählt. Da Schiebung und Drehung vorliegt (vgl. Abs. D), wird $E = \Theta\dot{\varphi}^2/2 + mv^2/2$ mit Θ als Trägheitsmoment bezogen auf S^*, $\Theta = mi^2$ und mit v als Geschwindigkeit des Schwerpunktes. Für die letztere folgt $v = \varrho\dot{\varphi}$; ferner $\varrho^2 = \overline{PS^*}^2 = (a\cos\varphi)^2 + (b\sin\varphi)^2 = {}^1/_2(a^2 + b^2) + {}^1/_2(a^2 - b^2)\cos 2\varphi$, also

$$E = {}^1/_2 m[i^2 + {}^1/_2(a^2 + b^2) + {}^1/_2(a^2 - b^2)\cos 2\varphi]\dot{\varphi}^2.$$

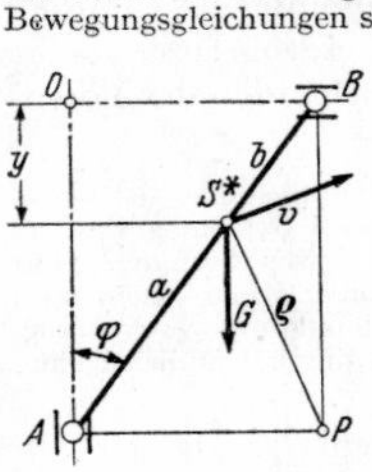

Bild 76. Kardanpendel

Gegenüber dem ersten Beispiel ist hier E nicht nur von $\dot{\varphi}$ sondern auch von φ abhängig. Das Potential beträgt $U = -Gy = -Gb\cos\varphi$. Es folgt somit

$$\partial E/\partial\dot{\varphi} = m\dot{\varphi}\,[i^2 + {}^1/_2(a^2 + b^2) + {}^1/_2(a^2 - b^2)\cos 2\varphi] = m\dot{\varphi}\,[\cdots];$$

$$\frac{\mathrm{d}}{\mathrm{d}t}\left(\frac{\partial E}{\partial\dot{\varphi}}\right) = m\ddot{\varphi}\,[\cdots] - m\dot{\varphi}^2(a^2 - b^2)\sin 2\varphi; \qquad \partial E/\partial\varphi = -{}^1/_2 m(a^2 - b^2)\sin 2\varphi\cdot\dot{\varphi}^2;$$

$$Q_\varphi = -\partial U/\partial\varphi = -Gb\sin\varphi.$$

Hiernach bleibt

$$\ddot{\varphi}\,[i^2 + {}^1/_2(a^2 + b^2) + {}^1/_2(a^2 - b^2)\cos 2\varphi] - {}^1/_2(a^2 - b^2)\sin 2\varphi\cdot\dot{\varphi}^2 = -gb\sin\varphi.$$

Bei *kleinen* Schwingungen um die Gleichgewichtslage $\varphi = 0$ bleibt $\ddot{\varphi}\,(i^2 + a^2) + gb\varphi = 0$ (physisches Pendel S. 282); wenn $a = b = r$ ist, so wird $\ddot{\varphi}\,(i^2 + r^2) + gr\sin\varphi = 0$ (physisches Pendel mit großem Ausschlag).

D. Dynamik des starren Körpers

Die folgenden Betrachtungen sind sinngemäß auch auf elastische Körper oder auf Punkthaufen unter Beachtung der inneren Kräfte zu übertragen.

1. Drehung um eine feste Achse

a) Kinetische Energie (*Wucht*) und **Massenträgheitsmoment.** Bei Drehung eines Körpers um eine *feste* Achse mit der Winkelgeschwindigkeit ω hat ein Massenteilchen dm im Abstand r von der Drehachse die Geschwindigkeit $v = r\omega$; also wird die gesamte Wucht $E = \int {}^1/_2 \mathrm{d}m v^2 = {}^1/_2 \omega^2 \int r^2 \,\mathrm{d}m$ oder $E = \Theta\omega^2/2$. Hierin ist der Ausdruck

$$\Theta = \int r^2 \,\mathrm{d}m$$

das (dynamische oder) Massen-*Trägheitsmoment* bezogen auf die Drehachse, also die Summe aller Produkte aus den Massenteilchen und dem Quadrat ihrer Abstände von der Bezugsachse.

Das Massenträgheitsmoment Θ hat die Einheit

im techn. Maßsystem	im MKS-System
kpm sec²,	kg m².

b) Sätze über Massenträgheitsmomente. α) *Satz von Steiner* (*Verschiebungssatz*). Ist Θ_s das Trägheitsmoment eines Körpers in bezug auf eine durch den Schwerpunkt gehende Achse s, so folgt für das Trägheitsmoment Θ_a in bezug auf eine dazu parallele, im Abstand e befindliche Achse a (Bild 77)

$$\Theta_a = \Theta_s + me^2 \quad \text{(Satz von } \textit{Steiner}\text{)}.$$

Bild 77

Das Trägheitsmoment mehrerer Körper oder mehrerer Teile eines Körpers in bezug auf die gleiche Achse ist gleich der Summe der einzelnen Trägheitsmomente in bezug auf diese Achse.

β) *Polare und planare Trägheitsmomente.* Das oben definierte, auf eine *Achse* bezogene Trägheitsmoment (TM) heißt auch *axiales* TM, und für die drei aufeinander senkrecht stehenden Achsen x, y, z gilt

$$\Theta_x = \int (y^2 + z^2)\,\mathrm{d}m, \quad \Theta_y = \int (z^2 + x^2)\,\mathrm{d}m, \quad \Theta_z = \int (x^2 + y^2)\,\mathrm{d}m.$$

Das auf einen *Punkt* bezogene TM heißt *polares* TM, und es ist z. B. bezogen auf den Ursprung $\Theta_p = \int (x^2 + y^2 + z^2)\,\mathrm{d}m$. Das auf eine *Ebene* bezogene TM heißt *planares* TM, und es gilt, bezogen auf die x,y-, die y,z- bzw. die z,x-Ebene

$$\Theta_1 = \int z^2\,\mathrm{d}m, \quad \Theta_2 = \int x^2\,\mathrm{d}m, \quad \Theta_3 = \int y^2\,\mathrm{d}m.$$

Die Größen $\Theta_{xy} = \int xy\,\mathrm{d}m$, $\Theta_{yz} = \int yz\,\mathrm{d}m$, $\Theta_{zx} = \int zx\,\mathrm{d}m$ heißen *Flieh-*, *Zentrifugal-* oder *Deviationsmomente.*

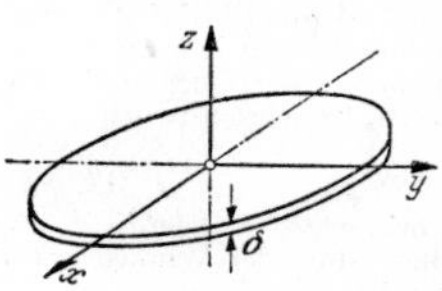

Bild 78

Für *scheibenförmige* Körper, d. h. zylindrische Körper mit geringer Dicke δ, Bild 78, gilt, da $z \approx 0$,

$$\Theta_x = \int y^2\,\mathrm{d}m, \quad \Theta_y = \int x^2\,\mathrm{d}m,$$
$$\Theta_z = \int (y^2 + x^2)\,\mathrm{d}m = \Theta_x + \Theta y.$$

Die beiden ersten entsprechen dem planaren TM Θ_3 und Θ_2, während Θ_z dem polaren TM Θ_p entspricht.

Bei einer Scheibe konstanter Dicke h ist $\mathrm{d}m = \varrho \cdot h\,\mathrm{d}f$, wenn d$f$ das Flächenelement und ϱ die spez. Masse (S. 257) darstellt. Dann wird $\Theta_z = \varrho h \int r^2\,\mathrm{d}f$. Es ist aber $\int r^2\,\mathrm{d}f$ das Flächenträgheitsmoment I_p, so daß dann die Berechnung des polaren dynamischen Trägheitsmomentes auf die des Flächenträgheitsmomentes zurückgeführt werden kann (S. 364), $\Theta_z = \varrho h I_p$.

γ) Der *Trägheitsradius* ist der Abstand $i = D/2$ desjenigen Punktes von der Bezugsachse, in dem man die punktförmig gedacht Masse eines Körpers unterbringen muß, um das Trägheitsmoment Θ des Körpers zu erhalten:[1]

$$\Theta = mi^2, \quad \text{d. h.} \quad i = \sqrt{\Theta/m}.$$

Man hat auch den Begriff *Schwungmoment* $= GD^2$ eingeführt, wobei $D = 2i$ gesetzt wird.

Da $\Theta = mi^2 = G/g \cdot i^2$ ist, wird $\Theta = GD^2/4g$ = Schwungmoment : $4\,g$.

Einheiten für das Trägheitsmoment Θ

im technischen System mit G in kp, g in m/sec², i in m erhält Θ die Einheit

$$\frac{\text{kp} \cdot \text{sec}^2 \cdot \text{m}^2}{\text{m}} = \text{kp m sec}^2,$$

im MKS-System mit m in kg erhält Θ die Einheit kgm², oder, da 1 kgm/sec² = 1 N ist, auch die Einheit Nmsec².

Einheiten für das Schwungmoment GD^2

kpm²,

mit $G = mg$ in kgm/sec² ist die Einheit $\frac{\text{kgm} \cdot \text{m}^2}{\text{sec}^2}$, oder, da 1 kgm/sec² = 1 N ist, auch Nm².

Beispiel: Wie groß muß das Trägheitsmoment eines Schwungrades sein, das die Arbeit W abgeben soll, während sich seine Drehzahl von n_1 auf n_2 U/min verringert? Es ist $\omega = \pi n/30$. Dann ist die Wucht zu Anfang $E_1 = \Theta\omega_1^2/2 = \Theta\pi^2 n_1^2/1800$ und nach Abgabe der Arbeit $E_2 = \Theta\pi^2 n_2^2/1800$. Also wird $W = E_1 - E_2 = \Theta\pi^2(n_1^2 - n_2^2)/1800$, d. h. $\Theta = 182{,}4 \cdot W/(n_1^2 - n_2^2)$.

δ) *Das Trägheitsellipsoid.* Berechnet man für verschiedene durch einen Punkt O gehende Achsen a die Trägheitsmomente Θ_a und trägt die Abstände $\varrho = c/\sqrt{\Theta_a}$ (c = beliebiger konstanter Faktor) von O aus auf den Achsen ab, so entsteht eine Fläche zweiten Grades, das Trägheitsellipsoid. Die Hauptachsen x, y, z dieser Fläche heißen *Hauptträgheitsachsen*. Für die eine Hauptachse ist Θ ein Maximum, für eine zweite ein Minimum. Sind $\Theta_1, \Theta_2, \Theta_3$ die auf die Hauptachsen bezogenen Hauptträgheitsmomente, so hat die Fläche die Gleichung $\Theta_1 x^2 + \Theta_2 y^2 + \Theta_3 z^2 = c^2$. Werden die Richtungscosinus der Achse a in bezug auf die Hauptachsen x, y, z mit λ, μ, ν bezeichnet, so gilt $\Theta_a = \lambda^2\Theta_1 + \mu^2\Theta_2 + \nu^2\Theta_3$.

Für die Hauptträgheitsachsen sind die Deviationsmomente gleich Null.

ε) Mit *reduzierter Masse* bezeichnet man die im willkürlichen Abstand r von der Drehachse anzubringende Masse m_{red}, die das gleiche Trägheitsmoment auf diese Achse wie der Körper hat:

$$\Theta = m_{\text{red}} r^2 \quad \text{oder} \quad m_{\text{red}} = \Theta/r^2.$$

Über eine allgemeinere Definition vgl. S. 266 (*Lagrange*sche Gleichungen).

ζ) Unter *Reduktion von Trägheitsmomenten* versteht man die Rückführung der Trägheitsmomente aller Massen, z. B. eines Rädertriebes, auf eine Welle: Sind $\Theta_1, \Theta_2, \Theta_3, \ldots$ die Trägheitsmomente der einzelnen sich drehenden Massen und $\omega_1, \omega_2, \omega_3, \ldots$ ihre Winkelgeschwindigkeiten, so ist ihre Gesamtwucht

$$E = {}^1/_2(\Theta_1\omega_1^2 + \Theta_2\omega_2^2 + \Theta_3\omega_3^2 + \cdots) = {}^1/_2\omega_1^2(\Theta_1 + \Theta_2^{(1)} + \Theta_3^{(1)} + \cdots),$$

worin $\Theta_2^{(1)} = \Theta_2(\omega_2/\omega_1)^2$, $\Theta_3^{(1)} = \Theta_3(\omega_3/\omega_1)^2, \ldots$ die auf die Welle 1 bezogenen Trägheitsmomente sind. Statt der Winkelgeschwindigkeiten können in der Klammer auch die Drehzahlen eingesetzt werden.

c) Tabelle der Massenträgheitsmomente. Hierin ist ϱ die Dichte oder spezifische Masse. Im techn. Maßsystem ist $\varrho = \gamma/g$ und hat die Einheit kpm⁻⁴sec² (Abs. d, S. 257), wobei $g = 9{,}81$ m/sec² zu setzen und γ in kp/m³ einzusetzen ist (z. B. für Gußeisen $\gamma = 7250$ kp/m³). Θ erscheint in kpmsec².

Im MKS-System hat die Dichte ϱ die Einheit kg/m³ (Abs. d, S. 257). Setzt man die Längen in m ein, so erhält man Θ in kgm².

[1] Bestimmung des Trägheitsradius durch Auspendeln, vgl. Konstruktion 4 (1952) 59/60. — *Wowries, E.:* Das Ermitteln von Massenträgheitsmomenten durch Pendelversuche. VDI-Z. 106 (1964) Nr. 17 S. 741/48.

Tabelle der Massenträgheitsmomente

1. *Zylinder:*

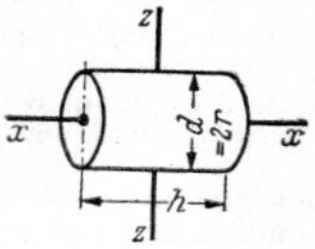

$$\Theta_x = {}^1/_8 m d^2 = {}^1/_2 m r^2 = {}^1/_{32} \varrho \pi d^4 h = {}^1/_2 \varrho \pi r^4 h,$$
$$\Theta_z = {}^1/_{16} m (d^2 + {}^4/_3 h^2) = {}^1/_{64} \varrho \pi d^2 h (d^2 + {}^4/_3 h^2).$$

Bei einem langen, zylindrischen *Stab* ($d \ll h$) gilt $\Theta_z \approx {}^1/_{12} m h^2$, vgl. 7.

2. *Hohlzylinder:*

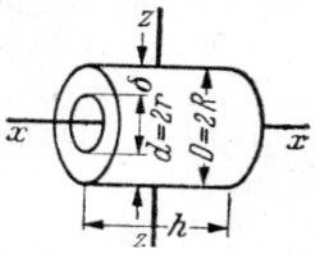

$$\Theta_x = {}^1/_8 m (D^2 + d^2) = {}^1/_2 m (R^2 + r^2) = {}^1/_{32} \varrho \pi h (D^4 - d^4) = \\ = {}^1/_2 \varrho \pi h (R^4 - r^4),$$
$$\Theta_z = {}^1/_{16} m (D^2 + d^2 + {}^4/_3 h^2) = {}^1/_4 m (R^2 + r^2 + {}^1/_3 h^2).$$

3. *Zylindermantel* [Hohlzylinder, Wanddicke $\delta = {}^1/_2 (D - d)$ sehr klein im Verhältnis zum mittleren Durchmesser $d_m = {}^1/_2 (D + d)$]:

$$\Theta_x = {}^1/_4 m d_m{}^2 = {}^1/_4 \varrho \pi d_m{}^3 h \delta; \; \Theta_z = {}^1/_8 m (d_m{}^2 + {}^2/_3 h^2) = {}^1/_8 \varrho \pi d_m h \delta (d_m{}^2 + {}^2/_3 h^2).$$

4. *Kugel* vom Durchmesser $d = 2r$:

$$\Theta_z = \Theta_x = {}^1/_{10} m d^2 = {}^2/_5 m r^2 = {}^1/_{60} \varrho \pi d^5 = {}^8/_{15} \varrho \pi r^5.$$

5. *Kugelschale* [Wanddicke $\delta = {}^1/_2 (D - d)$ sehr klein im Verhältnis zum mittleren Durchmesser $d_m = {}^1/_2 (D + d)$]:

$$\Theta_z = \Theta_x = {}^1/_6 m d_m{}^2 = {}^1/_6 \varrho \pi d_m{}^4 \delta.$$

6. *Ring:*

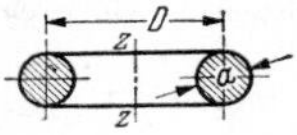

$$\Theta_z = {}^1/_4 m (D^2 + {}^3/_4 a^2) = {}^1/_{16} \varrho \pi^2 D a^2 (D^2 + {}^3/_4 a^2) = \\ = {}^1/_4 m D^2 [1 + {}^3/_4 (a/D)^2].$$

7. *Platte:*

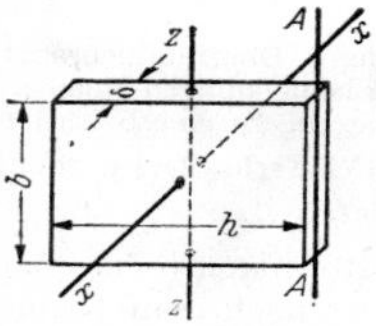

$$\Theta_x = {}^1/_{12} m (b^2 + h^2) = {}^1/_{12} \varrho h b \delta (b^2 + h^2);$$

bei geringer Plattendicke δ:

$$\Theta_z = {}^1/_{12} m h^2 = {}^1/_{12} \varrho b h^3 \delta; \quad \Theta_A = {}^1/_3 m h^2 = {}^1/_3 \varrho b h^3 \delta.$$

8. Für einen *beliebigen* Drehkörper, dessen Profil gegeben ist, gilt, da $\mathrm{d}\Theta = {}^1/_2 \varrho \pi r^4 \mathrm{d}x$ (Bild 79) ist,

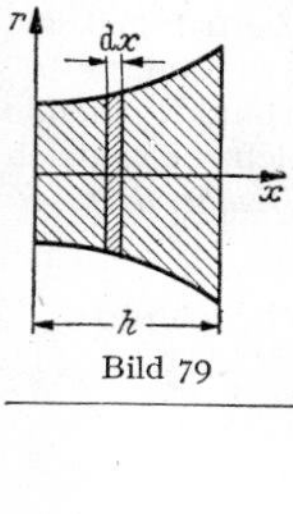

Bild 79

$$\Theta_x = {}^1/_2 \varrho \pi \int r^4 \, \mathrm{d}x.$$

Dieses Integral läßt sich bei gegebenem Gesetz für r analytisch, sonst aber instrumentell mit einem Momentenplanimeter (S. 199) oder zeichnerisch auswerten. Für den letzten Weg kann man z. B. die Kurve r^4 über x auftragen und den unter ihr liegenden Flächeninhalt mit einem gewöhnlichen Planimeter bestimmen. Oder man trägt die Kurve r^2 über x auf und wertet die Fläche mit einem Quadratplanimeter aus[1].

[1] Vgl. Anm. 2, S. 44.

Für *Schwungscheiben* und *Räder* kann das Verfahren von *Rötscher*[1] angewendet werden. Zerlegt man einen solchen Körper (Bild 80) in konzentrische Zylinder, so ist das Massenteilchen $dm = \varrho h 2\pi r\, dr$; also wird das Trägheitsmoment in bezug auf die Drehachse

$$\Theta_0 = \int dm r^2 = 2\pi\varrho \int h r^3\, dr = 2\pi\varrho A.$$

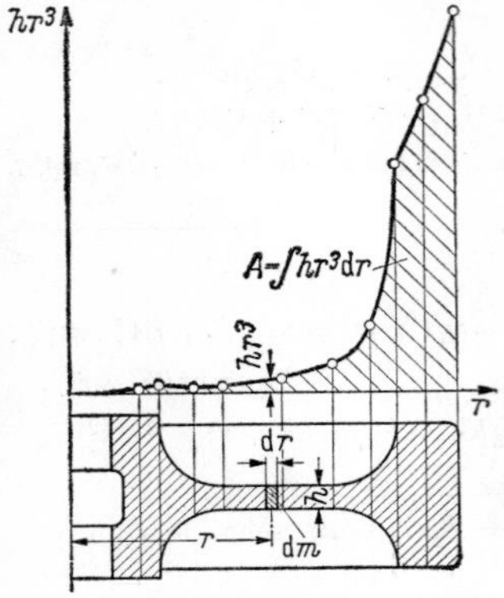

Bild 80. Trägheitsmoment einer Schwungscheibe

Zur Bestimmung des Integrals A trägt man die Kurve $z = hr^3$ für verschiedene r (besonders bei Sprüngen und Ecken) in Abhängigkeit von r auf und bestimmt den unter ihr liegenden Flächeninhalt, z. B. mit dem (Grund-) Planimeter (S. 199).

Ist der Maßstab für r: $1\ \text{cm} \mathrel{\hat=} a\ \text{cm}$, für z: $1\ \text{cm} \mathrel{\hat=} b\ \text{cm}^4$, und ist der Flächeninhalt zu $c\ \text{cm}^2$ gemessen, so wird $A \mathrel{\hat=} abc\ \text{cm}^5$.

Werden die Ordinaten zu groß, so kann man $\sqrt{hr^3} = r\sqrt{hr}$ auftragen und die Fläche mit einem Quadratplanimeter (S. 199) umfahren.

d) Für den **Drall** gilt, da $v = \omega r$ ist, $D = \int dm v r = \omega \int dm r^2$ oder mit $\Theta = \int dm r^2$ als Trägheitsmoment

$$D = \Theta\omega \qquad \text{oder vektoriell} \qquad \mathfrak{D} = \Theta\overline{\omega}.$$

Hieraus folgt für konstantes Θ, daß $M = dD/dt = \Theta\, d\omega/dt = \Theta\varepsilon$ ist, also

$$M = \Theta\varepsilon \qquad \text{oder} \qquad \mathfrak{M} = \Theta\overline{\varepsilon},$$

Moment = = Trägheitsmoment × Winkelbeschleunigung.

Es ist die Beschleunigung eines Massenteilchens dm gleich $r\varepsilon$, die Trägheitskraft $-r\varepsilon\, dm$ und ihr Moment $-r^2\varepsilon\, dm$. Das Moment aller Trägheitskräfte und das äußere Moment $M = Fa$ einer Kraft F, Bild 81, müssen nach dem Prinzip von *d'Alembert* im Gleichgewicht stehen:

$$M - \int r^2\varepsilon\, dm = 0 \qquad \text{oder} \qquad M = \varepsilon \int r^2\, dm = \Theta\varepsilon.$$

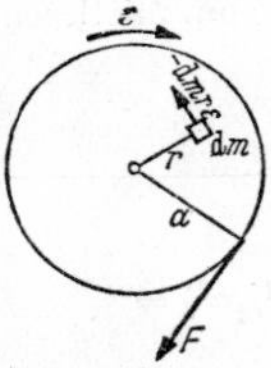

Bild 81

Ist Θ nicht konstant (z. B. bei einem Punkthaufen), so folgt aus $\mathfrak{D} = \Theta\overline{\omega}$, daß $\mathfrak{M} = d\mathfrak{D}/dt = \Theta\, d\overline{\omega}/dt + \overline{\omega}\, d\Theta/dt$ oder mit $d\overline{\omega}/dt = \overline{\varepsilon}$ auch $\mathfrak{M} = \Theta\overline{\varepsilon} + \dot{\Theta}\overline{\omega}$ ist.

Beispiele: 1. Um ein Schwungrad mit dem Trägheitsmoment $\Theta = 1000\ \text{kpmsec}^2$ in einer Minute auf 120 U/min zu bringen, ist ein Drehmoment

$$M = 1000\,\frac{\pi \cdot 120}{30 \cdot 60} \approx 210\ \text{kpm} \text{ erforderlich, da } \varepsilon = \frac{\omega}{t} = \frac{\pi \cdot 120}{30} \cdot \frac{1}{60}\ \text{sec}^{-2}.$$

Einem Θ von $1000\ \text{kp}\,\text{m}\,\text{sec}^2$ im techn. Maßsystem entspricht im MKS-System ein Θ von $9{,}81 \cdot 1000\ \text{kg}\,\text{m}^2$, so daß sich für M ein 9,81mal ($\approx$ 10mal) größerer Zahlenwert, d. h. $M = 9{,}81 \cdot 210 = 2060 \approx 2100\ \text{Nm}$ ergibt.

2. Wird ein auf einem Drehschemel sitzender Mensch auf eine bestimmte Drehzahl gebracht, so ist sein Drall $D = \Theta\omega$ konstant, da bei Vernachlässigung der Reibung keine äußeren Momente wirken. Werden nun die ausgestreckten, u. U. Gewichte haltenden Arme angezogen, so wird Θ kleiner ($\dot{\Theta} < 0$). Da $\Theta\omega$ konstant ist, muß also ω größer werden: Es tritt eine schnellere Drehung ein. Rechnerisch gilt $M = dD/dt = 0$, $d\Theta/dt = \dot{\Theta} < 0$, d. h. $\overline{\varepsilon} = -\dot{\Theta}\omega/\Theta > 0$.

e) Fliehkraft. Bewegt sich ein *Massenpunkt* auf einer kreisförmigen (oder eben gekrümmten Bahn), so wirkt nach dem Kreismittelpunkt (oder nach dem Krümmungsmittelpunkt) hin die Normal- oder Zentripetalbeschleunigung (S. 243) $a_n = r\omega^2$ und die Zentripetalkraft $mr\omega^2$. Gleich groß, aber entgegengesetzt gerichtet ist die dadurch bedingte Trägheitskraft, die *Fliehkraft* oder Zentrifugalkraft $C = mr\omega^2$, die sich z. B. als Bahndruck oder Fadenspannung äußern kann.

Dreht sich ein *starrer Körper* um eine nicht durch den Schwerpunkt gehende Achse, so ist die Gesamtkraft der Fliehkräfte der einzelnen Massenteilchen dm gleich der von der Achse fortgerichteten und zu ihr senkrechten Gesamt-*Fliehkraft*

$$C = mr_0\omega^2 = mv^2/r_0,$$

worin r_0 den Abstand des Körperschwerpunktes von der Drehachse bedeutet.

[1] VDI-Z. 80 (1936) 1351/54.

Die *Wirkungslinie* der Fliehkraft geht aber nicht immer durch den Schwerpunkt des Körpers (vgl. Beisp. 2); nur wenn der Körper eine zur Drehachse parallele Symmetrieachse besitzt, geht die Wirkungslinie der Gesamtfliehkraft durch den Schwerpunkt des Körpers.

Beispiele: 1. Es sollen die in einem sich drehenden Ring (Grauguß) durch die Fliehkraft hervorgerufenen Spannungen berechnet werden. Die Dicke δ des Querschnitts sei gering gegenüber seinem Durchmesser $2R$ (Bild 82). Denkt man sich den Ring im Durchmesser AB aufgeschnitten, so müssen die inneren Kräfte an jeder Schnittstelle gleich der halben Fliehkraft $C/2$ sein. Mit f als Ringquerschnitt ist dann die Spannung $\sigma = C/2f$.

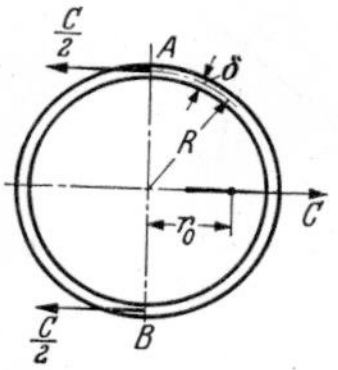

Bild 82

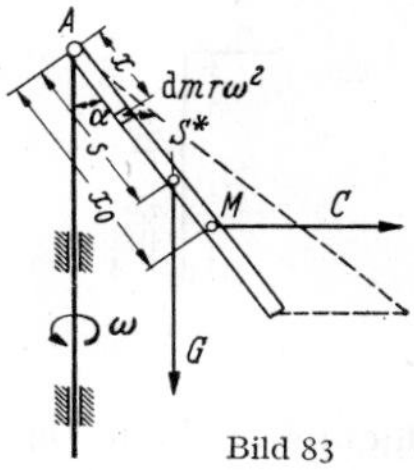

Bild 83

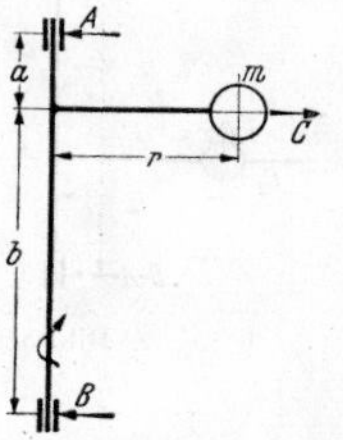

Bild 84

Für den Schwerpunktabstand r_0 des halben Ringes (Halbkreislinie) gilt $r_0 = 2R/\pi$; die Masse des halben Ringes ist mit ϱ als spezifischer Masse (vgl. S. 257) durch $m = \pi R f \varrho$ gegeben. Da nach obigem $C = m r_0 \omega^2$ und $\sigma = C/2f$ ist, wird

$$\sigma = \pi R f \varrho \,\frac{2R}{\pi} \cdot \omega^2 \cdot \frac{1}{2f} = R^2 \omega^2 \varrho = v^2 \varrho,$$

wenn v die Geschwindigkeit im Abstand R, also genähert die Umfangsgeschwindigkeit darstellt.

Zahlenbeispiel für $v = 20$ m/sec:

$\varrho = \gamma/g$;
mit $\gamma = 7{,}2$ kp/dm³ $= 7200$ kp/m³ wird
$\varrho = 7200/9{,}81$ kpsec²/m⁴.
$\sigma = 20^2 \cdot 7200/9{,}81 =$
$= 293\,600 \,\frac{\text{m}^2}{\text{sec}^2} \cdot \frac{\text{kpsec}^2}{\text{m}^4} = \ldots \frac{\text{kp}}{\text{m}^2} \approx$
$\approx 29{,}4$ kp/cm²,

$\varrho = 7{,}2$ kg/dm³ $= 7200$ kg/m³;

$\sigma = 20^2 \cdot 7200 = 2\,880\,000 \,\frac{\text{m}^2}{\text{sec}^2} \cdot \frac{\text{kg}}{\text{m}^3}$;
Da 1 kgm/sec² = 1 N ist, wird
$\sigma = 2\,880\,000$ N/m² $= 288$ N/cm².

2. Dreht sich ein gerader Stab um eine die Stabachse in A schneidende Achse, Bild 83, so trifft die Wirkungslinie der resultierenden Fliehkraft die Stabachse in einem Abstand $AM = x_0 = \Theta/ms$ vom Schnittpunkt beider Achsen. Hierbei ist Θ das Trägheitsmoment des Stabes, bezogen auf die Gerade, die auf der Ebene der beiden Achsen in deren Schnittpunkt A senkrecht steht, m ist die Masse des Stabes und s der Abstand des Schwerpunktes S^* vom Achsenschnittpunkt. Denn die Summierung der Kräfte ergibt, daß $C = \int \mathrm{d}m r \omega^2$ oder, da $r = x \sin\alpha$, daß $C = \omega^2 \sin\alpha \int \mathrm{d}m x = \omega^2 \sin\alpha \cdot ms = ms \sin\alpha \cdot \omega^2 = m r_0 \omega^2$ ist, Bild 83. Für die Momente in bezug auf A folgt $C x_0 \cos\alpha = \int \mathrm{d}m r \omega^2 x \cos\alpha$ oder $C x_0 = \omega^2 \sin\alpha \int \mathrm{d}m x^2 = \omega^2 \sin\alpha \cdot \Theta$ und daraus $x_0 = \Theta/ms$. Zum Beispiel ist bei einem Stab mit konstantem Querschnitt und mit gleichmäßig verteilter Masse $x_0 = {}^2/_3$ der Stablänge, Bild 83.

Für Gleichgewicht (Prinzip des Fliehkraftreglers) muß $Gs \sin\alpha = C x_0 \cos\alpha$ sein, woraus mit dem errechneten Wert $C x_0$ sich $\omega = \sqrt{Gs/\Theta \cos\alpha}$ ergibt.

3. Dreht sich ein Körper um eine festgelagerte, nicht durch seinen Schwerpunkt gehende Achse, so treten in den Lagern durch die Fliehkraft C Lagerkräfte auf, die nach den Regeln der Statik (S. 216) bestimmt werden können. So folgt bei Anordnung nach Bild 84, daß $A = Cb/(a + b)$ und $B = Ca/(a + b)$. Die Lagerkräfte ändern ständig ihre Richtung und rufen also schädliche Belastungen der Lager und schädliche Schwingungen (S. 283) hervor.

Bei der Anordnung nach Bild 85 liegen die Massen in einer Ebene, und es sei $m_1 r_1 = m_2 r_2$. Dann liegt zwar der gemeinsame Schwerpunkt beider Massen auf der Achse, aber die Fliehkräfte $C_1 = m_1 r_1 \omega^2$ und $C_2 = m_2 r_2 \omega^2 = C_1$ rufen ein Moment $M = C_1 a$ hervor, das die Lagerkräfte $A = B = C_1 a/l$ erzeugt.

Ist jedoch nach Bild 86 $m_1 r_1 a_1 + m_3 r_3 a_3 = m_2 r_2 a_2$ sowie $m_1 r_1 + m_3 r_3 = m_2 r_2$, und liegen alle Massen in einer Ebene, so treten keine Lagerkräfte durch die Fliehkräfte auf.

Die einzelnen *Unwuchten* der Welle bzw. des sich drehenden Körpers können in ihrer Wirkung auf eine Einzelkraft und ein Kräftepaar zurückgeführt werden, die nicht in einer Ebene zu liegen brauchen. Größe und Lage der Unwucht können mit *Auswucht*maschinen oder Auswuchtverfahren bestimmt und durch Anbringen von Massen in geeigneten Punkten beseitigt werden.

Eine Achse, an der die Fliehkräfte sich das Gleichgewicht halten, die also im Gleichgewicht ist, heißt auch (vgl. S. 276) *freie Achse*; die Summe der Fliehkräfte und die Summe ihrer Momente müssen gleich Null sein (z. B. Bild 86).

Ein solches *dynamisches Gleichgewicht* tritt bei nicht in einer Ebene liegenden Massen und bei Abwesenheit von äußeren Kräften und Momenten auf, wenn 1. $\Sigma mr \sin\alpha = 0$, 2. $\Sigma mr \cos\alpha = 0$, wobei r der Abstand des Schwerpunktes der Massen von der Drehachse und α der Winkel mit einer beliebigen durch die Drehachse gelegten Ebene E ist (Bild 87), 3. $\Sigma mra \sin\alpha = 0$, 4. $\Sigma mra \cos\alpha = 0$, wobei a den Abstand der Wirkungslinie der Fliehkraft von irgendeinem Punkt, z. B. B in Bild 86, angibt.

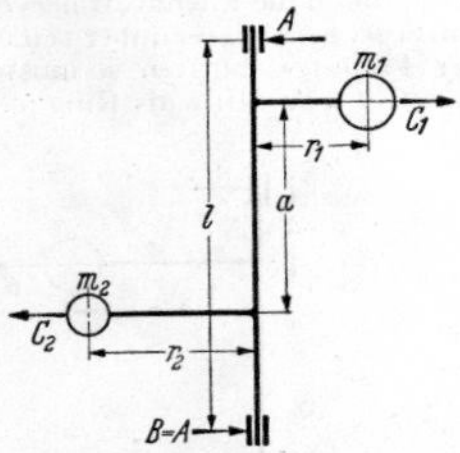

Bild 85

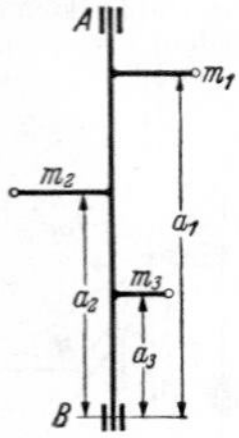

Bild 86

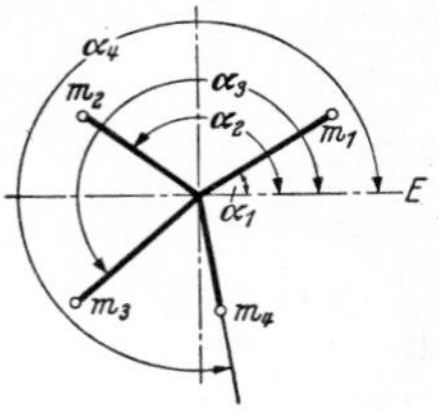

Bild 87

2. Allgemeine ebene Bewegung

Bei der ebenen Bewegung eines Körpers bewegen sich alle Punkte in parallelen Ebenen. Die Untersuchung des Geschwindigkeits- und Beschleunigungszustandes wurde auf S. 245 gegeben. Hierbei kann es sich um einen frei beweglichen, unter Einwirkung von äußeren Kräften stehenden Körper oder auch um den zwangläufig geführten Teil eines Getriebes (z. B. die Koppel eines Kurbeltriebs) handeln.

a) Energiesatz. Hat ein Massenteilchen $\mathrm{d}m$ vom Momentanpol P (S. 246) den Abstand r, Bild 88, so hat bei der augenblicklichen Winkelgeschwindigkeit ω um P der Körper die Wucht $E = \int \mathrm{d}m v^2/2 = \int \mathrm{d}m r^2 \omega^2/2 = \Theta_p \omega^2/2$. Hierin ist Θ_p das Trägheitsmoment bezogen auf P. Nach dem Satz von *Steiner* (S. 269) ist $\Theta_p = \Theta_s + mp^2$, also wird $E = \Theta_s\omega^2/2 + m(p\omega)^2/2$ oder, da die Geschwindigkeit v_{S^*} des Schwerpunktes gleich $p\omega$ ist, auch

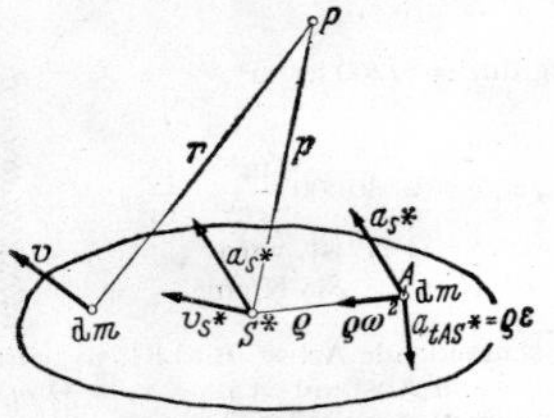

Bild 88. Zum Schwerpunkt- und Momentensatz

$$E = \Theta_s \omega^2/2 + m v^2_{S^*}/2.$$

Dann ist der Zuwachs ΔE an Wucht oder kinetischer Energie eines Körpers oder eines Systems von Körpern gleich der Arbeit W aller angreifenden Kräfte:

$\Delta E = W = m(v^2 - v_0^2)/2 + \Theta_s(\omega^2 - \omega_0^2)/2$ für einen starren Körper und

$\Delta E = W = \Sigma\, m(v^2 - v_0^2)/2 + \Sigma\, \Theta_s(\omega^2 - \omega_0^2)/2$ für einen Punkthaufen oder Körperverband.

Beispiele vgl. e).

Im folgenden wird der Index S^*, der die Bezugnahme auf den Schwerpunkt S^* andeutet, zur besseren Lesbarkeit durch Index s ersetzt.

b) Schwerpunktsatz. α) Die *Bewegungsgröße* $\mathfrak{B}$ hat den Wert (vgl. Bild 88) $\mathfrak{B} = \int \mathrm{d}m\mathfrak{v} = m\mathfrak{v}_s$.

Denn es ist $\mathfrak{B} = \int \mathrm{d}m\mathfrak{v}$; $\mathfrak{v} = \overline{\omega} \times \mathfrak{r}$; $\mathfrak{B} = \int \overline{\omega} \times \mathfrak{r}\,\mathrm{d}m = \overline{\omega} \times \int \mathfrak{r}\,\mathrm{d}m = \overline{\omega} \times \mathfrak{r}_s \int \mathrm{d}m$; $r_s = p$ und $\mathfrak{v}_s = \overline{\omega} \times \mathfrak{r}_s$.

β) Da die *Kraft* $\mathfrak{F} = \mathrm{d}\mathfrak{B}/\mathrm{d}t$ ist (vgl. S. 260) und die Schwerpunktbeschleunigung $\mathfrak{a}_s = \mathrm{d}\mathfrak{v}_s/\mathrm{d}t$ beträgt, folgt

$$\mathfrak{F} = m\mathfrak{a}_s.$$

$\mathfrak{F}$ ist hierin die Resultierende aller äußeren Kräfte, zu denen auch gegebenenfalls die Lagerkräfte gehören. Der Schwerpunkt bewegt sich also so, als ob sämtliche angreifenden Kräfte in ihm vereinigt wären. Hiernach kann $\mathfrak{a}_s = \mathfrak{F}/m$ ermittelt werden. — Die Resultierende $\mathfrak{F}$ greift aber im allgemeinen *nicht* im Schwerpunkt an; vgl. f). Beispiele vgl. e).

c) Momentensatz. α) Der *Drall*, d. h. das Moment der Bewegungsgrößen, bezogen auf den Schwerpunkt S^*, Bild 88, beträgt

$$\mathfrak{D} = \Theta_s \overline{\omega} \quad \text{oder} \quad D = \Theta_s \omega .$$

Die Geschwindigkeit eines Massenteilchens $\mathrm{d}m$ setzt sich geometrisch zusammen aus der Geschwindigkeit $\mathfrak{v}_s$ des Schwerpunktes und der Drehgeschwindigkeit um diesen (S. 246). Das Moment der Bewegungsgrößen $\mathfrak{v}\,\mathrm{d}m$ bezogen auf S^* ist aber gleich Null, da $\int \mathfrak{r}\,\mathrm{d}m = 0$. Das Moment der Bewegungsgrößen der zweiten Komponente ergibt sich genauso wie bei Drehung um eine feste Achse.

β) Da das *Moment* $\mathfrak{M}$ die zeitliche Ableitung des Dralls ist, folgt für dieses, bezogen auf den Schwerpunkt, mit $\dot{\omega} = \mathrm{d}\omega/\mathrm{d}t = \varepsilon$ = Winkelbeschleunigung des Körpers gegenüber der festen Ebene

$$\mathfrak{M} = \Theta_s \overline{\varepsilon} \quad \text{oder} \quad M = \Theta_s \varepsilon .$$

Hierin ist $\mathfrak{M}$ die geometrische Summe der Momente aller äußeren Kräfte (zu denen auch die Momente von Reaktionskräften gehören).

Bezogen auf einen beliebig bewegten Punkt A gilt für das Moment: $\mathfrak{M} = \mathrm{d}\mathfrak{D}/\mathrm{d}t + m\mathfrak{s} \times \mathfrak{a}_s$, worin $\mathfrak{D}$ der Drall bezogen auf den Schwerpunkt S^*, $\mathfrak{a}_s$ dessen Beschleunigung und $\mathfrak{s} = \overrightarrow{AS^*}$ ist; vgl. d) und e).

d) Sonderfall: **Drehung um zwei parallele Achsen.** Dreht sich der Körper K_2 Bild 89, gegenüber einem Körper K_1 mit der Winkelgeschwindigkeit $\omega_{2,1}$ und dieser gegenüber der festen Ebene E_0 mit $\omega_{1,0}$, so dreht sich K_2 gegenüber E_0 mit $\omega_{2,0} = \omega_{1,0} + \omega_{2,1}$ bzw. $\varepsilon_{2,0} = \varepsilon_{1,0} + \varepsilon_{2,1}$ (S. 251). Dann gelten die vorstehenden Formeln ebenfalls, nur ist ω durch $\omega_{2,0}$ zu ersetzen.

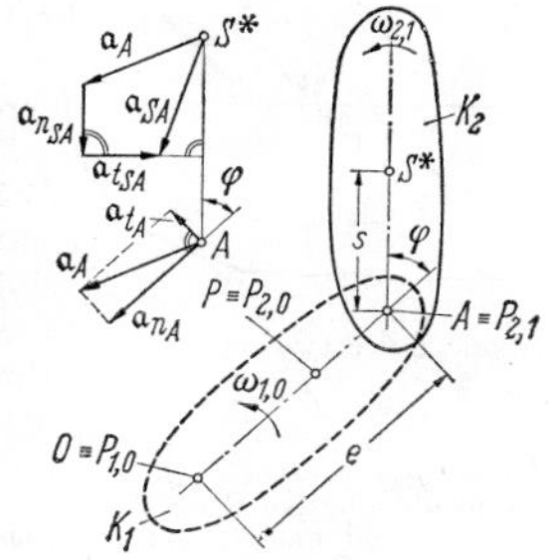

Bild 89
Drehung um zwei parallele Achsen

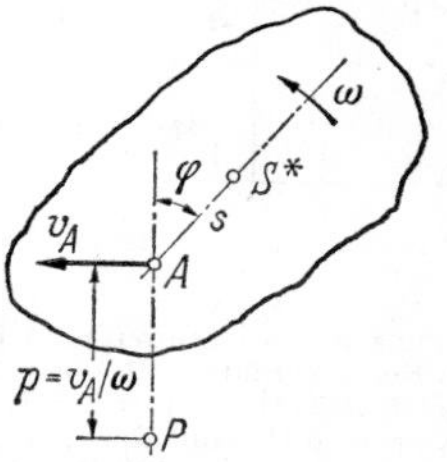

Bild 90
Drehung und Schiebung

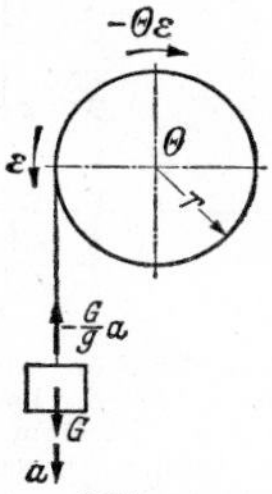

Bild 91

So wird die kinetische Energie des Körpers K_2 (Masse m) nach Bild 89 mit $\overline{OA} = e$ und $\overline{AS^*} = s$ gleich

$$E = {}^1/_2\, \Theta_s \omega_{2,0}^2 + {}^1/_2\, m v_s^2 = {}^1/_2\, \Theta_s \omega_{2,0}^2 + {}^1/_2\, m\,(e^2 \omega_{1,0}^2 + s^2 \omega_{2,0}^2 + 2 e s \omega_{1,0} \omega_{2,0} \cos\varphi).$$

Ist $\mathfrak{a}_s = \mathrm{d}\mathfrak{v}_s/\mathrm{d}t$ die Beschleunigung des Schwerpunktes S^*, d. h. $\mathfrak{a}_s = \mathfrak{a}_A + \mathfrak{a}_{SA} = \mathfrak{a}_{nA} + \mathfrak{a}_{tA} + \mathfrak{a}_{nSA} + \mathfrak{a}_{tSA}$ (Satz von *Euler*, S. 247) mit den Beträgen $a_{nA} = e\,\omega_{1,0}^2$, $a_{tA} = e\,\varepsilon_{1,0}$, $a_{nSA} = s\,\omega_{2,0}^2$, $a_{tSA} = s\,\varepsilon_{2,0}$, so folgt ferner für das Moment um den Punkt $A \equiv P_{2,1}$ aus $\mathfrak{M} = \mathrm{d}\mathfrak{D}_s/\mathrm{d}t + m\mathfrak{s} \times \mathfrak{a}_s$ mit $\mathfrak{D}_s = \Theta_s \overline{\omega}_{2,0}$, $\Theta_{2,1} = \Theta_s + m s^2$ und $\mathfrak{s} = \overrightarrow{AS^*}$ die Beziehung $M_{2,1} = \Theta_s \varepsilon_{2,0} + m s\,(e\,\omega_{1,0}^2 \sin\varphi + e\,\varepsilon_{1,0} \cos\varphi + s\,\varepsilon_{2,0}) = \Theta_{2,1} \varepsilon_{2,0} + m s e\,\omega_{1,0}^2 \sin\varphi + m s e\,\varepsilon_{1,0} \cos\varphi$.

e) Sonderfall: **Drehung und Schiebung.** Hierbei beschreibt ein Punkt A (vgl. S. 255) eine Gerade, und der Körper dreht sich um A mit der Winkelgeschwindigkeit $\omega = \omega_{2,0}$, Bild 90. Gegenüber Bild 89, Abs. d) geht $P_{1,0} \to \infty$, ist $\omega_{1,0} = 0$, also $\omega_{2,0} = \omega_{2,1} = \omega$, und es gelten sinngemäß die Sätze unter a) bis c).

Bezogen auf $A \equiv P_{2,1}$ gilt ferner $M_{2,1} = \Theta_{2,1}\varepsilon + m s a_A \cos\varphi$.

Beispiele: 1. Von einer Trommel (Masse M, Trägheitsmoment Θ in bezug auf ihre Drehachse), Bild 91, wickelt sich ein an seinem freien Ende mit dem Gewicht $G = mg$ belastetes Seil ab. Bringt man am Gewicht die Trägheitskraft $-ma = -Ga/g$ nach oben und an der Trommel das Moment $-\Theta\varepsilon$ an, so ergibt die Gleichgewichtsbedingung für die Momente in bezug auf die Drehachse der Trommel

$$rG - rGa/g - \Theta\varepsilon = 0.$$

Mit $\varepsilon = a/r$ folgt dann $a = Gr^2/(\Theta + mr^2) = \dfrac{G}{m} \cdot \dfrac{r^2}{r^2 + z^2} = g \cdot \dfrac{r^2}{r^2 + z^2}$ mit $z^2 = \Theta/m = i^2 M/m$, i = Trägheitsradius, und für die Kraft im gespannten Seil $S = G - ma = Gz^2/(r^2 + z^2)$.

2. Ein voller Kreiszylinder von der Masse m und dem Radius r rollt, ohne zu gleiten, eine schiefe Ebene von der Höhe h herab, Bild 92. Mit welcher Geschwindigkeit kommt er unten an? Hier liegt Schiebung und Drehung vor, und es ist $\Theta = mr^2/2$; $v = v_s = r\omega$; $\omega = v/r$. Die von der Schwerkraft geleistete Arbeit beträgt $W = Gh$, und die kinetische Energie ist $E = mv^2/2 + \Theta\omega^2/2 = {}^3/_4 mv^2$. Gleichsetzen von W und E ergibt $gh = {}^3/_4 v^2$ oder $v = \sqrt{{}^4/_3 gh}$.

Die Beschleunigung $a_s = r\varepsilon$ des Schwerpunktes folgt aus dem Momentensatz bezogen auf P: $M = \Theta_P \varepsilon$ oder $rG \sin\alpha = (\Theta + mr^2)\varepsilon$; $rg \sin\alpha = {}^3/_2 r^2 \varepsilon$, d. h. $a_s = {}^2/_3 g \sin\alpha$.

Der Schwerpunktsatz liefert Gleichgewicht zwischen Gewicht G, der Reibungskraft R, der Normalkraft N und der negativen Massenkraft $T = -ma_s = -{}^2/_3 G \sin\alpha$. Aus Bild 92 liest man ab: $R = G\sin\alpha - ma_s = G\sin\alpha - {}^2/_3 G \sin\alpha = {}^1/_3 G \sin\alpha$ (und $N = G\cos\alpha$). Mit $\mu N = \mu G \cos\alpha$ als Widerstand der Gleitreibung muß ${}^1/_3 G \sin\alpha \leqq \mu G \cos\alpha$ oder $\tan\alpha \leqq 3\mu$ sein.

Da G eine Kraft ist, erscheinen in den Beispielen 1 und 2 die Kräfte S, T, N, R im techn. Maßsystem in kp, im MKS-System in N. (Beachte N = Newton, N hier Normalkraft.)

f) Bei zwangläufigen Bewegungen von Getriebeteilen wird häufig nach den **Trägheitskräften** gefragt. Ihre Resultierende ist $\mathfrak{T} = -m\mathfrak{a}_s$, d. h. der Schwerpunktsbeschleunigung entgegengesetzt parallel gerichtet und von der Größe $T = ma_s$. Ihre *Wirkungslinie* habe vom Schwerpunkt S^*, Bild 93, den Abstand e. Dann folgt e aus der Momentengleichung $-\Theta_s\varepsilon = eT$ oder $\Theta_s\varepsilon = ema_s$ mit $\Theta_s/m = i^2$ zu $e = i^2\varepsilon/a_s$. — Wenn der Beschleunigungspol Q (vgl. S. 248) vom Schwerpunkt S^* den Abstand q hat, so ist $a_s = q\sqrt{\omega^4 + \varepsilon^2}$; $\tan\psi = \varepsilon/\omega^2$; $a_s = q\varepsilon/\sin\psi$; $e = i^2/q \cdot \sin\psi$ oder mit $u = e/\sin\psi$ auch $qu = i^2$, wonach u leicht zeichnerisch oder rechnerisch ermittelt werden kann.

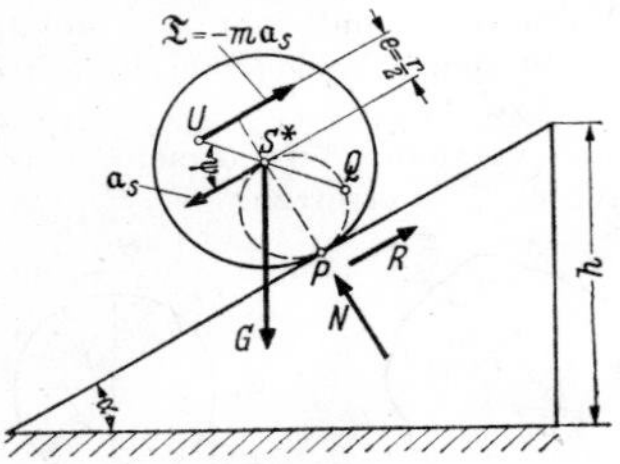

Bild 92

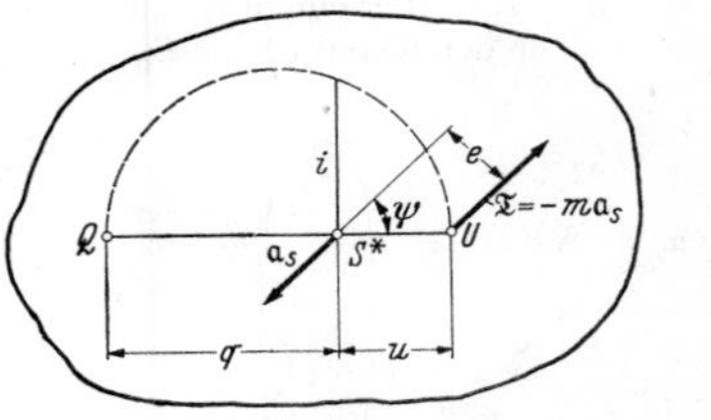

Bild 93
Resultierende $\mathfrak{T}$ der Trägheitskräfte

Bei Schiebung und Drehung um den Schwerpunkt ist $a_s = p\varepsilon$, d. h. $e = i^2/p$ (Bild 90 für $S^* \equiv A$). So wird im obigen Beisp. 2, Bild 92, $\Theta = mr^2/2$, $i^2 = r^2/2$, $p = r$, also $e = i^2/p = r/2$, so daß $\mathfrak{T}$ vom Momentanpol P den Abstand $3r/2$ hat. Der Beschleunigungspol Q liegt auf dem durch S^* und P gehenden Kreis vom Durchmesser r, dem Wendekreis. Seine Lage ist zudem durch den Winkel ψ, d. h. durch ε und ω bestimmt. Der Punkt U heißt *Trägheitspol*.

Hinsichtlich *Trägheitspol* vgl. *Gerber, G.*: Neues Verfahren zur Ermittlung des Trägheitspoles. Maschinenbau, Betrieb 19 (1940) 533/34.

g) Reduzierte Masse; reduziertes Trägheitsmoment (vgl. S. 270). Bezieht man die kinetische Energie eines beliebigen, komplan bewegten Körpers oder Körperverbandes (z. B. eines Getriebes) mit n Gliedern auf einen bestimmten Punkt mit der Geschwindigkeit v, so folgt die reduzierte Masse aus

$$m_{\text{red}} v^2/2 = \sum_{i=1}^{i=n} (\Theta_{si}\omega_i^2/2 + m_i v_{si}^2/2) \quad \text{zu} \quad m_{\text{red}} = \sum_{i=1}^{i=n} [\Theta_{si}(\omega_i/v)^2 + m_i(v_{si}/v)^2].$$

Bezieht man diese gesamte kinetische Energie auf *ein* bestimmtes sich mit der Winkelgeschwindigkeit ω drehendes Glied (z. B. auf das Antriebsglied), so folgt die kinetische Energie zu

$$E = \Theta_{\text{red}}\omega^2/2 \ \text{mit} \ \Theta_{\text{red}} = \sum_{i=1}^{i=n} [\Theta_{si}(\omega_i/\omega)^2 + m_i(v_{si}/\omega)^2].$$

Auf Grund kinematischer Beziehungen können ω_i und v_{si} durch v bzw. durch ω ausgedrückt werden (vgl. *Lagrange*sche Gleichungen S. 266), so daß m_{red} bzw. Θ_{red} hierbei im allgemeinen nicht konstant sein wird.

3. Freie Achsen, Kreisel

a) Freie Achsen. Bei der Drehbewegung eines Körpers um eine freie Achse ist diese nicht mehr durch Lager usw. festgelegt. Als freie Achse kann aber nur eine solche gelten, um welche die Drehung *stabil* ist, und das sind die Achsen größten bzw. kleinsten Trägheitsmomentes (größte und kleinste Achse des Trägheitsellipsoids, vgl. S. 270).

Ein kastenförmiger Körper, Bild 94, durch die Hand in Drehung versetzt und in die Luft geworfen, behält seine Bewegungsstabilität nur bei, wenn Achse I (Θ_{max}) oder Achse III (Θ_{min}) Drehachsen sind. Wenn II als Drehachse genommen wird, führt der Körper torkelnde Bewegungen aus. — Ebenso kann ein Teller um einen Durchmesser (= freie Achse) in Drehung versetzt werden. — Ferner sind ausgewuchtete Achsen (S. 273) als freie Achsen anzusehen.

b) Kreiselbewegung. Im allgemeinsten Fall der Drehung ist weder ein Lager noch eine *feste* Lage der Drehachse im Körper vorhanden. Diese geht zwar immer durch dessen Schwerpunkt, aber wechselt dauernd ihre Richtung; es liegt eine allgemeine Kreiselbewegung vor, so daß Drehung um freie oder gelagerte Achsen hiervon Sonderfälle sind.

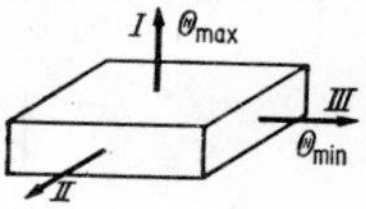

Bild 94

In den wichtigsten Anwendungen liegt ein rotationssymmetrischer Kreisel vor, und die *Figurenachse* ist stets die Achse des *größten* Trägheitsmomentes (z. B. Spielkreisel). Die *momentane Drehachse* ist die Achse, um welche im Augenblick die Drehung erfolgt, während die *Impulsachse* die Achse des augenblicklichen Impuls- oder Drallvektors ist und sich mit den beiden anderen Achsen im Schwerpunkt trifft.

In Bild 95 sei I die Figurenachse (Achse für $\Theta_{max} = \Theta_I$), II die Achse für $\Theta_{min} = \Theta_{II}$ und $\overline{\omega}$ die Winkelgeschwindigkeit der Drehung um die momentane Drehachse w, so kann $\overline{\omega}$ in die Komponenten $\overline{\omega}_1$ und $\overline{\omega}_2$ zerlegt werden, so daß die entsprechenden Drallvektoren $\mathfrak{D}_1 = \Theta_I \overline{\omega}_1$, $\mathfrak{D}_2 = \Theta_{II} \overline{\omega}_2$ sind. Diese beiden Komponenten setzen sich zum Gesamtdrall $\mathfrak{D}$ zusammen. Die Richtung dieses Drehimpulses, die Impulsachse, liegt zwischen Figurenachse I und augenblicklicher Drehachse w in der beiden gemeinsamen Ebene.

Da der Kreisel „kräftefrei" sein und im Schwerpunkt auf einer Spitze gelagert sein soll, also keine äußeren Momente wirken, muß der Impuls, also auch die *Impulsachse raumfest* sein, d. h. Figurenachse I und momentane Drehachse w umkreisen dauernd die Impulsachse. Dieser Vorgang heißt *Nutation*, die Figurenachse beschreibt den *Nutationskegel*, Bild 96. Die momentane Drehachse beschreibt im festen Raum den *Rastpolkegel*, gegenüber der beweglichen Figurenachse den *Gangpolkegel*, so daß der Gangpolkegel auf dem Rastpolkegel abrollt (vgl. Gangpolbahn und Rastpolbahn bei der ebenen Bewegung, S. 249). — Wird die Drehachse in die Figurenachse gelegt, so fallen Impuls- und Drehachse zusammen.

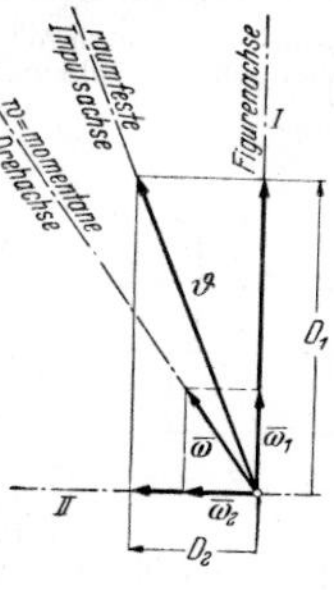

Bild 95

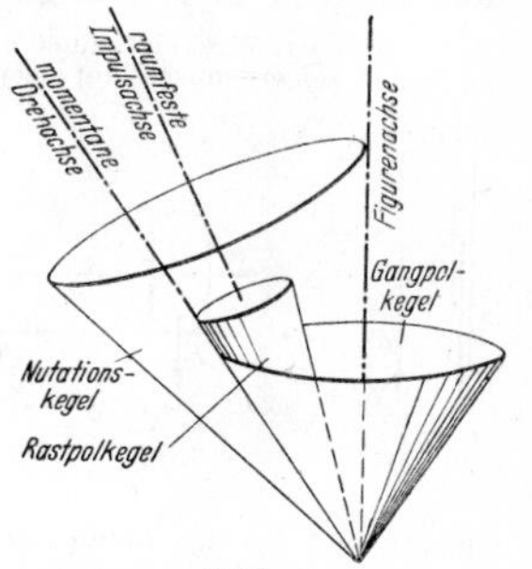

Bild 96

Achsen bei der Kreiselbewegung

c) Präzession, Moment der Kreiselwirkung. Bei Einwirkung von äußeren Drehmomenten entsteht eine Präzessionsbewegung der Drall- bzw. Impulsachse. Diese beschreibt jetzt einen im Raum festen Präzessionskegel, wobei sie aber weiterhin die Mittellinie des Nutationskegels bleibt.

Drei Winkelgeschwindigkeiten kennzeichnen den Vorgang:
Winkelgeschwindigkeit ω des Körpers um die Figurenachse,
„ ω_n der Figurenachse beim Beschreiben des Nutationskegels,
„ ω_p der Drallachse beim Beschreiben des Präzessionskegels.

Ein einfacheres Bild ergibt sich bei einem *nutationsfreien Kreisel* (rotationssymmetrischer oder „flacher" oder Kugelkreisel), wie er sehr oft bei technischen Anwendungen vorliegt.

Ebenso wie ein äußeres Moment eine Präzession hervorruft, so ruft eine erzwungene Präzession ein Drehmoment, das *Kreiselmoment*, hervor.

Eine Scheibe, Bild 97, drehe sich in einem Rahmen mit der Winkelgeschwindigkeit ω, und es werde der Rahmen in der Zeit $\mathrm{d}t$ um den Winkel $\mathrm{d}\varphi$ gedreht. Dann ändert sich der Drallvektor um den Betrag $\mathrm{d}D = D\,\mathrm{d}\varphi$ oder, da $\mathrm{d}\varphi/\mathrm{d}t = \omega_p$, d. h. $\mathrm{d}\varphi = \omega_p\,\mathrm{d}t$ ist, um den Betrag

$dD = D\omega_p\,dt = (\Theta\omega)\omega_p\,dt$. Nun ist, S. 272, das Drehmoment M gleich der zeitlichen Änderung des Dralls, also $M = dD/dt = \Theta\omega\omega_p$ oder vektoriell $\mathfrak{M} = \Theta\overline{\omega}_p \times \overline{\omega}$ (vgl. Beispiele).

Soll ein Körper, der sich um die Figurenachse sehr schnell mit Winkelgeschwindigkeit $\overline{\omega}$ dreht, um eine die Figurenachse schneidende Achse langsam mit Winkelgeschwindigkeit $\overline{\omega}_p$ präzessieren, so ist hierfür nahezu das Moment

$$\mathfrak{M} = \Theta\,\overline{\omega}_p \times \overline{\omega} \qquad (1)$$

notwendig. Das diesem entgegenwirkende, vom Körper als Reaktion ausgeübte Moment $\mathfrak{M}_k = \Theta\,\overline{\omega} \times \overline{\omega}_p$ heißt *Kreiselwirkung*. Stehen ω_p und ω aufeinander senkrecht, Bild 97 bis 99, so ist der Betrag $M_k = \Theta\omega_p\omega$.

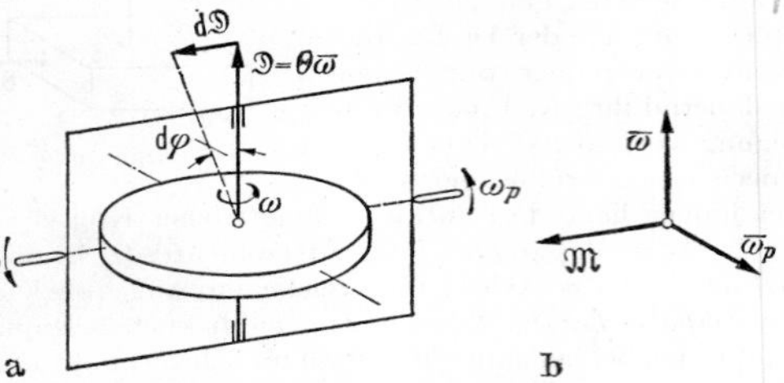

Bild 97. Zum Kreiselmoment

Die Kreiselwirkung sucht die Kreiselachse in gleichsinnigen Parallelismus mit der Präzessionsachse zu bringen. Umgekehrt muß bei Wirkung eines äußeren Momentes eine Präzession gemäß Gl. (1) erfolgen.

Beispiele: 1. Wird ein schnell um seine waagerechte Achse rotierender schwerer Kreisel außerhalb seines Schwerpunktes auf einer Spitze gelagert, Bild 98, so zwingt das Moment Ge der Schwerkraft den Kreisel zur Präzession, Gl. (1).

2. Beim Kollergang, Bild 99, bewirkt die Präzession eine Kreiselwirkung vom Moment $\mathfrak{M}_k = \Theta\overline{\omega} \times \overline{\omega}_p$ und damit eine Anpreßkraft $F = M/b$.

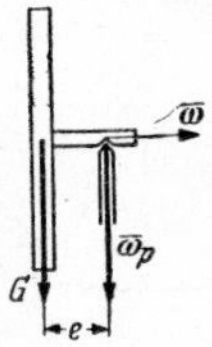

Bild 98

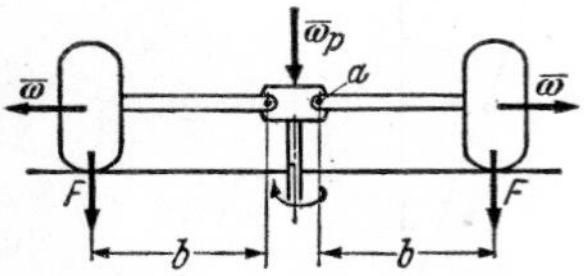

Bild 99. Kollergang. *a* Zapfen

d) Drehung um sich schneidende Achsen. In Bild 53 und Beisp. 1, S. 253, ist $\overline{12}$ die Figurenachse des Kegelrades K_2, also $\omega = \omega_{2,1}$; die Winkelgeschwindigkeit der Präzession ist $\omega_p = \omega_{1,0}$, so daß eine Kreiselwirkung vom Moment $\mathfrak{M}_k = \Theta\overline{\omega}_{2,1} \times \overline{\omega}_{1,0}$ entsteht, dessen Pfeil zur Zeichenebene weist, aber ständig umläuft, und das den Betrag $M = \Theta\omega_{2,1}\omega_{1,0}\sin\alpha$ hat, α vgl. Bild 52, S. 253.

e) Die **Eulerschen Gleichungen** für die Drehbewegung eines Körpers sind auf ein im Körper festes, im Raum bewegliches Koordinatensystem bezogen, dessen Achsen mit den durch den Schwerpunkt hindurchgehenden Hauptträgheitsachsen x, y, z zusammenfallen. Sind die zugehörigen Trägheitsmomente $\Theta_x, \Theta_y, \Theta_z$, ferner $\omega_x, \omega_y, \omega_z$ die Komponenten der resultierenden Winkelgeschwindigkeit $\overline{\omega}$, M_x, M_y, M_a die Komponenten des Momentes $\mathfrak{M}$, so gilt (Punkte bedeuten Ableitungen nach der Zeit)

$$M_x = \Theta_x\dot{\omega}_x - (\Theta_y - \Theta_z)\omega_y\omega_z; \quad M_y = \Theta_y\dot{\omega}_y - (\Theta_z - \Theta_x)\omega_z\omega_x; \quad M_z = \Theta_z\dot{\omega}_z - (\Theta_x - \Theta_y)\omega_x\omega_y;$$

oder vektoriell: $\mathfrak{M} = \dot{\mathfrak{D}} + (\overline{\omega} \times \mathfrak{D})$; $\mathfrak{D}$ = gesamter Drall.

Unabhängig hiervon ist die Schwerpunktbewegung durch den Schwerpunktsatz (S. 265) gegeben.

E. Der Stoß

Ein *Stoß* findet statt, wenn eine endliche Kraft in einer sehr kurzen Zeit wirkt, so daß das Produkt beider endlich bleibt. Treffen zwei Körper aufeinander, so hat jede der Massen nach dem Stoß (im allgemeinen) eine andere Geschwindigkeit als vorher, und geht die im Berührungspunkt der Körper auf der gemeinsamen Berührungsebene errichtete Normale durch die Schwerpunkte der beiden Körper hindurch, so liegt ein *zentrischer*, andernfalls ein *exzentrischer* Stoß vor. Wenn die Bewegungsrichtungen der beiden zur Berührung kommenden Punkte der beiden Körper unmittelbar vor dem Stoß auf der Berührungsebene senkrecht stehen, so liegt ein *gerader*, andernfalls ein *schiefer* Stoß vor.

1. Gerader zentrischer Stoß

Die Massen m_1 und m_2 haben vor dem Stoß die Geschwindigkeiten v_1 und v_2 (wobei $v_1 > v_2$ angenommen sei). Da die Stoßkraft als eine innere Kraft des Systems zu betrachten ist, erfährt die Bewegungsgröße durch den Stoß keine Veränderung, Bild 100.

Der Stoß läßt sich in 2 Perioden teilen.

Die 1. Periode rechnet von der ersten Berührung bis zu dem Augenblick, in dem der Abstand der Schwerpunkte ein Minimum wird, die 2. Periode von diesem Zeitpunkt bis zur Trennung der beiden Körper voneinander. Die 1. Periode tritt bei jedem Stoß auf, ob die Körper elastisch oder unelastisch sind, die zweite fehlt bei vollkommen unelastischen Körpern.

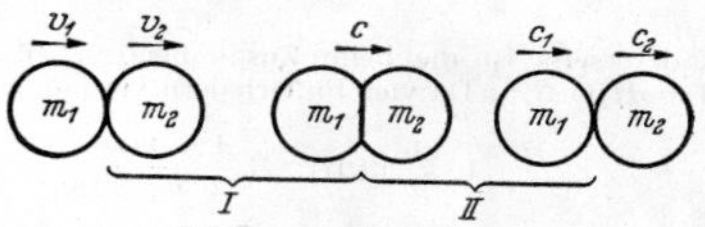

Bild 100. Gerader zentrischer Stoß

a) Elastische Körper. *1. Periode.* Die am Ende der 1. Periode beiden Körpern gemeinsame Geschwindigkeit c ergibt sich, da die Bewegungsgröße des Systems konstant bleiben muß, zu

$$c = (m_1 v_1 + m_2 v_2)/(m_1 + m_2).$$

Die verschwundene kinetische Energie $\Delta E = {}^1/_2 (m_1 v_1^2 + m_2 v_2^2 - m_1 c^2 - m_2 c^2) = \frac{1}{2} \frac{m_1 m_2}{m_1 + m_2} (v_1 - v_2)^2$ hat sich bei vollkommen unelastischen, plastischen Körpern in Wärme, bei vollkommen elastischen in potentielle Energie (Federungsarbeit), bei unvollkommen elastischen teils in Wärme, teils in potentielle Energie umgesetzt.

2. Periode. Sie tritt nur bei vollkommen oder unvollkommen elastischen Körpern, nicht bei vollkommen unelastischen auf. Die Geschwindigkeiten nach dem Stoß sind für *vollkommen elastische* Körper:

$$c_1 = \frac{(m_1 - m_2) v_1 + 2 m_2 v_2}{m_1 + m_2}, \quad c_2 = \frac{(m_2 - m_1) v_2 + 2 m_1 v_1}{m_1 + m_2}.$$

Besondere Fälle: 1. $m_1 = m_2$; es wird $c_1 = v_2$, also $c_2 = v_1$.

2. Ist m_2 eine feste Wand, also $v_2 = 0$, $m_2 = \infty$, so ist $c_1 = -v_1$.

3. Ist m_1 eine bewegliche Wand, m_2 ein ruhender Körper: also $m_1 = \infty$, $v_2 = 0$, so wird $c_2 = 2v_1$.

Energie geht bei vollkommen elastischem Stoß nicht verloren.

b) Unelastische Körper. Sind die Körper wie alle wirklichen *unvollkommen elastisch*, so sind die Geschwindigkeiten nach dem Stoß:

$$c_1 = \frac{m_1 v_1 + m_2 v_2 - m_2 (v_1 - v_2) k}{m_1 + m_2}; \quad c_2 = \frac{m_1 v_1 + m_2 v_2 + m_1 (v_1 - v_2) k}{m_1 + m_2}.$$

Dabei ist k, die Stoßzahl, das Verhältnis der Relativgeschwindigkeiten der Körper nach und vor dem Stoß: $k = (c_2 - c_1)/(v_1 - v_2)$, und damit ein Maß für das Abweichen vom vollkommen elastischen Verhalten. Stets gilt $0 < k < 1$, wobei die untere Grenze für vollkommen unelastische, die obere für vollkommen elastische Körper gilt. Der Energieverlust ${}^1/_2 (m_1 v_1^2 + m_2 v_2^2 - m_1 c_1^2 - m_2 c_2^2)$ ist dann

$$\Delta E = \frac{1}{2} \frac{m_1 m_2}{m_1 + m_2} (v_1 - v_2)^2 (1 - k^2).$$

Bei fester Wand, d. h. $m_2 = \infty$ und $v_2 = 0$, wird $c_1 = (-) k v_1$. Läßt man hiernach eine Masse m_1 aus der Höhe H auf eine feste Platte des gleichen Materials herabfallen, so ist $v_1 = \sqrt{2gH}$. Aus der Sprunghöhe h nach dem Stoß folgt $c_1 = \sqrt{2gh}$ und für die Stoßzahl damit $k = c_1/v_1 = \sqrt{h/H}$. Dieser Versuch kann zur Bestimmung von k dienen. Für zwei Körper aus gleichem Material ergibt sich bei Elfenbein $k = {}^8/_9$, Kork $k = {}^5/_9$, Holz $k = {}^1/_2$. Die Stoßzahl k hängt im übrigen nicht nur vom Material, sondern auch stark von der Geschwindigkeit ab.

Nach unveröffentlichten Versuchen von *J. Tafel* liegen die Stoßzahlen k von Stahl auf Stahl zwischen ca. 0,6 und 1,0, ferner nimmt k mit zunehmender Geschwindigkeit ab und mit zunehmender Härte zu. Bei konstanter Stoßgeschwindigkeit ist k nahezu unabhängig vom Durchmesser der benutzten Kugeln.

Beispiel: Ein Eisenbahnwagen von der Masse m_1 fährt mit der Geschwindigkeit v_1 cm/sec auf einen stehenden Wagen von der Masse m_2. Die Zusammendrückung der Pufferfedern ist zu bestimmen, wenn deren Konstante oder spez. Rückstellkraft c (die Kraft, die eine Verkürzung von 1 cm hervorruft) bekannt ist.

Die nach der 1. Stoßperiode in Federungsarbeit umgewandelte Energie ist:

$$E = \frac{1}{2} \frac{m_1 m_2}{m_1 + m_2} v_1^2 .$$

Andererseits ist die beim Zusammendrücken einer Feder um den Betrag Δl geleistete Arbeit $W = {}^1/_2 c(\Delta l)^2$. Da vier Pufferfedern vorhanden sind, ist:

$$4 \cdot \frac{1}{2} c(\Delta l)^2 = \frac{1}{2} \frac{m_1 m_2}{m_1 + m_2} v_1^2 \quad \text{und} \quad \Delta l = \frac{v_1}{2} \sqrt{\frac{m_1 m_2}{c(m_1 + m_2)}} .$$

Die Federkonstante (spez. Rückstellkraft) c hat die Einheit

im techn. Maßsystem	im MKS-System
kp/cm,	N/cm,
die Massen werden ausgedrückt durch die Gewichte G_1 und G_2 (in kp) als $m_1 = G_1/g$ und $m_2 = G_2/g$ in kpsec²/cm mit $g = 981$ cm/sec²,	in kg,
so daß $\Delta l = \frac{v_1}{2} \sqrt{\frac{G_1 G_2}{cg(G_1 + G_2)}}$,	$\Delta l = \frac{v_1}{2} \sqrt{\frac{m_1 m_2}{c(m_1 + m_2)}}$. Da c und m die 9,81fachen Zahlenwerte gegenüber dem techn. Maßsystem haben, ergibt sich für Δl der gleiche Wert.

2. Gerader exzentrischer Stoß

Die Berührungsfläche steht senkrecht zur gemeinsamen Richtung der Geschwindigkeiten beider Körper im Stoßpunkt. Die Normale zur gemeinsamen Tangente gehe nicht durch den Schwerpunkt beider Körper.

Vor dem Stoß drehe sich der Stab oder Körper *1*, Bild 101, mit der Winkelgeschwindigkeit ω_1, die Kugel oder Körper *2* habe die Geschwindigkeit v_2. Nach dem Satz vom Drall bleibt das Moment der Bewegungsgröße unverändert. Ist $c = a\omega'$ die Geschwindigkeit des Stoßpunktes nach der ersten Stoßperiode und Θ_1 das Trägheitsmoment des Körpers *1* in bezug auf den Punkt A, so ist

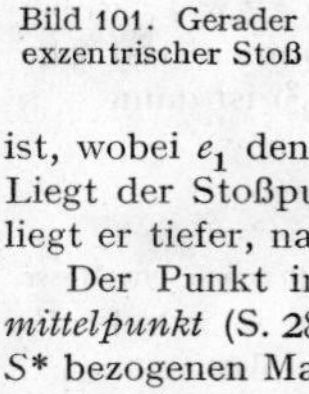

Bild 101. Gerader exzentrischer Stoß

$$\Theta_1 \omega_1 + m_2 a v_2 = \Theta_1 \omega' + m_2 a c = \Theta_1 c/a + m_2 a c ,$$

also

$$c = \frac{\Theta_1 \omega_1 + m_2 a v_2}{\Theta_1/a + m_2 a} = \frac{\Theta_1/a^2 \cdot v_1 + m_2 v_2}{\Theta_1/a^2 + m_2} ,$$

d. h. führt man die auf den Berührungspunkt reduzierte Masse des Stabes $m_{\text{red}} = \Theta_1/a^2$ und die Geschwindigkeit $v_1 = a\omega_1$ ein, so kann man wie beim geraden zentrischen Stoß rechnen.

Die Befestigung A erfährt durch den Stoß im allgemeinen eine seitliche Krafteinwirkung, ausgenommen, wenn $a = a_0 = \Theta_1/m_1 e_1$ ist, wobei e_1 den Abstand des Schwerpunktes S^* des Körpers *1* von A bedeutet. Liegt der Stoßpunkt höher, so wirkt die Kraft auf die Befestigung nach links, liegt er tiefer, nach rechts.

Der Punkt in der Entfernung $a_0 = \Theta_1/m_1 e_1$ heißt *Stoß-* oder *Schwingungsmittelpunkt* (S. 282). Da $\Theta_1 = \Theta + m_1 e_1^2$ mit Θ als dem auf den Schwerpunkt S^* bezogenen Massenträgheitsmoment, folgt für dessen Entfernung x vom Schwerpunkt S^*

$$x = a_0 - e_1 = (\Theta + m_1 e_1^2)/m_1 e_1 - e_1 = \Theta/m_1 e_1 = i^2/e_1 ,$$

wenn i der Trägheitshalbmesser der Masse m_1 ist (S. 269).

Ein Schlagwerkzeug, z. B. einen Hammer, greift man möglichst in der Nähe des Stoßmittelpunktes an, da dort die Stöße am geringsten sind.

3. Stoß sich drehender Körper

Zwei Körper, die sich mit den Winkelgeschwindigkeiten ω_1 und ω_2 um parallele Achsen A_1 und A_2 drehen, stoßen in einem Punkt zusammen, der die Entfernungen a_1 und a_2 von den Achsen hat.

Setzt man $m_1 = \Theta_1/a_1^2$ und $m_2 = \Theta_2/a_2^2$, wobei Θ die Trägheitsmomente bezogen auf die jeweilige Drehachse sind, ferner $v_1 = a_1\omega_1$ und $v_2 = a_2\omega_2$, so gelten die unter 1. angegebenen Formeln.

F. Schwingungen

Literatur: 1. *Den Hartog, J. P.*, u. *G. Mesmer:* Mechanische Schwingungen. 2. Aufl. Berlin: Springer 1952. — 2. *Hübner, E.:* Technische Schwingungslehre in ihren Grundzügen. Berlin: Springer 1957. — 3. *Klotter, K.:* Technische Schwingungslehre. I. Einfache Schwinger u. Schwingungsmeßgeräte. 3. Aufl. II. Schwinger von mehreren Freiheitsgraden, 2. Aufl. Berlin: Springer 1951/60. — 4. *Oehler, E.:* Technische Schwingungslehre. Essen: Girardet 1952. — 5. *Schuler, M.:* Mechanische Schwingungslehre, Teil I/II. 2. Aufl. Leipzig: Akad. Verlagsges. Geest u. Portig KG 1958/59.

1. System mit einem Freiheitsgrad

a) Kinematik der harmonischen Schwingung. Ein Körper, der sich *geradlinig* nach dem Gesetz $s = r \sin \omega t$ bewegt, vollführt eine harmonische Schwingung. Bedeutung von r, ω usw. vgl. S. 147 u. 240. Eine allgemeinere Form ist $s = r \sin(\omega t + \varepsilon)$ (S. 147), worin ε der Phasenwinkel oder die Phasenverschiebung ist.

Für $t = 0$ gilt dann $s(0) = s_0 = r \sin \varepsilon$ und $v(0) = v_0 = r\omega \cos \varepsilon$.

Bei *Drehschwingungen* ist s durch den Drehwinkel φ zu ersetzen.

Weg, Kraft bzw. Moment, die einem beliebigen periodischen Gesetz unterworfen sind, können durch die harmonische Analyse in einzelne Komponenten zerlegt werden (S. 176).

b) Freie ungedämpfte Schwingungen. α) Bewegt sich ein Massenpunkt derart, daß die auf ihn wirkende *Kraft proportional der Auslenkung* aus der Mittellage, aber ihr entgegengesetzt gerichtet ist, Bild 102, also $F = -cx$ mit c als Federkonstante (vgl. β) wird, so folgt aus dem dynamischen Grundgesetz $F = ma$ die Differentialgleichung

$$m\ddot{x} + cx = 0. \qquad (1)$$

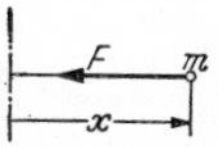

Bild 102

Diese hat die Lösung (S. 109)

$$x = A \cos \omega t + B \sin \omega t = r \sin(\omega t + \varepsilon)$$

mit $\omega = \sqrt{c/m}$, $r = \sqrt{A^2 + B^2}$, $\tan \varepsilon = A/B$, Schwingungsdauer $T = 2\pi/\omega$.

Nach obigem ist $A = x_0$ und $B = v_0/\omega$. Insbesondere folgt für $v_0 = 0$: $s = x_0 \cos \omega t$ und für $x_0 = 0$: $s = v_0/\omega \cdot \sin \omega t$.

β) Die *Kreisfrequenz der Eigenschwingung* ist also $\omega = \sqrt{c/m}$ oder bei *Drehschwingungen* $\omega = \sqrt{c/\Theta}$ mit Θ als Massenträgheitsmoment. Darin bedeutet c die Kraft, die die Masse um die Strecke 1 auslenkt, oder bei Drehschwingungen das Moment, das die Masse um den Winkel 1 (Bogenmaß) verdreht (mit Richtkraft, Richtmoment, Rückstellkraft, Rückstellmoment, Federkonstante u. ä. bezeichnet).

c hat bei der Linear- bzw. Drehschwingung die Einheit

im techn. Maßsystem	im MKS-System
kp/cm bzw. kpcm,	N/cm bzw. Ncm.

Werte c für elastische Schwingungen vgl. Federtabelle S. 425.

Bei parallelgeschalteten Federn, Bild 103a und b, ist $c = c_1 + c_2$, bei hintereinandergeschalteten Federn, Bild 103c, ist $1/c = 1/c_1 + 1/c_2$.

γ) Hängt an einer *elastischen Feder* die Masse m und verlängert sich die Feder unter Einwirkung des Eigengewichts G um f cm, so wird $c = G/f$, also $\omega = \sqrt{g/f}\ \text{sec}^{-1}$ und die Schwingungszahl $1/T = \omega/2\pi\ \text{sec}^{-1}$ bzw. $n \approx 300/\sqrt{f}\ \text{min}^{-1}$ (f in cm).

Beispiele: 1. An einer *Schraubenfeder* hängen $G = 20$ kp, welche die Feder um $f = 5$ cm verlängern. Gesucht ist die Frequenz der Feder. Es wird $c = G/f = 4$ kp/cm oder unmittelbar nach Vorstehendem $\omega = \sqrt{981/5} = 14\ \text{sec}^{-1}$ und $n \approx 300/\sqrt{5} = 134\ \text{min}^{-1}$.

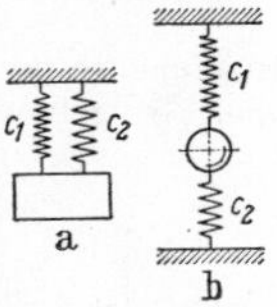

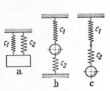

Bild 103. a, b: parallel-, c: hintereinandergeschaltete Federn

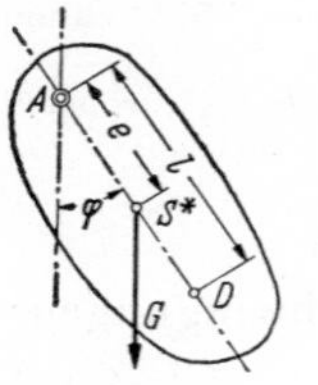

Bild 104 Physisches Pendel

2. Für das *physische Pendel*, Bild 104, d. h. einen Körper, der sich um eine waagerechte, nicht durch den Schwerpunkt gehende Achse unter Einwirkung der Schwerkraft bewegt, gilt mit Θ_A als Massenträgheitsmoment in bezug auf die Drehachse und mit $\varepsilon = \ddot{\varphi}$ als Winkelbeschleunigung die Momentengleichung $M - \Theta_A \varepsilon = 0$, und da $M = -Ge \sin\varphi \approx -Ge\varphi$ für kleine Winkel ist, so folgt

$$\Theta_A \ddot{\varphi} + Ge\varphi = 0,$$

oder, indem man in der Bewegungsgleichung (1) auf S. 281 das Rückstellmoment c durch Ge und m durch Θ_A ersetzt: $T = 2\pi\sqrt{\Theta_A/Ge}$.

Da $\Theta_A = \Theta + me^2 = m(i^2 + e^2)$ ist, Θ bezogen auf S^*, i = Trägheitsradius, so gilt auch

$$T = 2\pi\sqrt{(\Theta + me^2)/Ge} = 2\pi\sqrt{(i^2 + e^2)/ge}.$$

Die Pendellänge eines *mathematischen Pendels* mit gleicher Schwingungsdauer $T = 2\pi\sqrt{l/g}$ heißt *reduzierte* Pendellänge, es ist $l = \Theta_A/me = (i^2 + e^2)/e$. Trägt man auf AS^* von A aus die Strecke $AD = l$ ab, so ist D der *Schwingungsmittelpunkt*. Bei Vertauschung von A und D erhält man die gleiche Schwingungsdauer. Es ist dabei $S^*D = l - e = \Theta_A/me - e = \Theta/me = i^2/e$.

Für die Ermittlung des Trägheitsmomentes aus Schwingungen gilt hiernach

$$\Theta = mi^2 = T^2 Ge/4\pi^2 - me^2$$

und mit n als Zahl der vollen Schwingungen pro Minute, also $T = 60/n$ sec, auch

$$i^2 = e\left[\left(\frac{60}{n \cdot 2\pi}\right)^2 g - e\right] = e\left[\frac{91{,}9}{n^2} g - e\right]$$

mit $g = 9{,}81\ \text{m/sec}^2$ bzw. $981\ \text{cm/sec}^2$ und e (der Entfernung des Schwerpunkts S^* vom Drehpunkt A) in m bzw. cm. Durch Multiplikation mit der Masse m erhält man $\Theta = mi^2$.

Es ist einzusetzen:

$m = G/g$ in kpsec²/m bzw. kpsec²/cm, $\widehat{=}$ m in kg; $\widehat{=}$

es ergibt sich dann

Θ in kpmsec² bzw. kpcmsec² $\widehat{=}$ Θ in kgm² bzw. kgcm². $\widehat{=}$

Wenn man beachtet, daß $9{,}81 \approx \pi^2$ ist, gilt auch angenähert $i^2 \approx e[(30/n)^2 - e]$.

3. Beim *mathematischen Pendel* (vgl. S. 263) ist die Masse punktförmig, d. h. $\Theta = 0$, $e = l$, also $T = 2\pi\sqrt{l/g}$.

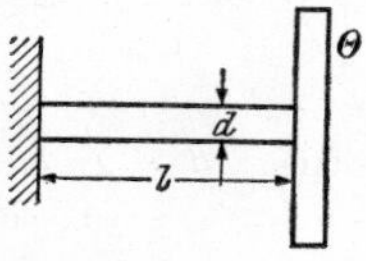

Bild 105. Torsionspendel

4. Beim *Torsionspendel*, Bild 105, von der Länge l gilt $\omega = \sqrt{c/\Theta}$, wobei $c = I_p G/l$ ist, I_p = polares *Flächen*trägheitsmoment des Querschnittes der Torsionswelle, G = Gleitmodul (vgl. S. 407, β).

c) Freie gedämpfte Schwingungen. Wirkt der Bewegung noch ein Widerstand entgegen, der der Geschwindigkeit proportional ist ($R = -k\dot{x}$), so lautet die Differentialgleichung der Bewegung

$$m\ddot{x} + k\dot{x} + cx = 0,$$

wo k die Dämpfungskonstante bedeutet. Diese hat die Dimension Kraft/Geschwindigkeit, also kpsec/m $\widehat{=}$ Nsec/m = kg/sec $\widehat{=}$. Die Lösung ist je nach Größe der Dämpfung verschieden (vgl. S. 110). Setzt man $\sqrt{c/m} = \omega_0$ als Kreisfrequenz der ungedämpften Eigenschwingung, ferner $\nu = k/2\sqrt{cm}$ und $\lambda = k/2m = \nu\omega_0$, so folgt

α) eine periodische Bewegung, wenn $\nu < 1$:

$$x = Ce^{-\lambda t}\sin(\omega t + \varepsilon), \quad (C = \text{Integrationskonstante vgl. S. 110}),$$

worin $\omega = \omega_0\sqrt{1 - \nu^2}$ die Kreisfrequenz der gedämpften Schwingung ist. Die Amplituden nehmen mit der Zeit ab (Bild 148, S. 150), das Verhältnis zweier aufeinanderfolgender Amplituden ist konstant. Für kleines k bzw. ν gilt $\omega \approx \omega_0$.

Sei $\varepsilon = 0$, so ergeben sich Maxima und Minima aus $ds/dt = Ce^{-\lambda t}(-\lambda\sin\omega t + \omega\cos\omega t) = 0$ oder $\tan\omega t = \omega/\lambda$. Diese Gleichung liefert zunächst $\omega t_1 = \arctan\omega/\lambda$, ferner $\omega t_2 = \omega t_1 + \pi$,

$\omega t_3 = \omega t_1 + 2\pi, \ldots,$ also $t_n = t_1 + (n-1)\pi/\omega,\ n = 1, 2, \ldots$ Die absoluten Maxima folgen einander in den Abständen der halben Schwingungsdauer, so daß $|\sin \omega t_1| = |\sin \omega t_n|$ ist.

Das Verhältnis der Absolutbeträge zweier aufeinanderfolgender Größtausschläge ist dann

$$s_1 : s_2 = (C e^{-\lambda t_1}) : (C e^{-\lambda (t_1 + \pi/\omega)}) = e^{\lambda \pi/\omega}.$$

Der natürliche Logarithmus dieses Verhältnisses, d. h. $\vartheta = \ln (s_1/s_2) = \lambda\pi/\omega = \pi \nu \omega_0/\omega = \pi\nu/\sqrt{1-\nu^2}$ heißt *logarithmisches Dekrement*. Für kleine Werte k/m ist $\vartheta \approx \nu\pi$.

β) *Aperiodische Bewegung:* $\nu > 1$. Es ergibt sich keine Schwingung, und der Weg $x = C_1 e^{+\alpha_1 t} + C_2 e^{+\alpha_2 t}$, worin $\alpha_{1,2} = -\lambda \pm \sqrt{\lambda^2 - \omega_0^2} = \omega_0(-\nu \pm \sqrt{\nu^2 - 1})$ ist, nähert sich mit wachsender Zeit dem Wert Null. — Grenzfall $\lambda = \omega_0$ oder $\nu = 1$, vgl. Mathematik S. 111.

d) Erzwungene Schwingungen. Wirkt außer Rückstellkraft und Widerstand noch eine *erregende* äußere *Kraft F*, die nach dem Gesetz $F = F_0 \sin \omega t$ veränderlich ist, so lautet die Bewegungsgleichung

$$m\ddot{x} + k\dot{x} + cx = F_0 \sin \omega t.$$

Die auftretende Schwingung setzt sich zusammen aus der gedämpften Eigenschwingung, die bald abklingt, und der erzwungenen Schwingung. Diese hat die Gleichung $x = r \sin(\omega t - \varphi)$, wie durch Einsetzen leicht zu prüfen ist. Die erzwungene Schwingung hat also dieselbe Frequenz wie die erregende Kraft, eilt ihr aber um den Phasenwinkel φ nach. Dabei wird $\tan \varphi = k\omega/(c - m\omega^2)$ und $r = F_0/\sqrt{(c - m\omega^2)^2 + k^2\omega^2}$, Bild 106. Nähert sich die erregende Frequenz immer mehr der Eigenfrequenz $\omega_k = \omega_0 = \sqrt{c/m}$, so werden die Ausschläge immer größer. Sie erreichen ihr Maximum für $\omega^2 = \omega_0^2 - {}^1/_2 (k/m)^2 = \omega_0^2 (1 - 2\nu^2)$, d. h. bei geringer Dämpfung für $\omega \approx \omega_0 = \omega_k = \sqrt{c/m}$ (für $k = 0$ wird dann Amplitude $r = \infty$). ω_k heißt auch *kritische Winkelgeschwindigkeit*. Für große ω nähern sich die Amplituden r dem Wert Null und können also kleiner sein als für kleine Erregerfrequenzen. Für $\omega = 0$ ist $r = r_0 = F_0/c$, d. h. gleich der statischen Auslenkung unter der Kraft F_0, und für $\omega = \sqrt{c/m} = \omega_k$ wird $\varphi = 90°$, Bild 106.

Bei technischen Konstruktionen wird man diese *Resonanz*, d. h. die Übereinstimmung zwischen Erregerfrequenz und Eigenfrequenz, vermeiden.

Für $k = 0$ gilt $r = F_0/(c - m\omega^2)$. Die Amplitude ist in Bild 106 positiv aufgetragen, daher springt dann der Phasenwinkel φ von 0° auf 180°.

Liegt eine *Weg*erregung vor, d. h. wird z. B. beim physischen Pendel, Bild 104, der Drehpunkt waagerecht oder der Befestigungspunkt der Federn in Bild 103 senkrecht periodisch erregt, so gelten die gleichen Formeln, nur ist F durch cx_0 zu ersetzen. F kann gegebenenfalls auch ein erregendes Moment sein.

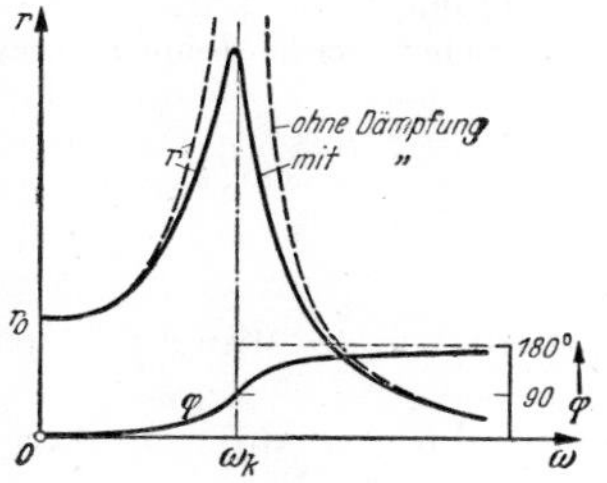

Bild 106
Amplitude und Phasenverschiebung bei erzwungener Schwingung

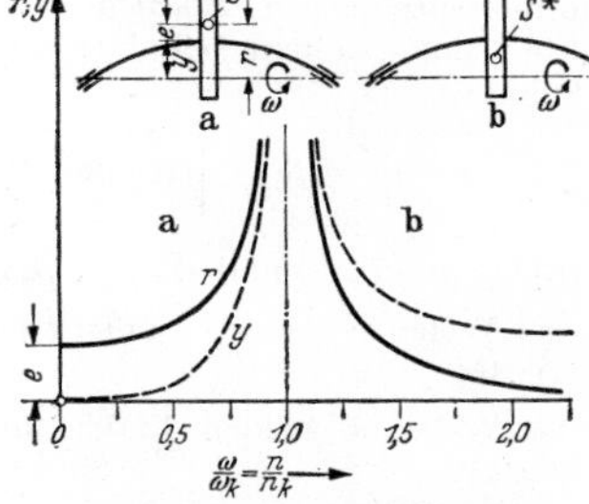

Bild 107. Resonanzkurven bei umlaufender Welle mit einer Masse

Ist die Erregung eine *beliebige* periodische Funktion, so liefert die harmonische Analyse die Erregerfrequenzen ω_1, $2\omega_1$, $3\omega_1$ usw. Es tritt also Resonanz ein, wenn die Eigenfrequenz ω_0 mit *einer* dieser Frequenzen übereinstimmt, d. h. $\omega_1 = \omega_0$, $\omega_0/2$, $\omega_0/3$ usw. ist.

Beispiel: Ein an beiden Enden frei aufliegender 4 m langer Träger, Profil I 200, trägt in der Mitte einen nicht ausgewuchteten Motor von 500 kp Gewicht. Die Fliehkraft $C = m_1 e \omega^2$ (m_1 = Masse des Rotors, e seine Schwerpunktentfernung von der Drehachse) läuft um, hat also eine wirksame

Komponente $C \sin \omega t$, es liegt eine Krafterregung vor. Da C proportional ω^2 ist, verläuft die Resonanzkurve für $k = 0$ ähnlich wie die gestrichelte Kurve in Bild 107; für große ω nähert sich die Amplitude dem Wert $-m_1 e/m$. — Bei der zahlenmäßigen Auswertung darf die Eigenmasse nicht vernachlässigt werden; man macht zur Belastung noch einen Zuschlag von 17/35 des Trägergewichtes, d. h. von etwa 50 kp, so daß $G = 500 + 50 = 550$ kp einzusetzen ist. Dann wird $f = \dfrac{G l^3}{E I \cdot 48} = \dfrac{550 \cdot 64\,000\,000}{2\,150\,000 \cdot 2142 \cdot 48} = 0{,}159$ cm und damit die kritische Drehzahl $n_0 = n_k \approx$ $\approx 300 \sqrt{1/0{,}159} = 750$ U/min.

Im MKS-System ist $G = 550 \cdot 9{,}81$ N und $E = 2{,}15 \cdot 10^6 \cdot 9{,}81$ N/cm² einzusetzen, so daß der gleiche Wert für f folgt.

e) Bei **umlaufenden Wellen** stimmt die kritische Drehzahl mit der Eigenschwingungszahl überein, obwohl Schwingungen im eigentlichen Sinn nicht stattfinden.

α) Trägt eine biegsame Welle an irgendeiner Stelle eine Scheibe von der Masse m, deren Schwerpunkt um e cm von der Wellenachse entfernt ist, Bild 107, so ruft die Fliehkraft C eine Durchbiegung y hervor. Lenkt die Kraft c die Welle an der Scheibe um 1 cm aus, so muß die Fliehkraft C der Kraft cy das Gleichgewicht halten:

$$C = m\omega^2(e + y) = cy.$$

Daraus folgt

$$y = \frac{m e \omega^2}{c - m\omega^2} = e \frac{(\omega/\omega_k)^2}{1 - (\omega/\omega_k)^2}.$$

Hierin ist $\omega_k = \omega_0 = \sqrt{c/m}$ die Kreisfrequenz der ungedämpften Eigenschwingung der Welle. Für $\omega = \omega_k$ wird $y = \infty$, und es besteht Resonanz. Mit $f = G/c$ cm als Durchbiegung infolge des Eigengewichtes G der Scheibe im Ruhezustand (bei entsprechendem Zuschlag für das Eigengewicht der Welle) folgt dann

die *kritische Winkelgeschwindigkeit* $\omega_k = \sqrt{c/m} = \sqrt{g/f}\ \text{sec}^{-1}$,

die *kritische Umlaufzahl* $n_k \approx 300 \sqrt{c/G} = 300/\sqrt{f}$ U/min; f in cm.

Die Abhängigkeit der Schwerpunktentfernung $r = e + y$ und der Durchbiegung y von dem Verhältnis ω/ω_k der Winkelgeschwindigkeiten läßt erkennen (Bild 107a für $\omega < \omega_k$, Bild 107b für $\omega > \omega_k$), daß die Welle nach Überschreiten der kritischen Drehzahl ruhiger läuft, r wird kleiner als im Ruhezustand und nähert sich dem Wert Null. Die Welle „zentriert" sich von selbst.

β) *Sonderfälle.* Ist G kp das Gewicht der Scheibe, l cm die Länge der Welle, d cm ihr Durchmesser, E kp/cm² der Elastizitätsmodul und n_k die kritische Drehzahl in U/min, so kann bei glatten Wellen auch geschrieben werden (ohne Kreiselwirkung)

$$n_k = \beta \frac{d^2}{l} \sqrt{\frac{E}{G l}}\ \text{min}^{-1} \quad \text{oder} \quad d = \delta \sqrt{n_k l} \sqrt[4]{\frac{G l}{E}}\ \text{cm},$$

wo $\beta \left(\text{U/min} \cdot \sqrt{\text{cm}}\right)$ und $\delta = \sqrt{1/\beta}$ folgende Zahlen sind:

$\alpha\alpha$) Welle an beiden Enden *kugelig gelagert,* Gewicht in der Mitte: $\beta = 460$; $\delta = 0{,}0466$.

$\beta\beta$) Welle an beiden Enden *eingespannt,* Gewicht in der Mitte: $\beta = 920$; $\delta = 0{,}033$.

$\gamma\gamma$) Welle an einem Ende *eingespannt,* am anderen *frei,* Gewicht fliegend angeordnet: $\beta = 115$; $\delta = 0{,}0932$.

$\delta\delta$) Welle an beiden Enden *kugelig gelagert,* Gewicht von einem Auflager um a, vom andern um $b = l - a$ entfernt: $\beta = 115/(a/l \cdot b/l)$; $\delta = 0{,}0932 \sqrt{a/l \cdot b/l}$.

Da $\dfrac{E}{G}$ die Einheit $\dfrac{\text{Kraft/cm}^2}{\text{Kraft}} = \dfrac{1}{\text{cm}^2}$ hat, bleibt das Ergebnis ungeändert, ob G und E in kp bzw. kp/cm² oder in N bzw. N/cm² eingesetzt werden.

2. Systeme mit zwei und mehr Freiheitsgraden

a) Freie Schwingungen mit zwei Freiheitsgraden. Bei dem in Bild 108 skizzierten System, dem elastischen Doppelpendel, treten durch Auslenkung einer oder beider Massen *gekoppelte* Schwingungen auf. Wird z. B. nur m_2 ausgelenkt, so wandert die Energie von der Masse m_2 auf m_1, von dort allmählich wieder auf m_2 usw. Das System von zwei Freiheitsgraden hat *zwei Eigenschwingungszahlen:* Sind z_1 und z_2 die Lösungen der quadratischen Gleichung

$$z^2 - \alpha z + \beta = 0, \qquad (1)$$

worin $\alpha = c/m_1 + c_2/m_2$; $\beta = (c_1/m_1) \cdot (c_2/m_2)$; $c = c_1 + c_2$ ist, so wird $\omega_1 = \sqrt{z_1}$ und $\omega_2 = \sqrt{z_2}$.

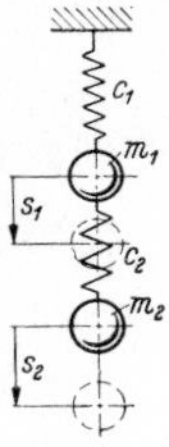

Bild 108 Elastisches Doppelpendel

Hiernach wird für $m_2 = \infty$ (feste, ruhende Masse) $\omega = \sqrt{c/m_1}$ mit $c = c_1 + c_2$ für parallelgeschaltete Federn nach Bild 103b.

Wenn $\sqrt{c/m_1} < \sqrt{c_2/m_2}$, so ist $\omega_1 < \sqrt{c/m_1}$ und $\omega_2 > \sqrt{c_2/m_2}$, andernfalls umgekehrt.

Nach Bild 108 lauten die Bewegungsgleichungen (ohne Dämpfung) gemäß den gestrichelten Lagen zur Zeit t:

$$\begin{aligned} m_1\ddot{s}_1 &= -c_1 s_1 + c_2(s_2 - s_1) \\ m_2\ddot{s}_2 &= -c_2(s_2 - s_1) \end{aligned} \quad \text{oder} \quad \begin{aligned} m_1\ddot{s}_1 + c\, s_1 - c_2\, s_2 &= 0, \\ m_2\ddot{s}_2 + c_2 s_2 - c_2\, s_1 &= 0. \end{aligned}$$

Der Ansatz $s_1 = A_1 \cos \omega t$, $s_2 = A_2 \cos \omega t$ liefert die Gleichungen

$$\begin{aligned} A_1(c - m_1\omega^2) - A_2 c_2 \qquad\qquad &= 0, \\ -A_1 c_2 \qquad\qquad + A_2(c_2 - m_2\omega^2) &= 0. \end{aligned}$$

Diese homogenen Gleichungen haben nach S. 45/46 nur dann eine Lösung, wenn ihre Determinante $(c - m_1\omega^2)(c_2 - m_2\omega^2) - c_2^2 = 0$ ist, was zur obigen quadratischen Gleichung führt. Mit den Frequenzen ω_1, ω_2 ist dann $s_1 = A_{11} \cos \omega_1 t + A_{12} \cos \omega_2 t$ und $s_2 = A_{21} \cos \omega_1 t + A_{22} \cos \omega_2 t$, wobei noch entsprechende sinus-Glieder hinzugefügt werden könnten und die Konstanten aus den Anfangsbedingungen und den linearen Gleichungen folgen.

Es überlagern sich also Schwingungen *verschiedener* Frequenz, so daß nur bei rationalem ω_2/ω_1 eine periodische Bewegung auftritt. Wenn $\omega_1 \approx \omega_2$ ist, so treten *Schwebungen* auf.

Wenn *Dämpfung* vorhanden ist, so klingen die Schwingungen in ähnlicher Weise ab, wie oben gezeigt.

Beispiel: Für die geradlinige Bewegung der Massen m_1, m_2 nach Bild 74 (S. 265) gelten mit c als Federkonstanten die Gleichungen

$$\begin{aligned} m_1\ddot{s}_1 &= -c(s_1 - s_2) \\ m_2\ddot{s}_2 &= c(s_1 - s_2) \end{aligned} \quad \text{oder} \quad \begin{aligned} m_1\ddot{s}_1 + c s_1 - c s_2 &= 0, \\ m_2\ddot{s}_2 + c s_2 - c s_1 &= 0; \end{aligned}$$

mit dem gleichen Ansatz für s_1 und s_2 wie oben erhält man die gleiche quadratische Gl. (1), wobei jetzt aber $\beta = 0$ und $\alpha = c(1/m_1 + 1/m_2)$ wird, also neben $\omega = 0$ nur die *eine* Eigenfrequenz $\omega = \sqrt{c(1/m_1 + 1/m_2)}$. Dies konnte auch unmittelbar gewonnen werden, wenn man die auf S. 265 aus der Erhaltung des gemeinsamen Schwerpunktes gewonnene Beziehung $m_2 s_2 = m_1 s_1$ oder $s_2 = s_1 m_1/m_2$ in eine der obigen Gleichungen einsetzt. — Für $m_2 = \infty$ (feste, ruhende Masse) folgt $\omega = \sqrt{c/m_1}$.

Über das Analogon bei *Drehschwingungen* und hinsichtlich weiterer Beispiele vgl. unten.

b) Erzwungene Schwingungen. Wird z. B. beim elastischen Doppelpendel, Bild 108, der Festpunkt periodisch nach dem Gesetz $s = r \sin \omega t$ auf- und abbewegt, so ergeben sich Schwingungen, die sich aus den allmählich abklingenden Eigenschwingungen und den eigentlichen erzwungenen Schwingungen zusammensetzen. Die letzteren folgen dem Takt der Erregung, und es tritt *Resonanz* auf, wenn die erregende Frequenz mit einer der Eigenfrequenzen zusammenfällt.

Bei einer beliebigen periodischen Erregung tritt Resonanz auf, wenn die erregenden, durch harmonische Analyse (S. 176) gewonnenen Frequenzen $\omega, 2\omega, 3\omega, \ldots$ mit einer der Eigenfrequenzen zusammenfallen.

Beispiel: Befolgt die Erregung des Festpunktes in Bild 108 das Gesetz $s_0 = x_0 \sin \omega t$, so ergibt sich unter Vernachlässigung der Dämpfung für den erzwungenen Anteil $s_1 = r_1 \sin \omega t$ und $s_2 = r_2 \sin \omega t$, wobei mit $F_0 = c_1 x_0$ und $c = c_1 + c_2$:

$$r_1 = F_0(c_2 - m_2\omega^2)/N; \quad r_2 = F_0 c_2/N \quad \text{mit} \quad N = (c - m_1\omega^2)(c_2 - m_2\omega^2) - c_2^2.$$

Über die Abhängigkeit der Amplituden r_1 und r_2 von ω vgl. Bild 109. Resonanz tritt auf, wenn $N = 0$ ist, was auf die obige Gleichung für die Eigenfrequenzen ω_1, ω_2 führt. Bemerkenswert ist ferner, daß r_1 für $\omega = \sqrt{c_2/m_2}$, d. h. für die Frequenz des zweiten Teilsystems gleich Null und gleichzeitig r_2 sehr klein wird (dicht beim Minimum); d. h. die Masse m_1 ist hier praktisch in Ruhe (Schwingungstilger).

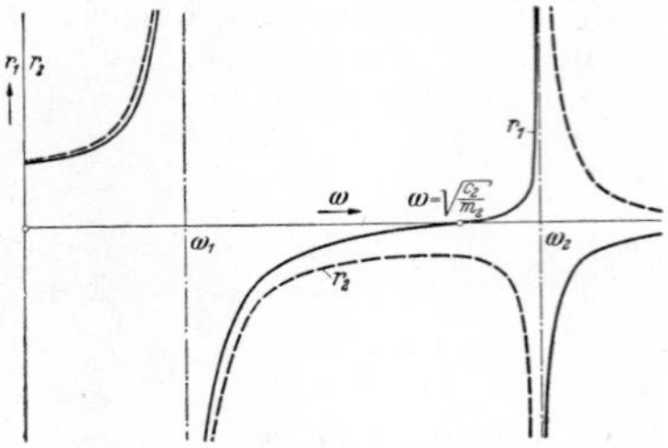

Bild 109
Resonanzkurven beim Zweimassensystem

Bei Frequenzen $\omega > \omega_2$ werden die Amplituden r_1, r_2 immer kleiner. Die gleichen Ergebnisse folgen bei einer Krafterregung. Liegt diese bei der Masse m_2 vor, so wird $r_1 = F_0 c_2/N$ und $r_2 = F_0(c - m_1\omega^2)/N$ bei grundsätzlich ähnlichem Verlauf. Ist aber F_0 durch einen nicht ausgewuchteten Motor bedingt, Masse der Unwucht μ, sodaß (s. Beisp. S. 283) $F_0 = \mu e\omega^2$ wird, so bleibt die Aussage hinsichtlich Resonanz und Nullstelle bestehen, nur sind $r_1 = r_2 = 0$ für $\omega = 0$, und r_1 nähert sich im ersten Fall dem konstanten Wert $-\mu e/m_1$, im zweiten Fall r_2 dem konstanten Wert $-\mu c/m_2$.

Die *Dämpfung* ändert den charakteristischen Verlauf nicht wesentlich, wenn sie geringfügig ist.

c) Bei ***n* Freiheitsgraden** erhält man zur Beschreibung n Differentialgleichungen und daraus n Eigenfrequenzen, die sich bei der hier vorausgesetzten geraden Kennlinie (Beziehung zwischen Kraft und Weg bzw. Moment und Winkel) aus einer Gleichung n-ten Grades mit reellen Lösungen berechnen lassen.

d) Anwendung auf **Drehschwingungen.** α) *Reduktionen.* Nach Beisp. 4, S. 282, ist die Frequenz einer Masse vom Trägheitsmoment Θ an einem Torsionsstab von dem Rückstellmoment $c = I_p G/l$ mit I_p = polarem *Flächen*trägheitsmoment des Stabquerschnitts, der Länge l und dem Gleitmodul G durch $\omega = \sqrt{c/\Theta}$ gegeben. Häufig, insbesondere bei Mehrmassensystemen, ist es zweckmäßig, die Wellenteile auf *einen* Durchmesser zu reduzieren: Zwei Wellen sind torsionselastisch gleichwertig, wenn sie das gleiche Rückstellmoment aufweisen.

So kann eine Welle von der Länge l und dem Durchmesser d durch eine Welle vom Durchmesser d_{red} und von der *reduzierten Länge* $l_{\text{red}} = l \cdot (d_{\text{red}}/d)^4$ ersetzt werden.
Befinden sich *mehrere Wellenstücke* mit den Steifigkeiten $c_1, c_2, \ldots$ *hintereinander*, so wird $1/c = 1/c_1 + 1/c_2 + \cdots$.

Ebenso werden die Massen auf einen geeigneten Radius r reduziert, so daß $m_{\text{red}} = \Theta/r^2$ wird (vgl. S. 270).

Im folgenden sind *m* und *l* immer reduzierte Größen. Ferner ist noch eingeführt $H = I_p G/r^2$ kp, wenn I_p in cm^4, G in kp/cm^2 und r in cm eingesetzt werden.

β) Durch *äußere periodische Momente* können Wellen in Drehschwingungen versetzt werden. Resonanz tritt ein, wenn Eigenfrequenz und Erregerfrequenz übereinstimmen, wobei das erregende Moment wieder durch harmonische Analyse zerlegt werden kann. Die Eigenfrequenzen dürfen nicht mit einer der erregenden Frequenzen übereinstimmen, wenn Resonanz vermieden werden soll.

γ) *Zwei Schwungmassen*, Bild 110, haben *eine* Frequenz und in der Resonanz *einen* Knotenpunkt.

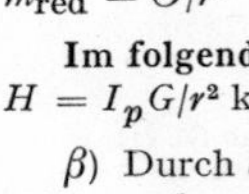

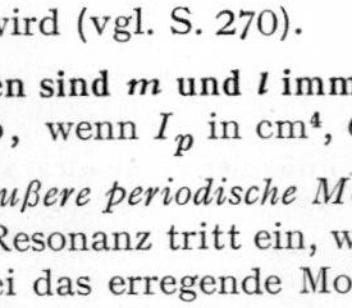

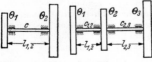

Bild 110 Bild 111
Zu Torsionsschwingungen
mit 2 u. 3 Schwungmassen

Es folgt

$$\omega = \sqrt{c \cdot \frac{\Theta_1 + \Theta_2}{\Theta_1 \Theta_2}} = \sqrt{\frac{H}{l_{1,2}} \frac{m_1 + m_2}{m_1 m_2}}.$$

Es liegt eine ähnliche Aufgabe wie im Beispiel unter 2a) vor: Sind φ_1, φ_2 die Drehwinkel gegenüber der Ruhelage, so lauten die Bewegungsgleichungen für die Eigenschwingungen $\Theta_1\ddot{\varphi}_1 = -c \cdot (\varphi_1 - \varphi_2)$ und $\Theta_2\ddot{\varphi}_2 = c(\varphi_1 - \varphi_2)$, so daß dort nur m_1 durch Θ_1 und m_2 durch Θ_2 ersetzt zu werden braucht.

δ) *Drei Schwungmassen*, Bild 111, haben zwei Frequenzen und zwei Knoten in der Resonanz. Die Frequenz folgt aus der quadratischen Gleichung (1) unter 2a,

$$\text{wobei}\quad \alpha = c_{1,2}\,\frac{\Theta_1+\Theta_2}{\Theta_1\Theta_2} + c_{2,3}\,\frac{\Theta_2+\Theta_3}{\Theta_2\Theta_3} = H\left(\frac{m_1+m_2}{l_{1,2}\,m_1 m_2} + \frac{m_2+m_3}{l_{2,3}\,m_2 m_3}\right),$$

$$\beta = c_{1,2}c_{2,3}\,\frac{\Theta_1+\Theta_2+\Theta_3}{\Theta_1\Theta_2\Theta_3} = \frac{H^2}{l_{1,2}\,l_{2,3}}\,\frac{m_1+m_2+m_3}{m_1 m_2 m_3}.$$

ε) Bei n *Schwungmassen* erhält man $(n-1)$ Eigenfrequenzen und $(n-1)$ Knoten. Für $n>3$ empfehlen sich graphische oder rechnerische Näherungsmethoden (vgl. Bd. II, Abschn. Schwingungen).

Im MKS-System hat der Gleitmodul G die Einheit N/cm², also H die Einheit N. Da $1\,\text{N} = 1\,\text{kgm sec}^{-2}$ ist, haben α bzw. β im MKS-System wie im techn. Maßsystem die Einheit sec^{-2} bzw. sec^{-4}.

e) Anwendung auf **Biegeschwingungen.** n Massen auf einer elastischen Welle ergeben n Eigenschwingungszahlen für die Biegeschwingungen. Die Eigenfrequenzen ω errechnen sich aus einer Gleichung n-ten Grades. Im einzelnen ergibt sich:

α) Zur rechnerischen Ermittlung sind die *Einflußzahlen* zweckmäßig. Die Kraft Eins (z. B. 1 kp) ruft an der Stelle *1*, Bild 112, die Durchbiegung α_{11} cm, an der Stelle *2* die Durchbiegung $\alpha_{1,2}$ hervor, also die Kraft F_1 die Durchbiegungen $\alpha_{11}F_1$, $\alpha_{12}F_1$. Die Kraft Eins an der Stelle *2* ruft dort die Durchbiegung α_{22}, an der Stelle *1* die Durchbiegung α_{21} hervor, wobei $\alpha_{12} = \alpha_{21}$ ist (*Maxwellscher Verschiebungssatz*). Allgemein ruft die an der Stelle i angreifende Kraft Eins an der Stelle k die Durchbiegung α_{ik} hervor, wobei $\alpha_{ik} = \alpha_{ki}$ ist; die Werte α_{ik} heißen Einflußzahlen, und die Durchbiegung y_k unter Einfluß der Kräfte $F_1, F_2, F_3, \ldots, F_n$ ist dann $y_k = \sum_{i=1}^{i=n} (\alpha_{ik}F_i)$. Vgl. Einflußlinien, S. 226.

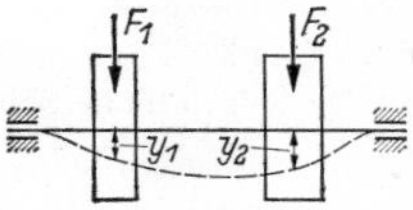

Bild 112

β) Bei *zwei Massen*, Bild 112, folgt, wenn y_1, y_2 die Durchbiegungen bei den Eigenschwingungenzu einem beliebigen Zeitpunkt sind,

$$y_1 = \alpha_{11}F_1 + \alpha_{21}F_2, \qquad y_2 = \alpha_{12}F_1 + \alpha_{22}F_2.$$

Als Kräfte sind die negativen Massenbeschleunigungen $-m_1\ddot{y}_1$, $-m_2\ddot{y}_2$ einzusetzen, und die beiden Differentialgleichungen führen mit $\omega = 1/\sqrt{u}$ auf die quadratische Gleichung

$$u^2 - \alpha u + \beta = 0; \qquad \alpha = \alpha_{11}m_1 + \alpha_{22}m_2; \qquad \beta = m_1 m_2(\alpha_{11}\alpha_{22} - \alpha_{12}^2).$$

Jede Masse für sich hat die Frequenz $\omega_{10} = 1/\sqrt{\alpha_{11}m_1}$, $\omega_{20} = 1/\sqrt{\alpha_{22}m_2}$, wobei $1/\alpha_{11}$, $1/\alpha_{22}$ dem Wert c oben entsprechen; ist $\omega_{10} < \omega_{20}$, so gilt bei Kopplung $\omega_1 < \omega_{10}$, $\omega_2 > \omega_{20}$. Bei symmetrischer Anordnung und gleichen Massen $m_1 = m_2 = m$ wird $\omega_1 = 1/\sqrt{(\alpha_{11}+\alpha_{12})m}$ und $\omega_2 = 1/\sqrt{(\alpha_{11}-\alpha_{12})m}$.

Läuft eine Welle um, so wirken die Fliehkräfte $F_1 = m_1(e_1+y_1)\omega^2$, $F_2 = m_2(e_2+y_2)\omega^2$. Setzt man diese in die Gleichungen für y_1, y_2 ein, so folgen für die Durchbiegungen y_1, y_2 Ausdrücke, die unendlich groß werden, wenn die Frequenz $\omega = \omega_1$ bzw. $= \omega_2$ wird (kritische Winkelgeschwindigkeiten).

γ) Bei *drei Massen* ergibt sich für $\omega = 1/\sqrt{u}$ die kubische Gleichung

$$u^3 - \alpha u^2 + \beta u + \gamma = 0,$$

worin

$$\alpha = \alpha_{11}m_1 + \alpha_{22}m_2 + \alpha_{33}m_3;$$

$$\beta = m_1 m_2(\alpha_{11}\alpha_{22} - \alpha_{12}^2) + m_2 m_3(\alpha_{22}\alpha_{33} - \alpha_{23}^2) + m_3 m_1(\alpha_{33}\alpha_{11} - \alpha_{13}^2);$$

$$\gamma = m_1 m_2 m_3(\alpha_{11}\alpha_{23}^2 + \alpha_{22}\alpha_{13}^2 + \alpha_{33}\alpha_{12}^2 - \alpha_{11}\alpha_{22}\alpha_{33} - 2\alpha_{12}\alpha_{23}\alpha_{13}).$$

δ) Bei *mehr als drei Massen* (oft schon bei drei) ist das rechnerische Verfahren zu langwierig. Man benutzt daher Näherungsverfahren, z. B. das Verfahren nach *Stodola*: Man nimmt eine den Lagerbedingungen entsprechende Biegelinie an (S. 379 f.). Hat die Masse m_i die Durchbiegung b_i, so wirkt auf sie bei einer angenommenen Winkelgeschwindigkeit ω_0 die Fliehkraft $m_i b_i \omega_0^2$. Konstruiert man darauf die Biegelinie, die durch diese Fliehkräfte entsteht, so sei die Durchbiegung an der Masse m_i gleich y_i. Dann ist $\omega_k = \omega_0\sqrt{b_i/y_i}$. Das Ergebnis ist nur dann genau, wenn das Verhältnis b_i/y_i für alle Massen das gleiche ist. Sind größere Abweichungen vorhanden, so wiederholt man das Verfahren unter Benutzung der Fliehkräfte $m_i y_i \omega_0^2$. Das Verfahren konvergiert rasch, besonders bei zweifach gelagerter Welle mit mehreren Massen und einer fliegenden und für die niedrigste kritische Drehzahl; es läßt sich auch leicht auf einem Digitalrechner durchführen.

3. Schwingungen der Kontinua

Ein Kontinuum hat „unendlich" viele Freiheitsgrade, d. h. unendlich viele Eigenschwingungszahlen und unendlich viele Resonanzen. Die Bewegungsgleichungen führen auf partielle Differentialgleichungen (S. 111) und die Ermittlung der Schwingungszahlen auf transzendente Gleichungen.

a) Biegeschwingungen von Stäben (vgl. S. 112). Sind n_1 die Grundschwingungszahl und $n_2, n_3, \ldots$ die höheren Schwingungszahlen (min^{-1}), so gelten für *glatte, unbelastete Wellen* folgende Werte mit $\gamma = 7{,}8$ kp/dm³, $E = 2150000$ kp/cm², l cm als Länge und d cm als Durchmesser:

α) an beiden Enden kugelig gelagerte Welle:

$$n_1 = 1{,}225 \cdot 10^7 \cdot d/l^2; \quad n_2 = 4n_1; \quad n_3 = 9n_1; \quad n_4 = 16n_1 \quad \text{usw.};$$

β) an beiden Enden eingespannt:

$$n_1 = 2{,}777 \cdot 10^7 \cdot d/l^2; \quad n_2 = 2{,}8n_1; \quad n_3 = 5{,}4n_1; \quad n_4 = 8{,}9n_1;$$

γ) an einem Ende eingespannt, am anderen frei (fliegende Welle):

$$n_1 = 0{,}4364 \cdot 10^7 \cdot d/l^2; \quad n_2 = 6{,}267n_1; \quad n_3 = 17{,}55n_1; \quad n_4 = 34{,}41n_1.$$

Für andere Stoffkonstanten sind die angegebenen Werte mit $1{,}901 \cdot 10^{-3} \cdot \sqrt{E/\gamma}$ zu multiplizieren, E in kp/cm², γ in kp/dm³.

Wird E in N/cm² und wird statt des spez. Gewichts γ die Dichte ϱ in kg/dm³ eingesetzt, so ist der Zahlenfaktor vor der Wurzel $\sqrt{E/\varrho}$ mit $\sqrt{1/9{,}81}$ ($\approx \sqrt{1/10}$) zu multiplizieren; er wird $6{,}07 \cdot 10^{-4}$.

Die sekundliche Schwingungszahl wird hieraus durch Division mit 60 errechnet.

Handelt es sich um einen Stab *beliebigen*, aber konstanten Querschnitts, so ist d zu ersetzen durch $4i$ mit $i = \sqrt{I/S}$ als Trägheitsradius in cm, I = axiales Trägheitsmoment, S = Querschnitt.

b) Längsschwingungen von Stäben. Diese Schwingungen führen auf die mathematisch gleichen Differentialgleichungen wie die Torsions-, Seil- und Saitenschwingungen (S. 112). Für die Fortpflanzungsgeschwindigkeit a des Schalles in einem Medium vom Elastizitätsmodul E und der Dichte ϱ gilt $a = \sqrt{E/\varrho}$. Wird a in m/sec und l in m eingesetzt, so folgt bei konstantem Querschnitt für die Schwingungszahl f in der Sekunde (vgl. die Schwingungsformen in der Grundschwingung und in der ersten Oberschwingung, d. h. für $k = 1$ und $k = 2$, gemäß Bild 113):

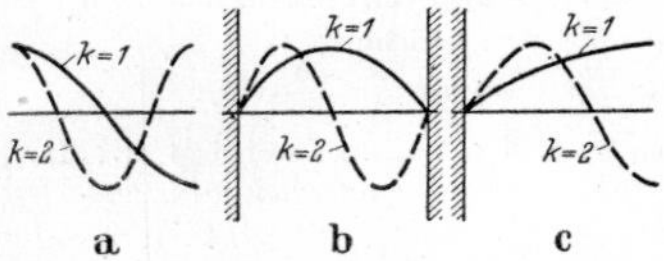

Bild 113. Schwingungsformen bei Seilschwingungen u. ä.

α) Stab an beiden Enden frei: $f = ka/2l$; $k = 1, 2, \ldots$; Bild 113a.

β) Stab an beiden Enden fest: $f = ka/2l$; $k = 1, 2, \ldots$; Bild 113b.

γ) Stab an einem Ende fest, am anderen frei: $f = (2k - 1)a/4l$; $k = 1, 2, \ldots$; Bild 113c.

Im techn. Maßsystem gilt $\varrho = \gamma/g$, d. h. $a = \sqrt{Eg/\gamma}$ m/sec, wobei E in kp/m², γ in kp/m³ und $g = 9{,}81$ m/sec² einzusetzen ist. Setzt man jedoch üblicherweise E in kp/cm², γ in kp/dm³ und $g = 9{,}81$ m/sec² ein, so folgt $a = \sqrt{10g} \cdot \sqrt{E/\gamma} = 9{,}9\sqrt{E/\gamma} \approx 10\sqrt{E/\gamma}$ m/sec. Hierbei hat der Zahlenfaktor $9{,}9 \approx 10$ die Einheit $\sqrt{\text{m/sec}^2}$.

Im MKS-System hat man in der Gleichung $a = \sqrt{E/\varrho}$ den Elastizitätsmodul E in N/m² und die Dichte ϱ in kg/m³ einzusetzen, um a in m/sec zu erhalten. Setzt man aber E in N/cm² und ϱ in kg/dm³ ein, so wird $a = \sqrt{10} \cdot \sqrt{E/\varrho}$ m/sec.

Beispiel: Für *Luftsäulen* gelten unter Übertragung der Fälle β) und γ) die gleichen Formeln für die Fortpflanzungsgeschwindigkeit a

im technischen System

$$a = \sqrt{g\varkappa RT}; \quad R = 29{,}27\,\frac{\text{kpm}}{\text{kg grd}},$$

im MKS-System

$$a = \sqrt{\varkappa RT}; \quad R = 286{,}9\,\frac{\text{m}^2}{\text{sec}^2\,\text{grd}}.$$

Für $\varkappa = c_p/c_v = 1{,}4$ und $T = 293\,^\circ$K ($= 20\,^\circ$C) wird

$$a = \sqrt{9{,}81 \cdot 1{,}4 \cdot 29{,}27 \cdot 293} = 343 \text{ m/sec}$$

$$a = \sqrt{1{,}4 \cdot 286{,}9 \cdot 293} = 343 \text{ m/sec}.$$

c) **Torsionsschwingungen von Stäben.** Hierbei gelten für konstanten Querschnitt die gleichen Formeln wie unter b), nur ist für a der Wert $a = \sqrt{G/\varrho}$ zu setzen mit G als Gleit-(Schub-)Modul. Es ist also in den Formeln unter b) nur E durch den Gleitmodul zu ersetzen (gilt für kreis- oder kreisringförmigen Querschnitt).

Wenn μ die Querzahl ist (S. 351 u. S. 355), so gilt $n_{\text{tors}} = n_{\text{längs}}/\sqrt{2(1+\mu)}$, wobei der Zahlenfaktor gleich 1,612 bis 1,673 für $\mu = 0{,}3$ bis 0,4 ist. Allgemeiner kann gesetzt werden $a = \sqrt{G\varkappa/\varrho}$ mit $\varkappa = I^*/I_p$, I_p als polarem Trägheitsmoment und I^* als Drillungswiderstand des Querschnitts (S. 409).

d) Für **Saiten** oder für biegungsfreie **Seile** mit gleich hohen Festpunkten gilt $n = ka/2l$; $k = 1, 2, \ldots$; Länge l in m und $a = \sqrt{\sigma_{\text{Seil}}/\varrho}$ in m/sec, σ_{Seil} ist die Seil-(Saiten-)Spannung. Hinsichtlich der Berechnung von a gilt das unter b) Gesagte, nur ist E durch die Seilspannung σ_{Seil} zu ersetzen.

e) Bei **Wellenbewegungen** führt jedes Teilchen für sich Schwingungen um eine Mittellage aus, aber jedes Teilchen gegenüber dem nächsten versetzt. Bei Quer- oder Transversalwellen bewegt sich jedes Teilchen senkrecht zur Fortpflanzungsrichtung der Welle (Wasserwellen, Seilschwingungen), bei Längs- oder Longitudinalwellen in Richtung dieser (Stabschwingungen, Schwingungen von Luftsäulen).

Die Fortpflanzungsgeschwindigkeit ist $a = \lambda/T = \lambda f$, wobei λ = Wellenlänge = Entfernung zweier Stellen gleicher Phase, T = Schwingungsdauer = Zeit zum Durcheilen dieser Strecke, f = Schwingungszahl ist.

III. Statik flüssiger und gasförmiger Körper

Bearbeitet von Dr.-Ing. **Bruno Eck**, Köln

A. Besondere Eigenschaften von Flüssigkeiten und Gasen

a) **Verschiebbarkeit der Teilchen.** Ruhende Flüssigkeiten oder Gase können keine Schubspannungen ausüben, so daß nur Drücke normal zur Oberfläche wirken. Dieses Gesetz verliert seine Gültigkeit bei halbflüssigen Gebilden, z. B. bei Teer, Asphalt, Kohlenstaub usw.

Flüssigkeiten und Gase nehmen jede äußere Form ohne Widerstand an.

b) **Zusammendrückbarkeit.** *Flüssigkeiten* sind nur wenig zusammendrückbar, jedoch macht sich selbst die geringe Zusammendrückbarkeit bei hohen Drücken stark bemerkbar (Einspritzleitungen der Dieselmotoren[1]).

Das Verhältnis der relativen Volumenverkleinerung $\partial v/v_0$ zur Drucksteigerung ∂p (bei konstanter Temperatur T) ist der

$$\text{Kompressibilitätskoeffizient } k = -\frac{1}{v_0}\left(\frac{\partial v}{\partial p}\right)_T \text{ in 1/at;} \qquad (1)$$

er nimmt i. allg. mit steigendem Druck ab, mit steigender Temperatur zu (bei Wasser jedoch als Anomalie ein Minimum bei etwa 55 °C).

Werte $10^6 k$ *(in* 1/at) *für Wasser und Dieselöl*

Druckbereich at	Wasser (nach *Amagat*) Temperatur 20°	40°	60°	80°	100 °C	Dieselöl[1] Druckbereich at	20 °C
1—100	46,8	44,9	45,5	46,9	47,8	0— 50	60,7
100—200	44,2	42,9	42,7	45,1	46,8	0—100	53,4
200—300	43,4	41,4	41,5	43,6	45,9	0—150	50,7
300—400	42,4	40,7	40,6	42,2	44,6	0—200	48,5
400—500	41,5	40,4	39,4	40,8	43,4	0—250	49,7
500—600	40,4	39,0	38,8	39,9	41,6	0—300	49,4
600—700	39,4	38,2	38,3	38,7	40,7	0—350	48,2

[1] Vgl. *Sass, F.:* Bau u. Betrieb von Dieselmaschinen, Bd. I S. 208. Berlin: Springer 1948.

Gase lassen sich beliebig in ihrem Volumen vergrößern oder verkleinern (Boyle-Mariottesches Gesetz, vgl. S. 445).

Bei Strömungsvorgängen treten merkliche Zusammendrückungen erst mit höheren Druckänderungen bei Strömungsgeschwindigkeiten in der Größenordnung der Schallgeschwindigkeit auf (vgl. Gasdynamik, S. 336). Bleibt die Strömungsgeschwindigkeit genügend unterhalb der Schallgeschwindigkeit (≈340 m/sec), so beträgt die Volumen- bzw. Dichteänderung für Luft

bei 50 m/sec etwa 1 %,
„ 100 „ „ 4,5%,
„ 150 „ „ 9,7%.

Man kann also für eine vernachlässigbare Volumenveränderung von 1% bei Strömung der Luft von Raumtemperatur die Formeln für volumenbeständige Strömung anwenden.

c) Änderung des Volumens mit der Temperatur. Das spez. Gewicht γ in kp/m³ (bzw. die Dichte ϱ in kg/m³) von Flüssigkeiten ändert sich mit der Temperatur, wie folgende Tabelle für Wasser zeigt (wichtig bei Kondensatmessungen):

Spez. Gewicht von reinem Wasser bei verschiedenen Temperaturen

$t =$ 0°C	$\gamma =$ 999,840 kp/m³	$t =$ 20°C	$\gamma =$ 998,204 kp/m³
1	,899	25	997,046
2	,940	30	995,648
3	,964	35	994,03
4	,972	40	992,21
5	,964	45	990,22
10	,700	50	988,05
15	,098	60	983,21

d) Kapillarität. An der Oberfläche einer Flüssigkeit bzw. der Grenze mit einer festen Wand wirken Molekularkräfte, die einer Änderung der Oberfläche Widerstand entgegensetzen. Bei freier Wirkungsmöglichkeit erzwingen diese Oberflächenspannungen *eine möglichst kleine Gesamtoberfläche* (Tropfen).

Bei Berührung einer Flüssigkeit mit festen Körpern tritt *Benetzung* nur ein, wenn die Molekularkräfte des festen Körpers größer sind als die der Flüssigkeit. In diesem Fall wird die Flüssigkeit am Körper hochgezogen (Kapillaraszension); in einer Kapillare steigt sie, z. B. Aufsaugung von Flüssigkeiten durch poröse Körper und die Organe der Pflanzen. Wenn umgekehrt die Molekularkräfte im Flüssigkeitsinnern überwiegen, so tritt Kapillardepression ein.

Steighöhe in Kapillaren: $h = 4\sigma/(\gamma d)$; $d =$ Dmr. der Kapillare in cm; $\gamma =$ spez. Gew. der Flüssigkeit in p/cm³; $\sigma =$ Oberflächenspannung (bisweilen auch Kapillarkonstante genannt) in p/cm, sie kann z. B. aus der Steighöhe in einer Kapillare von bekanntem Dmr. bestimmt werden.

Kapillarkonstanten σ in p/cm.

Wasser gegen Luft . . .	0,077	Olivenöl gegen Luft . . .	0,0327
Quecksilber gegen Luft .	0,47	Olivenöl gegen Wasser . .	0,021
Alkohol gegen Luft . . .	0,0258	Alkohol gegen Wasser . .	0,0023

Kapillare Steighöhen h	für Wasser	Alkohol	Toluol
in Röhrchen (Dmr. d)	$30/d$	$10/d$	$13/d$
zwischen Platten (Abstand a)	$15/a$	$5/a$	$6{,}5/a$

Der auf eine gekrümmte Oberfläche (je Flächeneinheit) wirkende Krümmungsdruck ist:

$$p = \sigma\,[1/r_1 + 1/r_2]\ \text{p/cm}^2.$$

(r_1, r_2 Krümmungsradien der Oberfläche in zwei aufeinander senkrecht stehenden Schnitten in cm.)

B. Hauptgesetze ruhender Flüssigkeiten und Gase

a) Gesetz von Pascal. Der Druck einer ruhenden Flüssigkeit auf eine Fläche (hydrostatischer Druck) ist unabhängig von deren Neigung.

Anwendung: Der Druck in einem Wasserbehälter an der Stelle *1* ist

im techn. Maßsystem	im MKS-System	
$p = h\gamma$ in kp/m²	$p = h\varrho g$ in kg/m sec² oder N/m²	(2)

und hängt nur von der Niveauhöhe h ab. Der gleiche Druck wirkt bei *2* auf die Wand. Demgemäß nimmt der Wanddruck linear von der Oberfläche nach unten zu, Bild 1.

Die Wirkung einer hydraulischen Kraft auf eine ebene Fläche A ist ebenso groß, wie wenn der im Schwerpunkt dieser Fläche wirkende Druck auf die Gesamtfläche wirkte. Die Kraft greift im Schwerpunkt S^* der Belastungsfläche an,

$$F = A h \gamma \quad \text{kp}, \qquad ≋ \; F = A h \varrho g \quad \text{N} \; ≋. \tag{3}$$

b) Die Resultierende des Wasserdruckes auf eine Fläche A, die unter einem beliebigen Winkel gegen die Vertikale geneigt ist, geht durch den **Druckmittelpunkt** M, der nach Bild 2 durch folgende Ordinaten bestimmt wird:

$$x_m = I_{xy}/A y_s; \qquad e = I_s/A y_s; \tag{4}$$

x_m = Abstand des Druckmittelpunktes von der Achse YY; A = Fläche;
e = Abstand des Druckmittelpunktes vom Flächenschwerpunkt in Richtung YY;
I_{xy} = Zentrifugalmoment von A, bezogen auf Koordinatennullpunkt;
$I_s = \int y^2 \, dA$ = Flächenträgheitsmoment in bezug auf die zur x-Achse parallele Schwerpunktsachse;
y_s = Lage des Schwerpunktes unter dem Wasserspiegel in Richtung YY.

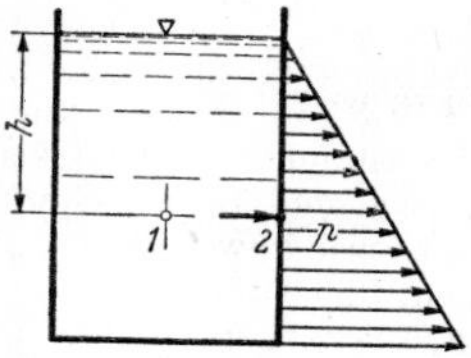

Bild 1

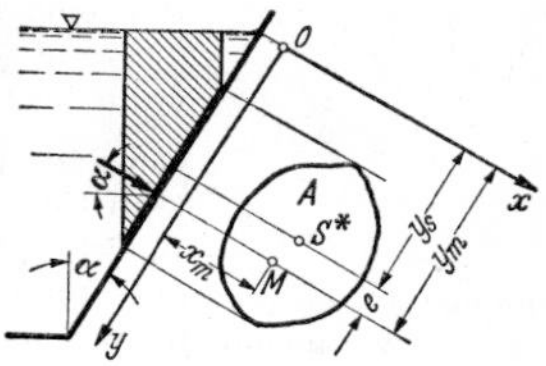

Bild 2

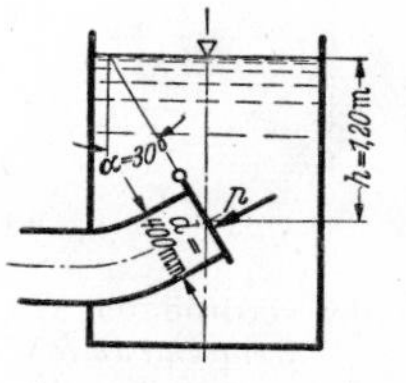

Bild 3

Ist die Fläche symmetrisch in bezug auf eine zur y-Achse parallele Linie, so liegt M auf dieser Linie um e unterhalb von S^*.

Abstände für verschiedene Flächen:
Rechteck (b = Breite parallel zur Oberfläche; h = Höhe auf schräger Fläche); $e = h^2/12 y_s$.
Kreis (d = Durchmesser) $e = d^2/16 y_s$.

Beispiel: Ein Wasserbehälter hat eine Ablaßklappe nach Bild 3, $h = 1{,}2$ m; Rohrdurchmesser $d = 400$ mm; $\alpha = 30°$. Größe und Angriff der auf die Klappe wirkenden Druckkraft sind zu bestimmen.

Nach a) ist der mittlere Druck

$p = h\gamma$
$= 1{,}2 \cdot 1000$ kp/m²,

Somit ist die Gesamtkraft

$F = \pi d^2/4 \cdot p$
$= \pi \cdot 0{,}4^2/4 \cdot 1200 = 150{,}7$ kp,

≋ $p = h \varrho g$
$= 1{,}2 \cdot 1000 \cdot 9{,}81$ kg/m sec²
$= 11\,772$ N/m².
$F = \pi d^2/4 \cdot p$
$= \pi \cdot 0{,}4^2/4 \cdot 11\,772 = 1478{,}6$ N. ≋

Nach Bild 3 ist:

$$y_s = \frac{h}{\cos 30°} = \frac{1{,}2}{0{,}866} = 1{,}386 \text{ m}; \qquad e = \frac{d^2}{16 \cdot y_s} = \frac{0{,}4^2 \cdot 1000}{16 \cdot 1{,}386} = 7{,}22 \text{ mm}.$$

c) Die in beliebiger Richtung auf eine **gekrümmte Fläche** wirkende statische Druckkraft ist ebenso groß, wie wenn der statische Druck auf eine Fläche wirkte, die durch Projektion der gekrümmten Fläche auf eine zur angenommenen Richtung normale Ebene erhalten wird.

Beispiel: An der Flanschverbindung (Bild 4) wirkt eine Zugkraft

$$F = p d^2 \pi/4 \text{ kp}.$$

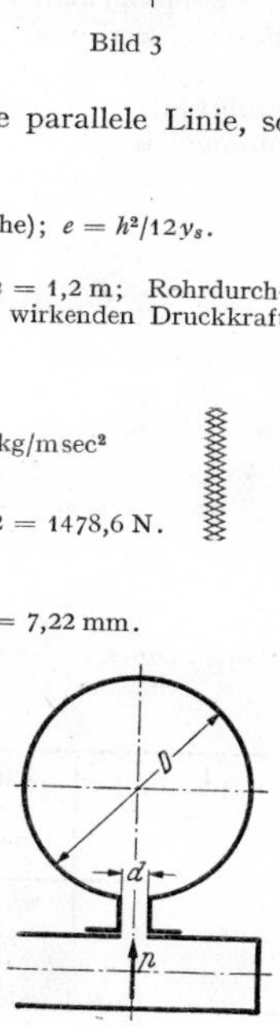

Bild 4

d) Der **Auftrieb** F_A, den ein Körper in einer ruhenden Flüssigkeit erhält, ist gleich dem Gewicht des verdrängten Flüssigkeitsvolumens V. Die Auftriebskraft wirkt senkrecht nach oben und greift im Formschwerpunkt der verdrängten Flüssigkeitsmenge an.

Die Auftriebskraft F_A eines Ballons ist gleich dem verdrängten Luftgewicht abzüglich des Gewichts für das Füllgas.

$$F_A = V(\gamma_L - \gamma_{\text{Gas}}) \text{ kp}. \tag{5}$$

Werte γ für gebräuchliche Ballongase bei p = 760 Torr und 0 °C

Gas	γ kp/m³	Gas	γ kp/m³
Leuchtgas Wasserstoff rein	0,67 bis 0,45 0,08904	Wasserstoff normaler Reinheit Helium	0,15 0,1785

Heiße Luft von rund 370 °C hat die Tragkraft von Leuchtgas.

Ein Ballon steigt, bis der Auftrieb gleich dem Gesamtgewicht einschließlich Traggas ist. Die erreichte Höhe nennt man *Gleichgewichtshöhe*. Eine Verminderung der Außentemperatur um 1 grd vergrößert die Gleichgewichtshöhe um rund 30 m, während eine Temperaturverminderung des Füllgases um 1 grd die Gleichgewichtshöhe um 20 m bei Leuchtgas und um etwa 3 m bei Wasserstoff erniedrigt.

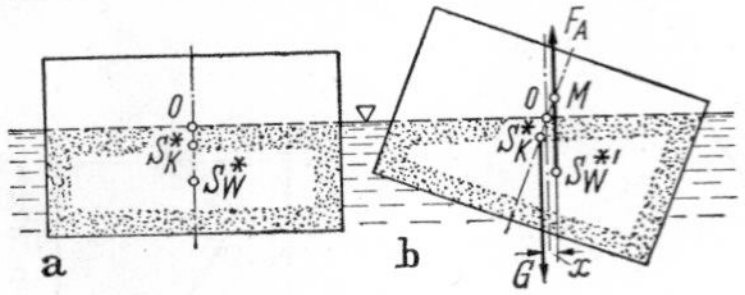

Bild 5

e) Stabilität schwimmender Körper. Ein eingetauchter Körper schwimmt, / schwebt, wenn das Körpergewicht G kleiner als das / gleich dem Gewicht der verdrängten Flüssigkeit (Auftrieb F_A) ist und Körperschwerpunkt $S_k{}^*$ und Formschwerpunkt $S_w{}^*$ der verdrängten Wassermenge auf einer Senkrechten liegen, Bild 5a.

Metazentrum. Wird der schwimmende Körper geneigt, Bild 5b, so wandert der Formschwerpunkt $S_w{}^*$ der verdrängten Wassermenge nach $S_w{}^{*\prime}$. Der hier angreifende Auftrieb F_A schneidet die vorherige Senkrechte durch den Körperschwerpunkt in M. Diesen Punkt nennt man Metazentrum. Aufrichtendes (stabilisierendes) Moment ist $F_A x$ bzw. Gx. Ein Körper schwimmt nur stabil, wenn M oberhalb des Körperschwerpunkts $S_k{}^*$ liegt.

C. Statik und Eigenschaften der Atmosphäre

a) Allgemeines. Als *internationale Norm-Atmosphäre* der Luft bezeichnet man den Wert: $p = 10332$ kp/m² bei $t = 15$ °C; das entsprechende spezifische Gewicht der Luft beträgt

$$\gamma = 1{,}226\ \text{kp/m}^3 \qquad \gamma/g\ (\text{Dichte}) = 0{,}125\ (= {}^1/_8)\ \text{kpsec}^2/\text{m}^4, \tag{6}$$

$$≙\ \varrho = 1{,}226\ \text{kg/m}^3\ ≙.$$

Als *deutsche Norm-Atmosphäre* (DIN 5450) gelten folgende Bodenwerte:

$$p = 10363\ \text{kp/m}^2;\quad t_0 = 10\,°\text{C};\quad \gamma = 1{,}25\ \text{kp/m}^3;\quad \gamma/g = 0{,}127\ \text{kpsec}^2/\text{m}^4,$$

$$≙\ \varrho = 1{,}25\ \text{kg/m}^3\ ≙.$$

Berechnung des spezifischen Gewichts nach der Gasgleichung $\gamma = p/RT$. Außer dem absoluten Druck muß somit noch die Temperatur gemessen werden.

Mittlere Jahreswerte für p, γ und t

Höhe über dem Meer in km	Lufttemperatur (°C)			Spez. Gewicht (kp/m³)			Barometerstand (Torr)		
	Januar	Juli	Jahresmittel	Januar	Juli	Jahresmittel	Januar	Juli	Jahresmittel
0	0	16	8	1,28	1,23	1,25	764	761	762
2	−3	7	0	1,026	0,996	1,008	593	599	596

Der Luftdruck schwankt infolge von Wettereinflüssen um etwa 5% um die Mittelwerte, während das spezifische Gewicht um etwa 20% schwanken kann.

Für meteorologische Zwecke wird das „*Millibar*“ benutzt.

$$1000\ \text{mbar} = 750\ \text{Torr} = 10^6\ \text{dyn/cm}^2;\ \text{d. h.}\ 1\ \text{mbar} = {}^3/_4\ \text{Torr};\ 1\ \text{Torr} = {}^4/_3\ \text{mbar}.$$

Bei vollkommen ruhiger Atmosphäre findet nach oben hin eine polytropische Druckabnahme und Temperaturerniedrigung statt. Hierbei ändert sich bei 100 m Höhenunterschied die Temperatur um 0,65 grd; vgl. jedoch ICAO-Tab. und Bd. II, Kolbenverdichter, dort Abschn. A, 5.

Zahlenangaben für die ICAO-Atmosphäre

H	0	0,5	1	2	3	4	5	10	15	20 km
t_H	15	11,75	8,5	2,0	−4,5	−11	−17,5	−50	−56,5	−56,5
p_H	1,033	0,973	0,916	0,811	0,715	0,628	0,551	0,269	0,123	0,0557
γ_H	1,225	1,168	1,112	1,01	0,909	0,819	0,736	0,413	0,194	0,088
p_H/p_0	1,0	0,942	0,887	0,784	0,692	0,608	0,533	0,261	0,119	0,054
ϱ_H/ϱ_0	1,0	0,953	0,907	0,821	0,742	0,668	0,601	0,337	0,158	0,0717

Zwischen 30 und 40 km Höhe sinkt die Temperatur bis auf −50 bis −70 °C. Bei etwa 50 km steigt sie auf +50 bis +80 °C an. Dann nimmt die Temperatur wieder ab bis zu einer Höhe von 80 km, wo sie etwa −50 bis −70 °C erreicht; in noch größerer Höhe steigt sie wieder an.

b) Feuchtigkeit der Luft. Bezüglich Feuchtigkeitsgehalt der Luft vgl. S. 461. Mit Wasserdampf gesättigte Luft enthält folgende Mengen Wasser in 1 m³:

°C	−20°	−10°	0°	10°	20°	30°
g Wasser je m³	1,0	2,3	4,9	9,3	17,2	30

Bei den Anwendungen der Strömungslehre ist zu beachten, daß sich mit der Luftfeuchtigkeit das spezifische Gewicht der Luft etwas ändert. *Feuchte Luft ist leichter als trockene Luft.* Die Unterschiede werden bei höheren Temperaturen größer und können einige % betragen. Bei genauen Messungen ist dies zu beachten. Die Gaskonstante R_f des Luft-Dampf-Gemisches, mit deren Hilfe das spez. Gew. berechnet werden kann, ergibt sich aus:

$$R_f = \frac{R_{\text{trocken}}}{1 - 0{,}377 \cdot \varphi p_d/p_g}, \qquad \gamma_f = \gamma_{tr}\left(1 - 0{,}377\varphi \frac{p_d}{p_g}\right),$$

φ = relative Feuchtigkeit, γ_f, γ_{tr} = spez. Gew. der feuchten bzw. trockenen Luft.
p_d = Sättigungsdruck des Wasserdampfs, p_g = Gesamtdruck.

c) Höhenformel. Um den Höhenunterschied zweier Orte zu bestimmen, benutzt man unter Annahme einer mittleren Temperatur t_m die sog. barometrische Höhenformel:

$$h_2 - h_1 = (18{,}4 + 0{,}067 t_m) \lg (p_1/p_2) \text{ km},$$

worin p_1, p_2 die h_1, h_2 entsprechenden Luftdrücke sind.

Nach *Everling* gilt bis etwa 10 km Höhe die Näherungsformel

$$\gamma = \gamma_0 \cdot 10^{-0{,}046h} \quad (h \text{ in km}, \ \gamma_0 = \text{spez. Luftgewicht am Erdboden}).$$

Als Norm gilt die ICAO-Atmosphäre (DIN 5450) (ICAO = International Civil Aviation Organization), bei der hinsichtlich der Temperatur, des Druckes und der Dichte bestimmte, die mittleren Verhältnisse berücksichtigende Abhängigkeiten festgestellt wurden. Danach gilt bis zu Höhen von 11 km (H in km; p_H in kp/cm²; γ_H in kp/m³; t_H in °C; γ_0 = 1,2250 kp/m³):

$$t_H = 15 - 6{,}5H; \qquad p_H = 1{,}03323\left(\frac{288 - 6{,}5H}{288}\right)^{5{,}255} \text{at};$$

$$\gamma_H = 1{,}2255\left(\frac{288 - 6{,}5H}{288}\right)^{4{,}255} \text{kp/m}^3. \qquad \frac{\gamma_H}{\gamma_0} = \frac{\varrho_H}{\varrho_0}.$$

d) Zusammensetzung der Luft (gültig bis etwa 20 km Höhe):

	N_2	O_2	Ar	CO_2	H_2	Ne	He	Kr	X
Vol-%	78,08	20,95	0,93	0,03	0,01	0,0018	0,0005	0,0001	0,000009
Gew.-%	75,51	23,01	1,286	0,04	0,001	0,0012	0,00007	0,0003	0,00004

Von etwa 15 km Höhe ab nimmt der O_2-Gehalt um 0,2% je km Höhe ab; bei etwa 100 km dissoziiert der Sauerstoff in einer Übergangsschicht von ≈8 km vom fast rein molekularen zum fast rein atomaren O.

IV. Strömungslehre

Bearbeitet von Dr.-Ing. **Bruno Eck**, Köln

Literatur: 1. *Eck, Br.:* Technische Strömungslehre. 7. Aufl. Berlin: Springer 1966. — 2. *Prandtl, L.:* Führer durch die Strömungslehre. 6. Aufl. Braunschweig: Vieweg 1965.

A. Hauptgesetze

1. Kontinuitätsgleichung

Das ≋ Die sekundlich durch eine Leitung oder bei einer freien Strömung durch eine Stromröhre fließende Gewicht $\dot{G}$ ≋ Menge $\dot{m}$ ist konstant,

$$A_1 w_1 \gamma_1 = A_2 w_2 \gamma_2 = \dot{G} = \text{const} \quad (\dot{G} \text{ in kp/sec}), \qquad (1\,\text{a})$$

$$≋\; A_1 w_1 \varrho_1 = A_2 w_2 \varrho_2 = \dot{m} = \text{const} \quad (\dot{m} \text{ in kg/sec}) \;≋. \qquad (1\,\text{b})$$

Bei nichtkompressiblen Flüssigkeiten gehen wegen $\gamma_1 = \gamma_2$ bzw. ≋ $\varrho_1 = \varrho_2$ ≋ die Gleichungen über in $A_1 w_1 = A_2 w_2$.

2. Bewegungsgleichungen

Ist w_s die Geschwindigkeit in einer beliebigen Richtung s, so gilt allgemein $\mathrm{d}w_s/\mathrm{d}t = -1/\varrho \cdot \partial(p + z\gamma)/\partial s$ (z Höhenlage über einem gewählten Niveau).

a) Für **stationäre Bewegung** gilt die Gleichung nach *Bernoulli*

$$H'\varrho g = z_1 \varrho g + p_1 + {}^1/_2 \varrho w_1^2 = z_2 \varrho g + p_2 + {}^1/_2 \varrho w_2^2$$

(Bezogen auf $V = 1$ m³). Zweckmäßige Schreibweise:

im technischen Maßsystem		im MKS-System	
$H' = z_1 + p_1/\gamma + w_1^2/2g$	≋	$Y = z_1 g + p_1/\varrho + w_1^2/2$	≋ (2)
$= z_2 + p_2/\gamma + w_2^2/2g$		$= z_2 g + p_2/\varrho + w_2^2/2$	
(Bezogen auf $G = 1$ kp)		(Bezogen auf $m = 1$ kg)	

Diese Gleichungen gelten für reibungslose Flüssigkeit und besagen, daß die gesamte Energie, ausgedrückt durch

Höhen in m Flüssigkeitssäule ≋ spez. Energie in m²/sec² ≋,

an jeder Stelle konstant ist, Bild 1. Dabei sind

γ	spez. Gewicht in kp/m³,	≋	ϱ	Dichte in kg/m³, ≋
p	Druck in kp/m²,		p	Druck in N/m²,
z	Lagenhöhe, geodätische Höhe,		zg	potentielle Energie der Höhe
p/γ	Druckhöhe,		p/ϱ	Druckenergie
$w^2/2g$	Geschwindigkeitshöhe.		$w^2/2$	dynamische Energie

Bei einer Leitung, die keinerlei Niveauunterschiede aufweist, vereinfachen sich die Gleichungen in:

$$p_1/\gamma + w_1^2/2g = p_2/\gamma + w_2^2/2g = H, \quad ≋\; p_1/\varrho + {}^1/_2 w_1^2 = p_2/\varrho + {}^1/_2 w_2^2 = Y \;≋ \qquad (3)$$

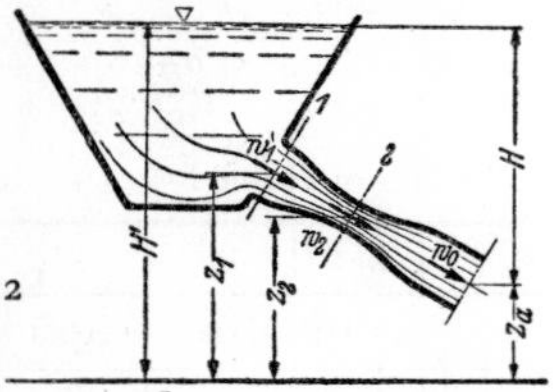

Bild 2

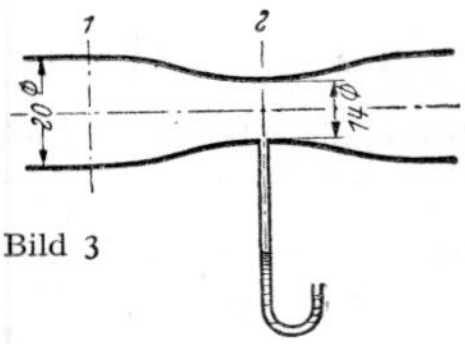

Bild 3

b) Bei **nichtstationärer Bewegung**, d. h. wenn die Geschwindigkeit an einer Stelle sich noch mit der Zeit ändert, tritt zu der *Bernoulli*schen Gleichung noch ein *Beschleunigungsglied*

$$z_1 + \frac{p_1}{\gamma} + \frac{w_1^2}{2g} + \frac{1}{g}\int_0^s \frac{\partial w}{\partial t}\,\mathrm{d}s = z_2 + \frac{p_2}{\gamma} + \frac{w_2^2}{2g} + \frac{1}{g}\int_0^s \frac{\partial w}{\partial t}\,\mathrm{d}s = \text{const}.$$

Beispiele: 1. Anordnung nach Bild 2: An der Stelle *1* sind gegeben $p_1 = 0{,}1$ atü $= 1{,}1$ ata $=$ ≋ 107910 N/m² ≋ und $w_1 = 4$ m/sec. Der Unterdruck an der Stelle *2* ist zu bestimmen bei Durchflußmittel

a) Wasser $\gamma = 1000$ kp/m³ ≋ $\varrho = 1000$ kg/m³ ≋ b) Luft von 15 °C $\gamma = 1{,}3$ kp/m³ ≋ $\varrho = 1{,}3$ kg/m³ ≋.

Nach der Kontinuitätsgleichung ist

$$w_2 = w_1 (d_1/d_2)^2 = 4 \cdot (20/14)^2 = 8{,}16 \text{ m/sec}.$$

a) Wasser:

$$p_1/\gamma + w_1^2/2g = p_2/\gamma + w_2^2/2g$$

$$\frac{\Delta p}{\gamma} = \frac{p_1 - p_2}{\gamma} = \frac{1}{2g}(w_2^2 - w_1^2)$$

$$= \frac{1}{2 \cdot 9{,}81} \cdot (8{,}16^2 - 4^2) = 2{,}58 \text{ m WS}$$

$$\Delta p = 2{,}58 \text{ m} \cdot 1000 \text{ kp/m}^3 = 0{,}258 \text{ at}$$

$$p_2 = p_1 - \Delta p = 1{,}1 - 0{,}258 = 0{,}842 \text{ ata}$$

Unterdruck $= 1{,}0 - 0{,}842 = 0{,}158$ at bzw. 1580 mm WS.

$$p_1 + {}^1/_2 \varrho w_1^2 = p_2 + {}^1/_2 \varrho w_2^2$$

$$\Delta p = p_1 - p_2 = {}^1/_2 \varrho (w_2^2 - w_1^2)$$

$$= {}^1/_2 \cdot 1000 \cdot (8{,}16^2 - 4^2)$$

$$= 500 \cdot 50{,}6 = 25\,300 \text{ N/m}^2$$

$$p_2 = p_1 - \Delta p = 107\,910 - 25\,300$$

$$= 82\,610 \text{ N/m}^2 \quad (\hat{=} 0{,}843 \text{ ata}).$$

b) Luft von 15 °C: wie unter a)

$$\Delta p = p_1 - p_2 = \frac{\gamma}{2g}(w_2^2 - w_1^2) = \frac{1{,}3 \cdot 50{,}6}{2 \cdot 9{,}81} = 3{,}35 \text{ mm WS};$$

$$p_2 = p_1 - \Delta p = 11\,000 - 3{,}35 = 10\,996{,}65 \text{ mm WS} = 1{,}0997 \text{ at abs.}$$

Die Meßstelle *2* zeigt somit bei Luft 996,65 mm WS Überdruck an.

2. Ein Tragflügel wird im Windkanal mit einer Geschwindigkeit von $w = 40$ m/sec angeblasen, Bild 3. An der Stelle R wird ein Unterdruck von 300 mm WS gemessen. Wie groß ist die Geschwindigkeit an dieser Stelle?

$$p_1 + \gamma/2g \cdot w_1^2 = p_2 + \gamma/2g \cdot w_2^2,$$

hieraus

$$w_2 = \sqrt{2g\,\frac{p_1 - p_2}{\gamma} + w_1^2}\,;$$

$$w_2 = \sqrt{300 \cdot 16 + 40^2} = 80 \text{ m/sec}.$$

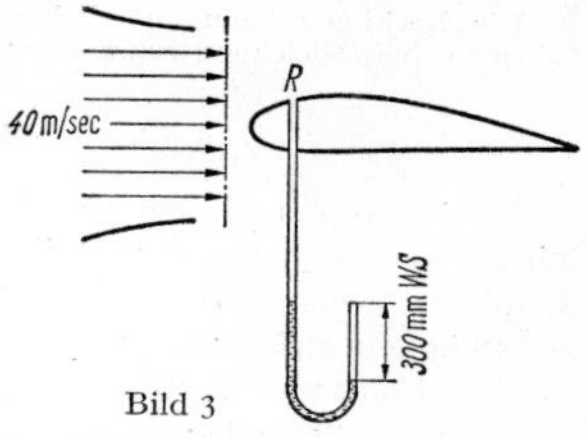

Bild 3

c) Für die Bedürfnisse des Kreiselmaschinenbaues interessiert noch eine **andere Form** der *Bernoulli*schen Gleichung.

Ist bei einem rotierenden Schaufelkranz u die Umfangsgeschwindigkeit, w die Relativgeschwindigkeit und p der statische Druck, so besteht die Beziehung:

$$w_1^2/2g + p_1/\gamma - u_1^2/2g = w_2^2/2g + p_2/\gamma - u_2^2/2g = \text{const},$$

$$ {}^1/_2 \varrho w_1^2 + p_1 - {}^1/_2 \varrho u_1^2 = {}^1/_2 \varrho w_2^2 + p_2 - {}^1/_2 \varrho u_2^2 = \text{const}. \qquad (4)$$

Man bezeichnet diese Formel als *Bernoulli*sche Gleichung der Relativbewegung.

d) Bei **höheren Geschwindigkeiten** — etwa von 100 m/sec an — spielt die Kompressibilität bei Gasen eine Rolle. Bei größeren Druckunterschieden muß die Arbeitsleistung nach den thermodynamischen Gesetzen berücksichtigt werden; dann ist folgende Form der *Bernoulli*schen Gleichung zu verwenden:

$$\int \mathrm{d}p/\gamma + w^2/2g = \text{const}, \qquad \int \mathrm{d}p/\varrho + {}^1/_2 w^2 = \text{const}. \qquad (5)$$

Zusatz: Die Leistung in kpm/sec, die etwa von einem Ventilator aufgebracht werden muß, um ein Volumen $\dot{V}$ m³/sec auf einen Überdruck Δp kp/m² bzw. mm WS zu bringen, ist

$$P = \dot{V}\,\Delta p \text{ kpm/sec}.$$

Die Leistung in PS beträgt

$$P' = \dot{V}\,\Delta p/75 \text{ PS}, \qquad \text{in Watt } P'' = \dot{V}\,\Delta p \cdot 9{,}81 \text{ W}.$$

Beispiel: Eine Luftmenge von 7200 m³/h soll mit einem Druckunterschied von 300 mm WS durch eine Leitung gedrückt werden. Die hierzu erforderliche Ventilatorleistung bei einem Gebläsewirkungsgrad $\eta = 0{,}6$ ist zu bestimmen.

$$\dot{V} = \frac{7200}{3600} = 2 \text{ m}^3/\text{sec}; \qquad P = \frac{\dot{V}\,\Delta p}{\eta \cdot 75} = \frac{2 \cdot 300}{0{,}6 \cdot 75} = 13{,}3 \text{ PS} \qquad = \frac{2 \cdot 300}{0{,}6 \cdot 102} = 9{,}8 \text{ kW}.$$

3. Druckänderung senkrecht zur Strömung

Bei geraden, d. h. parallelen Stromlinien (z. B. der Rohrströmung) ist der Druck in einem Schnitt senkrecht zur Strömungsrichtung konstant. Aus diesem Grund kann der Druck in einem Rohrleitungsquerschnitt an einer Anbohrung der Wand gemessen werden.

Eine Druckänderung senkrecht zur Strömungsrichtung ist nur bei gekrümmten Stromlinien möglich. Es treten hier Zentrifugalkräfte auf, die durch Drucksteigerungen aufgenommen werden müssen. Es besteht folgende Beziehung, Bild 4:

$$\mathrm{d}p/\mathrm{d}n = \gamma/g \cdot w^2/R \text{ in kp/m}^3, \quad ≋ = \varrho \cdot w^2/R \text{ in N/m}^3 ≋. \qquad (6)$$

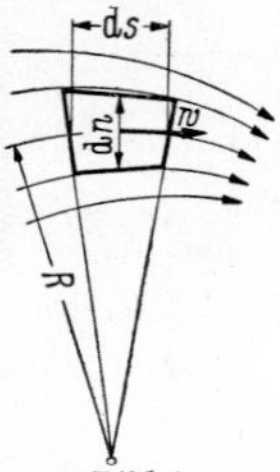

Bild 4

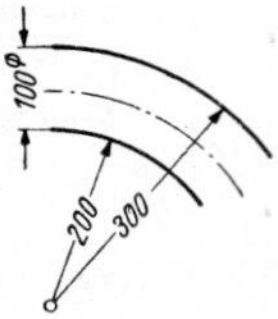

Bild 5

Bei nicht zu großen Werten von Δn kann mit der Differenzengleichung gerechnet werden:

$$\Delta p = \Delta n \gamma/g \cdot w^2/R.$$

Beispiel: In einem rechteckigen Krümmer (Bild 5) soll der Druckunterschied zwischen der inneren und der äußeren Krümmung berechnet werden, wenn Luft mit $w = 15$ m/sec durchströmt. $\Delta n = 0{,}1$ m, $\gamma/g = 1/8$ kpsec²/m⁴. Als Krümmungsradius wird das Mittel eingesetzt:

$$R = (200 + 300)/2 = 250 \text{ mm};$$

$$\Delta p = \Delta n \frac{\gamma}{g} \frac{w^2}{R} = \frac{0{,}1 \cdot 15^2}{8 \cdot 0{,}25} = 11{,}25 \text{ mm WS}.$$

Die Rechnung kann natürlich nur als Näherungsrechnung betrachtet werden. In solchen Fällen ist diese Gleichung von großem Wert.

4. Kreisbewegung

In der reibungsfreien Flüssigkeit hat kein Teilchen eine Drehbewegung, da auf seine Oberfläche nur Normalkräfte wirken. Zur Einleitung einer Drehung wären Schubspannungen nötig, die nur bei Reibung denkbar sind. Bewegt sich ein Flüssigkeitsteilchen auf einer gekrümmten Bahn bzw. auf einem Kreis, so tritt nur eine Verschiebung und Verformung des Teilchens nach Bild 6 ein.

a) **Geschwindigkeitsverteilung.** Es gilt $w_1 r_1 = w_2 r_2 = \text{const}$. Diese Bewegungsform nennt man *Potentialwirbel.*

Beispiel: In einem großen Wasserbecken rotiert ein Zylinder von 100 mm Dmr. mit einer Umfangsgeschwindigkeit von 6 m/sec. Wie groß ist die Umfangsgeschwindigkeit des Wassers im Abstand 400 mm vom Zylindermittelpunkt?

$$w_2 = w_1 r_1/r_2 = 6 \cdot 50/400 = 0{,}75 \text{ m/sec}.$$

b) Einfluß der Reibung bei der Kreisbewegung. Bei den technisch wichtigsten Flüssigkeiten Luft und Wasser ist die innere Reibung verhältnismäßig klein. Bei der drehenden Bewegung, die man *Wirbel* nennt, wird in der Mitte ein Kreiskern beobachtet, der sich wie ein fester Körper bewegt, während außerhalb desselben sehr genau die hyperbolische Geschwindigkeitsverteilung beobachtet wird, Bild 6.

5. Impulssatz

Unter Impuls (S. 260) versteht man den Ausdruck: Masse mal Geschwindigkeit. Frei von allen Einschränkungen gilt folgende Beziehung: *Die zeitliche Änderung des Impulses ist gleich der Gesamtsumme der an der Masse angreifenden Kräfte,* also gleich $\sum F$.

Die nachfolgenden Anwendungen beziehen sich auf *stationäre* Strömungen; bei nichtstationären Strömungen sind noch die inneren Impulsänderungen zu berücksichtigen.

a) Für einen **Flüssigkeitsstrahl** mit der sekundlich durchfließenden Masse $\dot{m}$ schreibt man zweckmäßig:

$$\sum F_x = \dot{m} \cdot \Delta w_x = \dot{m}(w_{2x} - w_{1x}). \qquad (7)$$

Es ist zu beachten, *daß die Richtung von $\sum F_x$ identisch sein muß mit der Richtung von Δw_x.* Ferner darf nicht übersehen werden, daß auf der linken Seite *die Summe sämtlicher äußeren Kräfte steht.*

Beispiel: Der im schrägen Luftstrahl hängende Ball übt nach Bild 7 auf den Strahl als einzige Kraft sein Gewicht G aus, das senkrecht nach unten, d. h. negativ wirkt. Somit gilt

$$-G = \dot{m}(w_{2y} - w_{1y}) = \dot{m}(w_2 \sin\alpha_2 - w_1 \sin\alpha_1).$$

Mit $w_2 \cos \alpha_2 = w_1 \cos \alpha_1$ wird $\tan \alpha_2 = \frac{\sin \alpha_1 - G/\dot{m} w_1}{\cos \alpha_1}$. Bei $G = 0{,}2$ kp; $w_1 = 15$ m/sec; einem Strahlquerschnitt vor dem Ball $f_{\text{Strahl}} = \pi/4 \cdot 14^2 \cdot 10^{-4}$ m² und $\alpha_1 = 45°$ ergibt sich ein $\alpha_2 = 19°11'$, d. h. eine Ablenkung des Strahls um $\Delta\alpha = \alpha_1 - \alpha_2 = 25°49'$.

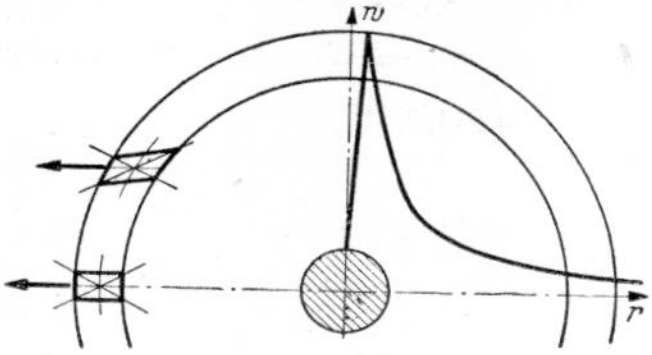

Bild 6

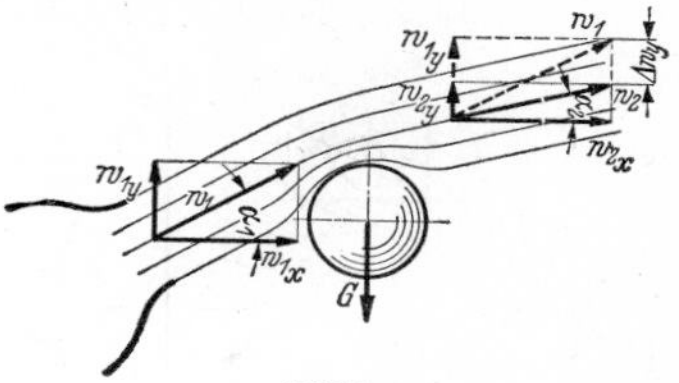

Bild 7

b) Strahldruck gegen Flächen. Ebene Platte wird vom Strahl senkrecht getroffen, Bild 8:

$$F = \gamma/g \cdot \dot{V} w; \quad \dot{V} \text{ in m}^3\text{/sec}, \ F \text{ in kp. Oder } F = \varrho \dot{V} w \text{ in N}. \tag{8}$$

Ebene Platte wird vom Strahl unter dem Winkel α getroffen, Bild 9: $F = \gamma/g \cdot \dot{V} w \sin \alpha$.

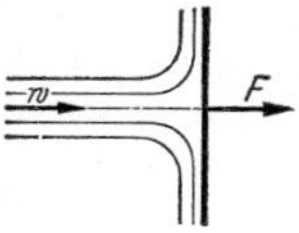

Bild 8

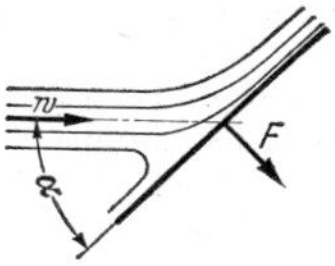

Bild 9

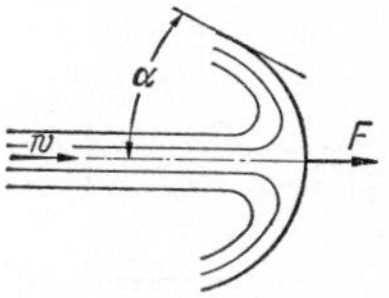

Bild 10

Offener Umdrehungskörper nach Bild 10, der den Strahl gegen die Strahlachse nach dem Winkel α ablenkt: $F = \gamma/g \cdot \dot{V} w (1 + \cos \alpha)$; für $\alpha = 0$ erhält man $F = \gamma/g \cdot 2 \dot{V} w$.

Beispiel: Eine Stoßplatte nach Bild 8 soll dazu benutzt werden, die Austrittsgeschwindigkeit aus einem Wasserhahn zu bestimmen. Die sekundlich austretende Wassermenge sei zu 1,2 Lit/sec gemessen worden. Die Kraft F werde zu 2,32 kp bestimmt. Nach Gl. (8) wird

$$w = \frac{F g}{\gamma \dot{V}} = \frac{2{,}32 \cdot 9{,}81}{1000 \cdot 1{,}2 \cdot 10^{-3}} = 18{,}95 \text{ m/sec}.$$

c) In der **freien Strömung**, z. B. bei der Umströmung eines Tragflügels, ändern sich die Verhältnisse von einer Stromlinie zur anderen. Hier muß für jeden Strahl nach dem Impulssatz die Kraft in einer Richtung gerechnet und die Gesamtsumme gebildet werden.

Satz: Die Summe aller äußeren Kräfte in einer Richtung, die auf ein abgeschlossenes Gebiet wirken, ist gleich der Differenz der aus diesem Gebiet austretenden und der eintretenden sekundlichen Impulse in der gleichen Richtung.

Reibungskräfte im Innern heben sich bei dieser Rechnung auf und spielen somit keine Rolle.

d) Impulsmomente (Flächensatz). Impulsmoment = Hebelarm $r \times$ Massendurchfluß $\dot{m} \times$ Geschwindigkeit w. Beziehung: *Das Moment der äußeren Kräfte ist gleich dem zeitlichen Zuwachs des Impulsmomentes.*

$$M = \sum (r \dot{m} \Delta w_u); \tag{9}$$

w_u ist die Geschwindigkeitskomponente senkrecht zum Hebelarm.

Anwendung: Kreiselmaschinen. Ist $\dot{m}$ die sekundlich durch ein Schaufelrad strömende Masse und sind c_{1u} und c_{2u} die Umfangskomponenten der Absolutgeschwindigkeit auf den Radien r_1 und r_2, so gilt:

$$M = \dot{m}(r_2 c_{2u} - r_1 c_{1u}).$$

Beispiel: Hinter einem Kreiselpumpenrad tritt das Wasser mit einer Geschwindigkeit c_1 von 15 m/sec unter einer Neigung von 30° gegen den Umfang aus und wird in einem anschließenden Leitapparat in die radiale Richtung umgelenkt, Bild 11. Welches Drehmoment muß vom Leitrad dabei aufgenommen werden?

$c_{1m} = c_1 \sin 30° = 15 \cdot 1/2 = 7{,}5$ m/sec; $c_{1u} = c_1 \cos 30° = 13$ m/sec; $c_{2u} = 0$;

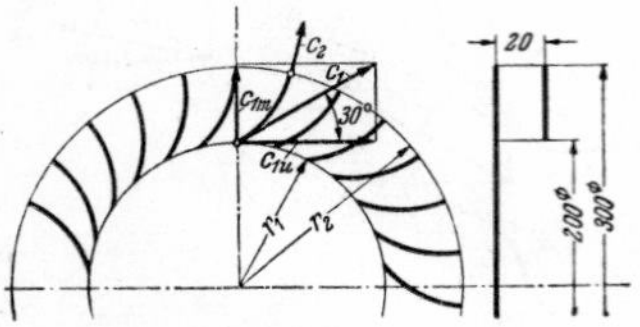

Bild 11. Leitrad hinter einem Kreiselpumpenrad

$\dot{V} = \pi d b c_{1m} = \pi \cdot 0{,}2 \cdot 0{,}02 \cdot 7{,}5 = 0{,}0941$ m³/sec.

$\dot{m} = \dot{V}\gamma/g = 0{,}0941/9{,}81$
$= 9{,}6$ kpsec/m;

$M = \dot{m}(r_2 \cdot 0 - r_1 c_{1u})$
$= -9{,}6 \cdot 0{,}1 \cdot 13 = -12{,}5$ kpm;

$\dot{m} = \dot{V}\varrho = 0{,}0941 \cdot 1000$
$= 94{,}1$ kg/sec;

$M = \dot{m}(r_2 \cdot 0 - r_1 c_{1u})$
$= -94{,}1 \cdot 0{,}1 \cdot 13 = -122$ Nm.

6. Elementarsatz der Flüssigkeitsreibung

a) Newtonscher Ansatz. Da an den Wandungen fester Körper die Flüssigkeit infolge der Adhäsionskräfte festhaftet und deshalb die Geschwindigkeit der Oberfläche annimmt, ergeben sich bei der Um- und Durchströmung von Körpern unter Umständen sehr starke Geschwindigkeitsanstiege, die selbst bei sehr kleiner Reibung Schubspannungen verursachen. Durch diese Reibung wird z. B. ein Teilchen $ABCD$ nach Bild 12 verformt in $ABC'D'$. Die hierbei auftretende Schubspannung wird nach *Newton* durch folgenden Ansatz erfaßt:

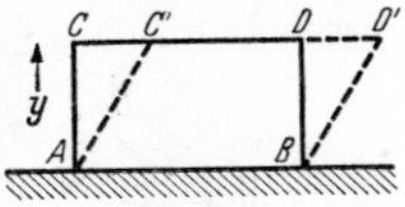

Bild 12

$$\tau = \eta \, \mathrm{d}w/\mathrm{d}y; \qquad (10)$$

$\mathrm{d}w/\mathrm{d}y$ = Geschwindigkeitsgefälle senkrecht zur Strömungsrichtung.

b) Der Koeffizient η ist die **dynamische (absolute) Zähigkeit**[1], er ist ein Maß für die Eigenschaft eines Mediums, mittels der inneren Reibung Kräfte übertragen zu können. η entspricht der Schubspannung für eine Geschwindigkeitsänderung 1 im Abstand 1 (d. h. Geschwindigkeitsgefälle 1). Der Kehrwert der dynamischen Zähigkeit ist die *Fluidität* φ ($\varphi = 1/\eta$).

Die dynamische Zähigkeit gemäß dem Ansatz von *Newton* (also für Newtonsche Flüssigkeiten, vgl. Abs. d) ist eine nur von Temperatur und Druck abhängige Stoffkonstante; sie $\frac{\text{fällt}}{\text{steigt}}$ bei $\frac{\text{Flüssigkeiten}}{\text{Gasen}}$ mit zunehmender Temperatur. Die Änderung mit dem Druck ist bei Flüssigkeiten vernachlässigbar, dagegen nicht bei Gasen bei großer Drucksteigerung.

Einheiten für η sind:

im techn. Maßsystem
kpsec/m²

im MKS-System
Nsec/m² oder kg/(msec)

im C-G-S-System
Poise (abgekürzt P).
1 P = 1 dynsec/cm² = 1 g/(cmsec).

Umrechnungen:

$1\ \text{kpsec/m}^2 = 9{,}81\ \text{Nsec/m}^2 = 98{,}1$ P,
$1\ \text{Nsec/m}^2 = 0{,}102\ \text{kpsec/m}^2 = 10$ P,
$1\ \text{P} = 0{,}0102\ \text{kpsec/m}^2 = 0{,}1\ \text{Nsec/m}^2$.

c) Bei Ähnlichkeitsbetrachtungen ist die **kinematische Zähigkeit** ν neben der dynamischen Zähigkeit η gebräuchlich.

[1] In der Hydrodynamik wird die absolute Zähigkeit auch mit μ bezeichnet. Die Physiker und Ingenieure bevorzugen jedoch die Bezeichnung η.

Einheiten für ν sind:

	m^2/sec	≋ m^2/sec ≋ im C-G-S-System Stokes (abgekürzt St)
Umrechnung:	$1\ m^2/sec = 10^4$ St.	$1\ St = 1\ cm^2/sec$.

Die kinematische Zähigkeit ergibt sich aus der dynamischen durch Division mit der Dichte des strömenden Stoffes

$$\nu = \eta/(\gamma/g) = ≋\ \eta/\varrho\ ≋. \tag{11}$$

Vom spez. Gewicht γ her besteht eine starke Abhängigkeit von der Temperatur bei Flüssigkeiten, bei Gasen von Druck und Temperatur (vgl. Tafeln im Anhang).

Wenn $\nu > 1$ ist, kann die Zähigkeit schnell und zuverlässig mit dem *Engler*schen Zähigkeitsmesser bestimmt werden. Man bestimmt die Zeit t, in der 200 cm³ der Meßflüssigkeit aus einem genormten Gefäß (106 mm Dmr., Ausflußrohr 2,9 mm Dmr., 20 mm lang, Spiegel 52 mm hoch) mit unterem Ausfluß ausfließt. Ist $t_0 = 48{,}51$ sec die entspr. Zeit für Wasser, so wird der sog. *Englergrad* bestimmt durch $°E = t/t_0$ (vorgeschriebene Wassertemperatur 20°). Nach *Ubbelohde* besteht zwischen °E und ν folgende Näherungsgleichung:

$$10^6\nu \approx 7{,}31\,°E - 6{,}31/°E \text{ in } m^2/sec.$$

d) Trägt man den Geschwindigkeitsgradienten dw/dy über der Schubspannung τ auf, so erhält man die **Fließkurven**; sie kennzeichnen das Fließverhalten der Stoffe, insbesondere gestatten sie bei makromolekularen Stoffen (Polymeren) Folgerungen für deren Verarbeitung und für die Steuerung ihrer Eigenschaften[1]. Man beachte, daß in dieser Darstellung der Fließkurven die Zähigkeit η den jeweiligen tan α-Werten entspricht.

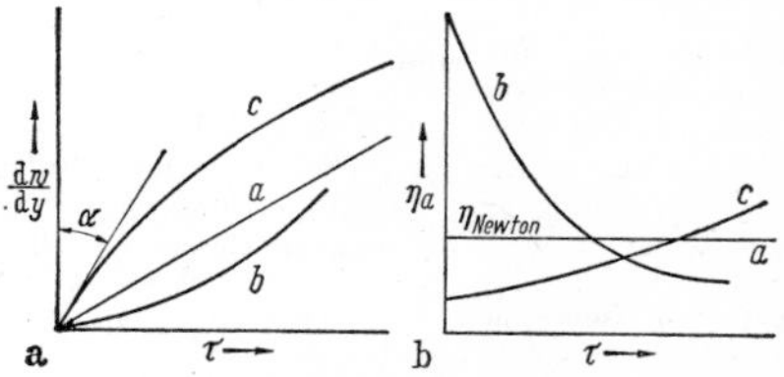

Bild 13. Rheologisches Verhalten (schematisch) von Flüssigkeiten und „festen" Körpern.
a Fließkurven $dw/dy = f(\tau)$ für Newtonsche (a) und Nicht-Newtonsche Flüssigkeiten (b, c); b scheinbare Viskosität η_a bei Nicht-Newtonschen Flüssigkeiten

Bild 13a. Kurve a ist den *Newtonschen Flüssigkeiten* (rein viskoses Fließen) eigen; deren Fließverhalten ist eindeutig durch η als Stoffkonstante gekennzeichnet (vgl. Abs. a). Die Kurven b und c entsprechen dem *Nicht-Newtonschen Fließen:* Die Viskosität ist bei Änderung der Fließbedingungen nicht mehr konstant, sondern von τ bzw. dw/dy abhängig. Kurve b beschreibt das *pseudoplastische* (*strukturviskose*) Fließverhalten (η nimmt mit zunehmendem τ ab), Kurve c das *dilatante* Fließverhalten (η wächst mit zunehmendem τ); vgl. Bild 13b.

Zu beiden Kurven b und c läßt sich in jedem Punkt eine *scheinbare Viskosität* η_a angeben, Bild 13b; sie ist nicht mehr eine Stoffkonstante wie bei Kurve a, sondern entspricht der Viskosität, die eine Newtonsche Flüssigkeit haben müßte, um unter den jeweiligen Strömungsbedingungen den gleichen Strömungswiderstand zu zeigen wie die Nicht-Newtonsche Flüssigkeit.

Bei den geschilderten Stoffsystemen stellt sich das Fließ-Gleichgewicht augenblicklich ein. Bei anderen Stoffen ist das Fließverhalten zeitabhängig: Die Viskosität kann sich während gleichbleibender Schubbeanspruchung über eine längere Zeit ändern. Nimmt sie ab und steigt nach Aufhören der Scherbeanspruchung wieder an, so liegt *Thixotropie* vor; nimmt die Viskosität mit der Dauer der Scherbeanspruchung zu und nach Entlastung wieder ab, so liegt *Rheopexie* vor.

Bild 14 zeigt Fließkurven bei Vorhandensein einer Fließgrenze. Die Schubspannung muß erst einen Schwellwert τ_0 (Fließpunkt, -grenze) überschreiten, ehe der Stoff zu fließen beginnt: plastisches Fließen,

$$\tau - \tau_0 = \eta \cdot dw/dy. \tag{12}$$

Kurve d ist den *Bingham-Stoffen* eigen; die Kurven e und f entsprechen sinngemäß den Kurven b und c in Bild 13a.

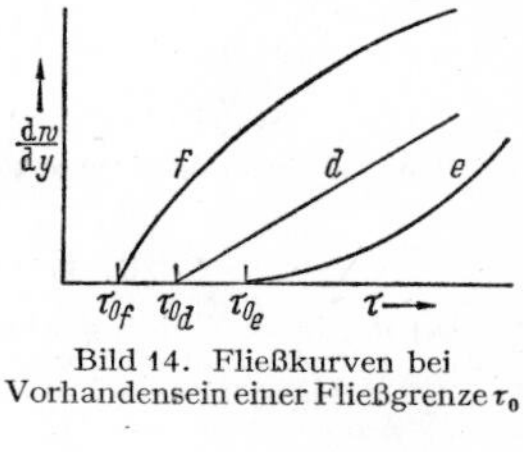

Bild 14. Fließkurven bei Vorhandensein einer Fließgrenze τ_0

7. Ähnlichkeitsbeziehungen (vgl. a. Abschn. Ähnlichkeitslehre S. 340)

Für die Übertragung von Modellversuchen auf größere Ausführungen ist die Frage wichtig, wann eine sinngemäße Übertragung der Versuche möglich ist. Dies

---

[1] Vgl. z. B. *Klein, J.:* Zum Mechanismus der Strukturviskosität von Polymeren. Chemiker-Ztg./Chem. Apparatur 89 (1965) 299/311, 331/38. — *Lenk, R. S.:* A generalized flow theory. J. appl. Polymer Science. 11 (1967) Nr. 7 S. 1033/42. — *Schröder, R.:* Über die Bestimmung der Fließeigenschaften u. der Geschwindigkeitsverteilung bei Rohrströmungen einfacher nichtnewtonscher Flüssigkeiten. VDI-Z. (1968) Nr. 3 S. 93.

ist nur dann der Fall, wenn die beiden Vorgänge ähnlich verlaufen, wobei die Bezeichnung „ähnlich" je nach den Umständen eine verschiedene Bedeutung erhalten kann.

a) Reynolds' Ähnlichkeitsgesetz. Die Strömung um zwei geometrisch ähnliche Körper ist geometrisch ähnlich, wenn in beiden Fällen der Wert wd/ν gleich ist. w bedeutet hier eine kennzeichnende Geschwindigkeit, d eine typische Längenabmessung und $\nu = \eta/\varrho$ die kinematische Zähigkeit. Diese Größe ist die *Reynolds-Zahl*

$$\mathrm{Re} = wd/\nu \quad \text{(dimensionslos)}. \tag{13}$$

Diese Zahl, die eigentlich das Verhältnis der Trägheitskräfte zu den Zähigkeitskräften darstellt, spielt in der modernen Strömungslehre eine überragende Rolle. Es zeigt sich nämlich, daß bei fast allen Strömungsvorgängen *nicht* etwa *die Geschwindigkeit*, sondern *die Reynolds-Zahl die maßgebende Kenngröße* ist. Insbesondere gibt die Zahl an, wie man bei Versuchen Körperabmessungen und Geschwindigkeiten wählen muß, um ähnliche, d. h. vergleichbare Strömungsbilder zu erhalten.

Beispiele: 1. Ein Automobil soll im Windkanal untersucht werden. Die Fahrgeschwindigkeit w_1 beträgt 108 km/h = 30 m/sec. Die Wagenhöhe betrage 1,5 m. Ein vorhandener Windkanal biete die Möglichkeit, ein geometrisch ähnliches Modell von nur 1 m Höhe einzubauen. Die Anblasegeschwindigkeit w_2 ist zu bestimmen.

$$\mathrm{Re}_1 = 30 \cdot 1{,}5/\nu; \quad \mathrm{Re}_2 = w_2 \cdot 1/\nu; \quad \text{mit} \quad \mathrm{Re}_1 = \mathrm{Re}_2 \quad \text{wird} \quad w_2 = 30 \cdot 1{,}5/1 = 45\ \mathrm{m/sec}.$$

2. Das Stück einer Wasserrohrleitung mit Krümmer und Armatur will man mit Luft untersuchen, um vor dem Einbau mit einfachsten Mitteln den Rohrwiderstand zu ermitteln; Rohrdmr. = 100 mm. Die Wassergeschwindigkeit sei 2,2 m/sec. Mit welcher Luftgeschwindigkeit muß man den Rohrstrang durchblasen, um ähnliche, d. h. übertragbare Verhältnisse zu erhalten? (Werte für ν_w und ν_L vgl. Tafeln im Anhang.)

$$\mathrm{Re} = w_W d/\nu_W = w_L d/\nu_L; \; 2{,}2d/1 \cdot 10^{-6} = w_L d/14 \cdot 10^{-6}; \; w_L = 2{,}2 \cdot 14 \cdot 10^{-6}/1 \cdot 10^{-6} = 30{,}8\ \mathrm{m/sec}.$$

Für eine durch ein Rohr vom Dmr. d [m] strömende Menge (bei Gasen gegeben durch $\dot{V}$ [$\mathrm{m_n^3/h}$] und die Dichte $\varrho = \gamma/g$ [$\mathrm{kp\,sec^2/m^4}$], bei Flüssigkeiten durch die Masse $\dot{m}$ [kg/h] und die Dichte ϱ [$\mathrm{kg/m^3}$], lautet die Re-Zahl

$$\mathrm{Re_{Gas}} = 354 \frac{\dot{V}}{d\,(10^6 \nu)} \qquad \text{bzw.} \qquad \mathrm{Re_{Flüssigkeit}} = 354 \frac{\dot{m}}{d\varrho\,(10^6 \nu)}.$$

b) Froudes Modellgesetz. Wenn bei einem Strömungsvorgang die Schwerkräfte als beschleunigende Kräfte wirken, z. B. bei durch ein Schiff erzeugten Wellen oder der pneumatischen Förderung, so verlaufen die Vorgänge ähnlich, wenn die sog. *Froude*sche Zahl $\mathrm{Fr} = w^2/lg$ (l typische Körperabmessung, w typische Geschwindigkeit) die gleiche ist. Ein Schiffsmodell wird somit ein der Großausführung geometrisch ähnliches Wellenbild nur dann ergeben, wenn die *Froude*schen Zahlen gleich sind.

Beispiel: Ein Schiff von 100 m Länge, das eine Geschwindigkeit von 10 m/sec hat, soll in einem Schleppkanal mit einem Modell von nur 1 m Länge untersucht werden.

$$w_1^2/l_1 = w_2^2/l_2; \quad w_2/w_1 = \sqrt{l_2/l_1} = \sqrt{1/100} = 1/10; \quad \text{d. h.} \quad w_2 = w_1 \cdot 1/10 = 1\ \mathrm{m/sec}.$$

Bei dieser Geschwindigkeit wird sich das gleiche Wellenbild ergeben.

8. Gesetze über Wirbelbewegungen

Der Begriff des Wirbels war bereits auf S. 296 erklärt worden. Die technisch wichtigsten Medien: Wasser, Luft usw. haben, absolut gemessen, eine sehr kleine Reibung. Man beobachtet, daß diese kleine Reibung sich direkt nur auf sehr kleine Strömungsbereiche ausdehnt. Bei der Umströmung ist es die dünne Grenzschicht, während bei der freien Wirbelbewegung nur der Wirbelkern (bei räumlicher Ausdehnung Wirbelfaden) von der Reibung direkt beeinflußt wird. Bereits *Helmholtz* hat dies erkannt und eine Reihe auch heute noch gültiger Wirbelgesetze nachgewiesen. Streng genommen gelten die folgenden Gesetze nur in der idealen reibungsfreien Flüssigkeit. Bei Wasser, Luft usw. sind die durch die Reibung bedingten Abweichungen jedoch außerordentlich gering.

a) Helmholtzsche Wirbelgesetze. α) Die Zirkulation (vgl. S. 303) um einen Wirbelfaden ist zeitlich unveränderlich. Die Teilchen, die bereits eine Drehung haben, behalten diese bei.

β) Die Teilchen, die sich im „Wirbelfaden" befinden, bleiben auch dann in Drehung, wenn der Wirbelfaden sich fortbewegt oder seine Form ändert.

γ) Ein Wirbelfaden kann niemals im Innern einer Flüssigkeit endigen. Entweder bilden sich Ringwirbel, oder die Wirbelfäden endigen an einer Wand oder der Flüssigkeitsoberfläche, z. B. setzen die aus einem Tragflügel kommenden Wirbelfäden schließlich auf dem Erdboden auf.

b) Als Ergänzung ist besonders der **Satz von Thomson** anzuführen:

Die Zirkulation längs einer geschlossenen flüssigen Linie bleibt zeitlich konstant.

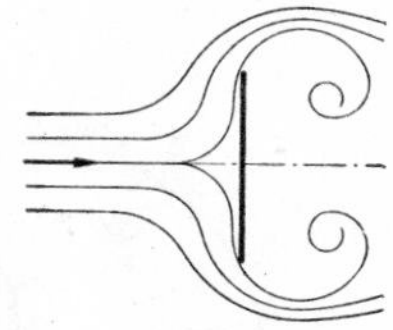

Bild 15

In einem solchen Gebiet können sich trotzdem Wirbel bilden, wenn nur die Gesamtzirkulation gleich Null ist. Dies ist möglich, wenn sich *zwei entgegengesetzt drehende Wirbel* von gleicher Zirkulation bilden. Man beobachtet dies z. B. beim sog. „Kaffeelöffel-Experiment". (Anfahrwirbel einer Platte, Bild 15.) Weiter ist auf das wichtigste Beispiel des Tragflügels zu verweisen. Beim Anfahren bildet sich der Anfahrwirbel, der wegschwimmt; der entgegengesetzt drehende, um den Tragflügel verbleibende Zirkulationswirbel bleibt, Bild 24. Wirbel entstehen fast ausschließlich durch Trennflächen.

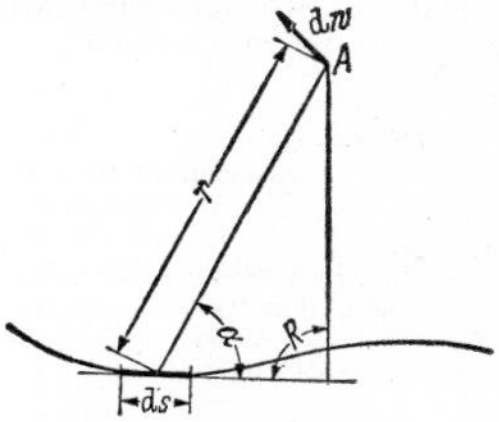

Bild 16

c) Wirbelkern. Für viele praktische Fälle (Kaplanturbine, Zyklone usw.) interessiert die Dicke des Wirbelkerns. Nach *Meldau* kann bis zu Drallwinkeln von etwa 75° der Kernradius r_0 aus der Formel $r_0 = r_a \cdot \alpha°/107$ entnommen werden (r_a = Rohrradius). Bemerkenswert ist, daß der Kern mit größerem Drall wächst.

d) Biot-Savartsches Gesetz. Der Einfluß, den ein Wirbelfaden auf seine Umgebung ausübt, kann durch eine Integration ermittelt werden, Bild 16. Das Stück ds eines beliebigen Wirbelfadens erzeugt in A eine Geschwindigkeit, die senkrecht auf der durch A und ds gebildeten Ebene steht und die Größe hat:

$$dw = \Gamma\, ds \sin\alpha / 4\pi r^2; \qquad \Gamma = \text{Zirkulation, vgl. S. 303.}$$

B. Besondere Merkmale der reibungsfreien Strömung

1. Ebene Strömung

Eine reibungsfreie Strömung zwischen parallelen Ebenen zeigt einige besondere Merkmale, deren Kenntnis für viele praktische Anwendungen von Nutzen ist.

a) Konforme Abbildung. Zeichnet man zu den Stromlinien Normallinien ein, so ergeben sich bei genügend enger Aufeinanderfolge beider Linien Rechtecke von gleichem Seitenverhältnis. Sorgt man dafür, daß eines der Vierecke ein Quadrat wird, so werden auch die übrigen Vierecke Quadrate. Damit wird aber in kleinsten Teilen eine beliebige ebene Strömung der geradlinigen ähnlich, Bild 17. Diese Beziehung bezeichnet man auch als *konform*. Es muß somit möglich sein, jede ebene Strömung aus einer geradlinigen Strömung abzuleiten. Tatsächlich ist dies auf rein mathematischem Wege mit Hilfe der sog. konformen Abbildung (vgl. S. 102) möglich und führt in vielen Fällen zu praktisch verwertbaren Ergebnissen.

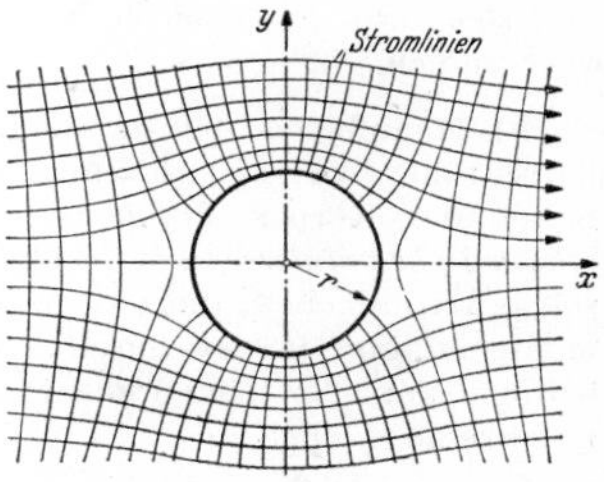

Bild 17. Reibungsfreie Umströmung eines unendlich langen Zylinders. Strom- und Potentiallinien

b) Angenähertes Strömungsbild. Indem man diese Beziehung, die eigentlich nur für kleinste Quadrate gilt, auf größere Quadrate, die gezeichnet werden können, überträgt, gewinnt man ein außerordentlich einfaches Mittel, um wenigstens *in erster Näherung* ein beliebiges Strömungsbild aufzuzeichnen. Das Verfahren besteht darin, daß man die Stromlinien und die Normallinien so lange verschiebt, bis nur noch Quadrate vorhanden sind, Bild 17. Experimentell läßt sich diese sog. „ebene Potentialströmung" nach *Hele-Shaw*[1] darstellen, indem man die Strömung der dünnen Schicht zwischen zwei Glasplatten sichtbar macht. Noch einfacher gelingt nach *Eck* die Darstellung, indem man die Flüssigkeitshaut auf einer Platte mit Aluminiumpulver bestreut und kleine aufgesetzte Modellkörper (z. B. entsprechende Blechstücke) langsam auf der Platte verschiebt (vgl. Lit. 1).

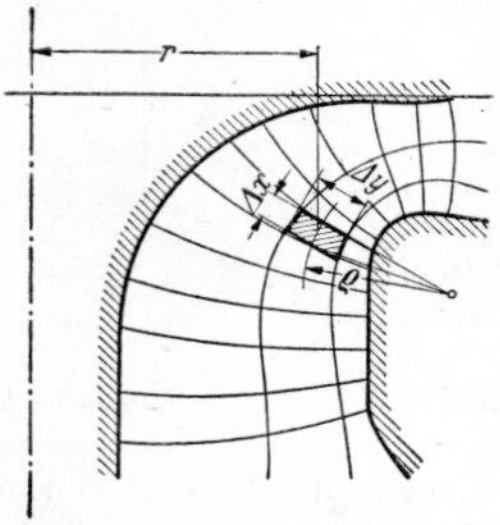

Bild 18. Stromlinien in einem Rotationshohlraum

2. Rotationsströmung

Für die Bedürfnisse der Kreiselmaschinen interessiert besonders die Strömung durch Rotationshohlräume. Hier gilt folgender Satz:

Die Stromlinien bilden mit den Normallinien Rechtecke, für die das Verhältnis der Seiten proportional dem Abstand von der Drehachse ist.

$$\Delta x/\Delta y = r \cdot \text{const}, \text{ Bild 18.}$$

Man kann diesen Satz zur Aufzeichnung der Stromlinienbilder benutzen. Zunächst zeichnet man nach dem Gefühl die Stromlinien und einige Normallinien ein. Dann prüft man für jedes Rechteck den Wert $\Delta x/\Delta y \cdot 1/r$ und sorgt durch Verschieben der einzelnen Kurven dafür, daß der Wert überall konstant ist.

C. Einige wichtige Begriffe der Strömungslehre

a) Staupunkt. Bei der Umströmung eines Körpers teilt sich die Strömung in zwei Teile; der Teilungspunkt vor dem Körper und der Vereinigungspunkt hinter dem Körper heißen Staupunkt. Nach der *Bernoulli*schen Gleichung ergibt sich wegen $w_2 = 0$ für den Staupunkt, Bild 19:

$$\Delta p = {}^1/_2 \gamma w^2/g \underset{\Delta p \text{ in kp/m}^2}{} = \underset{\Delta p \text{ in N/m}^2}{{}^1/_2 \varrho w^2}; \tag{14}$$

dieser Druckanstieg $\Delta p = p_2 - p_1$ wird „Staudruck" oder „Kinetischer Druck" (nach DIN 5492) genannt.

Im Staupunkt herrscht *der größte Druck, der in der ganzen Strömung überhaupt auftreten kann*; dagegen können in einer Strömung Unterdrücke bis zum Vakuum vorkommen.

b) Trennfläche. Hinter einem umströmten Körper kommen die beiden Flüssigkeitsströme wieder zusammen. Bei verschiedener Reibungswirkung auf beiden Seiten des Körpers ergeben sich an diesem hinteren „Staupunkt" *endliche Geschwindigkeitsunterschiede*, Bild 20. Dies gibt Anlaß zu kleinen Wirbeln in einer sog. „Trennfläche", die in sehr vielen Fällen zu größeren Wirbeln führen. Wirbel entstehen fast immer durch Trennflächen; diese Trennflächen sind instabil, sie nehmen zunächst eine wellenförmige Gestalt an, überschlagen sich und zerfallen in einzelne Wirbel.

c) Turbulente und laminare Strömung. Eine Strömung ist „*turbulent*" (wirblig), wenn der Hauptbewegung ungeordnete Mischbewegungen überlagert sind. Die beobachteten Geschwindigkeitsschwankungen wirken nach allen Seiten und be-

[1] *Hele-Shaw:* Experiments of the nature of surface resistance. Inst. Nav. Arch. 29 (1897) 145.

tragen bis zu 6% der an der betrachteten Stelle vorhandenen mittleren Geschwindigkeit. Das Verhältnis der mittleren Geschwindigkeit zur maximalen in der Rohrachse steigt mit wachsender *Reynolds*-Zahl. Zwischen $\mathrm{Re} = 20000$ und $3 \cdot 10^6$ steigt das Verhältnis $w/w_{\max}$ von 0,79 auf 0,88. Für dieses Turbulenzgebiet gilt im Mittel $w/w_{\max} = 0{,}84 \pm 4\%$.

Laminare Strömung ist vorhanden, wenn die Stromfäden parallel verlaufen, der Hauptbewegung also keine Mischbewegungen überlagert sind.

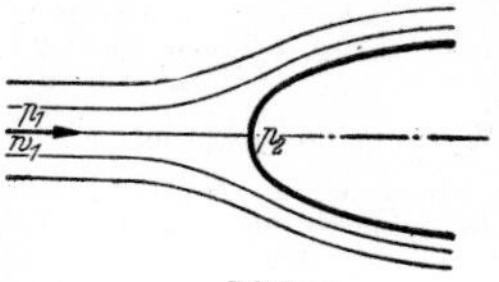

Bild 19

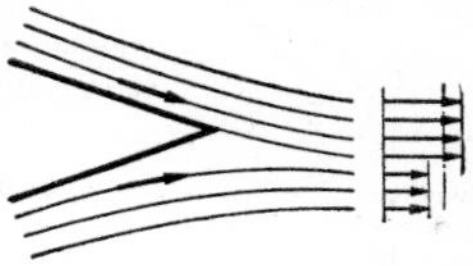

Bild 20

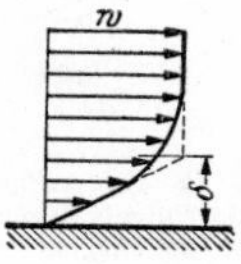

Bild 21

Der Verlauf der Strömung wird maßgebend durch die *Reynolds*-Zahl Re (S. 300) beeinflußt. Bei $\mathrm{Re} < 2320$ ist die Strömung in geraden, glatten Rohren immer laminar, bei $\mathrm{Re} > 2320$ fast immer turbulent. Die kritische Geschwindigkeit, bei deren Überschreiten frühestens Turbulenz auftritt, berechnet sich zu

$$w_k = 2320\nu/d.$$

Unabhängig von Re und der Wandrauhigkeit liegt bei turbulenter Strömung die mittlere Geschwindigkeit bei Rohren immer im Wandabstand $\approx 0{,}12d$.

Über den Einfluß von Re in Rohrleitungen vgl. S. 310, auf Wärmeübertragung vgl. S. 470.

d) Grenzschicht. An der Wand eines Körpers haftet eine Flüssigkeit bzw. ein Gas. Unter dem Einfluß der Reibung bildet sich, wie *Prandtl* zuerst erkannt hat, eine verhältnismäßig dünne Schicht, die sog. *Grenzschicht*, aus, Bild 21. Außerhalb dieser Grenzschicht ist praktisch die gleiche Geschwindigkeit, wie wenn keine Reibung vorhanden wäre. Die Strömung in der Grenzschicht kann laminar oder turbulent sein. Maßgebend für deren Übergang ist die *Reynolds*-Zahl $w\delta/\nu$ (δ Dicke der Grenzschicht). In vielen Fällen ist die zuverlässige Vorausberechnung der Grenzschichtdicke δ und ihre Zunahme in Richtung der Strömung gelungen. Die Grenzschicht nimmt mit wachsender *Reynolds*-Zahl ab. Die Dicke δ der laminaren Grenzschicht ergibt sich nach *Prandtl* für den Rohrdmr. d aus:

$$\delta/d = 62{,}7/\mathrm{Re}^{0{,}875}$$

Bei	$\mathrm{Re} = 10^5$	10^6
wird	$\delta = 0{,}0026d$	$0{,}0004d$.

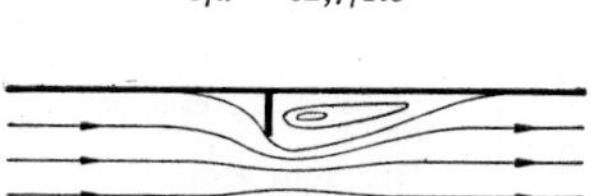

Bild 22

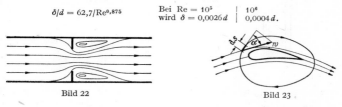

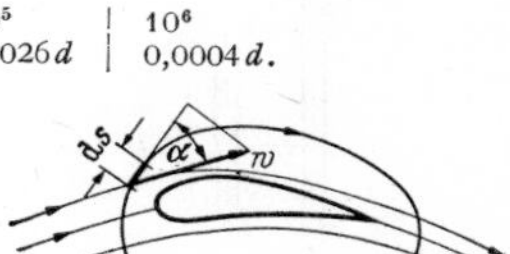

Bild 23

e) Eine **Ablösung** liegt vor, wenn an einer Stelle die Strömung ein Gebiet nicht ausfüllt und als „Totwasser" umspült. Es gibt zwei Ursachen für Ablösungen:

1. Scharfe Kanten (Bild 22). Die Strömung weicht oft sehr weit aus. Man spricht dann von Kontraktion.

2. Zu starke Verzögerung der Grenzschicht, z. B. Zylinder (Bild 64, S. 322), oder eine Kanalerweiterung, die über 10 bis 14° beträgt.

f) Zirkulation. Man bildet für eine geschlossene Kurve (Bild 23) das Integral $\Gamma = \oint w \cos\alpha \, ds$. Dieses Integral wird für einen geschlossenen Weg um den Körper gebildet und Zirkulation Γ genannt; Einheit m^2/sec. Ist w die Anblasegeschwindigkeit bzw. die Geschwindigkeit des Körpers und b die Breite des Körpers (senkrecht zur Bildebene), so ist die Größe der Auftriebskraft $F_A = \varrho \Gamma w b$.

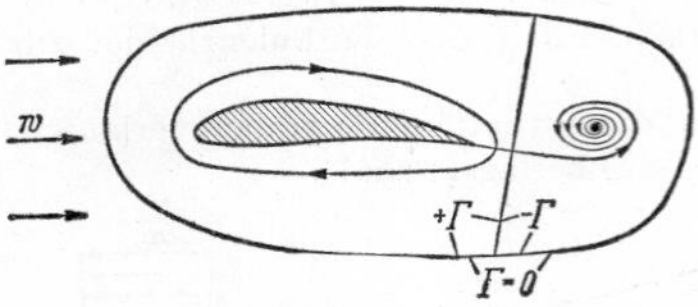

Bild 24

Für die rechnerische Behandlung von Wirbeln, Tragflügelprofilen usw. ist dieser Begriff einer der fruchtbarsten der modernen Strömungslehre.

Beispiele: 1. Wie groß ist die Zirkulation für einen Potentialwirbel, bei dem im Abstand $r = 10$ cm vom Mittelpunkt eine Umfangsgeschwindigkeit von $c_u = 6$ m/sec vorhanden ist?

$$\Gamma = 2 r \pi c_u = 2 \cdot 0{,}1 \cdot \pi \cdot 6 = 3{,}77 \text{ m}^2/\text{sec}.$$

2. Im Anfang der Bewegung des Tragflügels eines Flugzeugs bildet sich an der Hinterkante des Flügels durch Aufrollen der Strömung ein Wirbel, Bild 24. Die Reaktionswirkung dieses Wirbels ist ein entgegengesetzt drehender Wirbel um den Tragflügel. Der hintere Wirbel schwimmt nun schnell weg, und der Tragflügelwirbel, der „Zirkulationswirbel", bleibt bestehen, jedoch so, daß irgendwelche geschlossene Linien um jeden Wirbel, vgl. z. B. Bild 24, die Zirkulation $+\Gamma$ bzw. $-\Gamma$ und um beide Wirbel $\Gamma = 0$ ergeben. Diese Drehbewegung um den Tragflügel setzt sich mit der Parallelströmung zu einer resultierenden Bewegung zusammen, so daß auf der oberen Seite die Geschwindigkeiten vergrößert und auf der unteren die Geschwindigkeiten verkleinert werden. Nach dem *Bernoulli*schen Gesetz ergeben sich entsprechend Unterdrücke auf der oberen und Überdrücke auf der unteren Seite, deren Gesamtwirkung der Auftrieb $F_A = \varrho \Gamma w b$ ist.

D. Hydraulisches Messen

Literatur: 1. *Gramberg, A.*: Technische Messungen bei Maschinenuntersuchungen und zur Betriebskontrolle. 7. Aufl. Berlin: Springer 1967. — 2. DIN 1952: VDI-Durchflußmeßregeln.

1. Messungen im offenen Strom

a) Gesamtdruck p. Zur Messung genügt ein sog. Pitotrohr, Bild 25, d. h. ein offenes Rohr, dessen Öffnung der Strömung entgegengerichtet und mit einem Manometer verbunden ist. Diese Messung ist von allen drei Messungen (a, b, c) die *einfachste* und *genaueste*. *Das Manometer gibt ohne jede Berichtigung den Gesamtdruck an.* Richtungsänderungen des Pitotrohres von $\pm 6°$ gegenüber der Strömungsrichtung sind ohne Einfluß auf die Genauigkeit der Messung.

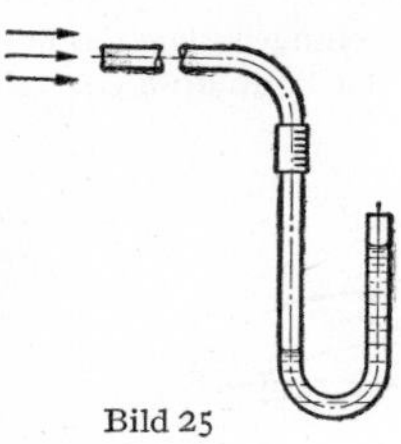

Bild 25

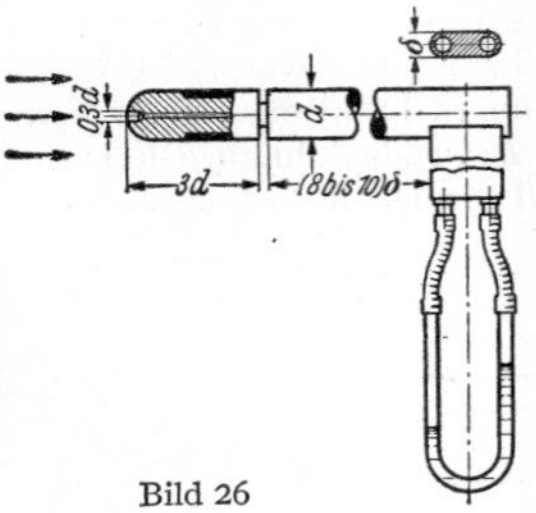

Bild 26

b) Staudruck (kinetischer Druck)

$$q = {}^1/_2 \gamma w^2/g,$$

≋ $q = {}^1/_2 \varrho w^2$ ≋. (15)

Mit dem *Prandtl*schen Staurohr, Bild 26, wird vorn der Gesamtdruck p und durch einen Schlitz im zylindrischen Mantel der statische Druck p_{stat} übertragen. Nach der *Bernoulli*schen Gleichung für nicht kompressible Flüssigkeiten ist der Differenzdruck

$$\Delta p = p - p_{\text{stat}} = {}^1/_2 \gamma/g \cdot w^2 \text{ in kp/m}^2 \quad \text{bzw.} \quad = \text{≋}\, {}^1/_2 \varrho w^2 \text{ in N/m}^2 \,\text{≋}.$$

Aus diesem Druck, der identisch mit dem Staudruck q ist, kann die Geschwindigkeit leicht berechnet werden. Das Instrument zeigt mit dem Faktor $c = 1$ den Staudruck an und ist unempfindlich für Richtungsänderungen von $\pm 10°$; bei sehr kleinen *Reynolds*-Zahlen wird der Staudruck durch Zähigkeitseinflüsse erhöht, so daß mit der Gleichung $q = c\gamma/2g \cdot w^2$ zu rechnen ist. Die unter „*Barker*sche Korrektur"[1] bekannte Berichtigung genügt der Gleichung $c = 1 + 3/\text{Re}$.

[1] *Barker:* Proc. Roy. Soc. Lond. 1922 S. 435.

Bei Luft kann im Mittel mit $\gamma/g = 1/8$ gerechnet werden, so daß folgende, insbesondere bei Überschlagrechnungen bequeme Formel entsteht: $w = 4\sqrt{\Delta p}$. Zur Berechnung der Luftgeschwindigkeit erhält man dann folgende Tabelle:

Δp mm WS	1	4	5	9	10	16	20	25	30	36	40	49	50
w m/sec	4	8	8,95	12	12,65	16	17,9	20	21,9	24	25,3	28	28,3

c) Statischer Druck p_{stat}. In Richtung der Strömung wird eine sog. Drucksonde nach Bild 27 gehalten bzw. nur die statische Druckmessung des *Prandtl*-Rohres angewendet. *Die Druckmessung allein ist sehr empfindlich gegen Richtungsänderungen* und abhängig von der Turbulenz des Strahls, worauf oft nicht geachtet wird. Ist der Staudruck verhältnismäßig groß, so wird die genaue Druckmessung mit Sonde sehr schwierig und verlangt eine Mindesttoleranz von 1 bis 2% des Staudruckes.

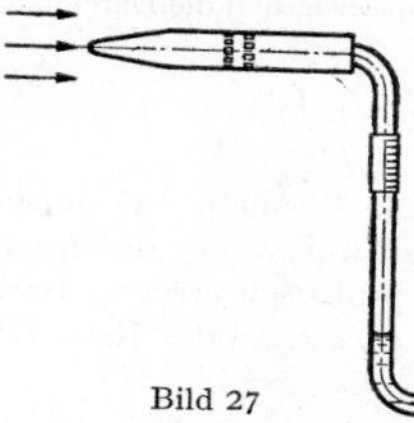

Bild 27

2. Ausfluß aus offenen Gefäßen[1]

Ausfluß aus Seitenöffnung ins Freie. Tritt eine Flüssigkeit durch eine Öffnung einer Gefäßwand ins Freie, so ist die Geschwindigkeit im Strahl, Bild 28:

$$w = \sqrt{2gh}. \qquad (16)$$

Ist das Gefäß geschlossen und tritt der Strahl unter innerem Überdruck aus, so ist nach Bild 29 der Überdruck Δp in der Niveauhöhe des Austritts zu messen:

$$w = \sqrt{2g\,\Delta p/\gamma} = \sqrt{2\Delta p/\varrho} \qquad (10\text{a})$$

dabei Δp in kp/m² bzw. $\Delta p/\gamma$ in m Flüss. S. — dabei Δp in N/m².

Wird der Druckunterschied $\Delta p'$ über dem Flüssigkeitsspiegel gemessen, so ist:

$$w = \sqrt{2g(\Delta p'/\gamma + h)}.$$

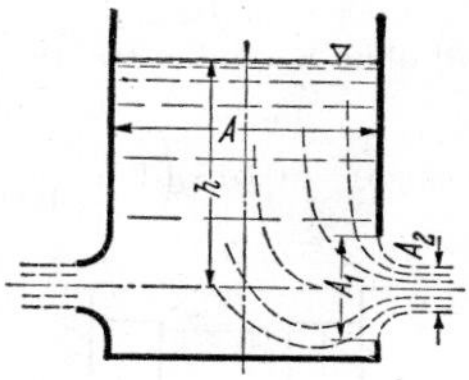

Bild 28

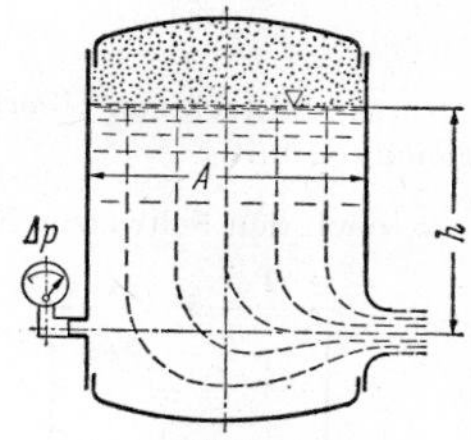

Bild 29

Fließen unter gleichen Bedingungen zwei Flüssigkeiten bzw. Gase mit den spezifischen Gewichten γ_1 und γ_2 (oder den Dichten ϱ_1 und ϱ_2) aus gleichen Gefäßen aus, so verhalten sich die Zeiten in denen die gleichen Volumina ausfließen, umgekehrt wie die Ausflußgeschwindigkeiten. Hieraus folgt:

$$\frac{t_1}{t_2} = \frac{w_2}{w_1} = \frac{\sqrt{2g\,\Delta p/\gamma_2}}{\sqrt{2g\,\Delta p/\gamma_1}} = \sqrt{\frac{\gamma_1}{\gamma_2}} \quad \text{oder} \quad \frac{\sqrt{2\Delta p/\varrho_2}}{\sqrt{2\Delta p/\varrho_1}} = \sqrt{\frac{\varrho_1}{\varrho_2}}$$

Die Ausflußzeiten verhalten sich somit wie die Wurzeln aus den spezifischen Gewichten bzw. den Dichten. Diese Beziehung wird oft zur Bestimmung des spezifischen Gewichts oder der Dichte von Gasen benutzt.

Die Geschwindigkeit w bildet sich unter allen Umständen aus. Nur tritt bei der Düse am Strahlrand infolge der Grenzschicht eine Verminderung der Geschwindigkeit ein, während in Strahlmitte der theoretische Wert vorhanden ist. Die hierdurch eintretende Verkleinerung der Mittelgeschwindigkeit wird meist durch einen Beiwert φ (Geschwindigkeitszahl) berücksichtigt.

$$w_m = \varphi w = \varphi\sqrt{2g\,\Delta p/\gamma} \quad (\varphi = 0{,}95 \text{ bis } 0{,}99 \text{ je nach der Form der Düse}).$$

Bei scharfkantigen Öffnungen — in geringem Maß auch bei schlechten Düsen — schnürt sich der Strahlquerschnitt ein, so daß $A_2 < A_1$ ist (A_2 Strahlquerschnitt,

[1] *Hansen, M.:* Über das Ausflußproblem. VDI-Forsch.-H. 428. Düsseldorf: VDI-Verlag 1950.

A_1 Düsenquerschnitt), Bild 28. Das Verhältnis $\mu = A_2/A_1$ bezeichnet man als Kontraktionszahl. Mit $\alpha = \mu\varphi$ wird:

$$\dot{V} = \mu\varphi\sqrt{2g\,\Delta p/\gamma}\cdot A_1 = \alpha\sqrt{2g\,\Delta p/\gamma}\cdot A_1 = \lessgtr\ \alpha\sqrt{2\Delta p/\varrho}\cdot A_1\ \lessgtr. \qquad (17)$$

Der Koeffizient α wird Ausflußzahl genannt.

Ist bei seitlichen Öffnungen die Höhe der Öffnung nicht klein gegen h, so ist w mit der Höhe veränderlich, und die Durchflußmenge wird

$$\dot{V} = \alpha\int_{h_o}^{h_u} y\sqrt{2gh}\,\mathrm{d}h$$

h_o = Abstand der Oberkante Öffnung } vom Wasserspiegel
h_u = Abstand der Unterkante Öffnung } vom Wasserspiegel
y = Breite der Öffnung in Niveauhöhe h

Die Formeln, bei denen Δp vor der Austrittsöffnung im Gefäß gemessen wird, gelten nur, wenn die Austrittsöffnung A_1 klein gegen den Gefäßquerschnitt A ist, was praktisch erreicht ist bei $A_1/A < 1/10$. Andernfalls muß die Vorgeschwindigkeit w_0 gemäß der *Bernoulli*schen Gleichung berücksichtigt werden,

$$w = \sqrt{2g\,\Delta p/\gamma + w_0^2} = \lessgtr\ \sqrt{2\Delta p/\varrho + w_0^2}\ \lessgtr.$$

3. Überfallmessungen

Die Überfallmessung (Bild 30) ist die Hauptmeßmethode für größere Wassermengen (Kanäle, Turbinenkanäle usw.); Grundgleichung:

$$\dot{V} = {}^2/_3\,\mu h b\sqrt{2gh} \quad (b \text{ seitliche Breite}). \qquad (18)$$

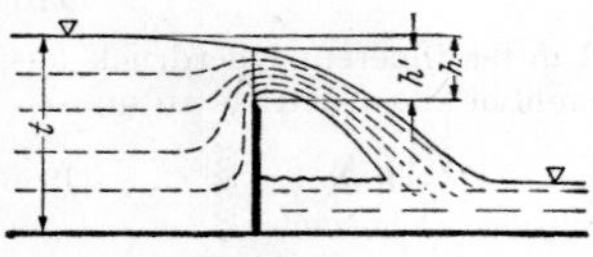

Bild 30

Der Abflußbeiwert μ hängt von der Form der Überfallschneide, der Wehrhöhe und der Ausbildung des Zulaufgerinnes ab. Wesentlich für die Messung ist die Belüftung der unteren Strahlseite.

Für rechteckigen Überfall ohne Seitenkontraktion nach Bild 31 gilt die Grundgleichung mit

$$\mu \text{ (nach den Schweizer Normen)} = 0{,}615\left(1 + \frac{1}{1000h + 1{,}6}\right)\left[1 + 0{,}5\left(\frac{h}{H}\right)^2\right].$$

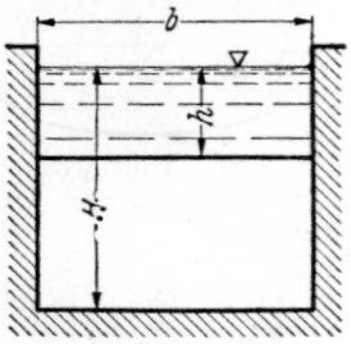

Bild 31

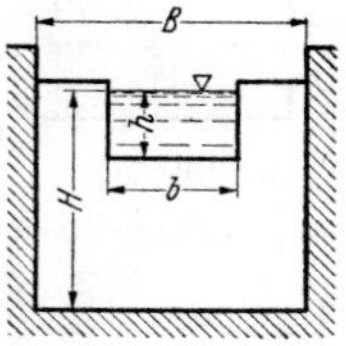

Bild 32

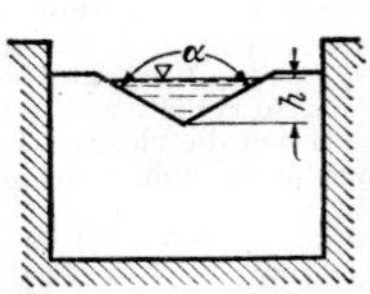

Bild 33

Die Formel gilt für: $H - h \geqq 0{,}3$ m, $\dfrac{h}{H-h} \leqq 1$ und $0{,}025\text{ m} \leqq h \leqq 0{,}8$ m.

Rehbock[1] führt die Ersatzhöhe $h_e = h + 0{,}0011$ m in die Grundgleichung ein: $\dot{V} = {}^2/_3\,\mu b h_e\sqrt{2gh_e}$. Hier wird $\mu = 0{,}6035 + 0{,}0813\,h_e/(H - h)$.

Rechteckiger Überfall mit Seitenkontraktion nach Bild 32:

Nach *Frese* gilt:

$$\mu = \left(0{,}5755 + \frac{0{,}017}{h + 0{,}18} - \frac{0{,}075}{b + 1{,}2}\right)\left[1 + \left(0{,}25\left(\frac{b}{B}\right)^2 + 0{,}025 + \frac{0{,}0375}{(h/H)^2 + 0{,}02}\right)\left(\frac{h}{H}\right)\right.$$

[1] *Rehbock, Th.:* Wassermessung mit scharfkantigen Überfallwehren. VDI-Z. 73 (1929) 817/23.

Nach Schweizer Normen gilt:

$$\mu = \left[0{,}578 + 0{,}037\left(\frac{b}{B}\right)^2 + \frac{3{,}615 - 3(b/B)^2}{1000h + 1{,}6}\right] \cdot \left[1 + 0{,}5\left(\frac{b}{B}\right)^4\left(\frac{h}{H}\right)^2\right].$$

Thomson-Überfall nach Bild 33:

$$\dot{V} = 1{,}4 \tan(\alpha/2)\, h^2 \sqrt{h} \quad \text{in} \quad \text{m}^3/\text{sec}.$$

Für rechteckigen Zulaufkanal haben *Engel* und *Stainsby*[1] für scharfkantige Wehre ohne Seitenkontraktion, für breitkronige und Venturiwehre für freien Abfluß eine vereinheitlichte Abflußgleichung entwickelt:

$$\dot{V} = 0{,}544\,\omega\,\sqrt{g}\,\zeta\, b\, h^{3/2}; \qquad \zeta = \text{Vorgeschwindigkeitsbeiwert}.$$

Im Gegensatz zu den bisher üblichen Gleichungen, bei denen die Vorgeschwindigkeit mit der Höhe oder der Abflußzahl verknüpft wurde, kann die neue Gleichung direkt gelöst werden. Für die drei Wehrarten kann mit guter Annäherung (etwa $\pm 1{,}5\%$) die Abflußzahl $\omega = 1$ benutzt werden. ω ist von der geometrischen Gestalt des Einlaufs und den Hauptabmessungen des Wehres abhängig. Bei kleinen Öffnungsverhältnissen für scharfkantige Wehre wird $\omega = 1$; für $h/t > 0{,}1$ liegen die ω-Werte je nach Reynolds- und Weber-Zahl zwischen 1,02 und 1,05.

Vorgeschwindigkeitsbeiwerte ζ

Öffnungsverhältnis $= h/t$ für scharfkantige und breitkronige Wehre, vgl. Bild 30
$= b/B$ für Venturiwehre, vgl. Bild 32

Öffnungsverhältnis	0	0,1	0,2	0,3	0,4	0,5	0,6
Scharfkantige Wehre	1,058	1,062	1,077	1,10	1,135	1,188	1,259
Breitkronige und Venturiwehre	1,0	1,002	1,009	1,021	1,039	1,064	1,098

4. Messungen in Leitungen

Bei Messungen in Leitungen handelt es sich meist darum, die durchfließenden Mengen zu ermitteln[2]. Darf der stetige Durchfluß durch die Messung nicht gestört werden, so kommen heute fast ausschließlich genormte Düsen, Blenden oder Venturidüsen (Bild 34, 35, 36) in Frage, vgl. DIN 1952.

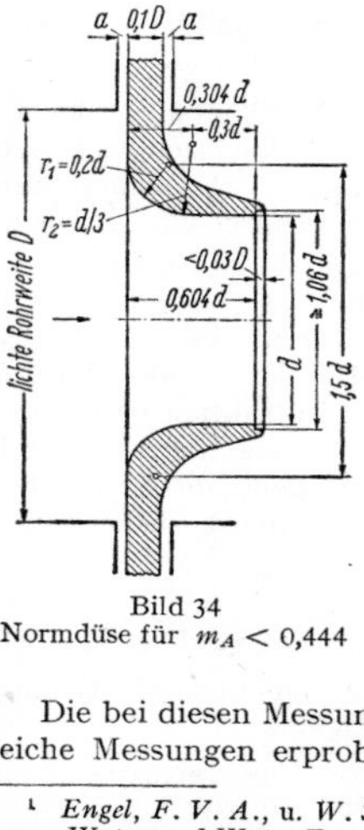

Bild 34
Normdüse für $m_A < 0{,}444$

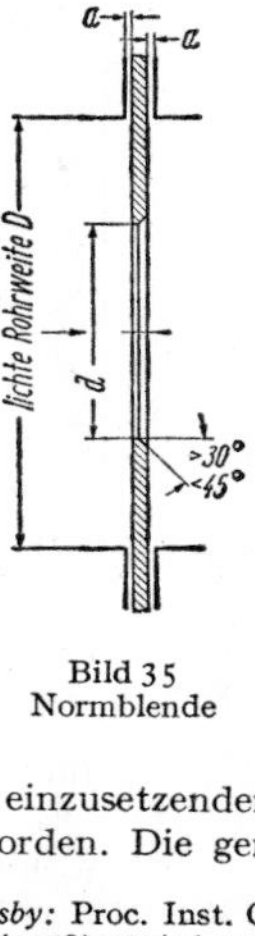

Bild 35
Normblende

oben: mit kurzem Diffusor

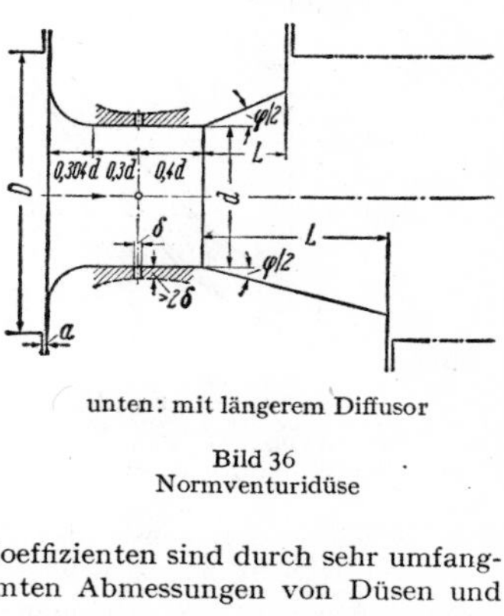

unten: mit längerem Diffusor

Bild 36
Normventuridüse

Die bei diesen Messungen einzusetzenden Koeffizienten sind durch sehr umfangreiche Messungen erprobt worden. Die genormten Abmessungen von Düsen und

[1] *Engel, F. V. A.*, u. *W. Stainsby:* Proc. Inst. Civ. Engrs. 9 (1958) 165/79 u. 10 (1958) 580/90; ferner Water and Water Engg. 62 (1958) 142/46, 190/97, 238/43, 291/95 u. 338/43.

[2] *Herning, F.:* Grundlagen u. Praxis d. Durchflußmessung. 3. neubearb. u. erw. Aufl. Düsseldorf: VDI-Verl. 1967.

Blenden sind aus Bild 34 bis 36 zu entnehmen. Die Wirkung beruht auf der Geschwindigkeitssteigerung in dem durch die Düse verengten Querschnitt. Aus der gemessenen Druckdifferenz vor (Zustand 1) und hinter der Düse (Zustand 2) kann die Geschwindigkeit im engsten Querschnitt nach der *Bernoulli*schen Gleichung, Gl. (2), leicht berechnet werden. Bei der Blende kontrahiert der Strahlquerschnitt noch. Ist Δp mm WS der gemessene Druckunterschied (Wirkdruck), so erhält man die Geschwindigkeit im engsten Querschnitt A_d aus

$$w_2 = \varphi \sqrt{2g\,\Delta p/\gamma} \quad = \quad \varphi \sqrt{2\Delta p/\varrho} \text{ m/sec.} \tag{19}$$

φ, die Geschwindigkeitszahl, berücksichtigt die Geschwindigkeitsverminderung infolge Reibung.

Hieraus ergibt sich, mit μ als Kontraktionszahl, $\mu\varphi = \alpha$ als Durchflußzahl und $m_A = A_d/A_D = d^2/D^2$ als Öffnungsverhältnis,

der (sekundliche) Volumendurchfluß

$$\begin{aligned} \dot{V} &= w_2 \mu A_d \\ &= \varphi \sqrt{2g\,\Delta p/\gamma}\, \mu A_d \\ &= \alpha A_d \sqrt{2g\,\Delta p/\gamma} \\ &= \alpha m_A A_D \sqrt{2g\,\Delta p/\gamma} \text{ in m}^3\text{/sec} \end{aligned}$$

Δp in kp/m² bzw. $\Delta p/\gamma$ in m WS

der (sekundliche) Massendurchfluß

$$\begin{aligned} \dot{m}\,(= \varrho \dot{V}) &= \varrho w_2 \mu A_d \\ &= \varphi \sqrt{2\Delta p \varrho}\, \mu A_d \\ &= \alpha A_d \sqrt{2\Delta p \varrho} \\ &= \alpha m_A A_D \sqrt{2\Delta p \varrho} \text{ in kg/sec} \end{aligned} \tag{20}$$

Δp in N/m²

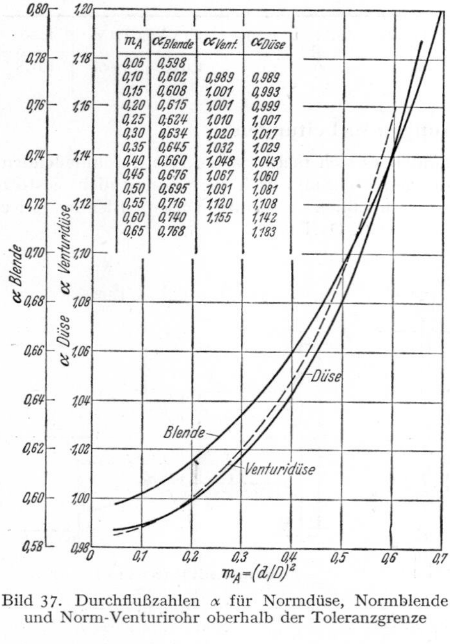

m_A	α_{Blende}	$\alpha_{Vent.}$	$\alpha_{Düse}$
0,05	0,598		
0,10	0,602	0,989	0,989
0,15	0,608	1,001	0,993
0,20	0,615	1,001	0,999
0,25	0,624	1,010	1,007
0,30	0,634	1,020	1,017
0,35	0,645	1,032	1,029
0,40	0,660	1,048	1,043
0,45	0,676	1,067	1,060
0,50	0,695	1,091	1,081
0,55	0,716	1,120	1,108
0,60	0,740	1,155	1,142
0,65	0,768		1,183

Bild 37. Durchflußzahlen α für Normdüse, Normblende und Norm-Venturirohr oberhalb der Toleranzgrenze

$\alpha = \mu\varphi$ enthält alle Abweichungen von der ohne Berücksichtigung der Reibung durchgeführten Rechnung.

a) Die **Durchflußzahlen** α hängen bei der Normventuridüse vom Öffnungsverhältnis m_A, bei Düsen und Blenden außerdem noch von der *Reynolds*-Zahl $\mathrm{Re}_D = wD/\nu$ ab. Ungefähre α-Werte zeigt Bild 37 für Düse, Blende und Venturidüse. Genaue Werte vgl. DIN 1952.

b) Bei größeren Druckänderungen ergeben sich bei Gasen und Dämpfen Volumenänderungen, die nicht mehr vernachlässigbar sind. Im engsten Querschnitt ist das Volumen infolgedessen wegen der Expansion größer. Bei der Blende wird zudem die Kontraktion beeinflußt. Diese Einflüsse werden durch eine **Expansionszahl** ε nach folgender Gleichung berücksichtigt:

$$\dot{V} = \alpha\varepsilon A_d \sqrt{2g\,\Delta p/\gamma} \quad\quad \dot{m} = \alpha\varepsilon A_d \sqrt{2\Delta p \varrho}\,. \tag{21}$$

Bild 38 zeigt die Expansionsberücksichtigung für Düsen und Blenden. Genaue Werte vgl. DIN 1952.

Für kleinere Re_D-Werte bis herab zu etwa 600 kann nach früheren Untersuchungen eine von Re_D unabhängige Durchflußzahl durch Viertelkreisdüsen erreicht werden.

Vor und hinter der Meßstelle muß eine störungsfreie gerade Rohrstrecke von (10 bis 20) · D vorhanden sein.

Genaue Untersuchungen für Normdüsen und Normblenden im *Einlauf und Auslauf* ohne vor- bzw. nachgeschaltetes Rohrstück wurden von *Stach*[1] ausgeführt. Es wurde festgestellt, daß die Durchflußzahlen für Düsen und Blenden im Einlauf oberhalb der *Reynolds*-Zahl $0{,}55 \cdot 10^5$ konstant sind und unabhängig vom Öffnungsdurchmesser den konstanten Wert $\alpha_{\text{Düse}} = 0{,}99$ und $\alpha_{\text{Blende}} = 0{,}6$ haben. Bei Anwendung im Auslauf liegen die Beiwerte oberhalb der Toleranzgrenze bei Düsen etwas unterhalb und bei Blenden mit $m_A > 0{,}25$ etwas oberhalb der aus DIN 1952 bekannten α-Werte.

Genormte Düsen, Blenden und Venturidüsen sind oberhalb $D = 50$ mm Dmr. anwendbar. Nicht genormte Messungen liegen vor bis zu Werten von $D = 20$ mm Dmr.

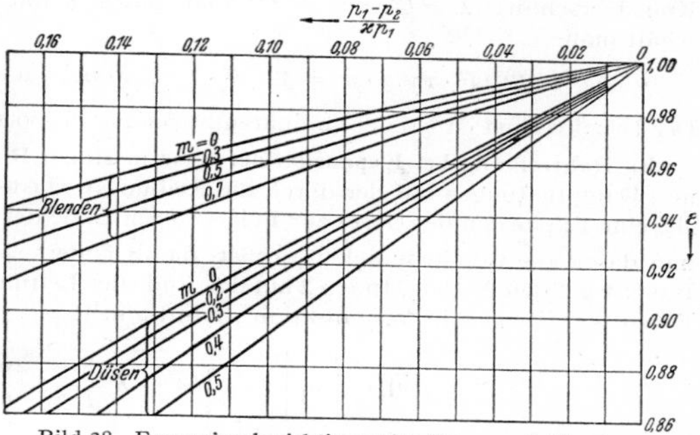

Bild 38. Expansionsberichtigung für Düsen und Blenden. Statt m lies m_A

c) Hinter der Meßstelle treten **Stoßverluste** auf, die vom Öffnungsverhältnis abhängen. Bezeichnet man mit

$$\zeta = (w_2 - w_1)^2/w_1^2 = (1 - m_A)/m_A \tag{22}$$

den prozentualen Anteil der Verluste gegenüber dem Staudruck der Rohrleitung und definiert weiter einen Wirkungsgrad nach der Formel:

$$1 - \eta = \frac{\gamma/2g \cdot (w_2 - w_1)^2}{\gamma/2g \cdot (w_2^2 - w_1^2)}, \qquad \eta = 2\,\frac{m_A}{m_A + 1},$$

so erhält man folgende Werte (vgl. S. 319):

m_A	0,1	0,2	0,3	0,4	0,5	0,6	0,7	0,8	0,9	1,0
η	0,182	0,333	0,462	0,571	0,667	0,75	0,824	0,889	0,947	1
ζ	81	16	5,44	2,25	1,0	0,44	0,184	0,0625	0,0123	0

Beispiel: Ein Ventilator, der einen Überdruck von 80 mm WS erzeugt, drückt eine Luftmenge von 2500 m³/h durch eine Rohrleitung von $D = 300$ mm Dmr. Zum Messen der Luftmenge soll eine Düse eingebaut werden, deren Druckverlust höchstens 20 mm WS beträgt.

Geschwindigkeit im Rohr $w_1 = \dfrac{2500}{3600 \cdot \pi \cdot 0{,}3^2/4} = 9{,}85$ m/sec,

Druckverlust $\Delta p = {}^1/_2\gamma/g \cdot (w_2 - w_1)^2$; hieraus $w_2 = \sqrt{2g\,\Delta p/\gamma} + w_1$,

$w_2 = \sqrt{20 \cdot 16} + 9{,}85 = 17{,}9 + 9{,}85 = 27{,}75$ m/sec; $A_2 = \dfrac{\dot V}{w_2} = \dfrac{2500 \cdot 10^4}{27{,}75 \cdot 3600} = 250$ cm²,

Durchmesser der Düsenöffnung $d \approx 178$ mm.

$Re_D = w_1 D/\nu = 9{,}85 \cdot 0{,}3/(14{,}5 \cdot 10^{-6}) = 204\,000$; $\quad m_A = A_2/A_1 = (d/D)^2 = 0{,}352$.

Mit $\alpha = 1{,}03$ aus Bild 37 wird Wirkdruck $\Delta p = \dfrac{1}{\alpha^2} \cdot \dfrac{\gamma}{2g} \cdot w_2^2 = 45{,}4$ mm WS.

E. Widerstände in Rohrleitungen und Armaturen

1. Allgemeines

a) Der **Druckabfall** in einer geraden Rohrleitung vom Durchmesser d und der Länge l wird durch die Formel

$$\Delta p = \lambda \frac{l}{d} \frac{\gamma}{2g} w^2 \text{ in kp/m}^2 \qquad \Delta p = \lambda \frac{l}{d} \frac{1}{2} \varrho w^2 \text{ in N/m}^2 \tag{23}$$

[1] *Stach:* Die Beiwerte von Normdüsen und Normblenden im Einlauf und Auslauf. VDI-Z. 78 (1934) 187/89.

ausgedrückt. Der dimensionslose Faktor λ hängt nur von der *Reynolds*-Zahl und der Rauhigkeit ab.

Bis $\mathrm{Re} = 2320$ ergibt sich laminare Strömung. In diesem Bereich ist für den Kreisquerschnitt $\lambda = 64/\mathrm{Re}$. Setzt man dieses λ mit $\mathrm{Re} = wd/\nu$ oben ein, so erhält man

$$\Delta p = 32 l/d^2 \cdot \nu\gamma/g \cdot w = 32 l/d^2 \cdot \eta w, \text{ wobei nach Gl. (11) } \eta = \nu\gamma/g. \tag{24}$$

Der Druckverlust ist bei der laminaren Strömung proportional der Geschwindigkeit.

b) Rohrreibung bei Expansion der Gase in einem Rohr. Bei langen Druckluft- und Dampfleitungen hat der durch die Reibungsverluste entstandene Druckverlust Δp eine Expansion des Gases zur Folge. Gegen Ende der Leitung wird das Volumen und damit die Geschwindigkeit größer, damit ändert sich Δp in $\overline{\Delta p}$. Bezieht sich Index 1 auf den Anfang, Index 2 auf das Ende der Leitung, so gilt bei isothermischer Expansion (l und d in m, γ in kp/m³, p in kp/m²):

$$\overline{\Delta p} = p_1 \left[1 - \sqrt{1 - \lambda \frac{l}{d} \frac{\gamma_1}{2g} \frac{2 w_1^2}{p_1}}\right]. \tag{25}$$

Führt man das durchfließende Dampfgewicht bzw. Gasgewicht $\dot{G}$ in kp/h ein, so ergibt sich

$$\overline{\Delta p} = p_1 \left[1 - \sqrt{1 - 127{,}5 \lambda \frac{l}{(100 d)^5} \frac{\dot{G}^2}{p_1 \gamma_1}}\right]. \tag{26}$$

Diese Gebrauchsformeln entstehen aus der Gleichung

$$\frac{p_2^2 - p_1^2}{2 p_1} + \lambda \frac{l}{d} \frac{\gamma_1}{2g} w_1^2 = 0. \tag{27}$$

Schreibt man diese in der Form

$$\overline{\Delta p} = \lambda \frac{l}{d} \frac{\gamma_1}{2g} w_1^2 \frac{p_1}{(p_1 + p_2)/2} = \Delta p \frac{p_1}{p_m},$$

so erkennt man, daß der für nicht kompressible Flüssigkeiten errechnete Druckabfall um den Faktor p_1/p_m vergrößert wird.

2. Glattes Rohr

Im *laminaren* Bereich, d. h. unterhalb $\mathrm{Re} = 2320$, gilt $\lambda = 64/\mathrm{Re}$ (vgl. Abs. 1, a).

Im *turbulenten* Bereich, d. h. oberhalb $\mathrm{Re} = 2320$, gilt die von *Prandtl*[1] theoretisch abgeleitete Beziehung

$$\lambda = \frac{0{,}25}{\left[\lg\left(\mathrm{Re}\sqrt{\lambda}/2{,}51\right)\right]^2}, \tag{28}$$

die bis $\mathrm{Re} = 3{,}4 \cdot 10^6$ mit Versuchen übereinstimmt.

Näherungsformel von *Colebrook*

$$\lambda = \frac{0{,}309}{[\lg(\mathrm{Re}/7)]^2}, \tag{29}$$

gültig zwischen den Werten von $\mathrm{Re} = 5 \cdot 10^3$ bis 10^8.

3. Rauhes Rohr[2]

a) Zwei Gebiete. Das Verhalten des handelsüblichen rauhen Rohres geht grundsätzlich aus Bild 39 hervor. Danach ist zunächst im Gebiet *hoher* Re-*Werte* der Wider-

[1] *Prandtl, L.:* Neuere Ergebnisse der Turbulenzforschung. VDI-Z. 77 (1933) 105/14.

[2] *Herning, Fr.:* Untersuchungen über die Reibungsziffer betriebsrauher Rohre. GWF 92 (1951) 289/95.

standskoeffizient λ nur von der relativen Wanderhebung k/d abhängig. In diesem Gebiet kann die *Nikuradse*-Formel benutzt werden:

$$\lambda = \frac{0{,}25}{[\lg(3{,}715\, d/k)]^2}. \tag{30}$$

Werte für λ nach Gl. (30)

d/k	20	40	60	100	200	500	1000
λ	0,0714	0,0529	0,0455	0,038	0,0304	0,0234	0,01965

Im *laminaren* Gebiet sind, wie Bild 39 deutlich erkennen läßt, die Rauhigkeiten belanglos. Darüber hinaus zeigt Bild 39, daß im turbulenten Gebiet teilweise die Rauhigkeiten „verschluckt" werden. So entsteht der Begriff „*hydraulisch glatt*".

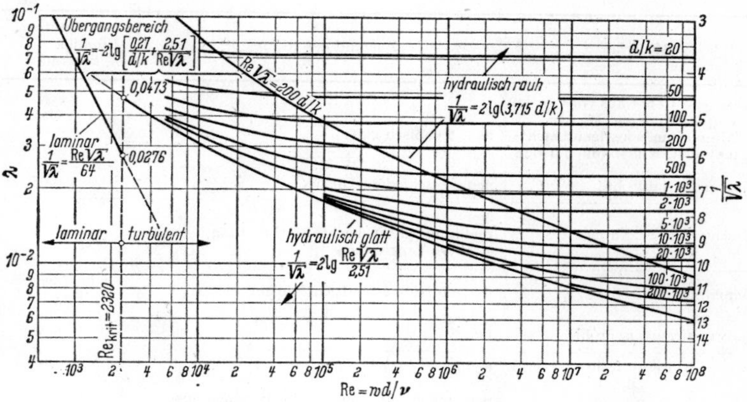

Bild 39. Darstellung des Widerstandskoeffizienten λ nach *Colebrook*

Darunter versteht man rauhe Flächen, die trotz einer Rauhigkeit die Eigentümlichkeiten des glatten Rohres zeigen. Rohre gelten als hydraulisch glatt bis zur *Reynolds*-Zahl $\mathrm{Re} \approx d/k \cdot \lg(0{,}1\, d/k)$.

Bemerkenswert ist, daß auch bei umströmten Platten der Begriff „hydraulisch glatt" vertretbar ist. Ist c die Wandgeschwindigkeit der reibungslosen Flüssigkeit, so gelten Flächen unterhalb einer sog. Grenzkennzahl $c k/\nu \approx 100$ bis 150 als hydraulisch glatt.

b) Bei Rohren bereitet das **Übergangsgebiet** zwischen hydraulisch glatten Rohren und dem Gebiet „völlig rauh" mit konstantem λ die größten Schwierigkeiten, was um so unangenehmer ist, als zahlreiche praktische Fälle gerade in diesem Gebiet liegen[1].

Versuche mit den verschiedensten Rauhigkeiten ergaben Übergangskurven, die zwischen einer unteren und oberen Grenzkurve liegen. Die untere Kurve ist die Kurve der hydraulisch glatten Rohre (*Prandtl*-Gl. (28)). An der oberen Grenzkurve beginnt das Gebiet des quadratischen Widerstandsgesetzes. Das Übergangsgebiet erstreckt sich also zwischen den Re-Werten an der unteren Grenzkurve

$$\mathrm{Re}_u \approx d/k \cdot \lg(0{,}1\, d/k); \quad [\mathrm{Re}_u \approx 2 d/k] \quad \text{für} \quad d/k > 2 \cdot 10^3$$

und der oberen Grenzkurve

$$\mathrm{Re}_o = 400 d/k \cdot \lg(3{,}715 d/k); \quad [\mathrm{Re}_o \approx 10^3 d/k].$$

[1] Vgl. z. B. *Müller, W.*, u. *H. Stratmann*: Rohrreibungsverluste in Druckleitungen von Wasserkraftwerken. Schweiz. Bauzeitg. 83 (1965) Nr. 8 S. 119/23.

Colebrook[1] entwickelte eine Formel, die dem Mittel der Versuche entspricht:

$$\frac{1}{\sqrt{\lambda}} = -2 \lg \left(\frac{0{,}27}{d/k} + \frac{2{,}51}{\mathrm{Re}\,\sqrt{\lambda}} \right). \tag{31}$$

Als Näherungsformel kann die Gleichung von *Moody*[2] benutzt werden:

$$\lambda = 0{,}0055\,[1 + (2 \cdot 10^4 k/d + 10^6/\mathrm{Re})^{1/3}]. \tag{32}$$

Bild 39 zeigt die Auswertung der Formel von *Colebrook*, wodurch ein Gesamtüberblick vermittelt wird; Bild 39a ist ein vergrößerter Ausschnitt aus Bild 39. Eine für den Praktiker passende Anleitung stammt von *Pečornik* (Lit. 1).

Rauhigkeitswerte k nach Kirschmer[3]

Material	Zustand der Rohre	Absolute Rauhigkeit *k* in mm
Gezogene Rohre aus Glas, Kupfer, Messing, Bronze, Aluminium, sonstigen Leichtmetallen, Kunststoffen u. dgl.	neu, technisch glatt	0 (glatt) bis etwa 0,0015
Gezogene Stahlrohre	neu, verschiedene Glätte	0,01—0,05
Geschweißte Stahlrohre	neu mäßig verrostet, leichte Verkrustung stärkere Verkrustung	0,05—0,10 0,15—0,2 bis 3
Genietete Stahlrohre	je nach Nietart und Ausführung	1 bis über 5 (≈10)
Galvanisierte Eisenrohre	neu	0,12—0,15
Schmiedeeiserne Rohre	neu	0,05
Rohre aus Gußeisen, einschließlich Schleuderguß (mit Flansch- oder Muffenverbindung)	neu; innen mit Zement oder Bitumen ausgekleidet neu; nicht ausgekleidet angerostet stärkere Rostnarben, Verkrustung	0 (glatt) bis 0,12 0,25 bis 1,5 bis 3
Holzrohre	neu; Glätte nimmt infolge Verschleimung im Laufe der Jahre im allgemeinen zu	0,2—1,0
Asbest-Zement-Rohre (Eternit-, Toschi-Rohre u. a.)	neu	0 (glatt) bis 0,10
Betonrohre und Druckstollen aus Beton	neu; Stahlbeton mit sorgfältig geglättetem Verputz neu; Schleuderbeton mit glattem Verputz neu; ohne Verputz Leitungen aus Stahlbeton mit glattem Verputz; mehrere Jahre in Betrieb	0 (glatt) bis etwa 0,15 ≈0,15 0,2—0,8 0,2—0,3 u. mehr

Beispiele: 1. Durch eine Stahlrohrleitung von 125 NW und 40 m Länge soll eine Wassermenge von 350 m³/h gedrückt werden. Welcher Druckunterschied ist hierzu erforderlich?

$$\text{Geschwindigkeit } w = \frac{350 \cdot 10^4}{122{,}7 \cdot 3600} = 7{,}93 \text{ m/sec}; \quad \mathrm{Re} = \frac{7{,}93 \cdot 0{,}125}{10^{-6}} \approx 10^6.$$

---

[1] *Colebrook, C. F.:* Turbulent flow in pipes with particular reference to the transition region between the smooth and rough pipe laws. J. Instn. Civ. Engrs. 11 (1938/39) 133.

[2] *Moody, L. F.:* An approximate formula for pipe friction factors. Mech. Eng. 69 (1947) 1005.

[3] *Kirschmer, O.:* Kritische Betrachtungen zur Frage der Rohrreibung. VDI-Z. 94 (1952) Nr. 24 S. 785/91. — Ders.: Reibungsverluste in geraden Rohrleitungen, MAN-Forschungsheft 1951 S. 81/95; hiernach Bild 39. — Ders.: Tabellen zur Berechnung von Rohrleitungen nach Prandtl-Colebrook. Heidelberg: Straßenbau-Verlag 1963.

Bei $k = 0{,}025$ mm ist $d/k = 5 \cdot 10^3$; aus Bild 39a entnimmt man $\lambda = 0{,}0148$.

$$\Delta p = \lambda \frac{\gamma}{2g} w^2 \frac{l}{d}$$

$$= 0{,}0148 \frac{1000}{2 \cdot 9{,}81} \cdot 7{,}93^2 \cdot \frac{40}{0{,}125}$$

$$= 15\,200 \text{ kp/m}^2$$

$$\Delta p = \lambda \frac{1}{2} \varrho w^2 \frac{l}{d}$$

$$= 0{,}0148 \frac{1000}{2} \cdot 7{,}93^2 \cdot \frac{40}{0{,}125}$$

$$= 149\,000 \text{ N/m}^2$$

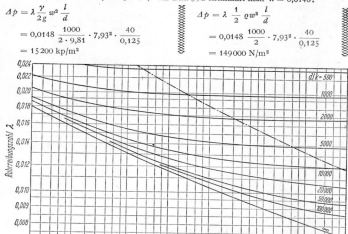

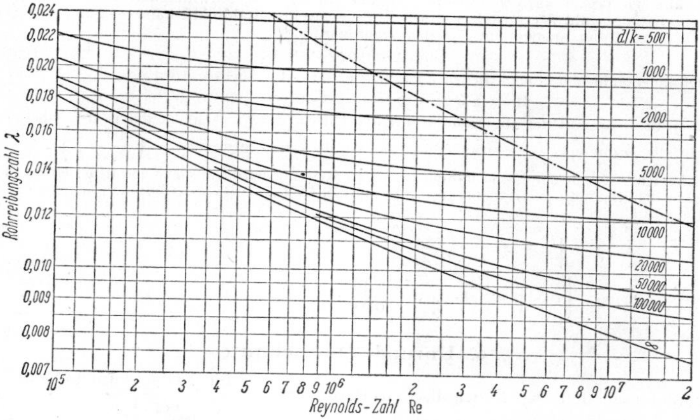

Bild 39a. Ausschnitt für $Re = 10^5$ bis $2 \cdot 10^7$ aus Bild 39

2. Welche Druckhöhen muß eine waagerechte Rohrleitung mit $d = 10$ mm l. W. bei $l = 5$ m Länge erhalten, wenn eine Schmierölmenge von 0,7 lit/min bei 20 °C und 50 °C gefördert werden soll?

Kinematische Zähigkeit von Schmieröl in Abhängigkeit von der Temperatur

t °C	10	20	30	40	50	60
$10^6 \nu$ m²/sec	700	300	150	80	62	50

Leitungsquerschnitt: $A = 0{,}785 \text{ cm}^2 = 0{,}785 \cdot 10^{-4} \text{ m}^2$,

Sekundliche Fördermenge: $\dot V = 0{,}7 \cdot 10^{-3}/60 = 1{,}17 \cdot 10^{-5} \text{ m}^3/\text{sec}$.

Strömungsgeschwindigkeit: $w = \dot V/A = \dfrac{1{,}17 \cdot 10^{-5}}{0{,}785 \cdot 10^{-4}} = 1{,}49 \cdot 10^{-1} \approx 0{,}15$ m/sec.

Bei <u>20</u> °C: $\nu_1 = 300 \cdot 10^{-6}$ m²/sec. $\gamma_1 = 900$ kp/m³ $\varrho_1 = 900$ kg/m³.

$$Re_1 = \frac{w\,d}{\nu_1} = \frac{0{,}15 \cdot 0\,01}{300 \cdot 10^{-6}} = 5.$$

Rohr-Reibungszahl für laminare Strömung (S. 310): $\lambda_1 = 64/Re_1 = 64/5 = 12{,}8$.

Druckverlust (Gl. 23): $\Delta p_1 = \lambda_1 \dfrac{l}{d} \dfrac{\gamma_1}{2g} w^2$

$$= 12{,}8 \cdot \frac{5}{0{,}01} \cdot \frac{900}{2 \cdot 9{,}81} \cdot 0{,}0225 = 6600 \text{ kp/m}^2;$$

Erforderliche Druckhöhe:

$$h_1 = \frac{\Delta p_1}{\gamma_1} = \frac{6600}{900} = 7{,}3 \text{ m Öl-Säule.}$$

$$\Delta p_1 = \lambda_1 \frac{l}{d} \cdot \frac{1}{2} \varrho_1 w^2$$

$$= 12{,}8 \cdot \frac{5}{0{,}01} \cdot \frac{1}{2} \cdot 900 \cdot 0{,}0225$$

$$= 64\,600 \text{ N/m}^2;$$

$$h_1 = \frac{\Delta p_1}{\varrho_1 g} = \frac{64\,600}{900 \cdot 9{,}81} = 7{,}3 \text{ m Öl-Säule.}$$

Bei <u>50</u> °C: $\nu_2 = 62 \cdot 10^{-6}$ m²/sec.

$$\gamma_2 = 890 \text{ kp/m}^3. \quad Re_2 = \frac{0{,}15 \cdot 0{,}01}{62 \cdot 10^{-6}} = 24{,}2, \quad \lambda_2 = \frac{64}{Re_2} = \frac{64}{24{,}2} = 2{,}65,$$

$$\Delta p_2 = \frac{\lambda_2}{\lambda_1} \Delta p_1 = \frac{2{,}65}{12{,}8} \cdot 6600 = 1360 \text{ kp/m}^2.$$

Erforderliche Druckhöhe: $h_2 = \dfrac{\Delta p_2}{\gamma_2} = \dfrac{1360}{890} = 1{,}53$ m Öl-Säule.

Der Druckverlust kann auch berechnet werden aus Gl. (24): $\Delta p = 32 l/d^2 \cdot \nu\gamma/g \cdot w$ in kp/m². Mit $\eta = \nu \cdot \gamma/g$ wird für 50°C

$$\eta_2 = \nu_2 \cdot \gamma_2/g = 62 \cdot 10^{-6} \cdot \frac{890}{9{,}81}\left[\frac{\text{m}^2}{\text{sec}} \cdot \frac{\text{kp}}{\text{m}^3} \cdot \frac{\text{sec}^2}{\text{m}} = \frac{\text{kpsec}}{\text{m}^2}\right] = 5630 \cdot 10^{-6}\,\text{kpsec/m}^2.$$

$$\Delta p_2 = 32 \cdot \frac{5}{0{,}01^2} \cdot 5630 \cdot 10^{-6} \cdot 0{,}15 = 1350\,\text{kp/m}^2 \mathrel{\hat=} 1{,}52\,\text{m Öl-Säule.}$$

3. Für eine Gasleitung von 150 mm l. W. und für die Gasgeschwindigkeit $w = 20$ m/sec soll die Rohr-Reibungszahl λ ermittelt werden. Für geschweißte Stahlrohre kann n. Tab., S. 312, der Wert $k = 0{,}075$ mm angenommen werden. Dann wird

$$d/k = 150/0{,}075 = 2000;$$

mit der angenommenen kinematischen Zähigkeit $\nu = 15 \cdot 10^{-6}$ m²/sec wird

$$\text{Re} = w\,d/\nu = 20 \cdot 0{,}15/(15 \cdot 10^{-6}) = 2 \cdot 10^5.$$

Aus dem Schnittpunkt der Re-Ordinate mit der Kurve für $d/k = 2000$, der in den Übergangsbereich fällt, ergibt sich $\lambda = 0{,}0188$ (Bild 39a). An der Grenzkurve ist $\lambda = \left(\frac{200}{\text{Re}} \cdot \frac{d}{k}\right)^2$.

4. Welcher Druck zur Überwindung der Rohr-Reibung wird auf einer geraden Leitungslänge $l = 2$ km benötigt? (Spez. Gew. bei $p_1 = 2$ at abs und 15°C: $\gamma_1 = 1{,}18$ kp/m³; sonstige Werte vgl. Beisp. 3.)

$$\overline{\Delta p} = p_1\left[1 - \sqrt{1 - 2\lambda \frac{\gamma_1}{p_1} \frac{l}{d} \frac{w_1^2}{2g}}\right]^*$$

$$= 20000 \cdot \left[1 - \sqrt{1 - 2 \cdot 0{,}0188 \frac{1{,}18}{20000} \cdot \frac{2000}{0{,}150} \cdot \frac{20^2}{19{,}62}}\right] = 7400\,\text{kp/m}^2 = 0{,}74\,\text{at.}$$

4. Unrunde Querschnitte

Führt man den sog. hydraulischen Radius $r_h = \frac{A}{U} = \frac{\text{Querschnittsfläche}}{\text{benetzter Umfang}}$ ein, so können alle vorherigen Formeln und λ-Werte übernommen werden, wenn d durch $4r_h$ ersetzt wird $\left(\text{für den Kreis wird } r_h = \frac{\pi d^2/4}{\pi d} = \frac{d}{4}\right)$. Zu beachten ist, daß auch in der *Reynolds*-Zahl diese Einsetzung erforderlich ist, d. h. $\text{Re} = w 4A/U\nu$.

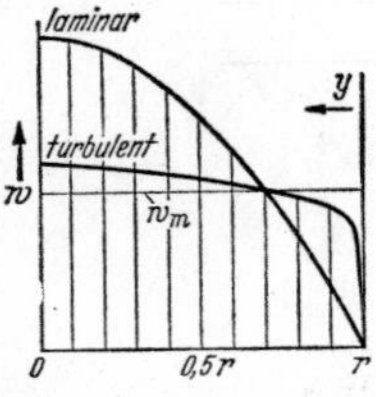

Bild 40. Geschwindigkeitsverteilung bei laminarer und turbulenter Strömung im Rohr

5. Geschwindigkeitsverteilung in Rohren

a) Laminare Strömung. Die Geschwindigkeitsverteilung ist parabolisch, Bild 40. Die Maximalgeschwindigkeit $w_{\max}$ (d. h. in Rohrmitte) ist doppelt so groß wie die Mittelgeschwindigkeit w_m.

b) Turbulente Strömung. Die Geschwindigkeitsverteilung zeigt eine fast über den ganzen Querschnitt ziemlich gleichbleibende Geschwindigkeit, die innerhalb der dünnen *Grenzschicht* sehr rasch auf den Wert Null an der Wand herabsinkt, Bild 40. Für praktische Rechnungen genügt ein Potenzgesetz:

$$w_m = w_{\max}(y/r)^{1/n} \quad (y \text{ Abstand von Rohrwand in m}). \qquad (33)$$

Re	rauhe Rohre	$0{,}2 \cdot 10^5$	$1 \cdot 10^5$	$0{,}35 \cdot 10^6$	$1 \cdot 10^6$	höhere Re
n	6	7	8	9	10	11
$w_m/w_{\max}$	0,791	0,812	0,837	0,855	0,865	0,877

Für das in der Praxis vorkommende Turbulenzgebiet kann man setzen $w_m/w_{\max} \approx 0{,}84 \pm 4\%$.

c) Anlaufstrecke. Alle angegebenen Werte beziehen sich auf die „ausgebildete Rohrströmung", die erst nach einer gewissen „Anlaufstrecke" erreicht wird.

α) *Laminare Strömung.* Die Anlaufstrecke ist hier sehr lang; man braucht 60 bis 80 · d und mehr, um das endgültige Geschwindigkeitsprofil zu erhalten. Nach *Schiller* beträgt die Anlauflänge $l \approx 0{,}03\,\text{Re}\,d$.

β) *Turbulente Strömung.* Bereits nach etwa $l = 10$ Rohrdurchmessern ist praktisch die Geschwindigkeitsverteilung der ausgebildeten Rohrströmung vorhanden.

* Vgl. Gl. (25); Ableitung der Formel in Lit. 1.

Nach $l = 20$ bis 30 Rohrdurchmessern ist kaum noch ein Unterschied gegenüber der endgültigen Geschwindigkeitsverteilung vorhanden. *Scharfkantiger Einlauf verkürzt die Anlaufstrecke.*

In der Anlaufstrecke ist wegen des stärkeren Geschwindigkeitsgefälles in Wandnähe λ unter Umständen erheblich größer als die vorher angegebenen Werte. Besonders bei kurzen Rohr- und Kanalstücken ist dies zu beachten. Hier können die λ-Werte den 2- bis 2,5fachen Betrag annehmen.

6. Besondere Bemerkungen

α) Die *Verbindungsstellen* der Rohre, die handelsüblich in Längen von 6 bis 10 m erhältlich sind, erhöhen den Widerstand.

β) Für genaue Vorausbestimmung der Widerstände ist eine *sehr genaue Bestimmung des Rohrdurchmessers d notwendig.* Denn bei gleicher Durchflußmenge verhalten sich die Druckverluste wie $\Delta p_2/\Delta p_1 = (d_1/d_2)^5$. Ändert sich somit der Durchmesser nur um 1%, so ändert sich der Widerstand bereits um 5%.

Da bei Wasserleitungen durch Ansätze, Korrosionen usw. die Durchmesser oft merklich verkleinert werden, ergeben sich hier erhebliche Widerstandsvergrößerungen, die in erster Näherung mit $(d_1/d_2)^5$ wachsen.

d_2/d_1	0,99	0,98	0,97	0,96	0,95	0,9	0,8	0,7
$(d_1/d_2)^5$	1,05	1,106	1,165	1,23	1,292	1,694	3,052	5,95

γ) Bei *überschlägigen Berechnungen*, sowohl bei Luft, Wasser und Dampf, genügt es meist, für λ einen Wert von 0,015 bis 0,02 anzunehmen.

7. Krümmer

Die in Krümmern auftretenden Verluste werden zweckmäßig auf den Staudruck der größten durchschnittlichen Durchtrittsgeschwindigkeit bezogen und durch einen dimensionslosen Faktor ζ zum Ausdruck gebracht.

$$\Delta p = \zeta \gamma/2g \cdot w^2 \text{ in kp/m}^2 = \S\ \zeta\, {}^1\!/_2 \varrho w^2 \text{ in N/m}^2\ \S. \qquad (34)$$

Die Verluste werden am meisten beeinflußt vom mittleren Krümmungsradius r_m bzw. dem Verhältnis r_m/d, Bild 41. Für $r_m/d = 7$ bis 8 wurden die geringsten Verluste festgestellt.

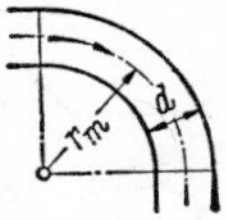

Bild 41

a) Werte für **kreisförmig gebogene Rohrstücke**[1].

r_m/d	1	2	4	6	10
ζ_{glatt}	0,21	0,14	0,11	0,09	0,11
ζ_{rauh}	0,51	0,3	0,23	0,18	0,2

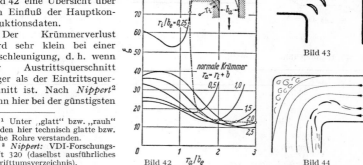

Für rechteckige Krümmer, deren Verhalten dem der kreisrunden Querschnitte ziemlich gleichläufig ist, gibt Bild 42 eine Übersicht über den Einfluß der Hauptkonstruktionsdaten.

Der Krümmerverlust wird sehr klein bei einer Beschleunigung, d. h. wenn der Austrittsquerschnitt enger als der Eintrittsquerschnitt ist. Nach *Nippert*[2] kann hier bei der günstigsten

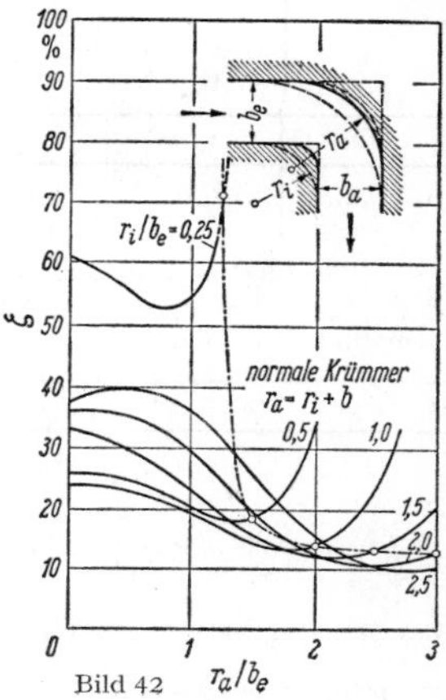

Bild 42

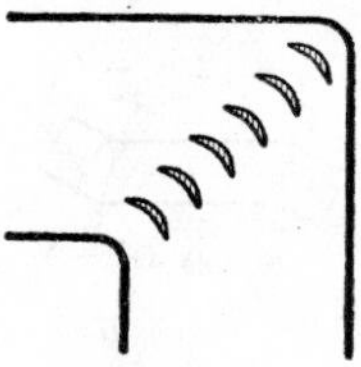
Bild 43

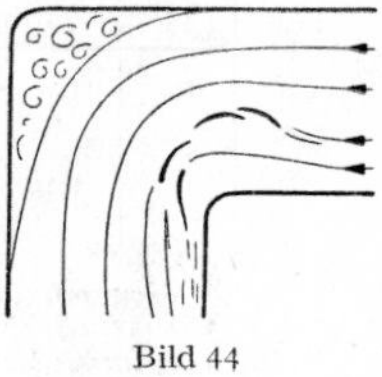
Bild 44

[1] Unter „glatt" bzw. „rauh" werden hier technisch glatte bzw. rauhe Rohre verstanden.

[2] *Nippert:* VDI-Forschungs-Heft 320 (daselbst ausführliches Schrifttumsverzeichnis).

Anordnung $\zeta = 0{,}03$ erreicht werden, d. h. ein Verlust, der dem einer guten Düse gleichkommt.

Scharfe Umführungen können durch Leitschaufeln einem guten Krümmer gleichwertig gemacht werden. Bei guter Ausführung ist $\zeta = 0{,}14$. Einfache Ausführung nach Bild 43. Neuere Ausführung, sog. *Flügel*sche[1] Leitschaufeln, nach Bild 44; derartige Leitschaufeln werden weitgehend zur Vermeidung von Ablösungen, auch bei umströmten Körpern, angewendet.

b) Faltenrohrbogen, Bild 45

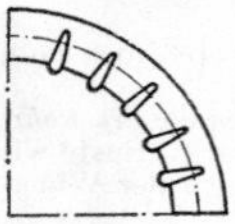

$\zeta = 0{,}4$

Bild 45

c) Gußkrümmer 90°

NW	50	100	200	300	400	500
ζ	1,3	1,5	1,8	2,1	2,2	2,2

d) Krümmer

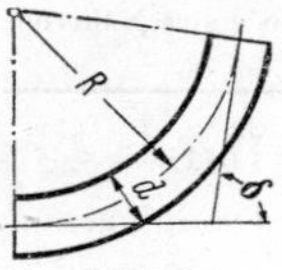

Bild 46

α) gebogen, glatt, nach Bild 46 ζ-Werte

δ	15°	22,5°	45°	60°	90°
$R = d$	0,03	0,045	0,14	0,19	0,21
$= 2d$	0,03	0,045	0,09	0,12	0,14
$= 4d$	0,03	0,045	0,08	0,10	0,11
$= 6d$	0,03	0,045	0,075	0,09	0,09
$= 10d$	0,03	0,045	0,07	0,07	0,11

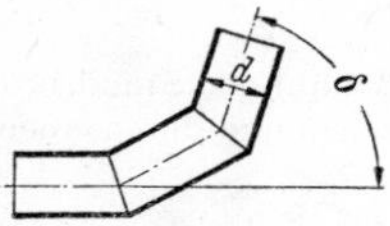

Bild 47

β) segmentgeschweißt, nach Bild 47

δ	15°	22,5°	30°	45°	60°	90°
Anzahl der Rundnähte	1	1	2	2	3	3
ζ	0,06	0,08	0,1	0,15	0,2	0,25

e) Kniestücke, nach Bild 48 α bis γ

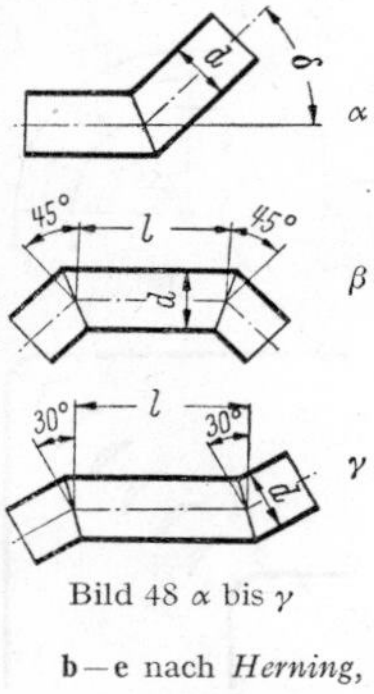

Bild 48 α bis γ

	δ	22,5	30°	45°	60°	90°
α	ζ_{glatt}	0,07	0,11	0,24	0,47	1,13
	ζ_{rauh}	0,11	0,17	0,32	0,68	1,27

	l/d	0,71	0,943	1,174	1,42	1,86	2,56	6,28
β	ζ_{glatt}	0,51	0,35	0,33	0,28	0,29	0,36	0,40
	ζ_{rauh}	0,51	0,41	0,38	0,38	0,39	0,43	0,45

	l/d	1,23	1,67	2,37	3,77
γ	ζ_{glatt}	0,16	0,16	0,14	0,16
	ζ_{rauh}	0,30	0,28	0,26	0,24

b—e nach *Herning, F.:* Stoffströme in Rohrleitungen. 4. Aufl. Düsseldorf: VDI-Verlag 1966.

f) Handelsübliche Formstücke für Warmwasserheizungen nach *Brabbee*[2]

d mm	14	20	25	34	39	49	
ζ	1,7	1,7	1,3	1,1	1,0	0,83	Knie 90°, Kehle scharfkantig, außen abgerundet. — d Durchmesser des einzuschraubenden geraden Rohrstückes.
ζ	1,2	1,1	0,86	0,53	0,42	0,51	Bogenstück 90°, an beiden Enden Schraubmuffen.

[1] *Frey:* Verminderung des Strömungswiderstandes von Körpern durch Leitflächen. Forsch. Ing.-Wes. 4 (1933) 67.

[2] *Rietschel-Raiss:* Lehrbuch der Heiz- und Lüftungstechnik, 14. Aufl. Berlin: Springer 1963.

Bei Krümmern, deren Umlenkung $\delta = 0$ bis $180°$ ist, kann in erster Näherung $\Delta p = \zeta\,(\delta°/90°)^{3/4} \cdot \gamma/2g \cdot w^2$ gesetzt werden, wo ζ den Versuchswerten der 90°-Krümmer entnommen wird.

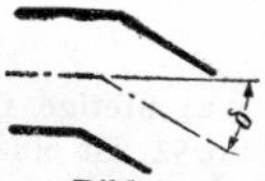

Bild 49

g) Scharfkantige Kniestücke nach Bild 49

δ	10°	15°	22,5°	30°	45°	60°	90°	105°	120°
ζ_{glatt}	0,034	0,042	0,066	0,13	0,236	0,471	1,129	1,80	2,26
ζ_{rauh}	0,044	0,062	0,154	0,165	0,32	0,684	1,265	2,00	2,54

8. Trennung und Vereinigung von Rohren

Durch Trennung und Vereinigung erleidet jeder Teilstrom einen Druckverlust. Bezieht man die Verluste auf den Staudruck der vereinigten Ströme, so wird der Druckverlust in der abgezweigten Flüssigkeit

$$\Delta p_a = \zeta_a \gamma/2g \cdot w^2 \text{ in kp/m}^2 = ≋\ \zeta_a \varrho/2 \cdot w^2 \text{ in N/m}^2\ ≋. \qquad (35)$$

Δp_d, sinngemäß mit ζ_d statt ζ_a, Druckverlust in der weiter geradeaus strömenden Flüssigkeit.

Von den wenigen vorliegenden Versuchen seien die von *Thoma*[1] angeführt; sie beziehen sich auf bestimmte Anordnungen. Die Verluste sind abhängig von dem Prozentsatz der abgezweigten Menge. Die folgenden Angaben gelten für scharfkantige Ausführungen. Die Versuche zeigten, daß durch stetigen Übergang eine merkliche Verringerung der Verluste eintrat.

Q_a Zweigmenge, Q Gesamtmenge

	Q_a/Q	0	0,2	0,4	0,6	0,8	1,0	für $\delta = 90°$, $d = d_a$	Trennung und Vereinigung nach Bild 50a u. b
Trennung	ζ_a	0,96	0,88	0,89	0,96	1,10	1,29		
	ζ_d	0,05	−0,08	−0,04	0,07	0,21	0,35		
Vereinigung	ζ_a	−1,04	−0,4	0,1	0,47	0,73	0,92		
	ζ_d	0,06	0,18	0,3	0,4	0,5	0,6		
	Q_a/Q	0	0,2	0,4	0,6	0,8	1,0	für $\delta = 45°$, $d = d_a$	
Trennung	ζ_a	0,9	0,66	0,47	0,33	0,29	0,35		
	ζ_d	0,04	−0,06	−0,04	0,07	0,20	0,33		
Vereinigung	ζ_a	−0,9	−0,37	0	0,22	0,37	0,38		
	ζ_d	0,05	0,17	0,18	0,05	−0,20	−0,57		

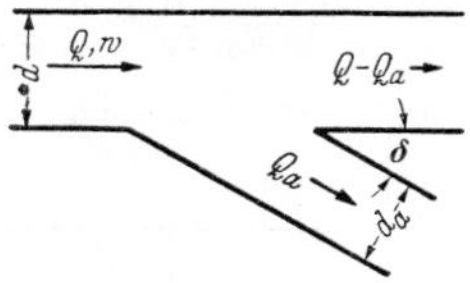

Bild 50a

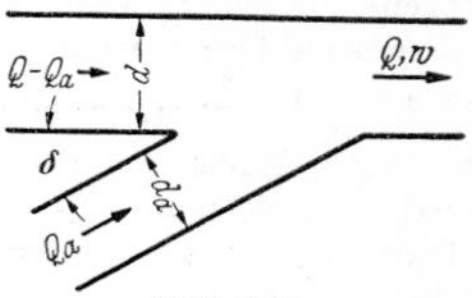

Bild 50b

Als Annäherung können nach *Chaimowitsch*[2] für handelsübliche kreisrunde T-Stücke und 45°-Abzweige folgende Beiwerte angenommen werden, Bild 51:

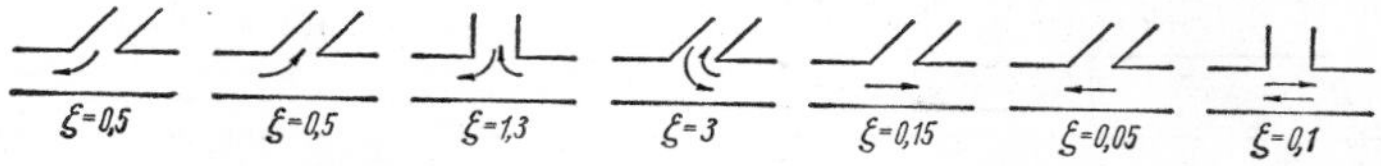

Bild 51. ζ-Werte für T-Stücke und 45°-Abzweige

Wesentliche neue Gesichtspunkte zu diesem Problem wurden von *Regenscheit*[3] entwickelt.

[1] *Thoma, D.:* Mitt. hydraul. Inst. TH München Heft 1, 3 u. 4, 1928/29.
[2] *Chaimowitsch, E. M.:* Ölhydraulik. 7. Aufl. Berlin: Verlag Technik 1967.
[3] *Regenscheit, B.:* Ein Beitrag zum Problem der Kanalverzweigung. XVIII. Kongreßbericht.

9. Querschnittsänderungen

a) Stetige Querschnittserweiterung. Nur bei kleinen Erweiterungswinkeln δ, Bild 52, ist eine Ablösung zu vermeiden. Selbst wenn die Strömung nicht abreißt, sind die Verluste groß. Man bezieht den Verlust auf den nach der *Bernoulli*schen Gleichung möglichen Umsatz

$$\Delta p = \zeta\gamma/2g \cdot (w_1^2 - w_2^2) \text{ in kp/m}^2 = \lessgtr \zeta\varrho/2 \cdot (w_1^2 - w_2^2) \text{ in N/m}^2 \lessgtr; \quad \zeta \approx 0{,}1 \text{ bis } 0{,}25. \tag{36}$$

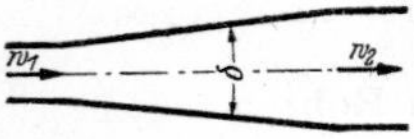

Bild 52

Die besten Umsätze ergeben sich durchweg bei Erweiterungswinkeln von 8 bis 10°. Bei kleineren Re-Werten kann der Erweiterungswinkel größer werden, bei größeren Re-Werten ist der Erweiterungswinkel stetig bis zu Werten von etwa 5 bis 6° zu verkleinern. Die sehr umfangreichen Untersuchungen anläßlich der Normung von Venturi-Kurzrohren haben gezeigt, daß man u. U. dort, *wo die Ablösung einsetzt*, sprungweise auf den Endquerschnitt übergehen kann. Hierbei wurden bei einem Querschnittsverhältnis $A_2/A_1 = 4$ noch Verlustzahlen $\zeta = 0{,}15$ bis 0,18 erreicht. Nach neueren Versuchen von *Ackeret*[1] und *Sprenger* ist ein guter Diffusorwirkungsgrad nur zu erreichen, wenn im Diffusoreintrittsquerschnitt keine merkliche Grenzschicht vorhanden ist. Durch düsenförmigen Einlauf wird dieser Zustand erreicht. Gekrümmte Diffusoren können u. U. besser sein als gerade.

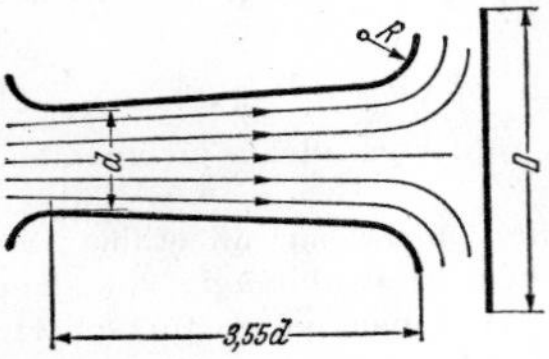

Bild 53

Nach *Thoma* kann auch bei Verwendung einer Stoßplatte nach Bild 53 ein guter Umsatz erreicht werden (Optimum bei $R/d = 0{,}85$ und $D = 4$ bis $5d$). Neuerdings werden auch Endleitschaufeln mit Erfolg verwendet (vgl. Lit. 1).

Ganz allgemein kann der Verlust durch folgende Maßnahmen grundsätzlich verkleinert werden: 1. glatte Wandungen, 2. hohe Re-Zahlen, 3. konstante Geschwindigkeitsverteilung im Einlauf, 4. Vordrall, 5. runde Querschnitte.

Bei Gasströmungen mit merklicher Dichteänderung ist der ohne Ablösung mögliche Erweiterungswinkel um so kleiner, je mehr man sich der Schallgeschwindigkeit nähert.

b) Unstetige Querschnittserweiterung. Es entsteht ein Stoßverlust, der nach dem Impulssatz in guter Übereinstimmung mit Meßresultaten berechnet werden kann, Bild 54: Verlust $\Delta p = \lessgtr \varrho/2 \cdot (w_1 - w_2)^2 \lessgtr$ (nicht zu verwechseln mit der *Bernoulli*schen Gleichung!). Nach der *Bernoulli*schen Gleichung, d. h. ohne Stoßverlust, tritt eine Druckerhöhung $\Delta p' = \lessgtr \varrho/2 \cdot (w_1^2 - w_2^2) \lessgtr$ ein, so daß die tatsächlich gemessene Druckerhöhung im Querschnitt *2* den Wert hat:

$$\Delta p' - \Delta p = \lessgtr \varrho w_2(w_1 - w_2) \text{ in N/m}^2 \lessgtr. \tag{37}$$

Die Strömung legt sich nach der Einschnürung erst allmählich wieder an. Nach einer Strecke vom etwa achtfachen Durchmesser des weiteren Rohres ist der Energieumsatz nahezu abgeschlossen.

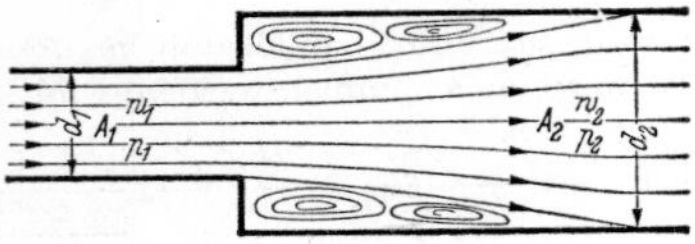

Bild 54

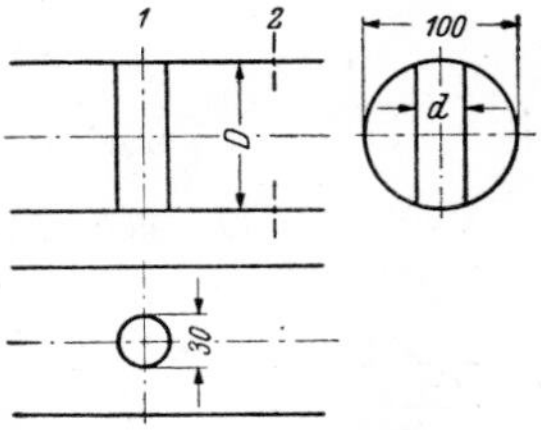

Bild 55

Für den Druckumsatz in der Erweiterung kann man einen Wirkungsgrad angeben:

$$\eta = 1 - \frac{\text{Druckverlust}}{\text{Druckerhöhung nach } \textit{Bernoulli}} = 2\,\frac{A_1/A_2}{A_1/A_2 + 1}\,, \text{ vgl. S. 309.}$$

[1] *Ackeret, J.*: Grenzschichten in geraden und gekrümmten Diffusoren, IUTAM-Symposium über Grenzschichtforschung, Freiburg 1957. Berlin: Springer 1958.

A_1/A_2	0,1	0,2	0,3	0,4	0,5	0,6	0,7	0,8	0,9
η	0,182	0,333	0,462	0,571	0,667	0,75	0,824	0,889	0,947

Beispiel: Ein Wasserrohr von 100 mm Dmr. wird durch einen Bolzen von 30 mm Dmr. teilweise versperrt. Welcher Druckverlust entsteht hierdurch bei einer Geschwindigkeit von 4 m/sec im Hauptquerschnitt, Bild 55?

Engster Querschnitt: $A_1 = \pi D^2/4 - dD = 78{,}5 - 3 \cdot 10 = 48{,}5\ \text{cm}^2$; $A_2 = 78{,}5\ \text{cm}^2$.

Nach der Kontinuitätsgleichung gilt: $w_1 = w_2 \left(\frac{A_2}{A_1}\right) = 4\,\frac{78{,}5}{48{,}5} = 6{,}47\ \text{m/sec}$.

Druckverlust in A_1: $\Delta p = \gamma/2g\,(w_1 - w_2)^2 = \frac{1000}{2 \cdot 9{,}81}\,(6{,}47 - 4)^2 = 311\ \text{mmWS}$; diesen Druckverlust hat die Förderpumpe aufzubringen.

Mehrstufige Stoßdiffusoren. Nach *Regenscheit* (Lit. 1, dort S. 245) können die Verluste in Stoßdiffusoren durch mehrstufige Anordnung erheblich vermindert werden. Bild 56 zeigt einen solchen vierstufigen Stoßdiffusor mit den Querschnitten A_1, A_2, A_3 und A_4. Bei optimaler Gestaltung beträgt dieser Verlust nur ein Viertel der direkten Abstufung auf A_4. Allgemein wurde von *Regenscheit* experimentell und theoretisch gefunden, daß bei optimaler Gestaltung gilt

$$\zeta = \frac{1}{n}\,\zeta_n. \tag{38}$$

ζ_n ist der Verlustkoeffizient bei direkter Erweiterung auf den Endquerschnitt. Der Beiwert ζ_n, bezogen auf die Geschwindigkeit w_n, kann berechnet werden nach der Formel $\zeta = (1 - A_1/A_n)^2$.

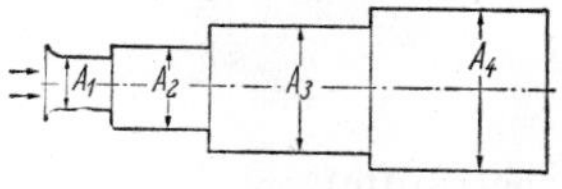

Bild 56. Vierstufiger Stoßdiffusor

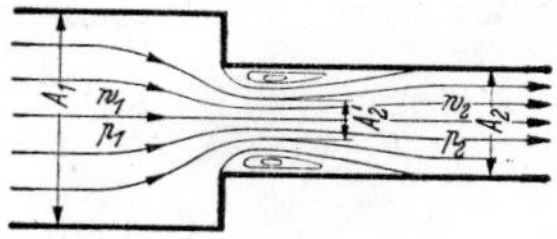

Bild 57

c) Unstetige Rohrverengung. An der scharfen Kante entsteht eine Einschnürung der Strömung, Bild 57. Wenn die Kontraktionszahl $\mu = A_2'/A_2$ bekannt ist, ist der Stoßverlust $\Delta p = \frac{\varrho}{2}\,(w_2' - w_2)^2$. Mit $w_2'\mu = w_2$ entsteht:

$$\Delta p = \varrho/2 \cdot w_2^2\,(1/\mu - 1)^2, \tag{39}$$

so daß bei Einführung von $\zeta = (1/\mu - 1)^2$ der Verlust auf den Staudruck der Geschwindigkeit im ausgefüllten Querschnitt A_2 bezogen wird.

ζ	μ	
0,41 —0,314	0,61—0,64	scharfe Kante
0,221—0,0625	0,68—0,8	Kante etwas gebrochen
0,0125	0,9	Abrundung mit kleinem Krümmungsradius
0,0001	0,99	bei sehr großer und glatter Abrundung

Wenn das Querschnittsverhältnis A_2/A_1 größer wird, bildet sich bei scharfen Kanten die Kontraktion nicht mehr so stark aus. Folgende Werte können dann zugrunde gelegt werden:

A_2/A_1	0,01	0,1	0,2	0,4	0,6	0,8	1,00
μ	0,6	0,61	0,62	0,65	0,7	0,77	1,00
ζ	0,445	0,41	0,37	0,29	0,19	0,09	0

d) Rohranschluß nach Bild 58. Die Einschnürung und damit der Verlust ist hier größer.

$\mu = 0{,}5$; $\zeta = 1$ bei scharfer Kante.

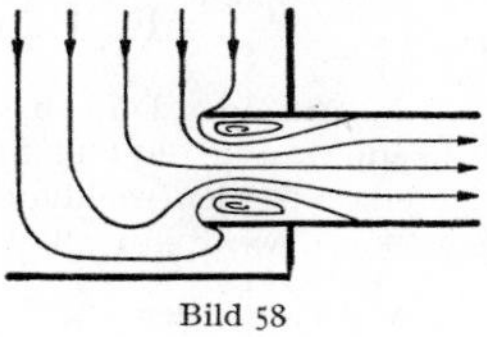

Bild 58

e) Verluste in VDI-Düsen, -Blenden und Kurzventurimessern.
Öffnungsverhältnis: $m_A = A_d/A_D$; Beiwerte ζ beziehen sich auf Staudruck der Rohrgeschwindigkeit

m_A		0,1	0,15	0,2	0,25	0,3	0,4	0,5	0,6	0,7	0,8
Düse	ζ	81	—	16	—	5,4	2,25	1,0	0,44	0,18	0,06
Blende	ζ	249	102	53	31	19	9	4	—	—	—
Venturi	ζ	17	7	3	2	1	0,5	0,3	—	—	—

10. Einlauf- und Ausflußverluste

entstehen infolge mehr oder weniger unsteter Querschnittsverengung bzw. Querschnittserweiterung. Die Verlustbeiwerte ζ beziehen sich stets auf die Geschwindigkeit im engsten Querschnitt, Bild 59 und 60.

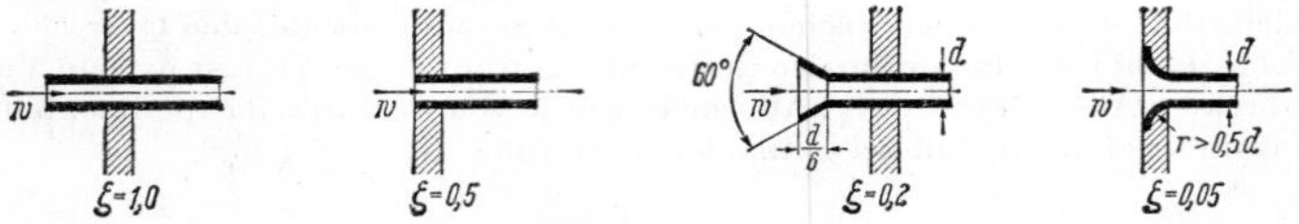

Bild 59. Einläufe

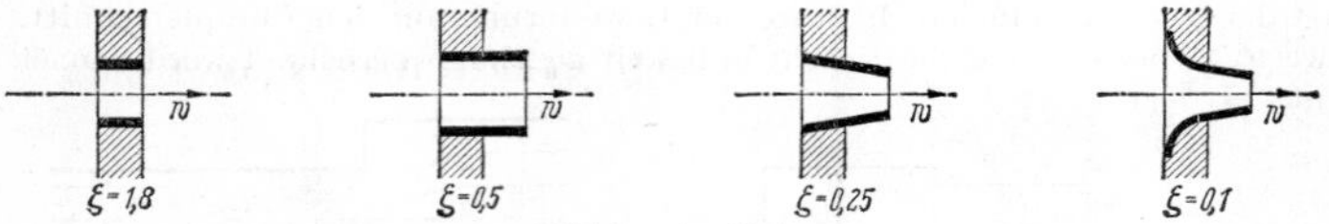

Bild 60. Ausläufe

11. Ventile und Absperrmittel

Bezeichnungen nach Bild 61.

Der Verlust wird meist auf den Staudruck der Geschwindigkeit im Ventilsitz oder im engsten Querschnitt bezogen,

$$\text{Verlust } \Delta p = ≋\ \zeta \varrho/2 \cdot w^2 = \zeta_1 \varrho/2 \cdot w_1^2 \text{ in N/m}^2\ ≋. \tag{40}$$

A_1/A (A_1 kleinster Durchflußquerschnitt)		1,0	0,8	0,6	0,4	0,2
Tellerventil mit oberer Führung	ζ_1	1,2	1,6	2,0	2,5	3,0
Tellerventil mit Rippenführung im Sitz	ζ_1	2,3	2,8	3,5	4,3	5,2

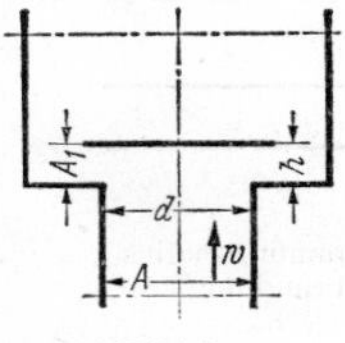

Bild 61

Durch diffusorartigen Ansatz am Ventilteller gelingt es nach *Schrenk*[1], den Durchflußwiderstand auf $^1/_7$ bis $^1/_8$ zu vermindern. Ebenfalls fand *Schrenk*, daß in einem Tellerventil bei kleiner Hubhöhe, etwa zwischen $h/d = {}^1/_4$ bis $^1/_8$, der Strahl den engsten Querschnitt kontraktionsfrei ausfüllt. Er liegt dann an der Sitzfläche an. Oberhalb gewisser Grenzhubhöhen springt der Strahl ab und zeigt eine scharfe Kontraktion.

F. Eigenschaften des freien Strahls

Ein aus einer Düse bzw. Öffnung austretender Strahl vermischt sich mit der Umgebung und reißt in Strahlrichtung erhebliche Luftmengen mit. Dabei ergibt sich eine Strahlentwicklung, wie sie schematisch in Bild 62 dargestellt ist. Der sog. Strahlkern wird erst allmählich durch Impulsaustausch aufgelöst. In Form eines

[1] VDI-Forsch.-Heft 272.

Kegels geht dieser Vorgang vonstatten, so daß an der Kegelspitze, in einer Entfernung von x_0 von der Düse, der Strahlkern sein Ende gefunden hat. Seitlich breitet sich der Strahl unter einem Winkel aus. Die Geschwindigkeitsprofile sind hinter dem Kern affin. Von der Kernspitze ab nimmt die Geschwindigkeit in Strahlmitte nach einem hyperbolischen Gesetz ab. Die Gesetze der Strahlausbreitung sind der Berechnung zugänglich, wie zuerst *Prandtl* gezeigt hat. Die Kernlänge und damit die Ein-

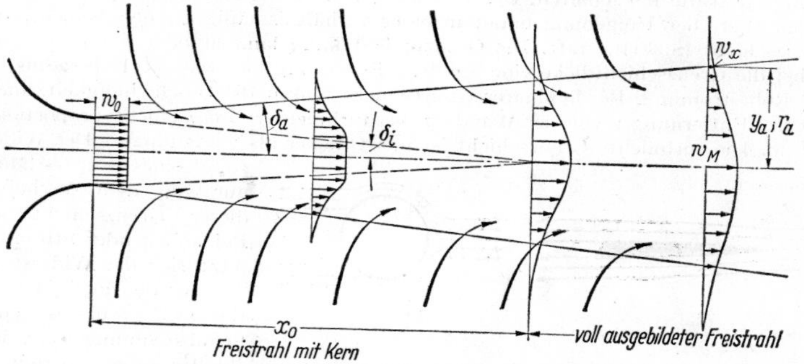

Bild 62. Vermischung eines Freistrahles mit der Umgebung

dringtiefe eines Strahles hängen in bestimmten Bereichen von dem Ausgangsgeschwindigkeitsprofil an der Düse ab bzw. von der dort vorhandenen ursprünglichen Strahlturbulenz. Führt man einen Turbulenzfaktor m ein, so wird

$$x_0 = d/m; \quad d = \text{Düsendurchmesser}$$

$0{,}1 < m < 0{,}3$, dabei gilt 0,1 für laminare und 0,3 für vollturbulente Strömung.

Die Ergebnisse der Strahlforschung können durch folgende Zahlen angegeben werden, die für den runden Strahl gelten:

Mittengeschwindigkeit $w_M = w_0 \dfrac{x_0}{x}$,

Energieabnahme $E = E_0 \cdot \dfrac{2}{3} \dfrac{x_0}{x}$ (E_0 Strahlenergie in Düse),

Kernlänge $x_0 = d/m$,

Strahlausbreitung $r_a = m \sqrt{\dfrac{\ln 2}{2}} \cdot x$, wobei am Strahlrand $w_x = {}^1/_2\, w_M$ ist

Sekundl. Strahlvolumen $\dot V = \dot V_0 \cdot 2 \dfrac{x}{x_0} = \dot V_0 \cdot 2m \dfrac{x}{d}$,

Ausbreitungswinkel $\tan \delta_a = m \sqrt{\dfrac{1}{2}} \sqrt{\ln \dfrac{w_x}{w_M}}$.

Wird die Breite des Strahles am diffusen Auslauf durch $w_x = 0{,}018\, w_M$ definiert, so ist der Ausbreitungswinkel $2\delta_a = 24°$.

Für ebene Strahlen sowie für einseitig an einer Wand anliegende Strahlen sind übersichtliche Angaben von *Regenscheit*[1] zusammengestellt worden.

Bei Strahlen, die in endlich begrenzte Räume eindringen, wie es z. B. bei der Klimatisierung und Lüftung der Fall ist, gelten obige Gesetze nur für ein kurzes Stück, weil dort wegen der Verdrängungswirkung der Sekundärströmung andere Erscheinungen auftreten.

[1] *Regenscheit, B.:* Die Luftbewegung in klimatisierten Räumen. Kältetechnik 11 (1959) 3, sowie *Eck:* Techn. Strömungslehre 7. Aufl. Berlin: Springer 1966.

G. Widerstand von Körpern

1. Allgemeines

Die Ursache des Widerstands ist die Reibung. An der Oberfläche eines Körpers findet keine Verschiebung statt. Die Flüssigkeit bzw. die Gase werden durch Adhäsionskräfte festgehalten. Der Übergang von der Geschwindigkeit Null auf den vollen Wert der Umgebung findet in einer verhältnismäßig dünnen Schicht, der Grenzschicht (S. 303), statt. Die Grenzschicht kann laminar oder turbulent sein, wobei die Grenzschichtdicke eine ähnliche Bedeutung hat wie der Rohrradius bei der Rohrströmung. Bei laminarer Grenzschicht nimmt die Geschwindigkeit linear mit der Entfernung y von der Wand zu, bei turbulenter Grenzschicht proportional $y^{1/7}$ zu. Die turbulente Grenzschicht ist meist dicker als die laminare. Der Widerstand eines Körpers hängt nur von dem Verhalten dieser Grenzschicht ab. Bei anliegender Strömung setzt sich der Widerstand nur aus den in der Grenzschicht übertragenen Schubspannungen zusammen, während bei Ablösung der Strömung das Gesamtbild der äußeren Strömung geändert wird und der Unterdruck hinter dem Körper einen zusätzlichen Widerstand verursacht. Entsprechend diesen beiden Widerstandsursachen spricht man von *Flächenwiderstand* und *Formwiderstand*. Eine Platte nach Bild 63 hat nur Flächenwiderstand, während bei Bild 64 sowohl Flächenwiderstand als auch Formwiderstand vorhanden sind (vgl. Bild 15, S. 301).

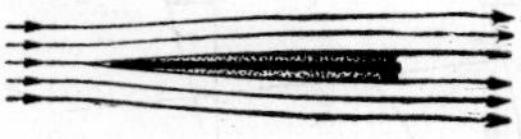
Bild 63

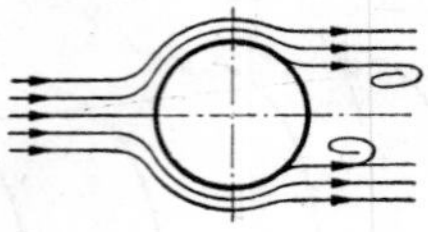
Bild 64

2. Flächenwiderstand

Man bezieht den Widerstand einer zur Strömungsrichtung parallelen Platte auf die Gesamtoberfläche O und den Staudruck der Anblasegeschwindigkeit:

$$W = C_f \gamma/2g \cdot w^2 O \text{ in kp} = § \; C_f \varrho/2 \cdot w^2 O \text{ in N } §. \tag{41}$$

Der Koeffizient C_f hängt bei der glatten Platte nur von der *Reynolds*-Zahl ab:

$$\mathrm{Re} = w\,l/\nu \quad (l \text{ die Plattentiefe in Strömungsrichtung}).$$

Es gilt: für laminare Grenzschicht $C_f = 1{,}327/\sqrt{\mathrm{Re}}$,

für turbulente „ $C_f = 0{,}074/\mathrm{Re}^{0,2}$.

Werte von C_f bei turbulenter Grenzschicht

Re	$3 \cdot 10^5$	$5 \cdot 10^5$	$10 \cdot 10^5$	$50 \cdot 10^5$	$10 \cdot 10^6$
C_f	0,00594	0,00536	0,00467	0,00338	0,00295

Ist die Plattenvorderkante zugeschärft, so ist im vorderen Teil laminare, im hinteren Teil turbulente Grenzschicht vorhanden. Dann gilt nach *Prandtl*:

$$C_f = 0{,}074/\sqrt[5]{\mathrm{Re}} - 1700/\mathrm{Re} \quad (\text{für } 5 \cdot 10^5 < \mathrm{Re} < 10^7). \tag{42}$$

Für den Gesamtbereich der turbulenten Strömung kann nach *Schlichting* folgende Formel verwendet werden:

$$C_f = \frac{0{,}455}{(\lg \mathrm{Re})^{2,58}} \quad (\text{für } 10^6 < \mathrm{Re} < 10^9). \tag{43}$$

Der Umschlag von laminarer zu turbulenter Grenzschicht findet statt in einem Abstand x von der Plattenvorderkante, für welchen $\mathrm{Re}_x = wx/\nu \approx 5 \cdot 10^5$ gilt; dieser Wert schwankt je nach der Gesamtturbulenz des Strahls und der Ausbildung der Vorderkante der Platte.

Bei rauhen Flächen treten ähnliche Änderungen ein wie bei Rohren. C_f ist von der relativen Rauhigkeit k/l abhängig. Oberhalb bestimmter *Reynolds*-Zahlen wird C_f unabhängig von Re.

3. Gesamtwiderstand

Der Gesamtwiderstand, der sich aus dem Flächenwiderstand und dem Formwiderstand zusammensetzt, wird bezogen auf die „Schattenfläche" S des Körpers und den Staudruck $q = \gamma/2g \cdot w^2$ in $\mathrm{kp/m^2}$ $\hat{=}$ $^1/_2 \varrho w^2$ in $\mathrm{N/m^2}$ $\hat{=}$ der Anblasegeschwindigkeit,

$$W = CSq \text{ in kp bzw. N.} \tag{44}$$

Es ist zu unterscheiden zwischen Körpern, bei denen infolge scharfer Kanten die Ablösungsstelle festliegt, z. B. Platten, und stetig abgerundeten Körpern, bei denen die Ablösungsstelle sich ändert. Bei jenen ist C unabhängig von der *Reynolds*-Zahl, während bei der zweiten Gruppe einschneidende Änderungen bei gewissen Re-Werten eintreten. Entscheidend für den Strömungsverlauf ist die Grenzschicht. Ist diese laminar, d. h. bei kleineren Re-Werten, so reißt die Strömung praktisch am äußeren Umfang des projizierten Körpers ab. Bei einem bestimmten Re-Wert, der *kritischen Reynolds*-Zahl, wird die Grenzschicht turbulent. Diese turbulente Grenzschicht ermöglicht ein mehr oder weniger weites Anliegen der Strömung hinter dem größten Meridianschnitt, Bild 64. Eine unter Umständen große Verkleinerung des Widerstandskoeffizienten ist die Folge. Kennzeichnend ist das Verhalten der Kugel. C sinkt hier im kritischen Bereich von 0,48 auf 0,16, d. h. auf beinahe ein Drittel. Die kritische *Reynolds*-Zahl wird durch die Turbulenz des gesamten Strahls sehr beeinflußt. Bei der Kugel liegt die kritische *Reynolds*-Zahl zwischen $\mathrm{Re} = 1{,}5 \cdot 10^5$ und $4{,}05 \cdot 10^5$. Der untere Wert gilt für hochturbulenten Strahl, während der obere Wert bei laminarer Gesamtströmung auftritt (z. B. der Strömungszustand der Atmosphäre bei der Bewegung eines Flugzeugs). Die kritische *Reynolds*-Zahl liegt um so niedriger und ist um so weniger scharf ausgeprägt, je kleiner die Krümmung des Körpers ist, Bild 65.

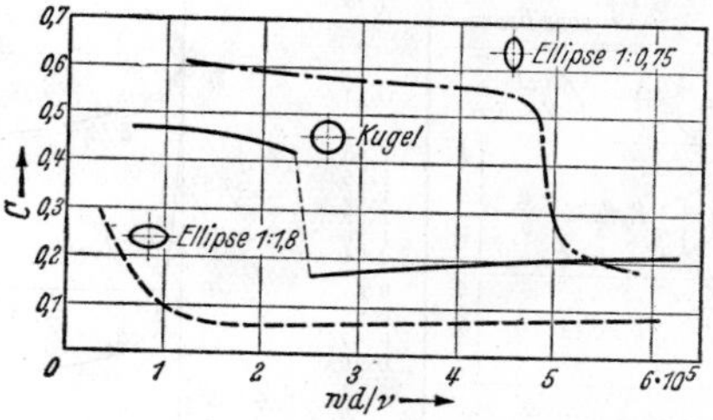

Bild 65. Anblaserichtung →

Ist r der *Krümmungsradius* an der zu erwartenden Ablösungsstelle, so findet der Umschlag bei $\mathrm{Re}' = wr/\nu = 6 \cdot 10^4$ bis $15 \cdot 10^4$ statt.

Bei Widerstandskörpern mit großem Widerstand überwiegt der Formwiderstand, z. B. beträgt bei der Kugel im überkritischen Bereich der Formwiderstand 90% und der Reibungswiderstand nur 10%.

Schräg angeblasene Körper haben einen kleineren Widerstand. Verminderung bei schräg angeblasenen Zylindern:

Neigung gegen senkrechte Richtung	0°	$1{,}0C$
	30°	$0{,}7C$
	60°	$0{,}2C$

Übersicht über den Widerstand typischer Körperformen Bild 66 u. 67.

4. Beeinflussung des Widerstands durch die Form der Vorderkante

Die Widerstandsangaben für die verschiedenen Körper (vgl. Bild 66 u. 67) lassen deutlich erkennen, daß ein möglichst schlanker Abflußkörper den Widerstand sehr günstig beeinflußt; trotzdem ist die Ausbildung der Vorderkante von nicht geringerer Bedeutung. Bei der Umströmung eines Körpers bildet sich nämlich in der Nähe der vorderen Abrundung ein Druckminimum und damit eine Stelle größter Geschwindigkeit aus. Je größer diese Geschwindigkeit ist, um so stärker muß nachher die Verzögerung sein, um so größer ist somit auch die Ablösungsgefahr. Durch zweckmäßige Formgebung der Vorderkante kann dieses Minimum weitgehend beeinflußt werden. Bild 68 zeigt ein nach der Potentialtheorie durchgerechnetes Beispiel für zwei Formen a und b der Abrundung. Die mehr spitze Form a verkleinert das Druckminimum. Diese Gesichtspunkte sind nicht allein bei Widerstandskörpern, sondern auch bei der Gestaltung der Schaufeleintrittskante von Turbomaschinen (Kavitation) zu beachten.

Widerstandszahlen C für Re-unempfindliche Körperformen

Körperform		C
Halbkugel	ohne Boden	0,34
	mit Boden	0,4
Halbkugel	ohne Boden	1,33
	mit Boden	1,17
Kreisplatte		1,11
$\alpha = 0°$	$\frac{a}{b} = \frac{1}{5}$	1,56
	$\frac{a}{b} = \frac{1}{\infty}$	2,03
$\alpha = 45°$	$\frac{a}{b} = \frac{1}{5}$	0,92
	$\frac{a}{b} = \frac{1}{\infty}$	1,54
Prisma $\frac{a}{b} = \frac{1}{2,5}$ parallel zur Längsachse angeströmt		0,81
Kreisring $\frac{d}{D} = 0,5$		1,22
Kegel (30°) ohne Boden		0,34
Kegel (60°) ohne Boden		0,51
Platte	$\frac{a}{b} = 1$	1,10
	2	1,15
	4	1,19
	10	1,29
	18	1,40
	∞	2,01
Walze	$\frac{l}{d} = 1$	0,91
	2	0,85
	4	0,87
	7	0,99
2 Kreisplatten	$\frac{l}{d} = 1$	0,93
	1,5	0,78
	2	1,04
	3	1,52
	$\frac{l}{h} = 0,5$	1,16
	0,7	0,70
	2,6	0,58
I		2,04
⊢⊣		0,86

Bild 66

Widerstandszahlen C für Re-empfindliche Körperformen

Körperform		Re	C
Kugel		> Re 1,7 · 10⁵ — 4,05 · 10⁵	0,09—0,18
		< Re 1,5 · 10⁵ — 4,05 · 10⁵	0,47
		Überschall	0,95
Ellipsoid 1:0,75		Re < 5 · 10⁵	0,6
		Re > 5 · 10⁵	0,21
Ellipsoid 1:1,80		Re > 10⁵, unter 10⁵ stetiger Übergang zu größeren C-Werten	0,09
Streben	$\frac{l}{d} = 2$	Re > 10⁵	0,2
	3		0,1
	5		0,06
	10		0,083
	20		0,094
Zylinder	$\frac{l}{d} = 1$	unterkritischer Wert etwa Re ≈ 9 · 10⁴	0,63
	2		0,68
	5		0,74
	10		0,82
	40		0,98
	∞		1,2
	∞	Re > 9 · 10	0,35
	∞	Überschall	1,65

Bild 67

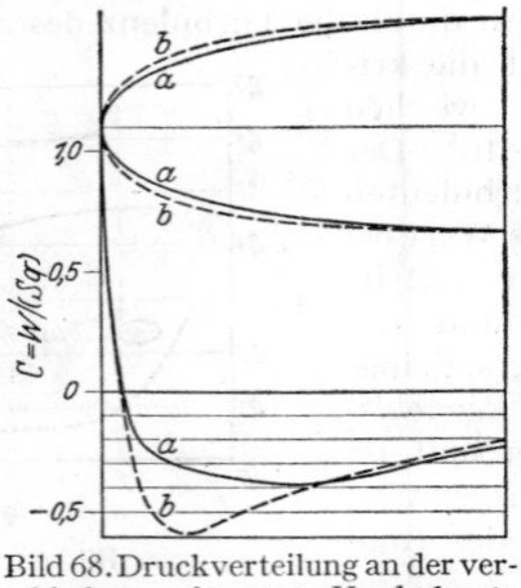

Bild 68. Druckverteilung an der verschieden geformten Vorderkante eines unendlich langen Körpers

5. Schwebegeschwindigkeit

Im freien Fall erreicht ein Widerstandskörper seine Endgeschwindigkeit, wenn der Widerstand gerade gleich dem Gewicht ist. Mit der gleichen, entgegengesetzt gerichteten Anblasegeschwindigkeit kann ein Körper in *Schwebe* gehalten werden. Für viele praktische Anwendungen (Entstaubung, Sichtung, pneumatische Förderung usw.) spielt diese *Schwebegeschwindigkeit* eine große Rolle. Im Fall der Kugel ergibt sich

$$w_s = \frac{d^2(\gamma_k - \gamma)}{18\,\eta} \text{ im Gültigkeitsbereich des \textit{Stokes}gesetzes;} \quad (45)$$

$$w_s = \sqrt{\frac{4}{3}\, d\, \frac{\gamma_k - \gamma}{\gamma}\, \frac{g}{C}} \text{ bei vollturbulenter Strömung;} \quad (46)$$

γ_k, γ spez. Gew. der Kugel bzw. des Mediums, C Widerstandskoeffizient.

Für den sehr wichtigen Zwischenbereich können heute zuverlässige Formeln angegeben werden (vgl. Lit. 1).

6. Widerstand von Fahrzeugen

a) Kraftwagen. Bei den ständig steigenden Geschwindigkeiten der Fahrzeuge spielt der Luftwiderstand eine immer größere Rolle. Bis zu Geschwindigkeiten von rund 70 km/h ist der Anteil des Luftwiderstands im Verhältnis zu den anderen Widerständen gering. Bei Geschwindigkeiten über 100 km/h ist der Einfluß so groß, daß die Formgebung dieser Wagen durch die Forderung nach kleinstem Luftwiderstand entscheidend beeinflußt wird. Der Leistungsaufwand wächst mit der dritten Potenz der Geschwindigkeit und wird nach folgender Formel berechnet:

$$P = C_W \gamma/2g \cdot S w^3 \text{ in kpm/sec} =$$
$$= ≋\; C_W \cdot {}^1/_2 \varrho S w^3 \text{ in Nm/sec oder W } ≋.$$

S ist die sog. Spantfläche des Wagens, worunter man das projizierte Schattenprofil des Wagens in Fahrtrichtung versteht.

Bild 69 zeigt anschaulich, was durch zweckentsprechende Formgebung erreicht werden kann. Über Stabilität und Seitenwindeinfluß hat *Barth*[1] genaue Untersuchungen durchgeführt.

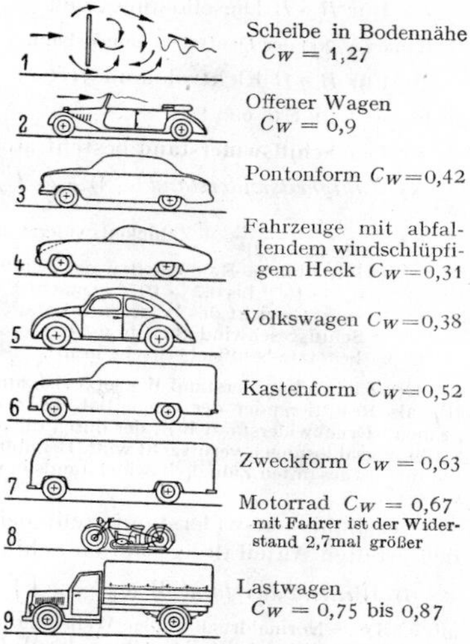

Bild 69

Beispiel: Ein Wagen nach 3 (Bild 69) fährt mit einer Geschwindigkeit von 100 km/h. Die Spantfläche betrage 2 m². Es ist $C_W = 0{,}42$. Die Motormehrleistung P_W ist zu berechnen.

$$w = 100/3{,}6 = 27{,}8 \text{ m/sec};$$

$$\begin{aligned}\gamma_{\text{Luft}} &= 1{,}23 \text{ kp/m}^3\\ P_W &= C_W \gamma/2g \cdot S w^3\\ &= 0{,}42 \cdot {}^1/_{16} \cdot 2 \cdot 27{,}8^3\\ &= 1128 \text{ kpm/sec } (= 15 \text{ PS})\end{aligned}$$

≋
$$\begin{aligned}\varrho_{\text{Luft}} &= 1{,}23 \text{ kg/m}^3\\ P_W &= C_W \cdot {}^1/_2 \varrho S w^3\\ &= 0{,}42 \cdot {}^1/_2 \cdot 1{,}23 \cdot 2 \cdot 27{,}8^3\\ &= 11099 \text{ Nm/sec oder Watt}\end{aligned}$$
≋

b) Luftwiderstand von Eisenbahnfahrzeugen. α) Für *Eisenbahnzüge* wird der Zugwiderstand, d. h. der Widerstand des Wagenzugs hinter der Lokomotive meist nach der Formel von *Strahl* berechnet.

$$W = m(w/10)^2 \text{ kp/t}; \quad w = \text{Fahrgeschwindigkeit in km/h}. \tag{47}$$

$m = 0{,}025$ Züge aus vierachsigen Personenwagen oder schwerbeladenen Güterzügen;
$= 0{,}033$ Personenzüge anderer Achszahl;
$= 0{,}04$ Eilgüterzüge aus G-Wagen;
$= 0{,}05$ Gewöhnliche Güterzüge gemischter Zusammensetzung;
$= 0{,}1$ Güterzüge aus leeren offenen Wagen.
(Wagenzahl ist nicht in Ansatz gebracht);

Der Einfluß von starkem Seitenwind oder Gegenwind wird dadurch berücksichtigt, daß w durch $(w + 12)$ ersetzt wird.

Die Berechnungen nach *Strahl*, die meist etwas zu große Widerstände für Schnellzüge ergeben, werden neuerdings durch andere Ansätze verbessert. Man bestimmt die sog. Äquivalentfläche $S = \dfrac{W}{w^2 \cdot \gamma/2g}$, d. h. das Verhältnis des Luftwiderstands zum Staudruck. Nach *Sauthoff* ergeben sich folgende Werte:

$S = 1{,}45$ m² vierachsiger Stahlwagen mit Tonnendach,
$= 1{,}55$ m² ältere D-Wagen,
$= 1{,}15$ m² zwei- und dreiachsige Personenwagen.

Der Sog des letzten Wagens ist gleichwertig der Äquivalentfläche von 2,7 Wagen.

Für C_W gemäß der Gl. $W = C_W S' q$ sind folgende Werte bekannt:

C_W je Wagen üblicher Ausführung $\approx 0{,}16-0{,}18$,
stromlinig verkleidet $\approx 0{,}05$

auch hier ist für den letzten Wagen etwa der 2- bis 3fache Wert einzusetzen.

β) Für *Lokomotiven* ebenfalls Berechnung nach *Strahl*:

$$W = 0{,}6 S (w/10)^2 \text{ kp/t}. \qquad \begin{aligned}S &= 11 \text{ m}^2 \text{ bei ausgefüllter Umgrenzungslinie,}\\ w &= \text{Fahrgeschwindigkeit in km/h.}\end{aligned} \tag{48}$$

C_W-Werte für Dampflokomotiven

	Lok allein	Lok vor Zug
übliche Bauart	1,2	0,7 – 0,8
stromlinig verkleidet	0,7	0,3 – 0,4

[1] *Barth, R.:* Diss. Stuttgart 1958: Windkanalmessungen an Fahrzeugmodellen und rechteckigen Körpern mit verschiedenem Seitenverhältnis bei unsymmetrischer Anströmung.

	C_W
γ) Für $B-B$-Diesellokomotiven Bauart V 200 der Deutschen Bundesbahn δ) Für $B-B$-Elektrolokomotiven Bauart E 10, E 40 und E 41	0,48–0,50 ($S = 10\ \text{m}^2$)

c) Der **Schiffswiderstand** besteht aus:

α) *Zähigkeitswiderstand* $W_Z = C_Z \cdot \gamma/2g \cdot w^2 \cdot O$ mit (49)

$C_Z = \dfrac{0{,}075}{(\lg \text{Re} - 2)^2}$ = Zähigkeitswiderstandsbeiwert normaler Schiffsformen, Oberfläche glatt. Für übliche Rauhigkeiten der Schiffsaußenhaut werden Zuschläge zu C_Z in Höhe von $0{,}15 \cdot 10^{-3}$ bis $0{,}25 \cdot 10^{-3}$ gemacht.

γ = spez. Gewicht des Wassers in kp/m³,
w = Schiffsgeschwindigkeit in m/sec,
O = benetzte Schiffsoberfläche in m²,
Re = wL/ν = *Reynolds*-Zahl,
L = Schiffslänge in m,
ν = kinematische Zähigkeit in m²/sec.

Der Zähigkeitswiderstand W_Z setzt sich aus zwei Anteilen zusammen, dem Reibungswiderstand W_R als Resultierender der tangential zur Schiffsoberfläche wirkenden Reibungskräfte und dem „zähen" Druckwiderstand W_D, der durch die endliche Grenzschichtdicke und gegebenenfalls durch Strömungsablösungen verursacht wird. Bei üblichen Schiffsformen kann mit einer prozentualen Aufteilung des gesamten Zähigkeitswiderstands in 90% Reibungs- und 10% Druckwiderstand gerechnet werden.

Der Zähigkeitswiderstand stellt bei normalen Handelsschiffen mit 75 bis 80% den größten Anteil des gesamten Schiffswiderstands dar.

β) *Wellenwiderstand* $W_{\text{We}} = 2 \iint \Delta p \cdot \partial y/\partial x \cdot \mathrm{d}x \cdot \mathrm{d}z$. (50)

mit Δp = Normaldruck infolge Wellenbildung, $\partial y/\partial x$ = Tangentenwerte der Wasserlinien.

Grundsätzlich ist die Ermittlung des Wellenwiderstands durch Integration der Druckkomponenten über die gesamte benetzte Schiffsoberfläche möglich. Bei der verwickelten Abhängigkeit des Wellenwiderstands von der Schiffsgeschwindigkeit und der Gestalt der Schiffsform wird er aber praktisch meist über den Modellversuch ermittelt. Er ergibt sich dann als Differenz des gemessenen Gesamtwiderstands und des berechneten Zähigkeitswiderstands.

Als kennzeichnende Größe für den Wellenwiderstand verwendet man die *Froude*sche Zahl $\text{Fr} = w/\sqrt{g\,L}$ (vgl. S. 300 u. 342).

Bei normalen Handelsschiffen mit $\text{Fr} \leqq 0{,}24$ beträgt der Wellenwiderstand etwa 20 bis 25% des gesamten Widerstands. Selbst bei schnellen Fahrgastschiffen mit *Froude*schen Zahlen bis 0,34 wird er bei geeigneter Wahl der Schiffshauptabmessungen und Schiffsformen selten größer als die Hälfte des Zähigkeitswiderstands.

H. Eigenschaften des Windes

Die Windgeschwindigkeiten sind meist unter 20 m/sec. Sehr selten treten Stürme bis zu 40 m/sec auf, während an der Küste vereinzelt noch Geschwindigkeiten bis zu 50 m/sec vorkommen. Die Geschwindigkeit ist am Boden gleich Null und steigt in einer „Grenzschicht", die mehrere km betragen kann, auf einen konstanten Wert an. Die Geschwindigkeitsverteilung folgt gut einem Potenzgesetz w proportional $y^{1/5}$. Bei schweren Stürmen dürfte das Gesetz nur für eine Schicht von etwa 10 bis 20 m über dem Boden zutreffen.

Für die Berechnung des *Winddruckes auf Gebäude* kann nach einem Vorschlag von *Flachsbart* mit folgenden Geschwindigkeiten gerechnet werden:

bis zu einer Höhe von 20 m über dem angrenzenden Gelände $w = 35$ m/sec (40 m/sec),
für Höhen über 20 m $w = 40$ m/sec (45 m/sec).

Die eingeklammerten Zahlen gelten für besonders windreiche Gegenden. Genaue Werte über den Winddruck auf Gebäude sind nur durch Modellversuche im Windkanal zu erhalten.

Nach *Aßmann* können über die Häufigkeit der Windstärken in verschiedenen Höhen zu verschiedenen Jahreszeiten folgende Angaben gemacht werden (vgl. Tab. S. 327 oben).

Beispiel: Wie groß ist der Winddruck auf einen 50 m hohen Schornstein, dessen mittlerer Durchmesser rund 3 m beträgt? Da die Höhe über 20 m ist, soll mit der Höchstgeschwindigkeit $w = 40$ m/sec gerechnet werden, die zur Sicherheit auf der ganzen Länge wirkend in Rechnung gesetzt wird. Für die Wahl des Widerstandskoeffizienten ist die *Reynolds*-Zahl maßgebend. Mit $\nu = 14 \cdot 10^{-6}$ m²/sec folgt:

$$\text{Re} = 3 \cdot 40/(14 \cdot 10^{-6}) = 85{,}80 \cdot 10^5.$$

Es liegt also bei weitem überkritisches Gebiet vor, so daß nach Bild 67 mit $C \approx 0{,}4$ gerechnet werden soll.

$$F = CqS = C\gamma/2g \cdot w^2 dl = 0{,}4 \cdot {}^1/_{16} \cdot 40^2 \cdot 3 \cdot 50 = 6000\ \text{kp},$$

= ≋ $CqS = C \cdot {}^1/_2 \varrho w^2 dl = 0{,}4 \cdot {}^1/_2 \cdot 1{,}23 \cdot 40^2 \cdot 3 \cdot 50 = 59000$ N ≋.

Bei gleichmäßiger Verteilung des Winddruckes ergibt sich an der Wurzel ein Moment

$M = Fl/2 = 6000 \cdot 50/2 = 150000$ kpm, = ≋ $59000 \cdot 50/2 = 1470000$ Nm ≋.

Häufigkeit der Windstärken in % nach Aßmann

	In Höhe über Erdoberfläche m	Windgeschwindigkeiten in m/sec 0–2	2–5	5–10	10–15	über 15	Mittelwert m/sec
Dezember bis Februar	0	18,8	42,0	35,2	3,7	0,3	4,9
	500	6,1	12,5	33,6	24,1	23,7	11,4
März bis Mai	0	20,1	42,2	32,7	4,5	0,5	4,9
	500	13,9	21,5	38,8	17,3	8,5	7,8
Juni bis August	0	23,2	46,2	30,1	0,5	—	4,4
	500	15,9	25,1	38,8	14,4	6,0	7,0
September bis November	0	24,2	45,3	28,1	1,8	0,6	4,5
	500	9,7	19,3	36,5	19,7	14,8	9,5
Jahresmittel	0	21,4	44,2	31,6	2,6	0,2	4,7
	500	11,7	19,4	37,0	18,7	13,2	8,9

Windstärke-Skala nach *Beaufort* vgl. Tafeln im Anhang.

J. Tragflügel

1. Allgemeines

a) Bezeichnungen (Bild 70):

A Flügelfläche,
l Tiefe des Flügels,
b Spannweite des Flügels,
Λ Flügelstreckung $= b^2/A$,
α Anstellwinkel gegenüber Profilsehne,
w Anblasegeschwindigkeit,
F_A Auftrieb
F_W Widerstand,
ε Gleitwinkel, $\tan \varepsilon = W/F_A$ Gleitzahl,
s Entfernung des Druckpunktes von der Profilnase,

$C_A = F_A/qA$ Auftriebskoeffizient,
$C_W = F_W/qA$ Widerstandskoeffizient,
$C_n = F_n/qA$ Koeffizient der Normalkraft,
$C_t = F_t/qA$ Koeffizient der Tangentialkraft,
$C_R = R/qA$ Koeffizient der Resultierenden,
$C_R = \sqrt{C_A^2 + C_W^2} = \sqrt{C_n^2 + C_t^2}$,
$C_M = M/lqA$ Momentenkoeffizient.
q = Staudruck.

Für die Rechnung zu beachten:	im techn. Maßsystem	im MKS-System
Kräfte	in kp	in N
Momente	in kpm	in Nm
Staudruck	$\gamma/2g \cdot w^2$ in kp/m²	$^1/_2 \varrho w^2$ in N/m².

Wird ein Tragflügel mit der Geschwindigkeit w bewegt oder der feststehende Flügel mit der Geschwindigkeit w angeblasen, so entsteht eine Luftkraftresultierende R, die bei guten Flügeln nahezu senkrecht auf der Bewegungsrichtung steht. Diese Resultierende zerlegt man in:

1. Auftrieb = Kraft senkrecht zur Bewegungsrichtung;
2. Widerstand = Kraft in Bewegungsrichtung.

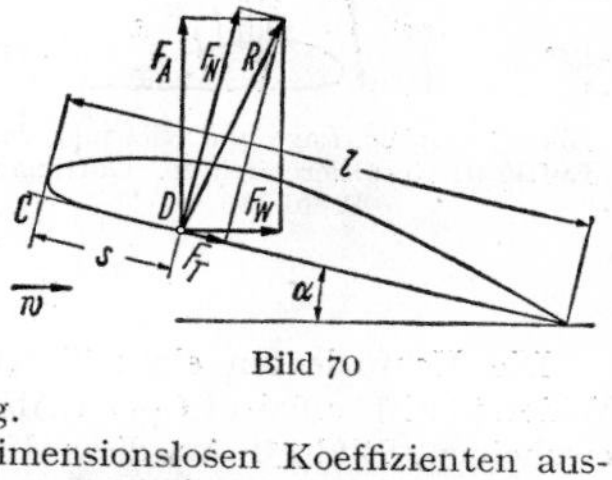

Bild 70

Die Tragflügelkräfte werden mit Hilfe von dimensionslosen Koeffizienten ausgedrückt, deren Bedeutung aus folgenden Gleichungen hervorgeht:

$$F_A = C_A q A; \qquad F_W = C_W q A; \qquad M = C_M l q A. \tag{51}$$

Das Moment der Luftkräfte wird meist auf den vorderen Punkt C bezogen (Bild 70). Die Angabe des Momentes ermöglicht die Ermittlung des sog. Druckmittelpunktes, d. h. des Schnittpunktes der Luftresultierenden mit der Profilsehne.

b) Auftriebskoeffizient für unendlich langen Flügel ($b = \infty$).

Gerade Platte: $C_A = 2\pi \sin \alpha \approx 2\pi\alpha = 2\pi \operatorname{arc} \alpha$;
Kreisbogenprofil nach Bild 71:

$$C_A = 2\pi \sin(\alpha + \beta'/2) \approx 2\pi \operatorname{arc}(\alpha + \beta'/2) = 2\pi \operatorname{arc}(\alpha + 2f/l) = 2\pi \operatorname{arc}[\alpha + l/(4R)];$$

Gebogenes Profil mit Endwinkeln ψ und φ nach Bild 72:

$$C_A = 2\pi \sin(\alpha + {}^3/_8\varphi + {}^1/_8\psi) \approx 2\pi \operatorname{arc}(\alpha + {}^3/_8\varphi + {}^1/_8\psi).$$

(Durch Reibung wird der Faktor 2π auf 5,1 bis 5,8 vermindert.)

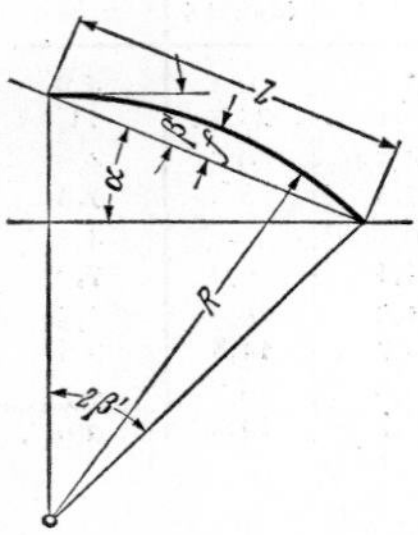

Bild 71

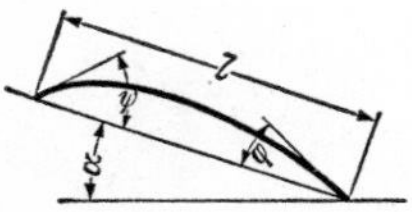

Bild 72

c) Momentenkoeffizient (unendlich langer Flügel), Die Luftkräfte haben das Bestreben, den Flügel zu drehen. Das *Drehmoment* dieser Kräfte hängt von dem Angriffspunkt der Resultierenden ab. Schneidet die Resultierende die Flügelsehne in D, Bild 70, so ist das Moment, bezogen auf den vorderen Punkt C, $M_C = sF_n = sC_n qA$. Denkt man sich das gleiche Moment durch eine Kraft $F' = C_M qA$ am hinteren Ende des Flügels erzeugt, so wird $M_C = lC_M qA = sC_n qA$. Der Faktor C_M ist der Momentenkoeffizient; es ist $s = lC_M/C_n$. Da in erster Näherung $F_A \approx F_n$ ist, setzt man meist $s = lC_M/C_A$. Die Funktion $C_M = f(C_A)$ ist eine Gerade mit der Steigung 1 : 4. Diese Steigung gilt angenähert für alle Profile und Seitenverhältnisse, solange die Strömung nicht abgerissen ist. Die Gleichung dieser Geraden ist somit $C_M = C_{M0} + C_A/4$. Dabei ist C_{M0} der Momentenbeiwert für $C_A = 0$.

d) Druckpunkt, Bei den meisten Profilen wandert der Druckpunkt D nach vorn, wenn der Anstellwinkel α zunimmt und umgekehrt. Ändert D seine Lage nicht, so spricht man von einem druckpunktfesten Profil. In diesem Falle ist $C_{M0} = 0$.

Gerade Platte und symmetrische Profile $C_M = C_A/4$;
Kreisbogenprofil $C_{M0} = \pi/4 \cdot \operatorname{arc} \beta'$;
Gewölbtes Profil $C_{M0} = \pi/32 \cdot \operatorname{arc}(\psi + 7\varphi)$.

Bild 73 zeigt die Druckpunkte sowie Größe und Richtung der Luftkraft-Resultierenden bei verschiedenen Anstellwinkeln für das Göttinger Profil 386. Man erkennt, daß mit steigenden Anstellwinkeln die Luftkraft nach vorn rückt, eine Eigenschaft, die die Profile instabil macht. Bei negativen Anstellwinkeln wandert der Druckpunkt schnell ins Unendliche, während gleichzeitig die Normalkraft bis auf Null abfällt. So ergibt sich für den Auftrieb Null ein starkes kopflastiges Moment.

e) Angenäherte Ermittlung der Eigenschaften beliebiger Profile. Nach Bild 74 trägt man beiderseits des Skeletts mit den Endwinkeln ψ und φ gleiche Abstände y auf und rundet die Nase mit einem Radius r ab. Das so entstandene Profil hat bis auf die größten C_A-Werte nahezu den gleichen Verlauf wie die Kurven $C_A = f(\alpha)$ für das gewölbte Skelett allein. Die C_M-Werte werden allerdings merklich durch die Dicke und durch den Kurvenverlauf beeinflußt (die Tiefe des inneren Skeletts muß bei der Nachrechnung um den Krümmungsradius r der Nase vergrößert werden).

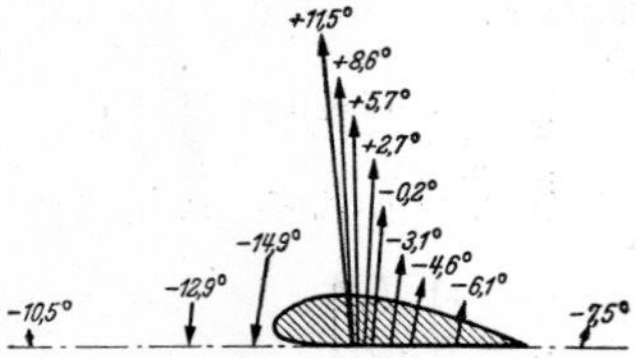

Bild 73. Größe, Lage und Richtung der Luftkraft-Resultierenden für Göttinger Profil 386

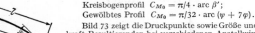

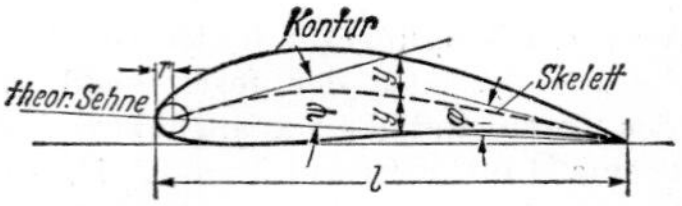

Bild 74

2. Polardiagramm

Die Koeffizienten eines Tragflügels werden meist so aufgezeichnet, daß der Widerstandskoeffizient C_W als Abszisse und der Auftriebskoeffizient C_A als Ordinate erscheinen, Bild 75. An diese Kurve werden die jeweiligen Anstellwinkel angeschrieben. Diese von *Lilienthal* stammende Darstellung wird *Polardiagramm* genannt. Sie hat u. a. den Vorteil, daß die Verbindung des Nullpunkts mit einem Punkt der Kurve die Richtung der Resultierenden angibt. Der Winkel dieser Verbindungslinie gegen die C_A-Achse ist der *Gleitwinkel* und kann nach $\tan \varepsilon = C_W/C_A$ ausgerechnet werden. Ein motorloses Flugzeug, Bild 76, gleitet unter diesem Winkel zu Boden. Die Tangente aus O an die Polare gibt den kleinsten Gleitwinkel an.

Auftrieb und Widerstand ändern sich mit dem Anstellwinkel. Bild 77 zeigt für das Profil 593 die Kurven $C_A = f(\alpha)$ und $C_W = f(\alpha)$. Bis zu einem Anstellwinkel von etwa 10° ergibt sich ein lineares Ansteigen des Auftriebskoeffizienten mit dem Anstellwinkel. Bei etwa 15° ist der Höchstauftrieb erreicht, er fällt dann schnell ab. Der Widerstandskoeffizient nimmt ungefähr parabolisch nach beiden Seiten zu. Das Sinken des Auftriebs bei größeren Anstellwinkeln kommt dadurch zustande, daß auf der Saugseite des Flügels die Strömung abreißt. Mit größerem Auftrieb wird nämlich die Übergeschwindigkeit auf der Saugseite größer. Diese Übergeschwindigkeit muß sich bis zur Hinterkante wieder verzögern, ein Vorgang, der bei zu großer Verzögerung zum Abreißen der Strömung führt und gleichzeitig den Widerstand, wie Bild 78 veranschaulicht, wesentlich vergrößert.

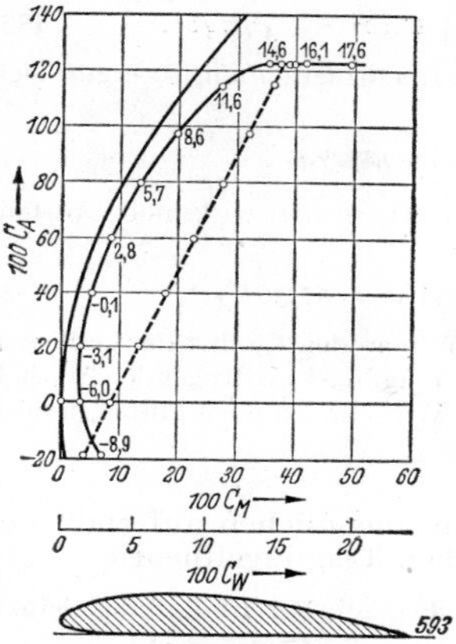

Bild 75. Polare für Seitenverhältnis 1 : 5. Die gestrichelte Linie stellt die Momentenlinie $C_W = f(C_A)$ dar

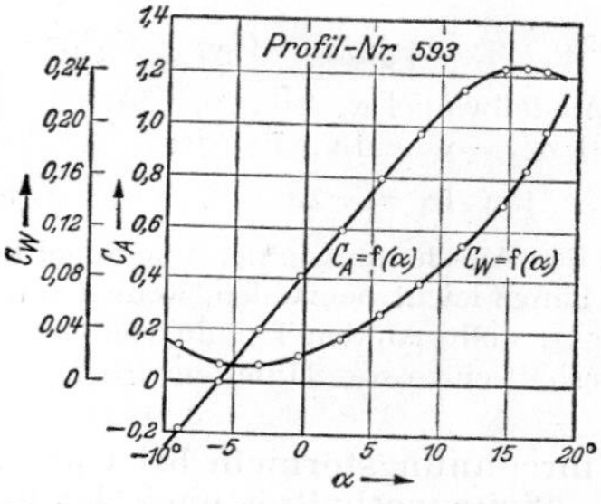

Bild 77. Auftriebs- und Widerstandskoeffizient in Abhängigkeit vom Anstellwinkel α für Göttinger Profil 593, Seitenverhältnis 1 : 5.

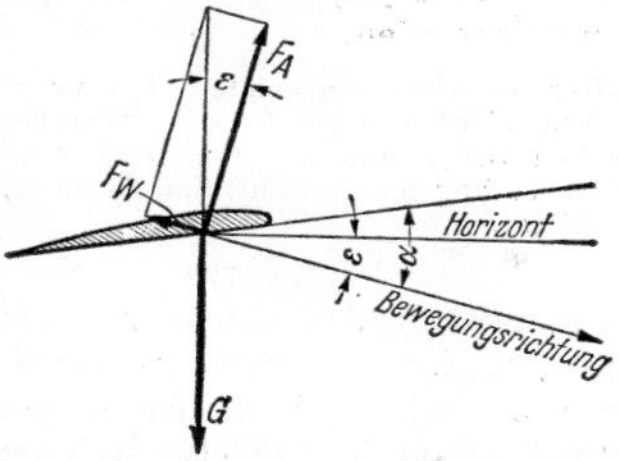

Bild 76. Kräftedreieck beim Gleitflug

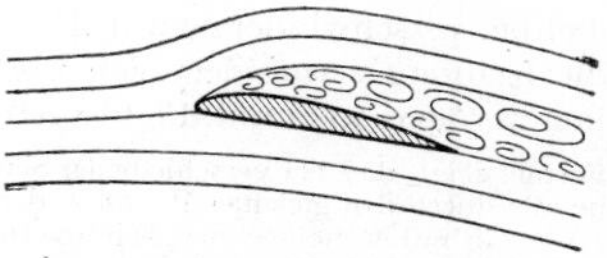

Bild 78. Abreißen der Strömung bei größeren Anstellwinkeln

3. Einfluß des Seitenverhältnisses

Unter Seitenverhältnis versteht man bei rechteckigen Flügeln das Verhältnis:

$$l/b = \text{Flügeltiefe/Flügelbreite}; \tag{52}$$

bei nichtrechteckigen Flügeln das Verhältnis:

$$A/b^2 = \text{Flügelfläche/Quadrat der Flügelbreite}. \tag{52a}$$

Der reziproke Wert $\Lambda = b^2/A$ wird „Flügelstreckung" genannt.

Während beim unendlich langen Flügel die Gesamtablenkung der Luft unendlich klein ist, ergeben sich beim endlich langen Flügel in der Nähe des Flügels Abwärtsgeschwindigkeiten, die praktisch eine Richtungsänderung der anströmenden Luft bedeuten. Bei reibungsloser Strömung steht die Luftkraft aber senkrecht auf der Anströmrichtung, so daß sich nach Bild 79 eine Kraftkomponente in Richtung der Bewegung des Flügels ergibt, die man „induzierten Widerstand" nennt. Es läßt sich zeigen, daß die Abwärtsgeschwindigkeit in der Nähe des Flügels halb so groß ist wie weit hinter dem

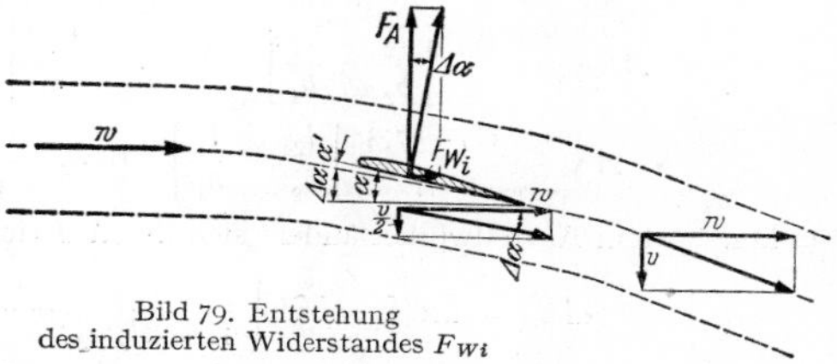

Bild 79. Entstehung des induzierten Widerstandes F_{Wi}

Flügel, wo der Wert $v = 2w \cdot C_A/\pi \cdot A/b^2$ erreicht wird. Damit wird der induzierte Widerstand:

$$F_{Wi} = F_A \tan \Delta\alpha = F_A v/2w = F_A C_A A/\pi b^2 = F_A{}^2/\pi q b^2. \qquad (53)$$

Führt man statt des Widerstands dimensionslose Koeffizienten ein, so ergibt sich für den induzierten Widerstand ein Koeffizient

$$C_{Wi} = C_A{}^2/\pi \cdot l/b = C_A{}^2 A/\pi b^2. \qquad (54)$$

Der Anstellwinkel α, Bild 79, wird um $\Delta\alpha$ verringert, so daß wirksamer Anstellwinkel $\alpha' = \alpha - \Delta\alpha$. Es wird:

$$\tan \Delta\alpha = v/2w = C_A A/\pi b^2 \approx \operatorname{arc} \Delta\alpha; \quad \Delta\alpha^\circ = 57{,}3^\circ\, C_A A/\pi b^2. \qquad (55)$$

Nach den Anschauungen der Tragflügeltheorie kann man den Einfluß der endlichen Flügellänge leicht beurteilen, wenn man sich den Tragflügel als tragenden Wirbelfaden vorstellt. An den Tragflügelenden treten die Wirbelfäden nach hinten heraus. Man erhält einen sog. Hufeisenwirbel.

4. Umrechnungsformeln bei Übergang vom unendlichen auf endliches Seitenverhältnis nach der Prandtlschen Tragflügeltheorie

Der Auftrieb ändert sich linear mit dem Anstellwinkel. Der Einfluß des Seitenverhältnisses auf diese Abhängigkeit ergibt sich aus $C_A = \dfrac{2\pi(\hat{\alpha}_0 + \hat{\alpha})}{1 + 2l/b}$, $\hat{\alpha}_0$ = Anstellwinkel bei verschwindendem Auftrieb, d. h. für $C_A = 0$ (theoretische Formel). Durch die Reibung vermindert sich wie oben 2π auf 5,2 bis 5,9, und zwar so, daß mit dicker werdendem Profil die kleineren Werte erzielt werden.

Die Formel zeigt, daß bei verschiedenen Seitenverhältnissen verschieden geneigte Geraden entstehen, die alle durch den gleichen Punkt α_0 der α-Achse gehen. Werden umgekehrt die Meßergebnisse von Flügeln mit verschiedenen Seitenverhältnissen auf ein Seitenverhältnis umgerechnet, so müssen die Meßergebnisse alle auf einer Geraden liegen. Dies wird sehr genau erreicht, eine Tatsache, die die stärkste Stütze für die *Prandtl*sche Tragflügeltheorie bildet.

$C_{Wi} = f(C_A)$ ist eine Parabel, die sog. Polare.

Bild 75 zeigt eine Polare mit der theoretischen Parabel für das Seitenverhältnis 1:5. Der Unterschied gegenüber der praktisch gemessenen Kurve besteht annähernd in einer Parallelverschiebung, die durch den Profilwiderstand, d. h. den reinen Flächenwiderstand bedingt ist, so daß der Gesamtwiderstand des Flügels durch die Formel $C_W = C_{W\,\mathrm{prof}} + C_{Wi}$ ausgedrückt werden kann. Die theoretische Berechnung des induzierten Widerstands stimmt mit den Versuchswerten sehr gut überein. Selbst bei Seitenverhältnissen 1:1,5 ist noch eine Umrechnung möglich.

Für α = const ergibt sich eine zweite Parabel[1]:

$$C_{Wi} = C_A(\hat{\alpha}_0 + \hat{\alpha}) - C_A{}^2/2\pi. \qquad (56)$$

Umrechnungsformel beim Übergang vom Seitenverhältnis l_1/b_1 auf l_2/b_2:

$$\Delta C_{Wi} = \frac{C_A{}^2}{\pi}\left[\frac{l_2}{b_2} - \frac{l_1}{b_1}\right] \quad \text{bzw.} \quad \frac{C_A{}^2}{\pi}\left[\frac{A_2}{b_2{}^2} - \frac{A_1}{b_1{}^2}\right], \qquad (57\,a)$$

$$\Delta\alpha^\circ = \frac{C_A \cdot 57{,}3^\circ}{\pi}\left[\frac{l_2}{b_2} - \frac{l_1}{b_1}\right] \quad \text{bzw.} \quad \frac{C_A \cdot 57{,}3^\circ}{\pi}\left[\frac{A_2}{b_2{}^2} - \frac{A_1}{b_1{}^2}\right]. \qquad (57\,b)$$

Bei konstantem Anstellwinkel ändert sich der Auftrieb nach folgender Beziehung:

$$\Delta C_A = 2\pi(\hat{\alpha}_0 + \hat{\alpha})\left\{\frac{1}{1 + 2l_2/b_2} - \frac{1}{1 + 2l_1/b_1}\right\}. \qquad (58)$$

Bei sehr kleinen Seitenverhältnissen wird das Abreißen der Strömung durch die gute Belüftung der Saugseite fast verhindert. Es wurde eine günstigste Flügelstreckung $b^2/A = 0{,}75$ bis 1,5 gefunden (amerikanische Messungen), wo bei 45°

[1] *Eck, B.:* Beitrag zur Flügeltheorie. Ing.-Arch. 7 (1936) 203.

Anstellwinkel ein $C_A = 1{,}85$ gegenüber $C_A = 1{,}24$ bei 14° Anstellwinkel des Rechteckflügels vom Seitenverhältnis 1:6 erreicht wurde. Solche Flügel sind fast *autorotationsfrei*, haben aber einen großen induzierten Widerstand.

5. Versuchswerte

Für die Anwendungen im *Maschinenbau* interessieren hauptsächlich die Versuchswerte bei einem Seitenverhältnis $l:b = 1:\infty$. Für den Kreiselmaschinenbau

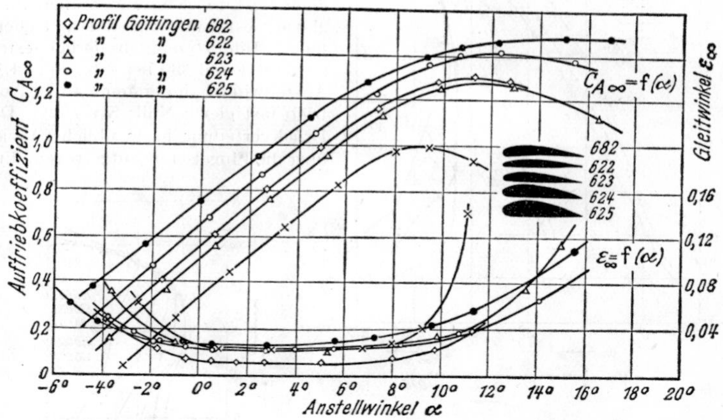

Bild 80. Auftriebskoeffizienten und Gleitwinkel (Bogenmaß) in Abhängigkeit vom Anstellwinkel für ein Seitenverhältnis 1 : ∞ für fünf Göttinger Profile (nach *Eckert*)

wird beispeilsweise $C_{A\infty} = f(\alpha)$ und $\varepsilon_\infty = f(\alpha)$ benötigt. Bild 80 zeigt eine Zusammenstellung solcher Werte für fünf verschiedene Göttinger Profile. Die Darstellung läßt bereits deutlich den großen Einfluß der Profildicke erkennen. Mit größerer Profildicke steigt das Auftriebsmaximum. In gleicher Richtung wirkt die Wölbung, Bild 81.

Laminarflügel. Der Umschlagpunkt an der oberen Tragflügelseite von laminarer in turbulente Grenzschicht kann durch bestimmte Maßnahmen weit nach hinten verschoben werden, z. B. durch Verschieben der dicksten Stelle zur Mitte hin, durch dünne Profile sowie durch künstliches Absaugen der Grenzschicht. Eine u. U. erhebliche Widerstandsverminderung ist die Folge. Beispielsweise kann bei richtig durchgeführtem Absaugen eine Widerstandsverminderung auf nur 18% des normalen Falles erreicht werden. Die Polaren eines solchen Flügels, Laminarflügel genannt, zeigt Bild 82; aus ihm geht hervor, daß die Vorteile erst von gewissen Re-Zahlen ab in Erscheinung treten.

Allgemeine Regeln. 1. Bei gleicher Wölbung, d. h. gleichem Skelett, steigt das Auftriebsmaximum und ebenso der Profilwiderstand mit zunehmender Dicke.

2. Bei gleicher Dicke steigt das Auftriebsmaximum mit steigender Wölbung, Bild 81.

3. Unterhalb der *Reynolds*-Zahl $Re = wl/\nu = 20000$ bis 40000 werden Profile bedeutend schlechter als Blechschaufeln. Der Höchstauftrieb sinkt in diesem unterkritischen Bereich bei Profilen auf $C_{A\,max} = 0{,}3$ bis 0,4, je nach Dicke der Profile, während gleichzeitig der Widerstand stark zunimmt.

4. Im überkritischen Bereich wächst mit wachsender *Reynolds*-Zahl das Auftriebsmaximum bei Profilen mit mäßiger Wölbung, während bei hochgewölbten Profilen das Auftriebsmaximum abnimmt.

6. Druckverteilung am Tragflügel

Die Saugwirkung ist beim Tragflügel bedeutend größer als die Druckwirkung. Während diese maximal den Staudruck $q = \gamma/2g \cdot w^2 = \lessgtr {}^1/_2 \varrho w^2 \lessgtr$ erreichen kann, ist der Unterdruck kurz vor dem Anstellwinkel des Abreißens beinahe gleich dem dreifachen Staudruck. Dies bedeutet, daß an der Stelle des größten Unterdrucks die Luftgeschwindigkeit *doppelt so groß wie die Fluggeschwindigkeit* ist (wichtig für saubere und glatte Gestaltung dieses Tragflächenteiles). Bild 83 zeigt die Druckverteilung für Profil 389 bei $-6°$ und $14{,}5°$ Anstellwinkel (im ersten Fall ist Auftrieb fast gleich Null; Sturzflug). Die Druckverteilung ist in üblicher Weise über die Flügelsehne aufgetragen. Für

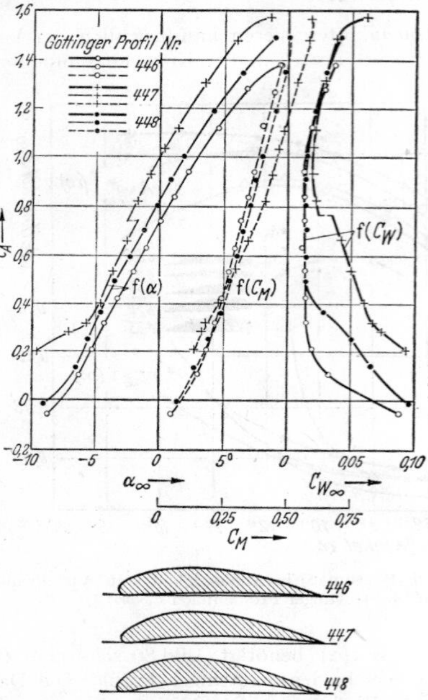

Bild 81. Profile gleicher Dicke, aber verschiedener Wölbung. Seitenverhältnis 1 : ∞

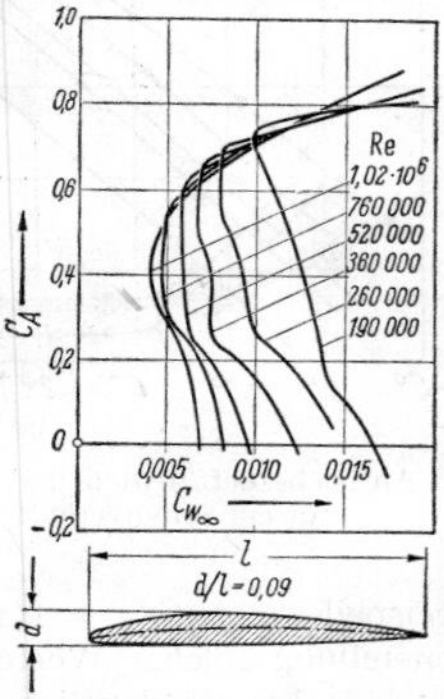

Bild 82. Laminarprofil. Polaren für verschiedene Re-Werte

$14{,}5°$ ist in Bild 84 die gleiche Druckverteilung normal zur Oberfläche dargestellt. Aus der Druckverteilung erkennt man für den ersten Fall ein großes Kräftepaar (in Bild 83 angedeutet), das den Flügel sehr stark auf Torsion beansprucht.

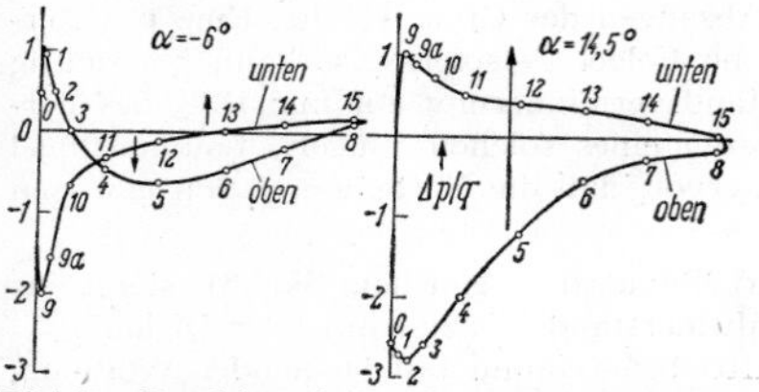

Bild 83. Resultierende Druckverteilung über einen Tragflügel. Die Drücke sind normal zur Flügelsehne aufgetragen

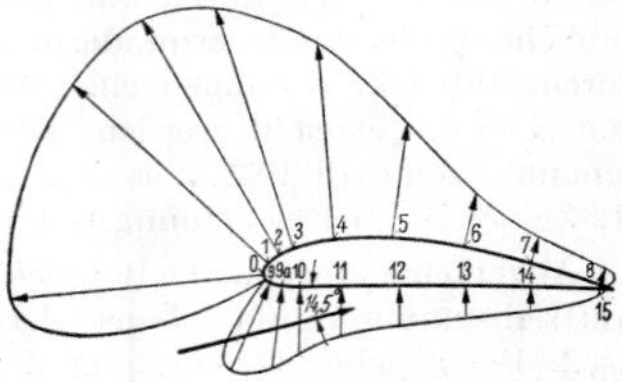

Bild 84. Für Anstellwinkel $\alpha = 14{,}5°$ (entsprechend Bild 83 rechts) ist hier die Druckverteilung senkrecht zur Oberfläche gezeichnet

7. Schaufeln und Profile im Gitterverband

Über Gitterströmungen können folgende allgemein gültige Regeln angegeben werden, welche die Grundlage zur Berechnung aller axialen Kreiselmaschinen bilden.

a) Gitter mit unendlicher Schaufelzahl. Ein unendlich langes, ruhendes Schaufelgitter mit unendlicher Schaufelzahl und unendlich dünnen Schaufeln soll eine Strömung aus der Richtung α_1 in die Richtung α_2 ablenken. Hierfür gelten folgende Beziehungen, Bild 85:

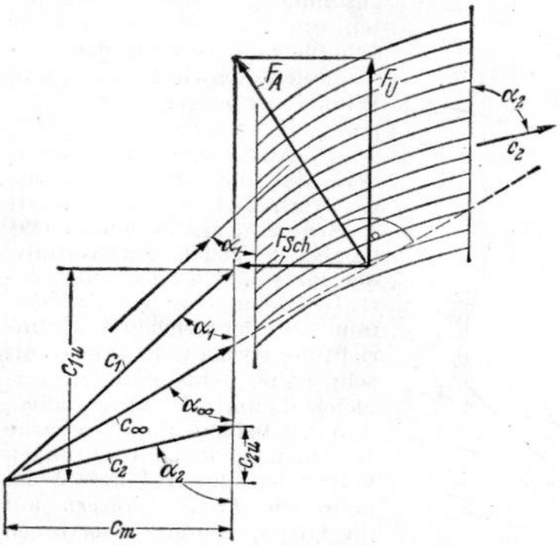

Bild 85. Unendlich langes, ruhendes Schaufelgitter mit unendlicher Schaufelzahl

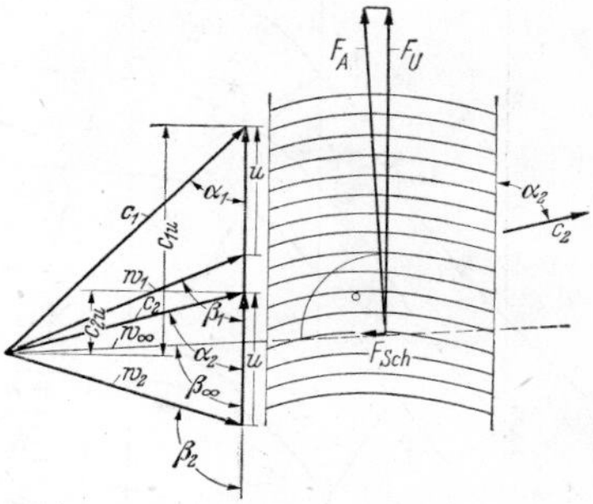

Bild 86
Unendlich langes, bewegtes Schaufelgitter

α) Die *Meridiangeschwindigkeiten* vor und hinter dem Gitter sind gleich (Kontinuität),

$$c_1 \sin \alpha_1 = c_2 \sin \alpha_2 = c_{1m} = c_{2m} = c_m . \qquad (59)$$

β) In *Gitterrichtung* übt die Flüssigkeit (bzw. das Gas) folgende *Kraft auf* das *Gitter* aus:

$$F_u = \dot{m}(c_{1u} - c_{2u}); \qquad (60)$$

$\dot{m}$ sekundlich durch eine bestimmte Gitterlänge, z. B. t, strömende Masse; für $\dot{m}$ in kpsec/m ergibt sich F_u in kp, ≋ für $\dot{m}$ in kg/sec erhält man F_u in N ≋.

γ) Der *Druckunterschied vor und hinter dem Gitter* ergibt sich nach *Bernoulli* zu:

$$p_2 - p_1 = \gamma/2g \cdot (c_1^2 - c_2^2) = \gamma/2g \cdot (c_{1u}^2 - c_{2u}^2) \text{ in kp/m}^2,$$
$$= ≋\ {}^1/_2 \varrho (c_1^2 - c_2^2) = {}^1/_2 \varrho (c_{1u}^2 - c_{2u}^2) \text{ in N/m}^2\ ≋. \qquad (61)$$

Damit wird die in dieser Richtung auf das Gitter wirkende Kraft (Schub)

$$F_{Sch} = lb\gamma/2g \cdot (c_{1u}^2 - c_{2u}^2) \text{ in kp} \quad (b \text{ Gitterbreite senkrecht zur Bildebene}),$$
$$= ≋\ lb \cdot {}^1/_2 \varrho (c_{1u}^2 - c_{2u}^2) \text{ in N}\ ≋. \qquad (62)$$

δ) Die Gesamtkraft (*Auftrieb*) $F_A = \sqrt{F_u^2 + F_{Sch}^2}$ steht, wie leicht nachzuweisen ist, senkrecht auf einer mittleren Richtung, die durch $\tan \alpha_\infty = c_m/[{}^1/_2(c_{1u} + c_{2u})]$ gegeben ist. Die in dieser Richtung vorhandene mittlere Geschwindigkeit ist:

$$c_\infty = \sqrt{c_m^2 + \left(\frac{c_{1u} + c_{2u}}{2}\right)^2} .$$

ε) *Umkehrung.* Wird die gleiche Ablenkung irgendwie durch ein in Gitterrichtung mit der Geschwindigkeit *u bewegtes Gitter* erreicht, etwa nach Bild 86, so gelten die unter α) bis δ) vermerkten Beziehungen für die Relativgeschwindigkeiten w_1, w_2, w_∞. Wieder sind zunächst für unendlich dicht stehendes Gitter in Bild 86 Schaufelgitter und Geschwindigkeitsdiagramme eingezeichnet. Der Auftrieb F_A steht somit senkrecht auf w_∞.

ζ) Die in Gitterrichtung wirkende Kraft F_u erbringt jetzt die Leistung $F_u u = \dot{m} u (c_{1u} - c_{2u})$. Denkt man sich diese z. B. durch Fallen des sekundlich durchströmenden Gewichts $\dot{m} \cdot g$ um die Höhe H veranschaulicht, so entsteht: $H = \frac{u}{g}(c_{1u} - c_{2u})$. Dies ist die *Eulersche Turbinenhauptgleichung*. Bei einer Pumpe (Gebläse) ändert sich das Vorzeichen.

b) Gitter mit endlicher Schaufelzahl. In Bild 87 soll wieder die gleiche Ablenkung von α_1 nach α_2 erreicht werden, jetzt aber durch *endlich* viele Schaufeln. Offensichtlich ist dies nur möglich, wenn die Schaufelenden *aufgewinkelt* werden, so daß $\alpha_1' < \alpha_1$ und $\alpha_2' > \alpha_2$ wird. Es läuft auf das gleiche hinaus, wenn man den Krümmungsradius R' auf den Wert R verkleinert. Folgende Regeln können für diesen Fall angegeben werden:

α) Beim Gitter mit endlicher Schaufelzahl wird sich erst in einiger Entfernung vor und hinter dem Gitter (streng genommen erst im Unendlichen) die Strömung praktisch ausgeglichen haben. Ist *a* die Gitterbreite, so wird dieser Zustand erst bei einer Breite *a'* erreicht werden, Bild 87. Die für das unendlich enge Gitter oben zusammengestellten Regeln gelten sämtlich auch bei endlicher Schaufelzahl, wenn in den Formeln die Geschwindigkeiten und Winkel der *ausgeglichenen Strömung* eingesetzt werden.

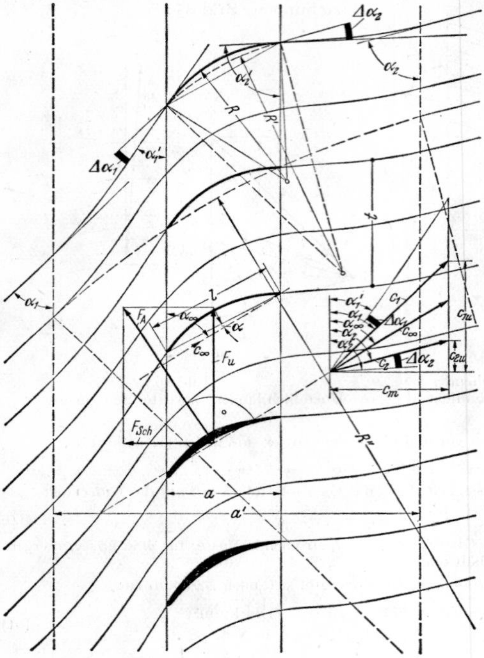

Bild 87

β) Aus a, δ) folgt insbesondere, daß die auf eine einzelne Gitterschaufel wirkende Kraft F_A *senkrecht* auf c_∞ steht. Das ist aber der gleiche Sachverhalt, der für eine Einzelschaufel zutrifft, wenn eine Parallelströmung mit der gleichen Anströmrichtung vorliegt, Es liegt somit sehr nahe, beide Fälle zu vergleichen und zu unterstellen, daß in beiden Fällen gleiche Kräfte in gleichen Richtungen vorhanden sind. Auf diese Weise kann die *Tragflügeltheorie* auf die Gitterströmung übertragen werden. Es ergibt sich eine Auftriebskraft

$$F_A = C_A \gamma/2g \cdot w_\infty^2 lb \text{ in kp} = \gtrless C_A \tfrac{1}{2}\varrho w_\infty^2 lb \text{ in N} \gtrless, \quad (63)$$

l Schaufeltiefe,
b Schaufelhöhe.

In gleicher Weise lassen sich die Verluste, die bisher nicht beachtet wurden, durch eine Widerstandskraft darstellen:

$$F_W = C_W \gamma/2g \cdot w_\infty^2 lb \text{ in kp} = \gtrless C_W \tfrac{1}{2}\varrho w_\infty^2 lb \text{ in N} \gtrless. \quad (64)$$

γ) Alle für ein feststehendes Schaufelgitter abgeleiteten Gleichungen gelten auch für ein mit *u bewegtes Gitter*, nur müssen die Absolutgeschwindigkeiten c durch die Relativgeschwindigkeiten w ersetzt werden. Die bisherigen Winkel α werden dann zweckmäßig mit β bezeichnet.

Für das bewegte Gitter, welches Arbeit aufnimmt (Turbine) oder Arbeit abgibt (Pumpe, Gebläse), gelten folgende allgemeine Beziehungen, wenn mit Δp der gesamte Druckunterschied bezeichnet wird, den das Gitter verarbeitet:

$$\begin{aligned} \Delta p &= (p_2 + \gamma/2g \cdot c_2^2) - (p_1 + \gamma/2g \cdot c_1^2) \text{ in kp/m}^2 \\ &= \gtrless\ (p_2 + \tfrac{1}{2}\varrho c_2^2) - (p_1 + \tfrac{1}{2}\varrho c_1^2) \text{ in N/m}^2 \gtrless; \end{aligned} \quad (65)$$

$$C_A l = \frac{2t\Delta w}{w_\infty} = \frac{2t\Delta p}{u\varrho w_\infty} = \frac{2\Delta p}{\varrho w_\infty n_s z};$$ z Schaufelzahl, n_s sekundliche Drehzahl, u Umfangsgeschwindigkeit, t Schaufelteilung.

Man erhält das Gitter eines Axialrades dadurch, daß man einen Zylinderschnitt durch die Schaufeln legt und in eine Ebene abwickelt. Die angegebene Lösung stellt eine *erste Näherung* dar, indem die Beeinflussung der Nachbarschaufeln auf eine Schaufel durch Annahme einer *mittleren Strömungsrichtung* berücksichtigt wird. Diese erste Näherung hat sich indes als so brauchbar erwiesen, daß sich in sehr vielen Fällen — vor allem bei schwach belasteten Gittern — aus ihr brauchbare Konstruktionen ergeben. Der Gitterwirkungsgrad η folgt nach einer einfachen Rechnung aus folgenden Formeln, die auch für Propeller und Schraubgetriebe gelten,

$$\eta = \frac{1 - \varepsilon \tan \varphi_\infty}{1 + \varepsilon/\tan \varphi_\infty} \approx \frac{\tan \beta_\infty}{\tan(\beta_\infty + \varepsilon)}; \quad \tan \varepsilon \approx \hat{\varepsilon} = \frac{C_W}{C_A}. \quad (66)$$

Für den einfachen, praktisch bedeutsamen Fall, daß ein *Kreisbogenprofil* gewählt wird, dessen Sehne in Richtung von w_∞ bzw. c_∞ liegt, ergibt sich für β', Bild 88,

$$\beta' = \frac{2}{\pi} \frac{t}{l} \sin \beta_\infty \frac{\sin(\beta_2 - \beta_1)}{\sin \beta_1 \sin \beta_2}. \quad (67)$$

δ) Die Berechnung nach β) berücksichtigt nicht die Tatsache, daß die Schaufeln in einer *gekrümmten Strömung* liegen. Die mittlere Krümmung ergibt sich gemäß Bild 87 dadurch, daß man die Breite a' bestimmt, außerhalb welcher die Strömung als ausgeglichen gelten kann. Diese Breite ist u. U. bedeutend größer als die Gitterbreite a. Die mittlere Krümmung ist in Bild 87 mit R'' bezeichnet. Die Breite a' kann notfalls durch provisorisches Aufzeichnen der Stromlinien und der dazu senkrechten Potentiallinien gewonnen werden.

Ergibt die Berechnung nach β) bei Kreisbogenschaufeln einen Krümmungsradius R', und ist der mittlere Krümmungsradius R'', so wird der richtige Krümmungsradius der Schaufel $1/R = 1/R' + 1/R''$. Mit einiger Annäherung kann für $1/R''$ der Wert $\pi C_A l/12t^2$ gesetzt werden (Analogon der Strahlablenkung bei Windkanälen).

ε) Nach *Weinig* läßt sich der *Übertreibungswinkel* $\Delta\alpha$ nach potentialtheoretischen Berechnungen direkt ausrechnen

$$\Delta\alpha_1 = \Delta\alpha_2 = (1-\mu)(\alpha_1 - \alpha_m) = (1-\mu)(\alpha_m - \alpha_2).$$

Der Wert μ in Abhängigkeit von α_m und t/l kann aus Bild 89 entnommen werden. $\alpha_m = {}^1/_2(\alpha_1 + \alpha_2)$.

ζ) Bei der Profilierung von Schaufeln geht man zweckmäßig von der Kreisbogenform nach *Weinig* aus und verteilt die Profildicke gleichmäßig nach beiden Seiten. Dabei ist zu beachten, daß die größte Dicke, die in der Größenordnung von 10% der Schaufellänge liegen kann, etwa in 40% der Profiltiefe liegen sollte.

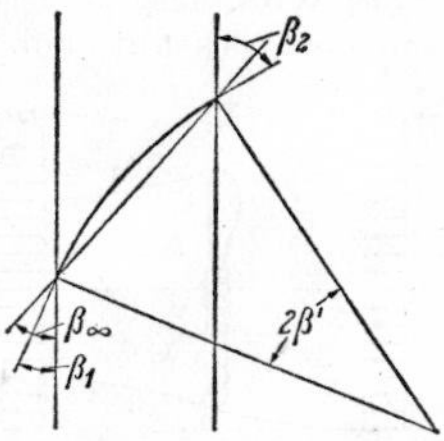

Bild 88. Zur Bestimmung des Winkels β' für ein Kreisbogenprofil

Bei Profilierung muß das Kreisbogenprofil etwas verdreht werden, und zwar bei *Pumpen* im *positiven* Sinn, d. h. eine Vergrößerung des Schaufelwinkels, bei *Turbinen* im *negativen* Sinn (Berechnung des Winkels)[1].

Nach diesen Methoden berechnete Gitter stimmen mit der genauen Berechnung von *Scholz*[2] und *Schlichting*[3] sehr genau überein. Nach neueren Untersuchungen bringen Profilierungen Vorteile bis herunter zu Re = 30000.

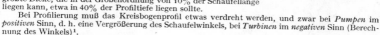

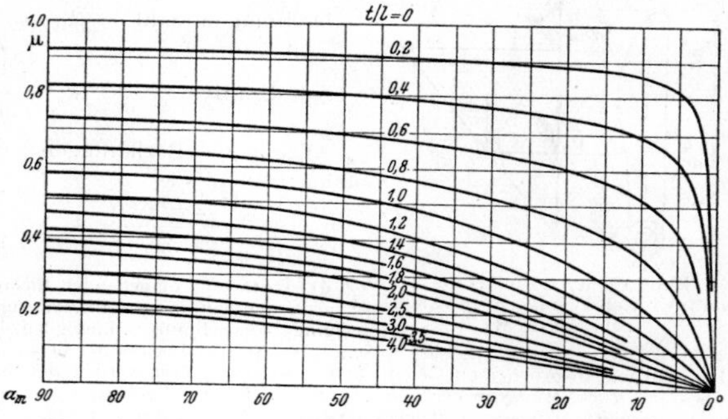

Bild 89. Wert μ (für Berechnung des Übertreibungswinkels $\Delta\alpha$) in Abhängigkeit von α_m für verschiedene Teilungsverhältnisse t/l

η) Bei stark *verzögerter Strömung* durch Gitter mit enger Teilung und relativ kleinen Eintrittswinkeln ergibt die Eintrittsaufwinkelung eine u. U. starke Verengung des Eintrittsquerschnitts. Zur Vermeidung der hierdurch eventuell eintretenden Grenzschichtablösungen wird oft zu raten sein, von einer Eintrittsaufwinkelung ganz abzusehen und nur den Austrittswinkel zu ändern. Genauere Berechnungsmethoden wurden von *Scholz*[2] und *Schlichting*[3] entwickelt.

8. Allgemein gültige Strömungsgesetze für Schraubenräder in freier Strömung (Schiffsschrauben, Propeller, Windmühlen u. a.)

a) Schraubenschub. Eine angetriebene Schraube, die sich mit der Geschwindigkeit w frei in einem unbegrenzten Medium bewegt, beschleunigt nach Bild 90 den von ihr erfaßten Teil der Strömung um den Betrag v. Nach dem Impulssatz drückt die Schraube mit der Kraft $F_{\text{Sch}} = \dot{m}v$ ($\dot{m}$ sekundlich beschleunigte Masse in kg/sec) und bewirkt gemäß Bild 90 eine Kontraktion des erfaßten Strahls (Strahlerweiterung bei Schraubenturbinen). In der Schraubenebene ist eine Mittelgeschwindigkeit $w + v/2$ vorhanden. Die Schraube erzeugt einen statischen Drucksprung von der Größe

$$\Delta p = \gamma/g \cdot v(w \pm v/2) \text{ in kp/m}^2 = \lessgtr \varrho v(w \pm v/2) \text{ in N/m}^2 \lessgtr, \tag{68}$$

das Minus-Zeichen gilt für Schraubenturbinen.

---

[1] *Eckert, B.*: Axialkompressoren und Radialkompressoren. 2. Aufl. Berlin: Springer 1961.

[2] *Scholz, N.*: Strömungsuntersuchungen an Schaufelgittern. VDI-Forschungsheft Nr. 442, 1954.

[3] *Schlichting, H.*: Berechnung der reibungslosen inkompressiblen Strömung für ein vorgegebenes ebenes Schaufelgitter. VDI-Forschungsheft Nr. 447, 1955.

Damit läßt sich der Schub F_{Sch} wie folgt schreiben:

$$F_{Sch} = A\,\Delta p = A\gamma/g \cdot v(w \pm v/2) \text{ in kp} = \approx A\varrho v(w \pm v/2) \text{ in N} \approx . \quad (69)$$

b) Wirkungsgrad. Die Nutzleistung der Schraube ist offensichtlich $F_{Sch} w$, anderseits erkennt man, daß die kinetische Energie $\dot{m}v^2/2$ verlorengeht. So läßt sich der Wirkungsgrad leicht berechnen:

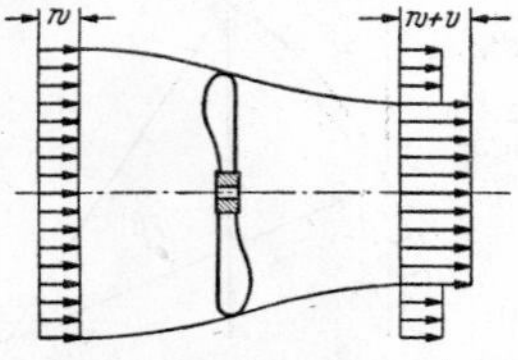

Bild 90. Beschleunigung eines Luftstrahls durch eine Schraube

$$\eta = \frac{F_{Sch} w}{F_{Sch} w + \dot{m} v^2/2} = \frac{w}{w + v/2}. \quad (70)$$

Eine genauere Berechnung muß die Umströmung des einzelnen Schraubenelementes berücksichtigen. Ein solches Element (Anströmverhältnisse vgl. Bild 91) hat den Wirkungsgrad $\eta = \frac{1 - \varepsilon\lambda}{1 + \varepsilon/\lambda}$. Hierbei bezeichnet $\lambda = w/u$ den sog. Fortschrittsgrad und ε den Gleitwinkel des Profils.

c) Außerdem sind folgende **Kennzahlen** im Gebrauch, wenn F_{Sch} in N, M_d in Nm und ϱ in kg/m³:

$$\text{Belastungszahl} \quad c_s = \frac{F_{Sch}}{\varrho/2 \cdot w^2 A};$$

$$\text{Drehmomentzahl} \quad k_d = \frac{M_d}{\varrho/2 \cdot u^2 A\, d/2};$$

$$\text{Schubzahl} \quad k_s = \frac{F_{Sch}}{\varrho/2 \cdot u^2 A}.$$

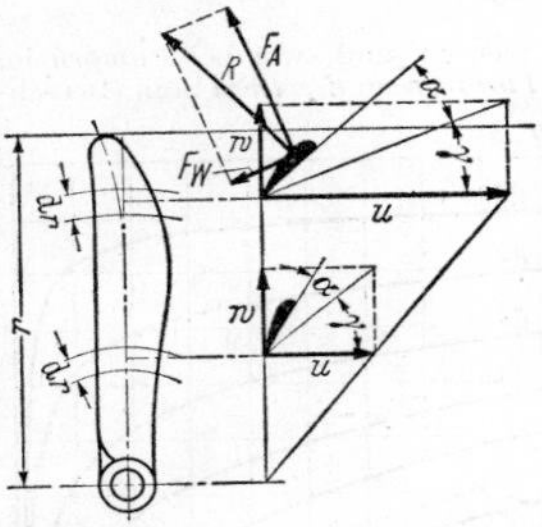

Bild 91. Geschwindigkeits- und Kräftebeziehungen an einem Schraubenblatt

Allgemeine Beziehungen zwischen den Kennzahlen:

$$\eta = \frac{2}{1 + \sqrt{1 + c_s}}; \quad k_s = c_s \lambda^2; \quad \eta = \lambda k_s / k_d.$$

d) Trotz sehr eingehender theoretischer Untersuchungen ist auch heute noch eine zuverlässige theoretische **Vorausberechnung** von Schrauben unmöglich. Im allgemeinen wird eine Schraube auf Grund bekannter Versuchsergebnisse ausgewählt[1]. Bei mäßigen Ansprüchen auf Genauigkeit kann so verfahren werden, daß man unter Zugrundelegung des stat. Drucksprungs in der Schraubenebene ein „Gebläselaufrad" (bzw. Kreiselpumpenlaufrad) so konstruiert, daß es bei gleicher mittlerer Durchflußgeschwindigkeit den gegebenen statischen Drucksprung überwindet, wobei natürlich die Enden entsprechend abgerundet werden müssen. Gegebenenfalls läßt sich auch ein „Gebläseflügel" konstruieren, bei dem man gemäß den tatsächlichen Verhältnissen den Druck stetig nach den Enden zu abnehmen läßt, wobei natürlich der Gesamtdruck gleich dem Schub sein muß.

Bei Schiffsschrauben muß mit Rücksicht auf die Kavitation mit sehr niedrigen C_A-Werten gerechnet werden, wodurch sich die breiten Flügel dieser Schrauben ergeben.

K. Gasdynamik

Literatur: 1. *Oswatitsch, K.:* Gasdynamik. Wien: Springer 1952. — 2. *Sauer, R.:* Einführung in die theoretische Gasdynamik. 3. Aufl. Berlin: Springer 1960. — 3. *Zierep, J.:* Vorlesungen über theoretische Gasdynamik. Karlsruhe: Verlag G. Braun 1962.

Bei Strömungen mit erheblichen Druckunterschieden oder sehr großen Geschwindigkeiten, außerdem infolge von Temperaturänderungen, ergeben sich bei Gasen und Dämpfen Volumenänderungen, die nicht vernachlässigbar sind. Hierbei treten Erscheinungen auf, die gegenüber den bisherigen Darlegungen teilweise gegensätzlichen Charakter haben.

a) Schallgeschwindigkeit. Kleine Druckstörungen pflanzen sich in einem Medium mit einer ganz bestimmten Geschwindigkeit fort, die man Schallgeschwindigkeit

[1] Schrifttum über Schraubenversuche: *Schaffran, K.:* Systematische Propellerversuche. Diss. TH Danzig 1917. — *Helmbold, H. B.:* Systematische Versuche an Verstell-Luftschrauben. Luftf.-Forsch. 12 (1935) 4. — *Betz, A.:* Windenergie und ihre Ausnutzung durch Windmühlen. Göttingen: Vandenhoek u. Ruprecht 1926.

nennt. Allgemein gilt für die Schallgeschwindigkeit

$$a = \sqrt{\mathrm{d}p/\mathrm{d}(\gamma/g)} = \sqrt{\mathrm{d}p/\mathrm{d}\varrho}\,. \tag{71}$$

Für *ideale* Gase lassen sich daraus bei Annahme einer adiabatischen Zustandsänderung folgende Gebrauchsformeln ableiten:

$$a = \sqrt{g\varkappa p v} = \sqrt{g\varkappa R T}\,, \tag{72}$$

$$= \sqrt{\varkappa p/\varrho} = \sqrt{\varkappa R T}\,, \tag{73}$$

$p, v\ (= 1/\gamma), T$ Zustand an der Stelle der Schallgeschwindigkeit.

b) Machscher Winkel. Bewegt sich ein Körper mit *Über*schallgeschwindigkeit $w > a$, so ist offenbar die Eigenbewegung schneller als die Druckfortpflanzung a. Der Körper hat dann in 1 sec den Weg w, die Druckstörung den Weg a zurückgelegt. Es entsteht ein *Druckkegel* mit dem Winkel 2α; $\sin\alpha = a/w$, außerhalb dieses Kegels bleibt das Medium ungestört, d. h. in Ruhe. Man nennt α den *Mach*schen Winkel, das Verhältnis $w/a = \mathrm{Ma}$ die *Mach*-Zahl, Bild 92.

Steht umgekehrt der störende Körper still, z. B. ein Hindernis an einer Wand, Bild 93, und wird er mit Überschallgeschwindigkeit w angeblasen, so ergibt sich grundsätzlich der gleiche Vorgang. Vom Hindernis *1* aus bildet sich unter dem Winkel α eine Front, auf der erstmalig die Strömung *unstetig* beeinflußt wird.

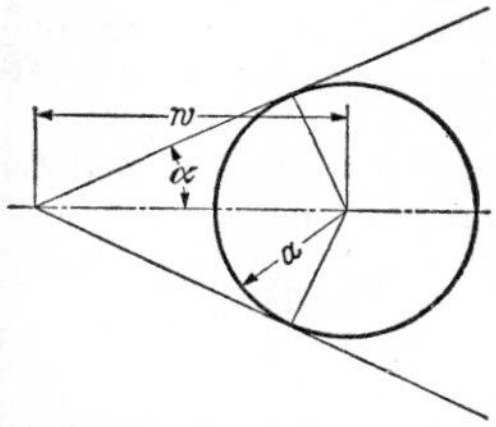

Bild 92. Druckwelle bei Bewegungsgeschwindigkeit $w >$ Schallgeschwindigkeit a

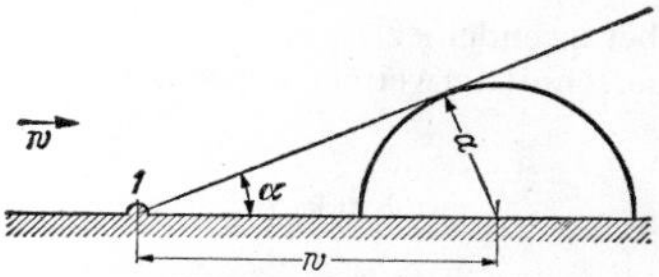

Bild 93. Ruhender Körper (Hindernis), mit Geschwindigkeit $w > a$ angeblasen

Regel. Bei Strömungen mit Überschallgeschwindigkeit breitet sich jede Störung unter dem *Mach*schen Winkel aus. Unter Störung ist dabei *jede* Druckerhöhung oder -erniedrigung zu verstehen. Die *Strömungsrichtung* ist identisch mit der *Winkelhalbierenden* des *Mach*schen Kegels. (*Mach*sche Wellen können durch Schlieren oder durch Interferenzverfahren leicht sichtbar gemacht werden.)

c) Allgemeingültige Gleichungen. In der *Bernoulli*schen Gleichung [Gl. (2)] muß $p/\gamma = pv$ durch $\int \mathrm{d}p/\gamma = \int v\,\mathrm{d}p$ bzw. p/γ durch $\mathrm{d}p/\varrho$, vgl. Gl. (5) ersetzt werden. Als Lösung ergibt sich für adiabatische Strömung

$$\frac{w^2}{2g} + \frac{\varkappa}{\varkappa - 1}\,p v = \mathrm{const} \quad \text{bzw.} \quad {}^1/_2 w^2 + \frac{\varkappa}{\varkappa - 1}\,p/\varrho\,. \tag{74}$$

Für den Fall des Ausströmens aus einem Kessel (Druck p_0 in $\mathrm{N/m^2}$, Dichte ϱ_0 in $\mathrm{kg/m^3}$) ergibt sich folgende Geschwindigkeit:

$$w = \sqrt{2\,\frac{\varkappa}{\varkappa - 1}\,\frac{p}{\varrho}\left[(p_0/p)^{\frac{\varkappa-1}{\varkappa}} - 1\right]} = \sqrt{2\,\frac{\varkappa}{\varkappa - 1}\,\frac{p_0}{\varrho_0}\left[1 - (p/p_0)^{\frac{\varkappa-1}{\varkappa}}\right]}\,. \tag{75}$$

Im techn. Maßsystem ist der Druck p bzw. p_0 in $\mathrm{kp/m^2}$ einzusetzen, statt ϱ ist γ/g zu setzen.

Die größtmögliche Geschwindigkeit entsteht beim Ausströmen ins *Vakuum*:

$$w_{\max} = \sqrt{2\varkappa/(\varkappa - 1)\cdot p_0/\varrho_0}\,. \tag{76}$$

Für $p_0 = 1$ at abs ($= 9{,}81 \cdot 10^4\ \mathrm{N/m^2}$) und 15 °C ($\varrho_0 = 1{,}226\ \mathrm{kg/m^3}$, vgl. Gl. (6) S. 292) ist für Luft $w_{\max} = 757$ m/sec.

Bei Dämpfen ist es zweckmäßig, mit dem Wärmeinhalt h (auch Enthalpie genannt und bisher mit i bezeichnet) zu rechnen. Aus den Gln. (3) und (4) im Kapitel „Wärmelehre" ergibt sich, daß die Zunahme der kinetischen Energie einer adiabatischen Strömung gleich ist dem Wärmegefälle:

$$^1/_2(w_2^2 - w_1^2) = h_1 - h_2; \quad \text{daraus} \quad w_2 = \sqrt{w_1^2 + 2(h_1 - h_2)}\,. \tag{77}$$

Bei Zahlenrechnung ist w in m/sec und h in J/kg einzusetzen; da $1\ \text{J} = 1\ \text{kg m}^2/\text{sec}^2$, hat J/kg die Einheit m^2/sec^2.

d) Kritisches Druckverhältnis. Bei Unterschreitung eines bestimmten, sog. kritischen Druckverhältnisses p_{kr}/p_0 tritt im engsten Querschnitt A_s die *Schallgeschwindigkeit* des Gases entsprechend der dort herrschenden Temperatur auf. Man erhält:

$$p_{kr}/p_0 = \left(\frac{2}{\varkappa + 1}\right)^{\frac{\varkappa}{\varkappa - 1}}; \quad T_0/T_{kr} = \frac{\varkappa + 1}{2}\,. \tag{78}$$

Krit. Druckverhältnis	Luft	Wasserdampf gesättigt	Wasserdampf überhitzt
p_{kr}/p_0	0,5283	0,577	0,546

Für den Vorgang ist es unerheblich, ob er in einer geschlossenen Leitung (Düse) oder in einer Stromröhre einer freien Strömung stattfindet.

Soll bei irgendeiner Expansion *Überschallgeschwindigkeit* eintreten, so muß der Düsenquerschnitt erweitert werden. Nach der Kontinuitätsgleichung (1)

$$A = \dot{m}/w\varrho = \dot{m}v/w$$

mit $\dot{m}$ in kg/sec, spez. Volumen v in m^3/kg, w in m/sec

bedeutet dies, daß nach Überschreitung der Schallgeschwindigkeit das spez. Volumen stärker zunimmt als die Geschwindigkeit. *Laval* gab 1883 die nach ihm benannten Düsenformen an. Für die *Mach*-Zahl Ma erhält man

$$\text{Ma} = w/a = \sqrt{\frac{2}{\varkappa - 1}\left[(p_0/p)^{\frac{\varkappa - 1}{\varkappa}} - 1\right]}\,. \tag{79}$$

Von praktischer Bedeutung ist das Verhältnis des engsten Querschnitts A_s zum Austrittsquerschnitt A_1 sowie das Verhältnis der zugehörigen Geschwindigkeiten. Bei zweiatomigen Gasen ist $\varkappa = 1{,}4$, bei überhitztem Wasserdampf $\varkappa = 1{,}3$.

	$\varkappa = 1{,}3$		$\varkappa = 1{,}4$	
p_0/p_1	A_1/A_s	$w_1/w_s = w_1/a$	A_1/A_s	w_1/w_s
2	1,03	1,07	1,02	1,04
4	1,26	1,45	1,21	1,40
6	1,55	1,61	1,47	1,55
8	1,82	1,71	1,70	1,64
10	2,08	1,78	1,94	1,72
20	3,22	1,96	2,90	1,86
30	4,20	2,04	3,72	1,93
40	5,12	2,10	4,46	1,98
50	5,97	2,14	5,16	2,01
60	6,76	2,17	5,82	2,03
80	8,26	2,21	7,04	2,07
100	9,71	2,24	8,13	2,10
∞	∞	2,77	∞	2,45

Den Druckverlauf bei unter- und überkritischer Strömung sowie den Geschwindigkeitsverlauf im engsten Querschnitt zeigt Bild 94.

Die Geschwindigkeit im engsten Querschnitt (sie ist dort gleich der Schallgeschwindigkeit) beträgt

$$a_L = \sqrt{\frac{2\varkappa}{\varkappa+1}\,\frac{p_0}{\varrho_0}} = a_0\sqrt{\frac{2}{\varkappa+1}}\,; \tag{80}$$

sie sei Lavalgeschwindigkeit genannt. Gemäß Gl. (71) u. (72) ändert sich die Schallgeschwindigkeit mit p/ϱ bzw. T. In einer Strömung kann sich der Druck u. U. von Punkt zu Punkt ändern, mit ihm also auch die Schallgeschwindigkeit. So ergeben sich verschiedene Werte.

1. Schallgeschwindigkeit im ruhenden Medium $a_0 = \sqrt{\varkappa p_0/\varrho_0}$;
2. Schallgeschwindigkeit an irgendeinem Punkt der Strömung $a = \sqrt{\varkappa p/\varrho}$;
3. Die Lavalgeschwindigkeit $a_L = a_0\sqrt{2/(\varkappa+1)}$.

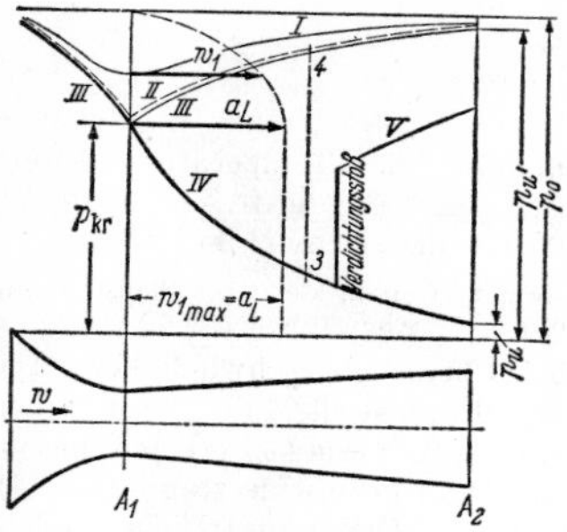

Bild 94. Lavaldüse. Druckverlauf und Geschwindigkeit an der engsten Stelle bei unter- und überkritischen Druckverhältnissen

I Unterkritischer Druckverlauf $w < a_L$
II Unterkritischer Druckverlauf (äußerste Grenze)
III Kritischer Druckverlauf ohne Verdichtungsstoß. Schallgeschwindigkeit im engsten Querschnitt
IV Überkritischer Druckverlauf; Druckabnahme im erweiterten Querschnitt
V Überkritischer Druckverlauf mit Verdichtungsstoß. Drucksprung von *IV* nach *V* (ohne Verlust könnte z. B. ein Drucksprung von *3* nach *4* erfolgen)

Es läßt sich noch die Beziehung $a^2 = (\varkappa - 1)\,(w^2_{max} - w^2)/2$ ableiten. Die Änderung der örtlichen Schallgeschwindigkeit mit der örtlichen Geschwindigkeit kann daraus leicht erkannt werden. Mit größer werdendem w wird a immer kleiner.

e) Dynamischer Druck. Als dyn. Druck wird (nach DIN 5492) die Differenz aus Gesamtdruck und stat. Druck bezeichnet. (Für nicht kompressible Stoffe gleich dem kinetischen Druck $^1/_2 \gamma w^2/g$.) Infolge der Kompressibilität ist bereits bei Unterschallströmungen der dyn. Druck am Staupunkt eines Körpers größer als der kinetische Druck $^1/_2 \varrho w^2$. Man erhält

$$p_0 - p = {}^1/_2\varrho w^2\,\frac{\varkappa-1}{\varkappa}\,\frac{p_0/p - 1}{(p_0/p)^{\frac{\varkappa-1}{\varkappa}} - 1} = {}^1/_2\varrho w^2 \varepsilon \text{ in N/m}^2. \tag{81}$$

Für Luft ($\varkappa = 1{,}4$) wird:

p_0/p	1,1	1,2	1,3	1,4	1,5	1,6	1,7	1,8	1,9
ε	1,035	1,07	1,1	1,133	1,16	1,189	1,22	1,25	1,28
w m/sec	124,3	173,1	209	238	262	284	303	320	336

Die bei größeren Geschwindigkeiten eintretenden relativen Dichte- und Volumenänderungen können mit guter Näherung durch folgende Gleichung ermittelt werden:

$$\Delta\varrho/\varrho = \Delta\gamma/\gamma = {}^1/_2\text{Ma}^2 \quad (\text{gültig bis Ma} \approx 0{,}8). \tag{82}$$

Bis etwa $\text{Ma} \approx 0{,}3$ sind die Volumenänderungen geringfügig. Das bedeutet, daß bis zu diesen Werten meist unbedenklich Gase als Flüssigkeiten betrachtet werden können.

f) Verdichtungsstoß. Bei Überschallströmungen sind u. U. unstetige, endlich große Druckänderungen vorhanden. Hier findet ein plötzliches Absinken der

Geschwindigkeit statt; dabei kann u. U. ein Umschlag von Über- in Unterschallgeschwindigkeit eintreten. Vor einem Staupunkt A ist dies immer der Fall (Punkt B Bild 95). Von B verläuft nach beiden Seiten eine Wellenfront (Kopfwelle), auf der sich der Verdichtungsstoß ausbreitet. Zwischen den Geschwindigkeiten vor und nach dem Verdichtungsstoß besteht beim sog. geraden Verdichtungsstoß die Beziehung $w_1 w_2 = a_L{}^2$. Der Betrag $^1/_2(w_1{}^2 - w_2{}^2)$ setzt sich in Wärme um [vgl. Gl. (77)]. Zwischen B und dem Staupunkt A findet dann eine normale adiabatische Verdichtung statt.

Der *dyn. Druck* ist bei vorausgehendem Verdichtungsstoß *kleiner* als bei rein adiabatischer Expansion, was durch den Stoßverlust zu erklären ist. Man erhält

$$p_2 - p_1 = \gamma/2g \cdot w^2\varepsilon' \text{ in kp/m}^2 = ≋ \; ^1/_2\varrho w^2\varepsilon' \text{ in N/m}^2 \; ≋, \text{ wobei } \varepsilon' < \varepsilon \text{ ist.} \quad (83)$$

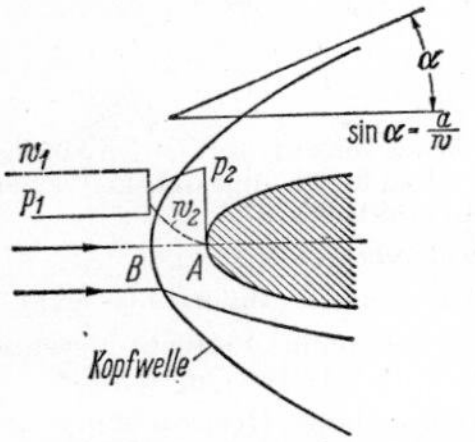

Bild 95. Verdichtungsstoß vor einer stumpfen Profilnase

Es ergibt sich für

Ma	1,5	2	3
ε	1,69	2,48	4,85
ε'	1,53	1,655	1,75

Am Staupunkt entsteht die Temperaturerhöhung $T_2 - T_1 =$ ≋ $w^2/2c_p$, c_p in J/(kg · grd) ≋. Um diesen Wert zeigen somit Thermometer zuviel an.

In Rohrleitungen springt ebenfalls die Überschallströmung durch Verdichtungsstoß in Unterschallströmung um.

g) Widerstand bei Überschallgeschwindigkeit. Die Wellenfront der Verdichtungswelle, die später in den *Mach*schen Winkel ausläuft, verursacht einen besonderen Widerstand des Körpers, der zu dem Flächen- und Formwiderstand, Gl. (44), hinzukommt und u. U. beachtliche Werte erreichen kann. Dieser zusätzliche Wellenwiderstand kann durch Ausbildung der *Profilnase* beeinflußt werden. Spitze Ausbildungen der Nase verkleinern den Wellenwiderstand. Bemerkenswert ist, daß die gleichen Maßnahmen, die zur Verminderung des Wellenwiderstandes von Schiffen bekannt geworden sind, auch hier empfehlenswert sind. In beiden Fällen sind somit die Körper vorn spitz auszubilden.

V. Ähnlichkeitslehre

Bearbeitet von Prof. Dr.-Ing. **E. Metzmeier**, Berlin

Literatur: 1. *Bridgman-Holl:* Theorie der physikalischen Dimensionen. Leipzig: Teubner 1932. 2. *Duncan, W. J.:* Physical similarity and dimensional analysis. London: Edward Arnold & Co 1953. — 3. *Langhaar, H. L.:* Dimensional analysis and theory of models. New York: John Wiley & Sons Inc.; London: Chapman & Hall Ltd. 1951. — 4. *Matz, W.:* Anwendung des Ähnlichkeitsgrundsatzes in der Verfahrenstechnik. Berlin: Springer 1954. — 5. *Sedov, L. I.:* Similarity and dimensional methods in mechanics. London: Infosearch Ltd. 1959. — 6. *Traustel, S.:* Modellgesetze der Vergasung und Verhüttung. Berlin: Akademie-Verlag 1949. — 7. *Weber, M.:* Das Ähnlichkeitsprinzip der Physik und seine Bedeutung für das Modellversuchswesen. Forsch. Gebiet Ingenieurwes. 11 (1940) 49/58.

A. Grundlagen

a) Aufgabe der Ähnlichkeitslehre. Bei vielen technischen Problemen führt der übliche mathematisch-deduktive Lösungsweg nicht zum Ziel. Um auch in diesen Fällen ein zahlenmäßiges Ergebnis des Naturvorgangs geben zu können, ist man gezwungen, auf dem Versuchsweg die Natur zu befragen. Die an Modellen gemessenen Zahlenwerte werden auf die Natur durch Anwendung der Ähnlichkeitslehre übertragen.

Weiterhin werden ähnliche Naturvorgänge durch das Zahlenbeispiel eines einzigen Versuches miterfaßt, sofern die Bedingungen und Voraussetzungen physikalischer Ähnlichkeit erfüllt sind.

Jedoch lassen sich nicht alle Vorgänge mittels eines Modells nachahmen. Stets muß man prüfen, ob der betreffende Vorgang streng oder nur näherungsweise den Forderungen der Ähnlichkeitslehre genügt.

b) Bedingungen für Ähnlichkeit. Grundbedingung für die Anwendung der Ähnlichkeitslehre ist stets der physikalisch ähnliche Verlauf an den beiden geometrisch ähnlichen Ausführungen. Dies führt auf eine von der Art der wirkenden Kräfte abhängige Beziehung zwischen den geometrischen und zeitlichen Größen der beiden Vergleichsvorgänge. Diese Beziehung wird das *Modellgesetz* genannt. Ihre Aufstellung ist die Hauptaufgabe der Ähnlichkeitslehre.

Damit zwei Vorgänge z. B. mechanisch ähnlich verlaufen, müssen die beiden ähnlichen Bewegungen der Hauptausführung (H) und des Modells (M) in allen Teilen selbständig nach dem dynamischen Grundgesetz: Kraft = Masse × Beschleunigung vor sich gehen. Ebenfalls müssen die Anfangs- und Grenzbedingungen geometrisch ähnlich sein.

Die Ähnlichkeitslehre ist überall dort anwendbar, wo Grenzübergänge im Sinn der Infinitesimalrechnung physikalisch überhaupt möglich sind. Ausgeschlossen bleiben daher alle Gebiete, bei denen die Molekularstruktur eine Rolle spielt.

c) Übertragungsregeln. Zwei zu vergleichende Probleme von (H) und (M) heißen vollkommen ähnlich,

1. wenn für alle entsprechenden linearen Größen von (H) und (M) gilt: $l^* = \lambda l$, d. h. wenn geometrische Ähnlichkeit besteht;
2. wenn für alle entsprechenden Zeiten von (H) und (M) gilt: $t^* = \tau t$, d. h. wenn zeitliche Ähnlichkeit besteht;
3. wenn für alle entsprechenden Kräfte von (H) und (M) gilt: $k^* = \varkappa k$, d. h. wenn Kräfteähnlichkeit besteht;
4. wenn für alle entsprechenden Temperaturen von (H) und (M) gilt: $T^* = \vartheta T$, d. h. wenn thermische Ähnlichkeit besteht.

d) Übertragungsmaßstäbe abgeleiteter Einheiten. Mit der Festlegung der Maßstäbe für die Grundeinheiten der Längen, m, der Zeiten, sec, der Kräfte, kp, und der Temperaturen, °K, sind auch die Übertragungsmaßstäbe der abgeleiteten Einheiten der Geschwindigkeiten, Beschleunigungen, Flächen, Rauminhalte gegeben. Bei *unbenannten Zahlengrößen*, wie Winkel, Dehnungen, ist der *Übertragungsmaßstab gleich* 1.

Bei *statischen* Problemen genügt die Auswahl von zwei Bezugsgrößen, welche die Grundeinheiten m und kp unabhängig voneinander enthalten; bei *dynamischen* Vorgängen kommt eine dritte Grundeinheit sec hinzu und bei *thermischen* Erscheinungen noch °K.

Sind $w^* = \mathrm{d}s^*/\mathrm{d}t^*$ und $w = \mathrm{d}s/\mathrm{d}t$ zwei entsprechende Geschwindigkeiten von (H) und (M) in m/sec, dann gilt für entsprechende Bahnelemente $\mathrm{d}s^*$ und $\mathrm{d}s$ auch $\mathrm{d}s^* = \lambda\,\mathrm{d}s$ und für entsprechende Zeitelemente $\mathrm{d}t^*$ und $\mathrm{d}t$ auch $\mathrm{d}t^* = \tau\,\mathrm{d}t$. Also ist

$$w^* = \frac{\mathrm{d}s^*}{\mathrm{d}t^*} = \frac{\lambda\,\mathrm{d}s}{\tau\,\mathrm{d}t} = \frac{\lambda}{\tau}\cdot w.$$

In gleicher Weise ergibt sich für entsprechende Beschleunigungen in m/sec²

$$b^* = \frac{\mathrm{d}^2 s^*}{\mathrm{d}t^{*2}} = \frac{\mathrm{d}}{\mathrm{d}t^*}\,\frac{\mathrm{d}s^*}{\mathrm{d}t^*} = \frac{\mathrm{d}}{\tau\,\mathrm{d}t}\,\frac{\lambda\,\mathrm{d}s}{\tau\,\mathrm{d}t} = \frac{\lambda}{\tau^2}\,b.$$

Allgemein gilt die Übertragungsregel: Bei physikalischer Ähnlichkeit ist das Übertragungsverhältnis für zwei entsprechende Definitionsgrößen von (H) und (M) in der gleichen Weise aus den Grundverhältnissen λ, τ, $\varkappa$, ϑ zu bilden wie die Maßeinheiten der betreffenden Größe aus m, sec, kp, °K.

B. Modellgesetze

1. Dynamische Ähnlichkeit

a) Die **Bedingungsgleichung** zwischen den vier Ähnlichkeitsmaßstäben der dynamischen Grundgleichung. Die dynamische Grundgleichung hat die Form[1]

$$\text{für (H)} \quad k^* = m^* b^*, \qquad \text{für (M)} \quad k = m b.$$

Berücksichtigt man die Übertragungsmaßstäbe und setzt $m^* = \mu m$, so erhält man für (H)

$$k^* = \varkappa k = \mu m \frac{\lambda}{\tau^2} b.$$

Soll diese den Hauptvorgang beschreibende Gleichung mit der des Modellvorgangs übereinstimmen, so muß

$$\varkappa = \frac{\lambda}{\tau^2} \mu$$

die *Bertrand*sche *Bedingungsgleichung*, zwischen den vier Ähnlichkeitsmaßstäben λ, τ, $\varkappa$, μ, erfüllt sein,

b) Newtons allgemeines Ähnlichkeitsgesetz. Führt man die Dichte ϱ und das Volumen V ein ($m = \varrho V$) und schreibt die *Bertrand*sche Gleichung in der Form

$$\varkappa = \frac{m^* b^*}{m b} = \frac{\varrho^* V^*}{\varrho V} \frac{\lambda}{\tau^2} = \frac{\varrho^*}{\varrho} \lambda^3 \frac{\lambda}{\tau^2} = \frac{\varrho^*}{\varrho} \lambda^2 \frac{\lambda^2}{\tau^2} = \frac{\varrho^*}{\varrho} \frac{l^{*2}}{l^2} \frac{w^{*2}}{w^2}$$

oder

$$\frac{k^*}{\varrho^* l^{*2} w^{*2}} = \frac{k}{\varrho l^2 w^2} = \text{const} = \alpha,$$

so ergibt sich die folgende als *Newtons allgemeines Ähnlichkeitsgesetz* bezeichnete Doppelgleichung

$$k^* = \alpha \varrho^* l^{*2} w^{*2} \qquad \text{und} \qquad k = \alpha \varrho l^2 w^2.$$

Bei der Anwendung der Ähnlichkeitslehre wird der Längenmaßstab λ beliebig passend gewählt. Außerdem ist das Verhältnis μ entsprechender Massen durch die Dichten ϱ^* und ϱ und das Verhältnis entsprechender Rauminhalte durch λ^3 gegeben. In der *Bertrand*schen Bedingungsgleichung sind also nur noch τ und $\varkappa$ Unbekannte.

Tritt zu dieser Gleichung noch eine weitere Beziehung $\varkappa = k_1^*/k_1$ hinzu, die $\varkappa$ aus λ und τ berechnen läßt, dann sind die vier Maßstäbe λ, τ, $\varkappa$ und μ bekannt und damit auch das für diesen Fall in Frage kommende Modellgesetz.

c) Das **Froudesche Modellgesetz** für Vorgänge mit Trägheitskräften und Schwerkraft. Die beiden Bewegungsvorgänge von (H) und (M) sollen unter der Wirkung der Schwerkraft ähnlich verlaufen. Sind γ^* und γ entsprechende spez. Gewichte, g^* und g entsprechende Fallbeschleunigungen, so ergibt das Verhältnis der Schwerkräfte

$$\varkappa = \frac{m^* g^*}{m g} = \frac{\varrho^* V^*}{\varrho V} \frac{g^*}{g} = \frac{\gamma^* V^*}{\gamma V} = \frac{\gamma^*}{\gamma} \lambda^3.$$

Durch Vergleich mit dem Verhältnis der Massenkräfte in der *Newton*schen Form erhält man

$$\tau = \sqrt{\lambda \frac{g}{g^*}} \quad \text{oder mit} \quad g^* = g \quad \text{auch} \quad \tau = \sqrt{\lambda},$$

das *Froude*sche Gesetz für den Zeitmaßstab,

bzw.

$$\frac{w^*}{\sqrt{l^* g^*}} = \frac{w}{\sqrt{l g}} = \text{Fr} \ (\textit{Froude}\text{sche Zahl}),$$

das *Froude*sche Gesetz für den Geschwindigkeitsmaßstab; vgl. S. 300.

---

[1] Das in DIN 1304 empfohlene Formelzeichen a für die Beschleunigung wurde hier nicht benutzt im Hinblick auf das im folgenden noch zweimal vorkommende a für die Schallgeschwindigkeit (in Abs. f) und für den Temperaturleitwert (in Abschn. B, 2).

Beispiel: Ein Schiff von 100 m Länge und einer Geschwindigkeit $w = 10$ m/sec soll im Modell von 4 m Länge im Schleppkanal untersucht werden. Damit das Wellenbild ähnlich wird, muß

$$\mathrm{Fr} = w^*/\sqrt{l^* g^*} = w/\sqrt{l g} = 10/\sqrt{100 g^*} = w/\sqrt{4 g},$$

also mit $g^* = g$ die Modellgeschwindigkeit $w = 2$ m/sec sein.

d) Das **Reynoldssche Modellgesetz** für Strömungen mit Trägheits- und Reibungskräften. Strömungen inkompressibler Flüssigkeiten sollen unter der alleinigen Wirkung innerer Reibungskräfte (Zähigkeit) mechanisch ähnlich verlaufen. Die inneren Reibungskräfte an entsprechenden Flächen A^* und A eines Flüssigkeitsteilchens sind

$$k^* = \eta^* \, \mathrm{d}w^*/\mathrm{d}n^* \cdot A^* \qquad \text{und} \qquad k = \eta \, \mathrm{d}w/\mathrm{d}n \cdot A.$$

η^* und η sind die dynamischen Zähigkeiten der beiden Flüssigkeiten, $\mathrm{d}w^*/\mathrm{d}n^*$ und $\mathrm{d}w/\mathrm{d}n$ die Änderung der Geschwindigkeit beim Fortschreiten in Richtung der Flächennormalen n^* und n. Das Verhältnis der Zähigkeitskräfte ist

$$\varkappa = \frac{\eta^* \, \mathrm{d}w^*/\mathrm{d}n^* \cdot A^*}{\eta \, \mathrm{d}w/\mathrm{d}n \cdot A} = \frac{\eta^*}{\eta} \frac{\lambda}{\tau \lambda} \lambda^2 = \frac{\eta^*}{\eta} \frac{\lambda^2}{\tau}.$$

Der Vergleich mit dem Verhältnis der Massenkräfte ergibt

$$\tau = \lambda^2 \frac{\eta/\varrho}{\eta^*/\varrho^*} = \lambda^2 \frac{\nu}{\nu^*}, \text{ das } \textit{Reynolds}\text{sche Gesetz für den Zeitmaßstab,}$$

wobei $\nu = \eta/\varrho$ die kinematische Zähigkeit ist,

bzw. $$w^* l^*/\nu^* = w l/\nu = \mathrm{Re} \quad (\textit{Reynolds}\text{sche Zahl}),$$

das *Reynolds*sche Gesetz für den Geschwindigkeitsmaßstab; vgl. S. 300.

Beispiel: Der Widerstand einer Wasserleitung vom Durchmesser 10 cm bei einer Geschwindigkeit $w = 2$ m/sec soll mit Luft untersucht werden. Bei Ähnlichkeit muß

$$\mathrm{Re} = w^* d^*/\nu^* = w d/\nu$$

sein. Mit ν^* (Wasser) $= 1 \cdot 10^{-6}$ und ν (Luft) $= 15 \cdot 10^{-6}$ m²/sec bei 20° und $d^* = d$ wird

$$\frac{2 \cdot 0{,}1}{1 \cdot 10^{-6}} = \frac{w \cdot 0{,}1}{15 \cdot 10^{-6}},$$

die Geschwindigkeit der Luft $w = 30$ m/sec.

e) Die **Modellgesetze für Bewegung unter gleichzeitiger Wirkung zweier Kräftearten**[1]. Wirken außer der Schwerkraft z. B. noch die innere Flüssigkeitsreibung, so erhält man für die drei Maßstäbe $\varkappa, \lambda, \tau$ eine erste Beziehung aus dem Verhältnis entsprechender Trägheitskräfte, eine zweite aus dem Verhältnis entsprechender Schwerkräfte und eine dritte aus dem Verhältnis entsprechender innerer Reibungskräfte. Aus dem Bestehen dieser drei Gleichungen mit den Unbekannten $\varkappa, \lambda, \tau$ folgt, daß jetzt auch der Wert λ zu berechnen, also nicht mehr frei wählbar ist. Die Gleichsetzung der ersten beiden Gleichungen liefert

$$\tau = \sqrt{\lambda \frac{g^*}{g}}, \quad \text{die der ersten und dritten} \quad \tau = \lambda^2 \frac{\nu}{\nu^*}.$$

Damit beide Gesetze erfüllt sind, muß

$$\sqrt{\lambda \frac{g^*}{g}} = \lambda^2 \frac{\nu}{\nu^*} \quad \text{oder mit} \quad g^* = g \quad \text{auch} \quad \lambda = \frac{\nu^{*2/3}}{\nu^{2/3}} \quad \text{sein.}$$

Bei gleichem Stoff für (H) und (M) folgt $\lambda = 1$. Die Hauptausführung kann nicht durch ein Modell nachgeahmt werden.

Man muß hier auf eine strenge Ähnlichkeit verzichten und im Einzelfall besonders nachprüfen, ob nicht der Einfluß einer der Kräfte so geringfügig ist, daß er vernachlässigt werden kann. Es liegt dann der Fall angenäherter Ähnlichkeit vor.

---

[1] *Hagen, J.:* Vergleichender Überblick über Ähnlichkeitsbedingungen und Kenngrößen der Strömungslehre unter bes. Berücksichtigung der Kenngrößenverkettung. Diss. TH Berlin 1941.

f) Machsche Zahl. Durch Einführung dimensionsloser Größen und Transformation der Bewegungsgleichungen auf die dimensionslosen Größen können ebenfalls die Ähnlichkeitsgesetze abgeleitet werden[1]. Bei der Gasdynamik ist es oft vorteilhaft, die Ähnlichkeitsgesetze nicht auf Grund der Differentialgleichungen, sondern der Integralgleichungen zu gewinnen, da hierbei die Stetigkeit der abhängigen veränderlichen Größe nicht vorausgesetzt zu werden braucht, so daß Verdichtungsstöße von vornherein mitbetrachtet werden können[2].

In der Gasdynamik ist es üblich, die Strömungsgeschwindigkeit w dimensionslos zu machen, indem man durch die Schallgeschwindigkeit a dividiert. Das Verhältnis von Strömungsgeschwindigkeit zur Schallgeschwindigkeit bezeichnet man als *Mach*-Zahl $\mathrm{Ma} = w/a$. Vgl. a. S. 337.

Durch das Interesse, das neuerdings die großen Fluggeschwindigkeiten erfordern, hat dieses Kriterium eine besondere Bedeutung erhalten. Eine Einführung in die gasdynamischen Ähnlichkeitsgesetze gibt *J. Zierep*[3].

g) Strouhalsche Zahl. Bei periodisch wechselnden Vorgängen, z. B. Abreißen von Wirbeln, Wellenbewegung der Flüssigkeiten usw., ergibt sich aus den Bewegungsgleichungen durch Vergleich des nichtstationären Gliedes mit den Trägheitskräften die *Strouhal*sche Zahl

$$\mathrm{Sr} = \frac{w t}{l} \qquad \text{oder auch} \qquad \mathrm{Sr} = \frac{n l}{w},$$

w = Geschwindigkeit; l = Länge; t = Zeit; n = Wirbelfrequenz.

h) Das **Cauchysche Modellgesetz** für Bewegungsvorgänge unter der Wirkung elastischer Kräfte[4]. Die elastischen Kräfte für (H) sind $k^* = \sigma^* S^*$ und für (M) $k = \sigma S$, worin σ^* und σ die Normalspannungen und S^* und S deren Bezugsflächen sind. Im elastischen Bereich gilt

$$\sigma^* = E^* \varepsilon^* \qquad \text{und} \qquad \sigma = E\varepsilon,$$

also

$$k^* = E^* \varepsilon^* S^* \qquad \text{und} \qquad k = E\varepsilon S.$$

Das Verhältnis der elastischen Kräfte liefert

$$\varkappa = \varepsilon^* E^* S^* / \varepsilon E S = E^*/E \cdot \lambda^2 \qquad \text{(vgl. A, d)}.$$

Der Vergleich mit dem Verhältnis der Massenkräfte

$$\varkappa = \frac{\varrho^*}{\varrho} \frac{\lambda^4}{\tau^2} \quad \text{führt auf} \quad \tau = \lambda \sqrt{\frac{E}{\varrho} \frac{\varrho^*}{E^*}}$$

und ergibt

$$\lambda/\tau = w^*/w = \sqrt{E^*/\varrho^*} / \sqrt{E/\varrho} = \mathrm{C} \quad (\textit{Cauchy}\text{sche Zahl}),$$

das *Cauchy*sche Gesetz für den Geschwindigkeitsmaßstab.

$\sqrt{E/\varrho} = a$ ist die Schallgeschwindigkeit in dem betreffenden Material.

i) Ein wesentliches Anwendungsgebiet der statischen Modellgesetze ist die **Spannungsoptik**; sie gestattet, Spannungszustände in Konstruktionen zu ermitteln, die einer rechnerischen Untersuchung nicht oder nur schwer zugänglich sind. Eng verwandt hiermit sind die Stresscoat- und die Reißlackmethode[5].

---

[1] *Koschin, Kibel* und *Rose:* Theoretische Hydromechanik Bd. II S. 274/82. Berlin: Akademie-Verlag 1955.

[2] *Fiebig, M.:* Betrachtungen zur Ähnlichkeit reibungsfreier kompressibler Strömungen an Hand der Integralsätze. DVL-Bericht Nr. 240, 1963.

[3] *Zierep, J.:* Vorlesungen über theoretische Gasdynamik. Verlag G. Braun 1962. — *Oswatitsch, K.:* Similarity and equivalence in compressible flow. In: Advances in Applied Mechanics. Herausgeg. von *H. L. Dryden* und *Th. von Kármán*, Bd. VI. New York/London: Academic Press 1960.

[4] *Weber, H.:* Über Modellgesetze und Ähnlichkeitsbedingungen bei statischen Elastizitätsproblemen. Diss. T.H. Berlin 1940.

[5] *Föppl, L.,* u. *E. Mönch:* Praktische Spannungsoptik, 2. Aufl. Berlin: Springer 1959. — *Wolf, H.:* Spannungsoptik. Berlin: Springer 1961. — Internat. spannungsopt. Symposium. Berlin: Akademie-Verlag 1962.

Daneben werden häufig am geometrisch ähnlichen Modell von gleichem oder anderem Material direkt die Verformungen zur Bestimmung der Einspannmomente usw. bei hochgradig statisch unbestimmten Konstruktionen oder die Eigenfrequenz und Schwingungsform gemessen[1].

Das wichtigste Verfahren zur Lösung fast aller Aufgaben der Modellstatik ist die Ermittlung der Dehnungs- und damit auch der Spannungsverteilung mit elektrischen Widerstandsdehnungsmeßstreifen[2].

Die modernen elektrischen Meßgeräte gestatten heute, den gesamten Meßvorgang weitgehend zu automatisieren, damit wachsen aber Aufwand und Kosten[3].

2. Thermische Ähnlichkeit

Das **Fouriersche Modellgesetz** für den Wärmeübergang. Wenn der Temperaturleitwert

für (H) $a^* = \frac{\lambda_w^*}{c^* \gamma^*} = \frac{\lambda_w^*}{c^* \varrho^*}$ und für (M) $a = \frac{\lambda_w}{c\gamma} = \frac{\lambda_w}{c\varrho}$

(λ_w^* und λ_w sind die Wärmeleitfähigkeiten der Körper, c^* und c die spezifischen Wärmen, γ^* und γ ihre spez. Gewichte bzw. ϱ^* und ϱ ihre Dichten) ist, so lautet die Differentialgleichung von *Fourier* für den Wärmeübergang für (H)

$$\frac{\partial T^*}{\partial t^*} = a^* \left(\frac{\partial^2 T^*}{\partial x^{*2}} + \frac{\partial^2 T^*}{\partial y^{*2}} + \frac{\partial^2 T^*}{\partial z^{*2}} \right) \equiv a^* \nabla^2 T^* \qquad (\nabla \text{ vgl. S. 157})$$

bzw. nach Berücksichtigung der Übertragungsmaßstäbe

$$\frac{\vartheta}{\tau} \frac{\partial T}{\partial t} = \frac{\vartheta}{\lambda^2} a^* \nabla^2 T \quad \text{und für (M)} \quad \frac{\partial T}{\partial t} = a \nabla^2 T.$$

Damit Haupt- und Modellvorgang übereinstimmen, muß

$$\frac{\vartheta}{\tau} = \frac{a^*}{a} \frac{\vartheta}{\lambda^2} \quad \text{oder} \quad \frac{t^* a^*}{l^{*2}} = \frac{t a}{l^2} = \text{Fo} \quad (\textit{Fourier}\text{sche Zahl}),$$

das *Fourier*sche Modellgesetz erfüllt werden.

Beispiel: Ist (H) einhalbmal so groß wie (M), so ist $l^* = {}^1/_2\, l$. Damit ähnliche Verhältnisse vorhanden sind, muß

$$\text{Fo} = t^* a^* / l^{*2} = t a / l^2 \quad \text{sein.}$$

Mit $a^* = a$ wird

$$\frac{t^*}{l^2/4} = \frac{t}{l^2}, \qquad t^* = t/4.$$

Die Temperaturverteilung bei (H) ist bereits in $^1/_4$ der Zeit erreicht wie bei (M).

3. Thermodynamische Ähnlichkeit[4]

Das **Pécletsche Modellgesetz** bei Wärmevorgängen. Die bisherige Ableitung der Modellgesetze aus der Identität der Differentialgleichungen von (H) und (M) zeigt, daß das Modellgesetz einfach aus dem Verhältnis der Stoffwerte von (H) und (M) unter Berücksichtigung der Übertragungsregeln erhalten werden kann. Das Verhältnis der Temperaturleitwerte a^* und a (Einheit m^2/sec) ist

$$a^*/a = \lambda^2/\tau = \lambda \cdot \lambda/\tau = l^*/l \cdot w^*/w,$$

also

$$l^* w^* / a^* = l w / a = \text{Pe} \quad (\textit{Péclet}\text{sche Zahl}).$$

---

[1] *Feucht, W.:* Einführung in die Modelltechnik. In [2].

[2] *Fink, K.,* u. *Ch. Rohrbach:* Handbuch der Spannungs- u. Dehnungsmessung, 2. Aufl. Düsseldorf: VDI-Verlag 1967.

[3] Übersichtsberichte in VDI-Z. 105 (1963) Nr. 33 S. 1568/69 u. 106 (1964) Nr. 33 S. 1652/53. — *Mehmel, A.,* u. *H. Weise:* Modellstatische Untersuchungen punktförmig gestützter schiefwinkliger Platten unter besonderer Berücksichtigung der elastischen Auflagernachgiebigkeit. Schriftenreihe des Deutschen Ausschusses für Stahlbeton, H. 161, 1964.

[4] *van der Held:* Die Ähnlichkeitsgesetze in der Wärmelehre. Z. techn. Physik 21 (1940) 79/85. — *Hofbauer, G.:* Modellversuche zur Wärmeleitung u. -speicherung. Ges.-Ing. 72 (1951) 274/77. — *Gröber, Erk* u. *Grigull:* Die Grundgesetze der Wärmeübertragung. 3. Aufl. Berlin: Springer 1963.

Das *Péclet*sche Modellgesetz muß neben dem *Reynolds*schen dann berücksichtigt werden, wenn in der strömenden Flüssigkeit noch Temperaturunterschiede vorhanden sind. Dividiert man die *Péclet*sche Zahl durch die *Reynolds*sche, so ergibt sich

$$wl/a \cdot \nu/wl = \nu/a = \mathrm{Pr} \quad (\textit{Prandtl}\text{sche Zahl}).$$

Die *Prandtl*sche Zahl hat den Vorteil, daß sie nur aus Stoffwerten aufgebaut ist.

Weitere Anwendungsgebiete: Kompressible Strömung[1]; Schweißtechnik[2]; Lagerreibung[3]; Kräfteuntersuchung an Zahnrädern[4]; Verbrennungsvorgänge[5]; Umformtechnik[6].

C. Dimensionsbetrachtung

Nach dem Satz von *Fourier* von der Gleichheit der Dimensionen einer physikalischen Gleichung kann man die Ähnlichkeitsbetrachtung auch durch eine Dimensionsbetrachtung ersetzen. Diese Dimensionsbetrachtungen haben gegenüber der Ähnlichkeitsbetrachtung den Vorteil, daß sie unter Umständen auch dann noch anwendbar sind, wenn die Differentialgleichungen des Problems noch unbekannt, die physikalischen Größen des Vorgangs dagegen bekannt sind. Die Lösung unseres Problems soll dimensionslose Argumente enthalten, von denen wir nur verlangen, daß sie aus Produkten von Potenzen der beteiligten Grundeinheiten bestehen. Weder über die Anzahl dieser Argumente, noch über die funktionelle Verbindung untereinander werden irgendwelche Voraussetzungen gemacht. Die Exponenten der einzelnen Größen können eine ganze Zahl, ein Bruch, positiv, Null oder negativ sein.

Werden die Größen durch ihre Grundeinheiten ersetzt, so wird das Produkt nur dann dimensionslos, wenn es in jeder einzelnen Grundeinheit dimensionslos wird. Da die Grundeinheiten beliebig sind, muß die Summe der Exponenten der jeweiligen Grundeinheiten Null sein. Am Beispiel des hydrodynamischen Widerstandes soll dies näher erläutert werden.

Die maßgebenden Größen für den Widerstand sind — wenn die Zähigkeit der Flüssigkeit hier außer Betracht bleibt — die Form des Körpers, die durch eine Längenabmessung l dargestellt wird, die Geschwindigkeit w der Bewegung relativ zum Medium und die Masse ϱ der Volumeneinheit. (Die Schwerkraft steht im Gleichgewicht zur statischen Auftriebskomponente und kann deshalb vernachlässigt werden.) Der Widerstand R kann dargestellt werden in Form eines Potenzproduktes

$$R = \mathrm{const} \cdot l^{\alpha} w^{\beta} \varrho^{\gamma}.$$

Andererseits ergibt sich nach Einführen der Symbole l, t und m für Länge, Zeit und Masse mit $R = m \cdot b$ die Dimensionsformel

$$ml/t^2 = \mathrm{const} \cdot l^{\alpha} (l/t)^{\beta} (m/l^3)^{\gamma}.$$

---

[1] *Tuckenbrodt, E.:* Zur Anwendung der Ähnlichkeitsregeln der kompressiblen Strömung in der räumlichen Tragflügeltheorie. Z. f. Flugwissenschaften 5 (1957) 341/46.

[2] *Hagen, H.:* Anwendungsmöglichkeiten des Ähnlichkeitsprinzips in der schweißtechn. Forschung in: Werkstoff und Schweißung, Bd. I. Berlin: Akademie-Verlag 1951.

[3] *Vogelpohl, G.:* Ähnlichkeitsbeziehungen der Gleitlagerreibung und untere Reibungsgrenze. VDI-Z. 91 (1949) 379/89.

[4] *Müller, L.:* Die Anwendung der Ähnlichkeitslehre auf die Untersuchung der dynamischen Kräfte an Zahnrädern. Konstruktion 10 (1958) Nr. 11 S. 438/40. — *Zeman, J.:* Ähnlichkeitsbetrachtungen bei Schneckentrieben. Konstruktion 16 (1964) 48/55.

[5] *Wintergerst, G.:* Ähnlichkeitskennzahlen bei Verbrennungsvorgängen in Brennkammern von Strahltriebwerken. DVL-Bericht 54 Mülheim/Ruhr.

[6] *Pawelski, O.:* Beitrag zur Ähnlichkeitstheorie der Umformtechnik. Arch. Eisenhüttenwes. 35 (1964) 27/36.

Durch Gleichsetzen der Exponenten der Größen *m*, *l* und *t* auf beiden Seiten ergeben sich drei Gleichungen:

$$\begin{aligned} &\text{Bedingung für } m: & 1 &= \gamma, \\ &\quad ,, \quad ,, \ l: & 1 &= \alpha + \beta - 3\gamma, \\ &\quad ,, \quad ,, \ t: & -2 &= -\beta. \end{aligned}$$

Daraus wird $\gamma = 1$, $\beta = 2$, $\alpha = 2$ und damit $R = \text{const} \cdot l^2 w^2 \varrho$ (*Newtonsches Ähnlichkeitsgesetz*).

Dieses Ergebnis entspricht einem von *Buckingham*[1] aufgestellten allgemeinen Prinzip, dem sogenannten Π-Theorem:

„Eine Funktion zwischen n dimensionsbehafteten Maßgrößen, die mit r Grundeinheiten gemessen werden, besitzt $n - r$ dimensionslose Argumente."

Auf diese Weise lassen sich physikalische Vorgänge, die von einer größeren Anzahl von Beziehungen dimensionsbehafteter Größen beschrieben werden, auf eine kleinere Anzahl dimensionsloser Größen zurückführen. Dies gestattet, die Abhängigkeiten, die den gegebenen Vorgang charakterisieren, zu verallgemeinern. Hierin liegt eine weitere große Bedeutung der Ähnlichkeitslehre.

Ein Beispiel für den Wärmeübergang bei freier Konvektion ist in *Gröber, Erk, Grigull*[2] eingehend behandelt. Weitere Beispiele aus verschiedenen Anwendungsgebieten vgl. Lit. 2, 3 u. 5; Lösungen des Spannungszustandes von elastischen ebenen Keilen[3].

D. Analogien

Physikalisch verschiedene Vorgänge sind analog, wenn sie durch die gleichen mathematischen Beziehungen beschrieben werden können.

Die Analogie kann man zweckmäßig benutzen, um einen Vorgang, dessen mathematische Lösung nicht oder nur sehr umständlich gewonnen werden kann, durch einen technisch leicht darstellbaren analogen Fall meßtechnisch genügend genau zu erfassen und damit zu lösen. Unter den verschiedenen Analogien kommt der *Elektroanalogie* die größte praktische Bedeutung zu.

Die Vorzüge der elektrischen Modelle liegen in der Einfachheit, mit der Schaltungen zusammengestellt und ihre Parameter geändert werden können, der Bequemlichkeit und Genauigkeit elektrischer Messungen sowie der Möglichkeit, den zeitlichen Verlauf des Vorgangs zu registrieren.

Man unterscheidet zwischen aktiven und passiven Bausteinen. In der Regel werden *aktive* Bausteine als Gleichspannungsverstärker im elektronischen Analogrechner u. a. verwendet, um die mathematischen Operationen elektrisch durchzuführen[4]. Diese sollen hier nicht weiter behandelt werden. Weniger verbreitet sind die aktiven Elemente zur direkten Darstellung mathematischer Operationen, die sich auf dem Analogrechner nur schwer durchführen lassen, z. B. besondere Verstärker für Differentiation.

Die *passiven* Bausteine setzen sich zusammen aus Induktivitäten, Kapazitäten und Widerständen. Sie bilden den physikalischen Vorgang auf elektrischem Weg nach. Beim Strom-Analogon ist die zu betrachtende Größe dem Strom proportional, während sie beim Spannungs-Analogon der Spannung proportional ist.

Aus dem umfangreichen Anwendungsgebiet der Analogie in der gesamten Physik sollen nur die folgenden etwas näher behandelt werden[5].

---

[1] *Buckingham, E.:* On physically similar systems; illustrations of the use of dimensional equations. Phys. Rev. 4 (1914) 345.

[2] Vgl. Anm. 4 S. 345, dort S. 167ff.

[3] Handbook of Engineering Mechanics, herausgeg. von *W. Flügge.* New York: McGraw-Hill 1962, S. 37–21.

[4] *Korn, G. H.,* u. *T. M. Korn:* Electronic analog computors. 2nd Ed. New York: McGraw Hill 1956. — *Winkler, H.:* Elektron. Analogieanlagen. 2. Aufl. Berlin: Akademie-Verl. 1963. — *Soroka, W. W.:* Analog methods in computation and simulation. New York: McGraw Hill 1954.

[5] *Hackschmidt, M.:* Die mittels der Elektroanalogie bestimmbaren physikalischen Systeme. Wissenschaftl. Zeitschr. der TU Dresden 12 (1963) 1357/66. — *Karplus, W. J.:* Analog simulation. Solution of field problems. New York: McGraw Hill 1958. — *Tetelbaum, J. M.:* Elektr. Analogierechenverfahren. Übersetzg. aus dem Russischen. Berlin: VEB Verlag Technik 1963. — International analogy computation. Meeting Acts proceedings, Brüssel 1956.

1. Wärmeleitung und Stoffübertragung

Für ebene stationäre Probleme wurde der elektrolytische Trog[1] durch eine Folie[2] ersetzt und zu einem handlichen Verfahren ausgebaut. Bei nichtstationären Temperaturfeldern wird die Analogie experimentell durch ein Netzwerk aus Kondensatoren und Widerständen verwirklicht. Sie stellt ein experimentell durchgeführtes Differenzenverfahren dar[3]. Weitere Angaben[4].

2. Hydrodynamik und Hydraulik

Analogien zur ebenen hydrodynamischen Strömung werden von *W. Albring*[5] sowie von *Popow*[6] angegeben. Auch räumliche Strömungsprobleme lassen sich mittels der Elektroanalogie lösen[5], ebenso spezielle Probleme wie Druckstöße in Pumpenleitungen[7].

Bei der Lösung von Potentialgleichungen zur Ermittlung der mitschwingenden Wassermasse bei der Berechnung der Schiffsschwingungen haben Untersuchungen im Institut des Verfassers mit einer Folie von graphitiertem Papier sehr befriedigende Ergebnisse gezeigt.

3. Statische Probleme bei Balken, Rahmen und Flächenträgern

Eine Zusammenstellung der verschiedenen Verfahren geben *R. D. Mindlin* und *M. G. Salvadori*[8].

Ergänzend hierzu sollen noch einige Literaturstellen gebracht werden[9]; dort ist meist die Differentialgleichung durch eine Differenzengleichung ersetzt.

4. Schwingungsprobleme

Einem einfachen Feder-Masse-System entspricht der aus Kapazität und Induktivität bestehende Schwingkreis. Auf dieser Grundlage läßt sich eine Fülle von Feder-Masse-Systemen behandeln[10]. Eine zusammenfassende Darstellung gibt *W. W. Soroka*[11].

[1] *Brockmeier, K. H.:* VDE Fachberichte 15 (1951). — *Müller, H.:* Techn. Mitt. Haus der Technik. 45 (1952) 423.

[2] *Komossa, H.:* Diss. T.H. Karlsruhe 1956 u. Kältetechnik 10 (1958) 92; ferner Chemie-Ing.-Technik 29 (1957) 781/85.

[3] *Beuken, L.:* Entwicklung des elektrischen Analogieverfahrens zur Analyse nichtstationärer Wärmeströmungen in Europa und den USA. IV Congrès Int. Chauffage Industriel, Groupe I, Section 13, Bericht Nr. 19. — *Ehrich, R.:* Temperaturermittlungen in Turbinengehäusen mit Hilfe einer elektrischen Analogie unter Berücksichtigung temperaturabhängiger Wärmeübergangszahlen. Allg. Wärmetechnik 1959, S. 163. — *Linnemann, H.:* Bestimmung stationärer Temperaturverteilungen mit einem Gleichstromnetzmodell. BBC-Nachrichten 47 (1965) Nr. 8.

[4] *Gröber/Erk/Grigull* vgl. Anm. S. 345; ferner *Baehr, H. D.:* Wärmeleitung. In: Handb. der Kältetechnik, III. Bd. Herausg. von R. Plank, Berlin: Springer 1959. S. 179/85.

[5] *Albring, W.:* Angewandte Strömungslehre, 3. Aufl. Dresden/Leipzig: Theodor Steinkopf 1966. — *Ders.:* Probleme bei der Gestaltung verlustarmer Gehäuse von Strömungsmaschinen. Wiss. Zeitschr. der T.U. Dresden 8 (1958/59). — *Tetelbaum, J. M.:* Anm. 5 S. 347.

[6] *Popow, E. P.:* Strömungstechnisches Meßwesen. Berlin: VEB-Verlag Technik 1960.

[7] *Paynter, H. M.:* Surge and water hammer problems. ASCE Trans. Paper 118 (1953) No. 2569.

[8] *Mindlin, R. D.,* u. *M. G. Salvadori:* Analogies. In: Handbook of experimental stress analysis herausgeg. von *M. Heteny.* New York/London: John Wiley & Sons 1950, S. 700/827.

[9] *Reißmann, Chr.:* Ein elektr. Analogieverfahren zur Lösung der Differentialgleichung orthotroper Platten mit veränderlicher Steifigkeit. Schiffbauforschung 2 (1963) 77/80. (Herausg. vom Institut für Schiffbau und der Technischen Fakultät der Univ. Rostock). — *Ders.:* Über die Verwirklichung der Randbedingungen am elektrischen Bipotentialnetz zur Berechnung von Scheiben und Platten. Schiffbauforschung 3 (1964) 180/92. — *MacNeal, R. H.:* Electric circuit analogies for elastic structures. New York/London: John Wiley & Sons 1962.

[10] *Federn, K.:* Elektrisch-mechanische Analogien in erweiterter Form und ihre Anwendung auf elementare Schwingungsrechnungen. VDI-Berichte Nr. 35, 1959. — *Klotter, K.:* Techn. Schwingungslehre Bd. II. S. 7ff., 2. Aufl. Berlin: Springer 1960.

[11] *Soroka, W. W.:* Analog methods of analysis. In: Shock and vibration Handbook von *C. M. Harries* und *C. E. Crede,* Bd. II, 29/1—46. New York: McGraw Hill 1961.

Da die Induktivitäten unvermeidbare Ohmsche Verluste, d. h. Realwiderstand haben, ergibt sich eine Dämpfung der Schwingung. Damit ist die Darstellung einer dämpfungsfreien Schwingung praktisch nicht nachzubilden.

Für die Behandlung nichtlinearer Schwingungssysteme ist der elektronische Analogrechner besser geeignet, da durch den Funktionsgenerator nahezu beliebige Funktionen nachgebildet werden können.

Bei kontinuierlichen elastischen Systemen wie Saiten, Membranen, Balken und Platten bedient man sich konzentrierter Bauelemente, die zu entsprechenden Ketten zusammengeschaltet werden. Daraus ergibt sich der Übergang zur Differenzenrechnung.

Untersuchungen im Institut des Verfassers von Balken, Rahmen und Platten unter verschiedenen dynamischen Belastungen haben den praktischen Nutzen dieses Verfahrens gezeigt.

Festigkeitslehre

Bearbeitet von Prof. Dr.-Ing. **W. Meyer zur Capellen**, Aachen

Literatur: 1. *Biezeno, C. B.*, u. *R. Grammel:* Technische Dynamik. 2. Aufl. Berlin: Springer 1953. — 2. *Föppl, L.:* Drang und Zwang. 3. Aufl. Bd. I 1941, Bd. II 1944, Bd. III 1947. München-Berlin: Oldenbourg. — 3. *Hänchen, R.:* Neue Festigkeitsberechnung für den Maschinenbau. 2. Aufl. München: Hanser 1960. — 4. Neuere Festigkeitsprobleme des Ingenieurs. Hrsg. von *K. Marguerre*. Berlin: Springer 1950. — 5. *Neuber, H.:* Kerbspannungslehre, Grundlagen für genaue Spannungsrechnungen. 2. Aufl. Berlin: Springer 1958. — 6. *Pöschl, Th.:* Elementare Festigkeitslehre, 2. Aufl. Berlin: Springer 1952. — 7. *Schapitz, E.:* Festigkeitslehre für den Leichtbau. 2. Aufl. Düsseldorf: VDI-Verlag 1963. — 8. *Schultz-Grunow, F.:* Einführung in die Festigkeitslehre. Düsseldorf: Werner 1949. — 9. *Szabó, J.:* Einführung in die technische Mechanik. 7. Aufl. Berlin: Springer 1966. — 10. *Thum, A.*, *C. Petersen* u. *O. Svenson:* Verformung, Spannung, Kerbwirkung. Düsseldorf: VDI-Verlag 1960.

In Anlehnung an DIN 1350 wurden die folgenden Bezeichnungen gewählt:

σ Normalspannung, τ Schubspannung, p Flächenpressung (Kraft/Fläche),
σ_{zul} zulässige Normalspannung, τ_{zul} zulässige Schubspannung,
σ_P Spannung an der Proportionalitätsgrenze,
σ_E Spannung an der Elastizitätsgrenze,
σ_F ($=\sigma_S$) Spannung an der Fließgrenze (Streckgrenze, bei Druck Quetschgrenze),
σ_B statische Festigkeit, σ_K Knickspannung,
σ_D Dauerfestigkeit, σ_{Sch} Schwellfestigkeit (früher Ursprungsfestigkeit σ_U),
σ_W Wechselfestigkeit, ν Sicherheit.

Indizes für Beanspruchungsart:

z Zug, *t* Drehung (Torsion),
d Druck, *s* Schub ($\tau_s = cQ/S$),
b Biegung, *a* Abscheren ($\tau_a = Q/S$ bei Annahme gleichförmiger Verteilung der Schubspannungen).
k Knickung,

Die Indizes brauchen nur gesetzt zu werden, wenn aus dem Zusammenhang nicht ohne weiteres die Art der Beanspruchung ersichtlich ist.

K *Euler*sche Knickkraft,
λ Schlankheitsgrad $= s_K/i$ = Knicklänge/Trägheitshalbmesser,
M Moment (Indizes b und t nur nach Bedarf),
E Elastizitätsmodul (Elastizitätsmaß), $\alpha = 1/E$ = Dehnzahl,
G Gleitmodul, $\beta = 1/G$ = Schubzahl,
μ Querzahl (ohne Vorzeichen) $= \varepsilon_q/\varepsilon$ = Querkürzung/Längsdehnung (*Poisson*sche Konstante),
$m = \varepsilon/\varepsilon_q = 1/\mu$ Reziprokwert der Querzahl.

I. Allgemeines

A. Spannung und Formänderung

1. Normal- und Schubspannung

Wird ein elastischer Körper durch äußere Kräfte beansprucht, so werden in jeder Schnittebene Kräfte hervorgerufen; der auf die Flächeneinheit des noch nicht verformten Querschnitts entfallende Anteil heißt Spannung;
Spannung = Kraft F/Fläche S.

Im technischen Maßsystem wird die Spannung in kp/cm^2 oder kp/mm^2 angegeben:

$$1\ kp/mm^2 = 100\ kp/cm^2.$$

Im MKS-System ist die Einheit des Drucks, der Spannung $1\ N/cm^2$, und es gilt:

$$1\ kp/cm^2 \triangleq 9{,}81\ N/cm^2;$$
$$1\ kp/mm^2 \triangleq 981\ N/cm^2 = 9{,}81\ N/mm^2.$$

Etwa gleiche Zahlenwerte (Fehler ≈2%) für die Spannung in den beiden Maßsystemen ergeben sich, wenn man einsetzt:

σ in kp/mm^2 und σ in daN/mm^2 (1 daN = 10 N).

Normalspannungen σ (+ für Zug, − für Druck) wirken *senkrecht* zur Schnittfläche, Schubspannungen τ *in* der Schnittfläche, Bild 1. Jede Spannung kann nach dem Satz vom Parallelogramm der Kräfte durch eine Normal- und eine Schubspannung ersetzt werden, z. B. σ' in Bild 4 durch σ_φ und τ_φ.

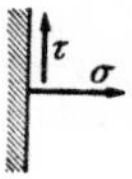

Bild 1

Bild 2

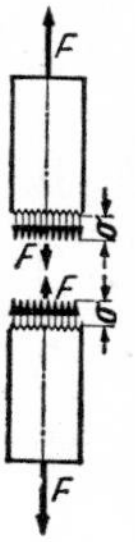

Bild 3

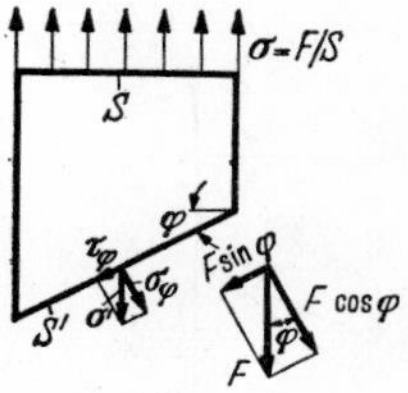

Bild 4

Wird der Stab, Bild 2, durchgeschnitten, so müssen zur Wiederherstellung des Gleichgewichts in den Schnittflächen die in Bild 3 angegebenen Kräfte F hinzugefügt werden. Nimmt jedes Flächenteilchen des Querschnitts gleichmäßig an der Kräfteübertragung teil, so wird die Normalspannung $\sigma = F/S$ kp/cm^2, wenn die Kraft F in kp, der Querschnitt S in cm^2 gemessen wird. Die angedeutete gleichmäßige Spannungsverteilung gilt nur in genügend weiter Entfernung von der Kraftangriffsstelle (Prinzip von *St. Venant*, vgl. Abschn. D, S. 358).

2. Einachsiger Spannungszustand

In Bild 4 ist $\sigma = F/S$, $S/S' = \cos\varphi$ und

$$\sigma_\varphi = F\cos\varphi/S' = \sigma S/S' \cdot \cos\varphi = \sigma\cos^2\varphi;$$
$$\tau_\varphi = F\sin\varphi/S' = \sigma_\varphi \tan\varphi = {}^1/_2\,\sigma\sin 2\varphi.$$

Neben Normalspannungen treten auch Schubspannungen auf.

In Bild 4 ist $\sigma'^2 = \tau_\varphi{}^2 + \sigma_\varphi{}^2$, also $\sigma' = \sigma\cos\varphi$ parallel σ. Hierbei wird $\sigma' S' = \sigma S = F$.

3. Einachsiger Formänderungszustand

Der zylindrische Stab in Bild 2 wird unter dem Einfluß der beiden Kräfte F seine Länge von l auf $l_1 = l + \Delta l$ vergrößern und seinen Durchmesser von d auf d_1 verkleinern. Die Zunahme Δl, bezogen auf die ursprüngliche Länge l, heißt *Dehnung*:

$$\varepsilon = \Delta l/l = (l_1 - l)/l.$$

Die Längenänderung im Augenblick des Bruchs, *Bruchdehnung* (beim Zugversuch) bzw. *Bruchstauchung* (beim Druckversuch), wird gekennzeichnet durch das Verhältnis

$$\delta = \Delta l/l \cdot 100\%.$$

Das Verhältnis $\varepsilon_q = (d - d_1)/d$ heißt *Querkontraktion* oder Querkürzung.

Der Wert $m = \varepsilon/\varepsilon_q$, d. h. das Verhältnis von Dehnung zu Querkürzung, ist vom Material abhängig und liegt für Metalle im allgemeinen zwischen 3 und 4. Der Reziprokwert von m, d. h. $\mu = 1/m$, heißt *Querzahl* (*Poisson*sche Zahl), so daß bei Metallen mit $m = 10/3$, also $\mu \approx 0{,}3$ im Durchschnitt gerechnet wird. Für Gußeisen liegt m zwischen 5 und 9.

Sind die Dehnungen den Spannungen verhältnisgleich, so gilt das *Hooke*sche Gesetz

$$\varepsilon = \alpha\sigma = \sigma/E \qquad \text{oder} \qquad \sigma = E\varepsilon.$$

E ist der Elastizitätsmodul und der reziproke Wert $\alpha = 1/E$ die Dehnzahl (Dehnungskoeffizient).

Im technischen Maßsystem: E in kp/cm², α in cm²/kp, im MKS-System: E in N/cm², α in cm²/N.

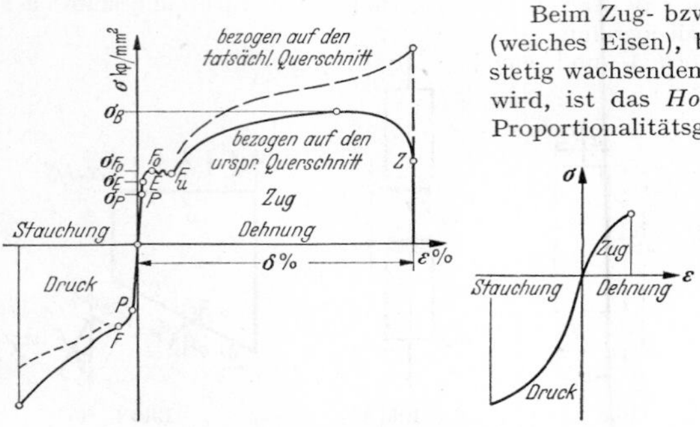

Bild 5 und 6. Spannungs-Dehnungs-Diagramme

Beim Zug- bzw. Druckversuch, Bild 5 (weiches Eisen), bei dem der Stab einer stetig wachsenden Belastung unterworfen wird, ist das *Hooke*sche Gesetz bis zur Proportionalitätsgrenze σ_P erfüllt, während die Elastizitätsgrenze σ_E die Spannung darstellt, bis zu der der Stab belastet werden kann, ohne daß nach der Entlastung bleibende Formänderungen zurückbleiben (vgl. auch Werkstoffkunde S. 540). Da die erste bleibende Formänderung meßtechnisch nicht einfach ermittelt werden kann, ist als technische Elastizitätsgrenze die 0,01-Dehngrenze (für genauere Untersuchungen die 0,005-Dehngrenze) vereinbart worden.

Bei manchen Stoffen liegt auch bei kleinen Dehnungen keine Proportionalität zwischen σ und ε vor, wie z. B. bei Gußeisen, Bild 6. Häufig wird dann mit einem mittleren Wert E gerechnet (obwohl dann $E = \mathrm{d}\sigma/\mathrm{d}\varepsilon$ ist) oder ein Potenzgesetz $\varepsilon = \alpha_0\sigma^n$ zugrunde gelegt.

Die Proportionalitätsgrenze wird in der Werkstoffprüfung nicht mehr angewendet.

Eine ausgesprochene Fließgrenze bzw. Streck- oder Quetschgrenze wie in Bild 5 liegt nicht immer vor. Dann wird diese definiert als die Spannung bei einer Dehnung von 0,2% („0,2%-Dehngrenze").

4. Ebener Spannungszustand

Beim ebenen Spannungszustand, wie er z. B. bei scheibenförmigen Körpern vorkommt, treten in Schnitten parallel zu einer bestimmten Ebene (der x,y-Ebene in Bild 7) keine Spannungen auf. Die Momentengleichung für den Mittelpunkt des Quaders ergibt, da sämtliche Normalspannungen herausfallen:

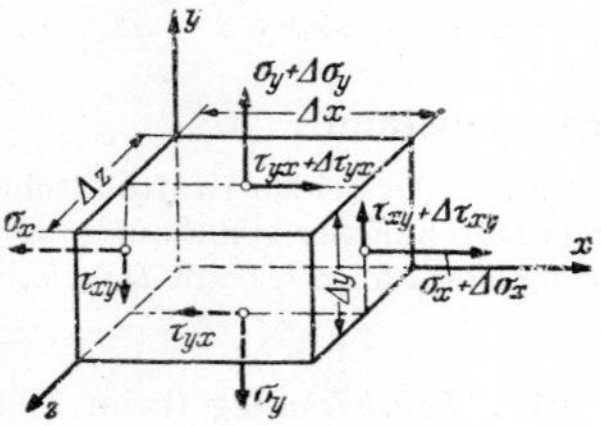

Bild 7

$$(\tau_{xy}\Delta y\Delta z)\Delta x/2 + (\tau_{xy} + \Delta\tau_{xy}) \times$$
$$\times (\Delta y\Delta z)\Delta x/2 - (\tau_{yx}\Delta x\Delta z)\Delta y/2 -$$
$$-(\tau_{yx} + \Delta\tau_{yx})(\Delta x\Delta z)\Delta y/2 = 0$$

oder nach Division durch $^1/_2\Delta x\Delta y\Delta z$ auch

$$2\tau_{xy} + \Delta\tau_{xy} - 2\tau_{yx} - \Delta\tau_{yx} = 0,$$
$$\tau_{xy} - \tau_{yx} = {}^1/_2(\Delta\tau_{yx} - \Delta\tau_{xy}).$$

Läßt man die Kanten des Quaders kleiner und kleiner werden, so wird die rechte Seite der letzten Gleichung beliebig klein, und daher muß $\tau_{xy} = \tau_{yx}$ sein: *In zwei zueinander senkrechten Schnittflächen herrschen gleich große, nach der Schnittkante zu oder von ihr weg gerichtete Schubspannungen.* (*Schubspannungen treten paarweise auf.*)

Die Indizes bei den Schubspannungen sind folgendermaßen gewählt: Der erste Index gibt die Normale zu der Fläche an, in der die Schubspannung wirkt, der zweite die Richtung des Spannungsvektors. Dies gilt besonders für den räumlichen Spannungszustand, der durch drei Normalspannungen $\sigma_x, \sigma_y, \sigma_z$ und sechs Schubspannungen $\tau_{xy} = \tau_{yx}$, $\tau_{yz} = \tau_{zy}$, $\tau_{zx} = \tau_{xz}$ bestimmt ist.

Für eine um den Winkel φ geneigte Ebene, Bild 8, ergibt die Anwendung der Gleichgewichtsbedingungen

$$\left.\begin{aligned} \sigma_\varphi &= {}^1/_2(\sigma_y + \sigma_x) + {}^1/_2(\sigma_y - \sigma_x)\cos 2\varphi + \tau \sin 2\varphi \\ \text{und}\qquad \tau_\varphi &= {}^1/_2(\sigma_y - \sigma_x)\sin 2\varphi - \tau\cos 2\varphi . \end{aligned}\right\} \tag{1}$$

In den zueinander senkrechten Schnitten φ_0 und $90° + \varphi_0$, wobei

$$\tan 2\varphi_0 = 2\tau/(\sigma_y - \sigma_x)$$

ist, treten die *größte* und die *kleinste* Spannung, die *Hauptspannungen,* auf (wie sich durch eine Maximum-Minimum-Rechnung ergibt), deren Werte durch Einsetzen von φ_0 in (1) zu

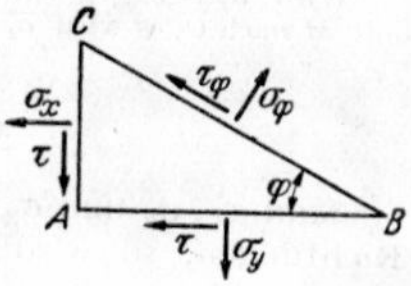

Bild 8

$$\max_{\min}\sigma_\varphi = {}^1/_2(\sigma_y + \sigma_x) \pm {}^1/_2\sqrt{(\sigma_y - \sigma_x)^2 + 4\tau^2} \tag{2}$$

folgen. In diesen Hauptrichtungen verschwinden die Schubspannungen.

Der größte bzw. kleinste Wert der Schubspannung

$$\max_{\min}\tau_\varphi = \pm\, {}^1/_2\sqrt{(\sigma_y - \sigma_x)^2 + 4\tau^2} \tag{3}$$

tritt in den Schnitten auf, die die rechten Winkel der Hauptspannungen halbieren. Für diese Richtungen verschwinden die Normalspannungen im allgemeinen nicht.

Ist $\sigma = \sigma_y$ die einzige Normalspannung, so werden mit $\sigma_x = 0$ die Hauptspannungen

$$\max_{\min}\sigma_\varphi = {}^1/_2\left(\sigma \pm \sqrt{\sigma^2 + 4\tau^2}\right) \tag{4}$$

und die Hauptschubspannungen $\max_{\min}\tau_\varphi = \pm\, {}^1/_2\sqrt{\sigma^2 + 4\tau^2}$. (5)

Sind die Hauptspannungen $\min\sigma_\varphi$ und $\max\sigma_\varphi$ gegeben, kurz mit $\min\sigma = \sigma_1$ und $\max\sigma = \sigma_2$ bezeichnet, so folgt aus den Gln. (1) mit $\tau = 0$

$$\left.\begin{aligned} \sigma_\varphi &= {}^1/_2(\sigma_2 + \sigma_1) + {}^1/_2(\sigma_2 - \sigma_1)\cos 2\varphi , \\ \tau_\varphi &= {}^1/_2(\sigma_2 - \sigma_1)\sin 2\varphi . \end{aligned}\right\} \tag{6}$$

Hiernach wird in einem rechtwinkligen Koordinatensystem σ, τ (Zugspannungen als positiv nach rechts, Druckspannungen als negativ nach links) der Zusammenhang zwischen σ_φ und τ_φ durch einen Kreis (S. 124), den *Spannungskreis von Mohr,* dargestellt, Bild 9a: Mache $OA = \sigma_1$ und $OB = \sigma_2$, dann ist der Kreis über AB

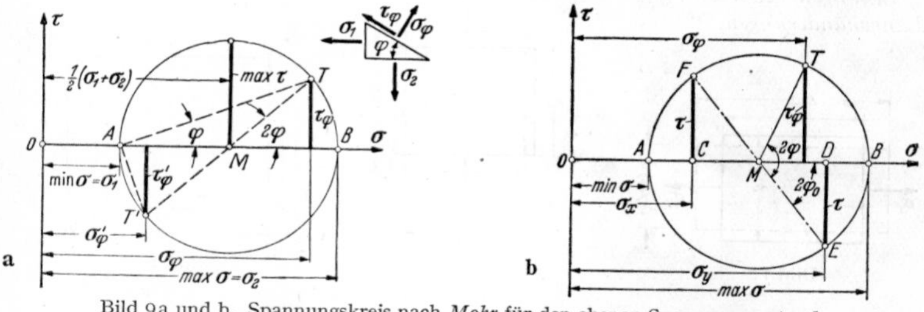

Bild 9a und b. Spannungskreis nach *Mohr* für den ebenen Spannungszustand

als Durchmesser der gesuchte; sein Halbmesser beträgt $\max\tau = {}^1/_2(\sigma_2 - \sigma_1)$. Die Spannungen unter dem Winkel φ erhält man durch den Strahl MT, der mit der σ-Achse den Winkel 2φ, oder durch den Strahl AT, der mit der σ-Achse den Winkel φ bildet. τ_φ' und σ_φ' sind die Spannungen in der zu φ senkrechten Schnittebene. Der maximale Wert von τ tritt in der Schnittrichtung von 45° auf.

Sind für zwei beliebige, aber aufeinander senkrecht stehende Richtungen die Spannungen σ_x, σ_y und τ gegeben (Bild 8), so mache (Bild 9b) $OC = \sigma_x$, $OD = \sigma_y$ und $DE = CF = \tau$.

Der Kreis über EF als Durchmesser ist der gesuchte. Denn nach Gl. (1) kann auch geschrieben werden

$$\sigma_\varphi = {}^1/_2(\sigma_y + \sigma_x) + \max\tau \cdot \cos(2\varphi - 2\varphi_0),$$
$$\tau_\varphi = \max\tau \cdot \sin(2\varphi - 2\varphi_0).$$

Der Winkel 2φ rechnet *jetzt* von ME aus, da σ_x, σ_y in Bild 9b *keine* Hauptspannungen sein sollen. Wird $\sigma_1 = 0$ (einachsiger Spannungszustand, Abs. 2), so fällt A nach O. Bei reinem Schub fällt M nach O, es wird $\sigma_1 = -\tau$, $\sigma_2 = +\tau$.

5. Räumlicher Spannungszustand

Sind σ_1, σ_2 und σ_3 die drei Hauptspannungen in drei aufeinander senkrechten Richtungen, so wird der räumliche Spannungszustand nach *Mohr* durch drei Spannungskreise gemäß Bild 10 dargestellt, wobei $\sigma_1 < \sigma_2 < \sigma_3$ angenommen ist. Die größte Schubspannung beträgt $\max\tau = (\sigma_3 - \sigma_1)/2$, d. h. die mittlere Spannung σ_2 ist ohne Belang. Für $\sigma_1 = 0$ wird somit $\max\tau = \sigma_3/2$; für $\sigma_2 = 0$, d. h. $\sigma_1 < 0$ (Druckspannung) wird $\max\tau = (\sigma_3 - \sigma_1)/2 = (\sigma_3 + |\sigma_1|)/2$. Schließlich folgt für $\sigma_3 = 0$, d. h. $\sigma_1 < \sigma_2 < 0$ der Wert $\max\tau = |\sigma_3|/2$. Anwendungen vgl. S. 360, Abschn. b, ferner Abschn. IX, S. 429.

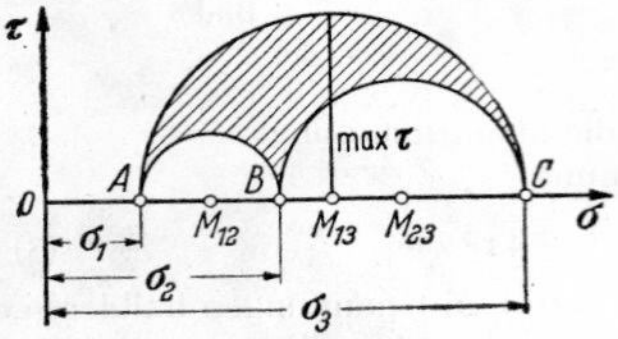

Bild 10. Spannungskreis nach *Mohr* für den räumlichen Spannungszustand

6. Ebener Formänderungszustand

a) Normalspannungen. Wirkt an dem Quader, Bild 11, mit den Seiten a und b die Spannung σ_x, so wird a um $\varepsilon_1 a$ wachsen, während infolge der Querkürzung b um $\mu\varepsilon_1 b$ verkürzt wird ($\mu = 1/m$). Infolge σ_y, Bild 12, wächst b um $\varepsilon_2 b$ und wird a um $\mu\varepsilon_2 a$ zusammengedrückt. Wirken beide Spannungen gleichzeitig (zweiachsiger Spannungszustand), so addieren sich die Einzeldehnungen (Gesetz der Überlagerung, Superpositionsprinzip) in den Achsenrichtungen x und y zu

$$\varepsilon_x = \varepsilon_1 - \mu\varepsilon_2 = \alpha\sigma_x - \mu\alpha\sigma_y = \alpha(\sigma_x - \mu\sigma_y),$$
$$\varepsilon_y = \varepsilon_2 - \mu\varepsilon_1 = \alpha\sigma_y - \mu\alpha\sigma_x = \alpha(\sigma_y - \mu\sigma_x).$$

Infolge der Spannungen σ_x und σ_y treten keine Winkeländerungen auf: *Normalspannungen bewirken Längenänderungen.*

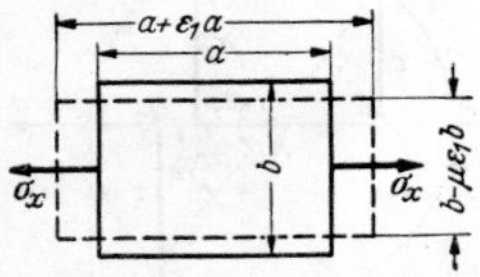

Bild 11

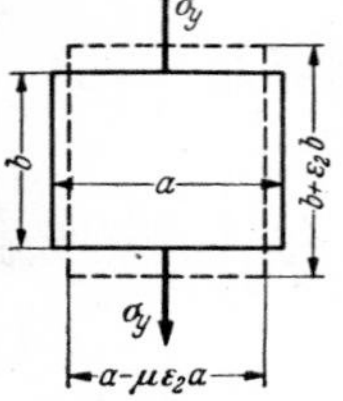

Bild 12

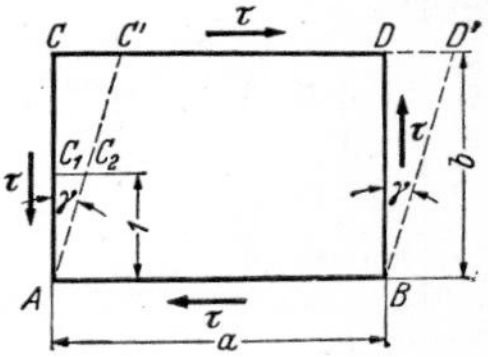

Bild 13

Die *kleinste* bzw. *größte* Dehnung tritt in Richtung der Hauptspannungen $\min\sigma = \sigma_1$ bzw. $\max\sigma = \sigma_2$ auf. Es wird demnach $\min\varepsilon = \alpha(\sigma_1 - \mu\sigma_2)$, $\max\varepsilon = \alpha(\sigma_2 - \mu\sigma_1)$, also

$$\begin{matrix}\max\\ \min\end{matrix}\,\varepsilon = \alpha\left[{}^1/_2(1-\mu)(\sigma_y + \sigma_x) \pm {}^1/_2(1+\mu)\sqrt{(\sigma_y - \sigma_x)^2 + 4\tau^2}\right]. \tag{7}$$

b) Schubspannungen. Wirken an dem Quader, Bild 13, nur Schubspannungen, die nach S. 352 gleich groß sein müssen, so geht er in die gestrichelte Lage über wenn die Grundfläche festgehalten wird. Das Rechteck $ABCD$ wird zum Parallelogramm $ABC'D'$, der rechte Winkel CAB zum spitzen Winkel $C'AB$: *Schubspannungen bewirken Winkeländerungen.*

Nach Bild 13 ist

$$\tan\gamma = CC'/AC = C_1C_2/1 \approx \gamma \quad \text{(im Bogenmaß)},$$

da der Winkel sehr klein ist. Mithin ist die Änderung γ des ursprünglich rechten Winkels gleich der *Strecke*, um die sich zwei um 1 cm voneinander entfernte parallele Flächenteile gegeneinander verschieben. γ heißt *Schiebung* oder *Gleitung*. Ist S der Flächeninhalt der oberen Begrenzungsfläche, Q die angreifende Kraft, so ist

$$\tau = Q/S$$

die *Schubspannung*. Die Größe der Schiebung für die Einheit der Schubspannung ist $\beta = \gamma/\tau$ und heißt *Schubzahl*; ihr Reziprokwert $1/\beta = G$ heißt Gleit- oder Schubmodul; er hat die gleiche Einheit wie der Elastizitätsmodul E (kp/cm² oder ≋ N/cm² ≋, vgl. Abs. 1) u. 3).

Analog $\varepsilon = \alpha\sigma$ wird hier $\gamma = \beta\tau = \tau/G$, wobei β innerhalb eines gewissen Spannungsgebietes als unveränderlich angenommen werden darf; entsprechend $\sigma = E\varepsilon$ gilt $\tau = G\gamma$ als weitere Form des *Hooke*schen Gesetzes für Schubspannungen.

Zwischen Dehnzahl α, Schubzahl β und Gleitmodul G bestehen die Beziehungen

$$\beta = 2\,\frac{m+1}{m}\,\alpha = 2\alpha(1+\mu) \quad \text{und} \quad G = \frac{1}{2}\,\frac{m}{m+1}\,E = \frac{E}{2(1+\mu)}\,;$$

für $m = 3$ bis 4 wird $\beta = 2{,}67\alpha$ bis $2{,}5\alpha$ oder $\alpha = 0{,}375\beta$ bis $0{,}4\beta$;
für $m = {}^{10}/_3$ (also $\mu \approx 0{,}3$): $\beta = 2{,}6\alpha$ und $\alpha = 0{,}385\beta$, d. h. $G = 0{,}385\,E$.

c) Normalspannungen und Schubspannungen. Wirken die in Bild 11, 12 und 13 angegebenen Kräfte gleichzeitig, so setzen sich die Dehnungen und Winkeländerungen zusammen.

Die Dehnungen können ähnlich dem Spannungskreis durch den *Verformungskreis* dargestellt werden.

7. Formänderungsarbeit

Formänderungsarbeit ist die zur Verformung notwendige mechanische Arbeit A^*. Wächst die Kraft von Null auf F bzw. das Moment von Null auf M, und ist Δl die Verschiebung bzw. $\Delta\varphi$ die Drehung, so folgt $A^* = {}^1/_2 F\,\Delta l$ bzw. $A^* = {}^1/_2 M\,\Delta\varphi$ (vgl. Beispiel S. 258).

Die bezogene Formänderungsarbeit $\mathbf{A}$ (bezogen auf 1 cm³ des betreffenden Körpers) kann als Summe aus Volumenänderungsarbeit $\mathbf{A}_v$ und Gestaltänderungsarbeit $\mathbf{A}_g$ dargestellt werden, $\mathbf{A} = \mathbf{A}_v + \mathbf{A}_g$. Die Volumenänderungsarbeit entspricht der Wirkung eines hydrostatischen Spannungszustandes (allseitigem Druck), und die Gestaltänderungsarbeit entspricht dem restlichen Spannungszustand. Beim ebenen Spannungszustand erhält man mit den Hauptspannungen σ_1 und σ_2 die Werte

$$\mathbf{A}_v = \frac{1-2\mu}{6E}(\sigma_1+\sigma_2)^2; \qquad \mathbf{A}_g = \frac{1+\mu}{3E}(\sigma_1^2+\sigma_2^2-\sigma_1\sigma_2). \tag{8}$$

B. Arten der Beanspruchung

a) Zug. Der freigemachte Stab, Bild 14, ergibt zwei Kräfte F, die in Richtung der Stabachse, d. h. senkrecht zum Querschnitt, wirken; der Stab wird *gezogen*, er erfährt eine *Verlängerung*.

b) Druck. Der Stab, Bild 15, wird ebenfalls durch zwei Kräfte F beansprucht, die in Richtung der Stabachse wirken; er wird *gedrückt* und erfährt eine *Verkürzung*.

c) Knickung. Ist der gedrückte Stab im Verhältnis zu seinem Querschnitt sehr lang, Bild 16, so wird er unter dem Einfluß der beiden Kräfte F ausknicken[1].

[1] Im Grunde handelt es sich hierbei nicht um einen besonderen Belastungsfall, sondern um ein Ausweichproblem (vgl. S. 412).

d) Schub. Auf den Stab wirken zwei gleich große, entgegengesetzt gerichtete Kräfte Q senkrecht zur Stabachse, Bild 17, und haben das Bestreben, die Teile des Stabes in diesem Querschnitt gegeneinander zu verschieben, Bild 18.

e) Biegung. Ein Stab wird auf Biegung beansprucht, wenn die Kraft F, Bild 19, senkrecht zur Stabachse wirkt und eine Krümmung dieser Achse hervorruft. Bei *reiner* Biegung wird der Schub vernachlässigt.

f) Verdrehung. Auf den Stab wirken zwei Kräfte F nach Bild 20 in einer Ebene senkrecht zur Stabachse und versuchen, die einzelnen Querschnitte des Stabes gegeneinander zu verdrehen.

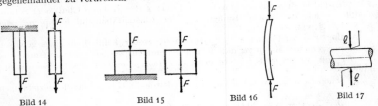

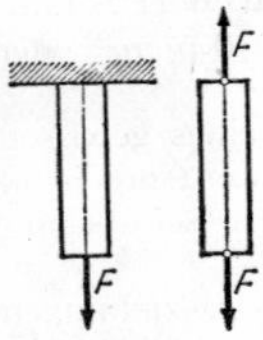

Bild 14

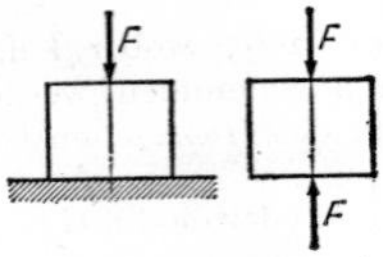

Bild 15

Bild 16

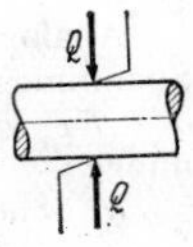

Bild 17

Die Fälle a, b, c und e ergeben Normalspannungen und Längenänderungen, die Fälle d und f Schubspannungen und Winkeländerungen.

g) Tritt mehr als eine Art von Beanspruchung auf, so ist der Stab auf **zusammengesetzte Beanspruchung** zu berechnen (vgl. S. 420).

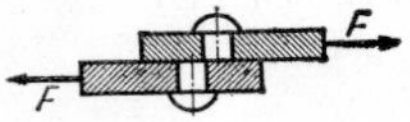

Bild 18

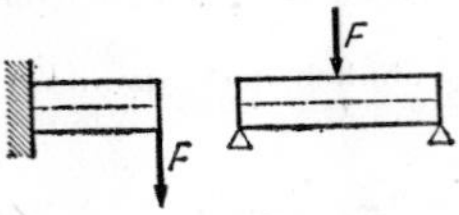

Bild 19

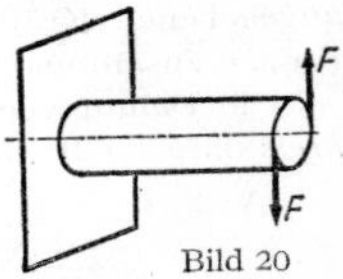

Bild 20

C. Zügige Festigkeit und Dauerfestigkeit

a) Die **zügige** (statische) **Festigkeit** σ_B wird durch Kurzzeitversuche an glatten Stäben bestimmt (vgl. schematische Skizze Bild 21, ferner Bild 5). Bei Langzeitbeanspruchungen und insbesondere bei höheren Temperaturen ist die Dauerstandfestigkeit σ_{Dst} maßgebend, d. h. die Spannung, die bei *beliebig langer Dauer* nicht mehr zum Bruch führt (DIN 50119 (Dez. 1952); nach DIN 50117 (Juni 1952) tritt an ihre Stelle die DVM-Kriechgrenze σ_{DVM}).

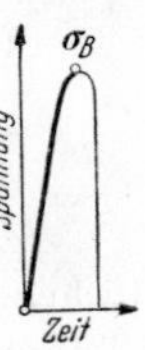

Bild 21

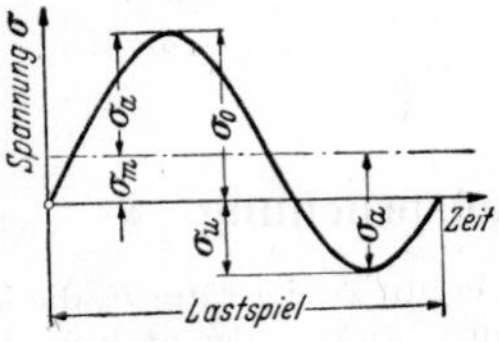

Bild 22

Die **Zeitstandfestigkeit** ist die Spannung, die nach Ablauf einer *bestimmten* Versuchszeit (Belastungszeit) zum Bruch der Probe führt. Bezeichnung z. B. für eine 1000-Stunden-Zeitstandfestigkeit $\sigma_{B/1000}$.

b) Die meisten Maschinenteile unterliegen jedoch einer **wechselnden Belastung,** d. h. die Beanspruchung wechselt während eines *Lastspiels* zwischen zwei Grenzwerten, der Oberspannung σ_o und der Unterspannung σ_u, Bild 22. Diese Beanspruchung kann auch aufgefaßt werden als ein Schwanken um die mittlere Beanspruchung oder Mittelspannung $\sigma_m = {}^1/_2(\sigma_o + \sigma_u)$ in Höhe des nach beiden Seiten gleichen Spannungsausschlages $\sigma_a = {}^1/_2(\sigma_o - \sigma_u)$. Ob der Idealfall eines sinusförmigen Spannungsverlaufes vorliegt oder nicht, ist unwesentlich.

c) Die **Dauer(schwing)festigkeit** σ_D (kleine Indizes entsprechend der Beanspruchungsart angefügt) ist der Grenzwert der wechselnden Beanspruchung, der bei glatten, polierten Stäben gerade noch beliebig lange ertragen wird. Als kennzeichnende Größe gibt man die obere oder untere Grenzfestigkeit σ_O bzw. σ_U an oder den Spannungsausschlag σ_A, z. B. in der Form $\sigma_D = \sigma_m \pm \sigma_A$.

d) Das Ergebnis einer Prüfung auf Dauerfestigkeit wird in Form der **Wöhlerkurve** dargestellt: Man trägt den Spannungsausschlag in Abhängigkeit von der Zahl der Lastspiele auf, Bild 23. Die Kurve nähert sich einem von Null verschiedenen endlichen Wert (besonders gut durch Darstellung in logarithmischem Maßstab erkennbar), der bei einigen Millionen Lastwechseln fast immer erreicht wird.

An Stelle des Begriffes „beliebig oft" wird die 6 bis 10 Mill.-Grenze (für Stahl), bei Leichtmetallen auch mehr, angenommen, vgl. S. 546 (Werkstoffkunde).

e) Die Werte der Festigkeiten, die unterhalb der Grenzzahl der Lastspiele erreicht werden, heißen **Zeit(schwing)festigkeiten,** Bild 23.

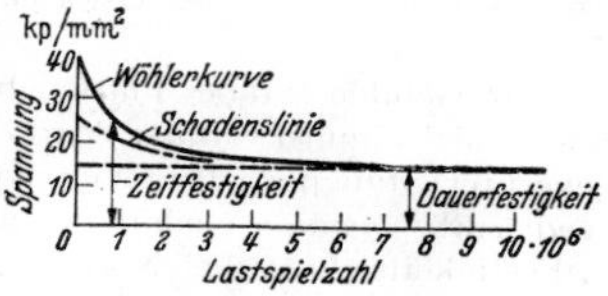

Bild 23. Wöhlerkurve

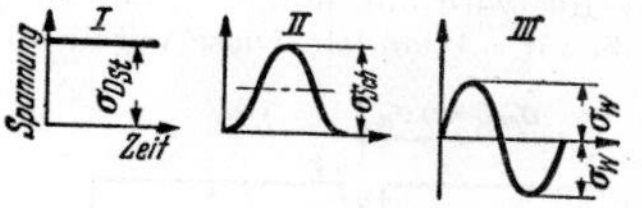

Bild 24

Ihre Kenntnis ist wichtig für Bauteile, die von vornherein einer beschränkten Lebensdauer unterworfen sind. Die *Schadenslinie* gibt an, wie viele und wie hohe Überlastungen (d. h. über die Dauerfestigkeit hinaus) einem Werkstoff ohne Schaden, d. h. ohne Minderung der Dauerfestigkeit, zugemutet werden können, Bild 23.

f) Die Ergebnisse der Dauerfestigkeitsversuche bei verschiedenen Mittelspannungen werden im **Dauerfestigkeitsschaubild** (auch Grenzspannungsdiagramm genannt), DIN 50100, dargestellt. Hierbei sind noch entsprechend den drei hervorgehobenen Belastungsfällen von *C. Bach* (vgl. Tafeln im Anhang) folgende Größen definiert (Bild 24):

α) *Belastungsfall I* (ruhende Belastung): Die Belastung wird langsam auf einen Höchstwert gebracht und bleibt dann konstant (Bild 21 u. 24, I). Es ist $\sigma_A = 0$ und $\sigma_m = \sigma_O = \sigma_U$. Die Grenzspannung heißt *Dauerstandfestigkeit* σ_{Dst} [vgl. a)].

β) *Belastungsfall II* (schwellende Belastung): Die Belastung schwankt dauernd zwischen Null und einem Höchstwert (Bild 24, II). Es ist $\sigma_m = \sigma_A$ und $\sigma_U = 0$. Die Grenzspannung heißt *Schwellfestigkeit* σ_{Sch} (früher Ursprungsfestigkeit).

γ) *Belastungsfall III* (schwingende Belastung): Die Belastung schwankt zwischen einem positiven und negativen gleich großen Höchstwert (Bild 24, III). Es ist $\sigma_m = 0$ und $\sigma_U = -\sigma_O = -\sigma_A$. Diese Grenzspannung heißt *Wechselfestigkeit* σ_W.

Im *Dauerfestigkeitsschaubild* nach *Smith*, Bild 25, dem auch der allgemeine Belastungsfall zu entnehmen ist, werden die Grenzspannungen, d. h. die Festigkeiten σ_O und σ_U in Abhängigkeit der Mittelspannung σ_m aufgetragen. Man erhält also zwei Kurvenäste, die von der 45°-Geraden in der Ordinatenrichtung gleich weit entfernt sind. Diese Gerade entspricht den Mittelspannungen, und von dieser sind σ_O und σ_U um den Spannungsausschlag σ_A entfernt. Das Bild der gemessenen Werte wird durch die Horizontale der Streckgrenze bzw. der Quetschgrenze bei

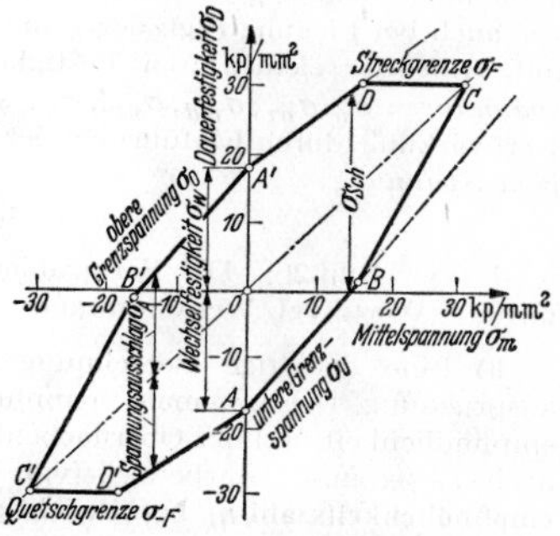

Bild 25. Dauerfestigkeitsschaubild

Druck abgeschnitten, da plastische Verformungen im Maschinenbau im allgemeinen vermieden werden.

Die Kurvenstücke AB bzw. $A'B'$ entsprechen den Messungen und liefern praktisch gerade Linien. Gemäß der Streck- oder 0,2-Dehngrenze bzw. der Quetschgrenze schließen die Geraden DC bzw. $D'C'$ das Schaubild nach oben bzw. nach unten ab. Da B unter D bzw. B' über D' liegt, liefern die Geraden BC bzw. $B'C'$ die Schlußlinien.

Das vollständige Schaubild muß die Grenzspannungen für Zug, Druck, Biegung und Drehung enthalten, vgl. Tafeln im Anhang.

D. Kerbwirkung

Die in den folgenden Kapiteln mit Hilfe der elementaren Festigkeitslehre gewonnenen Formeln für die Spannungen gehen zunächst davon aus, daß die betrachtete Stelle sich in genügend weiter Entfernung vom Kraftangriffspunkt befindet (Prinzip von *St. Venant*, vgl. A, 1), weil erst dann mit einer gleichmäßigen Spannungsverteilung gerechnet werden kann.

Weiter wird angenommen, daß es sich um glatte Gebilde (Stäbe, Platten bzw. Scheiben u. ä.) handelt. Diese Voraussetzung ist aber nicht immer erfüllt: Wird z. B. ein gekerbter Stab nach Bild 26 gezogen oder gedrückt, so wären nach der elementaren Festigkeitslehre die Normalspannungen durch $\sigma = F/S$ mit S als Flächeninhalt des Querschnitts an der engsten Stelle gegeben. In Wirklichkeit ist jedoch der Spannungsverlauf nicht gleichmäßig, sondern es treten am Rande Spannungsspitzen auf (vgl. Lit. 5).

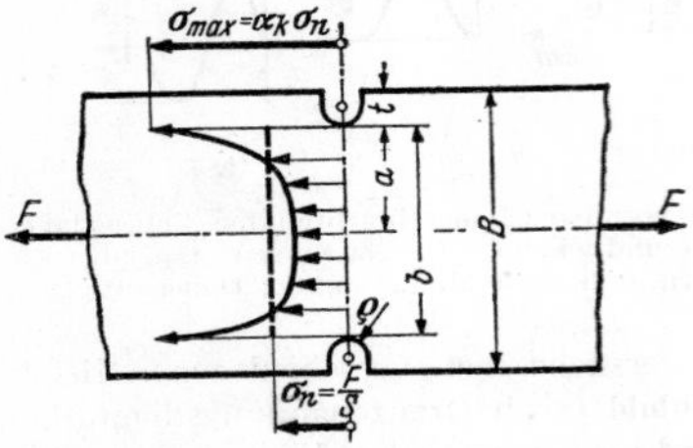

Bild 26. Zur Kerbwirkung

Dies ist zunächst rechnerisch dadurch zu erklären, daß infolge der Kerbe kein einachsiger, sondern ein zweiachsiger Spannungszustand vorliegt, wonach diese Kerbwirkung auch rechnerisch erfaßt werden kann. Hinzu kommt, daß die Annahme, der Werkstoff bestehe aus parallelen gleichartigen Fasern, insbesondere bei plötzlichen Querschnittsänderungen im Hinblick auf das meist kristalline Gefüge der meisten Werkstoffe nicht zutrifft, besonders wenn es sich um sehr kleine Kerben handelt. Bei „unendlich" kleinen Kerben versagt daher die Rechnung, und es muß bei kleinen Kerben auf *jeden Fall der Versuch an die Stelle der Rechnung treten.*

a) Derartige Kerbwirkungen treten auf bei Kerben, Bohrungen und sonstigen mehr oder weniger plötzlichen Querschnittsänderungen sowohl bei Zug und Druck wie auch bei Biegung (vgl. dort) und bei Drehung (vgl. dort)[1]. Bezeichnet man die mit Hilfe der elementaren Festigkeitslehre gewonnenen Spannungen als *Nennspannungen* σ_n $(\sigma_{nz}, \sigma_{nd}, \sigma_{nb})$, τ_n, so trägt man der Spannungserhöhung infolge Kerbwirkung durch Einführung der **Formzahl** $\alpha_k \geqq 1$ Rechnung, so daß die *maximale Spannung*

$$\sigma_{\max} = \alpha_k \sigma_n$$

wird (vgl. Bild 26). Die Formzahlen werden rechnerisch und versuchsmäßig ermittelt (Werte vgl. Werkstoffkunde, S. 528, 529 u. 531 ff., und Lit. 10).

b) Eine derartige Berechnung ist besonders wichtig bei wechselnder Beanspruchung. Die maximale Spannung hängt jedoch weiterhin noch von der Kerbempfindlichkeit und der Oberflächenbeschaffenheit ab. Die Kerbemfindlichkeit wird nach *Thum* und Mitarbeitern (vgl. Werkstoffkunde) durch Einführung der **Kerbempfindlichkeitszahl** η_k berücksichtigt, so daß bei wechselnder Beanspruchung

$$\sigma_{\max} = [1 + (\alpha_k - 1)\,\eta_k]\,\sigma_n = \beta_k \sigma_n \qquad (\beta_k = \text{Kerbwirkungszahl}).$$

---

[1] *Siebel, E.,* u. *H. O. Meuth:* Die Wirkung von Kerben bei schwingender Beanspruchung VDI-Z. 91 (1949) 319/23.

Nach *Siebel* und Mitarbeitern[1] ist bei *schwingender Belastung* neben der Formzahl besonders das Spannungsgefälle an der höchst beanspruchten Stelle maßgebend (vgl. Werkstoffkunde S. 532), während bei *zügiger* Beanspruchung und beim Auftreten bleibender Formänderungen sowie bei ungleichförmiger Beanspruchung die *Stützwirkung* der weniger beanspruchten Teile wesentlich ist.

c) Bei komplizierter Form eines Maschinenteils (z. B. Schubstangenkopf) führt eine genaue Berechnung nicht zum Ziel; erst spannungsoptische Untersuchungen oder Dehnungsmessungen können einen klaren Einblick in den Spannungsverlauf geben, so daß in diesem Zusammenhang von einer Festigkeit der Gestalt gesprochen wird[2], da für die konstruktive Gestaltung nicht die an glatten Stäben errechnete Festigkeit, sondern eben die **Gestaltfestigkeit** maßgebend ist, welche die Form, die konstruktive Anordnung, d. h. die gesamte Gestaltung berücksichtigt (vgl. Werkstoffkunde, S. 536).

E. Zulässige Spannung und Sicherheit

a) Sicherheit $\nu > 1$ ist das Verhältnis einer Grenzspannung zur tatsächlich auftretenden größten Spannung σ_{max} (vgl. D):

$$\nu = \text{Grenzspannung/größte Spannung.}$$

Als Grenzspannung kann gewählt werden die Bruchspannung σ_B bzw. die Dauerfestigkeit σ_D (Sicherheit gegen Bruch, $\nu = \sigma_B/\sigma_{max}$ bzw. $\nu = \sigma_D/\sigma_{max}$) oder die Elastizitätsgrenze σ_E ($\nu = \sigma_E/\sigma_{max}$) oder die Fließgrenze σ_F, gegebenenfalls (vgl. o.) die 0,2%-Dehngrenze (Sicherheit gegen Fließen, $\nu = \sigma_F/\sigma_{max}$) oder auch die Knickspannung (Sicherheit gegen Knicken) usw.

b) Die **zulässige Spannung** eines Körpers ($\sigma_{z\,zul}$ für Zug, $\sigma_{d\,zul}$ für Druck, $\sigma_{b\,zul}$ für Biegung, $\tau_{s\,zul}$ für Schub, $\tau_{t\,zul}$ für Drehung) ist diejenige Spannung, bis zu der er auf eine der verschiedenen Arten der Beanspruchung belastet werden darf.

Bei vorgeschriebener Sicherheit ist die

$$\text{zulässige Spannung} = \text{Grenzspannung/Sicherheit,}$$

so daß die maximale Spannung $\sigma_{max}(\tau_{max}) \leqq \sigma_{zul}(\tau_{zul})$ ist. Die zulässige Spannung liegt im allgemeinen unterhalb der Elastizitätsgrenze, damit bleibende Formänderungen vermieden werden. Vielfach ist die zulässige Spannung durch behördliche Vorschriften festgelegt, wie z. B. im Hochbau. Die Sicherheit kann um so niedriger angenommen werden, je sicherer die theoretische Berechnung den tatsächlichen Verhältnissen entspricht und je unwahrscheinlicher die Gefahr einer Überschreitung der Spannung σ_{max} ist.

F. Bruchhypothesen

a) Für die Ursachen des Bruches oder für die Grenzen der zulässigen Anstrengung des Werkstoffs sind verschiedene Hypothesen aufgestellt, deren Kenntnis bei der Behandlung der zusammengesetzten Beanspruchung erforderlich ist. Hierbei wird eine **Vergleichsspannung** oder reduzierte Spannung σ_{red} eingeführt[3], durch die der im allgemeinen mehrachsige Spannungszustand auf einen *einachsigen* zurückgeführt wird. Die Vergleichsspannung muß hierbei kleiner als die zulässige sein. Im folgenden soll nur der ebene Spannungszustand, und zwar an derselben Stelle des Werkstoffs betrachtet werden.

α) *Hypothese der größten Normalspannung* (*Lamé, Clapeyron, Maxwell, Hopkinson*). Als Vergleichsspannung wird die größte Normalspannung gewählt. Diese Hypothese ist durch Versuche nicht bestätigt.

---

[1] *Siebel, E.*, u. *M. Pfender:* Neue Erkenntnisse der Festigkeitsforschung. Die Technik 2 (1947) 117/21. — Dies.: Untersuchungen ü. d. Einfluß d. Spannungsgefälles auf d. Schwingungsfestigkeit. Stahl u. Eisen 66/67 (1947) 318/21. — *Siebel, E.:* Neue Wege d. Festigkeitsrechnung. VDI-Z. 90 (1948) 135/39. — *Siebel, E.*, u. *K. Rühl:* Ermittlung d. Formdehngrenzen für d. Festigkeitsrechnung bei zügiger Beanspruchung. Die Technik 3 (1948) 218/23. — *Siebel, E.*, u. *S. Schwaigerer:* Das Rechnen mit Formdehngrenzen. VDI-Z. 90 (1948) 335/41. — Vgl. Lit. 5 u. S. 358, Anm. 1.

[2] *Thum, A.:* Die Entwicklung der Lehre von der Gestaltfestigkeit. VDI-Z. 88 (1944) Nr. 45/46 S. 609/15.

[3] Vielfach bezeichnet man die Vergleichsspannung auch mit σ_v.

β) *Hypothese der größten Dehnung* oder Gleitung (*Mariotte, St. Venant, Poncelet, Grashof, C. Bach*). Die Proportionalitätsgrenze wird hiernach erreicht, wenn die größte Dehnung erreicht wird. Diese durch *C. Bach* in Deutschland verbreitete Hypothese ist durch Versuche nicht bestätigt worden.

γ) *Hypothese der größten Schubspannung* (*Coulomb, Guest, Mohr*). Das Erreichen eines gewissen Wertes der Schubspannung, einer Grenzschubspannung, ist maßgebend. Diese Auffassung ist in besserer Übereinstimmung mit den Versuchen, insbesondere bei Stahl mit ausgeprägter Streckgrenze.

δ) *Hypothese des elastischen Grenzzustandes* nach *O. Mohr*. Diese stellt eine Verbindung zwischen den Hypothesen α) und γ) dar. Maßgebend ist das Erreichen einer bestimmten Grenzkurve: Werden für verschiedene Spannungszustände die Spannungskreise, Bild 27, entworfen, so werden diese von der Grenzkurve eingehüllt, die nicht überschritten werden darf. Über ihren Verlauf liegen kaum Untersuchungen vor. Es genügt jedoch häufig, die Einhüllende durch Geraden zu ersetzen. Bei spröden Werkstoffen ($\sigma_{d\,zul} \neq \sigma_{z\,zul}$), Bild 28, ergeben sich geneigte Geraden (vgl. S. 430, Beisp.), bei zähen Werkstoffen ($\sigma_{d\,zul} = \sigma_{z\,zul}$) Parallelen zur σ-Achse, Bild 29. Dann stimmt die *Mohr*sche Auffassung mit der der größten Schubspannung überein; sie hat gegenüber den anderen Hypothesen den Vorteil größerer Anpassungsfähigkeit an jeden Werkstoff.

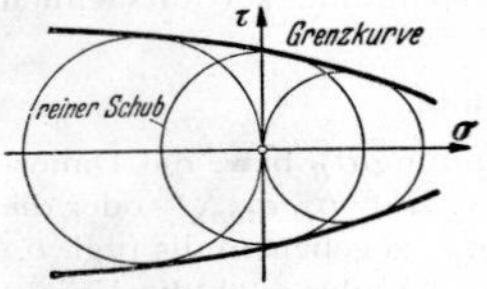

Bild 27

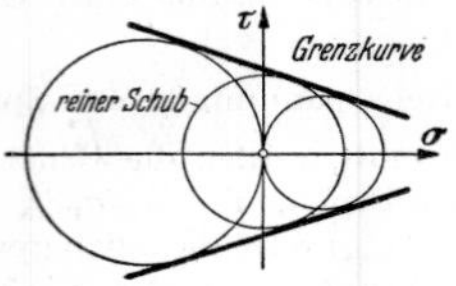

Bild 28

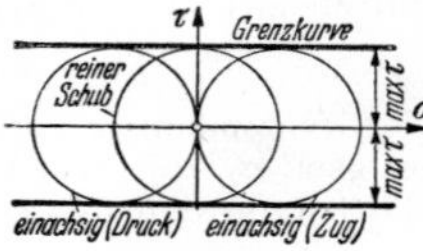

Bild 29

ε) *Hypothese der größten Formänderungsarbeit* (*Beltrami*). Diese sagt aus, daß die größte bezogene Formänderungsarbeit (S. 355) maßgebend ist. Diese Hypothese ist durch Versuche nicht bestätigt worden.

ζ) *Hypothese der größten Gestaltänderungsarbeit* (*Huber, v. Mises, Hencky*). Nach dieser darf die bezogene Gestaltänderungsarbeit (S. 355) einen bestimmten Wert nicht überschreiten. Diese Hypothese stimmt gut mit den Versuchen überein und ist besonders bei plastischer Verformung brauchbar.

Das Verhalten der vielkristallinen Stoffe, wie z. B. Stahl, scheint zwischen den Hypothesen ζ) und γ) bzw. δ) zu liegen.

b) Für die **rechnerische Auswertung** der Hypothesen α), β), γ), ζ) vgl. die nachstehende Tabelle beim *ebenen* oder zweiachsigen Spannungszustand. Diese ist für die beiden wichtigsten Fälle aufgestellt, daß entweder an einer Stelle die Normalspannung σ und die Schubspannung τ (Spalte 1) oder die beiden Hauptspannungen σ_1 und σ_2 (Spalte 2) bekannt sind. Im einzelnen ist noch zu bemerken:

Zu α. Größte Normalspannung aus Gl. (2), S. 353. Bei reinem Schub wird $\sigma_{red} = \tau$.

Zu β. Die größte Dehnung folgt aus Gl. (7), S. 354, mit $\sigma_x = 0$ und $\sigma_y = \sigma$. Die dieser entsprechende (reduzierte) Spannung ist $\sigma_{red} = \max \varepsilon/\alpha$, woraus sich mit $\mu = 0{,}3$ der Wert in Spalte 1 ergibt. Bei reinem Schub ($\sigma = 0$) wird $\sigma_{red} = 1{,}3\,\tau$, d. h. es müßte $\sigma_{zul}/\tau_{zul} = 1{,}3$ sein. Die zulässigen Spannungen nach *C. Bach* (vgl. Tafel im Anhang) entsprechen etwa diesem Verhältnis (dort ist $\mu = 0{,}25$, also $1 + \mu = 1{,}25$). Für Spalte 2 erhält man die Werte aus Gl. (7), S. 354, in ähnlicher Weise, wenn dort $\tau = 0$, $\sigma_x = \sigma_1$, $\sigma_y = \sigma_2$ und $\mu = 0{,}3$ gesetzt wird.

Reduzierte Spannungen σ_{red} für den ***ebenen*** *Spannungszustand*
(positiv Zug, negativ Druck)

Hypothese	Bekannt sind: (1) Normalspannung σ und Schubspannung τ	(2) Hauptspannungen σ_1 u. σ_2
α)	$\lvert 0{,}5\sigma \pm 0{,}5\sqrt{\sigma^2 + 4\tau^2} \rvert$	σ_2 bzw. σ_1
β)	$\lvert 0{,}35\sigma \pm 0{,}65\sqrt{\sigma^2 + 4\tau^2} \rvert$	$\sigma_2 - 0{,}3\sigma_1$ bzw. $\sigma_1 - 0{,}3\sigma_2$
γ)	$\sqrt{\sigma^2 + 4\tau^2}$	$\sigma_2 - \sigma_1$*
ζ)	$\sqrt{\sigma^2 + 3\tau^2}$	$\sqrt{\sigma_2^2 + \sigma_1^2 - \sigma_1\sigma_2}$

* Gilt nur, wenn σ_2 und σ_1 verschiedene Vorzeichen haben. Wenn σ_2 und σ_1 gleiches Vorzeichen haben, so ist σ_{red} gleich der dem absoluten Betrag nach größeren Hauptspannung; dies folgt aus der *Mohr*schen Darstellung des räumlichen oder dreiachsigen Spannungszustands; vgl. Abschn. 5, S. 354, sowie Lit. 6 u. 8.

Zu γ. Aus Gl. (5), S. 353, folgt die größte Schubspannung. Für reinen Schub wird $\sigma_{red} = 2\tau$, d. h. es müßte $\sigma_{zul}/\tau_{zul} = 2$ sein. Der Spannungskreis (Bild 9) liefert $\max \tau = \frac{1}{2}(\sigma_2 - \sigma_1)$. Damit wird $\sigma_{red} = \sigma_2 - \sigma_1$, Spalte 2; vgl. jedoch Anmerkung (S. 360) und Abschn. 5, S. 354.

Zu ζ. Setzt man in den Wert von $\mathbf{A}_g$, Gl. (8), S. 355, die Spannungen $\max \sigma = \sigma_2$ und $\min \sigma = \sigma_1$ nach Gl. (4), S. 353, ein, so wird $\mathbf{A}_g = (1 + \mu)(\sigma^2 + 3\tau^2)/3E$. Für den einachsigen Spannungszustand muß $\mathbf{A}_g = (1 + \mu)\sigma^2_{red}/3E$ sein, woraus sich durch Gleichsetzen der angegebene Wert für σ_{red} ergibt. Bei reinem Schub ist $\sigma_{red} = \tau\sqrt{3} = 1{,}73\tau$, wonach $\sigma_{zul}/\tau_{zul} = 1{,}73$ sein müßte. In ähnlicher Weise wird der Wert in Spalte 2 erhalten.

Bei den obigen Formeln ist das *Hooke*sche Gesetz benutzt worden, so daß statt σ_{zul} auch σ_E (statt σ_P) gesetzt werden kann. Darüber hinaus werden die Formeln auch für die Fließgrenze (σ_F) bzw. die Festigkeiten (σ_B, σ_D) angewendet.

c) Anstrengungsverhältnis. α) Die in Spalte 1 der vorstehenden Tabelle entwickelten Formeln gelten für den Fall, daß σ und τ *demselben Belastungsfall* folgen. Ist σ_{zul} der zulässige Wert der Normalspannung und τ_{zul} der zulässige Wert der Schubspannung, so muß entsprechend den verschiedenen Hypothesen $\sigma_{zul} = \varphi\tau_{zul}$ oder $\sigma_E = \varphi\tau_E$ und $\sigma_F = \varphi\tau_F$ sein; für die Normalspannungshypothese ist $\varphi = 1$, für die Dehnungshypothese $\varphi = 1{,}3$ usw.

β) Sind die *Belastungsfälle* von σ und τ *verschieden*, so wird nach *C. Bach* durch das Anstrengungsverhältnis

$$\alpha_0 = \sigma_{zul}/\varphi\tau_{zul} \quad \text{mit} \quad \varphi = 1;\ 1{,}3 \quad \text{usw.}$$

der Belastungsfall von τ auf den von σ zurückgeführt. Die Vergleichsspannungen sind dann nach Spalte (1):

α) Normalspannungshypothese: $0{,}5\sigma + 0{,}5\sqrt{\sigma^2 + 4(\alpha_0\tau)^2} \leqq \sigma_{zul}$ mit $\varphi = 1$,

β) Dehnungshypothese: $0{,}35\sigma + 0{,}65\sqrt{\sigma^2 + 4(\alpha_0\tau)^2} \leqq \sigma_{zul}$ mit $\varphi = 1{,}3$,

γ) Schubspannungshypothese: $\sqrt{\sigma^2 + 4(\alpha_0\tau)^2} \leqq \sigma_{zul}$ mit $\varphi = 2$,

ζ) Hypothese der größten Gestaltänderungsarbeit: $\sqrt{\sigma^2 + 3(\alpha_0\tau)^2} \leqq \sigma_{zul}$ mit $\varphi = 1{,}73$.

Die zulässigen Werte sind entsprechend dem Belastungsfall zu wählen. Vgl. S. 423/424.

Verfahren zur Prüfung der Metalle, vgl. Werkstoffkunde, S. 538 ff.

II. Zug und Druck

1. Spannung

Wird ein prismatischer Stab durch eine Kraft F in Richtung seiner Achse angegriffen, so wird in einem beliebigen Querschnitt S bei gleichmäßiger Verteilung die Spannung

$$\sigma = F/S$$

hervorgerufen; Einheiten, mit S in cm^2,

im techn. Maßsystem: F in kp, σ in kp/cm^2, im MKS-System: F in N, σ in N/cm^2.

Mit σ_{zul} als zulässiger Zug- bzw. Druckspannung wird die Tragkraft des Stabes

$$F = S\sigma_{zul}.$$

Hat der Stab veränderlichen Querschnitt, so ist der kleinste Querschnitt maßgebend; gegebenenfalls ist die Kerbwirkung (vgl. S. 358) zu berücksichtigen. Bei Ermittlung der größten Spannung darf u. U. das Eigengewicht nicht vernachlässigt werden.

Gedrückte Stäbe, deren Länge im Verhältnis zu den Abmessungen des Querschnitts bedeutend ist, sind auf Knicken zu berechnen (S. 412).

2. Formänderung

Die Formänderung des Stabes unter dem Einfluß der Kraft F ist

$$\Delta l = \alpha\sigma l.$$

Soll die Spannung unter Einwirkung des Eigengewichtes in allen Querschnitten die gleiche sein, so erhält man den Körper *gleicher Festigkeit* gegen Zug bzw. Druck; der Querschnitt verjüngt sich nach einem Exponentialgesetz (S. 141) bei Zug (Druck) in (entgegen der) Richtung der Schwerkraft. Einen Stab von angenähert gleichem Widerstand gegen Zug erhält man durch Absetzen (Drahtseile bei Schachtförderungen).

Zulässige Zug- und Druckspannungen im Hoch-, Kran- und Brückenbau vgl. S. 534, zulässige Spannungen im Maschinenbau vgl. Tafeln im Anhang.

Reißlänge, bei Textilstoffen, Papier, Hanf- und Drahtseilen, Lederriemen u. a. verwendet, ist die Länge l_R (bei unverändertem Querschnitt), bei welcher der freihängende Körper unter seinem Eigengewicht abreißt: $l_R = \sigma_B/\gamma$.

Beispiele: 1. Eine Zugstange aus Flußstahl von 8 m Länge ist mit $F = 17000$ kp belastet; der erforderliche Querschnitt folgt bei $\sigma_{zul} = 900$ kp/cm² zu

$$S = 17000/900 = 18{,}9 \text{ cm}^2;$$

gewählt wird $d = 50$ mm mit $S = 19{,}64$ cm², so daß mit 15,4 kp/m Eigengewicht $\max \sigma = (17000 + 8 \cdot 15{,}4)/19{,}64 \approx 872$ kp/cm² wird; die Verlängerung der Zugstange ist

$$\Delta l = \alpha \sigma l = \sigma l/E = 872 \cdot 800/2150000 \approx 0{,}32 \text{ cm} = 3{,}2 \text{ mm}.$$

2. Ein Flachstab aus St 37.11 gemäß Bild 26 von $h = 5$ mm Dicke und den Maßen $b = 2a = 30$ mm, $t = 5$ mm, $\varrho = 3$ mm ist wechselnd auf Zug-Druck beansprucht. Wie groß ist bei $F = 600$ kp die maximale Spannung? Die Nennspannung (I, D) ist $\sigma_n = F/S = 600/(3 \cdot 0{,}5) = 400$ kp/cm². Die Formzahl hat (vgl. Werkstoffkunde, S. 520) für $t/\varrho = 5/3$ und $a/\varrho = 15/3 = 5$ den Wert $\alpha_k = 2{,}6$. Also wird $\sigma_{max} = \alpha_k \sigma_n = 2{,}6 \cdot 400 = 1040$ kp/cm². Mit einer Kerbempfindlichkeitszahl $\eta_k = 0{,}6$ (vgl. S. 532) folgt aber $\sigma_{max} = [1 + (\alpha_k - 1)\eta_k]\sigma_n = (1 + 1{,}6 \cdot 0{,}6) \cdot 400 = 1{,}96 \cdot 400 = 784$ kp/cm².

3. Es ist die Spannung eines an den Enden fest eingespannten Stabes aus Flußstahl zu ermitteln, der bei 10°C spannungsfrei ist und gleichmäßig auf 100°C erwärmt wird.

Bei Erwärmung von t_1 auf t_2 würde sich der frei gelagerte Stab von der Länge l um $\Delta l = \alpha_t l \times (t_2 - t_1)$ ausdehnen (vgl. S. 439). Also muß die gleichmäßig verteilte *Wärmespannung* den Wert $\sigma = E\varepsilon = E\Delta l/l = E\alpha_t(t_2 - t_1)$ haben. Im Zahlenbeispiel ist $\alpha_t = 12 \cdot 10^{-6}$ 1/grd und $E = 2{,}15 \times 10^6$ kp/cm², also wird

$$\sigma = 2{,}15 \cdot 10^6 \cdot 12 \cdot 10^{-6} \cdot (100 - 10) = 2322 \text{ kp/cm}^2.$$

Im MKS-System hätte sich $\sigma = 2322 \cdot 9{,}81$ N/cm² ≈ 22760 N/cm² ergeben, da $E = 2{,}15 \times 10^6 \cdot 9{,}81$ N/cm² wird.

Die Ermittlung von Wärmespannungen, wie sie bei Wärmekraftmaschinen, Rohrleitungen und Kernreaktoren auftreten, erfordert dreidimensionale Betrachtung. Herleitung der Grundgleichungen und Beispiele für Rohr und Platte, Wärmeaustauscher und Reaktor-Druckgefäß finden sich bei [1].

3. Formänderungsarbeit

Unter Beachtung der Beziehungen in I, A, 7, S. 355, folgt:

Das Element von der Länge dx verlängert sich unter der Normalkraft $F = \sigma S$ um $d\lambda = \varepsilon\, dx = dx\, \sigma/E = dx\, F/ES$, also wird $dA = \frac{1}{2} \cdot F\, d\lambda = F^2\, dx/2ES$, d. h. für den ganzen Stab gilt $A = \int_0^l F^2\, dx/2ES$. Für konstante Werte E, F und S folgt $A = F^2 l/2ES = \sigma^2 S l/2E$.

III. Biegung

A. Biegung des geraden Stabes

Bei der Biegung wirken die Kräfte senkrecht zur (geraden) Stabachse, die Lastebene schneidet die Querschnitte bei *gerader* Biegung, Bild 30a, in einer Hauptachse (vgl. 2c), die bei symmetrischem Querschnitt eine Symmetrieachse ist, bei *schiefer* Biegung, Bild 30b, nicht in einer Hauptachse, geht jedoch auch durch den Schwerpunkt S^*.

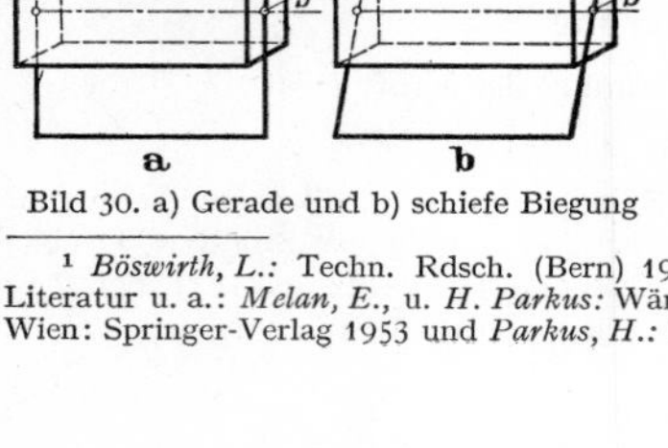

a b

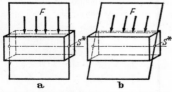

Bild 30. a) Gerade und b) schiefe Biegung

Da im Maschinenbau im allgemeinen nur gerade Biegung auftritt, wird diese hier vorzugsweise behandelt. Schiefe Biegung vgl. S. 399.

Für die Biegespannungen in einem bestimmten Querschnitt eines Trägers ist nicht die Größe der Kräfte, sondern ihr Moment in bezug auf diese Stelle, das Biegemoment, maßgebend, vgl. S. 374.

[1] *Böswirth, L.:* Techn. Rdsch. (Bern) 1961 Nr. 7 v. 17. 2. 1961; aus der dort angegebenen Literatur u. a.: *Melan, E.,* u. *H. Parkus:* Wärmespannungen infolge stationärer Temperaturfelder. Wien: Springer-Verlag 1953 und *Parkus, H.:* Instationäre Wärmespannungen. Ebenda 1959.

1. Biegespannung

a) Grundgleichung. Der Träger, Bild 31, wird durch ein Moment M auf Biegung beansprucht und nach unten durchgebogen. Die Erfahrung zeigt, daß die obere Faserschicht eine Verkürzung, die untere Faserschicht dagegen eine Verlängerung erfährt. Zwischen beiden Schichten muß sich eine Faserschicht befinden, die ihre ursprüngliche Länge $\mathrm{d}s$ beibehält; sie heißt *neutrale Faser* und schneidet jeden Querschnitt in einer Geraden, die *neutrale Achse des Querschnitts* oder *Nullinie* genannt wird.

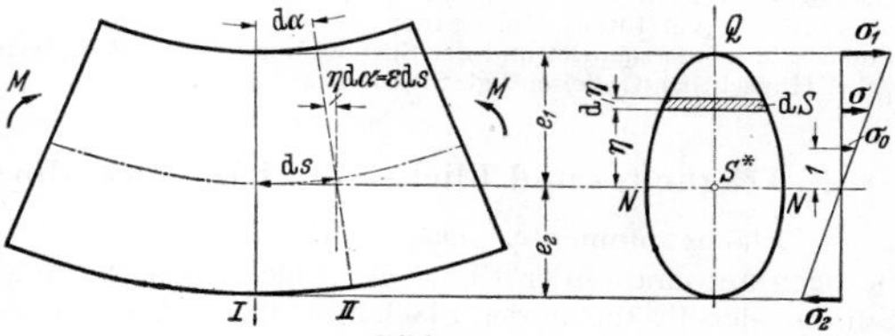

Bild 31

Es wird angenommen, daß die Querschnitte eben bleiben (was auch durch Versuche bestätigt wurde) und daß das *Hooke*sche Gesetz erfüllt ist. Aus der ersten Bedingung folgt, daß die Dehnungen proportional den Abständen η von der neutralen Faser, und aus der zweiten, daß auch die Spannungen proportional diesen Abständen sind (Bild 31).

Ist σ_0 die Spannung im Abstand eins, so wirkt auf das Flächenteilchen $\mathrm{d}S$ die Spannung $\sigma = \eta\sigma_0$ und daher die Kraft $\sigma\,\mathrm{d}S = \eta\sigma_0\,\mathrm{d}S$. Nach der ersten Gleichgewichtsbedingung $\sum X_i = 0$ muß also für einen Querschnitt

$$\int \sigma\,\mathrm{d}S = \int \eta\sigma_0\,\mathrm{d}S = \sigma_0 \int \eta\,\mathrm{d}S = 0$$

sein. $\int \eta\,\mathrm{d}S$ ist das statische Moment der Fläche S in bezug auf die Nullinie $N - S^* - N$; da dieses gleich Null sein soll, muß die neutrale Faser eine Schwerlinie sein, d. h. durch den Schwerpunkt gehen.

Die zweite Gleichgewichtsbedingung $\sum Y_i = 0$ würde, da als äußere Kraft die Querkraft Q (S. 374) wirkt, auf Schubspannungen führen. Diese seien hier vernachlässigt bzw. nicht erörtert (vgl. S. 403/405 und 424).

Nach der dritten Gleichgewichtsbedingung $\sum M_i = 0$ muß mit M als Biegemoment der äußeren Kräfte für den betrachteten Querschnitt

$$M = \int \sigma\,\mathrm{d}S\eta = \int \sigma_0\eta^2\,\mathrm{d}S = \sigma_0 \int \eta^2\,\mathrm{d}S$$

sein. Hierin ist $\int \eta^2\,\mathrm{d}S = I$ das auf die Nullinie bezogene axiale *Trägheitsmoment* des Querschnitts (S. 364). Daher wird $\sigma_0 = M/I$ oder $\sigma = \eta\sigma_0 = \eta M/I$. Die größten Spannungen treten in den Außenfasern auf. Haben diese die Abstände e_1 und e_2 von der neutralen Achse, so werden die entsprechenden Spannungen $\sigma_1 = e_1 M/I$ und $\sigma_2 = e_2 M/I$.

In Bild 31 ist σ_1 die größte Druckspannung, σ_2 die größte Zugspannung.

b) Führt man die **Widerstandsmomente** $W_1 = I/e_1$ und $W_2 = I/e_2$ ein, so wird $\sigma_1 = M/W_1$ und $\sigma_2 = M/W_2$. Die Festigkeitsbedingungen lauten

$$\sigma_1 \leqq \sigma_{d\,\mathrm{zul}} \quad \text{und} \quad \sigma_2 \leqq \sigma_{z\,\mathrm{zul}}.$$

Ist die Nullinie eine Symmetrielinie des Querschnitts und daher $e_1 = e_2 = e$, und ist ferner $\sigma_{z\,\mathrm{zul}} = \sigma_{d\,\mathrm{zul}} = \sigma_{\mathrm{zul}}$ (Flußstahl), so muß

$$\max\sigma = M/W \leqq \sigma_{\mathrm{zul}} \quad \text{sein mit} \quad W = I/e.$$

Beispiel: Das größte Biegemoment sei $\max M = 95000$ kpcm. Die zulässige Biegespannung $\sigma_{\mathrm{zul}} = 900$ kp/cm² erfordert $W = 95000/900 \approx 106$ cm³.

Ausführungen (vgl. a. Profiltafeln und Abs. 2): 1. Profil I 160 mit $W_x = 117$ cm³ und $q = 17{,}9$ kp/m; $\max\sigma = 95000/117 \approx 810$ kp/cm².

2. Profil ⊔ 160 mit $W_x = 116$ cm³ und $q = 18{,}8$ kp/m; $\max\sigma = 95000/116 \approx 820$ kp/cm².

3. 2 Profile ∟ 140×13 mit $W_1 = 2\cdot 638/(14 - 3{,}92) = 127$ cm³; $W_2 = 2\cdot 638/3{,}92 = 325$ cm³; $q = 2\cdot 27{,}5 = 55$ kp/m; $\max\sigma = \sigma_1 = 95000/127 \approx 750$ kp/cm²; $\sigma_2 = 95000/325 \approx 290$ kp/cm².

4. Kreisquerschnitt mit $d = 103$ mm. $W = 107{,}3$ cm³ (Tab. S. 373) und $q = 65{,}2$ kp/m;

$$\max\sigma = 95000/107{,}3 = 885 \text{ kp/cm}^2.$$

Im MKS-System würden die bekannten Größen durch $\max M = 95000 \cdot 9{,}81$ Ncm $\approx$ ≈ 930000 Ncm und die zulässige Biegespannung durch $\sigma_{zul} = 900 \cdot 9{,}81 \approx 8800$ N/cm² gegeben sein. Das erforderliche Widerstandsmoment folgt dann aus $W = 930000/8800 \approx 106$ cm³.

c) Bei **veränderlichem Querschnitt** liefern die vorstehenden Formeln bei mehr oder weniger starken Übergängen usw. nur die *Nennspannungen* σ_n, es muß gegebenenfalls die Formzahl α_k berücksichtigt werden: $\sigma_{max} = \alpha_k \sigma_n$ (S. 358).

d) Bei **Abweichungen vom Hookeschen Gesetz** wird noch ein Ebenbleiben der Querschnitte vorausgesetzt; die neutrale Faser geht jedoch, da σ nicht mehr proportional den Abständen η ist, bei ungleichem Verlauf des Spannungs-Dehnungsdiagramms für Zug und Druck *nicht* mehr durch den Schwerpunkt (vgl. Lit. 6). Hinsichtlich der Zulassung von plastischen Verformungen in den äußersten Punkten des Querschnitts und der Stützwirkung der inneren, weniger stark beanspruchten Fasern vgl.[1]. Hinsichtlich Gußeisen vgl. S. 541, Bild 32.

2. Trägheits- und Flieh- (Zentrifugal-) Momente ebener Flächen

a) Flächenmomente. Das *axiale* (*äquatoriale*) *Trägheitsmoment* einer Fläche, bezogen auf eine in der Ebene der Fläche liegende Achse aa, Bild 32, ist gleich der Summe der Produkte der Flächenteilchen dS und der Quadrate ihrer senkrechten Abstände ϱ von dieser Achse:

$$I_a = \int \varrho^2 \, dS.$$

Demgemäß ist für die durch den Punkt O gehenden, aufeinander senkrecht stehenden Achsen x und y:

$$I_x = \int y^2 \, dS \quad \text{und} \quad I_y = \int x^2 \, dS.$$

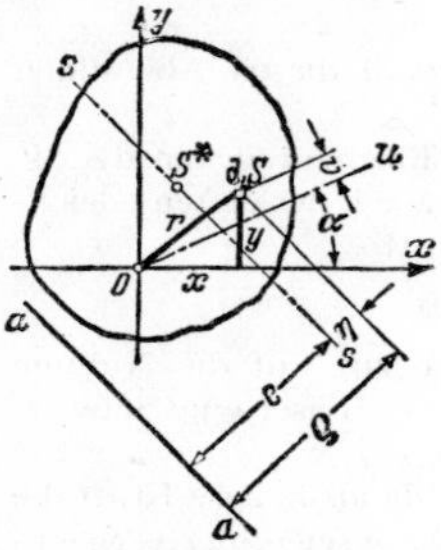

Bild 32

Das *polare Trägheitsmoment* einer Fläche, bezogen auf einen in der Ebene der Fläche liegenden Punkt O, ist gleich der Summe der Produkte der Flächenteilchen dS und der Quadrate ihrer Entfernungen r von O:

$$I_p = \int r^2 \, dS.$$

Das *Flieh-* (*Zentrifugal-*) *Moment* einer Fläche, bezogen auf zwei in der Ebene der Fläche liegende und aufeinander senkrecht stehende Achsen x und y, ist gleich der Summe der Produkte aus den Flächenteilchen dS und den Produkten ihrer senkrechten Abstände x und y von beiden Achsen:

$$I_{xy} = \int xy \, dS.$$

Das Fliehmoment kann positiv, negativ oder gleich Null sein.

Setzt man $I = S i^2$, so heißt $i = \sqrt{I/S}$ der *Trägheitsradius*.

b) Beziehungen zwischen den Momenten. Zwischen dem polaren Trägheitsmoment I_p und den axialen Trägheitsmomenten I_x und I_y, welche auf zwei durch den Bezugspunkt gehende, aufeinander senkrecht stehende Achsen x und y bezogen werden, besteht die Beziehung:

$$I_p = \int r^2 \, dS = \int (x^2 + y^2) \, dS = \int y^2 \, dS + \int x^2 \, dS = I_x + I_y.$$

Für eine durch den Schwerpunkt S^* gehende Achse ss wird nach Bild 32 $I = I_s = \int \eta^2 \, dS$; hat die zu ihr parallele Achse aa von dieser Schwerachse den Abstand e, so gilt

$$I_a = I_s + S e^2 \quad \text{(Satz von } \textit{Steiner} \text{ oder Verschiebungssatz, vgl. S. 269)} \tag{1}$$

mit S als Inhalt der Fläche.

Denn es wird $I_a = \int \varrho^2 \, dS = \int (\eta + e)^2 \, dS = \int \eta^2 \, dS + 2e \int \eta \, dS + e^2 \int dS$. Da $\int \eta^2 \, dS = I_s$, $\int dS = S$ ist und $\int \eta \, dS$ als statisches Moment der Fläche in bezug auf die Schwerlinie verschwindet, so ergibt sich Gl. (1).

[1] *Siebel, E.*: Festigkeitsrechnung bei ungleichförmiger Belastung. Die Technik 1 (1946) 265/69; vgl. ferner Anm. 1, S. 359.

Für eine aus mehreren Einzelflächen $S_1, S_2, \ldots$ bestehende Fläche, deren Schwerpunkte die Abstände $e_1, e_2, \ldots$ von einer Achse aa haben, ist daher

$$I_a = I_1 + I_2 + \cdots + S_1 e_1^2 + S_2 e_2^2 + \cdots,$$

wenn $I_1, I_2, \ldots$ die Trägheitsmomente der Einzelflächen, bezogen auf ihre zu aa parallelen Schwerachsen, sind.

Wird das *Fliehmoment* I_{xy} auf zwei zueinander senkrechte, durch den Schwerpunkt gehende Achsen x, y bezogen, so folgt ähnlich wie oben für ein dazu paralleles, um a und b verschobenes Achsenkreuz u, v (Bild 33)

$$I_{uv} = I_{xy} + abS. \tag{2}$$

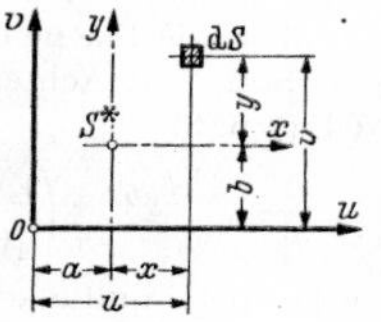

Bild 33

c) Hauptachsen. Legt man durch einen beliebigen Punkt O der Fläche, Bild 32, eine Achse u, die mit der x-Achse den Winkel α bildet, so gibt es unter den Achsen u zwei aufeinander senkrecht stehende Achsen I und II, für die das axiale Trägheitsmoment ein *Maximum* bzw. ein *Minimum* ist. Diese Achsen heißen *Hauptachsen* und die auf sie bezogenen axialen Trägheitsmomente *Hauptträgheitsmomente.* Das *Fliehmoment* in bezug auf diese Achsen ist *gleich Null* (vgl. u.). Die Achsenrichtungen sind gegeben durch

$$\tan 2\alpha_0 = 2I_{xy}/(I_y - I_x), \tag{3}$$

da $\tan 2\alpha_0 = \tan 2(90° + \alpha_0)$ ist, und es wird

$$\left.\begin{aligned} I_I &= \max I = {}^1/_2(I_x + I_y) + {}^1/_2\sqrt{(I_y - I_x)^2 + 4I_{xy}^2}, \\ I_{II} &= \min I = {}^1/_2(I_x + I_y) - {}^1/_2\sqrt{(I_y - I_x)^2 + 4I_{xy}^2}. \end{aligned}\right\} \tag{4}$$

Beweis: Nach Bild 32 wird $I_u = \int v^2\,\mathrm{d}S = \int (y\cos\alpha - x\sin\alpha)^2\,\mathrm{d}S = \cos^2\alpha \int y^2\,\mathrm{d}S - 2\sin\alpha\cos\alpha \int xy\,\mathrm{d}S + \sin^2\alpha \int x^2\,\mathrm{d}S = I_x\cos^2\alpha - I_{xy}\sin 2\alpha + I_y\sin^2\alpha$ oder mit $\cos^2\alpha = {}^1/_2(1 + \cos 2\alpha)$, $\sin^2\alpha = {}^1/_2(1 - \cos 2\alpha)$ auch

$$I_u = {}^1/_2(I_x + I_y) - {}^1/_2(I_y - I_x)\cos 2\alpha - I_{xy}\sin 2\alpha. \tag{5}$$

Für ein Extrem von I_u muß die Ableitung $I_u(\alpha)$ verschwinden (S. 82), d. h. aus

$$\mathrm{d}I_u/\mathrm{d}\alpha = I_u'(\alpha) = (I_y - I_x)\sin 2\alpha_0 - 2I_{xy}\cos 2\alpha_0 = 0 \tag{3a}$$

folgt der gesuchte Winkel α_0 gemäß $\tan 2\alpha_0 = 2I_{xy}/(I_y - I_x)$. (3)
Setzt man α_0 und gemäß Gl. (3a) $(I_y - I_x)\sin 2\alpha_0 = 2I_{xy}\cos 2\alpha_0$ in (5) ein, so folgt $I_u = I_{I,\,II} = {}^1/_2(I_x + I_y) - I_{xy}/\sin 2\alpha_0$ und mit $\sin 2\alpha_0 = \pm 1/\sqrt{1 + \cot^2 2\alpha_0}$ auch $I_u = I_{I,\,II} = {}^1/_2 \times (I_x + I_y) \mp I_{xy}\sqrt{1 + \cot^2 2\alpha_0}$ oder mit $\cot 2\alpha_0 = (I_y - I_x)/2I_{xy}$ gemäß Gl. (3) schließlich die Werte gemäß Gl. (4).

Sind x und y bereits die *Hauptträgheitsachsen* I und II, so folgt für eine gegen I um den Winkel α geneigte Achse u (Bild 32) nach Gl. (5)

$$I_u = I_x\cos^2\alpha + I_y\sin^2\alpha = {}^1/_2(I_x + I_y) + {}^1/_2(I_x - I_y)\cos 2\alpha. \tag{6}$$

Für $I_x = I_y$ ist $I_u = I_x = I_y = \mathrm{const}$, unabhängig von α.

Unter den Trägheitsmomenten sind, falls kein Bezugspunkt angegeben ist, die auf den Schwerpunkt der Fläche bezogenen Hauptträgheitsmomente zu verstehen.

d) Konjugierte Achsen oder zugeordnete Achsen sind zwei Achsen, für die das Fliehmoment gleich Null ist, und die *Hauptachsen* sind die einzigen konjugierten Achsen, die aufeinander senkrecht stehen.

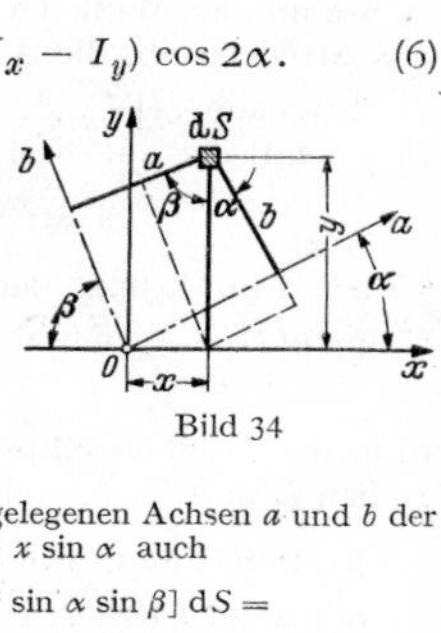

Bild 34

Nach Bild 34 folgt für das Fliehmoment in bezug auf die beliebig gelegenen Achsen a und b der Wert $I_{ab} = \int ab\,\mathrm{d}S$ oder mit $a = y\cos\beta + x\sin\beta$, $b = y\cos\alpha - x\sin\alpha$ auch

$$\begin{aligned} I_{ab} &= \int [y^2\cos\alpha\cos\beta - xy(\sin\alpha\cos\beta - \cos\alpha\sin\beta) - x^2\sin\alpha\sin\beta]\,\mathrm{d}S = \\ &= I_x\cos\alpha\cos\beta - I_{xy}\sin(\alpha - \beta) - I_y\sin\alpha\sin\beta, \end{aligned} \tag{7}$$

oder unter Benutzung der goniometrischen Formeln für $\cos\alpha\cos\beta$ und $\sin\alpha\sin\beta$ [S. 67, cγ] auch

$$I_{ab} = {}^1/_2(I_x - I_y)\cos(\alpha - \beta) + {}^1/_2(I_x + I_y)\cos(\alpha + \beta) - I_{xy}\sin(\alpha - \beta). \tag{8}$$

Stehen die Achsen a und b aufeinander senkrecht, so wird $\alpha + \beta = 90°$, $\beta = 90° - \alpha$, d. h.

$$I_{ab} = {}^1/_2(I_x - I_y)\sin 2\alpha + I_{xy}\cos 2\alpha. \tag{9}$$

Aus $I_{ab} = 0$ ergibt die Lage der konjugierten Achsen. In diesem Fall, Gl. (9), folgt dann

$$\tan 2\alpha = 2\,I_{xy}/(I_y - I_x),$$

d. h. es ergibt sich der gleiche Wert $\alpha = \alpha_0$ wie für die Lage der Hauptachsen, Gl. (3).

Hat die Fläche eine *Symmetrieachse*, so ist diese immer *Hauptachse*.

Sollen die Achsen x und y, Bild 34, die Hauptachsen I und II sein, so wird nach Gl. (7 u. 8)

$$I_{ab} = I_I\cos\alpha\cos\beta - I_{II}\sin\alpha\sin\beta =$$
$$= {}^1/_2(I_x - I_y)\cos(\alpha - \beta) + {}^1/_2(I_x + I_y)\cos(\alpha + \beta), \tag{10}$$

und falls a und b konjugierte Achsen sind, muß sein

$$\tan\alpha\tan\beta = I_I/I_{II}. \tag{11}$$

Sind I_x, I_y und I_{xy} für zwei beliebige, aufeinander senkrecht stehende Achsen x und y bekannt, so kann man mit Hilfe der abgeleiteten Beziehungen (1) bis (11) die Hauptträgheitsmomente, das Fliehmoment und die Lage der Hauptachsen berechnen. Die zeichnerische Lösung liefert der Trägheitskreis.

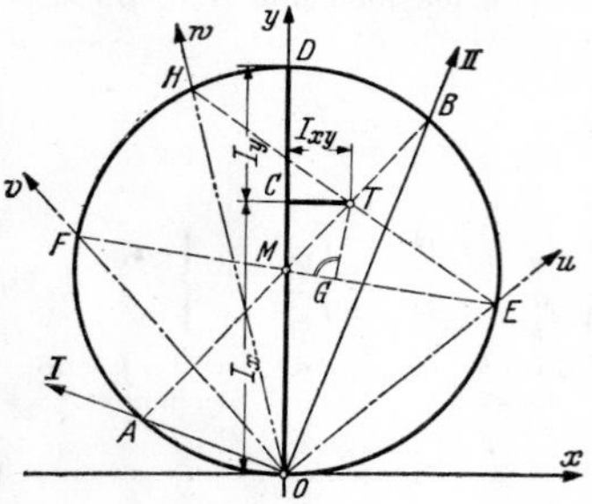

Bild 35. Trägheitskreis nach *Mohr-Land*

e) Trägheitskreis nach Mohr-Land. Trage auf der y-Achse, Bild 35, $OD = OC + CD = I_x + I_y = I_p$ (S. 364) auf und ziehe mit OD als Durchmesser um M einen Kreis, den Trägheitskreis. Errichte auf OD in C eine Senkrechte $CT = I_{xy}$. Der Punkt T heißt Trägheitshauptpunkt, der Bezugspunkt O Pol. Der Durchmesser durch T schneidet den Kreis in den Punkten A und B, durch welche die Hauptachsen I und II hindurchgehen; es ist $AT = \max I$ und $BT = \min I$. Für zwei beliebige, aufeinander senkrecht stehende Achsen u und v erhält man durch das Lot TG von T auf EF die Trägheitsmomente $EG = I_u$, $FG = I_v$ und das Fliehmoment $TG = I_{uv}$. Für zwei beliebige Achsen u und v gibt das Lot TG von T auf die Sehne EF die Größe des Fliehmomentes. Die zu u konjugierte Achse w geht durch den zweiten Schnittpunkt H der Geraden ET mit dem Kreis.

f) Trägheitsellipse. Zieht man durch O, Bild 32, verschiedene gegen die x-Achse um den Winkel α geneigte Achsen u und trägt auf diesen vom Bezugspunkt O aus Strecken ab, die der Quadratwurzel aus I_u umgekehrt proportional sind, also die Strecken $c/\sqrt{I_u}$, so liegen ihre Endpunkte für alle Achsen auf der *Trägheitsellipse* mit der auf die Hauptachsen bezogenen Gleichung (Math. S. 128)

$$I_I\xi^2 + I_{II}\eta^2 = c^2.$$

Unter Einführung der *Trägheitsradien* $i_1 = \sqrt{I_I/S}$, $i_2 = \sqrt{I_{II}/S}$ und mit $c^2 = I_I I_{II}/S = i_1{}^2 i_2{}^2 S$ erhält man die Gleichung

$$\xi^2/i_2{}^2 + \eta^2/i_1{}^2 = 1,$$

d. h. die Trägheitsellipse schneidet auf den Hauptachsen I und II die Trägheitsradien i_2 und i_1 ab. Vgl. auch Bild 42.

g) Berechnung von Trägheits- und Widerstandsmomenten. α) *Einfache Flächen.*

$\alpha\alpha$) *Rechteck* (Bild 36).

$$I_x = \int y^2\,dS = \int_{-h/2}^{+h/2} y^2 b\,dy = \left[\frac{b y^3}{3}\right]_{-h/2}^{+h/2} = \frac{b h^3}{24} - \frac{b(-h)^3}{24} = \frac{b h^3}{12}.$$

Durch Vertauschen von h und b folgt $I_y = hb^3/12$ und damit $I_p = I_x + I_y = bh(b^2 + h^2)/12$. Bezogen auf die Achsen *1* und *2* ist $I_1 = bh^3/3$ und $I_2 = hb^3/3$.

Das Fliehmoment, bezogen auf die Hauptachsen x und y, ist gleich Null. Folglich ist das Fliehmoment für die Achsen *1* und *2* nach Gl. (2): $I_{12} = I_{xy} + S \cdot {}^1/_2 b \cdot {}^1/_2 h = b^2 h^2/4$.

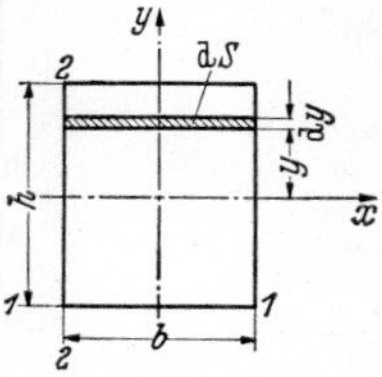

Bild 36

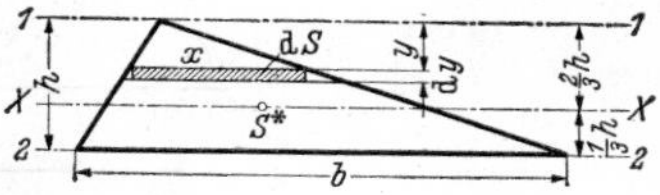

Bild 37

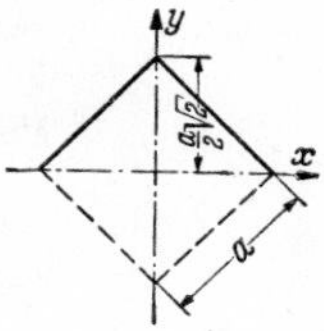

Bild 38

$\beta\beta$) *Dreieck* (Bild 37). Für die Achse *1* ist $I_1 = \int y^2\,\mathrm{d}S = \int y^2 x\,\mathrm{d}y$. Aus $x : b = y : h$ folgt $x = yb/h$, daher wird

$$I_1 = \int_0^h y^2 \frac{b}{h}\, y\,\mathrm{d}y = \frac{b}{h}\int_0^h y^3\,\mathrm{d}y = \frac{b}{h}\left[\frac{y^4}{4}\right]_0^h = \frac{bh^3}{4}$$

und nach dem Satz von *Steiner* (S. 364)

$$I_x = I_1 - S\left(\frac{2}{3}\,h\right)^2 = \frac{bh^3}{4} - \frac{bh}{2}\cdot\frac{4h^2}{9} = \frac{bh^3}{36},$$

$$I_2 = I_x + S\left(\frac{1}{3}\,h\right)^2 = \frac{bh^3}{36} + \frac{bh}{2}\cdot\frac{h^2}{9} = \frac{bh^3}{12}.$$

$\gamma\gamma$) *Quadrat* nach Bild 38. Aus Bild 37 und I_2 unter $\beta\beta$) folgt mit $b = a\sqrt{2}$ und $h = {}^1/_2 a\sqrt{2}$ der Wert $I_x = 2 \cdot bh^3/12 = a^4/12 = I_y$. Jede durch den Schwerpunkt gehende Achse ist nach Gl. (6) wie beim Kreis ($\delta\delta$) eine Hauptträgheitsachse.

$\delta\delta$) *Kreis* (Bild 39). Es ist $\mathrm{d}S = 2\pi\varrho\,\mathrm{d}\varrho$, daher

$$I_p = \int \varrho^2\,\mathrm{d}S = 2\pi\int_0^r \varrho^3\,\mathrm{d}\varrho = 2\pi\left.\frac{\varrho^4}{4}\right|_0^r = \pi r^4/2 = \pi d^4/32.$$

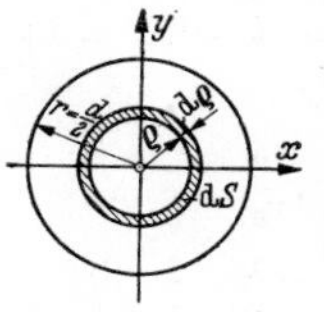

Bild 39

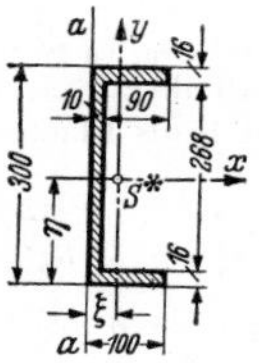

Bild 40

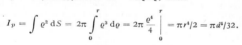

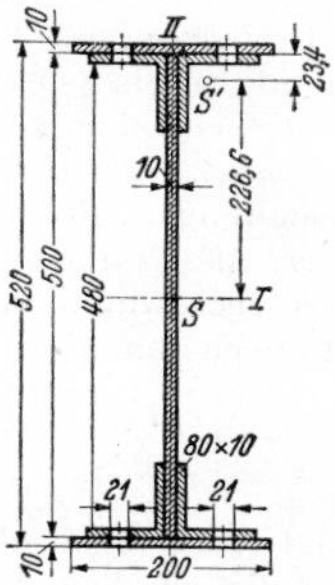

Bild 41

Aus $I_p = I_x + I_y$ und $I_x = I_y$ folgt $I_x = I_y = I_p/2 = \pi d^4/64$.

β) *Zusammengesetzte Flächen.* $\alpha\alpha$) Nr. 8 in Tabelle S. 371. Alle drei Querschnitte haben in Beziehung auf die waagerechte x-Achse, die Symmetrieachse ist, gleiche Trägheitsmomente, weil Flächenstreifen gleicher Größe parallel zur x-Achse gleiche Abstände von dieser haben. Daran wird nichts geändert, wenn der Steg (b) und (c) in zwei Stege von halber Dicke (a) aufgelöst wird. Der Querschnitt ist die Differenz zweier Rechtecke, die beide symmetrisch zur x-Achse liegen; es wird also

$$I_x = BH^3/12 - bh^3/12 = (BH^3 - bh^3)/12.$$

$\beta\beta$) ⊔-*Träger* (Bild 40). Zugrunde gelegt ist das Profil ⊔ 300, dessen Ausrundungen vernachlässigt werden sollen. Die Lage des Schwerpunkts S^* ist bestimmt durch

$$\xi = \frac{10 \cdot 1{,}6 \cdot 5 \cdot 2 + 26{,}8 \cdot 1{,}0 \cdot 0{,}5}{10 \cdot 1{,}6 \cdot 2 + 26{,}8 \cdot 1{,}0} = 2{,}95 \text{ cm}; \qquad \eta = 15 \text{ cm}.$$

In Beziehung auf die x-Achse wird (vgl. auch β, $\alpha\alpha$)

$$I_x = 10 \cdot 30^3/12 - 9 \cdot 26{,}8^3/12 = 8059 \text{ cm}^4;$$

in Beziehung auf die Achse $a-a$

$$I_a = 2 \cdot 1{,}6 \cdot 10^3/3 + 26{,}8 \cdot 1{,}0^3/3 = 1076\ \text{cm}^4;$$

daher ist $$I_y = I_a - S \cdot \xi^2 = 1076 - 58{,}8 \cdot 2{,}95^2 = 564\ \text{cm}^4.$$

$\gamma\gamma$) *Blechträger* mit einem Stehblech 500×10, vier Winkelstählen 80×10 und zwei Gurtplatten 200×10; Nietdurchmesser 21 mm (Bild 41).

$$\begin{aligned}
I_{\text{Stehblech}} &= {}^1/_{12} \cdot 1 \cdot 50^3 && = \dots 10417\ \text{cm}^4\\
I_{\text{Winkel}} &= 4 \cdot 87{,}5 && = \dots \quad 350\ \text{,,}\\
&\quad + 4 \cdot 15{,}1 \cdot 22{,}66^2 && = \dots 31014\ \text{,,}\\
I_{\text{Gurtplatten}} &= {}^1/_{12} \cdot 20 \cdot (52^3 - 50^3) && = \dots 26013\ \text{,,}\\
\hline
&& I_{\text{voll}} &= \dots 67794\ \text{cm}^4\\
\text{Abzug Niete} &= {}^1/_{12} \cdot 2{,}1 \cdot (52^3 - 48^3) && = \dots \ 5253\ \text{,,}\\
\hline
&& I_I &= \dots 62541\ \text{cm}^4
\end{aligned}$$

Nach DIN 1050 werden nur die Nietlöcher des gezogenen Gurtes, nicht die des Druckgurtes berücksichtigt. Vgl. a. DIN 1050 wegen weiterer Einzelheiten.

Das Fliehmoment für die Achsen I, II ist gleich Null.

$\delta\delta$) *Träger, deren Querschnitt zur Biegeachse unsymmetrisch* ist. Sinngemäß wie unter $\beta\beta$), Bild 40, können Trägheits- und Widerstandsmoment sowie Schwerpunkt gemäß der Beziehung

$$I_y = \Sigma I_i + \Sigma S_i x_i^2 - \xi \Sigma S_i x_i$$

ermittelt werden[1], wobei

- I_y das gesuchte Trägheitsmoment des Gesamtquerschnitts, bezogen auf die Schwerpunktachse $y-y$,
- S_i die Einzelquerschnitte,
- I_i deren Trägheitsmomente, bezogen auf deren Schwerpunktachse,
- x_i die Schwerpunktabstände der Einzelquerschnitte von der Bezugsachse $a-a$,
- ξ der Abstand des Schwerpunkts der Gesamtfläche von $a-a$

sind. Der tabellarischen Zusammenstellung der Glieder der obigen Gleichung lassen sich entnehmen

$$\xi = \frac{\Sigma S_i x_i}{\Sigma S_i} \quad \text{und} \quad W_y = \frac{I_y}{e} \quad \text{mit } e \text{ als Abstand der äußeren Faser.}$$

γ) *Beliebig begrenzter Querschnitt.*

$\alpha\alpha$) *Verfahren nach Nehls-Rötscher*[2]. Zu bestimmen sind Schwerpunkt, Hauptachsen und -trägheitsmomente eines *gegebenen* Profils F. Für die zeichnerische Behandlung wird man i. allg. das Profil im linearen Maßstab a verkleinern; Fläche des *gezeichneten* Querschnitts $= f$; d. h. $F = a^2 f$.

Bezeichnungen: Flächen in Originalgröße mit F, in Zeichnung mit f.

Schwerpunkt: Für die Koordinaten u_0, v_0 des Schwerpunkts S in bezug auf ein beliebiges, rechtwinkliges Koordinatenkreuz u, v (das zweckmäßig nicht zu weit entfernt angenommen wird) gilt mit F als Flächeninhalt in cm²

$$u_0 F = \int u \,\mathrm{d}F = \int u\eta \,\mathrm{d}u = F_{1S} \quad \text{daraus} \quad u_0 = F_{1S}/F,$$
$$v_0 F = \int v \,\mathrm{d}F = \int v\xi \,dv = F_{2S} \quad \text{daraus} \quad v_0 = F_{2S}/F.$$

Man trägt (Bild 42) die Kurven $z_{1S} = u\eta$ über u und $z_{2S} = v\xi$ über v auf und bestimmt die von ihnen begrenzten Flächen f_{1S} und f_{2S} in cm² (z. B. planimetrisch). Ist der Längenmaßstab 1 cm $\triangleq a$ cm, der Maßstab für z_{1S} und z_{2S} 1 cm $\triangleq b$ cm², so wird $F_{1S} = abf_{1S}$ cm³ und $F_{2S} = abf_{2S}$ cm³.

Trägheitsmoment: In bezug auf die durch den Schwerpunkt gehenden Achsen x und y wird

$$I_x = \int y^2 \,\mathrm{d}F = \int y^2 \xi \,\mathrm{d}y,$$
$$I_y = \int x^2 \,\mathrm{d}F = \int x^2 \eta \,\mathrm{d}x.$$

Man trägt über y die Kurve $z_{1I} = y^2\xi$, über x die Kurve $z_{2I} = x^2\eta$ auf und bestimmt die unter ihnen liegenden Flächeninhalte f_{1I} cm² bzw. f_{2I} cm². Ist der Maßstab für z_{1I} und z_{2I} 1 cm $\triangleq c$ cm³ (Längenmaßstab vgl. oben), so gilt $I_x = acf_{1I}$ cm⁴ und $I_y = acf_{2I}$ cm⁴.

---

[1] *Bennedik, K.:* Vereinfachtes Verfahren zur Ermittlung von Trägheitsmomenten. VDI-Z. 90 (1948) Nr. 11, S. 352/53.

[2] *Rötscher, F.:* VDI-Z. 80 (1936) Nr. 45, S. 1351/54.

Fliehmoment: Es gilt

$$I_{xy} = \int x^* y \, dF = \int x^* y \xi \, dy \quad \text{oder} \quad I_{xy} = \int y^* x \, dF = \int y^* x \eta \, dx,$$

worin x^* bzw. y^* die Abstände der Streifenmitten (Bild 42) von der y- bzw. x-Achse sind. Man trägt die Kurve $z_{3y} = x^* y \xi$ über y oder $z_{3x} = y^* x \eta$ (wie in Bild 42) über x auf und ermittelt die unter ihr liegende Fläche f_3. Gilt für z_3 der Maßstab $1 \text{ cm} \triangleq d \text{ cm}^3$, so ist $I_{xy} = a d f_3 \text{ cm}^4$.

Aus I_x, I_y, I_{xy} lassen sich zeichnerisch mit dem Trägheitskreis oder rechnerisch mit den Formeln S. 364/66 die Hauptachsen und Hauptträgheitsmomente finden.

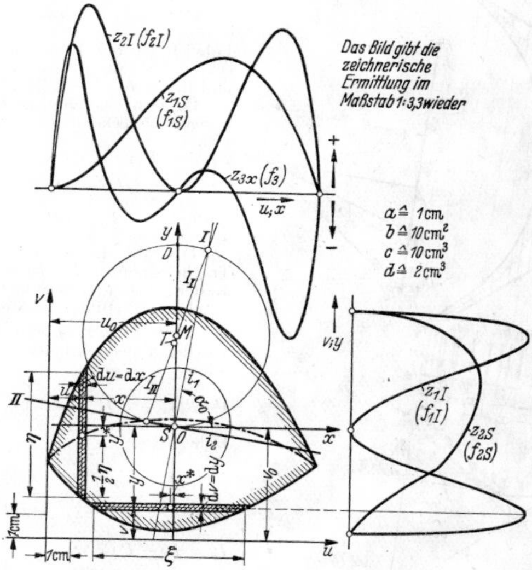

Bild 42. Ermittlung von Schwerpunkt, Trägheitsmoment und Fliehmoment nach *Nehls-Rötscher*

Die gemäß Bild 42 (Wiedergabe der zeichnerischen Ermittlung im Maßstab 1 : 3,3) durchgeführte Untersuchung ergibt:

$f \quad = 68{,}8 \text{ cm}^2$; da in diesem Fall $a \triangleq 1 \text{ cm}$, so ist auch $F = 68{,}8 \text{ cm}^2$;
$f_{1S} = 35{,}7 \text{ cm}^2$, also $F_{1S} = 1 \cdot 10 \cdot 35{,}7 = 357 \text{ cm}^3$, d. h. $u_0 = 357/68{,}8 = 5{,}19$ cm;
$f_{2S} = 32{,}7 \text{ cm}^2$, also $F_{2S} = 1 \cdot 10 \cdot 32{,}7 = 327 \text{ cm}^3$, d. h. $v_0 = 327/68{,}8 = 4{,}75$ cm;
$f_{1I} = 35{,}05 \text{ cm}^2$, d. h. $I_x = 1 \cdot 10 \cdot 35{,}05 = 350{,}5 \text{ cm}^4$;
$f_{2I} = 41{,}75 \text{ cm}^2$, d. h. $I_y = 1 \cdot 10 \cdot 41{,}75 = 417{,}5 \text{ cm}^4$;
$f_3 \quad = -5{,}5 \text{ cm}^2$, d. h. $I_{xy} = -1 \cdot 2 \cdot 5{,}5 = -11 \text{ cm}^4$.

Zeichnerisch folgt aus dem Trägheitskreis, Bild 42, $I_{\max} = I_I = 418 \text{ cm}^4$, $I_{min} = I_{II} = 348 \text{ cm}^4$. Rechnerisch wird $\tan 2\alpha_0 = 2 I_{xy}/(I_y - I_x) = -0{,}3284$, also $2\alpha_0 = 161{,}82° = 161°49'$, $\alpha_0 = 80{,}91° = 80°55'$ (auf volle Minuten abgerundet). Da I_{xy} negativ ist, folgt

$$\max I = I_I = I_x \cos^2 \alpha_0 + I_y \sin^2 \alpha_0 - I_{xy} \sin 2\alpha_0 = \\ = 350{,}5 \cdot 0{,}1578^2 + 417{,}5 \cdot 0{,}9875^2 + 11 \cdot 0{,}3121 = 418 \text{ cm}^4,$$

$$\min I = I_{II} = I_x \sin^2 \alpha_0 + I_y \cos^2 \alpha_0 + I_{xy} \sin 2\alpha_0 = \\ = 350{,}5 \cdot 0{,}9875^2 + 417{,}5 \cdot 0{,}1578^2 - 11 \cdot 0{,}3121 = 349 \text{ cm}^4$$

in guter Übereinstimmung mit der zeichnerischen Lösung. Die Halbachsen der Trägheitsellipse, d. h. die Trägheitshalbmesser sind

$$i_1 = \sqrt{I_I/F} = \sqrt{418/68{,}8} = 2{,}45 \text{ cm}; \qquad i_2 = \sqrt{I_{II}/F} = \sqrt{349/68{,}8} = 2{,}25 \text{ cm}.$$

ββ) *Verfahren nach Mohr.* Soll das Trägheitsmoment des Schaufelprofils in Bild 43, bezogen auf die zur Verbindungsgerade $v-v$ der Spitzen parallele Schwerachse $y-y$, bestimmt werden, so wird der gegebene Querschnitt in so kleine Streifen parallel der v-Achse zerlegt, daß deren Trägheitsmomente, bezogen auf ihre Schwerachsen, vernachlässigt werden können. Es ist

$$I_v = \int \mathrm{d}Fx^2 \approx \sum \Delta Fx^2 = F_1x_1^2 + F_2x_2^2 + \cdots,$$

worin $F_1, F_2, \ldots$ die Inhalte der Flächenstreifen und $x_1 x_2 \ldots$ ihre Schwerpunktabstände von der v-Achse sind. Zu den als Kräfte aufzufassenden Flächeninhalten $F_1, F_2, \ldots$ entwirft man (vgl. S. 374) mit der Polweite H das Seileck $1-2-3\ldots$, wobei der Kräftezug $F_1F_2F_3\ldots$ parallel der v-Achse gelegt wird.

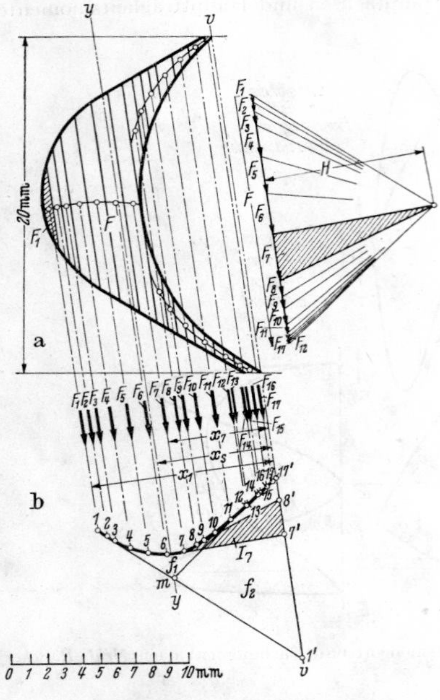

Bild 43. Ermittlung von Schwerpunkt, Trägheitsmoment und Fliehmoment nach *Mohr*

Aus der Ähnlichkeit der schraffierten Dreiecke folgt

$$7'8'/x_7 = F_7/H \quad \text{oder} \quad 7'8' = F_7x_7/H.$$

Folglich ist der Flächeninhalt I_7 des Dreiecks $77'8'$ gleich $^1/_2 \cdot x_7 \cdot 7'8' = F_7x_7^2/2H$ und daher $F_7x_7^2 = 2HI_7$.

Da sich eine ähnliche Beziehung für alle übrigen Dreiecke finden läßt, wird

$$F_1x_1^2 + F_2x_2^2 + \cdots = \\ = 2H(I_1 + I_2 + \cdots) = 2H(f_1 + f_2),$$

mithin $$I_v = 2H(f_1 + f_2).$$

Das auf die Schwerachse y bezogene Trägheitsmoment ist $I_y = I_v - Fx_s^2$, wenn x_s der Abstand des Schwerpunkts von der v-Achse ist (Bild 43). Aus der Ähnlichkeit des Dreiecks $m\,1'\,\overline{17'}$ mit dem Dreieck, das von den äußersten Polstrahlen gebildet wird, folgt

$$1'\,17'/x_s = F/H \quad \text{oder} \quad 1'\,17' = x_sF/H.$$

Daher ist

$$f_2 = {}^1/_2 \cdot 1'\,17' \cdot x_s = {}^1/_2 F x_s^2/H$$

und $$Fx_s^2 = 2Hf_2,$$

$$I_y = I_v - Fx_s^2 = \\ = 2H(f_1 + f_2) - 2Hf_2 = 2Hf_1.$$

Maßstäbe: Ist $1\text{ cm} \mathrel{\hat=} a\text{ cm}$ der Längenmaßstab, ist $1\text{ cm} \mathrel{\hat=} b\text{ cm}^2$ der Maßstab für den Kräftezug, wird der Polabstand gleich H cm gezeichnet und sind f cm² die Flächeninhalte der gezeichneten Fläche, so wird

$$I_v = 2a^2bH(f_1 + f_2) \text{ in cm}^4, \qquad I_y = 2a^2bHf_1 \text{ in cm}^4.$$

Soll das Trägheitsmoment des Querschnitts in bezug auf die zur y-Achse senkrechte Schwerlinie x ermittelt werden, so hat man, um möglichst genaue Werte zu erhalten, die Unterteilung parallel zur neuen Bezugsachse durchzuführen. Auch der Kräftezug muß parallel zu dieser Achse gezeichnet werden, im übrigen kann aber das beschriebene Verfahren entsprechend angewandt werden.

In Bild 43 ist $1\text{ cm} \mathrel{\hat=} 0{,}1\text{ cm}$ der Längenmaßstab, $1\text{ cm} \mathrel{\hat=} 0{,}05\text{ cm}^2$ der Maßstab für den Kräftezug. H wurde gleich 9,3 cm gewählt.

Für f_1 ergab sich 4,0 cm². Daher ist mit $a = 0{,}1$ und $b = 0{,}05$

$$I_y = 2 \cdot 0{,}1^2 \cdot 0{,}05 \cdot 9{,}3 \cdot 4 = 0{,}037\text{ cm}^4.$$

Für die Berechnung einer Dampfturbinenschaufel müßten strenggenommen die Hauptträgheitsachsen durch den Schwerpunkt bestimmt werden; dies kann nach dem Verfahren von *Nehls-Rötscher* leicht geschehen.

γγ) *Instrumentell* lassen sich außer der Fläche auch statisches Moment, damit Schwerpunkt, ferner Trägheitsmoment und Fliehmoment durch Potenzplanimeter (vgl. S. 199) bestimmen.

h) Tabellen. α) *Axiale (äquatoriale) Trägheits- und Widerstandsmomente einfacher Querschnitte*[1].

Nr.	Querschnitt	Trägheitsmoment	Widerstandsmoment
1	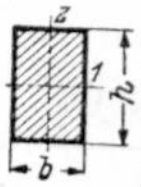	$I_1 = b h^3/12$ $I_2 = h b^3/12$	$W_1 = b h^2/6$ $W_2 = h b^2/6$
2	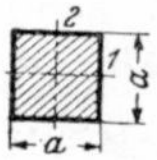	$I_1 = I_2 = a^4/12$	$W_1 = W_2 = a^3/6$
3	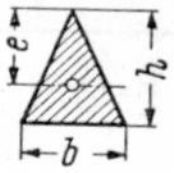	$I = b h^3/36$	$W = b h^2/24$ für $e = {}^2/_3 h$
4	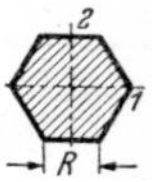	$I_1 = I_2 = {}^5/_{16} \sqrt{3}\ R^4$ $= 0{,}5413\, R^4$	$W_1 = {}^5/_8 R^3 = 0{,}625\, R^3$ $W_2 = 0{,}5413\, R^3$
5	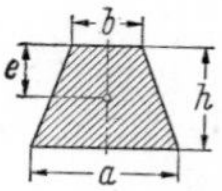	$I = \frac{h^3}{36} \cdot \frac{a^2 + 4ab + b^2}{a + b}$ $= \frac{h^3}{36}\left(a + b + \frac{2ab}{a + b}\right)$	$W = \frac{h^2}{12} \cdot \frac{a^2 + 4ab + b^2}{2a + b}$ $e = \frac{h}{3} \cdot \frac{2a + b}{a + b}$
6	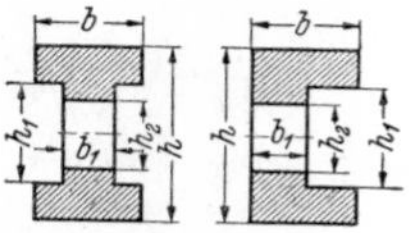	$I = \frac{b(h^3 - h_1^3) + b_1(h_1^3 - h_2^3)}{12}$	$W = \frac{b(h^3 - h_1^3) + b_1(h_1^3 - h_2^3)}{6h}$
7	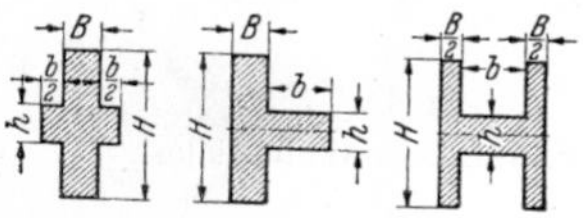	$I = \frac{BH^3 + bh^3}{12}$;	$W = \frac{BH^3 + bh^3}{6H}$
8	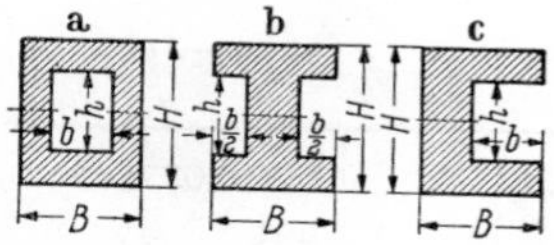	$I = \frac{BH^3 - bh^3}{12}$	$W = \frac{BH^3 - bh^3}{6H}$

[1] Trägheits- und Widerstandsmomente von Kreisflächen vgl. S. 373, von Normalprofilen vgl. Tafeln im Anhang.

Nr.	Querschnitt	Trägheitsmoment	Widerstandsmoment
9	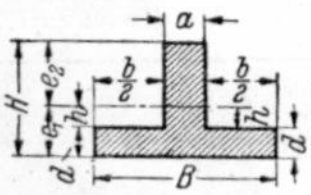	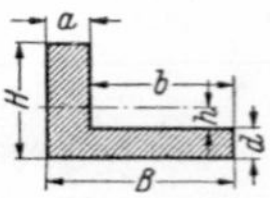 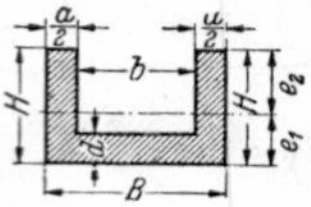	$I = {}^1/_3(B e_1^3 - b h^3 + a e_2^3)$; $e_1 = \frac{1}{2}\,\frac{aH^2 + bd^2}{aH + bd}$; $e_2 = H - e_1$
10	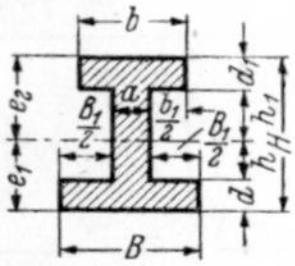	$I = {}^1/_3(B e_1^3 - B_1 h^3 + b e_2^3 - b_1 h_1^3)$; $e_1 = \frac{1}{2}\,\frac{aH^2 + B_1 d^2 + b_1 d_1 (2H - d_1)}{aH + B_1 d + b_1 d_1}$	
11	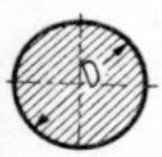	$I = \pi D^4/64 \approx D^4/20$	$W = \pi D^3/32 \approx D^3/10$
		Tabellen für I und W vgl. S. 373	
12	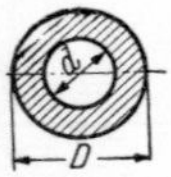	$I = \frac{\pi}{64}(D^4 - d^4) = \frac{\pi}{64} D^4 (1 - \alpha^4)$ $\alpha = d/D$	$W = \frac{\pi}{32}\,\frac{D^4 - d^4}{D} = \frac{\pi}{32} D^3 (1 - \alpha^4)$
		oder bei kleiner Wanddicke s	
	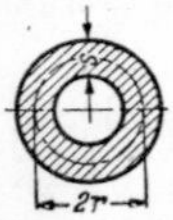	$I = \pi s r^3 [1 + (s/2r)^2]$ $\approx \pi s r^3$	$W = I/(r + s/2)$ $\approx \pi s r^2$
13	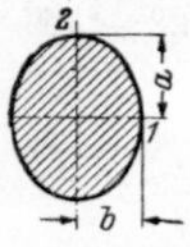	$I_1 = \pi a^3 b/4$ $I_2 = \pi b^3 a/4$	$W_1 = \pi a^2 b/4$ $W_2 = \pi b^2 a/4$
14	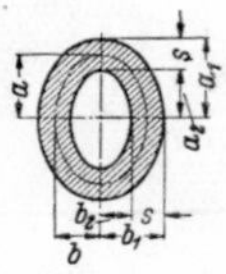	$I = \pi (a_1^3 b_1 - a_2^3 b_2)/4$ $= (F_1 a_1^2 - F_2 a_2^2)/4$	$W = I/a_1$
		oder, wenn die Wanddicke $s = a_1 - a_2 = b_1 - b_2 = 2(a - a_2) = 2(b - b_2)$ klein ist	
		$I \approx \pi a^2 (a + 3b)\, s/4$,	$W \approx \pi a (a + 3b)\, s/4$
15	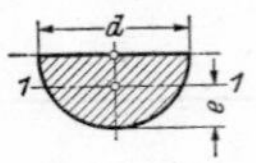	$I_1 = 0{,}00686\, d^4 \approx 0{,}007\, d^4$	$W = 0{,}0238\, d^3 \approx 0{,}024\, d^3$ mit $e = \frac{d}{2}\left(1 - \frac{4}{3\pi}\right) = 0{,}2878\, d$
		bezogen auf Schwerpunktsachse 1—1	

β) *Trägheits- und Widerstandsmomente der Kreisfläche*[1]

I = axiales (äquatoriales) Trägheitsmoment; W = Widerstandsmoment

d	$I = \frac{\pi d^4}{64}$	$W = \frac{\pi d^3}{32}$	d	$I = \frac{\pi d^4}{64}$	$W = \frac{\pi d^3}{32}$	d	$I = \frac{\pi d^4}{64}$	$W = \frac{\pi d^3}{32}$
1	0,0491	0,0982	51	332086	13023	101	5108055	101150
2	0,7854	0,7854	52	358908	13804	102	5313378	104184
3	3,976	2,651	53	387323	14616	103	5524830	107278
4	12,57	6,283	54	417393	15459	104	5742532	110433
5	30,68	12,27	55	449180	16334	105	5966604	113650
6	63,62	21,21	56	482750	17241	106	6197171	116928
7	117,9	33,67	57	518166	18181	107	6434357	120268
8	201,1	50,27	58	555497	19155	108	6678287	123672
9	322,1	71,57	59	594810	20163	109	6929087	127139
10	490,9	98,17	**60**	636172	21206	**110**	7186886	130671
11	718,7	130,7	61	679651	22284	111	7451813	134267
12	1018	169,6	62	725332	23398	112	7723997	137929
13	1402	215,7	63	773272	24548	113	8003571	141656
14	1886	269,4	64	823550	25736	114	8290666	145450
15	2485	331,3	65	876240	26961	115	8585417	149312
16	3217	402,1	66	931420	28225	116	8887958	153241
17	4100	482,3	67	989166	29527	117	9198425	157238
18	5153	572,6	68	1049556	30869	118	9516956	161304
19	6397	673,4	69	1112660	32251	119	9843689	165440
20	7854	785,4	**70**	1178588	33674	**120**	10178763	169646
21	9547	909,2	71	1247393	35138	121	10522320	173923
22	11499	1045	72	1319167	36644	122	10874501	178271
23	13737	1194	73	1393995	38192	123	11235450	182690
24	16286	1357	74	1471963	39783	124	11605311	187182
25	19175	1534	75	1553156	41417	125	11984229	191748
26	22432	1726	76	1637662	43096	126	12372350	196387
27	26087	1932	77	1725571	44820	127	12769824	201100
28	30172	2155	78	1816972	46589	128	13176799	205887
29	34719	2394	79	1911967	48404	129	13593424	210751
30	39761	2651	**80**	2010619	50265	**130**	14019852	215690
31	45333	2925	81	2113051	52174	131	14456235	220706
32	51472	3217	82	2219347	54130	132	14902727	225799
33	58214	3528	83	2329605	56135	133	15359483	230970
34	65597	3859	84	2443920	58189	134	15826658	236219
35	73662	4209	85	2562392	60292	135	16304411	241547
36	82448	4580	86	2685120	62445	136	16792899	246954
37	91998	4973	87	2812205	64648	137	17292282	252442
38	102354	5387	88	2943748	66903	138	17802721	258010
39	113561	5824	89	3079853	69210	139	18324378	263660
40	125664	6283	**90**	3220623	71569	**140**	18857416	269392
41	138709	6766	91	3366165	73982	141	19401999	275206
42	152745	7274	92	3516586	76448	142	19958294	281103
43	167820	7806	93	3671992	78968	143	20526466	287083
44	183984	8363	94	3832492	81542	144	21106684	293148
45	201289	8946	95	3998198	84173	145	21699116	299298
46	219787	9556	96	4169220	86859	146	22303933	305533
47	239531	10193	97	4345671	89601	147	22921307	311855
48	260576	10857	98	4527664	92401	148	23551409	318262
49	282979	11550	99	4715315	95259	149	24194414	324757
50	306796	12272	**100**	4908738	98175	**150**	24850496	331340

[1] Die Werte der *polaren* Trägheitsmomente I_p bzw. Widerstandsmomente W_p erhält man durch Multiplikation mit 2.

3. Querkraft und Biegemoment

a) Die belastenden Kräfte des Stabes bzw. Trägers mögen in einer Ebene liegen, Bild 44. Dann ist die **Querkraft** Q gleich der algebraischen Summe der Kräfte links bzw. rechts vom betrachteten Querschnitt. Es ist

$$Q_l = A - F_1 - F_2 \quad \text{und} \quad Q_r = B - F_3 - F_4 - F_5 - F_6,$$

$$Q_l + Q_r = 0 \quad \text{oder} \quad Q_r = -Q_l.$$

Hierbei erhalten Kräfte, die nach oben gerichtet sind, das positive Vorzeichen, so daß nach Bild 44 Q_l positiv und Q_r negativ ist. Trägt man die Querkräfte zu jedem Querschnitt als Ordinaten in bestimmtem Maßstab auf, so erhält man die *Querkraftlinie* und die *Querkraftfläche* Bild 44b, links; vgl. Beispiele.

b) Das **Biegemoment** in einem beliebigen Punkt des Trägers ist gleich der algebraischen Summe der statischen Momente aller links bzw. rechts vom betrachteten Querschnitt angreifenden Kräfte:

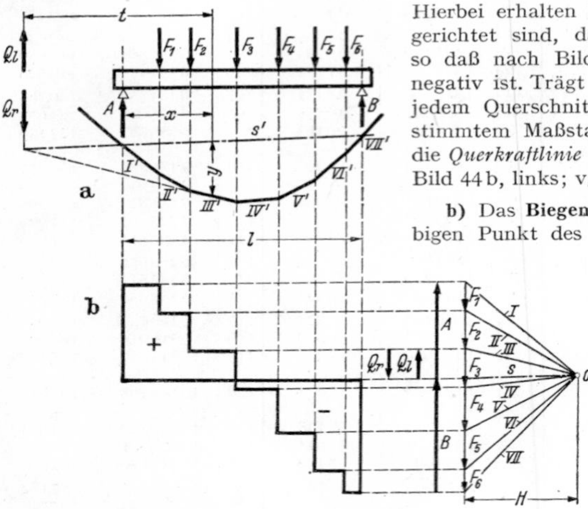

Bild 44. Querkraft- und Momentenfläche

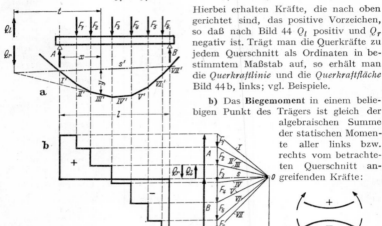

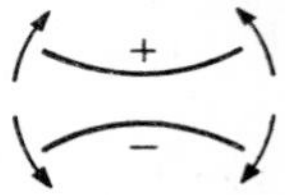

Bild 45

$$M_l = A x - F_1 p_1 - F_2 p_2$$

und
$$M_r = B(l - x) - F_3 p_3 - F_4 p_4 - F_5 p_5 - F_6 p_6,$$

wenn $p_1 \ldots p_6$ die Hebelarme von $F_1 \ldots F_6$ in bezug auf den betrachteten Querschnitt sind. Das Biegemoment wird als *positiv* bezeichnet, wenn sich der Träger infolge des Momentes nach *unten*, als *negativ*, wenn er sich nach *oben* durchbiegt (Bild 45). Es ist $M_l = M_r$ und soll im folgenden mit M bezeichnet werden.

Trägt man die Biegemomente zu jedem Querschnitt als Ordinate in bestimmtem Maßstab auf, so erhält man die *Momentenlinie* und die *Momentenfläche*, Bild 44a; vgl. Beispiele.

Da bei einer stetigen Belastung die Ableitung des Biegemoments gleich der Querkraft ist, $Q = \mathrm{d}M/\mathrm{d}x$ (vgl. S. 108), so hat das Biegemoment dort den größten oder kleinsten Wert, wo die Querkraft verschwindet, d. h. die Querkraftlinie durch Null geht. Bei Einzellasten liegt diese Stelle auf der Wirkungslinie einer Einzelkraft, Bild 44b. Die Momentenlinie ist die Integralkurve der Querkraftlinie, $M = \int Q \mathrm{d}x$, und diese die Integralkurve der Belastungskurve, $Q = -\int q \,\mathrm{d}x$ (vgl. unten, ferner S. 94 u. S. 108).

Bezeichnet man in Bild 44 die Abstände der Kräfte vom linken Auflager mit $a_1 a_2 \ldots$, d. h. setzt man $p_1 = x - a_1$, $p_2 = x - a_2$, $\ldots$, so ist das Biegemoment $M = A x - F_1(x - a_1) - F_2(x - a_2)$, und die Ableitung liefert die Querkraft $Q = \mathrm{d}M/\mathrm{d}x = A - F_1 - F_2$. Andererseits ist die Fläche unter der Q-Kurve, d. h. ihr Integral, gegeben durch $Ax - F_1 p_1 - F_2 p_2$, also gleich dem Biegemoment M.

Zeichnerische Ermittlung der Momentenfläche. Das statische Moment der Resultierenden $Q_l = A - F_1 - F_2$ ist gleich der Summe der statischen Momente der Einzelkräfte A, F_1 und F_2:

$$M = Q_l t;$$

der Hebelarm t kann nach Bild 44a mit Hilfe des Kraft- und Seilecks bestimmt werden, indem man die äußersten Seilstrahlen s' und III' zum Schnitt bringt. Aus der Ähnlichkeit der Dreiecke, welche von diesen Seilstrahlen und den entsprechenden Polstrahlen s und III gebildet werden, folgt:

$$y : t = Q : H \quad \text{oder} \quad Qt = yH = M .$$

Das Biegemoment ist gleich dem Produkt aus der Ordinate y, gemessen im Längenmaßstab, und dem Polabstand H, gemessen im Kräftemaßstab.

Maßstäbe: Ist der Längenmaßstab 1 mm ≙ a cm, der Kräftemaßstab 1 mm ≙ b kp, und der Polabstand H mm, so ist der Momentenmaßstab, d. h. der Maßstab, in dem die Ordinaten des Seilecks zu messen sind,

$$1 \text{ mm} \mathrel{\hat{=}} abH \text{ kpcm}.$$

Die Momentenfläche kann also zeichnerisch mit Hilfe des Seilecks nach Bild 44 bestimmt werden (vgl. Beisp. 2b).

c) Beispiele: 1. *Einzellast.* Sind a und b die Entfernungen der Kraft F von den Auflagern A und B (Bild 46), so ist $A = Fb/l$ und $B = Fa/l$. Die Querkraftfläche zeigt, daß im Angriffspunkt der Kraft das größte Biegemoment auftritt; es ist

$$\max M = Aa = Bb = Fab/l .$$

Wirkt die Einzelkraft in der Mitte des Trägers, so ist mit $a = b = l/2$

$$\max M = Fl/4 .$$

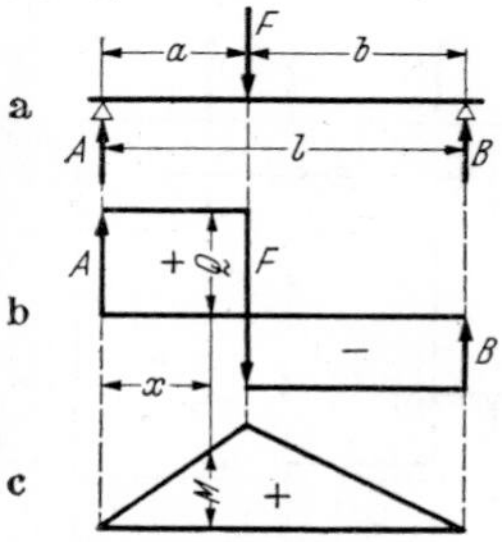

Bild 46. Querkraft- und Momentenfläche bei Einzellast

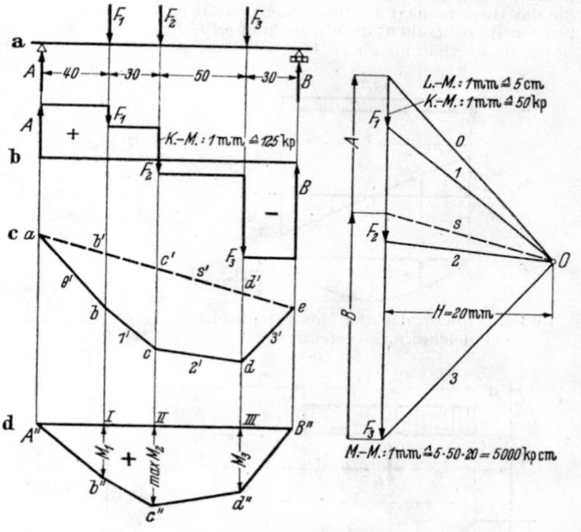

Bild 47. Querkraft- und Momentenfläche bei mehreren Einzellasten

2. *Mehrere Einzellasten* (Bild 47a). Der Träger ist mit $F_1 = 300$ kp, $F_2 = 700$ kp und $F_3 = 1200$ kp belastet.

a) *Rechnerische Lösung:* In bezug auf A ergibt sich die Momentengleichung $B \cdot 150 = F_1 \cdot 40 + F_2 \cdot 70 + F_3 \cdot 120$ und damit

$$B = (300 \cdot 40 + 700 \cdot 70 + 1200 \cdot 120)/150 = 1367 \text{ kp}.$$

Mit $A + B = F_1 + F_2 + F_3 = 2200$ kp wird $A = 2200 - B = 2200 - 1367 = 833$ kp. Daraus folgt die Querkraftfläche nach Bild 47b: Zwischen A und *1* ist $Q = A = 833$ kp; zwischen *1* und *2* ist $Q = A - F_1 = 833 - 300 = 533$ kp usw. Die Querkraft wechselt bei *2* das Vorzeichen; an dieser Stelle liegt daher das größte Biegemoment. Es ist $\max M = A \cdot 70 - F_1 \cdot 30 = 58300 - 9000 = 49300$ kpcm. Ferner ist $M_A = 0$ kpcm, $M_1 = +A \cdot 40 = +833 \cdot 40 = 33300$ kpcm, $M_3 = +B \cdot 30 = +1367 \cdot 30 = 41000$ kpcm, $M_B = 0$ kpcm.

Durch geradlinige Verbindung der Endpunkte entsteht die Momentenfläche (Bild 47d).

Sind die Belastungen in N gegeben, d. h. abgerundet mit $9{,}81 \approx 10$, $F_1 = 3000$ N, $F_2 = 7000$ N und $F_2 = 12000$ N, so wird $A = 8330$ N, $B = 13670$ N, und für das größte Biegemoment wird $\max M = 493000$ Ncm $= 4930$ Nm.

Sonderfall: Greifen an einem Stab zwei gleich große Kräfte F_1 und F_2 symmetrisch zwischen den Auflagern an, so ist in dem Stabteil zwischen F_1 und F_2 das Biegemoment konstant. Hiervon macht man in der Materialprüfung Gebrauch, um ein konstantes Biegemoment in diesem Stabteil zu erzwingen; vgl. S. 390, Nr. 9 u. 10.

b) *Zeichnerische Lösung* (Bild 47). Nach Wahl eines Kräftemaßstabs werden die Kräfte F_1, F_2 und F_3 nach Größe und Richtung aneinandergetragen. Rechts (oder links) von dieser Geraden wird der beliebig gelegene Pol O des *Kräftezuges* gewählt und mit den Anfangs- und Endpunkten von F_1, F_2 und F_3 verbunden. Es entstehen so die Polstrahlen *0*, *1*, *2* und *3*.

Dann wird durch den beliebig auf der Wirkungslinie von A angenommenen Punkt a (Bild 47c) parallel zu dem Polstrahl *0* der Strahl *0'* gezogen, der die Wirkungslinie von F_1 im Punkt b schneiden möge. Durch b wird parallel zu *1* die Linie *1'* gezogen, die die Wirkungslinie von F_2 im Punkt c schneiden möge. Durch c wird parallel zu *2* die Linie *2'* gezogen, die die Wirkungslinie von F_3 im Punkt d trifft, und schließlich durch d eine Parallele *3'* zum Polstrahl *3*.

Die *Seilstrahlen 0', 1', 2', 3'* begrenzen das *Seileck* oder *Seilpolygon abcde*.

Wird durch den Pol O eine Parallele s zu s', der *Schlußlinie* des Seilecks, gezogen, so schneidet diese auf dem Kräftezug F_1, F_2, F_3 die Auflagerkräfte A und B ab. Wir erhalten für A den Wert 840 kp, für B 1360 kp, in guter Übereinstimmung mit den rechnerisch gefundenen Werten.

Zur Kontrolle der Zeichnung beachte man folgende Regel: Die Kraft F_2 liegt zwischen den Polstrahlen *1* und *2*; entsprechend schneiden sich die Seilstrahlen *1'* und *2'* auf der Wirkungslinie von F_2. Diese Regel gilt auch für die Auflagerkräfte. Da sich die Strahlen *0'* und s' auf der Wirkungslinie von A schneiden, so liegt A zwischen dem Polstrahl *0* und der Parallelen s zur Schlußlinie. Ebenso liegt B zwischen s und *3*, weil sich s' und *3'* im Punkte e schneiden, der auf der Wirkungslinie von B liegt.

Die Wirkungslinien von F_1, F_2 und F_3 schneiden im Seileck die Strecken bb', cc' und dd' ab. Diese stellen nach Bild 44 bereits die Momente dar, so daß *abcdea* (Bild 47c) als Momentenfläche angesehen werden kann. Ein beliebiger Schnitt parallel zu den Kräften schneidet eine Strecke aus, die das Biegemoment an dieser Stelle darstellt. Trägt man die Strecken bb' usw. von einer Waagerechten $A''B''$ (Bild 47d) in den Punkten *I, II, III* der Wirkungslinien der Kräfte senkrecht nach unten ab, so erhält man in $A''b''c''d''B''$ die gleiche Momentenfläche wie oben rechnerisch gefunden.

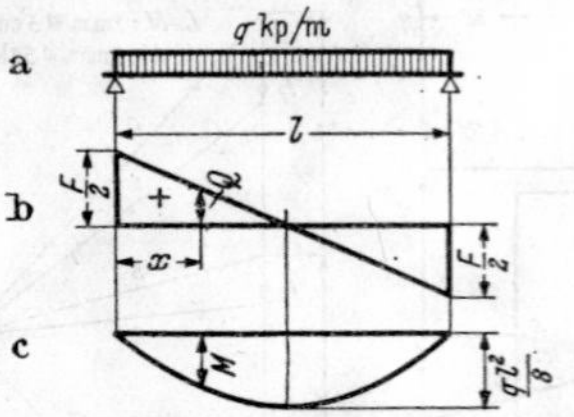

Bild 48. Querkraft- und Momentenfläche bei gleichförmig verteilter Last

Für das gewählte Beispiel ist die Berechnung des Momentenmaßstabs in der Zeichnung angegeben. Die Strecke $II\,c''$ ist 9,9 mm lang. Folglich ist, weil 1 mm Zeichenlänge einem Biegemoment von 5000 kpcm entspricht, $\max M = 9{,}9 \cdot 5000 = 49\,500$ kpcm, in guter Übereinstimmung mit dem rechnerisch ermittelten Wert 49300 kpcm.

Wird der Pol O auf die *linke* Seite des Kraftzuges gelegt, so kommen die positiven Momente nach *oben*.

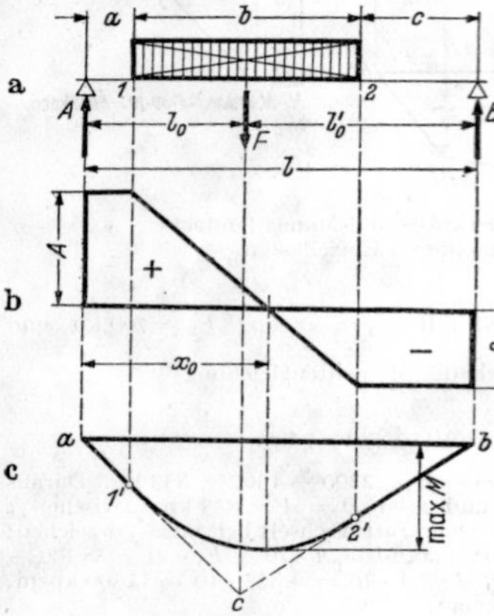

Bild 49. Querkraft- und Momentenfläche bei Streckenlast

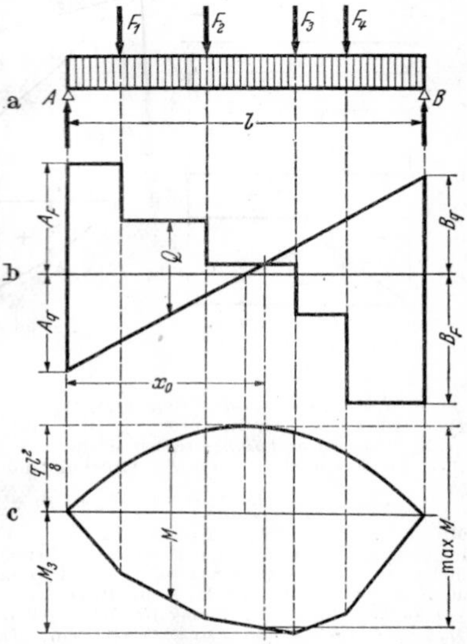

Bild 50. Querkraft- und Momentenfläche bei Einzelkräften und gleichförmig verteilter Last

Sind die Kräfte in N ausgedrückt mit den unter a) angegebenen Werten, so müssen in Bild 47 die Maßstäbe für Kraft und Moment wie folgt geändert werden:

K.–M.: 1 mm ≙ 1250 N in Teilbild a), K.–M.: 1 mm ≙ 500 N im Krafteck,

M.–M.: 1 mm ≙ 50000 Ncm = 500 Nm.

3. *Gleichförmig verteilte Last* $F = ql$, Bild 48. Die Querkraft in der Entfernung x vom Auflager A ist $Q = A - qx = ql/2 - qx = F/2 - Fx/l$; d. h. die Querkraftlinie wird durch eine Gerade dargestellt, die senkrecht unter A die Strecke $F/2$ und unter B die Strecke $-F/2$ abschneidet. Die Momentenlinie ist eine Parabel mit der Pfeilhöhe $ql^2/8 = Fl/8 = M_{max}$.

4. *Streckenlast*, Bild 49. Die Querkraft ist für den unbelasteten Teil $A\,1$ eine Waagerechte mit der Ordinate $A = Fl_0'/l = F\lambda'$, zwischen 1 und 2 eine Gerade, die sich auf der Strecke b um $F = bq$ senkt, zwischen 2 und B eine Waagerechte von der Ordinate $(-)B = (-)Fl_0/l = F\lambda$. Die Momentenlinie setzt sich aus zwei Geradenstücken $a\,1'$, $2'b$ und einer Parabel zusammen, mit diesen Geraden als Tangenten, wobei abc das Momentendreieck für die Einzellast F wäre.

Für $x = x_0 = a + b\lambda'$ wird $Q = 0$, d. h. es tritt das größte Biegemoment auf, und dieses wird

$$M_{max} = F\lambda'(a + b\lambda'/2) = F\lambda(c + b\lambda/2).$$

5. *Einzelkräfte und gleichförmig verteilte Last* (Bild 50). Die resultierende Querkraftfläche ergibt sich durch Addition der Einzelordinaten; man erhält sie zeichnerisch am besten, wenn man diese Ordinaten infolge der gleichförmig verteilten Last in entgegengesetzter Richtung aufträgt. In gleicher Weise verfährt man beim Aufzeichnen der Momentenlinie. Das Maximalmoment liegt bei x_0, da dort die Querkraft das Vorzeichen wechselt.

6. Der Träger ist durch eine Last beliebiger Form belastet. Nach Bild 51 zerlegt man die gesamte Last in schmale Streifen, deren Gewichte F_1, F_2, F_3 im Schwerpunkt der Belastungsfläche angreifen. Meist genügt es, die Teilflächen durch Trapeze, Rechtecke oder Dreiecke zu ersetzen. Die Punkte a, b, c und d senkrecht unter den Trennungslinien der Flächenstreifen sind Berührungspunkte der wirklichen M-Linie. Man kann auch durch rechnerische oder zeichnerische Integration (S. 199) der Belastungsfläche $q = q(x)$ die Querkraftfläche finden, $Q = -\int q\,dx$, und durch nochmalige Integration die Momentenfläche, $M = \int Q\,dx$.

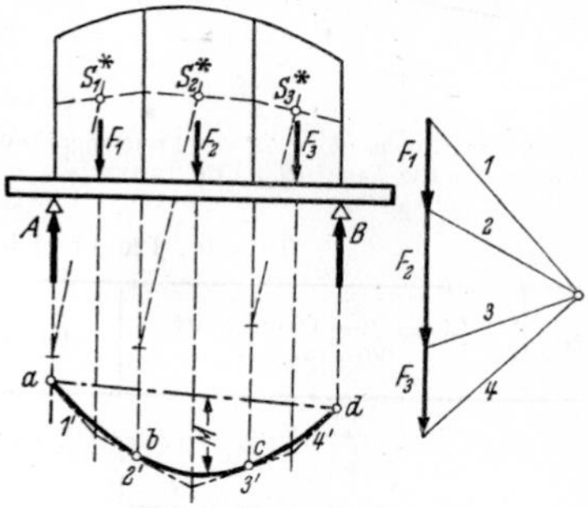

Bild 51. Momentenfläche bei beliebig verteilter Belastung

7. Träger mit *Kragarm* und Einzellasten vgl. S. 384, Bild 62.

8. *Beliebig* senkrecht zur Achse *gerichtete Einzellasten* (Riementrieb). Es handele sich um *kreisförmigen* Querschnitt, so daß, da alle Kräfte hierbei in Hauptachsen wirken, nicht schiefe, sondern *gerade* Biegung vorliegt.

Man zerlege jede Kraft nach waagerechter und senkrechter Richtung und entwerfe für beide Lastgruppen getrennt Querkraft- und Momentenlinie. Die geometrische Addition der Einzelwerte ergibt die wirklichen Querkräfte und Momente.

Die Zerlegung der angreifenden Kräfte nach Bild 52 in senkrechter (V) und waagerechter Richtung (H) ergibt

$$V_1 = F_1 \sin\alpha_1; \quad H_1 = F_1 \cos\alpha_1;$$
$$V_2 = F_2 \sin\alpha_2; \quad H_2 = F_2 \cos\alpha_2;$$
$$V_3 = F_3 \sin\alpha_3. \quad H_3 = F_3 \cos\alpha_3.$$

Für die Belastung V, zu der das Gewicht der Scheiben tritt, wird die Momentenfläche entworfen (Bild 52c), ebenso zur Belastung H (Bild 52d). Aus den Ordinaten v und h wird r geometrisch als Hypotenuse bestimmt. Trägt man die Größen r von einer Waagerechten aus ab (Bild 52f), so erhält man die in die Zeichenebene zurückgeklappte resultierende Momentenfläche. Aus ihr ergibt sich max M. Mit den Maßstäben des Bildes 52 $H = 10$ mm und $r_2 = 10$ mm, wird nach S. 375

$$\max M = abHr_2 = 5 \cdot 80 \cdot 10 \cdot 10 = 40000 \text{ kpcm}.$$

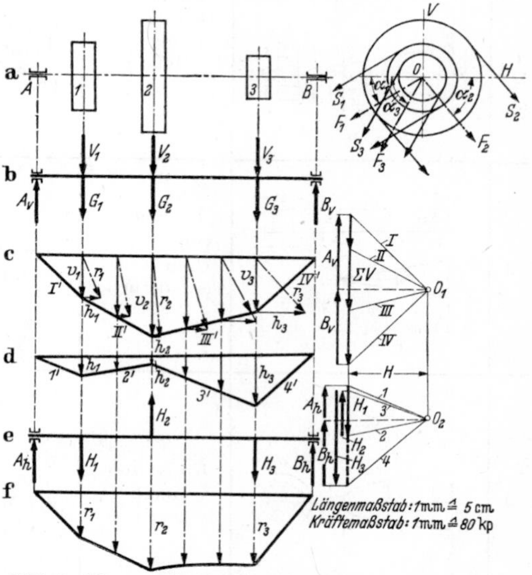

Bild 52. Momentenfläche bei beliebig gerichteten Einzellasten (Riementrieb, Riemenkräfte S)

4. Träger gleicher Biegebeanspruchung

Beim *Träger* gleicher Biegefestigkeit (besser: gleicher Biegebeanspruchung) müssen die maximalen Randspannungen $\max\sigma \leqq \sigma_{zul}$ in jedem Querschnitt den gleichen Wert haben. Aus $\sigma = M/W = \text{const} = \sigma_{zul}$ und aus dem Momentenverlauf $M = \mathrm{M}(x)$ folgt der Querschnittsverlauf gemäß dem erforderlichen Widerstandsmoment $W = \mathrm{W}(x) = \mathrm{M}(x)/\sigma$, vgl. folgende Tabelle.

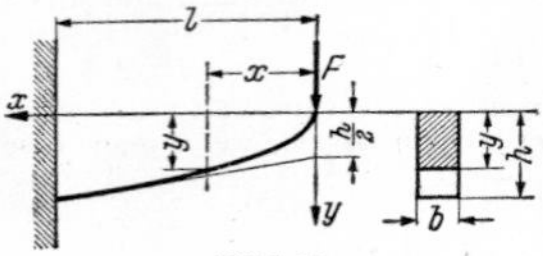

Bild 53

Beispiel: Freiträger mit Einzellast am Ende und mit rechteckigem Querschnitt konstanter Breite, Bild 53. Aus $M_x = Fx$, $W_x = by^2/6$ und $M_x = W_x\sigma_{zul}$ folgt

an beliebiger Stelle	$\sigma_{zul} \cdot by^2/6 = Fx$,
an der Einspannstelle	$\sigma_{zul} \cdot bh^2/6 = Fl$,
daraus durch Division	$y = h\sqrt{x/l}$,

d. h. die Begrenzungskurve ist eine Parabel. Für die Einspannstelle folgt aus der zweiten Gleichung $h = \sqrt{6Fl/(b\sigma_{zul})}$.

Die parabolische Form des Freiträgers findet sich bei Konsolen. Als angenäherte Form wählt man häufig die Tangente an die theoretisch gefundene Kurve als Begrenzungslinie, Bild 53.

Tabelle: Träger gleicher Biegebeanspruchung

Nr.	Längs- und Querschnitt des Trägers	Querschnitte	Begrenzung des Längsschnitts	Formeln zur Berechnung der Querschnitt-Abmessungen
	α) Freiträger, Last F greift am Ende an			
1a 1b	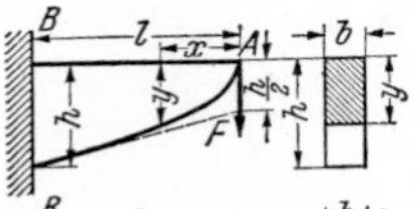 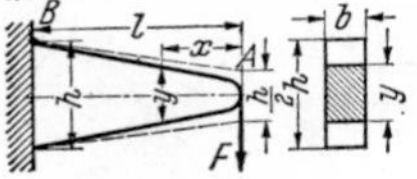	Rechtecke von gleicher Breite b und veränderlicher Höhe y	1a. Obere Begrenzung: Gerade; untere Begrenzung: gewöhnl. Parabel 1b. Gewöhnl. Parabel	$y = h\sqrt{x/l}$; $h = \sqrt{\frac{6Fl}{b\sigma_{zul}}}$; Durchbiegung in A: $f = \frac{8F}{bE}\left(\frac{l}{h}\right)^3$
2	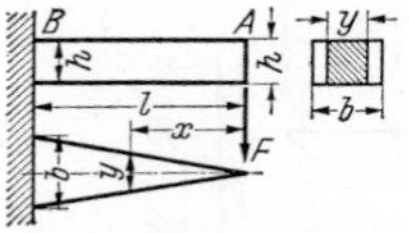 Elastische Linie ein Kreisbogen	Rechtecke von gleicher Höhe h und veränderlicher Breite y	Gerade Linie	$y = bx/l$; $b = \frac{6Fl}{h^2\sigma_{zul}}$; Durchbiegung in A: $f = \frac{6F}{bE}\left(\frac{l}{h}\right)^3$
3	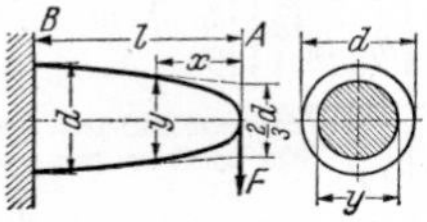	Kreise vom Durchmesser y	Kubische Parabel (vgl. Math. S. 138)	$y = d\sqrt[3]{x/l}$; $d = \sqrt[3]{\frac{32Fl}{\pi\sigma_{zul}}}$ oder $W_0 = \pi d^3/32 = Fl/\sigma_{zul}$; Durchbiegung in A: $f = \frac{3}{5}\frac{Fl^3}{EI_0}$; $I_0 = \frac{\pi d^4}{64}$

Nr.	Längs- und Querschnitt des Trägers	Querschnitte	Begrenzung des Längsschnitts	Formeln zur Berechnung der Querschnitt-Abmessungen
		β) Freiträger, Last Q gleichmäßig verteilt		
4	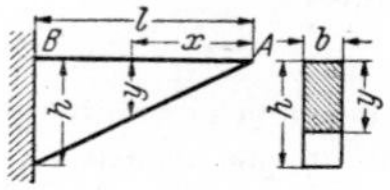	Rechtecke von gleicher Breite b und veränderlicher Höhe y	Gerade Linie	$y = hx/l$; $h = \sqrt{\frac{3Ql}{b\sigma_{zul}}}$
5	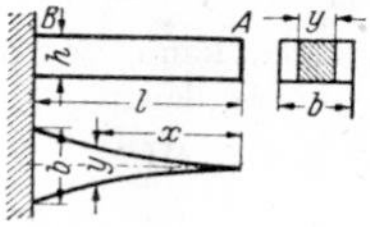 Elastische Linie ein Kreisbogen	Rechtecke von gleicher Höhe h und veränderlicher Breite y	Gewöhnl. Parabel	$y = bx^2/l^2$; $b = \frac{3Ql}{h^2\sigma_{zul}}$; Durchbiegung in A: $f = \frac{3Q}{bE}\left(\frac{l}{h}\right)^3$
		γ) Träger auf 2 Stützen, Einzellast F		
6	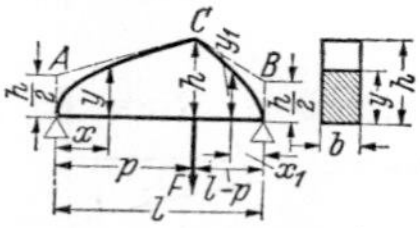	Rechtecke von gleicher Breite b und veränderlicher Höhe y	Obere Begrenzung: zwei gewöhnl. Parabeln	$y = h\sqrt{x/p}$; $y_1 = h\sqrt{x_1/(l-p)}$; $h = \sqrt{\frac{6F(l-p)p}{bl\sigma_{zul}}}$
		δ) Träger auf 2 Stützen, Last Q gleichmäßig verteilt		
7	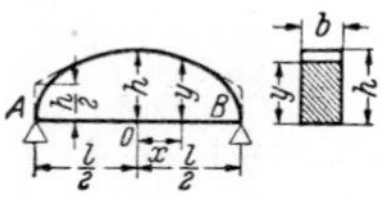	Rechtecke von gleicher Breite b und veränderlicher Höhe y	Obere Begrenzung: Ellipse	$\frac{x^2}{(l/2)^2} + \frac{y^2}{h^2} = 1$; $h = \sqrt{\frac{3Ql}{4b\sigma_{zul}}}$; Durchbiegung in O: $f = \frac{1}{64}\frac{Ql^3}{EI_0} = \frac{3}{16}\frac{Q}{bE}\left(\frac{l}{h}\right)^3$ *

5. Elastische Linie

a) Differentialgleichung. Die ursprünglich gerade Stabachse biegt sich infolge der Belastung durch, die hierdurch entstehende Kurve heißt elastische Linie. Da die Querschnitte eben bleiben sollen, bilden die um ds entfernten Querschnitte I und II (Bild 54) den Winkel $d\alpha$ und sind die dicht benachbarten Normalen der Biegelinie. Diese schneiden sich im Krümmungsmittelpunkt (S. 122). Ist $\eta\, d\alpha$ die

* Bei ausgeführten Blechträgern von nahezu gleichem Widerstand gegen Biegung ist nach *R. Land*

$$f = \frac{1}{70}\frac{Ql^3}{EI} = \frac{6}{35}\frac{Q}{bE}\left(\frac{l}{h}\right)^3.$$

Verlängerung der Faser im Abstand η (Bild 31, S. 363), so wird die Dehnung

$$\varepsilon = \eta\, \mathrm{d}\alpha/\mathrm{d}s = \eta \cdot \mathrm{d}\alpha/\mathrm{d}s$$

mit $\mathrm{d}s$ als ursprünglicher Länge. Nun ist $\mathrm{d}\alpha/\mathrm{d}s$ die Krümmung der elastischen Kurve (S. 122), d. h. es ist $\mathrm{d}\alpha/\mathrm{d}s = k = 1/\varrho$, also $\varepsilon = \eta k$.

Nach dem *Hooke*schen Gesetz gilt $\varepsilon = \sigma/E$ oder $\sigma = E\varepsilon$, so daß $\sigma = E\eta k$. Andererseits war $\sigma = \eta M/I$ (S. 363); dies eingesetzt ergibt

$$k = 1/\varrho = M/EI$$

als „*natürliche Gleichung*" der elastischen Linie. Da α bei dem gewählten Koordinatensystem abnimmt, also $\mathrm{d}\alpha$ negativ ist, ist die Krümmung als negativ anzusehen (vgl. Bild 93, 94, S. 123). Damit wird

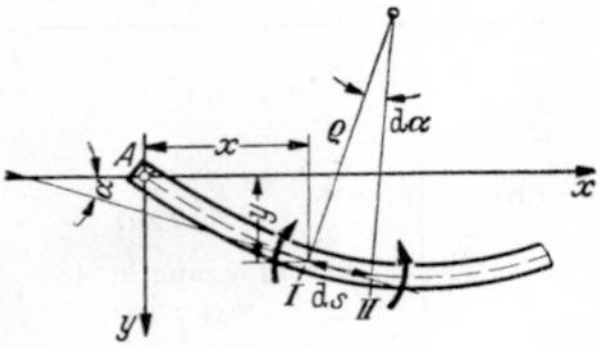

Bild 54

$$k = 1/\varrho = -y''/(1 + y'^2)^{3/2} = M/EI.$$

Für kleine Durchbiegungen kann $y'^2 = \tan^2\alpha$ gegenüber 1 vernachlässigt werden:

$$y'' = \frac{\mathrm{d}^2 y}{\mathrm{d}x^2} = -\frac{M}{EI}$$

als *Differentialgleichung der elastischen Linie* (Vorzeichen von M vgl. Bild 45, S. 374). $y' = \tan\alpha$ ist die Steigung und α der Steigungswinkel der elastischen Linie. Da y' klein ist, gilt $y' \approx \widehat{\alpha}$ ($\widehat{\alpha}$ im Bogenmaß), wenn $y' > 0$, und $y' \approx \pi - \widehat{\alpha}$, wenn $y' < 0$. Das Produkt EI heißt auch *Biegesteifigkeit*.

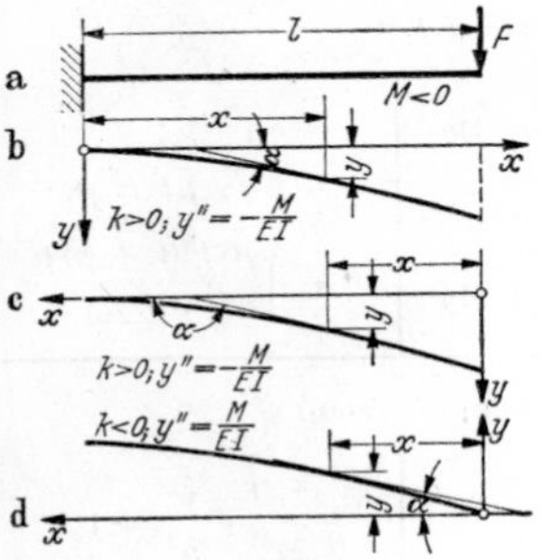

Bild 55

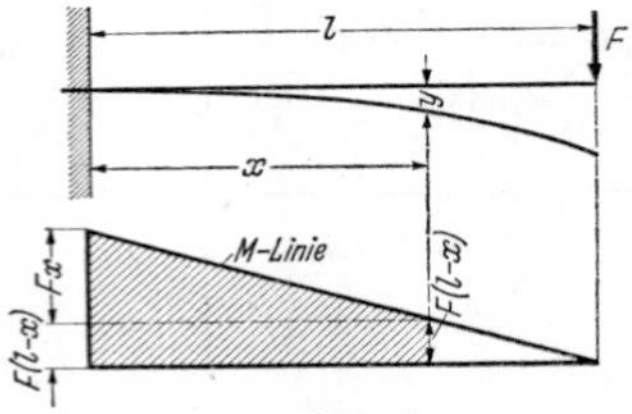

Bild 56

Je nach Wahl des Koordinatensystems ist in $k = 1/\varrho = M/EI$ das Vorzeichen von k und damit von y'' positiv oder negativ zu wählen, vgl. Bild 55a bis d.

Beispiel: Für den Freiträger nach Bild 56 mit gleichbleibendem Querschnitt ist $M = -F(l - x)$ und daher

$$y'' = \frac{F}{EI}(l - x). \qquad \text{Die Integration ergibt} \qquad y' = \frac{F}{EI}\left(lx - \frac{x^2}{2}\right) + C_1.$$

Die Integrationskonstante C_1 wird Null, da für $x = 0$ auch $\tan\alpha = y' = 0$ sein muß. Aus

$$y' = \frac{F}{EI}\left(lx - \frac{x^2}{2}\right) \quad \text{folgt durch Integration} \quad y = \frac{F}{EI}\left(l\frac{x^2}{2} - \frac{x^3}{6}\right) + C_2.$$

Auch C_2 ist Null, da y für $x = 0$ verschwindet; also gilt

$$y = \frac{F}{EI}\left(l\frac{x^2}{2} - \frac{x^3}{6}\right) = \frac{Fl^3}{2EI}\left[\left(\frac{x}{l}\right)^2 - \frac{1}{3}\left(\frac{x}{l}\right)^3\right].$$

Aus $y' \approx \widehat{\alpha}$ folgt für $x = l$, daß $\widehat{\alpha}_l \approx Fl^2/2EI$.

Die Lösung für die Lage des Koordinatensystems nach Bild 55d vgl. Mathematik S. 108, Abs. b α), Beispiel 2, ferner die Tabelle S. 386, Nr. 1.

b) Zeichnerische Ermittlung der Durchbiegungen nach Mohr. Ein vollkommen biegsames Seil AB, Bild 57, sei durch eine stetige Last q (z. B. in kp/m) belastet; die Belastungsfläche wird in schmale Streifen von der Breite $\mathrm{d}x$ parallel zur Richtung der Kräfte zerlegt, dann ist $q\,\mathrm{d}x$ die Belastung der kleinen Strecke $\mathrm{d}x$ und kann als Einzelkraft im Schwerpunkt des Flächenstreifens aufgefaßt werden. Zu diesen Einzelkräften zieht man mit Hilfe des Kraftecks (Bild 57) ein Seileck, das für verschwindend schmale Streifen in die Seilkurve übergeht.

Der Last $q\,\mathrm{d}x$ müssen die Kräfte S in P und S_1 in P_1 das Gleichgewicht halten. S wird in V und H, die Kraft S_1 in V_1 und H zerlegt; der Horizontalzug H ist an jeder Stelle des Seils gleich groß. Nach Bild 57 gilt

$$\tan\alpha = y' = V/H$$

und daher $y'' = V'(x)/H$.

Es wird aber

$$\mathrm{d}V = V_1 - V = -q\,\mathrm{d}x,$$

also

$$V' = \mathrm{d}V/\mathrm{d}x = -q\,\mathrm{d}x/\mathrm{d}x = -q.$$

Somit ist $\quad y'' = -q/H$

die Differentialgleichung der Seilkurve. Sie kann durch rechnerische oder zeichnerische Integration gelöst werden.

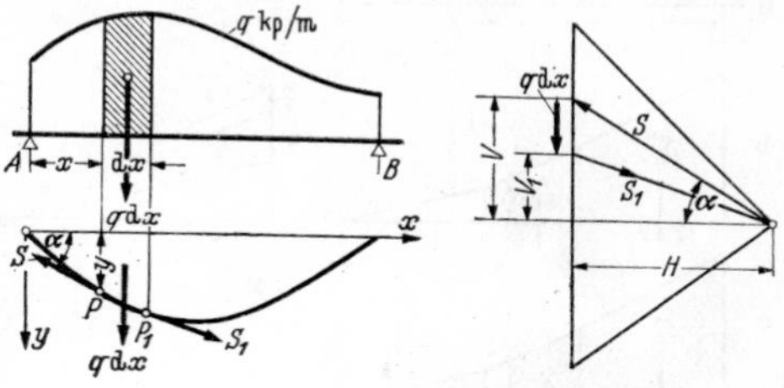

Bild 57

Nun stimmt die Differentialgleichung $y'' = -M/EI$ der elastischen Linie (S. 380) mit der Differentialgleichung $y'' = -q/H$ der Seilkurve überein, wenn man

a) die Belastung $q = M/I$ und den Polabstand $H = E$ oder aber

b) bei konstantem Trägheitsmoment $q = M$ und $H = EI$ wählt. Hieraus folgt, daß man die Biegelinie als Seilkurve einer gedachten Belastung ermitteln kann:

Nach Bild 58 belastet man z. B. den Träger mit der M/I-Fläche, zerlegt diese in schmale Streifen und faßt ihre Inhalte als Kräfte auf, die in deren Schwerpunkten angreifen (Flächenkräfte A_1 bis A_4). In dem hierzu entworfenen Seileck sind die Ordinaten y ein Maß für die Durchbiegungen.

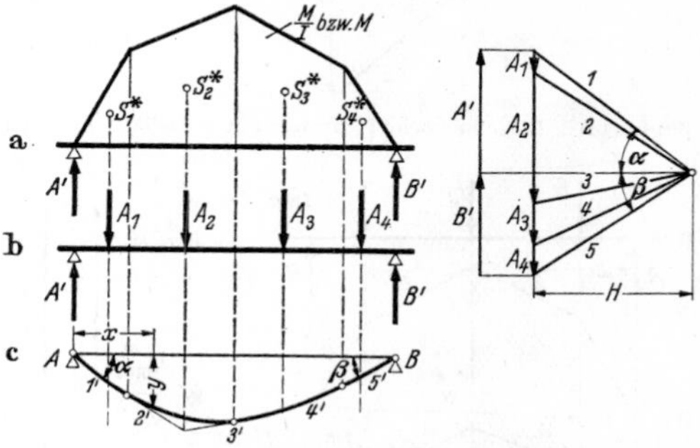

Bild 58. Graphische Ermittlung der Biegelinie

Die Auflagerkräfte infolge der gedachten Belastung durch die M/I- bzw. die M-Fläche sind in Bild 58 und späterhin mit A', B' bezeichnet zum Unterschied von den Auflagerkräften A und B infolge der eigentlichen Belastung durch die tatsächlichen Kräfte.

Man beachte ferner, daß A mit Index, also in Bild 58 z. B., A_1, A_2, A_3 und A_4 Flächenkräfte (wie oben definiert) bezeichnet. Das gilt auch für die folgenden Bilder 59 bis 63.

Wird die Einheit der Flächenkräfte gleich 1 mm genommen und $H = E$ mm, so erscheinen die Durchbiegungen im gleichen Maßstab wie die Balkenlänge. Um die Durchbiegungen größer zu erhalten (z. B. n-fach), muß man den Polabstand H kleiner (gleich H/n) wählen. Gleiches gilt, wenn die M-Fläche als Belastung gewählt und der Polabstand $H = EI$ gemacht wird. — Die Flächenkräfte haben bei der M/I-Fläche (im techn. Maßsystem) die Einheit $\dfrac{\text{kp cm}}{\text{cm}^4}\cdot\text{cm} = \text{kp cm}^{-2}$, bei der M-Fläche $\text{kp cm}\cdot\text{cm} = \text{kp cm}^2$. Also ergibt sich für die

Maßstäbe: Ist $1\ \text{mm} \mathrel{\hat{=}} a\ \text{cm}$ der Längenmaßstab, $1\ \text{mm} \mathrel{\hat{=}} d\ \text{kpcm}^{-2}$ der Maßstab der Flächenkräfte bei der M/I-Fläche, $1\ \text{mm} \mathrel{\hat{=}} e\ \text{kpcm}^2$ der für die M-Fläche, und ist der Polabstand gleich H mm, so folgt als Maßstab für die Durchbiegungen der elastischen Linie:

a) bei Belastung mit der M/I-Fläche $\quad 1\ \text{mm} \mathrel{\hat{=}} adH/E\ \text{cm}$,

b) bei Belastung mit der M-Fläche $\quad 1\ \text{mm} \mathrel{\hat{=}} aeH/EI\ \text{cm}$.

Im ersten Fall wäre der Polabstand durch E/d mm dargestellt. Wird aber der Polabstand gleich H mm gewählt, so werden die Ordinaten y im Verhältnis $E/d : H = E/Hd$ größer, und damit wird der Maßstab für die Durchbiegung

$$1\ \text{mm} \mathrel{\hat{=}} \frac{a}{E/Hd} \mathrel{\hat{=}} \frac{adH}{E}\ \text{cm}.$$

Gleiches gilt für den zweiten Fall.

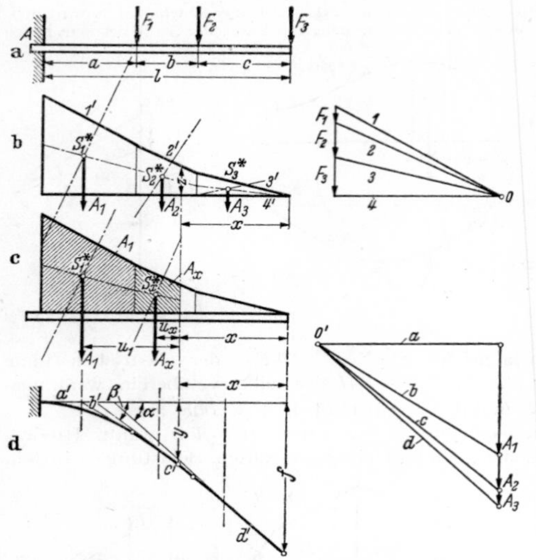

Bild 59 a bis d. Biegelinie beim Freiträger mit Einzellast, $I = \text{const}$

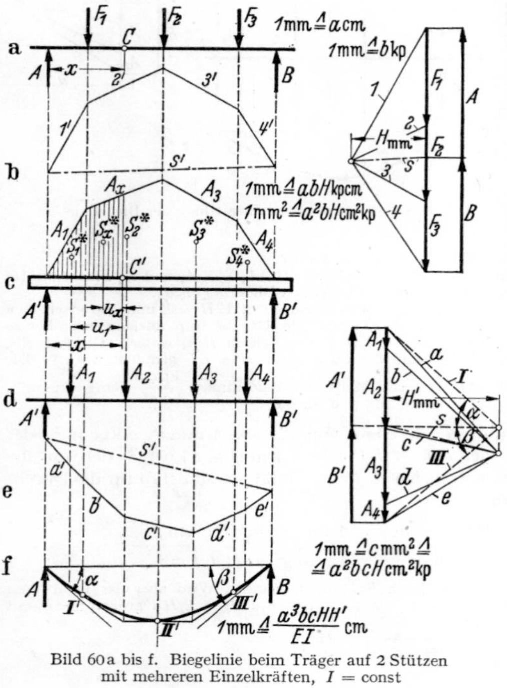

Bild 60a bis f. Biegelinie beim Träger auf 2 Stützen mit mehreren Einzelkräften, $I = \text{const}$

Anmerkung: Beim *Freiträger*, Bild 59a, ist es zweckmäßig, zur Ermittlung der Momentenlinie, Bild 59b, den Pol O auf der durch den Endpunkt der letzten Kraft gehenden Waagerechten 4 anzunehmen und ebenso bei Ermittlung der Durchbiegungen, Bild 59d, den Pol O' in gleiche Höhe mit dem Anfang des Kraftzuges zu legen. Man vermeidet dadurch die Umzeichnung für horizontale Schlußlinien.

Beispiele: 1. *Träger auf zwei Stützen mit unveränderlichem Querschnitt* (Bild 60a). Die belastenden Kräfte F werden aneinandergereiht, das Seileck Bild 60b entworfen und die Schlußlinie waagerecht gelegt (Bild 60c). Die belastenden Flächen A_1 bis A_4 des Hilfsträgers Bild 60d werden in mm² berechnet und nach Wahl eines Maßstabes der Form 1 mm $\hat{=}$ c mm² zum Kräftezug aneinandergereiht. Sämtliche Maßstäbe sind in Bild 60 angegeben. Wahre Punkte der elastischen Linie liegen senkrecht unter den Trennlinien der Flächen A (Bild 60c) auf der zweiten Seilkurve; in diesen Punkten I', II' und III' berührt die Seilkurve die elastische Linie. Es ist hier bei der M-Fläche $e = a^2bcH$, und da der zweite Polabstand gleich H' mm gewählt ist, folgt als Maßstab für die Durchbiegung: 1 mm $\hat{=}$ aeH'/EI $\hat{=}$
$\hat{=}$ a^3bcHH'/EI cm.

2. *Träger auf zwei Stützen mit veränderlichem Querschnitt und Einzellast F* (Bild 61). Rechnerisch-zeichnerische Lösung.

Das maximale Biegemoment ist

$$\max M = 5000 \cdot 70 \cdot 50/120 = 145\,800 \text{ kpcm}.$$

Die Momentenfläche ist ein Dreieck mit der Höhe max M; die Tragfähigkeit der einzelnen Querschnitte ist mit einer zulässigen Biegespannung

$$\sigma_{zul} = 400 \text{ kp/cm}^2$$

$$M_{100} = W_1\sigma_{zul} = 98{,}17 \cdot 400 = 39\,300 \text{ kpcm},$$

$$M_{120} = W_2\sigma_{zul} = 169{,}6 \cdot 400 = 67\,800 \text{ kpcm},$$

$$M_{140} = W_3\sigma_{zul} = 269{,}4 \cdot 400 = 107\,800 \text{ kpcm},$$

$$M_{160} = W_4\sigma_{zul} = 402{,}1 \cdot 400 = 160\,800 \text{ kpcm}.$$

In Bild 61b sind die Werte $W\sigma_{zul}$ aufgetragen; es muß dabei die Momentenlinie innerhalb des gebrochenen Linienzuges verlaufen.

Die M/I-Fläche des wirklichen Trägers AB ist die Belastungsfläche des gedachten Trägers $A'B'$; ihre Ordinaten im Angriffspunkt der Last F ergeben sich aus der folgenden Tabelle:

$I_{100} = 491\ \text{cm}^4$;	$M/I_1 = 145800/\ 491 = 296\ \text{kpcm}^{-3}$
$I_{120} = 1018$,,	$M/I_2 = 145800/1018 = 143$,,
$I_{140} = 1886$,,	$M/I_3 = 145800/1886 = 77$,,
$I_{160} = 3217$,,	$M/I_4 = 145800/3217 = 45$,,

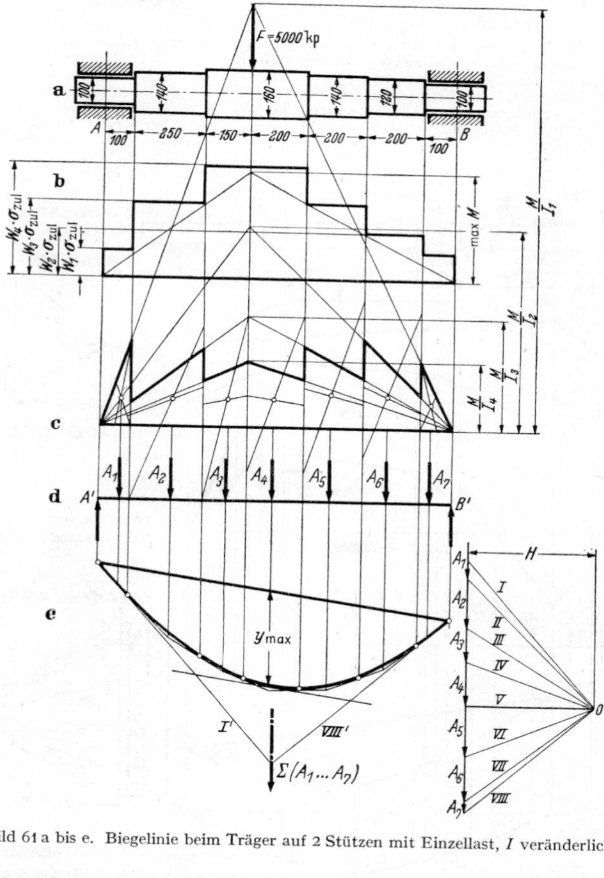

Bild 61 a bis e. Biegelinie beim Träger auf 2 Stützen mit Einzellast, I veränderlich

Diese Werte werden in Bild 61c im Maßstab 1 mm ≙ 0,5 kpcm^{-3} in der Wirkungslinie der Kraft F von einer Waagerechten aus nach oben abgetragen; die Verbindungsgeraden mit den Endpunkten der Waagerechten ergeben die M/I-Fläche, die in sieben Teilflächen A_1 bis A_7 zerlegt wird.

Die erste Teilfläche ist ein Dreieck mit der Grundlinie 10 cm und der Höhe $^1/_5 \cdot 296\ \text{kpcm}^{-3}$, ihr Flächeninhalt ist

$$A_1 = {}^1/_2 \cdot 10 \cdot {}^1/_5 \cdot 296 = 296\ \text{kpcm}^{-2},$$

In gleicher Weise ergeben sich: $A_2 = 871\ \text{kpcm}^{-2}$; $A_3 = 580\ \text{kpcm}^{-2}$; $A_4 = 780\ \text{kpcm}^{-2}$; $A_5 = 880\ \text{kpcm}^{-2}$; $A_6 = 817\ \text{kpcm}^{-2}$; $A_7 = 211\ \text{kpcm}^{-2}$.

Die Schwerpunkte dieser Teilflächen sind in Bild 61c zeichnerisch bestimmt. A_1 bis A_7 werden als Kräfte aufgefaßt, die am gedachten Träger $A'B'$ (Bild 61d) angreifen; die zugehörige Seillinie ist in Bild 61e entworfen. Die Seilstrahlen schneiden die Senkrechten durch die Trennlinien der

Fläche, Bild 61c, in Punkten der Biegelinie; die zur Schlußlinie parallele Tangente bestimmt y_{max}. Die äußersten Seilstrahlen schneiden sich in einem Punkt, der senkrecht unter dem Schwerpunkt der M/I-Fläche liegt.

Als Längenmaßstab wurde 1 mm ≙ 2,5 cm, als Maßstab der Flächenkräfte 1 mm ≙ 125 $kpcm^{-2}$ gewählt. Mit dem Polabstand $H = 17{,}5$ mm ist nach S. 381

$$1\ \text{mm} \mathrel{\hat{=}} 2{,}5 \cdot 125 \cdot 17{,}5/2150000 \mathrel{\hat{=}} 0{,}00255\ \text{cm}$$

der Maßstab der elastischen Linie, Bild 61e. Mit $y_{max} = 13{,}5$ mm ist daher die größte Durchbiegung der Welle

$$f_{max} = 13{,}5 \cdot 0{,}00255 = 0{,}035\ \text{cm} = 0{,}35\ \text{mm}.$$

3. *Träger auf zwei Stützen mit veränderlichem Querschnitt und beliebig vielen Einzellasten* (Bild 62a). Zunächst wird die Momentenlinie Bild 62b entworfen; die Schlußlinie geht durch die Schnittpunkte der freien Seilstrahlen *1* und *4* mit den Wirkungslinien der Auflager und wird waagerecht gelegt (Bild 62c). Nach Ermittlung des Momentenmaßstabes können diesem Bild die Biegemomente M entnommen werden. Die Berechnung der Werte M/I und der größten Spannungen $\max \sigma = \pm M/W$ in jedem Querschnitt geschieht zweckmäßig in Form einer Tabelle, deren Anfang nachstehend angegeben ist. Stellen des Trägers, in denen sich der Querschnitt ändert, treten zweimal auf.

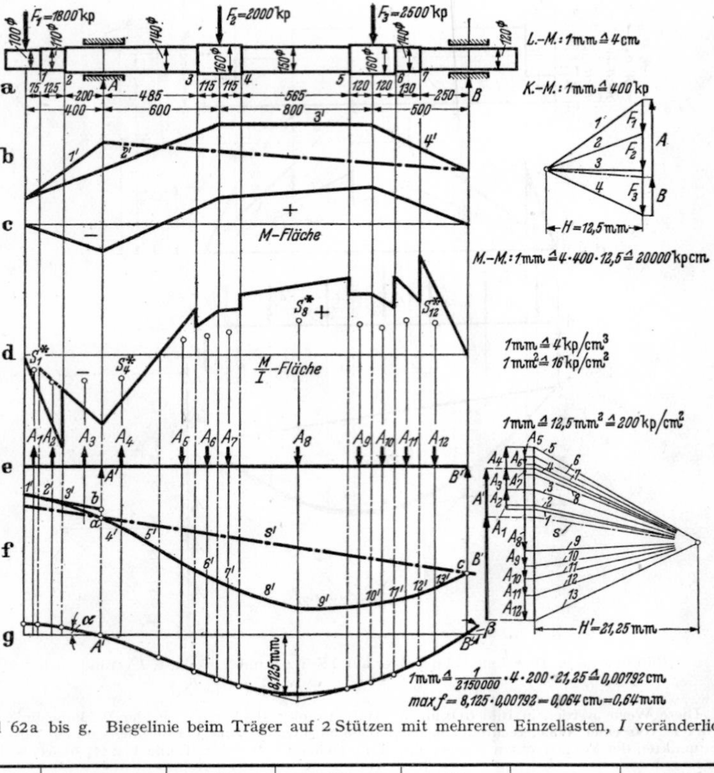

Bild 62a bis g. Biegelinie beim Träger auf 2 Stützen mit mehreren Einzellasten, I veränderlich

Stelle	Durchmesser cm	I cm^4	W cm^3	M kpcm	$\pm \max \sigma$ kp/cm^2	M/I kp/cm^3
F_1	10	490,9	98,17	0	0	0
1				−13000	132	−26,5
1	11	718,7	130,7	−13000	100	−18,1
2				−36000	275	−50,0
2	14	1886	269,4	−36000	134	−19,1

Die größte Spannung tritt an der Stelle 7 auf und ist gleich 309 kp/cm².

Die Werte M/I wurden in Bild 62d aufgetragen; den Belastungsfall des Hilfsträgers zeigt Bild 62e. Das Seileck für die Flächenkräfte ist in Bild 62f entworfen, wobei die Schlußlinie durch die Punkte a und c, nicht b und c geht, da die Durchbiegungen unter A und B gleich Null sein müssen. Schließlich ist in Bild 62g die Schlußlinie waagerecht gelegt.

Wahre Punkte der elastischen Linie liegen wieder senkrecht unter den Trennlinien der Flächen (Bild 51, S. 377). Schließlich wird die elastische Linie, die den gebrochenen Linienzug in diesen Punkten berührt, eingezeichnet.

Maßstäbe nach S. 381 sowie Berechnung der größten Durchbiegung vgl. Bild 62.

Für die Neigungen der elastischen Linie in den Auflagern ist nach Abschn. c):

$$\tan\alpha = A'/E = 6{,}4 \cdot 200/2150000 = 1:1680 \quad \text{und} \quad \tan\beta = B'/E = 14 \cdot 200/2150000 = 1:760.$$

c) Rechnerische Ermittlung der Durchbiegungen nach Mohr für den Fall unveränderlichen Querschnitts. Nach S. 381 stellt die Ordinate der Seilkurve (Bild 58) die Durchbiegung dar, wenn die M-Fläche als Belastung des Trägers und der Polbestand $H = EI$ gewählt wird. Allgemein muß aber die Ordinate der Seilkurve, multipliziert mit dem Polabstand H, das Biegemoment ergeben, das an der betreffenden Stelle durch die gedachte Belastung hervorgerufen wird. Dieses sei mit M^* bezeichnet. Dann ist die Durchbiegung an irgendeiner Stelle gegeben durch

$$y = M^*/EI.$$

Ferner folgt
$$\frac{\mathrm{d}y}{\mathrm{d}x} = \frac{1}{EI} \cdot \frac{\mathrm{d}M^*}{\mathrm{d}x} = \frac{1}{EI} Q^*,$$

da die Querkraft Q^* die Ableitung des Momentes M^* ist. In den Auflagern ist aber die Querkraft Q^* gleich den Auflagerreaktionen der gedachten Belastung.

Unter ähnlicher Betrachtung für die M/I-Fläche gilt dann der *Mohr*sche *Satz:* Die EI-fachen (E-fachen) Durchbiegungen eines Trägers sind gleich den Biegemomenten des mit der M-Fläche (M/I-Fläche) belasteten Trägers, und die EI-fachen (E-fachen) Neigungen der elastischen Linie in den Auflagern sind gleich den Auflagerkräften des gleicherweise belasteten Trägers.[1]

Beispiele: 1. In Bild 60c gilt hiernach für die Durchbiegung y an der Stelle C:

$$EIy = A' \cdot x - A_1 \cdot u_1 - A_x \cdot u_x.$$

2. Einzelkraft in der Mitte, Bild 63. Die Momentenfläche, Bild 63b, ist nach S. 375 ein Dreieck mit der Höhe $Fl/4$, und daher wird

$$EIy = A' \cdot x - A_x \cdot x/3,$$

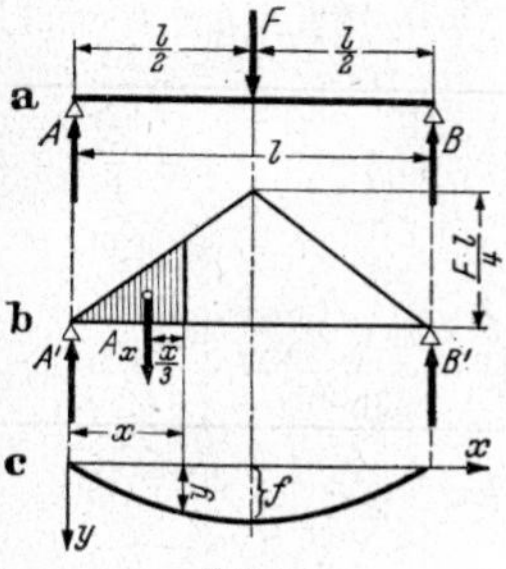

Bild 63

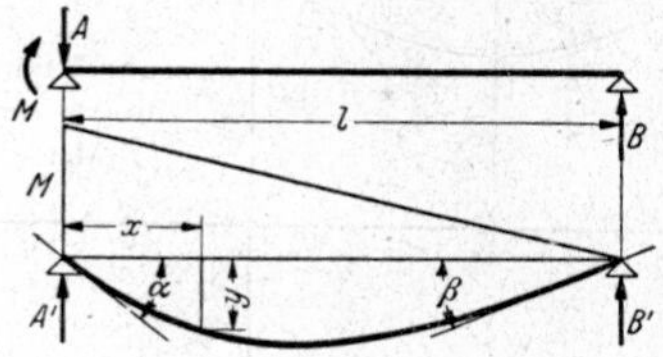

Bild 64

worin A' gleich Auflagerkraft aus gedachter Belastung durch M/I- bzw. M-Fläche, A_x gleich Flächenkraft. Wegen der Symmetrie der Belastungsfläche ist

$$A' = B' = \frac{1}{2}\,\frac{l}{2}\,\frac{Fl}{4} = \frac{Fl^2}{16}, \quad A_x = Ax \cdot x/2 = Fx^2/4; \quad \text{also folgt}$$

[1] Über die rechnerische Ermittlung der Biegelinie mit Hilfe der Einflußzahlen vgl. *Possner, L.:* Ermittlung der elastischen Linie der einfachen Belastungsfälle durch Berechnung nach Punkten. Konstruktion 3 (1951) Nr. 5, S. 184/88; ferner ders.: Die Berechnung der elastischen Linie bei veränderlichem Trägheitsmoment. Konstruktion 5 (1953) Nr. 11, S. 378/84. — Über die Berechnung der Durchbiegung bei linear veränderlichem Querschnitt vgl. *Opladen, K.:* Konstante Ersatz-Trägheitsmomente von Biegestäben mit linear veränderlichen Querschnittsabmessungen. VDI-Z. 103 (1961) Nr. 13, S. 587/88; ferner: *König, H.:* Ermittlung der Verformungen von geraden Stäben mit linear veränderlichen Querschnittsabmessungen. VDI-Z. 103 (1961) Nr. 35, S. 1270/73.

$$E I y = \frac{F l^2}{16} x - \frac{F x^2}{4} \frac{x}{3} = \frac{F l^2}{16}\left(x - \frac{4}{3}\frac{x^3}{l^2}\right) = \frac{F l^3}{16}\left(\frac{x}{l} - \frac{4}{3}\frac{x^3}{l^3}\right), \qquad y = \frac{F l^3}{16 E I}\left(\frac{x}{l} - \frac{4}{3}\frac{x^3}{l^3}\right)$$

die Gleichung der elastischen Linie; für $x = l/2$ wird $\max y = f = \dfrac{F l^3}{48 E I}$ (Bild 63c).

Die Neigung der elastischen Linie in den Auflagern kann aus $E I \alpha \approx E I \tan \alpha = A' = F l^2/16$ ermittelt werden.

3. Es sind die Neigungen an den Auflagern des durch ein Moment M im Auflager A beanspruchten Trägers (Bild 64, S. 385) zu bestimmen. Die Momentenfläche ist ein Dreieck; für die Auflagerkräfte des mit der Momentenfläche belasteten Trägers folgt

$$A' l = \frac{M l}{2} \cdot \frac{2}{3} l, \qquad A' = \frac{1}{3} M l \quad \text{und} \quad B' = \frac{1}{2} M l - A' = \frac{1}{6} M l;$$

(Fortsetzung vgl. S. 387 oben)

e) Tabelle: Momente und Durchbiegungen für

Es bedeuten:

l = Länge zwischen den Stützpunkten oder Stablänge;
x, y = Koordinaten eines Punktes der Biegelinie;
f = Durchbiegung unter der Einzellast F;
f_m = maximale Durchbiegung;
α = spitzer Winkel der Tangente mit der x-Achse;
F = äußere Kräfte;
q = Belastung je Längeneinheit;

Bei den Belastungsfällen 6, 13, 15 und 16 ist im Interesse einfacherer Gleichungen der Bezugspunkt für x von der üblichen Lage abweichend gewählt.

Nr.	Belastungsfall	Bemerkungen	Auflagerdrücke A, B Biegemomente M
1	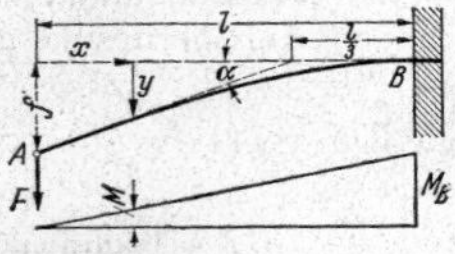	Freiträger. Gefährdeter Querschnitt bei B	$B = F$ $M = -Fl \cdot x/l;$ $\max M = M_B = Fl$
2	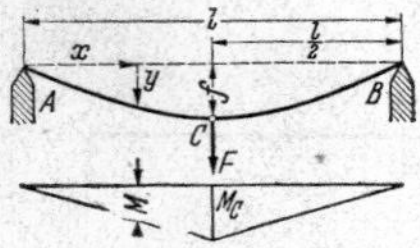	Frei aufliegender Träger. Gefährdeter Querschnitt in der Mitte	$A = B = F/2$ $M = \frac{Fl}{2} \cdot \frac{x}{l};$ $\max M = M_C = Fl/4$
3	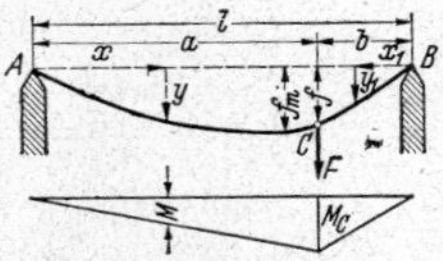	Frei aufliegender Träger. Gefährdeter Querschnitt bei C	$A = Fb/l; \quad B = Fa/l$ Für AC: $M = Fbx/l;$ für BC: $M = Fax_1/l.$ $\max M = M_C = Fl \cdot ab/l^2$

[1] Über Kurventafeln zur Ermittlung der Auflagerkräfte, Momente und Durchbiegungen. Vgl. tion 4 (1952) Nr. 12, S. 370/76.

$$\hat{\alpha} = \frac{Ml}{3EI} \quad \text{und} \quad \hat{\beta} = \frac{Ml}{6EI}.$$

Für die Gleichung der Biegelinie folgt $y = \frac{Ml^2}{6EI}\frac{x}{l}\left(1 - \frac{x}{l}\right)\cdot\left(2 - \frac{x}{l}\right)$.

d) Formänderungsarbeit. Es war (S. 355) $A^* = {}^1/_2 M\,\Delta\varphi$. Mit M als Biegemoment, $y' = \tan\alpha \approx \hat{\alpha}$, also $d\varphi = d\hat{\alpha} = dy' = y''\,dx$ als Drehung des Stabelements von der Länge dx folgt $dA^* = {}^1/_2 M y''\,dx$ oder für den ganzen Stab $A^* = \int_0^l dA^*$. Mit $M = EIy''$ (Differentialgleichung der elastischen Linie) wird auch $A^* = {}^1/_2 \int_0^l EIy''^2\,dx = {}^1/_2 \int_0^l M^2\,dx/EI$.

Träger mit gleichbleibendem Querschnitt

M = Biegemoment; im Wendepunkt der Biegelinie ist $M = 0$;
I = Trägheitsmoment des Querschnitts;
W = Widerstandsmoment des Querschnitts; $W_{erf} = \max M/\sigma_{zul}$;
σ_{zul} = zulässige Biegespannung;
max M = maximales Biegemoment, von der Form $Fl\lambda$, also Tragkraft $F = W\sigma_{zul}/l\lambda$. [1]

Werden die Längen in cm und die Kräfte in kp angegeben, so erscheinen q in kp/cm, M in kpcm, σ_{zul} in kp/cm² und f in cm. W ist in cm³, I in cm⁴ einzusetzen.

⸎ Im MKS-System sind die Belastungen in N anzugeben. ⸎

Gleichung der Biegelinie	Durchbiegungen f und f_m
$y = \frac{Fl^3}{3EI}\left(1 - \frac{3}{2}\frac{x}{l} + \frac{1}{2}\frac{x^3}{l^3}\right)$; $\tan\alpha_{(x=0)} = Fl^2/2EI = 3f/2l$	$f = f_m = \frac{Fl^3}{3EI}$
$y = \frac{Fl^3}{16EI}\frac{x}{l}\left(1 - \frac{4}{3}\frac{x^2}{l^2}\right)$, $x \leqq \frac{l}{2}$; $\tan\alpha_{(x=0)} = Fl^2/16EI = 3f/l$	$f = f_m = \frac{Fl^3}{48EI}$
$y = \frac{Fl^3}{6EI}\frac{a}{l}\frac{b^2}{l^2}\frac{x}{l}\left(1 + \frac{l}{b} - \frac{x^2}{ab}\right)$, $x \leqq a$; $y_1 = \frac{Fl^3}{6EI}\frac{b}{l}\frac{a^2}{l^2}\frac{x_1}{l}\left(1 + \frac{l}{a} - \frac{x_1^2}{ab}\right)$, $x_1 \leqq b$; $ay'(0) = f\cdot\frac{1}{2}\left(1 + \frac{l}{b}\right)$; $by_1'(0) = f\cdot\frac{1}{2}\left(1 + \frac{l}{a}\right)$	$f = \frac{Fl^3}{3EI}\frac{a^2}{l^2}\frac{b^2}{l^2}$; $f_m = f\frac{l+b}{3b}\sqrt{\frac{l+b}{3a}}$ für $x_m = a\sqrt{(l+b)/3a}$, wenn $a > b$. Wenn $a < b$ ist, sind a und b sowie x und x_1 zu vertauschen

[1] *Korhammer, A.:* Momente und Durchbiegungen des geraden Trägers mit Einzellasten. Konstruk-

Nr.	Belastungsfall	Bemerkungen	Auflagerdrücke A, B Biegemomente M
4	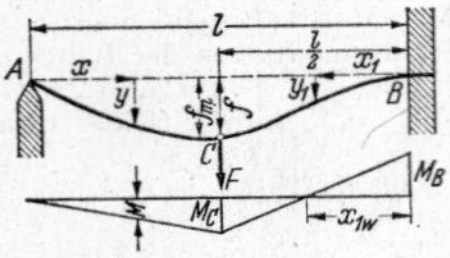	Halb eingespannter Träger symmetrisch belastet. Gefährdeter Querschnitt bei B. Wendepunkt bei $x_{1w} = {}^3/_{11}\, l$	$A = {}^5/_{16} F; \quad B = {}^{11}/_{16} F$ Für AC: $M = {}^5/_{16} F x$; $M_C = {}^5/_{32} F l$; für BC: $M = F l \left(\frac{11}{16} \frac{x_1}{l} - \frac{3}{16}\right)$; $\max M = \lvert M_B \rvert = {}^3/_{16} F l$
5	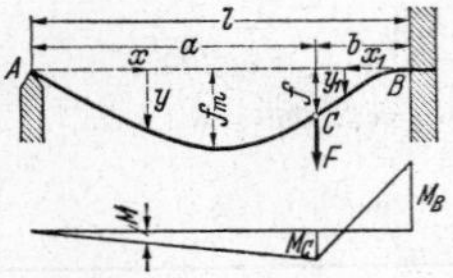	Halb eingespannter Träger, unsymmetrisch belastet. Gefährdeter Querschnitt bei B oder C. Wendepunkt bei $x_{1w} = l \frac{\eta}{1+\eta}$; $\eta = \frac{b}{2l}\left(1 + \frac{a}{l}\right)$	$A = F \frac{b^2}{l^2}\left(1 + \frac{a}{2l}\right); \quad B = F \frac{a}{l} (1 + \eta$ Für AC: $M = A x$; $M_C = F l \frac{a}{l} \frac{b^2}{l^2}\left(1 + \frac{a}{2l}\right)$; für BC: $M = B x_1 - M_B$; $M_B = (-) F l \frac{b}{l} \frac{a}{l}\left(1 - \frac{b}{2l}\right)$. $\max M = M_C$ für $\frac{a}{l} \leqq \sqrt{2} - 1 = 0{,}41$ $\max M = M_B$ für $\frac{a}{l} \geqq \sqrt{2} - 1 = 0{,}41$
6	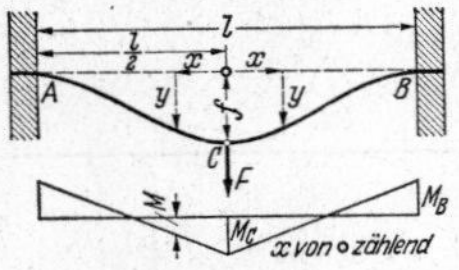 bzgl. x vgl. Hinweis S. 386	Eingespannter Träger, symmetrisch belastet. Gefährdete Querschnitte bei A, B und C. Wendepunkte bei $x_w = l/4$	$A = B = F/2$ $M = \frac{F l}{2}\left(\frac{1}{4} - \frac{x}{l}\right)$; $\max M = M_A = M_B = M_C = Fl/8$
7	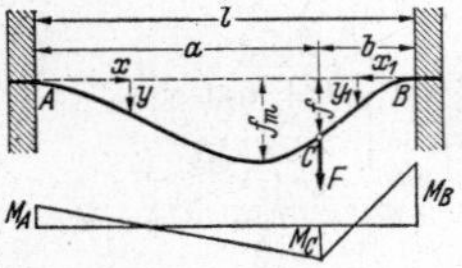	Eingespannter Träger, unsymmetrisch belastet. Gefährdeter Querschnitt bei B für $a > b$, bei A für $a < b$. Wendepunkte bei $x_w = l \frac{a}{l + 2a}$ und $x_{1w} = l \frac{b}{l + 2b}$	$A = F \frac{b^2}{l^2}\left(1 + \frac{2a}{l}\right); B = F \frac{a^2}{l^2}\left(1 + \frac{2b}{l}\right)$ Für AC: $M = F l \frac{b^2}{l^2}\left[\left(1 + \frac{2a}{l}\right)\frac{x}{l} - \frac{a}{l}\right]$; $M_A = F l \frac{a}{l} \frac{b^2}{l^2} = \max M$ für $a < b$ $M_C = F l \cdot 2 \frac{a^2}{l^2} \frac{b^2}{l^2}$; für BC: $M = F l \frac{a^2}{l^2}\left[\left(1 + \frac{2b}{l}\right)\frac{x_1}{l} - \frac{b}{l}\right]$ $M_B = F l \frac{b}{l} \frac{a^2}{l^2} = \max M$ für $a > b$

Gleichung der Biegelinie	Durchbiegungen f und f_m
$y = \frac{F l^3}{32 E I} \frac{x}{l} \left(1 - \frac{5}{3} \frac{x^2}{l^2}\right), \quad x \leqq \frac{l}{2}$ $y_1 = \frac{F l^3}{32 E I} \frac{x_1^2}{l^2} \left(3 - \frac{11}{3} \frac{x_1}{l}\right), \; x_1 \leqq \frac{l}{2}$ $\tan \alpha_{(x=0)} = \frac{F l^2}{32 E I} = \frac{24}{7} \frac{f}{l}$	$f = \frac{7}{768} \frac{F l^3}{E I} \approx \frac{F l^3}{110 E I};$ $f_m = \frac{1}{48\sqrt{5}} \frac{F l^3}{E I} \approx \frac{F l^3}{107 E I}$ für $x_m = l/\sqrt{5} = 0{,}447\, l$
$y = \frac{F l^3}{4 E I} \frac{b^2}{l^2} \frac{x}{l} \left[\frac{a}{l} - \frac{2}{3}\left(1 + \frac{a}{2l}\right) \frac{x^2}{l^2}\right],$ $x \leqq a;$ $y_1 = \frac{F l^3}{4 E I} \frac{a}{l} \frac{x_1^2}{l^2} \left[\left(1 - \frac{a^2}{l^2}\right) - \left(1 - \frac{a^2}{3 l^2}\right) \frac{x_1}{l}\right],$ $x_1 \leqq b;$ $\tan \alpha_{(x=0)} = \frac{F l}{4 E I} \frac{b^2}{l^2} \frac{a}{l}$	$f = \frac{F l^3}{4 E I} \frac{a^2}{l^2} \frac{b^3}{l^3} \left(1 + \frac{a}{3l}\right);$ $f_m = y$ für $x = x_{1m} = 2 l \eta / (1 + \eta)$, wenn $\frac{a}{l} \leqq 0{,}414;$ $x = x_m = l \sqrt{\frac{a/2l}{1 + a/2l}}$, wenn $\frac{a}{l} \geqq 0{,}414$
$y = \frac{F l^3}{192 E I} \left(1 + \frac{4x}{l}\right) \left(1 - \frac{2x}{l}\right)^2;$ $\tan \alpha_{(x=x_w)} = 3 f / l$	$f = f_m = \frac{F l^3}{192 E I};$ $y_w = f/2$
$y = \frac{F l^3}{2 E I} \frac{b^2}{l^2} \frac{x^2}{l^2} \left[\frac{a}{l} - \frac{x}{3l}\left(1 + \frac{2a}{l}\right)\right], \; x \leqq a;$ $y_1 = \frac{F l^3}{2 E I} \frac{a^2}{l^2} \frac{x_1^2}{l^2} \left[\frac{b}{l} - \frac{x_1}{3l}\left(1 + \frac{2b}{l}\right)\right], \; x_1 \leqq b$	$f = \frac{F l^3}{3 E I} \frac{a^3}{l^3} \frac{b^3}{l^3};$ $f_m = \frac{2 F l^3}{3 E I} \frac{a^3}{l^3} \frac{b^2}{l^2} \left(\frac{l}{l + 2a}\right)^2$ für $x = l \frac{2a}{l + 2a}$, wenn $a > b;$ $f_m = \frac{2 F l^3}{3 E I} \frac{b^3}{l^3} \frac{a^2}{l^2} \left(\frac{l}{l + 2b}\right)^2$ für $x_1 = l \frac{2b}{l + 2b}$, wenn $a < b$

Nr.	Belastungsfall	Bemerkungen	Auflagerdrücke A, B Biegemomente M
8	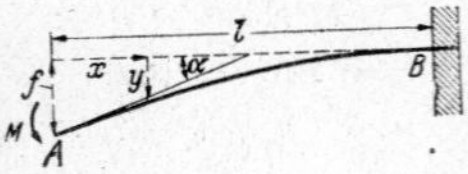	Freiträger, Moment am freien Ende	$B = 0$ $M = \text{const}$
9	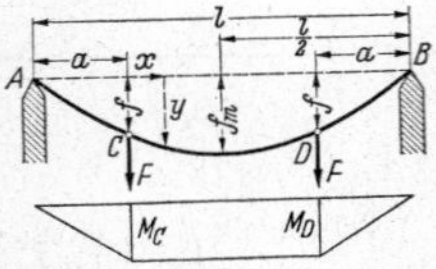	Frei aufliegender Träger, zwei gleich große, symmetrisch angreifende Einzelkräfte. Gefährdete Querschnitte zwischen C und D	$A = B = F$ Für AC: $M = Fx$; für CD: $M = Fa = \text{const}$ $= \max M$
10	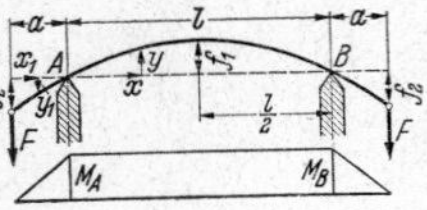	Frei aufliegender Träger mit Kragstücken und symmetrischer Belastung. Gefährdete Querschnitte zwischen A und B	$A = B = F$ Für AB: $M = (-)\,Fa = \text{const}$ $= \max M$
11	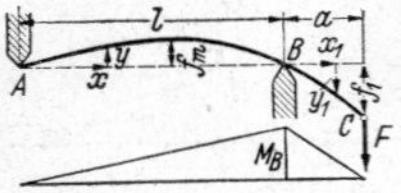	Träger auf Stützen mit Kragstück und unsymmetrischer Belastung. Gefährdeter Querschnitt bei B	$A = -Fa/l$; $B = F(1 + a/l)$ Für AB: $M = -Fax/l$; $M_B = -Fa$; für BC: $M = -F(a - x_1)$; $\max M = Fa$
12	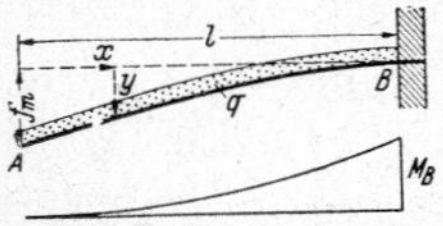	Freiträger. Gefährdeter Querschnitt bei B	$B = F = ql$ $M = -\dfrac{Fl}{2}\,\dfrac{x^2}{l^2}$ $\max M = Fl/2$
13	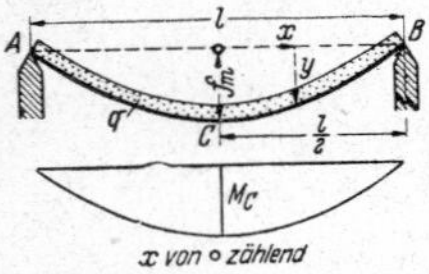 bzgl. x vgl. Hinweis S. 386	Frei aufliegender Träger. Gefährdeter Querschnitt in der Mitte	$A = B = F/2 = ql/2$ $M = \dfrac{Fl}{8}\left(1 - \dfrac{4x^2}{l^2}\right)$; $\max M = Fl/8$

Gleichung der Biegelinie	Durchbiegungen f und f_m
Kreisbogen vom Radius $\varrho = EI/M$ ersetzt durch $y = \frac{Ml^2}{2EI}\left(1 - \frac{x}{l}\right)^2;$ $\tan\alpha_{(x=0)} = Ml/EI = 2f/l$	$f = \frac{Ml^2}{2EI}$
$y = \frac{Fl^3}{2EI}\frac{x}{l}\left[\frac{a}{l}\left(1 - \frac{a}{l}\right) - \frac{1}{3}\frac{x^2}{l^2}\right],$ $x \leqq a \leqq l/2;$ $y = \frac{Fl^3}{2EI}\frac{a}{l}\left[\frac{x}{l}\left(1 - \frac{x}{l}\right) - \frac{1}{3}\frac{a^2}{l^2}\right],$ $a \leqq x \leqq l/2.$ Für CD ist die Biegelinie ein Kreisbogen vom Radius $\varrho = EI/M$	$f = \frac{Fl^3}{2EI}\frac{a^2}{l^2}\left(1 - \frac{4}{3}\frac{a}{l}\right);$ $f_m = \frac{Fl^3}{8EI}\frac{a}{l}\left(1 - \frac{4}{3}\frac{a^2}{l^2}\right)$
$y = \frac{Fl^3}{2EI}\frac{a}{l}\frac{x}{l}\left(1 - \frac{x}{l}\right), \quad x \leqq l.$ Für AB ist die Biegelinie ein Kreisbogen vom Radius $\varrho = EI/M$ $y_1 = \frac{Fl^3}{2EI}\left[\frac{1}{3}\frac{x_1^3}{l^3} - \frac{a}{l}\left(1 + \frac{a}{l}\right)\frac{x_1}{l} + \right.$ $\left. + \frac{a^2}{l^2}\left(1 + \frac{2}{3}\frac{a}{l}\right)\right], \quad x_1 \leqq a.$ $\tan\alpha_{(x=0)} = 4f_1/l;$ $\tan\alpha_{1(x_1=0)} = 4f_1/l \cdot (1 + a/l)$	$f_1 = \frac{Fl^3}{8EI}\frac{a}{l};$ $f_2 = \frac{Fl^3}{2EI}\frac{a^2}{l^2}\left(1 + \frac{2}{3}\frac{a}{l}\right)$
$y = \frac{Fl^3}{6EI}\frac{a}{l}\frac{x}{l}\left(1 - \frac{x^2}{l^2}\right), \quad x \leqq l;$ $y_1 = \frac{Fl^3}{6EI}\frac{x_1}{l}\left(\frac{2a}{l} + \frac{3a}{l}\frac{x_1}{l} - \frac{x_1^2}{l^2}\right), x_1 \leqq a.$ $\tan\alpha_{(x=0)} = \frac{Fl^2}{6EI}\frac{a}{l} = \frac{1}{2}\tan\alpha_{(x=l)}$ $\tan\alpha_{(x_1=a)} = \frac{Fl^2}{6EI}\frac{a}{l}\left(2 + 3\frac{a}{l}\right)$	$f_m = \frac{Fl^3}{9\sqrt{3}EI}\frac{a}{l} = \frac{0{,}0642\,Fl^3}{EI}\frac{a}{l}$ für $x = l/\sqrt{3} = 0{,}577\,l;$ $f_1 = \frac{Fl^3}{3EI}\frac{a^2}{l^2}\left(1 + \frac{a}{l}\right)$
$y = \frac{Fl^3}{8EI}\left(1 - \frac{4}{3}\frac{x}{l} + \frac{1}{3}\frac{x^4}{l^4}\right);$ $\tan\alpha_{(x=0)} = Fl^2/6EI = \frac{f_m}{{}^3/_4\,l}$	$f_m = \frac{Fl^3}{8EI}$
$y = \frac{5Fl^3}{384EI}\left(1 - \frac{4x^2}{l^2}\right)\left(1 - \frac{4}{5}\frac{x^2}{l^2}\right);$ $\tan\alpha_{(x=l/2)} = Fl^2/24EI = 16f_m/5l$	$f_m = \frac{5Fl^3}{384EI}$

Nr.	Belastungsfall	Bemerkungen	Auflagerdrücke A, B Biegemomente M
14	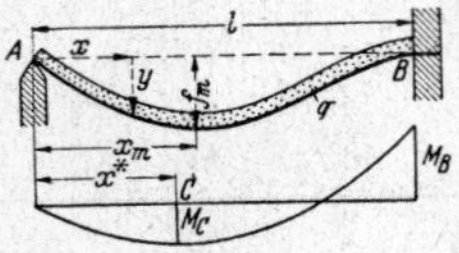	Halb eingespannter Träger. Gefährdeter Querschnitt bei B. Wendepunkt bei $x = x_w = {}^3/_4 l$	$A = {}^3/_8 F;\ B = {}^5/_8 F;\ F = ql$ $M = \frac{Fl}{8}\,\frac{x}{l}\left(3 - \frac{4x}{l}\right)$; max $M = (-)\,Fl/8$ (absolutes Maximum für B); $M_C = \frac{9}{128}\,Fl$ (relatives Maximum) für $x^* = 3l/8$
15	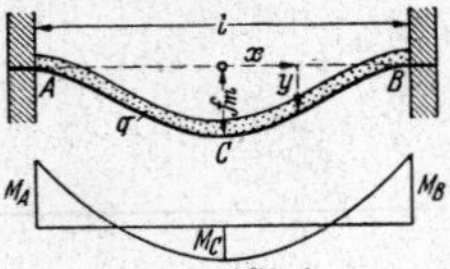 bez. x vgl. Hinweis S. 386	Eingespannter Träger. Gefährdeter Querschnitt bei A und B Wendepunkte bei $x_w = \pm\, l/(2\sqrt{3}) =$ $= \pm\, 0{,}2887\, l$	$A = B = F/2 = ql/2$ $M = \frac{Fl}{24}\left(1 - 12\,\frac{x^2}{l^2}\right)$; $M_A = M_B = (-)\,Fl/12$ (absolutes Maximum); $M_C = Fl/24$ (relatives Maximum)
16	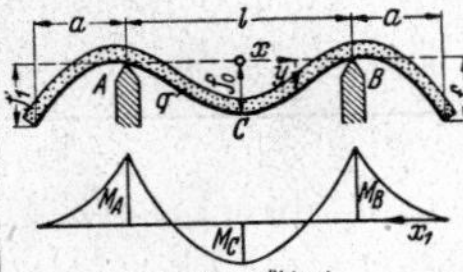 bez. x vgl. Hinweis S. 386	Frei aufliegender Träger mit symmetrischer Kraglast. Gefährdeter Querschnitt bei A, B oder C. Wendepunkte bei $x = \pm\,{}^1/_2 l\sqrt{1 - 4a^2/l^2}$	$A = B = F/2 = {}^1/_2 q(l + 2a)$. $F_1 = ql$ $M_1 = -\frac{F_1 l}{2}\,\frac{a^2}{l^2}\,\frac{x_1^2}{a^2}$ für $x_1 \leqq a$; $M_A = M_B = -\frac{F_1 l}{8}\,\frac{4a^2}{l^2}$; für AB: $M = \frac{F_1 l}{8}\left[\left(1 - \frac{4a^2}{l^2}\right) - \frac{4x^2}{l^2}\right]$, $-l/2 \leqq x \leqq l/2$; $M_C = \frac{F_1 l}{8}\left(1 - \frac{4a^2}{l^2}\right)$; $M_A = \max M$ bzw. $M_C = \max M$, wenn $a \geqq l/\sqrt{8}$ $a \leqq l/\sqrt{8}$ $l/\sqrt{8} = 0{,}3535\,l$; $M_C = 0$, wenn $a = l/2$
17	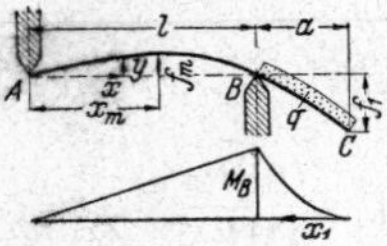	Träger auf 2 Stützen mit unsymmetrischer Kraglast. Gefährdeter Querschnitt bei B	$A = -\frac{Fa}{2l}$; $B = F\left(1 + \frac{a}{2l}\right)$; $F = qa$ Für AB: $M = -\frac{Fa}{2}\,\frac{x}{l}$; $M_B = -Fa/2$; für BC: $M = -\frac{Fa}{2}\,\frac{x_1^2}{a^2}$; max $M = Fa/2$

Gleichung der Biegelinie	Durchbiegungen f und f_m
$y = \frac{F l^3}{48 E I} \frac{x}{l}\left(1 - 3\frac{x^2}{l^2} + 2\frac{x^3}{l^3}\right)$; $= \frac{F l^3}{48 E I} \frac{x}{l}\left(1 - \frac{x}{l}\right)^2\left(1 + 2\frac{x}{l}\right)$; $\tan \alpha_{(x=0)} = F l^2/48 E I$	$f_m = \frac{F l^3}{185 E I}$ für $x_m = {}^1/_{16} l\,(1 + \sqrt{33}) = 0{,}4215\,l$, wobei $\frac{1}{185} = \frac{78 + 110\sqrt{33}}{2 \cdot 16^4}$
$y = \frac{F l^3}{384 E I}\left(1 - 4\frac{x^2}{l^2}\right)^2$	$f_m = \frac{F l^3}{384 E I}$; $y_w = {}^4/_9 f_m$
$y = \frac{F_1 l^3}{16 E I}\left[1 - \frac{4x^2}{l^2}\right]\left[\left(\frac{5}{24} - \frac{a^2}{l^2}\right) - \frac{1}{6}\frac{x^2}{l^2}\right]$. Für A und B: $\tan \alpha = \frac{F_1 l^2}{24 E I}\left(1 - 6\frac{a^2}{l^2}\right)$	$f_0 = \frac{F_1 l^3}{16 E I}\left(\frac{5}{24} - \frac{a^2}{l^2}\right)$; $f_1 = \frac{F_1 l^3}{24 E I}\frac{a}{l}\left(3\frac{a^3}{l^3} + 6\frac{a^2}{l^2} - 1\right)$. $f_0 = 0$, wenn $a = l \cdot \sqrt{5/24} = 0{,}4564\,l$; $f_1 = 0$, wenn $a = 0{,}3747\,l$
$y = \frac{F l^3}{12 E I}\frac{a}{l}\frac{x}{l}\left(1 - \frac{x^2}{l^2}\right)$, $x \leqq l$. $\tan \alpha_{(x=0)} = \frac{F l^2}{12 E I}\frac{a}{l} = \frac{1}{2}\tan \alpha_{(x=l)}$; $\tan \alpha_{(x_1=0)} = \frac{F l^2}{6 E I}\frac{a}{l}\left(1 + \frac{a}{l}\right)$	$f_m = \frac{F l^3}{18\sqrt{3}\, E I}\frac{a}{l} \approx \frac{F l^3}{31 E I}\frac{a}{l}$ für $x_m = l/\sqrt{3} = 0{,}577\,l$; $f_1 = \frac{F l^3}{6 E I}\frac{a^2}{l^2}\left(1 + \frac{3}{4}\frac{a}{l}\right)$

Nr.	Belastungsfall	Bemerkungen	Auflagerdrücke A, B Biegemomente M
18	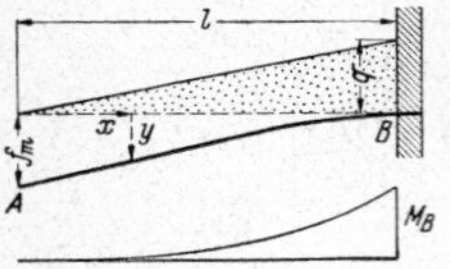	Freiträger mit Dreieckslast. Gefährdeter Querschnitt bei B	$B = F = ql/2$ $M = -\frac{Fl}{3}\frac{x^3}{l^3}$; $\max M = M_B = Fl/3$
19	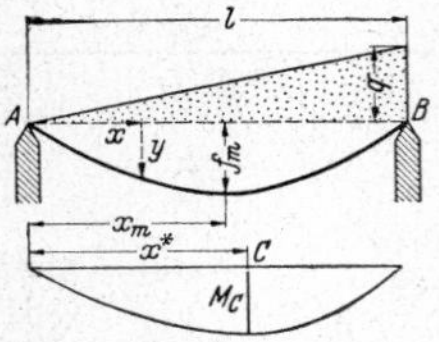	Frei aufliegender Träger mit Dreieckslast. Gefährdeter Querschnitt bei C	$A = {}^1/_3 F$; $B = {}^2/_3 F$; $F = ql/2$ $M = \frac{Fl}{3}\frac{x}{l}\left(1 - \frac{x^2}{l^2}\right)$; $\max M = M_C = 0{,}1284\,Fl$ für $x^* = l/\sqrt{3} = 0{,}577\,l$
20 a	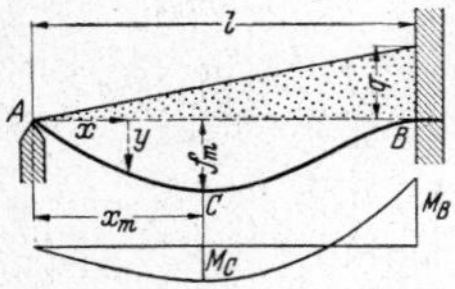	Halb eingespannter Träger mit Dreieckslast. Gefährdeter Querschnitt bei B. Wendepunkt bei $x_w = l\sqrt{3/5} = 0{,}7745\,l$	$A = {}^1/_5 F$; $B = {}^4/_5 F$; $F = ql/2$ $M = \frac{Fl}{3}\frac{x}{l}\left(\frac{3}{5} - \frac{x^2}{l^2}\right)$; $M_C = 0{,}0596\ Fl$ (relatives Maximum) bei $x = x_m = l/\sqrt{5} = 0{,}447\,l$; $M_B = (-)\,{}^2/_{15} Fl$ (absolutes Maximum)
20 b	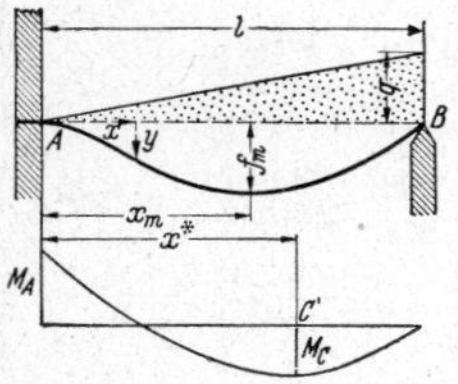	Halb eingespannter Träger mit Dreieckslast. Gefährdeter Querschnitt bei A. Wendepunkt bei $x_w = 0{,}2745\,l$ $= l\left(\sqrt{3/5} - 1/2\right)$	$A = {}^9/_{20} F$; $B = {}^{11}/_{20} F$; $F = ql/2$ $M_x = \frac{Fl}{3}\left(1 - \frac{x}{l}\right)\left(\frac{x^2}{l^2} + \frac{x}{l} - \frac{7}{20}\right)$; $M_A = (-)\,{}^7/_{60} Fl$ (absolutes Maximum); $M_C \approx {}^1/_{12} Fl$ (relatives Maximum) für $x^* = l\sqrt{9/20} = 0{,}671\,l$
21	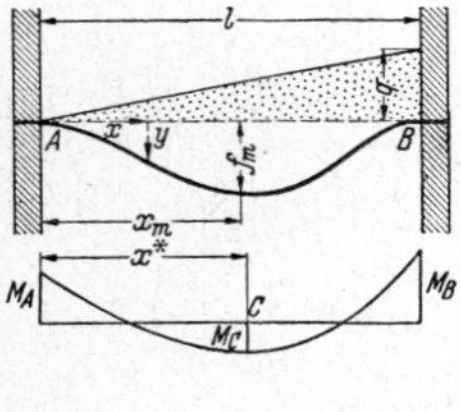	Beiderseits eingespannter Träger mit Dreieckslast. Gefährdeter Querschnitt bei B. Wendepunkte bei $x_1 = 0{,}237\,l$ und $x_2 = 0{,}808\,l$	$A = {}^3/_{10} F$; $B = {}^7/_{10} F$; $F = ql/2$ $M = Fl\left(\frac{3}{10}\frac{x}{l} - \frac{1}{3}\frac{x^3}{l^3} - \frac{1}{15}\right)$; $M_A = (-)\ Fl/15$; $M_C = 0{,}0429\,Fl$ (relatives Maximum) bei $x^* = l\sqrt{3/10} = 0{,}5478\,l$; $M_B = (-)\ Fl/10$ (absolutes Maximum)

Gleichung der Biegelinie	Durchbiegungen f und f_m
$y = \frac{F l^3}{15 E I}\left[1 - \frac{5}{4}\frac{x}{l} + \frac{1}{4}\frac{x^5}{l^5}\right];$ $\tan\alpha_{(x=0)} = \frac{F l^2}{12 E I} = \frac{5}{4}\frac{f_m}{l}$	$f_m = \frac{F l^3}{15 E I}$
$y = \frac{F l^3}{180 E I}\frac{x}{l}\left(3\frac{x^4}{l^4} - 10\frac{x^2}{l^2} + 7\right)$ $= \frac{F l^3}{180 E I}\frac{x}{l}\left(1 - \frac{x^2}{l^2}\right)\left(7 - \frac{3x^2}{l^2}\right);$ $\tan\alpha_{(x=0)} = \frac{7 F l^2}{180 E I}$; $\tan\alpha_{(x=l)} = \frac{8 P l^2}{180 E I}$	$f_m = \frac{F l^3}{76{,}7 E I} \approx \frac{5 F l^3}{384 E I}$ für $x_m = 0{,}519 l = l\sqrt{1 - \sqrt{8/15}}$
$y = \frac{F l^3}{60 E I}\frac{x}{l}\left(1 - \frac{x^2}{l^2}\right)^2;$ $\tan\alpha_{(x=0)} = F l^2/60 E I \approx 7 f_m/2 l$	$f_m \approx \frac{F l^3}{210 E I}$ für $x = x_m = 0{,}447 l$
$y = \frac{F l^3}{120 E I}\frac{x^2}{l^2}\left(2\frac{x^3}{l^3} - 9\frac{x}{l} + 7\right);$ $\tan\alpha_{(x=l)} = F l^2/40 E I \approx 4{,}1 f_m/l$	$f_m \approx \frac{F l^3}{164 E I}$ für $x = x_m = 0{,}5975 l$
$y \doteq \frac{F l^3}{60 E I}\left(\frac{x^5}{l^5} - 3\frac{x^3}{l^3} + 2\frac{x^2}{l^2}\right)$ $= \frac{F l^3}{60 E I}\frac{x^2}{l^2}\left(1 - \frac{x}{l}\right)^2\left(2 + \frac{x}{l}\right)$ $= \frac{F l^3}{60 E I}\left(\frac{1}{4} - \eta^2\right)^2\left(\frac{5}{2} + \eta\right);$ $\eta = \frac{x}{l} - \frac{1}{2}$	$f_m \approx \frac{F l^3}{382 E I}$ für $x_m = 0{,}525 l = l\,(\sqrt{21/20} - 1/2)$

6. Mehrfach gelagerter Träger

a) Allgemeiner Weg. Ist ein Träger mehrfach gelagert derart, daß die Bestimmungsgleichungen der Statik nicht ausreichen, so ist der Träger statisch unbestimmt, und es müssen die elastischen Verformungen zur Ermittlung der Auflagerkräfte herangezogen werden. Nach Feststellung dieser Kräfte können auch die Durchbiegungen bestimmt werden. Allgemein geht man so vor, daß man an einer Stelle (oder mehreren) die Unterstützung löst, bis das System statisch bestimmt ist (statisch bestimmtes Hauptsystem), dann die Durchbiegung ohne diese ermittelt und diejenige Kraft (oder Kräfte) sucht, durch welche diese Durchbiegung wieder rückgängig gemacht wird. In Bild 65 z. B. löst man bei C die Lagerung und ermittelt die Durchbiegung f_F an dieser Stelle. Die durch die gesuchte Auflagerkraft C entstehende, entgegengesetzt gerichtete Durchbiegung f_C muß dann so groß sein, daß

$$f_F - f_C = 0$$

wird.

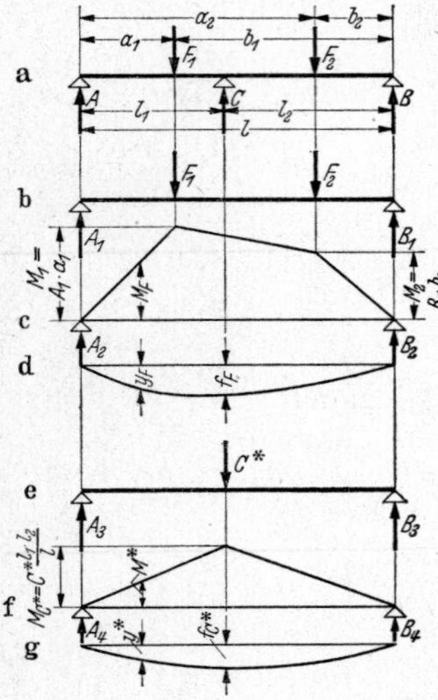

Bild 65

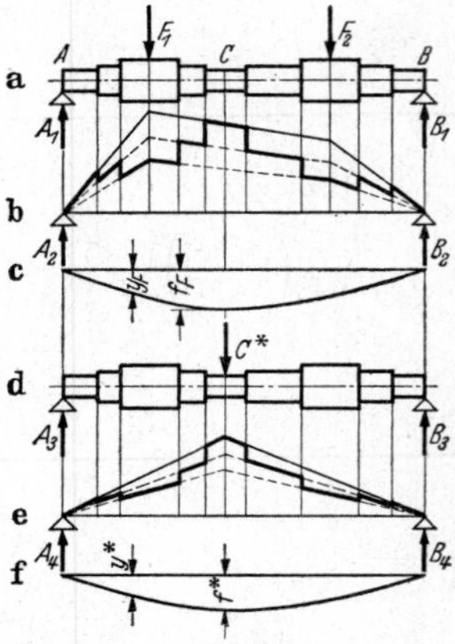

Bild 66

b) Dreifach gelagerter Träger. α) *Zeichnerische Lösung*, die auch rechnerisch ausgewertet werden kann (vgl. b, β, Beisp. 1).

Beispiele: 1. Gesucht sind die Auflagerkräfte A, B, C und die elastische Linie für den Träger nach Bild 65a mit *gleichbleibendem Querschnitt*. Nach Entfernen der Mittelstütze C wird für den *statisch bestimmten* Träger A_1, B_1, Bild 65b, aus Entwurf der Momentenfläche nach dem Verfahren von *Mohr* (S. 385) die Biegelinie y_F und damit die Senkung f_F an der Stelle C bei der Belastung F ermittelt, Bild 65c, d. Auf den statisch bestimmten Träger $A_3 B_3$ läßt man dann eine Kraft $C^* = 1$ Mp (10 kp, 100 kp o. ä.) wirken, die nach dem gleichen Verfahren die Durchbiegung y^* und unter C^* die Senkung $f_c^* = f^*$ liefert, Bild 65e bis g. Da die Durchbiegungen verhältnisgleich der Belastung sind, gilt für die Belastung C und die Durchbiegung y_C an irgendeiner Stelle

$$y^* : y_C = C^* : C = f^* : f_C .$$

Da aber $f_C = f_F$ (vgl. oben) sein muß, folgt

$$C = C^* f_C / f^* = C^* f_F / f^*$$

als Auflagerkraft im Punkt C. Aus $y_C = y^* C / C^* = y^* f_F / f^*$ ergibt sich für die Durchbiegungen des gegebenen Trägers AB

$$y = y_F - y_C = y_F - y^* C / C^* = y_F - y^* f_F / f^* ,$$

d. h. die mit $C/C^* = f_F/f^*$ multiplizierten Ordinaten des Bildes 65g sind von den Ordinaten des Bildes 65d abzuziehen.

Die Auflagerkräfte A und B sind (Bild 65a)

$$A = A_1 - A_2 C/C^* = A_1 - A_3 f_F/f^* ; \qquad B = B_1 - B_3 C/C^* = B_1 - B_3 f_F/f^* .$$

Der Träger wird dann so berechnet, als ob er in A und B gelagert sei und neben der Belastung F noch die nach oben gerichtete Kraft C wirke. So ist das resultierende Moment an irgendeiner Stelle

$$M = M_F - M^* C/C^* = M_F - M^* f_F/f^*.$$

2. Bei der in A, B und C unterstützten Welle, Bild 66, mit *veränderlichem Querschnitt* ist für die Belastungen F_1, F_2 unter Lösung der Stütze C die Biegelinie nach Beisp. 3, S. 384 zu entwerfen und im übrigen genauso zu verfahren wie im Beisp. 1.

β) *Rechnerische Lösung*, die sich besonders bei *gleichbleibendem Querschnitt* empfiehlt.

Beispiele: 1. Träger gleichbleibenden Querschnitts nach Bild 65 und 67. Die Formel für Fall 3, S. 386 liefert mit $a = l_1$, $b = l_2$ und $F = C$ (Bild 65a u. 67a)

$$f_C = \frac{C l^3}{3EI}\left(\frac{l_1 l_2}{l^2}\right)^2.$$

Für die Belastung F_1, Bild 67a, b folgt nach Fall 3, wenn in die Formel für y_1 eingesetzt wird $F = F_1$, $a = a_1$, $b = b_1$ und $x_1 = l_2$:

$$f_1 = \frac{F_1 l^3}{6EI}\frac{b_1}{l}\frac{a_1^2}{l^2}\frac{l_2}{l}\left(1 + \frac{l}{a_1} - \frac{l_2^2}{a_1 b_1}\right).$$

Entsprechend folgt für die Belastung F_2, Bild 67c, d, wenn in die Formel für y eingesetzt wird, $F = F_2$, $a = a_2$, $b = b_2$ und $x = l_1$:

$$f_2 = \frac{F_2 l^3}{6EI}\frac{a_2}{l}\frac{b_2^2}{l^2}\frac{l_1}{l}\left(1 + \frac{l}{b_2} - \frac{l_1^2}{a_2 b_2}\right).$$

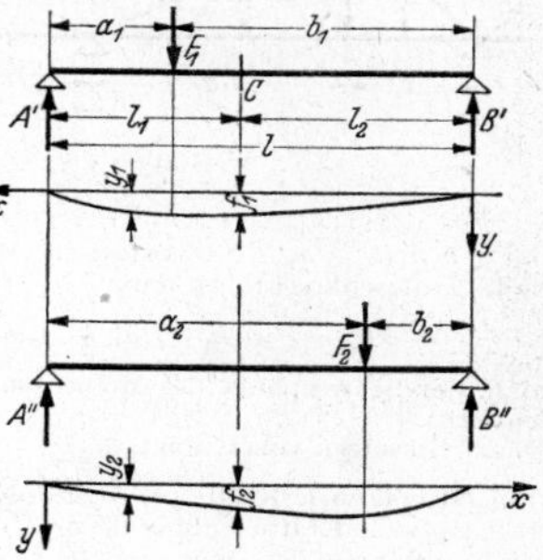

Bild 67

Mit $f_F = f_1 + f_2$ und $f_F = f_C$ folgt damit unter Kürzung gleicher Faktoren:

$$C = \frac{F_1}{2}\frac{b_1}{l_2}\frac{a_1^2}{l_1^2}\left(1 + \frac{l}{a_1} - \frac{l_2^2}{a_1 b_1}\right) + \frac{F_2}{2}\frac{a_2}{l_1}\frac{b_2^2}{l_2^2}\left(1 + \frac{l}{b_2} - \frac{l_1^2}{a_2 b_2}\right).$$

2. Für den Sonderfall *symmetrischer* Belastung, d. h. $l_1 = l_2 = l/2$, $a_1 = b_2 = l/4$ und $F_1 = F_2 = F$ wird $C = 1{,}375\ F$.

c) *n*-fach gelagerter Träger mit gleichbleibendem Querschnitt. Da ein 2fach gelagerter Träger statisch bestimmt ist, ist ein n-fach gelagerter Träger $(n-2)$-fach statisch unbestimmt. Für die senkrecht zum Träger wirkenden Kräfte (bzw. Momente) gelten 2 Gleichgewichtsbedingungen, also müssen noch $(n-2)$ Gleichungen, die die Verformung benutzen, aufgestellt werden.

Sind A, B, C (Bild 68) drei aufeinanderfolgende Stützen eines n-fach gelagerten Trägers mit den Momenten M_A, M_B, M_C in ihnen, so muß die Steigung φ_B der elastischen Linie im Punkt B, vom linken und vom rechten Feld aus gerechnet, die gleiche sein. Andererseits ist z. B. für den linken Trägerteil $\varphi_B = \beta_1 - \varphi_1$. Hierin bedeutet β_1 die Neigung für die als Träger auf den zwei Stützen A und B angesehene Öffnung AB unter der tatsächlichen Belastung, die die sog. M_0-Fläche liefert (vgl. Beisp. 1, S. 398), und φ_1 die Neigung, die am gleichen Träger AB durch die Momente M_A und M_B hervorgerufen würde. φ_1 berechnet sich nach Beisp. 3, Bild 64, S. 385 u. 386, auf Grund des Superpositionsprinzips zu

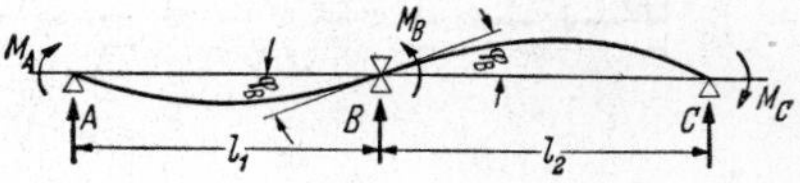

Bild 68

$$\varphi_1 = M_A l_1/6EI + M_B l_1/3EI.$$

Dann gilt für die erste und entsprechend für die zweite Öffnung

$$\varphi_B = \beta_1 - \frac{M_A l_1}{6EI} - \frac{M_B l_1}{3EI} = -\left(\beta_2 - \frac{M_B l_2}{3EI} - \frac{M_C l_2}{6EI}\right)$$

oder

$$M_A l_1 + 2M_B(l_1 + l_2) + M_C l_2 = 6EI(\beta_1 + \beta_2).$$

Nach dem *Mohr*schen Satz (S. 385) ist aber $EI\beta_1$ gleich der Auflagerkraft am Träger AB in B bei Belastung durch die M_0-Fläche, oder es ist $EI\beta_1 = -L_1/l_1$, wenn L_1 das Moment der M_0-Fläche der linken Öffnung in bezug auf die linke Stützsenkrechte (durch A) ist; ferner gilt $EI\beta_2 = -R_2/l_2$, wenn R_2 das Moment der M_0-Fläche der rechten Öffnung in bezug auf die rechte Stützsenkrechte durch C ist.

Hat man allgemein die Stützen $0, 1, \ldots, r-1, r+1, \ldots, n$ (Bild 69) mit den Momenten $M_0, M_1, \ldots$ usw., so wird

$$M_{r-1} l_r + 2 M_r (l_r + l_{r+1}) + M_{r+1} l_{r+1} = 6EI(\beta_r + \beta_{r+1}) = -6\left(\frac{L_r}{l_r} + \frac{R_{r+1}}{l_{r+1}}\right).$$

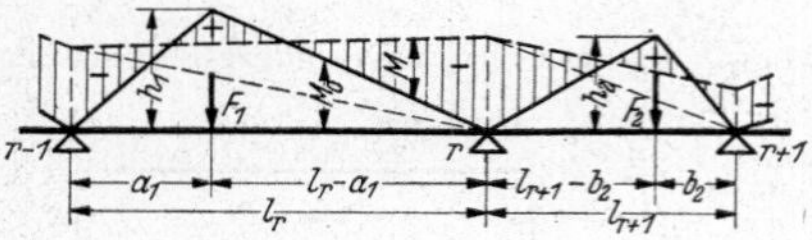

Bild 69

Diese Gleichung heißt *Dreimomentengleichung* oder auch *Clapeyron*sche Gleichung. — In einer lastfreien Öffnung i ist $\beta_i = 0$.

Beispiele: 1. Bei *Einzelkräften* kann die Gleichung umgeformt werden. Für die Höhe h_1 des M_0-Momentendreiecks mit der Last F_1, Bild 69, gilt nach Fall 3, S. 386, $h_1 = F_1 a_1 (l_r - a_1)/l_r$. Das statische Moment dieses in zwei Teile geteilten Dreiecks, bezogen auf die linke Stützsenkrechte, ist dann

$$L_r = {}^1/_2 a_1 h_1 \cdot {}^2/_3 a_1 + {}^1/_2 (l_r - a_1) h_1 [a_1 + {}^1/_3 (l_r - a_1)] = {}^1/_2 h_1 l_r \cdot {}^1/_3 (a_1 + l_r),$$

d. h. der Schwerpunkt des Momentendreiecks ist um $(a_1 + l_r)/3$ von der linken Stützsenkrechten entfernt.

Nach Einsetzen von h_1 folgt $\qquad 6 L_r = F_1 a_1 (l_r^2 - a_1^2)$.

Für beliebig viele Kräfte über der r-ten Öffnung wird demnach $6 L_r / l_r = \sum F_1 a_1 (l_r^2 - a_1^2)/l_r$. Für beliebig viele Kräfte F_2 über der $(r+1)$-ten Öffnung (Bild 69) folgt eine ähnliche Beziehung, so daß die rechte Seite der Dreimomentengleichung geschrieben werden kann

$$-\left\{\sum F_1 a_1 (l_r^2 - a_1^2)/l_r + \sum F_2 b_2 (l_{r+1}^2 - b_2^2)/l_{r+1}\right\}.$$

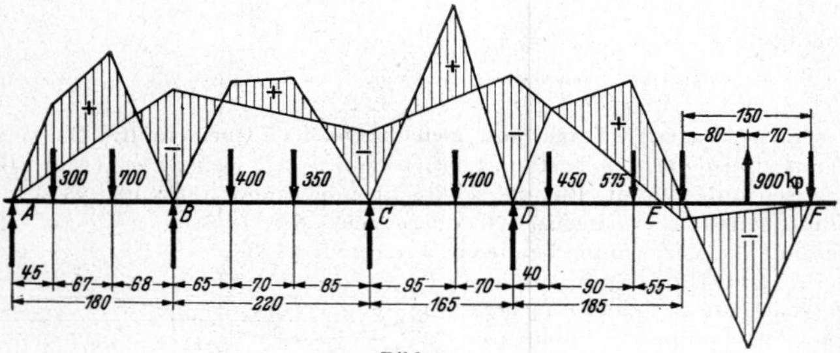

Bild 70

2. *Zahlenbeispiel* hierzu. Für den Träger Bild 70 mit gleichbleibendem Querschnitt ist $M_A = M_a = 0$ und $M_F = M_f = 0$. Dann lauten die Dreimomentengleichungen:

$$8 M_b + 2{,}2 M_c = -\left\{300 \cdot 0{,}45 \cdot \frac{1{,}8^2 - 0{,}45^2}{1{,}8} + 700 \cdot 1{,}12 \cdot \frac{1{,}8^2 - 1{,}12^2}{1{,}8} + 400 \cdot 1{,}55 \times \right.$$
$$\left. \times \frac{2{,}2^2 - 1{,}55^2}{2{,}2} + 350 \cdot 0{,}85 \cdot \frac{2{,}2^2 - 0{,}85^2}{2{,}2}\right\} = -2337 \text{ kpm}.$$

$$2{,}2 M_b + 7{,}7 M_c + 1{,}65 M_d = -\left\{400 \cdot 0{,}65 \cdot \frac{2{,}2^2 - 0{,}65^2}{2{,}2} + 350 \cdot 1{,}35 \cdot \frac{2{,}2^2 - 1{,}35^2}{2{,}2} + \right.$$
$$\left. + 1100 \cdot 0{,}7 \cdot \frac{1{,}65^2 - 0{,}7^2}{1{,}65}\right\} = -2212 \text{ kpm}.$$

$$1{,}65 M_c + 7 M_d + 1{,}85 M_e = -\left\{1100 \cdot 0{,}95 \cdot \frac{1{,}65^2 - 0{,}95^2}{1{,}65} + 450 \cdot 1{,}45 \cdot \frac{1{,}85^2 - 1{,}45^2}{1{,}85} + \right.$$
$$\left. + 575 \cdot 0{,}55 \cdot \frac{1{,}85^2 - 0{,}55^2}{1{,}85}\right\} = -2152 \text{ kpm}.$$

$$1{,}85 M_d + 6{,}7 M_e = -\left\{450 \cdot 0{,}4 \cdot \frac{1{,}85^2 - 0{,}4^2}{1{,}85} + 575 \cdot 1{,}3 \cdot \frac{1{,}85^2 - 1{,}3^2}{1{,}85} - \right.$$
$$\left. - 900 \cdot 0{,}7 \cdot \frac{1{,}5^2 - 0{,}7^2}{1{,}5}\right\} = -278 \text{ kpm}.$$

Daraus ergeben sich die Stützmomente:

$M_b = -250$ kpm; $M_c = -154$ kpm; $M_d = -280$ kpm; $M_e = +36$ kpm.

Das absolut größte Moment tritt in der 5. Öffnung auf und ist $M_5 = -330$ kpm im Angriffspunkt der Kraft -900 kp.

Aus den Stützmomenten ergeben sich die Auflagerkräfte; es ist

$$M_b = A \cdot 1{,}80 - 300 \cdot 1{,}35 - 700 \cdot 0{,}68 = -250 \text{ kpm},$$

daraus $A = 350$ kp;

$$M_c = A \cdot 4{,}0 + B \cdot 2{,}2 - 300 \cdot 3{,}55 - 700 \cdot 2{,}88 - 400 \cdot 1{,}55 - 350 \cdot 0{,}85 = -154 \text{ kpm},$$

daraus $B = 1111$ kp;

$$M_d = A \cdot 5{,}65 + B \cdot 3{,}85 + C \cdot 1{,}65 - 300 \cdot 5{,}2 - 700 \cdot 4{,}53 - 400 \cdot 3{,}2 - 350 \cdot 2{,}5 - 1100 \cdot 0{,}70 = -280 \text{ kpm},$$

daraus $C = 680$ kp;

$$M_e = F \cdot 1{,}5 + 900 \cdot 0{,}8 = +36 \text{ kpm},$$

daraus $F = -456$ kp;

$$M_d = F \cdot 3{,}35 + E \cdot 1{,}85 + 900 \cdot 2{,}65 - 575 \cdot 1{,}30 - 450 \cdot 0{,}40 = -280 \text{ kpm},$$

daraus $E = -114$ kp;

$$M_c = F \cdot 5 + 900 \cdot 4{,}3 + E \cdot 3{,}5 - 575 \cdot 2{,}95 - 450 \cdot 2{,}05 + D \cdot 1{,}65 - 1100 \cdot 0{,}95 = -154 \text{ kpm},$$

daraus $D = 1403$ kp.

Die Stützkräfte in den rechten Außenstützen E und F sind nach unten gerichtet.

7. Schiefe Biegung

Bei der schiefen Biegung geht die Kraftebene, Bild 30, S. 362, oder der zu dieser senkrechte Vektor des Biegemoments M, Bild 71, nicht durch eine Hauptträgheitsachse hindurch.

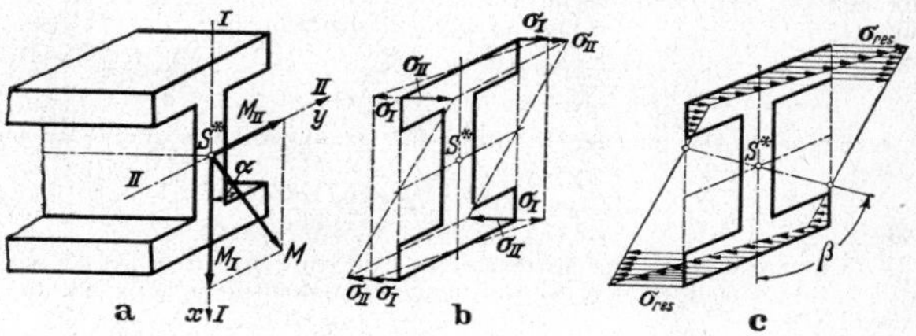

Bild 71

Zerlegung von M in die Komponenten $M_I = M \cos\alpha$, $M_{II} = M \sin\alpha$ in Richtung der Hauptachsen I und II liefert nach S. 363 die Spannungen $\sigma_I = M_I y/I_I$, $\sigma_{II} = M_{II} x/I_{II}$, also insgesamt

$$\sigma = \frac{M_I}{I_I} y - \frac{M_{II}}{I_{II}} x = M \left(\frac{y \cos\alpha}{I_I} - \frac{x \sin\alpha}{I_{II}} \right),$$

wobei unter Beachtung der Vorzeichen von x, y und M_I, M_{II} (vgl. Bild 71 a) Zugspannungen das positive, Druckspannungen das negative Vorzeichen erhalten.

Trägt man zu jedem Punkt des Querschnitts die Spannung σ senkrecht zu diesem auf, so liegen die Spannungsspitzen in einer Ebene. Diese trifft den Querschnitt in der Nullinie, in welcher die Spannungen gleich Null sind. Ihre Lage ergibt sich aus $\sigma = 0$ zu $\tan\beta = y/x = I_I/I_{II} \cdot \tan\alpha$ und fällt nur dann in die Richtung des Momentenvektors, wenn $I_I = I_{II}$ ist.

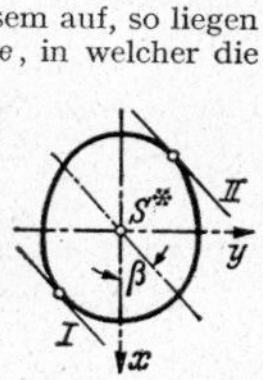

Bild 72

Den Spannungsverlauf an den Rändern des Querschnitts zeigt Bild 71 b hinsichtlich der Einzel-, Bild 71 c hinsichtlich der Gesamtspannungen, wobei hier in der oberen rechten Ecke die größte Zug- und in der linken unteren Ecke die größte Druckspannung entsteht.

Die Punkte, in denen bei einem *beliebigen* Querschnitt die größten Spannungen auftreten, sind die Berührungspunkte der an den Umriß gezogenen, zur Nullinie parallelen Tangenten, Bild 72, und das Einsetzen der zugehörigen Werte x und y in die obige Formel für die Spannung liefert die Spannungen in diesen Punkten.

Weitere Einzelheiten, insbesondere auch über die Beziehungen zum Trägheitskreis und zur Trägheitsellipse vgl. z. B. Lit. 6.

B. Biegung des gekrümmten Stabes

1. Spannungen

a) Allgemeine Darstellung. Wirken auf den Stabteil AA_1B_1B (Bild 73) Kräfte und Momente ein, so können diese auf ein Moment M und eine im Schwerpunkt des Querschnitts angreifende Kraft N zurückgeführt werden. Es sei angenommen, daß N senkrecht zum Querschnitt wirke, also in die Tangente der Mittelfaser falle, so daß die Schubkräfte vernachlässigt werden, und daß die Querschnitte bei der Verformung eben bleiben. Die Momente werden positiv gerechnet, wenn die Krümmung stärker, d. h. der Krümmungsradius kleiner wird. Ursprünglich schneiden sich zwei benachbarte Querschnitte AB und A_1B_1 im Krümmungsmittelpunkt O der durch den Schwerpunkt gehenden Mittelfaser vor der Verformung. Die Formänderung kann aufgefaßt werden als eine Drehung des Querschnitts A_1B_1 um die Krümmungsachse O mit dem Winkel φ_1 und eine Drehung um die Schwerachse S^* mit dem Winkel φ_2.

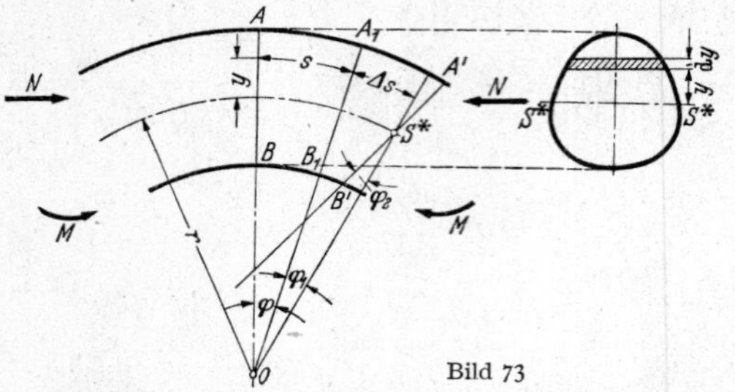

Bild 73

Die ursprüngliche Länge der Faser im Abstand y von der Schwerachse ist $s = (r + y)\varphi$, die Verlängerung $\Delta l = \Delta s + y\varphi_2 = (r + y)\varphi_1 + y\varphi_2$, also die Dehnung

$$\varepsilon = \frac{\Delta l}{s} = \frac{(r+y)\,\varphi_1 + y\varphi_2}{(r+y)\varphi} = \frac{\varphi_1}{\varphi} + \frac{\varphi_2}{\varphi}\,\frac{y}{r+y} = \varepsilon_0 + \frac{\varphi_2}{\varphi}\,\frac{y}{r+y}\,.$$

Hierin stellt $\varepsilon_0 = \varphi_1/\varphi$ die Dehnung der Mittelfaser dar. Damit wird die Spannung im Abstand y von der Schwerachse

$$\sigma = E\varepsilon = E\varepsilon_0 + E\,\frac{\varphi_2}{\varphi}\,\frac{y}{r+y}\,, \tag{1}$$

worin $\sigma_0 = E\varepsilon_0$ die Spannung in der Mittelfaser ist. Auf ein Flächenteilchen $\mathrm{d}S$ wirkt somit die Kraft $\sigma\,\mathrm{d}S = E\varepsilon\,\mathrm{d}S$. Für die Summe der Kräfte und ihrer Momente in bezug auf die Schwerachse erhält man dann

$$N = \int \sigma\,\mathrm{d}S = \int E\varepsilon_0\,\mathrm{d}S + \int E\,\frac{\varphi_2}{\varphi}\,\frac{y}{r+y}\,\mathrm{d}S = E\varepsilon_0 S + E\,\frac{\varphi_2}{\varphi}\int \frac{y}{r+y}\,\mathrm{d}S\,,$$

$$M = \int \sigma y\,\mathrm{d}S = \int E\varepsilon_0 y\,\mathrm{d}S + \int E\,\frac{\varphi_2}{\varphi}\,\frac{y^2}{r+y}\,\mathrm{d}S = 0 + E\,\frac{\varphi_2}{\varphi}\int \frac{y^2}{r+y}\,\mathrm{d}S\,,$$

da das statische Moment $\int y\,\mathrm{d}S$ in bezug auf die Schwerachse verschwindet. Führt man den Ausdruck

$$Z = \int y^2\,\frac{r}{r+y}\,\mathrm{d}S \quad \text{(vgl. Anm. 2 S. 368)} \tag{2}$$

ein, so wird, da $\int y\,\mathrm{d}S = 0$,

$$\int \frac{y}{r+y}\,\mathrm{d}S = \frac{1}{r}\int\left(y - \frac{y^2}{r+y}\right)\mathrm{d}S = -\,\frac{1}{r}\int \frac{y^2}{r+y}\,\mathrm{d}S = -\,\frac{Z}{r^2}\,.$$

Damit können die beiden Gleichungen für N und M geschrieben werden

$$N = E\varepsilon_0 S - E\,\frac{\varphi_2}{\varphi}\,\frac{Z}{r^2}\,; \qquad \frac{M}{r} = E\,\frac{\varphi_2}{\varphi}\,\frac{Z}{r^2}\,.$$

Ihre Addition ergibt $E\varepsilon_0 S = N + M/r$, also in der Mittelfaser die Spannung

$$\sigma_0 = E\varepsilon_0 = \frac{N}{S} + \frac{M/r}{S}\,; \tag{3}$$

d. h. Nullinie und Schwerachse fallen nur dann zusammen, wenn $\sigma_0 = 0$ ist (vgl. unten). Da $E\varphi_2/\varphi = Mr/Z$ ist, folgt für die gesamte Spannung nach (1)

$$\sigma = E\varepsilon = \frac{N}{S} + \frac{M/r}{S} + \frac{Mr}{Z}\,\frac{y}{r+y} = \sigma_0 + \frac{Mr}{Z}\,\frac{y}{r+y}\,.$$

Die Spannungen verteilen sich also über den Querschnitt nach einer gleichseitigen Hyperbel mit den Asymptoten a_1, a_2, wie in Bild 74 angedeutet (zeichner. Darst. vgl. S. 133 u. Bild 75).

Haben die äußersten Fasern die Abstände e_1 und e_2 von der Schwerachse (Bild 74), so sind die Randspannungen (relativ größte Spannungen)

$$\sigma_1 = \frac{N}{S} + \frac{M/r}{S} + \frac{Mr}{Z}\,\frac{e_1}{r+e_1},$$

$$\sigma_2 = \frac{N}{S} + \frac{M/r}{S} - \frac{Mr}{Z}\,\frac{e_2}{r-e_2}.$$

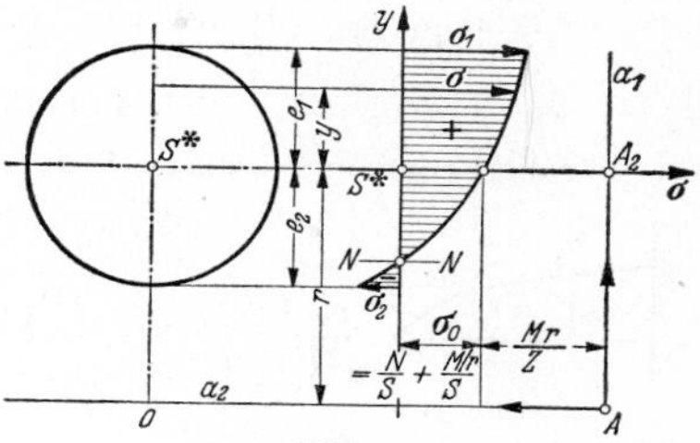

Bild 74

Sonderfall: Ist $\sigma_0 = N/S + M/Sr = 0$, also $M = -Nr$, so geht die neutrale Faser durch den Schwerpunkt (Bild 75).

b) Zeichnerische Ermittlung *der Hilfsgröße Z.* Nach Bild 75 ist mit $\mathrm{d}S = s\,\mathrm{d}y$

$$Z = \int y^2 \frac{r}{r+y}\,\mathrm{d}S = \int y^2 s \frac{r}{r+y}\,\mathrm{d}y \text{ cm}^4.$$

Mißt man in bequemen (u. a. Ecken usw. enthaltenden) Abständen y von der Schwerachse die Abszissen s und trägt die Kurve $z = y^2 s \frac{r}{r+y}$ über y auf, so stellt der unter dieser Kurve liegende Flächeninhalt den Wert Z dar.

Maßstäbe: Ist 1 cm $\triangleq a$ cm der Längenmaßstab für y, ist 1 cm $\triangleq b$ cm³ der Maßstab für die Kurve z und ist f der in cm² gemessene Flächeninhalt unter der Kurve z, so ist $Z = abf$ cm⁴.

Beispiel: Ermittlung der Spannungen in einem Lasthaken für $Q = 10000$ kp Belastung.

Für den Querschnitt I, II ist die Normalkraft N gleich der Last Q, das Biegemoment $M = -Qr$, da die Last den Krümmungsradius zu vergrößern sucht (S. 400).

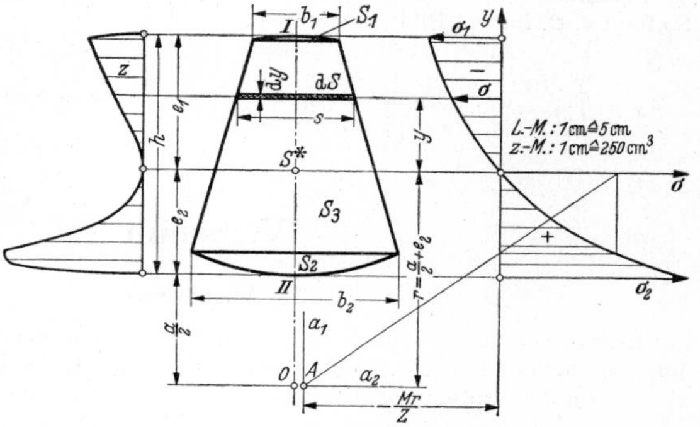

Bild 75

Abmessungen: $h = 130$ mm, $b_1 = 45$ mm, $b_2 = 110$ mm, Maulweite $a = 120$ mm. Die Kreisbögen sind um die Punkte II und I mit h als Radius geschlagen. Flächeninhalte S_1, S_2, S_3 und ihre Schwerpunktsabstände y_1, y_2, y_3 vgl. nachstehende Gleichung für e_2.

Bezogen auf die durch II gehende Waagerechte ist nach S. 228

$$e_2 = \frac{S_1 y_1 + S_2 y_2 + S_3 y_3}{S_1 + S_2 + S_3} = \frac{0{,}59 \cdot 12{,}87 + 9{,}04 \cdot 0{,}73 + 89{,}67 \cdot 6{,}20}{0{,}59 + 9{,}04 + 89{,}67} = 5{,}74 \text{ cm}$$

und daher $\quad e_1 = 13 - 5{,}74 = 7{,}26$ cm $\quad$ und $\quad r = a/2 + e_2 = 6 + 5{,}74 = 11{,}74$ cm.

Das Planimeter liefert die Fläche unter der Kurve z zu $f = 1{,}06$ cm². Mit den Maßstäben des Bildes 75 wird danach $Z = 5 \cdot 250 \cdot 1{,}06 = 1330$ cm⁴ und

$$\frac{Mr}{Z} = -\frac{Qr^2}{Z} = -\frac{10000 \cdot 11{,}74^2}{1330} = -1040 \text{ kp/cm}^2;$$

die größte Druckspannung wird $\sigma_1 = -1040 \cdot \frac{e_1}{r+e_1} = -1040 \cdot \frac{7{,}26}{19} = -397$ kp/cm², die größte Zugspannung wird $\sigma_2 = +1040 \frac{e_2}{r-e_2} = +1040 \cdot \frac{5{,}74}{6} = +995$ kp/cm².

c) Rechnerische Ermittlung *der Hilfsgröße Z.* Durch geschlossene Auswertung des Integrals für Z oder durch Reihenentwicklung läßt sich Z bei einfachen Querschnitten auch rechnerisch ermitteln. Setzt man

$$Z = \lambda S r^2,$$

so folgt für ein *Rechteck* mit der Höhe $h = 2e$ der Wert $\lambda = \frac{1}{2}\frac{r}{e}\ln\frac{1+e/r}{1-e/r} - 1$ und für einen *Kreis* vom Radius e der Wert $\lambda = \tan^2\gamma$ mit $\sin 2\gamma = e/r$ oder auch $\lambda = (1-\psi)/(1+\psi)$ mit $\psi = \sqrt{1-(e/r)^2}$.

Schreibt man $Z = \int \frac{y^2}{1+y/r}\,dS$, und ist dann r sehr viel größer als y, so folgt mit $1 + y/r \approx 1$, daß $Z \approx \int y^2\,dS$, d. h. gleich dem axialen Trägheitsmoment in bezug auf die Schwerachse ist. Man erhält die Formel für den geraden Stab (S. 363).

2. Formänderungen

Für die Krümmung des belasteten Trägers folgt

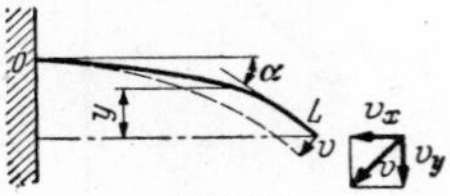

Bild 76

$$\frac{1}{\varrho} = \frac{1}{r} + \frac{M}{EZ} \approx \frac{1}{r} + \frac{M}{EI},$$

und für die Verformungen am Ende eines eingespannten Trägers, Bild 76 (und in anderen Fällen ähnlich), gilt, wenn $Z \approx I$ gesetzt wird, was bei schwach gekrümmten Trägern erlaubt ist: *Änderung des Neigungswinkels*

$$\varDelta\alpha = \int_0^L \frac{M}{EI}\,ds$$ mit ds als Bogenelement und L als Gesamtlänge.

Verschiebung: Hier interessiert häufig nur eine Komponente der Verschiebung v. So folgt z. B. für v_x, Bild 76, der Wert

$$v_x = \int_0^L \frac{My}{EI}\,ds.$$ Genauere Werte, insbesondere bei starker Krümmung, vgl. z. B. Lit. 1.

IV. Schub

1. Abscheren

Beanspruchung auf Schub ist stets mit einer Beanspruchung auf Biegung verbunden; haben sich z. B. die Scherblätter in Bild 17 (S. 356) genähert, Bild 77, so ergeben die Kräfte Q ein Kräftepaar und rufen Biegespannungen hervor.

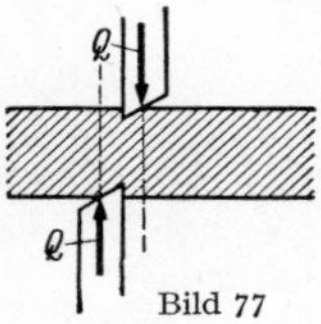

Bild 77

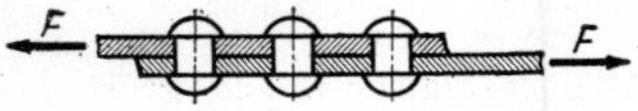

Bild 78

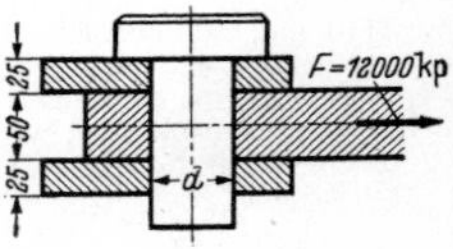

Bild 79

Kurze Niete und Bolzen nach Bild 78, 79 werden unter Vernachlässigen der Biegespannung auf Abscheren (Schub) berechnet; die Zugkräfte F setzen sich hier in Schub-(Quer-)Kräfte Q um, die zu Schubspannungen in den beanspruchten Querschnitten führen. Unter der Annahme gleichförmiger Verteilung (im Widerspruch mit der S. 403 begründeten Forderung tangentialer Randspannungen) wird $\tau = Q/S$, wenn Q die Querkraft und S der auf Abscheren beanspruchte Querschnitt ist. Die Festigkeitsbedingung

$$Q/S \leqq \tau_a \text{zul}$$

liefert brauchbare Ergebnisse, weil die Bruchfestigkeit τ_{aB} unter ähnlichen Bedingungen ermittelt und berechnet wird. Werte für zulässige Scher-(Schub-)Spannungen τ_a zul S. 534 u. Tafeln im Anhang.

Beispiele: 1. Es ist der Durchmesser eines zylindrischen Bolzens, Bild 79, für eine Schubkraft $F = 12000$ kp zu bestimmen.

Für Flußstahl folgt mit $\sigma_{zul} = 1200$ kp/cm² und $\tau_{a\ zul} = 0{,}8\sigma_{zul} = 960$ kp/cm²

$$S = \pi d^2/4 = F/2\tau_{a\ zul} = 12000/(2 \cdot 960) = 6{,}25\ \text{cm}^2.$$

Gewählt $d = 30$ mm mit $S = 7{,}07$ cm².

Hier empfiehlt sich, die Biegespannung nachzurechnen. Das Biegemoment für einen Stab der Länge l ist bei Einzellast in der Mitte $Fl/4$, bei gleichförmiger Verteilung der Last F gleich $Fl/8$ (S. 386 und 390). Für den mittleren Wert

$$M = {}^3/_{16} \cdot Fl = {}^3/_{16} \cdot 12000 \cdot 7{,}5 = 16900\ \text{kpcm}$$

wird mit $\sigma_{zul} = 1200$ kp/cm² $W_{erf} = 16900/1200 = 14$ cm³, dem ein Durchmesser $d \approx 53$ mm entspricht. Der lediglich auf Abscheren berechnete Bolzen ist zu schwach.

2. Mit einer Winkelschere sollen Winkeleisen bis $120 \times 120 \times 15$ mm geschnitten werden. Da nach Tafeln im Anhang Querschnitt $S = 33{,}9$ cm², so ist für $\tau_{aB} = 4500$ kp/cm² die Stempelkraft angenähert

$$F = S \cdot \tau_{aB} = 33{,}9 \cdot 4500 = 153000\ \text{kp}.$$

2. Schubspannungen

a) Allgemeines. Bei Auftreten des geringsten biegenden Momentes verteilen sich die Schubspannungen ungleichmäßig über den Querschnitt.

Für die Schubspannungen τ_x parallel der Längsachse, d. h. der x-Achse in Bild 80a, und τ_z parallel zur z-Achse, Bild 80b, folgt

$$\tau_x = \tau_z = \frac{Q\,S_{\text{stat}}}{2yI}$$

und für die Randspannungen, Bild 80b,

$$\tau_r = \frac{Q\,S_{\text{stat}}}{2yI\cos\varphi}.$$

Hierin ist Q die Querkraft, $2y$ die Breite, I das Trägheitsmoment des Querschnitts und S_{stat} das statische Moment des Flächenteils $A_1A_2A_3$ in bezug auf die Nullachse.

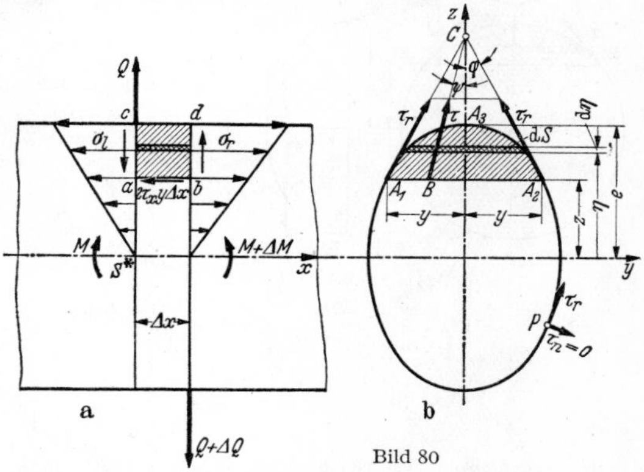

Bild 80

Auf das durch zwei senkrechte Ebenen und eine waagerechte herausgeschnittene Stabteilchen $abcd$ (Bild 80a) wirken die Kräfte $\int \sigma_l\,dS$ an der linken, $\int \sigma_r\,dS$ an der rechten und $\tau_x \cdot 2y\,\Delta x$ an der waagerechten Ebene. Diese Kräfte stehen im Gleichgewicht, d. h. es ist

$$-2\tau_x y\,\Delta x - \int \sigma_l\,dS + \int \sigma_r\,dS = -2\tau_x y\,\Delta x + \int (\sigma_r - \sigma_l)\,dS = 0.$$

Hierbei ist die Integration über den ganzen Querschnitt $A_1A_2A_3$, Bild 80b, d. h. von $\eta = z$ bis $\eta = e$ auszuführen. Nach S. 363 ist

$$\sigma_l = \eta M/I \quad \text{und} \quad \sigma_r = \eta(M + \Delta M)/I, \quad \text{also} \quad \sigma_r - \sigma_l = \eta\,\Delta M/I.$$

Damit wird $\quad -2\tau_x y\,\Delta x + \Delta M/I \cdot \int \eta\,dS = 0, \quad$ also $\quad \tau_x = \dfrac{\Delta M}{\Delta x}\dfrac{1}{2yI}\int \eta\,dS.$

Da aber $\lim\limits_{\Delta x \to 0} \Delta M/\Delta x = dM/dx = Q$, d. h. gleich der Querkraft Q (S. 374), und $\int\limits_{\eta=z}^{\eta=e} \eta\,dS = S_{\text{stat}}$, d. h. gleich dem statischen Moment der Fläche $A_1A_2A_3$ in bezug auf die Nullachse ist, folgt $\tau_x = Q S_{\text{stat}}/2yI$ als *Spannung parallel* der Längs-, d. h. der x-Achse.

In den Randpunkten müssen die Schubspannungen tangential an den Randlinien verlaufen, da am Umfang keine äußeren Kräfte angreifen ($\tau_n = 0$ im Punkt P). Die Schubspannungen in den Endpunkten A_1 und A_2 der betrachteten Faserschicht müssen sich in einem Punkt C der Wirkungslinie von Q schneiden, wenn diese *Symmetrielinie des Querschnitts* sein soll. Unter der Annahme, daß die Schubspannung τ in einem beliebigen Punkt B ebenfalls nach C gerichtet ist und daß die senkrechten Komponenten τ für die ganze Faserbreite gleich groß sind, wird, da die Schubspannungen paarweise auftreten (S. 352),

$$\tau_z = \tau_x = Q S_{\text{stat}}/2yI \qquad \text{und daher} \qquad \tau = \tau_x/\cos\psi = Q S_{\text{stat}}/2yI\cos\psi.$$

Mit $\max \psi = \varphi$, Bild 80b, hat die größte am Rand auftretende Schubspannung den Wert

$$\tau_r = Q S_{\text{stat}}/2yI \cos\varphi .$$

Beispiele: 1. Für den rechteckigen Querschnitt, Bild 81, wird mit $e = h/2$, $2y = b$ und $I = bh^3/12$

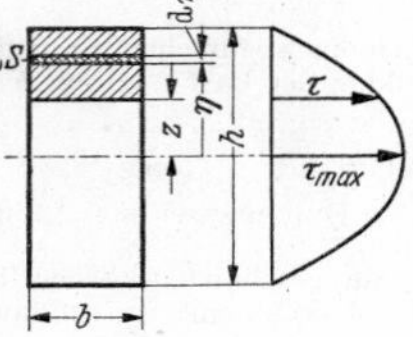

Bild 81

$$S_{\text{stat}} = \int_z^{h/2} \eta b \, d\eta = b \frac{\eta^2}{2}\Bigg|_z^{h/2} = \frac{b}{2}\left(\frac{h^2}{4} - z^2\right) = \frac{b}{2}\frac{h^2}{4}\left[1 - \left(\frac{2z}{h}\right)^2\right]$$

und $$\tau = \tau_z = \frac{Q S_{\text{stat}}}{2yI} = \frac{3}{2}\frac{Q}{bh}\left[1 - \left(\frac{2z}{h}\right)^2\right].$$

τ ändert sich nach einer Parabel, die für $z = 0$ die Pfeilhöhe $\max \tau = \frac{3}{2}\frac{Q}{bh} = \frac{3}{2}\frac{Q}{S}$ hat. Die maximale Schubspannung ist um 50% größer als bei Annahme gleichförmiger Verteilung.

Die *genaue* Theorie zeigt, daß die Spannungen über die Breite b *nicht* konstant sind, und zwar um so weniger, je breiter der Balken im Verhältnis zur Höhe ist. Die größten Spannungen $\max \tau'$ treten dann dort auf, wo die Nullinie den Rand des Querschnitts trifft. Es ist $\max \tau' = \zeta \max \tau$, wobei

für $b/h = 0{,}5;\quad 1{,}0;\quad 2{,}0;\quad 4{,}0$

$\zeta = 1{,}03;\quad 1{,}13;\quad 1{,}4;\quad 2{,}0$

ist, so daß für schmale Rechtecke die Formel zu Recht besteht.

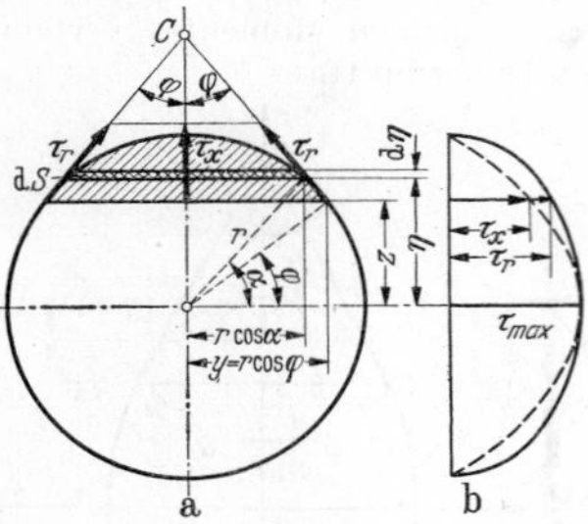

Bild 82

2. Für den kreisförmigen Querschnitt, Bild 82a, ist

$$I = \pi r^4/4, \qquad dS = 2r\cos\alpha \cdot d\eta$$

und $$S_{\text{stat}} = \int_{\eta=z}^{\eta=r} 2r\cos\alpha \cdot \eta \, d\eta .$$

Mit $\eta = r\sin\alpha$, $d\eta = r\cos\alpha \, d\alpha$ wird

$$S_{\text{stat}} = 2r^3 \int_{\varphi}^{\pi/2} \cos^2\alpha \sin\alpha \, d\alpha = {}^2/_3 r^3 \left[-\cos^3\alpha\right]_{\varphi}^{\pi/2} =$$

$$= {}^2/_3 r^3 (0 + \cos^3\varphi) = {}^2/_3 r^3 \cos^3\varphi$$

und $$\tau_z = \tau_x = \frac{Q S_{\text{stat}}}{2yI} = \frac{Q \cdot {}^2/_3 r^3 \cdot \cos^3\varphi}{2r\cos\varphi \cdot {}^1/_4 \pi r^4} = \frac{4}{3}\frac{Q}{\pi r^2}\cos^2\varphi = \frac{4}{3}\frac{Q}{\pi r^2}\left[1 - \left(\frac{z}{r}\right)^2\right];$$

$$\tau_r = \frac{\tau_z}{\cos\varphi} = \frac{4}{3}\frac{Q}{\pi r^2}\sqrt{1 - \left(\frac{z}{r}\right)^2}.$$

Die Kurve der Spannungsverteilung für τ_x ist eine Parabel, für τ_r eine Ellipse, Bild 82b.

Für $z = 0$ wird $$\max \tau = \frac{4}{3}\frac{Q}{\pi r^2} = \frac{4}{3}\frac{Q}{S}$$

um $33^1/_3$% größer als bei Annahme gleichmäßiger Verteilung der Schubspannungen (S. 402).

3. Für den Kreisring ist bei verhältnismäßig kleiner Wanddicke $\max \tau \approx 2\,Q/S$.

4. Für einen Querschnitt gemäß Fall 10 (S. 372) ergeben sich durch Einzelintegrationen die Spannungen

im Flansch der Breite b: $\quad \tau = \frac{Q}{2I}(e_2^2 - z^2) \quad$ für $h_1 \leqq z \leqq e_2$;

im Steg: $\quad \tau = \frac{Q}{2I}\left[\frac{b}{a}(e_2^2 - h_1^2) + (h_1^2 - z^2)\right] \quad$ für $0 \leqq z \leqq h_1$,

im Steg: $\quad \tau = \frac{Q}{2I}\left[\frac{B}{a}(e_1^2 - h^2) + (h^2 - z^2)\right] \quad$ für $0 \leqq z \leqq h$,

im Flansch der Breite B: $\quad \tau = \frac{Q}{2I}(e_1^2 - z^2) \quad$ für $h \leqq z \leqq e_1$.

Die maximale Spannung ist

$$\max \tau = \frac{Q}{2I}\left[\frac{b}{a}(e_2^2 - h_1^2) + h_1^2\right] = \frac{Q}{2Ia}(b e_2^2 - b_1 h_1^2).$$

Bild 83 zeigt den Verlauf der Spannungen bei symmetrischem Querschnitt und schmalem Steg.

b) Schubmittelpunkt. Nimmt man in einem unsymmetrischen Querschnitt, z. B. einem ⊔-Profil gemäß Bild 84, den gleichen Verlauf der Spannungen wie oben an, so ergeben die entsprechenden Flächenkräfte eine Resultierende, die gleich Q ist. Ihr Angriffspunkt $\overline{S}$ heißt Schubmittelpunkt und ist um das durch die Querschnittsform bedingte Stück a gegenüber dem Schwerpunkt S^* verschoben. Geht nun die Lastebene durch S^* hindurch, Bild 85, so tritt ein zusätzliches Drehmoment $M_t = Qa$ auf, das den Querschnitt auf Verdrehung beansprucht. Dies wird vermieden, wenn die Lastebene durch $\overline{S}$ hindurchgeht oder wenn zwei symmetrisch verbundene U-Eisen gewählt werden.

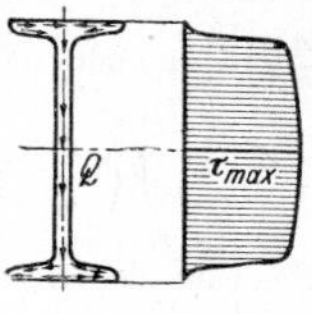

Bild 83

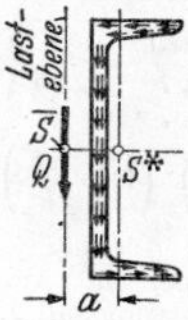

Bild 84

Bild 85

3. Formänderung

Die durch die Querkraft Q hervorgerufene Formänderung, die Verschiebung v, ist dem Biegemoment proportional und ergibt sich zu

$$v = \frac{\varkappa}{GS}\int_0^x Q\,\mathrm{d}x = \frac{\varkappa}{GS}(M - M_0)$$

mit S als konstantem Querschnitt, G als Gleitmodul, M als Biegemoment an der Stelle x, M_0 an der Stelle $x = 0$ und

$$\varkappa = S\int\left(\frac{S_{\mathrm{stat}}}{2yI}\right)^2 \mathrm{d}S$$

als einem nur von der Form und Größe des Querschnitts abhängigen Faktor, der *Schubverteilungszahl*, die größer als eins ist; I = axiales Trägheitsmoment.

Beim Träger auf 2 Stützen ohne Kraglast ist M_0 (im Auflager) gleich Null, somit v proportional dem Biegemoment M.

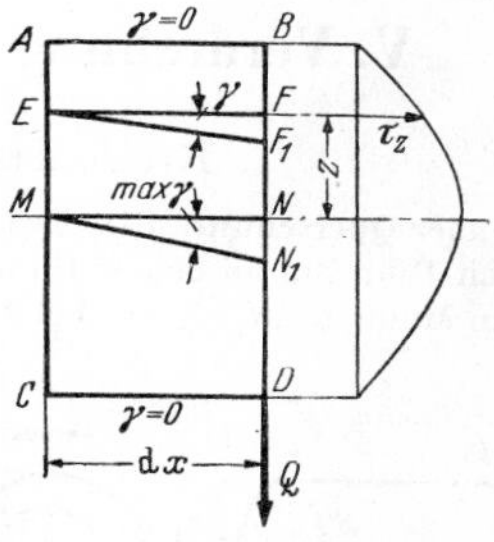

Bild 86

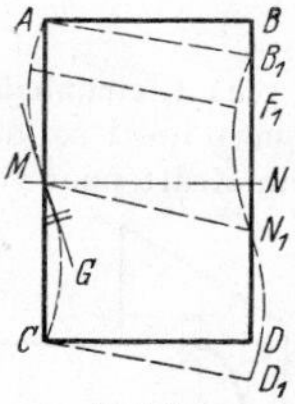

Bild 87

Beweis: Nach dem *Hooke*schen Gesetz für Schubspannungen (S. 355) gehört zu einer Schubspannung τ die Winkeländerung $\gamma = \tau/G$. Der Trägerteil von der Länge $\mathrm{d}x$, Bild 86, habe rechteckigen Querschnitt, und die Querkraft Q rufe in der Ebene BD die Spannungen τ_z hervor. Die in der Faser EF herrschende Spannung τ_z verändert den rechten Winkel CEF um $\gamma = \tau_z/G$ und ruft eine Verschiebung $FF_1 = \mathrm{d}x \cdot \gamma = \mathrm{d}x\,\tau_z G$ hervor. Entsprechend der Änderung von τ_z ist die Verschiebung NN_1 des Punktes N am größten, während die Winkeländerung in den Fasern AB und CD gleich Null ist.

Hieraus ergibt sich, daß die bei der Biegung gemachte Annahme vom Ebenbleiben der Querschnitte bei Berücksichtigung der Schubspannungen nicht aufrechterhalten werden kann, vielmehr werden sich diese nach Bild 87 krümmen. Die rechten Winkel zwischen den Fasern AB_1 bzw. CD_1 und den verformten Querschnitten bleiben bestehen, da $\gamma = 0$ ist, während die Änderung des rechten Winkels in M den Wert

$$\max\gamma = \sphericalangle NMN_1 + \sphericalangle CMG$$

annimmt. Hierbei senkt sich der Querschnitt BD gegen den Querschnitt AC um

$$BB_1 = NN_1 = DD_1 = \mathrm{d}v.$$

Die hierzu notwendige Formänderungsarbeit wird $A^* = Q\,\mathrm{d}v/2$ (S. 355). Die am Flächenelement $\mathrm{d}S$ wirksame Schubspannung τ_z liefert die Formänderungsarbeit $\mathrm{d}A^* = F\,\Delta l/2 = \tau_z\,\mathrm{d}S \cdot \overline{FF_1}/2 = \tau_z\,\mathrm{d}S\,\gamma\,\mathrm{d}x/2 = \tau_z^2\,\mathrm{d}S\,\mathrm{d}x/2G$. Also ist $A^* = \int \mathrm{d}A^* = \left(\int \tau_z^2\,\mathrm{d}S\right)\mathrm{d}x/2G$. Mit $\tau_z = Q\,S_{\mathrm{stat}}/2yI$, S. 403, folgt

$$\frac{1}{2}Q\,\mathrm{d}v = \frac{\mathrm{d}x}{2G}\int\left(\frac{Q\,S_{\mathrm{stat}}}{2yI}\right)^2 \mathrm{d}S = \frac{\varkappa Q^2}{2GS}\,\mathrm{d}x,$$

wenn $S\int\left(\frac{S_{\mathrm{stat}}}{2yI}\right)^2 \mathrm{d}S = \varkappa$ gesetzt wird; hierbei ist das Integral über den ganzen Querschnitt zu erstrecken.

Mit $Q\,\mathrm{d}x = \mathrm{d}M$ (M = Biegemoment) wird dann $\mathrm{d}v = \varkappa\,Q\,\mathrm{d}x/GS$ oder

$$v = \varkappa\int_0^x \frac{Q\,\mathrm{d}x}{GS} = \frac{\varkappa}{G}\int_0^x \frac{Q\,\mathrm{d}x}{S} = \frac{\varkappa}{GS}\int_0^x Q\,\mathrm{d}x = \frac{\varkappa}{GS}(M - M_0),$$

wenn $S = \mathrm{const}$, M das Biegemoment an der Stelle x, M_0 an der Stelle $x = 0$ ist.

Für den *rechteckigen* Querschnitt, vgl. Beisp. 1 (S. 404), ist $\varkappa = 1{,}2$; für den *Kreis*querschnitt ist $\varkappa = 10/9 \approx 1{,}1$.

Beispiele: 1. Beim Rechteck mit den Seiten h und b wird nach S. 404, Beisp. 1

$$\frac{S_{\text{stat}}}{2yI} = \frac{3}{2bh}\left(1 - \frac{4z^2}{h^2}\right), \quad \text{also mit} \quad \mathrm{d}S = b\,\mathrm{d}z \quad \text{und} \quad S = bh,$$

$$\varkappa = bh\int_{-h/2}^{+h/2}\left(\frac{3}{2bh}\right)^2\left(1 - \frac{4z^2}{h^2}\right)^2 b\,\mathrm{d}z = 2\cdot\frac{9}{4h}\int_0^{h/2}\left(1 - \frac{8z^2}{h^2} + \frac{16z^4}{h^4}\right)\mathrm{d}z = \frac{9}{2h}\left[z - \frac{8z^3}{3h^2} + \frac{16z^5}{5h^4}\right]_0^{h/2} = 1{,}2.$$

2. Ein Träger auf zwei Stützen habe die Länge l und sei durch eine Kraft F in der Mitte belastet, vgl. Belastungsfall 2, S. 386; der Querschnitt sei ein Rechteck mit den Seiten b und h, so daß $\varkappa = 1{,}2$.

Ist $x \leqq l/2$ die Entfernung von einem Auflager, so wird mit $M = Fx/2$ und $M_0 = 0$ die Verschiebung

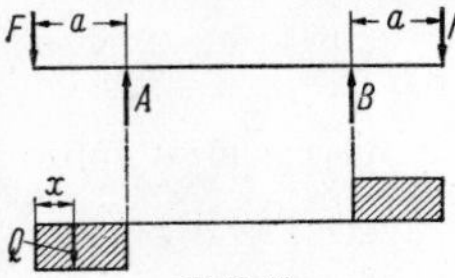

Bild 88

$$v = \frac{\varkappa}{SG}M = \frac{1{,}2}{bhG}\frac{F}{2}x = \frac{0{,}6Fx}{bhG}.$$

Für $x = \dfrac{l}{2}$ wird $\max v = \dfrac{0{,}3Fl}{bhG}$ (vgl. S. 424/25).

3. Bei einem Träger mit Kraglast, Bild 88, ist $\int_0^x Q\,\mathrm{d}x = \int_0^x F\,\mathrm{d}x = Fx$, also $v = \varkappa Fx/GS$; d. h. unter der Last F wird $v = \varkappa Fa/GS$. — Ähnliches ergibt sich beim eingespannten Träger.

V. Verdrehung (Torsion)

1. Kreisquerschnitt

a) Gleichbleibender Querschnitt. Ein gerader Stab von gleichbleibendem Kreisquerschnitt sei nach Bild 89a an einem Ende eingespannt, an dem anderen durch ein Kräftepaar vom Moment $M_t = Fa$ belastet, dessen Ebene senkrecht zur Stabachse liegt.

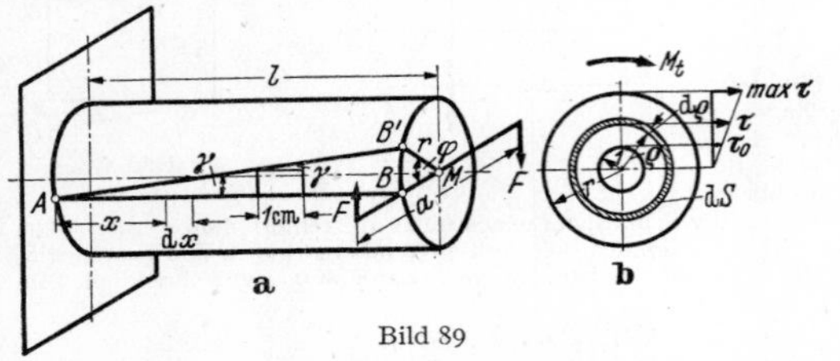

Bild 89

Versuche haben ergeben, daß die Querschnitte eben bleiben und daß die ursprüngliche Gerade BM des Querschnitts nach dem Verdrehen in die Gerade $B'M$ übergeht. Da in allen Querschnitten dasselbe Drehmoment M_t wirkt, muß die der Stabachse parallele Gerade AB nach dem Verdrehen in die Schraubenlinie AB' übergehen.

α) *Spannungen.* Ist τ_0 nach Bild 89b die Schubspannung in der Entfernung 1, so muß, falls Proportionalität zwischen Dehnungen und Spannungen herrscht

$$\tau = \tau_0\,\varrho$$

sein. Diese Spannung wirkt an dem durch Schraffur hervorgehobenen Flächenteilchen $\mathrm{d}S = 2\pi\varrho\,\mathrm{d}\varrho$, und die Kraft $\tau\,\mathrm{d}S$ hat in Beziehung auf den Mittelpunkt das Moment $\tau\,\mathrm{d}S\cdot\varrho$. Nach der Momentengleichung $\sum M = 0$ ist daher

$$M_t = \int\tau\varrho\,\mathrm{d}S = \tau_0\int\varrho^2\,\mathrm{d}S = \tau_0 I_p,$$

worin

$$I_p = \int\varrho^2\,\mathrm{d}S$$

nach S. 364 das *polare Trägheitsmoment* des Querschnitts ist. Mit $\max\tau : \tau_0 = r : 1$ wird

$$M_t = \tau_0 I_p = \max\tau\cdot I_p/r = \max\tau\cdot W_p,$$

worin $W_p = I_p/r$ als *polares Widerstandsmoment* bezeichnet wird. Es gilt dann ähnlich wie bei der Biegung (S. 363)

$$\max \tau = M_t/W_p \quad \text{und} \quad M_t/W_p \leqq \tau_{\text{zul}}.$$

Für den Kreis ist $I_p = \pi d^4/32$, $W_p = I_p : d/2 = \pi d^3/16 = 2W$ (S. 373) und daher

$$\max \tau = \frac{M_t \cdot 16}{\pi d^3} \quad \text{oder} \quad \frac{16\, M_t}{\pi d^3} \leqq \tau_{\text{zul}}.$$

Für den Kreisringquerschnitt führen ähnliche Überlegungen zum Ziel (vgl. Tabelle S. 410).

Da Schubspannungen immer paarweise vorkommen (S. 352), treten außer den tangential gerichteten Schubspannungen auch solche parallel der Stabachse auf, d. h. in den Längsschnitten, vgl. die Spannungslinien in Bild 90a.

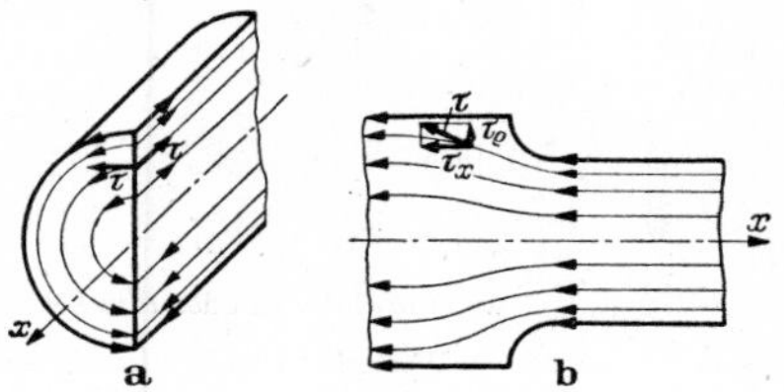

Bild 90

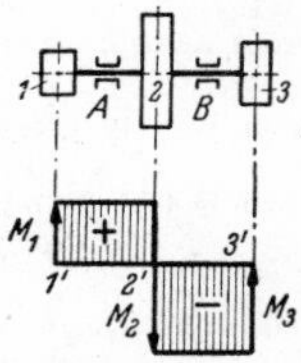

Bild 91

Für die Abmessungen eines Stabes ist das *größte* Drehmoment maßgebend. Man gewinnt einen Überblick über die Beanspruchung, wenn man die Drehmomente in ähnlicher Weise wie die Biegemomente über der Stabachse als *Drehmomentenfläche* aufträgt, Bild 91. — Man beachte (S. 259): Ist n die Umdrehungszahl je Minute und P die Leistung, so folgt für das Drehmoment M_t

im technischen Maßsystem $M_t \approx 71620\, P/n$ in kpcm, wenn Leistung P in PS, oder $M_t \approx 97400\, P/n$ in kpcm, wenn Leistung P in kW.	im MKS-System $M_t \approx 955000\, P/n$ in Ncm, wenn Leistung P in kW.

β) *Formänderung* (Drehwinkel). Als Schiebung γ wurde S. 355 die Strecke bezeichnet, um die sich zwei Querschnitte im Abstand 1 verschieben. Mit den Bezeichnungen des Bildes 89 ist daher $\widehat{BB'} = \gamma l = r\varphi$ und der Drehwinkel $\varphi = \gamma l/r$.

Mit $\gamma = \beta \cdot \max \tau = M_t r/G I_p$ und $\beta = 1/G$ wird

$$\widehat{\varphi} = \frac{M_t l}{G I_p} \quad \text{im Bogenmaß} \quad \text{oder} \quad \varphi^\circ = \frac{180^\circ}{\pi} \frac{M_t l}{G I_p} \quad \text{im Gradmaß.}$$

Der auf die Länge 1 cm bezogene *spez. Drehwinkel* $\vartheta = M_t/G I_p = \max \tau/G r$ ist ein Maß für die Größe der Formänderung. Es wird vielfach gefordert, daß er einen vorgeschriebenen Wert nicht überschreitet.

Für zwei Querschnitte im Abstand dx, Bild 89, wird der Drehwinkel

$$\mathrm{d}\varphi = M_t\, \mathrm{d}x/G I_p$$

und daher der gesamte Drehwinkel zwischen dem Einspannquerschnitt und dem Querschnitt in der Entfernung x

$$\varphi = \int_0^x \frac{M_t\, \mathrm{d}x}{G I_p} = \frac{1}{G I_p} \int_0^x M_t\, \mathrm{d}x.$$

Der Drehwinkel ist daher dem Inhalt der Momentenfläche proportional.

Die *Formänderungsarbeit* beträgt $\dfrac{1}{2} M_t \varphi = \dfrac{1}{2} \dfrac{M_t^2 l}{G I_p}$. Der Wert $G I_p$ heißt auch *Drehsteifigkeit*.

Beispiele: 1. Wird für Triebwerkswellen mit gleichbleibendem Querschnitt zur Einhaltung eines zulässigen Gesamtdrehwinkels gefordert, daß der Drehwinkel für den laufenden Meter kleiner als $^1/_4{}^\circ$ sein soll, so ist $\varphi^\circ = {}^1/_4$, $l = 100$ cm und daher

$$\frac{1}{4} = \frac{180}{\pi}\,\frac{M_t \cdot 100}{G I_p} = \frac{180}{\pi}\,\frac{M_t \cdot 100 \cdot 32}{G \cdot \pi d^4} \quad \text{oder} \quad d^4 = \frac{4 \cdot 180 \cdot 100 \cdot 32}{\pi^2}\,\frac{M_t}{G},$$

folglich bei SM-Stahl

im techn. Maßsystem

mit $G = 8 \cdot 10^5$ kp/cm²

$d\,\text{cm} \approx 0{,}735\,\sqrt[4]{M_t}$ oder

$d\,\text{cm} \approx 12\,\sqrt[4]{P/n}$,

wenn M_t in kpcm oder Leistung P in PS.

≋ im MKS-System

mit $G = 9{,}8 \cdot 8 \cdot 10^5 \approx 7{,}84 \cdot 10^6$ N/cm²

$d\,\text{cm} \approx 0{,}415\,\sqrt[4]{M_t}$ oder

$d\,\text{cm} \approx 12{,}9\,\sqrt[4]{P/n}$,

wenn M_t in Ncm oder Leistung P in kW. ≋

Die Rücksicht auf Festigkeit erfordert mit $\tau_{\text{zul}} = 120$ kp/cm² ≋ bzw. $9{,}8 \cdot 120 \approx 1280$ N/cm² ≋ für Triebwerkswellen aus gewöhnlichem Walzstahl (niedrig gewählt, weil Biegespannungen nicht berücksichtigt werden, vgl. S. 424), daß $16 M_t/\pi d^3 \leqq \tau_{\text{zul}}$ sein muß. Dies führt bei Gleichheit auf

$d\,\text{cm} \approx 0{,}349\,\sqrt[3]{M_t}$ oder

$d\,\text{cm} \approx 14{,}5\,\sqrt[3]{P/n}$,

wenn M_t in kpcm oder P in PS.

≋ $d\,\text{cm} \approx 0{,}163\,\sqrt[3]{M_t}$ oder

$d\,\text{cm} = 15{,}5\,\sqrt[3]{P/n}$,

wenn M_t in Ncm oder P in kW. ≋

Die genaue Festigkeitsrechnung entscheidet, ob höhere Werte für τ zugelassen werden können (S. 424). Die Formeln sind nur als Anhaltspunkte zu bewerten. So wäre für $P/n < 0{,}108$ ≋ $0{,}116$ ≋ die Formänderung, für $P/n > 0{,}108$ ≋ $0{,}116$ ≋ die Festigkeit maßgebend.

Dem Wert für $P/n = 0{,}108$ entspricht ein Wellendmr. $d = 6{,}88$ cm.

2. Der M_t-Fläche, Bild 91, sei als größtes Drehmoment, das der Querschnittsberechnung zugrunde zu legen ist, entnommen: $\max M_t = M_3 = 24\,600$ kpcm.

Für $\tau_{\text{zul}} = 120$ kp/cm² wird das erforderliche Widerstandsmoment $W_p = 24\,600/120 = 205$ cm³. Gewählt wird $d = 105$ mm mit $W_p = 2 \cdot 113{,}65 = 227{,}3$ cm³ (S. 373), so daß $\max \tau = 24\,600/227{,}3 = 108$ kp/cm² ist. Als Verdrehwinkel folgt für $l = 100$ cm mit $G = 800\,000$ kp/cm²

$$\varphi^\circ = \frac{180 \cdot 24\,600 \cdot 100}{\pi \cdot 800\,000 \cdot 2 \cdot 596{,}7} \approx 0{,}15^\circ/\text{m} < 0{,}25^\circ/\text{m}.$$

b) Bei **veränderlichem Kreisquerschnitt** gilt, sofern er sich nur *unwesentlich* verändert, für den Verdrehwinkel wie oben $\varphi = \frac{1}{G}\int M_t/I_p \cdot dx$; dieser Wert kann durch graphische oder instrumentelle Integration (vgl. S. 199) gewonnen werden.

Zur Ermittlung der Spannungen bei *stärker veränderlichen* Querschnitten, bei denen die Spannungslinien in den Längsschnitten wesentlich anders verlaufen, Bild 90b, läßt sich das zeichnerische Verfahren von *Willers*[1] benutzen. Hieraus, aus den Arbeiten von *Sonntag*[2], von *Neuber* (Lit. 5) und aus Versuchen kann der im Maschinenbau besonders wichtige Übergang zwischen Wellenstücken verschiedenen Durchmessers oder die Wirkung einer umlaufenden Kerbe erfaßt werden. Ist (vgl. S. 407) $M_t/W_p = \tau_n$ gleich der *Nennspannung*, so ist die *tatsächliche maximale Spannung* $\max \tau = \alpha_k \tau_n$ mit $\alpha_k > 1$ als Formzahl (Berechnung vgl. Werkstoffkunde S. 520ff.).

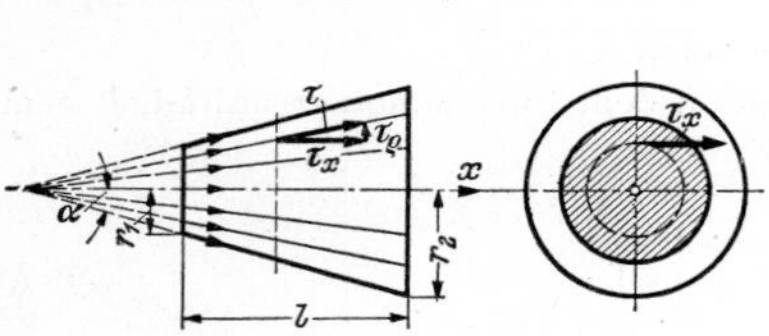

Bild 92

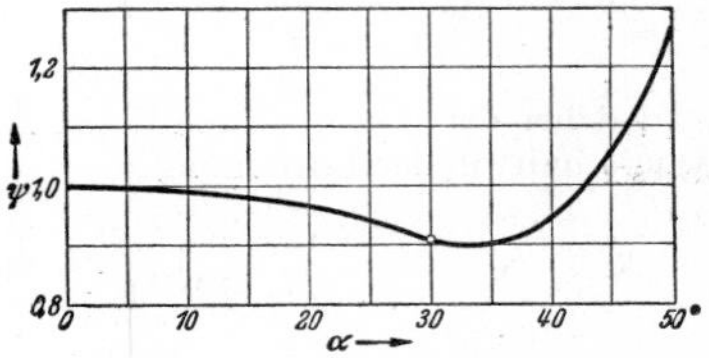

Bild 93

[1] *Willers, Fr. A.:* Z. angew. Math. Phys. 55 (1907) 225.

[2] *Sonntag, R.:* Zur Torsion von runden Wellen mit veränderlichem Durchmesser. Z. angew. Math. Mech. 9 (1929) 1/22.

Bei einem *Kegelstumpf* mit den Radien r_1, r_2 und der Länge l schneiden sich die Spannungslinien der Meridianschnitte in der Spitze des Kegels, Bild 92. Ist der halbe Öffnungswinkel $\alpha \leq 30°$, so treten auf den Umrißlinien die größten Spannungen auf, für $\alpha \geq 30°$ auf der Spannungslinie vom Steigungswinkel 30°. In einem bestimmten Querschnitt ist $\max \tau = \psi M_t/W_p$, M_t = Drehmoment, W_p = polares Widerstandsmoment und ψ ein nur vom halben Öffnungswinkel α abhängiger Faktor, Bild 93. Die größte Spannung überhaupt tritt im Querschnitt mit kleinstem Radius r auf (r_1 in Bild 92).

Beim Übergang des Stumpfes in eine Welle konstanten Durchmessers muß aber für sanfte Übergänge Sorge getragen werden, da sonst eine Spannungserhöhung eintritt.

2. Beliebiger, nicht kreisförmiger Querschnitt

a) Die Querschnitte bleiben, wie auch Versuche gezeigt haben, nicht eben. Nach der Theorie von *St. Venant* wird die **Verwölbung der Querschnitte** berücksichtigt, aber eine Verdrehung der einzelnen Schnitte als Ganzes vorausgesetzt. Es lassen sich dann die Formeln für den spez. Verdrehungswinkel ϑ und für die maximale Schubspannung $\max \tau$ ähnlich wie beim Kreisquerschnitt mit M_t als Drehmoment zusammenfassen in der Form

$$\vartheta = M_t/GI^* \quad \text{und} \quad \max \tau = M_t/W^*.$$

Hierin ist I^* der *Drillungswiderstand,* welcher dem polaren Trägheitsmoment beim Kreisquerschnitt entspricht, GI^* die Verdrehungssteifigkeit und W^* eine Rechengröße, die dem polaren Widerstandsmoment beim Kreisquerschnitt entspricht (vgl. Tabelle unter c). Wenn eine Verwölbung nicht möglich ist, so treten zusätzliche Schub- und außerdem Normalspannungen auf[1].

b) Die **mathematische Behandlung** der Torsion führt auf Differentialgleichungen, insbesondere auf die Potentialgleichung (vgl. Math. S. 114) für die Verwölbung, welche zwei *Analogien* mit mechanischen Problemen erkennen lassen:

1. *Seifenhaut-* (oder Membran-) *gleichnis* von *Prandtl:* Man denke sich aus einem ebenen Blech ein Loch von der Form des Querschnitts ausgeschnitten und mit einer dünnen elastischen Haut, z. B. einer Seifenhaut überspannt. Ein geringer Überdruck ergibt einen flachen Hügel(„Spannungshügel"), dessen Höhenschichtlinien mit den Schubspannungslinien des gleichen Querschnitts übereinstimmen, vgl. Bild 94. Das Gefälle oder die Dichte der Höhenlinien ist der Größe der an der betreffenden Stelle herrschenden Schubspannung, das Volumen des Hügels ist dem Drillungswiderstand I^* proportional.

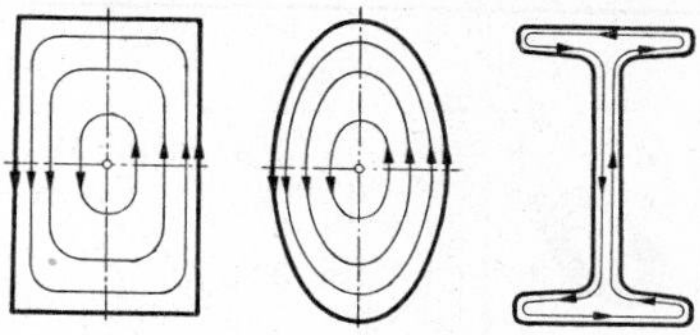

Bild 94

2. *Strömungsgleichnis:* Zirkuliert in einem zylindrischen bzw. prismatischen Gefäß mit gleichem Querschnitt wie der Stab eine reibungslose, inkompressible Flüssigkeit mit konstantem Wirbel, so stimmen die Strömungslinien mit den Schubspannungslinien des verdrehten Querschnitts überein, und die Strömungsgeschwindigkeit an irgendeiner Stelle ist der hier herrschenden Schubspannung proportional, Bild 94.

c) Tabelle: Verdrehung beliebiger Querschnitte[2]

Es bedeuten:

M_t = das übertragene Drehmoment in kpcm;
W^* = eine dem polaren Widerstandsmoment beim Kreis entsprechende Größe in cm^3;
$\max \tau = M_t/W^*$ die größte im Querschnitt auftretende Schubspannung in kp/cm^2;
$M_t/W^* \leq \tau_{zul}$;
I^* = der Drillungswiderstand in cm^4;
$\vartheta = M_t/GI^*$ der spez. Drehwinkel im Bogenmaß/cm; es ist auch

$$\vartheta = \frac{\tau_{zul}}{G} \cdot \frac{W^*}{I^*}; \qquad G = \text{Gleitmodul in } kp/cm^2.$$

[1] *Weber, C.:* Die Lehre von der Drehungsfestigkeit. Forsch.-Arb. Ing.-Wes. H. 249. Berlin: VDI-Verlag 1921. — Ders.: Übertragung des Drehmomentes in Balken mit doppelflanschigem Querschnitt. Z. angew. Math. Mech. 6 (1926) 85.

[2] Wesentlich nach *C. Weber* sowie nach *L. Föppl* (Lit. 2).

Nr.	Querschnitt	W^*	I^*	Bemerkungen
1		$\frac{\pi}{16} d^3 \approx \frac{d^3}{5}$	$\frac{\pi}{32} d^4 \approx \frac{d^4}{10}$	Größte Spannungen in den Punkten des Umfanges. $W^* = W_p$; $I^* = I_p$.
2a		$\frac{\pi}{16} \frac{d_a^4 - d_i^4}{d_a}$	$\frac{\pi}{32} (d_a^4 - d_i^4)$	Wie unter 1
2b		Für kleine Wanddicken s (vgl. auch Nr. 5) $\frac{\pi}{2} s d^2$	$\frac{\pi}{4} s d^3$	Spannungen wie unter 1. Formeln gültig, wenn s/d gegen 1 vernachlässigt werden kann; d = mittlerer Durchmesser
3	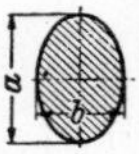	$\frac{\pi}{16} a b^2$ $a/b = n \geqq 1$	$\frac{\pi}{16} \frac{a^3 b^3}{a^2 + b^2} = \frac{\pi n^3 b^4}{16(n^2+1)}$	Größte Spannungen $\max \tau = \tau_1$ in den Endpunkten der *kleinen* Achse. In den Endpunkten der großen Achse ist $\tau_2 = \max \tau / n$
4	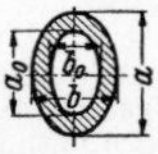	$\frac{\pi n}{16} \frac{b^4 - b_0^4}{b}$ $a/b = a_0/b_0 = n \geqq 1$	$\frac{\pi}{16} \frac{n^3 (b^4 - b_0^4)}{n^2 + 1}$	Wie unter 3. Für kleine Wanddicken vgl. 5.
5		$(S_a + S_i) s$ Für kleine Wanddicken auch $\approx 2 S_m s$ (*Bredt*sche Formeln)[1]	$2(S_a + S_i) s \cdot S_m / u_m$ $\approx 4 S_m^2 \cdot s / u_m$	S_a = Inhalt der von der äußeren Umrißlinie begrenzten Fläche; S_i = Inhalt der von der inneren Umrißlinie begrenzten Fläche; S_m = Inhalt der von der Mittellinie umgrenzten Fläche; u_m = Länge der Mittellinie (mittlere Umrißlinie)
6	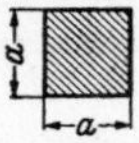	$0{,}208 a^3$	$0{,}141 a^4 = \frac{a^4}{7{,}11}$	Größte Spannungen in der Mitte der Seiten. In den Ecken ist $\tau = 0$
7	 $a/b = n \geqq 1$	$\frac{c_1}{c_2} a b^2 = \frac{c_1}{c_2} n b^3$ † $c_1 = \frac{1}{3}\left(1 - \frac{0{,}630}{n} + \frac{0{,}052}{n^5}\right)$ $\approx \frac{1}{3}\left(1 - \frac{0{,}630}{n}\right)$, wenn $n > 4$; $c_2 = 1 - \frac{0{,}65}{1 + n^3} \approx 1$, wenn $n > 4$	$c_1 a b^3 = c_1 n b^4$ c_1 und c_2 vgl. folgende Tabelle auf Seite 411	Größte Spannungen $\max \tau = \tau_1$ in der Mitte der *größten* Seiten. In der Mitte der *kleineren* Seiten ist $\tau_2 = c_3 \cdot \max \tau$; c_3 vgl. folgende Tabelle. In den Ecken ist $\tau = 0$.

[1] Nach diesen ist $u_m/s = \oint du/s$ zu setzen, worin du das Bogenelement der mittleren Umrißlinie und s die gegebenenfalls veränderliche Wanddicke ist. Bei kastenförmigen Hohlquerschnitten ist u_m/s demnach $= \sum (l_i/s_i)$.

† Im Bereich $1 \leqq n \leqq 5$ gilt auch $W^* = 0{,}208 n^{1{,}215} b^3 = 0{,}208 a^{1{,}215} b^{1{,}785} = 0{,}208 a^3/n^{1{,}785}$; vgl. *Meyer zur Capellen, W.*: Über die Torsion rechteckiger Stäbe. Konstruktion 3 (1951) 127/30 u. 256.

$n = a/b$	1	1,5	2	3	4	6	8	10	∞
c_1	0,141	0,196	0,229	0,263	0,281	0,298	0,307	0,312	0,333
c_2	0,675	0,852	0,928	0,977	0,990	0,997	0,999	1,000	1,000
c_3	1,00	0,858	0,796	0,753	0,745	0,743	0,743	0,743	0,743

Nr.	Querschnitt	W^*	I^*	Bemerkungen
8	Gleichseitiges Dreieck 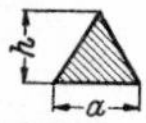	$a^3/20 \approx h^3/13$	$a^4/46{,}19 \approx h^4/26$	Größte Spannungen in der Mitte der Seiten. In den Ecken ist $\tau = 0$.
9	Regelmäßiges Sechseck 	$0{,}436\,\varrho S = 1{,}511\,\varrho^3$ S = Querschnitt	$0{,}533\,\varrho^2 S = 1{,}847\,\varrho^4$	Größte Spannungen in der Mitte der Seiten.
10	Regelmäßiges Achteck 	$0{,}447\,\varrho S = 1{,}481\,\varrho^3$	$0{,}520\,\varrho^2 S = 1{,}726\,\varrho^4$	Größte Spannungen in der Mitte der Seiten.
11	Dünnwandige Profile 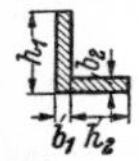 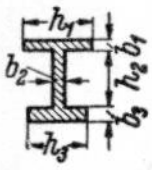	$\frac{\eta}{3\,b_{max}} \sum b_i^3 h_i$	$\frac{\eta}{3} \sum b_i^3 h_i$**	Dünnwandige Profile von der Form der Walzträger. Größte Spannungen in der Mitte der Längsseiten des Rechtecks mit der größten Dicke b_{max}. In den Abrundungen ist τ noch um 16% (nach *Uebel*[1] 60%) größer.
12	Welle mit kreisf. Nut 	$W^* = W_0/\lambda$, also $\max\tau = \lambda M/W_0$; $W_0 = \pi r^3/2 = \pi d^3/16$ $\lambda = \frac{2-\xi}{1-2\xi^2+{}^{16}/_3\,\xi^3}$; $\xi = a/r \ll 1$ Für sehr kleine ξ ist $\lambda \approx 2 - \xi \approx 2$.	$\pi d^4/32$	Schrifttum vgl. Anm. 2, S. 408, u. Anm. 1, S. 409

Werte η und $\varkappa$** (zu Nr. 11)

	L	[	⊥	I	I P	+	⅂
η	0,99	1,12	1,12	1,31	1,29	1,17	
$\varkappa$	1,6***	2,6****	0,9	1,2	1,2	0,15	2,6****

Beispiele: 1. Ein Stab von rechteckigem Querschnitt aus Flußstahl mit den Maßen $l = 1$ m, $a = 200$ mm, $b = 100$ mm ist durch ein Drehmoment von $M_t = 120000$ kpcm belastet. Gesucht die maximale Spannung und der Verdrehungswinkel. — Es ist $n = a/b = 200/100 = 2$; lt. Tabelle Nr. 7, ist also $c_1 = 0{,}229$ und $c_2 = 0{,}928$; d. h. $W^* = \frac{0{,}229}{0{,}928} \cdot 20 \cdot 10^2 = 493{,}5\ \text{cm}^3$ und $\max\tau = M/W^* = 120000/493{,}5 = 243\ \text{kp/cm}^2$. In der Mitte der kleinen Seiten ist $\tau_2 = c_3 \max\tau = 0{,}796 \cdot 243 = 193\ \text{kp/cm}^2$. Ferner wird $I^* = c_1 a b^3 = 0{,}229 \cdot 20 \cdot 10^3 = 4580\ \text{cm}^4$, $\varphi = l\vartheta = l M_t/I^* G = 100 \cdot 120000/(4580 \cdot 810000) = 0{,}00323$, $\varphi° = \varphi \cdot 180°/\pi = 0{,}185°$.

[1] *Uebel, Fr.:* Zur Berechnung von drillbeanspruchten Stäben mit rechteckigem Querschnitt und aus Rechtecken zusammengesetzten Profilen (Walzträger). Forsch. Ing.-Wes. 10 (1939) 123/41.

** Korrekturfaktor η nach *L. Föppl* (Lit. 2, Bd. II). *C. Weber* (vgl. Anm. S. 409) setzt bei konstanter Dicke b auch $I^* = b^3/3 \cdot (\sum h - \varkappa b)$; Werte für $\varkappa$ vgl. Nr. 11.

*** *D. Schmieden* [Z. angew. Math. Mech. 10 (1930)] setzt $\varkappa = 0{,}553$.

**** Nach *Schmieden* $\varkappa = 0{,}237$.

2. Welches Drehmoment kann ein I-Träger NP 20 bei $\tau_{zul} = 220\ \text{kp/cm}^2$ übertragen? Nach den Profiltabellen und nach Fall 11 der vorstehenden Tabelle wird $\eta = 1{,}31$; $h_1 = h_3 = 9$ cm; $b_1 = 1{,}13$ cm; $h_2 = 20 - 2b_1 = 17{,}74$ cm; $b_2 = 0{,}75$ cm, also $I^* = \eta \cdot {}^1/_3 \sum b_i^3 h_i = 1{,}31 \times$ $\times {}^1/_3(2 \cdot 1{,}13^3 \cdot 9 + 0{,}75^3 \cdot 17{,}74) = 14{,}62\ \text{cm}^4$ und $W^* = \eta \cdot {}^1/_3 \sum b_i^3 h_i/b_1 = 12{,}94\ \text{cm}^3$. Demnach folgt $M_{t\ zul} = \tau_{zul} \cdot W^* = 220 \cdot 12{,}94 = 2728$ kpcm und für den spez. Verdrehwinkel $\vartheta =$ $= \tau_{zul}\, W^*/I^*G = \tau_{zul}/Gb_{max} = 220/(810000 \cdot 1{,}13)$. d. h. $\vartheta° = \vartheta \cdot 100 \cdot 180°/\pi = 1{,}38°/\text{m}$.

3. Welche maximale Spannung tritt in einem dünnwandigen Hohlquerschnitt mit konstanter Wanddicke gemäß Bild 95 bei einem Drehmoment von $M_t = 20000$ kpcm auf? Nach Fall 5 der Tabelle ist $S_a = 18 \cdot 10 = 180\ \text{cm}^2$; $S_i = 16 \cdot 8 = 128\ \text{cm}^2$; $S_m = {}^1/_2(180 +$ $+ 128) = 154\ \text{cm}^2$. Also wird $W^* = 2S_m s = 2 \cdot 154 \cdot 1 = 308\ \text{cm}^3$ und $\max \tau =$ $= 20000/308 \approx 65\ \text{kp/cm}^2$. Ferner folgt für den mittleren Umfang $u_m =$ $= 2 \cdot 17 + 2 \cdot 9 = 52$ cm und $I^* = 4 \cdot 154^2 \cdot 1/52 = 1824\ \text{cm}^4$, d. h. $\vartheta =$ $= M_t/GI^* = 20000/(810000 \cdot 1824)$ oder $\vartheta = 0{,}078°/\text{m}$.

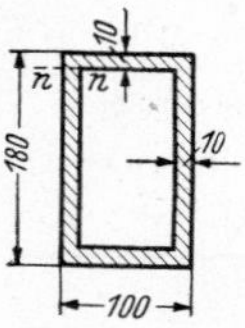

Bild 95

4. Wird der Querschnitt an der Stelle n-n, Bild 95, aufgeschnitten, so folgt mit $\eta \approx 1$ nach Fall 11 der Tabelle: $I^* = {}^1/_3 \sum b_i^3 h_i = {}^1/_3(2 \cdot 1^3 \cdot 17 +$ $+ 2 \cdot 1^3 \cdot 9) = 17{,}33\ \text{cm}^4$, d. h. I^* ist rund 105mal kleiner als beim geschlossenen Querschnitt (Beisp. 3). Ebenso wird, da $b_{max} = 1$ ist, $W^* = 17{,}33/b_{max} =$ $= 17{,}33\ \text{cm}^3$, d. h. W^* ist $308/17{,}33 \approx 18$mal so klein, also wird die Spannung 18mal so groß wie beim geschlossenen Querschnitt.

VI. Stabilitätsfragen

In der Festigkeitslehre steht zunächst die Frage nach Spannung und Formänderung bei Gleichgewicht zwischen äußeren und inneren Kräften im Vordergrund, nicht aber die Frage danach, ob das Gleichgewicht auch stabil ist. Es gibt jedoch zahlreiche Probleme, für die bei bestimmter äußerer Belastung die betrachtete Gleichgewichtslage nicht mehr stabil, sondern indifferent bzw. labil ist, wie sich bei den wichtigsten Erscheinungen, Knicken, Kippen und Beulen zeigt.

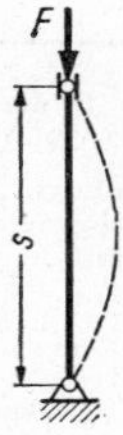

Bild 96

Wird z. B. der Stab in Bild 96 durch eine Kraft F belastet, so ist die gerade Achse die stabile Gleichgewichtsform. Bei einer bestimmten kritischen Last F_k verläßt der Stab diese Lage, er weicht aus, er knickt. (Dieses Ausweichen ist möglich durch kleine Störungen in der Symmetrie, durch Ungleichmäßigkeiten in der Form und im Gefüge, durch kleine Krümmungen der Achse, durch geringfügig exzentrischen Kraftangriff usw.) Die beim Ausweichen auftretenden Spannungen können oft unterhalb der Streckgrenze, ja auch der zulässigen Spannung liegen.

Die Bedingung für eine stabile Gleichgewichtslage ist, daß die Formänderungsarbeit A des Systems ein Minimum wird, d. h. daß außer $\delta A = 0$ auch $\delta^2 A > 0$ ist (vgl. Variationsrechnung S. 114). Aus $\delta^2 A = 0$ kann die Größe der Grenzlast bzw. der Verzweigungspunkt ermittelt werden.

Solche Probleme heißen Stabilitäts- oder *Ausweichprobleme*[1].

1. Knickung

a) Knickkraft. Die Grenzlast oder kritische Last, bei welcher der Stab in Bild 96 ausknickt, d. h. bei welcher neben der geraden Form der Stabachse auch die gekrümmte möglich ist, heißt *Knickkraft K*.

Für Belastungen, welche die Knickkraft übersteigen, ist die Formänderungsarbeit des Stabes kleiner als die für die Zusammendrückung des Stabes erforderliche. Die gerade Form stellt daher bei dieser Belastung eine labile, die gekrümmte eine stabile Gleichgewichtslage dar.

Die nachstehenden Formeln beziehen sich stets auf den *Grundfall* (vgl. Tabelle und Bild 96). Alle übrigen Belastungsfälle werden durch Einführen der freien Knicklänge s (im Hochbau mit s_K bezeichnet) auf diesen Grundfall zurückgeführt.

Nach den Vorschriften im Stahlbau gilt für Flußstahl bei Gurtstäben, wozu auch die Endstreben von trapezförmigen Hauptträgern gehören, als freie Knicklänge die Länge ihrer Netzlinien; bei Füllungsstäben für das Ausknicken aus der Trägerebene ebenfalls die Länge der Netzlinien; für das Ausknicken in der Trägerebene der Abstand der nach der Zeichnung geschätzten Schwerpunkte der beiderseitigen Anschlußnietgruppen des Stabes.

---

[1] Schrifttum z. B. *Hartmann, F.:* Knickung, Kippung, Beulung. Leipzig u. Wien: Fr. Deuticke 1937. — *Pflüger, A.:* Stabilitätsprobleme der Elastostatik. 2. Aufl. Berlin: Springer 1964. — *Kollbrunner, C. F.*, u. *M. Meister:* Knicken, Biegedrillknicken, Kippen. 2. Aufl. Berlin: Springer 1961. Dort auch zahlreiche Schrifttumshinweise. — Vgl. DIN 4114 (Bl. 1, Ausg. 1952, Bl. 2, Ausg. 1953), ferner Lit. 1.

	Ein Stabende eingespannt, das andere frei beweglich	*Grundfall* Beide Stabenden gelenkig gelagert (und eines in Achsrichtung verschiebbar)	Ein Stabende eingespannt, das andere gelenkig gelagert und in Achsrichtung verschiebbar	Beide Stabenden eingespannt und eine Einspannung in Achsrichtung verschiebbar
Darstellung des Belastungsfalls	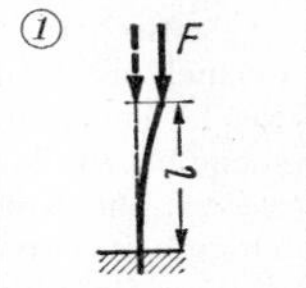	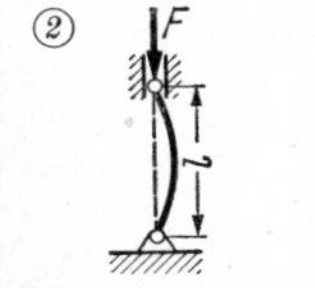	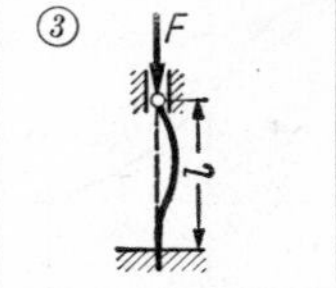	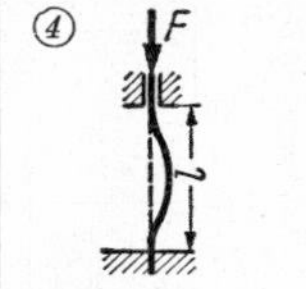
Freie Knicklänge $s =$	$2l$	l	$0{,}7\,l$*	$0{,}5\,l$

Ferner gelten mit S cm² als Querschnitt die folgenden Bezeichnungen:

Knickspannung, d. h. Druckspannung bei Beginn des Ausknickens $\sigma_k = K/S$ kp/cm²;
die zulässige Last (Tragfähigkeit) mit ν als Sicherheit $F = K/\nu$ kp;
die zulässige Druckspannung zu Beginn des Ausknickens $\sigma_{k\,\mathrm{zul}} = \sigma_k/\nu$ kp/cm² ($\sigma_{d\,\mathrm{zul}}$ im Hochbau);

Schlankheitsgrad $\lambda = s/i$,

worin s die freie Knicklänge, $i = \sqrt{I/S}$ den Trägheitshalbmesser und I das *kleinste* axiale Trägheitsmoment des Querschnitts bedeuten, s und i in gleichen Maßeinheiten, z. B. cm.

Vorausgesetzt ist zunächst weiter, daß die Kraft zentrisch angreift. Denn ein exzentrischer Kraftangriff setzt die Knickspannung herab (vgl. S. 421)[1].

b) Elastische Knickung (*Eulerfall*). Ist das *Hooke*sche Gesetz erfüllt, d. h. ist $\sigma_k < \sigma_{dP}$ bzw. $\sigma_k < \sigma_E$, wenn $\sigma_E < \sigma_P$ ist, so gilt, wie schon von *Euler* (1774) hergeleitet, die Beziehung

$$K = \pi^2 E I/s^2 \quad (\textit{Euler}\text{sche Knickformel});$$

Herleitung vgl. Math. S. 110[2].

Für die Spannung folgt dann

$$\sigma_k = \frac{K}{S} = \frac{\pi^2 E I/S}{s^2} = \frac{\pi^2 E}{\lambda^2} \quad (\textit{Euler}\text{-Hyperbel}).$$

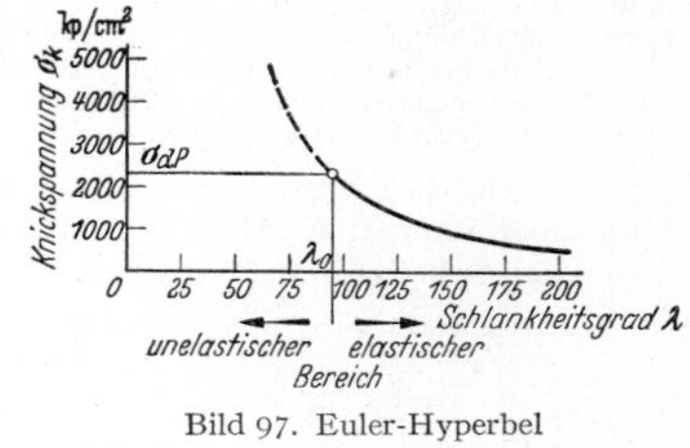

Bild 97. Euler-Hyperbel

σ_k, in Abhängigkeit von λ aufgetragen, Bild 97, ergibt eine Hyperbel 3. Grades (S. 138). Diese gilt jedoch *nur* bis zu demjenigen Wert λ_0, für den $\sigma_k = \sigma_{dP}$ (Proportionalitätsgrenze für Druck) ist, d. h. bis zu $\lambda_0 = \pi\sqrt{E/\sigma_{dP}}$. Für Stahl mit $E = 2{,}15 \cdot 10^6$ kp/cm² und $\sigma_{dP} = 2300$ kp/cm² wird z. B.

$$\lambda_0 = \pi\sqrt{2150000/2300} \approx 96 \qquad \text{(Bild 97)}.$$

c) Unelastische Knickung liegt vor, wenn die Knickspannung oberhalb der Proportionalitätsgrenze liegt ($\sigma_k > \sigma_{dP}$), also $\lambda < \lambda_0$ ist. Dann hängt σ_k vom gekrümmten Verlauf der Spannungsdehnungslinie ab. *Engesser*[3] hat auf Grund dessen eine theoretische Knickformel angeregt (in Bild 98 ausgezogen), die durch Ver-

* abgerundeter Wert für $\pi/4{,}493$.
[1] Vgl. z. B. *Ježek, K.:* Die Festigkeit von Druckstäben aus Stahl. Wien: Springer 1937.
[2] Ferner *Gercke, H. J.:* Über die allgemeine Form der Knickbedingungen des geraden Stabes. Konstruktion 4 (1952) 46/54.
[3] *Engesser, F.:* Z. Arch. Ing.-Wes. (1889) 455 u. Schweiz. Bau-Ztg. 26 (1895) 24.

suche von *v. Karman*[1] gut bestätigt wurde. Die Knickspannung überschreitet hierbei die Fließ-(Quetsch-)Grenze. Doch nimmt man, um bleibende Formänderungen zu vermeiden, diese als obere Grenze an (vgl. Bild 98): Stäbe mit genügend kleinem λ werden als *Druckstäbe* behandelt.

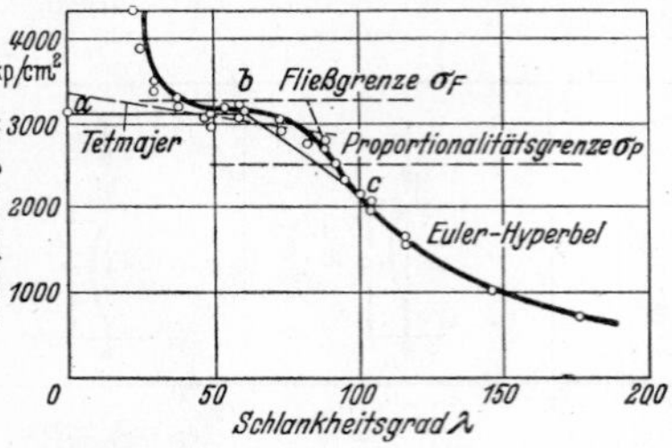

Bild 98. Knickung nach *Engesser-v. Karman* und *v. Tetmajer*

d) Die **praktische Berechnung** eines Elementes **im Maschinenbau** erfolgt oberhalb λ_0 (elastischer Bereich) nach der *Euler*-Formel, unterhalb λ_0 (unelastischer Bereich) nach den durch zahlreiche Versuche begründeten Formeln von *v. Tetmajer*[2]. Die Knickspannung σ_k in Abhängigkeit von λ wird für den unelastischen Fall durch eine Gerade, die *Tetmajer*sche Gerade (Bild 98), nur bei Gußeisen durch eine Parabel dargestellt, vgl. Tabelle:

Werkstoff	E kp/cm²	σ_k in kp/cm² Euler-Formel $\pi^2 E/\lambda^2$	Gilt für $\lambda \geqq$	Für kleinere Werte λ nach *Tetmajer*
Nadelholz	100000	$987000 : \lambda^2$	100	$293 - 1{,}94\,\lambda$
Grauguß	1000000	$9870000 : \lambda^2$	80	$7760 - 120\,\lambda + 0{,}53\,\lambda^2$
Schweißstahl	2000000	$19740000 : \lambda^2$	112	$3030 - 12{,}9\,\lambda$
Flußstahl	2100000 bis 2200000	$20730000 : \lambda^2$ bis $21710000 : \lambda^2$	105 89	$3100 - 11{,}4\,\lambda$ $3350 - 6{,}2\,\lambda$
Nickelstahl bis 5% Ni	2100000	$20730000 : \lambda^2$	86	$4700 - 23{,}0\,\lambda$

Die *Sicherheit* ν darf nach Angaben von *Rötscher*[3] im Maschinenbau — falls nicht konstruktive Rücksichten oder die Herstellung und die Bearbeitung größere Querschnitte verlangen — bei kleinen Maschinen zwischen 8 und 10, bei größeren zwischen 6 und 8 gewählt werden, da nicht immer eindeutig der Einfluß von zusätzlichen Belastungen angegeben werden kann. Nach *ten Bosch*[4] werden Sicherheiten $\nu = 3{,}5$ bis 5 vorgeschlagen. Zum Beispiel weisen Lokomotiven mit Rücksicht auf die Forderung geringer hin- und hergehender Massen Werte bis herab zu 3, selbst 1,75 auf. Das ω-Verfahren hat von seiner Theorie her konstante Sicherheit und wird im Maschinenbau nicht benutzt (vgl. Abschn. e).

Im *Leichtbau* wird von *Wagner* vorgeschlagen, im unelastischen Bereich die Knickspannung σ_k in Abhängigkeit von λ durch eine Parabel zu ersetzen, die für $\lambda = 0$ den Scheitel in der Streckgrenze $\sigma_S = -\sigma_F$ hat: $\sigma_k = \sigma_S - (\sigma_S - \sigma_P)\,\lambda^2/\lambda_0{}^2$.

Für Holz wurde durch *v. Saurma-Jeltsch*[5] im unelastischen Bereich die Formel

$$\sigma_k = \sigma_{dB} - x\,\lambda^{\sqrt{2}} \qquad \text{mit} \qquad x = (\sigma_{dB} - \sigma_{dP})\big/\lambda_0^{\sqrt{2}}$$

auf Grund von Versuchen gefunden und ebenfalls für Stahl bestätigt. Die Formel gilt voraussichtlich auch für Stoffe, deren Elastizitätsmaß E zwischen den Werten für Holz und Stahl liegt.

Beispiele: 1. Es soll der Durchmesser eines kreisförmigen Stabes aus Flußstahl von 1350 mm Länge bestimmt werden, der in Gelenken gelagert ist und einer Druckkraft von $F = 7800$ kp ausgesetzt ist. Sicherheitsgrad $\nu = 3{,}5$; $E = 2{,}1 \cdot 10^6$ kp/cm².

$$F = \frac{K}{\nu} = \frac{\pi^2 E I}{\nu s^2}; \qquad I_{\text{erf}} = \frac{F \nu s^2}{\pi^2 E} = \frac{7800 \cdot 3{,}5 \cdot 135^2}{\pi^2 \cdot 2{,}1 \cdot 10^6} = 23{,}95\ \text{cm}^4;$$

also $d = 4{,}7$ cm nach S. 373; damit $i = d/4 = 1{,}175$; $\lambda = s/i = 135/1{,}175 = 115$, also größer als 105, daher im *Euler*-Bereich. Die Aufrundung auf $d = 5$ cm liefert $i = 5/4 = 1{,}25$ und

[1] Untersuchungen über Knickfestigkeit. VDI-Forsch.-Arb., H. 81. Berlin: 1910.

[2] Gesetze der Knickfestigkeit. Wien: Springer 1903. Diese Versuchsergebnisse gelten jedoch nur für bestimmte Werkstoffe und können auf andere nicht unmittelbar übertragen werden.

[3] *Rötscher, F.:* Maschinenelemente. Berlin: Springer 1929.

[4] *ten Bosch, M.:* Berechnung der Maschinenelemente, 4. Aufl. Berlin: Springer 1959.

[5] *von Saurma-Jeltsch, Graf H. G.:* Kritische Knickspannungen von Hölzern und Holzwerkstoffen im unelastischen Bereich. Holz als Roh- u. Werkstoff 14 (1956) Nr. 7 S. 249/52.

$\lambda = 135/1{,}25 = 108$, ebenfalls größer als λ_0. Für reine Druckbelastung ist $\sigma = F/S = 450$ bzw. $397\ \text{kp/cm}^2 < \sigma_{zul}$.

2. Für eine Schubstange kreisförmigen Querschnitts aus Flußstahl ($E = 2{,}15 \cdot 10^6\ \text{kp/cm}^2$) sind die größte Druckkraft $F = 19000\ \text{kp}$, die Länge $l = 1600\ \text{mm}$ und $\nu = 7$ gegeben. Gesucht ist der erforderliche Durchmesser.

Nach *Euler* wird $I_{erf} = \dfrac{19000 \cdot 7 \cdot 160^2}{\pi^2 \cdot 2{,}15 \cdot 10^6} = 161\ \text{cm}^4$; damit

$$d = 7{,}6\ \text{cm (S. 373)}; \quad i = d/4 = 1{,}9; \quad \lambda = 160/1{,}9 = 84{,}2 < 105.$$

Die *Euler*-Gleichung ist also nicht zulässig.

Nach *v. Tetmajer* folgt aus der Tabelle für $\lambda = 84{,}2$, daß die Knickspannung $\sigma_k = 3100 - 11{,}4 \cdot 84{,}2 = 2140\ \text{kp/cm}^2$ ist. Die vorhandene Druckspannung ist $\sigma_{vorh} = \dfrac{F}{S} = \dfrac{19000}{7{,}6^2\pi/4} = 418\ \text{kp/cm}^2$. Danach wird $\nu = \sigma_k/\sigma_{vorh} = 2140/418 = 5{,}12$, d. h. kleiner als verlangt. Die *Tetmajer*sche Formel ist vor allem zur Nachprüfung der Beanspruchung geeignet.

Gewählt nunmehr $d = 9\ \text{cm}$, d. h. $i = d/4 = 2{,}25\ \text{cm}$, $\lambda = 160/2{,}25 = 71{,}1$. Dann wird

$$\sigma_k = 3100 - 11{,}4 \cdot 71{,}1 = 2290\ \text{kp/cm}^2; \qquad \sigma_{vorh} = \frac{F}{S} = \frac{19000}{9^2\pi/4} = 299\ \text{kp/cm}^2;$$

also $\nu = \sigma_k/\sigma_{vorh} = 2290/299 = 7{,}66 > 7$, d. h. ausreichend.

Schreibt man die *Tetmajer*schen Formeln (außer für Gußeisen) in der Form $\sigma_k = a - b\lambda$, so ergibt sich bei *Kreisquerschnitten* für den gesuchten Durchmesser eine quadratische Gleichung mit der Lösung

$$d = \frac{2bs}{a}\left(1 + \sqrt{1 + \frac{\nu F a}{s^2 b^2 \pi}}\right) \approx 2\left(\frac{bs}{a} + \sqrt{\frac{\nu F}{a\pi}}\right),$$

wonach ein brauchbarer Wert gefunden werden kann. Im Zahlenbeispiel hätte dies auf $d = 2\left(11{,}4 \cdot 160/3100 + \sqrt{7 \cdot 19000/3100\,\pi}\right) = 8{,}54$ geführt, was aufgerundet den oben zuletzt angenommenen Wert 9 cm liefert.

e) Das ω-Verfahren, *behördlich vorgeschrieben* für den Hoch-, Kran- und Brückenbau, bringt die Aufgabe durch Einführen der Knickzahl ω (vgl. u.) auf die Berechnung eines Druckstabes zurück[1].

Man setzt wie bei dieser $F/S = \sigma_{k\,zul}$ an, wählt aber (vgl. u.) veränderliche Werte $\sigma_{k\,zul}$ und führt die *Knickzahl* $\omega = \sigma_{zul}/\sigma_{k\,zul}$ ein. Dann muß

$$F\omega/S \leqq \sigma_{zul} \tag{1}$$

sein[2]. Der Druckstab ist gewissermaßen durch die Belastung $F\omega$ beansprucht[3]. Die Knickzahl ω hängt vom Schlankheitsgrad λ ab und wird Tabellen[1] entnommen. Hierbei sind Schlankheitsgrade über 250 unzulässig[4], während für Grauguß λ höchstens 100 betragen darf und $\sigma_{zul} = 900\ \text{kp/cm}^2$ (Normaldruck) ist.

Tabelle der Knickzahlen[5] ω

ω für \ λ	0	10	20	30	40	50	60	70	80	90	100
St 37.12 u. 00.12	—	—	1,04	1,08	1,14	1,21	1,30	1,41	1,55	1,71	1,90
Grauguß	1,00	1,01	1,05	1,11	1,22	1,39	1,67	2,21	3,50	4,43	5,45
St 52	—	—	1,06	1,11	1,19	1,28	1,41	1,58	1,79	2,05	2,53

ω für \ λ	110	120	130	140	160	180	200	220	240	250
St 37.12 u. 00.12	2,11	2,43	2,85	3,31	4,32	5,47	6,75	8,17	9,73	10,55
St 52	3,06	3,65	4,28	4,96	6,48	8,21	10,13	12,26	14,59	15,83

Die Zusammenfassung der verschiedenartigen für das Tragvermögen des Stabes insbesondere im unelastischen Bereich ungünstigen Einflüsse liefert zwischen der Tragspannung $\sigma_{Kr} = F_{Kr}/S =$

[1] Ausführliche Darstellung vgl. DIN 4114, Ausgabe Juli 1952.

[2] Im Belastungsfall 1 ist z. B. für St 37 und St 52 die zulässige Zugspannung

$$\sigma_{zul} = 1400\ \text{kp/cm}^2 \quad \text{bzw.} \quad \sigma_{zul} = 2100\ \text{kp/cm}^2.$$

[3] Zentrischer Kraftangriff vorausgesetzt; für exzentrischen Kraftangriff vgl. S. 421.

[4] Im Brückenbau muß $\lambda \leqq 150$ sein (vgl. DIN 4114).

[5] Auszug aus DIN 4114 für St 52 und St 37.12 bzw. St 00.12.

$= \nu_{Kr} F/S$, einem gewissen, tiefliegenden Mittelwert σ_F für die Fließspannung ($\sigma_F = 2300$ kp/cm² für St 37, $\sigma_F = 3400$ kp/cm² für St 52) und dem Schlankheitsgrad λ die Beziehung

$$\lambda^2 = \pi^2 E \sigma_{Kr} \cdot (1 - \vartheta + 0{,}25\vartheta^2 - 0{,}005\vartheta^3),$$

wobei $\vartheta = m\sigma_{Kr}(\sigma_F - \sigma_{Kr})$, $m = 2{,}317(0{,}05 + \lambda/500)$ und $E = 2{,}1 \cdot 10^6$ kp/cm² ist.

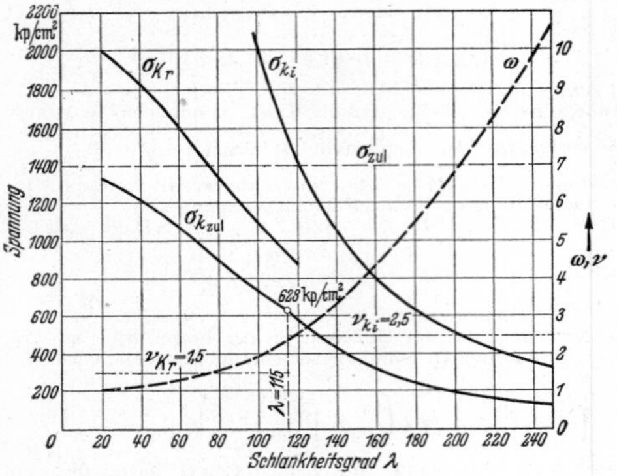

Bild 99. Zur Knickrechnung nach dem ω-Verfahren

Bild 99 zeigt den Verlauf der *Euler*schen (idealen) Knickspannungen $\sigma_{ki} = \pi^2 E/\lambda^2$ und der aus der genannten Beziehung gewonnenen Traglastspannungen σ_{Kr} in Abhängigkeit von λ. Dividiert man σ_{ki} durch die ideale Sicherheitszahl $\nu_{ki} = 2{,}5$ und σ_{Kr} durch die Tragsicherheitszahl $\nu_{Kr} = 1{,}5$, so ist der jeweils *kleinere* der erhaltenen Spannungswerte die im Belastungsfall 1 (vgl. S. 413) *zulässige Druck-* bzw. *Knickspannung* $\sigma_{k\,zul}$, Bild 99. Im Belastungsfall 2 ist dieser Wert im Verhältnis der zulässigen Zugspannungen σ_{zul} zu erhöhen. Die *Knickzahlen* ergeben sich hieraus zu $\omega = \sigma_{zul}/\sigma_{k\,zul}$.

Für Grauguß gilt $\sigma_{k\,zul} = 900 - 0{,}1005\lambda^2$ für $\lambda \leqq 80$ und $\sigma_{k\,zul} = 1645000/\lambda^2$ für $\lambda \geqq 80$.

α) *Nachrechnung* eines Stabes: Aus dem *kleinsten* Trägheitsradius i folgt $\lambda = s/i$; der Tabelle wird der zugehörige Wert ω entnommen, und es wird geprüft, ob $F\omega/S \leqq \sigma_{zul}$ ist.

β) Die *Tragfähigkeit* eines Stabes folgt bei bekannten Abmessungen aus vorstehendem zu

$$F_{max} = S\sigma_{zul}/\omega. \tag{2}$$

γ) Bei *Bemessung* eines Stabes von gegebener Querschnittsform führt die Gleichung nicht sofort zum Ziel, da bei gegebenen F und s Gl. (2) in nicht einfacher Weise miteinander zusammenhängende Unbekannte (ω und S) enthält. Es wird daher zunächst versuchsweise ein Querschnitt angenommen, daraus i, S, I, λ errechnet, ω abgelesen und geprüft, ob $F\omega/S \leqq \sigma_{zul}$ ist. Ist dies nicht der Fall, so muß bei geänderten Annahmen die Rechnung wiederholt werden.

Eine Erleichterung bieten *Knicknomogramme* oder *Gebrauchsformeln*, welche den erforderlichen Wert S_{erf} schätzen lassen:

Gebrauchsformeln (F in Mp, s in m, S_{erf} in cm², I_{erf} in cm⁴).

α) Unelastischer Bereich ($\lambda < 100$):

Flußstahl St 37	1. Belastungsfall (S. 413):	$S_{erf} \approx F/1{,}4 + 0{,}577ks^2$,
	2. Belastungsfall:	$S_{erf} \approx F/1{,}6 + 0{,}577ks^2$.
Baustahl St 52	1. Belastungsfall:	$S_{erf} \approx F/2{,}1 + 0{,}718ks^2$,
	2. Belastungsfall:	$S_{erf} \approx F/2{,}4 + 0{,}718ks^2$.

β) Elastischer Bereich (etwa $\lambda > 100$):

1. Belastungsfall:	$I_{erf} \approx 1{,}2Fs^2$,
2. Belastungsfall:	$I_{erf} \approx 1{,}0Fs^2$.

Der Profilwert $k = S^2/I = S/i^2$ ist für das Quadrat gleich 12, für das Rechteck mit den Seiten b und h ($h > b$) gleich $12h/b$ und für den Kreis gleich 4π.

In die Gebrauchsformeln sind folgende Durchschnittswerte für k einzusetzen: ⅃ L gleichschenklig 4,6; ⅃ Γ gleichschenklig 2,90;] [dicht zusammengenietet 8,2;] [($I_y \approx I_x + 10\%$) 1,2; I I ($I_y \approx I_x + 10\%$) 1,00.

Eine Erleichterung bieten ferner *Tabellen für die Tragfähigkeit* von Knickstäben[1]. Hierin ist jeweils für ein Profil (auch für zusammengesetzte Profile) bei verschiedenen Knicklängen (wodurch ja λ und ω bestimmt sind) die Tragfähigkeit $F_{m\ddot{a}x}$ angegeben. Für gegebene Werte F können zugehörige Profilarten und Knicklängen abgelesen werden.

f) Das **ω-Verfahren bei zweiteiligen Druckstäben** (vgl. DIN 4114). Der Schlankheitsgrad der einzelnen Teile ist hiernach gewissen Schranken unterworfen, vgl. Beispiel.

---

[1] Stahl im Hochbau, 13. Aufl. Düsseldorf: Verlag Stahleisen 1967.

$y-y$ stofffreie Achse; $x-x$ Stoffachse;
S ungeschwächter Querschnitt des Gesamtstabes; S_1 Querschnitt des Einzelstabes;
$\lambda_x = s_x/i_x$ * Schlankheitsgrad des Gesamtstabes mit der Knicklänge s_x und dem Trägheitsmoment $I_x = S i_x^2$ in bezug auf die Achse $x-x$;
$\lambda_y = s_y/i_y$ Schlankheitsgrad des Gesamtstabes mit der Knicklänge s_y und dem Trägheitsmoment $I_y = S i_y^2$ in bezug auf die Achse $y-y$;
λ_1 Schlankheitsgrad des Einzelstabes mit der Knicklänge s_1 und mit dem Trägheitsmoment $I_1 = S_1 i_1^2$ in bezug auf die Achse $1-1$.

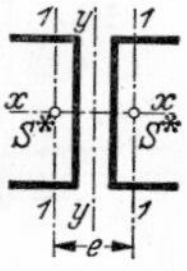

Bild 100

Ist dann $\lambda_x > \lambda_y$ und $\lambda_1^2 < (\lambda_x^2 - \lambda_y^2)$, so ist λ_x maßgebend; man bestimmt ω_x aus der Tabelle und prüft, ob $F\omega_x/S \leqq \sigma_{zul}$ ist. Für $\lambda_1^2 > (\lambda_x^2 - \lambda_y^2)$ wird der ideelle Schlankheitsgrad $\lambda_{yi} = \sqrt{\lambda_y^2 + \lambda_1^2}$ berechnet und danach ω_{yi} abgelesen. Dann muß $F\omega_{yi}/S \leqq \sigma_{zul}$ sein.

Beispiel: Eine Stütze von 4 m Länge ist durch eine zentrisch angreifende Kraft $F = 30$ Mp belastet. Sie soll aus 2 ∪-Stählen hergestellt werden, die so angeordnet sind, daß $I_y = 1{,}1\, I_x$ ist. Für St 37, 1. Belastungsfall ist für den nichtelastischen Bereich mit $k \approx 1{,}2$

$$S_{erf} \approx F/1{,}4 + 0{,}577\, k s^2 = 30/1{,}4 + 0{,}577 \cdot 1{,}2 \cdot 4^2 = 32{,}5 \text{ cm}^2.$$

Gewählt werden 2 Profile ∪ 140 mit $S = 2S_1 = 2 \cdot 20{,}4 = 40{,}8$ cm²; es ist $I_x = 2 \cdot 605 = 1210$ cm⁴ und $I_y = 1{,}1 \cdot 1210 = 1331 = 2[62{,}7 + 20{,}4 \cdot (e/2)^2]$, worin $e/2 = a/2 + 1{,}75$. Hieraus folgt der lichte Abstand $a = 74$ mm der beiden ∪-Stähle; dieser liefert $I_y = 1337$ cm⁴.

Dann wird $i_x = \sqrt{I_x/S} = \sqrt{1210/40{,}8} = 5{,}44$ cm; $\lambda_x = 400/5{,}44 = 73{,}5$; $i_y = \sqrt{I_y/S} = \sqrt{1337/40{,}8} = 5{,}72$; $\lambda_y = 400/5{,}72 = 70{,}1$. Mit $I_1 = 62{,}7$ wird $i_1 = \sqrt{I_1/S_1} = \sqrt{62{,}7/20{,}4} = 1{,}75$. Im Kran- und Brückenbau soll nach DIN 4114 die Bedingung $\lambda_1 \leqq \lambda_x/2$ erfüllt sein. Wenn jedoch dieser Wert kleiner als 50 ist (im Beispiel $\lambda_x/2 \approx 37$), so darf 50 anstelle von $\lambda_x/2$ treten. Daher muß hier $s_1 = 50 i_1 = 50 \cdot 1{,}75 = 87{,}5$ sein. Gewählt $s_1 = 80$ cm. Dann sind außer Kopf- und Fußverbindung noch 4 Querverbindungen anzubringen. Also wird $\lambda_1 = 80/1{,}75 = 45{,}7$ und $\lambda_1^2 = 45{,}7^2 > (\lambda_x^2 - \lambda_y^2) = 73{,}5^2 - 70{,}1^2 = 488$. Also ist zu berechnen $\lambda_{yi} = \sqrt{\lambda_y^2 + \lambda_1^2} = \sqrt{70{,}1^2 + 45{,}7^2} = 83{,}7$; damit wird $\omega_{yi} = 1{,}60$; $F\omega_{yi}/S = 30000 \cdot 1{,}60/40{,}8 = 1178 < 1400$ kp/cm². Besonderheiten im Hochbau einschließlich Abraumförderbrücken vgl. DIN 4114.

2. Drillknicken[1]

Bei einem Stab kann nicht nur durch axiale Druckkräfte, sondern auch durch ein Drehmoment, wie der Vorgang an einem Draht zeigt, ein Ausknicken eintreten. Das kritische (niedrigste) Drehmoment errechnet sich bei kreisförmigen Stäben (Wellen) zu

$$M_{kr1} = 2\pi E I/l,$$

mit l als Länge und EI als Biegesteifigkeit und wird bei Maschinenwellen nicht erreicht[2].

Bei dünnen Hohlzylindern gibt *Schapitz* (vgl. Anm. 3, S. 418) als kritische Schubspannung durch Torsion den Wert

$$\tau_{kr} = 0{,}1\, E s/r + 7{,}5\, E (s/l)^2 \quad \text{für} \quad l/r < 5$$

an, wobei Vorbeulen (vgl. 4) berücksichtigt ist.

Wirkt gleichzeitig mit dem Drehmoment M eine axiale Druckkraft F, so ergibt sich für das kritische Drehmoment und die kritische Druckkraft F_{kr} die Beziehung

$$M_{kr} = M_{kr1} \sqrt{1 - F/K} \qquad \text{oder} \qquad F_{kr} = K(1 - M^2/M_{kr1}^2),$$

worin M_{kr1} das kritische Torsionsmoment bei reiner Torsion und $K = \pi^2 E I/l^2$ die kritische Druckkraft bei reinem Druck ist (*Euler*sche Knickkraft[3]). Das kritische Drehmoment verringert sich somit bei gleichzeitigem Axialdruck, bzw. die kritische Druckkraft verringert sich bei gleichzeitiger Verdrehung.

R. Kappus[4] stellt fest, daß zentrisch gedrückte Stäbe mit röhrenförmigem Profil, wenn der Querschnitt weder Achsen- noch Punktsymmetrie hat, stets unter gleichzeitiger Verdrehung ausknicken. Es gibt drei solcher Spannungen (Drill-Knickspannungen). Bei Punktsymmetrie des Querschnitts sind die drei kritischen Druckspannungen gegeben durch zwei *Euler*-Spannungen für drillfreies Ausknicken in Richtung der beiden Hauptträgheitsachsen und eine Drillknickspannung. Bei einfacher Querschnitts-Symmetrie hat man schließlich eine *Euler*-Spannung für Ausknicken in Richtung der Symmetrieachse und zwei Drillknickspannungen. Je dickwandiger und je länger die Stäbe sind, um so mehr tritt der Einfluß der Drillung zurück.

3. Kippen

Ein auf Biegung beanspruchter langer Balken, dessen Querschnitt Hauptachsen von sehr verschiedenen Trägheitsmomenten besitzt (z. B. schmales Rechteck,

---

* Im Hochbau s_{kx}/i_x.
[1] Vgl. *Kollbrunner-Meister*, Anm. 3 S. 418.
[2] Für nicht kreisförmigen Querschnitt vgl. S. 350, Lit. 1.
[3] Vgl. S. 350, Lit. 1.
[4] Drillknicken, Luftfahrtforschung 14 (1937) 444/57.

Bild 101) und dessen Lastebene durch die Achse des kleinsten Trägheitsmomentes hindurchgeht, weicht senkrecht zur Lastebene aus, sobald die biegende Kraft einen gewissen Wert F_K überschreitet. Dieses Ausweichen heißt *Kippen* des Stabes[1].

Für einen Stab mit *rechteckigem* Querschnitt ergibt sich der kritische Wert zu

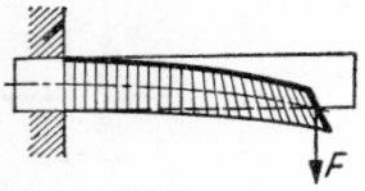

Bild 101

$F_k = 4{,}013\, N/l^2$, wenn der Stab einseitig eingespannt ist;

$F_k = 6{,}97\, N/l^2$, wenn zudem das freie Ende geführt wird;

$F_k = 2{,}115\, N/l^2$, wenn die Kraft in der Mitte des beiderseits gestützten Balkens angreift[2];

$M_k = \pi N/l$, wenn der Stab nur durch ein Biegemoment M beansprucht wird.

Hierin ist $N = \sqrt{S_b S_t}$ mit der Biegesteifigkeit $S_b = EI$, der Verdrehsteifigkeit $S_t = GI^*$ und dem Drillungswiderstand I^* (S. 409). Hinsichtlich Kippen von I-Trägern vgl. S. 350, Lit. 2.

4. Beulung

Im Leichtbau spielt das Ausbeulen (Ausknicken) von Platten und von Hohlzylindern, bei diesen auch im Maschinenbau für Rohre, eine wichtige Rolle (vgl. S. 431)[3].

a) Ausbeulen von (dünnen) **Platten unter Druck- und Schubkräften,** vgl. nebenstehende Tabelle.

b) Beulung von dünnen **Hohlzylindern** (vgl. a. S. 429f.).

Der Hohlzylinder habe den mittleren Radius r, die Wanddicke s und die Länge l.

α) Wird eine kreiszylindrische Schale durch gleichmäßig über den Umfang verteilten Druck p axial belastet, so tritt ein *Ausbeulen* beim kritischen Druck

$$p_{k1} = \frac{E}{\sqrt{3(1-\mu^2)}}\frac{s}{r} = 0{,}605\, E\,\frac{s}{r}$$ [†]

ein (Querzahl $\mu = 0{,}3$), wobei jedoch unter Berücksichtigung von Vorbeulen zweckmäßig nur 20% dieses Wertes genommen wird; hinsichtlich genauerer theoretischer Formeln vgl. [1].

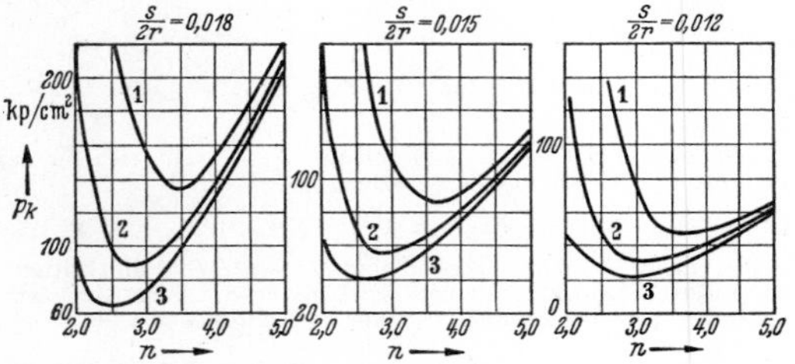

Bild 102. Kritische Ausbeuldrücke dünnwandiger Rohre; Kurven 1 : $r/l = 0{,}3$; 2 : $r/l = 0{,}2$; 3 : $r/l = 0{,}15$

Das Rohr knickt aber als Ganzes gemäß der *Euler*-Formel (S. 413) aus bei dem Druck

$$p_{k2} = 4{,}935\, E r^2/l^2.$$

Hiernach muß der Zylinder auf Ausbeulen (p_{k1}) bzw. Knicken (p_{k2}) berechnet werden, je nachdem s/r kleiner bzw. größer als $8{,}16 (r/l)^2$ ist (Vorbeulen nicht berücksichtigt).

[1] Vgl. *Prandtl, L.:* Dissertation 1899; ferner S. 350, Lit. 2 u. Anm. 2 S. 420.

[2] *Federhofer, K.:* Z. angew. Math. Mech. 6 (1926) 43/48.

[3] Schrifttum: *Ebner, H.*, u. *O. Heck:* Formeln und Näherungsverfahren über die Festigkeit von Platten- u. Schalenkonstruktionen. Luftfahrtforschg. 11 (1934) 211/22. — *Kromm, A.:* Die Stabilitätsgrenzen eines gekrümmten Plattenstreifens durch Schub- u. Längskräfte. Luftfahrtforschg. 15 (1938) 517/26. — *Nadai, A.:* Über das Ausbeulen von kreisförmigen Platten. VDI-Z. 59 (1915) 169/74, 221/24. — *Schapitz, E.:* Berechnung versteifter Schalen im Flugzeugbau. VDI-Z. 86 (1942) 497/507; ders.: Lit. 7. — *Kollbrunner, C. F.*, u. *M. Meister:* Ausbeulen. Theorie u. Berechnung von Blechen. Berlin: Springer 1958. — Vgl. ferner S. 350, Lit. 1 u. 7, sowie *Wolmir, A.:* Biegsame Schalen u. Platten. Berlin: Springer 1962.

† *Timoshenko, S.:* Z. Math. Phys. 58 (1940) 378; vgl. S. 350, Lit. 2.

Tabelle: *Beulung von Platten*[1]

Nr.	Belastung	Kritischer Druck p_k bzw. kritische Schubspannung τ_k *
1	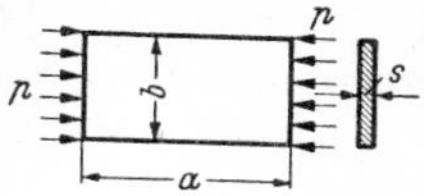 Rechteckige Platte unter Druck	$p_k = k_1 E (s/b)^2$; k_1 enthält die Randbedingungen und ist außerdem eine Funktion des Seitenverhältnisses a/b (nach *Pflüger*[2] durch Girlandenkurven dargestellt). Wenn $a \gg b$ (oder $b/a \ll 1$) ist, kann gesetzt werden $k_1 \approx 3{,}6$, wenn alle Seiten gestützt, $k_1 \approx 6{,}3$, wenn alle Seiten eingespannt, $k_1 \approx 6{,}3$, wenn die Seiten a eingespannt und die Seiten b gestützt.
2	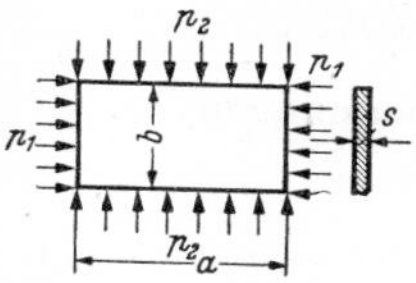 Rechteckige Platte unter allseitigem Druck	$p_{1k} \frac{m^2}{a^2} + p_{2k} \frac{n^2}{b^2} = 0{,}904\, E s^2 \left(\frac{m^2}{a^2} + \frac{n^2}{b^2}\right)^2$ für gestützte Ränder; m u. n ganzzahlig (Zahl der Halbwellen in beiden Richtungen) so variieren, daß p_{1k}, p_{2k} möglichst klein werden. Für $p_1 = p_2 = p$ wird mit $m = n = 1$: $p_k = k E (s/b)^2$, worin $k = 0{,}904 (1 + b^2/a^2)$. Für $p_2 = 0$ ergibt sich das Minimum formal für $m/n = a/b$, und dieses liefert Formel 1 von Fall 1.
3	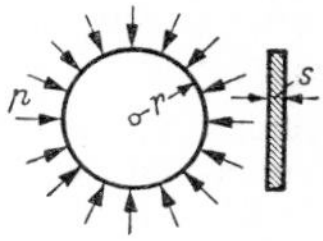 Kreisplatte unter allseitigem Druck	$p_k = 0{,}383\, E (s/r)^2$ für gestützte Platte; $p_k = 1{,}345\, E (s/r)^2$ für eingespannte Platte. *L. Föppl* gibt auf Grund einer Näherungsrechnung die Faktoren zu 0,229 bzw. 0,8 an.
4	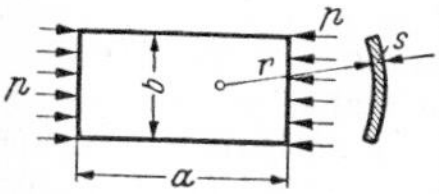 Gekrümmter Schalenstreifen unter Druck	Für $a \gg b$ ist $p_k = k_2 \cdot 0{,}904\, E (s/b)^2$, worin k_2 eine Funktion von $b/\sqrt{rs}$ ist[3]. Für $b/\sqrt{rs} \leqq 3{,}46$ gilt $p_k \approx 3{,}62\, E (s/b)^2 + 0{,}0254\, E (b/r)^2$; für $b/\sqrt{rs} \geqq 3{,}46$ gilt $p_k = 0{,}605\, E s/r$. Die Werte gelten für gestützte (gelenkig gelagerte) Ränder. Unter Berücksichtigung von Vorbeulen sollte man höchstens 20% des theoretischen Wertes zugrunde legen.
5	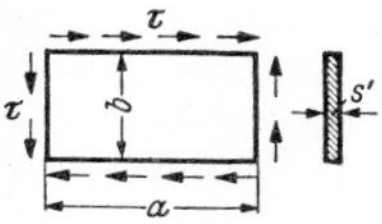 Rechteckige Platte unter Schub	$\tau_k = k_3 E (s/b)^2$. a/b: 1 | 1,5 | 2,0 | ∞ k_3: 8,52 | 6,42 | 5,97 | 4,83 — alle Seiten gestützt; k_3: 13,95 | 11,12 | 10,44 | 8,13 — alle Seiten eingespannt.
6	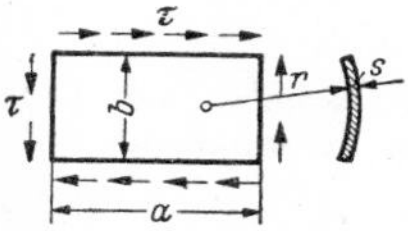 Gekrümmter Schalenstreifen unter Schub	Für $a \gg b$ gilt $\tau_k = k_4 \cdot 0{,}904\, E (s/b)^2$, worin k_4 eine Funktion von $b/\sqrt{rs}$ ist[2]. Für $b/\sqrt{rs} \geqq 4{,}3$ gilt[3] $\tau_k = 1{,}79\, E s/b \cdot \sqrt{s/r}$; für $b/\sqrt{rs} \leqq 4{,}3$ gilt[3] $\tau_k = 0{,}154\, E s/r + 4{,}84\, E (s/b)^2$; Unter Beachtung von Vorbeulen sollte man höchstens 50% des theoretischen Wertes zulassen.

[1] Behördliche Vorschriften im Stahlbau vgl. DIN 4114 (Bl. 1, Ausg. 1952, Bl. 2, Ausg. 1953).
* $\mu = 0{,}3$ gesetzt. [2] Vgl. Anm. 2 S. 420.
[3] Auswertung der Arbeit von *Kromm* (vgl. Anm. 3, S. 418; vgl. a. Anm. 2 S. 420).

β) Ein *Einbeulen* kann bei *äußerem* Druck eintreten. Der Einbeulungsdruck eines allseitig von außen gedrückten Hohlzylinders errechnet sich nach *R. v. Mises*[1] mit $\mu = 0{,}3$ zu

$$p_k = \frac{E}{(n^2 - 1)c^2} \frac{s}{r} + 0{,}09 E \left[(n^2 - 1) + \frac{2n^2 - 1{,}3}{c}\right] \cdot \left(\frac{s}{r}\right)^3,$$

worin $c = 1 + (nl/\pi r)^2$ mit n als Anzahl der Wellen am Umfang. Es ist derjenige Wert n zu wählen, der den kleinsten Wert p_k liefert, vgl. Bild 102. Diese Näherungsgleichung gilt für $l \geqq 2r$; vgl. *Meincke* in Anm. 1 sowie *Pflüger*[2] (die Beachtung des jeweils kleinsten Wertes von p_k führt auf die Girlandenkurven).

Für große Längen ($l \to \infty$) gilt mit $n = 2$: $p_k = 0{,}27 E (s/r)^3$.

Beim Überschreiten der Streckgrenze folgt: $p_k = \sigma_F s/r$ (Kesselformel, vgl. S. 430).

VII. Zusammengesetzte Beanspruchung

1. Beanspruchung durch Normalspannungen

(*Einachsiger Spannungszustand*)

Zugspannungen σ_z erhalten das Vorzeichen +, Druckspannungen σ_d das Vorzeichen — und werden ihrem Vorzeichen entsprechend aufgetragen (in Bild 103 nach oben bzw. unten). Wirken an derselben Stelle die Spannungen σ_1 und σ_2, so ist die resultierende Spannung σ_{res} gleich der Summe von σ_1 und σ_2 unter Berücksichtigung der Vorzeichen (algebraische Summe): $\sigma_{res} = \sigma_1 + \sigma_2$.

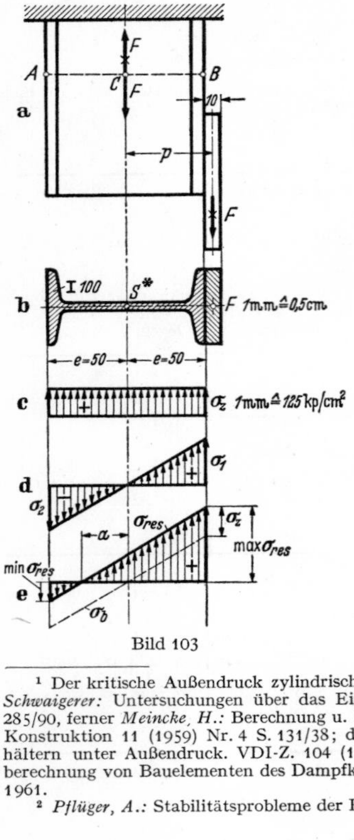

Bild 103

a) Zug und Biegung. An einem Stab (Bild 103a), der an dem oberen Ende fest eingespannt ist, wirke die Kraft F exzentrisch in der Entfernung p von der Stabachse. Werden in C zwei gleich große, entgegengesetzt gerichtete Kräfte F angebracht, so ergeben sich eine Einzelkraft F in Richtung der Stabachse und ein Kräftepaar mit dem Moment $M = Fp$, dessen Ebene in die Stabachse fällt. Die Einzelkraft F ruft eine Normalspannung σ_z hervor, die als gleichmäßig über den Querschnitt verteilt angenommen wird, so daß (Bild 103c)

$$\sigma_z = F/S$$

wird. Das Kräftepaar beansprucht den Stab auf Biegung. Ist e die Entfernung der stärkstgespannten Faser von der Achse, so wird die größte durch Biegung hervorgerufene Zugspannung

$$\sigma_1 = eM/I = eFp/I,$$

die ohne Rücksicht auf das Vorzeichen größte Druckspannung

$$\sigma_2 = -eM/I = -eFp/I,$$

wobei das Trägheitsmoment auf die durch S^* (Bild 103b) gehende senkrechte Achse zu

[1] Der kritische Außendruck zylindrischer Rohre. VDI-Z. 58 (1914) 750/55. — Vgl. *Siebel* u. *Schwaigerer:* Untersuchungen über das Einbeulen von glatten Flammrohren. Wärme 62 (1939) 285/90, ferner *Meincke, H.:* Berechnung u. Konstruktion zylindrischer Behälter unter Außendruck. Konstruktion 11 (1959) Nr. 4 S. 131/38; ders.: Beuldruck u. Spannungen von zylindrischen Behältern unter Außendruck. VDI-Z. 104 (1962) Nr. 7 S. 317/23 und *Schwaigerer, S.:* Festigkeitsberechnung von Bauelementen des Dampfkessel-, Behälter- u. Rohrleitungsbaues. Berlin: Springer 1961.

[2] *Pflüger, A.:* Stabilitätsprobleme der Elastostatik, 2. Aufl. Berlin: Springer 1964.

beziehen ist; diese Achse ist Nullinie für den nur auf Biegung beanspruchten Querschnitt, Bild 103d.

Die Addition der Einzelspannungen ergibt die Gesamtspannung, und zwar wird

$\max\sigma_{res} = \sigma_z + \sigma_1 = F/S + eFp/I$, $\qquad \min\sigma_{res} = \sigma_z + \sigma_2 = F/S - eFp/I$.

Dadurch verschiebt sich die Nullinie des Querschnitts nach links, Bild 103e, um die Strecke $a = \dfrac{e\sigma_z}{\sigma_1} = e\dfrac{F}{S}\cdot\dfrac{I}{Me} = \dfrac{I}{Sp} = \dfrac{i^2}{p}$, wenn $i = \sqrt{I/S}$ der Trägheitsradius ist.

Für den Fall, daß $a = i^2/p > e$ ist, treten in dem Querschnitt nur Zugspannungen auf. Der Querschnitt muß dann so bemessen sein, daß die Bedingung

$$F/S + eFp/I \leqq \sigma_{z\,zul}$$

erfüllt ist.

Ist $a = i^2/p < e$, so treten Zug- und Druckspannungen auf. Es muß dann sein

$$F/S + eFp/I \leqq \sigma_{z\,zul} \quad \text{und} \quad eFp/I - F/S \leqq \sigma_{d\,zul}.$$

Beispiel: An einem Träger I 100 ist ein Blech von 10 mm Dicke angeschlossen (Bild 103a). Wie groß darf F gewählt werden, wenn der zulässige Wert $\sigma_{zul} = 1200$ kp/cm² nicht überschritten werden soll?

Nach Tafeln im Anhang ist $S = 10{,}6$ cm² und $I/e = W = 34{,}2$ cm³. Mit $p = e + 0{,}5 = 5{,}5$ cm muß $\dfrac{F}{10{,}6} + \dfrac{5{,}5F}{34{,}2} = 0{,}094F + 0{,}161F = 0{,}255F$ und $\dfrac{5{,}5F}{34{,}2} - \dfrac{F}{10{,}6} = 0{,}161F - 0{,}094F = 0{,}067F$ kleiner als 1200 kp/cm² sein. Daher ist
$F \leqq 1200/0{,}255 = 4700$ kp, $\quad \sigma_z = 4700/10{,}6 = 443$ kp/cm², $\quad \sigma_b = 5{,}5\cdot 4700/34{,}2 = 756$ kp/cm² und

$$\max\sigma_{res} = 443 + 756 = 1199 \text{ kp/cm}^2, \qquad \min\sigma_{res} = 443 - 756 = -313 \text{ kp/cm}^2.$$

b) Druck und Biegung. α) Ersetzt man in Bild 104 wie in a) die exzentrisch angreifende Kraft F durch eine Einzelkraft F und ein Kräftepaar Fp, so muß der Absolutwert der größten resultierenden Druckspannung

$$F/S + eFp/I \leqq \sigma_{d\,zul},$$

außerdem für $F/S < eFp/I$ oder $a = i^2/p < e$ die größte resultierende Zugspannung

$$eFp/I - F/S \leqq \sigma_{z\,zul}$$

sein. Hierbei ist jedoch zu beachten, daß Stäbe, deren Länge im Verhältnis zum Querschnitt groß ist, auf Knickung nachzurechnen sind.

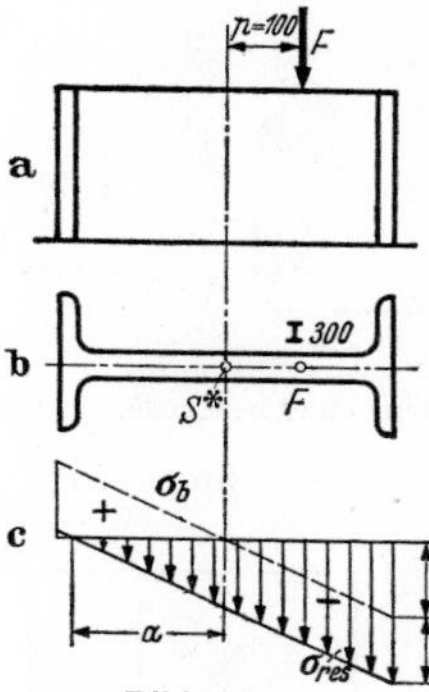

Bild 104

Beispiel: Ein Träger I 300 ist mit einer Kraft F belastet, die von der Stabachse die Entfernung $p = 10$ cm hat (Bild 104a). Wie groß darf F gewählt werden, wenn der zulässige Wert $\sigma_{zul} = 1000$ kp/cm² nicht überschritten werden soll?

Nach Tafeln im Anhang ist $S = 69{,}0$ cm² und für die in Bild 104b gezeichnete Achse $W = I/e = 653$ cm³. Es muß $F/69{,}0 + 10F/653 = 0{,}0145F + 0{,}0153F = 0{,}0298F$ und $10F/653 - F/69{,}0 = 0{,}0153F - 0{,}0145F = 0{,}0008F$ kleiner als 1000 kp/cm² sein.

Daher ist $F \leqq 1000/0{,}0298 = 33600$ kp. Wir wählen $F = 33000$ kp. Die größte Zugspannung wird $\max\sigma_{res} = 506 - 477 = 29$ kp/cm², die absolut größte Druckspannung $\min\sigma_{res} = -477 - 506 = -983$ kp/cm². Die spannungslose Faser ist nur wenig von der linken Kante des Querschnitts entfernt, Bild 104c; es ist $a = i^2/p = I/pS = 14{,}2$ cm.

β) Im *Stahlhochbau* sind bei exzentrischem Kraftangriff die *behördlichen Bestimmungen* lt. DIN 4114 zu beachten.

Vorerst ist die gewöhliche Spannungsuntersuchung auf Druck und Biegung durchzuführen; die auftretenden Spannungen dürfen σ_{zul} nicht überschreiten.

Anschließend Untersuchung auf Knickung in der (als Hauptebene vorausgesetzten) Momentenebene. Liegt der Kraftangriffspunkt auf einer der beiden Querschnitthauptachsen — ist also M auf eine solche bezogen —, so gilt, wenn der Querschnittschwerpunkt von Biegezug- und Biegedruckrand gleich weit entfernt ist oder dem ersteren näher liegt,

$$\omega F/S + 0{,}9M/W_d \leqq \sigma_{zul}.$$

Liegt der Schwerpunkt dem Biegedruckrand näher, so müssen die beiden Bedingungen

$$\omega F/S + 0{,}9 M/W_d \leqq \sigma_{zul} \quad \text{und} \quad \omega F/S + (300 + 2\lambda) M/(1000\, W_z) \leqq \sigma_{zul}$$

erfüllt sein; ω-Verfahren vgl. S. 415.

W_d, W_z sind die auf den Biegedruck- bzw. Biegezugrand bezogenen Widerstandsmomente des ungeschwächten Stabquerschnitts.

c) Kern eines Querschnitts. α) Je weiter sich der Angriffspunkt der Kraft F vom Schwerpunkt S^* entfernt (vgl. z. B. Bild 104), desto geringer werden die Randspannungen an der vom Angriffspunkt am weitesten entfernt liegenden Kante. Sie werden für eine bestimmte Lage K des Angriffspunktes, d. h. für eine bestimmte Entfernung des Angriffspunktes vom Schwerpunkt, der *Kernweite* $s = S^*K$, gleich Null. Dann sind nur Zug- bzw. Druckspannungen vorhanden.

Dies ist wichtig für Material, das keinerlei Zugspannungen aufnehmen darf, wie z. B. im Bauwesen gefordert werden muß. So ist in Bild 104b zum obigen Beispiel $\overline{S^*F}$ fast gleich der Kernweite s.

Der Bereich, innerhalb dessen die Kraft F angreifen darf, damit nur Druck- (bzw. nur Zug-) Spannungen auftreten, heißt *Kernfläche* oder *Kern*, und die kleinste Kernweite sei mit $r_{\min}$ bezeichnet.

Die Kernweite s auf einer Hauptachse errechnet sich nach vorstehendem, wenn dort $p = s$ und $a = e$ gesetzt wird, zu

$$s = i^2/e = I/Se = W/S.$$

Beispiel: Für ein Rechteck mit den Seiten h und b folgt hiernach auf der der Seite h parallelen Achse: $s_I = bh^2/6 : bh = h/6$ und auf der dazu senkrechten Achse: $s_{II} = b/6$, vgl. Bild 106.

β) Die *Begrenzung des Kerns* erhält man folgendermaßen: Man legt sämtliche Tangenten an die Umrandung des Querschnitts, wobei einspringende Ecken durch Geraden abzuschließen sind, und ermittelt für diese als „Nullinien" die zugehörige Kernweite, Bild 105. Ist danach der umhüllende Linienzug ein Polygon, so ist auch die Umrandung des Kerns ein Polygon, z. B. bei Rechteck, Dreieck oder I-Profil usw.

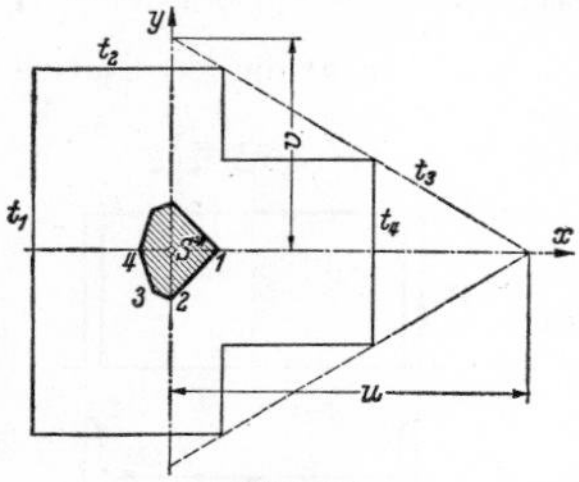

Bild 105
Kern eines beliebigen Querschnitts

γ) Der *Kernpunkt* K für eine *beliebige* Richtung der Nullinie (Tangente an den Querschnitt) läßt sich durch seine Koordinaten

$$x_k = -i_y^2/u, \qquad y_k = -i_x^2/v$$

bestimmen, worin u und v die Tangentenabschnitte (Bild 105) und i_y, i_x die Trägheitsradien der auf die y- bzw. die x-Achse bezogenen Trägheitsmomente I_y und I_x sind.

So ist z. B. für t_1, Bild 105, $v_1 = \infty$, d. h. $y_{k1} = 0$ und $u_1 < 0$, so daß x_{k1} positiv wird.

δ) Hinsichtlich der *Kernflächen einfacher Querschnitte* vgl. Bild 106 und 107.

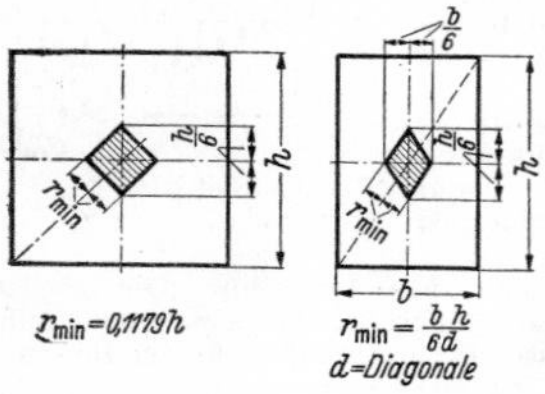

Bild 106. Kerne rechtwinklig begrenzter Querschnitte

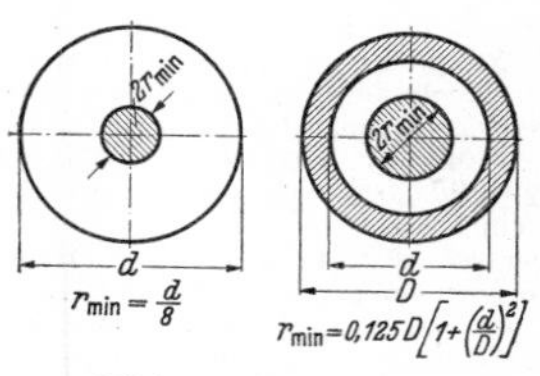

Bild 107. Kerne kreisrund begrenzter Querschnitte

$r_{\min}$ = kleinste Kernweite

2. Beanspruchung durch Schubspannungen

Wirken in einer aus dem beanspruchten Körper herausgeschnittenen Ebene mehrere, von verschiedenen Belastungen herrührende Schubspannungen, so setzen sich diese, falls in einer Richtung wirkend, algebraisch, sonst geometrisch zusammen.

Beispiel: Schub und *Drehung*. Ein kurzer gerader Stab von der Länge l (Bild 108) werde durch eine an seinem Umfang angreifende Kraft F beansprucht. Durch Hinzufügen von zwei gleich großen, entgegengesetzt gerichteten Kräften F erhält man eine Einzelkraft F und ein Kräftepaar, dessen Drehmoment $M_t = Fr$ ist. Die Einzelkraft ruft die Schubspannung τ_s, das Kräftepaar die Schubspannung τ_t hervor. Die Resultierende aus τ_s und τ_t liefert die Spannung τ, die gleichzeitig senkrecht zum Querschnitt auftritt.

Für den Kreisquerschnitt ist die Schubspannung τ_s am größten für einen Durchmesser aa, Bild 108, der zur Wirkungslinie von F senkrecht steht (vgl. S. 404), und beträgt

$$\tau_s = {}^4/_3 F/S = 16F/3\pi d^2.$$

Die durch das Kräftepaar mit dem Moment $M_t = Fr$ hervorgerufene Schubspannung τ_t ist für den Rand des Querschnitts am größten und nach S. 407

$$\tau_t = 16 M_t/\pi d^3 = 8F/\pi d^2.$$

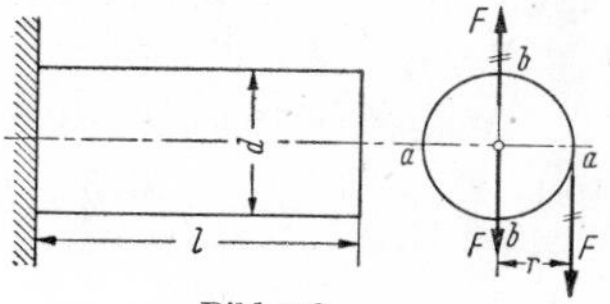

Bild 108

Die Extremalwerte der Beanspruchung treten in den Punkten a des Querschnitts auf; es ist im Punkt a rechts $\max\tau = \tau_s + \tau_t = 16F/3\pi d^2 + 8F/\pi d^2 = 40F/3\pi d^2 \approx 4{,}24 F/d^2$, während im Punkt a links $\min\tau = \tau_t - \tau_s$ ist; vgl. Abschn. 4d, Beisp. 3, S. 425.

3. Beanspruchung bei bekannten Hauptspannungen

(*Ebener Spannungszustand*)

Aus den bekannten Hauptspannungen σ_1 und σ_2 werden die reduzierten (oder Vergleichs-) Spannungen nach der Tabelle auf S. 360 berechnet. Anwendungen vgl. Abschn. IX und X, S. 429 und 436.

4. Beanspruchung durch Normal- und Schubspannungen

(*Ebener Spannungszustand*)

Treten Normalspannungen σ (+ für Zug, − für Druck) und Schubspannungen τ gleichzeitig auf, so ist nach den Hypothesen von S. 359/60 die reduzierte Spannung (oder Vergleichs-Spannung)

$$\sigma_{\text{Bach}} = 0{,}35\sigma \pm 0{,}65\sqrt{\sigma^2 + 4(\alpha_0\tau)^2}; \quad \alpha_0 = \sigma_{\text{zul}}/1{,}3\tau_{\text{zul}}; \quad \text{Hyp. } \beta$$

$$\sigma_{\text{Mohr}} = \sqrt{\sigma^2 + 4(\alpha_0\tau)^2}; \quad \alpha_0 = \sigma_{\text{zul}}/2\tau_{\text{zul}}; \quad \text{Hyp. } \gamma$$

$$\sigma_{\text{Gestaltänderungsarb.}} = \sqrt{\sigma^2 + 3(\alpha_0\tau)^2}; \quad \alpha_0 = \sigma_{\text{zul}}/1{,}73\tau_{\text{zul}}. \quad \text{Hyp. } \zeta$$

Es empfiehlt sich, da die Dehnungshypothese β durch Versuche *nicht* bestätigt wurde, nach der Hypothese ζ oder γ (bzw. δ, S. 360) zu rechnen, insbesondere bei Stahl und Eisen.

Der Querschnitt ist so zu bemessen, daß die reduzierten Spannungen für keinen Punkt die zulässigen Normalspannungen überschreiten.

Das Anstrengungsverhältnis α_0, das den verschiedenen Belastungsfällen von σ und τ Rechnung trägt (S. 361), ist durch φ, σ_{zul} und τ_{zul} gegeben. Die Zahlentafeln für die zulässigen Spannungen entsprechen aber immer nur *einer* der genannten Hypothesen, d. h. es ist für den gleichen Belastungsfall $\sigma_{\text{zul}}/\tau_{\text{zul}} = \varphi$; in der Tafel (nach *C. Bach*) im Anhang mit $\mu = 0{,}25$ ist $\varphi = 1 + \mu = 1{,}25 \approx 1{,}3$. Stehen für die anderen Hypothesen keine Tabellen zur Verfügung, so könnte man sich eine solche für die Werte τ_{zul} aus $\sigma_{z\,\text{zul}}/\varphi$ berechnen. Man kann dies vermeiden: Ist $\sigma_{\text{zul}\,(1)}$ die zulässige Normalspannung für den Belastungsfall, dem die Zug-, Druck- oder Biegespannung unterliegt, und $\sigma_{z\,\text{zul}\,(2)}$ die zulässige Zugspannung für den Belastungsfall, dem die Schubspannung unterliegt, so ist $\tau_{\text{zul}\,(2)} = \sigma_{z\,\text{zul}\,(2)}/\varphi$. Damit wird auch $\alpha_0 = \sigma_{\text{zul}}/\varphi\tau_{\text{zul}} = \sigma_{\text{zul}\,(1)}/\sigma_{z\,\text{zul}\,(2)}$. Bei gleichem oder angenähert gleichem Belastungsfall ist $\alpha_0 = 1$. Vgl. Beispiel unter c, d.

a) Zug (Druck) und Verdrehung. Die äußeren Kräfte ergeben für den Querschnitt S eine Normalkraft F und ein Drehmoment M_t. Die Kraft F ruft eine gleichbleibende Normalspannung $\sigma = \pm F/S$ hervor, und diese ist mit der größten Schubspannung $\max\tau$ (S. 409) zur reduzierten Spannung zusammenzusetzen.

b) Zug (Druck) und Schub. Die äußeren Kräfte ergeben für den Querschnitt S eine Normalkraft F und eine Schubkraft Q. Die gleichbleibende Normalspannung $\sigma = \pm F/S$ ist mit der größten Schubspannung $\max\tau$ (s. Abs. 2 und S. 403) zur reduzierten Spannung zusammenzusetzen.

c) Biegung und Verdrehung. Der Querschnitt wird durch ein Biegemoment M_b und ein Drehmoment M_t beansprucht.

α) Beim *Kreisquerschnitt* treten die größten Werte von σ und τ am Rand in den gleichen Punkten auf.

Mit $W_b = W = \pi d^3/32$ und $W_p = \pi d^3/16 = 2W$ wird $\sigma = M_b/W$ und $\tau = M_t/W_p = M_t/2W$, daher

$$\sigma_{\text{Bach}} = 0{,}35\,M_b/W + 0{,}65\,\sqrt{(M_b/W)^2 + 4(\alpha_0 M_t/2W)^2} = \xi \cdot M_b/W,$$

worin
$$\xi = \xi_{\text{Bach}} = 0{,}35 + 0{,}65\,\sqrt{1 + (\alpha_0 M_t/M_b)^2} \qquad \text{Hyp. } \beta$$

nur von $\alpha_0 M_t/M_b$ abhängt (Bild 109).

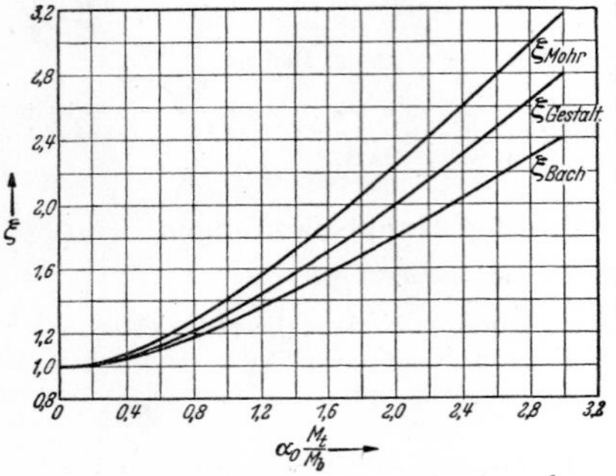

Bild 109

In ähnlicher Weise kann bei den anderen Hypothesen geschrieben werden $\sigma = \xi M_b/W$. Führt man dann das *reduzierte* oder Vergleichsmoment $M_{\text{red}} = \xi \cdot M_b$ ein, so muß

$$\sigma = \xi M_b/W = M_{\text{red}}/W \leqq \sigma_{\text{zul}}$$

sein. — Nach den anderen Hypothesen folgt (vgl. Bild 109)

$$\xi_{\text{Mohr}} = \sqrt{1 + (\alpha_0 M_t/M_b)^2} \quad \text{oder}$$

$$M_{\text{red}} = \sqrt{M_b^2 + (\alpha_0 M_t)^2}\,; \qquad \text{Hyp. } \gamma$$

$$\xi_{\text{Gestalt.}} = \sqrt{1 + 0{,}75(\alpha_0 M_t/M_b)^2}\,; \quad \text{Hyp. } \zeta$$

Beispiel: Die gefährdete Stelle einer Welle von 150 mm Dmr. ist durch ein Biegemoment $M_b = 60000$ kpcm (Belastungsfall III) und durch ein Verdrehungsmoment $M_t = 216000$ kpcm (Belastungsfall II) beansprucht. Wie groß ist die Sicherheit ν nach den verschiedenen Hypothesen, wenn $\beta_k = 2{,}15$ (S. 358) und die Wechselfestigkeit $\sigma_{Wb} = 2400$ kp/cm² bekannt sind?

Für mittelharten Stahl gilt im Belastungsfall III $\sigma_{b\,\text{zul}\,(1)} = 400$ kp/cm² und im Belastungsfall II $\sigma_{z\,\text{zul}\,(2)} = 800$ kp/cm², also $\alpha_0 = 400/800 = 0{,}5$ und $\alpha_0 M_t/M_b = 0{,}5 \cdot 216000/60000 = 1{,}8$. Da $W = \pi\, 15^3/32 = 331{,}3$ cm³, ferner $\sigma = \sigma_n = \xi M_b/W = \xi \cdot 60000/331{,}3$ und $\nu = \dfrac{\sigma_{Wb}}{\sigma_n \beta_k} = \dfrac{2400}{\sigma_n \cdot 2{,}15}$ wird, ergibt sich (Bild 109)

nach Hyp. β: $\xi = 1{,}69$; $\sigma_n = 306$ kp/cm²; $\nu = 3{,}64$;
,, ,, γ: $\xi = 2{,}06$; $\sigma_n = 373$ kp/cm²; $\nu = 2{,}99$;
,, ,, ζ: $\xi = 1{,}85$; $\sigma_n = 335$ kp/cm²; $\nu = 3{,}33$.

Berechnet man den Durchmesser nach den drei Hypothesen für $\sigma_{\text{zul}} = 400$ kp/cm², so erhält man 137 bzw. 147 bzw. 142 mm Dmr. mit gleicher Sicherheit $\nu = 2400/(400 \cdot 2{,}15) = 2{,}79$.

β) Auch für den *Kreisring*querschnitt fallen die Punkte für max σ und max τ zusammen. Mit

$$W = {}^1/_{32}\pi D^3[1 - (d/D)^4]$$

ergeben sich dieselben Formeln wie für den Kreis.

γ) Beim *rechteckigen* Querschnitt wird die größte Biegespannung mit der Schubspannung max τ bzw. τ_2 nach S. 410 (je nachdem die Nullinie parallel der großen oder kleinen Rechteckseite ist) zur reduzierten Spannung zusammengesetzt.

d) Biegung und Schub. Bei der Biegung (S. 363) wurden die Querkräfte, bei der Berechnung auf Schub (S. 402) wurden die Biegemomente unbeachtet gelassen. Tatsächlich treten in beiden Fällen Schub und Biegung gleichzeitig auf. Bei *kurzen* Stäben kann aber der Einfluß der Biegung, bei *langen* Stäben der Einfluß der Schubkraft vernachlässigt werden, vgl. Beispiele.

Beispiele: 1. Ein Träger auf 2 Stützen von der Länge l sei durch eine Kraft F in der Mitte belastet, sein Querschnitt sei ein Rechteck mit den Seiten b und h.

Die Senkung des Angriffspunktes der Last infolge der Biegemomente ist nach S. 386:

$$f_b = \frac{F l^3}{48 E I} = \frac{F l^3}{48 E \cdot {}^1/_{12} b h^3} = \frac{F l^3}{4 E b h^3}\,;$$

die Senkung infolge der Querkraft nach S. 406:

$$f_q = \max v = 0{,}3\, Fl/bhG.$$

Also wird mit $E/G = 2(1+\mu) = 2{,}6$ für $\mu = 0{,}3$ (S. 355)

$f_{ges} = f_b + f_q = f_b[1 + 3{,}12(h/l)^2] = f_q[1 + 0{,}321(l/h)^2]$, d. h. für $h/l = \sqrt{0{,}321} = 0{,}566$ ist $f_b = f_q$, und für $h > 0{,}566\, l$ überwiegt f_b, für $h < 0{,}566\, l$ überwiegt f_q.

Für $h < l/16$ ist der Fehler durch Vernachlässigung der Schubkraft kleiner als 1,2%,
für $h > 6l$ ist der Fehler durch Vernachlässigung der Biegung kleiner als 0,9%.

2. Ein eingespannter Stab von kreisförmigem Querschnitt und der Länge l sei an seinem Ende mit einer durch den Mittelpunkt gehenden Kraft F belastet, Bild 110. Diese liefert an der Einspannstelle das Biegemoment Fl und die Querkraft F. Die maximale Biegespannung σ_b ergibt sich zu $\max \sigma_b = 32Fl/\pi d^3$ und tritt in den äußersten Fasern, d. h. in den Punkten b auf ($\tau_s = 0$); die größte Schubspannung τ_s infolge der Querkraft F ergibt sich zu $\max \tau_s = 16F/3\pi d^2$ (Abs. IV 2, S. 404, und zwar für den Durchmesser aa ($\sigma_b = 0$). Es muß dann geprüft werden, ob $\max \sigma_b \leqq \sigma_{b\,zul}$ und $\max \tau_s \leqq \tau_{s\,zul}$ ist.

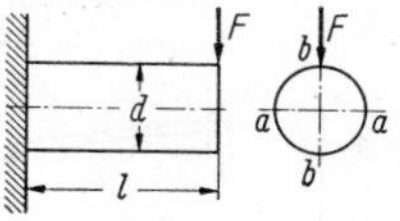

Bild 110

In beliebiger Entfernung z vom Durchmesser a lassen sich der jeweilige Wert von σ_b und τ_s, z. B. nach *Mohr*, zu einer Vergleichsspannung zusammensetzen, und es zeigt sich, daß die größten Werte in den genannten Fasern auftreten.

3. Ist bei der Belastung gemäß Bild 108 die Stablänge l groß, so ist noch die Biegespannung zu beachten. Längs aa ist diese gleich Null und in den Punkten b am größten. Die Aussage über τ_{res} in den Punkten a bleibt bestehen, während in den Punkten b aus $\sigma_b = 32Fl/\pi d^3$ und $\tau_t = 8F/\pi d^2$ die Vergleichsspannung, z. B. nach *Mohr*, ermittelt werden kann:

$$\sigma_{Mohr} = \sigma_b \sqrt{1 + (d/2l)^2} = 2\tau_t \sqrt{1 + (2l/d)^2}\,.$$

VIII. Beanspruchung der Federn

Literatur: Gross, S.: Berechnung u. Gestaltung von Metallfedern, 3. Aufl. Berlin: Springer 1960. — Außerdem [1].

Es bedeuten:

F die zulässige Belastung (Tragfähigkeit) der Feder in kp ≋ bzw. N ≋,

f die Durchbiegung bzw. den Verdrehungsweg der Kraft in cm, entsprechend der Belastung F oder der zulässigen Biegespannung σ_{zul} oder Drehungsspannung τ_{zul},

die Länge der Feder in cm,

$A = {}^1/_2 Ff$ in kpcm ≋ bzw. Ncm ≋ die Arbeit, die von einer Feder bei einer Durchbiegung von 0 bis f aufgenommen wird (Federungsarbeit), wobei die Kraft proportional der Durchbiegung von Null auf F wächst. A hat die Form $\eta(\max \sigma)^2 V/E$ bzw. $\eta(\max \tau)^2 V/G$, worin η eine Konstante, die Raumzahl, V der Rauminhalt der Feder und $\max \sigma$ bzw. $\max \tau$ die größte wirklich auftretende Spannung ist,

c die Federkonstante (Federrate), d. h. spez. Rückstellkraft bzw. Rückstellmoment.

Bei Quer- und Längsschwingungen (1a, 2b) ist die Schwingungsdauer einer gewichtslos gedachten und mit der Masse m belasteten Feder gleich $T = 2\pi \sqrt{m/c} = 2\pi \sqrt{f/g}$, wenn f die Durchbiegung unter Belastung durch das Eigengewicht ($= mg$) ist. $c = F/f$ stellt die Federkonstante oder (spez.) Rückstellkraft in kp/cm ≋ bzw. N/cm ≋ dar (vgl. S. 281).

Bei Drehschwingungen (1b, 2a) ist $T = 2\pi \sqrt{\Theta/c}$. Darin ist Θ das Massenträgheitsmoment (S. 269) und c das (spez.) Rückstellmoment in kpcm/($\widehat{\varphi} = 1$) ≋ bzw. Ncm/rad ≋, d. h. das Moment, das eine Drehung um den Winkel „Eins" im Bogenmaß hervorruft. Es ist $c =$ $=$ Moment/Winkel $= M/\widehat{\varphi} = Fr/\widehat{\varphi} = Fr^2/f$.

Werte für zulässige Spannungen vgl. Abschn. Federnde Verbindungen S. 704.

---

[1] *Göhner, O.:* Schubspannungsverteilung im Querschnitt eines gedrillten Ringstabes mit Anwendung auf Schraubenfedern. Ing.-Arch. 2 (1931) 1. — Ders.: Spannungsverteilung in einem an den Endquerschnitten belasteten Ringstabsektor. Ebenda S. 381. — Ders.: Die Berechnung zylindrischer Schraubenfedern. VDI-Z. 76 (1932) 269, 352, 735. — *Liesecke, G.:* Berechnung zylindrischer Schraubenfedern mit rechteckigem Drahtquerschnitt. VDI-Z. 77 (1933) 425. — *Vogel, A.:* Federn kleinsten Werkstoffaufwandes. ATZ 50 (1948) 63. — *Wolf, A.:* Vereinfachte Berechnung von Druckfedern mit Rechteckquerschnitt für begrenzte Einbauverhältnisse. Werkstatt u. Betr. 82 (1949) 7. — Ders.: Ein neues Rechenhilfsmittel für zylindrische Schraubenfedern mit Kreis- und Rechteckquerschnitt. Ebenda S. 216. — Ders.: Vereinfachte Formeln zur Berechnung zylindrischer Schrauben-Druck- und -Zug-Federn mit Rechteckquerschnitt. VDI-Z. 91 (1949) 259. — *Meyer zur Capellen, W.:* Über die Torsion rechteckiger Stäbe. Konstruktion 3 (1951) 127/30 u. 256. — *Schulz, G.:* Federberechnungstabelle für zylindrische Schraubenfedern mit kreisförmigem oder quadratischem Querschnitt. 3. Aufl. Düsseldorf: Triltsch 1963.

1. Biegefedern (vgl S. 700)

a) Gerade Biegefedern

Nr.	Benennung	F und $c = F/f$	f und η
1	*Rechteckfeder,* einseitig eingespannt 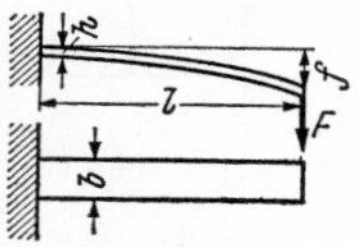	$F = \frac{b h^2}{6} \frac{\sigma_{zul}}{l}$; $c = \frac{1}{4} \frac{b h^3}{l^3} E$	$f = \frac{F}{E I} \frac{l^3}{3} = 4 \frac{l^3}{b h^3} \frac{F}{E} = \frac{2}{3} \frac{l^2}{h} \frac{\sigma_{zul}}{E}$; $\eta = \frac{1}{18}$
2	*Rechteckfederpaar,* beiderseitig eingespannt 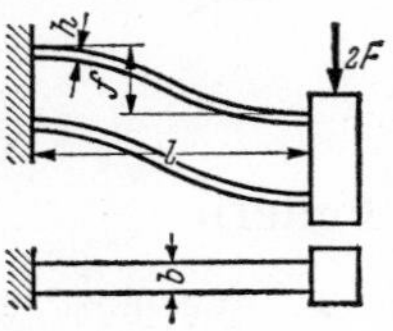	$F = \frac{b h^2}{3} \frac{\sigma_{zul}}{l}$ $c = \frac{b h^3}{l^3} E$ je Feder	$f = \frac{F}{E I} \frac{l^3}{12} = \frac{l^3}{b h^3} \frac{F}{E} = \frac{1}{3} \frac{l^2}{h} \frac{\sigma_{zul}}{E}$; $\eta = \frac{1}{18}$
3	*Dreieckfeder* 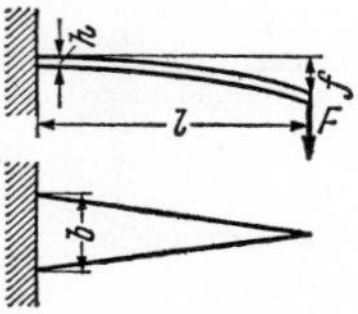	$F = \frac{b h^2}{6} \frac{\sigma_{zul}}{l}$; $c = \frac{1}{6} \frac{b h^3}{l^3} E$	$f = \frac{F}{E I} \frac{l^3}{2} = 6 \frac{l^3}{b h^3} \frac{F}{E} = \frac{l^2}{h} \frac{\sigma_{zul}}{E}$; $\eta = \frac{1}{6}$
4	*Trapezfeder* 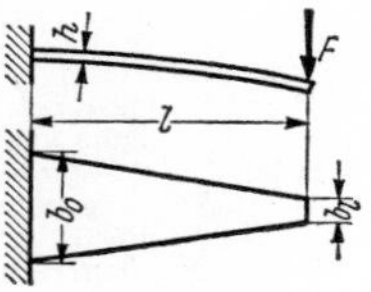	$F = \frac{b_0 h^2}{6} \frac{\sigma_{zul}}{l}$; $c = \frac{1}{4\psi} \frac{b_0 h^3}{l^3} E$	$f = \psi \frac{F}{E I_0} \frac{l^3}{3} = 4\psi \frac{l^3}{b_0 h^3} \frac{F}{E} = \frac{2}{3} \psi \frac{l^2}{h} \frac{\sigma_{zul}}{E}$; $\eta = \frac{1}{9} \frac{\psi}{1 + \beta}$

Hierin ist $\beta = b_l/b_0$, und ψ ist der folgenden Tabelle zu entnehmen

β	0	0,1	0,2	0,3	0,4	0,5	0,6	0,7	0,8	0,9	1,0
ψ	1,500	1,390	1,315	1,250	1,202	1,160	1,121	1,085	1,054	1,025	1,000

Gerade Biegefedern (Fortsetzung)

Nr	Benennung	F und $c = F/f$	f und η
5	*Geschichtete Trapezfeder* 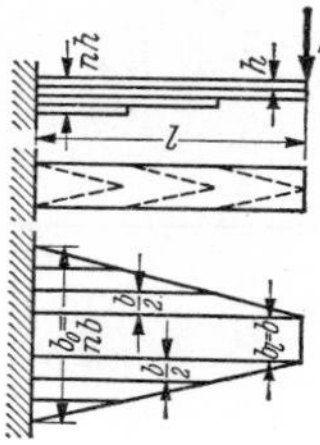	$F = \frac{W_0}{l}\sigma_{zul} = \frac{1}{6}\frac{b_0 h^2}{l}\sigma_{zul}$ $= \frac{1}{6}\frac{n b h^2}{l}\sigma_{zul}$; $c = \frac{1}{4\psi}\frac{n b h^3}{l^3}E$; ψ vgl. Fall 4. $\beta = b_l/b_0\ [= 1/n]$	$f = \psi\frac{F}{E I_0}\frac{l^3}{3}$ $= 4\psi\frac{l^3}{n b h^3}\frac{F}{E}$ $= \frac{2}{3}\psi\frac{l^2}{h}\frac{\sigma_{zul}}{E}$; $\eta = \frac{1}{9}\frac{\psi}{1+\beta}$
		Bei „gesprengten" Blattfedern (S. 701) sind die durch das „Sprengen" verursachten Zusatzspannungen zu beachten.	

b) Gewundene Biegefedern[1] (l = Länge der *gestreckt* gedachten Feder)

Nr.	Benennung	F und $c = M/\varphi$	f und η (φ als Bogen)
1	Gewundene Feder mit *rechteckigem* Querschnitt 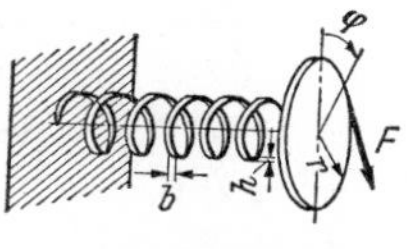	$F = \frac{b h^2}{6}\frac{\sigma_{zul}}{r}$; $c = \frac{1}{12}\frac{b h^3}{l}E$	$f = r\varphi = \frac{F}{E I}l r^2$ $= 12\frac{F l r^2}{E b h^3} = 2\frac{r l}{h}\frac{\sigma_{zul}}{E}$; $\eta = \frac{1}{6}$
2	Gewundene Feder mit *rundem* Querschnitt 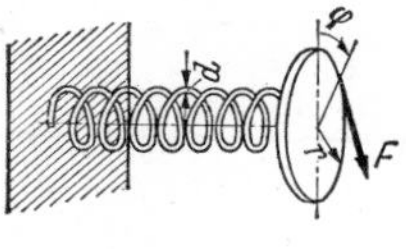	$F = \frac{\pi d^3}{32}\frac{\sigma_{zul}}{r}$; $c = \frac{\pi d^4}{64 l}E$	$f = r\varphi = \frac{F}{E I}l r^2$ $= \frac{64}{\pi}\frac{F l r^2}{E d^4} = 2\frac{r l}{d}\frac{\sigma_{zul}}{E}$; $\eta = \frac{1}{8}$
3	*Spiralfeder* mit *rechteckigem* Querschnitt 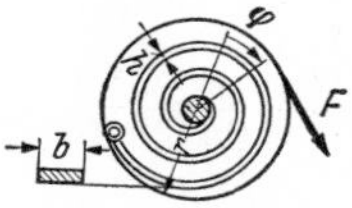	$F = \frac{b h^2}{6}\frac{\sigma_{zul}}{r}$; $c = \frac{1}{12}\frac{b h^3}{l}E$	$f = r\varphi = \frac{F}{E I}l r^2$ $= 12\frac{F l r^2}{E b h^3} = 2\frac{r l}{h}\frac{\sigma_{zul}}{E}$; $\eta = \frac{1}{6}$

[1] Die Formeln stellen erste Näherungen dar, vgl. *Gross*, Lit. S. 425, sowie *Palm, J.*, u. *K. Thomas:* Berechnung gekrümmter Biegefedern. VDI-Z. 101 (1959) Nr. 8 S. 301/08.

2. Drehfedern (vgl. S. 706)

a) Gerade Drehfedern

Nr.	Benennung	F und $c = M/\varphi$	f und η
1	Einfache Drehfeder mit *rundem* Querschnitt[1] 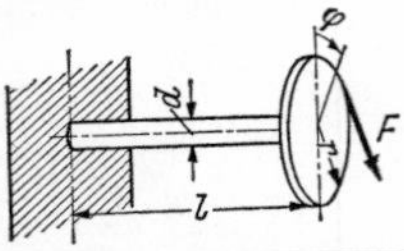	$F = \frac{\pi}{16}\frac{d^3}{r}\tau_{zul}$; $c = \frac{\pi d^4}{32 l} G$	$f = r\varphi = \frac{32 r^2 l}{\pi d^4}\frac{F}{G} = 2\frac{rl}{d}\frac{\tau_{zul}}{G}$; $\eta = \frac{1}{4}$
2	Einfache Drehfeder mit *rechteckigem* Querschnitt[1] 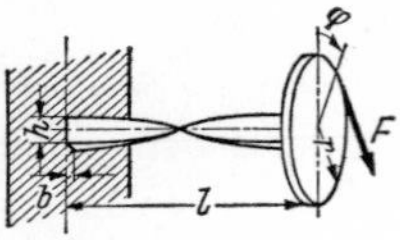	$F = \frac{c_1}{c_2}\frac{b^2 h}{r}\tau_{zul}$; $c = c_1\frac{b^3 h}{l} G$; h ist die größere Rechteckseite	$f = r\varphi = \frac{1}{c_1}\frac{r^2 l}{b^3 h}\frac{F}{G} = \frac{1}{c_2}\frac{rl}{b}\frac{\tau_{zul}}{G}$; $\eta = c_1/2c_2^2$
		c_1, c_2 vgl. S. 410, Nr. 7	

b) Gewundene Drehfedern[2]. i bedeutet die Anzahl der *wirksamen* Windungen, r den *mittleren* Windungshalbmesser, l die *wirksame* Drahtlänge. Der für viele Fälle im allgemeinen geringe Einfluß des Neigungswinkels α ist vernachlässigt.

Nr.	Benennung	F und $c = F/f$	f und η
1	*Zylindrische Schraubenfeder* mit *rundem* Querschnitt 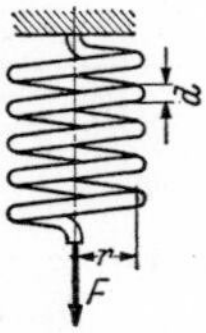	$F = \frac{1}{k_1}\frac{\pi}{16}\frac{d^3}{r}\tau_{zul} = \frac{\xi}{k_1}\frac{\pi}{8} d^2 \tau_{zul}$; $c = \frac{1}{k_2}\frac{d^4}{64 i r^3} G$; **Nomogramm** vgl. S. 706	$f = k_2\frac{64 i r^3}{d^4}\frac{F}{G} = \frac{k_2}{\xi^3}\frac{8 i F}{d G} = k_2\frac{32}{\pi}\frac{l r^2}{d^4}\frac{F}{G} = \frac{k_2}{k_1}\frac{4\pi i r^2}{d}\frac{\tau_{zul}}{G} = \frac{k_2}{k_1}\frac{2 l r}{d}\frac{\tau_{zul}}{G}$; $\eta = k_2/4k_1^2$
		Ist das Windungsverhältnis $\xi = d/2r$ sehr klein, so gilt in erster Annäherung $k_1 \approx k_2 \approx 1$. Sonst wird $k_1 = 1 + {}^5/_4\xi + {}^7/_8\,\xi^2 + \xi^3$; $k_2 = 1 - {}^3/_{16}\xi^2$. Werte für k_1 vgl. DIN 2089.	
2	*Kegelstumpffeder* mit *rundem* Querschnitt 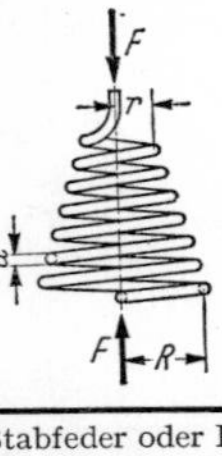	$F = \frac{\pi}{16}\frac{d^3}{R}\tau_{zul}$*; $c = \frac{1}{16}\frac{d^4}{i(R+r)(R^2+r^2)} G$	$f = 16\frac{i(R+r)(R^2+r^2)}{d^4}\frac{F}{G} = \frac{16}{\pi}\frac{l(R^2+r^2)}{d^4}\frac{F}{G} = \pi\frac{i(R+r)(R^2+r^2)}{Rd}\frac{\tau_{zul}}{G} = \frac{l(R^2+r^2)}{Rd}\frac{\tau_{zul}}{G}$; $\eta = [1 + (r/R)^2]/8$

[1] Sog. Stabfeder oder Drehstabfeder, vgl. S. 706.
[2] Über Federn mit rechteckigem Querschnitt vgl. das Schrifttum in Anm. 1, S. 425.
* Die Formeln vernachlässigen den Einfluß des (veränderlichen) Windungsverhältnisses.

Anwendung der Tabellen: Die vorstehenden Formeln können zur Nachrechnung oder zum Entwurf neuer Federn benutzt werden. Im ersten Fall stellt τ_{zul} die vorhandene Spannung τ dar, und es muß nach dieser aufgelöst werden. Im zweiten Fall stehen mehrere Veränderliche zur Verfügung, von denen einige frei wählbar sind. Ist z. B. eine Schraubenfeder nach 2b, 1 zu entwerfen, so schreibt das benutzte Material den Wert von τ_{zul} vor. Ist dann noch F gegeben, so bleibt nur eine Beziehung zwischen d und r bestehen. Setzt man zunächst k_1 gleich 1, so gilt $d^3/r = 16/\pi \cdot F/\tau_{zul}$ oder $\xi d^2 = 8/\pi \cdot F/\tau_{zul}$. Eine Wahl von r bestimmt dann d und umgekehrt, oder eine Wahl des Verhältnisses $\xi = d/2r$ bestimmt d. Nach endgültigen Maßen für r und d muß τ u. U. mit der genaueren Formel nachgeprüft werden. Die Größe der Federung ist unter diesen Annahmen nur noch von i abhängig.

In ähnlicher Weise kann bei den anderen Federn vorgegangen werden.

Beispiel: Zylindrische Schraubenfeder mit *rundem* Querschnitt. — Geht man vom Windungsverhältnis $\xi = d/2r$ aus, so kann nach der zweiten Formel für F (bei gegebenem τ_{zul} und F) hieraus d errechnet werden: Sei $\xi = d/2r = 0{,}2$; $F = 50$ kp und $\tau_{zul} = 3500$ kp/cm², so wird $k_1 = 1 + {}^5/_4 \cdot 0{,}2 + {}^7/_8 \cdot 0{,}04 + 0{,}008 = 1{,}293$, also $d^2 = \frac{F k_1}{\xi \tau_{zul}} \frac{8}{\pi} = \frac{50 \cdot 1{,}293 \cdot 8}{0{,}2 \cdot 3500 \cdot \pi} = 0{,}235$ oder $d \approx 0{,}5$ cm $= 5$ mm, d. h. $r = d/2\xi = 5/0{,}4 = 12{,}5$ mm. — Soll $f = 10$ mm sein, so folgt mit $k_2 = 1 - {}^3/_{16} \cdot 0{,}04 = 0{,}9925 \approx 1$ und $G = 800000$ kp/cm² aus $f = \frac{k_2}{\xi^3} \frac{8 i F}{d G}$ der Wert $i = \frac{1 \cdot 0{,}2^3 \cdot 0{,}5 \cdot 800000}{1 \cdot 8 \cdot 50} = 8$.

3. Federn mit konischen Ringen (vgl. S. 708)

Bedeuten in Bild 111

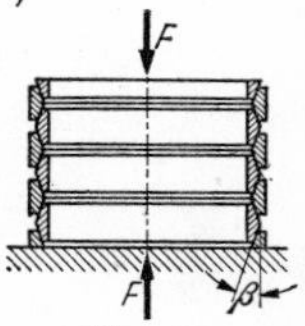

Bild 111

S_a, S_i Querschnitt des Außen- bzw. Innenringes,
r_a, r_i Schwerpunkthalbmesser des Außen- bzw. Innenringes,
n_a, n_i Zahl der Außen- bzw. Innenringe,
z Zahl der Kegelflächen,
β Winkel zwischen Federachse und Kegelmantellinie eines Ringes ($\beta > \varrho$),
V $= 2\pi(n_a r_a S_a + n_i r_i S_i)$ = Federrauminhalt,
μ $= \tan\varrho$ Reibungszahl; $\mu \approx 0{,}16$; $\varrho \approx 9°$,

so folgt:

Spannung im Außenring $\sigma_a = \frac{F}{\pi S_a \tan(\beta + \varrho)}$; im Innenring $\sigma_i = \frac{F}{\pi S_i \tan(\beta + \varrho)}$;

Durchbiegung (Verkürzung) $f = \frac{z}{\pi \tan\beta \tan(\beta + \varrho)} \left(\frac{r_a}{S_a} + \frac{r_i}{S_i}\right) \frac{F}{E}$;

$$\text{Raumzahl } \eta = \frac{z}{4} \frac{\tan(\beta+\varrho)}{\tan\beta} \cdot \frac{S_i}{S_a} \cdot \frac{r_a S_i + r_i S_a}{n_a r_a S_a + n_i r_i S_i}$$
$$= \frac{1}{4} \cdot \frac{z}{n_i} \cdot \frac{\tan(\beta+\varrho)}{\tan\beta} \cdot \frac{1 + (r_a/r_i)\cdot(S_i/S_a)}{1 + (n_a/n_i)\cdot(r_a/r_i)\cdot(S_a/S_i)}.$$

Für den Wirkungsgrad der Feder, d. h. das Verhältnis der Arbeit bei Belastung zu der bei Entlastung, folgt $\tan(\beta - \varrho)/\tan(\beta + \varrho)$.

4. Tellerfedern vgl. Abschn. Federnde Verbindungen, S. 702

IX. Beanspruchung von Gefäßen, umlaufenden Scheiben, Platten

1. Hohlzylinder[1]

Es bedeuten in Bild 112:

r_a, r_i Außen- bzw. Innenhalbmesser in cm,
s $= r_a - r_i$ = Wanddicke in cm,
η $= r_a/r_i$ dimensionslose Verhältniszahl,
σ_t Spannung in tangentialer Richtung, Zugspannungen positiv, Druckspannungen negativ.
σ_r Spannung in radialer Richtung,
σ_x Spannung in Richtung der Zylinderachse,
σ_{red} reduzierte Spannung (S. 359/60).

Spannungen und Drücke in kp/cm² ≋ bzw. N/cm² ≋.

[1] DIN 2413 (Juni 1966) Stahlrohre, Berechnung der Wanddicke gegen Innendruck. — *Wellinger, K.* u. *D. Uebing:* Zur Berechnung zylindrischer Hohlkörper für statische Innendruckbelastung. Konstruktion 15 (1963) Nr. 7 S. 257/62. — Berechnung der Spitzenbeanspruchung an Behältern mit eingeschweißten Stutzen in *Winn, L.:* Berechnung von Behältern unter statischem Innendruck. Konstruktion 15 (1963) Nr. 7 S. 263/70. — *Flügge, W.:* Statik u. Dynamik der Schalen. 3. Aufl. Berlin: Springer 1962. — *Gravina, P. B.:* Theorie u. Berechnung der Rotationsschalen. Berlin: Springer 1961. — *Wolmir, A.:* vgl. Anm. 3, S. 418.

Es liegt ein dreiachsiger Spannungszustand vor, und es ist nach *Mohr* (S. 360)

$$\sigma_{\text{red}} = \sigma_t - \sigma_r, \qquad \text{Hyp. } \delta$$

da die mittlere Hauptspannung nach *Mohr* keine Rolle spielt (vgl. Beispiel); nach der Hypothese der maximalen Gestaltänderungsarbeit wird

$$\sigma_{\text{red}}^2 = {}^1/_2[(\sigma_t - \sigma_r)^2 + (\sigma_r - \sigma_x)^2 + (\sigma_x - \sigma_t)^2]. \qquad \text{Hyp. } \zeta$$

a) Innendruck p_i, Bild 112. Die gefährdeten Punkte liegen innen. Dort ist $\sigma_t = \max \sigma_t = p_i\,(\eta^2 + 1)/(\eta^2 - 1)$, $\sigma_r = \max \sigma_r = -p_i$, $\sigma_x = 0$ bei offenem, $\sigma_x = p_i/(\eta^2 - 1)$ bei geschlossenem Zylinder. Für *kleine* Wanddicken gilt (die „Kesselformel“, vgl. S. 606, 667 und 809) $s \geqq p_i r_i/\sigma_{z\,\text{zul}}$.

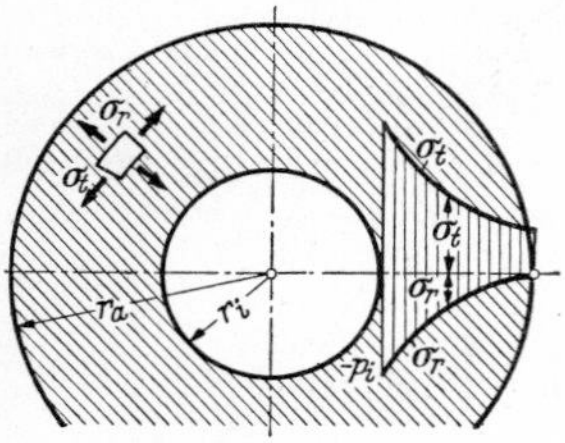

Bild 112

Nach Hyp. δ ist, ob offen oder geschlossen,

$$\sigma_{\text{red}} = p_i \frac{2\eta^2}{\eta^2 - 1};$$

$$\eta = \frac{r_a}{r_i} \geqq \sqrt{\frac{\sigma_{\text{zul}}}{\sigma_{\text{zul}} - 2p_i}}, \quad p_i < \sigma_{\text{zul}}/2.$$

Für $\sigma_{d\,\text{zul}} \neq \sigma_{z\,\text{zul}}$ vgl. Beispiel.

Nach Hyp. ζ folgt für offenen Zylinder

$$\sigma_{\text{red}} = p_i \frac{\sqrt{1 + 3\eta^4}}{\eta^2 - 1}; \qquad \eta = \frac{r_a}{r_i} \geqq \sqrt{\frac{\psi^2 + \sqrt{4\psi^2 - 3}}{\psi^2 - 3}},$$

$$\text{worin} \quad \psi = \sigma_{\text{zul}}/p_i > \sqrt{3}, \qquad p_i < \sigma_{\text{zul}}/1{,}73.$$

Nach Hyp. ζ folgt für geschlossenen Zylinder

$$\sigma_{\text{red}} = p_i \frac{1{,}73\eta^2}{\eta^2 - 1}; \quad \eta = \frac{r_a}{r_i} \geqq \sqrt{\frac{\sigma_{\text{zul}}}{\sigma_{\text{zul}} - 1{,}73 p_i}}, \quad p_i < \sigma_{\text{zul}}/1{,}73.$$

Beispiel: Eine hydraulische Presse soll bei 300 mm Stempeldurchmesser eine Kraft von 200000 kp erzeugen. Wie groß muß die Wanddicke bei Stahlguß mit $\sigma_{d\,\text{zul}} = 1200\ \text{kp/cm}^2$, $\sigma_{z\,\text{zul}} = 800\ \text{kp/cm}^2$ sein?

Es ist $p_i = 200000 : (30^2\pi/4) = 283\ \text{kp/cm}^2$.

α) Nach Hyp. ζ wird mit $\psi^2 = (800/283)^2 = 8$

$$\eta = \frac{r_a}{r_i} = \sqrt{\frac{8 + \sqrt{4 \cdot 8 - 3}}{8 - 3}} = \sqrt{\frac{8 + \sqrt{29}}{5}} = \sqrt{\frac{13{,}38}{5}} = 1{,}636,$$

also $r_a = \eta \cdot r_i = \eta \cdot 165 = 270$ mm und $s = 270 - 165 = 105$ mm.

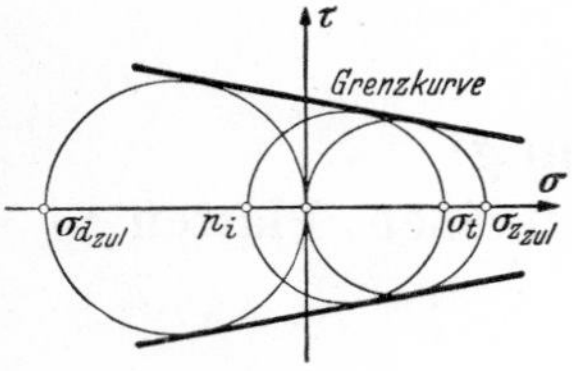

Bild 113

β) Nach *Mohr* muß, da $\sigma_{d\,\text{zul}} \neq \sigma_{z\,\text{zul}}$ ist, die geradlinige Grenzkurve benutzt werden (S. 360, Bild 28), vgl. Bild 113, mit $\sigma_x = 0$. Der Spannungskreis, der durch $-p_i$ und $\sigma_t = \max \sigma_t$ gegeben ist, darf die Grenzkurve höchstens berühren. Aus den geometrischen Beziehungen in Bild 113 und aus der Formel für σ_t folgt dann, daß

$$\eta = \frac{r_a}{r_i} \geqq \sqrt{\frac{\sigma_{z\,\text{zul}}\,\sigma_{d\,\text{zul}} + p_i(\sigma_{d\,\text{zul}} - \sigma_{z\,\text{zul}})}{\sigma_{z\,\text{zul}}\,\sigma_{d\,\text{zul}} - p_i(\sigma_{d\,\text{zul}} + \sigma_{z\,\text{zul}})}},$$

$$\frac{1}{p_i} > \left(\frac{1}{\sigma_{d\,\text{zul}}} + \frac{1}{\sigma_{z\,\text{zul}}}\right)$$

sein muß. Im Zahlenbeispiel erhält man

$$\eta = \frac{r_a}{r_i} \geqq \sqrt{\frac{800 \cdot 1200 + 283 \cdot 400}{800 \cdot 1200 - 283 \cdot 2000}} = \sqrt{\frac{96 + 11{,}3}{96 - 56{,}6}} = \sqrt{\frac{107{,}3}{39{,}4}} = 1{,}652,$$

also $r_a = \eta \cdot r_i = 272 \approx 275$ mm und $s = 275 - 165 = 110$ mm.

Vom Vollwandkörper geht man heute vielfach zur Mehrteil-Bauart über[1].

[1] *Class, J.*, u. *A. F. Maier:* Bauarten von Hochdruck-Hohlkörpern in Mehrteil-, insbes. Mehrlagen-Konstruktion. Chem.-Ing.-Techn. 24 (1952) 184/98. — *Siebel, E.*, u. *S. Schwaigerer:* Die Beanspruchungsverhältnisse gewickelter Behälter. Ebenda S. 199/203; dies.: vgl. Anm. 1, S. 420. — *Morrison, I. L. B.*, u. *B. Crossland:* Die Festigkeit dickwandiger, durch schwellenden Innendruck beanspruchter Rohre. Konstruktion 14 (1962) Nr. 9 S. 367/70.

b) Außendruck p_a, sofern Einbeulen nicht zu befürchten ist (vgl. S. 418): Die gefährdeten Punkte liegen innen. Dort ist

$$\sigma_t = \max \sigma_t = -2p_a \frac{\eta^2}{\eta^2 - 1},$$

$$\sigma_r = 0, \ \sigma_x = 0 \quad \text{(offen)}$$

$$\text{bzw. } \sigma_x = -p_a \frac{\eta^2}{\eta^2 - 1} \quad \text{(geschlossen)}.$$

Es liegt hier ein ein- bzw. zweiachsiger Spannungszustand vor.

Für kleine Wanddicken gilt $s \geqq p_a r_a / \sigma_{d\,\mathrm{zul}}$.

Beim offenen Zylinder muß $|\sigma_t| \leqq \sigma_{d\,\mathrm{zul}}$ sein oder

$$\eta = \frac{r_a}{r_i} \geqq \sqrt{\frac{\sigma_{d\,\mathrm{zul}}}{\sigma_{d\,\mathrm{zul}} - 2p_a}}, \quad p_a < \sigma_{d\,\mathrm{zul}}/2.$$

Beim geschlossenen Zylinder folgt

nach Hyp. δ: $\sigma_{\mathrm{red}} = p_a \dfrac{\eta^2}{\eta^2 - 1}$ und $\eta = \dfrac{r_a}{r_i} \geqq \sqrt{\dfrac{\sigma_{\mathrm{zul}}}{\sigma_{\mathrm{zul}} - p_a}}$, $\quad p_a < \sigma_{\mathrm{zul}}$;

nach Hyp. ζ: $\sigma_{\mathrm{red}} = p_a \dfrac{1{,}73\eta^2}{\eta^2 - 1}$ und $\eta = \dfrac{r_a}{r_i} \geqq \sqrt{\dfrac{\sigma_{\mathrm{zul}}}{\sigma_{\mathrm{zul}} - 1{,}73 p_a}}$, $p_a < \sigma_{\mathrm{zul}}/1{,}73$.

c) Bei **Außen- und Innendruck** zugleich ergibt sich für offenen, d. h. unendlich langen Zylinder der Spannungsverlauf zu

$$\sigma_r = -A + B(r) \quad \text{und} \quad \sigma_t = -A - B(r),$$

worin

$$A = \frac{p_a \eta^2 - p_i}{\eta^2 - 1} \quad \text{und} \quad B(r) = \frac{p_a - p_i}{\eta^2 - 1} \left(\frac{r_a}{r}\right)^2$$

ist und r den Abstand eines beliebigen Punktes vom Mittelpunkt bedeutet. Die obigen Sonderfälle (Zylinder offen) folgen hieraus für $p_a = 0$ bzw. $p_i = 0$.

2. Hohlkugeln[1]

Es bedeuten:

r_i, r_a = Innen- bzw. Außen-Halbmesser der Kugel in cm,
$s = r_a - r_i$ = Wanddicke in cm,
$\eta = r_a/r_i$ = dimensionslose Verhältniszahl,
σ_r = radiale Spannung (in Richtung der Halbmesser),
σ_t = tangentiale Spannung, d. h. in zwei beliebigen Richtungen senkrecht zu σ_r,
p_i = Innen-, p_a = Außendruck
r = Abstand eines beliebigen Punktes vom Mittelpunkt in cm.

Spannungen und Drücke in kp/cm² bzw. N/cm².

Es liegt ein dreiachsiger Spannungszustand (S. 354) vor mit den Hauptspannungen $\sigma_1 = \sigma_r$, $\sigma_2 = \sigma_3 = \sigma_t$, so daß sich nach den Hypothesen δ und ζ (vgl. 1) der *gleiche* Wert $\sigma_{\mathrm{red}} = \sigma_t - \sigma_r$ ergibt.

Für den Spannungsverlauf folgt $\sigma_r = A + B(r)$, $\sigma_t = A - {}^1/_2 B(r)$, worin

$$A = -\frac{p_a \eta^3 - p_i}{\eta^3 - 1}, \quad B(r) = \frac{p_a - p_i}{\eta^3 - 1}\left(\frac{r_a}{r}\right)^3 \quad \text{ist, und mit} \quad \Delta p = |p_a - p_i|$$

als absoluter Druckdifferenz[2] die reduzierte Spannung zu

$$\sigma_{\mathrm{red}} = \frac{1{,}5\Delta p}{\eta^3 - 1}\left(\frac{r_a}{r}\right)^3,$$

welche *innen* ihren *größten* Wert $\max \sigma_{\mathrm{red}} = 1{,}5\Delta p\,\eta^3/(\eta^3 - 1)$ erhält. Also muß

$$\eta = r_a/r_i \geqq \sqrt[3]{\sigma_{\mathrm{zul}}/(\sigma_{\mathrm{zul}} - 1{,}5\Delta p)} \quad \text{sein.}$$

---

[1] Vgl. Anm. 1, S. 429.

[2] Für Außendruck allein ist $\Delta p = p_a$, für Innendruck allein $\Delta p = p_i$.

Für *kleine* Wanddicken gilt mit r als mittlerem Halbmesser

$$s = {}^1/_2 r p_i / \sigma_{z\,\mathrm{zul}} \quad \text{bzw.} \quad s = {}^1/_2 r p_a / \sigma_{d\,\mathrm{zul}}$$ (vgl. Anm. [1] u. [2]).

3. Umlaufende Scheiben

Es bedeuten:

ω $= \pi n/30 =$ Winkelgeschwindigkeit 1/sec,
v $= r_a \omega =$ Umfangsgeschwindigkeit im Abstand r_a,
ϱ = spez. Masse ($= \gamma/g$ im techn. Maßsystem, γ in kp/cm³, $g = 981$ cm/sec²),
r_i = Radius der inneren Bohrung in cm,
r_a = äußerer Radius der Scheibe in cm,
r = beliebiger Abstand vom Mittelpunkt in cm,
s = Scheibendicke in cm,
σ_r = Radial-, σ_t = Tangentialspannung in kp/cm², $\mu = 0{,}3$ gesetzt.

Im MKS-System setze man ϱ in kg/cm³ (z. B. $7{,}8 \cdot 10^{-3}$ kg/cm³ bei Stahl), r in cm, v in cm/sec und σ in N/cm² ein.

a) Scheibe gleicher Festigkeit. α) Für die *volle Scheibe* ergibt sich für den Profilverlauf, Bild 114 (*Laval*-Scheibe), ein Exponentialgesetz mit s_i als innerer, s_a als äußerer Dicke:

$$s = s_i\, e^{-\varrho\omega^2 r^2/2\sigma} \quad \text{und} \quad s_a = s_i\, e^{-\varrho v^2/2\sigma}.$$

Hierbei ist $\sigma = \sigma_r = \sigma_t$ die an allen Stellen gleiche Spannung, vorausgesetzt, daß die Scheibe nicht zu stark gewölbt ist und daher die Neigungen der Spannungen gegen die Symmetrieebene gering sind.

Wendepunkt des Profils bei $r = \sqrt{\sigma/\varrho\omega^2} = r_a\sqrt{\sigma/\varrho v^2}$; dort ist $s = s_w = 0{,}6065\, s_i$.

β) Der *Kranz* muß an die Scheibe ohne zusätzliche Spannungen anschließen, es muß sich also der Kranz um den gleichen Betrag dehnen, um den sich die Scheibe dehnt. Ist p_a eine gleichförmig über den Umfang verteilte Spannung (z. B. infolge der Fliehkraft der Schaufeln), so folgt, Bild 114,

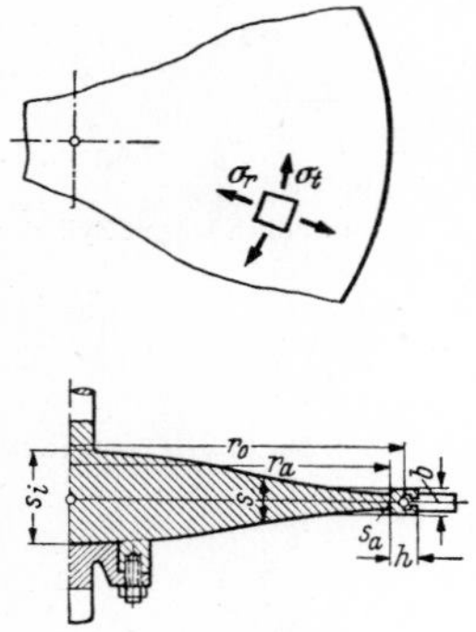

Bild 114

$$s_a = \frac{bh}{r_a}\left(\frac{p_a}{\sigma}\frac{r_a}{h} + \frac{\varrho r_0^2\,\omega^2}{\sigma} - \lambda\right).$$

Hierin ist nach *Bach-Baumann* $\lambda = 0{,}7$ und nach *Biezeno-Grammel* (S. 350, Lit. 1) $\lambda = 0{,}3\varepsilon + 0{,}7 r_a/r_0$, wobei $\varepsilon \approx 1$ (etwas unter 1), so daß, da $r_a/r_0 \approx 1$, auch $\lambda \approx 1$, genauer etwas unter 1 liegt. — Statt bh kann auch der Kranzquerschnitt f_k, also $h = f_k/b$ gesetzt werden.

Die vorhandene Spannung folgt hiernach zu
$$\sigma = \frac{p_a r_a/h + \varrho r_0^2 \omega^2}{s_a r_a/bh + \lambda}.$$

Beispiel: Gegeben $r_0 = 52$ cm; $r_a = 50$ cm; $\gamma = 7{,}85 \cdot 10^{-3}$ kp/cm³; $n = 3000$ U/min: d. h. $\omega = 314\ \mathrm{sec}^{-1}$; $b = 4$ cm; $h = 2{,}5$ cm; $\sigma = 500$ kp/cm²; $p_a = 180$ kp/cm², errechnet aus dem Gewicht der Schaufeln $G_s = 40$ kp und ihrem Schwerpunktabstand $r_s = 56$ cm zu

$$p_a = \frac{G_s r_s \omega^2}{2\pi g r_a b} = \frac{40 \cdot 56 \cdot 314^2}{2\pi \cdot 981 \cdot 50 \cdot 4} \approx 180\ \mathrm{kp/cm^2}.$$

Dann wird $s_a = \frac{10}{50}\left(\frac{180}{500}\cdot\frac{50}{2{,}5} + \frac{7{,}85\cdot 10^{-3}\cdot 52^2 \cdot 314^2}{500 \cdot 981} - \lambda\right) = 2{,}14\ \mathrm{cm} \approx 22\ \mathrm{mm}$, wobei hier $\lambda = 0{,}3 + 0{,}7 \cdot 50/52 = 0{,}97$ ist und $\lambda = 0{,}7$ den gleichen aufgerundeten Wert ergeben hätte.

Aus $\frac{\varrho r_a^2\,\omega^2}{2\sigma} = \frac{7{,}85\cdot 10^{-3}}{981}\cdot\frac{50^2\cdot 314^2}{2\cdot 500} = 1{,}96$ folgt $s_i = s_a e^{1{,}96} = 2{,}2 \cdot 7{,}1 = 15{,}6\ \mathrm{cm} = 156\ \mathrm{mm}$.

---

[1] Über den Einfluß der Temperaturen vgl. *Schrieder, E.:* Berechnung dickwandiger Gefäße bei Überdruck und verschiedenen Innen- und Außentemperaturen. Konstruktion 5 (1953) Nr. 6 S. 182/87.

[2] Über Arbeitsblätter vgl. *Heerwagen, R.:* Berechnung von Druckbehältern. Konstruktion 8 (1956) Nr. 11 S. 455/63.

b) Scheibe gleicher Dicke. α) Für die *volle Scheibe* (Bild 115) folgt $\sigma_r = 0{,}4125\varrho v^2(1 - r^2/r_a^2)$; $\sigma_t = 0{,}4125\varrho v^2(1 - 0{,}576 r^2/r_a^2)$, und die größte Spannung tritt für $r = 0$ auf, d. h. es ist $\max \sigma_t = 0{,}4125\varrho v^2$.

β) Für die *durchbohrte Scheibe* folgt $\sigma_r = 0{,}4125\varrho v^2[(1 + r_i^2/r_a^2) - r_i^2/r^2 - r^2/r_a^2]$; $\sigma_t = 0{,}4125\varrho v^2[(1 + r_i^2/r_a^2) + r_i^2/r^2 - 0{,}576 r^2/r_a^2]$.

Es ist $\sigma_{ri} = \sigma_{ra} = 0$, im Inneren wird $\sigma_i = \sigma_{ti} = 0{,}825\varrho v^2(1 + 0{,}212 r_i^2/r_a^2)$ als *größte* (auch reduzierte) Spannung. Bei *sehr kleiner* Bohrung ($r_i \to 0$) ist σ_{ti} doppelt so groß wie bei der vollen Scheibe.

Für einen dünnen Ring, bei dem r_i und r_a nur wenig vom mittleren Radius r abweichen, also $r_i/r_a \approx 1$ ist, folgt $\sigma_r = 0$ und $\sigma_t = \varrho v^2$, vgl. Beisp. e1 auf S. 273.

γ) *Einfluß von Kranz und Nabe.* Ist die Radialspannung am Innenrand zu $\sigma_{ri} = \sigma_i$ (z. B. Schrumpfspannung) und am Außenrand zu $\sigma_{ra} = \sigma_a$ (z. B. Spannung durch Fliehkräfte) gegeben, so folgt für den Spannungsverlauf, vgl. a. Bild 115,

$$\sigma_r = A + B/r^2 - 0{,}4125\varrho\omega^2 r^2;$$

$$\sigma_t = A - B/r^2 - 0{,}2375\varrho\omega^2 r^2,$$

worin

$$A = \frac{\sigma_a r_a^2 - \sigma_i r_i^2}{r_a^2 - r_i^2} + 0{,}4125\varrho\omega^2(r_a^2 + r_i^2),$$

$$B = -(\sigma_a - \sigma_i)\frac{r_a^2 r_i^2}{r_a^2 - r_i^2} - 0{,}4125\varrho\omega^2 r_a^2 r_i^2.$$

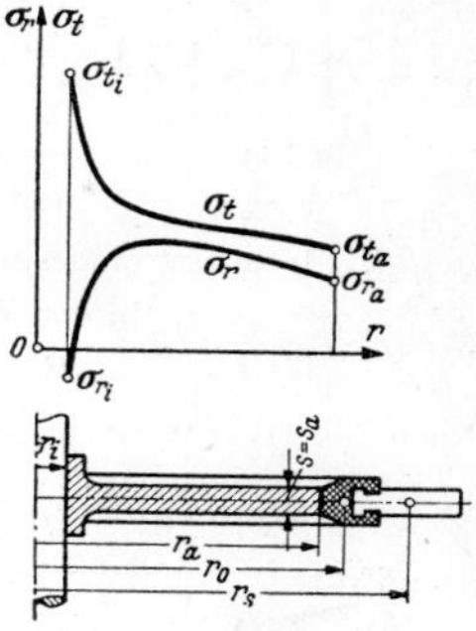

Bild 115

Insbesondere wird am Innen- bzw. Außenrand mit $\xi = r_i/r_a$:

$$\sigma_{ti} = 0{,}825\varrho v^2(1 + 0{,}212\xi^2) + \sigma_a\frac{2}{1 - \xi^2} - \sigma_i\frac{1 + \xi^2}{1 - \xi^2};$$

$$\sigma_{ta} = 0{,}825\varrho v^2(\xi^2 + 0{,}212) - \sigma_i\frac{2\xi^2}{1 - \xi^2} + \sigma_a\frac{1 + \xi^2}{1 - \xi^2}.$$

Unter Einwirkung der Fliehkräfte des Schaufelkranzes, Gewicht G_s, Abstand r_s, Querschnittsfläche f_k, Bild 115, errechnet sich nach *Biezeno-Grammel* (S. 350, Lit. 1) bzw. *Stodola* die Spannung σ_a zu

$$\sigma_a = \frac{\varrho\omega^2}{r_a s_a}\left[\frac{G_s r_s}{2\pi\gamma} + f_k r_0^2\left(1 - 0{,}175\frac{r_a^3}{r_0^3} - 0{,}825\frac{r_a r_i^2}{r_0^3}\right)\right],$$

wobei auch für den zweiten Ausdruck in der eckigen Klammer genähert geschrieben werden kann $0{,}825 f_k r_a^2(1 - r_i^2/r_a^2)$.

δ) Bei *breiter Scheibe* (Zylinder) muß noch die *axiale* Spannung σ_x berücksichtigt werden (dreiachsiger Spannungszustand), und es folgt

$$\sigma_r = 0{,}429\varrho v^2[(1 + r_i^2/r_a^2) - r_i^2/r^2 - r^2/r_a^2];$$

$$\sigma_t = 0{,}429\varrho v^2[(1 + r_i^2/r_a^2) + r_i^2/r^2 - 0{,}667 r^2/r_a^2];$$

$$\sigma_x = 0{,}107\varrho v^2(1 + r_i^2/r_a^2 - 2r^2/r_a^2),$$

so daß

$$\sigma_{ti} = 0{,}858\varrho v^2(1 + 0{,}167 r_i^2/r_a^2); \quad \sigma_{ta} = 0{,}858\varrho v^2(r_i^2/r_a^2 + 0{,}167);$$

$$\sigma_{xa} = -\sigma_{xi} = -0{,}107\varrho v^2(1 - r_i^2/r_a^2).$$

Über die Spannungen bei beliebig veränderlichem Profil vgl. Schrifttum, insbes. S. 350, Lit. 1; ferner *Baer, H.:* Forschg. Ing.-Wes. 7 (1936) 187 u. *Bolte, W.:* Festigkeitsberechnung der Laufräder von Radialverdichtern. Konstruktion 14 (1962) Nr. 7 S. 281/82.

4. Ebene Platten

Es bedeuten:

h cm die im Verhältnis zu den Plattenabmessungen kleine Plattendicke,

f cm die größte, im Verhältnis zu h kleine Durchbiegung,

σ_r bzw. σ_t die Normalspannungen (Hauptspannungen) in einem Plattenelement in radialer bzw. tangentialer Richtung, Bild 116,

σ_x, σ_y entsprechend die Spannungen in der x- bzw. y-Richtung, Bild 119, 120.

Die unten angegebenen Vorzeichen beziehen sich auf die untere Plattenseite, für die obere kehren sich die Vorzeichen um. In der Auswertung ist die Querzahl $\mu = 1/m = 0{,}3$ gesetzt.

Die Spannungen σ_r und σ_t bzw. σ_x und σ_y sind die Hauptspannungen und werden nach S. 360 zur reduzierten Spannung σ_{red} (Spalte 2) zusammengesetzt, $\sigma_{red} \leqq \sigma_{zul}$.

a) Kreisplatten[1]. Bei Belastung durch einen gleichförmig verteilten Druck p lassen sich Durchbiegung bzw. Spannung in der Form schreiben (r = Plattenhalbmesser in cm):

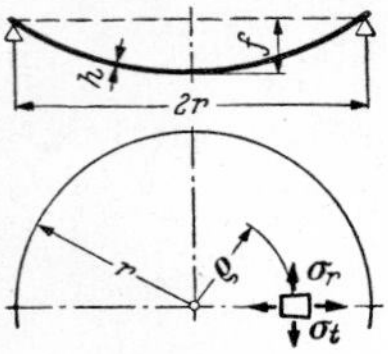

Bild 116

$$f = \psi p r^4/E h^3, \qquad \sigma_r = \varphi_r p r^2/h^2, \qquad \sigma_t = \varphi_t p r^2/h^2,$$

worin die Zahlen ψ, φ_r, φ_t folgende Werte haben:

α) *Auf die ganze Fläche gleichmäßig verteilter Druck* p.

$\alpha\alpha$) Platte frei aufliegend (Bild 116): $\psi = 0{,}7$;

in der Mitte: $\varphi_r = \varphi_t = \varphi_{\max} = 1{,}24$;

am Rand: $\varphi_r = 0$, $\varphi_t = 0{,}525$.

Bedingung nach den Hypothesen γ und ζ, S. 360: $\max\sigma \leqq \sigma_{\text{zul}}$.

$\beta\beta$) Platte fest eingespannt: $\psi = 0{,}17$;

in der Mitte: $\varphi_r = \varphi_t = 0{,}49$;

am Rand: $\varphi_r = \max\varphi = -0{,}75$, $\varphi_t = \mu\varphi_r = 0{,}3\varphi_r$.

Nach den Hypothesen γ bzw. ζ (S. 360) ist am Rand (größte Beanspruchung)

$$\sigma_{\text{red}} = \sigma_r \quad \text{bzw.} \quad \sigma_{\text{red}} = \sigma_r\sqrt{1 + \mu^2 - \mu} = 0{,}89\,\sigma_r.$$

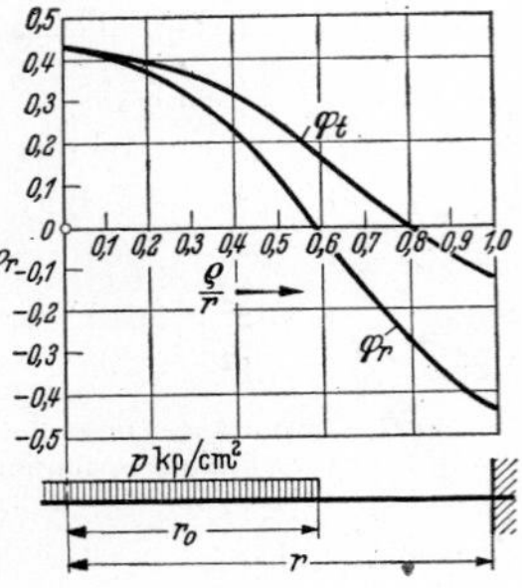

Bild 117

β) *Auf einen Kreis vom Halbmesser* r_0 *gleichmäßig verteilter Druck* p (Bild 117). Man kann sich den Druck p auch entstanden denken durch eine in der Mitte angreifende *Einzellast* F, die auf der Kreisfläche vom Halbmesser r_0 gleichmäßig verteilt ist. Dann wird $p = F/r_0^2\pi$. Für r_0/r ist ξ gesetzt.

Bei gleichem F wird p für kleiner werdende r_0 immer größer, und für $r_0 \to 0$, d. h. punktförmig angreifende Einzellast, versagen die Formeln hinsichtlich der Spannung.

$\alpha\alpha$) Platte frei aufliegend:

$\psi = 0{,}682\xi^2[2{,}54 - \xi^2(1{,}52 - \ln\xi)]^*$;

in der Mitte:

$\varphi_r = \varphi_t = \max\varphi = 1{,}95\xi^2(0{,}77 - 0{,}135\xi^2 - \ln\xi)$;

am Rand: $\varphi_r = 0$, $\varphi_t = 0{,}525\xi^2(2 - \xi^2)$.

Bedingungen nach den Hypothesen γ bzw. ζ (S. 360): $\max\sigma \leqq \sigma_{\text{zul}}$.

$\beta\beta$) Platte fest eingespannt (Bild 117, wo $\xi = 0{,}6$ ist):

$\psi = 0{,}682\xi^2[1 - \xi^2(0{,}75 - \ln\xi)]$;

in der Mitte:

$\varphi_r = \varphi_t = 1{,}95\xi^2(0{,}25\xi^2 - \ln\xi) = \varphi_0$;

am Rand: $\varphi_r = -0{,}75\xi^2(2 - \xi^2) = -\varphi_1$

und $\varphi_t = \mu\varphi_r = 0{,}3\varphi_r$.

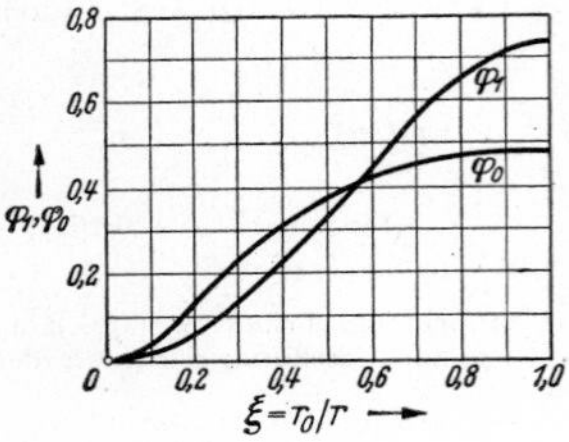

Bild 118

Ob in der Mitte oder am Rand die absolut größte Spannung auftritt, hängt vom Verhältnis $\xi = r_0/r$ ab, Bild 118, in dem die Beiwerte φ_0 und φ_1 in Abhängigkeit von ξ aufgetragen sind. Die Grenze liegt bei $\xi = r_0/r \approx 0{,}58$.

Den Verlauf der Werte φ_r und φ_t (und damit der diesen proportionalen Spannungen σ_r und σ_t) in Abhängigkeit von ϱ (Entfernung vom Mittelpunkt, Bild 116)

---

[1] Vgl. *Isakower, R. I.:* Berechnung großer Durchbiegungen kreisförmiger dünner Platten. Konstruktion 14 (1962) Nr. 7 S. 284 und hinsichtlich gelochter Platten: *Schunk, T. E.:* Berechnung gelochter kreisförmiger Platten. Ebenda Nr. 1 S. 11/17.

* Für $r_0 \to 0$ wird $f = 0{,}55 F r^2/E h^3$.

bzw. von ϱ/r zeigt Bild 117. Der Absolutwert von φ_r am Rand (d. h. von φ_1) ist größer als der Wert von $\varphi = \varphi_t$ in der Mitte (d. h. von φ_0), da $\xi = r_0/r > 0{,}58$.

Beispiele: 1. Gegeben bei fester Einspannung $r = 20$ cm, $r_0 = 12$ cm, $F = 600$ kp. Gesucht die Plattendicke h für $\sigma_{\text{zul}} = 300$ kp/cm².

Für $\xi = 12/20 = 0{,}6$ (Bild 117 bzw. 118) liegt die absolut größte Spannung am Rande: $\varphi_r = -\varphi_1 = -0{,}75 \cdot 0{,}6^2 (2 - 0{,}6^2) = -0{,}443$. Nach der *Mohr*schen Hypothese ist (wie unter α, $\beta\beta$) $\sigma_{\text{red}} = \sigma_r$. Also wird mit $\sigma_r = 0{,}443\, p r^2/h^2$ und $p = F/r_0^2\pi$

$$h_{\text{erf}} = \sqrt{\frac{0{,}443 \cdot p r^2}{\sigma_{\text{zul}}}} = \frac{r}{r_0}\sqrt{\frac{0{,}443 \cdot F}{\pi \cdot \sigma_{\text{zul}}}} = \frac{20}{12}\sqrt{\frac{0{,}443 \cdot 600}{\pi \cdot 300}} = 0{,}885 \text{ cm} \approx 9 \text{ mm}.$$

Nach der Hypothese der Gestaltänderungsarbeit ist (wie unter α, $\beta\beta$) $\sigma_{\text{red}} = 0{,}89\sigma_r$, und man erhält $h_{\text{erf}} = 0{,}836$ cm $\approx 8{,}5$ mm.

2. Für die gleichen Abmessungen, aber $r_0 = 4$ cm, d. h. $\xi = 4/20 = 0{,}2$, liegt nach Bild 118 die größte Spannung in der Mitte, und es wird

$$\varphi_r = \varphi_t = \varphi_0 = 1{,}95 \cdot 0{,}2^2 (0{,}25 \cdot 0{,}2^2 - \ln 0{,}2) = 1{,}95 \cdot 0{,}04 (0{,}01 + 1{,}61) = 0{,}127.$$

Nach der *Mohr*schen Hypothese sowohl wie nach der Hypothese der Gestaltänderungsarbeit muß $\max \sigma_t \leqq \sigma_{\text{zul}}$ sein, so daß

$$h_{\text{erf}} = \frac{20}{4}\sqrt{\frac{0{,}127 \cdot 600}{\pi \cdot 300}} = 1{,}43 \text{ cm} \approx 14{,}5 \text{ mm wird.}$$

b) Elliptische Platten, belastet durch gleichmäßig verteilten Druck p, Bild 119. Zur Abkürzung ist $b/a = \eta \leqq 1$ und $1/(3 + 2\eta^2 + 3\eta^4) = C$ gesetzt. Die Spannungen sind

$$\sigma_x = \varphi_x p b^2/h^2 \qquad \text{bzw.} \qquad \sigma_y = \varphi_y p b^2/h^2.$$

α) *Feste Einspannung:* $f = 1{,}37\, C p b^4/E h^3$;

in der Mitte: $\varphi_x = 3C(0{,}3 + \eta^2)$, $\qquad \varphi_y = 3C(1 + 0{,}3\eta^2)$;

Enden der großen Achse: $\varphi_x = -6C\eta^2$, $\qquad \varphi_y = 0{,}3\varphi_x$;

Enden der kleinen Achse: $\varphi_x = 0{,}3\varphi_y$, $\qquad \varphi_y = \max\varphi = -6C$.

Beispiel: Eine fest eingespannte elliptische Platte von 45 mm Dicke mit den Achsen $2a = 420$ mm und $2b = 320$ mm wird durch 35 atü belastet. Gesucht die größte Beanspruchung.

Es wird $\eta = b/a = 2b/2a = 320/420 = 0{,}762$; $C = 1/(3 + 2\eta^2 + 3\eta^4) = 1/(3 + 2 \cdot 0{,}581 + 3 \cdot 0{,}337) = 1/5{,}17 = 0{,}194$. Die größte Beanspruchung tritt in den Endpunkten der kleinen Achse auf. Es ist dort $\varphi_y = \max\varphi = -6C = -6 \cdot 0{,}194 = -1{,}164$ und $\varphi_x = \mu\varphi_y = 0{,}3\varphi_y$.

Nach *Mohr* wird demnach (vgl. a, α, $\beta\beta$) $\sigma_{\text{red}} = \sigma_y$, d. h.

$$\sigma_{\text{red}} = \varphi_y p (b/h)^2 = 1{,}164 \cdot 35 \cdot (16/4{,}5)^2 \approx 514 \text{ kp/cm}^2.$$

Nach der Theorie der Gestaltänderung (vgl. a, α, $\beta\beta$) folgt

$$\sigma_{\text{red}} = 0{,}89\sigma_y = 456 \text{ kp/cm}^2.$$

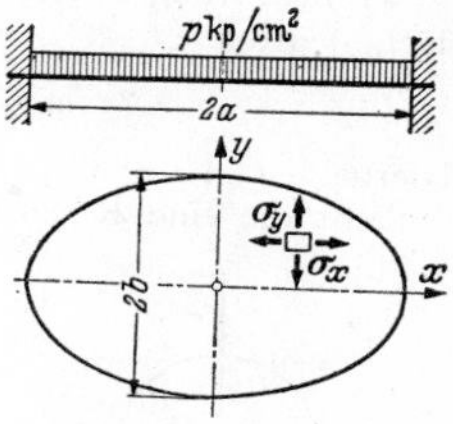

Bild 119

β) *Frei aufliegende Platte.* Näherungslösung: $\max\varphi = 3 - 2\eta$.

c) Rechteckige Platten (vgl. Bild 120) unter gleichmäßig verteiltem Druck p. Für die Durchbiegung bzw. für die Spannungen folgt

$$f = \psi p b^4/E h^3, \qquad \sigma_x = \varphi_x p b^2/h^2, \qquad \sigma_y = \varphi_y p b^2/h^2.$$

Die Beiwerte haben keine geschlossene Form und werden durch Reihen dargestellt[1].

α) *Frei aufliegende Platte* (Bild 120): Um Abheben zu vermeiden, müssen in den Ecken negative Auflagerkräfte $A = -\xi p b^2$ angebracht werden. Die *größten* Spannungen treten in der Mitte auf, Werte vgl. Tabelle:

a/b	ψ	φ_x	φ_y	ξ
1,0	0,71	1,15	1,15	0,26
1,5	1,35	1,20	1,95	0,34
2,0	1,77	1,11	2,44	0,37
3,0	2,14	0,97	2,85	0,37
4,0	2,24	0,92	2,96	0,38
∞	2,28	0,90	3,00	0,38

[1] Schrifttum: *Beyer, K.:* Die Statik im Stahlbetonbau. 2. Aufl. Berlin: Springer 1956. — *Hencky, H.:* Über den Spannungszustand in rechteckigen, ebenen Platten. München-Berlin: Oldenbourg 1913. — *Marcus:* Die vereinfachte Berechnung biegsamer Platten. Berlin: Springer 1929. — *Nadai, A.:* Die elastischen Platten. Berlin: Springer 1925. — Ferner S. 350, Lit. 2, Bd. I.

β) *Fest eingespannte Platte:* Die absolut größte Spannung tritt in der Mitte der langen Seite auf, $\sigma_y = \max \sigma$; hier ist $\sigma_x = 0{,}3\sigma_y$. Werte vgl. Tabelle:

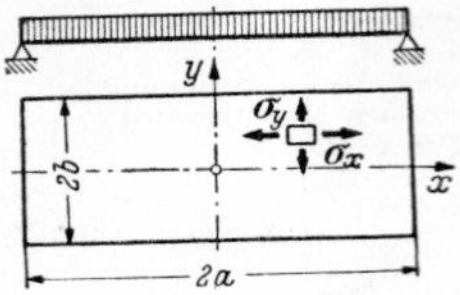

Bild 120

a/b	ψ	Plattenmitte		Mitte der langen Seite
		φ_x	φ_y	φ_y
1,0	0,225	0,53	0,53	1,24
1,5	0,394	0,48	0,88	1,82
2,0	0,431	0,31	0,94	1,92
∞	0,455	0,30	1,00	2,00

X. Beanspruchung bei Berührung zweier Körper

Werden zwei Körper mit gekrümmten Oberflächen aufeinandergepreßt, so tritt eine Abplattung ein Die Grundlage zur Berechnung der Spannungen und der Formänderungen bildet die Theorie von *Hertz*[1]. Diese setzt homogene, isotrope, vollkommen elastische Körper, ferner die Gültigkeit des *Hooke*schen Gesetzes voraus und nimmt an, daß die Abplattung im Verhältnis zu den Körperabmessungen klein ist. In der Druckfläche sollen nur normal gerichtete Kräfte auftreten.

Die Abplattung, d. h. die gesamte Näherung der beiden Körper, ist mit δ bezeichnet (in cm).

Bestehen die beiden Körper aus verschiedenen Stoffen mit verschiedenen Elastizitätsmaßen E_1 und E_2, so ist in den folgenden Formeln $E = 2E_1E_2/(E_1 + E_2)$ zu setzen. Dagegen wird die Querzahl für beide Stoffe als gleich angesehen. Es ist $\mu = 1/m = 0{,}3$ gesetzt.

a) Berührung zweier Kugeln, Bild 121. Der Radius der kreisförmigen Druckfläche beträgt

$$a = \sqrt[3]{1{,}5\,(1 - \mu^2)\,F r/E} = 1{,}11\,\sqrt[3]{F r/E}.$$

Hierbei ist $1/r = 1/r_1 + 1/r_2$, d. h. gleich der Summe der Krümmungen. Umschließt die eine Kugel die andere, so ist ihre Krümmung negativ (Hohlkugel), andernfalls positiv (Vollkugel). Die Abplattung δ beträgt

$$\delta = \sqrt[3]{2{,}25\,(1 - \mu^2)^2 F^2/E^2 r} = 1{,}23\,\sqrt[3]{F^2/E^2 r}\,.$$

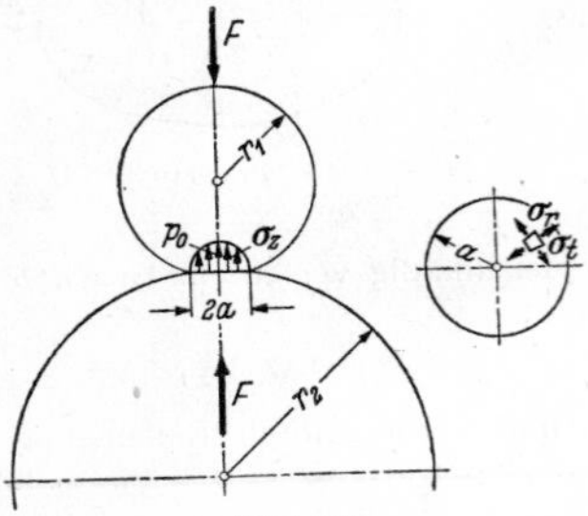

Bild 121

Die Druckspannung σ_z ist am Rande Null und hat, über der Druckfläche aufgetragen, einen halbkugelförmigen Verlauf, wenn man den größten Druck p_0 in der Mitte gleich a zeichnet. Für p_0 folgt (minus-Zeichen, da Druckspannung)

$$p_0 = -\frac{1}{\pi}\sqrt[3]{\frac{1{,}5\,F E^2}{r^2(1 - \mu^2)^2}} = -\,0{,}388\,\sqrt[3]{F E^2/r^2}\,.$$

Für die Spannungen in tangentialer bzw. radialer Richtung in der Druckfläche ergibt sich in der Mitte: $\sigma_r = \sigma_t = p_0(1 + 2\mu)/2 = 0{,}8 p_0$, am Rand: $\sigma_r = -\sigma_t = 0{,}133 p_0$ (drei- bzw. zweiachsiger Spannungszustand).

b) Kugel und Ebene. Die Formeln unter a) gelten in gleicher Weise; aus der Kugel 2 wird eine Ebene, d. h. es wird $1/r_2 = 1/\infty = 0$ und $r = r_1$, dem Halbmesser der Kugel.

[1] *Hertz, H.:* Über die Berührung fester elastischer Körper und über die Härte. Gesammelte Werke Bd. I. Leipzig 1895. — Vgl. S. 350, Lit. 2, Bd. II.

Der Spannungsverlauf längs der z-Achse zeigt[1], daß im Abstand $z = 0{,}47a$ die größte Schubspannung[2] $\max \tau = (\sigma_z - \sigma_t)/2 = 0{,}31 p_0$ auftritt ($\sigma_z = 0{,}8 p_0$, $\sigma_r = \sigma_t = 0{,}18 p_0$), also größer als in der Druckfläche bzw. an ihrem Rand ist.

c) Zwei Zylinder von der Länge l und den Halbmessern r_1 und r_2, Bild 122, berühren sich längs einer Mantellinie und werden dann durch die gleichförmig über die Länge l verteilte Kraft F belastet. Die Druckfläche ist ein Rechteck von der Breite $2a$ und von der im Verhältnis hierzu großen Länge l:

$$a = \sqrt{\frac{8(1-\mu^2)Fr}{\pi E l}} = 1{,}52\sqrt{\frac{Fr}{El}},$$

worin $1/r_1 + 1/r_2 = 1/r$ [Vorzeichen vgl. a)].

Die Abplattung kann nach den *Hertz*schen Gleichungen nicht berechnet werden.

Die Druckspannung verteilt sich über die Breite halbkreisförmig, wenn die größte Druckspannung p_0 gleich a gezeichnet wird. Es ist

$$p_0 = -\sqrt{\frac{FE}{2\pi r l(1-\mu^2)}} = $$

$$= -0{,}418\sqrt{\frac{FE}{rl}}.$$

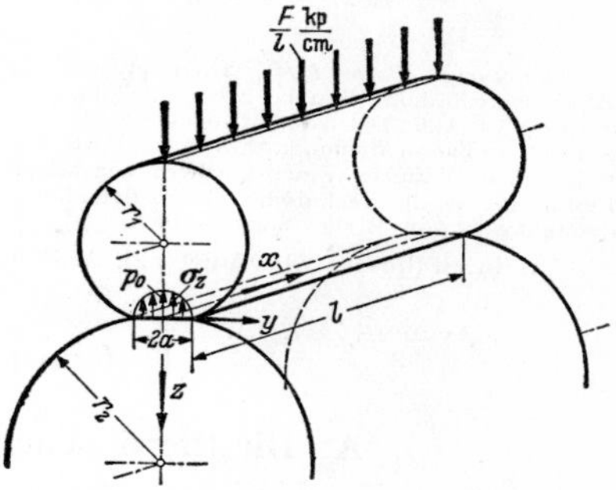

Bild 122

Ferner ist in der Mitte $\sigma_y = \sigma_z$, $\sigma_x = 2\mu\sigma_z = 0{,}6 p_0$. An den Zylinderenden wird $\sigma_x = 0$. Der Spannungsverlauf längs der z-Achse[1,3] zeigt, daß $\max \tau = 0{,}30 p_0$ für $z = 0{,}78a$ auftritt. Während in der Mitte $\tau_{\max} = {}^1/_2(p_0 - 0{,}6 p_0) = 0{,}2 p_0$ wird, ist an den Zylinderenden $\tau_{\max} = 0{,}5 p_0$; daher empfiehlt es sich, die Zylinder an den Enden schwach zu verjüngen; ausgeführt u. a. bei Zylinderrollenlagern.

d) Zylinder und Ebene, die sich in unbelastetem Zustand längs einer Mantellinie des Zylinders berühren, ergeben die gleichen Formeln wie unter c), es wird $1/r_2 = 1/\infty = 0$, d. h. $r = r_1$, dem Halbmesser des Zylinders.

---

[1] *Föppl, L.:* Der Spannungszustand und die Anstrengung der Werkstoffe bei der Berührung zweier Körper. Forschg. Ing.-Wes. 7 (1936) 209/21.

[2] Nach der Schubspannungshypothese maßgebend (*Mohr*, vgl. S. 360).

[3] *Karas, Fr.:* Werkstoffanstrengung achsenparalleler Walzen nach den gebräuchlichen Festigkeitshypothesen. Forschg. Ing.-Wes. 11 (1940) 334/39.

Wärmelehre

Bearbeitet von Dr.-Ing. **O. Deublein**, Lingen (Ems)

Literatur: 1. *Baehr, H. D.:* Thermodynamik. 2. Aufl. Berlin: Springer 1966. — 2. *Blasius, H.:* Wärmelehre. 6. Aufl. Hamburg: Boysen u. Maasch 1966. — 3. *Bošnjaković, Fr.:* Technische Thermodynamik. 4. Aufl. Darmstadt: Steinkopff 1965. — 4. *Nesselmann, K.:* Die Grundlagen der angewandten Thermodynamik. 2. Aufl. in Vorb. Berlin: Springer. — 5. *Richter, H.:* Leitfaden der technischen Wärmelehre nebst Anwendungsbeispielen. Berlin: Springer 1950. — 6. *Schmidt, E.:* Einführung in die Technische Thermodynamik u. in die Grundlagen der chemischen Thermodynamik. 10. Aufl. Berlin: Springer 1963.

Tafeln zu diesem Abschnitt vgl. Anhang.

I. Grundlagen

A. Die thermischen Zustandsgrößen

1. Temperatur

a) Begriffe. Die Temperatur ist ein Maß für den Wärmezustand eines Körpers. Zu ihrer zahlenmäßigen Festlegung dienen:

die *Celsius-Skala* mit den Hauptpunkten, gemessen beim Druck von 1 physikal. Atmosphäre (1 atm):

Siedepunkt von Sauerstoff	−182,97 °C
Schmelzpunkt von Eis	0 °C
Siedepunkt von Wasser	100 °C
Siedepunkt von Schwefel	444,6 °C
Erstarrungspunkt von Silber	960,8 °C
Erstarrungspunkt von Gold	1063,0 °C

die *Fahrenheit-Skala* (in England und USA gebräuchlich), bei welcher der Schmelzpunkt des Eises mit 32 °Fahrenheit (32 °F) und der Siedepunkt des Wassers mit 212 °F bezeichnet wird. Umrechnung vgl. Tafeln im Anhang;

die *absolute Temperaturskala*, deren Nullpunkt bei −273 °C (genau −273,15 °C) liegt[1]. Die Einheit der absoluten Temperatur T wird mit Grad Kelvin (°K) (in England und USA mit Grad Rankine = °R) bezeichnet. Wenn t die Temperatur in °C ist, so ist $T\,°\mathrm{K} = t\,°\mathrm{C} + 273$ und $T\,°\mathrm{R} = 9/5\,t\,°\mathrm{C} + 491{,}67 = 9/5\,T\,°\mathrm{K}$.

b) Temperaturmessung[2] durch:

Flüssigkeitsthermometer

mit Quecksilberfüllung (Meßbereich −35° bis 300 °C),
mit Quecksilberfüllung unter dem Druck (20 bis 70 at) von Stickstoff, Kohlensäure oder Argon (Meßbereich bis 800 °C),
mit Alkoholfüllung (Meßbereich bis −100 °C),
mit Petroläther-Füllung oder Füllung mit technischem Pentan (Meßbereich bis −200 °C).

---

[1] Die absolute Temperaturskala ist seit 1954 festgelegt durch den absoluten Nullpunkt und den Tripelpunkt des Wassers, 273,16 °K. Der Eispunkt liegt demnach 0,01 grd unter dem Tripelpunkt. — Über Tripelpunkt vgl. S. 457 und DIN 1345 (Entw. Juli 1967).

[2] VDE/VDI-Richtlinie: Technische Temperaturmessungen. Berlin/Köln: Beuth-Vertrieb 1967. — *Lieneweg, F.:* Temperaturmessung. Leipzig: Akad. Verlagsges. Geest & Portig 1950. — *Henning, F.:* Temperaturmessung. 2. Aufl. Leipzig: J. A. Barth 1955. — *Lindorf, H.:* Technische Temperaturmessungen. Essen: Girardet 1956. — Ders.: Temperaturmeßtechnik. Berlin: AEG-Verlagsabt. 1965. — DIN 16160 (Entw. Juli 1967). Bl. 1 bis 6: Thermometer.

Ragt der Flüssigkeitsfaden des Quecksilberthermometers um f Skalengrade aus dem Körper heraus, dessen Temperatur bestimmt werden soll, so ist zu der abgelesenen Temperatur t der Betrag $\Delta t = f(t - t_f)/6300$ zu addieren, wobei t_f die mit einem Hilfsthermometer zu messende mittlere Temperatur des herausragenden Fadens bedeutet (Fadenkorrektur).

Elektrische Temperaturmeßgeräte:

Widerstandsthermometer (Meßbereich ca. −200 °C bis 500 °C), beruht auf Zunahme des elektrischen Widerstands von Metalldrähten mit steigender Temperatur. Die Zunahme des elektrischen Widerstands beträgt je Grad Temperatursteigerung ungefähr 4‰ des elektrischen Widerstands bei 0 °C. Verwendet werden vor allem Platin- und Nickeldrähte, deren elektrischer Widerstand in der *Wheatstone*schen Brücke bestimmt wird.

Thermoelemente (ermöglichen Temperaturmessung in sehr kleinen punktförmigen Räumen). Ein Thermoelement besteht aus zwei Drähten verschiedener Metalle, deren Enden zusammengelötet sind. Die eine Lötstelle wird an der Temperaturmeßstelle angebracht, die andere auf konstanter Temperatur gehalten (zweckmäßig in Eiswasser von 0 °C). Entsprechend dem Temperaturunterschied an den beiden Lötstellen fließt in den Drähten elektrischer Strom, dessen Spannung unmittelbar durch Millivoltmeter oder durch Kompensation gemessen wird. Man verwendet: Kupfer-Konstantan oder Eisen-Konstantan für Temperaturmessung bis 500 °C, Chromnickel-Nickel bis 1000 °C, Platin-Platinrhodium von 500 bis 1600 °C, Wolfram-Wolframmolybdän bis 2600 °C.

Strahlungspyrometer (für sehr hohe Temperaturen):

Helligkeitspyrometer; hierbei wird die Helligkeit des Körpers verglichen mit der eines elektrisch beheizten Drahtes, dessen Temperatur durch Messung der zugeführten elektrischen Energie bestimmt wird.

Gesamtstrahlungspyrometer; hierbei fällt die Gesamtstrahlung des Meßkörpers auf ein geschwärztes Platinblättchen mit angelötetem Thermoelement.

Farbpyrometer; hierbei dient die Farbe des Meßkörpers als Maß für die Temperatur.

Segerkegel, d. h. Pyramiden aus Silikatgemischen von 6 cm Höhe, die in 59 Nummern für entsprechende Temperaturen hergestellt werden; eine Auswahl zeigt die Tafel im Anhang. Der Kegel erweicht, und wenn die Spitze die Unterlage berührt, ist die ihm zugeschriebene Temperatur schätzungsweise erreicht.

Farbanstriche; es handelt sich um temperaturabhängige Farbkörper, mit denen man Temperaturverteilungen auf Oberflächen, z. B. Zylinderköpfen von Verbrennungsmotoren, sichtbar machen kann[1].

c) Ausdehnungskoeffizienten. Nahezu alle Stoffe dehnen sich mit wachsender Temperatur aus. Eine Ausnahme macht Wasser, das bei 4 °C sein kleinstes Volumen einnimmt. Wird ein Stab von der Länge l_1 und der Temperatur t_1 auf die Temperatur t_2 erwärmt, so ist seine Längenänderung

$$\Delta l = l_2 - l_1 = l_1 \alpha (t_2 - t_1).$$

Hierin ist α der *lineare Ausdehnungskoeffizient*; Einheit m/m grd = 1/grd.

Wird ein Körper vom Volumen V_1 und der Temperatur t_1 auf die Temperatur t_2 gebracht, so ist seine Volumenänderung

$$\Delta V = V_2 - V_1 = V_1 \beta (t_2 - t_1).$$

Hierin ist β (1/grd) der ***kubische Ausdehnungskoeffizient.*** Für homogene feste Körper ist: $\beta = 3\alpha$. Ausdehnungskoeffizienten für verschiedene Stoffe vgl. Tab. 50, S. 600, und Tafel im Anhang.

2. **Druck** (vgl. DIN 1314)

Nach DIN 1304 (März 1968) wird der Druck mit p bezeichnet, unabhängig davon, ob er auf 1 cm² oder 1 m² bezogen ist. Die Unterscheidung nach p in kp/cm² und P in kp/m² fällt weg. (P ist jetzt das Zeichen für Leistung.)

Der Druck p ist die auf die Flächeneinheit eines Körpers wirkende Kraft.

Einheiten des Druckes:

im techn. Maßsystem	im MKS-System
kp/m², kp/cm², mm QS, Torr, m WS,	N/m², N/cm², (N = Newton) bar
1 Torr = 1 mm QS (0 °C, 45° geogr. Br.),	1 bar = 10^5 N/m² = 10^6 dyn/cm².

1 at (= techn. Atmosph.)	= 1 kp/cm²	= 735,559 Torr,
1 bar	= 1,01972 at	= 750,062 Torr,
1 atm (= phys. Atmosph.)	= 1,03323 at	= 760,0 Torr.

[1] *Guthmann, K.*: Erfahrungen mit Temperaturmeßfarben. Stahl u. Eisen 70 (1950) 116/18.

Man kann den Druck auch durch die Druckhöhe, d. i. die Gewichtskraft einer Flüssigkeitssäule (z. B. Wasser, Quecksilber, Alkohol) von der Höhe h und dem Querschnitt 1 m² oder 1 cm² ausdrücken. Der Druck von 1 mm QS bei 0 °C wird mit 1 Torr (benannt nach *Torricelli*) bezeichnet. Vgl. oben.

Maße für Drücke und Druckhöhen vgl. Tafel im Anhang.

Wird der Druck mit einem Quecksilberbarometer gemessen, so ist der abgelesene Quecksilberstand b_t mm Quecksilbersäule, deren Temperatur t °C ist, auf 0 °C zu reduzieren. Der reduzierte Barometerstand ist in Torr:

$$b = b_t - t/8.$$

Der mit dem Manometer gemessene Druck gibt gewöhnlich den Druck *über* dem atmosphärischen Luftdruck an. Der absolute Druck p in at abs setzt sich zusammen aus dem gemessenen Überdruck $p_{ü}$ in at Überdruck und dem atmosphärischen Luftdruck p' in at. Es ist

$$p = p_{ü} + p'.$$

Das gleiche gilt für den Druck *unter* dem atmosphärischen Luftdruck (Vakuum). Gemessen wird der Unterdruck p_u. Der absolute Druck p ist

$$p = p' - p_u.$$

Beispiel: Das Manometer eines Dampfkessels zeigt $p_{ü} = 12$ at Überdr., und der Barometerstand ist bei 16 °C Quecksilbertemperatur $b_t = 745$ mm QS. Der absolute Druck im Dampfkessel ist

$$p = 12 + \frac{745 - 16/8}{735{,}56} = 13{,}01 \text{ at abs.}$$

In der Technik benutzt man zur Erleichterung der Ausdrucksweise häufig die Abkürzungen ata für at abs, atü für at Überdruck und atu für at Unterdruck. Bei dieser Bezeichnungsweise, gegen die gem. DIN 1314 nichts einzuwenden ist, muß man sich bewußt bleiben, daß es sich in jedem Fall nur um die eine Einheit at handelt.

3. Spez. Volumen, Dichte, Wichte

Das *Volumen* eines Körpers wird in m³ oder cm³ gemessen.

Das *spez. Volumen* v ist das Volumen, das ein Körper von 1 kg Masse einnimmt. Ist m kg die Masse und V m³ das Volumen eines Körpers, so ist $v = V/m$ m³/kg.

Das *spezifische Gewicht* γ (Wichte) ist die Gewichtskraft (in kp) eines Körpers je Volumeneinheit. Es ist

$$\gamma = G/V \text{ in kp/m}^3.$$

Die Dichte ϱ ist die Masse (in kg) eines Körpers je Volumeneinheit. Es ist

$$\varrho = m/V \text{ in kg/m}^3.$$

Beziehung zwischen γ und ϱ: $\gamma = mg/V = \varrho g$ (g = Fallbeschleunigung, 9,81 m/sec²).

B. Erster Hauptsatz der Thermodynamik

a) Wärmeäquivalent. Wärme ist Energie. Ebenso wie aus potentieller, kinetischer oder elektrischer Energie kann aus einer Wärmemenge Q eine mechanische Arbeit W erzeugt oder diese in Wärme umgewandelt werden.

Wärme und Arbeit sind gleichwertig (äquivalent).

$$Q = A\,W.$$

Der Proportionalitätsfaktor A heißt das *mechanische Wärmeäquivalent*.

Die *Einheit der Wärmemenge*

im technischen Maßsystem

ist die internationale Kilokalorie ($kcal_{IT}$). Sie ist der 860. Teil einer Kilowattstunde (kWh):

$$1 \text{ cal} = {}^1/_{1000} \text{ kcal}.$$

Es ist also

$$A = 860 \text{ kcal/kWh}$$

oder

$$A = {}^1/_{427} \text{ kcal/mkp (genau } {}^1/_{426,80}).$$

Früher galt als Einheit der Wärmemenge die $kcal_{15°}$; sie ist die zur Erwärmung von 1 kg Wasser von 14,5 auf 15,5°C erforderliche Wärmemenge.

im MKS-System

ist identisch mit der Einheit der Energie, dem Joule (J).

$$1 \text{ J} = 1 \text{ Nm} = 1 \text{ Wsec} = 1 \text{ kgm}^2/\text{sec}^2$$

$$1 \text{ kcal}_{IT} = 4186{,}8 \text{ J},$$

$$1 \text{ kcal}_{15°} = 4185{,}5 \text{ J}.$$

Bei Verwendung dieser kohärenten Einheiten wird das mechanische Wärmeäquivalent (als Umrechnungsfaktor zwischen mechanischer und Wärmeenergie) zu Eins.

$$1 \text{ kcal}_{15°} = 0{,}99969 \text{ kcal}_{IT}, \quad 1 \text{ kcal}_{IT} = 1{,}00031 \text{ kcal}_{15°}.$$

Wärme ist an einen Körper gebunden, der fest, flüssig oder gasförmig sein kann. In den Wärmekraftmaschinen werden zur Umwandlung von Wärme in Arbeit ausschließlich gasförmige Stoffe als Wärmeträger verwendet.

Eine Energie kann nur von der einen in eine andere Energieform umgewandelt werden, aber nicht verlorengehen. Eine Maschine, die aus Nichts Arbeit erzeugt, ein „Perpetuum mobile I. Art", ist unmöglich.

b) Die **innere Energie** U ist die in einem Körper gespeicherte Wärmemenge. Sie ist abhängig von der Temperatur. Die *spez. innere Energie u* ist die innere Energie eines Körpers von 1 kg Masse. Es ist

$$u = U/m.$$

c) Die **äußere Arbeit** W wird bei der Volumenvergrößerung eines flüssigen oder gasförmigen Körpers nach außen abgegeben. Bei der Volumenänderung $\mathrm{d}V$ eines Gases unter dem Druck p ist die geleistete äußere Arbeit $\mathrm{d}W = p\,\mathrm{d}V$ (gilt nur für umkehrbare Zustandsänderungen, vgl. S. 444). Expandiert ein Gas vom Druck p_1 und dem Volumen V_1 auf den Druck p_2 und das Volumen V_2, so ist die hierbei geleistete äußere Arbeit

$$W = \int_1^2 p\,\mathrm{d}V = m \int_1^2 p\,\mathrm{d}v \qquad (1)$$

entsprechend der Fläche *12ab* im p, V-Diagramm (Bild 1).

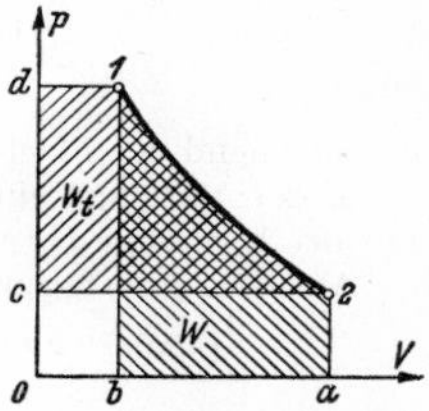

Bild 1. p, V-Diagramm. W = äußere Arbeit; W_t = technische Arbeit

Mit v statt V im ersten Integral der Gl. (1) ergibt sich die Arbeit W/Masseneinheit.

Je nachdem ob mit dem Volumen in m³, dm³ oder cm³ gerechnet wird, muß man für p einsetzen:

kp/m², kp/dm² oder kp/cm². | N/m², N/dm² oder N/cm².

d) Gleichung des I. Hauptsatzes. Die einer Flüssigkeit oder einem Gas zugeführte Wärmemenge $\mathrm{d}Q$ bewirkt nach dem I. Hauptsatz: 1. eine Vergrößerung der inneren Energie um $\mathrm{d}U$, 2. die äußere Arbeit $\mathrm{d}W$. Die Veränderungen der äußeren kinetischen Energie und äußeren potentiellen Energie können gegenüber der Veränderung der inneren Energie meist vernachlässigt werden. Dann lautet die *Gleichung des I. Hauptsatzes*

$$\mathrm{d}Q = \mathrm{d}U + \mathrm{d}W. \qquad (2)$$

Bei Zuführung der Wärmemenge Q und der Zustandsänderung des Gases von 1 bis 2 gilt

$$Q = U_2 - U_1 + W. \qquad (2a)$$

In die Gln. (2) und (2a) werden die dem Gas zugeführte Wärmemenge positiv, die abgeführte Wärmemenge negativ, die geleistete oder abgegebene Arbeit positiv und die aufgewendete oder zugeführte Arbeit negativ eingesetzt.

Es ist darauf zu achten, daß alle Glieder der Gl. (2) die gleichen Einheiten haben. Werden z. B. Q und U in kcal eingesetzt, so muß auch $W = \int_1^2 p\,\mathrm{d}V$ in kcal eingesetzt werden. Das Produkt $p\,\mathrm{d}V$ mit der Einheit $(\mathrm{kp/m^2}) \cdot \mathrm{m^3}$ ist also mit dem Wärmeäquivalent $A = 1/427$ kcal/mkp zu multiplizieren.

Werden andererseits Q und U in J eingesetzt, so muß unter dem Integral p in $\mathrm{N/m^2}$ ausgedrückt werden; die äußere Arbeit W ergibt sich dann in Nm = J.

e) Enthalpie. Die Gesamtenergie E eines strömenden Gases oder einer Flüssigkeit von der Masse m und der Strömungsgeschwindigkeit w setzt sich zusammen aus der inneren Energie U, der Verdrängungsarbeit pV und der kinetischen Energie $mw^2/2$, also

$$E = U + pV + mw^2/2. \tag{3}$$

Die kinetische Energie kann bei Geschwindigkeiten $w < 40$ m/sec gegenüber den anderen Energien meist vernachlässigt werden.

Man nennt

$$U + pV = H \tag{4}$$

die *Enthalpie* oder den *Wärmeinhalt*. Die Enthalpie eines Körpers von 1 kg Masse ist

$$h = H/m.$$

Die bisherige Bezeichnung der Enthalpie war i bzw. I.

Die Enthalpie H und die innere Energie U heißen kalorische Zustandsgrößen.

Mit $\mathrm{d}U = \mathrm{d}H - p\,\mathrm{d}V - V\,\mathrm{d}p$ nach Gl. (4) und $\mathrm{d}W = p\,\mathrm{d}V$ wird Gl. (2)

$$\mathrm{d}Q = \mathrm{d}H - V\,\mathrm{d}p \tag{5}$$

und damit Gl. (2a)

$$Q = H_2 - H_1 - \int_1^2 V\,\mathrm{d}p \quad (5\mathrm{a}) \qquad \text{oder} \qquad Q = H_2 - H_1 + W_t, \quad (5\mathrm{b})$$

somit $Q = U_2 - U_1 + W = H_2 - H_1 + W_t$ (vgl. Bild 1).

f) Die **technische Arbeit**

$$W_t = -\int_1^2 V\,\mathrm{d}p \tag{6}$$

entsprechend der Fläche *12cd* (Bild 1) ist die in einer Maschine gewonnene Arbeit, wenn der Maschine ein Gas oder ein Dampf mit der Enthalpie H_1 zuströmt und mit der Enthalpie H_2 entströmt.

Aus dem p, V-Diagramm (Bild 1) folgt

Fläche *12cd* = Fläche *12ab* + Fläche *1bOd* — Fläche *2aOc*,

also

$$W_t = W + p_1 V_1 - p_2 V_2.$$

g) Wärmebilanz. Einer Wärmekraftanlage wird mit dem arbeitenden Stoff (Gas oder Dampf) die Wärmemenge Q zugeführt. Er leistet in der Maschine die Arbeit W_t; anschließend wird ihm die Wärmemenge Q_0 entzogen. Nach dem I. Hauptsatz ist

$$Q = Q_0 + W_t \quad (\textit{Wärmebilanz}). \tag{7}$$

C. Spezifische Wärme

a) Kalorimetrische Gleichung. Um die Temperatur eines Körpers von der Masse m um den unendlich kleinen Betrag $\mathrm{d}t$ zu erhöhen, ist ihm die Wärmemenge

$$\mathrm{d}Q = mc\,\mathrm{d}t \quad \text{(kalorimetrische Gleichung)} \tag{8}$$

zuzuführen. Analog gilt

für V m³ des Körpers $$dQ = VC\,dt \qquad (8a)$$

und für m/M kmol $$dQ = \frac{m}{M}(Mc)\,dt \quad (M = \text{Molekulargewicht}). \qquad (8b)$$

b) Die **spez. Wärme** ist die Wärmemenge, die erforderlich ist, um 1 kg, 1 m³ oder 1 kmol eines Körpers um 1 grd zu erwärmen. Ihre Einheit ist:

c (kcal/kg grd),	c (J/kg grd),
C (kcal/m³ grd),	C (J/m³ grd),
Mc (kcal/kmol grd),	Mc (J/kmol grd).

Es ist $C = c\varrho$, $c = Mc/M$, wobei ϱ die Dichte in kg/m³ und M das Molekulargewicht ist.

Spez. Wärme fester und flüssiger Körper und von Gasen vgl. Tafeln im Anhang.

Die spez. Wärme des Wassers (bei 15 °C) ist

$c = 1$ kcal$_{\text{IT}}$/kg. $\qquad$ $c = 4186{,}8$ J/kg.

c) Mittlere spez. Wärme. Die spez. Wärme ist von der Temperatur abhängig und nimmt bei den meisten Stoffen mit der Temperatur zu. Um die Temperatur eines Körpers von der Masse m von t_1 auf t_2 zu erhöhen, ist die Wärmemenge

$$Q = m\int_1^2 c\,dt = m\left(\int_0^{t_2} c\,dt - \int_0^{t_1} c\,dt\right)$$

erforderlich. Mit der *mittleren spez. Wärme* zwischen 0 und t

$$c_m\Big|_0^t = \frac{1}{t}\int_0^t c\,dt \qquad (9)$$

wird

$$Q = m\left(c_m\Big|_0^{t_2} t_2 - c_m\Big|_0^{t_1} t_1\right). \qquad (10)$$

Im Gegensatz zur mittleren spez. Wärme $c_m\Big|_0^t$ wird c als *wahre spez. Wärme* bezeichnet. Nur für kleine Temperaturunterschiede oder wenn $c = \text{const}$, gilt

$$Q = c(t_2 - t_1).$$

Werte für die spez. Wärmen vgl. Tafeln im Anhang.

d) Mischungstemperatur. Werden mehrere Stoffe, deren Massen $m_1, m_2, m_3 \ldots$, deren spez. Wärmen $c_1, c_2, c_3, \ldots$ und deren Temperaturen $t_1, t_2, t_3, \ldots$ sind, miteinander gemischt, ohne daß Wärme von außen aufgenommen oder nach außen abgegeben oder äußere Arbeit geleistet wird oder chemische Veränderungen oder Änderung des Aggregatzustandes auftreten, so ist die Temperatur nach der Mischung

$$t_m = \frac{m_1 c_1 t_1 + m_2 c_2 t_2 + m_3 c_3 t_3 + \cdots}{m_1 c_1 + m_2 c_2 + m_3 c_3 + \cdots}.$$

Die hierbei von den kälteren Körpern aufgenommene Wärme ist gleich der von den wärmeren Körpern abgegebenen.

Beispiel: In einen eisernen Behälter $m_1 = 5$ kg, in dem sich $m_2 = 4$ kg Wasser von 20 °C befinden, wird $m_3 = 6$ kg Blei von einer Temperatur von 150 °C getaucht ($c_1 = 0{,}111$ kcal/kg grd, $c_2 = 1$ kcal/kg grd, $c_3 = 0{,}031$ kcal/kg grd).

Wenn keine Wärme nach außen abgegeben wird, ist die Temperatur nach der Mischung

$$t_m = \frac{5 \cdot 0{,}111 \cdot 20 + 4 \cdot 1 \cdot 20 + 6 \cdot 0{,}031 \cdot 150}{5 \cdot 0{,}111 + 4 \cdot 1 + 6 \cdot 0{,}031} = \frac{119}{4{,}741} = 25{,}1\,°\text{C}.$$

D. Zweiter Hauptsatz der Thermodynamik

a) Umkehrbare und nicht umkehrbare Zustandsänderungen. Eine Zustandsänderung von Körpern ist *umkehrbar* (reversibel), wenn sie in jedem Augenblick wieder rückläufig vor sich gehen kann, ohne daß dabei Veränderungen der beteiligten Körper zurückbleiben. Dies ist nur möglich, wenn zwischen den beteiligten Körpern keine endlichen Temperatur- oder Drucksprünge auftreten. Wirkliche Zustandsänderungen sind im allgemeinen nicht umkehrbar. Thermodynamische Zustandsänderungen verlaufen nur in Richtung auf den Gleichgewichtszustand, in welchem die Temperaturen oder die Drücke der beteiligten Stoffe einander gleich werden. Die Zustandsänderungen verlaufen um so schneller, je weiter der Zustand der Körper vom Gleichgewichtszustand entfernt ist. Einer umkehrbaren Zustandsänderung nähert man sich um so mehr, je langsamer sie verläuft. Typisch *nicht umkehrbare* (irreversible) Zustandsänderungen sind: Wärmeübergang bei endlichen Temperaturunterschieden, Mischung von Gasen und Flüssigkeiten, Reibung und Drosselung.

b) Die **Entropie** S ist eine kalorische Zustandsgröße, d. h. nur abhängig von zwei der drei thermischen Zustandsgrößen Temperatur, Druck und Volumen eines Körpers. Wird einem Körper bei der Temperatur T eine unendlich kleine Wärmemenge $\mathrm{d}Q$ zugeführt, so beträgt die Änderung der Entropie des Körpers

$$\mathrm{d}S = \frac{\mathrm{d}Q}{T} = \frac{\mathrm{d}U + p\,\mathrm{d}V}{T} = \frac{\mathrm{d}H - V\,\mathrm{d}p}{T}. \tag{11}$$

Bei Zufuhr der endlichen Wärmemenge Q ist die Entropieänderung

$$S_2 - S_1 = \Delta S = \int_1^2 \mathrm{d}Q/T; \tag{11a}$$

dieses Integral wird als *Clausius*sches Integral bezeichnet.

Die Entropie je Masseneinheit des Körpers ist: $s = S/m$.

c) Gleichung des II. Hauptsatzes. Bleibt die Temperatur des Körpers bei der Wärmezufuhr Q konstant (Isotherme), so ist

$$\Delta S = Q/T.$$

Die Entropie eines *abgeschlossenen* Systems kann nie abnehmen, also ΔS nie negativ sein. Die Entropieänderung aller an einem Prozeß beteiligten Körper ist gleich Null, wenn die Zustandsänderungen umkehrbar, und größer als Null, also positiv, wenn die Zustandsänderungen nicht umkehrbar verlaufen.

Wird z. B. von einem Körper von der Temperatur T die Wärmemenge Q abgeführt (Q negativ) und diese einem zweiten Körper von der Temperatur T_0 zugeführt (Q positiv), dann ist

$$\Delta S = -Q/T + Q/T_0.$$

Bei umkehrbarem Wärmeübergang ist $T = T_0$, also $\Delta S = 0$, bei nicht umkehrbarem Wärmeübergang dagegen ist $T > T_0$, also $\Delta S > 0$.

Für umkehrbare Zustandsänderungen ist

$$Q = \int_1^2 T\,\mathrm{d}S, \qquad W = \int_1^2 p\,\mathrm{d}V.$$

Für nicht umkehrbare Zustandsänderungen ist

$$Q < \int_1^2 T\,\mathrm{d}S, \qquad W < \int_1^2 p\,\mathrm{d}V.$$

Infolge der Nichtumkehrbarkeit der Zustandsänderungen entsteht ein Arbeitsverlust.

d) T, s-Diagramm. Trägt man im T, s-Diagramm für die Zustandsänderung eines Körpers die absolute Temperatur T über der Entropie s auf, so ergibt sich für umkehrbare Zustandsänderung, da $q = \int_1^2 T\,\mathrm{d}s$ bzw. $Q = m \int_1^2 T\,\mathrm{d}s$, die zu- bzw. abzuführende Wärmemenge als Fläche unter der Zustandsänderung (z. B. Fläche *12ab* in Bild 2).

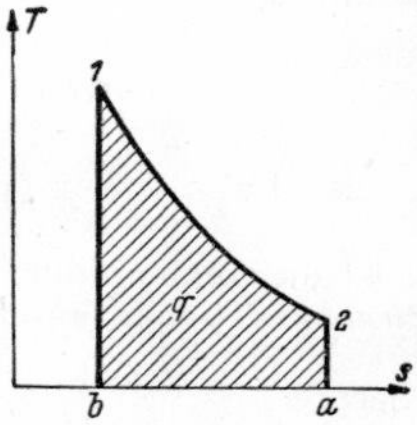

Bild 2. T, s-Diagramm

e) Formulierungen des II. Hauptsatzes. Die allgemeinste Fassung des II. Hauptsatzes lautet: Ein Vorgang, bei dem die Summe der Entropien aller am Vorgang beteiligten Körper abnimmt, ist unmöglich. Hieraus ergeben sich folgende Sätze: Wärme kann nie von selbst von einem kalten auf einen warmen Körper übergehen. Eine dauernd arbeitende Maschine, die einen Wärmevorrat in Arbeit verwandelt, ohne daß sonstige Veränderungen auftreten, ist unmöglich. Die Wärme eines Systems von Körpern gleicher Temperatur läßt sich nicht in Arbeit verwandeln. Eine Maschine, die aus der Wärme der Umgebung Arbeit gewinnt, ein „Perpetuum mobile II. Art", ist unmöglich.

II. Thermodynamik der Gase

A. Zustandsgleichungen

1. Ideale Gase

Das *vollkommene* oder *ideale Gas* ist ein gedachtes Gas, dessen Moleküle kein Eigenvolumen haben und zwischen denen keine Anziehungs- oder Abstoßungskräfte herrschen. Die spez. Wärmen c_p und c_v des idealen Gases sind nicht von der Temperatur abhängig, also konstant. Einatomige Gase, wie z. B. Helium und einatomiger Wasserstoff, verhalten sich nahezu wie ein ideales Gas.

a) Die **thermische Zustandsgleichung** stellt eine Beziehung zwischen den Zustandsgrößen Druck p, Volumen V und Temperatur t dar, wonach

$$p = \mathrm{f}(t, V) \qquad \text{oder} \qquad V = \mathrm{f}(p, t).$$

α) Wird ein Gas unter *konstantem Druck* von 0 auf t erwärmt, so nimmt sein spez. Volumen v_0 auf

$$v = v_0(1 + \beta t)$$

zu (*Gay-Lussac*sches Gesetz). Für ideale Gase ist der kubische Ausdehnungskoeffizient $\beta = 1/273{,}15 \approx 1/273$ 1/grd. Somit ist

$$v = v_0(273{,}15 + t)/273{,}15 = v_0 \beta T,$$

Beim absoluten Nullpunkt $T = 0\,°\mathrm{K}$ ist also das Volumen des idealen Gases gleich Null. Für eine Temperaturänderung von T_1 auf T_2 unter konstantem Druck gilt

$$v_1/v_2 = T_1/T_2.$$

β) Verändert man den Druck des idealen Gases bei *konstanter Temperatur*, so ist

$$p v = \text{const} \qquad (\textit{Boyle-Mariotte}\text{sches Gesetz}),$$

und bei der Druckänderung von p_1 auf p_2 gilt demnach

$$p_1/p_2 = v_2/v_1.$$

γ) Wird zunächst die Temperatur des idealen Gases bei konstantem Druck p_1 von T_1 auf T_2 erhöht, so nimmt das Volumen von v_1 auf

$$v_2' = v_1 T_2/T_1$$

zu. Wird anschließend der Druck dieses Gases von p_1 auf p_2 bei konstanter Temperatur erhöht, so ist am Ende sein Volumen

$$v_2 = v_2' p_1/p_2 = v_1 \frac{T_2}{T_1} \cdot \frac{p_1}{p_2}.$$

Es ist also
$$\frac{p_2 v_2}{T_2} = \frac{p_1 v_1}{T_1} = \text{const} = R,$$

R ist die *Gaskonstante*, eine für jedes Gas charakteristische Größe. Die *thermische Zustandsgleichung* lautet somit

$$p v = R T \tag{12}$$

oder
$$p \cdot m v = m R T \quad \text{oder} \quad p V = m R T \tag{12a}$$

oder
$$p \cdot M v = M R T. \tag{12b}$$

δ) *Molvolumen.* Nach dem *Gesetz von Avogadro* enthalten alle idealen Gase bei gleichem Druck und gleicher Temperatur in gleichen Räumen gleich viel Moleküle. Demnach verhalten sich die Dichten zweier Gase 1 und 2 wie ihre Molekulargewichte: Es ist

$$\varrho_1/\varrho_2 = v_2/v_1 = M_1/M_2,$$

also
$$M_1 v_1 = M_2 v_2,$$

d. h. das *Molvolumen* aller Gase ist bei gleichem Druck und gleicher Temperatur gleich groß. Als Bezugszustände sind definiert (DIN 1343):

der *physikalische Normzustand* mit 0 °C und 1 atm (= 760 Torr),
der „*technische*" *Normzustand* mit 20 °C und 1 at (= 735,559 Torr).

Ein Mol (kmol) ist die Gasmenge von so viel kg Gewicht, wie das Molekulargewicht Einheiten hat, z. B. 1 kmol O_2 = 32 kg O_2. Beim physikalischen Normzustand ist das Molvolumen $Mv = 22{,}4\ \text{m}^3$.

Das nur von t und p, nicht von der Gasart abhängige Molvolumen wird aus der Dichte $\varrho = 1{,}43\ \text{kg/m}^3$ des Sauerstoffs bei 0° und 760 Torr berechnet. M kg O_2 = 32 kg O_2 nehmen den Raum $32/1{,}43 = 22{,}4\ \text{m}^3$ ein. Denselben Raum nehmen 2 kg H_2, 28 kg CO usw. ein.

ε) Das *Normkubikmeter* m_n^3 ist die Menge eines Gases, die bei 0 °C und 760 Torr 1 m³ erfüllt: $1\ \text{m}_n^3 = 1/22{,}4$ kmol.

Das Normkubikmeter ist kein Raummaß, sondern die Angabe einer Gasmenge, in Raumeinheiten ausgedrückt.

Die Dichte eines idealen Gases ist bei 0 °C und 760 Torr $\varrho = M/22{,}4\ \text{kg/m}^3$.

ζ) *Gaskonstante.* Setzt man in die thermische Zustandsgleichung des idealen Gases $Mv = 22{,}4\ \text{m}^3$ und dementsprechend $p = 10332\ \text{kp/m}^2$ und $T = 273{,}15\ °\text{K}$ ein, so ergibt sich die *Gaskonstante*, vgl. Gl. (12),

$$R = pMv/MT = \frac{10332\ \text{kp/m}^2 \cdot 22{,}4\ \text{m}^3/\text{kmol}}{M\ \text{kg/kmol} \cdot 273{,}15\ °\text{K}} = \frac{848}{M} \frac{\text{kpm}}{\text{kg}\,°\text{K}} \tag{13}$$

ein für jedes einzelne Gas fester Wert.

Die *allgemeine Gaskonstante*, von der Gasart unabhängig, also für alle Gase gleich, ist

$$MR = \Re = 847{,}82 \approx 848\ \text{kpm/kmol}\,°\text{K} = 1{,}986\ \text{kcal/kmol}\,°\text{K}.$$

Im MKS-Maßsystem ist

$$\Re = \frac{101\,325\ \text{N/m}^2 \cdot 22{,}4\ \text{m}^3/\text{kmol}}{273{,}15\ °\text{K}} = 8315\ \text{J/kmol}\,°\text{K}. \tag{13a}$$

Wird die Gaskonstante $\Re$ auf 1 Molekel bezogen — 1 kmol enthält $6{,}03 \cdot 10^{26}$ Molekeln (*Loschmidt*sche Zahl) —, so ergibt sich die *Boltzmann*sche Konstante

$$k = 3{,}298 \cdot 10^{-27}\ \text{kcal/°K} = 1{,}38 \cdot 10^{-23}\ \text{J/°K}.$$

Beispiel: Das spez. Volumen von Luft von 30 at abs und 100°C ist

$$v = \frac{848\ \text{kpm/kmol°K} \cdot 373\,°\text{K}}{29\ \text{kg/kmol} \cdot 300000\ \text{kp/m}^2} = 0{,}0364\ \text{m}^3/\text{kg}$$

Im MKS-Maßsystem: $v = \dfrac{8315\ \text{J/kmol°K} \cdot 373\,°\text{K}}{29\ \text{kg/kmol} \cdot 2943000\ \text{N/m}^2} = 0{,}0364\ \text{m}^3/\text{kg}.$

b) Die **kalorische Zustandsgleichung** stellt die Beziehung zwischen den kalorischen Zustandsgrößen (innere Energie u, Enthalpie h und Entropie s) und den thermischen Zustandsgrößen (p, v, T) dar.

α) Die *innere Energie* des idealen Gases ist nur von seiner Temperatur abhängig. Nach Gln. (2) und (8) ist

$$\mathrm{d}q = \mathrm{d}u + p\,\mathrm{d}v = c\,\mathrm{d}T.$$

Bei Wärmezufuhr unter konstantem Volumen ist $\mathrm{d}v = 0$ und somit

$$\mathrm{d}q = \mathrm{d}u = c_v\,\mathrm{d}T. \tag{14}$$

Hierin ist c_v die *spez. Wärme bei konstantem Volumen.* Da die spez. Wärme der idealen Gase nur von der Art des Gases und nicht von der Temperatur abhängt, ist die Differenz der inneren Energien zwischen den Temperaturen T_1 und T_2

$$u_1 - u_2 = c_v(T_1 - T_2). \tag{14a}$$

β) Wird dem Gas die Wärmemenge $\mathrm{d}q$ bei konstantem Druck ($\mathrm{d}p = 0$) zugeführt, so ist nach Gln. (5) und (8)

$$\mathrm{d}q = \mathrm{d}h = c_p\,\mathrm{d}T. \tag{15}$$

Hierin ist c_p die *spez. Wärme bei konstantem Druck.* Für ideales Gas ist die *Enthalpie*differenz zwischen T_1 und T_2

$$h_1 - h_2 = c_p(T_1 - T_2). \tag{15a}$$

γ) Nach den Gln. (2), (14) und (11) ist

$$\mathrm{d}q = c_v\,\mathrm{d}T + p\,\mathrm{d}v = T\,\mathrm{d}s$$

und demnach $\mathrm{d}s = c_v\,\mathrm{d}T/T + p\,\mathrm{d}v/T.$

Mit $p/T = R/v$ wird: $\mathrm{d}s = c_v\,\mathrm{d}T/T + R\,\mathrm{d}v/v$. Hieraus folgt für die *Entropie* eines idealen Gases

$$s = c_v \ln T + R \ln v + s_0 \qquad (s_0 = \text{Integrationskonstante}).$$

Die Entropiedifferenz zwischen zwei Zuständen *1* und *2* ist

$$s_2 - s_1 = c_v \ln T_2/T_1 + R \ln v_2/v_1. \tag{16}$$

Aus $\mathrm{d}q = c_p\,\mathrm{d}T - v\,\mathrm{d}p = T\,\mathrm{d}s$ folgt $\mathrm{d}s = c_p\,\mathrm{d}T/T - v\,\mathrm{d}p/T$. Mit $v/T = R/p$ ist

$$\mathrm{d}s = c_p\,\mathrm{d}T/T - R\,\mathrm{d}p/p$$

und $s = c_p \ln T - R \ln p + s_0'$ (s_0' = Integrationskonstante)

bzw. $s_2 - s_1 = c_p \ln T_2/T_1 - R \ln p_2/p_1.$ (16a)

δ) Wird einem idealen Gas bei konstantem Druck die Wärmemenge $\mathrm{d}q$ zugeführt, so gilt

$$\mathrm{d}q = c_p\,\mathrm{d}T = c_v\,\mathrm{d}T + p\,\mathrm{d}v;$$

demnach ist $c_p = c_v + p\,\mathrm{d}v/\mathrm{d}T.$

Da $v = RT/p$ und $\mathrm{d}v/\mathrm{d}T = R/p$, so wird $c_p = c_v + R$.

Mit Gl. (13):

$$Mc_p - Mc_v = 848\,\frac{\text{kpm}}{\text{kmol°K}} = 1{,}986\ \text{kcal/kmol°K}. \tag{17}$$

Beim idealen Gas ist die Differenz zwischen der spez. Molwärme bei konstantem Druck und derjenigen bei konstantem Volumen konstant.

ε) Bei Wärmezufuhr unter *konstantem Volumen* dient alle Wärme zur Erhöhung der inneren Energie. Bei Wärmezufuhr unter *konstantem Druck* bewirkt die Wärmezufuhr Erhöhung der inneren Energie und Leistung einer äußeren Arbeit. Deshalb ist $c_p > c_v$. Man setzt

$$c_p/c_v = \varkappa. \qquad \text{Werte für } \varkappa \text{ vgl. Tafel im Anhang.}$$

Dann wird $$c_p - c_v = R = c_v(\varkappa - 1) = c_p(\varkappa - 1)/\varkappa.$$

ζ) Die *Molwärme* idealer Gase ist nur abhängig von der Art des Gases, und zwar von der Anzahl der Atome im Molekül.

Für	einatomige Gase	$\varkappa = 1{,}67$,
	zweiatomige Gase	$\varkappa = 1{,}4$,
	dreiatomige Gase	$\varkappa = 1{,}33$.

Mit zunehmender Anzahl von Atomen im Molekül nähert sich $\varkappa$ dem Wert 1.

2. Wirkliche Gase

Wirkliche Gase befolgen die thermische Zustandsgleichung $pv = RT$ für das ideale Gas. Ihre spez. Wärmen sind aber von der Temperatur abhängig. Als wirkliche Gase dürfen alle schwer verflüssigbaren Gase, wie Luft usw., bei Drücken *bis zu etwa 30 at* betrachtet werden.

Für die wirklichen Gase ist die Differenz der *inneren Energie* zwischen den Temperaturen t_1 und t_2

$$u_2 - u_1 = c_{v_m}\Big|_0^{t_2} t_2 - c_{v_m}\Big|_0^{t_1} t_1, \tag{18}$$

die *Enthalpie*differenz zwischen den Temperaturen t_1 und t_2

$$h_2 - h_1 = c_{p_m}\Big|_0^{t_2} t_2 - c_{p_m}\Big|_0^{t_1} t_1. \tag{19}$$

Zahlentafel der *mittleren spez. Wärmen* für Gase vgl. Tafel im Anhang.

Die *Entropie* für wirkliche Gase ist

$$s = \int_0^T \frac{c_v}{T}\,\mathrm{d}T + R\ln T - R\ln p + s_0; \tag{20}$$

mit $$c_v = c_{v_m}\Big|_0^T + T\cdot\mathrm{d}\left(c_{v_m}\Big|_0^T\right)/\mathrm{d}T$$ wird hieraus

$$s = c_{v_m}\Big|_0^T + \int_0^T c_{v_m}\Big|_0^T \mathrm{d}T/T + R\ln T - R\ln p + s_0.$$

Die Temperaturfunktion

$$\left[c_{v_m}\Big|_0^T + \int_0^T c_{v_m}\Big|_0^T \mathrm{d}T/T + R\ln T + s_0\right] M = \psi(T) \qquad (M = \text{Molekulargewicht})$$

ist in nachstehender Tabelle angegeben. Somit wird

$$s = \frac{\psi(T)}{M} - R\ln p$$

und $$s_2 - s_1 = \frac{1}{M}\left[\psi(T_2) - \psi(T_1)\right] - R\ln p_2/p_1. \tag{20a}$$

Tabelle 1: *Temperaturfunktion*[1] $\psi(T)$ in kcal/kmol °K
zur Berechnung der Entropie wirklicher Gase

T °K	Luft	H_2	O_2	N_2	H_2O	CO	CO_2	CH_4	NH_3	Verbrennungsgase von Gasöl[2]
273	63,994	49,005	66,73	63,527	62,752	65,055	68,63	62,06	63,509	64,145
300	64,650	49,623	67,40	64,182	63,505	65,711	69,493	62,85	64,300	64,840
400	66,664	51,621	69,475	66,187	65,826	67,720	72,188	65,45	66,839	66,977
500	68,239	53,180	71,094	67,755	67,669	69,296	74,468	67,77	68,971	68,675
600	69,552	54,455	72,471	69,055	69,218	70,608	76,468	69,91	70,816	70,100
700	70,685	55,538	73,668	70,176	70,570	71,743	78,278	71,83	72,513	71,343
800	71,690	56,469	74,735	71,169	71,779	72,750	79,908	73,83	74,110	72,449
900	72,596	57,318	75,696	72,064	72,879	73,658	81,378	75,65	75,560	73,448
1000	73,424	58,075	76,568	72,881	73,896	74,487	82,738	77,37	76,937	74,363
1100	74,208	58,755	77,406	73,689	74,866	75,271	84,015	79,17	78,151	75,254
1200	74,894	59,407	78,104	74,344	75,734	75,964	85,148	80,58	79,456	76,000
1300	75,540	60,012	78,774	74,991	76,598	76,593	86,233	81,79	80,564	76,733
1400	76,146	60,556	79,416	75,592	77,379	77,211	87,247	82,87	81,731	77,412
1500	76,730	61,093	80,034	76,161	78,137	77,809	88,198		82,816	78,055
1600	77,270	61,592	80,585	76,725	78,862	78,368	89,125			78,688
1700	77,786	62,057	81,099	77,213	79,547	78,872	89,963			79,247
1800	78,269	62,506	81,606	77,693	80,202	79,351	90,761			79,791
1900	78,735	62,948	82,098	78,156	80,853	79,821	91,537			80,319
2000	79,183	63,380	82,588	78,603	81,48	80,269	92,248			80,824
2100	79,605	63,789	83,027	79,006	82,065	80,673	92,919			81,285
2200	80,012	64,168	83,443	79,392	82,638	81,069	93,592			81,732
2300	80,406	64,532	83,842	79,775	83,205	81,453	94,243			82,173
2400	80,771	64,892	84,238	80,155	83,732	81,827	94,868			82,604
2500	81,135	65,245	84,627	80,538	84,25	82,219	95,488			83,035
2600	81,437	65,591	84,993	80,908	84,755	82,569	96,040			83,446
2700	81,813	65,911	85,351	81,241	85,241	82,914	96,568			83,824
2800	82,135	66,223	85,686	81,553	85,709	83,238	97,082			84,182
2900	82,450	66,528	86,025	81,867	86,165	83,546	97,559			84,534
3000	82,760	66,825	86,345	82,146	86,60	83,834	98,138			84,873

Bei höheren Drücken befolgen die wirklichen Gase nicht mehr die thermische Zustandsgleichung des idealen Gases. Die Abweichungen sind um so größer, je höher der Druck ist. In folgender Tabelle ist $\xi = pv/RT$ für Luft und Wasserstoff gegeben. Für ideales Gas müßte $\xi = 1$ sein.

Werte für $\xi = pv/RT$

Für Luft				Für Wasserstoff				
$t =$	0°	100°	200 °C	$t =$	−100°	0°	100°	200 °C
$p =$ 0	1	1	1	$p =$ 0	1	1	1	1
20	0,9895	1,0027	1,0064	20	1,0130	1,0122	1,0098	1,0078
40	0,9812	1,0065	1,0132	40	1,0271	1,0245	1,0197	1,0157
60	0,9751	1,0112	1,0205	60	1,0422	1,0370	1,0295	1,0235
80	0,9714	1,0169	1,0282	80	1,0584	1,0496	1,0394	1,0313
100 at	0,9699	1,0235	1,0364	100 at	1,0756	1,0625	1,0492	1,0392

Für höhere Drücke und noch andere Gase vgl. Bd. II, Abschn. Kolbenverdichter.

Die Abweichungen betragen bei 30 at etwa 1 bis 2%. Nähert sich das Gas dem Temperatur- und Druckbereich, in dem es verflüssigt werden kann, so ist die thermische Zustandsgleichung für ideales Gas nicht mehr anwendbar. Man muß eine gültige Zustandsgleichung empirisch aufstellen. Sie hat die Form z. B. nach *van der Waals*

$$(p + a/v^2)(v - b) = RT, \tag{21a}$$

[1] Nach *Schmidt, F. A. F.:* Verbrennungskraftmaschinen. 4. Aufl. München: Oldenbourg 1967.
[2] Verbrennung bei Luftüberschußzahl (Luftverhältnis) $\lambda = 1$, Zusammensetzung in Mol-%: $CO_2 = 13{,}855$; $H_2O = 11{,}498$; $N_2 = 74{,}647$.

wobei b das Eigenvolumen der Moleküle und a/v^2 den Kohäsionsdruck berücksichtigen, oder nach *Berthelot*

$$\left(p + \frac{a}{T v^2}\right)(v - b) = RT \tag{21b}$$

oder nach *Kamerlingh Onnes*

$$pv = A + \frac{B}{v} + \frac{C}{v^2} + \frac{D}{v^4} + \cdots, \tag{21c}$$

mit $A = RT, \quad B = b_1 T + b_2 + b_3/T + b_4/T^2 + \cdots$

$C = c_1 T + c_2 + c_3/T + c_4/T^2 + \cdots$

usw.

oder nach *R. Plank*

$$p = \frac{RT}{v-b} - \frac{A_2}{(v-b)^2} + \frac{A_3}{(v-b)^3} - \frac{A_4}{(v-b)^4} + \frac{A_5}{(v-b)^5}. \tag{21d}$$

Die Konstanten $a, b, b_1, b_2, \ldots, c_1, c_2, \ldots, A_2, A_3, \ldots$ in obigen Gln. sind so zu wählen, daß die experimentell gefundenen Werte von $v = f(p, T)$ gut wiedergegeben werden. Alle diese Zustandsgleichungen gelten aber immer nur in einem bestimmten Druck- und Temperaturbereich.

Aus der thermischen Zustandsgleichung $v = f(p, T)$ ergibt sich

die Enthalpie h $\quad h = \int c_{p_0}\,\mathrm{d}T - T^2 \int\limits_0^p \left[\frac{\partial (v/T)}{\partial T}\right]_p \mathrm{d}p + \text{const}$

und die Entropie s $\quad s = \int c_{p_0} \frac{\mathrm{d}T}{T} - \int\limits_0^p \left(\frac{\partial v}{\partial T}\right)_p \mathrm{d}p + \text{const},$

worin c_{p_0} die spez. Wärme bei konst. Druck $p_0 = 0$ ist, die von der Temperatur abhängig ist.

Die thermischen und kalorischen Zustandsgrößen werden meist tabellarisch oder in Diagrammen dargestellt (vgl. Tafeln im Anhang u. Anm. 1 S. 459).

B. Zustandsänderungen der Gase

1. Darstellung im p, v-Diagramm

a) Isobare Zustandsänderung, $p = \text{const}$ (Bild 3).

Aus der thermischen Zustandsgleichung (12) ergibt sich:

$$v_1/v_2 = T_1/T_2. \tag{22}$$

Die Wärmemenge $\quad q = h_2 - h_1 \quad$ (23)

ist bei isobarer Volumenvergrößerung des Gases zuzuführen und bei isobarer Volumenverminderung abzuführen. Die *äußere Arbeit* ist

$$W = p(v_2 - v_1). \tag{24}$$

Beispiel: Es sollen stündlich $V = 5000\ \text{m}^3/\text{h}$ Luft bei gleichbleibendem Druck von 1 ata von $t_1 = 20\,°\text{C}$ auf $t_2 = 400\,°\text{C}$ erwärmt werden. Die hierzu erforderliche Wärmemenge ist

$$Q = m(h_2 - h_1) = m\left(c_{pm}\Big|_0^{t_2} t_2 - c_{pm}\Big|_0^{t_1} t_1\right),$$

wobei $m = \dfrac{pV}{RT_1} = \dfrac{10000\ \text{kp/m}^2 \cdot 5000\ \text{m}^3/\text{h}}{29{,}27\ \text{kpm/kg}\,°\text{K} \cdot 293\,°\text{K}} = 5830\ \text{kg/h}$ der stündliche Luftstrom ist. Nach Tafeln im Anhang ist

$$c_{pm}\Big|_0^{t_2} = \frac{0{,}318\ \text{kcal/m}_\text{n}^3\,\text{grd}}{1{,}293\ \text{kg/m}_\text{n}^3} = 0{,}246\ \text{kcal/kg grd};$$

$$c_{pm}\Big|_0^{t_1} = \frac{0{,}3106\ \text{kcal/m}_\text{n}^3\,\text{grd}}{1{,}293\ \text{kg/m}_\text{n}^3} = 0{,}2405\ \text{kcal/kg grd}.$$

Somit $\quad Q = 5830(0{,}246 \cdot 400 - 0{,}2405 \cdot 20) = 546000\ \text{kcal/h}.$

Im MKS-Maßsystem

$$m = \frac{98\,066{,}5\ \mathrm{N/m^2} \cdot 5000\ \mathrm{m^3/h}}{\dfrac{8315\ \mathrm{J/kmol\,^\circ K}}{29\ \mathrm{kg/kmol}} \cdot 293\,^\circ\mathrm{K}} = 5830\ \mathrm{kg/h},$$

$$c_{pm}\Big|_0^{t_2} = \frac{0{,}318\ \mathrm{kcal/m_n^3\,grd} \cdot 4186{,}8\ \mathrm{J/kcal}}{1{,}293\ \mathrm{kg/m_n^3}} = 1030\ \mathrm{J/kg\,grd},$$

$$c_{pm}\Big|_0^{t_1} = \frac{0{,}3106\ \mathrm{kcal/m_n^3\,grd} \cdot 4186{,}8\ \mathrm{J/kcal}}{1{,}293\ \mathrm{kg/m_n^3}} = 1006\ \mathrm{J/kg\,grd},$$

$$Q = 5830\ \mathrm{kg/h} \cdot (1030 \cdot 400 - 1006 \cdot 20)\ \mathrm{J/kg} = 2\,283\,660\,400\ \mathrm{J/h}.$$

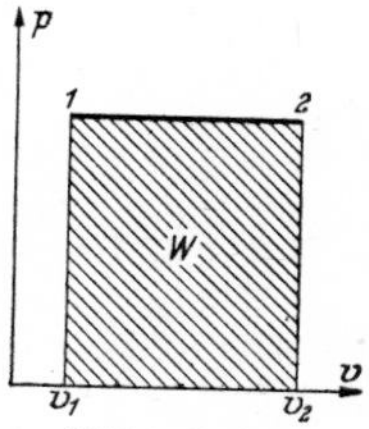

Bild 3. Isobare Zustandsänderung

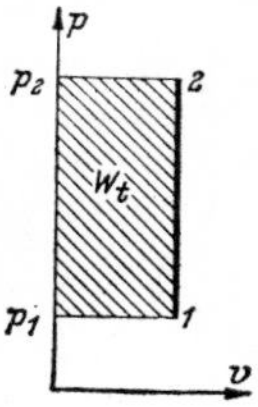

Bild 4 Isochore Zustandsänderung

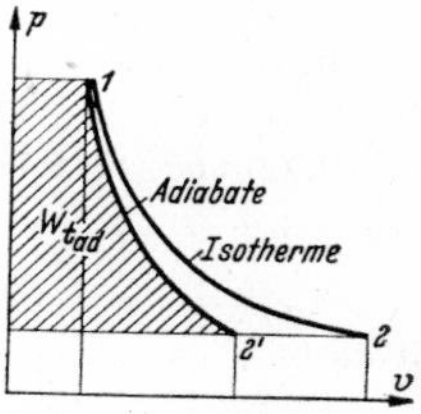

Bild 5. Isothermische und adiabatische Zustandsänderungen

b) Isochore Zustandsänderung, $v = \text{const}$ (Bild 4).

Aus der thermischen Zustandsgleichung (12) folgt:

$$p_1/p_2 = T_1/T_2. \tag{25}$$

Die Wärmemenge
$$q = u_2 - u_1 \tag{26}$$
ist bei isochorer Druckerhöhung des Gases zuzuführen und bei isochorer Druckverminderung abzuführen.

Die *äußere Arbeit* ist
$$W = 0. \tag{27}$$

Die *technische Arbeit* ist
$$W_t = \mp v(p_2 - p_1). \tag{28}$$

Beispiel: Die in einem Gefäß eingeschlossene Luft von $p_1 = 1$ at abs und $t_1 = 15\,^\circ$C wird auf $t_2 = 160\,^\circ$C erwärmt. Dabei nimmt der Druck zu auf $p_2 = p_1 T_2/T_1 = 1 \cdot 433/288 = 1{,}5$ at abs.

c) Isotherm(isch)e Zustandsänderung, $T = \text{const}$ (Bild 5, Kurve *1—2*).

Aus der thermischen Zustandsgleichung (12) folgt:

$$p_1 v_1 = p_2 v_2 = RT. \tag{29}$$

Im p, v-Diagramm (Bild 5) wird die Gleichung $pv = \text{const}$ durch eine gleichseitige Hyperbel dargestellt.

Die innere Energie bleibt unverändert $u_2 - u_1 = 0$. Die *äußere Arbeit* bei der Ausdehnung von v_1 auf v_2 ist

$$W = \int_1^2 p\,\mathrm{d}v = \int_1^2 RT\,\mathrm{d}v/v = RT \ln v_2/v_1 = RT \ln p_1/p_2 = p_1 v_1 \ln p_1/p_2 =$$
$$= p_2 v_2 \ln p_1/p_2. \tag{30}$$

Technische Arbeit $W_t = W$.

Nach dem I. Hauptsatz ist $q = \int_1^2 p\,\mathrm{d}v$, also die zuzuführende Wärmemenge

$$q = W. \tag{31}$$

Bei isothermischer Ausdehnung wird die dem Gas zugeführte Wärmemenge vollständig in Arbeit verwandelt. Bei isothermischer Verdichtung ist die gesamte, dem Gas zugeführte Arbeit in Form von Wärme abzuführen.

Beispiel: $m = 500$ kg Luft dehnen sich bei 20°C isothermisch von $p_1 = 10$ atü auf $p_2 = 1$ atü aus. Die Arbeitsleistung und die zuzuführende Wärmemenge sind zu berechnen. 10 atü = 11 at abs. 1 atü = 2 at abs.

$$Q = mRT \ln p_1/p_2 = \frac{500\text{ kg} \cdot 1{,}986\text{ kcal/kmol°K} \cdot 293\text{°K}}{29\text{ kg/kmol}} \cdot 2{,}303 \lg (11/2) = 17\,100\text{ kcal.}$$

$$W_t = W = 17100 \cdot 427 = 7\,301\,700\text{ kpm.}$$

Im MKS-Maßsystem, bei Benutzung von Gl. (13a)

$$Q = \frac{500\text{ kg} \cdot 8315\text{ J/kmol°K} \cdot 293\text{°K}}{29\text{ kg/kmol}} \cdot 2{,}303 \lg (11/2) = 71\,600\,000\text{ J.}$$

$$W_t = W = 71\,600\,000\text{ J} \quad \text{bzw.} \quad 71\,600\,000\text{ Nm.}$$

d) Adiabat(isch)e (*isentropische*) Zustandsänderung (ohne Zufuhr oder Abfuhr von Wärme), $dq = 0$ (Bild 5, Kurve *1 — 2'*).

Aus Gl. (2) und (14) folgt $dq = c_v\,dT + p\,dv = 0$.

Aus $pv = RT$ folgt $dT = \frac{p}{R}dv + \frac{v}{R}dp$. Ferner ist $c_v = R/(\varkappa - 1)$.

Somit wird $$\frac{R}{\varkappa - 1} \cdot \frac{p}{R} dv + \frac{R}{\varkappa - 1} \cdot \frac{v}{R} dp + p\,dv = 0$$

oder $$p\,dv + v\,dp + \varkappa p\,dv - p\,dv = 0, \quad \text{also} \quad \varkappa\,dv/v + dp/p = 0,$$

nach Integration: $p_1 v_1^{\varkappa} = p_2 v_2^{\varkappa}$ (32) oder $v_1/v_2 = (p_2/p_1)^{1/\varkappa}$. (32a)

Mit $p = RT/v$ folgt $v_1/v_2 = (T_2/T_1)^{1/(\varkappa-1)}$, (32b)

mit $v = RT/p$ folgt $T_1/T_2 = (p_1/p_2)^{(\varkappa-1)/\varkappa}$. (32c)

Aus $dq = du + dW = 0$ folgt für alle Gase $W = u_1 - u_2$, d. h. die *äußere Arbeit* wird bei adiabatischer Ausdehnung gänzlich auf Kosten der inneren Energie geleistet, ist also mit einer Senkung der Temperatur verbunden. Bei adiabatischer Verdichtung wird die gesamte zugeführte Arbeit zur Erhöhung der inneren Energie, also der Temperatur verwendet. Im p, v-Diagramm verlaufen die Adiabaten immer steiler als die Isothermen (Bild 5). Die *äußere Arbeit* bei der adiabatischen Zustandsänderung des idealen Gases ist

$$W = c_v(T_1 - T_2) = \frac{R}{\varkappa - 1}(T_1 - T_2) = \frac{RT_1}{\varkappa - 1}(1 - T_2/T_1)$$

oder $$W = \frac{1}{\varkappa - 1}(p_1 v_1 - p_2 v_2) = \frac{p_1 v_1}{\varkappa - 1}(1 - T_2/T_1) =$$

$$= \frac{p_1 v_1}{\varkappa - 1}[1 - (v_1/v_2)^{\varkappa-1}] = \frac{p_1 v_1}{\varkappa - 1}[1 - (p_2/p_1)^{(\varkappa-1)/\varkappa}]. \quad (33)$$

Die *technische Arbeit* ist für alle Gase $W_t = h_1 - h_2$ und für ideales Gas

$$W_t = c_p(T_1 - T_2) = \varkappa c_v(T_1 - T_2) = \varkappa \frac{R}{\varkappa - 1}(T_1 - T_2), \quad (34)$$

also $W_t = \varkappa W$.

Aus dem II. Hauptsatz folgt für die Adiabate

$$T\,ds = 0, \quad \text{also} \quad ds = 0 \quad \text{und} \quad s_2 - s_1 = 0, \quad \text{also} \quad s_2 = s_1 = \text{const.}$$

Beispiel: 500 kg Luft von 11 ata und 20°C dehnen sich adiabatisch auf 2 ata aus. Die Endtemperatur der Luft und die Arbeitsleistung sind zu berechnen (vgl. das Beispiel für denselben Druckbereich bei der isothermischen Expansion).

$T_2/T_1 = (p_2/p_1)^{(\varkappa-1)/\varkappa}$; mit $\varkappa = 1{,}4$ wird $T_2 = 293\,(2/11)^{0{,}286} = 180$°K; $t_2 = -93$°C;

$W = mc_v(T_1 - T_2)$
$= 500\text{ kg} \cdot 0{,}172\text{ kcal/kggrd} \cdot 113\text{ grd}$
$= 9720\text{ kcal} = 9720 \cdot 427\text{ kpm}$
$= 4\,150\,440\text{ kpm.}$

$= 500\text{ kg} \cdot 0{,}172\text{ kcal/kggrd} \cdot 4186{,}8\text{ J/kcal} \times$
$\times\ 113\text{ grd}$
$= 40\,690\,000\text{ J}$
$= 40\,690\,000\text{ Nm.}$

e) Polytrop(isch)e Zustandsänderung, $pv^n = \text{const}$ mit $-\infty < n < +\infty$ (Bild 6). (35)

Analog der adiabatischen Zustandsänderung gilt

$$v_1/v_2 = (p_2/p_1)^{1/n} = (T_2/T_1)^{1/(n-1)}; \quad T_1/T_2 = (p_1/p_2)^{(n-1)/n}.$$

Hierzu vgl. Tafel im Anhang.

Nach Gln (2), (14) und (8) ist $c_n \, dT = c_v \, dT + p \, dv$.

Aus $Tv^{n-1} = \text{const}$ folgt

$$v^{n-1} \, dT + (n-1) \, Tv^{n-2} \, dv = 0$$

und $$dv/dT = -\frac{v}{T(n-1)} = -\frac{R}{p(n-1)}.$$

Somit wird

$$c_n = c_v - \frac{R}{n-1} = c_v - \frac{c_p - c_v}{n-1} = c_v \frac{n-\varkappa}{n-1}. \quad (36)$$

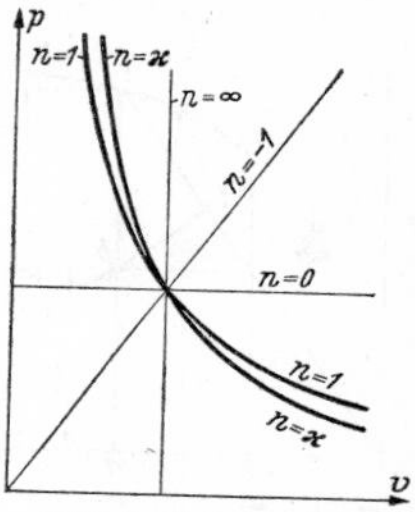

Bild 6. Polytropische Zustandsänderungen

Alle bisher behandelten Zustandsänderungen sind Sonderfälle von Polytropen:

Isobare:	$p = \text{const}$;	$pv^0 = \text{const}$;	$n = 0$;	$c_n = c_p$,
Isochore:	$v = \text{const}$;	$pv^\infty = \text{const}$;	$n = \infty$;	$c_n = c_v$,
Isotherme:	$T = \text{const}$;	$pv = \text{const}$;	$n = 1$;	$c_n = \infty$,
Adiabate:	$s = \text{const}$;	$pv^\varkappa = \text{const}$;	$n = \varkappa$;	$c_n = 0$.

Die *äußere Arbeit* bei polytropischer Expansion ist für ideale Gase:

$$W = \int_1^2 p \, dv = (c_n - c_v)(T_2 - T_1) = c_v \frac{1-\varkappa}{n-1}(T_2 - T_1) =$$

$$= -\frac{c_p - c_v}{n-1}(T_2 - T_1) = \frac{R}{n-1}(T_1 - T_2). \quad (37)$$

Die *zu-* bzw. *abzuführende Wärmemenge* ist

$$q = c_n(T_2 - T_1) = c_v \frac{n-\varkappa}{n-1}(T_2 - T_1) = \frac{\varkappa - n}{\varkappa - 1} W. \quad (38)$$

Für $1 < n < \varkappa$ ist $Q < W$ und $c_n < 0$, d. h. bei der polytropischen Expansion des Gases werden die zugeführte Wärmemenge und ein Teil der inneren Energie in Arbeit verwandelt. Die Temperatur des Gases sinkt bei gleichzeitiger Wärmezufuhr. Bei der polytropischen Verdichtung mit $1 < n < \varkappa$ wird ein Teil der aufgewendeten Arbeit an die Umgebung abgeführt.

Die *technische Arbeit* ist $W_t = nW$.

α) *Konstruktion der Polytrope* im p,v-Diagramm (vgl. Math. S. 140).

β) *Ermittlung des Temperaturverlaufes für eine polytropische Zustandsänderung* (Bild 7).

In Bild 7 gibt die Kurve ab eine polytropische Zustandsänderung im p,v-Diagramm wieder. Es sei ferner die Temperatur im Punkt a gegeben. Durch den Schnittpunkt der Senkrechten durch a mit der Waagrechten durch b zieht man den Strahl Oc. Wenn die Strecke ae proportional der Temperatur T_a gesetzt wird, so gibt die Strecke cd die Temperatur T_b wieder.

Der Beweis folgt aus den Beziehungen

$$\frac{p_b v_b}{p_a v_a} = \frac{T_b}{T_a}; \qquad T_b = \frac{T_a}{p_a} \cdot \frac{v_b \, p_b}{v_a}.$$

γ) *Ermittlung des Exponenten n einer Polytrope*, vgl. Bild 131 S. 141.

Für die polytropische Zustandsänderung zwischen den Zuständen 1 und 2 (Bild 8) gilt

$$p_1 v_1^n = p_2 v_2^n, \quad \text{also} \quad n = -\frac{\lg p_1 - \lg p_2}{\lg v_1 - \lg v_2} = \frac{\lg p_1/p_2}{\lg v_2/v_1}.$$

Sind Druck und Temperatur des Gases zu Beginn und Ende der Zustandsänderung gegeben, dann ist

$$n = \frac{\lg p_1/p_2}{\lg p_1/p_2 - \lg T_1/T_2}.$$

Zur Prüfung, ob n längs der Zustandsänderung konstant ist, überträgt man die Kurve der gegebenen Zustandsänderung in ein $\lg p$, $\lg v$-Diagramm (Bild 8). n ist konstant, wenn sich eine Gerade $n = \tan \alpha$, und veränderlich, wenn sich eine gekrümmte Kurve ergibt.

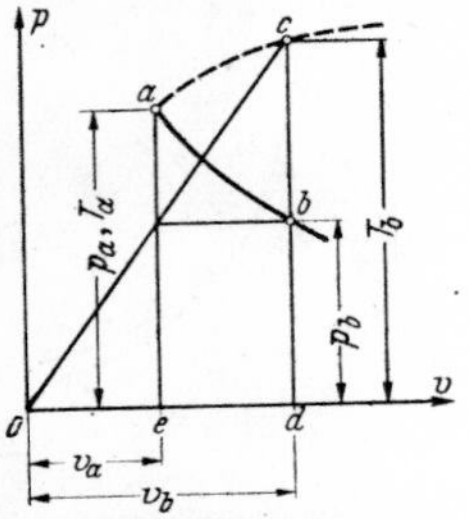

Bild 7. Ermittlung des Temperaturverlaufes für eine im p, v-Diagramm gegebene Zustandsänderung

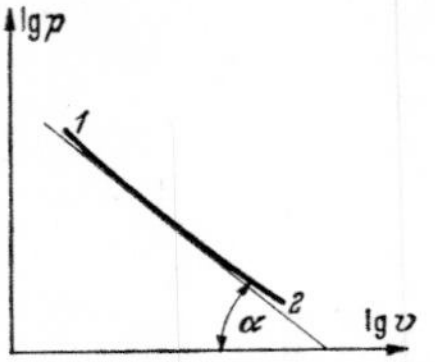

Bild 8. Ermittlung des Exponenten n einer Polytropen

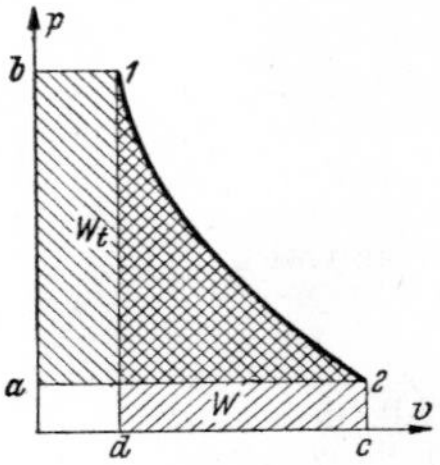

Bild 9 Ermittlung des mittleren Exponenten n einer Polytropen

Man erhält den mittleren Exponenten n der im p,v-Diagramm gegebenen Zustandsänderung *1* bis *2* (Bild 9) durch Planimetrieren der Flächen *12ab* und *12cd*. Da $W_t = nW$, ist

$$n = \text{Fläche } 12ab/\text{Fläche } 12cd.$$

Die angegebenen Verfahren zur Ermittlung von n sind nur dann anwendbar, wenn bei den polytropischen Zustandsänderungen die Gasmenge und ihre chemische Zusammensetzung konstant bleiben.

f) Drosselung. Ein in einem Rohr strömendes Gas erfährt an einer Verengung des Rohres eine Drosselung, wobei der Druck des Gases von p_1 auf p_2 abnimmt, ohne daß Arbeit geleistet wird. Wenn mit der Umgebung keine Wärme ausgetauscht wird, dann ist die Summe aller Energien des Gases vor und nach der Drosselung die gleiche, also

$$p_1 V_1 + U_1 + m w_1^2/2 = p_2 V_2 + U_2 + m w_2^2/2,$$

hieraus mit Gl. (4)
$$H_1 - H_2 = m\,(w_2^2 - w_1^2)/2. \tag{39}$$

Bei Strömungsgeschwindigkeiten $w < 30$ m/sec ist der Wärmewert der kinetischen Energie gegenüber der Enthalpie meist vernachlässigbar, dann ist $H_1 = H_2$ und für ideales Gas ($c_p =$ const) $T_1 = T_2$, d. h. die Temperatur ändert sich für ideales Gas bei der Drosselung nicht. Mit Berücksichtigung der kinetischen Energie tritt an der Drosselstelle bei Geschwindigkeitszunahme ($w_2 > w_1$) Temperaturabnahme ($T_2 < T_1$) des idealen Gases auf.

Von der Abkühlung des Gases an der Drosselstelle ist streng die Abkühlung im Behälter zu unterscheiden, dem das Gas entnommen wird, da dieses hier eine nahezu adiabatische Zustandsänderung erfährt.

Durch die Drosselung entsteht ein Arbeitsverlust. Das Gas vom Druck p_1 und der Temperatur T_0 vor der Drosselung könnte bei isothermischer Expansion bis zum Druck p_2 nach der Drosselung die Arbeit $\Delta W = RT_0 \ln p_1/p_2$ leisten. Diese Arbeit geht bei der Drosselung verloren.

Die Entropieänderung des idealen Gases ist bei der Drosselung, wenn $T_0 =$ const,

$$\Delta s = R \ln p_1/p_2.$$

Folglich ist der Arbeitsverlust
$$\Delta W = T_0 \Delta s. \tag{40}$$

Die wirklichen Gase erleiden bei Drosselung eine Temperaturänderung (*Joule-Thompson*-Effekt). Auch hier gilt $h =$ const. Die Temperaturänderung ergibt sich aus der für das wirkliche Gas geltenden Zustandsgleichung. Es ist bei konstanter Enthalpie h

$$\left(\frac{\partial T}{\partial p}\right)_h = \frac{T(\partial v/\partial T)_p - v}{c_p}.$$

(Die als Indizes gesetzten Größen sind bei der Differentiation als Konstanten zu behandeln.) Die Temperaturänderung ist bei der Drosselung gleich Null, wenn

$$T(\partial v/\partial T)_p = v.$$

Dies ist der Fall z. B. beim idealen Gas, wo $(\partial v/\partial T)_p = R/p$, also $RT/p = v$. Auch für wirkliche Gase gibt es Temperaturen und Drücke, für die $T(\partial v/\partial T)_p = v$. Die Verbindungslinie der entsprechenden Punkte in einem Diagramm nennt man *Inversionskurve*. Innerhalb dieser findet bei Drosselung Abkühlung des Gases, außerhalb dieser Erwärmung statt.

Bei dem *Linde*-Verfahren zur Gasverflüssigung wird die Drosselung praktisch angewendet. Z. B. kühlt sich Luft von 25°C je at Druckabfall um 0,22 grd, bei −100°C um 0,62 grd ab.

2. Darstellung im T, s-Diagramm (Bild 10)

Für *isothermische* Zustandsänderungen eines idealen Gases ist

$$\Delta s = s_2 - s_1 = q/T = R \ln(p_1/p_2).$$

Die Isothermen sind im T, s-Diagramm waagerechte Linien.

Für *adiabatische* Zustandsänderungen ist, da $dQ = 0$,

$$\Delta s = s_2 - s_1 = 0 \quad \text{oder} \quad s_1 = s_2 = \text{const}.$$

Die Adiabaten sind im T, s-Diagramm senkrechte Geraden.

Für *isobare* Zustandsänderungen eines idealen Gases ist

$$\Delta s = s_2 - s_1 = c_p \ln(T_2/T_1).$$

Die Isobaren verlaufen im T, s-Diagramm als logarithmische Linien. Der horizontale Abstand (Strecke a in Bild 10) zwischen zwei Isobaren ist an allen Stellen gleich groß.

Für *isochore* Zustandsänderungen eines idealen Gases ist

$$\Delta s = s_2 - s_1 = c_v \ln(T_2/T_1).$$

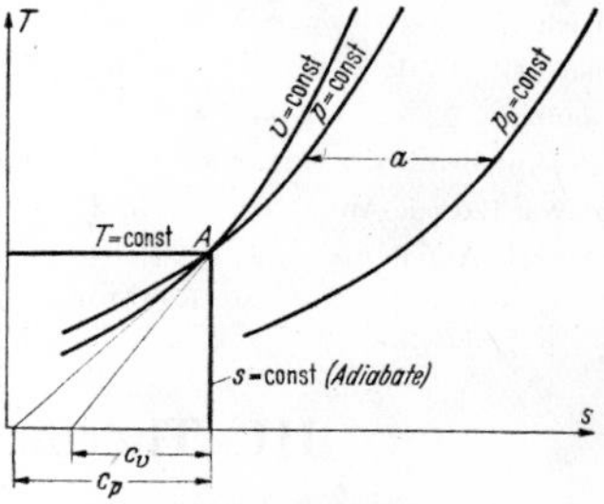

Bild 10. Isochoren und Isobaren im T, s-Diagramm

Die Isochoren verlaufen im T, s-Diagramm wie die Isobaren als logarithmische Linien, aber steiler als die Isobaren.

Die Subtangente an die Kurve der Zustandsänderung im T, s-Diagramm gibt die spez. Wärme an (Bild 10).

3. Maximale Arbeit, Exergie, Anergie

a) Aus einem Gas mit dem Druck p und der Temperatur T, das *dauernd* einer Wärmekraftmaschine *zuströmt*, erhält man dann die **maximale Arbeit**, wenn es am Ende von umkehrbaren Zustandsänderungen den Druck und die Temperatur der Umgebung annimmt. Nach Bild 11 expandiert das Gas vom Zustand *1* (p, T) adiabatisch bis zum Druck $p' < p_0$, bei dem es im Punkt *2* die Umgebungstemperatur T_0 erreicht. Um den Umgebungsdruck p_0 zu erreichen, muß das Gas isothermisch komprimiert werden, wobei die Wärmemenge q_0 an die Umgebung

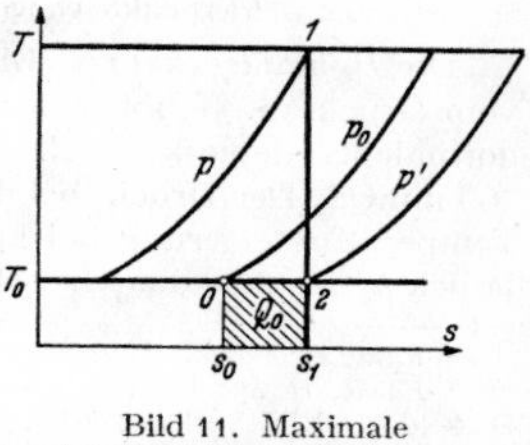

Bild 11. Maximale Arbeitsfähigkeit eines Gases

abgeführt wird. Die so gewonnene *maximale* Arbeit ist:

$$W_{t\,\max} = h_1 - h_0 - q_0 = h_1 - h_0 - T_0(s_1 - s_0). \tag{41}$$

Erreicht das Gas bei der adiabatischen Expansion die Umgebungstemperatur T_0 bereits bei einem Druck p', der größer als der Umgebungsdruck p_0 ist, dann ist die weitere Expansion von p' auf p_0 isothermisch auszuführen. In diesem Fall wird die Wärmemenge $T_0(s_1 - s_0)$ vom Gas aus der Umgebung aufgenommen. Auch hier gilt Gl. (41) für die maximale Arbeitsfähigkeit.

Steht nur eine *begrenzte Gasmenge* mit dem Druck p und der Temperatur T vor der Wärmekraftmaschine zur Arbeitsleistung zur Verfügung, so ist die maximale Arbeit:

$$W_{t\,\max} = u_1 - u_0 - T_0(s_1 - s_0) + p_0(v_1 - v_0). \tag{41a}$$

b) Jede Energie kann in zwei Teile zerlegt werden: in einen, genannt **Exergie**[1] e, der in mechanische Arbeit und damit in andere Energieformen umwandelbar ist, und in einen, genannt **Anergie**[1] b, der nicht in mechanische Arbeit oder andere Energieformen umwandelbar ist. Dies gilt für jede Art von Energie[2].

Für das einer Wärmekraftmaschine dauernd zuströmende Gas ist

$$e = W_{t\,\max} \text{ nach Gl. (41)} \quad \text{und} \quad b = h_0 + T_0(s_1 - s_0).$$

Für die begrenzte Gasmenge ist

$$e = W_{t\,\max} \text{ nach Gl. (41a)} \quad \text{und} \quad b = u_0 + T_0(s_1 - s_0) - p_0(v_1 - v_0).$$

Beispiel: Wie groß ist die maximale Arbeitsfähigkeit je kg strömender Luft von 1 at abs und 300 °C, wenn der Umgebungsdruck 1 at abs und die Umgebungstemperatur 20 °C ist? Es ist

nach Gl. (15a): $h_1 - h_0 = c_p(T_1 - T_0) = 0{,}24$ kcal/kggrd · (300 − 20) grd = 67,2 kcal/kg,

nach Gl. (16a): $s_1 - s_0 = c_p \ln T_1/T_0 = 0{,}24$ kcal/kggrd · ln 573/293 = 0,161 kcal/kggrd,

somit: $W_{t\,\max} = 67{,}2 - 293 \cdot 0{,}161 = 20$ kcal/kg.

Gesamtenergie der zuströmenden Luft $h_1 T_1 = 0{,}24$ kcal/kg °K · 573 °K = 137,5 kcal/kg;

davon Exergie-Anteil $e = W_{t\,\max}$ = 20,0 „

Anergie-Anteil $b = h_0 + T_0(s_1 - s_0) = 0{,}24$ kcal/kg °K · 293 °K + + 293 °K · 0,161 kcal/kg °K = 117,5 „

III. Thermodynamik der Dämpfe

a) Grundbegriffe. Dämpfe unterscheiden sich von Gasen lediglich dadurch, daß sie sich leicht verflüssigen lassen. Die Zustandsgleichung für das ideale Gas (Gl. 12) gilt für Dämpfe nur bei kleinem Druck und hoher Temperatur.

Wird einer Flüssigkeit unter konstantem Druck Wärme zugeführt, so steigt ihre Temperatur stetig an bis zur *Sättigungstemperatur*, bei der die Verdampfung beginnt. Diese Temperatur bleibt so lange bestehen, bis alle Flüssigkeit in Dampf verwandelt ist. Erst dann steigt bei weiterer Wärmezufuhr die Temperatur wieder an.

Bei Wärmeabfuhr sinkt die Temperatur der Flüssigkeit so lange, bis bei der *Erstarrungs-* oder *Schmelztemperatur* die Umwandlung in den festen Zustand beginnt. Während der Erstarrung bleibt die Temperatur konstant und sinkt erst wieder, nachdem die gesamte Flüssigkeit erstarrt ist. Schmelz- und Gefrierpunkte einiger Körper bei 760 mm QS vgl. Tafel im Anhang.

Die *Dampfdruckkurve* (Bild 12) gibt die Abhängigkeit der Sättigungstemperatur vom Druck an. Je höher der Druck, desto höher ist die Sättigungstemperatur. Der normale Siedepunkt (vgl. Tafel im Anhang) ist die Sättigungstemperatur bei 760 mmQS. Der Druck, bei dem die Verdampfung, d. h. die Volumenzunahme ohne Temperatursteigerung bei konstantem Druck, gerade aufhört, heißt der kritische Druck p_k, zu dem das kritische Volumen v_k und die kritische Temperatur t_k gehören.

---

[1] *Rant, Z.:* Forsch. Ing.-Wes. 22 (1956) Nr. 1 S. 36/37.

[2] *Baehr, H. D.:* BWK 17 (1965) Nr. 1 S. 1/6. — *Baehr, Bergmann* u. a.: Energie u. Exergie. Düsseldorf: VDI-Verlag 1965. — Der Exergiebegriff als Bewertungsgrundlage in der Energietechnik. Auszug aus 6 Referaten vom Ingenieurtag 1964. VDI-Z. 106 (1964) Nr. 28 S. 1393/97.

Bei Drücken oberhalb dieses *kritischen Punktes* (K. P.) gibt es also keine Sättigungstemperatur. Im Tripelpunkt (T. P.) können die feste, flüssige und gasförmige Phase eines Stoffes dauernd nebeneinander bestehen. Bei Drücken unterhalb des Tripelpunktes tritt *Sublimation* ein, d. h. der feste Körper verwandelt sich bei Wärmezufuhr unmittelbar in den gasförmigen Zustand.

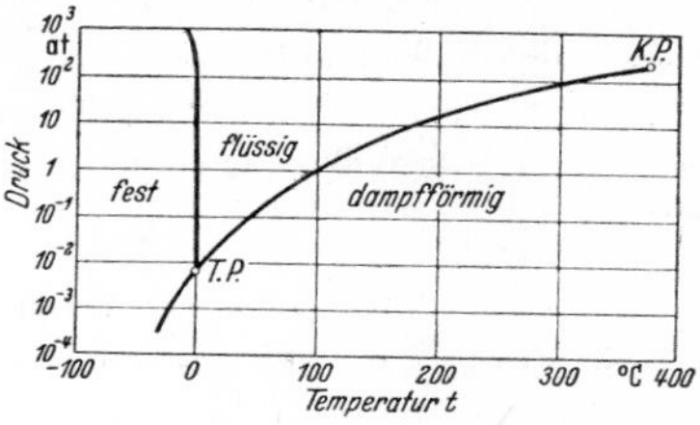

Bild 12. Dampfdruckkurve für Wasser

Naßdampf ist ein Gemisch aus Flüssigkeit und Dampf, wobei beide Sättigungstemperatur haben. *Trocken gesättigter Dampf* oder *Sattdampf* ist Dampf von Sättigungstemperatur. *Überhitzter Dampf* ist Dampf, dessen Temperatur höher als die Sättigungstemperatur ist.

Verbindet man in einem Diagramm, z. B. t,s-Diagramm (Bild 13), die Zustandspunkte der Flüssigkeit von Sättigungstemperatur und die des trocken gesättigten Dampfes, so ergibt sich die *linke* bzw. *rechte Grenzkurve*; beide gehen im kritischen Punkt mit einer horizontalen Tangente ineinander über. Links der linken oder „unteren" Grenzkurve ist das Flüssigkeitsgebiet, zwischen den Grenzkurven das Naßdampfgebiet, und rechts der rechten oder „oberen" Grenzkurve das Gebiet des überhitzten Dampfes.

Zur Erwärmung der Flüssigkeit von ihrer Anfangstemperatur t_1 (Bild 13; Punkt *1*) bis zur Sättigungstemperatur (Punkt *2*) ist die *Flüssigkeitswärme* $q_f = h_2 - h_1$ (Fläche *1278*), zur Verdampfung bei konstantem Druck die *Verdampfungswärme* r (Fläche *2367*) und zur isobaren Überhitzung auf die Temperatur t_4 die *Überhitzungswärme* $q_ü = h_4 - h_3$ (Fläche *3456*) zuzuführen. Verdampfungswärme einiger Stoffe vgl. Tafel im Anhang. Je höher der Druck, um so kleiner ist die Verdampfungswärme und um so größer die Flüssigkeitswärme. Beim kritischen Druck ist die Verdampfungswärme $r = 0$. Bei der Verflüssigung (= Kondensation) des überhitzten Dampfes vom Zustand *4* (Bild 13) ist die Überhitzungswärme und Verdampfungswärme abzuführen. Im Zustand *2* ist der gesamte Dampf verflüssigt.

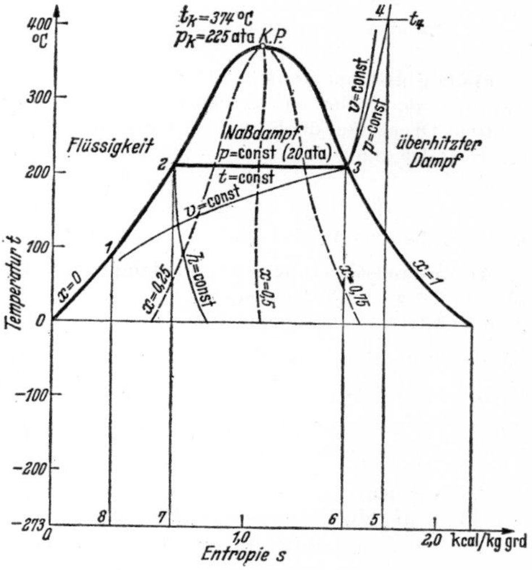

Bild 13. t,s-Diagramm für Wasserdampf

1. Naßdampf

a) Der **spez. Dampfgehalt** x gibt den Mengenanteil des trocken gesättigten Dampfes in 1 kg des Dampf-Flüssigkeits-Gemisches an. Für trocken gesättigten Dampf ist $x = 1$, für Flüssigkeit von Sättigungstemperatur $x = 0$.

b) In den **Dampftabellen** (Tafeln im Anhang) sind, abhängig vom Druck oder der Sättigungstemperatur, die spez. Volumina v' bzw. v'' in dm³/kg bzw. m³/kg, die

Enthalpien h' bzw. h'' in kcal/kg, die Entropien s' bzw. s'' in kcal/kggrd angegeben, wobei der Index $'$ sich auf Flüssigkeit von Sättigungstemperatur und der Index $''$ sich auf trocken gesättigten Dampf bezieht.

Für den Naßdampf ist

das *spez. Volumen*: $v = xv'' + (1 - x)v' = x(v'' - v') + v'$; (42)

bei nicht zu hohen Drücken ist meist v' gegenüber v'' vernachlässigbar klein, so daß angenähert gilt: $v \approx xv''$;

die *Enthalpie*: $h = h' + x(h'' - h') = h' + xr$ (43)

(r = Verdampfungswärme),

die *innere Energie*: $u = u' + x(u'' - u') = u' + x\varrho$ (44)

($u' = h' - pv'$; $u'' = h'' - pv''$; ϱ = innere Verdampfungswärme),

die *Entropie*: $s = s' + x(s'' - s') = s' + xr/T_s$ (45)

(T_s = Sättigungstemperatur in °K),

die *Verdampfungswärme*: $r = h'' - h' = u'' - u' + p(v'' - v') = \varrho + \psi$ (46)

(ψ = äußere Verdampfungswärme).

Bei nicht allzu hohen Drücken ist für Wasser $h' \approx u' \approx t_s$ (t_s ist die Sättigungstemperatur in °C).

c) Clausius-Clapeyronsche Gleichung. Die Beziehung zwischen der Verdampfungswärme r, der Volumenvergrößerung $(v'' - v')$ bei der Verdampfung unter konstantem Druck und der Sättigungstemperatur T_s °K ist durch die *Clausius-Clapeyron*sche Gleichung

$$r = T_s(v'' - v')\,\mathrm{d}p/\mathrm{d}T$$

gegeben. Hierin ist $\mathrm{d}p/\mathrm{d}T$ die Richtung der Tangente an die Dampfspannungskurve in dem der Verdampfungstemperatur t_s °C entsprechenden Punkt.

d) Zustandsänderungen des Naßdampfes. α) Bei der *isobaren* Zustandsänderung bleiben Druck und Temperatur konstant. Die Isotherme und Isobare fallen im Naßdampfgebiet zusammen (Bild 13). Es sind

die Änderung des Volumens: $v_2 - v_1 = (x_2 - x_1)(v'' - v') \approx (x_2 - x_1)v''$,

die äußere Arbeit: $W = p(v_2 - v_1) = p(x_2 - x_1)(v'' - v')$,

die zu- bzw. abzuführende Wärmemenge:

$$q = h_2 - h_1 = (x_2 - x_1)r = (u_2 - u_1) + p(v_2 - v_1).$$

Die Wärmemenge wird zu einem Teil in äußere Arbeit verwandelt, zum anderen Teil erhöht sie die innere Energie des Dampfes.

β) Bei der *isochoren* Zustandsänderung verändert sich der Dampfgehalt von x_1 auf

$$x_2 = \frac{v_1 - v_2'}{v_2'' - v_2'} = \frac{v_1' + x_1(v_1'' - v_1') - v_2'}{v_2'' - v_2'}.$$

Hierin sind aus der Dampftabelle die Volumina v_1' und v_1'' entsprechend der Temperatur t_1 zu Beginn der Zustandsänderung, v_2' und v_2'' entsprechend der Temperatur am Ende der Zustandsänderung zu entnehmen.

Ist bei isochorer Wärmezufuhr $v_1 > v_k$ (v_k = Volumen im kritischen Punkt), dann ist $x_2 > x_1$, d. h. die Flüssigkeit im Naßdampf wird teilweise verdampft; bei $v_1 < v_k$ ist $x_2 < x_1$, d. h. der Dampf im Naßdampf wird teilweise verflüssigt.

Die zuzuführende Wärmemenge ist

$$q = u_2 - u_1 = (u_2' + x_2\varrho_2) - (u_1' + x_1\varrho_1).$$

γ) Bei der *adiabatischen* Zustandsänderung wird Wärme weder zu- noch abgeführt. $\mathrm{d}q = 0$; $s = \text{const}$[1], also $s_1 = s_2$ oder $s_1' + x_1r_1/T_1 = s_2' + x_2r_2/T_2$,

[1] Die Adiabaten sind also zugleich Linien konstanter Entropie oder *Isentropen*.

hieraus $$x_2 = \frac{s_1' - s_2' + x_1 r_1/T_1}{r_2/T_2}.$$

Der Dampfgehalt nimmt bei adiabatischer Ausdehnung von sehr nassem Dampf (kleiner Dampfgehalt x_1) zu, von weniger nassem Dampf (großes x_1) ab.

Die äußere Arbeit ist $W = u_1 - u_2 = u_1' + x_1\varrho_1 - u_2' - x_2\varrho_2$

und die technische Arbeit $W_t = h_1 - h_2 = h_1' + x_1 r_1 - h_2' - x_2 r_2$

oder $$W_t = \frac{\varkappa}{\varkappa - 1} p_1 v_1 [1 - (p_2/p_1)^{(\varkappa-1)/\varkappa}],$$

wobei bis etwa 25 at abs für Naßdampf $\varkappa = 1{,}035 + 0{,}1\,x_1$ $(x_1 > 0{,}7)$,

für trocken gesättigten Dampf $\varkappa = 1{,}135$,

und für überhitzten Dampf $\varkappa = 1{,}3$

zu setzen ist.

δ) Bei der *Drosselung* ist die Enthalpie $h =$ const, also $h_1 = h_2$. Der spez. Dampfgehalt nimmt im allgemeinen zu, der Naßdampf wird trockener. Nur wenn die Drosselung in einem bestimmten Bereich in der Nähe des kritischen Punkts beginnt, wird der Dampf zunächst nässer.

ε) Zustandsänderungen bei *konstantem spez. Dampfgehalt* ($x =$ const) verlaufen längs Linien, die als *Isovaporen* bezeichnet werden.

2. Überhitzter Dampf

a) Zustandsgleichung. Es gelten für jeden dampfförmigen Stoff besondere, meist empirisch aufgestellte Zustandsgleichungen, z. B. für Wasserdampf[1]

$$v = \frac{RT}{p} - \frac{A}{(T/100)^{2,82}} - p^2\left[\frac{B}{(T/100)^{14}} + \frac{C}{(T/100)^{31,6}}\right] \text{m}^3/\text{kg},$$

wobei $R = 47{,}06$ kpm/kggrd, $A = 0{,}9172$, $B = 1{,}3088 \cdot 10^{-4}$, $C = 4{,}379 \cdot 10^7$, p in kp/m² und T in °K einzusetzen sind.

Spez. Volumina für überhitzten Wasserdampf vgl. Tafeln im Anhang.

Die innere Energie, Enthalpie, Entropie sind von Temperatur und Druck abhängig. Die Zustandsgrößen sind in Dampftafeln[2] oder in h,s-, T,s-, $\lg p,h$- und anderen Diagrammen zusammengestellt.

b) Aus dem ***h, s***- (bisher i,s-) **Diagramm** (Bild 14) lassen sich bei adiabatischen Zustandsänderungen die technische Arbeit $W_t = h_2 - h_3$ (Strecke *23*) und bei isobaren Zustandsänderungen die zuzuführende Wärmemenge $q = h_2 - h_1$ als senkrechter Abstand zwischen dem Endwert h_2 und dem Anfangswert h_1 der Enthalpie ablesen. Enthalpie für überhitzten Wasserdampf vgl. Tafeln im Anhang.

Die Drosselung ($h =$ const) erscheint im h,s-Diagramm als horizontale Linie. Zur Bestimmung des Dampfgehalts x von Naßdampf drosselt man diesen vom Anfangsdruck auf einen solchen Enddruck, daß der

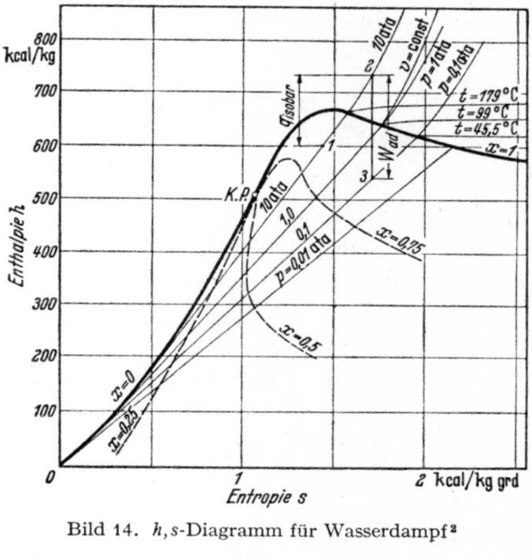

Bild 14. h,s-Diagramm für Wasserdampf[2]

---

[1] Vgl. z. B. VDI-Wasserdampftafeln. 7. Aufl. Berlin: Springer 1968.

[2] Für genaue Berechnungen benutze man die käuflichen i,s-(h,s-)Diagramme.

Endzustand des Dampfes im überhitzten Gebiet liegt, und mißt die Temperatur des Dampfes nach der Drosselung. Im h,s-Diagramm zieht man vom Zustandspunkt, der durch den Druck und die Temperatur nach der Drosselung gegeben ist, eine Horizontale bis zum Schnittpunkt mit der Isobaren des Druckes vor der Drosselung. Dem Schnittpunkt entsprechend wird der gesuchte Dampfgehalt x des Naßdampfes abgelesen.

IV. Thermodynamik der Gasgemische

1. Gasgemische

a) Daltonsches Gesetz. Befinden sich in einem Raum mehrere Gase, die keine chemische Einwirkung aufeinander ausüben, so gilt für nicht zu hohe Drücke das *Dalton*sche Gesetz: Jedes Gas verhält sich so, als ob es allein den ganzen Raum ausfüllte.

Der *Gesamtdruck* p des Gasgemisches ist *gleich der Summe der Teildrücke* $p_1, p_2, \ldots, p_i$, die in dem Raum herrschen würden, wenn jedes einzelne Gas $1, 2, \ldots, i$ allein vorhanden wäre. Demnach ist

$$p = p_1 + p_2 + \cdots p_i. \tag{47}$$

Beispiel: In einem Behälter von 1 m³ Inhalt befinden sich 0,5 kg Sauerstoff, 0,1 kg Wasserstoff und 0,3 kg Stickstoff. Der Gesamtdruck der Mischung, deren Temperatur 50°C ist, soll bestimmt werden. Nach Gl. (12a) ergeben sich die Teildrücke der einzelnen Gase:

$$p_{O_2} = \frac{0{,}5\ \mathrm{kg/m^3} \cdot 848\ \mathrm{kpm/kmol\,°K} \cdot (273 + 50)\,°\mathrm{K}}{32\ \mathrm{kg/kmol}} = 4280\ \mathrm{kp/m^2}, \qquad p_{O_2} = 0{,}428\ \mathrm{at},$$

$$p_{H_2} = \frac{0{,}1\ \mathrm{kg/m^3} \cdot 848\ \mathrm{kpm/kmol\,°K} \cdot (273 + 50)\,°\mathrm{K}}{2{,}016\ \mathrm{kg/kmol}} = 13600\ \mathrm{kp/m^2}, \qquad p_{H_2} = 1{,}360\ \mathrm{at},$$

$$p_{N_2} = \frac{0{,}3\ \mathrm{kg/m^3} \cdot 848\ \mathrm{kpm/kmol\,°K} \cdot (273 + 50)\,°\mathrm{K}}{28\ \mathrm{kg/kmol}} = 2940\ \mathrm{kp/m^2}, \qquad p_{N_2} = 0{,}294\ \mathrm{at},$$

der Gesamtdruck ist $\qquad p = p_{O_2} + p_{H_2} + p_{N_2} = 2{,}082\ \mathrm{at}.$

Im MKS-Maßsystem:

$$p_{O_2} = \frac{0{,}5\ \mathrm{kg/m^3} \cdot 8315\ \mathrm{J/kmol\,°K} \cdot (273 + 50)\,°\mathrm{K}}{32\ \mathrm{kg/kmol}} = 42000\ \mathrm{N/m^2} = 0{,}42\ \mathrm{bar},$$

$$p_{H_2} = \frac{0{,}1\ \mathrm{kg/m^3} \cdot 8315\ \mathrm{J/kmol\,°K} \cdot (273 + 50)\,°\mathrm{K}}{2{,}016\ \mathrm{kg/kmol}} = 133000\ \mathrm{N/m^2} = 1{,}33\ \mathrm{bar},$$

$$p_{N_2} = \frac{0{,}3\ \mathrm{kg/m^3} \cdot 8315\ \mathrm{J/kmol\,°K} \cdot (273 + 50)\,°\mathrm{K}}{28\ \mathrm{kg/kmol}} = 29000\ \mathrm{N/m^2} = 0{,}29\ \mathrm{bar},$$

Gesamtdruck $p \qquad = 2{,}04\ \mathrm{bar}.$

Das *Dalton*sche Gesetz gilt für reale Gasgemische nicht genau. Bei diesen kann der Gesamtdruck sowohl größer als auch kleiner als die Summe der Einzeldrücke sein.

b) Die **Zusammensetzung** eines Stoffgemisches kann gegeben sein:
durch die Einzelmengen m_1, m_2, m_3 usw., so daß

$$m_1 + m_2 + m_3 + \cdots = \Sigma m_i = m,$$

durch die Einzelvolumina V_1, V_2, V_3 usw., so daß

$$V_1 + V_2 + V_3 + \cdots = \Sigma V_i = V,$$

durch die Mengenanteile $\mu_i = m_i/m$,
durch die Raumanteile (Volumenprozente) $r_i = V_i/V$.

Für jedes ideale Einzelgas gilt: $p_i V = m_i R_i T$ und $p V_i = m_i R_i T$. Hieraus folgt

$$p_i/p = V_i/V = r_i, \tag{48}$$

d. h. der Partialdruck eines Gases ist gleich dem Raumanteil mal dem Gesamtdruck.

c) Zustandsgrößen. Für ein Gasgemisch ist

die *Dichte:* $\varrho_{\text{Gem}} = m/v = \sum r_i \varrho_i$,

die *Gaskonstante:* $R_{\text{Gem}} = \sum \mu_i R_i$,

das *scheinbare Molekulargewicht:* $M_s = \sum r_i M_i = 1/\sum(\mu_i/M_i)$,

die *spez. Wärmen:* $c_{v\text{Gem}} = \sum \mu_i c_{vi}$, $c_{p\text{Gem}} = \sum \mu_i c_{pi}$; oder: $C_{v\text{Gem}} = \sum r_i C_{vi}$, $C_{p\text{Gem}} = \sum r_i C_{pi}$.

Mit diesen Werten lassen sich Gasgemische wie einfache Gase rechnerisch behandeln. Zur Umrechnung der Mengenanteile in Raumanteile und umgekehrt dient:

$$\mu_i = r_i M_i/M_s \quad \text{und} \quad r_i = \mu_i M_s/M_i.$$

Beispiel: Luft besteht aus 79 Volumenprozenten Stickstoff (N_2) und 21 Volumenprozenten Sauerstoff (O_2).

Das scheinbare Molekulargewicht der Gasmischung ist:

$$M_s = 0{,}79 \cdot 28 + 0{,}21 \cdot 32 = 28{,}8 \text{ kg/kmol}.$$

Der Stickstoffgehalt der Luft in Mengenprozenten ist:

$$\mu_{N_2} = 0{,}79 \cdot 28/28{,}8 = 0{,}767 = 76{,}7\%,$$

der Sauerstoffanteil in Mengenprozenten:

$$\mu_{O_2} = 0{,}21 \cdot 32/28{,}8 = 0{,}233 = 23{,}3\%.$$

Die Gaskonstante der Luft ergibt sich zu:

$$R = 0{,}767 \cdot 848/28 + 0{,}233 \cdot 848/32 = 29{,}27 \text{ kpm/kggrd}.$$

Die spez. Wärme der Luft ist

$$c_p = 0{,}767 \cdot 0{,}249 + 0{,}233 \cdot 0{,}218 = 0{,}241 \text{ kcal/kggrd}.$$

(Spez. Wärmen für O_2 und N_2 vgl. Tafeln im Anhang.)

2. Gas-Dampf-Gemische

a) Das wichtigste Gas-Dampf-Gemisch ist das **Luft-Wasserdampf-Gemisch.** Bei einer bestimmten Temperatur kann der Partialdruck des Wasserdampfes in der Luft höchstens gleich dem dieser Temperatur entsprechenden Sättigungsdruck des trocken gesättigten Wasserdampfes sein (Tafel im Anhang). Luft mit dieser maximalen Wasserdampfmenge heißt „gesättigt"; enthält sie weniger, dann „ungesättigt". Ungesättigte Luft kann also Wasserdampf aufnehmen. Der Wasserdampf in ungesättigter Luft befindet sich im Zustand der Überhitzung.

b) Begriffe. Man bezieht die Zustandsgrößen eines Gas-Dampf-Gemisches gewöhnlich auf 1 kg trockenes Gas. Der Feuchtigkeitsgrad x ist die Wasserdampfmenge in kg je kg trockene Luft. Die *relative Feuchtigkeit* φ ist das Verhältnis des Wasserdampfteildruckes p_D zum Sättigungsdruck p'. Es ist

$$\varphi = p_D/p'. \tag{49}$$

Sie wird gewöhnlich in Prozenten ausgedrückt. Spez. Gewicht feuchter Luft vgl. Tafel im Anhang. *Sättigungsgrad* ψ ist das Verhältnis des Feuchtigkeitsgrades x zum maximalen Feuchtigkeitsgrad x', also $\psi = x/x'$.

Es ist

$$x = \frac{R_G}{R_D} \cdot \frac{p_D}{p - p_D}, \tag{50}$$

wobei R_G und R_D die Gaskonstanten für Gas bzw. Dampf und p den Gesamtdruck bedeuten. Für Wasserdampf-Luft-Gemisch ist somit

$$x = \frac{29{,}27 \text{ kpm/kg}\,^\circ\text{K}}{47{,}1 \text{ kpm/kg}\,^\circ\text{K}} \cdot \frac{p_D}{p - p_D} = 0{,}622 \frac{\varphi p'}{p - \varphi p'}, \tag{50a}$$

$$\varphi = \frac{x p}{p'(0{,}622 + x)} \quad \text{und} \quad \psi = \varphi \frac{p - p'}{p - \varphi p'}.$$

Der *Wärmeinhalt von Gas-Dampf-Gemischen* ist je kg trockenes Gas

$$h = c_G t + x(r + c_D t). \qquad (51)$$

Hierin bedeuten c_G bzw. c_D die spez. Wärmen bei konst. Druck für Gas bzw. Dampf und r die Verdampfungswärme des Dampfes bei der Temperatur $t = 0\,°\text{C}$. Für Wasserdampf-Luft-Gemisch ist

$$h = 0{,}24\ \text{kcal/kg grd} \cdot t + x\,(597\ \text{kcal/kg} + 0{,}46\ \text{kcal/kg grd} \cdot t)\ \text{in kcal/kg} \qquad (51\,\text{a})$$

$$h = 1{,}005\ \text{kJ/kg grd} \cdot t + x(2500\ \text{kJ/kg} + 1{,}926\ \text{kJ/kg grd} \cdot t)\ \text{in kJ/kg}. \qquad (51\,\text{b})$$

c) Bestimmung der Luftfeuchtigkeit. α) *Psychrometer* nach *Assmann:* Von zwei gleichen Thermometern ist das eine mit einem feuchten Wattebausch umgeben, das andere trocken. An beiden wird die Luft durch einen kleinen Ventilator mit ca. 2 m/sec Geschwindigkeit vorbeigeblasen. Das trockene Thermometer zeigt die Temperatur t, das feuchte die Temperatur t_f an. $(t - t_f)$ heißt die *psychrometrische Temperaturdifferenz.* Sind p' und p_f' die zu den Temperaturen t und t_f gehörigen Sättigungsdrücke in mm QS, so ist der wirkliche Teildruck des Wasserdampfes in der Luft nach der *Sprung*schen Psychrometerformel

$$p_D = p_f' - 0{,}5\,(t - t_f) \quad \text{(gültig bis } t = 40\,°\text{C)} \qquad \text{und} \qquad \varphi = p_D/p'.$$

Beispiel: Das trockene Thermometer zeigt 30°C, das feuchte 20°C an. Dann ist der Partialdruck des Dampfes (bezüglich der Zahlenwerte vgl. Bild 15)

$$p_D = 17{,}5 - 0{,}5 \cdot 10 = 12{,}5\ \text{mm QS}, \qquad \varphi = 12{,}5/31{,}8 = 0{,}394 = 39{,}4\,\%.$$

β) *Haarhygrometer* zeigen die *relative* Feuchtigkeit an. Sie müssen öfter geeicht werden. Bei Temperaturen über 0° sind Haarhygrometer sehr zweckmäßig. Bei Temperaturen unter 0°C kann man, je nach dem Zweck, die relative Feuchtigkeit auf die Dampfspannung über Wasser oder über Eis beziehen.

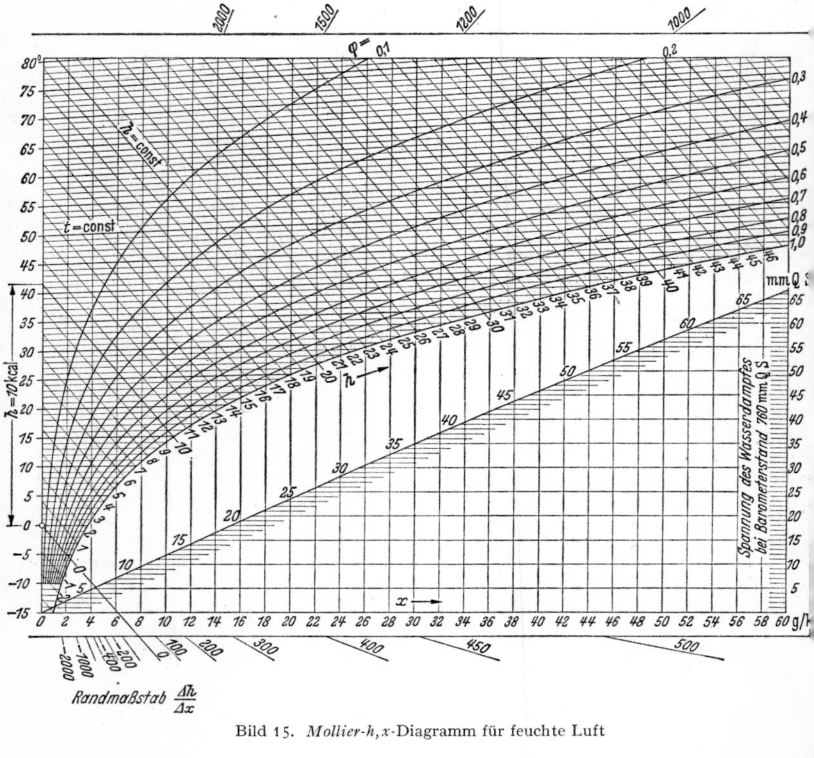

Bild 15. *Mollier-h,x*-Diagramm für feuchte Luft

d) Im **Mollier-h,x-Diagramm,** Bild 15, ist die Enthalpie h in kcal/kg für $(1 + x)$ kg feuchter Luft nach Gl. (51a) über dem Wasserdampfgehalt x aufgetragen, wobei die Abszisse schräg nach rechts unten gelegt ist, so daß die 0 °C-Isotherme horizontal verläuft. Die Isothermen über 0 °C erscheinen als leicht ansteigende Linien. Für den Gesamtdruck $p = 760$ mm QS sind die Linien gleicher relativer Feuchtigkeit eingetragen; $\varphi = 1$ stellt die Sättigungskurve dar; links von ihr ist die Luft ungesättigt, rechts von ihr enthält die Luft Nebel. Die Ordinaten der unter dem Diagramm eingezeichneten Schrägen geben für jeden Punkt im h,x-Diagramm den zugehörigen Dampfdruck in mm QS an.

e) Zustandsänderungen des Wasserdampf-Luft-Gemisches. α) Bei *Erwärmung* bleibt der Dampfgehalt x konstant, die relative Feuchtigkeit φ wird kleiner. Um $(1 + x)$ kg Wasserdampf-Luft-Gemisch von t_1 auf t_2 zu erwärmen, muß je kg trockene Luft die Wärmemenge

$$q = h_2 - h_1 \tag{52}$$

zugeführt werden.

β) *Mischung.* Wird feuchte Luft vom Zustand t_1, x_1 (Punkt *1* in Bild 16) mit feuchter Luft vom Zustand t_2, x_2 (Punkt *2*) gemischt, so liegt der Zustand der feuchten Luft nach der Mischung (Punkt M) auf der *Mischgeraden* (Strecke *12* in Bild 16).

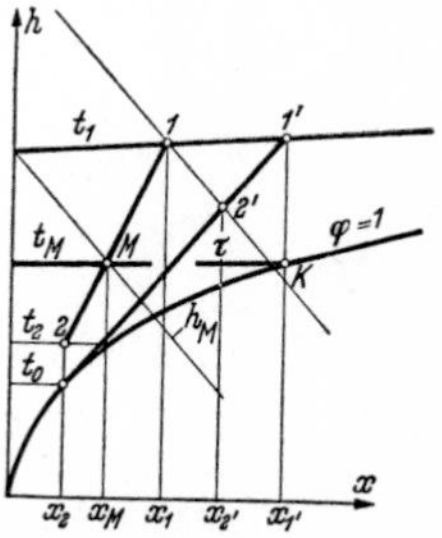

Bild 16. Zustandsänderungen feuchter Luft im *Mollier-h,x*-Diagramm. Mischung zweier Luftströme (*1 2* Mischgerade); Abkühlung feuchter Luft (K Taupunkt)

Nach der Wärmebilanz ist

$$m_{L1} h_1 + m_{L2} h_2 = (m_{L1} + m_{L2}) h_M .$$

Nach der Stoffbilanz ist

$$m_{L1} x_1 + m_{L2} x_2 = (m_{L1} + m_{L2}) x_M ,$$

wobei m_{L1} und m_{L2} die trockene Luftmenge vom Zustand *1* bzw. *2* in kg bedeuten. Daraus folgt

$$h_M = \frac{m_{L1} h_1 + m_{L2} h_2}{m_{L1} + m_{L2}} \tag{53}$$

und

$$x_M = \frac{m_{L1} x_1 + m_{L2} x_2}{m_{L1} + m_{L2}} . \tag{54}$$

Beispiel: Auf welchen Zustand verändert sich die Luft, wenn $m_{L1} = 10000$ kg trockener Luft von der Temperatur $t_1 = 0$ °C und der relativen Feuchtigkeit $\varphi_1 = 0{,}7$ mit $m_{L2} = 20000$ kg trockener Luft von $t_2 = 20$ °C und $\varphi_2 = 0{,}6$ gemischt werden? Der Druck ist $p = 760$ Torr. Es ist nach Gl. (50a)

$$x_1 = 0{,}622 \cdot \frac{0{,}7 \cdot 62{,}28}{10332 - 0{,}7 \cdot 62{,}28} = 0{,}00264 \text{ kg/kg} = 2{,}64 \text{ g/kg trockener Luft,}$$

$$x_2 = 0{,}622 \cdot \frac{0{,}6 \cdot 238{,}3}{10332 - 0{,}6 \cdot 238{,}3} = 0{,}00875 \text{ kg/kg} = 8{,}75 \text{ g/kg trockener Luft}$$

(Sättigungsdruck $p_1' = 62{,}28$ kp/m² entsprechend t_1, und $p_2' = 238{,}3$ kp/m² entsprechend $t_2 = 20$ °C aus Dampftabelle im Anhang).

Nach Gl. (51a) $\quad h_1 = 0{,}00264 \cdot 597 = 1{,}57$ kcal/kg,

$$h_2 = 0{,}24 \cdot 20 + 0{,}00875\,(597 + 0{,}46 \cdot 20) = 10{,}1 \text{ kcal/kg,}$$

nach Gl. (53)

$$h_M = \frac{10000 \cdot 1{,}57 + 20000 \cdot 10{,}1}{10000 + 20000} = 7{,}26 \text{ kcal/kg,}$$

nach Gl. (54)

$$x_M = \frac{10000 \cdot 0{,}00264 + 20000 \cdot 0{,}00875}{10000 + 20000} = 0{,}0067 \text{ kg/kg} = 6{,}7 \text{ g/kg,}$$

nach Gl. (51a) ist die Temperatur nach der Mischung

$$t_M = \frac{h_M - 597\,x_M}{0{,}24 + 0{,}46\,x_M} = \frac{7{,}26 - 597 \cdot 0{,}0067}{0{,}24 + 0{,}46 \cdot 0{,}0067} = 13{,}4\,°\text{C}.$$

Die Mischungstemperatur läßt sich schneller mit Hilfe des *Mollier-h,x*-Diagramms (Bild 15) ermitteln. Man verbindet Punkt *1*, der durch $t_1 = 0$ °C und $\varphi_1 = 0{,}7$ gegeben, mit Punkt *2*, der durch $t_2 = 20$ °C und $\varphi_2 = 0{,}6$ gegeben ist, durch eine Gerade. Da nach Gl. (54)

$$(x_2 - x_M)/(x_M - x_1) = m_{L1}/m_{L2},$$

muß der Mischpunkt M auf der Mischgeraden *1 2* so liegen, daß Strecke $2M$/Strecke $1M = m_{L1}/m_{L2}$ $= 10000/20000 = 1/2$ ist. Zu dem so gefundenen Punkt M lassen sich $t_M = 13{,}4\,°C$ und $x_M = 6{,}7$ g/kg aus dem h,x-Diagramm Bild 15 ablesen.

γ) *Abkühlung.* Wird feuchter Luft z. B. vom Zustand *1'* (Bild 16) längs einer kalten Fläche mit der Temperatur t_0 °C in einem Luftkühler die Wärmemenge Q_0 entzogen, so liegt der Zustand *2'* der abgekühlten Luft auf der Verbindungsgeraden des Punktes *1* mit dem Schnittpunkt der Isothermen t_0 und der Sättigungslinie $\varphi = 1$*. Nach der Wärmebilanz ist die abzuführende Wärmemenge

$$Q_0/m_L = h_{1'} - h_{2'} - (x_{1'} - x_{2'})\,t_{2'} \quad (m_L \text{ ist die Menge der trockenen Luft}). \tag{55}$$

Die dabei ausgeschiedene Wassermenge ist $m_W = m_L(x_{1'} - x_{2'})$. (56)

Bei einer bestimmten Oberflächentemperatur τ der Kühlrohre im Luftkühler liegt der Schnittpunkt K der Isotherme τ mit der Sättigungslinie senkrecht unter dem Zustandspunkt *1'* (Bild 16). In diesem Fall kühlt sich Luft ohne Ausscheidung von Wasser ab. Die Temperatur τ wird *Taupunkt* genannt. Erst bei Oberflächentemperaturen im Kühler, die unter dem Taupunkt liegen, tritt Wasserausscheidung auf.

Beispiele: 1. Für Luft von 30 °C und $\varphi = 0{,}7$ soll der Taupunkt bestimmt werden. Taupunkt 24 °C ist auf der Sättigungslinie senkrecht unter dem Schnittpunkt der Linie $\varphi = 0{,}7$ mit der Temperaturlinie $t = 30$ °C aus Bild 15 abzulesen.

2. $V_L = 100$ m³ feuchte Luft von 760 mm QS, 30 °C und 75% relativer Feuchtigkeit sollen auf 10 °C abgekühlt werden (im Endzustand gesättigt). Welche Wärmemenge ist der Luft zu entziehen?
Die trockene Luftmenge ist mit Gl. (47) und (48):

$$V_{L\text{tr}} = V_L\left(1 - \varphi\,\frac{p'}{p}\right) = 100\left(1 - 0{,}75\,\frac{31{,}82}{760}\right) = 96{,}86 \text{ m}^3$$

und nach Gl. (12a)

$$m_L = \frac{10332 \text{ kp/m}^2 \cdot 96{,}86 \text{ m}^3}{29{,}27 \text{ kpm/kg °K} \cdot 303 \text{ °K}} = 113 \text{ kg}.$$

Nach Gl. (50a) sind die Feuchtigkeitsgrade

$$x_1 = 0{,}622 \cdot \frac{0{,}75 \cdot 31{,}82}{760 - 0{,}75 \cdot 31{,}82} = 0{,}0202 \text{ kg/kg},$$

$$x_2 = 0{,}622 \cdot \frac{9{,}21}{760 - 9{,}21} = 0{,}00764 \text{ kg/kg}.$$

Somit ist nach Gl. (51a) und (55)

$$Q_0 = 113\,[0{,}24 \cdot 30 + 0{,}0202\,(597 + 0{,}46 \cdot 30) - 0{,}24 \cdot 10 - 0{,}00764\,(597 + 0{,}46 \cdot 10) - 0{,}01256 \cdot 10] = 1399 \text{ kcal}.$$

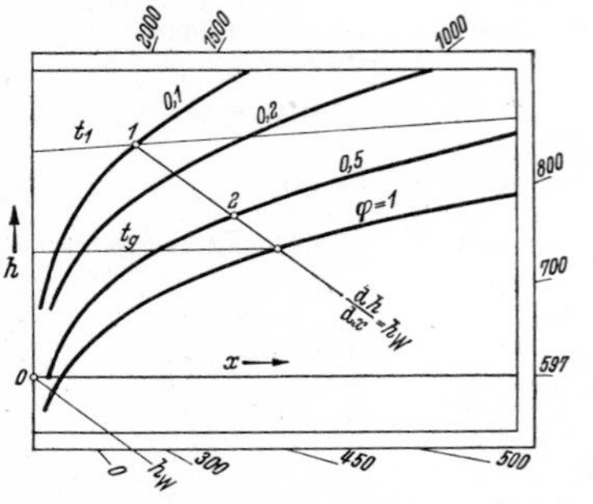

Bild 17. Zustandsänderungen feuchter Luft im *Mollier-h,x*-Diagramm

δ) *Wasserzusatz.* Wird feuchter Luft z. B. vom Zustand *1* (Bild 17) Wasser oder Wasserdampf mit der Enthalpie h_W zugesetzt, so ist die Zustandsänderung der Luft im h,x-Diagramm durch die Gerade

$$\mathrm{d}h/\mathrm{d}x = h_W \tag{57}$$

gegeben. Der Zustandspunkt der Luft nach der Mischung liegt auf der Parallelen durch Punkt *1* zur Verbindungslinie vom Koordinatenanfangspunkt O nach dem auf dem Randmaßstab angegebenen Wert der Enthalpie h_W des Wassers oder Wasserdampfes. Punkt *2* ist dann gegeben durch

$$x_2 = x_1 + m_W/m_L, \tag{58}$$

wobei m_W kg die zugesetzte Wassermenge und m_L kg die Menge der trockenen Luft bedeuten. Wird die Sättigungslinie überschritten, so entsteht Nebel.

* *Linge, K.:* Die Beherrschung des Luftzustandes in gekühlten Räumen. Beiheft z. Zeitschr. f. d. ges. Kälteind. Reihe 2, Heft 7 (1933).

ε) *Verdunstung.* Streicht ungesättigte Luft, z. B. vom Zustand t_1 und φ_1, über eine Wasserfläche, so geht ein Teil des Wassers durch Verdunstung in die Luft über. Das nicht verdunstete Wasser nimmt im Beharrungszustand die Kühlgrenztemperatur t_g an. Man findet die Kühlgrenztemperatur, indem man zunächst einen Wert für t_g annimmt und durch Punkt *1* eine Gerade parallel zur Verbindungslinie $O\,h_W$ ($h_W \mathrel{\hat{=}} t_g$) legt (Bild 17). Ist die dabei zunächst angenommene Kühlgrenztemperatur t_g richtig, so muß durch den Schnittpunkt der Geraden *12* mit der Sättigungslinie $\varphi = 1$ auch die Isotherme für den angenommenen Wert t_g hindurchgehen. Der Luftzustand verändert sich längs der Geraden *12**.

V. Kreisprozesse

Ein Kreisprozeß besteht aus mehreren aufeinanderfolgenden Zustandsänderungen, an deren Ende das Arbeit leistende Gas wieder seinen Anfangszustand einnimmt.

a) Der **Carnotsche Kreisprozeß** besteht aus folgenden Zustandsänderungen (Bild 18):

1—2: isothermische Ausdehnung bei der Temperatur T,

2—3: adiabatische Ausdehnung, wobei die Temperatur von T auf T_0 sinkt,

3—4: isothermische Verdichtung bei der Temperatur T_0,

4—1: adiabatische Verdichtung, wobei die Temperatur von T_0 auf T ansteigt.

Bei der isothermischen Ausdehnung ist dem Gas die Wärmemenge

$Q = mRT \ln (v_2/v_1)$ (Bild 18: Fläche *12ab*)

zuzuführen, bei der isothermischen Verdichtung die Wärmemenge

$Q_0 = mRT_0 \ln (v_3/v_4)$ (Bild 18: Fläche *3ab4*)

abzuführen. Da nach Gl. (32b)

$$T/T_0 = (v_3/v_2)^{\varkappa-1} = (v_4/v_1)^{\varkappa-1},$$

also $v_3/v_4 = v_2/v_1$ ist, folgt $Q/Q_0 = T/T_0$.

Die *gewonnene Arbeit* ist $W = Q - Q_0$; sie ist in Bild 18 als Fläche innerhalb des Kurvenzuges *1234* dargestellt.

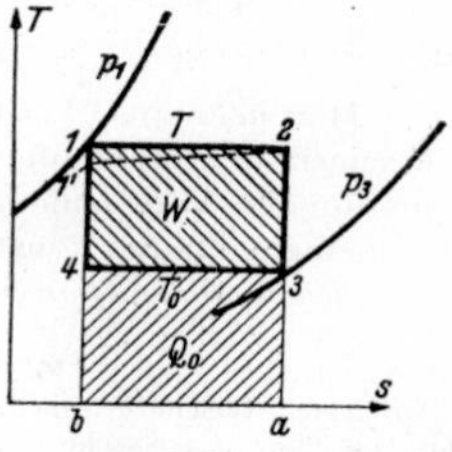

Bild 18
*Carnot*scher Kreisprozeß

α) Der *thermische Wirkungsgrad* η_t gibt an, welcher Teil der zugeführten Wärme in Arbeit verwandelt wird. Es ist

$$\eta_t = W/Q \cdot 100\%. \tag{59}$$

Für den *Carnot*prozeß ist demnach

$$\eta_t = (Q - Q_0)/Q = 1 - Q_0/Q = 1 - T_0/T. \tag{60}$$

Der thermische Wirkungsgrad des *Carnot*prozesses ist unabhängig von der Art des arbeitenden Gases.

Der *Carnot*sche Kreizprozeß hat den höchstmöglichen Wirkungsgrad. Bei einem Kreisprozeß, bei dem die Temperatur des Gases während der Wärmezufuhr zunimmt (Bild 18: Linie *1'2*), wird $\eta_t = W/Q$, wie aus Bild 18 ersichtlich, kleiner als beim *Carnot*prozeß. Bei diesem wird also der größtmögliche Teil der dem Gas zugeführten Wärme in Arbeit verwandelt.

β) Zur Beurteilung eines Kreisprozesses ist neben dem thermischen Wirkungsgrad auch der *mittlere indizierte Druck* p_{mi}, d. i. die geleistete Arbeit dividiert durch

* Weiteres über Verdunstung vgl. *Kirschbaum, E.*: Neue Erkenntnisse über den Verdunstungsvorgang. Chem.-Ing.-Technik 21 (1949) 89/94.

die Differenz aus dem größten und kleinsten Volumen, also $p_{m_i} = W_t/(v_3 - v_1)$ erforderlich. Beim *Carnot*prozeß ist p_{m_i} gegenüber anderen Kreisprozessen klein[1].

Beispiel: 1 kg Luft von $p_3 = 1$ ata und $t_3 = 20\,°C$ soll einen *Carnot*schen Kreisprozeß durchlaufen und am Ende des Verdichtungsvorgangs einen Druck von $p_1 = 60$ ata und eine Temperatur von $t_1 = 300\,°C$ haben. Wie groß sind Druck, Temperatur und Volumen in den Eckpunkten des Kreisprozesses? Welche Wärmemenge ist zu- und abzuführen? Wie groß sind die geleistete Arbeit, der mittlere indizierte Druck und der thermische Wirkungsgrad?

$$p_1 = 60 \text{ at abs;} \qquad T_1 = 300 + 273 = 573\,°K;$$

$$v_1 = RT_1/p_1 = \frac{29{,}27 \text{ kpm/kg}\,°K \cdot 573\,°K}{600000 \text{ kp/m}^2} = 0{,}028 \text{ m}^3/\text{kg}.$$

$$p_2 = p_3 (T/T_0)^{\varkappa/(\varkappa-1)} = 1\,(573/293)^{1{,}4/0{,}4} = 10{,}41 \text{ at abs;}$$

$$T_2 = 573\,°K; \qquad v_2 = \frac{29{,}27 \text{ kpm/kg}\,°K \cdot 573\,°K}{104100 \text{ kp/m}^2} = 0{,}161 \text{ m}^3/\text{kg}.$$

$$p_3 = 1 \text{ at abs;} \qquad T_3 = 293\,°K; \qquad v_3 = \frac{29{,}27 \text{ kpm/kg}\,°K \cdot 293\,°K}{10000 \text{ kp/m}^2} = 0{,}858 \text{ m}^3/\text{kg}.$$

$$p_4 = p_1 (T_0/T)^{\varkappa/(\varkappa-1)} = 60\,(293/573)^{1{,}4/0{,}4} = 5{,}77 \text{ at abs;}$$

$$T_4 = 293\,°K; \qquad v_4 = \frac{29{,}27 \text{ kpm/kg}\,°K \cdot 293\,°K}{57700 \text{ kp/m}^2} = 0{,}149 \text{ m}^3/\text{kg}.$$

$$q = RT \ln p_1/p_2 = \frac{29{,}27 \text{ kpm/kg}\,°K \cdot 573\,°K}{427 \text{ kpm/kcal}} \cdot \ln 5{,}77 = 68{,}8 \text{ kcal/kg;}$$

$$q_0 = RT_0 \ln p_4/p_3 = \frac{29{,}27 \text{ kpm/kg}\,°K \cdot 293\,°K}{427 \text{ kpm/kcal}} \cdot \ln 5{,}77 = 35{,}2 \text{ kcal/kg;}$$

$$W = q - q_0 = 33{,}6 \text{ kcal/kg.}$$

$$p_{m_i} = W/(v_3 - v_1) = 33{,}6 \text{ kcal/kg} \cdot 427 \text{ kpm/kcal} \cdot (0{,}858 - 0{,}028) \text{ m}^3/\text{kg} =$$
$$= 17300 \text{ kp/m}^2 \qquad \text{oder} \qquad p_{m_i} = 1{,}73 \text{ at.}$$

$$\eta_t = W/q = 33{,}6/68{,}8 = 0{,}489 = 48{,}9\%,$$

oder nach Gl. (60): $\eta_t = 1 - T_0/T = 1 - 293/573 = 0{,}489.$

γ) Wärmepumpe. Läßt man ein Gas den *Carnot*schen Kreisprozeß entgegen dem Uhrzeigersinn durchlaufen, so muß ihm die Arbeit W zugeführt werden. Ferner wird ihm nun die Wärmemenge Q_0 bei konstanter Temperatur T_0 zugeführt und die Wärmemenge Q bei konstanter Temperatur T entzogen. Dies ist die Arbeitsweise einer *idealen Wärmepumpe*. Ihre Leistungszahl ist

$$\varepsilon_w = Q/W = Q/(Q - Q_0) = T/(T - T_0). \qquad (61)$$

Beispiel: Welche Wärmemenge je kWh aufgewendeter Arbeit liefert eine Wärmepumpe, in der das Gas einen *Carnot*schen Kreisprozeß zwischen den Temperaturen $t_1 = 20\,°C$ und $t_3 = 4\,°C$ durchläuft? Nach Gl. (61) ist:

$$Q = WT/(T - T_0) = 860 \cdot 293/16 = 15750 \text{ kcal/kWh.}$$

δ) Ebenso wie die Wärmepumpe arbeitet die *ideale Kältemaschine*[2]. Ihre Leistungszahl ist

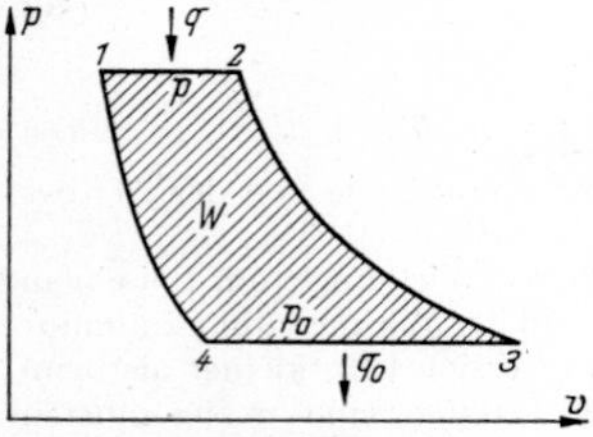

Bild 19. Idealer Kreisprozeß der Heißluftmaschine

$$\varepsilon_k = Q_0/W = Q_0/(Q - Q_0) = T_0/(T - T_0). \qquad (62)$$

b) Der ideale Kreisprozeß der Heißluftmaschine (Joule-Prozeß) besteht aus folgenden Zustandsänderungen (Bild 19):

1—2: isobare Ausdehnung durch Zufuhr der Wärmemenge q,

2—3: adiabatische Ausdehnung,

3—4: isobare Verdichtung durch Abfuhr der Wärmemenge q_0,

4—1: adiabatische Verdichtung.

---

[1] *Plank, R.:* Vergleich der thermodynamischen Kreisprozesse von *Carnot, Ackeret-Keller* und *Joule* für Wärmekraft- und Kältemaschinen. VDI-Z. 90 (1948) 19/26.

[2] Thermodynamische Grundlagen der Kältemaschinen vgl. Bd. II, Abschn. Kältetechnik.

Für ideales Gas ist

$$q = c_p(T_2 - T_1) \quad \text{und} \quad q_0 = c_p(T_3 - T_4),$$

$$\eta_t = W/q = 1 - q_0/q = 1 - c_p(T_3 - T_4)/c_p(T_2 - T_1).$$

Da $T_2/T_3 = (p/p_0)^{(\varkappa-1)/\varkappa} = T_1/T_4$, also $T_2/T_1 = T_3/T_4$, ist

$$\eta_t = 1 - T_4/T_1 = 1 - (p_0/p)^{(\varkappa-1)/\varkappa}. \qquad (63)$$

In der *Kaltluftmaschine* wird dieser Kreisprozeß entgegen dem Uhrzeigersinn durchlaufen. Ihre Leistungszahl ist

$$\varepsilon_k = Q_0/W = q_0/(q - q_0).$$

c) Der ideale Kreisprozeß des Ottomotors besteht aus folgenden Zustandsänderungen (Bild 20):

1—2: adiabatische Verdichtung,

2—3: isochore Zufuhr der Wärme q,

3—4: adiabatische Ausdehnung,

4—1: isochore Abfuhr der Wärme q_0.

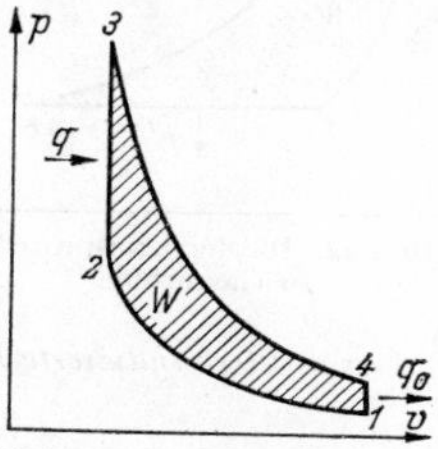

Bild 20. Idealer Kreisprozeß des Ottomotors

Für ideales Gas ist

$$q = c_v(T_3 - T_2) \quad \text{und} \quad q_0 = c_v(T_4 - T_1),$$

$$\eta_t = 1 - q_0/q = 1 - c_v(T_4 - T_1)/c_v(T_3 - T_2) = 1 - \frac{T_1(T_4/T_1 - 1)}{T_2(T_3/T_2 - 1)}.$$

Da $T_2/T_1 = (v_1/v_2)^{\varkappa-1} = T_3/T_4$, also $T_4/T_1 = T_3/T_2$ ist, folgt

$$\eta_t = 1 - T_1/T_2 = 1 - (v_2/v_1)^{\varkappa-1}.$$

Mit dem *Verdichtungsverhältnis* $\varepsilon = v_1/v_2$ ist $\qquad \eta_t = 1 - 1/\varepsilon^{\varkappa-1}. \qquad (64)$

d) Der ideale Kreisprozeß des Dieselmotors besteht aus folgenden Zustandsänderungen (Bild 21):

1—2: adiabatische Verdichtung,

2—3: isobare Zufuhr der Wärmemenge q,

3—4: adiabatische Ausdehnung,

4—1: isochore Abfuhr der Wärmemenge q_0.

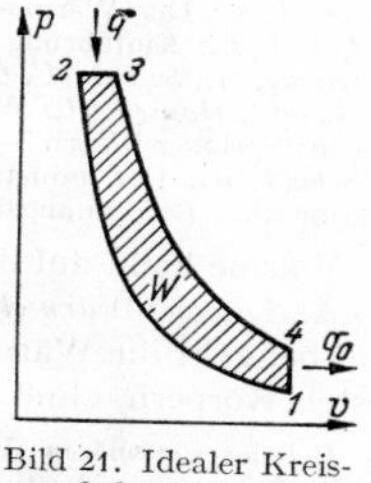

Bild 21. Idealer Kreisprozeß des Dieselmotors

Für ideales Gas ist $q = c_p(T_3 - T_2)$, $\quad q_0 = c_v(T_4 - T_1)$

und $\quad \eta_t = 1 - q_0/q = 1 - c_v(T_4 - T_1)/c_p(T_3 - T_2) =$

$$= 1 - \frac{T_1(T_4/T_1 - 1)}{T_2\varkappa(T_3/T_2 - 1)}.$$

Mit $\qquad T_2/T_1 = (v_1/v_2)^{\varkappa-1}$,

dem Füllungsgrad $\qquad \varrho = v_3/v_2 = T_3/T_2$

und $\qquad T_4/T_1 = p_4/p_1 = \dfrac{p_4}{p_3} \cdot \dfrac{p_2}{p_1} = \left(\dfrac{v_3}{v_4} \cdot \dfrac{v_1}{v_2}\right)^{\varkappa} = (v_3/v_2)^{\varkappa} = \varrho^{\varkappa}$

ist

$$\eta_t = 1 - \frac{1}{\varkappa\varepsilon^{\varkappa-1}} \cdot \frac{\varrho^{\varkappa} - 1}{\varrho - 1}. \qquad (65)$$

e) Der ideale Kreisprozeß der Gasturbine (Ericson-Prozeß, von *Ackeret-Keller* näherungsweise verwirklicht) besteht aus folgenden Zustandsänderungen (Bild 22):

1—2: isothermische Verdichtung, hierbei Abfuhr der Wärmemenge q_0,

2—3: isobare Zufuhr der Wärmemenge q',

3—4: isothermische Ausdehnung, hierbei Zufuhr der Wärmemenge q,

4—1: isobare Abfuhr der Wärmemenge q'.

Die isobar auf dem Weg *4—1* abzuführende Wärmemenge ist gleich der dem Gas auf dem Weg *2—3* zuzuführenden Wärmemenge. Diese beiden Wärmemengen werden innerhalb der Maschinenanlage lediglich ausgetauscht. Von außen wird bei der isothermischen Ausdehnung die Wärmemenge

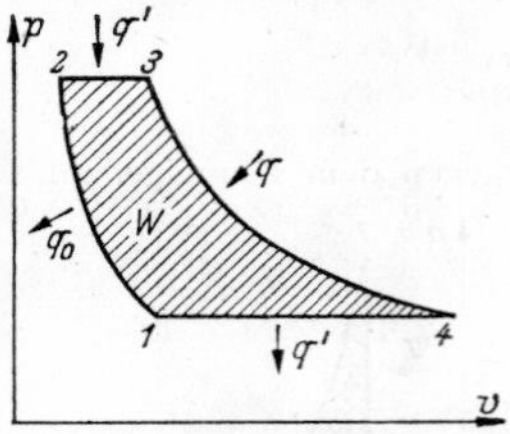

Bild 22. Idealer Kreisprozeß der Gasturbine

$$q = RT \ln p_3/p_4$$

zugeführt und bei der isothermischen Verdichtung die Wärmemenge

$$q_0 = RT_0 \ln p_2/p_1$$

abgeführt. Da $p_2/p_1 = p_3/p_4$,

folgt $\eta_t = 1 - q_0/q = 1 - T_0/T = 1 - T_1/T_4$. (66)

Zwischen dem gleichen Temperaturgefälle von T bis T_0 ist der thermische Wirkungsgrad des *Ackeret-Keller*-Prozesses ebenso groß wie der des *Carnot*prozesses.

Der *mittlere indizierte Druck* ist jedoch wesentlich größer als beim *Carnot*prozeß.

VI. Wärmeübertragung

In diesem Abschnitt ist — abweichend von DIN 1304 — für die Fläche das bisherige Formelzeichen F bzw. f beibehalten worden, weil die in DIN 1304 empfohlenen Zeichen A, S oder q hier zu Verwechslungen mit anderen, bei der Wärmeübertragung vorkommenden Größen führen könnten. Dagegen ist F, das in anderen Beiträgen dieses Taschenbuchs die Kraft bezeichnet, hier unmißverständlich, weil keine Kräfte auftreten.

In diesen und den folgenden Abschnitten werden die Beispiele nur nach dem technischen Maßsystem mit der Einheit kcal durchgerechnet, weil die Zahlenwerte für α, λ usw. z. Z. noch nicht in der MKS-Einheit J tabelliert vorliegen.

Literatur: 1. *ten Bosch, M.:* Die Wärmeübertragung. 3. Aufl. Berlin: Springer 1936. — 2. *Cammerer, J. S.:* Der Wärme- und Kälteschutz in der Industrie, 4. Aufl. Berlin: Springer 1962. — 3. *Eckert, E.:* Einführung in den Wärme- und Stoffaustausch, 3. Aufl. Berlin: Springer 1966. — 4. *Gröber, H., S. Erk, U. Grigull:* Grundgesetze der Wärmeübertragung, 3. Aufl. Berlin: Springer 1963. — 5. *Hausen, H.:* Wärmeübertragung im Gegenstrom, Gleichstrom und Kreuzstrom, 2. Aufl. Berlin: Springer i. Vorb. — 6. *Jakob, M.:* Heat Transfer, Bd. 1 u. 2. New York: Wiley 1949/58. — 7. *Schack, A.:* Der industrielle Wärmeübergang, 6. Aufl. Düsseldorf: Stahleisen 1962. — 8. VDI-Wärmeatlas. Berechnungsblätter für den Wärmeübergang. Düsseldorf: VDI-Verlag 1954/63.

Wärme kann auf drei Arten übertragen werden:

A. Durch *Wärmeleitung*: Fortpflanzung der Wärme *innerhalb* eines Stoffes. Hierbei geht die Wärme von einem Stoffteilchen auf das benachbarte über, z. B. in festen Körpern, ohne daß sich die Lage der Teilchen zueinander verändert.

Bei der *stationären* Wärmeleitung ändert sich die Temperatur zwar von Stelle zu Stelle, sie bleibt aber an einer bestimmten Stelle unverändert, während sie sich bei der *instationären* Wärmeleitung auch an dieser bestimmten Stelle zeitlich ändert.

B. Durch *Konvektion*: Hierbei wird die Wärme durch die gegeneinander sich bewegenden Stoffteilchen von einer warmen Stelle an eine kältere übertragen, z. B. in bewegten Flüssigkeiten oder Gasen. Man spricht von Wärmeübergang bei *erzwungener Strömung*, wenn die Bewegung der Stoffteilchen vorwiegend durch äußere Kräfte verursacht, z. B. durch Pumpe oder Ventilator, von Wärmeübergang bei *freier Strömung*, wenn die Bewegung nur durch den Auftrieb verursacht ist, den die warmen Teilchen gegenüber den kalten erfahren. *Wärmeübergang* = Übertragung der Wärme von einem Medium an eine Wand oder umgekehrt.

C. Durch *Strahlung:* Hierbei geht die Wärme mittels elektromagnetischer Wellen über, die der warme Körper ausstrahlt und der kalte Körper teilweise absorbiert. Die Wärmestrahlen haben Wellenlängen von 0,75 bis 400 µm.

D. Meist wird die Wärme durch Leitung, Konvektion und durch Strahlung gleichzeitig übertragen. In diesem Fall spricht man von *Wärmedurchgang* = Wärmeübergang von einem Medium an ein anderes durch eine Wand (oder mehrere) hindurch.

A. Wärmeleitung

Durch den Querschnitt F eines festen Körpers (Bild 23) strömt in z Stunden nach dem *Fourier*schen Gesetz die Wärmemenge

$$Q = -\lambda F z \, \mathrm{d}t/\mathrm{d}x. \tag{67}$$

Hierin ist $\mathrm{d}t/\mathrm{d}x$ das Temperaturgefälle in Richtung des Wärmeflusses und λ die *Wärmeleitzahl*. Diese ist abhängig von der Art des Körpers und von der Temperatur. Wärmeleitzahlen für verschiedene Stoffe vgl. Tafeln im Anhang.

Für Gase und Dämpfe gilt angenähert[1]

$$\lambda = 3600\left(\frac{4{,}47}{M c_v} + 1\right) \cdot g\, c_v \eta = ≋\, 3600\left(\frac{4{,}47}{M c_v} + 1\right) \cdot c_v \eta \,≋,$$

wobei λ die Wärmeleitzahl in kcal/mhgrd,
c_v die spez. Wärme bei konstantem Volumen in kcal/kpgrd bzw. ≋ kcal/kg grd ≋,
η die dynamische Zähigkeit in kp sec/m² bzw. ≋ kg/m sec ≋ (vgl. Tabellen im Anhang),
M das Molekulargewicht bedeuten.

Man nennt $1/\lambda$ den spez. Wärmeleitwiderstand,
Q/z den Wärmestrom (nachfolgend mit Q_z bezeichnet)[2] und
$q = Q/(Fz)$ die Wärmestromdichte oder Heizflächenbelastung.

1. Wärmeleitung durch ebene Wand

In einer ebenen Wand von der Dicke δ, durch welche die Wärme nur senkrecht zur Wandoberfläche strömt, fällt die Temperatur von t_{w1} an der einen Oberfläche auf t_{w2} an der anderen Oberfläche linear ab (Bild 23). Für diesen Fall ist $\mathrm{d}t/\mathrm{d}x = (t_{w1} - t_{w2})/\delta$ und somit der Wärmestrom nach Gl. (67):

$$Q_z = \frac{\lambda}{\delta} F (t_{w1} - t_{w2}). \tag{68}$$

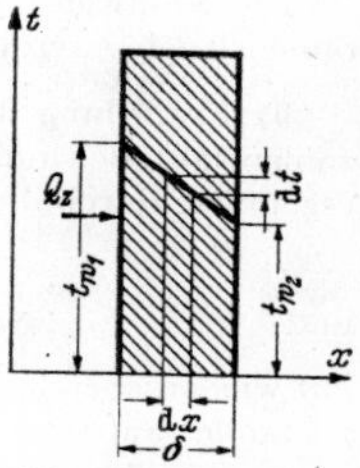

Bild 23. Wärmeleitung durch ebene Wand

Mit dem Wärmeleitwiderstand $\delta/(\lambda F) = R_\lambda$ wird $Q_z = (t_{w1} - t_{w2})/R_\lambda$ (vgl. *Ohm*sches Gesetz der Elektrotechnik: Stromstärke = Spannung/Widerstand).

2. Wärmeleitung durch Rohrwand

In einer Rohrwand, durch welche die Wärme senkrecht zur Rohrachse strömt (Bild 24), ist der Temperaturabfall logarithmisch. Wenn t_{w_i} und t_{w_a} die Oberflächentemperaturen der Rohrwand, d_i und d_a den Innen- bzw. Außendurchmesser und L die Rohrlänge bedeuten, ist der Wärmestrom

$$Q_z = \frac{2\pi \lambda L}{\ln (d_a/d_i)} (t_{w_i} - t_{w_a}). \tag{69}$$

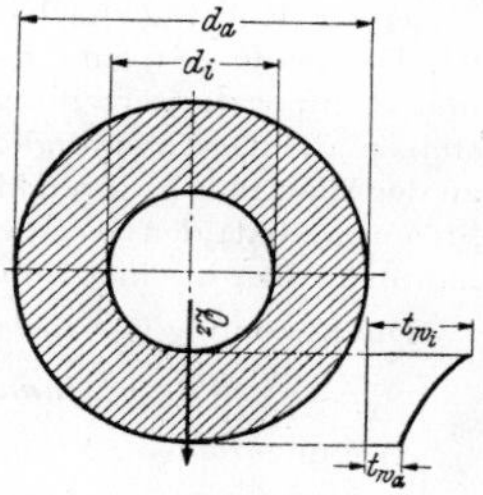

Bild 24
Wärmeleitung durch Rohrwand

B. Konvektion

Der Wärmestrom von einer bewegten Flüssigkeit oder einem bewegten Gas von der Temperatur t an eine feste Wand von der Fläche F und der Temperatur t_w ist nach dem *Newton*schen Gesetz

$$Q_z = \alpha F (t - t_w). \tag{70}$$

[1] *Eucken, A.:* Allgemeine Gesetzmäßigkeiten für das Wärmeleitvermögen. Forschg. Ing.-Wes. 11 (1940) 6. [2] Man findet auch die Bezeichnung $\dot{Q}$ oder (nach DIN 1304) Φ.

Hierin ist α die *Wärmeübergangszahl.* Man nennt $1/\alpha$ den spez. Wärmeübergangswiderstand und $1/(\alpha F) = R_\alpha$ den Wärmeübergangswiderstand.

a) Kenngrößen des Wärmeübergangs. Aus der Ähnlichkeitstheorie[1] ergibt sich, daß die Abhängigkeit der Wärmeübergangszahl von den sie beeinflussenden Größen sich durch folgende dimensionslosen Kenngrößen wiedergeben läßt:

*Nußelt*sche *Kennzahl*	$\mathrm{Nu} = \alpha l/\lambda$,
*Reynolds*sche *Kennzahl*	$\mathrm{Re} = wl/\nu$,
*Péclet*sche *Kennzahl*	$\mathrm{Pe} = wl\varrho c_p/\lambda = wl/a$,
*Prandtl*sche *Kennzahl*	$\mathrm{Pr} = \mathrm{Pe}/\mathrm{Re} = \nu/a$,
*Grashof*sche *Kennzahl*	$\mathrm{Gr} = l^3 g\beta(t - t_w)/\nu^2$,

mit

λ Wärmeleitzahl,
η dynamische Zähigkeit,
ν kinematische Zähigkeit; $\nu = \eta/\varrho$,
a Temperaturleitzahl; $a = \lambda/\varrho c_p$,
g Fallbeschleunigung,
ϱ Dichte,
c_p spez. Wärme bei konstantem Druck,
β kubischer Ausdehnungskoeffizient,
$(t - t_w)$ Temperaturunterschied zwischen Flüssigkeit oder Gas und der Wand,
w Geschwindigkeit,
l eine für die Strömung und den Wärmefluß charakteristische Länge; z. B. ist diese für eine im Rohr strömende Flüssigkeit gleich dem Rohrdurchmesser d.

Die Stoffwerte sind mit solchen Einheiten einzusetzen, daß die Kennzahlen dimensionslos werden. Stoffwerte vgl. Tafeln im Anhang.

b) Ermittlung der Wärmeübergangszahl. Die Beziehung zwischen den Kennzahlen läßt sich nur durch Versuche finden. Es zeigt sich, daß sich die Versuchsergebnisse durch die Formeln

$$\mathrm{Nu} = C_1\,\mathrm{Re}^m\,\mathrm{Pr}^n \quad \text{für erzwungene Strömung}$$

und

$$\mathrm{Nu} = C_2\,\mathrm{Gr}^p\,\mathrm{Pr}^s \quad \text{für freie Strömung}$$

gut wiedergeben lassen, wenn im strömenden Stoff keine Änderungen des Aggregatzustandes auftreten. Hieraus ergibt sich die Wärmeübergangszahl $\alpha = \mathrm{Nu}\,\lambda/l$.

1. Wärmeübergang bei erzwungener Strömung

a) Im Rohr. Zunächst ist zu prüfen, ob die Strömung *laminar* oder *turbulent* ist. Die beiden Strömungsformen unterscheiden sich durch die Geschwindigkeits- und Temperaturverteilung über den Rohrquerschnitt. Bei laminarer Strömung steigen die Geschwindigkeit vom Wert Null und die Temperatur vom Wert t_w an der Wand bis zu ihren Maximalwerten in der Rohrachse stetig an. Bei turbulenter Strömung tritt der Geschwindigkeits- und Temperaturanstieg auf den Maximalwert hauptsächlich in einer dünnen Flüssigkeitsschicht an der Wand (Grenzschicht) ein.

Die Strömung ist *turbulent,* wenn $\mathrm{Re} = wd/\nu > 2300$ und

laminar, wenn $\mathrm{Re} \leqq 2300$. (71)

α) Für *turbulente Strömung im Rohr* gilt[2]

$$\mathrm{Nu} = 0{,}032\,\mathrm{Re}^{0{,}8}\,\mathrm{Pr}^n\,(d/L)^{0{,}054} \tag{71 a}$$

mit $n = 0{,}37$ für Aufheizung und $n = 0{,}3$ für Abkühlung der im Rohr strömenden Flüssigkeit. Gl. (71 a) gilt für $\mathrm{Pr} = 0{,}7$ bis 370 und $\mathrm{Re} = 4500$ bis 90000 bei Ölen, bis 500000 bei Wasser.

Es bedeuten d den Rohrdurchmesser und L die Rohrlänge. Die Stoffwerte λ, ν und a sind entsprechend dem arithmetischen Mittelwert zwischen der Wandtemperatur und der mittleren Flüssigkeitstemperatur einzusetzen. Dies gilt auch für Gl. (71).

---

[1] *Nußelt, W.:* Gesundheitsing. 38 (1915) 477; vgl. a. S. 345/46. — *Engel, F. V. A.:* Das vollständige System dimensionsloser Kenngrößen d. Ähnlichkeitsgesetze f. Strömungsvorgänge u. Wärmeübertragung. VDI-Z. 107 (1965) 671/76, 793/97, 1764.

[2] *Kraußold, H.:* Der konvektive Wärmeübergang. Die Technik 3 (1948) 205/07.

Für *Gase* und *Dämpfe* gilt:

$$\mathrm{Nu} = 0{,}024\,\mathrm{Re}^{0{,}786}\,\mathrm{Pr}^{0{,}45}\,[1 + (d/L)^{2/3}].$$

Für turbulente Strömung von Flüssigkeiten oder Gasen gilt auch[1]

$$\mathrm{Nu} = 0{,}116\,(\mathrm{Re}^{2/3} - 125)\,\mathrm{Pr}^{1/3}\,[1 + (d/L)^{2/3}]\,(\eta_{\mathrm{fl}}/\eta_{\mathrm{w}})^{0{,}14}; \qquad (72)$$

Gl. (72) gilt für einen größeren Bereich als Gl. (71a).

In der Gleichung (72) bedeuten η_{w} die dynamische Zähigkeit der Flüssigkeit entsprechend der Wandtemperatur und η_{fl} die dynamische Zähigkeit entsprechend der mittleren Temperatur der Flüssigkeit. Alle anderen Stoffwerte sind auf die mittlere Flüssigkeitstemperatur zu beziehen.

Für *turbulente* Strömung von *Wasser im Rohr* gilt angenähert

$$\alpha \approx 2900 \cdot w^{0{,}85}(1 + 0{,}014t)\ \mathrm{kcal/m^2h\,grd}, \qquad (73)$$

wobei t °C die mittlere Flüssigkeitstemperatur und w m/sec die Strömungsgeschwindigkeit bedeuten. Gl. (73) gilt für längere Rohre mit $d = 10$ bis 100 mm Dmr.

Beispiel: In einem Rohr von $d = 25$ mm lichter Weite und 2 m Länge strömt Wasser mit der Geschwindigkeit $w = 0{,}5$ m/sec. Wie groß ist die Wärmeübergangszahl α, wenn das Wasser im Rohr erwärmt wird und seine mittlere Temperatur 40°C ist?

Aus Tafeln im Anhang: Kinematische Zähigkeit $\nu = 6{,}58 \cdot 10^{-7}\ \mathrm{m^2/sec}$;
Temperaturleitzahl: $a = 1{,}51 \cdot 10^{-7}\ \mathrm{m^2/sec}$;
Wärmeleitzahl: $\lambda = 0{,}539$ kcal/mh grd.

$$\mathrm{Re} = \frac{0{,}5 \cdot 0{,}025}{0{,}658 \cdot 10^{-6}} = 19000;$$ die Strömung ist also turbulent.

$$\mathrm{Pr} = \frac{6{,}58 \cdot 10^{-7}}{1{,}51 \cdot 10^{-7}} = 4{,}35.$$

Nach Gl. (71a): $\mathrm{Nu} = 0{,}032 \cdot 19000^{0{,}8} \cdot 4{,}35^{0{,}37}(0{,}025/2)^{0{,}054} = 0{,}032 \cdot 2648{,}5 \cdot 1{,}723 \cdot 0{,}79 = 115{,}5$;

somit: $\alpha = 115{,}5 \cdot 0{,}539/0{,}025 = 2490$ kcal/m²h grd

oder nach Gl. (73): $\alpha \approx 2900 \cdot 0{,}5^{0{,}85}(1 + 0{,}014 \cdot 40) \approx 2510$ kcal/m²h grd.

β) Für *laminare Strömung* im Rohr gilt[2]:

$$\mathrm{Nu} = C\,\mathrm{Pe}^{0{,}23}(d/L)^{0{,}5}, \qquad (74)$$

wobei $C = 15$ für Aufheizung und $C = 11{,}5$ für Abkühlung der Flüssigkeit, oder[1]

$$\mathrm{Nu} = \left[3{,}65 + \frac{0{,}0668\,\mathrm{Pe}\,d/L}{1 + 0{,}045\,(\mathrm{Pe}\,d/L)^{2/3}}\right](\eta_{\mathrm{fl}}/\eta_{\mathrm{w}})^{0{,}14}. \qquad (75)$$

Bei Gasen ist der Faktor $\eta_{\mathrm{fl}}/\eta_{\mathrm{w}}$ gleich 1 zu setzen.
Auch hier sind die Stoffwerte auf die mittlere Flüssigkeitstemperatur zu beziehen.

γ) Die Gln. (71a) bis (75) gelten auch für *nicht kreisförmige Kanäle*, wenn an die Stelle des Rohrdurchmessers d der gleichwertige Durchmesser $d_g = 4f/U$ eingesetzt wird, wobei f den Querschnitt des Kanals und U den Umfang des Strömungsquerschnittes bedeuten, vgl. S. 314.

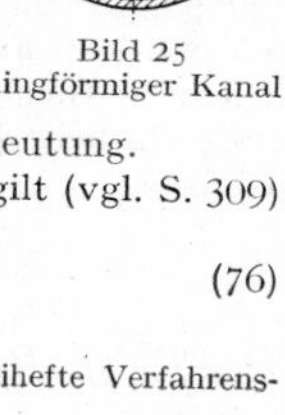

Bild 25
Ringförmiger Kanal

Zum Beispiel ist für *Ringquerschnitt* (Bild 25)

$$d_g = 4\pi(D^2 - d^2)/4\pi(D + d) = D - d,$$

für *rechteckigen Kanal* $d_g = 4ab/2(a + b) = 2ab/(a + b)$,

wobei a und b die Seiten des Rechtecks bedeuten.

Für ein *Mantelrohr* (Durchmesser D) *mit n innen beheizten Rohren* (Durchmesser d) ist, wenn die Strömung parallel zur Rohrachse gerichtet ist,

$$d_g = 4\pi(D^2 - nd^2)/4\pi(D + nd) = (D^2 - nd^2)/(D + nd).$$

δ) Neben der Wärmeübergangszahl ist zur Beurteilung eines Wärmeaustauschers auch der *Druckabfall* Δp von maßgebender Bedeutung.

Für eine im geraden Rohr strömende Flüssigkeit oder ein Gas gilt (vgl. S. 309)

$$\Delta p = \zeta \frac{L}{d} \gamma \frac{w^2}{2g} \qquad \Delta p = \zeta \frac{L}{d} \varrho \frac{w^2}{2}, \qquad (76)$$

[1] *Hausen, H.:* Darstellung des Wärmeüberganges in Rohren. VDI-Z., Beihefte Verfahrenstechnik 1943, S. 91/98.
[2] Vgl. Anm. 2, S. 470.

wobei L die Rohrlänge, d den Rohrdurchmesser, γ das spez. Gewicht, ϱ die Dichte, w die Geschwindigkeit und ζ die Widerstandszahl bedeuten. Diese ist für glatte Rohre

für $2300 < \mathrm{Re} < 100000$: $\zeta = 0{,}3164 \sqrt[4]{1/\mathrm{Re}}$,
für $100000 < \mathrm{Re} < 2000000$: $\zeta = 0{,}00540 + 0{,}3964\, \mathrm{Re}^{-0{,}3}$,
für $\mathrm{Re} < 2300$: $\zeta = 64/\mathrm{Re}$.

Für rauhe Rohre gilt:

$$\zeta = 1/(1{,}138 + 2 \lg (d/k))^2,$$

wobei k die mittlere Höhe der Rauhigkeitserhebung und d den inneren Rohrdurchmesser bedeuten. Weiteres vgl. S. 311; die dortige Gl. (30) hat eine andere Form, führt aber auf gleiche Werte der Widerstandszahl.

ε) Für den Wärmeübergang von einer in einem *spiralförmig gekrümmten Rohr* (Rohrwendel) turbulent strömenden Flüssigkeit an die Rohrwand sind nach *Jeschke*[1] die Wärmeübergangszahl für das gerade Rohr mit $(1 + 1{,}77\, d/R)$ und der Druckabfall im geraden Rohr mit $(1 + 1{,}87\, d/R)$ zu multiplizieren. Es bedeuten d den Rohrdurchmesser und R den Krümmungsradius des Rohres.

b) Senkrecht zur Achse angeströmte Rohre und Rohrbündel. α) Für *Einzelrohr* im Gas- und Flüssigkeitsstrom gilt

$$\mathrm{Nu} = C\, \mathrm{Re}^m\, \mathrm{Pr}^{0{,}31}; \tag{77}$$

für Einzelrohr im Luftstrom gilt[2]:

$$\mathrm{Nu} = C'\, \mathrm{Re}^m. \tag{78}$$

Die Konstanten C, C' und m sind folgender Tabelle zu entnehmen:

Re	1 bis 4	4 bis 40	40 bis 4000	4000 bis 40000	40000 bis 400000
m	0,330	0,385	0,466	0,618	0,805
C	0,987	0,910	0,681	0,193	0,027
C'	0,891	0,821	0,615	0,174	0,024

In der Re-Kennzahl ist als charakteristische Länge der Außendurchmesser d des Rohres einzusetzen.

β) Für *Rohrbündel* mit 10 oder mehr hintereinanderliegenden Rohrreihen im Luftstrom gilt nach *Schack*

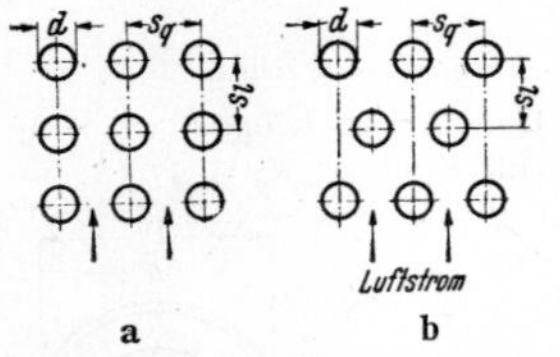

Bild 26. Rohrbündel
a) mit fluchtender Rohranordnung; b) mit versetzter Rohranordnung

$$\mathrm{Nu} = 0{,}286 f_a\, \mathrm{Re}^{0{,}61}. \tag{79}$$

Hierin ist der Anordnungsfaktor f_a für fluchtende Rohranordnung (Bild 26a):

$$f_{a\mathrm{fl}} = 1{,}07 - 0{,}65 (s_q/d)^{1{,}5}/(s_l/d)^4,$$

für versetzte Rohranordnung (Bild 26b):

$$f_{a\mathrm{v}} = 0{,}874 + 0{,}286/(s_l/d)^2 + 0{,}084\, s_q/d.$$

In Nu und Re sind als charakteristische Länge der Rohrdurchmesser d, die kinematische Zähigkeit ν und die Wärmeleitzahl λ entsprechend der mittleren Lufttemperatur und für w die im engsten Querschnitt zwischen zwei Rohren herrschende Geschwindigkeit einzusetzen. Die Wärmeübergangszahl α nimmt mit kleiner werdender Rohrreihenzahl ab, und zwar auf 93% bei 5 Rohrreihen und auf 70% bei 1 Rohrreihe.

γ) Für den *Druckabfall* im Rohrbündel gilt nach *Schack*

$$\Delta p = 0{,}204 f n w^2 \gamma \text{ mm WS}, \tag{80}$$

[1] *Jeschke:* Wärmeübergang und Druckverlust in Rohrschlangen. Techn. Mechanik [Ergänzungsheft zu VDI-Z. 69 (1925)].

[2] *Hilpert:* Wärmeabgabe von geheizten Drähten und Rohren im Luftstrom. Forschg. Ing.-Wes. 4 (1933) 215/24.

wobei w in m/sec die Geschwindigkeit, γ in kp/m³ das spez. Gewicht,

f für fluchtende Rohrbündel: $f_{fl} = 0{,}08\,(s_l/d)/(s_q/d)^{1,5}$,

f für versetzte Rohrbündel: $f_v = 0{,}10/(s_q/d - 1)^{1/3}$

und n die Anzahl der hintereinanderliegenden Rohrreihen bedeuten. Gl. (80) gilt bei $n = 10$ oder mehr Rohrreihen. In Gl. (80) ist der reziproke Wert der Fallbeschleunigung, also $1/g$ mit $g = 9{,}81$ m/sec², bereits enthalten.

δ) Für *Flächen mit aufgesetzten Rippen*, z. B. Rippenrohren[1], ist die Wärmeübergangszahl[2]

$$\alpha = \alpha_0 \zeta \left[\vartheta F_R/F + (F - F_R)/F\right]. \tag{81}$$

Hierin bedeuten

α_0 die Wärmeübergangszahl, die sich aus den für die unberippte Fläche geltenden Formeln ergibt,

F die gesamte Oberfläche der berippten Fläche,

F_R die Rippenoberfläche,

ζ $= 1 - 0{,}18\,(h/t)^{0,63}$,

h die Rippenhöhe,

t die lichte Weite zwischen den Rippen,

ϑ den Rippenwirkungsgrad, der Bild 27 zu entnehmen ist.

Dort ist $x = h\sqrt{2\zeta\alpha_0/(\lambda_R\delta_R)}$ für Spiralrippenrohre und Rippen auf ebenen Flächen und $x = r\varphi\sqrt{2\zeta\alpha_0/(\lambda_R\delta_R)}$ für Kreis-, Rechteckrippen und Lamellen.

r der Halbmesser des Rohres,

φ ist Bild 27 zu entnehmen,

λ_R die Wärmeleitzahl des Rippenmaterials,

δ_R die mittlere Dicke einer Rippe.

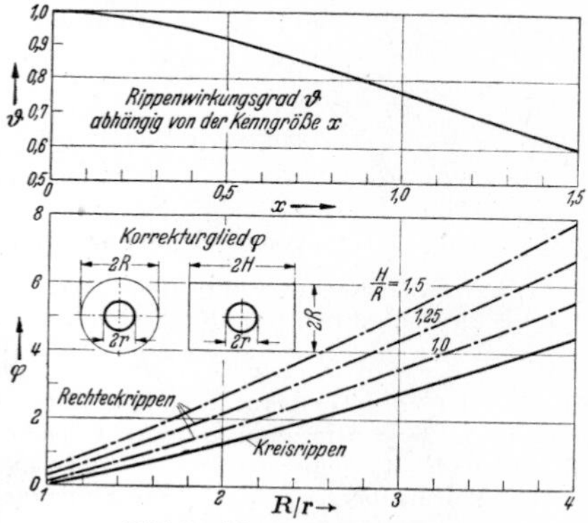

Bild 27. Rippenwirkungsgrad ϑ und Korrekturglied φ für berippte Flächen

Die auf die gesamte berippte Oberfläche F bezogene Wärmedurchgangszahl (vgl. S. 478) wird mit α aus Gl. (81):

$$\frac{1}{k} = \frac{1}{\alpha} + \frac{F}{F_1}\left(\frac{\delta}{\lambda} + \frac{1}{\alpha_1}\right).$$

Hierin bedeuten F_1 die Fläche und α_1 die Wärmeübergangszahl auf der unberippten Wandseite, δ die Dicke der Trennwand und λ ihre Wärmeleitzahl.

Beispiel: Durch einen Rohrbündel-Wärmeaustauscher strömt Luft, deren mittlere Temp. 50°C ist, mit $w = 6$ m/sec Geschwindigkeit an der engsten Stelle zwischen zwei Rohren. Das Quer- bzw. Längsteilungsverhältnis ist $s_q/d = s_l/d = 2$, und die Anzahl der Rohrreihen ist $n = 10$. Die Rohre haben 60 mm äußeren Dmr. und sind fluchtend angeordnet. Wie groß sind Wärmeübergangszahl und Druckverlust?

Aus Tafeln im Anhang: Kinematische Zähigkeit $\nu = 0{,}186 \cdot 10^{-4}$ m²/sec;
Anordnungsfaktor $f_{afl} = 1{,}07 - 0{,}65 \cdot 2^{1,5}/2^4 = 0{,}955$.

Nach Gl. (79): $\mathrm{Nu} = 0{,}286 \cdot 0{,}955\,[6 \cdot 0{,}06/(0{,}186 \cdot 10^{-4})]^{0,61} = 112{,}5$.

Aus Tafeln im Anhang: Wärmeleitzahl $\lambda = 0{,}0239$ kcal/mhgrd.

Damit wird: $\alpha_0 = 112{,}5 \cdot 0{,}0239/0{,}06 = 45$ kcal/m²hgrd.

Widerstandsbeiwert: $f_{fl} = 0{,}08 \cdot 2/2^{1,5} = 0{,}0566$;

nach Gl. (80): $\Delta p = 0{,}204 \cdot 0{,}0566 \cdot 10 \cdot 6^2 \cdot 1{,}057 = 4{,}4$ mm WS.

Wie groß ist die Wärmeübergangszahl, wenn bei diesem Beispiel auf den Rohren gußeiserne Kreisrippen, deren Außenradius $R = 54$ mm, Höhe $h = 24$ mm, mittlere Dicke $\delta_R = 2$ mm, $\lambda_R = 50$ kcal/mhgrd sind, in einem lichten Abstand von $t = 6$ mm aufgebracht werden?

[1] *Weiss, S.:* Wärmeübergang u. Strömungswiderstand bei Rippenrohren im Längsstrom. Chem. Technik 16 (1964) Nr. 1 S. 7/17. — *Kast, W.:* Wärmeübergang an Rippenrohrbündeln. Seine Einordnung in die allgemeinen Gesetzmäßigkeiten der Wärmeübertragung. Chemie-Ing.-Technik 34 (1962) Nr. 8 S. 546/51.

[2] *Schmidt, Th. E.:* Wärmeleistung von berippten Flächen. Mitt. des Kältetechn. Inst. d. T.H. Karlsruhe, H. 4 (1949). — *Hausen, H.:* Wärmeübertragung durch Kreisrippen von dreieckförmigem Querschnitt. Allgem. Wärmetechn. 2 (1951) 229/31.

Es ist $\zeta = 1 - 0{,}18\,(24/6)^{0,63} = 0{,}57$.
Entsprechend $R/r = 54/30 = 1{,}8$ sind aus Bild 27 $\varphi = 1$
und entsprechend $x = 0{,}03 \cdot 1\sqrt{2 \cdot 0{,}57 \cdot 45/(50 \cdot 0{,}002)} = 0{,}68$ auch $\vartheta = 0{,}87$ zu entnehmen.

Die Rippenoberfläche ist

$$F_R = 2\pi(R^2 - r^2) + 2\pi R\delta_R = 2\pi(5{,}4^2 - 3^2) + 2\pi \cdot 5{,}4 \cdot 0{,}2 = 133\ \text{cm}^2;$$

auf 1 Rippe trifft $2\pi r t = 2\pi \cdot 3 \cdot 0{,}6 = 11{,}3\ \text{cm}^2$ unberippte Rohroberfläche, somit ist die Fläche einer Rippe + unberippte Rohroberfläche zwischen den Rippen: $F = 133 + 11{,}3 = 144{,}3\ \text{cm}^2$ und folglich:

$$F_R/F = 133/144{,}3 = 0{,}92 \quad \text{und} \quad (F - F_R)/F = 11{,}3/144{,}3 = 0{,}08.$$

Somit ist nach Gl. (81): $\alpha = 45 \cdot 0{,}57\,[0{,}87 \cdot 0{,}92 + 0{,}08] = 22{,}6\ \text{kcal/m}^2\text{h grd}$.

Es verhält sich demnach in diesem Beispiel

$$(\alpha F)_{\text{unberipptes Rohr}}/(\alpha F)_{\text{Rippenrohr}} = 45 \cdot 2\pi \cdot 3 \cdot 0{,}8/(22{,}6 \cdot 144{,}3) = 1/4{,}8.$$

Auf 1 m Länge vermag bei gleicher Temperaturdifferenz zwischen Rohroberfläche und Luft das Rippenrohr 4,8mal soviel Wärme zu übertragen wie das unberippte Rohr.

c) Erzwungene Strömung längs ebener Wände. Für kleine Geschwindigkeiten ($\text{Re} < 1{,}5 \cdot 10^5$) ist[1]

$$\text{Nu} = 0{,}664\ \text{Re}^{0,5}\ \text{Pr}^{1/3}. \tag{82}$$

Als charakteristische Länge ist hier die Länge L der Wand in Richtung der Strömung einzusetzen.

Für Luft gilt[2]	bei Luftgeschwindigkeit	$w < 5$ m/sec	$w > 5$ m/sec
	glatte, polierte Wand	$\alpha = 4{,}8 + 3{,}4w$	$\alpha = 6{,}12w^{0,78}$
	gewalzte Wand	$\alpha = 5{,}0 + 3{,}4w$	$\alpha = 6{,}14w^{0,78}$
	aufgerauhte Wand	$\alpha = 5{,}3 + 3{,}6w$	$\alpha = 6{,}47w^{0,78}$

Die α-Werte ergeben sich in kcal/m²h grd, wobei die Geschwindigkeit w in m/sec einzusetzen ist.

2. Wärmeübergang bei freier Strömung

a) Für **waagerechte Rohre** über 100 mm Außendurchmesser in Luft gilt bei Wärmeübergang durch freie *Konvektion und Strahlung* nach *Schack*

$$\alpha = 8{,}2 + 0{,}00733\,(t_w - t_L)^{4/3}\ \text{kcal/m}^2\text{h grd}. \tag{83}$$

Hierin ist t_w die Temperatur an der Rohroberfläche und t_L die Temperatur der Luft in großer Entfernung vom Rohr. Diese Gleichung gilt angenähert auch für Rohre, die bis 45° geneigt sind.

Bei Wärmeübergang durch *freie Strömung allein* gilt für waagerechtes Rohr in Gasen[3]

$$\text{für}\quad \text{Gr} > 1000: \quad \text{Nu} = \alpha d/\lambda = 0{,}468\ \text{Gr}^{1/4}, \tag{84}$$

wobei $\text{Gr} = g d^3 \beta (t_w - t)/\nu^2$ und der Ausdehnungskoeffizient $\beta = 1/T$ in 1/grd ist. Die kinematische Zähigkeit ν ist entsprechend der mittleren Temperatur zwischen Umgebung und Wand einzusetzen. Für $\text{Gr} < 1000$ gilt für Luft:

Gr =	10^{-6}	10^{-5}	10^{-4}	10^{-3}	10^{-2}	10^{-1}	1	10	100	1000
Nu =	0,435	0,447	0,468	0,512	0,585	0,716	0,905	1,203	1,698	2,66

Für waagerechtes Rohr in Flüssigkeiten gilt bei $\text{Gr} \cdot \text{Pr} > 1000$

$$\text{Nu} = 0{,}53\,(\text{Gr} \cdot \text{Pr})^{1/4}. \tag{85}$$

b) Für Wärmeübergang bei freier Strömung **längs einer senkrechten Platte** von der Höhe H ist

$$\text{Nu} = \alpha H/\lambda = 0{,}59\,(\text{Gr} \cdot \text{Pr})^{1/4} \quad \text{bei} \quad \text{Gr} \cdot \text{Pr} = 10^4 \text{ bis } 10^9, \tag{86}$$

wobei in Gr als charakteristische Länge die Höhe H einzusetzen ist. α bedeutet die mittlere Wärmeübergangszahl über der Plattenhöhe H.

---

[1] *Eckert, E.:* Wärmeübertragung an eine längs angeströmte Platte. VDI-Z. 84 (1940) 1032.

[2] *Jürges, W.:* Der Wärmeübergang an einer ebenen Wand. Beih. z. Gesundh. Ing., Reihe 1, Nr. 19, Oldenbourg 1924.

[3] *McAdams, W. H.:* Heat Transmission, 2. Aufl. New York 1942. S. 240/41.

c) Es gilt bei **freier Strömung von Luft** [1]

an horizontaler Platte, Wärmeübertragung nach oben:	$\alpha = 2{,}14\,\Delta t^{1/4}$ kcal/m²h grd,
an horizontaler Platte, Wärmeübertragung nach unten:	$\alpha = 1{,}13\,\Delta t^{1/4}$ kcal/m²h grd,
an vertikaler Platte, über 0,30 m hoch:	$\alpha = 1{,}52\,\Delta t^{1/4}$ kcal/m²h grd,
an vertikaler Platte, unter 0,30 m hoch (H = Plattenhöhe in m):	$\alpha = 1{,}18\,(\Delta t/H)^{1/4}$ kcal/m²h grd,
an vertikalem Rohr, über 0,30 m hoch (d = Rohrdmr. in m):	$\alpha = 1{,}13\,(\Delta t/d)^{1/4}$ kcal/m²h grd,
an horizontalem Rohr (d = Rohrdmr. in m):	$\alpha = 1{,}13\,(\Delta t/d)^{1/4}$ kcal/m²h grd.

Hierin ist $\Delta t = t_w - t_L$ der Temperaturunterschied in grd zwischen Rohrwand und Luft.

3. Wärmeübergang bei Änderung des Aggregatzustandes

a) Kondensation. α) Für *Filmkondensation*, d. h. wenn sich an der Kühlfläche ein zusammenhängender Kondensatfilm ausbildet, gilt bei *senkrechtem Rohr* oder *senkrechter Wand* [2]

$$\mathrm{Nu} = \frac{\alpha H}{\lambda} = \frac{4}{3}\sqrt[4]{\frac{g\varrho r H^3}{4\nu\lambda(t_D - t_w)}} \tag{87}$$

Hierbei bedeuten — zusätzlich zu den bereits bekannten Größen (vgl. Abschn. B, a, S. 470):

r die Verdampfungswärme des Wassers,
H die Höhe der Wand bzw. Länge des senkrechten Rohres,
λ die Wärmeleitzahl der kondensierenden Flüssigkeit,
$t_D - t_w$ den Temperaturunterschied zwischen Dampf und Wandoberfläche.

Die Stoffwerte sind entsprechend der mittleren Temperatur des Kondensats einzusetzen.

Für Filmkondensation an einem *waagerechten Rohr* vom Außendurchmesser d ist in Gl. (87) an Stelle von H der Wert $2{,}5\,d$ und für n untereinanderliegende waagerechte Rohre der Wert $2{,}5\,n\,d$ einzusetzen.

Befindet sich im Kondensator überhitzter Dampf, so ist für die Verdampfungswärme r die Enthalpiedifferenz $h_D - h'$ zu setzen, wobei h_D die Enthalpie des überhitzten Dampfes und h' die Enthalpie des Kondensates bedeuten.

Für die Berechnung von Kondensatoren ist es unbequem, daß in Gl. (87) die zunächst unbekannte Wandtemperatur t_w auftritt. *F. Neumann* [3] gibt ein graphisches Verfahren an, nach dem sich die Wärmedurchgangszahlen für Kondensatoren aus den gegebenen Größen ermitteln lassen.

Bei großen Wandhöhen ist der Kondensatfilm vor allem am unteren Teil der Wand so dick, daß im abwärtsströmenden Kondensat Turbulenz auftritt. Hierdurch wird die Wärmeübergangszahl gegenüber Gl. (87) vergrößert [4].

β) Bei *Tropfenkondensation* schlägt sich das Kondensat an der gekühlten Wand in Form von Tropfen nieder, die als solche an der Wand herablaufen; sie tritt auf an glatten, polierten Wänden und besonders dann, wenn die Wand mit einer dünnen Ölschicht bedeckt ist. Die Wärmeübergangszahl für Tropfenkondensation [5], $\alpha \approx 60000$ kcal/m²h grd, ist wesentlich höher als die für Filmkondensation. Da sich eine Tropfenkondensation nicht mit Sicherheit voraussagen läßt, legt man der Berechnung des Kondensators zweckmäßig die Filmkondensation zugrunde und erhält damit für jeden Fall hinreichende Abmessungen.

γ) Durch die *Anwesenheit nicht kondensierbarer Gase* im Dampf wird die Wärmeübergangszahl bei der Kondensation beträchtlich vermindert. In Bild 28 ist nach

[1] *McAdams, W. H.:* Heat Transmission, 2. Aufl. New York 1942. S. 240/41.

[2] *Nußelt, W.:* Die Oberflächenkondensation des Wasserdampfes. VDI-Z. 60 (1916) 541/46 u. 569/75.

[3] *Neumann, F.:* Vereinfachte Berechnung der Wärmedurchgangszahl von Kondensatoren. VDI-Z. 91 (1949) 331/35.

[4] *Grigull, U.:* Wärmeübergang bei Kondensation mit turbulenter Wasserhaut. Forschg. Ing.-Wes. 13 (1942) 49/57. — *Ders.:* Wärmeübergang bei Filmkondensation. Forsch. Ing.-Wes. 18 (1952) 10/12.

[5] *Schmidt, E., W. Schurig* u. *W. Sellschopp:* Techn. Mech. u. Thermodynamik 1 (1930) 53.

Lüder[1] für kondensierenden Wasserdampf und Zusatz von Luft die Wärmeübergangszahl α über dem Verhältnis des Teildruckes p_2 der Luft zum Teildruck p_1 des Wasserdampfes aufgetragen. Schon ein geringer Luftzusatz bewirkt eine starke Abnahme der Wärmeübergangszahl gegenüber der bei reinem Dampf.

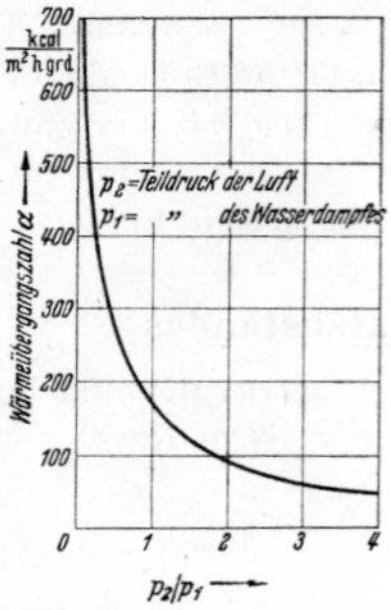

Bild 28. Wärmeübergangszahl für Kondensation von lufthaltigem Wasserdampf

b) Verdampfung. An der beheizten Fläche bilden sich Dampfblasen[2], die sich bei gewisser Größe ablösen und in der Flüssigkeit unter weiterer Vergrößerung hochsteigen. Dadurch wird die Flüssigkeit durchwirbelt. Die Wärmeübergangszahl ist um so größer, je mehr Dampfbläschen aufsteigen. Die Anzahl der Dampfbläschen nimmt mit der Heizflächenbelastung q zu. Bei sehr großer Heizflächenbelastung q jedoch bildet sich auf der Heizfläche eine zusammenhängende Dampfschicht, die den Wärmeübergang behindert. Für den Wärmeübergang von waagerechten Platten an siedendes Wasser gilt

$$\left.\begin{aligned} &\alpha = 152\,q^{0{,}26}\ \mathrm{kcal/m^2\,h\,grd} \\ \text{für}\quad &q = 0 \text{ bis } 15000\ \mathrm{kcal/m^2\,h}, \\ &\alpha = 1{,}48\,q^{0{,}76}\ \mathrm{kcal/m^2\,h\,grd} \\ \text{für}\quad &q = 15000 \text{ bis } 200000\ \mathrm{kcal/m^2\,h}. \end{aligned}\right\} \tag{88}$$

Bei Verdampfung in senkrechten Rohren sind die α-Werte nach Gl. (88) mit 1,25 zu multiplizieren[3].

Für Drücke < 760 Torr gilt $\alpha_p = \alpha_{760\ \mathrm{Torr}} \cdot p^{0{,}4}$ (p in phys. atm).
für Drücke > 760 Torr gilt bis 16 atm $\alpha_p = \alpha_{760\ \mathrm{Torr}} \cdot p^{1{,}6}$.

Für andere Flüssigkeiten als Wasser gilt[4] $\alpha = C \cdot \alpha_{\mathrm{Wasser}}$. Hierin ist C für

10% Na_2SO_4	0,94	Isopropanol	0,70
20% Zuckerlösung	0,87	Methanol	0,53
40% Zuckerlösung	0,84	Petroleum	0,52
25% Glyzerinwasser	0,83	Toluol	0,36
55% Glyzerinwasser	0,75	Tetrachlorkohlenstoff	0,35
24% NaCl	0,61	n-Butanol	0,32

C. Strahlung

a) Begriffe. Stehen sich zwei verschieden temperierte feste Körper gegenüber, so gibt die Oberfläche des warmen Körpers Wärme durch Strahlung an den kalten Körper ab. Die auftreffende Strahlung kann *absorbiert*, *reflektiert* oder *durchgelassen* werden. Der „*absolut schwarze Körper*" absorbiert die gesamte auftreffende Strahlung. Der „*graue Körper*" absorbiert einen Teil und reflektiert den übrigen Teil der Strahlung. Der „*weiße Körper*" reflektiert alle Strahlen. Der „*diathermane Körper*" läßt alle Strahlen hindurch.

Absolut schwarze Körper gibt es in der Natur nicht, doch kann ein Hohlraum mit gleichmäßiger Wandtemperatur und kleiner Öffnung nach außen hin als absolut schwarzer Körper aufgefaßt werden, z. B. ein Feuerraum mit kleiner Beschickungsöffnung. Diese Öffnung absorbiert alle Strahlen und reflektiert nichts. Sie strahlt daher wie eine absolut schwarze Fläche von der Temperatur der Hohlraumwandung.

---

[1] *Lüder, H.:* VDI-Z. 83 (1939) 596. — *Jaroschek, K.:* VDI-Z. Beihefte Verfahrenstechnik 1939, S. 135.

[2] *Fritz, W.:* Grundlagen der Wärmeübertragung beim Verdampfen von Flüssigkeiten. Chemie-Ing.-Techn. 35 (1963) Nr. 11 S. 753/64. — *Brauer, H.:* Berechnung des Wärmeübergangs bei ausgebildeter Blasenverdampfung. Ebenda S. 764/74. — *Stephan, K.:* Mechanismus u. Modellgesetz des Wärmeübergangs bei der Blasenverdampfung. Ebenda S. 775/84. — *Kast, W.:* Untersuchungen zum Wärmeübergang in Blasensäulen. Ebenda S. 785/88.

[3] *Jacob, M.:* Heat Transfer, Bd. 1, New York 1949 S. 651.

[4] *Fritz, W.:* Verdampfen und Kondensieren. VDI-Z. Beihefte Verfahrenstechnik Nr. 1 (1943) 1.

b) Nach dem **Stefan-Boltzmannschen Gesetz** ist der Wärmestrom, der von der Fläche F des absolut schwarzen Körpers mit der abs. Temperatur T ausgestrahlt wird:

$$Q_s = C_s F (T/100)^4 \tag{89}$$

Hierin ist

$$C_s = 4{,}96\ \text{kcal/m}^2\,\text{h (grd)}^4 \qquad ⦚ \quad C_s = 5{,}77\ \text{Watt/m}^2\,\text{(grd)}^4 \quad ⦚$$

die *Strahlungskonstante* des absolut schwarzen Körpers.

c) Nach dem **Kirchhoffschen Gesetz** verhält sich die Emission E eines wirklichen Körpers zur Emission E_s des absolut schwarzen Körpers wie die Absorptionszahlen A und A_s der beiden Körper zueinander. Das Emissionsvermögen $\varepsilon = E/E_s$ ist demnach gleich dem Absorptionsvermögen A/A_s. Für den absolut schwarzen Körper, der alle Strahlen absorbiert, ist $A_s = 1$, und es wird $\varepsilon = Q/Q_s = A$. Mit Gl. (89) folgt:

$$\varepsilon = C/C_s,$$

wobei C die Strahlungszahl des wirklichen Körpers ist. Daraus folgt: $C < C_s$. Strahlungszahlen vgl. Tafel im Anhang.

d) Lambertsches Gesetz. Die von einem Flächenelement eines absolut schwarzen Körpers ausgehende Strahlung hat in Richtung der Flächennormalen ihren größten Wert Q_n. In Richtung φ gegen die Normale beträgt die Strahlung

$$Q_\varphi = Q_n \cos\varphi \quad (\textit{Lambert}\text{sches Gesetz}). \tag{90}$$

Die Gesamtstrahlung Q in alle Richtungen ergibt sich durch Integration über alle Raumwinkelelemente einer Halbkugel zu

$$Q = \pi Q_n\,.$$

Wirkliche Körper mit matter Oberfläche, soweit es sich nicht um blanke Metalle handelt, gehorchen dem *Lambert*schen Gesetz angenähert.

e) Strahlung zwischen zwei Flächen. α) Zwischen *zwei zueinander parallel stehenden Oberflächen* F mit den Temperaturen T_1, T_2 und den Strahlungszahlen C_1 und C_2 ist der durch Strahlung ausgetauschte Wärmestrom (vgl. S. 469)

$$Q_z = C' F [(T_1/100)^4 - (T_2/100)^4], \quad \text{wobei} \tag{91}$$

$$C' = \frac{1}{1/C_1 + 1/C_2 - 1/C_s}. \tag{91 a}$$

β) Ist ein Körper mit der Oberfläche F_1 und der Strahlungszahl C_1 von einem oder mehreren Körpern mit der Gesamtoberfläche F_2 und der Strahlungszahl C_2 *umhüllt*, so ist der durch Strahlung ausgetauschte Wärmestrom

$$Q_z = C'' F_1 [(T_1/100)^4 - (T_2/100)^4], \quad \text{wobei} \tag{92}$$

$$C'' = \frac{1}{1/C_1 + F_1/F_2 \cdot (1/C_2 - 1/C_s)}. \tag{92 a}$$

Ist die Oberfläche F_2 der umhüllenden Körper groß gegenüber der Oberfläche des eingeschlossenen Körpers, so ist $F_1/F_2 = 0$ und somit $C'' = C_1$.

Beispiel: Wie groß ist die zwischen den beiden versilberten Wänden einer Thermosflasche durch Strahlung ausgetauschte Wärmemenge je m² Wandfläche und Stunde?

Die Temperatur der heißen Wand ist 80 °C, die der kalten 20 °C. Aus Tafel im Anhang $C = 0{,}1$ kcal/m²h (grd)⁴. Es ist nach Gl. (91 a)

$$C' = \frac{1}{1/0{,}1 + 1/0{,}1 - 1/4{,}96} = 0{,}0505\ \text{kcal/m}^2\text{h (grd)}^4$$

und nach Gl. (91) $\quad q = 0{,}0505\,[3{,}53^4 - 2{,}93^4] = 4{,}11\ \text{kcal/m}^2\text{h}.$

γ) Der Wärmestrom zwischen *senkrecht zueinander stehenden Flächen* und zwischen anderen geometrischen Anordnungen läßt sich durch Winkelfaktoren ermitteln, für die *Jakob, M.* (vgl. S. 468, Lit. 6, Bd. 2) Formeln und Nomogramme angegeben hat.

Zur Vereinfachung obiger Gleichungen setzt man

$$Q_z = \beta C F (t_1 - t_2) \quad (93) \qquad \text{wobei} \quad \beta = \frac{(T_1/100)^4 - (T_2/100)^4}{t_1 - t_2} \quad (93\,a)$$

ist und in Gl. (93) die Oberflächentemperaturen t_1 bzw. t_2 der Wände in °C einzusetzen sind.

Tabelle 2. *Temperaturfaktor* $\beta = \frac{(T_1/100)^4 - (T_2/100)^4}{t_1 - t_2}$ in (grd)³

t_1	t_2													
	−10	0	10	20	50	100	200	300	400	500	600	700	800	900
−10	0,728													
0	0,770	0,814												
10	0,814	0,859	0,906											
20	0,862	0,908	0,954	1,008										
50	1,017	1,060	1,119	1,172	1,34									
100	1,32	1,38	1,44	1,49	1,70	2,08								
200	2,14	2,23	2,28	2,36	2,69	3,07	4,23							
300	3,33	3,41	3,50	3,60	3,87	4,42	5,77	7,53						
400	4,88	4,99	5,08	5,20	5,55	6,19	7,75	9,73	12,19					
500	6,92	7,03	7,16	7,29	7,71	8,44	10,23	12,46	15,19	18,48				
600	9,45	9,59	9,74	9,89	10,36	11,30	13,27	15,77	18,70	22,38	26,61			
700	12,56	12,72	12,90	13,07	13,62	14,62	16,92	19,71	23,04	26,96	31,55	36,84		
800	16,30	16,50	16,70	16,90	17,53	18,66	21,26	24,36	28,01	32,29	37,29	42,93	49,5	
900	20,79	20,97	21,25	21,47	22,20	23,42	26,33	29,76	33,76	38,41	43,75	49,85	56,8	64,6
1000	25,95	26,21	26,48	26,75	27,54	28,96	32,20	35,98	40,35	45,38	51,1	57,6	65,0	73,3

δ) Oft treten *Wärmeübergang durch Strahlung und Konvektion* gleichzeitig auf, dann setzt man zweckmäßig

$$Q_z = (\alpha + \alpha_s)\, F (t_1 - t_2)\,, \tag{94}$$

wobei α die Wärmeübergangszahl bei Konvektion,
$\alpha_s = \beta C$ die Wärmeübergangszahl durch Strahlung bedeuten.

f) Gasstrahlung. *Gase* emittieren nur Strahlung von bestimmter Wellenlänge; sie emittieren in einigen Banden. Von technischer Bedeutung ist nur die Strahlung von H_2O und CO_2.

Ein Gasgemisch von der Temperatur T_g °K, in welchem der Teildruck der Kohlensäure p atm (phys. Atmosphären) ist und die Schichtdicke des Gases s m beträgt, strahlt gegen einen Körper von der Oberflächentemperatur T_w °K und der Strahlungszahl C nach *Schack* den Wärmestrom

$$q_{CO_2} = 8{,}9\,\frac{C}{C_s}\,(p s)^{0{,}4}\left[(T_g/100)^{3{,}2} - (T_w/100)^{3{,}2} \cdot (T_g/T_w)^{0{,}65}\right] \text{kcal/m}^2\text{h} \tag{95}$$

aus. Diese Gleichung gilt für $ps = 0{,}003$ bis 0,4 (atm · m) und für $t_g = 500$ bis 1800 °C.

Für ein Gasgemisch, das Wasserdampf enthält (Teildruck des Wasserdampfes p atm), gilt

$$q_{H_2O} = \frac{C}{C_s}\,(40 - 73\,p s)\,(p s)^{0{,}6}\left[(T_g/100)^n - (T_w/100)^n\right], \text{kcal/m}^2\text{h},$$

$$\text{worin Exponent } n = 2{,}32 + 1{,}37\,\sqrt[3]{p s}\,. \tag{96}$$

Diese Gleichung gilt für $ps = 0$ bis 0,36 (atm · m) und $t_g = 400$ bis 1900 °C.

Für ein Gasgemisch, das Wasserdampf und Kohlensäure enthält, ist die ausgestrahlte Wärmemenge um 2 bis 5% kleiner als die Summe der Einzelstrahlungen.

D. Wärmedurchgang

a) Wärmedurchgangszahl. Von einem strömenden Stoff (Flüssigkeit oder Gas) mit der Temperatur t_1 wird die Wärme durch Konvektion an die Oberfläche F einer Wand mit der Temperatur t_{w1} übertragen, *durch die Wand* mit der Wärmeleitzahl λ und der Dicke δ fortgeleitet und schließlich durch Konvektion von der anderen

Wandoberfläche mit der Temperatur t_{w2} an einen strömenden Stoff mit der Temperatur t_2 übertragen. Hierbei ist der Wärmestrom nach Gl. (68) und (70)

$$Q_z = \alpha_1 F(t_1 - t_{w1}) = \frac{\lambda}{\delta} F(t_{w1} - t_{w2}) = \alpha_2 F(t_{w2} - t_2).$$

Man setzt

$$Q_z = kF(t_1 - t_2), \tag{97}$$

wobei

$$k = \frac{1}{1/\alpha_1 + \delta/\lambda + 1/\alpha_2} \tag{98}$$

die *Wärmedurchgangszahl* ist.

Die Wandtemperaturen ergeben sich hiermit aus

$$\alpha_1(t_1 - t_{w1}) = k(t_1 - t_2) \quad \text{zu} \quad t_{w1} = t_1 - \frac{k}{\alpha_1}(t_1 - t_2),$$

$$\alpha_2(t_{w2} - t_2) = k(t_1 - t_2) \quad \text{zu} \quad t_{w2} = t_2 + \frac{k}{\alpha_2}(t_1 - t_2).$$

Ist die Wand aus mehreren Stoffschichten (Bild 29) von den Dicken $\delta_1, \delta_2, \ldots$ mit den Wärmeleitzahlen $\lambda_1, \lambda_2, \ldots$ zusammengesetzt, so ist die Wärmedurchgangszahl

$$k = \frac{1}{1/\alpha_1 + \delta_1/\lambda_1 + \delta_2/\lambda_2 + \cdots + 1/\alpha_2}. \tag{98a}$$

Im Nenner der Gl. (98a) ist die Summe aller Wärmeübergangs- und Wärmeleitwiderstände enthalten.

Die Temperaturen sind an der Berührungsfläche zwischen der ersten und zweiten Stoffschicht

$$t' = t_{w1} - k(t_1 - t_2)\,\delta_1/\lambda_1$$

und an der Berührungsfläche zwischen der zweiten und dritten Stoffschicht

$$t'' = t' - k(t_1 - t_2)\,\delta_2/\lambda_2.$$

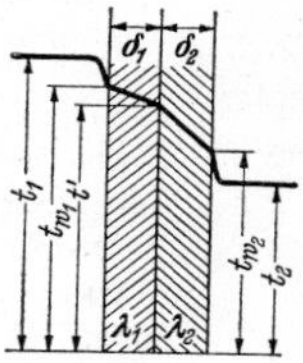

Bild 29. Wärmedurchgang durch ebene, aus mehreren Schichten zusammengesetzte Wand

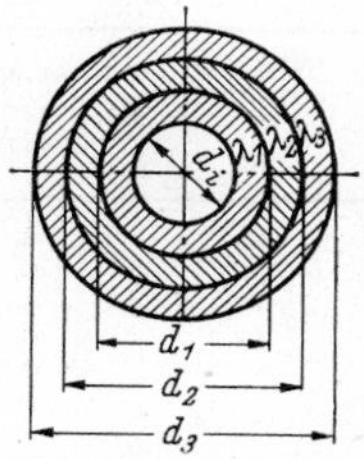

Bild 30. Wärmedurchgang durch aus mehreren Schichten zusammengesetzte Rohrwand

Analog gilt für den Wärmestrom durch eine *Rohrwand*, die aus mehreren Schichten zusammengesetzt sein kann (Bild 30) und die Länge L hat,

$$Q_z = k' L(t_i - t_a), \tag{99}$$

wobei die auf 1 m Rohrlänge bezogene Wärmedurchgangszahl

$$k' = \frac{\pi}{\dfrac{1}{\alpha_i d_i} + \dfrac{1}{2\lambda_1}\ln\dfrac{d_1}{d_i} + \dfrac{1}{2\lambda_2}\ln\dfrac{d_2}{d_1} + \cdots + \dfrac{1}{\alpha_a d_a}} \tag{99a}$$

ist (d_i, d_a Innen- bzw. Außendurchmesser des Rohres).

Für *dünnwandige Rohre* aus einem Material mit großer Wärmeleitzahl gilt wie für die ebene Wand

$$Q_z = kF(t_i - t_a),$$

worin $F = \pi d_i L$ und $k = \alpha_i$, wenn $\alpha_i \ll \alpha_a$,

oder $F = \pi d_a L$ und $k = \alpha_a$, wenn $\alpha_i \gg \alpha_a$,

oder $F = \pi L(d_i + d_a)/2$ und $k = \alpha_i\alpha_a/(\alpha_i + \alpha_a)$, wenn $\alpha_i \approx \alpha_a$.

Beispiel: In einem eisernen Rohr von $L = 2$ m Länge, Innendurchmesser $d_i = 25$ mm, Außendurchmesser $d_a = 30$ mm, strömt Wasser mit der Geschwindigkeit $w = 0{,}5$ m/sec und der mittleren Temperatur 40 °C. Wie groß ist die Wärmedurchgangszahl, wenn auf der Außenseite der Rohrwand Wasserdampf kondensiert ($\alpha_a = 10000$ kcal/m²h grd)? Wie groß ist die Wärmedurchgangszahl, wenn sich auf der Innenseite der Rohrwand eine 0,3 mm starke Kesselsteinschicht ($\lambda = 0{,}07$ kcal/m h grd) ansetzt?

Nach Beispiel S. 471: $\alpha_i = 2490$ kcal/m²h grd.

Damit ist nach Gl. (99a) für das saubere Rohr mit $\lambda_{\text{Eisen}} = 50$ kcal/mh grd die Wärmedurchgangszahl

$$k' = \frac{\pi}{\dfrac{1}{2490 \cdot 0{,}025} + \dfrac{1}{2 \cdot 50} \ln (0{,}03/0{,}025) + \dfrac{1}{10000 \cdot 0{,}03}} = 3{,}14/0{,}0212 = 148{,}2 \text{ kcal/mh grd.}$$

Für ein Rohr mit Kesselsteinschicht ist die Wärmedurchgangszahl

$$k = \frac{\pi}{\dfrac{1}{2490 \cdot 0{,}0244} + \dfrac{1}{2 \cdot 0{,}07} \ln (0{,}025/0{,}0244) + \dfrac{1}{2 \cdot 50} \ln (0{,}03/0{,}025) + \dfrac{1}{10000 \cdot 0{,}03}} =$$

$$= 3{,}14/0{,}195 = 16{,}1 \text{ kcal/mh grd.}$$

Der Wärmedurchgang durch eine *ebene Wand*, in der eine *Luftschicht* von der Dicke δ eingeschlossen ist, läßt sich mit Gl. (98a) für eine aus mehreren Schichten zusammengesetzte Wand berechnen, wobei für die Luftschicht in Gl. (98a) die äquivalente Wärmeleitzahl λ' einzusetzen ist. Für eine vertikale ebene Luftschicht ist diese (vgl. S. 468, Lit. 2)

$$\lambda' = \lambda_0 + \lambda_k + \lambda_s,$$

wobei λ_0 die eigentliche Wärmeleitzahl der Luft,

$\lambda_s = \beta C' \delta$ die Wärmeübergangszahl durch Strahlung (C' nach Gl. 91a berechnen),

λ_k die Konvektionszahl, durch welche die durch Konvektion übertragene Wärmemenge berücksichtigt wird, aus folgender Tabelle:

Dicke der Luftschicht δ_l mm	Konvektionszahl λ_k kcal/mh grd
10	0,003
20	0,008
30	0,016
40	0,026
50	0,037
75	0,073
100	0,118
150	0,225

Für eine *zylindrische Luftschicht* ist

$$\lambda' = \lambda_0 + \lambda_k + {}^1/_2 d_i \lambda_s \ln d_a/d_i,$$

wobei d_i, d_a der innere bzw. äußere Durchmesser der Luftschicht und $\lambda_s = \beta \cdot C''$ die Wärmeübergangszahl durch Strahlung ist (C'' nach Gl. 92a berechnen).

Nur durch Luftschichten von weniger als 1 cm Stärke erzielt man eine gute Isolierung der Wand gegen Wärmeabgabe. Die durch die Luftschicht durch Strahlung übergehende Wärmemenge wird dadurch verringert, daß in den Raum dünne Folien, deren Oberfläche eine niedrige Strahlungszahl hat, in kleinem Abstand voneinander eingebracht werden, z. B. mehrfache Schichten von Aluminiumfolien für die Isolierung von Kühlwagen.

b) In einem **Wärmeaustauscher** geht Wärme von einer warmen Stoffmenge $\dot{m}_1$ (spez. Wärme c_1), die längs der Oberfläche F der Trennwand strömt, an eine kalte Stoffmenge $\dot{m}_2$ (spez. Wärme c_2), die längs der anderen Oberfläche der Trennwand strömt, über. Längs der Wand verändert sich der Temperaturunterschied zwischen den beiden Stoffen. Bezeichnen im allgemeinen Schema des Bildes 31 t_1' und t_1'' die Temperaturen der warmen Flüssigkeit und t_2' und t_2'' die Temperaturen der kalten Flüssigkeit an den in Bild 31 angegebenen Stellen der Wand, so ist die längs der Fläche F übergehende Wärmemenge:

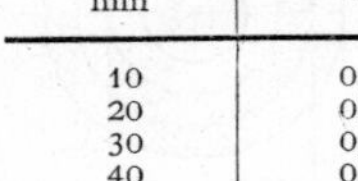

Bild 31. ⇉ Gleichstrom, ⇄ Gegenstrom

$$\begin{aligned} Q_z &= \dot{m}_1 c_1 (t_1' - t_1'') = \dot{m}_2 c_2 (t_2'' - t_2') \\ &= W_1 (t_1' - t_1'') \ = W_2 (t_2'' - t_2') = kF\,\Delta t_m \end{aligned} \qquad (100)$$

mit $W_1 = \dot{m}_1 c_1$ und $W_2 = \dot{m}_2 c_2$.

Die Wärmeaustauscher werden nach dem Gleichstrom- oder nach dem Gegenstromprinzip betrieben. Bei *Gleichstrom* strömen beide Flüssigkeiten in gleicher Richtung längs der Trennwand, bei *Gegenstrom* in einander entgegengesetzter Richtung. Der Verlauf der Flüssigkeitstemperaturen, Bild 32, ist dementsprechend verschieden und hängt außerdem noch vom Verhältnis $\dot{m}_1 c_1 / \dot{m}_2 c_2 = W_1 / W_2$ ab.

Die mittlere Temperaturdifferenz Δt_m längs der Wärmeaustauschfläche ist

$$\Delta t_m = \frac{\vartheta_a - \vartheta_e}{\ln (\vartheta_a / \vartheta_e)},$$

wobei ϑ_a den Temperaturunterschied zwischen den beiden Flüssigkeiten am Anfang a und ϑ_e den Temperaturunterschied am Ende e der Wärmeaustauschfläche bedeuten, also ist

für Gleichstrom: $\vartheta_a = t_1' - t_2'$ und $\vartheta_e = t_1'' - t_2''$,

für Gegenstrom: $\vartheta_a = t_1' - t_2''$ und $\vartheta_e = t_1'' - t_2'$.

Sind die auszutauschende Wärmemenge und die Temperaturen der Stoffe am Eintritt und Austritt aus dem Wärmeaustauscher gegeben, so wird die Wärmedurchgangszahl nach den Gln. (98) oder (98a) ermittelt; die *erforderliche Wärmeaustauschfläche* einer ebenen Wand ist dann $F = Q_z/(k\,\Delta t_m)$ bzw. mit der Wärmedurchgangszahl k nach Gl. (99a) die *erforderliche Rohrlänge:*

$$L = \frac{Q_z}{k'\,\Delta t_m}.$$

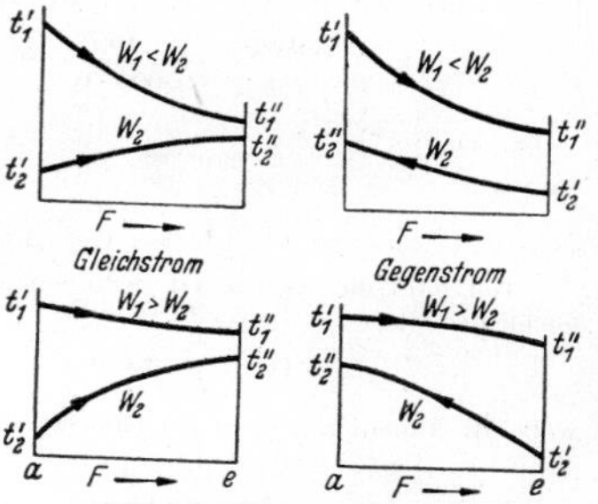

Bild 32. Wärmeaustauscher

Die *Ablauftemperaturen* t_1'' und t_2'' aus (vgl. S. 438, Lit. 3):

$$t_1'' = t_1' - \psi(t_1' - t_2')\,W_2/W_1, \quad (101) \quad \text{und} \quad t_2'' = t_2' + \psi(t_1' - t_2'), \quad (102)$$

wobei für Gleichstrom: und für Gegenstrom:

$$\psi_{\text{gl}} = \frac{1 - \mathrm{e}^{-\left(1 + \frac{W_1}{W_2}\right)\frac{kF}{W_1}}}{W_2/W_1 + 1} \qquad \psi_{\text{gg}} = \frac{1 - \mathrm{e}^{-\left(1 - \frac{W_1}{W_2}\right)\frac{kF}{W_1}}}{W_2/W_1 - \mathrm{e}^{-\left(1 - \frac{W_1}{W_2}\right)\frac{kF}{W_1}}}.$$

c) Temperaturabfall im isolierten Rohr. Bedeuten:

t die Temperatur des im Rohr strömenden Stoffs,

t_L die Temperatur der umgebenden Luft,

$\vartheta = (t - t_L)$ die Temperaturdifferenz zwischen Stoff und Umgebungsluft,

$\dot m$ die stündlich durch das Rohr strömende Stoffmenge,

c_p die spez. Wärme bei konstantem Druck des im Rohr strömenden Stoffs,

so ist der Temperaturabfall des Stoffs längs des Wegelementes dL

$$-\mathrm{d}\vartheta/\mathrm{d}L = Q_z'/\dot m c_p,$$

wobei

$$Q_z' = \frac{\pi\vartheta}{\frac{1}{\alpha_i d_i} + \frac{1}{2\lambda}\ln\frac{d_a}{d_i} + \frac{1}{\alpha_a d_a}}.$$

Befindet sich das isolierte Rohr in ruhender Luft, so ist $\alpha_a \ll \alpha_i$ und deshalb $1/\alpha_i d_i$ gegenüber $1/\alpha_a d_a$ vernachlässigbar.

Dann wird

$$\mathrm{d}\vartheta/\vartheta = -\frac{\mathrm{d}L}{\dot m c_p}\cdot\frac{\pi}{1/(2\lambda)\cdot\ln(d_a/d_i) + 1/\alpha_a d_a}.$$

Sind die Größen α, c und λ konstant und beziehen sich die Indizes a und e auf Anfang und Ende der Leitung, so wird

$$\ln\frac{(t - t_L)_a}{(t - t_L)_e} = \frac{L}{\dot m c_p}\cdot\frac{\pi}{1/(2\lambda)\cdot\ln(d_a/d_i) + 1/\alpha_a d_a}. \quad (103)$$

Beispiel: 10000 kg/h Heißdampf von 25 atü und 400°C strömen einer 160 m langen gegen Wärmeabgabe isolierten Rohrleitung von 150 mm Durchmesser zu. Der Außendurchmesser der Isolierung ist $d_a = 360$ mm, die Wärmeleitzahl der Isolierung $\lambda = 0{,}08$ kcal/mhgrd. Die Temperatur der Umgebungsluft ist $t_L = 20\,°C$. Wie groß sind der Temperaturabfall im Rohr und die an die Umgebung übergehende Wärmemenge?

Der Wärmeübergangswiderstand im Innern des Rohres und der Wärmeleitwiderstand durch das eiserne Rohr können vernachlässigt werden.

Man schätzt zunächst die Außentemperatur t_{w_a} der Isolierschicht. Es sei $t_{w_a} = 60\,°C$, dann ist nach Gl. (83)

$$\alpha_a = 8{,}2 + 0{,}00733\,(60 - 20)^{1/3} = 9{,}2\ \text{kcal/m}^2\text{h grd}.$$

Damit wird nach Gl. (103) mit $c_p = 0{,}55$ für Heißdampf (vgl. Diagramm im Anhang)

$$\ln \frac{380}{(t - t_L)_e} = \frac{160}{10000 \cdot 0{,}55} \cdot \frac{\pi}{\dfrac{1}{2 \cdot 0{,}08} \ln \dfrac{0{,}36}{0{,}15} + 1/(9{,}2 \cdot 0{,}36)} = 0{,}0158,$$

daraus:

$$\frac{380}{(t - t_L)_e} = e^{0{,}0158} \quad \text{und} \quad (t - t_L)_e = \frac{380}{e^{0{,}0158}} = 374\ \text{grd};$$

somit

$$t_e = 20 + 374 = 394\,°C \quad \text{und} \quad t_a - t_e = 400 - 394 = 6\ \text{grd}.$$

Nun muß die Richtigkeit der oben angenommenen Außentemperatur t_{w_a} der Isolierschicht nachgeprüft werden. Es ergibt sich aus

$$\alpha_a \pi d_a (t_{w_a} - t_L) = \frac{2\pi\lambda}{\ln (d_a/d_i)} (t_{w_i} - t_{w_a}),$$

wobei die Innentemperatur der Isolierschicht $t_{wi} = (t_a + t_e)/2 = 397\,°C$ ist:

$$t_{wa} = \frac{\alpha_a d_a t_L + 2\lambda t_{wi}/\ln (d_a/d_i)}{\alpha_a d_a + 2\lambda/\ln (d_a/d_i)} = \frac{9{,}2 \cdot 0{,}360 \cdot 20 + 2 \cdot 0{,}08 \cdot 397/\ln (360/150)}{9{,}2 \cdot 0{,}360 + 2 \cdot 0{,}08/\ln (360/150)} = 39{,}4\,°C.$$

Die nochmalige Durchrechnung mit $t_{w_a} = 40\,°C$ ergibt:

$$\alpha_a = 8{,}2 + 0{,}00733\,(40 - 20)^{1/3} = 8{,}6\ \text{kcal/m}^2\text{h grd},$$

$$\ln \frac{380}{(t - t_L)_e} = \frac{160}{10000 \cdot 0{,}55} \cdot \frac{\pi}{\dfrac{1}{2 \cdot 0{,}08} \ln (360/150) + 1/(8{,}6 \cdot 0{,}36)} = 0{,}0157,$$

damit

$$t_e = 20 + \frac{380}{e^{0{,}0157}} = 394\,°C.$$

Die Unsicherheit in der Annahme der Wandtemperatur macht sich in diesem Fall auf den errechneten Temperaturabfall im Rohr kaum bemerkbar. Die an die Umgebung übergehende Wärmemenge ist mit $c_p = 0{,}55$ kcal/kg grd nach Gl. (15):

$$Q_z = 10000 \cdot 0{,}55 \cdot 6 = 33000\ \text{kcal/h}.$$

d) Praktische Folgerungen. In der Gleichung $1/k = 1/\alpha_1 + \delta/\lambda + 1/\alpha_2$ ist k immer kleiner als der kleinste Wert von α, so daß man vor allem bestrebt sein muß, den kleinsten α-Wert durch Erhöhen der Geschwindigkeit oder durch Erzeugen von Strömungswirbeln, die den Wärmeübergang um 15 bis 30% steigern, zu vergrößern. Es ist deshalb verfehlt, den Wärmeübergang z. B. in Dampfkesseln, Luftkühlern, Lufterhitzern, Ölkühlern usw. durch Steigerung der Wassergeschwindigkeit verbessern zu wollen, da

$$\alpha_{\text{Wasserseite}} > \alpha_{\text{Rauchgas- oder Luftseite}}.$$

Umgekehrt ist bei Kondensatoren $\alpha_{\text{Wasserseite}} < \alpha_{\text{Dampfseite}}$, so daß hier der Wärmeübergang vor allem durch Erhöhung der Wassergeschwindigkeit oder Einbau von Wirbelstreifen auf der Kühlwasserseite der Rohre vergrößert werden kann.

Flüssigkeiten mit kleinerer Wärmeübergangszahl sind *um* die Außenflächen der Rohre zu führen, also z. B. Luft um die Rohre der Lufterhitzer oder -kühler, das Öl um die Rohre der Ölkühler.

Im Gegensatz hierzu wird bei Kondensatoren das Wasser *durch* die Rohre geführt, damit das Kondensat außen leichter abfließen kann und das Entstehen eines dicken, die Wärmeströmung behindernden Kondensatfilms vermieden wird.

Anordnung von Rippen bei Wärmeaustausch verschiedener Flüssigkeiten ist nur an der Seite des Stoffes mit kleinerer Wärmeübergangszahl zweckmäßig, also zwecklos, wenn die Flüssigkeiten annähernd gleiche Wärmeübergangszahlen haben.

Zu beachten ist die Verringerung der Wärmeübertragung, wenn sich auf der Wand des Wärmeaustauschers Kesselstein ($\lambda = 0{,}07$ bis 2 kcal/m h grd) ansetzt oder eine Ölschicht ($\lambda = 0{,}1$ kcal/m h grd) oder Schmutzschicht bildet. In folgender Tabelle sind Anhaltswerte für den *Wärmeleitwiderstand* der bei Betrieb von Wärmeaustauschern sich ansetzenden Schmutzschichten zusammengestellt[1]. Diese Zahlenwerte sind im Nenner der Gl. (98a) als zusätzlicher Wärmeleitwiderstand zu berücksichtigen.

Wärmeleitwiderstand δ/λ in m^2h grd/kcal *von Schmutzschichten*

für Wasser				
bei Wandtemperatur	bis 120 °C		120 bis 200 °C	
bei Wassertemperatur	unter 50 °C		über 50 °C	
bei Strömgeschwindigkeit	unter 1 m/sec	über 1 m/sec	unter 1 m/sec	über 1 m/sec
Meerwasser	1/10000	1/10000	1/5000	1/5000
aufbereitetes Kesselspeisewasser	1/10000	1/10000	1/2500	1/5000
aufbereitetes Wasser für Kühltürme	1/5000	1/5000	1/2500	1/2500
Trinkwasser, Quellwasser, Wasser großer Seen	1/5000	1/5000	1/2500	1/2500
sauberes Flußwasser	1/2500	1/5000	1/1600	1/2500
Wasser schmutzhaltiger Flüsse	1/1600	1/2500	1/1200	1/1600
hartes Wasser	1/1600	1/1600	1/1000	1/1000
Abwässer	1/600	1/800	1/500	1/600

für organische Stoffe	
organische Dämpfe, Benzin	1/10000
organische Flüssigkeiten, flüssiges Kältemittel, Sole	1/5000
Gasöl, Schmieröl, Kältemitteldämpfe, staubhaltige Luft	1/2500
pflanzliche Öle	1/1600
flüssiges Naphthalin, Härteöl	1/1200
Heizöl	1/1000
Koksofengas, Leuchtgas	1/500

[1] *McAdams, H. W* · Heat Transmission, 2. Aufl., New York 1942.

Brennstoffe, Verbrennung und Vergasung

Bearbeitet von Dr. techn. Dr. jur. **B. Riediger**, Frankfurt (Main)

Literatur: 1. Anhaltszahlen für die Wärmewirtschaft in Eisenhüttenwerken. Herausgeg. Energie- und Betriebswirtschaftsstelle des Ver. Dtsch. Eisenhüttenleute. 6. Aufl. Düsseldorf: Stahleisen 1968. — 2. *Bošnjaković, F.:* Wärmediagramme für Vergasung, Verbrennung und Rußbildung. Berlin: Springer 1956. — 3. *Doležal, R.:* Großkesselfeuerungen. Berlin: Springer 1961. — 4. *Gumz, W.:* Vergasung fester Brennstoffe. Berlin: Springer 1952. — 5. *Gumz, W.*, u. *R. Regul:* Die Kohle. Essen: Glückauf 1954. — 6. *Gumz, W.:* Kurzes Handbuch der Brennstoff- und Feuerungstechnik. 3. Aufl. bearbeitet von *L. Hardt.* Berlin: Springer 1962. — 7. *Ledinegg, M.:* Dampferzeugung, Dampfkessel, Feuerungen. 2. Aufl. Wien: Springer 1966. — 8. *Riediger, B.:* Brennstoffe, Kraftstoffe, Schmierstoffe. Berlin: Springer 1949. — 9. *Ruf, H.:* Kleine Technologie des Erdöls. 2. Aufl. Basel u. Stuttgart: Birkhäuser 1963. — 10. *Zerbe, C.:* Mineralöle und verwandte Produkte. Berlin: Springer 1952. — 11. *Zinzen, A.:* Dampfkessel und Feuerungen. 2. Aufl. Berlin: Springer 1957.

Benutzte *Abkürzungen* für Literatur-Angaben:
BWK = Zeitschrift Brennstoff — Wärme — Kraft,
Mitt. VGB = Mitt. Vereinigung der Großkesselbesitzer e.V.,
VDI-Handb., Arb.-Bl. = VDI-Handbuch Energietechnik, Teil 2 Wärmetechnische Arbeitsmappe (Sammlung von Arbeitsblättern). Düsseldorf: VDI-Verlag 1967.

Kohle, Erdöl und Erdgas sind heute die wichtigsten Energieträger. Durch Oxydation mit dem Sauerstoff der Luft — auch angereichert — wird Energie frei, die bei der Verbrennung vollständig in Wärme umgesetzt und nutzbar gemacht werden kann; bei der Vergasung wird bei möglichst geringem Wärmeverbrauch Umwandlung der Gebrauchsform des Energieträgers angestrebt. Demgegenüber ist die Energieerzeugung durch Wasserkraft naturgegeben von begrenzter Bedeutung. Wann Atomenergie entscheidenden Anteil erreichen wird, ist noch ungewiß. Brennstoffe werden außerdem für metallurgische Zwecke benötigt, wobei neben der Oxydation andere chemische Reaktionen wichtig sind. Übliche Einteilung nach Aggregatzustand in feste, flüssige und gasförmige Brennstoffe. Kraftstoffe sind die in Verbrennungskraftmaschinen (Motoren und Turbinen) direkt verwendbaren Brennstoffe; daher spricht man von Düsen*kraft*stoffen, wohingegen die Bezeichnung *Treib*stoffe den treibenden, nicht brisanten Sprengstoffen, wie sie der Bergbau benötigt, und den Energieträgern für Raketenantriebe u. dgl. vorbehalten bleibt.

A. Feste Brennstoffe

1. Entstehung und Einteilung

a) Natürliche Brennstoffe, u. zwar α) fossile Brennstoffe (nach geologischem Alter): Steinkohle, Braunkohle, Ölschiefer, Ölkreide, Torf; β) rezente (= ständig nachwachsende) Brennstoffe: Holz und pflanzliche Abfälle wie Sägespäne, Bagasse (Preßrückstände der Zuckerrohrgewinnung), Rindenabfälle (aus Gerbereien, sog. Lohe), Schalen von Samen und Kerne von Früchten (bes. in den Tropen von Bedeutung)[1].

Als Kennzeichen der fossilen Brennstoffe dienen die *flüchtigen Bestandteile* (fl. Best.), genauer flüchtige Stoffe genannt, weil sie nicht Bestandteile der Kohle sind, sondern erst beim Entgasen entstehen. Wegen Veränderung der Mineralstoffe

[1] Vgl. *Michel, F.:* Bagassefeuerungen. BWK 7 (1955) 102/07.

beim Veraschen muß bei aschereichen Brennstoffen zwischen wasser- und mineralstofffreier (wmf.) und wasser- und aschefreier (waf.) Substanz unterschieden werden; Näheres S. 487.

Unter Luftabschluß entsteht aus rezenten Pflanzenteilen der *Torf* (Moorbildung). Je nach Alter (meist in Übereinstimmung mit der Lagerungstiefe): Moos- oder Fasertorf (bröckelig), Sumpf- oder Modertorf (Übergang zu plastisch), Bruch- oder Stechtorf (plastisch, zeigt noch Pflanzenteile), Lebertorf (beinahe amorph). Chemische Unterschiede gering; bemerkenswert: hoher Gehalt an Huminsäuren, die aus dem Lignin des Holzes entstehen; Zellulose fast vollständig durch Kleinlebewesen abgebaut. Außerdem bilden sich Bitumenstoffe aus den Abbauprodukten der Blätter, Pilze, Sporen und Algen (dem sog. Faulschlamm).

Weitere chemische Veränderung (vor allem Abspalten O_2-haltiger Gruppen) heißt *Inkohlung*. Es entstanden zuerst *Weichbraunkohlen* (meist mit holzigen Einschlüssen, von erdiger bis schiefriger Beschaffenheit), dann *Hartbraunkohlen* (ohne holzige Einschlüsse, mit mattem bis lebhaftem Glanz an der Bruchfläche). Die geologisch ältesten Vorkommen sind in *Steinkohlen* umgewandelt. Einzelne Flöze durch Sedimentschichten voneinander getrennt. Gehalt an fl. Best. nimmt meist mit der Teufe ab[1]. Einteilung nach fl. Best. im waf. Vitrit (vgl. S. 489) in Bild 1; Abkürzung aus eingetragenen Bezeichnungen abgeleitet; sog. Inkohlungssprung bei 29,5% fl. Best. Für Zwecke der Praxis und zur Vereinheitlichung der in verschiedenen Ländern üblichen Bezeichnungen ist 1955 die „Internationale Klassifikation der Steinkohlen" von der Economic Commission for Europe (ECE), Genf, eingeführt worden[2]; DIN 23003.

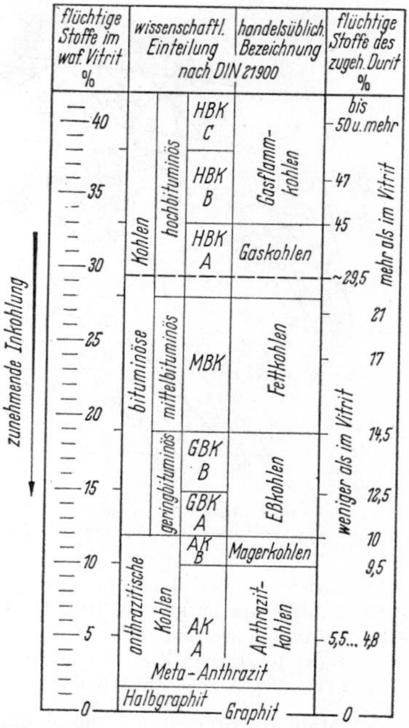

Bild 1. Einteilung der Steinkohlen nach flüchtigen Stoffen im wasser- und aschefreien Vitrit gemäß DIN 21900 sowie flüchtige Stoffe im zugehörigen Durit; Bezeichnungen der Gefügebestandteile vgl. S. 489

Zusammensetzung der waf. Substanz natürlicher Brennstoffe im C—H—O-Diagramm (Inkohlungsdreieck, Bild 2) auf einem verhältnismäßig schmalen Streifen als Folge der geologischen Veränderungen; die Darstellung ist für Abschätzung technisch wichtiger Eigenschaften bei Mangel von Analysen gut brauchbar. Gilt streng nur bei Abwesenheit von Schwefel; bei höheren Gehalten empfiehlt es sich, auf schwefelfreie Substanz umzurechnen und den Heizwert gemäß S. 489ff. zu berichtigen.

b) Künstliche Brennstoffe. Durch Entgasen (sog. trockene Destillation) bei Temperaturen über 1000 °C (Verkoken) erhält man aus Steinkohle *Hochtemperaturkoks* (Zechen-, Hütten-, Gaskoks); vgl. S. 488f. Günstigste Ausgangskohle mit etwa 16 bis 28% fl. Best.; diese werden dabei auf 2 bis 3% verringert. Bei sog. Tieftemperaturverkokung (rd. 500 °C, „Schwelung") vorwiegend aus Braunkohle, jedoch auch aus Steinkohle *Schwelkoks* hergestellt, der rauch- und rußlos verbrennt; als

---

[1] *Petraschek, W.:* Die Regel von Hilt. Brennst.-Chem. 34 (1953) 194/96.
[2] Dazu *Radmacher, W.:* Grundlagen des vorgeschlagenen internationalen Steinkohlen-Klassifikationssystems. Brennst.-Chemie 35 (1954) 129/30.

Grude krümelig aus Rohbraunkohle oder stückig beim Schwelen von Briketts oder geologisch älterer Stückkohle[1]. Dem Hochtemperaturkoks chemisch ähnlich ist der Petrolkoks, enthält jedoch 8 bis 10% fl. Best.; er wird aus Erdölrückständen gewonnen, desgl. Pechkoks aus Pech. Wenn aschearm, dann beide vorwiegend Rohstoff für Elektroden, nur selten als Brennstoffe verwendet. *Teer* ist das aus dem Gas abgeschiedene Kondensat; wird destillativ in Teeröle und Pech zerlegt.

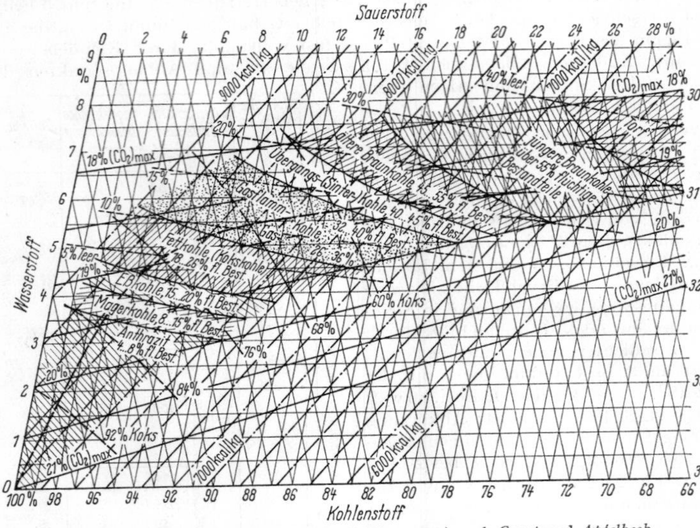

Bild 2. Inkohlungsdreieck (C—H—O-Diagramm) nach *Grout* und *Apfelbeck* mit unterem Heizwert (H_u) und max. CO_2-Gehalt der Rauchgase für natürliche feste Brennstoffe

Briketts in großer Menge für Versand über weitere Entfernung aus getrockneter Braunkohle unter Druck von 1000 bis 3000 at, ohne Bindemittel gepreßt. Auch aus Stein-Feinkohle werden unter Zusatz von Pech Briketts in Ei- oder Würfelform hergestellt. Jetzt auch Zusatz von Teeröl, Sulfitablauge und Wasser in Mengen von 1 bis 3 Gew.-% bezogen auf Kohle; statt dessen weniger Pech erforderlich.

c) Müll als Brennstoff. Die Zunahme der Ölfeuerungen für Einzelhaushalte sowie der zentralen Wärmeversorgung ganzer Stadtteile durch Heiz- und Heizkraftwerke verringert stark die Anzahl häuslicher Feuerstätten. Dazu kommt der teils aus hygienischen Gründen berechtigte, teils durch Werbemaßnahmen unerwünscht geförderte Anfall an Verpackungsmaterial aus Pappe, Kunststoff u. ä. Zunehmende Transportwege zu den Müllablagerplätzen infolge des räumlichen Wachstums der Städte sowie Forderungen des Grundwasserschutzes zwingen die Großstädte, Müll trotz geringen Heizwertes durch Verbrennen zu beseitigen[2].

2. Gewinnung und Verarbeitung

a) Torf wird durch Stechen von sog. Soden mit Abmessungen von etwa $10 \times 10 \times 30\ cm^3$, durch Fräsen oder mittels eines Wasserstrahls (Hydro- oder Schwemmtorf) gewonnen. Anschließendes Trocknen (an Luft) erforderlich.

b) Braunkohle wird je nach Mächtigkeit des Deckgebirges im Tagebau oder im Tiefbau gefördert. Das zweite Verfahren ist nur bei höherwertigen Sorten lohnend. Soweit nicht in Grubennähe

[1] *Thau, A.:* Brennstoffschwelung. 2 Bände. Halle (Saale): Knapp 1949.
[2] Vgl. BWK: Fachhefte Müllverbrennung 14 (1962) Nr. 5; 16 (1964) Nr. 8; 17 (1965) Nr. 8; 18 (1966) Nr. 5; 19 (1967) Nr. 10, dort Schrifttumsübersicht S. 499/502.

verfeuert, ist Aufbereitung bei wasserreichen Kohlen nötig, u. zw. durch Brechen und Sieben (Naßdienst) und anschließendes Trocknen (Trockendienst). Günstigster Wassergehalt für Brikettierung etwa 15%. Glanzbraunkohlen (höchste Inkohlungsstufe) können wie Steinkohlen auf Setzmaschinen von den Bergen getrennt werden.

Bei Wassergehalt w_r (Gew.-%) der Rohkohle ist die theoretische Menge $R = (100 - w_t)/(100 - w_r)$ in t erforderlich, um 1 t Trockenbraunkohle (TBK) mit Wassergehalt w_t (Gew.-%) zu erhalten; die daraus herstellbare Brikettmenge ist wegen Verlustes durch Bruch oder Abrieb etwa 5% kleiner. Im Naßdienst müssen $(R - 1)$ t Wasser je t TBK verdampft werden. Deshalb ist Energieerzeugung mit erforderlichem Heizdampf im Gegendruckbetrieb statt Trocknung mit Rauchgasen vorteilhafter; vgl. Bd. II, Kopplung d. Erzeugung u. Verwendung v. Kraft u. Wärme. Brikettierung der Braunkohle ohne Bindemittel durch Ausnutzung ihrer kolloidalen Eigenschaften möglich.

c) Steinkohle wird in Teufen bis zu 1200 m in Stollen gewonnen und durch Schächte gefördert. Über Tage wird sie durch Sieben nach Korngrößen getrennt (klassiert) und durch Waschen mittels Setzmaschinen oder durch Schwerflüssigkeit von „Bergen" und „Mittelgut" befreit. Dichte des stark durchwachsenen Mittelgutes etwa auf 1,40 bis 1,90 kg/dm³ eingestellt. Dabei erreichbarer max. Aschegehalt der „Reinkohle" < 10%; Berge enthalten dann über etwa 55%. (Bei der Analyse versteht man jedoch unter „Reinkohle" die waf. Substanz.) Beim Waschen der Kohle fällt außerdem Schlamm an, der Feinstkohle, Berge und viel Wasser enthält. Dieser dient nach dem Trocknen als Kesselbrennstoff.

Steinkohlenbriketts werden nicht wegen zu großen Ballastes der Rohkohle (wie bei der Braunkohle), sondern zur besseren Verwertung der Feinkohlen hergestellt. Zusatz von Pech, Sulfitablauge u. ä. als Bindemittel unbedingt nötig.

3. Eigenschaften[1]

a) Chemische Zusammensetzung. Man bestimmt einerseits Wasser, flüchtige Bestandteile, Koks (fälschlich sog. „fixen Kohlenstoff") und Asche durch Kurz- oder Immediatanalyse, andererseits die Elementarzusammensetzung der Reinkohle[2]. Auf diese müssen dann die fl. Best. in Gew.-% bezogen werden, wenn sie als Kennzeichen dienen sollen, wie in Bild 1 u. 2 und Tab. 1. Zur Auswertung der Ergebnisse empfiehlt sich folgende durch Bild 3 erläuterte Unterscheidung:

Rohsubstanz	(roh)	$= R$
Lufttrockene Substanz (ohne grobe Feuchtigkeit)	(lftr.)	$= R - (d - e)$
Wasserfreie Substanz (auch hygroskopische Feuchtigkeit entfernt)	(wf.)	$= R - d = R \cdot (100 - w_r)/100$
Wasser- und aschefreie Substanz	(waf.)	$= R - (d + c)$
Lufttrockene und aschefreie Substanz	(lftraf.)	$= R - (d - e) - c$
Wasser- und mineralstofffreie Substanz	(wmf.)	$= R - (d + b)$.

Unterschied zwischen Asche und Mineralstoffen vgl. S. 493.

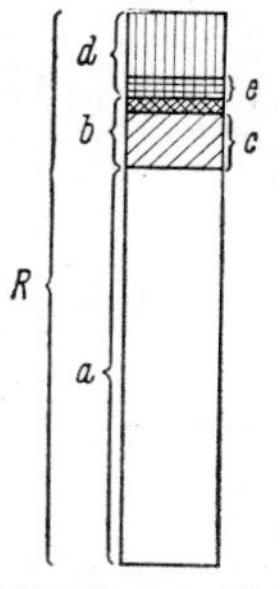

Bild 3. Bezugsgrößen für die Untersuchung fester Brennstoffe
R Kohle (Rohsubstanz); a organische Substanz; b Mineralstoffe, davon c in der Asche nachgewiesen; d Gesamtwasser, davon e hygroskopische Feuchtigkeit

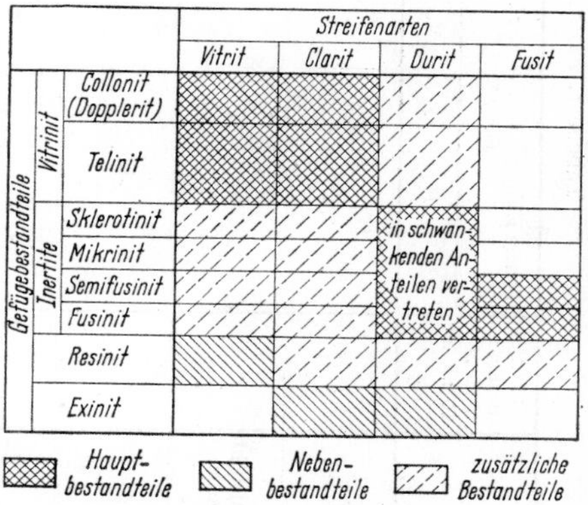

Bild 4. Die Streifenarten der Kohle und ihre Zusammensetzung aus den einzelnen Gefügebestandteilen

---

[1] DIN-Taschenbuch 20, Mineralöl- und Brennstoffnormen. Beuth-Vertrieb 1964.

[2] *Radmacher, W.:* Die DIN-Untersuchungsverfahren für feste Brennstoffe. Brennst.-Chem. 31 (1950) 182/84. Die hier benutzten Abkürzungen entsprechen DIN 51700.

Tabelle 1. *Feste Brennstoffe und ihre wichtigsten Eigenschaften*

Brennstoffart		Flüchtige Bestandteile der Reinkohle	Mittlere Elementaranalyse der Reinkohle Gew.-%					Wassergehalt	Aschegehalt	Mittlerer unterer Heizwert H_u des rohen Brennstoffes	Beschaffenheit des Kokses oder des Entgasungsrückstandes (bei Torf und Braunkohle des Schwelkokses)
		Gew.-%	C	H_2	O_2	N_2	S[a]	Gew.-%	Gew.-%	kcal/kg[b]	
Holz	frisch lufttrocken	> 70	50	6	44	—	—	40—60 12—25	0,1— 0,5 0,2— 0,8	2000 3600	Mangels schmelzbarer Substanzen Zellgefüge in der Holzkohle erhalten; dadurch sehr große Porenoberfläche
Torf	grubenfeucht lufttrocken	> 60	59	6	33	1,5	0,5	80—90 20—35	0,1— 1,8 0,4— 9,0	250 3500	Torfkoks aus Soden bildet weiche, krümelige Masse bis feste Stücke; immer porös; aus Briketts meist fester
Weichbraunkohle Hartbraunkohle		55—62 45—55	67,5 74	5,5 5,5	25 18,5	1 1,5	1 0,5	40—60 20—30	2 — 6 3 —12	2000 4000	Rohbraunkohle liefert krümelige Grude; beim Schwelen von Briketts Koks um so fester und stückiger, je höher Preßdruck
Steinkohle	Gasflammkohle Gaskohle	32—40 26—36	84 86	5 5	9 7	1 1	1 1	Förderkohle und Stückkohle 1—3% gewaschene Nußkohle 3—5% gewaschene Feinkohle 8—10%	Förderkohle 8—10% Stück- und Nußkohle 3—7% Fein- und Staubkohle 6—13%	6500 7000	Locker, kaum gebacken; schwach bis gut gebacken;
Steinkohle	Fettkohle Eßkohle	18—26 15—20	88 90	5 4	5 4	1 1,5	1 1			7400 7600	sehr gut gebacken; gebacken bis gesintert;
Steinkohle	Magerkohle Anthrazit	8—15 4— 8	91 92	3,5 3	3 3	1,5 1,5	1 1			7500 7400	gesintert bis sandig; sandig
Braunkohlenbriketts Braunk.-Schwelkoks Zechenkoks		 15—25 1— 3	wie Ausgangskohle 85—95 97	 2,5—3,5 0,5	 2—10 0,5	 0,5—1,0 1	 0,2—4 1	12—15 5—30 0— 5	5—12 6—20 7—12	4700 5700 7000	Werte für Braunkohlenschwelkoks je nach Ausgangskohle (Rohkohle oder Briketts), Verfahren (Heizflächen oder Spülgas) und Nachbehandlung

[a] Auch Kohlen mit höherem Schwefelgehalt vorhanden, z. B. mitteldeutsche Braunkohlen (bis 3%) und einige oberschlesische Steinkohlen (bis 5%).
[b] Heizwerte gelten je nach Wasser- und Aschegehalt mit etwa ±5% bis ±15%.

b) Petrographische Zusammensetzung. Streifenarten und Gefügebestandteile spielen eine ähnliche Rolle wie die Gesteine und die sie bildenden Mineralien; Terminologie in Einzelheiten noch schwankend. Bezeichnungen Glanz-, Matt- und Faserkohle seit langem im Bergbau üblich. Unterscheidungen mit Hilfe der Mikroskopie verfeinert, Bild 4. Die Erkenntnisse der Kohlenpetrographie sind besonders für die Kokereitechnik von Bedeutung.

Vitrinit aus Lignin des Zellgefüges in nasser Umgebung, Resinit aus Harzen und Exinit aus Sporen, Kutikulen (Blatthäuten) entstanden. Der Ursprung des Fusinits wird ähnlich wie der des Vitrinits vermutet, jedoch bei zeitweisem Luftzutritt oder durch Waldbrand (fossile Holzkohle); leeres Zellgefüge ist meist gut erkennbar.

Semifusinit ist eine Übergangsform zwischen Fusinit und Vitrinit, Sklerotinit eine durch Pilzgewebe veränderte ursprüngliche Holzsubstanz. Mikrinit (früher Opaksubstanz genannt) hat eine nicht eindeutig erkennbare Herkunft.

Vitrit bildet meist 50% und mehr der Kohle, wird auch als Telinit bezeichnet, wenn das Zellgefüge gut erkennbar; als Collinit, wenn dieses nur durch Ätzen sichtbar wird. Zellenhohlräume sind mit Resinit gleichmäßig gefüllt; Vitrit gilt als wesentlich für Backvermögen der Kohle. *Clarit* ist sehr heterogen; je mehr Exinit (Bitumenkörper) darin enthalten, um so matter erscheint er. Beim *Durit* gleiche Einlagerungen wie beim Clarit, jedoch in sehr verschiedener Grundmasse, je nach Anteil von Sporen, Pilzen, Blatthäuten und Algen (Faulschlamm). Durit liefert beim Verkoken Teer. *Fusit* meist nur in kleinen Mengen vorhanden. Hohles Zellgefüge ist sehr spröde, bildet Bruchflächen der Kohle, reichert sich im Feinen an und hat kein Backvermögen.

c) Verhalten beim Erhitzen. Angaben über Veränderung beim Erhitzen unter Luftabschluß in Tab. 1, letzte Spalte; dabei entweichen die fl. Best. Ähnliches Verhalten auch beim Verbrennen. Bei rd. 400°C beginnen sog. Bitumenanteile der Steinkohle zu schmelzen, wodurch diese plastisch wird. Ist ihr Anteil klein, was sich auch im Gehalt an fl. Best. ausdrückt, so hat Koks nur geringe Festigkeit. Die Verhältnisse liegen am günstigsten bei Fettkohlen. Bei noch höherem Anteil an fl. Best. nimmt die Festigkeit des Kokses durch starke Gasentwicklung wieder ab. Gute Kokseigenschaften lassen sich auch durch Mischen von weniger geeigneten Sorten nach petrographischen Gesichtspunkten erzielen. Zur Kennzeichnung dienen der Blähgrad (Swelling-Index) oder die Backzahl nach *Roga* sowie die Untersuchung im Dilatometer[1]. Beispiel der verschiedenen Temperaturbereiche in Bild 5 für backende Steinkohle.

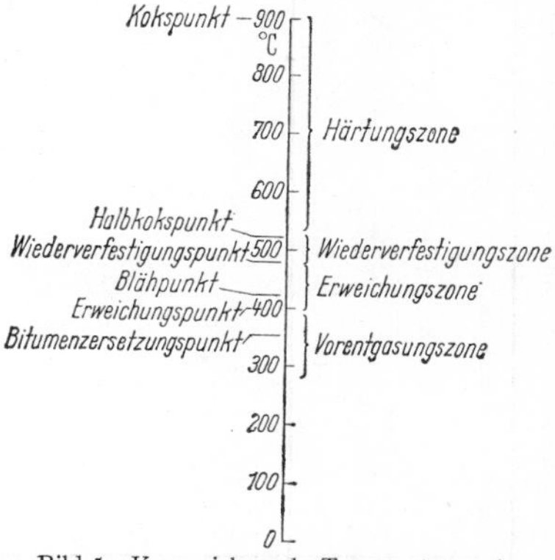

Bild 5. Kennzeichnende Temperaturpunkte und -bereiche beim Erhitzen einer backenden Steinkohle

Beim Verfeuern auf dem Rost oder Vergasen im Schacht verursacht das Backen Schwierigkeiten. Da beim Verfeuern Temperaturen weit über 1100°C auftreten, wird das Verhalten der Kohlensubstanz bei aschereichen Kohlen durch das der Asche oder Schlacke überdeckt; vgl. S. 493ff. Übersicht über Verwendbarkeit der Steinkohlen in Tab. 2.

d) Heizwert. *Oberer Heizwert* H_0 (auch Verbrennungswärme oder Brennwert genannt) ist die Reaktionswärme der Oxydation, wenn die Reaktionsprodukte auf 0°C abgekühlt werden, also das entstandene Wasser kondensiert wird. Für praktische Anwendung ist der *untere Heizwert* H_u (zuweilen kurz Heizwert genannt) maßgebend, weil das Wasser i. allg. dampfförmig in den Rauchgasen enthalten ist. Mit c, h, o, s und w als Gewichtsanteilen von Kohlenstoff (C), Wasserstoff (H_2), Sauerstoff (O_2), Schwefel (S) und Wasser aus der Elementaranalyse nach der sog. *Verbandsformel* wird

$$H_u = 8100c + 29000(h - o/8) + 2500s - 600w \text{ kcal/kg}.$$

Die Formel gibt für jüngere Brennstoffe keine verläßlichen Werte[2]. Man hat verschiedene Verbesserungen versucht, um die Bindungen zwischen den Elementen

[1] Vgl. dazu DIN 51741 u. 51739. — *Gumz, W.*, Lit. 6, dort S. 133/43.
[2] Gründe dafür Lit. 6, dort S. 186.

Tabelle 2. *Einteilung und Verwendung der Steinkohlen nach Arten und Sorten**

Art			Anthrazit	Magerkohle	Eßkohle	Fettkohle	Gaskohle	Gasflammkohle
Gehalt der asche- und wasserfreien Substanz (Reinkohle) an Flüchtigem Gew.-%			7–10	10–12	12–19	19–30	30–35	35–40
Mittlerer unterer Heizwert der Reinkohle[a] kcal/kg			8420	8440	8450	8400	8200	7975
Sorte	Korngröße mm	Ballastgehalt bis etwa Gew.-% [b]						
Förderkohle	25–45% Grobes[g]	17	—	—	—	E P W_z[d]	E P W_z[d]	P W_u[d] W_z[d]
Bestmelierte Kohle[c]	≈50% Grobes	15	—	—	—	E P W_z[d]	E P W_z[d]	P W_u[d] W_z[d]
Stückkohle	über 80	11	—	—	V P	E V P	E V P	V P
Nußkohle I	50–80	11	H	H	V P	E V P W_z[d]	E (G) V P W_z[d]	G P V $W_{u,z}$[d]
Nußkohle II	30–50	11	H	H	V P_w	E V P_w W_z[d]	E (G) V P_w W_z[d]	G P V $W_{u,z}$[d]
Nußkohle III	18–30	13	G H	H	H P_w $W_{e,u,z}$	E P_w(Sch) $W_{e,u,z}$	E P_w Sch $W_{e,u,z}$	P_w Sch $W_{e,u,z}$
Nußkohle IV	10–18	13	G H	G H $W_{u,z}$	H P_w Sch $W_{e,u,z}$	E P_w (Sch) $W_{e,u,z}$	E P_w Sch $W_{e,u,z}$	P_w Sch $W_{e,u,z}$
Nußkohle V	6–10	13	G (H)	(G) $W_{u,z}$	P_w Sch $W_{e,u,z}$	E P_w (Sch) $W_{e,u,z}$	E P_w Sch $W_{e,u,e}$	P_w Sch $W_{e,u,z}$
Feinkohle, gewaschen	0–10[e]	20[f]	St $W_{u,z}$	St $W_{u,z}$	P_u St W_z	E P_u W_z	E P_u W_z	E P_u Sch $W_{u,z}$
Feinkohle, ungewaschen	0–10[e]	20	St $W_{u,z}$	St $W_{u,z}$	St W_z	St (W_z)	St W_z	P_u Sch St $W_{u,z}$
Eier- und Nußbriketts	—	14	H	H	H P_w	—	—	—
Vollbriketts	—	14	—	—	V P	—	—	—

* Nach *Werkmeister, H.:* Sortenfragen bei Steinkohlen-Rostfeuerungen. BWK 2 (1950) 299/305 u. 335/41.

[a] Nach Ruhrkohlenhandbuch; vgl. Bild 6, dort etwas abweichende Werte. [b] Gehalt an Asche und Wasser nach neueren Angaben des Deutschen Kohlen-Verkaufs: davon 3 bis 4%, bei gewaschenen Feinkohlen bis 10% Wassergehalt. [c] Wie Förderkohle, jedoch höherer Grobgehalt. [d] Nur vorgebrochen auf 0 bis 30 mm. [e] Auch 0 bis 6 mm. [f] Etwa die Hälfte als Wassergehalt. [g] Über 30 mm.

E Entgasung (Kokerei, Gasanstalt),
G Vergasung (Generatoren),
H Hausbrand,
V Verkehr (Lokomotiven, Schiffahrt),
P Planrost, handbeschickt,
P_w Planrost mit Wurfbeschickung,
P_u Planrost mit Unterwind,
Sch Schür- oder Schubrost,
St Staubfeuerung,
W_e Wanderrost, einfach,
W_u Wanderrost mit Unterwind,
W_z Wanderrost mit Zonenunterwind.

genauer zu erfassen; dies ist auf Grund statistischer Auswertung von Analysenergebnissen möglich. *Boie* schlägt mit n als Gewichtsanteil für Stickstoff (N_2) vor[1]:

$$H_u = 8320c + 22420h + 2500s + 1500n - 2580o - 585w \text{ kcal/kg}.$$

Für Steinkohlen des Ruhr- und Aachener Gebietes mit C als Kohlenstoffgehalt der waf. Substanz in Gew.-% wird von *Gumz* empfohlen[2]:

$$H_o = 1409{,}19C - 7{,}7995C^2 - 54996 \text{ kcal/kg},$$
$$H_u = 1102{,}56C - 5{,}9964C^2 - 42238 \text{ kcal/kg}.$$

Für Planungsaufgaben genügen diese Formeln; eine ähnliche Beziehung in Abhängigkeit von fl. Best. ist durch Bild 6 dargestellt. Für Abnahmeversuche ist die kalorimetrische Bestimmung nach DIN 51718 unerläßlich.

Mit etwas geänderter Bedeutung der Buchstaben, u. zw. mit w als Wassergehalt und a als Aschegehalt der *Roh*kohle, jedoch h als Wasserstoffgehalt der *Rein*kohle (wie bereits benutzt) sowie mit $r = 586$ kcal/kg als Verdampfungswärme des Wassers bei 20°C gilt, wenn sich die Indizes r, t und f auf Reinkohle (im Sinn der Analyse), trockene (wf.) und feuchte Kohle beziehen:

für den oberen Heizwert (in kcal/kg)

des trockenen Brennstoffs

$$H_{ot} = H_{or}(1{,}00 - w - a)/(1{,}00 - w),$$

des feuchten Brennstoffs

$$H_{of} = H_{or}(1{,}00 - w - a),$$

für den unteren Heizwert (in kcal/kg)

des waf. Brennstoffs

$$H_{ur} = H_{or} - 8{,}937hr,$$

des trockenen Brennstoffs

$$H_{ut} = H_{ur}(1{,}00 - w - a)/(1{,}00 - w),$$

des feuchten Brennstoffs

$$H_{uf} = H_{ur}(1{,}00 - w - a) - wr.$$

Für die Planung von Kraftwerken mit Müllverbrennung ist die Kenntnis des voraussichtlichen Heizwertes des Mülls sehr wesentlich. Er schwankt in den verschiedenen Städten jahreszeitlich etwa zwischen 800 und 1800 kcal/kg, in Einzelfällen bis zu max. 2200 kcal/kg. Mischung von Industriemüll (z. B. aus chemischen Werken mit viel Kunststoffabfällen) und Stadtmüll hat sich gut bewährt; in solchen Fällen bis zu 3000 kcal/kg.

e) Die **Reaktionsfähigkeit** nimmt bei Steinkohlen mit flüchtigen Bestandteilen zu, wird aber bei wasserreichen Braunkohlen wieder schlechter. Ein sehr grobes Maß dafür sind die Zündtemperaturen; an Luft liegen sie für Koks und Anthrazit über 400°C, sonst bei 200 bis 300°C. Braunkohlenbriketts hingegen sind sehr empfindlich; sie können schon bei 100°C zur Selbstzündung kommen. Die Reaktionsfähigkeit ist eine Funktion chemischer und physikalischer Größen; sie ist wichtig für Verbrennung, Vergasung und metallurgische Prozesse[3].

Auch die *Lagerbeständigkeit* hängt von der Reaktionsfähigkeit ab; sie ist um so schlechter, je höher der Sauerstoffgehalt.

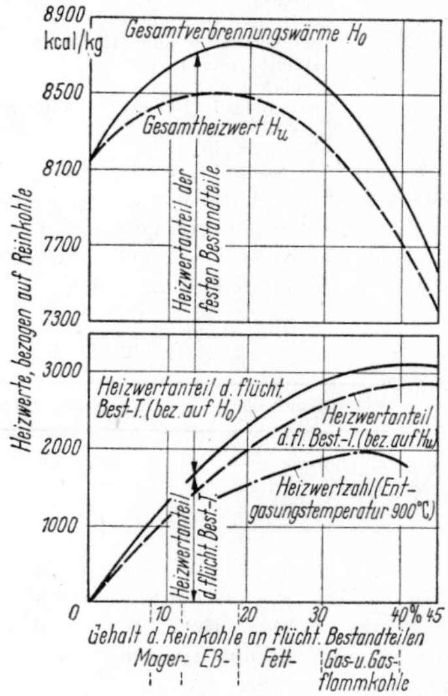

Bild 6
Heizwerte der Reinkohle von Steinkohlen des Ruhr-, Saar- und Aachener Gebiets, in Abhängigkeit von den flüchtigen Stoffen

---

[1] *Boie, W.:* Vom Brennstoff zum Rauchgas. Feuerungstechnisches Rechnen mit Brennstoffkenngrößen und seine Vereinfachung mit Mitteln der Statistik. Leipzig: Teubner 1957.

[2] *Gumz, W.:* Neue Heizwertformel für Steinkohle. BWK 12 (1960) 484/85.

[3] *Hedden, K.:* Über die Reaktionsfähigkeit von Koks. Brennst.-Chem. 41 (1960) 193/203. — *Schütt, E.:* Zur Reaktivität fester Brennstoffe. Ebendort 45 (1964) 144/50, 165/70, 270/74 u. 374/79.

Daher sind Steinkohlen verhältnismäßig beständig. Bei Rohbraunkohle verhindert hoher Wassergehalt Selbstentzündung; sie tritt aber um so leichter ein, je mehr Feines im Stapel vorhanden (Gefahr der Oxydation durch große Oberfläche). Braunkohlenbriketts sollen überdacht gelagert werden, sonst leidet unter Witterungseinflüssen die Haltbarkeit und es steigt die Gefahr der Selbstentzündung. Diese wird besonders durch Benetzungswärme gefördert. Hingegen ist die weit verbreitete Ansicht über den gleichen Einfluß des Pyritschwefels widerlegt[1]. Die Schütt- oder Stapelhöhe ist bei Koks und Rohbraunkohle beliebig — soweit durch Fördergeräte beherrschbar —, bei Steinkohle kann sie je nach Gehalt an fl. Best. 10 bis 15 m und mehr betragen, jedoch möglichst nach Korngrößen zu trennen; Braunkohlenbriketts sollen nicht über 8 m gelagert werden.

f) Wichtige Eigenschaften für die praktische Verwendung. Schüttgewichte vgl. Tab. 3. Davon zu unterscheiden ist das *Rohgewicht* = Raumgewicht der porösen

Tabelle 3. *Schüttgewichte fester Brennstoffe*

Art des Brennstoffs	kg/m³
Scheitholz weich	500—560
hart	400—420
Torf weich	320—340
feucht	550—650
lufttrocken	330—400
Rohbraunkohle je nach Wassergehalt und Körnung	500—800
Braunkohlenbriketts	
Salonform (gestapelt)	1030
Industriesemmeln	820
Schwelkoks je nach Körnung	500—700
Hochtemperaturkoks	450—500
Steinkohle	700—850
Brennstaub (Braunkohle oder Steinkohle)	400—500

Substanz; es steigt von 1250 bis 1300 kg/m³ bei Gasflammkohle auf 1350 bis 1500 kg/m³ bei Anthrazit an; es hängt etwas vom Aschegehalt ab (Grundlage der Trennung auf Setzmaschinen); bei nassen Rohbraunkohlen etwa 1150 bis 1200 kg/m³, hingegen bei Koks wegen großer Poren meist unter 900 kg/m³. Übliche Kornklassen von Steinkohlen in Tab. 2, von Koks in Tab. 4*; Angaben für Briketts vgl. Tab. 5.

Tabelle 4. *Kornklassen von Koks*

Kornklasse	Korngröße mm	Kornklasse	Korngröße mm
Hochofenkoks	über 80	Brechkoks III	20—40
Brechkoks I	60—80	Brechkoks IV	10—20
Brechkoks II	40—60	Koksgrus	0—10

Für Mühlenantriebe von Kohlenstaubfeuerungen ist der Arbeitsbedarf wichtig (*Mahlbarkeit*): bei Braunkohle 5 bis 8 kWh/t, bei Steinkohle 13 bis 20 kWh/t vermahlener Kohle[2]. Bei Koks werden *Druckfestigkeit* (wegen Beanspruchung im Hoch- oder Kupolofen) sowie Sturz- und Abriebfestigkeit (sog. „*Trommelfestigkeit*") nach DIN 51712 geprüft.

[1] *Schein, H. G.:* Über die spontane Zündung von Kohlen. Brennst.-Chem. 32 (1951) 298/301. — *Münzner, H.,* u. *W. Peters:* Selbstentzündlichkeitsverhalten v. Steinkohlen. Erdöl u. Kohle 19 (1966) 417/21.

* Vgl. dazu in Anlehnung an DIN 66100 *Grund, R.:* Ein Vorschlag f. eine neue Einteilung der Kornklassen v. Steinkohlenkoks in Glückauf 103 (1967) 1095/1101.

[2] *Schöne, O.:* BWK 7 (1955) 537; dort weiteres Schrifttum. — *Ullrich, H.:* Schlägermühlen zu Kohlemahlung. VDI-Z. 107 (1965) 667/69. VDI-Forsch. Heft 504 (1965) 1/32. — *Neuroth, K.:* Bestimmung der Mahlbarkeit und anderer wichtiger Stoffeigenschaften für die Prallmahlung und Mahltrocknung. BWK 18 (1966) 49/55.

Tabelle 5. *Abmessungen und Gewichte von Briketts*

Brikettart	Abmessungen mm^3 bzw. mm	Gewicht g
Braunkohle:		
Salonformat	183 · 60 · 40	500
Industriesemmeln	60 · 52 · 40	170
Steinkohle:		
Nußbriketts	42/30/22	18
Eierbriketts	55/43/30	50
kleine Würfelbriketts	154 · 60 · 50	500
	100 · 100 · 100	1000
	160 · 80 · 65	
mittlere Würfelbriketts	180 · 90 · 75	1500
große Würfelbriketts	220 · 110 · 90	3000

Die *Wärmeleitfähigkeit* von Steinkohlen liegt zwischen 0,18 und 0,23 kcal/mhgrd; von Koks je nach Graphitgehalt bei 0,6 kcal/mhgrd und mehr; bei Braunkohle stark vom Wassergehalt abhängig. Die *spez. Wärme* von Steinkohle nimmt zwischen 0 und 400 °C von rd. 0,25 auf rd. 0,35 kcal/kggrd zu, hingegen bei Braunkohle von rd. 0,6 (bei Rohkohle) bzw. von rd. 0,4 (bei Trockenbraunkohle) auf rd. 0,3 kcal/ /kggrd ab; Minimum bei etwa 150 °C, dann wieder Anstieg wie bei Steinkohle. Weitere Angaben physikalischer Größen vgl. Lit. 6, dort S. 203ff.[1].

4. Mineralische Begleitstoffe

a) Mineralstoffgehalt, Asche. Größter Teil der unverbrennlichen Begleitstoffe nach Kohlenbildung in Lagerstätte eingeschwemmt oder eingeweht (Fremd- oder Sekundärasche). Demgegenüber ist die Menge der aus Pflanzensubstanz stammenden Eigenasche (Primärasche) gering. Mineralstoffe (*Aschebildner*) verändern sich beim Veraschen in Abhängigkeit von der Temperatur. Neben SO_2, welches entweicht, entstehen Sulfate; hingegen zersetzen sich Karbonate meist zu CO_2 und dem betreffenden Oxid. Deshalb Unterscheidung zwischen wasser- und mineralstofffrei (wmf.) und wasser- und aschefrei (waf.), vgl. S. 487.

Die für Braunkohlen kennzeichnenden Kalziumhumate bilden beim Veraschen mit S der Kohle die Sulfate ($CaSO_4$ und $MgSO_4$); Eisen in Braunkohlen selten, hingegen sog. Salzkohlen mit Na_2SO_4 und NaCl besonders in der Nähe von Salzvorkommen (z. B. Geiseltal in Sachsen-Anhalt) anzutreffen; haben extrem niedrige Schlackenschmelzpunkte, bis herab zu 600 °C.

Der Aschegehalt der Braunkohle ist meist niedrig (unter $\approx$ 10%), hingegen der Wassergehalt meist hoch. Ausnahme z. B. Lavanttal (Kärnten) mit rd. 32% Asche. Bei Steinkohlen in der Lagerstätte sind alle Variationen möglich; deshalb vor Verwendung Trennen nach Aschegehalt durch Aufbereitung, vgl. S. 487. Bestimmung nach DIN 51719 bei 775 °C $\pm$ 25 grd als Verbrennungsrückstand.

b) Schmelzverhalten. Man unterscheidet die in Bild 7 oben genannten Temperaturpunkte (Sinterstufen) bei Ermittlung im Gerät von *Bunte* u. *Baum* oder *Bro* u. *Endell*. Heute wird oft die Untersuchung im Erhitzungsmikroskop von *Leitz* nach DIN 71730 bevorzugt; darin beobachtet man Formänderungen eines Prüfkörpers in Abhängigkeit von der Temperatur und unterscheidet nacheinander: Erweichungspunkt — Erweichungsbereich — Halbkugelpunkt — Schmelzbereich — Fließpunkt; vor allem für Verwendung in Schmelzkammerfeuerungen wichtig. Die Temperaturspanne zwischen Erweichungspunkt und Fließpunkt ist wesentlich. Ist sie klein (sog. „kurze" Schlacke), so Übergang aus festem in dünnflüssigen Zustand bei kleinen Temperaturänderungen; für Schmelzkammerbetrieb ungünstig, weil Gefahr des Einfrierens des Schlackenbades bei kleinen Laständerungen des Kessels. Im anderen Fall spricht man von „langen" Schlacken.

[1] *Wicke, M.*, u. *W. Peters:* Spez. Wärme, Wärme- u. Temperaturleitfähigkeit fester Brennstoffe. Brennst.-Chemie 49 (1968) 97/102.

Diese übertrieben knappe Ausdrucksweise ist in Anlehnung an Begriffe „long residue“ und „short residue“ beim Destillieren von Erdöl geprägt, vgl. S. 496; sie sollte vermieden werden.

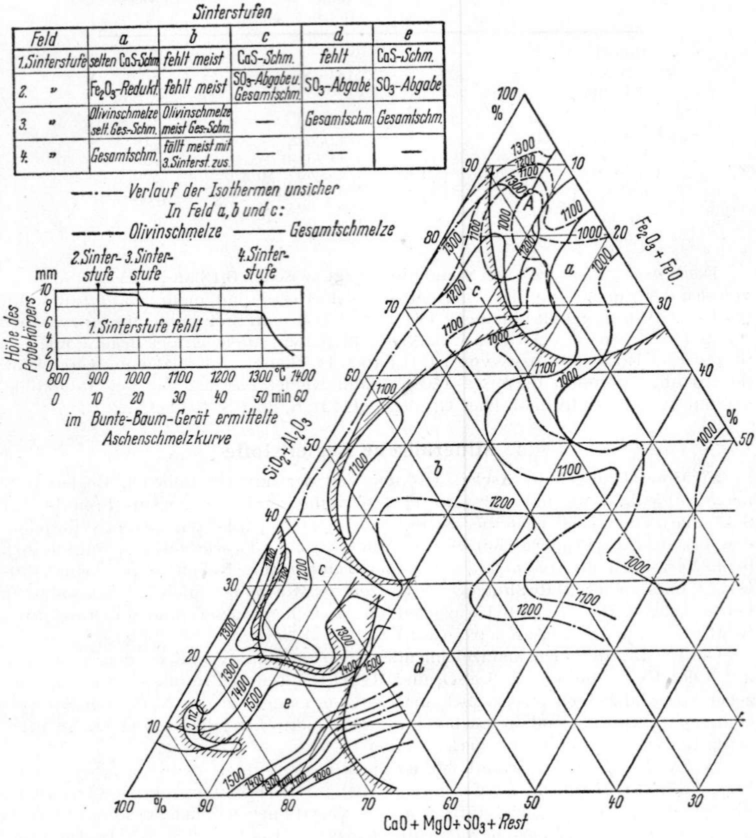

Sinterstufen

Feld	a	b	c	d	e
1. Sinterstufe	selten CaS-Schm.	fehlt meist	CaS-Schm.	fehlt	CaS-Schm.
2. „	Fe_2O_3-Redukt.	fehlt meist	SO_3-Abgabe u. Gesamtschm.	SO_3-Abgabe	SO_3-Abgabe
3. „	Olivinschmelze selt. Ges.-Schm.	Olivinschmelze meist Ges.-Schm.	—	Gesamtschm.	Gesamtschm.
4. „	Gesamtschm.	fällt meist mit 3. Sinterst. zus.	—	—	—

Bild 7. Allgemeines Schmelzdiagramm für Kohlenaschen nach *Zinzen*. Links oben wiedergegebene *Bunte-Baum*-Kurve für eine Asche entsprechend Punkt *A*. Eingeschriebene Zahlen bedeuten °C

Bild 7 stellt das Ergebnis statistischer Auswertung von Versuchsergebnissen dar, die unter der Voraussetzung gewonnen wurden, daß nur kleine Mengen Alkalimetalle vorhanden sind. Ferner mußten zum Zweck übersichtlicher Darstellung Gruppen von Aschebestandteilen zusammengefaßt werden[1]. Jedoch ist das Bild trotz daran geübter Kritik für eine erste Unterrichtung brauchbar. Steinkohlenaschen meist in Feldern *a* und *b*, Braunkohlenaschen in Feld *e*. Bei Benutzung des *Zinzen*-Diagramms und aller dafür verwendeter Angaben ist außerdem zu beachten, daß die dargestellten Werte an schon veraschten Proben ermittelt worden sind; ein auf diese Weise festgestelltes Verhalten ist am ehesten bei Wanderrost-Feuerungen zu erwarten, weil die Erhitzung langsam erfolgt. In Kohlenstaubfeuerungen dagegen und besonders in Zyklonfeuerungen verlaufen Verbrennung und Veraschung

[1] Vgl. *Zinzen, A.*: Lit. 11, dort S. 15.

gleichzeitig und sehr schnell. Die Vorgänge sind schematisch in Bild 8 wiedergegeben[1]. Deshalb bemüht man sich, mit Hilfe der Mineralogie genauere Aufklärung zu erhalten[2]. Bei plötzlichem Temperaturanstieg des Kohlenstaubkorns auf Feuerraumtemperatur treten alle Reaktionen gleichzeitig auf. Der gesamte vorhandene Sauerstoff wird zunächst für Verbrennung der Kohle verbraucht. Umsetzungen gemäß Bild 8 unterbleiben. Es entweichen SiO-Dämpfe, die später im Feuerraum zu SiO_2 oxydiert werden; die zurückbleibende Schlacke besteht aus Mullit ($3\,Al_2O_3 \cdot 2\,SiO_2$), Korund ($Al_2O_3$), Spinell ($MgO \cdot Al_2O_3$) und α-Eisen sowie Kalzium- und Eisensilikatschmelzen; sie geht als Flugstaub ab oder ins Schlackenbad. Je kürzer die verfügbare Zeit, um so unvollständiger ist die SiO-Verdampfung und um so niedriger der Fließpunkt der Schlacke (Zyklonfeuerung). Klebrige Schichten auf Heizflächen werden vermutlich durch SiO- und SiS-Nebel sowie durch Na und K (Silikatgläser) gebildet.

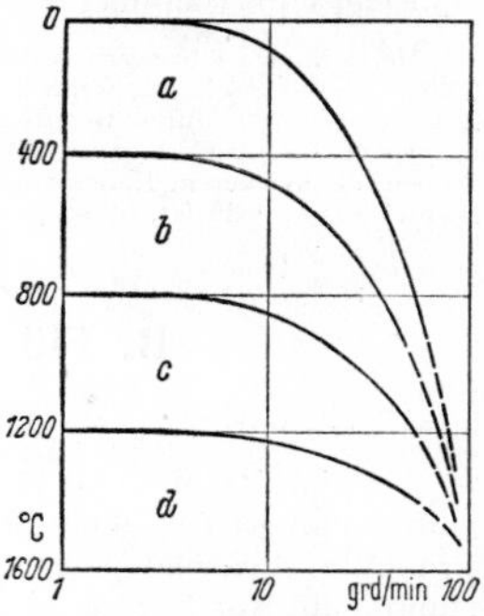

Bild 8. Veränderung der Mineralstoffe der Kohle in Abhängigkeit von der Aufheizgeschwindigkeit. *a* Entweichen der groben und hygroskopischen Feuchtigkeit sowie des Kristallwassers der Mineralstoffe; Verbrennen der Kohle zu CO_2; *b* Zerfall der Spate in CO_2, FeO, CaO, MgO; des Schwefelkieses in FeS u. S; der Tonmineralien in amorphes Aluminiumsilikat; Bildung von amorphem SiO_2; *c* Bildung von Mullit (eines Aluminiumsilikats definierter Zusammensetzung und Kristallstruktur, Hauptbestandteil von Porzellan) Zerfall des Magnetitkieses gemäß $4\,FeS + 7\,O_2 \rightarrow 2\,Fe_2O_3 + 4\,SO_2$; *d* Bildung einer Kalziumsilikat- bzw. einer Eisensilikatschmelze; Bildung von Cristobalit (SiO_2)

c) Zähigkeit der Schlacke[3]. Ihre Ermittlung durch Versuche ist schwierig und aufwendig, ihre Kenntnis jedoch für Schmelzkammer- und Zyklonfeuerungen erwünscht. *Endell* u. *Zaulek* haben die Zähigkeitskennzahl

$$ZK = \frac{SiO_2 + 0{,}5\,K_2O + 0{,}2\,Al_2O_3}{MgO + 0{,}5\,[(Fe_2O_3 + 1{,}11\,FeO) + CaO] + 0{,}3\,NaO}$$

vorgeschlagen[4]. Mit der dynamischen Zähigkeit hängt sie gemäß Bild 9 zusammen. Diese muß unter 300 P, besser unter 250 P liegen (P = Poise), wenn die Schlacke fließen soll. Die Anwendung von Zuschlagstoffen oder Zumischung von Kohlen mit leicht flüssigen Schlacken hat sich bewährt.

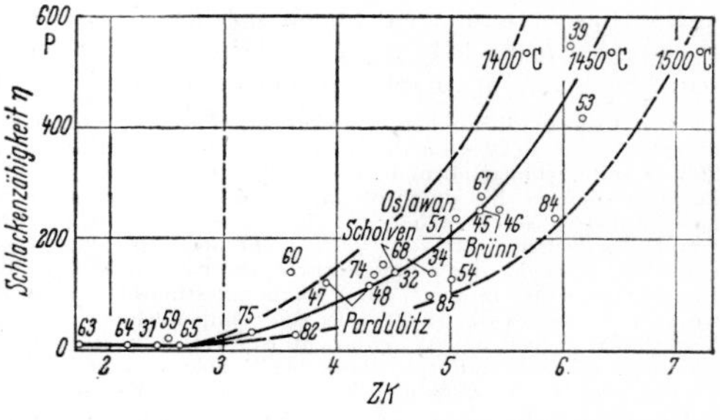

Bild 9. Schlackenzähigkeit und Zähigkeitskennzahl (ZK) nach *Endell* u. *Zaulek* für verschiedene Kohlen und für Temperaturen von 1400, 1450 und 1500 °C. Zahlen und Ortsnamen beziehen sich auf Proben, die in der Originalarbeit näher gekennzeichnet sind

[1] *Mackowsky, M. Th.:* Das Verhalten der Kohlenmineralien bei hohen Verbrennungstemperaturen unter Berücksichtigung langsamer und schneller Aufheizung. Mitt. VGB 38 (Okt. 1955) 746/52.

[2] *Kirsch, H., M. Th. Mackowsky* u. *J.-M. Obelode-Dönhoff:* Stand der mineralogischen Untersuchungen über die Ursache der Heizflächenverschmutzungen. Mitt. VGB 56 (Okt. 1958) 320/29. — *Kirsch, H.:* Das Schmelz- und Hochtemperaturverhalten von Kohlenaschen. Techn. Überwach. 6 (1965) 203/09, 249/52.

[3] Vgl. *Gumz, W., H. Kirsch* u. *M.-Th. Mackowsky:* Schlackenkunde. Berlin: Springer 1958.

[4] *Endell, K.,* u. *D. Zaulek:* Bergbau u. Energiewirtsch. 3 (1950) 42/50, 70/73. — *Kirsch, H.:* Zur Viskosität von Steinkohlenschlackenschmelzen. Mitt. VGB 107 (April 1967) 132/37.

d) Angriff auf Kesselbaustoffe. Dieser ist um so größer, je höher die Temperatur und je leichter flüssig infolgedessen die Schlacke ist. Gleichzeitige Anwesenheit von Schwefel und Alkalimetallen fördert den Angriff auf Stähle.

Meist bildet sich durch Abkühlung an der Rohrwand eine Schutzschicht, die bei aggressiven Schlacken erwünscht ist, wenn ihre Dicke konstant bleibt. Das wird z. B. in Schmelzkammer- und Zyklonfeuerungen durch Bestiften der Rohre gefördert. Der Angriff auf feuerfeste Werkstoffe ist meist selektiv. Auch hier ist Bildung einer glasurartigen Schutzschicht günstig (Isolierwirkung). Stellen, die stärkerem Rauchgasstrom oder Schlackenfluß ausgesetzt sind, bleiben wegen ständiger Spülwirkung gefährdet.

B. Flüssige Brenn- und Kraftstoffe

1. Herstellung

Flüssige Brenn- und Kraftstoffe[1] werden heute fast ausschließlich aus Erdöl gewonnen. Der Anteil der bei der Verkokung der Steinkohle kondensierten flüssigen Produkte (Benzol C_6H_6, Toluol $C_6H_5 \cdot CH_3$, Xylol $C_6H_4 \cdot (CH_3)_2$; Teeröle) nimmt ständig ab. Nur Benzol nach Raffination (hydrierend oder noch mit Schwefelsäure) und Toluol werden — soweit getrennt gewonnen — als klopffeste Komponenten für Fahrbenzin verwendet; diese Aromaten sind heute begehrte Rohstoffe für die chemische Industrie. Auch Teeröle werden meist nur im eigenen Betrieb als Heizöle verwendet, soweit nicht Inhaltstoffe wie Phenol $C_6H_5 \cdot OH$, Naphthalin $C_{10}H_8$, Pyridin C_5H_5N, Anthrazen $C_{14}H_{10}$, Karbazol $C_{12}H_9N$ u. a. daraus gewonnen werden. Verschiedene bei der Gewinnung dieser Verbindungen anfallende Ablauföle werden als Heizöl benutzt. Daneben wird in beschränktem Umfang Braunkohlenteer aus Schwel- und Vergasungsanlagen verwendet[2].

a) Destillation des Erdöles[3]. Das Erdöl ist ein Gemisch zahlreicher Kohlenwasserstoffe mit stetig ineinander übergehenden Siedebereichen; es kommen darin hauptsächlich geradkettige und verzweigte Aliphaten (Normal- und Isoparaffine, auch Kettenkohlenwasserstoffe genannt, C_nH_{2n+2}), Naphthene (Ringkohlenwasserstoffe C_nH_{2n} mit $n = 5$, bevorzugt $n = 6$, mit und ohne paraffinische Seitenketten), Aromaten (Ringkohlenwasserstoffe C_nH_{2n-6} mit $n = 6$, mit und ohne Seitenketten) sowie in höhersiedenden Anteilen auch kondensierte Aromaten und andere hochmolekulare, aus Kombinationen der verschiedenen Kohlenwasserstoffgruppen bestehende Verbindungen vor (Asphaltstoffe). Olefine (C_nH_{2n}, C_nH_{2n-2} usw. mit ungesättigten Bindungen) finden sich nicht im Rohöl, sondern nur in gekrackten Produkten. Je nach Überwiegen der einen oder anderen Gruppe spricht man von paraffin-, gemischt-, naphthen- und asphaltbasischen Rohölen.

Das Erdöl wird durch fraktionierende Destillation zunächst bei atmosphärischem oder etwas darüber liegendem Druck in die in Tab. 6 genannten Schnitte (Fraktionen) zerlegt, jedoch sind davon abweichende Schnitte ebenfalls möglich; sie werden als Straight-run-Produkte bezeichnet. Die anfallenden Mengen sind durch die im Rohöl vorhandenen Anteile gegeben. Die maximal erzielbare Destillatmenge ist dadurch begrenzt, daß je nach Temperaturempfindlichkeit die Ofenaustrittstemperatur zwischen 360 und 400 °C nicht überschritten werden darf. Wird noch mehr Destillat gewünscht, so kann der atmosphärische (oder Normaldruck-) Rückstand (Heizöl S, long residue, früher Bunker C-Öl genannt) durch Vakuumdestillation noch weiter zerlegt werden, besonders dann, wenn die Rohölbasis für Herstellung von Schmierölen geeignet oder Vakuumdestillat als Einsatz für katalytische Krackanlagen erwünscht ist; vgl. Abs. b, β) und d. Der Vakuumrückstand (short residue) naphthen- und asphaltbasischer Rohöle wird als Bitumen für Straßenbauzwecke, zur Herstellung von Isoliermassen und Dachpappe sowie für verschiedene Sonderzwecke verwendet.

b) Kracken (Spalten). α) Durch *thermisches* Kracken bei Temperaturen von 450 bis 500 °C können nach der Formel (mit Aliphaten als Beispiel)

$$C_{n+m}H_{2(n+m)+2} \rightarrow C_nH_{2n+2} + C_mH_{2m}$$

---

[1] *Orlicek, A. F., H. Pöll* u. *H. Walenda:* Hilfsbuch für Mineralöltechniker. 2 Bde. Wien: Springer 1951 u. 1955.

[2] *Gundermann, E.:* Chemie und Technologie des Braunkohlenteers. Berlin: Akademie-Verlag 1964.

[3] *Riediger, B.:* Der heutige Stand der Erdölverarbeitung. VDI-Z. 100 (1958) 617/29, 763/71 u. 859/63.

Tabelle 6. *Ungefähre Siedebereiche üblicher Erdölfraktionen*

Fraktionen	übergehend [1] von bis °C	Zusammensetzung bzw. Verwendungszweck
Heizgas		C_2 und leichter
Flüssiggas		$C_3 + C_4$, oft getrennt gewonnen
Leichtbenzin	40–120	} [2]
Leichtnaphtha	100–150	} oft als eine Fraktion als „Schwerbenzin" gewonnen [2]
Schwernaphtha	140–180 (200)	} oft als eine Fraktion als „Schwerbenzin" gewonnen [2]
Leuchtöl (Petroleum)	200–250	Wenn als Düsenkraftstoff verwendet, Siedebeginn so niedrig, wie mit Rücksicht auf Flammpunkt zulässig (z. B. JP 5, vgl. Tab. 7)
Gasöl	250 bis Siedeende (max. 380)	Meist in mehreren Fraktionen gewonnen; Dieselkraftstoff, Heizöl EL u. L, vgl. Tab. 11
Spindelöl	300 bis Siedeende	Falls Rohöl für Schmieröl geeignet
Destillationsrückstand, u. U. in Vakuumdestillation weiterverarbeitet	ab etwa 350	Je nach Rohöl als schweres Heizöl, Grundöle für Schmieröle oder Bitumen

[1] Angaben gelten für sog. Engler- oder ASTM-Analyse. Beim Destillieren des Rohöls werden jedoch Siedelücken zwischen den einzelnen Fraktionen zwecks besserer Ausbeuten angestrebt.

[2] Einzelne Fraktionen nach Weiterverarbeitung (vor allem Reformieren) als Mischkomponenten für Ottokraftstoffe, außerdem geringe Mengen als Lösungsmittel sowie als Komponenten für Düsenkraftstoff mit niedrigem zugelassenen Flammpunkt, vgl. Tab. 7.

Destillationsrückstände in leichter siedende Fraktionen und wasserstoffärmere Anteile zerlegt werden; je nach der Krackschärfe sind die Krackrückstände noch als Heizöl verwendbar (durch sog. Visbreaking) oder beim Verkoken (Coking) als (aschearmer) Petrolkoks zur Herstellung von Elektroden für metallurgische Zwecke, für Kohlebürsten der Elektroindustrie u. ä.

β) *Katalytisches* Kracken, ebenfalls bei 470 bis 500°C, dient hauptsächlich dazu, aus Vakuumdestillat zusätzlich Benzin (und leichtes Gasöl) herzustellen; beim Verarbeiten von Rückständen besteht die Gefahr der zu schnellen Inaktivierung des Katalysators.

Neuerdings gewinnt das hydrierende Spalten („Hydrocracking") von Vakuumdestillaten oder von entasphaltierten Rückständen an Bedeutung. Die Bau- und Betriebskosten liegen wesentlich höher, weil Drücke über 100 at; der Bedarf an druckwasserstoffbeständigen und an rostfreien Stählen und der Verbrauch an Wasserstoff sind erheblich. Trotzdem dringt dieses Verfahren, das eine Modernisierung der katalytischen Druckhydrierung von *Bergius* und *Pier* darstellt, allmählich vor. Seit kurzem Hydrokrackanlagen auch für unbehandelte Destillationsrückstände in Betrieb.

c) Reformieren. Die steigenden Anforderungen an die Klopffestigkeit des Benzins wegen ständiger Erhöhung des Verdichtungsverhältnisses der Kraftfahrzeugmotoren haben seit 1950 die Verbreitung des katalytischen Reformierens von Benzin sehr begünstigt. Man versteht darunter vornehmlich die Bildung der sehr klopffesten Aromaten (Benzol, Toluol und Xylol) durch Abspalten von Wasserstoffatomen von den im Destillatbenzin enthaltenen wasserstoffreicheren (und klopffreudigeren) Naphthenen, die wie die Aromaten einen Ring mit 6 C-Atomen besitzen; die Reaktion wird als Dehydrierung bezeichnet. Außerdem kommt es beim Reformieren zum Ringschluß (Zyklisierung) der sehr klopffreudigen geradkettigen Kohlenwasserstoffe (Aliphate), die dann ebenfalls dehydriert werden. Das Verfahren arbeitet bei Betriebsdrücken von 20 bis 70 at und bei Temperaturen von 500 bis 530°C. Als aktive Komponente der Katalysatoren wird vorzugsweise Platin verwendet. Die Siedelage des Produkts (Reformat) ändert sich gegenüber dem Einsatz nur wenig. Es bildet sich neben leichten Produkten (Flüssiggas) durch die Dehydrierung Wasserstoff, der für das Verfahren selbst und für raffinierende Hydrierverfahren der Raffinerien zur Verfügung steht. Der Bedarf der erwähnten Hydrokrackanlagen an Wasserstoff ist aber so groß, daß in Zukunft zusätzliche Herstellung aus Raffineriegas und schwer absetzbarem Leichtbenzin erforderlich wird.

Daneben ist das *Polymerisieren* (Benzinherstellung aus den C_3- und C_4-Olefinen von Krackgasen) und das *Alkylieren* (Herstellung vor allem von Isooktan, vgl. Bd. II, aus Butan und Buten) zur Zeit von geringerer Bedeutung. Das *Isomerisieren* zur Herstellung verzweigter Verbindungen höherer Klopffestigkeit aus geradkettigen Paraffinen ist wiederholt vorgeschlagen worden, wird jedoch wegen zu hoher Kosten noch nicht angewendet.

d) Raffination der Produkte. Erdöl enthält in verschiedenen Mengen Schwefel; dieser reichert sich beim Verarbeiten in den höhersiedenden Produkten an. Da diese das Einsatzgut für das Kracken bilden, werden die Produkte besonders aus thermischen Krackanlagen reich an Schwefel (und Olefinen). Beim katalytischen Kracken werden S-Verbindungen hauptsächlich zu Schwefelwasserstoff (H_2S) abgebaut. Dieser auch im Straight-run-Benzin vorhanden; wird mit wäßriger Natronlauge ausgewaschen. Neuerdings Entfernung der Merkaptane durch flüssige Katalysatoren.

Vollständige Beseitigung aller Schwefel- (und Stickstoff-) Verbindungen sowie Absättigung der Olefine geschieht am besten durch raffinierendes *Hydrieren.* Die Wasserstoffanlagerung erhöht außerdem die Zündwilligkeit so raffinierter Düsen- und Dieselkraftstoffe.

2. Eigenschaften[1]

a) Chemische Zusammensetzung. Flüssige Brennstoffe enthalten wesentlich mehr Wasserstoff als feste. Der Aschegehalt ist verhältnismäßig niedrig, gleichwohl bei schweren Heizölen zuweilen störend, vgl. Abs. 3, a). Bild 10 zeigt die Beziehung zwischen C- und H-Gehalt sowie Dichte. Gewisse Abweichungen sind auf die Basis zurückzuführen; paraffinische Produkte sind H-reicher als andere. Produkte aus der Steinkohlenverkokung sind wegen des hohen Aromatengehalts wasserstoffärmer, ebenso Krackprodukte. Die Elementaranalyse flüssiger Brennstoffe ist nur für die Verbrennung von Bedeutung, die Eigenschaften sind mehr vom Anteil der einzelnen Kohlenwasserstoffgruppen abhängig; z. B. bestehen zwischen Mono-Olefinen und Naphthenen große Unterschiede trotz gleicher Bruttoformel C_nH_{2n}. Der Gehalt an Paraffinkohlenwasserstoffen wird durch den *Anilinpunkt* bestimmt; dieser bezeichnet die Temperatur in °C, bei der sich ein Gemisch aus gleichen Volumenteilen Kohlenwasserstoff und Anilin ($C_6H_5NH_2$) beim Abkühlen zu trüben beginnt (Lit. 8, dort S. 232).

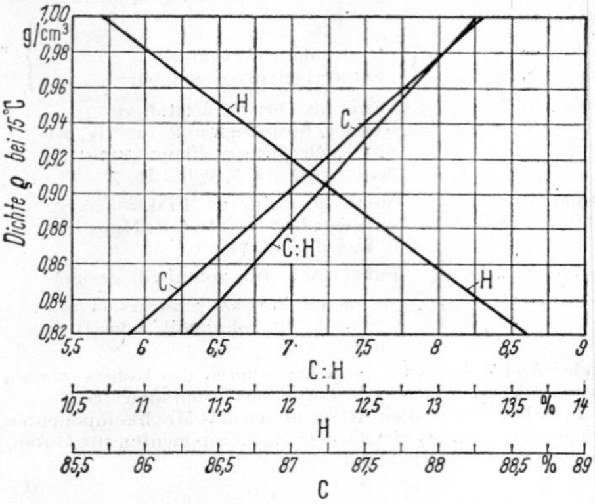

Bild 10. Kohlenstoff- und Wasserstoffgehalt von Erdöl und nicht gekrackten bzw. hydrierten Erdölprodukten in Abhängigkeit von der Dichte bei 15°C; Lit. 8, dort S. 403

b) Der **Siedebereich** flüssiger Brenn- und Kraftstoffe wird ausschließlich nach Zweckmäßigkeitsgründen festgelegt. Bei *Flüssiggas* (Propan C_3H_8 und Butan C_4H_{10} in wechselndem Gemisch oder auch allein) wird er durch physikalische Daten bestimmt. Dampfdruck nach DIN 51621 max. 16,7 atü bei 40°C.

Tabelle 7. *Anforderungen an Düsenkraftstoffe*

Bezeichnung[2]		JP 1 (F · 30)	JP 4 (F · 40)	JP 5
Dichte bei 15°C	g/cm³	0,775—0,825	0,751—0,802	0,802—0,850
Siedeverlauf				
übergegangen bis 145°C	Vol.-%	—	min. 20	—
„ „ 188°C	„	—	min. 50	—
„ „ 200°C	„	min. 20	—	—
„ „ 205°C	„	—	—	min. 10
„ „ 243°C	„	—	min. 90	—
Siedeende	°C	max. 300	—	max. 288
Rückstand	Vol.-%	max. 2	max. 1,5	max. 1,0
Flammpunkt	°C	min. +38 (37,8)	—	—
Kristallisationspunkt	°C	unter —40 (—55)	unter —60	unter —40
Gesamtschwefel	Gew.-%	max. 0,2	max. 0,4	max. 0,4
Merkaptanschwefel	„	max. 0,005	max. 0,001	max. 0,005
Zähigkeit bei —17,8°C (= 0°F)	cSt	max. 6,0	—	—
Unterer Heizwert	kcal/kg	min. 10200 (10170)	min. 10200	min. 10170

[1] Vgl. Anm. 1, S. 487.

[2] Die Bezeichnungen JP sind in der Luftwaffe der Vereinigten Staaten von Nordamerika, Großbritannien und anderer Länder sowie im zivilen Luftverkehr gebräuchlich. Hier werden nur einige kennzeichnende Eigenschaften erwähnt. Wichtig ist die Prüfung auf Wärmeempfindlichkeit bzw. Oxydationsneigung; Prüfverfahren noch in Entwicklung. Bezeichnungen F · 30 und F · 40 nach vorläufigen Technischen Lieferbedingungen (VTL 9130-005 und -006) des Bundesamtes für Wehrtechnik und Beschaffung (Koblenz). Klammerwerte bei JP 1 gelten für F · 30.

Ottokraftstoffe müssen rückstandfrei im „Vergaser“ verdampfen; daher Siedeende nicht über 200 °C; heute vor allem Kopffestigkeit maßgebend; vgl. Abs. d. Bei Leuchtöl (Kerosin, Petroleum) soll die Siedekurve so verlaufen, daß nicht mehr als 10% bei 150 °C übergegangen sind; dann liegt der Flammpunkt mit Sicherheit über 21 °C (Gefahrklasse II, vgl. Abs. e). Bis 300 °C sollen wenigstens 85% übergegangen sein (bei Handelsware liegt das Siedeende meist erheblich darunter), damit Rußen verhindert wird. Anforderungen an Düsenkraftstoffe (jet fuel) vgl. Tab. 7. Für höher siedende Destillatfraktionen war früher die Bezeichnung Gasöl üblich; heute spricht man meist von Mitteldestillaten. Das Siedeende wird durch die maximal erreichbare Temperatur beim Destillieren bestimmt.

Für *Dieselkraftstoff* wird in DIN 51601 vorgeschrieben, daß bis 360 °C mindestens 90 Vol.-% übergegangen sind. Die Wahl der Schnitte hierfür wie auch für (Destillat-) Heizöle EL (extra leicht), L (leicht) und M (mittel) richtet sich nach Marktanforderungen, erzielbaren Preisen und gewünschter oder max. zugelassener Zähigkeit. Vgl. Lit. 8 sowie Anm. 1 und 2 unten.

c) Heizwerte flüssiger Brennstoffe vgl. Tab. 8, für Straight-run-Produkte Bild 11.

Benzol als Beispiel für Aromaten läßt Einfluß der Wasserstoffarmut erkennen. Jedoch zu beachten, daß Dichte im Vergleich zu Kohlenwasserstoffen *gleichen Siedebereiches* sehr hoch. Daher auch hoher Literheizwert, was wegen Aromatengehalt bei reformierten Benzinen von Bedeutung.

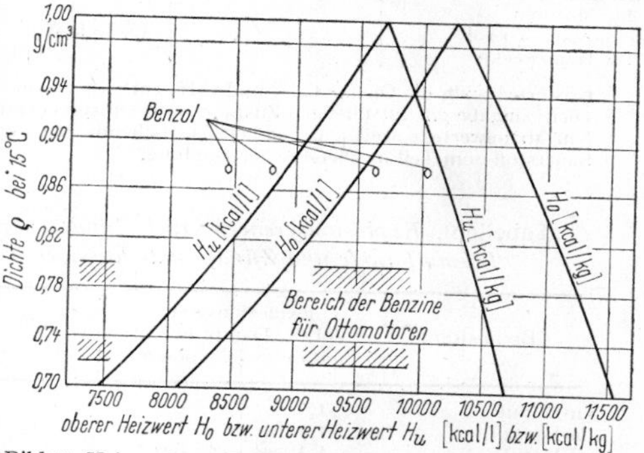

Bild 11. Heizwert von Erdöl und nicht gekrackten bzw. hydrierten Erdölprodukten in Abhängigkeit von der Dichte bei 15 °C; Werte für Benzol in gleicher Reihenfolge zum Vergleich; Lit. 8, dort S. 403

d) Die **Klopffestigkeit** bei Ottokraftstoffen und die **Zündwilligkeit** bei Dieselkraftstoffen sind sehr wesentliche Eigenschaften, Einzelheiten vgl. Bd. II. Die Zündwilligkeit ist auch für Düsenkraftstoffe wichtig, jedoch ist ein diesem Zweck angepaßtes Prüfverfahren noch nicht genormt[3].

e) Flammpunkt, Brennpunkt, Zündpunkt (Lit. 10, dort S. 65ff., 78ff.). Der *Flammpunkt* ist die niedrigste Temperatur, bei der sich in dem Gerät nach DIN 51755 (*Abel* u. *Pensky*) oder nach DIN 51758 (*Pensky* u. *Martens*) soviel Dämpfe entwickeln, daß sie bei Annäherung einer Flamme verpuffen[4]. Danach sind Gefahrklassen in der „Verordnung über den Verkehr mit brennbaren Flüssigkeiten“ wie folgt festgelegt:

I	Flammpunkt < 21 °C
II	Flammpunkt 21 bis 55 °C
III	Flammpunkt 55 bis 100 °C

Dieselöle gehören in der Regel zur Gefahrklasse III, Benzin immer zur Gefahrklasse I, weil der Flammpunkt weit unter 0 °C liegt. Als *Brennpunkt* bezeichnet man die etwas höhere Temperatur, bei welcher Dämpfe im gleichen Gerät weiterbrennen. Der Unterschied beträgt bei Benzin nur etwa 2 bis 6 grd, bei Schmierölen 50 grd und mehr. Bei der Temperatur des *Zündpunkts* (auch Selbstentzündungspunkt)

[1] *Grosse, L.:* Arbeitsmappe für Mineralölingenieure. 2. Aufl. Düsseldorf: VDI-Verlag 1962.
[2] Vgl. Anm. 1 S. 496.
[3] Vorschläge bei *Spengler, G.,* u. *H. Gemperlein:* Über einen Kleinstprüfstand zur Untersuchung von Kraftstoffen für Strahltriebwerke. Erdöl u. Kohle 12 (1959) 393/96.
[4] DIN 51755 für Flammpunkte bis 65 °C, DIN 51758 für schwerer entflammbare Flüssigkeiten.

Tabelle 8. *Dichte, Heizwerte und ungefähre chemische Zusammensetzung flüssiger Brenn- und Kraftstoffe*

Brenn- bzw. Kraftstoff	Chemische Formel	Dichte bei 20 °C g/cm³	Heizwert kcal/kg H_o	H_u	C	H	O
					Gew.-% [c]		
Äthylalkohol	C_2H_5OH	0,794	7140	6440	52	13	25
Benzol	C_6H_6	0,879	10020	9610	92,2	7,8	—
Braunkohlenteeröl		0,86—0,90	10500	9800	87	9	4
Dieselkraftstoff (Gasöl)		0,85—0,88	10700	9950	87	13	—
Düsenkraftstoff		0,75—0,85	10700	10200	85,5	14,5	—
Fahrbenzin (Kraftwagen)		0,72—0,80	11150 ± 350	10150 ± 350	85	15	—
Flugbenzin		0,70—0,76	11350	10150	85	15	—
Flüssiggas	C_3H_8 u. C_4H_{10} [a]	0,58 [b]	11950	10950	82,5	17,5	—
Heizöl aus Erdöl		0,90—1,00	siehe Bild 11		86	14	—
Leuchtöl (Petroleum, Kerosin)		0,80—0,82	10250	9750	85,5	14,5	—
Methylalkohol (Methanol)	CH_3OH	0,792	5330	4660	37,5	12,5	50
Steinkohlen-Teeröl für Motoren		0,95—0,97	9350	8950	87	9	4 [d]
Steinkohlen-Teeröl für Heizzwecke		1,00—1,08	9400	9150	89	7	4 [d]

[a] Es dürfen auch die Olefine C_3H_6 und C_4H_8 enthalten sein.
[b] Dichteangabe gilt für flüssigen Zustand unter entsprechendem Druck.
[c] Nur Mittelwerte, soweit keine einheitlichen chemischen Verbindungen.
[d] Sauerstoff zum Teil in phenolischer Bindung.

Tabelle 9. *Explosionsgrenzen (auch Zündgrenzen genannt) bei 20 °C, Flammpunkte und Zündpunkte flüssiger Kohlenwasserstoffe*

Brennstoff	Explosionsgrenze Vol.-% Dampf in Luft untere	obere	Flammpunkt °C	Zündpunkt °C
n-Butan	1,5	8,5	< −40	430
n-Pentan	1,4	8,0	< −40	309
n-Hexan	1,3	6,9	< −20	247
n-Heptan	1,0	6,0	< − 7	233
n-Dekan	0,7	2,6	> +35	> 260
Benzol	1,4	9,5	< −10	580
Toluol	1,3	7,0	+ 6	549
Methanol	6,0	36,5	+10	400
Äthanol	3,3	19,0	+12	426
Benzin	1,2	6,0	−20	230—260

entzündet sich ein Gemisch aus Brennstoffdämpfen und Luft von *selbst*; Werte und Explosionsgrenzen vgl. Tab. 9.

f) Rheologische Eigenschaften. Für Bemessung von Pumpen und Rohrleitungen sowie für die Verwendbarkeit von Brennern mit kleinen Bohrungen ist die Kenntnis der *Zähigkeit* erforderlich (vgl. S. 298 und Tafeln im Anhang S. 875). Die dynamische Zähigkeit wird in cP, die kinematische Zähigkeit in cSt gemessen. Im Mineralölhandel ist noch vielfach die Angabe in °E (Grad Engler) üblich (konventionelles Maß nach DIN 51560; Zeitangabe für Ausfluß aus Düse verglichen mit der von Wasser); im anglo-amerikanischen Bereich statt dessen Redwood- bzw. Saybolt-Sekunden gebräuchlich; Beziehungen S. 878 und Lit. 8, dort S. 431. Die Werte betragen für Benzin und Benzol bei Raumtemperatur etwa 0,7 cSt; Dieselkraftstoffe sollen 1,1 bis 2,6 °E (1,8 bis 18 cSt) haben. Die Deutsche Bundesbahn schreibt für Heizöl max. 4 °E = 29,5 cSt vor. Anforderungen an Heizöle für Schiffahrt in den USA und in England in Tab. 10; Anforderungen an handelsübliche Sorten in Tab. 11. Ausdruck „Viskosität" hat gleiche Bedeutung wie Zähigkeit.

Tabelle 10. *Vorgeschriebene Zähigkeit und max. zulässige Wasser- und Sedimentgehalte von Marineheizölen*

Heizölsorte	Zähigkeit cSt [b]		bei °C	Wasser und Sediment %
Navy Standard [a]	222	(≙ 29°E)	25	max. 1
Bunkeröl A	222		25	max. 1
Bunkeröl B	222		50	max. 1
Bunkeröl C	680	(≙ 90°E)	50	max. 2

Flammpunkt einheitlich min. 65,6°C (150°F) vorgeschrieben

[a] Außerdem max. 1,5% Schwefel zugelassen.
[b] Werte sind aus Saybolt-Furol-Sekunden umgerechnet.

Tabelle 11. *Anforderungen an Heizöle gemäß DIN 51603* (Febr. 1966)

		Heizöl EL [1]	Heizöl L [2]	Heizöl M	Heizöl S
Dichte bei 15°C höchstens	g/cm³	0,860	ist anzugeben		
Flammpunkt im geschlossenen Tiegel über	°C	55	55	65	65
Kinematische Viskosität bei		20°C	20°C	50°C	50°C
höchstens	cSt	8	17	38	450
	°E	(≈ 1,6)	(≈ 2,5)	(≈ 5)	(≈ 59)
					bei 100°C
	cSt				40
	°E				(≈ 5,3)
Stockpunkt [a] tiefer als	°C	−10	−5 [b]	±0 [b, c]	[a]
Verkokungsrückstand nach *Conradson* höchstens	Gew.-%	0,05	2,0	10	15
Maximaler Schwefelgehalt					
bei Mineralölen	Gew.-%	1,0	—	2,8	3,8
bei Braunkohlen-Teerölen	Gew.-%	—	2,5	1,8	—
bei Steinkohlen-Teerölen	Gew.-%	—	0,8	0,9	0,9
Wassergehalt, nicht absetzbar höchstens	Gew.-%	0,1	0,3	0,5	0,5
Gehalt an Sediment höchstens	Gew.-%	0,05	0,1	0,25	0,5
Unterer Heizwert H_u bei Mineralölen mindestens	kcal/kg	10000	—	9600	9400
bei Braunkohlen- und Steinkohlen-Teerölen mindestens	kcal/kg	—	≈ 9000	≈ 9000	≈ 9000
Asche (Oxydasche) höchstens	Gew.-%	0,01	0,04	0,07	0,15
Vorwärmen zum Transport	—	nicht erf.	i. a. nicht erforderlich		i. a. erford.
zur Verbrennung	—	nicht erf.	i. a. nicht erforderlich		erforderl.

[1] Siedebereich 95% bis 370°C. [2] Nur für Braun- u. Steinkohlenteeröle handelsüblich.
[a] Bei Steinkohlenteer-Heizölen ist statt des Stockpunktes die Satzfreiheit anzugeben.
[b] Oberer Stockpunkt.
[c] Bei Heizöl M aus der Braunkohlenschwelung muß mit einem Stockpunkt von ≈ 40°C gerechnet werden.

Die *Änderung der Zähigkeit* mit der Temperatur ist bei paraffinischen Ölen am geringsten, bei aromatischen (aus Teerölen) am größten; daher verschneidet man schwere Teeröle meist mit dünnen Ablaufölen, um Zähigkeiten von 2 bis 4°E (12 bis 30 cSt) bei 20°C zu erreichen. Erdöldestillationsrückstände (Heizöl S) muß man zum Verfeuern auf 100°C und darüber aufheizen, um Werte von 2 bis 4°E zu erreichen; deren Zündfähigkeit ist meist ausgezeichnet[1]. So hochviskose Teeröle wären hingegen wegen ihres Gehalts an vielkernigen Aromaten für Verfeuern wenig geeignet (starkes Rußen); deshalb wird bei diesen ein *Stockpunkt* (nach DIN 51583) unter 0°C verlangt (Temperatur, bei der das Öl unter Wirkung der Schwerkraft nicht mehr fließt). Der Stockpunkt darf bei Heizöl aus Erdölen bis zu 40°C betragen; dies ist mehr eine Frage des Transports, des Verpumpens und der Lagerung. Daneben wird

[1] Vgl. *Süß, R.:* Die Regelung der Zähflüssigkeit von Öl im Betrieb. Mitt. VGB 81 (Dez. 1962) S. 405/10.

der *Trübungspunkt* (ebenfalls nach DIN 51 583) ermittelt; Paraffine beginnen sich in feinster Kristallform auszuscheiden. Außerdem ist die Bestimmung des *Fließpunkts* üblich. (Beide Werte sind wegen der Verschiedenheit der Geräte nicht identisch mit „setting point" und „pour point" nach ASTM (USA) bzw. IP (UK)[1].

g) Lagerfähigkeit, Mischbarkeit. Straight-run-Produkte aus Erdöl sind unbeschränkt lagerfähig und mischbar; ähnliches gilt mit Einschränkung auch von Produkten aus katalytischen Krackanlagen. Hingegen enthalten durch thermisches Kracken gewonnene Produkte viel Olefine und Diolefine; bei diesen besteht Neigung zu Polymerisation. Diese bewirkt leichtes Verfärben bis zu merkbarer Harzbildung („gum"). Unvermischte Teeröle sind ebenfalls gut lagerfähig, wenn sie keine kristallisierbaren Anteile enthalten (Satzfreiheit bei tiefen Temperaturen).

Beim Mischen von Produkten aus verschiedenen Fabrikationsverfahren oder verschiedener Herkunft (bes. beim Mischen von schweren Erdölprodukten und Teerölen) wegen Störung der Lösungsgleichgewichte Vorsicht geboten[2] (Ausfällungen).

h) Verkokungsneigung. Bestimmung nach *Conradson*, DIN 51 551, oder *Ramsbottom*; vgl. Lit. 10, dort S. 195 ff. Der Aussagewert der Verkokungsprobe ist umstritten, jedoch fehlt es an besseren Prüfverfahren (vgl. Tab. 11).

i) Physiologische Eigenschaften. Das Einatmen der Dämpfe leichtflüchtiger Kohlenwasserstoffe (auch von Benzin und bes. von Benzol) ruft Bewußtlosigkeit hervor. Flüssig eingenommen wirken Kohlenwasserstoffe giftig; die Verträglichkeitsgrenze nimmt mit der Molmasse zu. 12 g Benzin sind tödlich. Außerdem ist eine längere Einwirkung auf die Haut schädigend (Ekzeme u. ä.); leichte Produkte entziehen Fett durch Lösung und werden daher in der chemischen Reinigung verwendet. In Teer- und höhersiedenden Erdölprodukten sind krebserregende Stoffe (meist mehrkernige Aromaten) nachgewiesen worden.

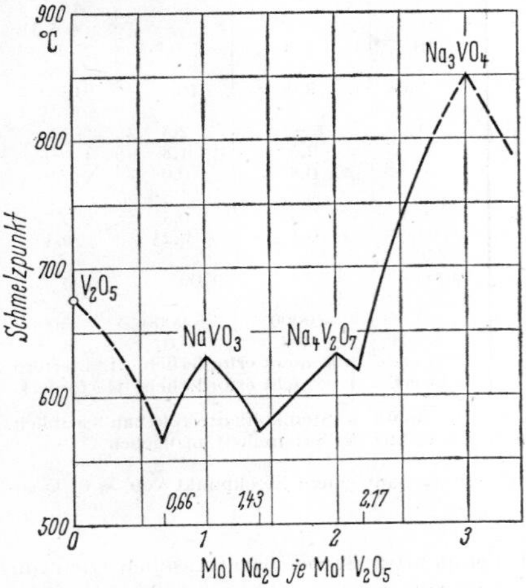

Bild 12. Schmelzdiagramm des Systems $V_2O_5-Na_2O$ nach *G. Canneri:* Gazetta Chimica Ital. 58 (1928) 6/25

3. Verbrennungsrückstände

a) Wirkung der Asche in Heizölen. Die zunehmende Verfeuerung von schwerem Heizöl in ortfesten Großkesselanlagen hat zu bisher nicht gekannten Schwierigkeiten geführt, weil früher praktisch nur in Schiffskesseln schweres Heizöl verfeuert wurde, die Schiffskessel aber mit viel höheren Abgastemperaturen betrieben werden. Ursache sind trotz verhältnismäßig niedriger Aschegehalte (vgl. Tab. 11) Natrium, Kalium und Vanadium, die in den meisten Ölaschen zusammen in Mengen zwischen 1 und 10% der Gesamtmenge enthalten sind[3]. Wegen des niedrigen Schmelzpunkts der Schlacken entstehen Beläge, die nicht nur die Heizfläche verschmutzen, sondern bei hoher Temperatur auch korrodieren. Bild 12 zeigt das Schmelzdiagramm des Gemisches der Natrium- und Vanadiumoxide; wenn K statt Na anwesend, liegt das erste Minimum von links sogar bei 350 °C. Dazu kommt die besonders bei Öl-

---

[1] American Society for Testing and Materials bzw. Institute of Petroleum.

[2] *Riediger, B.:* Stabilität und Verträglichkeit von Heizölen. BWK 6 (1954) 307/12.

[3] *Engel, B.:* Über Erosions- und Korrosionsschäden bei der Verwendung von schweren Heizölen. Erdöl u. Kohle 3 (1950) 321/27. — *Gumz, W.:* Heizflächenverschmutzung Mitt. VGB 27 (Jan. 1954) S. 1/24 mit vielen Schrifttumsangaben. — *Pöllmann, S.:* Mineralogisch-kristallographische Untersuchungen an Schlacken u. Rohrbelägen . . . Mitt. VGB 94 (Febr. 1965) 1/20. — *Wehrberger, F.:* Probleme bei Heizölfeuerungen . . . Ebendort 98 (Okt. 1965) 349/57. — Anm. 3 S. 495, dort S. 294 ff.

feuerungen wegen des hohen Wasserdampfgehalts beobachtete Niedertemperaturkorrosion durch SO_3, H_2SO_4 und säuregetränkte Rußflocken, weil sich aus einem Wasserdampf—Schwefelsäuredampf-Gemisch verhältnismäßig niedriger Konzentration gemäß Bild 13 eine Flüssigkeit wesentlich höherer Konzentration ausscheiden kann[1].

Auch bei Gasturbinen führt Rückstandöl-Verfeuerung bei üblichen Eintrittstemperaturen von 650 °C und mehr in kurzer Zeit zu unzulässigen Verschmutzungen der Turbinenschaufeln.

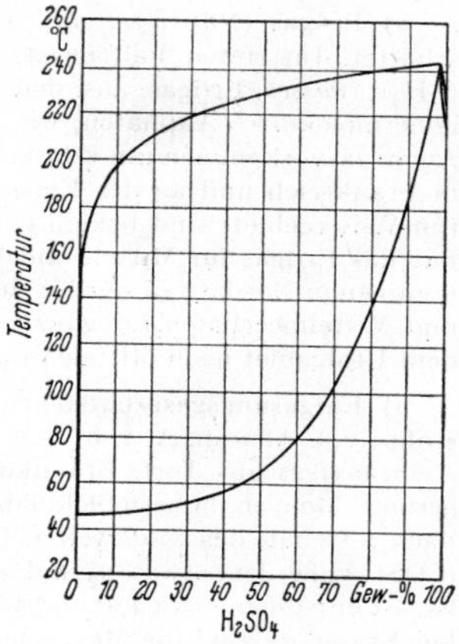

Bild 13. Phasendiagramm für Wasser(dampf) und Schwefelsäure bei $p_{H_2O} + p_{H_2SO_4} = 0{,}1$ at; *Müller*[1]

b) Abhilfe bei Kesselfeuerungen. Durch Zugabe von Additiven kann der Schmelzpunkt der Schlacke erhöht bzw. die Säurekorrosion bei niedriger Temperatur gemildert werden. Letzteres auch mittels Ammoniak möglich[2]. Besonders wirksam ist der Betrieb an der Grenze des Luftüberschusses[3]. Dadurch kann die mit der Anwendung von Additiven verbundene Umständlichkeit vermieden, der Kesselwirkungsgrad erhöht und zugleich Nieder- und Hochtemperaturkorrosion teilweise oder ganz unterdrückt werden.

c) Abhilfe bei Gasturbinen. Auch bei diesen wendet man Additive an, um Bildung von Schlackenansätzen auf Turbinenschaufeln zu verhindern[4]. Andernfalls ist nur die Senkung der Brennkammeraustrittstemperatur unter 600 °C (mit Verschlechterung des Wirkungsgrades) erfolgreich, wenn billige Rückstandöle verfeuert werden sollen. Der Preis von Destillaten (Gasöl), die ausreichend aschefrei sind, liegt für Energieerzeugung in ortfesten Anlagen zu hoch, außer für Spitzendeckung, Reservehaltung oder ähnliche Aufgaben.

d) Die **Brennraumrückstände** verbleiter Ottokraftstoffe erhöhen die Anforderungen an Klopffestigkeit. Um die Bildung der Ansätze zu verhindern, hat man verschiedene Zusätze zu den Kraftstoffen empfohlen, wie Trikresylphosphat $(CH_3 \cdot C_6H_4 \cdot O)_3PO$, als ignition control additive (ICA) bezeichnet, sowie naphthenathaltige Mischkomponenten[5].

Auch die Wirkung verschiedener Kraftstoffe im Dieselmotor wurde untersucht[6]; bei paraffinischen war die Rückstandbildung geringer als bei den (auch weniger zündwilligen) zyklischen (aromatischen) Kraftstoffen. Vermutlich ist dies eine Folge der Zersetzung der Kraftstoffe (Kracken zu Koks) und nicht einer unvollständigen Verbrennung, was mit dem bekannten Verhalten der genannten Kohlenwasserstoffgruppen übereinstimmt.

---

[1] *Müller, P.:* Chem.-Ing.-Techn. 31 (1959) 345/51. — *Gumz, W.:* Korrosionsprobleme beim Verfeuern von Heizöl. Techn. Überwach. 1 (1960) 293/301. — *Grimm, W.:* Säuregetränkte Rußflocken in Feuerungsabgasen — ihre Entstehung u. Verhütung. Mitt. VGB 82 (Febr. 1963) S. 1/11.

[2] *Wickert, K.:* Neuere Additiv-Verfahren zur Verminderung von Korrosionen und Verschmutzungen durch Ölfeuerungen. BWK 15 (1963) 299/307.

[3] *Glaubitz, F.:* Die wirtschaftliche Verbrennung von schwefelhaltigem Heizöl . . . Mitt. VGB 68 (Okt. 1960) S. 338/43. — *Ders.:* Betriebserfahrungen an ölgefeuerten Kesseln bei der Verbrennung von schwefelhaltigem Heizöl mit geringstem Luftüberschuß. Ebendort 73 (Aug. 1961) S. 289/96. Vgl. auch *Spengler, G.*, u. *G. Midralczyk:* Die Schwefeldioxyde in Rauchgasen und in der Atmosphäre. Düsseldorf, VDI-Verlag 1964.

[4] *Biert, J.*, u. *R. Scheidegger:* Verschlackung von Gasturbinenanlagen durch die Aschen der Brennstoffe und die damit verbundene Korrosion der Werkstoffe. Schweiz. Arch. angew. Wissensch. u. Techn. 19 (1953) 359/66; vgl. *Riediger, B.:* BWK 11 (1959) 468/75, bes. S. 474.

[5] Vgl. *Hammerich, Th.*, u. *H. Gondermann* bzw. *Rossenbeck, M.* u. *K.-H. Seifert:* Brennraumrückstände. Erdöl u. Kohle 16 (1963) 303/08 bzw. ebendort 1188/92.

[6] *Hobson, P.:* Diesel Combustion Chamber Deposit Formation. Industr. Engng. Chem. 50 (1958) 337/40; ref. in Erdöl u. Kohle 11 (1958) 474.

C. Gasförmige Brennstoffe

1. Gewinnung und Herstellung (vgl. DIN 1340)

a) Erdgas (Naturgas) aus besonderen Vorkommen oder mit Erdöl vergesellschaftet. Im ersten Fall meist sog. *trockenes* Erdgas mit mehr als 90% Methan (CH_4); *nasses* Erdgas aus den Domen über Erdöllagerstätten enthält daneben höhermolekulare Aliphaten, wie Äthan (C_2H_6), Propan (C_3H_8), Butan (C_4H_{10}) usw. Auch Gasvorkommen mit sehr großen Mengen Schwefelwasserstoff (H_2S) (z. B. Lacq in Frankreich und an der Emsmündung), Kohlendioxid (CO_2) und Stickstoff (N_2) (im Wesergebiet) sind bekannt. Durch Funde in der Provinz Groningen (Holland) hat das Erdgas für Mittel- und Westeuropa an Bedeutung zugenommen. Die Vorkommen in Nordafrika werden durch Verflüssigung und Verschiffung nach Atlantik- und Mittelmeerhäfen für ganz Europa von Wichtigkeit werden. Eine Leitung aus dem Uralgebiet nach Mitteleuropa ist geplant.

b) Entgasungsgase entstehen beim Verschwelen oder Verkoken fester Brennstoffe; vgl. Abschn. A, 1, b.

Schwelgas aus Torf, Braunkohle oder Steinkohle enthält Wasserstoff, Methan, geringe Mengen höhermolekularer Aliphaten (C_{2+}), Kohlenmonoxid (CO) und je nach S-Gehalt des geschwelten Brennstoffs auch H_2S und Spuren Kohlenoxysulfid (COS); außerdem etwas N_2 und um so mehr CO_2, je geologisch jünger das Schwelgut ist. Es entstehen etwa 130 m_n^3/t beim Schwelen von Steinkohle (je nach Verfahren); bei Braunkohle ist die Menge je nach Art des Schwelguts sehr verschieden.

Beim *Verkoken* von Steinkohle auf Hütten- oder Zechenkoks wird die Entgasung um so stärker, je höher die Temperatur; fl. Best. entweichen, und zwar etwa 60 Vol.-% H_2, 20 Vol.-% CH_4, 5 bis 10 Vol.-% CO, Rest Äthylen (C_2H_4), CO_2, N_2 (Koksofengas); C_2H_4 infolge der Temperaturen über 1000 °C; Anfall im Mittel etwa 350 m_n^3/t.

Stadtgas (aus Gaswerken für öffentliche Versorgung) wird gewöhnlich bei höheren Temperaturen hergestellt, weil in erster Linie Gas gewünscht wird und an Gaskoks als Nebenprodukt (für häusliche Feuerungen) keine hohen Anforderungen bzgl. Druck- und Abreibfestigkeit gestellt werden. Durch Zusatz von Wassergas (vgl. S. 505) wird ein *Mischgas* mit rd. 20 Vol.-% CO hergestellt. Wegen seiner Giftigkeit wird das Stadtgas bereits in einigen Städten durch Konvertierung mit Wasserdampf an Mischkatalysatoren, welche Eisen-, Chrom- und andere Oxide enthalten, bei etwa 350 °C gemäß

$$CO + H_2O \rightarrow CO_2 + H_2 + 10100 \text{ kcal/kmol}$$

umgewandelt und anschließend das CO_2 ausgewaschen („Stadtgasentgiftung"; vgl. S. 516. Konvertierung in erster Linie zur Herstellung von Wasserstoff).

c) Vergasungsgase erhält man durch Umwandlung fester oder flüssiger Brennstoffe; Vergasungsmittel sind Wasserdampf, Wasserdampf—Luft-Gemisch, (feuchte) Luft, mit Sauerstoff oder (selten) Kohlendioxid angereicherte Luft sowie Sauerstoff. Zum Vergasen sind am besten geeignet Koks, nicht backende Steinkohle, Braunkohlenbriketts sowie alle Arten flüssiger Brennstoffe; von diesen kommen jedoch aus wirtschaftlichen Gründen nur Flüssiggas, schwer absetzbares Leichtbenzin oder Destillationsrückstände in Frage. Der Wärmebedarf der Vergasungsreaktion (vgl. Abschn. E, 1) muß durch partielle Oxydation (Verbrennung), in Sonderfällen durch Wärmezufuhr von außen (Beheizung) oder im Wechselbetrieb durch zeitweise Oxydation gedeckt werden. Daneben kommt gelegentlich Umwandlung von Gasen schwankender oder nicht normgerechter Zusammensetzung und Eigenschaften vor, wie Raffinerieabgase oder Erdgas in Gas für Fernleitungen oder städtische Netze durch sog. Gasreforming. Meist Spaltung mit Wärmezufuhr durch Außenbeheizung von Rohren oder Teilverbrennung in Reaktoren. Folgende Angaben in Vol.-%.

α) *Vergasung fester Brennstoffe*, hauptsächlich von Koks, mit Luft liefert *Generatorgas*: Zusammensetzung im Mittel 50% N_2, 30% CO, 15% H_2 und 5% CO_2

(vgl. Abschn. E, 1 u. 3). Wird Kohle vergast, so bilden sich auch Schwelgas und Teernebel, die den Heizwert erhöhen. Entteertes Generatorgas heißt *Klargas*.

Beim Hochofenprozeß entstehen je t Koks etwa 3800 bis 4000 m_n^3 trockenes *Gichtgas* mit 30 bis 35% CO, 6 bis 10% CO_2, 52 bis 60% N_2, 2 bis 3% H_2 und Spuren von Methan. Der Heizwert ist gering, jedoch wird das Gichtgas in Kesselfeuerungen ausgenutzt, früher vielfach in Kolbengasmaschinen, neuerdings auch in Gasturbinen.

Mit Wasserdampf als Vergasungsmittel wird *Wassergas* (ebenfalls in Generatoren) erzeugt mit rd. 50% H_2, 40% CO, 5% CO_2, Rest N_2 und CH_4 (vgl. Abschn. E, 1 u. 3). Um den Wärmebedarf der Reaktion zu decken, muß man durch abwechselnden Betrieb mit Luft („Blasen") die Temperatur des Brennstoffbettes so anheben, daß anschließendes „Gasen" mit Wasserdampf möglich wird; automatisch arbeitende Umschaltapparatur erforderlich.

Durch Anwendung von Sauerstoff kann Kohle unter Druck von 15 bis 30 at wegen höherer Methanbildung restlos in ein den Normen für Stadtgas entsprechendes Gas umgewandelt werden. Das Problem ist auch für backende Kohlen gelöst worden (Lurgi-*Druckvergasung*). Keine Kosten für Kompression zur Ferngasversorgung.

β) *Vergasung flüssiger Brennstoffe.* Der Chemismus der Reaktionen ist derselbe wie bei festen Brennstoffen, jedoch bestehen erhebliche Unterschiede in Ausstattung der Anlagen, vgl. Abschn. E, 2, c. Die dabei erzeugten Gase können den üblichen Anforderungen angepaßt werden.

d) Andere brennbare Gase. α) Aus Karbid (CaC_2) und Wasser wird *Azetylen* (C_2H_2) für Gasschweißung hergestellt und entweder an Ort und Stelle verwendet oder für den Transport in Druckflaschen abgefüllt; vgl. Abschn. Schweißverfahren. In beschränktem Umfang wird *Klärgas* (hauptsächlich Methan, etwas H_2S und CO_2) aus Anlagen zur biologischen Reinigung von Abwasser gewonnen und wirtschaftlich genutzt. Es wurden auch Verfahren zur Herstellung von Azetylen aus Erdölerzeugnissen für die chemische Industrie entwickelt.

β) *Verdampfen flüssiger Brennstoffe.* Luft, die mit Dämpfen von Propan, Butan und deren Gemisch („Flüssiggas") gesättigt ist (Kaltluftgas), ist als Ersatz z. B. von Stadtgas brauchbar, wenn die Anteile außerhalb der Explosionsgrenze liegen.

γ) *Restgase* der Erdölverarbeitung. Die Zusammensetzung kann zwischen fast reinem Wasserstoff (sog. Armgas) und erheblichen Anteilen von Äthan C_2H_6, Propan C_3H_8 und Butan C_4H_{10} schwanken (sog. Reichgas); danach richten sich Dichte und Heizwert. Propan in Flaschen eignet sich als Heizgas für Gegenden ohne Gasverteilnetz. Dampfdruck 12,46 ata bei 35 °C, 4,78 ata bei 0 °C. In wärmerem Klima wird auch Butan verwendet; Dampfdruck 1,06 ata für n-C_4 und 1,65 ata für i-C_4 bei 0 °C. Daher besteht die Gefahr nicht vollständiger Vergasung des Flascheninhalts bei tiefen Temperaturen; vgl. S. 497 ff. und DIN 51621 und 51622.

δ) *Mischgase* können je nach Quelle und Erfordernis leicht hergestellt werden; meist wird selbsttätige Regelung des Heizwerts vorgesehen. Zusatz von Wassergas zum Kokereigas, vgl. Abs. b. Auch „Karburierung" mittels Propan, Flüssiggas (C_3-C_4-Gemisch) oder Butan erzeugt Mischgas. Verschiedene Kombinationen sind möglich[1].

e) Benennungen. α) Nach dem *Heizwert* in kcal/m_n^3:

Schwachgas	$H_u < 2000$	Starkgas	$H_u > 5000$
Mittelgas	$H_u = 2000-3300$	Normgas	$H_o = 4200-4600$
Normalgas	$H_u = 3300-5000$		$H_u = 3800-4200$

β) Nach dem *Gehalt an höhermolekularen Kohlenwasserstoffen*: Armgas und Reichgas wie unter Abs. d γ. Abweichend vom Vorstehenden werden die Ausdrücke Arm- und Reichgas mitunter auch benutzt, um den Heizwert zu kennzeichnen. Dieser Gebrauch ist wegen der Verwechslung mit dem vorerwähnten, der zuerst in den Hydrierwerken eingeführt wurde, nicht zu empfehlen.

[1] Zum Beispiel *Just, B. H.:* Ammoniaksynthesegas/Propan — Ein neuer Gastyp zur Deckung der äußersten Spitze in der öffentlichen Gasversorgung. Gas- u. Wasserfach 106 (1965) 589/92.

2. Eigenschaften

a) Der **Heizwert** kann aus den Beträgen der einzelnen Volumenanteile (Tab. 12) durch Addition berechnet werden; Werte für gebräuchliche Brenngase in Tab. 13. Der Heizwert unterliegt z. B. bei Raffinerie-Restgasen großen Schwankungen wegen der möglichen starken Änderung der Zusammensetzung infolge von Betriebsvorgängen.

Tabelle 12. *Molmasse, Dichte im Normzustand, Heizwert und Zündgrenzen chemisch reiner Gase nach DIN 1871 u. 51850**

Gas	Mol-masse	Dichte 0 °C u. 760 Torr	Obere und untere Heizwerte				Zündgrenze Vol.-% Gas in Luft	
	kg/kmol	kg/m_n^3	H_o kcal/kg	H_u kcal/kg	H_o kcal/m_n^3	H_u kcal/m_n^3	untere	obere
Kohlenmonoxid CO	28,010	1,250	2415	2415	3015	3015	12,5	75
Wasserstoff H_2	2,016	0,0899	33865	28655	3045	2575	4,1	75
Methan CH_4	16,042	0,717	13255	11945	9510	8570	5,0	15
Azetylen C_2H_2	26,036	1,171	11920	11520	13970	13500	2,3	82
Äthen (Äthylen) C_2H_4	28,052	1,261	12015	11265	15150	14210	3,0	33,5
Äthan C_2H_6	30,068	1,356	12390	11345	16810	15390	3,0	14
Propen (Propylen) C_3H_6	42,078	1,915	11685	10935	22390	20950	2,2	11,1
Propan C_3H_8	44,094	2,019	12025	11075	24100	22190	2,1	9,5
Buten-1 (α-Butylen) C_4H_8	56,104	2,55	11575	10825	29510	27610	1,7	9,0
i-Buten (i-Butylen) C_4H_8	56,104	2,55	11510	10760	29350	27440		
n-Butan C_4H_{10}	58,120	2,703	11830	10925	31980	29540	1,5	8,5
i-Butan C_4H_{10}	58,120	2,668	11800	10900	31490	29080		
Benzol C_6H_6	78,108	(3,55)	10095	9690	35840	34410	1,4	9,5
Toluol C_7H_8	92,134	(4,19)	10235	9780	42860	40950	1,3	7,0
Xylol C_8H_{10}	106,160	(4,83)	10340	9845	49900	47510		
Ammoniak NH_3	17,032	0,7714	5385	4460	4155	3440	15,5	27,0
Dizyan C_2N_2	52,036	2,35	5020	5020	11790	11790		
Zyanwasserstoff HCN	27,026	1,225	5865	5670	7185	6945	5,6	40
Schwefelwasserstoff H_2S	34,082	1,539						
Verbrennung zu SO_2			3950	3640	6080	5605	4,3	45,5
Verbrennung zu SO_3			4680	4360	7200	6720		
Schwefelkohlenstoff CS_2	76,142	3,485	3480	3480	12100	12100	1,2	50
Kohlenoxysulfid COS	60,076	2,71	2180	2180	5910	5910	11,9	28,5

* Eingeklammerte Werte für Dichte aus Molvolumen 22,0 m^3/kmol errechnet; Heizwerte auf 25 °C u. 760 Torr bezogen.

Tabelle 13
Dichte im Normzustand, Heizwert und theoretischer Luftbedarf technischer Brenngase

Art des Gases	Dichte 0 °C und 760 Torr kg/m_n^3	Heizwert H_o 10^3 kcal/m_n^3	Heizwert H_u 10^3 kcal/m_n^3	Theoretischer Luftbedarf m_n^3/m_n^3
Trockenes Erdgas	≈ 0,7	7,0 – 9,0	6,0 – 8,0	≈ 9,5
Nasses Erdgas	0,7 – 1,0	8,0 – 15,0	7,0 – 13,5	10,0 – 12,0
Braunkohlenschwelgas	1,0 – 1,3	3,0 – 3,6	2,6 – 3,2	≈ 3,60
Steinkohlenschwelgas	0,9 – 1,2	7,0 – 8,0	6,0 – 7,0	≈ 7,10
Koksofengas	≈ 0,55	4,6 – 4,8	4,1 – 4,3	≈ 5,0
Stadtgas (Mischgas)	0,6 – 0,65	4,2 – 4,6	3,8 – 4,2	≈ 3,7
Gichtgas	1,2 – 1,3	0,95 – 1,0	0,94 – 0,98	≈ 0,55
Generatorgas	1,1 – 1,2	1,2 – 1,3	1,15 – 1,25	≈ 1,5
Wassergas	0,67 – 0,76	2,6 – 2,8	2,35 – 2,55	≈ 2,3
Wassergas, karburiert	0,71 – 0,77	3,5 – 4,5	3,3 – 4,0	≈ 3,3

b) Zünd- und Brenneigenschaften. Für Anwendung besonders in Netzen mit zahlreichen Abnehmern muß Gleichmäßigkeit der Eigenschaften wegen Benutzbarkeit der Geräte angestrebt werden.

α) Die *Zündgeschwindigkeit* w_z ist für die Brennerbemessung maßgebend; die Ausströmgeschwindigkeit muß wegen Rückschlaggefahr größer als w_z sein, aber kleiner als die Abreißgeschwindigkeit (die Flamme löst sich vom Brenner ab und verlöscht). Gemessene Werte von w_z für laminare Strömung vgl. Bild 14; sie nehmen mit der absoluten Temperatur etwa quadratisch zu und werden durch die geometrische Form des Prüfgeräts beeinflußt. Maximalwerte bei Mischung wichtigster Brenngaskomponenten in Bild 15. Wegen zunehmender Bedeutung höhermolekularer Komponenten auch diese untersucht[1].

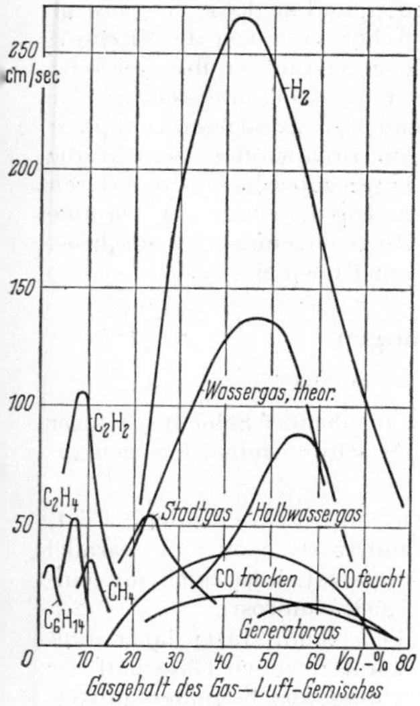

Bild 14. Zündgeschwindigkeit w_z einiger Gase bei Raumtemperatur und laminarer Strömung

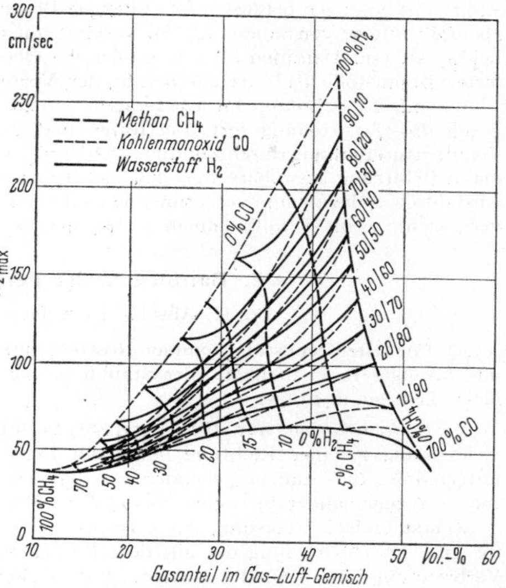

Bild 15. Maximale Zündgeschwindigkeiten von $H_2-CO-CH_4$-Gemischen bei stöchiometrischer Verbrennung mit Luft nach *Bunte* u. *Litterscheidt*; Gas- u. Wasserfach 71 (1930) 875

β) Die *Wärmeleistung* von Brennern ist eine Funktion der sog. *Wobbezahl* $W = H_o/\sqrt{d}$ mit d = Dichte bezogen auf Luft = 1. Nach *Schuster* ist der Wert noch mit $\sqrt{p}$ (p in ata) zu multiplizieren (sog. erweiterte Wobbezahl[2]).

γ) *Zündgrenzen* (Explosionsgrenzen)[3] in Tab. 12.

δ) Die *Zündtemperatur* (Selbstentzündungstemperatur) hängt sehr stark von der Versuchsanordnung ab. In der Literatur werden für Mischung mit Luft Werte zwischen 400 und 600 °C genannt, aber auch Abweichungen wie 335 °C für C_2H_2, 290 °C für H_2S, 700 °C für C_6H_6-Dampf angegeben. Der letzte Wert wird als maßgebend für bekannte hohe Klopffestigkeit betrachtet.

c) Giftigkeit, Geruch. Die Giftigkeit ist vor allem eine Folge des CO-Gehalts. Eine Konzentration von rd. 0,2 Vol.-% in der Atemluft wirkt nach 1/2 bis 1 h tödlich, höhere Konzentrationen schon nach Minuten. Bei üblichen Entgasungs- und Vergasungsgasen geben begleitende Schwefelverbindungen einen ausreichend intensiven Warngeruch. Bei schwefelarmem Erdgas und bei Gasen aus schwefelarmen Kohlenwasserstoffgemischen, die in zunehmendem Maß für Gaswirtschaft an Interesse gewinnen, kann Odorisierung nötig werden, damit Undichtigkeiten im Versorgungsnetz und bei den Verbrauchern zur Vermeidung der Explosionsgefahr (und u. U. der Vergiftungsgefahr bei CO-Gehalt) rechtzeitig erkannt werden können[4].

---

[1] *Schuster, F.:* Über die Zündgeschwindigkeit von kohlenwasserstoffhaltigen Zweistoff- und Dreistoffgasgemischen. Brennst.-Chem. 46 (1965) 83/86.

[2] *Schuster, F.:* Gaswärme 7 (1958) 369/85. — Vgl. dazu *Klett, U.:* Die neuen Richtlinien für die Beschaffenheit des Gases. Gas- u. Wasserfach 106 (1965) 1242/44. — Ferner *Günther, R.:* Die quantitative Beurteilung von Gasbrennern ohne Benutzung von Grenzgasen. Ebendort 107 (1966) 333/40.

[3] *Gebert, F.:* Zündgrenzen von Gasgemischen. Brennst.-Chem. 43 (1962) 193/97. — *Ders.:* Über Flammengeschwindigkeiten von Gasgemischen. Ebendort S. 308/14.

[4] *Müller, K.:* Gas- u. Wasserfach 106 (1965) 806/14.

D. Verbrennung

1. Verbrennungsvorgang

Verbrennung ist Oxydation bei hoher Temperatur (zum Unterschied von Alterungsvorgängen bei festen und flüssigen Brennstoffen, und niederer Temperatur ebenfalls infolge von Sauerstoff). Sie verläuft um so rascher, je inniger die Mischung bei Gasen und Dämpfen oder je größer die Oberfläche zerstäubter flüssiger oder fester Brennstoffe ist[1]; darauf beruht der Vorteil der Kohlenstaubfeuerung. Die Flammenfront schreitet im Gasgemisch entsprechend der Zündgeschwindigkeit gegen die Gasströmung fort. Bei festen und flüssigen Brennstoffen bewirkt die Temperaturerhöhung durch Zündung auf Korn- oder Tropfenoberflächen, daß durch deren Erhitzung brennbare Gase nachgeliefert werden. Das Leuchten der Flamme wird durch glühende und verbrennende Rußteilchen infolge ungenügender Mischung verursacht; wenn sie vollkommen ausbrennen, tritt kein Rußen ein.

2. Bauformen der Feuerungen

(vgl. Bd. II, Abschn. Dampferzeugungsanlagen)

a) Für **feste Brennstoffe** kommen Rostfeuerungen mit ruhender Schicht stückiger und körniger Beschaffenheit oder Staubfeuerungen mit schwebenden, fein gemahlenen Teilchen in Frage.

α) *Rostfeuerungen* nur für begrenzte Leistungen; mit feststehendem Rost, gleichmäßig in einer Richtung bewegtem Rost (Wanderrost) oder z. B. parallel unterteilten, hin- und hergehenden Rostbahnen (Kablitzrost) oder auch mit einzelnen gegeneinander bewegten Roststäben (Martin-Rückschubrost).

Zuerst findet Entgasung, dann Verbrennung im Feuerraum statt; daher muß für gute Durchwirbelung der aus dem Brennstoffbett austretenden Gase und der Verbrennungsluft, z. B. durch Einengung des Feuerraumes oder besonders mittels Zweitluftdüsen, gesorgt werden. Unverbrannte Gase und Rostdurchfall verursachen Verluste. Bei Rosten, besonders bei Wanderrosten, wird sog. Oberzündung, d. h. auf der Oberfläche des Brennstoffbettes, durch Rückstrahlung von Zündgewölben über dem Vorderteil des Rostes erreicht.

β) *Staubfeuerungen* erhalten entweder eine zentrale Mahlanlage (besonders für Steinkohlen) oder Einzelmühlen bei jedem Kessel. Leistung praktisch unbegrenzt.

Für die Relativgeschwindigkeit zwischen Kohlenstaubkorn und Verbrennungsluft ist die Schwebegeschwindigkeit entscheidend. Die in den Feuerraum eintretenden Staubteilchen werden im wesentlichen durch die Strahlung der Flamme selbst gezündet. Abstimmung von Trägerluft- (Primärluft-) und Zweitluftmenge ist erforderlich. Die Länge der Brennzeit wird sowohl nach theoretischen Überlegungen wie auch auf Grund praktischer Erfahrung hauptsächlich durch die Korngröße bestimmt.

b) Feuerungen für **flüssige Brennstoffe,** vornehmlich für Heizöl; wegen reichlichen Angebots an Benzin neuerdings auch für dieses[2]. An Öfen und in werkeigenen Kraftwerken von Raffinerien verwendet man kombinierte Feuerungen für Öl und Gas, um je nach Marktlage Überschußprodukte verwerten zu können. Je besser die Zerstäubung (durch hohen Druck oder mittels Dampf), um so geringer ist der Zündverzug. Auch hier ist gute Durchwirbelung im Feuerraum nötig, um vollständige Verbrennung zu erzielen und Rußbildung zu vermeiden.

c) Gasfeuerungen müssen für gute Durchmischung von Gas und Verbrennungsluft sorgen, weil diese wegen der hohen Zündgeschwindigkeiten (vgl. Abschn. C, 2 b α)

[1] Grundlegende Arbeit von *K. Rummel:* Der Einfluß des Mischvorgangs auf die Verbrennung von Gas und Luft in Feuerungen. Arch. Eisenhüttenw. 10 (1936/37) 505/10, 541/48; 11 (1937/38) 19/30, 67/80, 113/23, 163/81, 215/24.

[2] *Norda, H.:* Mitt. VGB 89 (April 1964) 113/16.

den Verbrennungsvorgang bestimmt. In den letzten Jahren haben die Leistungen der Kessel und Öfen (z. B. in Raffinerien, in Hüttenwerken u. ä.) erheblich zugenommen, womit eine Häufung vieler Einzelbrenner verbunden ist; dies und die von den Behörden wegen Reinhaltung der Luft vorgeschriebene große Höhe der Schornsteine und der an den Brennerschlitzen verfügbare große Zug führten zu merkbarem Anstieg des Geräuschpegels besonders bei im Freien stehenden Öl-, Gas- und kombinierten Feuerungen. Auch Flammen hoher Energiedichte können die Ursache von Schwingungen hoher Frequenz sein. An vorhandenen Anlagen ist Abhilfe oft nur durch schalldämmende Maßnahmen möglich; bei der Planung ist der Geräuschpegel kaum im voraus berechenbar.

3. Verbrennungsrechnung

Die getrennte Behandlung der Verbrennung fester und flüssiger Brennstoffe einerseits und der gasförmigen Brennstoffe andererseits ist empfehlenswert, weil bei diesen ihr Volumen zu berücksichtigen ist und ihre Zusammensetzung meist nicht durch die Elementaranalyse, sondern durch die Volumenanteile der einzelnen brennbaren Gase gegeben ist. Das Volumen der festen und flüssigen Brennstoffe darf bei der Rechnung vernachlässigt werden.

a) Grundgleichungen. Man rechnet mit der Molmasse (früher Molekulargewicht) in kmol/kg; vgl. S. 446. Das chemische Symbol bedeutet 1 kmol: also

C bedeutet 1 kmol = 12,01 kg Kohlenstoff,

H_2 bedeutet 1 kmol = 22,414 m_n^3 = 2,016 kg molekularen Wasserstoff usw.

Für 25 °C und 760 Torr gilt gemäß DIN 51850:

$$\begin{aligned}
C + {}^1\!/_2 O_2 &= CO + 29\,409 \text{ kcal},\\
CO + {}^1\!/_2 O_2 &= CO_2 + 67\,591 \text{ kcal},\\
C + O_2 &= CO_2 + 97\,000 \text{ kcal},\\
H_2 + {}^1\!/_2 O_2 &= (H_2O)_{\text{dampf}} + 57\,769 \text{ kcal},\\
H_2 + {}^1\!/_2 O_2 &= (H_2O)_{\text{fl}} \qquad + 68\,272 \text{ kcal},\\
S + O_2 &= SO_2 + 70\,860 \text{ kcal},\\
H_2S + 1{}^1\!/_2 O_2 &= (H_2O)_{\text{dampf}} + SO_2 + 124\,100 \text{ kcal},\\
H_2S + 1{}^1\!/_2 O_2 &= (H_2O)_{\text{fl}} + SO_2 + 134\,600 \text{ kcal}.
\end{aligned}$$

Mit C_xH_y für einen beliebigen Kohlenwasserstoff gilt

$$C_xH_y + (x + y/4)\,O_2 = x\,CO_2 + (y/2)\,H_2O.$$

Ohne Berücksichtigung der Bindungsverhältnisse kann jedoch eine allgemeingültige Beziehung für die Verbrennungswärme nicht angegeben werden. Der Unterschied der bei der Verbrennung von Wasserstoff oder Schwefelwasserstoff freiwerdenden Wärme bei dampfförmigem oder flüssigem Verbrennungsprodukt (Wasser) ist gleich der Verdampfungswärme von 1 kmol H_2O, nämlich 18,02 kg/kmol · 583,2 kcal/kg = 10509 kcal/kmol[1]. Dabei wird das SO_2 immer als gasförmig angenommen. Abweichungen der Molvolumina realer Gase können erforderlichenfalls nach DIN 1871 berücksichtigt werden; insbesondere

$$1 \text{ kmol } O_2 \mathrel{\hat{=}} 22{,}39\ m_n^3\ O_2, \qquad 1 \text{ kmol } N_2 \mathrel{\hat{=}} 22{,}40\ m_n^3\ N_2,$$
$$1 \text{ kmol } CO_2 \mathrel{\hat{=}} 22{,}26\ m_n^3\ CO_2, \qquad 1 \text{ kmol } SO_2 \mathrel{\hat{=}} 21{,}89\ m_n^3\ SO_2.$$

Mit c, h usw. wie in A, 3, d muß sein: $c + h + o + n + s + w + a = 1$.

b) Feste und flüssige Brennstoffe. Der Mindestbedarf an Sauerstoff ergibt sich, bezogen auf wasser- und aschehaltigen Brennstoff, zu

$$O_{\min} = 22{,}39\left(\frac{c}{12{,}01} + \frac{h}{4{,}032} + \frac{s}{32{,}06} - \frac{o}{32{,}0}\right) =$$
$$= 1{,}8643\,c + 5{,}5531\,h + 0{,}6984\,s - 0{,}6997\,o \quad m_n^3/\text{kg}.$$

---

[1] Die oben genannten Werte weichen in den letzten Stellen davon ab.

Mit der Molmasse 32,0 kg/kmol für O_2 statt Molvolumen 22,39 m_n^3/kmol ist

$$O_{min} = 2{,}664\,c + 7{,}937\,h + 0{,}998\,s - o \text{ kg/kg}.$$

Bei der Ermittlung der Verbrennungsluftmenge kann der Gehalt der Luft an Edelgasen, insbesondere an Ar (rd. 1% Vol.) zum N_2 hinzugezählt werden (vgl. S. 292). Daher gilt für trockene Luft

$$L_{min\,tr} = O_{min}/0{,}21 = 4{,}7619\,O_{min}.$$

Wenn die Luft feucht ist, was in der Regel zutrifft, muß das Wasserdampfvolumen hinzugerechnet werden; der O_2-Gehalt wird dann

$$O_{2f} = 0{,}21\,\frac{p_{L\,tr}}{p_{L\,tr} + \varphi p_D}$$

mit $p_{L\,tr}$ als Teildruck der trockenen Luft, φ als relativer Feuchtigkeit und p_D gleich dem einer Wasserdampftafel zu entnehmendem Teildruck des Wasserdampfes bei der gegebenen Temperatur (vgl. Zahlentafel im Anhang, S. 898). Dann wird

$$L_{min\,f} = O_{min}/O_{2f} = \frac{O_{min}}{0{,}21}\cdot\frac{p_{L\,tr} + \varphi p_D}{p_{L\,tr}}.$$

Man benutzt gewöhnlich Diagramme, welche für verschiedene Brennstoffe bereits berechnet sind; sie gestatten, L_{min} (meist zusammen mit dem im folgenden behandelten Rauchgasvolumen) in Abhängigkeit vom Heizwert abzulesen[1].

Unter Berücksichtigung der eingangs aufgezählten Reaktionen wird die Rauchgasmenge V_{min} und ihre Zusammensetzung bei stöchiometrischer Verbrennung, d. h. bei einem Luftverhältnis $\lambda = 1$ mit λ als dem Verhältnis der tatsächlichen Luftmenge zur theoretisch erforderlichen,

mit dem Stickstoffvolumen der feuchten Luft $$N_{2f} = 0{,}79\,\frac{p_{L\,tr}}{p_{L\,tr} + \varphi p_D}$$

sowie dem Wasserdampfvolumen $$W_f = \frac{\varphi p_D}{p_{L\,tr} + \varphi p_D}$$

$$\underset{\text{in } m_n^3/\text{kg}}{V_{min}} = \underbrace{1{,}8533\,c}_{CO_2} + \underbrace{0{,}6827\,s}_{SO_2} + \underbrace{0{,}7995\,n + L_{min}\cdot N_{2f}}_{N_2} + \underbrace{11{,}111\,h + 1{,}243\,w + L_{min}\cdot W_f}_{H_2O}.$$

Die Abweichungen der Faktoren von den entsprechenden in der Gleichung für O_{min} sind eine Folge des Verhaltens der Verbrennungsprodukte als reale Gase; dadurch erklären sich die bereits erwähnten Unterschiede in den Molvolumina. Die ersten vier Glieder ohne H_2O-Anteile sind das Volumen $V_{min\,tr}$ des trockenen Rauchgases. Bei gewöhnlicher Verbrennung mit $\lambda > 1$ folgt für die tatsächlichen Mengen (in m_n^3/kg)

$$L = \lambda \cdot L_{min}; \quad V = V_{min} + (\lambda - 1)\,L_{min}.$$

Auch für Rauchgasmengen gibt es Diagramme mit H_u als Abszisse und λ als Parameter[2].

c) Gasförmige Brennstoffe. Der Sauerstoffmindestbedarf O_{min} ermittelt sich wie bei *festen* und *flüssigen* Brennstoffen, wenn die Elementaranalyse gegeben ist, oder auf Grund der Gaszusammensetzung (mit Bedeutung der Formelzeichen in

---

[1] Vgl. BWK 3 (1951) Nr. 1, Arbeitsblatt 9 u. Nr. 12, Arbeitsblatt 21, jeweils im Anhang. — Lit. 11, dort Tafel 1 bis 3. — VDI-Handb., Arb.-Bl. D20 u. D21. — Vgl. a. *Brandt, F.:* Eine allgemeine Darstellung der Stoffwerte von Rauchgasen für beliebige Brennstoffe. BWK 16 (1964) 53/61. — *Boie, W.:* Verbesserung der vereinfachten Verbrennungsrechnung durch neue Brennstoffkenngrößen. Ebendort 127/30.

[2] Vgl. vorstehende Anm. 1, sowie BWK 3 (1951) Nr. 2, Arbeitsblatt 10, Nr. 7, Arbeitsblatt 14, Nr. 11, Arbeitsblatt 20; Bd. 4 (1952) Nr. 11, Arbeitsblatt 29, jeweils im Anhang. — VDI-Handb. Arb.-Bl. D16 u. D18.

Klammern als Vol.-%), gemäß

$$O_{min} = 0{,}5\,(CO) + \sum (x + y/4)\,(C_xH_y) + 0{,}5\,(H_2) + 1{,}5\,(H_2S) - (O_2) \quad m_n^3/m_n^3;$$

daraus wie unter b) $L_{min\,tr} = O_{min}/0{,}21 = 4{,}7619\ O_{min}$

und bei feuchter Luft $L_{min\,f} = O_{min}/O_{2f}$.

Auch für *Gase* gibt es Diagramme[1]. Die Rauchgasmenge bei stöchiometrischer Verbrennung und ihre Zusammensetzung ist hier:

$$V_{min} = \underbrace{(CO) + (CO_2) + \sum x\,(C_xH_y)}_{CO_2} + \underbrace{(N_2) + L_{min}\cdot N_{2f}}_{N_2} +$$
$$+ \underbrace{\sum (y/2)\,(C_xH_y) + (H_2) + (H_2O) + L_{min}\cdot W_f}_{H_2O} + \underbrace{(H_2S)}_{SO_2} \quad m_n^3/m_n^3.$$

Unter (H_2O) in der Formel sind die im Gas etwa vorhandenen Vol.-% Wasserdampf zu verstehen, die bei mit Wasser gewaschenen Gasen (entsprechend dem Sättigungsdruck) beträchtlich sein können[2].

d) Luftverhältnis, CO_2- und O_2-Gehalt der Rauchgase. Das Luftverhältnis λ kann (unter Vernachlässigung des CO_2-Gehalts der Verbrennungsluft) aus dem CO_2-Gehalt der Rauchgase ermittelt werden. Bezeichnet man den Wert für $\lambda = 1$ mit $CO_{2\,max}$, wie er aus den Gln. für V_{min} folgt, so ist mit dem tatsächlich (z. B. im Orsatapparat) ermitteltem Wert CO_2 (in Vol.-%)

$$\lambda = 1 + \frac{V_{min\,tr}}{L_{min}}\left(\frac{CO_{2\,max}}{CO_2} - 1\right) \approx \frac{CO_{2\,max}}{CO_2}.$$

Auch auf Grund einer O_2-Messung läßt sich das Luftverhältnis berechnen zu

$$\lambda = 1 + \frac{V_{min\,tr}}{L_{min}}\,\frac{O_2}{21 - O_2} \approx \frac{21}{21 - O_2};$$

Werte für verschiedene Brennstoffe vgl. Bild 16.

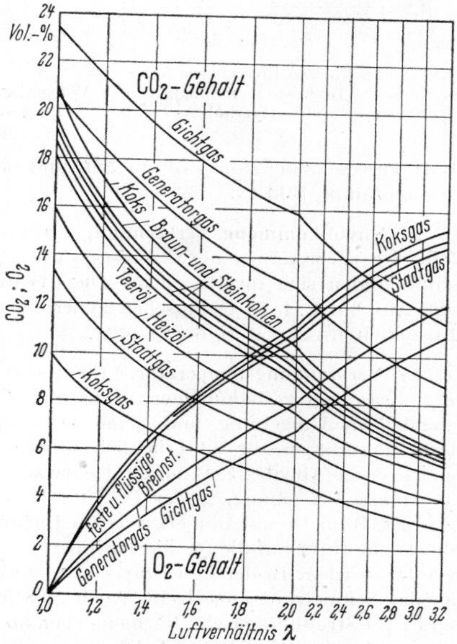

Bild 16. CO_2- und O_2-Gehalt trockenen Rauchgases in Abhängigkeit vom Luftverhältnis

e) Die **Dichte der Rauchgase** kann aus den einzelnen, in Klammern geschriebenen Volumenanteilen additiv z. B. mit Normkubikmeter „gewichten" nach DIN 1871 in kg/m_n^3 berechnet werden (§ kg jetzt ausschließlich Einheit der Masse, daher Dichte ϱ und nicht mehr spez. Gewicht γ §):

$$\varrho = 1{,}9768\,(CO_2) + 2{,}9263\,(SO_2) + 1{,}42895\,(O_2) + 1{,}2505\,(N_2) + 1{,}7839\,(Ar) + 0{,}804\,(H_2O) + 1{,}250\,(CO) \quad kg/m_n^3.$$

Bild 17 gibt angenäherte Werte für feste und flüssige Brennstoffe in Abhängigkeit vom unteren Heizwert H_u und Luftverhältnis λ.

f) Der **Taupunkt** ist jene Temperatur, bei der sich kondensierbare Gasanteile (Wasserdampf, Schwefel-

[1] Vgl. Anm. 1 u. 2, S. 510. — VDI-Handb., Arb.-Bl. D 17 u. D 22. — *Schuster, F.:* GWF 106 (1965) 1073/44.

[2] *Mittendorf, H.:* Statistische Verbrennungsrechnung bei Raffineriegasen . . . BKW 20 (1968) 18/22.

säure) niederschlagen, z. B. auf Vorwärmerflächen bei niedrigen Speisewassertemperaturen. Man hat zu unterscheiden zwischen Wasser- und Säuretaupunkt. Der Wassertaupunkt wird aus dem Wassergehalt, dem entsprechenden Teildruck und einer Dampftafel bestimmt; vgl. Bild 18 für verschiedene Brennstoffe und Luftverhältnisse λ. Je niedriger der Wert, um so größer ist die Gefahr der Korrosion. Über den Säuretaupunkt vgl. S. 503. H_2SO_4 bildet sich infolge Weiteroxydation von SO_2 durch den in unverbrauchter

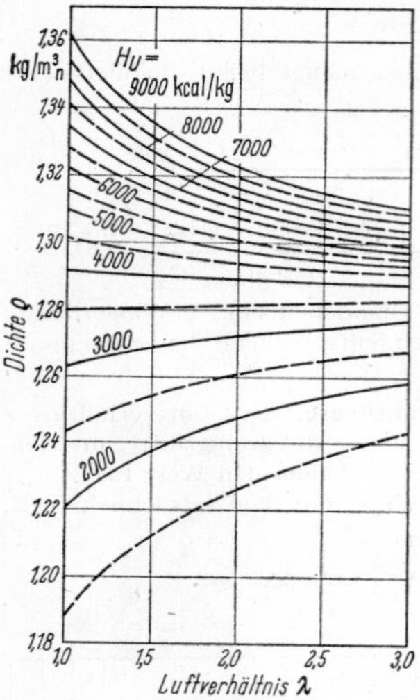

Bild 17. Dichte von Rauchgasen fester und flüssiger Brennstoffe abhängig von Heizwert und Luftverhältnis λ

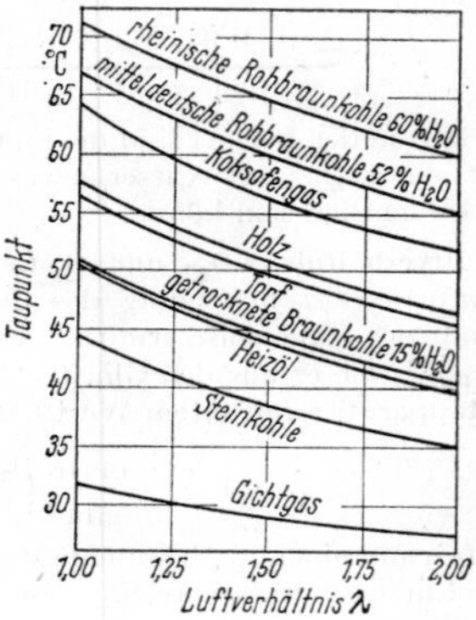

Bild 18
Wasserdampf-Taupunkt der Rauchgase verschiedener Brennstoffe in Abhängigkeit vom Luftverhältnis λ

Luft anwesenden Sauerstoff zu SO_3 und dessen Lösung in immer vorhandenem Wasserdampf, Bild 13.

g) Unvollkommene Verbrennung, wenn $\lambda < 1$, also bei Luftmangel; dann teilweise Verbrennung zu CO; dieses sowie u. U. H_2, CH_4 und andere Kohlenwasserstoffe finden sich im Rauchgas. Die CO-Bildung ist für die Vergasung wichtig, vgl. Abschn. E, 1; in technischen Feuerungen ist sie eine unerwünschte Ausnahme. Einzelheiten vgl. Lit. 6, dort S. 422.

h) Verbrennungstemperatur. Ihr theoretischer Wert ist die Temperatur der Rauchgase bei vollkommener Verbrennung und $\lambda = 1$, wenn keinerlei Wärmeabgabe an Umgebung und keine Dissoziation stattfindet. Die wirkliche Verbrennungstemperatur ist erheblich niedriger, weil eine Wärmeentbindung ohne gleichzeitige Abgabe, z. B. an die Rohrwand einer Kesselfeuerung oder Abstrahlung an andere Umgebung, in der Praxis sehr selten. Wo der Idealfall verwirklichbar wäre, z. B. in Brennkammern von Gasturbinen, muß durch hohes Luftverhältnis λ die Temperatur auf die für die Turbinenschaufeln maximal zulässigen Werte herabgesetzt werden. In der Feuerung von Stahlwerksöfen wird intensive Wärmeabgabe an das Schmelzgut angestrebt. Auch nichtleuchtende Flammen geben durch CO_2- und H_2O-Strahlung große Wärmemengen ab, so daß die theoretische Verbrennungstemperatur nie erreicht wird. Die genaue Berechnung ist umständlich, vgl. Lit. 6, dort S. 371/93. Graphische Darstellung im sog. h,t-Diagramm, das den Wärmeinhalt h (= Enthalpie, bisher mit i bezeichnet) der Rauchgase in Abhängigkeit von Temperatur t und Luftgehalt v_L zeigt. Dieser kann in Vol.-% aus Bild 19 links oben für verschiedene Brennstoffe, Heizwerte und Luftverhältnisse λ abgegriffen werden. Für genauere Berechnungen h,t-Diagramme für einzelne Brennstoffe aufgestellt, so Lit 6, dort S. 394 ff.; oder Berechnung aus Enthalpiewerten Lit 11. Außerdem allgemeine Form auf Grund statistischer Ermittlungen in Bild 19 für überschlägige Berechnungen[1].

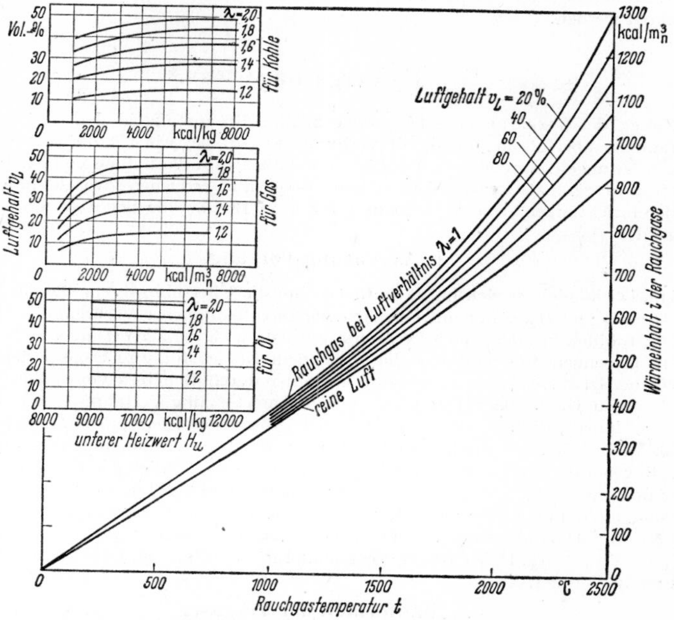

Bild 19. Allgemeines i, t-Diagramm für Rauchgase nach *Rosin* und *Fehling* (der Wärmeinhalt i wird jetzt mit h bezeichnet)

i) Der **Abgasverlust,** d. h. die durch heiße Rauchgase verlorengehende Wärme, ist die für den Wirkungsgrad einer Feuerung wichtigste Größe; daneben noch Verlust durch Unverbranntes — z. B. als Rostdurchfall oder im Abgas —, Verluste durch Strahlung und Leitung sowie Verluste infolge von Abweichungen vom Beharrungszustand; vgl. Bd. II (Dampferzeugungsanlagen). Der Abgasverlust kann bei bekannter Abgastemperatur entweder unmittelbar aus dem i, t-Diagramm abgegriffen oder genauer mit den Enthalpien i (bzw. h) der einzelnen Rauchgasanteile berechnet werden[2].

k) Verbrennung im Otto- oder **Dieselmotor** vgl. Bd. II.

l) SO_2-Gehalt der Rauchgase. Wegen behördlicher Vorschriften ist heute oft die Ermittlung der SO_2-Konzentration (in Vol.-%) und des SO_2-Gesamtausstoßes (in kg/h) wichtig. Die Konzentration läßt sich einfach aus V_{min} bestimmen; sie ist bei dem wirklichen V dann stets kleiner. Wird auch die Angabe in Gew.-% verlangt, kann man die Gleichung für die Dichte benutzen. Mit dieser und dem gesamten Rauchgasgewicht läßt sich der Gesamtausstoß an SO_2 angeben. Bei festen und flüssigen Brennstoffen kann diese Menge [SO_2] aber auch, wegen des Ver-

[1] *Rosin, P.,* u. *R. Fehling:* Das I, t-Diagramm der Verbrennung. Berlin: VDI-Verlag 1929. — Eingehende Erläuterung der Grundlagen des allgemeinen und der Benutzung des besonderen Diagramms. Lit. 6, dort S. 394 ff. u. weiteres Schrifttum.

[2] Vgl. Lit. 11 u. Lit. 7. — VDI-Handb., Arb.-Bl. D5 bis D12.

hältnisses der Molmassen von S und SO_2 mit 32 und 64 kg/kmol, einfach aus

$$[SO_2] = 2Bs \text{ kg/h}$$

mit B als der Brennstoffmenge in kg/h und s als dem Schwefelgehalt in Bruchteilen errechnet werden.

E. Vergasung[1]

Zweck der Vergasung ist, feste oder flüssige Brennstoffe in den gasförmigen Zustand zu überführen, um damit verbundene Vorteile, wie leichte Beförderung in Rohrleitungen, weitgehende Freiheit von Ballast (mit Ausnahme von Stickstoff) und fast unbegrenzte Regelbarkeit an den Brennern zu erreichen sowie komplizierte Fördereinrichtungen, wie sie besonders für feste Brennstoffe benötigt werden, zu vermeiden.

1. Vergasungsvorgang

Hierbei handelt es sich im wesentlichen um die Überführung von C oder C_xH_y in CO, CH_4 und H_2, somit um eine Art sehr unvollkommener Verbrennung. Dabei ist CO_2-Bildung unvermeidlich. Wasserstoff wird durch die Zersetzung von Wasserdampf gewonnen, CO_2 möglichst an glühendem Kohlenstoff zu CO gespalten. Der Wärmebedarf dieser Reaktionen wird entweder durch Beheizen von außen (beim Spalten von Gasen oder Dämpfen in sog. Gasreforming-Verfahren) oder durch abwechselndes „Blasen" und „Gasen" (vgl. Abschn. C, 1, c, α), d. h. durch zeitweises Verbrennen und anschließendes Vergasen (bei festen Brennstoffen) bzw. durch sog. Regenerativ-Verfahren bei Gasen und Dämpfen, schließlich durch Teilverbrennung mit Luft oder Sauerstoff oder sauerstoffreicher Luft gedeckt. H_2 und CO sind nicht nur Anteile von Brenngasen, sondern auch allein oder zusammen mit N_2 die Grundlage verschiedener chemischer Synthesen, z. B. von Ammoniak NH_3 aus $3H_2 + N_2$. Daher ist die Vergasung für die chemische Industrie heute von größter Bedeutung.

2. Bauformen der Vergaser

a) Schachtgenerator. Die ursprüngliche Form ist ein mit festem grobkörnigem Brennstoff gefüllter Schacht, in welchem der Brennstoff langsam absinkt. Mit Wasserdampf gesättigte Luft tritt im *Gegenstrom* von unten ein, der Kohlenstoff verbrennt unten zu CO_2, und dieses wird an den darüber befindlichen glühenden Brennstoffschichten zu CO reduziert; gleichzeitig findet Umsetzung der Luftfeuchtigkeit zu CO und H_2 (Generatorgas) statt. Wenn nur Wasserdampf als Vergasungsmittel verwendet wird, fällt der Wärmebedarf so groß aus, daß die Temperatur absinkt und durch zwischenzeitiges Durchblasen von Luft und die dabei stattfindende Verbrennung wieder gehoben werden muß (Wassergas). Koks ist sehr geeignet, jedoch werden auch Braunkohlenbriketts und selbst nichtbackende Steinkohlen verwendet. Meist Drehrost für ständigen Aschenaustrag.

Durch Anwendung von *Druck* insbesondere zusammen mit Sauerstoff und Wasserdampf können heizwertreiche Gase erzielt werden, z. B. im Lurgi-Druckvergasungsverfahren. Weitere Vorteile der Druckanwendung sind kleinere Apparaturen sowie der Umstand, daß das Gas für anschließende Reinigung und Fortleitung unter Druck zur Verfügung steht. Das Verfahren ist auch für aschereiche, feinkörnige und backende Kohlen geeignet.

b) Wirbelschichtvergasung[2] für feinkörnige Brennstoffe, z. B. *Winkler*-Generator der BASF; Weiterentwicklung zum *Flesch-Winkler-* und *Flesch-Demag*-Verfahren.

---

[1] Eine ausführliche Übersicht über das gesamte Gebiet der Vergasung enthält das Buch von *J. Meunier,* Vergasung fester Brennstoffe und oxydative Umwandlung von Kohlenwasserstoffen. Deutsch von *H. Paetzold.* Weinheim/Bergstraße: Verlag Chemie 1962.

[2] *Flesch, W.:* Beiträge zur restlosen Vergasung von Feinkohle. Glückauf 90 (1954) 537/43.

Die *Staubvergasung* mit Sauerstoff und hochüberhitztem Wasserdampf, z. B. nach *Koppers-Totzek*, gestattet stetige Wassergaserzeugung auch aus minderwertigen Brennstoffen bei sehr gedrängter Bauweise; vgl. Lit. 7. Diese Verfahren arbeiten im Gleichstrom, daher niedriger Heizwert des Gases und geringerer Wirkungsgrad. Dies kann teilweise ausgeglichen werden, wenn die dabei unvermeidbare hohe Gastemperatur ausnutzbar oder Abwärmeverwertung angewendet wird; vgl. Bd. II, Kopplung der Erzeugung und Verwendung von Kraft und Wärme.

c) Die Bauformen für **Vergasung flüssiger Brennstoffe** sind sehr vielfältig. Die Entwicklung ist noch stark im Fluß. Wenn das Siedeende des Einsatzgutes unter etwa 200 °C liegt, so daß es bei Arbeitstemperatur mit Sicherheit rückstandfrei verdampft, ist die Anwendung von Katalysatoren, meist auf Ni-Basis, möglich; diese sind empfindlich gegen Schwefel. Man unterscheidet:

α) *Röhrenspaltöfen.* Senkrecht stehende, mit Katalysator gefüllte Rohre werden von außen beheizt und von dem zu spaltenden Einsatzgut dampfförmig meist von oben nach unten bisweilen auch in entgegengesetzter Richtung durchströmt.

β) Thermische (d. h. ohne Katalysator und daher bei höheren Temperaturen arbeitende) oder katalytische *Regenerativ-Verfahren,* auch zyklische Verfahren genannt. Es werden z. B. keramische Massen absatzweise zuerst mit heißen Rauchgasen aufgeheizt; anschließend geben sie ihre Wärme während der eigentlichen Vergasung an das zu spaltende Einsatzgut ab. Diese Arbeitsweise lehnt sich an die Arbeitsweise der Cowper in den Hüttenwerken an.

γ) Verfahren, bei denen Wärme durch *Teilverbrennung* mit Luft oder Sauerstoff zugeführt wird (Shell, Texaco). Die Anwendung von Sauerstoff ist teuer, jedoch erforderlich, wenn der N_2-Ballast stört.

Je höher das Einsatzgut siedet, um so kritischer ist die Bildung und Beseitigung von Ruß, insbesondere beim Vergasen von Destillationsrückständen des Rohöls. Vgl. dazu Lit. 2.

d) Kenngrößen von Gaserzeugern für feste Brennstoffe. Wenn man Gaserzeugerbauarten für feste Brennstoffe vergleichen will, kann der Querschnitt des Vergaserschachtes als Bezugsgröße dienen; er wird besonders von Körnung, Schichthöhe und Strömungsgeschwindigkeit des Vergasungsmittels beeinflußt. Angaben für einige Generatorbauarten gibt Tab. 14, in die auch entsprechende Werte für Wirbelschicht- und Staubvergasung aufgenommen sind. Bei Vergasung flüssiger Brennstoffe ist kein ähnlicher Vergleich möglich, weil die physikalischen Vorgänge grundverschieden sind.

3. Vergasungsrechnung

Da die Vergasung eine (wenn auch sehr unvollkommene) Verbrennung ist, gelten auch hier die Grundgleichungen von Abschn. D, 3, a, weil nur feste oder flüssige Brennstoffe „vergast" werden. Gasspaltung (sog. Gasreforming) ist hier nicht näher behandelt.

a) Grundgleichungen. Die chemischen Formeln bedeuten kmol (wie in D, 3, a); 1 kmol entspricht bei idealem Gas 22,4 m_n^3 oder bei realen Gasen den ebendort genannten Mengen.

Vergasung von glühendem Kohlenstoff mit Kohlendioxid (sog. *Boudouard*sche Reaktion):

$$C + CO_2 = 2CO - 38400 \text{ kcal},$$

Vergasung von (glühendem) Kohlenstoff mit Wasserdampf (sog. heterogene Wassergas-Reaktion):

$$C + H_2O = CO + H_2 - 28300 \text{ kcal};$$

daraus die sog. homogene Wassergas-Reaktion (auch Wassergasgleichung genannt):

$$CO_2 + H_2 = CO + H_2O - 10100 \text{ kcal};$$

Tabelle 14

Geeignete Brennstoffe und Kenngrößen verschiedener Gaserzeuger für feste Brennstoffe

Bauart oder Verfahren	Brennstoff B	Belastung kg B/m²h	Spez. Vergasungsleistung m_n^3/m^2h	Gasheizwert H_u kcal/m_n^3
Drehrost	Koks (Brech III/IV)	200–250	940–1125	1170
Drehrost	Anthrazit (Nuß IV/V)	120–150	540–675	1370
Drehrost	Gasflammkohle (Nuß I/III)	140–240	575–935	1420
Drehrost	Braunkohlenbrikett	140–250	320–530	1650
Abstichgaserzeuger	Koks	800–1150 [a]	430–620	1095
Drehrost-Wassergas-erzeuger	Koks	200–250	300–390	2760
Hochleistungs-Wassergas-erzeuger	Koks (Brech I)	470–500	710–830	2500
Lurgi-Druckgaserzeuger (p = 20 at, 8,7% O_2 + 91,3% H_2O)	Trockenbraunkohle (3–8 mm)	790	712 [b]	2750 (3865) [c]
Lurgi-Druckgaserzeuger (p = 22 atü)	Gasflammkohle (5–30 mm)	1800	3000	2515 (3450) [c]
Winkler-Gaserzeuger (21,5% O_2 + 78,5% H_2O)	Braunkohlenschwelkoks (2–10 mm)	500–900	950–1500	2165 [b]
Staubvergaser: Ruhrgas-Wirbelkammer (Luft)	Staubkohle	680 (1530) [d]	3140	920
Staubvergaser: Koppers-Totzek (44,9% O_2 + 55,1% H_2O)	Gasflammkohle gemahlen 10% R 0,09 [f]	3000 [e]	5325 [e]	2440

[a] Bezogen auf den Gestelldurchmesser. [b] Bezogen auf Rohgas. [c] Reingasheizwert (CO_2 ausgewaschen).
[d] Bezogen auf den Herddurchmesser.
[e] Bezogen auf den mittleren Durchmesser der konischen Brennerköpfe.
[f] Rückstand auf Sieb mit lichter Maschenweite 0,09 mm; vgl. Prüfsiebe, Tafel im Anhang.

sie ist in umgekehrter Richtung für die *Konvertierung* maßgebend, d. h. Umwandlung von Kohlenmonoxid mit Wasserdampf in (leicht auswaschbares) Kohlendioxid und Wasserstoff. Zwei dieser Gleichungen bestimmen zusammen mit

$$C + O_2 = CO_2 + 97\,000 \text{ kcal}$$

jeden Vorgang der Kohlenstoffvergasung. Wenn sich auch Methan bildet, sind noch die Gleichungen

$$C + 2H_2 = CH_4 + 20\,900 \text{ kcal} \quad \text{oder} \quad CO + 3H_2 = CH_4 + H_2O + 49\,200 \text{ kcal}$$

zu berücksichtigen. Strebt man hohen Wasserstoffgehalt oder reinen Wasserstoff an, so wird die Konvertierung (bei etwa 450 bis 500 °C an Katalysatoren) der Vergasung nachgeschaltet. Wirksame Katalysatoren sind die Oxide der Metalle mit den Ordnungsnummern 24 bis 29 im Periodensystem (Cr, Mn, Fe, Co, Ni, Cu).

b) Chemische Gleichgewichte. Chemische Reaktionen verlaufen nie bis zur vollständigen Umsetzung. Es sind immer wenn auch nur sehr kleine Reste der ursprünglichen Reaktionspartner vorhanden, u. zw. entsprechend dem Gleichgewicht zwischen ihnen, das in der Regel stark von der Temperatur abhängt. Ein Ausdruck dafür ist das Massenwirkungsgesetz von *Guldberg* und *Waage*[1]. Es lautet für eine beliebige Reaktion

$$m\text{A} + n\text{B} + \cdots = r\text{C} + s\text{D} + \cdots \text{X kcal}$$

mit A, B, C usw. als Reaktionsteilnehmern (in kmol) und m, n, r usw. als ganzzahligen Faktoren:

$$m \lg [\text{A}] + n \lg [\text{B}] + \cdots = r \lg [\text{C}] + s \lg [\text{D}] + \cdots \lg K_c,$$

[1] Vgl. z. B. *Schmidt, E.:* Einführung in die Thermodynamik. 10. Aufl. Berlin: Springer 1963, S. 445ff. u. 466. — *Bošnjaković, F.:* Technische Thermodynamik. II. Teil, 3. Aufl. Dresden u. Leipzig: Steinkopf 1960, dort S. 314.

wenn [A], [B] usw. die (allgemein mit c_i bezeichnete) Konzentration in mol/lit oder kmol/m³ und K_c die nur von der Temperatur abhängige Gleichgewichtskonstante ist. Gewöhnlich schreibt man es in der Form:

$$\frac{[A]^m \cdot [B]^n \ldots\ldots}{[C]^r \cdot [D]^s \ldots\ldots} = K_c .$$

Bei *homogenen* Gasreaktionen, die ohne Volumenänderung verlaufen, können statt der molaren Konzentrationen c_i der Komponenten die Partialdrücke $p_i = c_i RT$ eingesetzt werden; dann wird die Gleichgewichtskonstante $K_p = K_c$. Auch *heterogene* Reaktionen mit festen Reaktionsteilnehmern (sog. Bodenkörpern) neben Gasen können so erfaßt werden, wenn das Gasvolumen ungeändert bleibt; der Partialdruck des Bodenkörpers ist praktisch = 0, z. B. bei festem Kohlenstoff.

Wenn $m + n + \cdots \neq r + s + \cdots$, d. h. wenn sich das Volumen bei der Reaktion ändert, also vor- und nachher nicht die gleiche Anzahl von Molen vorhanden ist, folgt

$$K_p = K_c \cdot (RT)^{(m+n+\cdots-r-s\ldots)}.$$

Bei Zunahme der Mole wird der Reaktionsverlauf durch sinkenden Druck, bei Abnahme durch steigenden Druck begünstigt bzw. bei umgekehrten Verhältnissen gehemmt, weil sich das Gasgleichgewicht jeweils in Richtung geringerer Molzahl verschiebt. Dies erklärt z. B. Zunahme der Methanbildung auf Kosten der CO-Bildung bei höheren Drücken.

Die Reziprokwerte der gemäß obiger Gleichung definierten Gleichgewichtskonstanten für die vier in Abschn. E 3a genannten Reaktionen

Boudouard

$$K_{p_B} = \frac{p^2_{CO}}{p_{CO_2}},$$

Wassergas heterogen

$$K_{p_W} = \frac{p_{CO} \cdot p_{H_2}}{p_{H_2O}}$$

Wassergas homogen
(bzw. umgekehrt: Konvertierung)

$$K_{p_K} = \frac{p_{CO} \cdot p_{H_2O}}{p_{CO_2} \cdot p_{H_2}} = K_{p_B}/K_{p_W},$$

Methanbildung

$$K_{p_M} = \frac{p_{CH_4}}{p^2_{H_2}}$$

sind in Tab. 15 angegeben. Genaue Berechnungen sind nur schrittweise auf Grund von Annahmen für die Temperatur möglich, weil eine geschlossene Lösung der Gleichungen mit ebenso vielen Unbekannten wegen mathematisch schwierig formulierbarer Abhängigkeit der Gleichgewichtskonstante von der Temperatur sehr umständlich ist. Daher ist es vorteilhaft, graphische Methoden anzuwenden; vgl. Lit. 2. Elektronische Rechenmaschinen ermöglichten einen wesentlichen Fortschritt[1]. Formeln für Gleichgewichtskonstanten Lit. 4, dort S. 90ff.

Tabelle 15. *Gleichgewichtskonstanten der Vergasungsreaktionen*

Temp. °C	K_{p_B}	K_{p_W}	K_{p_K}	K_{p_M}
500	$4{,}402 \cdot 10^{-3}$	$2{,}151 \cdot 10^{-2}$	0,2046	2,202
550	$2{,}245 \cdot 10^{-2}$	$7{,}752 \cdot 10^{-2}$	0,2896	$9{,}659 \cdot 10^{-1}$
600	$9{,}472 \cdot 10^{-2}$	$2{,}418 \cdot 10^{-1}$	0,3917	$4{,}636 \cdot 10^{-1}$
650	$3{,}409 \cdot 10^{-1}$	$6{,}678 \cdot 10^{-1}$	0,5106	$2{,}399 \cdot 10^{-1}$
700	1,073	1,662	0,6455	$1{,}324 \cdot 10^{-1}$
750	3,009	3,783	0,7954	$7{,}715 \cdot 10^{-2}$
800	7,646	7,969	0,9595	$4{,}716 \cdot 10^{-2}$
900	$3{,}862 \cdot 10^{1}$	$2{,}917 \cdot 10^{1}$	1,324	$1{,}985 \cdot 10^{-2}$
1000	$1{,}499 \cdot 10^{2}$	$8{,}683 \cdot 10^{1}$	1,726	$9{,}507 \cdot 10^{-3}$
1200	$1{,}273 \cdot 10^{3}$	$4{,}925 \cdot 10^{2}$	2,584	$2{,}924 \cdot 10^{-3}$

c) Als **Vergasungsmittel** dienen Luft im natürlichen feuchten Zustand, mit Wasserdampf gesättigt oder mit Sauerstoff — in Ausnahmefällen auch mit Kohlendioxid — angereichert, ferner reiner Sauerstoff. Im letzten Fall sind die Gleichungen unverändert anwendbar, weil der Stickstoff fehlt. Ist dieser vorhanden, so muß in entsprechender Anlehnung an die Verbrennungsrechnung vom theoretischen Sauer-

[1] Grundlagen bei *Traustel, S.:* Praktische Berechnung von Vergasungsgleichgewichten. Feuerungstechn. 29 (1941) 105/14. — *Ders.:* Berechnung von Vergasungsgleichgewichten durch Lösung von Gleichungen mit zwei Unbekannten. VDI-Z. 88 (1944) 688/90. — Lit. 8, dort S. 379 u. Lit. 4, dort S. 29ff.

stoffbedarf auf den Luftbedarf umgerechnet werden. Einzelheiten für feste Brennstoffe vgl. Lit. 4, dort S. 30 ff.

d) Wirkungsgrade, Bild 20. Der *Vergasungs-Wirkungsgrad* η_v ist das Verhältnis des Heizwertes des erzeugten Gases zu dem des vergasten Brennstoffs. Man kann diesen Wirkungsgrad für die unteren und oberen Heizwerte ermitteln. Die Abweichungen beider voneinander sind um so größer, je höher der Wasserstoffgehalt.

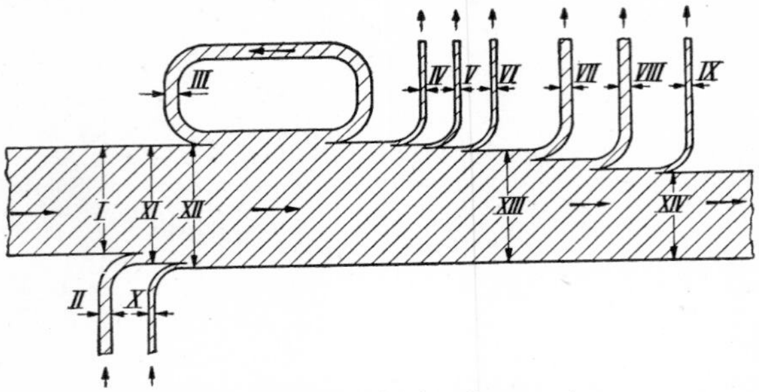

Bild 20. Wärmefließbild eines Gasgenerators

I Brennstoffwärme (Unterer Heizwert mal Menge) des zu vergasenden Brennstoffs, bezogen auf Umgebungstemperatur, zuzüglich Enthalpieerhöhung bei Vorwärmung;
II Enthalpie des Vergasungsmittels und Wärmezufuhr bei etwaiger Außenbeheizung;
III Enthalpie des im Verfahren erzeugten und dem Vergasungsmittel zugeführten Dampfes;
IV Verlust durch Asche;
V Verluste durch Flugstaub;
VI Wärmeverluste durch Strahlung und Leitung;
VII Enthalpie des im Dampfmantel, im Abhitzekessel oder auf andere Weise erzeugten Überschußdampfes;
VIII Fühlbare Wärme des erzeugten Gases (Differenz der Enthalpien zwischen Austritts- und Umgebungstemperatur);
IX Brennstoffwärme des anfallenden Teeres, des verwertbaren Rußes usw.;
X Äquivalent etwa zugeführter Energie;
XI $= I + II$;
XII $= XI + X$;
XIII $= XIV + VII + VIII + IX$;
XIV Brennstoffwärme des erzeugten Gases, bezogen auf Umgebungstemperatur;

$$\eta_v = \frac{XIV}{I}, \qquad \eta_{th} = \frac{XIII}{XII}$$

Zum Unterschied davon ist der *Vergasungsgrad* gleich dem Verhältnis der in gasförmigen Zustand überführten Kohlenstoffmenge (in kmol oder kg) zu der dem Verfahren zugeführten. Demgegenüber ist der *thermische* Wirkungsgrad η_{th} das Verhältnis der im erzeugten Gas als Heizwert chemisch gebundenen zuzüglich der dem Verfahren (sei es durch Dampferzeugung im Schachtmantel, sei es in Abhitzekesseln oder auf andere Weise, z. B. als Teer dem heißen Gasstrom) nutzbar entzogenen Wärme zur zugeführten fühlbaren und gebundenen Wärme und zur äquivalenten Energie. Diese Wärme ist also der Heizwert des Brennstoffs, vermehrt um dessen Enthalpie und die des Vergasungsmittels bei Vorwärmung sowie vermehrt um den Heizwert und die Enthalpie des Brennstoffs und der Verbrennungsluft bei Außenbeheizung. Bild 20 muß für Verfahren mit besonderen Betriebsbedingungen sinngemäß abgewandelt werden, vor allem bei sog. Gasreforming-(Gasumwandlungs-)Verfahren.

Werkstoffkunde

Bearbeitet von Dr.-Ing. **H. Sigwart**, Stuttgart-Untertürkheim

Die Erkenntnis, daß die in den Konstruktionsteilen auftretenden wirklichen Spannungen die nach den Formeln der elementaren Festigkeitslehre errechneten Spannungen u. U. weit überschreiten können, und die Tatsache, daß die Festigkeit der Werkstücke nicht nur vom Werkstoff selbst und von der größten Spannung, sondern auch noch von einer Reihe anderer Einflüsse abhängt, verlangt vom gestaltenden Ingenieur eine eingehende Kenntnis aller werkstofftechnischen Grundlagen. Die zweckmäßigste Formgebung und Bemessung eines Maschinenteiles nach den Grundsätzen der *Gestaltfestigkeit* setzt dabei außer der Ermittlung der Spannungsverteilung, des zeitlichen Beanspruchungsverlaufs und der Betriebsbedingungen (z. B. Verschleiß, Korrosion, Temperatur usw.) noch die genaue Kenntnis des Werkstoffverhaltens unter all diesen Gegebenheiten voraus. Soweit die verschiedenartigen Einflüsse auf die Haltbarkeit eines Teiles quantitativ noch nicht genau erfaßt werden können, muß der Konstrukteur deren Wirkung zum mindesten abschätzen können.

I. Werkstofftechnische Grundlagen der Konstruktion

Literatur: 1. *Rühl, K. H.:* Tragfähigkeit metallischer Baukörper. Berlin: Wilhelm Ernst & Sohn 1952. — 2. *Siebel, E.:* Handbuch der Werkstoffprüfung, Bd. 2, 2. Aufl. Berlin: Springer 1955. — 3. *Thum, A.*, u. *K. Federn:* Spannungszustand und Bruchausbildung. Berlin: Springer 1939. — 4. *Thum, A.*, *C. Petersen* u. *O. Svenson:* Verformung, Spannung und Kerbwirkung. Düsseldorf: VDI-Verlag 1960.

1. Zügige und wechselnde Beanspruchung

Während sich die Statik und die Elastizitätslehre mit dem Gleichgewicht der Kräfte an einem ideal elastischen Körper in einem bestimmten Augenblick beschäftigen, ist es eine wichtige Aufgabe der Werkstoffkunde, das Verhalten technischer Werkstoffe im Ablauf der zeitlich veränderlichen Beanspruchungen zu ergründen. Sie bedient sich hierzu der verschiedenen Verfahren der Werkstoffprüfung, um die Eigenschaften der Werkstoffe für den Konstrukteur durch Zahlenwerte festzulegen.

Unter Einwirkung von Kräften verformt sich jeder Werkstoff, ein zylindrischer Stab wird z. B. bei Zug länger und etwas dünner, bei Druck kürzer und etwas dicker. Jede Verformung ist ein zeitlich veränderlicher Vorgang. Man spricht von *zügiger Verformung*, wenn sie wie „in einem Zuge" ohne Unterbrechung zunimmt, ihre Größe also in einem Sinn (einsinnig) ändert, von *wechselnder Verformung*, wenn sie wiederholt ihre Größe, ihre Richtung oder ihren Richtungssinn ändert. Der Fall, daß eine Verformung im Ablauf der Zeit unverändert bleibt, ist für die Werkstoffkunde von geringem Interesse.

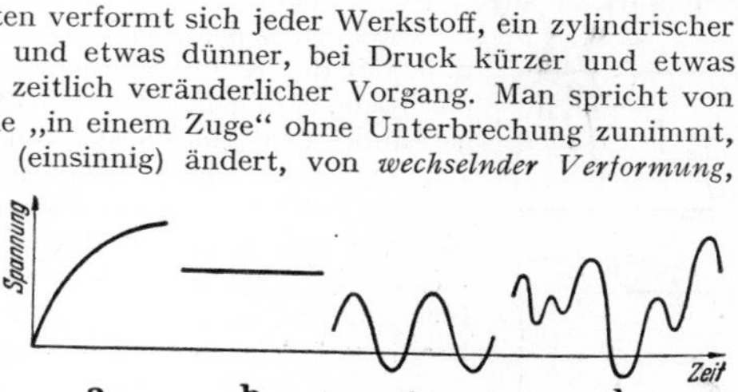

Bild 1. Verschiedene Formen des zeitlichen Beanspruchungsverlaufs
a) zügig, b) ruhend, c) periodisch wechselnd, d) unperiodisch wechselnd

Dementsprechend spricht man von *zügiger Beanspruchung*, wenn diese — gleichgültig ob bei Zug, Druck, Biegung oder Verdrehung — „in einem Zuge" ansteigt, auch unabhängig davon, ob dies kürzere (Schlag) oder längere Zeit dauert, und von *wechselnder Beanspruchung*, wenn diese periodisch oder auch unperiodisch ihre Größe wiederholt ändert, Bild 1. Ein Grenzfall der zügigen ist die *ruhende Beanspruchung*, die für die Werkstoffkunde als Zeitstandbeanspruchung Bedeutung gewinnt, wenn sich dabei im Lauf der Zeit die Größe der Verformung (zügig) ändert, wie z. B. bei Stahl unter Einwirkung ruhender Lasten bei erhöhter Temperatur.

2. Spannungen in gekerbten Konstruktionsteilen

Bei elastischen Werkstoffen sind die Verformungen die Ursache von *Spannungen*, die den Verformungen proportional sind und sich bei glatten prismatischen Stäben unter der Annahme einer gleichmäßigen bzw. linearen Spannungsverteilung nach den Formeln der Elastizitätslehre berechnen lassen. Man findet somit für Zug oder Druck die *Normalspannung* $\sigma = F/S$, für Biegung die größte Spannung in der Randfaser $\sigma = M_b/W_b$ und für Verdrehung zylindrischer Stäbe die größte am Umfang des Querschnitts wirkende *Schubspannung* $\tau = M_t/W_p$. Mit diesen einfachen Formeln rechnet man bequemerweise auch dann, wenn die Voraussetzungen dafür nicht mehr erfüllt sind, so z. B. bei Biegung eines Gußeisenstabs (Spannungen sind den Verformungen nicht proportional) oder bei gekerbten Teilen, bei denen die Spannungsverteilung über den Querschnitt weder gleichmäßig noch linear verläuft, Bild 2 u. 3. In diesem Fall muß man die nach den einfachen Formeln errechnete Spannung als *Nennspannung* σ_n

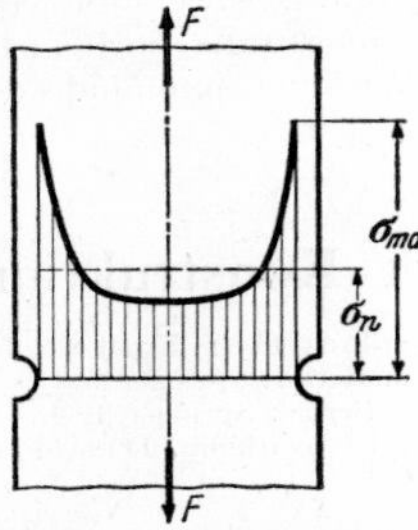

Bild 2. Spannungsverteilung im gekerbten Flachstab bei Zug

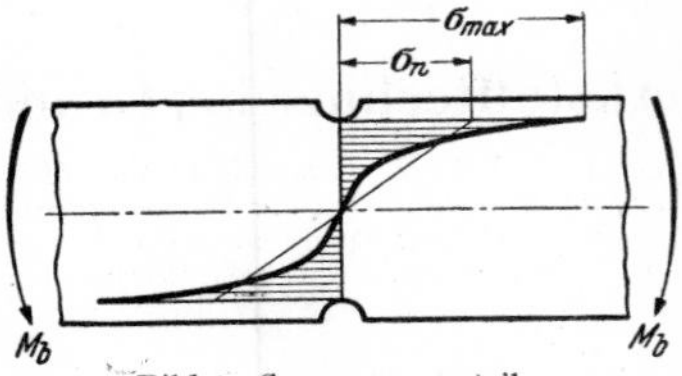

Bild 3. Spannungsverteilung im gekerbten Flachstab bei Biegung

bezeichnen, deren Wert von den im Grunde einer Kerbe wirkenden *Spannungsspitzen* σ_{max} weit überschritten werden kann. Die Spannungsspitze ist also um ein Vielfaches höher als die Nennspannung, $\sigma_{max} = \alpha_k \sigma_n$. Als Maß für die Höhe der Spannungsspitze eines elastisch verformten Konstruktionsteils dient die *Formzahl* $\alpha_k = \sigma_{max}/\sigma_n$. Sie ist nur von der äußeren Form des Teiles und der Beanspruchungsart abhängig, der Werkstoff bleibt praktisch ohne Einfluß.

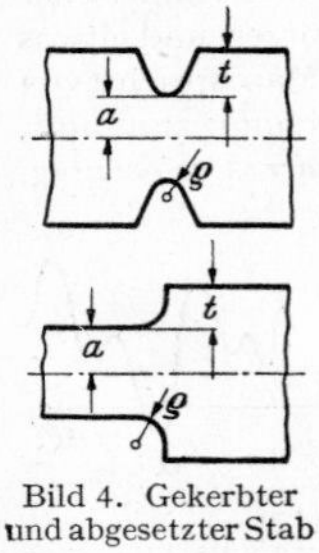

Bild 4. Gekerbter und abgesetzter Stab

Die Formzahl nimmt zu mit wachsender Schärfe der Kerbe, d. h. mit der Krümmung im Kerbgrund, und mit wachsender Kerbtiefe, wenigstens solange die Abmessungen der Kerbe klein gegenüber den Querschnittsabmessungen bleiben. Bei rotationssymmetrischen Teilen beliebiger Berandung ist die Formzahl für Zug (oder Druck) am höchsten, für Biegung liegt sie etwas niedriger und ist am geringsten bei Verdrehbeanspruchung. Bei Zug ist die Formzahl eines solchen Teiles niedriger als die eines Flachstabes mit gleicher äußerer Berandung, d. h. also gleicher Breite und gleichen Kerbabmessungen.

In wenigen einfachen Fällen kann die Formzahl aus den elastischen Gleichungen errechnet werden[1]. Für außen gekerbte oder abgesetzte Flach- oder Rundstäbe genügt für praktische Zwecke eine Näherungsberechnung

[1] *Neuber, H.:* Kerbspannungslehre. 2. Aufl. Berlin: Springer 1958.

nach der Beziehung

$$\alpha_k = 1 + \frac{1}{\sqrt{\frac{A}{t/\varrho} + B\,\frac{(1 + a/\varrho)^2}{(a/\varrho)^3} + \frac{C}{(t/\varrho)^n} \cdot \frac{a}{a+t}}}, \quad \text{vgl. Bild 4.}$$

Kerbform		Rillenkerbe				Absatz		
Beanspruchung		Zug	Biegung	Verdrehung	Schub	Zug	Biegung	Verdrehung
A		0,25	0,25	1	1	0,77	0,77	3,14
B	Flachstab	0,62	1,4	—	—	1,3	3,5	—
	Rundstab	1	1,8	7	6,7	2,1	3,9	14,3
C	Rundstab	Werte noch unbekannt					0,2	0,2
n		Obige Gleichung gilt hier nur für $t/\varrho > 1$					3	3

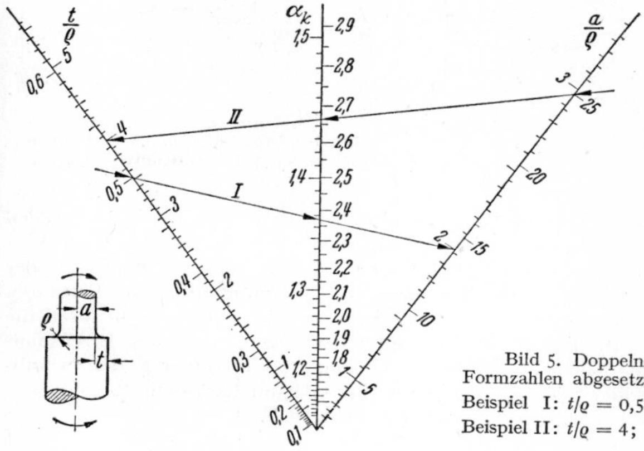

Bild 5. Doppelnomogramm für die Formzahlen abgesetzter Wellen bei *Biegung*
Beispiel I: $t/\varrho = 0{,}5$; $a/\varrho = 2$; $\alpha_k = 1{,}37$
Beispiel II: $t/\varrho = 4$; $a/\varrho = 25$; $\alpha_k = 2{,}67$

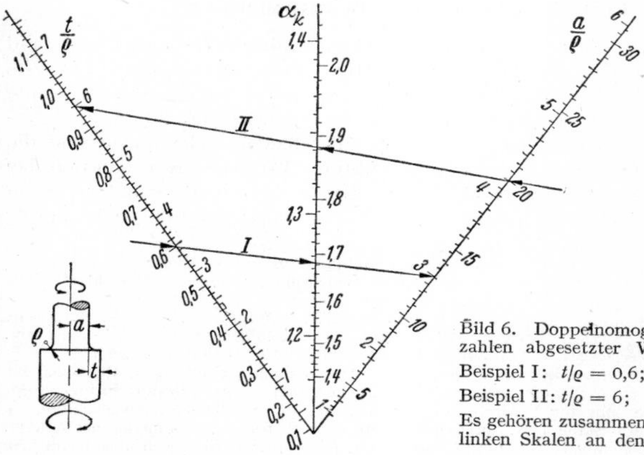

Bild 6. Doppelnomogramm für die Formzahlen abgesetzter Wellen bei *Verdrehung*
Beispiel I: $t/\varrho = 0{,}6$; $a/\varrho = 3$; $\alpha_k = 1{,}26$
Beispiel II: $t/\varrho = 6$; $a/\varrho = 20$; $\alpha_k = 1{,}88$
Es gehören zusammen je die rechten bzw. die linken Skalen an den Leitern beider Bilder

Diese Beziehung läßt sich für abgesetzte Wellen durch Nomogramme, Bild 5 und 6, darstellen.

In den weitaus meisten Fällen versagen jedoch die Berechnungsverfahren, da viele technisch gebräuchliche Kerbformen mathematisch nicht berechenbar sind.

In solchen Fällen muß die Höhe der Spannungsspitze versuchsmäßig ermittelt werden. Die zuverlässigsten Werte liefern Feindehnungsmessungen am fertigen Konstruktionsteil[1], mit deren Hilfe allerdings nur die Spannungen in der Oberfläche gemessen werden können.

Bild 7 und 8 zeigen die Ergebnisse solcher Messungen an quergebohrten Flachstäben und Wellen.

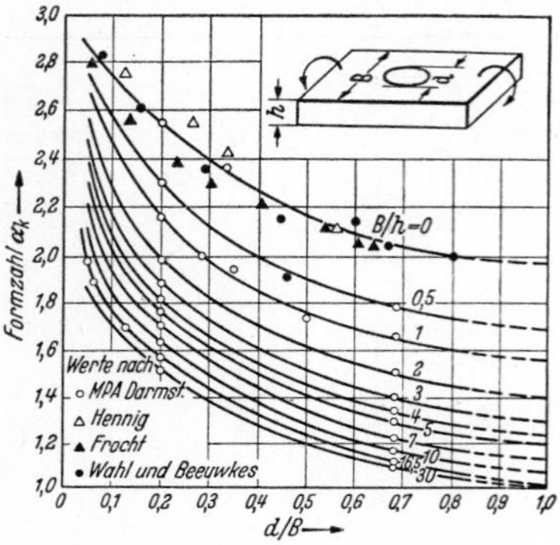

Bild 7. Formzahlen quergebohrter Flachstäbe bei Biegebeanspruchung ($B/h = 0$ entspricht der Zugbeanspruchung)

Zur Bestimmung der Formzahl von Flachstäben bei Zug oder Biegung werden häufig spannungsoptische (photoelastische) Verfahren[2] an durchsichtigen Modellen

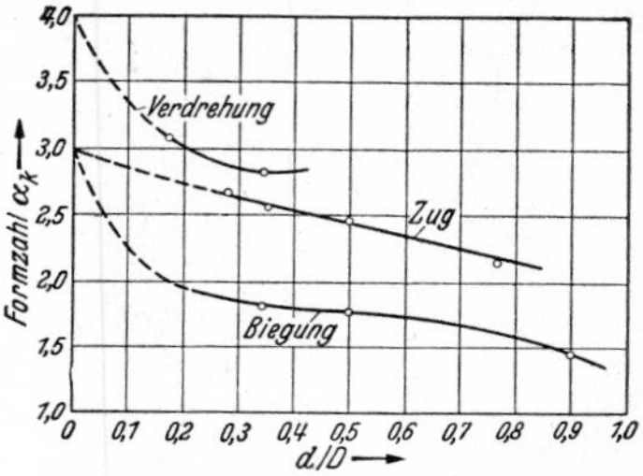

Bild 8. Formzahlen quergebohrter Wellen bei Zug-, Biege- und Verdrehbeanspruchung (α_k bei Verdrehung $= \sigma_{max}/\tau_n$)

angewendet. Zur Ermittlung der Spannungen in kompliziert geformten Teilen werden die bei erhöhter Temperatur in durchsichtigen Modellen entstandenen Verformungen bei Raumtemperatur „eingefroren". Nach dem Zerschneiden der Modelle in ebene Scheiben können diese nach den spannungsoptischen Verfahren vermessen werden. Die röntgenographische Spannungsbestimmung[3] benutzt die Verzerrung des Atomgitters zur Messung der Spannungen, auch von Eigenspannungen. Verschiedene Gleichnisverfahren[4] können zur Ermittlung der Schubspannungsverteilung im Querschnitt prismatischer oder im Längsschnitt rotationssymmetrischer Stäbe bei Verdrehung ausgewertet werden.

3. Festigkeit bei zügiger Beanspruchung

a) Unter **Festigkeit** eines Werkstoffs versteht man allgemein seinen Widerstand (gegen Formänderungen und) gegen Bruch. Hierin unterscheidet sich der feste Körper von der Flüssigkeit, die einer Verschiebung oder Trennung ihrer Teilchen keinen nennenswerten Widerstand entgegensetzt. Bruchsicherheit und Formbeständigkeit unter den im normalen Betrieb auftretenden Belastungen sind die grundlegenden Forderungen an eine Konstruktion. Um eine Konstruktion bei zügiger oder ruhender Beanspruchung bruchsicher zu gestalten, genügt es, wenn die höchsten auftretenden Spannungen mit Sicherheit unter der zügigen Festigkeit

[1] *Rötscher, F.*, u. *R. Jaschke:* Dehnungsmessungen und ihre Auswertung. Berlin: Springer 1939. — *Fink, K.*, u. *C. Rohrbach:* Handbuch der Spannungs- und Dehnungsmessung. Düsseldorf: VDI-Verlag 1958.

[2] Photoelastische Spannungsbestimmung (Spannungsoptik). *Föppl, L.*, u. *E. Mönch:* Praktische Spannungsoptik, 2. Aufl., Berlin: Springer 1959. — *Kuske, A.:* Einführung in die Spannungsoptik. Stuttgart: Wissensch. Verlagsges. 1959. — *Wolf, H.:* Spannungsoptik. Berlin: Springer 1961.

[3] Röntgenographische Spannungsbestimmung (nur für Oberflächenspannungen, aber auch für Eigenspannungen). *Glocker, R.:* Materialprüfung mit Röntgenstrahlen, 4. Aufl. Berlin: Springer 1958.

[4] Gleichnisverfahren (nur für Verdrehbeanspruchung, für die Schubspannungsverteilung im Querschnitt prismatischer Stäbe bzw. im axialen Längsschnitt rotationssymmetrischer Stäbe). a) Hydrodynamisches Gleichnis (Längs- und Querschnitt): *Föppl, A.:* Vorlesungen über technische Mechanik, Bd. 3 und 5. München: Oldenbourg. — b) Seifenhautgleichnis (Querschnitt): *Quest, H.:* Ing.-Arch. 4 (1933) 510. — *Oschatz, H.:* Mitt. Mat.-Prüf.-Anst. Darmstadt, Heft 2. Berlin: VDI-Verlag 1932. — c) Feldelektrisches Verfahren (Längs- und Querschnitt): *Thum, A.*, u. *W. Bautz:* VDI-Z. 78 (1934) 17; ATM V 132—11.

des Werkstoffes für die betreffende Beanspruchungsart (Zug, Druck, Biegung, Verdrehung) bleiben. Wenn die Forderung der Formbeständigkeit erfüllt werden soll, dürfen die Spannungen die entsprechende Fließgrenze nicht überschreiten, da sonst bleibende (plastische) Formänderungen entstehen können. Unter Umständen ist es notwendig, auch die elastische Verformung klein zu halten, wenn es auf genaue Maßhaltigkeit ankommt (z. B. im Werkzeugmaschinenbau) oder wenn Instabilitätserscheinungen vermieden werden müssen (Ausknicken von schlanken Druckstäben, Ausbeulen von Dünnblechkonstruktionen; vgl. S. 418.

Die Festigkeit der metallischen Werkstoffe, die für die Technik die größte Bedeutung besitzen, kann durch verschiedene Maßnahmen verändert werden. Die chemische Zusammensetzung, d. h. der Anteil an Legierungselementen, ist z. B. für einen Stahl von entscheidender Bedeutung für die Höhe seiner Festigkeit, da diese außer durch Kohlenstoff (als das am stärksten wirkende Element) durch Ni, Cr, Mn, Si, Mo, V, W usw. erheblich gesteigert werden kann (S. 557). Ähnliches gilt für die Legierungen des Kupfers (S. 582) und des Aluminiums (S. 587). Zähe Werkstoffe erfahren weiterhin durch Kaltverformung — z. B. beim Kaltziehen von Drähten, Kaltwalzen von Blechen — Erhöhungen ihrer Festigkeit, die das Doppelte bis Dreifache des ursprünglichen Betrags ausmachen können. Schließlich bietet die Wärmebehandlung von Stählen (S. 552) eine Möglichkeit, die Festigkeit vom weichgeglühten bis zum glashart gehärteten Zustand in weiten Grenzen zu verändern.

b) Bei **gleichmäßiger Spannungsverteilung** über den Querschnitt, also z. B. bei einem zugbeanspruchten prismatischen Stab aus homogenem Werkstoff (z. B. reinem Stahl), ist die zügige Festigkeit von der Form und der Größe des Querschnitts unabhängig, man findet den gleichen Wert an einem dünnen Vierkantstab wie an einem dicken Rundstab.

c) Bei **ungleichmäßiger Spannungsverteilung** ist das nicht mehr der Fall. So ändert sich bei zügiger Biegebeanspruchung die Festigkeit mit Form und Größe des Querschnitts, sie nimmt ab mit wachsendem Querschnitt. Dies liegt daran, daß im gebogenen Stab die Spannungen nur in den äußeren Fasern den für die Fließ- oder Bruchgefahr kritischen Wert erreichen und dicht daneben Werkstoffgebiete liegen, die wesentlich niedriger beansprucht sind. Besonders steil ist der Spannungsabfall vom Rand zur neutralen Faser bei sehr dünnen Biegestäben, daher ist deren Fließgrenze oder Festigkeit höher als die von gleichartigen Zugstäben oder dickeren Biegeproben.

d) Bei **gekerbten Teilen** ist die Ungleichmäßigkeit der Spannungsverteilung noch stärker. Hier fällt die Spannung nicht nur im Kerbquerschnitt vom Kerbgrund aus steil ab, sondern auch in benachbarten Querschnitten, besonders an den Kerbflanken, sind Werkstoffgebiete, die nahezu unbeansprucht sind. Dadurch entsteht im Kerbquerschnitt u. U. eine starke Verformungsbehinderung, so daß das Fließen (bei zähen Werkstoffen) erst bei höheren Spannungen eintritt und örtlich beschränkt bleibt. Infolge dieser Verformungsbehinderung durch die Kerbe erträgt z. B. beim Zugversuch ein umlaufend gekerbter Stab aus einem zähen Werkstoff bei gleichen Abmessungen des Querschnitts eine höhere Belastung als ein glatter Stab, da jener im Kerbgrund seinen ursprünglichen Querschnitt beibehält, während beim glatten Stab infolge der Einschnürung sich der tragende Querschnitt stark vermindert. Auch können sich die Spannungsspitzen für den Wert der Festigkeit dabei nicht mehr voll auswirken; denn die Formzahl gilt nur im elastischen Bereich, und bei den erheblichen plastischen Verformungen, die bei zähen Werkstoffen dem Bruch bei zügiger Beanspruchung vorangehen können, werden die Spannungsspitzen zu einer fast ausgeglichenen Spannungsverteilung abgebaut. Bei *zähen* Werkstoffen ist es also möglich, daß durch Kerben die zügige Festigkeit gesteigert wird.

Bei *spröden* Werkstoffen, z. B. Glas, dagegen führt Kerbwirkung stets zu einer Minderung der Nennfestigkeit im Kerbgrund (wenn auch unter Umständen die Spannungsspitze aus den oben beschriebenen Gründen über der Festigkeit bei gleichmäßiger Spannungsverteilung liegen mag), da diese Stoffe sich vor dem Bruch nicht oder nur wenig plastisch verformen und daher die ungleichmäßige Spannungsverteilung nicht oder nur wenig mildern können. Die Bruchgefahr wird also durch Kerben erhöht, sofern nicht die Sprödigkeit des Stoffes selbst durch grobe innere Kerbwirkung, z. B. durch Graphitblättchen im Gußeisen, verursacht ist.

Auf jeden Fall, d. h. bei spröden wie bei zähen Werkstoffen, wirkt eine Kerbe bei *schlagartiger Beanspruchung* bruchbegünstigend. Hierbei wird nämlich nicht die Übertragung einer Kraft, sondern die Aufnahme einer Arbeit verlangt, für die im Kerbquerschnitt nur ein geringes, hochbeanspruchtes Werkstoffvolumen zur Verfügung steht. Gewaltbrüche infolge zügiger Beanspruchung treten daher meist bei schlagartiger Überlastung, z. B. bei einem Unfall, auf. Hier zeigt es sich besonders, daß der zähe Werkstoff wegen seiner Möglichkeit plastischer Verformung und seines damit höheren Arbeitsaufnahmevermögens dem spröden weit überlegen ist.

4. Festigkeit bei wechselnder Beanspruchung

Bei wechselnder Beanspruchung (S. 539) ist die Bruchgefahr des Werkstoffs nicht nur von der Höhe, sondern auch von der Anzahl der aufeinanderfolgenden Beanspruchungen abhängig, sie steigt mit zunehmender Höhe und wachsender Anzahl. Ein klar definierbarer Festigkeitswert läßt sich nur angeben, wenn die Spannung sich mit der Zeit periodisch etwa nach Bild 9 ändert, d. h. während eines Lastspiels durch die *Oberspannung* σ_o und die *Unterspannung* σ_u begrenzt wird. Die Spannung pendelt dann um den Wert der *Mittelspannung* σ_m mit einem nach oben und unten gleichen *Spannungsausschlag* σ_a. Dabei ist $\sigma_m = (\sigma_o + \sigma_u)/2$ und $\sigma_a = (\sigma_o - \sigma_u)/2$.

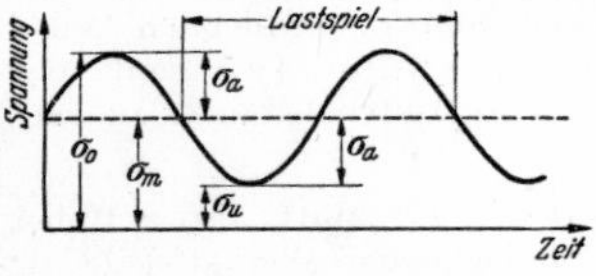

Bild 9. Begriffsbestimmungen für eine wechselnde Beanspruchung. σ_o = Oberspannung, σ_u = Unterspannung, σ_m = = Mittelspannung, σ_a = Spannungsausschlag

a) Ermittlung der Dauerfestigkeit. Unter der *Dauerfestigkeit* (*Dauerschwingfestigkeit*) eines Werkstoffs versteht man denjenigen Höchstwert einer wechselnden Beanspruchung, meist des Spannungsausschlags, der bei beliebig häufiger Wiederholung — also auf die Dauer — gerade noch ohne Bruch ertragen wird. Entsprechend versteht man unter *Zeitfestigkeit* diejenige Größe einer wechselnden Beanspruchung, die eine bestimmte Zeit lang — z. B. 100000 Lastspiele — ohne Bruch ertragen wird. Die Dauerfestigkeit ist wegen der zerrüttenden Wirkung der wechselnden Verformungen viel niedriger als die zügige Festigkeit.

Die Dauerfestigkeit oder die Zeitfestigkeit bestimmt man durch Versuche an mehreren gleichartigen Proben, die man bei periodisch wechselnder Beanspruchung verschiedener Höhe prüft. Die jeweilige Lastspielzahl bis zum Bruch wird ermittelt. Die Versuchsergebnisse — Spannungsausschlag und zugehörige Bruchlastspielzahl — liefern die *Wöhlerkurve* (Bild 10), die aus einem zunächst abfallenden Verlauf bei höheren Lastspielzahlen N (bei Stahl im allgemeinen nicht über 10 Mill.) in eine Waagerechte übergeht, deren Höhe dem Wert der Dauerfestigkeit entspricht. Die Dauerfestigkeit hängt von einer ganzen Reihe von Einflüssen ab, die bei der Bemessung einer wechselnd beanspruchten Konstruktion zu berücksichtigen sind.

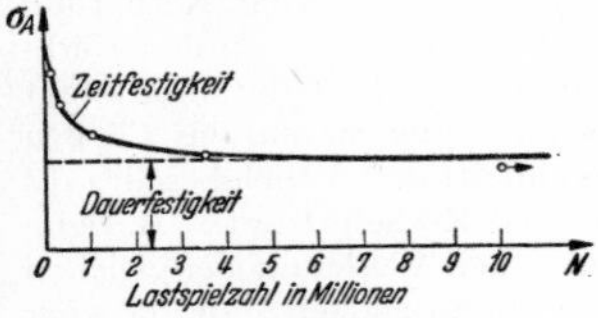

Bild 10. Wöhlerkurve

b) Ruhende Vorspannung. Der einfachste Fall der Dauerfestigkeit ist die *Wechselfestigkeit* σ_W, bei der die Spannung zwischen entgegengesetzt gleich großen Grenzwerten pendelt (Bild 11). Es ist also $\sigma_O = -\sigma_U = \sigma_A$ und $\sigma_m = 0$ (die großen Indizes gelten für Festigkeitswerte, die kleinen für Spannungswerte). Mit zunehmender Mittelspannung σ_m vermindert sich der ertragbare Spannungsausschlag σ_A, bei Stahl allerdings nur unwesentlich, solange die Oberspannung unterhalb der Fließgrenze bleibt. Bei Überschreiten der Fließgrenze kann er sogar wieder etwas größer werden (vgl. Kaltverformung, S. 526), doch ist dies praktisch nicht verwertbar, da in Konstruktionsteilen plastische Verformungen nicht zugelassen werden können. Trägt man die ertragbaren Ober- und Unterspannungen in Abhängigkeit von der Mittelspannung auf, so erhält man das *Dauerfestigkeitsschaubild*, Bild 12. Entsprechende Punkte der Ober- und Unterspannung sind von der 45°-Linie in senkrechter Richtung gleich weit, nämlich um den Betrag des Spannungsausschlages, entfernt. Nach oben begrenzt man das Schaubild zweck-

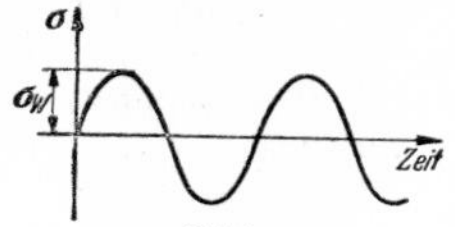

Bild 11
Wechselfestigkeit σ_W
bei wechselnder Beanspruchung

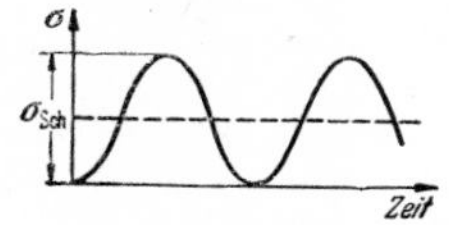

Bild 13
Schwellfestigkeit σ_{Sch}
Bei schwellender Beanspruchung

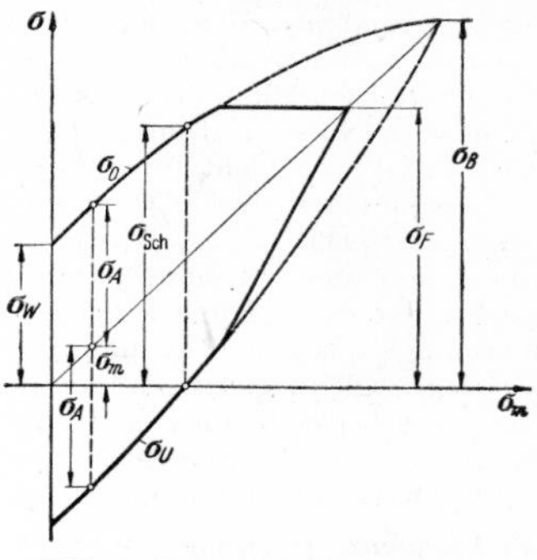

Bild 12. Dauerfestigkeitsschaubild

mäßig durch eine Horizontale in Höhe der Fließgrenze. Aus dem Diagramm liest man auch den Fall der *Schwellfestigkeit* σ_{Sch} ab, für den $\sigma_U = 0$ und $\sigma_m = \sigma_A = {}^1/_2\sigma_O$ ist, Bild 13. Für Stahl ist σ_{Sch} nur wenig kleiner als $2 \cdot \sigma_W$, so daß man eine für den praktischen Gebrauch hinreichend genaue Annäherung erhält, wenn man den Verlauf der Oberspannung als gerade Linie unter 35° einzeichnet (vgl. Bild 25, S. 357).

c) Beanspruchungsart. In ähnlichem Maß wie bei zügiger Beanspruchung ist die Dauerfestigkeit davon abhängig, ob die Spannungen gleichmäßig über den Querschnitt verteilt sind, alle Werkstoffteilchen also die gleiche Anstrengung erfahren, oder ob die Spannungen von einem höheren Niveau mehr oder weniger steil zu niedrigeren Werten abfallen, wobei hochbelastete und wenig beanspruchte Gebiete dicht nebeneinander liegen können. Bei wechselnder Beanspruchung ist bei gleicher Höchstspannung die Bruchgefahr um so geringer, je steiler die Spannung von ihrem Maximum zu niedrigeren Werten abfällt. Deshalb ist die Biegewechselfestigkeit mit ihrem linearen Spannungsabfall zur neutralen Zone etwas größer als die Wechselfestigkeit bei Zug-Druck, für die das Spannungsgefälle 0 ist. Die Verdrehwechselfestigkeit, die als Schubspannungswert angegeben wird, ist kleiner als die Zug-Druck-Wechselfestigkeit. Bei reinen Stählen und allen dehnbaren Metallen, die das *Hooke*sche Gesetz befolgen, kann sie in ziemlich guter Übereinstimmung mit der Bruchhypothese der größten Gestaltänderungsarbeit (S. 360) bei etwa gleich dicken Stäben mit ungefähr 58% ($\triangleq 1/\sqrt{3}$) der Biegewechselfestigkeit angegeben werden.

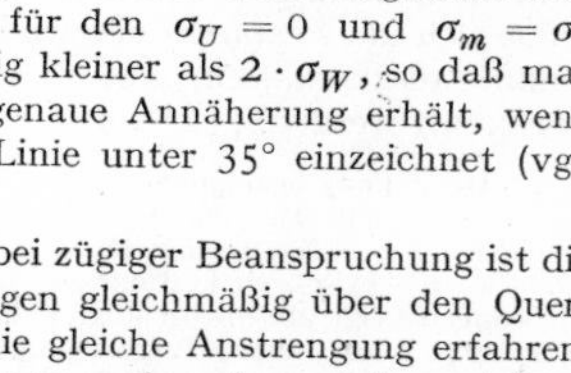

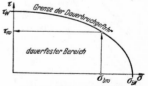

Bild 14. Ellipsenschaubild
für kombinierte Beanspruchung

d) Kombinierte Beanspruchung. Überlagern sich mehrere Beanspruchungsarten gleichzeitig, z. B. wechselnde Biegung und Verdrehung, so können, wenn die Spannungsmaxima der beiden Teilbeanspruchungen zeitlich zusammenfallen, nicht die Festigkeiten für die beiden Teilbeanspruchungen in voller Höhe eingesetzt werden. Diese reduzieren sich gegenseitig bei zähen Werkstoffen derart, daß ein Ellipsenquadrant, konstruiert aus den

Werten der Biegewechselfestigkeit und Verdrehwechselfestigkeit als Halbachsen, die äußere Grenze für die dauerfest ertragbare Höhe der beiden Teilbeanspruchungen darstellt, Bild 14.

e) Spannungszustand. Nicht immer liegt, wie z. B. bei Zug oder Biegung glatter Stäbe, der einfache Fall eines einachsigen Spannungszustands vor. Recht häufig kann, z. B. durch in mehreren Raumrichtungen angreifende Kräfte, der Spannungszustand an einem Körperelement zweiachsig oder gar dreiachsig sein. Da, von wenigen Ausnahmen abgesehen, der Dauerbruch in der Regel von der Oberfläche des beanspruchten Werkstücks ausgeht und dort nur ein zweiachsiger Spannungszustand herrschen kann, genügt es, diesen zu betrachten. Bei spröden Werkstoffen, wie Gußeisen, wird die Dauerfestigkeit durch die Mehrachsigkeit des Spannungszustands praktisch nicht beeinflußt, ihre Größe wird bestimmt durch die größte als Zugspannung wirkende Hauptspannung. Bei zähen Werkstoffen dagegen wird die Dauerfestigkeit etwas gesteigert, wenn die beiden Hauptspannungen des zweiachsigen Spannungszustands dasselbe Vorzeichen haben, dieser also gleichsinnig zweiachsig ist und damit Gleitverformungen behindert. Umgekehrt wirkt ein ungleichsinnig zweiachsiger Spannungszustand (mit Hauptspannungen verschiedenen Vorzeichens) gleitbegünstigend und setzt die Dauerfestigkeit herab. Ein gleichsinnig zweiachsiger Spannungszustand liegt im Grund vieler Kerben vor, was mit dazu beiträgt, die Dauerfestigkeit nicht ganz so weit absinken zu lassen, wie der durch die Kerbe erzeugten Spannungsspitze entspricht (vgl. S. 532).

f) Frequenz. Innerhalb der unter normalen Verhältnissen vorkommenden Lastspielfrequenzen bis etwa 100 Hz verändert sich die Dauerfestigkeit nicht, sie nimmt jedoch etwas zu bei sehr hohen Frequenzen. Ein mittelbarer Einfluß der Frequenz kann dadurch zustande kommen, daß infolge der *Dämpfung* des Werkstoffs die Probe sich um so stärker erwärmt, je mehr die Frequenz gesteigert wird. Um diesen Einfluß auszuschalten, muß in solchen Fällen bei der Prüfung der Probestab mit Öl gekühlt werden.

g) Herstellungsbedingungen. Von der Werkstoffseite her kann die Dauerfestigkeit mehr oder weniger durch die Herstellungsbedingungen beeinflußt sein. Für Stähle tritt dies durch die verschiedenen Arten der Erschmelzung in Erscheinung, da ein Thomasstahl wegen seiner verhältnismäßig kurzen Frischzeit und der unruhigen Desoxydation mehr Schlacken enthält und stärker zu Seigerungen neigt als ein beruhigter Siemens-Martin-Stahl oder gar ein Elektrostahl hohen Reinheitsgrades. Diese inneren Verunreinigungen setzen die Dauerfestigkeit stark herab, ohne daß sie an den zügigen Festigkeitswerten ohne weiteres erkannt werden könnten. Bei der Weiterverarbeitung des Stahls durch Schmieden und Walzen wird das ursprünglich grobe Primärgefüge verfeinert, so daß die Dauerfestigkeit mit zunehmendem Verschmiedungsgrad erst schnell, dann langsamer ansteigt. Gleichzeitig werden aber die nichtmetallischen Verunreinigungen in Walzrichtung ausgestreckt, wodurch sich starke Unterschiede in der Dauerfestigkeit längs und quer entnommener Proben bemerkbar machen. Der Werkstoff bekommt eine deutliche *Faserstruktur*, so daß schon die zügigen Festigkeitseigenschaften, besonders Bruchdehnung, Brucheinschnürung und Kerbschlagzähigkeit in der Querrichtung stark vermindert werden (vgl. S. 539). Auf diese Faserrichtung ist bei spanabhebend bearbeiteten Teilen, bei denen die Faser angeschnitten werden kann, zu achten. An einer abgesetzten Welle z. B., die aus einer Walzstange gefertigt wurde, läuft die Faser in der ohnehin schon höchstbeanspruchten Hohlkehle schräg zum Kraftfluß, so daß die Dauerfestigkeit des Werkstoffs gerade an dieser Stelle niedriger ist als im glatten Schaft.

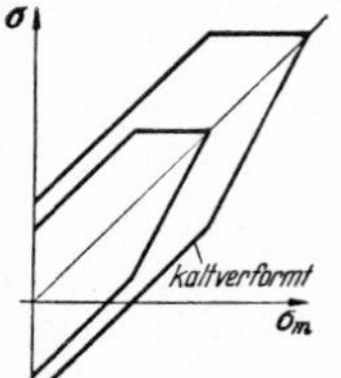

Bild 15. Veränderung des Dauerfestigkeitsschaubildes durch Kaltverformung

h) Kaltverformung. Während Zugfestigkeit und Streckgrenze durch Kaltwalzen oder -ziehen beträchtlich erhöht werden, steigt die Dauerfestigkeit dadurch weniger stark an. Allerdings kann wegen der hochliegenden Streckgrenze eine wesentlich höhere ruhende Vorspannung der wechselnden Beanspruchung ohne Bruchgefahr überlagert werden. Das Dauerfestigkeitsschaubild wird also nur wenig breiter, doch bedeutend länger gestreckt, Bild 15.

Werden jedoch nur beschränkte Gebiete, z. B. die Oberfläche, plastisch verformt, so bildet sich in dem Körper ein *Eigenspannungssystem* aus, das unter geeigneten Voraussetzungen die Dauerfestigkeit ganz erheblich steigern kann. Ein solches Eigenspannungssystem ist stets dann günstig, wenn in der Oberfläche Druckeigenspannungen herrschen, da dort z. B. bei Biegung oder Kerbwirkung die höchsten Spannungen wirken und damit die größte Bruchgefahr besteht. Diesen Druckeigenspannungen in der Oberfläche wird dann durch Zugeigenspannungen im Innern das Gleichgewicht gehalten.

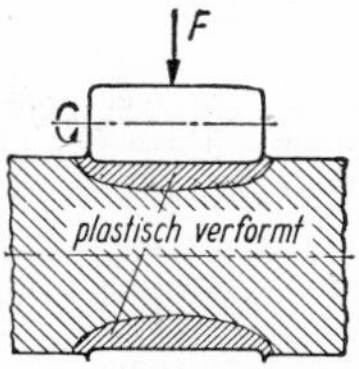

Bild 16. Kaltrollen einer Welle zur Erzeugung eines Eigenspannungssystems

Wird z. B. eine Welle auf einer Zone ihres Umfangs durch eine Druckrolle kalt gewalzt, so wird das unter der Rolle plastisch verformte Material in die Länge (Umfangsrichtung) und in die Breite (Achsrichtung) gestreckt, Bild 16. In einiger Tiefe klingt die Wirkung der Druckrolle jedoch ab, so daß der Werkstoff hier nur elastisch verformt wird und nach dem Walzvorgang wieder zurückzufedern sucht. Hierdurch wird die länger und breiter gewalzte ringförmige Zone in axialer und tangentialer Richtung unter Druckeigenspannungen gesetzt, während im Kern Zugspannungen in axialer, tangentialer und radialer Richtung bleiben. Die plastisch verformten Gebiete erhalten also Druckeigenspannungen, die den gefährlichen Zugspannungen der Betriebsbelastung entgegenwirken, Bild 17. So lassen sich z. B. durch örtliches Kaltwalzen oder -rollen von Hohlkehlen, von Nuten, der Einbrandkerben von Schweißnähten, Gewinden usw. ganz erhebliche Steigerungen der Dauerhaltbarkeit erzielen. Jedoch ist stets darauf zu achten, daß die Kaltverformung örtlich beschränkt bleibt, damit noch eine elastische Rückfederung der nicht erfaßten Gebiete möglich ist.

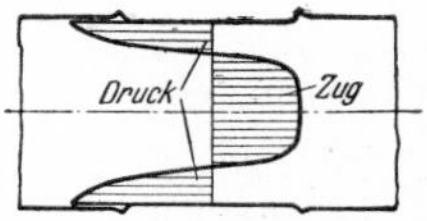

Bild 17. Eigenspannungen in axialer Richtung nach dem Kaltwalzen

i) Wärmebehandlung. Alle Wärmebehandlungen, welche die zügige Festigkeit steigern, haben in der Regel eine — wenn auch nicht immer verhältnisgleiche — Steigerung der Dauerfestigkeit zur Folge. Besonders im Bereich hoher Vergütungsfestigkeiten steigt die Dauerfestigkeit sehr viel langsamer an als die Zugfestigkeit, erreicht schließlich ein Maximum und fällt bei extrem hohen Härten und Festigkeiten sogar wieder ab. Dies ist vornehmlich verursacht durch die Inhomogenitäten und Verunreinigungen im Gefüge, auf die ein hochfester Stahl viel empfindlicher anspricht als ein weicher Stahl. Besonders stark kommt dies wiederum in dem Unterschied der Dauerfestigkeiten längs und quer entnommener Proben zum Ausdruck, der sich mit zunehmender Vergütungsfestigkeit erheblich vergrößert. Auch die Verdrehdauerfestigkeit wird hiervon betroffen, da bei Verdrehung eines Stabes die maximale Zugspannung unter einem Winkel von 45° zur Stabachse und damit zum Faserverlauf wirkt. Man sollte deshalb bei verdrehbeanspruchten Teilen, wie Torsionsstäben oder Schraubenfedern, die Vergütungsfestigkeit nicht höher als 160 kp/mm^2 wählen.

Bei jeder Wärmebehandlung besteht die Gefahr einer chemischen Veränderung der Oberfläche durch Oxydation und Zunderbildung oder durch Kohlenstoffabgabe an das umgebende Medium bis zur völligen Auskohlung der Oberfläche, wobei das Randgefüge dann nur noch Ferrit enthält. Durch beide Vorgänge wird die Dauerfestigkeit ganz erheblich herabgesetzt; Verzunderung oder Randentkohlung müssen daher durch geeignete Maßnahmen bei der Wärmebehandlung vermieden oder die beeinflußten Oberflächenschichten später beseitigt werden.

Von besonders günstigem Einfluß kann eine örtliche Wärmebehandlung auf die Dauerfestigkeit sein, wie sie z. B. durch Flammenhärten, Einsatzhärten, Induktionshärten oder Nitrieren möglich ist. Hierdurch wird nämlich sowohl die Festigkeit des Werkstoffs an der Oberfläche erhöht, als auch durch Strukturänderungen in der Oberfläche, die mit Volumenvergrößerungen verbunden sind, ein günstiges Eigenspannungssystem (vgl. Abs. h) erzeugt. Die Steigerung der Dauerfestigkeit an bruchgefährdeten Stellen durch eines der angegebenen Verfahren kann daher ganz erhebliche Beträge annehmen.

k) Probengröße. Die an kleinen Probestäben versuchsmäßig bestimmten Dauerfestigkeitswerte werden an größeren Stücken auch bei gleicher Zugfestigkeit in der Regel nicht erreicht. Dies kann seinen Grund haben in verschieden starker Verschmiedung oder Verwalzung des Werkstoffs (vgl. Abs. g) oder aber in verschiedener Durchhärtung beim Vergüten, wodurch bei dünneren Proben gewöhnlich die Streckgrenze gegenüber dickeren Proben etwas erhöht wird. Jedoch ist bei verschieden dicken Proben bei jeder ungleichmäßigen Spannungsverteilung, z. B. bei Biege- oder Verdrehbeanspruchung, auch ein rein geometrischer Größeneinfluß vorhanden, weil das Spannungsgefälle vom Rand zur neutralen Faser verschieden ist (vgl. Abs. c). Die Biegewechselfestigkeit ist also an sehr dünnen Proben am größten und wird sich bei sehr dicken Proben mit einem entsprechend flachen Spannungsgefälle dem Wert der Zug-Druck-Wechselfestigkeit nähern. An kleinen Proben gewonnene Dauerfestigkeitswerte können deshalb nicht ohne weiteres auf größere Stücke übertragen werden (vgl. Beisp. S. 533).

l) Vorbeanspruchung. Beliebig viele Lastspiele unterhalb der Dauerfestigkeit sind unschädlich, durch ausreichend häufige Wechselbeanspruchungen (mehrere Millionen) dicht unterhalb der Dauerfestigkeit wird diese sogar etwas erhöht. Man bezeichnet diese Erscheinung, die in systematischer Wiederholung die Dauerfestigkeit weicher bis mittelharter Stähle unter Umständen bis zu 25% steigern kann, mit *Hochtrainieren* des Werkstoffs.

Wenige Beanspruchungen weit oberhalb der Dauerfestigkeit sind ebenfalls unschädlich, setzen sogar die Dauerfestigkeit, insbesondere die Schwellfestigkeit (und auch die Kerbzähigkeit), erheblich herauf. Erst wenn die Überbeanspruchungen eine bestimmte, von ihrer Höhe abhängige Anzahl überschreiten, kann eine Schädigung des Werkstoffs durch Minderung der Dauerfestigkeit oder der Kerbzähigkeit nachgewiesen werden. Über diese Verhältnisse gibt die *Schadenslinie* Auskunft, die zusammen mit der Wöhlerkurve aufgetragen wird (Bild 18) und abzulesen gestattet, wie viele und wie hohe Überbeanspruchungen ein Werkstoff ohne Schädigung, d. h. ohne Senkung seiner Dauerfestigkeit, ertragen kann. Im Gebiet niedriger Lastspielzahlen verläuft die Schadenslinie weit oberhalb der Dauerfestigkeit und mündet bei höheren Lastspielzahlen in die Wöhlerkurve ein.

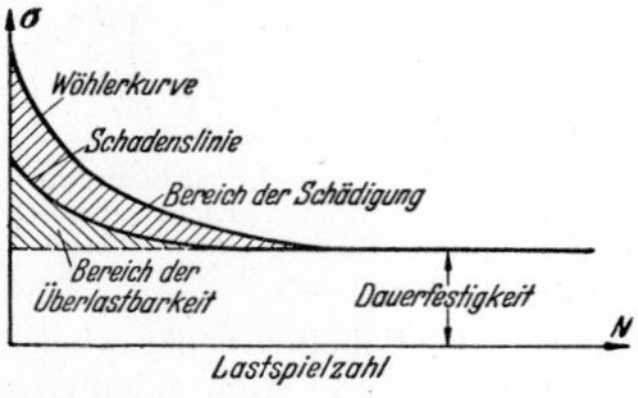

Bild 18. Wöhlerkurve und Schadenslinie

Die Schädigung durch gelegentliche Überbelastungen hat für die Bemessung von Bauteilen Bedeutung, deren Betriebsbeanspruchung unperiodisch wechselt, die also wechselnden Beanspruchungen verschiedener Höhe in regelloser Folge unterworfen sind, vgl. Bild 1, d. Bei solchen Teilen, z. B. des Fahrzeug- und Flugzeugbaus, kann man nicht so bemessen, daß auch die höchsten Überlastungen beliebig oft ertragen werden. Mit Rücksicht darauf, daß die hohen Überlastungen nur verhältnismäßig selten vorkommen, tritt an die Stelle der Dauerfestigkeit die Zeitfestigkeit als Bemessungsgrundlage, d. h. man rechnet von vornherein nur mit einer beschränkten Lebensdauer. Um für die Erprobung solcher Teile möglichst betriebsähnliche Bedingungen zu schaffen, werden auf programmgesteuerten Maschinen Versuche mit verschieden hohen Laststufen in systematischer Folge — entsprechend der Betriebshäufigkeit hoher und niedriger Beanspruchungen — gefahren, als deren Ergebnis die *Betriebsfestigkeit*[1] des betreffenden Bauteiles bestimmt wird. Bei wiederholt sehr hoch beanspruchten Bauteilen geht man auch im Versuch mit der Beanspruchung in den plastischen Bereich, so daß nur mit niedrigen Bruchlastspielzahlen bzw. kurzer Lebensdauer gerechnet werden kann (low-cycle fatigue test).

m) Kerbwirkung. Bei wechselnder Beanspruchung in Höhe der Wechselfestigkeit sind die Verformungen sehr viel kleiner als bei zügiger Beanspruchung in Höhe der Zugfestigkeit. Die Dauerfestigkeit ist nämlich, wie schon betont wurde, viel niedriger als die zügige Festigkeit, weil durch das ständige Ansteigen und Abschwellen der Verformung allmählich das Gefüge zerrüttet wird. Da sie nur etwa die gleiche Größe wie die E-Grenze hat und ein plastischer Abbau von Spannungsspitzen in ähnlichem Maß nicht möglich ist, wird durch Kerbwirkung die Dauerfestigkeit selbst bei zähen Werkstoffen stets verringert. Bei der üblichen Berechnung der Dauerfestigkeit gekerbter Teile bleibt die Spannungserhöhung durch die Kerbe meist unberücksichtigt, weshalb man entsprechend dem Begriff der Nennspannung den ermittelten Festigkeitswert mit Nenndauerfestigkeit oder auch mit *Dauerhaltbarkeit* bezeichnet.

[1] *Gaßner, E.:* Konstruktion 6 (1954) 97/104.

Man sollte zunächst erwarten, daß ein gekerbter Stab wechselnd nur so hoch belastet werden kann, bis die Spannungsspitze die Dauerfestigkeit des glatten Stabes erreicht. Da die Spannungsspitze $\sigma_{max} = \alpha_k \sigma_n$ ist, erwartet man also die Nenndauerfestigkeit im Verhältnis $1/\alpha_k$ gegenüber der Dauerfestigkeit des glatten Stabes vermindert. Dies ist jedoch nicht so, vielmehr kann — wiederum wegen des steilen Spannungsgefälles der Spannungsspitze und wegen der Mehrachsigkeit des Spannungszustands — im Kerbgrund eine höhere Spannung ohne Bruchgefahr ertragen werden. Das Maß, um das die Spannungsspitze die Dauerfestigkeit des glatten Stabes überschreiten darf, ist bei den einzelnen Werkstoffen verschieden, man bezeichnet sie daher als mehr oder weniger *kerbempfindlich.*

Die Dauerhaltbarkeit eines gekerbten Stabes ist somit nicht nur von der Form der Kerbe (also von α_k), sondern auch vom Werkstoff abhängig. Da durch die Wirkung der Kerbe die Festigkeit um einen meßbaren Faktor vermindert wird, definiert man als versuchsmäßig zu ermittelndes Verhältnis der Dauerfestigkeit eines glatten zur Dauerhaltbarkeit eines gekerbten Stabes die *Kerbwirkungszahl* $\beta_k = \sigma_W/\sigma_{nW}$, die stets kleiner ist als α_k. Die Nenndauerfestigkeit eines gekerbten Teiles ist danach $\sigma_{nW} = \sigma_W/\beta_k$.

Die Werte für β_k können zwischen 1 und α_k liegen. Bei weniger kerbempfindlichen Werkstoffen geht β_k fast gegen 1. Praktisch ist dies angenähert bei Gußeisen geringer Festigkeit und kleiner Abmessungen der Fall. Es ist infolge seiner inneren Kerbung durch die Graphitblättchen gegen äußere scharfe Kerben weitgehend unempfindlich. Doch ist bei hochwertigem Perlitguß schon eine merkliche Kerbempfindlichkeit vorhanden, ebenso bei großen Gußstücken, wenn die Kerbabmessungen in der Größenordnung den Graphitblättchen nicht mehr vergleichbar sind, sondern sie überschreiten. Ist der Werkstoff stark kerbempfindlich, wie z. B. hochvergütete Stähle, so erreicht β_k fast den Wert von α_k, und die Kerbe wirkt demnach stark festigkeitsmindernd. Bei Verwendung hochvergüteter Stähle muß man also besonders die Kleinformgebung sehr sorgfältig vornehmen, um Kerbwirkung möglichst zu vermeiden.

n) Oberfläche. Als feine, scharfe Kerben wirken alle Beschädigungen der Oberfläche, die durch die verschiedenen Bearbeitungsverfahren entstehen. So hat eine sorgfältig polierte Oberfläche die höchste Dauerfestigkeit, während Oberflächenkratzer, Dreh- und Schleifriefen je nach ihrer Tiefe, die als Rauhtiefe gemessen und für die Bearbeitung vorgeschrieben werden kann, die Dauerfestigkeit besonders der kerbempfindlichen hochfesten Werkstoffe bedeutend herabsetzen können, Bild 19. Noch schädlicher wirkt die beim Walzen oder bei der Wärmebehandlung entstandene Zunderhaut auf der Oberfläche. Auch die beim Glühen in oxydierender Atmosphäre mögliche Randentkohlung der kohlenstoffreichen hochfesten Stähle setzt die Dauerfestigkeit merklich herab. Hochvergütete Stähle erreichen daher nur bei einwandfreier Oberfläche entsprechend hohe Dauerfestigkeit.

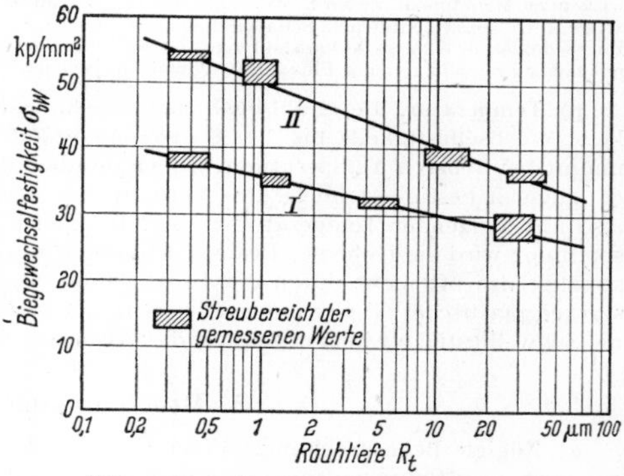

Bild 19. Dauerfestigkeit und Oberflächengüte
I Stahl St 70 *II* Stahl 42CrMo4 V95—105

o) Korrosion. Allein durch den Einfluß der Korrosion kann ein Werkstück im Lauf der Zeit zerstört werden. Kommt zur Korrosionseinwirkung noch eine mechanische Beanspruchung hinzu, so wird die Haltbarkeit des Teils entsprechend verringert, da die zahllosen Oberflächenverletzungen durch den Korrosionsangriff wie feine Kerben wirken, durch welche die Beanspruchung erhöht wird. Bei Zugbeanspruchung werden diese Kerben geweitet und damit die dem Korrosionsangriff ausgesetzte Oberfläche vergrößert, so daß die Zerstörung wesentlich schneller fortschreitet als bei Druckbeanspruchung, bei der die Kerben teilweise zugedrückt werden, wodurch die gefährdete Oberfläche verkleinert wird.

Wenn Korrosion und wechselnde Beanspruchung gleichzeitig einwirken, ist die Dauerfestigkeit fast immer Null. Man kann dann nur noch von einer Zeitfestigkeit sprechen. Die Größe dieser Korrosionszeitfestigkeit hängt weniger von der Dauerfestigkeit des benutzten Werkstoffs als vielmehr von dessen Korrosionswiderstand und der Art des benutzten korrodierenden Mittels ab. Man kann mit folgenden Zeit*biege*festigkeiten für glatte Stäbe rechnen:

	Lastspiele:	10^7	10^8
Übliche Konstruktionsstähle (unlegierte oder legierte)	Leitungswasser	10 kp/mm²	8 kp/mm²
	Seewasser	10 ,,	5 ,,
Rostfreie Stähle (austenitische)	Leitungswasser	25 ,,	15 ,,
	Seewasser	10 ,,	5 ,,

Bei Wechsel*verdrehung* nimmt man etwa die Hälfte dieser Werte. Diese Zahlenwerte zeigen, daß auch ein bei ruhender Belastung korrosionsbeständiger Stahl bei wechselnder Beanspruchung unter gleichzeitigem Korrosionsangriff wesentlich niedrigere Festigkeitswerte erreicht, weil die Schutzhaut, die die Ursache seiner Korrosionsbeständigkeit bildet, durch die wiederholten Zugbeanspruchungen ständig durchrissen wird.

Bei Angabe der Korrosionszeitfestigkeiten muß immer die Zahl der Lastspiele, bis zu der die Versuche ausgedehnt wurden, angegeben werden. Der Abfall der Wöhlerkurve ist zwar oberhalb von 50 Mill. nicht mehr sehr stark, jedoch muß beachtet werden, daß es hier keine Grenzzahl gibt und von manchen Teilen in der Praxis eine Lebensdauer von vielen Hundertmillionen Lastspielen verlangt werden muß.

Einen Sonderfall der Beanspruchung einer Oberfläche durch gleichzeitig korrosive und wiederholte mechanische Beanspruchung stellt die Kavitation dar. Sie entsteht z. B. in strömenden Flüssigkeiten, wenn infolge örtlicher Geschwindigkeitsänderungen Druckunterschiede auftreten, die zur Bildung und gleich danach wieder zum Zusammenbrechen („Implodieren") von Dampfblasen führen. Hierdurch wird die Oberfläche des Werkstoffs unter Anwesenheit des meist korrodierend wirkenden Mediums an vielen Stellen punktförmig behämmert, so daß Ausbröckelungen und lochartige Anfressungen entstehen. Schäden dieser Art treten z. B. in Rohrleitungen, an Wasserturbinen, Pumpen oder im Kühlwasserkreislauf von Verbrennungsmotoren auf. Sie werden auch an Teilen, die mit hoher Frequenz in einer Flüssigkeit schwingen, beobachtet (Schwingungskavitation).

p) Temperatur. Bei Stahl bleibt mit zunehmender Temperatur die Dauerfestigkeit (Wechselfestigkeit) bis 350 °C etwa unverändert oder steigt sogar etwas an, nimmt bei höheren Temperaturen jedoch deutlich ab, allerdings nicht so stark wie die zügigen Festigkeitswerte. Das Verhältnis Dauerfestigkeit zu Zugfestigkeit wird also mit steigender Temperatur größer. Bei gleichzeitig wirkender ruhender Vorspannung wird die Höhe der Beanspruchbarkeit wegen der niedrig liegenden Warmstreckgrenze oft nicht durch die Bruchgefahr, sondern durch die Möglichkeit zu starker plastischer Verformungen begrenzt. Aus diesen Gründen kann bei 500 °C die Schwellfestigkeit kleiner sein als die Wechselfestigkeit.

5. Bruchvorgang

a) Zügige Beanspruchung. Einen Bruch, der durch zügige Beanspruchung entsteht, nennt man einen *Gewaltbruch*. Wird er durch Zugspannungen ausgelöst, so verläuft er senkrecht zu diesen und wird *Trennbruch* genannt; ein *Schiebungsbruch* dagegen entsteht durch Schubspannungen und verläuft in deren Richtung. Ob ein Trennbruch oder ein Schiebungsbruch auftritt, hängt einmal vom Spannungszustand ab, weiterhin vom Werkstoff und schließlich von den Veränderungen der Werkstoffeigenschaften während der dem Bruch vorausgehenden Verformung. Ein Schiebungsbruch setzt stets plastische Verformungen unter Wirkung von Schubspannungen voraus und ist daher nur am *zähen* Werkstoff möglich, z. B. beim Verdrehversuch an einem weichen Stahl. Der *spröde* Werkstoff dagegen bricht stets im Trennbruch. Man kennzeichnet daher häufig einen verformungslosen Bruch als Trennbruch im Gegensatz zum Verformungsbruch (Kerbschlagversuch). Umgekehrt ist jedoch ein verformungsloser Bruch nicht unbedingt ein Zeichen für einen spröden Werkstoff, denn auch ein zäher Werkstoff kann verformungslos brechen, wenn seine Verformung z. B. durch Kerbwirkung verhindert wird.

Da an spröden Werkstoffen nur Trennbrüche durch Zugspannungen vorkommen können, sind die Brucherscheinungen an diesen leichter übersehbar. Im Zugversuch verläuft der Bruch immer quer, im Verdrehversuch schraubenlinienförmig unter 45° zur Stabachse. Bei zähen Werkstoffen spielen Zug- und Schubspannungen eine Rolle. Sofern der Spannungszustand Schubspannungen ausreichender Größe aufweist, überwinden diese den Gleitwiderstand, der Werkstoff fließt, meist durch Ableiten einzelner Kristallflächen (Gleitebenen) in der Richtung der maximalen Schubspannungen. Unter Umständen werden die Schubverformungen so groß, daß schließlich ein völliges Abschieben, der Schiebungsbruch, entsteht (Zugversuch an Blei, Verdrehversuch an Stahl). Häufig nimmt jedoch durch stärkere Schubverformungen der Gleitwiderstand des Werkstoffs so stark zu (weicher Stahl, Kupfer, Aluminium) — man sagt, er *verfestigt* sich —, daß schließlich der härter (und spröder) gewordene Werkstoff trotz vorangegangener Schubverformungen in einem Trennbruch infolge Zugspannungen bricht (Zugversuch an Stahl; beim Zugversuch an weichem Stahl bildet die Bruchfläche meist einen Krater, dessen innere Fläche durch einen Trennbruch und dessen Rand durch einen Schiebungsbruch entstanden ist).

b) Wechselnde Beanspruchung. Brüche, die durch wechselnde Beanspruchungen entstanden sind, werden in Anlehnung an die Begriffe Zeitfestigkeit und Dauerfestigkeit *Zeitbrüche* oder *Dauerbrüche* genannt, je nachdem ob verhältnismäßig wenige oder sehr zahlreiche Wechselbeanspruchungen zum Bruch führten. Da die Spannungen bzw. Verformungen, die den Bruch hervorrufen, wesentlich kleiner sind als bei Gewaltbrüchen, haben Dauerbrüche auch bei zähen Werkstoffen den Charakter eines verformungslosen Bruchs, während Zeitbrüche, entstanden durch hohe Belastungen, bei zähen Werkstoffen noch eine gewisse Ähnlichkeit mit dem zügigen Bruch haben.

Das Verständnis des Bruchvorgangs wird durch die Überlegung erleichtert, daß der technische Werkstoff, der kristallin aufgebaut und mit Mikrofehlstellen behaftet ist, kein homogenes Kontinuum darstellt. Daher ist eine makroskopisch als gleichmäßig angenommene Spannungsverteilung, wie z. B. bei Zugbeanspruchung eines glatten Stabes, in Wirklichkeit nicht vorhanden, sondern sie verläuft mikroskopisch gesehen sehr ungleichmäßig mit vielen Mikrospannungsspitzen[1]. Man stellt sich nun vor, daß an den höchstbeanspruchten Stellen im Verlauf der wechselnden Beanspruchung durch die Zerrüttung des Gefüges submikroskopisch feine Rißchen entstehen. Diese vermuteten und zunächst nur indirekt, inzwischen jedoch elektronenoptisch unmittelbar nachgewiesenen Rißchen machen einerseits das Gefüge an den betroffenen Stellen nachgiebiger, wirken also entlastend und spannungsausgleichend, kommen jedoch in ihrer Gesamtheit der Wirkung einer Kerbe (der sogenannten *Ersatzkerbe*, S. 532) gleich, die spannungserhöhend wirkt. Ist die wechselnde Beanspruchung verhältnismäßig hoch, so überwiegt die spannungserhöhende Wirkung, die Rißchen wachsen, bis sich aus ihnen ein makroskopisch sichtbarer Anriß bildet, der zum Dauerbruch führt. Ist dagegen die wechselnde Beanspruchung klein genug, so kommt das Wachstum der Rißchen zum Stillstand. An der Dauerfestigkeitsgrenze stehen die beiden Wirkungen gerade im Gleichgewicht.

Die allmähliche Entstehung des Zeit- oder Dauerbruchs ist meist an der Bruchfläche deutlich zu sehen, da diese zwei klar unterscheidbare Bruchzonen aufweist. Der eigentliche Dauerbruch ist glatt und in der Regel von sogenannten *Rastlinien* durchzogen, die — wie Jahresringe das Wachstum eines Baumes — das Fortschreiten des Risses erkennen lassen. Die Restbruchfläche, meist körnig ausgebildet, kennzeichnet die letzte Phase des Bruchvorgangs als (verformungslosen) Gewaltbruch. Die Entstehung und das Aussehen eines Dauerbruchs hängen von vielerlei Einflüssen ab, deshalb ist seine sichere Beurteilung, besonders bei spröden Werkstoffen, nicht einfach, jedoch für die Analyse der Betriebsbeanspruchung sehr aufschlußreich.

6. Festigkeitsberechnung

Bei *ruhender* Beanspruchung macht die Festigkeitsberechnung keine allzu große Schwierigkeit. Bei zähen Werkstoffen genügt die Ermittlung der Nennspannungen, da durch Kerben die Bruchgefahr nicht erhöht wird (schlagartige Beanspruchung, S. 524 u. 537).

Wesentlich verwickelter liegen die Verhältnisse bei *wechselnder* Beanspruchung, da Form und Größe der Teile die Festigkeit maßgebend beeinflussen. Der sicherste Weg zur Schaffung von Bemessungsgrundlagen bleibt der Dauerversuch an fertigen

[1] *Thum, A.*, u. *C. Petersen:* Z. Metallkunde 33 (1941) 249/59.

Konstruktionsteilen, als dessen Ergebnis die Kerbwirkungszahl β_k (S. 529) gefunden wird.

Um jedoch mit Hilfe der werkstoffunabhängigen Formzahl α_k und einer die Eigenart des Werkstoffs berücksichtigenden Kennzahl ohne kostspielige Versuche zum Ziel zu kommen, war versucht worden, eine *Kerbempfindlichkeitszahl* $\eta_k = (\beta_k - 1)/(\alpha_k - 1)$ einzuführen, deren Wert für kerbunempfindliche Werkstoffe gegen 0 und für sehr kerbempfindliche Werkstoffe gegen 1 geht. Diese Kerbempfindlichkeitszahl η_k ist jedoch keine reine Werkstoffkennzahl, da sie durch die Spannungsverteilung und die Beanspruchungsart beeinflußt wird. Die rechnerische Ermittlung der Dauerhaltbarkeit

$$\sigma_{nW} = \frac{\sigma_W}{\beta_k} = \frac{\sigma_W}{1 + (\alpha_k - 1)\eta_k}$$

blieb daher der Versuch einer mit einfachen Mitteln möglichen Näherungslösung.

Eine praktisch brauchbare Annäherung erhält man, wenn man nicht nur die Höhe der Spannungsspitze, sondern auch ihre Steilheit, das *bezogene Spannungsgefälle* $\chi = \frac{1}{\sigma} \cdot \frac{d\sigma}{dx}$ (Bild 20) berücksichtigt[1]. Bei glatten Biegestäben läßt sich dieser Wert leicht durch die Stabdicke ausdrücken; es ist $\chi = 2/d \text{ mm}^{-1}$. Bei gekerbten Stäben gilt als guter Annäherungswert $\chi = 2/\varrho \text{ mm}^{-1}$ für Zug, $\chi = 2/d + 2/\varrho$ für Biegung und $\chi = 2/d + 1/\varrho$ für Verdrehung, wenn ϱ der Ausrundungsradius im Kerbgrund ist. Als Werkstoffkennwerte benötigt man nach *Petersen*[2] die Dauerfestigkeit eines glatten Stabes σ_{W0} mit gleichmäßiger Spannungshöhe ($\chi = 0$, unendlich dicker Biegestab oder zug-druckbeanspruchter Stab) und eine vom Werkstoff abhängige Kenngröße ϱ^*, den sogenannten „Radius der Ersatzkerbe". Die Ersatzkerbe (S. 539) ist eine gedachte Kerbe, die genau so wirkt wie die Gefüge-Inhomogenitäten und Mikrorisse durch die Zerrüttung. Beide Größen lassen sich aus den Kurven in Bild 21 und 22 in Abhängigkeit von der Zugfestigkeit ablesen. So kann man z. B. mit Hilfe dieser Größen die Dauerfestigkeit eines Biegestabes mit dem Spannungsgefälle χ bestimmen zu

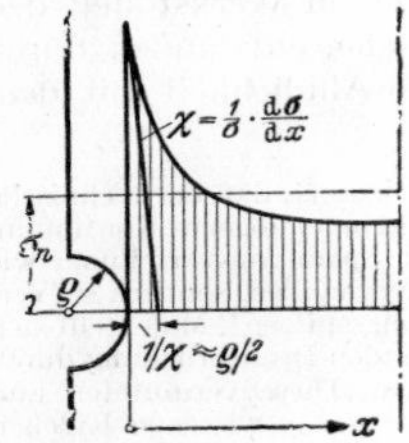

Bild 20. Bezogenes Spannungsgefälle χ an einem gekerbten Zugstab

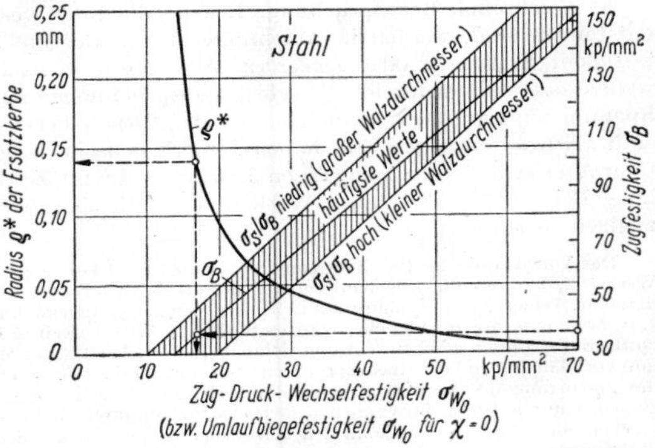

Bild 21. Zusammenhang zwischen Zugfestigkeit, Wechselfestigkeit und ϱ^* bei Stahl

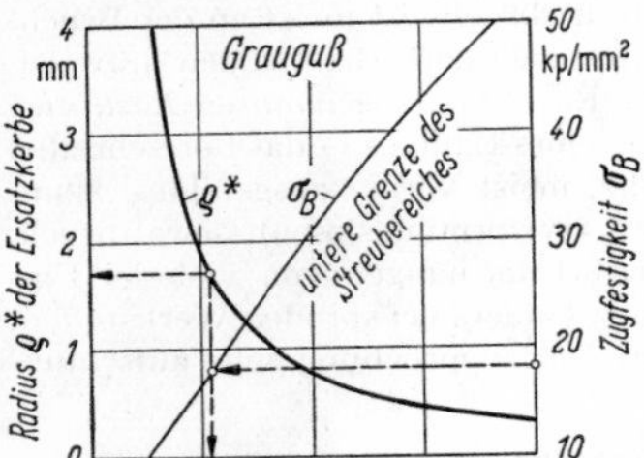

Bild 22. Zusammenhang zwischen Zugfestigkeit, Wechselfestigkeit und ϱ^* bei Grauguß. Für eine gegebene Zugfestigkeit liest man aus der Kurve die unteren Grenzwerte für die Umlaufbiegefestigkeit ab; die meisten Messungen liegen über diesem Grenzwert

$$\sigma_{bW} = \sigma_{W0}\left(1 + \sqrt{\varrho^* \chi}\right).$$

Für ein Konstruktionselement beliebiger Form und Größe, das wechselnd auf Zug oder

[1] *Siebel, E.*, u. *M. Pfender:* Technik 2 (1947) 117/21.
[2] *Petersen, C.:* Z. Metallkunde 42 (1951) 161/70.

Biegung beansprucht wird, errechnet sich die Dauerhaltbarkeit zu

$$\sigma_{nW} = \frac{\sigma_{W0}}{\alpha_k}\left(1 + \sqrt{\varrho^*\chi}\right).$$

Entsprechend gilt für Verdrehung $\tau_{nW} = \frac{\tau_{W0}}{\alpha_k}\left(1 + \sqrt{\varrho^*\chi}\right)$ mit $\tau_{W0} \approx \frac{\sigma_{W0}}{\sqrt{3}}$

mit dem gleichen ϱ^* wie für Zug-Druck und Biegung. Für die Kerbwirkungszahl β_k gilt jetzt

$$\beta_k = \alpha_k \frac{1 + \sqrt{\varrho^*\,\chi_{\text{glatt}}}}{1 + \sqrt{\varrho^*\,\chi_{\text{gekerbt}}}}$$

mit ϱ^* als einziger Werkstoffkonstanten. Die Dauerfestigkeit quergebohrter Stäbe ist allerdings höher, als diese Gleichungen angeben.

Beispiel: Festigkeitsberechnungsgang für Stahl und Grauguß für wechselnde Beanspruchung. Gesucht ist die Biegewechselfestigkeit σ_{bW} einer glatten Welle von $d = 10$ mm Dmr. und einer abgesetzten Welle von $d = 10$ mm Dmr., $D = 16$ mm Dmr. mit einer Hohlkehle mit $\varrho = 1$ mm Ausrundungsradius, sowie die Biegewechselfestigkeit der gleichen Formelemente mit 10fach vergrößerten Abmessungen, $d = 100$ mm Dmr., $D = 160$ mm Dmr., $\varrho = 10$ mm.

1. *Glatte Welle:* Die Formzahl ist hierfür $\alpha_k = 1$.

		St 37	Federstahl	Grauguß
σ_B	kp/mm²	37	150	18
ϱ^* nach Bild 21 bzw. 22	mm	0,140	0,0055	1,7
χ für $d = 10$ mm	mm⁻¹	0,2	0,2	0,2
$\frac{\sigma_{bW}}{\sigma_{W0}}$ für $d = 10$ mm	—	1,17	1,033	1,58
χ für $d = 100$ mm	mm⁻¹	0,02	0,02	0,02
$\frac{\sigma_{bW}}{\sigma_{W0}}$ für $d = 100$ mm	—	1,05	1,011	1,18

2. *Abgesetzte Welle:* Nach S. 521 ermittelt man für die Formzahl $\alpha_k = 1{,}85$.

		St 37	Federstahl	Grauguß
ϱ^* nach Bild 21 bzw. 22	mm	0,140	0,0055	1,7
χ für $d = 10$ mm	mm⁻¹	2,2	2,2	2,2
$\frac{\sigma_{nbW}}{\sigma_{W0}}$ für $d = 10$ mm	—	0,86	0,61	1,58
β_k	—	1,36	1,69	1,00
χ für $d = 100$ mm	mm⁻¹	0,22	0,22	0,22
$\frac{\sigma_{nbW}}{\sigma_{W0}}$ für $d = 100$ mm	—	0,65	0,57	0,89
β_k	—	1,61	1,78	1,32

Die Zahlenwerte dieses Beispiels ergeben in Übereinstimmung mit Versuchs- und Erfahrungswerten daß der hochfeste Stahl sehr viel stärker auf Kerbwirkung anspricht als der weiche Stahl oder gar Grauguß bei geringen Abmessungen. Auf der anderen Seite kommt jedoch der Größeneinfluß beim hochfesten Stahl sehr viel weniger zum Ausdruck als z. B. bei Grauguß. Es bestätigt sich also, daß für Grauguß bei kleinen Abmessungen $\beta_k \approx 1$ ist, während beim hochfesten Stahl, besonders bei großen Abmessungen, kaum noch ein Unterschied zwischen β_k und α_k besteht.

Außer dem in dem durchgerechneten Beispiel aufgezeigten geometrischen Größeneinfluß ist noch der werkstoffbedingte Größeneinfluß zu berücksichtigen. So macht sich z. B. bei St 37 der Einfluß des Verwalzungsgrads dahingehend bemerkbar, daß eine 10 mm dicke Welle, die natürlich aus einer dünnen Walzstange gefertigt wird, trotz gleicher Zugfestigkeit eine deutlich höhere Dauerfestigkeit σ_{W0} hat als eine weniger stark ausgewalzte 100-mm-Welle. Auch bei der abgesetzten Welle tritt dieser durch den Verschmiedungsgrad bedingte Größeneinfluß, wenn auch nicht so stark, in Erscheinung, während die Unterschiede bei dem hochfesten Stahl nicht so deutlich ausgeprägt sind.

Für den Grauguß war in der Berechnung ebenfalls vorausgesetzt worden, daß die Zugfestigkeit der dünnen und der dicken Welle gleich sei. Bei Verwendung des gleichen Graugusses wird jedoch eine dünne Welle wegen der schnelleren Erkaltung eine bedeutend höhere Zugfestigkeit annehmen als die aus der gleichen Gießpfanne vergossene dicke Welle. Hier ist also schon bei der Zugfestigkeit und erst recht bei der Dauerfestigkeit ein werkstoffbedingter Größeneinfluß zu beobachten.

7. Zulässige Beanspruchungen und Sicherheitszahl

Sind für einen Werkstoff die einzelnen Festigkeitswerte bekannt, so darf der Konstrukteur diese Werte seiner Berechnung nicht in voller Höhe zugrunde legen, er muß vielmehr wegen der Berücksichtigung von nicht erfaßbaren Zusatzbeanspruchungen — z. B. bei einem möglichen Unfall — um ein bestimmtes Maß unter der höchstmöglichen Beanspruchung bleiben. Für die Höhe der zulässigen Beanspruchung lassen sich feste Regeln nicht aufstellen, jedoch kommt man im allgemeinen damit aus, wenn man bei *ruhenden* Lasten gegen Bruchgefahr eine

Tabelle 1

Zulässige Spannungen im Stahlhochbau für Bauteile und Verbindungsmittel in kp/cm^2

Verwendungsform im Bauwerk	Beansprucht auf	Tragende Bauteile aus St 37[1], Lastfall H	St 37[1], Lastfall HZ	St 52[1], Lastfall H	St 52[1], Lastfall HZ	Werkstoff	Maßgebender Querschnitt
Bauteile	Druck und Biegedruck, wenn Nachweis auf Knicken erforderlich	1400	1600	2100	2400	—	Vollquerschnitt
Bauteile	Zug, Biegezug, Biegedruck, wenn Ausweichen der Druckgurte unmöglich	1600	1800	2400	2700	—	Vollquerschnitt abzüglich Löcher
Bauteile	Schub	900	1050	1350	1550	—	Stegquerschnitt abzüglich Löcher
Bauteile	Lochleibungsdruck bei Nieten oder Paßschrauben	2800	3200	4200	4800	—	Loch
Niete	Abscheren	1400	1600	—	—	TU St 34	Loch
Niete	Abscheren	—	—	2100	2400	MR St 44	Loch
Niete	Zug, wenn konstruktiv nicht vermeidbar	480	540	—	—	TU St 34	Loch
Niete	Zug, wenn konstruktiv nicht vermeidbar	—	—	720	810	MR St 44	Loch
Paßschrauben	Abscheren	1400	1600	—	—	4.6 [2]	Loch
Paßschrauben	Abscheren	—	—	2100	2400	5.6 [2]	Loch
Paßschrauben	Zug	1120	1120	—	—	4.6 [2]	Kern
Paßschrauben	Zug	—	—	1500	1500	5.6 [2]	Kern
Rohe Schrauben	Abscheren	1120	1260	1120	1260	4.6 [2]	Schaft
Rohe Schrauben	Lochleibungsdruck	2400	2700	2400	2700	4.6 [2]	Schaft
Rohe Schrauben	Zug	1120	1120	1120	1120	4.6 [2]	Kern
Ankerschrauben und -bolzen	Zug	1120	1120	1120	1120	4.6 [2]	Kern
Ankerschrauben und -bolzen	Zug	1500	1500	1500	1500	5.6 [2]	Kern

[1] vgl. Tab. 5, S. 558. [2] vgl. Tab. 11, S. 564.

Tabelle 2. *Zulässige Spannungen für Lagerteile und Gelenke* in kp/cm^2

Beansprucht auf	Werkstoff									
	GG-15 [1]		St 37 [2]		St 52 [2]		GS-52.1 [3]		C 35 [4]	
	Lastfall									
	H	HZ	H	HZ	H	HZ	H	HZ	H	HZ
Druck	1000	1100								
Biegezug	450	500	1600	1800	2400	2700	1800	2000	2000	2200
Biegedruck	900	1000								
Berührungsdruck nach *Hertz*	5000	6000	6500	8000	8500	11000	8500	11000	9500	12000
Lochleibungsdruck bei Gelenkbolzen	—	—	2100	2400	3100	3500	—	—	—	—

[1] vgl. Tab. 29, S. 576. [2] vgl. Tab. 5, S. 558. [3] vgl. Tab. 26, S. 574. [4] vgl. Tab. 7, S. 560.

Sicherheitszahl von 1,8 bis 2,5 annimmt, d. h. die zulässige Beanspruchung als den entsprechenden Bruchteil der Zugfestigkeit wählt. Für Sicherheit gegen Fließen wählt man zweckmäßig ein Verhältnis von Fließgrenze zu zulässiger Beanspruchung von etwa 1,2 bis 1,5.

Bei *wechselnder* Beanspruchung dagegen muß wegen der Möglichkeit von unkontrollierbaren Einflüssen (z. B. ungenaue Montage, Lockerungen, auftretende Stöße durch Abnutzung und Verschleiß usw.) der Sicherheitsfaktor etwas größer gewählt werden. In der Regel kommt man mit einer Sicherheitszahl von 1,5 bis 2,5 aus, doch ist die Entscheidung hierüber von Fall zu Fall verschieden. Können durch den Bruch eines Teils größere wirtschaftliche Schäden entstehen oder Menschenleben in Gefahr kommen, so muß die Sicherheit entsprechend hoch gewählt werden. Wo keine direkte oder indirekte Gefahr besteht, zwingt die Forderung nach Wirtschaftlichkeit dagegen zu niedrigen Sicherheitszahlen. In Ausnahmefällen, wenn es auf Leichtbau um jeden Preis ankommt, geht man mit den Sicherheitszahlen auf 1,2 bis 2 herunter, um, wie z. B. im Flugzeug- und Rennwagenbau, den Werkstoff bis aufs äußerste auszunützen.

Im **Stahlhochbau** sind für die üblichen Baustähle die zulässigen Spannungen in DIN 1050 genormt. Unter der Voraussetzung, daß die Stahlbauteile ausreichend und dauernd gegen Rost geschützt und sachgemäß unterhalten werden, sind die in den Tab. 1 und 2 angegebenen Spannungen zulässig, die ohne jede Berücksichtigung von Kerbwirkung durch Bohrungen bei ruhender Beanspruchung als Nennspannungen zugrunde gelegt werden dürfen. Dabei werden die auf ein Tragwerk wirkenden Lasten eingeteilt in Hauptlasten (H) und Zusatzlasten (Z). Hauptlasten sind: Ständige Last, Verkehrslast (einschließlich Schnee-, aber ohne Windlast), freie Massenkräfte von Maschinen. Zusatzlasten sind: Windlast, Bremskräfte, waagerechte Seitenkräfte (z. B. von Kranen), Krane, die nur selten zu Montage- und Reparaturarbeiten benutzt werden, bei der Arbeit, Wärmewirkungen (betriebliche und atmosphärische).

Für die Berechnung und den Festigkeitsnachweis werden unterschieden der Lastfall H (Summe der Hauptlasten) und der Lastfall HZ (Summe der Haupt- und Zusatzlasten). Wird ein Bauteil, abgesehen von seinem Eigengewicht, nur durch Zusatzlasten beansprucht, so gilt die größte davon als Hauptlast. Für die Bemessung und den Spannungsnachweis ist jeweils der Lastfall maßgebend, der die größten Querschnitte ergibt.

8. Werkstoffauswahl

Solange keine korrosiven Angriffe zu befürchten sind, wird in der Regel Stahl oder Grauguß der gegebene Werkstoff für den Maschinenbau sein. Die Art und Größe der Kräfte sowie der Verwendungszweck entscheiden, welche der zahlreichen Sorten anzuwenden sind. Konstruktionsteile schwieriger Formgebung werden meist am wirtschaftlichsten durch Gießen hergestellt. Wo die Festigkeit (z. B. bei großen Fliehkräften) oder die Zähigkeit (z. B. bei schlagartiger Beanspruchung) von Grauguß nicht ausreicht, wird Stahlguß, bei kleineren Teilen auch Temperguß oder Kugelgraphitguß verwendet.

Für Konstruktionsteile von einfacher Form eignen sich gewalzte oder geschmiedete Stähle, bei nicht zu hohen Festigkeitsanforderungen die leicht bearbeitbaren kohlenstoffarmen Stähle (S. 558). Wird höhere Festigkeit oder Härtbarkeit verlangt, kommen Stähle mit höherem C-Gehalt und besonders bei größeren Querschnitten legierte Stähle in Betracht (S. 559).

Teile, die der Abnutzung oder dem Verschleiß unterliegen oder örtlich hohe Flächenpressungen aufnehmen müssen, werden aus kohlenstoffarmen Einsatzstählen (S. 561) gefertigt, an der Oberfläche aufgekohlt und gehärtet. Aus wirtschaftlichen Gründen zieht man vielfach die Flammen- oder Induktionshärtung von Stählen mit mittlerem Kohlenstoffgehalt (S. 561) vor, mit denen jedoch nicht ganz so hohe Oberflächenhärten erzielt werden können.

Bei höheren Betriebstemperaturen kann Grauguß wegen der Gefahr des Wachsens (S. 577) nur bis 300 °C verwendet werden, darüber sind Stahlgußstücke erforderlich. Bei Betriebstemperaturen über 450 °C reicht die Festigkeit der normalen C-Stähle meist nicht mehr aus, so daß auch hier legierte Stähle an ihre Stelle treten müssen (S. 566, Warmfeste Stähle).

Soll eine Konstruktion nach den Grundsätzen des Leichtbaues ausgeführt werden, so wird man meist einen hochfesten Stahl wählen, da dieser trotz seines hohen spez. Gewichts unter Umständen die leichteste Konstruktion ermöglicht. Doch kommen für den Leichtbau auch vergütbare Al- und Mg-Legierungen (S. 587), Kunststoffe (S. 611) und in Sonderfällen auch Holz in der veredelten Form des Schicht-, Preß- oder Sperrholzes (S. 611) in Frage.

Niedrigbeanspruchte kleine Teile stellt man in großen Mengen billig im Druckgußverfahren her, auch das Pressen oder Spritzen von Kunststoffteilen hat sich ein immer größeres Anwendungsgebiet erobert. Die Kunststoffe (S. 611) haben dabei noch den Vorteil, daß sie korrosionsbeständig und gute elektrische Isolierstoffe sind. Für hochbeanspruchte Teile der Massenherstellung hat sich das „Genauguß"-Verfahren für Stahl oder Gußeisen bewährt, wobei komplizierte Stücke ohne jede Nachbearbeitung fertiggegossen werden.

Auch durch das Fließpressen, das Sintern von Metallpulvern und die Anwendung von Blechpreßteilen, gegebenenfalls unter Zuhilfenahme der Schweißung, versucht man, zerspanende Bearbeitung einzusparen und dadurch die Fertigung wirtschaftlicher zu gestalten.

9. Richtlinien für die Gestaltung

Durch den konstruktiven Zweck ist der Konstrukteur meist in großen Zügen in der Gestaltung festgelegt. In Einzelheiten sind ihm jedoch in der Regel genügend Freiheiten gelassen, zweckmäßig, werkstoffgerecht, formschön und mit möglichst geringem Aufwand an Werkstoff zu gestalten. Die ideale Konstruktion entsteht durch den „*Körper gleicher Spannung*", bei dem sowohl Schwachstellen durch gefährliche Kerben als auch unnütze Materialanhäufungen vermieden sind, bei Belastung also überall etwa die gleiche Spannung herrscht. Eine solche Konstruktion wird leicht und hat außerdem gegenüber Schlagbeanspruchung ein Maximum an Arbeitsaufnahmevermögen.

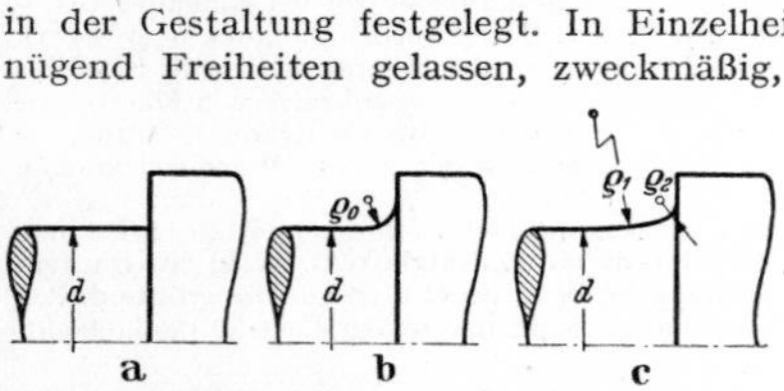

Bild 23. Beispiele für abgesetzte Wellen
a) scharfkantig (sehr ungünstig), b) Kreisbogenausrundung $\varrho_0 > 0{,}1\,d$, c) Korbbogenübergang $\varrho_1 = d$, $\varrho_2 = 0{,}1\,d$

Da die Gestaltfestigkeit eines Konstruktionsteils von einer möglichst störungsfreien Führung des Kraftflusses abhängt, muß man besonders in der Kleinformgebung sehr sorgfältig konstruieren. So sind vor allem scharfe Querschnittsübergänge zu vermeiden und mit möglichst großen Ausrundungen, am besten mit sanft verlaufender veränderlicher Krümmung zu versehen (Bild 23), die als sogenannte *Entlastungsübergänge* eine Überleitung des Kraftflusses vom stärkeren zum schwächeren Querschnitt ohne Spannungserhöhung ermöglichen. Läßt sich eine Ausrundung mit größerem Halbmesser aus Platzmangel nicht anbringen, weil z. B. die Schulter des Absatzes als Anlagefläche gebraucht wird, so gibt es andere kon-

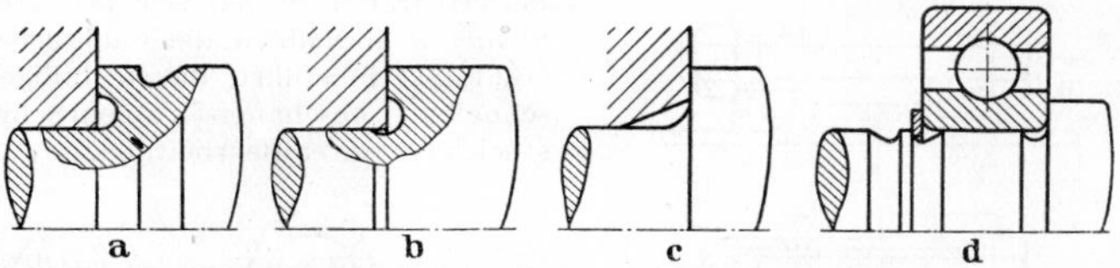

Bild 24. Schulter des Wellenabsatzes als Anlagefläche. a) Ausrundung in die Schulter zurückverlegt, Entlastungskerbe im dicken Teil, b) Ausrundung in der Schulter mit geringer Hinterdrehung, Gefahr der Kantenpressung vermieden, c) Abschrägung verlegt die pressende Kante vom Übergang auf den glatten Wellenteil, d) Entlastungskerben zu beiden Seiten des Sicherungsrings, Kantenpressung des Kugellagers auf beiden Seiten vermieden

struktive Maßnahmen, z. B. *Entlastungskerben*, um die Kerbwirkung des Übergangs klein zu halten (Bild 24) und dadurch die Spannungsspitzen zu vermindern.

Sehr ungünstige Verhältnisse ergeben sich an Kraftangriffs- und Einspannstellen, wofür der Nabensitz ein wichtiges Beispiel ist. Hier kann man die Gefahr der pressenden Kante durch einen nachgiebigen Nabenauslauf oder durch eine eingedrehte Entlastungskerbe vermindern oder die Nabe auf einen Bund setzen und die Kante übergreifen lassen, Bild 25.

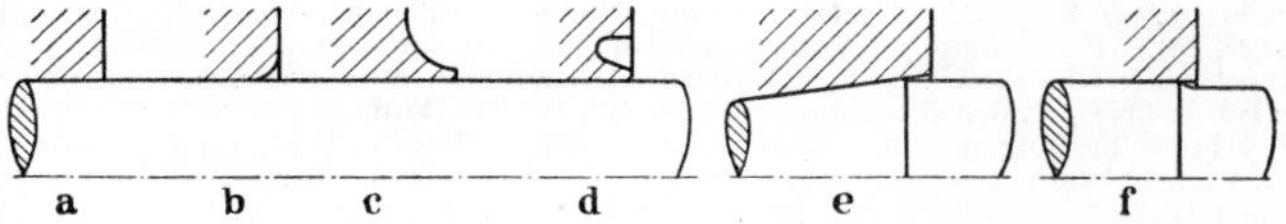

Bild 25. Beispiele für einen Nabensitz
a) scharfkantig (sehr ungünstig), b) Abrundung vermindert Kantenpressung, c) nachgiebiger Auslauf der Nabe, d) Entlastungskerbe, e) Nabe greift ohne Kantenpressung über den konischen Sitz, f) verstärkter Bund mit übergreifender Nabe ohne Kantenpressung

Besondere Sorgfalt erfordert die Konstruktion bei Gefahr stoßartiger Beanspruchung. Die Wirkung der Stoßkraft hängt von der Steifigkeit der Konstruktion ab, so daß sie um so geringer wird, je nachgiebiger die Konstruktion ist und je mehr Werkstoffvolumen an der Aufnahme der Stoßenergie teilnimmt (Körper gleicher Spannung vgl. S. 536). Besonders gefährlich bei Stoßbeanspruchung sind Kerben, die nur den Querschnitt, nicht aber die Steifigkeit vermindern, so daß im Kerbquerschnitt schon die Nennspannung sehr hoch wird. Außerdem tritt noch die Spannungserhöhung durch Kerbwirkung hinzu. Ein klassisches Beispiel für die Zweckmäßigkeit einer nachgiebigen Konstruktion bei schlagartiger Beanspruchung ist die Ausbildung der Pleuelkopfschraube als sogenannte Dehnschraube mit eingezogenem Schaft, Bild 26.

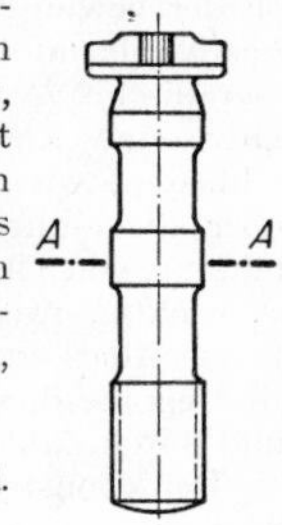

Bild 26. Dehnschraube mit Führungszylindern für ein Kraftfahrzeugpleuel. $A-A$ Trennfuge des Pleuels

Nachgiebige Konstruktionen mit großen Dehnlängen oder biegsamen Dehngliedern sind stets von Vorteil, wenn Zwangsverformungen etwa infolge Wärmedehnungen aufgenommen werden müssen. Auch hier ermöglicht z. B. bei einer

Hochdruckflanschverbindung, die Temperaturschwankungen ausgesetzt ist, die Dehnschraube — allenfalls durch eine aufgesetzte Hülse noch verlängert — eine bedeutende Herabsetzung der Spannungen im Gewinde, Bild 27.

Da die als richtig und zweckmäßig erkannte Formgebung wegen hoher Bearbeitungskosten in Stahl nicht immer wirtschaftlich hergestellt werden kann, wird bisweilen die Gußausführung mit ihrer Möglichkeit beliebiger Formgebung in Wettbewerb treten. So hat sich besonders bei kleineren Maschinen die Gußkurbelwelle (Bild 28) eingeführt, da sie billiger und schneller zu beschaffen ist als ein Schmiedestück mit teurer Bearbeitung.

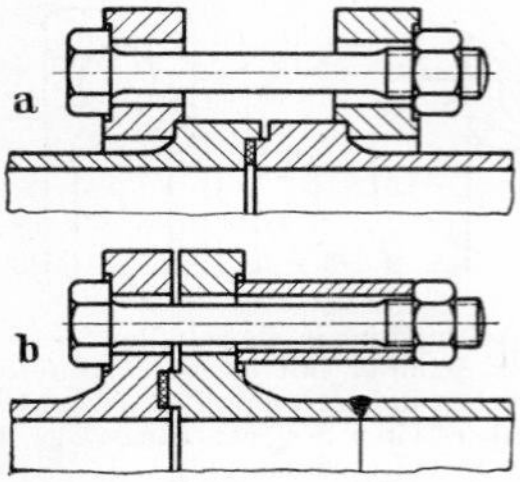

Bild 27. Dehnschraube in einer Hochdruckflanschverbindung
a) große Dehnlänge bei losen Flanschen,
b) Vergrößerung der Dehnlänge durch eine Hülse bei festen Flanschen

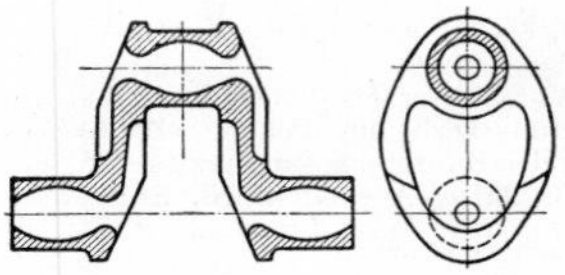

Bild 28. Beanspruchungsgerechte Form der Kröpfung einer gegossenen Kurbelwelle mit Entlastungsmulden in der Wange und tonnenförmigen Zapfenbohrungen

II. Prüfung der Werkstoffe

Literatur: 1. *Glocker, R.:* Materialprüfung mit Röntgenstrahlen. 4. Aufl. Berlin: Springer 1958. — 2. *Müller, E. A. W.:* Handb. d. zerstörungsfreien Materialprüfung (1. bis 3. Lieferg., Loseblattwerk). München: R. Oldenbourg 1963. — 3. *Siebel, E.:* Handb. d. Werkstoffprüfung, 2. Aufl. Berlin: Springer. Bd. I: Prüf.- u. Meßeinrichtungen, 1958; Bd. II: Die Prüfung d. metallischen Werkstoffe, 1959; Bd. III: Die Prüfung nichtmetallischer Baustoffe, 1957; Bd. IV: Papier- und Zellstoffprüfung, 1953; Bd. V: Die Prüfung d. Textilien, 1960. — DIN-Taschenbuch 19: Materialprüfnormen für metallische Werkstoffe. 4. Aufl. Berlin: Beuth-Vertrieb 1966.

1. Prüfverfahren und Probenentnahme

a) Prüfverfahren. Durch die verschiedenen Verfahren der Werkstoffprüfung versucht man, ein möglichst vollständiges Bild von den Eigenschaften eines Werkstoffs zu erhalten, um daraus sein Verhalten bei der Fertigung und bei den im Betrieb herrschenden Beanspruchungen und äußeren Einflüssen im voraus abschätzen zu können. Zunächst überzeugt man sich durch die *chemische Analyse*, ob der gewünschte Werkstoff vorliegt, der für Schmiederohlinge, Gußstücke und Fertigteile auf der Zeichnung vorgeschrieben ist. Die *metallographische Untersuchung* metallischer Werkstoffe gibt Auskunft über Art und Gleichmäßigkeit des Gefüges, über seine Korngröße, über Menge und Verteilung von nichtmetallischen Einschlüssen, wie Schlacken im Stahl oder Graphit im Grauguß oder Temperguß, über einwandfreie Glüh- oder Vergütungsbehandlung und über die richtige Ausbildung von Oberflächenschichten. Für die verschiedenen Fertigungsverfahren ist es wichtig, Angaben über die Gießbarkeit, Schmiedbarkeit, Kaltverformbarkeit, Bearbeitbarkeit, Härtbarkeit, Schweißbarkeit, Lötbarkeit usw. zu erhalten, doch sind gerade diese Eigenschaften schwer durch geeignete Prüfverfahren zu erfassen und durch Zahlenwerte zu kennzeichnen.

Den Konstrukteur interessiert in erster Linie die Festigkeit bei den verschiedenen Beanspruchungsarten, z. B. Zug-, Druck-, Biege-, Verdreh- und Dauerfestigkeit, sowie Härte, Elastizität und Zähigkeit. Außerdem muß er das Verhalten der Werkstoffe gegen chemische Angriffe und die Änderung ihrer Eigenschaften bei hohen oder tiefen Temperaturen kennen. Hohe Festigkeit eines Werkstoffs, insbesondere eine hohe Streckgrenze (vgl. Zugversuch) ermöglicht bei ruhender

Beanspruchung die Übertragung großer Kräfte. Hohe Verformungsfähigkeit ist notwendig, damit bei einzelnen starken Überbeanspruchungen kein Bruch, sondern nur eine plastische Verformung eintritt. Verformungen haben meist nur eine Störung oder Unterbrechung des Betriebs zur Folge, der Schaden läßt sich beheben. Brüche dagegen verursachen oft die Zerstörung einer ganzen Maschinenanlage.

Für die Bewertung der Festigkeitsproben sind die Abmessungen des Schmiedestückes bzw. Gußstückes und die Lage der Probe von wesentlichem Einfluß. Die für die Werkstoffe angegebenen Festigkeitswerte beziehen sich in der Regel auf einfache Stücke mittlerer Querschnittsabmessungen. Bei geschmiedetem Stahl gelten die Werte in der Richtung der Schmiedefaser, doch muß man in vielen Fällen auch die Werte quer zur Faser kennen. Die Wirkung des Schmiedens, Pressens oder Walzens kann bei großen Abmessungen nicht bis in den Kern durchdringen, so daß die Festigkeitseigenschaften nach dem Kern zu immer ungünstiger werden; noch mehr gilt dies von der Vergütung. Unlegierte Stähle lassen sich nur bis zu einer Dicke von etwa 40 mm gleichmäßig vergüten, Chrom- und Chrommolybdänstähle bis zu etwa 60 mm Dicke, bei nickellegierten Stählen ist die Durchvergütung dicker Querschnitte wesentlich besser.

b) Probenentnahme. Die Probe muß an den Stellen und in Richtung der höchsten Beanspruchung entnommen werden; mit dem Lieferwerk sind die Festigkeitswerte für die angegebene Probenlage zu vereinbaren, Bild 29. Bei Wellen wird in der Regel die Probe im Abstand von $^1/_4$ bis $^1/_6$ des Wellendurchmessers von der Oberfläche vorgesehen. Bei hochbeanspruchten Wellen von über 120 mm Dmr. werden oft Tangentialproben genommen, Bild 29a. Bei diesen liegen Streckgrenze und

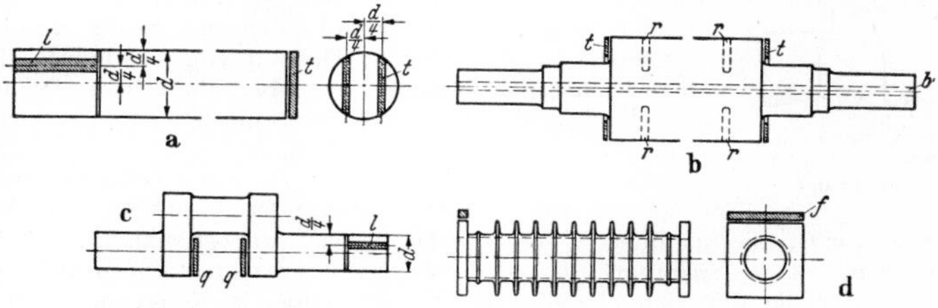

Bild 29. Beispiele für die Probenentnahme
a) Welle mit Längs- (*l*) und Tangentialproben (*t*), b) Turborotor mit Tangential- (*t*) und Radialproben (*r*) sowie Kontrollbohrung (*b*), c) Kurbelwelle mit Längs- (*l*) und Querproben (*q*), d) Rippenrohr mit angegossener Flanschleiste (*f*)

Zugfestigkeit um etwa 10%, Bruchdehnung und Kerbzähigkeit um etwa 33% niedriger als bei Längsproben. Hohlkörper (Trommeln), die auf Innendruck oder Fliehkraft beansprucht sind, werden nur mit Tangentialproben geprüft, deren Werte annähernd diejenigen von Längsproben erreichen. Von Turbinenscheiben, deren höchste Beanspruchung in der Nabe liegt, müssen die Proben tangential an der Nabe entnommen werden. Große Schmiedestücke, wie z. B. Turborotoren, Bild 29b, werden ebenfalls durch Tangentialproben geprüft. Bei sehr hohen Beanspruchungen sind noch Radialproben zu entnehmen, deren Gütewerte sich nach innen zu verschlechtern. Man kann annehmen, daß bei einem Ballendurchmesser von 900 mm Dmr. Radialproben, von der Oberfläche aus entnommen, noch etwa 90% der Streckgrenze und Zugfestigkeit und 60% der Dehnung und Kerbzähigkeit derjenigen von Tangentialproben ergeben; bei einem mittleren Abstand von etwa 150 mm von der Oberfläche beträgt die Streckgrenze und Zugfestigkeit noch etwa 80%, die Dehnung 50% und die Kerbzähigkeit 30%. Bei großen Schmiedestücken und Tafeln für Kesselbleche ergeben sich auch Unterschiede der Festigkeitswerte, je nachdem die Proben aus dem Fuß- oder Kopfwerkstoff des Ausgangs-Rohblockes stammen. In solchen Fällen entnimmt man zweckmäßig Proben von beiden Enden des Schmiedestückes, um Gewähr für eine genügende Gleichmäßigkeit des Werkstückes zu haben. Falls konstruktiv möglich, sieht man in großen und schwierigen Schmiedestücken im Kern eine Kontrollbohrung vor, um die Rißfreiheit des Schmiedestückes auch im Kern kontrollieren zu können.

Für Grauguß und Leichtmetallguß sind grundsätzlich angegossene Proben zu entnehmen; nach Möglichkeit wird an einem Flansch eine Leiste, deren Dicke der mittleren Wanddicke des Gußstückes entspricht, für die Probenentnahme vorgesehen, Bild 29d. Bei kleineren Stücken in Massenfertigung, bei denen nicht jedes Stück geprüft werden muß, werden keine Proben vorgesehen, sondern ein vereinbarter Hundertsatz wird zur Probenentnahme zerschnitten. Nötigenfalls können die Stücke durch Härteprüfungen oder zerstörungsfreie Prüfverfahren, vgl. S. 549, auf Gleichmäßigkeit der Lieferungen untersucht werden.

Eine wertvolle Ergänzung der Festigkeitsprüfung ist in vielen Fällen möglich durch eine Prüfung des fertigen Maschinenteils. Hohlkörper werden einer Wasserdruck- bzw. Gasdruckprobe unterworfen. Auf Fliehkraft beanspruchte Wellen und Scheiben von Turbinen, Zentrifugen werden mit der 1,2- bis 1,25fachen, bei Wasserturbinen mit der 1,8fachen Betriebsdrehzahl geschleudert.

Normung: Prüfung von Grauguß; Probenahme für den Zug- und Biegeversuch . . . DIN 50108

2. Zugversuch

Der Zugversuch ist der für Werkstoffe des Maschinenbaues am häufigsten durchgeführte Festigkeitsversuch, da er die zur Beurteilung eines Werkstoffes wichtigsten Eigenschaften liefert. Während des Versuchs wird der Probestab, der mit Schulter- oder Gewindeköpfen (Bild 30) in die Zugprüfmaschine eingehängt oder bei weniger sorgfältigen Versuchen einfach zwischen Beißkeilen eingespannt wird, allmählich (zügig) verlängert und dabei die von der Maschine angezeigte Kraft ermittelt. Die auf eine bestimmte Meßlänge L_0 bezogene Verlängerung ΔL nennt man *Dehnung* $\varepsilon = \Delta L/L_0$; die auf den Anfangsquerschnitt S_0 bezogene Kraft ist die *Spannung* $\sigma = F/S_0$.

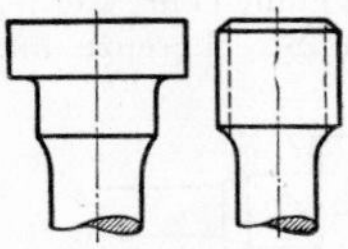

Bild 30. Probestäbe mit Schulter- und Gewindekopf

Stahl verhält sich bei nicht zu hohen Belastungen elastisch; bis zur *Proportionalitätsgrenze* σ_P gilt das *Hooke*sche *Gesetz* $\varepsilon = \sigma/E$, die Spannungen sind den Dehnungen proportional. Die *Elastizitätsgrenze* σ_E ist die Spannung, bis zu der bleibende Formänderungen nicht auftreten. Um an die Meßgenauigkeit für den Beginn bleibender Verformungen nicht zu hohe Ansprüche zu stellen, bestimmt man als Elastizitätsgrenze (grob) die Spannung $\sigma_{0{,}01}$, bei der die bleibende Verformung 0,01% beträgt, oder (fein) die Spannung $\sigma_{0{,}005}$, die eine bleibende Dehnung von 0,005% hervorruft (*Dehngrenzen*).

Diese geringen Beträge bleibender Dehnung können ebenso wie das Verhältnis zwischen Spannung und elastischer Dehnung, der Elastizitätsmodul (E-Modul) E, mit Hilfe des Spiegelfeinmeßgerätes nach *Martens* gemessen werden. Nicht alle Werkstoffe gehorchen dem *Hooke*schen Gesetz. So nehmen bei Grauguß die Formänderungen stärker, bei Leder in geringerem Maß zu als die Spannungen.

Die *Streckgrenze* σ_S [1] ist die Spannung, bei der das Kraft-Verlängerungs-Diagramm unter Auftreten einer merklichen bleibenden Dehnung eine Unstetigkeit zeigt, Bild 31. Sie ist nur bei Benutzung starrer Prüfmaschinen scharf ausgeprägt. Ist die Streckgrenze im Schaubild nicht zu erkennen, so wird die Spannung, bei der die bleibende Dehnung 0,2% der ursprünglichen Meßlänge L_0 beträgt, an Stelle der Streckgrenze bestimmt und als 0,2-*Dehngrenze* bezeichnet. Beim Fließen blättert die Walzhaut ab, und bei polierten Probestäben entstehen Fließfiguren (*Lüders*sche Linien), die meist unter 45° zur Stabachse verlaufen.

Die *Zugfestigkeit* σ_B wird aus der von der Probe ertragenen Höchstkraft F_{max} (Punkt B in Bild 31) und dem ursprünglichen Querschnitt S_0 berechnet,

$$\sigma_B = F_{max}/S_0 \text{ in kp/mm}^2.$$

[1] Früher auch als *Fließgrenze* σ_F bezeichnet. Jetzt ist „Fließgrenze" der Oberbegriff für die einander entsprechenden Spannungen an der Streckgrenze σ_S bei Zug, an der Quetschgrenze σ_{dF} bei Druck, an der Biegegrenze σ_{bF} bei Biegung, an der Verdrehgrenze τ_F bei Verdrehung.

Bis kurz vor dem Erreichen der Höchstkraft bei B hat der Querschnitt des ganzen Stabes überall gleichmäßig abgenommen. Nunmehr beginnt der Stab örtlich sich einzuschnüren. Infolgedessen nimmt die Belastung und demnach auch die auf den ursprünglichen Querschnitt bezogene Spannung ab, während die auf den tatsächlichen Querschnitt bezogene wahre Spannung (in Bild 31 gestrichelt) immer weiter ansteigt. Bei Z bricht der Stab nach starker Einschnürung auseinander. Die auf den Bruchquerschnitt bezogene Spannung im Augenblick des Zerreißens wird als Reißfestigkeit σ_R bezeichnet.

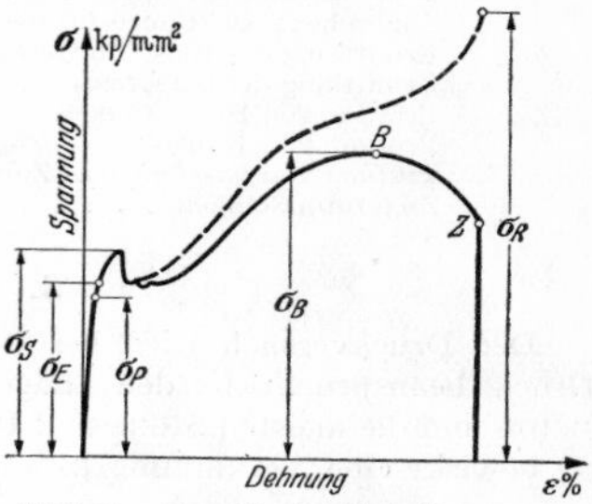

Bild 31. Zerreißschaubild (Spannungs-Dehnungs-Diagramm) für weichen Stahl

Die *Bruchdehnung* δ ist die nach dem Bruch der Probe verbliebene mittlere Verlängerung ΔL_B der Meßlänge, bezogen auf die ursprüngliche Meßlänge L_0,

$$\delta = 100 \Delta L_B / L_0 \text{ in } \%.$$

Die *Brucheinschnürung* (Bruchquerschnittsverminderung) ψ ist die Querschnittsverminderung ΔS_B an der Bruchstelle, bezogen auf den ursprünglichen Querschnitt S_0,

$$\psi = 100 \Delta S_B / S_0 \text{ in } \%.$$

Verschiedene Werkstoffe ergeben verschiedene Spannungs-Dehnungs-Linien. Bild 32 zeigt einige kennzeichnende Beispiele.

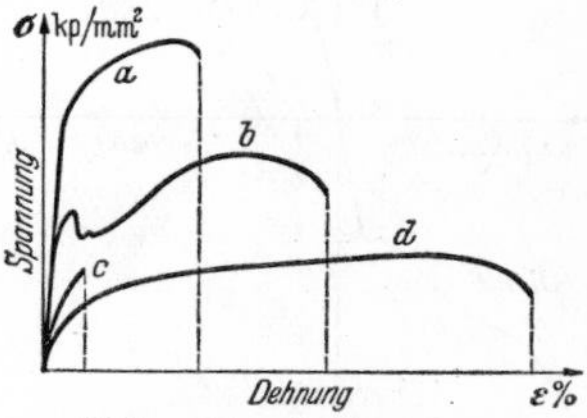

Bild 32. Zerreißschaubilder verschiedener Werkstoffe

a) Stahl höherer Festigkeit ohne ausgeprägte Streckgrenze, b) weicher Stahl mit deutlicher Streckgrenze, c) Grauguß, ein Werkstoff ohne nennenswerte plastische Verformung, d) weichgeglühtes Kupfer mit sehr hoher Bruchdehnung

Der Probestabquerschnitt beim Zugversuch kann kreisförmig, quadratisch, rechteckig (Seitenverhältnis in der Regel kleiner als 1 : 4, ausgenommen Feinbleche), in Ausnahmefällen auch anders geformt sein, z. B. Rohre, Turbinenschaufelprofile. Da die Bruchdehnung durch die Einschnürung wesentlich beeinflußt wird, ist sie von der Meßlänge abhängig. Diese ist daher genormt, Tab. 3. Bevorzugt werden kurze Proportionalstäbe von 10 oder 12 mm Dmr. Das Beibehalten des langen Proportionalstabes ist nur als eine Übergangsmaßnahme zu betrachten, bis die jetzt geltenden Vorschriften über die Wahl dieses Stabes abgeändert sind.

Tabelle 3. *Probenabmessungen für Zugversuche* (DIN 50125, 50149)

Nr.	Zu unterscheidende Probestabformen	Abmessungen in mm: Versuchslänge L_v (mindest)	Meßlänge L mm	Durchmesser[1] mm	Querschnitt S mm²	Zeichen für die Bruchdehnung
1	Langer Proportionalstab	$L + d$	$10d = 11{,}3\sqrt{S_0}$	6, 8, 10 … … 18, 20 u. 25	beliebig	δ_{10}
2	Kurzer Proportionalstab		$5d = 5{,}65\sqrt{S_0}$			δ_5
			$3d$	12 (9)		δ_3
3	Langstab		200	beliebig	beliebig	δ_l
4	Kurzstab		100			δ_k

[1] Bei anderen als kreisförmigen Querschnitten gilt der Durchmesser des dem Stabquerschnitt flächengleichen Kreises. Der Übergang zum Stabkopf, dessen Form sich im einzelnen nach der Bauart der Zugprüfmaschine richtet, darf nicht scharf abgesetzt sein.

Normung: Zugversuch; Begriffe, Zeichen . . . . DIN 50145
Zugversuch ohne Feindehnungsmessungen . . . . DIN 50146
Prüfung von Grauguß; Zugversuch . . . . DIN 50109
Prüfung von Temperguß; Zugversuch . . . . DIN 50149
Zugversuch an Blechen, Bändern oder Streifen mit einer Dicke unter 3 mm DIN 50114
Prüfung von Stahl, Zugversuch an schmelzgeschweißten Stumpfnähten . . DIN 50120
Zugproben; Richtlinien für die Herstellung . . . . DIN 50125
Ermittlung der Elastizitätsgrenze . . . . DIN 50143
Ermittlung der 0,2-Grenze . . . . DIN 50144
Prüfung von Holz; Zugversuch . . . . DIN 52188
Prüfung von Kunststoffen; Zugversuch . . . . DIN 53455
Prüfung von Elastomeren; Zugversuch . . . . DIN 53504
Zugprüfmaschinen . . . . DIN 51221

3. Druckversuch

Der Druckversuch wird bei Werkstoffen angewendet, die praktisch nur auf Druck beansprucht werden (Lagermetalle, spröde Stoffe wie Grauguß, Steine, Beton und die meisten Stoffe und Bindemittel des Bauwesens). Die Druckspannung σ_d bewirkt eine Verkürzung (Stauchung) ε_d des Probekörpers, doch ist das Verhältnis $\sigma_d/\varepsilon_d = E$ bei elastischen Stoffen das gleiche wie beim Zugversuch. Daher verläuft die Kurve in Bild 33 geradlinig durch den Nullpunkt. An die Stelle der Streckgrenze tritt die *Quetschgrenze* σ_{dF}, die bei zähen Werkstoffen den Beginn plastischer Verformungen von ursprünglich zylindrischer zu meist tonnenförmiger Gestalt der Probe kennzeichnet. Ein Wert für die *Druckfestigkeit* $\sigma_{dB} = F_{\max}/S_0$ läßt sich nur bei spröden Werkstoffen feststellen, da ein zäher Probekörper ohne Zerstörung zusammengequetscht werden kann.

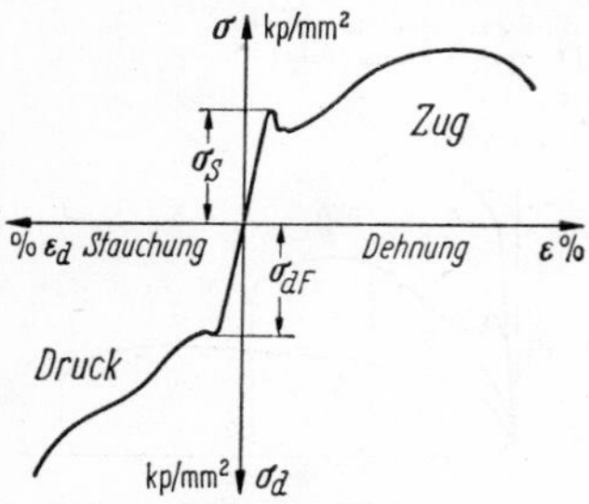

Bild 33. Spannungs-Verformungs-Schaubild für Zug und Druck

Die Druckfestigkeit (eines spröden Stoffes) hängt stark von der Probenform ab, sie ist für eine Probe mit kreisförmigem Querschnitt etwas größer als für eine mit quadratischem Querschnitt. Mit zunehmender Probenhöhe vermindert sich die Druckfestigkeit, weil bei dem Bestreben einer Probe, unter der Druckbeanspruchung ihre Querschnitte zu vergrößern, die an den Druckplatten anliegenden Stirnflächen durch Reibungskräfte an dieser Querverformung gehindert werden. So entstehen unter Wirkung der Reibungskräfte bei zylindrischen Proben kegelförmige, bei Probewürfeln pyramidenförmige Einflußgebiete, die an stärkeren Verformungen nicht teilnehmen und an denen das übrige Material abrutscht, so daß beim Bruch der Probe diese *Druckkegel* oder Rutschkegel erhalten bleiben. Bei hohen Proben sprengen die Druckkegel den Werkstoff auseinander, bei niedrigen Proben stützen sie sich gegenseitig ab, Bild 34. Man wählt deshalb einheitliche Probenformen, für nichtmetallische Baustoffe gewöhnlich Würfel, für Metalle Zylinder, deren Höhe gleich dem Durchmesser ist.

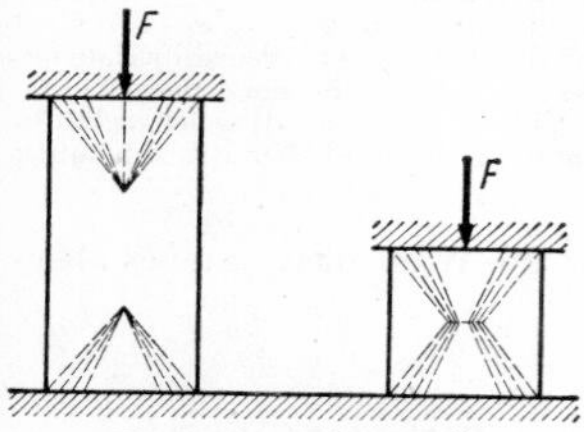

Bild 34. Druckkegelbildung bei hohen und niedrigen Proben

Normung:
Prüfung metallischer Werkstoffe; Druckversuch . . . . DIN 50106
Bestimmungen für Betonprüfungen bei Ausführung von Bauwerken aus Beton und Stahlbeton . . . . DIN 1048
Prüfung von Naturstein; Druckversuch . . . . DIN 52105
Prüfung von Holz; Druckversuch . . . . DIN 52185
Prüfung von Kunststoffen; Druckversuch . . . . DIN 53454
Druckprüfmaschinen . . . . DIN 51223

4. Biegeversuch

Der Biegeversuch wird vorwiegend bei Grauguß, seltener bei Stahl angewendet, ferner jedoch bei Holz, Beton und Bauelementen des Bauwesens. Meist wird er so ausgeführt, daß der Probestab beiderseits auf Rollen frei aufgelagert und in der Mitte belastet wird. Bei zähen Werkstoffen kann nur die *Biegegrenze* σ_{bF} (entsprechend der Fließgrenze) bestimmt werden, da sie sich ohne Bruch um 180° U-förmig biegen lassen. Bei spröden Stoffen dagegen erhält man einen Bruch und damit die Möglichkeit, aus dem größten Biegemoment $M_{b\max}$ und dem Widerstandsmoment W_b des Querschnitts die *Biegefestigkeit* $\sigma_{bB} = M_{b\max}/W_b$ zu errechnen. Diese Beziehung, die das *Hooke*sche Gesetz zur Voraussetzung hat, wendet man auch bei Stoffen an, die das *Hooke*sche Gesetz nicht erfüllen. Deshalb ist bei Grauguß oder Beton die Biegefestigkeit bedeutend höher als die Zugfestigkeit. Bei Holz jedoch ist sie geringer als die Zugfestigkeit, da die Fasern auf der Druckseite einknicken.

Normung:

Prüfung von Gußeisen; Biegeversuch . . . . . DIN 50110
Bestimmungen für Betonprüfungen bei Ausführung von Bauwerken aus Beton und Stahlbeton . . . . . DIN 1048
Prüfung von Holz; Biegeversuch . . . . . DIN 52186
Prüfung von Kunststoffen; Biegeversuch . . . . . DIN 53452
Biegeprüfmaschinen . . . . . DIN 51227
Dynstat-Gerät zur Bestimmung von Biegefestigkeit und Schlagzähigkeit an kleinen Proben . . . . . DIN 51230

5. Härteprüfung

Die Härteprüfung ist die für Roh- und Fertigteile wichtigste mechanische Prüfung, da sie schnell und praktisch zerstörungsfrei durchgeführt werden kann und somit eine hundertprozentige Kontrolle der Fertigung ermöglicht. Der Definition entsprechend, wonach die Härte der Widerstand ist, den ein Körper dem Eindringen eines anderen in seine Oberfläche entgegensetzt, gibt es mehrere sog. Eindringverfahren, daneben aber auch Rückprall- und Ritzhärteprüfungen.

a) Nach Brinell (DIN 50351). Eine gehärtete Stahlkugel wird in das zu untersuchende Material mit bestimmter Belastung gedrückt. Aus der Prüfkraft F der Kugel und der Oberfläche O der in den Werkstoff gedrückten Kalotte wird die Brinellhärte $HB = F/O$ berechnet.

Bedeuten: D Kugeldurchmesser in mm, F Prüfkraft der Kugel in kp,
d Durchmesser der Eindruckfläche O in mm,

so errechnet sich die *Brinell*härte HB in kp/mm² aus der Formel

$$HB = \frac{2F}{\pi D\left(D - \sqrt{D^2 - d^2}\right)}.$$

Tabelle 4. *Prüfkräfte und Kugeldurchmesser für die Härteprüfung nach Brinell*

Kugeldurchmesser D mm	Prüfkraft F in kp			
	$30\,D^2$	$10\,D^2$	$5\,D^2$	$2{,}5\,D^2$
10	3000	1000	500	250
5	750	250	125	62,5
2,5	187,5	62,5	31,25	15,625
Kurzzeichen	*HB* 30	*HB* 10	*HB* 5	*HB* 2,5

Bei Kohlenstoffstählen ist die Zugfestigkeit $\sigma_B \approx 0{,}36\,HB$, bei legierten Stählen $\sigma_B \approx 0{,}34\,HB$. Bei Grauguß und Nichteisenmetallen kann aus der Härte nicht unmittelbar auf die Festigkeit geschlossen werden.

b) Nach Rockwell (DIN 50103). Als Eindringkörper wird bei harten Werkstoffen ein Diamant*kegel* mit 120° Spitzenwinkel, bei mittelharten und weichen Werkstoffen eine gehärtete Stahl*kugel* von $^1/_{16}''$ Dmr. benutzt und aus der Eindringtiefe die *Rockwell*härte abgeleitet. Der Eindringkörper wird zunächst mit einer Vorlast von 10 kp in die Oberfläche des Prüfstückes eingedrückt. Die dabei erreichte Eindringtiefe stellt den Ausgangswert für die Tiefenmessung dar. Hierauf wird die Prüfkraft um 140 kp auf insgesamt 150 kp (Kegel) bzw. um 90 kp auf insgesamt 100 kp (Kugel) gesteigert und wieder auf den Wert der Vorlast gesenkt. Die bleibende Eindringtiefe wird gemessen und die entsprechende *Rockwell*-C-Härte *HRC* (Kegel) bzw. *Rockwell*-B-Härte *HRB* (Kugel) an der Skala des Gerätes unmittelbar abgelesen.

c) Nach Vickers (DIN 50133). Eine Diamant*pyramide* von 136° Flächenwinkel wird mit einer beliebigen Kraft, z. B. 50 kp oder 120 kp bei sehr harten Stählen, 10 kp bei eingesetzten Stählen, 0,5 kp bei nitrierten Stählen und dünnen Blechen in die Werkstoffoberfläche eingedrückt. Die Eindruckoberfläche O wird aus ihren gemessenen Diagonalen bestimmt. Die Härte errechnet sich wie bei der *Brinell*härte zu $HV = F/O$. Die *Vickers*härte ist unabhängig von der Prüfkraft, die Regelbelastungen betragen 10, 30 und 60 kp.

Da auch mit sehr kleinen Prüfkräften brauchbare Werte erhalten werden, kann man das *Vickers*verfahren als *Mikrohärteprüfung* dazu benutzen, im mikroskopischen Schliff einzelne Gefügebestandteile auf ihre Härte zu untersuchen. Bei einer Ausführung ist der Prüfdiamant in der Frontlinse eines Metallmikroskops eingebaut und läßt Prüfkräfte in der Größenordnung von 5 bis 100 p zu. Das Arbeiten im Bereich von etwa 200 p bis 10 kp Prüfkraft bezeichnet man als Kleinlasthärteprüfung.

Die Härteprüfung nach *Vickers* ist wegen der Möglichkeit geringer Belastung und der genauen Ausmeßbarkeit der Eindrücke besonders geeignet für dünne Härteschichten (Einsatzhärtung, Nitrierhärtung) und für dünne Bleche. Da das Prüfstück nicht unbedingt genau auf der Unterlage aufsitzen muß, ist die Prüfung nach *Vickers* der Prüfung mit Vorlast (*Rockwell*) in der Genauigkeit überlegen, erfordert aber mehr Zeitaufwand. Die *Vickers*härte stimmt praktisch mit der *Brinell*härte bis $HB = 300$ kp/mm² überein.

Eine Abwandlung der Härteprüfung nach *Vickers* stellt das Verfahren nach *Knoop* dar, bei dem eine Diamantpyramide mit schlank rhombischer Grundfläche als fast schneidenförmiger Eindringkörper zur Prüfung sehr harter Stoffe benutzt wird.

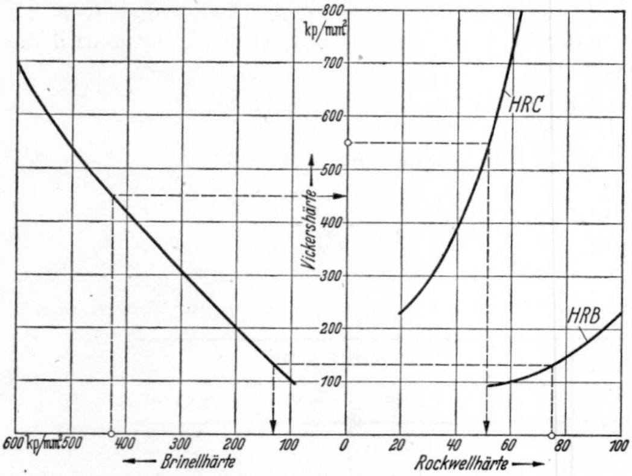

Bild 35. Beziehung zwischen *Rockwell-*, *Vickers-* und *Brinell*härte bei Stahl

d) Rückprallhärteprüfung mit Skleroskop nach *Shore* oder mit Duroskop. Auf die Oberfläche des Prüfkörpers fällt ein kleines Hämmerchen, das, je härter der Werkstoff, um so höher zurückprallt. Die Rückprallhöhe ist ein Maß für die Härte.

e) Härteprüfung nach Poldi. Eine Stahlkugel wird gleichzeitig im Schraubstock oder mittels Hammerschlag in das Prüfstück und in eine Vergleichsplatte eingedrückt. Aus den beiden gemessenen Eindruckdurchmessern wird mit Hilfe einer Umrechnungstafel die *Brinell*härte ermittelt.

f) Über die **Beziehungen zwischen den verschiedenen Härteprüfverfahren** bei Stahl vgl. Bild 35.

Normung:

Härteprüfung nach *Brinell* . . . DIN 50351
Härteprüfung nach *Rockwell* . . DIN 50103
Härteprüfung nach *Vickers* . . . DIN 50133
Härteprüfung nach *Brinell* bei Temperaturen bis 400 °C . . . . DIN 50132
Härte-Vergleichstabellen . . . . DIN 50150
Härteprüfgeräte mit Eindring-tiefen-Meßeinrichtung . . . . . DIN 51224
Härteprüfgeräte mit optischer Eindruck-Meßeinrichtung . . . DIN 51225

6. Kerbschlagversuch

Der Kerbschlagversuch (DIN 50115) soll den Nachweis erbringen, ob ein Werkstoff — in der Regel Stahl oder Stahlguß — unter besonders ungünstigen Bedingungen noch ausreichende Zähigkeit besitzt. Die bruchbegünstigenden Bedingungen werden dadurch geschaffen, daß der Verformungsvorgang zeitlich (Schlag) und örtlich (Kerbe) sehr eng begrenzt wird. Der Kerbschlagversuch ergibt zwar keine zahlenmäßigen Werte, die in die Festigkeitsrechnung eingesetzt werden können; trotzdem ist er ein sehr aufschlußreicher Versuch zur Prüfung der Eignung eines Werkstoffs für hochbeanspruchte Maschinenteile. Ein Stahl, der im Zugversuch hohe Bruchdehnung zeigt und somit als zäh erscheint, kann infolge der Kerbwirkung spröde brechen. Beim Kerbschlagversuch wird nun festgestellt, ob trotz des durch die Kerbe entstandenen mehrachsigen Spannungszustands der Werkstoff sich noch plastisch verformen kann; das ist erforderlich, wenn bei einer Überbeanspruchung der Werkstoff noch eine gewisse Verformungsreserve vor dem Bruch haben soll.

Die weitere Bedeutung des Kerbschlagversuchs liegt darin, daß er oft der einzige Versuch ist, mit dem man den richtigen Glühzustand des Stahles und seine Neigung zur Alterung (S. 552) nachweisen kann. Falsch wärmebehandelte (zu hoch oder zu lange geglühte) Stähle mit grobkörnigem Gefüge erweisen sich bei der Kerbschlagprüfung als spröde. Tiefe Temperaturen begünstigen den spröden Bruch zusätzlich. Die Alterungsneigung von Stahl wird durch vergleichende Kerbschlagversuche in gutem Glühzustand und nach Kaltverformung (Recken oder Stauchen der Probe um 8 bis 12%) und Anlassen bei 250 bis 300 °C (künstliche Alterung) nachgewiesen. Außerdem bietet der Kerbschlagversuch die Möglichkeit, eine durch wiederholte Wechselbeanspruchungen eingetretene Schädigung (S. 528) oder eine Versprödung infolge ruhender Langzeitbeanspruchung bei hohen Temperaturen nachzuweisen. Durch Stichproben an einzelnen Schrauben kann man z. B. rechtzeitig überprüfen, ob eine ganze Serie von Schrauben aus dem Betrieb genommen werden muß.

Der Kerbschlagversuch wird an einseitig gekerbten Probestäben (Bild 36) durchgeführt, die auf einer Schabotte beidseitig frei aufgelagert und auf der der Kerbe abgewandten Seite von einem Pendelhammer getroffen und durchgeschlagen werden.

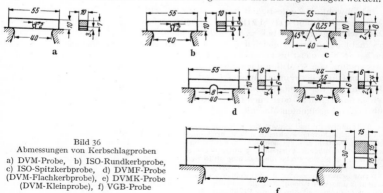

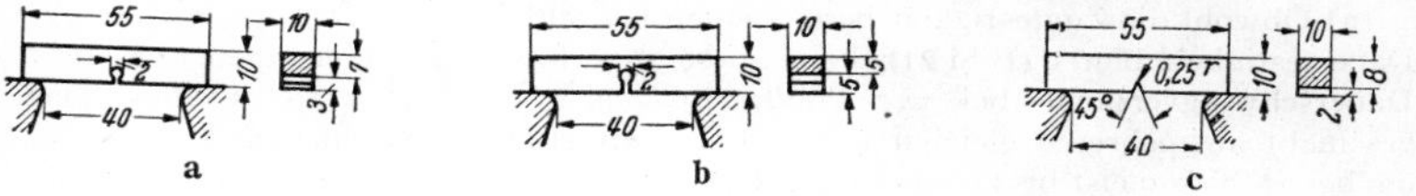

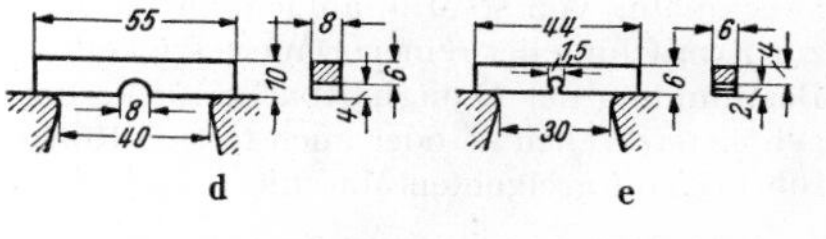

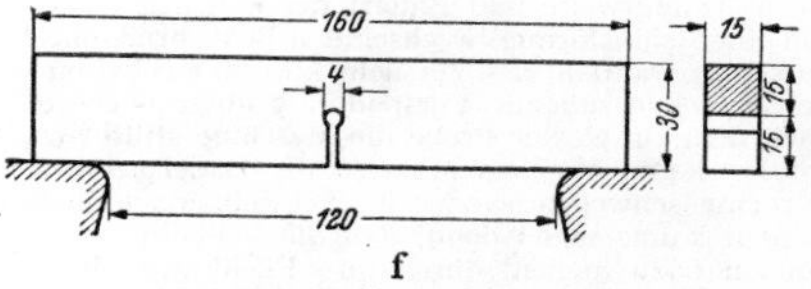

Bild 36
Abmessungen von Kerbschlagproben
a) DVM-Probe, b) ISO-Rundkerbprobe, c) ISO-Spitzkerbprobe, d) DVMF-Probe (DVM-Flachkerbprobe), e) DVMK-Probe (DVM-Kleinprobe), f) VGB-Probe

Aus der Fallhöhe h_1 des Hammers, seinem Gewicht G und seiner Steighöhe h_2 nach dem Zerschlagen der Probe wird die verbrauchte *Schlagarbeit* $A = G(h_1 - h_2)$ ermittelt. Als *Kerbzähigkeit* $a_k = A/S$ in kpm/cm² wird die auf die Fläche S des Kerbquerschnitts der Probe bezogene Schlagarbeit angegeben.

Die Kerbzähigkeit ist stark von der Temperatur abhängig. Bei einwandfreiem Gefüge entsprechen die erhaltenen Werte bei Raumtemperatur der Hochlage der Kerbzähigkeit. Bei tiefen Temperaturen erhält man auch bei zähen Stählen spröde Brüche (Tieflage der Kerbzähigkeit), doch liegt der Steilabfall (Übergangstemperatur) zu diesem Gebiet der Kaltsprödigkeit bei um so tieferen Temperaturen (Bild 37), je feinkörniger das Gefüge ist (vergütete Stähle), während grobkörnige, überhitzte Stähle schon bei Raumtemperatur keine nennenswerte Zähigkeit mehr zeigen.

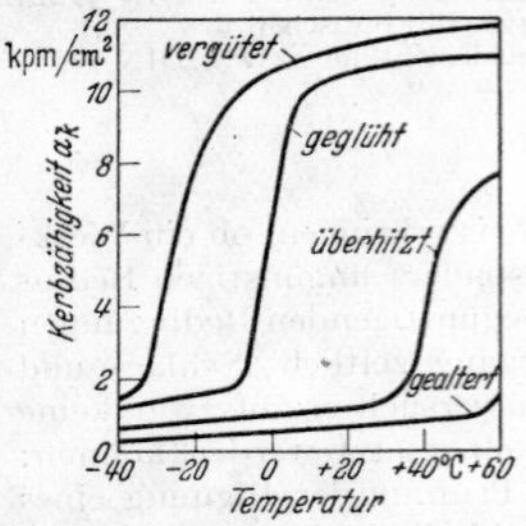

Bild 37. Abhängigkeit der Kerbzähigkeit des Stahls von der Temperatur bei verschiedenen Glühzuständen

Für die Prüfung von geschmiedetem Stahl wird in der Regel die DVM-Probe, für hochzähe Stähle eine der ISO-Proben, für Stahlguß und Kesselbleche neben der DVM-Probe auch die VGB-Probe verwendet. Die DVMF-Probe dient zur besseren Differenzierung bei niedrigen Kerbschlagzähigkeitswerten, besonders im Bereich tiefer Temperaturen, wenn die DVM-Probe keine ausreichende Unterscheidungsmöglichkeit mehr bietet. Die DVMK-Probe wird angewendet, wenn das Versuchsstück für die Entnahme einer DVM-Probe zu klein ist. Die Ergebnisse von Proben verschiedener Abmessungen lassen sich nicht ohne weiteres vergleichen. Große Proben (VGB-Probe) ergeben im allgemeinen höhere Kerbzähigkeitswerte. Irgendwelche Umrechnungsbeiwerte gelten nur unter bestimmten Voraussetzungen für gleichen Werkstoff und gleiche Versuchsdurchführung.

Die ISO-Rundkerb-Probe neigt wegen ihres niedrigen Verhältnisses Höhe zu Breite und die ISO-Spitzkerb-Probe wegen ihrer scharfen Kerbe eher zu sprödem Bruch als die DVM-Probe. Bei gutem Glüh- bzw. Vergütungszustand sind die Werte, die mit der DVM-Probe und ISO-Rundkerb-Probe erreicht werden, nahezu gleich.

Normung:

Prüfung von Stahl und Stahlguß; Kerbschlagbiegeversuch . . . . DIN 50115
Prüfung von Stahl; Kerbschlagbiegeversuch an schmelzgeschweißten Stumpfnähten . . DIN 50122
Prüfung von Zink und Zinklegierungen; Schlagbiegeversuch . . . . DIN 50116
Prüfung von Kunststoffen; Schlagbiegeversuch . . . . DIN 53453
Pendelschlagwerke . . . . DIN 51222
Dynstat-Gerät zur Bestimmung von Biegefestigkeit und Schlagzähigkeit an kleinen Proben . . . . DIN 51230

7. Dauerversuche

a) Obwohl die Zugfestigkeit bereits einen brauchbaren Anhalt für die Höhe der Dauerfestigkeit bietet (Bild 21), kann diese zuverlässig im allgemeinen nur durch **Dauerschwingversuche** bei *wechselnder* Beanspruchung ermittelt werden. Dies geschieht an mehreren gleichartigen Proben mit Hilfe der Wöhlerkurve (Bild 10), die bei Stählen meist bis zu einer Grenzlastspielzahl von 10 Mill., bei Leichtmetallen zweckmäßig von 50 Mill. aufgenommen wird. Außer glatten, polierten Probestäben zur Ermittlung der reinen Dauerfestigkeit des Werkstoffs werden Formelemente zur Bestimmung der Dauerhaltbarkeit gekerbter Teile — z. B. abgesetzter oder quergebohrter Wellen — oder auch fertige Konstruktionsteile in werkstattmäßiger Ausführung auf geeigneten Maschinen geprüft.

Wirkungsweise und Bauart der üblichen Dauerprüfmaschinen sind sehr vielfältig. Die Probe soll einer (sinusförmig) wechselnden Beanspruchung unterworfen werden können, deren Spannungsausschlag während des Versuchs konstant gehalten werden und ablesbar sein muß. Nach Möglichkeit soll eine ruhende Vorspannung aufgegeben werden können. Eine Abschaltvorrichtung muß nach dem Bruch der Probe die Maschine stillsetzen, so daß die ertragene Lastspielzahl abgelesen werden kann. Vielfach arbeiten die Dauerprüfmaschinen hydraulisch (Pulsatoren), wobei meist nur eine schwellende oder im Schwellbereich liegende Beanspruchung (vgl. S. 525) aufgegeben werden kann, es sei denn, daß die Maschine zwei Arbeitszylinder hat. Umlaufende Unwuchten können dazu dienen, durch ihre Fliehkräfte die Probe unmittelbar zu belasten oder in einem schwingungsfähigen System die auf die Probe wirkenden Kräfte durch Resonanz erheblich zu vergrößern, wobei man mit verhältnismäßig kleinen Schwingern auskommt (resonanzerregte Pulser). Elektromagnetische Resonanzerregung ermöglicht Prüffrequenzen im Bereich von 50 bis 300 Hz (Hochfrequenzpulser). An einem Dynamometer, meist als Ringfeder ausgebildet, wird die wechselnde Belastung abgelesen. Eine einfache Prüfmöglichkeit bieten die verschiedenen Arten von Umlaufbiegemaschinen, bei denen die rotierende Probe einem ruhenden Biegemoment ausgesetzt wird. Eine Vorspannung ist hierbei nicht möglich, so daß nur die reine Biegewechselfestigkeit ermittelt werden kann. Mit Hilfe geeigneter Einspannvorrichtungen kann man auf den meisten Prüfmaschinen, die für Zug-Druck-Versuche eingerichtet sind, auch Wechselbiege- und Wechselverdrehversuche mit und ohne Vorspannung durchführen.

b) Bei *ruhender* Dauerbeanspruchung und erhöhter Temperatur werden **Dauerstandversuche** durchgeführt. Sie sind wichtig, um die Neigung der Metalle, vornehmlich der Stähle, zum *Kriechen*, einer zeitabhängigen plastischen Verformung unter ruhender Last, festzustellen. Bei verschiedenen ruhenden Belastungen nimmt man Zeit-Dehnungs-Schaubilder auf und ermittelt die Zeitdauer bis zum Bruch. Das Ziel der Versuche ist die Bestimmung der *Dauerstandfestigkeit* als derjenigen Beanspruchung, bei der die in langen Zeiträumen zu erwartenden plastischen Verformungen noch keine Bruchgefahr darstellen. Durch Langzeitversuche von etwa 100000 Std. Dauer wurde jedoch festgestellt, daß es eine Dauerstandfestigkeit im üblichen Sinn nicht gibt, sondern daß man höchstens von einer *Zeitstandfestigkeit* als derjenigen Beanspruchung sprechen kann, die innerhalb einer bestimmten Zeit noch ohne Bruch ertragen wird. Als weiteres Ergebnis liefern Langzeitversuche die sogenannten *Zeitdehngrenzen*, das sind die Beanspruchungen, die nach einer bestimmten Zeit (z. B. 10000 Std.) ein bestimmtes Maß bleibender Dehnung (z. B. 0,2%) hervorrufen. Nach DIN 50117 wird in einem Abkürzungsverfahren als *DVM-Kriechgrenze* die Beanspruchung ermittelt, die einer Dehngeschwindigkeit von $10 \cdot 10^{-4}\%$ je Stunde in der 25. bis 35. Versuchsstunde entspricht; außerdem darf die bleibende Dehnung nach 45 Stunden 0,2% nicht überschreiten. Diese Kriechgrenze stellt jedoch nur einen Näherungswert für die wirkliche Dauer- bzw. Zeitstandfestigkeit, wie sie in Langzeitversuchen ermittelt wird, dar. Bei manchen Stählen, besonders solchen, die zur Versprödung neigen, treten nach längeren Zeiten Brüche auch bei Belastungen auf, die noch weit unterhalb dieser im Abkürzungsverfahren bestimmten Kriechgrenze liegen. Zur Beurteilung der wahren Dauer- bzw. Zeitstandfestigkeit müssen deshalb Langzeitversuche mit glatten und gegebenenfalls gekerbten Proben durchgeführt werden.

Normung:

Dauerschwingversuch, Begriffe, Zeichen, Durchführung, Auswertung	DIN 50100
Umlaufbiegeversuch (Wechselbiegeversuch mit umlaufender Probe)	DIN 50113
Bestimmung der Streckgrenze bei höheren Temperaturen, Kurzversuch	DIN 50112
Bestimmung der DVM-Kriechgrenze	DIN 50117
Zeitstandversuch	DIN 50118
Standversuch; Begriffe, Zeichen, Durchführung, Auswertung	DIN 50119

8. Technologische Versuche

Hierbei wird meist nur die Formänderungsfähigkeit bei Raum- oder Schmiedetemperatur untersucht, ohne daß Kraft- oder Arbeitsmessungen durchgeführt werden. Der *Faltversuch* (DIN 1605, Blatt 4) dient zum Nachweis der Biegbarkeit (Zähigkeit) des Werkstoffs bei Raumtemperatur. Je nach der Zähigkeit des Werkstoffs werden Dorndurchmesser und Biegewinkel oder Biegeradius vorgeschrieben, bei denen die Probe ein Falten aushalten muß, ohne auf der Zugseite anzureißen. (Allgemeine Baustähle vgl. DIN 17100, Schraubenstahl vgl. DIN 1613, Stahlguß vgl. DIN 1681.) An Rohren wird der *Ringfaltversuch* (DIN 50136) und der *Ringaufdornversuch* (DIN 50137) durchgeführt. Zum Nachweis der Warmbearbeitbarkeit dient der *Rotbruchversuch*, der ähnlich wie der Faltversuch, jedoch an der rotwarmen Probe durchgeführt wird.

Die *Schweißbarkeit* im Feuer wird geprüft, indem Probestäbe nach dem üblichen Werkstattverfahren überlappt zusammengeschweißt werden. Ebenso müssen Gasschmelz- und Lichtbogenschweißungen (DIN 4100) sowie Schweißdrähte (DIN 1913) auf ihre Güte nachgeprüft werden. Neben der Festigkeit und Verformbarkeit der Schweißproben ist bei Schweißungen von Stählen über 50 kp/mm² Festigkeit die Prüfung auf Schrumpfrißunempfindlichkeit erforderlich.

Die *Härtbarkeit* und das Durchhärtungsvermögen von Stählen werden im Stirnabschreckversuch nach *Jominy* geprüft, bei dem eine zylindrische Probe auf Härtetemperatur gebracht und dann in definierter Weise an einer Stirnseite mit Wasser abgeschreckt wird. Danach wird die Härte in Abhängigkeit vom Abstand von der abgeschreckten Stirnfläche ermittelt. Auch die Härteannahme im Kern einsatzgehärteter Teile bestimmt man nach diesem Verfahren (DIN 50191).

Der *Hin- und Herbiegeversuch* wird bei Drähten (DIN 51211) und dünnen Blechen ausgeführt. Die Probe wird zwischen Klemmbacken gespannt und nach beiden Seiten um einen Halbmesser gebogen, der gewöhnlich etwa die 2- bis 3fache Probendicke beträgt. Gemessen wird die Zahl der Hin- und Herbiegungen bis zum Bruch. Die Gleichmäßigkeit des Verformungsvermögens über eine größere Länge wird bei Drähten im *Verwindeversuch* (DIN 51212) geprüft. Bleche, die durch Ziehen oder Drücken starken Verformungen unterworfen werden sollen, werden dem *Tiefungsversuch* (DIN 50101) unterworfen. Beim *Erichsen*-Tiefziehapparat wird ein abgerundeter Stößel in die zwischen Matrize und Faltenhalter liegende Blechprobe eingedrückt. Gemessen wird die Tiefe der Ausbuchtung bis zum ersten Anriß.

Nieten werden durch *Kaltstauch-* und *Warmstauchversuche* auf den Grad ihrer Verformbarkeit untersucht. An Rohren werden der *Aufweitversuch* mit einem kegeligen Dorn (DIN 50135), der Ringfaltversuch (DIN 50136) sowie der *Bördelversuch* (DIN 50139) durchgeführt. Innere Spannungen werden durch den *Aufsägeversuch* (Klaffen oder Zuziehen des Sägeschnitts) nachgewiesen.

9. Chemische Prüfungen und Gefügeuntersuchungen

Für die Beurteilung der Werkstoffeigenschaften ist in der Regel die Kenntnis der chemischen Zusammensetzung notwendig. Bei den metallischen Werkstoffen müssen die absichtlich zugesetzten Legierungselemente und die beim Herstellprozeß sich ergebenden schädlichen Bestandteile nachgeprüft werden.

Üblicherweise geschieht dies in den chemischen Laboratorien nach den klassischen Verfahren der *Naßchemie.* Für Schnellanalysen, wie sie in großen Gießereien und Stahlwerken zur Kontrolle der Schmelzen notwendig sind, bedient man sich der Verfahren der *Spektrometrie,* die in modernen Geräten so weit entwickelt und automatisiert sind, daß die quantitative Analyse von 12 Legierungsbestandteilen eines Metalls in einer halben Minute möglich ist. Auch die *Röntgen-Fluoreszenz-Analyse* ermöglicht eine schnelle und genaue Bestimmung der meisten Legierungselemente.

Eine einfache und schnell ausführbare Methode zum Abschätzen des Kohlenstoffgehalts von Stählen ist die *Schleiffunkenprüfung,* die aus Farbe und Sprühbild der Funken beim Schleifen dem Geübten recht treffsichere Werte anzeigt. Mit dem Spektroskop kann man ebenso schnell wenigstens qualitativ die Anwesenheit bestimmter Legierungsbestandteile erkennen.

Zur Sichtbarmachung des Gefüges werden Metallproben geschliffen und angeätzt, *Metallographie.* Einfache Prüfverfahren für Stahl:

Nachweis von Seigerungen, Schweißstellen in weichem Stahl nach *Heyn:* 10 g Kupferammoniumchlorid in 120 cm^3 Wasser lösen; Ätzdauer 1 bis 3 min.

Nachweis von Seigerungen in härteren Stählen nach *Oberhoffer:* Ätzlösung 500 cm^3 Alkohol, 500 cm^3 Wasser, 50 cm^3 konz. Salzsäure, 30 g Eisenchlorid, 1 g Kupferchlorid und 0,5 g Zinnchlorür. Ätzdauer 5 sec bis 2 min.

Nachweis von Schwefelseigerungen nach *Baumann:* Bromsilberpapier wird mit 5proz. Schwefelsäure getränkt und auf die Schliffläche gedrückt. Einwirkungsdauer 1 bis 2 min. Nach Abziehen des Papiers dieses fixieren und wässern (Baumann-Abzug).

Tiefätzungen zum Nachweis von Rissen, Seigerungslinien, Schlackenzeilen, Poren: 50proz. Salzsäure auf 80 °C erwärmen, 10 bis 30 min einwirken lassen.

Um das Feingefüge sichtbar zu machen, muß man die Proben polieren[1]. Nichtmetallische Einschlüsse, Risse sowie die Verteilung des Graphits im Gußeisen werden dann unter dem Mikroskop sichtbar. Zur Untersuchung der Kristallstruktur werden die Schliffe angeätzt. Einige typische Gefügebilder von unlegierten Stählen und Grauguß zeigen Bilder 38 bis 45 (zwischen S. 552 u. 553) s. Tafel I u. II.

---

[1] *Schumann, H.:* Metallographie. 5. Aufl. Leipzig: VEB Deutscher Verlag für Grundstoffindustrie 1964.

Bei hochlegierten Stählen würden durch die oben genannten Multiplikatoren zu große Zahlen entstehen. Man schreibt deshalb die Höhe der Legierungsbestandteile in unverschlüsselten Prozentgehalten und deutet diese Art der Kennzeichnung durch ein vorangestelltes großes X an.

Beispiele:

X45CrSi9 = Stahl mit 0,45% C, 9% Cr und Si-Zusatz (Ventilstahl)
X12CrNi188 = Stahl mit 0,12% C, 18% Cr und 8% Ni (nichtrostender Stahl)

Der leichteren Sprechbarkeit wegen werden die chemischen Symbole nicht, wie in der Sprache der Chemiker, als einzelne Buchstaben, sondern als Silben gesprochen, also Ni nicht als „en-i", sondern als „ni", Mo nicht als „em-o", sondern als „mo" usw. Symbole mit zwei Konsonanten ergänzt man durch einen Vokal zu einer Silbe, z. B. Mn zu „man", Cr zu „cro". Man spricht also 20MnCr5 als „zwanzig mancro fünf".

Normung: Eisen und Stahl, systematische Benennung . . . . DIN 17006

b) Einfluß der Legierungsbestandteile. Die einzelnen Legierungselemente des Stahls beeinflussen außer dessen Festigkeitseigenschaften vor allem dessen Verhalten bei der Wärmebehandlung. Dies kommt zum Ausdruck in einer Verschiebung der Umwandlungstemperaturen, in einer Verringerung der kritischen Abkühlgeschwindigkeit oder in einer Erweiterung oder Abschnürung des γ-Gebiets, wodurch bestimmte Umwandlungen ganz unterdrückt werden können (austenitische Stähle, ferritische Stähle). Meist sind in einem Stahl mehrere Legierungselemente gleichzeitig vorhanden, deren gemeinsame Wirkung sich jedoch deshalb schwer abschätzen läßt, weil die Wirkungen der Einzelelemente sich nicht immer proportional mit ihrem Gehalt ändern und sich auch nicht ohne weiteres addieren lassen. Trotzdem können folgende Anhaltspunkte gegeben werden.

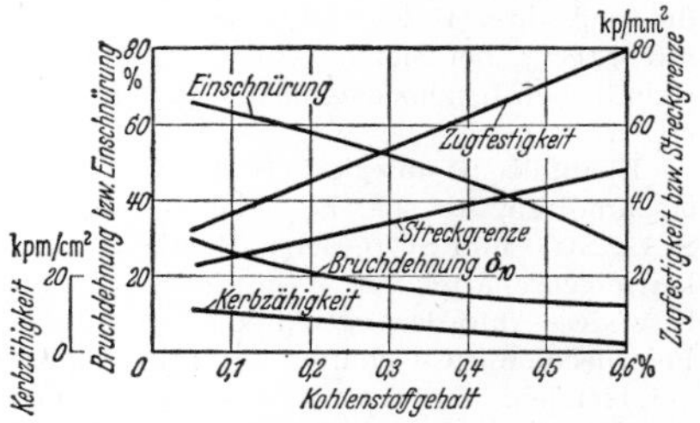

Bild 51. Festigkeitseigenschaften geglühter Stähle mit verschiedenen Kohlenstoffgehalten

Kohlenstoff, der eigentlich nicht zu den Legierungselementen des Stahls gerechnet wird, verändert dessen Festigkeitseigenschaften am stärksten. Er erhöht Zugfestigkeit, Streckgrenze nnd Härte und erniedrigt Bruchdehnung, Einschnürung und Kerbzähigkeit, Bild 51. Bis 0,8% C besteht für normalgeglühte unlegierte Stähle ein etwa proportionaler Zusammenhang zwischen C-Gehalt und Zugfestigkeit in der Beziehung $\sigma_B \approx 30 + 80\,C$. Von den Verarbeitungseigenschaften werden mit zunehmendem C-Gehalt Schmiedbarkeit, Schweißbarkeit, Bearbeitbarkeit und Tiefziehfähigkeit schlechter, dagegen nehmen Härtbarkeit und Vergütbarkeit zu.

Mangan steigert Zugfestigkeit und Streckgrenze um etwa 10 kp/mm² je 1% Mn. Die Bruchdehnung wird dabei nur wenig verringert, die Kerbzähigkeit erhöht und die Schweißbarkeit verbessert. Vor allem nimmt das Durchhärtevermögen stark zu. Mn-Stähle mit 0,9% C und mehr als 12% Mn werden nach Wasserabschreckung austenitisch und sind außerordentlich zäh und verschleißfest (Manganhartstähle).

Silizium steigert Zugfestigkeit und Streckgrenze um etwa 10 kp/mm² je 1% Si. Bruchdehnung und Kerbzähigkeit werden nur wenig erniedrigt, aber die Schweißbarkeit wird erschwert. Si erhöht die Zunderbeständigkeit, besonders zusammen mit Cr und Al, und vermindert in Elektromagnetblechen für den Elektromaschinenbau die Ummagnetisierungsverluste.

Chrom erhöht die Zugfestigkeit um etwa 8 kp/mm² je 1% Cr, durch Senkung der kritischen Abkühlgeschwindigkeit jedoch vor allem die Durchhärtbarkeit. Durch seine Neigung zur Karbidbildung steigert Cr die Härte von Werkzeug- und Kugellagerstählen. Stähle mit mehr als 12% Cr werden korrosionsbeständig gegen Wasser und verschiedene Säuren, außerdem verbessert Cr die Zunderbeständigkeit und, besonders in Gegenwart von Ni, die Warmfestigkeit.

Nickel steigert die Zugfestigkeit nur um etwa 4 kp/mm² je 1% Ni, die Streckgrenze jedoch im Verhältnis stärker. Ni senkt die kritische Abkühlgeschwindigkeit stark und steigert damit das Durchhärtevermögen dicker Querschnitte. Seine Neigung zur Mischkristallbildung führt bei Ni-Gehalten über 25% zu austenitischen Stählen, die unmagnetisch und weitgehend korrosionsbeständig sind. Durch Zulegieren von Cr erreicht man den austenitischen Zustand bereits mit 18% Cr und 8% Ni. Stähle mit 36% Ni (Invar-Stahl) haben ein Minimum der Wärmeausdehnung (Meßwerkzeuge), mit 78% Ni eine besonders hohe Permeabilität.

Molybdän erhöht die Warmfestigkeit und das Durchhärtungsvermögen. Durch Bildung von Karbiden werden die Schneidfähigkeit und Anlaßbeständigkeit von Werkzeugstählen und die Stabilität von austenitischen Stählen verbessert. Durch geringe Zusätze von Mo wird in Vergütungsstählen auf Cr-Mn- und Cr-Ni-Basis die Anlaßsprödigkeit beseitigt.

Vanadium fördert durch seine Karbide die Warmfestigkeit und die Schneidhaltigkeit von Werkzeugen. V verringert die Überhitzungsempfindlichkeit bei der Wärmebehandlung, doch sind seine Karbide sehr schwer und nur bei hohen Temperaturen löslich. Bei normalen Härtetemperaturen wird deshalb die Durchhärtbarkeit eher etwas geringer.

Wolfram erhöht die obere Umwandlungstemperatur und ist ein besonders starker Karbidbildner, weshalb W die Schneidfähigkeit und Anlaßbeständigkeit von Schnellarbeitsstählen bedingt. Die Steigerung der Warmfestigkeit ist ebenfalls eine Folge dieses Verhaltens.

Kobalt steigert die Warmfestigkeit und Warmhärte und wird deshalb zusammen mit W, Cr und Mo für Schnellarbeitsstähle verwendet und ist Bestandteil hochwarmfester Metallegierungen.

Kupfer verbessert in Gehalten von 0,2 bis 0,5% den Rostwiderstand bei atmosphärischen Einflüssen, besonders wenn die Stähle gleichzeitig einen etwas erhöhten P-Gehalt haben.

Aluminium wird in sehr geringen Mengen anstelle von Si zur Beruhigung bei der Desoxydation des Stahls und zur Kornverfeinerung zugesetzt. Zusammen mit Cr und Si macht es den Stahl zunderbeständig und bildet mit Cr die Legierungsbasis der Nitrierstähle.

Titan, Tantal und *Niob* sind sehr starke Karbidbildner und verhindern in austenitischen Cr-Ni-Stählen unerwünschte Karbidausscheidungen anderer Elemente.

Schwefel macht in der Form des Eisensulfids den Stahl rotbrüchig. Als Mangansulfid verbessert S die Zerspanbarkeit, da der abfließende Span brüchig wird (Automatenstähle).

Blei als Zusatz zum Stahl legiert sich nicht mit diesem, sondern bleibt als heterogener Bestandteil im Gefüge, der ebenfalls bei der zerspanenden Bearbeitung einen brüchigen Span liefert.

c) Allgemeine Baustähle. Die einfachen Massenstähle des Maschinenbaus, an die hinsichtlich ihres Reinheitsgrads keine allzu hohen Anforderungen gestellt werden, werden als unlegierte Kohlenstoffstähle erschmolzen. Sie werden üblicherweise im warmverformten Zustand oder auch nach einer Normalglühung verwendet und sind im allgemeinen nicht für eine Wärmebehandlung bestimmt. Sie kommen z. B. als Schmiedestücke, Formstahl, Stabstahl, als Band oder als Grob- oder Mittelblech in den Handel. Ihre Verwendung richtet sich nach ihrer gewährleisteten Zugfestigkeit, die auch ihrer Bezeichnung zugrunde liegt. Der P-Gehalt ist bei Thomas-Qualität mit 0,08%, bei Siemens-Martin-Qualität mit 0,05% nach oben begrenzt, der S-Gehalt beträgt höchstens 0,05%. Ihre Festigkeitseigenschaften sind aus Tab. 5 ersichtlich.

Ebenfalls als unlegierte Stähle werden die Werkstoffe für Feinbleche unter 3 mm erschmolzen. Als sog. Festigkeitsbleche umfassen sie die Güten St37, St42, St50, St52, St60 und St70, deren Reinheitsgrad hinsichtlich P und S und deren Festigkeitseigenschaften im wesentlichen den Stählen der Tab. 5 entsprechen. Werden besondere Anforderungen an die Verformbarkeit gestellt, so benötigt man Qualitäts-Feinbleche mit C-Gehalten unter 0,10%, bei denen die Summe des P- und S-Gehalts bei Tiefziehgüten unter 0,08%, bei den im Karosseriebau verwendeten Sondertiefziehgüten sogar unter 0,065% liegt. Die Festigkeitseigenschaften dieser Tiefziehbleche sind entsprechend niedrig, Tab. 6; insbesondere verlangt man eine niedrige Streckgrenze, jedoch eine hohe Bruchdehnung. Die Eignung zum Tiefziehen wird

Tabelle 5. *Allgemeine Baustähle* nach DIN 17100

Bezeichnung [1]	C [2] % höchst.	σ_S [3] kp/mm² mind.	σ_B kp/mm²	δ_5 % mind.	Eigenschaften [4]
St 33−2	—	19	33−50	18	
St 34−2	0,15	21	34−42	28	einsetzbar, schweißbar
St 37−2	0,18	24	37−45	25	einsetzbar, schweißbar
St 42−2	0,25	26	42−50	22	im allgemeinen schweißbar
St 46−2	0,20	29	44−54	22	schweißbar
St 50−2	≈0,30 [5]	30	50−60	20	vergütbar
St 52−3	0,20	36	52−62	22	schweißbar
St 60−2	≈0,40 [5]	34	60−72	15	härtbar, vergütbar
St 70−2	≈0,50 [5]	37	70−85	10	härtbar, vergütbar

[1] Die mit Bindestrich angehängte Ziffer gibt die Gütegruppe an. In der mittleren Gütegruppe (−2) ist der P-Gehalt mit 0,050%, der S-Gehalt mit 0,050% und der N-Gehalt mit 0,007% in der Schmelzenanalyse nach oben begrenzt. Damit sind für diese Gütegruppe Thomasstähle ausgeschlossen. Für die Stückanalysen gelten die Abweichungen unter [2].

[2] Diese Werte gelten für die Schmelzenanalyse. Am Einzelstück können die höchstzulässigen Gehalte bei unberuhigten Stählen um 25%, bei beruhigten Stählen um 10% höher liegen.

[3] Für Dicken bis 16 mm. Für größere Dicken bis 100 mm bis zu 2 kp/mm² weniger.

[4] Schweißbarkeit kann bei Thomas-Stählen nur bedingt vorausgesetzt werden.

[5] Ungefährer Mittelwert.

Tabelle 6. *Tiefziehbleche* nach DIN 1623

Güte	Bezeichnung	C % höchst.	σ_B kp/mm²	σ_S kp/mm² höchst.	δ[1] % mind.
Grundgüte	St 10	0,15	28 – 50	—	—
Ziehgüte	St 12	0,10	28 – 42	—	24
Tiefziehgüte	St 13	0,10	28 – 40	27	27
Sondertiefziehgüte	St 14	0,10	28 – 38	24	30

[1] Für eine Probe mit $L_0 = 80$ mm und $b = 20$ mm.

durch den Tiefungsversuch nach *Erichsen* (vgl. S. 548) nachgewiesen. Die Feinbleche in Grundgüte St 10 werden mit nichtentzunderter Oberfläche (angehängte Kennzahlen 01 oder 02) geliefert, während die Qualitätsbleche in Ziehgüte St 12, Tiefziehgüte St 13 und Sondertiefziehgüte St 14 stets mit zunderfreier Oberfläche verwendet werden, deren Güte durch die angehängten Kennzahlen 03 bis 05 in steigender Bewertung angegeben werden kann. Damit die gute Oberfläche auch nach dem Tiefziehen erhalten bleibt, müssen die Bleche ein sehr feines Korn haben. Bleche aus unberuhigt vergossenen Stählen sind vorzugsweise für galvanische Oberflächenbehandlung geeignet, unterliegen allerdings der Gefahr der Alterung.

Normung: Allgemeine Baustähle; Gütevorschriften . . . . DIN 17100
Feinbleche aus unlegierten Stählen; Gütevorschriften . . . . DIN 1623

d) Vergütungsstähle. Werden an ein Bauteil höhere Festigkeitsanforderungen gestellt, so verwendet man Stähle in vergütetem Zustand, der gleichzeitig ein feinkörniges Gefüge und verbesserte Zähigkeit gewährleistet. Damit bei der Wärmebehandlung die gewünschten Eigenschaften treffsicher erreicht werden können, sind beruhigte Stähle mit genau eingegrenzter Analyse notwendig. Sie werden als Qualitäts- oder Edelstähle (vgl. S. 551) im Siemens-Martin- oder Elektroofen erschmolzen. Die erreichbare Vergütungsfestigkeit richtet sich in erster Linie nach dem Kohlenstoffgehalt, kann aber nur für dünne Querschnitte erwartet werden, falls nicht durch entsprechende Legierungszusätze Durchvergütung bis zum Kern dicker Querschnitte angestrebt wird. Die verschiedene Härtbarkeit dieser Stähle wird durch die Werte des Stirnabschreckversuchs (vgl. S. 547) gekennzeichnet und gewährleistet. Unlegierte und wenig legierte Stähle mit C-Gehalten bis 0,35% können in Wasser, die höher gekohlten und höher legierten Stähle müssen in Öl abgeschreckt werden. Die Vergütungstemperaturen nach dem Abschrecken liegen zwischen 530 und 670 °C.

Von den in Tab. 7 näher gekennzeichneten Stählen genügen für nicht zu hohe Ansprüche die einfachen C-Stähle [1 bis 5][1]. Wird höhere Reinheit und bessere Zähigkeit im Kern gewünscht, wählt man die Stähle der Ck-Reihe (**k**leiner P- und S-Gehalt). Allzu niedriger S-Gehalt erschwert die Zerspanbarkeit. Deshalb kann für eine Reihe von Edelstählen außer der oberen auch eine untere Grenze des S-Gehalts (0,020 – 0,035 % S) vorgeschrieben werden [2 bis 5, 10 bis 12, 14, 15]. Ihre Anwendung ist auf Querschnitte unter 100 mm Dicke begrenzt. Bessere Durchvergütung erreicht man durch Erhöhen des Gehalts an Mn, dem billigsten Legierungselement [6, 7]. Wegen ihrer ausgesprochenen Faserstruktur haben die Mn-Stähle quer zur Faserrichtung deutlich schlechtere Zähigkeitseigenschaften. Ihre Neigung zur Anlaßsprödigkeit macht eine beschleunigte Abkühlung nach der Vergütung empfehlenswert. Die Cr-legierten Stähle [8 bis 12] sind in der Vergütung gleichmäßiger und ergeben ein besser anlaßbeständiges und verschleißfestes Gefüge, neigen aber ebenfalls zur Anlaßsprödigkeit. Dieser Nachteil wird bei den Cr-Mo-Stählen [13 bis 16] vermieden, bei denen die niedrig gekohlten [13, 14] hohe Vergütungsfestigkeit mit guter Schweißbarkeit in sich vereinigen. Ähnliche Eigenschaften zeigen die Cr-V-Stähle [17] deren feinkörniges Gefüge für hochbeanspruchte Konstruktionen besonders geeignet ist.

Für Bauteile größerer Abmessungen ist Ni als Legierungselement unentbehrlich. Es ist allerdings trotz des absolut höheren Preises von Mo der teuerste der hier

[1] Die [ ] beziehen sich auf die laufenden Nummern der Tab. 7.

Tabelle 7. *Vergütungsstähle* nach DIN 17200

Nr.	Bezeichnung	Chemische Zusammensetzung in % (Schmelzenanalyse) Zur Platzersparnis steht , … für 0, …							Festigkeitswerte[1] im vergüteten Zustand bei einer Dicke von									
									< 16 mm ∅		16–40 mm ∅		40–100 mm ∅		100–160mm ∅		160–250 mm ∅	
		C	Si	Mn	Cr	Mo	Ni	V	σ_S	σ_B	σ_S	σ_B	σ_S	σ_B	σ_S	σ_B	σ_S	σ_B
1	C22, Ck22 [2]	,18/,25	,15/,35	,40/,70	—	—	—	—	36	55–70	30	50–65	—	—	—	—	—	—
2	C35, Ck35	,32/,39	,15/,35	,50/,80	—	—	—	—	43	63–78	37	59–74	33	55–70	—	—	—	—
3	C45, Ck45	,42/,50	,15/,35	,50/,80	—	—	—	—	49	71–86	42	67–82	38	63–78	—	—	—	—
4	C55, Ck55	,52/,60	,15/,35	,60/,90	—	—	—	—	55	80–95	47	75–90	43	71–86	—	—	—	—
5	C60, Ck60	,57/,65	,15/,35	,60/,90	—	—	—	—	58	85–100	50	80–95	46	75–90	—	—	—	—
	Mangan-Stähle																	
6	40Mn4 [2]	,36/,44	,25/,50	,80/1,1	—	—	—	—	65	90–110	55	80–95	45	70–85	—	—	—	—
7	28Mn6	,25/,32	,15/,40	1,3/1,6	—	—	—	—	60	80–95	50	70–85	45	65–80	—	—	—	—
	Chrom-Stähle																	
8	38Cr2	,34/,41	,15/,40	,50/,80	,40/,60	—	—	—	55	80–95	45	70–85	35	60–75	—	—	—	—
9	46Cr2	,42/,50	,15/,40	,50/,80	,40/,60	—	—	—	65	90–110	55	80–95	45	70–85	—	—	—	—
10	34Cr4	,30/,37	,15/,40	,60/,90	,90/1,2	—	—	—	70	90–110	60	80–95	47	70–85	—	—	—	—
11	37Cr4	,34/,41	,15/,40	,60/,90	,90/1,2	—	—	—	75	95–115	64	85–100	52	75–90	—	—	—	—
12	41Cr4	,38/,45	,15/,40	,50/,80	,90/1,2	—	—	—	80	100–120	68	90–110	57	80–95	—	—	—	—
	Chrom-Molybdän-Stähle																	
13	25CrMo4	,22/,29	,15/,40	,50/,80	,90/1,2	,15/,30	—	—	70	90–110	60	80–95	47	70–85	42	65–80	—	—
14	34CrMo4	,30/,37	,15/,40	,50/,80	,90/1,2	,15/,30	—	—	80	100–120	68	90–110	57	80–95	52	75–90	47	70–85
15	42CrMo4	,38/,45	,15/,40	,50/,80	,90/1,2	,15/,30	—	—	90	110–130	78	100–120	65	90–110	57	80–95	52	75–90
16	32CrMo12	,28/,35	,15/,40	,40/,70	2,8/3,3	,30/,50	—	—	105	125–145	105	125–145	90	110–130	80	100–120	70	90–110
	Chrom-Vanadium-Stahl																	
17	50CrV4 [3]	,47/,55	,15/,40	,70/1,1	,90/1,2	—	—	,10/,20	90	110–130	80	100–120	70	90–110	65	85–100	60	80–95
	Chrom-Nickel-Molybdän-Stähle																	
18	36CrNiMo4	,32/,40	,15/,40	,50/,80	,90/1,2	,15/,30	,90/1,2	—	90	110–130	80	100–120	70	90–105	60	80–95	55	75–90
19	34CrNiMo6	,30/,38	,15/,40	,40/,70	1,4/1,7	,15/,30	1,4/1,7	—	100	120–140	90	110–130	80	100–120	70	90–110	60	80–95
20	30CrNiMo8	,26/,33	,15/,40	,30/,60	1,8/2,2	,30/,50	1,8/2,2	—	105	125–145	105	125–145	90	110–130	80	100–120	70	90–110

[1] Streckgrenze σ_S in kp/mm² mindestens, Zugfestigkeit σ_B in kp/mm². [2] Die Verwendung dieser Stähle sollte nur für Sonderzwecke in Betracht gezogen werden. [3] Dieser Stahl hat die gleichen Festigkeitseigenschaften wie der z. Z. noch genormte 50CrMo4 [2].

erwähnten Zusätze, da man mindestens 1,5% Ni zulegieren muß, um eine spürbare Wirkung zu erzielen, während bei Mo meist einige Zehntel % ausreichen. Reine Ni-Stähle ergeben in großen Schmiedestücken bestmögliche Durchvergütung und hohe Zähigkeit im Kern auch senkrecht zur Schmiedefaser, doch lassen sich keine allzu hohen Festigkeiten erreichen. Dies wird erst durch den gleichzeitigen Zusatz von Cr möglich. Da jedoch Cr-Ni-Stähle besonders stark zur Anlaßsprödigkeit neigen und deshalb bei großen Abmessungen nicht gefahrlos spannungsfrei geglüht werden können, wird außerdem noch Mo zulegiert. Mit den Cr-Ni-Mo-Stählen [18 bis 20] hat man also höchstwertige Vergütungsstähle zur Verfügung, deren Anwendungsbereich aus wirtschaftlichen Gründen auf große Schmiedestücke mit höchsten Festigkeitsanforderungen beschränkt bleibt.

Wird bei vergüteten Teilen z. B. aus Gründen des Verschleißwiderstands hohe Oberflächenhärte verlangt, so kann diese durch die Verfahren der Flammen- oder Induktionshärtung (vgl. S. 555) erreicht werden. Die Härteannahme hängt ausschließlich vom C-Gehalt (Bild 50), die Einhärtetiefe außer vom Verfahren auch von den Legierungsbestandteilen ab. Da aus verfahrenstechnischen Gründen meist mit Wasser und wegen der kurzen Erwärmungszeit von höheren Temperaturen abgeschreckt werden muß, ist bei komplizierten Teilen die Härterißgefahr bedeutend erhöht. Man hat deshalb für die unlegierten Stähle sogenannte Schalenhärter entwickelt, die als Feinkorngüten Cf 35, Cf 45, Cf 53 und Cf 70 besonders für Oberflächenhärtung geeignet sind. Weiterhin sind alle legierten Stähle der Tab. 7 außer [13] oberflächenhärtbar, wobei für [17] Ölabschreckung empfohlen wird.

Normung: Vergütungsstähle; Gütevorschriften . . . . DIN 17200

e) Einsatzstähle. Stähle, die nach der Fertigbearbeitung durch Einsatzhärten (vgl. S. 554) eine besonders harte Oberfläche erhalten sollen, werden als niedriggekohlte Stähle mit höchstens 0,25% C ausgelegt. Die Oberflächenhärte wird durch den bei der Aufkohlung eindiffundierten Kohlenstoff hervorgerufen und erreicht schon bei etwa 0,6% C — vollständige Martensitbildung vorausgesetzt — das mögliche Maximum von etwa 65 RC, während der Verschleißwiderstand bei höheren C-Gehalten wegen der Bildung harter Karbide noch weiter zunimmt. Doch sollen die Karbide in körnig verteilter Form und keinesfalls netzförmig vorliegen, weil sonst die Sprödigkeit der Einsatzschicht und ihre Schleifrißempfindlichkeit wachsen. Die auch bei einwandfreiem Gefüge nach dem Härten vorhandene Sprödigkeit beseitigt man durch Anlassen auf 180 °C, wodurch die Härte auf etwa 60 RC zurückgeht.

Zusammensetzung und Eigenschaften der gebräuchlichen Einsatzstähle gehen aus Tab. 8 hervor. Die unlegierten Stähle [1, 2][1], die als C-Güten oder als Ck-Güten

Tabelle 8. *Einsatzstähle* nach DIN 17210

Nr.	Bezeichnung	Chemische Zusammensetzung[2] C %	Mn %	Cr %	Mo %	Ni %	Festigkeitseigenschaften[3] HB kp/mm² höchst.	σ_S kp/mm² mind.	σ_B kp/mm²
1	C10, Ck10	,07/,13	,30/,60	—	—	—	131	30	50— 65
2	C15, Ck15	,12/,18	,30/,60	—	—	—	140	36	60— 80
3	15Cr3	,12/,18	,40/,60	,40/,70	—	—	187	45	70— 90
4	16MnCr5	,14/,19	1,0/1,3	,80/1,1	—	—	207	60	80—110
5	20MnCr5	,17/,22	1,1/1,4	1,0/1,3	—	—	217	70	100—130
6	20MoCr4	,17/,22	,60/,90	,30/,50	,40/,50	—	207	60	80—110
7	25MoCr4	,23/,29	,60/,90	,40/,60	,40/,50	—	217	70	100—130
8	15CrNi6	,12/,17	,40/,60	1,4/1,7	—	1,4/1,7	217	65	90—120
9	18CrNi8[4]	,15/,20	,40/,60	1,8/2,1	—	1,8/2,1	235	80	120—145
10	17CrNiMo6	,14/,19	,40/,60	1,5/1,8	,25/,35	1,4/1,7	229	80	110—135

[1] Die [ ] beziehen sich auf die laufenden Nummern der Tab. 8.
[2] Unlegierte Stähle Si = 0,15 bis 0,35%, legierte Stähle Si = 0,15 bis 0,40%. — Vgl. außerdem Bemerkung in Tab. 7 an gleicher Stelle.
[3] Brinellhärte *HB* 30, weichgeglüht. Streckgrenze σ_S und Zugfestigkeit σ_B nach Härtung im Kern eines Rundstabs von 30 mm Durchmesser.
[4] Verwendung dieses Stahls nur für Sonderzwecke.

erschmolzen werden (vgl. S. 559), werden in Wasser abgeschreckt, ohne nennenswerte Festigkeiten im Kern anzunehmen. Höhere Kernfestigkeiten erhält man auch hier, wie bei den Vergütungsstählen, durch die Legierungselemente Mn, Cr, Mo und Ni. Auch bei den Einsatzstählen wird die Härtbarkeit durch den Stirnabschreckversuch (vgl. S. 547) nachgewiesen. Die Randaufkohlung wird durch Cr als Karbidbildner stark gefördert, so daß die Gefahr einer Überkohlung mit den oben geschilderten nachteiligen Folgen durch gleichzeitige Zugabe von Mn oder Ni gemildert werden muß. Die Mn-Cr-Stähle [4, 5] stellen eine wirtschaftlich vorteilhafte und viel benutzte Lösung dar. Bei der Forderung nach hoher Zähigkeit im Kern dickerer Werkstücke verwendet man die Ni-haltigen Stähle [8 bis 10], bei denen jedoch bei überhitzter Härtung die Gefahr von Restaustenit in der Randschicht größer ist. Allgemein strebt man an, in Einsatzstählen durch Zugabe von Al das Korn zu verfeinern und dadurch die Überhitzungsempfindlichkeit beim Einsetzen und Härten zu vermindern. Die Cr-armen Mo-Stähle [6, 7] sind als Feinkornstähle besonders unempfindlich gegen Überhitzung und weisen eine gute Randhärtbarkeit auf, so daß sie für Teile verwendet werden können, die aus der Aufkohlungstemperatur direkt abgehärtet werden sollen (vgl. S. 555).

Normung: Einsatzstähle; Gütevorschriften . . . . DIN 17210

f) Nitrierstähle. Die höchsten Oberflächenhärten erzielt man durch Nitrieren (vgl. S. 555), wobei die so behandelten Werkstücke ohne Abschrecken verzugsarm gehärtet werden und in ihrer Härte bis 500 °C anlaßbeständig sind. Die Bildung harter Nitride wird hauptsächlich durch Cr und Al begünstigt, weshalb die in Tab. 9 aufgeführten Nitrierstähle vorzugsweise diese Legierungsbestandteile enthalten. Der Al-freie Stahl 31CrMoV9 ist schweißbar und erreicht höchste Vergütungsfestigkeiten. Durch den Zusatz von Ni wird die Durchvergütung auch dicker Querschnitte sichergestellt (33CrAlNi7). Nitrierte Bauteile zeigen eine bedeutende Steigerung der Dauerfestigkeit bei Biegung und Verdrehung und sind unempfindlich gegen die Kerbwirkung von (vor dem Nitrieren vorhandenen) Oberflächenrauhigkeiten.

Tabelle 9. *Nitrierstähle*

Bezeichnung	Chemische Zusammensetzung [1]							nach Vergütung	
	C %	Mn %	Al %	Cr %	Mo %	Ni %	V %	σ_B kp/mm²	bis Dmr. mm
27CrAl6	,24/,30	,50/,70	1,0/1,2	1,3/1,5	—	—	—	65—80	80
34CrAl6	,30/,38	,50/,70	1,0/1,2	1,3/1,5	—	—	—	80—100	80
32AlCrMo4	,30/,35	,50/,70	1,0/1,2	1,0/1,2	,15/,20	—	—	80—95	80
31CrMoV9	,26/,34	,50/,70	—	2,2/2,5	,15/,20	—	,10/,15	90—115	100
33CrAlNi7	,30/,37	,40/,60	1,0/1,2	1,6/1,8	—	0,9/1,1	—	80—100	250

[1] Si = 0,15 bis 0,35%. — Vgl. außerdem Bemerkung in Tab. 7 an gleicher Stelle.

5. Stähle für besondere Verwendungszwecke

a) Automatenstähle. Für Massenfertigung auf Automaten werden Stähle benötigt, die sich bei hohen Schnittgeschwindigkeiten leicht zerspanen lassen und dabei eine glatte, saubere Oberfläche ergeben, Tab. 10. Damit kein langfließender, sondern ein kurzer und brüchiger Span entsteht, haben Automatenstähle einen erhöhten S-Gehalt von etwa 0,20%, einige zusätzlich noch etwas Pb. Unberuhigte Stähle ermöglichen die höchsten Schnittgeschwindigkeiten, sind aber verhältnismäßig stark geseigert. Ihre Eigenschaften im Kern sind also wesentlich schlechter, bisweilen sind sie sogar im Innern porös. Bei den beruhigten Automatenstählen sind die sulfidischen Einschlüsse gleichmäßiger verteilt, sie eignen sich für eine Wärmebehandlung durch Einsatzhärten oder Vergüten. Mit zunehmendem C-Gehalt wird ihre Bearbeitbarkeit allerdings weniger gut. Die Automatenstähle werden mit warmgewalzter oder blanker Oberfläche geliefert. Kaltgezogene, blanke Stähle haben eine hohe Maßgenauigkeit und infolge des Kaltzuges eine bessere Zerspanbarkeit als

Tabelle 10. *Automatenstähle* nach DIN 1651

Bezeichnung	Chemische Zusammensetzung C %	Si %	Mn %	S %	Pb %	σ_B [1] kp/mm² mindestens	δ_5 [1] % mindestens	Eigenschaften
9S20	<,12	—	,50/,90	,20/,27	—	37	25	unberuhigt (geseigert) für hohe Schnittgeschwindigkeiten
9SPb23	<,12	—	,50/,90	,20/,27	,15/,30	37	25	
9SMn23	<,13	—	,90/1,3	,20/,27	—	38	23	
9SMnPb23	<,13	—	,90/1,3	,20/,27	,15/,30	38	23	
10S20	,06/,12	,10/,40	,50/,90	,18/,26	—	37	25	einsetzbar
15S20	,12/,18	,10/,40	,50/,90	,18/,26	—	38	23	einsetzbar
22S20	,18/,25	,10/,40	,50/,90	,15/,25	—	42	20	einsetzbar, vergütbar
35S20	,32/,40	,10/,40	,50/,90	,15/,25	—	50	18	vergütbar
45S20	,42/,50	,10/,40	,50/,90	,15/,25	—	60	13	vergütbar
60S20	,57/,65	,10/,40	,50/,90	,15/,25	—	70	8	vergütbar

[1] Die Werte gelten für den geglühten Zustand. Kaltgezogen liegen entsprechend dem Querschnitt die Zugfestigkeiten höher und die Bruchdehnungen deutlich niedriger.

geglühtes Material. In kaltgezogenem Zustand ist ihre Festigkeit stark dickenabhängig.

b) Stähle für Schrauben[1] und Muttern. Der Schraubenwerkstoff muß dem Herstellungsverfahren und dem Verwendungszweck angepaßt werden. Die Normalschrauben werden von M2 aufwärts mit wenigen Ausnahmen bis M16 auf dem Wege des Kaltpressens hergestellt. Wird auf eine gedrehte Oberfläche Wert gelegt, so wird ein Preßling mit geringer Materialzugabe angefertigt und auf Nachdrehbänken mit der gewünschten Oberfläche versehen. Für die Drehereien ist heute das Hauptarbeitsgebiet die Herstellung von Formteilen, die durch Kaltpressen nicht erzeugt werden können, oder von Hohlkörpern, bei denen die Dreharbeit an und für sich schon einen großen Umfang einnimmt. Schrauben werden nur dann von der Stange gefertigt, wenn es sich entweder um Sonderformen handelt oder die benötigte Stückzahl für eine wirtschaftliche Fertigung durch Kaltverformung zu niedrig ist.

Damit der Kopf kalt angestaucht werden kann, muß der als Ausgangswerkstoff verwendete Draht sorgfältig geglüht sein und eine fehlerfreie Oberfläche haben. Die unlegierten Stähle werden als kaltverformbare Cq-Güten (**q**uetschbar) geliefert, Vergütungsstähle müssen neben guten Verformungseigenschaften auch für die Vergütung auf die geforderte Festigkeit geeignet sein. Das Gewinde wird durch Walzen oder Rollen aufgebracht. Den Gütebezeichnungen der Schrauben liegen die gewährleisteten Zugfestigkeiten zugrunde, Tab. 11, außerdem wird die Mindeststreckgrenze garantiert, so z. B. bei den unlegierten vergüteten 8.8-Schrauben mit 80%, bei den hochfesten 10.9- und 12.9-Schrauben aus legierten Vergütungsstählen mit 90% der Zugfestigkeit. Für zerspanend hergestellte Schrauben der Güten 5.8 und 6.8 werden auch Automatenstähle entsprechender Festigkeit verwendet, Tab. 11.

Daneben werden auch fließgepreßte Schrauben aus niedriggekohlen Stählen hergestellt, die durch sehr starke Kaltverformung Festigkeitswerte bis zu 80 kp/mm² annehmen. Man geht von einer Abmessung aus, die ungefähr den Durchmesser der Schlüsselweite hat und die in mehreren Arbeitsgängen auf den Schaftdurchmesser reduziert wird. Die dabei auftretende Verfestigung erreicht die Werte vergüteter Schrauben, nur muß die Sprödigkeit durch Entspannen beseitigt werden.

Da bei Muttern das Innengewinde nur spanabhebend hergestellt werden kann, überwiegt die Fertigung aus Automatenstählen. Die Festigkeitsanforderungen sind nicht so hoch. Meist kann die Güte des Mutternwerkstoffs tiefer liegen als die der Schraube, doch wird sie mit der gleichen Zahl (z. B. 8) gekennzeichnet wie die mit ihr gepaarte 8.8-Schraube. Für höhere Mutterngüten werden kaltgezogene Stähle,

[1] *Beachten:* Betr. Güteklassen für Schrauben, DIN 267. Tab. 11 entspricht der Neuausgabe 1967/68. In einem Nachtrag S. 830 sind die neuen Kennzeichen den bisherigen gegenübergestellt.

Tabelle 11. *Güteklassen für Schrauben und Muttern* nach DIN 267

Kennzeichen[1]	Dmr. mm	Zugelassene Stahlgruppen[2]								σ_B kp/mm²	σ_S kp/mm² mindestens	δ_5 % mindestens	a_k[3] kpm/cm² mindestens
3.6			a	b	—	—	—	—	—	34— 49	20	25	—
4.6			—	b	c	d	e			40— 55	24	25	—
4.8			—	b	c	d	e				32	14	—
5.6	bis 12		—	b	c	d	e			50— 70	30	20	5
5,6	>12		—	—	c	d	e				30	20	5
5,8		A	—	b	c	d	e				40	10	—
6.6			—	—	c	d	e			60— 80	36	16	4
6,8		A	—	b	c	d	e				48	8	—
6.9			—	b	c	d	e				54	12	3
8.8	bis 24	V	—	—	—	d	e	f	g	80—100	64	12	6
8.8	24/39	V	—	—	—		e	f	g				
10.9		V	—	—	—	d[4]	—	f	g	100—120	90	9	4
12.9	bis 24	V	—	—	—	—	—	f	g	120—140	108	8	3
12.9	24/39	V	—	—	—	—	—	—	g				

[1] z. B. bedeutet 5.8: $\sigma_B = 50$ kp/mm², $\sigma_S = 80\%$ von σ_B, $\sigma_S = 5 \cdot 8 = 40$ kp/mm².

[2] A = Automatenstähle zugelassen; V = Vergütung vorgeschrieben; a = Massenstähle mit < 0,2% C; b = Massenstähle mit beliebig % C; c = Massenstähle mit 0,27 bis 0,53% C; d = Qualitätsstähle mit 0,32 bis 0,50% C; e = 0,5%-legierte Stähle mit 0,32 bis 0,50% C; f = 0,9%-legierte Stähle mit 0,19 bis 0,52% C; g = 1,5%-legierte Stähle mit 0,19 bis 0,52% C; e bis g: „legiert" = (Cr + Mo + Ni + V). [3] ISO-Rundkerbprobe (vgl. S. 545). [4] bis 8 mm Dmr.

z. B. C35 K, verwendet und gegebenenfalls vergütet. Weitere Herstellungsmöglichkeiten für Muttern sind das Stanzen aus gezogenen Flachstählen, das Kaltformen aus Kaltstauch-Runddraht, beide mit leicht erhöhtem S-Gehalt, und das Warmpressen aus Stählen mit erhöhtem P-Gehalt (Warmpreß-Mutterneisen).

Normung: Schrauben, Muttern und ähnliche Gewinde- und Formteile . . . . DIN 267

c) Stähle für Rohre. Rohre dienen in der technischen Anwendung entweder der Fortleitung von Flüssigkeiten, Dämpfen und Gasen, wobei sie hohen Innendrücken, erhöhten Temperaturen und zusätzlich chemischen Angriffen ausgesetzt sein können, oder als Leichtbauelemente der Übertragung von Druckkräften, Biegemomenten und Drehmomenten, wozu sie durch ihr hohes Trägheitsmoment bei geringem Werkstoffaufwand (Gewicht) besonders geeignet sind.

Für die Herstellung von Rohren gibt es verschiedene Verfahren. Wird Flachstahl durch Walzen zum Rohr gebogen, so erhält man durch Wassergas-Preßschweißen der übereinander liegenden Kanten überlappt geschweißte Flußstahlrohre, die für niedrige Innendrücke und nicht für gleichzeitige Temperaturbeanspruchung verwendet werden. Wird Flachstahl durch Ziehen durch einen Trichter zum Rohr geformt und an den Kanten fortlaufend stumpfgeschweißt, so entstehen nach Ziehen auf den endgültigen Durchmesser Rohre mit besseren Eigenschaften, die als sog. Gasrohre in den Handel kommen. Durch Schrägwalzen nach dem Mannesmann-Verfahren stellt man nahtlose Rohre her, die den höheren Anforderungen zur Verwendung in Druckleitungen und im Dampfkesselbau entsprechen. Für nahtlose Rohre großer Abmessungen schließt sich an die Herstellung des durch Schrägwalzen entstandenen Hohlkörpers das Walzen nach dem Pilgerschritt-Verfahren an. Dickwandige Rohre werden nach dem Erhardt-Verfahren durch Lochen eines Blocks und mehrmaliges Ziehen auf Maß gebracht. Dünne Rohre, wie sie z. B. im Automobilbau für Öl-, Kraftstoff- oder Bremsölleitungen verwendet werden, können auch nach dem Bundy-Verfahren hergestellt werden. Dabei wird ein beidseitig verkupferter Blechstreifen in Längsrichtung zu einem Rohr von zwei Lagen gewickelt und durch eine Düse gezogen, wonach bei hohen Temperaturen die beiden Lagen verlötet werden und ohne direkte Nahtstelle ein Rohr entsteht, dessen Wanddicke der doppelten Blechdicke entspricht.

Tabelle 12
Nahtlose Rohre nach DIN 1629

Bezeichnung	σ_B kp/mm²	σ_S kp/mm² mind.	δ_5 % mind.
St00	—	—	—
St35	35—45	24	25
St45	45—55	26	21
St55	55—65	30	17
St52	52—62	36	22

Die für nahtlose Flußstahlrohre verwendeten Werkstoffe und ihre Festigkeitseigenschaften sind in Tab. 12 angegeben. Dieselben Ausgangswerkstoffe dienen der Herstellung von Präzisionsstahlrohren mit besonderer Maßgenauigkeit, bei denen es außerdem auf gute Oberflächenbeschaffenheit und gegebenenfalls auf geringe Wanddicken ankommt. Sie können nahtlos oder geschweißt geliefert werden. Für erstere

Tabelle 13. *Nahtlose Präzisionsstahlrohre* nach DIN 2391

Bezeichnung[1]	C % ungef.	Festigkeitseigenschaften im Lieferzustand[2] BK σ_B kp/mm² mind.		BKW σ_B kp/mm² mind.		G, GZF, GBK σ_B kp/mm² mind.		N, NZF, NBK σ_B kp/mm²		
		σ_B kp/mm² mind.	δ_5 % mind.	σ_B kp/mm² mind.	δ_5 % mind.	σ_B kp/mm² mind.	δ_5 % mind.	σ_B kp/mm²	σ_S[3] kp/mm² mind.	δ_5 % mind.
St35, St35.1	0,10	45	6	38	10	32	25	35–45	20	25
St45, St45.1	0,20	55	5	48	8	40	21	45–55	23	21
St55, St55.1	0,30	65	4	—	—	50	17	55–65	26	17

[1] Das Anhängsel .1 bedeutet: Gewährleistete Streckgrenze.
[2] Erläuterungen der Kurzzeichen im Text. [3] Gilt nur für .1-Güten.

gelten die Festigkeitsvorschriften der Tab. 13, wobei man je nach Verwendungszweck verschiedene Anlieferzustände unterscheidet. Rohre, die keine Wärmebehandlung nach der letzten Kaltverformung erfuhren, sind zugblank hart (BK), mit einem leichten Fertigzug nach der letzten Wärmebehandlung zugblank weich (BKW). Ihre Streckgrenze liegt verhältnismäßig nahe an der Zugfestigkeit ($\approx 80\%$ für BK, $\approx 70\%$ für BKW). In weichgeglühtem (G) oder normalisiertem (N) Zustand ist die Oberfläche schwarz. Blanke Oberfläche kann in diesem Fall entweder durch nachträgliches mechanisches oder chemisches Entzundern (GZF, NZF) oder durch unmittelbares Blankglühen (GBK, NBK) erhalten werden. Alle Rohrgüten sind stumpfschweißbar und mit Ausnahme von St55 auch schmelzschweißbar.

Rohre für den Dampfkesselbau mit gewährleisteten Warmfestigkeitseigenschaften vgl. S. 566 und Tab. 15.

Normung:

Nahtlose Rohre aus unlegierten Stählen . . . . DIN 1629
Nahtlose Präzisionsstahlrohre, kaltgezogen, mit besonderer Maßgenauigkeit . . . . . DIN 2391
Geschweißte Präzisionsstahlrohre, kaltgezogen, mit besonderer Maßgenauigkeit . . . DIN 2393
Geschweißte Präzisionsstahlrohre, einmal kaltgezogen oder kaltgewalzt . . . . DIN 2394
Stahlrohre; mittelschwere Gewinderohre . . . . DIN 2440
Stahlrohre; schwere Gewinderohre . . . . DIN 2441
Gewinderohre mit Gütevorschrift; Nenndruck 1 bis 100 . . . . – DIN 2442
Hydraulische Bremsen; Bremsrohre . . . . DIN 74234
Nahtlose Rohre aus warmfesten Stählen . . . . DIN 17175

d) Kesselbaustähle. Für die Beurteilung der Eigenschaften von Kesselbaustählen ist bis zu einer Temperaturbeanspruchung von 350 °C die Warmstreckgrenze, darüber die DVM-Kriechgrenze (vgl. S. 547) maßgebend. Bei Temperaturen über 500 °C liefert die DVM-Kriechgrenze keine zuverlässigen Berechnungsgrundlagen mehr, so daß man die im Langzeitversuch ermittelten Zeitstandfestigkeiten und

Tabelle 14. *Kesselbleche* nach DIN 17155

Bezeichnung	C % max.	Mn % (Mittelwerte)	Cr % (Mittelwerte)	Mo % (Mittelwerte)	σ_S[1] kp/mm² mind.	σ_B[2] kp/mm²	$\sigma_{B/10\,000}$[3] bei 400° kp/mm² *	450°	500°	550°
H I	,16	,55	—	—	22	35–45	16	9	5	—
H II	,20	,65	—	—	25	41–50	16	9	5	—
H III	,22	,70	—	—	27	44–53	16	9	5	—
H IV	,26	,75	—	—	28	47–56	16	9	5	—
17Mn4	,20	1,05	—	—	28	47–56	25	13	7	—
19Mn5	,23	1,15	—	—	32	52–62	25	13	7	—
15Mo3	,20	,60	—	,30	27	44–53	—	31	18	(7)
13CrMo44	,18	,55	,85	,45	30	44–56	—	34	24	11

[1] Für Bleche von 16 bis 40 mm Dicke, unter 16 mm 1 kp/mm² mehr.
[2] Bruchdehnung mindestens $\delta_5 = 1000/\sigma_B$.
[3] Zeitstandfestigkeit für 10000 Stunden.
* Mittelwerte eines Streubereichs, dessen untere Grenze 20% tiefer liegen kann.

Zeitdehngrenzen, z. B. für 100000 Stunden, zu Hilfe nehmen muß (vgl. S. 547). Außerdem wird von den Kesselbaustählen gute Schweißbarkeit (niedriger C-, erhöhter Mn-Gehalt) und gegebenenfalls Alterungsbeständigkeit (sorgfältige Desoxydation mit Al) und Zunderbeständigkeit verlangt. Die Anforderungen sind im einzelnen in den Werkstoff- und Bauvorschriften für Land- und Schiffsdampfkessel niedergelegt. Unlegierte Kesselbleche werden in 4 Festigkeitsgruppen H I bis H IV eingeteilt, die nur einen etwas erhöhten Mn-Gehalt haben, Tab. 14. Legierte Kesselbleche sind entweder mit Mn oder mit Mo und Cr legiert und lassen etwas höhere Festigkeiten, vor allem höhere Warmfestigkeiten zu. Nach ähnlichen Gesichtspunkten sind die Röhrenstähle für nahtlose Rohre mit gewährleisteten Warmfestigkeitseigenschaften ausgewählt, Tab. 15. Kesselrohre zur Erwärmung oder Verdampfung des Wassers, also Siederohre und Rauchrohre, werden im Betrieb nicht wärmer als 400 °C, so daß selbst bei hohen Drücken unlegierte Stähle ausreichen. Für Überhitzerrohre und Heißdampfleitungen, die in der Regel Temperaturen über 400 °C erreichen, werden legierte Stähle bevorzugt.

Tabelle 15. *Nahtlose Kesselrohre* nach DIN 17175

Bezeichnung[1]	σ_S kp/mm² mind.	σ_B kp/mm²	δ_5 % mind.	$\sigma_{B/10000}$[2] bei 450°	550°	550° kp/mm² *
St35.8[3]	24	35–45	25	9	5	—
St45.8[3]	26	45–55	21	9	5	—
15Mo3	29	45–55	22	31	18	(7)
13CrMo44	30	45–58	22	34	24	11
10CrMo910	27	45–60	20	—	20	11

[1] Analysen vgl. Tab. 14, außerdem 10CrMo910 mit < 0,15% C, 0,50% Mn, 2,75% Cr, 1% Mo.
[2] Zeitstandfestigkeit für 10000 Stunden.
[3] Das Anhängsel .8 bedeutet: Gewährleistete Warmfestigkeit.
* Mittelwerte eines Streubereichs, dessen untere Grenze 20% tiefer liegen kann.

Normung: Kesselbleche . . . . DIN 17155
Nahtlose Rohre aus warmfesten Stählen . . . . . . DIN 17175
Warmfeste Stähle für Schrauben und Muttern . . . . . DIN 17240
Warmfester Stahlguß . . . . DIN 17245

e) Warmfeste Stähle. Bei Temperaturen, die über 500 °C hinausgehen, wie sie bei Überhitzern, Heißdampfleitungen, Hochdruckteilen für Kessel, Dampfturbinen, Gasturbinen, Strahlantrieben und Hochdruckapparaten für die chemische Industrie vorkommen, nehmen die Festigkeitseigenschaften auch der legierten Stähle rasch ab. Ferritische Stähle [1 bis 8][1] sind höchstens bis zu Temperaturen von etwa 550 °C brauchbar, darüber hinaus können nur noch austenitische Stähle [9 bis 13] verwendet werden, und oberhalb etwa 700 °C sind ausschließlich Metallegierungen mit Ni, Cr, Co und Mo als wichtigsten Legierungsbestandteilen [14 bis 17] den hohen Anforderungen gewachsen. Tab. 16 gibt einige kennzeichnende Beispiele solcher Stähle bis zu Legierungen, die praktisch kein Eisen mehr enthalten. Da es bei diesen Werkstoffen auf die Festigkeitseigenschaften bei Raumtemperatur nicht so sehr ankommt, sind in Tab. 17 nur ihre Zeitstandfestigkeiten und Zeitdehngrenzen bei erhöhten Temperaturen aufgenommen.

f) Hitzebeständige Stähle. Werden bei hohen Temperaturen keine hohen Festigkeitsanforderungen gestellt, so genügt es, wenn die verwendeten Stähle hitzebeständig, d. h. vor allem zunderbeständig sind. Meist müssen sie auch unempfindlich gegen häufige Temperaturwechsel sein. Alle Stähle dieser Art enthalten Cr in z. T. ansehnlicher Menge, daneben Al und Si, Tab. 18.

g) Nichtrostende Stähle. Die nichtrostenden und säurebeständigen Stähle verdanken ihre Korrosionsbeständigkeit besonders in oxydierend wirkenden Medien hauptsächlich ihrem hohen Cr-Gehalt, Tab. 19. Die martensitischen Cr-Stähle

[1] Die [ ] beziehen sich auf die laufenden Nummern der Tab. 16 und 17.

[1 bis 5][1] werden in gehärtetem Zustand verwendet und sind praktisch rostsicher. Sie erreichen Härten bis 57 RC [5]. Die ferritischen Cr-Stähle [6, 7] zeichnen sich durch niedrigen C-Gehalt und höheren Cr-Gehalt aus. Vollständig rostsicher und beständig gegen viele chemische Angriffe auch in nichtoxydierenden Säuren sind die austenitischen Cr-Ni-Stähle [8 bis 11]. Alle Gruppen sind schweißbar, jedoch müssen die martensitischen Cr-Stähle nach dem Schweißen geglüht oder vergütet werden. Beim Schweißen der ferritischen Cr-Stähle und der austenitischen Cr-Ni-Stähle besteht die Gefahr der interkristallinen Korrosion infolge Karbidausscheidungen in der Nahtrandzone. Unempfindlich dagegen sind die Sorten mit besonders niedrigem C-Gehalt [9, 11] oder die mit Ti oder Nb stabilisierten Stähle [7, 10].

Normung:

Nichtrostende Stähle, Gütevorschriften . DIN Vornorm 17440; Austenitisches Gußeisen DIN 1694

h) Ventilstähle. Die Ventile von Verbrennungsmotoren, besonders die Auslaßventile, sind neben hohen mechanischen Beanspruchungen der Einwirkung hoher Temperaturen und der Korrosionswirkung der heißen Verbrennungsgase ausgesetzt, in denen hauptsächlich Anteile von Pb, S und V sehr schädlich sein können. Während für die Einlaßventile Vergütungsstähle wie C45, 37MnSi5, 41Cr4 oder 42CrMo4 (vgl. Tab. 7) in vielen Fällen ausreichen, müssen für Auslaßventile Stähle mit guter Warmfestigkeit

[1] Die [ ] beziehen sich auf die laufenden Nummern der Tab. 19.

Tabelle 16. *Warmfeste Stähle*, Zusammensetzung (Mittelwerte); Festigkeitswerte s. Tab. 17

Nr.	Bezeichnung	C %	Mn %	Al %	B %	Co %	Cr %	Mo %	Ni %	Nb/Ta %	Ti %	V %	W %
1	15Mo3	0,15	0,70	—	—	—	—	0,30	—	—	—	—	—
2	15CrMo3	0,15	0,70	—	—	—	0,75	0,20	—	—	—	—	—
3	13CrMo44	0,13	0,50	—	—	—	1,0	0,45	—	—	—	—	—
4	13CrMoV42	0,13	0,50	—	—	—	1,0	0,25	—	—	—	0,16	—
5	10CrMo910	0,10	0,50	—	—	—	2,25	1,0	—	—	—	—	—
6	22CrMo54	0,22	0,50	—	—	—	1,25	0,40	—	—	—	—	—
7	24CrMoV55	0,24	0,65	—	—	—	1,25	0,55	—	—	—	0,15	—
8	X22CrMoWV121	0,22	0,70	—	—	—	12	1,0	—	—	—	0,30	0,40
9	X10CrNiNb189	0,10	—	—	—	—	18	—	9,0	0,80	—	—	—
10	X8CrNiNb1613	0,08	—	—	—	—	16	—	13	0,80	—	—	—
11	X8CrNiMoNb1613	0,08	—	—	—	—	16	2,0	13	1,0	—	—	—
12	X8CrNiNb1613+B	0,08	—	—	0,08	—	16	—	13	1,0	—	—	—
13	X8CrNiMoNb1613+B	0,08	—	—	0,05	—	16,5	2,0	13	1,0	—	—	—
14	CoCrNi-Stahl	0,06	—	—	—	20	16,5	3,0	20	1,0	—	—	2,0
15	CoNiCr-Legierung	0,40	—	—	—	45	20	4,0	20	4,0	—	—	4,0
16	Nimonic 80 A [1]	0,08	—	1,15	—	—	19,5	—	77	—	2,25	—	—
17	Nimonic 90 [1]	0,08	—	1,40	—	18	19,5	—	58	—	2,4	—	—

[1] Werksbezeichnung der Henry Wiggin & Co. Ltd., Birmingham.

Tabelle 17. *Warmfeste Stähle*, Zeitstandfestigkeiten $\sigma_{B/\dots}$ und 1%-Zeitdehngrenzen σ_1 in kp/mm^2

Nr.	Bezeichnung	für 100000 Stunden bei								für 10000 Stunden bei					
		500°		550°		600°		650°		700°		750°		800°	
		σ_B	σ_1	σ_B	σ_1	σ_B	σ_1	σ_B	σ_1	σ_B	σ_1	σ_B	σ_1	σ_B	σ_1
1	15Mo3	10	7	—	—	—	—	—	—	—	—	—	—	—	—
2	15CrMo3	9	8	—	—	—	—	—	—	—	—	—	—	—	—
3	13CrMo44	14	11	5	4	—	—	—	—	—	—	—	—	—	—
4	13CrMoV42	16	10	5	4,5	—	—	—	—	—	—	—	—	—	—
5	10CrMo910	15	10	6,5	4	3,5	3	—	—	—	—	—	—	—	—
6	22CrMo54	16	14	6,5	3,5	—	—	—	—	—	—	—	—	—	—
7	24CrMoV55	28	25	10	4,5	—	—	—	—	—	—	—	—	—	—
8	X22CrMoWV121	—	—	13	10,5	4,5	3	—	—	—	—	—	—	—	—
9	X10CrNiNb189	—	—	15	10	8	7	7	3,5	6,5	5	—	—	—	—
10	X8CrNiNb1613	—	—	17	11,5	11	8	7	5,5	7,5	6	—	—	—	—
11	X8CrNiMoNb1613	—	—	19	13	13	9	8,5	6,5	8	6,5	—	—	—	—
12	X8CrNiNb1613+B	—	—	21	16	15	11	9,5	6,5	10	7	—	—	—	—
13	X8CrNiMoNb1613+B	—	—	25	20	17,5	15	12,5	10	11	7	—	—	—	—
14	CoCrNi-Stahl	—	—	—	—	24	19	18	14	19	10	11	7	6	4
15	CoNiCr-Legierung	—	—	—	—	—	—	19	17	19	12	13	9	9	6
16	Nimonic 80 A [1]	—	—	—	—	—	—	14	13,5	17,5	16	8	7	4	3,5
17	Nimonic 90 [1]	—	—	—	—	—	—	24,5	24	21,5	20	13	12	7	6,5

[1] Werksbezeichnung der Henry Wiggin & Co. Ltd., Birmingham.

und Zunderbeständigkeit (Tab. 20) gewählt werden, die hohe Anteile an Cr und Si enthalten [1, 2][1] oder als austenitische Cr-Ni-Stähle noch mit W oder Mn legiert sind [4, 5]. Thermisch höchstbeanspruchte Ventile werden hohl ausgebildet und mit Na gefüllt, das in flüssigem Zustand die entstehende Wärme schnell vom Teller zum Schaft und damit an die Ventilführung ableitet. Da das Schaftende bei austenitischen Ventilen nicht gehärtet werden kann, wird eine Hartgußlegierung aufgetropft [6, 7]. Auch kann die Sitzfläche des Ventils durch harte, stellitähnliche [8] oder korrosionsbeständige Aufschweißwerkstoffe [9] gepanzert werden. Ist der Werkstoff des Zylinderkopfes den thermischen und mechanischen Beanspruchungen nicht gewachsen, so wird er durch eingesetzte Ventilsitzringe aus legiertem Gußeisen [10, 11] oder Hartguß [12] geschützt.

i) Federstähle. Stähle für Federn sollen sich bis zu höchstmöglichen Belastungen elastisch verhalten, d. h. eine sehr hohe Elastizitätsgrenze oder Streckgrenze besitzen, trotzdem aber so weit plastisch verformbar sein, daß die Federn z. B. durch Wickeln hergestellt werden können. Man erreicht diese Eigenschaften durch höhere C-Gehalte der Federstahldrähte, die patentiert und

[1] Die [ ] beziehen sich auf die laufenden Nummern der Tab. 20.

Tabelle 18. *Hitzebeständige Stähle*

Bezeichnung	C %	Si %	Al %	Cr %	Ni %	Ti[1] %	$\sigma_1/_{1000}$ für[2] 800°	1000°	zunderbeständig bis
X10CrAl7	0,10	0,80	0,80	6,5	–	–	0,10	–	800°
X10CrAl13	0,10	1,0	1,0	13	–	–	0,40	–	950°
X10CrAl18	0,10	1,0	1,0	18	–	–	0,40	0,07	1050°
X10CrAl24	0,10	1,5	1,5	24	–	–	0,40	0,07	1200°
X12CrNiTi189	0,12	0,60	–	18	10	> 5·C	1,5	–	800°
X15CrNiSi2012	0,15	2,0	–	20	12	–	1,8	0,30	1050°
X15CrNiSi2520	0,15	2,0	–	25	20	–	2,0	0,40	1200°

[1] Angegeben als Vielfaches des C-Gehalts. — [2] 1%-Zeitdehngrenze für 1000 Std. in kp/mm².

kaltgezogen werden und dabei Zugfestigkeiten bis 300 kp/mm² annehmen, Bild 52. Unter Patentieren versteht man das schnelle Abkühlen des über die Umwandlungstemperatur erwärmten Drahtes in Blei- oder Salzbädern von 400 bis 550 °C (meist im Durchlaufverfahren), wodurch ein für das Kaltziehen besonders geeignetes Gefüge entsteht. Wird der Draht nach dem letzten Zug „ölschlußgehärtet“, so liegt die Dauerfestigkeit der daraus hergestellten Federn höher als bei Federn aus kaltgezogenen Drähten gleicher Zugfestigkeit. Die Dauerfestigkeit ist sehr stark von der Oberflächenbeschaffenheit abhängig, weshalb Stähle hoher Reinheit und Drähte ohne jegliche Walznarben und Ziehriefen verwendet werden und die fertigen Federn gegebenenfalls kugelgestrahlt werden müssen. Für legierte Stähle kommen Si und Mn, einzeln oder gemeinsam, sowie Cr und V in Frage. Si-Stähle neigen stärker zur Randentkohlung als Cr-V-Stähle, so daß (auch zur Entfernung von Oberflächenfehlern) für hochbeanspruchte Federn die Drähte (oder die Flachstäbe für Blattfedern) geschliffen werden. Beispiele für unlegierte und legierte Federstähle gibt Tab. 21.

Normung:

Runder Federstahldraht; Gütevorschriften . . . . DIN 17223
Warmgeformte Stähle für Federn; Güteeigenschaften . . . DIN 17221
Kaltgewalzte Stahlbänder für Federn; Güteeigenschaften . . DIN 17222
Nichtrostende Stähle für Federn; Güteeigenschaften . . . DIN 17224
Warmfeste Stähle für Federn; Güteeigenschaften . . . . . DIN 17225

Tabelle 19. *Nichtrostende Stähle*

Nr.	Bezeichnung	C %	Cr %	Mo %	Ni %	Ti[1] %	V %	σ_B[2] kp/mm²	Verwendungsbeispiele
1	X20Cr13	≈,20	13	–	–	–	–	V 75–90	starke mechanische Beanspruchung
2	X20CrMo13	≈,20	13	1,2	–	–	–	V 75–90	Dampfturbinenschaufeln, Druckgußformen
3	X22CrNi17	≈,22	17	–	2	–	–	V 80–95	stark mechanisch beanspruchte Teile (Molkereien, Papierindustrie)
4	X40Cr13	≈,45	13	–	–	–	–	G 65–80	Verschleißbeanspruchung, gehärtet 55 *HRC*
5	X90CrMoV18	≈,90	18	1,2	–	–	,10	G 75–90	Schneidwaren, Wälzlager, gehärtet 57 *HRC*
6	X10Cr13	<,12	13	–	–	–	–	G 50–65	dauernder Angriff von Wasser und Dampf, Eßbestecke
7	X8CrTi17	<,10	17	–	–	> 7·C	–	G 45–60	säurebeständige geschweißte Teile
8	X12CrNi188	<,12	18	–	9	–	–	A 55–75	Angriff organischer Säuren und Fruchtsäuren,
9	X5CrNi189	<,07	18	–	10	–	–	A 50–70	ärztliche Geräte, medizinische Hilfsmittel,
10	X10CrNiTi189	<,10	18	–	10	> 5·C	–	A 55–75	Lebensmittelverarbeitung
11	X5CrNiMo1713	<,07	17	4,5	13	–	–	A 55–75	Angriff von schwefelsauren Salzen

[1] Der Ti-Gehalt wird als Vielfaches des C-Gehalts angegeben. Etwa die gleiche Wirkung wird durch den doppelten Anteil von Nb erzielt.
[2] V = vergütet, G = geglüht, A = abgeschreckt.

Tabelle 20. *Ventilwerkstoffe*

Nr.	Bezeichnung	C %	Si %	Mn %	Cr %	Mo %	Ni %	V %	W %	Co %	Warmzugfestigkeit σ_B bei 500° kp/mm² mindeste[ns]	600°	700°	80[0°]
		Mittelwerte												
		Auslaßventile												
1	X45SiCr4	0,45	4,0	0,45	2,7	—	—	—	—	—	55	28	10	
2	X45CrSi9	0,45	3,0	0,45	9,0	—	—	—	—	—	60	30	12	
3	X75CrMoV193	0,75	0,50	1,3	19	3,0	—	0,50	—	—	62	42	27	1
4	X45CrNiW189	0,45	2,5	1,1	18	—	9,0	—	1,0	—	65	55	42	2
5	X50CrMnNi229	0,50	<0,20	9,0	21	—	4	—	—	—	67	60	51	3
		Panzerung am Schaftende									Rockwellhärte			
6	G-X260Cr27	2,60	1,8	0,70	27	—	—	—	—	—	$HRC = 52-56$			
7	G-X275CoCrW4331	2,75	0,40	0,10	31	—	—	—	23	43	$HRC = 56-62$			
		Panzerung am Sitz												
8	G-X125CoCrW6527	1,25	2,0	0,10	27	—	—	—	4,5	65	$HRC = 40-45$			
9	X50NiCrSi6015	0,50	3,5	1,5	16	—	60	—	—	—	$HRC = 25-33$			
		Ventilsitzringe												
10	Sondergußeisen	3,30	1,8	0.60	0,75	1,1	1,0	—	—	—	$HRC = 28-35$			
11	Sondergußeisen	1,90	0,90	<0,60	13	2,3	—	—	—	—	$HRC = 30-37$			
12	Sonderhartguß	2,50	0,60	0,80	3,0	5,0	—	—	—	—	$HRC = 58-62$			
13	X40MnCr18	0,40	0,50	18	3,2	—	—	—	—	—	stark kaltverfestigen[d]			

Tabelle 21. *Federstähle*

Bezeichnung	C %	Si %	Mn %	Cr %	V %	σ_S [1] kp/mm² mind.	σ_B [1] kp/mm²	Verwendung [2]	Beanspru[chung]
C 53	,50/,57	,25/,50	,40/,70	—	—	105	120—145	Band	norma[l]
M 75	,70/,79	,10/,25	,30/,60	—	—	110	120—160	Draht, Band	hoch
Ck 67	,65/,72	,25/,50	,60/,80	—	—	130	140—165	Draht, Band	hoch
46 MnSi 4	,42/,50	,80/1,0	,80/1,0	—	—	100	120—140	B, K	mittel
46 Si 7	,42/,50	1,5/1,8	,50/,80	—	—	110	130—150	S, B, K	mittel
55 Si 7	,52/,60	1,5/1,8	,70/1,0	—	—	110	130—150	S, B < 7 mm	mittel
65 Si 7	,60/,68	1,5/1,8	,70/1,0	—	—	110	130—150	S, B > 7 mm	mittel
67 SiCr 5	,62/,72	1,2/1,4	,40/,60	,40/,60	—	135	150—170	S, D < 40 mm	hoch
50 CrV 4	,47/,55	,15/,35	,80/1,1	,90/1,2	,07/,12	120	135—170	S, B, D < 40 mm	höchst
58 CrV 4	,55/,62	,15/,35	,80/1,1	,90/1,2	,07/,12	135	150—170	S, D > 40 mm	höchst

[1] Gehärtet und angelassen.
[2] B = Blattfeder, K = Kegelfeder, S = Schraubenfeder, D = Drehstabfeder.

Tabelle 22. *Wälzlagerstähle*

Bezeichnung	C %	Si %	Mn %	Cr %	Verwendung
105 Cr 2	1,0/1,1	,15/,35	,25/,40	,40/,60	Kugeln, Rollen, Nadeln < 10 mm
105 Cr 4	1,0/1,1	,15/,35	,25/,40	,90/1,15	Kugeln, Rollen, Ringe < 17 mm
100 Cr 6	,95/1,05	,15/,35	,25/,40	1,4/1,65	Ringe < 30 mm, Kugeln, Rollen
100 CrMn 6	,95/1,05	,50/,70	1,0/1,2	1,4/1,65	Ringe > 30 mm

k) Wälzlagerstähle. Die hohen örtlichen Flächenpressungen in Wälzlagern erfordern Stähle hohen Härtungsvermögens und hoher Gleichmäßigkeit des Gefüges Nichtmetallische Einschlüsse in einer Verteilung und Größe, wie sie bei üblichen Konstruktionsstählen durchaus zulässig sind, können hier sehr schädlich wirken. Die hohe Härte mit gleichzeitig gutem Verschleißwiderstand wird von Cr-Stählen mit etwas übereutektoidischem C-Gehalt zuverlässig erreicht, Tab. 22, wobei für Kugeln eine Härte von 60 bis 66 RC, für Rollen von 59 bis 65 RC, für Nadeln von 55 bis 62 RC und für Ringe und Scheiben von 59 bis 65 RC verlangt wird. Die gleichen Stähle werden für Konstruktionsteile verwendet, auf denen Laufbahnen für Rollen oder Nadeln vorgesehen sind, sofern man nicht vorzieht, durch Einsatzhärtung ähnliche Oberflächeneigenschaften zu erzielen.

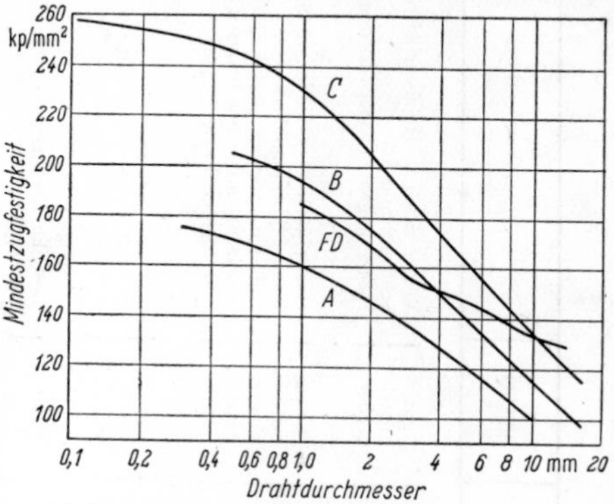

Bild 52. Mindestzugfestigkeit von Federstahldraht
A, *B*, *C* patentiert-gezogene Federstahldrähte
FD vergüteter Federstahldraht („ölschlußgehärtet")

l) Werkzeugstähle. Die Anforderungen an Werkzeuge sind ebenso mannigfaltig wie ihr Verwendungszweck bei der zerspanenden und trennenden Bearbeitung (Sägen, Drehen, Bohren, Hobeln, Schneiden, Feilen, Fräsen usw.) sowie der spanlosen Umformung im kalten Zustand (Ziehen, Tiefziehen, Stanzen, Pressen, Kaltrollen, Nieten, Hämmern, Fließpressen, Prägen, Kaltwalzen usw.) und im warmen (Schmieden, Walzen, Druckgießen usw.). Im allgemeinen wird von Werkzeugen hohe Härte und Verschleißfestigkeit verlangt, bei zerspanenden Werkzeugen außerdem Schneidfähigkeit und Schneidhaltigkeit auch bei den durch erhöhte Schnittgeschwindigkeit erhöhten Temperaturen, bei umformenden Werkzeugen Zähigkeit und Schlagunempfindlichkeit, bei Warmarbeitswerkzeugen Warmfestigkeit und Beständigkeit gegen häufige Temperaturwechsel. Aus der Fülle der für diese verschiedenartigen Zwecke vorgesehenen Sorten kann Tab. 23 nur eine beschränkte Auswahl bringen.

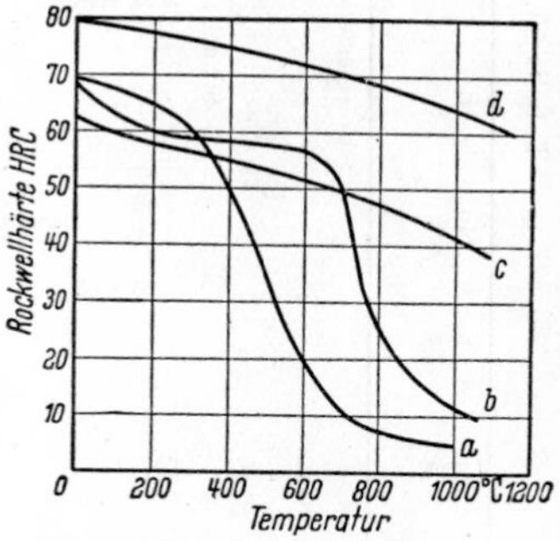

Bild 53. Warmhärte von Werkzeugen
a C-Werkzeugstahl, *b* Schnellarbeitsstahl, *c* Stellit-Schneidmetall, *d* Wolframkarbid-Hartmetall

Unlegierte Stähle umfassen einen C-Gehalt von 0,4 bis 1,7%, wobei für schlagende Beanspruchung ein niedrigerer C-Gehalt gewählt wird als für reibende oder schneidende. Sie werden bis 0,8% C von 800 bis 840 °C, über 0,8% C von 780 bis 800 °C meist in Wasser abgeschreckt und unmittelbar nach dem Härten angelassen. Da die Anlaßbeständigkeit gering ist, werden Schnellarbeitsstähle (Schnellstähle) für höhere Zerspanungsleistungen mit Co, Cr, Mo, V und W legiert, wodurch sie bis zur Dunkelrotglut (600 °C) ihre Schneidfähigkeit behalten, Bild 53. Beim Härten werden sie zunächst langsam auf 800 bis 850 °C vorgewärmt, dann schnell auf die Härtetemperatur von 1200 bis 1300 °C gebracht, in Öl, Preßluft oder im Warmbad abgeschreckt und auf etwa 550 °C angelassen.

Für höchste Schneidleistungen nimmt man eisenarme Legierungen, sogenannte Schneidmetalle oder Hartmetalle, die bis 800 °C schneidfähig bleiben. Zu ihnen zählen die Stellite, Gußlegierungen auf Co-Cr-W-Basis, oder die mit Co gesinterten Hartmetalle aus Wolframkarbid (Widia), Titankarbid oder Tantalkarbid. Sie werden in kleinen Plättchen hergestellt und als Schneiden auf das Werkzeug aufgelötet.

Tabelle 23. *Werkzeugstähle*

Bezeichnung	C %	Si %	Mn %	Cr %	Mo %	Ni %	V %	W %	Co %	Zähigkeit	Verwendung
	Mittelwerte										
	Unlegierte Werkzeugstähle										
C70W1	0,70	0,20	0,30	—	—	—	—	—	—	gut	Messer, Scheren, Holzbearbeitung
C100W1	1,0	0,20	—	—	—	—	—	—	—	mittel	Schnitte, Stanzen
C130W2	1,3	0,20	0,30	—	—	—	—	—	—	gering	Rasierklingen, Gravierwerkzeuge
	Schnellarbeitsstähle										
B18	0,74	0,25	0,25	4	—	—	1,1	18	—	sehr gut	Fräser, Hobelmesser (Schlag, Stoß)
D	0,86	0,25	0,25	4	—	—	2,6	10	—	mittel	Fräser, Gewindebohrer
E V4	1,30	0,25	0,25	4	—	—	3,8	11	—	mäßig	Automatenwerkzeuge (verschleißfest)
E W9Co10	1,30	0,25	0,25	4	3	—	3,0	9	10	gut	Werkzeuge hoher Schnittgeschwindigkeit
D Mo5	0,80	0,25	0,25	4	5	—	2,0	6,5	—	gut	Spiralbohrer, Fräser
	Kaltarbeitsstähle										
90MnV8	0,90	0,25	2,0	—	—	—	0,10	—	—	gut	Schnitte, Stanzen
55WCrV7	0,55	0,90	0,30	1,0	—	—	0,18	1,9	—	gut	Maschinenmesser, Leichtmetallmatrizen
210Cr46	2,10	0,30	0,30	12	—	—	—	—	—	mittel	Hochleistungsschnitte
	Warmarbeitsstähle										
30WCrV179	0,30	0,20	0,30	2,4	—	—	0,55	4,2	—	mittel	Gesenke, Preßmatrizen
30WCrV3411	0,30	0,20	0,30	2,6	—	—	0,35	8,5	—	gut	Dorne, Matrizen für große Querschnitte
45CrVMoW58	0,45	0,60	0,40	1,4	0,45	—	0,80	0,45	—	gut	Metallpreßformen
55NiCrMoV6	0,55	0,25	0,60	0,70	0,12	1,6	0,14	—	—	gut	Preß- und Schmiedegesenke

m) Stähle für den Elektromaschinenbau. Bei der Anwendung des Werkstoffs Stahl im Elektromaschinenbau sind neben den bisher beschriebenen seine magnetischen Eigenschaften von Bedeutung. Für Dynamo- und Transformatorbleche (DIN 46400) wird gefordert, daß sie schon bei geringen Feldstärken eine hohe Induktion besitzen und mit möglichst geringen Verlusten ummagnetisiert werden können. Dies wird erreicht durch geringe C-Gehalte bei Si-Gehalten bis 4%, Tab. 24, wobei gleichzeitig mit den Hysteresisverlusten wegen des erhöhten elektrischen Widerstands die Wirbelstromverluste verringert werden. Die Bleche müssen sorgfältig geglüht sein und dürfen bei der Verarbeitung nicht durch Hämmern, Biegen oder Richten kaltverformt werden, da sich sonst ihre magnetischen Eigenschaften verschlechtern. Für hochbeanspruchte Teile, wie Polräder, Wellen oder Induktorkörper, werden geschmiedete Stähle mit nicht zu hohem C-Gehalt verwendet, bei großen Abmessungen vorzugsweise mit Mn oder Ni legiert, Tab. 24.

Auf der anderen Seite verlangt der Elektromaschinenbau Werkstoffe, die nicht magnetisierbar sein dürfen, wofür bei gleichzeitig hohen Festigkeitsanforderungen (Induktorkappen, Bandagendrähte, Nutenverschlußkeile usw.) Stähle in Frage kommen, bei denen durch geeignete Legierungszusätze der austenitische Gefügezustand auch bei Raumtemperatur erhalten bleibt. Das Verhältnis von Induktion zu Feldstärke, die Permeabilität, soll möglichst nahe bei 1

Tabelle 24. *Magnetisierbare Stähle*

Bezeichnung	C %	Si %	Mn %	Cr %	Ni %	Mo %	*V* 10	*V* 15	*B* 25	*B* 50	*B* 100
	Mittelwerte						höchstens[1]		mindestens[2]		
I 3,6	<0,08	0,7	—	—	—	—	3,6	8,6	15300	16300	17300
II 3,0	<0,08	1,0	—	—	—	—	3,0	7,2	15000	16000	17100
III 2,6	<0,08	1,7	—	—	—	—	2,6	6,3	14900	15800	17000
III 2,3	<0,07	2,3	—	—	—	—	2,3	5,6	14700	15700	16900
III 2,0	<0,07	2,7	—	—	—	—	2,0	4,9	14500	15500	16700
IV 1,7	<0,07	3,4	—	—	—	—	1,7	4,0	14300	15500	16500
IV 1,5	<0,07	3,9	—	—	—	—	1,5	3,7	14300	15500	16500
IV 1,35	<0,07	4,3	—	—	—	—	1,35	3,3	14300	15500	16500
30Mn5	0,30	0,25	1,3	—	—	—	—	—	14000	15700	17000
24Ni4	0,24	0,25	0,70	—	1,1	—	—	—	14500	16500	18000
24Ni8	0,24	0,25	0,70	—	2,0	—	—	—	14500	16500	18000
28NiCrMo4	0,28	0,25	0,40	1,1	1,1	0,25	—	—	14500	16300	17800

[1] Ummagnetisierungsverlust in W/kg bei 0,5 mm Blechdicke, 10000 bzw. 15000 Gauß und 50 Hz. [2] Magnetische Induktion in Gauß bei 25, 50 bzw. 100 A/cm.

liegen und sich auch durch Temperatureinflüsse oder mechanische Bearbeitung (Zerspanen, Kaltverformen) nur wenig ändern. Die austenitischen Cr-Ni-Stähle erfüllen diese Forderung, doch wird in letzter Zeit Ni teilweise oder ganz durch Mn ersetzt, Tab. 25. Die meist sehr niedrige Streckgrenze kann durch Kaltverformung angehoben werden, allerdings nimmt dann die Permeabilität etwas zu.

Normung: Elektrobleche; Dynamo- und Transformatorenbleche . . . . DIN 46400

Tabelle 25. *Nichtmagnetisierbare Stähle*

Bezeichnung	C %	Si %	Mn %	Cr %	Ni %	Zustand[1]	σ_S kp/mm² mind.	σ_B kp/mm²	Permeabilität G/Oe höchst.
	Mittelwerte								
X8CrNi1212	<0,10	<1,0	<2,0	12	13	A	20	50–65	1,01
						A + K	75	95–110	1,04
X20CrNiMn129	0,20	<0,60	6,0	12	9	A + K	120	140–165	1,01
X40MnCr18	0,40	0,50	18	4	—	A	30	70–90	1,01
						A + K	60	80–90	1,05
						A + K	80	95–110	1,10
X120Mn12	1,20	0,40	12	—	—	A	35	80–110	1,01

[1] A = Abgeschreckt, K = Kaltverformt.

6. Stahlguß

a) Sandguß. Unter Stahlguß versteht man Stahl, der seine endgültige Formgebung durch Gießen zumeist in Sandformen erhält. Sein Gefüge ist wegen der unmittelbaren Erstarrung aus der Schmelze gröber als bei geschmiedetem Stahl, weshalb bei etwa gleicher Festigkeit Bruchdehnung und Zähigkeit wesentlich geringer sind. Aus diesem Grund müssen Stahlgußstücke zur Verfeinerung des Gefüges entweder geglüht oder vergütet werden. Beim Glühen erwärmt man über die obere Umwandlungstemperatur, hält etwa eine halbe Stunde je cm Wanddicke, kühlt dann schnell auf etwa 600 °C und von da ab zur Vermeidung von Spannungen sehr langsam auf Raumtemperatur ab. Stahlguß hat ein hohes Schwindmaß von etwa 2%. Dadurch ist die Gefahr zu Lunkerbildung und Warmrissen beim Erstarren besonders groß. Durch geeignete Gestaltung muß man also Werkstoffanhäufungen, Wanddickenunterschiede und unvermittelte Querschnittsübergänge sorgfältig vermeiden.

Grundsätzlich kann man alle Stähle, die schmiedbar sind, auch zu Formstücken vergießen, selbst bis zu Stückgewichten von mehreren 100 t. Am gebräuchlichsten sind die unlegierten Stahlgußsorten, Tab. 26, die bei niedrigen bis mittleren C-Gehalten 0,3 bis 0,5% Si und 0,4 bis 1% Mn enthalten. Die Stahlgußsorten GS-38 und GS-45 sind gut schweißbar. Bei den übrigen in Tab. 26 genannten Sorten sind gute Schweißungen nur unter Einhaltung besonderer Vorsichtsmaßnahmen, z. B. Vorwärmen, möglich. Für die Sorten GS-38 bis GS-60 werden im Hinblick auf den Elektromaschinenbau bestimmte magnetische Eigenschaften gewährleistet.

Tabelle 26. *Stahlguß* nach DIN 1681

Bezeichnung	σ_B kp/mm² mind.	σ_S kp/mm² mind.	δ_5 % mind.	a_k [1] kpm/cm² mind.
GS-38	38	19	25	5
GS-45	45	23	22	4
GS-52	52	26	18	3
GS-60	60	30	15	2
GS-62	62	35	15	2
GS-70	70	42	12	—

[1] Die Kerbschlagzähigkeit, ermittelt an DVM-Proben, wird für die Sorten GS-38 bis GS-62 gewährleistet, wenn dies in der Bezeichnung durch Anhängen der Kennziffer .3 zum Ausdruck gebracht wird (z. B. GS-45.3).

Für legierten Stahlguß gilt für die Wahl der Legierungsbestandteile und ihre Wirkung auf die Eigenschaften das gleiche wie für Stahl (vgl. S. 557). Warmfester Stahlguß, Tab. 27, ist vorwiegend mit Cr und Mo, rost- und säurebeständiger Stahlguß mit Cr und Ni und hitzebeständiger Stahlguß mit Cr und Si, für sehr hohe Temperaturbereiche außerdem noch mit Ni legiert.

Tabelle 27. *Warmfester Stahlguß* nach DIN 17245

Nr.	Bezeichnung	C % (Mittelwerte)	Si % (Mittelwerte)	Mn % (Mittelwerte)	Cr % (Mittelwerte)	Mo % (Mittelwerte)	V % (Mittelwerte)	Ni % (Mittelwerte)	σ_B kp/mm²	σ_S kp/mm² mind.	δ_5 % mind.
1	GS-C25	,20	,40	,65	—	—	—	—	45—60	25	22
2	GS-22Mo4	,20	,40	,65	—	,40	—	—	45—60	25	22
3	GS-17CrMo55	,17	,40	,65	1,2	,50	—	—	50—65	32	20
4	GS-17CrMoV511	,17	,40	,65	1,3	1,0	,25	—	60—80	45	15
5	G-X22CrMoV121	,23	,30	,60	12	1,1	,30	,85	70—90	60	15

Zeitstandfestigkeiten σ_B und 1%-Zeitdehngrenzen σ_1 für 10000 Stunden in kp/mm² bei

Nr.	Bezeichnung	400° σ_B	400° σ_1	450° σ_B	450° σ_1	500° σ_B	500° σ_1	550° σ_B	550° σ_1	600° C σ_B	600° C σ_1
1	GS-C25	16	13	9	7	5	3,5	—	—	—	—
2	GS-22Mo4	—	—	29	21	16,5	13,5	7	5	—	—
3	GS-17CrMo55	—	—	30	22	19	15,5	10	7,5	—	—
4	GS-17CrMoV511	—	—	38	35	26	23	16	12	—	—
5	G-X22CrMoV121	—	—	39	31	28	22	17	13	8,5	7

b) Feinguß. Für kleinere Teile, die in großen Stückzahlen mit hoher Genauigkeit und Oberflächengüte gegossen werden sollen, sind Verfahren entwickelt worden, die mit feuerfesten Formen und verlorenen Wachsmodellen (lost wax-Verfahren) arbeiten. Solche Feingußerzeugnisse (Genauguß, Präzisionsguß) halten bei Nennmaßen bis 20 mm Maßgenauigkeiten von $\pm 0{,}1$ mm ein und werden ohne weitere Nacharbeit für Teile von Nähmaschinen, Fahrrädern, Waffen, Haushaltmaschinen usw. verwendet. Die Modelle werden aus Wachs geformt oder aus thermoplastischem Kunststoff gespritzt und in einer größeren Anzahl zu einer „Traube" vereinigt. Diese Gießtraube wird durch Tauchen mit einem dünnen feuerfesten Überzug versehen und der noch verbleibende Hohlraum mit einer breiigen Masse ausgefüllt. Beim anschließenden Trocknen und Brennen der so entstandenen Form schmilzt das Wachs der Modelle aus. Außer den oben angegebenen Anwendungsmöglichkeiten kommen Teile aus hochlegierten Werkstoffen in Frage, die sich nicht oder nur schwer mechanisch bearbeiten lassen (Turbinenschaufeln).

Normung: Stahlguß für allgemeine Verwendungszwecke; Gütevorschriften . . . . . DIN 1681
Warmfester ferritischer Stahlguß; Gütevorschriften . . . . DIN 17245

7. Sinterstahl[1]

Werden metallische Pulver bei hohen Temperaturen und Drücken verpreßt, so entstehen durch Zusammensintern der Teilchen feste Stoffe, die bei diesem Vorgang ihre endgültige Form erhalten können. Diese Sinterwerkstoffe sind je nach dem angewendeten Preßdruck mehr oder weniger porös, wodurch ihre Eigenschaften maßgebend beeinflußt werden. Neben der Anwendung für die Herstellung besonders reiner oder hochschmelzender Metallegierungen (Pulvermetallurgie) ist die Sintertechnik ein wirtschaftliches Formgebungsverfahren, wenn es sich um große Stückzahlen handelt. Sintereisen mit hoher Porosität wird mit ölgefüllten Poren für selbstschmierende Lager verwendet, mit geringerer Porosität dient es der Herstellung von niedrig beanspruchten Formteilen. Sinterstahl mit mittlerem C-Gehalt enthält meist 1 bis 3% Kupfer, das den Sinterprozeß wesentlich begünstigt, und kann gehärtet und vergütet, auch oberflächengehärtet werden. Wegen der Porosität erreicht die Oberflächenhärte nicht die Werte geschmiedeten Stahls und ist deshalb gegen gleitenden Verschleiß widerstandsfähiger als gegen örtliche Pressungen. Das gleiche gilt für Teile aus Sintereinsatzstahl, die aufgekohlt und gehärtet werden. Ist eine Oberflächenveredlung z. B. durch Galvanisieren vorgesehen, so verwendet man Sinterstahl mit höherem Kupferanteil, der die Poren fast vollständig ausfüllt. Hochporöses Sintereisen wird als Metallfilter für Gase und Flüssigkeiten verwendet. Sinterstahl kann spanabhebend bearbeitet, geschweißt oder gelötet werden. Seine Festigkeit und Härte ist weitgehend durch sein Raumgewicht bestimmt, Tab. 28.

Tabelle 28. *Sinterstahl*

Werkstoff	σ_B kp/mm²	δ_5 %	*HB* kp/mm²	Raumgewicht g/cm³	Porenvolumen %
Sintereisen 5	5—10	2	30—50	5,5—6,0	24—30
Sintereisen 20	20—30	2	60—90	6,0—6,8	13—24
Sinterstahl 25	25—35	15—25	50—80	7,0—7,4	5—11
Sinterstahl 45	45—55	8—12	120—160	7,0—7,4	5—11
Sinterstahl 65	65—75	3—5	180—230	7,2—7,5	4—8

8. Gußeisen

a) Herstellung. Gußeisen ist ein Eisen zweiter Schmelzung, das in der Regel im Kupolofen oder bei hohen Qualitätsansprüchen im Elektroofen hergestellt wird. Um den richtigen Endkohlenstoffgehalt von etwa 2 bis 4% zu erhalten, gattiert man das in Form von Masseln vom Hochofen kommende Roheisen mit Stahlschrott und bringt es in mit Koks abwechselnden Schichten in den Kupolofen ein. Außerdem werden zur Regelung des Si- und Mn-Gehalts entsprechende Ferrolegierungen zugegeben. Die mechanischen Eigenschaften des Gußeisens hängen wesentlich von seinem Gefügeaufbau ab. Das Grundgefüge besteht wie beim Stahl aus Ferrit und Perlit. Der gegenüber Stahl höhere C-Anteil wird entweder als Graphit ausgeschieden oder als hartes Eisenkarbid (Ledeburit) gebunden. Je nachdem der Kohlenstoff im Gußeisen vorwiegend als Graphit enthalten oder vollkommen gebunden ist, unterscheidet man *Grauguß*, der gut bearbeitbar, und *Weißguß*, der nicht bearbeitbar ist. Die Zwischenstufe wird als meliertes (halbgraues) Gußeisen bezeichnet. *Schalenguß* ist seiner Zusammensetzung nach grau erstarrendes Gußeisen, das durch starke Kühlung (Abschrecken) der Gußform an der Oberfläche weiß erstarrt.

Die Graphitausscheidung hängt von der Abkühlungsgeschwindigkeit, der Wanddicke, dem C- und Si-Gehalt ab. Große Wanddicke, geringe Abkühlungsgeschwindigkeit und hoher Si-Gehalt fördern die Graphitausscheidung. Die Beziehungen zwischen

[1] *Kieffer, R.*, u. *W. Hotop:* Sintereisen und Sinterstahl. Wien: Springer 1948.

C- und Si-Gehalt sowie Gefüge und Festigkeit des Gußeisens sind für mittlere Wanddicken im *Maurer*-Diagramm dargestellt, Bild 54.

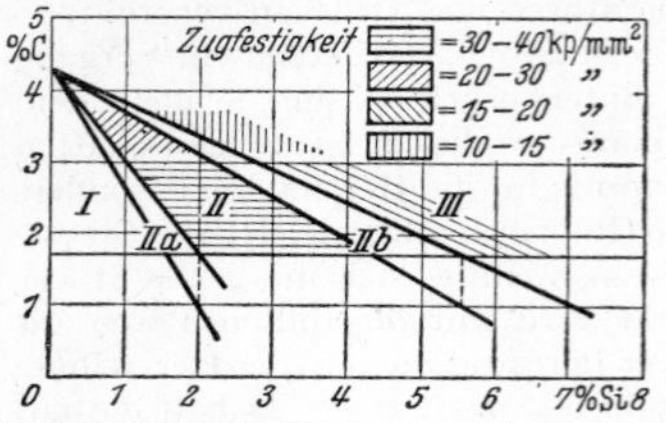

Bild 54. Gußeisendiagramm nach *Maurer* Feld *I* weißes Gußeisen, *IIa* meliertes Gußeisen, *II* perlitisches Gußeisen, *IIb* ferritisch-perlitisches Gußeisen, *III* ferritisches Gußeisen (*II*, *IIb*, *III* graues Gußeisen)

b) Grauguß. Das im Maschinenbau vorwiegend verwendete Gußeisen ist der Grauguß. Wird der Kohlenstoff vollständig als Graphit abgeschieden, so entsteht ein Grundgefüge aus Ferrit, das im Schliffbild von grobverästelten Graphitadern durchzogen ist, Bild 44. Bei mechanischer Beanspruchung wirken die Graphitlamellen als Hohlräume und Kerben, ähnlich wie feine Risse im Stahl, welche die Festigkeit und vor allem die Dehnung stark herabsetzen. Ferritischer Grauguß ist also ein spröder Werkstoff geringer Festigkeit. Wird ein Teil des Kohlenstoffs (bis zu 0,9%) im Grundgefüge abgebunden und der Rest in fein verteilter Form abgeschieden, so erhält man perlitischen Grauguß mit wesentlich besseren Festigkeitseigenschaften. Hochwertiges Gußeisen zeichnet sich durch kleine, gleichmäßig verteilte Graphitadern in perlitischer Grundmasse aus, Bild 45.

Die Auflockerung des Gefüges durch die Graphitlamellen bringt es mit sich, daß der Elastizitätsmodul von Grauguß wesentlich niedriger ist als der von Stahl. Er beträgt bei ferritischem Grauguß etwa 7000, bei perlitischem Gefüge etwa 12000 kp/mm² und nimmt mit der Höhe der Beanspruchung ab, so daß keine Proportionalität zwischen Spannung und Verformung besteht. Ebenfalls durch den Gefügeaufbau bedingt, ist die Druckfestigkeit etwa viermal und die Biegefestigkeit etwa doppelt so hoch wie die Zugfestigkeit.

Tabelle 29. *Gußeisen mit Lamellengraphit (Grauguß)* nach DIN 1691

Bezeichnung	Rohgußdurchmesser des Probestücks mm	Zugfestigkeit σ_B kp/mm² mind.	Biegefestigkeit σ_{bB} kp/mm² Mittelwert[1]
GG-10	30	10	—
GG-15	13 20 30 45	23 18 15 11	34 32 30 27
GG-20	13 20 30 45	28 23 20 16	41 39 36 33
GG-25	13 20 30 45	33 28 25 21	— 46 42 39
GG-30	20 30 45	33 30 26	— 48 45
GG-35	20 30 45	38 35 31	— 54 51
GG-40	30 45	40 36	60 57

[1] Einzelwerte können um ±7 kp/mm² abweichen.

Der C-Gehalt der üblichen Graugußsorten, Tab. 29, liegt etwa zwischen 3,0 und 3,6%, der Si-Gehalt etwa zwischen 1,8 und 2,5%, für hochwertige Sorten beide näher der unteren Grenze. Der Mn-Gehalt von 0,4 bis 0,9% muß darauf abgestimmt werden. P erhöht den Verschleißwiderstand durch Bildung eines netzförmigen Phosphideutektikums, Bild 45, und ist deshalb z. B. in Zylinderlaufbuchsen oder Kolbenringen bis zu 0,7% enthalten, sollte jedoch in komplizierten Gußteilen (Zylinderblöcke, Zylinderköpfe) 0,15% nicht überschreiten. S ist wegen des gleichzeitig anwesenden Mn-Anteils bis zu 0,12% nicht schädlich.

Grauguß hat gute Gießeigenschaften, die Vergießbarkeit steigt mit der Gießtemperatur und mit dem C-Gehalt. Sein Schwindmaß beträgt etwa 1%; deshalb ist auch hier auf gleichmäßige Wanddicke und Vermeidung von Werkstoffanhäufungen im Gußstück zu achten. Die Zerspanbarkeit ist recht gut, nimmt jedoch mit zunehmendem Perlitanteil ab und wird oberhalb einer Brinellhärte von 240 kp/mm² schwierig. Grauguß kann vergütet und oberflächengehärtet werden, wobei man zweckmäßig von einem ferritisch-perlitischen Grundgefüge ausgeht.

Für spezielle Anforderungen wird Grauguß legiert, wobei Cr und Cu (bis 2%) die Festigkeit steigern und Ni in geringen Gehalten die Graphitabscheidung verfeinert. Mo-legierter Guß wird bei höheren Anforderungen an Festigkeit und Härte in der Wärme, hoher Si-Gehalt bis 18% für säurebeständigen Guß verwendet. Roststäbe haben niedrigen P- und Si-Gehalt, erhöhte Zunderbeständigkeit erreicht man durch Cr-Al- oder Ni-Si-Cr-Zusätze. Unmagnetischer Guß auf Ni-Cr-Cu-Basis ist gleichzeitig weitgehend korrosionsbeständig.

Der Einfluß der Temperatur auf die Festigkeit des Gußeisens ist bis 400 °C gering. Doch zerfällt bei Temperaturen über 350 °C der Karbidkohlenstoff in Ferrit und Graphit; gleichzeitig findet eine gefährliche Volumenvergrößerung statt: Das Gußeisen *wächst*. Die Festigkeit des gewachsenen Gußeisens ist sehr gering. Hochwertiger perlitischer Grauguß ist dem Wachsen weniger ausgesetzt.

Normung: Gußeisen mit Lamellengraphit (Grauguß) . . . . DIN 1691

c) Hartguß. Für Teile, die hohem Verschleiß durch gleitende und reibende Einflüsse ausgesetzt sind, hat sich weiß erstarrtes Gußeisen mit ledeburitischem Gefüge bewährt. Der Kohlenstoff ist vollständig als Eisenkarbid gebunden. Häufig werden solche Teile (Walzen, Nockenwellen und Stößel für Verbrennungsmotoren) als Schalenhartguß ausgebildet, wobei ein Grauguß mit niedrigerem Si- und etwas angehobenem Mn-Gehalt durch Schreckplatten (Kokillen) an der Oberfläche zur Weißerstarrung gebracht wird. Die Oberfläche erreicht eine Brinellhärte über 500 kp/mm², muß jedoch zur Gewährleistung guter Verschleißeigenschaften völlig frei von Graphiteinschlüssen sein. Die weiße Schicht ist einige mm dick und geht über meliertes Gußeisen in das graue Grundgefüge über.

d) Temperguß. Temperguß ist ein Gußeisen, das durch eine langdauernde Wärmebehandlung, das Tempern, eine gegenüber Grauguß erheblich gesteigerte Festigkeit und vor allem eine gute Dehnbarkeit und Zähigkeit erhält. Das Eisen wird in der Gattierung so eingestellt, daß der Temperrohguß graphitfrei weiß erstarrt. Je nach Art der Temperung unterscheidet man nach dem Bruchaussehen dcs fertigen Gußstücks weißen und schwarzen Temperguß.

Der *weiße Temperguß* hat im Rohguß etwa folgende Zusammensetzung: 2,8 bis 3,4% C, 0,4 bis 0,8% Si, 0,2 bis 0,5% Mn. Die Teile werden etwa 80 Stunden bei 1070 °C in oxydierender Atmosphäre geglüht, die in neueren Verfahren aus einem Gasgemisch von CO, CO_2, H_2, H_2O besteht (früher Roteisensteinpackung in Glühtöpfen). Dabei wird der Kohlenstoff bis in Tiefen von einigen mm vollständig aus der Oberfläche entfernt, so daß dünne Querschnitte das Gefüge eines ferritischen Stahls annehmen, im Kern dickerer Querschnitte allerdings Perlit mit knotenförmig abgeschiedenem Graphit verbleibt. Weißer Temperguß mit besonders niedrigem S- und Si-Gehalt ist in Wanddicken unter 9 mm gut schweißbar. Man kann die Temperung auch so ausführen, daß das Grundgefüge perlitisch wird, wodurch höhere Festigkeiten erhalten werden.

Beim *schwarzen Temperguß* geht man von einem Eisen mit 2,2 bis 2,8% C, 0,9 bis 1,4% Si und 0,2 bis 0,5% Mn aus, das zunächst etwa 30 Stunden bei 950 °C in neutraler Atmosphäre geglüht wird, wobei das Eisenkarbid in Eisen und Kohle zerfällt, die sich zu einzelnen Temperkohle-Nestern zusammenballt. In der zweiten Glühstufe wird der noch im Austenit bzw. Perlit gebundene Kohlenstoff bei 800 bis 700 °C als Temperkohle abgeschieden, so daß ein ferritisches Grundgefüge mit über den ganzen Querschnitt gleichmäßiger Verteilung der Temperkohle entsteht. Auch hier lassen sich durch gelenkte Abkühlung perlitische oder perlitisch-ferritische Sorten mit höherer Festigkeit herstellen, Tab. 30. Die gegenüber dem lamellaren

Tabelle 30. *Temperguß* nach DIN 1692

Bezeichnung	σ_B kp/mm² mind.	$\sigma_{0,2}$ kp/mm² mind.	δ_3 % mind.	*HB* kp/mm²	Grundgefüge (für GTW im Kern, für GTS homogen)
GTW-40	40	22	5	bis 220	lamellarer Perlit
GTW-45	45	26	7	bis 200	körniger Perlit
GTW-55	55	36	5	bis 240	feinkörniger Perlit
GTW-65	65	43	3	bis 270	Vergütungsgefüge
GTW-S38	38	20	12	bis 200	weitgehend entkohlt
GTS-35	35	20	12	bis 150	Ferrit
GTS-45	45	30	7	160—200	Perlit + Ferrit
GTS-55	55	36	5	180—220	lamellarer bis körniger Perlit
GTS-65	65	43	3	210—250	lamellarer bis körniger Perlit
GTS-70	70	55	2	240—270	Vergütungsgefüge

Graphit des Graugusses etwa rundliche Abscheidungsform des Kohlenstoffs ist die Ursache der Dehnbarkeit des schwarzen Tempergusses. Seine Bearbeitbarkeit ist bei einwandfreiem Gefüge sehr gut. Störungen sind möglich durch eine entkohlte Randschicht mit perlitischem Übergang zum graphithaltigen Kern (schwach oxydierende Atmosphäre beim Tempern) oder durch Zementitreste im Gefüge (zu niedrige Glühtemperatur). Ferritisch-perlitischer Schwarzguß kann vergütet und oberflächengehärtet werden; Schweißungen sind jedoch nicht statthaft, wenn konstruktive Beanspruchungen vorliegen oder wenn bearbeitet werden muß.

Normung: Temperguß; Begriff, Eigenschaften, Abnahme . . . . DIN 1692

e) **Kugelgraphitguß.** Gußeisen, bei dem der Graphit in kugeliger Form als sog. Sphärolithen abgeschieden ist und das deshalb als Sphäroguß bezeichnet wird, hat weit höhere Festigkeits- und Dehnungswerte als Grauguß mit lamellarem Graphit, Tab. 31. Man erreicht diese Ausbildungsform des Graphits durch Legieren eines

Tabelle 31. *Kugelgraphitguß* nach DIN 1693

Bezeichnung	σ_B kp/mm² mind.	σ_S kp/mm² mind.	δ_5 % mind.	Gefüge
GGG-38	38	25	17	vorwiegend ferritisch
GGG-42	42	28	12	vorwiegend ferritisch
GGG-50	50	35	7	ferritisch-perlitisch
GGG-60	60	42	2	vorwiegend perlitisch
GGG-70	70	50	2	vorwiegend perlitisch

schwefelarmen Gußeisens (S < 0,01%) mit Mg oder bestimmten seltenen Erden und Erdalkalimetallen in ganz geringen Mengen (z. B. > 0,06% Mg). Mg kann man auf dem Wege über eine Ni-Vorlegierung oder durch besondere Maßnahmen auch unmittelbar in die Schmelze einbringen. Im Gußzustand bildet sich ein perlitisches Gefüge mit eingelagerten Sphärolithen aus, das bei hoher Festigkeit verhältnismäßig geringe Dehnung aufweist. Durch geeignete Glühbehandlung erzielt man ein ferritisches Gefüge mit niedrigerer Festigkeit und Härte, aber wesentlich höherer Dehnung und Schlagzähigkeit. Sein Elastizitätsmodul liegt mit etwa 17000 kp/mm² zwischen den Werten von Grauguß und Stahl. Kugelgraphitguß mit ferritischem Gefüge läßt sich sehr gut bearbeiten, außerdem schweißen, löten und galvanisieren. Für höhere Anforderungen an Festigkeit und Härte kann der Werkstoff gehärtet und vergütet und auch oberflächengehärtet werden.

Normung: Gußeisen mit Kugelgraphit . . . . DIN 1693

B. Nichteisenmetalle

1. Kupfer und seine Legierungen

Die technische Bedeutung des Kupfers liegt vor allem in seiner ausgezeichneten elektrischen Leitfähigkeit, die nur von der des Silbers übertroffen wird, in seiner guten Wärmeleitfähigkeit und in seiner Beständigkeit gegen atmosphärische Einflüsse und Korrosionsangriffe. Außerdem ist Kupfer sehr gut kaltverformbar, was seine Verarbeitbarkeit zu Drähten, Rohren, Bändern und Blechen erleichtert, und behält seine Zähigkeit und Geschmeidigkeit auch bei tiefen Temperaturen. Wegen dieser Zähigkeit ist jedoch die Bearbeitbarkeit durch Spanabnahme verhältnismäßig schlecht. Reines Kupfer besitzt nur geringe Festigkeit, doch kann sie durch Kaltverformen erheblich gesteigert werden. Auch durch Legieren können die Festigkeitseigenschaften des Kupfers stark beeinflußt werden, allerdings vermindert sich durch alle Beimengungen die elektrische Leitfähigkeit.

Kupfer kommt selten als reines Metall vor, hauptsächlich wird es aus seinen Erzen, dem Kupferkies $CuFeS_2$ und dem Kupferglanz Cu_2S, gewonnen. Der Schwefel wird durch Rösten der Erze entfernt und das so erhaltene *Rohkupfer* durch Raffination im Flammofen zu *Hüttenkupfer* verschiedener Reinheitsgrade oder zu *Anodenkupfer* verarbeitet, das durch Elektrolyse zu dem reinsten Erzeugnis, dem *Kathoden-Elektrolytkupfer*, veredelt wird.

a) Reinkupfer[1]. Unter den Hüttenkupfersorten unterscheidet man nach dem Reinheitsgrad das A-Kupfer (A-Cu) mit mindestens 99,0% Cu und Gehalten an As und Ni, das B-Kupfer (B-Cu) mit mindestens 99,25% Cu, das C-Kupfer (C-Cu) mit mindestens 99,5% Cu, das vorwiegend zu Stangen, Rohren, Blechen und Bändern für allgemeine Zwecke verarbeitet wird, das D-Kupfer (D-Cu) mit mindestens 99,75% Cu und das F-Kupfer (F-Cu) mit mindestens 99,90% Cu. Alle diese Kupfersorten enthalten gewöhnlich Sauerstoff in Form von Kupferoxydul Cu_2O, das die Festigkeit, Zähigkeit und Schweißbarkeit verschlechtert. Sauerstofffreies desoxydiertes Kupfer enthält keinen an Kupfer gebundenen Sauerstoff und wird durch den vorangestellten Buchstaben S gekennzeichnet (z. B. SD-Cu). Die Reinheit des durch Elektrolyse gewonnenen E-Kupfers (E-Cu), das für Zwecke der Elektrotechnik bestimmt ist, wird nach seiner elektrischen Leitfähigkeit beurteilt.

Weiches Kupfer hat eine Zugfestigkeit von etwa 20 kp/mm² und eine Bruchdehnung von etwa 40%. Durch Kaltverformen (Kaltwalzen, Kaltziehen) lassen sich die in Tab. 32 aufgeführten Härtezustände mit den angegebenen Festigkeitswerten erhalten. Die gewünschte Festigkeit wird in der Kurzbezeichnung mit angegeben, z. B. E-Cu F 30.

Normung:

Hüttenkupfer . . . . . . DIN 1708
Kupfer in Halbzeug. . . . DIN 1787
Kupferlegierungen; Begriffe . . . . . . DIN 1718
Kupfer-Knetlegierungen, niedrig legiert . DIN 17666

Tabelle 32. *Festigkeit von Kupfer*

Härtezustand	Vorbehandlung	Festigkeit	σ_B kp/mm²	δ_5 % mind.	*HB* kp/mm² etwa
weich	ohne Kaltverformung hergestellt oder weichgeglüht	F 20	20—25	35	50
halbhart	kaltverformt auf etwa 1,2fache Zugfestigkeit	F 25	25—30	12	70
hart	kaltverformt auf etwa 1,4fache Zugfestigkeit	F 30	30—37	3	90
federhart	kaltverformt auf etwa 1,8fache Zugfestigkeit	F 37	37—42	2	100
hartgezogen	auf höchste Zugfestigkeit kaltgezogene Drähte	F 45	>45	—	—

[1] Kupfer, Eigenschaften, Verarbeitung, Verwendung. Berlin: Deutsches Kupferinstitut 1961.

Tabelle 33. *Kupfer-Zink-Legierungen* (*Messing*) nach DIN 17660 (Auswahl)

Kurzzeichen neu	Kurzzeichen bisher	Chemische Zusammensetzung Cu %	Pb %	Zn %	Festigkeit	σ_B kp/mm²	δ_5 % mind.	*HB* kp/mm² etwa	Lieferform[1]	Eigenschaften
CuZn 44 Pb 2	Ms 56	53,5–56,0	1,0–2,5	Rest	F 45	>45	10	110	D	nur warmverformbar
CuZn 40 Pb 2	Ms 58	57,5–59,0	1,5–2,5	Rest	F 37	37–43	25 [2]	90	B, R, D, P, S	gut warmverformbar und zerspanbar, gut stanzbar, gering kaltverformbar im weichen Zustand
					F 44	44–50	8 [3]	115	B, R, D, P	
					F 51	51–61	5 [3]	140	B, R, D	
					F 62	62–67	2	170	B	
					F 68	>68	—	—	B	
CuZn 40	Ms 60	59,5–61,5	bis 0,5	Rest	F 34	34–40	30	80	B, R, D, P, S	warm- und kaltverformbar durch Biegen, Nieten, Prägen, Stauchen
					F 41	41–47	16 [3]	100	B, R, D, P	
					F 48	48–58	8 [3]	130	B, R, D	
					F 59	>59	3	170	B	
CuZn 38 Pb 1	Ms 60 Pb	59,5–61,5	0,5–2,0	Rest	F 34	34–40	30	80	B, R, D, P, S	auf Automaten zerspanbar, sonst wie Ms 60
					F 41	41–47	16 [3]	100	B, R, D, P	
					F 48	48–58	8 [3]	130	B, R, D	
					F 59	>59	3	170	B	
CuZn 37	Ms 63	62,0–64,0	bis 0,1	Rest	F 30	30–37	45 [2]	70	B, R, D, P, S	gut kaltverformbar durch Ziehen, Drücken, Stauchen, Walzen, Gewinderollen
					F 38	38–44	20 [3]	100	B, R, D, P	
					F 45	45–54	10	130	B, R, D	
					F 55	55–61	5 [3]	160	B, D	
					F 62	62–69	—	—	B	
CuZn 36 Pb 1	Ms 63 Pb	62,0–64,0	0,5–2,5	Rest	F 30	30–37	45 [2]	70	B, R, D, P, S	besser zerspanbar, weniger kaltverformbar als Ms 63
					F 38	38–44	20 [3]	100	B, R, D, P	
					F 45	45–54	10	130	B, R, D	
					F 55	>55	5 [3]	160	B, D	
CuZn 33	Ms 67	66,0–68,5	bis 0,05	Rest	F 29	29–36	45	70	B, R	gegenüber Ms 63 gesteigerte Kaltverformbarkeit, besonders gute Kaltstauchbarkeit
					F 37	37–43	20	100	B, R	
					F 44	44–53	10	130	B, R	
					F 54	>54	5	160	B	
CuZn 28	Ms 72	71,0–73,0	bis 0,05	Rest	F 28	28–35	44	70	B, R	sehr gut kaltverformbar und tiefziehbar, auf Stahl plattierbar
					F 36	36–42	19	100	B, R	
					F 43	43–52	10	125	B, R	
					F 53	>53	5	155	B	

[1] B = Bleche u. Bänder, R = Rohre, D = Drähte, Stangen, P = Profile, S = Gesenkschmiedestücke.
[2] Bruchdehnung für Lieferform S etwas niedriger
[3] Bruchdehnung für Lieferform D etwas höher.

Tabelle 34. *Kupfer-Zink-Legierungen* (*Sondermessing*) nach DIN 17660 (Auswahl)

Kurzzeichen neu	Kurzzeichen bisher	Chemische Zusammensetzung (Rest Zn) Cu %	Ni %	Mn %	Fe %	Sn %	Al %	Si %	Pb %	Festigkeit	σ_B kp/mm² mindestens	δ_5 % mindestens	*HB* kp/mm² etwa	Eigenschaften Verwendung Lieferform[1]
CuZn 40 Mn	SoMs 58	57,0/59,0	bis 1,0	1,0/2,5	bis 1,5	bis 0,5	bis 0,1	bis 0,1	bis 0,8	F 40 F 45	40 45	25 20	100 110	gut lötbar, witterungsbeständig, R, D, P, S
CuZn40MnPb	SoMs 58 Pb	57,0/59,0	bis 1,0	0,4/1,8	bis 0,5	bis 0,4	bis 0,6	bis 0,4	1,0/2,0	F 40 F 45	40 45	18 14	100 110	gut zerspanbar (Automaten), R, D, P, S
CuZn 40 Al 1	SoMs 58 Al 1	56,5/59,5	bis 1,5	0,4/1,8	bis 1,0	bis 0,5	0,4/1,6	bis 0,6	bis 1,0	F 40 F 45 F 50	40 45 50	18 15 12	95 115 135	sehr zäh, sehr witterungsbeständig, Gleitlager mittlerer Beanspr., R, D, P, S
CuZn 40 Al 2	SoMs 58 Al 2	55,5/59,0	bis 2,0	1,0/2,4	bis 1,0	bis 0,5	1,3/2,3	bis 0,8	bis 0,8	F 55 F 60	55 60	12 10	145 155	hochfest, wie SoMs 58 Al 1 bei erhöhten Anforderg., R, D, P, S
CuZn 35 Ni	SoMs 59	58,0/61,0	2,0/3,0	1,5/2,5	bis 0,5	bis 0,5	0,3/1,5	bis 0,1	bis 0,8	F 45 F 50	45 50	20 18	105 120	seewasserbeständig, sonst wie SoMs 58 Al 1, R, D, P, S
CuZn 39 Sn	SoMs 60	59,0/62,0	bis 0,2	—	bis 0,1	0,5/1,0	—	—	bis 0,2	F 38 F 40	38 40	35 20	100 105	seewasserbeständig, Kondensatorböd., B
CuZn 31 Si	SoMs 68	66,0/70,0	bis 0,5	—	bis 0,4	—	—	0,7/1,3	bis 0,8	F 38 F 45 F 52 F 60	38 45 52 60	32 22 15 10	85 110 140 160	Gleitlager hoher Beanspruchung, Lagerbüchsen, B, R, D, S
CuZn 28 Sn	SoMs 71	70,0/72,5	bis 0,5	bis 0,1	bis 0,07	0,9/1,3	—	[2]	bis 0,07	F 33 F 35	33 35	40 32	80 95	Rohre und Rohrböden für Kondensatoren, Kühler, Wärmetauscher, B, R
CuZn 20 Al	SoMs 76	76,0/79,0	bis 0,5	bis 0,1	bis 0,07	—	1,8/2,3	[2]	bis 0,07	F 38 F 40	38 40	30 25	90 105	

[1] B = Bleche u. Bänder, R = Rohre, D = Drähte u. Stangen, P = Profile, S = Gesenkschmiedestücke.

[2] As 0,020 bis 0,035, P bis 0,01, As + P bis 0,035.

Tabelle 35. *Guß-Messing* und *Guß-Sondermessing* nach DIN 1709

Kurzzeichen neu	Kurzzeichen bisher	Chemische Zusammensetzung (Rest Zn) Cu %	Pb %	Al %	Fe %	Mn %	Ni %	Sn %	Si %	$\sigma_{0,2}$*	σ_B*	δ_5 %	*HB* kp/mm²	Eigenschaften, Verwendung
			höchstens							Durchschnittswerte[1]				
G-Cu 65 Zn	G-Ms 65	63/67	3,0	0,1	0,8	0,2	0,5	1,0	0,05	8	20	20	60	Sandformgußteile
GK-Cu 60 Zn	GK-Ms 60	58/64	2,0	1,0	0,8	0,2	0,5	1,0	0,5	10	38	35	100	Kokillengußteile
GD-Cu 60 Zn	GD-Ms 60									16	35	4	100	Druckgußteile
G-Cu 55 ZnMn	G-SoMsF 30	55/64	1,0	0,1	1,2	2,5	2,0	1,0	0,1	15	35	25	85	druckdicht, gut lötbar
G-Cu 55 ZnAl	G-SoMsF 45	55/68	1,0	2,5	2,0	3,0	2,0	1,0	0,5	20	55	25	130	zähhart, meerwasserbeständig
G-Cu 55 ZnAl 2	G-SoMsF 60	55/68	0,5	5,0	2,5	4,0	2,0	0,5	0,5	30	65	20	160	hohe statische Festigkeit
G-Cu 55 ZnAl 4	G-SoMsF 75	55/68	0,2	7,5	4,0	5,0	2,0	0,1	0,5	60	80	10	220	für besonders hohe Belastung

[1] Für Wanddicken bis etwa 25 mm. * $\sigma_{0,2}$ u. σ_B in kp/mm²

b) Messing[1]. Legierungen des Kupfers mit Zink als Hauptbestandteil, wobei der Kupfergehalt mindestens 50% beträgt, werden als Messinge bezeichnet. Bis höchstens 37% Zn bilden sich Mischkristalle (α-Messing), es entsteht ein durch Walzen oder Ziehen sehr gut kaltverformbares Gefüge. Gelegentlich werden diese hochkupferhaltigen Messingsorten noch Tombak genannt. Bei Zn-Gehalten über 37% erhält man ein heterogenes Gefüge, das vorwiegend warmverformt wird. Zur Verbesserung der Zerspanbarkeit kann diesen Messingsorten noch Pb zugesetzt werden. Die Messinge werden durch %-Zahlen des Zn-Gehalts gekennzeichnet (z. B. in Tab. 33 CuZn 37 mit $\approx$ 37 % Zn). Ihre Festigkeit ist, durch die Herstellung bedingt, besonders bei den gut kaltverformbaren Qualitäten in weiten Grenzen veränderlich, Tab. 33.

α) *Sondermessinge* sind Kupfer-Zink-Legierungen, die zur Verbesserung der Eigenschaften noch weitere Legierungselemente enthalten. Ni, Mn und Al steigern die Festigkeit und den Verschleißwiderstand und verbessern die Korrosionsbeständigkeit, da sie die Bildung von festhaftenden Schichten als Korrosionsschutz begünstigen. Aus dem gleichen Grund erschwert Al jedoch die Lötbarkeit. Auch Fe bewirkt neben einer Kornverfeinerung eine starke Festigkeitssteigerung, allerdings wird die Korrosionsanfälligkeit erhöht, so daß man z. B. bei Sondermessingen für Kondensatorrohre auf besonders niedrige Fe-Gehalte achten muß. Tab. 34 gibt neben der Zusammensetzung und den Festigkeitswerten für Stangen und Rohre die Verwendungsmöglichkeiten an.

β) *Guß-Messing* und *Guß-Sondermessing* erreichen nicht die Festigkeitswerte der entsprechenden Knetlegierungen, doch liegen ihre Dehnungswerte, Tab. 35, weit höher als bei gegossenen Eisenwerkstoffen vergleichbarer Festigkeit.

Normung:

Kupfer-Zink-Legierungen (Messing)
(Sondermessing), Zusammensetzung . . DIN 17660
Guß-Messing und Guß-Sondermessing . . DIN 1709

c) Bronze. Während man früher unter Bronze allgemein Kupfer-Zinn-Legierungen verstand, ist dieser Begriff heute ausgeweitet auf Legierungen mit mindestens 60% Kupfer und einem oder mehreren Hauptzusätzen, sofern es sich bei diesen nicht um Zn handelt.

[1] Messing, Eigenschaften, Verarbeitung, Verwendung. Berlin: Deutsches Kupferinstitut 1966.

Tabelle 36. *Kupfer-Zinn-Legierungen* (*Zinnbronze*) nach DIN 17662 und *Guß-Zinnbronze* und *Rotguß* nach DIN 1705

Kurzzeichen[1] neu	bisher	Chemische Zusammensetzung (Rest Cu) Sn %	Zn %	Pb %	P %	Ni %	Zustand	$\sigma_{0,2}$ kp/mm²	σ_B kp/mm² mindestens	δ_5 % mindestens	*HB* kp/mm² etwa	Eigenschaften, Verwendung
Cu Sn 2	SnBz 2	1 bis 2,5	—	—	bis 0,3	—	F 26 F 37		26 37	46 10	55 100	sehr gut kaltverformbar, im harten Zustand auch gut zerspanbar, Schrauben, Rohre
—	SnBz 4	3 bis 5	—	—	bis 0,4	—	F 32 F 44		32 44	48 12	70 115	
Cu Sn 6	SnBz 6	5,5 bis 7,5	—	—	bis 0,4	—	F 36 F 41 F 48 F 56		36 41 48 56	50 25 15 6	80 105 130 155	korrosionsbeständig, Pumpenteile, Armaturen, Membranen, Siebgewebe
Cu Sn 8	SnBz 8	7,5 bis 9	—	—	bis 0,4	—	F 40 F 46 F 53 F 60		40 46 53 60	55 30 18 7	90 120 145 170	gute Gleiteigenschaften, korrosionsbeständige Teile höherer Festigkeit, Federn, Membranen, Drahtgewebe
								Durchschnittswerte[2]				
G-Cu Sn 10	G-SnBz 10	9 bis 11	bis 0,5	bis 1,0	bis 0,4	bis 1,0	Formguß	15	28	20	75	zäh, verschleißfest, seewasserbeständig
G-Cu Sn 12 GZ-Cu Sn 12	G-SnBz 12 GZ-SnBz 12	11 bis 13	bis 0,5	bis 1,0	bis 0,4	bis 1,0	Formguß Schleuderguß	16 17	28 32	15 15	95 105	zähhart, sehr verschleißfest, seewasserbeständig
G-Cu Sn 14	G-SnBz 14	13 bis 15	bis 0,5	bis 1,0	bis 0,2	bis 1,0	Formguß	17	25	5	115	hart, seewasserbeständig, hochbeanspruchte Gleitteile
G-CuSn5ZnPb GZ-CuSu5ZnPb	Rg 5 GZ-Rg 5	4 bis 6	4 bis 6	4 bis 6	bis 0,05	bis 2,0	Formguß Schleuderguß	10 12	24 30	18 25	70 75	gut gießbar, bedingt hartlötbar, mäßig beanpruchte Gleitlager
G-CuSn7ZnPb GZ-CuSn7ZnPb	Rg 7 GZ-Rg 7	6 bis 8	3 bis 5	5 bis 7	bis 0,05	bis 2,0	Formguß Schleuderguß	12 14	26 30	18 20	75 85	mittelhart, verschleißfest, gute Notlaufeigenschaften
G-CuSn10Zn GZ-CuSn10Zn	Rg 10 GZ-Rg 10	8,5 bis 11	1 bis 3	bis 1,5	bis 0,05	bis 1,0	Formguß Schleuderguß	14 17	28 30	15 10	80 90	hart, Gleitteile mit niedrigen Gleitgeschwindigkeiten

[1] Den Kurzzeichen für Schleuderguß werden die Kennbuchstaben GZ- (Zentrifugal), für Strangguß die Kennbuchstaben GC- (Continuous) vorangestellt. Strangguß hat dieselben Eigenschaften wie Schleuderguß.
[2] Für Wanddicken bis etwa 25 mm.

Tabelle 37. *Kupfer-Aluminium-Legierungen* (*Aluminiumbronze*) nach DIN 17665 und *Guß-Aluminiumbronze* nach DIN 1714

Kurzzeichen neu	Kurzzeichen bisher	Chemische Zusammensetzung Cu %	Al %	Fe %	Ni %	Mn %	Festigkeit	$\sigma_{0,2}$ kp/mm² mindestens	σ_B kp/mm² mindestens	δ_5 % mindestens	*HB* kp/mm² etwa	Eigenschaften
CuAl5	AlBz5	92,5 bis 96,0	4,0 bis 6,0	bis 0,4	bis 0,8	bis[1] 0,3	F30 F38 F45	10 20 28	30 38 45	40 20 10	70 100 130	beständig gegen Salzlösungen, Seewasser, organische und anorganische Säuren (nicht Salzsäure!) und Alkalien (nicht Ammoniak!) mit steigendem Al-Gehalt zunehmend und durch As-Gehalt verbessert
CuAl8	AlBz8	89,0 bis 93,0	7,0 bis 9,0	bis 0,5	bis 0,8	bis 0,8	F38 F45 F55	12 22 32	38 45 55	35 15 8	85 110 140	
CuAl8 Fe	AlBz8 Fe	86,5 bis 91,0	6,5 bis 9,0	1,5 bis 3,5	bis 0,8	bis 0,8	F48 F60	20 28	48 60	30 12	110 140	hohe Festigkeit, Zähigkeit und Härte, korrosionsbeständig, verschleißfest, unempfindlich gegen Erosion und Kavitation, warmfest
CuAl10 Fe	AlBz10 Fe	80,0 bis 86,5	9,0 bis 11,0	1,5 bis 4,0	bis 1,0	1,5 bis 3,5	F60 F70	25 35	60 70	10 5	150 175	
CuAl9 Mn	AlBz9 Mn	86,5 bis 90,0	7,7 bis 9,7	bis 1,0	bis 0,8	1,5 bis 3,0	F50 F60	20 25	50 60	25 15	120 160	
CuAl10 Ni	AlBz10 Ni	79,5 bis 85,0	8,5 bis 10,5	2,5 bis 5,3	3,0 bis 6,0	bis 1,5	F65 F75	28 40	65 75	20 12	170 190	
CuAl11 Ni	AlBz11 Ni	74,0 bis 78,5	10,5 bis 12,5	4,8 bis 7,3	5,0 bis 7,5	bis 1,5	F75 F85	45 60	75 85	5 3	210 240	
								Durchschnittswerte[2]				
G-CuAl9	G-AlBz9	88 bis 92	8 bis 10,5	bis 1,2	bis 1,0	bis 0,5	F35	18	45	25	110	seewasser- und korrosionsbeständig
G-CuAl10 Fe	G-FeAlBz	83 bis 89,5	8,5 bis 11	2 bis 4	bis 2,5	bis 1,0	F50	25	55	20	135	seewasser- und korrosionsbeständig, hohe Festigkeit
G-CuAl9 Ni	G-NiAlBz	78 bis 82	7,8 bis 9,8	4 bis 6	4 bis 6,5	bis 1,5	F50	25	60	25	150	hohe Festigkeit bei guter Seewasser- und Säurebeständigkeit, sehr gute Wechselfestigkeit
G-CuAl10 Ni	G-NiAlBz	77 bis 81	8,8 bis 10,8	4 bis 6	4 bis 6,5	bis 1,5	F60	33	65	18	170	
G-CuAl11 Ni	G-NiAlBz	73 bis 80	9 bis 12	5 bis 7	4,5 bis 7	bis 1,5	F68	40	75	8	190	
G-CuAl8 Mn	G-MnAlBz	82 bis 85	7 bis 9	bis 1,5	1,0 bis 2,0	5 bis 6,5	F42	24	52	26	120	verschleißfest, zäh, korrosions- und seewasserbeständig

Zur klaren Unterscheidung benennt man die Bronzen nach diesen Hauptzusätzen, also z. B. Zinnbronze (CuSn···), Aluminiumbronze (CuAl···) oder auch Zinn-Bleibronze (CuPb···Sn). Sind neben einem Hauptzusatz noch mehrere andere Bestandteile zulegiert, so spricht man z. B. von Mehrstoff-Aluminiumbronze.

α) *Zinnbronzen*, Tab. 36, sind Kupferlegierungen mit Sn-Gehalten bis 20%. Beim Erschmelzen wird meist mit Phosphor desoxydiert, wobei ein gewisser P-Gehalt zurückbleibt. Die deswegen früher übliche Bezeichnung Phosphorbronze sollte jedoch vermieden werden, da es daneben Phosphor-Zinnbronzen mit genau definierten P-Gehalten zur Erhöhung des Verschleißwiderstands gibt. Zinnbronzen mit Sn-Gehalten bis 8% sind durch Walzen und Ziehen verarbeitbar (Walzbronzen), mit Sn-Gehalten von 10 bis 20% können sie nur gegossen werden, bei hohen Genauigkeits- und Qualitätsanforderungen im Strangguß-, Rohre auch im Schleudergußverfahren. Die Guß-Zinnbronzen haben hervorragende Gleit- und Verschleißeigenschaften, so daß sie für hochbeanspruchte und schnellaufende Schneckenräder und vor allem für Lager und Lagerbuchsen verwendet werden. Ersetzt man das Zinn teilweise durch Zink, so erhält man den *Rotguß* als Kupfer-Zinn-Zink-Legierung, Tab. 36, der zu denselben Zwecken verwendet wird, aber nicht so hoch beansprucht werden kann.

β) *Aluminiumbronzen*[1] als Knet- oder Gußlegierungen enthalten Al bis üblicherweise höchstens 14%, daneben gegebenenfalls noch andere Zusätze, wie Fe oder Ni, Tab. 37. Der Al-Gehalt bewirkt neben der Bildung einer oxidischen Schutzhaut eine Festigkeitssteigerung, die durch Fe noch vermehrt wird. Durch geeignete Wahl der Legierungspartner lassen sich mit Mehrstoff-Aluminiumbronzen Zugfestigkeiten bis 100 kp/mm^2 erreichen.

γ) *Bleibronzen* und Zinn-Bleibronzen werden nur als Gußlegierungen hergestellt, Tab. 38. Sie enthalten Höchstmengen an Pb bis zu 35% bei mindestens 60% Cu. Das

Tabelle 38. *Guß-Bleibronze und Guß-Zinn-Bleibronze* nach DIN 1716

Kurzzeichen neu	Kurzzeichen bisher	Chemische Zusammensetzung Pb %	Sn %	Cu %	*HB* kp/mm^2 mind.	Eigenschaften, Verwendung
G-CuPb 25	G-PbBz 25	25	< 3	Rest	30	hochbeanspruchte Gleitlager, Pleuellager
G-CuPb 5 Sn	G-SnPbBz 5	5	10	Rest	70	mittelhart, zäh, gute Gleit- und Verschleißeigenschaften
G-CuPb 10 Sn	G-SnPbBz 10	10	10	Rest	65	mittelweich, sehr gute Gleit- und Verschleißeigenschaften
G-CuPb 15 Sn	G-SnPbBz 15	15	8	Rest	60	weich, Lager mit hohen Flächendrücken und möglicher Kantenpressung
G-CuPb 20 Sn	G-SnPbBz 20	20	4,5	Rest	45	weich, beste Gleiteigenschaften, Lager mit höchsten Flächendrücken und niedrigen Laufgeschwindigkeiten

Blei bildet mit dem Kupfer keine Mischkristalle, sondern erstarrt in dem Kupfergrundgefüge in Form von kleinen Tröpfchen, deren gleichmäßige Verteilung für die guten Laufeigenschaften wichtig ist. Durch Zusatz von Sn wird die Härte der Bleibronze deutlich erhöht. Die Bleibronzen haben keine hohe Eigenfestigkeit. Deshalb verwendet man sie für Gleitlager als dünne Ausgüsse in Bronze- oder Stahlstützschalen. Je dünner die Laufschicht, desto widerstandsfähiger gegen stoß- und schlagartige Beanspruchungen ist sie. Bei hochbeanspruchten schnellaufenden Verbrennungsmotoren erhält die Bleibronze noch einen dünnen galvanischen Überzug von Blei, der die Laufeigenschaften und die Einbettfähigkeit für kleine Fremdkörper weiter verbessert, gegen korrosive Angriffe der HD-Öle (vgl. S. 619) jedoch durch geringe Zusätze von In oder Sn geschützt werden muß.

[1] Die Aluminiumbronzen. Berlin: Deutsches Kupferinstitut 1964.

δ) Außer diesen Kupferlegierungen, deren Zusammensetzungen und Festigkeitseigenschaften in den DIN-Normen festgelegt sind, gibt es noch *Sonderbronzen* mit höchsten Festigkeitseigenschaften. Durch Zusätze von nur 2% Ni und knapp 1% Si entsteht eine aushärtbare Bronze, die sich in weichem Zustand zu kaltgeschlagenen Schrauben verarbeiten läßt und nach Lösungsglühen bei 800 °C, Abschrecken in Wasser und Wärmeaushärten bei 450 °C eine erhebliche Zunahme von Streckgrenze und Zugfestigkeit, jedoch nur geringe Abnahme der Bruchdehnung zeigt. Eine Sonderbronze mit 20% Ni und 20% Mn erreicht in ausgehärtetem Zustand eine Zugfestigkeit von 110 kp/mm², wenn vor der Wärmebehandlung stark kaltverformt wurde, sogar von 150 kp/mm², allerdings ist sie dann sehr spröde. Eine Zugfestigkeit bis 100 kp/mm² und eine Streckgrenze bis 85 kp/mm² bei noch guter Bruchdehnung erzielt man durch Zusätze von 14% Ni, 4% Al, 1,5% Fe und 0,5% Mn.

Normung:
Guß-Zinnbronze und Rotguß . . . . DIN 1705
Kupfer-Zinn-Legierungen (Zinnbronze), Zusammensetzung . . . . DIN 17662
Kupfer-Nickel-Zink-Legierungen (Neusilber), Zusammensetzung . . . . DIN 17663
Kupfer-Nickel-Legierungen, Zusammensetzung . . . . DIN 17664
Kupfer-Aluminium-Legierungen (Al-Bronze), Zusammensetzung . . . . DIN 17665
Guß-Aluminiumbronze und Guß-Mehrstoff-Aluminiumbronze . . . . DIN 1714
Guß-Bleibronze und Guß-Zinn-Bleibronze . . . . DIN 1716
Bleche und Bänder, Rohre, Stangen und Drähte, Gesenkschmiedestücke, Strangpreßprofile aus Kupfer und Kupfer-Knetlegierungen; Festigkeitseigenschaften. DIN 17670 bis 17674

2. Aluminium und seine Legierungen

Literatur: 1. Aluminium-Taschenbuch, 12. Aufl. Düsseldorf: Aluminium-Verlag GmbH 1963. — 2. *Irmann, R.:* Aluminium-Guß in Sand und Kokille, Düsseldorf: Aluminium-Verlag GmbH 1959.

Die hervorragende Eigenschaft des Aluminiums ist sein geringes spez. Gew., das mit 2,70 nur etwa $^1/_3$ von dem des Eisens beträgt und das Aluminium damit in die Gruppe der Leichtmetalle einreiht. Daneben besitzt es durch Bildung von oxidischen Schutzschichten eine ausgezeichnete Beständigkeit gegen Witterungseinflüsse und gegen den Angriff vieler chemischer Stoffe (Haushaltgeräte). Seine gute Wärmeleitfähigkeit und elektrische Leitfähigkeit erschließen ihm weitere Anwendungsgebiete. In reinem Zustand ist Al von geringer Festigkeit und sehr weich. Es kann deshalb durch Walzen, Pressen und Ziehen leicht in kaltem Zustand zu Blechen, Profilen, Drähten und Rohren verarbeitet werden, wobei seine Festigkeit zunimmt. Es ist gut gießbar, jedoch schweißbar und lötbar nur unter Zugabe von Flußmitteln, welche die Oxidhaut aufschließen und deshalb nachher sorgfältig entfernt werden müssen (Korrosionsgefahr). Die spanabhebende Bearbeitung stößt bei Reinaluminium und bei weichen Al-Legierungen wegen des schmierenden und zäh fließenden Spans auf Schwierigkeiten. Pb-Zusätze machen den Span brüchig und den Werkstoff für Automaten geeignet. Al-Gußwerkstoffe sind besser zerspanbar, doch führt erhöhter Si-Gehalt zu stärkerem Werkzeugverschleiß. Im Zusammenbau mit Stahl ist der niedrigere Elastizitätsmodul und der höhere Ausdehnungskoeffizient des Aluminiums zu beachten. In Berührung mit Kupfer und dessen Legierungen besteht wegen seines elektronegativen Potentials (vgl. S. 598) starke Korrosionsgefahr.

Der wichtigste Ausgangsstoff für die Gewinnung des Aluminiums ist der Bauxit mit einem Gehalt an Tonerde Al_2O_3 von etwa 60%. Der Bauxit wird durch Natronlauge aufgeschlossen, wobei über Natriumaluminat die reine Tonerde entsteht, die dann bei 900 °C in schmelzflüssigem Zustand durch Elektrolyse zu reinem Al reduziert wird. Das so gewonnene *Hüttenaluminium* kommt in verschiedenen Reinheitsgraden in den Handel. Das durch Aufarbeitung von Al-Schrott hergestellte Metall wird als *Umschmelzaluminium* bezeichnet. Durch ein besonderes Elektrolyseverfahren wird aus Hüttenaluminium oder Al-Schrott *Reinstaluminium* erzeugt.

a) Reinaluminium. Sowohl bei Hüttenaluminium (z. B. Al99,8 H) als auch bei Reinaluminium im Halbzeug wird der Reinheitsgrad durch die Angabe des Mindestgehalts an Al in den Bezeichnungen Al99,9, Al99,8, Al99,7, Al99,5, Al99 und Al98 ausgedrückt. Die Festigkeit, die durch die zulässigen metallischen Beimengungen, wie Si, Fe, Ti, Cu und Zn, etwas erhöht und durch die Verarbeitungsbedingungen beeinflußt wird, Tab. 39, wird ebenfalls im Kurzzeichen angegeben (z. B. Al99,5 F11). Reinstaluminium Al99,98 R mit höchstens 0,02% metallischen Beimengungen hat demzufolge die geringste Festigkeit, Tab. 39, allerdings die beste chemische Beständigkeit.

Tabelle 39. *Reinaluminium und Reinstaluminium* nach DIN 1712

Kurzzeichen	Al % mind.	Zustand	Festigkeit	σ_B kp/mm² mindestens	δ_5 % mindestens	HB kp/mm² etwa
Al99,5	99,50	gepreßt	F 7	7	23	20
		halbhart	F 10	10	6	30
		hart	F 13	13	5	35
Al99	99,00	gepreßt	F 8	8	18	22
		halbhart	F 11	11	5	32
		hart	F 14	14	4	38
Al99,98 R	99,98	gepreßt	F 4	4	27	15
		halbhart	F 7	7	9	20
		hart	F 10	10	5	25

b) Aluminium-Knetlegierungen. Al läßt sich mit zahlreichen Metallen legieren, von denen Cu, Mg, Mn, Zn, Si und Ni die wichtigsten sind. Diese Zusätze beeinflussen die mechanischen und sonstigen Eigenschaften in starkem Maß, Tab. 40. Knetlegierungen können durch Walzen, Pressen, Ziehen und Schmieden, z. T. in kaltem Zustand, verformt werden, wodurch Zugfestigkeit und Streckgrenze ansteigen, die Bruchdehnung jedoch abfällt. Ein Teil der Legierungen ist *aushärtbar*: Durch Lösungsglühen bei 500 bis 520 °C, Abschrecken in Wasser und Auslagern bei Raumtemperatur (Kaltaushärten) oder bei 150 bis 200 °C (Warmaushärten) nehmen durch Ausscheidungsvorgänge Härte, Streckgrenze und Zugfestigkeit ohne Verminderung der Bruchdehnung erheblich zu.

Unter den nicht aushärtbaren Legierungen vereinigt AlMg hohe Festigkeit (mit Mg-Gehalt zunehmend) mit guter Korrosionsbeständigkeit auch gegen Seewasser. AlMgMn ist bei mittlerer Festigkeit gut chemisch beständig, während AlMn bei höherer Festigkeit als Rein-Al fast an dessen hohe chemische Beständigkeit herankommt. Die wichtigste aushärtbare Legierung ist AlCuMg, deren Festigkeit die eines mittelharten Stahls erreicht. Die durch den Cu-Gehalt verminderte Korrosionsbeständigkeit kann durch Plattieren mit Rein-Al, die Zerspanbarkeit durch Zusätze von Pb verbessert werden. Die höchste bei einer Al-Legierung mögliche Festigkeit (bis 65 kp/mm²) erreicht AlZnMgCu. Die kupferfreie Legierung AlZnMg ist bei kaum geringerer Festigkeit korrosionsbeständiger. AlMgSi wird verwendet, wenn nicht so hohe Festigkeit wie bei AlCuMg, jedoch bessere chemische Beständigkeit verlangt wird. Die Legierungen AlCuNi und AlSiCuNi zeichnen sich in ausgehärtetem Zustand durch eine auch bei höheren Temperaturen kaum absinkende hohe Festigkeit, die Si-haltigen außerdem durch guten Verschleißwiderstand aus (Kolbenlegierungen, heute nicht mehr genormt). Dauerfestigkeit der Al-Knetlegierungen vgl. Tab. 43.

c) Aluminium-Gußlegierungen. Für die Gußlegierungen, Tab. 41, ist Si das wichtigste Zusatzelement, da es bei 11,7% mit Al ein Eutektikum mit ausgezeichneten Gießeigenschaften bildet (G-AlSi12). Da Si jedoch die Bearbeitbarkeit verschlechtert, ersetzt man es im Bedarfsfall teilweise durch das in ähnlichem Sinn wirkende Cu (G-AlSiCu), muß dann allerdings die durch Cu verminderte Korrosionsbeständigkeit in Kauf nehmen. Gute Gießeigenschaften schließen gewöhnlich auch gute Schweißbarkeit ein. Durch weiteren Zusatz von Mg erhält man eine warmaushärtbare (Kurzzeichen wa) Legierung höchster Festigkeit G-AlSi 10 Mg wa, während die Legierung G-AlMg die beste Korrosionsbeständigkeit aufweist. Bei geringeren Anforderungen an die Korrosionsbeständigkeit verwendet man an Stelle der Cu-freien Hüttenlegierungen die aus der Rückführung von Al-Schrott gewonnenen Umschmelz- oder „Standardlegierungen“, bei denen die noch zulässige Beimengung von Cu höher liegt. Dies wird an dem Kurzzeichen durch ein in Klammern stehendes Cu, z. B. G-AlSi12(Cu), kenntlich gemacht.

Für sehr große Gußstücke und Teile kleiner Stückzahlen kommt in der Regel nur *Sandguß* in Frage. Bei größeren Stückzahlen ist *Kokillenguß* trotz der höheren

Tabelle 40. *Aluminium-Knetlegierungen* nach DIN 1725 Blatt 1

Kurzzeichen	Legierungsbestandteile Cu %	Mg %	Mn %	Si %	Zn %	Ni %	Zustand	σ_B kp/mm² mindestens	$\sigma_{0,2}$ kp/mm² mindestens	δ_5 % mindestens	*HB* kp/mm² etwa	Eigenschaften
AlMg1F10 AlMg1F13 AlMg1F16	–	0,6 bis 1,2	< 0,3	–	–	–	weich halbhart hart	10 13 16	4 9 14	18 7 4	30 40 50	sehr gut kaltverformbar, schweißbar, seewasserbeständig
AlMg2F15 AlMg2F18 AlMg2F21	–	1,7 bis 2,4	< 0,4	–	–	–	weich halbhart hart	15 18 21	6 11 16	17 9 4	40 50 60	
AlMg3F18 AlMg3F23 AlMg3F26	–	2,6 bis 3,3	< 0,4	–	–	–	weich halbhart hart	18 23 26	8 14 18	16 9 4	45 65 75	gut kaltverformbar und schweißbar, sehr gut seewasserbeständig
AlMg5F24 AlMg5F26 AlMg5F30	–	4,3 bis 5,5	< 0,6	–	–	–	weich halbhart hart	24 26 30	11 15 20	16 8 4	55 70 90	gut schweißbar, zerspanbar, seewasserbeständig
AlMg7F30 AlMg7F34	–	6,0 bis 7,2	< 0,6	–	–	–	gepreßt halbhart	30 34	15 20	10 5	70 90	nicht kaltverformbar und nicht schweißbar, gut zerspanbar
AlMgMnF18 AlMgMnF23 AlMgMnF26	–	1,6 bis 2,5	0,5 bis 1,5	–	–	–	weich halbhart hart	18 23 26	8 14 18	17 9 4	45 65 75	gut kaltverformbar, sehr gut schweißbar und seewasserbeständig
AlMnF10 AlMnF13 AlMnF16	–	< 0,3	0,8 bis 1,5	–	–	–	weich halbhart hart	10 13 16	4 9 13	22 6 4	25 35 40	sehr gut kaltverformbar, schweißbar, korrosionsbeständig

Tabelle 40 (Fortsetzung)

Kurzzeichen	Legierungsbestandteile Cu %	Mg %	Mn %	Si %	Zn %	Ni %	Zustand	σ_B kp/mm² mindestens	$\sigma_{0,2}$ kp/mm² mindestens	δ_5 % mindestens	HB kp/mm² etwa	Eigenschaften
AlCuMg 1 F 40	3,5 bis 4,7	0,4 bis 1,0	0,3 bis 1,0	0,2 bis 0,8	—	—	kalt-ausgehärtet	40	27	10	100	kaltaushärtbar, wenig korrosionsbeständig
AlCuMg 2 F 48	3,8 bis 4,9	1,2 bis 1,8	0,3 bis 1,1	—	—	—		48	34	8	125	
AlZnMgCu 0,5 F 50	0,4 bis 1,0	2,4 bis 3,8	0,1 bis 0,6	—	3,8 bis 5,2	—	warm-ausgehärtet	50	43	7	120	warmaushärtbar, wenig korrosionsbeständig
AlZnMgCu 1,5 F 53	1,2 bis 2,0	2,1 bis 2,9	< 0,3	< 0,5	5,1 bis 6,1	—		53	47	7	140	
AlZnMg 3 F 46	—	2,0 bis 3,5	0,1 bis 0,6	—	4,2 bis 5,3	—	warm-ausgehärtet	46	39	7	120	gut seewasserbeständig
AlMgSi 1 F 20 AlMgSi 1 F 28 AlMgSi 1 F 32	—	0,6 bis 1,4	< 1,0	0,6 bis 1,6	—	—	kaltausgeh. } warm-ausgehärtet	20 28 32	10 20 25	12 10 9	60 80 95	kalt- und warmaushärtbar, gut korrosionsbeständig
AlCuNi F 35 [1]	3,5 bis 4,5	1,3 bis 1,8	—	—	—	1,8 bis 2,2	warm-ausgehärtet	35	22	10	100	warmaushärtbar, sehr gute Warmfestigkeit
AlSi 12 CuNi [1]	0,8 bis 1,5	0,8 bis 1,3	—	11 bis 13	—	0,8 bis 1,3	warm-ausgehärtet	34	30	2	110	
AlSi 18 CuNi [1]	0,8 bis 1,3	0,8 bis 1,3	—	17 bis 19	—	0,8 bis 1,3	warm-ausgehärtet	26	22	1	110	

[1] nicht genormt

Tabelle 41. *Aluminium-Gußlegierungen* nach DIN 1725 Blatt 2

Kurzzeichen	Legierungsbestandteile Si %	Mg %	Mn %	Cu %	Zustand[1]	σ_B kp/mm²	$\sigma_{0,2}$ kp/mm²	δ_5 %	*HB* kp/mm² etwa	Eigenschaften
G-AlSi12 GK-AlSi12	11,0 bis 13,5	–	<0,5	–	Sandguß, u Kokillenguß, u	17–22 20–26	8– 9 9–11	4–8 3–7	55 60	ausgezeichnet gießbar und schweißbar
G-AlSi12 (Cu) GK-AlSi12 (Cu)	11,0 bis 13,0	–	<0,5	<1,0	Sandguß Kokillenguß	15–22 18–26	8–10 9–12	1–4 2–4	60 65	ausgezeichnet gießbar und schweißbar, nicht korrosionsbeständig
G-AlSi10Mg G-AlSi10Mg wa GK-AlSi10Mg wa	9,0 bis 11,0	0,2 bis 0,4	<0,5	–	Sandguß, u Sandguß, wa Kokillenguß, wa	18–24 22–30 24–32	9–11 17–26 20–28	2–5 1–4 1–4	60 95 100	ausgezeichnet gießbar und schweißbar, aushärtbar, gut seewasserbeständig
G-AlSi5Mg G-AlSi5Mg ka GK-AlSi5Mg wa	4,5 bis 6,0	0,5 bis 0,8	<0,5	–	Sandguß, u Sandguß, ka Kokillenguß, wa	14–18 18–25 26–30	10–13 15–18 24–29	1–3 2–5 1–3	60 75 100	sehr gut gießbar, bearbeitbar und seewasserbeständig, aushärtbar
G-AlSi5Cu1 G-AlSi5Cu1 ka GK-AlSi5Cu1 wa	5,0 bis 6,0	0,3 bis 0,6	<0,5	1,0 bis 1,5	Sandguß, u Sandguß, ka Kokillenguß, wa	16–22 20–27 23–30	10–14 16–20 20–26	1–3 1–3 1–2	70 85 100	sehr gut gießbar, zerspanbar und schweißbar, aushärtbar
G-AlSi9 (Cu) GK-AlSi9 (Cu)	7,0 bis 11,0	–	<0,5	<1,6	Sandguß Kokillenguß	15–20 17–22	10–14 11–15	1–3 1–2	75 80	sehr gut gießbar und schweißbar, nicht korrosionsbeständig
G-AlMg3 G-AlMg3 wa GK-AlMg3 wa	<1,3	2,0 bis 4,0	<0,5	–	Sandguß, u Sandguß, wa Kokillenguß, wa	14–19 21–28 22–33	8–10 13–16 15–18	3–8 2–8 4–15	55 80 80	ausgezeichnet chemisch beständig und bearbeitbar, aushärtbar
G-AlSi6Cu4 GK-AlSi6Cu4	5,0 bis 7,0	0,1 bis 0,3	0,3 bis 0,6	3,0 bis 5,0	Sandguß Kokillenguß	16–20 17–22	10–15 11–16	1–3 1–3	70 85	sehr gut gießbar und zerspanbar, nicht korrosionsbeständig
G-AlSi7Cu3 GK-AlSi7Cu3	6,0 bis 8,5	0,1 bis 0,3	0,3 bis 0,5	2,0 bis 4,0	Sandguß Kokillenguß	16–20 17–22	10–15 11–16	1–3 1–3	70 85	

Tabelle 41 (Fortsetzung)

Kurzzeichen	Legierungsbestandteile Si %	Mg %	Mn %	Cu %	Zustand[1]	σ_B kp/mm²	$\sigma_{0,2}$ kp/mm²	δ_5 %	*HB* kp/mm² etwa	Eigenschaften
GD-AlSi12	11,0 bis 13,5	—	<0,5	—	Druckguß	20–28	12–18	1–3	80	ausgezeichnet gießbar, gut zerspanbar
GD-AlSi10 (Cu)	8,0 bis 12,0	<0,5	<0,5	<0,4	Druckguß	18–26	12–16	1–3	70	sehr gut gießbar und zerspanbar, nicht korrosionsbeständig
GD-AlSi6Cu3	5,0 bis 8,0	—	0,2 bis 0,6	2,0 bis 4,0	Druckguß	20–28	14–18	1–3	80	

[1] u = unbehandelt, wa = warm ausgehärtet, ka = kalt ausgehärtet.

Herstellungskosten der Kokille wirtschaftlicher, außerdem erzielt man durch die Schreckwirkung der gußeisernen Kokillenwand ein dichteres, feinkörniges Gefüge höherer Festigkeit als bei Sandguß (Kennzeichnung durch ein zugefügtes K, z. B. GK-AlMg3). Bei sehr hohen Stückzahlen kleiner, auch sehr kompliziert geformter Teile wird das *Druckguß*-Verfahren angewandt (Kennzeichnung durch ein zugefügtes D, z. B. GD-AlSi6Cu3), bei dem das flüssige Metall unter einem Druck von 1000 atü und mehr in die Form gespritzt wird. Die hohe Arbeitsgeschwindigkeit (in günstigen Fällen mehrere 100 „Schüsse" in der Stunde), die hohe Maßgenauigkeit und Oberflächengüte der Teile und die Einsparung von Bearbeitungskosten durch Eingießen von Bohrungen und sogar Gewinden sind die Hauptvorteile des Verfahrens. Die Zugfestigkeit liegt meist höher (Tab. 41) als bei gleichartigen Kokillengußlegierungen, die Dauerfestigkeit ist jedoch niedriger wegen der zahlreichen feinen Oxideinschlüsse, die auch die Schweißung von Druckgußteilen in der Regel unmöglich machen. Dauerfestigkeit der Al-Gußlegierungen vgl. Tab. 43.

d) Aluminium-Sinterwerkstoffe. Durch Sintern von Al-Pulver mit einem Oxidgehalt von mehr als 6% entsteht ein Sinterwerkstoff mit Festigkeitseigenschaften ähnlich denen der ausgehärteten Al-Legierungen (σ_B = 32 bis 36 kp/mm²), die jedoch auch nach lang andauernder Erwärmung auf Temperaturen bis 500 °C erhalten bleiben. Die Festigkeit bei hohen Temperaturen liegt weit höher als bei allen Al-Legierungen und zeigt bei 400 °C noch Werte von $\sigma_B = 14$ kp/mm² und $\sigma_S = 12$ kp/mm². Der Sinterwerkstoff mit 10 bis 11% Oxidgehalt kann durch Warmpressen zu Stangen, Profilen, Rohren, Blechen u. Schmiedeteilen verarbeitet werden.

Normung:

Reinaluminium in Halbzeug . . DIN 1712
Aluminiumlegierungen, Knetlegierungen . . . . . . DIN 1725 Bl. 1
Aluminiumlegierungen, Gußlegierungen . . . . DIN 1725 Bl. 2
Aluminiumlegierungen, Knetlegierungen auf Basis Al 99,99 R. . DIN 1725 Bl. 4
Bleche und Bänder, Rohre, Stangen und Drähte, Strangpreßprofile, Schmiedestücke aus Aluminium-Knetlegierungen, Festigkeitseigenschaften . . . . . . DIN 1745 bis 1749

Tabelle 42. *Magnesiumlegierungen* nach DIN 1729

Kurzzeichen	Zusammensetzung Al %	Mn %	Zn %	Zustand[1]	$\sigma_{0,2}$ kp/mm²	σ_B kp/mm²	δ_5 %	*HB* kp/mm² etwa	Eigenschaften, Verwendung
MgMn2	—	1,2/2	—	F 20	>15	>20	> 2	40	gut schweißbar und verformbar
MgAl3Zn	2,5/3,5	0,15/0,4	0,5/1,5	F 25	>16	>25	>12	45	schweißbar, verformbar
MgAl6Zn	5,5/7	0,15/0,4	0,5/1,5	F 28	>20	>28	>12	55	beschränkt schweißbar
MgAl8Zn	7,8/9,2	0,12/0,3	0,2/0,8	F 30	>21	>30	>12	60	höchste Festigkeit
G-MgAl6Zn3	5,5/6,5	0,15/0,3	2,5/3,5	Sandguß, u	9–11	16–20	3–6	55	gute Schwingungsfestigkeit
G-MgAl8Zn1 G-MgAl8Zn1 ho GK-MgAl8Zn1 ho GD-MgAl8Zn1	7,5 bis 9	0,15 bis 0,3	0,3 bis 1,0	Sandguß, u Sandguß, ho Kokillenguß, ho Druckguß, u	9–12 9–12 14–16	16–22 24–28 20–24	2–6 8–12 1–2	55 55 70	Gußteile mittlerer Beanspruchung
G-MgAl9Zn1 ho G-MgAl9Zn1 wa GK-MgAl9Zn1 wa GD-MgAl9Zn1	8,3 bis 10	0,15 bis 0,3	0,3 bis 1,0	Sandguß, ho Sandguß, wa Kokillenguß, wa Druckguß, u	11–13 14–15 15–17	24–28 24–28 22–25	6–10 2–4 1	60 75 75	warm aushärtbar, warmfest bis 200 °C, Gußteile hoher Beanspruchung
GK-MgAl9Zn2 GD-MgAl9Zn2	7,5/9,5	0,15/0,3	0,5/2	Kokillenguß, u Druckguß, u	9–13 14–17	16–22 20–25	2–5 0,5–2	60 70	druckdichte Gußteile schwieriger Formgebung

[1] u = unbehandelt, ho = homogenisiert, wa = warm ausgehärtet.

3. Magnesiumlegierungen

Ein Leichtmetall, dessen spez. Gew. mit 1,74 noch niedriger liegt als das des Aluminiums, ist das Magnesium. Seine Festigkeit ist allerdings so gering, daß es nur in seinen Legierungen mit Al, Mn und Zn technisch verwendbar ist. Man unterscheidet *Knet*legierungen, die wenig kaltverformbar und oberhalb 210 °C gut warmpreßbar sind, und *Guß*legierungen[1], die im Sandguß, Kokillenguß oder Druckguß gestaltet werden können. Bei ausreichend hohen Al-Gehalten (MgAl8Zn, G-MgAl9Zn1) lassen sich die Legierungen durch Warmaushärten auf hohe Festigkeiten bringen, Tab. 42. Die Mg-Legierungen sind sehr gut bearbeitbar, doch ist Vorsicht geboten, da sich die brennbaren Späne oder der Schleifstaub sehr leicht entzünden können. Entstehende Brände dürfen nicht mit Wasser, sondern nur mit Sand oder Graugußspänen gelöscht werden. Wegen seines extrem elektronegativen Potentials sind Mg und seine Legierungen stark korrosionsgefährdet. Mn-Zusätze verbessern die Korrosionsbeständigkeit, die außerdem durch Beizen mit Bichromatlösungen gesteigert wird (gelbe Oberfläche). Beim Zusammenbau mit Schwermetallen sind die Berührungsflächen zu lackieren oder einzufetten, bei Verwendung von Stahlschrauben müssen diese

[1] Magnesium u. seine Bedeutung f. d. Konstrukteur. Vortr. d. Gemeinschaftstagung VDG-VDI Essen 1961.

verzinkt oder verkadmet sein. MgMn2 und MgAl3Zn sind schweißbar, jedoch nicht lötbar. Dauerfestigkeit vgl. Tab. 43.

Normung: Magnesium-Knetlegierungen . . . . DIN 1729 Bl. 1
Magnesium-Gußlegierungen . . . . DIN 1729 Bl. 2
Halbzeug aus Magnesiumlegierungen . . . . DIN 9715

Tabelle 43. *Dauerfestigkeit der Leichtmetalle* in Bruchteilen der Zugfestigkeit σ_B

Werkstoff	Zugfestigkeit σ_B kp/mm²	Wechselfestigkeit			Schwellfestigkeit	
		Zug-Druck	Biegung	Verdrehung	Zug-Druck	Biegung
Al-Knetlegierungen	10–20	0,7–0,4	0,8–0,6	0,5–0,35	0,9–0,7	0,4–0,5
	20–35	0,5–0,25	0,6–0,35	0,35–0,2	0,7–0,4	
	35–50	0,3–0,2	0,35–0,25	0,2–0,15	0,4–0,3	
Mg-Knetlegierungen	<20	0,36 [1]	0,3 –0,5	0,25 [1]	0,5–0,6	0,5–0,6
	>25	0,30 [1]		0,13 [1]	0,4–0,55	
Al-Gußlegierungen	—	—	0,2–0,4	0,15–0,3	—	—
Mg-Gußlegierungen	—	0,19–0,34	0,31–0,48	0,17–0,26	0,25 [1]	0,45–0,55

[1] Nur wenige Messungen vorhanden, so daß zwar ihr Mittelwert, aber nicht die Grenzen des Streubereichs angegeben werden können. Als Anhalt für die untere Grenze des Streubereichs können um 20% niedrigere Werte angenommen werden.

4. Titanlegierungen

An der Grenze der Leichtmetalle zu den Schwermetallen steht mit einem spez. Gew. von 4,50 der neuerdings trotz seines sehr hohen Preises technisch bedeutungsvolle Werkstoff Titan mit seinen Legierungen. Die Festigkeitseigenschaften der Ti-Legierungen, Tab. 44, sind mit denen eines hochvergüteten Stahls vergleichbar und sinken bis zu Betriebstemperaturen von 300 °C nicht wesentlich ab. Titan läßt sich schmieden, pressen, walzen, ziehen, zerspanend bearbeiten und schweißen. Es ist sehr korrosionsbeständig. Seine Dauerfestigkeit und seine Kerbempfindlichkeit hängen stark vom Reinheitsgrad ab.

Tabelle 44. *Titanlegierungen*

Legierungstyp	σ_B kp/mm² (Richtwerte)	σ_S kp/mm² (Richtwerte)	δ_5 % (Richtwerte)	Zustand
Ti99,5	55	50	20	geglüht
TiFe2Cr2Mo2	90	85	12	geglüht
TiAl5Cr2Mo2	110	100	12	geglüht
TiCr5Al3	115	110	10	geglüht
TiAl6V4	120	110	15	vergütet

5. Nickel

Wegen seiner hohen Korrosionsbeständigkeit ist Nickel der geeignete Werkstoff für den chemischen Apparatebau, für Geräte der Lebensmittelindustrie und der Färbereien und für medizinische Instrumente. Es läßt sich gut warm- und kaltverformen, tiefziehen, schweißen und löten. Seine Zugfestigkeit, die in weichgeglühtem Zustand etwa 40 kp/mm² beträgt, läßt sich durch Kaltverformen auf etwa das Doppelte steigern. Auch bei sehr tiefen Temperaturen behält Ni seine gute Zähigkeit.

Ni ist mit Cu in jedem beliebigen Verhältnis legierbar. Eine Legierung von 67% Ni, 30% Cu, Rest Fe und Mn, die als Monel-Metall auch als Naturlegierung vorkommt, besitzt ganz ausgezeichnete Korrosionsbeständigkeit, gute Festigkeit und Zähigkeit in einem Temperaturbereich von −250 bis 450 °C. Legierungen mit 44% Ni und 56% Cu oder mit 30% Ni, 3% Mn und 67% Cu werden für elektrische Widerstände benutzt, wobei die erstere sich durch einen besonders niedrigen Temperaturkoeffizienten auszeichnet. Bereits 25% Ni mit 75% Cu genügen, um der Legierung eine silberweiße Farbe zu geben (Münzlegierung).

Ni-Cr-Legierungen, gegebenenfalls mit etwas Fe, sind beständig bei hohen Temperaturen bis 1200 °C, allerdings empfindlich gegen S-haltige Gase. NiCr 8020 und NiCr 6015 werden wegen ihres hohen elektrischen Widerstands als Heizleiterwerkstoffe verwendet, ähnlich zusammengesetzte Legierungen als Panzermaterial für Auslaßventile von Verbrennungsmotoren (vgl. S. 570). Ni-Cr-Legierungen mit geringen Zusätzen von Ti und Al und allenfalls Anteilen von Co weisen höchste Warmfestigkeiten bis 900 °C auf (vgl. Tab. 17).

Sehr veränderliche Eigenschaften zeigen die Legierungen Ni-Fe. Mit 25% Ni wird ein Stahl unmagnetisch, mit 30% Ni verschwindet der Temperaturkoeffizient des Elastizitätsmoduls (wichtig für Unruhefedern von Uhren), mit 36% Ni (Invar-Stahl) wird der Wärmeausdehnungskoeffizient ein Minimum (Meßgeräte), mit 46% Ni erreicht er denselben Wert wie Glas (Einschmelzdrähte für Glühlampen), und mit 78% Ni entsteht eine Legierung mit höchster Permeabilität. Auch für Dauermagnetlegierungen mit hoher Koerzitivkraft auf der Basis Al-Ni und Al-Ni-Co spielt Ni eine wichtige Rolle.

Normung: Hüttennickel . . . . DIN 1701
Nickel-Knetlegierungen, niedrig legiert . . . . DIN 17741
Nickel-Knetlegierungen mit Chrom und Molybdän . . . . DIN 17742
Nickel-Knetlegierungen mit Kupfer . . . . DIN 17743
Nickel-Knetlegierungen mit Eisen . . . . DIN 17745

6. Zink[1]

Zink ist ein verhältnismäßig weiches Metall mit niedrigem Schmelzpunkt, das sich gut gießen und warm- und kaltverformen läßt (Bleche, Drähte). Bei Einwirkung atmosphärischer Einflüsse bildet sich eine festhaftende Deckschicht, die vor weiteren Angriffen schützt (Dachbedeckungen). Seine Zugfestigkeit in gewalztem Zustand beträgt etwa 20 kp/mm² bei 20% Bruchdehnung, doch kriecht es bei Dauerbelastung schon bei Raumtemperatur sehr stark. Zn ist deshalb als Konstruktionswerkstoff nur für niedrig beanspruchte Teile geeignet. Zn-Druckgußstücke, für die meist Legierungen mit Al und Cu (Tab. 45) verwendet werden, sind von hoher Maßgenauigkeit, jedoch empfindlicher gegen Korrosion als das reine Metall.

Normung: Zink . . . . DIN 1706
Feinzink-Gußlegierungen . . . . DIN 1743

Tabelle 45. *Feinzink-Gußlegierungen* nach DIN 1743

Kurzzeichen	Legierungsbestandteile % Al	Legierungsbestandteile % Cu	Lieferform	σ_B kp/mm² mindestens	δ_5 % mindestens	*HB* kp/mm² mindestens
GD-ZnAl 4	3,5/4,3	<0,6	Druckguß	25	1,5	70
GD-ZnAl 4 Cu 1	3,5/4,3	0,6/1,0	Druckguß	27	2	80
G-ZnAl 4 Cu 1			Sandguß	18	0,5	70
GK-ZnAl 4 Cu 1			Kokillenguß	20	1	70
G-ZnAl 6 Cu 1	5,6/6,0	1,2/1,6	Sandguß	18	1	80
GK-ZnAl 6 Cu 1			Kokillenguß	22	1,5	80

7. Blei und Zinn

a) Die kennzeichnenden Eigenschaften von **Blei** sind hohes spez. Gew. (11,34), niedriger Schmelzpunkt (327 °C), sehr geringe Härte ($HB = 4$ kp/mm²) und hohe Beständigkeit gegen Seewasser (Kabelmäntel) und viele chemische Stoffe, insbesondere gegen Schwefelsäure. Seine Zugfestigkeit ist sehr niedrig (1 bis 2 kp/mm²), sie läßt sich auch durch Kaltverformung z. B. bei der Herstellung von Blechen, Rohren oder Drähten nicht steigern. Sein hohes Gewicht z. B. für Beschwerungen oder Gegengewichte technisch auszunutzen, ist heute wegen wichtigerer Anwen-

[1] Zink-Taschenbuch, 2. Aufl. Berlin: Metall-Verlag 1959.

dungen nicht mehr sinnvoll. Wegen seiner hohen Ordnungszahl im periodischen System ist Pb ein sehr wirksamer Strahlenschutz für Röntgengeräte und radioaktive Stoffe und ohne größeren Aufwand nicht zu ersetzen. Sein niedriger Schmelzpunkt erleichtert das Gießen (Drucklettern) und Schweißen und begünstigt die Verwendung als Weichlot, seine Weichheit begründet die Eignung für Dichtungen und für Lagerwerkstoffe. Die chemische Industrie verwendet Blei als Auskleidung für Kessel, Behälter und Rohre, ferner als Werkstoff für Teile von Pumpen, Rührwerken und Absperrorganen. Von großer technischer Bedeutung ist seine Verwendung zu Platten von Akkumulatoren. Pb-Druckgußteile sind von hoher Maßgenauigkeit. Vielfach wird Pb nicht in reiner Form, sondern in seinen Legierungen (Tab. 46) verwendet, in denen vor allem Sb die Härte steigert (Hartblei) und Sn und Sb den Schmelzpunkt senken (Lote).

Tabelle 46. *Blei und Bleilegierungen* nach DIN 1719, 17641 und 1741

Kurzzeichen [1]	Chemische Zusammensetzung Pb %	Sn %	Sb %	Cu %	*HB* kp/mm² etwa	Verwendung
Pb 99,99	99,99	—	—	—	4	Herstellung von Bleifarben, optischen Gläsern
Pb 99,9	99,90	—	—	—	5	Herstellung von Legierungen, Hartblei
Pb 98,5	98,5	—	—	—	7	Bleiwaren
R-Pb	99	—	1	—	8	Rohre, Auskleidungen für chemische Industrie
PbSb 5	95	—	5	—	10	Armaturen für Schwefelsäure
PbSb 9	91	—	9	—	12	Hartblei für Akkumulatoren
GD-Pb 87	87	—	13	—	14	Drucklettern
GD-Pb 85	85	5	10	—	18	Teile für Meßgeräte
GD-Pb 59	59	25	13	3	18	

[1] Die Druckgußlegierungen sind noch unter der veralteten Bezeichnung „Spritzgußlegierungen" (z. B. SgPb 85) genormt.

b) Zinn ist nicht ganz so weich wie Pb, trotzdem sehr geschmeidig und dehnbar, sein Schmelzpunkt liegt noch niedriger (232 °C). Seine ausgezeichnete Beständigkeit gegen viele chemische Stoffe wird vorzugsweise in der Lebensmittelindustrie ausgenutzt. Sn-Druckgußteile sind von besonders hoher Maßgenauigkeit (Tab. 47), Maße bis 10 mm werden mit $\pm 0{,}005$ mm eingehalten. Weichheit und niedriger Schmelzpunkt ermöglichen ebenso wie für Blei und in Legierung mit Blei die Verwendung des Zinns für Lagermetalle, Tab. 48, und Weichlote, Tab. 49 (vgl. a. S. 674).

Normung:
Blei . . . . DIN 1719
Blei-Antimon-Legierungen (Hartblei) . . . . . . DIN 17641
Blei-Druckgußlegierungen . . . . . . DIN 1741
Zinn . . . . DIN 1704
Zinn-Druckgußlegierungen . . . . . . DIN 1742
Lagermetalle auf Blei- und Zinngrundlage . . . . . . DIN 1703

Tabelle 47. *Zinn und Zinnlegierungen* nach DIN 1704 und 1742

Kurzzeichen [1]	Chemische Zusammensetzung Sn %	Sb %	Cu %	Pb %	*HB* kp/mm² etwa	Verwendung
Sn 99,90	99,90	—	—	—	35	Feinzinn für Legierungen
GD-Sn 75	75	17	5	3	30	Maßgenaue Teile für Elektrizitätszähler, Gasmesser, Geschwindigkeitsmesser, Rundfunkgeräte
GD-Sn 70	70	15	4,5	10,5	30	
GD-Sn 60	60	13	4	23	28	
GD-Sn 50	50	13	4	33	26	

[1] Die Druckgußlegierungen sind noch unter der veralteten Bezeichnung „Spritzgußlegierungen" (z. B. SgSn 60) genormt.

Tabelle 48. *Lagermetalle auf Blei- und Zinngrundlage* nach DIN 1703

Kurzzeichen ( ) veraltet	Chem. Zusammensetzung (Mittelwerte) Sn %	Pb %	Sb %	Cu %	Cd %	As %	*HB* kp/mm^2	Anforderungen
Lg PbSb 12	—	86	12	1	—	1	18	normale
Lg PbSn 5 (WM 5)	5	78,5	15,5	1	—	—	22	höhere
Lg PbSn 10 (WM 10)	10	73,5	15,5	1	—	—	23	
Lg PbSn 6 Cd	6	76,5	15	1	0,8	0,7	26	höchste
Lg PbSn 9 Cd	9	75	14	1	0,5	0,5	28	
Lg Sn 80 (WM 80)	80	2	12	6	—	—	27	Stoß- und Schlag-
Lg Sn 80 F (WM 80 F)	80	—	11	9	—	—	28	beanspruchung

Tabelle 49. *Gebräuchliche Lote*

Kurzzeichen	Zusammensetzung %				Arbeits-temperatur °C mind.	Verwendung
a) Weichlote	Sn	Sb max.	Pb			
L-PbSn 8 Sb	8	0,5	Rest		305	Kühlerbau
L-PbSn 12 Sb	12	0,7	Rest		295	Kühlerbau
L-PbSn 20 Sb	20	1,2	Rest		270	Kühlerbau, Klempnerlot
L-PbSn 25 Sb	25	1,5	Rest		260	Kühlerbau, Schmierlot
L-PbSn 30 Sb	30	1,8	Rest		250	Klempnerlot, Schmierlot
L-PbSn 35 Sb	35	2,0	Rest		235	Klempnerlot, Schmierlot
L-PbSn 40 Sb	40	2,4	Rest		225	Feinblechpackungen, Kühlerb.
L-Sn 50 PbSb	50	3,0	Rest		205	feinere Klempnerarbeiten
b) Kupferlote	Cu	Zn	Sn			
L-SCu	99,9	—	—		1100	Stahl unlegiert
L-SnBz 6	>91	—	5/8		1040	Eisen- und Nickelwerkstoffe
L-Ms 60	60	Rest	<0,5		900	Stahl, Temperguß, Kupfer,
L-SoMs	59	Rest	0,5/1,5		900	Kupferlegierungen mit
L-Ms 54	54	46	—		890	Schmelzpunkt >950°C
L-Ms 42	42	58	—		845	Nickellegierungen, Neusilber
c) Silberlote	Ag	Cu	Cd	Zn		
L-Ag 5	5	55	—	Rest	860	Stahl, Temperguß, Kupfer, Kupferlegierungen, Nickel, Nickellegierungen
L-Ag 12	12	48	—	Rest	830	
L-Ag 12 Cd	12	50	7	Rest	800	
L-Ag 20	20	44	—	Rest	810	
L-Ag 25	25	41	—	Rest	780	
L-Ag 44	44	30	—	Rest	730	
L-Ag 30 Cd	30	28	21	Rest	680	
L-Ag 40 Cd	40	19	20	Rest	610	
d) Leichtmetall-Lote						
L-AlSi 12	11/13 Si, Rest Al				590	Hartlote für Rein-Al und AlMn, AlMgSi, AlMgMn, AlMg 1, AlMg 2 sowie Gußlegierungen
L-AlSiSn	>72 Al, 10/12 Si, 8/12 Sn + Cd, 2/4 Cu + Ni				560	
L-SnZn 10	8/15 Zn, Rest Sn				210	Reiblot für Ultraschall-Löten
L-SnZn 40	30/50 Zn, Rest Sn				260	Reiblot für Rein-Al
L-ZnCd 40	35/45 Cd, <4 Al, Rest Zn				300	Reiblot für Al-Gußlegierungen
L-CdZn 20	17/25 Zn, Rest Cd				280	Weichlote zum Löten mit Weichlotflußmitteln
L-SnPbZn	40/60 Sn, 30/55 Pb, 2/20 Zn + Cd				220	

tröpfchen vom entgegengesetzt geladenen Werkstück angezogen. Es wird keine Farbe mehr vorbeigespritzt, allerdings muß an „Schattenstellen" des elektrischen Feldes, z. B. an tiefen Einbuchtungen, von Hand nachgespritzt werden. Die für das Spritzen erforderliche niedrigere Viskosität kann auch durch Heißspritzen erreicht werden. Der dadurch geringere Verdünnungsmittelanteil kürzt die Trockenzeit ab. Weitere wirtschaftliche Verfahren zur Aufbringung der Lackfarbe sind das Tauchen und das Fluten.

In der Serienfertigung ist eine kurze Trockenzeit von großer Bedeutung. Die Filme von lufttrocknenden Lacken sollen möglichst bald „staubtrocken" (kein Ankleben von Staubteilchen) und nach einem Tag „nagelhart" sein. Von Vorteil sind hier Reaktionslacke, die vor der Verarbeitung aus 2 Komponenten angesetzt werden und nach kurzer Trockenzeit bei Raumtemperatur erhärten (z. B. Desmophen-Desmodur-Lacke). Schnellere Erhärtung und widerstandsfähigere Filme erreicht man mit Einbrennlacken, die bei Temperaturen von 130 bis 150°C im Ofen getrocknet werden. Die Infrarottrocknung erleichtert im Gegensatz zur Heißlufttrocknung durch Erwärmen des Lackfilms von innen nach außen das Abdunsten des Lösungsmittels. Von einem guten Lackfilm wird hohe Haftfestigkeit, Oberflächenhärte, Elastizität, Schlagfestigkeit, Porenfreiheit, chemische Beständigkeit, Alterungsbeständigkeit, Lichtechtheit, vom Lack selbst Ergiebigkeit und kurze Trockenzeit erwartet.

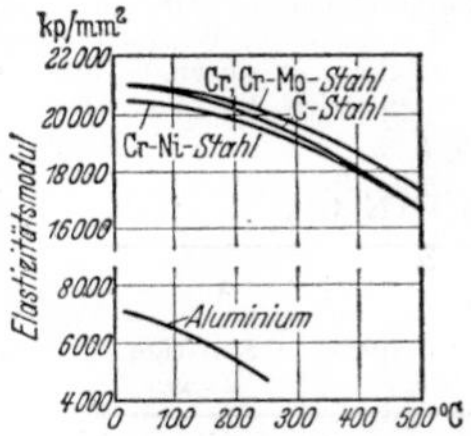

Bild 55. Einfluß der Temperatur auf den Elastizitätsmodul bei Stählen und Aluminium

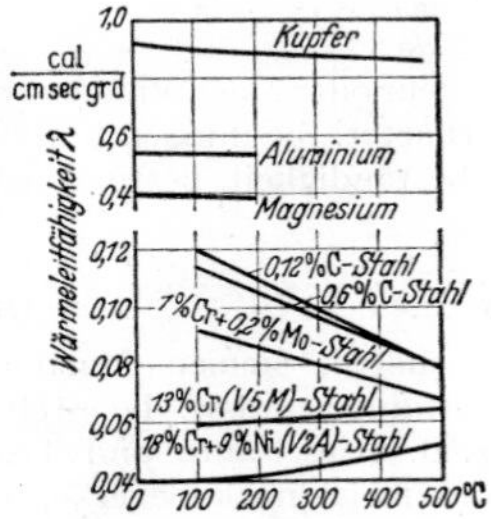

Bild 56. Einfluß der Temperatur auf die Wärmeleitfähigkeit bei Stählen, Kupfer, Aluminium und Magnesium

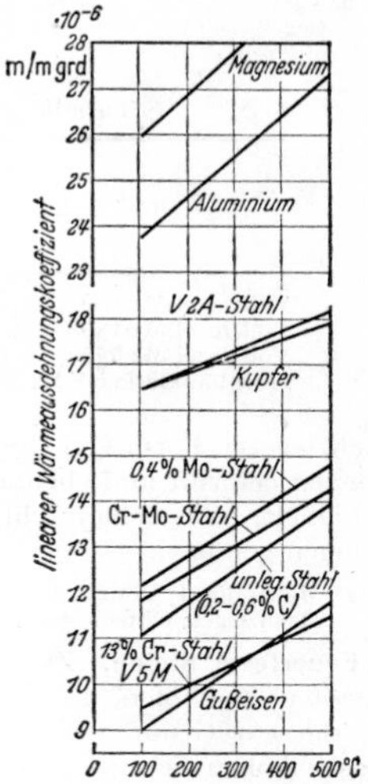

Bild 57. Einfluß der Temperatur auf die Wärmeausdehnung bei Gußeisen, Stählen, Kupfer, Aluminium und Magnesium

ε) *Schmelztauchmassen* aus Zellulosederivaten bieten einen vorübergehenden hervorragenden Korrosionsschutz für Einzelteile für längere Lagerung und Versand nach Übersee. Die in die bei 150 bis 200°C flüssige Masse getauchten Teile überziehen sich mit einem verhältnismäßig dicken, dichten Film, der später mit einem Messer aufgeschlitzt und vollständig abgezogen werden kann. Für hochwertige Werkzeuge bietet der Film außerdem einen Schutz gegen mechanische Beschädigung der empfindlichen Schneiden.

C. Nichtmetallische Werkstoffe

1. Keramische Werkstoffe

a) Ziegel. Mauerziegel (Backsteine) werden aus Lehm, Ton oder tonigen Massen, bei fetten Sorten auch unter Zusatz von Sand, Asche oder Sägemehl, hergestellt.

Der Ton darf keine Kalkeinsprengungen enthalten, da diese nach dem Brennen ablöschen und infolge ihrer Volumenvergrößerung den Stein sprengen können.

Die Ziegel werden auf der Strangpresse geformt, die sogenannten Grünlinge an der Luft getrocknet und anschließend in Ringöfen bei 900 bis 1300 °C gebrannt. Durch Brennen bis zur Sinterung entstehen die Hochbauklinker mit höheren Festigkeitseigenschaften, Tab. 51. Das Normalformat (NF) der Mauerziegel beträgt 240 × 115 × 71 mm, so daß einschließlich der Mörtelfugen 4mal die Länge oder 8mal die Breite eines Steins gerade 1 m ergeben. In der Höhe unterscheidet man neben dem Normalformat das Dünnformat (DF) 240 × 115 × 52 mm und das anderthalbfache Normalformat ($1^1/_2$ NF) 240 × 115 × 113 mm. Wiederum einschließlich der Mörtelfugen ergeben 4 DF, 3 NF und 2 $1^1/_2$ NF übereinander dieselbe Bauhöhe. Zur besseren Wärmedämmung sind Hochlochziegel senkrecht, Langlochziegel parallel zur Lagerfläche mit durchgehenden Löchern versehen. Ziegel, die ohne Putz in Außenmauern verwendet werden sollen (Vormauerziegel), müssen frostbeständig sein, Tab. 51.

Tabelle 51. *Mauerziegel* nach DIN 105

Bezeichnung	Druckfestigkeit kp/cm² mind.	frostbeständig	
		Vormauerziegel	Sonstige Ziegel
Vollziegel Mz 100	100	ja	nein
Vollziegel Mz 150	150	ja	nein
Vollziegel Mz 250	250	ja	nein
Hochbauklinker KMz 350	350	ja	ja

Dachziegel in Form von Biberschwänzen, Falzziegeln oder Dachpfannen werden auf Pressen geformt und ebenfalls durch Brennen erhärtet. Sie müssen hinsichtlich Tragfähigkeit, Wasserundurchlässigkeit und Frostbeständigkeit bestimmten Anforderungen genügen.

Normung: Mauerziegel; Vollziegel und Lochziegel . . . . DIN 105
Dachziegel; Güteeigenschaften und Prüfverfahren . . . . DIN 456

b) Feuerfeste Steine. Zum Ausmauern von Hochöfen, Siemens-Martin-Öfen, Schmelzöfen, Glühöfen, Feuerungen für Dampfkraftanlagen usw. benötigt man Steine, die auf Grund ihrer Zusammensetzung (z. B. Kieselsäure und Tonerde) einen sehr hohen Schmelzpunkt haben, Tab. 52, der meist nach Segerkegeln angegeben wird.

Die verschiedenen Segerkegel sind kleine, aus mineralischen Stoffen bestehende Prüfkörper genau definierter, abgestufter Zusammensetzung, von denen jeder bei einer bestimmten Temperatur erweicht und durch Umkippen das Erreichen dieser Temperatur im Ofen anzeigt. Man erhält durch die Segerkegelreihe eine einfache, leicht reproduzierbare Temperaturmeßskala im höchsten Temperaturbereich, vgl. Tafel im Anhang.

Von feuerfesten Steinen verlangt man außerdem eine hohe Druckfeuerbeständigkeit (DFB), das ist die Temperatur, bei der der Stein unter Belastung zu erweichen beginnt, und eine gute Temperaturwechselbeständigkeit (TWB). Schließlich dürfen die Steine in Schmelzöfen durch die je nach der Schmelzführung sauren oder basischen Schlacken nicht angegriffen werden. Zum Vermauern benutzt man Mörtel, der in der Regel aus dem gleichen Material in feiner Vermahlung besteht. Für sehr hohe Temperaturen eignet sich Mörtel aus gemahlenem Schieferton mit etwas Kaolin.

Ein hochfeuerfester Werkstoff von zugleich höchster Säurebeständigkeit ist geschmolzener Quarz (durchsichtig: Quarzglas, durchscheinend: Quarzgut). Er hat den kleinsten Ausdehnungskoeffizient aller Werkstoffe, so daß er auch bei schroffen Temperaturwechseln standhält.

c) Steinzeug wird aus gutem kieselsäure- und alkalioxidhaltigen fetten Steinzeugton gebrannt, dem für hochwertige Apparateteile noch Flußmittel wie Feldspat, Quarzspat oder Pegmatit zugesetzt werden. Braunes und weißes Steinzeug hat gleiche physikalische Eigenschaften. Es wird als Baumaterial in Form von Klinkerziegeln, Klinkerplatten und säurefesten Steinen geliefert. Für die chemische Industrie werden Hohlkörper aus Steinzeug für säurefeste Apparate- und Maschinenteile (Kolben- und Kreiselpumpen, Ventilatoren, Rührwerke, Misch-

Tabelle 52. *Feuerfeste Steine*

eichnung	Chemische Zusammensetzung %	Verwendung	Schmelztemperatur in °C (in Segerkegeln)	Druckfeuerbeständigkeit in °C Beginn	Ende	Bemerkungen
amotte asisch)	55–60 SiO_2 36–41 Al_2O_3 0,2–0,6 CaO 2,5–3,5 Fe_2O_3	Feuerungsanlagen, für niedrig beanspruchte Teile, Decken, Gittersteine, Rauchkanäle	>1580 (>26)			Bei hohen Temperaturen schwindend. Durch Zusatz von gebranntem Ton oder Beigabe von Quarzit wird Schwinden geringer, saure Schlacken greifen stark an
		Kammern, Gitterwerk, Muffeln, Hintermauerungen	1670 (30)	≈1250	≈1500	
		durch Feuer hochbeanspruchte Gewölbe, Tragsteine, Seitenmauern	1720 (32–33)	>1300	>1500 bis 1600	
arz-hamotte albsaure teine)	etwa 90 SiO_2 ferner Al_2O_3, CaO, Fe_2O_3	Gewölbesteine für mittlere Temperaturen, Kammern, Gitter, Hintermauerungen	1650 (29)	>1470	>1520	Wenig schwindend
ika I	94,5 SiO_2 2 Al_2O_3 3,5 CaO	Hochtemperaturöfen, hochbeanspruchte Gewölbe, Kokereiöfen, Glasindustrie, Stahlerzeugung	1720 (32–33)	>1630		Bei hohen Temperaturen wachsend, wenig temperaturwechselbeständig
ika II	92 SiO_2	Rauchkanäle, Türfutter, Gitterwerke	1670 (30)	>1560		Zerstörung durch basische Schlakken
limanit	90 $Al_2O_3 \cdot SiO_2$	Trag- u. Gewölbesteine in Hochtemperaturfeuerungen, Brennkammern, Brennersteine, Streckofensteine, Düsenauskleidungen	1875 (38–39)	1620	1750	Beständig gegen alkalische Schmelzen, salzhaltige Braunkohlenasche, konz. Mineralsäuren. Gute Temperaturwechselbeständigkeit
agnesit-teine	85–88 MgO 4– 6 SiO_2 1– 2 CaO 1– 2 Al_2O_3 4– 5 Fe_2O_3	Für Öfen mit basischem Futter	>2000 (>42)	etwa 1400–1500		Sehr empfindlich gegen Temperaturwechsel, wenig schwindend
arborun-umsteine	45–80 SiC 10–25 SiO_2 9–20 Al_2O_3 und Fe_2O_3	Für höhere Temperaturen und für hohen Wärmedurchgang	>2000 (>42)	>1700		Zersetzung durch oxydierende Gase über 1600°C, schmelzende Alkalien lösen auf, unempfindlich gegen Temperaturwechsel
ohlenstoff-steine	85–90 C	Tiegel, Öfen für Kalziumkarbidherstellung, Elektroden	>2000 (>42)	bei 1750 keine Druckerweichung		

maschinen) hergestellt. Festigkeit von normalem Steinzeug: Zugfestigkeit 65 bis 130 kp/cm², Druckfestigkeit 3200 bis 5800 kp/cm², Biegefestigkeit 230 bis 400 kp/cm², Schlagzähigkeit 1,3 bis 1,9 kpcm/cm². Für höchste Ansprüche werden noch höhere Werte erreicht. Mit zunehmenden Querschnittabmessungen nimmt die Festigkeit erheblich ab. Besonders günstig ist auch die Verschleißfestigkeit. Bei hohen Zug- oder Biegebeanspruchungen wird Stahlpanzerung ausgeführt, gegebenenfalls so, daß durch die Panzerung die auf Zug beanspruchten Teile eine Druckvorspannung erhalten. Durch Schleifen läßt sich Steinzeug bearbeiten.

Normung: Feuerfeste Baustoffe, feuerfeste Steine . . . . DIN 1081 ff.
Prüfverfahren für feuerfeste Baustoffe . . . . DIN 1061 ff. und DIN 51061 ff.

2. Beton

Literatur: 1. *Graf, O.:* Die Eigenschaften des Betons. 2. Aufl. Berlin: Springer 1960. — 2. *Grün, W.:* Beton richtig und gut. 4. Aufl. Berlin: Springer 1966. — 3. *Schulze, W.:* Der Baustoff Beton und seine Technologie. 4. Aufl. Berlin: Verlag für Bauwesen 1966.

Beton ist ein künstlicher Baustoff, der aus einem Bindemittel (vorwiegend Zement), den Zuschlagstoffen und Wasser hergestellt wird und ohne Einwirkung von außen (also z. B. auch unter Wasser) erhärtet. Je nach Zusammensetzung und Verarbeitung erreicht er hervorragende Festigkeitseigenschaften, ist beständig gegen Witterungseinflüsse und Frost und läßt sich durch seine nach Form und Größe uneingeschränkten Gestaltungsmöglichkeiten sehr vielseitig verwenden.

a) Zemente. Das wichtigste Bindemittel für Beton ist der *Portlandzement* (PZ), der auf 1 Gewichtsteil löslicher Kieselsäure (SiO_2) + Tonerde (Al_2O_3) + Eisenoxid (Fe_2O_3) mindestens 1,7 Gewichtsteile Kalk (CaO) enthält. Die Rohstoffe werden (meist naß) gemahlen, sorgfältig gemischt, bis zur Sinterung gebrannt und die entstehenden Klinker wiederum fein gemahlen. *Eisenportlandzement* (EPZ) wird durch gemeinsames Feinmahlen von mindestens 70% Portlandzement-Klinkern und höchstens 30% granulierter basischer Hochofenschlacke gewonnen. Die Ausgangsstoffe für *Hochofenzement* (HOZ) sind 15 bis 69% PZ und 85 bis 31% granulierte basische Hochofenschlacke.

Alle drei Zementsorten, von denen die gleichen Eigenschaften gefordert werden, kommen in 3 Güteklassen in den Handel. Die hochwertigen Zemente 375 (grüne Säcke) und 475 (rote Säcke) unterscheiden sich vom normalen Zement 275 (gelbe Säcke) durch höhere Mahlfeinheit, die ein schnelleres Erhärten (nicht Abbinden!) bewirkt und an bestimmten Prüfkörpern nach 28 Tagen die durch die Zahlen gekennzeichneten höheren Druckfestigkeiten ergibt. Die höheren Anfangsfestigkeiten der hochwertigen Zemente ermöglichen ein früheres Ausschalen und damit einen rascheren Baufortschritt. Zement bindet kurze Zeit nach dem Anmachen ab, wobei die Erstarrung frühestens nach 1 Stunde beginnen und spätestens nach 12 Stunden beendet sein soll. Sommerliche Temperaturen beschleunigen, niedrige verzögern das Abbinden, Frost stört den sich bildenden Verband. Frisch eingebrachter Beton muß deshalb sowohl vor Sonneneinstrahlung als auch vor Frost geschützt werden.

Tonerdezement ist ein Sonderzement, der durch Brennen eines Gemisches aus Kalkstein und Bauxit hergestellt wird und mit dem in der kürzesten Zeit die höchsten Festigkeiten erreicht werden. Er ist sehr widerstandsfähig gegen sulfathaltiges und kohlensäurehaltiges Wasser und hat eine große Wärmeentwicklung beim Abbinden und Erhärten. Dadurch ist unter günstigen Umständen ein Betonieren bei Frost möglich. Nachteilig ist die starke Wärmeentwicklung bei hohen Außentemperaturen oder bei massiven Bauwerken, da Tonerdezement während der Erhärtungszeit gegen hohe Temperaturen sehr empfindlich ist. Beton mit Tonerdezement muß, auch wenn er erdfeucht verarbeitet wird, reichlich Wasserzusatz haben, da infolge der starken Erwärmung während des Abbindens viel Wasser verdunstet. Mit Portlandzement, Hüttenzement oder Kalk darf Tonerdezement nicht vermischt werden, weil sich dabei Schnellbinder ergeben.

Traßzement ist eine Mischung von etwa 70% PZ mit 30% Traß. Er ergibt einen sehr dichten und chemisch widerstandsfähigen Beton und wird deshalb vorwiegend für Wasserbauten verwendet.

Normung: Portlandzement, Eisenportlandzement, Hochofenzement . . . . DIN 1164
Traßzement . . . . DIN 1167

b) Zuschlagstoffe. Die Zuschlagstoffe für Beton bestehen aus Sand und Kies, die entweder aus natürlichen Vorkommen oder durch Zerkleinern von Gestein ge-

Tabelle 53
Bezeichnung der einzelnen Körnungen für Sand, Kies und zerkleinerte Stoffe
(nach DIN 1179 und DIN 1045)

Rückstand auf dem Sieb	Durchgang durch das Sieb	Bezeichnung			
mit mm Lochdurchmesser		Natürliches Vorkommen		Zerkleinerte Stoffe	
—	1	Betonfeinsand	Betonsand	Betonfeinsand	Betonbrechsand
1	7	Betongrobsand		Betongrobsand	
7	30	Betonfeinkies	Betonkies	Betonsplitt	
30	70	Betongrobkies		Betonsteinschlag	

wonnen werden. Man unterscheidet nach der Korngröße Feinsand, Grobsand, Feinkies und Grobkies (Tab. 53). Die Gesamtheit der Zuschlagstoffe soll eine möglichst weitgehende Hohlraumausfüllung ergeben (hohes Litergewicht), so daß die mittleren Körner die Hohlräume zwischen den großen und die feinen die verbleibenden kleinen Hohlräume ausfüllen. Allzu feiner Sand ist jedoch unerwünscht, da er wegen seiner großen Oberfläche zuviel Zement „frißt". Die richtige Kornzusammensetzung eines Betonsandes oder Sand-Kies-Gemisches wird mit Hilfe von Siebkurven (Bild 58 und 59) überprüft. Da man im allgemeinen ideale Zusammensetzung nicht erwarten kann, werden die einzelnen Körnungen an der Baustelle entsprechend den besonders guten Bereichen der Siebkurven gemischt. Für Stahlbeton begrenzt man die Korngröße der Zuschläge mit 30 mm, für Betonbauten geht man bis 70 mm und für große, massige Bauwerke auch wesentlich höher.

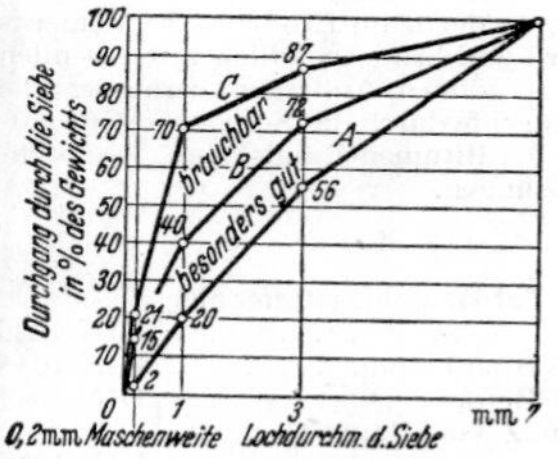

Bild 58. Siebkurven für Betonsand nach DIN 1045

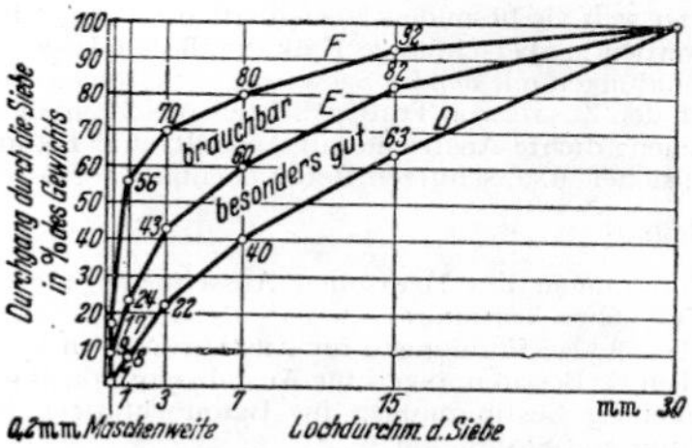

Bild 59. Siebkurven für Betonzuschläge (Sand und Kies) nach DIN 1045

Die einzelnen Körner der Zuschläge sollen nach Möglichkeit kantig, in der Form nicht zu langgestreckt und von griffiger Oberfläche sein. Lehm und Ton, die in feiner Umhüllung der Körner die Haftung des Zements beeinträchtigen, sind höchstens bis 3% zulässig (abschlämmbare Stoffe). Außerdem sind organische, humusartige Stoffe sowie Schwefelverbindungen schädlich. Auch im Anmachwasser sollen keine Schwefelverbindungen, keine Säuren und keine sauer reagierenden Salze enthalten sein.

c) Eigenschaften des Betons. Unter der Festigkeit des Betons versteht man gewöhnlich seine *Druckfestigkeit*, ermittelt an Würfeln von 20 cm Kantenlänge 28 Tage nach der Herstellung, abgekürzt Würfelfestigkeit W_{28}. Diese Druckfestigkeit kennzeichnet die Güteklassen des Betons (z. B. Beton B 160 mit mindestens 160 kp/cm² Würfelfestigkeit W_{28}), von denen B 50 und B 80 für geringe, B 120 und B 160 für mittlere und B 225 und B 300 für hohe Beanspruchungen in Frage kommen. In Ausnahmefällen können für besonders hohe Beanspruchungen auch die Güten B 450 und B 600 vorgeschrieben werden. Wird schon nach 7 Tagen geprüft, so soll die Druckfestigkeit bei Verwendung normalen Zements mindestens 70%, bei Verwendung hochwertiger Zemente mindestens 80% von W_{28} betragen. Würfel mit 30 cm Kantenlänge ergeben 10% niedrigere, Würfel mit 10 cm Kantenlänge 15% höhere Werte.

Außer der Druckfestigkeit ist für besondere Zwecke auch die *Biegezugfestigkeit* von Bedeutung, die an Balken von $70 \times 15 \times 10$ cm ermittelt wird. Für Straßenbeton soll sie nach 28 Tagen je nach Straßengruppe mindestens 30 oder 45 kp/cm² für den Oberbeton betragen.

Hohe Festigkeit des Betons wird durch ausreichenden *Zementanteil* verbürgt, der im allgemeinen mindestens 300 kg für 1 m³ fertigen Beton betragen soll. Dies entspricht etwa einem Mischungsverhältnis von 1 : 6 in Raumteilen. Bei besonders guten Zuschlägen und ohne Einfluß von Witterung und Feuchtigkeit kann man auf mindestens 240 kg/m³ heruntergehen. Bei den unteren Güteklassen kommt man natürlich mit weniger Zement aus.

Von entscheidendem Einfluß auf die Festigkeit ist die zugesetzte *Wassermenge*, die sich nach der Verarbeitungsweise richtet und so knapp wie möglich bemessen wird. Steifer Beton, der etwa 40% des Zementgewichts an Wasser enthält (Wasserzementwert 0,4) und durch Stampfen oder Rütteln verdichtet wird, erreicht die höchsten Festigkeiten. Weicher Beton mit 40 bis 60% Wasser ist besonders für Stahlbeton geeignet und wird durch Stochern, gelegentlich auch durch Rütteln, verdichtet. Seine Festigkeit kann gegenüber steifem Beton auf etwa die Hälfte erniedrigt sein. Übersteigt der Wasserzusatz 60% des Zementgewichts, so wird der Beton flüssig und kann durch Rohrleitungen zur Verarbeitungsstelle gepumpt und durch Gießen eingebracht werden. Man muß jedoch einen weiteren Festigkeitsabfall in Kauf nehmen.

Soll Beton *wasserundurchlässig* sein (Wasserbehälter, Rohre, Staumauern), so ist auf besonders gute Kornzusammensetzung und die Verwendung eines sehr feingemahlenen Zements zu achten. Erdfeuchter Stampfbeton eignet sich wegen der möglicherweise entstehenden Stampffugen, flüssiger Beton wegen seiner Porosität weniger gut. Am besten macht man den Beton mit reichlich Zementzusatz steif bis weich an und verdichtet durch Rütteln. Zusatzstoffe, die den Bedarf an Anmachwasser herabsetzen, begünstigen die Erzielung eines gleichmäßigen, dichten Betongefüges und namentlich die Abdichtung von Anschluß- und Arbeitsfugen. Ein dichter Beton ist stets auch *frostbeständig*, doch genügt in der Regel schon eine Druckfestigkeit über 160 kp/cm², um Frostbeständigkeit zu gewährleisten.

Bei Einwirkung von chemisch angreifenden Wässern (Moorwasser, Meerwasser, gipshaltigem Grundwasser usw.) ist grundsätzlich ein wasserundurchlässiger, dichter Beton zu verwenden (ausreichender Zementgehalt, gute Kornzusammensetzung, gute Verdichtung). Traßzement-Beton erweist sich als besonders vorteilhaft bei Bauten in Seewasser, da der beim Erhärten des Zements freiwerdende überschüssige Kalk durch den Traß gebunden wird und keine schädlichen, treibenden Verbindungen mit den im Seewasser enthaltenen Salzen entstehen können. Außerdem verhindert die durch den Zusatz von Traß gedichtete Mischung mechanische Angriffe durch das Seewasser. Gut aufgetragene dichte Anstriche mit Asphalt- und Bitumenlösung bzw. Bitumen-Emulsionen, Teerpech-Emulsionen u. a. schützen Beton ebenfalls gegen schädliche Lösungen.

Normung:

Bestimmungen des Deutschen Ausschusses für Stahlbeton, Betonzuschlagstoffe aus natürlichen Vorkommen . . . . . DIN 4226
—; Teil A. Bestimmungen für Ausführung von Bauwerken aus Stahlbeton . . . . . DIN 1045
—; Teil C. Bestimmungen für Ausführung von Bauwerken aus Beton . . . . . DIN 1047
—; Teil D. Bestimmungen für Betonprüfungen bei Ausführung von Bauwerken aus Beton und Stahlbeton . . . . . DIN 1048

d) Stahlbeton. Da die Zugfestigkeit des Betons mit 10 bis 40 kp/cm² im Vergleich zu seiner Druckfestigkeit sehr niedrig ist, werden in der Stahlbetonbauweise die Gebiete, die Zugspannungen zu übertragen haben, durch Stahleinlagen bewehrt. Hierzu gehören auch die durch Querkräfte entstehenden Schubspannungen, da sie Zugspannungen unter 45° zu ihrer Wirkungsebene hervorrufen. Die für diese Verbundbauweise wichtigen Eigenschaften des Stahls sind sein hoher Elastizitätsmodul, der es gestattet, hohe Kräfte im Stahl zu übertragen, ohne daß die dabei entstehenden geringen Dehnungen zur Rißbildung im Beton führen, seine hohe Streckgrenze und seine mit Beton etwa gleiche Wärmeausdehnung. Der Stahl hat im Beton ein gutes Haftvermögen, das durch Profilierung seiner Oberfläche noch erhöht werden kann, und wird durch einen ausreichend dichten Beton gegen Korrosion geschützt.

Die Betonstähle werden in 4 Gruppen eingeteilt, deren Mindeststreckgrenze für Betonstahl I mit 22, Betonstahl II mit 36, Betonstahl III mit 42 und Betonstahl IV mit 50 kp/mm² vorgeschrieben ist. Die Stähle müssen so weit kaltverformbar sein, daß sich die zur Verankerung im Beton erforderlichen Haken biegen lassen. Außerdem müssen sie mit elektrischer Abbrennstumpfschweißung schweißbar sein. Für die Gruppen II, III und IV sind auch Sonderbetonstähle, die durch Kaltrecken auf dieselben Mindeststreckgrenzen gebracht wurden, zulässig. Sie dürfen jedoch nicht geschweißt oder warm behandelt werden.

Stahlbeton wird meist mit weichem Beton verarbeitet, da bei dichter Bewehrung Rüttel- oder Stampfgeräte nicht angewendet werden können.

Eine Weiterentwicklung des Stahlbetons ist der *Spannbeton*, bei dem die Stahleinlagen vorgespannt sind und somit im unbelasteten Bauwerk Druckspannungen im Beton erzeugen. Dies kann so weit getrieben werden, daß bei späterer Belastung durch das Eigengewicht und durch Nutzlasten im Beton überhaupt keine Zugspannungen mehr auftreten. Erst dadurch ist es möglich, die hohen Streckgrenzen hochwertiger Stähle und die hohen Druckfestigkeiten hochwertiger Betongüten vollständig auszunutzen.

Die Stahleinlagen werden entweder *vor dem Betonieren* in Spannbetten auf Zug vorgespannt, wobei man durch Aufteilen der erforderlichen Stahlquerschnitte in zahlreiche Einzeldrähte (Stahlsaitenbeton) deren Gesamtoberfläche so vergrößern kann, daß nach dem Lösen der Spannvorrichtungen nach dem Erhärten des Betons die Vorspannkräfte durch Haftung übertragen werden, oder die (frei geführten) Spannglieder werden *erst nach dem Erhärten* des Betons gespannt und gegebenenfalls nachträglich mit Beton umgossen. Meist werden dann die Kräfte durch Ankerplatten auf den Beton übertragen. Für Spannbeton kommen nur die Betongüten B 300, B 450 und B 600 in Frage, die erst zu einem Zeitpunkt belastet werden dürfen, an dem sie 80% ihrer vorgeschriebenen Endfestigkeit erreicht haben und sich nicht mehr nennenswert durch Kriechen und Schwinden verändern. Bei Verwendung von hochwertigen dünnen Stahldrähten kann deren Zugfestigkeit und Streckgrenze mehr als 200 kp/mm² betragen.

Normung: Bestimmungen für Ausführung von Bauwerken aus Stahlbeton . . . . . . DIN 1045
Spannbeton, Richtlinien für Bemessung und Ausführung . . . . DIN 4227

e) Leichtbeton. Ein fester, dichter Beton mit einem Raumgewicht von 2,1 bis 2,3 leitet die Wärme verhältnismäßig gut, so daß er für Aufgaben des Wärmeschutzes (bewohnte Bauten) wenig geeignet ist. Spezifisch leichte Zuschläge, z. B. vorbehandelte organische Stoffe wie Sägemehl, Holzwolle, Spreu, steigern die Wärmedämmfähigkeit. Insbesondere ist jedoch Luft ein schlechter Wärmeleiter, so daß Poren und Hohlräume die Wärmeschutzeigenschaften in dem Maß verbessern, wie sie das Raumgewicht verringern. Bims, Kesselschlacken, Ziegelsplitt, Hüttenbims (geschäumte Hochofenschlacke), Sinterbims sind leichte Zuschläge, die durch ihre Eigenporigkeit in diesem Sinn günstig wirken. Verwendet man Körner gleicher Größe (Einkornbeton), so entstehen zusätzliche wärmeisolierende Hohlräume.

Ein anderer Weg zur Erzielung porigen Betons ist die zur Schaumbildung führende energische mechanische Durcharbeitung eines Feinsandbetongemisches (Schaumbeton) oder der Zusatz von gaserzeugenden Mitteln zu einem solchen Gemisch (Gasbeton). Erhärtung unter Dampf beschleunigt den Herstellungsvorgang, erhöht die Festigkeit und verringert das Nachschwinden. Mit solchen Leichtbetonarten kann das Raumgewicht bis auf 0,3 gesenkt werden.

Allgemein stehen bei Beton die Forderungen nach Festigkeit einerseits und geringem Gewicht und guter Wärmedämmfähigkeit andererseits im Widerspruch zueinander. Leichtbetonarten mit einem Raumgewicht von 0,3 bis 0,8 dienen ohne nennenswerte Tragfähigkeit ausschließlich dem Wärmeschutz, Leichtbeton mit einem Raumgewicht von 0,8 bis 1,8 kann bei etwas geringerem Wärmeschutz auch für tragende Bauteile verwendet werden.

Normung: Ziegelsplittbeton, Bestimmungen für Herstellung und Verwendung . . . . DIN 4163
Gas- und Schaumbeton, Herstellung, Verwendung und Prüfung . . . . . . DIN 4164

f) Betonsteine. Mit den verschiedenartigsten Zuschlägen wird Beton auch zu Fertigteilen, wie Mauersteinen in Form von Vollsteinen oder Hohlblocksteinen, Fußbodenplatten, Wandplatten, Gehwegplatten, Bordschwellen, Dachsteinen, Holzwolleplatten usw., verarbeitet. Die Hüttensteine mit Hochofenschlacke als Zuschlag haben dieselben Formate und erreichen dieselben Festigkeiten wie Mauerziegel (vgl. S. 602). Vollsteine aus Leichtbeton werden entsprechend ihrer Druckfestigkeit in den Güteklassen V 25, V 50, V 75 und V 150 hergestellt und haben etwas größere Abmessungen, z. B. 240 × 115 × 115 mm oder 490 × 240 × 115 mm. Die Anschlußmaße sind jedoch dieselben wie bei den Hohlblocksteinen (z. B. 490 × 240 × 238 mm, Güteklassen Hbl 25 und Hbl 50), so daß sie mit diesen und mit Mauerziegeln im Verband gemauert werden können. Holzwolleplatten im Format 2000 × 500 mm in verschiedener Dicke dienen ausschließlich dem Wärmeschutz.

Normung: Hüttensteine . . . . DIN 398
Betondachsteine . . . . DIN 1115ff.
Hohlblocksteine aus Leichtbeton . . . . DIN 18151
Vollsteine aus Leichtbeton . . . . DIN 18152
Wandbauplatten aus Leichtbeton . . . . DIN 18162
Holzwolleleichtbauplatten; Abmessungen, Eigenschaften und Prüfung . DIN 1101

3. Glas

a) Technisches Glas besteht meist aus Natron-Kalk-Silikat-Schmelzen im amorphen, unterkühlten Zustand. Es zeichnet sich durch folgende Eigenschaften aus: Gute Lichtdurchlässigkeit (85 bis 90%), geringe Wärmeleitfähigkeit (0,6 bis 0,9 kcal/mh grd), hoher elektrischer Widerstand (3 bis $10 \cdot 10^{14}$ $\Omega mm^2/m$). Die Wärmeausdehnung beträgt 80 bis $100 \cdot 10^{-7}$ m/m grd, das spez. Gewicht 2,5 (Bleiglas 3 bis 6). Die Druckfestigkeit (4000 bis 12000 kp/cm^2) ist wesentlich höher als die Zugfestigkeit (300 bis 900 kp/cm^2), die Härte entspricht der eines mittelharten Stahls. Nachteilig ist die hohe Empfindlichkeit gegen Stoß und schroffe Temperaturschwankungen. Glas ist chemisch beständig gegen Luft, Wasser, Säuren (außer Flußsäure), weniger gegen Laugen. Bei 800 bis 1300 °C läßt sich das Glas blasen, ziehen, schweißen. Mit Diamant und Widia kann es kalt bearbeitet werden (schneiden, hobeln, bohren usw.). Die Gebrauchstemperatur liegt unterhalb der Erweichungstemperatur von etwa 500 °C.

Neben den verschiedenen Sorten von Flach- und Hohlglas wird das Glas verarbeitet zu Drahtglas, Glasstahlbeton (Stahlbeton mit Glassteinen), Glaswolle und Gespinsten, die aus Glasfäden von 0,01 bis 0,03 mm Dicke bestehen und einen vorzüglichen unbrennbaren Wärmeschutz, gute Schalldämpfung und chemisch beständige Filterstoffe ergeben.

b) Einige **Sondergläser** sind: Ultraviolettdurchlässiges Glas (z. B. Uviol, Sanalux), Thüringer Glas (Laborglas), Jenaer Glas (hohe Gebrauchstemperatur, 520 bis 800 °C). Optisches Glas zeichnet sich durch besondere Zusammensetzung und Reinheit aus (Lichtbrechung bei Kronglas 1,5, Flintglas 1,9). Bei der Auto- und Flugzeugverglasung wird heute weitgehend Sicherheitsglas verwendet, das nicht splittert und gute Schlagfestigkeit aufweist. Man unterscheidet 3 Gruppen:

Wärmebehandeltes Glas, das im Luftstrom von hohen Temperaturen abgeschreckt wurde, erhält dadurch Druckeigenspannungen an der Oberfläche (z. B. Sekuritglas). Bei Unfällen zerkrümelt es in kleinste Stückchen ohne scharfe Kanten. Wird die Scheibe jedoch nicht völlig zerstört (z. B. Steinschlag bei schneller Fahrt), so bilden sich als Folge der inneren Spannungen zahllose Sprünge über die gesamte Fläche, die die Durchsicht unmöglich machen. Aus dem gleichen Grunde kann das Glas nach der Behandlung nicht mehr bearbeitet werden.

Verbundglas besteht aus zwei oder mehreren Spiegelglasscheiben, die durch elastische Kunststoff-Zwischenschichten miteinander verbunden sind (z. B. Siglaglas). Das Glas splittert zwar wie normales Spiegelglas, doch fallen die Splitter durch ihre Haftung an den Zwischenschichten nicht heraus. Die Durchsicht bleibt in beschränktem Umfang erhalten.

Organisches Glas (z. B. Plexiglas) ist wegen seines niedrigen Elastizitätsmoduls viel nachgiebiger und deshalb schlagfester als Silikatglas. Man bezeichnet es als unzerbrechlich. Es ist aber wesentlich weicher und verkratzt deshalb leicht. Wegen seiner guten Formbarkeit verwendet man es hauptsächlich bei stark gekrümmten oder gewölbten Scheiben.

c) Quarz (SiO_2) zeichnet sich durch hohe Gebrauchstemperatur bis 1200 °C aus. Chemische Beständigkeit, Wärmefestigkeit, Ultraviolettdurchlässigkeit und elektrischer Widerstand sind erheblich höher als bei Glas. Geringe Wärmeausdehnung $6 \cdot 10^{-7}$ m/m grd. Er wird verwendet bei Quecksilberdampflampen, Isolatoren, chemischen Gefäßen, optischen Linsen, Pyrometerschutzröhren (z. B. Rotosil, Vitreosil, Dioxyl, Siloxyd).

4. Holz

Literatur: *Kollmann, F.:* Technologie des Holzes und der Holzwerkstoffe. 2. Aufl. Berlin: Springer. I. Bd.: Anatomie und Pathologie, Chemie, Physik, Elastizität und Festigkeit, 1951. — II. Bd.: Holzschutz, Oberflächenbehandlung, Trocknung und Dämpfen, Veredelung, Holzwerkstoffe, spanabhebende und spanlose Holzbearbeitung, Holzverbindungen, 1955.

Die Bedeutung des Holzes als Werkstoff beruht auf seinem niedrigen Raumgewicht, seiner guten Bearbeitbarkeit und seiner verhältnismäßig hohen Festigkeit. Es wird im Schiffbau, Wagen- und Fahrzeugbau, in der Textiltechnik, zur Herstellung von Geräten für die Landwirtschaft und vor allem im Bauwesen verwendet. Als Rohstoff ist Holz für die Herstellung von Zellstoff und Papier wichtig.

a) Aufbau und Festigkeit. Entsprechend seinem Wachstum besitzt Holz eine faserige Struktur und besteht aus Zellen, die sich radial um die Stammachse anordnen. Das jahreszeitlich verschieden schnelle Wachstum ergibt im Frühjahr weiche, helle, im Sommer und Herbst dunkle und härtere Zellen (Jahresringe). Im Innern des Stammes befindet sich das (abgestorbene) feste Kernholz, um dieses legt sich das saftführende weichere Splintholz. Die Eigenschaften des Holzes, besonders seine Festigkeit (Tab. 54), aber auch sein Elastizitätsmodul, seine Wärmeausdehnung, seine Quellung bei Feuchtigkeitseinfluß usw. sind sehr stark abhängig von der Faserrichtung. Geradgewachsenes Holz hat parallel zur Faserrichtung eine recht beachtliche Zugfestigkeit, die jedoch schon bei einem kleinen Winkel zwischen Faser- und Beanspruchungsrichtung erheblich absinkt und senkrecht zur Faserrichtung nur noch einen verschwindend kleinen Bruchteil davon beträgt, Tab. 54. Unregelmäßigkeiten im Wuchs, besonders Astbildungen, wirken deshalb stark festigkeitsmindernd. Dasselbe gilt für die Druckfestigkeit, die wegen des Ausknickens der Fasern ungefähr um die Hälfte niedriger ist als die Zugfestigkeit. Da auch die Biegefestigkeit durch Ausknicken der gedrückten Fasern erreicht wird, liegt sie niedriger als die Zugfestigkeit. Lediglich bei Schub- oder Scherbeanspruchung ist aus begreiflichen Gründen die Festigkeit parallel zur Faser geringer als

Tabelle 54. *Festigkeitseigenschaften*[1] *von lufttrockenen Nutzhölzern (mittlerer Feuchtigkeitsgehalt etwa 15%)*

Holzart	Lage zur Faser	Raumeinheitsgewicht kg/dm³	Zugfestigkeit σ_B kp/mm²	Druckfestigkeit σ_{dB} kp/mm²	Biegefestigkeit σ_{bB} kp/mm²	Schubfestigkeit τ_B kp/mm²	Dauerbiegefestigkeit σ_{bW} kp/mm²
iche	∥	0,4—0,7—0,95	5—9—18	4—5—6	7—9—10	0,5—1—1,5	—
	⊥		0,5	1		3	
sche	∥	0,5—0,7—0,9	3—10—22	3—5—6	5—10—18	0,7	3,5
	⊥		0,7	1			
ickory	∥	0,7—0,8—1	15	5	11—12	1	—
	⊥		1	1			
ußbaum (Walnuß)	∥	0,6—0,7—0,75	10	4—6—7	8—12—14	—	4
	⊥		0,4	1			
lme (Rüster)	∥	0,5—0,7—0,85	6—8—21	3—4—6	5—7—16	0,7	—
	⊥		0,4	1		2,5	
otbuche	∥	0,5—0,7—0,9	6—14—18	4—5—8	6—11—18	0,5—1—2	—
	⊥		0,7	1		3,5	
eißbuche	∥	0,5—0,8—0,85	5—11—20	4—7—8	5—11—14	1	—
	⊥		0,6	1		3	
iefer	∥	0,3—0,5—0,9	4—10—19	3—5—8	4—9—20	0,5—1—1,5	2,5
	⊥		0,3	1		2	
chkiefer (Pitchpine)	∥	0,5—0,7—0,9	10	3—5—8	9	1	—
	⊥		0,3	0,7			
chte	∥	0,3—0,5—0,7	4—9—24	3—5—7	4—7—12	0,5—1	2
	⊥		0,3	0,5—1		2,5	
nne	∥	0,3—0,45—0,7	5—8—12	3—4—5	4—6—10	0,5	—
	⊥		0,2	0,4		2,5	
bun, Okumé	∥	0,2—0,3—0,5	2—3—4	1—1,5—2	2,5	—	1,5

[1] Die mittleren von 3 angegebenen Zahlen stellen die häufigsten Werte dar.

Tabelle 55. *Zulässige Spannungen σ_{zul} und τ_{zul} für Bauholz* in kp/cm² (nach DIN 1052)

Zeile	Art der Beanspruchung	Güteklasse III Nadelholz	Güteklasse III Eiche und Buche	Güteklasse II Nadelholz	Güteklasse II Eiche und Buche	Güteklasse I Nadelholz	Güteklasse I Eiche und Buche	Bemerkungen
1	Biegung $\sigma_{b\,zul}$	70	75	100[1]	110	130[1]	140	—
2	Biegung bei durchlaufenden Trägern ohne Gelenke $\sigma_{b\,zul}$	75	80	110[2]	120	140[2]	155	—
3	Zug in der Faserrichtung $\sigma_{z\,zul\,\parallel}$	0	0	85	100	105	110	—
4	Druck in der Faserrichtung $\sigma_{d\,zul\,\parallel}$	60	70	85[2]	100	110[2]	120	—
5	Druck rechtwinklig zur Faserrichtung $\sigma_{d\,zul\,\perp}$	20	30	20	30	20	30	Der Überstand der Schwelle über die Druckfläche muß in der Faserrichtung beiderseits mindestens gleich dem $1^1/_2$fachen der Schwellenhöhe h sein. Andernfalls sind die in Zeile 5 und 6 angegebenen Spannungen um $^1/_5$ zu ermäßigen
6	Druck rechtwinklig zur Faserrichtung bei Bauteilen, bei denen geringfügige Eindrückungen unbedenklich sind, $\sigma_{d\,zul\,\perp}$	25	40	25	40	25	40	
7	Abscheren in der Faserrichtung und Leimfuge $\tau_{zul\,\parallel}$	9	10	9	10	9	12	Bei Brücken sind für Nadelholz kleinere Werte festgelegt, vgl. DIN 4074

[1] Für Lärchenholz sind um 10 kp/cm² höhere Werte zulässig.
[2] Für Lärchenholz sind um 5 kp/cm² höhere Werte zulässig.

senkrecht dazu. Die im Bauwesen zulässigen Spannungen, Tab. 55, liegen je nach der Güteklasse des Holzes wegen der möglichen Unregelmäßigkeiten weit niedriger als seine Festigkeiten. Langsam gewachsene, dichte Hölzer, wie Eiche, Buche, Esche, Hickory, Pockholz, haben hohe Härte und Festigkeit. Ausgesprochen weiche Hölzer sind z. B. Pappel, Linde, Fichte. Harzhaltige Nadelhölzer, wie Kiefer, Lärche, Pechkiefer (Pitchpine), besitzen gute Witterungsbeständigkeit.

b) Einfluß von Feuchtigkeit. Das Holz neigt in der Feuchtigkeit zum Quellen und schrumpft bei Austrocknung, und zwar verschieden stark in den verschiedenen Richtungen (axial : radial : tangential etwa 1 : 10 : 20). Außerdem sinkt die Festigkeit mit zunehmendem Feuchtigkeitsgehalt. Die Zugfestigkeit parallel zur Faser nimmt zwischen 8 und 25% Feuchtigkeit bei je 1% Wasseraufnahme um 2 bis 3%, die Druckfestigkeit um 4 bis 6% ab und bei Trocknung entsprechend wieder zu. Holz mit 40% Feuchtigkeit hat nur etwa zwei Drittel der Zugfestigkeit und etwa die Hälfte der Biegefestigkeit von gut lufttrockenem Holz mit etwa 10% Feuchtigkeit. Da frischgefälltes Holz bis zu 170% Wasser enthalten kann, müssen die Hölzer vor ihrer Verwendung gut und sorgfältig getrocknet werden. Als günstigster Feuchtigkeitsgehalt, bei dem Maßänderungen infolge Quellens und Schwindens am geringsten sind, gilt für Sperrplatten 5 bis 6%, für Möbel und Türen in geheizten Räumen 8 bis 10% und für Bauholz 12 bis 15%.

Bei ständiger Trockenheit oder ständig unter Wasser ist Holz sehr lange haltbar. Sehr schädlich dagegen sind feuchte Luft und der Wechsel zwischen Trockenheit und Nässe. Das Holz fault dann als Folge der Zersetzung der eiweißhaltigen Bestandteile; auch Befall von holzzerstörenden Pilzen (Hausschwamm).

c) Holzschutz. Gegen die verschiedenen zerstörenden Einflüsse, wie Fäulnis, Pilzbefall, Insektenfraß oder Feuer, kann das Holz durch geeignete Maßnahmen geschützt werden. Oberflächlich haftende Anstriche mit Leinölfirnis, Ölfarbe oder Karbolineum sind nur begrenzt wirksam. Besser ist das Tränken des Holzes mit wasserlöslichen, meist giftigen Schutzmitteln (Kupfersulfat, Sublimat) oder mit Teerölen. Bei längerem Tauchen (8 bis 10 Tage) dringt das Schutzmittel bis zu 10 mm in die Oberfläche ein. Wird der frischgefällte Stamm mit dem Wurzelende in Salzlösung gelegt, so wird diese durch Saftverdrängung aufgesogen, bis sie nach etwa 8 Tagen am Zopfende austritt. Für Teeröle wendet man die Kesseldurchtränkung an, bei der in einem geschlossenen Kessel das trockene Holz zunächst unter erhöhten Luftdruck gesetzt wird. Dann wird heißes Teeröl zugegeben und der Druck gesteigert. Ein anschließend angelegter Unterdruck entfernt, unterstützt von der in die Zellenhohlräume eingedrungenen Preßluft, die überschüssige Tränkflüssigkeit. Gegen Zerstörung durch Feuer kann Holz zwar nicht vollkommen geschützt werden, man kann jedoch seine leichte Entflammbarkeit vermindern durch Wasserglasanstrich oder durch Tränken mit Salzlösungen, die die Entwicklung flammenerstickender Gase (z. B. CO_2) bei Erwärmung bewirken.

d) Vergütetes Holz. Die Ungleichmäßigkeiten des Wuchses und die dadurch bedingten Festigkeitsminderungen können ausgeglichen werden, wenn man das Holz durch Sägen, Schneiden oder Rundschälen in dünne Furniere aufteilt und diese wieder verleimt. Bei in der Faser gleichgerichteten Bahnen erhält man so *Schichtholz* mit in Faserrichtung stark verbesserten Eigenschaften. Werden die Furniere von Lage zu Lage versetzt, beim *Sperrholz* um 90° (ungerade Anzahl von Bahnen) oder beim *Sternholz* um 45°, so weisen die Platten in allen Richtungen gleichmäßige Festigkeitseigenschaften auf und neigen weniger zu Formänderungen bei Feuchtigkeitseinfluß. *Preßholz* entsteht durch Warmpressen von dünnen Furnieren mit dazwischen gelegten kunstharzgetränkten Papierbahnen unter hohem Druck. Das Raumgewicht nimmt dabei um etwa 50%, die Festigkeit um weit mehr zu. Tischlerplatten bestehen im Innern aus verleimten Holzleisten (meist Nadelholz) mit beidseitig senkrecht dazu orientierten Deckbahnen aus Laubholzfurnier.

Normung: Holzbauwerke; Berechnung und Ausführung . . . . DIN 1052
Holz, Holzwerkstoffe und Verbundplatten . . . . DIN 4076
Holzschutz; Grundlagen, Begriffe . . . . DIN 51175
Prüfung von Holz . . . . DIN 52180 bis 52191

5. Kunststoffe

Literatur: 1. *Saechting, H.*, u. *W. Zebrowski:* Kunststofftaschenbuch. 16. Aufl. München: Hanser 1965. — 2. *Schulz, G.:* Die Kunststoffe. 2. Aufl. München: Hanser 1964. — 3. *Wandeberg, E.:* Kunststoffe, ihre Verwendung in Industrie und Technik. 2. Aufl. Berlin: Springer 1959.

a) Aufbau. Unter Kunststoffen versteht man feste organische Stoffe, die auf chemischem Weg künstlich erzeugt wurden, in der Natur also nicht vorkommen. Diese Begriffsbestimmung gibt die Grenzen zwar nicht exakt an (z. B. rechnet man Gummi und Lacke, auch wenn sie synthetisch hergestellt werden, nicht dazu), doch hat sie sich weitgehend eingebürgert.

Im Englischen wird mit dem Wort „Plastics" die Entstehung der Kunststofferzeugnisse durch plastische Formung hervorgehoben, doch gibt es auch Kunststoffe, die durch Gießen geformt werden und erhärten.

Gemeinsames Kennzeichen ist ihr Aufbau aus makromolekularen organischen Verbindungen, in denen Moleküle mit einem Molekulargewicht in der Größenordnung von 100000 und darüber vorkommen können. Sie können faden- bzw. kettenförmige Gestalt haben, wobei man annimmt, daß die Fäden regellos miteinander verknäuelt sind. Eine festere Bindung stellt die räumliche Vernetzung der Makromoleküle dar, die, wenn sie eng ist, zu harten, wenn sie weit ist, zu gummielastischen Stoffen führt. In einigen Stoffen schließen sich Bündel von Fadenmolekülen zu kristallähnlicher Struktur zusammen. Die mechanischen Eigenschaften und das Temperaturverhalten der Kunststoffe werden durch ihren strukturellen Aufbau maßgebend bestimmt.

Die historisch ältesten Kunststoffe sind abgewandelte Naturstoffe, für die entweder Holz und Baumwolle über Zellstoff oder Milch über Kasein die ursprünglichen Rohstoffe darstellen. Kasein wird durch Härtung mit Formaldehyd zu Galalith und Kunsthorn verarbeitet. Schon vor hundert Jahren war die Herstellung von Vulkanfiber aus Papierbahnen durch Quellung in Schwefelsäure, Verschweißen in der Hitze und langzeitiges Auswaschen bekannt. Auch die Cellulosenitrate (z. B. Celluloid), die Hydratcellulose (z. B. Cellophan), die Celluloseacetate und die Celluloseacetobutyrate (vgl. S. 616) gehen auf Zellstoff als Ausgangsstoff zurück. Große Bedeutung erlangten die abgewandelten Naturstoffe auf dem Kunstfasergebiet, wobei man ausgehend vom Zellstoff zur Kunstseide und Zellwolle, vom Kasein zur (mottenfesten) Lanetalwolle gelangte. Doch ist hier inzwischen die Entwicklung mit der Verwendung der Polyamide (Nylon, Perlon) und der Polyterephthalsäureester (Diolen, Trevira) stürmisch weitergegangen.

Die Ausgangsstoffe für die vollsynthetischen Kunststoffe sind Kohle, Wasser, Luft und Kalk. Aus ihnen entstehen als Zwischenprodukte Steinkohlenteer (bei der Verkokung von Kohle), Wassergas (beim Ablöschen des Kokses), Acetylen (aus Calciumcarbid, dieses durch Brennen von Kohle und Kalk) und Ammoniak (über die Luft-Stickstoff-Gewinnung). In nahezu unerschöpflicher Vielfalt werden hieraus die einzelnen Stoffe aufgebaut.

α) Bei der *Polymerisation* bilden sich die Makromoleküle aus der monomeren Substanz, die gleichartige kleine Molekülbausteine enthält, durch Aneinanderreihen dieser Bausteine zu langen Ketten. Der Prozeß wird durch geeignete Katalysatoren oder durch Erwärmen in Gang gesetzt und läuft dann exotherm unter Wärmeentwicklung ab. Das ursprünglich flüssige Monomere wird dabei zäh und schließlich fest. Da das Verfahren hinsichtlich des Einhaltens der Temperaturen als Blockpolymerisation schwer zu steuern ist, wird bei der Emulsionspolymerisation das Monomere durch einen Emulgator und bei der Suspensionspolymerisation mechanisch in feinen Tröpfchen in Wasser verteilt. Das Polymerisat fällt dann als feines Pulver (Emulsion) oder als kleine Perlen (Suspension) an. Durch Polymerisation werden die meisten thermoplastischen Kunststoffe (vgl. S. 615) gewonnen.

β) Bei der *Polykondensation* verbinden sich verschiedenartige Moleküle unter Abspaltung von Wasser oder anderen flüchtigen Stoffen (z. B. Ammoniak) zu räumlich vernetzten Makromolekülen. Das wichtigste Beispiel für diesen bei erhöhter Temperatur unter Druck ablaufenden Vorgang sind die härtbaren Kunststoffe, die Duroplaste (vgl. S. 614).

γ) Schließlich werden auch bei der *Polyaddition* verschiedenartige Molekülgruppen, meist schon in Form von kurzen Fäden, zu Makromolekülen vereinigt. Befinden sich die reaktionsfähigen Gruppen dieser Molekülbausteine an deren Enden, so entstehen fadenförmige Makromoleküle (Thermoplaste). Sind mehrere reaktionsfähige Gruppen in beliebiger Verteilung vorhanden, so ergeben sich räumlich vernetzte Bindungen (Duroplaste). Mit der Polyaddition ist es möglich, durch geeignete Auswahl der Vorprodukte Aufbau und Eigenschaften der Erzeugnisse weitgehend zu steuern.

b) Verarbeitung. Bei der Formung von Kunststofferzeugnissen geht man aus von einer losen *Form*masse, aus der unter Einwirkung mechanischer Kräfte innerhalb bestimmter Temperaturbereiche *Form*teile hergestellt werden, die im fertigen Zustand aus dem *Form*stoff bestehen. Ist der Formungsvorgang z. B. ein Pressen, so wird *Preß*masse zu *Preß*teilen aus *Preß*stoff verarbeitet.

α) Die härtbaren *Preßmassen* bestehen aus einem Harz (z. B. Phenolharz, Harnstoffharz), dem in der Regel zur Verbesserung der mechanischen Eigenschaften anorganische oder organische Füllstoffe (Harzträger) zugegeben werden. Die Masse wird in genau dosierter Menge in die beheizte Form gefüllt und bei einer Temperatur von 140 °C (Harnstoffharze) bis 160 °C (Phenolharze) verpreßt. Der erforderliche Preßdruck beträgt bei mehl- und faserförmigen Füllstoffen 250 bis 400 kp/cm^2, bei geschnitzelten Füllstoffen bis 600 kp/cm^2. Als Preßzeit rechnet man etwa 1 Minute je mm Wanddicke des Preßteils. Um den Füllraum bei locker

Kunststoff-Formmassetypen; Polyester-Preßmassen	DIN 16911
Formmassetypen; Polystyrol-Spritzgußmassen	DIN 7741
Formmassetypen; Celluloseacetat (CA)-Spritzgußmassen	DIN 7742
Formmassetypen; Celluloseacetobutyrat (CAB)-Spritzgußmassen	DIN 7743
Formmassetypen; Polycarbonat-Spritzgußmassen	DIN 7744
Formmassetypen; Polymethylmethacrylat (PMMA)-Spritzgußmassen	DIN 7745
Vinylchlorid-Reinpolymerisate (PVC); Typen	DIN 7746
Vinylchlorid-Copolymerisate; Typen	DIN 7747
Kunststoff-Formmassetypen; weichmacherfreie Polyvinylchlorid (PVC)-Formmassen	DIN 7748
Bestimmung der Formbeständigkeit in der Wärme nach Martens	DIN 53458
Prüfgerät für die Bestimmung der Formbeständigkeit in der Wärme nach Martens	DIN 53462
Durchschlagspannung, Durchschlagfestigkeit	DIN 53481
Kriechstromfestigkeit	DIN 53480
Relative Dielektrizitätskonstante, dielektrischer Verlustfaktor	DIN 53483
Spezifischer Durchgangswiderstand, Widerstand zwischen Stöpseln, Oberflächenwiderstand	DIN 53482
Kochversuch an Preßteilen aus härtbaren Preßmassen	DIN 53499

6. Kautschuk und Gummi

Literatur: Boström, S.: Kautschuk-Handbuch, Band 1 bis 5 und Erg.-Bd. Stuttgart: Berliner Union 1958/63.

Die kennzeichnende Eigenschaft des Gummis und der kautschukartigen Stoffe (Elastomere) ist ihre elastische Nachgiebigkeit. Schon bei kleinen Kräften sind Dehnungen von mehreren hundert Prozent möglich, die nach Wegnahme der Kraft (nahezu) vollständig wieder zurückgehen. Das elastische Verhalten folgt jedoch nicht dem *Hooke*schen Gesetz (vgl. S. 540), denn weder sind Dehnung und Spannung einander proportional, noch wird die aufgewendete Verformungsarbeit vollständig wiedergewonnen. Deshalb werden Gummiteile nicht nur als federnde, sondern auch als dämpfende Elemente im Maschinenbau benutzt. Ebenfalls auf seinen elastischen Eigenschaften beruht die Eignung des Gummis zu Dichtungen, auf seiner Isolierfähigkeit die Verwendung in der Elektrotechnik.

a) Gewinnung. Der Ausgangsstoff für Naturgummi ist der *Latex,* die aus dem Stamm abgezapfte Milch bestimmter tropischer Bäume. Durch Gerinnenlassen mit Essigsäure (Koagulation) oder durch Trocknung in Pulverform wird die Kautschuksubstanz von der Flüssigkeit getrennt. Der Rohkautschuk wird unter Zugabe von Schwefel (zur späteren Vulkanisation) und aktiven Füllstoffen (Ruß, Zinkweiß), welche die mechanischen Eigenschaften verbessern, auf Walzen durchgeknetet und gemischt, wobei noch Zusätze zur Beschleunigung der Vulkanisation oder zur Alterungsverzögerung beigegeben werden. Bei der Heißvulkanisation in der Form vernetzen die Moleküle unter Einfluß des Schwefels. Durch die Höhe des Schwefelgehalts (0,5 bis 5%) wird der Grad der losen Vernetzung und damit das elastische Verhalten des Weichgummis bestimmt. Hohe Schwefelgehalte führen zur engen Vernetzung und damit zum Hartgummi.

Bei der Herstellung der künstlichen Kautschuksorten geht man von fadenförmigen Molekülen aus, die heute meist im Emulsionsverfahren polymerisiert werden (vgl. S. 612). Man erzeugt also einen künstlichen Latex, der in ähnlicher Weise bis zur Vulkanisation des Formteils weiterbehandelt wird wie der natürliche. So entstehen die verschiedenen Bunasorten (z. B. Buna S, Perbunan) aus Butadien, das Chloropren aus 2-Chlorbutadien als Ausgangsgrundstoffen, wobei man durch Einpolymerisieren von anderen Stoffen (Acrylnitril im Perbunan, Styrol im Buna S) Mischpolymerisate mit besonderen Eigenschaften erhält.

b) Eigenschaften. Die Zugfestigkeit des Gummis ist gering, je nach Mischung und Vulkanisationsbedingungen 50 bis 300 kp/cm², die Dehnung beim Bruch kann jedoch bis zu 1000% betragen. Die Härte wird nach *Shore* aus der Eindringtiefe eines federbelasteten Kegelstumpfes gemessen und in mit der Härte ansteigenden Werten von 0 bis 100 angegeben. Das quasi-elastische Verhalten wird am besten durch die Dehnungs-Spannungs-Linie bei zunehmender und abnehmender Belastung veranschaulicht, Bild 60. Die Kurve ist gekrümmt und hat sogar einen Wendepunkt, weshalb man nicht von einem einheitlichen Elastizitätsmodul bei Gummi sprechen kann (außerdem ist der E-Modul bei einmaliger und schwingender Beanspruchung verschieden). Nach Entlastung bleibt ein von der Größe der Verformung abhängiger

Verformungsrest zurück, weiterhin liegt die Entlastungskurve deutlich unterhalb der Belastungskurve. Diese *Hysterese* begründet die Dämpfungsfähigkeit des Gummis, die zum schnellen Abklingen angeregter Schwingungen führt (Stöße), aber bei dauernden Wechselverformungen starke Wärmeentwicklung zur Folge hat (bei synthetischem Kautschuk stärker als bei Naturgummi).

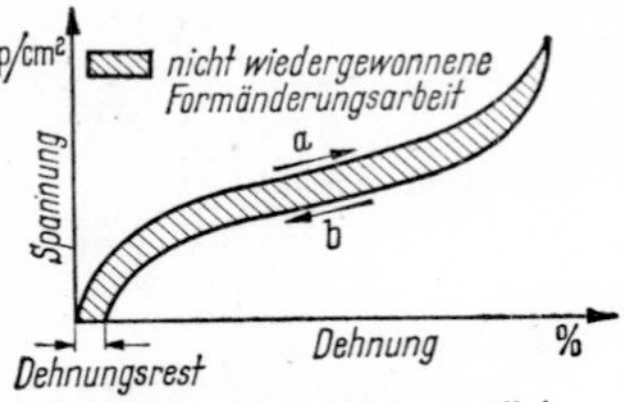

Bild 60. Spannungs-Dehnungslinie von Weichgummi (schematisch) *a* Belastung, *b* Entlastung

Gummi ist nur in einem begrenzten Temperaturbereich verwendbar. Mit zunehmender Temperatur verschlechtern sich seine mechanischen und elastischen Eigenschaften stark, in der Kälte unter −30 °C wird er hart und spröde. Er ist empfindlich gegen Licht- und Sauerstoffeinwirkung (Ozon) und neigt zur Alterung, einer zeitabhängigen Verminderung seiner Güte. Unter langzeitiger Belastung kriecht er mit bleibender Verformung. Gummi quillt unter Einwirkung von Öl und motorischen Kraftstoffen, widersteht aber verdünnten Laugen, verschiedenen verdünnten Säuren sowie Salzlösungen.

Die synthetischen Kautschuksorten verhalten sich in vieler Hinsicht günstiger. Die Butadien-Styrol-Polymerisate (z. B. Buna S und SS) sind wärmebeständiger und gut abriebfest. Mit höherem Styrolgehalt (SS-Typen) haben sie besonders hohen elektrischen Widerstand. Die Nitrilkautschuksorten (Butadien-Akrylnitril, z. B. Perbunan) sind in Mineralölen und Benzin wenig quellbar und sehr gut wärmebeständig. Ihr elektrischer Widerstand ist gering und kann bis zur Leitfähigkeit gesenkt werden.

Chloropren (z. B. Neoprene) ist hoch wärmebeständig (Dauertemperaturen über 100°C), ölbeständig und ozonfest. Chlorsulfoniertes Polyäthylen (z. B. Hypalon) ist hervorragend beständig gegen Chemikalien, Öl und Ozon und quillt nur in aromatischen oder chlorierten Kohlenwasserstoffen. Polysulfid-Polymerisate (z. B. Thiokol) sind alterungsbeständig und beständig gegen alle Lösungsmittel außer Chlorkohlenwasserstoffen, sind jedoch nur in einem eng beschränkten Temperaturbereich anwendbar.

Bei hohen thermischen Anforderungen leistet Silikon-Kautschuk bei hinreichender mechanischer und chemischer Widerstandsfähigkeit gute Dienste. Fluor-Kautschuk (z. B. Viton) ist unter den Elastomeren von höchster thermischer und chemischer Beständigkeit, allerdings im Preis höher.

Polyurethan, sofern es durch geeignete Maßnahmen mit nur lose vernetzter Struktur hergestellt wurde (z. B. Vulkollan), zeigt ebenfalls gummielastische Eigenschaften. Seine Zugfestigkeit liegt mit 450 bis 550 kp/cm² etwa doppelt so hoch wie die von Weichgummi, insbesondere beträgt seine Weiterreißfestigkeit ein Vielfaches. Seiner hohen Abriebfestigkeit, Öl- und Benzinbeständigkeit steht nur eine gewisse Wasserdampfempfindlichkeit entgegen, die aber bei hydrolyseunempfindlichen Sorten vermieden werden kann.

c) Gummi-Metall. Auf chemischem Wege kann sowohl Naturgummi als auch künstlich erzeugter Gummi mit Stahl, Gußeisen, Nichteisenmetallen, Hölzern, Glas und den verschiedensten Preßmassen schwingungsfest verbunden werden, wodurch neuartige Konstruktionselemente wie Kupplungen, Torsionsfedern, Schwingungsdämpfer usw. geschaffen werden konnten. Allerdings sind die spez. Belastungswerte der Bindung für Gummi-Metall verhältnismäßig gering und sollten im allgemeinen bei Druck- und Scheranstrengungen 3 bis 4 kp/cm², bei Zug 1 bis 2 kp/cm² nicht überschreiten; vgl. Federnde Verbindungen, S. 709/712.

d) Schaumgummi. Man kann natürlichen und synthetischen Kautschuk (und entsprechend auch bestimmte Kunststoffe) durch Zugabe von Treibmitteln in zelliger Struktur herstellen. Solche Stoffe sind sehr leicht und zeigen bei sehr geringem Verformungswiderstand hohe elastische Verformbarkeit (Polsterungen). Die einzelnen Zellen können geschlossen sein oder bei offenzelligem Schaumgummi untereinander und mit der Außenluft in Verbindung stehen. In gemischtzelligem Schaumgummi kommen beide Strukturen nebeneinander vor.

Normung:

Prüfung von Gummi; Härteprüfung nach *Shore* A, C und D . . . . DIN 53505
Prüfung von Gummi; künstliche Alterung von Weichgummi . . . . DIN 53508
Prüfung von Gummi; elastisches Verhalten von Weichgummi . . . . . DIN 53510 u. DIN 53511
Prüfung von Elastomeren; Bestimmung der Stoßelastizität . . . . DIN 53512
Bestimmung der visko-elastischen Eigenschaften von Gummi bei erzwungenen Schwingungen . . . . DIN 53513
Bestimmung des Druck-Verformungsrestes . . . . DIN 53517
Bestimmung des Verhaltens gegen Flüssigkeiten, Dämpfe und Gase (Quellverhalten) . DIN 53521

7. Schmiermittel[1]

Schmiermittel im Maschinenbau sind in erster Linie Kohlenwasserstofföle, die meist als Destillate aus Erdöl gewonnen und für viele Schmierzwecke in dieser Form verwendet werden, soweit sie nicht durch weitere chemische Behandlung zu Raffinaten veredelt sind. Zusätze von Fettölen (pflanzlicher und tierischer Herkunft) zu den Mineralölen ergeben die sogenannten *gefetteten Öle*. Reine Fettöle werden als Schmiermittel nur in Sonderfällen gebraucht (z. B. Rizinusöl für Rennmotoren). Schmierfette sind dagegen meist kolloidale Dispersionen von Metallseifen in Kohlenwasserstoffölen. Die Schmiermittel sollen einmal die Reibungsverluste bei aufeinander gleitenden Flächen von Maschinenteilen möglichst niedrig halten und damit zugleich den Verschleiß verringern, andererseits sollen sie die Reibungswärme ableiten. Bei der Metallbearbeitung dienen sie vornehmlich zur Wärmeabfuhr.

a) Schmieröle. Für ihre Aufgabe (Verminderung der Reibung) wird von den Schmierölen die „*Schmierfähigkeit*" (oiliness) verlangt, die jedoch nicht zahlenmäßig erfaßbar ist. Das Gleiten zweier durch eine Schmierschicht getrennter Flächen fester Körper erfordert ein Haften der Schmierschichten, das aber nicht durch den strukturellen Aufbau des Öls allein, sondern durch die Wechselwirkung seiner Adsorptions-(Oberflächen-)Kräfte mit denen der Gleitflächen bestimmt wird. Das Gleiten erfordert ferner eine den Betriebsverhältnissen angepaßte *Zähigkeit*, die durch die innere Struktur des Öls gegeben ist, sowie die Beständigkeit dieser Eigenschaft und der Schmierfähigkeit bei hohen Drücken und Temperaturen.

Um die Öleigenschaften zu verbessern, verwendet man chemische Zusätze (*Additives*), z. B. sogenannte *Inhibitoren* (phosphor- bzw. schwefelhaltige organische Verbindungen), welche die Alterungsneigung und die Korrosionswirkung auf die Lagerwerkstoffe vermindern, und „*HD-Zusätze*", welche abgelagerte Motorverschmutzungen ablösen (*Detergents*) und als kleinste Teilchen in dauernder Schwebe erhalten sollen (*Dispersants*).

Die Bewertung von Schmierölen muß somit nach Eigenschaften vorgenommen werden, die nur in mittelbarem Zusammenhang mit der „Schmierfähigkeit" stehen. Ihre Kenntnis läßt aber bei einiger Erfahrung die Eignung für verschiedene Schmierbedingungen immerhin eingrenzen. Prüfmethoden in DIN-Normen festgelegt:

α) *Allgemeine Beschaffenheit, Farbe* (DIN 51578), *Dichte* (DIN 51757).

β) *Viskosität* (Zähigkeit). Bestimmung im Viskosimeter meist bei 20, 50 und 100 °C (DIN 51550, 51560 bis 51563). Die Erhaltung der Viskosität auch bei höheren Temperaturen ist die Voraussetzung für die Bildung einer tragenden Flüssigkeitsschicht (Ölfilm) zwischen den Gleitflächen. Man verwendet auch weitere Zusätze (Additives), durch die die Temperaturabhängigkeit der Viskosität günstiger gestaltet wird.

Als konventionelle Maße für die Zähigkeit sind in Mitteleuropa noch der Englergrad (°E), in Großbritannien die Redwoodsekunde (R), in Nordamerika die Sayboltsekunde (S) in Gebrauch. Sie geben jedoch kein zuverlässiges Bild von der wirklichen Zähigkeit der Schmierstoffe, besonders bei kleinen Zähigkeitswerten. Statt dessen bürgern sich immer mehr die absoluten Zähigkeitsmaße ein, und zwar die *dynamische* Zähigkeit, gemessen in Poise bzw. Centipoise (P; cP) oder in $kp\,s\,cm^{-2}$. Der Quotient dynamische Zähigkeit/Dichte ergibt die *kinematische* Zähigkeit. Ihre Einheit

[1] *Zerbe, C.*: Mineralöle und verwandte Produkte. 2. Aufl. Berlin: Springer 1969.

$cm^2 sec^{-1}$ wird als Stokes bezeichnet (St; $^1/_{100}$ St = 1 cSt) und sollte allgemein als Einheit für die Zähigkeit verwendet werden. Maßeinheiten der Zähigkeit und ihre Umrechnung sowie Abhängigkeit der Zähigkeit von Ölen von der Temperatur vgl. Tafeln im Anhang.

γ) *Flammpunkt* als Kennzeichen für die niedrigste Temperatur, bei der sich aus dem zu prüfenden Öl Dämpfe in solcher Menge entwickeln, daß diese mit der über dem Flüssigkeitsspiegel stehenden Luft ein entflammbares Gemisch ergeben. Zur Bestimmung dient der offene Tiegel nach *Marcusson* (DIN 51 584).

δ) *Kälteverhalten.* Die Abnahme des Fließvermögens bei tiefen Temperaturen wird im U-Rohr nach DIN 51 568 bestimmt. Der *Trübungspunkt* (DIN 51 583) ist die Temperatur, bei der beim Abkühlen eine sichtbare Ausscheidung von Paraffin oder anderen festen Stoffen beginnt. Er wird meist zusammen mit dem *Stockpunkt* (DIN 51 583) bestimmt als derjenigen Temperatur, bei der das Öl beim Abkühlen unter Einwirkung der Schwerkraft gerade aufhört zu fließen. Das Kälteverhalten ist besonders von Bedeutung bei Maschinen, die tieferen Temperaturen ausgesetzt sind.

ε) *Reinheit.* Gutes Maschinenöl muß frei von ungebundenen Mineralsäuren und Alkali, von Wasser, veraschbaren Bestandteilen, festen Fremdstoffen und Hartasphalt sein. Zur Kontrolle werden die Neutralisationszahl (DIN 51 558), die Verseifungszahl (DIN 51 559), der Wassergehalt (DIN 51 582), der Aschegehalt (DIN 51 575), der Gehalt an festen Fremdstoffen (DIN 51 592) und der Hartasphalt-Gehalt (DIN 51 557) bestimmt. Die zulässigen Grenzen sind je nach Verwendungszweck verschieden. Als Richtwerte für reine Kohlenwasserstofföle können folgende Angaben gelten, die für Sonderöle, z. B. gefettete Öle, HD-Öle usw., entsprechend den jeweiligen DIN-Vorschriften abgewandelt werden können:

Wassergehalt $< 0{,}1\%$; Aschegehalt bei Destillaten bis zu 0,3%, bei Raffinaten $< 0{,}02\%$, bei hochwertigen Raffinaten z. B. Dampfturbinenöl $< 0{,}01\%$; Neutralisationszahl bei Destillaten bis 1,5 mg KOH/g, bei Raffinaten $< 0{,}2$, bei hochwertigen Raffinaten $< 0{,}01$ mg KOH/g.

ζ) *Alterungsbeständigkeit.* Die Schmieröle sollen nach langer Betriebszeit keine wesentlichen Veränderungen ihrer Eigenschaften erfahren. Durch den Einfluß des Luftsauerstoffs zusammen mit erhöhter Temperatur und der Berührung mit den Metallen der Gleitflächen bzw. Leitungen sind sie jedoch der Alterung ausgesetzt. Es bestehen zahlreiche Prüfmethoden, z. B. die Bestimmung der Alterungsneigung nach *Baader* (DIN 51 554), doch weichen die Bedingungen der Praxis oft von den Versuchsbedingungen ab, so daß keine Übereinstimmung in den Ergebnissen erzielt wird. Durch vorerwähnte Zusätze sollen das Eintreten der Alterung verzögert und die Alterungsprodukte gelöst und in der Schwebe gehalten werden, so daß ein Verstopfen der Leitungen und Kanäle vermieden wird.

η) *Emulgierbarkeit.* Öle für Dampfturbinen dürfen mit heißem Wasser nicht emulgieren, da hierdurch der Schmierölumlauf empfindlich gestört wird. Prüfung nach DIN 51 591.

ϑ) *Schaumneigung* dürfen Öle in der Regel nicht zeigen, da sie sonst für viele Schmierzwecke ungeeignet sind.

ι) *Verkokungsneigung* eines Schmieröls ist besonders in Verbrennungsmotoren und Verdichtern unerwünscht. Die Bestimmung des Koksrückstands nach *Conradson* (DIN 51 551) gibt Aufschluß über die Neigung eines Öls, unter thermischer Einwirkung Rückstände zu bilden.

$\varkappa$) *Verdampfungsverlust.* Bei der Motoren- und Zylinderschmierung kann bei den auftretenden hohen Temperaturen ein hoher Verdampfungsverlust gleichbedeutend mit einem gesteigerten Ölverbrauch sein und zu einer Änderung der Eigenschaften des Öls führen (DIN 51 581).

b) Schmierfette werden für hochbelastete Lager langsamlaufender Maschinen, Zahnradgetriebe, Kugel- und Rollenlager verwendet. Sie sind entweder reine Kohlenwasserstoffe mit salbenartiger Konsistenz oder durch Zusätze von Metallseifen eingedickte Kohlenwasserstofföle. Neben den Schmiereigenschaften der Öle verlangt man von den Fetten einen dem Verwendungszweck angepaßten Tropfpunkt, der gegebenenfalls durch Zusätze verändert werden kann. Der Tropfpunkt darf nicht unter 60 °C liegen, für schwer belastete, heißgehende Lager (Rollgänge, Exzenter von Dampfmaschinen) nicht unter 120 °C, für Bahnmotoren nicht unter 145 °C. Bestimmung mit dem Tropfpunktgerät nach DIN 51 801.

c) Kühl- und Bohröle. Für die Kühlung von Schneidwerkzeugen verwendet man für Sonderzwecke reines Öl, bei der Metallbearbeitung im allgemeinen gut emulgierende Öle, die man mit der 8- bis 12fachen Menge Wasser vermischt. Das Wasser wirkt kühlend, das Öl schmierend und rostschützend. Die Emulsion muß beständig sein und die zu schützenden Flächen vollkommen benetzen.

Normung:

Normalschmieröle N, Mindestanforderungen	DIN 51 501
Kältemaschinenöle, Mindestanforderungen	DIN 51 503
Schmieröle D, Mindestanforderungen	DIN 51 504
Dunkle Schmieröle, Mindestanforderungen	DIN 51 505
Schmieröle für Großgasmaschinen	DIN 51 508
Normal-Schmieröle für Getriebeschmierung; Richtlinien für die Verwendung	DIN 51 509
Zylinderöle für Dampfmaschinen, Mindestanforderungen	DIN 51 510
SAE-Viskositätsklassen für Motoren-Schmieröle	DIN 51 511
SAE-Viskositätsklassen für Kraftfahrzeug-Getriebeöle	DIN 51 512
Dampfturbinenöle, Mindestanforderungen	DIN 51 515
Schmierfette, Wälzlagerfette, Mindestanforderungen	DIN 51 825

Tabelle 1

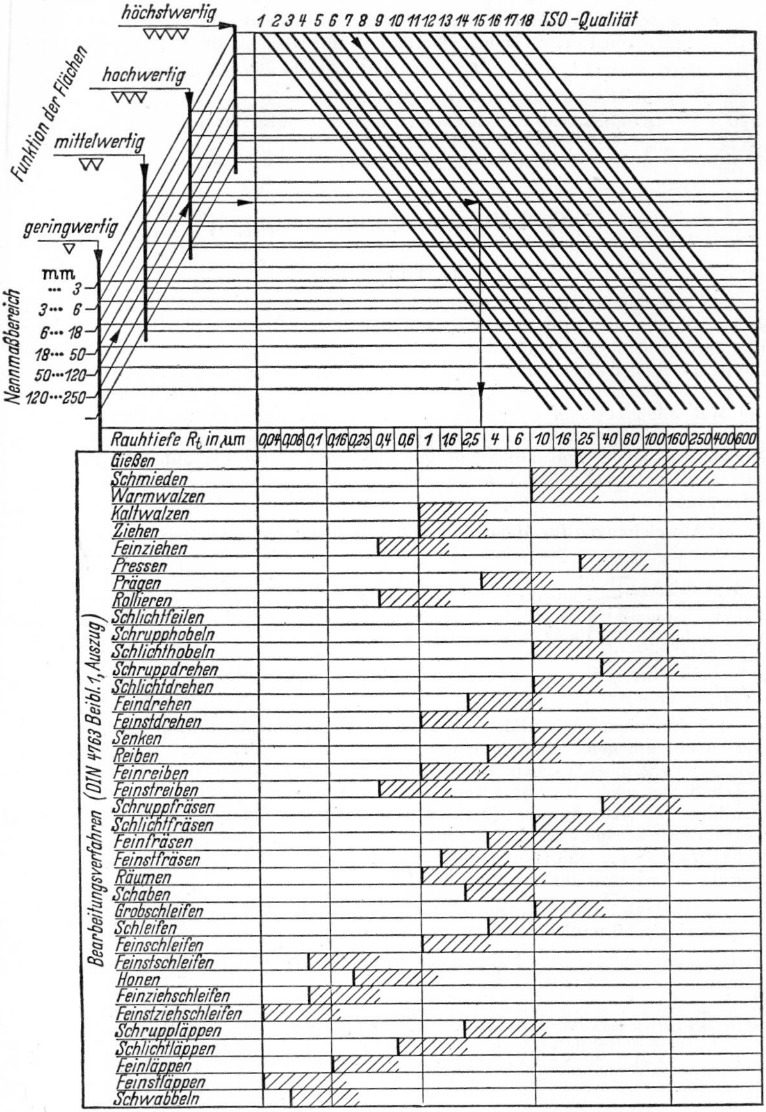

normalen[1] sieht jedoch der Konstrukteur, wie die von ihm durch Dreiecke nach

[1] Vgl. Konstruktion 15 (1963) Nr. 7 S. 291.

DIN 140 gekennzeichnete Fläche im ungünstigsten Fall aussehen wird, und der Hersteller weiß, welche Rauhigkeit nicht überschritten werden darf.

Eine neuere Kennzeichnung von Oberflächen in Zeichnungen zeigt Bild 3 nach DIN 3142. Wird z. B. eine Oberfläche mit der größtzulässigen Rauhtiefe $R_t = 10\,\mu m$ verlangt, so ist $\sqrt{R_t = 10}$ in die Zeichnung einzutragen.

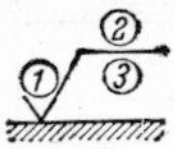

Bild 3

① Hier kann Mittenrauhwert R_a in μm,

② hier können Kurzzeichen für den Oberflächencharakter nach DIN 4761 sowie das Herstellungsverfahren,

③ hier können weitere Rauheitsmaße wie R_t, R_p, t_p, t_f eingetragen werden.

C. Toleranzen und Passungen

1. Toleranzen[1]

Die Maßzahlen auf den Zeichnungen bestimmen Form und Größe der Werkstücke; sie sind durch die Funktion (bewegliche oder feste Beziehungen), Berechnung u. ä. bestimmt. Es gibt Maße, die in weiteren Grenzen schwanken dürfen, und solche, die in sehr engen Grenzen (z. B. bei Wälzlagern) einzuhalten sind. In Zeichnungen werden die zulässigen Abweichungen vom eingetragenen Maß im allgemeinen neben die Maßzahl geschrieben (vgl. b). Werden jedoch Abweichungen zugelassen, die „den werkstattüblichen Genauigkeiten entsprechen“, so sind nach DIN 406 die Maßzahlen allein und außerdem ein allgemeiner Hinweis auf DIN 7168 einzutragen, z. B. zulässige Abweichungen für Maße ohne Toleranzangabe „mittel DIN 7168“.

a) Abweichungen für Maße ohne Toleranzangabe (DIN 7168 März 1966, Auszug)

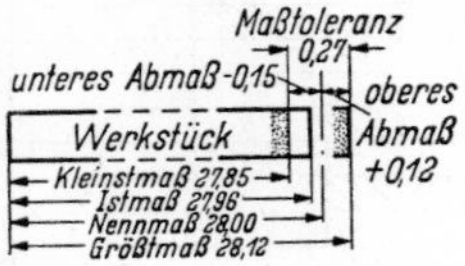

Bild 4

Genauigkeitsgrad		Nennmaßbereich mm			
		>6 bis 30	>30 bis 120	>120 bis 315	>315 bis 1000
fein	±	0,1	0,15	0,2	0,3
mittel	±	0,2	0,3	0,5	0,8
grob	±	0,5	0,8	1,2	2
sehr grob	±	1	1,5	2	3

b) Toleranzen, DIN 7182, Bl. 1 (Jan. 1957). Da das in Bild 4 gezeigte Werkstück nicht mit genau 28,00 mm Länge hergestellt werden kann, soll hierfür eine Toleranz vorgesehen werden. Das beim Fertigen erzielte *Istmaß* (z. B. 27,96) muß innerhalb der noch zulässigen *Grenzmaße*, dem größeren (Größtmaß = 28,12) und dem kleineren (Kleinstmaß = 27,85) liegen. Die Grenzmaße sind so zu wählen, daß das Werkstück seine Funktion sicher erfüllen kann. Der Unterschied der Grenzmaße heißt *Maßtoleranz* (28,12 − 27,85 = 0,27). Zur Eintragung der Maße bezieht man die Grenzmaße auf das *Nennmaß* (28,00) und nennt

Größtmaß minus Nennmaß = *oberes Abmaß* (28,12 − 28,00 = 0,12)
bzw. Kleinstmaß minus Nennmaß = *unteres Abmaß* (27,85 − 28,00 = −0,15).

Die Maßeintragung $28^{+0,12}_{-0,15}$ besagt: Nennmaß 28,00 ist toleriert; die zulässigen Abmaße sind +0,12 und −0,15.

Im allgemeinen sind zu tolerieren: Bohrungen und Wellen (um einen bestimmten Sitzcharakter der Teile zu erreichen), Wanddicken von Zylindern, Rohren u. ä. und durch Rechnung ermittelte Abmessungen hochbeanspruchter Konstruktionsteile, z. B. Form der Hohlkehlen; Abstände von Aufspann- und Anlageflächen für bestimmte Arbeitsgänge bei der Herstellung der Teile.

[1] *Allgemeine Hinweise.* Toleranzstufung nach Normzahlen. DIN-Mitteil. 42 (1963) Nr. 12 S. 593/98. — Über das Rechnen mit tolerierten Maßen. Konstruktion 13 (1961) Nr. 8 S. 298/306 u. 307/08. — DIN 55302 (Jan. 1967). Statistische Auswertungsverfahren . . . Grundbegriffe u. allgemeine Rechenverfahren. Erläutert in DIN-Mitteil. 42 (1963) Nr. 12 S. 627/28. — Tolerierung nach statistischen Gesichtspunkten insbesondere für Zeichnungsangaben. DIN-Mitt. 45 (1966) Nr. 9 S. 489/92. — Graphische Ermittlung u. Korrektur v. Toleranzeinflüssen an Mechanismen. Konstruktion 18 (1966) Nr. 10 S. 402/08.

c) Die **ISO-Toleranzen** bzw. ISO-Passungen[1] umfassen die Nennmaße 1 bis 500 mm und sind so aufgebaut, daß die Tolerierung jedes Nennmaßes nach 18 verschiedenen Qualitäten (Kurzzeichen IT) möglich ist. Hierbei ist eine Toleranzeinheit zu $i = 0{,}45\,d^{1/3} + 0{,}001\,d$, ($i$ in $\mu m = {}^1/_{1000}$ mm; $d = \sqrt{d_1 d_2}$ = geometrisches Mittel aus den Grenzwerten d_1 und d_2 des betreffenden Nennmaßbereichs) und die Größe der Toleranz für jede Qualität durch eine bestimmte Anzahl von Toleranzeinheiten festgelegt, vgl. Tabelle: Grundtoleranzen DIN 7151 (Nov. 1964).

Grundtoleranzen der ISO-Qualitäten 5 bis 11

in µm nach DIN 7151 (Auszug)

	Qualität	IT 5	IT 6	IT 7	IT 8	IT 9	IT 10	IT 11
	Größe der Toleranzen	7*i*	10*i*	16*i*	25*i*	40*i*	64*i*	100*i*
Nennmaßbereich	1 bis 3 mm	4	6	10	14	25	40	60
	über 3 „ 6 „	5	8	12	18	30	48	75
	„ 6 „ 10 „	6	9	15	22	36	58	90
	„ 10 „ 18 „	8	11	18	27	43	70	110
	„ 18 „ 30 „	9	13	21	33	52	84	130
	„ 30 „ 50 „	11	16	25	39	62	100	160
	„ 50 „ 80 „	13	19	30	46	74	120	190
	„ 80 „ 120 „	15	22	35	54	87	140	220
	„ 120 „ 180 „	18	25	40	63	100	160	250

Die Zahlen 1 bis 18 kennzeichnen die Qualität und damit die *Größe* der Toleranz; z.B. IT6 = ISO-Toleranz Qualität 6, Größe der Toleranz 10*i*, für Nennmaß 60 = 19 µm.

Die *Lage* der gewählten Maßtoleranz zum Nennmaß wird durch Buchstaben bestimmt: Große Buchstaben bei Innenmaßen (z. B. Bohrungen), kleine Buchstaben bei Außenmaßen (z. B. Wellen). Es bezeichnen

A bis G bzw.	k bis z	Toleranzfelder	mit + Toleranzen
H	—	„	, bei denen Kleinstmaß = Nennmaß
—	h	„	, bei denen Größtmaß = Nennmaß
J bis K bzw.	j	„	mit ± Toleranzen
M bis Z bzw.	a bis g	„	mit — Toleranzen.

Folglich bedeutet z. B. 60M6: Innenmaß 60^{-5}_{-24} bzw. 60m6: Außenmaß, 60^{+30}_{+11} (Abmaße in µm, vgl. DIN 7160 u. 7161).

Außer diesen Toleranzen für Maße gibt es z. B. Form- und Lagetoleranzen (DIN 7182 Bl. 4), Gewinde- und Zahnradtoleranzen.

d) Ergibt sich beim **Tolerieren** mehrerer, zusammenpassender Werkstücke eine *Kette* von tolerierten Maßen, so ist es zweckmäßig, durch eine Toleranzrechnung[2] zu untersuchen, ob durch die *Größe* und *Lage* der Toleranzen, die für die *einzelnen* Werkstücke vorgeschrieben werden, auch das Zusammenfügen *aller* Teile in gewünschter Weise (Funktion) möglich sein wird.

2. Passungen

Passung ist die allgemeine Bezeichnung für die Beziehung zwischen gefügten Teilen, die sich aus dem Maßunterschied dieser Teile vor dem Fügen ergibt; so können Rund-, Flach-, Gewinde- und Getriebepassungen unterschieden werden.

a) ISO-Passungen, aus den ISO-Toleranzen entwickelt durch Zusammenstellen der für Paarungen gut geeigneten Toleranzfelder (Passungssystem).

Eine tolerierte Bohrung 60H7 $(60^{+30}_{\pm 0})$ und eine tolerierte Welle 60f7 (60^{-30}_{-60}) ergeben die *Passung* 60H7/f7, die in jedem Fall ein Spiel aufweist, nämlich 60,000 — 59,970 = 0,030 = 30 µm = Kleinstspiel bzw. 60,030 — 59,940 = 0,090 = 90 µm = Größtspiel.

Spiel ist der Unterschied der Istmaße, wenn die Bohrung größer als die Welle, *Übermaß* (negatives Spiel), wenn Welle größer als Bohrung.

Die mögliche Schwankung des Spiels ist die *Paßtoleranz*. Ist diese (bezogen auf eine gedachte, spielfreie Paarung — Nullinie —) positiv, so ist Spiel vorhanden:

[1] **I**nternational **S**tandard **O**rganization, seit 1945 statt ISA; in vielen z. Z. noch gültigen DIN-Normen noch ISA.

[2] Vgl. Konstruktion 13 (1961) Nr. 8 S. 298/308.

Empfohlene Toleranzfelder ISO-Passungen DIN 7157 Blatt 1
Abmaße in µm

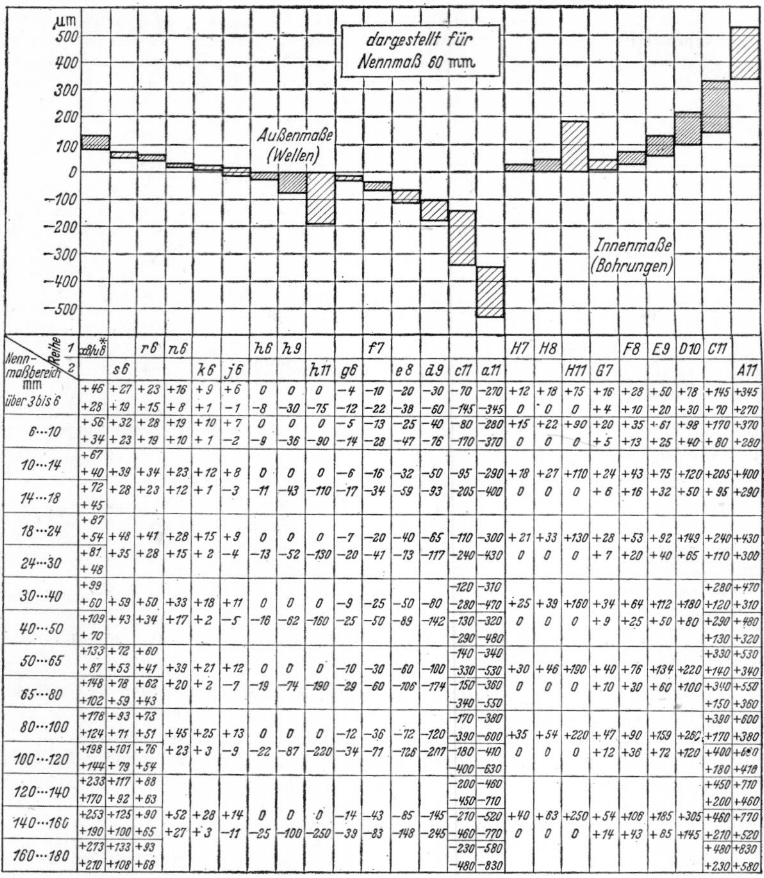

Nennmaßbereich mm / Reihe	x8/u8*	s6	r6	n6	k6	j6	h6	h9	h11	g6	f7	e8	d9	c11	a11	H7	H8	H11	G7	F8	E9	D10	C11	A11
Reihe 1	x8/u8*		r6	n6			h6	h9			f7					H7	H8			F8	E9	D10	C11	
Reihe 2		s6			k6	j6			h11	g6		e8	d9	c11	a11			H11	G7					A11
über 3 bis 6	+46 / +28	+27 / +19	+23 / +15	+16 / +8	+9 / +1	+6 / −1	0 / −8	0 / −30	0 / −75	−4 / −12	−10 / −22	−20 / −38	−30 / −60	−70 / −145	−270 / −345	+12 / 0	+18 / 0	+75 / 0	+16 / +4	+28 / +10	+50 / +20	+78 / +30	+145 / +70	+345 / +270
6 ··· 10	+56 / +34	+32 / +23	+28 / +19	+19 / +10	+10 / +1	+7 / −2	0 / −9	0 / −36	0 / −90	−5 / −14	−13 / −28	−25 / −47	−40 / −76	−80 / −170	−280 / −370	+15 / 0	+22 / 0	+90 / 0	+20 / +5	+35 / +13	+61 / +25	+98 / +40	+170 / +80	+370 / +280
10 ··· 14	+67 / +40	+39	+34	+23	+12	+8	0	0	0	−6	−16	−32	−50	−95	−290	+18	+27	+110	+24	+43	+75	+120	+205	+400
14 ··· 18	+72 / +45	+28	+23	+12	+1	−3	−11	−43	−110	−17	−34	−59	−93	−205	−400	0	0	0	+6	+16	+32	+50	+95	+290
18 ··· 24	+87 / +54	+48	+41	+28	+15	+9	0	0	0	−7	−20	−40	−65	−110	−300	+21	+33	+130	+28	+53	+92	+149	+240	+430
24 ··· 30	+81 / +48	+35	+28	+15	+2	−4	−13	−52	−130	−20	−41	−73	−117	−240	−430	0	0	0	+7	+20	+40	+65	+110	+300
30 ··· 40	+99 / +60	+59	+50	+33	+18	+11	0	0	0	−9	−25	−50	−80	−120 / −280	−310 / −470	+25	+39	+160	+34	+64	+112	+180	+280 / +120	+470 / +310
40 ··· 50	+109 / +70	+43	+34	+17	+2	−5	−16	−62	−160	−25	−50	−89	−142	−130 / −290	−320 / −480	0	0	0	+9	+25	+50	+80	+290 / +130	+480 / +320
50 ··· 65	+133 / +87	+72 / +53	+60 / +41	+39	+21	+12	0	0	0	−10	−30	−60	−100	−140 / −330	−340 / −530	+30	+46	+190	+40	+76	+134	+220	+330 / +140	+530 / +340
65 ··· 80	+148 / +102	+78 / +59	+62 / +43	+20	+2	−7	−19	−74	−190	−29	−60	−106	−174	−150 / −340	−360 / −550	0	0	0	+10	+30	+60	+100	+340 / +150	+550 / +360
80 ··· 100	+178 / +124	+93 / +71	+73 / +51	+45	+25	+13	0	0	0	−12	−36	−72	−120	−170 / −390	−380 / −600	+35	+54	+220	+47	+90	+159	+260	+390 / +170	+600 / +380
100 ··· 120	+198 / +144	+101 / +79	+76 / +54	+23	+3	−9	−22	−87	−220	−34	−71	−126	−207	−180 / −400	−410 / −630	0	0	0	+12	+36	+72	+120	+400 / +180	+630 / +410
120 ··· 140	+233 / +170	+117 / +92	+88 / +63											−200 / −450	−460 / −710								+450 / +200	+710 / +460
140 ··· 160	+253 / +190	+125 / +100	+90 / +65	+52 / +27	+28 / +3	+14 / −11	0 / −25	0 / −100	0 / −250	−14 / −39	−43 / −83	−85 / −148	−145 / −245	−210 / −460	−520 / −770	+40 / 0	+63 / 0	+250 / 0	+54 / +14	+106 / +43	+185 / +85	+305 / +145	+460 / +210	+770 / +520
160 ··· 180	+273 / +210	+133 / +108	+93 / +68											−230 / −480	−580 / −830								+480 / +230	+830 / +580

* Bis Nennmaß 24 mm: x8. Toleranzfeld u8 ist erst über 24 mm Nennmaß festgelegt

Bild 5

Spielpassung. Teils positive, teils negative Paßtoleranz: *Übergangspassung*. Paßtoleranz negativ (stets Übermaß): *Preßpassung*.

Spielpassungen bei Lagerstellen erfordern ein Spiel, dessen Größe von Belastung, Werkstoff, Lagerlänge, Schmierung, Drehzahl und Betriebszustand bestimmt wird. Formänderungen der Welle und des Gehäuses und die Wellenverlagerung müssen außerdem berücksichtigt werden. Bei großer Wärmeausdehnung eines Teiles oder Quellmöglichkeit ist das Spiel besonders sorgfältig festzulegen. Das anfängliche Einbauspiel vergrößert sich infolge Abnutzung im Betrieb; das hierbei zulässige Maß bestimmt die Lebensdauer. Bei dünnwandigen Buchsen, die ein-

Empfohlene Paßtoleranzen — ISO-Passungen DIN 7157 Blatt 2
Spiele und Übermaße in µm

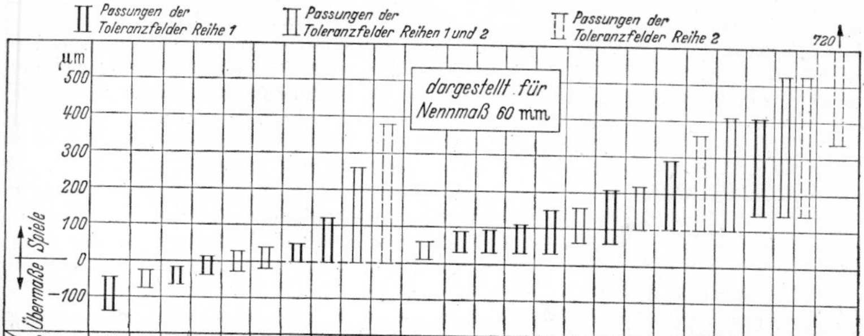

Nennmaßbereich mm \ Passung	H8/x8/u8*	H7/s6	H7/r6	H7/n6	H7/k6	H7/j6	H7/h6	H8/h9	H11/h9	H11/h11	G7/h6, H7/g6	H7/f7	F8/h6	H8/f7	F8/h9	H8/e8	E9/h9	H8/d9	D10/h9	H11/d9	D10/h11	C11/h9	C11/h11, H11/c11	A11/h11, H11/a11
über 3 bis 6	−10 −46	−7 −27	−3 −23	+4 −16	+11 −9	+13 −6	+20 0	+48 0	+105 0	+150 0	+24 +4	+34 +10	+36 +10	+40 +10	+58 +10	+56 +20	+60 +20	+78 +30	+108 +30	+135 +30	+153 +30	+175 +70	+220 +70	+420 +270
6···10	−12 −56	−8 −32	−4 −28	+5 −19	+14 −10	+17 −7	+24 0	+58 0	+126 0	+180 0	+29 +5	+43 +13	+44 +13	+50 +13	+71 +13	+69 +25	+97 +25	+98 +40	+134 +40	+166 +40	+188 +40	+206 +80	+260 +80	+460 +280
10···14	−13 −67	−10 −39	−5 −34	+6 −23	+17 −12	+21 −8	+29 0	+70 0	+153 0	+220 0	+35 +6	+52 +16	+54 +16	+61 +16	+86 +16	+86 +32	+118 +32	+120 +50	+163 +50	+203 +50	+230 +50	+248 +95	+315 +95	+510 +290
14···18	−18 −72																							
18···24	−21 −87	−14 −48	−7 −41	+6 −28	+19 −15	+25 −9	+34 0	+85 0	+182 0	+260 0	+41 +7	+62 +20	+66 +20	+74 +20	+105 +20	+106 +40	+144 +40	+150 +65	+201 +65	+247 +65	+279 +65	+292 +110	+370 +110	+560 +300
24···30	−15 −81																							
30···40	−21 −99	−18 −59	−9 −50	+8 −33	+23 −18	+30 −11	+41 0	+101 0	+222 0	+320 0	+50 +9	+75 +25	+80 +25	+89 +25	+126 +25	+128 +50	+174 +50	+181 +80	+242 +80	+302 +80	+340 +80	+342 +120	+440 +120	+630 +310
40···50	−31 −109																					+352 +130	+450 +130	+640 +320
50···65	−41 −133	−23 −72	−11 −60	+10 −39	+28 −21	+37 −12	+49 0	+120 0	+264 0	+380 0	+59 +10	+90 +30	+95 +30	+106 +30	+150 +30	+152 +60	+208 +60	+220 +100	+294 +100	+364 +100	+410 +100	+404 +140	+520 +140	+720 +340
65···80	−56 −148	−29 −78	−13 −62																			+414 +150	+530 +150	+740 +360
80···100	−70 −178	−36 −93	−16 −73	+12 −45	+32 −25	+44 −13	+57 0	+141 0	+307 0	+440 0	+69 +12	+106 +36	+112 +36	+125 +36	+177 +36	+180 +72	+246 +72	+261 +120	+347 +120	+427 +120	+480 +120	+477 +170	+610 +170	+820 +380
100···120	−90 −198	−44 −101	−19 −76																			+487 +180	+620 +180	+850 +410
120···140	−107 −233	−52 −117	−23 −88	+13 −52	+37 −28	+51 −14	+65 0	+163 0	+350 0	+500 0	+79 +14	+123 +43	+131 +43	+146 +43	+206 +43	+211 +85	+285 +85	+308 +145	+405 +145	+495 +145	+555 +145	+550 +200	+700 +200	+960 +460
140···160	−127 −253	−60 −125	−25 −90																			+560 +210	+710 +210	+1020 +520
160···180	−147 −273	−68 −133	−28 −93																			+580 +230	+730 +230	+1080 +580

* Bis Nennmaß 24 mm: $\frac{H8}{x8}$, über 24 mm Nennmaß: $\frac{H8}{u8}$

‖ vor ‖ vor ‖ anzuwenden

Bild 6

gepreßt werden, wird das Spiel für den Wellenlauf kleiner; Buchsen aus Leichtmetall und Kunststoffen erfordern besondere Maßnahmen.

Bei *Übergangs-* und *Preßpassungen* suchen die im Betrieb auftretenden Quer- und Längskräfte den aufgebrachten Maschinenteil gegen die Haftkräfte in den Paßflächen zu verschieben; die Haftung hängt vom Übermaß, von der Größe und Oberflächenbeschaffenheit der Flächen, den Werkstoffen und ihren besonderen Dehnungseigenschaften ab. Das Fügen wird durch Längsbewegung unter Kraftaufwand bei Raumtemperatur oder durch Erwärmen (Schrumpfen) bzw. Unterkühlen (Dehnen) vorgenommen (vgl. S. 638). Außer der elastischen Verformung tritt meist noch eine plastische auf; Preßpassungen können lösbar sein, und die beiden Paßstücke können wieder verwendet werden, falls Paßflächen sehr glatt und geschmiert.

b) Passungsauswahl. Obwohl man grundsätzlich zwei beliebige ISO-Toleranzen zu einer ISO-Passung zusammenstellen kann, so sollte doch jede Spiel-, Übergangs- oder Preßpassung entweder dem System *Einheitsbohrung* EB (Din 7154) oder dem System *Einheitswelle* EW (DIN 7155) entnommen werden. Für EB ist ein einheitliches Toleranzfeld sämtlicher Bohrungen (Innenmaße), und zwar mit unterem Abmaß = 0 festgelegt; Buchstabe H kennzeichnet somit die EB. Für EW liegt ein einheitliches Toleranzfeld sämtlicher Wellen (Außenmaße), und zwar mit oberem Abmaß = 0 fest; Buchstabe h kennzeichnet die EW. Zur Kostensenkung für Werk-, Spann- und Meßzeuge wird die Passungsauswahl mit den Toleranzfeldern nach DIN 7157 (Bild 5) empfohlen. DIN 7157 enthält außerdem die vorzugsweise anzuwendenden Passungen (Bild 6); Preßpassungen hieraus werden den üblichen Anforderungen gerecht, Nachrechnung nach DIN 7190 meist nicht erforderlich. Für den Einbau von Wälzlagern gilt DIN 5425.

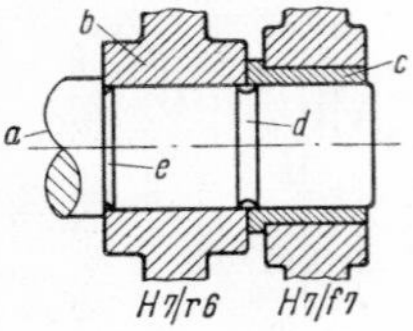

Bild 7

Beispiel (Bild 7): Nabe *b* soll auf Welle *a* festsitzen (Preßpassung); *a* läuft in Lagerbuchse *c* (Spielpassung); gewählt DIN 7157 Reihe 1. Dmr. = 60 mm; Abmaße in µm.

Nabe *b* / Welle *a*	H 7: größte Bohrung	+30	ungünstigste Paarung	kleinstes Übermaß 11 µm	wahrscheinliches (mittleres) Übermaß ≈ 35 µm
	r6: kleinste Welle	+41			
	H 7: kleinste Bohrung	0	ungünstigste Paarung	größtes Übermaß 60 µm	
	r6: größte Welle	+60			
Buchse *c* / Welle *a*	H 7: größte Bohrung	+30	ungünstigste Paarung	größtes Spiel 90 µm	wahrscheinliches (mittleres) Spiel ≈ 60 µm
	f7: kleinste Welle	−60			
	H 7: kleinste Bohrung	0	ungünstigste Paarung	kleinstes Spiel 30 µm	
	f7: größte Welle	−30			

Die Bohrungen von Nabe *b* und Buchse *c* sind gleich groß gewählt (H 7, Einheitsbohrung). Die Welle erhält bei *d* einen kleinen Absatz mit Schleifeinstich und bei *e* einen Schleifeinstich. Die Preßpassung H 7/r6 ist kraftschlüssig. Der Mittelwert der Spielpassung (Buchse/Welle) liegt bei 60 µm; er ist der bei großer Stückzahl wahrscheinlich erreichbare, d. h. eine größere Anzahl beliebig miteinander gepaarter Teile wird ein Spiel von 60 µm haben, während eine kleinere Zahl nur 30 µm, aber auch 90 µm aufweisen wird. Bei kleiner Stückzahl Abhilfe durch Auswählen. Wahrscheinliches verhältnismäßiges Lagerspiel (vgl. Gleitlager S. 714) $\psi \approx (D - d)/d = 0{,}060/60 = 0{,}001$.

D. Technische Zeichnungen

Da die Zeichnung die Sprache in der Technik darstellt, müssen die in den Zeichnungsnormen gegebenen Regeln gewissenhaft befolgt werden.

Literatur: 1. *Bachmann, A.*, u. *R. Forberg:* Technisches Zeichnen, 14. überarb. Aufl. Stuttgart: Teubner 1966. — 2. *Fey, G.:* Technisches Zeichnen und Projektionszeichnen. Braunschweig: Vieweg & Sohn 1966. — 3. *Hohenberg, F.:* Konstruktive Geometrie für Techniker. Wien: Springer 1956. — 4. *Reimpell, J.*, *E. Pautsch* u. *R. Stangenberg:* Die normgerechte Zeichnung f. Konstruktion u. Fertigung, Bd. II. Düsseldorf: VDI-Verl. 1967.

Über Zeichenmaschinen vgl. VDI-Z. 99 (1957) Nr. 13 S. 600/02. — Über Zeichnungseinrichtungen im Konstruktionsbüro vgl. Konstruktion 17 (1965) Nr. 1 S. 22/23.

DIN 6789 Zeichnungssystematik (Febr. 1965). — DIN 199 Technische Zeichnungen, Benennungen (Sept. 1962). — DIN 6774 (Aug. 1967) Technische Zeichnungen; Ausführungsrichtlinien. — DIN 823 (Entw. Okt. 1967) Zeichnungsvordrucke u. Maßstäbe; Blattgrößen.

1. Zeichnungsarten

Die wichtigsten Arten sind:

Skizze (meist freihändige Darstellung), Angebot-, Bestell-, Richt(Montage)-, Fundament-, Patent-, Druckstockzeichnung. *Stammzeichnung* (von grundlegendem Wert als Original). *Werkzeichnung* (nach der das Werkstück hergestellt wird). *Teilzeichnung* (Darstellung eines Einzelteils). *Übersichtszeichnung* (Gesamtdarstellung).

Graphische Darstellung (vgl. DIN 461), Schaubild, Nomogramm. Bearbeitungsplan, Schaltplan, Wickelplan, Leitungsplan, Rohrplan, Lageplan, Organisationsplan.

Ausführungsarten: In *Blei* (evtl. Maßzahlen und Pfeile in Tusche) oder *Tusche*; meist auf pausfähigem Transparent(Klar)-Papier oder Pausgewebe. *Vervielfältigung:* Pause (Kopie des Originals), Lichtpause, Lichtbild (Photo), Druck. Photographische Wiedergabe (Photokopien).

2. **Formate.** *Ausgangsformat* für die DIN A-Reihe ist ein Rechteck von 1 m^2 Fläche mit den Seiten x und y, wobei $x:y = 1:\sqrt{2}$ ist; Kurzzeichen A0. Je zwei in der A-Reihe benachbarte Formate, vgl. Tab., entstehen durch Hälften bzw. Doppeln; ihre Flächen verhalten sich wie 2:1 bzw. 1 : 2. Für die Seiten gilt $x_{A0}:y_{A0} = x_{A1}:y_{A1} = \cdots = x_{2A0}:y_{2A0} = x_{4A0}:y_{4A0} = 1:\sqrt{2}$; 2A0 = Dopplung von A0; 4A0 = Dopplung von 2A0. Blattgrößen über A0 vgl. DIN 476.

Blattgrößen. DIN 823 (Auszug)

Blatt-größen DIN 476 Reihe A	Beschnittene Zeichnung bzw. Lichtpause (Fertigblatt)	Unbeschnittenes Blatt. Kleinstmaß
A 0	841 × 1189	880 × 1230
A 1	594 × 841	625 × 880
A 2	420 × 594	450 × 625
A 3	297 × 420	330 × 450
A 4	210 × 297	240 × 330
A 5	148 × 210	165 × 240
A 6	105 × 148	120 × 165
2 A 0	1189 × 1682	——

Die *Zeichenfläche* beginnt mit je 5 mm Abstand von der Schnittkante.

Maßstäbe. Natürliche Größe M 1 : 1. Verkleinerungen M 1 : 2,5; 1 : 5; 1 : 10; 1 : 20; 1 : 50; 1 : 100; usw.

Vergrößerungen M 2 : 1; 5 : 1; 10 : 1, 50 : 1.

Faltung der Zeichnung auf Größe A4 zum Einheften in Ordner vgl. DIN 824.

3. **Vordrucke** für Zeichnungen DIN 6781, Schriftfelder DIN 6782, Stücklisten DIN 6783 (sämtlich März 1955).

Schriftfeld wird auf der *leserecht* gelegten Zeichnung (hoch bzw. quer) in der rechten unteren Ecke angeordnet; Größe in der Regel 185 × ≈ 72. Es enthält z. B. Benennung des Gegenstands, Zeichnungs-Nr., Firma, Auftraggeber, Ursprung bzw. Ersatz, Änderungsvermerke, Maßstab, allgemeine Toleranzhinweise vgl. C 1, S. 626, Datum.

Falls keine getrennte Stückliste geführt wird, ist diese unmittelbar über das Schriftfeld zu setzen. Zeilenhöhe 4,25 mm entspricht der einer Schreibmaschine. Stückliste enthält u. a.: Werkstoffangaben nach DIN bzw. handelsübliche Bezeichnung. Modell-Nr., Gesenk-Nr., Halbzeug.Hinweise für Normblatt bzw. Zeichnungs-Nr., Fertiggewicht.

4. **Schriftarten**[1]. DIN 1451 (Febr. 1951) Eng-, Mittel-, Breitschrift; ferner Normenheft 5 und 6. Für Zeichnungen meist angewendet schräge Normschrift DIN 16, vgl. Bild 8; senkrechte DIN 17. Nenngrößen $h = 2; 2{,}5; 3; 4; 5; 6; 8; 10 \ldots$ Höhe der Großbuchstaben $= 7/7 \cdot h$ = Nenngröße; Höhe der Kleinbuchstaben $5/7 \cdot h$; Strichdicke $\leqq 1/7 \cdot h$; Zeilenabstand $\approx 11/7 \cdot h$.

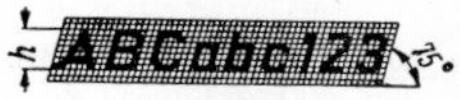

Bild 8

5. **Linien** und **Liniendicken** DIN 15 Bl. 1 und 2 (März 1964; Bl. 1 neuer Entw. Febr. 1966). Linienarten: Voll-, Strich-, Strichpunkt- und Freihandlinien. Liniendicken 0,1 bis 1,2 mm.

6. **Darstellung** des Gegenstands. *Ansichten. Schnitte* (vgl. DIN 6, Okt. 1956). Regel: In Zusammenstellungszeichnungen wird Gegenstand in *Gebrauchslage*, in Teilzeichnungen in (Haupt-) *Fertigungslage* dargestellt. Vorderansicht genügt, insofern sie charakteristisch für die Form des Gegenstands ist; Draufsicht und u. U. eine Seitenansicht, wenn sonst die genaue Form des Teils nicht erkennbar und/oder Bemaßung nicht vollkommen möglich. Ist eindeutige Form durch *Ansichten* nicht klar darstellbar, dann Schnittdarstellungen: Voll-, Teilschnitte oder Ausbrüche. Durch Ausbruch (Bild 9) wird Darstellung klarer, da Kernloch durch Vollinien

[1] Besondere Schrift A (DIN 66008, Juni 1967) für die maschinelle optische Zeichenerkennung; Schrift CMC 7 für die maschinelle magnetische Zeichenerkennung (DIN 66007, Nov. 1967).

dargestellt. Schlüsselfläche links durch „SW 17" gekennzeichnet; dadurch Seitenansicht nicht erforderlich.

Projektive Darstellung nach ISO-Methode E*.

Als Ausgangslage diene (vgl. Bild 10) die *Vorderansicht V* des Quaders, Blickrichtung wie Pfeil *V*. Aus dieser Ausgangslage heraus ergeben sich durch *Klappungen* um je 90° die übrigen Ansichten. *D* = *Draufsicht*; S_R = = *Seitenansicht* von rechts betrachtet; S_L = *Seitenansicht*, von links betrachtet; *R* = Rückansicht, entstanden durch weitere Klappung von S_L um 90°; *U* = Untersicht.

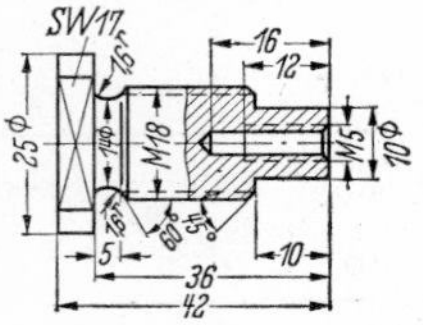

Bild 9

Beispiel: Bild 11. Vorderansicht a ist für ein Stirnrad charakteristisch. Es ist überflüssig, das ganze Rad zu zeichnen; der Zusatz „5 Arme" genügt. Zähnezahl kann in Stückliste oder auf Zeichnung vermerkt werden. Seitenansicht b im Schnitt (von links gesehen) ist erforderlich, um Form von Nabe, Kranz und Arm eindeutig zu bestimmen und Maße eintragen zu können. Unterhalb der Drehachse sind lediglich in a die Halbkreise für die Bohrung und Nabe und in b die geschnittene untere Nabenhälfte angedeutet. Beachte die Schnittführung im Arm: Rippen werden nicht geschnitten. Ist wegen Kleinheit der Zeichnung an einzelnen Stellen die Darstellung oder die Bemaßung nicht deutlich genug, so wird, vgl. Kreis *Z*, die „Einzelheit" — u. U. mit Maßangaben — vergrößert herausgezeichnet.

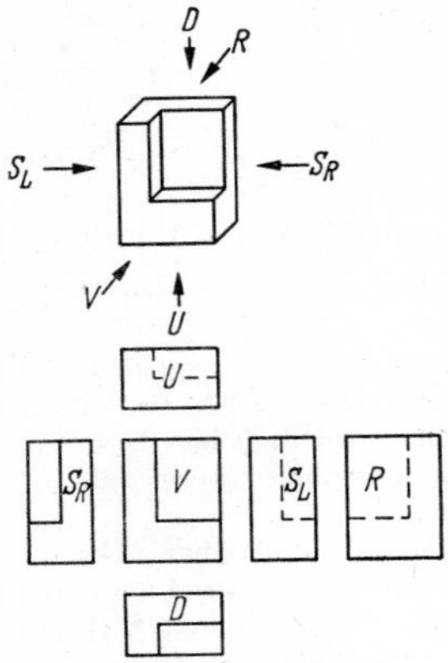

Bild 10

Grundsätzlich wird bei Werkzeichnungen der Gegenstand im *Endzustand* dargestellt. Erscheint es aus Gründen der Fertigung zweckmäßig, z. B. für Guß- oder Schmiedestücke (auch Stanzteile) die *Zugabe* in der Zeichnung darzustellen, so ist es üblich, die entsprechenden Konturen —·—·—·— zu zeichnen. Dicke, kurze Striche ----- außerhalb der Konturen kennzeichnen Grenzen für Oberflächen- oder Wärmebehandlung (DIN 15, März 1964).

7. Maßeintragung DIN 406; Beispiele vgl. Bild 9.

Die wesentlichen Änderungen in der Neuausgabe von DIN 406, Bl. 2 (Juni 1968) konnten hier nicht mehr berücksichtigt werden.

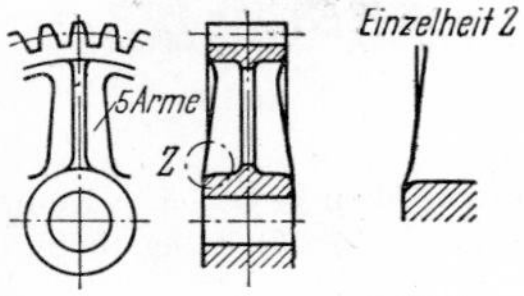

a b Bild 11

Gewindedarstellung[1]. Bei M 5 ist Kernloch ≈ Kerndmr.; daher Maßzahl für Kernloch nicht erforderlich; Gewindesenkung nicht bemaßt, da für Funktion nicht erforderlich; Senkung in der Regel bis Gewinde-Außendmr. Gewindeauslauf nicht gezeichnet, er liegt links außerhalb des Gewindelängenmaßes 12; er wird bei größeren Gewinden und in Sonderfällen angegeben. Außengewinde M 18 links unter 60°, rechts unter 45° angefast. Halsdmr. 14 der Gewinderille ist kleiner als Gewindekerndmr. Wegen Kleinheit ist Mittelpunkt des Halbkreises am Halsübergang nicht eingezeichnet; daher erhält Maß 1,6 den Zusatz *r*. Die beiden *Schlüsselflächen* — SW 17 — sind als ebene Flächen durch Diagonalkreuz eindeutig gekennzeichnet. *Längsmaße.* Gesamt-Längenmaß (42) muß angegeben werden. Bezugskante für Längenmaße ist in Bild 9 (Herstellung u. Prüfung) rechtes Werkstückende (für Maße 10; 12; 16; 36). Linker Gewindeanfang für M18 wird vom Maß 36 rückwärts gemessen (5).

Überbestimmung ist zu vermeiden; z. B. ist für den Bund links keine Höhe (6 = 42 — 36) anzugeben; Ausnahme jedoch z. B. beim Kegel.

---

* Daneben in USA angewandt ISO-Methode A, bei der die Ansichten in anderer Weise projiziert werden.

[1] *Beachten:* Bis zur Neuausgabe von DIN 15 u. 27 (März 1964) wurden der Kerndmr. des Gewindebolzens u. der Gewinde-Außendmr. der Mutter durch dünne *Strich*-Linien sinnbildlich dargestellt. Nunmehr kann das durch dünne *Voll*-Linien geschehen; so in allen neuen DIN-Blättern (Übernahme von ISO/R128). Diese ISO-Darstellung u. die bisher übliche bleiben einstweilen nebeneinander bestehen. — Herausgeber u. Verlag haben es für zweckmäßig gehalten, das bisherige Sinnbild beizubehalten, da sonst in vielen Fällen die Gewinde nicht deutlich genug zu erkennen wären.

Halbrundniete

Maße in mm; ( ) möglichst vermeiden

	d_1	11	13	(15)	17	(19)	21	23	25	28	31	(34)	37
	d	10	12	14	16	18	20	22	24	27	30	33	36
Kesselbau DIN 123, Blatt 1	D	18	22	25	28	32	36	40	43	48	53	58	64
	k	7	9	10	11,5	13	14	16	17	19	21	23	25
	$R \approx$	9,5	11	13	14,5	16,5	18,5	20,5	22	24,5	27	30	33
Stahlbau DIN 124, Blatt 1	D	16	19	22	25	28	32	36	40	43	48	53	58
	k	6,5	7,5	9	10	11,5	13	14	16	17	19	21	23
	$R \approx$	8	9,5	11	13	14,5	16,5	18,5	20,5	22	24,5	27	30
	M	10	12	—	16	—	20	22	24	27	30	33	36
	Sinnbild[1] DIN 407			15		19				28	31	34	37
$d_1^2\pi/4$ cm² $\approx$		0,95	1,33	1,77	2,27	2,84	3,46	4,15	4,91	6,16	7,55	9,08	10,8

[1] Gültig für beiderseits Halbrundköpfe.

2. Nietungen im Stahlbau[1]

Vom *Kesselbau* abweichende Bezeichnungen: e = Nietteilung; $e_{min} = 3d_1$; $e_{max} = 6d_1$; e_1 = Randabstand; $e_{1min} = 2d_1$; t = Blechdicke.

Für Rechnung auf Lochleibung beachte t_{min}; S = Stabkraft; N = Tragkraft je Niet bzw. Schraube kp; $N_{\tau a}$ auf Abscheren; N_l auf Lochleibung. m = Schnittzahl; n = Nietzahl; w = Wurzelmaß, vgl. Bild 12; dem Wurzelmaß entsprechen die Anreißmaße w_1, w_2 und w_3 in der Tafel für Winkelstähle S. 917.

Die *Schwerlinien*, die durch die Schwerpunkte der Profile gehen, sollen mit den *Netzlinien*, die sich im Knotenpunkt A, Bild 12, schneiden, zusammenfallen. Bei *unsymmetrischen* Profilen aber, z. B. L-Stählen in Bild 12, decken sich die *Nietrißlinien* nicht mit den Schwerlinien der Profile, vgl. Maß x beim Stab D_2; bei Überleitung der Stabkräfte durch die Niete auf das Knotenblech können sich hierdurch Biegemomente auf den Stab ergeben. Das kann bei kleinen Fachwerkskonstruktionen mit Winkelstahl unbedenklich sein. Wenn sich bei *symmetrischen* Profilen, wie z. B. bei ⊔-Profilen, auch die Nietrißlinien mit den Schwerlinien der Profile decken, treten keine zusätzlichen Biegemomente in den Stäben auf.

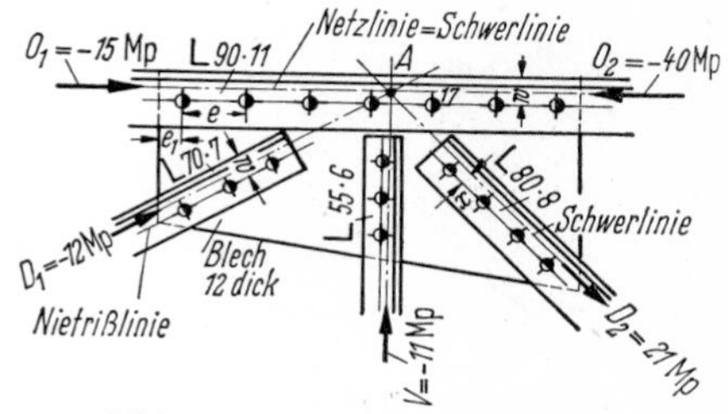

Bild 12. Stabanschlüsse am Knotenblech

Bild 12. Knotenpunkt einer oberen Gurtung (Stahlbau). Stabkräfte S sind dem Kräfteplan zu entnehmen; O_1, O_2 = Obergurt; D_1, D_2 = Diagonalen; V = Vertikale.

Zulässige Spannungen im Stahlbau vgl. S. 534.

$$N_{\tau a} = m d_1^2\pi/4 \cdot \tau_{a\,zul}; \qquad N_l = t_{min} d_1 \sigma_{l\,zul}; \qquad n_{erf} = S/N_{min}.$$

Beispiel: Knotenpunkt Bild 12. $\tau_{a\,zul} = 1400$ kp/cm²; $\sigma_{l\,zul} = 2800$ kp/cm². Wegen der vereinfachten Herstellung sind sämtliche Niete für die Stabanschlüsse gleich groß gewählt, nämlich $d_1 = 17$ mm. Die Nietverbindungen sind zweischnittig, also $m = 2$; mithin $N_{\tau a} = 2 \cdot 1{,}7^2\pi/4 \times 1400 = 6350$ kp, gültig für sämtliche Nietverbindungen.

[1] *Schreyer, C., Ramm, H.,* u. *W. Wagner:* Praktische Baustatik. Teil 2. 10. überarb. Aufl. Stuttgart: Teubner 1967.

Die Lochleibungskraft N_l tritt sowohl zwischen Nietschaft und Knotenblech auf (N_{lK}), als auch zwischen Nietschaft und den beiden Löchern in den Flanschen der ⅃-Profile (N_{lF}). $N_{lK} = 1{,}2 \cdot 1{,}7 \cdot 2800 = 5750$ kp, konstant; N_{lF} ist für die Profile verschieden, vgl. unten. Maßgebend für die Berechnung der Nietzahl n ist der kleinste Wert von N_{Ta}, N_{lK}, N_{lF}.

Stab O_1—O_2, durchlaufend. Am Knotenblech beiderseits anzuschließende Stabkraft $S = O_2 - O_1 = 40 - 15 = 25$ Mp. $N_{lF} = 2 \cdot 1{,}1 \cdot 1{,}7 \cdot 2800 = 10500$ kp; $N_{min} = N_{lK} = 5750$ kp; $n_{erf} = 25000 : 5750 \approx 4$; aus konstruktiven Gründen $n = 7$.

Stab V. Stabkraft $S = -11$ Mp. $N_{lF} = 2 \cdot 0{,}6 \cdot 1{,}7 \cdot 2800 = 5750$ kp $= N_{lK} = N_{min}$; $n_{erf} = 11000 : 5750 \approx 2$; ausgeführt $n = 3$.

Stab D_1. Stabkraft $S = -12$ Mp. $N_{lF} = 2 \cdot 0{,}7 \cdot 1{,}7 \cdot 2800 = 6700$ kp. $N_{min} = N_{lK} = 5750$ kp; $n_{erf} = 12000 : 5750 \approx 2$; ausgeführt $n = 3$.

Stab D_2. Stabkraft $S = 21$ Mp. $N_{lF} = 2 \cdot 0{,}8 \cdot 1{,}7 \cdot 2800 = 7600$ kp. $N_{min} = N_{lK} = 5750$ kp; $n_{erf} = 21000 : 5750 \approx 3{,}7$; ausgeführt $n = 4$.

Über Verwendung hochfester vorgespannter *Schrauben* der Güte 10 K (**HV-Verbindung**) an Stelle von Nietung vgl. Stahl i. Hochbau. 13. Aufl. (1967) S. 524. Schrauben sitzen nicht stramm eingepaßt, sondern mit gewissem Spiel in den Löchern. Die durch starke Schrauben-Vorspannung zwischen den Bauteilen erzeugte Reibung gestattet, Kräfte quer zur Schraubenachse aufzunehmen; außerdem ergeben sich auch biegesteife Verbindungen.

B. Schrumpfverbindungen[1,2]

Literatur: 1. *Boboc, R.:* Über Schrumpfpassungen i. d. Kröpfungen gebauter Kurbelwellen. Konstruktion 5 (1953) Nr. 11 S. 368/73. — 2. *Fernlund, I.:* Drehmomentübertragung i. Preßverbindungen. Konstruktion 18 (1966) Nr. 12 S. 495/501. — 3. *Florin, F.:* Leitertafeln zur Berechnung von Schrumpfverbdg. Konstruktion 9 (1957) Nr. 8 S. 324/27. — 4. *Gärtner, G.:* Zur Wahl d. Fugendurchmessers bei Preßverbindungen. Konstruktion 16 (1964) Nr. 7 S. 277/84. — 5. *Kerth, W.:* Zur Berechnung einfacher Querpreßverbindungen. Teil 1: Theoretische Untersuchung. Teil 2: Berechnungsbeispiele .... Forschung i. Ingenieurwesen 34 (1968) Nr. 1 S. 7/15. — 6. *Kunert, K.:* Verminderung des Radialspiels u. der Schrumpfspannung b. Wälzlagern ... VDI-Z. 99 (1957) Nr. 13 S. 587/91. — 7. *Mundt, R.:* Druckölverfahren b. Fügen u. Lösen von Preßpassungen. Werkstattst. u. Masch.-Bau 47 (1957) Nr. 2 S. 78/81. — 8. *Peiter, A.:* Experimentelle bzw. theoretische Spannungsanalyse an Schrumpfpassungen. Konstruktion 10 (1958) Nr. 6 S. 224/32 u. Nr. 10 S. 411/16. — 9. Ders.: Die Ermittlung der Fugenpressung in Querpreßpassungen. Ebenda 14 (1962) Nr. 4 S. 135/40. — 10. *Peters, G.:* Die elastische Schrumpfverbdg. VDI-Z. 99 (1957) Nr. 2 S. 63/66. — 11. *Sähn, S.:* Torsionsfederzahlen abgesetzter Wellen mit Kreisquerschnitt und Folgerungen f. d. Gestaltung v. Schrumpfverbindungen. Konstruktion 19 (1967) Nr. 1 S. 12/19. — 12. *Thamm, St.:* ... Schrumpfverb., zwischen rasch umlauf. zylindrischen Maschinenteilen. VDI-Z. 98 (1956) Nr. 11 S. 463/74. — DIN 7190 u. Beibl. 1 (Okt. 1956) Berechnung v. Preßpassungen.

Durch „Schrumpfen" wird eine rüttelsichere Verbindung von Teilen hergestellt. Die Haftkräfte entstehen durch Schrumpfen beim Erkalten (Schrumpfpassung) bzw. Ausdehnen beim Erwärmen (Dehnpassung).

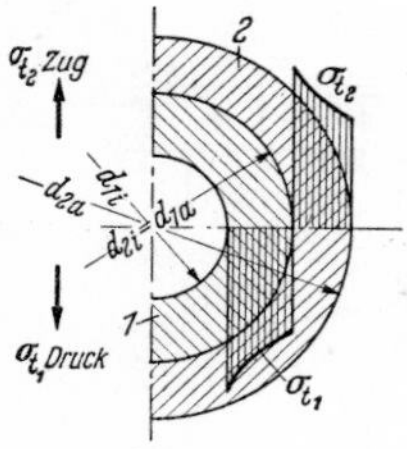

Bild 13 Teil *1* und *2* in gefügtem Zustand bei Temperatur T_0

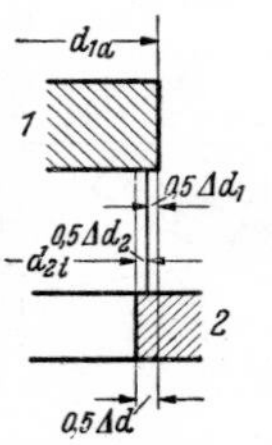

Bild 14. Schrumpfverbindung vor dem Fügen bei Temperatur T_0

Bezeichnungen, vgl. Bild 13 und 14.

T_0 °K = Betriebstemperatur, meist = Herstelltemperatur. Unmittelbar vor dem Zusammenfügen: T_1 °K = Temperatur der Welle bzw. Hohlwelle *1*, T_2 °K = Temperatur des Ringes *2*.

Schrumpftemperatur $\Delta t_2 = T_2 - T_0$ von Teil *2*, der *erwärmt* wird; Ausdehnungstemperatur $\Delta t_1 = T_0 - T_1$ von Teil *1*, der *unterkühlt* wird; Δt_2 und Δt_1 sind also positiv.

Index a für außen, i für innen. α_t = Wärmedehnzahl 1/grd. E_1 bzw. E_2 = E-Modul des Innen- bzw. Außenteils in kp/mm². σ_t = Tangentialspannung kp/mm². Schrumpffläche = Preßfuge $= \pi d_{1a} l \approx \pi d_{2i} l$ in mm². $d_{1a} = d_{2i}$ = Fugendmr. in mm. l = Fugenlänge in mm. p = Fugendruck in kp/mm². $Q_1 = d_{1i}/d_{1a}$ = Durchm.-Verhältnis der Welle; $Q_2 = d_{2i}/d_{2a}$ = Durchm.-Verhältnis des Ringes. m_1 bzw. m_2 = Reziprokwert der Poissonschen Zahl (vgl. S. 351) von Teil *1* bzw. Teil *2*.

Schrumpfmaß Δd in µm bei T_0 °K ist das Maß, um das der Paßdmr. d_{2i} des Ringes *2* kleiner als der Außendmr. d_{1a} der Welle *1* ist, Bild 14; in gefügtem Zustand, Bild 13, ist $d_{2i} = d_{1a}$.

a) Schrumpfmaß Δd. Für eine Schrumpfverbindung nach Bild 14 gilt

$$\Delta d = 1000\, d_{1a} p \left[\frac{1}{E_2}\left(\frac{1+Q_2^2}{1-Q_2^2} + \frac{1}{m_2}\right) + \frac{1}{E_1}\left(\frac{1+Q_1^2}{1-Q_1^2} - \frac{1}{m_1}\right)\right]^* . \qquad (1)$$

Ist Teil *1* eine Vollwelle, dann ist $Q_1 = 0$.

[1] Die Schrumpf- bzw. Dehnverbindung ist eine *Querpreßpassung*.
[2] Mitarbeiter an diesem Abschnitt: Dr.-Ing. *F. Florin*, Berlin.
* *Hooke*sches Gesetz (vgl. S. 352) für Teil *1* und *2* angenommen.

Um Gl. (1) im Nomogramm, vgl. Bild 15, darzustellen, schreibt man:

$$\frac{\varepsilon}{p} = \frac{10^3}{E_2}\left(\frac{1+Q_2^2}{1-Q_2^2}+\frac{1}{m_2}\right)+\frac{10^3}{E_1}\left(\frac{1+Q_1^2}{1-Q_1^2}-\frac{1}{m_1}\right). \tag{2}$$

Hierin bedeutet $\varepsilon = \Delta d/d_{1a}$ das *relative* Schrumpfmaß in µm/mm. Bild 15 gilt für folgende 3 Fälle:

1. Ring und Welle aus Stahl,
2. Ring aus Grauguß, Welle aus Stahl,
3. Ring aus Stahl, Welle aus Grauguß.

Bild 15 liegen folgende Werte zugrunde: $E_{St} = 21\,000$ kp/mm²; $E_{GG} = 10\,500$ kp/mm²; $m_{St} = m_{GG} = 10/3$. Zur Berechnung des Schrumpfmaßes Δd setze $\Delta d = \varepsilon d_{1a}$ und $\varepsilon = p \cdot [\varepsilon/p]$. Demnach wird

$$\Delta d = d_{1a} p [\varepsilon/p]. \tag{3}$$

b) Reduzierte Spannung σ_{red}. Nach der Hypothese der größten Schubspannung (vgl. S. 360, Hypothese γ) erhält man aus den Hauptspannungen an den *Bohrungen* von Hohlwellen und Ring zwei Formeln für σ_{red}, nämlich

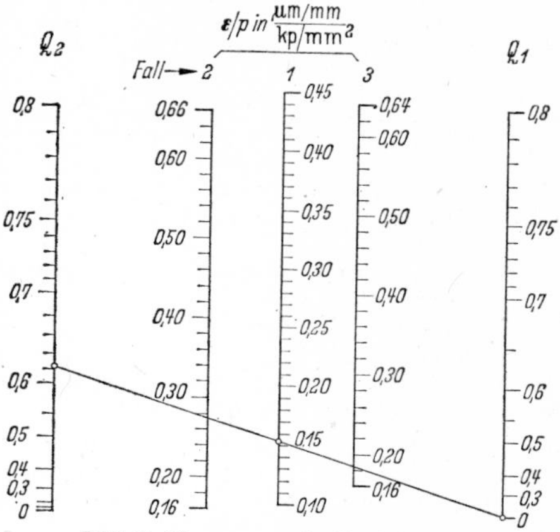

Bild 15. Nomogramm der Funktion ε/p
Fall 1: Ring und Welle St. Fall 2: Ring GG, Welle St.
Fall 3: Ring St, Welle GG

$$\sigma_{red1} = 2p/1 - Q_1^2) \quad (4\,a) \qquad \text{und} \qquad \sigma_{red2} = 2p/(1 - Q_2^2) \quad (4\,b).$$

Zum größerem Q gehört das größere σ_{red}. Meist ist $Q_2 > Q_1$.

Für *Vollwelle* liefert die Hypothese an allen Stellen $\sigma_{red1} = p$, also einen wesentlich kleineren Wert als an der Bohrung des zugehörigen Ringes. Diese Formeln dienen mit $\sigma_{red} \leqq \sigma_{zul}$ zur Berechnung des zulässigen Fugendrucks p. Maßgebend für die Kraftübertragung ist der jeweils kleinere Wert von p.

Für Berechnung im MKS-System. Die Zahlenwerte der in den Gln. (1, 2, 3, 4 a, 4 b) vorkommenden Größen E, p, σ sind rund zehnmal so groß wie im technischen System. Der Aufbau dieser Gleichungen zeigt, daß sich in allen Fällen der Faktor ≈10 heraushebt. — In Bild 15 müßten also die für Fall 1 bis 3 eingeschriebenen Zahlen durch ≈10 dividiert werden; ε/p ergibt sich dann in $\dfrac{\mu m/mm}{N/mm^2}$.

Beispiele: 1. Vollwelle und Ring aus Stahl mit $\sigma_{zul\,St} \approx 25$ kp/mm² ≋ ≈ 245 N/mm² ≋. $d_{2i} = 100$ mm; $d_{2a} = 160$ mm; $Q_2 = d_{2i}/d_{2a} = 0{,}625$; $Q_1 = 0$. Bild 15. Gezeichnete Gerade durch $Q_1 = 0$ und $Q_2 = 0{,}625$ ergibt für Fall 1, $\varepsilon/p = 0{,}155\,\dfrac{\mu m/mm}{kp/mm^2}$ ≋ $\approx 0{,}0154\,\dfrac{\mu m/mm}{N/mm^2}$ ≋. Aus Gl. (4 b) folgt mit $\sigma_{red2} \leqq \sigma_{zul\,St} = 25$ kp/mm² ≋ = 245 N/mm² ≋ der zulässige Fugendruck $p = 0{,}5\sigma_{red2}(1 - Q_2^2) = 12{,}5(1 - 0{,}39) \approx 7{,}63$ kp/mm² ≋ = 122,5 (1 − 0,39) ≈ 74,8 N/mm² ≋. Nach Gl. (3) wird $\Delta d = 100 \cdot 7{,}63 \cdot 0{,}155 \approx 118$ µm ≈ 0,12 mm ≋ wegen $\varepsilon/p \approx 0{,}0154$ wird $\Delta d = 100 \cdot 74{,}8 \cdot 0{,}0154 \approx 118$ µm ≋.

2. Wie Beispiel 1, jedoch Hohlwelle mit $d_{1i} = 40$ mm. $Q_2 = 0{,}625$; $Q_1 = d_{1i}/d_{1a} = 0{,}4$. Nach Bild 15, Fall 1, wird $\varepsilon/p \approx 0{,}173$. Wegen $Q_2 > Q_1$ und $\sigma_{zul1} = \sigma_{zul2}$ ist wie in Beispiel 1 nach Gl. (4 b) zu rechnen. Mit den gleichen Werten für Q_2 und σ_{red2} wird wieder $p = 7{,}63$. Nach Gl. (3) wird $\Delta d = 100 \cdot 7{,}63 \cdot 0{,}173 \approx 132$ µm ≈ 0,13 mm.

3. Vollwelle aus Stahl; $\sigma_{zul\,St} = 20$ kp/mm²; $d_{1a} = 100$ mm. Ring (Nabe) aus Grauguß; $\sigma_{zul\,GG} = 10$ kp/mm²; $d_{2a} = 180$ mm. $Q_2 = d_{2i}/d_{2a} = 0{,}556$; $Q_1 = 0$. Nach Bild 15 wird für Fall 2 $\varepsilon/p = 0{,}24$. Maßgebend ist die geringere Festigkeit von Grauguß $\sigma_{zul\,GG} = 10$; es ergibt sich nach Gl. (4) $p = 0{,}5\sigma_{red2}(1 - Q_2^2) = 5(1 - 0{,}309) \approx 3{,}46$. Nach Gl. (3) wird $\Delta d = 100 \cdot 3{,}46 \times 0{,}24 \approx 83$ µm ≈ 0,083 mm.

c) Schrumpftemperatur Δt_2 und Ausdehnungstemperatur Δt_1. Allgemeiner Fall[1]: Welle unterkühlt um Δt_1, Ring erwärmt um Δt_2. Für das Fügen muß nach Bild 14 sein: d_{2i} erwärmt $> d_{1a}$ unterkühlt, also $\Delta d < \Delta d_1 + \Delta d_2$.

Da $\Delta d_1 = \alpha_{t1} d_{1a} \Delta t_1$, $\Delta d_2 = \alpha_{t2} d_{2i} \Delta_{t2}$ und $d_{1a} \approx d_{2i}$ ist, wird

$$\Delta d/d_{1a} < \underbrace{\alpha_{t1}\Delta t_1}_{\text{Unterkühlung}} + \underbrace{\alpha_{t2}\Delta t_2}_{\text{Erwärmung}}; \quad \alpha_t = \text{linearer Ausdehnungskoeff.} \quad \text{(vgl. S. 600).}$$

Grenzwerte: Δt_1 ist durch die Anwendungsmöglichkeit von fester Kohlensäure oder flüssiger Luft gegeben, Verdampfungstemperatur von Trockeneis (CO_2) ≈ -78 °C, von flüssiger Luft $= -194$ °C; Δt_2 ist begrenzt durch Gefahr der Verzunderung und Herabsetzung der Festigkeitseigenschaften; es sei $\Delta t_2 < 250$ grd.

Beispiel 4: Vollwelle nach Beisp. 1. Unterkühlung von Teil *1* nicht erforderlich, also $\Delta t_1 = 0$. $\Delta d/d_{1a} = 1{,}2/1000 < 1{,}1 \cdot 10^{-5} \Delta t_2$; $\Delta t_2 > 110$ grd; falls $t_0 = 20$ °C ist, wird $t_2 > 130$ °C; gewählt $t_2 \approx 150$ °C.

d) Übertragbare Längskraft F und Drehmoment M_t. Die am Ring angreifende äußere *Längskraft* F muß kleiner als die durch die Spannungen ausgelöste *Haftkraft* F_H in der Preßfuge sein: $F \leqq F_H$; $F_H = \pi d_{2i} l \nu p$; p = Pressung in der Fuge (Fugendruck) in kp/mm²; ν = Haftbeiwert entspricht der Reibungszahl der Ruhe[2]. Zahlenwerte vgl. DIN 7190; starke Streuung von $\approx 0{,}05$ bis $\approx 0{,}19$ für Stahl; Zustand der Flächen (trocken oder gefettet) von ungeklärtem Einfluß. Für St 50 kann bestimmt mit $\nu = 0{,}16$ gerechnet werden.

Drehmoment $M_t \leqq 0{,}5 d_{2i} F \leqq 2 V p \nu$, worin V = Volumen des Wellenabschnitts von der Fugenlänge l. Einheiten beachten!

Beispiel 5: Vollwelle nach Beisp. 1. $l = 120$ mm. Es war $p = 7{,}6$ kp/mm². Umfangskraft oder Längskraft (F in Längs- und Umfangsrichtung gleich groß!) $F \leqq \pi \cdot 100 \cdot 120 \cdot 0{,}16 \cdot 7{,}6 = 45800$ kp. Drehmoment $M_t \leqq 50 \cdot 45800 = 2290000$ kpmm. Dem entspricht eine Verdrehungsspannung in der vollen Welle $\tau = M_t/W_p = 229000$ kpcm: 196 cm³ ≈ 1170 kp/cm².

$p = 74{,}8$ N/mm². $F \leqq \pi \cdot 100 \cdot 120 \cdot 0{,}16 \cdot 74{,}8 \approx 450000$ N. $M_t \leqq 50 \cdot 450000 = 22500000$ Nmm.
$\tau = M_t/W_p = 2250000$ Ncm: 196 cm³ $= 11500$ N/cm².

Hinweise: Verbindungen zwischen Naben, Kurbeln und Wellen vgl. Bild 194, S. 800. Kalt hergestellte Preßverbindungen vgl. Passungen S. 629/30. Kalt hergestellte kegelige Preßverbindungen vgl. Konstruktion 9 (1957) Nr. 5 S. 188/95. — Einfluß der metallischen Plattierung der Fugenflächen u. Versuchswerte für ν vgl. Konstruktion 17 (1965) Nr. 6 S. 238/39.

C. Schweißen

1. Schweißverfahren

Literatur: 1. *Barsch, W.:* Die Arcatomschweißung. Halle: Marhold-Verlag 1953. — 2. *Brunst, W.:* Das elektrische Widerstandsschweißen. Berlin: Springer 1952. — 3. *Conn, W. M.:* Die Technische Physik der Lichtbogenschweißung. Technische Physik in Einzeldarstellungen, Bd. 13. Berlin: Springer 1959. — 4. *De Rop, C.:* Die manuellen u. maschinellen Elektroschmelzschweißverfahren, ihre Metallurgie u. Anwendung. Aachen: Eigenverlag Arcos 1964. — 5. *Koch, H.:* Handbuch der Schweißtechnologie. Lichtbogenschweißen. Fachbuchreihe Schweißtechnik, Bd. 19. Düsseldorf: DVS-Verlag 1961. — 6. *Paton, B. E.:* Elektro-Schlacke-Schweißung. Berlin: Verlag Technik 1957. — 7. *Ruge, J.:* Handbuch der Schweißtechnik. Berlin: Springer 1974. — 8. *Schatz, W.:* Die Unterpulver-Schweißung. Eisenberg/Pfalz: Eigenverlag Oerlikon 1962. — 9. *Sudasch, E.:* Schweißtechnik. München: Hanser-Verlag 1959. — 10. *Wellinger, K., F. Eichhorn* u. *D. Gimmel:* Schweißen. Stuttgart: Kröner 1964. — 11. Die Azetylenverordnung. Bonn: Bergbau-Verlag 1954.

Bei der *Verbindungsschweißung* werden die Teile durch Schweißnähte am Schweißstoß zum Schweißteil zusammengefügt. Mehrere Schweißteile ergeben die Schweißgruppe und mehrere Schweißgruppen die Schweißkonstruktion. Damit ist das Schweißen zu einem die Gestaltung bestimmenden Fertigungsverfahren ge-

---

[1] Zum Beispiel Aluminium-Zylinderkopf mit Innengewinde wird auf ≈ 200 °C erwärmt und auf Stahlzylinder geschraubt, der in Trockeneis auf ≈ -60 °C abgekühlt wurde; ebenso wird mit Ventilsitzen und Zündkerzenbuchsen im Zylinderkopf verfahren.

[2] *Gleitz, K.:* Betriebseinwirkungen auf die Oberflächen von Schrumpfverbindungen an Kurbelwellen. Konstruktion 11 (1959) Nr. 6 S. 230/32. — Wälzlagertechn. Mitteil. Nr. 17 (SKF).

worden. Durch *Auftragsschweißen* können verschlissene Flächen von Werkstücken neu aufgetragen, Oberflächen weniger verschleißfester Werkstoffe mit Schichten aus Verschleißwerkstoffen gepanzert oder korrosiv unbeständige Trägerwerkstoffe mit korrosionsbeständigen Werkstoffen „plattiert" werden (Schweißplattieren im Apparate- und Reaktorbau). Neben Metallen lassen sich auch Kunststoffe durch Schweißen miteinander verbinden.

Beim Metallschweißen werden die metallischen Werkstoffe verbunden:

1. durch *Erwärmen* der Stoßstellen *bis in den Schmelzbereich* (Schmelzschweißen) meist unter Zusetzen von artgleichem Werkstoff (Zusatzwerkstoff) mit gleichem oder nahezu gleichem Schmelzbereich wie die zu verbindenden Werkstoffe. An der Stoßstelle ist also eine flüssige Zone vorhanden, die nach dem Erkalten Gußgefüge aufweist.

2. durch *Erwärmen* der Stoßstellen *bis in den teigigen Zustand* und Anwenden von Druck (Preßschweißen). Da an der Verbindungsstelle kein Schmelzfluß, meist aber große plastische Verformung eingetreten ist, wird das Gefüge nach dem Erkalten in der Regel feinkörnig.

3. durch *Anwenden von Druck im kalten Zustand* der Werkstoffe (Kaltpreßschweißen). Die Verbindung läßt sich nur bei großen plastischen Verformungen (oberhalb der Quetschgrenze) der oxidfreien Oberflächen an der Stoßstelle herstellen; das Gefüge ist sehr stark kaltverformt[1].

Wärmequellen zum Erzeugen der notwendigen Schweißtemperatur:

Gasflamme (Gasschweißen),
elektrischer Lichtbogen (Lichtbogenschweißen),
Joulesche Wärme im Werkstück (Widerstands-Schweißen),
Induktion (Induktions-Schweißen),
Joulesche Wärme in der flüssigen Schweißschlacke (Elektro-Schlacke-Schweißen),
Relativbewegung zwischen den Grenzflächen (Reibschweißen und Ultraschall-Schweißen),
Energie hoch beschleunigter Elektronen (Elektronenstrahl-Schweißen),
Lichtenergie extremer Fokussierung oder Bündelung,
exotherme chemische Reaktion (aluminothermisches Schweißen),
flüssiger Wärmeträger (Gießschweißen) und
Ofen (Feuerschweißen).

Beim Gas- und Lichtbogenschweißen überwiegen immer noch die *Handschweißverfahren*, bei denen die Wärmequelle, die Gasflamme oder der elektrische Lichtbogen, durch den Schweißer von Hand geführt wird. Zur Erhöhung der Schweißgeschwindigkeit kann der Schweißstelle der Zusatzwerkstoff von Spulen (Drahtelektrode) zugeführt werden — *halbmaschinelle Verfahren* —, wobei wegen der Stromzuführung zur Elektrode in unmittelbarer Nähe des Lichtbogens eine wesentlich höhere Stromdichte als bei der Handschweißung möglich ist. Insbesondere im Behälterbau oder bei Auftragsschweißungen kann auch das Fortschreiten der Wärmequelle entlang der Schweißnaht durch eine Fahrbewegung des Schweißkopfes oder durch Bewegen — Fahren oder Drehen — des Werkstücks bewirkt werden — *maschinelle Schweißverfahren.*

Die heute häufig anzutreffenden Verfahren sind mit ihren kennzeichnenden Merkmalen und den Hauptanwendungsgebieten in Tab. 1 zusammengestellt. Insgesamt werden weit über 200 Schweißverfahren gezählt. Einem Teil kommt jedoch nur noch geschichtliche Bedeutung zu, andere haben sich nicht einführen können, manche unterscheiden sich von bekannten Verfahren nur durch geringfügige Abwandlungen, und einige sind augenblicklich noch nicht über das Stadium der Sonderanwendungen hinausgekommen, so daß noch nicht mit Sicherheit gesagt werden kann, welche Bedeutung sie erlangen werden.

Neben den bereits aufgeführten Merkmalen der Wärmequellen und dem Grad der Mechanisierung unterscheiden sich die Verfahren in den Anwendungsmöglichkeiten. Bei manchen sind nur bestimmte Schweißpositionen (Bild 29) möglich. Fugenform und Nahtart, Bild 16 und Abschn. 3, sind ebenfalls zum Teil oder ganz vom Schweißverfahren abhängig. Daneben bestehen beim Lichtbogenschweißen Unterschiede im Einbrandverhalten, unter dem die Aufschmelztiefe der Fugenflanken unter der Einwirkung des Lichtbogens zu verstehen ist.

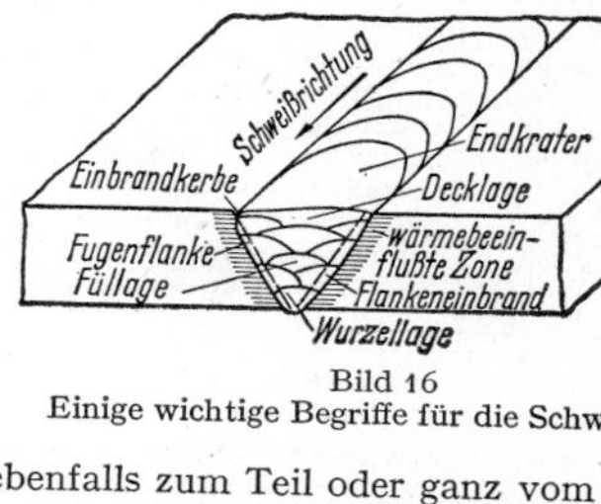

Bild 16
Einige wichtige Begriffe für die Schweißnaht

[1] *Hofmann, W.*, u. *J. Ruge:* Der Stand der Kaltpreßschweißung und Kaltpreßlötung. Werkstattstechn. u. Maschinenbau 44 (1954) 108/11. — *Hofmann, W.*, u. *K. Groove:* Kaltpreßschweißung und Kaltpreßlötung. Z. Metallk. 45 (1954) 514/15.

Tabelle 1. *Übersicht über die wichtigsten Schweißverfahren*

Schweißverfahren	Kennzeichnende Merkmale	Hauptanwendung
1. *Gas-(Autogen-) Schweißen*	Der Injektor- oder der Gleichdruckbrenner erwärmt durch das verbrennende Gasgemisch — vorwiegend ein Azetylen-Sauerstoff-Gemisch im Mischungsverhältnis 1 : 1 bis 1 : 1,1 — die Schweißstelle auf Schmelztemperatur. In der Schweißfuge fehlender Werkstoff wird durch Zusatzdraht (Gasschweißstab) zugegeben.	Besonders für Stumpf- und Eckstöße in allen Schweißpositionen vorwiegend bei Dünnblechen und Rohren aus Stahl und bei Kupfer. Wanddicken normal bis 5 mm, maximal etwa 15 mm. Bis 3 mm Wanddicke Nachlinks-, über 3 mm Nachrechtsschweißung.
2. *offenes Lichtbogenschweißen*	Der Lichtbogen brennt sichtbar in der Atmosphäre.	
a) Lichtbogen-Handschweißen (abschmelzende Elektrode)	Der offene Lichtbogen brennt zwischen der Elektrode, die gleichzeitig als Zusatzwerkstoff abschmilzt, und dem Werkstück. Der Schweißstrom — 15 bis 20 A/mm² Kerndrahtquerschnitt der Elektrode bei 10 bis 45 V Lichtbogenbrennspannung — wird von Geräten besonderer Bauart, als Gleichstrom von Schweißumformern oder Schweißgleichrichtern oder als Wechselstrom von Schweißtransformatoren geliefert. Der Kerndraht der Elektroden ist meist aus Werkstoffen gleicher oder ähnlicher chemischer Zusammensetzung wie die zu verschweißenden Teile hergestellt. Die Art der Umhüllung (z. B. keine, erzsauer, titansauer, kalkbasisch oder zellulosehaltig) hat Einfluß auf das Schweißverhalten der Elektrode und die Eigenschaften der fertigen Schweißnaht. Neben der metallurgischen Wirkung der Hüllenbestandteile (Reaktion zwischen Schlacke und Schweißgut) können diese auch zur Erhöhung des Ausbringens (Hochleistungs-Elektroden) oder zum Legieren des Schweißgutes (hüllenlegierte Elektroden) beitragen.	Bei allen Stoß- und Nahtarten, in allen Schweißpositionen und für fast alle Eisen- und Nichteisenmetalle bei entsprechender Auswahl der Elektroden und der Schweißbedingungen (Vorwärmung, Wärmeführung beim Schweißen, Abkühlung, Wärmenachbehandlung). Kleinste Wanddicke etwa 1 mm.
b) Netzmantel-Schweißen (Fusarc-Verfahren)	Halbmaschinelles oder maschinelles Verfahren mit auf Rollen aufgespulten umhüllten Elektroden. Stromzuführung in der Nähe des Lichtbogens durch die Umhüllung hindurch über zwei gegenläufig spiralförmig um den Kerndraht gewickelte dünne Drähte (Netz), die zugleich die zwischen sie gepreßte Umhüllungsmasse halten.	Stumpf- und Kehlnähte in waagerechter Schweißposition besonders bei langen Nähten und Blechdicken über 6 mm und nur bei unlegierten Bau-, Kessel- und Schiffbaustählen.
c) Kohlelichtbogenschweißen (nicht abschmelzende Elektrode)	Lichtbogen brennt zwischen der Kohleelektrode und dem Werkstück oder zwischen zwei Kohleelektroden, wobei er durch eine besondere, vom Schweißstrom durchflossene Spule magnetisch beeinflußt und gerichtet, auf das Werkstück geblasen werden kann. Führung des Elektrodenhalters von Hand, halbmaschinell oder maschinell.	Eck- und Bördelnähte und fast nur noch als vollmaschinelle Schweißung bei Dünnblech aus Stahl in der Massenfertigung.
3. *verdecktes Lichtbogenschweißen*	Der Lichtbogen brennt verdeckt unter einem besonderen Schutz.	
a) Unter-Schiene-Schweißen (Elin-Hafergut-Verfahren)	Lichtbogen brennt zwischen einer langen umhüllten Elektrode und dem Werkstück unter einer profilierten Kupferschiene. Die Elektrode liegt dabei in der Nahtfuge oder der Kehle des Schweißstoßes.	In waagerechter Schweißposition bei Stumpfstößen mit Einspannvorrichtung (Blechdicke unter 3 mm) und bei Kehlnähten (Blechdicke über 5 mm) an unlegierten Baustählen bei einer größeren Anzahl gleicher Nähte.

Tabelle 1 (Fortsetzung)

Schweißverfahren	Kennzeichnende Merkmale	Hauptanwendung
b) Unter-Pulver-Schweißen	Lichtbogen brennt zwischen einer nackten, von der Rolle zugeführten Elektrode und dem Werkstück unter einer Schicht aus besonderem Schweißpulver. Der Schweißkopf wird von Hand (halbmaschinell) oder maschinell geführt, die Drahtvorschubgeschwindigkeit kann durch die Lichtbogenlänge gesteuert sein; Zündung unter der Pulverschicht durch die der Schweißspannung überlagerte Hochfrequenzspannung.	Bei Stumpf- und Kehlnähten hauptsächlich in waagerechter Schweißposition, aber auch waagerecht an senkrechter Wand mit besonderen Vorrichtungen zum Halten des Pulvers. Kleinste Blechdicke etwa 2 mm, wegen der großen Abschmelzleistung aber vorwiegend bei dicken Blechen und langen Nähten.
4. *Schutzgas-Lichtbogenschweißen*	Der sichtbare Lichtbogen brennt in einem Schutzgasmantel.	
a) Wolfram-Wasserstoff-Schweißen (Arcatom-Verfahren)	Lichtbogen brennt zwischen zwei Wolfram-Elektroden in einer Wasserstoffatmosphäre. Der im Lichtbogen zerlegte atomare Wasserstoff wird auf die Schweißstelle geblasen. Dort wird bei der Wiedervereinigung zu molekularem Wasserstoff die Bindungswärme frei, die zusammen mit der Lichtbogenstrahlung die Schweißstelle erwärmt. Gleichzeitig wirkt der Wasserstoff reduzierend.	Besonders für Leichtmetalle entwickelt, aber durch modernere Verfahren (z. B. WIG-Schweißen) verdrängt. Gute Anwendungsmöglichkeit in allen Schweißpositionen bei Dünnblech und dünnwandig. Rohren aus Stahl.
b) Wolfram-Inertgas-(WIG-) Schweißen	Lichtbogen brennt in einem Schutzstrom aus inertem Gas zwischen der Wolfram-Elektrode (mit Thoriumzusatz) und dem Werkstück. Der Zusatzwerkstoff wird von Hand oder maschinell von Rollen zugegeben. Als Schutzgas wird in Deutschland fast ausschließlich Argon verwendet, daneben (selten) Argon-Heliumgemische und reines Helium. Schweißungen mit Gleichstrom, nur bei Aluminium und dessen Legierungen mit Wechselstrom. Hochfrequenzüberlagerung zur Erleichterung der Zündung.	Bei allen Stoß- und Nahtarten und in allen Schweißpositionen für nahezu alle metallischen Werkstoffe, vorwiegend aber die korrosions- und zunderbeständigen CrNi-Stähle, Aluminium und dessen Legierungen (ohne Flußmittel), Kupfer und -legierungen (mit Flußmittel) bis zu mittleren Blechdicken.
c) Metall-Inertgas-(MIG-) Schweißen	Lichtbogen brennt in einem Schutzstrom aus inertem Gas zwischen der von der Rolle zugeführten abschmelzenden Metallelektrode und dem Werkstück. Die Elektrode ist zugleich Zusatzwerkstoff und daher auf den zu verschweißenden Werkstoff abzustimmen. Schutzgas reines Argon, für Schweißungen an unlegierten und legierten Stählen auch Argon mit Sauerstoffzusatz (bis 5%). Wegen der Stromzuführung zur Elektrode in unmittelbarer Nähe des Lichtbogens sind Stromdichten um 100 A/mm² mit der daraus folgenden hohen Abschmelzgeschwindigkeit möglich. Elektrodendmr. vorwiegend unter 2,4 mm. Sprühlichtbogen (hohe Stromdichte) bei größeren Wanddicken und Auftragungen in waagerechter, Kurzlichtbogen (niedrige Stromdichte und dünne Drahtelektrode) bei kleinen Wanddicken, schweißempfindlichen Werkstoffen und in allen Schweißpositionen.	Bei fast allen Stoß- und Nahtarten in allen Schweißpositionen für alle unlegierten und legierten Stähle, Aluminium und seine Legierungen, Kupfer und Kupferlegierungen (mit Flußmittel) über etwa 1 mm Blechdicke.
d) Metall-Kohlensäure-(CO_2-) Schweißen	*Kohlensäure* dient als Ersatz für das teurere Argon oder Helium, jedoch wird bei hohen Temperaturen Sauerstoff aus dem Gas abgespalten, das mit dem zu verschweißenden Werkstoff und Zusatzwerkstoff reagiert (Oxydation). Verbrennende Legierungselemente (Silizium, Mangan) müssen durch Zusatzwerkstoff (überlegiert) — auch zur Desoxydation des Schweißgutes — zugeführt werden.	Überwiegend für beruhigte unlegierte Stähle aller Dickenbereiche in Sprühlichtbogen- oder Kurzschlußlichtbogentechnik (kleine Dicken, Zwangslagen).

Tabelle 1 (Fortsetzung)

Schweißverfahren	Kennzeichnende Merkmale	Hauptanwendung
	Kohlensäure mit Falzdraht oder Fülldraht, einem zu einem Röhrchen gefalzten Blechstreifen mit eingeschlossenem Schweißpulver als Elektrode und Zusatzwerkstoff, ist eine Weiterentwicklung des Kohlensäure-Schweißverfahrens zur besseren metallurgischen Beeinflussung des Schweißguts.	Bisher vorwiegend für unlegierte Stähle bei waagerechter Schweißposition.
e) Metall-Mischgas-Schweißen	Gasgemische aus Argon, Kohlensäure (bis 18%) und Sauerstoff (bis 5%) sollen die Nachteile inerter Schutzgase (Preis, Porenbildung bei einigen Werkstoffen) und der Kohlensäure (Spritzen, Abbrand von Legierungselementen) vermindern. Sprüh- und Kurzlichtbogen wie beim MIG-Schweißen.	Bisher für unlegierte, niedriglegierte und einige hochlegierte Stähle aller Blechdicken und in allen Schweißpositionen.
5. *Plasma-Schweißen*	Das Lichtbogen-Plasma (in Elektronen und Ionen zerlegte ein- oder mehratomige Gase — vorzugsweise Argon, Stickstoff oder Wasserstoff) schmilzt Grund- und Zusatzwerkstoff.	
a) Plasma-Auftragschweißen	Das Plasma wird durch einen in der Düse brennenden Lichtbogen (nicht übertragener Lichtbogen) und einen zweiten zwischen der gekühlten Wolframelektrode des Brenners und dem Werkstück brennenden Lichtbogen (übertragener Lichtbogen) erzeugt. Der pulverförmige Zusatzwerkstoff wird in das Plasma eingebracht und trifft flüssig auf den angeschmolzenen Grundwerkstoff. Wahl des Plasmagases nach dem Zusatzwerkstoff.	Vorwiegend für verschleißfeste und hitzebeständige Auftragungen (Ventilsitze) mit hohen Schmelzpunkten (hohe Karbidanteile). Schichtdicken abhängig von Schweißbedingungen und Zusatzwerkstoff (borhaltige Pulver ergeben dünnere Schichten).
b) Plasma-Verbindungsschweißen	Der in der Düse brennende Lichtbogen wirkt nur als Pilotlichtbogen (Erleichtern des Zündens), während das Plasma von dem zwischen Elektrode und Werkstück brennenden Lichtbogen erzeugt wird. Sehr niedrige Stromstärken (bis unter 1 Amp.) möglich (Mikroschweißen), mit oder ohne Zusatzwerkstoff (Stäbe oder Drähte), vorwiegend Argon als Plasmagas und zusätzlicher Schutzgasschleier aus einem billigeren Gas (z. B. Stickstoff oder Formiergas).	Bisher vorwiegend für dünne Bleche (ab etwa 0,1 mm aufwärts) und Drähte aus hochlegierten Stählen. Größere Querschnitte noch im Versuchsstadium.
6. *Elektronenstrahl-Schweißen*	Die kinetische Energie von Elektronen, durch Hochspannung (bis 150 kV) auf hohe Geschwindigkeit beschleunigt, erwärmt das Werkstück an der Auftreffstelle auf Schmelztemperatur. Durch Bündelung des Elektronenstrahls (elektromagnetische Linsen) auf Brennfleckdurchmesser unter 0,1 mm begrenzte örtliche Erhitzung mit großer Tiefenwirkung. Schweißprozeß im Hochvakuum, da bei normaler Atmosphäre hohe Energieverluste (Ionisation der Luft).	Bisher nur für schweißempfindliche Werkstoffe und Sonderaufgaben (Raketentechnik, Brennelemente im Reaktorbau). Großer apparativer Aufwand (Vorrichtungen) bei Serienfertigung, genaue Vorbereitung der Stoßkanten.
7. *Widerstands-Schmelzschweißen*	Der Schmelzfluß wird durch elektrischen Widerstand erzeugt.	
a) Elektro-Schlacke-Schweißen	Schmelzflüssige Schlacke mit ähnlicher Zusammensetzung wie das Schweißpulver der Unter-Pulver-Schweißung wird durch den hindurchfließenden Strom erwärmt. Sie schmilzt den zu verschweißenden Werkstoff auf und den Zusatzwerkstoff ab. Stromzuführung zu der den Widerstand bildenden Schlacke über den von Rollen ablaufenden Zusatzdraht. Das Schmelzbad wird durch gekühlte Kupferbacken gehalten und geformt.	Bisher nur für Stumpfstöße in senkrecht steigender Schweißposition bei unlegierten und niedriglegierten Stählen mit Werkstückdicken ab 8 mm bis etwa 1000 mm.

f) Schrägstoß, Bild 42. Nahtarten wie bei T-Stoß. Die Güte der Schweißnaht ist vom Winkel γ abhängig. Häufig wird ohne Fugenvorbereitung geschweißt, wenn keine großen Kräfte zu übertragen sind.

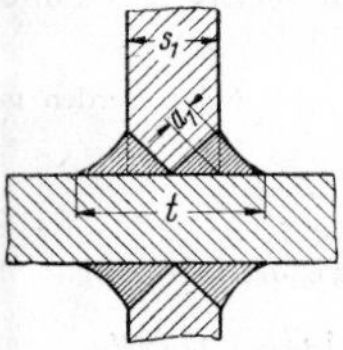

Bild 41. K-Naht mit beidseitiger Kehlnahtabdeckung am Kreuzstoß

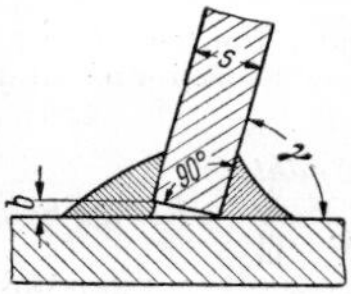

Bild 42 Kehlnähte am Schrägstoß ohne Kantenvorbereitung

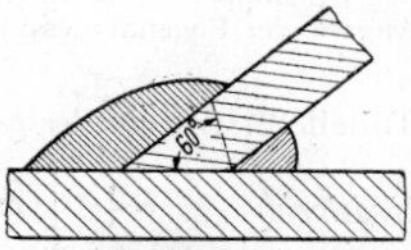

Bild 43. Kehlnähte am Schrägstoß mit ungünstiger Kantenvorbereitung

Kehlnähte lassen sich nur einwandfrei ausführen, wenn bei rechtwinkliger Stirnfläche $b \leqq 2$ mm und bei beidseitiger Schweißung $\gamma \geqq 60°$ ist. Nähte mit kleineren Winkeln dürfen in die Berechnung als tragend nur eingesetzt werden, wenn durch das angewendete Schweißverfahren die sichere Erfassung des Wurzelpunktes gewährleistet ist.

g) Eckstoß, Bild 44. Der Eckstoß ist ausführungsmäßig ein T-Stoß mit Angaben für g gemäß Abs. c). Allgemein gilt, daß an Stellen mit hohen Biegebeanspruchungen nicht geschweißt werden soll. Bei Druckbehältern wird daher die Schweißnaht außerhalb der Krümmung angeordnet, Bild 45. Der Mindestabstand der Schweißnaht von der Krümmung soll $f \geqq 5 s_1$ betragen.

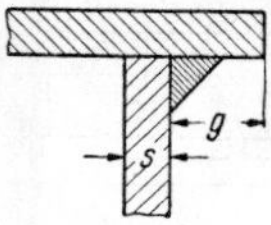

Bild 44. Eckstoß mit außenliegender Kehlnaht

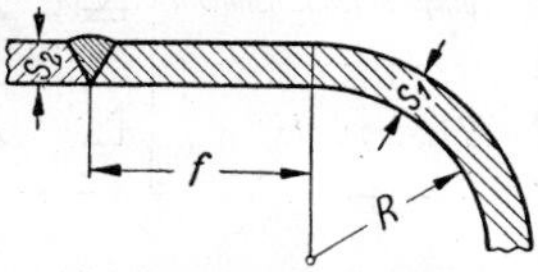

Bild 45. Eckausbildung bei vorverformten Teilen, z. B. Kesselböden

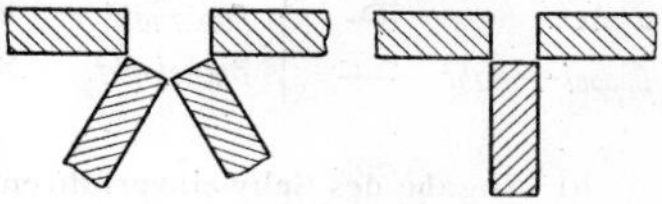

Bild 46. Mehrfachstoß

Wird alterungsanfälliger Stahl verwendet, dann an Stellen mit mehr als 5% Dehnung oder Stauchung durch Kaltbiegen ($R < 10 s_1$) nicht schweißen, sondern den Mindestabstand f einhalten oder vor dem Schweißen normalglühen, um Grobkorn durch Rekristallisation zu vermeiden (vgl. S. 552).

h) Mehrfachstoß, Bild 46. Wegen der unsicheren Erfassung der unteren Bleche (Einbrand) nur bei sorgfältiger Herstellungsmöglichkeit oder in festigkeitsmäßig untergeordneten Fällen anwenden.

4. Zeichnerische Darstellung der Schweißnähte

Schweißnähte sind in der Zeichnung eindeutig zu kennzeichnen, so daß Nahtart, Fugenform — unter Umständen mit Abmessungen —, Schweißverfahren, Güteklasse der Schweißverbindung, Schweißposition und gegebenenfalls auch Zusatzwerkstoff, Nachbehandlung und Prüfung der fertigen Naht zu erkennen sind.

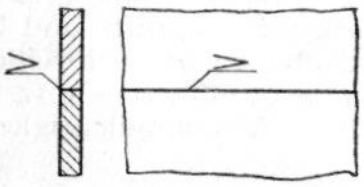

Bild 47. Stumpfstoß mit V-Naht in sinnbildlicher Darstellung

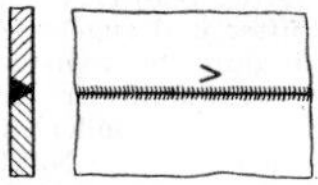

Bild 48. Stumpfstoß mit V-Naht in bildlicher Darstellung (zeichnerische Darstellung der Nahtschuppung kann entfallen)

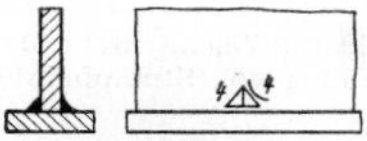

Bild 49. Bildliche Darstellung von beidseitigen Kehlnähten

Sinnbilder und Kurzzeichen vgl. DIN 1911 Preßschweißen,
DIN 1912 Schmelzschweißen, Verbindungsschweißen.

a) Nahtarten. Die üblichen Nahtarten können entweder sinnbildlich, Bild 47 oder bildlich, Bild 48, dargestellt werden. Zu empfehlen ist im Schnitt die bildliche, und in der Aufsicht die sinnbildliche Darstellung, Bild 50. Tab. 2 gibt eine Auswahl von Sinnbildern wieder. Bei beidseitigen Kehlnähten wird die Naht *vor* der Zeichenebene nach links, und die Naht *hinter* der Zeichenebene nach rechts gezeichnet, Bild 49. Einige der möglichen Zusatzzeichen gibt Tab. 3 an.

J-, Doppel-J-, K-Stegnaht und unter Umständen auch U- und Doppel-U-Naht werden mit Angabe der Fugenabmessungen vorzugsweise als Einzelheit dargestellt.

Tabelle 2. *Sinnbilder für Schweißnähte*

Bördelnaht	⫧	Stirnflachnaht	⦀
I-Naht	=	Stirnfugennaht	⋔
V-Naht	>	Hohlkehlnaht	⊵
X-Naht	✕	Flachkehlnaht	◿
Y-Naht	⊁	Wölbkehlnaht	◺
Doppel-Y-Naht	⋉	Doppelkehlnaht	△
U-Naht	⊃	Ecknaht	∟
Doppel-U-Naht	⊃⊂	Wulstnaht	↔
HV-Naht	⟩	Gratnaht	⊹
K-Naht	⋈	Quetschnaht	φ
K-Stegnaht	⋋⋌	Rollen-u.Stepp-naht	φ
J-Naht	⊐	Punktnaht	●
Doppel-J-Naht	⊐⊏	Buckelnaht	✕

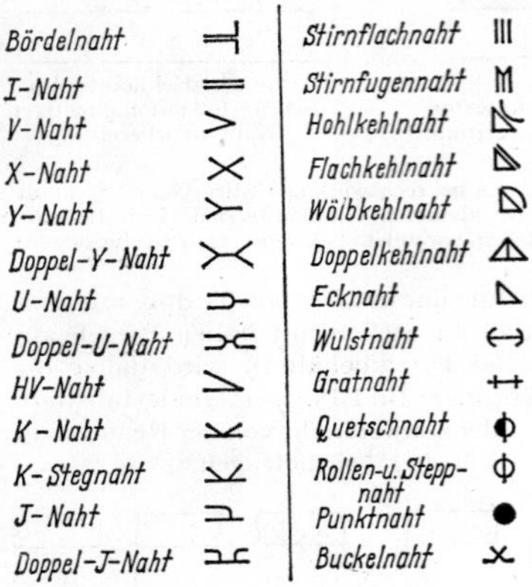

Tabelle 3
Einige Sinnbilder für zusätzliche Angaben

Bearbeitung	Zeichen	Beispiel
Naht einebnen	⊲	
Übergänge bearbeiten	⊣	
Wurzel auskreuzen u. Kapplage gegenschweißen	Þ	
durchlaufende Kehlnaht	⊿	
Montagenaht	⊠	

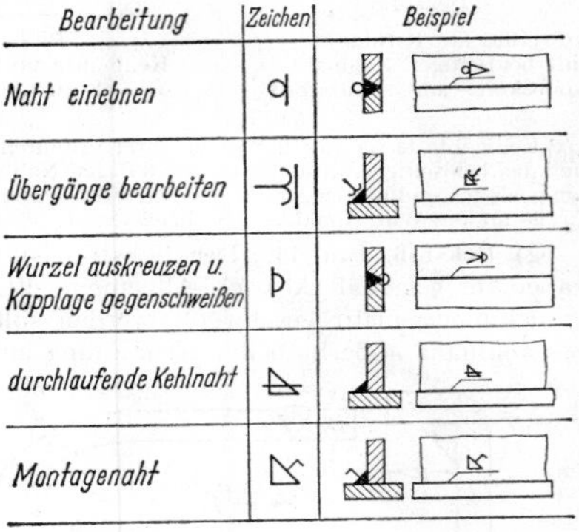

b) Angabe des Schweißverfahrens. Abkürzungen für die Angaben in der Zeichnung:

G	— Gasschweißen	SG	— Schutzgas-Lichtbogenschweißen
E	— Lichtbogenschweißen	WIG	— Wolfram-Inertgas-Schweißen
UP	— Unterpulverschweißen	MIG	— Metall-Inertgas-Schweißen
US	— Unterschieneschweißen	Zusatz m	— maschinelle Ausführung.

c) Güte der Schweißverbindung. Nach Aufwand in Fertigung und Prüfung werden in DIN 8563 (Sicherung der Güte von Schweißarbeiten) folgende Bewertungsgruppen unterschieden:

Stumpfnähte: AS, BS, CS und DS
Kehlnähte: AK, BK und CK.

Die zu wählenden Bewertungsgruppen sind vom Konstrukteur mit Unterstützung der Fertigungsabteilungen, der Qualitätsstellen, ggf. mit Aufsichtsbehörden und sonstigen Gremien festzulegen. Sie sind abhängig von der Belastungsart (stat., dyn.), den Umgebungseinflüssen (chem. Angriffe, Temperatur) und zusätzlichen Anforderungen (z. B. Dichtheit, Sicherheitsanforderungen). Zu gewährleisten sind sie durch:

Schweißeignung des Werkstoffs für Verfahren und Anwendungszweck; fachgerechte und überwachte Vorbereitung; Auswahl des Schweißverfahrens nach Werkstoff, Werkstückdicke und Beanspruchung der Schweißverbindung; auf den Werkstoff abgestimmter, geprüfter und zugelassener Zusatzwerkstoff; geprüfte und bei der Arbeit durch Schweißaufsichtspersonal überwachte Schweißer; Nachweis einwandfreier Ausführung der Schweißarbeiten (z. B. Durchstrahlung); Sonderanforderungen (z. B. Vakuumdichtigkeit, allseitiges Schleifen der Nähte).

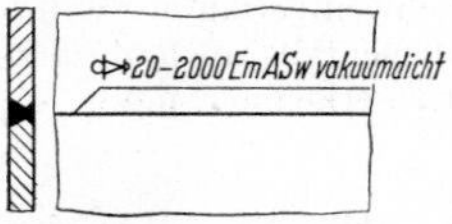

Bild 50. Zeichnerische Darstellung von Stumpfnähten

d) Schweißposition. Kurzbezeichnungen hierfür vgl. Bild 29, S. 650.

Beispiele: Bild 50: V-Naht mit ausgearbeiteter Wurzel und gegengeschweißter Kapplage, Naht eingeebnet, $a = 20$ mm (gleich Blechdicke), $l = 2000$ mm, maschinelle Lichtbogenschweißung der Bewertungsgruppe AS in waagerechter Position, Prüfung auf Vakuumdichtigkeit.

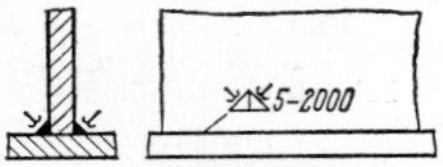

Bild 51. Zeichnerische Darstellung einer Doppelkehlnaht

Bild 51: K-Naht mit Doppelkehlnaht, Nahtdicke der Flachnaht $a = 5$ mm, Nahtlänge $l = 2000$ mm. Übergänge der Kehlnähte sollen bearbeitet werden.

5. Festigkeit von Schweißverbindungen

Die Festigkeit einer Schweißverbindung ist abhängig von:

1. den Eigenschaften des Grundwerkstoffs, der wärmebeeinflußten Übergangszone und des Schweißguts,

2. der Beanspruchungsart (Zug, Druck, Schub, statische oder dynamische Beanspruchung), der Nahtform, Nahtanordnung und Nahtbearbeitung,

3. dem Zusammenwirken der Betriebsspannungen mit den Schweißeigenspannungen (insbesondere bei Stabilitätsfällen, unter bestimmten Voraussetzungen auch bei dynamischer Beanspruchung),

4. der Nahtgüte. Höchste Anforderungen an die Gestaltung und die Ausführung sind bei dynamischer Beanspruchung zu stellen.

a) Festigkeitswerte für Stahl

α) Bei *statischer Belastung* eines Probestabs mit Stumpfnaht *senkrecht* zur Zugrichtung beginnt die plastische Verformung in der Regel *neben* der Schweißnaht,

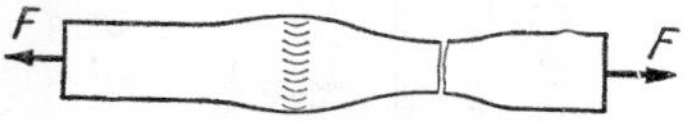

Bild 52. Verformungsbruch neben der Naht (statische Beanspruchung)

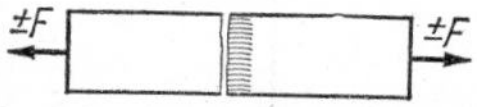

Bild 53. Dauerbruch im Nahtübergang (dynamische Beanspruchung)

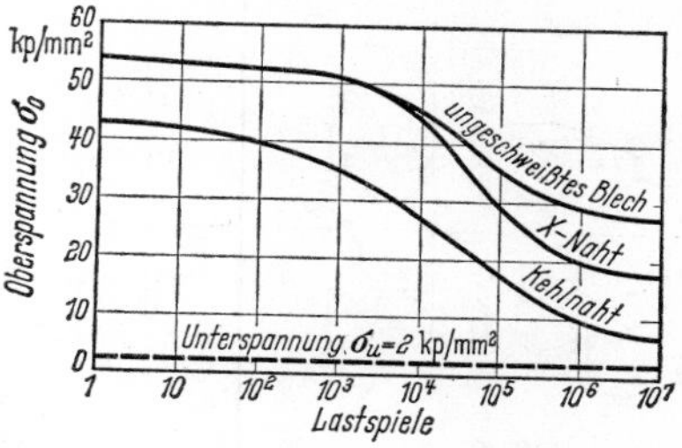

Bild 54. Wöhler-Schaubild für Grundwerkstoff St 52. X-Naht und Kehlnaht, Beanspruchung senkrecht zur Naht

Bild 52; hier erfolgt auch der Bruch, da die Festigkeit des Schweißguts im allgemeinen über derjenigen des Grundwerkstoffs liegt. Dagegen erfahren bei Belastung *parallel* zur Schweißnaht Grundwerkstoff und Schweißgut gleiche Verformung, und bei Gefügearten mit niedriger Zähigkeit, z. B. Martensit in der wärmebeeinflußten Zone, entstehen hier Risse mit nachfolgendem Bruch.

β) Bei *dynamischer Beanspruchung* tritt der Dauerbruch auch bei allseitig bearbeiteten Proben am häufigsten im Übergangsbereich von Grundwerkstoff und Schweißnaht ein, Bild 53.

Die Dauerfestigkeiten geschweißter Konstruktionsteile liegen niedriger als die Dauerfestigkeit des Grundwerkstoffs, bei unbearbeiteten Schweißnähten niedriger als bei bearbeiteten. Für die meisten Werkstoffe, Nahtformen und Nahtanordnungen liegen Dauerfestigkeitsschaubilder vor. Beispiele für Wöhlerkurven zeigen Bild 54, für Dauerfestigkeitsschaubilder nach *Smith*, die Bilder 55 und 56.

Die Bedeutung der Linienzüge in Bild 56 ist (nach *A. Neumann*, S. 661, Lit. 4, Bd. III) der Tab. 4 zu entnehmen.

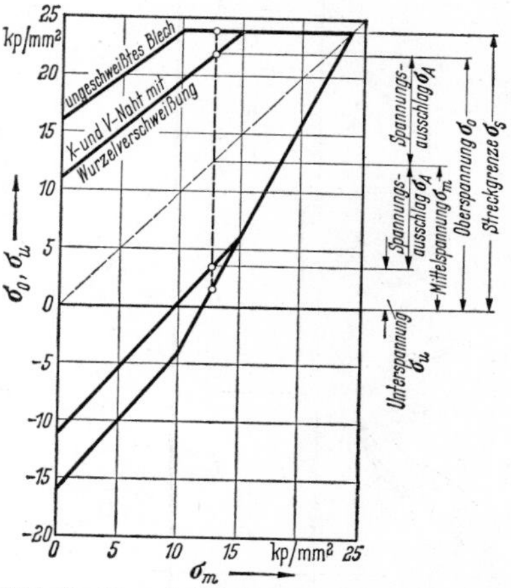

Bild 55. Dauerfestigkeitsschaubild nach *Smith* für Grundwerkstoff St 37. X- und V-Naht mit Wurzelverschweißung bei Beanspruchung senkrecht zur Naht

Die zulässigen Spannungen sind unter Verwendung der Dauerfestigkeitsschaubilder je nach Sicherheitsanforderungen festzulegen (vgl. Abschn. 6c, S. 668).

Tabelle 4. *Erläuterung der Linienzüge* in Bild 56a u. b

	Güteklasse der Schweiß-verbindung	σ_D Zug	$\sigma_{D\,Schw}$ Druck	τ_D; $\tau_{D\,Schw}$ Schub	Bemerkung
		Linienzüge			
 Grundwerkstoff	—	I	I	IX	
	S I II	II III III	II III III	IX IX IX	
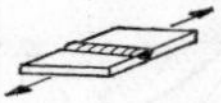	S I II	II IV VIa	II IV VIb	IX IX IX	
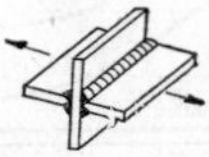	S I II	III V VIa	III V VIb	— — —	
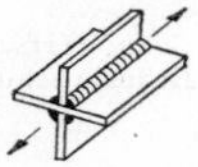	II	III	III	—	
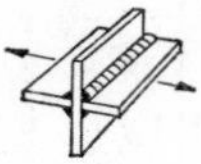	II II II II	VIb VII	VIb VII	— VIII — VIII	Konstr.-Querschnitt, Nahtübergang bearbeitet Naht-Querschnitt Konstr.-Querschnitt Naht-Querschnitt
 	} II II	IV V	IV V	— —	Nahtenden bzw. -übergänge bearbeitet
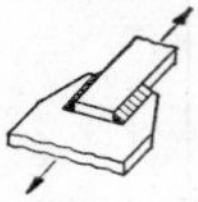	II II II II	VIb — VII —	VIb — VII —	— VIII — VIII	Konstr.-Querschnitt, Nahtenden bearbeitet Naht-Querschnitt Konstr.-Querschnitt Naht-Querschnitt
	II II	III —	III —	— IX	Konstr.-Querschnitt Naht-Querschnitt

In den Schaubildern sind nicht berücksichtigt:

1. Statische Vorlasten durch Eigenspannungen, welche die Mittelspannungen je nach den Vorzeichen erhöhen oder erniedrigen. Im Normalfall werden diese Eigenspannungen im Betrieb jedoch im Verlauf der veränderlichen Beanspruchung abgebaut.

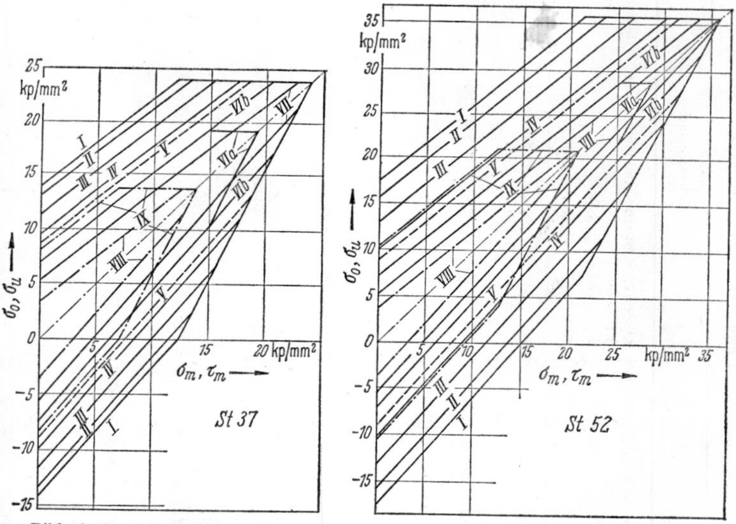

Bild 56. Dauerfestigkeitsschaubilder für Grundwerkstoff und Schweißverbindungen aus St 37 und St 52 (vgl. unten Lit. 4, Bd. III, dort S. 211, 213)

2. Der Größeneinfluß.

Zeitweilige Überlastungen sind ohne Einfluß, wenn gewisse Grenzwerte der Lastspielzahl und der Spannung (Schadenslinie) nicht überschritten werden.

Kleine Einschlüsse *in* der Naht (rundliche Poren oder Schlacken) setzen die Dauerfestigkeit nicht oder nur unwesentlich herab. Risse und Oberflächenfehler, wie z. B. Einbrandkerben, Endkrater, unsaubere Ansatzstellen und vom Zünden des Lichtbogens neben der Naht herrührende Zündstellen können dagegen Ausgangspunkte für den Dauerbruch sein und setzen somit die Dauerfestigkeit herab.

b) Festigkeitswerte für Aluminiumlegierungen

Die Bilder 57a bis d geben Dauerfestigkeitswerte für Grundwerkstoff und Schweißverbindungen aus Aluminiumlegierungen wieder (vgl. unten Lit. 9, dort S. 10/15).

6. Berechnung von Schweißverbindungen

Literatur: 1. *Bobek, K., A. Heiß* u. *Fr. Schmidt:* Stahlleichtbau von Maschinen. Konstruktionsbücher Bd. 1. Berlin: Springer 1955. — 2. *Erker, A., A. Stoll* u. *H. W. Hermsen:* Gestaltung und Berechnung von Schweißkonstruktionen, Fachbuchreihe Schweißtechnik Bd. 9, 2. Aufl. Düsseldorf: DVS-Verlag 1971. — 3. *Kloth, W.:* Leichtbau-Fibel. Wolfratshausen-München: Neureuther-Verlag 1947. — 4. *Neumann, A.:* Schweißtechnisches Handbuch für Konstrukteure. Berlin: Verlag Technik. Bd. I: Grundlagen; Festigkeit u. Gestaltung, 2. Aufl. 1961. Bd. II: Stahlbau, 2. Aufl. 1962. Bd. III: Maschinen- u. Kesselbau, 2. Aufl. 1963. Bd. IV: Verkehrstechnik 1965. — 5. *Sahmel, P.,* u. *H. J. Veith:* Schweißtechnische Gestaltung im Stahlbau. Fachbuchreihe Schweißtechnik Bd. 12, 4. Aufl. Düsseldorf: DVS-Verlag 1972. — 6. *Schimpke, P., H. A. Horn* u. *J. Ruge:* Praktisches Handbuch der gesamten Schweißtechnik, Bd. III: Berechnen und Entwerfen der Schweißkonstruktionen. Berlin: Springer 1959. — 7. *Thum, A.,* u. *A. Erker:* Schweißen im Maschinenbau, Teil 1: Festigkeit und Berechnung von Schweißverbindungen. Berlin: VDI-Verlag 1943. — 8. Stahl im Hochbau. Handbuch für Entwurf, Berechnung und Ausführung von Stahlbauten, 13. Aufl. Düsseldorf: Verlag Stahleisen 1967. — 9. Leichtbau der Verkehrsfahrzeuge 7 (1963) Sonderheft.

Tabelle 5. *Zusammenstellung der Vorschriften und Normen*

Anwendungsgebiet	Allgemeine Berechnungsgrundsätze	Schweißnahtberechnung
1. Maschinenbau	Vorschr. f. Klassifikation und Bau von Maschinenanlagen und Seeschiffen[1]	Abschn. „Schweißverbindungen und Arbeitsausführung der Schweißung"[1] Zu empfehlen ist ferner: DV 952 – vgl. unter Fahrzeugbau
2. Fahrzeugbau	Lastannahme und Sicherheit für Schienenfahrzeuge[3]	DV 952 – Vorschr. f. geschweißte Fahrzeuge, Maschinen und Geräte[2]
3. Schiffbau	Vorschr. f. Klassifikation und Bau von stählernen Seeschiffen/Binnenschiffen (Schiffskörper)[1] Vorschr. f. Klassifikation und Bau der Maschinenanlagen von Seeschiffen/Binnenschiffen[1]	Bd. III Kap. 7: Schweißvorschriften[1]
4. Tankbau	DIN 4119 – Oberirdische zylindrische Tankbauwerke aus Stahl	DIN 4100 – Geschweißte Stahlhochbauten
5. Druckbehälterbau	DIN 3396 – Oberirdische Hochdruck-Gasbehälter. Richtlinien f. Bau, Ausrüstung und Aufstellung, Prüfung, Inbetriebnahme und Betrieb	DIN 4100 – Geschweißte Stahlhochbauten und DIN 4115 – Stahlleichtbau und Stahlrohrbau im Hochbau
	Merkblätter der Arbeitsgemeinschaft Druckbehälter (AD-Merkblätter)[4]	
	Vorschr. f. Klassifikation und Bau der Maschinenanlagen von Seeschiffen, Abschnitt Behälter und Apparate unter Druck[1]	Abschn. „Schweißverbindungen und Arbeitsausführung der Schweißung"[1]
6. Kessel- und Kesselrohrbau	Dampfkessel-Bestimmungen und Technische Regeln für Dampfkessel[4]	
	Vorschr. f. Klassifikation und Bau der Maschinenanlagen von Seeschiffen, Abschnitte Dampfkessel und Rohrleitungen	Abschn. „Schweißverbindungen und Arbeitsausführung der Schweißung"[1]
7. Lagerbehälter für brennbare Flüssigkeiten	DIN 6616 – Liegende Behälter aus Stahl für oberirdische Lagerung flüssiger Mineralölprodukte DIN 6618 – Stehende Behälter aus Stahl für oberirdische Lagerung flüssiger Mineralölprodukte DIN 6625 (Entwurf) – Rechteckige Behälter aus Stahl für oberirdische Lagerung von Heizöl	AD-Merkblätter
	Technische Verordnung über brennbare Flüssigkeiten vgl. Bundesgesetzblatt 1964, Nr. 48.	

Tabelle 5 (Fortsetzung)

Anwendungsgebiet	Allgemeine Berechnungsgrundsätze	Schweißnahtberechnung
8. Ferngasleitung	DIN 2470 — Richtlinien für Gasrohrleitungen von mehr als 1 kp/cm^2 Betriebsdruck aus Stahlrohren mit geschweißten Verbindungen	
9. Hochbau	DIN 1050 — Stahl im Hochbau; Berechnung und bauliche Durchbildung DIN 4112 — Fliegende Bauten DIN 4114 — Stahlbau, Stabilitätsfälle (Knickung, Kippung, Beulung) DIN 4115 — Stahlleichtbau und Stahlrohrbau im Hochbau	DIN 4100 — Geschweißte Stahlhochbauten DIN 4100 — Geschweißte Stahlhochbauten DIN 4115 — Stahlleichtbau und Stahlrohrbau im Hochbau
	DIN 4113 — Aluminium im Hochbau	Keine Vorschrift vorhanden, wird bei der Betriebsanerkennung festgelegt
10. Brückenbau	DIN 1073 — Stählerne Straßenbrücken; Berechnungsgrundlagen DV 804 — Berechnungsgrundlagen für stählerne Eisenbahnbrücken (BE) [2]	DIN 4101 — Geschweißte vollwandige stählerne Straßenbrücken; Vorschriften (zusätzlich DIN 4100 und DV 848) DV 848 — Vorschr. für geschweißte Eisenbahnbrücken [2]
11. Fördertechnik	DIN 120 — Berechnungsgrundlagen für Stahlbauteile von Kranen und Kranbahnen DIN 4118 — Fördergerüste für Bergbau	Krangr. I und II [5] DIN 4100 — Geschweißte Stahlhochbauten, falls nicht dynamisch beansprucht Krangr. III und IV [5] DV 848 — Vorschr. für geschweißte Eisenbahnbrücken DIN 4100 — Geschweißte Stahlhochbauten
12. Gerüste	DIN 4420 — Gerüstordnung (in Verbindung mit DIN 1050, DIN 4113, DIN 4115)	Zweckmäßig DIN 4100 — Geschweißte Stahlhochbauten und DIN 4115 — Stahlleichtbau und Stahlrohrbau im Hochbau

[1] Germanischer Lloyd.
[2] Deutsche Bundesbahn.
[3] Leichtbau der Verkehrsfahrzeuge 7 (1963) Sonderheft.
[4] Technische Überwachungsvereine.
[5] Vgl. DIN 120.

Bei ruhender Beanspruchung ist die Festigkeit des Grundwerkstoffs und der Schweißnaht, bei dynamischer Beanspruchung diejenige der Schweißnaht und des Anschlußquerschnitts nachzuweisen.

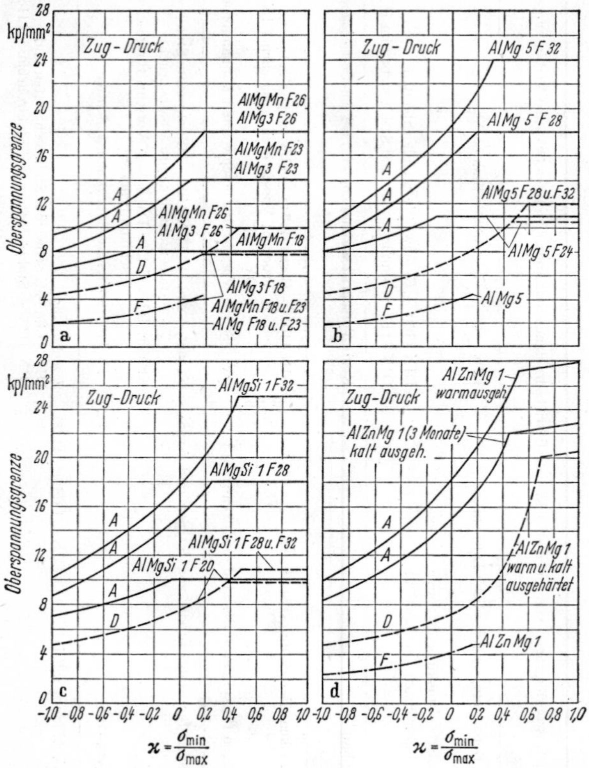

Bild 57. Dauerfestigkeitsschaubilder für Grundwerkstoff und Schweißverbindungen aus Al-Legierungen

a AlMg3 und AlMgMn
b AlMg5 } nach DIN 1725 Bl. 1
c AlMgSi1
d AlZnMg kalt- und warmausgehärtet

Halbzeugform: Knethalbzeug nach DIN 1745 bis 1749

Gültig für: Zug-Druck, Biegung und Schub, Lastwechselzahl $N > 10^7$

Oberfläche: Walzhaut, Wanddicke (Durchmesser) $s \leqq 10$ mm

Kurve A = ungeschweißter Werkstoff
Kurve D = Schweißverbindung, Nahtform Gruppe D von Tab. 10, S. 670
Kurve F = Schweißverbindung, Nahtform Gruppe F von Tab. 10

Bei Biegung von Vollquerschnitten sind die Werte der Kurve A zu multiplizieren mit 1,2 bei $s = 0$ bis 50 mm.

Bei Schubbeanspruchung des Grundwerkstoffs sind die Werte der Kurve A, bei Schubbeanspruchung der Schweißnaht Kurve D mit 0,7 zu multiplizieren.

Reihenfolge der Berechnung:

1. Ermitteln der angreifenden Kräfte durch Berechnung, aus Erfahrungswerten oder aus Messungen;

2. Berechnen der Nennspannungen in den Schweißnähten und Anschlußquerschnitten;
3. Festlegen der zulässigen Spannungen nach
   a) Werkstoff,
   b) Beanspruchungsart (Zug, Druck, Biegung, Schub, statisch oder dynamisch),
   c) Gestalt (z. B. Nahtart, Stoßart),
   d) anderen Einflüssen, wie Eigenspannungen;
4. Vergleich der Nennspannungen mit den bekannten Dauerfestigkeitswerten (z. B. nach Bild 55) und Bestimmen der erforderlichen Sicherheiten. In Sonderfällen Vergleich der Nennspannungen mit den zulässigen Spannungen (vgl. Bild 70 S. 671).

a) Ermitteln der angreifenden Kräfte. Für das Festlegen der Lastannahmen, Zusatzlasten, Stoßfaktoren und Sicherheitszuschläge sind bei Bauteilen, die gesetzlichen oder vom Auftraggeber (z. B. Deutsche Bundesbahn) aufgestellten Vorschriften unterliegen, die dort gemachten Angaben zu beachten, Tab. 5. In allen anderen Fällen können diese Vorschriften als Anhaltspunkte dienen. Unsicherheiten in der Kraftermittlung werden durch entsprechendes Festlegen der zulässigen Spannung berücksichtigt.

b) Berechnen der Nennspannungen in den Schweißnähten und Anschlußquerschnitten. Die Nennspannungen werden aus den angreifenden Kräften [siehe a)] nach den Regeln der Festigkeitslehre, meist unter Annahme elastischen Verhaltens des Werkstoffs, berechnet. Zum Teil sind die anzuwendenden Gleichungen in den Vorschriften (Tab. 5) festgelegt. Die Gleichungen für die einfachen Beanspruchungsfälle Zug, Druck, Schub, Biegung und Torsion sind in Tab. 6 zusammengestellt.

Tabelle 6. *Zusammenstellung der wichtigsten Formeln für Schweißnahtberechnungen*

(Vgl. hierzu auch Bild 59, 60 u. 61)

Nr.		Für die Berechnung maßgebende Schweißnahtquerschnitte
1	Zug, Druck $\sigma_{z,\,d} = \frac{F}{S}$	$S = \sum a \cdot l$; a = Nahtdicke l = Nahtlänge ohne Endkrater
2	Biegung $\sigma_b = \frac{M_b}{W_b} = \frac{M_b \cdot c}{I}$	I u. W der Fläche, die durch das Umklappen der Nahtdicke a in die Anschlußebene entsteht
3	Schub $\tau = \frac{F}{S}$ Kraft in Nahtrichtung	S umfaßt nur diejenigen Anschlußnähte, die auf Grund ihrer Lage vorzugsweise imstande sind, Schubkräfte zu übertragen (nur Nähte in Kraftrichtung)
4	Schub bei Biegung $\tau = \frac{Q \cdot S_{stat}}{I \cdot \sum a}$ S_{stat} = statisches Flächenmoment der angeschlossenen Fläche	
5	Verdrehung $\tau = \frac{M_t}{W_p}$	wie Nr. 2
6	Hauptspannung $\sigma_h = {}^1/_2\left(\sigma + \sqrt{\sigma^2 + 4\tau^2}\right)$	
7	Hauptspannung $\sigma_h = {}^1/_2\left[\sigma_x + \sigma_y \pm \sqrt{(\sigma_x - \sigma_y)^2 + 4\tau^2}\right]$; zweiachsige Normalspannungen	
8	Vergleichsspannung $\sigma_v = \sqrt{\sigma^2 + \tau^2 + \tau_{\parallel}^2}$	

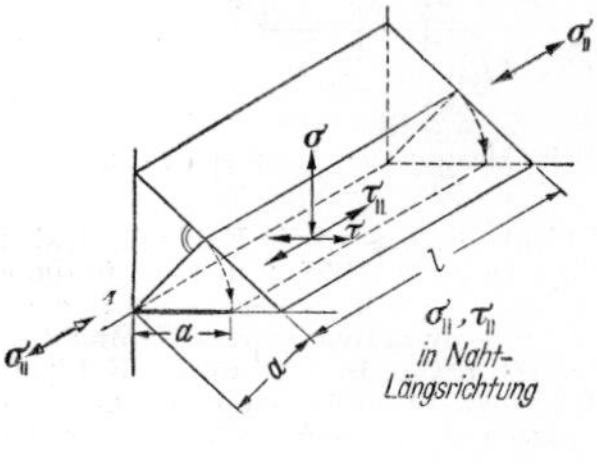

Im Bauteil treten häufig mehrere Beanspruchungsarten gleichzeitig auf, die dann entsprechend zusammenzufassen sind. Zug, Druck und Biegung haben Normalspannungen zur Folge, die bei gleicher Richtung arithmetisch zu addieren sind. Bei aufeinander senkrecht stehenden Richtungen muß aus den Spannungen eine Vergleichsspannung σ_v gebildet werden, die man mit der Streckgrenze bei statischer und mit der Dauerschwingfestigkeit bei dynamischer Beanspruchung vergleicht. Nach der Normalspannungshypothese tritt der Bruch ein, wenn die größte Hauptspannung einen kritischen Wert übersteigt. Diese Hauptspannung wird aus den Spannungen σ_x, σ_y, parallel und quer zur Schweißnaht und aus der Schubspannung τ nach der Beziehung gebildet:

$$\sigma_v = \sigma_h = {}^1/_2\left[(\sigma_x + \sigma_y) \pm \sqrt{(\sigma_x - \sigma_y)^2 + 4\tau^2}\right].$$

α) Bei *Schweißnähten* wird meist die zweite Normalspannung Null, so daß dann anzusetzen ist

$$\sigma_h = {}^1/_2\left(\sigma \pm \sqrt{\sigma^2 + 4\tau^2}\right) \qquad \text{(Bild 58)}.$$

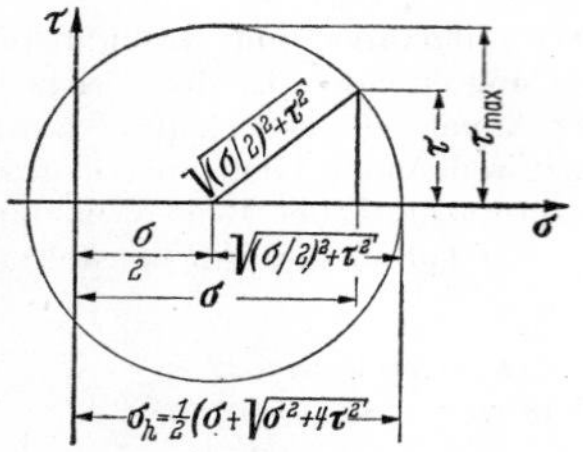

Bild 58. Hauptspannung im Mohrschen Spannungskreis

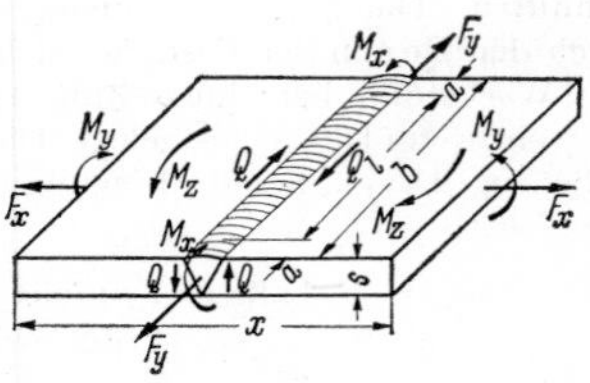

Bild 59
Mögliche Beanspruchungen am Stumpfstoß

Bei der Rechnung nach der Hauptspannungsformel ist zu σ_{max} das zugehörige τ und zu τ_{max} das zugehörige σ zu wählen. Außerdem ist aber *stets* getrennt hiervon der Nachweis zu bringen, daß die Schubspannung τ allein den kritischen Schubspannungswert nicht übersteigt. Für Träger sind die Gleichungen nach DV 848 und DV 952 in Tab. 7, nach DIN 4100 in Tab. 7a zusammengestellt.

Bei der Berechnung von *Stumpfstößen*, Bild 30, wird als Nahtdicke a stets die Blechdicke s des dünneren Bleches eingesetzt. Endkrater werden durch Abzug von beiderseits mindestens einer Nahtdicke a mit $l = b - 2a$ berücksichtigt, Bild 59.

Bei Verwendung von Vorsatzstücken, Bild 62, darf $l = b$ gesetzt werden.

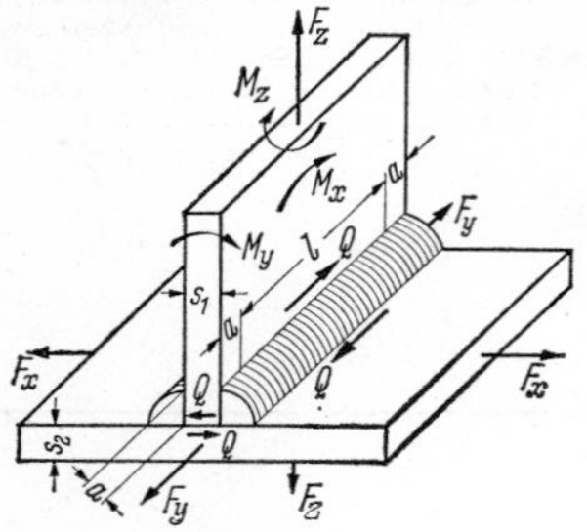

Bild 60
Mögliche Beanspruchungen am T-Stoß

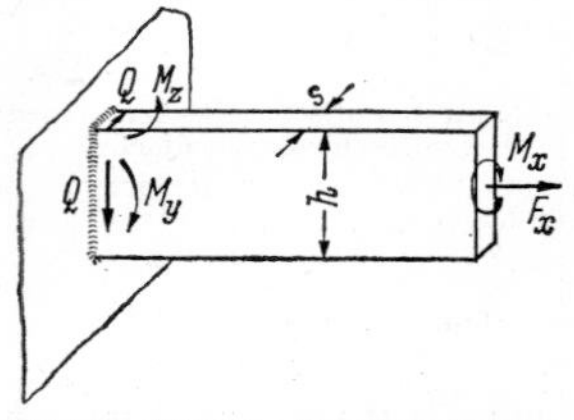

Bild 61. Mögliche Beanspruchungen am einseitig eingespannten Balken

Bei Kehlnähten wird die Kehlnahtdicke a — Höhe des der Kehlnaht einbeschriebenen gleichschenkligen Dreiecks, Bild 33 u. 63 — in die Anschlußebene geklappt und die Spannung für diesen Anschlußquerschnitt berechnet. Auch hier sind beim Festlegen der Nahtlänge die beiderseitigen Endkrater mit mindestens jeweils Kehlnahtdicke a zu berücksichtigen.

Beim *Schrägstoß*, Bild 42, dürfen Kehlnähte mit kleineren Öffnungswinkeln als $\gamma = 60°$ nicht mehr als tragend in die Berechnung eingesetzt werden, es sei denn, das Schweißverfahren gewährleistet das sichere Erfassen des Wurzelpunktes.

Tabelle 7.

Formeln zur Schweißnahtberechnung nach DV 848 und DV 952

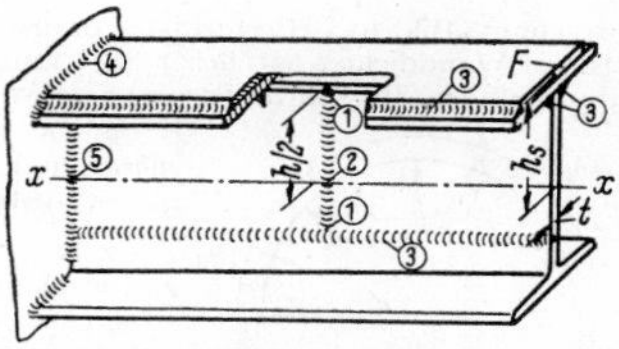

① und ②	$\sigma_h = \frac{1}{2}\left(\sigma + \sqrt{\sigma^2 + 4\tau^2}\right) = \frac{1}{2}\left[\frac{\max M}{I}\cdot c + \sqrt{\left(\frac{\max M}{I}\cdot c\right)^2 + 4\left(\frac{Q}{t\cdot h}\right)^2}\right]$ $\tau_{\text{schw}} = \frac{\max Q}{t\cdot h}$ I = Gesamtträgheitsmoment des Trägers c = Abstand neutrale Faser bis betrachtetem Punkt
③	$\sigma_h = \frac{1}{2}\left(\sigma + \sqrt{\sigma^2 + 4\tau^2}\right) = \frac{1}{2}\left[\frac{\max M}{I}\cdot c + \sqrt{\left(\frac{\max M}{I}\cdot c\right)^2 + 4\left(\frac{Q\cdot S_{\text{stat}}}{I\cdot \Sigma a}\right)^2}\right]$ und $\tau_{\text{schw}} = \frac{\max Q \cdot S_{\text{stat}}}{I\cdot \Sigma a}$ mit S_{stat} = statisches Moment der durch die zu berechnenden Nähte mit Σa angeschlossenen Fläche F; $S_{\text{stat}} = F\cdot h_s$
④ und ⑤	$\sigma_h = \frac{1}{2}\left(\sigma + \sqrt{\sigma^2 + 4\tau^2}\right) = \frac{1}{2}\left[\frac{\max M}{W_{\text{schw}}} + \sqrt{\left(\frac{\max M}{W_{\text{schw}}}\right)^2 + 4\left(\frac{A}{\Sigma(a\cdot l)}\right)^2}\right]$ bzw. $= \frac{1}{2}\left[\frac{M}{W_{\text{schw}}} + \sqrt{\left(\frac{M}{W_{\text{schw}}}\right)^2 + 4\left(\frac{\max A}{\Sigma(a\cdot l)}\right)^2}\right]$ mit W_{schw} = Widerstandsmoment der in die Anschlußebene geklappten Kehlnähte $\Sigma(a\cdot l)$ = Summe aller in Schubrichtung liegenden Kehlnahtlängen (hier nur Stegnähte) $\tau_{\text{schw}} = \frac{\max A}{\Sigma(a\cdot l)}$

Tabelle 7a. *Formeln zur Schweißnahtberechnung* nach DIN 4100

①	$\sigma = \frac{\max M\cdot c}{I}$	②	$\tau = \frac{\max Q}{t\cdot h}$
③	$\tau_{\parallel} = \frac{\max Q\cdot S_{\text{stat}}}{I\,\Sigma a}$		
④	$\sigma = \frac{\max M}{2h_s\,\Sigma a_{\text{Gurt}}\cdot l_{\text{Gurt}}}$	⑤	$\tau_{\parallel} = \frac{Q}{\Sigma(a\cdot l)}$

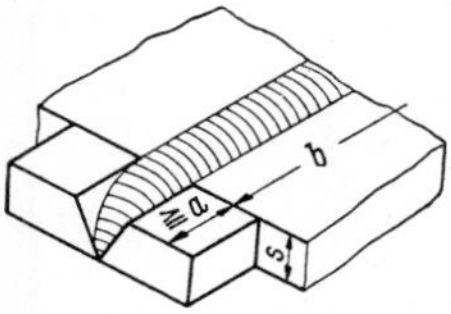

Bild 62
Stumpfstoß mit Vorsatzstück für Schweißnahtauslauf

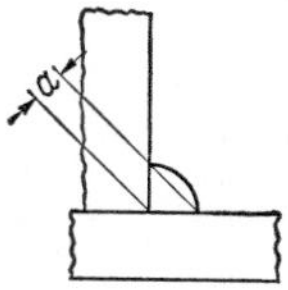

Bild 63. Anschlußmaß einer Wölbnaht

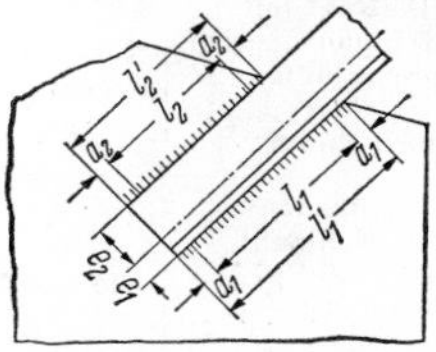

Bild 64. Schweißnahtlängen bei Anschluß eines Winkelprofils an ein Knotenblech (Stabanschluß)

β) Bei *Stabanschlüssen* von beispielsweise unsymmetrischen Walzprofilen, Bild 64, müssen die Nahtquerschnitte im umgekehrten Verhältnis zum Abstand von der Profilschwerlinie stehen:

$$a_1 e_1 l_1 = a_2 e_2 l_2 .$$

Außerdem ist bei diesen Anschlüssen zu beachten, daß die Kehlnähte nicht kürzer als $15a$ und nicht länger als $100a$ ausgeführt werden.

γ) *Kesselschüsse, Trommeln und Sammler unter innerem Überdruck* werden bei Wandtemperaturen bis zu 525 °C nach der Gleichung

$$\sigma = \frac{(D_i + s)p}{2s}$$

betr. Schweißfaktor (Verschwächungsbeiwert) v vgl. S. 669.

berechnet, Bild 65. Hierfür ist Voraussetzung, daß $D_a/D_i \leqq 2{,}0$ eingehalten wird. Der rechnerischen Wanddicke s ist bei $s \leqq 30$ mm in der Ausführung ein Abnutzungszuschlag $c = 1$ mm hinzuzufügen. Bei nahtlosen und geschweißten Schüssen beträgt die Mindestwanddicke 5 mm.

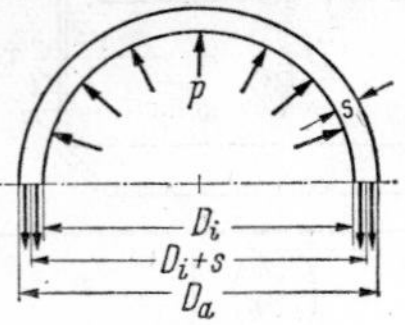

Bild 65
Kräfte am Kesselschuß in der Längsnaht

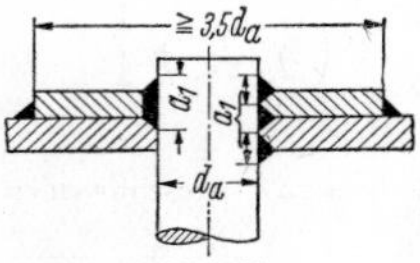

Bild 66
Anker mit aufgeschweißter Verstärkungsplatte

δ) Der Abscherquerschnitt der Schweißnähte von *Ankern, Ankerrohren* und *Stehbolzen* muß mindestens 125% des Bolzen- oder Ankerquerschnitts betragen $d_a \pi a_1 \geqq 1{,}25\, q$

mit z. B. $q = d_a^2\pi/4$ in Bild 66. Die Anker sind auf beiden Seiten der zu verankernden Wandungen zu verschweißen.

c) Festlegen der zulässigen Spannungen. Die zulässigen Spannungen sind für statische und dynamische Beanspruchung unterschiedlich.

α) *Zulässige Spannungen bei statischer Beanspruchung.* Sie sind für den *Stahlhochbau* für St37 aller Gütegruppen und für St52 in DIN 4100 festgesetzt (Tab. 8). Die Wurzel von Stumpfnähten muß ausgekreuzt und nachgeschweißt werden, oder es muß auf andere Weise für einwandfreies Durchschweißen gesorgt werden.

Ein an derselben Stelle über den ganzen Querschnitt gehender Stumpfstoß (Universalstoß) in Formstählen wie I-, U-, T-, L- und Z-Profilen soll bei Zug- oder Biegebeanspruchung vermieden werden, anderenfalls sind bei Verwendung von St37-1 und USt37-2 und Flansch — (t) bzw. Schenkeldicken (s) > 11 mm die zulässigen Spannungen in Bereichen mit Zug und Zug aus Biegung auf die Hälfte herabzusetzen und am Übergang Steg–Flansch Ausnehmungen vorzusehen, Bild 67.

Tabelle 8. *Zulässige Spannungen bei statischer Beanspruchung,* DIN 4100 (1050)

1	Nahtart	Nahtgüte	Spannungsart	St 37 Lastfall H kp/cm²	St 37 Lastfall HZ kp/cm²	St 52 Lastfall H kp/cm²	St 52 Lastfall HZ kp/cm²
2	Grundwerkstoff zulässig nach DIN 1050	—	Zug	1600	1800	2400	2700
		—	Druck *	1400	1600	2100	2400
3	Stumpfnaht K-Naht mit	alle Nahtgüten	Druck und Biegedruck	1600	1800	2400	2700
4	Doppelkehlnaht (durchgeschweißte Wurzel) nach Bild 41 K-Stegnaht mit Doppelkehlnaht nach Bild α**	Freiheit von Rissen, Binde- und Wurzelfehlern nachgewiesen	Zug und Biegezug quer zur Nahtrichtung	1600	1800	2400	2700
5	HV-Naht mit Kehlnaht (gegengeschweißte Kapplage) nach Bild β	Nahtgüte nicht nachgewiesen		1350	1500	1700	1900
6	HV-Stegnaht mit Kehlnaht nach Bild γ Kehlnaht	alle Nahtgüten	Druck und Biegedruck Zug und Biegezug Vergleichswert	1350	1500	1700	1900
7	alle Nähte		Schub	1350	1500	1700	1900

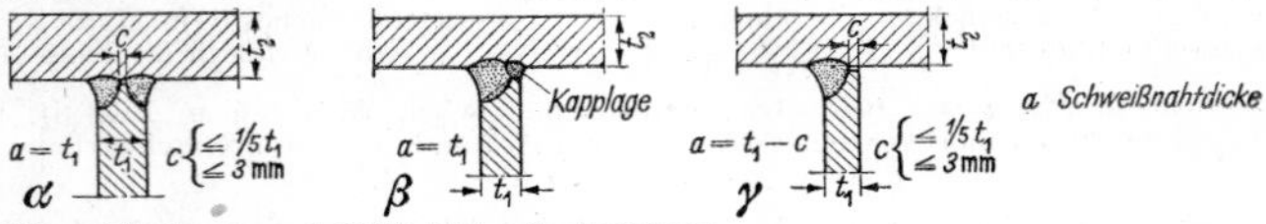

* Wenn Nachweis nach DIN 4114 erforderlich ist.
** Wegen des Wurzelspalts kommt Zeile 4 nicht in Betracht.

Im *Maschinenbau* können die zulässigen Spannungen nach DV 952 (Tab. 9) für ein Grenzspannungsverhältnis von $\varkappa = +1$ vorgesehen bzw. in Anlehnung an diese Vorschrift umgerechnet werden; $\varkappa$ vgl. β) S. 670.

Stahlleichtbau und *Stahlrohrbau* im Hochbau wenden bei Anschluß von Rohren an Knotenbleche oder andere Bauteile DIN 4100, Tab. 8, an. Beim unmittelbaren Rohrstoß ist dagegen der Schweißfaktor $\alpha = \text{zul}\,\sigma_{\text{schw}}/\text{zul}\,\sigma = 0{,}65$ einzusetzen, dessen Erhöhung auf $\alpha = 0{,}9$ für Zug- und $\alpha = 1{,}0$ für Druckbeanspruchung nach einer zusätzlichen Schweißer- und Bauartprüfung möglich ist. Die Mindestwanddicke beträgt 1,5 mm bei Bauteilen im Inneren von geschlossenen Räumen mit normaler Korrosionsbeanspruchung, 2 mm bei Teilen, die lichtbogengeschweißt werden, und 3 mm bei allen anderen Bauteilen.

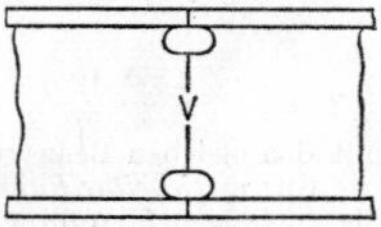

Bild 67. Ausnehmungen bei Universalstoß von Walzprofilen

Geschweißte vollwandige *Straßenbrücken* unterliegen keiner ausgesprochen dynamischen Beanspruchung. DIN 4101 gibt daher die zulässigen Spannungen unabhängig von der Art der Schwingbeanspruchung an. Straßenbrücken mit Straßenbahnen müssen nach Entscheidung der Aufsichtsbehörde gegebenenfalls nach den Regeln für Eisenbahnbrücken (DV 848) nachgerechnet werden.

Für den *Kessel-* und *Rohrleitungsbau* sind die Vorschriften und Merkblätter der Vereinigung der Technischen Überwachungsvereine maßgebend. Der übliche Schweißfaktor (Verschwächungsbeiwert) $v = 0{,}8$ kann durch zusätzliche Schweißer- und Arbeitsprüfungen bis auf $v = 1{,}0$ erhöht werden.

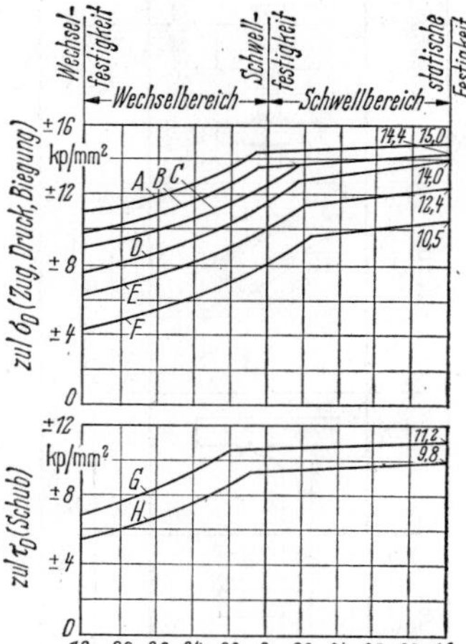

Bild 68
Zulässige Spannungen für St 37 nach DV 952

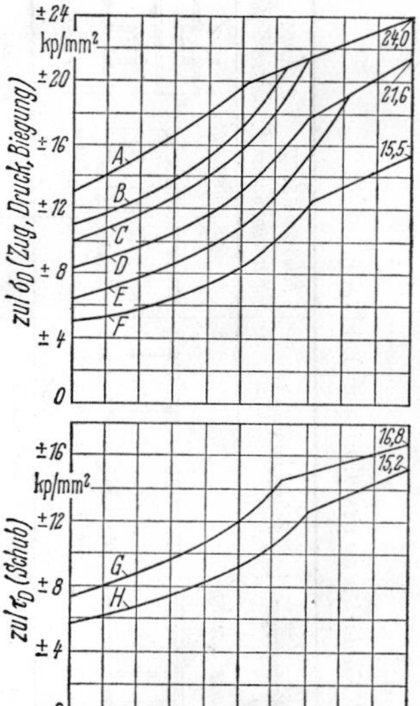

Bild 69. Zulässige Spannungen für St 52 nach DV 952

Tabelle 9. *Zulässige Spannungen bei statischer Belastung* ($\varkappa = +1$) nach DV 952

		St 37 kp/cm²	St 52 kp/cm²
Hauptspannung Zug, Druck, Biegung	Grundwerkstoff	1500	2400
	Stumpfnaht gegengeschweißt und durchstrahlt	1440	2400
	Stumpfnaht gegengeschweißt und stichprobenweise durchstrahlt	1400	2160
	Stumpfnaht nicht durchstrahlt	1240	2160
	Kehlnaht	1050	1550
Schub	Stumpfnaht	1120	1680
	Halsnaht	980	1520

β) *Zulässige oder ertragbare Spannungen bei dynamischer Beanspruchung.*

Für *geschweißte Eisenbahnbrücken* sind die zulässigen maximalen Zug- oder Druckspannungen bzw. Schubspannungen in der DV 848 für die Stähle St 37 und St 52 festgelegt. Sie werden bestimmt in Abhängigkeit vom Grenzspannungsverhältnis

$$\varkappa = \frac{\min \sigma}{\max \sigma} \quad \text{bzw.} \quad \varkappa = \frac{\min \tau}{\max \tau}$$

mit den gleichen Beanspruchungsbereichen wie in DV 952 (dort ist R statt $\varkappa$ benutzt).

Für *geschweißte Fahrzeuge,* Maschinen und Geräte der Deutschen Bundesbahn sind in DV 952 die zulässigen Spannungen für St 37 und St 52 ebenfalls in Abhängigkeit vom Grenzspannungsverhältnis $\varkappa$ angegeben, Bild 68 u. 69 und Tab. 10, jedoch mit von der DV 848 abweichenden Werten

Tabelle 10. *Zuordnung der Stoß- und Nahtarten zu den Linien in Bild 68 u. 69*

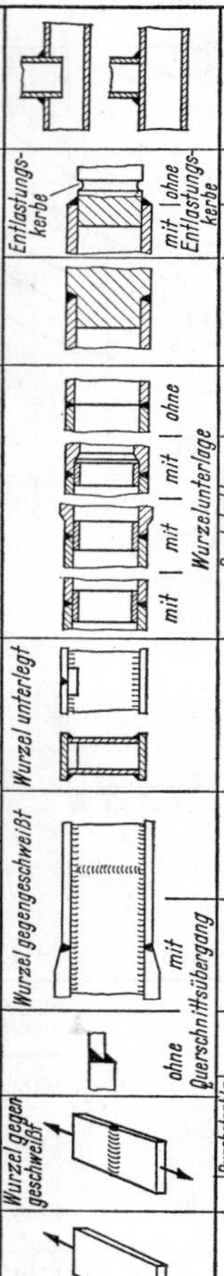

Stoß- und Nahtart		Grundwerkstoff	Stumpfstoß (Gurtst.) gleiche Blechdicke	Stumpfstoß (Gurtst.) ungleiche Blechdicke	Gurtstoß ungleiche Blechdicke	Stegblechquerstoß (Hauptspannung)	Gurtstoß Kastenträger	Rohrstumpfstoß	Rohrverbindung mit Vollrundwerkstoff	winklige Rohrverbindung
Naht bearbeitet	Linie	A	Durchstrahlg. ganz: B		B durchstrahlt		D durchstrahlt	Durchstrahlung ganz: D		
Naht unbearbeitet	Linie		Stichproben: D; ohne: E	E	D stichprobenweise durchstrahlt	Schub G	D	Stichproben: D; ohne: E	E; E; F	E

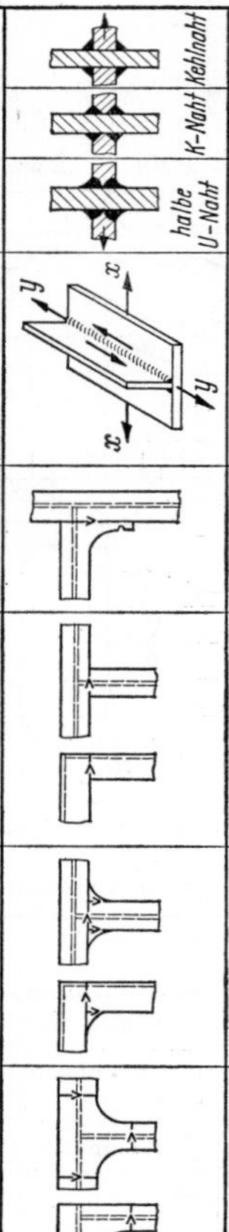

Stoß- und Nahtart		Stumpfstöße in Eckverbindungen: Blechkonstruktion	Profile mit Eckblechen	Profile ohne Eckbleche	mit Entlastungsflachkerbe	T-Stoß (Halsnähte, Queranschlüsse)	Kreuzstoß (beidseitig geschweißt): halbe U-Naht	K-Naht	Kehlnaht
Naht bearbeitet	Linie	B durchstrahlt	D durchstrahlt			Richtung xx: F, C*	E	F	F
Naht unbearbeitet	Linie	D durchstrahlt u. nicht durchstrahlt	E nicht durchstrahlt	F nicht durchstrahlt	E nicht durchstrahlt	Richtung yy: B; Schub: H		(bei guter Vorbereitung und Durchschweißg.) E	

* F für Biegung C für Zug

Die $\varkappa$-Werte kennzeichnen die Beanspruchungsbereiche: reine Wechselbeanspruchung ($= -1$) Wechselbereich (< 0), reine Schwellbeanspruchung ($= 0$), Zug- und Druckschwellbereiche (> 0) und statische Zug- und Druckbeanspruchung ($= 1$).

Die Linien A bis H der zulässigen Spannungen sind verschiedenen Stoß- und Nahtarten zugeordnet, Tab. 10.

Für den *Maschinenbau* besteht als einzige Vorschrift die bereits genannte DV 952. Die DV 848 ist auf Grund der Erfahrung für Eisenbahnbrücken aufgestellt worden und daher nur bei ähnlichen Verhältnissen anwendbar bzw. vorgeschrieben. Die DV 952 berücksichtigt dagegen auch den Maschinenbau.

d) Vergleich der Nennspannungen mit den zulässigen Spannungen. Die aus den äußeren Kräften errechneten und gegebenenfalls durch besondere Faktoren erhöhten Nennspannungen in den Schweißnähten oder Übergangsquerschnitten (Abschn. b) müssen zum Nachweis ausreichender Festigkeit am Ende der Berechnung den zulässigen oder ertragbaren Spannungen (Abschn. c) gegenübergestellt werden.

α) Bei *statischer Beanspruchung* muß die Nennspannung im untersuchten Querschnitt kleiner als die zulässige Spannung (z. B. Tab. 8) sein: $\sigma_{\text{schw}} \leqq \text{zul}\,\sigma_{\text{schw}}$ und $\tau_{\text{schw}} \leqq \text{zul}\,\tau_{\text{schw}}$. Man kann auch so vorgehen, daß die Nennspannungen unmittelbar mit der Streckgrenze verglichen werden. Die gegen plastische Verformung erforderliche Sicherheit

$$\mathfrak{S} = \sigma_S/\sigma_n$$

richtet sich nach Nahtform, Nahtlage und Nahtgüte.

Im Kessel- und Rohrleitungsbau ist evtl. die Warmfestigkeit zu berücksichtigen.

β) Bei *dynamischer Beanspruchung* gilt für geschweißte Eisenbahnbrücken und geschweißte Fahrzeuge, Bild 68 u. 69, der gleiche Grundsatz, da DV 848 und DV 952 zulässige Spannungen festlegen. Die gegen Dauerbruch vorhandene Sicherheit ist dann

$$\mathfrak{S}_{\text{dyn}} = \sigma_A/\sigma_n \quad \text{bzw.} \quad = \tau_A/\tau_a.$$

Außerdem ist wegen der Gefahr der plastischen Verformung der Nachweis zu führen, daß die maximale Spannung (Oberspannung bei Zug, Unterspannung bei Druck oder die Schubspannung) unter der Streckgrenze des Werkstoffs liegt:

$$\sigma_O \leqq \sigma_S \quad \text{bzw.} \quad \sigma_U \leqq \sigma_S \quad \text{bzw.} \quad \tau \leqq \tau_S.$$

Die vorhandene Sicherheit muß stets größer als 1 sein.

Einige Richtwerte nach *Erker*, S. 661, Lit. 2:

1. Statische Beanspruchung: Sicherheit gegen Bruchgrenze σ_B des Werkstoffs $\mathfrak{S} \geqq 1{,}8$, normal $\mathfrak{S} = 2{,}5$.

2. Vorwiegend statische Beanspruchung (bis 10000 Lastspiele): Sicherheit gegen Streckgrenze σ_S des Werkstoffs $\mathfrak{S} = 1{,}5$ bis $2{,}0$ (je nach Kerbschärfe). Durchschnittswert $\mathfrak{S} = 1{,}7$.

3. Zeitfestigkeit (bis 500000 Lastspiele): Sicherheit gegen Dauerbruch $\mathfrak{S} = 1{,}0$ bis $1{,}8$, Durchschnittswert $\mathfrak{S} = 1{,}3$ bis $1{,}5$.

4. Dauerfestigkeit (über 500000 Lastspiele): Sicherheit gegen Dauerbruch $\mathfrak{S} = 1{,}5$ bis $3{,}0$, Durchschnittswert $\mathfrak{S} = 1{,}5$ bis $2{,}0$, in Sonderfällen unterster Wert $\mathfrak{S} = 1{,}2$.

γ) Bei *zusammengesetzter Beanspruchung* müssen zum Vergleich der Nennspannungen mit den zulässigen Spannungen die Werte der zulässigen Spannungen für den betreffenden Beanspruchungs- und Berechnungsfall herangezogen werden (z. B. DIN 4100, DV 848, DV 952).

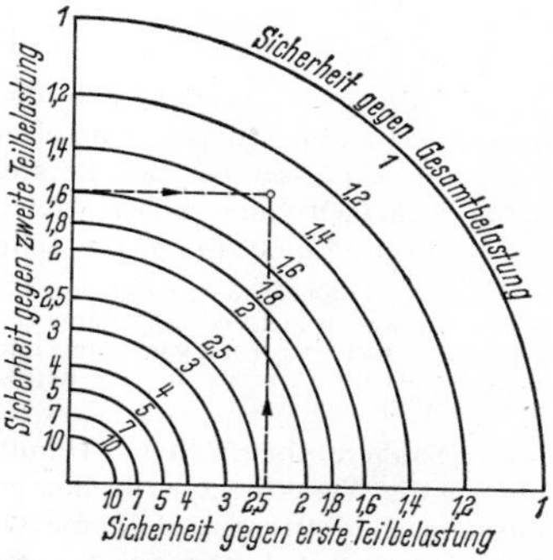

Bild 70. Sicherheitskreis zur Bestimmung der Gesamtsicherheit aus den Einzelsicherheiten bei zusammengesetzter Beanspruchung (S. 661, Lit. 7)

Will man auf die Berechnung einer Vergleichsspannung verzichten, so kann man auch mit den einzelnen Teilbelastungen rechnen und die Sicherheit bei Überlagerung dieser Teilbelastungen abschätzen. Sind z. B. bei Biegung und Schub die Sicherheit gegen die erste Teilbelastung (Biegung)

$$\mathfrak{S}_{\text{I}} = \sigma^*/\sigma = 2{,}4$$

und diejenige gegen die zweite Teilbelastung (Schub)

$$\mathfrak{S}_{II} = \tau^*/\tau = 1{,}6,$$

(σ^*, τ^* Bezugsgrößen, z. B. Festigkeit, Streckgrenze usw.)

so ergibt sich aus Bild 70 die Sicherheit der Gesamtbelastung zu $\mathfrak{S} = 1{,}3$.

e) Berechnung von Preßschweißverbindungen. α) *Preßstumpf- und Abbrennschweißen.* Berechnungsquerschnitt ist der kleinste Querschnitt neben der Naht. Richtwerte für zulässige Spannungen sind Tab. 11 zu entnehmen.

Tabelle 11. *Richtwerte für zulässige Spannungen von Preßstumpf- und Abbrennschweißverbindungen*

Beanspruchungsart	Naht bearbeitet	Naht unbearbeitet	Bemerkungen
statisch	0,9—1,0 zul σ	0,9—1,0 zul σ	Preßstumpf- oder Abbrennschweißen
dynamisch	0,6—0,8 zul σ_a	0,6—0,8 zul σ_a	Preßstumpfschweißen
	0,8—0,9 zul σ_a	0,6—0,8 zul σ_a	Abbrennschweißen

β) *Punkt- und Nahtschweißen.* Diese Verbindungen werden im allgemeinen auf Abscheren beansprucht. Niedrige Dauerfestigkeit wegen erheblicher Kerbwirkung. Da der Punktdurchmesser nicht bekannt ist und auch durch zerstörungsfreie Prüfverfahren kaum bestimmt werden kann, werden die ertragbaren Bruchlasten aus Versuchen bestimmt. Vgl. hierzu Merkblatt DVS 1603 „Widerstandspunktschweißen von Stahl im Schienenfahrzeugbau", „Luftfahrt-Tauglichkeitsforderungen für das Widerstandspunkt- und Nahtschweißen LTF 3400—001", und DIN 4115: „Stahlleichtbau und Stahlrohrbau im Hochbau".

D. Löten

Literatur: 1. *v. Linde, R.:* Das Löten. Werkstattbücher Heft 28, Berlin: Springer 1954. — 2. *Lüder, E.:* Handbuch der Löttechnik. Berlin: Technik-Verlag 1952. — 3. *Colbus, J.:* Das Löten, Überblick und Anwendungsstand. Mitt. der BEFA 14 (1963) Nr. 11 S. 1/11. — 4. *Krell, A.:* Begriff und Bestimmung der Lötbarkeit. Schweißtechn. (Bln.) 14 (1964) Nr. 3 S. 127/35. — 5. DIN 8505: Löten metallischer Werkstoffe (Begriffe, Benennungen).

1. Vorgang

a) Unter Löten versteht man das Verbinden erwärmter, im festen Zustand verbleibender Metalle durch schmelzende metallische Zusatzwerkstoffe (Lote). Die Werkstücke müssen an der Lötstelle mindestens die **Arbeitstemperatur** erreicht haben[1]. Sie liegt immer höher als der untere Schmelzpunkt (Soliduspunkt) des Lotes und kann unterhalb des oberen Schmelzpunktes (Liquiduspunkt) liegen.

Bindung zwischen Werkstück und Lotmetall tritt auch auf, wenn das Werkstück zwar die Arbeitstemperatur nicht erreicht, dafür aber das Lotmetall eine wesentlich höhere Temperatur hat. Diese Werkstücktemperatur wird häufig mit *Bindetemperatur* oder Benetzungstemperatur bezeichnet. Sie ist stets niedriger als die Arbeitstemperatur und hat nur beim Fugenlöten (Schweißlöten) technische Bedeutung.

b) Saubere Oberflächen. Damit flüssige Lote benetzen und fließen können, müssen die Werkstückoberflächen metallisch rein sein. Starke Oxidschichten werden mechanisch entfernt und dünne Oxidschichten, die zum Teil noch während der Erwärmung auf Löttemperatur entstehen, durch Flußmittel gelöst oder durch Flußmittel bzw. Gase reduziert.

c) Die **Bindung** ist abhängig vom Verhalten des Metalls zum Grundwerkstoff und von der Verarbeitungstemperatur[2]. Neben der reinen Oberflächenbindung im Fall fehlender Legierungs-

[1] *Keil, A.:* Über die Benetzungfähigkeit von Loten. Z. Metallk. 47 (1956) Nr. 7 S. 491/93.

[2] *Colbus, J.:* Probleme der Löttechnik. Schweißen u. Schneiden 6 (1954) Nr. 7 S. 287/96 und Sonderheft 1954 S. 140/47. — *Ders.:* Die Prüfung von Loten und Lötverbindungen zum Hart- und Schweißlöten. Schweißen u. Schneiden 9 (1957) Nr. 3 S. 110/16. — *Ders.:* Versuche zur Deutung der Bindevorgänge. Schweißen u. Schneiden 10 (1958) Nr. 2 S. 50/54.

bildung zwischen Grundwerkstoff und Lot tritt in den meisten Fällen Diffusion einer oder mehrerer Komponenten des Lots in den Grundwerkstoff und umgekehrt ein. Beim Hartlöten von weichem Stahl diffundiert häufig Kupfer entlang den Korngrenzen und führt dadurch zur Lötbrüchigkeit[1]. Die Festigkeit der Lötverbindung ist von der Spaltbreite abhängig. Unterhalb einer kleinsten Spaltbreite (etwa 0,02 mm) fällt die Festigkeit wegen zunehmender Bindefehler stark ab. Umgekehrt bringt auch zunehmende Spaltbreite eine Abnahme der Festigkeit mit sich. Der obere Grenzwert der Spaltbreite von etwa 0,5 mm sollte daher nicht überschritten werden. Als günstigster Bereich hat sich 0,05 bis 0,2 mm bewährt. Bearbeitungsriefen vom Drehen oder Hobeln sollen, wenn ihre Tiefe 0,02 mm übersteigt, möglichst in Flußrichtung des Lots liegen.

2. Weichlöten

wird bei einer Arbeitstemperatur unterhalb 450 °C, vorwiegend bei Stahl, Kupfer, Messing und Bronze ausgeführt[2]. Die Lote sind zur Hauptsache Legierungen der Metalle Blei, Zinn, Cadmium und Zink; für Aluminium-Werkstoffe: Legierungen der Metalle Aluminium, Zink und Silizium mit Zusätzen von Cadmium, Zinn, Kupfer und auch Blei; vgl. Werkstoffkunde, S. 597; DIN 1707: Weichlote für Schwermetalle und DIN 8512: Hart- und Weichlote für Aluminium-Werkstoffe.

a) Erwärmung der Lötstelle mit einem erwärmten Kupferkolben, einem Brenner, im Ofen, durch elektrischen Widerstand oder im Schmelzbad des Lotmetalls. Der Beseitigung der Oxidschichten dienen bei Schwermetallen die anorganischen Flußmittel Ammoniumchlorid (Salmiak) NH_4Cl (auch zur Reinigung des Kupferkolbens verwendet), Zinkchlorid $ZnCl_2$ und Mischungen aus beiden mit weiteren Zusätzen, und die organischen Flußmittel Kolophonium (Hauptbestandteil: Harzsäure), Milchsäure (Oxypropionsäure $CH_3CHOH \cdot COOH$) und deren Ammoniumsalz (Ammoniumlaktat) bzw. als Flußmittelbestandteile Rindertalg, Olivenöl, Palmöl, die durch Metalloxide unter Bildung der entsprechenden Seifen zersetzt werden (vgl. DIN 8511: Flußmittel zum Löten metallischer Werkstoffe).

b) Die **Festigkeit der Lötverbindung** nimmt mit der Dauer der Belastung ab, da die Weichlote unter Last kriechen, Bild 71. Erfahrungswerte gibt Tab. 12. Außerdem

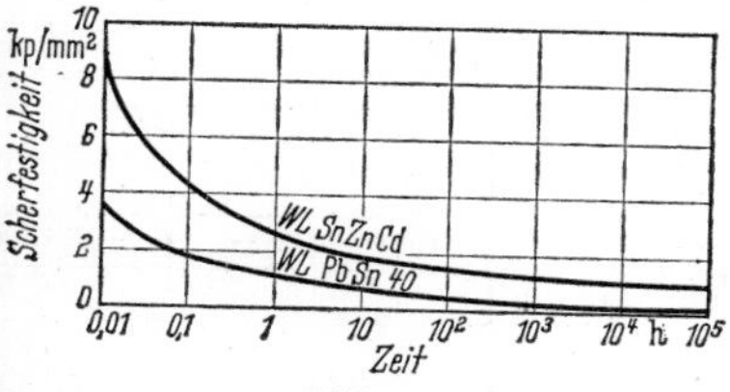

Bild 71
Scherfestigkeit von Weichlotverbindungen in Abhängigkeit von der Zeit[3]

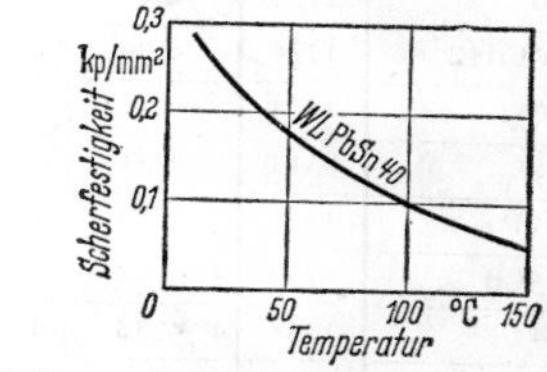

Bild 72. Scherfestigkeit einer Weichlotverbindung in Abhängigkeit von der Temperatur[3]

Tabelle 12. *Zerreiß- und Scherfestigkeiten von Weichlotverbindungen*[3]

Kurzzeichen	Kurzzeitbelastung (Erfahrungswerte) Zugfestigkeit kp/mm²	Kurzzeitbelastung (Erfahrungswerte) Scherfestigkeit kp/mm²	Dauerbelastung Zugfestigkeit kp/mm²
L Sn	1–2	0,5–1,5	0,05–0,1
L SnPb 38	3,5–4,5	2,5–3,5	—
L SnPb 38–50	—	—	0,2–0,25
L PbSn 40–50	—	—	0,2–0,25
L SnSb	4–5	3–4	0,4–0,6
L SnAg 5	4–5	3–4	—
L CdZn	7–8	4–7	—
L CdZnAg	8–9	7–8	—
L SnCdZn	—	—	0,5–0,9

[1] *Klosse, E.:* Beiträge über die Lötrissigkeit des Eisens. Techn. Zbl. prakt. Metallbearbeitung (1941) S. 522/24. — *Erdmann-Jesnitzer, F.,* u. *R. Bogner:* Lötbruch bei Stahl. Industrieblatt 60 (1960) H. 3 S. 133/43.

[2] *Keysselitz, B.:* Zur Prüfung der Lötbarkeit und Benetzbarkeit von Metallflächen durch Weichlote. Metall 18 (1964) H. 8 S. 816/20.

[3] *Spengler, H.:* Über das Festigkeitsverhalten von Weichlotverbindungen. Metall 13 (1959) Nr. 12 S. 1130/32.

sinkt allgemein die Festigkeit der Lötverbindung bei steigender Temperatur, Bild 72. Daher sollen die Lötungen möglichst von größeren angreifenden Kräften entlastet werden und vorwiegend der Abdichtung dienen, Bild 73.

Bild 73. Überlappstoß mit Aufnahme der Kräfte durch Falzen und Abdichtung durch Löten

3. Hartlöten und Schweißlöten (Fugenlöten)

wird bei Temperaturen über 450 °C vorgenommen. Lotmetalle vgl. Tab. 13, (Auszug); DIN 1735: Silberlote zum Hartlöten von Edelmetallen; DIN 8512: Hart- und Weichlote für Aluminium-Werkstoffe; vgl. a. Anm. [1].

[1] *Lüder, E.*, u. *A. Krell:* Entwicklung der Hartlote. Schweißtechn. (Bln.) 14 (1964) Nr. 3 S. 122/26.

Tabelle 13. *Die wichtigsten genormten Hartlote für Schwermetalle*

Kurzzeichen	Genormt in DIN	Zusammensetzung (Gew.-%)							
		Cu %	Ag %	Zn %	Cd %	P %	Mn %	Ni %	
L Ag45	1734/35	< 19	44—46	Rest	18—22	—	—	—	*1*
L Ag49	1734	< 18	48—50	Rest	—	—	< 8	< 5	*2*
L Ag30Cd12	1734	< 36	29—31	Rest	10—14	—	—	—	*3*
L Ag50	1734	< 32	49—51	Rest	3—7	—	—	—	*4*
L CuP8	8513	Rest	—	—	—	8	—	—	*5*
L Ag15P	1734	< 82	14—16	—	—	Rest	—	—	*6*
L Ag25Cd	1734	< 42	24—26	Rest	12—16	—	—	—	*7*
L Ag44	1734	< 32	43—45	Rest	—	—	—	—	*8*
L Ag20	1734	< 43	19—21	Rest	13—17	—	—	—	*9*
L Ag15	1734	< 49	14—16	Rest	8—12	—	—	—	*10*
L Ag30Cd5	1734	< 44	29—31	Rest	3—7	—	—	—	*11*
L Ag25	1734	< 43	24—26	Rest	—	—	—	—	*12*
L Ag12Cd	1734	< 52	11—13	Rest	5—9	—	—	—	*13*
L Ag38	1734	< 42	37—39	Rest	—	—	—	—	*14*
L Ag12	1734	< 52	11—13	Rest	—	—	—	—	*15*
L Ag27	1734	< 40	26—28	Rest	—	—	< 10	< 6	*16*
L Ms42	8513	41—43	—	> 56	—	—	—	—	*17*
L Ag8	1734	< 55	7—9	Rest	—	—	—	—	*18*
L Ms54	8513	53—55	—	Rest	—	—	—	—	*19*
L Ms60	8513	59—62	—	Rest	—	—	< 0,3	—	*20*
L SoMs	8513	56—62	< 1	Rest	—	—	0,2—1,0	< 1,5	*21*
L NS	8513	46—50	—	Rest	—	—	—	8—11	*22*
L SnBz12	8513	> 86	—	—	—	< 0,4	—	—	*23*
L SnBz6	8513	> 91	—	—	—	< 0,4	—	—	*24*
L SCu	8513	> 99,90	—	—	—	0,02—0,05	—	—	*25*
L Cu	8513	> 99,90	—	—	—	—	—	—	*26*

a) Erwärmung der Lötstelle vorwiegend mit der Flamme, im Schutzgasofen oder mittels Stromdurchgangs. Die bekanntesten Flußmittel für Messinglote sind Borsäure H_3BO_3 und Borax (Natriumtetraborat) $Na_2B_4O_7 \cdot 10\,H_2O$ sowieMischungen aus beiden mit Zusätzen von z. B. Phosphorverbindungen. Daneben sind auch Gemische von Borverbidungen mit Phosphaten, Silikaten, Karbonaten, Nitraten und Chloriden und Gemische von Fluoriden allein und mit Chloriden besonders für die niedrig schmelzenden Silberlote in Anwendung (vgl. DIN 8511: Flußmittel zum Löten metallischer Werkstoffe).

b) Die **Festigkeit der Lötverbindung** ist in erheblichem Maß von der Lotlegierung abhängig, daneben aber auch von der Betriebstemperatur und bei schwingender Beanspruchung von der Lastspielzahl, Bild 74.

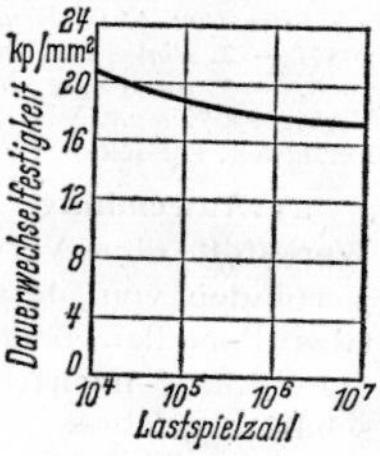

Bild 74. Dauerfestigkeit von Silberlotverbindungen an Stahl nach *Brooker* (in Lit. 2)

und Eisenwerkstoffe, nach zunehmender Arbeitstemperatur geordnet

	Sn %	Si %	Weicheisen	Stahl	Baustahl	korrosionsbeständiger Stahl	chromdiffundierter Stahl	Gußeisen	Temperguß	Kupfer und Kupferlegierung	Bronze	Nickel und Nickellegierung	Hartmetall	Arbeitstemp. mind. °C
			bevorzugt zu verwenden für											
1	—	—				+				+				620
2	—	—					+							690
3	—	—								+				700
4	—	—								+				700
5	—	—								+				710
6	—	—								+				710
7	—	—								+				730
8	—	—		+						+				730
9	—	—	+	+						+				750
10	—	—	+	+						+				770
11	—	—								+				770
12	—	—	+	+						+				780
13	—	—								+				800
14	< 4	—			+						+			800
15	—	—	+	+						> 56% Cu				830
16	—	—				+							+	840
17	—	—								+		+		845
18	—	—	+	+						> 63% Cu				860
19	—	—		+					+	+				890
20	< 0,5	0,2—0,3		+				+		+		+		900
21	0,5—1,5	< 0,2		+				+	+	+		+		900
22	—	0,1—0,3		+				+	+			+		910
23	11—13	—	+	+								+		990
24	5—8	—	+	+								+		1040
25	—	—		+										1100
26	—	—		+										1100

E. Metallkleben

Literatur: 1. *De Bruyne, N. A.,* u. *R. Houwink:* Klebtechnik. Stuttgart: Berliner Union-Verlag 1957. — 2. *Plath, E.:* Taschenbuch der Kitte und Klebstoffe. 4. Aufl. Stuttgart: Wiss. Verlagsges. 1963. — 3. *Saechtling, H.,* u. *W. Zebrowski:* Kunststoff-Taschenbuch. 17. Aufl. München: Hanser-Verlag 1967. — 4. VDI-Richtlinie 2229: Metallklebverbindungen, Hinweise für Konstruktion und Fertigung. Düsseldorf: VDI. — DIN 53281/288: Prüfung v. Metallklebstoffen u. -klebungen.

a) Anwendung. Das Kleben ermöglicht die Verbindung auch nicht schweißbarer Werkstoffe ohne Verwendung von Nieten oder Schrauben. Es wird angewendet beim Verbinden von Metallen mit Nichtmetallen, wie z. B. Holz, Kunststoff, Gummi, Glas, Porzellan, oder in Fällen, in denen die zu verbindenden Werkstoffe durch die Schweißung nachteilige Veränderungen ihrer mechanisch-technologischen Eigenschaften erfahren (z. B. ausgehärtetes Duralumin). Vor allem dünne Werkstücke, die sich nur unter großem Aufwand oder gar nicht nieten oder schweißen lassen, können durch Kleben miteinander verbunden werden. Überdies kann das Metallkleben im Großreihenbau fertigungstechnische und wirtschaftliche Vorteile bieten. Die Sandwichbauweise erlaubt in großem Umfang das Metallkleben im Flugzeugbau, weil sich durch dieses Konstruktionselement hohe Steifigkeit mit niedrigem Gewicht vereinigen läßt.

b) Die **Bindefähigkeit** der Klebstoffe auf Kunstharzbasis wird zur Hauptsache auf die Adhäsion zwischen Kleber und Metall zurückgeführt. Der mechanischen Haftung infolge mechanischer Verankerung wird weitaus geringere Bedeutung zugemessen. Zur Herstellung einwandfreier Metallklebverbindungen müssen folgende Bedingungen erfüllt werden[1]:

1. Gute und gleichmäßige Benetzbarkeit der Klebflächen durch den Klebstoff.
2. Möglichst geringe innere Spannungen nach dem Abbinden des Klebstoffs, d. h. geringe Neigung zum Schrumpfen beim Abbinden. Eigenspannungen können zu einer Verminderung der Bindefestigkeit führen, besonders wenn noch eine ungenügende Benetzbarkeit vorliegt.
3. Fehlen von Gas- oder Lufteinschlüssen in der Klebschicht.
4. Klebgerechte Sauberkeit der zu verbindenden Teile. Sie müssen frei von Schmutz, Fett und anderen Verunreinigungen sein.

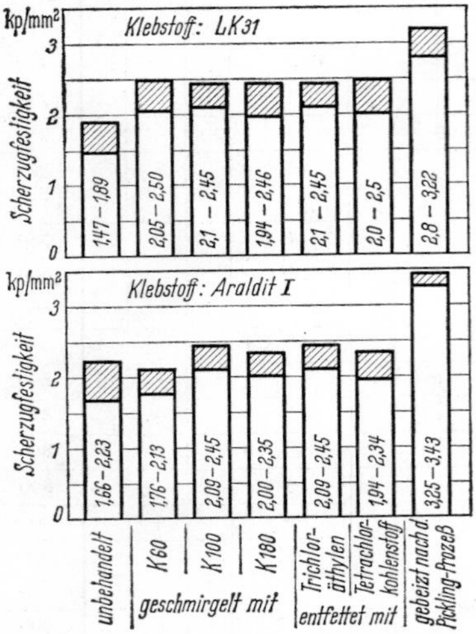

Bild 75. Abhängigkeit der Scherzugfestigkeit von der Oberflächenbehandlung bei AlCuMg

1. Vorbehandlung der Oberflächen

a) Chemische Verfahren der Oberflächenbehandlung, wie Beizen oder Ätzen, ergeben bei Aluminium und Al-Legierungen, Magnesium und Mg-Legierungen, Kupfer, Messing, Glas und keramischen Werkstoffen höhere Bindefestigkeiten als das mechanische Aufrauhen durch Feinschleifen oder Bestrahlen mit feinkörnigem Sand, Bild 75. Die höchsten Festigkeitswerte hat bei Aluminiumlegierungen der Pickling-Prozeß nach Spezifikation DTD 915 A der Aero Research Ltd. ergeben. Die einzelnen Arbeitsgänge des Pickling-Prozesses sind:

1. Eintauchen oder Abwaschen in Tetrachlorkohlenstoff bzw. Reinigen mittels Trichloräthylendampf. Behandlungsdauer 5 Minuten;
2. Kaltwasserspülung von 25 Minuten Dauer;
3. Beizen mit einer „Pickling-Lösung" (27,3 Gew.-% konzentrierte H_2SO_4, 7,5 Gew.-% Natriumbichromat $Na_2Cr_2O_7 \cdot H_2O$ u. 65,2 Gew.-% dest. H_2O) bei 60 °C über 20 bis 30 Minuten;
4. Kaltwasserspülung von 5 Minuten Dauer;
5. Warmlufttrocknung von 30 Minuten Dauer.

[1] *Peukert, H.:* Die Metall-Klebverbindungen, Teil I: Voraussetzungen für einwandfreie Klebverbindungen. Kunststoffe 48 (1958) Nr. 5 S. 236/39; daraus Bild 75 u. Tab. 14.

b) Beim Verkleben von Eisen und Stahl haben sich dagegen die **mechanischen Oberflächenbehandlungsverfahren** bewährt.

2. Kunstharzklebstoffe

sind Produkte der Polykondensation, Polymerisation oder Polyaddition. Der Klebstoff kann entweder durch eine chemische Reaktion oder durch einen physikalischen Vorgang, wie das Verdunsten des Lösungsmittels, abbinden.

a) Kondensationsklebstoffe werden kalt aufgebracht. Nach dem Zusammenfügen der Teile werden sie zum Abbinden einer meist kurzen Wärmeeinwirkung unter Druck ausgesetzt, während der die chemische Reaktion der Kondensation abläuft. Härtungstemperatur und Druck sind aus Versuchen zu ermitteln, soweit keine Herstellerangaben vorliegen. Durch Zugabe von Härtern kann die Kondensation auch ohne Wärmezufuhr bewirkt werden.

b) Polymerisationsklebstoffe binden durch Lösungsmittelverdunstung ab. Wärmezufuhr und geringe Druckanwendung wirken beschleunigend und verbessernd. Bei metallischen Werkstoffen muß wegen ihrer nichtporösen Struktur auf ein gutes Ausdunsten des Lösungsmittels vor dem Zusammenfügen (offene Wartezeit) geachtet werden. Die Flächen werden erst dann zusammengefügt, wenn sie sich nicht mehr klebrig anfühlen. Zur Verbesserung der Festigkeit werden diese Kleber häufig mit einem speziellen Vernetzer verarbeitet.

c) Polyadditionsklebstoffe härten ohne Freiwerden von Spaltprodukten durch eine Additionsreaktion aus. Der feste Klebstoff in Pulver- oder Stangenform wird bei erhöhter Temperatur flüssig und härtet nach längerer Zeit aus. Er ist ohne Druck kalt oder heiß härtbar.

Aus der Vielzahl der Klebstoffe sind in Tab. 14 einige kennzeichnende Sorten ausgewählt. Die Aushärtetemperatur und -zeit beträgt bei den jetzt üblichen Warmklebern 120 bis 180 °C und 20 Minuten bis 16 Stunden;

Tabelle 14. *Einige Warm- und Kaltkleber*

Name des Klebers	Hersteller	Härterzugabe auf 100 Gewichtsteile Harz	Vortrocknung Temp. °C	Vortrocknung Zeit h	Aushärtung Temp. °C	Aushärtung Zeit h	Preßdruck kp/cm²	Anmerkungen zur Verarbeitung
Redux	CIBA AG, Basel	—	—	—	150	1/3	10	2 Komponenten: Erst Redux flüssig auftragen, dann Redux-Pulver aufstreuen
Araldit I (Stangenform)	CIBA AG, Basel	—	—	—	150	3 1/2	5	Bleche auf 130 bis 140 °C zum Klebstoffauftrag vorwärmen
Bostik 476	Boston Blacking Comp., Oberursel/Taunus	—	60	2 × 1	165	4	10	Zweimal Klebstoff auftragen
Metallon 130	Henkel & Cie., Düsseldorf	30 Teile Härter 31	—	—	150	15	5	Bleche auf 80 °C zum Klebstoffauftrag vorwärmen
LK 31	Bayer-Werke, Leverkusen	—	60	1	150	16	5	—
Metallon K	Henkel & Cie., Düsseldorf	1 Teil Härter P auf 11 Teile Harz	—	—	20	2 Tage	10	
Agomet H	Atlas Ago, Wolfgang b. Hanau	3 Teile Härter	—	—	20	2 Tage	10	Preßdruck kann nach 1 Tag entfernt werden
Desmocoll W	Bayer-Werke, Leverkusen	120 Teile Desmodur H	20	3/4	20	7 Tage	10	Preßdruck kann nach 3 Tagen entfernt werden

erforderlicher Druck vom einfachen Kontaktdruck bis 20 kp/cm². Kaltkleber härten bei Raumtemperatur aus und erfordern meist keine über den Kontaktdruck hinausgehenden Anpreßkräfte. Ihre Festigkeit, deren Höchstwert erst nach etwa einer Woche erreicht wird, liegt wesentlich niedriger als bei Warmklebern.

3. Festigkeit von Klebverbindungen

Die Festigkeit von Klebverbindungen wird beeinflußt durch

1. die mechanisch-technologischen Eigenschaften der zu verklebenden Werkstoffe und des Klebers,
2. die Herstellungsbedingungen,
3. die konstruktive Gestalt und
4. die Beanspruchungsart.

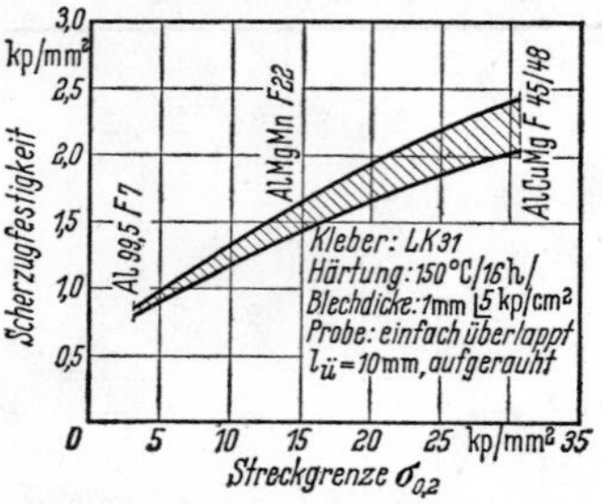

Bild 76. Abhängigkeit der Scherzugfestigkeit von der Streckgrenze bei Leichtmetallen

Besonders gut eignen sich für Klebverbindungen die Leichtmetalle auf Aluminium- und Magnesiumbasis und Stahl, weniger gut die Buntmetalle. Die Scherzugfestigkeit, d. h. das Verhältnis der Bruchlast zur Klebfläche einer einschnittigen Klebverbindung, nimmt mit wachsender Streckgrenze des Metalls zu[1], Bild 76.

a) Die **Festigkeit des Klebers** ist von seinem Aufbau und seinen *Verarbeitungsbedingungen* abhängig. Einige Anhaltswerte sind den Bildern zu entnehmen: Metallon K mit Härter P vgl. Tab. 15. Einfluß der Oberflächenvorbehandlung vgl. Bild 75. Höhere Filmdicken des Klebers, also größere Spaltbreiten der Klebfuge führen zu einer Abnahme der Scherzugfestigkeit, Bild 77.

Tabelle 15. *Abhängigkeit der Scherzugfestigkeit und Härtungszeit von der Härtungstemperatur für Metallon* K *mit Härter* P

Härtungstemperatur °C	Härtungszeit	Scherzugfestigkeit kp/cm²
20	21 Tage	150
120	60 Minuten	230
150	20 Minuten	250

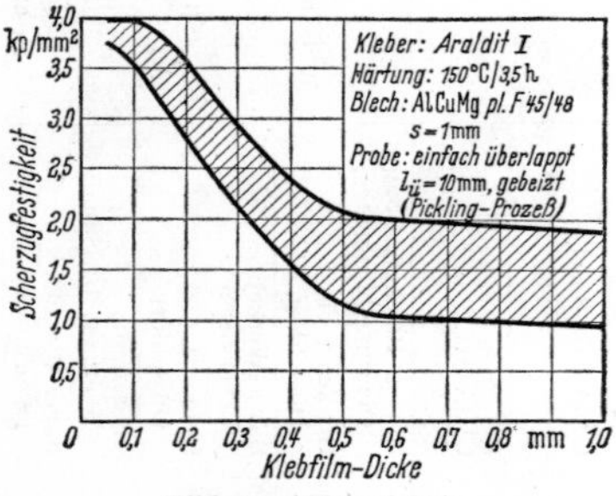

Bild 77. Abhängigkeit der Scherzugfestigkeit von der Klebfilmdicke

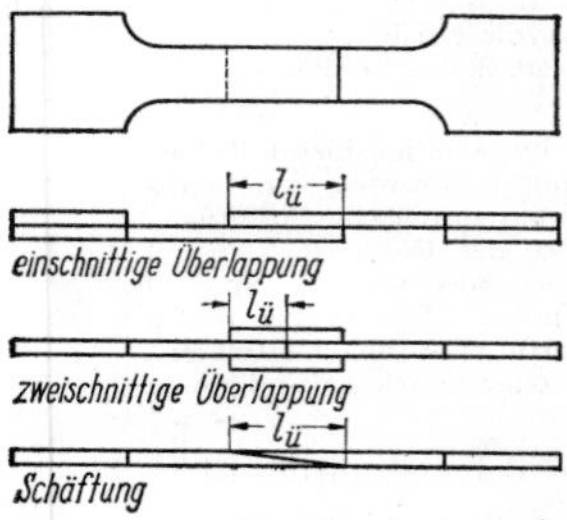

Bild 78 Überlappungsarten und Schäftung (Probestäbe)

b) Die **konstruktive Gestalt** der Verbindung beeinflußt die Festigkeit erheblich. Die *einschnittige* Verbindung, Bild 78, ergibt durch die zusätzliche Biegung und die

[1] *Winter, H.*, u. *G. Krause:* Über einige weitere Festigkeitsuntersuchungen an Metall-Klebverbindungen. Aluminium 33 (1957) Nr. 10 S. 669/80; daraus Bild 76 bis 83 u. Tab. 15.

damit verbundene Neigung zum Abschälen niedrigere Scherzugfestigkeiten als die *zweischnittige*, während die *Schäftung* wegen der gleichmäßigen Schubspannungsverteilung in der Klebfuge die höchsten Werte erzielt, Bild 79, die jedoch mit wachsender Länge der Überlappung abnehmen. Dagegen nimmt die Scherzug-

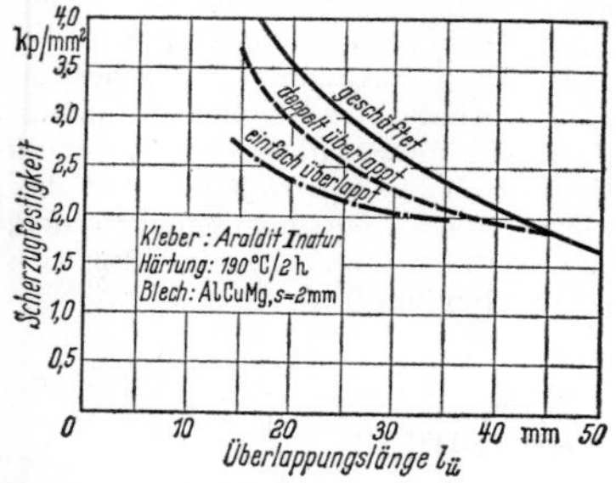

Bild 79. Abhängigkeit der Scherzugfestigkeit von der Überlappungsart

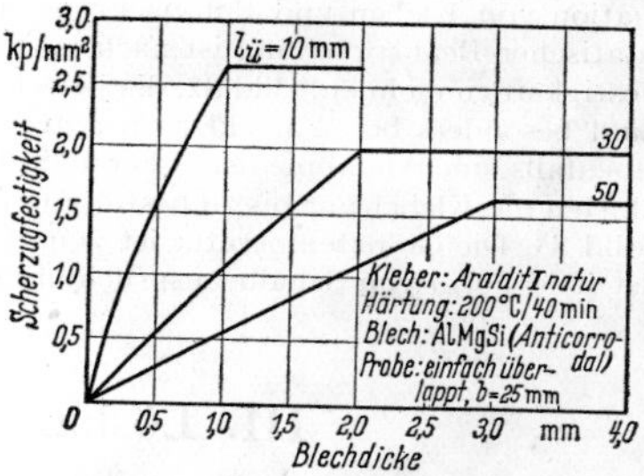

Bild 80. Abhängigkeit der Scherzugfestigkeit von der Blechdicke und der Überlappungslänge

festigkeit der einschnittigen Klebverbindung bei konstanter Überlappungslänge $l_ü$ mit wachsender Blechdicke zu, da die Steifigkeit des Bleches gegen Biegung ebenfalls wächst, Bild 80. Die Scherzugfestigkeit ist vom

$$\text{Überlappungsverhältnis} \quad ü = \text{Überlappungslänge } l_ü/\text{Blechdicke } s$$

abhängig. Die Erhöhung von $ü$ über einen optimalen Wert hinaus bringt keine Vorteile mehr, was auf die an den Enden der Überdeckung auftretenden Spannungsspitzen zurückzuführen ist.

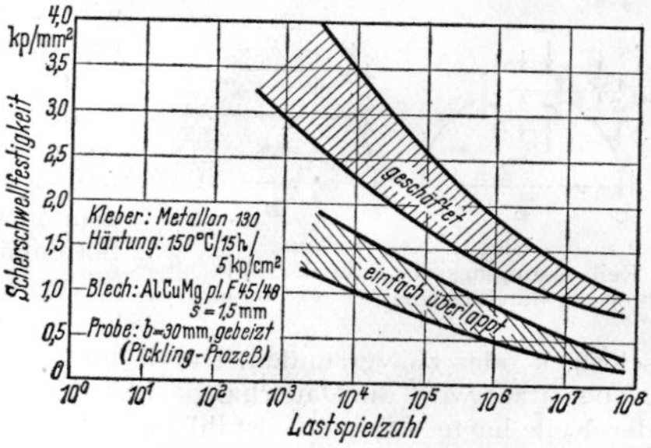

Bild 81. Abhängigkeit der Scherschwellfestigkeit von der Lastspielzahl

Für die Bemessung gilt $ü = l_ü/s < 30$. Richtwert: $ü = 20$. Das Verhältnis $f = \sqrt{s}/l_ü$ wird nach *de Bruyne* als Gestaltfaktor bezeichnet. Er sagt aus, daß verschiedene einfache Überlappungsverbindungen vergleichbarer Bedingungen (gleiche Metalle, Kleber, Fugendicke) bei derselben mittleren Scherzugspannung zerstört werden, wenn ihr Gestaltfaktor übereinstimmt.

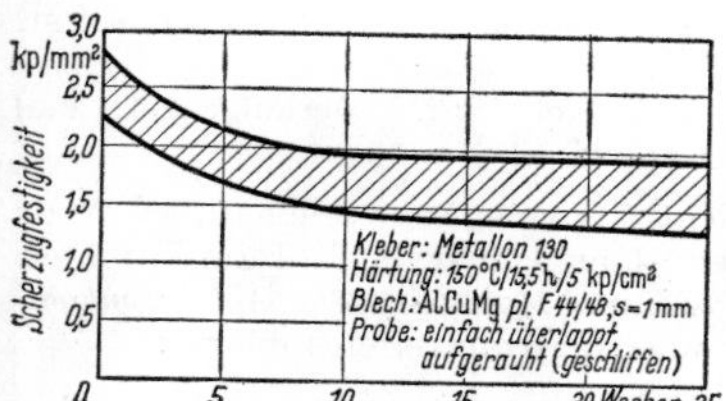

Bild 82. Abhängigkeit der Scherzugfestigkeit von der Lagerzeit nach der Aushärtung

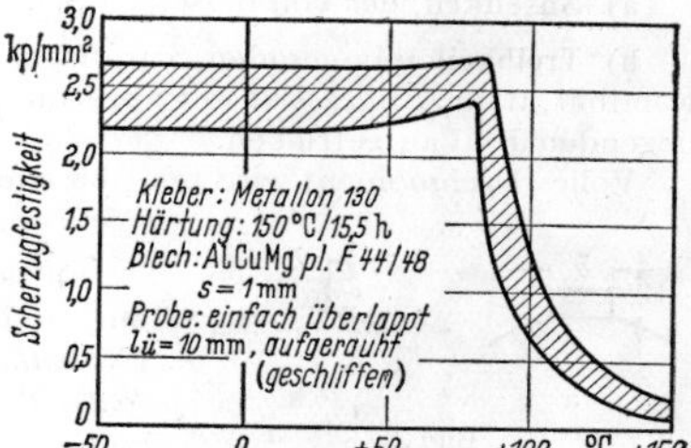

Bild 83. Abhängigkeit der Scherzugfestigkeit von der Temperatur

c) Die **Art der Beanspruchung** ist auch bei Klebverbindungen zu beachten. Bild 81 zeigt die erhebliche Abnahme der Scherschwellfestigkeit von überlappten und von geschäfteten Probestreifen bei Zugschwellbeanspruchung mit zunehmender Lastspielzahl. Selbst bei 10^8 Lastspielen ist die Dauerschwellfestigkeit noch nicht erreicht. Die dynamische Festigkeit von Klebverbindungen kann durch die Kombination von Kleben und Punktschweißen günstig beeinflußt werden. Aber auch bei statischer Beanspruchung ist nach längerer Zeit mit einer Abnahme der Scherzugfestigkeit zu rechnen, Bild 82, die jedoch sehr stark von der Art des Klebers abhängt und besonders bei Warmklebern auftritt. Die Einwirkung von Feuchtigkeit kann ebenfalls eine Abnahme der Scherzugfestigkeit zur Folge haben. In jedem Fall aber dürfen die Kleber nur bis zu bestimmten Betriebstemperaturen angewendet werden, Bild 83. Die Grenztemperatur ist vom Aufbau des Klebers abhängig. Grundsätzlich ist jede Form von Schälbeanspruchung bei Klebverbindungen zu vermeiden.

III. Lösbare Verbindungen

A. Keile (Spannungsverbindung durch Anzug)

1. Längskeile zur Drehmomentübertragung

DIN 6881 Hohlkeile, 6883 Flachkeile, 6884 Nasenflachkeile, 6886 Keile, 6887 Nasenkeile, 6889 Nasenhohlkeile; sämtlich Febr. 1956. — Abmessungen vgl. Tab. 1 S. 683.

Längskeilverbindungen (Bild 1a) sind Spannungsverbindungen im Gegensatz zu Mitnehmerverbindungen (Bild 1b). Die Verspannung zwischen Nabe und Welle wird durch Eintreiben des Keils, der ebenso wie die Nabe einen Anzug 1 : 100 hat, erreicht. Strammer Sitz zwischen Welle und Nabe, sonst exzentrischer Sitz. Keile tragen am Rücken und Bauch, Bild 1a, sie haben *seitlich* Spiel; Paßfedern haben am *Nabengrund* Luft, Kraftübertragung durch die Seitenflächen, Bild 1b.

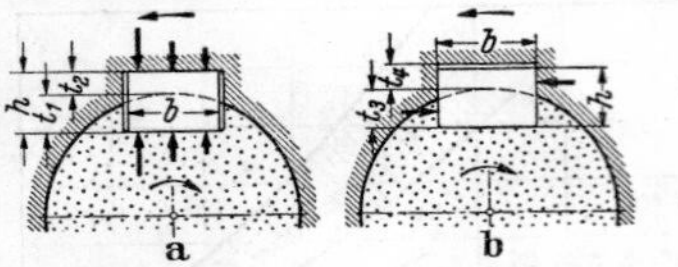

a b

Bild 1. Kraftwirkung
Keil. Spannungsverbindung durch Anzug — Paßfeder. Mitnehmerverbindung

Der Nutengrund in Wellen und Naben ist auszurunden und die Kante dort abzuschrägen oder zu verrunden. Durch die Nut und durch Einwirkung des strammen Nabensitzes wird die Dauerhaltbarkeit der Welle erheblich herabgesetzt. Werkstoff der Keile harter Stahl (Keilstahl DIN 6880).

Keile, die in einer Wellennut liegen:

a) Nasenkeil, der von derselben Seite aus ein- und ausgetrieben wird.

b) Treibkeil mit geraden Stirnflächen. Falls Nasen- oder Treibkeil nicht verwendbar, dann *Einlegekeil* mit abgerundeten Stirnflächen; Nabe wird auf den festliegenden Keil aufgetrieben.

Volles Drehmoment wird nur übertragen, wenn Keil- bzw. Federlänge $\geqq 1{,}5$ mal Wellendurchmesser.

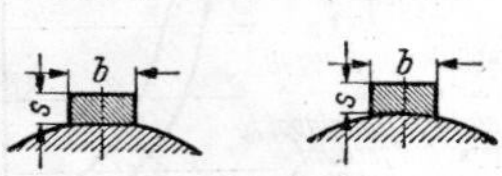

a b

Bild 2

c) Ist nicht das volle Drehmoment der Welle zu übertragen, dann **Flachkeil,** Bild 2a, mit Nase (*Nasenflachkeil*), und **Hohlkeil,** Bild 2b (*Nasenhohlkeil*); dieser überträgt nur durch Reibung.

Keile bei Hohlwellen möglichst vermeiden.

d) Befestigung schwerer Schwungmassen bei pulsierendem Drehmoment durch **Tangentkeile,** Bild 3 u. 4. Je eines der Keilpaare *A* oder *B* überträgt bei Drehrichtung *1* oder *2*; Teilfuge beachten. Berechnung für die schmalen Seiten auf Flächenpressung mit 800 bis 1000 kp/cm². Wellen- und Nabennut ausgerundet; Keilkante dort abgeschrägt. Für stoßartig wirkende Drehmomente gilt DIN 268.

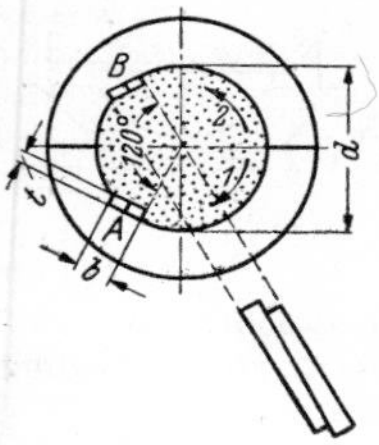

Bild 3

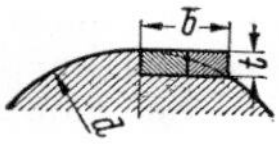

Bild 4

Nutentiefe für Tangentkeile

DIN 271 (Auszug), genormt bis $d = 600$, Maße in mm

d	t	d	t	d	t	d	t
60	7	130	10	200	14	270	18
70	7	140	11	210	14	280	20
80	8	150	11	220	16	290	20
90	8	160	12	230	16	300	20
100	9	170	12	240	16	320	22
110	9	180	12	250	18	340	22
120	10	190	14	260	18	360	26

2. **Querkeile** zur Aufnahme von Zug- bzw. Druckkräften

Anzug wegen einfacherer Herstellung und leichteren Einpassens nur einfach. Für Keile, die selten gelöst oder nachgezogen werden, $\tan\alpha = 1:15$ bis $1:25$; dauernde Verbindung $\tan\alpha = 1:100$; Stellkeile z. B. bei Schubstangen $\tan\alpha \approx 1:7$.

Bild 5: Verbindung einer Kolbenstange mit einem Kreuzkopf. Näherungsrechnung: Berührungsfläche zwischen Stange und Hülse (Ringfläche) ist auf Druck zu berechnen:

$$\sigma_d(d^2 - d_1^2)\pi/4 = 1{,}5\,F_B;$$

Faktor 1,5 wegen Vorspannung nach S. 691 ff.; F_B = Betriebskraft. Druckfläche zwischen Keil und Stange ist auf Flächenpressung aus $d_1 s \sigma_d = 1{,}5\,F_B$ zu ermitteln. Der Restquerschnitt der Stange ist zu prüfen $(d_1^2\pi/4 - d_1 s)\sigma_z = 1{,}5\,F_B$; wird σ_z zu groß, dann Ausführung nach Bild 6 oder 7, wobei jedoch die Hülse infolge der Kegelwirkung aufreißen kann. Hülsendmr. d_2 folgt aus der Zugspannung

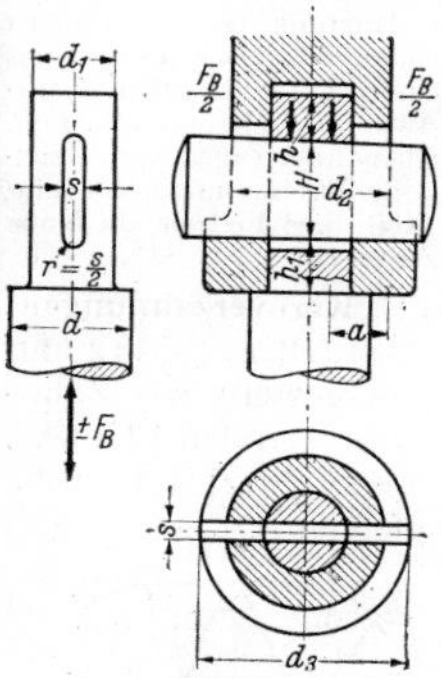

Bild 5

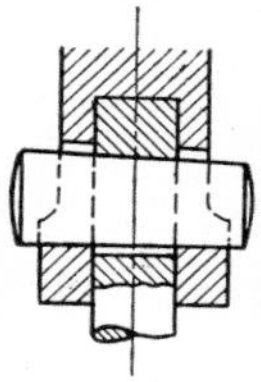

Bild 6

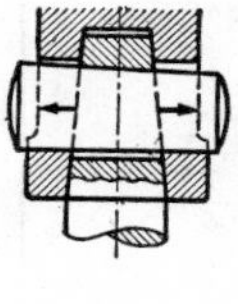

Bild 7

$(d_2^2 - d_1^2)\pi/4 - (d_2 - d_1)s = 1{,}5\,F_B/\sigma_z$. Keilberechnung auf Biegung. Biegemoment: Annahme Belastungsfall Nr. 10, S. 390, mit $a = 0{,}25[d_1 + (d_3 - d_1)] = 0{,}25\,d_3$ wird $M = 1{,}5\,F_B/2 \cdot a$. Widerstandsmoment $W = sH^2/6$; $\sigma = M/W$. Nachrechnung auf Abscheren meist nicht erforderlich. Wulst vom Dmr. d_3 soll das Aufreißen der Hülse verhindern und die Pressung zwischen Keil und Hülse verkleinern. $h \approx h_1 \approx 0{,}5\,H$; Nachprüfung auf Abscheren.

B. Mitnehmerverbindungen (Fügen ohne Anzug)

DIN 6885 Bl. 1 Paßfedern, hohe Form, Bl. 3 Paßfedern, niedrige Form, Bl. 2 Paßfedern, hohe Form für Werkzeugmaschinen; sämtlich Febr. 1956. — Abmessungen vgl. Tab. 1, S. 683.

a) Paßfedern, Bild 8, müssen stramm in die Wellennut eingepaßt werden.

Nachteile: Keine Spannungsverbindung zwischen Nabe und Welle; zur Übertragung wechselnder Drehmomente ungeeignet.

Ausführungsarten: Rundstirnig, ohne oder mit einer bzw. zwei Halteschrauben, vgl. Bild 8; Dauerbruchgefahr durch das Gewinde in der Welle; Abdrückschraube in der Mitte. Geradstirnig, Bild 9, auch mit Aushebeschräge *a*.

b) Scheibenfedern, Bild 10, DIN 6888, sind im Werkzeugmaschinenbau in Gebrauch; Kantenbrechung allseitig. Sie werden in die halbzylindrische Nut leicht

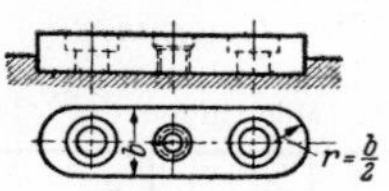

Bild 8

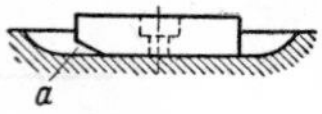

Bild 9

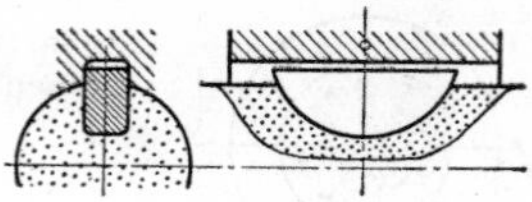
Bild 10

eingetrieben; die Welle wird durch den tiefen Einschnitt geschwächt. Zwei Ausführungsarten: 1. Zur Übertragung eines vollen Drehmomentes; 2. zur Festlegung von Antriebselementen.

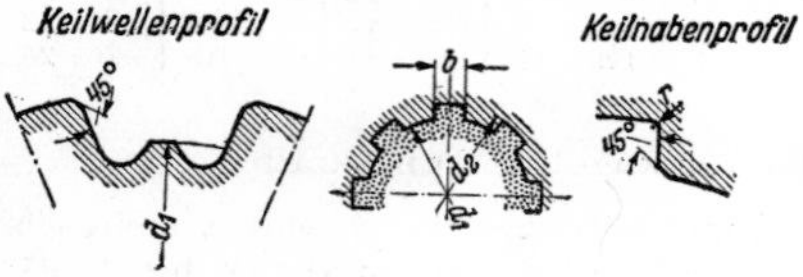

Bild 11

c) Keilwellen[1] mit geraden Flanken DIN 5461 (Übersicht), Bild 11; leichte Reihe 5462, mittlere 5463, schwere 5464. Mit Innenzentrierung bei 6, 8 und 10 Keilen, Flankenzentrierung bei 8, 10, 16 und 20 Keilen. Im Werkzeugmaschinenbau nur Innenzentrierung.

Herstellung der Wellenkeile durch Teil- oder Abwälzverfahren wie bei Zahnrädern; Nabe wird geräumt, Härtung bei Stahlrädern erst nachher möglich, Gefahr des Verziehens. Erfahrungsgemäß tragen etwa 75% aller Keilflächen. Keilwellen übertragen ein Mehrfaches an Drehmoment als einfache Keile oder Federn; die Nabe sitzt zentrisch.

Keilwellen- und Keilnaben-Profile. Maße in mm

Kraftfahrzeugbau mittlere Reihe DIN 5463		Werkzeugmaschinen 4 Keile DIN 5471	Werkzeugmaschinen 6 Keile DIN 5472
Nennmaße $d_1 \times d_2 \times b$	Keilzahl	Nennmaße $d_1 \times d_2 \times b$	Nennmaße $d_1 \times d_2 \times b$
11 × 14 × 3	6	11 × 15 × 3	32 × 38 × 8
13 × 16 × 3,5	6	13 × 17 × 4	36 × 42 × 8
16 × 20 × 4	6	16 × 20 × 6	42 × 48 × 10
18 × 22 × 5	6	18 × 22 × 6	46 × 52 × 10
21 × 25 × 5*	6	21 × 25 × 8	52 × 60 × 14
23 × 28 × 6*	6	24 × 28 × 8	58 × 65 × 14
26 × 32 × 6*	6	28 × 32 × 10	62 × 70 × 16
28 × 34 × 7*	6	32 × 38 × 10	68 × 78 × 16
32 × 38 × 6	8	36 × 42 × 12	72 × 82 × 16
36 × 42 × 7	8	42 × 48 × 12	78 × 90 × 16
42 × 48 × 8	8	46 × 52 × 14	82 × 95 × 16
46 × 54 × 9	8	52 × 60 × 14	88 × 100 × 16
52 × 60 × 10	8	58 × 65 × 16	92 × 105 × 20
56 × 65 × 10	8	62 × 70 × 16	98 × 110 × 20
62 × 72 × 12	8	68 × 78 × 16	105 × 120 × 20

* Auch für Werkzeugmaschinen.

d) Kerbverzahnungen, DIN 5481, Bl. 1, Bild 12 und Tab., hergestellt wie Zahnräder mit geraden Flanken. Zentrischer Sitz; für große Drehmomente.

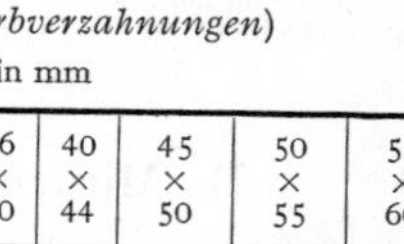

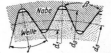

Bild 12. Kerbverzahnung

Kerbzahnnaben- und Kerbzahnwellen-Profile (Kerbverzahnungen)
DIN 5481, Bl. 1 (Jan. 1952; Auszug). Maße in mm

Nenndmr. $\approx d_1 \times \approx d_3$	7 × 8	8 × 10	10 × 12	12 × 14	15 × 17	17 × 20	21 × 24	26 × 30	30 × 34	36 × 40	40 × 44	45 × 50	50 × 55	55 × 60
d_5	7,5	9	11	13	16	18,5	22	28	32	38	42	47,5	52,5	57,5
Zähnezahl	28	28	30	31	32	33	34	35	36	37	38	39	40	42

Für vorstehende Tab. ist $\beta = 60°$. Bei Kerbverzahnungen für dickere Wellen mit den Nenndmr. 60 × 65 bis 120 × 125 ist $\beta = 55°$.

e) Zahnnaben- und **Zahnwellenprofile** mit Evolventenflanken vgl. Tab. 2 u. Bild 13.

[1] Bezeichnung irreführend, da keine „Keil"-Flächen.

Tabelle 1. *Querschnitte und Nutabmessungen der Keile und Paßfedern*

Auszug aus DIN 6885 (Paßfedern), DIN 6886 (Keile), DIN 6887 (Nasenkeile) (sämtlich Febr. 1956). Maße in mm. Bedeutung von b, h, t_1 *bis* t_4 vgl. Bild 1, S. 680

	Wellendmr. über / bis	10 / 12	12 / 17	17 / 22	22 / 30	30 / 38	38 / 44	44 / 50	50 / 58	58 / 65	65 / 75	75 / 85	85 / 95	95 / 110	110 / 130	130 / 150	150 / 170
Keile 6886, 6887	Breite b	4	5	6	8	10	12	14	16	18	20	22	25	28	32	36	40
	Höhe h	4	5	6	7	8	8	9	10	11	12	14	14	16	18	20	22
	Wellennuttiefe t_1	2,4	2,9	3,5	4,1	4,7	4,9	5,5	6,2	6,8	7,4	8,5	8,7	9,9	11,1	12,3	13,5
	Nabennuttiefe t_2	1,3	1,8	2,1	2,4	2,8	2,6	2,9	3,2	3,5	3,9	4,8	4,6	5,4	6,1	6,9	7,7
Paßfedern 6885, Bl. 1 u. Bl. 3	Breite[1] b	4	5	6	8	10	12	14	16	18	20	22	25	28	32	36	40
	Höhe h	4	3 / 5	4 / 6	5 / 7	6 / 8	6 / 8	6 / 9	7 / 10	7 / 11	8 / 12	9 / 14	9 / 14	10 / 16	11 / 18	12 / 20	— / 22
	Wellennuttiefe t_3*	2,4	1,9 / 2,9	2,5 / 3,5	3,1 / 4,1	3,7 / 4,7	3,9 / 4,9	4,0 / 5,5	4,7 / 6,2	4,8 / 6,8	5,4 / 7,4	6,0 / 8,5	6,2 / 8,7	6,9 / 9,9	7,6 / 11,1	8,3 / 12,3	— / 13,5
	Nabennuttiefe[2] t_4	1,7	1,2 / 2,2	1,6 / 2,6	2 / 3	2,4 / 3,4	2,2 / 3,2	2,1 / 3,6	2,4 / 3,9	2,3 / 4,3	2,7 / 4,7	3,1 / 5,6	2,9 / 5,4	3,2 / 6,2	3,5 / 7,1	3,8 / 7,9	— / 8,7
Paßfedern Werkzeugm. 6885, Bl. 2	Breite[1] b	4	5	6	8	10	12	14	16	18	20	22	25	28	32	36	40
	Höhe h	4	5	6	7	8	8	9	10	11	12	14	14	16	18	20	22
	Wellennuttiefe t_3	3	3,8	4,4	5,4	6	6	6,5	7,5	8	8	10	10	11	13	13,7	14
	Nabennuttiefe t_4	1,1	1,3	1,7	1,7	2,1	2,1	2,6	2,6	3,1	4,1	4,1	4,1	5,1	5,2	6,5	8,2

[1] Toleranzfelder für Breiten: Wellennut / Nabennut fester Sitz P9 / P9 leichter Sitz N9 / J9 Gleitsitz H8 / D10
Bei geräumten Nabennuten ist Qualität IT8 statt IT9 einzuhalten.

[2] Mit „Rückenspiel"; bei „Übermaß" ist t_4 kleiner als in der Tabelle, (Einpaß-Zugabe).

* Wenn für t_3 bzw. t_4 zwei verschiedene Werte angegeben, dann bezieht sich der kleinere Wert auf die „niedrige Form" Bl. 3 und der größere auf die „hohe Form" Bl. 1.
Die Nuten und Naben erhalten Ausrundungen; Kanten werden allseitig gebrochen.

Achtung. Durch Neuausgabe (Dez. 1967) sind in DIN 6885 Bl. 1 u. 2, DIN 6886 u. 6887 die Abmessungen für Wellen- u. Nabennut*tiefen* geringfügig vergrößert worden. Die Austauschbarkeit der Federn u. Keile wird dadurch nur in wenigen Grenzfällen gefährdet.

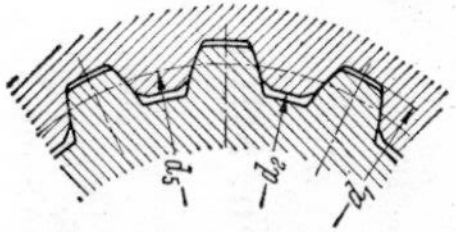

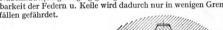

Bild 13

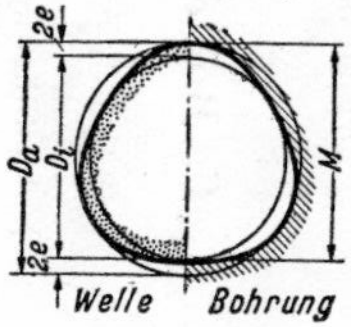

Bild 14

Tabelle 2. *Zahnnaben- und Zahnwellenprofile mit Evolventenflanken*

DIN 5482 Bl. 1 (Dez. 1950; Auszug. Maße in mm. Bild 13. Ferner DIN 5480 (Dez. 1966)

Nennmaße	d_1 H12 × d_2 H11	15 × 12	17 × 14	18 × 15	20 × 17	22 × 19	25 × 22	28 × 25	30 × 27	32 × 28	35 × 31	38 × 34	40 × 36	42 × 38	45 × 41	48 × 44	50 × 45	52 × 47	55 × 50	58 × 53	60 × 55
	$d_5 \approx$	13	14	16	19	21	22	26	28	30	32	36	38	40	44	46	48	50	52	54	56
Zähnezahl		8	9	10	12	13	14	15	16	17	18	19	20	21	22	23	24	25	26	27	28

f) **Drei-Seiten-Polygon-Profil,** Bild 14. Herstellung[1] auf Polygon-Maschinen mittels Hubwelle durch Außen- und Innenschleifen, anwendbar für Spiel- und Übergangssitze. Dieses Profil ergibt kleinere Kerbwirkung bei Welle und Nabe und überträgt große Drehmomente. M = Meßweite; e = Exzentrizität der Hubwelle. Ferner gibt es noch das Vier-Seiten-Polygon-Profil.

C. Bolzen, Stifte, Gelenke, Hebel und Spannelemente

1. Bolzen

a) **Ausführung.** Genormt Bolzen ohne Kopf, mit großem und mit kleinem Kopf, mit und ohne Splintloch, DIN 1433/36, Bild 15; mit Gewindezapfen, DIN 1438, Bild 16.

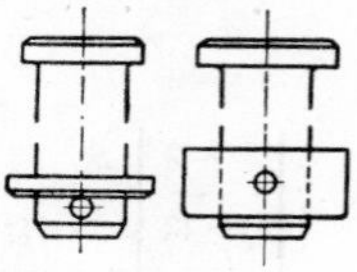

Bild 15

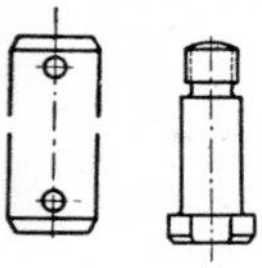

Bild 16

Falls Bolzen von innen geschmiert, vgl. DIN 1442: Schmierleitungsanschlüsse, Zentralbohrung, Schmierlöcher usw.

Genormte Dmr.: ··· 5 6 8 10 12 14 16 18 20 22 24 25 28 30 ··· 100 mm.

Dazu passende blanke Scheiben DIN 1440, blanke Stellringe mit Loch für Stift DIN 705, Paßscheiben zum Ausgleich eines axialen Spiels DIN 988.

Bolzen mit *Spannhülsen* für Landmaschinen, Bagger, Bremsgestänge u. a. Hülsen aus Federstahl gerollt, durchgehärtet, mit geradem oder schrägem Schlitz, als Schmiernut ausgebildet. Bild 17 Gelenk; auf Bolzen b (weicher Stahl) ist *Aufspannhülse* c stramm aufgezogen; die *Einspannhülsen* e und f sind stramm in die Laschen eingeschlagen; sie umfassen mit Spiel die Hülse c.

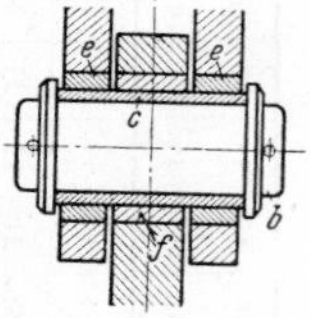

Bild 17. Bolzen mit Spannhülsen

Falls Schmierung nicht möglich, dann können die gleitenden Flächen Überzüge aus selbstschmierenden und abriebfesten Kunststoffen, z. B. PTFE (Polytetrafluoräthylen), erhalten.

b) **Beanspruchung** auf Biegung, Schub und Flächenpressung. Bei Belastung nach Bild 18 wird Biegemoment $M = 0{,}5\,F\,(l/4 + a/2)$; Flächenpressung innen $p = F/l\,d$; außen $p' = F/2\,a\,d$. Zusammenhang zwischen l/a, l/d und σ/p für den vollen Bolzen vgl. Bild 19.

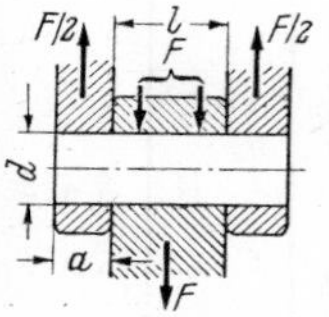

Bild 18. Kraftwirkung am Bolzen

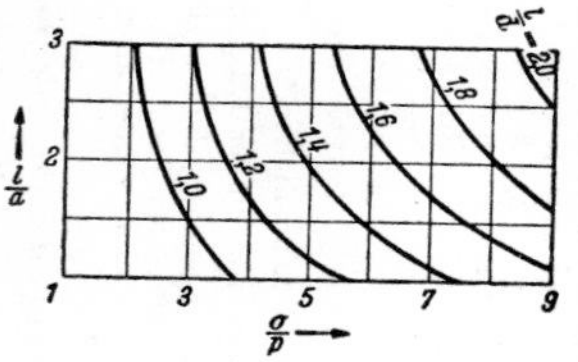

Bild 19

Bei großen Kräften, z. B. am Kreuzkopfbolzen, Befestigung durch Längsschrauben oder Druckplatten. Wird im Leichtbau Rohr als Bolzen verwendet, so sei Wanddicke $\geqq d/6$, da sonst das Rohr oval gedrückt wird und klemmt. Nachrechnung auf Schub.

Flächenpressung vgl. Tafeln im Anhang.

c) **Sicherung** der lose gelagerten Bolzen gegen Längsbewegung durch: 1. Scheibe mit Splint, meist ausreichend; 2. Kronenunterlegscheiben, Bild 20, mit verschieden tiefen Schlitzen, Einstellung auf gewünschtes Längsspiel; 3. Stellringe mit Splint, Kegel- oder Kerb- oder Spannstiften; 4. Sicherungsringe, Bild 21, DIN 471 für Wellen, DIN 472 für Bohrungen; ebenda in Bbl. 1 Konstruktionsrichtlinien angegeben[2]. Sonderausführungen: Sicherungsring mit schwach abgebogenen Nasen a, Bild 22; Ausschaltung geringen axialen Spiels möglich. 5. Sicherungsscheibe nach

[1] Firmen: Manurhin, Mülhausen/Elsaß u. Fortuna-Werke, Stuttgart, Bad Cannstatt. — Wirkungsweise vgl. Konstruktion 6 (1954) Nr. 10 S. 399/401. — Über Herstellung von Zapfen und Löchern mit abgerundetem Dreiecksprofil vgl. *Kraemer, O.:* Getriebelehre. 3. durchges. Aufl. Karlsruhe: Braun 1963, dort S. 132/35.

[2] Abmessungen axial montierbarer Sicherungsringe vgl. Konstruktion 18 (1966) Nr. 12 S. 491/94.

3 Gütegrade für Gewinde: fein (f), mittel (m) und grob (g), vgl. DIN 13 Bl. 32 (Juli 1965). Auskunft über die alten DIN-Gewinde gibt DIN 13 Bl. 12 (Auswahlreihen; Jan. 1952).

Übersicht über Auswahlreihen des metrischen ISO-Gewindes vgl. Tab. 3, S. 688.

b) Whitworth-Gewinde DIN 11, Feingewinde DIN 239 u. 240. Flankenwinkel 55°. Nur für Ersatz- und Auslandslieferungen. Im Ausland ersetzt durch ISO-Zollgewinde.

c) Whitworth-Rohrgewinde.
Nur für Gewinderohre oder für Armaturen, Fittings, Gewindeflansche usw., die mit den Gewinderohren unmittelbar in Verbindung stehen. Gewinde*form* nach DIN 11.

Whitworth-Rohrgewinde. DIN 259 (Mai 1959; Auszug)

Zylindrisches Innen- und Außengewinde. Zollangabe ≈ lichter Rohrdmr. ( ) zu vermeiden

ewindebenennung	R 1/8″	R 1/4″	R 3/8″	R 1/2″	R 3/4″	R 1″	R 1 1/4″	R 1 1/2″	(R 1 3/4″)
ohraußendmr. ≈	10	13	17	21	26	33	42	48	54
ewindedmr. mm	9,728	13,157	16,662	20,955	26,441	33,249	41,910	47,803	53,746
erndmr. mm	8,566	11,445	14,950	18,631	24,117	30,291	38,952	44,845	50,788
angzahl auf 1 Zoll	28	19	19	14	14	11	11	11	11
ewindebenennung	R 2″	(R 2 1/4″)	R 2 1/2″	(R 2 3/4″)	R 3″	(R 3 1/4″)	R 3 1/2″	(R 3 3/4″)	R 4
ohraußendmr. ≈	60	65	75	82	88	94	100	107	113
ewindedmr. mm	59,614	65,710	75,184	81,834	87,884	93,980	100,330	106,680	113,03
erndmr. mm	56,656	62,752	72,226	78,576	84,926	91,022	97,372	103,722	110,072
angzahl auf 1 Zoll	11	11	11	11	11	11	11	11	11

Whitworth-Rohrgewinde für Gewinderohre u. *Fittings* DIN 2999 (Mai 1960), *zylindrisches* Innen- und *kegeliges* Außengewinde; Kegel 1 : 16.

d) Sonstige Gewinde. *Trapezgewinde* (Bild 38) für Bewegungsschrauben, Flankenwinkel 30°, hat geringere Reibung als das Gewinde mit 60° Flankenwinkel

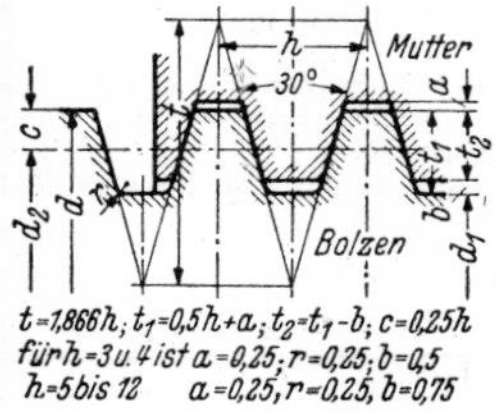

← Bild 38

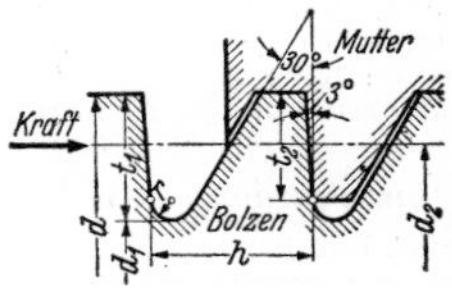

Bild 39

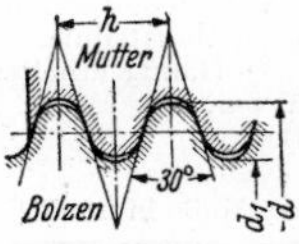

Bild 40

Trapezgewinde, eingängig. DIN 103 (Aug. 1924; Auszug), Bild 38

genormt von $d = 10$ bis 300. ( ) zu vermeiden. Werden Trapezgewinde als Kraftgewinde verwendet dann Gewindeausrundung im Kern des Bolzens. Maße in mm

Bolzen-Gewinde-durchm. d	Steigung h	Bolzen-Kern-durchm. d_1	Kern-quer-schnitt cm²	Flanken-durchm. d_2	Bolzen-Gewinde-durchm. d	Steigung h	Bolzen-Kern-durchm. d_1	Kern-quer-schnitt cm²	Flanken-durchm. d_2
10	3	6,5	0,33	8,5	40	7	32,5	8,30	36,5
12	3	8,5	0,57	10,5	(42)	7	34,5	9,35	38,5
14	4	9,5	0,71	12	44	7	36,5	10,46	40,5
16	4	11,5	1,04	14	(46)	8	37,5	11,04	42
18	4	13,5	1,43	16	48	8	39,5	12,25	44
20	4	15,5	1,89	18	50	8	41,5	13,53	46
22	5	16,5	2,14	19,5	52	8	43,5	14,86	48
24	5	18,5	2,69	21,5	55	9	45,5	16,26	50,5
26	5	20,5	3,30	23,5	(58)	9	48,5	18,47	53,5
28	5	22,5	3,98	25,5	60	9	50,5	20,03	55,5
30	6	23,5	4,34	27	(62)	9	52,5	21,65	57,5
32	6	25,5	5,11	29	65	10	54,5	23,33	60
(34)	6	27,5	5,94	31	(68)	10	57,5	25,97	63
36	6	29,5	6,83	33	70	10	59,5	27,81	65
(38)	7	30,5	7,31	34,5	(72)	10	61,5	29,71	67

(vgl. S. 233). Genormt DIN 103 von 10 bis 300 mm, vgl. Tab.; neuen Entw. (Dez. 1966) beachten. DIN 378: Trapezgewinde fein von 10 bis 640 mm; DIN 379: Trapezgewinde grob von 22 bis 400 mm.

Sägengewinde (Bild 39) für große Kräfte bei Belastung in *einer* Richtung (→ Kraft) bei Säulen und Spindeln von Pressen, Kolbenstangen usw. Genormt sind drei Gewinde: normal DIN 513; fein 514; grob 515. Für hydraulische Pressen DIN 2781. Geringere Reibung als Trapezgewinde, da die tragenden Flanken unter einem Winkel von nur 3° liegen, vgl. S. 233 unter $\beta\beta$).

Rundgewinde (Bild 40) wird für Bewegungsschrauben bei Gefahr der Verschmutzung und Beschädigung benutzt, z. B. bei Absperrvorrichtungen; DIN 405.

2. Schrauben und Muttern

DIN 267 * Technische Lieferbedingungen (Dez. 1960: Auszug)
Kennzeichen der Festigkeitseigenschaften der *fertigen* Schrauben und Muttern:

Kennzeichen	4A	4D	4P	4S	5D	5S	6D	6S	6G	8G	10K	12K
σ_B kp/mm²	34 bis 42	34 bis 55		40 bis 55	50 bis 70		60 bis 80			80 bis 100	100 bis 120	120 bis 140
σ_S kp/mm² ≧	20	21	21	32	28	40	36	48	54	64	90	108
δ_5 ≧ %	30	25	—	14	22	10	18	8	12	12	8	8

Handelsübliche Marken für Schrauben durch ◸, für Muttern durch ◿ gekennzeichnet.

Sechskant- u. *Zylinderschrauben* mit *Innensechskant*[1] ab M 5 und σ_B ab 60 kp/mm² müssen mit Hersteller- u. Kennzeichen möglichst auf Kopf gekennzeichnet werden. *Stiftschrauben* ab M 5 u. σ_B ab 80 kp/mm² wie vor, aber auf der Kuppe des Mutterendes. Bei Platzmangel Sinnbilder: 8G = ⊠; 10K = □; 12K = ◫.

Warmfeste Stähle für Schrauben u. Muttern vgl. DIN 17240 Bl. 1 u. 2 (Jan. 1959).

* *Beachten:* Neuausgabe 1967/68 von DIN 267 mit neuen Kennzeichen für Schrauben. Hier und im folgenden werden die *bisherigen* Kennzeichen nach DIN 267 (Dez. 1960) benutzt. Eine Gegenüberstellung der neuen und der bisherigen bringt der *Nachtrag* S. 830.

[1] Häufig erhalten diese Schrauben Kordelung oder Rändelung am Kopf, z. B. Schrägrändel für 8G.

Hauptmaße für Schrauben, Muttern, Scheiben u. dgl.

Maße in mm. Buchstabe k vgl. Bild 56; m, s und e vgl. Bild 52; D_1, h und p vgl. Bild 71

Gewinde-Nenndurchmesser d	Sechskantkopfhöhe k	Sechskantmutter DIN 934[2] Höhe m	Schlüsselweite s	Eckenmaß e	Kronenmutter DIN 935[2] Kronendurchm. D_1	Höhe h	p	Innensechskantschrauben DIN 912 Kopfhöhe	Kopfdmr.	Schlüsselweite	Durchgangsloch DIN 69** mittel	grob 2	Scheibe DIN 125 Bohrung	Außendurchm.	Dicke
4	2,8	3,2	7	8,1	—	5	3,2	4	7	3	4,8	—	4,3	9	0,8
5	3,5	4	8	9,2	—	5,5	4	5	9	4	5,8	—	5,3	11	1
6	4,5	5	10	11,5	—	7,5	5	6	10	5	7	—	6,4	12	1,5
7	5	5	11	12,7	—	7,5	5	—	—	—	8	—	7,5	14	1,5
8	5,5	6,5	13	15,0	—	9,5	6,5	8	13	6	9,5	10,5	8,4	17	2
10	7	8	17	19,6	—	11	8	10	16	8	11,5	13	10,5	21	2,5
12	8	9,5	19	21,9	20	14	9,5	12	18	10	14	15	13	24	3
14	9	11	22	25,4	20	16	11	—	—	—	16	18	15	28	3
16	10,5	13	24	27,7	25	19	13	16	24	14	18	20	17	30	3
18	12	15	27	31,2	30	21	15	—	—	—	20	22	19	34	4
20	13	16	30	34,6	30	22	16	20	30	17	23	25	21	36	4
22	14	17	32	36,9	34	25	17	—	—	—	25	27	23	40	4
24	15	18	36	41,6	34	26	18	24	36	19	27	30	25	44	4
27	17	20	41	47,3	38	28	20	—	—	—	30	33	28	50	5
30	19	22	46	53,1	42	31	22	30	45	22	33	36	31	56	5
33	21	25	50	57,7	46	34	25	—	—	—	36	40	34	60	5
36	23	28	55	63,5	50	37	28	36	54	27	39	42	37	68	6

** Genormte Durchgangslöcher: fein 1; fein 2; mittel (allgem. Maschinenbau); grob 1 (Rohrleitungsbau); grob 2 = gegossen.

[2] Außerdem flache Sechskantmutter DIN 936, flache Kronenmutter DIN 937.

schnitt q_{Kern} gewählt wird. Nachprüfen des Spannungsausschlags $\sigma_a = F_a/q_{\text{Schaft}}$ nach Bild 49; F_a wird nach Gl. (2) und F_m aus $F_m = F_{\max} - F_a$ bzw. $F_m = F_v + F_a$, vgl. Bild 41a, berechnet. Es muß sein $\sigma_a < \sigma_A$; sonst Gefahr des Dauerbruchs. Nachrechnen nach Hypothese γ), S. 360

$$\sigma_{\text{red}} = \sqrt{\sigma^2 + 3\tau^2}$$
$$\text{mit } \sigma = \sigma_{\max}$$

entsprechend Gl. (4).

Bei hohen Temperaturen ist Warmstreckgrenze oder Zeitstandfestigkeit, vgl. S. 547, 568, an Stelle von σ_S maßgebend.

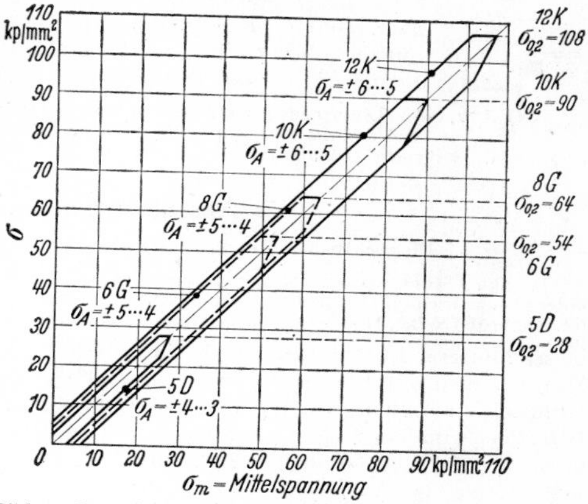

Bild 49. Dauerfestigkeits-Schaubilder für hochwertige Schrauben normaler Fertigung (nach Bauer & Schaurte, Neuß-Rhein: Ermüdungsbruch 1963). Die höheren Werte von σ_A gelten für Schrauben von 6 bis 12 mm, die niedrigeren für 14 bis 24 mm. Rechnerischer Wert für σ_a sei $<\sigma_A$. Bzgl. σ_a und σ_A siehe Anm. 1 S. 703

Beispiele: 1. Starrschraube; Werkstoff 4D mit $\sigma_S \geqq 2100$ kp/cm² nach S. 690. $F_B = 600$ kp. Geschätzt $F_{\max} \approx 1{,}5\,F_B = 900$ kp. $\sigma_{\text{zul}} \approx 0{,}3\,\sigma_S = 630$ kp/cm²; erforderlich $q_{\text{Kern}} = 900 : 630 \approx 1{,}4$ cm²; gewählt M16 nach Bild 50. Voraussetzung $q_{\text{Schaft}} > q_{\text{Kern}}$.

2. Kurze Kopfschrauben an einem Zylinder; dieser und Deckel aus Stahl. Betriebstemperatur $< 100\,°$C. Dichtung aus Kupfer nach Bild 51. $d_1 = 150$, $d_2 = 158$ mm. Lochkreisdmr. $= 185$ mm. Schraubenzahl $z = 8$. Innendruck $p_i = 110$ atü; dieser wirke voll bis $d_m = {}^1/_2(d_1 + d_2) = 154$ mm. Vorpressung der Kupferdichtung gewählt $k \approx 1400$ kp/cm², entsprechend einer Stauchung von $\approx 7\%$ (Werte für k vgl. S. 810). Gepreßte Dichtfläche $= \pi \cdot 15{,}4 \times 0{,}4 \approx 19{,}4$ cm². Dichtungskraft = Vorspannungskraft $= zF_v = 19{,}4 \cdot 1400 \approx 27\,000$ kp; $F_v = 3380$ kp je Schraube. Betriebskraft $zF_B = p_i \cdot d_m^2\pi/4 = 110 \times 186{,}3 = 20\,500$; $F_B \approx 2570$. Vorspannungsschaubild etwa nach Bild 41a angenommen, da kurze Kopfschraube und Metalldichtung. $\varphi \approx 0{,}35$. Nach Gl. (4) ist $F_{\max} = F_v + \varphi F_B = 3380 + 0{,}35 \cdot 2570 \approx 4280$ kp. Gewählt Schraubenwerkstoff 6D mit $\sigma_B \geqq 60$, $\sigma_S \geqq 36$ kp/mm². Mit Rücksicht auf verhältnismäßig sichere Rechnungsgrundlage werde bezogen auf $F_{\max}$ mit $\sigma_{\text{zul}} \approx 0{,}7\,\sigma_S$ gerechnet. $\sigma_{\text{zul}} = 2500$ kp/cm². Erforderlich $q_{\text{Kern}} = 4280 : 2500 \approx 1{,}7$ cm². Gewählt M18 mit $q_{\text{Kern}} = 1{,}75$ cm²; vgl. Bild 50. — Berechnung der durch F_B entlasteten Vorspannkraft F_v'; $F_v' = F_{\max} - F_B = 4280 - 2570 = 1710$. Demnach geht die Vorpressung der Kupferdichtung von $k = 1400$ auf ≈ 700 herunter; ausreichend.

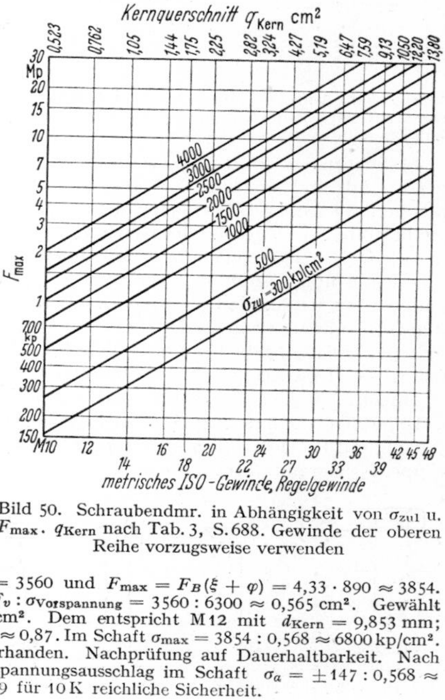

Bild 50. Schraubendmr. in Abhängigkeit von σ_{zul} u. $F_{\max}$. q_{Kern} nach Tab. 3, S. 688. Gewinde der oberen Reihe vorzugsweise verwenden

3. Dehnschraube für eine geteilte Pleuelstange. $F_B = 890$ kp. Werkstoff 10K mit $\sigma_B \geqq 100$, $\sigma_S \geqq 90$ kp/mm², Gewählt $\sigma_{\text{Vorspannung}} = 0{,}7\,\sigma_S = 6300$ kp/cm². Annahmen: $\xi = 4$, $DE : EF \approx 2$, also $\varphi \approx 0{,}33$. Damit wird $F_v = \xi F_B = 4 \cdot 890 = 3560$ und $F_{\max} = F_B(\xi + \varphi) = 4{,}33 \cdot 890 \approx 3854$. Erforderlicher Schaftquerschnitt $q_{\text{Schaft}} = F_v : \sigma_{\text{Vorspannung}} = 3560 : 6300 \approx 0{,}565$ cm². Gewählt Schaftdmr. $= 8{,}5$ mm mit $q_{\text{Schaft}} = 0{,}568$ cm². Dem entspricht M12 mit $d_{\text{Kern}} = 9{,}853$ mm; $q_{\text{Kern}} = 0{,}762$ cm². $d_{\text{Schaft}} : d_{\text{Kern}} = 8{,}5 : 9{,}853 \approx 0{,}87$. Im Schaft $\sigma_{\max} = 3854 : 0{,}568 \approx 6800$ kp/cm². genügende Sicherheit gegen $\sigma_S \geqq 9000$ vorhanden. Nachprüfung auf Dauerhaltbarkeit. Nach Gl. (1) ist $F_a = {}^1/_2(F_{\max} - F_v) = 147$; Spannungsausschlag im Schaft $\sigma_a = \pm 147 : 0{,}568 \approx \pm 259$ kp/cm² $\approx \pm 2{,}6$ kp/mm²; nach Bild 49 für 10K reichliche Sicherheit.

b) Bewegungsschrauben. Gewindeart: meist Trapezgewinde, bei Kraftwirkung in *einer* Richtung auch Sägengewinde. Mutterhöhe nur durch Rücksicht auf Flächenpressung p bestimmt. Mit z = Zahl der tragenden Gänge wird nach Bild 38 $F = [d^2\pi/4 - (d_1 + 2b)^2\,\pi/4]\,z\,p$ kp. p für Bronzemuttern bis 75 bei weichem Stahl, bei hartem bis 150 kp/cm². Kraftwirkung und Drehmoment vgl. Mechanik S. 233.

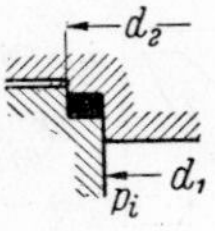

Bild 51

Übertragung der Zugkräfte durch wandernde Kugeln, die in Gewinderillen von Spindel und Mutter liegen, vgl. VDI-Z. 99 (1957) Nr. 25 S. 1232; sehr geringe Reibung.

5. Ausführungsformen

Übersicht vgl. *Klein:* Einführung in die DIN-Normen, Lit. S. 621.

Es gibt 3 Schrauben- und Mutterausführungen, m (mittel), mg (mittelgrob) und g (grob); sie unterscheiden sich durch Oberflächengüte, Gewindetoleranzen, zulässige Abweichungen und Formtoleranzen (DIN 267, Dez. 1960); bei Ausführung m und mg ist Gewinde-Gütegrad m.

a) Muttern, in der Regel sechskantig, Bild 52. Sonderausführungen: Runde Mutter außen mit *Kerbverzahnung*, vgl. Bild 53. Nutmutter, Bild 54, mit Hakenschlüssel anzuziehen; nur für kleine Längskräfte geeignet. Anwendung z. B. beim Befestigen von Wälzlagern; dort Sichern durch Blechscheiben nach Bild 46 S. 736 u. 50 S. 738. Einpreßmuttern in Kunststoff. Bild 55 *Hutmutter* mit Dichtungsscheibe, um das Austreten des Betriebsmittels nach außen zu verhindern.

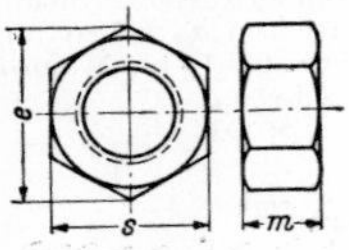

Bild 52

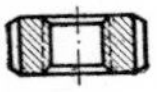
Bild 53

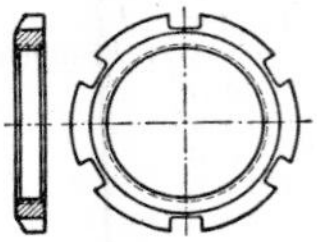
Bild 54

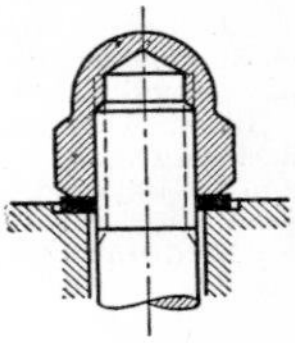
Bild 55

Sechskant-Aufschweißmuttern M4 bis M16 für Stahlkonstruktionen (z. B. Karosseriebau) tragen auf einer Seite einen kurzen Zentrierbund und 3 kleine Schweißwarzen an den Ecken, die beim Stromdurchgang mit der Blechunterlage verschweißen.

b) Schrauben. Bild 56 *Sechskantschraube* (mit Telleransatz), als Kopfschraube in Grauguß und weichem Leichtmetall zu vermeiden, da das Muttergewinde bei häufigem Lösen und Anziehen leicht ausbricht; in diesem Fall eine vertieft eingeschraubte Stahlbuchse oder Gewindeeinsatz (vgl. unten) verwenden; k vgl. S. 690.

Bilder 57 bis 59 zeigen *Schlitzschrauben*; Bild 59 *Zylinderschraube* mit gestauchtem Kopf und gerolltem Gewinde; Schaftdmr. ≈ Flankendmr. Schrauben mit Schlitz über M8 können im allgemeinen wegen Zerstörung des Schlitzes[1] nicht genügend fest angezogen werden, besser *Zylinderschraube* mit *Innensechskant*, Bild 60, DIN 912, 6912, 7984. Hochfeste Schrauben, z. B. INBUS-XZN (B & S), besitzen anstatt des Innensechskants ein Innenvielzahnprofil.

Bild 61: *Stiftschraube*. Länge der Einschraubenden in Stahl, Stahlguß, Bronze ≈ $1\,d$; in Grauguß ≈ $1{,}25\,d$, in Al-Leg. ≈ $2\,d$, in Weichmetall ≈ $2{,}5\,d$. Auch Ausführung mit Gewinderille am Einschraubende, Bild 62. Einschraubende trägt Kegelkuppe, Mutterende Linsenkuppe.

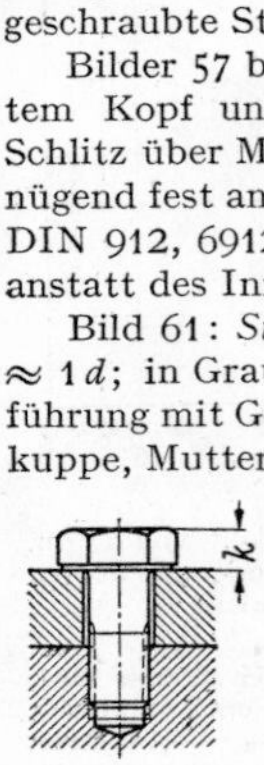

Bild 56

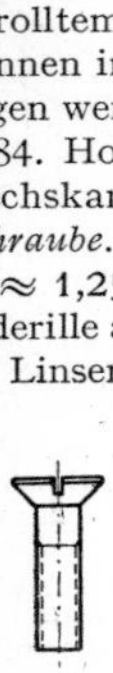
Bild 57

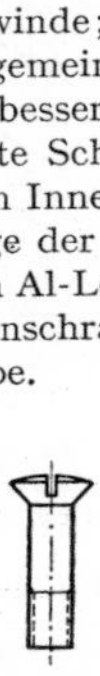
Bild 58

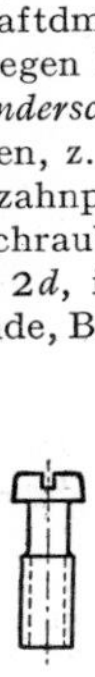
Bild 59

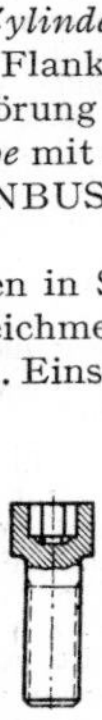
Bild 60

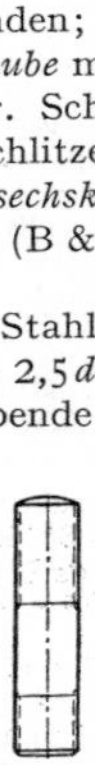
Bild 61

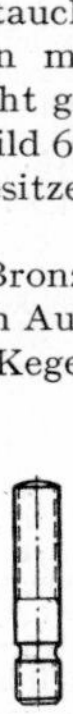
Bild 62

[1] Deshalb keine Halbrundschrauben (früher DIN 86) verwenden.

Bild 63: *Stiftschraube* für *Leichtmetallgehäuse.* Der hinter der Gehäuseoberfläche zurücktretende Bund legt sich fest gegen das Leichtmetall, dadurch sichere Spannungsverbindung. Das Einschraubende trägt entsprechend der geringen Festigkeit des Leichtmetalls stärkeres und gröberes Gewinde, das Mutterende dagegen feines Gewinde. Schaftdmr. etwas kleiner als Kerndmr. (Dehnschraube); gegen Korrosion wird die Schraube z. B. verkadmet; zwecks Gewichtsverminderung ist Einschraubende ausgebohrt.

Gewindeeinsätze zum Verwenden in Weichmaterial und bei Reparaturen. Einsatzbüchse Ensat schneidet mit ihren Schneidzähnen das Gewinde in entsprechend vorgebohrtes Loch; sie trägt innen das normale Gewinde. Federspule Heli-Coil aus Stahl- oder Bronzedraht von Rhombusquerschnitt wird in das fertig geschnittene Gewinde gedreht; die innere Form der Spule entspricht dem normalen Gewinde. Eindrehen mit Sonderwerkzeug. Bericht vgl. Konstruktion 16 (1964) Nr. 4 S. 152/54.

Gewinde-Schneidschraube DIN 7513, Bild 64, für selten zu lösende Verbindungen, bis M8 ausgeführt. Vorteil: Fortfall des Gewindeschneidens. Anwendung bei weichen Werkstoffen und Stahl bis etwa 50 kp/mm² Festigkeit im Karosseriebau, Feinmechanik, Elektrotechnik. Schraube ist im Einsatz gehärtet und besitzt Spannuten.

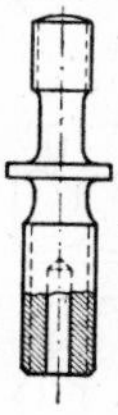
Bild 63

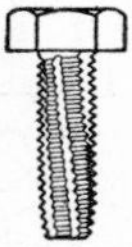
Bild 64

c) Unterlegscheiben DIN 125 (Tabelle S. 690) werden nur verwendet, wenn Werkstoff der Unterlage weicher als der der Mutter ist, oder wenn Unterfläche nicht sauber bearbeitet. Bei U- u. I-Trägern Vierkantscheiben DIN 434, 435 u. 6916/18. *Unverlierbare* Scheiben u. Sicherungsscheiben an Kopfschrauben DIN 6902/07.

d) Schraubensicherungen[1]. *Allgemeines.* Die beste Sicherung gegen Lösen der Verbindung ist ausreichende Vorspannung mit ausreichender elastischer Formänderung (Dehnschrauben); jedoch darf kein Vorspannungsverlust eintreten, vgl. 3b) S. 692.

Federscheiben DIN 137, gewölbte Bild 65, gewellte Bild 66; *Federringe* DIN 127 aufgebogen Bild 67, deren meißelartig zugeschärfte Enden in den Werkstoff eindringen, oder federnde *Zahnscheiben* DIN 6797 auch für Senkschrauben, Bild 68, mit Außen- oder Innenzähnen oder *Fächerscheiben* DIN 6798.

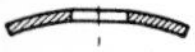
Bild 65

Bild 66

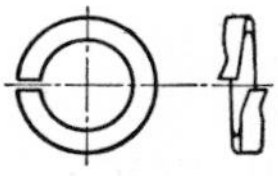
Bild 67

Bild 68

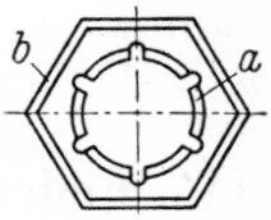

Bild 69

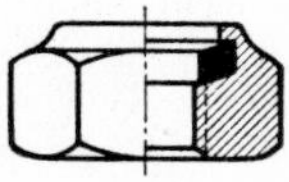
Bild 70

Verspannende Gewinde. Bolzenschaft trägt zwei hintereinander angeordnete Gewindestücke mit verschiedener Steigung (Differentialgew.) oder die beiden Gewindestücke sind — bei gleich großer Steigung — um einen kleinen Betrag gegeneinander versetzt (Kamax-Sehem-Schraube[2]).

Doppelmuttern; die untere Mutter kann niedriger sein. *Sicherungsmutter* DIN 7967, Bild 69, aus Federstahl mit sechs den Gewindegängen angepaßten Zähnen *a* und hochgebogenen Lappen *b* als Schlüsselflächen.

Reibung. Bei der selbstsichernden Mutter DIN 985, Bild 70, wird ein festsitzender Ring aus Fiber oder Nylon ohne Gewinde vom Bolzengewinde zusammengepreßt; Nachziehen beliebig oft. Ausführung auch als Hutmutter DIN 986. Dubo-Unterlegscheibe aus plastischem Kunststoff sichert gegen Lösen der Mutter und dichtet zugleich durch Hineinpressen des Werkstoffs in die Gewindegänge. Wegen erhöhter Reibung größeres Anziehmoment erforderlich.

Kronenmuttern, DIN 533, 534, Bild 71, mit Splint; Nachstellmöglichkeit je nach Zahl der Schlitze in der Krone; bei starkem Gewindebolzen außerdem ein zweites entsprechend versetztes Splintloch. Bild 72: *Penn*sche Sicherung mit beliebiger

---

[1] Besondere Formen selbstsichernder Muttern bzw. Schrauben vgl. Konstruktion 16 (1964) Nr. 5 S. 165/70, Nr. 9 S. 389/92.

[2] Vgl. Konstruktion 7 (1959) Nr. 7 S. 261

Nachstellung, z. B. bei Schubstangen; Sichern durch Druckschraube *a*, die gegen den Hals der aufgehängten Mutter drückt; *a* wird durch Draht von Schraube *b* aus am Verdrehen gehindert.

Sicherungsbleche mit Nase DIN 432, diese paßt in Bohrung der Unterlage; mit 2 um 90° versetzten Lappen DIN 463.

Drahtsicherung. Durch Löcher in den beiden Schraubenköpfen wird weicher Stahldraht gezogen und verdrillt (Bild 72).

Legeschlüssel. Gegen die Flächen der Mutter (unter Umständen gezahnt) wird ein passender Schlüssel gelegt, der seinerseits durch zwei Schrauben gehalten und gesichert wird.

Sicherung des *Schraubenkopfes* durch Nase oder Stift — wobei auf Kerbwirkung zu achten ist — oder durch eine Anlagefläche für den Kopf. — Sonderausführung: VERBUS TENSILOK (B & S) mit vergrößerter Auflagefläche und Sperrzähnen.

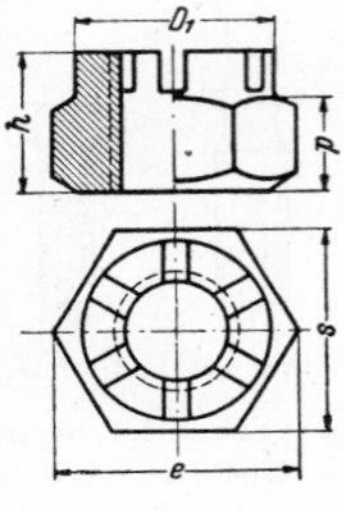

Bild 71

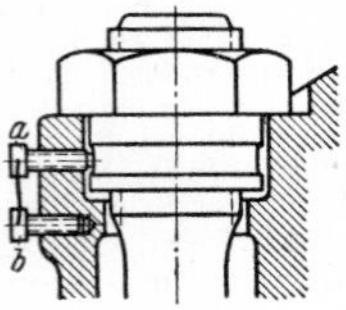

Bild 72

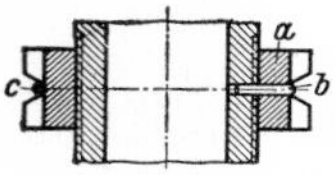

Bild 73

Sichern durch *Sprengring*, der z. B. nach innen federt, Bild 73. Nutmutter *a* hat umlaufende Rille mit mehreren radialen Bohrungen, durch die der Haken *b* des Sprengringes *c* eingeführt wird; für den Bolzen genügt *ein* Loch.

Kunststofflacke und *-pasten.* Erhärtender Lack (Apparatebau) sichert Mutter. Nichthärtende Pasten können auch bei dynamischer Beanspruchung das Lösen der Gewindeverbindung verhindern; Temperatur begrenzt.

e) Besondere **Schraubenschlüssel.** Sechskant-Steckschlüssel DIN 659, 896 und 3112; Doppelringschlüssel 837 und 838 (gekröpft); Schraubendreher für Innensechskantschrauben DIN 911.

f) **Drehmomenten-Schlüssel** zum Einhalten eines bestimmten Anziehdrehmoments vgl. *Wiegand/Illgner*, Lit. S. 687, dort S. 34/42.

IV. Federnde Verbindungen

Bearbeitet von Dipl.-Ing. **G. Köhler**, Berlin

Literatur: 1. *Damerow, E.:* Grundlagen d. prakt. Federprüfung. 2. Aufl. Essen: Girardet 1953. — 2. *Göbel, E. F.:* Berechnung u. Gestaltung von Gummifedern 2. Aufl. Berlin: Springer 1955. — 3. *Gross, S.*, u. *E. Lehr:* Die Federn. Ihre Gestaltung u. Berechnung. Berlin: VDI-Verlag 1938. — 4. *Gross, S.:* Berechnung u. Gestaltung von Metallfedern. 3. Aufl. Berlin: Springer 1960. — 5. VDI-Richtlinie 2005. Gestaltung und Anwendung von Gummiteilen. Düsseldorf: VDI-Verlag 1955. — 6. VDI-Richtlinie 3361. Zyl. Druckfedern ... f. Stanzwerkzeuge. — 7. VDI-Richtlinie 3362. Gummifedern für Stanzwerkzeuge.

1. Allgemeines

In diesem Abschnitt sind die Zahlenwerte für Spannungen und Festigkeiten in kp/mm² eingesetzt und die Abmessungen in mm angegeben.

Anwendung: 1. als Energiespeicher (z. B. Federmotoren); 2. zur Stoßminderung; 3. bei Schwingungsdämpfung; 4. als Kraftschluß (z. B. bei Steuerungen); 5. zum Ausgleich von Wärmedehnungen.

a) **Federwirkung.** Federn verformen sich elastisch. Daher muß die höchste Beanspruchung stets unter der Elastizitätsgrenze[1] und bei wechselnden Belastungen außerdem unterhalb der Dauer(schwing)festigkeit bleiben.

[1] Elastizitätsgrenze (DIN 1602; 50143; 50144; 50151) oder Federbiegegrenze (z. B. DIN 1780); gegebenenfalls aus Streckgrenze schätzen.

Die Auslenkung des Kraftangriffspunktes heißt Federweg. Die Beziehung zwischen Kraft F und Federweg f zeigt das Federdiagramm; es gehört auf jede Federzeichnung. Reibungsfreie Federn, deren Werkstoff dem *Hooke*schen Gesetz folgt, haben gerade, alle anderen Federn gekrümmte Kennlinien als Federdiagramm, Bild 1. Bei gerader Kennlinie ist die Einheitskraft oder Federrate $c = \Delta F/\Delta f$, gemessen in kp/mm, konstant; daher früher Federkonstante genannt. Ihr Kehrwert $C = 1/c$ ist der spezif. Federweg. Bei gekrümmter Kennlinie gilt sinngemäß $c = \mathrm{d}F/\mathrm{d}f$ bzw. $C = \mathrm{d}f/\mathrm{d}F$. c wird insbesondere bei schwingungstechnischen Rechnungen verwendet, vgl. S. 281.

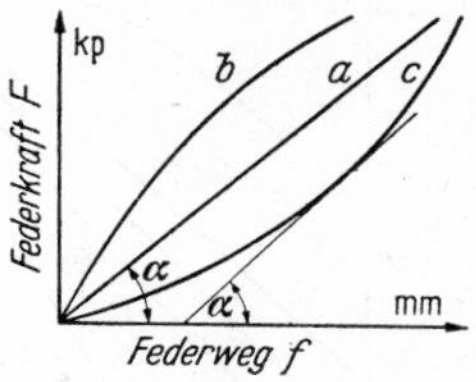

Bild 1. Federkennlinien. *a* gerade, *b* degressiv, *c* progressiv

b) Rechnungsgang. 1. Aufstellen des Federdiagramms gemäß Konstruktionsforderungen. 2. Ermitteln der Abmessungen unter Verwendung der Verformungs- und Festigkeitsgleichungen. 3. Kontrolle der Spannungen der endgültig gewählten Abmessungen. Näheres vgl. Abschn. Festigkeitslehre, S. 425 u. f.

Bisweilen ist Anpassen der Maße der Gesamtkonstruktion an die Abmessungen der Feder erforderlich, weil sonst verlangte Kennlinie bei ausreichender Haltbarkeit der Feder nicht zu erreichen ist.

Zum Aufstellen des Federdiagramms werden benötigt: 1. Federkraft im Einbauzustand, Unterlast F_u, 2. Federkraft bei größtem Federweg, Oberlast F_o, 3. Federweg (z. B. Hub h) $\Delta f = f_o - f_u$ zwischen F_o und F_u. Entsprechende Größen sind bei Drehung die Momente M_u, M_o und die Drehwinkel φ_u, φ_o.

Beispiel 1: Gesucht Diagramm mit gerader Kennlinie für $F_u = 40$ kp, $F_o = 280$ kp, $\Delta f = f_o - f_u = 50$ mm. Aufzeichnen von $c = \tan\alpha = (280 - 40)/50 = 4{,}8$ in kp/mm, Bild 2a. Hieraus $f_o = 280/4{,}8 = 58{,}3$ in mm, $f_u = 40/4{,}8 = 8{,}3$ in mm. Aus diesen Größen Ermittlung der Abmessungen je nach Bauart.

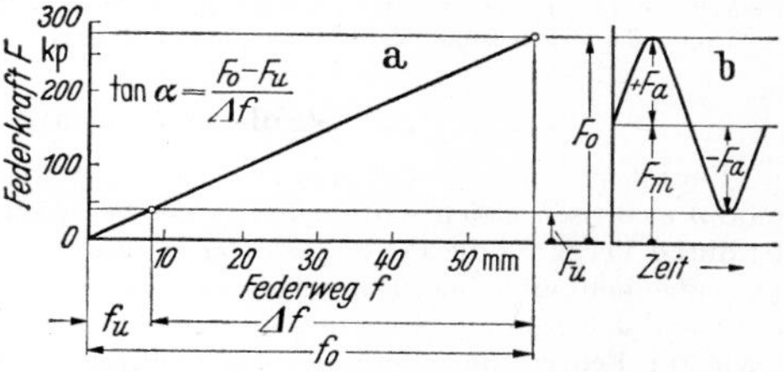

Bild 2. a Kennlinie zum Beispiel 1; b Belastungsschema

Beachte: Die Kennlinie gilt für alle Federn mit $c = 4{,}8$ kp/mm, unabhängig von der Federart. Somit kann der Feder*weg* als Verlängerung, Verkürzung, Kreisbogen oder Durchbiegung aufgefaßt werden.

Im allgemeinen genügt die Kontrolle der Spannungen auch bei zusammengesetzter Beanspruchung nach einem der einfachen Belastungsfälle: Zug, Druck, Biegung oder Verdrehung.

Die Normen unterscheiden Federn 1. mit ruhender Belastung oder gelegentlichen Belastungsänderungen in größeren Zeitabständen mit weniger als 10000 Lastspielen bis zum Bruch; 2. mit schwingender Belastung.

Die Maximalspannung muß stets unter der Elastizitätsgrenze (vgl. Anm. S. 698) bleiben. Bei ständig zwischen F_u und F_o schwankender Belastung denkt man sich eine ruhende mittlere Last $F_m = (F_o + F_u)/2$ von einer wechselnden Last $F_a = \pm(F_o - F_u)/2$ überlagert; im Beispiel 1 somit $F_m = 160$ kp, $F_a = \pm 120$ kp, Bild 2b. Sinngemäß unterscheidet man Unterspannung σ_u bzw. τ_u, Oberspannung σ_o bzw. τ_o, Mittelspannung σ_m bzw. τ_m und Spannungsausschlag $\pm\sigma_a$ bzw. $\pm\tau_a$. Die Dauerfestigkeit ist ein Werkstoffkennwert, der den ständig ertragbaren Spannungsausschlag $\pm\sigma_A$ bzw. $\pm\tau_A$ bei einer bestimmten Mittelspannung σ_m bzw. τ_m angibt. Vgl. Abschn. Festigkeitslehre S. 356, ferner DIN 50100 und Bild 3. Statt des in der Festigkeitslehre üblichen Spannungsausschlages enthalten einige Normen für Metallfedern die Hubspannung $\tau_{kh} = \tau_o - \tau_u$ und geben die Dauerhubfestigkeit τ_{kH} der ausgeführten Federn in Schaubildern (z. B. DIN 2089) als Funktion von τ_u an. Es muß sein $\tau_{kh} < \tau_{kH}$, vgl. Tab. 2; betr. Index k dort Anm. *.

c) Parallel- und Hintereinanderschaltung von Federn. Federn können parallel (Bild 10), hintereinander (Bild 7a) oder parallel und hintereinander (Bild 7b bis d) geschaltet werden. Resultierende Federrate vgl. S. 282 Bild 103 und S. 702 Bild 7.

Parallelschaltung: 1) $F_{\text{ges}} = \sum_1^i F = c_1 f + c_2 f + \cdots + c_i f = f \sum_1^i c$; 2) $f_1 = f_2 = f_3 = \cdots = f_i = f$; 3) $c_{\text{res}} = \sum_1^i c$.

Hintereinanderschaltung: 1) $F_1 = F_2 \cdots = F_i = c_1 f_1 = c_2 f_2 = \cdots = c_i f_i = F$; 2) $f_{\text{ges}} = f_1 + f_2 + \cdots + f_i = \sum_1^i f = F/c_1 + F/c_2 + \cdots + F/c_i = F \sum_1^i 1/c$; 3) $1/c_{\text{res}} = \sum_1^i 1/c$; $c_{\text{res}} = 1/\sum_1^i 1/c$.

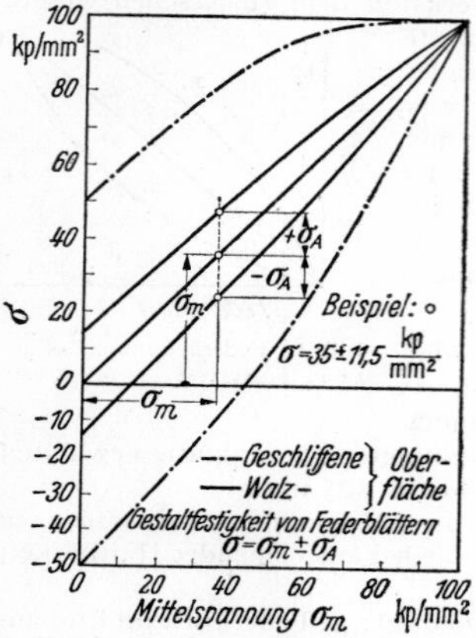

Bild 3. Dauerfestigkeitsschaubild für einzelne Federblätter (Lit. 2)

d) Die *Raumzahl* (besser Ausnutzungsfaktor) η ergibt sich aus der von der Feder aufgenommenen Arbeit, z. B. für eine einfache Blattfeder (vgl. S. 426; $W = {}^1/_2 \cdot F_o f_o = {}^1/_2 \cdot (b h^2 \sigma_o / 6l) \cdot ({}^2/_3 \cdot l^2 \sigma_o / hE) = b h l \sigma_o^2 / 18\,E = {}^1/_{18} \times \sigma_o^2 V/E$ zu $\eta = {}^1/_{18}$, wobei V das Volumen des federnden Teils der Feder ist. Der Vergleich der Raumzahlen (Ausnutzungsfaktoren) verschiedener Federarten miteinander kann zu Trugschlüssen hinsichtlich des erforderlichen Platzbedarfs führen, weil federndes Werkstoffvolumen und Einbauvolumen nicht identisch sind. *Walz*[1] teilt daher Raumzahl auf in Art-Nutzwert und Volumen-Nutzwert.

2. Stahl- und Metallfedern

Für alle als Federwerkstoff in Frage kommenden Stahlsorten[2] ist der Elastizitätsmodul praktisch gleich und auch von der Wärmebehandlung unabhängig. Folglich ist durch Vergüten die Federrate *nicht* zu beeinflussen, wohl aber die Belastbarkeit. Die allgemein üblichen Dauerfestigkeitswerte von Stahl und Nichteisenmetallen beziehen sich nur auf sorgfältig bearbeitete kleine Probestäbe; sie können daher auch für Federn nicht unmittelbar benutzt werden. Gestaltfestigkeitswerte σ_D, Dauerhubfestigkeitswerte τ_{kH} usw., die die Haltbarkeit der fertigen Feder angeben, erfassen bereits alle Einflüsse wie Größe, Oberfläche u. a. Vorsicht bei der Übertragung dieser Werte auf andere Federgrößen. Soweit Gestaltfestigkeitswerte fehlen, muß man sich mit reinen Werkstoff-Wechselfestigkeitswerten begnügen und entsprechend hohe Sicherheitsfaktoren annehmen. *Grundsatz:* Je größer der Werkstoff-Querschnitt, desto kleiner die zulässige Beanspruchung.

Festigkeitswerte vgl. Tab. 2 bis 5 S. 704/05 u. 708/09 und Bild 3.

Darstellung und Sinnbilder für Federn DIN 29.

Biegefedern (Beanspruchung σ_b)[3]

Werden Federn zwischen Backen u. dgl. eingespannt, so sind die Kanten der Einspannung zu runden; bei feinstbearbeiteten Federn: Papier, Kunststoff oder Messing zur Minderung der Dauerbruchgefahr an Einspannstelle beilegen. Bohrungen im eingespannten Federende mindestens um 3- bis 4fache Federdicke von der Einspannkante entfernt halten.

a) Einfache Blattfeder (Berechnung vgl. S. 426, Nr. 1 u. 4). Rechteckfeder mit konstanter Blattdicke hat sehr schlechte Werkstoffausnutzung. Günstiger sind

---

[1] *Walz, K.:* Arbeitsaufnahme u. Federbeanspruchung. Draht 8 (1957) Nr. 8 S. 322/23.

[2] Vgl. DIN 17220 bis 17225 u. S. 568 u. Tab. 21 S. 570.

[3] *Palm, J.,* u. *K. Thomas:* Berechnung gekrümmter Biegefedern. VDI-Z. 101 (1959) Nr. 8 S. 301/08.

Federblätter mit veränderlicher Dicke; da schwer herstellbar, Trapezfeder[1] mit konstanter Blattdicke verwenden. Beachtliche Gewichtsersparnis, 50% und mehr. Für den Gerätebau hat noch die zweiarmige beiderseitig eingespannte Blattfeder Bedeutung (S. 426, Nr. 2).

b) Geschichtete Blattfeder (Berechnung vgl. S. 427). Platzfragen zwingen häufig zur Verwendung geschichteter Blattfedern. Zu unterscheiden: 1. Federn mit Blättern gleicher Dicke, 2. Federn mit Blättern verschiedener Dicke. Beide Arten werden ausgeführt als: Einarmige Feder, zweiarmige Feder, Doppel- oder Mehrfachfeder.

Die rechnerisch nicht erfaßbare Reibung hat den Vorteil der Dämpfung, den Nachteil einer steileren Kennlinie im Betrieb gegenüber der Rechnung, wenn Beschleunigungen in Richtung des Federweges auftreten. Sofern die Federkräfte die Reibung nicht überwinden können, spricht die Feder überhaupt nicht an. Als Folge der Reibung löst sich die Kennlinie in Be- und Entlastungslast auf (Dämpfungsfläche, vgl. S. 744). Kennlinie der reibungsfrei gedachten Feder liegt in Mitte zwischen Be- und Entlastungskurve. Forderung einer bestimmten Pfeilhöhe bei einer bestimmten Last an Stelle vollständiger Kennlinie erleichtert Herstellung.

α) *Federn mit gleicher Blattdicke.* Aus Federdiagramm und Federrate ermittelt man zunächst die Abmessungen einer einfachen Trapezfeder. Die Grundbreite b_0 dieser Feder, dividiert durch die beabsichtigte Breite b der endgültigen Schichtfeder, ergibt die Anzahl der Blätter. Faktor ψ entsprechend S. 427 schätzen. Anschließend nochmalige genauere Rechnung mit abgestimmten Werten.

Bei *zweiarmigen* Federn wird der Federweg als Differenz der jeweiligen Pfeilhöhen angegeben (vgl. DIN 11747). Die versteifende Wirkung des Federbundes kann vernachlässigt werden, zumal die Rechnung wegen der unvermeidlichen Blattreibung nur angenäherte Werte ergibt.

β) *Federn mit verschiedener Blattdicke.* Häufig ausgeführt im Fahrzeugbau. Um zu erreichen, daß alle Blätter an Lastaufnahme teilnehmen, verformt man sie so, daß die Blätter mit abnehmender Länge stärker gekrümmt werden („Sprengen"). Durch Zusammenspannen der Blätter mittels Bügels kommen sie zur gegenseitigen Anlage. Wegen der unsicheren Berechnung des Sprengens und der damit verbundenen Spannungen sollten Federn mit ungleichen Blattdicken vermieden werden.

Kraftaufnahme an den Blattfederenden: 1. Angerollte Augen mit und ohne Ausbuchsen; 2. Haken, Bild 4a; 3. gekröpfte Augen, Bild 4b; 4. Nocken, Bild 4c; 5. abgebogene Enden; 6. Gummilagerung (vgl. Bd. II, Abschn. Kraftwagen).

Blattfedernormen: DIN 4620ff., 1570/71, 1573, 1777, 1780/81, 5541/43, 11747, 17220ff.

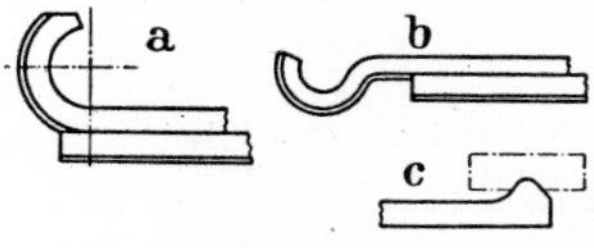

Bild 4. Federenden
a hakenförmig; b gekröpft hakenförmig; c nockenförmig (Lit. 4)

c) Spiralfeder[2] (eben gewundene Biegefeder, Berechnung vgl. S. 427, Nr. 3 und DIN 43801). Die dort aufgeführten Gleichungen gelten nur für den Fall, daß *beide* Federenden fest (also nicht drehbar) eingespannt sind. Andernfalls treten erhebliche Abweichungen von der Rechnung auf. Da nur bei fester Einspannung der Werkstoff gleichmäßig ausgenutzt wird, sollte nur diese Befestigungsart gewählt werden. Kreisquerschnitt ($\eta = {}^1/_8$) hinsichtlich Werkstoffausnutzung ungünstiger als Rechteckquerschnitt ($\eta = {}^1/_6$); für diesen erhält man die Länge der Feder ohne Einspannteile aus der Beziehung $l = (r_1^2 - r_0^2)/2a$; hierbei r_0 Halbmesser der inneren Einspannung; r_1 Halbmesser der äußeren Einspannung; $a = (h + \delta)/2\pi$; h Blattdicke; δ Zwischenraum zwischen den Windungen; $r_1 = r_0 + 2\pi n a$; n Windungszahl, vgl. Anm. 2 S. 702.

---

[1] *Palm, J.:* Die Trapez-Biegefeder mit veränderlicher Dicke und konstanter Breite. VDI-Z. 101 (1959) Nr. 34 S. 1655/56.

[2] *Keitel, H.:* Zur Berechnung ebener Spiralfedern mit rechteckigem Querschnitt. Draht 8 (1957) Nr. 8 S. 326/28. — *Swift, W. A. C.:* Nachprüfung der *Gross*-Theorie der Spiralfedern vom Uhrfedertyp. Draht 16 (1965) H. 8 S. 514/18.

Beispiel 2: Gesucht Spiralfeder für ein Meßgerät mit einem Drehmoment von 0,05 kp mm bei 120° Drehwinkel. Bekannt $r_1 = 15$ mm; $r_0 = 5$ mm. Gewählt Phosphorbronze DIN 1780; 17662. Gewählt Federbreite $b = 2$ mm; Dicke $h = 0{,}2$ mm. Somit vorhandene Maximalspannung $\sigma_0 = 6 \cdot M/bh^2 = 3{,}75$ kp/mm², zulässig lt. Tab. 5 S. 709. Federnde Länge $l = hE\varphi/2\sigma_0 = 560$ mm. Windungsabstand aus folgenden Umformungen: $h + \delta = (r_1^2 - r_0^2)\pi/l$; $\delta = 0{,}92$ in mm. $a = (h + \delta)/2\pi = 0{,}179$ in mm; Windungszahl $n = (r_1 - r_0)/2\pi a = 8{,}9$ Windungen. Kontrolle auf Dauerfestigkeit: Nimmt man Wechsel zwischen Spannung 0 und 3,75 kp/mm² an, so ist die Mittelspannung $\sigma_m \approx 1{,}9$ kp/mm²; der Spannungsausschlag $\sigma_a \approx \pm 1{,}9$ kp/mm². Dieser Wert ist selbst bei hohen Spannungsspitzen in der Einspannung tragbar. Weiterer Richtwert Schwellfestigkeit oder σ_{zul}, Fall „schwellend", Tab. 5. Günstig ist Verstärkung der Einspannenden.

d) Gewundene Schraubenbiegefeder[1] (Berechnung vgl. S. 427 und DIN 2088). Aus den gleichen Gründen wie bei Spiralfedern beide Federenden fest einspannen, sofern kein Dorn verwendet wird. Zahlenbeispiel vgl. DIN. Wird die Feder über einen Dorn geschoben, Dmr. d_D (Spiel lassen; $d_D = 0{,}8\,D_i$ bis $0{,}9\,D_i$), so nähert sich diese Befestigungsart auch dann der festen Einspannung, wenn das Federende nur gegen Mitnehmer drückt, Bild 5. Windungen sollen sich bei Belastung zusammenziehen. Unter diesen Voraussetzungen gelten näherungsweise die auf S. 427 aufgeführten Gleichungen[2].

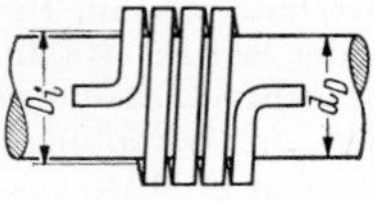

Bild 5. Gewundene Schraubenbiegefeder

e) Biegeformfedern vgl. Anm. 3, S. 700.

f) Scheibenförmige Biegefeder, Tellerfeder[3], Bild 6, 7 (Berechnung DIN 2092, 2093). Gleiche Federelemente für verschiedene Federn, hierdurch geringe Lagerhaltung. Vielseitig verwendbar infolge guter Anpassungsmöglichkeit durch Variation der Tellerzahl und zahlreiche Kombinationsmöglichkeiten der Teller, Bild 7. Häufig kleinerer Raumbedarf als bei anderen Federarten, trotz schlechterer Raumzahl (vgl. S. 425, 700). Eigendämpfung im Teller. Bei geschichteten Federn (Federpaketen) zusätzliche Reibungsdämpfung; hierbei Arbeitsverlust je Schichtungsreibfläche bei Be- und Entlastung etwa je 2 bis 3%. Bei Anordnung nach Bild 7d somit rd. 12% bei Belastung. Abmessungen der Führungsbolzen in den Federsäulen enthält das AWF[4]-Blatt 500.27.05. Außenführung vermeiden.

Bild 7. Tellerfeder-Kombinationen (Federsäulen) i = Anzahl der *wechselsinnig* aneinander gereihten Tellerfedern bzw. Federpakete; n = Zahl der Einzelteller *gleichsinnig* geschichteter Tellerfedern bzw. Federpakete; F = Federkraft *eines* Einzeltellers; f = Federweg *eines* Einzeltellers

Schichtung	Federrate c
a) $i = 2;\ n = 1$	$F/2f$
b) $i = 2;\ n = 2$	$2F/2f$
c) $i = 2;\ n = 4$	$4F/2f$
d) $i = 4;\ n = 2$	$2F/4f$

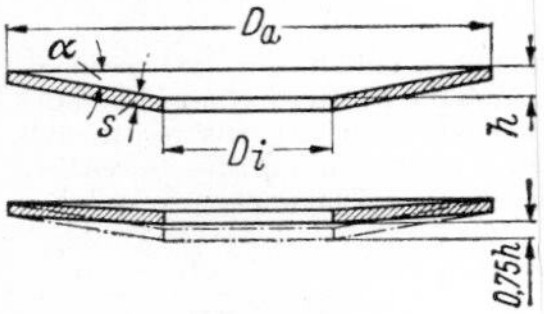

Bild 6
Tellerfeder. a ohne Belastung; b mit Belastung; zulässige Durchbiegung ohne Überlastung 75%

Form der Kennlinie abhängig von h/s (Bild 6) und Schichtung (Bild 7);

Annähernd gerade Kennlinie: $h/s < 0{,}4$. Bild 8a.

Degressive Kennlinie: $h/s = 0{,}4$ bis $< 1{,}4$. Bild 8b. (geeignet z. B. für Spielausgleich von Kugellagern). Außerdem lassen sich degressive Kennlinien durch Teller mit Ausnehmungen am Innenrand erzielen.

Kennlinie mit waagerechtem Kurventeil: $h/s = 1{,}4$. Bild 8c.

---

[1] *Wehr, G.:* Schenkelfedern. Draht 8 (1957) Nr. 8 S. 325/26.

[2] Bei schwingender Beanspruchung ist der den Krümmungseinfluß erfassende Formfaktor k (DIN 2088) zu berücksichtigen. Genaue Berechnung vgl. Lit. 4.

[3] *Lutz, O.:* Zur Berechnung der Tellerfedern. Konstruktion 12 (1960) Nr. 2 S. 57/59. — *Schremmer, G.:* Dynamische Festigkeit v. Tellerfedern. Ebenda 17 (1965) Nr. 12 S. 473/479.

[4] Ausschuß für wirtschaftliche Fertigung e. V.

Kennlinie mit absinkender Last: $h/s > 1{,}4$. Bild 8d.

Progressive Kennlinie: Kombination verschieden starker Teller. Bild 1, Kurve c, jedoch als Polygonzug.

Federweg f steigt proportional mit Anzahl i der wechselsinnig aneinandergereihten Federpakete; $f_{ges} = if$. Bild 7. (Hintereinanderschaltung vgl. S. 700.)

Federkraft F steigt proportional mit der Zahl n der Einzelteller je Schichtung bei Vernachlässigung der Reibung; Bild 7. $F_{ges} = nF$ (Parallelschaltung; vgl. S. 700).

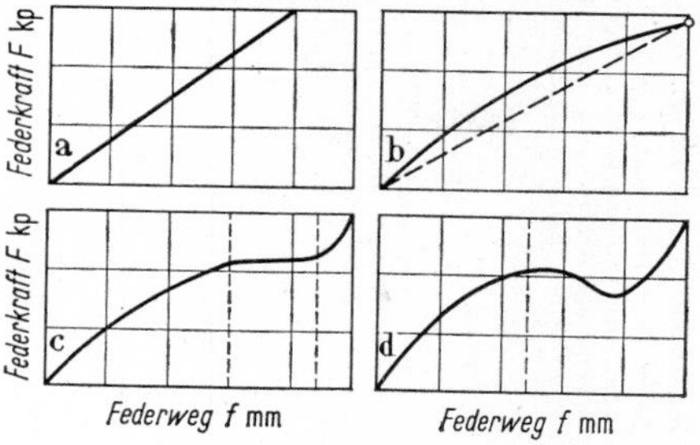

Bild 8. Tellerfeder-Kennlinien
a) $h/s < 0{,}4$; b) $h/s = 0{,}4$ bis $< 1{,}4$; c) $h/s = 1{,}4$; d) $h/s > 1{,}4$

α) *Überschlagrechnung für Federn mit annähernd gerader Kennlinie.* Bei Einhalten von $h/s \leqq 0{,}4$, $\alpha \leqq 7°$, $D_a/s = 16$ bis 32, $D_a/D_i \approx 2$, gelten annähernd die Gleichungen für die Berechnung einer ebenen Kreisringplatte auf Biegung:

$$\text{(1) Federkraft } F = 92300 \frac{s^3 f}{\alpha D_a^2} \quad \text{in kp.}$$

$$\text{(2) Biegespannung } \sigma = 92300 \frac{\gamma s f}{\alpha D_a^2} = \frac{\gamma F}{s^2} \quad \text{in kp/mm}^2.$$

$$\text{(3) Arbeitsaufnahme } W = 0{,}5 \frac{s \sigma^2 \alpha D_a^2}{\gamma^2 \cdot 92300} \quad \text{in kpmm.}$$

(4) Errechnete Oberspannung[1] $\sigma_o \leqq \sigma_O$ bei $f_{max} \leqq 0{,}75\,h$ n. Tab. 2 S. 705.

Faktoren α und γ nach Tab. 1 setzen Längen in mm voraus. Zahlenwert 92300 enthält den E-Modul für Stahl $E = 21000$ kp/mm². D_a so groß wie möglich wählen, dann σ klein, W groß. Bei Verwendung von Werkstoffen mit E-Modul E' muß der Zahlenwert 92300 mit E'/E multipliziert werden. Nachrechnung mit genaueren Gleichungen nach DIN 2092 stets angebracht. Diese Gleichungen gelten nur für Federn mit rechteckigem Querschnitt und *ohne* Anlageflächen. Bei Federn, die zur Verbesserung der Führung auf dem Bolzen *Anlageflächen* erhalten, tritt eine Kraft- und Spannungserhöhung ein, vgl. Konstruktion 18 (1966) Nr. 1 S. 24 und 19 (1967) Nr. 3 S. 109.

β) *Berechnung von Federn mit gekrümmten Kennlinien.* Überschläglich wie unter α). Nachrechnung nach DIN 2092 unbedingt erforderlich, da Abweichung erheblich (vgl. auch Arbeitsblätter der Industrie). Für dynamisch beanspruchte Federn ergeben sich die günstigsten Federabmessungen hinsichtlich Verhältnis Arbeitsaufnahme/Einbauvolumen, wenn $D_a/D_i \approx 2$, $h/s \approx 0{,}6$ und Vorspannfederweg f_u/Hub $h \approx 0{,}4$, vgl. Konstruktion 17 (1965) Nr. 12 S. 473.

Beispiel 3: Gesucht die Abmessungen eines Federtellers mit $D_a = 200$ mm, der bei gerader Kennlinie sich zwischen Unterlast $F_u = 10400$ kp und Oberlast $F_o = 20800$ kp um 1 mm durchbiegt. Federrate $c = (20800 - 10400)/1 = 10400$ in kp/mm. Mit $f_u = F_u/c = 1$ mm folgt $f_o = 2$ mm. Aus Gl. (2) erhält man mit $D_a/D_i = 2$ aus Tab. 1 $\alpha = 0{,}7$ und $F_o = 20800$ kp sowie $f_o = 2$ mm die Blechdicke $s = 14{,}6$ mm. Bei Annahme von $h/s = 0{,}3$ wird $h = 4{,}38$ mm. Spannungskontrolle: σ_o nach Gl. (2) mit $\gamma = 1{,}38$ nach Tab. 1: 135 kp/mm². Entsprechend $\sigma_u = 67{,}5$ kp/mm². Hubspannung $\sigma_h = \sigma_o - \sigma_u = 67{,}5$ kp/mm². Nach Tab. 2 ist die Oberspannung $\sigma_o < \sigma_O$, also zulässig. Hubspannung σ_h ist größer als Hubfest gkeit $\sigma_H \leqq 43$ kp/mm² nach Tab. 2. Die Feder ist somit bei ständig schwankender Last nicht betriebssicher. (Anschließende Kontrolle nach DIN 2092 erübrigt sich daher.) Konstruktionsänderung erforderlich.

Tabelle 1. *Tellerfedern: Kennwerte α und γ.*

D_a/D_i	1,6	1,8	2,0	2,2	2,4	2,6	2,8	3,0	3,4	3,8	4,2	4,6	5,0
α	0,56	0,64	0,70	0,74	0,76	0,77	0,78	0,79	0,80	0,80	0.80	0,80	0,78
γ	1,22	1 30	1 38	1,46	1,53	1,60	1,67	1,74	1,88	2,00	2,13	2,25	2,37

Tellerfedern werden auch aus h-tzebeständigen sowie korrosionsbeständigen Werkstoffen hergestellt (z. B. Porzellan).

[1] *Beachten:* σ_o, τ_o = Oberspannung, durch Rechnung oder Schätzung ermittelte Beanspruchung; σ_O, τ_O = Oberspannung, ertragbare, durch Versuche ermittelte Festigkeit (Werkstoffeigenschaft).

Tabelle 2. *Belastbarkeit der wichtigsten Stahlfedern* (vgl. Tab. 3 u. 4). Alle Abmessungen in mm. Zahlenangaben für Nichteisenmetalle vgl. Tab. 5.

1. Bei ruhender oder nur gelegentlich in größeren Zeitabständen schwankender Belastung genügt Kontrolle der vorhandenen Oberspannung $\sigma_o(\tau_o)$ unter Vernachlässigung etwaiger Formfaktoren. Es muß sein $\sigma_o(\tau_o) < \sigma_O(\tau_O)$ bzw. σ_{zul} (τ_{zul}). Zulässige Spannungen enthalten bereits Sicherheit; Grenz-Oberspannungen nicht.
2. Bei schwingender (häufig wechselnder) Belastung darf der vorhandene Spannungsausschlag $\sigma_a(\tau_a)$ den ertragbaren Spannungsausschlag $\sigma_A(\tau_A)$ bzw. die Hubspannung $\sigma_{kh}(\tau_{kh})$ die Hubfestigkeit $\sigma_{kH}(\tau_{kH})$ nicht erreichen. Es empfiehlt sich, 20 bis 30% unter den angegebenen Werten zu bleiben. Bei schwingender Belastung sind Formfaktoren zu berücksichtigen.
3. Mit größeren Querschnitten nimmt die Dauerfestigkeit ab.
4. Federn mit schwingender Belastung sind nach Möglichkeit einer Oberflächenverdichtung wie z. B. Kugelstrahlen zu unterziehen.
5. Den Berechnungen sind folgende Elastizitäts- und Gleitmoduln (in kp/mm²) zugrunde zu legen:

		E	G
Warmgeformte Stähle	DIN 17221	21000	8000
Kaltgewalzte Stahlbänder	DIN 17222	21000	8000
Runder Federstahldraht	DIN 17223	21000	8300
Nichtrostende Stähle	DIN 17224	18000 bis 21000	7300 bis 8000
Warmfeste Stähle	DIN 17225	abhängig von Betriebstemperatur	

[1] Symbolische Federdarstellung DIN 29. [2] Innere, beim Wickeln erzeugte Schub(Vor)-Spannung τ_{i0} kaltgeformter *Zug*federn ist abhängig v. Werkstoff, Drahtdmr., Wickelverhältnis u. -verfahren. Auf Wickelbank hergestellt $\tau_{i0} \approx 0{,}1\,\sigma_B$ bei Wickelverhältnis $w = 4$; bei $w = 12$ ist $\tau_{i0} \approx 0{,}5\,\sigma_B$. Bei Herstellung auf Federwindeautomat vgl. DIN 2089. [3] E-St = Edelstahl; Q-St = Qualitätsstahl * Index i = ideell, d. h. Formfaktor vernachlässigt; Index k, d. h. Formfaktor berücksichtigt

Federart[1] DIN	Werkstoff DIN	Halbzeug DIN	Feder-Herstellung	Ertragbare Oberspannung kp/mm²				Gestaltfestigkeit σ_D (τ_D) bzw. Hubfestigkeit σ_{kH} (τ_{kH})* kp/mm²
Biegefedern				σ_O				$\sigma_D = \sigma_m \pm \sigma_A$ bzw. σ_{kH}
Blattfedern Einzelblatt	17221 17222	1544 4620	vgl. Bild 3	vgl. Bild 3				vgl. Bild 3
Blattfedern geschichtet 5541, 11747, 22461, 34021, 34022	17221 17222	1570 4620 4621	vgl. Bild 3	vgl. Bild 3 u. DIN 11747				vgl. Bild 3
Flachformfedern Blattdicke h	17221	1544	Hersteller fragen; evtl. Versuche	h	1	>1–3	>3	Haltbarkeit beim Hersteller erfragen
	17222	4620		σ_O	110	95	80	
Drahtformfedern	17221 17222	2076 2077	Hersteller fragen; evtl. Versuche					Haltbarkeit beim Hersteller erfragen
Schraubenbiegefedern (Spiralfedern) (vgl. Bronzefedern DIN 43801)	17222	1544	Hersteller fragen; evtl. Versuche	h	1	>1–3	>3	Haltbarkeit beim Hersteller erfragen
	Blattdicke h			σ_O	110	95	80	

Tabelle 2 (Fortsetzung)

Gewundene Biegefeder (Schenkelfeder) 2088 Drahtdicke d in mm	17221	2077	warmgeformt	d: 20; 30 σ_O: 85; 80	Haltbarkeit beim Hersteller erfragen
	17223	2076	kaltgeformt	$\sigma_O = 0{,}6\sigma_B$	
Tellerfedern 2092, 2093	17221 17222	1016 1544 59 200		$\sigma_O = 250$ bei $f = 0{,}75h$	$\sigma_H = \sigma_{Sch}$ minus $0{,}5\sigma_u$; Schwellfestigkeit σ_{Sch} vgl. Tab. 3; σ_u aus Federrechnung
Drehfedern				τ_O (τ_{zul})	$\tau_D = \tau_m \pm \tau_A$ bzw. τ_{kH}
Gerade Drehstabfedern 2091 Drahtdicke d in mm	17221	2077	Oberfläche geschliffen	$\tau_O = 70$	d: 20; 30; 40; 50; 60 τ_D: 35 ±20; 35 ±20; 35 ±18; 35 ±14; 35 ±10
			Oberfläche verdichtet	$\tau_O = 70$	d: 20; 30; 40; 50; 60 τ_D: 35 ±30; 35 ±30; 35 ±28; 35 ±24; 35 ±20
Schraubendrehfedern 2089, 2090, 2095, 2096, 2098, 2099	17223	2076	$d \leqq 10$ kaltgeformt	Druckfeder $\tau_{i\,zul}^* = 0{,}5\sigma_B$ Zugfeder[2] $\tau_{i\,zul}^* = 0{,}45\sigma_B$	*Nur Druck*federn vgl. Tab. 4
Drahtdicke d in mm	17221	2077	$d > 17$ warmgeformt	Druckfeder d: 20; 30; 40; 50 $\tau_{i\,zul}$ E-St[3]: 81; 78; 74; 66 $\tau_{i\,zul}$ Q-St[3]: 75; 73; 68; 60 Zugfeder $d \leqq 25$; $\tau_{i\,zul} = 60$	Druckfedern, Oberfläche verdichtet d: 50−13 τ_{kH}: 8−12 warmgewickelt und vergütet τ_{kH}: 20−32 abgedreht, geschliffen, warmgewickelt und vergütet

Drehfedern (Beanspruchung τ_t)

a) Gerade Drehfeder oder **Drehstabfeder** (Berechnung S. 428 und DIN 2091). Befestigung der Federenden mittels Vierkant, Sechskant, Flachkeil oder Kerbverzahnung, DIN 5481; letztere bietet gute Einstellmöglichkeit der Feder besonders bei unterschiedlichen Zähnezahlen beider Köpfe. Wegen der in der Einspannung (Federkopf) auftretenden Spannungsspitzen sollten die Federenden verstärkt ausgeführt werden, DIN 2091. Federnde Länge gleich Abstand von Kopf zu Kopf unter Vernachlässigung der Durchmesseränderung in den Übergängen. Bei wechselnder Belastung empfiehlt sich Oberflächenverdichten durch Drükken, Sandstrahlen oder Stahlkiesfunken; auf vorheriges Schleifen kann in diesen Fällen verzichtet werden. Wichtig ist Überzug mit rostschutzsicherem, elastischem Lack wegen der durch die Verdichtung erhöhten Korrosionsgefahr. Zahlenbeispiel DIN 2091.

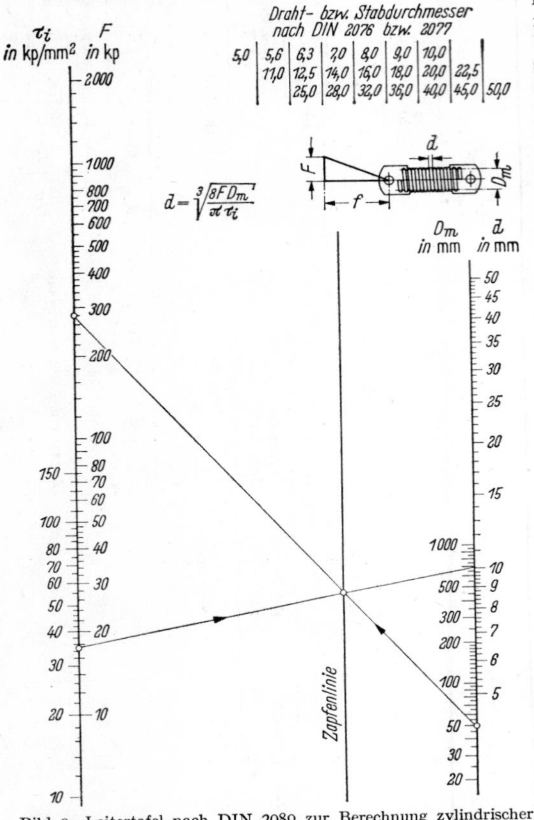

Bild 9. Leitertafel nach DIN 2089 zur Berechnung zylindrischer Schraubenfedern aus Federstahldraht nach DIN 2076 und DIN 2077. Vgl. Beisp. 5 S. 708

b) Zylindrische Schraubendrehfeder aus Rundstahl[1] (Berechnung S. 428/29 u. DIN 2089). Trotz der an sich zusammengesetzten Beanspruchung durch Normalkraft, Schubkraft, Biege- und Drehmoment genügt Rechnung auf Verdrehung. Für ersten Entwurf überschlägliche Ermittlung der Verdrehspannung unter Vernachlässigung des auf S. 428 angegebenen Korrekturfaktors k_1 (in DIN 2089 $k_1 = k$). Bei veränderlicher Belastung Nachrechnung stets unter Berücksichtigung von k_1; da k_1 mit kleiner werdendem Wickelverhältnis D_m/d stark steigt, sollte D_m/d stets $\geqq 4$ gewählt werden. Faktor k_2 kann prak-

[1] *Lehr, E.:* Schwingungen in Ventilfedern. VDI-Z. 77 (1933) 457/62. — *Linke, J.:* Die dynamische Belastung von zyl. Schraubenfedern. VDI-Z. 99 (1957) Nr. 12 S. 526/31. — *Schade, H.:* Beitrag zur Berechnung zyl. Schraubenfedern. VDI-Z. 98 (1956) Nr. 4 S. 131/32. — *Franke, R.:* Die Berechnung von zyl. Schraubenfedern mit bestimmter Schwingungszeit. Konstruktion 12 (1960) Nr. 9 S. 364/68. — *Strier, F.*, u. *W. Schaarwächter:* Fragen der Dauerfestigkeit bei kaltgeformten Schraubendruckfedern. Draht 16 (1965) Nr. 4 S. 169/77. — *Wanker, K.:* Beitrag zur Berechnung v. zyl. Schraubendruckfedern mit gekrümmter Kennlinie. Ebenda Nr. 11 S. 781/88. — *Schick, W.:* Stoßwellen in Schraubenfedern. VDI-Z. 109 (1967) Nr. 4 S. 139/44.

tisch vernachlässigt werden, da andere Ungenauigkeiten der Rechnung von weit größerem Einfluß sind. Berechnung nach Leitertafel Bild 9 bzw. DIN 2089.

Schraubendrehfedern können als Zug- und als Druckfedern ausgebildet werden.

α) *Druckfedern.* Fertigung abhängig vom Draht- oder Stabdmr. d.

$d \leqq 10$ mm: Kaltformung, DIN 2095, 2098.

$d = 10$ bis 17 mm: Kalt- oder Warmformung je nach Höhe der Beanspruchung, Werkstoff und Verwendung. DIN 2095 oder 2096. Rücksprache mit Hersteller.

$d \geqq 17$ mm: Warmformung, DIN 2096.

Windungen dürfen sich auch bei Oberlast nicht berühren; Mindestabstand zwischen den federnden Windungen bei Prüflast F_n sowie Blocklänge und Länge der entlasteten Feder abhängig vom Fertigungsverfahren nach DIN 2095 bzw. 2096. Die Federenden sollen auf entgegengesetzten Seiten der Federachse liegen.

Da Belastungsachse nicht immer mit geometrischer Federachse zusammenfällt, kann bei dynamischer Beanspruchung Spannungserhöhung eintreten, vgl. Lit. 4.

Grenzen der Knicksicherheit gibt Diagramm in DIN 2089 an[1]; gegebenenfalls Führungsbolzen nach VDI-Richtlinie 3362 vorsehen. Die Eigenfrequenz (Grundschwingung) einer an beiden Enden geführten Druckfeder, die an einem Ende periodisch in Richtung der Federachse bewegt wird, ist

$$n_e = \frac{1}{2\pi} \frac{d}{i_f D_m^2} \sqrt{\frac{Gg}{2\gamma}}$$

mit Anzahl i_f der federnden Windungen, Gleitmodul G, Fallbeschleunigung g und spez. Gewicht γ.

Beispiel 4: Gesucht Schraubendruckfeder (Stahl mit $G = 8300$ kp/mm²) für Beispiel 1, S. 699. Mittlerer Dmr. $2R = D_m = 50$ mm gegeben. $F_o/F_u = 280/40 = 7$. Somit $\tau_o = 7\tau_u$. Zulässige *Hubfestigkeit* $\tau_{kH} \geqq \tau_o - \tau_u$, gewählt 30 kp/mm². Mit $\tau_o/\tau_u = 7$ ergibt sich $\tau_u = 5$ kp/mm². Zu τ_u gehört die Last $F_u = 40$ kp. Somit $d^3 = 5{,}09 \cdot 25 \cdot 40/5 \approx 1000$ in mm³; $d = 10$ mm. Bestimmung der Anzahl der federnden Windungen $i_f = (f_o - f_u)\, dG/[4\pi R^2(\tau_o - \tau_u)] = 50 \cdot 10 \times 8\,300/(4\pi\ 625 \cdot 30) = 17{,}5$. Spannungskontrolle: $d/D_m = 10/50 = 0{,}2$. $k_1 = 1{,}29$ nach S. 428 bzw. DIN 2089. $\tau_{ko} = 1{,}29 \cdot 280 \cdot 16 \cdot 25/(\pi \cdot 1000) = 46$ in kp/mm²; zulässig. $\tau_{ku} = 46 \times (40/280) = 6{,}57$ in kp/mm². $\tau_{kh} = \tau_{ko} - \tau_{ku} \approx 39$ kp/mm². Dieser Wert dürfte nach DIN 2089 für kaltgeformte Federn bei Oberflächenverdichtung unter Berücksichtigung des Durchmessers noch tragbar sein. Geeignet wäre auch Normfeder 10 × 50 × 335 DIN 2098.

Federsätze. Zur besseren Raumausnutzung können Schraubendruckfedern als Federsätze angeordnet werden. Bild 10. Hierbei (Parallelschaltung, vgl. S. 282, Bild 103 und S. 700) gilt: 1. Gesamtkraft = Summe aller Einzelkräfte, $F = \sum_1^n F$. 2. Bei konstantem Produkt aus Windungszahl und Drahtdurchmesser und gleicher Beanspruchung der Einzelfedern wird $D/2d = \text{const}$. 3. Die Einzelkräfte verhalten sich wie die Quadrate der Drahtdurchmesser. $F_1 : F_2 : \cdots F_n = d_1^2 : d_2^2 : \cdots d_n^2$.

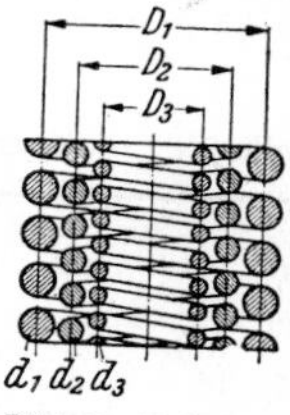

Bild 10. Federsatz

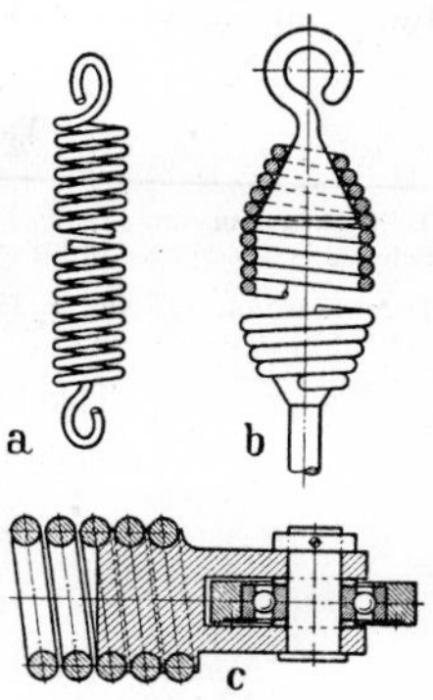

Bild 11. Zugfedern. a Lastösen angebogen; b eingewickelte Ösenstücke; c mit Gewindestopfen (Lit. 4).

β) *Zugfedern.* DIN 2097. Die Federn können gewickelt werden: 1. mit Spiel zwischen den Windungen, 2. ohne Spiel zwischen den Windungen, 3. mit innerer Vorspannkraft F_0. Die letzte Art setzt die Verwendung federharten Drahtes nach DIN 2076 voraus. Die Höhe der Vorspannkraft F_0 ist proportional der Wickelvorspannung; $\tau_{i0} \leqq 0{,}1 \cdot \sigma_B$; Richtwerte vgl. DIN 2089 Bl. 2. Durch die Vorspannung wird Federweg und Baulänge verringert. Bei Federn mit innerer Vorspannung ist in die Gleichung $f = 64\, i r^3 F/(d^4 G)$ (S. 428) mit $r = D_m/2$ anstatt F die Differenz $F - F_0$ einzusetzen. Federenden Bild 11 u.

[1] *de Gruben, K.:* Knicksicherheit u. Querfederung v. Druckfedern. VDI-Z. 86 (1942) 316/17, vgl. Konstruktion 10 (1958) Nr. 6 S. 251. — *Delam, H.:* Zylindr. Schraubenfedern mit Kreisquerschnitt. VDI-Z. 104 (1962) 825/27.

DIN 2097. Zugfedern mit schwingender Belastung vermeiden, weil Spannungsspitzen in den Ösen nicht erfaßbar und Oberflächenverfestigung nicht möglich.

Beispiel 5: Gesucht Schraubenzugfeder mit Kennlinie nach Beispiel 1, aber mit ruhender Last $F_o = 280$ kp. Mit gewähltem $D_m = 50$ mm und $\tau_i = 35$ kp/mm² erhält man aus Bild 9 $d = 10$ mm. Anzahl der federnden Windungen $i_f = \frac{G}{8} \cdot \frac{d^4}{D_m^3} \cdot \frac{f_o}{F_o} = \frac{8300}{8} \cdot \frac{10^4}{50^3} \cdot \frac{58{,}3}{280} \approx 17{,}5$. Durch Ändern von D_m/d und Wiederholen der Rechnung läßt sich Feder dem zur Verfügung stehenden Raum anpassen; vgl. Beispiel 4, S. 707.

c) Zylindrische Schraubendrehfeder aus Vierkantstahl DIN 2090. Nomogramm VDI-Z. Bd. 91 (1949) 259; vgl. *Wolf, A.* in Anm. S. 425. Möglichst vermeiden, da herstellmäßig ungünstiger als Rundstahlfedern. Anwendung nur bei günstiger Raum- (nicht Werkstoff-)Ausnutzung berechtigt.

d) Kegelstumpffeder aus Rundstahl (vgl. S. 428). Schlechte Werkstoffausnutzung, da Beanspruchung mit dem veränderlichen Windungsradius wächst.

e) Kegelstumpffeder aus Vierkantstahl, Pufferfeder. Wegen der sehr groben Rechnungsweise empfiehlt sich stets frühzeitige Fühlungnahme mit Hersteller. Nachteile: Schwierige Vergütung wegen der geringen Zwischenräume zwischen den Windungen. Keine Möglichkeit der Oberflächenverdichtung zur Erhöhung der Dauerfestigkeit. Im allgemeinen nur Verwendung als Pufferfeder zur Aufnahme hoher Kräfte bei kleinen Federwegen. Für Wechselbeanspruchung weniger geeignet.

Auf Zug oder Druck beanspruchte Federn (vgl. S. 429)

(Beanspruchung σ_z; σ_d)

Federn, die reine Zug- oder Druckspannungen aufweisen; sie werden meist aus konischen Ringen gebildet. Da die Spannungen über den Querschnitt der Ringe annähernd gleichmäßig verteilt sind, haben diese Federn eine sehr günstige Werkstoffausnutzung. Infolge der starken Reibung zwischen den Ringen werden $^2/_3$ der aufgenommenen Arbeit in Wärme umgesetzt. Daher Anwendung meist als Pufferfeder. Reibungswinkel bei Belastung $\varrho = 6°$ bis $9°$, bei Entlastung kleiner. Neigungswinkel β stets größer als ϱ wählen, sonst tritt Klemmen ein. Ringbreite $b \approx 20\%$ des Federaußendurchmessers. Ein Blocken der Feder, d. h. Berührung der Innen- oder Außenringe ist auch unter Höchstlast zu vermeiden. Durch Schlitzen der Innenringe läßt sich eine stark *progressive* Wirkung der Feder erzielen, Bild 1.

Tabelle 3. *Tellerfedern: Festigkeitswerte*

Tellerdicke s in mm	0,4—0,5	0,6—0,8	0,9—1,25	1,5—3	≧3,5
Schwellfestigkeit σ_{Sch} in kp/mm²	106	90	85	82	77

Definition von σ_{Sch} vgl. S. 350 u. 525.

Tabelle 4. *Schraubendrehfedern: Festigkeitswerte*[1]

Federstahldraht Drahtsorte C; d in mm; τ in kp/mm
- nicht kugelgestrahlt: $\tau_{kH} \approx 40$ minus $0{,}2\ \tau_{ku}$
- kugelgestrahlt: $\tau_{kH} \approx 50$ minus $0{,}2\ \tau_{ku}$

d	1	2	3	4	5
$\tau_{kO} = \tau_{ku} + \tau_{kH}$	122	108	96	88	82

Vergüteter Federstahldraht Kurzzeichen FD
- nicht kugelgestrahlt: $\tau_{kH} \approx 32$ minus $0{,}2\ \tau_{ku}$
- kugelgestrahlt: $\tau_{kH} \approx 42$ minus $0{,}2\ \tau_{ku}$

d	1	2	3	5
$\tau_{kO} = \tau_{ku} + \tau_{kH}$	92	83	78	73

Vergüteter Ventilfederdraht Kurzzeichen VD
- nicht kugelgestrahlt: $\tau_{kH} \approx 45$ minus $0{,}25\ \tau_{ku}$
- kugelgestrahlt: $\tau_{kH} \approx 58$ minus $0{,}25\ \tau_{ku}$

d	1	2	3	5
$\tau_{kO} = \tau_{ku} + \tau_{kH}$	88	80	74	70

[1] Vgl. Anm. 1 S. 703 u. Anm. * in Tab. 2 S. 704.

Maschinenteile

Bearbeitet von Dipl.-Ing. **Ch. Bouché**, Berlin

Literatur: 1. *ten Bosch, M.:* Berechnung d. Maschinenelemente. 3. Aufl. Berlin: Springer 1953. — 2. *Köhler-Rögnitz:* Maschinenteile Teil 1 u. 2. Stuttgart: Teubner 1965 u. 1966. — 3. *Niemann, G.:* Maschinenelemente Bd. 1, 2. ber. Neudr. Berlin: Springer 1963; Bd. 2, 2. ber. Neudr. Berlin: Springer 1965. — 4. *Rötscher, F.:* Die Maschinenelemente. Berlin: Springer 1927 u. 1929. — 5. *Tochtermann/Bodenstein:* Konstruktionselemente des Maschinenbaues. 8. neubearb. Aufl. Berlin: Springer 1968. — Schriftenreihe Antriebstechnik. Braunschweig: Vieweg & Sohn.

Beim Benutzen des MKS-Systems tritt an Stelle der Krafteinheit kp die Einheit N (Newton); 1 N $\approx$ 0,1 kp. Damit ergeben sich Kräfte und Spannungen mit rund 10fachen Zahlenwerten.

I. Lagerungen

Allgemeines. Die durch Gewicht und Kräfte belastete Welle muß durch Lager getragen werden. Nach der Art der Kraftrichtung unterscheidet man *Querlager* (Radiallager) und *Längslager* (Axiallager), nach der Art der Kraftaufnahme *Gleitlager*, bei denen die Wellenkräfte durch eine Schmierschicht (Ölfilm) auf die Lager weitergeleitet werden (Gleitreibung), und *Wälzlager* mit metallischer Kraftübertragung (Rollreibung). Die Reibungskraft soll möglichst gering sein, eine Abnützung der Gleit- bzw. Wälzflächen verhindert werden und somit ein Dauer-Betriebszustand möglich sein.

A. Gleitlager

Literatur: 1. *Bartel, A.:* Getriebeschmierung. Ingen.-Wissen Bd. 5. Düsseldorf: VDI-Verlag 1962. — 2. *Bowden, F. P.,* u. *D. Tabor:* Reibung und Schmierung fester Körper. Berlin: Springer 1959. — 3. *Drescher, H.:* Zur Berechnung von Axialgleitlagern mit hydrodynamischer Schmierung. Konstruktion 8 (1956) Nr. 3 S. 94/104. — 4. *Gersdorfer, O.:* Axialdruck-Gleitlager. Konstruktion 8 (1956) Nr. 3 S. 87/94. — 5. Ders.: Konstruktion u. Schmierung von Gleitlagern. VDI-Z. 102 (1960) Nr. 24 S. 1129/38. — 6. Ders.: Tragkraft u. Anwendungsbereich von Mehrflächenlagern. Konstruktion 14 (1962) Nr. 5 S. 181/88. — 7. *Holland, J.:* Die Ermittlung der Kenngrößen f. zylindr. Gleitlager. Konstruktion 13 (1961) Nr. 3 S. 100/08. — 8. *Lehmann, R., A. Wiemer* u. *H Endert:* Luftgelagerte Bauelemente im Feingerätebau. Feingerätetechnik 6 (1957) Nr. 7 S. 291/98. — 9. *Leyer, A.:* Theorie des Gleitlagers bei Vollschmierung. Bern: Techn. Rundsch. (1961). Blaue TR-Reihe Nr. 46. — 10. *Milowiz, K.:* Lager und Schmierung. Die Verbrennungsmaschine Bd. 8 Teil 1. Wien: Springer 1962. — 11. *Peeken, A.:* Zustandsschaubild für Gleitlager. Konstruktion 20 (1968) Nr. 5 S. 169/76. — 12. *Vogelpohl, G.:* Betriebssichere Gleitlager, 2. neubearb. Aufl., Bd. 1 Grundlagen u. Rechnungsgang. Berlin: Springer 1967. — 13. Lexikon der Schmierungstechnik. Stuttgart: Franckh 1964. — 14. VDI-Richtlinie 2201. Gestaltung von Lagerungen. Einführung i. d. Wirkungsweise von Gleitlagern. 1958. — 15. VDI Richtlinie 2203. Gestaltung von Lagerungen — Gleitwerkstoffe. 1964. — 16. VDI-Richtlinie 2226: Konstruktion u. Festigkeit. 1965. — 17. VDI-Bericht Nr. 36: Gestaltung von Lagerungen mit Gleit- u. Wälzlagern. 1959; Auszug in Konstruktion 11 (1959) Nr. 2 S. 41/44. — 18. VDI-Bericht Nr. 111: Schmierstoffe im Betrieb. 1966. Auszug in Konstruktion 18 (1966) Nr. 11 S. 462/66. — 19. Forschungsber. d. Landes Nordrhein-Westf. Nr. 1331 (1964) über Untersuchungen an Wälzlagern u. hydrostatischen Lagerungen.

1. Schmierung gleitender Flächen

Beim Gleitlager muß die Zapfengleitfläche durch eine zusammenhängende Schmierschicht von der Lagerfläche getrennt werden. Es sind also am Schmiervorgang unmittelbar beteiligt: Lauffläche des Zapfens, Lauffläche des Lagers und das Schmiermittel. Die tragende Schmierschicht wird gebildet

a) nach beendetem Anlauf durch *Keilflächenwirkung* (hydrodynamische Schmierung; Keillager) oder

b) vor dem Anlauf, während des Betriebs und beim Auslauf durch gesondert angetriebene *Druckpumpe* (hydrostatische Schmierung; Druckkammerlager).

Da die *Reibung* bei b) erheblich geringer als bei a), kann bei mittleren und großen Maschinen Ausführung b) zweckmäßig sein; die hierbei erforderliche Druckpumpe bereitet betrieblich keine Schwierigkeit, vielmehr wird die Gefahr der Mischreibung bei Anlauf und Auslauf, die bei a) besteht, vermieden.

a) Hydrodynamische Schmierung. α) *Querlager* (Radiallager).

Bezeichnungen[1], vgl. Bild 1 u. 2.

D = Dmr. der Bohrung, d = Dmr. des Zapfens; l = Lagerlänge; s = Lagerspiel = $D - d$; $0{,}5s = \Delta$ = halbes Lagerspiel; h_0 = Schmierschichtdicke an der engsten Stelle; ψ = relatives Lagerspiel = $s/d = (D - d)/d$; e = Exzentrizität = $\Delta - h_0$; relative Exzentrizität $\varepsilon = e/\Delta$; $h_0 = \Delta(1 - \varepsilon)$; p_m = mittlerer Flächendruck (mittlerer Lagerdruck) = F/ld; Winkelgeschwindigkeit ω; η = Viskosität des Schmiermittels (dynamische Zähigkeit)*; μ_1 = Zapfenreibungszahl = Zapfenreibungsmoment: $(0{,}5 \cdot Fd)$; So = Sommerfeld-Zahl = $p_m\psi^2/\eta\omega$, dimensionslos, wenn η in kpsec/cm² eingesetzt wird.

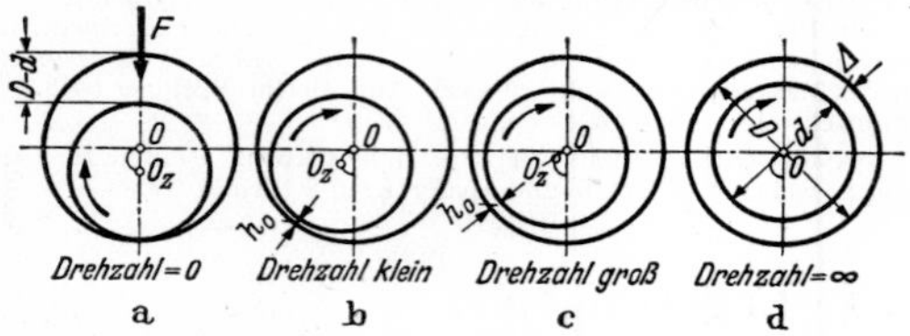

Bild 1. Verlagerung des Zapfens im Lager bei verschieden großen Drehzahlen, F wirkt senkrecht nach unten

$\alpha\alpha$) *Umlaufender Zapfen.* In Ruhelage, Bild 1a, berühren sich die Gleitflächen unmittelbar; trockene Reibung (Ruhereibung, Festkörperreibung). Durch Pumpvorgang wird bei Drehbeginn das Schmiermittel in den „engsten Querschnitt" gepreßt (Schmierkeilwirkung). Bei Zunahme der Drehbewegung beteiligt sich der Schmierstoff am Tragen des Zapfens, bildet aber noch kein zusammenhängendes Schmierpolster: *Mischreibung*, d. h. Kraftaufnahme teils durch Festkörperberührung, teils durch das Schmiermittel (Anlauf- bzw. Auslauf-Zustand). Weitere Zunahme der Bewegung: Ausbildung einer hydrodynamisch tragenden Schmierschicht von der Dicke h_0, Bild 1b; Beginn der reinen *Flüssigkeitsreibung*; der Zapfen *schwimmt*, seine Mitte O_z wandert auf angenähertem Kreisbogen auf Lagermitte O zu und würde diese bei $n = \infty$ erreichen, Bild 1d.

Ölfilmdruck p. Das Öl tritt bei a, Bild 2, ein, wird vom Zapfen mitgenommen und erreicht bei φ_1, kurz vor der engsten Stelle (der Drosselstelle) seinen höchsten Druck p_{max}; Öldruck wird Null hinter h_0, bei φ_2, wobei $\varphi_2 \approx \varphi_1$. Das Anbringen einer Längsnut im *belasteten* Teil der Lagerfläche ist fehlerhaft, weil der *Ölkeil* unterbrochen wird, wodurch Tragfähigkeit vermindert wird. Ungünstig wirken Diagonalnuten: Druckausgleich zwischen Stellen hohen Druckes und solchen niedrigen Druckes. Ölfilmdruck p_{max} ist ein Vielfaches von p_m**.

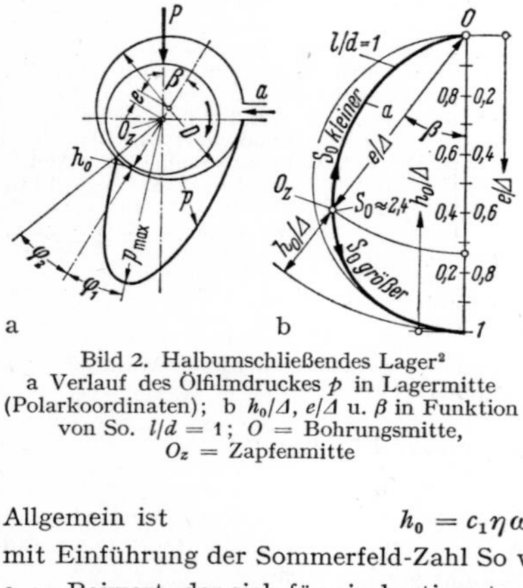

Bild 2. Halbumschließendes Lager[2]
a Verlauf des Ölfilmdruckes p in Lagermitte (Polarkoordinaten); b h_0/Δ, e/Δ u. β in Funktion von So. $l/d = 1$; O = Bohrungsmitte, O_z = Zapfenmitte

Geringste zulässige Schmierschichtdicke h_0. Die Lage des *Zapfen*mittelpunktes O_z, Bild 2a, ist durch den Verlagerungswinkel β und durch die Exzentrizität e gegeben. Zur Aufrechterhaltung der Schwimmreibung muß ein Kleinstmaß von h_0 vorhanden sein.

Allgemein ist
$$h_0 = c_1\eta\omega/(p_m\psi); \tag{1a}$$
mit Einführung der Sommerfeld-Zahl So wird
$$h_0/\psi = c_1/\text{So}. \tag{1b}$$
c_1 = Beiwert, der sich für ein bestimmtes Lager mit der *Lage* von O_z ändert.

[1] Begriffsbestimmungen DIN 50281 (Juli 1967). — Laufversuch an Quergleitlagern (Radiallager) DIN 50280 (Okt. 1954). [2] Bild 2b nach Angaben von *Vogelpohl*, Lit. 12.
* Vgl. S. 298. — Umrechnung von η in kp sec/cm² bzw. °E auf Centipoise (cP) vgl. Tafeln i. Anhang.
** Vgl. Konstruktion 10 (1958) Nr. 9 S. 350/57.

Folgerungen aus Gl. (1) u. Bild 2b: h_0 wird kleiner, wenn F oder ψ größer, ω kleiner oder Zähigkeit η des Schmierstoffs kleiner wird; Maßgebende Einflüsse: 1. Kraftwirkung — gleichbleibend, veränderlich, stoßend; dauernd, unterbrochen. 2. Verformung von Zapfen bzw. Lagerschale infolge Kraftwirkung, Erwärmung. 3. Formgenauigkeit — Oberflächenglätte, Härte. 4. Zähigkeit des Schmierstoffs, abhängig von Temperatur und Druck. 5. Art der Schmierstoffzufuhr. 6. Wärmezustand[1]. Da bei Mineralölen die Zähigkeit außerordentlich stark mit Temperaturzunahme abnimmt, besteht bei wärmer werdendem Lager die Gefahr, daß h_0 zu klein wird, die Schmierschicht durchbrochen wird und Mischreibung auftritt. Zulässige *Kleinstwerte* $h_0 = 2$ bis $10\,\mu$m, meist 3 bis 4 μm (1 μm = 1/1000 mm). Diesen Werten muß Oberflächengüte der Gleitflächen angepaßt sein; Feinstbearbeitung mit geringer Rauhtiefe R_t, vgl. S. 624, dort Beispiel unter 2.

Relatives Lagerspiel ψ. Richtwerte in 10^{-3}:

$$p_m \text{ hoch} \begin{cases} n \text{ hoch} & \psi = 1{,}5 \text{ bis } 2{,}5 \\ n \text{ niedrig} & 0{,}3 \text{ bis } 0{,}6 \end{cases} \qquad p_m \text{ niedrig} \begin{cases} n \text{ hoch} & \psi = 2 \text{ bis } 3 \\ n \text{ niedrig} & 0{,}7 \text{ bis } 1{,}2 \end{cases}$$

ψ ist im allgemeinen unabhängig vom Lagerwerkstoff, jedoch wird häufig wegen unterschiedlicher Wärmedehnung empfohlen: Weißmetall $\psi = 0{,}5$ bis 1, Bleibronze 1 bis 1,5, Aluminiumleg. 2 bis 3, Sintereisen 1,5 bis 2, Kunststoffe 3 bis 4 (Quellneigung, geringe Wärmeleitung).

Einfluß der Sommerfeld-Zahl So auf Lage von O_z auf der Zapfenverlagerungskurve a in Bild 2b. Für So $\approx 2{,}4$ und $l/d = 1$ wird $\beta \approx 37°$ und $h_0/\Delta \approx 0{,}27$ und $e/\Delta \approx 0{,}73$. Dabei ist $h_0/\Delta + e/\Delta = 1$, da nach Bild 1 und 2a $h_0 + e = \Delta$. Wird So größer, so wird h_0/Δ kleiner, und es

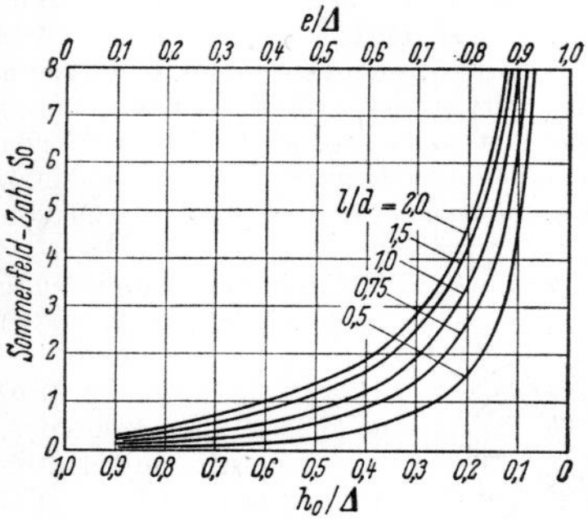

Bild 3

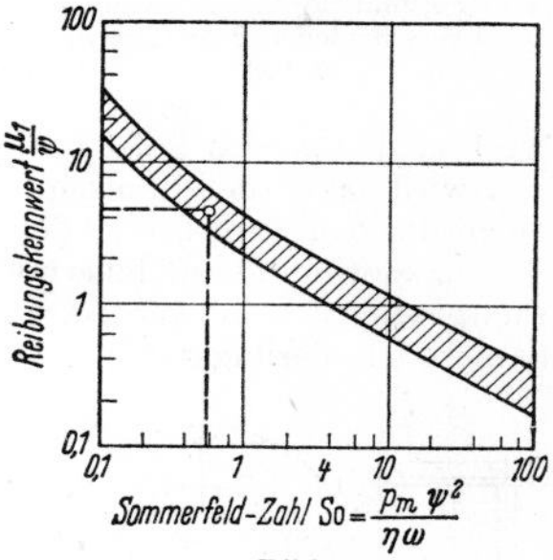

Bild 4

Erfahrungswerte für $\frac{\mu_1}{\psi}$ in Funktion von So

besteht Berührungsgefahr. Für Werte $l/d = 0{,}5$ bis 2 kann aus Bild 3 h_0/Δ und e/Δ entnommen werden.

Rechnung und Versuche zeigen, daß größte Tragfähigkeit, also $F_{\text{mäx}}$ bzw. $p_{m\,\text{mäx}}$, bei $e \approx 0{,}5\Delta \approx 0{,}25 s$ auftritt.

Zapfenreibungszahl μ_1. Erfahrungswerte für μ_1/ψ in Funktion von So vgl. Bild 4. Dem Mittelwert in der Streifendarstellung entspricht $\mu_1/\psi \approx 3/\text{So}$ für So < 1 und $\mu_1/\psi \approx 3/\sqrt{\text{So}}$ für So > 1. Für kleine Werte So wird μ_1/ψ verhältnismäßig groß. Der absolute Betrag von μ_1 ist jedoch von $\eta\omega/(p_m\psi)$ abhängig. Bild 5 zeigt den Verlauf der Zapfenreibungszahl für ein bestimmtes Lager (ψ = const) in Abhängigkeit von ω und p_m. Bei abnehmendem ω kommt der Zapfen bei $\omega_{ü}$ (μ_1 = Minimum) in das Gebiet der Mischreibung: Zustand instabil und gefährlich. Betriebsbereich muß mit Sicherheitsabstand rechts von $\omega_{ü}$ liegen.

Berechnung von $\omega_{ü}$ bzw. der entsprechenden Drehzahl (Übergangsdrehzahl) $n_{ü}$ ist angenähert möglich[2]; $n_{ü} \approx F/(\eta.\text{Vol})$ in U/min; F in kp; η in cP; Vol = Volumen des Zapfens $= \pi d^2 l/4$ in lit. Diese Zahlenwertgleichung gilt für $l/d \approx 0{,}5$ bis 1,5.

Berechnung der Lagerabmessungen. Durch Festigkeitsrechnung ist Zapfendmr. d gegeben. Lagerlänge in den Grenzen $l = 0{,}5d$ bis $1d$, selten $< 0{,}5d$ und in Sonderfällen $> 1d$. Mithin ist $p_m = F/ld$ in engen Grenzen festgelegt. ω ist gegeben. Die Passung wird nach gewünschtem ψ gewählt.

[1] Vorausberechnung der Lagertemperatur unter Berücksichtigung der veränderlichen Ölzähigkeit vgl. Konstruktion 19 (1967) Nr. 5 S. 176/83.

[2] Vgl. *Vogelpohl*, Lit. 12; dort Abschn. Übergangsformel.

Beispiel: Querlager mit $d = 9$ cm, $l = 6{,}5$ cm. $F = 2500$ kp. $n = 2000$ U/min, $\omega \approx 210\ \text{sec}^{-1}$. $\eta = 0{,}22 \cdot 10^{-6}$ kp sec/cm² $= 22$ cP $\approx 3{,}3\,°$E. Demnach ist $l/d \approx 0{,}72$; $p_m = 42{,}8$ kp/cm². Die gewählte Paßtoleranz $H\,7/f\,7$ ergibt Größtspiel von 106 µm und Kleinstspiel von 38 µm, vgl. S. 629. Zu erwarten mittleres Spiel von $\approx 70\ \mu\text{m} = 70 \cdot 10^{-3}$ mm $= s$; $\Delta = s/2 = 35 \cdot 10^{-3}$ mm. Demnach $\psi = s/d = 0{,}78 \cdot 10^{-3}$. Sommerfeld-Zahl $\text{So} = \dfrac{42{,}8 \cdot 0{,}608 \cdot 10^{-6}}{0{,}22 \cdot 10^{-6} \cdot 210} \approx 0{,}56$. Dieser Wert wird in Bild 3 mit der Kurve für $l/d \approx 0{,}75$ zum Schnitt gebracht; demnach $h_0/\Delta \approx 0{,}5$. Da $\Delta = 35 \cdot 10^{-3}$ mm ist, wird $h_0 \approx 0{,}5 \cdot 35 \cdot 10^{-3}$ mm ≈ 17 µm.

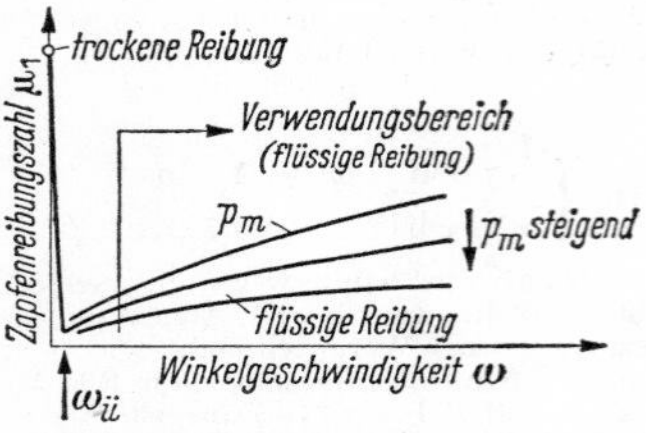

Bild 5. Beziehung zwischen Zapfenreibungszahl μ_1 und Winkelgeschwindigkeit ω bei verschiedenen Belastungen. $\mu_1 = f(\omega, p_m)$

Zapfenreibungszahl μ_1. Aus Bild 4 kann für So $\approx 0{,}56$ abgelesen werden $\mu_1/\psi \approx 4{,}5$. Die obere Begrenzungskurve ergibt ≈ 6 und die untere $\approx 3{,}5$. Aus den mittleren Werten $\mu_1/\psi \approx 4{,}5$ und $\psi \approx 0{,}78 \cdot 10^{-3}$ folgt $\mu_1 \approx 4{,}5 \cdot 0{,}78 \cdot 10^{-3} \approx 3{,}5 \cdot 10^{-3} \approx 0{,}0035$. Für ψ_{max} wird im Mittel $\mu_1 \approx 3 \cdot 10^{-3}$ und für ψ_{min} wird $\mu_1 \approx 6 \cdot 10^{-3}$. Rechenunsicherheit infolge der Streuung in Bild 4 und der Toleranzwerte für ψ.

Die in Bild 2 angenommene Belastungsart entspricht derjenigen bei liegenden Turbomaschinen. Bei Kolbenmaschinen wechselt die Kraft dauernd ihre Größe und Richtung; trotzdem werden auch bei diesen die Lager meist nach den Gesichtspunkten der hydrodynamischen Theorie ausgeführt.

$\beta\beta$) *Schwingender Zapfen,* Fall der Mischreibung; Schmierung erschwert. Das Öl ist den Stellen b, Bild 6, zuzuführen, an denen beim Druckwechsel das größte Spiel auftritt. Öleintritt in der Trennfuge bei a; durch eine Nut c wird das Öl den Längsnuten b zugeführt; bei d sind flache Aussparungen vorgesehen, um den Zapfen reichlich mit Öl zu benetzen. Ausführung vgl. Bild 203, S. 803, Kreuzkopfseite. Dem dauernd *einseitig anliegenden* Zapfen muß das Öl von einer Pumpe zugedrückt werden.

Falls diese Schmierungsart unbefriedigend, dann Abhilfe durch selbstschmierende Lagerschalen, vgl. 4. k) u. l), S. 724.

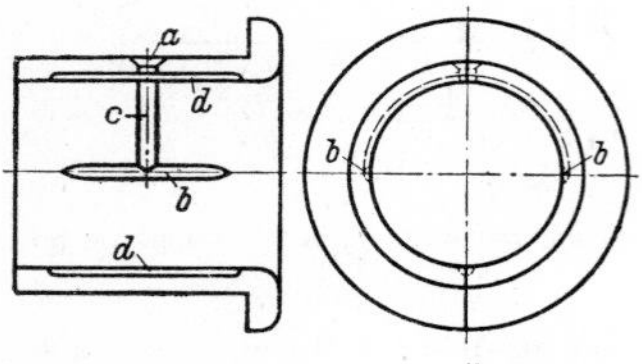

Bild 6 Ölzuführung bei schwingendem Zapfen; Kraftwirkung angenähert waagerecht

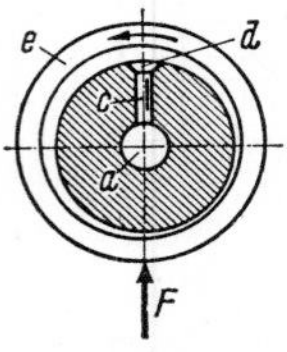

Bild 7 bei stillstehendem Zapfen; Lagerschale läuft um

$\gamma\gamma$) *Stillstehender Zapfen.* Die Lagerschale e, Bild 7, läuft um. Durch die axiale Bohrung a und die radiale Bohrung c wird das Öl der Längsnut d zugeführt.

β) *Längslager* (Axiallager, Stützlager, Spurlager).

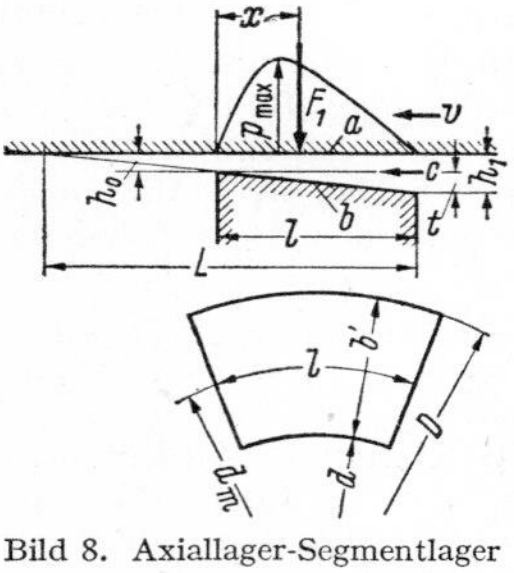

Bild 8. Axiallager-Segmentlager

Bild 8 mit umlaufender Wellenscheibe a und *feststehender* Keilfläche b eines Segments. Öl tritt bei c ein und wird bei h_0 = engstem Schmierspalt gedrosselt. Ölfilmdruck p_{max} vor der engsten Stelle h_0; Belastung F_1 = Reaktionskraft eines Segments im Abstand x vor h_0.

Nach Lit. 4 ist $F = c_1 \cdot v\eta/h_0^2$; $\mu_1 = c_2 \sqrt{v b' \eta / F}$; c_1 und c_2 sind von Lagerabmessungen abhängige Festwerte; v = mittlere Umfangsgeschwindigkeit $= 0{,}5\, d_m \omega$; Erfahrungswerte: $h_0 = 3$ bis 20 µm und darüber; h_0 hängt von Oberflächenglätte und Einbaugenauigkeit ab. Schmierkeiltiefe $t \approx 1{,}2$ bis $2{,}2\,h_0$; erwünscht $t \approx 0{,}5$ bis $1{,}2\,h_0$, falls ausführbar[1]. Verhältnis $l : b' \approx 1$; $x \approx 0{,}42\,l$. In den Gln. für F und μ_1 soll hier nur auf den Einfluß von v, η, h_0 und b' hingewiesen werden.

Arten der Keilflächenausführung. Feststehende Keilflächen a mit *Rastflächen* b, Bild 9a, zum Abstützen der Welle bei Stillstand; für Links- und Rechtslauf spiegel-

[1] *Beispiel:* $h_0 = 20$ µm, $t = 1{,}2\,h_0 = 24$ µm $l = 60$ mm. Neigung $= 1 : 2500$.

bildliche Ausführung der Keilflächen erforderlich. An Stelle der Keilflächen auch *abgesetzte* Gleitflächen, Bild 9b, Staurand *c*. Kippbewegliche Tragklötze, Bild 28, meist nur für eine Drehrichtung.

Kühlung.

Reibungswärme $\Phi_r = \mu_1 F v \cdot 3600/427$ kcal/h (Wärmestrom) geht zum Teil an das durch den Schmierspalt strömende Öl, zum Teil an die benetzten Maschinenteile über und von diesen durch Leitung und Strahlung an die Umgebung; F in kp, v = Zapfenumfangsgeschwindigkeit in m/sec. Ungünstigster Fall: keine Wärmeableitung nach außen; dann gilt $\dot{M} c \Delta t = \Phi_r$; $\dot{M}$ = strömende Ölmenge in kg/h, c = spez. Wärme des Öls ($\approx 0{,}4$ kcal/kg grd), Δt = Temperaturzunahme des Öls in grd. In der Regel muß das Schmieröl rückgekühlt werden, damit η möglichst konstant bleibt.

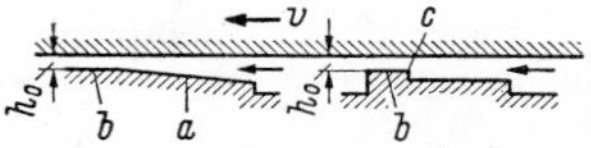

Bild 9
Ausbildungsarten von hydrodynamisch wirkenden Gleitflächen

Aus Gl. für Φ_r folgt: die häufig und auch S. 724 für Zapfenberechnung angegebenen Werte für $(p_m v)$ sind nur ein Bewertungsmaßstab für die Erwärmung; sie sind von Bauart der Maschine abhängig.

b) Hydrostatische Schmierung, Bild 10 bis 13; Flüssigkeitsreibung.

Literatur: 1. *Frössel, W.*: Berechnung axialer Gleitlager mit ebenen Flächen. Konstruktion 13 (1961) Nr. 4 S. 138/48 u. Nr. 5 S. 192/98. — 2. *Lewis, K. G.*: Öldurchfluß u. Belastbarkeit hydrostatischer Lager mit verschiedenen Formen der Öltaschen. Bericht in Konstruktion 19 (1967) Nr. 4 S. 151/52. — 3. *Leyer*, vgl. S. 713, Lit. 9. — 4. *Vogelpohl*, vgl. S. 713, Lit. 12.

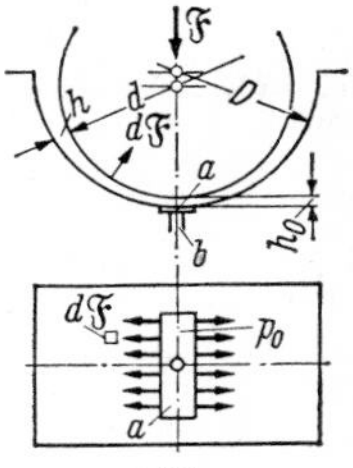

Bild 10

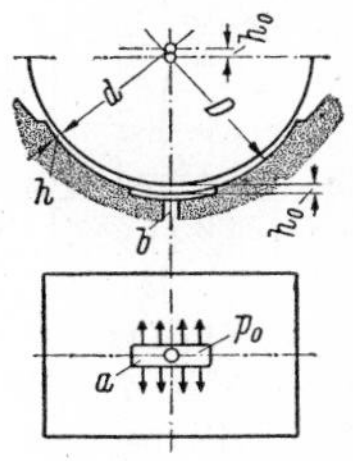

Bild 11

α) *Querlager*[1]. *Halbschale*, Bild 10, bei der Wellenzapfen $d <$ Lagerbohrung D ist. Schale hat unten eine *Längsnut a**, in die Drucköl durch Leitung b eingepreßt wird. Bei senkrechter Wirkung von $\mathfrak{F}$ ist die geringste Spaltweite h_0 (Schmierschichtdicke) an der tiefsten Stelle des Zapfens unmittelbar neben der Längsnut; in Umfangsrichtung wird Spaltweite $h > h_0$, da $d < D$. Hauptströmrichtung des Öls in Pfeilrichtung. Welle wird schwebend vom Ölfilm getragen, wenn $\mathfrak{F} = \sum d\mathfrak{F}$. Sofern Verlauf des Ölfilmdrucks p in Achs- und Umfangsrichtung bekannt ist, kann der erforderliche Öldruck p_0 in der Längsnut berechnet werden. h_0 wird auf Grund der Oberflächenglätte und Betriebssicherheit gewählt.

Halbschale mit $\approx {}^1/_3$ Umfangsauflage, Bild 11, wobei jedoch $d = D$ ist. Ölnut a in Umfangsrichtung.

Es ist $h < h_0$, da $d = D$. Hauptströmungsrichtung des Öls in Richtung der Zapfenachse. Überschlagsrechnung zur Bestimmung des erforderlichen Öldrucks p_0 in der Nut a. Nutfläche sei A_1. Projektion des Laufspiegels abzüglich Nut sei A. Wird angenähert parabolischer Verlauf des Ölfilmdrucks in Achsenrichtung angenommen, so kann gesetzt werden: $F \approx A_1 p_0 + A p_0/2$; $p_0 \approx F/(0{,}5 A + A_1)$; Richtwert $A_1 = 0{,}05$ bis $0{,}2 A$.

Vollschale, Schema Bild 12. Am Wellenumfang sind 6 Stützquellen a vorgesehen; Druckölanschluß bei b; aus dem Ringraum c strömt das Öl durch Drosseln d (Kapillare) den einzelnen Stützquellen a in genau bestimmter Menge zu, damit die Welle in der Schwebelage

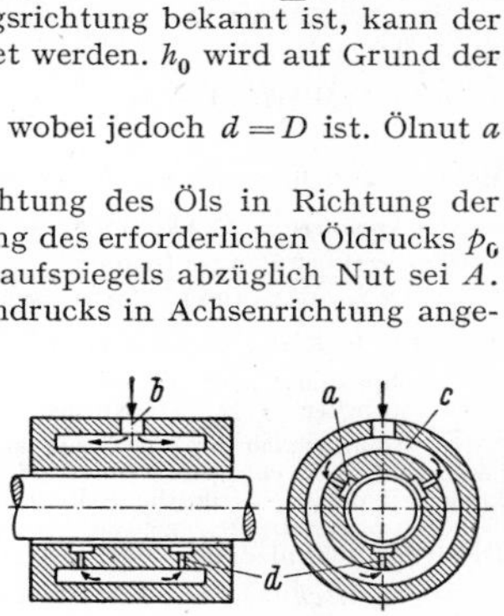

Bild 12

[1] Vgl. *Peeken, H.*: Hydrostatische Querlager. Konstruktion 16 (1964) Nr. 7 S. 266/76. — Ders.: Tragfähigkeit u. Steifigkeit v. Radiallagern mit fremderregtem Tragdruck. Ebendort 18 (1966) Nr. 10 S. 414/20 u. Nr. 11 S. 446/51.

* Das durch die Nut a gebildete Ölpolster wird auch *Stützquelle* genannt.

gehalten wird. Reaktionskraft der Stützquellen muß dem zu tragenden Lastanteil angepaßt sein. Das kann durch Regelung des Förderstroms geschehen, der die einzelnen Drosseln durchströmen soll, oder durch Veränderung der Drosselquerschnitte. Die Drosseln üben stabilisierende Wirkung auf die Lage der Welle aus. Die Öldruckpumpe muß eine vom Öldruck unabhängige Charakteristik haben (Verdrängerbauart).

Hydrostatische Zusatzschmierung für schwerbelastete Wellen beim Anfahren und Stillsetzen angewendet, um Zustand der Misch- bzw. trockenen Reibung zu verhindern.

β) *Längslager.* Bild 13. Senkrechte, sich drehende Welle a wird durch Öldruck p, der zwischen den Kreisringlaufflächen nach außen logarithmisch auf $p_a = 0$ abnimmt, getragen. Druckölzuführung zum feststehenden Lager b bei c.

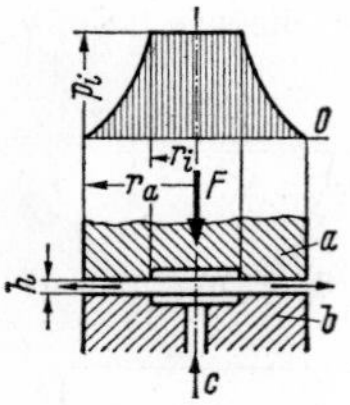

Bild 13

Tragkraft $F = \pi r_i^2 p_i + 2\pi \int_{r_i}^{r_a} p r \, dr$; 1. Glied entspricht Druckwirkung der Kreisfläche πr_i^2; 2. Glied derjenigen der Kreisringfläche $\pi (r_a^2 - r_i^2)$. Es wird

$$F = \frac{\pi}{2} \cdot p_i \frac{r_a^2 - r_i^2}{\ln (r_a/r_i)}. \tag{2}$$

Zwischen erforderlichem Öl-Volumenstrom $\dot{V}$ und Spalthöhe h gilt Beziehung

$$\frac{\dot{V}}{h^3} = \frac{F}{3\eta (r_a^2 - r_i^2)}. \tag{3}$$

Reibungsleistung am Zapfen $P_r = \frac{\pi \eta \omega^2}{2h} (r_a^4 - r_i^4)$; erforderliche theoret. Pumpenleistung $P_p = \dot{V} p_i$. Gesamte aufzuwendende Leistung $P = P_r + P_p$.

Es läßt sich beweisen[1], daß P ein *Minimum* wird, wenn $r_a/r_i = 2$ gewählt Für diesen Fall muß Bedingung erfüllt sein $F h^2/\eta \omega r_a^4 = 2{,}35$, dimensionslose Lagerkennzahl. (4)

Ferner ist dann $P_r = P_p$ und $P = 1{,}25\, h F \omega$. (5)

Beispiel: $F = 31\,700$ kp; $\eta = 0{,}25 \cdot 10^{-6}$ kpsec/cm² [≈ 4°E bei 50°C]; $\omega = 32\,\text{sec}^{-1} \approx$ $\approx n = 300$ U/min; $h = 0{,}0035$ cm $= 3{,}5 \cdot 10^{-3}$ cm $= 35\,\mu$m.

Aus Gl. (4) folgt $r_a^4 = \frac{F h^2}{2{,}35 \cdot \eta \omega} = \frac{31\,700 \cdot 12{,}25 \cdot 10^{-6}}{2{,}35 \cdot 0{,}25 \cdot 10^{-6} \cdot 32} = 20\,700\,\text{cm}^4$;

$\underline{r_a = 12\,\text{cm}}$ und wegen $r_a/r_i = 2$ wird $r_i = 6$ cm. $r_a^2 - r_i^2 = 108\,\text{cm}^2$.

Nach Gl. (2) wird $p_i = \frac{2}{\pi} \cdot \frac{F \ln (r_a/r_i)}{r_a^2 - r_i^2} = \frac{2 \cdot 31\,700 \cdot 0{,}693}{\pi \cdot 108} = \underline{129{,}5}\,\text{kp/cm}^2$.

Aus Gl. (3) folgt $\dot{V} = \frac{h^3 F}{3\eta (r_a^2 - r_i^2)} = \frac{42{,}9 \cdot 10^{-9} \cdot 31\,700}{3 \cdot 0{,}25 \cdot 10^{-6} \cdot 108} = \underline{16{,}7}\,\text{cm}^3/\text{sec}$.

Mithin wird Reibungsleistung am Zapfen $P_r = \frac{\pi \eta \omega^2 (r_a^4 - r_i^4)}{2h} = \frac{\pi \cdot 0{,}25 \cdot 10^{-6} \cdot 1024 \cdot 19440}{2 \cdot 3{,}5 \cdot 10^{-3}} =$ $= 2220$ kpcm/sec $= 22{,}2$ kpm/sec. $=$ ≋ 218 Nm/sec ≋.

Theoretische Pumpenleistung

$$P_p = 16{,}7 \cdot 129{,}5 = 2170\,\text{kpcm/sec} = \underline{21{,}7}\,\text{kpm/sec} = \text{≋ } 213\,\text{Nm/sec ≋}.$$

Somit ist $P_r \approx P_p$. Gesamte Leistung $P = P_r + P_p \approx \underline{44}$ kpm/sec.

Nachprüfung nach Gl. (5) $P = 1{,}25 \cdot h P \omega = 1{,}25 \cdot 3{,}5 \cdot 10^{-6} \cdot 31\,700 \cdot 32 = 4440$ kpcm/sec $= \underline{44{,}4}$ kpm/sec $=$ ≋ 436 Nm/sec $= 436$ Watt ≋.

Bestimmung der Zapfenreibungszahl μ. Reibungsleistung $P_r =$ Reibungsmoment $M_r \times$ Winkelgeschwindigkeit ω. Daraus folgt $M_r = 22{,}2 : 32 \approx 0{,}7$ kpm ≈ 70 kpcm. Angenommener Wirkungshalbmesser r_m für die Reibungskraft F_r sei $r_m = 0{,}5 (r_a + r_i) = 9$ cm; also $F_r = M_r/r_m$ $= 70 : 9 \approx 7{,}8$ kp. Bezogen auf die Belastung F gilt $\mu F = F_r$; $\mu = 7{,}8 : 31\,700 \approx 0{,}25 \cdot 10^{-3}$. Das ist ein sehr niedriger Wert.

γ) *Gleitschuhe.* Die Lauffläche des Gleitschuhes a, Bild 14, besitzt Quernuten d, in die Drucköl über Bohrung b und Längsnut c eintritt. Quernuten d haben bei e schlanke Keilflächen, durch die der Ölfilmdruck erzeugt wird. Scharfe Kanten vermeiden, da durch diese das Öl abgeschabt wird; Quernuten nicht über die volle Breite durchführen, sonst strömt das Öl seitlich ab. Da alle hin- und hergehenden

[1] Vgl. S. 713, Lit. 9, dort S. 14.

Maschinenteile mit stark veränderlicher Geschwindigkeit laufen, schwanken Ölfilmdruck und Tragfähigkeit im Takt der Maschinendrehzahl; daher werden z. B. schwere Kolben vielfach im Hubtakt (vgl. S. 720) mit Drucköl geschmiert.

c) Sonderausführungen. Verwendung von *Gasen* als Schmiermittel[1], wenn bei bestimmten Arbeitsprozessen das Gut durch austretendes Öl verdorben werden kann oder wenn bei Anwesenheit z. B. von O_2 Entzündungsgefahr besteht. Eine vollkommene Abdichtung gegen Öl gibt es kaum. Da Öl bei sehr tiefen Temperaturen erstarrt und sich bei sehr hohen zersetzt, kann in diesen Fällen und bei extrem hohen Drehzahlen hydrostatische Schmierung durch komprimierte Gase, z. B. Luft, CO_2, N_2, zweckmäßig sein. Zu beachten: Zähigkeit der Gase ist um mehrere Zehnerpotenzen kleiner als die von Schmierölen.

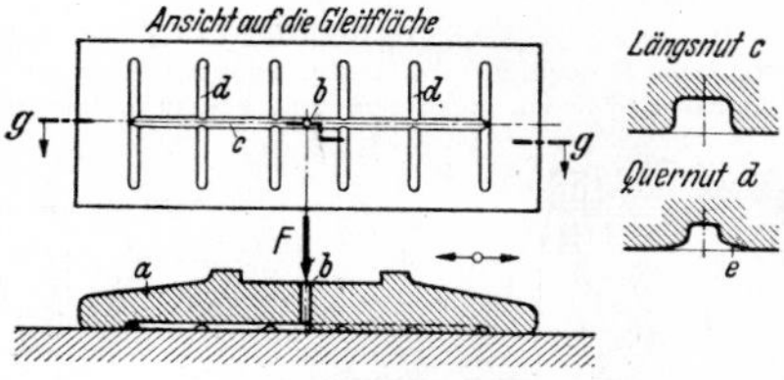

Bild 14. Ölnuten beim Gleitschuh

Hydrodynamische Schmierung kleiner Axiallager ist durch zwei ebene oder gewölbte Spurplatten möglich, wenn deren eine Rillen trägt, die nach einer logarithmischen Spirale[2] geformt sind. Durch die Pumpwirkung der Rillen wird bei richtiger Drehrichtung selbsttätig das Schmieröl von außen nach dem Drehzentrum zu gefördert, wodurch der tragende Öldruck erzeugt wird.

2. Arten der Schmierstoffzuführung[3]

a) Ölschmierung. Das frische Öl sollte den Schmierstellen durch solche Vorrichtungen zugeführt werden, die eine genaue Bemessung der Menge je Schmierstelle erlauben. Verbrauchtes Öl kann in einen Sammelbehälter zur Reinigung und Wiederverwendung fließen; Einzelheiten vgl. Bild 16.

Beim Einlaufen und bei Gefahr der Mischreibung kann kolloidaler Graphit helfen, der dem Schmieröl zugesetzt wird; auch Vorbehandlung der Gleitflächen mit MoS_2, auch als Zusatz zum Schmiermittel.

Untergeordnete Schmierstellen werden nur durch eine Ölkappe (Kugel oder Helm) verschlossen, vgl. DIN 3410. Schmiernippel DIN 3402, 3404.

Ölfilter vgl. Konstruktion 7 (1955) Nr. 4 S. 137/43.

α) *Dochtschmierung.* Ölverbrauch während des Betriebs und Stillstands in der Zeiteinheit stets gleich.

β) *Öltropfapparate* mit sichtbarem Tropfenfall, Bild 15. Das Öl fließt den Schmierstellen durch Schwerkraft zu. Wird oberer Knopf um 90° gedreht, so wird der Stift angehoben; er gibt unten die Öffnung frei; sichtbarer und regelbarer Tropfenfall.

Vereinigung zu einem Zentralschmierapparat: ein Ölbehälter hat so viel Tropfdüsen, wie Stellen zu schmieren sind. Einzelne Leitungen führen das Öl zu den Verbrauchsstellen.

γ) *Ringschmierung.* Ein *lose* auf der Welle hängender Ring taucht unten in einen möglichst großen Ölbehälter ein und führt das anhaftende Öl auf die Welle. Die geförderte Ölmenge steigt mit Wellendrehzahl und Ringdrehzahl, die von der Reibung des Ringes auf der Welle abhängt[4]. Bei niedrigen Drehzahlen folgt der Ring der Welle ohne Schlupf. Statt loser Ringe auch *feste* Ringe, wobei das Öl oben durch einen Abstreifer der äußeren Ringfläche entnommen und einer Verteilungskammer zugeführt wird, von der es der Welle zufließt, Bild 24 u. 25.

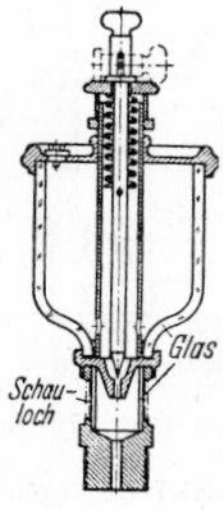

Bild 15. Tropföler mit regelbarem und sichtbarem Tropfenfall

δ) *Umlaufschmierung.* Eine Pumpe, meist eine Zahnradpumpe, saugt das Öl aus dem Ölsumpf des Maschinengehäuses an und drückt es in die Schmierstellen. Das verbrauchte Öl fließt in den Sumpf zurück; es wird nach Filterung und Kühlung durch Wasserrohrschlangen wieder von der Pumpe angesaugt. Öldruckmanometer, Thermometer, Überdruckventil mit Überlauf erforderlich.

---

[1] Vgl. *Loch, E.:* Aerostatische Lager. Konstruktion 19 (1967) Nr. 3 S. 92/97 u. Nr. 4 S. 134/39.
[2] Philips Technische Rundschau 25 (1963/64) Nr. 9 S. 305/12 u. S. 312/20.
[3] Schmieröle u. Schmierfette vgl. Bd. I, S. 619/20. — Schaumbildung des Schmieröls u. ihre Ursachen vgl. Konstruktion 16 (1964) Nr. 11 S. 475/76. — Über Zentralschmieranlagen berichten Lehrtafeln (DIN A4) d. Firma De Limon Fluhme & Co., Düsseldorf.
[4] Ölförderung loser Schmierringe vgl. Kurzbericht in Konstruktion 9 (1957) Nr 2 S. 74.

Diese Schmierart wird bei Maschinen geschlossener Bauart fast stets angewendet. Schema für eine Dampfturbine vgl. Bild 16.

ε) *Gruppen-* oder *Zentralschmierung* mit Öl bzw. Fett durch Hochdruckpumpen vgl. Bild 17.

Unterhalb des Schmiermittelbehälters *a* befinden sich bei *b* zwei mechanisch gegenläufig angetriebene Kolben, die abwechselnd das Schmiermittel durch die Druckleitung *c* zum Umsteuerungsapparat *d* drücken. In diesem sind 3 Steuerkolben und 1 federbelasteter Kolben *e* untergebracht, der unter dem in *c* herrschenden Druck steht. In gezeichneter Lage hat *d* Leitung *c* mit *f* und *g* mit der Rückleitung *h*, die in den Schmiermittelbehälter *a* zurückführt, verbunden. *f* und *g* führen zu den Verteilern *i*, in denen je Auslaßpaar k_1 und k_2 sich ein Steuer- (*l*) und ein Zuteilkolben *m* befinden; sie werden durch das Schmiermittel unmittelbar angetrieben; in gezeichneter Stellung hat Zuteilkolben *m* das Schmiermittel, das sich rechts von ihm befand, gerade durch den Auslaß k_2 zur Schmierstelle *2* gedrückt.

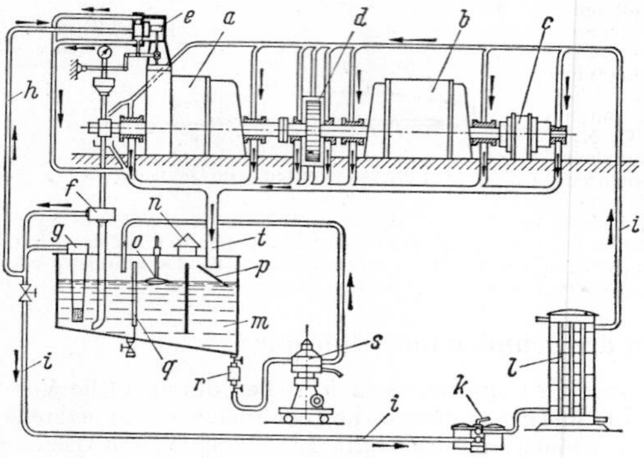

Bild 16 Schema einer Ölumlaufschmierung für eine Dampfturbine[1]
a Turbine; *b* Generator; *c* Erregermaschine; *d* Getriebe; *e* Drehzahlregler; *f* Hauptölpumpe; *g* Hilfsölpumpe; *h* Leitung zum Drehzahlregler; *i* Leitung zu den Lagern; *k* Filter; *l* wassergekühlter Ölkühler; *m* geschlossener Ölbehälter; *n* Entlüftung für *m*; *o* Ölstandszeiger; *p* Leitblech; *q* Ölsieb; *r* Schlammschleuse; *s* Ölseparator; *t* Ölrücklauf

Nach diesem Vorgang steuert *d* um: Leitung *f* wird über *h* zum Behälter *a* hin entlastet. Gleichzeitig wird *g* unter Druck gesetzt und zunächst der Steuerkolben *l* in *i* nach links verschoben und dabei k_2 verschlossen und k_1 mit dem Raum links von *m* verbunden; *m* wird hierauf nach links geschoben und drückt das vor ihm befindliche Schmiermittel durch k_1 zur Schmierstelle *1*. Schmierstellen *1* und *2* werden also abwechselnd beliefert. Beliebig viele Verteiler *i* können parallel an *f* und *g* angeschlossen werden.

Hub des Zuteilkolbens *m* ist zwecks Mengenregulierung von Hand einstellbar; jeder Verteiler hat 2 bis 12 Auslässe, Höchstdruck 400 at.

Die Leitungen von Schmierpumpen, die gegen Druck arbeiten, sind unmittelbar vor der Schmierstelle durch ein Rückschlagventil abzuschließen; es verhindert das Rücktreten von Gas, Dampf usw. in die Ölleitung und ihre Entleerung bei Druckabfall an den Schmierstellen.

ζ) Hubtaktschmierung für Kolben. Das Öl wird durch eine Leitung auf den Umfang des Kolbens zwischen die Ringe gepreßt, wenn dieser in der Nähe der Totlage steht.

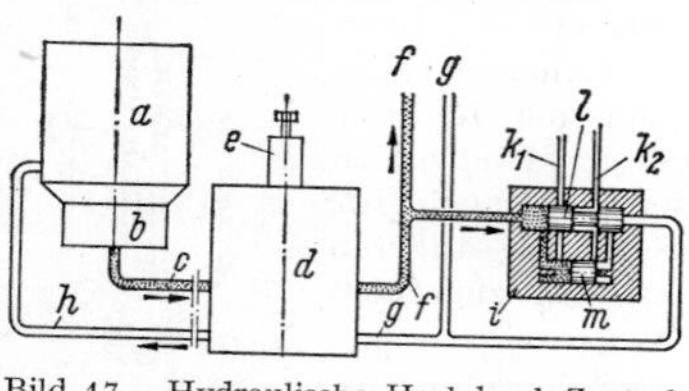

Bild 17. Hydraulische Hochdruck-Zentralschmierung; Zweileitungsschmiersystem (HELIOS-Apparate Wetzel & Schloßhauer GmbH, Heidelberg)

η) *Ölnebelschmierung* zum Besprühen offener oder auch verdeckter Schmierstellen z. B. Zahnräder, Ketten und Führungen; hochtourige Wälzlager. Öl wird zunächst durch Druckluft feinst vernebelt und dann durch Druckluft mittels geeigneter Leitungen zur Verbrauchsstelle geführt, wo sich der Ölnebel durch Prallwirkung verdichtet[2].

b) Fettschmierung[3]. Wird nur da angewendet, wo Ölschmierung nicht möglich oder nicht erforderlich, außerdem bei sehr hohen Drücken und/oder niedrigen Drehzahlen. Das Fett tropft bei Normaltemperatur nicht; es kann unter Umständen das Eintreten von Staub, Schmutz und Wasser verhindern. Schmierwirkung erst beim Erreichen des Fließ- bzw. Tropfpunktes.

---

[1] Nach Konstruktion 16 (1964) Nr. 11 S. 478.
[2] Über Ölnebel-Zentralschmieranlage vgl. Konstruktion 18 (1966) Nr. 6 S. 213/23.
[3] Vgl. *Traeg, F.*: Fettschmierung. Düsseldorf: VDI-Verlag 1957.

Zuführung des Fettes durch

α) Staufferbüchsen oder Fettbüchsen, bei denen das erweichende Fett durch Federn oder Ausdehnung eines Luftpolsters zur Schmierstelle geschoben wird.

β) Hochdruckpressen, die von Hand an die Schmierstellen (Bolzen von Fahrzeugen, Kipphebel usw.) angesetzt werden; bei jedem Hubstoß wird neues Fett hinein- und das verbrauchte herausgedrückt. — Maschinell angetriebene vgl. a ε).

3. Berechnung der Zapfen

a) Stirnzapfen. Berechnung des vollen Zapfens nach Bild 18 auf *Biegung*:

$$M = Fl/2 \leqq W\sigma_{\mathrm{zul}} < 0{,}1\,d^3\sigma_{\mathrm{zul}}.$$

Für den Hohlzapfen mit Dmr. d_a und d_i ist $W = \pi/32 \cdot [(d_a^4 - d_i^4)/d_a]$.

Berechnung auf *Flächenpressung*: $F = pld$.

Einsetzen dieses Wertes F in die Biegegleichung für den vollen Zapfen ergibt

$l/d \leqq \sqrt{0{,}2\sigma_{\mathrm{zul}}/p}$; vgl. Bild 19.

Große Lagerlänge ist wegen der unvermeidlichen Kantenpressung infolge Wellendurchbiegung ungünstig; ausgeführt meist $l/d = 0{,}5$ bis max. 1,0.

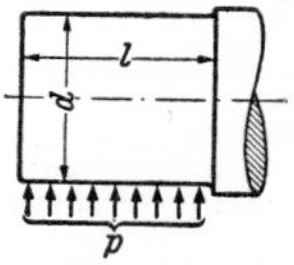

Bild 18

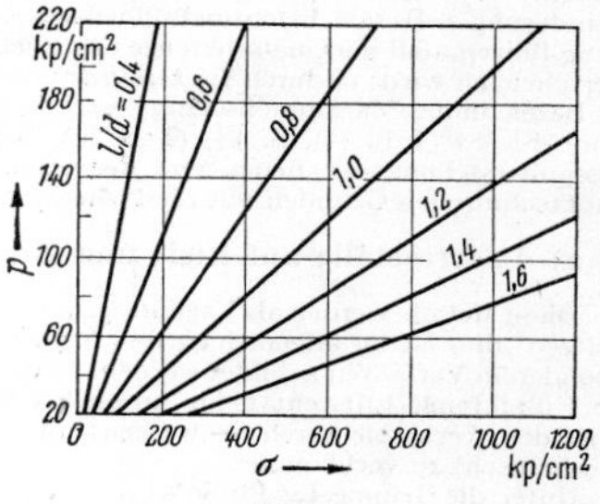

Bild 19

Bei Kolbenmaschinen gebräuchliche Werte (*Mittelwerte*) von p in kp/cm² bezogen auf den Höchstdruck im Zylinder ohne Berücksichtigung der Massenkräfte vgl. Tab.:

Maschinenart	Kreuzkopfzapfen Kolbenbolzen	Kurbelzapfen	Wellenzapfen
Kolbenmaschinen, allgemein	80— 90	70— 80	20—25
Großdieselmaschinen	100—120	90—120	70—100
Kraftwagenmotoren	320	110	80—120

Erwärmung. Die Reibungswärme, vgl. S. 717, muß durch Zapfen, Welle und Lager möglichst schnell abgeführt werden. Bei gekapselten Maschinen mit mehreren Kurbelkröpfungen ist die Wärmeabfuhr durch die Welle begrenzt. Maßgebend für Dauerbetrieb ist höchstzulässige Ölübertemperatur.

b) Halszapfen. Die Abmessungen sind durch die der Welle festgelegt.

c) Kugelzapfen. Verwendung meist nur bei Maschinen mit Kraftwirkung in *einer* Richtung, vgl. Bd. II, Verf. u. Masch. d. Metallbearb. — Vgl. Kugelgelenke S. 685.

d) Stützzapfen. Empfehlenswert hydrostatische Schmierung, vgl. Bild 13, S. 718, oder Segmentlager S. 726, oder Wälzlager S. 730 u. 739. Für untergeordnete Zwecke genügen Laufringe aus Werkzeugstahl DIN 2209.

4. Gleitlagerschalen und ihre Werkstoffe[1]

Allgemeines. *Erwünschte Eigenschaften.* Ausreichende Festigkeit gegenüber den hohen Ölfilmdrücken, gute Haftung an der Stützschale, große Haftkraft zum Schmierstoff, damit bei Anlauf, Auslauf und Kantenpressung kein „Fressen" eintritt, Korrosionsfestigkeit, gute Wärmeleitfähigkeit, kleine Wärmedehnzahl.

[1] *Peitmann, D.:* Kupfer-Gußlegierungen als Lagerwerkstoffe. Konstruktion 20 (1968) Nr. 4 S. 148/53.

Notlaufeigenschaft. Man versteht darunter die Eigenschaft eines Lagermetalls, im Zustand der Mischreibung (vgl. S. 714), hervorgerufen durch Mangel an Schmiermittel, noch eine mehr oder weniger kurze Zeit den Betrieb der Maschine aufrechtzuerhalten. Für Abhilfe muß gesorgt werden. — Der Mangel an Schmierstoff kann entstehen 1. z. B. durch Bruch einer Ölleitung oder durch Leerlaufen der Schmiertaschen, 2. durch übermäßige Erwärmung des Lagers (auch schon durch 1. wahrscheinlich), wobei der Schmierstoff verdampft und sein Rest zusammen mit ausschmelzenden Bestandteilen des Lagermetalls eine Art notdürftiger Schmierschicht bilden kann.

Häufig Ausbildung der Lagerschalen als *Mehrstofflager*, bei denen das Lagermetall in dünner Schicht mit dem Grundmetall metallisch durch Diffusion verbunden ist.

Für hochbelastete Lager werden Mehrschichtengleitlager benutzt, z. B. Stützschale aus Stahl, hierauf Nickelschicht 0,8 bis 1,1 µm, darauf Silberschicht 500 bis 130 µm und als Gleitfläche Blei-Indium-Schicht 30 µm, oder Stützschale aus Stahl, Bronzeausguß z. B. 2,25 mm dick und 1,25 mm dicke Laufschicht (z. B. Lagermetall n. DIN 1703, vgl. a) für ≈ 350 mm Dmr.

Gußeiserne Stützschalen können elektrolytisch mit einer Stahlschicht überzogen werden; bei nachfolgendem Anlassen verbindet sich der Stahl mit dem Gußeisen durch Kohlenstoffdiffusion; die Stahloberfläche läßt sich verzinnen und daher fest mit dem Lagermetall verbinden (Th. Goldschmidt AG, Essen).

Wärmestauchung[1] dünnwandiger Buchsen tritt beim Erwärmen des Lagers ein, wenn die Buchsen eine größere Wärmedehnzahl haben als das Gehäuse, in das sie eingepreßt sind. Die Wärmedehnbehinderung z. B. von Leichtmetallbuchsen durch ein Stahlgehäuse kann zu einer so starken Stauchung führen, daß die Quetschgrenze des Buchsenwerkstoffs bei einer kritischen Betriebstemperatur überschritten wird; dadurch *Lockerwerden* der Buchsen beim Abkühlen des Lagers.

Bezeichnung, Zusammensetzung und Eigenschaften der Lagermetalle vgl. Abschn. Werkstoffkunde S. 581 (Tab. 34), S. 583 (Tab. 36), S. 585 (Tab. 38), S. 595 u. S. 596 (Tab. 48). Dort auch Gegenüberstellung der neuen und der bisherigen Kurzzeichen; im Abschnitt Maschinenteile aus drucktechnischen Gründen nur die bisherigen Kurzzeichen verwendet.

a) Lagermetalle auf Blei- und Zinngrundlage[2]. DIN 1703.

Diese Metalle werden als Lager*ausguß* verwendet; sie müssen gute Lötbarkeit mit der Stützschale besitzen; dies ist im allgemeinen mit Rg, St und GS der Fall; bei GG muß Zwischenschicht nach besonderem Verfahren gebildet werden. Je dünner die Lagermetallschicht, um so geringer die Gefahr der Rißbildung. Entsteht beim Ausgießen keine Legierungszwischenschicht mit der Stützschale, so ist der Werkstoff durch Schwalbenschwanz oder abgeflachtes Spitzgewinde mit der Stützschale (mechanisch) zu verklammern.

Unter die Gruppe Lg Pb-Sn 6 Cd fällt z. B. das *Thermit* (Th. Goldschmidt AG, Essen). Bruchfestigkeit 13 bis 19 kp/mm²; unt. Erweichungspunkt ≈ 245 °C gegenüber Lg Sn 80 mit ≈ 185 °C. Auch im Gebiet der Mischreibung (p hoch, v klein) zeigt Thermit gute Laufeigenschaften. Versuchslager $d = 60$, $l = 40$ mm, Welle St 60, $v = 0{,}5$ m/sec ergab bei $p = 175$ kp/cm² $\mu_1 \approx 0{,}036$; $p = 70$, $\mu_1 \approx 0{,}03$; $p = 50$, $\mu_1 \approx 0{,}026$.

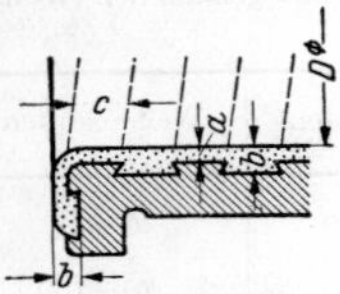

Bild 20. Ausgußdicken von Lagermetall

Ausgußdicken für Lagermetall Thermit (Bild 20) *und Öltaschen* (Bild 21) in Stahlstützschalen

Richtwerte nach Th. Goldschmidt AG. Maße in mm

D	50 bis 75	76 bis 100	101 bis 200	201 bis 300	301 bis 400
a	1,5	2,5	2,5	3	3,5
b	—	3,5	4	4	5
c	—	10	12	14	16
e	8	12	14	16	20
f	20	25	30	35	40

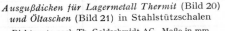

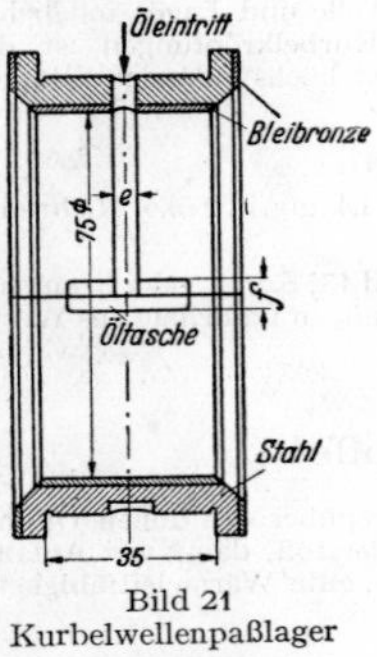

Bild 21 Kurbelwellenpaßlager

b) Guß-Bleibronze und Guß-Zinn-Bleibronze (DIN 1716, Jan. 1963) bestehen aus mind. 60% Cu, Hauptlegierungszusatz Pb, Sn bis 10%, Zusätze Ni bis 2,5%, Zn bis 3%.

Z. B. Wiederholt umschmelzbare TEGO-Bronze (Th. Goldschmidt AG) mit 77,5 bis 79,5 Cu, 10 bis 16 Pb, Rest Sn und Ni auch bei ungünstigen Schmierverhältnissen.

Gute bis sehr gute Gleiteigenschaften; meist auch bestens geeignet als Verbundlager für Kurbelzapfen und Kurbelwellenzapfen von Brennkraftmaschinen, Bild 21. Richtige Gieß- und Kühleinrichtungen und Bearbeitung mit Diamantwerkzeug erforderlich. Richtlinien für Verwendung vgl. DIN 1716.

[1] Zahlenwerte für Wärmeausdehnung und Wärmeleitfähigkeit vgl. S. 600.
[2] Vgl. Glyco-Gleitlager-Handb. Nr. 2. Glyco-Metall-Werke GmbH, Essen.

Stahlstützschalen von geringer Wanddicke (z. B. 2 bis 5 mm bei 80 mm Dmr.) werden im Schleudergußverfahren mit Bleibronze ausgegossen; geringste Bronzedicke fertigbearbeitet 0,2 bis 0,6 mm. Beim Gießvorgang entsteht eine Hartlot-Zwischenschicht von sehr hoher Bindekraft. Verschiedene Sorten z. B.: mittelweich (Brinellhärte 25 bis 32) für umlaufende Zapfen, hart (bis 60) für Schwingzapfen.

c) Zinnbronzen bestehen aus Cu und Sn, auch mit P desoxydiert. Ist P als Legierungsbestandteil vorhanden, dann „Phosphor-Zinnbronze". Genormt *Guß-Zinnbronze* DIN 1705 (Jan. 1963). Für Lagerzwecke fast ausschließlich als *Knetlegierung* (Kupfer-Knetlegierungen, Zinnbronze, Mehrstoff-Zinnbronze DIN 17662, Nov. 1965) verwendet, und zwar meist in Rohrform, nahtlos kalt mit engen Toleranzen gezogen; Bohrung nach dem Einpressen feinstbearbeitet. Fertig bearbeitet: Wanddicke bis 1 mm ausgeführt.

Brinellhärte: Thermisch entspannt $HB \approx 110$ bis 150, hart $HB \approx 150$ bis 200 kp/mm², auch darüber. Die sehr guten Laufeigenschaften (auch bei Schwingbewegung) werden durch besondere Warm- u. Kaltverformung erreicht. Herstellerfirmen u. a. Vereinigte Deutsche Metallwerke AG, Frankfurt (M)-Heddernheim (VDM): Nidabronze; Carobronze GmbH, Berlin 12: Carobronze-Rohre. Buchsen für Gleitlager DIN 1850 (Mai 1959 u. Juni 1962; neue Entwürfe beachten).

d) Rotguß, Rg 7 und GZ-Rg 7 (DIN 1705, Jan. 1963), Cu + Sn $\geqq$ 90%; für mittel- und hochbeanspruchte Lager; gute Notlaufeigenschaft.

e) Kupfer-Knetlegierungen, Sondermessing DIN 17661 (Febr. 1958).

Hieraus besonders bewährt SoMs 58 Al2, z. B. Aeterna VL 22 (VDM). Ferner: Carobühler mit ≈68% Cu (Carobronze GmbH), vgl. Bild 22. Aeterna L 53 auf Cu-Zn-Si-Basis (VDM). SoMs 64 ist geeignet für stoßartige Kräfte bei Schwingbewegung; gute Gleiteigenschaft; große Härte.

f) Aluminiumlegierungen[1] bei geeignetem Zapfenwerkstoff und günstiger Formgebung der Schale hochbelastbar, im Motorenbau bewährt.

Empfindlich gegen Kantenpressung und Ölverunreinigung; meist geringe Notlaufeigenschaft. Schmale Lager bevorzugt.

α) *Heterogene Legierung* mit weicher Grundmasse, ähnlich dem Weißmetall nur als Auflage auf Stützschale, auch aufplattiert auf Stahl.

β) *Homogene Legierung* (Zn 5%, Mg_2Si 0,5 bis 1%) auch als Vollschale.

γ) Harte heterogene Legierung AlSiCuMg.

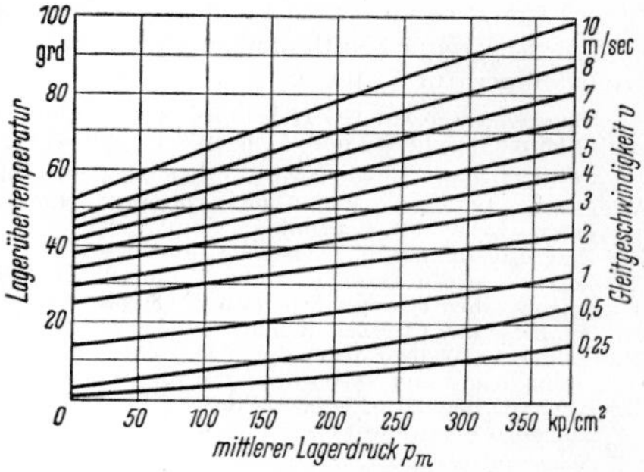

Bild 22. Laufversuch mit Lagerbüchsen aus SoMs 68 (Carobühler). $D = 70$ mm; $l = 34$ mm; $\psi = 1{,}2 \cdot 10^{-3}$; Schmierung: pennsylv. Motorenöl ≈ 12,5°E bei 50°C. Ölzuführungsdruck 1 bis 2 atü. Raumtemperatur 22°C. Welle einsatzgehärtet, geschliffen und poliert

Einteilige Al-Buchsen, die in dickwandige Stahlstützschalen eingepreßt sind, können wegen hoher Wärmedehnzahl lose werden, vgl. S. 722, und verringern das Laufspiel; daher Stahlschalen mit verringerter Wanddicke an den Kanten. ψ_{kalt} (S. 714) ziemlich groß, 2 bis $3 \cdot 10^{-3}$. Vorteilhaft ist die große Wärmeleitfähigkeit.

Sonderausführungen. Auf die Al-Lagerlegierung wird elektrolytisch besondere Laufschicht aus Cadmium oder Bleilegierung aufgebracht.

Nach dem patentierten Al-Fin-Verfahren (Verbundguß) feste *metallische* (molekulare) Bindung zwischen der Al-Legierung und Stahlschale; Wärmedurchgang nicht behindert; vielfach im Motorenbau benutzt.

g) Gerollte Lagerbuchsen vielfach im Kraftfahrzeugbau bei großen Stückzahlen. α) Stahlblechstreifen erhalten an der Lauffläche dünne Gleitlagerschichten z. B. aus Bleibronze. β) Bänder aus Lagermetall z. B. Sondermessing, Kupfer-Knetlegierung, Rg 5 od. Rg 7 mit sehr geringen Wanddicken von z. B. 2 mm bei 40 Dmr.

---

[1] Vgl. Aluminium-Taschenbuch 12. Aufl. Düsseldorf: Aluminium-Verlag 1963.

Die in nichteingebautem Zustand vorhandene geringe Trennfuge schließt sich beim Einpressen; die Pressung zwischen gerollter Buchse und Lochwand gestattet in der Regel das nachträgliche Feinbearbeiten der Lauffläche. Erforderliche Schmiernuten oder Schmiertaschen werden spanlos vor dem Rollen eingedrückt; Taschen können auch mit Graphitschmierpaste gefüllt werden; „graphitierte" Bohrung für Lagerung von Gelenken und Steuerungsteilen.

h) Sintermetall. Metallpulver von bestimmter Korngröße wird unter sehr hohem Druck (bei Eisen bis 10 Mp/cm²) in Formen zusammengepreßt und bis zum Sintern erhitzt. Korngröße, Preßdruck und Preßtemperatur bestimmen die Größe und Verteilung der Poren; Porigkeit beträgt bis zu 30%. Ausgangswerkstoffe: Bronze oder Eisen mit 2 bis 5% Pb. Vielfach Zusatz bis 5 Vol.-% Graphit. Eisenlager stehen den Bronzelagern an Güte nicht nach. Nach dem Sintern in nichtharzendem warmen Öl getränkt. Infolge Belastung und Erwärmung beim Lauf tritt das Öl aus den Poren zur Gleitfläche, beim Stillstand zieht es sich infolge Abkühlung in die Poren zurück. Sehr gute Notlaufeigenschaft; gegen Kantenpressung und stoßartige Beanspruchung empfindlich.

Verwendungsart: Lager aller Art, bei denen selbsttätige, ölsparende und nicht schmutzende Schmierung sowie geräuscharmer Lauf erwünscht. Meist als geschlossene Buchse mit Übermaß mittels besonderem Einpreßdorn in Stützschale eingedrückt, wodurch die Bohrung der Buchse verkleinert wird. Nachträgliche Bearbeitung der Laufbohrung unzweckmäßig. Zulässige Belastungswerte: $p_m v \approx 8$ kp/cm² · m/sec ohne Zusatzschmierung, mit dieser $p_m v \approx 12$ bis 20.

Sonderausführungen. Bei Eisenlagern kann der Graphitzusatz durch den Sinterprozeß z. T. an das Eisen gebunden werden (Eisenkarbid), so daß Zugfestigkeit von 30 kp/mm² und Brinellhärte von 95 kp/mm² erreicht werden.

Poröse Sintereisenlager können mit niedrigschmelzendem Gleitlagermetall gefüllt werden; verhältnismäßig große Festigkeit; keine Tränkung mit Öl möglich.

i) Grauguß als Gleitlagerwerkstoff eignet sich nur für kleine Geschwindigkeiten ($v \leqq 3{,}5$ m/sec) und niedrige Pressungen ($p_m \leqq 8$ kp/cm²). Perlitisches Gefüge erwünscht. Keine Notlaufeigenschaft, empfindlich gegen Kantenpressung, Betriebstemperatur $\leqq 100$ °C.

Verwendet werden: GG-15 bei niedrigen Drücken und GG-25 für die obere Grenze; bei GG-25 muß Bohrung geschliffen und Welle an der Lauffläche gehärtet sein.

k) Kunststoffe[1,2]. Sie werden meist verwendet als eingepreßte Lagerbuchsen von geringer Wanddicke ($^1/_{20}$ bis $^1/_{10}$ vom Dmr.). Duroplastische mit Füllstoffen (z. B. Baumwollgewebe) oder thermoplastische, z. B. Polyamide.

Betriebsverhalten. Quellneigung bei Wasser-, Öl- und Fettaufnahme. Vorbehandlung durch Tränken in warmem Öl vielfach üblich; danach sofort Einbau. Schrumpfung besonders in dem bei Lagern möglichen Temperaturbereich von 80 bis 90 °C. Starke Wärmedehnung. Sehr geringe Wärmeleitung. Diese vier Eigenschaften machen das voraussichtliche Verhalten im Betrieb unübersichtlich. Blockieren des Wellenzapfens durch Festschrumpfen der Lagerbüchse möglich. Notlaufeigenschaft gut, wenn Kunststoff ausreichend mit Öl vorgetränkt. $l/d = 0{,}5$ bis 1. Wellenzapfen gehärtet, beste Oberflächenglätte. $\psi \approx 50 \cdot 10^{-3}$.

Zulässige Belastungswerte; $p_m v \approx 5$ bis 10 kp/cm² · m/sec je nach Wärmeableitung.

Sonderausführungen. α) Folienlager. Kunststoff-Folien bis 0,35 mm Dicke werden in Stahl- oder Leichtmetallbuchsen mit aushärtbarem Kunststoff eingeklebt. Auch Polymerisationsharz in flüssiger Form in Metallbuchse nach Art eines Lacküberzuges aufgetragen und ausgehärtet.

β) Mehrschichtlager. Auf die Bohrungsfläche einer verkupferten Stahlschale wird z. B. Bronzepulver aufgesintert und diese porige Schicht mit dem Kunststoff Teflon nach besonderem Verfahren getränkt[3]. Laufschicht ist ≈25 μm dick. Auch Teflon mit Bleizusatz. Ferner Polymethylenoxid mit Phosphor-Zusatz, wobei die Lauffläche ≈0,2 mm dick sein kann; in diese können zur Fettaufnahme Vertiefungen eingedrückt werden. Tränkung auch mit Gemisch aus Teflon, Graphit, Bleioxid u. a. Auch als Buchse aus dünnem Streifenmaterial gerollt; Trockenlager, wenn p_m und v niedrig.

l) Kunstkohle für besondere Betriebsbedingungen: wenn Schmierung nicht möglich oder unerwünscht; metallangreifende Medien; Temperaturen sehr hoch (Ölzersetzung), sehr niedrig (Ölerstarrung); Geräuscharmut. Meist wird elektrographitierte Kohle verwendet, für Sonderzwecke metall- oder kunstharzgetränkte oder kunstharzgebundene. Zapfenlauffläche gehärtet und feinstbearbeitet. Zusätzliche Schmierung mit Öl nur bei niedrigen Temperaturen zulässig, mit Fett unzulässig. Zulässige Belastungswerte: Kohle ungetränkt $p_m v \approx 12$ kp/cm² · m/sec; metallgetränkte ≈25 bis 40. Bei Trockenlauf $\psi \approx (3$ bis $5) \cdot 10^{-3}$. Aus Festigkeitsgründen wird oft die einteilige Kohlelaufbuchse in metallische Fassung eingeschrumpft.

---

[1] Arten vgl. S. 611ff. — DIN-Taschenbuch 21 Kunststoffnormen. Beuth-Vertrieb. — VDI 2002: VDI-Richtlinien, Gestaltung und Verwendung von Preßstoff-Gleitlagern, VDI-Verl. 1958. — DIN 7703 Gleitlager aus Phenoplast-Preßstoffen. Vgl. Werkstattstechnik 52 (1962) Nr. 11 S. 587/92.

[2] Wärmeleitfähigkeit ist ≈200mal kleiner als die von Bronze, Wärmeausdehnung ≈10mal größer als die von Stahl od. Grauguß.

[3] *Weber, W.:* Kunststoffgetränkte Gleitlagerbaustoffe. Konstruktion 8 (1956) Nr. 12 S. 507/09. — Belastbarkeit von Polyamid-Gleitlagern vgl. Konstruktion 16 (1964) Nr. 4 S. 121/27.

6 feinkopierte, hydrodynamisch wirksame Keilflächen *b*, denen das Schmieröl aus den Nuten *a* zuströmt; größte Keilflächentiefe 3 bis 50 μm. Rastflächen *c*, *e* und *f* dienen zum Abstützen der senkrechten Welle bei Stillstand und drosseln das abströmende Drucköl. Steile Keilflächen *d* für kurzzeitigen gelegentlichen Rückwärtslauf. Wellenscheibe feinst geläppt[1].

Axiale Belastung: Faustformel F in kp $\approx 0{,}025\,D^2 \cdot \sqrt[3]{n^2 D}$; n = Drehzahl in U/min; D = Scheibenaußendmr. in cm.

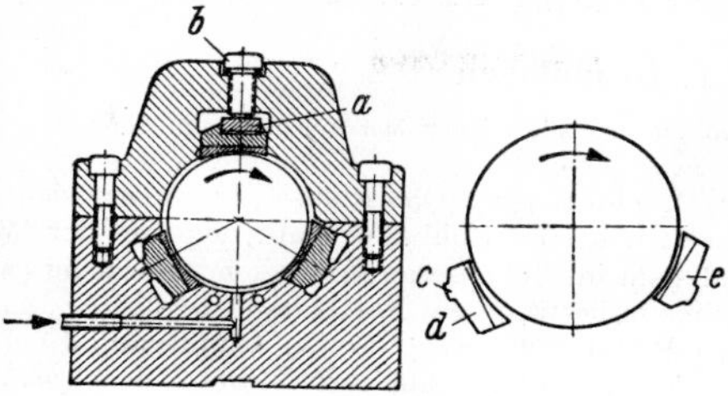

Bild 30. Radial beanspruchtes Segmentlager

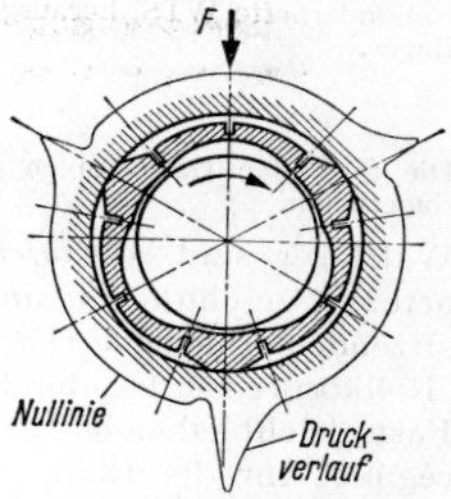

Bild 31. Mackensenlager

γ) *Radial beanspruchtes Segmentlager*, Bild 30, mit drei Druckklötzen, deren oberer durch Feder *a* und Schraube *b* radial angestellt wird; die Klötze übertragen mit ihren balligen, exzentrisch zur Lauffläche liegenden Nasen *c* die von der Welle kommenden Kräfte auf das Gehäuse. Selbsteinstellung der Klötze; „Kippen" von *d* übertrieben dargestellt; *e* in Ruhelage.

d) Sonderausführungen. α) Mackensenlager, Bild 31, für Werkzeugmaschinen zur Feinstbearbeitung, also bei hohen Drehzahlen und geringen Belastungen.

Die einteilige Lagerschale hat drei um 120° versetzte kurze Laufflächen; zwischen diesen liegen Aussparungen, durch die das Öl als Kühlöl gedrückt wird. Durch die kurzen Laufflächen wird die Reibung im Vergleich zu einer den Zapfen voll umschließenden zylindrischen Buchse verringert und dadurch auch die Erwärmung herabgesetzt. Die neun Längsschlitze am Umfang der außen kegeligen Buchse gestatten, diese radial auf das gewünschte Lagerspiel einzustellen, z. B. ≈0,001 mm bei 50 mm Bohrung, entsprechend $\psi \approx 0{,}02 \cdot 10^{-3}$.

Der radial aufgetragene Druckverlauf zeigt drei Druckspitzen an den Laufstellen; die größte liegt gegenüber der äußeren Kraft F.

β) MGF-Lager[2] (*Mehrgleitflächenlager*), Bild 32, mit 4 gleichmäßig verteilten Schmiernuten *c* und 4 schlanken Schmierspalten *d*. Beachte $R > r$; gleich gut geeignet für sehr niedrige wie für sehr hohe Drehzahlen bei entsprechender Schmierölauswahl. $\mathfrak{F} = \sum (\mathfrak{F}_1$ bis $\mathfrak{F}_4)$, wobei sich $\mathfrak{F}_1$ bis $\mathfrak{F}_4$ aus der Schmierkeilwirkung ergeben.

e) Einzelheiten. Bei einzelstehenden Lagern erhalten die Schalen *Dichtungsrillen* mit Filz- oder Fettabdichtung gegen Ölverlust und Staubeindringen. Nicht gedichtete Rillen erhalten *unten* eine Bohrung, durch die das Öl in den Vorratsraum des Lagerkörpers zurücktritt, *oben* eine Bohrung für den notwendigen Luftzutritt. Weitere Abdichtung: Labyrinthrillen, Spritzringe (federnd mit Klemmung auf der Welle), Lippen- od. Zungendichtungen, Bild 251 und 252, S. 821.

Geteilte Lagerschalen erhalten zum *Nachstellen* Beilagen aus Messing- oder Stahlblech, vgl. Bild 26 und 27.

Sicherung gegen Drehung und Verschiebung der Schalen im Gehäuse durch Bunde bzw. Paßstifte.

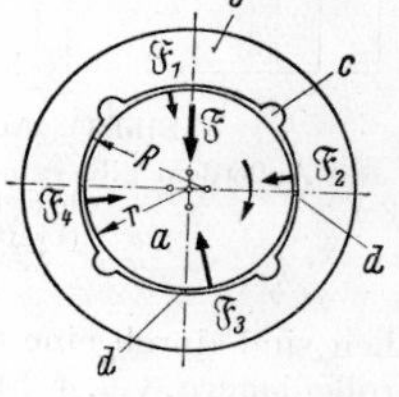

Bild 32. MGF-Lager

[1] Derartige Lager mit stufenförmigem Schmierspalt (Staurandlager) vgl. Konstruktion 17 (1965) Nr. 9 S. 341/49 u. Nr. 10 S. 393/402.

[2] *Frössel, W.:* Berechnung v. Gleitlagern mit radialen Gleitflächen. Konstruktion 14 (1962) Nr. 5 S. 169/80. — *Gersdorfer:* S. 713, Lit. 6. — Ausführung auch mit Lagerspiel-Einstellung: Gleitlager-Gesellschaft mbH, Göttingen.

B. Wälzlager

Literatur: 1. *Eschmann, P.:* Das Leistungsvermögen der Wälzlager. Berlin: Springer 1964. — 2. *Eschmann, Hasbargen, Weigand:* Die Wälzlagerpraxis. München: Oldenbourg 1953. — 3. *Hampp, W.:* Wälzlagerungen. Berlin: Springer 1968. — 4. *Jürgensmeyer, W.:* Gestaltung von Wälzlagerungen. Konstruktionsbücher 4. 2. Aufl. bearb. von *v. Bezold, H.* Berlin: Springer 1953. — 5. *Palmgren, A.:* Grundlagen der Wälzlagertechnik. 3. Aufl. Stuttgart: Franckh 1964. — 6. Zeitschrift Wälzlagertechnik herausg. v. Kugelfischer Georg Schäfer & Co., Schweinfurt; insbesondere Publ.-Nr. 00200: Die Gestaltung von Wälzlagerungen. — 7. Wälzlagertechn. Mitteilungen, WTM bzw. Wälzlagertechn. Sonderhefte WTS, herausg. v. SKF Kugellagerfabriken, Schweinfurt. — 8. Normenheft 4: Wälzlager.

1. Grundlagen

Die folgenden Darlegungen gelten für den allgemeinen Maschinenbau; für Sonderfälle vgl. Wälzlagerlisten.

Wälzlager sind *einbaufertige* Maschinenteile. Die Rollkörper wälzen sich auf gehärteten, geschliffenen und meist polierten Rollbahnen ab: dem auf der Welle festsitzenden Innenring (IR) und dem im Gehäuse angeordneten Außenring (AR). Die Rollkörper werden durch Käfige in bestimmtem Abstand gehalten.

Fast gleichbleibender, geringer Reibungswiderstand beim Anfahren und bei der Bewegung; für die Rollkörper *rollende* Reibung auf ihren Rollbahnen; *gleitende* Reibung der Rollkörper an ihren Führungselementen, z. B. bei bestimmten Arten von Rollenlagern an den Borden, ferner an den Käfigen und berührenden Dichtungen. Gleitende Reibung soll gering sein, sonst Erwärmung und vorzeitige Abnutzung. Die auf den Lager-Bohrungshalbmesser $d/2$ bezogene Reibungszahl μ kann bei Wälzlagern zwischen 0,0008 und 0,0025 liegen.[1] Geringe Wartung, geringer Schmiermittelverbrauch. Kein Einschaben, kein Einlaufen wie beim Gleitlager. Instandsetzung: Bei Zerstörung der Wälzlager sind in der Regel nur diese gegen neue auszuwechseln; Erneuerung oder Nacharbeiten der Welle wie beim Gleitlager nur dann erforderlich, wenn sie z. B. durch Wandern des Innenrings beschädigt ist. Auch Verwendung bei Walzwerken, Steinbrechern, Kohlenstaubmühlen, Schienenfahrzeugen. Höchste Drehzahl bis ≈ 80000 U/min, für Sonderzwecke noch höher. Zulässige höchste Drehzahlen vgl. S. 735. Werkstoffe vgl. S. 570.

2. Benennung und Kennzeichen

Erläutert für Radiallager, für andere Lager vgl. DIN 616

Außenmaße (Einbaumaße: Bohrung d, Außendmr. D, Breite B und Kantenabstand r) sind in *Maßplänen* festgelegt, vgl. DIN 616 (März 1965); Benennung der Teile DIN 612 Bl. 1, Neuausg. i. Vorb.; Zusammensetzung der Kurzzeichen DIN 623. Jeder Lager-Bohrung d ist je nach Bauart und erforderlicher Tragfähigkeit ein bestimmter Außendmr. D und eine Breite B zugeordnet, vgl. Maßplan S. 731 und Bild 33. — Wälzlager-Übersicht DIN 611.

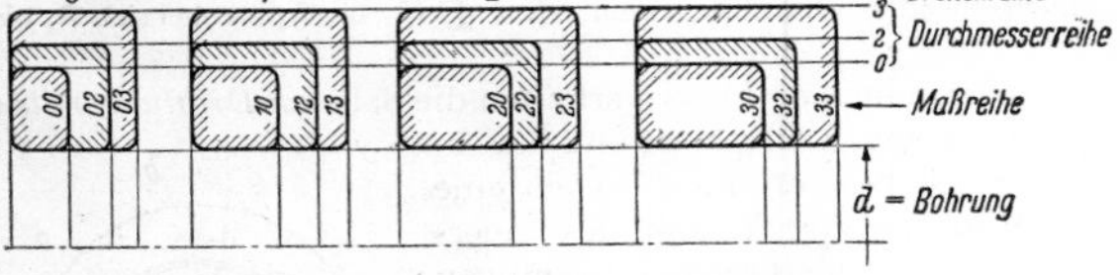

Bild 33. Aufbau der Maßpläne für Radiallager.
Außerdem gibt es noch die (kleineren) Durchmesserreihen 8 u. 9, die (schmalere) Breitenreihe 8 und die (breiteren) Breitenreihen 4, 5, u. 6

Die verschiedenen Lagerbauformen und Lagerreihen sind durch eine Gruppe von Ziffern und Buchstaben (diese nur bei Zylinderrollenlagern, vgl. 4. h) gekennzeichnet; mit Abstand folgt das Kennzeichen für die Bohrung; dieses ist eine zweistellige Zahl, die für $d = 20$ bis 480 mm gleich $d/5$ ist, auch für Zylinderrollenlager[2].

[1] Über Reibungsverluste in axial belasteten Wälzlagern vgl. Konstruktion 18 (1966) Nr. 7 S. 269/73.

[2] Die genormten Lagerbezeichnungen entsprechen nicht in allen Fällen diesem System.

Die *Endziffer* einer 2ziffrigen Lagerreihe gibt die *Durchmesserreihe* an; die beiden Endziffern einer 3ziffrigen Lagerreihe weisen auf die Maßreihe hin.

Lagerreihe ↘ ↙ Bohrungskennzeichen

Beispiel: Kurzzeichen 62 04 bedeutet *Rillenkugellager* nach DIN 625. In DIN 611 ist angegeben: Lagerreihe 62, Durchmesserreihe 2, Maßreihe 02; Bohrung $d = 5 \cdot 04 = 20$ mm. Nach Maßplan, vgl. Zahlentafel S. 731, ist für Durchmesserreihe 2 und $d = 20$ der Außendmr. $D = 47$ mm und für Maßreihe 02 ist $B = 14$ mm.

Bei *Zylinderrollenlagern* steht immer der Buchstabe N an erster Stelle; dann folgt als Formbezeichnung der Buchstabe U (Außenborde), J (Stützring) und P (Stützring und Bordscheibe). Zylinderrollenlager mit Innenborden erhalten kein Formzeichen.

Bei *Sonderformen* folgen den Bohrungskennzeichen noch Kurzzeichen, z. B. K für kegelige Bohrung (Kegel 1 : 12). Kegelige Bohrung ergibt wegen der kegeligen Zapfen einen guten Wellenübergang. In Verbindung mit Abzieh- oder Spannhülsen leichter Ein- und Ausbau. — Weitere Kurzzeichen für Abdichtung, Käfigbauarten, Lagerluft, Toleranzklassen u. a. m.

3. Kugellager

Die folgenden Buchstaben a) bis k) beziehen sich auf die *Übersicht* S. 730.

a) Rillenkugellager DIN 625 nehmen auch verhältnismäßig große Axialkräfte ohne Schaden auf. Bei hohen Drehzahlen besser zum Übertragen von Axialkräften geeignet als Axial-Rillenkugellager, DIN 711 u. 715.

b) Einreihige Schrägkugellager DIN 628, axial höher belastbar als a); paarweise eingebaut und gegeneinander angestellt, in ⟩⟨ oder ⟨ ⟩ Form (vgl. Lit. 1); Wärmedehnung von Welle bzw. Gehäuse beachten. 2 Ausführungsarten: selbsthaltend (nicht zerlegbar) und Innenring abnehmbar.

c) Zweireihige Schrägkugellager DIN 628, nehmen außer den Radialkräften noch zusätzlich wechselnd wirkende Axialkräfte gut auf; für Einbau von Kegelrädern (Bild 52) geeignet; haben im Anlieferungszustand sehr geringes axiales und radiales Spiel.

d) Schulterkugellager DIN 615. Käfig hält die Kugeln auf dem Innenring. Außenring mit *einer* Schulter kann abgenommen werden; nur für kleine Wellendurchmesser üblich; Apparatebau, kleine elektrische Geräte usw. Drehzahl bis ≈ 80000 U/min.

e) Pendelkugellager DIN 630. Außenring-Rollbahn kugelig; für *Selbsteinstellung* der Wellen bei Landmaschinen, Holzbearbeitungsmaschinen, Transmissionen u. a. Geringere Tragfähigkeit als a); auch mit kegeliger Bohrung. Sonderausführung für Landmaschinen mit breiterem Innenring oder Klemmhülse.

f) Axial-Rillenkugellager, einseitig wirkend, DIN 711. Fliehkräfte der Kugeln müssen von den Laufbahnrillen aufgenommen werden; daher Drehzahl begrenzt. Verwendung, wenn große Axialkräfte von Lagern nach a) nicht ertragen werden können.

g) Axial-Rillenkugellager, zweiseitig wirkend, DIN 715, für wechselseitig wirkende Axialkräfte. Eigenschaften wie bei f).

4. Rollenlager

h) Zylinderrollenlager DIN 5412, für hohe Radialbelastung; zerlegbar. 5 verschiedene Formen[1].

Außenbord: Form U mit *Tragring*, vgl. h in Übersicht S. 730; nicht für Axialkräfte geeignet, nur Loslager. Form J mit *Stützring*, Bild 34; Form UP mit Stützring und Bordscheibe, Bild 35, statt Bordscheibe auch *Winkelring* HJ. Formen J, UP und HJ dienen als Führungslager. *Innenbord* mit *Tragring*, Bild 36 (Loslager). — Daneben gibt es noch zweireihige Lager.

---

[1] Werden die zylindrischen Rollen an den Enden schwach ballig ausgeführt, so werden die dort sonst auftretenden Spannungsspitzen abgebaut; dadurch größere Belastbarkeit, vgl. S. 437.

i) Pendelrollenlager, DIN 635, für Selbsteinstellen der Wellen; geeignet für schwere Radialbelastung und auch größere Axialkräfte; Ausführung auch ohne feste Borde am Innenring (Mitte und außen), dafür loser formschlüssiger mittlerer Führungsring.

k) Kegelrollenlager, DIN 720. Die Komponente der Axialkraft drückt die Kegelrollen mit ihrer größeren Endfläche gegen den größeren Bord des Innenrings.

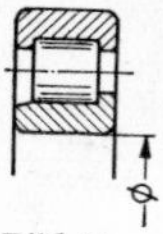

Bild 34

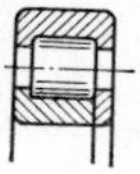

Bild 35

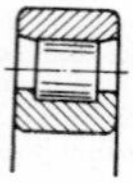

Bild 36

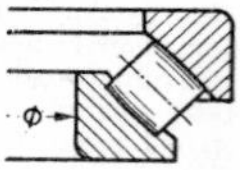

Bild 37

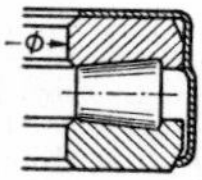

Bild 38

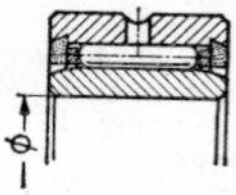

Bild 39

Übersicht über die gebräuchlichsten Wälzlager

Benennung	Lager-reihe	Bohrung d	MR[1]	Bild DIN	Benennung	Lager-reihe	Bohrung d	MR[1]	Bild DIN
a Rillen-kugellager	60 62* 63 64 160	10—200 10—200 10—170 17— 90 15—200	10 02 03 04 00	 625	f Axial-Rillen-kugellager, einseitig wirk.	511 512 513 514	10— 90 10— 90 25—200 25—180	11 12 13 14	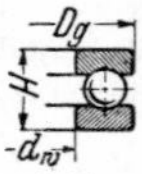 711
b Schräg-kugellager einreihig	72 73	10—110 10—110	02 03	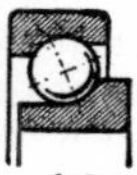 628	g Axial-Rillen-kugellager, zweiseitig wirkend	522 523 524	10—220 20—170 15— 80	22 23 24	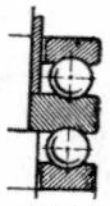 715
c Schräg-kugellager zweireihig	32 33	10—110 15—110	32 33	 628	h Zylinder-rollenlager mit Außen-borden, zerlegbar	NU 10* NU 2* NU 3* NU 4 NU 22* NU 23	50—260 17—260 20—200 30—150 25—150 25—180	10 02 03 04 22 23	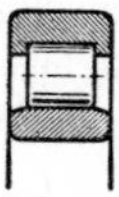 5412
d Schulter-kugellager, zerlegbar	E L BO M	3— 20 17— 30 15, 17 20	— — — —	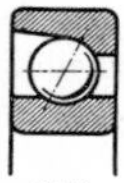 615	i Pendel-rollenlager[2] zweireihig	230* 231* 222* 223* 232* 213*	120—500 110—500 80—320 40—280 90—500 20—110	30 31 22 23 32 03	 635 Bl. 2
e Pendel-kugellager	12* 13* 22* 23*	10—110 10— 95 10— 95 15—110	02 03 22 23	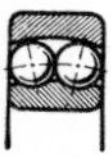 630	k Kegel-rollenlager, zerlegbar	302 303 322 323 313	17—150 15—120 30—120 15—120 25— 70	02 03 22 23 13	 720

* Bedeutet: auch mit kegeliger Bohrung; Kegel 1 : 12.

[1] Die linke Ziffer der *Maßreihe* MR gibt die *Breite*, die rechte die *Durchmesserreihe* an; Abmessungen vgl. *Maßplan*, S. 731.

[2] Daneben gibt es einreihige Pendelrollenlager, DIN 635 Bl. 1.

Maßplan für Außenmaße zur „*Übersicht über die gebräuchlichsten Wälzlager*", S. 730 DIN 616 (März 1965). Auszug. Maße in mm

Radiallager

	Durchmesserreihe 0					Durchmesserreihe 2					Durchmesserreihe 3				Durchmesserreihe 4			Nadellager		
		Breitenreihe					Breitenreihe					Breitenreihe				Breitenreihe		DIN 617 (Sept. 1959) Reihe NU 49		
		0	1	2	3		0	1	2	3		0	1	3		0	2			
		Maßreihe					Maßreihe					Maßreihe				Maßreihe				
		00	10	20	30		02	12	22	32		03	23	33		04	24			
d	D	B				D	B				D	B			D	B		d	D	B
20	42	8	12	14	16	47	14	—	18	20,6	52	15	21	22,2	72	19	33	10	22	13
25	47	8	12	14	16	52	15	—	18	20,6	62	17	24	25,4	80	21	36	12	24	13
30	55	9	13	16	19	62	16	—	20	23,8	72	19	27	30,2	90	23	40	15	28	13
35	62	9	14	17	20	72	17	—	23	27,0	80	21	31	34,9	100	25	43	17	30	13
40	68	9	15	18	21	80	18	—	23	30,2	90	23	33	36,5	110	27	46	20	37	17
45	75	10	16	19	23	85	19	—	23	30,2	100	25	36	39,7	120	29	50	22	39	17
50	80	10	16	19	23	90	20	—	23	30,2	110	27	40	44,4	130	31	53	25	42	17
55	90	11	18	22	26	100	21	—	25	33,3	120	29	43	49,2	140	33	57	28	45	17
60	95	11	18	22	26	110	22	—	28	36,5	130	31	46	54,0	150	35	60	30	47	17
65	100	11	18	22	26	120	23	—	31	38,1	140	33	48	58,7	160	37	64	32	52	20
70	110	13	20	24	30	125	24	—	31	39,7	150	35	51	63,5	180	42	74	35	55	20
75	115	13	20	24	30	130	25	—	31	41,3	160	37	55	68,3	190	45	77	40	62	22
80	125	14	22	27	34	140	26	—	33	44,4	170	39	58	68,3	200	48	80	45	68	22
85	130	14	22	27	34	150	28	—	36	49,2	180	41	60	73,0	210	52	86	50	72	22
90	140	16	24	30	37	160	30	—	40	52,4	190	43	64	73,0	225	54	90	55	80	25
95	145	16	24	30	37	170	32	—	43	55,6	200	45	67	77,8	240	55	95	60	85	25
100	150	16	24	30	37	180	34	—	46	60,3	215	47	73	82,6	250	58	98	65	90	25
105	160	18	26	33	41	190	36	—	50	65,1	225	49	77	87,3	260	60	100	70	100	30
110	170	19	28	36	45	200	38	—	53	69,8	240	50	80	92,1	280	65	108	75	105	30
120	180	19	28	36	46	215	40	42	58	76	260	55	86	106	310	72	118	80	110	30
130	200	22	33	42	52	230	40	46	64	80	280	58	93	112	340	78	128	85	120	35
140	210	22	33	42	53	250	42	50	68	88	300	62	102	118	360	82	132	90	125	35
150	225	24	35	45	56	270	45	54	73	96	320	65	108	128	380	85	138	95	130	35
160	240	25	38	48	60	290	48	58	80	104	340	68	114	136	400	88	142	100	140	40
170	260	28	42	54	67	310	52	62	86	110	360	72	120	140	420	92	145	110	150	40
180	280	31	46	60	74	320	52	62	86	112	380	75	126	150	440	95	150	120	165	45
190	290	31	46	60	75	340	55	65	92	120	400	78	132	155	460	98	155	130	180	50
200	310	34	51	66	82	360	58	70	98	128	420	80	138	165	480	102	160	140	190	50

d = Bohrungsdmr.; D = Außendmr.; B = Breite. Durchmesserreihe 1 erst ab d = 100.

Axial-Rillenkugellager, einseitig wirkend

	Dmr.-R. 1		Dmr.-R. 2		Dmr.-R. 3		Dmr.-R. 4	
		HR		HR		HR		HR
		1		1		1		1
		MR		MR		MR		MR
		11		12		13		14
d_w	D_g	H	D_g	H	D_g	H	D_g	H
20	35	10	40	14	47	18	—	—
25	42	11	47	15	52	18	60	24
30	47	11	52	16	60	21	70	28
35	52	12	62	18	68	24	80	32
40	60	13	68	19	78	26	90	36
45	65	14	73	20	85	28	100	39
50	70	14	78	22	95	31	110	43
55	78	16	90	25	105	35	120	48
60	85	17	95	26	110	35	130	51
65	90	18	100	27	115	36	140	56
70	95	18	105	27	125	40	150	60
75	100	19	110	27	135	44	160	65
80	105	19	115	28	140	44	170	68
85	110	19	125	31	150	49	180	72
90	120	22	135	35	155	50	190	77
100	135	25	150	38	170	55	210	85
110	145	25	160	38	190	63	230	95
120	155	25	170	39	210	70	250	102
130	170	30	190	45	225	75	270	110
140	180	31	200	46	240	80	280	112
150	190	31	215	50	250	80	300	120
160	200	31	225	51	270	87	320	130
170	215	34	240	55	280	87	340	135
180	225	34	250	56	300	95	360	140
190	240	37	270	62	320	105	380	150
200	250	37	280	62	340	110	400	155

Bedeutung von d_w, D_g und H vgl. f) S. 730. Dmr.-R. bedeutet Durchmesserreihe; HR = Höhenreihe; MR = Maßreihe.

Nur paarweiser Einbau; Einstellen des Lagerspiels möglich. Auf Wärmedehnung von Welle und Gehäuse achten. Sonderausführung: kegelige Laufbahn des Außenringes schwach ballig zum Vermeiden von Kantenpressung.

l) Axial-Pendelrollenlager, DIN 728, Bild 37, für hohe axiale und auch beträchtliche radiale Kräfte: Kranbau (Königstuhl), Drucklager (Schiffsschraube), schwere Schneckengetriebe u. a.

m) Axial-Kegelrollenlager, Bild 38, vollrollig (ohne Käfig), für Lenkschenkellager (Kraftfahrzeuge); von Blechkappe zusammengehalten.

n) Nadellager, Bild 39, DIN 617; $d = 10$ bis 140 mm.

Bauarten. 1. Vollständiges Lager wie Bild 39. 2. Lager wie 1., jedoch ohne Innenring. Nadeln laufen unmittelbar auf Welle mit gehärteter u. geschliffener Oberfläche. 3. Nadelkranz mit Käfig vgl. Bild 54. Nadeln laufen innen auf Welle, außen in Gehäusebohrung. 4. Kombinierte Nadel- und Axialkugellager zur Aufnahme von Radial- und Axialkräften. 5. Axial-Nadellager. Die in Blechkäfigen eingebetteten Nadeln führen bei Drehbewegung auf ebenen Scheiben neben den Roll- auch Gleitbewegungen aus. Geringe Bauhöhe. 6. Nadeln in Flachkäfigen für Geradführungen.

5. Sonderausführungen

a) 3- und 4-Punkt-Kugellager, für Aufnahme von Quer- und Längskräften geeignet. Kinematik[1] beim 3-Punkt-Lager vgl. Bild 40. Innenring *a*, Außenring *b*. Momentan-Drehbewegung der Kugel um Achse 023 ist ω, für Punkt *2* als Vektor dargestellt (vgl. S. 253). ω_r entspricht reiner Rollbewegung, ω_t erzeugt gleitende Bewegung mit „bohrender Reibung". Das gleiche gilt für Punkt *3*; *1* hat nur Rollbewegung. Zwei Lager erforderlich. Beim 4-Punkt-*Scheiben*-Lager, Bild 41, ist Kinematik analog; Anwendung vgl. b). Die 4-Punkt-*Ring*-Lager sind im Aufbau den Rillenkugellagern ähnlich; die jedoch besonders geformten Laufbahnrillen nehmen die Quer- und Längskräfte in vier Punkten auf; Ausführung auch mit geteiltem Innenring, daher größere Kugelzahl.

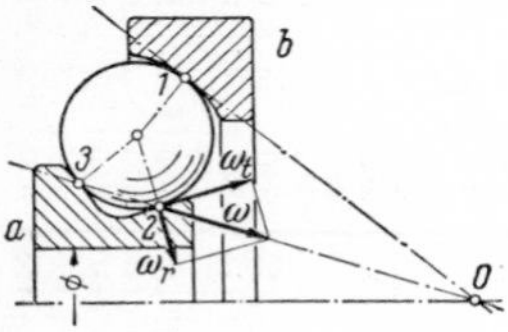

Bild 40
3-Punkt-Kugellager

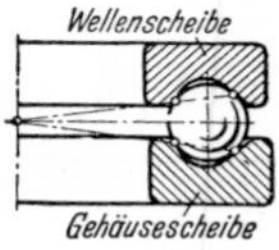

Bild 41
4-Punkt-Kugellager

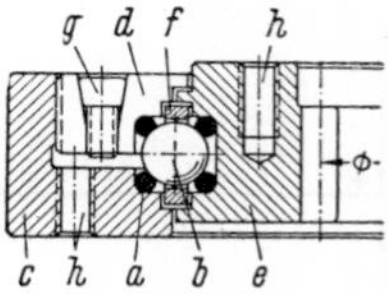

Bild 42. 4-Punkt-Lager.
Franke & Heydrich, Aalen, u. Eisenwerk Rothe Erde GmbH, Dortmund

b) Draht-Kugellager nach Franke[2], Bild 42. Die vier Berührungspunkte werden durch offene Rollbahnringe *a* aus gehärtetem Federstahldraht und Kugeln *b* gebildet. Drähte *a* liegen im Lagerring *c* (Festteil), im Gewindering *d* und in dem mit Innen-Zahnkranz versehenen Drehteil *e*. Kugeln werden durch Käfig *f* oder Zwischenkugeln in Abstand gehalten. Rollbahnen werden durch Einwalzen der Kugeln in die Drähte dadurch erzeugt (Linienberührung), daß bei Montage *d* gegenüber *c* verdreht wird; Sicherungsschraube *g*. Befestigungsschrauben bei *h*. Dmr. 40 bis 4000 mm und größer. (Nach gleichem Prinzip auch Geradführungen.)

Anwendung bei Dreh- und Schwenkbewegungen von Drehkranen u. a.; gleichzeitige Übertragung von Axial- und Radialkräften sowie von wechselseitig wirkenden Momenten in *einem* Lager. Mittenfreiheit durch Fortfall des Königszapfens.

c) Axial-Zylinderrollenlager haben zwischen *ebenen* Kreisring-Laufscheiben kurze Zylinderrollen. Obwohl kein reines Rollen, für bestimmte Verwendungszwecke geeignet. Erhöhte Reibung; Kinematik vgl. Konstruktion 16 (1964) Nr. 6 S. 226/28.

d) Rillenkugellager mit Schutz gegen Fettverlust bzw. Eindringen von Schmutz: mit einer oder zwei Dichtscheiben oder Deckscheiben; auch mit Ringnut im AR. — Ferner Pendelkugellager mit breitem IR z. B. für Landmaschinen.

e) Kugelführungen bei *geradliniger* Bewegung, z. B. im Werkzeugmaschinenbau. Stanzereitechnik AWF 1511. Zylindrischer Stempel soll in Buchse geradegeführt werden; Kugeln liegen

[1] Vgl. Feinwerktechnik 67 (1963) Nr. 3 S. 99/102.
[2] Drahtkugellager vgl. Konstruktion Bd. 6 (1954) Nr. 1 S. 27/30, u. Bd. 9 (1957) Nr. 4 S. 145/47, ferner Technische Rundschau, Bern/Schweiz (1957) Nr. 18 S. 9/13.

schraubenförmig im Käfig (verstemmt) zwischen Stempel und Buchse und drehen sich mit halber Vorschubgeschwindigkeit. Geringste Oberflächenrauhtiefe erforderlich; genaue zylindrische Form. Durch entsprechendes Übermaß von 3 bis 7 μm erhalten Kugeln eine Vorspannung, die sie zum Rollen zwingt. — Einbauelemente für Drahtkugellager-*Geradführungen*: Franke & Heydrich. — Über Kraftwirkungen in diesen vgl. Konstruktion 12 (1960) Nr. 9 S. 353/60 u. 13 (1961) Nr. 7 S. 268/75.

6. Käfige

Sie sollen die Berührung der Rollkörper miteinander verhindern und die durch Geschwindigkeitsänderungen der Rollkörper hervorgerufenen Stöße aufnehmen; sie müssen kräftig sein. Stahlblech, Messing und Leichtmetall; Kunststoffe für geräuscharmen Lauf. Bei normalem Betrieb genügt ein Blechkäfig; bei häufiger Richtungsänderung der Kräfte und stoßartigem Betrieb, Erschütterungen usw. wird Massivkäfig verwendet. Bauarten für höchste Beanspruchungen vgl. WTM 74 (SKF).

7. Belastbarkeit, Lebensdauer, Laufzeit

a) Allgemeines. Ein Wälzlager kann im Betrieb ausfallen, wenn ein Bauteil des Lagers durch Werkstoff-*Ermüdung* unbrauchbar wird. Die Laufzeit bis zu diesem Zeitpunkt kann mit einiger Sicherheit vorausgeschätzt werden (Ermüdungsrechnung vgl. d). Aber schon vorher kann durch *Verschleiß* seiner Bauteile die Führungsaufgabe des Lagers in Frage gestellt sein (Verschleißrechnung vgl. e). So kann z. B. bei einem Radiallager das Radialspiel so groß werden, daß Laufunruhe, Geräuschbildung und Arbeitsungenauigkeit nicht mehr tragbar.

Ursachen des Verschleißes können sein: 1. Abrieb an Rollkörpern und Rollbahnen, der zur Aufrauhung der Rollflächen führt. 2. Korrosion durch ungeeignete Schmiermittel oder Schwitzwasser, das sich bei Temperaturschwankungen bzw. längeren Stillstandszeiten bilden kann. 3. Unzureichende Abdichtung. 4. Erschütterungen bei Stillstand, die zur Riffelbildung und Reib-Oxydation (Passungsrost) führen können (vgl. S. 737, Abs. 10 u. S. 741, Abs. d).

b) Kraftwirkung. α) *Radial-Lager.* Von den beiden Rollbahnen ist die des Innenrings (IR) die gefährdetere, da dort die Anschmiegung an den Rollkörper kleiner ist. Günstige Kraftwirkung auf IR, wenn dieser gegenüber der Belastung umläuft, d. h. IR läuft um, Belastung steht still oder IR steht still und Belastung läuft mit rotierendem Außenring (AR) um (Umfangslast für IR). In diesem Fall ist in Gl. (6) *Umlauffaktor* $V = 1$. Ungünstige Kraftwirkung: IR steht gegenüber Belastung still; es werden stets gleiche Stellen des IR belastet (Punktlast für IR). Dann ist für Lagerbauarten a, b, c, h, i und k (vgl. S. 729/30) $V \approx 1{,}2$; für d und e $V \approx 1$.

β) *Axial-Kugellager.* Bei richtigem Einbau, Rollbahnbahnen parallel und senkrecht zur Drehachse, verteilt sich Axialkraft gleichmäßig auf Rollkörper. *Fliehkraft* drückt, besonders bei hoher Drehzahl, Rollkörper nach außen und bewirkt erhöhte Rollflächenbeanspruchung und kein reines Abrollen; Lager müssen deshalb mit einer bestimmten Axialkraft belastet bzw. vorbelastet sein.

γ) *Mittlere Belastung* F_m. Auf ein Lager wirken in der Regel verschieden große Kräfte $F_1, F_2 \ldots F_z$, die bei verschiedenen Drehzahlen $n_1, n_2 \ldots n_z$ und während verschieden langer Zeiten $t_1, t_2 \ldots t_z$ auftreten. Diese tatsächlich wirkende Belastung muß auf eine gedachte mittlere F_m umgerechnet werden, die in ihrer Wirkung den Betriebsverhältnissen entspricht. $F_m = [(t_1 n_1 F_1^3 + t_2 n_2 F_2^3 + \cdots + t_z n_z F_z^3)/tn]^{1/3}$, wobei $t = t_1 + t_2 \cdots + t_z$ und $n = (t_1 n_1 + t_2 n_2 + \cdots + t_z n_z)/t$ ist. Bei linearer Veränderung von $F_{\min}$ auf $F_{\max}$ wird $F_m \approx (F_{\min} + 2F_{\max})/3$*.

δ) *Dynamisch äquivalente Belastung*[1] F'. Häufig wirken Radialkräfte F_r und Axialkräfte F_a gleichzeitig. Je nach Form der Rollflächen müssen F_r und F_a zur dynamisch äquivalenten Belastung F' zusammengefaßt werden:

$$F' = XVF_r + YF_a. \tag{6}$$

* Eine Rechenunsicherheit besteht darin, daß oft die Größe der Kräfte, Stoßwirkungen und die Wirkungszeiten nicht genügend genau bekannt sind.

[1] In Lagerlisten und Literatur meist mit Buchstaben P, hier jedoch u. i. folgenden in Anlehnung an DIN 1304 (Sept. 1965) mit F' bezeichnet.

Darin sind F_r und F_a die Radial- bzw. Axialkomponenten von F_m; X ist der Radial-, Y der Axial- und V der Umlauffaktor des Lagers. Zahlenwerte für X, Y und V vgl. DIN 622. (auch Entwürfe neuer Beiblätter 1968).

c) Dynamische Tragzahl C, vgl. DIN 622 (Juli 1962). Man unterscheidet dynamische und statische Tragzahl, je nachdem sich das Lager in Bewegung oder in Ruhe befindet. Im folgenden wird nur die dynamische C behandelt; die statische C_0 liegt in der Regel etwas niedriger als die dynamische, sie ist von der Größe der bleibenden Formänderungen bei Stillstand abhängig.

Kurve	Benennung	Lagerreihe
1	Rillenkugellager	60
2	Rillenkugellager	62
3	Rillenkugellager	63
4	Zylinderrollenlager[1]	NU 10
5	Zylinderrollenlager[1]	NU 2
6	Zylinderrollenlager[1]	NU 3
7	Nadellager	NU 49

Beachte den Unterschied der Begriffe dynamisch äquivalente Belastung F' und dynamische Tragzahl C. F' ist die Umrechnung der Wirkung der äußeren Kräfte F in Funktion von Größe, Drehzahl, Wirkungszeit und Rollflächenform auf das Lager; C ist eine Funktion vom inneren Aufbau des Lagers; Werte für C vgl. Lagerlisten und als Auszug daraus Bild 43. Einheiten für F' und C sind kp bzw Mp.

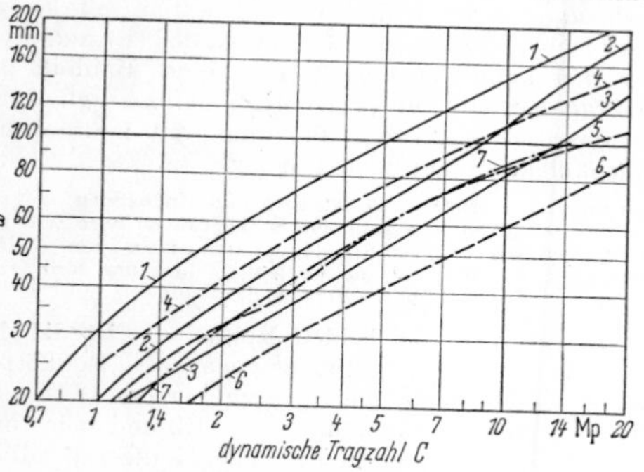

Bild 43. Belastbarkeit von Radiallagern

d) Nominelle Lebensdauer L (Ermüdungsrechnung). Großzahlversuche haben die Beziehung ergeben $L = (C/F')^\varepsilon$ in 10^6 Umdrehungen; Exponent $\varepsilon = 3$ für Kugel-, $= 10/3$ für Rollenlager. Der Zusatz nominell soll zum Ausdruck bringen, daß wahrscheinlich 90% einer genügend großen Menge (Kollektiv) offensichtlich gleicher Lager diese Lebensdauer L erreichen werden, während 10% vorher durch Werkstoff*ermüdung* ausfallen können. Ein überwiegender Teil des Kollektivs wird sogar ein Mehrfaches von L erreichen. Quotient C/F' heißt *Tragsicherheit*.

Soll die nominelle Lebensdauer in Betriebsstunden (Index h) * angegeben werden, so gilt

$$L_h = \frac{10^6 L}{60 n} = \frac{10^6}{60 n} \cdot \left(\frac{C}{F'}\right)^\varepsilon \quad \text{und} \quad \frac{C}{F'} = (60 \cdot 10^{-6} n L_h)^{1/\varepsilon} \tag{7}$$

Beispiel 1: Für ein Rillenkugellager wird bei $n = 2000$ U/min und $L_h = 30000$ Stunden wegen $\varepsilon = 3$ $C/F' = \sqrt[3]{3600} \approx 15{,}3$. Aus Bild 43, Kurve 2 Rillenkugellager 6212 (Bohrungsdmr. $d = 5 \cdot 12 = 60$ mm) wird abgelesen $C \approx 4000$ kp; F' muß also $\leqq 4000 : 15{,}3 \leqq 260$ kp sein. Wird dieser Wert z. B. nur um 5% überschritten, dann wird L_h bereits um 16% gesenkt.

e) Laufzeit L_v. Der Verschleiß der Lagerteile kann zur *Spielvergrößerung* Δ_v führen. Diese kann so groß werden, daß eine einwandfreie Führung nicht mehr besteht. Dadurch wird Laufzeit L_v des Lagers begrenzt (Verschleißrechnung, n. Lit. 1).

In der Regel muß jedes Radiallager in eingebautem und betriebsarmem Zustand ein bestimmtes Radialspiel (Betriebsspiel) besitzen. Das Radialspiel im Anlieferungszustand ist größer; es wird durch Dehnung des IR und Stauchung des AR bereits beim Einbau auf das Einbauspiel und meist noch durch Erwärmung im Betrieb weiter verringert. Erfahrungswerte für das optimale Betriebsspiel[1] e_0 in Funktion der Lagerbohrung d vgl. Bild 44. Für $d = 60$ mm wäre demnach $e_0 \approx 7{,}2\,\mu$m

---

* Richtwerte für Lebensdauer-Betriebsstunden bei verschiedensten Maschinengattungen in Lit. 2, dort S. 143/46.

[1] Vgl. Konstruktion 12 (1960) Nr. 8 S. 322/25.

anzunehmen, während das Radialspiel eines Rillenkugellagers normaler Fertigung im Anlieferungszustand etwa 14 bis 33 µm beträgt. Daneben gibt es Fertigungsklassen, die kleineres bzw. größeres Anlieferungsspiel als bei normaler Fertigung besitzen, vgl. DIN 620 Blatt 4. Man setzt die noch *zulässige* Spielvergrößerung $\Delta_v = f_v \cdot e_0$ in µm; f_v = Verschleißfaktor, dimensionslos.

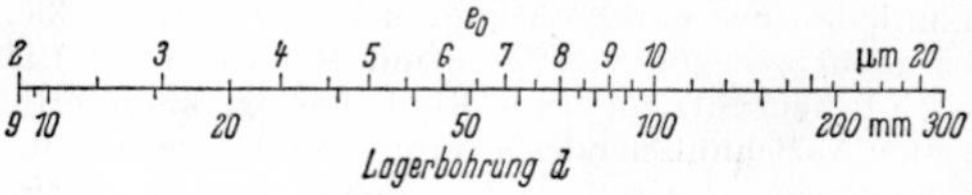

Bild 44

Großzahluntersuchungen ergaben den Zusammenhang zwischen f_v und den *Laufzeiten* L_v in Betriebsstunden der verschiedensten Maschinengattungen, vgl. Bild 45. In das Feld a sind Maschinen einzuordnen, die unter sehr guten Umweltbedingungen (gute Wartung, keine Verschmutzung, keine größeren Temperaturunterschiede u. a.) laufen; das Feld k gilt für sehr ungünstige Betriebsbedingungen (Kraftfahrzeuggetriebe, Landmaschinen u. a.). Aus Tabelle ist die Einordnung der Maschinengattungen in die Felder a bis k zu ersehen.

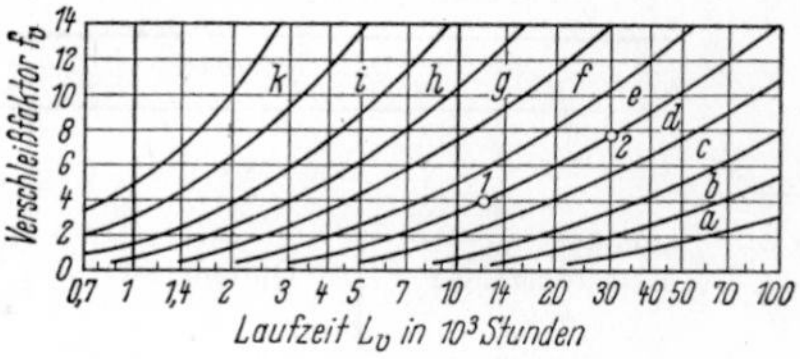

Bild 45

Beispiel 2. Das in Beispiel 1 genannte Rillenkugellager 6212 sei in einem Zahnradgetriebe mittlerer Leistung eingebaut. Es werde durch eine dynamisch äquivalente Belastung $F' = 260$ kp bei $n = 2000$ belastet. Die wahrscheinlich erreichbare Ermüdungs-Lebensdauer war mit $L_h = 30000$ Stunden angenommen.

Verschleißrechnung. In Tabelle sind für diese Einbauart angegeben: Verschleißfaktor $f_v = 3$ bis 8 und Felder d bis e. Wegen der verhältnismäßig hohen Drehzahl und der Forderung nach geringer Laufunruhe wird $f_v = 4$ gewählt. Dem entspricht nach Bild 45 eine Verschleiß-Laufzeit $L_v = 8000$ bis 20000, im Mittel 12000 Stunden, Punkt *1*.

L_v ist also kleiner als L_h und daher maßgebend. Für Betriebs-Laufzeit von 30000 ergibt sich ein erhöhter Verschleißfaktor $f_{v2} \approx 8$, Punkt *2*. In diesem Fall wird Radial-Spielvergrößerung $\Delta_{v2} = f_{v2} \cdot e_0$; e_0 war oben mit $\approx 7{,}2$ µm angegeben; also $\Delta_{v2} \approx 58$ µm, während für Punkt *1* $\Delta_{v1} \approx 29$ µm wird. Erhöhte Laufzeit ist mit Spielvergrößerung und deren Folgen verbunden.

Kennzeichnung der Maschinengattungen† *Verschleißfaktor* f_v

Maschinengattung	Kennzeichnung der Felder	Verschleißfaktor f_v
Kleine Getriebe	e–g	3– 8*
Mittlere Getriebe	d–e	3– 8*
Schaltgetriebe in Kraftfahrzeugen	i–>k	3–10**
Schaltgetriebe	1–k	5–10**
Ventilatoren	d–f	3– 5
Kreiselpumpen	d–f	3– 5
Förderseilscheiben	c–d	8–12
Dreh-, Fräs- und Bohrmaschinen	a–b	0,5– 1,5
Schleifmaschinen	c–d	bis 0,5
Elektromotoren klein	e–g	3– 5***
mittel	d–e	3– 5
groß	c–d	3– 5
Reisezugwagen	c–d	8–12

† Nach *Eschmann*, S. 728 Lit. 1.
* Die niedrigeren Werte für schnellaufende Getriebe sowie für spiralverzahnte Räder, für Stirnrädergetriebe die höheren Werte.
** Die niedrigeren Werte für höhere Ansprüche an Geräuscharmut.
*** Bei automatischer Spielregelung.

f) Obere Drehzahlgrenze[1] wird durch die Zentrifugalkräfte der Rollkörper, Laufgenauigkeit, Art der Schmierung und Wärmeableitung bestimmt. Richtwerte: Lagerart a, b, d, e und h (S. 730 $n \leqq 4{,}5 \cdot 10^5/a$; Lagerart c, i und k $n \leqq 3{,}2 \cdot 10^5/a$; Lagerart f $n \leqq 1{,}4 \cdot 10^5/a$; $a = D - 10$ bzw. $a = D_g - 10$. D = Außendmr., D_g = Gehäusescheibendmr. in mm. Bei Lagern mit erhöhter Laufgenauigkeit (eingeengte Toleranzen) liegt obere Drehzahlgrenze erheblich höher.

[1] Vgl. *Burckhardt, M.*: Zur Konstruktion u. Berechnung raschlaufender Wälzlager. Konstruktion 14 (1962) Nr. 12 S. 469/80.

8. Passungen für den Einbau[1]

Feste Passungen geben den Rollbahnringen die sicherste Unterstützung. Bei *Punktlast* können die Passungen lose, bei *Umfangslast* müssen sie fest sein, da die Laufbahnringe unter Wirkung der Kräfte zu wandern suchen. Insbesondere kann bei nicht zerlegbaren Lagern mit Rücksicht auf Ein- und Ausbau die Forderung nach festem Sitz für beide Rollbahnringe kaum erfüllt werden. Unter Umständen helfen Abziehhülsen oder Spannhülsen. Durch strammen Sitz der Ringe wird Radialspiel verringert. Große und stoßartige Belastung erfordert festere Passungen.

Konstruktions- und Fertigungsgrundsätze: Gehäuse formsteif (ungünstig sind dünnwandige Gehäuse und Hohlwellen); Paßflächen formgenau mit großem Traganteil (vgl. S. 624) und ausreichende Oberflächenhärte.

Passungsauswahl für einige meist benutzte *Radiallager*:

Toleranzfelder für Wellen, zylindrische Lagerbohrung (Richtwerte)

	Punktlast	Umfangslast			
Kugellager		$d > 18$ bis 100	> 100 bis 140	> 140 bis 200	—
Zylinder- und Kegelrollenlager	alle Durchmesser	bis 40	> 40 bis 100	> 100 bis 140	> 140 bis 200
Pendelrollenlager		bis 40	> 40 bis 65	> 65 bis 100	> 100 bis 140
	g6 bis h6	k 5	m 5	m 6	n 6

Toleranzfelder für Gehäuse (Richtwerte):

Punktlast. Außenring leicht verschiebbar: Wärmezufuhr durch Welle G 7; mittlere Belastungen u. Betriebsverhältnisse H 8; beliebige Belastungen im allgem. Maschinenbau, auch Stoßbelastung H 7; Achslager f. Schienenfahrzeuge ungeteilt H 7, geteilt J 7.

Umfangslast. Außenring nicht verschiebbar: kleine Belastungen M 7, große N 7; schwere Belastung, dünnwandige Gehäuse P 7.

Unbestimmte Lastrichtung. Außenring noch verschiebbar, z. B. elektr. Maschinen J 6; nicht verschiebbar, z. B. Kurbelwellenhauptlager K 7.

9. Einbau-Richtlinien und besondere Hinweise

Zum Aufziehen auf die Welle wird der Innenring bzw. das ganze Lager in einem Ölbad von 70 bis 100 °C angewärmt und mittels Presse oder durch leichte Schläge auf ein gegen den *Innenring* gehaltenes Rohrstück aufgebracht. Einbaukräfte sind nicht über Rollkörper zu leiten.

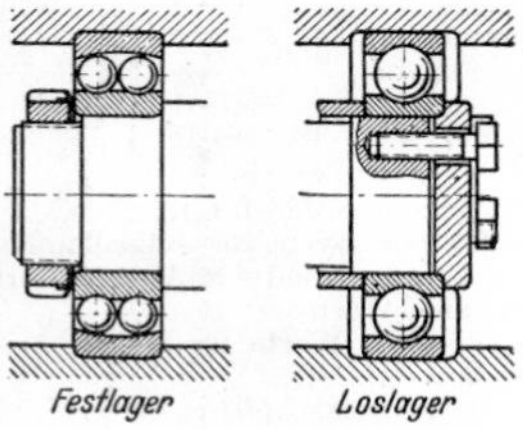

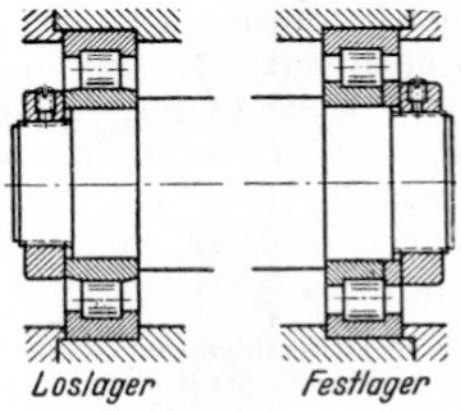

Beispiele für Anordnung von Fest- und Loslagern

Bild 46. Kugellager; Gehäuseteilung waagerecht   Bild 47. Zylinderrollenlager; axialer Einbau

Bei Verwendung mehrerer Lager darf nur *eines* (als Festlager) die Welle in axialer Richtung festlegen, Bild 46 u. 47.

[1] Richtlinien in DIN 5425 und Wälzlagerlisten. — Es gibt außerdem Toleranzen für Maß-, Form- u. Laufgenauigkeit; hier nur diejenigen für Einbaumaße behandelt.

Der Innenring des Pendelkugellagers (Bild 46) wird durch Nutmutter mit Sicherungsblech festgehalten, das rechte Loslager durch Druckplatte mit 3 Kopfschrauben und Blechsicherung. Das Pendelkugellager gestattet ein geringes Schiefstellen der Welle.

Bild 47 zeigt den einfachen Einbau auseinandernehmbarer Zylinderrollenlager; beim axialen Einbringen der Welle sitzt der Innenring des Loslagers bereits fest auf dieser.

Ein- und Ausbau größerer Wälzlager mittels *Druckölverfahren* vgl. Bild 48 und Konstruktion 9 (1957) Nr. 12 S. 489/98, durch *induktive Erwärmung* vgl. Glasers Annalen 85 (1961) Nr. 3 S. 91/97. Bild 48. Abziehhülse *a* des Pendelrollenlagers trägt Bohrungen und Nuten. Zum Einbau wird bei *b* Öl eingepreßt und gleichzeitig Deckscheibe *c*, die oben eine Aussparung besitzt, mittels Schrauben *d* angezogen. Durch das Drucköl wird IR aufgeweitet und gleitende Reibung vermindert (gleichzeitig wird radiales Lagerspiel verkleinert). Für Ausbau werden Schrauben *d* gelockert und Öl bei *b* eingepreßt; Abziehhülse *a* löst sich von selbst durch Rückfederung des IR.

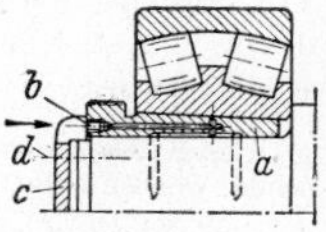

Bild 48 Pendelrollenlager mit Abziehhülse *a*

Radiallager[1] erhalten bei der Fertigung ein bestimmtes Radialspiel: beim Einbau wird dieses Spiel durch die gewählten Passungen in der Regel verkleinert; beim betriebswarmen Lager ändert sich wiederum das Spiel (Betriebsspiel); meist liegt Innenring wärmer als Außenring: also Spielverminderung. Ist Lagergehäuse wärmer als Welle (z. B. Fremderwärmung), dann Spielvergrößerung.

Sind Wälzlager während der *Betriebspausen* starken Stößen, z. B. beim Transport oder durch Fundamenterschütterungen, ausgesetzt, so können sich durch die dynamischen Kräfte Mulden und Eindrückungen in den Rollbahnen bilden. Abhilfe durch Verringern des Axialspiels: Zylinder- und Pendelrollenlager durch Vorspannen des Innenringes (kegeliger Sitz), Rillenkugellager durch axial wirkende Federelemente. Bei Kegelrollenlagern besteht Gefahr des Verspannens.

Starre Lager erleiden durch Schiefstellen der Wellen (Verbiegungen) Kantenpressungen; Überbeanspruchung der Rollbahnen ist die Folge. Geteilte Gehäuse müssen besonders formsteif sein; sonst Verziehen des Außenringes.

Bei Leichtmetall ist auf Gehäusestarrheit zu achten. Vielfach hilft Einbetten der Außenringe in stählerne ungeteilte Ringe von ausreichender Dicke.

Beachte beim Einbau: Unterschied zwischen „geschlossenem" Lager, z. B. Rillenkugellager und einem „offenen", z. B. Kegel- und Zylinderrollenlager, und ferner einem „einstellbaren" oder „schwenkbaren" Lager, z. B. Pendelkugel- und Pendelrollenlager.

Geräuscharmer Lauf kann z. B. bei Rillenkugellagern durch *Spielverringerung* mittels axial wirkender Federn (Schraubenfedern, Tellerfedern, Federscheiben u. a. m.) erreicht werden, vgl. Bild 49. Innenringe der beiden Lager sitzen fest auf Welle *a*, Außenringe leicht verschiebbar in Lagerschildern *b* und *c*. Sternfeder *d* drückt mit bestimmter Vorspannkraft, die über die beiden Kugelreihen geht, Welle *a* nach links, wodurch Spielverminderung. Die sich im Betrieb stärker als das Gehäuse erwärmende Welle kann sich nach rechts ausdehnen, ohne daß es zu Verklemmungen in den Lagern kommt, da Sternfeder nachgibt. *e* sind besonders geformte Dichtscheiben aus Blech, die zwischen den Wellenabsätzen und den Innenringen festgeklemmt sind; sie drücken mit ihren Mantelstirnflächen leicht gegen die Außenringe und sollen gegen das Motorinnere abdichten.

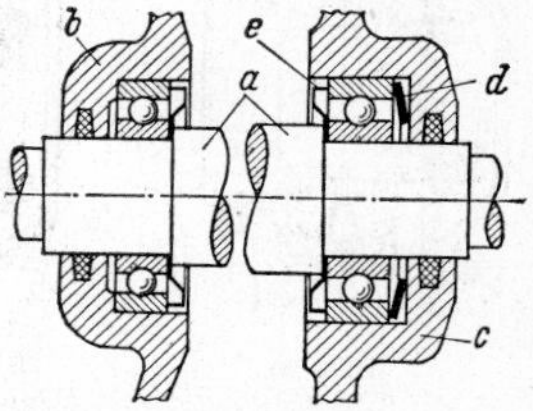

Bild 49. Spielregulierung der Rillenkugellager eines Elektromotors durch Sternfeder (Ringspann, Bad Homburg v. d. H.)

Betriebstemperatur sei im allgemeinen ≦ 80°C. Durch besondere Wärmebehandlung der Lagerteile auch 100°C zulässig. Bei höheren Temperaturen tritt Härteabfall ein, der die Tragzahlen herabsetzt. Richtwerte: Verminderung bei 120°C um 5%, 150°C um 10%, 200°C um 25%, 300°C um 50%. — Höhere Betriebstemperaturen verlangen besondere Passungen, vgl. Lagerlisten.

Über Wälzlager als *Schwingungserreger* vgl. Werkstatt u. Betrieb 96 (1963) Nr. 4 S. 221/31. Bei zweireihigen Zylinderrollenlagern sind die beiden Reihen um den halben Teilungswinkel versetzt; dadurch Lagereigenfrequenz doppelt so groß wie bei einreihigen, außerdem Schwingungsamplitude wesentlich kleiner.

Über Einfluß des Stromdurchgangs durch Wälzlager vgl. Elektrische Bahnen 1968, Nr. 3 S. 54/61.

10. Schmierung und Abdichtung

Das Schmiermittel soll neben der Schmierung folgende Aufgaben erfüllen: Schutz der polierten Rollflächen vor atmosphärischen Einflüssen, Verhindern des „Fressens" oder „Anschmierens" zwischen Rollkörpern und -bahnen, des Fressens zwischen Innenring und Welle bzw. zwischen Außenring und Gehäuse (Reibrostbildung mit Schleifwirkung) und bessere Wärmeableitung.

a) Schmierung. Nur beste Schmiermittel[2] — Mineralöle oder Fette — verwenden; sie müssen säurefrei sein und dürfen nicht harzen. Das Waten der Roll-

[1] Vgl. *Wiche, E.:* Radiale Federung von Wälzlagern bei beliebiger Lagerluft. Konstruktion 19 (1967) Nr. 5 S. 184/92.

[2] Vgl. Schmiertechnik 1962, Nr. 4 u. 5 u. WTM 74 (SKF). — Über Fettschmierung von Rollenachslagern in Schienenfahrzeugen vgl. FAG-Publ. Nr. 07106.

körper im Ölbad, besonders bei hohen Drehzahlen, verursacht Erwärmung; das schäumende Öl verliert an Schmierfähigkeit. Die Gehäuse *nicht* vollständig mit Fett füllen, da hierdurch größere Bewegungswiderstände, besonders bei hohen Drehzahlen, verursacht werden. In Wasser unlösliche Kalkseifenfette können Wasserzutritt verhindern, z. B. in Labyrinthen. Automatische Fettmengenregler. Auf richtige *Fettführung* achten: frisches Fett zuführen, verbrauchtes abführen. Pfeifende Geräusche deuten auf mangelhafte Schmierung, rasselnde Geräusche auf Vorhandensein von Fremdkörpern im Lager. Schmierung bei *sehr hohen* Drehzahlen durch Ölnebel, gebildet aus gereinigter Druckluft und zerstäubtem Öl; erhöhte Kühlwirkung; Eindringen von Staub verhindert.

Selbstschmierende Lager, vom Hersteller mit ein- oder beiderseitiger Abdichtung bereits versehen, werden beim Einbau mit Fett in ausreichender Menge gefüllt.

b) Abdichtung[1]. Sorgfältige Abdichtung gegen Verlust des Schmiermittels und gegen Eindringen von Staub, Wasser, Dampf u. dgl. ist Grundbedingung für lange Lebensdauer. Filzringe genügen für viele Fälle; meist Labyrinthdichtung, Spritzringe, Radialdichtringe, federnde Abdeckscheiben angewendet, vgl. Einbauspiele und Abschn. Dichtungen S. 818.

11. Einbau-Beispiele Stehlagergehäuse vgl. DIN 736/739

Über Bauarten von Wälzlagergehäusen vgl. Konstruktion 12 (1960) Nr. 3 S. 111/19

Bild 50: Lagerung einer Trockentrommel mittels Pendelrollenlager. *a* Schmierstoffzuführung; *b* Ablaßöffnung; für die Verteilung des Schmierstoffs dienen schmale Nuten *c* oben und unten im Gehäuse. Filzring *d* verhindert das Austreten des Schmierstoffs und der umlaufende Labyrinthring *e* das Eindringen von Schmutz. Der Labyrinth-Raum selbst wird von *f* aus mit Fett gefüllt; beim Nachpressen von frischem Fett wird das verbrauchte und verschmutzte nach außen gedrückt; nach innen wird ihm der Weg durch den Filzring versperrt.

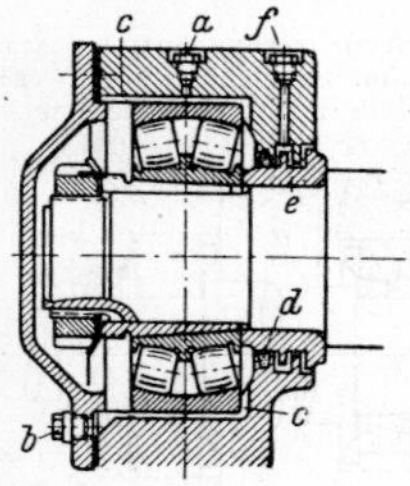

Bild 50

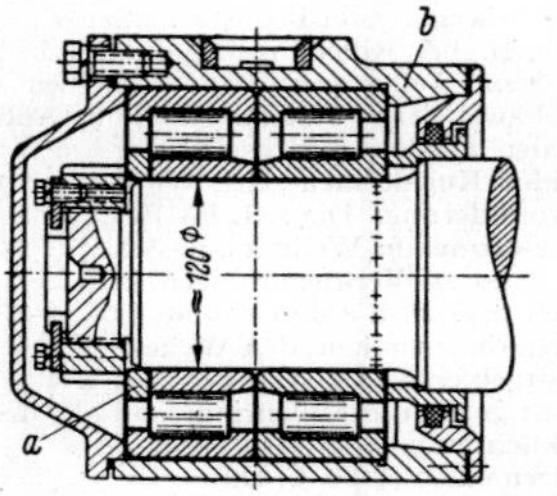

Bild 51. UIC-Rollenachslager (Union Internationale des Chemins de Fer) Einheitsausführung der Deutschen Bundesbahn

Bild 51: Rollenachslager für Eisenbahn. Nach Lösen der Mutter und Abnehmen der losen Bordscheibe *a* kann die einteilige Achsbuchse *b* nach links abgezogen werden. Innenringe bleiben auf dem Zapfen; Rollen und Laufringe leicht prüfbar. Falls erforderlich Abziehen der Innenringe nach induktiver Erwärmung (30 sec). Lange Nachschmierfristen: 150000 für Reisezug-, 300000 km für Güterwagen. Beachte: Korbbogenübergang des Zapfens (vgl. S. 536, Bild 23) und die rechte Abdichtung.

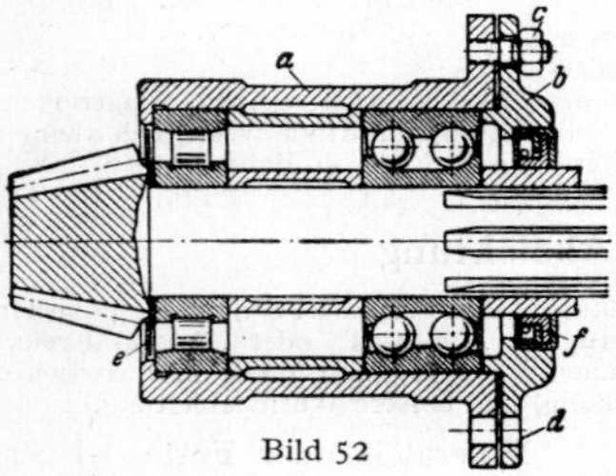

Bild 52

Bild 52: Einbaufertige Kegelradlagerung. Zahnrad-Axialkräfte durch zweireihiges Schrägkugellager auf Deckel *b* übertragen; Gehäuse *a* und *b* durch Schrauben *c* verbunden; im Getriebe durch Schrauben bei *d* befestigt; Spritzring *e* verhindert den Zutritt von verschmutztem Öl in die Wälzlager; *f* Radialdichtring.

Bild 53: Lagerung einer senkrechten Welle; Schmierung durch Öl. Radialkräfte durch Zylinderrollenlager, Axialkräfte durch Rillenkugellager aufgenommen, dessen Mantel im Gehäuse Spiel hat. Höhenlage des Ölstandes *a* begrenzt den Ölspiegel im Gehäuse; Standrohr *b* verhindert Austreten des Öls längs der Welle. Die schräg zur Drehachse verlaufenden Bohrungen *c* üben durch Fliehkraft des Öls eine Pumpwirkung aus; daher Spülschmierung der Lager von oben her; Sammeln des rückfließenden Öls im Gehäuse.

[1] Vgl. TZ für praktische Metallbearbeitung 60 (1966) Nr. 4 S. 207/18.

Bild 54: Nadellagerung im Getriebe eines Schleppers (Industriewerk Schaeffler, Herzogenaurach b. Nürnberg). Getriebe-Vorgelegewelle a wird von Motorwelle (nicht dargestellt) unmittelbar angetrieben. Kupplungsmuffe b nach rechts geschoben: Zapfwelle c hat gleiche Drehzahl wie a; wird b nach links verschoben: Rad d, das im Zahneingriff mit Getriebe-Abtriebswelle (nicht dargestellt) steht, treibt über Klauen von b Welle c an, deren Drehzahl nunmehr vom jeweils eingeschalteten Gang abhängt. e_1 und e_2 sind Gleitscheiben zur Führung von d. Beachte die gedrängte Bauart durch Verwenden von vier Nadellagern bzw. -käfigen.

Weitere Beispiele Bd. I, Zahnräder, Bd. II, Kraftfahrzeugmotoren, Hebe- u. Fördermittel, Verf. u. Masch. d. Metallbearbeitung, Kraftwagen.

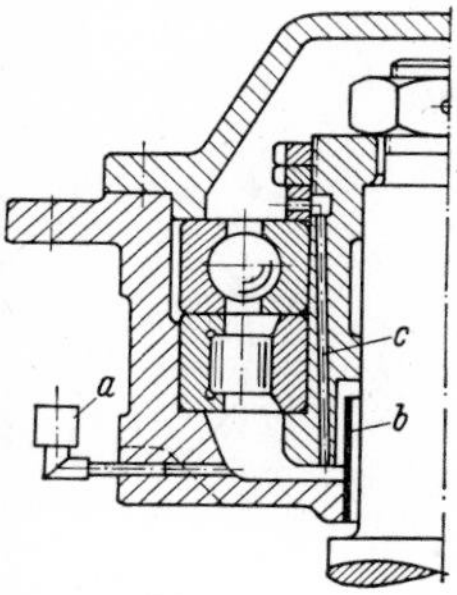

Bild 53

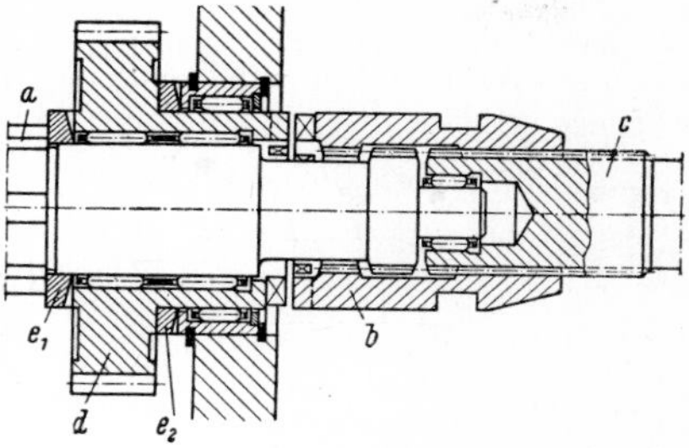

Bild 54

II. Wellen

Kurbelwellen S. 797 f.; Formänderung S. 383 f. u. 396 f.

Maße für erforderliche Freistiche vgl. DIN 509. — Zylindrische Wellenenden DIN 748. — Kegelige Wellenenden DIN 749/750 u. 1448/1449. — Achshöhen f. Maschinen DIN 747. Anbaumaße von Drehstrommotoren DIN 42672/81.

1. Allgemeines

Wellen übertragen hauptsächlich Drehmomente, daher auf Verdrehung beansprucht; Achsen dienen hauptsächlich zum Tragen von Lasten, daher Hauptbeanspruchung auf Biegung.

Berechnung auf *Festigkeit* (Biegung und Verdrehung), *Formänderung* (Durchbiegung, Schiefstellung im Lager und Verdrehwinkel) und *Schwingung* (Dreh- und Biegeschwingung vgl. a. Bd. II, Abschn. „Massenausgleich ...").

Bei Berechnung auf *Verdrehung* ist das *Maximal*-Moment $M_{t\,\max}$ einzusetzen. Je nach Anfahrcharakteristik der Kraftmaschinen und Betrieb der Arbeitsmaschinen wird $M_{t\,\max} > M_{t\,\text{normal}}$; $M_{t\,\max} = k \cdot M_{t\,\text{normal}}$. Werte für den Stoßbeiwert[1] k:

Brennkraftmaschinen, je nach Form der Drehkraftlinie	1,5—2,5	Kolbenpumpen, Kolbenverdichter	3—4
Kurzschlußläufermotoren	1,5—3	Turbokompressoren, Kreiselpumpen	1,5—2
Doppelnutmotoren	1,2—2	Papiermaschinen, Mühlen, Trockentrommeln	2—3
Schleifringmotoren	1,1—1,5	Werkzeugmaschinen	1,5—2
Wasserturbinen, Dampfturbinen mit Generatoren	≈ 1,5	Walzwerke, je nach Betriebsart	2—5
		Weitere Werte für k vgl. DIN 8195	

Infolge *Formänderung* bei Biegung kann sich die Wellenachse im Lager schief stellen; es kommt zur Kantenpressung und als Folge davon zu zusätzlicher Erwärmung und Abnutzung des Lagers. Starke Kantenpressung kann an der Welle — ausgehend von einer Hohlkehle — zum Bruchanriß führen, vgl. Kurbelwellen S. 800, Bild 193. Um Kantenpressung zu vermeiden, wählt man $l/d = 0{,}5$ bis max. 1, vgl. Gleitlager S. 721.

Geringe *Längskräfte* werden durch doppelseitigen Anlaufbund an der Welle bzw. Achse aufgenommen; die Bunde laufen mit ausreichendem Ölspiel gegen

[1] Vgl. *Pinnekamp, W.:* Zur Auslegung von Antriebselementen. Eine Analyse des Betriebsfaktors (Stoßbeiwert) k. Konstruktion 18 (1966) Nr. 2 S. 64/67.

Anlaufflächen der Lagerschalen. Hierdurch wird die Welle an *einer* Stelle in Längsrichtung festgelegt; *Festpunkt* da, wo die Längskräfte auftreten oder — wenn solche unbedeutend — da wo das Drehmoment eingeleitet wird.

Anlaufbund, Bild 55. Nur die ebene Kreisringfläche von der Breite e läuft an; Halbmesser r der Schale > Halbmesser ϱ der Welle, um Kneifen zu verhindern. Das Schmieröl füllt den sichelförmigen Raum aus und dringt zwischen die ebene Anlauffläche. Vergrößerung dieses Ölraumes vielfach üblich. $e = 5 + 0{,}07\,d$ bis $5 + 0{,}1\,d$ mm.

Jede *Durchmesseränderung*, vor allem jede schroffe Eindrehung, setzt die Dauerhaltbarkeit gegen Biegung und Drehung herab.

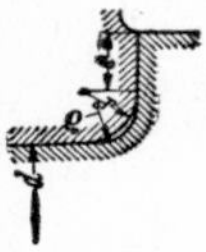

Bild 55
Anlaufbund

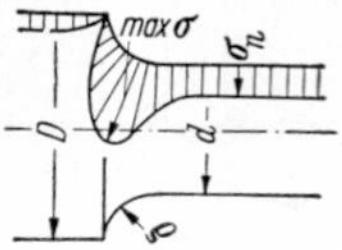

Bild 56

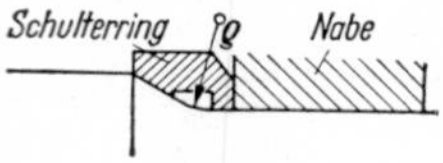

Bild 57

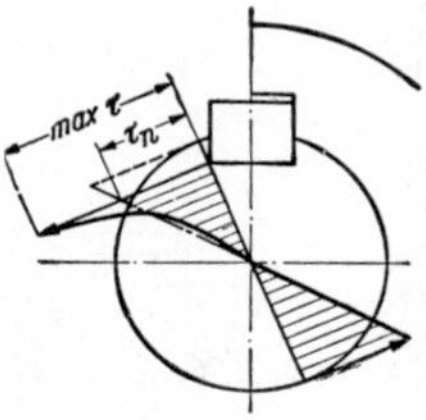

Bild 58

Bild 56 zeigt die Spannungssteigerung durch scharfe Übergänge bei einem Biegemoment. Die bei Verdrehbeanspruchung auftretenden Spannungsspitzen sind niedriger als bei Biegemomenten. Formzahlen vgl. Bild 5 u. 6, S. 521. Verringerung der Spannungssteigerung durch möglichst großes Verhältnis ϱ/d, elliptische Ausbildung der Hohlkehle oder kegeligen Übergang mit einem Neigungswinkel von $\approx 15°$. Scharfe Wellenabsätze an Nabensitzen und Wälzlagern werden durch Schulterringe nach Bild 57 vermieden.

Bild 58 zeigt die Kerbwirkung scharfer Nuten für Keile und Federn: es ist $\max\tau = \beta_k\tau_n$. Diese Spannungserhöhung kann mittels eines elektrischen Analogieverfahrens gemessen werden, vgl. Konstruktion 19 (1967) Nr. 2 S. 59/66.

2. Verbindung von Welle mit Nabe[1]

a) Nabenabmessungen. α) *Anhaltswerte*; gelten in Verbindung mit Stahlwelle St 42. (z. Teil n. *Niemann:* Maschinenelemente Bd. I, Lit. 3 S. 713).

Verbindungsart	Nabenlänge $L = x\sqrt[3]{M_t}$*; Nabendicke $s = y\sqrt[3]{M_t}$*			
	Grauguß-Nabe		Stahl- oder Stahlguß-Nabe	
	x	y	x	y
Schrumpf-, Preß-, Kegelsitz	0,42—0,53	0,21—0,30	0,21—0,35	0,18—0,26
Keil-, Paßfeder-, Klemmsitz	0,53—0,70	0,18—0,21	0,35—0,46	0,14—0,18
Keilwelle mittl. Reihe DIN 5463	0,21—0,30	0,14—0,18	0,13—0,21	0,125—0,16

* M_t in kpcm; L u. s in cm. Bei Kippkräften Nabenlänge vergrößern.

β) *Nabenlänge L*. Verbindungen mit *Reibungskraftschluß*. $M_t = 0{,}5\pi d^2 L p \mu$, p = Pressung zwischen Nabe und Welle = 600 (Grauguß) bis 1000 (Stahlguß und Stahl) kp/cm²; μ = Reibungszahl = 0,1 (bis 0,13).

Verbindungen mit *Formschluß*. Bei z tragenden Anlageflächen (z. B. Federn) mit der wirksamen Traghöhe t und dort wirkender Pressung p wird $M_t = 0{,}5\,d z t L p$. Ableitung gilt nicht für Polygonnaben[2].

[1] Vgl. *Friedrichs, J.:* Die Problematik d. formschlüssigen Verbindungselemente zwischen Nabe u. Welle. Konstruktion 12 (1960) Nr. 4 S. 169/71. — *Cornelius, E.-A.* u. *D. Contag,:* Die Festigkeitsverminderung unter d. Einfluß von Wellen-Naben-Verbindungen ... b. wechselnder Drehung. Konstruktion 14 (1962) Nr. 9 S. 337/43.

[2] *Musyl, R.:* Die Polygon-Verbindungen ... Konstruktion 14 (1962) Nr. 6 S. 213/18.

b) Vergleich der Befestigungsarten

Kennzeichnung. Lösbarkeit: a leicht lösbar, b schwer lösbar; c verschiebbar; Drehmoment: u klein, v groß, w stoßartig; Herstellkosten: x niedrig, y hoch, z sehr hoch. Beim Kostenvergleich Stückzahl und Fertigungseinrichtungen beachten.

Versuche mit *geklebten Verbindungen* vgl. Konstruktion 16 (1964) Nr. 1 S. 24/29, ferner ebendort 18 (1966) Nr. 8 S. 294/95.

	Kennzeichnung		
	Lösbarkeit	Drehmoment	Kosten
α) Spannungsverbindung			
Mit Reibung			
Schrumpfen	b	w	x
Kegel	a	w	y
Klemmen	a	u—v	x
Spannringe[1]	a	v	x
Hohlkeile	a	u	x
Ohne Reibung			
Keile	a	v	y
Tangentkeile	a—b	w	z
Klemmen mit Verzahnung	a	v (w)	x—y
β) Formschlußverbindung			
Paßfedern	a, c	u	y
Keilwellen (Vielnutwellen)	a, c	v	y—z
Kerbzähne	a	v—w	y—z
Polygon	a, c	v—w	y

c) Befestigungsarten von Schwungrädern, die pulsierende Drehmomente auszugleichen haben. 1. *Tangentkeile* nach DIN 271, bei Walzwerken n. DIN 268, vgl. S. 681. 2. *Schrumpfen*, vgl. S. 638, wenn fertigungstechnisch möglich; dabei sind Vorkehrungen für das Lösen der Schrumpfverbindung zu treffen. 3. Schlanke kegelige Hülse, die nach dem *Druckölverfahren* ein- und ausgebaut wird, vgl. S. 737, Bild 48; Voraussetzung ist eine elastische Nabenform. 4. *Spannelemente*, vgl. S. 686, Bild 35.

d) Falls sich zwischen Wellensitz und Nabenbohrung *Passungsrost* bildet, wird durch seine schmirgelnde Wirkung ein Verschleiß der Paßflächen eintreten; dadurch wird Verbindung locker. Passungsrost kann durch hin- und hergehende Mikrobewegungen unter hohem Flächendruck entstehen, z. B. bei einem ungenügend festsitzenden Innenring eines Wälzlagers.

3. Ermittlung der Wellendurchmesser[2]

von Stahlwellen zunächst aus dem Drehmoment M_t, wenn Biegemomente nicht bekannt sind; wähle für

d mm	$\leqq 25$	25—50	50—80	> 80
τ_{zul} kp/cm²	$\leqq 100$	$\leqq 200$	≈ 300	≈ 400

Aus $P_{PS} = F_{kp} \cdot v_{m/sec}/75$ folgt mit n in U/min und τ in kp/cm² $d_{cm} = \sqrt[3]{16 M_t/(\pi \tau_{zul})} = k_1 \sqrt[3]{P_{PS}/n}$. Werte für k_1 nach folgender Tabelle:

τ_{zul}	100	150	200	300	500	700	900
k_1	15,4	13,5	12,1	10,7	9,0	8,5	7,4

Vgl. auch die voll gezeichneten Geraden für τ in Bild 59

Für einen Verdrehwinkel φ in °/m wird

$d_{cm} = k_2 \sqrt[4]{P_{PS}/n}$. Ableitung vgl. S. 407/08. Werte für k_2 nach folgender Tabelle:

gestrichelte Gerade in Bild 59	*a*	*b*	*c*
Verdrehungswinkel φ °/m	0,25	0,5	1
$k_2 \approx$	12	10,1	8,5

Beispiel: $P = 50$ PS; $n = 500$ U/min; $\tau_{zul} = 300$. $P_{PS}/n = 50 : 500 = 0{,}1$. Nach Bild 59 ergibt sich $d = 5$ cm und $M_t = 7160$ kpcm. Geschätzt $\varphi \approx 0{,}8°/\text{m}$. Nach Formel wird mit $k_1 = 10{,}7$, $d = 10{,}7 \times \sqrt[3]{0{,}1} = 10{,}7 \cdot 0{,}464 = 5$.

Sind Biegemomente bekannt, so ist nach zusammengesetzter Beanspruchung (Biegung und Verdrehung, S. 424) zu rechnen.

Wellendurchmesser für Transmissionen DIN 114 (Juli 1919):
25 30 35 40 45 50 55 60 70 80 90 100 110 125 140 160 in mm usw.

Lastdrehzahlen in U/min DIN 112 (Nov. 1955):
25 28 32 36 40 45 50 56 63 71 80 90 100 112 125 140 160 180 200 225 250 usw.

[1] Vgl. Konstruktion 13 (1961) Nr. 3 S. 91/100.

[2] Vgl. Überschlagrechnung für *Wellenenden* aus Stahl ($\sigma_B = 50$ kp/mm²) in DIN 748 (Entw. Aug. 1965), ferner DIN-Mitteil. 45 (1966) Nr. 6 S. 391/94 u. Konstruktion 18 (1966) Nr. 9 S. 378/81.

Anlaufbund zum Festlegen der Welle in axialer Richtung wird durch Stellring (DIN 703, 705) gebildet: ungeteilt mit einer Stellschraube; geteilt, Bild 60 mit einer Stellschraube. Das Festlager erhält zwei seitliche Stellringe. In den übrigen Lagern läuft Welle glatt durch.

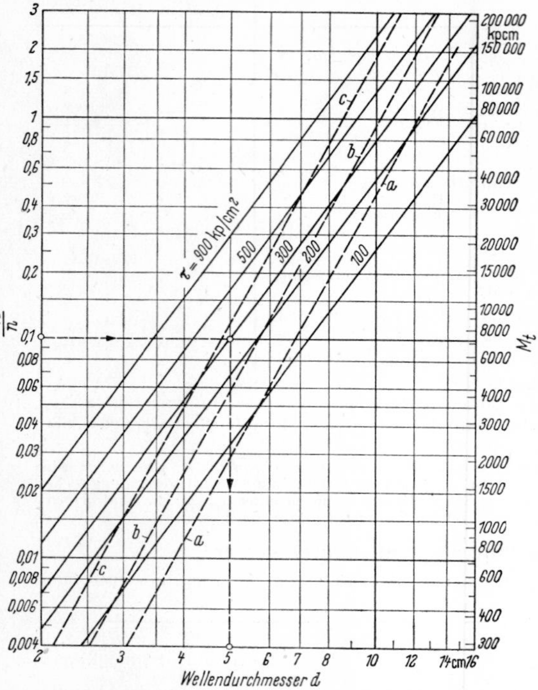

Bild 59. Ermittlung von Wellendurchmessern. *Voll* gezeichnete Geraden gelten für die Verdrehbeanspruchung τ; *gestrichelte* Geraden a, b, c geben den Verdrehwinkel φ in °/m Länge an.

$a \mathrel{\hat{=}} 0{,}25$; $b \mathrel{\hat{=}} 0{,}5$; $c \mathrel{\hat{=}} 1$ °/m; vgl. Tab. S. 741

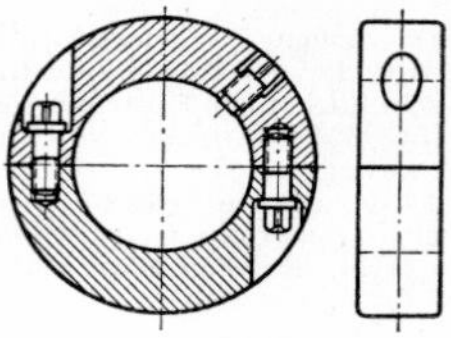

Bild 60
Stellring, geteilt

4. Gelenkwellen[1] und biegsame Wellen

zur Übertragung von Drehmomenten bei ortsveränderlichem An- oder Abtrieb. Bild 61 zeigt eine Gelenkwelle, bestehend aus Wellen a und b und Zwischenwelle c, die durch zwei Kreuzgelenk-Kupplungen (Kardangelenke) verbunden sind. Beide Muffen d und e tragen je zwei kurze Zapfen, die in vier Bohrungen einer innen liegenden Kugel eingreifen.

Bei Lageveränderungen in Längsrichtung wird c als Teleskopwelle ausgebildet.

Anwendung z. B. bei mehrspindeligen Bohrmaschinen vgl. Bd. II, Verfahren u. Maschinen d. Metallbearbeitung u. Kraftwagen.

Bewegungsverhältnisse[2]: Welle a drehe sich mit $\omega_a = \text{const}$; Welle c erhält eine *veränderliche* Winkelgeschwindigkeit ω_c, wobei $\omega_{c\,\max}/\omega_a = 1/\cos\delta_1$ und $\omega_{c\,\min}/\omega_a = \cos\delta_1$ ist. Laufen Wellen a und b parallel, also $\delta_1 = \delta_2$, so dreht sich Welle b mit *gleichförmiger* Winkelgeschwindigkeit wie Welle a, aber nur unter der weiteren Bedingung, daß die in Bild 61 voll gezeichneten Zapfen parallel liegen und nicht etwa um 90° versetzt sind. Auch bei Lage der Welle b in Richtung E ist $\omega_b = \text{const}$, sofern $\sphericalangle\delta_3 = \sphericalangle\delta_1$ ist.

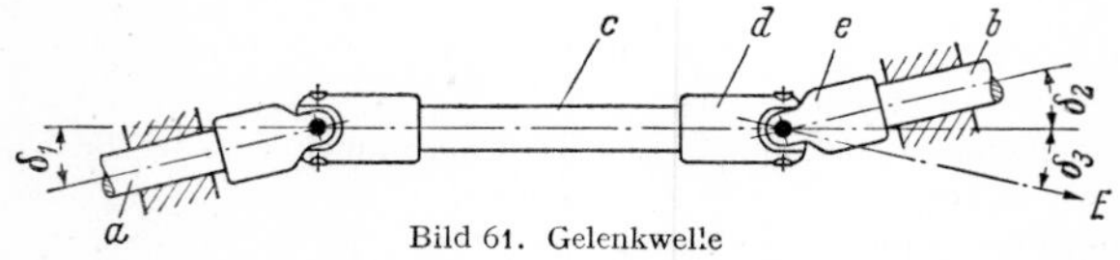

Bild 61. Gelenkwelle

[1] DIN 808 Wellengelenke, Anschlußmaße, Befestigung, Belastbarkeit, Einbau. DIN 71802 Gelenke f. Kraftfahrzeuge. — Vgl. *Moser, E.:* Bewegungen, Kräfte u. Momente in Gelenkwellentrieben f. Landmaschinen. Fortschritt-Ber. VDI-Z. Reihe 14, Nr. 5; 1966.

[2] *Reuthe, W.:* Die Bewegungsverhältnisse bei Kreuzgelenkantrieben. Konstruktion 2 (1950) Nr. 10 S. 305/12. — Vgl. VDI-Z. 103 (1961) Nr. 6 S. 247/50. — Vgl. *Kraemer, O.:* Getriebelehre. 4. Aufl. Karlsruhe: Braun 1966.

Zwischenwelle c kann Schwingungen anfachen, da ω_c dem Sinusgesetz unterworfen, vgl. harmon. Schwingung S. 281.

Für große Drehmomente vgl. Kreuzgelenkkupplung S. 746.

Für sehr kleine Kräfte genügt die *biegsame* Welle aus Stahldraht oder Schraubenfeder, Bild 62, mit mehrfacher Drahtummantelung, biegsamem Rohr oder Kunststoffschlauch. Die anschließenden Teile werden durch Lötung oder kegelige Muffen verbunden.

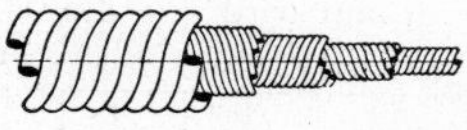

Bild 62. Biegsame Welle

III. Kupplungen[1,2] (vgl. a. Bd. II, Kraftwagen)

Für die Berechnung ist maximales Drehmoment $M_{t\,\max}$ maßgebend. $M_{t\,\max} = k \cdot M_{t\,\mathrm{normal}}$. Werte für Stoßbeiwert k vgl. S. 739. Unmittelbar neben jeder Kupplungsseite ist ein Lager anzuordnen. Verbindung von Welle mit Nabe vgl. Abschn. II 2, S. 740.

A. Feste Kupplungen[3]

Scheibenkupplung, Bild 63. z Schrauben, deren jede mit der Kraft F angezogen wird, übertragen ein Drehmoment $M_t = 0{,}5\,\mu z F D_1$, wobei D_1 der mittlere Reibflächendurchmesser sei; $\mu \approx 0{,}2$ für geschruppte Reibflächen[4]. Die Zentrierleiste erfordert zum Ausbau axiales Verschieben eines Wellenstranges. Bei Ausführung nach Bild 64 kann nach Entfernen des zweiteiligen Ringes a jede Welle für sich ohne Längsverschiebung stillgesetzt werden.

Nachteil der Scheibenkupplungen: Räder und Riemenscheiben müssen geteilt, Lager offen sein.

Kuppeln von Wellen durch Stirnverzahnung[5] (Hirth) vgl. Kurbelwellen S. 801.

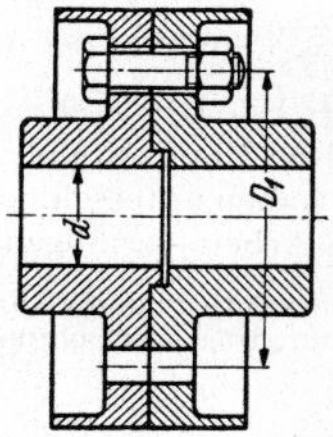

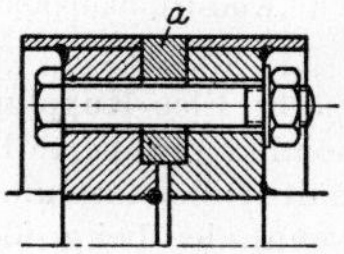

Bild 64

← Bild 63

B. Bewegliche, elastische und dämpfende Kupplungen

1. Allgemeines[6]

Diese Kupplungen können folgenden Zwecken dienen:

1. Ausgleich geringer Wellenbewegungen in Längsrichtung, hervorgerufen durch Temperaturänderungen oder veränderliche Schubkräfte; 2. Ausgleich von Wellenbewegungen in radialer Richtung, hervorgerufen durch Biegemomente; 3. Ausgleich von geringen Winkelabweichungen (sich schneidender Wellen); 4. Ausgleich schwingungserregender Drehmomente der antreibenden bzw. getriebenen Maschinen. Die Kupplungen können hierbei Stöße durch vorübergehendes Aufspeichern mechanischer Arbeit mildern oder vor Resonanzschwingungen sichern durch Verlegen der kritischen Drehzahl.

---

[1] *Stübner, K.*, u. *W. Rüggen:* Kompendium d. Kupplungstechnik. München: Hanser 1962. — Konstruktion 14 (1962) Nr. 8 S. 293/95 u. 16 (1964) Nr. 8 S. 305/11.

[2] Wellenkupplungen. VDI-Bericht Nr. 75. Düsseldorf: VDI-Verlag 1963.

[3] Übersichtsblatt für feste Kupplungen DIN 758; aufgesetzte Kupplungshälften DIN 759; angeschmiedete Kupplungsflanschen DIN 760. — Sinnbilder für Transmissionsteile DIN 991.

[4] Zuweilen werden 2 gegenüberliegende Schrauben als Paßschrauben ausgeführt.

[5] Vgl. *Schach, W.:* Berechnung der drehelastischen Kupplung f. Maschinensätze mit Dieselmotoren. Konstruktion 11 (1959) Nr. 2 S. 64/66. — Ebendort Winkelberechnung für Stirnverzahnungen. Nr. 7 S. 265/72. — Über Oerlikon-Stirnzahnkupplungen vgl. Konstruktion 19 (1967) Nr. 10 S. 395/99.

[6] *Cornelius, E.-A.*, u. *W. Beitz:* Bestimmung von Kenngrößen drehelastischer Kupplungen. Konstruktion 13 (1961) Nr. 11 S. 417/31. — *Steinhilper, W.:* Bestimmung v. drehelastischen Kupplungen mit nichtlinearer Kennlinie. Konstruktion 18 (1966) Nr. 2 S. 50/57.

Die Kraftübertragungsteile bestehen z. B. aus Zahnflanken, zwischen denen sich Schmieröl befindet, das bei auftretender Relativbewegung der Flanken zueinander verdrängt wird und die Bewegung dämpft, Bild 74, oder aus Federn (Biege- oder Verdrehfedern) aus Stahl, Gummi oder Kunststoffen. Federungskennlinie soll möglichst progressiv sein, Bild 65, was durch bestimmte Federbauarten erreicht werden kann: Verkürzung der Biegefederlänge bei zunehmendem Drehmoment, Bild 71; Bild 72: Dämpfung wird durch Reibung der aufeinander arbeitenden Federflächen hervorgerufen (Schmierung erforderlich). Bei Verwendung von Gummi und Kunststoffen: eigene, innere Dämpfung; außerdem zunehmende Steifigkeit bei geeigneter Formgebung.

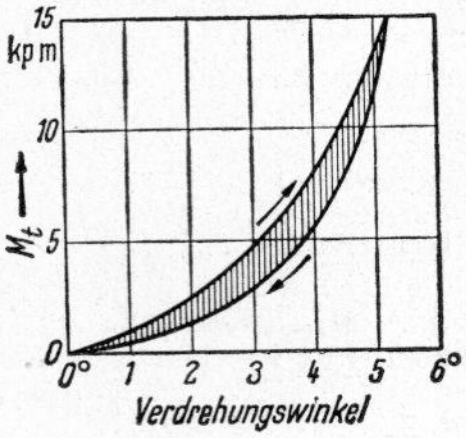

Bild 65

2. Ausführungen

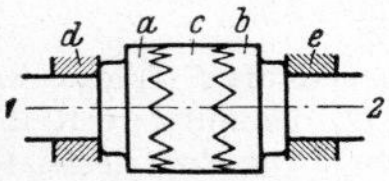

Bild 66. Stirnverzahnte Kunststoffkupplung

a) Stirnverzahnte Kunststoffkupplung, Bild 66, für kleine angebaute Hilfsmaschinen (z. B. Zündmagnete). Kupplungshälfte *a* auf Welle *1*, *b* auf Welle *2* fest; *c* Kupplungskörper aus Kunststoff. Längsschub durch Lager *d* und *e* aufgenommen. Bei unterschiedlichen Zähnezahlen, z. B. 19 links und 20 rechts, ist Feinverstellung der Wellen gegeneinander möglich.

b) Elco-Kupplung[1], Bild 67, Drehmomentübertragung durch vorgespannte besonders profilierte Hülsen *a* aus abriebfestem Gummi, der schmierende Zusätze enthält; Rillen im Gummi haben unterschiedliche Tiefe, wodurch progressive Federungskennlinien bei großem Arbeitsvermögen.

Bolzen nur in Kupplungshälfte *b*; durch Anziehen der selbstsichernden Mutter wird Hülse *a* vorgespannt. Kupplungshälfte *c* trägt nur Bohrungen zur Aufnahme von *a*.

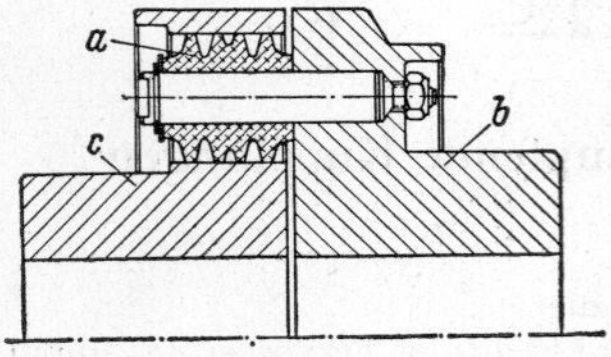

Bild 67

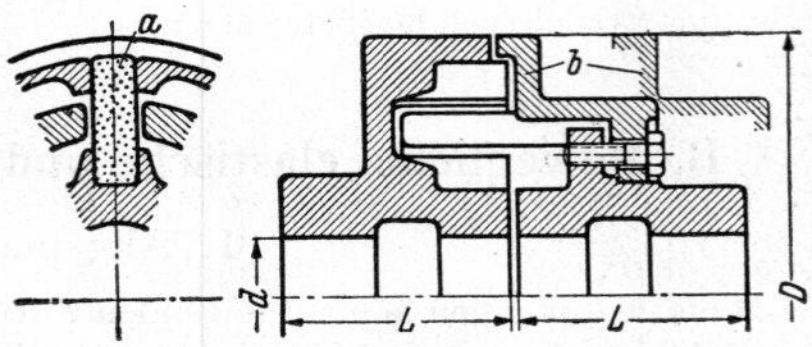

Bild 68

c) Eupex-Kupplung, Bild 68. Gummipakete *a*, die auf Biegung beansprucht werden, liegen einerseits in Aussparungen der einen Kupplungshälfte, andererseits zwischen Nocken der anderen; Teil *b* zum Ausrücken nach rechts verschiebbar. Federungskennlinie vgl. Bild 65 mit schraffierter Dämpfungsfläche.

Die von der Be- und Entlastungskurve eingeschlossene Fläche stellt die bei einer Drehschwingung geleistete, dämpfende Formänderungsarbeit dar, die durch innere Reibung in Wärme umgewandelt wird.

Abmessungen der Eupex-Kupplung, Bild 68. A. Friedr. Flender & Co., Bocholt

Größe	A 10	A 11	A 12	A 13	A 14	A 15	A 16	A 17	A 18	A 19	A 20
P_{PS}/n	0,015	0,025	0,05	0,1	0,17	0,25	0,36	0,55	0,85	1,40	2,30
n_{max} U/min	4300	3800	3150	2750	2400	2200	2000	1800	1550	1350	1100
d_{max} mm	40	50	60	70	90	100	110	120	130	160	180
D mm	155	175	215	255	285	305	335	380	430	510	600
L mm	65	65	80	100	120	140	160	180	180	200	230

[1] Eisenwerk Wülfel, Hannover-Wülfel.

innenverzahnte, schwarz gezeichnete, schwach kegelige und gewellte „Sinus"-Lamellen; die ebenen, außenverzahnten Gegenlamellen ruhen in den mit Anschlußflanschen versehenen Trommeln b und c. Mittels Muffe d und Winkelhebel werden die aus gehärtetem Federstahl bestehenden Lamellen aneinandergepreßt, wobei sich ihre Berührungsflächen allmählich verbreitern. Beim Entlasten federn die Lamellen infolge ihrer Form auseinander; sie laufen in dünnflüssigem Maschinenöl. Berechnung: Bei z beiderseits gepreßten Lamellen wird $M_t = 2z\mu F_n r_m$ kpcm; F_n = Anpreßkraft; r_m = mittlerer Reibungshalbmesser. Wird z zu groß gewählt, dann verringert sich der Anteil an der Drehmomentübertragung, da F_n nicht mehr in voller Größe auf die letzten Lamellen wirkt[1]. — Diese Kupplung wird auch mit besonderem Reibbelag gegen Stahllamellen trocken (freiliegend) geliefert.

c) **Fawick-Airflex-Kupplung**[2] (Schema), Bild 82. An der Nabenscheibe a ist mittels Schrauben der Ring b befestigt, an den innen der *Gummi-Gewebe-Hohlstreifen* c vulkanisiert ist; mit c sind auswechselbare Reibschuhe d verbunden. Zwischen diesen und der Reibtrommel e besteht in entkuppeltem Zustand Spiel, wie dargestellt. Zum Kuppeln wird c mit Druckluft aufgeblasen; diese kommt aus der hohlgebohrten Welle, tritt bei f in die Nabe ein und strömt durch Leitungen g und h in den Hohlraum von c.

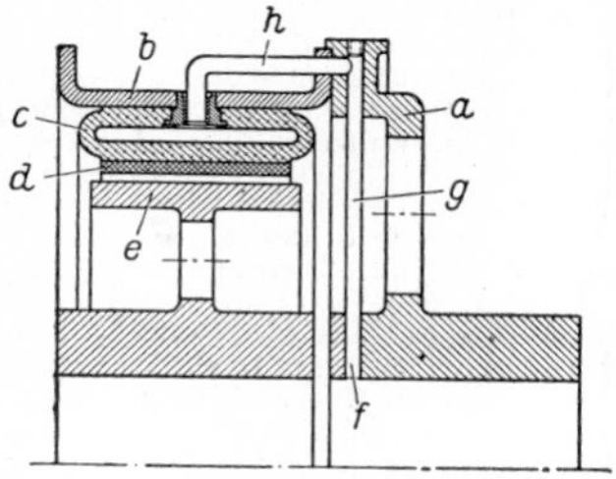

Bild 82

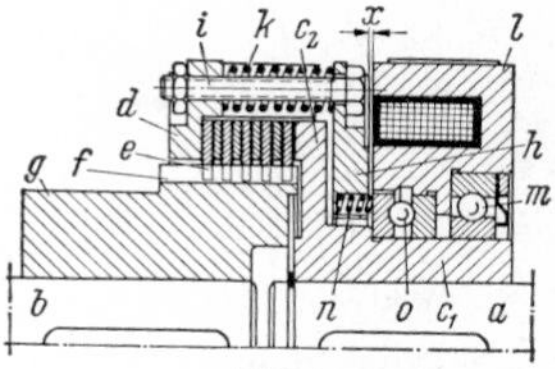

Bild 83

d) **Elektromagnetische Reibungskupplung**[3], Bild 83 (schleifringlos). Treibende Welle a soll mit Welle b gekuppelt werden. Auf a sitzt Nabe c_1 fest, die bei c_2 in einen zylindrischen Mantel übergeht. In diesem befinden sich radiale Aussparungen, in die der Außenlamellenträger d hineinragt; dieser nimmt unmittelbar an der Drehbewegung von a über c_1-c_2 teil, ist auf Mantel c_2 zentriert, kann aber axial gegenüber c_2-c_1 verschoben werden. d nimmt die axialbeweglichen Außenlamellen auf; die Innenlamellen e sitzen auf der Verzahnung f der Nabe g. Ankerscheibe h ist durch Stellschrauben i und Schraubenfedern k mit d fest, aber verstellbar verbunden. Der *stillstehende* Spulenträger l wird durch Kugellager m zentriert; Befestigung von l im Maschinengehäuse durch Haltebleche, die nur ein geringfügiges Drehmoment aufzunehmen haben, da keine unmittelbare Berührung von l mit h (Luftspalt x).

Der beim Einschalten des Gleichstroms (meist 24 Volt) im Spulenträger l entstehende magnetische Kraftfluß zieht Ankerscheibe h gegen die Wirkung der Druckfedern n nach rechts und preßt mittels Lamellenträgers d das Lamellenpaket zusammen. Nach Ausschalten des Stroms drücken Federn n Ankerscheibe h nach links, wodurch Lamellenpaket entlastet wird. Die Federkräfte von n werden durch Kugellager o aufgenommen.

Magnetischer Kraftfluß geht nicht durch die Lamellen; andernfalls würden die felddurchfluteten Lamellen infolge Remanenz zum Festkleben neigen. Luftspalt x kann durch Verstellen der Schrauben i geregelt werden; z. B. beträgt x bei „Aus" 1,7 mm bei „Ein" 0,3. Die Innenlamellen tragen aufgesinterten, unmagnetischen Bronze-Reibbelag von großer Verschleißfestigkeit; Flächenpressung $p \approx 8$ bis 10 kp/cm². Für hohe Drehzahlen und in Sonderausführung für explosionsgefährdete Räume und auch als Bremse verwendbar. Elektrische bzw. elektronische Fernsteuerung. Große Schalthäufigkeit.

3. Kupplungen für besondere Zwecke

a) **Sicherheits-** oder **Rutschkupplungen.** Jede Reibungskupplung ist als Sicherheitskupplung verwendbar, wenn sie so ausgelegt wird, daß sie bei Überschreiten des größtzulässigen Drehmoments gleitet und als *Rutsch*kupplung wirkt.

b) **Fliehkraftkupplungen** mit Reibungsschluß kuppeln während oder nach beendetem Hochfahren des Motors dessen Welle mit der Arbeitsmaschine[4].

Beispiele. *Pulvis*-Kupplung[5]: Graphitierter Stahlsand wird durch zweiflügelige Nabe infolge Fliehkraft an die innenverzahnte Wand einer zylindrischen Trommel (z. B. Riemenscheibe) geschleudert. *Metalluk*-Kupplung[6]: Die in den Kammern eines mehrflügeligen Schaufelrades liegenden Stahlkugeln nehmen, durch Fliehkraft

[1] Näheres in Konstruktion 19 (1967) Nr. 7 S. 262/67. [2] Kauermann KG., Düsseldorf.
[3] Pintsch-Bamag AG, Berlin. [4] Vgl. Konstruktion 15 (1963) Nr. 2 S. 60/63.
[5] Arthur Schütz & Co., Wien IX. — Ähnliche Ausf.: *Centri*-Kuppl. der Stromag, Unna/Westf.
[6] Metalluk-Johann Cawe, Bamberg. — Anlaufkennlinien ähnlicher Kupplungen in Konstruktion 18 (1966) Nr. 2 S. 72/73.

gegen Innenwand einer Scheibe geschleudert, diese durch Reibung mit. *Amolix-Kupplung*[1] mit reibflächenbelegten Fliehgewichten und einer den Kupplungsvorgang zeitlich steuernden Ölhydraulik; Verzögerungszeit einstellbar.

c) Freilaufkupplungen[2], bei denen Rollkörper oder besonders geformte Klemmkörper durch Klemmung die Welle in der einen Drehrichtung mitnehmen und in der anderen freigeben.

Kinematik einer Freilaufkupplung[3] nach Bild 84. Der auf einer Welle festsitzende Innenring a nimmt bei Rechtsdrehung den zunächst still stehenden Außenring b durch die Klemmwirkung der Rollkörper c mit, wenn die Reibung an den Berührungspunkten A und B ausreicht. Krümmungshalbmesser der Rollkörper innen ϱ_1, außen ϱ_2, wobei $\varrho_1 > \varrho_2$. Durch eine (nicht gezeichnete) endlose Ringfeder, die durch die Aussparungen d der Rollkörper gesteckt ist, werden diese im Ruhezustand an a im Punkt A gedrückt und in B abgestützt. Klemmwinkel α bezogen auf die Normale in A und Klemmwinkel β bezogen auf die Normale in B. Es muß sein $\tan\alpha < \mu$ (Reibungszahl), ferner $\tan\beta < \mu$. Da stets $\sphericalangle\alpha > \sphericalangle\beta$, ist $\sphericalangle\alpha$ maßgebend.

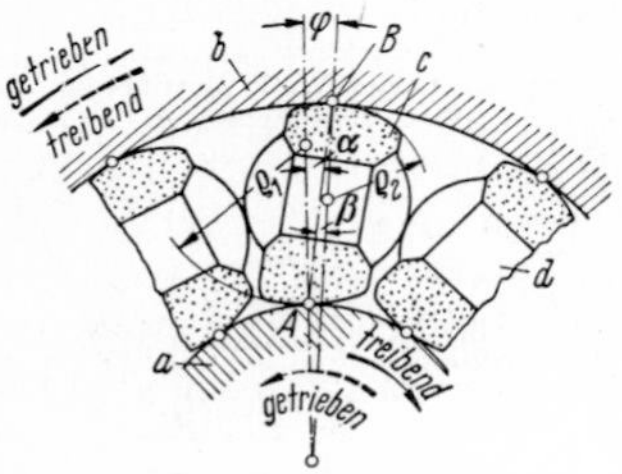

Bild 84

Beachte: $\sphericalangle\varphi = \alpha - \beta$. Für $\varphi = 0°$ rutscht die Kupplung, da keine Kniehebelwirkung möglich; das kann bei Abnutzung und zu großer Deformation der Flanken eintreten.

Bei geeigneter Abstimmung zwischen Schwerpunktlage der Rollkörper und dem Angriffspunkt der Ringfeder können sich Rollkörper vom Ring a lösen, sobald $\omega_b > \omega_a$ wird; berührungsfreier Freilauf von b gegenüber a.

d) Überholkupplungen gestatten das Abkuppeln der angetriebenen Maschine, wenn deren Drehzahl vorübergehend größer als die der Antriebsmaschine wird. Einfachste Bauart vgl. c).

Für größte Leistungen (120000 PS bei 600 U/min; Zahnräderfabr. Renk AG, Augsburg) sind synchronisierende, mechanisch selbstschaltende Zahnkupplungen, Bauart Sinclair, SSS (Synchro-Self-Shifting)[4] geeignet. Eine den Fliehkräften unterworfene Klinkensteuerung bringt die Zahnkupplung in oder außer Eingriff, z. B. bei stationären Turbinenanlagen oder Schiffsantrieben.

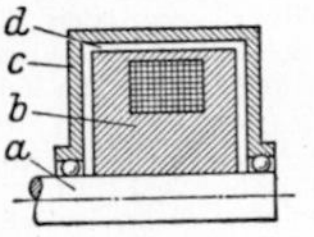

Bild 85

e) Magnetpulverkupplung, Schema Bild 85. Auf Welle a eines Elektromotors ist Spulenträger b fest und Trommel c (z. B. Riemenscheibe) beweglich. Im engen Luftspalt d liegt feinstes Eisenpulver. Die Erregerspule erhält Gleichstrom durch Schleifringe oder durch induktive Übertragung und Gleichrichter. *Kupplungsvorgang:* Elektromotor wird eingeschaltet, b läuft mit Leerlaufdrehzahl um. Eisenpulver wird — zunächst noch nicht magnetisiert — im Luftspalt umhergewirbelt. Nach Einschalten der Gleichstromerregung in b wird Eisenpulver infolge Magnetisierung zu einem fast festen Körper und verbindet a mit c. Statt trocknen Eisenpulvers auch Mischungen mit Öl und Graphit angewendet.

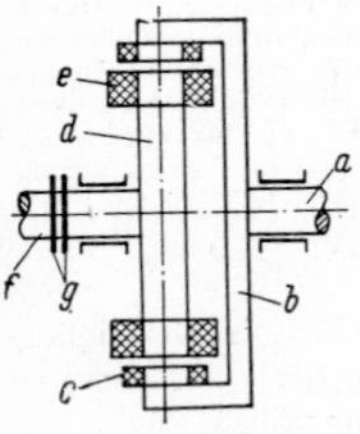

Bild 86

f) Elektromagnetische Zahnkupplung der Stromag, Unna/Westf. Kuppeln durch Stromeinschalten bei *Stillstand* oder *synchroner* Drehzahl; Entkuppeln auch im Lauf bei Vollast möglich. Die zu kuppelnden Naben haben gegeneinandergekehrte Planverzahnungen, die um den erforderlichen Luftspalt auseinanderstehen; Antriebsnabe ist als Topfmagnet (Gleichstrom) ausgebildet und trägt Schleifringe; Abtriebsnabe besitzt längsverschiebbare Ankerscheibe mit der Planverzahnung. Rückholfedern drücken bei Stromausschalten die Verzahnung auseinander.

Weitere Bauarten: Entkuppeln durch Strom, Kuppeln durch Federn. Schleifringlos: Ringmagnet mit Stromspule liegt im Gehäuse fest.

g) Elektromagnetische Schlupfkupplungen (Induktionskupplungen) z. B. zum Antrieb von Schiffsschrauben[5], Bild 86. Die Ritzelwelle a des Zahnrad-Untersetzungsgetriebes trägt einen Rotorkörper b mit Kurzschlußwicklung c. Das innerhalb b umlaufende Polrad d mit Magnetpolen e ist fest mit der antreibenden Dieselmaschinenwelle f verbunden; Erregung dieser Pole mit Gleichstrom, der durch Schleifringe g zugeführt wird. Schlupf 1 bis 2% bei Vollast. Polrad d entspricht dem gleichstromerregten Ständer einer Asynchronmaschine.

Strömungskupplungen (Föttinger-Kupplungen) vgl. Bd. II

Hydrostatische Kupplungen vgl. Anm. 2, S. 743, dort S. 43/51

---

[1] Flender, Bocholt.

[2] Vgl. *Stözle, K.*, u. *S. Hart:* Freilaufkupplungen. Berlin: Springer 1961. — Vgl. Konstruktion 16 (1964) Nr. 6 S. 229/34.

[3] Ringspann Albrecht Maurer KG, Homburg v. d. H.

[4] Vgl. Anm. 2 S. 743, dort S. 111/21.

[5] Gebaut z. B. für Drehmoment 13000 kpm, vgl. Anm. 2 S. 743, dort S. 53/57.

IV. Zahnräder [1]

Literatur: 1. *Dudley, D. W.:* Zahnräder (bearb. v. *H. Winter*). Berlin: Springer 1961. — 2. *Keck, K. F.:* Zahnrad-Praxis. München: Oldenbourg 1956 u. 1958. — 3. *Krumme, W.:* Klingelnberg-Spiralkegelräder. 3. neubearb. Aufl. Berlin: Springer 1967. — 4. Ders.: Praktische Verzahnungstechnik. 4. Aufl. München: Hanser 1952. — 5. *Lindner, W.* (*Schiebel, A.*): Zahnräder. 4. Aufl. Berlin: Springer 1954 u. 1957. — 6. *Niemann:* Maschinenelemente Bd. II. Vgl. S. 713 Lit. 3 — 7. *Seher-Thoss, H.-Chr. Graf v.:* Die Entwicklung der Zahnradtechnik. Zahnformen u. Tragfähigkeitsberechnung. Berlin: Springer 1965. — 8. *Stölzle, K.:* Funktionstafeln f. d. Zahnradberechnung. Düsseld.: VDI-Verl. 1963. — 9. *Thomas, A. K.:* Die Tragfähigkeit der Zahnräder. 6. Aufl. München: Hanser 1966. — 10. *Trier, H.:* Die Zahnformen der Zahnräder. Werkst. Bücher H. 47. 5. Aufl. Berlin: Springer 1958. — 11. Ders.: Die Kraftübertragung der Zahnräder. Werkst. Bücher H. 87. 4. Aufl. Berlin: Springer 1962. — 12. *Zieher, G.:* Erzeugung des Kegelrades und die Grundbegriffe für seine Messung. Düsseldorf: VDI-Verlag 1958. — 13. *Zimmer, H.-W.:* Stirnräder mit geraden u. schrägen Zähnen. Werkstattbücher, H. 125, Teil I. Berlin: Springer 1968. — 14. Zahnradgetriebe auf dem „Semi-International-Symposium of JSME", Tokio 1967. Bericht in Konstruktion 20 (1968) Nr. 7 S. 260/69. — 15. MAAG-Taschenb. Zürich: MAAG-Zahnräder AG 1963.

Normen: DIN	780	(Febr. 1967)	Modulreihe.
	867	(Sept. 1963)	Zahnform (Bezugsprofil) für Stirnräder und Kegelräder.
	3960	(Aug. 1960)	Bestimmungsgrößen und Fehler an Stirnrädern.
	3990	(Entw. Mai 1963) Bl. 1 bis 8	Tragfähigkeitsberechnungen ...
	3992	(März 1964)	Profilverschiebung bei Stirnrädern mit Außenverzahnung.
	3994	(Aug. 1963)	— bei geradverzahnten Stirnrädern mit 0,5-Verzahnung; Einführung.
	3995	(Aug. 1963) Bl 1 bis 8	Einzelheiten zu 3994.

A. Grundbegriffe und Bezeichnungen

Je nach Lage der Wellen zueinander ergeben sich folgende Grundformen:

Lage der Wellen	Grundform	Bezeichnung der Zahnräder
parallel	Zylinder	Stirnräder
sich schneidend	Kegel	Kegelräder
sich kreuzend	Zylinder	zylindrische Schraubenräder, Schnecken
	Hyperboloid	hyperbolische Schraubenräder

a) Grundbedingung. Das Verhältnis der Winkelgeschwindigkeiten ω_1 und ω_2 der treibenden Welle *1* und der getriebenen Welle *2* ist konstant [2]. Das Übersetzungsverhältnis (DIN 868, Abs. 9), kürzer die *Übersetzung*, in Richtung des Kraftflusses ist $i = \omega_1/\omega_2 = n_1/n_2 = z_2/z_1 = \text{const}$; z = Zähnezahl.

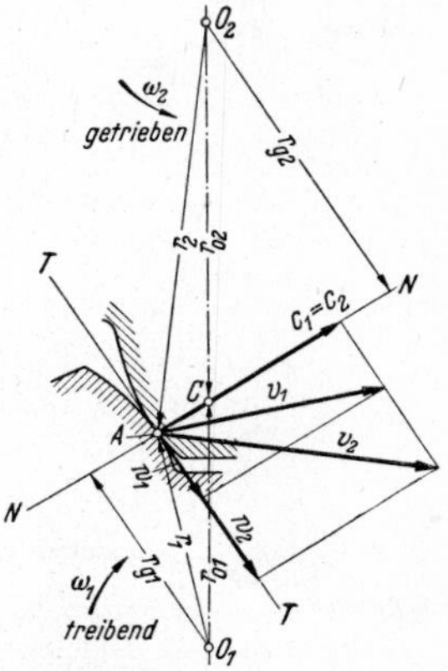

Bild 87. Grundgesetz der Verzahnung

b) Grundgesetz der Verzahnung, Bild 87. Im Berührungspunkt A der beiden Flanken haben beide Zahnkurven gemeinsam die Tangente TAT und die Normale NAN. Die Umfangsgeschwindigkeiten v_1 und v_2 werden in die Tangentialkomponenten w_1 und w_2 (Gleitgeschwindigkeit) und in die Normalkomponenten c_1 und c_2 zerlegt: c_1 und c_2 müssen gleich groß sein, da an der Berührungsstelle weder ein Spielraum sein, noch Rad *1* in Rad *2* eindringen darf. Aus der Ähnlichkeit der Dreiecke folgt: $c_1/v_1 = r_{g1}/r_1$ und $c_2/v_2 = r_{g2}/r_2$; also $c_1 = v_1 r_{g1}/r_1 = \omega_1 r_{g1}$ und $c_2 = v_2 r_{g2}/r_2 = \omega_2 r_{g2}$; da $c_1 = c_2$, wird $\omega_1/\omega_2 = r_{g2}/r_{g1}$. Die

[1] Mitarbeiter an den Abschnitten A bis F: Dipl.-Ing. *N. W. Schumacher*, Berlin.
[2] Zahnradgetriebe, die mittels Ellipsenräder veränderliche Übersetzung ergeben, vgl. VDI-Z. 98 (1956) Nr. 10 S. 425/27. — Vgl. *Kraemer, O.:* Getriebelehre. 3. Aufl. Karlsruhe: Braun 1963.

Normale NAN schneidet die Verbindungslinie der Mittelpunkte O_1 und O_2 in C; es ist $r_{g1}/r_{01} = r_{g2}/r_{02}$; also $\omega_1/\omega_2 = r_{02}/r_{01} = i$. *Verzahnungsgesetz:* Die Normale im Berührungspunkt der Zahnflanken muß durch den Wälzpunkt C gehen, der die Strecke O_1O_2 im umgekehrten Verhältnis der Winkelgeschwindigkeiten teilt. Die Kreise mit den Radien r_{01} und r_{02} heißen *Wälzkreise*; sie werden als *Teilkreise* für die Herstellung benutzt. In der Richtung der Tangente TAT gleiten die Flanken aufeinander; die Relativgeschwindigkeit des Gleitens ist $w_2 - w_1$. Punkt C heißt *Wälzpunkt*; in diesem gedachten Punkt ist die Geschwindigkeit beider Räder gleich groß; es tritt dort kein Gleiten, sondern nur Rollen (Wälzen) der Zahnflanken auf.

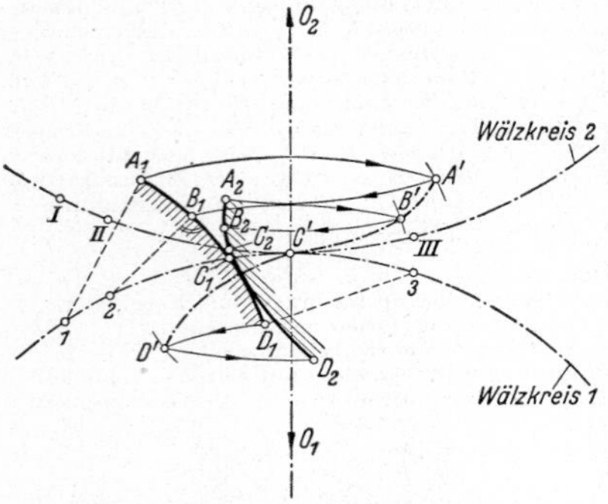

Bild 88. Konstruktion der Eingrifflinie

c) Eingrifflinie, Bild 88. Bei gewähltem Flankenprofil $A_1B_1C_1D_1$ des Rades **1** ist das Profil der Gegenflanke des Rades *2* geometrisch festgelegt. Die Normale im Punkt A_1 schneidet den Wälzkreis *1* im Punkt *1*; wird das Rad *1* nach rechts gedreht, bis *1* mit C' zusammenfällt, dann ist A_1 nach A' gekommen; in A' muß die Berührung mit Punkt A_2 der Gegenflanke stattfinden, da die Normale in A' durch C' geht. Konstruktion: Kreis mit $A_1 1$ um C' und Kreis mit A_1O_1 um O_1; Schnittpunkt ist A'. Überträgt man den Bogen $\widehat{C'1}$ des Wälzkreises *1* auf den Wälzkreis *2*, so erhält man den Bogen $\widehat{C'I}$. Wenn A_1 nach A' gewandert ist, sind *1* und I nach C' gelangt; Rad *2* wird nach links zurückgedreht, um I werden mit $A'C' = A_1 1$ und um O_2 mit $A'O_2$ Kreise geschlagen: Schnittpunkt A_2. Ebenso werden die anderen Punkte der Gegenflanke B_2, C_2 und D_2 bestimmt. Entsprechende Punkte beider Flanken berühren sich in den Punkten A', B', C' und D'; die Kurve durch diese Punkte heißt *Eingrifflinie* (stark —·—·— dargestellt): es kommen in Eingriff A_1 mit A_2 in A', B_1 mit B_2 in B', C_1 mit C_2 in C' und D_1 mit D_2 in D'.

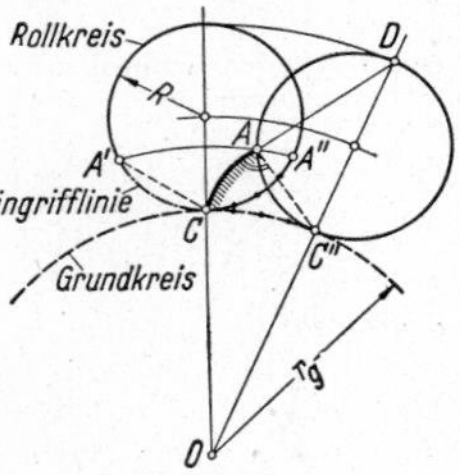

Bild 89
Epizykloide (Aufradlinie)

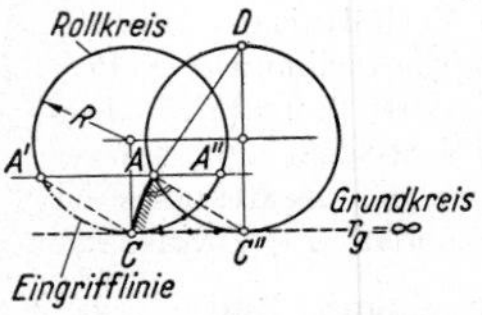

Bild 90
Gemeine Zykloide (Radlinie)

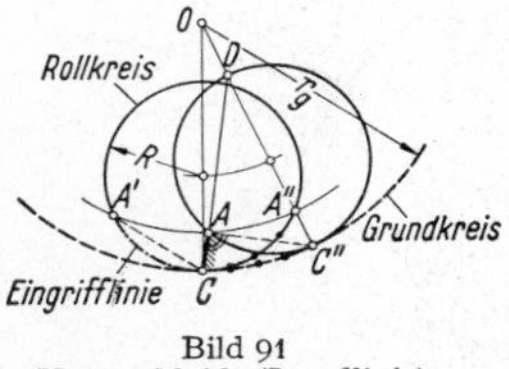

Bild 91
Hypozykloide (Inradlinie)

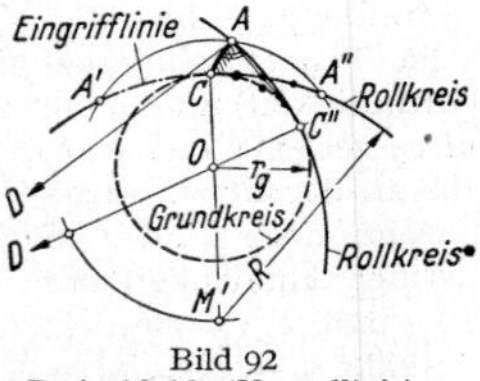

Bild 92
Perizykloide (Umradlinie)

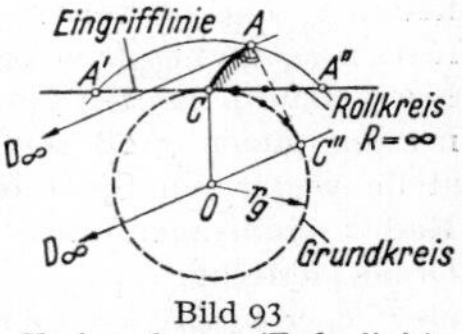

Bild 93
Kreisevolvente (Fadenlinie)

Aus Gründen der Herstellung müssen Zahnflanken und Eingrifflinie durch einfache geometrische Kurven gebildet werden: Zykloiden, Evolventen, Gerade.

Formen der Zahnflanken, Bild 89 bis 93. Mathem. Beziehungen vgl. S. 143/46.

Rollkreis mit Radius R; Grundkreis mit Radius r_g. Um einen beliebigen Punkt A der Kurve zu erhalten, teilt man die aufeinander abrollenden Bogenstücke des Roll- und Grundkreises von C ausgehend in gleiche Teile. Kreis mit $A''C''$ um C; Kreis mit $A''C$ um C''; Schnittpunkt dieser Kreise ist A. Nachprüfung: Kreis mit $A''O$ um O muß durch A gehen. Gleichzeitig gibt dieser Kreis durch seinen Schnittpunkt A' mit dem Rollkreis den entsprechenden Punkt der Eingrifflinie an. Eingrifflinie ist — · — · — dargestellt. AC'' ist die Normale, — — — gezeichnet, AD ist die Tangente im Punkt A der Kurve.

d) Paarung der Zahnräder. Bei zusammenarbeitenden Rädern müssen folgende Bedingungen erfüllt sein: 1. Gleiche Teilung. 2. Mindestens ein Zahnpaar im Eingriff. 3. Die Eingrifflinien beider Zahnprofile müssen sich decken. Eine beliebige Anzahl von Rädern, die diesen Bedingungen entsprechen, bilden einen *Rädersatz, Satzräder*; sie können wahllos miteinander gepaart werden.

e) Normbezeichnungen, Bild 94, Stirnrad mit geraden Zähnen. *Teilkreisteilung* t_0 ist der Abstand zweier benachbarter gleichgerichteter Flanken, auf dem *Teilkreis*[1] d_0 gemessen; Teilkreis ist der Kreis, dessen Umfang gleich zt_0 ist. Bei *Nullrad*getrieben ohne Flankenspiel ist Teilkreis = Wälzkreis.

Modul $m = t_0/\pi = d_0/z$ = Durchmesserteilung in mm. Teilkreisradius, vgl. Bild 104 u. 105, $r_{01} = {}^1/_2 m z_1$; z_1 = Zähnezahl des Kleinrades 1; $r_{02} = {}^1/_2 m z_2$; z_2 = Zähnezahl des Großrades 2. Achsabstand $a_0 = r_{01} \pm r_{02} = {}^1/_2 m (z_1 \pm z_2) = r_{01}(1 \pm i)$; „+" für Außen-, „−" für Innengetriebe.

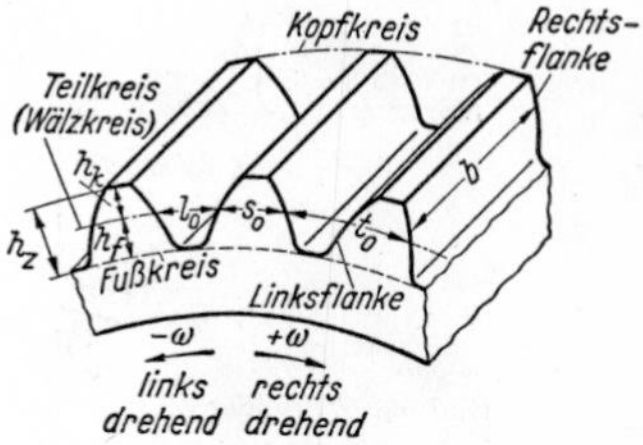

Bild 94. Normbezeichnungen am Nullrad

Als Bogen im Teilkreis gemessen: Zahndicke s_0, Zahnlückenweite l_0. Vom Teilkreis aus gemessen: Kopfhöhe h_k, Fußhöhe h_f. Die Zahnhöhe h_z setzt sich aus Kopfhöhe h_k und Fußhöhe h_f zusammen.

h_k und h_f werden in Funktion von m angegeben; es sei $h_k = ym$, wobei y = Zahnhöhenkennwert; $y = 1$ ist normgemäß; $y < 1$ ergibt „Stumpfzähne"; $y > 1$ bei Schneidrädern.

Eingriffteilung t_e = Abstand der Flanken auf der Eingrifflinie gemessen; $t_e = t_0 \cos \alpha_0$.

Grundkreisteilung t_g = der der Teilkreisteilung t_0 entsprechende Bogen auf dem Grundkreis; $t_g = t_e$.

Kopfspiel. S_k = Abstand des Kopfkreises vom Fußkreis des Gegenrades, vgl. z. B. Bild 96. $S_k = h_f - h_k$. Bei bearbeiteten Zähnen ohne Profilverschiebung (vgl. Nullräder, S. 759) ist meist $h_k = m$; $h_f = 1{,}1$ bis $1{,}3\,m$; $h_z = 2{,}1$ bis $2{,}3\,m$; $S_k = 0{,}1$ bis $0{,}3\,m$. Näheres vgl. S. 763.

Flankenspiel vgl. S. 764/65.

Modulreihe (DIN 780):

m mm	0,3 bis 1	1 bis 4	4 bis 7	7 bis 16	16 bis 24	24 bis 45	45 bis 75
Sprung	0,1	0,25	0,5	1	2	3	5

B. Stirnrad-Getriebe

1. Zykloidenverzahnung[2]

Aufzeichnen der schraffierten Zahnflanken, Bild 95. Größe der Teil- oder Wälzkreise ergibt sich aus m und z_1 bzw. z_2. Rollkreisradien $\approx {}^1/_3$ der zugehörigen Teilkreisradien.

Vom Wälzpunkt C ausgehend werden die Roll- und Teilkreise in gleiche, möglichst kleine Bogenstücke geteilt. $Ca_1 = a_1b_1 = b_1c_1 = Ca_2 = a_2b_2 \ldots = Ca_3 = a_3b_3 \ldots = Cg_1 = g_1h_1 = h_1i_1 = Cg_2 = g_2h_2 \ldots$ Bei genügender Übung können die Zykloiden als Hüllkurven gezeichnet werden.

Die gestrichelten Zahnflanken werden als Spiegelbilder gezeichnet; sie gehen durch die Teilkreispunkte C_1 und C_2. $\widehat{C_1C} = \widehat{C_2C} = {}^1/_2 t_0$. Es arbeiten zusammen: lange Kopfflanke CK_2' mit

[1] Dmr. des Teilkreises ist eine rein *rechnerische* durch m angenommene, bei der Radherstellung in der Verzahnungsmaschine kinematisch verwirklichte, aber von Zahnform unabhängige Größe, die am fertigen Zahnrad nicht unmittelbar meßbar ist.

[2] Im Maschinenbau aus Herstellgründen kaum noch gebräuchlich.

kurzer Fußflanke CF_1 auf der Eingrifflinie K_2C des Rollkreises *1*; K_2 = Anfang des Eingriffs; lange Kopfflanke CK_1' mit kurzer Fußflanke CF_2 auf der Eingrifflinie CK_1 des Rollkreises *2*; K_1 = Ende des Eingriffs. K_2 und K_1 ergeben sich als Schnittpunkte der Kopf- und Rollkreise.

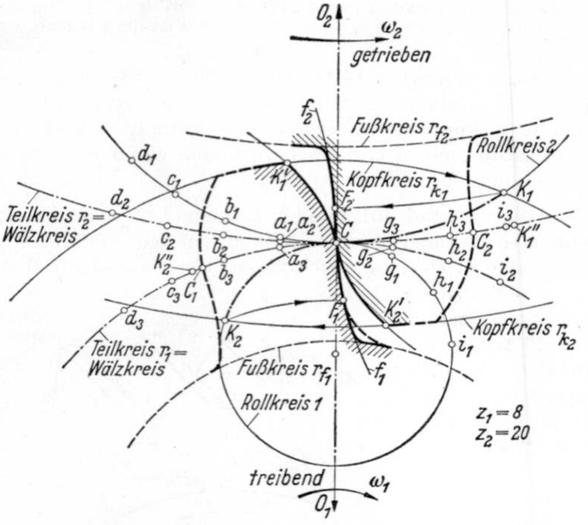

Bild 95. Zykloidenverzahnung, hierzu die Tabelle

Macht man $\widehat{K_2C}$ der Eingrifflinie = $\widehat{K_2''C}$ auf dem Teilkreis *1* und $\widehat{K_1C}$ der Eingrifflinie = $\widehat{K_1''C}$ auf dem Teilkreis *2*, so wird $\widehat{K_2''C}\widehat{K_1''} = e =$ *Eingriffbogen*, auf den Teilkreisen gemessen; am Anfang des Eingriffs befindet sich der Teilkreispunkt C der Flanke $K_1'CF_1$ in K_2'', am Ende des Eingriffs in K_1''. Damit stets *ein* Zahn im Eingriff ist, muß $\widehat{K_2''C}\widehat{K_1''} > t_0$ und der *Überdeckungsgrad* $\varepsilon = \widehat{K_2''C}\widehat{K_1''}/t_0 >$ > 1 sein.

Bei *Satzrädern* müssen die Rollkreise sämtlicher Räder einander gleich sein; meist Rollkreisdurchmesser = Teilkreishalbmesser des kleinsten Rades im Satz; die Füße dieses Rades erhalten dann gerade, radial gerichtete Flanken. Unterschneidungen durch die Köpfe der Großräder, wie es bei Evolventenzähnen möglich ist, kommen bei der Zykloidenverzahnung nicht vor. Bild 95 zeigt *Einzelräder* (Räderpaar, das stets zusammenbleiben soll). Fußanschluß kann von F_1 aus verstärkt werden, da innerhalb von F_1 kein Eingriff. Die Zykloidenflanken setzen sich aus hohlen Fuß- und erhabenen Kopfflanken zusammen; Auseinanderrücken der Radmitten wie bei Evolventenrädern ist daher unzulässig. Abnutzung durch das Gleiten der Flanken wird sich bei den Füßen stärker zeigen als bei den Köpfen, da Reibungsarbeit dort kürzere Strecken erfaßt.

Kreis mit	um	ergibt
Ca_1 Cb_1 ...	a_2 b_2 ..	Hypozykloide Cf_2 = Fußflanke Rad *2*
Ca_1 Cb_1 ...	a_3 b_3 ...	Epizykloide CK_1' = Kopfflanke Rad *1*
Cg_1 Ch_1 ...	g_2 h_2 ...	Hypozykloide Cf_1 = Fußflanke Rad *1*
Cg_1 Ch_1 ...	g_3 h_3 ...	Epizykloide CK_2 = Kopfflanke Rad *2*

2. Evolventenverzahnung für Geradzahn-Stirnräder

Herstellung vgl. Bd. II, Abschn. Verfahren und Maschinen der Metallbearbeitung.

a) Zahnstange als erzeugendes **Werkzeug,** Bild 96 und 97, stellt das *Bezugsprofil* dar (DIN 867); Mittellinie $M - M$ = Wälzlinie, die den Teilkreis r_{01} des zu bearbeitenden Rades im Wälzpunkt C berührt; Profilmittellinie und Teilkreis haben *gleiche Geschwindigkeit.*

Eingriffwinkel $\alpha_0 = 20°$; Kopfhöhe des Werkstücks $h_k = ym$; normgemäß $y = 1$; also $h_k = m$; bei Stumpfzähnen $h_k = ym$, wobei $y < 1$, vgl. Abschnitt g. Fußtiefe des Werkstücks h_f = Kopfhöhe des Werkzeugs h_{kw}; beim Zahnstangenwerkzeug $h_{kw} = 1{,}1$ bis $1{,}2m$; meist $h_{kw} = 1{,}2m$. Beim Schneidrad (Stoßrad) $h_{kw} = 1{,}2$ bis $1{,}3m$; meist $h_{kw} = 1{,}25$. Zeiger w bedeutet Werkzeug. Die Flanken der Zahnstange stehen auf den Eingrifflinien senkrecht; die Eingrifflinien bilden mit der Profilmittellinie den *Eingriffwinkel* $\alpha_0 = 20°$. Flanken von K_2' bis F'' gerade; Gerade K_2K_2' ist *maßgebende* Kopflinie des Zahnstangenzahns, vgl. Bild 97; Abrundung r am Kopf und Fuß des Werkzeugs ist von α_0 und S_k abhängig. Grundkreis $r_{g1} = r_{01} \cos\alpha_0$. *Eingriffteilung* $t_e = t_0 \cos\alpha_0 = t_g$ = Grundkreisteilung. *Eingriffstrecke* K_1K_2.

b) Kopfflanke des Rades: Evolvente; der Krümmungsradius in C ist $= \overline{CE_1}$. Aufzeichnen als Hüllkurve: Kreis mit Cg_1 um g_2; Kreis mit Ch_1 um h_2 usw. Rechtsflanke des benachbarten Zahnes: Evolvente durch den Schnittpunkt H der Eingrifflinie mit der Zahnstangenflanke; Krümmungsradius in H ist $\overline{HE_1}$; es wird Wälzkreisbogen $CJ = t_0$ und $s_0 = l_0 = {}^1/_2 t_0$.

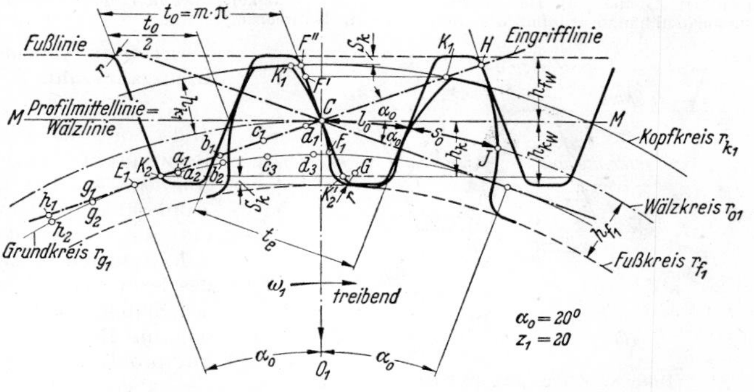

Bild 96. Zahnstange als erzeugendes Werkzeug

c) Fußflanke des Rades: Evolvente von C bis F_1. Bestimmung von F_1: Parallele zu $M - M$ im Abstand h_k ergibt K_2 auf der Eingrifflinie; Kreisbogen mit K_2O_1 um O_1 schneidet die Evolvente in F_1. Aufzeichnen der Evolvente als Hüllkurve: Kreis mit Ca_1 um a_2; Kreis mit Cb_1 um b_2 usw. Anschluß der Fußflanke an den Fußkreis, Bild 97: Zahnstangenkopf mit Rundung r räumt den Werkstoff entsprechend der Kurve b aus dem Rohling heraus; dabei beschreibt Mittelpunkt G der Kopfabrundung die Kurve a (verlängerte Evolvente). Aufzeichnen der *Hüllkurve a*: Kreis mit Gq_1 um q_2; Gp_1 um p_2; ... Gm_1 um m_2; Gl_1 um l_2. Die Punkte l_1 und l_2 fallen praktisch zusammen.

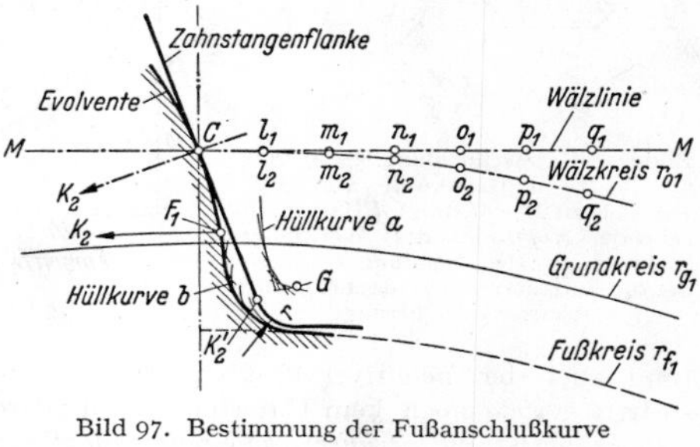

Bild 97. Bestimmung der Fußanschlußkurve

Aufzeichnen der *Hüllkurve b*: Sie verläuft im gleichen Abstand r zur Hüllkurve a; von G aus auf der Kurve a fortschreitend werden Kreisbogen mit dem Radius r geschlagen bis zum Übergang zur Evolvente in Punkt F_1.

d) Eingriffwinkel: genormt $\alpha_0 = 20°$.

e) Zahnstange als Getriebe, Bild 98. Teilkreis und Profilmittellinie haben gleich große Geschwindigkeit. Anfang des Eingriffs in K_2: Schnittpunkt der Kopflinie der Zahnstange K_2K_2' mit der Eingrifflinie E_1K_1. Ende des Eingriffs in K_1: Schnittpunkt des Kopfkreises r_{k1} mit der Eingrifflinie. Es arbeiten zusammen: Fußflanke F_1C des Rades mit Kopfflanke $K_2'C$ der Stange, und Kopfflanke $K_1'C$ des Rades mit Fußflanke $F'C$ der Stange. Bestimmung von F': Parallele durch K_1 zur Wälzlinie bis zum Schnittpunkt mit der Fußflanke. In Bild 98 ist $h_k = m$ und $h_f = 1{,}2\,m$.

f) Eingrifflänge, Bild 98. Der Eingriffstrecke K_2K_1 entspricht auf der Wälzlinie die *Eingrifflänge* $K_2''K_1'' = K_2K_1/\cos\alpha_0 = e$. *Überdeckungsgrad* $\varepsilon = e/t_0$;

in Bild 98 ist $\varepsilon \approx 1{,}75$; d. h. es ist stets *ein* Zahn in Eingriff, und während 75% der Zeit kommt noch ein zweiter Zahn zum Eingriff, vgl. Bild 104.

Teilt man die Eingriffstrecke K_2K_1 in gleiche Teile, z. B. 8, und überträgt die Teilpunkte auf die Flanken, so erhält man auf der Zahnstange Stücke von gleicher Länge, auf der Flanke des Rades jedoch Teile, deren Längen nach dem Kopf stark zunehmen. Der Eingriff schreitet auf K_2K_1 mit gleichbleibender Geschwindigkeit fort; dort, wo die zusammenarbeitenden Flankenstücke ungleich lang sind, tritt Gleiten auf. Die Größe der Gleitgeschwindigkeit ist vom Längenunterschied der Flankenstücke abhängig. Einfluß des Gleitens auf die Schmierung S. 774.

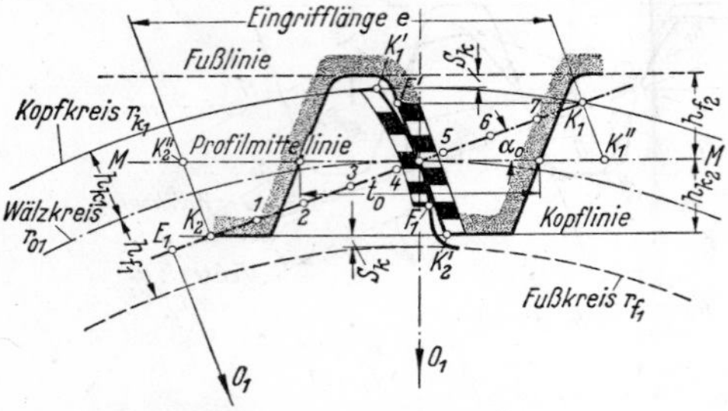

Bild 98. Zahnstange als Getriebe

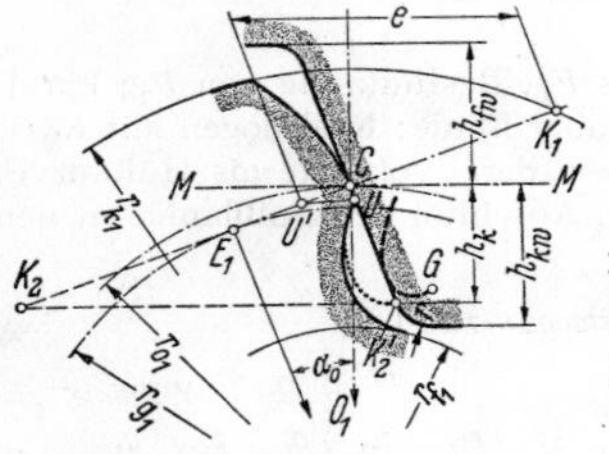

Bild 99. Unterschneidung. $\alpha_0 = 20°$; $z_1 = 6$; ······· Bahnkurve von K_2'; Parallele zu $M-M$ durch K_2' ist maßgebende *Kopflinie* des Werkzeugs (Zahnstange); Kopfrundung r schneidet die Fußkurve des Rades bis U mit scharfer Ecke heraus

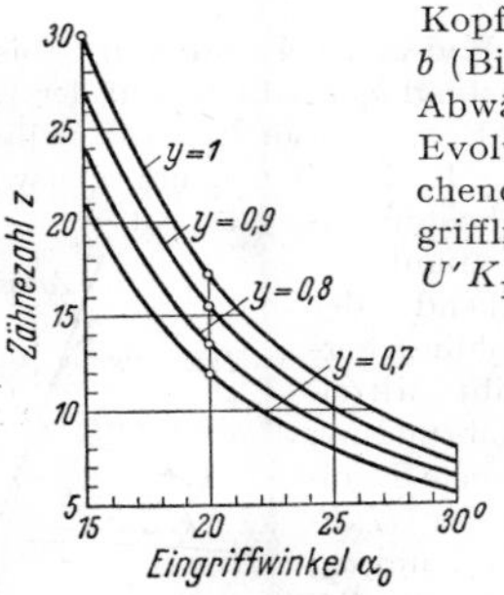

Bi d 100

g) Unterschneidung, Grenzzähnezahl.

α) *Zahnstangenwerkzeug* und vom Zahnstangen-Bezugsprofil abgeleitete *Abwälzfräser.* Bei kleinen Zähnezahlen unterschneidet die Kopfflanke der Zahnstange den Zahnfuß des Rades dann, wenn der Tangentenpunkt E_1 (Bild 99) im Bereich des Bezugsprofils liegt. Die Bahn des abgerundeten Zahnstangenkopfes (relative Kopfbahn), vgl. Hüllkurve b (Bild 97), schneidet beim Abwälzen bei $z_1 = 6$ die Evolvente in U; entsprechender Punkt U' auf Eingrifflinie; Eingriffstrecke $U'K_1$ und Eingrifflänge e sind verkürzt; $\varepsilon \approx 0{,}7$, nicht ausreichend. In Bild 98 keine Unterschneidung, da E_1 *außerhalb* der Strecke K_2K_1 liegt; rückt dagegen E_1 nach K_2, wie es bei kleinen Zähnezahlen (und auch bei negativer Profilverschiebung, vgl. S. 759) der Fall ist (sein kann), so tritt gerade noch kein Unterschnitt auf: Grenzbedingung. Die entsprechende Zähnezahl ist die *rechnerische Grenzzähnezahl* $z_g = 2h_k/(m \sin^2 \alpha_0) = 2y/\sin^2 \alpha_0$. Wie aus Bild 99 hervorgeht, ist für den Unterschnitt (Punkt U) der Endpunkt K_2' der geraden Kopfflanke maßgebend, der den Abstand h_k von $M - M$ hat. Mit $h_k = ym$ und $y = 1$ (normgemäß) wird für $\alpha_0 = 20°$ $z_g \approx 17$, vgl. Bild 100.

Da die Zahnflankenpunkte in der *Nähe* des Grundkreises bei Paarung mit einem Gegenrad von endlicher Zähnezahl nicht zum Eingriff kommen (Bild 104) und auch aus anderen Gründen (vgl. Abschn. F) nicht benutzt werden sollten, kann man mit der *praktischen* Grenzzähnezahl z_g' tiefer gehen, meist bis $z_g' = 14$. — Man kann auch die Kopfhöhe des Werkzeugs $h_k = ym$ kleiner wählen; z. B. für $y = 0{,}8$ wird $z_g \approx 14$ (Bild 100). — Entscheidend bleibt die Größe von ε bei der *Paarung* mit Gegenrad; Ermittlung zeichnerisch nach Bild 104 u. 105 oder einfacher nach Bild 101. Bei kleinstzulässigem $\varepsilon_{min} = 1{,}1$ wird $z_g'{}_{min} = 12$, d. h. kleinstzulässige Zähnezahl bei Normverzahnung.

β) *Schneidrad* als Werkzeug mit Schneidezähnen, deren Zahl z_w bis 10 herabgeht (Bild 102 u. 103); wie bei dem Zahnstangenwerkzeug ist die Form der Werkstückflanken von der Gestaltung der Werkzeugflanken abhängig. *Außengetriebe:* Ist z_w klein, dann muß die Zähnezahl z_1 des eingreifenden Getrieberades $\leqq z_w$ des Schneidrades sein, da die Fußflanke des Rades *2* nicht so weit ausgearbeitet ist, daß die Kopfflanke eines Rades mit $z_1 > z_w$ Platz findet; das kann durch Vergrößerung des Kopfkreises des Schneidrades ($h_{kw} = 1{,}25$ bis $1{,}3\,m$) vermieden werden.

$\alpha\alpha$) Ist $z_w < z_g$, dann können die Fußflanken des Schneidrades *radial* ausgebildet werden (Bild 103). Für $z_w = 10$, $h_{kw} = 1{,}3\,m$ und $\alpha_0 = 20°$ wird der Schneidradzahn fast spitz. Die Flanke des Werkstücks (Rad *2*) ist von F_2 bis zum Fußkreis eine verlängerte Epizykloide, von F_2 bis G_2 eine Evolvente, von G_2 bis K_2' eine Epizykloide, die mit der Geraden $G_w'F_w$ auf dem Rollkreis $^1/_2 r_{0w}$ von G_w bis K_2 zusammenarbeitet. Eingrifflinie $\widehat{K_2G_w}\,\overline{CK_w}$. Brauchbarer Teil der Flanke 2 von F_2 bis K_2'. Der Kopf von G_2 bis K_2' tritt gegenüber der Evolventenflanke etwas zurück, wodurch

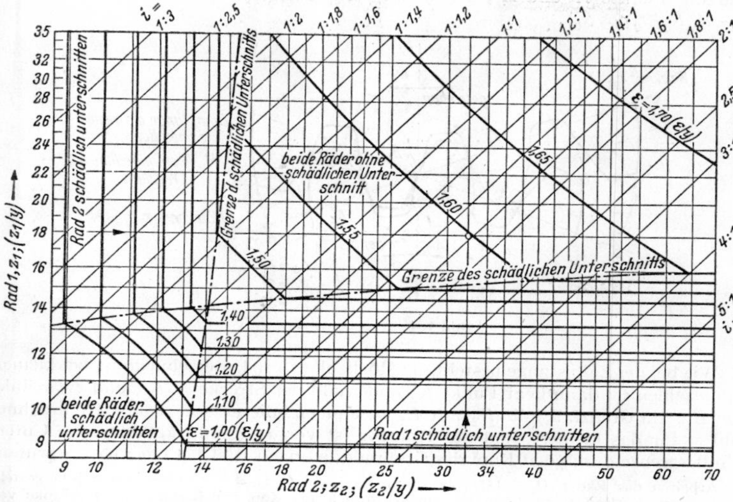

Bild 101. Überdeckungsgrad ε zweier Zahnräder (Nullgetriebe) mit verschiedenem Übersetzungsverhältnis i bei $\alpha_0 = 20°$. Nach *Trier* (Lit. 10)

bei größerem Überdeckungsgrad sanfterer Eingriffbeginn eintreten kann (Flankeneintrittsspiel). Die Lagen von K_w und F_2 (beachte $h_{f2} = 1{,}3\,m$) bestimmen die Größe des Kleinrades (z_1), das mit dem Großrad (z_2) zusammenarbeiten soll.

$\beta\beta$) Ausbildung der Schneidradflanken durch Profilverschiebung, vgl. 3. Sonderverzahnungen.

Beispiele: 1. Gegeben $z_1 = 18$ und $z_2 = 32$, Bild 104, ergibt nach Bild 101 $\varepsilon \approx 1{,}6$ und $i \approx 1{,}8:1$.

2a. Beim Herstellen durch ein Schneidrad mit der Zähnezahl z_w kann nach Bild 101 die Unterschnittgrenze bestimmt werden, wenn $z_w = z_2$ und die Zähnezahl des Werkstücks gleich z_1 gesetzt wird. Ist $z_w = 24$ und $z_1 = 15$, so wird gerade die Grenze erreicht.

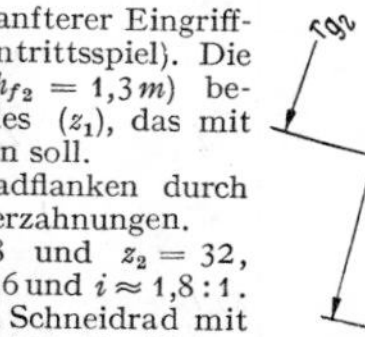

Abb. 102. Schneidrad

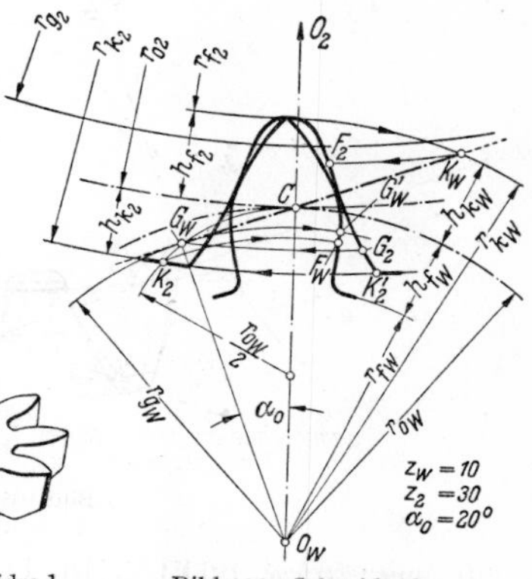

Bild 103. Schneidrad. Ausbildung der Fußflanken

2b. Getriebe mit $z_1 = 15$ und $z_2 = 45$ ergibt nach Bild 101 Unterschnitt für Rad *1*; deshalb werde Rad *2* mit Stumpfzähnen ($y_2 = 0{,}9$) vorgesehen; dadurch Verkleinerung von ε auf? Für Rad *1* ist wegen $y_1 = 1$ der Wert $z_1/y_1 = 15$ und für Rad *2* ist $z_2/y_2 = 45/0{,}9 = 50$. Somit $\varepsilon/y = 1{,}55$ nach Bild 101 und $\varepsilon = 1{,}55 \times \times 0{,}9 \approx 1{,}39$. Rad *1* ist vollkommen unterschnittfrei nur durch Schneidrad herzustellen, wobei $z_w \leqq 25$ sein muß (Ordinate $z_1 = 15$ verfolgen bis Grenzkurve, ergibt auf Abszisse $z_2 = 25 = z_w$).

h) Paarung der Stirnräder. α) *Außengetriebe* (Bild 104). Zwei Zahnräder mit demselben Zahnstangenwerkzeug hergestellt; die Mittellinie des gemeinsamen Bezugsprofils geht durch den Wälzpunkt C. $r_{01} = {}^1/_2\,m z_1$; $r_{02} = {}^1/_2\,m z_2$. Auf der

Eingrifflinie beginnt der Eingriff in K_2 (Schnittpunkt des Kopfkreises *2* mit E_1E_2) und endet in K_1 (Schnittpunkt des Kopfkreises *1* mit E_1E_2). Von K_2 bis B_1 und von B_2 bis K_1 sind zwei Zähne (Doppeleingriff), innerhalb der Strecke B_1B_2 ist nur ein Zahn (Einzeleingriff) im Eingriff. Eingriffteilung $t_e = t_0 \cos\alpha_0$. Für entgegengesetzte Drehrichtung liegt die Eingrifflinie $K_2'K_1'$ als Spiegelbild. Zu beachten sind die Punkte H und H', durch die die Evolventen der Kopfflanken gehen. $\varepsilon = K_2K_1/(t_0 \cos\alpha_0)$.

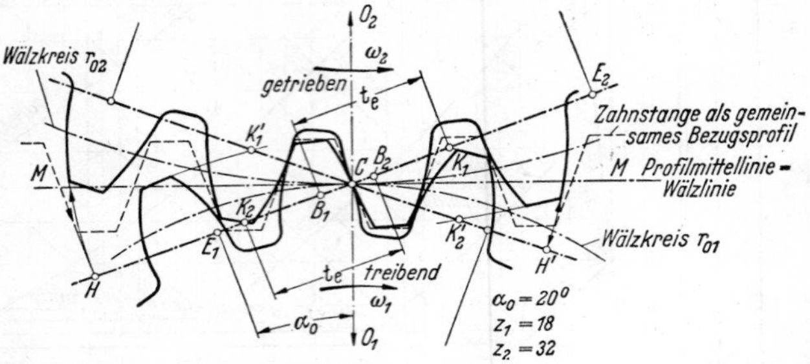

Bild 104. Außengetriebe

Wie bei der Zahnstange besteht die Möglichkeit der Unterschneidung bei kleinen Zähnezahlen z_1; dann liegt Punkt K_2 außerhalb der Strecke E_1E_2, und zwar links von E_1. Im Grenzfall fällt K_2 mit E_1 zusammen; die entsprechende Grenzzähnezahl z_1 für das kleinere Rad der Paarung ist von i, α_0 und h_k abhängig. Unterschnittsgrenze durch den Kopf des Großrades ist nach Bild 101 oder 104 zu prüfen:

Arbeiten das Rad *1* ($z_1 = 15$), das durch ein Stoßrad ($z_w = 24$) unterschnittfrei hergestellt wurde, und das Rad *2* ($z_2 = 40$) zusammen, so sucht der Kopf von Rad *2* in die Fußflanke von Rad *1* einzudringen, vgl. „Grenze des schädlichen Unterschnitts", Bild 101.

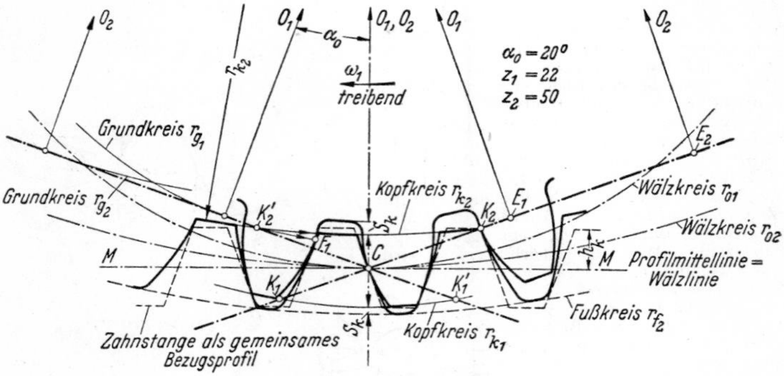

Bild 105. Innengetriebe

β) *Innengetriebe*, Bild 105. Die Flanken des Kleinrades sind mit Zahnstangenwerkzeug, die des Groß-(Hohl-)rades durch ein Schneidrad mit gleichem Bezugsprofil (Zahnstange) hergestellt. Die Form der Fußflanke des Großrades entspricht der relativen Kopfbahn des Schneidrades.

Die Evolvente des mit Zahnstangenwerkzeug hergestellten Kleinrades beginnt in F_1 *. Folglich muß der Kopf des Hohlrades gekürzt oder genügend abgerundet

* Bestimmung von F_1: Kreisbogen um O_1 durch K_2' oder K_2; K_2' und K_2 sind Schnittpunkte der Kopflinie der Zahnstange mit Eingrifflinie.

werden; $r_{k2} = O_2 K_2'$. Eingriff beginnt in K_2 und endet in K_1. $\varepsilon = K_2 K_1 / (t_0 \cos \alpha_0) \approx 1{,}7$ (Bild 105). Wird Rad *1* mit Schneidrad hergestellt, dann rückt F_1 weiter nach außen, und der Kopf von Rad *2* muß noch weiter gekürzt werden. Ausführliche Darstellung vgl. Lit. 10.

i) Einfluß des Eingriffwinkels. Mit *wachsendem* Eingriffwinkel α_0 wird 1. die Grenzzähnezahl für Unterschnittfreiheit herabgesetzt (Bild 100), 2. die Zahnflankenform gewölbter, 3. der Zahn spitzer, 4. die Relativ-Gleitgeschwindigkeit verringert, 5. der Überdeckungsgrad ε verkleinert und 6. Zahn- und Achsbelastung vergrößert.

3. Sonderverzahnungen[1]

Geradzahn-Stirnräder; Evolventenverzahnung mit Profilverschiebung. Über den besonderen Zweck der Profilverschiebung vgl. S. 764.

a) Grenzräder sind Räder, deren Zähnezahlen $= z_g$ bzw. z_g' sind. Tangentenpunkt E liegt auf bzw. beim Außengetriebe etwas innerhalb des Bezugsprofils.

b) Nullräder sind Räder, bei deren Herstellung die Bezugsprofil-Mittellinie mit der Wälzlinie zusammenfällt; der Abstand des Profilmittelpunkts M vom Wälzpunkt C ist gleich Null, daher „Nullräder". Durch Paarung von Nullrädern entsteht das *Null-Getriebe:* die bei der Erzeugung benutzten Teilkreise berühren sich im Wälzpunkt C, Bild 104 u. 105. Achsabstand $a_0 = {}^1/_2 m(z_1 \pm \pm z_2)$. Zeiger 0 bedeutet Nullräder.

c) V-Räder[2], **Profilverschiebung** (zu beachten Bild 1 u. 2 in DIN 3992). Um Unterschneiden bei *kleinen* Zähnezahlen zu vermeiden, kann man bei der Herstellung die Mittellinie $M - M$ (Bild 107) des Zahnstangenprofils aus der Normallage, die durch den Wälzpunkt C gegeben ist, nach *außen* um den Betrag der *Profilverschiebung* $v = +xm$ herausrücken; x = *Profilverschiebungsfaktor*; vgl. Bild 106. *Positive* Profilverschiebung, V_{plus}-Rad, Bild 107 rechts mit $z_1 = 12$;

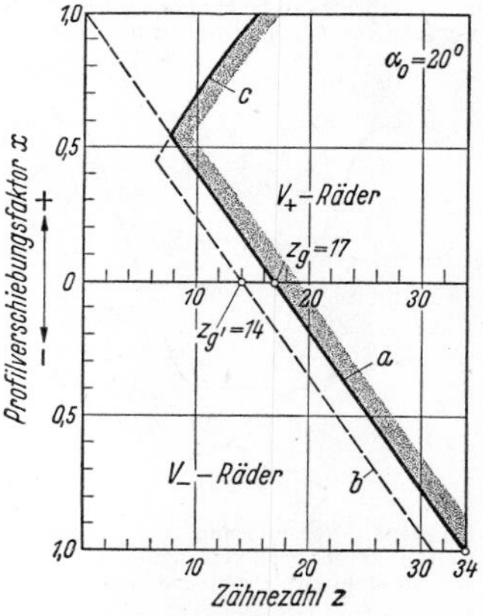

Bild 106. Profilverschiebungsfaktor $x = f(z)$ für $\alpha = 20°$

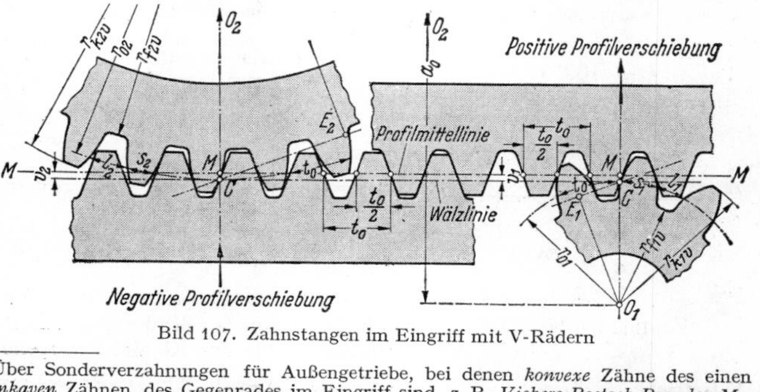

Bild 107. Zahnstangen im Eingriff mit V-Rädern

[1] Über Sonderverzahnungen für Außengetriebe, bei denen *konvexe* Zähne des einen Rades mit *konkaven* Zähnen des Gegenrades im Eingriff sind, z. B. *Vickers-Bostock-Bramley-Moore*-Verzahnung (VBB) und *Wildhaber-Novikov*-Verzahnung (WN) in VDI-Bericht 47; Düsseldorf: VDI-Verl. 1961, dort S. 5/32. Auszug hieraus in Konstruktion 13 (1961) Nr. 2 S. 41/54 u. Nr. 3 S. 114/21; ferner Lit. 7. — Bezügl. Evolventenverzahnungen mit Zähnezahlen von 1 bis 7 vgl. VDI-Z. 107 (1965) Nr. 6 S. 275/84.

[2] V abgeleitet von Verschiebung; als Index wird v benutzt.

$\alpha_0 = 20°$. $v_1 = +x_1 m$. Unverändert bleiben: Teilkreis- = Erzeugungswälzkreisradius $r_{01} = {}^1/_2 m z_1$; Teilung t_0; Geschwindigkeit von Teilkreis und Profilmittellinie; Eingrifflinie geht durch Wälzpunkt C. Verändert werden: $s_1 > {}^1/_2 t_0$; $l_1 < {}^1/_2 t_0$; r_{k1v} und r_{f1v} werden um $v_1 = +x_1 m$ größer.

Für normgemäße Zahnhöhen, also $y = 1$, entspr. $h_k = m$, ist die erforderliche *Mindestverschiebung* für unterschnittfreie Flanken (vgl. Gerade a in Bild 106)

$$x = (17 - z)/17 \quad \text{für} \quad \alpha_0 = 20°. \tag{1}$$

Für z_g' mit $y = 0{,}8$ wird (vgl. Gerade b) $\quad x = (14 - z)/17.$ (2)

Bei zu großer positiver Profilverschiebung tritt *Spitzenbildung* ein (Kurve c).

Eine Zahnspitze würde beim Eingriff einerseits zerstörend auf die Flanke des Gegenrades wirken, andererseits selbst zerstört werden.

Am Großrad kann die Profilverschiebung nach *innen* um den Betrag $v = -xm$ vorgenommen werden; *negative* Profilverschiebung, V_{minus}-Rad, Bild 107 links; Rad *2* mit $z_2 = 36$; $\alpha_0 = 20°$. $v_2 = -x_2 m$. Verändert werden: $s_2 < {}^1/_2 t_0$; $l_2 > {}^1/_2 t_0$; r_{k2v} und r_{f2v} werden um $v_2 = -x_2 m$ kleiner. Da beim Herstellen profilverschobener Zähne der Herstellungsteilkreis unverändert bleibt, muß sein: $s_w < l_w$; $\widehat{s_z} > \widehat{l_z}$; $s_w = \widehat{l_z}$; $l_w = \widehat{s_z}$; $s_w + l_w = t_0 = \widehat{s_z} + \widehat{l_z}$, Bild 108.

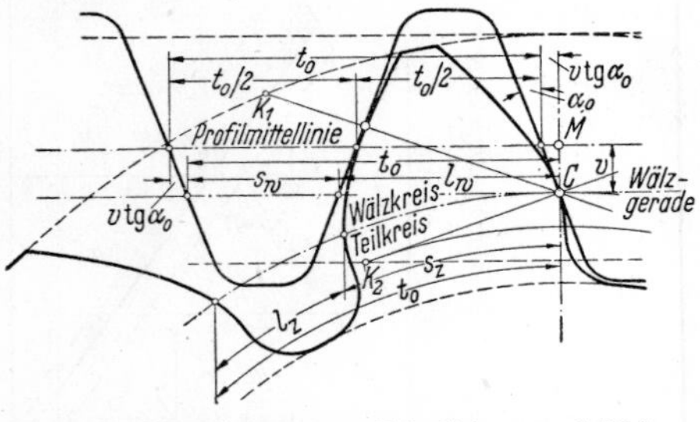

Bild 108. Veränderung von Zahndicke s und Lückenweite l durch Profilverschiebung. Index w für Werkzeug, z für Zahnrad. Profilverschiebung positiv, $v = +xm$

d) V-Null-Getriebe: Die Profilverschiebungen des Räderpaares sind für Klein- und Großrad gleich groß, aber entgegengesetzt, $+v_1 = -v_2$; $+x_1 = -x_2$; Achsabstand bleibt $a_0 = {}^1/_2 m(z_1 \pm z_2)$, Bild 107.

Bei großer Profilverschiebung xm (Bild 109) kann Kopflinie des Werkzeugs durch E_2 gehen; wird die Verschiebung noch größer genommen, kann Unterschnitt am Großrad entstehen. Es ist

$$q = a_0 - (r_{01} + r_{02}) \cos^2 \alpha_0 = {}^1/_2 m(z_1 + z_2) \sin^2 \alpha_0.$$

Für den *Grenzfall* (Kopflinien durch E_1 und E_2) wird $q = 2h_k$; $z_1 + z_2 = 4h_k/(m \sin^2 \alpha_0)$. Für $h_k = m$ wird $z_1 + z_2 = 4/\sin^2 \alpha_0 = 2z_g$. Für $\alpha_0 = 15°$; $z_1 + z_2 = 60$. $\alpha_0 = 20°$; $z_1 + z_2 = 34$. Dann darf x nicht über das *Mindestmaß* nach Gl. (1) hinausgehen.

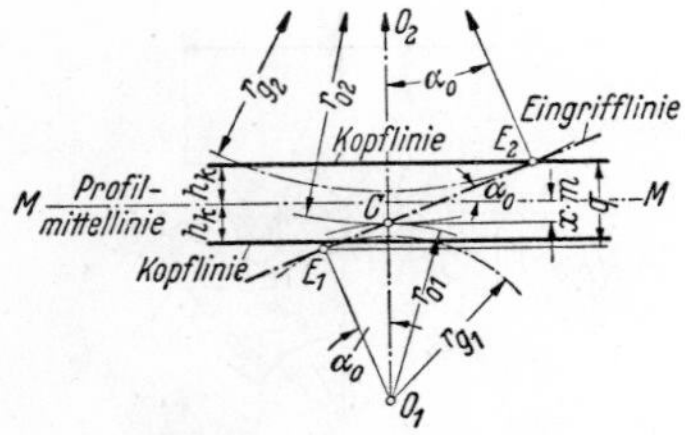

Bild 109

Beispiel 3: $z_1 = 12$; $z_2 = 36$; $m = 12$; $\alpha_0 = 20°$ (Bild 109); Außengetriebe $x_1 = (17 - z_1)/17 = (17 - 12)/17 = 5/17 = 0{,}294$; $v_1 = +3{,}5$ mm (gerundet). $r_{01} = z_1 m/2 = 72{,}0$ mm. $r_{k_{1v}} = r_{01} + m + v_1 = 87{,}5$ mm; $d_{k_{1v}} = 175{,}0$ mm. $x_2 = -x_1 = -0{,}294$; $v_2 = -3{,}5$ mm. $r_{02} = z_2 m/2 = 216{,}0$ mm. $r_{k_{2v}} = r_{02} + m - v_2 = 224{,}5$ mm; $d_{k_{2v}} = 449{,}0$ mm. $a_0 = r_{01} + r_{02} = 288$ mm; $i = z_2 : z_1 = 3 : 1$, wenn Rad *1* treibt.

Beachte: Beim V_--Rad wird Zahnfuß schwächer als beim V_+-Rad, dementsprechend Biegebeanspruchung größer.

Beim *Innengetriebe* wird die Profilverschiebung am Großrad im gleichen Richtungssinn wie am Kleinrad vorgenommen.

e) V-Getriebe. α) *Allgemeines.* Werden beide Räder (hier V_{plus}-Räder) mit ihren *Bezugsprofilen* zur Deckung gebracht, Bild 110, so wird ursprünglicher Achsabstand $a_0 = r_{01} \pm r_{02} = {}^1/_2 m(z_1 \pm z_2)$ auf a_p* um $C_1 C_2 = (x_1 + x_2) m$ vergrößert.

* Index p deutet auf Profildeckung hin.

Einführung von Hilfsgrößen B und B_v. Setze

$$C_1C_2 = B a_0; \quad (x_1 + x_2)m = {}^1/_2 m(z_1 \pm z_2)B; \qquad B = 2(x_1 + x_2)/(z_1 \pm z_2). \qquad (3)$$

Beispiel 4, vgl. Bild 110. $m = 8$ mm; $\alpha_0 = 20°$; $z_1 = 10$; $x_1 = +0{,}425$ (vgl. Bild 106). $z_2 = 12$; $x_2 = +0{,}29$. $B = 2 \cdot 0{,}715 : 22 = 0{,}065$. $a_0 = r_{01} + r_{02} = 40 + 48 = 88$ mm. $C_1C_2 = Ba_0 = 0{,}065 \cdot 88 = 5{,}72$ mm.

Um die voneinander abstehenden Flanken, Bild 110, zur Berührung zu bringen, schiebt man Rad *1* an Rad *2* heran. Berührung innerhalb der Flankenpunkte P_1 und P_2 tritt ein, *bevor* Strecke $(x_1 + x_2)m$ zurückgelegt ist, Bild 110 rechts; dabei kommt O_1 nach O_1', Bild 111. Neuer Achsabstand a_v* $< a_p$. Teilkreise stehen um $C_1'C_2$ voneinander ab. Setze $C_1'C_2 = B_v a_0$; dann wird $a_v = a_0(1 + B_v)$.

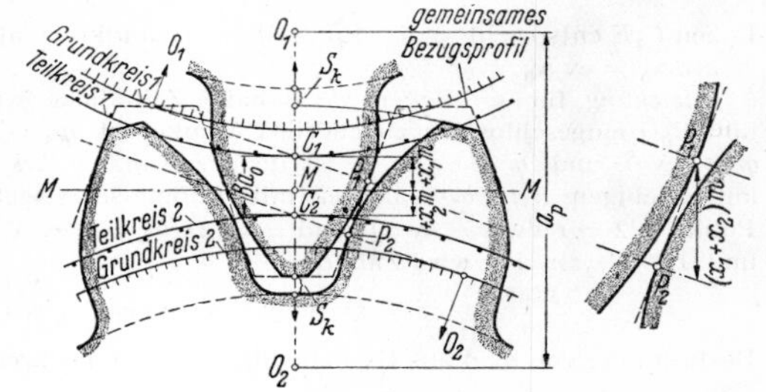

Bild 110

Gemeinsame Tangente E_1E_2 an Grundkreise r_{g1} und r_{g2} ist neue Eingrifflinie; sie schneidet Strecke $O_1'O_2$ in C_v (Wälzpunkt). $O_1'C_v/O_2C_v = r_{v1}/r_{v2} = r_{g1}/r_{g2} = r_{01}/r_{02} = \omega_2/\omega_1$; r_{v1} und r_{v2} sind Radien der durch C_v gehenden Wälzkreise. Neuer Achsabstand $a_v = r_{v1} + r_{v2}$. Neuer Eingriffwinkel (Pressungswinkel) α_v:

$$\cos\alpha_v = r_{g1}/r_{v1} = r_{g2}/r_{v2} = (r_{g1} + r_{g2})/a_v = \cos\alpha_0 \cdot a_0/a_v = \cos\alpha_0/(1 + B_v). \quad (4)$$

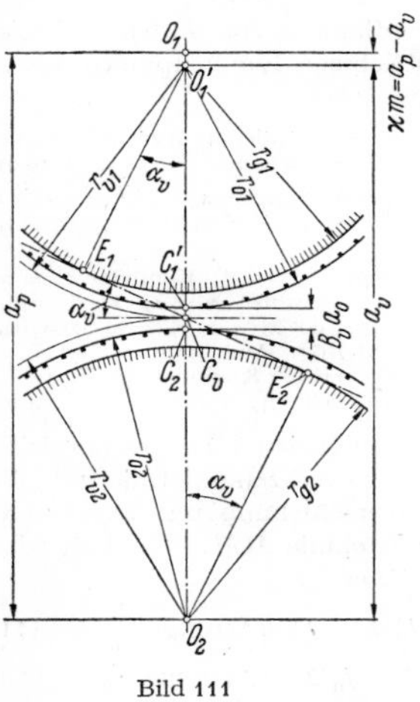
Bild 111

Auf den Wälzkreisen liegt Umfangsteilung

$$t_v = t_0 \cdot a_v/a_0 = t_0(1 + B_v) = t_0 \cdot \cos\alpha_0/\cos\alpha_v. \quad (5)$$

Ferner muß analog Bild 108 bei spielfreiem Eingriff die Summe der Zahndicken beider Räder sein:

$$s_{v1} + s_{v2} = t_v. \quad (6)$$

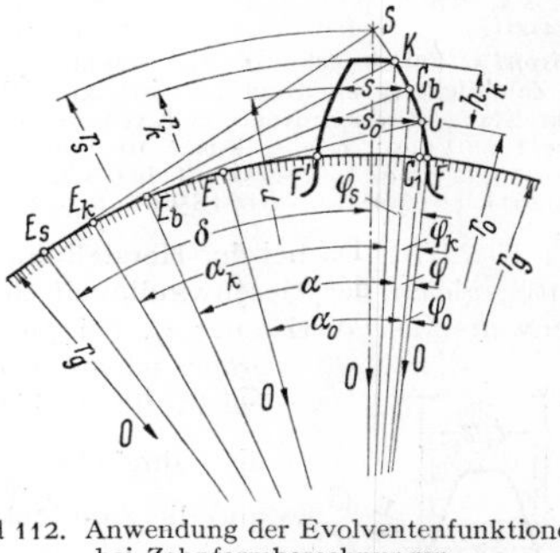
Bild 112. Anwendung der Evolventenfunktionen bei Zahnformberechnungen

Berechnung von a_v und α_v mittels der Hilfsgrößen B, B_v und der Evolventenfunktionen vgl. β).

β) *Evolventenfunktionen zur Bestimmung der Zahnabmessungen und des Achsabstands.* $\alpha\alpha$) *Nullrad* Bild 112; $z = 19$; $\alpha_0 = 20°$. Strahl SO ist Mittellinie des

* Index v deutet auf Verschiebung hin.

Zahnprofils; S = theoretische Spitze; auf Teilkreis (= Erzeugungswälzkreis) r_0 ist Teilung t_0 und $s_0 = t_0/2$. Für *beliebigen* Flankenpunkt C_b (außerhalb r_0) ist Zahndicke $s < s_0$.

Im Dreieck CEO ist $CE = r_g \tan\alpha_0$; nach Erzeugungsgesetz der Evolvente ist $CE = \widehat{EF}$; $\widehat{C_1F} = \widehat{EF} - \widehat{EC_1} = CE - \widehat{EC_1} = r_g \tan\alpha_0 - \widehat{EC_1}$. Da $\widehat{EC_1} = r_g \operatorname{arc}\alpha_0$ ist, wird $\widehat{C_1F} = r_g(\tan\alpha_0 - \operatorname{arc}\alpha_0)$. Man setzt $(\tan\alpha_0 - \operatorname{arc}\alpha_0) = \operatorname{ev}\alpha_0$; ev = Evolventenfunktion[1]; demnach $\widehat{C_1F} = r_g \operatorname{ev}\alpha_0$. (7)

Bogen C_1F entspricht $\sphericalangle\varphi_0$; für Einheits-Grundkreis, also $r_g = 1$, ist $\varphi_0 = \tan\alpha_0 - \operatorname{arc}\alpha_0 = \operatorname{ev}\alpha_0$.

Gleichung für s. Bogen $s/2$ = halbe Zahndicke wird von den Strahlen SO und C_bO eingeschlossen; zugehöriger Winkel ist $\varphi_s - \varphi$. Analog $\varphi_0 = \operatorname{ev}\alpha_0$ ist $\varphi_s = \operatorname{ev}\delta$ und $\varphi = \operatorname{ev}\alpha$; α ist der *Pressungswinkel* für Flankenpunkt C_b, der auf beliebigem *Betriebs*-Wälzkreis mit Halbmesser r liegt. Demnach wird für *diesen* Punkt $s/2 = r(\operatorname{ev}\delta - \operatorname{ev}\alpha)$ und $s = 2r(\operatorname{ev}\delta - \operatorname{ev}\alpha)$. Da $r = r_0 \cdot \cos\alpha_0/\cos\alpha$ und $r_0 = {}^1/_2 zm$ ist, wird Zahndicke

$$s = zm(\operatorname{ev}\delta - \operatorname{ev}\alpha)\cos\alpha_0/\cos\alpha. \qquad (8)$$

Bestimmung von $\operatorname{ev}\delta$ aus Grenzbedingung. Auf Teilkreis wird für Nullrad

$$s = s_0 = t_0/2 = \pi m/2; \quad \text{ferner} \quad \alpha = \alpha_0. \quad s_0 = \pi m/2 = zm(\operatorname{ev}\delta - \operatorname{ev}\alpha_0);$$

$$\operatorname{ev}\delta = \pi/2z + \operatorname{ev}\alpha_0. \qquad (9)$$

Für $\alpha_0 = 20°$ ist $\operatorname{ev}\alpha_0 = 0{,}014904$; $\operatorname{ev}\delta = 1{,}570796/z + 0{,}014904$. (9a)

Gl. (9) in Gl. (8) ergibt $s = zm(\pi/2z + \operatorname{ev}\alpha_0 - \operatorname{ev}\alpha)\cos\alpha_0/\cos\alpha$, (10)

wobei α aus $\cos\alpha = r_g/r = r_0\cos\alpha_0/r$ bestimmbar.

Gl. (10) gilt für alle Zahndicken der Evolventenflanken von F (Grundkreis) über C (Teilkreis mit $s_0 = t_0/2$), über C_b (beliebiger Flankenpunkt) bis S (Spitze).

Grenzwerte. 1. Spitzenbildung. $\operatorname{ev}\delta$ folgt aus Gl. (9) oder (9a); mit diesem Wert erhält man aus Evolvententafeln[1] den Wert für $\sphericalangle\delta$. Spitzenhalbmesser $r_s = r_0\cos\alpha_0/\cos\delta = zm\cos\alpha_0/(2\cos\delta)$.

2. Zahndicke aut Grundkreis $s_g = FF' = s_0 \cdot r_g/r_0 + \widehat{2C_1F} = s_0\cos\alpha_0 + 2r_g\operatorname{ev}\alpha_0 = {}^1/_2\pi m\cos\alpha_0 + zm\cos\alpha_0\operatorname{ev}\alpha_0 = m\cos\alpha_0(\pi/2 + z\operatorname{ev}\alpha_0)$. Für $\alpha_0 = 20°$ wird $s_g = m \cdot 0{,}9397(1{,}570796 + 0{,}014904 z)$.

Beispiel 5: Für ein Zahnrad (Bild 112) mit $z = 19$, $m = 10$ mm, $\alpha_0 = 20°$, Kopfhöhe $h_k = m$ ist die Zahndicke s_k am Kopf zu bestimmen. Benutzt wird Gl. (10), wobei $\alpha = \alpha_k$ wird, wenn Grundkreistangente durch Kopfecke K geht. $\sphericalangle\alpha_k$ wird berechnet aus $\cos\alpha_k = r_g/r_k = r_0\cos\alpha_0/r_k$. $r_0 = zm/2 = 95$ mm; $r_k = r_0 + m = 105$ mm. $\alpha_k = 31°46' \approx 31{,}767°$. Aus Tafeln ist $\operatorname{ev}\alpha_k = 0{,}064856$; $\lg\cos\alpha_k = 0{,}92952 - 1$; $\lg\cos\alpha_0 = 0{,}97299 - 1$. Werte in der Klammer der Gl. (10) $= (0{,}082674 + 0{,}014904 - 0{,}064856) = (0{,}032722)$. Logarithm. Rechnung ergibt $s_k \approx 6{,}87$ mm.

$\beta\beta$) *V-Räder*. Da bei der Herstellung die Geschwindigkeit im *Teilkreispunkt C*, Bild 108, gleich der Geschwindigkeit des Zahnstangenwerkzeugs ist, jedoch die Lückenweite des Werkzeugs l_w bei *positiver* Profilverschiebung um $2xm\tan\alpha_0$ *größer* ist als in der Profilmittellinie MM, Bild 113, wird bei Profilverschiebung um $\pm xm$

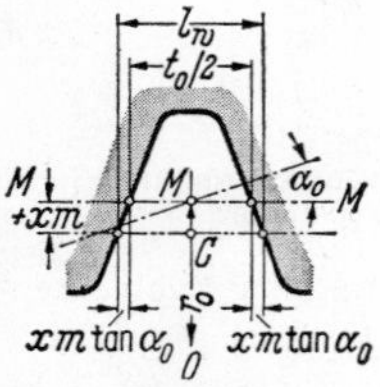

Bild 113

die Zahndicke $s_z = t_0/2 \pm 2xm\tan\alpha_0$ (11)

und die Zahnlückenweite $l_z = t_0/2 \mp 2xm\tan\alpha_0$. (11a)

Oberes Zeichen für V_{plus}-Rad; unteres Zeichen für V_{min}-Rad.

Dementsprechend ändern sich für das V_{plus}-Rad Gl. (9) in

$$\operatorname{ev}\delta = 2x\tan\alpha_0/z + \pi/2z + \operatorname{ev}\alpha_0 \qquad (12)$$

[1] Vgl. Tab. H, S. 36. — Tabellen für 6stellige Evolventenfunktionen in Lit. 2 u. 10 und *Peters, J.:* Kreis- u. Evolventenfunktionen. 3. Aufl. Bonn: Dümmler 1963.

Die Strecke BD stellt die Größe der Gleitgeschwindigkeit

$$v_g = r_{01}\,\omega_1 \sin\beta_{01} + r_{01}\,\omega_2 \sin\beta_{01}$$

dar, mit der die Flanken beider Räder in Richtung der Schraubung (*Schraubgleiten*) aufeinander gleiten. Dazu noch das *Wälzgleiten* der evolventischen Bewegung.

Beide Räder müssen im Normalschnitt (Bild 122) gleiche Teilung $t_{0n} = \pi m_n$ und gleichen Eingriffwinkel α_{0n} haben. Stirnteilung $t_{0s1} = t_{0n}/\cos\beta_{01}$, $t_{0s2} = t_{0n}/\cos\beta_{02}$; Eingriffwinkel in den Stirnflächen

$$\tan\alpha_{0s1} = \tan\alpha_{0n}/\cos\beta_{01},$$
$$\tan\alpha_{0s2} = \tan\alpha_{0n}/\cos\beta_{02}.$$

Also Eingriff der Zahnflanken nur in der Eingriffstrecke AE des Normalschnitts; daher nur Punktberührung und starke Abnutzung, die außerdem durch das Schraubgleiten begünstigt wird; Zahnbelastung deshalb bedeutend geringer als bei einem Stirnradgetriebe. Übersetzung i bis höchstens 5 : 1; darüber hinaus Schneckengetriebe.

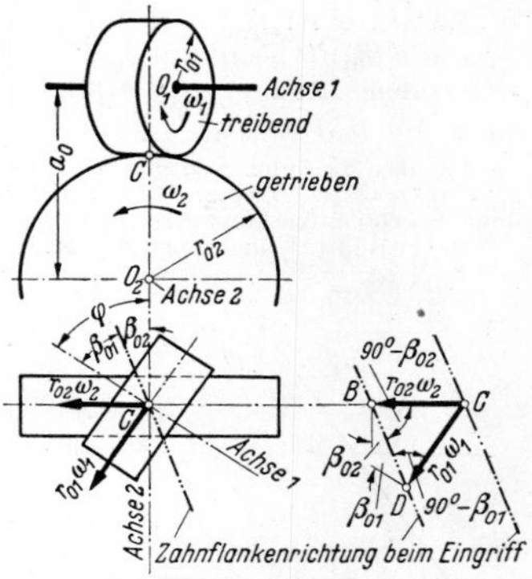

Bild 121. Schraubrad-Getriebe

Bestimmung der *Mindestbreiten* $b_{\min}$ der Räder, vgl. Bild 123 (Vergrößerung von Bild 121 Draufsicht). Anfang A und Ende E des Eingriffs seien für

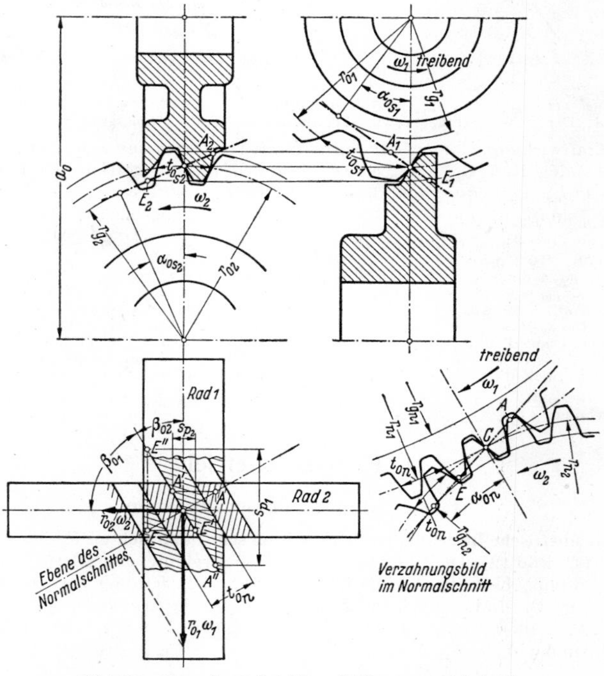

Bild 122. Schraubrad-Getriebe mit Kreuzungswinkel 90°

eine *bestimmte* Drehrichtung wie in Bild 122 ermittelt. Lote von A bzw. E auf Achse 1 ergeben A_1 bzw. E_1; Lote von A bzw. E auf Achse 2 ergeben A_2 bzw. E_2. Beachte: im allgemeinen $CA \neq CE$ (Bild 122 u. 123); für *entgegengesetzte* Drehrichtung liegen A und E *spiegelbildlich*. Aus den Größtabschnitten ergeben sich die Mindestbreiten $b_{1\,\min} = 2 \cdot CE_1$ und $b_{2\,\min} = 2 \cdot CE_2$; andernfalls wird Eingriff verkürzt.

b) Wirkungsgrad der Verzahnung (Schraubung). Mit Eingriffwinkel α_{0n} wird wie bei der Schraube $\mu' = \tan \varrho' = \mu/\cos \alpha_{0n} = \tan \varrho/\cos \alpha_{0n}$ (vgl. Mechanik S. 233/34).

Rad 1 treibt: $\eta_{s1} = (1 - \mu' \tan \beta_{02})/(1 + \mu' \tan \beta_{01})$; Rad 2 treibt: $\eta_{s2} = (1 + \mu' \tan \beta_{01})/(1 - \mu' \tan \beta_{02})$. Für $\varphi = 90°$ wird wegen $\beta_{01} + \beta_{02} = 90°$ bei treibendem Rad 1 $\eta_{s1} = \tan(\beta_{01} - \varrho')/\tan \beta_{01}$ und bei treibendem Rad 2 $\eta_{s2} = \tan \beta_{01}/\tan(\beta_{01} + \varrho')$.

Für das Maximum von η_s gilt die Bedingung: $\beta_{01} - \beta_{02} = \pm\varrho'$ und $\beta_{01} = 0{,}5(\varphi \pm \varrho')$ und $\beta_{02} = 0{,}5(\varphi \mp \varrho')$. Oberes Vorzeichen für Rad 1 treibend, unteres für Rad 2 treibend. Selbsthemmung bei Gesamtwirkungsgrad $\eta_g = \eta_s \eta_{l1} \eta_{l2} < 0{,}5$; η_{l1} und η_{l2} = Wirkungsgrad der Lagerungen. Die in Bild 124 angenommenen Reibungswinkel ϱ' lassen sich nur bei bester Flächenglätte und Vollschmierung, d. h. erst nach ausreichender Anlaufzeit erreichen; beim Anlauf ist ϱ bedeutend größer. Gußeisen bearbeitet, auf Stahl $\varrho' \approx 6°$; Bronze auf Stahl $\varrho' \approx 2$ bis $3°$.

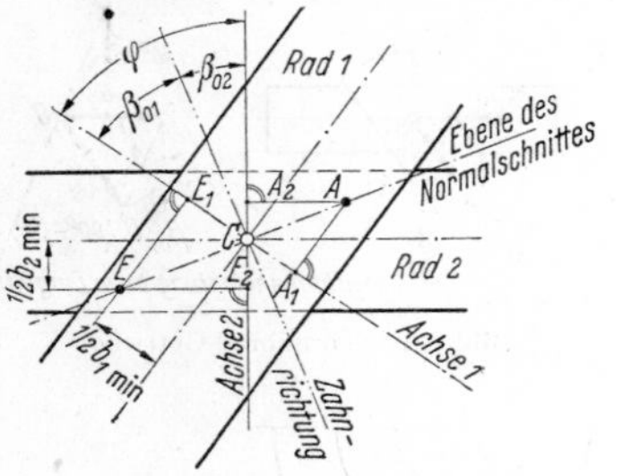

Bild 123

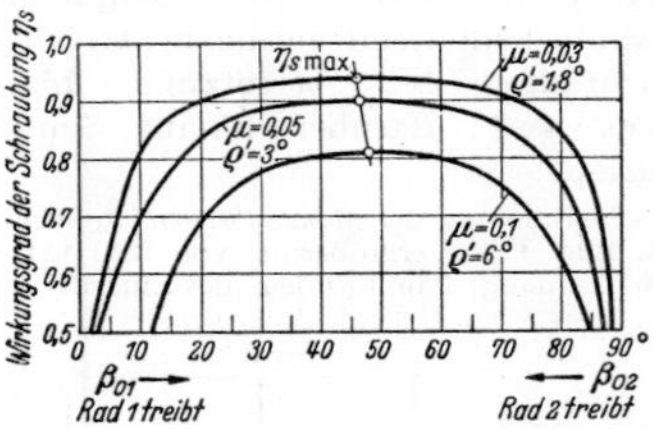

Bild 124. Wirkungsgrad der Schraubung

Beispiel 11: $\beta_{01} = 25°$; $\beta_{02} = 65°$; $\mu = 0{,}1$. Rad 1 treibt: $\eta_{s1} \approx 0{,}75$; Rad 2 treibt: $\eta_{s2} \approx 0{,}78$. Der größere Schrägungswinkel ergibt den besseren Wirkungsgrad.

c) Kraftwirkung. Ist F_n die Normalkraft senkrecht zur Zahnschräge, so sind am treibenden Rad $F_{u1} = F_n \cos(\beta_{01} - \varrho')/\cos \varrho'$, am getriebenen Rad $F_{u2} = F_n \cos(\beta_{02} + \varrho')/\cos \varrho'$ und die Axialkräfte $F_{a1} = F_n \sin(\beta_{01} - \varrho')/\cos \varrho'$ und $F_{a2} = F_n \sin(\beta_{02} + \varrho')/\cos \varrho'$. Diese werden durch Längslager abgefangen.

Beispiel 12: Schraubradgetriebe (Bild 122). $z_1 = 10$; $z_2 = 20$; $m_n = 8$ mm; $\alpha_{0n} = 20°$; $\varphi = 90°$; $\beta_{01} = 60°$; $\beta_{02} = 30°$.

Rad 1. $m_{s1} = 8/\cos \beta_{01} = 16$; $r_{01} = z_1 m_{s1}/2 = 80$ mm; $r_{n1} = r_{01}/\cos^2 \beta_{01} = 320$ mm; $\tan \alpha_{0s1} = \tan \alpha_{0n}/\cos \beta_{01} \approx 0{,}728$; $\alpha_{0s1} \approx 36°$.

Rad 2. $m_{s2} = 8/\cos \beta_{02} = 9{,}236$; $r_{02} = z_2 m_{s2}/2 = 92{,}36$ mm; $r_{n2} = r_{02}/\cos^2 \beta_{02} = 123{,}2$ mm; $\tan \alpha_{0s2} = \tan \alpha_{0n}/\cos \beta_{02} \approx 0{,}42$; $\alpha_{0s2} \approx 23°$. Achsabstand $a_0 = r_{01} + r_{02} = 172{,}36$ auf 172,5 mm aufgerundet. Dadurch ergibt sich ein Flankenspiel $S_e \approx 0{,}14 \cdot 2 \sin \alpha_{0n} \approx 0{,}1$ mm.

Punkt A' des Rades 1 kommt mit Punkt A'' des Rades 2 in A zum Eingriff, ebenso Punkt E' des Rades 1 mit Punkt E'' des Rades 2 in E. Der Sprung der Räder, soweit er im Bereich des Eingriffs AE verläuft, ist s_{p1} bzw. s_{p2}; $\varepsilon = (\overline{A_1E_1}/\cos \alpha_{0s1} + s_{p1})/t_{0s1} = (\overline{A_2E_2}/\cos \alpha_{0s2} + s_{p2})/t_{0s2}$. Nach Zeichnung $\varepsilon \approx 1{,}8$.

D. Kegelrad-Getriebe[1]

1. Kegelräder mit Geradzähnen

a) Geometrische Beziehungen. Die Achsen schneiden sich unter dem Winkel δ_A im Punkt O, Bild 125. Die *Teilkegel* rollen bei der Drehung ohne Gleiten aufeinander ab; gemeinsame Kegelmantellinie ist OC = Spitzenentfernung R_a. Die Kegel mit den Spitzen O_1 und O_2 heißen Rückenkegel (auch Ergänzungskegel), Gerade $O_1CO_2 \perp OC$, $\sin \delta_{01} = r_{01}/OC$ und $\sin \delta_{02} = r_{02}/OC$; $i = z_2/z_1 = \omega_1/\omega_2 = r_{02}/r_{01} = \sin \delta_2/\sin \delta_1$; $\delta_A = \delta_{01} + \delta_{02}$.

[1] Vgl. DIN 3971 (Mai 1956) Bestimmungsgrößen u. Fehler an Kegelrädern.

Die Zahnflanken sind gerade und auf die Kegelspitze gerichtet. Die Teilkreisradien r_{01} bzw. r_{02} sind die größten Radien der Teilkegel. Seitlich werden die Zähne durch die Mantelflächen der Rückenkegel begrenzt. Herstellen der Verzahnung vgl. Bd. II.

b) Grenzwerte. 1. $\delta_{01} + \delta_{02} = 90°$; $\tan\delta_{02} = r_{02}/r_{01} = i$; vgl. Bild 127.

2. $\delta_{02} = 90° = \delta_0$ ergibt das Planrad, Bild 126, das der Zahnstange der Stirnräder entspricht.

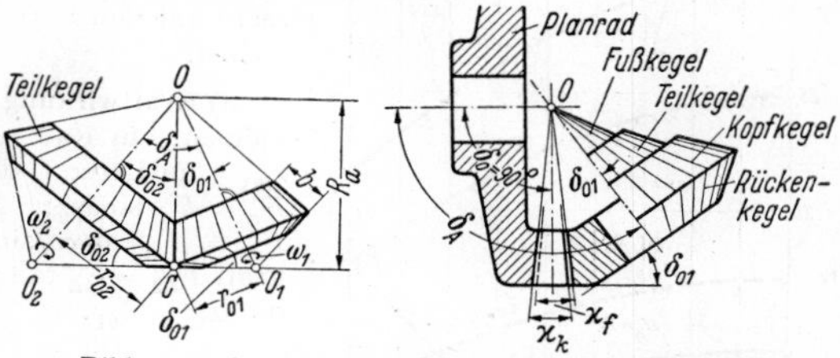

Bild 125 und 126. Bestimmungsgrößen an Kegelrädern, Achsenwinkel δ_A. Teilkegelwinkel δ_0. Kopfwinkel $\varkappa_k$; Fußwinkel $\varkappa_f$. Teilkreishalbmesser r_0. Spitzenentfernung R_a

Eine Ebene ⊥ zur Bildebene, Bild 127, dargestellt durch die Spur $O_1'C'O_2'$ schneidet die Teilkegel in Ellipsen, die sich in C' berühren; die Krümmungsradien dieser Ellipsen im Berührungspunkt C' sind *angenähert* gleich den Strecken $O_1'C'$ und $O_2'C'$. Dadurch läßt sich der Flankeneingriff in C' leicht zeichnen, $M-M$ ist die Profilmittellinie der Zahnstange, die das normale Profil aufweist. Der Modul m wird außen am Kegelrad gemessen. $r_{01} = {}^1/_2\, m z_1$; $r_{02} = {}^1/_2\, m z_2$; $r_{r01} = r_{01}/\cos\delta_{01}$; $r_{r02} = r_{02}/\cos\delta_{02}$; Zähnezahlen der „Ersatzstirnräder" $z_{e1} = z_1/\cos\delta_{01}$; $z_{e2} = z_2/\cos\delta_{02}$. Die Mantellinien der *Rückenkegel* $CO_1 = r_{r01}$ und $CO_2 = r_{r02}$ (Bild 127) sind die Teilkreisradien der Ersatzstirnräder.

Teilkegelwinkel δ_0 ist zwischen Stirnfläche und Rückenkegel meßbar, vgl. ∢ δ_{01} (Bild 126) und ∢ δ_{02} (Bild 127).

Beispiel 13 (Bild 127): $z_1 = 15$; $z_2 = 25$; $\alpha_0 = 20°$; $m = 10$; $\delta_A = 90°$; $b \approx 2t_0 \approx 2\pi m = 62$ mm. $r_{01} = 75$ mm; $r_{02} = 125$ mm, $\tan\delta_{02} = 25/15 = 1{,}667$; $\delta_{02} = 59°3'$; $\delta_{01} = 30°57'$; $z_{e1} = 15/0{,}8576 = 17{,}5$; $z_{e2} = 25/0{,}5143 = 48{,}6$.

Die kleinste rechnerische bzw. praktisch ohne schädlichen Unterschnitt herstellbare tatsächliche Zähnezahl ist

$$z_{min} = z_g \cos\delta_{01}$$

bzw. $z_{min}' = z_g' \cos\delta_{01}$.

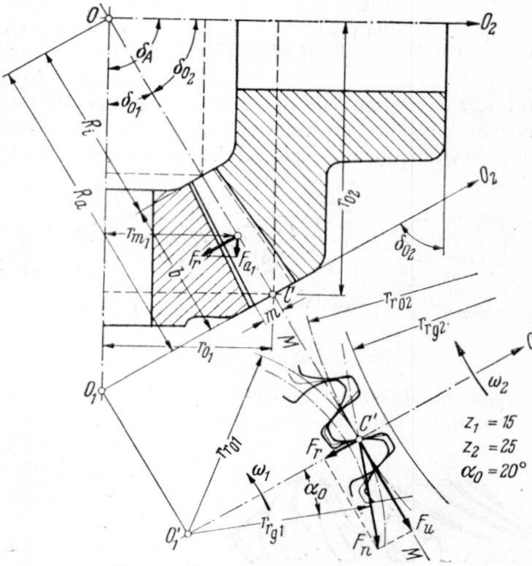

Bild 127. Kegelradpaar mit $\delta_A = 90°$

Für normgemäße Zahnhöhen sind die Werte für z_{min}' den Kurven AB ($\alpha_0 = 20°$) bzw. EF ($\alpha_0 = 15°$), Bild 128, zu entnehmen. Bei Übersetzungen in der Nähe von 1 : 1 sei $z_1 > z_{min}'$.

c) Ist eine **Profilverschiebung** wegen Unterschnittgefahr erforderlich, so sollte möglichst ein V-Nullgetriebe angewandt werden, da dann die Kegelwinkel unverändert bleiben können. V-Nullgetriebe sind möglich, wenn $z_1/\cos\delta_{01} + z_2/\cos\delta_{02} \geqq 2z_g$ bzw. $2z_g'$ (für $\alpha_0 = 20°$) > 34 bzw. (für $\alpha_0 = 15°$) > 28. Bei normgemäßen V-Rädern ist die Profilverschiebung für

$\alpha_0 = 20°$: $x = (14 - z_1/\cos\delta_{01})/17$; für $\alpha_0 = 15°$: $x = (25 - z_1/\cos\delta_{01})/30$.

Oberhalb der Kurven AB bzw. EF liegen die Nullräder. Für $\delta = 90°$ liegen *innerhalb* der Flächen $ABCD$ bzw. $EFGH$ die V-Nullgetriebe. Bei V-Kegelradgetrieben können die Bestimmungsgrößen von den Ersatzstirnrädern ausgehend berechnet werden. Aus Montagegründen sollen die Rückenkegel-Mantellinien zweckmäßig senkrecht auf den Betriebswälzkegel-Mantellinien stehen.

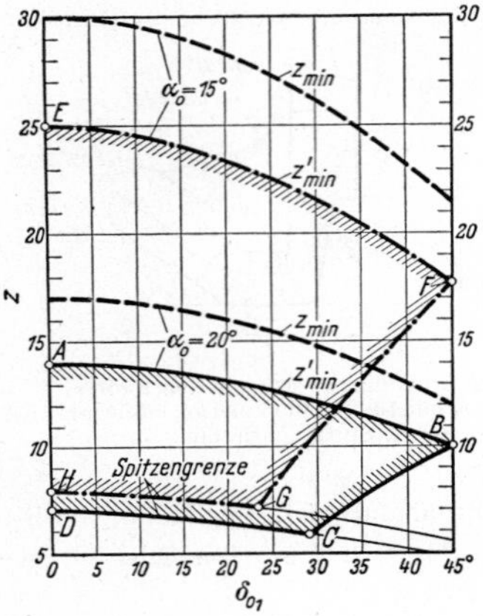

Bild 128
Grenzzähnezahlen für Kegelrad-Getriebe

d) Kraftwirkung (Bild 127). Ist M_{t1} = Drehmoment am Rad *1*, so wird $F_u = M_{t1}/r_{m1}$; r_{m1} = mittlerer Halbmesser; $F_n = F_u/\cos\alpha_0$; $F_r = F_u \tan\alpha_0$; Axialkraft am Rad *1* $F_{a1} = F_u \tan\alpha_0 \sin\delta_{01}$; am Rad *2* Axialkraft $F_{a2} = F_u \tan\alpha_0 \sin\delta_{02}$; also $F_{a2} > F_{a1}$, da $\delta_{02} > \delta_{01}$.

2. Kegelräder mit Schräg- und Bogenzähnen[1]

Die Vorteile dieser Räder gegenüber denen mit Geradzähnen bestehen wie allgemein bei Schrägzähnen in der Vergrößerung des Überdeckungsgrades und der Erzielung eines ruhigeren Ganges; dadurch lassen sich größere Übersetzungen erreichen, sorgfältigste Bearbeitung und Lagerung vorausgesetzt.

a) Für sich schneidende Wellen. Werden die Mäntel der Kegelräder in eine Ebene abgewickelt, so können Flankenformen nach Bild 129 entstehen; sie entsprechen der Verzahnung der Planräder. t_0 = Teilung, gemessen am äußeren Teilkreisradius; τ_0 = Teilwinkel, entsprechend der Zähnezahl. Ausführungsbeispiel: Kreisbogenzähne, Bild 130.

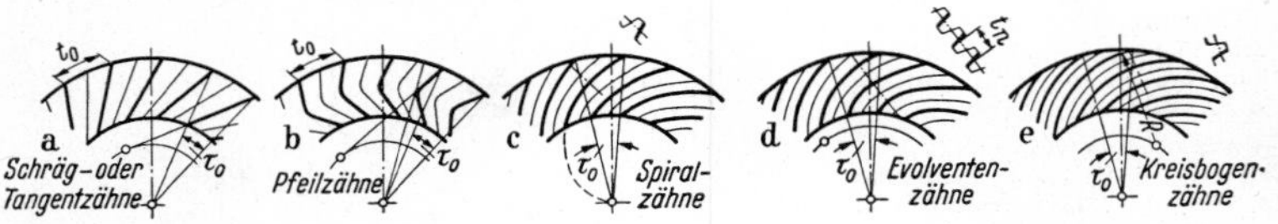

Bild 129

Sonderausführung: Beispiel der Palloidverzahnung. Die erhabenen Zahnflanken sind in ihrer Längsrichtung stärker gekrümmt als die hohlen Flanken, Bild 131, vgl. Gegenzahn. Räder werden dadurch verlagerungsunempfindlich. Bei Kraftaufnahme schmiegen sich die Zahnflanken besser an, die Zahnanlage wird vergrößert. Flanken lassen sich auch läppen. Herstellung mittels schneckenförmigen Abwälzfräsers in fortlaufender Verschraubung. Die Kegelspitzen zweier Palloidkegelräder fallen *nicht* mit dem *Schnittpunkt* ihrer Achsen zusammen.

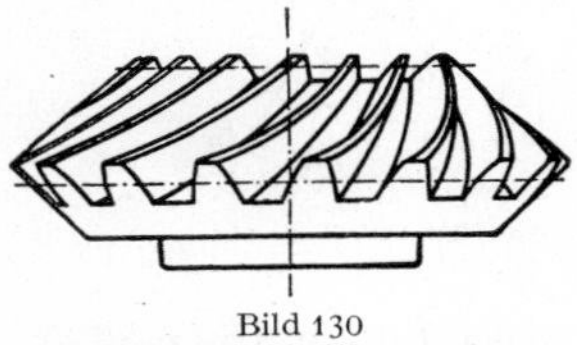

Bild 130
Kegelrad mit Kreisbogenzähnen

Die Wellen *1* und *2* schneiden sich in O. Kegelspitze von Rad *1* in O_1, die von Rad *2* in O_2; die halben Kegelwinkel der Palloidzähne sind δ_{p1} und δ_{p2}; die Zähne sind über die ganze Länge gleich hoch und gleich dick, da Zahnbogenform durch äquidistante Evolventen gebildet.

[1] Grundlegende Darstellung vgl. *Richter, E.-H.:* Geometrische Grundlagen der Kegelradkreisbogenverzahnung und ihrer Herstellung. Konstruktion 10 (1958) Nr. 3 S. 93/101. — *Keck, K. Fr.:* Kennzeichnende Merkmale d. Oerlikon-Spiralkegelradverzahnung. Konstruktion 18 (1966) Nr. 2 S. 58/64.

Die Räder werden auf das erforderliche Flankenspiel durch Beobachten des *Tragbildes*, Bild 132, eingestellt; das hier dargestellte entspricht etwa $^3/_4$ der Vollast; bei geringerer Last wird das Tragbild kürzer und schmaler.

b) Für sich kreuzende Wellen (Hypoidgetriebe). Die Achsen[1] *1* und *2*, Bild 133, schneiden sich nicht; ihr kürzester Abstand ist $(x^2 + y^2)^{1/2}$ entsprechend der Summe der Kehlkreishalbmesser der Rotationshyperboloide. Anwendung z. B. im Fahrzeugbau. Die exzentrische Lage des Lagers *a* gestattet das Durchführen der Welle *2*.

In Bild 134 ist das Kegelrad *2* zu einem Planrad und das Kegelrad *1* zu einem zylindrischen Schraubrad geworden.

Bei Kegelrädern mit sich schneidenden Achsen gleiten die Flanken nur in der Richtung der *Zahnhöhen* (Wälzgleiten), und zwar ändert dabei die Geschwindigkeit ihre Richtung (stemmend und streichend, vgl. S. 774), im Wälzkreis ist sie = 0, wodurch der Schmierfilm unterbrochen wird. Durch das überlagerte Schraubgleiten beim Schraubgetriebe kann der Schmierfilm fortwährend aufrechterhalten werden, wenn geeignete Schmierstoffe, z.B. Hypoidschmiermittel, verwendet werden.

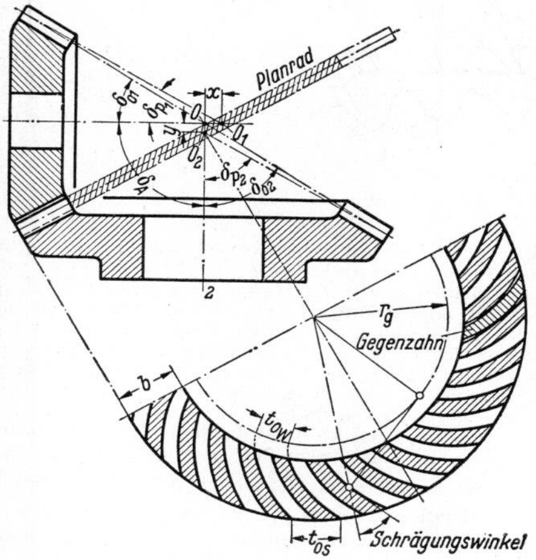

Bild 131. Kegelräder mit Palloidzähnen

Bild 132. Tragbild eines Palloidzahnes

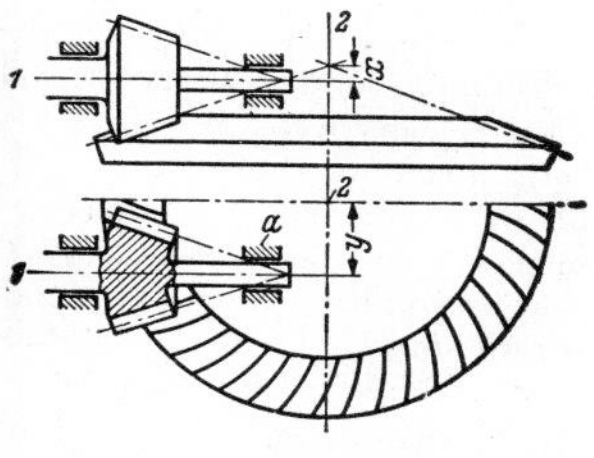

Bild 133. Kegel-Schraubtrieb

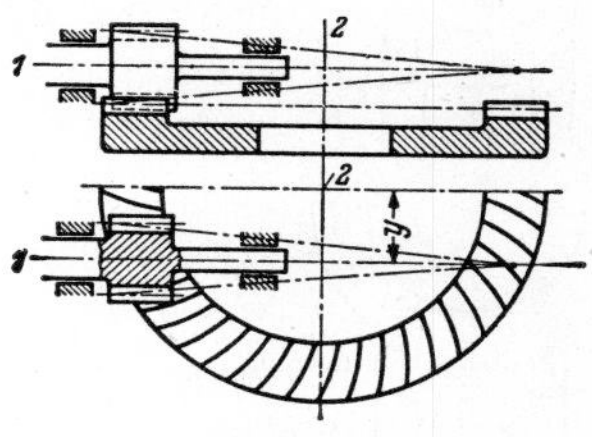

Bild 134. Plan-Schraubtrieb

E. Schneckengetriebe

Wird bei einem Schraubradgetriebe der Durchmesser des Kleinrades im Verhältnis zu dem des Großrades sehr klein und die Zähnezahl z_1 ebenfalls klein, dann wird das Kleinrad zur Schraube (Schnecke) mit trapezähnlichem Gewinde; Gangzahl der Schnecke entspricht der Zähnezahl z_1*; $z_1 = 1$ bis 5; Kreuzungswinkel meist 90°. Übersetzung $i = z_2 : z_1$; $i = 5 : 1$ bis $25 : 1$**.

[1] Vgl. *Kotthaus, E.:* ... Methode zum Berechnen achsversetzter Kegelräder. Konstruktion 9 (1957) Nr. 4 S. 147/53.

* Index 1 für Schnecke, 2 für Rad. — Bestimmungsgrößen u. Fehler vgl. DIN 3975.

** Zwecks gleichmäßiger Abnutzung beim Einlauf und im Betrieb sei i bei mehrgängiger Schnecke keine ganze Zahl.

a) Herstellung. *Form der Schnecke*[1]. a) Zylindrische Schnecke (Bild 135), deren Gänge im Längsschnitt die Trapezform (gerade Flanken) und im Querschnitt (Stirnschnitt) die archimedische Spirale zeigen (archimedische Schraube); Radzähne gewölbt. b) Zylindrische Schnecke (Bild 136), deren Gänge im Längsschnitt Hyperbelform und im Querschnitt Evolventenform zeigen (Evolventenschraube); Radzähne hohl. Die die Schraubenflächen erzeugende *Gerade* schneidet bei Form a) die Schraubenachse, bei b) kreuzt sie diese. Schnecke nach Form b) ist genauer herzustellen (ebene Schleifscheiben). c) Globoidschnecke (Bild 137), die sich der Rundung des Rades anpaßt; daher

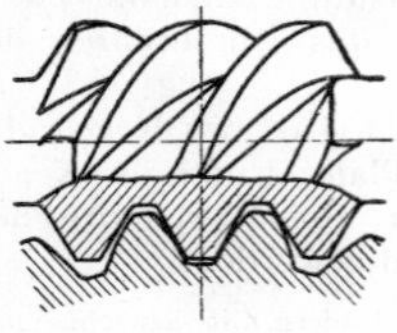

Bild 135. Form a, Archimedische Schraube

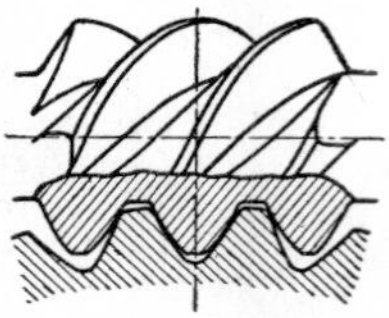

Bild 136. Form b, Evolventenschraube

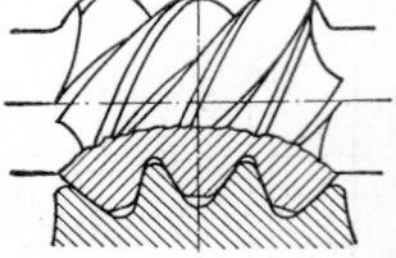

Bild 137. Form c, Globoidschnecke

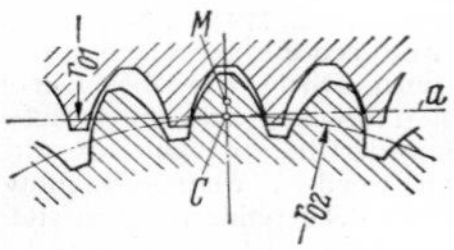

Bild 138. Form d, Hohlflanken-Schnecke

hat sie einen veränderlichen Steigungswinkel. Falls ihre Gestalt von der Form b) abgeleitet wird, läßt sie sich ebenso genau schleifen wie diese. d) Zylindrische Hohlflankenschnecke, gepaart mit globoidischem Schneckenrad, Bild 138, CAVEX-Schneckengetriebe (Flender, Bocholt). Wälzgerade a der Schnecke und Wälzkreis r_{02} des Rades berühren sich in Punkt C, der nach dem Fußkreis des Rades um den Betrag CM gerückt ist. M liegt auf Mitte der Zahnhöhen. Das für Herstellung des Schneckengangs benutzte Werkzeug (Fräser oder Schleifscheibe) hat konvexes (z. B. Kreisbogen-)Profil.

Die *Zähne des Rades* werden meist durch eine Frässchnecke erzeugt, deren Form der Getriebeschnecke entspricht.

b) Geometrische Beziehungen. Im Stirn-Mittelschnitt des Rades ist die Stirnteilung $t_{0s2} = \pi m_{s2}$; Ganghöhe der Schnecke $h = z_1 t_{0s2}$; in Bild 139 ist $z_1 = 2$; mittlerer Steigungswinkel γ_0 der Schnecke wird bestimmt durch $\tan\gamma_0 = h/2\pi r_{01} = z_1 m_{s2}/2r_{01}$; $r_{01} = z_1 m_n/(2\sin\gamma_0)$. Ferner ist $r_{02} = {}^1/_2 m_2 z_2$; z_2 = Zähnezahl des Rades. Achsabstand $= a_0 = r_{01} + r_{02}$.

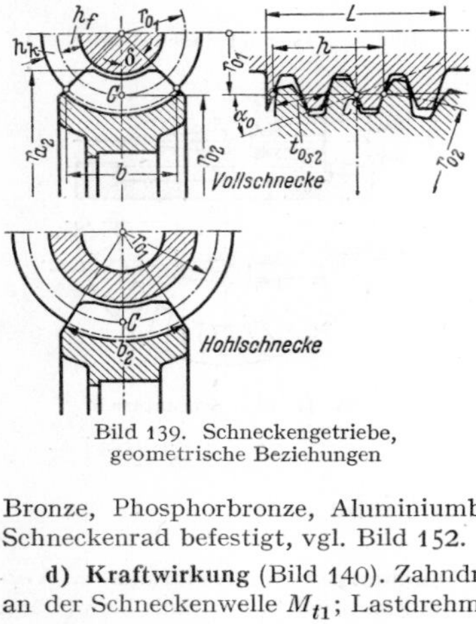

Bild 139. Schneckengetriebe, geometrische Beziehungen

Kopfhöhe h_k und Fußhöhe h_f werden meist auf m_{s2} bezogen; $h_k = m_{s2}$; $h_f = 1{,}2\, m_{s2}$. Breitenverhältnis $\lambda = b_2/m_{s2} = 7$ bis 9*; Winkel $\delta \leqq 45°$; bei rohen Zähnen geringere Radbreite. Länge L der Schnecke ist von Eingriffstrecke abhängig.

Eingriffwinkel α_{0n} im Normalschnitt $\perp$ zur Zahnflanke (Bild 140). Für den Stirn-Mittel-Schnitt gilt $\tan\alpha_0 = \tan\alpha_{0n}/\cos\gamma_0$; $\alpha_{0n} = 20$ bis 30°.

c) Werkstoff. *Schnecke:* Stahl, gehärtet, geschliffen und poliert. *Radkranz:* Bronze, Phosphorbronze, Aluminiumbronze. Radkranz meist auswechselbar auf Schneckenrad befestigt, vgl. Bild 152.

d) Kraftwirkung (Bild 140). Zahndruckkraft $F_n \perp$ Zahnflanke. Antriebmoment an der Schneckenwelle M_{t1}; Lastdrehmoment an der Radwelle M_{t2}. Umfangskräfte

an der Schnecke $\quad F_{u1} = F_n \cos\alpha_{0n} \sin\gamma_0 + \mu' F_n \cos\gamma_0$;

am Rad $\quad F_{u2} = F_n \cos\alpha_{0n} \cos\gamma_0 - \mu' F_n \sin\gamma_0$;

$$F_{u1} = F_{u2} \tan(\gamma_0 + \varrho');$$

[1] Vgl. *Hiersig, H. M.:* Geometrie u. Kinematik d. Evolventenschraube. Forsch. Ing.-Wes. 20 (1954) Nr. 6 S. 178/90. — *Niemann, G.*, u. *F. Jarchow:* Versuche an Stirnrad-Globoid-Schneckengetrieben. VDI-Z. 103 (1961) Nr. 6 S. 209/21. — *Zehmann, J.:* Ähnlichkeitsbetrachtungen b. Schneckentrieben. Konstruktion 16 (1964) Nr. 2 S. 48/55.

* Beachte b_2 als Bogen $> b$; für Vorausberechnung setze $b_2 = 1{,}1$ bis $1{,}2\, b$.

mit η_l = Wirkungsgrad der Lagerung wird $M_{t1} = F_{u1} r_{01}/\eta_{l1}$; $M_{t2} = F_{u2} r_{02} \eta_{l2}$; mit η_g = Gesamtwirkungsgrad wird $M_{t1} = M_{t2}/(i\eta_g)$. Leistung $P_1 = P_2/\eta_g$.

Schnecke: Jedes Querlager (Lagerabstand l) wird belastet durch $\sqrt{(F_r/2 \pm F_{u2} r_{01}/l)^2 + (F_{u1}/2)^2}$, wobei $F_r = F_n \sin \alpha_{0n}$. Längslager belastet durch F_{u2}; am besten Wälzlager. Schneckenwelle beansprucht durch 1. Axialkraft $F_{a1} = F_{u2}$, 2. Drehmoment M_{t2}, 3. Biegemoment $M_b = \sqrt{(F_r l/4 + F_{u2} r_{01}/l \cdot l/2)^2 + (F_{u1} l/4)^2}$. Formänderungen durch Biegekräfte sind durch Zusammenrücken der Querlager kleinzuhalten.

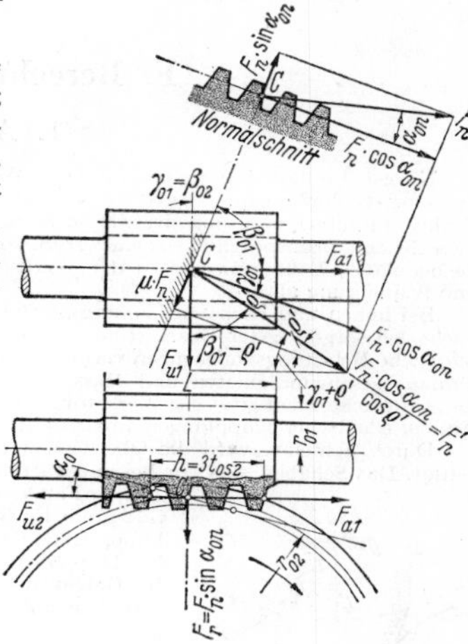

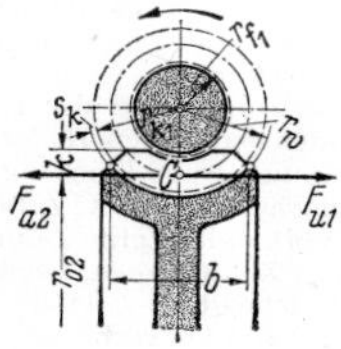

Bild 140. Kräfteplan am Schneckengetriebe, dargestellt für den Wälzpunkt C. Schnecke 3fach, linksgängig. Rad $z_2 = 34$. $\alpha_0 = 15°$

e) Wirkungsgrad (Bild 141 u. 142). Bei treibender Schnecke (Index 1) ist *Schneckenwirkungsgrad* $\eta_{s1} = \tan \gamma_0 / \tan(\gamma_0 + \varrho') = z_1 : [2(r_{01}/m_{s2}) \cdot \tan(\gamma_0 + \varrho')]$ mit $\tan \varrho' = \mu' = \mu/\cos \alpha_{0n}$.

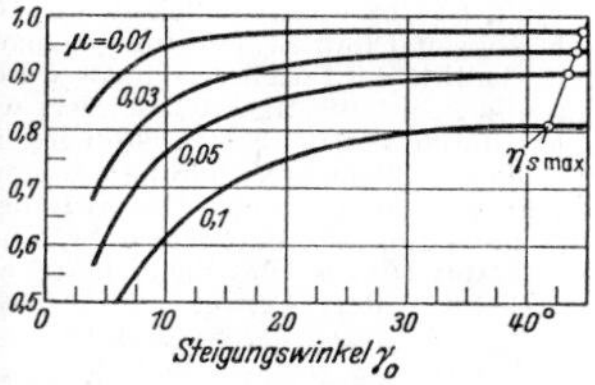

Bild 141. Für $\mu = 0{,}03$ und $\gamma \approx 44°$ wird $\eta_{s\,max} \approx 0{,}94$

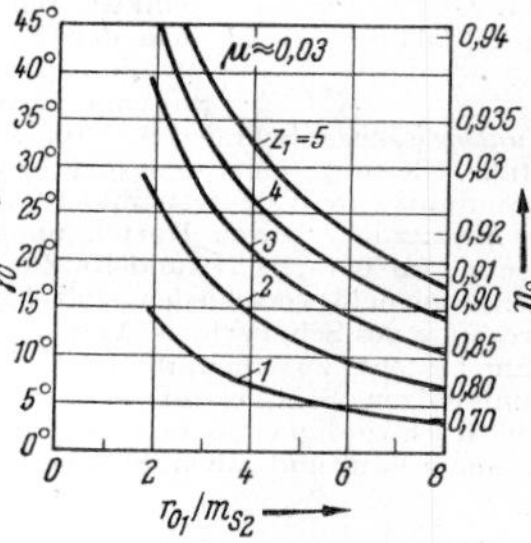

Bild 142. γ_0 und η_s in Funktion von Gangzahl z_1 bei $\mu \approx 0{,}03$

Bei treibendem Rad ist $\eta_{s2} = \tan(\gamma_0 - \varrho')/\tan \gamma_0 = 2 - 1/\eta_{s1}$. Je kleiner μ und α_{0n} und je größer γ_0, desto größer η_s. Beachte den Einfluß von r_{01}/m_{s2}, Bild 142.

Bedingungen für $\eta_{s\max}$ und Selbsthemmung wie bei Schraubrädern S. 768. Gesamtwirkungsgrad $\eta_g = \eta_s \eta_{l1} \eta_{l2}$; bei Wälzlagern wird $\eta_{l1}\eta_{l2} = 0{,}97$ bis $0{,}98$, bei Gleitlagern 0,92 bis 0,95. Reibungszahl μ' hängt von Gestalt, Oberflächenform und -glätte, Gleitgeschwindigkeit v_g, Schmierung und Schmierzustand ab.

Höchste Schneckenwirkungsgrade sind nur bei Vollschmierung (flüssige Reibung) zu erreichen; Bedingung dafür sind günstige Flankenformen mit guter Schmierkeilwirkung (z. B. Hohlflanken für Schnecke), hohe Gleitgeschwindigkeit $v_g = \pi r_{01} n_1/(30 \cos \gamma)$ und Dauerbetrieb (Aufrechterhaltung der flüssigen Reibung). Daher ist η_g beim Anlauf, insbesondere nach längerer Stillstandszeit und bei Gleitlagern, wesentlich niedriger als bei Dauerbetrieb. Erhöhtes Anfahrmoment beachten. Schmierung der Zahnflanken mit Spezialöl, vgl. Firmenvorschriften.

Beim Entwurf eines Getriebes geht man vom beabsichtigten Wirkungsgrad η_s aus, bestimmt nach Bild 141 γ_{01} und nach Bild 142 r_{01}/m_{s2}; man berechnet den *kleinsten* Dmr. der Schneckenwelle auf Grund der Antriebsleistung P_1 und einer niedrigen Verdrehungsbeanspruchung $\tau_{zul} \approx 150$ (bis 200) kp/cm², vgl. Wellen S. 741; auf geringe Durchbiegung der Schneckenwelle achten. Man schätzt r_{01} und erhält dann m_{s2} bzw. m_n. Nachprüfung von m_{s2} mittels einer Belastungszahl, vgl. S. 778 und Beisp. 15, S. 779.

F. Berechnung der Zähne

1. Allgemeines

Nächst Festigkeit der Zähne an der Wurzel (Zahnfußfestigkeit) ist die Größe der Flächenpressung (Zahnflankenfestigkeit, d. h. Sicherheit gegen Grübchenbildung) zwischen den Zahnflanken für die Bemessung der Zähne maßgebend. Über den Einfluß der Profilverschiebung auf diese beiden Beanspruchungsarten vgl. S. 764. Lebensdauer der Flanken hängt von Härte, Oberflächenglätte, Laufeigenschaften der Werkstoffe, Flächenpressung, Verzahnungsfehlern, Drehzahl und Schmierung ab.

Bei hohen und höchsten Umfangsgeschwindigkeiten sind nur Werkstoffe mit dichtester Oberfläche bei sorgfältigster Bearbeitung verwendbar. Fehler im Zahnprofil und in der Teilung sowie plötzliche Belastungsänderungen verursachen Beschleunigungen und Verzögerungen, die bei großen Umfangsgeschwindigkeiten und Massen zu zusätzlichen dynamischen Beanspruchungen führen. Die natürliche Elastizität der Werkstoffe läßt diese Trägheitskräfte nicht voll zur Geltung kommen; Einbau elastischer Kupplungen antriebseitig ist zweckmäßig.

Durch Schleifen wird die Oberflächengüte verbessert und der Härteverzug der Flanken beseitigt. Das Schaben, das nur bei ungehärteten oder vergüteten Rädern anwendbar ist, ergibt sehr genaue Flankenform und große Flächengüte. Durch Läppen wird der Gütegrad der Oberfläche verbessert; Zahnformfehler bleiben; zu lange Läppzeit kann eine vorhandene gute Zahnform verderben.

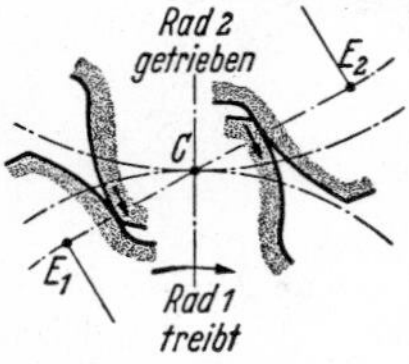

Bild 143. Gleitbewegung an Zahnflanken

Das *Gleiten* der Zahnflanken begünstigt den Schmiervorgang. Im Gebiet des „streichenden" Gleitens (treibender Zahnkopf über getriebenen Zahnfuß: Bild 143 rechts) ist die Schmierwirkung günstig; im Gebiet des „stemmenden" Gleitens (treibender Zahnfuß auf getriebenem Zahnkopf: Bild 143 links) werden sich die Flanken verhältnismäßig stark abnutzen; außerdem können durch das Stemmen Schwingungen angeregt werden. Im Bereich zwischen den *Einzeleingriff*punkten B_1 und B_2, Bild 104, Herauspressen des Öls durch volle Belastung des einzelnen Zahns und sehr geringes Gleiten (im Wälzpunkt C reines Rollen): Gefahr der Grübchenbildung. Durch Behandeln der Zahnflanken mit Molykote (Molybdändisulfid MoS_2) oder Bondern (nicht metallische Phosphatschicht) kann u. U. der Schmiervorgang verbessert werden. Vgl. S. 751 Lit. 14.

Bei *unzureichender* Schmierung kann *Reibverschleiß* eintreten. Dieser ist angenähert proportional der *Gleitung*. Gleitung $= (w_1 - w_2)/w_1$ bzw. $(w_2 - w_1)/w_2$; w ist Gleitgeschwindigkeit, vgl. Bild 87. Gleitung nimmt vom Wälzkreispunkt (dort = Null) nach Kopf und Fuß zu; dementsprechend dort stärkere Abnutzung. Durch Härten und Schleifen der Flanken wird Reibverschleiß wesentlich herabgesetzt; für derartig behandelte Zähne ist ausreichende Zahnfußfestigkeit besonders wichtig. Vom Reibverschleiß verschieden sind Freßerscheinungen durch radiale Riefenbildungen infolge Durchbrechung des Schmierfilms. Versuche haben gezeigt, daß bei kleinen Moduln bis 1,5 mm keine Freßgefahr besteht; zwischen $m = 1{,}5$ bis 2,5 mm tritt Fressen nur bei hohen Geschwindigkeiten und dünnflüssigem Schmierstoff auf, zwischen $m = 2{,}5$ bis 5 mm ist die Freßgefahr schon bei mittleren Geschwindigkeiten kritisch, und oberhalb $m = 5$ bis 10 mm und höher besteht schon bei langsamem Lauf und zähem Schmieröl Freßgefahr (nach Lit. 1, dort S. 230).

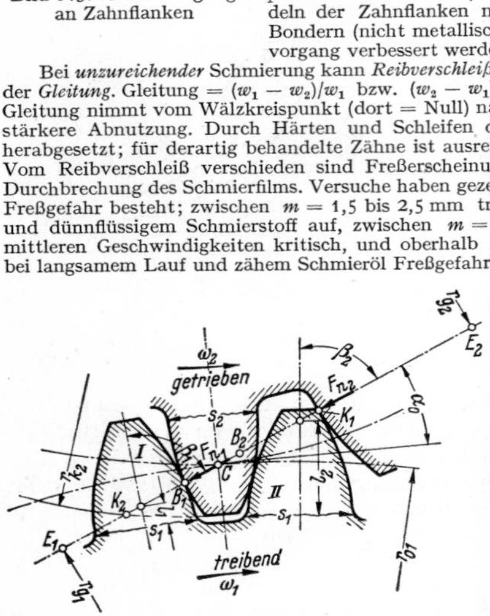

Bild 144
Kraftwirkung am Zahn (ohne Profilverschiebung)

Zahngrund sollte nicht geschliffen werden, damit dort keine gefährlichen Schleifrisse entstehen können und außerdem die durch Härtung erzielte Druckvorspannung nicht verloren geht.

Selbst bei sorgfältigster Bearbeitung können sich an der Flankenoberfläche feinste Haarrisse bilden, in die der Schmierstoff eindringt; infolge der hohen Pressungen kann er durch Materialausbruch diese Risse zu Grübchen vergrößern. Über Versuche zur Zahnflanken-Tragfähigkeit vgl. Konstruktion 18 (1966) Nr. 9 S. 381/90 u. Nr. 12 S. 481/91.

Geschwindigkeitsschwankungen des getriebenen Rades können selbst bei theoretisch richtiger Zahnform durch Formänderung der Zahnflanken und der Zähne eintreten. Entsprechend dem fortschreitenden Eingriff von K_2 bis K_1 (Bild 144) sind die Durchbiegungen der Zähne und Verdrückungen der Flanken verschieden groß. Beim Beginn in K_2 kann die Kopf*kante* des Großrades statt der Kopf*flanke* auf die Fußflanke des Kleinrades treffen; Stoß und Abnutzung sind die Folge. Abhilfe: Schrägverzahnung mit großem Überdeckungsgrad und Zu-

Reibverschleiß ist die Folge geringer Gleitgeschwindigkeit bei gleichzeitiger hoher Belastung, ungenügender Ölzähigkeit, ungeeigneten Werkstoffs, ungünstiger Krümmung und Flankenberührung. *Erwärmung:* Reibungs(verlust)-leistung P_v setzt sich in Wärme um, die durch reichliche Kühlrippen des Gehäuses oder Fremdkühlung z. B. durch umlaufende Luftflügel abzuführen ist.

Beispiel 15: $P_2 = 22$ PS; $n_2 = 180$ U/min; $n_1 = 1400$ U/min. Schnecke, Bild 136, gehärtet und geschliffen; Zähne aus Schleuderbronze; verlangt ist hoher Wirkungsgrad. Gewählt $z_1 = 4$; $i = 1400:180 \approx 31:4$; $\lambda = 7$; $z_2 = 31$. Nach Bild 142 gewählt $r_{01}/m_{0s2} = 4$; demnach wird $\gamma_0 = 26°$; $\cos\gamma_0 = 0{,}899$. Zu erwarten $\eta_s \approx 0{,}923$ bei $\mu = 0{,}03$ und $\eta_s \approx 0{,}95$ bei $\mu = 0{,}02$ (Bild 141).

Geschätzt $r_{01} = 35$ mm; $m_{0s2} = r_{01}/4 = 35/4 = 8{,}75$ mm; $v_1 = \pi r_{01} n_1/30 \approx 5{,}12$ m/sec; $v_g = 5{,}12/\cos\gamma_0 \approx 5{,}7$ m/sec. Daraus folgt nach Bild 149, Linie *a*, die zulässige Belastungszahl $c \approx 44$ kp/cm². Nachprüfung für $m_{0s2} \approx 3{,}56 \sqrt[3]{\frac{10^6}{44 \cdot 7 \cdot 31} \cdot \frac{22}{180}} \approx 8{,}4$ mm.

Reibungsverlustleistung P_v. Angenommen $\eta_s = 0{,}93$; $\eta_{l1}\eta_{l2} \approx 0{,}98$ für Wälzlager; $\eta_g = 0{,}93 \times 0{,}98 \approx 0{,}91$; $P_1 = P_2/\eta_g = 22/0{,}91 = 24{,}2$ PS; $P_v = P_1 - P_2 = 2{,}2$ PS, die durch Kühlung abzuführen sind.

G. Ausführung der Zahnräder

a) Werkstoffe. *Kleinrad* (Ritzel) meist Stahl, Art und Wärmebehandlung je nach Beanspruchung, vgl. Abschn. F. Für geräuscharmen Lauf Kunststoffe S. 778.

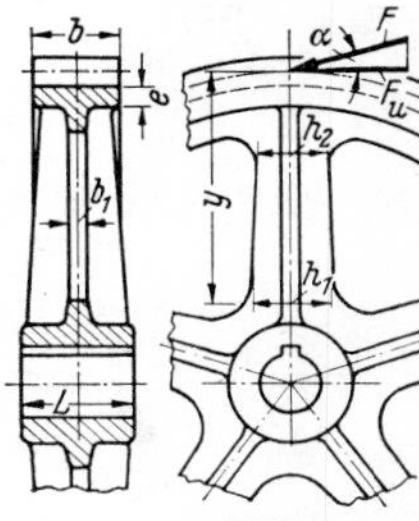

Bild 150

Radkörper. Grauguß und Stahlguß. Für geringe Kräfte einfachste Form nach Bild 150. Nabenabmessungen vgl. S. 740, 2a); lange Naben in der Mitte ausgespart. Befestigung durch Aufkeilen setzt genaue Herstellung der Nabennut und strammen Sitz für die Bohrung voraus. *Armzahl* $a = 4$ bis 8, abhängig von der Größe des Rades und von der beabsichtigten Steifigkeit des Radkranzes; meist *a* ungerade, um Gußspannungen zu verringern. *Armquerschnitt* nach Bedarf in ⊢, +, H, ⌶-Form; $b_1 \approx 1{,}6m$; $h_1 = (5$ bis $7) b_1$; $h_2 \approx 0{,}8 h_1$; $e = (1{,}6$ bis $2) m$. Nachprüfung der Biegespannung bei h_1 unter der Annahme, daß ein Viertel der Armzahl die Umfangskraft F_u überträgt. $M = F_u y/0{,}25a$. *Geteilte* Räder: Arm- und Zähnezahl gerade. Geschweißte Radkränze: Schweißnaht in der Zahnlücke. Große Räder bei Hochleistungsgetrieben aus Grauguß mit mehreren Armsystemen und warm aufgeschrumpften, geschmiedeten Stahlringen[1] für den Zahnkranz.

b) Wirkungsgrade von Stirnrädergetrieben bei *voller* Belastung und *einfacher* Übersetzung:

$\eta \approx 0{,}92$ bis 0,94 unbearbeitete Zähne (selten angewendet), $\eta \approx 0{,}96$ sauber bearbeitete und geschmierte Zähne, $\eta \approx 0{,}98$ bis 0,99 äußerst sorgfältig bearbeitete Zähne mit Flüssigkeitsreibung zwischen den Flanken.

Wirkungsgrade von Präzisions-Kegelradgetrieben (Palloidverz.): $^4/_4$ Belastung $\eta \approx 0{,}99$; $^3/_4 \cdots 0{,}985$; $^2/_4 \cdots 0{,}982$; $^1/_4 \cdots 0{,}975$. Zweistufig, erste Stufe wie vor, zweite Stufe Stirnräder: $^4/_4$ Belastung $\eta \approx 0{,}98$; $^3/_4 \cdots 0{,}977$; $^2/_4 \cdots 0{,}972$; $^1/_4 \cdots 0{,}63$.

Schraubradgetriebe S. 768, Schneckengetriebe S. 773.

c) Wahl der Übersetzung. Größe der Übersetzung bei Zahnrädern im allgemeinen beliebig; nicht über 9 : 1 in *einer* Übersetzung, wegen der Unterbringung des Großrades. Bei großer Gesamtübersetzung Unterteilung in mehrere kleinere; 2stufig $i = 6:1$ bis $45:1$; 3stufig $i = 30:1$ bis $250:1$. *Ganzzahlige* Übersetzungen vermeidet man besonders bei hohen Drehzahlen, um Abnutzung gleichmäßig auf alle Zähne zu verteilen und Schwingungserregung zu verringern.

d) Schmierung der Zahnflanken. Offene, langsam laufende Getriebe mit Fett, geschlossene Getriebe bis $v = 12$ m/sec Tropf- oder Tauchschmierung, bei der das Großrad eintaucht; $v > 12$: Einspritzen des zähflüssigen Öles in den Zahneingriff. Bei großen Leistungen Reinigen des zurückfließenden Öles durch Filter und Rück-

[1] Über Zahnfußfestigkeit von Zahnradbandagen aus Stahlringen vgl. Konstruktion 19 (1967) Nr. 2 S. 41/47. — Über Konstruktion von Radkörpern vgl. S. 751 Lit. 11.

kühlen durch Kühlschlangen. Das Öl übernimmt neben der Schmierung die Kühlung und Geräuschdämpfung.

e) Ausführungsbeispiele.

α) *3stufiges Zahnradgetriebe* DEMAG — Leistung 24 PS, Bild 151; $i \approx 79:1$

	1. Stufe (Palloid-Kegelr.)	2. Stufe	3. Stufe
Zähnezahl	$z_1 = 17$; $z_2 = 55$	$z_3 = 23$; $z_4 = 141$	$z_5 = 31$; $z_6 = 123$
Normalmodul m_n	5	4	6
Stirnmodul m_s	7,046	4,081	6,0337
Zahnschräge β	$\approx 36°$	$\approx 11,5°$	$\approx 6°$
Zahnbreite b	50	125	170
Drehzahl U/min	$n_1 = 1500$; $n_{2/3} = 464$	$n_{4/5} \approx 76$	$n_6 \approx 19$

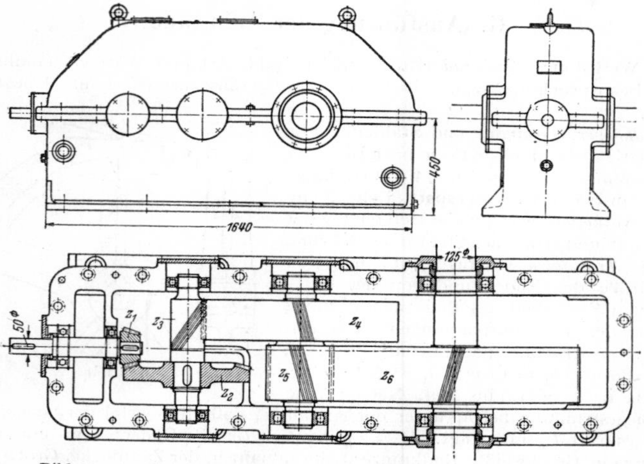

Bild 151. 3stufiges Zahnradgetriebe (DEMAG, Duisburg). Leistung 24 PS

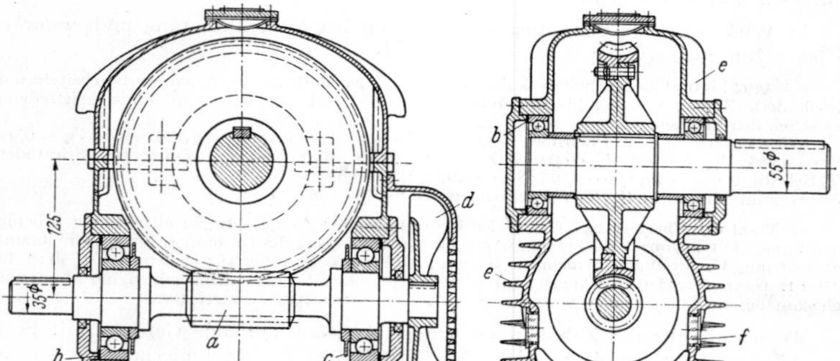

Bild 152. Schneckengetriebe (A. Friedr. Flender & Co., Bocholt). Leistung 17,5 PS; $n_1 = 1500$; $n_2 = 150$ U/min

Werkstoffe. Ritzel vergüteter Chrom-Vanadium-Stahl; Festigkeit 80 bis 90 kp/mm²; Streckgrenze ≧ 60 kp/mm². Räder (Bandagen) vergüteter Si-Mn-Stahl; Festigkeit 75 bis 85; Streckgrenze ≧ 50. Bei Verwendung gehärteter Zahnflanken ergeben sich kleinere Abmessungen; dann auch meist Stahlgehäuse.

β) *Schneckengetriebe*, Bild 152: CAVEX-Getriebe, Bauart CUHW 125.

Schneckenwelle *a* mit Hohlflanken. Wellen in Wälzlagern gelagert, die auch die Axialkräfte aufnehmen. Einstellen der Wälzlager durch Paßscheiben *b*. Ölschleuderringe *c* schützen die Lager. Luftflügel *d* für zusätzliche Kühlung; Gehäusekühlung durch Rippen *e*. Ölschauglas *f*.

H. Planetengetriebe[1]

Literatur: 1. *Alt, E.:* Leistungsgrenzen von Planetengetrieben. VDI-Z. 97 (1955) Nr. 7 S. 214/15. — 2. *Enderlen, H.:* Turboplanetengetriebe für große Leistungen u. hohe Drehzahlen. VDI-Z. 109 (1967) Nr. 6 S. 225/29. — 3. *Hill, F.:* Einbaubedingungen b. Planetengetrieben. Konstruktion 19 (1967) Nr. 10 S. 393/94. — 4. *Klein, H.:* Die Planetenrad-Umlaufrädergetriebe. München: Hanser 1962. — 5. *Trier, H.:* Die Kraftübertragung durch Zahnräder. Werkstattbücher H. 87. 2. Aufl. Berlin: Springer 1955. — 6. *Wolff, A.:* Die Grundgesetze der Umlaufgetriebe. Schriftenreihe Antriebstechnik, Bd. 14. Braunschweig: Vieweg 1958. — 7. *Zink, H.:* Lastdruckausgleich, Laufruhe u. Konstruktion moderner Planetengetriebe. Konstruktion 16 (1964) Nr. 2 S. 41/47, Nr. 3 S. 81/86 u. Nr. 5 S. 188/91.

1. Zweirädrige Umlaufgetriebe

In Bild 153 kämmt Rad *2* (Planeten- oder Umlaufrad), das im Steg *S* drehbar gelagert ist, mit dem *feststehenden Rad 1*, wobei $r_1 = r_2$ sei. Wird der Steg *S* angetrieben, so rollt Rad *2* auf *1* ab; es führt dabei zwei Umdrehungen aus, wenn der Steg *S* einmal herumgeführt wird. Ein auf Rad *2* angebrachter Pfeil veranschaulicht die Drehbewegung.

Für die Ableitung der Formeln der Übersetzung i wird von der Drehbewegung des Steges *S* ausgegangen. Es bedeutet z. B. i_{2s} das Verhältnis der Drehzahl n_2 des Rades *2* zu der des Steges n_S.

Bild 154: Anordnung für den allgemeinen Fall, d. h. für $r_2 \lesseqgtr r_1$. Wird der Steg *S* um den Winkel σ nach rechts geführt, so dreht sich *2* um den Winkel β gegenüber dem Steg, und ein ursprünglich durch den Mittelpunkt *A* von *1* zeigender Durchmesser von Rad *2* hat sich um $\varepsilon = \sigma + \beta$ gedreht. Da die den Winkeln σ

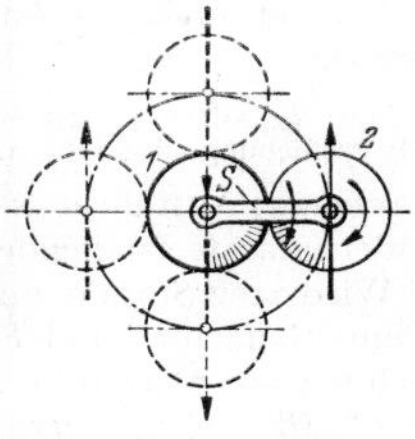

Bild 153

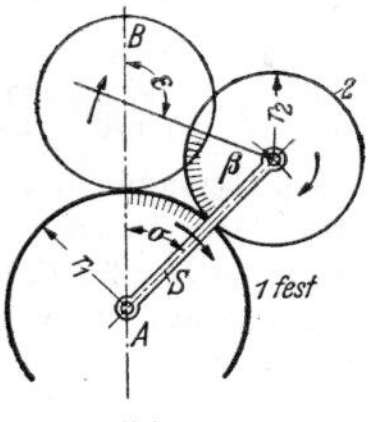

Bild 154

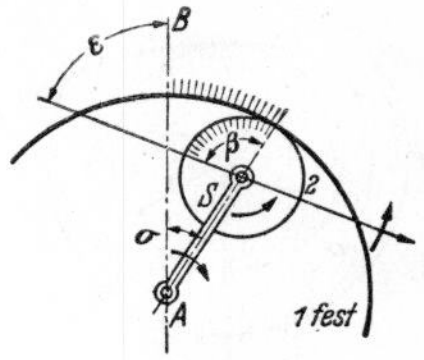

Bild 155

und β entsprechenden Wälzbogen auf den Umfängen der Räder *1* und *2* gleich sind, also: $\sigma r_1 = \beta r_2$ und $\beta = \sigma r_1/r_2$, so gilt zwischen den Winkeldrehungen von Rad *2* und Steg *S* die Beziehung:

$$n_2/n_S = \varepsilon/\sigma = i_{2S} = 1 + r_1/r_2 = 1 + z_1/z_2 \quad \text{(vgl. Anm. * S. 782).}$$

Bild 155: Innenverzahntes Rad *1*; $\varepsilon = \beta - \sigma$. Da die Beziehungen: $\sigma r_1 = \beta r_2$ und $\beta = \sigma r_1/r_2$ auch hier bestehen und ε entgegen σ gerichteten Drehsinn hat, ist

$$n_2/n_S = -\varepsilon/\sigma = i_{2S} = 1 - r_1/r_2 = 1 - z_1/z_2.$$

[1] Die Umdrehungen von *S*, *1*, *2*, *3* u. *4* beziehen sich auf die Drehungen um ihre Eigenachse. — Rad *1* heißt auch Sonnenrad, Steg *S* auch Planetenradträger. Drehachsen von *1*, *4* u. *S* fallen zusammen; diese Getriebe werden auch koaxiale genannt. — Zeichnerische Darstellung der Geschwindigkeiten vgl. Dynamik S. 254, *Trier*, S. 751, Lit. 11 u. *Klein*, Lit. 4 (oben). — Im Gegensatz zu diesen Planetengetr. werden Getriebe n. Bild 151 u. 152 auch Standgetriebe genannt.

2. Drei- und vierrädrige Planetengetriebe

Bild 156: Räder *2* und *3* fest miteinander verbunden, um Punkt C des Steges S drehbar. Rad *4* um feststehendes Rad *1* drehbar. Wird Steg S aus der ursprünglich senkrechten Lage AB um σ im Uhrzeigersinn geführt, so dreht sich Radpaar *2/3* um β gegenüber S, folglich $\beta = \sigma r_1/r_2$. Punkt E beschreibt die zykloidenartige Kurve DE. Rad *4* kämmt mit Rad *3*, dreht sich also um den gleichen Wälzbogen, so daß $\beta r_3 = \delta r_4$ oder $\beta = \delta r_4/r_3$ wird. Ein am Rad *4* angebrachter Pfeil beschreibt den Winkel ε gegenüber der Ausgangsgeraden AB. Beide Gleichungen für β ergeben $\delta = \sigma r_1 r_3/r_2 r_4$.

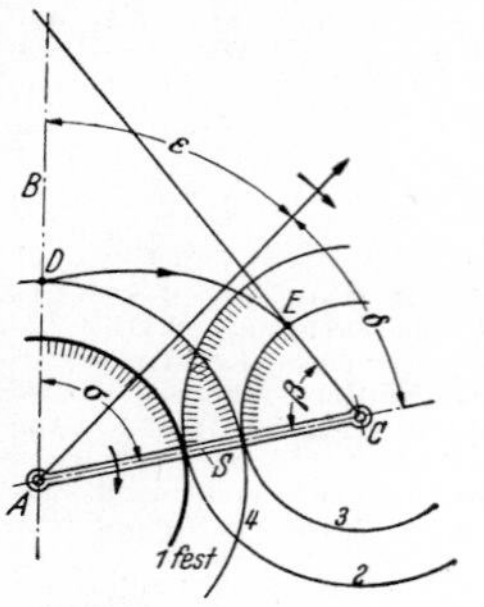

Bild 156

Da sich Rad *4* um σ mit dem Steg S *vorwärts* und um δ gegen den Steg *rückwärts* dreht, so bleibt Restdrehung $\varepsilon = \sigma - \delta$ übrig. Gleichung durch σ dividiert ergibt $\varepsilon/\sigma = 1 - \delta/\sigma$ und $n_4/n_S = i_{4S} = \varepsilon/\sigma = 1 - r_1 r_3/r_2 r_4 = 1 - z_1 z_3/z_2 z_4$ *.

Rad *4* und Steg S haben gleichen Drehsinn. Da $r_1 r_3 < r_2 r_4$ ist, so wird der Wert des Bruches <1.

Hält man Rad *4* fest und treibt durch den Steg S über das Radpaar *2*, *3* das Rad *1* an, so erhalten *1* und S entgegengesetzten Drehsinn:

$$n_1/n_S = i_{1S} = 1 - r_2 r_4/r_1 r_3 = 1 - z_2 z_4/z_1 z_3.$$

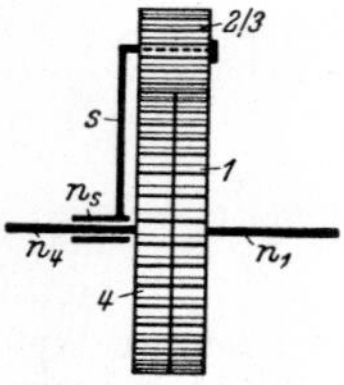

Bild 157

Es ist daher möglich, bei Antrieb des Steges durch abwechselndes Festhalten der Räder *1* bzw. *4* eine niedrige Drehzahl n_4 in eine gegenläufige hohe Drehzahl n_1 zu verändern.

Für $z_1 = 30$, $z_2 = 50$, $z_3 = 20$, $z_4 = 60$ wird $i_{4S} = 0{,}8$ und $i_{1S} = -4$.

Bild 157: Schema eines Umlaufgetriebes mit großer Übersetzung[1], die nach Bild 156 bestimmt ist. Rad *1* festgehalten, Steg S angetrieben; es ist $z_2 = z_3$ und $r_1 = r_4$, wobei jedoch $z_1 \neq z_4$.

Für $z_1 = 99$, $z_4 = 100$ wird $n_S/n_4 = i_{S4} = z_4/(z_4 - z_1) = 100$. Rad *1* bzw. *4* ist mit Profilverschiebung auszuführen.

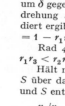

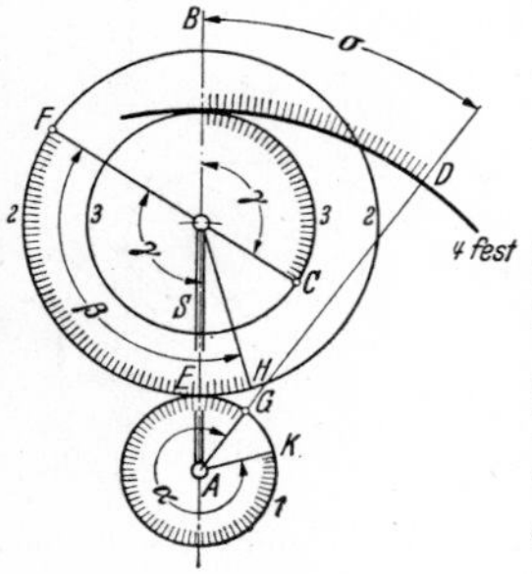

Bild 158

Im Getriebe nach Bild 158 (Schema; Ausführungsskizze 159) ist von den vier Rädern das feststehende Rad *4* als Hohlrad ausgeführt. Wird Steg S um σ im Uhrzeigersinn gedreht, so kommt C nach D und F nach G, wobei Rad *1* eine Drehung um α ausführt. Es ist $FEH = KEG$, $EH = EG = (\beta - \gamma) r_2 = \sigma r_1$; $\sigma r_4 = \gamma r_3$; $\alpha r_1 = \beta r_2$. Folglich

$$\alpha/\sigma = i_{1S} = 1 + r_2 r_4/r_1 r_3 = 1 + z_2 z_4/z_1 z_3 = n_1/n_S.$$

Da $r_2 r_4 > r_1 r_3$, wird der Wert des Bruches und damit i_{1S} verhältnismäßig groß.

Übersetzungsgetriebe werden meist nach Bild 160 gebaut, wobei $z_2 = z_3$ ist; z_2 hat keinen Einfluß auf Übersetzung. $n_1/n_S = i_{1S} = 1 + r_4/r_1 = 1 + z_4/z_1$.

Werden im Steg S mehrere, z. B. p Planetenräder, gleichmäßig verteilt, angeordnet, dann muß für Ausführung nach Bild 160 die Bedingung $(z_1 + z_4)/p$ = ganze Zahl erfüllt sein[2].

---

* Hier und im folgenden kann statt r die Zähnezahl z gesetzt werden, weil sich in den Brüchen z_1/z_2 und z_3/z_4 der Modul m heraushebt.

[1] Wegen schlechten Wirkungsgrads für Leistungsgetriebe ungeeignet.

[2] Bezügl. Anordnung mehrerer Umlaufräder vgl. Konstruktion 13 (1961) Nr. 2 S. 67/68. — Bezügl. Auslegung von Innenverzahnungen und Planetengetrieben. Ebendort 14 (1962) Nr. 12 S. 489/97.

ist. Einstellbare Druckfeder (Kraft F_f) hat die Aufgabe, das Gewicht G (Motor + Wippe + Rad *1*) abzufangen und noch zusätzlich eine gewisse, durch Versuche zu ermittelnde Vorspannkraft zwischen den Getrieberädern zu erzeugen. Diese bei Stillstand, wegen $M_t = 0$, normal gerichtete Kraft ist notwendig, damit beim Einschalten des Motors das treibende Rad *1* das noch stillstehende Rad *2* mitnehmen kann. Während des Anlaufens ändert sich die von Rad *2* auf Rad *1* ausgeübte Reaktionskraft nach Größe und Richtung so lange, bis im Betriebszustand die Kraft F_{R1}, Bild 167, die erforderliche, nach Gl. (1) zu berechnende Umfangskomponente F_{u1} besitzt.

Damit nicht vorher Rutschen eintritt, muß F_{R1} innerhalb des Reibungskegels mit Öffnungswinkel $2\varrho_0$ liegen; dazu ist ausreichend große Federkraft F_f erforderlich. Momentengleichung im *Betriebszustand* um A:

$$F_f l_1 - G l_3 + F_{u1} l_2 = F_{n1} l_4. \qquad (2)$$

Durch Division mit $F_{u1} l_4$ und wegen $\cot\beta = F_{n1}/F_{u1}$ wird

$$\cot\beta = [(F_f l_1 - G l_3) + F_{u1} l_2]/F_{u1} l_4, \qquad (3)$$

wobei F_{u1} nach Gl. (1) zu berechnen. Demnach ist Größe von $\sphericalangle\beta$ vom Wert des Klammerausdrucks $(F_f l_1 - G l_3)$ abhängig; für $F_f l_1 - G l_3 = 0$ wird $\cot\beta = l_2/l_4 = \cot\alpha$ (Bild 167); also $\beta = \alpha = \varrho_0$; dann gleicht F_f gerade Gewicht G aus. Damit $\beta < \varrho_0$ wird, muß $F_f > G l_3/l_1$ sein; d. h. es muß bereits im *Ruhezustand* eine gewisse Vorspannkraft vorhanden sein.

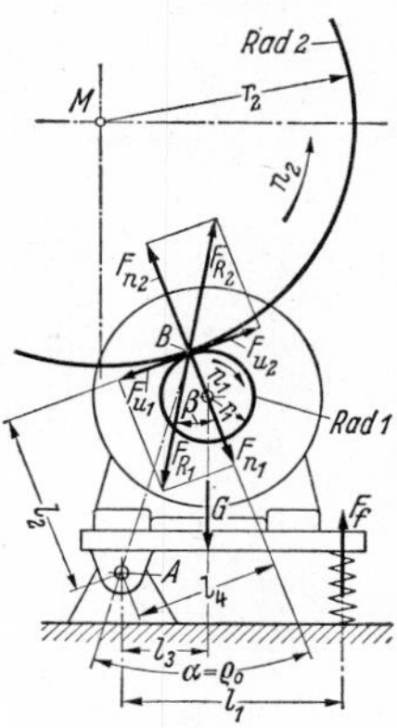

Bild 167
Reibradgetriebe mit Wippe

c) Werkstoffe. Reibrad. α) *Kunststoffe.* $\mu_0 \approx 0{,}3$ bis 0,4 trockenlaufend; entsprechend $\alpha \approx 17$ bis $22°$ (da $\tan\alpha = \tan\varrho_0 = \mu_0$). Reibrad aufgepreßt, u. U. mit Paßfeder.

β) *Gummi* μ_0 bis $\approx 0{,}7$ bis 0,8 trocken laufend; entsprechend $\alpha \approx 35$ bis $39°$. Bei leichtem Betrieb Reibring auf Radkörper elastisch aufgebracht, sonst aufvulkanisiert. Bei schwerem Betrieb erhält Reibring Stahldrahteinlagen; er wird mit Vorrichtung auf Radkörper aufgepreßt; wegen Wärmeableitung mehrere schmale Ringe nebeneinander mit Zwischenräumen.

Bei häufigem Ein- und Ausschalten und in feuchten Räumen nur die halben Werte für μ_0 wählen.

Gegenrad: GG oder St, Lauffläche möglichst geschliffen; Rad etwas breiter als Reibrad. Bei großen Übersetzungen Reibbelag möglichst auf Großrad. Wellen sind genau auszurichten.

d) Übersetzung $i = n_1/n_2 = r_2/r_1$; Rad *1* treibend. i ist nicht konstant infolge von Schlupf und Abnutzung. Wirkungsgrad η abhängig von zusätzlicher Lagerbelastung durch F_n; $\eta = 0{,}85$ bis 0,98.

e) Berechnung. Metallische Räder auf Walzenpressung wie Zahnräder, vgl. S. 776. Reibbeläge auf Linienpressung $k = F_u$/Breite in kp/cm. Für Kunststoff wird empfohlen $k = 10$ bis 15, für Gummi $k = 5$ bis 10.

2. Reibräder zur stufenlosen Drehzahländerung[1, 2]

Treibend Welle bzw. Rad mit Index 1

Durch Paarung von Reibrädern bestimmter geometrischer Formen kann Drehzahl des Abtriebs *stufenlos* geändert werden, u. U. auch Drehsinn gewechselt, vgl. Bild 168 u. 169. Linien- bzw. punktförmige Berührungsstellen an den Reibkörpern übertragen durch Reibungsschluß die Drehmomente. Formen: Zylinder (Bild 168), Kegel (Bild 169 bis 172), Kugel (Bild 169) und Planscheibe (Bild 168). Die Reibräder

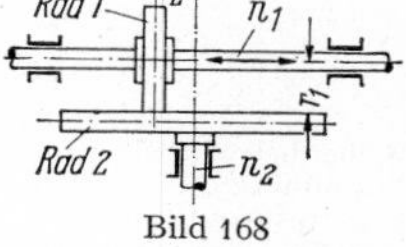

Bild 168

[1] *Simonis, Friedr. W.*: Stufenlos verstellb. mechan. Getriebe. 2. Aufl. Berlin: Springer 1959.
[2] Reibungszahlen metallischer Reibräder, die in Öl laufen, vgl. Konstruktion 17 (1965) Nr. 7 S. 275/76. — Über geometr. Beziehungen, Wälzbewegung u. zulässige Belastungswerte vgl. *Niemann* Bd. 2 (S. 713 Lit. 3) u. *Köhler/Rögnitz* Teil 2 (S. 713 Lit. 2).

müssen gegeneinander gepreßt werden; das erfordert meist konstruktiven Aufwand, auch wird durch die Anpreßkräfte der Wirkungsgrad herabgesetzt.

Schematische Beispiele:

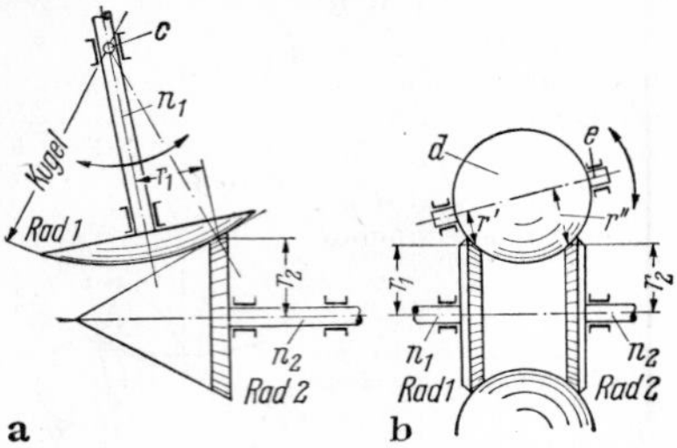

a b

Bild 169

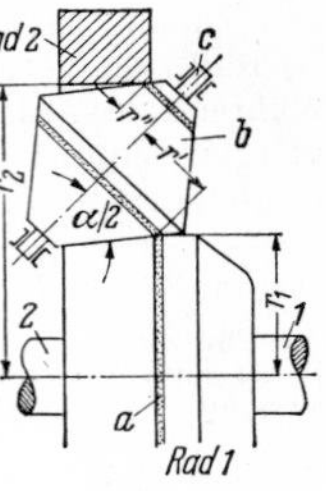

Bild 170

Bild 169a: Treibendes Rad *1* mit Welle und Lagern wird um Punkt *c* geschwenkt; Drehmoment bei *c* z. B. durch Kegelräder zugeführt. $i = r_2/r_1$, wobei $r_2 =$ const. Veränderlich r_1; $r_1 > r_2$ ergibt Übersetzung ins Schnelle; $r_1 = 0$ Stillstand; r_1 negativ: Richtungsumkehr.

Bild 169b: Koaxiales Getriebe[1]. Reibungsschluß zwischen den Kegelrädern *1* und *2* durch eine Anzahl Kugeln, die sich um Achsen *e* drehen; diese links und rechts in einem Gestell gelagert, das die Schwenkung von *e* bewirken kann. $i = r_2 r'/r_1 r''$; da $r_1 = r_2$, ist $i = r'/r''$, im Bild $i < 1$, d. h. Übersetzung ins Schnelle, wenn Rad *1* treibt.

Bild 170: Koaxiales Getriebe[1]. Treibendes Rad *1* mit schmaler kegelig-balliger Laufbahn *a*; getriebens Rad *2* auf Welle *2* fest, ebenfalls mit schmaler Laufbahn. Doppelkegel *b* dreht sich um Achse *c* und kann sich auf dieser etwas verschieben. *c* in einem Gestell gelagert, das parallel zur Achse *1—2* verschoben werden kann. Übersetzung $i = r_2 r'/r_1 r''$, wobei $r_2 > r_1$. Im Bild ist $i > 1$, d. h. Langsamlauf von *2*. Halber Kegelwinkel $\alpha/2 \approx 38°$.

Bild 171: *PK-Getriebe*[2]. Kegel *a* treibt die mit Zahnrad z_2 auf gleicher Welle *2* sitzende Kegelscheibe *b* an; Welle *2* kann mit Gehäuse *f* um Welle *3* schwingen, auf der Zahnrad z_3 befestigt ist. Zur Änderung der Drehzahl wird Antrieb *1* mit dem Kegel *a* axial verschoben. Durch die Bewegung der Welle *2* auf Bahn *B* wird Anliegen von *b* auf verschiedenen Halbmessern r_1 von *a* möglich; r_2 konstant. Gemeinsame Tangente *ACD* an beide Kegelmäntel in *A*.

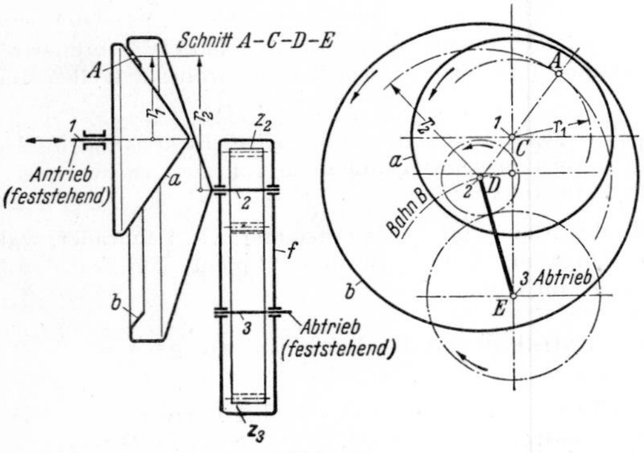

Bild 171

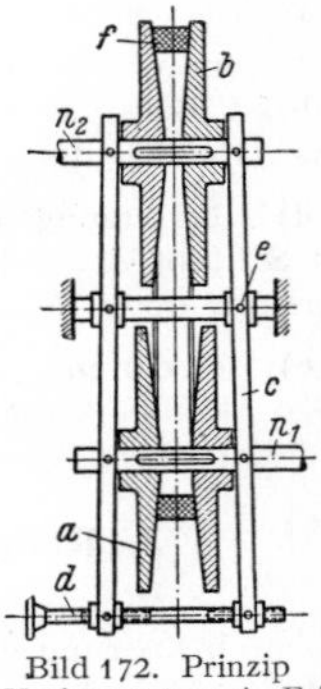

Bild 172. Prinzip des Variators von A. Friedr. Flender & Co., Bocholt

Bild 172: Getriebe mit 2 Paar Kegelscheiben *a* und *b*, die sich auf den Antriebs- bzw. Abtriebswellen beim Lauf dadurch axial verschieben lassen, daß die Hebel *c* mittels Schraubenspindel *d* um Festpunkte *e* geschwenkt werden können. Das Zugorgan *f*, z. B. ein (gezahnter) Keilriemen, liegt zwischen den Kegelscheiben *a* an kleinem Radius und zwischen *b* an großem Radius an; Übersetzung ins Langsame, wenn Welle *1* treibt. — Statt eines Keilriemens kann auch ein stählerner, vorgespannter Ring das Drehmoment übertragen.

[1] Eisenwerk Wülfel, Hannover-Wülfel. Vgl. Konstruktion 17 (1965) Nr. 7 S. 280.

[2] William Prym GmbH, Stolberg, Rhld., auch koaxiale Ausführungen: SH- u. SK-Triebe.

VI. Riementrieb[1]

Es bezeichnen:

F_1 die Spannkraft des ziehenden Trums (Zugtrum),
F_2 die Spannkraft des unbelasteten Trums (Leertrum),
F_f die durch die Fliehkräfte erzeugte Spannkraft im Riemen,
F_n die zu übertragende Umfangskraft (Nutzkraft) in kp; die den Kräften F entsprechenden Riemenspannungen σ haben die entsprechenden Indizes 1, 2, f, n; wobei $\sigma = F/sb$ kp/cm².
e $= 2{,}718$ die Basis der natürlichen Logarithmen,
μ die Reibungszahl zwischen Scheibe und dem die Kraft übertragenden Riemen,
α den vom Riemen an der *kleineren* Scheibe umspannten Bogen im Bogenmaß (S. 237),
i Übersetzungsverhältnis $= n_{\text{treibend}}/n_{\text{getrieben}}$, a den Achsenabstand,
d den Dmr. der kleinen, D den der großen Scheibe.

Für den Riemen:

v die mittlere Geschwindigkeit in m/sec, s die Dicke in cm,
b die Breite in cm, $q = sb$ den Querschnitt in cm².
L die geometrisch berechnete oder mit Stahlbandmaß über die Scheiben gemessene Länge des Riemenlaufs = „stumpfe" Riemenlänge.
B die Biegehäufigkeit je Sekunde.

A. Werkstoffe für Riemen

1. Leder

a) Eigenschaften und Arten. Je nach Verwendungszweck verschieden gegerbt; lohgares (L) Leder bis $\approx 50\,°$C, chromgares (C) bis $\approx 70\,°$C zulässig; auch kombiniert (K) gegerbt. Spez. Gewicht 0,8 bis 1,05 kp/dm³.

α) *Lederarten: Standard* (S) für $v \leqq 30$ m/sec; Biegehäufigkeit (-frequenz) $B \leqq 4$/sec (S. 793); $d \geqq 30s$ Einfachriemen, $d \geqq 35s$ Doppelriemen; rauhe und staubige Betriebe.

Geschmeidig (G) für $v \leqq 40$ m/sec; $B \leqq 8$/sec; $d \geqq 25s$ Einfachriemen, $d \geqq 30s$ Doppelriemen; Normalantriebe, an die keine höchsten Anforderungen gestellt werden.

Hochgeschmeidig (HG) für $v \leqq 50$ m/sec; $B \leqq 25$/sec; $d \geqq 20s$ Einfachriemen, $d \geqq 25s$ Doppelriemen; Kurztriebe; kleine Scheibendmr.; v groß; Spannrollen- bzw. Leitrollentrieb.

β) *Riemenarten:* Rückenwirbel-, Kernleder-, Einfach-, Doppel- u. Mehrfachriemen, egalisierte Riemen.

Riemen werden naß (N) oder trocken (T) auf Streckmaschinen gestreckt, Einlauf u. U. auf besonderen Maschinen. Elastizitätsmaß $E = 800$ bis 3000 kp/cm² streut stark je nach Ursprung und Herstellverfahren.

b) Verbindungen. Am besten endlos hergestellt oder nachträglich endlos geklebt; dadurch annähernd gleiche Dicke und Geschmeidigkeit der Verbindungsstelle. Nahtfläche soll tangential an Scheibe anlaufen. Die Verbindungsstelle ist eine *Schwachstelle* des Riementriebs.

Bei sehr geringem Durchhang, Fall 1, S. 791, muß der Riemen anfangs infolge bleibender Dehnung oft nachgespannt werden; Kürzung des Riemens umständlich und zeitraubend; daher häufig Riemenverbinder; sie sollen leicht und biegsam sein und die Riemendicke nicht vergrößern, sonst Schlag bei Auf- und Ablauf des Riemens. Bis $v < 10$ m/sec Verbindung mit Kralle üblich.

c) Wartung. Nicht mit Öl, Harz oder klebenden Stoffen behandeln, sondern nur mit geeignetem Riemenwachs, Tran oder Rindertalg (Treibriemenpflegemittel vgl. RAL 890B). Für feuergefährdete Räume kann Entstehen von Reibungselektrizität durch Behandeln mit Glyzerin verhindert werden; sicher sind nichtaufladende Riemen (Non-el-stat-Riemen).

2. Geweberiemen (Textilriemen)

Sie erhalten Form und Festigkeit durch *Weben* bestimmter Rohstoffe zu Gewebelagen, die meist in mehreren Lagen durch Imprägnieren und Nachbehandeln zum Riemen verbunden werden. Hochleistungsriemen werden aus einem *einzigen* Gewebefaden endlos nach besonderem Verfahren hergestellt.

[1] Vgl. Druckschriften: Interessengemeinschaft Ledertreibriemen, Düsseldorf, u. AWF 21-1 Flachriemen, AWF 21-HF Hilfstabellen zur Berechnung von Flachriemen, AWF 21-TH Endlos gewebte Textil-Hochleistungsriemen. AWF 21-LR Tabellenschieber f. Lederflachriemen. AWF Berlin 33 u. Frankfurt a. M., Beuth-Vertrieb Berlin 30 und Köln.

a) Rohstoffe. α) animalisch: Wolle, Haar, Naturseide. β) vegetabilisch: Baumwolle, Leinen Hanf. γ) vollsynthetisch: Reyon, Polyvinylchlorid (PVC), Polyamid. Meist *Verbundausführung* z. B. Baumwollgewebe mit PVC oder Polyamid mit aufgebrachter Reibungsauflage. Das Gewebe überträgt die Zugkräfte; es muß (Rohstoffe α) u. β)) gegen Abrieb, Staub, Wärme und Feuchtigkeit durch Füll- bzw. Hüllstoffe geschützt werden, z. B. Gummi, Balata, Kunststoffe u. a.

Geweberiemen sind sehr geschmeidig; eignen sich daher für kleine Scheibendmr. und große Geschwindigkeiten. Zugfestigkeit für solche aus Rohstoffen α) u. β) 500 bis 1200 kp/cm² und aus γ) bis 2200 bis 3000. Elastizitätsmaß E bis 60000 kp/cm². Spez. Gewicht $\gamma = 0{,}7$ bis 1,1 kp/dm³. Hohe Reibungszahl $\mu \approx 0{,}3$ bis 0,6.

b) Sonderausführung. Schmalkeilriemen nach DIN 7753 (April 1959); Näheres vgl. Abschn. C. Neuere Ausführung: einlagiger Kabelcordstrang mit geringer Dehnung, hochwertigem Gummi und günstigerem Seiten-Höhenverhältnis. $v \leqq 35$ m/sec; Biegehäufigkeit $B \leqq 70$ bis 80/sec.

c) Verbindung durch Kalt- oder besser durch Warmkleben möglich.

B. Flachriementrieb[1]

1. Kräfte und Spannungen

Der Riementrieb ist ein *Reibtrieb*. Reibungszahl μ ist u. a. abhängig von Flächenpressung und Schlupf (vgl. Abschn. 2b) bzw. Geschwindigkeit. Erzeugung einer bestimmten *Nutzspannung* $\sigma_n = (F_n/q)$ erfordert eine entsprechende Vorspannung des Riemens, vgl. Abschn. 2.

Zwischen den An- und Ablaufstellen der Scheiben wird der Riemen zusätzlich auf Biegung beansprucht:

$$\sigma_b \approx Es/d. \tag{1}$$

Im Zugtrum herrscht die mittlere Spannung $\sigma_1 = F_1/q$, im Leertrum $\sigma_2 = F_2/q$.

a) Langsam laufender Trieb. Unter Vernachlässigung der Fliehkräfte ist nach

Euler $\sigma_1 = \sigma_2\, e^{\mu\alpha}$, vgl. S. 237. Mit $e^{\mu\alpha} = m$ wird $\sigma_1 = m\sigma_2$. (2)

Nach Bild 182 ergibt sich maßgebender Umschlingungswinkel α an der kleinen Scheibe aus $\cos(\alpha/2) = (D - d)/2a$.

b) Schnell laufender Trieb. Fliehkräfte wirken beim Zustandekommen der Spannkräfte F_1 und F_2 mit; sie bringen die Spannkraft F_f hervor. Der Rest $F_1 - F_f$ bzw. $F_2 - F_f$ rührt vom Gewicht des Riemens und von den Normal- und Tangentialkräften her, welche die Scheiben auf den Riemen ausüben. Setze $F_1 - F_f = F_1{}^*$ und $F_2 - F_f = F_2{}^*$. Den Spannkräften F_f, $F_1{}^*$ und $F_2{}^*$ entsprechen die *Fliehspannung* $\sigma_f = F_f/q$ und die *wirksamen Betriebsspannungen* $\sigma_1{}^* = F_1{}^*/q$, $\sigma_2{}^* = F_2{}^*/q$. Nach S. 273 ist $\sigma_f = v^2\gamma/g$; für Lederriemen mit $\gamma = 1000$ kp/m³ (Mittelwert) wird $\sigma_f \approx 0{,}01\, v^2$ kp/cm²; v in m/sec.

Analog Gl. (2) ist $\sigma_1{}^* = m\sigma_2{}^*$; $\sigma_1{}^*/\sigma_2{}^* = m = e^{\mu\alpha}$. (3)

Werte für $e^{\mu\alpha}$ vgl. S. 32/33. Erfahrungsgemäß hängt μ stark von v ab. Man setzt

$$\mu \approx 0{,}22 + 0{,}012v; \quad v \text{ in m/sec}; \tag{4}$$

somit ist $m = f(v, \alpha)$.

c) Die **Leistungsübertragung** ist von *nutzbarer Riemenspannung* σ_n abhängig.

$$\sigma_n = F_n/q = \sigma_1{}^* - \sigma_2{}^* = \sigma_1 - \sigma_2 = \sigma_1{}^* \cdot (m-1)/m = \sigma_2{}^*(m-1). \tag{5}$$

Ausbeute k. Man setzt $(m-1)/m = k$; $\sigma_n = k\sigma_1{}^* = k(\sigma_1 - \sigma_f)$. (6)

Da k von m abhängt, ist $k = f(v, \alpha)$. k wächst mit m, d. h. mit v (Bild 173) und α.

d) Achsbelastung F_a ergibt sich durch geometrische Addition von $F_1{}^*$ und $F_2{}^*$, in vektorieller Schreibweise $\mathfrak{F}_a = \mathfrak{F}_1{}^* + \mathfrak{F}_2{}^*$. Einfach ist zeichnerische Lösung. Für parallele Trumme ($\alpha = 180°$) ist

$$F_a = F_1{}^* + F_2{}^*. \tag{7}$$

[1] Mitarbeiter am Abschnitt B1. u. 2.: Dr.-Ing. *F. Florin*, Berlin.

$= (D - d)/2a$. Gekreuzter Trieb, Bild 183, $L = 2a \sin(\alpha/2) + 0{,}5\widehat{\alpha}(D + d + 2s)$; $\widehat{\alpha}$ als Bogenlänge = arc α, vgl. S. 64.

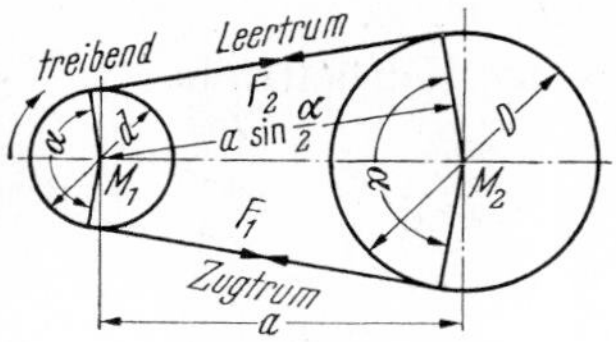

Bild 182
Offener Riementrieb

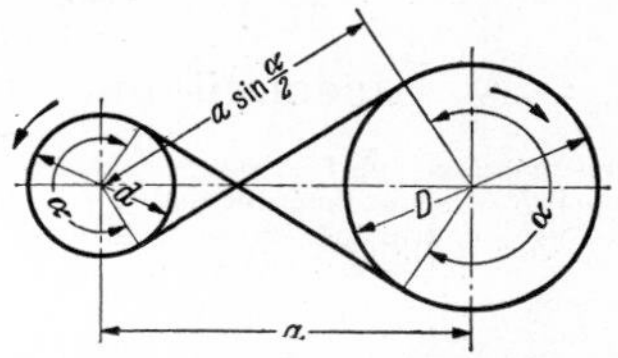

Bild 183. Trieb für sich kreuzende Riemen; parallele Wellen

b) Form der Scheibenlauffläche, vgl. AWF 21-1 und DIN 111 (Dez. 1954).

Gerade Scheiben nur dann, wenn Wellen genau ausgerichtet, Riemenlauf gerade und günstige Anordnung; sonst wird bei Gefahr des Ablaufens *eine* Scheibe, und zwar die größere, ballig ausgeführt, gleichgültig, ob treibend oder getrieben. Bei sehr großen Geschwindigkeiten wird auch kleine Scheibe „schwachballig" ausgeführt. Die Balligkeit sei möglichst klein; ihre Größe ist durch Wölbhöhe gegeben. Form der Balligkeit: Kreisbogen; nicht Dreieck- oder Trapezform. „Normalballigkeit": Wölbhöhe für Kranzbreite B sei 0,5 mm für $B = 20$ bis 125 mm; 1 für 140 bis 250; 1,5 für 280 bis 400; „schwachballig" die Hälfte davon. Bordscheiben grundsätzlich vermeiden.

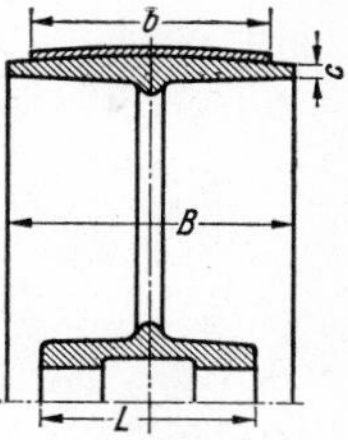

Bild 184. Riemen- u. Scheibenabmessungen

c) Zuordnung der **Kranzbreite** B **zur Riemenbreite** b, Bild 184. Maße in mm; gestuft nach R20 (S. 621)

B	20	25	32	40	50	63	(71)	80	(90)	100	(112)	125	140	160	180	200 ..
b	16	20	25	32	40	50	(63)	71	(80)	90	(100)	112	125	140	160	180 ..

d) Riemenscheibe, meist GG, auch Al- oder St-Blech.

Kranz[1] ist möglichst schwach zu wählen, damit er beim Abkühlen gegenüber den Armen nachgeben kann. Randdicke c (Bild 184) mindestens 3 mm. Oberfläche möglichst glatt, am besten geschliffen.

Armzahl bei einteiligen gegossenen Scheiben meist ungerade. *Armquerschnitt* mit Rücksicht auf Luftwiderstand elliptisch; Achsenverhältnis 1 : 2 bis 1 : 2,5; nach dem Kranz zu wird Querschnitt verjüngt. — *Auswuchten.* Schnellaufende Scheiben sind statisch und dynamisch auszuwuchten.

Ausführungsbeispiele: Bild 184, einteilige Scheibe mit ausgesparter Nabe. Nabenlänge hier $L < B$, sonst bei schmalen Scheiben $L \approx B$. Verbindung Nabe mit Welle vgl. S. 740. Bild 185: zweiteilige Riemenscheibe, die mit Rücksicht auf Herstellung und Zusammenbau geteilt ist. Scheibe in einem Stück gegossen und von der Nabe aus gesprengt, da andernfalls die Arme an der Nabe brechen könnten. Sprengflächen bleiben unbearbeitet. Nut für Keil *in* der Teilfuge, Nut für Paßfeder um 90° zur Teilfuge versetzt. Auch geteilte, geschweißte Stahlriemenscheiben hergestellt mit auswechselbaren Einlegebuchsen zum Aufklemmen oder Aufkeilen.

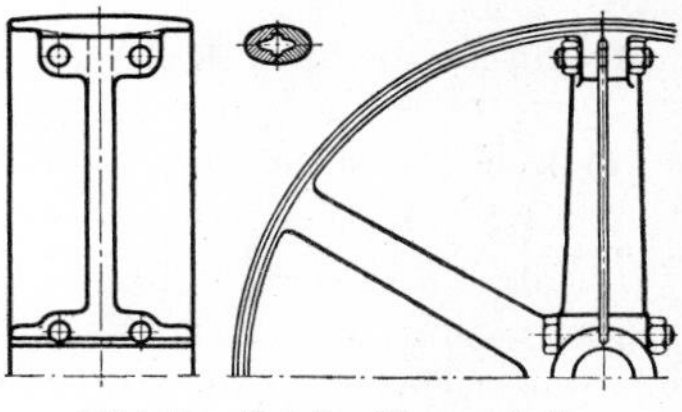

Bild 185. Geteilte Riemenscheibe

Für *veränderliche Übersetzungen* dienen Stufenscheiben (vgl. Bd. II, Abschn. Verfahren und Maschinen der Metallbearbeitung) oder kegelförmige Trommeln, wenn eine stufenlose Drehzahländerung gewünscht wird.

[1] Festigkeitsrechnung vgl. *Rötscher, F.:* Die Maschinenelemente. Bd. 2. Vgl. S. 713, Lit. 4.

VII. Kurbeltrieb

A. Kinematik und Dynamik des Kurbeltriebes[1]

Bezeichnungen, vgl. Bild 186: K = Kurbelzapfen; r = Kurbelradius; $s = 2r$ = Hub; α = Kurbelwinkel; β = Schubstangenwinkel; l = Schubstangenlänge; $\lambda = r/l$ = Schubstangenverhältnis; x = Kolbenweg, vom äußeren Totpunkt Tp_a gerechnet; $v = r\omega$ = konstante Kurbelzapfengeschwindigkeit; c = Kolbengeschwindigkeit; a = Kolbenbeschleunigung; F = Kolbenstangenkraft; F_S = Schubstangenkraft; F_N = Normalkraft auf Geradführung; F_T = Tangential-(Dreh-)kraft; F_R = Radialkraft.

Bei stehenden Maschinen wird oft der äußere Totpunkt Tp_a als oberer (OT) und der innere Tp_i als unterer (UT) bezeichnet.

a) Kräfte. Nach Bild 186 ist

$$F_N = F\tan\beta;\quad F_S = F/\cos\beta;\quad F_T = F_S\sin(\alpha+\beta) = F\,\frac{\sin(\alpha+\beta)}{\cos\beta};$$

$$F_R = F_S\cos(\alpha+\beta).$$

Grenzwerte. Für $\alpha + \beta = 90°$ wird $F_R = 0$; $F_{T\max\text{ für }F=\text{const}} = F_S$.

Für $\alpha = 90°$ wird $F_{S\max\text{ für }F=\text{const}} = F/\sqrt{1-\lambda^2}$.

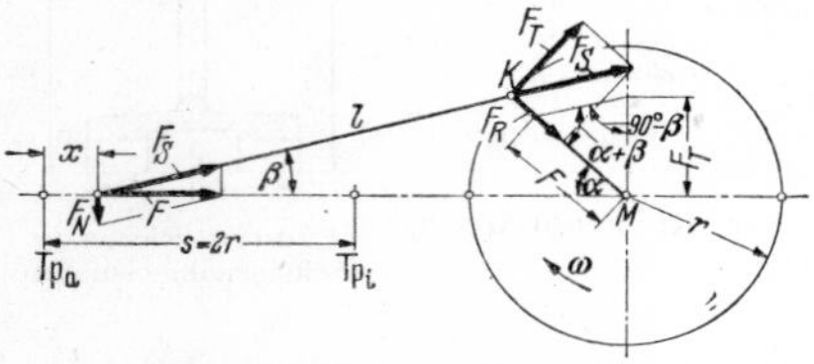

Bild 186. Kräfte am Kurbeltrieb

Zeichnerische Bestimmung von F_T: Trage F auf der Kurbel von M aus auf; ziehe durch den Endpunkt die Parallele zu F_S; man erhält F_T als Abschnitt auf der Senkrechten durch M.

Zwischen den Mittelwerten der Kräfte F und F_T besteht die Beziehung

$$F_m \cdot 2r = F_{Tm}\cdot \pi r$$

(Reibung nicht berücksichtigt).

b) Kolbenweg[2] $x = r(1-\cos\alpha) + l(1-\cos\beta) \approx r[(1-\cos\alpha) + {}^1/_2\,\lambda\sin^2\alpha]$; der Fehler der Näherungsgleichung ist für λ bis $\approx 0{,}4$ belanglos. Beachte, daß $\cos\alpha$ für $\alpha > 90°$ bis $< 270°$ negativ ist. Rechnerisch kann β bestimmt werden aus $\sin\beta = \lambda\sin\alpha$. Für $l = \infty$, d. h. $\lambda = 0$ wird $x = r(1-\cos\alpha)$.

c) Kolbengeschwindigkeit

$$c = \frac{\mathrm{d}x}{\mathrm{d}t} = \frac{\mathrm{d}x}{\mathrm{d}\alpha}\cdot\frac{\mathrm{d}\alpha}{\mathrm{d}t} = v\,\frac{\sin(\alpha+\beta)}{\cos\beta} \approx r\omega[\sin\alpha + {}^1/_2\,\lambda\sin 2\alpha];$$

der Fehler der Näherungsgleichung ist für λ bis $\approx 0{,}4$ ohne Bedeutung. Für $l = \infty$ wird $c = v\sin\alpha$.

Begriff der *mittleren* Kolbengeschwindigkeit: $c_m = 2 \times \text{Hub} \times n/60 = sn/30$; mit $v = r\pi n/30$ wird $c_m = 2v/\pi$ in m/sec mit r und s in m.

d) Kolbenbeschleunigung.

$$a = \frac{\mathrm{d}c}{\mathrm{d}t} = \frac{\mathrm{d}c}{\mathrm{d}\alpha}\cdot\frac{\mathrm{d}\alpha}{\mathrm{d}t} = \frac{v^2}{r}\left[\frac{\cos(\alpha+\beta)}{\cos\beta} + \lambda\,\frac{\cos^2\alpha}{\cos^2\beta}\right] \approx r\omega^2[\cos\alpha + \lambda\cos 2\alpha].$$

Die Beschleunigungslinie wird zur Berechnung der Massenkräfte der hin- und hergehenden Maschinenteile (Kolben, Kolbenstangen, Kreuzköpfe, Anteil der Pleuelstange usw.) benutzt. Die Kurven in Bild 187 u. 188 sind nach der genauen Formel berechnet[3]; sie haben Parabelcharakter. Je nach der Größe von λ hat der Scheitel S

[1] Vgl. Mechanik S. 246/47.

[2] Kinematik von Kolben, die durch angelenkte Schubstangen (Anlenkpleuel, Nebenpleuel) angetrieben werden vgl. *Bensinger* ..., Anm. 1 S. 797 u. *Kraemer, O.:* Getriebelehre. Karlsruhe: Braun 1966 u. VDI-Z. 80 (1936) Nr. 44 S. 1321/24.

[3] Vgl. *Vogel, W.:* Einfluß d. Schubstangenverhältnisses. ATZ 40 (1937) 336/46.

eine bestimmte Lage. Für $\lambda = 0$ (d. h. $l = \infty$) ergibt sich statt der Parabel eine Gerade (Bild 187a); für $\lambda = 0{,}2$ (d. h. $r/l = {}^1/_5$) liegt der Parabelscheitel S rechts von Tp_i (Bild 187b); $\lambda \approx 0{,}264$ (d. h. $r/l \approx 1/3{,}8$) Scheitel S liegt in Tp_i Bild 187c; $\lambda \approx 0{,}45$ (Bild 188) Scheitel S links von Tp_i, entsprechend $\alpha \approx 118°$; $\lambda = 0{,}5$ (Bild 187d) Scheitel noch weiter nach links gerückt, entsprechend $\alpha \approx 112°$. Von $\lambda \approx 0{,}6$ an verliert die Kurve den Parabelcharakter. Bild 188 zeigt überdies den Zusammenhang zwischen $a = 0$ und $c = c_{max} \approx 1{,}11\,v$ bei $\alpha \approx 69°$. Die ge-

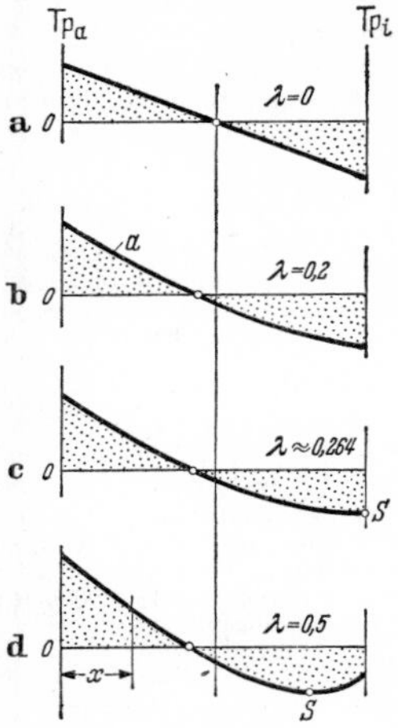

Bild 187

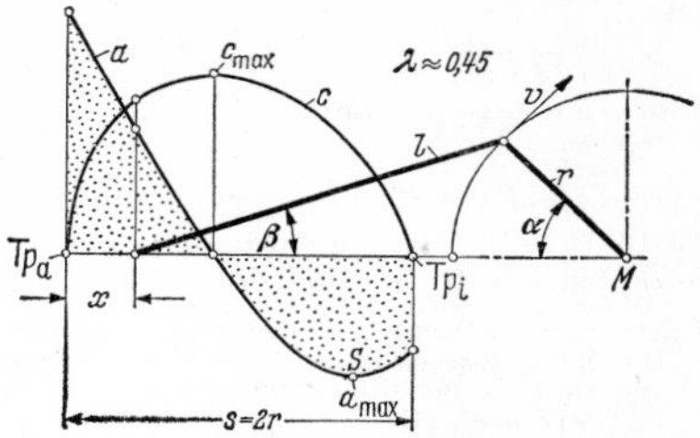

Bild 188

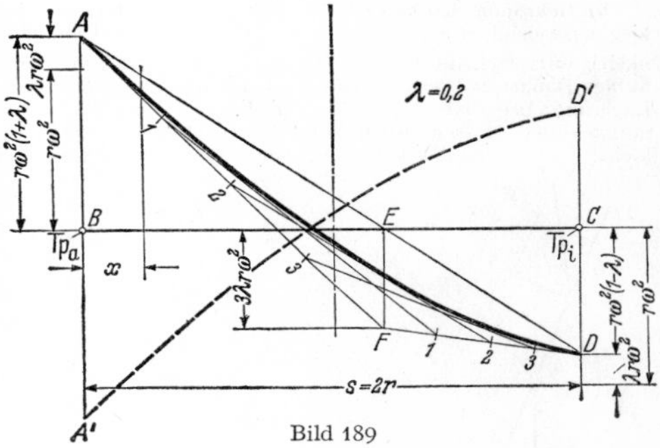

Bild 189

Bild 187 bis 189
Beschleunigung beim Kurbeltrieb

Bild 187. $\lambda = 0$ bis 0,5
Bild 188. $\lambda \approx 0{,}45$
Bild 189. $\lambda = 0{,}2$

punkteten Flächen in Bild 187 u. 188 sind einander gleich (Beschleunigungsarbeit = Verzögerungsarbeit).

Aufzeichnen einer Näherungsparabel, die für $0 < \lambda < 0{,}3$ genügend genaue Werte ergibt, nach Bild 189.

Man macht $\overline{AB} = r\omega^2(1 + \lambda)$ und $\overline{CD} = r\omega^2(1 - \lambda)$, verbindet A mit D und errichtet im Schnittpunkt E das Lot $EF = 3\lambda r\omega^2$. Geraden AF und DF sind die Tangenten an die Parabel; Konstruktion der Parabel nach Bild 102, S. 127. Die voll ausgezogene Kurve gilt für $\alpha = 0°$ bis 180° die gestrichelte (Spiegelbild) für $\alpha = 180°$ bis 360°.

B. Elemente des Kurbeltriebes von Kolbenmaschinen[1]

Vgl. Bd. II Kraft- und Arbeitsmaschinen mit Kolbenbewegung

1. Kurbelwellen[2]

a) Kurbelwellen mit Stirnkurbeln. Kurbelwelle mit *fliegend* angeordneter Kurbel einer liegenden Kolbenmaschine, Bild 190. Beanspruchung der Welle auf *Biegung*,

[1] Vgl. *Bensinger, W.-D.*, u. *A. Meier:* Kolben, Pleuel u. Kurbelwelle bei schnellaufenden Verbrennungsmotoren. 2. Aufl. Berlin: Springer 1961.

[2] Vgl. *Schmidt, F.:* Berechnung u. Gestaltung von Wellen. 2. neub. Aufl. Berlin: Springer 1967 — *Paeckel, K.*, u. *F.-J. Heinen:* Belastung v. Verdichterkurbelwellen. Konstruktion 19 (1967) Nr. 10 S. 400/05.

hervorgerufen durch Gewicht (Schwungrad, Zahnrad u. a.) und durch die entsprechenden Komponenten des Riemenzuges, der Zahndruckkraft bzw. der Schubstangenkraft. *Verdrehung* durch das Drehmoment. Resultierende Spannung aus σ_{Biegung} und τ nach Festigkeitslehre S. 359. Meist pflegt man die Form der Welle der eines Trägers gleicher Beanspruchung anzupassen (kubische Parabel, S. 378, Fall 3) vgl. gestrichelte Kurve a in Bild 190.

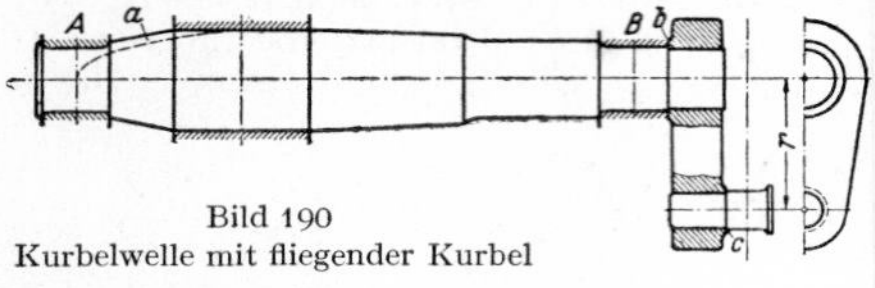

Bild 190
Kurbelwelle mit fliegender Kurbel

Neben der Festigkeitsrechnung ist die Nachprüfung der Formänderung wichtig: Durchbiegung am Schwungradsitz — z. B. Polrad eines Elektromotors — und Schiefstellung in den Lagern, besonders bei B gefährlich, da sich die Formänderungen der Welle in verstärktem Maß auf den Kurbelzapfen übertragen und dort zu Kantenpressungen führen.

Abmessungen der Wellen- und Kurbelzapfen ergeben sich aus den zulässigen Flächenpressungen S. 721. Welle und Kurbelzapfen, Bild 190, sind in die Kurbel eingeschrumpft. Haltestifte gegen Drehung bei richtiger Berechnung und Ausführung der Schrumpffuge (S. 638) nicht erforderlich. Kurbel trägt bei b und c Anlaufflächen für die Lagerschalen.

Soll die Kerbwirkung — als Folge der Schrumpfung — abgebaut werden, dann sind die Zapfen an den Einspannstellen nach Bild 195 auszuführen.

b) Gekröpfte Kurbelwellen. Durch die Kröpfungen wird die Kurbelwelle verdrehungs- und biegungsweich, ihre Federungskraft wird erheblich gesenkt, und die Eigenschwingungszahl liegt niedrig entsprechend der Grundgleichung $\omega_e = \sqrt{c/m}$ in 1/sec (S. 281). Gegenmaßnahmen: 1. Kurzhubige Bauart, bei der die umlaufenden Kurbelmassen näher an die Wellenmitte rücken; 2. Kräftige Lagerung; bei z Kröpfungen $(z + 1)$ Lager; 3. Starres Kurbelwellengehäuse; 4. Verringerung der umlaufenden Massen durch hohlgebohrte Kurbelzapfen; 5. Lagerlängen (vgl. S. 715) möglichst klein; Ausnutzung des so gewonnenen Raumes zur Versteifung der Kurbelwangen.

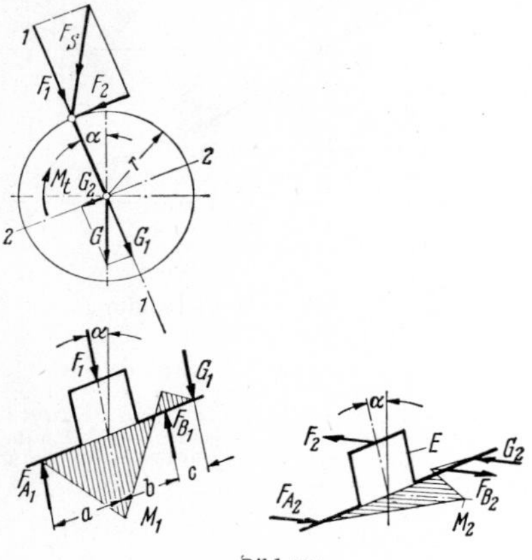

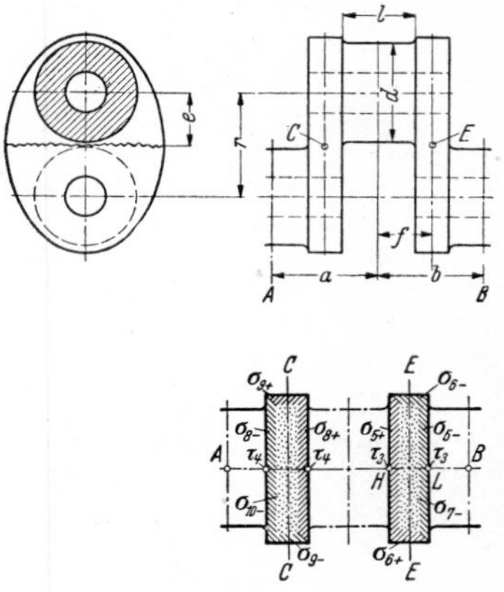

Bild 191 Bild 192

Kräftewirkung an einer gekröpften Welle

α) *Welle mit einer Kröpfung*, Bild 191 und 192, einer stehenden Maschine. Sämtliche Kräfte werden in zwei Ebenen 1 und 2 zerlegt und die ermittelten Spannungen σ und τ für Zapfen und Arme zusammengefaßt. Drehmoment M_t wird hinter dem Schwungrad G abgenommen[1].

Kurbelzapfen. Biegemoment in Ebene 1: $M_1 = F_{A1} a$; Biegemoment in einer zur Ebene 2 parallelen Ebene: $M_2 = F_{A2} a$; M_1 und M_2 erzeugen an der Lauffläche des Kurbelzapfens maximale Spannungen σ_1 und σ_2, die um 90° gegeneinander ver-

[1] Die folgenden Ableitungen gelten nur für eine vollkommen starr gedachte Welle.

setzt sind; sie werden zusammengefaßt zu $\sigma_{1,2} = \sqrt{\sigma_1^2 + \sigma_2^2}$. Drehmoment $M_{t1} = F_{A2} r$, woraus maximale Schubspannung τ_1 an der Lauffläche; reduzierte Spannung wird nach S. 360 aus $\sigma_{1,2}$ und τ_1 ermittelt.

Kurbelwellenzapfen bei B. Biegemomente: $M_3 = G_1 c$ und $M_4 = G_2 c$; Spannungen σ_3 und σ_4 ebenfalls um 90° gegeneinander versetzt; $\sigma_{3,4} = \sqrt{\sigma_3^3 + \sigma_4^2}$. Drehmoment $M_{t2} = F_2 r$ ergibt maximale Schubspannungen τ_2 ebenfalls an der Lauffläche; $\sigma_{3,4}$ und τ_2 werden, wie oben, zur Resultierenden zusammengefaßt.

Kurbelarm. Wirkungen bei E. Drehmoment $M_{t3} = F_{A2}(a + f) - F_2 f$ erzeugt maximale Schubspannungen τ_3 in der Mitte der Breitseiten (Punkt H und L in Bild 192) da, wo die Zapfen anschließen. Biegemoment $M_5 = F_{A1}(a + f) - F_1 f$ verursacht Spannungen σ_5 über die ganze Breitseite. Biegemoment $M_6 = F_2 e + F_{A2}(r - e)$ ergibt maximale Biegespannungen σ_6 außen an den Schmalseiten. Hinzu kommt gleichmäßig über den Wangenquerschnitt verteilte Druckspannung σ_7, hervorgerufen durch $F_1 - F_{A1}$.

Die beim Übergang der Zapfen zur Kurbelwange (Punkt L, Bild 192) örtlich zusammentreffenden Druckspannungen $(\sigma_{5-} + \sigma_{7-})$ bilden mit τ_3 eine resultierende Spannung, die hier bei L größer ist als bei H, da dort die Summe der Normalspannungen $(\sigma_{5+} + \sigma_{7-})$ kleiner ist; es sind jedoch Zugspannungen bei H, die wegen der Kerbwirkung zu kleiner Hohlkehlen zu Spannungsspitzen führen können.

Wirkungen bei C. Drehmoment $M_{t4} = F_{A2}(a - f)$ ergibt τ_4. Biegemoment $M_8 = F_{A1}(a - f)$ ergibt σ_8. Biegemoment $M_9 = F_{A2}(r - e)$ ergibt σ_9. Druckspannung durch F_{A1} ist σ_{10}; da $F_{A1} < F_1/2$, ist $\sigma_{10} < \sigma_7$. Zusammengesetzt werden $(\sigma_{9-} + \sigma_{10-})$ und τ_4 zur resultierenden Spannung.

Sonderfall. $a = b$; $e = r/2$ und $G \approx 0$; es wird $F_{A1} = B_1 = F_1/2$; $F_{A2} = B_2 = F_2/2$; $M_5 = M_8 = 0{,}5 F_1(a - f)$; $M_6 = 0{,}75 F_2 r$; $M_9 = 0{,}25 F_2 r$; d. h. Beanspruchung bei E größer als bei C, da das Drehmoment über den Kurbelarm E nach rechts abgenommen wird.

Die so ermittelten Spannungen liefern Näherungswerte, die tatsächlichen liegen höher; man beachte die Spannungsspitzen an den Übergängen vom Zapfen zum Arm, die bei kleiner Abrundung zum Anriß führen. Infolge dieser Unsicherheit der Rechnung werden meist *Vergleichsrechnungen* angewendet, man erhält *Vergleichsspannungen*. Bei Motoren wird die Kurbelwelle in der Stellung $\alpha = 0$ für den Zünddruck (ohne Abzug der Massenkraft), aber nur in *einer* Ebene berechnet, also Formelansatz für Ebene 1, Bild 191.

β) *Welle mit mehreren Kröpfungen*[1]. Infolge Lagerspiel, Formänderung der Kröpfungen und des Gehäuses ist genaue Berechnung nicht möglich. Vergleichsrechnung unter vereinfachten Annahmen: jede Kröpfung abgeschnitten gedacht, $\alpha = 0$, Kolbenkraft wie oben angenommen, außerdem Beanspruchung durch Drehmoment.

Das mittlere Drehmoment (Nutzdrehmoment), das dem Wert P/n entspricht, wird überlagert 1. durch ein Moment der pulsierenden Kolben- und Massenkräfte (Blinddrehmoment 1), 2. durch ein Moment, das der Verdrehung entspricht, die die Welle durch Aufschaukeln im Resonanzgebiet erfährt (Blinddrehmoment 2). Der Einfluß von 1 kann leicht bestimmt werden, vgl. Bd. II, Abschn. Massenausgleich. Tangentialkraftdiagramm; 2 erfordert umfangreiche Rechnungen und Versuche[2].

Besonders gefährdet sind das Wellenende, an dem das Schwungrad sitzt, und die benachbarte Kurbelwange, da das Nutzdrehmoment und die Blinddrehmomente durch diese Wellenteile gehen. Diese werden außerdem durch die Kreiselkräfte des Schwungrads zusätzlich beansprucht. Die Kreiselkräfte entstehen dadurch, daß das große Massenträgheitsmoment des Schwungrads den durch die Kolbenkräfte hervorgerufenen, wenn auch geringfügigen Verbiegungen des Wellen-

[1] Vgl. Anm. 1 S. 797 u. *Rötscher*, S. 713 Lit. 4.

[2] Harmonische Analyse Bd. I, S. 176f.; Schwingungen Bd. II, Abschn. Massenausgleich. — *Kraemer, O.:* Bau und Berechnung der Verbrennungskraftmaschinen. 4. neubearb. u. erweiterte Aufl. Berlin: Springer 1963. — *Kritzer, R.:* Die dynamische Festigkeitsberechnung der Kurbelwelle. Konstruktion 10 (1958) Nr. 7 S. 253/60. — Ders.: Mechanik, Beanspruchungen u. Dauerbruchsicherheit d. Kurbelwellen schnell. Dieselmotoren. Konstruktion 13 (1961) Nr. 11 S. 432/42 u. Nr. 12 S. 480/87. — *Hafner, K. E.:* Zur Berechnung der Torsion von Kurbelwellen. MTZ 25 (1964) Nr. 10 S. 406/12. — *Lang, O. R.:* Triebwerke schnellaufender Verbrennungsmotoren. Berlin: Springer 1966.

zapfens einen Widerstand entgegensetzt. Bei Fahr- und Flugzeugen lösen außerdem die fortwährenden Lage- und Richtungsänderungen des ganzen Motors erhebliche Kreiselmomente aus, welche die Befestigungselemente des Schwungrads bzw. das Untersetzungsgetriebe der Luftschraube zusätzlich stark beanspruchen. Abhilfe[1]: Besondere steife Form der letzten Wange und technologische Maßnahmen wie Härten, Kaltrollen oder Hämmern der Übergänge.

Hochbeanspruchte gegossene und stählerne Kurbelwellen zeigen Formen von hoher Gestaltfestigkeit, Bild 28, S. 538. Diese wird an naturgroßen Modellen in Dauerversuchen festgestellt; die ermittelten Werte für Biegung und Verdrehung gelten nur für die untersuchte Form.

Der Dauerbruch geht von der Hohlkehle, Bild 193, aus und verläuft entweder durch Kurbelzapfen *a* oder Wange *b*, je nach deren Dicke; ϱ/d (Bild 55, S. 740) sei möglichst groß.

Die Vorschriften des Germanischen Lloyd[2] für Verbrennungsmotoranlagen ermöglichen erste Annahmen für die Wellenberechnung ortsfester Anlagen.

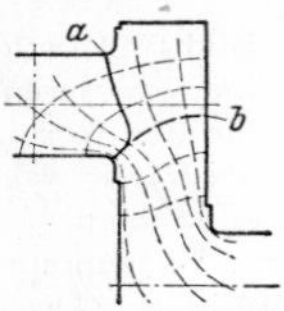

Bild 193. Dauerbruch an einer Kurbelwelle; *a* Zapfenbruch; *b* Wangenbruch

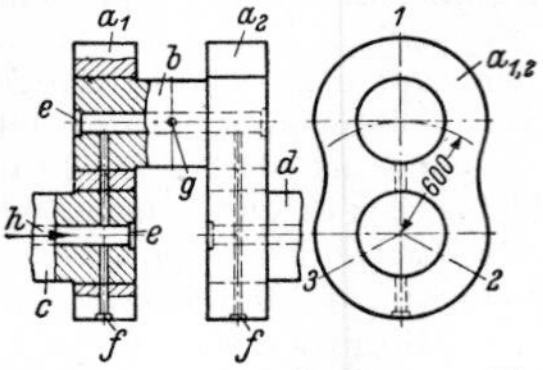

Bild 194. Gebaute Kurbelwelle. a_1, a_2 Kurbelwangen; *b* Kurbelzapfen; *c*, *d* Wellenzapfen; *e* und *f* Ölbohrungsverschlüsse; *g* Querbohrung 20 Dmr.: für Ölzuführung in die entlastete Zone der Stangenlager; *h* Ölzufluß

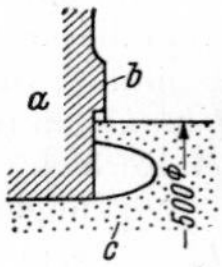

Bild 195 *a* Kurbelwange; *b* Anlauffläche; *c* Zapfen

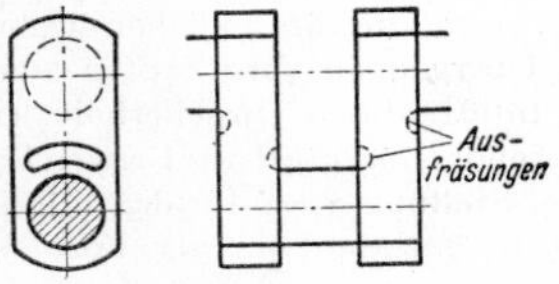

Bild 196 Ausfräsungen an Kurbelwangen

c) Konstruktion der Kurbelwellen. Im Großmaschinenbau können Kurbelwellen, Bild 194, aus Kurbelzapfen *b*, Wellenzapfen *c* und *d* und Wangen *a* durch Schrumpfen „gebaut" werden, wenn der Kurbelradius im Vergleich zu den Zapfen groß ist. Zahlen *1*, *2* und *3* geben die Richtungen der unter 120° versetzten Kurbeln an. Das Schrumpfen ist bei Wellen nach Bild 192 nicht möglich. Bei der „halbgebauten" Welle bilden Teile a_1, a_2 und *b* (Bild 194) ein Stück, aus St oder GS.

Die Hinterdrehung, Bild 195, im Kurbel- bzw. Wellenzapfen setzt die durch Schrumpfen erzeugten Spannungsspitzen herab, ebenso wie die Ausfräsungen an den Wangen, Bild 196. Bei Gußeisen können breite Wangen die Gestaltfestigkeit erhöhen, Beispiel Bild 197.

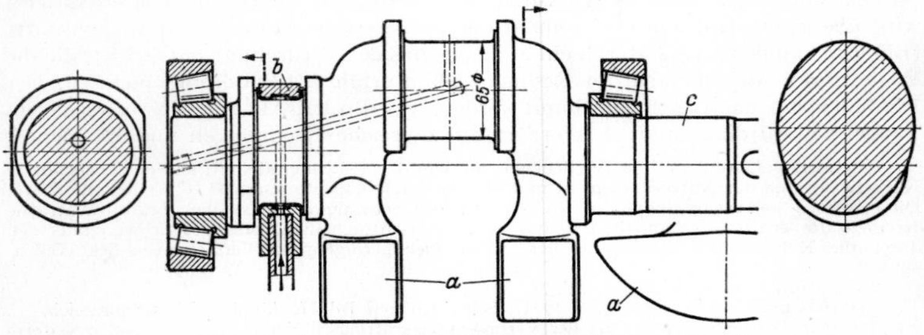

Bild 197. Gußeiserne Kurbelwelle (DEMAG AG, Duisburg)

[1] Näheres: *Bensinger/Meier*, Anm. 1, S. 797.

[2] Diese u. ausländische Vorschriften mit den daraus folgenden Richtlinien für Gestaltung der Kurbelkröpfungen vgl. *Maaß, H.*: Die Gestaltfestigkeit von Kurbelwellen, insbes. nach d. Forderungen d. Klassifikationsgesellschaften. MTZ 25 (1964) Nr. 10 S. 391/406.

Bild 197: Kurbelwelle aus Sondergußeisen mit angegossenen Gegengewichten a für einen stehenden Kolbenverdichter. Lagerung mit Kegelrollenlagern. Schmierung des Kurbelzapfens durch Schmierexzenter b, das vom exzentrischen Wellenzapfen angetrieben wird. Exzenterstange hohl; Öleintritt in die Ölbohrungen beim Pfeil.

Verwendung der Wälzlager bei gekröpften Wellen ermöglicht durch Hirth-Verzahnung[1], bei der die einzelnen Teile der Welle mit einer radialen, konischen und genau zentrierenden Stirn-Verzahnung versehen und mit Gewindebolzen zusammengeschraubt werden, Bild 198. Der hohle Bolzen trägt außen Differentialgewinde, z. B. M32 × 1,5 und M32 × 2 und innen eine Kerbverzahnung für einen Schlüssel.

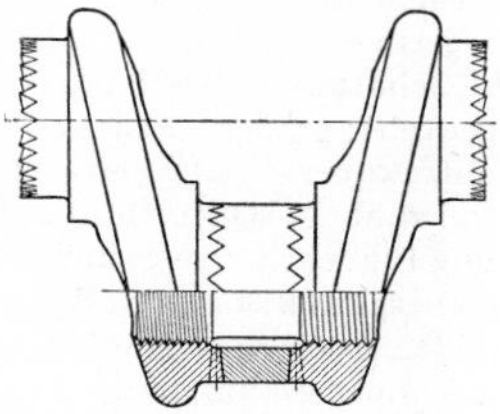

Bild 198. Kurbelwelle mit Stirnverzahnung für Wälzlagereinbau

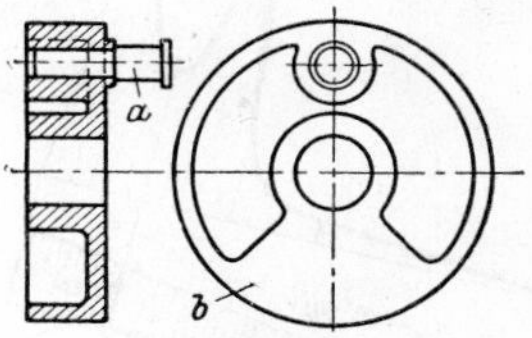

Bild 199
Kurbelscheibe

2. Kurbeln

Stirnkurbel am Wellenende vgl. Bild 190. Werkstoff Stahl und Stahlguß; Sonderausführung, Bild 199, gegossene Kurbelscheibe mit Zapfen a und Gegengewicht b.

3. Exzenter

Für Steuerungen, Pressen und Stanzen benutzt.

Exzenterscheibe, Bild 200 zum Aufbringen geteilt, in a und b; gezahnter Längskeil gestattet Feineinstellung. a und b durch Stiftschrauben mit Querkeilen verbunden.

Exzenterstange wird bei c durch Schrauben angeschlossen; d Zentriereindrehung; durch Beilagen e wird das Laufspiel eingestellt. f für Schmierung.

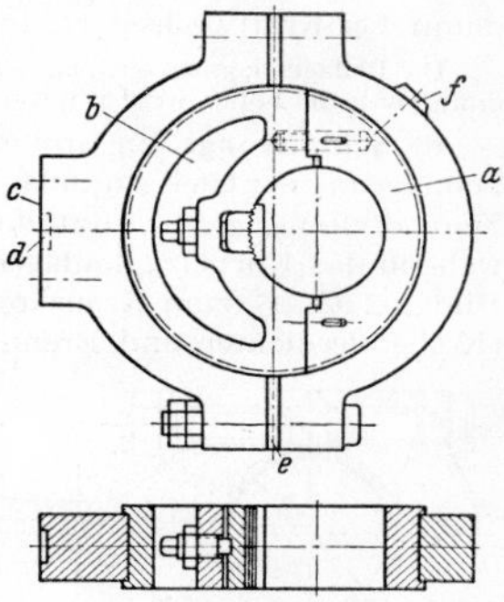

Bild 200

4. Schubstangen

(auch Pleuel- oder Treibstangen genannt)

a) Werkstoff. Meist Stahl; für kleine Maschinen auch Stahlguß; für Schnellauf auch legierter Stahl, selten Leichtmetall.

b) Beanspruchung durch Kräfte. 1. Vom Kolben bzw. Kurbelzapfen eingeleitete, 2. Massenkräfte, 3. geringe Reibungskräfte (Lagerstellen).

Zu 1. Bei doppeltwirkenden Kolben ergeben sich Zug- und Druckkräfte im *Schaft,* bei einfachwirkenden nur Druckkräfte vom Kolben; außerdem Massenkräfte bei Schnellauf beachten. Die der Berechnung zugrunde zu legenden Maximalkräfte werden nach S. 796 berechnet. Die Druckkräfte können zur Knickbeanspruchung führen. Meist unelastische Knickung, vgl. Bd. I, S. 413; maßgebend ist der Schlankheitsgrad λ und die Knicksicherheit ν. Ortfeste Maschinen (Stahl): σ_{Druck} bis 500 kp/cm²; $\nu = 4$ bis 8 (*Tetmajer*), die höheren Werte bei Langsamlauf. Kraftwagenmotoren: $\sigma_{\text{Druck}} = 1200$ bis 1600 kp/cm²; $\nu = 1{,}5$ bis 4 (*Tetmajer*). Für $\lambda \leqq 90$ und Stahl genügt die Berechnung auf σ_{Druck}.

Zu 2. Die *quer* zur Schaftachse gerichteten Massenkräfte (aus der Querbeschleunigung) erreichen ein Maximum für $\alpha + \beta = 90°$ nach Bild 201. Für den Querschnitt y wird die Querbeschleunigung $a_y = r\omega^2 y/l$; die dort wirkende Querkraft $\mathrm{d}Q$ ergibt sich aus der Masse $\mathrm{d}m$ des betrachteten Stangenquerschnittes und a_y; je

[1] Vgl. Anm. 1 S. 797.

nach Form des Schaftes und der Stangenköpfe erhält man ein Belastungsgebirge, dessen Schwerpunkt in Bild 201 ziemlich nahe am Kurbelzapfen liegt.

Diese Massenkräfte treten periodisch und mit wechselnder Richtung auf, fachen die Stange zu Querschwingungen an und überlagern sich mit den aus der Kolbenkraft kommenden Zug-Druck-Kräften. Bei Schnellauf empfiehlt sich Überprüfen der Biege-Eigenschwingungszahl der Stange. Außerdem wird die Pleuelstange in den Totlagen durch eigene Massenkräfte und die des Kolbens auf Zug bzw. Druck beansprucht.

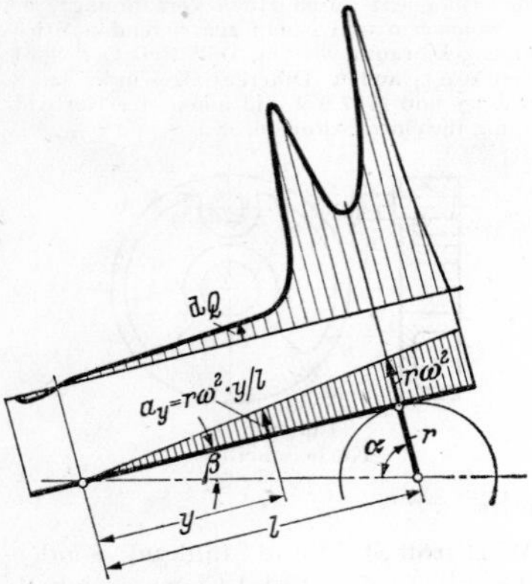

Bild 201
Querbeschleunigung bei einer Schubstange

c) Formen der Stangen. Großmaschinenbau: geringe Stückzahl und niedrige Drehzahl, Schaft zylindrisch oder schwach kegelig gedreht; größere Stückzahl Schaft mit Rechteckquerschnitt gefräst; bei höherer Drehzahl I-Querschnitt. Sonderausführung für sehr lange Stangen: Köpfe besonders hergestellt und mit Schaft preßverschweißt. Auch aus Stahlplatten mit Schneidbrenner geschnitten.

Mittlere und kleine Maschinen: Im Gesenk geschlagen; bei Hochleistungsmotoren roh vorgeschmiedet und allseitig bearbeitet, dann meist I-Form.

d) Köpfe. Kreuzkopfseitig meist geschlossen; nur im Großmaschinenbau geteilt, wenn der Schaft gegabelt, vgl. Bild 203. Kurbelseitig fast stets offen (geteilt), weil es der Zusammenbau erfordert, z. B. bei Kurbelwellen mit mehreren Kröpfungen.

Lagerschalen. Die Abnutzung verlangt Nachstellen der Schalen auf das erforderliche Lagerspiel durch Austauschen der Beilagen gegen entsprechend dünnere, damit bei Kraftwechsel Triebwerkstöße vermieden werden.

Die Beilagen können auch aus Schichtblech bestehen, dessen einzelne Folienschichten ≈ 0,05 mm dünn sind; die Folien werden mit dem Messer abgeschält.

e) Schmierung. Im Großmaschinenbau: das Kreuzkopflager kann z. B. von der Schmierung der Gleitschuhflächen mit versorgt werden; meist jedoch wird das Öl der Zentralschmierung benutzt, das vom Kurbellager aus durch Bohrungen der Kurbelwelle in das Kurbelzapfenlager fließt und von dort durch Bohrungen in der Stange, Bild 202 u. 203, zum Kreuzkopflager gelangt. Im Kleinbau genügt für Tauchkolben (Kolbenverdichter und Brennkraftmaschinen) das Spritzöl, das durch Bohrungen oder Schlitze am kleinen Stangenkopf auf die Zapfenfläche gelangt, vgl. Bd. II, Kraftwagenmotoren.

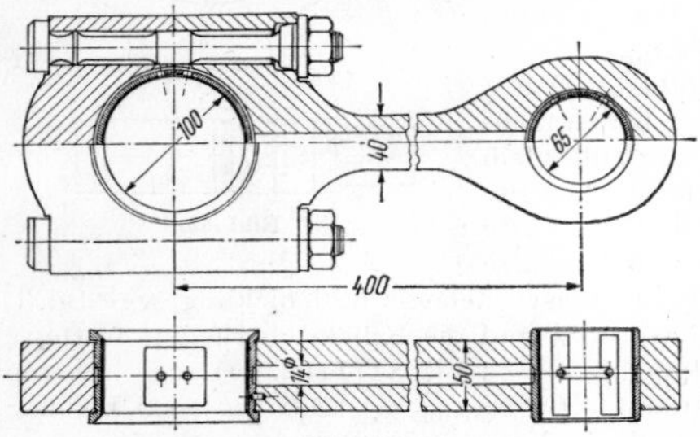

Bild 202

f) Ausführungsbeispiele. Bild 202 bis 204.

Bild 202. n bis 750 U/min; max. Stangenkraft 5 Mp; Werkstoff Ck 35, aus Platinen mit Schneidbrenner geschnitten, dann normalgeglüht. Lagerschalen aus C15 mit Zwischenschicht aus G-PbBz25 und Laufschicht aus Lg PbSn9Cd. Schmieröl kommt vom Kreuzkopfzapfen und fließt durch die Bohrung in der Stange zum Kurbelzapfenlager. Dehnschrauben werden um 0,2 mm vorgespannt.

Nachprüfung der Knicksicherheit ν. Unter Vernachlässigung der Bohrung von 14 mm ist in Mitte Stange $I_{\min} = 5 \cdot 4^3/12 \approx 26{,}7\ \mathrm{cm}^4$; Fläche $\approx 18{,}5\ \mathrm{cm}^2$. $i = \sqrt{26{,}7 : 18{,}5} \approx 1{,}2\ \mathrm{cm}$. $\lambda = l : i = 400 : 1{,}2 = 33{,}3$. Nach Festigkeitslehre S. 414 ist $\sigma_K = 3100 - 11{,}4\lambda = 2720$. $\sigma_{\mathrm{Druck}} = 5000 : 18{,}5 = 270$. $\nu = \sigma_K : \sigma_{\mathrm{Druck}} \approx 10$; reichlich.

Bild 203. Schubstange besteht aus dem geteilten Kopf a_1 und a_2 (Kurbelzapfen), dem Paar geteilter Köpfe b_1 und b_2 (Kreuzkopfzapfen), dem gegabelten Stangenteil c; dazwischen liegt eine

Beilage *d* zum Einstellen einer bestimmten Kolbenstellung. Diese Teile werden durch lange Dehnschrauben *e* und *f* unter Zwischenschaltung von Dehnhülsen *g* und *h* zusammengepreßt. Die erforderliche Vorspannung wird durch hydraulische Spannwerkzeuge (vgl. Abschn. Schrauben S. 692) aufgebracht, die bei *i* und *k* angesetzt werden.

Zwischen a_1 und a_2, b_1 und b_2 liegen auswechselbare Bleche zum Ein- und Nachstellen der Zapfenspiele: Kurbelzapfen $\psi = (0{,}64$ bis $0{,}74) \cdot 10^3$, Kreuzkopfzapfen $\psi = (0{,}44$ bis $0{,}54) \times 10^3$.

Schmierung. Das Öl wird den geteilten Lagerdeckeln des Grundlagers, Bild 27 S. 726, mit ≈ 2 atü zugeführt; es gelangt durch Bohrungen der Kurbelwelle in die seitlichen Öltaschen der Kurbelzapfenlager. Von dort fließt es durch die hohle Stange zu den Lagerschalen der Kreuzkopfzapfen. Bei *l* wird ein Teil des Öls abgezweigt und durch zwei Druckpumpen, die am Kreuzkopf, Bild 206, befestigt sind, mit ≈ 80 atü zusätzlich in die unteren Schmiernuten der beiden Kreuzkopflager im Augenblick der geringsten Belastung gepreßt. Dadurch erhöhte Betriebssicherheit.

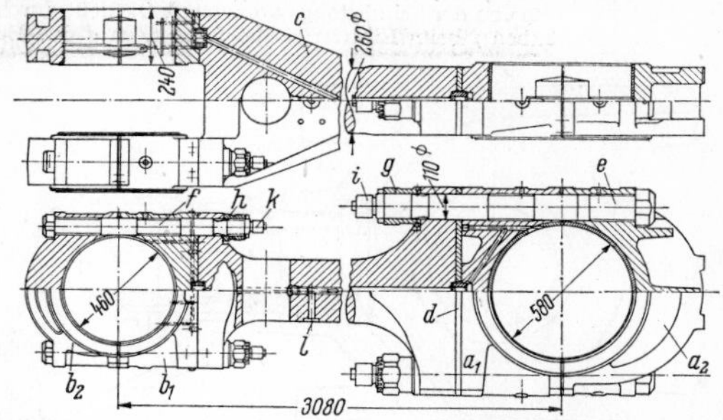

Bild 203. Gabel-Schubstange eines stehenden einfachwirkenden Zweitakt-Dieselmotors. Zylinderdmr. = 780; Hub = 1550; $n = 122$ U/min (MAN, Werk Augsburg)

Bild 204. Kolbendmr. 95 mm; Hub 120 mm; Drehzahl 2300 U/min; Stange aus Chromstahl, vergütet. Großer Kopf unter 45° geteilt, damit Kolben und Stange durch den Zylinder nach oben ausgebaut werden können. Deckel durch Kopfschrauben befestigt; die auf diese wirkenden Schubkräfte — aus der Massenkraft Bild 201 — werden durch Nut und Feder abgefangen; dadurch werden die Kopfschrauben entlastet; sie sind als Dehnschrauben ohne Bund mit großer Dehnlänge ausgebildet. Lagerbuchsen *a* und *b* aus Stahl mit Bleibronzeschicht; *a* einteilig eingepreßt, ohne Schmiernuten, nur Ölloch bei *c*; Schalen *b* zweiteilig mit schmalen Öltaschen *d* in den Teilfugen, durch Paßstifte in ihrer Lage gehalten.

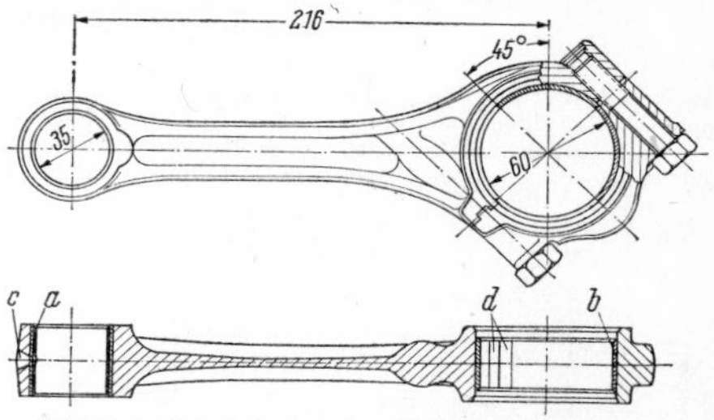

Bild 204. Schubstange eines Fahrzeugdieselmotors (Klöckner-Humboldt-Deutz AG)

g) Berechnung der Stangenköpfe[1]. Zu beachten: Maßgebend ist weniger die Festigkeitsrechnung als die Berücksichtigung der Formänderung, durch welche die Lagerschalen verdrückt werden können. Die Bolzen geteilter Köpfe sind gefährdet; sie müssen, falls keine besondere Entlastung wie in Bild 204 vorgesehen ist, die Quer- und Biegekräfte aus der Massenkraftwirkung, Bild 201, und auch die Reaktionen der Kopfformänderungen aufnehmen; dieser Einfluß ist besonders bei doppeltwirkenden Maschinen groß, da die gesamten Kolbenkräfte durch die Deckel der Köpfe aufzunehmen sind. Die Deckelschrauben werden allgemein als biegungsweiche Dehnschrauben mit kurzen Paßbunden zur Aufnahme der Schubkräfte ausgebildet.

5. Kreuzköpfe

Verbindung der Kolbenstange mit dem Kreuzkopf durch Gewinde, das genaues Einstellen des Verdichtungsraumes gestattet.

Die geradlinige Gleitbewegung übernehmen Gleitschuhe; meist zweigleisige Rundführung, Bild 205, ebene nur bei Großmaschinen, Bild 206. Bei großen Maschinen abnehmbare und auswechselbare Gleitschuhe.

[1] Über Spannungsverteilung im geschlossenen Kopf von Schubstangen vgl. Konstruktion 17 (1965) Nr. 11 S. 431/32. — Ferner ebendort 19 (1967) Nr. 9 S. 361/64.

Flächenpressung für Gleitschuhe: $p = 2$ **bis 3 kp/cm²** bei Grauguß, bis 4 kp/cm² bei Lagermetall.

Bild 205. Das von der Schubstange kommende Öl fließt durch *a* und *b* zur Ringnut *c* und kann durch die Schrauben *f* beim Eintritt in die Bohrungen *d* den Betriebsverhältnissen entsprechend

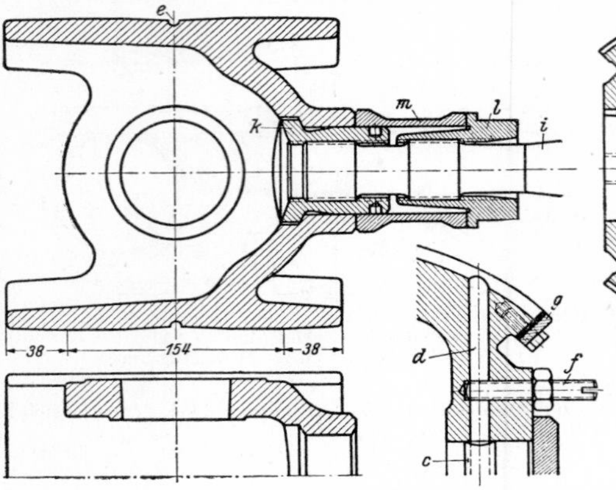

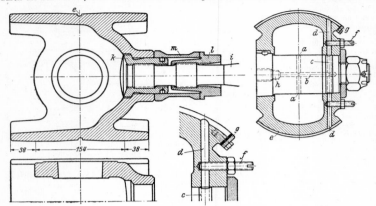

Bild 205. Kreuzkopf (DEMAG AG, Duisbur

gedrosselt werden. Die Bohrungen *d* münden in den Schmierringkanal *e*. Schmierkeilflächen auf den Gleitschuhen beachten.

Die Kolbenstange *i* wird durch Rundmutter *k* auf die richtige Länge eingestellt und durch Gegenmutter *l* gesichert; Buchse *m* (Dehnhülse) stellt in Verbindung mit dem langen Hals von *l* eine elastische Verbindung zur Kolbenstange her. Gewinde im gußeisernen Kreuzkopf zwecks Stangenbefestigung ist vermieden.

Bild 206. Kreuzkopf besteht aus prismatischem Mittelteil *a* und den beiden Zapfen *b*. An *a* ist oben der Flansch *c* der Kolbenstange *d* mit 4 Schrauben *e* und seitlich der zweigleisige Gleitschuh *f* mit 6 Schrauben *g* angeschlossen. Gleitschuh erhält Schmieröl vom Kreuzkopfzapfen aus.

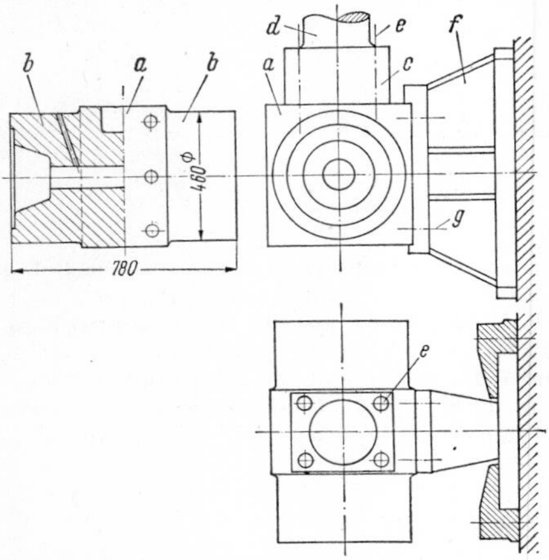

Bild 206. Kreuzkopf mit Gleitschuh zur Gabel-Schubstange nach Bild 203; stehender einfachwirkender Zweitakt-Dieselmotor (Schema)

6. Kolbenstangen und Kolben

a) Unterscheidende Merkmale ergeben sich 1. durch stehende und liegende Bauart, 2. durch Triebwerke mit Kreuzkopf (also auch mit Kolbenstange) und ohne Kreuzkopf (Tauchkolben), d. h. ohne Kolbenstange.

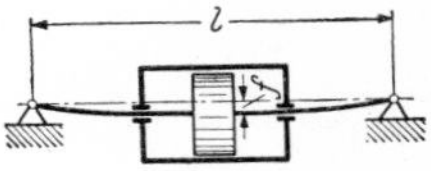

Bild 207

Liegende Maschinen: α) Kolben (fliegend) durch Kolbenstange getragen; er berührt nicht die Zylinderwand, Bild 207; bei großen Maschinen meist angewendet. Zug- bzw. Druckspannungen in der Kolbenstange, überlagert durch Biegespannungen infolge Kolben- und Kolbenstangengewichts.

β) Kolben (Schleppkolben) läuft auf der Zylinderwand, wodurch Reibung und Abnutzung entsteht. Läßt sich diese Ausführung nicht umgehen, dann erhält der Kolben besondere Tragflächen;

bei staubhaltigen Gasen ist ein Schleppkolben nicht empfehlenswert. Anwendung, wenn entweder der Kolben so schwer ist, daß er durch die Kolbenstange nicht getragen werden kann oder diese aus besonderen Gründen nicht nach hinten durchgeführt wird, oder bei liegendem Tauchkolben.

Stehende Maschinen: Keine Biegebeanspruchung der Kolbenstange durch Eigengewicht bzw. Kolben. Erhebliche Reibung nur bei Tauchkolben durch die Gleitbahnkraft F_N, Bild 186: diese Bauart z. B. bei Kraftwagenmotoren üblich.

b) Kolbenstangen. *Werkstoff:* Zäher, harter Stahl, auch legierter Stahl. Laufflächen sorgfältigst bearbeitet, insbesondere bei Verwendung von Metallstopfbuchsen.

Berechnung. Maßgebend ist meist die Gefahr des Ausknickens, vor allem bei liegenden Maschinen. In der Regel ist Schlankheitsgrad $\lambda > 100$ (*Euler*-Formel S. 413); $\nu = 6$ bis 8; $\sigma_d = 600$ bis 700 kp/cm². Zuschlag zum errechneten Dmr. für Abnutzung $\geqq 5$ mm, je nach Größe und beabsichtigter Lebensdauer.

Stangendurchbiegung liegender Maschinen in Stangenmitte, Bild 207, $f = (G_k + {}^5/_8 G_s) l^3/(48EI)$ in cm; G_k = Kolbengewicht; G_s = Stangengewicht in kp; l = Kolbenstangenlänge zwischen den unterstützten Enden in cm; I = Trägheitsmoment des Stangenquerschnittes in cm⁴. Um dieses Maß sind die Unterstützungen gegenüber der Zylindermitte höher anzuordnen, damit der Kolben die Zylinderwand nicht berührt. Gegenüber den Zylinderdeckeln führt daher die Kolbenstange neben der Gleitbewegung (Hauptbewegung) noch zusätzlich eine auf- und abgehende aus; nachgiebige Stopfbuchsen.

Befestigung des Kolbenkörpers auf der Stange. Stramme Passung erforderlich; Kolbenstange erhält einen Bund und Gewinde mit Mutter, zwischen die der Kolben gespannt wird; auf sichere Spannungsverbindung und zweckmäßige Formgebung (kerbmindernde Übergänge) ist zu achten. Bronzemuttern gestatten leichtes Lösen; Stahlmuttern brennen leicht fest.

c) Kolben, vgl. die vielartigen Ausführungsformen in Bd. II Kraft- und Arbeitsmaschinen mit Kolbenbewegung.

Werkstoff: Allgemein Grauguß; bei großen Kräften auch Stahlguß; auch Stahl; Kraftwagenmotoren meist Leichtmetall.

Ausführung: Schleppkolben für liegende Maschinen werden oft oval so geschliffen, daß sie etwa mit $^1/_3$ ihres Umfanges auf der Zylinderwand aufliegen oder sie erhalten an der Tragfläche in schwalbenschwanzförmigen Ausdrehungen einen Ausguß aus Weißmetall.

Berechnung der Wanddicke[1] von gegossenen Hohlkolben: Stirnwände als ebene bzw. gewölbte Kreisplatte. Zylindrischer Teil als Rohr mit Druck von außen. Zuschlag für Kernverlagerung. Bei ungeeigneter Formgebung betragen die Gußspannungen und die aus dem Betrieb herrührenden Wärmespannungen ein Vielfaches der Spannungen aus der Festigkeitsrechnung.

d) Kolbenringe[2]

Normen: DIN 24909 Bl. 1 Kolbenringe f. d. Maschinenbau; Übersicht, Allgemeines. 24910 Bl. 1 Rechteckringe. 24911 Minutenringe (Fasenwinkel beträgt nur einige Minuten).

Selbstspannende Dichtelemente zur Abdichtung der Arbeitsräume von Kolbenmaschinen; sie legen sich, unterstützt vom Druck des Arbeitsmediums (Gase oder Flüssigkeiten), gegen die Zylinderwand mit Flächenpressung p.

Kennzeichnende Werte: Zylinderdmr. D = Nenndmr. d_1 des Ringes nach Normen; radiale Wanddicke a; axiale Höhe h; Stoßentfernung in *ungespanntem* Zustand s_0; Stoßentfernung in *aufgeweitetem* Zustand beim Überstreifen ist $= s_0 + f$, wobei f die zum Überstreifen erforderliche Aufweitung. Spannkraft F_t, gemessen mit umgelegtem und tangential ablaufendem Spannband. $F_t = 0{,}5\,phD$. Hieraus ist p zu berechnen. Spannung im Betrieb σ_b (außen Zug, innen Druck); $\sigma_b = 3p(D_m/a)^2$.

---

[1] Vgl. *Rötscher*, S. 713 Lit. 4.

[2] Firmenschriften: Der Kolbenring: Goetzewerk, Burscheid b. Köln und ATE, Technische Blätter: A. Teves, Frankfurt (Main). — *Arnold, H.*, u. *F. Florin:* Zur Berechnung selbstspannender Kolbenringe. Konstruktion 1 (1949) 272/79 u. 305/09. Dort Tabellen für Schablonenkurven zum Kopierdrehen. — *Gabriel, A.:* Werkstofffragen bei der Kolbenring-Konstruktion. Konstruktion 2 (1950) 152. — Ebenda S. 152: Infestowerk-Bericht über im Einzelguß unrund gegossene Kolbenringe. — *Englisch, C.:* Kolbenringe 2 Bde. Wien: Springer 1958.

Überstreifspannung $\sigma_{bü} = {}^4/_3\pi \cdot E \cdot (f/a) \cdot (a/D_m)^2$. $D_m = D - a =$ mittlerer Dmr. des gespannten Ringes. Durchschnittswert $f/a \approx 4$. Für Grauguß ist $E = 0{,}85$ bis $1{,}15 \cdot 10^6$ kp/cm².

Unterscheidende Merkmale nach Wirkungsweise. *Verdichtungsringe* (Kompressions*ringe*) sollen Arbeitsraum abdichten, Ölabstreifringe (auch Ölregulierungsr.) sollen durch bestimmte Formen der Kanten, vgl. Bild 208c und d, überflüssiges Öl von der Zylinderwand abstreifen; sonst z. B. bei Brennkraftmaschinen Gefahr der Ölkoksbildung und zu großer Ölverbrauch und bei Verdichtern zu ölhaltiges Gas. Verdichtungs- und Ölabstreifringe müssen so kombiniert werden, daß bei guter Abdichtung ausreichende Schmierung von Zylinder, Kolben und Ringen gesichert ist.

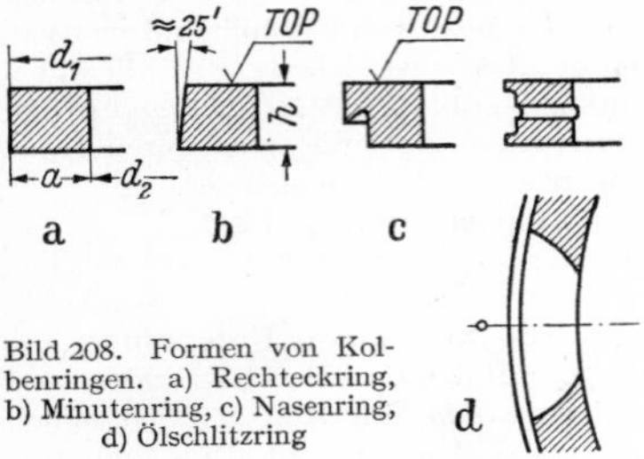

Bild 208. Formen von Kolbenringen. a) Rechteckring, b) Minutenring, c) Nasenring, d) Ölschlitzring

Werkstoff hauptsächlich Sondergrauguß, und zwar meist Einzelguß, seltener Büchsenguß.

Zur Erhöhung der *Verschleißbeständigkeit* Laufflächen auch hart verchromt, Flanken (kleine Ringe auch ganz) ferroxiert (Fe_3O_4). Um Einlaufzeit zu verkürzen, verwendet man phospatierte (gebonderte) Ringe oder auch Minuten-Ringe, vgl. Bild 208b. Bei Gefahr starker Korrosion auch Ringe aus Sonderbronze; in Sonderfällen, z. B. bei Trockenlauf-Verdichtern, auch Kohleringe.

Kolbenringe, die wegen ihrer *Form* in *bestimmter* Lage eingebaut werden müssen, sind auf der betreffenden Flanke mit „TOP" gekennzeichnet, vgl. Bild 208b u. c.

Langsam laufende Maschinen. In gespanntem Zustand Radialdruck p gleichmäßig verteilt; Ringe meist thermisch vorbehandelt (sogen. therm. gespannt).

Herstellung: Runde Einzel- oder Büchsengußrohlinge, innen und außen gedreht, bei der Büchse in Ringhöhe abgestochen, am Stoß aufgeschnitten, auf Stoßöffnung gespannt und anschließend geglüht. Nach Glühen und nochmaligem Spannen zur Beseitigung der Stoßöffnung fertiggedreht und Flanken geschliffen.

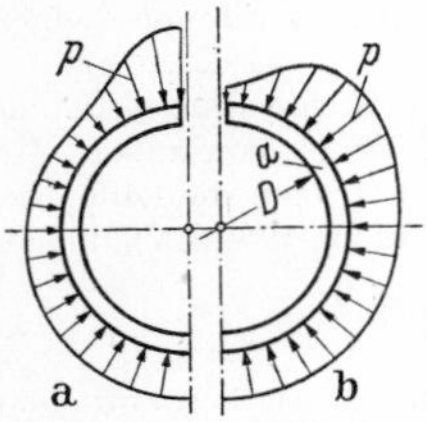

für 4-Takt für 2-Takt

Bild 209. Radialdruckverteilung am kreisrund gespannten Kolbenring

Schnellaufende Maschinen: Die meist formgedrehten bzw. doppelt-formgedrehten Ringe haben in kreisrundgespanntem Zustand eine „birnenförmige" Radialdruckverteilung (Bild 209a) für 4-Takt und eine „apfelförmige" für 2-Takt (Bild 209b).

Herstellung: Einzelgußrohling mit mathematisch definierter Unrundform, innen und außen mittels Kopiernocken formgedreht; das der Stoßöffnung entsprechende Ringstück wird herausgeschnitten und Ring fertig bearbeitet.

Einzelguß: Je nach Ringgröße 1 bis 8 Ringmodelle auf *einer* Formplatte mit zentralem Einguß; 10 bis 20 Formplatten im Stapelguß zugleich abgegossen. *Büchsenguß:* Rohr- oder büchsenförmige Hohlkörper im Sandguß- oder Schleudergußverfahren hergestellt. *Thermisch* vorbehandelte Ringe sind nach dem kreisrunden Vordrehen geschlitzt, durch Keile aufgespreizt und bei ≈640°C spannungsfrei geglüht worden.

Kolbenringstoß. Allgemein Geradstoß, da Schrägstoß (unter 45 oder 60°) keine bessere Dichtwirkung ergibt. Geradstoß gestattet genauere und einfachere Fertigung und vermeidet Gefahr des Spitzenbruchs. Ringe für 2-Takt-Motoren oft durch Stiftsicherung am Drehen gehindert, dadurch Spitzenbruch an Spülschlitzen vermieden. Bei besonders hohen Drücken versucht man durch *druckentlastete* Ringe, Bild 210, (dargestellt für aufwärtsgehenden Kolben), Reibung und Verschleiß zu verringern. Durch eine Anzahl radialer Bohrungen dringt das Gas vom Raum a in die Ringnut b; dadurch wird eine Gegenkraft zu der vom Raum a auf den Kolbenring wirkenden Gaskraft gebildet. Ringnut b kann außerdem die Schmierung verbessern.

Bild 210

VIII. Rohrleitungen

Literatur: 1. *Atrops, H.:* Stählerne Druckrohrverzweigungen. Berlin: Springer 1963. — 2. *Herning, F.:* Stoffströme in Rohrleitungen. 4. neub. u. erw. Aufl. Düsseldorf: VDI-Verlag 1966. — 3. *v. Jürgensonn, H.:* Elastizität u. Festigkeit im Rohrleitungsbau. Berlin: Springer 1953. — 4. *Kirschmer, O.:* Tabellen z. Berechnung v. Rohrleitungen nach Prandtl u. Colebrook. Heidelberg: Straßenb.-Verl. 1963. — 5. *Richter, R.:* Rohrhydraulik. 5. Aufl. Berlin: Springer 1971. — 6. *Schöne, O.,* u. *E. Schwenk:* Rohrleitungen in neuzeitlichen Wärmekraftanlagen. Berlin: Springer 1963. — 7. *Schwaigerer, S.:* Festigkeitsberechnung von Bauelementen des Dampfkessel-, Behälter- u. Rohrleitungsbaues. 2. Aufl. Berlin: Springer 1970. — 8. Ders. Rohrleitungen, Theorie u. Praxis. Berlin: Springer 1967. — 9. *Stradtmann, F. H.:* Stahlrohr-Handbuch, 6. Aufl. Essen: Vulkan 1961. — 10. Gußrohr-Handbuch. Köln: Fachgem. Gußeiserne Rohre 1963. — 11. Stahlmuffenrohre. Phönix-Rheinrohr AG, Düsseldorf: 1956. — 12. Werkstoffe für angreifende Flüssigkeiten vgl. K.S.B.-Armaturen-Handbuch (Anm. 3 S. 823).

A. Allgemeines

1. Wahl des lichten Durchmessers *d*

a) Aus der Beziehung $\dot{V} = \pi d^2/4 \cdot w$ erhält man $d = k\sqrt{\dot{V}/w}$ in mm, wenn w in m/sec und für k folgende Werte eingesetzt werden[1]:

$\dot{V}$ in	lit/min	lit/sec	m³/h
k	4,6	35,7	18,8

Ist Durchflußmenge $\dot{Q}$ in kg/Zeit gegeben, dann umrechnen $\dot{V} = \dot{Q}/\varrho$ bzw. $\dot{V} = v\dot{Q}$; ϱ in kg/m³ bzw. v in m³/kg.

Beispiel: Gegeben Dampfmenge $\dot{Q} = 100$ t/h mit Dampfzustand $p = 40$ ata, $t = 450\,°C$, entsprechend $v = 0{,}082$ m³/kg. Es wird $\dot{V} = 0{,}082 \cdot 10^5$ in m³/h. Gewählt $w = 32$ m/sec; $d = 18{,}8 \cdot \sqrt{0{,}82 \cdot 10^4 : 32} = 300$ mm. Vgl. Bild 211.

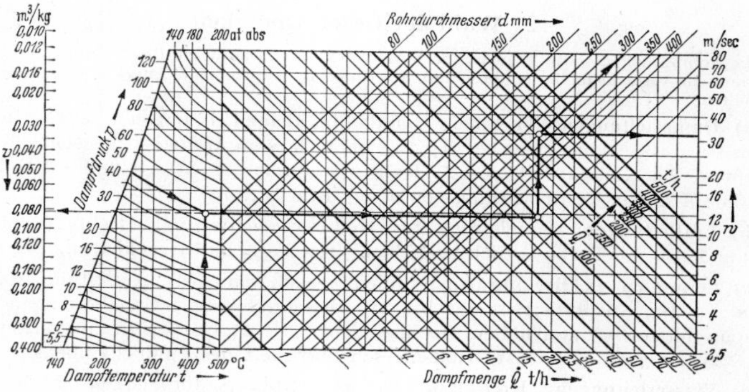

Bild 211. Zusammenhang zwischen Dampfgeschwindigkeit w, Rohrdmr. d und Durchflußmenge $\dot{Q}$ bei gegebenem Zustand p, t und v

Beispiel: $p = 40$ ata, $t = 450\,°C$, $v = 0{,}082$ m³/kg. Für $\dot{Q} = 100$ und $d = 300$ wird $w \approx 32$.

b) Druckverlust $\Delta p = \lambda \cdot l/d \cdot \gamma/(2g) \cdot w^2$ kp/m², vgl. S. 309; vielfach in m Flüssigkeitssäule angegeben (umgerechnet). Berechnung für Gase nach den Formeln ist zeitraubend, einfacher nach Nomogrammen. Für Wasser vgl. Bild 212; für andere Stoffe vgl. z. B. Lit. 2 u. 5.

[1] Entgegen DIN 1304 erhält hier Geschwindigkeit das Zeichen w, da mit v im folgenden (und im allgemeinen) das spez. Volumen bezeichnet wird. — Der Punkt über $\dot{V}$ und $\dot{Q}$ bedeutet: Einheiten sind auf die Zeit bezogen.

Im MKS-System: $\Delta p = \lambda \cdot l/d \cdot \varrho \cdot w^2/2$.
Einheitenprobe: $\Delta p = \mathrm{m/m \cdot kg/m^3 \cdot m^2/sec^2 = kg\,m/sec^2 \cdot 1/m^2 = N/m^2}$.

c) **Temperaturv erlust** setzt bei Gasen den Druckverlust herab, da w kleiner wird. Wärmeschutz vgl. Lit. 3.

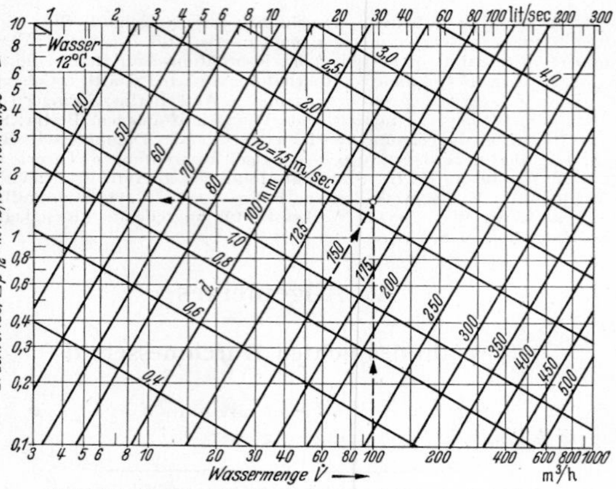

Bild 212. Druckverlust in *Reinwasser*leitungen bei 12 °C

Beispiel: $\dot V = 100\ \mathrm{m^3/h} = 27{,}8$ lit/sec; $d = 150$ mm; ergibt $\Delta p_{12°} = 1{,}5$ m WS/100 m Rohrlänge; dabei ist $w \approx 1{,}6$ m/sec. Bei 2 °C ist Δp um 4% größer, bei 24 °C um 4% kleiner als $\Delta p_{12°}$. Da $p = h\gamma$ und $\gamma = 1000\ \mathrm{kp/m^3}$, entspricht $h = 1$ m WS dem Druck $p = 1 \cdot 1000\ \mathrm{kp/m^2} = 0{,}1\ \mathrm{kp/cm^2} = 0{,}1$ at.

Im MKS-System:
Da $p = h\varrho g$ und $\varrho = 1000\ \mathrm{kg/m^3}$ ist, entspricht 1 m WS dem Druck
$p = 1 \cdot 1000 \cdot 9{,}81 = 9810\ \mathrm{N/m^2} \approx 10000\ \mathrm{N/m^2}$; $p = 0{,}981\ \mathrm{N/cm^2} \approx 1\ \mathrm{N/cm^2}$.

2. Wahl der Geschwindigkeit

In Rohrleitungen sollte man w konstant halten, um Stöße durch Beschleunigung oder Verzögerung zu vermeiden. Beim Anschluß an Kolbenmaschinen sind Ausgleichkessel zwischenzuschalten.

a) **Dampfleitungen.** Turbinen: Heißdampf, kleine Leistungen $w \approx 35$, mittlere 40 bis 50, große 50 bis 70, wobei $\Delta p \leqq 5$ bis 10% vom Anfangsdruck sein soll. Sattdampf: ≈ 25. Abdampf: 15 bis 25. Kolbendampfmaschinen: Heißdampf 40 bis 50, Sattdampf 25 bis 30. Ermittlung von w vgl. Bild 211.

b) **Luftleitungen.** Saugleitung für Kolbenverdichter $w = 16$ bis 20, Druckleitung 25 bis 30. Turboverdichter 20 bis 25 für Saug- und Druckleitung.

c) **Leitungen in Brennkraftmaschinen.** Gasmaschinen: Luftleitung 20, Gasleitung ≈ 35, Auspuffleitung 20 bis 25. Dieselmaschinen: Saugleitung $w \approx 20$, in Spülschlitzen 80 und höher. Gebläsezuleitungen 25 bis 30. Brennstoffleitungen bis ≈ 20, bezogen auf höchste Kolbengeschwindigkeit des Pumpenkolbens.

d) **Wasserleitungen.** Kreiselpumpen: $w = 1$ bis 1,5 für Saugen; 2,5 bis 3 für Drücken. Kolbenpumpen: 0,8 bis 1 für Saugen; 1 bis 2 für Drücken. Wasserturbinen ≈ 3, große Dmr. bei steiler Anordnung ≈ 6. Preßwasserdruckleitungen 15 bis 20. Druckleitungen von Heißwasserleitungen 2 bis 3.

e) **Schmierölleitungen.** $w = 0{,}5$ bis 1, je nach Zähigkeit. Zähigkeit nimmt mit Temperaturabnahme stark zu, vgl. Bild S. 879.

f) **Fernleitungen für Rohöl**[1], flüssige Kraft- und Brennstoffe (Pipeline). Rheologische Eigenschaft des Fördermittels vgl. Abschn. Brennstoffe S. 500. Bei Wahl

[1] Vgl. Lit. 8, dort S. 250/51 und VDI-Z. 109 (1967) Nr. 3 S. 93.

den Anschlußrohren verschweißt. Die Rohrnähte werden einer Glühbehandlung unterworfen, z. B. auf Baustelle durch herumgelegte Ringbrenner. Meist besondere Prüfung der Schweißnähte vorgeschrieben.

Bild 230. Hochdruckschweißung mit Einlegering *a* (Nippel-Schweißung). Die Rohrenden werden auf Baustelle warm aufgeweitet. Einlegering wird eingepaßt; er sorgt für axiale Rohrlage und gleichbleibenden Abstand in der Schweißfuge; er verschweißt mit den Rohrenden und der Naht ohne Tropfenbildung im Rohr.

Bild 231. Geschmiedetes Abzweigstück für 125 atü, 500°C aus Cr-Mo-Stahl mit Schweißanschlußstutzen, deren Länge etwa gleich der Nennweite und deren Dicke gleich derjenigen der Rohre ist. Festigkeitsrechnung für *Hohlkugeln* mit eingeschweißten Stutzen vgl. Lit. 7, dort S. 119 bis 123.

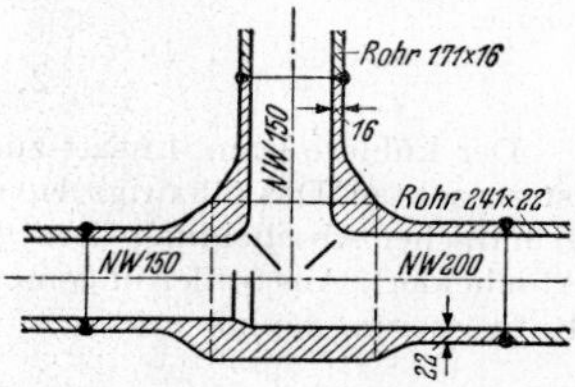

Bild 231. Geschmiedetes Abzweigstück

Stahlmuffenrohre werden mit Einsteck-, Nippel- oder Kugelmuffenschweißung verbunden.

e) Schnell-Kupplungen für Rohre aus Metall und Asbestzement vgl. Konstruktion 13 (1961) Nr. 8 S. 321/25, Nr. 10 S. 411/12.

C. Anlage von Rohrleitungen

1. Anordnung der Rohrleitungen

a) Allgemeines. Bei größeren Anlagen: Rohrschaltplan (ggf. Wärmeschaltbild, vgl. Bd. II unter Verwendung der Sinnbilder DIN 2429 (Juli 1962).

Verlegen aller Leitungen mit Steigung bzw. Gefälle $\approx 1:100$ bis $1:500$, um bei Flüssigkeiten das Ausscheiden von Gasen und bei Gasen das Ausscheiden von Flüssigkeiten zu ermöglichen; Einbau entsprechender selbsttätiger oder gesteuerter Apparate notwendig.

Es ist zu unterscheiden: Verlegen a) in Maschinenhäusern, b) im Freien und c) unter der Erde, im Erdboden oder in Kanälen. Ferner: d) Fördermittel hat etwa dieselbe Temperatur wie die Umgebung oder e) höhere bzw. tiefere.

Zu a): Kein Witterungseinfluß auf die Leitung. Zu b) und c): Formänderungen durch Temperaturunterschiede. Zu e): Wärme- bzw. Kälteschutz.

Für Zugänglichkeit der Verbindungen und Absperrorgane, für Ersatzteile und Entleerungsmöglichkeit sorgen, auf Übersichtlichkeit achten. Einbaustellen für Durchflußmeßgeräte vorsehen.

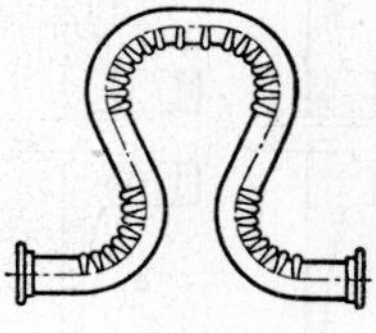
Bild 232

b) Gewicht der Rohrleitung einschließlich Gewicht des Fördermittels und der Isolierung: Unterstützen oder Aufhängen in kurzen Abständen, bei Längsbewegungen durch Rollen oder genügend lange Pendel.

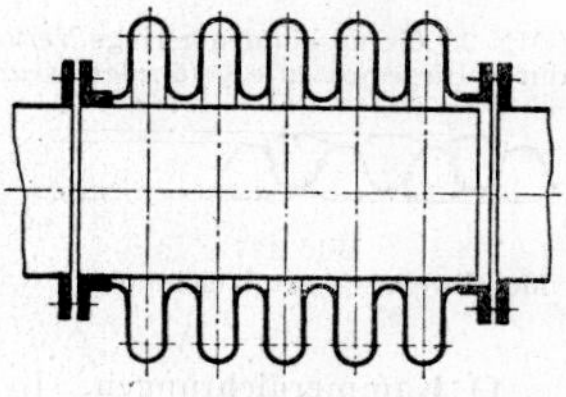
Bild 233

c) Temperatur- und **Druckänderungen** führen zu Längenänderungen und Längsbewegungen der Rohre und durch den erforderlichen Einbau von Bogen oder Gleitrohren auch zu Querbewegungen. Durch Festlegen des Rohrstrangs an bestimmten Stellen (Festpunkte) können diese Bewegungen unter Kontrolle gehalten und die elastischen Formänderungen abschnittsweise ermittelt werden; die sich daraus ergebenden Spannungen überlagern sich denjenigen, die durch den Innendruck entstehen. In den Rohrteilen mit Biegemomenten sind Flanschverbindungen zu vermeiden; sie können undicht werden; zusätzliche Schraubenbeanspruchung.

Ausgleich von Längenänderungen durch _⊓_-förmige Führung der Rohrleitung, durch Lyrabogen mit Faltungen, Bild 232; Metallbalg mit zylindrischem Leitrohr, Bild 233, oder durch Metallschläuche.

Über Elastizitätsberechnungen ebener und räumlicher Rohrsysteme vgl. Lit. 3.

d) Kondenswasser-Abscheider. Um Wasserschläge zu verhindern: Einbau von Kondenswasserabscheidern vor Dampfturbinen bzw. Dampfmaschinen; bei diesen übernehmen sie auch den Ausgleich der Geschwindigkeitsschwankungen des Dampfes. Zwischen die Wasserabscheider und die Maschinen sind Dampfsiebe einzuschalten, damit Fremdkörper aus dem Dampf zurückgehalten werden.

2. Abdampfleitungen

Der kühlere Dampf neigt zur Kondensatbildung; auf sorgfältige Entwässerung ist zu achten. Das ölhaltige Kondensat von Kolbendampfmaschinen darf nur nach gründlicher Abscheidung des Öls zur Kesselspeisung benutzt werden (Öl-Wasser-Abscheider). Auspuffleitungen erhalten an der tiefsten Stelle einen Wassersack mit Entwässerungssiphon.

3. Unterdruckleitungen an Pumpen, Kondensatoren usw.

Da Undichtheiten nicht ohne weiteres bemerkt werden können, sind die Verbindungsstellen sorgfältig zu dichten; insbesondere ist auf Dichthalten der Stopfbuchsen von Absperrorganen zu achten.

IX. Dichtungen[1, 2]

A. Dichtung ruhender Teile (Berührungsdichtung)

a) Dichtmaterial. Natur- und Kunstgummi, Kunststoff, Silikon-Kautschuk, Kork-Kautschuk, Leder, Asbest[3], Asbest-Metallgewebe, Blei, Kupfer, Aluminium, Weicheisen, Monelmetall, V2A-Stahl.

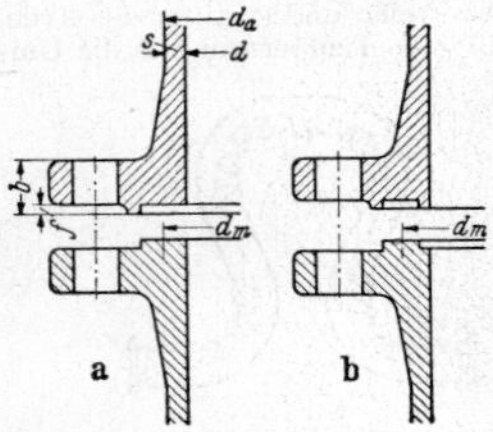

Bild 234

b) Ebene **Flachdichtung** für lösbare Flanschverbindungen. Für niedrige Drücke Form a, Bild 234, für höhere Drücke Form b (Nut und Feder). Flanschoberflächen: genau eben; bei Weichmaterial keine zu geringe Rauhtiefe, u. U. Dichtrillen; Hartmaterial: Rauhtiefe so gering wie möglich. Gilt auch allgemein für Dichtflächen an Gehäusen.

c) Berechnung der Flanschen und Schrauben vgl. S. 810.

d) Besondere Formen der Flachdichtungen vgl. Bild 235 bis 238. Vgl. DIN 3750.

e) Metallische **Linsendichtungen** für Flanschen vgl. Bild 239 (DIN 2696); sie können geringe Verkantungen der Anschlußteile aufnehmen; jedoch sind Schrauben durch Biegemomente gefährdet. Kegeldichtungen für Rohrverschraubungen vgl. S. 815.

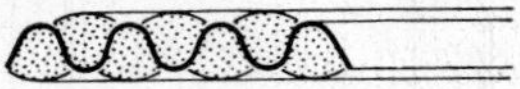
Bild 235
Metallwellring mit Weichauflage

Bild 236. Metallgefaßter Weichstoffring

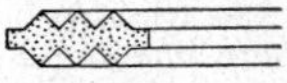
Bild 237
Metall-Spießkant-Ring, kammprofiliert

f) Kammerdichtungen. In profilierten Eindrehungen der Dichtflächen liegen Dichtungen von entsprechender Form, z. B. Rundgummi Bild 240. Beim Zusammen-

---

[1] *Beachten:* Grundlegende Aufsätze über alle Arten von Dichtungen vgl. Konstruktion 20 (1968) Nr. 6 S. 201/37. —

[2] *Trutnovsky, K.:* Berührungsdichtungen an ruhenden u. bewegten Maschinenteilen. Konstruktionsbücher, 17. Bd. Berlin: Springer 1958. — *Ders.:* Berührungsfreie Dichtungen. 2. neu bearb. u. erw. Aufl. Düsseldorf: VDI-Verl. 1964. — *Siebel, E.*, u. *E. Krägeloh:* Anm. 1 S. 810. — Bericht über britische BHRA-Dichtungstagung 1961 in Konstruktion 13 (1961) Nr. 12 S. 487/92.

[3] Asbest hauptsächlich in Verbindung mit Gummi nebst Füllstoffen: It-Platten, DIN 3754 (Vornorm Dez. 1957) u. 52913; für höhere Drücke und Temperaturen geeignet; geliefert in Platten und Ringen, auch ein- und zweiseitig graphitiert.

schrauben preßt der größte Anteil der Schraubenkräfte die Metallflächen unmittelbar zusammen; daher starre Verbindung. Nur ein kleiner Anteil ist für die elastische und u. U. plastische Verformung des Dichtmaterials erforderlich. Dadurch wird dieses vor zu großer Verpressung bewahrt und geschont. Bei Gummi beachten, daß er zwar elastisch aber nicht zusammendrückbar ist; geschlossenes Nutvolumen etwas größer als Gummivolumen, vgl. Bild 240 (DIN 2693 und 2514). Profil ist so gewählt, daß durch Innendruck die Dichtwirkung noch verstärkt wird.

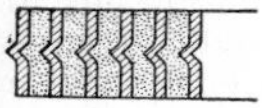

Bild 238 Spiral-Dichtung: Metall-Asbest-streifen, hochkant gewickelt

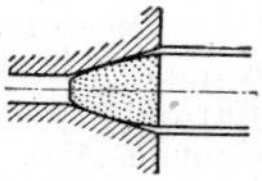

Bild 239 Linsendichtung: balliger Dichtring zwischen Kegelflächen

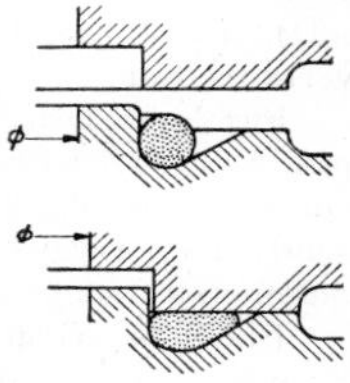

Bild 240. Kammerdichtung mit Rundgummi

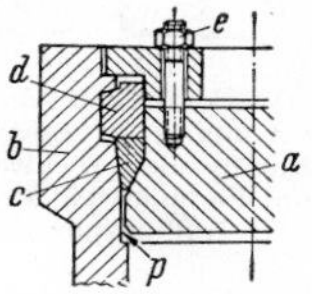

Bild 241

Das gleiche tritt bei der Hochdruckdichtung, Bild 241, ein. Deckel *a* soll Zylinder *b* abschließen; Metall-Profildichtung *c* liegt in Kammer, die aus *a*, *b* und Stützring *d* gebildet wird; *d* besitzt Bajonettverschluß. Durch Anziehen der Schrauben *e* erhält Dichtung *c* die erforderliche Vorpressung. Bei Auftreten des Drucks *p* wird *a* gegen Dichtung *c* gepreßt, die durch *d* am Ausweichen gehindert wird. Schrauben *e* werden entlastet.

Ähnliche Abdichtung der Deckel bei Absperrvorrichtungen, Bild 271 und 272.

B. Dichtung bewegter Stangen und Wellen[1]

1. Berührungsdichtungen[2]

a) Aufgabe der Stopfbuchsdichtung. Durch den Druckunterschied $p_1 - p_2$, Bild 242, sucht das Betriebsmittel auf drei verschiedenen Wegen die Dichtung zu umgehen. Die Strömung *a* wird durch radiales Anpressen des Dichtringes unterbunden. Anpressen durch natürliche Elastizität des Dichtmaterials, z. B. Gummi Bild 248, oder durch die Form der Ringe, z. B. Kegelflächen, Bild 254, oder Schlauchfedern, Bild 251/252, oder schließlich durch den Druck des Betriebsmittels, das auf dem Weg nach *b* (Bild 242) hinter den Ring gelangt, z. B. Kolbenringe, Stulpdichtungen (selbstdichtend).

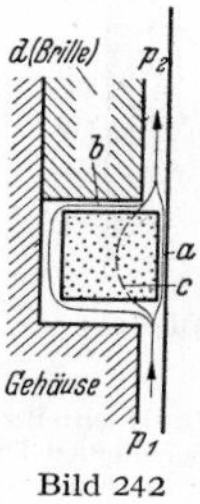

Bild 242

Der Weg *b* läßt sich durch axiales Pressen des Dichtringes durch die Brille *d* vollkommen verschließen. Ein Weg *c* — durch die Dichtung unmittelbar — kommt nur bei den Stoßfugen geteilter oder geschlitzter Ringe (z. B. Kolbenringe) in Betracht (Versetzen der Stoßfugen gegeneinander).

Bei bewegter Stange oder Welle (längs oder drehend) tritt Reibverschleiß an Stange bzw. Dichtung auf. Schmierung erforderlich: Öl durch zusätzliche Schmiereinrichtung; selbstschmierend durch Talg, Talkum oder MoS_2, Graphit, das im Packungsring enthalten sein kann.

Weichpackung ergibt verhältnismäßig große Reibung; Anwendung: Absperrorgane, untergeordnete Zwecke und bei kleinem Durchmesser. Stulpdichtung vor allem bei Flüssigkeiten bis zu höchsten Drücken brauchbar; geringe Reibung.

[1] Bericht über die Dritte Internationale Tagung über Dichtungstechnik 1967 in Konstruktion 19 (1967) Nr. 11 S. 440/45.

[2] Vgl. *Lubenow, W.:* Berührungsdichtungen an bewegten Maschinenteilen. Konstruktion 11 (1959) Nr. 11 S. 433/49.

Metallpackung allgemein bei Dampf- und Brennkraftmaschinen, Kolbenverdichtern, Pumpen u. a. m.; Bedingung: Stangen bzw. Wellen mit bester Oberflächenglätte und großer Härte; Schmierung. Kurze Einlaufzeit.

b) Packungswerkstoff. Weichpackungen: Baumwolle, Hanf, Asbest als runde oder quadratische Schnüre, mit Graphit- bzw. Talgzusatz, vgl. Bild 243. Auf genaue Länge stumpf geschnitten und als einzelner Ring mittels Brille oder entsprechender Hilfsbeilage eingebracht und festgedrückt. Stoßfugen versetzt; mindestens 4 Ringe. Genügend Platz zum Entfernen verbrauchter Packungen vorsehen.

Bild 243
Vierkant-Dichtschnüre.
a Gummi; *b* Geflecht aus Baumwolle; *c* Bleidrahtlitze mit Fasereinlage; *d* Baumwollumspinnung

Für hohe Drücke und Temperaturen: Flockengraphit mit Asbest, Blei, Zinn, Kupfer, Leichtmetallegierungen, Gußeisen, Kohle, Preßstoffe; Sintermetalle (selbstschmierend; dann angewendet, wenn das Arbeitsmittel durch den Schmierstoff nicht verunreinigt werden darf).

Bild 244. Grundform der Stopfbuchse. Führung der Stange (Welle) in der Grundbuchse *a* des Gehäuses; *a* besteht meist aus einer Kupferlegierung. Die mit einer Buchse ausgefütterte Brille *b* hat reichlich Spiel gegenüber der Stange.

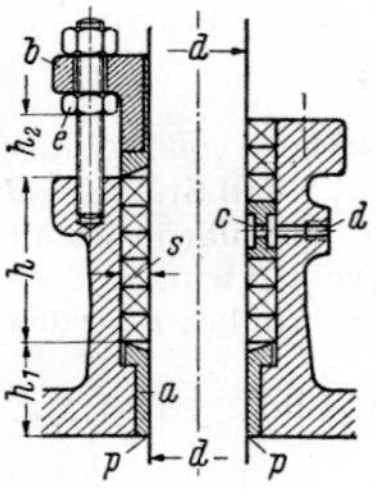

Bild 244

Packungsbreiten *s* nach DIN 3780 (Sept. 1954) sollen Normmaße der Reihe R20 sein. $s = \zeta \sqrt{d}$; wobei $\zeta = 1{,}0$ (sehr schmal), $= 1{,}25$ (schmal), $= 1{,}6$ (mittel,) $= 2{,}0$ (breit) ist. $h \approx 6$ bis $8s$ bei liegenden, $h \approx 4s$ bei stehenden Maschinen. Für sich drehende Wellen, z. B. Kreiselpumpen, die höheren Werte; außerdem Zuführen von Schmieröl bzw. Sperrflüssigkeit (Saugseite) in den Kammerring *c* — rechte Seite — durch Leitung bei *d*. Bei Weichpackung darf h_2 wegen Nachziehens nicht zu klein gewählt werden. Mutter *e* gestattet leichtes Herausziehen der Brille *b*. Stiftschrauben mit Bund können zweckmäßig sein. Der Packungsraum wird zugänglicher, wenn Klappschrauben angeordnet sind.

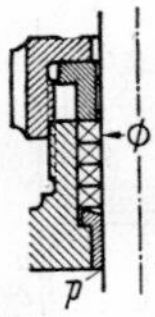

Bild 245

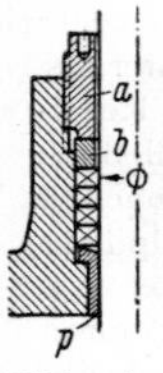

Bild 246

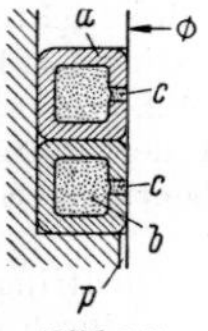

Bild 247

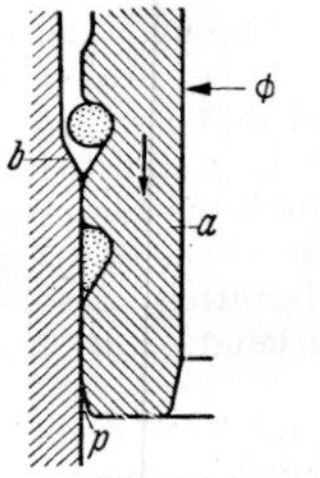

Bild 248

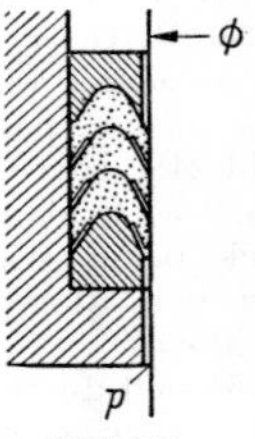

Bild 249

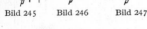

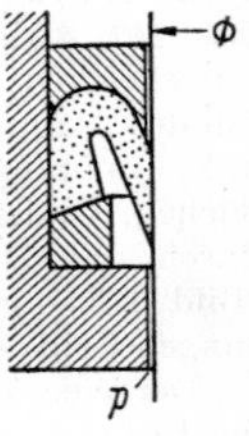

Bild 250

Nachteil: Ungleiches Anziehen der Muttern führt zum Festklemmen der Stange bzw. Welle. Bei kleinen Dmr. Überwurfmutter, Bild 245, oder Buchse *a* mit Außengewinde, Bild 246; Buchse *b* muß an der Stirnfläche Gewindelöcher für Abzugsschrauben erhalten.

Bild 247: Hohlringpackung. Weichmetallmantel *a* mit Schmierstofffüllung *b*, die bei axialer Pressung oder Erwärmung durch Bohrungen *c* an die Stange (Welle) gedrückt wird.

Bild 248: Rundgummidichtung z. B. für die Laufbuchse *a* einer Brennkraftmaschine; geringe Bewegung infolge Temperaturunterschied zulässig; bei *b* schlanker Übergang.

c) Stopfbuchsschrauben für Weichpackungen, Bild 244. Vor Inbetriebnahme müssen Weichpackungen mittels Stopfbuchsschrauben und Brille *b* vorgepreßt werden. Pressung zwischen Brille und 1. Packungsring sei p_a; p_a nimmt nach einem Exponentialgesetz[1] bis auf einen Restbetrag p_r zwischen letztem Packungsring und Grundbuchse *a* ab; z. B. ist bei 6 Ringen $p_r/p_a \approx 0{,}3$ bei verhältnismäßig trockener und $\approx 0{,}6$ bei gefetteter Packung. Bei auftretendem Innendruck p_i werden die an der Grundbuchse liegenden Ringe entlastet und diejenigen an der Brille zusammengedrückt.

[1] Vgl. Handbuch Dichtelemente Bd. II. Asbest- u. Gummiwerke Martin Merkel KG, Hamburg-Wilhelmsburg, 1965.

Maximale Brillenkraft $F_{Br} \approx c p_i f$; darin f = gepreßte Ringfläche $= \pi s(d + s)$; $c \approx 1$, wenn Dichtungsringe vor dem Einlegen bereits stark vorgepreßt; c bis ≈ 3, wenn die zum Abdichten erforderliche Verformung der Packung erst durch Anziehen der Brille erfolgt.

d) Selbstdichtende Packungsringe. α) *Lippen-* oder *Zungen*dichtung für *Längs*bewegung (Stangen). Gewebe, das den chemischen und thermischen Einflüssen angepaßt ist, meist schichtweise mit entsprechender Bindung, z. B. Gummi in Formen gepreßt; formbeständiger und haltbarer als Leder. Auch rein aus Natur-, Kunstgummi oder Kunststoff. Aus der Vielzahl der Ausführungen: Bild 249, Dachformmanschetten; Bild 250, Zungendichtung, auch in mehreren Lagen, je nach Betriebsdruck; Betriebsmittel hier und in Bild 249 nur in *einer* Richtung abgesperrt; für Abdichten in beiden Richtungen Spiegelbildanordnung erforderlich: Lippen bzw. Zungen *gegen* das strömende Medium gerichtet, vgl. Druck p.

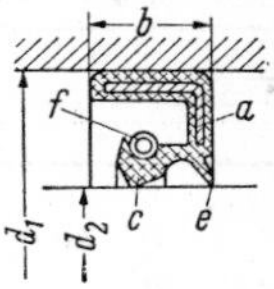

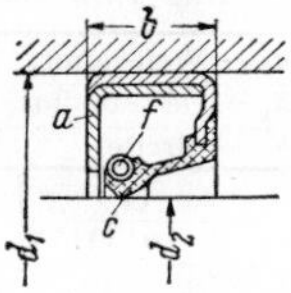

Bild 251 Bild 252
Abmessungen vgl. Tab. S. 822

β) *Radialdichtringe* für *Dreh*bewegung (Wellen), DIN 6503/6; Manschetten aus Gummi oder Kunststoff, Dichtlippen werden meist durch *Schlauchfedern* angepreßt. Ausführungen mit einer oder zwei Dicht- bzw. Staublippen. Aus der großen Zahl bewährter Konstruktionen zwei Beispiele: Bild 251 (Goetzewerke AG, Burscheid bei Köln): Manschette mit vollkommen einvulkanisiertem Versteifungsring a, Dichtlippe c z. B. gegen Ölaustritt und Staublippe e gegen Eindringen von Staub. Schlauchfeder f.

Bild 252 (Carl Freudenberg, Weinheim/Bergstr. Simrit-Werk), zweiteiliges Metallgehäuse a, Dichtlippe c und Schlauchfeder f.

γ) Axialwirkende *Gleitringdichtung*[1] z. B. für Kreisel- und Zahnradpumpen, selbstdichtend, Bild 253. Gegen den im Gehäuse a elastisch gelagerten, ruhenden Dichtring b läuft der sich mit der Welle drehende Gleitring d an, der je nach mechanischer, thermischer oder chemischer Beanspruchung aus Kunststoff oder Kunstkohle besteht. Ausführung A: Mitlaufender Dichtring c aus Temburan, Silicon oder Teflon dichtet radial gegen Welle. Axiale Dichtpressung zwischen b (feststehend) und d (umlaufend) und Übertragung des Reibungsmoments wird durch Feder f erreicht. Ausführung B: Versteifungsring c ist in Dichtungsbalg g einvulkanisiert. Druckfeder f übernimmt axiale, Schlauchfeder h radiale Vorspannung. i ist Nabe des Wellenantriebrads.

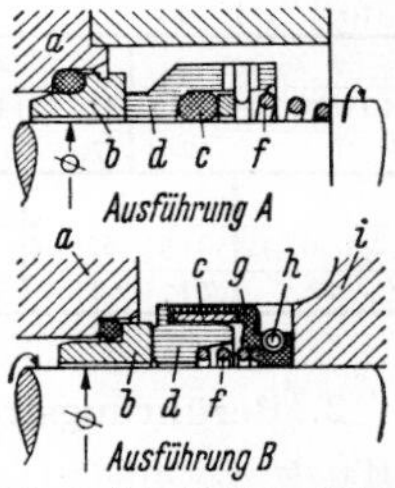

Bild 253. Axiale Gleitringdichtungen (Goetzewerke AG, Burscheid bei Köln)

e) Metall- bzw. **Kohlepackungen.** Sie setzen sorgfältig bearbeitete und genau laufende *Stangen* voraus. Bild 254: Metallringe mit Keilwirkung. Die äußeren Ringe a sind einteilig; die inneren b geteilt oder geschlitzt. Beim Anziehen drückt die elastische Schnur c durch die Keilwirkung die inneren Ringe gegen die Stange. Zum Herausnehmen der Ringe dienen Gewindelöcher. Ringe meist aus Weißmetall.

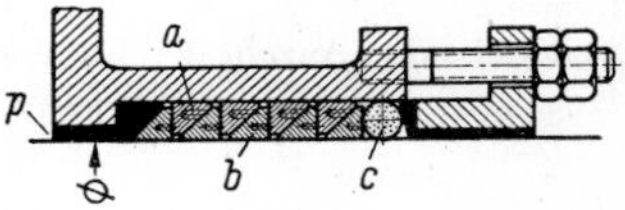

Bild 254
Stopfbuchse. a äußere, b innere Ringe (geschlitzt oder geteilt); c Schnur

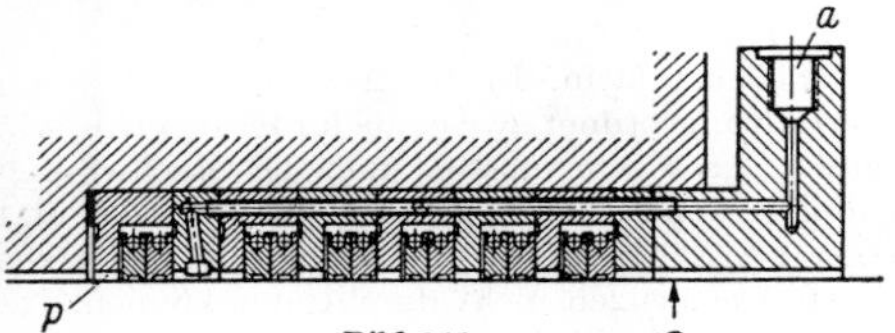

Bild 255

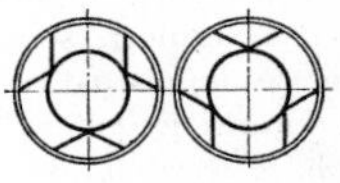

Bild 256

Bild 255. Grundform für bewegliche ebene Packungsringe mit Schlauchfedern. Packungsringe meist aus Grauguß, auch aus Kunstkohle oder metallgepanzerter Kohle oder ähnlichen selbst-

[1] Vgl. *Mayer, E.:* Berechnung u. Konstruktion von axialen Gleitringdichtungen, vgl. S. 818 Anm. 1, dort S. 213/19. — *Ders.:* Axiale Gleitringdichtungen. 2. Aufl. Düsseldorf: VDI-Verl. 1965.

schmierenden Werkstoffen. In jeder Kammer liegt ein Ringpaar mit plangeschliffenen Stirnflächen ohne axiales Spiel; die Ringe sind mehrteilig, vgl. Bild 256; infolge ihrer radialen Bewegungsfreiheit können sie in dieser Richtung den Bewegungen der Stange folgen und trotzdem dabei dichten. Die Stoßfugen sind gegeneinander versetzt. Die Schlauchfedern drücken die Dichtringe nur leicht gegen die Stange, während der eigentliche Anpreßdruck durch das hinter die Ringe tretende Gas — ähnlich wie beim Kolbenring — erzeugt wird. Packungsringe aus Metall erfordern Schmierung, vgl. Anschluß *a*. In Sonderfällen erhalten diese Stopfbuchsen noch eine außenliegende Vorstopfbuchse mit Weichpackung; Absaugeanschluß, um Austreten schädlicher Gase zu vermeiden; Stopfbuchsen für Heißwasser (Kesselspeisung) werden mit einem Kühlwassermantel umgeben oder sie bekommen eine vorgeschaltete Labyrinthdichtung, in der sich das heiße Wasser abkühlen soll. — Auch Ausführung der Packungsringe als nach *innen* selbstspannende Ringe.

Radialdichtringe für Wellen mit Gummi-Manschette, mit Gehäuse. DIN 6503

d_2 = Wellendmr.	d_1 = Gehäusedmr.	b = Breite
10	19 | 22 | 24 | 26 | 28 | 30 | 35	7 | 10
11	26 | 30 | 35	7 | 10
12	22 | 24 | 28 | 30 | 32 | 37	7 | 10
13	26 | 28 | 30 | 35	7 | 10
14	24 | 28 | 30 | 32 | 35	7 | 10
15	24 | 30 | 32 | 35 | 37 | 40 | 42	7 | 10
16	28 | 30 | 32 | 35 | 40	7 | 10
17	28 | 32 | 35 | 37 | 40 | 47	7 | 10
18	30 | 35 | 37 | 40	7 | 10
19	32 | 37 | 40 | 42 | 47	7 | 10
20	30 | 32 | 35 | 37 | 40 | 42 | 47 | 52	7 | 10
21	32 | 37 | 40 | 42 | 47	7 | 10
22	32 | 35 | 40 | 42 | 47	7 | 10
24	37 | 40 | 42 | 47 | 50 | 52	7 | 10 | 12
25	35 | 37 | 40 | 42 | 47 | 50 | 52 | 62	7 | 10 | 12
26	37 | 42 | 47 | 50 | 52	7 | 10 | 12
28	40 | 47 | 50 | 52	7 | 10 | 12
30	40 | 42 | 47 | 50 | 52 | 55 | 62	7 | 10 | 12
32	45 | 47 | 50 | 52 | 55	7 | 10 | 12
35	45 | 47 | 52 | 55 | 62 | 72	7 | 12
38	52 | 55 | 62 | 65	7 | 12
40	52 | 55 | 62 | 65 | 68 | 72 | 80	7 | 12 | 13
42	55 | 62 | 65 | 68 | 72	7 | 12
45	60 | 62 | 65 | 68 | 72 | 75 | 80 | 85	7 | 12 | 13

2. Berührungsfreie Dichtungen sich drehender Wellen[1]

a) *Axiale*[2] Dichtung gegen Gase. Einfachste Form Bild 257 (Schema). Glatte Welle, Dichtscheiben im Gehäuse mit zugeschärften Schneiden, die einen möglichst kleinen Drosselspalt mit Wellenoberfläche bilden; im Spalt setzen sich die Druckdifferenzen $p_1 - p_2$, $p_2 - p_3 \cdots p_4 - p_5$ in Geschwindigkeiten um. Anzahl der Kämme so groß, daß Druckverhältnis zwischen zwei Kämmen möglichst klein. In Bild 258 sind die Drosselstellen zusätzlich noch in einem Labyrinth angeordnet, wobei die hinter den Drosseln liegenden Kammern so gestaltet und so groß sein müssen, daß die Geschwindigkeitsenergie möglichst vollständig durch Wirbel und Stoß in Wärme umgesetzt werden kann. Es ist $p_1 > p_2 > \cdots > p_5$; dabei muß p_5 so klein z. B. gegen die Atmosphäre werden, daß nennenswerte Gasmengen nicht durchtreten können.

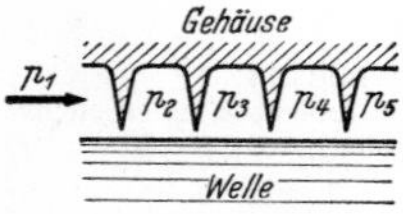

Bild 257

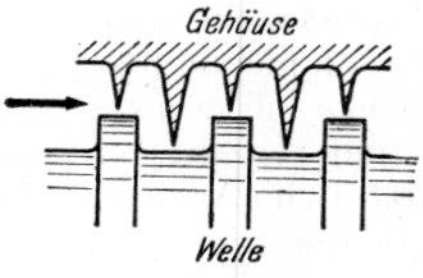

Bild 258

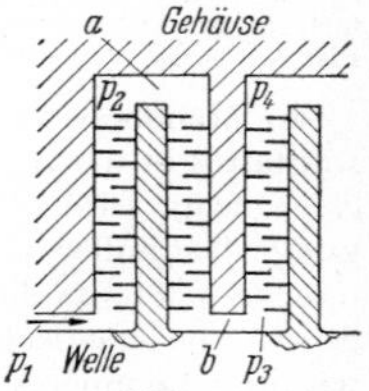

Bild 259

Radiale[2] Dichtung gegen Gase, Bild 259; drei hintereinandergeschaltete Labyrinthe mit zwei Umkehrkammern *a*, *b*.

[1] Berechnung, Ausführung u. Literatur vgl. *Trutnowski:* Anm. 2 S. 818. — Vgl. Bd. II: Strömungsmaschinen. Es liegt im Wesen dieser Dichtungsart, daß sie nicht vollkommen dicht sein kann. Die geringen durchtretenden Betriebsstoffmengen müssen abgeleitet werden.

[2] Die Bezeichnungen *axial* bzw. *radial* beziehen sich auf die Strömungsrichtung des Mediums im Drosselspalt.

α) *Gehäuseform* bei niedrigen Drücken flach oder oval, bei Bedarf verrippt; für Hochdruck massiver Stahlkörper oder aus Rohrstücken geschweißt.

β) *Dichtplatten:* spannungsfreie Drehkörper aus Stahl.

c) Bauarten. α) *Keilschieber,* auch bei hohen Drücken und Temperaturen üblich. Die Schließkraft der Spindel wird durch Kugeln, Rollen oder Druckstücke auf die Dichtplatten übertragen.

Bild 271: AK-Schieber für ND 64 bis ND 160 und Temperaturen bis 450 °C. Gehäuse, Plattenhalter *a* und Bügelaufsatz aus Elektro-Stahlguß; Dichtplatten *b* und Verschlußstück *c* aus C22. Dichtflächen *e* und *f* aufgeschweißt (Stellit-Hartpanzerung). Gehäuse schwach kegelig mit Anschweißenden. Bei voll geöffnetem Schieber dichtet Kegel *d* gegen *e*. Bei Ausführung für ND 250 bis ND 640 und Temperaturen bis 400 °C wird auch Gehäuse aus C22 geschmiedet.

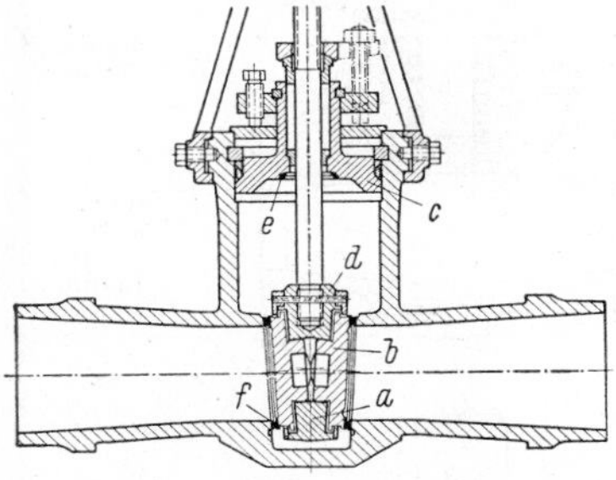

Bild 271. AK-Schieber. KSB Klein, Schanzlin & Becker, Werk AMAG, Nürnberg

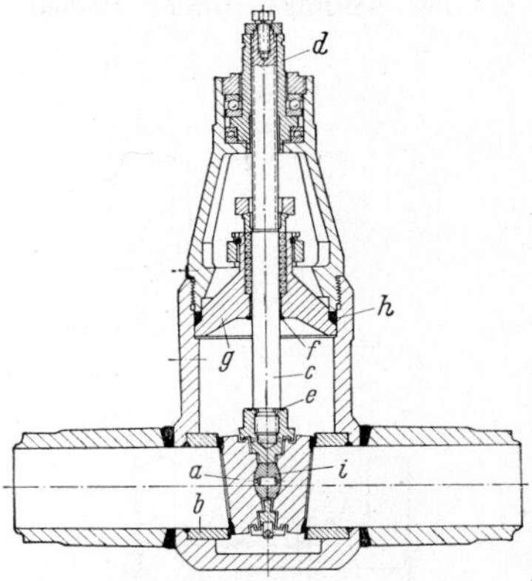

Bild 272. KES-Schieber. Borsig AG, Berlin-Tegel

Bild 272: KES-Schieber für Nenndrücke 160 bis 640 und Temperaturen bis 550 °C mit Einschweißenden. Gehäuse aus warmfestem Stahl geschmiedet und normalgeglüht. Nach Anschweißen der Anschlußstutzen wird das ganze Gehäuse spannungsfrei geglüht. Schieberplatten *a* und eingeschweißte Gehäuseringe *b* sind mit Stellit gepanzert. Schieberspindel *c* läuft in nitrierter Stahl- bzw. Bronzemutter *d*. Spindelabdichtung: Fläche *e* gegen *f*; dadurch kann Stopfbuchse auch bei geöffnetem Schieber verpackt werden. Die Einbauöffnung des Gehäuses wird durch schwimmenden Deckel *g*, der durch den Dampfdruck gegen die Packung *h* gedrückt wird, verschlossen. Die Abdichtung während des Anfahrens übernehmen (nicht dargestellte) Schrauben, welche die Packung *h* vorpressen. Die Stellitpanzerung kann nachgeschliffen werden; die entstehende Maßvergrößerung wird durch Beilagen zwischen den Kalotten *i* ausgeglichen.

Bild 273: Gehäuse *a* aus C22 (bis 450 °C) im Gesenk geschmiedet, Anschlußstutzen *b* aus nahtlosem Rohr vorgeschweißt. Dichtplatten *c* aus 13CrMo44 sind im Plattenhalter *d* durch Bajonettverschluß gehalten. Beim Schließen drückt Spindel *e* über ballige Rolle *f* auf Schieberplatten. Ausführung z. B. bis NW 200 bei ND 500/640.

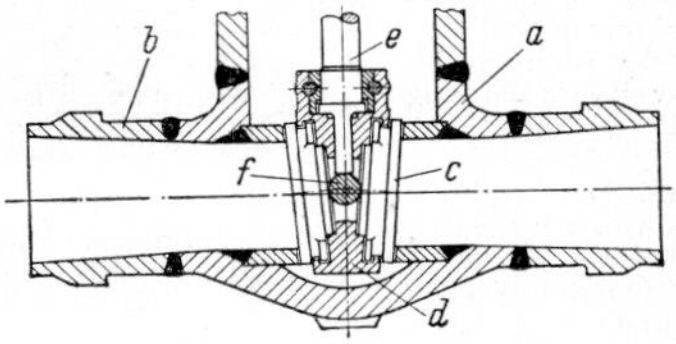

Bild 273. Permador-Schieber. Babcockwerke, Oberhausen

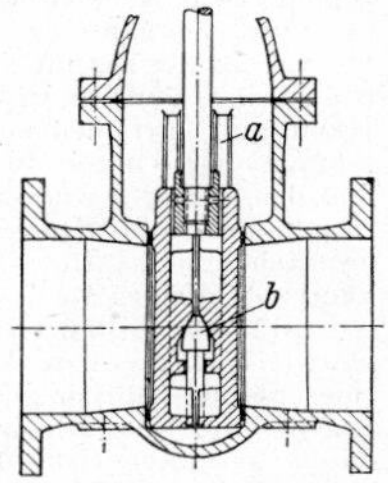

Bild 274. Parallelschieber. Pörringer & Schindler GmbH, Zweibrücken

β) *Parallelschieber:* die Dichtflächen liegen parallel. Anpressen der Dichtplatten durch Kugeln, Druckstücke, Kniehebel u. a. m. Bei genau parallelem Bewegen der Dichtplatten werden zwar Fremdkörper von den Dichtflächen abgestreift, jedoch besteht große Reibung und Gefahr des Verschleißes, daher gepanzerte Dichtleisten.

Bild 274: Führung der Dichtplatten in Leisten *a* des Gehäuses; Schließkraft der Spindel wird über zwei kegelige Bolzen *b* auf Dichtplatten übertragen; ND 16. Gehäuse mit Einschnürung.

4. Hähne

a) Eigenschaften. Schnelles Öffnen und Schließen; geringer Durchflußwiderstand. Bei *einfacher* Ausführung, Bild 275, mit kegeligem Küken, Gefahr des Fressens, große Reibung. Abhilfe durch Schmierung der Dichtflächen: Hahnküken enthält Schmierfettkammer, aus der das Fett nach Bedarf von Hand mittels einer Schraube durch Bohrungen und Nuten auf die Dichtflächen gepreßt wird. Hähne mit zylindrischem, Bild 277, oder kugeligem Küken, Bild 278, geben den vollen Querschnitt der Rohrleitung frei; keine metallische Berührung zwischen Küken und Gehäuse. Für bestimmte Medien auch Kugelhähne ganz aus Kunststoff.

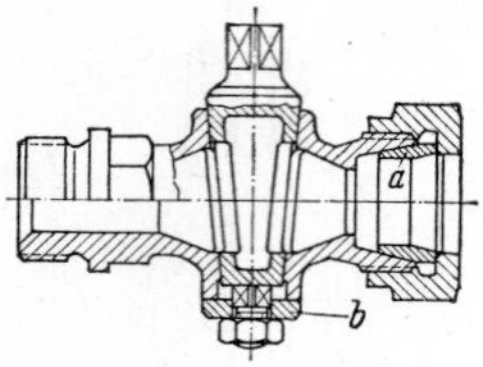

Bild 275

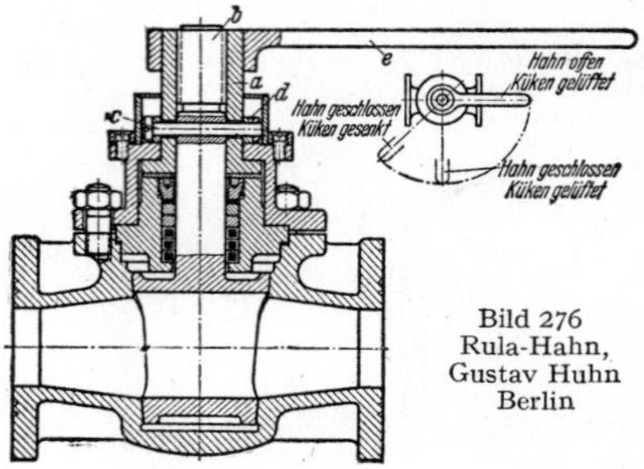

Bild 276 Rula-Hahn, Gustav Huhn Berlin

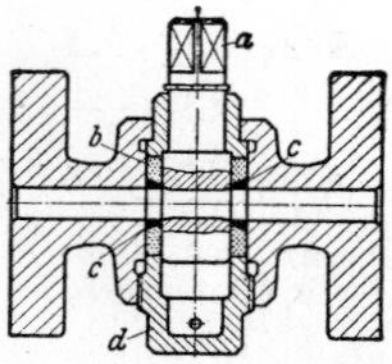

Bild 277. Bauart Rich. Klinger GmbH, Wiesbaden u. Berlin

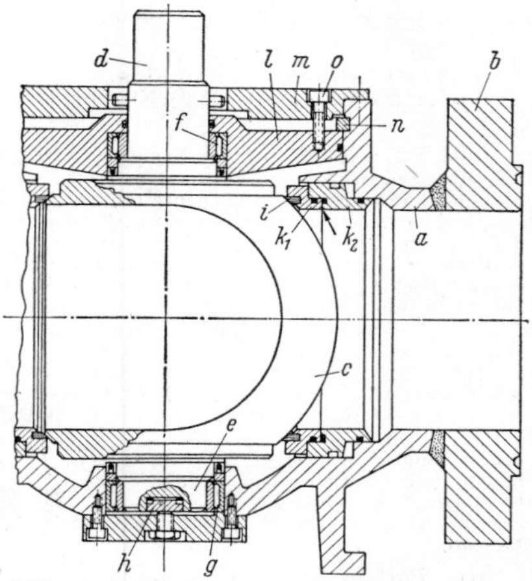

Bild 278. Borsig-Hartmann-Hochdruck-Kugelhahn. Links offen, rechts geschlossen. Borsig AG, Berlin

b) Bauarten. Bild 275: NE-Hahn DIN 87010, z. B. aus Rg. Kegel 1 : 6. Links Einschraubstopfen, rechts Rohrverschraubung mit Kegelbuchse *a*, z. B. zum Auflöten auf Rohre aus Cu bzw. Cu-Leg. Der Vierkantzapfen des Kükens zwingt die Unterlegscheibe *b* mit Vierkantloch und damit auch die Mutter, an der Drehung teilzunehmen. Beim Rula-Hahn, Bild 276, wird durch die Gewindeverbindung zwischen der Hülse *a* und dem Kükenbolzen *b* unter Mitwirkung des Stiftes *c* und der Klinke *d* während der Drehung des Handhebels *e* das Küken bereits vor Öffnung des Hahns angelüftet. NW 50, ND 6. Gehäuse GS; Küken Rg.

Bild 277: Klinger-Hahn. Das zylindrische, leicht drehbare Küken *a* wird durch eine nichtmetallische, elastische Buchse *b* abgedichtet, die an den Durchflußstellen durch metallische Einsatzstücke *c* geschützt ist. Abdichten während des Betriebs durch Anziehen der Verschlußkappe *d*.

Bild 278: Borsig-Hartmann-Hochdruck-Kugelhahn[1]. *a* Gehäuse aus Stahlguß mit Vorschweißflansch *b*. Kugelküken *c* aus nichtrostendem Stahl, Oberfläche geschliffen. Zapfen *d* und *e* laufen in Nadellagern *f* und *g*; Spurzapfenlager *h*. Dichtring *i* liegt im Ring k_1 und dieser in Ring k_2; zwischen beiden befinden sich O-Dichtringe. k_2 wird bei Werkmontage von außen durch Keilbolzen so weit axial verschoben, daß *i* ausreichende Vorspannung erhält. Im Betrieb dringt das Medium beim Pfeil zwischen k_1 und k_2 ein und preßt k_1 mit Dichtring *i* gegen die Kugelfläche. Gehäuseöffnung ist durch Deckel *l* verschlossen; *n* ist ein mehrteiliger Druckring. Die im Flansch *m* eingelassenen Schrauben *o* sind Hilfsschrauben für *l*. NW 1000 (400) bei 100 (250) atü. 100 °C.

[1] Vgl. Konstruktion 16 (1964) Nr. 8 S. 321/22 u. 17 (1965) Nr. 6 S. 237.

5. Gesteuerte Absperrorgane für selbsttätige Regelung[1]

Absperrorgane können zum Regeln der Durchfluß*menge* oder zum Konstanthalten eines *Druckes* benutzt werden.

Bild 279: In der Gasleitung soll der Druck p_2 konstant gehalten werden. $p_1 \geqq p_2$. Verbraucherdruck p_2 wird durch Impulsleitung *a* dem Membranmeßwerk *b* zugeführt. Membran *c* ist mit *Strahlrohr d* verbunden, das um *e* schwingen kann. Dem Strahlrohr wird dauernd durch Pumpe *f* ein Ölstrom im Drehpunkt *e* zugeführt. Antriebmotor *g*, Ölbehälter *h*. Je nach Stellung des Strahlrohres wird in den vom Ölstrahl getroffenen Mundstücken der Leitungen *i* und *k* ein Druckunterschied auftreten, der Kolben *l* und damit Drosselklappe *m* in gewünschte Lage bringt. Einstellbare Feder *n* ergibt die erforderliche Rückstellkraft für Membran. Wenn $p_2 >$ Sollwert ist, wird *d* nach links bewegt; dadurch wird Öldruck in *k* größer als in *i*, der Kolben *l* aufwärts gedrückt und Gasleitung stärker gedrosselt. Rückseite von *c* erhält durch Leitung *o* Anschluß an Atmosphäre oder eine weitere Meßstelle (Druckdifferenzmessung). Anschluß der Impulsleitung in ausreichender Entfernung hinter der Drosselklappe, wo Strömung bereits beruhigt.

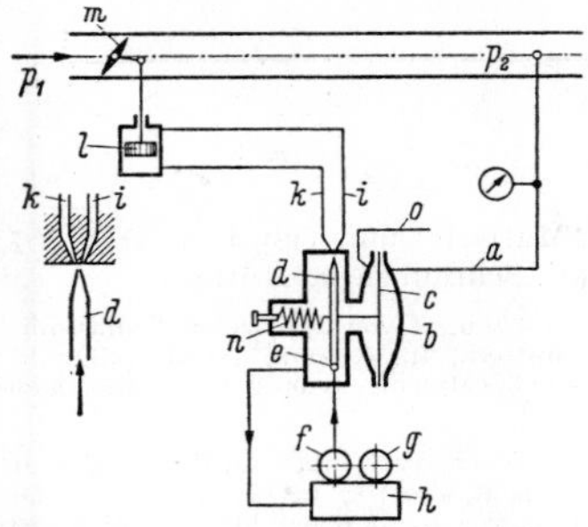

Bild 279. Gasdruckregelung. Continental Elektroindustrie AG, Askania-Werke, Berlin

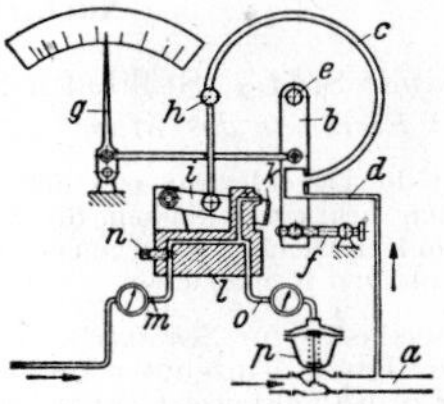

Bild 280. G-S-T Gesellschaft für selbsttätige Temperaturregelung Schellhase & Co., Berlin

Bild 280. G-S-T-Regler, z. B. für Druckregelung in der Verbrauchsleitung bei *a*. Der Hebel *b*, an dem das Federrohr *c* mit dem Anschluß *d* befestigt ist, hat seinen Drehpunkt in *e*. Der Sollwert des Druckes bei *a* wird durch Spindel *f* eingestellt und durch Zeiger *g* angezeigt. Nimmt der Druck bei *a* und entsprechend bei *d* ab, dann bewegt sich Punkt *h* des Federrohres abwärts und damit auch der Drehschieber *i*, dessen überdeckende Kante *k* die Düsenöffnung mehr freigibt. Regelorgan *l* ist bei *m* an eine Hilfsdruckleitung (1 atü) angeschlossen; Einstellschraube *n*. Je nach Stellung der Kante *k* zur Düse ändert sich der Druck in der Steuerleitung *o* (bei voll geöffneter Düse ist dort der Druck $\approx 0{,}15$ atü) und bringt dadurch das Membranventil *p* in eine andere Stellung. Einer Druckabnahme bei *a* entspricht also eine Druckverminderung bei *o*, so daß sich das Membranventil *p* weiter öffnen muß, d. h. der Druck bei *a* kann konstant gehalten werden.

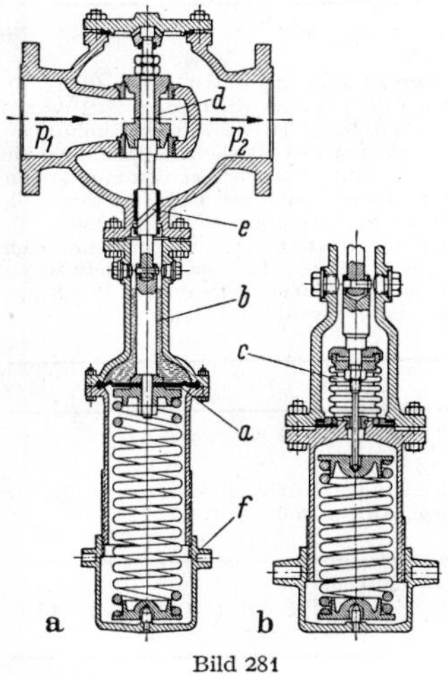

a **b**

Bild 281

Bild 281: Regelventil (Druckminderer) von Dreyer, Rosenkranz & Droop, Hannover, für Dampf, Gase und Flüssigkeiten. Linke Ausführung a für Temperaturen bis $\approx 375°$ mit Gummi-Membran *a*; Wasserfüllung *b* als Wärmeschutz für *a*. Ausführung b mit Tombak-Faltenbalg *c* für noch höhere Temperaturen (> 375 °C). Druck $p_2 < p_1$, wobei $p_2 =$ const sein soll. Ventilkörper *d* kann wegen gleicher oberer und unterer Durchmesser als nahezu *entlastet* gelten; schlanke Kegel, z. B. 15°, und Regelansätze bewirken große Ventilhübe und damit gute Regelgenauigkeit. Das Medium vom Druck p_2 strömt durch Spiralnute *e* in den Raum oberhalb der Wasserfüllung *b* und wirkt auf Membran *a*, entgegen der Federkraft. Einstellen des Sollwertes von p_2 durch Verstellen der Kappe *f*.

---

[1] Hier nur *mechanische* Steuerungen kurz behandelt. Über elektrische bzw. elektronische Steuerung vgl. Firmendruckschriften.

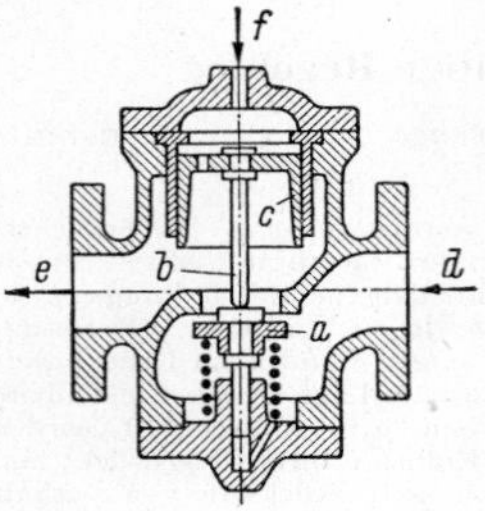

Bild 282. Ferngesteuertes Ventil für Regelung der Fördermenge. Ventilteller *a* wird von unten durch Feder, von oben durch Stift *b* des Steuerkolbens *c* beeinflußt. Eintritt des Förderstroms bei *d*, Austritt bei *e*. Steuerleitung wird bei *f* angeschlossen. Impulsdruck in der Steuerleitung kann durch einen Regler z. B. nach Bild 279 oder 280 auf den Sollwert der Fördermenge eingestellt werden. Das Stellglied (Bild 279: Strahlrohr *d*; Bild 280: Drehschieber *i*) kann auch z. B. durch ein Hilfsventil (Servo-Ventil) ersetzt werden, das *elektromagnetisch* gesteuert wird.

Bild 282

Nachtrag zu den Beiträgen

Werkstoffkunde S. 563 „Stähle für Schrauben u. Muttern" und Tab. 11 n. DIN 267, S. 564, und *Elemente des Maschinenbaues* S. 690 „Schrauben u. Muttern".

Während der Drucklegung erschienen die Blätter 1/5, 7/9 u. 11 von DIN 267 in Neufassung[1] mit den neuen Festigkeitsklassen für Schrauben und Muttern. Im Abschn. „Werkstoffkunde" sind die neuen Kennzeichen, dagegen im Abschn. „Elemente des Maschinenbaues" und „Maschinenteile" die bisherigen Kennzeichen verwendet.

Festigkeitsklassen für *Schrauben*. In den neuen Kurzzeichen, vgl. Tab. 1, z. B. 6.9, gibt die Zahl 6 *vor* dem Punkt den zehnten Teil der Mindestzugfestigkeit, also $10 \times 6 = 60$ kp/mm², an. Die Zahl 9 *hinter* dem Punkt weist auf das Streckgrenzenverhältnis $\sigma_S/\sigma_B = 0{,}9$ hin; Multiplikation beider Zahlen ergibt die Mindeststreckgrenze $\sigma_{S\,\min} = 6 \times 9 = 54$ kp/mm². (Eine Ausnahme bildet Kurzzeichen 3.6, vgl. Tab. 1; hier ist $\sigma_B = 34$ und $\sigma_S = 3{,}4 \times 6 \approx 20$. Festigkeitsklasse 4 D wird durch 3.6 oder 4.6 nach Wahl des Herstellers ersetzt. 4 D betrifft fast nur rohe Schrauben).

Tabelle 1. *Festigkeitsklassen für Schrauben*

bisher	4 A	4 D	4 S	5 D	5 S	6 D	6 S	6 G	8 G	10 K	12 K	—
neu	3.6	4.6	4.8	5.6	5.8	6.6	6.8	6.9	8.8	10.9	12.9	14.9

Festigkeitsklassen für *Muttern*. Belastbarkeit der Muttern ist abhängig a) von Härte (d. h. σ_B), b) Mutternhöhe, c) Gewindefeinheit (d. h. d/P, vgl. S. 688, Tab. 3 Anm. Richtlinien), d) Wanddicke. Einflüsse von a, b und c bestimmen die Abstreiffestigkeit des Muttergewindes, Einfluß von d das Aufweiten der Muttern. — Kennzeichnend für die Belastbarkeit ist die *Prüfspannung*. Sie entspricht der Mindestzugfestigkeit einer Schraube, mit der die Mutter gepaart werden muß, wenn die Belastbarkeit der *Verbindung* bis zur Mindestbruchlast der Schraube gewährleistet sein soll. Prüfspannung = Prüflast dividiert durch den Querschnitt des dazugehörigen Bolzengewindes.

Die Zuordnung der Kennzahlen der Festigkeitsklassen für Muttern zu den Prüfspannungen bringt Tab. 2. Die Kennzahlen der Muttern entsprechen dem zehnten Teil der kennzeichnenden Prüfspannungen. Bei gleicher Kennzahl muß eine Mutter mit einer Gewindefeinheit $d/P > 8$ aus einem Werkstoff höherer Festigkeit gefertigt werden als bei einer Gewindefeinheit $d/P \leqq 8$.

Tabelle 2
Festigkeitsklassen für Muttern

Kennzahl	4	5	6	8	10	12	14
Prüfspannung kp/mm²	40	50	60	80	100	120	140

Für die *Paarung Schraube-Mutter* gibt Tab. 3 die Zuordnung der Festigkeitsklassen; sie gilt für eine tragende Gewindelänge $\geqq 0{,}6\,d$ und Schlüsselweite (bzw. Außen-Dmr.) $\geqq 1{,}5\,d$.

Tabelle 3
Paarung Schraube-Mutter

Schraube	3.6 4.6 4.8	5.6 5.8	6.6 6.8 6.9	8.8	10.9	12.9	14.9
Mutter	4	5	6	8	10	12	14

[1] Ausführlich in DIN-Mitt. 47 (1968) Nr. 7 S. 470/76 u. Nr. 9 S. 625/28.

2. Pneumatik

Gase sind stark kompressibel, daher: Arbeitsgeschwindigkeiten bei Belastungsschwankungen sehr ungleichförmig, genaue Positionierung nur durch mech. Begrenzung möglich, Unempfindlichkeit gegen Überlastung.

Arbeitsgeschwindigkeiten sehr hoch. Begrenzung des Druckbereichs mit Rücksicht auf einstufige Verdichtung und starke Zunahme der Verdichtungswärme bei höherem Druck.

Bezeichnung	Druckbereich	Anwendungsbereich
Niederdruck	bis 1 at	Steuerungen
Hochdruck	von 6 bis 10 at	Pressen, Spannvorrichtungen, Transport- und Arbeitsgeräte

Exakte Geschwindigkeitsregelung bei pneumat. Vorschubtrieben an Werkzeugmaschinen durch parallel- oder nachgeschaltete hydraulische Regeleinrichtungen möglich (Pneumo-Hydraulik).

B. Ordnung der Triebe

1. Aufgabe

a) Leistungstriebe haben die Aufgabe, eingebrachte Leistung in möglichst weitem Übersetzungsbereich zu wandeln zur Erzeugung von vorgegebenen Kräften/Momenten bei gewünschten Geschwindigkeiten/Winkelgeschwindigkeiten am Wirkungsort. Hoher Wirkungsgrad ist in der Regel wichtig.

b) Steuerungen und Regeltriebe sollen eingebrachte Signale und Befehle am Wirkungsort unverfälscht auslösen. Entscheidend ist die Übertragungsgüte, der Wirkungsgrad vernachlässigbar.

2. Aufbau

a) Eigenbetätigte Systeme dienen der Kraftverstärkung, Kraftübertragung an entfernte Orte und der Kraftverteilung. Die eingeleitete Kraft wird von der Bedienungsperson durch Muskelkraft aufgebracht (Beispiel: hydraulische Kfz-Bremse).

b) Fremdbetätigte Systeme sind die eigentlichen hydraulischen und pneumatischen Triebe. Mechanische Energie wird von außen eingebracht und, am Wirkungsort entsprechend gewandelt, nach außen abgegeben. Die Bedienung greift nur schaltend (steuernd, regelnd) ein.

c) Hilfskraftsysteme dienen der analogen Verstärkung eingebrachter Steuerkräfte (Meßwerkkräfte, menschliche Kräfte) mit Hilfe von Fremdenergie (Beispiel: Turbinenregler, hydraulische Lenkhilfe, Lkw-Druckluftbremse).

3. Wirkungsweise

Bei der Leistungsübertragung können die Komponenten Kraft/Moment und Geschwindigkeit/Winkelgeschwindigkeit in der Bedeutung besonders hervortreten, Bild 2.

a) Leistungstriebe übertragen Leistung vom Erzeugungs- zum Wirkungsort. Wichtig ist ein guter Wirkungsgrad in weitem Übersetzungsbereich (Beispiel: Fahrantrieb).

b) Krafttriebe sollen hohe Kräfte/Momente am Wirkungsort liefern, der Wirkungsgrad tritt zurück (Beispiel: Pressen, Scheren, Spannzeuge).

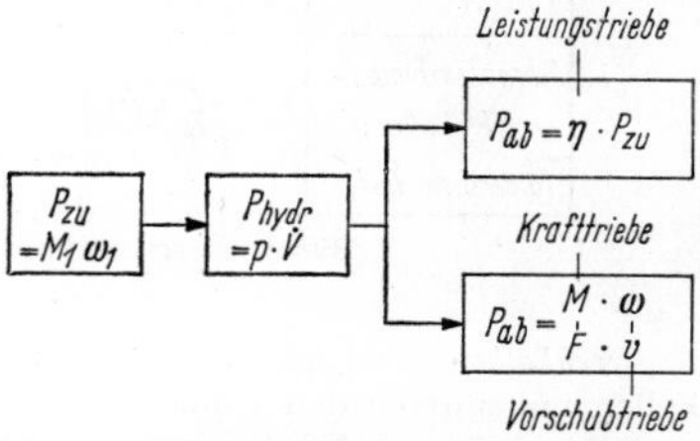

Bild 2. Leistungsübertragung durch Hydraulik und Pneumatik. Ordnung der Triebe nach der Wirkungsweise

c) Vorschubtriebe haben die Aufgabe, gegen meist nur kleine Kräfte Vorschubbewegungen mit hoher Stell- und Geschwindigkeitsgenauigkeit zu erzeugen. Der Wirkungsgrad ist meist ohne Bedeutung (Beispiel: Vorschubtriebe an Werkzeugmaschinen).

II. Hydraulische Triebe

Übertragungsflüssigkeiten sind in der Regel Mineralöle mit Viskositäten von 2 bis 7 °E bei 50 °C (12 bis 50 cSt), denen Additive zur Verbesserung des Viskositäts-Temperatur-Verhaltens, der Schmierfähigkeit, des Schaumverhaltens usw. zugesetzt sind.

Einschränkung des Arbeitsbereichs der Öle durch Verlust der Fließfähigkeit (Stockpunkt) bei niedrigen (−20 bis −50 °C) und den Flammpunkt bei hohen Temperaturen (160 bis 230 °C). Praktisch werden Temperaturgrenzen bestimmt durch viskositätsabhängige Strömungsverluste und genügend hohes Temperaturgefälle zum Abführen der Verlustwärme (untere TG) und Verlust an Schmierfähigkeit sowie Zunahme der Leckverluste (obere TG). Arbeitstemperatur im Mittel 50 bis 80 °C.

Ausnahmen bilden Anlagen für Heißbetriebe und im Untertageeinsatz. Wegen der erhöhten Brandgefahr werden hier verwendet: schwerentflammbare Flüssigkeiten auf Wasserbasis (Öl- oder Polyglykol-Wassergemische), Phosphorsäureester, Chlorkohlenwasserstoffe, Silikonöle oder Fluorcarbone. Schmierfähigkeit und Viskositätsverhalten dieser Flüssigkeiten sind meist schlechter als bei Ölen, vor ihrem Einsatz ist die Verträglichkeit mit den (Dicht-)Werkstoffen zu prüfen.

A. Bauelemente

1. Hydropumpen

Hydropumpen sind Drehkolben- oder Schubkolbenmaschinen in fester (konstanter Förderstrom bei konstanter Drehzahl) oder verstellbarer Bauform, Bild 3.

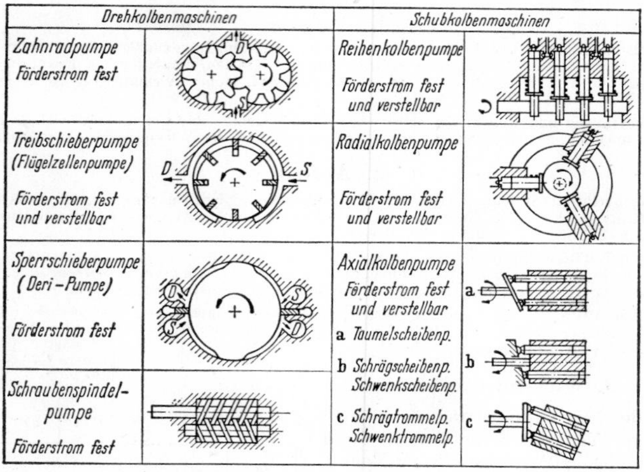

Drehkolbenmaschinen
Schubkolbenmaschinen
Zahnradpumpe
Förderstrom fest
D
S
Reihenkolbenpumpe
Förderstrom fest
und verstellbar
Treibschieberpumpe
(Flügelzellenpumpe)
Förderstrom fest
und verstellbar
D
S
Radialkolbenpumpe
Förderstrom fest
und verstellbar
Sperrschieberpumpe
(Deri-Pumpe)
Förderstrom fest
D
S
Axialkolbenpumpe
Förderstrom fest
und verstellbar
a Taumelscheibenp.
b Schrägscheibenp.
Schwenkscheibenp.
c Schrägtrommelp.
Schwenktrommelp.
a
b
c
Schraubenspindel-
pumpe
Förderstrom fest

Bild 3. Übersicht über gebräuchliche Hydropumpen

Drehkolbenmaschinen fördern das Druckmittel bei gleichförmiger Drehung in Zellen und nutzen den Umlaufverdränger zum gegenseitigen Abschluß der Saug- und Druckräume. Bei den meist rechteckigen Zellenquerschnitten sind die Spalttoleranzen schwieriger zu beherrschen, der Anwendungsbereich sind Nieder- und Mitteldruckanlagen bis ca. 180 at. Bauformen: Zahnrad-, Treibschieber-, Sperrschieber- und Schraubenspindelpumpen.

Schubkolbenmaschinen benötigen infolge der inneren Strömungsumkehr der Flüssigkeit Schieber- oder Ventilsteuerung. Da zylindrische Passungen einfach herzustellen, sind diese Pumpen bis zu höchsten Drücken anwendbar. Bauformen: Reihenkolben-, Radialkolben- und Axialkolbenmaschinen.

a) Zahnradpumpen werden als Einfachpumpen mit zwei Rädern oder als Mehrfachpumpen in Parallel- (mehrere Radsätze auf gemeinsamer Welle) oder Reihenanordnung (angetriebenes Mittelrad, mehrere Trabantenräder) ausgeführt.

Mehrfachpumpen fördern z. B. große Förderströme bei Eilvorschüben, kleine gegen den hohen Druck im Arbeitsvorschub. Durch druckabhängig gestuftes Abschalten der Einzelförderstufen Leistungsbegrenzung möglich, Bild 4.

Der theoretische Förderstrom der Einzelpumpe mit zwei gleichen Rädern

$$\dot{V}_{P\text{th}} = {}^1/_2 \pi b n (d_k^2 - a^2 - {}^1/_3 \pi^2 d_g^2/z^2)\ *$$

wird nur beim Förderdruck $p = 0$ erreicht und nimmt mit steigendem Gegendruck um die inneren Leckverluste ab:

$$\dot{V}_P = \dot{V}_{P\text{th}} - \dot{V}_L = \eta_v \dot{V}_{P\text{th}}.$$

d_k Kopfkreisdurchmesser, d_g Grundkreisdurchmesser, a Achsabstand, b Radbreite, z Zähnezahl des Einzelrades, n Drehzahl, η_v volumetrischer Wirkungsgrad.

Leckverluste steigen weiterhin mit sinkender Viskosität, sind aber drehzahlunabhängig. Daher gewisse Mindestdrehzahl ($n \approx 500\ \text{min}^{-1}$) nicht unterschreiten. Da die Leckverluste stark mit den Spaltabmessungen steigen, besteht großer Einfluß der Pumpenbauart auf den Wirkungsgrad.

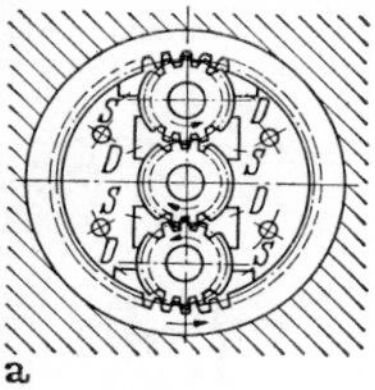

a

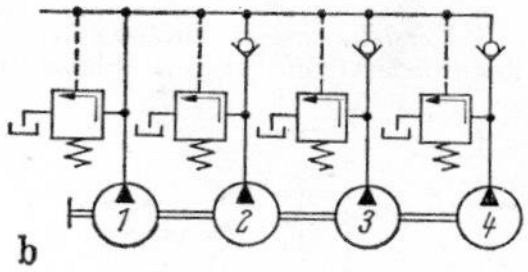

b

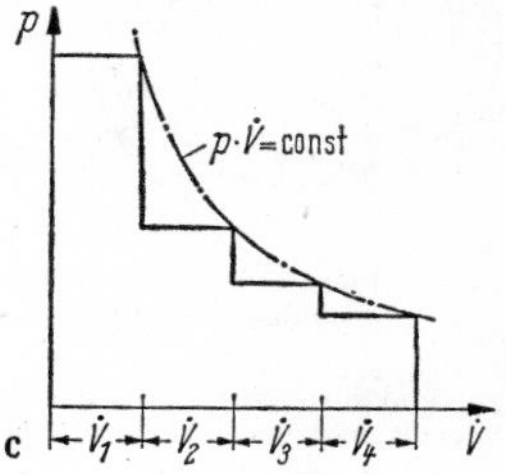

c

Bild 4. Mehrfachpumpe, Reihenbauform (Werdohler Pumpenfabrik R. Rickmeyer GmbH, Werdohl). a Aufbau; b Schaltung als Abschaltpumpe; c Kennlinie zu b für konst. Grenzleistung

Bei einfachen Zahnradpumpen (Bild 5) sind die Räder in einer um ein geringes Axialspiel dickeren Platte gefaßt. Der volum. Wirkungsgrad kann durch den Leckstrom längs der Seiten- und Kopfspalte bei höherem Druck auf 65 bis 70% fallen, so daß Pumpen der einfachen Bauweise mit gutem Wirkungsgrad ($\eta_v \approx 85\%$) nur im Niederdruckbereich bis ca. 100 bis 120 at betrieben werden können. Durch mit dem Verschleiß zunehmende ungleiche Druckbelastung treten zusätzlich höhere mechanische Reibverluste auf.

Erweiterung des Betriebsbereichs bis ca. 200 at und erhebliche Verbesserung des Wirkungsgrades ist durch Druckkompensation möglich. Bei der Pumpe nach Bild 6 sind die Zahnräder in axial verschieblichen, von der Rückseite mit dem Förderdruck belasteten Lagerbrillen aufgehängt. Gleichzeitig wird das Kopfspiel der Räder durch Druckfelder auf den radial elastisch nachgiebigen Lagerbrillen mit steigendem Druck verkleinert, so daß die Leckverluste bei vollem Förderdruck in Grenzen bleiben (ca. 2 bis 4%). Durch die engeren Spalte ergeben sich eine günstigere Radbelastung und verminderte Reibverluste.

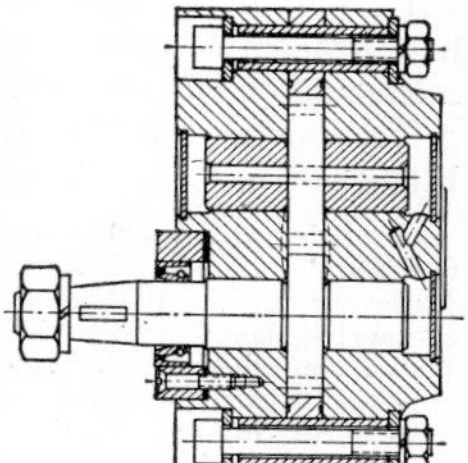

Bild 5 Einfache Zahnradpumpe in Plattenbauweise (R. Bosch GmbH, Stuttgart)

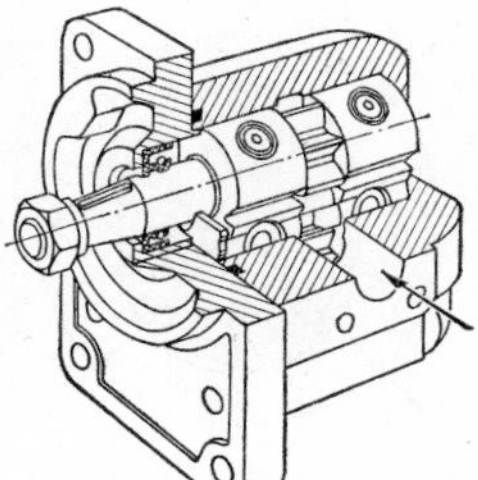

Bild 6. Zahnradpumpe mit axialer und radialer Druck-Spalt-Kompensation (Brillenpumpe, R. Bosch GmbH, Stuttgart)

Gesamtwirkungsgrade η_P der Plattenpumpen ca. 60 bis 80%, der entlasteten Pumpen über 90%. Größere Pumpen und solche mit höherem Wirkungsgrad haben Wälzlager, sonst Gleitlagerung der Räder. Zulässige Drehzahlen bis 5000 min^{-1}.

b) Flügelzellenpumpen werden als einstufige Pumpen für Drücke bis 170 at gebaut. Ihre Vorteile gegenüber den Zahnradpumpen sind: geringere Förderstrompulsation, geringere Geräuschentwicklung, besonders niedriges Leistungsgewicht (0,4 bis 0,6 kg/kW) und höhere zulässige Drehzahlen.

Zellenpumpen bestehen im Prinzip aus einem im Gehäuse exzentrisch gelagerten, geschlitzten Rotor, in dem radial verschiebliche Lamellen gleiten. Sie werden durch

* Näheres vgl. *Fuchslocher/Schulz:* Die Pumpen. 12. neub. Aufl. Berlin: Springer 1967, dort S. 310.

Fliehkraft, evtl. durch Federkraft oder Druckbelastung von innen unterstützt, an die Gehäusewand gepreßt und bilden die sich sichelförmig erweiternden und verengenden Förderzellen.

Mit den Bezeichnungen nach Bild 7 ergibt sich der Förderstrom zu

$$\dot{V} = 4\pi r_m e b n, \quad b \text{ Trommelbreite}, \ n \text{ Drehzahl}$$

bei Pumpen mit unveränderlicher Exzentrizität $e = (D - d)/2$ zu

$$\dot{V} = {}^1/_2 \pi (D^2 - d^2) b n.$$

Verstellpumpen sind so gebaut, daß die Exzentrizität e während des Laufs verändert und derart der Förderstrom bei gleichbleibender Drehzahl und -richtung variiert, evtl. auch umgekehrt werden kann. Bei der Maschine nach Bild 7b sind die Flügel a durch Gleitsteine b auf einer (nicht gezeichneten) gehäusefesten Gleitbahn geführt. Die Förderung erfolgt in der gezeichneten Stellung bei Drehung im Uhrzeigersinn von S nach D. Verschieben des Gehäuses mit einem Spindel- oder Servoantrieb ändert die Exzentrizität, die Pumpe geht über die Nullförderung ($e = 0$) hinaus zur Förderrichtungsumkehr (D nach S) bei $e' = -e$. Maschinen dieser Bauweise, auch mit Innensteuerung ausgeführt, d. h. Öl durch die Welle zu- und abgeführt (Gebr. Boehringer, Göppingen), werden oft mit einem gleichartigen Motor gekoppelt und als Verstellgetriebe, vorzugsweise im Werkzeugmaschinenbau, angewendet.

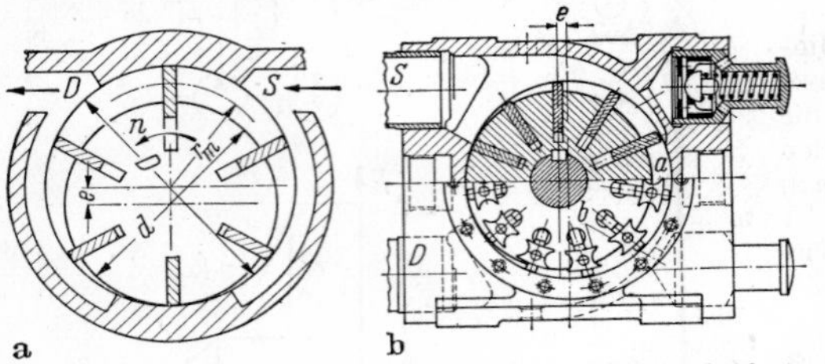

a b

Bild 7. Flügelzellenpumpe. a Förderschema; b Außenbeaufschlagte, verstellbare Maschine (Oswald Forst GmbH, Solingen)

Nachteilig sind bei Flügelzellenpumpen mit exzentrischer Rotorausführung die starke Radialbelastung des Laufzeuges und das Verschieben der Flügel unter seitlicher Druckbelastung. Daher Druckbegrenzung bei Maschinen in Verstellbauweise auf ca. 30 at. Dauerarbeitsdrücke von 170 at lassen sich bei festen Pumpen erreichen durch Druckausgleich mittels Doppelbeaufschlagung und das Verlegen der Flügelverschiebung in Zonen mit gleichem Druck auf beiden Flügelseiten.

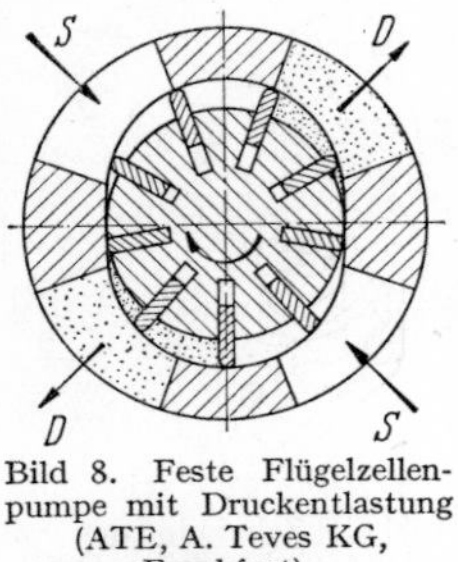

Bild 8. Feste Flügelzellenpumpe mit Druckentlastung (ATE, A. Teves KG, Frankfurt). S Saug-, D Druckanschlüsse

Bei der Anordnung von je zwei sich gegenüberliegenden Saug- und Druckkammern, Bild 8, heben sich die Radialkräfte auf den Rotor auf. Die Laufbahnen der Flügel zwischen den Kammern sind als zwei konzentrische Kreise ausgeführt, wobei der Übergang der Flügel von einer auf die andere Bahn innerhalb einer Kammer bei allseitig gleicher Druckbelastung stattfindet. Durch sinnvolles Verbinden der Führungsschlitze mit den zugehörigen Arbeitsräumen wird auch radialer Druckausgleich an den Flügeln erzielt. Ähnlich wie bei den druckkompensierten Zahnradpumpen ist eine Seitenplatte des Förderraumes verschieblich ausgeführt und auf einer gewissen Fläche mit dem Förderdruck belastet. Damit werden die Axialspiele druckabhängig verändert und die Leckverluste niedrig gehalten.

Volumetrische Wirkungsgrade η_v druckausgeglichener Flügelzellenpumpen $\approx 94\%$, Gesamtwirkungsgrad η_P über 90%. Drehzahlbereich 800 bis 6000 min^{-1}.

c) **Kolbenpumpen** weisen gegenüber den Umlaufverdrängerpumpen mehrere Vorteile auf, insbesondere niedrige Leckverluste infolge guter Abdichtung der zylindrischen Passungen und Ausführungsmöglichkeit als Verstellpumpe mit hohem Betriebsdruck.

Die Maschinen werden sowohl durch Ventile wie durch Schieber gesteuert, wobei der oft mitrotierende Zylinderblock zum Steuern herangezogen wird.

α) *Reihenkolbenpumpen.* Wegen der geringen Förderströme und der deshalb kleinen Abmessungen Antrieb der Reihenkolbenpumpen fast ausschließlich durch Nockenwellen mit Kolbenrückzug durch Federkraft (außer bei großen Pressenpumpen). Pumpen haben meist festen Förderstrom, jedoch werden Verstellpumpen mit Schrägkantensteuerung (Bosch-Preßpumpe, vgl. Dieseleinspritzanlagen) ausgeführt und in Prüfmaschinen häufig benutzt.

β) *Radialkolbenpumpen* sind entweder mit innenliegendem Exzenter (bei großen Pumpen auch verstellbar: z. B. Excentra GmbH, Stuttgart-Fellbach) und Ventil- oder Schieberaußensteuerung oder mit Außenexzenter und Innensteuerung durch umlaufende Kolbentrommel ausgeführt.

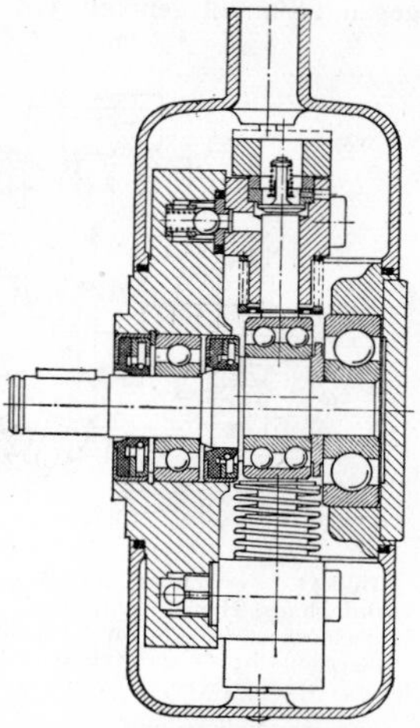

Bild 9. Feste Radialkolbenpumpe mit Innenexzenter und Ventilsteuerung (Heilmeier und Weinlein, Fabrik f. Ölhydraulik, München)

Bei der festen Radialkolbenpumpe nach Bild 9 ist der Exzenter von einem Wälzlager umschlossen, dessen Außenring durch Reibung von den im Druckhub befindlichen Kolben mitgenommen wird. Unter diesen tritt nur geringe Relativbewegung in Form von Abwälzen auf, das kinematisch bedingte Gleiten findet nur beim Saughub statt. Je nach Ausbildung des Tragringes lassen sich bis zu 8 gleichartige Zylindereinheiten in einer Ebene anordnen, deren Förderströme entweder gesammelt durch einen umlaufenden Druckkanal oder gruppenweise (Mehrstrompumpe) nach außen geführt werden. Steuerung durch federbelastete Kegelventile auf der Saug- und Kugelventile auf der Druckseite. Gehäuse ist gleichzeitig Saugraum, es ist geringer Zulauf erforderlich. Druckbereich bis 600 at.

In der verstellbaren Pumpe nach Bild 10 rotiert der angetriebene Zylinderblock um die feststehende Zentralachse, die als Steuerschieber ausgebildet ist. Die Kolben sind über Köpfe mit Wälzlagern in der frei drehbaren, durch Reibung mitgenommenen Außenlaufbahn geführt. Deren Verschiebbarkeit in einer Leistenführung quer zur Achse gestattet stufenlose Verstellung der Exzentrizität von $+e$ auf $-e$ und damit die Änderung oder Umkehr der Förderrichtung. Nachteilig ist das notwendige Laufspiel zwischen Zylinderstern und Schieberhülse, das durch natürlichen Verschleiß noch vergrößert wird. Dadurch Leckverlust bei höheren Drücken und Überhitzungsgefahr. Raum für die Zu- und Abflußkanäle in der Hohlachse ist beengt, so daß Maschinen zur Vermeidung von Saugschwierigkeiten meist aufgeladen werden ($p_l = 3$ bis 6 at). Drehzahlbereich begrenzt, da erhebliche Massenkräfte zusätzlich zu den Druckkräften die Laufbahn belasten. Druckbereich bis 350 at, Wirkungsgrad η_P über 90%.

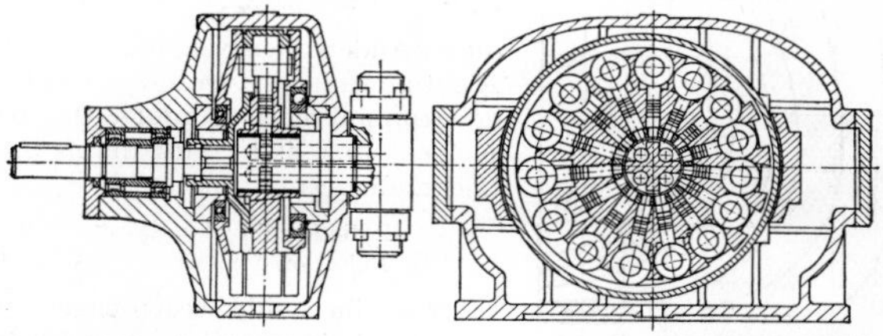

Bild 10. Verstellbare Radialkolbenpumpe mit Außenexzenter und Innensteuerung (Hydromechanik GmbH, Kiel-Pries)

γ) Die Kolben der *Axialkolbenpumpen* sind achsparallel in der Zylindertrommel auf einem Kreis angeordnet und erhalten die Hubbewegung durch die (bei Verstellmaschinen veränderliche) Neigung der Stützscheibe gegenüber der Trommel. Dabei sind folgende Anordnungen möglich:

$\alpha\alpha$) *Taumelscheibenmaschinen:* Antriebwelle und Trommel gleichachsig, Trommel feststehend, Antrieb der Stützscheibe. Pumpen meist ventilgesteuert, dann Förderrichtung nicht umkehrbar, aber beliebige Antriebdrehrichtung.

$\beta\beta$) *Schrägscheiben-* bzw. (verstellbar) *Schwenkscheibenmaschinen:* Antriebwelle und Trommel gleichachsig, Trommel angetrieben, Stützscheibe feststehend. Schiebersteuerung durch Trommel, Förderrichtung bei gleicher Antriebdrehrichtung umkehrbar.

γγ) Schrägtrommel- bzw. (verstellbar) *Schwenktrommelmaschinen:* Antriebwelle gegen Trommel geneigt, Trommel und Stützscheibe angetrieben. Schiebersteuerung durch Trommel, Förderrichtung umkehrbar, Bild 11.

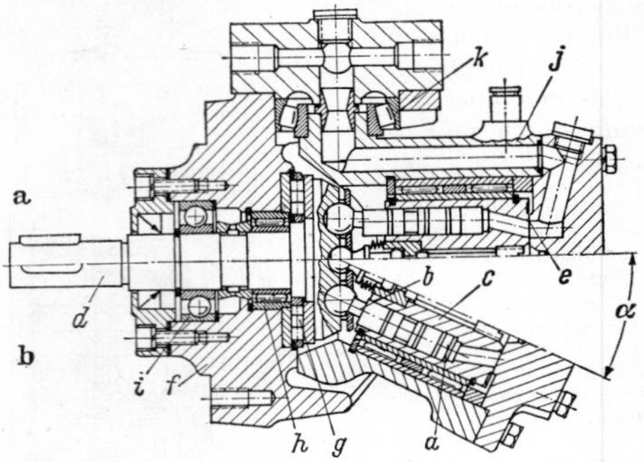

Bild 11. Verstellbare Axialkolbenpumpe (Stahlwerke Brüninghaus, Horb). *a* Kolben; *b* Kolbenstange; *c* Zylinderblock; *d* Welle mit Triebflansch; *e* Steuerfläche; *f* Lagerflansch; *g* Axial-Zylinderrollenlager; *h* Triebflanschlager; *i* Stützlager; *j* Zylindergehäuse; *k* Schwenklager.

a Nullstellung;
b Förderstellung bei Schwenkwinkel α

Bei den Bauarten $\beta\beta$) und $\gamma\gamma$) stützt sich die Trommel axial auf der Steuerscheibe ab, in der nierenförmige Aussparungen für Druck- und Saugraum angeordnet sind. Da die Summe der druckbeaufschlagten Kolbenquerschnitte größer ist als die Druckfläche zwischen Trommel und Steuerscheibe, nimmt bei Belastung der Dichtdruck druckabhängig zu. Leckverluste somit gering, selbsttätiger Verschleißausgleich. Da auch die mech. Verluste durch Wälz- oder Gleitlagerung klein, erreichen Pumpen Wirkungsgrade $\eta_P = 92$ bis 95% (Bild 12). Dauerdruck 180 bis 220, Spitzendruck über 400 at, zulässige Drehzahlen bis 3500 min^{-1}, abnehmend mit Baugröße.

Der Förderstrom der Verstellmaschinen kann gemäß

$$\dot{V} = \dot{V}_0 \sin\alpha/\sin\alpha_0$$

α Schwenkwinkel der Stützscheibe gegen Trommel,
α_0 Grenzschwenkwinkel, max. 25°,
$\dot{V}_0$ Förderstrom bei α_0.

durch Ändern der Neigung α stufenlos bis zur Richtungsumkehr verändert werden. Die Förderstrompulsation δ infolge des periodischen Kolbenhubgesetzes wird durch ungerade Zylinderzahl gering gehalten:

Zylinderzahl z	5	7	9
Pulsation δ	5	2,5	1,5%

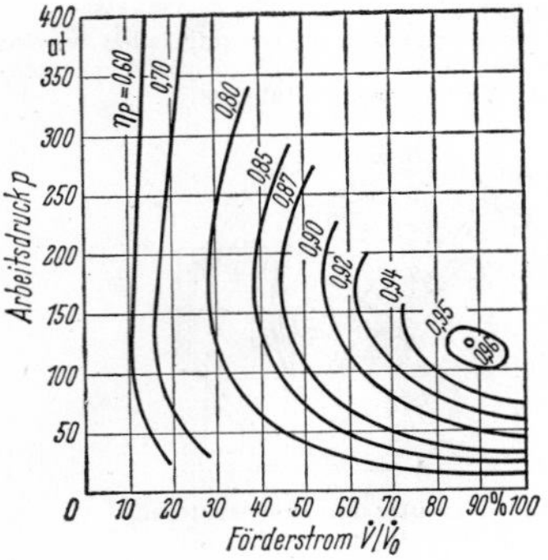

Bild 12. Wirkungsgradfeld einer verstellbaren Axialkolbenpumpe (Stahlwerke Brüninghaus, Horb)

Maschinen sind wegen enger Steuerkanäle zur Vermeidung von Saugschwierigkeiten durch Vorpumpe (teilweise eingebaut) aufzuladen ($p_l = 3$ bis 8 at), nur bei niedrigen Drehzahlen und Einbau unter dem Ölspiegel auch selbstansaugend.

2. Hydromotoren

Hydromotoren werden nach der Ausgangsbewegung unterschieden in Drehmotoren, Schwenkmotoren (begrenzter Drehwinkel) und Schubmotoren (Zylinder).

Als *Drehmotoren* eignen sich alle unter Abschn. 1 beschriebenen Bauprinzipien der Umlaufverdrängermaschinen sowie die schiebergesteuerten Schubkolbenmaschinen. Die Motoren sind in der Regel mit konstantem Schluckstrom bei fester Drehzahl ausgeführt, nur in Ausnahmefällen werden verstellbare Maschinen (Sekundärregelung bei Getrieben) angewendet.

a) Zahnradmotoren haben schlechtes Anlaufverhalten unter Last, ihr Einsatzbereich ist auf höhere Drehzahlen begrenzt. Wälzlagerung der Räder erforderlich.

Abschaltventile schalten Ölstrom einer Leitung auf drucklosen Umlauf, wenn im Hauptsystem eingestellter Druck erreicht ist (z. B. durch Abschalten der Eilgangpumpe durch Druckanstieg bei Beginn des Arbeitstaktes; Speicherladeventile).

δ) *Stromventile* vgl. Abschn. B, Regelung.

4. Leitungen, Verbinder

Leitungen in der Ölhydraulik nahtlose Rohre nach DIN 2391 aus St 35, geglüht und zunderfrei. Berechnung der Wanddicke nach DIN 2413. Anschluß von Pumpen und Motoren sowie Verbinden gegenseitig sich bewegender Teile mit Druckschläuchen aus Synthetikgummi mit Stahlgewebeeinlagen. Sie haben höhere Elastizität als Leitungen und tragen deshalb zum Abbau von Druckspitzen und zur Geräuschminderung bei. Schläuche sind verdrehungs- und knickfrei zu verlegen. Verbindungen der Leitungen untereinander und mit den Geräten fast ausschließlich durch lösbare Schneid- oder Klemmringverschraubungen nach DIN 2353 bzw. 2367, seltener durch Löten oder Schweißen (Zundergefahr).

B. Regelung

1. Stromregelung

Stromeinstellung bei Verstellpumpen durch Verändern der Pumpenexzentrizität mittels manuell, hydraulisch oder (elektro-) mechanisch betätigter Verstelleinrichtungen. Bei kleineren Leistungen sind feste Pumpen mit *Drosselregelung* wirtschaftlicher.

Im Hauptstromdrosselkreislauf nach Bild 21 gelangt der Anteil $\dot{V}_M$ des Pumpenförderstroms $\dot{V}_P$ durch Drossel *c* zum Motor *d*, der Rest strömt über das Druckbegrenzungsventil *b* in den Tank zurück. Der durch die Einstellung von *b* konstante Pumpendruck p_P wird in der Drossel auf den durch die Last F am Motor bestimmten Druck p_F herabgesetzt. $\dot{V}_M$ und damit die Vorschubgeschwindigkeit c_M können durch Verstellen des Drosselquerschnitts eingestellt →

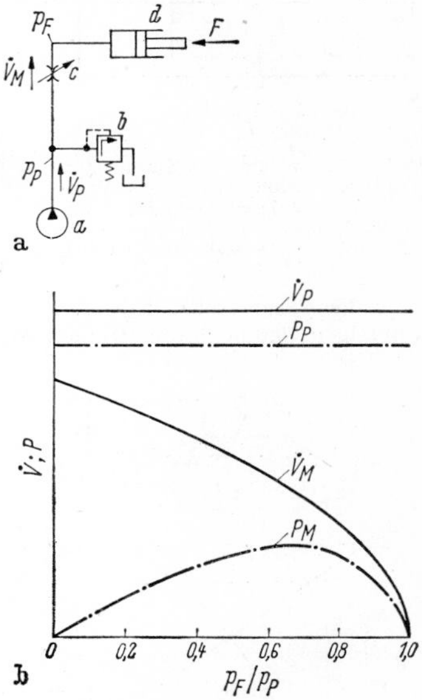

Bild 21. Hauptstromdrosselkreislauf. a Schaltplan: *a* Pumpe; *b* Druckbegrenzungsventil; *c* Drossel; *d* Motor; *F* Last. b Kennlinien des Kreislaufs bei konstanter Drosselstellung u. veränderlicher Last F: P_P Leistung der Pumpe; $\dot{V}_P$ Pumpenförderstrom; P_M Motorleistung; $\dot{V}_M$ Motorschluckstrom

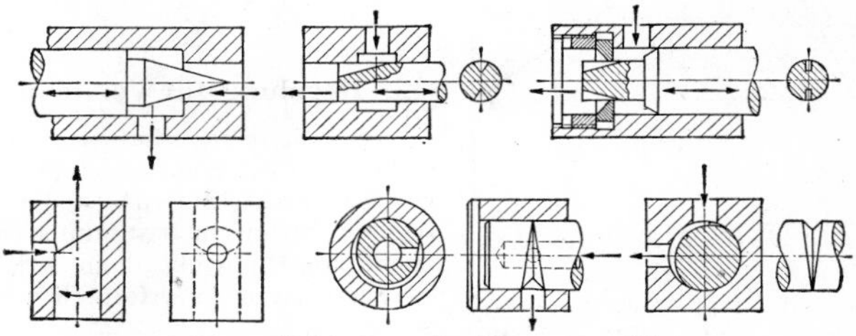

Bild 22. Übliche Drosselausführungen n. Lit. 2

werden, da $\dot{V}_M = \mu A_{Dr} \sqrt{\Delta p} \sim c_m$; hierbei ist μ eine Konstante, A_{Dr} = Drosselquerschnitt, $\Delta p = p_P - p_F$, c_M = Motorvorschubgeschwindigkeit. Bei Laständerung $F \to F'$ bleibt infolge der Verschiebung des Druckgefälles $\Delta p \to \Delta p' = p_P - p_F'$ die Vorschubgeschwindigkeit c_M nicht konstant. Kreislauf daher nur bei geringen Ansprüchen an Geschwindigkeitskonstanz anwendbar (Sägen, Holzbearbeitungsmaschinen).

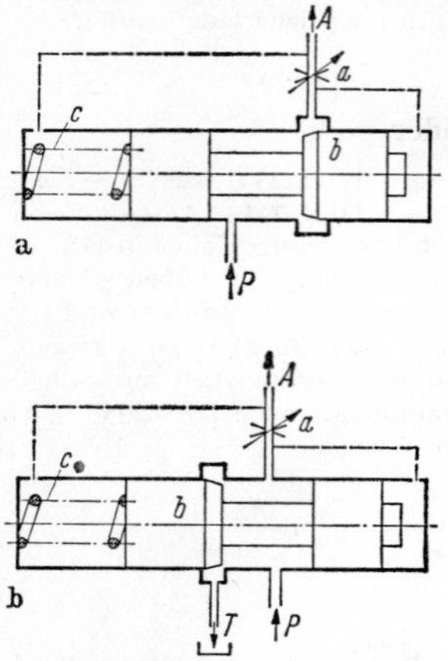

Bild 23. Schemabilder der Stromregler. a 2-Wege-Ausführung; b 3-Wege-Ausführung. P Druckanschluß; A Arbeitsanschluß; T Ablaufanschluß; a Meßdrossel; b Drosselkolben; c Feder

Übliche Drosselbauformen vgl. Bild 22. Drosseln mit möglichst kurzen Drosselwegen (Blenden) verwenden, sonst starker Einfluß der Ölzähigkeit (Temperatur).

Bei höheren Anforderungen an die Regelgüte *Stromregler* einsetzen, bei denen Druckgefälle an der Hauptdrossel in Abhängigkeit vom Strom geregelt wird.

Aufbau eines *2-Wege-* (*Haupt-*) *Stromreglers* vgl. Bild 23a. Meßdrossel a, auf gewünschte Stromstärke einstellbar, erzeugt Druckgefälle Δp_m (ca. 3 at), das über Drosselkolben b gegen Feder c abgewogen wird. Dabei stellt sich an b ein Druckgefälle $\Delta p_K = (p_1 - \Delta p_m) - p_2$ ein. Lastschwankungen am Motor bewirken zunächst geringe Änderung von $\dot{V}$. Das dadurch auf $\Delta p_m'$ veränderte Meßdrosseldruckgefälle zwingt b in eine neue Drossellage $\Delta p_K'$ derart, daß wieder $\Delta p_m = \text{const}$, d. h. $\dot{V} = \text{const}$ eingestellt wird. Überschuß des Pumpenförderstroms fließt durch Druckbegrenzungsventil in den Tank zurück.

Durchfluß durch Stromregler nur in einer Richtung möglich; falls Regelung in beiden Stromrichtungen gewünscht wird, Gleichrichterschaltung mit Sperrventilen herstellen. Bei starken Lastschwankungen am Motor Einbau des Reglers in Ablaufleitung zweckmäßig.

3-Wege-Stromregler, Bild 23b, regeln Motorzufluß durch Abblasen des überschüssigen Pumpenförderstromes. Aufbau ähnlich wie oben, jedoch öffnet Drosselkolben b zusätzliche Ablauföffnung. Einbau nur in der Motorzulaufleitung möglich. Regelgenauigkeit der Stromregler 2 bis 5%.

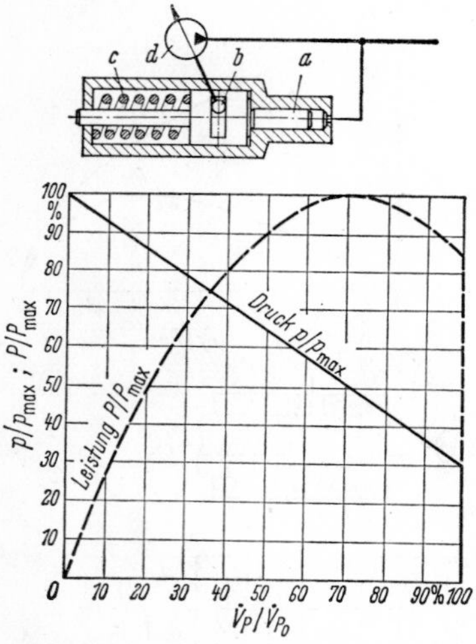

Bild 24. Schema und Kennlinie einer Pumpe mit Nullhubregler. a Regelkolben; b Verstellzapfen; c Feder; d Verstellpumpe

Stromteiler sind nach ähnlichem Prinzip aufgebaut. Das Druckgefälle zweier paralleler Meßdrosseln wird an einem Drosselkolben gegeneinander abgewogen, der dann die entsprechende Drosselung der beiden evtl. unterschiedlich belasteten Motorenzweige übernimmt. Eine sehr gute Stromteilung für beide Stromrichtungen ist möglich durch Parallelschaltung zweier Zahnradmotoren, deren Wellen mechanisch gekuppelt sind.

2. Regelung für Verstellpumpen

Verstellpumpen sind meist in Abhängigkeit von der Belastung (Druck) stromgeregelt. Einfachste Art ist die *Nullhubregelung*, wenn ein bestimmter Druck erreicht werden muß, dann jedoch kein Förderstrom mehr erforderlich ist (Pressen u. ä.).

Bild 24: Pumpe wird durch vorgespannte Feder auf max. Ausschwenkung gehalten. Nach dem Überschreiten des Vorspanndruckes schwenkt der druckbelastete Steuerkolben die Pumpe auf kleineren Förderstrom zurück. Um Kühlung und Schmierung unter Höchstdruck zu sichern, Mindestförderstrom von 4% des Nennstroms einhalten. Druck steigt linear mit der Förderstromabnahme, d. h. der Leistungsverlauf ist parabolisch.

Durch Anordnung mehrerer Federsätze derart, daß die Kraft bei der max. Zusammenpressung gleich der Vorspannung des nächsten Satzes ist bzw. durch stufenweises Zuschalten einer weiteren Feder nach bestimmtem Reglerweg, erzielt man eine Angleichung an die Hyperbel $P = p\dot{V} = \text{const}$ durch einen Sehnenzug: *Leistungskonstantregler*, vgl. Bild 25.

Ist nach Erreichen eines bestimmten Höchstdruckes auf der Leistungshyperbel kein Förderstrom mehr erforderlich, wird der Regler mit einem *Druckabschneider* kombiniert, Bild 25.

Federpaket d_1 bis d_3 des Leistungsreglers stützt sich gegen einen druckölbelasteten Kolben *f* ab. Sobald der Höchstdruck erreicht ist, öffnet Abschaltventil *e* und entlastet den Stützkolben. Die Pumpe schwenkt dann unter der Wirkung der Druckkraft auf den Regelkolben *a* auf geringen Restförderstrom.

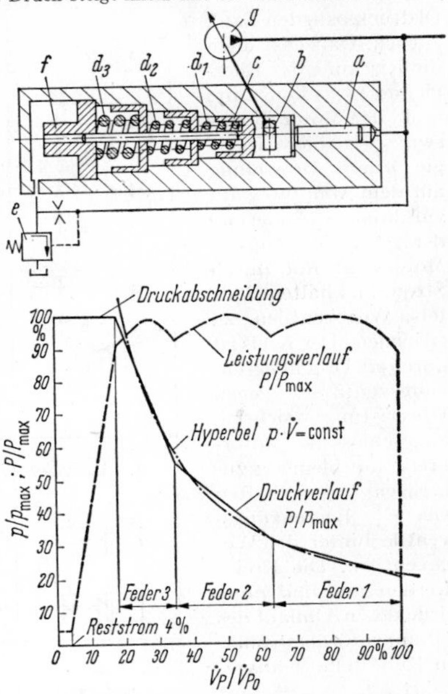

Bild 25. Schema und Wirkungsweise eines Leistungsreglers mit Druckabschneidung. *a* Regelkolben; *b* Verstellzapfen; *c* Federführungstopf; d_1 bis d_3 Federn; *e* Abschaltventil; *f* Stützkolben; *g* Verstellpumpe

C. Aufbau und Funktion der Hydrokreise

1. Schaltungssymbole

Die Schaltung von Hydraulik- und Pneumatikkreisläufen wird in der Regel mit Schaltungssymbolen nach DIN 24 300 (international durch CETOP genormt) dargestellt. Die Sinnbilder abstrahieren vom konstruktiven Aufbau und geben lediglich die Funktion der Elemente wieder. Wichtige Symbole im Auszug vgl. S. 846/847.

2. Hydrokreise

In hydrostatischen Antrieben sind Pumpen, Motoren, Steuer- und Regelorgane und die Zusatzelemente, wie Speicher, Tanks usw., im Kreislauf geschaltet.

a) Im **offenen Kreis** (Bild 26a) fördert die Pumpe immer in gleicher Stromrichtung zum Mo-

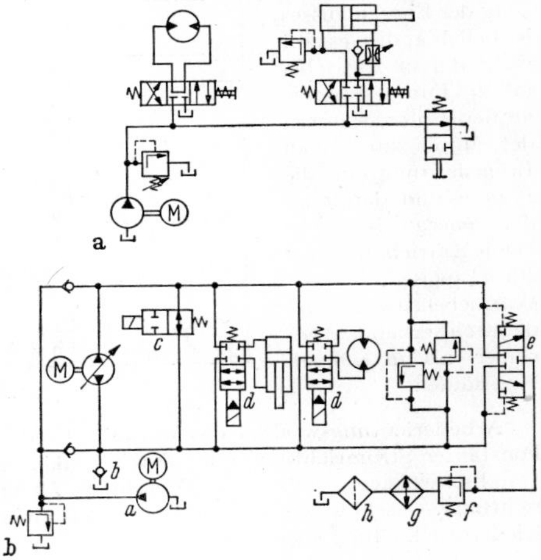

Bild 26. a Offener Kreislauf mit Drehmotor und stromgeregeltem Hydrozylinder in Parallelschaltung. Druckloser Umlauf in Ruhestellung; b geschlossener Kreislauf mit veränderlicher Stromrichtung mit Hydrozylinder und Drehmotor: *a* Speisepumpe; *b* Nachsaugeventil; *c* Umlaufventil; *d* Wegeventile der Motoren; *e* Spülventil; *f* Vorspannventil; *g* Kühler; *h* Filter

tor, von dort fließt das Öl drucklos in den Tank zurück. Dabei ist auch die Richtung des Energieflusses konstant; muß der Motor bremsen, so ist diese Energie durch Drosselung auf dem Abflußweg abzuführen. Änderung der Arbeitsrichtung des Motors ist nur durch Stromumschalten mittels Wegeventilen zu erreichen. Der Kreis ist durch ein Druckbegrenzungsventil gegen Überlastung zu sichern, angeschlossene Motorkreise mit kleinerer zulässiger Last erhalten eigene Begrenzungsventile hinter den Wegeventilen. Die Kreise werden mit und ohne drucklosen Umlauf des Pumpenförderstroms in Ruhestellung ausgeführt.

b) Beim **geschlossenen Kreislauf** strömt das drucklose Öl vom Motor durch eine Leitung zur Pumpensaugseite zurück. Die Richtung des Energieflusses ist beliebig, d. h. es gibt nicht nur im Antriebsfall die Pumpe Energie an den Motor, sondern der Motor kann auch Bremsleistung an die Pumpe und damit an die generatorisch wirkende Antriebmaschine zurückspeisen. Die Wärmebelastung ist dadurch erheblich geringer als in offenen Kreisläufen.

Symbole für ölhydraulische Elemente (Auszug DIN 24300)

Sinnbild	Benennung und Erklärung
	Hydropumpen
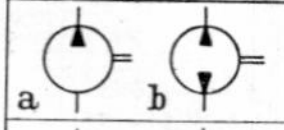	Pumpe mit konst. Verdrängungsvolumen a mit einer Förderrichtung b mit zwei Förderrichtungen
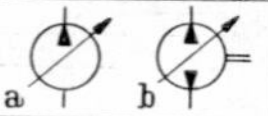	Pumpe mit verstellb. Verdrängungsvolumen a mit einer Förderrichtung b mit zwei Förderrichtungen
	Hydromotoren
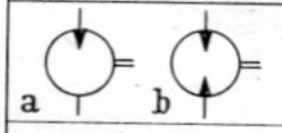	Motor mit konst. Verdrängungsvolumen a mit einer Strömungsrichtung b mit zwei Strömungsrichtungen
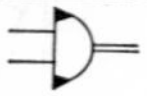	Schwenkmotor (mit begrenztem Drehwinkel)
	Hydrozylinder
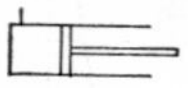	Zylinder (einfachwirkend) Rückbewegung durch äußere Kraft
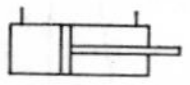	Zylinder (doppeltwirkend) mit einseitiger Kolbenstange
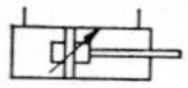	Zylinder (doppeltwirkend) mit beidseitiger, verstellbarer Dämpfung
	Hydrogetriebe
	Getriebe für eine Abtriebsdrehrichtung mit Verstellpumpe und Konstantmotor für eine Strömungsrichtung
	Getriebe für zwei Abtriebsdrehrichtungen mit Verstellpumpe und Verstellmotor für zwei Strömungsrichtungen
	Hydroleitungen und Zubehör
	Arbeitsleitung Rohrleitung zur Energieübertragung
	Steuerleitung zum Übertragen der Steuerenergie
	Leckleitung zum Abführen des Leckstroms
	biegsame Leitung z. B. Schlauch, Wellrohr
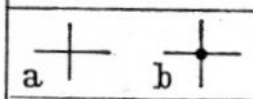	a Leitungskreuzung b Leitungsverbindung
	Hydrospeicher zum Speichern hydraulischer Energie
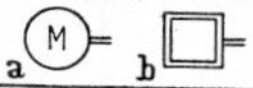	a Elektromotor b Verbrennungsmotor

Arbeitsrichtungswechsel des Motors entweder mit Wegeventilen (Kreisläufe mit konstanter Stromrichtung) oder durch Umkehren der Pumpenförderrichtung beim Durchschwenken verstellbarer Maschinen (Kreisläufe mit veränderlicher Stromrichtung). Geschlossene Kreisläufe sind mit einer Speisepumpe, die in die jeweilige Niederdruckleitung speist, aufzuladen. Dadurch werden

Symbole für ölhydraulische Elemente (Fortsetzung)

Sinnbild	Benennung und Erklärung
	Hydroventile (allgemein)
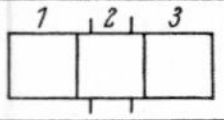	Ventile werden durch ein Rechteck dargestellt Zahl der Felder = Schaltstellungen; Leitungen werden an Feld der Nullstellung herangezogen
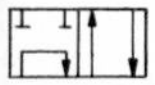	Innerhalb der Felder geben Pfeile die Durchflußrichtung an; Absperrungen werden durch Querstriche gekennzeichnet
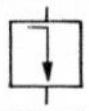	Bleibt bei Stellungsänderung Zu- oder Ablauf mit Anschluß verbunden, erhält der Pfeil an diesem Ende einen Querstrich
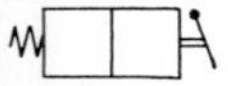	Sinnbilder der Betätigungsarten werden rechtwinklig zu den Anschlüssen außerhalb des Rechtecks angeordnet
	Hydrowegeventile
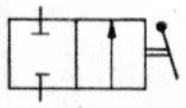	2/2-Wegeventil in Nullstellung gesperrt, handbetätigt mit Hebel
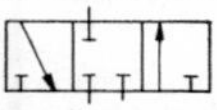	3/3-Wegeventil mit Sperr-Nullstellung, Vorwärts- und Rücklaufstellung
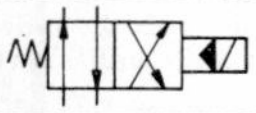	4/2-Wegeventil magnetbetätigt-vorgesteuert, mit Federrückstellung
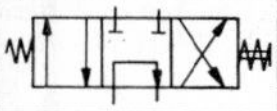	4/3-Wegeventil handbetätigt mit Federmittenzentrierung
	Hydrosperrventile
	Sperrventil, federbelastet, das Durchfluß in einer Richtung sperrt
	Entsperrbares Rückschlagventil dessen Sperrung durch hydraulische Betätigung aufgehoben werden kann
	Hydrodruckventile
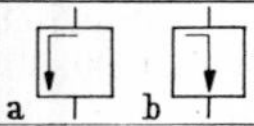	Druckventil (allgemein) a Einkantenventil mit geschlossener Nullstellung b Einkantenventil mit offener Nullstellung
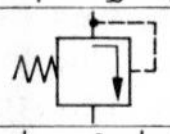	Druckbegrenzungsventil begrenzt Druck im Zulauf durch Öffnen des Auslasses gegen Federkraft
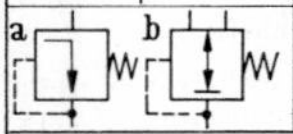	Druckregelventil, das Druck im Ablauf konstant hält a ohne Auslaßöffnung b Zweikantenventil mit Auslaßöffnung
	Hydrostromventile
	Drosselventil dessen Einschnürung verstellbar und in beiden Richtungen wirksam ist
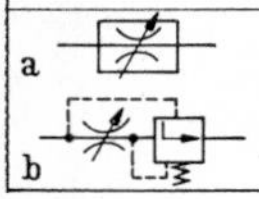	Stromregelventil (2-Wege-) a Kurzdarstellung b Funktionsschema

1. durch den Vorspanndruck ($p_l = 3$ bis 8 at) die Kavitation saugseitig in der Hauptpumpe vermieden;

2. Leckverluste des Hauptkreises ersetzt;

3. durch den Überschußstrom der Speisepumpe Öl aus dem Hauptkreis zur Kühlung und Reinigung ausgetauscht (Verzicht auf Hochdruckkühler und -filter; Spülventil erforderlich, *e* in Bild 26b).

Speisestrom ca. 10% des Hauptstroms. Bei geschlossenen Kreisläufen mit Hydrozylindern sind die unterschiedlichen Volumina boden- und stangenseitig zu beachten, u. U. treten hohe Differenzströme auf. Spülventil und Speisepumpe entsprechend bemessen, evtl. Nachsaugeventil *b* für Hauptpumpe vorsehen, Bild 26b. Sichern des Kreislaufs je nach Stromrichtung durch ein oder zwei Druckbegrenzungsventile in Querschaltung. Für Ruheförderstrom der Hauptpumpe Umlaufventil anordnen (bei verstellbaren Maschinen für ca. 4% von $\dot{V}_{max}$).

3. Schaltungsbeispiele

Ist mit einem Plungerzylinder nur Vorschubbewegung auszuführen, genügt Schaltung mit 3/2-Wegeventilen gemäß Bild 27a.

Einschalten des Ventils leitet Pumpenstrom in den Zylinder, in Ruhestellung sind Pumpe und Zylinder auf die Rücklaufleitung geschaltet. Soll der Zylinder in jeder Zwischenlage halten können, ist der Einbau eines 3/3-Wegeventils mit gesperrter Mittellage erforderlich, Bild 27b.

Die normale Schaltung der doppeltwirkenden Zylinder sowie der übrigen Motoren erfolgt mit 4/3-Wegeventilen wie in Bild 26a. Ventilausführungen mit Querschaltung der Wege $A-B-T$ bzw.

$A-B-P$ (bei Drehmotoren auch nur $A-B$) in Mittelstellung ermöglichen Motorverstellung von außen, z. B. zum Einrichten (Schwimmstellung).

Eilvorschübe an Werkzeugmaschinen werden häufig mit Abschaltpumpen hergestellt, Bild 28a.

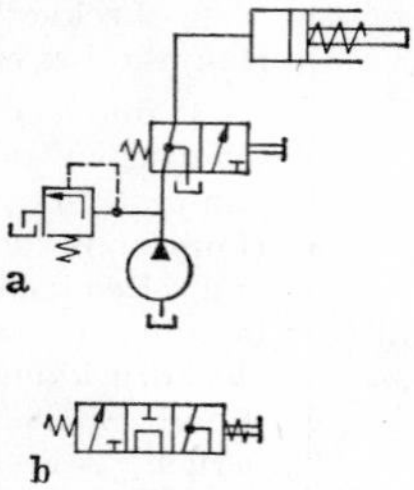

Bild 27
a Einfache Plungerzylinderschaltung mit Umlauf; Endlagenbewegung;
b Ventilausführung für Zwischenlagenhalten

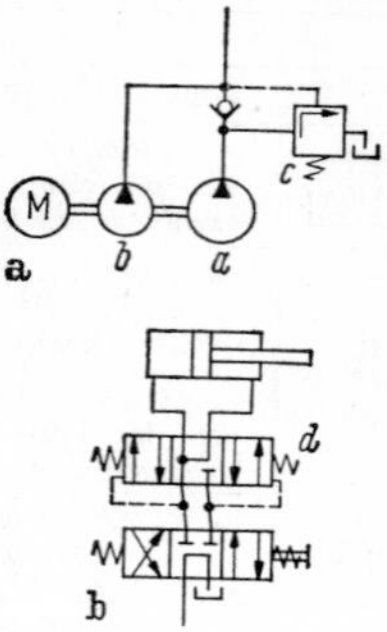

Bild 28. Eilgangschaltungen.
a mit Eilgangabschaltpumpe; b durch Ausnutzen des Kolbenflächenverhältnisses mit Eilgangventil.
a Eilgangpumpe; *b* Arbeitsvorschubpumpe;
c Abschaltventil; *d* Eilgangventil

Der am Arbeitshubbeginn steigende Druck schaltet die Eilgangpumpe mit ihrem großen Förderstrom auf drucklosen Umlauf. Bei Zylindern nutzt man die unterschiedliche Größe der boden- und stangenseitigen Kolbenflächen. Das Eilgangventil *d* in Bild 28b verbindet anfangs beide Zylinderanschlüsse, und der Kolben läuft im Eilgang vor, da der Pumpenförderstrom nur auf den Stangenquerschnitt wirkt: $v_E = \dot{V}/A_{St}$. Der Druckanstieg schaltet das Eilgangventil um, so daß zum Arbeitsvorschub der Förderstrom nur bodenseitig eingespeist wird (Sprungfunktion entsprechend Zylinderflächenverhältnis im Ventil erforderlich).

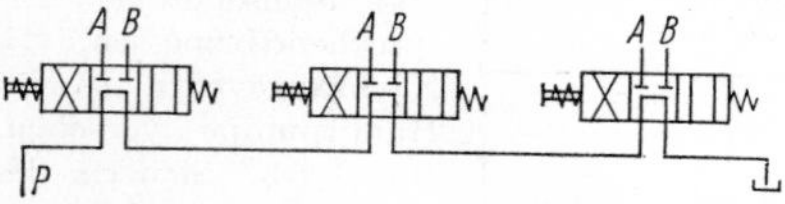

Bild 29. Umlauf-Reihenschaltung mehrerer Motoren mit 4/3-Wegeventilen

Bei Mehrmotorenantrieben in *Parallelschaltung* ist zu beachten, daß beim gleichzeitigen Einrücken mehrerer Maschinen nur der Motor mit der kleinsten Belastung vorschiebt und, falls keine Rückstromsperren vorgesehen sind, die anderen Motoren zurücklaufen. Gleichmäßiger Vorschub aller Motoren ist in solchen Fällen nur durch den Einbau von Stromreglern zu erreichen. Das Umlaufventil für den Pumpenförderstrom ist so anzuordnen, daß es — hydraulisch oder mechanisch gesteuert — bei Betätigung eines beliebigen Wegeventils schließt.

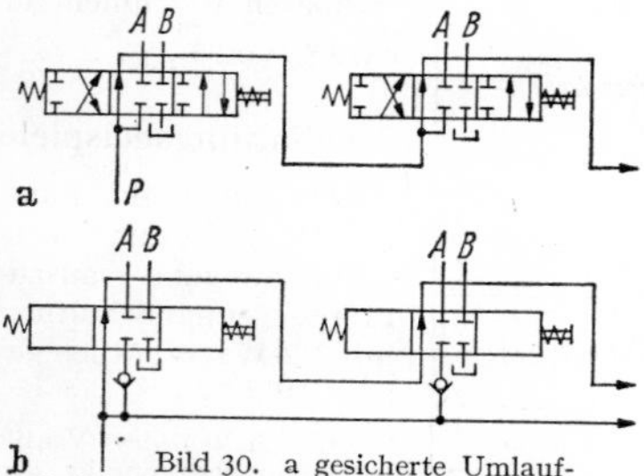

Bild 30. a gesicherte Umlauf-Reihenschaltung mit 6/3-Wegeventilen; b erweitert auf Reihen-Parallelschaltung

Reihenschaltung ist möglich, wenn die Wegeventile rücklaufseitig (Anschluß *T*) mit dem vollen Arbeitsdruck belastbar sind; das Umlaufventil entfällt.

Gleichzeitiges Einschalten mehrerer Motoren ist nicht zulässig, da sonst gegenseitige Druck- und Strombeeinflussung eintritt, Bild 29.

Die Anwendung von 6/3-Wegeventilen, Bild 30a, verhindert mögliche Fehlschaltungen, da die Betätigung eines Ventils den stromab gelegenen Motoren den Zufluß sperrt. Blockzusammenstellungen dieser Ventile lassen sich auf die freizügigere *Reihen-Parallelschaltung* erweitern, Bild 30b.

Zur Ausführung von *Gleichlaufschaltungen* wird wegen der Problematik auf Lit. 4 u. 5 verwiesen.

4. Funktion und Auslegung

Der Druck im Arbeitskreis wird primär durch die Belastung des Motors bestimmt: Lastdruck p_F. Dazu addieren sich der Druck zum Überwinden der mechanischen Reibung p_R, der Strömungsverluste in Leitungen und Ventilen p_H und, bei nicht konstanten Geschwindigkeiten, zum Beschleunigen der Massen p_a. Der

$$\text{Pumpendruck } p_P' = p_F + p_R + p_H + p_a$$

wird durch das Druckbegrenzungsventil auf p_E begrenzt. Den Vorgang beim Anlaufen eines Hydrokreises stellt Bild 31 dar: Solange der Motor noch nicht die dem Pumpenförderstrom entsprechende Geschwindigkeit erreicht hat, wird der Überschußstrom über das Druckbegrenzungsventil abgeblasen, im Kreis herrscht dessen Einstelldruck p_E. Die Strömungsverluste p_H steigen mit dem Einspeisestrom ($\sim \dot{V}$ bzw. $\dot{V}^2$); die Beschleunigung des Motors entspricht dem nach Abzug des nützlichen Lastdrucks p_F und des Drucks zur Reibungsüberwindung p_R bis zum Einstelldruck p_E noch verfügbaren Druck p_a.

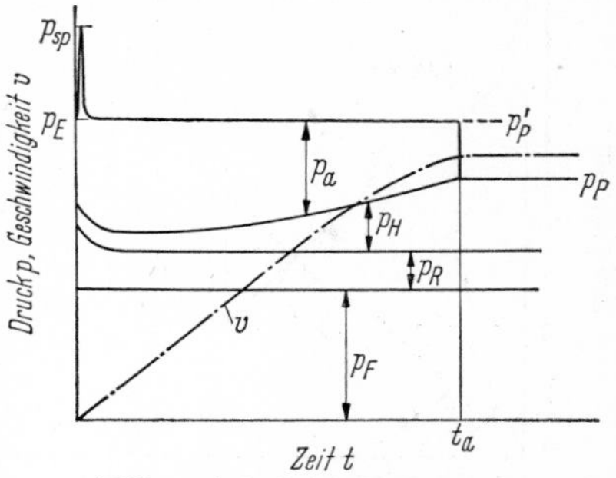

Bild 31. Anlauf eines Hydrokreises
t_a Beschleunigungszeit; p_E Einstellung des Druckbegrenzungsventils; p_F Lastdruck; p_R Reibungsdruck; p_H hydr. Verluste; p_a Beschleunigungsdruck; p_P, p_P' Druck an der Pumpe; v Geschwindigkeit

Bei genauer Betrachtung ist die Energieaufnahme infolge Ölkompression und elastischer Aufweitung der Kreislaufelemente zu berücksichtigen, besonders bei Kreisen mit großem Ölinhalt oder mit elastischen Gliedern (Speichern, Schläuchen), was zur Verlängerung der Beschleunigungszeit t_a führt.

Sobald der Motor seine Endgeschwindigkeit erreicht hat, sinkt der Pumpendruck auf $p_P = p_F + p_R + p_H$.

Bei schlagartigem Einschalten des Motors aus dem Ruheumlauf des Pumpenstroms heraus, tritt durch Massenwirkungen des Ölstroms, der Pumpe und des Antriebmotors vor dem Ansprechen des Druckbegrenzungsventils eine gefährliche Druckspitze p_{Sp} auf. Abbau der Spitze durch elastische Glieder (Schläuche, Speicher) und schnell reagierendes Druckbegrenzungsventil möglich, am sichersten durch Einschaltverzögerung mittels angepaßter Öffnungscharakteristik (Drosselnuten) des Umlaufventils.

Die *Auslegung eines Hydrokreises* wird in folgenden Schritten durchgeführt:

1. Erfassen und zeitliches Ordnen der Antriebaufgaben, Festlegen der Spielzeiten und der Arbeitsgeschwindigkeiten;
2. Auswahl des Antriebprinzips (schiebende, schwenkende oder drehende Bewegung);
3. Erfassen der Kräfte(Momente) als Zeitfunktion, Festlegen des Druckbereichs. Diesen so wählen, daß zulässiger Arbeitsbereich der verfügbaren Hydroelementbaureihen möglichst gut ausgenutzt wird (Kostenminimum), dabei aber eine Reserve für Überlastung (ca. 10 bis 15%) vorsehen;
4. Auswahl der Motoren nach 1, 2 und 3;
5. Berechnen der Stromstärke durch Aufstellen eines Volumen-Zeit-Diagramms mit Hilfe der Angaben aus 1 und 4;
6. Pumpenauswahl nach Druckbereich und Förderstrom (Größe, Anzahl, fest oder verstellbar), Entscheidung über Speichereinsatz;
7. Auswahl des Steuerprinzips (Handbetätigung, teil- oder vollautomatischer Betrieb) bzw. der Regelung;
8. Mit Entscheidungen 5 und 7 Auswahl der Ventile (Größe, Schaltbild, Betätigung), Festlegen der Leitungsquerschnitte (zul. Ölgeschwindigkeiten bis 1,5 m/sec in Saugleitungen, 3 bis 6 m/sec für Druckleitungen im Druckbereich 100 bis 400 at.);
9. Berechnen der Abgabeleistung und der Verluste = Antriebsleistung. Aufstellen der Verlustbilanz, einschl. Wärmeabführung.

Daneben sind Gesichtspunkte der Wirtschaftlichkeit, Montage- und Reparaturmöglichkeit, Betriebssicherheit sowie äußere Einflüsse (Klimabedingungen, Bedienungs- und Wartungspersonal) zu beachten.

Wichtigste Hilfe bei der Auslegung ist das Volumen-Zeit-Diagramm für die Taktzeit t_T (t_T bei wiederkehrenden Arbeitsgängen Zeit für den Ablauf eines Arbeitszyklus), in dem die Schluckvolumina der Motoren additiv (nach unten) aufgetragen werden, Bild 32.

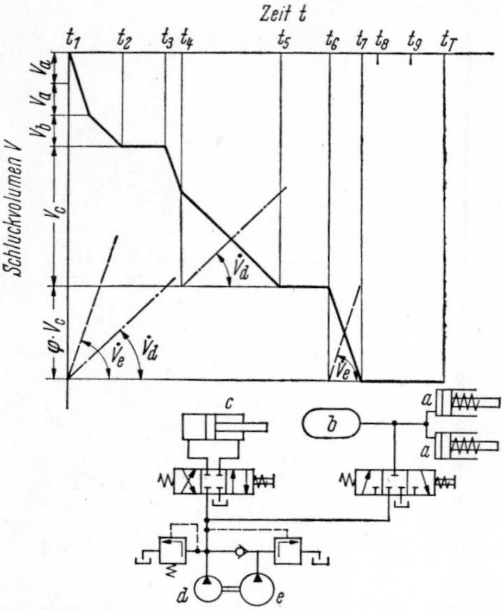

Bild 32. Schaltbild und Schluckvolumendiagramm für Pressenkreislauf. *a* Spannzylinder; *b* Spannspeicher; *c* Arbeitszylinder; *d* Arbeitspumpe; *e* Eilgangpumpe

Zeit t_1 bis t_2 Spannen mit zwei Zylindern *a*, gleichzeitig Laden des Spannspeichers *b*. Schluckvolumen $2V_a + V_b$. (V_b aus Speicherdiagramm.)

Zeit t_3 bis t_4 Eilvorschub Arbeitszylinder *c* auf $^1/_3$ Hub, Volumen $V_c/3$.

Zeit t_4 bis t_5 Arbeitsvorschub Zylinder *c* im Resthub, Volumen $^2/_3 V_c$.

Zeit t_6 bis t_7 Eilrückzug Zylinder *c* für vollen Hub, Volumen $\varphi \cdot V_c$.

Zeit t_8 bis t_9 Entspannen. Volumen $= 0$, da Rückzug der Spannzylinder durch Federkraft.

Zeit t_9 bis t_T Werkstückwechsel, Volumen $= 0$.

Neigung der Schlucklinien $V_M/(t_{i+1} - t_i) = \dot{V} =$ Stromstärke $=$ erforderlicher Pumpenförderstrom, da Motorschluckstrom $+$ gegenläufiger Pumpenförderstrom jederzeit $= 0$.

Das Diagramm ist besonders geeignet zur Auslegung von Speicherkreisläufen (Taktzeit t_T groß gegen Motorarbeitszeit). Dann ist Pumpenförderung $\dot{V}_P \cdot 0{,}9 t_T = \sum V_M$, d.h. die Pumpe kann klein gewählt werden und das Speichervolumen $=$ Differenz (Schlucklinie $+$ Förderlinie) zur Nullinie.

Die Leistungsbetrachtung für den Beharrungszustand ergibt:

zugeführte Leistung $P_{\text{zu}} = p_P \cdot \dot{V}_P / \eta_P$

wird umgesetzt in hydraulische Leistung $P_{\text{hydr}} = p_P \cdot \dot{V}_P$.

Motor gibt ab $P_{\text{ab}} = p_M \cdot \dot{V}_M \cdot \eta_M$;

Druckverluste im Kreis $p_H = p_P - p_M$,

Leckverluste im Kreis $\dot{V}_L = \dot{V}_P - \dot{V}_M$.

Gesamtwirkungsgrad:

$$\eta_{\text{ges}} = P_{\text{ab}}/P_{\text{zu}} = (1 - p_H/p_P)(1 - \dot{V}_L/\dot{V}_P)\eta_P \cdot \eta_M = \eta_H \cdot \eta_L \cdot \eta_P \cdot \eta_M = \eta_{\ddot{u}} \cdot \eta_P \cdot \eta_M.$$

Die Größe der Übertragungsverluste $P_{\ddot{u}} = P_{\text{zu}}(1 - \eta_{\ddot{u}})$ ist meist nicht vernachlässigbar. Die Verlustwärme $Q = A \cdot (1 - \eta_{\text{ges}}) \cdot P_{\text{zu}}$ (A = mechanisches Wärmeäquivalent = 860 kcal/kWh) muß durch Konvektion an den Leitungen und am Tank, evtl. durch zusätzlichen Kühler, abgeführt werden. Zulässige Übertemperatur gegen Umgebung ca. 40 bis 60 grd.

III. Pneumatische Antriebe

Eigenschaften der Pneumatik-Antriebe sind:

Vorteile: 1. Schnelles Arbeiten infolge hoher Strömungsgeschwindigkeiten (in Leitungen bis 40 m/sec) und kleiner Masse der Druckluft. Hohe Umsteuerfrequenzen (Hämmer u. ä.).

2. Große Elastizität der Luft, dadurch fast konstante Preßkräfte auch bei Lageänderungen (Anpreßzylinder, Luftfedern).

3. Unempfindlichkeit gegenüber Temperaturänderungen. Allerdings besteht bei Freianlagen die Gefahr des Einfrierens von Kondenswasser in den Steuerventilen.

4. Kleine Undichtheiten sind bedeutungslos, keine Verschmutzungsgefahr bei empfindlichem Gut (Lebensmittel usw.).

5. Geringerer Leitungsaufwand, da Luft nach Energieabgabe an den Steuerventilen abgeblasen wird.

6. Meist mit geringem Aufwand zu installieren, da in vielen Betrieben auf vorhandenes Druckluftnetz zurückgegriffen werden kann.

Nachteil: Infolge der Elastizität ist Anwendung in der Regel auf Triebe mit mechanisch oder kraftmäßig begrenzter Endlagenbewegung beschränkt.

A. Bauelemente

1. Verdichter

Vgl. Bd. II, Abschn. Kolbenverdichter u. Abschn. Pumpen u. Verdichter verschiedener Bauart.

2. Motoren

Drehmotoren werden in der Regel als Flügelzellen- oder Zahnradmotoren ausgeführt. Da sie die Expansionsarbeit der Druckluft nicht ausnutzen (Volldruckmaschinen), ist ihr Wirkungsgrad klein. Meist starke Geräuschentwicklung.

Schubmotoren (Zylinder) sind von prinzipiell gleichem Aufbau wie Hydrozylinder, jedoch entsprechend dem niedrigeren Arbeitsdruck leichter gebaut. Abdichtelemente sind O-Ringe, Nutring- und Topfmanschetten, die mit Vorspannung einzubauen sind. Der Luftdruck trägt nur unwesentlich zur Erzeugung der Dichtpressung bei, relativ hohe Anfahrreibung. Im Betrieb ist Reibverlust ca. 10 bis 20% der an der Kolbenstange verfügbaren Energie.

Für kleine Hübe eignen sich *Membranzylinder*, bei denen der Kolben durch eine zwischen Kolbenstange und Zylindermantel eingespannte, gestützte Gummi- oder

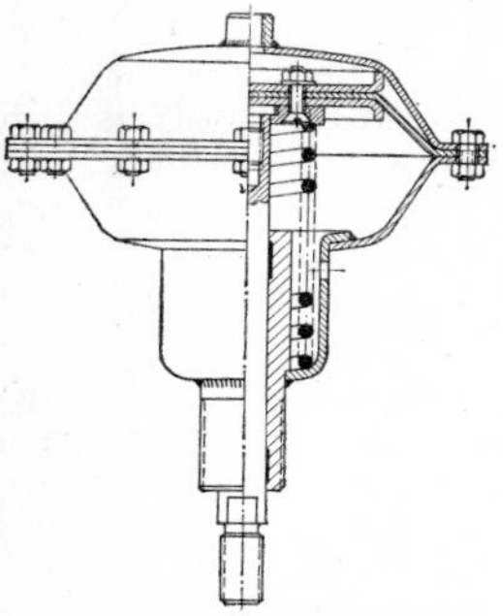

Bild 33. Einfachwirkender Membranzylinder mit Federrückführung (Olofström, Svenska Stålpressnings AB)

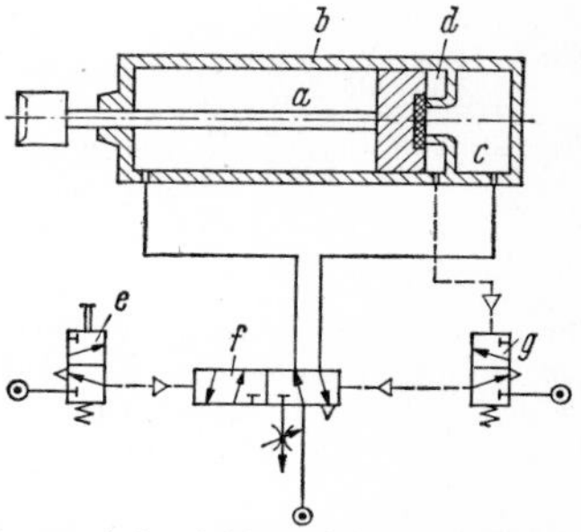

Bild 34. Pneumatischer Schlagzylinder mit halbautomatischer Steuerung (Martonair-Druckluftsteuerungen GmbH, Alpen) *a* Stangenraum; *b* Schlagzylinder; *c* Vorkammer; *d* Bodenraum; *e* Startventil; *f* Impulssteuerventil; *g* Rücklaufventil

Kunststoffmembran, für größere Hübe als Rollmembran ausgeführt, ersetzt ist, Bild 33.

Für Schneid-, Stanz- und Prägearbeiten, die auf einem sehr kurzen Teil des Hubes ausgeführt werden, sind *Schlagzylinder* (Ausnutzung der Expansionsenergie der Druckluft) wirtschaftlicher als Volldruckzylinder.

Der Raum *a* des Schlagzylinders *b* mit halbautomatischer Steuerung in Bild 34 steht zu Beginn des Arbeitstaktes unter Netzdruck; die Räume *c* und *d*, durch die Dichtung im Kolbenboden voneinander abgeschlossen, sind entlüftet. Die Betätigung des Startventils *e* schaltet Impuls-Steuerventil *f*, das Druckluft in den Raum *c* leitet und die Luft aus *d* über die Drossel ableitet. Sobald hier der Druck soweit gesunken ist, daß die Kraft durch den Netzdruck auf der kleinen Dichtfläche zwischen *c* und *d* überwiegt, expandiert die in der Vorkammer *c* gespeicherte Druckluft in den Bodenraum *d*, beaufschlagt die gesamte Kolbenfläche und erteilt dadurch dem Kolben und dem Werkzeug hohe kinetische Energie. Der Druckanstieg im Bodenraum *d* gegen Hubende schaltet über das Rücklaufventil *g* das Impulsventil *f* wieder auf Zylinderrückzug.

3. Ventile

Ventile für Pneumatikanlagen entsprechen in Aufbau, Funktion und Betätigungsart weitgehend den Hydroventilen. Der niedrigere Druck und die höheren Strömungsgeschwindigkeiten lassen jedoch kleinere Abmessungen und Verwendung von Aluminium und Kunststoff als Werkstoffe zu. Bevorzugte Bauart ist die der Sitzventile, da diese die größte Betriebssicherheit aufweisen und keiner Schmierung bedürfen. Ihre Dichtpaarung Kunststoff/Metall gibt völlig dichten und gegen geringe Verschmutzung unempfindlichen Abschluß. Mit einem Kegel mit doppelseitiger Dichtung sind 3 Wege zu schalten, 4-Wegeventile erhalten entweder 3 Kegel auf gemeinsamer Betätigungsstange oder (vorgesteuert) 2 parallel arbeitende Doppelkegel.

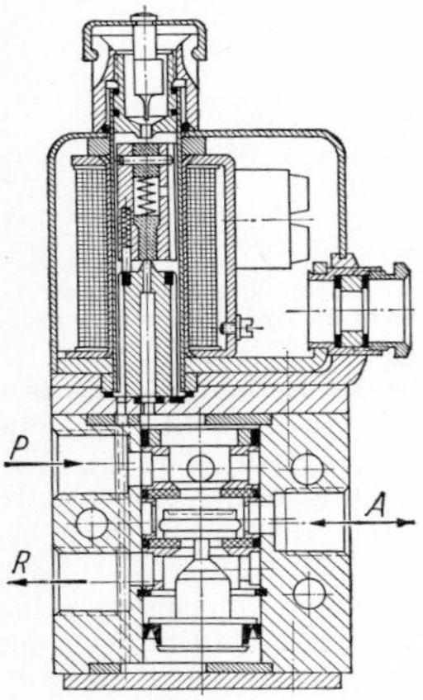

Bild 35. Vorgesteuertes 3/2-Wegeventil NW 6 (Herion-Werke, Stuttgart-Fellbach). Als Vorsteuerventil dient 3/2-Wegeventil NW 2

Bei elektromagnetischer Betätigung wird bis NW 2 direkt gesteuert, größere NW erhalten Vorsteuerung, Bild 35; übliche Baugrößen bis NW 50.

Wegeventile in Schieberbauart sind meist durch in Gehäuse oder Kolben eingelegte O-Ringe gedichtet, da Einläppen auf die erforderliche Passungsgüte zu teuer.

4. Vorschaltgeräte

Druckluft für pneumatische Antriebe darf keine Verunreinigungen durch Staub- und Zunderteilchen enthalten, soll trocken sein und das für den Betrieb der Geräte nötige Schmieröl in Nebelform mitführen. Ferner muß für gesicherten Betrieb der Luftdruck unabhängig vom Netzdruck in richtiger Höhe konstant vorliegen. Den Antrieben sind daher Aggregate in der Kombination Filter, Druckregler und Öler vorzuschalten.

a) Filter bestehen meist aus einer Kombination einer Wirbelkammer zum Ausschleudern grober Verunreinigungen und Tropfen mit einem nachgeschalteten Metallgewebe-, Textil- oder Sinterfilter. Schmutz- und Kondenswasser sammeln sich im durchsichtigen Kunststoffgefäß, das Kontrolle des Verschmutzungszustands erlaubt.

b) Druckregler wiegen den hinter dem Drosselorgan herrschenden Druck mit Hilfe einer Membran gegen eine Federkraft ab. Steigender Sekundärdruck schließt den Durchtrittsquerschnitt; durch zusätzlichen Ausgleichkolben zur Kompensation des Primärdruckes wird Regelgüte gesteigert.

c) Druckluftöler arbeiten nach dem Vergaserprinzip; durch das Druckgefälle an einer Düse wird aus einem zur Kontrolle des Füllstands durchsichtigen Vorratsbehälter Öl angesaugt und im Luftstrom vernebelt. Anpassung des Öl-Luft-Mischungsverhältnisses durch Einstelldrosseln an der Luftdüse und im Ölsteigrohr.

Bei besonderen Anforderungen an die Ölnebelgüte sog. Mikroöler benutzen, bei denen durch Teilung des Luftstroms zu große Öltropfen innerhalb des Ölers wieder abgeschieden werden.

B. Schaltungsbeispiele

Automatisierte Anlagen mit Folgesteuerungen sind gegenüber solchen mit Einzelauslösung der Arbeitstakte aufwendiger im Aufbau, aber sicherer in der Funktion, da die Fortschaltung zum nächsten Schritt an die Ausführung des vorhergehenden gebunden ist (erfolgsquittierende Schaltung). Derartige Arbeitsgeräte lassen sich sowohl mit elektrischer Signalgabe als auch vollpneumatisch mit Tasterventilen, die Impuls-Wegeventile auslösen, ausführen. Letztere Bauart hat den Vorteil, daß die gesamte Anlage nur auf eine Energiequelle, die Druckluft, angewiesen und dadurch weniger störanfällig ist.

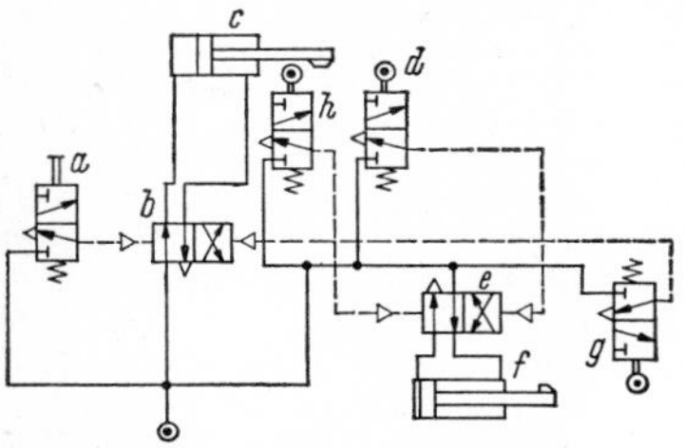

Bild 36. Einfache Folgeschaltung zweier Pneumatikzylinder mit Impulsventilen
a Startventil; *b*, *e* 4/2-Wege-Impulsventile; *c*, *f* Zylinder; *d*, *g*, *h* Tasterventile, rollenbetätigt

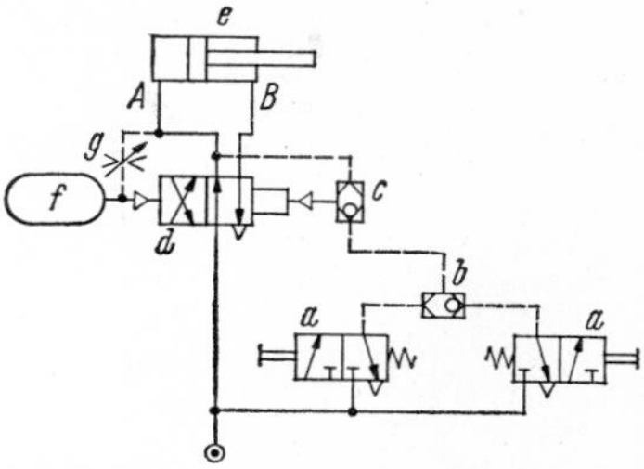

Bild 37. Pneumatische Zweitschaltung eines Arbeitszylinders (Martonair-Druckluftsteuerungen GmbH, Alpen). *a* Startventile; *b*, *c* Wechselventile; *d* 4/2-Wege-Impulsventil; *e* Zylinder; *f* Speicher; *g* Drossel

Bild 36: Schema einer einfachen, vollpneumatischen Folgesteuerung zweier Zylinder. Durch Niederdrücken des Startventils *a* rückt Impulsventil *b* in die gezeichnete Stellung, und der Kolben im Zylinder *c* läuft vor. Am Hubende betätigt er den Taster *d*, der das Impulsventil *e* auf Vorlauf für den Zylinder *f* schaltet. Nach Ausführung seines Arbeitshubes steuert *f* über den Taster *g* und das dadurch gewendete Ventil *b* Zylinder *c* auf Rücklauf, dessen Kolben in seiner Endlage seinerseits über *h* und *e* dem Zylinder *f* den Einzugsbefehl gibt. Die Anlage verharrt darauf in Ruhestellung, bis erneutes Niederdrücken des Startventils *a* den nächsten Arbeitstakt auslöst.

Speicherräume wirken in pneumatischen Kreisen als kapazitive Glieder, durch ihren Einbau lassen sich zeitabhängige Funktionsabläufe erzielen. Bild 37: Beim Auslösen eines der Startventile *a* rückt das Impulsventil *d*, das mit zwei ungleich großen Steuerflächen ausgeführt ist, in die gezeichnete Stellung. Dadurch läuft Kolben des Zylinders *e* vor, über das Wechselventil steht die kleinere Steuerfläche des Impulsventils unter Arbeitsdruck. In dem mit der großen Steuerfläche verbundenen Speicher steigt der Druck durch den Luftzustrom über die Drossel *g* langsam an, bis bei genügender Höhe das Impulsventil zurückgeschaltet wird. Die Zeitdauer zwischen Einrücken und Umschalten ist durch Veränderung der verstellbaren Drossel variabel, die erreichbare Schaltzeitgenauigkeit beträgt ca. 5%.

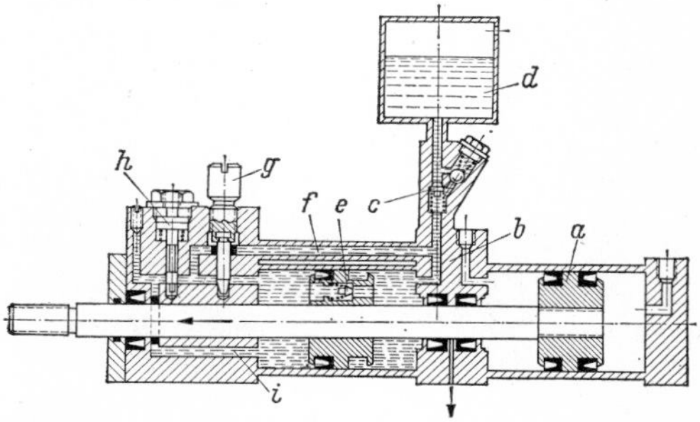

Bild 38. Hydraulisch-pneumatische Vorschubeinheit SR-OL (Martonair-Druckluftsteuerungen GmbH, Alpen)
a Druckluftkolben; *b* Trennboden; *c* Nachsauge- und Abblasventil; *d* Nachsaugebehälter; *e* Hydraulikkolben; *f* Umlaufkanal; g Drossel; *h* Sprungventil; *i* Kurzschlußkanal

C. Pneumo-Hydraulik

Dem Nachteil des ungleichförmigen Vorschubs pneumatischer Triebe bei schwankender Belastung sowie der evtl. zu hohen Vorschubgeschwindigkeiten läßt sich durch die Kombination mit ölhydraulischen Regelorganen begegnen. Dabei liefert die Druckluft die Vorschubkraft, die Vorschubgeschwindigkeit wird durch das geregelte Ausströmen von Öl aus einer Vorlage eingehalten.

In der Bohrvorschubeinheit, Bild 38, sind Antrieb und Regler in einem Gerät vereinigt. Beim Vorschub des Kolbens *a* verdrängt der auf der Kolbenstange befestigte Hydrokolben *e* das Drucköl durch die einstellbare Drossel *g*. Auch bei starken Laständerungen bleibt die Geschwindigkeitsschwankung gering, da die Drossel eine sehr steile Kennlinie besitzt. Pneumatisches Auslösen des Sprungventils *h* gibt dem Öl freien Umlauf über den Kurzschlußkanal *i* und löst dadurch Eilvorschub aus. Auch der Rücklauf erfolgt mit hoher Geschwindigkeit, da das Öl durch das im Kolben *e* eingebaute Sperrventil nahezu drucklos zurückströmen kann.

schiedene achtgliedrige Getriebe[1]. Es gibt noch 44 weitere achtgliedrige kinematische Ketten mit Mehrfachgelenken. Aus den insgesamt 60 Ketten lassen sich 330 achtgliedrige Getriebe ableiten.[2]

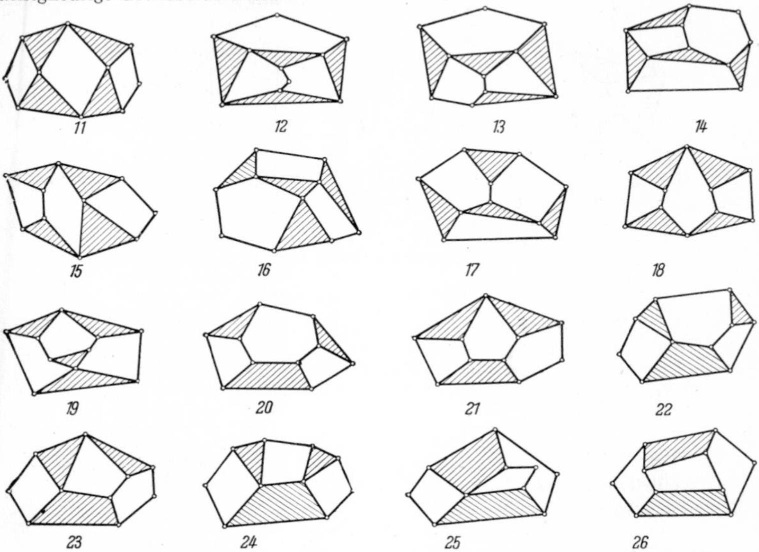

Bild 11 bis 26. Zusammenstellung aller möglichen 16 achtgliedrigen kinematischen Ketten

3. Zahlsynthese der zwangläufigen Schubgelenkketten

a) Dem Gelenkviereck entspricht eine **viergliedrige Kette** mit einem Schubgelenk, Bild 27. Zwei Schubgelenke haben die Kreuzschleifenkette, Bild 28, und die Winkelschleifenkette, Bild 29, als viergliedrige Ketten.

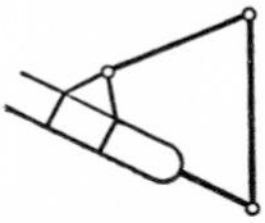

Bild 27. Viergliedrige zwangläufige Kette mit einem Schubgelenk

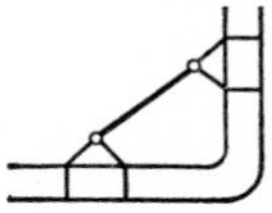

Bild 28 Kreuzschleifenkette

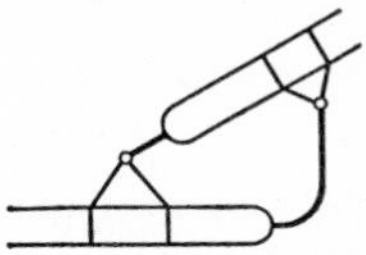

Bild 29 Winkelschleifenkette

b) Es gibt sechs verschiedene **sechsgliedrige** zwangläufige **Ketten** mit einem Schubgelenk, Bild 30 bis 35, aus denen 25 verschiedene solche Getriebe ableitbar

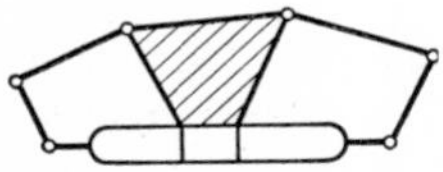

Bild 30

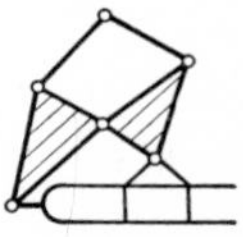

Bild 31

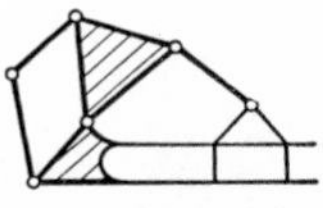

Bild 32

Blld 30 bis 32. Sechsgliedrige zwangläufige Ketten mit einem Schubgelenk

[1] *Hain, K.:* Die Analyse und Synthese der achtgliedrigen Gelenkgetriebe. VDI-Berichte Bd. 5. Düsseldorf: VDI-Verlag 1955.

[2] *Hain, K.*, u. *A.-W. Zielstorff:* Die zwangläufigen achtgliedrigen Getriebe mit Einfach- und Mehrfachgelenken. Maschinenmarkt 70 (1954) Nr. 64 S. 12/18.

sind[1]. Mit einem Doppelgelenk, wobei auch Doppelschubgelenke ausführbar sind, ergeben sich 5 sechsgliedrige Ketten, aus denen 24 sechsgliedrige Getriebe entstehen. Aus zwei möglichen sechsgliedrigen Ketten mit 2 Doppelgelenken kommen 5 derartige Getriebe zustande.

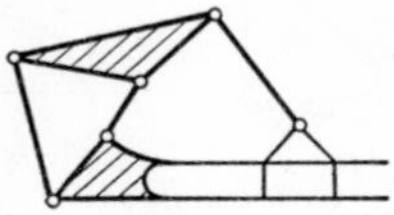

Bild 33

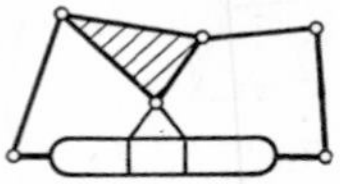

Bild 34

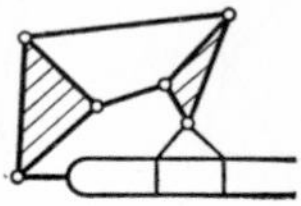

Bild 35

Bild 33 bis 35. Sechsgliedrige zwangläufige Ketten mit einem Schubgelenk

II. Getriebeanalyse

1. Polkonfiguration

a) Die **relativen Drehpole** ergeben einen guten Überblick über den augenblicklichen Bewegungszustand eines Getriebes. Drei Pole dreier Getriebeglieder liegen auf einer Geraden, der **Polgeraden**. Werden z. B. die 3 Glieder *1*, *2* und *3*, Bild 36, betrachtet, so liegen die Pole *12*, *23* und *13** auf derselben Polgeraden[2] (vgl. Abschn. Dynamik, S. 249). Die Doppelziffern dieser 3 Pole ergeben sich durch Variation der Einzelziffern der 3 zugehörigen Getriebeglieder.

b) Die **Polkonfiguration** kennzeichnet die Lage der Pole zueinander. Soll

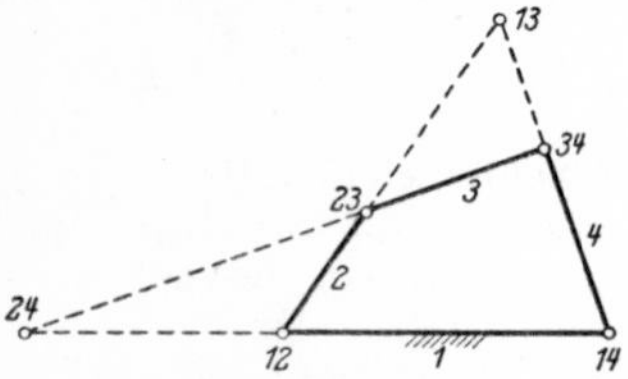

Bild 36. Drehpole im Gelenkviereck

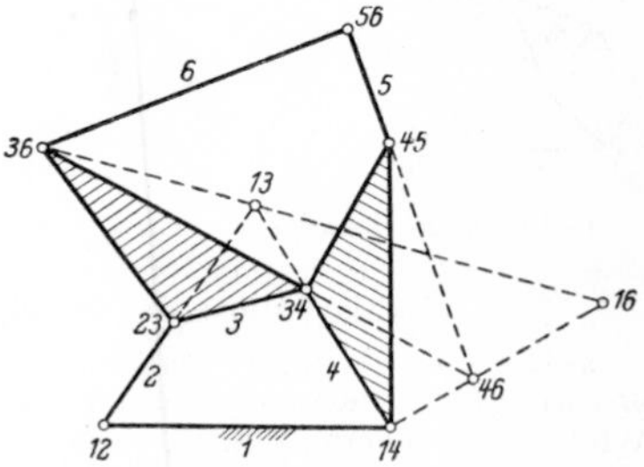

Bild 37. Drehpole im sechsgliedrigen Getriebe mit Drehgelenken

der Pol *16* der bewegten Ebene *6* um Gestell *1* bestimmt werden, Bild 37, so sind Polgerade zu suchen, die diesen Pol enthalten. Nach folgendem Schema werden die Ziffern *1* und *6* mit allen anderen, den übrigen Getriebegliedern entsprechenden Ziffern gepaart; eine Paarung mit einer gleichen Ziffer ergibt eine Polgerade:

16	
12	26
13	36
14	46
15	56

Es gibt also bei 6 Gliedern 4 Polgerade für den Pol *16*: *12*—*26*; *13*—*36*; *14*—*46*; *15*—*56*. Die durchgehend unterstrichenen Pole sind als reelle Gelenke sofort bekannt. Die Pole *13* und *46* können in Gelenkvierecken nach vereinfachtem folgenden Schema bestimmt werden:

13		46	
12	23	34	36
14	34	45	56

[1] *Hain, K.:* Die Weiterleitung von Bewegungen und Kräften durch Gewindespindeln. Landtechn. Forschung 6 (1956) Nr. 1.

* Sprich „Pole eins zwei, zwei drei und eins drei".

[2] Die Pole können reelle Gelenke oder auch ideelle Relativpole sein. Im letzten Fall ändern sie dauernd ihre relative Lage und bewegen sich auf den Polbahnen (vgl. Abschn. Wälzhebelgetriebe, S. 865). Die Pole werden mit den Doppelziffern derjenigen Getriebeglieder bezeichnet, deren relative Bewegung sie kennzeichnen.

Nunmehr sind zwei Polgerade, nämlich *13—36* und *14—46*, die den gesuchten Pol *16* als dritten Pol enthalten, bekannt, und ihr Schnittpunkt ergibt den Pol *16*.

Der Relativpol eines Schubgelenks liegt im Unendlichen, senkrecht zur Bewegungsrichtung dieses Gelenks. Die Polgerade *14—34* im Schubkurbelgetriebe, Bild 38, ist also die Senkrechte im Gelenk *34* auf der Bewegungsrichtung des Gleitsteins *4* relativ zur Führung *1*.

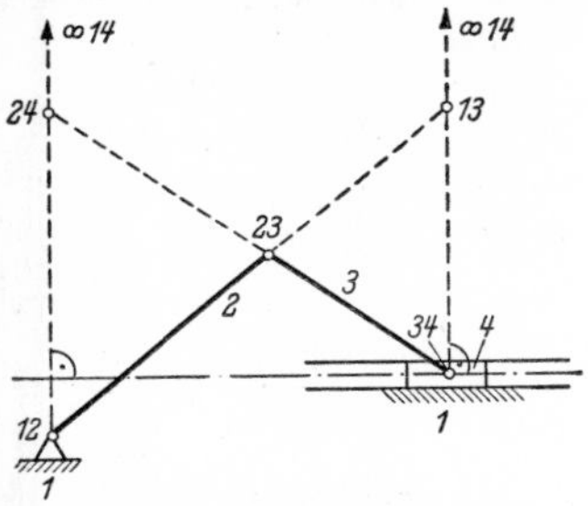

Bild 38. Drehpole im Schubkurbelgetriebe

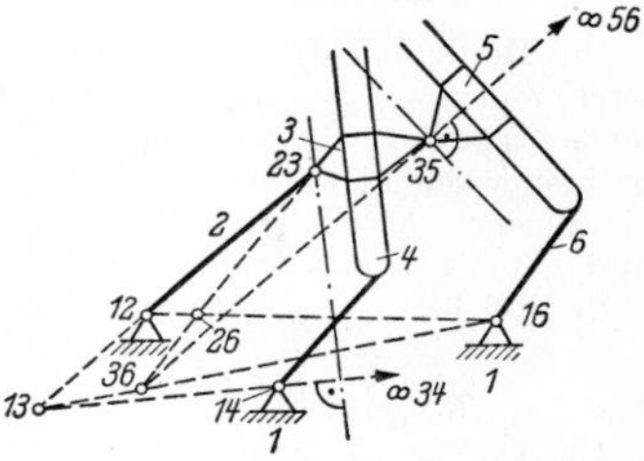

Bild 39. Drehpole im sechsgliedrigen Getriebe mit Schubgelenken

Beispiel: Im sechsgliedrigen Getriebe mit zwei Schubgelenken, Bild 39, soll der Relativpol *26* bestimmt werden.

Es ist:

26	
12	16
23	36
24	46
25	56

Die Polgerade *12—16* ist bekannt, es ist noch eine zweite zu bestimmen. So soll z. B. der Pol *36* für die Polgerade *23—36* gesucht werden. Es gilt: →

36	
13	16
23	26
34	46
35	56

Leicht zu bestimmen ist hier noch der Pol *13* in der viergliedrigen Kurbelschleife →

13	
12	23
14	34

Nunmehr ergibt sich der Zwischenpol *36* als Schnittpunkt von *13—16* mit *35—56* und der gesuchte Pol *26* als Schnittpunkt von *12—16* mit *23—36*.

2. Winkelgeschwindigkeiten und Drehmomente[1]

Bei ungleichförmig übersetzenden Getrieben haben bestimmte Drehpole dieselbe Bedeutung wie der Wälzpunkt bei Zahnrädern, bei denen die Abstände der Drehachsen vom Wälzpunkt (Teilkreishalbmesser) für die Umwandlung von Winkelgeschwindigkeiten (Drehzahlen) und Drehmomenten benutzt werden.

a) Winkelgeschwindigkeiten. Im *Gelenkviereck*, Bild 40, ist die Winkelgeschwindigkeit ω_{21} der Kurbel *2* gegenüber dem Gestell *1* gegeben und die Winkelgeschwindigkeit ω_{41} des Gliedes *4* gegenüber dem Gestell *1* zu ermitteln. Die ungleichen Ziffern 2 und 4 dieser Winkelgeschwindigkeiten bestimmen den Bezugspol *24*, und es gilt[2]: Die Winkelgeschwindigkeiten (ω_{21} und ω_{41}) verhalten sich umgekehrt wie die Abstände (q_{12} und q_{14}) der Achsen (*12* und *14*), in denen sie wirken, vom gemeinsamen Bezugspol *24*:

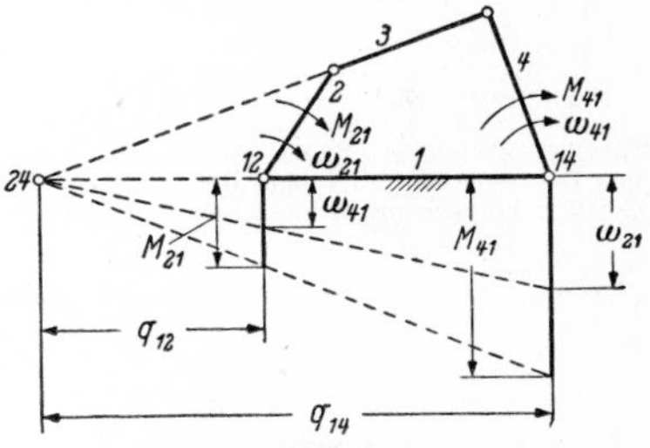

Bild 40
Winkelgeschwindigkeiten und Drehmomente im Gelenkviereck, bezogen auf das Gestellglied

$$\omega_{21}/\omega_{41} = q_{14}/q_{12} \qquad (2)$$

[1] Geschwindigkeitsermittlungen mit Hilfe von Vektoren vgl. Dynamik, Abschn. Bewegungslehre, S. 253.

[2] Die Reihenfolge der Fußzeichenziffern darf bei den ω- und M-Werten nicht vertauscht werden; bei den Polen ist sie gleichgültig, wegen einer besseren Übersicht sollen lediglich hier die niedrigeren Ziffern zuerst stehen.

Das Verhältnis der Winkelgeschwindigkeiten wird Übersetzungsverhältnis i genannt. Es ändert bei den ungleichförmig übersetzenden Getrieben dauernd seine Größe.

Liegt der Bezugspol (*24*) außerhalb des Gestells (*12—14*), so bewegen sich Antriebsglied (*2*) und Abtriebsglied (*4*) gleichsinnig, liegt er zwischen den Achsen (*12—14*), so liegt gegensinnige Bewegung vor. Liegt der Bezugspol im Unendlichen, ist also die Koppel (*3*) parallel zum Gestell (*1*), so bewegen sich beide Getriebeglieder gleichsinnig mit gleich großer Winkelgeschwindigkeit.

b) Drehmomente. α) Wirkt aber im Gelenk *12* des *Gelenkvierecks*, Bild 40, ein Drehmoment M_{21} und ist im Gelenk *14* dasjenige Drehmoment M_{41} gesucht, das im Getriebe die gleiche Wirkung auszuüben vermag wie M_{21} *, so kann der allgemeine Satz angewendet werden: Die Drehmomente (M_{21} und M_{41}), die in einem Getriebe die gleichen Wirkungen auszuüben vermögen, verhalten sich wie die Abstände (q_{12} und q_{14}) der Achsen (*12* und *14*), in denen sie wirken, vom gemeinsamen Bezugspol (*24*), Bild 40:

$$M_{21}/M_{41} = q_{12}/q_{14}. \tag{3}$$

Aus den Gln. (2) und (3) ergibt sich: $\omega_{21} \cdot M_{21} = \omega_{41} \cdot M_{41}$, (4)

d. h. die Leistung am Antriebsglied ist gleich der Leistung am Abtriebsglied (ohne Berücksichtigung der Reibungsverluste).

Die Winkelgeschwindigkeiten und Drehmomente lassen sich auch zeichnerisch in beliebigem Maßstab als parallele Strecken ermitteln, die von Strahlen durch den Bezugspol *24* und durch die Drehachsen begrenzt werden, Bild 40.

β) Dieselben Zusammenhänge gelten auch für *vielgliedrige Getriebe*. Im Getriebe Bild 41, in dem der Pol *26* nach Bild 39 bereits bestimmt wurde, sind die Winkelgeschwindigkeit ω_{21} und das Drehmoment M_{21} der Kurbel *2* gegenüber dem Gestell *1* gegeben, Winkelgeschwindigkeit ω_{61} und Ersatzdrehmoment M_{61} des Gliedes *6* gegenüber Gestell *1* sind zu bestimmen. Der Bezugspol *26*, der sich aus den ungleichen Fußzeichenziffern zusammensetzt, liegt zwischen *12* und *16*; also liegt gegensinnige Bewegung von *2* und *6* vor. Es ist:

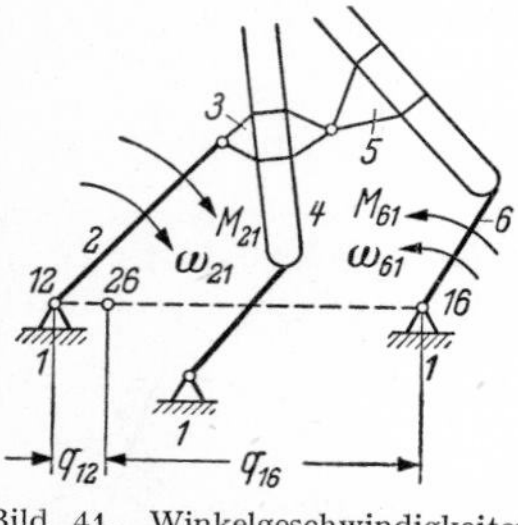

Bild 41. Winkelgeschwindigkeiten und Drehmomente im vielgliedrigen Getriebe, bezogen auf das Gestellglied

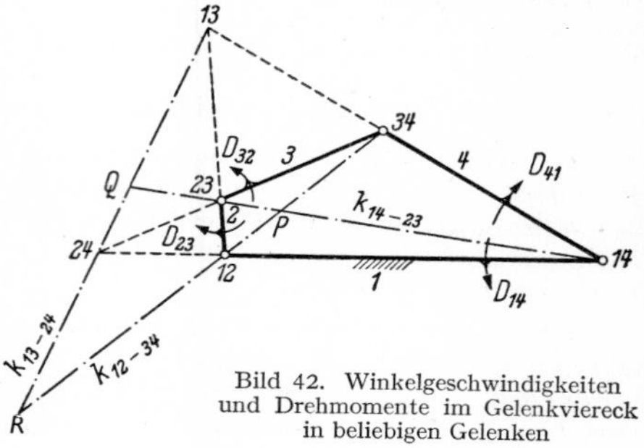

Bild 42. Winkelgeschwindigkeiten und Drehmomente im Gelenkviereck in beliebigen Gelenken

$$i = \omega_{21}/\omega_{61} = M_{61}/M_{21} = q_{16}/q_{12}, \tag{5}$$

und daraus ergibt sich:

$$\omega_{61} = \omega_{21} \cdot \frac{q_{12}}{q_{16}}, \quad (6) \qquad \text{und} \qquad M_{61} = M_{21} \cdot \frac{q_{16}}{q_{12}}. \tag{7}$$

Beispiele. *1.* Im *Gelenkviereck* sollen Winkelgeschwindigkeiten und Drehmomente in beliebigen Gelenken einander zugeordnet werden, Bild 42. Bei gegebener Winkelgeschwindigkeit ω_{41} des Gliedes *4* gegenüber Glied *1* ist die Winkelgeschwindigkeit ω_{32} des Gliedes *3* gegenüber dem Glied *2*

* Dasjenige Drehmoment im Gelenk *14*, das dem Moment M_{21} das Gleichgewicht zu halten hat, hat die gleiche Größe wie M_{41}, muß aber diesem entgegengerichtet sein. Darauf ist auch in allen folgenden Ausführungen zu achten.

zu bestimmen[1]. Schreibt man die Relativdrehungen D untereinander:

$$\left.\begin{matrix}D_{41}\\ D_{32}\end{matrix}\right]\ 12-34, \tag{8}$$

so ergibt sich durch die vertikale Zuordnung der Fußzeichenziffern eine Achse k_{12-34} als Gerade durch die Gelenke 12 und 34. Die Fußzeichenziffern selbst ergeben die Achse k_{14-23}, welche die Achse k_{12-34} in P schneidet. Da P zwischen 14 und 23 liegt, müssen Drehungen D_{41} und D_{32} entgegengesetzt gerichtet sein. D_{41} dreht im Uhrzeigersinn um 14, D_{32} im Gegen-Uhrzeigersinn um 23. Es ist dann

$$i = \frac{\omega_{41}}{\omega_{32}} = \frac{M_{32}}{M_{41}} = \frac{P-23}{P-14}, \tag{9}$$

wenn $P-23$ und $P-14$ die Entfernungen des Schnittpunktes P von den Gelenken 23 und 14 sind. Die Drehrichtung D_{41} ist entgegengesetzt gerichtet zur Drehung D_{14}, ebenso wie D_{32} zu D_{23}. Man kann demzufolge z. B. auch zuordnen:

$$\left.\begin{matrix}D_{41}\\ D_{23}\end{matrix}\right]\ 13-24. \tag{10}$$

Die vertikale Zuordnung der Fußzeichenziffern ergibt hier die Achse k_{13-24}, die durch die Verbindung der Pole 13 und 24 dargestellt wird, Bild 42. Die Achse k_{14-23} als Gerade durch die zu berücksichtigenden Gelenke schneidet die Achse k_{13-24} im Punkt Q. Da Q außerhalb von 14 und 23 liegt, müssen die Drehungen D_{41} und D_{23} im gleichen Sinn, hier im Uhrzeigersinn, um die Gelenke 14 und 23 verlaufen. Außerdem muß sein:

$$i = \frac{\omega_{41}}{\omega_{23}} = \frac{M_{23}}{M_{41}} = \frac{Q-23}{Q-14} \tag{11}$$

2. Im *vielgliedrigen Getriebe*, Bild 43, soll die Relativbewegung D_{21} des Gliedes 2 gegenüber dem Gestell 1 der Relativbewegung D_{36} des Gliedes 3 gegenüber dem Glied 6 zugeordnet werden. Man schreibt

$$\left.\begin{matrix}D_{21}\\ D_{36}\end{matrix}\right]\ 16-23 \tag{12}$$

und erhält durch die vertikale Zuordnung der Fußzeichenziffern die Achse k_{16-23}. Der Pol 16 war bereits im Bild 37 bestimmt worden, der Pol 23 ist als reelles Gelenk bekannt. Durch die Fußzeichenziffern selbst ergibt sich die Achse k_{12-36}, die von der Achse k_{16-23} in P geschnitten wird. Da P zwischen 12 und 36 liegt, müssen die Relativdrehungen D_{21} und D_{36} gegensinnig sein, d. h. wenn Glied 2 im Uhrzeigersinn um 12 dreht, muß sich Glied 3 im Gegen-Uhrzeigersinn um 36 bewegen. Es ist

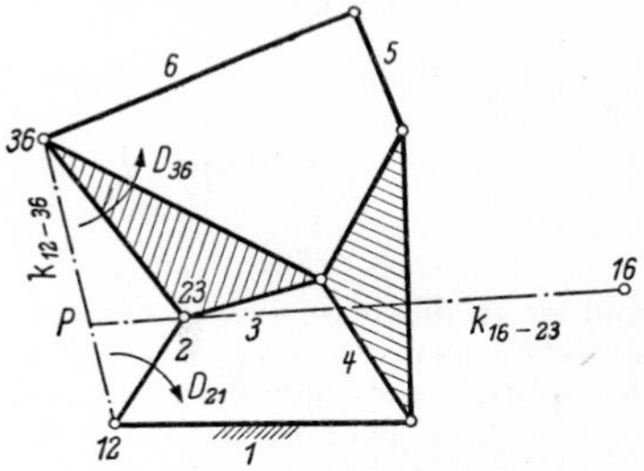

Bild 43. Winkelgeschwindigkeiten und Drehmomente im vielgliedrigen Getriebe in beliebigen Gelenken

$$i = \frac{\omega_{21}}{\omega_{36}} = \frac{M_{36}}{M_{21}} = \frac{P-36}{P-12}, \tag{13}$$

und daraus ergibt sich $\omega_{36} = \omega_{21} \cdot \dfrac{P-12}{P-36}$, (14) und $M_{36} = M_{21} \cdot \dfrac{P-36}{P-12}$. (15)

Nimmt man z. B. anstatt der Drehung D_{36} die entgegengesetzt gerichtete Drehung D_{63} an, so erhält man eine zweite Lösungsmöglichkeit mit der neuen Achse k_{13-26}. Dies ist wichtig, falls einer der Pole ungünstig liegt bzw. umständlich zu ermitteln ist.

3. Die Drehschubstrecke[2]

a) Schubkurbel. Bei der Umwandlung einer Drehbewegung in eine Geradschubbewegung wird eine Winkelgeschwindigkeit ω in eine Geschwindigkeit v und ein Drehmoment M in eine Kraft F umgeformt. Das Verhältnis dieser Werte wird Drehschubstrecke m genannt:

$$m = v/\omega = M/F. \tag{16}$$

Die Drehschubstrecke hat die Dimension einer Länge. Bewegt sich im Schubkurbelgetriebe, Bild 44, die Kurbel 2 mit der Winkelgeschwindigkeit ω_{21}, so wird der Gleitstein 4 mit einer bestimmten Geschwindigkeit v_{41} geführt. Wirkt an der Kurbel 2 ein Drehmoment M_{21}, so wird die gleiche Wirkung im Getriebe durch eine bestimmte Kraft F_{41} ausgeübt. (Das Drehmoment M_{21} wird im Gleichgewicht gehalten durch eine Kraft, die dieselbe Größe wie F_{41} hat, aber entgegengesetzt zu dieser

[1] *Hain, K.:* Das Übersetzungsverhältnis in periodischen Getrieben von Landmaschinen. Landtechn. Forschung 3 (1953) Nr. 4 S. 97/108.

[2] *Hain, K.:* Kräfte und Bewegungen in Kraftthebergetrieben. Grundlagen der Landtechnik H. 6 S. 45/68. Düsseldorf 1955.

gerichtet sein muß.) Die ungleichen Ziffern ergeben den Bezugspol *24* und mit *12—24* die Drehschubstrecke m. Allgemein gilt: Haben Winkelgeschwindigkeit und Geschwindigkeit bzw. Drehmoment und Kraft eine gleiche Fußzeichenziffer, so bestimmen die ungleichen Ziffern den Bezugspol, und dessen Entfernung von dem Pol, in dem die Winkelgeschwindigkeit bzw. das Drehmoment drehen soll, ist m. Die Entfernung *12—24* stellt also die Drehschubstrecke m dar.

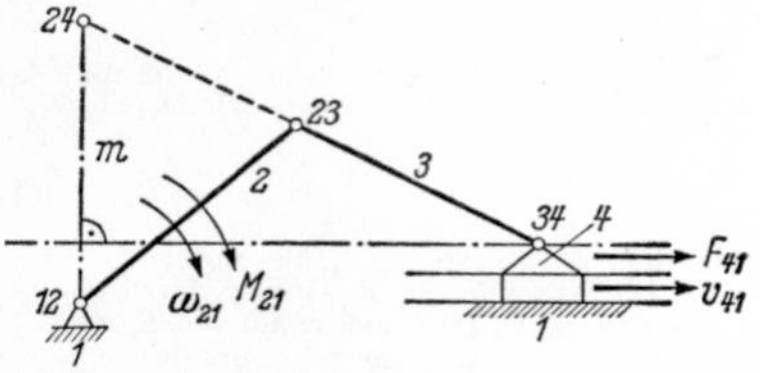

Bild 44. Drehschubstrecke bei der Schubkurbel

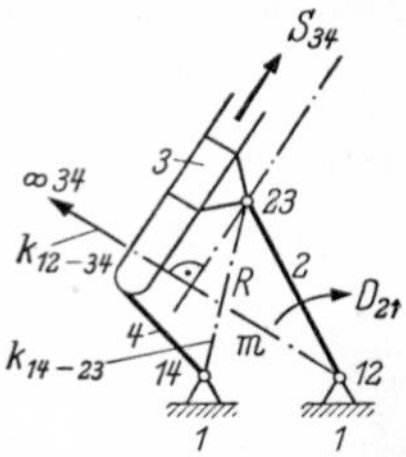

Bild 45. Drehschubstrecke bei der Kurbelschleife

b) Kurbelschleife. Bild 45 gibt ein Beispiel für 4 ungleiche Fußzeichenziffern. Die Kurbel *2* vollführt eine Drehung D_{21} um das Gelenk *12* und der Gleitstein *3* eine Schiebung S_{34} in der Führung *4*. Man schreibt:

$$\left.\begin{matrix} D_{21} \\ S_{34} \end{matrix}\right] \; 14-23 \tag{17}$$

und erhält durch vertikale Ziffernzuordnung die Achse k_{14-23} als Gerade durch die Gelenke *14* und *23*. Die Fußzeichenziffern selbst ergeben die Achse k_{12-34} als Lot von *12* auf die Geradschubrichtung (Pol *34* liegt senkrecht zur Geradschubrichtung im Unendlichen). Beide Achsen schneiden sich im Punkt R. Nimmt man den Pol *34* gerade noch außerhalb von R im Endlichen an, so liegt R zwischen *34* und *12*, und die „Drehrichtungen" S_{34} und D_{21} müssen gegensinnig sein. Dreht also D_{21} im Uhrzeigersinn um *12*, so „dreht" S_{34} im Gegen-Uhrzeigersinn um den gerade noch im Endlichen liegenden Pol *34*. Wollte man *34* auf der anderen Seite gerade noch im Endlichen annehmen, so würde R außerhalb *12* und *34* liegen, und die „Drehungen" *12* und *34* müßten gleichsinnig sein, was zum gleichen Ergebnis wie vorher führt. Nach Bild 45 ist:

$$m = 12 - R = \frac{v_{34}}{\omega_{21}} = \frac{M_{21}}{F_{34}} \tag{18}$$

und $\quad v_{34} = \omega_{21} \cdot m \quad (19) \qquad$ und $\qquad F_{34} = M_{21}/m. \quad (20)$

Es gibt auch hier eine zweite Lösung, wenn nämlich z. B. die Schiebung S_{34} durch die entgegengesetzt gerichtete Schiebung S_{43} ersetzt würde. Dann ergibt sich eine Achse k_{13-24}, die zu einer gleich großen, aber nach der anderen Seite von *12* liegenden Drehschubstrecke m führen muß.

4. Beschleunigungen[1]

a) Beschleunigungen lassen sich ebenfalls mit Hilfe der Relativpole leicht ermitteln. Wird im **Gelenkviereck**, Bild 46, die Antriebskurbel a mit konstanter Winkelgeschwindigkeit ω_a gedreht, so erfährt im allgemeinen die Abtriebsschwinge c eine Winkelbeschleunigung ε_c, die von der Geschwindigkeit abhängig ist, mit der sich der Relativpol Q auf der Gestellgeraden A_0B_0 bewegt[2].

Das Verhältnis dieser „Polgeschwindigkeit" zur Winkelgeschwindigkeit ω_a kann durch die Drehschubstrecke m_c ausgedrückt werden, und durch weitere Vereinfachungen ergibt sich die Beschleunigungskonstruktion nach Bild 46: Man

---

[1] Beschleunigungsermittlungen mit Hilfe von Vektoren vgl. Abschn. Dynamik, S. 247/48.

[2] *Koenig, L. R.:* A uniform method for determining angular acceleration in mechanisms. J. appl. Mechanics. Transactions of the ASME 68 (1946) A41/A44.

zeichnet zur Kollineationsachse $PQ = k$ eine Parallele durch A_0 bis zum Schnitt R mit der Koppel b und errichtet in R auf b die Senkrechte, die die Senkrechte in A_0 auf A_0B_0 im Endpunkt der Drehschubstrecke m_c schneidet. Mit der Gestellänge d und der Polentfernung q_b ist dann

$$\varepsilon_c/\omega_a^2 = m_c d/q_b^2. \tag{21}$$

Diese auf die Winkelgeschwindigkeit ω_a bezogene Winkelbeschleunigung ε_c verändert sich mit einer Winkelbeschleunigung ε_a der Kurbel a:

$$\frac{\varepsilon_c}{\omega_a^2} = \frac{m_c d}{q_b^2} + \frac{i'\varepsilon_a}{\omega_a^2}. \tag{22}$$

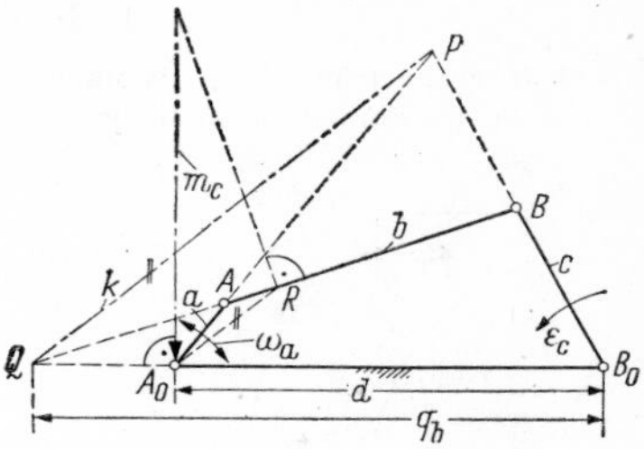

Bild 46
Beschleunigungsermittlung im Gelenkviereck

Setzt man für m_c einen nach A_0 weisenden Pfeil an, so zeigt diese gerichtete Strecke m_c auch gleichzeitig die Richtung der Winkelbeschleunigung ε_c um B_0 an. Bei $\varepsilon_a = 0$ ist die Richtung von ε_c unabhängig von der Drehrichtung des Getriebes, also unabhängig von der Richtung von ω_a. Ist aber für die Kurbel a eine Winkelbeschleunigung ε_a vorhanden, so geht deren Richtung mit dem Übersetzungsverhältnis $i' = (q_b - d)/q_b$ und ihrem Wert nach Gl. (22) ein.

b) In der **Kurbelschleife** muß bei der Beschleunigungsermittlung mit Hilfe von Vektoren die Coriolisbeschleunigung berücksichtigt werden. Wesentlich einfacher wird das Verfahren nach Bild 47: Der Relativpol Q ist als Schnittpunkt der Gestell-

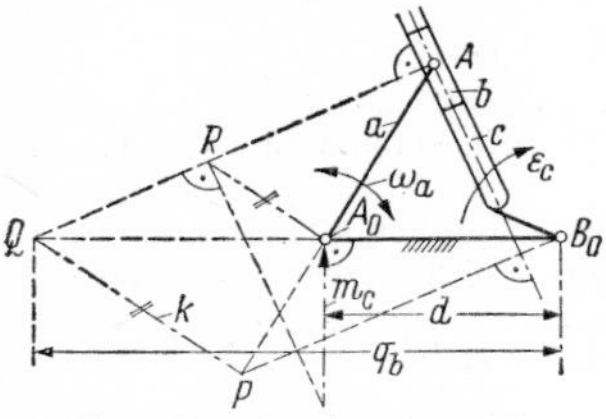

Bild 47. Beschleunigungsermittlung in der Kurbelschleife

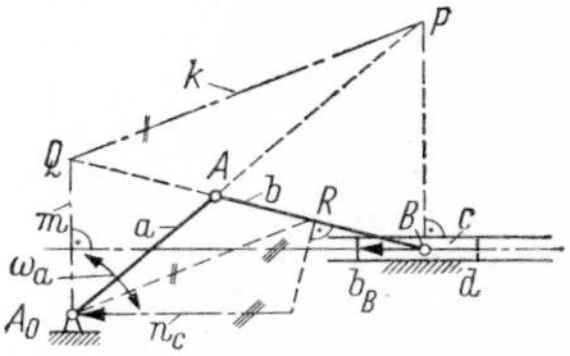

Bild 48. Beschleunigungsermittlung in der Schubkurbel

geraden A_0B_0 mit der Senkrechten in A auf der Gleitstein-Schubrichtung bestimmt, der Relativpol P als Schnittpunkt der Kurbel a mit dem Lot von B_0 auf die Schubrichtung[1]. Man zeichnet zur Kollineationsachse $PQ = k$ eine Parallele durch A_0 bis zum Schnitt R mit der Polgeraden AQ, errichtet in R auf AQ die Senkrechte, die die Senkrechte in A_0 auf A_0B_0 im Endpunkt der Drehschubstrecke m_c schneidet. Die Winkelbeschleunigung ε_c ergibt sich dann nach den Gln. (21) oder (22).

c) Die Ermittlung der Beschleunigung b_B des Gleitsteins der **Schubkurbel** wird im Bild 48 gezeigt. Man bestimmt auch hier die beiden Pole P und Q. Den Pol P findet man als Schnittpunkt der Kurbel a mit der Senkrechten in B auf der Schubrichtung, den Pol Q als Schnittpunkt der Koppel b mit dem Lot von A_0 auf die Schubrichtung. Zur Kollineationsachse $PQ = k$ zieht man die Parallele durch A_0 bis zum Schnitt R mit der Koppel b, errichtet in R auf b die Senkrechte, die die Parallele durch A_0 zur Schubrichtung im Endpunkt einer Drehschubstrecke n_c schneidet. Bei gleichförmig umlaufender Kurbel a ist dann

$$b_B/\omega_a^2 = n_c. \tag{23}$$

Wird der Pfeil von n_c nach A_0 weisend eingezeichnet, so ist damit auch die Richtung der Beschleunigung b_B gekennzeichnet.

[1] vgl. Abschn. Polkonfiguration S. 858.

III. Getriebesynthese

1. Kurvengetriebe

a) Kurvengetriebe für Winkelübertragungen. In bestimmten Bewegungsbereichen ist ein einfaches Kurvengetriebe, Bild 49, in der Lage, eine gegebene Funktion mathematisch genau zu verwirklichen. Sind gegebene Winkel $\varphi_{12}, \varphi_{13}, \varphi_{14} \ldots$ des Kurvenglieds ebenfalls gegebenen Winkeln $\psi_{12}, \psi_{13}, \psi_{14} \ldots$ des Rollenglieds zuzuordnen, so kann man zur Bestimmung der Kurvenform noch den Anfangswinkel ψ_0 des Rollenhebels B_0B_1 zum Gestell A_0B_0 sowie die Rollenhebellänge B_0B beliebig annehmen. Durch die Annahme beider Werte und durch die ψ-Winkel können die Lagen B_0B_1, B_0B_2, B_0B_3, $B_0B_4 \ldots$ gezeichnet werden. Man läßt z. B. Punkt B_1 als Bezugspunkt stehen und verdreht die Punkte $B_2, B_3, B_4 \ldots$ um den Drehpunkt A_0 der Kurvenscheibe im entgegengesetzten Sinn, wie sich die Kurvenscheibe drehen soll, also um die Winkel $-\varphi_{12}, -\varphi_{13}, -\varphi_{14} \ldots$ und erhält die Punkte $B_2', B_3', B_4' \ldots$, die mit B_1 die Kurve α_0 ergeben. Die körperlich auszubildende Kurve α ergibt sich als Äquidistante (Abstandsgleiche) zu α_0, wenn man mit dem Rollen-Halbmesser Kreise um die B'-Punkte schlägt und für diese Kreise die Hüllkurve zeichnet.

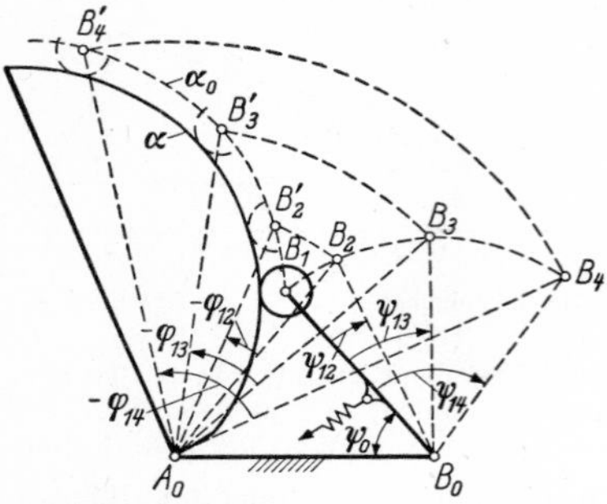

Bild 49. Konstruktion einer Kurvenscheibe mit drehendem Rollenhebel

Wird die Rolle auf einer geraden Führungsbahn geführt, so werden deren Mittelpunktslagen ebenfalls aufgezeichnet, wobei wiederum die Anfangslage und hier der Abstand e des Gestellpunkts A_0 von der Führungsrichtung frei wählbar sind. Die B-Punkte werden auch hier um A_0 in der gleichen Weise verdreht, wodurch sich die Kurve α_0 und als Äquidistante die Kurve α ergeben.

In vielen Fällen werden bei gleichförmig umlaufender Kurvenscheibe zwei Rasten der Abtriebswelle verlangt. Solche Rasten verlangen aber konzentrische Kreise r_1 und r_2 um den Rollendrehpunkt A_0, Bild 50. Die Übergangsbögen zwischen diesen beiden Kreisen müssen zur Erzielung eines stoß- und möglichst ruckfreien Laufs sorgfältig ausgebildet werden. Im Weg-Zeit-Diagramm werden deshalb entsprechende Kurven angenommen, die dann die Kurvenformen ergeben[1]. Die geneigte Sinuslinie, Bild 51, hat sich gut bewährt; sie entsteht durch Überlagerung einer geneigten Geraden g und einer vollen Sinusschwingung. Ruckkurven, wie einfache Sinoide, Parabel und Kreisbogen, weisen in der Geschwindigkeitskurve Knicke und in der Beschleunigungskurve Sprünge endlicher Werte auf.

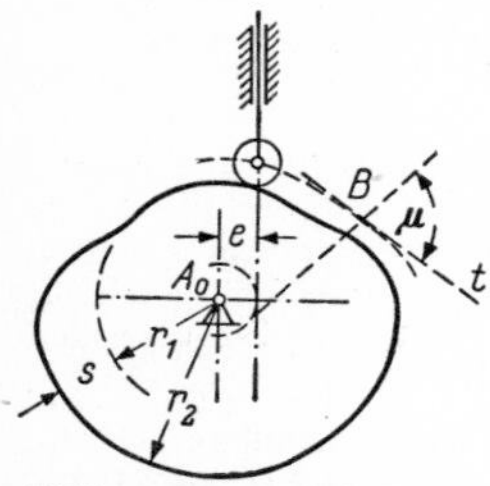

Bild 50. Kurvengetriebe mit 2 Rasten und Übergangsbögen

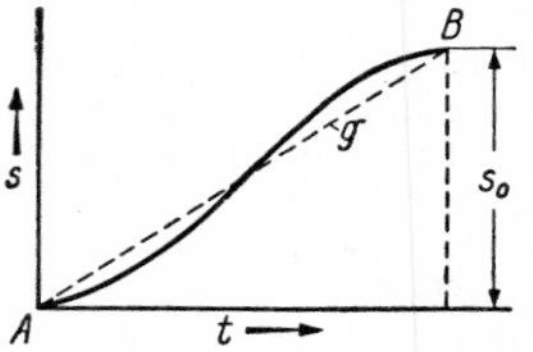

Bild 51
Geneigte Sinuslinie als Übergangsbogen für Kurvenscheibe

[1] *Meyer zur Capellen, W.:* Konstruktion ebener Kurvengetriebe u. vergleichende Analyse ihrer Bewegungsgesetze. Forschungsbericht des Landes Nordrhein-Westfalen Nr. 1135, Westdeutscher Verlag, Köln und Opladen 1963.

Der Übertragungswinkel μ in einem beliebigen Punkt B der Kurve, Bild 50, liegt zwischen der Tangente t der Äquidistante und der Tangente von B an den Kreis um A_0 mit e als Halbmesser. Er darf einen vorgeschriebenen Kleinstwert nicht unterschreiten, und er wird um so günstiger, je größer bei gleichem Hub der Rolle und bei gleichem Übergangsgesetz die Kurvenscheibe wird. Für die Konstruktion einer Kurvenscheibe bei vorgeschriebenem Mindest-Halbmesser r_{min} sind die *Flocke*schen Verfahren bekannt[1].

Einfache Kurvengetriebe können auch zur Erzeugung ungleichförmiger Umlaufbewegungen dienen, wobei am Abtriebsglied sogar zeitweise eine konstante Winkelgeschwindigkeit sowie Stillstände und Pilgerschritte erzielbar sind.

b) **Wälzhebelgetriebe** haben zwei miteinander in linienförmiger Berührung stehende Wälzkurven, die ohne Gleiten aufeinander abrollen, Bild 52. Voraussetzung ist die Berührung der beiden Kurven auf der Gestellinie A_0B_0. Der Übertragungswinkel μ liegt zwischen der gemeinsamen Tangente t_r und der Senkrechten t_a im Berührungspunkt bzw. zwischen der Normalen n und A_0B_0. Der Pol $Q_1(R_1)$ muß auf A_0B_0 wandern. Es ist auch hier $i = \omega_a/\omega_b = M_b/M_a = r_0'/r_0$. Innerhalb des gewählten Bewegungsbereichs müssen die Bogenlängen Q_2Q_3 und R_2R_3 gleich lang sein. Damit sind auch Drehwinkel φ und ψ bestimmt.

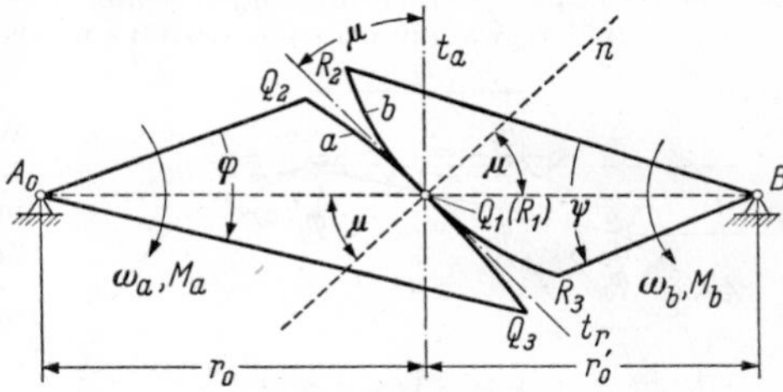

Bild 52. Wälzhebelgetriebe

2. Kurbelgetriebe

a) Soll im **Gelenkviereck** die Kurbel a umlaufen und die Schwinge c schwingen, so muß der *Grashof*sche Satz erfüllt sein:

1. Die umlaufende Kurbel a muß das kürzeste Glied sein.
2. Die Summe aus dem kürzesten und längsten Glied muß kleiner sein als die Summe aus den beiden anderen Gliedern.

Für gegebene Kurbelwinkel φ_0 und Schwingwinkel ψ_0 gibt es unendlich viele „Kurbelschwingen"[2]. Man trägt in A_0 an A_0B_0 außen $\varphi_0/2$ und in B_0 den Winkel $\psi_0/2$ an, deren Schenkel sich in R schneiden, Bild 53. Die Senkrechte in A_0 auf A_0R schneidet B_0R in S. Jeder beliebige Strahl von A_0 schneidet die Kreise über A_0R und RS als Durchmesser in den Gelenklagen A_a und B_a der äußeren Totlage eines die Aufgabe erfüllenden Gelenkvierecks. Praktisch brauchbare Gelenkvierecke ergeben sich für die Lage von B_a zwischen den Punkten L und F bzw. L und H, im letzten Fall, wenn $\varphi_0 < 180°$. L und H liegen auf dem freien Strahl des Winkels ψ_0, der in B_0 an B_0A_0 angetragen wird.

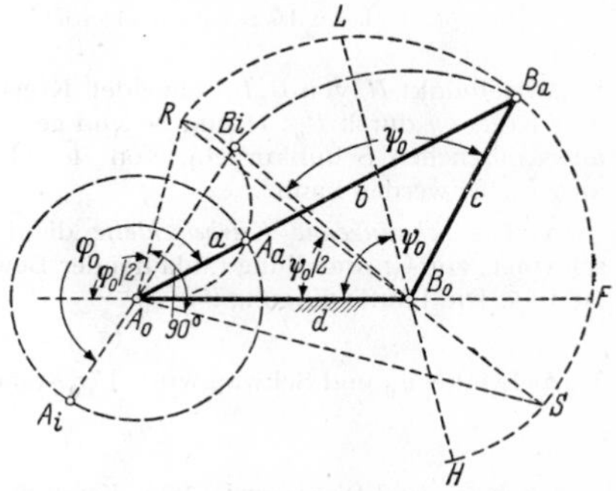

Bild 53. Totlagen des Gelenkvierecks

[1] *Flocke, K. A.:* Zur Konstruktion von Kurvenscheiben bei Verarbeitungsmaschinen. VDI-Forschungsheft Nr. 345. Berlin: VDI-Verlag 1931.

[2] *Alt, H.:* Das Konstruieren von Gelenkvierecken unter Benutzung einer Kurventafel. VDI-Z. 85 (1941) Nr. 3 S. 69.

Wird eine *Kurbelschwinge*, also ein Gelenkviereck, das dem *Grashof*schen Satz genügt, auf die Koppel b festgestellt, so entsteht wieder eine Kurbelschwinge. Wird aber das vorher schwingende Glied c als Gestell gewählt, so entsteht eine *Doppelschwinge*: beide im Gestell gelagerte Glieder schwingen nur hin und her. Von den unendlich vielen Kurbelschwingen für gegebene Winkel φ_0 und ψ_0 kann man die übertragungsgünstigste aussuchen, und es kann eine Kurventafel für günstigste Kurbelschwingen aufgestellt werden[1]. Bei der Wahl des kürzesten Gliedes a zum Gestell kommt die *Doppelkurbel* zustande: beide im Gestell gelagerte Glieder laufen voll um. Die Doppelkurbel dient zur Erzeugung ungleichförmiger Umlaufbewegungen[2].

b) Schubkurbelgetriebe. Im allgemeinen dient die umlaufende Schubkurbel zur Umwandlung einer gleichförmigen Drehbewegung in eine Schubbewegung. Ein von 180° abweichender Kurbelwinkel φ_0 bedeutet verschiedene Zeiten für Hin- und Rückgang, Bild 54, was nur bei Exzentrizität e möglich ist.[3] Als Laufbedingung gilt:

$$(a + e) < b. \tag{24}$$

Wenn Kurbelwinkel φ_0 und Hub $B_a B_i = s$ gegeben sind, trägt man in B_a an $B_a B_i$ den Winkel $\varphi_0 - 90°$ an, dessen freier Schenkel die Senkrechte in B_i auf $B_i B_a$ in E schneidet. Die Senkrechte

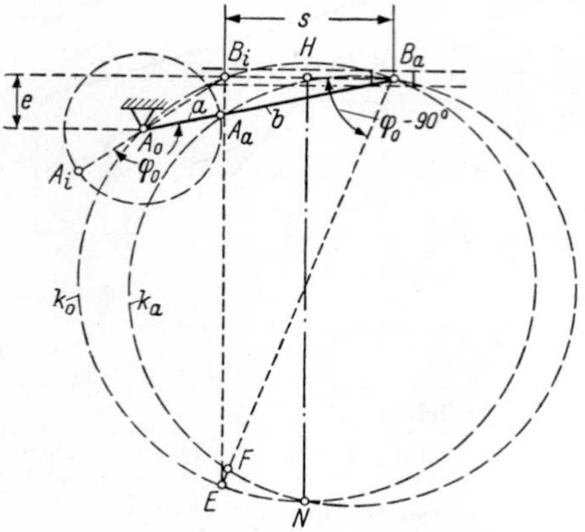

Bild 54. Totlagen des Schubkurbelgetriebes

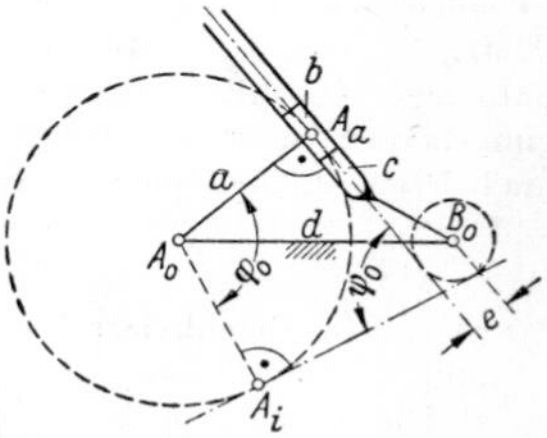

Bild 55. Totlagen der Kurbelschleife

im Mittelpunkt H von $B_a B_i$ schneidet Kreis k_0 durch B_a, B_i und E in N. Kreis k_0 und Kreis k_a durch B_a, H und N sind geometrische Örter für Punkte A_0 und A_a aller möglichen Schubkurbeln, von denen wiederum die übertragungsgünstigste ausgesucht werden kann[4].

α) Die *schwingende Kurbelschleife* dient, wie das Gelenkviereck als Kurbelschwinge, zur Umwandlung umlaufender Bewegungen in schwingende Bewegungen, Bild 55. Die Laufbedingung ist

$$(a + e) < d. \tag{25}$$

Kurbelwinkel φ_0 und Schwingwinkel ψ_0 stehen in einfacher Beziehung zueinander[5],

$$\varphi_0 + \psi_0 = 180°. \tag{26}$$

[1] *Volmer, J.:* VDI-Richtlinie 2130. Konstruktion von Kurbelschwingen zur Umwandlung einer umlaufenden Bewegung in eine Schwingbewegung. Düsseldorf 1959.

[2] Die Erzeugung ungleichförmiger Umlaufbewegungen. VDI-Forschungsheft 461. Düsseldorf: VDI-Verlag 1957.

[3] *Alt, H.:* Ermittlung der Abmessungen des Schubkurbelgetriebes auf Grund praktisch vorgeschriebener Bedingungen. Werkstattstechnik 23 (1929) Nr. 24 S. 693/97.

[4] *Lichtenheldt, W.:* Rationalisierung der Konstruktionsarbeit. Wissenschaftl. Zeitschr. der Techn. Hochschule Dresden 3 (1953/54) Nr. 3 S. 423/26. — *Volmer, J.:* Die Konstruktion von Schubkurbeln mit Hilfe von Kurventafeln. Maschinenbautechnik 6 (1957) Nr. 12 S. 680/85.

[5] *Hain, K.:* Umwandlung umlaufender Bewegungen in Schwingbewegungen bei günstigen Übertragungsverhältnissen. Maschinenbautechnik 6 (1957) Nr. 8 S. 449/57.

Die Totlagenstellungen werden gefunden, wenn an die Kreise mit a und e als Halbmesser die äußere und die innere gemeinsame Tangente gezeichnet werden.

β) Die *umlaufende Kurbelschleife*, d. h. wenn Kurbel a und Schleifenhebel voll umlaufen können, dient zur Erzeugung ungleichförmiger Umlaufbewegungen mit der Umlaufbedingung

$$a > (d + e). \tag{27}$$

c) Vielgliedrige Kurbelgetriebe. α) Beim *sechsgliedrigen Koppelgetriebe*, Bild 56, wird die Bewegung des Koppelpunkts E eines Gelenkvierecks auf ein Abtriebsglied F_0F über eine Koppel EF weitergeleitet. Jeder berührende Kreisbogen k_1 und k_2 an die Koppelkurve α mit EF als Halbmesser und seinem Mittelpunkt (F, F_5) auf dem Kreisbogen um F_0 mit F_0F als Halbmesser bedeutet je eine Grenzlage von F_0F. Stimmt ein solcher Kreisbogen angenähert mit der Koppelkurve, z. B. von E_1 bis E_4, überein, so befindet sich F_0F so lange in einer Rastlage, wie die Kurbel sich um φ_R von A_0A_1 bis A_0A_4 dreht. Kreisbogen k_2 mit Mittelpunkt F_5 berührt nur in E_5 die Kurve α und gibt daher einfache Umkehrlage, entsprechend Kurbellage A_0A_5, an. Winkel ψ zwischen den Lagen F_0F und F_0F_5 ist Schwingwinkel des Abtriebsglieds F_0F.

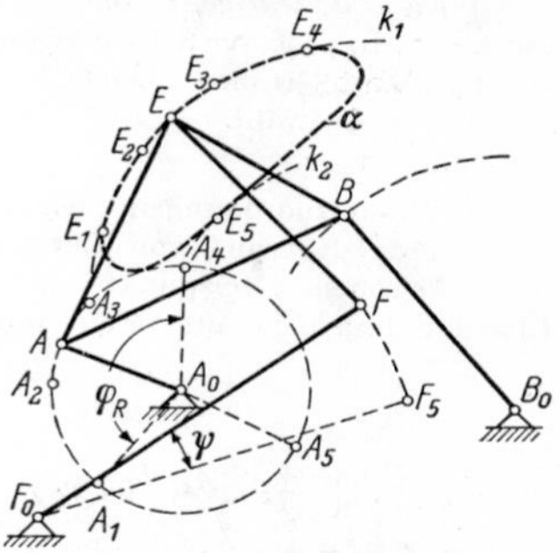

Bild 56. Sechsgliedriges Koppelgetriebe

β) Das *sechsgliedrige Zweistandgetriebe*, Bild 57, kann für seine gesamte Bewegung durch zwei verschiedene Ersatzgetriebe ersetzt werden. Die Koppelkurve α_2 wird von A_0 beschrieben, wenn CDB festgestellt gedacht wird. Stellt man sich α_2 mit B fest verbunden vor und läßt diese Kurve immer durch A_0 gleiten, so durchlaufen alle Punkte der Ebene CDB die gleichen Kurven wie im Ursprungsgetriebe. Bei festgestelltem A_0AA' beschreibt Punkt B die Koppelkurve α_1. Denkt man sich Kurve α_1 um A_0 drehend und immer mit B des Hebels B_0B in gleitender Verbindung, so dreht sich α_1 genau so um A_0 wie A_0AA' im Ursprungsgetriebe. B_0B behält im Ersatzgetriebe seine Bewegung wie im Ursprungsgetriebe.

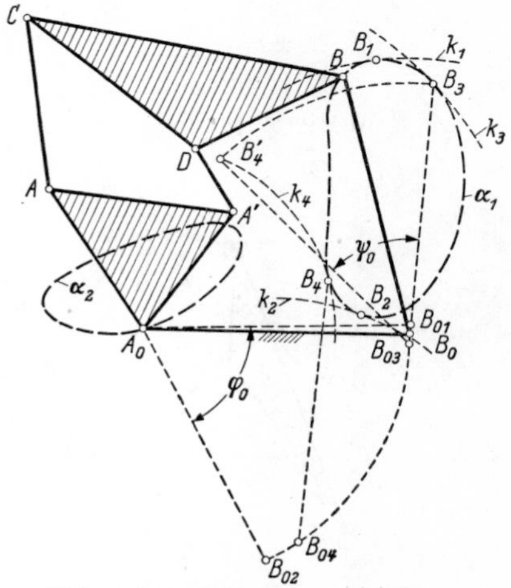

Bild 57. Sechsgliedriges Zweistandgetriebe

Die in B_1 und B_2 berührenden Kreise k_1 und k_2 an α_1 mit B_0B als Halbmesser und den Mittelpunkten B_{01} und B_{02} auf dem Kreis um A_0 durch B_0 geben Grenzlagen des Gliedes A_0AA' an. Der zwischen B_0B_{01} und B_0B_{02} liegende Winkel φ_0 ist Schwingwinkel von A_0AA'. Die in B_3 und B_4 berührenden Kreise k_3 und k_4 an α_1 um A_0 bestimmen die Grenzlagen von B_0B. Der Kreis k_4 schneidet Kreisbogen um B_{03} durch B_3 in B_4' und $\sphericalangle B_4'B_{03}B_3 = \psi_0$ ist Schwingwinkel von B_0B.

Lassen sich die berührenden Kreise mit Teilbereichen der Koppelkurve α_1 zur Deckung bringen, so werden aus den einfachen Grenzlagen entsprechend lange Rastlagen. Beim vollen Umlauf von B_0B wird nur ein Teil von α_1 gebraucht, der durch die Kreisbögen um A_0 mit $A_0B_0 + B_0B$ und $A_0B_0 - B_0B$ als Halbmesser begrenzt wird. Dann gibt es in diesem Bereich keine berührenden Kreise um A_0 an α_1. Bei der Lage von B_0 innerhalb von α_1 und entsprechenden Abmessungen von A_0B_0 und B_0B gibt es keine berührenden Kreise an α_1 mit B_0B als Halbmesser und den Mittelpunkten auf dem Kreis um A_0 durch B_0, d. h. Glied A_0AA' kann voll umlaufen.

γ) An *achtgliedrige, zwangläufige Getriebe* können höhere Anforderungen gestellt werden, z. B. größerer Schwingwinkel, längere Rasten, verwickeltere Koppelkurven. Bei insgesamt 330 möglichen Getriebeformen (vgl. S. 857) steht eine genügend große Anzahl zur Auswahl.

3. Maßsynthese

a) Winkelzuordnungen. Die Maßsynthese stützt sich auf Verfahren zum unmittelbaren Entwurf von Getrieben für gegebene Bedingungen. Mit Hilfe der *Burmester*schen Kreispunkt- und Mittelpunktskurve lassen sich 4 Lagen einer Ebene und nach Schnitt zweier solcher Kurven 5 derartige Lagen beherrschen. Einfachere Verfahren ergeben sich bei Benutzung der Sonderlagen dieser Kurven[1] und durch Punktlagenreduktionen.

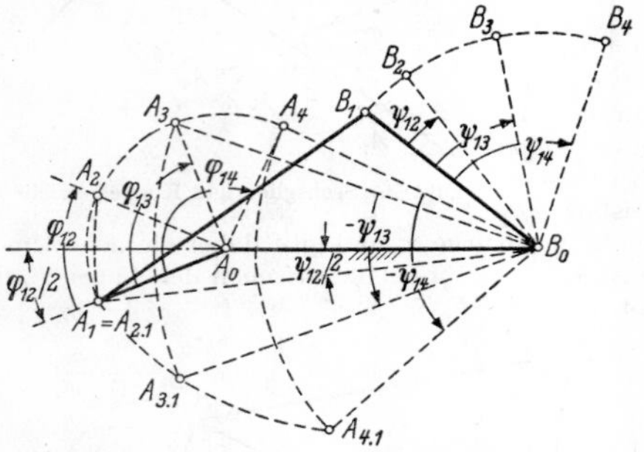

Bild 58. Winkelzuordnungen im Gelenkviereck

Beispiel: Die drei Winkel φ_{12}, φ_{13}, φ_{14} sollen den Winkeln ψ_{12}, ψ_{13}, ψ_{14} zugeordnet werden, Bild 58. Man trägt z. B. $^1/_2\varphi_{12}$ in A_0 und $^1/_2\psi_{12}$ in B_0 an A_0B_0 an, deren freie Schenkel sich in A_1 schneiden. Mit der Kurbellänge A_0A_1 zeichnet man die Kurbellagen A_0A_2, A_0A_3, A_0A_4 mit den zugehörigen φ-Winkeln. Die Punkte A_2, A_3, A_4 verdreht man um B_0 im entgegengesetzten Sinn der gegebenen ψ-Winkel, also um $-\psi_{12}$, $-\psi_{13}$, $-\psi_{14}$, und findet die Punkte $A_{2\cdot 1}$, $A_{3\cdot 1}$, $A_{4\cdot 1}$, von denen $A_{2\cdot 1}$ als Punktlagenreduktion mit A_1 zusammenfällt. Der Kreis durch die drei Punkte $A_1 = A_{2\cdot 1}$, $A_{3\cdot 1}$, $A_{4\cdot 1}$ ergibt als Mittelpunkt die Gelenkpunktlage B_1 und damit das gesuchte Gelenkviereck in seiner Lage 1.

Zu Beginn der Konstruktion kann man auch anstelle von A_1 einen Gelenkpunkt B_1, also eine Gliedlänge B_0B_1 und außerdem andere zugeordnete Anfangs-Winkelpaare wählen. Bei sechsgliedrigen Getrieben kann man 6 und unter gewissen Voraussetzungen sogar 8 zugeordnete Winkelpaare erfüllen.

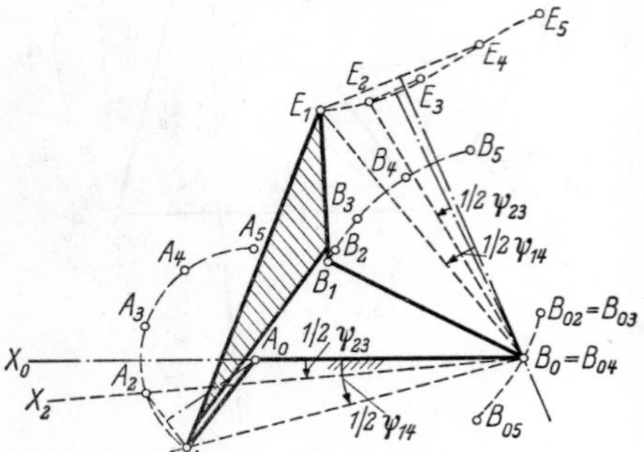

Bild 59. Erzeugung einer gegebenen Kurve durch das Gelenkviereck

b) Erzeugung gegebener Kurven. Theoretisch kann eine gegebene Kurve in 9 Punkten genau durch ein Gelenkviereck erzeugt werden. Praktische Verfahren sind bisher nur für 7 Punkte bekannt.

Beispiel: Sind 5 Punkte E_1 bis E_5 auf einer Kurve gegeben, Bild 59, so bringt man z. B. die Mittelsenkrechten der Strekken E_1E_4 und E_2E_3 zum Schnitt B_0, von dem aus man einen beliebigen Strahl B_0X_0 zeichnet. An diesen trägt man die Strahlen B_0X_1, B_0X_2 so an, daß sie mit B_0X_0 die Winkel $^1/_2\psi_{14}$ und $^1/_2\psi_{23}$ einschließen, die von den Mittelsenkrechten und B_0E_1 sowie B_0E_2 gebildet werden. Mit beliebiger, gleicher Länge macht man $E_1A_1 = E_2A_2$ mit A_1 auf B_0X_1 und A auf B_0X_2. Die Mittelsenkrechte von A_1A_2 schneidet B_0X_0 in A_0, und man zeichnet den Krei um A_0 durch A_1 und A_2, auf den sich A_3, A_4, A_5 als Schnittpunkte der Kreise um E_3, E_4, E_5 mi E_1A_1 als Halbmesser ergeben. Man macht $\triangle E_1A_1B_{02} = \triangle E_2A_2B_0$, $\triangle E_1A_1B_{05} = \triangle E_5A_5B$ und findet die Punkte B_{02} und B_{05}. Wollte man dies auch für die Punkte A_3 und A_4 durchführen so würde man $B_{03} = B_{02}$ und $B_{04} = B_0$ als Punktlagenreduktionen finden. Der Kreis durch di

[1] *Alt, H.:* Sonderfälle der Mittelpunktkurven. Z. Getriebetechnik 8 (1940) Nr. 7 S. 309 u Nr. 9 S. 401. — *Lichtenheldt, W.:* Einfache Konstruktionsverfahren zur Ermittlung der Abmessungen von Kurbelgetrieben. VDI-Forschungsheft Nr. 408. Berlin: VDI-Verlag 1941.

drei Punkte $B_0 = B_{04}$, $B_{02} = B_{03}$ und B_{05} ergibt in seinem Mittelpunkt die Punktlage B_1 und damit das gesuchte Gelenkviereck in seiner Lage 1.

Zu Beginn kann man auch andere E-Punkte paaren und damit einen anderen Schnittpunkt B_0 erhalten. Da der Strahl B_0X_0 und die Längen E_1A_1 beliebig angenommen wurden, kann man die Koppelkurve mit der gegebenen Kurve in 7 E-Punkten zur Deckung bringen.

c) Gelenkvierecke für gegebene Übersetzungsverhältnisse. Für das Gelenkviereck kann in bestimmten Getriebestellungen auch ein sich änderndes Übersetzungsverhältnis vorgeschrieben sein. Entsprechend Bild 60 sind in 3 Stellungen, gekennzeichnet durch die Kurbelwinkel φ_{12} und φ_{13}, die Übersetzungsverhältnisse

$$i_1' = \omega_{c1}/\omega_{a1}; \quad i_2' = \omega_{c2}/\omega_{a2}; \quad i_3' = \omega_{c3}/\omega_{a3}$$

zu erfüllen. Hierbei ist es gleichgültig, welche Lagen die Kurbel a in diesen Stellungen relativ zum Gestell A_0B_0 einnimmt. Zum Erzwingen von Punktlagenreduktionen ist es zweckmäßig, ein Paar dieser Kurbellagen symmetrisch zum Gestell A_0B_0 anzunehmen. Man zeichnet also z. B. von A_0 aus die Strahlen A_0X_1 und A_0X_2 so, daß beide zu A_0B_0 im Winkel $^1/_2\varphi_{12}$ liegen.

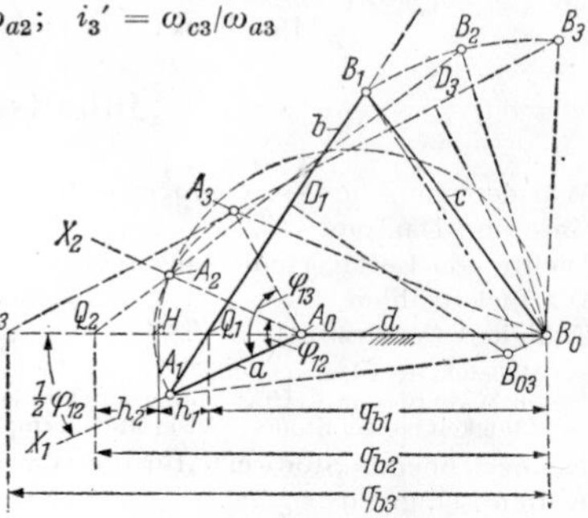

Bild 60. Gelenkviereck für ein sich änderndes Übersetzungsverhältnis

Das Übersetzungsverhältnis ist allgemein gekennzeichnet als

$$i' = \omega_c/\omega_a = q_a/q_b, \tag{28}$$

wenn $q_a = A_0Q$ und $q_b = B_0Q$ die Abstände der Gestellpunkte A_0 und B_0 vom Relativpol Q sind. Mit $A_0B_0 = d$ ist dann:

$$q_{b1} = \frac{d}{1 - i_1'}; \quad q_{b2} = \frac{d}{1 - i_2'}; \quad q_{b3} = \frac{d}{1 - i_3'}. \tag{29}$$

Nun läßt sich beweisen[1], daß bei symmetrischer Lage der Kurbel a zum Gestell d ein Punkt H als vierter harmonischer Punkt zu B_0, Q_1 und Q_2 vorhanden sein muß. Mit $HQ_1 = h_1$ und $HQ_2 = h_2$ ist:

$$q_{b1}/h_1 = -q_{b2}/h_2. \tag{30}$$

Setzt man $h_1 + h_2 = h_{12}$, so ergibt sich

$$h_1 = \frac{h_{12}q_{b1}}{q_{b1} - q_{b2}}, \tag{31}$$

Aus den gegebenen i'-Werten und dem Gestell d kann man die Lage der Punkte Q_1, Q_2, Q_3 und H ausrechnen. Zeichnet man den Kreis mit seinem Mittelpunkt auf A_0B_0 durch H und B_0, so schneidet dieser die Strahlen A_0X_1 und A_0X_2 in den Gelenkpunkten A_1 und A_2, und mit $A_0A_1 = A_0A_2$ ist die Kurbellänge a bestimmt. Mit dem gegebenen Winkel φ_{13} muß nun noch die Kurbellage A_0A_3 gezeichnet werden.

Verbindet man die Q-Punkte mit den entsprechenden A-Punkten, so sind damit auch die Koppellagen, noch nicht aber die Koppellängen b bekannt. Der Vorteil der durch die Symmetrielagen A_0A_1 und A_0A_2 erzwungenen Punktlagenreduktionen besteht darin, daß jeder beliebige Punkt auf den Strahlen Q_1A_1 und Q_2A_2 als Gelenk B gewählt werden kann; er wird immer auf den beiden Koppellagen einen Kreis um B_0 beschreiben. Um den einzig möglichen Punkt B zu finden, der dann auch noch auf der Koppelgeraden Q_3A_3 auf einem Kreis um B_0 liegt, ist folgende Konstruktion erforderlich: Man macht auf Q_1A_1 und Q_3A_3 durch die Annahme eines beliebigen Punktes D die Strecken $A_1D_1 = A_3D_3$ und dann $\triangle A_3D_3B_0 = \triangle A_1D_1B_{03}$. Damit ergibt sich der Punkt B_{03}. Auf der Strecke B_0B_{03} errichtet man die Mittelsenkrechte, die den Koppelstrahl Q_1A_1 in der Gelenklage B_1 schneidet, und dieser Punkt B_1 liegt dann mit seinen beiden anderen Lagen B_2 und B_3 auf einem Kreisbogen um B_0, womit die Koppellänge b ermittelt und damit die gestellte Aufgabe in allen Einzelheiten erfüllt ist.

[1] *Hain, K.:* Periodische Winkelgeschwindigkeits- und Drehmomentwandler. VDI-Z. 93 (1951) Nr. 9 S. 239/44.

Anhang: Tafeln

Bearbeitet von Dr.-Ing. **A. Leitner**, Berlin

Inhaltsübersicht

Wärmetechnische Werte

Feste Stoffe (Metalle und Schwefel) bei 760 Torr. Bez. Metalle vgl. a. S. 600

	Dichte kg/dm³	Spez. Wärme 0–100 °C kcal/kg grd	Schmelzpunkt °C	Schmelzwärme kcal/kg	Siedepunkt °C	Verdampfgswärme kcal/kg
Aluminium	2,7	0,22	660	85	2270	2800
Antimon	6,7	0,05	630,5	40	1635	300
Blei	11,34	0,031	327,3	5,7	1730	220
Eisen	7,86	0,111	1530	65	2500	1520
Iridium	22,42	0,032	2454	—	—	930
Kupfer	8,96	0,092	1083	50	2330	1110
Magnesium	1,74	0,247	650	50	1100	1350
Nickel	8,9	0,106	1455	70	3000	1480
Platin	21,45	0,032	1773	27	3804	600
Quecksilber	13,55	0,033	−38,9	2,8	357	72
Silber	10,5	0,056	960,8	25	1950	520
Wismut	9,8	0,03	271	13	1560	200
Wolfram	19,3	0,032	3380	60	6000	1150
Zink	7,14	0,092	419,4	26,8	907	430
Zinn	7,28	0,054	231,9	14	2300	620
Schwefel, rhombisch	2,07	0,172	112,8	9,4	444,6	70

Flüssigkeiten bei 760 Torr

Alkohol	0,79	0,57	−114,1	26	78,3	201
Äther	0,713	0,55	−116,3	22,24	34,48	86
Azeton	0,79	0,53	− 94,7	23,5	56,1	119,7
Benzin (n-Hexan)	0,66	—	− 95,3	36,13	68,74	80
Benzol	0,88	0,41	5,5	30,1	80,1	94
Glyzerin[1]	1,26	0,58	18	47,9	290	—
Kochsalzlösung, ges. (28%)	1,189	0,78	− 18	—	108	—
Leinöl	0,93	0,49	− 20	—	316	—
Meerwasser (3,5% Salzgeh.)	1,026	—	− 2	—	100,5	—
Petroleum	0,81	0,51	—	—	—	—
Schwefelkohlenstoff	1,263	0,25	−112	13,78	46,3	84
Terpentinöl	0,865	0,43	− 10	—	160	70
Toluol	0,87	0,40	− 95	17,17	110,6	86,8
Wasser	0,998	1,00	0	79,7	100	539,1

Gase bei 760 Torr

	kg/m³ 0 °C, 760 Torr	c_p				
Ammoniak	0,771	0,492	− 77,7	79,3	− 33,4	327,5
Argon	1,784	0,125	−189,4	7,0	−185,9	39,0
Äthylen	1,261	0,350	−169,5	24,9	−103,9	125
Helium	0,178	1,250	—	—	−268,9	5
Kohlendioxid	1,977	0,197	− 56,6	43,2	− 78,5*	137
Kohlenoxid	1,250	0,251	−205,1	7,2	−191,5	51,6
Luft	1,293	0,239	—	—	−191,4	47
Methan	0,717	0,520	−182,5	14	−161,5	131
Sauerstoff	1,429	0,218	−218,8	3,3	−183	51
Schwefeldioxid	2,926	0,151	− 75,5	27,6	− 10,2	93,1
Stickstoff	1,250	0,249	−210,0	6,1	−195,8	47,3
Wasserstoff	0,09	3,40	−259,2	13,9	−252,8	108,5

Spez. Wärme einiger fester Stoffe und Mineralöl bei ≈ 20 °C (kcal/kg grd)

Asbest	0,19	Holz, Eiche radial	0,57	Kunststoff, Plexiglas	0,3
Beton	0,21	Holz, Fichte radial	0,65	Kunststoff, PVC	0,23
Diamant	0,12	Kautschuk, vulk.	0,48	Mineralöl	0,45
Eis 0°	0,49	» Buna S	0,47	Porzellan 0/1000 °C	0,19/0,31
−40°	0,43	» Hartgummi	0,34	Vulkanfiber	0,33
Gesteine, Glas	≈ 0,20	Kunstst., Nylon, Perlon	0,45	Ziegelstein, Schamotte	0,20

[1] Erstarrungspunkt bei 0°: Schmelz- und Gefrierpunkt fallen nicht immer zusammen.

* CO_2 siedet nicht, sondern sublimiert bei 760 mm QS.

Gase und Dämpfe

		Dichte 0°, 760 Torr ϱ kg/m³	Gaskonstante R kpm/kggrd	Molekulargew. M —	Kritische Werte t_k °C	p_k at	v_k dm³/kg	$\varkappa = c_p/c_v$ bei 0°C
Ammoniak	NH_3	0,771	49,78	17,03	132,4	115,2	4,24	1,313
Azetylen	C_2H_2	1,174	32,59	26,04	35,9	63,75	4,33	1,255
Äthan	C_2H_6	1,356	28,22	30,07	32,3	49,8	4,8	1,20
Äthylen	C_2H_4	1,260	30,25	28,05	9,5	52,3	4,7	1,25
Argon	Ar	1,784	21,23	39,94	−122,3	49,9	1,9	1,66
Helium	He	0,179	212,0	4,0	−267,9	2,34	15	1,66
Kohlenoxid	CO	1,250	30,27	28,01	−140,2	35,68	3,22	1,400
Kohlensäure	CO_2	1,977	19,26	44,01	31,0	75,27	2,14	1,30
Luft		1,293	29,27	28,96	−140,7	38,5	3,2	1,402
Methan	CH_4	0,717	52,89	16,04	− 82,5	47,2	6,18	1,319
Sauerstoff	O_2	1,429	26,50	32,0	−118,4	51,8	2,33	1,400
Schweflige Säure	SO_2	2,926	13,24	64,1	157,5	80,4	1,92	1,272
Stickstoff	N_2	1,250	30,26	28,02	−146,9	34,5	3,22	1,400
Wasserstoff	H_2	0,09	420,55	2,016	−239,9	13,2	32,3	1,409
Wasserdampf	H_2O	(0,804)	47,06	18,0	374,1	225,56	3,17	1,332

Mittlere spez. Wärme von Gasen für 1 m_n^3 zwischen 0° und t °C

Mittlere spezifische Wärme $c_{pm}\Big|_{0^\circ}^{t^\circ}$ in kcal/m_n^3grd zwischen 0° und t°C von Gasen im realen Gaszustand bei $p = 760$ Torr = 1 atm nach *E. Justi*[1,2]. 1 m_n^3 = 1 kmol/22,414. Für H_2O-Dampf ist der ideale Gaszustand eingesetzt, da er bei $t = 0$°C einen Sättigungsdruck von nur 2 Torr hat; entsprechend ist für C_6H_6 $p = 76$ Torr = 0,1 atm im realen Zustand gerechnet. Bei H_2, H_2O und CO_2 wird die spezifische Wärme für höchste Temperaturen durch Zerfall (Dissoziation) beträchtlich erhöht. Zahlenangaben bei *Justi*[1], § 64.

In der unteren Zahlentafel sind die Beträge Δc_{pm} angegeben[2], die bei Drucksteigerung um je 1 atm zu addieren sind.

Man erhält c_{pm} in kcal/kggrd, wenn man die Tabellenwerte durch die angegebenen Dichten (kg/m_n^3) dividiert.

Die Werte für 0°C sind zugleich die wahre spez. Wärme c_p bei 0°C und 760 Torr.

t °C kg/m_n^3	H_2 0,090	N_2 1,250	O_2 1,429	Luft 1,293	CO 1,250	CO_2 1,977	H_2O (0,804)	CH_4 0,717	C_2H_2 1,171	C_2H_4 1,260	C_6H_6 (3,48)
0	0,306	0,311	0,313	0,310$_5$	0,311	0,389$_5$	0,356	0,369	0,458$_5$	0,452	0,680
25	0,307	0,311	0,313	0,310$_6$	0,311	0,395$_5$	0,357	0,378	0,472	0,465	0,712
100	0,309	0,311$_5$	0,315	0,311	0,311$_5$	0,412	0,358	0,387$_4$	0,495	0,506	0,818
200	0,310	0,312$_6$	0,319	0,313	0,312$_7$	0,432$_7$	0,362	0,420	0,524$_5$	0,558	0,945
300	0,311	0,314$_4$	0,324	0,315	0,315	0,450	0,368	0,451	0,549	0,606	1,07$_2$
400	0,311	0,317	0,329$_5$	0,318	0,318	0,465	0,373	0,481	0,569	0,651$_4$	1,18$_8$
500	0,312	0,319	0,334$_5$	0,321	0,321	0,481	0,378	0,509$_5$	0,586	0,692$_4$	1,29$_8$
600	0,313	0,322	0,339	0,324	0,324$_6$	0,493	0,384	0,537	0,602	0,729$_4$	1,38$_8$
700	0,314	0,325	0,343	0,327$_6$	0,328	0,504	0,390	0,563	0,617	0,763	1,49
800	0,315	0,328	0,347	0,331	0,331$_4$	0,513$_6$	0,396	0,588	0,631	0,799$_5$	1,57
900	0,316	0,331	0,350	0,334	0,334$_6$	0,523	0,403$_5$	0,610$_5$	0,643	0,824$_5$	1,65
1000	0,317$_6$	0,334	0,353$_5$	0,337	0,338	0,530	0,409	0,632$_4$	0,655	0,852	1,74
1100	0,319	0,337	0,356	0,340	0,341	0,538	0,416				
1200	0,321	0,340	0,359	0,342$_7$	0,344	0,544$_4$	0,422				
1300	0,323	0,342	0,361	0,345	0,346	0,550	0,428				
1400	0,325	0,345	0,363$_5$	0,347$_4$	0,348$_4$	0,555$_4$	0,434				
1500	0,326	0,347	0,366	0,350	0,350$_4$	0,560$_4$	0,439				
1750	0,331	0,352	0,370	0,354	0,355	0,571	0,453				
2000	0,336	0,356	0,375	0,360	0,359	0,580	0,465				

Bei höheren Temperaturen zerfallen die Kohlenwasserstoffe teilweise

Δc_{pm} je atm Drucksteigerung

t °C	H_2	N_2	O_2	Luft	CO	CO_2	H_2O	CH_4	C_2H_2	C_2H_4	C_6H_6
0	0,0000	0,0007	0,0008	0,0007	0,0008	0,0054	—	0,001$_6$	0,006$_6$	0,005	(0,102)
25	0,0000	0,0006	0,0007	0,0006	0,0007	0,0047	—	0,001$_4$	0,005$_6$	0,004	(0,08$_2$)
100	0,0000	0,0004	0,0006$_6$	0,0004	0,0005	0,0031	—	0,001$_6$	0,003$_8$	0,003	(0,05$_5$)
200	0,0000	0,0003	0,0004	0,0003	0,0003	0,0020	—	0,000$_7$	0,002$_6$	0,002	(0,03$_7$)

[1] *Justi, E.:* Spezifische Wärme, Enthalpie, Entropie und Dissoziation technischer Gase. Berlin: Springer 1938. [2] *Justi, E.:* Feuerungstechn. 26 (1938) 313 u. 385.

Dichte von Luft (kg/m³) bei 60, 80 und 100% relativer Feuchtigkeit bei Temperaturen von −10° bis +50 °C und Barometerständen von 720 bis 770 Torr

Torr	720			730			740			750			760			770		
relative Feuchtigkeit % / Temperatur des trockenen Thermometers	60	80	100	60	80	100	60	80	100	60	80	100	60	80	100	60	80	100
−10	1,271	1,271	1,271	1,289	1,289	1,289	1,307	1,307	1,307	1,325	1,325	1,325	1,342	1,342	1,342	1,360	1,360	1,360
− 8	1,261	1,261	1,261	1,279	1,279	1,279	1,297	1,297	1,297	1,316	1,316	1,315	1,332	1,332	1,332	1,350	1,350	1,350
− 6	1,252	1,252	1,251	1,270	1,270	1,269	1,288	1,288	1,287	1,307	1,307	1,306	1,322	1,322	1,322	1,340	1,340	1,340
− 4	1,243	1,243	1,242	1,260	1,260	1,260	1,278	1,278	1,277	1,297	1,297	1,296	1,311	1,311	1,311	1,330	1,330	1,330
− 2	1,234	1,233	1,232	1,251	1,250	1,250	1,268	1,268	1,267	1,287	1,286	1,285	1,301	1,300	1,300	1,320	1,319	1,319
+ 0	1,225	1,224	1,223	1,242	1,241	1,240	1,259	1,258	1,257	1,277	1,276	1,275	1,291	1,290	1,290	1,310	1,309	1,309
+ 2	1,216	1,215	1,214	1,233	1,232	1,231	1,249	1,248	1,247	1,267	1,266	1,265	1,282	1,281	1,280	1,301	1,300	1,300
+ 4	1,207	1,206	1,205	1,224	1,223	1,222	1,240	1,239	1,238	1,257	1,256	1,255	1,273	1,272	1,271	1,291	1,290	1,289
+ 6	1,198	1,197	1,196	1,215	1,214	1,213	1,230	1,229	1,228	1,248	1,247	1,246	1,264	1,263	1,262	1,281	1,280	1,279
+ 8	1,189	1,188	1,187	1,205	1,204	1,203	1,221	1,220	1,219	1,239	1,238	1,237	1,255	1,254	1,253	1,271	1,270	1,269
+10	1,180	1,179	1,178	1,196	1,195	1,194	1,212	1,211	1,210	1,230	1,229	1,228	1,245	1,244	1,243	1,262	1,261	1,260
+12	1,172	1,170	1,169	1,187	1,186	1,185	1,203	1,202	1,201	1,221	1,220	1,219	1,235	1,234	1,233	1,253	1,252	1,251
+14	1,163	1,161	1,160	1,178	1,177	1,176	1,194	1,193	1,192	1,212	1,211	1,210	1,226	1,225	1,224	1,244	1,243	1,242
+16	1,154	1,152	1,151	1,169	1,168	1,167	1,185	1,183	1,181	1,203	1,201	1,199	1,217	1,215	1,213	1,235	1,233	1,231
+18	1,145	1,143	1,141	1,161	1,159	1,157	1,176	1,174	1,172	1,194	1,192	1,190	1,208	1,206	1,204	1,225	1,223	1,221
+20	1,136	1,134	1,132	1,152	1,150	1,148	1,167	1,165	1,163	1,185	1,183	1,181	1,199	1,197	1,195	1,216	1,214	1,212
+22	1,127	1,125	1,123	1,143	1,141	1,139	1,158	1,156	1,154	1,176	1,174	1,172	1,190	1,188	1,186	1,207	1,205	1,203
+24	1,118	1,116	1,114	1,134	1,132	1,130	1,150	1,147	1,144	1,167	1,164	1,162	1,181	1,178	1,175	1,198	1,195	1,192
+26	1,110	1,107	1,104	1,125	1,123	1,121	1,141	1,138	1,135	1,158	1,155	1,152	1,172	1,169	1,166	1,189	1,186	1,183
+30	1,094	1,090	1,087	1,109	1,105	1,101	1,124	1,120	1,116	1,140	1,136	1,132	1,154	1,150	1,146	1,171	1,167	1,163
+34	1,077	1,072	1,068	1,092	1,087	1,082	1,107	1,102	1,097	1,122	1,117	1,112	1,136	1,131	1,126	1,153	1,148	1,143
+38	1,069	1,053	1,047	1,074	1,068	1,062	1,090	1,084	1,078	1,104	1,098	1,092	1,118	1,112	1,106	1,135	1,129	1,123
+42	1,041	1,034	1,027	1,056	1,049	1,042	1,072	1,065	1,058	1,086	1,079	1,072	1,100	1,093	1,086	1,117	1,110	1,103
+46	1,023	1,015	1,007	1,038	1,030	1,022	1,054	1,046	1,038	1,068	1,060	1,052	1,082	1,074	1,066	1,098	1,090	1,082
+50	1,005	0,995	0,985	1,020	1,010	1,000	1,035	1,025	1,015	1,050	1,040	1,030	1,064	1,054	1,044	1,079	1,069	1,059

Wärmeleitzahlen λ (kcal/m h grd)

Literatur: *Cammerer, J. S.:* Der Wärme- und Kälteschutz in der Industrie. 4. Aufl. Berlin: Springer 1962. — *D'Ans, J.*, u. *E. Lax:* Taschenbuch für Chemiker u. Physiker. 3. Aufl. Berlin: Springer 1964. — *Schmidt, E.:* Einführung in die Techn. Thermodynamik. 10. Aufl. Berlin: Springer 1963.

a) Metalle (s. a. S. 600)

Stoff	Meßtemperatur °C	λ
Aluminium (99%)	20	180
	100	187
	300	191
Blei, rein	20	29
Bronze, 88 Cu, 10 Sn, 2 Zn	20	41
Rotguß, 86 Cu, 7 Zn, 6,4 Sn	20	52
Gußeisen (3% C)	20	50
mit 1% Ni	20	43
	500	32
Kupfer, rein	20	340
Handelsware	20	300—320
Messing, 70 Cu, 30 Zn	20	96
61,5 Cu, 38,5 Zn	20	68
Nickel	20	50
	200	47
Silber	20	350—360

Stoff	Meßtemperatur °C	λ
Stahl (0,1% C)	100	45
	300	40
	600	32
	900	29
Chromstahl (0,8 Cr, 0,2 C)	20	34
Chromnickelstahl (17 bis 19 Cr, 8 Ni, 0,1—0,2 C)	20	12,5
	200	14,8
	500	18
V2A-Stahl	20	13
Zink, rein	20	97
	100	90
	300	86
Zinn, rein	20	57
	200	50
	500	29

b) Bau- und feuerfeste Stoffe

Stoff	Meßtemp. °C	Raumdichte kg/m³	λ
Beton, normalfeuchtes Mauerwerk	20	1600—2400	0,7—1,2
Stahlbeton	20	—	1,3
Gipsplatten	20	—	0,36
Glas	17	2400—2600	0,62
	100	2590	0,65
Quarzglas	20	—	1,2—1,6
Holz, lufttrocken,		200	0,048
⊥ Faser	20	400 } Fichte	0,079
		600 } Kiefer	0,111
		800 } Eiche	0,143
		1000 } Rotbuche	0,173
∥ Faser		600	0,32
		800	0,36
Magnesitsteine	200	2150—2800	1,15
	600		1,29
	1000		1,43
Marmor	20	2700	2,4
Porzellan	95	2300—2500	0,89
	1055		1,69

Stoff	Meßtemp. °C	Raumdichte kg/m³	λ
Sand, normal feucht	20	1640	0,97
trocken	20	1520	0,28
Schamottesteine	200	1650—2200	0,51
	600		0,66
	1000		0,82
Silikasteine	200	1510—2100	0,56
	600		0,88
	1000		1,19
Verputz	20	1690	0,68
Ziegelsteine	200	1400—2000	0,47
	600		0,83
	1000		1,11
Ziegelmauerwerk, normal feuchte Mauer	20	1450—1700	0,65 bis 0,80
Ziegelsteine, porös	20	600—800	0,10 bis 0,15
Ziegelsteine, porös, normal feucht	20	—	0,2—0,3

c) Verschiedene feste Stoffe

Stoff	Meßtemp. °C	Raumdichte kg/m³	λ
Eis	0	917	1,9
	—60	924	2,5
Schnee (Reif)	0	200	0,13
Erdreich, lehmig, feucht	0	2000	2,0
trocken	20	1340—1900	0,45
Gummischwamm	20	224	0,047
Gummi, weich	20	1100	0,11-0,20
Hartgummi	0	1200	0,135
	100		0,138

Stoff	Meßtemp. °C	Raumdichte kg/m³	λ
Kesselstein, siliziumreich	20	500—1000	0,08-0,15
kalkreich		1500—2000	0,37-0,84
gipsreich		2500—2800	1,57-2,10
Leder	20	1000	0,12-0,14
Plexiglas	20	1200	0,158
Polyamid (Nylon)			0,2
Polyäthylen			0,3
Ruß	40	165	0,06-0,10
Steinkohle	20	1200—1350	0,21-0,23

d) Isolierstoffe

Stoff	Meß-temp. °C	Raum-dichte kg/m³	λ	Stoff	Meß-temp. °C	Raum-dichte kg/m³	λ
Alfol, 10 mm Luftschicht	0		0,026	Kieselgursteine, gebrannt	50	200	0,071
	300		0,048		400		0,120
Asbest, lose	0	470	0,07		50	500	0,082
	100		0,09		500		0,163
Asbestplatte	40	930	0,1–0,14		50	730	0,113
Glaswolle	0	200	0,03		500		0,137
	100		0,045	Schlackenwolle,	30	200	0,034
	300		0,09	gestopft	0	300	0,05
Korkplatte	0	120	0,031		200		0,07
	50		0,035	Seide	0	100	0,04
	0	200	0,045		50		0,046
	50		0,05	Torfplatten, luft-			
Kieselgurmasse	50	448	0,062	trocken	20	120	0,039
	200		0,069			370	0,075
	50	840	0,146	Wolle	0	136	0,033
	200		0,151		100		0,050

e) Wasser, Wasserdampf, Luft, Rauchgas bei höheren Temperaturen (bei 1 at)

Wasser	Nach *Jakob*: $\lambda = 0{,}477(1 + 0{,}003t)$ zwischen $t = 0$ und $t = 80$°C								
Wasserdampf	t°C	100°	150°	200°	250°	300°	350°	400°	450°	500°
	λ	0,021	0,023	0,028	0,032	0,037	0,041	0,047	0,052	0,057
Luft, Rauchgase, Sauerstoff, Stickstoff	t°C	−20	0	50	100	150	200	250	300	350
	λ	0,019	0,021	0,024	0,027	0,029	0,032	0,034	0,037	0,039
	t°C	400	500	600	800	1000	1200	1400	1600	1800
	λ	0,042	0,046	0,050	0,058	0,066	0,073	0,080	0,087	0,094

Zähigkeit (Viskosität). Vgl. a. S. 298

Maßeinheiten und ihre Umrechnung

a) Physikalische Maße: η = *dynamische Viskosität*

Einheit im CGS-System dyn sec/cm² = 1 Poise (P) = 100 Centipoise (cP)
,, ,, techn. Maßsystem kp sec/m²
,, ,, MKS-System N sec/m² oder kg/(m sec)

Zusammenhang: 1 dyn sec/cm² = 1 P = 1 g/(cm sec) = 0,1 N sec/m²,
1 kp sec/m² = 98,1 P = 9,81 kg/(m sec) = 9,81 N sec/m².

ν = *kinematische Viskosität*

Einheit im CGS-System cm²/sec = 1 Stokes (St) = 100 Centistokes (cSt),
,, ,, techn. und MKS-System m²/sec.

Zusammenhang: 1 m²/sec = 10000 cm²/sec.

b) Konventionelle Maße: °E = Engler-Grade,
R = Redwood-Sekunden I und II (in England üblich),
SU = Saybolt-Universal-Sekunden (in USA üblich).

c) Umrechnung (vgl. a. S. 878)

dynamische Zähigkeit η					kinematische Zähigkeit ν				
	dyn sec/cm² = P	cP	$\frac{\text{kp sec}}{\text{m}^2}$	$\frac{\text{kp h}}{\text{m}^2}$		cm²/sec = St	cSt	$\frac{\text{m}^2}{\text{sec}}$	$\frac{\text{m}^2}{\text{h}}$
1 $\frac{\text{dyn sec}}{\text{cm}^2}$ = P	1	100	$1{,}02 \cdot 10^{-2}$	$2{,}833 \cdot 10^{-6}$	$\frac{\text{cm}^2}{\text{sec}}$ = 1 St	1	100	$1 \cdot 10^{-4}$	$3{,}6 \cdot 10^{-1}$
1 cP	0,01	1	$1{,}02 \cdot 10^{-4}$	$2{,}833 \cdot 10^{-8}$	1 cSt	0,01	1	$1 \cdot 10^{-6}$	$3{,}6 \cdot 10^{-3}$
1 kp sec/m²	98,1	9810	1	$2{,}778 \cdot 10^{-4}$	1 $\frac{\text{m}^2}{\text{sec}}$	$1 \cdot 10^{4}$	$1 \cdot 10^{6}$	1	$3{,}6 \cdot 10^{3}$
1 kp h/m²	$353{,}16 \cdot 10^{3}$	$353{,}16 \cdot 10^{5}$	$3{,}6 \cdot 10^{3}$	1	1 m²/h	2,778	277,8	$2{,}778 \cdot 10^{-4}$	1

Zähigkeit der Luft bei 1 atm = 760 Torr

Temp. in °C	−180	−160	−140	−120	−100	−80	−60	−40	−20
$10^6\eta$ in kpsec/m^2 oder 102η in cP	0,66	0,79	0,922	1,049	1,173	1,294	1,414	1,530	1,642
$\varrho = \frac{\gamma}{g}\ \frac{\text{kpsec}^2}{\text{m}^4}$	0,387	0,318	0,271	0,235	0,210	0,186	0,169	0,155	0,143
$10^6\nu$ in m^2/sec oder ν in cSt	1,71	2,49	3,40	4,46	5,52	6,94	8,36	9,89	11,53

	0	10	20	30	40	60	80	100	120
$10^6\eta$ in kpsec/m^2 oder 102η in cP	1,751	1,803	1,855	1,904	1,953	2,048	2,139	2,228	2,312
$\varrho = \frac{\gamma}{g}\ \frac{\text{kpsec}^2}{\text{m}^4}$	0,132	0,127	0,123	0,119	0,115	0,108	0,102	0,097	0,092
$10^6\nu$ in m^2/sec oder ν in cSt	13,28	14,18	15,10	16,03	16,98	18,92	20,92	23,04	25,22

	140	160	180	200	300	400	500	600	700
$10^6\eta$ in kpsec/m^2 oder 102η in cP	2,396	2,479	2,558	2,638	3,019	3,366	3,692	4,019	4,335
$\varrho = \frac{\gamma}{g}\ \frac{\text{kpsec}^2}{\text{m}^4}$	0,087	0,083	0,079	0,076	0,063	0,054	0,047	0,041	0,037
$10^6\nu$ in m^2/sec oder ν in cSt	27,45	29,80	32,16	34,65	48,0	62,9	79,2	97,4	117,2

Zähigkeit des Wassers bei 1 at = 735,56 Torr

Temp. in °C	0	10	20	30	40	50	60	80	100
$10^6\eta$ in kpsec/m^2 oder 102η in cP	182,8	133,3	102,2	81,2	66,6	55,7	47,5	36,2	28,8
$\varrho = \frac{\gamma}{g}\ \frac{\text{kpsec}^2}{\text{m}^4}$	102	101,9	101,7	101,5	101,2	101,0	100	99,1	97,6
$10^6\nu$ in m^2/sec oder ν in cSt	1,79	1,31	1,004	0,801	0,658	0,553	0,474	0,365	0,295

Zähigkeit des Wasserdampfes bei 1 at = 735,56 Torr

Temp. in °C	100	120	140	160	180	200	220	240	260
$10^6\eta$ in kpsec/m^2 oder 102η in cP	1,265	1,346	1,428	1,51	1,581	1,662	1,744	1,826	1,897
$\varrho = \frac{\gamma}{g}\ \frac{\text{kpsec}^2}{\text{m}^4}$	0,059	0,056	0,053	0,051	0,048	0,046	0,044	0,043	0,041
$10^6\nu$ in m^2/sec oder ν in cSt	21,5	24,1	26,9	29,9	32,9	36,1	39,5	43,0	46,6

	280	300	320	340	360	380	400	450	500
$10^6\eta$ in kpsec/m^2 oder 102η in cP	1,979	2,060	2,132	2,213	2,295	2,366	2,448	2,632	2,825
$\varrho = \frac{\gamma}{g}\ \frac{\text{kpsec}^2}{\text{m}^4}$	0,039	0,038	0,037	0,035	0,034	0,033	0,032	0,030	0,028
$10^6\nu$ in m^2/sec oder ν in cSt	50,4	54,3	58,3	62,5	66,8	71,2	75,8	87,7	100,4

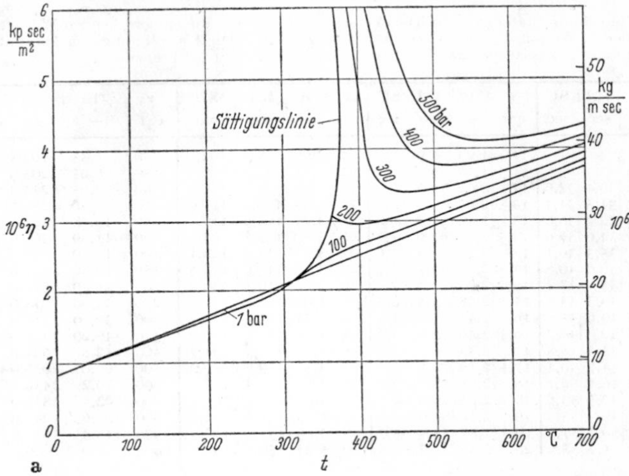

a

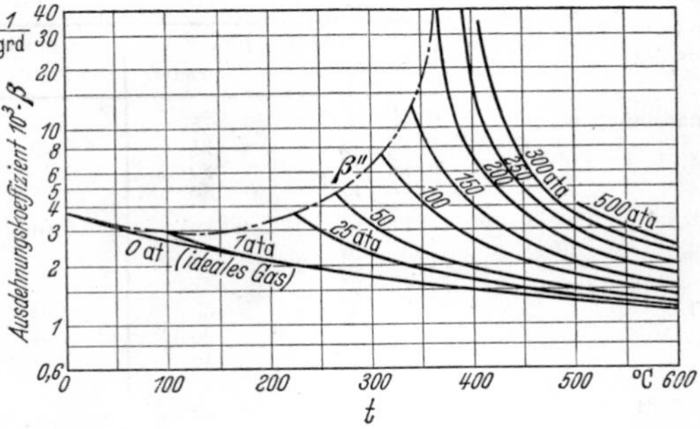

b

Wasserdampf

a **Dynamische Viskosität**
b **Ausdehnungskoeffizient**
c **Spezifische Wärme**
d **Wärmeleitzahl**

a und d nach *Mayinger, F.*, u. *U. Grigull:* BWK 17 (1965) 53/59.
b nach S. 468, Lit. 3.
c nach Landolt-Börnstein, 6. Aufl., Bd. IV/4a, S. 168

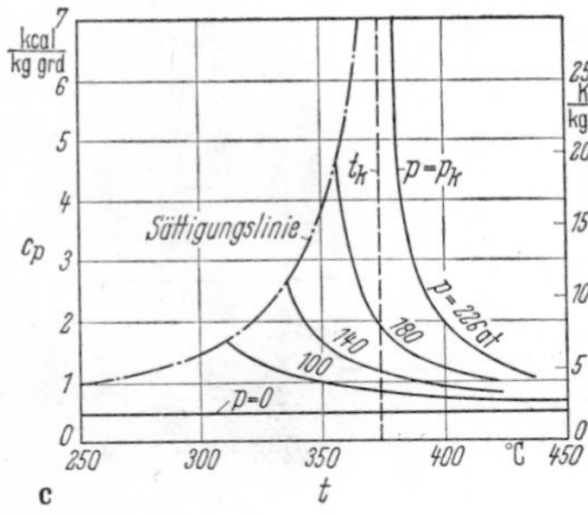

c

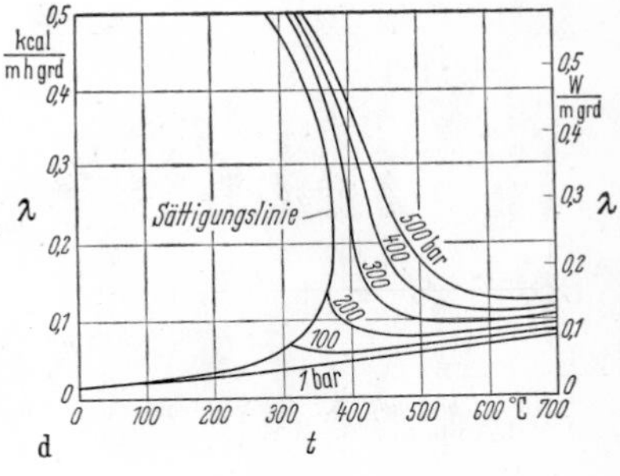

d

Umrechnungstafel für Viskositätswerte[1]

Die Umrechnungstafel gibt zur kinematischen Viskosität ν die entsprechenden Werte der konventionellen Maße, auf die *gleiche Temperatur* bezogen. — Die Umrechnung von konventionellen Maßen in Centistokes ist ungenau, im Bereich von $\nu = 1$ bis 9,5 cSt unzulässig.

ν cSt	°E —	R.I sec	SU sec	ν cSt	°E —	R.I sec	SU sec	ν cSt	°E —	R.I sec	SU sec	ν cSt	°E —	R.I sec	SU sec
1	1,0	—	—	11	1,93	54,9	62,4	21	2,99	88,8	102,0	40	5,35	163,5	186,3
1,5	1,06	—	—	11,5	1,98	56,4	64,2	22	3,11	92,5	106,4	50	6,65	203,9	232,1
2	1,12	30,4	32,6	12	2,02	58,0	66,0	23	3,23	96,3	110,7	60	7,95	244,3	278,3
2,5	1,17	31,5	34,4	12,5	2,07	59,6	67,9	24	3,35	100,1	115,0	70	9,26	284,7	324,4
3	1,22	32,7	36,0	13	2,12	61,2	69,8	25	3,47	103,9	119,3	80	10,58	325,1	370,8
3,5	1,26	34,0	37,6	13,5	2,17	62,9	71,7	26	3,59	107,8	123,7	90	11,89	365,6	417,1
4	1,31	35,3	39,1	14	2,22	64,5	73,6	27	3,71	111,7	128,1	100	13,20	406,0	463,5
4,5	1,35	36,6	40,8	14,5	2,27	66,2	75,5	28	3,83	115,6	132,5	150	19,80	609,0	695,2
5	1,39	38	42,4	15	2,33	67,8	77,4	29	3,96	119,5	136,9	200	26,40	812,0	926,9
5,5	1,44	39,3	44	15,5	2,38	69,5	79,3	30	4,08	123,5	141,3	250	33,00	1015,0	1158,7
6	1,48	40,6	45,6	16	2,43	71,2	81,3	31	4,21	127,4	145,7	300	39,60	1218,0	1390,4
6,5	1,52	42	47,2	16,5	2,49	72,9	83,3	32	4,33	131,4	150,2	350	46,20	1421,0	1622,1
7	1,57	43,3	48,8	17	2,54	74,6	85,3	33	4,46	135,4	154,7	400	52,8	1624,0	1853,9
7,5	1,61	44,7	50,4	17,5	2,59	76,3	87,4	34	4,59	139,4	159,2	500	66,0	2030,0	2317,4
8	1,65	46,1	52,1	18	2,65	78,1	89,4	35	4,71	143,4	163,7	600	79,2	2436,0	2781,0
8,5	1,70	47,5	53,8	18,5	2,71	79,8	91,5	36	4,84	147,4	168,2	700	92,4	2842,0	3244,5
9	1,74	49	55,5	19	2,76	81,6	93,6	37	4,97	151,4	172,7	800	105,6	3248,0	3708,0
9,5	1,79	50,4	57,2	19,5	2,82	83,4	95,7	38	5,09	155,4	177,3	900	118,8	3654,0	4171,5
10	1,83	51,9	58,9	20	2,88	85,2	97,8	39	5,22	159,5	181,8	1000	132,0	4060,0	4635,0

Für Viskositäten über 1000 cSt werden folgende Gleichungen empfohlen:

°E $= 0{,}132 \cdot \nu$	$\nu = 7{,}576 \cdot$ °E
R. I $= 4{,}06 \cdot \nu$	$\nu = 0{,}2463 \cdot$ R. I
SU $= 4{,}635 \cdot \nu$	$\nu = 0{,}2158 \cdot$ SU

Umrechnung in englische Maßeinheiten

1	lbf sec/in²	→	$68{,}75 \cdot 10^3$	Poise
$14{,}5 \cdot 10^{-6}$	,,	←	1	,,
1	lbf sec/ft²	→	478,8	Poise
$2{,}088 \cdot 10^{-3}$	,,	←	1	,,
1	lb (mass)/(ft sec)	→	14,882	Poise
$67{,}21 \cdot 10^{-3}$	,,	←	1	,,
1	ft²/sec	→	929,03	Stokes
$1{,}076 \cdot 10^{-3}$	,,	←	1	,,
1	ft²/h	→	0,2581	Stokes
3,875	,,	←	1	,,

Gegenüberstellung von SAE- und Normölen[2]

SAE-Öle für Motoren	SAE-Öle für Getriebe	Normöle cP/50°C
10 W	75	16
20 W	75	20
20 W 20	80	25
20 W 20	80	31,5
20	80	40
30	80	50
30		63
50	90	100
	90	160
	140	250
	250	400

Dynamische Zähigkeit einiger Stoffe (bei 20°C)

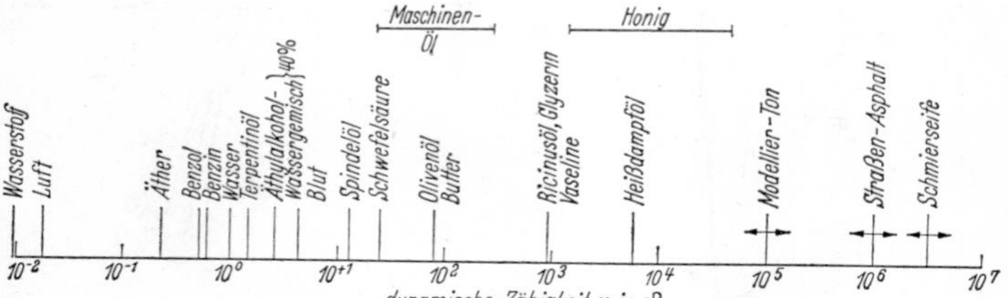

---

[1] Nach *Ubbelohde, L.*: Zur Viskosimetrie. 7. Aufl. Stuttgart: S. Hirzel Verlag 1965.

[2] Vgl. Anm. S. 879.

Viskositäts-Temperatur-Diagramm für Mineralöle[1]

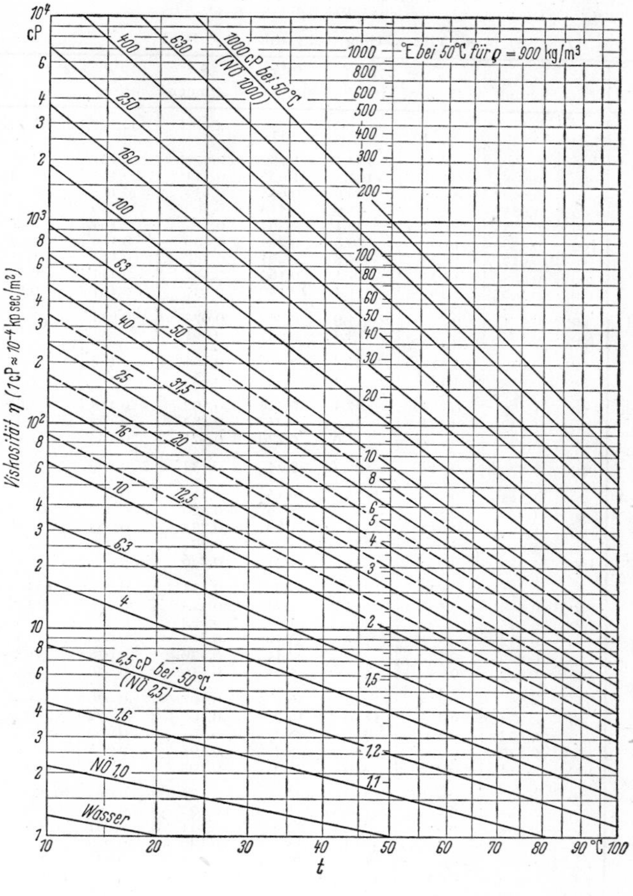

Viskositäts-Temperatur-Diagramme der vorstehenden Art haben den Vorteil, daß die η, t-Kurven durch Gerade dargestellt werden. Zur Kennzeichnung des Viskositätsverhaltens über den gesamten Temperaturbereich genügt also die Viskositätsmessung bei zwei verschiedenen Temperaturen. Lediglich zur Kontrolle kann man eine oder zwei Messungen zusätzlich ausführen.

Das Diagramm umfaßt 16 Normöle, deren Viskositätsverhalten dem handelsüblicher Öle entspricht. Ihre Viskositäten bei 50°C (für diese Temperatur auch in °E angegeben) sind so gestaffelt, daß sich beim Übergang von einer Viskositätsstufe zur anderen in einem normalen Ringschmierlager mit Selbstkühlung Temperaturunterschiede von ≈ 5 grd ergeben.

Im Bereich zwischen 2 und 10°E sind zusätzlich 4 Normöle aufgenommen (gestrichelte Linien); sie dienen einer noch mehr differenzierten Kennzeichnung des Viskositätsverhaltens der sog. mittleren Maschinenöle, die in diesem Bereich liegen.

[1] Nach *Vogelpohl, G.:* Betriebssichere Gleitlager. 1. Bd. Grundlagen u. Rechnungsgang. Berlin: Springer 1967.

Kennzeichnende Stoffwerte für die Wärmeübertragung

Nach *Schmidt, E.:* Einführung in die Techn. Thermodynamik, 10. Aufl., S. 393/95. Berlin: Springer 1963. — a ist die Temperaturleitzahl $\lambda/(c_p \varrho)$, vgl. S. 470.

a) Flüssigkeiten (bei 1 atm = 760 Torr)

Stoff	t	ϱ	c_p	$10^6 \eta$	$10^6 \nu$	λ	$10^6 a$	Pr	β
	°C	kg/dm³	kcal/kggrd	kpsec/m²	m²/sec	kcal/mhgrd	m²/sec		1/grd
Quecksilber	20	13,546	0,0333	159	0,115	8	5	0,023	0,000181
Wasser	0	0,9998	1,008	182,4	1,789	0,477	0,131	13,6	−0,00006
	20	0,9982	0,999	102,5	1,006	0,514	0,143	7,03	0,00020
	40	0,9921	0,998	66,6	0,658	0,539	0,151	4,35	0,00038
	60	0,983	1,001	47,9	0,478	0,560	0,159	3,01	0,00054
	80	0,972	1,003	36,1	0,364	0,575	0,164	2,22	0,00065
	100	0,958	1,007	28,8	0,294	0,586	0,169	1,75	0,00078
	150	0,917	1,020	18,8	0,201	0,587	0,174	1,15	0,00113
	200	0,865	1,075	14,1	0,160	0,572	0,171	0,94	0,00155
	250	0,799	1,16	11,4	0,140	0,537	0,161	0,87	0,00229
Kohlendioxid	20	0,771	0,87	4,9	0,062	0,075	0,031	2,00	0,0066
	30	0,596	—	3,3	0,054	0,061	—	—	0,0147
Ammoniak	0	0,639	1,11	24,5	0,376	0,464	0,182	2,07	0,00211
	20	0,610	1,14	22,4	0,361	0,425	0,170	2,12	0,00244
Schwefeldioxid	−20	1,485	0,304	47,4	0,313	0,192	0,118	2,65	0,00178
	0	1,435	0,324	37,5	0,257	0,182	0,109	2,36	0,00172
	+20	1,383	0,332	31,0	0,220	0,171	0,103	2,14	0,00194
Benzol C_6H_6	20	0,8791	0,415	66,3	0,740	0,132	0,10	7,33	0,00106
Äthylenglykol $C_2H_4(OH)_2$	20	1,113	0,569	2173	19,15	0,215	0,094	203	0,00064
	40	1,099	0,591	984	8,79	0,220	0,094	93,2	0,00065
	60	1,085	0,612	541	4,89	0,223	0,093	52,4	0,00065
	80	1,070	0,633	337	3,08	0,225	0,092	33,4	0,00066
	100	1,056	0,655	245	2,27	0,226	0,091	24,9	0,00067
Spindelöl	20	0,871	0,442	1331	15,0	0,124	0,089	168	0,00074
	40	0,858	0,462	694	7,93	0,123	0,086	92,0	0,00075
	60	0,845	0,482	426	4,95	0,122	0,083	59,4	0,00075
	80	0,832	0,502	289	3,40	0,121	0,080	42,1	0,00076
	100	0,820	0,522	204	2,44	0,120	0,078	31,4	0,00077
	120	0,807	0,542	157	1,91	0,119	0,076	25,3	0,00078
Transformatorenöl	20	0,866	0,452	3222	36,5	0,107	0,076	481	0,00069
	40	0,854	0,476	1450	16,7	0,106	0,072	230	0,00069
	60	0,842	0,500	746	8,7	0,105	0,069	126	0,00070
	80	0,830	0,525	440	5,2	0,103	0,066	79,4	0,00071
	100	0,818	0,548	316	3,8	0,102	0,063	60,3	0,00072
Flugmotorenöl Rotring	20	0,893	0,439	81192	892	0,125	0,088	10100	0,00068
	40	0,881	0,459	20808	231	0,123	0,084	2750	0,00069
	60	0,868	0,479	7262	82,0	0,121	0,081	1020	0,00070
	80	0,856	0,499	3213	36,7	0,120	0,078	471	0,00071
	100	0,844	0,520	1693	19,7	0,118	0,075	263	0,00072
	120	0,832	0,542	1010	11,9	0,117	0,072	166	0,00073
	140	0,819	0,564	663	7,94	0,115	0,069	115	0,00074
20% $MgCl_2$ Sole	−20	1,184	0,714	1321	10,94	0,337	0,110	98,8	—
	0	1,184	0,725	560	4,64	0,389	0,126	36,9	—
	+20	1,184	0,736	291	2,41	—	—	—	—
		kg/m³	**b) Gase** (bei 1 at = 735,56 Torr)						
Wasserstoff H_2	−50	0,1064	—	0,75	69	0,126	—	—	
	0	0,0869	3,40	0,86	97	0,151	142	0,68	
	50	0,0734	3,43	0,96	128	0,174	192	0,67	
	100	0,0636	3,45	1,05	162	0,197	250	0,65	
	200	0,0502	3,47	1,23	241	0,237	370	0,65	
	300	0,0415	3,48	1,42	336	0,255	446	0,65	
Wasserdampf H_2O	100	0,578	0,450	1,31	22,1	0,0208	19,6	1,12	Werte
	200	0,452	0,460	1,69	36,8	0,0282	37,6	0,97	für
	300	0,372	0,480	2,05	54,1	0,0367	57,1	0,95	β
	400	0,316	0,490	2,40	74,4	0,0474	85	0,88	vgl. b)
	500	0,275	0,52	2,73	97,5	0,0647	126	0,78	S. 877

Stoff	t °C	ϱ kg/m³	c_p kcal/kg grd	$10^6\,\eta$ kpsec/m²	$10^6\,\nu$ m²/sec	λ kcal/mh grd	$10^6\,a$ m²/sec	Pr
Luft	−50	1,533	0,240	1,49	9,5	0,0176	13,1	0,72
	0	1,251	0,240	1,74	13,6	0,0208	19,2	0,71
	50	1,057	0,240	2,00	18,6	0,0239	26,2	0,71
	100	0,916	0,241	2,22	23,8	0,0267	33,6	0,71
	200	0,722	0,245	2,64	35,9	0,0316	49,7	0,72
	300	0,596	0,250	3,02	49,7	0,0369	68,9	0,72
	400	0,508	0,255	3,36	64,8	0,0417	89,4	0,73
	600	0,391	0,266	3,96	99,3	0,0500	133,6	0,74
	800	0,318	0,276	4,53	140	0,0575	182	0,77
	1000	0,268	0,283	5,03	184	0,0655	240	0,77
	1200	0,232	0,289	5,48	232	0,0727	301	0,77
	1400	0,204	0,294	5,90	284	0,080	370	0,76
	1600	0,182	0,296	6,28	339	0,087	447	0,76
Kohlendioxid CO_2	−50	2,373	—	1,15	4,76	0,0094	—	—
	0	1,912	0,198	1,41	7,22	0,0123	9,0	0,80
	50	1,616	0,209	1,65	10,0	0,0153	12,6	0,80
	100	1,400	0,221	1,89	13,2	0,0183	16,4	0,80
	200	1,103	0,238	2,34	20,8	0,0243	25,8	0,81
Schwefeldioxid SO_2	0	2,83	0,149	1,18	4,1	0,0072	4,7	0,86
	50	—	0,155	1,43	—	—	—	—
	100	—	0,161	1,66	—	—	—	—
	200	—	0,172	2,11	—	—	—	—
Ammoniak NH_3	0	0,746	0,518	0,95	12,5	0,0189	13,6	0,92
	50	0,626	0,525	1,13	17,7	—	—	—
	100	0,540	0,533	1,33	24,1	0,0258	24,9	0,97
	200	0,425	0,572	1,69	39,1	—	—	—

Kältemischungen[1]

a) mit Eis

Substanz	Chemische Formel	Gew.-Teile Substanz auf 100 Gew.-Teile kleingemahlenes Eis	Eutektische Temperatur °C
Natriumkarbonat	Na_2CO_3	5,9	− 2,1
Kaliumnitrat	KNO_3	10,9	− 2,9
Natriumsulfat	Na_2SO_4	12,7	− 3,5
Magnesiumsulfat	$MgSO_4$	19	− 3,9
Kaliumchlorid	KCl	19,75	−11,1
Ammoniumchlorid	NH_4Cl	18,6	−15,8
Kalziumnitrat	$Ca(NO_3)_2$	35	−16
Ammoniumnitrat	NH_4NO_3	41,2	−17,3
Natriumnitrat	$NaNO_3$	37	−18,5
Ammoniumsulfat	$(NH_4)_2SO_4$	38,3	−19
Kochsalz	$NaCl$	23,3	−21,1
Ätznatron	$NaOH$	19	−28
Magnesiumchlorid	$MgCl_2$	21,6	−33,6
Kupferchlorid	$CuCl_2$	36	−40
Kalziumchlorid	$CaCl_2$	29,8	−55
Eisen-(3)-chlorid	$FeCl_3$	33,1	−55
Zinkchlorid	$ZnCl_2$	51	−62
Ätzkali	KOH	31,5	−65
Schwefeltrioxid	SO_3	32	−75
Chlorwasserstoff	HCl	24,8	−86

b) Nichtwäßrige Kältebäder (Einwerfen von Kohlensäureschnee im Überfluß)

Äthylalkohol — Kohlensäureschnee	− 72°C
Chloroform — Kohlensäureschnee	− 77°C
Äther — Kohlensäureschnee	−100°C

[1] Aus Kunststoffe 42 (1952) S. P 57.

Temperaturanzeige durch Segerkegel[1]. Vgl. a. S. 439 u. 602

Nr.	≈ °C	Nr.	≈ °C
022	600	1 a	1100
021	650	6 a	1200
020	670	8	1250
018	710	10	1300
016	750	12	1350
014a	815	14	1410
012a	855	16	1460
010a	900	18	1500
0 5a	1000	20	1530

Die Zahlentafel ist ein Auszug aus der 59 Nummern umfassenden Folge, die von Nr. 022 bis Nr. 42 entspr. ≈ 2000 °C reicht.

Die den einzelnen Nummern zugeordneten Temperaturen sind erreicht, wenn der Kegel beim Erweichen mit seiner Spitze die Unterlage berührt.

[1] Hergestellt vom Chem. Laboratorium für Tonindustrie, Berlin.

Auszug aus der Tabelle in Landolt-Börnstein, 6. Aufl. Bd. IV/4a, S. 43.

Strahlungszahlen *C* [kcal/m²h (grd)⁴]*. Vgl. a. S. 477

Stoff	Oberfläche	Temperatur °C	*C* kcal/m²h (grd)⁴
Dachpappe	—	21	4,52
Eichenholz	gehobelt	21	4,44
Emaillelack	schneeweiß	24	4,50
Glas	glatt	22	4,65
Kalkmörtel	rauh, weiß	21—83	4,6
Marmor	hellgrau, poliert	22	4,62
Porzellan	glasiert	22	4,58
Ruß	glatt	—	4,6
Schamottesteine	glasiert	1000	3,7
Spirituslack	schwarz, glänzend	25	4,08
Ziegelsteine	rot, rauh	22	4,6—4,7
Wasser	senkrechte Strahlung	—	4,75
Öl	in dicker Schicht	—	4,06
Ölanstrich	—	—	3,86
Aluminium	roh	26	0,35—0,43
	poliert	230	0,19
Blei	poliert	130	0,28
Grauguß	abgedreht	22	2,16
	flüssig	1330	1,4
Gold	poliert	630	0,17
Kupfer	poliert	23	0,24
	gewalzt	—	3,18
Messing	poliert	19	0,25
	poliert	300	0,15
	matt	56—338	1,10
Nickel	poliert	230	0,35
		380	0,43
Silber	poliert	230	0,10
Stahl	poliert	—	1,42
	matt oxydiert	26—356	4,76
Zink	verz. Eisenblech	28	1,13
	poliert	230	0,22
Zinn	blank verzinntes Blech	24	0,28—0,43
	Oxydierte Metalle		
Eisen	rot angerostet	20	3,04
	ganz verrostet	20	3,40
	glatte oder rauhe Gußhaut	23	4,0
Kupfer	schwarz	25	3,86
	oxydiert	600	2,8—3,6
Nickel	oxydiert	330	2,0
		1330	3,7

* Hauptsächlich nach *E. Schmidt:* Wärmestrahlung technischer Oberflächen bei gewöhnlicher Temperatur. Beiheft z. Gesundh.-Ing. 1927, und *H. Schmidt* u. *E. Furthmann:* Über die Gesamtstrahlung fester Körper. Düsseldorf: Stahl-Eisen 1928. (Wiedergegeben in *Schack:* Der industrielle Wärmeübergang.)

Polytrope Zustandsänderung der Gase ($n = 1{,}4$ ist Adiabate)

$\frac{p_1}{p_2}$	Für $n =$				Für $n =$			
	1,4	1,3	1,2	1,1	1,4	1,3	1,2	1,1
	ist $(p_1/p_2)^{1/n} = V_2/V_1 =$				ist $(p_1/p_2)^{(n-1)/n} = T_1/T_2 =$			
1,1	1,070	1,076	1,083	1,090	1,028	1,022	1,016	1,009
1,2	1,139	1,151	1,164	1,180	1,053	1,043	1,031	1,017
1,3	1,206	1,224	1,244	1,269	1,078	1,062	1,045	1,024
1,4	1,271	1,295	1,323	1,358	1,101	1,081	1,058	1,031
1,5	1,336	1,366	1,401	1,445	1,123	1,098	1,070	1,038
1,6	1,399	1,436	1,479	1,533	1,144	1,115	1,081	1,044
1,7	1,461	1,504	1,557	1,620	1,164	1,130	1,092	1,050
1,8	1,522	1,571	1,633	1,706	1,183	1,145	1,103	1,055
1,9	1,581	1,638	1,706	1,791	1,201	1,160	1,113	1,060
2,0	1,641	1,705	1,782	1,879	1,219	1,174	1,123	1,065
2,5	1,924	2,023	2,145	2,300	1,299	1,235	1,165	1,087
3,0	2,193	2,330	2,498	2,715	1,369	1,289	1,201	1,105
3,5	2,449	2,624	2,842	3,126	1,431	1,336	1,232	1,121
4,0	2,692	2,907	3,177	3,505	1,487	1,378	1,260	1,134
4,5	2,926	3,178	3,500	3,925	1,537	1,415	1,285	1,147
5,0	3,156	3,449	3,824	4,320	1,583	1,449	1,307	1,157
5,5	3,378	3,712	4,142	4,710	1,627	1,482	1,328	1,167
6,0	3,598	3,970	4,447	5,100	1,668	1,512	1,348	1,177
6,5	3,809	4,218	4,760	5,483	1,707	1,540	1,366	1,186
7,0	4,012	4,467	5,058	5,861	1,742	1,566	1,383	1,194
7,5	4,217	4,710	5,360	6,250	1,778	1,591	1,399	1,201
8,0	4,415	4,950	5,650	6,620	1,811	1,616	1,414	1,208
8,5	4,612	5,187	5,950	6,997	1,843	1,639	1,429	1,215
9,0	4,800	5,420	6,240	7,370	1,873	1,660	1,442	1,221
9,5	4,993	5,651	6,528	7,742	1,903	1,681	1,455	1,227
10,0	5,188	5,885	6,820	8,120	1,931	1,701	1,468	1,233
11	5,544	6,325	7,376	8,845	1,984	1,739	1,491	1,244
12	5,900	6,763	7,931	9,574	2,034	1,774	1,513	1,253
13	6,247	7,193	8,478	10,30	2,081	1,807	1,533	1,263
14	6,587	7,614	9,018	11,01	2,126	1,839	1,549	1,271
15	6,919	8,030	9,551	11,73	2,168	1,868	1,570	1,279
16	7,246	8,438	10,08	12,44	2,208	1,896	1,587	1,287
17	7,566	8,841	10,60	13,14	2,247	1,923	1,604	1,294
18	7,882	9,238	11,12	13,84	2,284	1,948	1,619	1,301
19	8,192	9,631	11,63	14,54	2,319	1,973	1,633	1,307
20	8,498	10,02	12,14	15,23	2,354	1,996	1,648	1,313
21	8,803	10,40	12,64	15,93	2,387	2,019	1,661	1,319
22	9,097	10,78	13,14	16,61	2,418	2,041	1,674	1,324
23	9,390	11,15	13,64	17,30	2,449	2,062	1,688	1,330
24	9,680	11,53	14,13	17,97	2,479	2,082	1,698	1,335
25	9,967	11,89	14,62	18,65	2,508	2,102	1,710	1,340
26	10,25	12,26	15,10	19,34	2,537	2,121	1,721	1,345
27	10,53	12,62	15,58	20,01	2,564	2,140	1,732	1,349
28	10,81	12,98	16,07	20,68	2,591	2,158	1,743	1,354
29	11,08	13,33	16,54	21,36	2,617	2,175	1,753	1,358
30	11,35	13,68	17,02	22,02	2,643	2,192	1,763	1,362
31	11,62	14,03	17,49	22,69	2,667	2,209	1,773	1,366
32	11,89	14,38	17,96	23,35	2,692	2,225	1,782	1,370
33	12,15	14,69	18,43	24,01	2,715	2,241	1,792	1,374
34	12,42	15,06	18,89	24,68	2,739	2,256	1,800	1,378
35	12,67	15,41	19,35	25,34	2,761	2,272	1,809	1,382
36	12,93	15,74	19,81	25,99	2,784	2,287	1,817	1,385
37	13,19	16,07	20,26	26,65	2,806	2,301	1,826	1,389
38	13,44	16,41	20,72	27,30	2,827	2,315	1,834	1,392
39	23,69	16,74	21,18	27,95	2,848	2,329	1,842	1,395
40	13,94	17,07	21,63	28,60	2,869	2,343	1,850	1,398

Dampftafel. *Sättigungszustand* (*Drucktafel*)[1] für at und kcal

p at	t °C	v' dm³/kg	v'' m³/kg	ϱ'' kg/m³	h' kcal/kg	h''	r kcal/kg	s' kcal/kg grd	s''
0,010	6,699	1,0001	131,6	0,007597	6,722	600,4	593,7	0,02431	2,1457
0,015	12,737	1,0005	89,62	0,01116	12,77	603,1	590,3	0,04569	2,1104
0,020	17,204	1,0012	68,26	0,01465	17,24	605,0	587,8	0,06119	2,0855
0,025	20,779	1,0019	55,27	0,01809	20,81	606,6	585,8	0,07342	2,0663
0,030	23,775	1,0026	46,52	0,02150	23,80	607,9	584,1	0,08355	2,0506
0,035	26,362	1,0033	40,21	0,02487	26,38	609,0	582,6	0,09221	2,0374
0,040	28,645	1,0039	35,45	0,02821	28,66	610,0	581,3	0,09979	2,0260
0,045	30,692	1,0045	31,72	0,03153	30,71	610,9	580,2	0,10654	2,0160
0,050	32,550	1,0051	28,72	0,03482	32,56	611,7	579,1	0,11262	2,0070
0,055	34,254	1,0057	26,25	0,03810	34,26	612,4	578,1	0,11816	1,9989
0,060	35,828	1,0062	24,18	0,04135	35,83	613,1	577,3	0,12326	1,9915
0,065	37,292	1,0068	22,42	0,04459	37,29	613,7	576,4	0,12798	1,9848
0,070	38,661	1,0073	20,91	0,04782	38,66	614,3	575,6	0,13237	1,9785
0,075	39,949	1,0078	19,60	0,05103	39,94	614,9	574,9	0,13649	1,9727
0,080	41,164	1,0083	18,44	0,05423	41,16	615,4	574,2	0,14035	1,9672
0,085	42,316	1,0087	17,42	0,05741	42,31	615,9	573,6	0,14400	1,9621
0,090	43,411	1,0092	16,50	0,06059	43,40	616,3	572,9	0,14746	1,9573
0,095	44,454	1,0096	15,69	0,06375	44,44	616,8	572,3	0,15075	1,9528
0,10	45,451	1,0101	14,95	0,06690	45,44	617,2	571,8	0,15388	1,9485
0,12	49,054	1,0117	12,59	0,07942	49,04	618,7	569,7	0,16511	1,9332
0,14	52,174	1,0131	10,89	0,09181	52,15	620,0	567,9	0,17473	1,9204
0,16	54,933	1,0145	9,608	0,1041	54,91	621,2	566,3	0,18316	1,9093
0,18	57,411	1,0158	8,601	0,1163	57,38	622,2	564,9	0,19068	1,8995
0,20	59,665	1,0170	7,791	0,1283	59,64	623,2	563,5	0,19747	1,8907
0,25	64,556	1,0197	6,319	0,1582	64,53	625,2	560,7	0,21206	1,8723
0,30	68,676	1,0221	5,326	0,1878	68,65	626,9	558,2	0,22419	1,8573
0,40	75,417	1,0262	4,067	0,2459	75,40	629,6	554,2	0,24373	1,8338
0,50	80,860	1,0298	3,300	0,3030	80,86	631,8	550,9	0,25926	1,8156
0,60	85,454	1,0329	2,782	0,3594	85,46	633,6	548,1	0,27219	1,8007
0,70	89,446	1,0357	2,408	0,4152	89,47	635,1	545,7	0,28330	1,7882
0,80	92,988	1,0383	2,125	0,4705	93,03	636,5	543,5	0,29306	1,7774
0,90	96,178	1,0407	1,904	0,5253	96,24	637,7	541,5	0,30178	1,7679
1,0	99,087	1,0430	1,725	0,5797	99,17	638,8	539,6	0,30968	1,7594
1,5	110,788	1,0525	1,180	0,8472	110,98	643,1	532,1	0,34088	1,7268
2,0	119,615	1,0603	0,9018	1,109	119,92	646,2	526,3	0,36387	1,7038
2,5	126,788	1,0669	0,7317	1,367	127,2	648,6	521,4	0,38223	1,6859
3,0	132,875	1,0728	0,6168	1,621	133,4	650,6	517,1	0,39760	1,6713
3,5	138,189	1,0782	0,5337	1,874	138,8	652,2	513,4	0,41086	1,6590
4,0	142,921	1,0831	0,4708	2,124	143,7	653,7	510,0	0,42256	1,6482
4,5	147,198	1,0877	0,4214	2,373	148,1	654,9	506,8	0,43305	1,6388
5,0	151,110	1,0920	0,3816	2,620	152,1	656,0	503,9	0,44256	1,6303
5,5	154,714	1,0961	0,3489	2,866	155,8	657,0	501,1	0,45130	1,6226
6,0	158,076	1,1000	0,3213	3,112	159,3	657,9	498,6	0,45935	1,6156
6,5	161,214	1,1036	0,2980	3,357	162,7	658,8	496,1	0,46688	1,6092
7,0	164,170	1,1072	0,2778	3,600	165,7	659,5	493,8	0,47388	1,6031
7,5	166,965	1,1107	0,2603	3,843	168,5	660,1	491,6	0,48048	1,5975
8,0	169,607	1,1140	0,2448	4,086	171,3	660,8	489,5	0,48672	1,5922
8,5	172,127	1,1171	0,2311	4,327	174,0	661,4	487,4	0,49262	1,5872
9,0	174,530	1,1203	0,2188	4,570	176,5	661,9	485,4	0,49825	1,5826
9,5	176,832	1,1233	0,2079	4,811	178,9	662,4	483,5	0,50360	1,5781
10,0	179,038	1,1262	0,1979	5,052	181,3	662,9	481,6	0,50873	1,5739

[1] Auszug aus *E. Schmidt:* VDI-Wasserdampftafeln (kcal, at), 7. Aufl. Berlin/München: Springer/R. Oldenbourg 1968.

Dampftafel. *Sättigungszustand* (*Drucktafel*) für at und kcal (Fortsetzung)

p	t	v'	v''	ϱ''	h'	h''	r	s'	s''
at	°C	dm³/kg	m³/kg	kg/m³	kcal/kg		kcal/kg	kcal/kg grd	
11	183,204	1,1319	0,1807	5,533	185,7	663,7	478,1	0,51836	1,5660
12	187,081	1,1373	0,1663	6,014	189,8	664,5	474,7	0,52728	1,5588
13	190,713	1,1425	0,1540	6,494	193,6	665,1	471,5	0,53559	1,5521
14	194,132	1,1476	0,1434	6,974	197,3	665,7	468,4	0,54338	1,5458
15	197,365	1,1524	0,1342	7,454	200,8	666,2	465,5	0,55071	1,5400
16	200,434	1,1572	0,1260	7,934	204,1	666,7	462,6	0,55765	1,5345
17	203,357	1,1618	0,1189	8,414	207,2	667,1	459,9	0,56423	1,5293
18	206,149	1,1663	0,1124	8,894	210,2	667,4	457,2	0,57050	1,5243
19	208,823	1,1706	0,1067	9,375	213,1	667,7	454,6	0,57650	1,5197
20	211,390	1,1749	0,1015	9,857	215,9	668,0	452,1	0,58223	1,5152
21	213,859	1,1791	0,09672	10,34	218,6	668,2	449,6	0,58773	1,5109
22	216,238	1,1833	0,09241	10,82	221,2	668,5	447,2	0,59302	1,5068
23	218,535	1,1873	0,08845	11,31	223,8	668,6	444,9	0,59812	1,5029
24	220,757	1,1913	0,08482	11,79	226,2	668,8	442,6	0,60304	1,4991
25	222,907	1,1953	0,08147	12,28	228,6	668,9	440,3	0,60779	1,4954
26	224,992	1,1991	0,07836	12,76	230,9	669,0	438,1	0,61240	1,4919
28	228,984	1,2067	0,07279	13,74	235,4	669,2	433,8	0,62119	1,4851
30	232,761	1,2142	0,06794	14,72	239,6	669,3	429,7	0,62950	1,4788
32	236,349	1,2215	0,06368	15,70	243,7	669,3	425,7	0,63737	1,4728
34	239,769	1,2286	0,05990	16,69	247,6	669,3	421,7	0,64486	1,4670
36	243,038	1,2356	0,05653	17,69	251,3	669,2	417,9	0,65201	1,4616
38	246,170	1,2425	0,05350	18,69	254,9	669,1	414,2	0,65885	1,4564
40	249,178	1,2494	0,05076	19,70	258,4	668,9	410,5	0,66542	1,4514
45	256,224	1,2662	0,04494	22,25	266,6	668,3	401,7	0,68079	1,4396
50	262,694	1,2826	0,04025	24,85	274,3	667,6	393,3	0,69492	1,4288
55	268,688	1,2988	0,03638	27,49	281,5	666,6	385,1	0,70802	1,4187
60	274,279	1,3149	0,03313	30,18	288,3	665,5	377,2	0,72027	1,4092
65	279,525	1,3309	0,03036	32,93	294,8	664,2	369,4	0,73180	1,4001
70	284,472	1,3469	0,02798	35,74	301,0	662,8	361,8	0,74273	1,3915
75	289,156	1,3630	0,02589	38,62	307,0	661,3	354,3	0,75313	1,3832
80	293,608	1,3791	0,02406	41,56	312,8	659,7	346,9	0,76308	1,3752
85	297,851	1,3954	0,02243	44,58	318,4	658,0	339,6	0,77262	1,3674
90	301,908	1,4119	0,02098	47,67	323,8	656,2	332,4	0,78182	1,3598
95	305,795	1,4287	0,01967	50,85	329,1	654,3	325,2	0,79071	1,3524
100	309,528	1,4457	0,01848	54,12	334,3	652,3	318,0	0,79933	1,3451
110	316,582	1,4809	0,01641	60,94	344,3	648,1	303,7	0,81586	1,3309
120	323,154	1,5177	0,01466	68,22	354,0	643,5	289,4	0,83164	1,3170
130	329,310	1,5568	0,01315	76,04	363,5	638,4	274,9	0,84685	1,3031
140	335 101	1,5985	0,01183	84,52	372,8	632,8	259,9	0,86162	1,2890
150	340,570	1,6437	0,01066	93,79	382,1	626,6	244,5	0,87610	1,2745
160	345,750	1,6935	0,009615	104,0	391,3	619,7	228,4	0,89045	1,2595
170	350,668	1,7491	0,008672	115,3	400,7	612,2	211,5	0,90496	1,2440
180	355,349	1,8139	0,007794	128,3	410,8	603,7	192,9	0,92046	1,2274
190	359,812	1,8921	0,006974	143,4	420,9	594,1	173,2	0,93584	1,2094
200	364,073	1,9902	0,006187	161,6	431,6	582,8	151,1	0,95201	1,1892
210	368,149	2,1242	0,005385	185,7	444,1	568,4	124,3	0,97081	1,1645
220	372,051	2,3688	0,004423	226,1	462,7	545,8	83,1	0,99877	1,1276
224	373,566	2,6276	0,003807	262,6	478,0	527,1	49,1	1,02221	1,0981
225,56	374,15	3,17	0,00317	315,5	503,3		0	1,0612	

Dampftafel. *Sättigungszustand* (*Drucktafel*)[1] für bar und kJ

p bar	t °C	v' dm³/kg	v'' m³/kg	ϱ'' kg/m³	h' kJ/kg	h'' kJ/kg	r kJ/kg	s' kJ/kg grd	s'' kJ/kg grd
0,010	6,9808	1,0001	129,20	0,007739	29,34	2514,4	2485,0	0,1060	8,9767
0,015	13,036	1,0006	87,98	0,01137	54,71	2525,5	2470,7	0,1957	8,8288
0,020	17,513	1,0012	67,01	0,01492	73,46	2533,6	2460,2	0,2607	8,7246
0,025	21,096	1,0020	54,26	0,01843	88,45	2540,2	2451,7	0,3119	8,6440
0,030	24,100	1,0027	45,67	0,02190	101,00	2545,6	2444,6	0,3544	8,5785
0,035	26,694	1,0033	39,48	0,02533	111,85	2550,4	2438,5	0,3907	8,5232
0,040	28,983	1,0040	34,80	0,02873	121,41	2554,5	2433,1	0,4225	8,4755
0,045	31,035	1,0046	31,14	0,03211	129,99	2558,2	2428,2	0,4507	8,4335
0,050	32,898	1,0052	28,19	0,03547	137,77	2561,6	2423,8	0,4763	8,3960
0,055	34,605	1,0058	25,77	0,03880	144,91	2564,7	2419,8	0,4995	8,3621
0,060	36,183	1,0064	23,74	0,04212	151,50	2567,5	2416,0	0,5209	8,3312
0,065	37,651	1,0069	22,02	0,04542	157,64	2570,2	2412,5	0,5407	8,3029
0,070	39,025	1,0074	20,53	0,04871	163,38	2572,6	2409,2	0,5591	8,2767
0,075	40,316	1,0079	19,24	0,05198	168,77	2574,9	2406,2	0,5763	8,2523
0,080	41,534	1,0084	18,10	0,05523	173,86	2577,1	2403,2	0,5925	8,2296
0,085	42,689	1,0089	17,10	0,05848	178,69	2579,2	2400,5	0,6079	8,2082
0,090	43,787	1,0094	16,20	0,06171	183,28	2581,1	2397,9	0,6224	8,1881
0,095	44,833	1,0098	15,40	0,06493	187,65	2583,0	2395,3	0,6361	8,1691
0,10	45,833	1,0102	14,67	0,06814	191,83	2584,8	2392,9	0,6493	8,1511
0,12	49,446	1,0119	12,36	0,08089	206,94	2591,2	2384,3	0,6963	8,0872
0,14	52,574	1,0133	10,69	0,09351	220,02	2596,7	2376,7	0,7367	8,0334
0,16	55,341	1,0147	9,433	0,1060	231,59	2601,6	2370,0	0,7721	7,9869
0,18	57,826	1,0160	8,445	0,1184	241,99	2605,9	2363,9	0,8036	7,9460
0,20	60,086	1,0172	7,650	0,1307	251,45	2609,9	2358,4	0,8321	7,9094
0,25	64,992	1,0199	6,204	0,1612	271,99	2618,3	2346,4	0,8932	7,8323
0,30	69,124	1,0223	5,229	0,1912	289,30	2625,4	2336,1	0,9441	7,7695
0,40	75,886	1,0265	3,993	0,2504	317,65	2636,9	2319,2	1,0261	7,6709
0,45	78,743	1,0284	3,576	0,2796	329,64	2641,7	2312,0	1,0603	7,6307
0,50	81,345	1,0301	3,240	0,3086	340,56	2646,0	2305,4	1,0912	7,5947
0,55	83,737	1,0317	2,964	0,3374	350,61	2649,9	2299,3	1,1194	7,5623
0,60	85,954	1,0333	2,732	0,3661	359,93	2653,6	2293,6	1,1454	7,5327
0,65	88,021	1,0347	2,535	0,3945	368,62	2656,9	2288,3	1,1696	7,5055
0,70	89,959	1,0361	2,365	0,4229	376,77	2660,1	2283,3	1,1921	7,4804
0,75	91,785	1,0375	2,217	0,4511	384,45	2663,0	2278,6	1,2131	7,4570
0,80	93,512	1,0387	2,087	0,4792	391,72	2665,8	2274,0	1,2330	7,4352
0,85	95,152	1,0400	1,972	0,5071	398,63	2668,4	2269,8	1,2518	7,4147
0,90	96,713	1,0412	1,869	0,5350	405,21	2670,9	2265,6	1,2696	7,3954
1,0	99,632	1,0434	1,694	0,5904	417,51	2675,4	2257,9	1,3027	7,3598
1,5	111,37	1,0530	1,159	0,8628	467,13	2693,4	2226,2	1,4336	7,2234
2,0	120,23	1,0608	0,8854	1,129	504,70	2706,3	2201,6	1,5301	7,1268
2,5	127,43	1,0675	0,7184	1,392	535,34	2716,4	2181,0	1,6071	7,0520
3,0	133,54	1,0735	0,6056	1,651	561,43	2724,7	2163,2	1,6716	6,9909
3,5	138,87	1,0789	0,5240	1,908	584,27	2731,6	2147,4	1,7273	6,9392
4,0	143,62	1,0839	0,4622	2,163	604,67	2737,6	2133,0	1,7764	6,8943
4,5	147,92	1,0885	0,4138	2,417	623,16	2742,9	2119,7	1,8204	6,8547
5,0	151,84	1,0928	0,3747	2,669	640,12	2747,5	2107,4	1,8604	6,8192
6,0	158,84	1,1009	0,3155	3,170	670,42	2755,5	2085,0	1,9308	6,7575
7,0	164,96	1,1082	0,2727	3,667	697,06	2762,0	2064,9	1,9918	6,7052
8,0	170,41	1,1150	0,2403	4,162	720,94	2767,5	2046,5	2,0457	6,6596
9,0	175,36	1,1213	0,2148	4,655	742,64	2772,1	2029,5	2,0941	6,6192
10,0	179,88	1,1274	0,1943	5,147	762,61	2776,2	2013,6	2,1382	6,5828

Dampftafel. *Sättigungszustand* (*Drucktafel*) für bar und kJ (Fortsetzung)

p bar	t °C	v' dm³/kg	v'' m³/kg	ϱ'' kg/m³	h' kJ/kg	h'' kJ/kg	r kJ/kg	s' kJ/kg grd	s'' kJ/kg grd
11	184,07	1,1331	0,1774	5,637	781,13	2779,7	1998,5	2,1786	6,5497
12	187,96	1,1386	0,1632	6,127	798,43	2782,7	1984,3	2,2161	6,5194
13	191,61	1,1438	0,1511	6,617	814,70	2785,4	1970,7	2,2510	6,4913
14	195,04	1,1489	0,1407	7,106	830,08	2787,8	1957,7	2,2837	6,4651
15	198,29	1,1539	0,1317	7,596	844,67	2789,9	1945,2	2,3145	6,4406
16	201,37	1,1586	0,1237	8,085	858,56	2791,7	1933,2	2,3436	6,4175
17	204,31	1,1633	0,1166	8,575	871,84	2793,4	1921,5	2,3713	6,3957
18	207,11	1,1678	0,1103	9,065	884,58	2794,8	1910,3	2,3976	6,3751
19	209,80	1,1723	0,1047	9,555	896,81	2796,1	1899,3	2,4228	6,3554
20	212,37	1,1766	0,09954	10,05	908,59	2797,2	1888,6	2,4469	6,3367
21	214,85	1,1809	0,09489	10,54	919,96	2798,2	1878,2	2,4700	6,3187
22	217,24	1,1850	0,09065	11,03	930,95	2799,1	1868,1	2,4922	6,3015
23	219,55	1,1892	0,08677	11,52	941,60	2799,8	1858,2	2,5136	6,2849
24	221,78	1,1932	0,08320	12,02	951,93	2800,4	1848,5	2,5343	6,2690
25	223,94	1,1972	0,07991	12,51	961,96	2800,9	1839,0	2,5543	6,2536
26	226,04	1,2011	0,07686	13,01	971,72	2801,4	1829,6	2,5736	6,2387
28	230,05	1,2088	0,07139	14,01	990,48	2802,0	1811,5	2,6106	6,2104
30	233,84	1,2163	0,06663	15,01	1008,4	2802,3	1793,9	2,6455	6,1837
32	237,45	1,2237	0,06244	16,02	1025,4	2802,3	1776,9	2,6786	6,1585
34	240,88	1,2310	0,05873	17,03	1041,8	2802,1	1760,3	2,7101	6,1344
36	244,16	1,2381	0,05541	18,05	1057,6	2801,7	1744,2	2,7401	6,1115
38	247,31	1,2451	0,05244	19,07	1072,7	2801,1	1728,4	2,7689	6,0896
40	250,33	1,2521	0,04975	20,10	1087,4	2800,3	1712,9	2,7965	6,0685
45	257,41	1,2691	0,04404	22,71	1122,1	2797,7	1675,6	2,8612	6,0191
50	263,91	1,2858	0,03943	25,36	1154,5	2794,2	1639,7	2,9206	5,9735
55	269,93	1,3023	0,03563	28,07	1184,9	2789,9	1605,0	2,9757	5,9309
60	275,55	1,3187	0,03244	30,83	1213,7	2785,0	1571,3	3,0273	5,8908
65	280,82	1,3350	0,02972	33,65	1241,1	2779,5	1538,4	3,0759	5,8527
70	285,79	1,3513	0,02737	36,53	1267,4	2773,5	1506,0	3,1219	5,8162
75	290,50	1,3677	0,02533	39,48	1292,7	2766,9	1474,2	3,1657	5,7811
80	294,97	1,3842	0,02353	42,51	1317,1	2759,9	1442,8	3,2076	5,7471
85	299,23	1,4009	0,02193	45,61	1340,7	2752,5	1411,7	3,2479	5,7141
90	303,31	1,4179	0,02050	48,79	1363,7	2744,6	1380,9	3,2867	5,6820
95	307,21	1,4351	0,01921	52,06	1386,1	2736,4	1350,2	3,3242	5,6506
100	310,96	1,4526	0,01804	55,43	1408,0	2727,7	1319,7	3,3605	5,6198
110	318,05	1,4887	0,01601	62,48	1450,6	2709,3	1258,7	3,4304	5,5595
120	324,65	1,5268	0,01428	70,01	1491,8	2689,2	1197,4	3,4972	5,5002
130	330,83	1,5672	0,01280	78,14	1532,0	2667,0	1135,0	3,5616	5,4408
140	336,64	1,6106	0,01150	86,99	1571,6	2642,4	1070,7	3,6242	5,3803
150	342,13	1,6579	0,01034	96,71	1611,0	2615,0	1004,0	3,6859	5,3178
160	347,33	1,7103	0,009308	107,4	1650,5	2584,9	934,3	3,7471	5,2531
170	352,26	1,7696	0,008371	119,5	1691,7	2551,6	859,9	3,8107	5,1855
180	356,96	1,8399	0,007498	133,4	1734,8	2513,9	779,1	3,8765	5,1128
190	361,43	1,9260	0,006678	149,8	1778,7	2470,6	692,0	3,9429	5,0332
200	365,70	2,0370	0,005877	170,2	1826,5	2418,4	591,9	4,0149	4,9412
210	369,78	2,2015	0,005023	199,1	1886,3	2347,6	461,3	4,1048	4,8223
220	373,69	2,6714	0,003728	268,3	2011,1	2195,6	184,5	4,2947	4,5799
221,2	374,15	3,17	0,00317	315,5	2107,4		0	4,4429	

[1] Auszug aus Propertics of Water and Steam in SI-Units. Berlin, Springer 1969.

Dampftafel. *Sättigungszustand* (*Temperaturtafel*)[1] für at und kcal bzw. bar und kJ

t °C	p at	v' dm³/kg	v'' m³/kg	ϱ'' kg/m³	h' kcal/kg	h'' kcal/kg	r kcal/kg	s' kcal/kg grd	s'' kcal/kg grd	p bar	h' kJ/kg	h'' kJ/kg	r kJ/kg	s' kJ/kg grd	s'' kJ/kg grd	t °C
0	0,006228	1,0002	206,3	0,004847	−0,01	597,5	597,5	−0,00004	2,1873	0,006108	−0,04	2501,6	2501,6	−0,0002	9,1577	0
2	0,007194	1,0001	179,9	0,005558	2,00	598,4	596,4	0,0073	2,1746	0,007055	8,39	2505,2	2496,8	0,0306	9,1047	2
4	0,008289	1,0000	157,3	0,006358	4,01	599,2	595,2	0,0146	2,1622	0,008129	16,80	2508,9	2492,1	0,0611	9,0526	4
6	0,009530	1,0000	137,8	0,007258	6,02	600,1	594,1	0,0218	2,1500	0,009345	25,21	2512,6	2487,4	0,0913	9,0015	6
8	0,010931	1,0001	121,0	0,008267	8,03	601,0	593,0	0,0290	2,1380	0,010720	33,60	2516,2	2482,6	0,1213	8,9513	8
10	0,012512	1,0003	106,4	0,009396	10,03	601,9	591,8	0,0361	2,1262	0,012270	41,99	2519,9	2477,9	0,1510	8,9020	10
12	0,014290	1,0004	93,84	0,01066	12,03	602,7	590,7	0,0431	2,1146	0,014014	50,38	2523,6	2473,2	0,1805	8,8536	12
14	0,016288	1,0007	82,90	0,01206	14,03	603,6	589,6	0,0501	2,1033	0,015973	58,75	2527,2	2468,5	0,2098	8,8060	14
16	0,018526	1,0010	73,38	0,01363	16,03	604,5	588,5	0,0570	2,0921	0,018168	67,13	2530,9	2463,8	0,2388	8,7593	16
18	0,02103	1,0013	65,09	0,01536	18,03	605,4	587,3	0,0639	2,0812	0,02062	75,50	2534,5	2459,0	0,2677	8,7135	18
20	0,02383	1,0017	57,84	0,01729	20,03	606,2	586,2	0,0708	2,0704	0,02337	83,86	2538,2	2454,3	0,2963	8,6684	20
22	0,02694	1,0022	51,49	0,01942	22,03	607,1	585,1	0,0776	2,0598	0,02642	92,23	2541,8	2449,6	0,3247	8,6241	22
24	0,03041	1,0026	45,93	0,02177	24,02	608,0	583,9	0,0843	2,0494	0,02982	100,59	2545,5	2444,9	0,3530	8,5806	24
26	0,03426	1,0032	41,03	0,02437	26,02	608,8	582,8	0,0910	2,0392	0,03360	108,95	2549,1	2440,2	0,3810	8,5379	26
28	0,03853	1,0037	36,73	0,02723	28,02	609,7	581,7	0,0977	2,0292	0,03778	117,31	2552,7	2435,4	0,4088	8,4959	28
30	0,04325	1,0043	32,93	0,03037	30,01	610,6	580,6	0,1043	2,0193	0,04241	125,66	2556,4	2430,7	0,4365	8,4546	30
32	0,04847	1,0049	29,57	0,03382	32,01	611,4	579,4	0,1108	2,0096	0,04753	134,02	2560,0	2425,9	0,4640	8,4140	32
34	0,05423	1,0056	26,60	0,03759	34,01	612,3	578,3	0,1173	2,0001	0,05318	142,38	2563,6	2421,2	0,4913	8,3740	34
36	0,06057	1,0063	23,97	0,04172	36,00	613,2	577,2	0,1238	1,9907	0,05940	150,74	2567,2	2416,4	0,5184	8,3348	36
38	0,06755	1,0070	21,63	0,04624	38,00	614,0	576,0	0,1303	1,9815	0,06624	159,09	2570,8	2411,7	0,5453	8,2962	38
40	0,07520	1,0078	19,55	0,05116	40,00	614,9	574,9	0,1366	1,9725	0,07375	167,45	2574,4	2406,9	0,5721	8,2583	40
42	0,08360	1,0086	17,69	0,05652	41,99	615,7	573,7	0,1430	1,9635	0,08198	175,81	2577,9	2402,1	0,5987	8,2209	42
44	0,09279	1,0094	16,04	0,06236	43,99	616,6	572,6	0,1493	1,9548	0,09100	184,17	2581,5	2397,3	0,6252	8,1842	44
46	0,10285	1,0103	14,56	0,06869	45,99	617,4	571,4	0,1556	1,9461	0,10086	192,53	2585,1	2392,5	0,6514	8,1481	46
48	0,11382	1,0112	13,23	0,07557	47,98	618,3	570,3	0,1618	1,9376	0,11162	200,89	2588,6	2387,7	0,6776	8,1125	48
50	0,12578	1,0121	12,05	0,08302	49,98	619,1	569,1	0,1680	1,9293	0,12335	209,26	2592,2	2382,9	0,7035	8,0776	50
52	0,13881	1,0131	10,98	0,09108	51,98	620,0	568,0	0,1742	1,9211	0,13613	217,62	2595,7	2378,1	0,7293	8,0432	52
54	0,15298	1,0140	10,02	0,09979	53,98	620,8	566,8	0,1803	1,9130	0,15002	225,98	2599,2	2373,2	0,7550	8,0093	54
56	0,16836	1,0150	9,159	0,1092	55,97	621,7	565,7	0,1864	1,9050	0,16511	234,35	2602,7	2368,4	0,7804	7,9759	56
58	0,18505	1,0161	8,381	0,1193	57,97	622,5	564,5	0,1925	1,8972	0,18147	242,72	2606,2	2363,5	0,8058	7,9431	58
60	0,20313	1,0171	7,679	0,1302	59,97	623,3	563,3	0,1985	1,8895	0,19920	251,09	2609,7	2358,6	0,8310	7,9108	60
62	0,2227	1,0182	7,044	0,1420	61,97	624,1	562,2	0,2045	1,8819	0,2184	259,46	2613,2	2353,7	0,8560	7,8790	62

64	0,2438	1,0193	6,469	0,1546	63,97	625,0	561,0	0,2104	1,8744	0,2391	267,84	2616,6	2348,8	0,8809	7,8477	64
66	0,2667	1,0205	5,948	0,1681	65,97	625,8	559,8	0,2163	1,8670	0,2615	276,21	2620,1	2343,9	0,9057	7,8168	66
68	0,2913	1,0217	5,476	0,1826	67,97	626,6	558,6	0,2222	1,8598	0,2856	284,59	2623,5	2338,9	0,9303	7,7864	68
70	0,3178	1,0228	5,046	0,1982	69,98	627,4	557,5	0,2281	1,8526	0,3116	292,97	2626,9	2334,0	0,9548	7,7565	70
72	0,3463	1,0241	4,656	0,2148	71,98	628,2	556,3	0,2339	1,8456	0,3396	301,35	2630,3	2329,0	0,9792	7,7270	72
74	0,3769	1,0253	4,300	0,2326	73,98	629,0	555,1	0,2397	1,8386	0,3696	309,74	2633,7	2324,0	1,0034	7,6979	74
76	0,4098	1,0266	3,976	0,2515	75,98	629,9	553,9	0,2454	1,8318	0,4019	318,13	2637,1	2318,9	1,0275	7,6693	76
78	0,4451	1,0279	3,680	0,2718	77,99	630,7	552,7	0,2511	1,8250	0,4365	326,52	2640,4	2313,9	1,0514	7,6410	78
80	0,4829	1,0292	3,409	0,2933	79,99	631,4	551,5	0,2568	1,8184	0,4736	334,92	2643,8	2308,8	1,0753	7,6132	80
82	0,5234	1,0305	3,162	0,3163	82,00	632,2	550,2	0,2625	1,8118	0,5133	343,31	2647,1	2303,8	1,0990	7,5858	82
84	0,5667	1,0319	2,935	0,3407	84,01	633,0	549,0	0,2681	1,8054	0,5557	351,71	2650,4	2298,7	1,1225	7,5588	84
86	0,6129	1,0333	2,727	0,3667	86,01	633,8	547,8	0,2737	1,7990	0,6011	360,12	2653,6	2293,5	1,1460	7,5321	86
88	0,6623	1,0347	2,536	0,3942	88,02	634,6	546,6	0,2793	1,7927	0,6495	368,53	2656,9	2288,4	1,1693	7,5058	88
90	0,7149	1,0361	2,361	0,4235	90,03	635,4	545,3	0,2848	1,7865	0,7011	376,94	2660,1	2283,2	1,1925	7,4799	90
92	0,7710	1,0376	2,200	0,4545	92,04	636,1	544,1	0,2903	1,7804	0,7561	385,36	2663,4	2278,0	1,2156	7,4543	92
94	0,8307	1,0391	2,052	0,4873	94,05	636,9	542,8	0,2958	1,7744	0,8146	393,78	2666,6	2272,8	1,2386	7,4291	94
96	0,8941	1,0406	1,915	0,5221	96,06	637,7	541,6	0,3013	1,7685	0,8769	402,20	2669,7	2267,5	1,2615	7,4042	96
98	0,9616	1,0421	1,789	0,5589	98,08	638,4	540,3	0,3067	1,7626	0,9430	410,63	2672,9	2262,2	1,2842	7,3796	98
100	1,0332	1,0437	1,673	0,5977	100,09	639,2	539,1	0,3121	1,7568	1,0133	419,06	2676,0	2256,9	1,3069	7,3554	100
105	1,2318	1,0477	1,419	0,7046	105,13	641,0	535,9	0,3255	1,7427	1,2080	440,17	2683,7	2243,6	1,3630	7,2962	105
110	1,4609	1,0519	1,210	0,8265	110,18	642,8	532,6	0,3388	1,7290	1,4327	461,32	2691,3	2230,0	1,4185	7,2388	110
115	1,7239	1,0562	1,036	0,9650	115,24	644,6	529,3	0,3519	1,7157	1,6906	482,50	2698,7	2216,2	1,4733	7,1832	115
120	2,0246	1,0606	0,8915	1,122	120,31	646,3	526,0	0,3649	1,7028	1,9854	503,72	2706,0	2202,2	1,5276	7,1293	120
125	2,3667	1,0652	0,7702	1,298	125,39	648,0	522,6	0,3777	1,6903	2,3210	524,99	2713,0	2188,0	1,5813	7,0769	125
130	2,7546	1,0700	0,6681	1,497	130,48	649,6	519,2	0,3904	1,6781	2,7013	546,31	2719,9	2173,6	1,6344	7,0261	130
135	3,192	1,0750	0,5818	1,719	135,59	651,2	515,6	0,4029	1,6663	3,131	567,68	2726,6	2158,9	1,6869	6,9766	135
140	3,685	1,0801	0,5085	1,967	140,71	652,8	512,1	0,4154	1,6548	3,614	589,10	2733,1	2144,0	1,7390	6,9284	140
145	4,237	1,0853	0,4460	2,242	145,84	654,3	508,4	0,4277	1,6436	4,155	610,60	2739,3	2128,7	1,7906	6,8815	145
150	4,854	1,0908	0,3924	2,548	150,99	655,7	504,7	0,4399	1,6327	4,760	632,15	2745,4	2113,2	1,8416	6,8358	150
155	5,540	1,0964	0,3464	2,886	156,15	657,1	501,0	0,4520	1,6220	5,433	653,78	2751,2	2097,4	1,8923	6,7911	155
160	6,303	1,1022	0,3068	3,260	161,33	658,4	497,1	0,4640	1,6116	6,181	675,47	2756,7	2081,3	1,9425	6,7475	160
165	7,146	1,1082	0,2724	3,671	166,54	659,7	493,2	0,4758	1,6014	7,008	697,25	2762,0	2064,8	1,9923	6,7048	165
170	8,076	1,1145	0,2426	4,123	171,76	660,9	489,1	0,4876	1,5914	7,920	719,12	2767,1	2047,9	2,0416	6,6630	170
175	9,100	1,1209	0,2165	4,618	177,00	662,0	485,0	0,4993	1,5817	8,924	741,07	2771,8	2030,7	2,0906	6,6221	175
180	10,224	1,1275	0,1938	5,160	182,27	663,1	480,8	0,5110	1,5721	10,027	763,12	2776,3	2013,1	2,1393	6,5819	180
185	11,455	1,1344	0,1739	5,752	187,56	664,1	476,5	0,5225	1,5626	11,233	785,26	2780,4	1995,2	2,1876	6,5424	185
190	12,799	1,1415	0,1563	6,397	192,87	665,0	472,1	0,5340	1,5534	12,551	807,52	2784,3	1976,7	2,2356	6,5036	190
195	14,263	1,1489	0,1408	7,100	198,21	665,8	467,6	0,5453	1,5442	13,987	829,88	2787,8	1957,9	2,2833	6,4654	195

Dampftafel. *Sättigungszustand (Temperaturtafel)*[1] für at und kcal bzw. bar und kJ (Fortsetzung)

t °C	p at	v' dm³/kg	v'' m³/kg	ϱ'' kg/m³	h' kcal/kg	h'' kcal/kg	r kcal/kg	s' kcal/kg grd	s'' kcal/kg grd	p bar	h' kJ/kg	h'' kJ/kg	r kJ/kg	s' kJ/kg grd	s'' kJ/kg grd	t °C
200	15,855	1,1565	0,1272	7,864	203,59	666,6	463,0	0,5567	1,5352	15,549	852,37	2790,9	1938,6	2,3307	6,4278	200
210	19,454	1,1726	0,1042	9,593	214,42	667,9	453,4	0,5791	1,5176	19,077	897,74	2796,2	1898,5	2,4247	6,3539	210
220	23,656	1,1900	0,08604	11,62	225,39	668,7	443,4	0,6014	1,5004	23,198	943,67	2799,9	1856,2	2,5178	6,2817	220
230	28,528	1,2087	0,07145	14,00	236,52	669,2	432,7	0,6234	1,4834	27,976	990,26	2802,0	1811,7	2,6102	6,2107	230
240	34,138	1,2291	0,05965	16,76	247,8	669,3	421,5	0,6454	1,4667	33,478	1037,6	2802,2	1764,6	2,7020	6,1406	240
250	40,560	1,2513	0,05004	19,99	259,3	668,9	409,5	0,6672	1,4500	39,776	1085,8	2800,4	1714,6	2,7935	6,0708	250
260	47,869	1,2756	0,04213	23,73	271,1	667,9	396,8	0,6890	1,4333	46,943	1134,9	2796,4	1661,5	2,8848	6,0010	260
270	56,144	1,3025	0,03559	28,10	283,1	666,3	383,3	0,7109	1,4165	55,058	1185,2	2789,9	1604,6	2,9763	5,9304	270
280	65,468	1,3324	0,03013	33,19	295,4	664,1	368,7	0,7329	1,3993	64,202	1236,8	2780,4	1543,6	3,0683	5,8586	280
290	75,929	1,3659	0,02554	39,16	308,1	661,0	352,9	0,7550	1,3817	74,461	1290,0	2767,6	1477,6	3,1611	5,7848	290
300	87,621	1,4041	0,02165	46,19	321,3	657,1	335,8	0,7775	1,3634	85,927	1345,0	2751,0	1406,0	3,2552	5,7081	300
305	93,960	1,4252	0,01993	50,18	328,0	654,7	326,7	0,7889	1,3539	92,144	1373,4	2741,1	1367,7	3,3029	5,6685	305
310	100,646	1,4480	0,01833	54,54	335,0	652,1	317,1	0,8004	1,3442	98,700	1402,4	2730,0	1327,6	3,3512	5,6278	310
315	107,69	1,4726	0,01686	59,33	342,1	649,1	307,0	0,8121	1,3341	105,61	1432,1	2717,6	1285,5	3,4002	5,5858	315
320	115,12	1,4995	0,01548	64,60	349,3	645,8	296,4	0,8240	1,3238	112,89	1462,6	2703,7	1241,1	3,4500	5,5423	320
325	122,93	1,5289	0,01419	70,45	356,8	642,0	285,2	0,8362	1,3129	120,56	1494,0	2688,0	1194,0	3,5008	5,4969	325
330	131,16	1,5615	0,01299	76,99	364,6	637,8	273,2	0,8486	1,3015	128,63	1526,5	2670,2	1143,6	3,5528	5,4490	330
335	139,82	1,5978	0,01185	84,36	372,7	632,9	260,2	0,8614	1,2893	137,12	1560,3	2649,7	1089,5	3,6063	5,3979	335
340	148,93	1,6387	0,01078	92,76	381,1	627,2	246,2	0,8746	1,2761	146,05	1595,5	2626,2	1030,7	3,6616	5,3427	340
345	158,52	1,6858	0,009763	102,4	389,9	620,7	230,8	0,8883	1,2618	155,45	1632,5	2598,9	966,4	3,7193	5,2828	345
350	168,61	1,7411	0,008799	113,6	399,3	613,3	213,9	0,9028	1,2462	165,35	1671,9	2567,7	895,7	3,7800	5,2177	350
355	179,24	1,8085	0,007859	127,2	410,0	604,4	194,4	0,9193	1,2287	175,77	1716,6	2530,4	813,8	3,8489	5,1442	355
360	190,43	1,8959	0,006940	144,1	421,4	593,6	172,3	0,9365	1,2086	186,75	1764,2	2485,4	721,3	3,9210	5,0600	360
365	202,24	2,0160	0,006012	166,3	434,2	579,9	145,7	0,9559	1,1842	198,33	1818,0	2428,0	610,0	4,0021	4,9579	365
370	214,69	2,2136	0,004973	201,1	451,5	559,6	108,1	0,9818	1,1499	210,54	1890,2	2342,8	452,6	4,1108	4,8144	370
372	219,87	2,3636	0,004439	225,3	462,3	546,2	83,9	0,9982	1,1283	215,62	1935,6	2286,9	351,4	4,1794	4,7240	372
374	225,16	2,8407	0,003458	289,2	488,8	514,7	25,9	1,0387	1,0788	220,81	2046,3	2155,0	108,6	4,3487	4,5166	374
374,15	225,56	3,1700	0,003170	315,5	503,3		0,0	1,0612		221,20	2107,4		0,0	4,4429		374,15

[1] Auszug aus Landolt-Börnstein, 6. Aufl., IV. Bd., Teil 4a, S. 426/38. Berlin: Springer 1967. — Vgl. ferner Anm. S. 891.

Zustandsgrößen *v*, *h* und *s* von Wasser und überhitztem Dampf (at, kcal) bis 800 °C und 500 at *

$p \rightarrow$	1 at	$t_s = 99{,}087$ °C		5 at	$t_s = 151{,}11$ °C		10 at	$t_s = 179{,}04$ °C		25 at	$t_s = 222{,}91$ °C	
t	v'' 1,7250	h'' 638,8	s'' 1,7594	v'' 0,3816	h'' 656,0	s'' 1,6303	v'' 0,1979	h'' 662,9	s'' 1,5739	v'' 0,08147	h'' 668,9	s'' 1,4954
°C	v	h	s	v	h	s	v	h	s	v	h	s
0	1,0002	0,0	0,0000	1,0000	0,1	0,0000	0,9997	0,2	0,0000	0,9990	0,6	0,0000
20	1,0017	20,1	0,0708	1,0015	20,1	0,0707	1,0013	20,2	0,0707	1,0006	20,6	0,0706
40	1,0078	40,0	0,1366	1,0076	40,1	0,1366	1,0074	40,2	0,1366	1,0067	40,5	0,1364
60	1,0171	60,0	0,1985	1,0169	60,1	0,1984	1,0167	60,2	0,1984	1,0160	60,5	0,1982
100	1,730	639,3	1,7606	1,0435	100,2	0,3121	1,0432	100,2	0,3120	1,0425	100,5	0,3117
120	1,828	648,9	1,7857	1,0605	120,4	0,3648	1,0602	120,4	0,3647	1,0593	120,7	0,3644
150	1,975	663,1	1,8207	1,0908	151,0	0,4399	1,0904	151,1	0,4397	1,0894	151,3	0,4393
200	2,215	686,8	1,8735	0,4336	682,1	1,6884	0,2103	675,4	1,6010	1,1556	203,7	0,5563
250	2,454	710,5	1,9211	0,4840	707,3	1,7392	0,2375	703,1	1,6566	0,08892	688,3	1,5334
300	2,691	734,3	1,9647	0,5330	732,1	1,7843	0,2632	729,1	1,7041	0,10102	719,4	1,5902
350	2,927	758,5	2,0051	0,5814	756,7	1,8256	0,2881	754,5	1,7466	0,11202	747,4	1,6372
400	3,164	783,0	2,0429	0,6294	781,6	1,8639	0,3126	779,8	1,7856	0,12249	774,2	1,6785
450	3,400	807,9	2,0785	0,6772	806,7	1,8999	0,3369	805,2	1,8220	0,13268	800,6	1,7163
500	3,636	833,1	2,1123	0,7249	832,1	1,9339	0,3610	830,8	1,8563	0,14269	827,0	1,7516
550	3,871	858,8	2,1445	0,7724	857,9	1,9663	0,3850	856,8	1,8889	0,15258	853,5	1,7848
600	4,107	884,9	2,1752	0,8198	884,1	1,9972	0,4089	883,2	1,9199	0,16238	880,3	1,8164
650	4,343	911,4	2,2047	0,8672	910,7	2,0268	0,4328	909,9	1,9497	0,17212	907,4	1,8466
700	4,578	938,2	2,2331	0,9146	937,7	2,0552	0,4566	936,9	1,9782	0,18180	934,8	1,8755
750	4,814	965,5	2,2604	0,9618	965,0	2,0826	0,4803	964,4	2,0057	0,19144	962,5	1,9033
800	5,049	993,2	2,2868	1,0091	992,8	2,1091	0,5041	992,2	2,0323	0,20104	990,6	1,9301

* Der Strich in den Spalten der Drücke, die unterhalb des kritischen Druckes $p_k = 225{,}56$ at bzw. 221,20 bar liegen, trennt den flüssigen (oberhalb) vom dampfförmigen Zustand (unterhalb).

v oberhalb des Striches (für Wasser) in **dm³/kg**,

v unterhalb des Striches (für Dampf) in **m³/kg**, auf S. 893 u. 896 (Drücke oberhalb des kritischen Druckes) jedoch in **dm³/kg**.

Sinngemäß gilt das gleiche für die entsprechende Tafel in bar und kJ auf S. 894/96.

Betr. die obige Tabelle und die auf S. 894/96; Auszug aus Landolt-Börnstein, 6. Aufl., IV. Bd., Teil 4a, S. 440/79 bzw. 480/519. Berlin: Springer 1967.

Anmerkung zur Tabelle S. 888/90, insbes. S. 888, Zeile für $t = 0$ °C.

Die früheren Rahmentafeln und nationalen Tafeln begannen die Zählung von *h* und *s* beim Zustand des flüssigen Wassers am Eispunkt 0 °C. Die neuesten Tafeln, denen die Rahmentafel 1963 zugrunde liegt, gehen dagegen vom Tripelpunkt 273,16 °K aus, für den *h* und *s* den Wert Null erhalten. Der Celsius-Skala-Nullpunkt liegt bei 273,15 °K; hier hat nach neuen Feststellungen das nicht im Gleichgewichtszustand befindliche, sondern etwas unterkühlte Wasser die spez. Enthalpie $h = -0{,}01$ kcal/kg und die spez. Entropie $s = -0{,}00004$ kcal/kg grd.

Zustandsgrößen v, h und s von Wasser und überhitztem Dampf (at, kcal) bis 800 °C und 500 at (Fortsetzung)

$p \rightarrow$	50 at	$t_s = 262{,}69$ °C		100 at	$t_s = 309{,}53$ °C		150 at	$t_s = 340{,}57$ °C		200 at	$t_s = 364{,}07$ °C		220 at	$t_s = 372{,}05$ °C	
t	v'' 0,04025	h'' 667,6	s'' 1,4288	v'' 0,01848	h'' 652,3	s'' 1,3451	v'' 0,01066	h'' 626,6	s'' 1,2745	v'' 0,00619	h'' 582,8	s'' 1,1892	v'' 0,00442	h'' 545,8	s'' 1,1276
°C	v	h	s	v	h	s	v	h	s	v	h	s	v	h	s
0	0,9978	1,2	0,0001	0,9954	2,4	0,0001	0,9930	3,5	0,0002	0,9906	4,7	0,0002	0,9897	5,2	0,0002
20	0,9995	21,1	0,0705	0,9973	22,2	0,0703	0,9952	23,3	0,0700	0,9930	24,4	0,0697	0,9922	24,8	0,0696
40	1,0056	41,0	0,1362	1,0035	42,1	0,1357	1,0014	43,1	0,1353	0,9993	44,1	0,1348	0,9985	44,5	0,1346
60	1,0149	60,9	0,1979	1,0127	61,9	0,1972	1,0106	62,9	0,1966	1,0085	63,9	0,1960	1,0076	64,3	0,1958
100	1,0412	101,0	0,3112	1,0387	101,8	0,3103	1,0363	102,7	0,3095	1,0339	103,6	0,3086	1,0329	104,0	0,3082
120	1,0579	121,1	0,3638	1,0552	121,9	0,3628	1,0525	122,8	0,3618	1,0499	123,6	0,3608	1,0488	123,9	0,3604
150	1,0877	151,6	0,4387	1,0844	152,4	0,4374	1,0813	153,1	0,4362	1,0781	153,9	0,4350	1,0769	154,2	0,4345
200	1,1531	203,9	0,5554	1,1482	204,4	0,5536	1,1435	204,9	0,5519	1,1390	205,5	0,5502	1,1373	205,7	0,5495
250	1,2496	259,3	0,6667	1,2409	259,3	0,6639	1,2329	259,4	0,6613	1,2253	259,5	0,6588	1,2224	259,6	0,6578
300	0,04637	699,6	1,4867	1,3987	320,9	0,7762	1,3790	319,7	0,7712	1,3619	318,7	0,7668	1,3556	318,4	0,7651
350	0,05309	734,1	1,5445	0,02302	700,4	1,4251	0,01196	648,0	1,3092	1,6728	393,9	0,8922	1,6420	391,5	0,8870
400	0,05902	764,3	1,5911	0,02703	741,4	1,4885	0,01609	713,4	1,4106	0,01030	677,1	1,3341	0,00859	658,6	1,3001
450	0,06457	792,7	1,6318	0,03041	775,5	1,5373	0,01890	755,9	1,4716	0,01305	733,8	1,4156	0,01143	724,0	1,3942
500	0,06990	820,4	1,6688	0,03347	806,6	1,5790	0,02127	791,6	1,5194	0,01513	775,5	1,4714	0,01345	768,6	1,4539
550	0,07510	847,9	1,7033	0,03635	836,4	1,6163	0,02341	824,4	1,5604	0,01692	811,7	1,5168	0,01515	806,4	1,5013
600	0,08020	875,4	1,7358	0,03911	865,7	1,6509	0,02541	855,6	1,5973	0,01856	845,3	1,5564	0,01669	841,0	1,5421
650	0,08524	903,2	1,7667	0,04180	894,8	1,6833	0,02733	886,2	1,6314	0,02009	877,5	1,5923	0,01812	874,0	1,5789
700	0,09022	931,1	1,7962	0,04443	923,8	1,7139	0,02918	916,5	1,6634	0,02155	909,1	1,6257	0,01948	906,1	1,6127
750	0,09515	959,3	1,8245	0,04701	953,0	1,7432	0,03098	946,7	1,6936	0,02296	940,3	1,6570	0,02078	937,8	1,6445
800	0,10005	987,8	1,8516	0,04956	982,3	1,7712	0,03274	976,9	1,7224	0,02433	971,4	1,6866	0,02204	969,2	1,6745

Zustandsgrößen *v*, *h* und *s* von Wasser und überhitztem Dampf (at, kcal) bis 800 °C und 500 at (Fortsetzung)

$p \rightarrow$	230 at			250 at			300 at			400 at			500 at		
t °C	v dm³/kg	h kcal/kg	s kcal/kg°	v dm³/kg	h kcal/kg	s kcal/kg°	v dm³/kg	h kcal/kg	s kcal/kg°	v dm³/kg	h kcal/kg	s kcal/kg°	v dm³/kg	h kcal/kg	s kcal/kg°
0	0,9892	5,4	0,0002	0,9883	5,9	0,0002	0,9860	7,0	0,0002	0,9815	9,3	0,0001	0,9771	11,6	0,0000
20	0,9918	25,0	0,0696	0,9909	25,5	0,0965	0,9889	26,6	0,0692	0,9848	28,7	0,0686	0,9808	30,8	0,0680
40	0,9981	44,7	0,1345	0,9973	45,1	0,1344	0,9953	46,2	0,1339	0,9914	48,2	0,1330	0,9875	50,2	0,1321
60	1,0072	64,5	0,1956	1,0064	64,9	0,1954	1,0044	65,8	0,1948	1,0004	67,8	0,1936	0,9965	69,7	0,1924
100	1,0324	104,1	0,3081	1,0315	104,5	0,3077	1,0292	105,4	0,3068	1,0247	107,2	0,3052	1,0204	108,9	0,3035
120	1,0483	124,1	0,3602	1,0473	124,4	0,3598	1,0448	125,3	0,3588	1,0399	127,0	0,3569	1,0352	128,7	0,3550
150	1,0763	154,3	0,4342	1,0751	154,6	0,4338	1,0722	155,4	0,4326	1,0665	156,9	0,4303	1,0610	158,5	0,4280
200	1,1364	205,8	0,5492	1,1347	206,0	0,5485	1,1305	206,6	0,5469	1,1226	207,7	0,5438	1,1151	209,0	0,5408
250	1,2210	259,6	0,6573	1,2182	259,7	0,6564	1,2115	259,9	0,6541	1,1990	260,5	0,6497	1,1877	261,1	0,6456
300	1,3526	318,3	0,7643	1,3467	318,0	0,7627	1,3331	317,4	0,7589	1,3094	316,6	0,7521	1,2893	316,2	0,7461
320	1,4325	344,4	0,8091	1,4236	343,8	0,8070	1,4034	342,5	0,8020	1,3701	340,7	0,7934	1,3430	339,5	0,7860
340	1,5468	373,7	0,8576	1,5309	372,5	0,8544	1,4974	369,9	0,8474	1,4467	366,3	0,8359	1,4088	364,0	0,8266
360	1,7479	410,2	0,9162	1,7067	407,0	0,9099	1,6351	401,3	0,8978	1,5477	394,6	0,8814	1,4909	390,6	0,8694
380	5,4186	582,2	1,1819	2,3717	471,3	1,0096	1,8940	440,4	0,9586	1,6913	425,0	0,9287	1,5961	417,8	0,9116
400	7,816	648,1	1,2816	6,3667	623,9	1,2407	3,0449	526,1	1,0875	1,9314	463,6	0,9867	1,7413	449,4	0,9593
420	9,184	682,4	1,3319	7,877	666,7	1,3035	5,2037	618,1	1,2225	2,4395	516,5	1,0641	1,9613	485,7	1,0125
440	10,249	708,0	1,3683	8,981	696,1	1,3453	6,475	662,2	1,2853	3,3395	578,9	1,1529	2,3168	528,3	1,0731
460	11,156	729,2	1,3976	9,892	719,5	1,3778	7,430	693,1	1,3280	4,310	630,4	1,2242	2,8277	574,2	1,1365
480	11,966	747,9	1,4229	10,691	739,7	1,4050	8,225	717,8	1,3613	5,118	668,1	1,2749	3,4173	617,0	1,1941
500	12,711	765,1	1,4454	11,416	758,0	1,4288	8,923	739,1	1,3892	5,795	697,7	1,3138	4,009	654,5	1,2432
550	14,381	803,8	1,4939	13,023	798,4	1,4795	10,418	784,5	1,4461	7,169	755,1	1,3859	5,257	724,6	1,3313
600	15,876	838,9	1,5353	14,444	834,6	1,5223	11,701	823,7	1,4923	8,285	801,1	1,4401	6,265	778,1	1,3945
650	17,26	872,2	1,5725	15,752	868,7	1,5602	12,861	859,7	1,5325	9,261	841,5	1,4851	7,124	823,2	1,4447
700	18,57	904,6	1,6066	16,98	901,6	1,5950	13,941	894,1	1,5688	10,149	878,9	1,5246	7,893	863,8	1,4875
750	19,83	936,5	1,6386	18,16	934,0	1,6274	14,963	927,6	1,6023	10,978	914,7	1,5605	8,602	901,9	1,5258
800	21,05	968,1	1,6687	19,30	965,9	1,6579	15,942	960,4	1,6337	11,762	949,5	1,5937	9,268	938,6	1,5608

Zustandsgrößen *v*, *h* und *s* von Wasser und überhitztem Dampf (bar, kJ) bis 800 °C und 500 bar

p →	1 bar	$t_s = 99{,}63$ °C		5 bar	$t_s = 151{,}84$ °C		10 bar	$t_s = 179{,}88$ °C		15 bar	$t_s = 198{,}29$ °C		25 bar	$t_s = 223{,}94$ °C	
t	v'' 1,694	h'' 2675,4	s'' 7,3598	v'' 0,3747	h'' 2747,5	s'' 6,8192	v'' 0,1943	h'' 2776,2	s'' 6,5828	v'' 0,1317	h'' 2789,9	s'' 6,4406	v'' 0,0799	h'' 2800,9	s'' 6,2536
°C	v	h	s	v	h	s	v	h	s	v	h	s	v	h	s
0	1,0002	0,1	−0,0001	1,0000	0,5	−0,0001	0,9997	1,0	−0,0001	0,9995	1,5	0,0000	0,9990	2,5	0,0000
20	1,0017	84,0	0,2963	1,0015	84,3	0,2962	1,0013	84,8	0,2961	1,0010	85,3	0,2960	1,0006	86,2	0,2958
40	1,0078	167,5	0,5721	1,0076	167,9	0,5719	1,0074	168,3	0,5717	1,0071	168,8	0,5715	1,0067	169,7	0,5711
60	1,0171	251,2	0,8309	1,0169	251,5	0,8307	1,0167	251,9	0,8305	1,0165	252,3	0,8302	1,0160	253,2	0,8297
100	1,696	2676,2	7,3618	1,0435	419,4	1,3066	1,0432	419,7	1,3062	1,0430	420,1	1,3058	1,0425	420,9	1,3050
120	1,793	2716,5	7,4670	1,0605	503,9	1,5273	1,0602	504,3	1,5269	1,0599	504,6	1,5264	1,0593	505,3	1,5255
150	1,936	2776,3	7,6137	1,0908	632,2	1,8416	1,0904	632,5	1,8410	1,0901	632,8	1,8405	1,0894	633,4	1,8394
200	2,172	2875,4	7,8349	0,4250	2855,1	7,0592	0,2059	2826,8	6,6922	0,1324	2794,7	6,4508	1,1555	852,8	2,3292
250	2,406	2974,5	8,0342	0,4744	2961,1	7,2721	0,2327	2943,0	6,9259	0,1520	2923,5	6,7099	0,0870	2879,5	6,4077
300	2,639	3074,5	8,2166	0,5226	3064,8	7,4614	0,2580	3052,1	7,1251	0,1697	3038,9	6,9207	0,0989	3010,4	6,6470
350	2,871	3175,6	8,3858	0,5701	3168,1	7,6343	0,2824	3158,5	7,3031	0,1865	3148,7	7,1044	0,1098	3128,2	6,8442
400	3,102	3278,2	8,5442	0,6172	3272,1	7,7948	0,3065	3264,4	7,4665	0,2029	3256,6	7,2709	0,1200	3240,7	7,0178
450	3,334	3382,4	8,6934	0,6640	3377,2	7,9454	0,3303	3370,8	7,6190	0,2191	3364,3	7,4253	0,1300	3351,3	7,1763
500	3,565	3488,1	8,8348	0,7108	3483,8	8,0879	0,3540	3478,3	7,7627	0,2350	3472,8	7,5703	0,1399	3461,7	7,3240
550	3,797	3595,6	8,9695	0,7574	3591,8	8,2233	0,3775	3587,1	7,8991	0,2509	3582,4	7,7077	0,1496	3572,9	7,4633
600	4,028	3704,8	9,0982	0,8039	3701,5	8,3526	0,4010	3697,4	8,0292	0,2667	3693,3	7,8385	0,1592	3685,1	7,5956
650	4,259	3815,7	9,2217	0,8504	3812,8	8,4766	0,4244	3809,3	8,1537	0,2824	3805,7	7,9636	0,1688	3798,6	7,7220
700	4,490	3928,2	9,3405	0,8968	3925,8	8,5957	0,4477	3922,7	8,2734	0,2980	3919,6	8,0838	0,1783	3913,4	7,8431
750	4,721	4042,5	9,4549	0,9432	4040,3	8,7105	0,4710	4037,6	8,3885	0,3136	4034,9	8,1993	0,1877	4029,5	7,9595
800	4,952	4158,3	9,5654	0,9896	4156,4	8,8213	0,4943	4154,1	8,4997	0,3292	4151,7	8,3108	0,1971	4147,0	8,0716

Zustandsgrößen *v*, *h* und *s* von Wasser und überhitztem Dampf (bar, kJ) bis 800 °C und 500 bar (Fortsetzung)

$p \rightarrow$	**50 bar** $t_s = 263{,}91$ °C			**100 bar** $t_s = 310{,}96$ °C			**150 bar** $t_s = 342{,}13$ °C			**200 bar** $t_s = 365{,}70$ °C			**220 bar** $t_s = 373{,}69$ °C		
t	v'' 0,03943	h'' 2794,2	s'' 5,9735	v'' 0,01804	h'' 2727,7	s'' 5,6198	v'' 0,01034	h'' 2615,0	s'' 5,3178	v'' 0,00588	h'' 2418,4	s'' 4,941	v'' 0,00373	h'' 2195,6	s'' 4,5799
°C	v	h	s	v	h	s	v	h	s	v	h	s	v	h	s
0	0,9977	5,1	0,0002	0,9953	10,1	0,0005	0,9928	15,1	0,0007	0,9904	20,1	0,0008	0,9895	22,1	0,0009
20	0,9995	88,6	0,2952	0,9972	93,2	0,2942	0,9950	97,9	0,2931	0,9929	102,5	0,2919	0,9920	104,4	0,2914
40	1,0056	171,9	0,5702	1,0034	176,3	0,5682	1,0013	180,7	0,5663	0,9992	185,1	0,5643	0,9983	186,8	0,5635
60	1,0149	255,3	0,8283	1,0127	259,4	0,8257	1,0105	263,6	0,8230	1,0083	267,8	0,8204	1,0075	269,5	0,8194
100	1,0412	422,7	1,3030	1,0386	426,5	1,2992	1,0361	430,3	1,2954	1,0337	434,0	1,2916	1,0327	435,6	1,2902
120	1,0579	507,1	1,5233	1,0551	510,6	1,5188	1,0523	514,2	1,5144	1,0497	517,7	1,5101	1,0486	519,2	1,5084
150	1,0877	635,0	1,8366	1,0843	638,1	1,8312	1,0811	641,3	1,8259	1,0779	644,5	1,8207	1,0767	645,7	1,8186
200	1,1530	853,8	2,3253	1,1480	855,9	2,3176	1,1433	858,1	2,3102	1,1387	860,4	2,3030	1,1369	861,4	2,3001
250	1,2494	1085,8	2,7910	1,2406	1085,8	2,7792	1,2324	1086,2	2,7681	1,2247	1086,7	2,7574	1,2218	1087,0	2,7532
300	0,04530	2925,5	6,2105	1,3979	1343,4	3,2488	1,3779	1338,2	3,2277	1,3606	1334,3	3,2088	1,3543	1332,9	3,2018
350	0,05194	3071,2	6,4545	0,02242	2925,8	5,9489	0,01146	2694,8	5,4467	1,6664	1647,1	3,7310	1,6362	1637,0	3,7096
400	0,05779	3198,3	6,6508	0,02641	3099,9	6,2182	0,01566	2979,1	5,8876	0,00995	2820,5	5,5585	0,00825	2738,8	5,4102
450	0,06325	3317,5	6,8217	0,02974	3243,6	6,4243	0,01845	3159,7	6,1468	0,01271	3064,3	5,9089	0,01111	3022,3	5,8179
500	0,06849	3433,7	6,9770	0,03276	3374,6	6,5994	0,02080	3310,6	6,3487	0,01477	3241,1	6,1456	0,01312	3211,7	6,0716
550	0,07360	3549,0	7,1215	0,03560	3499,8	6,7564	0,02291	3448,3	6,5213	0,01655	3394,1	6,3374	0,01481	3371,6	6,2721
600	0,07862	3664,5	7,2578	0,03832	3622,7	6,9013	0,02488	3579,8	6,6764	0,01816	3535,5	6,5043	0,01633	3517,4	6,4441
650	0,08356	3780,7	7,3872	0,04096	3744,7	7,0373	0,02677	3708,3	6,8195	0,01967	3671,1	6,6554	0,01774	3656,1	6,5986
700	0,08845	3897,9	7,5108	0,04355	3866,8	7,1660	0,02859	3835,4	6,9536	0,02111	3803,8	6,7953	0,01907	3791,1	6,7410
750	0,09329	4016,1	7,6292	0,04608	3989,1	7,2886	0,03036	3962,1	7,0806	0,02250	3935,0	6,9267	0,02036	3924,1	6,8743
800	0,09809	4135,3	7,7431	0,04858	4112,0	7,4058	0,03209	4088,6	7,2013	0,02385	4065,3	7,0511	0,02160	4055,9	7,0001

Zustandsgrößen *v*, *h* und *s* von Wasser und überhitztem Dampf (bar, kJ) bis 800 °C und 500 bar (Fortsetzung)

$p \rightarrow$	230 bar			250 bar			300 bar			400 bar			500 bar		
	v dm³/kg	h kcal/kg	s kcal/kg°	v dm³/kg	h kcal/kg	s kcal/kg°	v dm³/kg	h kJ/kg	s kJ/kg°	v dm³/kg	h kJ/kg	s kJ/kg°	v dm³/kg	h kJ/kg	s kJ/kg°
0	0,9890	23,1	0,0009	0,9881	25,1	0,0009	0,9857	30,0	0,0008	0,9811	39,7	0,0004	0,9768	49,3	−0,0002
20	0,9916	105,3	0,2912	0,9907	107,1	0,2907	0,9886	111,7	0,2895	0,9845	120,8	0,2870	0,9804	129,9	0,2843
40	0,9979	187,8	0,5631	0,9971	189,4	0,5623	0,9951	193,8	0,5604	0,9910	202,5	0,5565	0,9872	211,2	0,5525
60	1,0070	270,3	0,8189	1,0062	272,0	0,8178	1,0041	276,1	0,8153	1,0001	284,5	0,8102	0,9961	292,8	0,8052
100	1,0322	436,3	1,2894	1,0313	437,8	1,2879	1,0289	441,6	1,2843	1,0244	449,2	1,2771	1,0200	456,8	1,2701
120	1,0481	519,9	1,5076	1,0470	521,3	1,5059	1,0445	524,9	1,5017	1,0395	532,1	1,4935	1,0347	539,4	1,4856
150	1,0760	646,4	1,8176	1,0748	647,7	1,8155	1,0718	650,9	1,8105	1,0660	657,4	1,8007	1,0605	664,1	1,7912
200	1,1360	861,8	2,2987	1,1343	862,8	2,2960	1,1301	865,2	2,2891	1,1220	870,2	2,2759	1,1144	875,4	2,2632
250	1,2204	1087,2	2,7512	1,2175	1087,5	2,7472	1,2107	1088,4	2,7374	1,1981	1090,8	2,7188	1,1866	1093,6	2,7015
300	1,3512	1332,3	3,1983	1,3453	1331,1	3,1916	1,3316	1328,7	3,1756	1,3077	1325,4	3,1469	1,2874	1323,7	3,1213
320	1,4304	1441,4	3,3854	1,4214	1438,9	3,3764	1,4012	1433,6	3,3556	1,3677	1425,9	3,3193	1,3406	1421,0	3,2882
340	1,5431	1563,4	3,5876	1,5273	1558,3	3,5743	1,4939	1547,7	3,5447	1,4434	1532,9	3,4965	1,4055	1523,0	3,4573
360	1,7375	1714,1	3,8296	1,6981	1701,0	3,8036	1,6285	1678,0	3,7541	1,5425	1650,5	3,6856	1,4862	1633,9	3,6355
380	4,7472	2362,5	4,8303	2,2402	1941,0	4,1757	1,8737	1837,7	4,0021	1,6818	1776,4	3,8814	1,5889	1746,8	3,8110
400	7,476	2692,3	5,3294	6,014	2582,0	5,1455	2,8306	2161,8	4,4896	1,9091	1934,1	4,1190	1,7291	1877,7	4,0083
420	8,872	2843,0	5,5502	7,580	2774,1	5,4271	4,9216	2558,0	5,0706	2,3709	2145,7	4,4285	1,9378	2026,6	4,2262
440	9,944	2953,2	5,7070	8,696	2901,7	5,6087	6,227	2754,0	5,3499	3,1997	2399,4	4,7893	2,2689	2199,7	4,4723
460	10,851	3044,0	5,8327	9,609	3002,3	5,7479	7,189	2887,7	5,5349	4,137	2617,2	5,0907	2,7470	2387,2	4,7316
480	11,659	3123,8	5,9402	10,407	3088,5	5,8640	7,985	2993,9	5,6779	4,941	2779,8	5,3097	3,3082	2565,9	4,9709
500	12,399	3196,7	6,0357	11,128	3165,9	5,9655	8,681	3085,0	5,7972	5,616	2906,8	5,4762	3,882	2723,0	5,1782
550	14,053	3360,2	6,2407	12,721	3337,0	6,1801	10,166	3277,4	6,0386	6,982	3151,6	5,7835	5,113	3021,1	5,5525
600	15,530	3508,3	6,4154	14,126	3489,9	6,3604	11,436	3443,0	6,2340	8,088	3346,4	6,0135	6,111	3248,3	5,8207
650	16,896	3648,6	6,5717	15,416	3633,4	6,5203	12,582	3595,0	6,4033	9,053	3517,0	6,2035	6,960	3438,9	6,0331
700	18,188	3784,7	6,7153	16,630	3771,9	6,6664	13,647	3739,7	6,5560	9,930	3674,8	6,3701	7,720	3610,2	6,2138
750	19,427	3918,6	6,8495	17,789	3907,7	6,8025	14,654	3880,3	6,6970	10,748	3825,5	6,5210	8,420	3770,9	6,3749
800	20,623	4051,2	6,9761	18,906	4041,9	6,9306	15,619	4018,5	6,8288	11,521	3971,7	6,6606	9,076	3925,3	6,5222

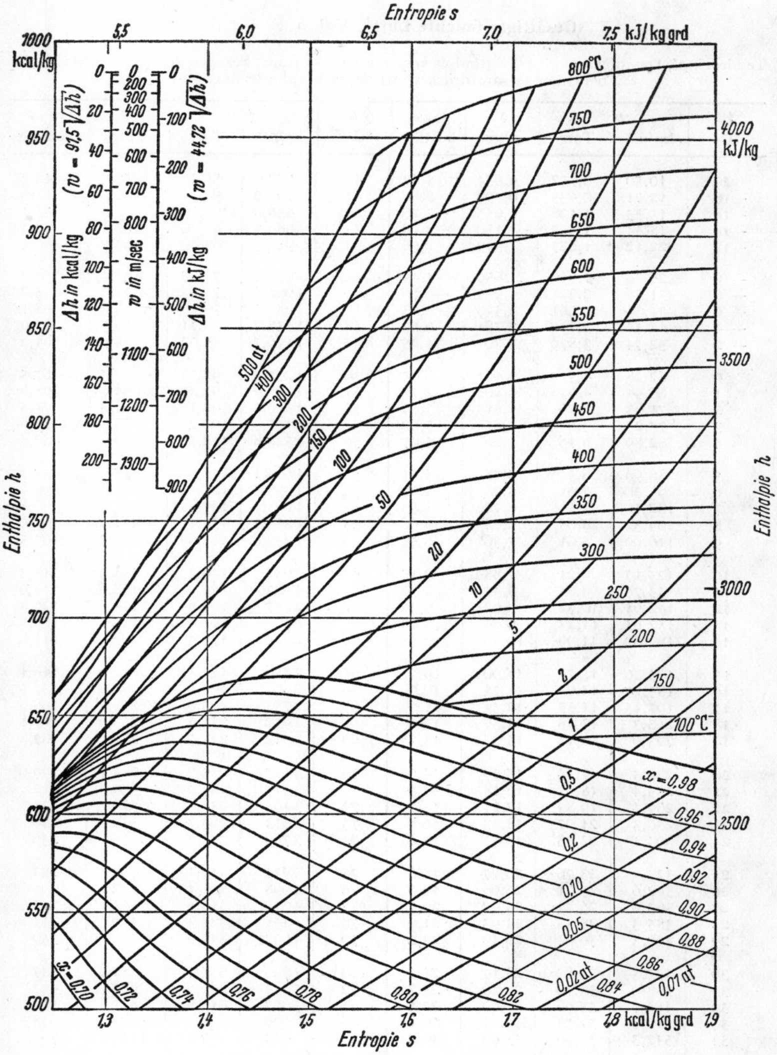

Mollier-(h, s)-Diagramm für Wasserdampf

Die Enthalpie (Wärmeinhalt) h ist an der linken Ordinate in kcal/kg, an der rechten in kJ/kg angegeben, ebenso die Entropie s an der unteren Abszisse in kcal/kg grd, an der oberen in kJ/kg grd.

Aus dem h, s-Diagramm läßt sich für ein bestimmtes Wärmegefälle (= Enthalpiedifferenz) Δh nach der Beziehung (vgl. S. 338, 442 u. 459)

$$\tfrac{1}{2}\,(w^2 - w_1^2) = \Delta h$$

die Zunahme der Strömungsgeschwindigkeit graphisch ermitteln. Hierzu dienen die beiden Skalen links oben, die linke für Δh in kcal/kg, die rechte für Δh in kJ/kg, und zwar für $w_1 = 0$. Hat der Dampf bereits die Anfangsgeschwindigkeit w_1, so trägt man Δh an w_1 nach unten an und erhält die Endgeschwindigkeit w.

Gesättigte feuchte Luft[1]. Vgl. a. S. 461/65

Teildruck p', Dampfgehalt x und Enthalpie h_{1+x} für Temperatur t, bezogen auf 1 kg trockene Luft bei einem Gesamtdruck von 1 kp/cm² (unter 0° über Eis)

t °C	p' kp/m²	p' Torr	x g/kg	h_{1+x} kcal/kg	t °C	p' kp/m²	p' Torr	x g/kg	h_{1+x} kcal/kg
−20	10,50	0,772	0,654	−4,42	40	752,0	55,32	50,6	40,7
−18	12,71	0,935	0,792	−3,86	41	793,0	58,34	53,6	42,8
−16	15,33	1,128	0,955	−3,28	42	836,0	61,50	56,8	45,1
−14	18,44	1,357	1,150	−2,68	43	880,9	64,80	60,1	47,4
−12	22,12	1,627	1,379	−2,06	44	927,9	68,26	63,7	49,9
−10	26,46	1,946	1,650	−1,43	45	977,1	71,88	67,4	52,3
− 8	31,56	2,321	1,969	−0,76	46	1028,4	75,65	71,4	55,2
− 6	37,54	2,761	2,343	−0,05	47	1082,1	79,60	75,5	58,1
− 4	44,54	3,276	2,781	0,69	48	1138,2	83,71	79,9	61,0
− 2	52,74	3,879	3,30	1,48	49	1196,7	88,02	84,6	64,2
0	62,28	4,579	3,90	2,33	50	1257,8	92,51	89,5	67,5
1	66,94	4,93	4,20	2,75	51	1321,6	97,20	94,7	71,0
2	71,93	5,29	4,51	3,09	52	1388,1	102,1	100,3	74,8
3	77,23	5,69	4,85	3,62	53	1457,5	107,2	106,1	78,6
4	82,89	6,10	5,20	4,07	54	1529,8	112,5	112,3	82,8
5	88,90	6,54	5,58	4,51	55	1605,1	118,0	118,9	87,3
6	95,30	7,01	5,98	5,02	56	1683,5	123,8	125,9	92,2
7	102,10	7,51	6,42	5,53	57	1765,3	129,8	133,3	96,8
8	109,32	8,05	6,88	6,06	58	1850,4	136,1	141,2	102,0
9	116,99	8,61	7,36	6,59	59	1939,0	142,6	149,5	107,5
10	125,13	9,21	7,88	7,15	60	2031	149,4	158,5	113,3
11	133,76	9,84	8,44	7,72	61	2127	156,4	168,0	119,6
12	142,91	10,52	9,02	8,32	62	2227	163,8	178,3	126,4
13	152,61	11,23	9,64	8,93	63	2330	171,4	188,8	133,2
14	162,89	11,99	10,30	9,58	64	2438	179,3	200,5	141,0
15	173,76	12,79	11,00	10,2	65	2550	187,5	212,9	149,1
16	185,27	13,63	11,74	10,9	66	2666	196,1	226,0	157,5
17	197,45	14,53	12,54	11,6	67	2787	205,0	240,3	166,9
18	210,3	15,48	13,37	12,4	68	2912	214,2	255,9	177,1
19	223,9	16,48	14,25	13,2	69	3042	223,7	272,1	187,8
20	238,3	17,54	15,19	14,0	70	3177	233,7	289,7	199,0
21	253,4	18,65	16,18	14,8	71	3317	243,9	308,6	212
22	269,4	19,83	17,24	15,7	72	3463	254,6	329	225
23	286,3	21,07	18,33	16,6	73	3613	265,7	352	239
24	304,1	22,38	19,51	17,6	74	3769	277,2	376	256
25	322,9	23,76	20,77	18,6	75	3931	289,1	403	273
26	342,6	25,21	22,09	19,6	76	4098	301,4	432	291
27	363,4	26,74	23,47	20,7	77	4272	314,1	463	312
28	385,3	28,35	24,93	21,9	78	4451	327,3	499	334
29	408,3	30,04	26,49	23,2	79	4637	341,0	538	359
30	432,5	31,82	28,14	24,4	80	4829	355,1	580	387
31	458,0	33,70	29,88	25,7	82	5234	384,9	683	453
32	484,7	35,66	31,69	27,1	84	5667	416,8	813	537
33	512,8	37,73	33,64	28,5	86	6129	450,9	986	648
34	542,3	39,90	35,69	30,0	88	6623	487,1	1219	798
35	573,3	42,18	37,9	31,6	90	7149	525,8	1559	1017
36	605,7	44,56	40,1	33,3	92	7710	567,0	2092	1359
37	639,8	47,07	42,5	35,0	94	8307	610,9	3050	1980
38	675,5	49,69	45,1	36,8	96	8942	657,6	5250	3390
39	712,9	52,44	47,8	38,7	98	9616	707,3	15600	10040
40	752,0	55,32	50,6	40,7	100	10332	760,0	—	—

[1] Auszug aus *Schmidt, E.:* Einführung in die Technische Thermodynamik. 10. Aufl. S. 412/13. Berlin: Springer 1963.

Zulässige Flächenpressung in kp/cm^2 für nicht gleitende Flächen

Werkstoff	Belastung ruhend	Belastung schwellend	Belastung stoßend
Stahl	800—1500	600—1000	300—500
Stahl, gehärtet	1500—1800	800—1200	400—600
Tiegelstahl	1000—2000	700—1300	400—600
Stahlguß	800—1000	500— 900	250—350
Gußeisen	700— 800	450— 550	200—300
Temperguß	500— 800	300— 550	200—300
Hartguß	1000—1500	700—1000	350—500
Zinnbronzen	300— 400	200— 300	100—150
Rotguß	250— 350	150— 250	80—120
Walz- und Schmiedemessing	300— 450	250— 300	100—150

Im allgemeinen richtet sich die Wahl der Werte nach der Härte und Oberflächenbeschaffenheit des Werkstoffes.

Prüfsiebe

Drahtgewebe für Prüfsiebe DIN 4188 Bl. 1 (Febr. 1957)[1]

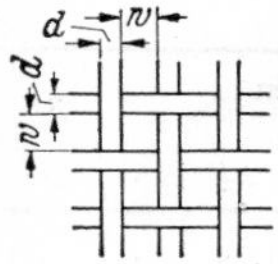

Lichte Maschenweite* w in mm R 10	Lichte Maschenweite* w in mm R 20	Draht-Dmr.* d mm	Maschen je cm^2 gerundet	Offene Siebfläche %
0,04		0,025	23700	
	0,045	0,028	18800	
0,05		0,032	15000	
	0,056	0,036	11800	
0,063		0,04	9450	
	0,071	0,045	7425	
0,08		0,05	5920	
	0,09	0,056	4680	
0,1		0,063	3765	37,9
0,125		0,08	2380	
0,16		0,1	1480	
0,2		0,125	950	
0,25		0,16	600	
0,315		0,2	380	
0,4		0,25	235	
0,5		0,315	150	
0,63		0,4	95	
0,8		0,5	60	
1		0,63	38	
1,25		0,8	24	
1,6		1	15	
2		1	11	44,4

USA — ASTM-Standard E 11—58 T (Sept. 1958)[2]

Bezeichnung No.	Lichte Maschenweite mm	Draht-Dmr. mm	Maschen je cm^2 gerundet	Offene Siebfläche %
400	0,037	0,025	26000	35,6
325	0,044	0,030	18250	35,4
270	0,053	0,037	12350	34,6
230	0,063	0,044	8720	34,7
200	0,074	0,053	6200	34
170	0,088	0,064	4350	33,5
140	0,105	0,076	3050	33,7
120	0,125	0,091	2150	33,6
100	0,149	0,110	1500	33
80	0,177	0,131	1060	33
70	0,210	0,152	765	33,7
60	0,250	0,180	540	33,8
50	0,297	0,215	380	33,6
45	0,35	0,247	205	34,3
40	0,42	0,290	200	35
35	0,50	0,340	142	35,4
30	0,59	0,390	105	36,3
25	0,71	0,450	75	37,4
20	0,84	0,510	55	38,7
18	1,00	0,580	40	40
16	1,19	0,650	30	42
14	1,41	0,725	22	43,7
12	1,68	0,810	16	45,5
10	2,00	0,900	12	47,5

[1] Auszug; ergänzt durch Angabe der Maschenzahl je cm^2. In einem z. Z. noch nicht gültigen Entwurf (Okt. 1964) sind die ISO-Maschenweiten aufgenommen und die Anzahl der Maschenweiten von 25 μm bis 125 mm erweitert worden.

[2] Auszug; ergänzt durch Angabe der Maschenzahl je cm^2 und der offenen Siebfläche.

* Lichte Maschenweite und Drahtdmr. entsprechen den Normzahlreihen R10 u. R20 nach DIN 323 (vgl. S. 621).

Warmgewalzte Fertigerzeugnisse

Flacherzeugnisse: Der Querschnitt ist ein Rechteck, dessen Breite viel größer ist als die Dicke.

Blech: Ebene Tafeln mit beim Walzen frei gebreiteten Kanten. Bei Lieferung Kanten roh oder beschnitten. Die Tafeln können durch Zerteilen von Band entstehen. Format der Tafeln überwiegend rechteckig oder quadratisch.

	Feinstblech	Feinblech	Mittelblech	Grobblech
Dicke in mm	<0,5	<3,0	3,0–4,75	>4,75

Breitflachstahl: Ebene Tafeln, auf allen 4 Seitenflächen gewalzt.
Breite >150 mm, Dicke ≧5 mm.

Band: Frei gebreitete Kanten, nach dem Walzen zu einer Rolle gewickelt. Bei Lieferung roh oder beschnitten.

Schmal- und Mittelband: Breite <600 mm.
Breitband: ,, ≧600 mm.

(Fortsetzung vgl. S. 905)

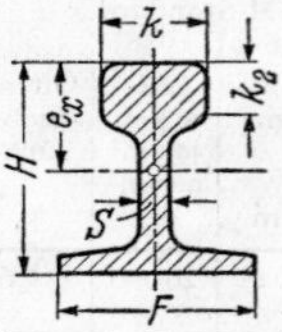

Schienen

Kranschienen vgl. Bd. II, Abschn. Hebe- und Fördermittel.
Eisenbahnschienen haben nach Abnutzung ein Widerstandsmoment

$$W_x \approx 0{,}06 \cdot h^3 \text{ cm}^3,$$

worin h die abgenutzte Schienenhöhe in cm.

Bezeichnung		Abmessungen in mm H	F	k	k_2	S	G kp/m	e_x cm	I_x cm⁴	W_x cm³	Vorzugslängen m
Schienen	S 7	65	50	25	12,5	5	6,75	3,40	51,6	15,2	5 u. 7
≦20 kp/m	S 10	70	58	32	17,3	6	10,0	3,48	85,7	24,4	
nach DIN	S 12	80	65	34	17,8	7	12,0	4,15	141	33,9	5
5901 Bl. 1	S 14	80	70	38	17,3	9	14,0	4,16	154	36,9	7
(März	S 18	93	82	43	20,0	10	18,3	4,79	278	58,1	9
1968)	S 20	100	82	44	21,5	10	19,8	5,18	346	66,8	
Schienen	S 24	115	90	53	23,88	10	24,43	5,65	569	97,3	
>20 kp/m	S 33	134	105	58	31,75	11	33,47	6,67	1040	155	15
nach DIN	S 41	138	125	67	31,83	12	40,95	6,98	1368	196	
5902 Bl. 1	S 49	149	125	67	39,8	14	49,43	7,57	1819	240	30
(Juli	S 54	154	125	70	43,3	16	54,54	7,90	2073	262	
1958)	S 64	172	150	76	43	16	64,92	9,14	3252	356	

Warmgewalzter Halbrundstahl und Flachhalbrundstahl

DIN 1018 (Okt. 1963)

Halbrundstahl

Flachhalbrundstahl

Halbrundstahl Abmessungen in mm d	h	Querschnitt cm²	Gewicht kp/m	Flachhalbrundstahl Nennmaß $b \times h$	Querschnitt cm²	Gewicht kp/m	Nennmaß $b \times h$	Querschnitt cm²	Gewicht kp/m
16	8	1,01	0,789	14 × 4	0,397	0,312	33 × 8	1,84	1,44
20	10	1,57	1,23	16 × 3	0,329	0,258	35 × 10	2,48	1,95
26	13	2,65	2,08	16 × 3,5	0,387	0,304	40 × 10	2,80	2,19
30	15	3,53	2,77	18 × 3,2	0,394	0,309	50 × 12	4,18	3,28
60	30	14,1	11,1	20 × 6,5	0,936	0,735	75 × 18	9,40	7,38
75	37,5	22,1	17,3	25 × 8	1,44	1,13	100 × 25	17,5	13,7
				28 × 6	1,16	0,911			

Warmgewalzter rundkantiger T-Stahl

(DIN 1024, Okt. 1963)

Herstellängen zwischen 3 und 12 m

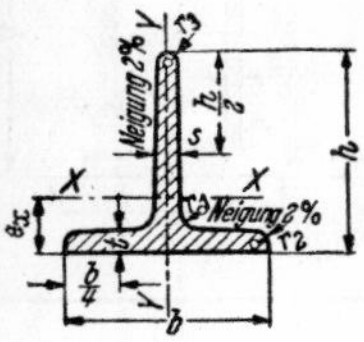

← Rundkantiger hochstegiger T-Stahl
$b : h = 1 : 1$

$r_1 = s; \quad r_2 = \frac{r_1}{2}$

(auf halbe mm gerundet)

Rundkantiger breitfüßiger T-Stahl →
$b : h = 2 : 1$

$h = \frac{b}{2}$;

$t = 0{,}15h + 1$ mm;

$r_1 = s; \quad r_2 = \frac{r_1}{2}$

(auf halbe mm gerundet)

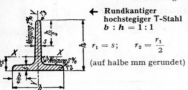

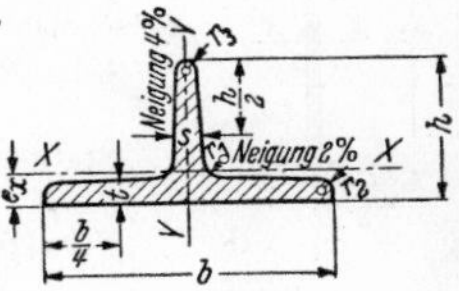

I = Trägheitsmoment
W = Widerstandsmoment
$i = \sqrt{I/F}$ = Trägheitshalbmesser
} bezogen auf die zugehörige Biegeachse

Kurzzeichen	Abmessungen in mm				Querschnitt F	Gewicht G		Für die Biegeachse					
								$X-X$			$Y-Y$		
	h	b	$s = t = r_1$	r_3	cm²	kp/m	e_x cm	I_x cm⁴	W_x cm³	i_x cm	I_y cm⁴	W_y cm³	i_y cm
Rundkantiger hochstegiger T-Stahl													
T 20	20		3	1	1,12	0,88	0,58	0,38	0,27	0,58	0,20	0,20	0,42
T 25	25		3,5	1	1,64	1,29	0,73	0,87	0,49	0,73	0,43	0,34	0,51
T 30	30		4	1	2,26	1,77	0,85	1,72	0,80	0,87	0,87	0,58	0,62
T 35	35		4,5	1	2,97	2,33	0,99	3,10	1,23	1,04	1,57	0,90	0,73
T 40	40		5	1	3,77	2,96	1,12	5,28	1,84	1,18	2,58	1,29	0,83
T 45	45		5,5	1,5	4,67	3,67	1,26	8,13	2,51	1,32	4,01	1,78	0,93
T 50	50		6	1,5	5,66	4,44	1,39	12,1	3,36	1,46	6,06	2,42	1,03
T 60	60		7	2	7,94	6,23	1,66	23,8	5,48	1,73	12,2	4,07	1,24
T 70	70		8	2	10,6	8,32	1,94	44,5	8,79	2,05	22,1	6,32	1,44
T 80	80		9	2	13,6	10,7	2,22	73,7	12,8	2,33	37,0	9,25	1,65
T 90	90		10	2,5	17,1	13,4	2,48	119	18,2	2,64	58,5	13,0	1,85
T 100	100		11	3	20,9	16,4	2,74	179	24,6	2,92	88,3	17,7	2,05
T 120	120		13	3	29,6	23,2	3,28	366	42,0	3,51	178	29,7	2,45
T 140	140		15	4	39,9	31,3	3,80	660	64,7	4,07	330	47,2	2,88
Rundkantiger breitfüßiger T-Stahl													
T B 30	30	60	5,5	1,5	4,64	3,64	0,67	2,58	1,11	0,75	8,62	2,87	1,36
T B 35	35	70	6	1,5	5,94	4,66	0,77	4,49	1,65	0,87	15,1	4,31	1,59
T B 40	40	80	7	2	7,91	6,21	0,88	7,81	2,50	0,99	28,5	7,13	1,90
T B 50	50	100	8,5	2	12,0	9,42	1,09	18,7	4,78	1,25	67,7	13,5	2,38
T B 60	60	120	10	2,5	17,0	13,4	1,30	38,0	8,09	1,49	137	22,8	2,84

Anreißmaße (Wurzelmaße) — **Lochabstände** vgl. S. 916/18

(Fortsetzung von S. 904)

Profilerzeugnisse

Formstahl: Gerade Stäbe mit Querschnitt I und U; Höhe ≧80 mm.
I-Stahl (auch Träger genannt).
Breite I-Träger (Breitflanschträger).

Stabstahl: Querschnitt rund, vierkant, flach, halbrund, sechskant, achtkant, L, T, Ꞁ.
Auch der kleine I- oder U-Stahl mit Höhe <80 mm.

Walzdraht: Querschnitte wie vorstehend.

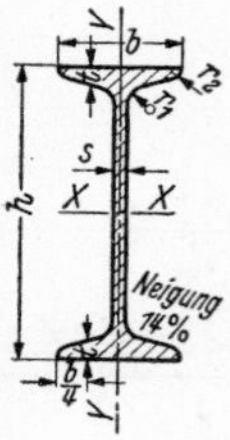

Warmgewalzte I-Träger

(Auszug aus DIN 1025, Bl. 1 u. 2, Okt. 1963)

Herstellängen zwischen 4 und 15 m

← **schmale I-Träger** (I-Reihe) | **I-Breitflanschträger** → parallele Flanschflächen (IPB-Reihe) geneigte innere Flanschflächen (IB-Reihe)

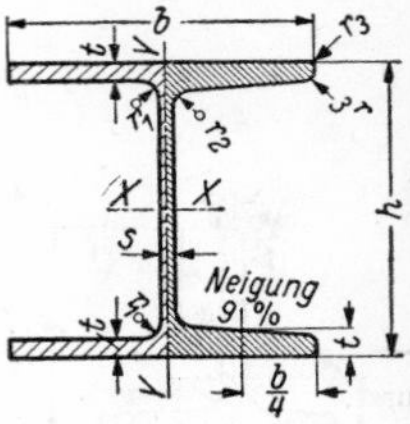

Statische Angaben: Bezeichnungen vgl. S. 905. Dazu:

S_x = Statisches Moment des halben Querschnitts

$s_x = I_x/S_x$ = Abstand der Zug- und Druckmittelpunkte

Kurzzeichen I	Abmessungen in mm h	b	s	t	r_1	r_2	Querschnitt F cm^2	Gewicht G kp/m	Für die Biegeachse X–X I_x cm^4	W_x cm^3	i_x cm	Y–Y I_y cm^4	W_y cm^3	i_y cm	S_x cm^3	s_x cr
Schmale I-Träger (I-Reihe)																
80	80	42	3,9	5,9	3,9	2,3	7,57	5,94	77,8	19,5	3,20	6,29	3,00	0,91	11,4	6,
100	100	50	4,5	6,8	4,5	2,7	10,6	8,34	171	34,2	4,01	12,2	4,88	1,07	19,9	8,
120	120	58	5,1	7,7	5,1	3,1	14,2	11,1	328	54,7	4,81	21,5	7,41	1,23	31,8	10,
140	140	66	5,7	8,6	5,7	3,4	18,2	14,3	573	81,9	5,61	35,2	10,7	1,40	47,7	12,
160	160	74	6,3	9,5	6,3	3,8	22,8	17,9	935	117	6,40	54,7	14,8	1,55	68,0	13,
180	180	82	6,9	10,4	6,9	4,1	27,9	21,9	1450	161	7,20	81,3	19,8	1,71	93,4	15,
200	200	90	7,5	11,3	7,5	4,5	33,4	26,2	2140	214	8,00	117	26,0	1,87	125	17,
220	220	98	8,1	12,2	8,1	4,9	39,5	31,1	3060	278	8,80	162	33,1	2,02	162	18,
240	240	106	8,7	13,1	8,7	5,2	46,1	36,2	4250	354	9,59	221	41,7	2,20	206	20,
260	260	113	9,4	14,1	9,4	5,6	53,3	41,9	5740	442	10,4	288	51,0	2,32	257	22,
280	280	119	10,1	15,2	10,1	6,1	61,0	47,9	7590	542	11,1	364	61,2	2,45	316	24,
300	300	125	10,8	16,2	10,8	6,5	69,0	54,2	9800	653	11,9	451	72,2	2,56	381	25,
320	320	131	11,5	17,3	11,5	6,9	77,7	61,0	12510	782	12,7	555	84,7	2,67	457	27,
340	340	137	12,2	18,3	12,2	7,3	86,7	68,0	15700	923	13,5	674	98,4	2,80	540	29,
360	360	143	13,0	19,5	13,0	7,8	97,0	76,1	19610	1090	14,2	818	114	2,90	638	30,
380	380	149	13,7	20,5	13,7	8,2	107	84,0	24010	1260	15,0	975	131	3,02	741	32,
400	400	155	14,4	21,6	14,4	8,6	118	92,4	29210	1460	15,7	1160	149	3,13	857	34,
425	425	163	15,3	23,0	15,3	9,2	132	104	36970	1740	16,7	1440	176	3,30	1020	36,
450	450	170	16,2	24,3	16,2	9,7	147	115	45850	2040	17,7	1730	203	3,43	1200	38,
475	475	178	17,1	25,6	17,1	10,3	163	128	56480	2380	18,6	2090	235	3,60	1400	40,
500	500	185	18,0	27,0	18,0	10,8	179	141	68740	2750	19,6	2480	268	3,72	1620	42,
550	550	200	19,0	30,0	19,0	11,9	212	166	99180	3610	21,6	3490	349	4,02	2120	46,
600	600	215	21,6	32,4	21,6	13,0	254	199	139000	4630	23,4	4670	434	4,30	2730	50,
I-Breitflanschträger mit parallelen Flanschflächen (IPB-Reihe)																
100	100	100	6	10	12		26,0	20,4	450	89,9	4,16	167	33,5	2,53	52,1	8,
120	120	120	6,5	11	12		34,0	26,7	864	144	5,04	318	52,9	3,06	82,6	10,
140	140	140	7	12	12		43,0	33,7	1510	216	5,93	550	78,5	3,58	123	12,
160	160	160	8	13	15		54,3	42,6	2490	311	6,78	889	111	4,05	177	14,
180	180	180	8,5	14	15		65,3	51,2	3830	426	7,66	1360	151	4,57	241	15,
200	200	200	9	15	18		78,1	61,3	5700	570	8,54	2000	200	5,07	321	17,
220	220	220	9,5	16	18		91,0	71,5	8090	736	9,43	2840	258	5,59	414	19,
240	240	240	10	17	21		106	83,2	11260	938	10,3	3920	327	6,08	527	21,
260	260	260	10	17,5	24		118	93,0	14920	1150	11,2	5130	395	6,58	641	23,
280	280	280	10,5	18	24		131	103	19270	1380	12,1	6590	471	7,09	767	25,
300	300	300	11	19	27		149	117	25170	1680	13,0	8560	571	7,58	934	26,
320	320	300	11,5	20,5	27		161	127	30820	1930	13,8	9240	616	7,57	1070	28,
340	340	300	12	21,5	27		171	134	36660	2160	14,6	9690	646	7,53	1200	30,4
360	360	300	12,5	22,5	27		181	142	43190	2400	15,5	10140	676	7,49	1340	32,
400	400	300	13,5	24	27		198	155	57680	2880	17,1	10820	721	7,40	1620	35,
450	450	300	14	26	27		218	171	79890	3550	19,1	11720	781	7,33	1990	40,
500	500	300	14,5	28	27		239	187	107200	4290	21,2	12620	842	7,27	2410	44,

Fortsetzung auf S. 90

Warmgewalzte I -Träger (Fortsetzung)

I -Breitflanschträger, *leichte* Ausführung (IPBl-Reihe)
(Auszug aus DIN 1025, Bl. 3, Okt. 1963 ×)
Herstellängen zwischen 4 und 15 m
Statische Angaben: Bezeichnungen vgl. S. 905 u. 906

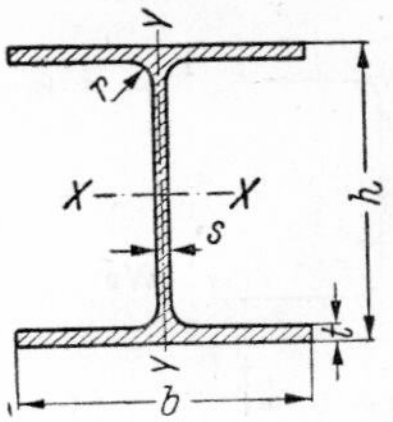

rz-ien 'Bl	Maße für h	b	s	t	r	Querschnitt F cm²	Gewicht G kp/m	Für die Biegeachse X–X I_x cm⁴	W_x cm³	i_x cm	Y–Y I_y cm⁴	W_y cm³	i_y cm	S_x cm³	s_x cm
0	96	100	5	8	12	21,2	16,7	349	72,8	4,06	134	26,8	2,51	41,5	8,41
20	114	120	5	8	12	25,3	19,9	606	106	4,89	231	38,5	3,02	59,7	10,1
40	133	140	5,5	8,5	12	31,4	24,7	1030	155	5,73	389	55,6	3,52	86,7	11,9
60	152	160	6	9	15	38,8	30,4	1670	220	6,57	616	76,9	3,98	123	13,6
80	171	180	6	9,5	15	45,3	35,5	2510	294	7,45	925	103	4,52	162	15,5
00	190	200	6,5	10	18	53,8	42,3	3690	389	8,28	1340	134	4,98	215	17,2
20	210	220	7	11	18	64,3	50,5	5410	515	9,17	1950	178	5,51	284	19,0
40	230	240	7,5	12	21	76,8	60,3	7760	675	10,1	2770	231	6,00	372	20,9
60	250	260	7,5	12,5	24	86,8	68,2	10450	836	11,0	3670	282	6,50	460	22,7
80	270	280	8	13	24	97,3	76,4	13670	1010	11,9	4760	340	7,00	556	24,6
00	290	300	8,5	14	27	112	88,3	18260	1260	12,7	6310	421	7,49	692	26,4
20	310	300	9	15,5	27	124	97,6	22930	1480	13,6	6990	466	7,49	814	28,2
40	330	300	9,5	16,5	27	133	105	27690	1680	14,4	7440	496	7,46	925	29,9
60	350	300	10	17,5	27	143	112	33090	1890	15,2	7890	526	7,43	1040	31,7
00	390	300	11	19	27	159	125	45070	2310	16,8	8560	571	7,34	1280	35,2
50	440	300	11,5	21	27	178	140	63720	2900	18,9	9470	631	7,29	1610	39,6
00	490	300	12	23	27	198	155	86970	3550	21,0	10370	691	7,24	1970	44,1
50	540	300	12,5	24	27	212	166	111900	4150	23,0	10820	721	7,15	2310	48,4
00	590	300	13	25	27	226	178	141200	4790	25,0	11270	751	7,05	2680	52,8
50	640	300	13,5	26	27	242	190	175200	5470	26,9	11720	782	6,97	3070	57,1
00	690	300	14,5	27	27	260	204	215300	6240	28,8	12180	812	6,84	3520	61,2
00	790	300	15	28	30	286	224	303400	7680	32,6	12640	843	6,65	4350	69,8
00	890	300	16	30	30	320	252	422100	9480	36,3	13550	903	6,50	5410	78,1
00	990	300	16,5	31	30	347	272	553800	11190	40,0	14000	934	6,35	6410	86,4

te I -Träger nach dieser Norm entsprechen der A-Reihe (Kurzzeichen HE ... A) nach Euronorm 53–62.

setzung von S. 906

3	h	b	s	t	r_1		F	G	I_x	W_x	i_x	I_y	W_y	i_y	S_x	s_x
0	550	300	15	29	27		254	199	136700	4970	23,2	13080	872	7,17	2800	48,9
0	600	300	15,5	30	27		270	212	171000	5700	25,2	13530	902	7,08	3210	53,2
0	650	300	16	31	27		286	225	210600	6480	27,1	13980	932	6,99	3660	57,5
0	700	300	17	32	27		306	241	256900	7340	29,0	14440	963	6,87	4160	61,7
0	800	300	17,5	33	30		334	262	359100	8980	32,8	14900	994	6,68	5110	70,2
0	900	300	18,5	35	30		371	291	494100	10980	36,5	15820	1050	6,53	6290	78,5
0	1000	300	19	36	30		400	314	644700	12890	40,1	16280	1090	6,38	7430	86,8

IPB-Reihe nach dieser Norm entspricht der B-Reihe (Kurzzeichen HE ... B) nach Euronorm 53–62.

I -Breitflanschträger mit geneigten inneren Flanschflächen (I - B-Reihe)

3	h	b	s	t	r_2	r_3	F	G	I_x	W_x	i_x	I_y	W_y	i_y	S_x	s_x
0	100	100	7,5	10,25	10	1,5	26,8	21,0	447	89,4	4,09	151	30,1	2,37	53	8,4
0	120	120	8	11	11	1,5	34,6	27,2	852	142	4,96	276	46,0	2,82	82	10,4
0	140	140	8	12	12	—	43,3	34,0	1490	213	5,86	475	67,8	3,31	122	12,2
0	160	160	9	14	14	—	57,4	45,0	2580	322	6,70	831	104	3,81	184	14,0
0	180	180	9	14	14	—	64,7	50,8	3750	417	7,62	1170	130	4,25	237	15,9

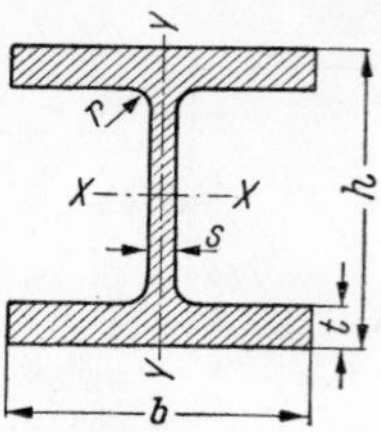

Warmgewalzte breite I -Träger

← I -Breitflanschträger, *verstärkte* Ausführung (IPBv-Reihe)
(Auszug aus DIN 1025, Bl. 4, Okt. 1963)
Herstellängen zwischen 4 und 15 m
Statische Angaben: Bezeichnungen vgl. S. 905 u. 906

Warmgewalzte mittelbreite I -Träger untere Tabelle

IPE-Reihe (DIN 1025, Bl. 5, März 1965) →
Herstellängen zwischen 4 und 15 m
Statische Angaben: Bezeichnungen vgl. S. 905 u. 906

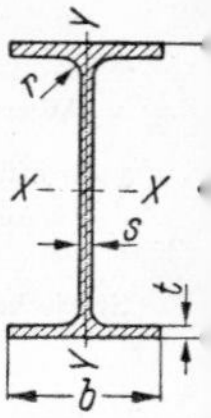

Kurzzeichen	Maße für					Querschnitt	Gewicht	Für die Biegeachse							
								X−X			Y−Y				
I PBv	h	b	s	t	r	F cm²	G kp/m	I_x cm⁴	W_x cm³	i_x cm	I_y cm⁴	W_y cm³	i_y cm	S_x cm³	
100	120	106	12	20	12	53,2	41,8	1140	190	4,63	399	75,3	2,74	118	
120	140	126	12,5	21	12	66,4	52,1	2020	288	5,51	703	112	3,25	175	1
140	160	146	13	22	12	80,6	63,2	3290	411	6,39	1140	157	3,77	247	1
160	180	166	14	23	15	97,1	76,2	5100	566	7,25	1760	212	4,26	337	1
180	200	186	14,5	24	15	113	88,9	7480	748	8,13	2580	277	4,77	442	1
200	220	206	15	25	18	131	103	10640	967	9,00	3650	354	5,27	568	1
220	240	226	15,5	26	18	149	117	14600	1220	9,89	5010	444	5,79	710	2
240	270	248	18	32	21	200	157	24290	1800	11,0	8150	657	6,39	1060	2
260	290	268	18	32,5	24	220	172	31310	2160	11,9	10450	780	6,90	1260	2
280	310	288	18,5	33	24	240	189	39550	2550	12,8	13160	914	7,40	1480	2
300	340	310	21	39	27	303	238	59200	3480	14,0	19400	1250	8,00	2040	2
320/305	320	305	16	29	27	225	177	40950	2560	13,5	13740	901	7,81	1460	28
320	359	309	21	40	27	312	245	68130	3800	14,8	19710	1280	7,95	2220	3
340	377	309	21	40	27	316	248	76370	4050	15,6	19710	1280	7,90	2360	3
360	395	308	21	40	27	319	250	84870	4300	16,3	19520	1270	7,83	2490	3
400	432	307	21	40	27	326	256	104100	4820	17,9	19330	1260	7,70	2790	3
450	478	307	21	40	27	335	263	131500	5500	19,8	19340	1260	7,59	3170	4
500	524	306	21	40	27	344	270	161900	6180	21,7	19150	1250	7,46	3550	4
550	572	306	21	40	27	354	278	198000	6920	23,6	19160	1250	7,35	3970	4
600	620	305	21	40	27	364	285	237400	7660	25,6	18970	1240	7,22	4390	54
650	668	305	21	40	27	374	293	281700	8430	27,5	18980	1240	7,13	4830	5
700	716	304	21	40	27	383	301	329300	9200	29,3	18800	1240	7,01	5270	6
800	814	303	21	40	30	404	317	442600	10870	33,1	18630	1230	6,79	6240	7
900	910	302	21	40	30	424	333	570400	12540	36,7	18450	1220	6,60	7220	7
1000	1008	302	21	40	30	444	349	722300	14330	40,3	18460	1220	6,45	8280	8

Breite I -Träger nach dieser Norm entsprechen der M-Reihe (Kurzzeichen HE ... M) nach Euronorm 53—

Kurzzeichen	Maße für					Querschnitt	Gewicht	Für die Biegeachse							
								X−X			Y−Y				
I PE	h	b	s	t	r	F cm²	G kp/m	I_x cm⁴	W_x cm³	i_x cm	I_y cm⁴	W_y cm³	i_y cm	S_x cm³	c
80	80	46	3,8	5,2	5	7,64	6,00	80,1	20,0	3,24	8,49	3,69	1,05	11,6	6
100	100	55	4,1	5,7	7	10,3	8,10	171	34,2	4,07	15,9	5,79	1,24	19,7	8
120	120	64	4,4	6,3	7	13,2	10,4	318	53,0	4,90	27,7	8,65	1,45	30,4	10
140	140	73	4,7	6,9	7	16,4	12,9	541	77,3	5,74	44,9	12,3	1,65	44,2	12
160	160	82	5,0	7,4	9	20,1	15,8	869	109	6,58	68,3	16,7	1,84	61,9	14
180	180	91	5,3	8,0	9	23,9	18,8	1320	146	7,42	101	22,2	2,05	83,2	15
200	200	100	5,6	8,5	12	28,5	22,4	1940	194	8,26	142	28,5	2,24	110	17
220	220	110	5,9	9,2	12	33,4	26,2	2770	252	9,11	205	37,3	2,48	143	19
240	240	120	6,2	9,8	15	39,1	30,7	3890	324	9,97	284	47,3	2,69	183	21
270	270	135	6,6	10,2	15	45,9	36,1	5790	429	11,2	420	62,2	3,02	242	23
300	300	150	7,1	10,7	15	53,8	42,2	8360	557	12,5	604	80,5	3,35	314	26
330	330	160	7,5	11,5	18	62,6	49,1	11770	713	13,7	788	98,5	3,55	402	29
360	360	170	8,0	12,7	18	72,7	57,1	16270	904	15,0	1040	123	3,79	510	31
400	400	180	8,6	13,5	21	84,5	66,3	23130	1160	16,5	1320	146	3,95	654	35
450	450	190	9,4	14,6	21	98,8	77,6	33740	1500	18,5	1680	176	4,12	851	39
500	500	200	10,2	16,0	21	116	90,7	48200	1930	20,4	2140	214	4,31	1100	43
550	550	210	11,1	17,2	24	134	106	67120	2440	22,3	2670	254	4,45	1390	48
600	600	220	12,0	19,0	24	156	122	92080	3070	24,3	3390	308	4,66	1760	52

Die in dieser Norm angegebenen Maße, Gewichte und statischen Werte stimmen mit Euronorm 19—57 übere

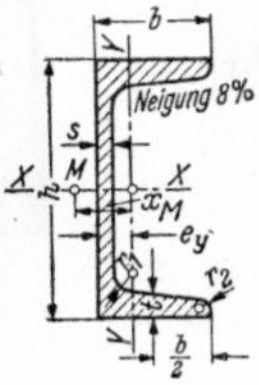

Warmgewalzter rundkantiger [-Stahl

(DIN 1026, Okt. 1963)

Profil für $h \leqq 300$ mm | Profil für $h > 300$ mm

Herstellängen zwischen 3 und 15 m

I = Trägheitsmoment
W = Widerstandsmoment
$i = \sqrt{I/F}$ = Trägheitshalbmesser
} bezogen auf die zugehörige Biegeachse

x_M = Abstand des Schubmittelpunktes M von der $Y-Y$-Achse

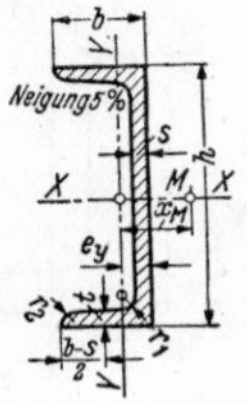

Kurzzeichen	Abmessungen in mm						Querschnitt	Gewicht			Für die Biegeachse					
											$X-X$			$Y-Y$		
[	h	b	s	t	r_1	r_2	F cm²	G kp/m	e_y cm	x_M cm	I_x cm⁴	W_x cm³	i_x cm	I_y cm⁴	W_y cm³	i_y cm
× 15	30	15	4	4,5	4,5	2	2,21	1,74	0,52	0,74	2,53	1,69	1,07	0,38	0,39	0,42
30	30	33	5	7	7	3,5	5,44	4,27	1,31	2,22	6,39	4,26	1,08	5,33	2,68	0,99
× 20	40	20	5	5,5	5	2,5	3,66	2,87	0,67	1,01	7,58	3,79	1,44	1,14	0,86	0,56
40	40	35	5	7	7	3,5	6,21	4,87	1,33	2,32	14,1	7,05	1,50	6,68	3,08	1,04
0 × 25	50	25	5	6	6	3	4,92	3,86	0,81	1,34	16,8	6,73	1,85	2,49	1,48	0,71
50	50	38	5	7	7	3,5	7,12	5,59	1,37	2,47	26,4	10,6	1,92	9,12	3,75	1,13
60	60	30	6	6	6	3	6,46	5,07	0,91	1,50	31,6	10,5	2,21	4,51	2,16	0,84
65	65	42	5,5	7,5	7,5	4	9,03	7,09	1,42	2,60	57,5	17,7	2,52	14,1	5,07	1,25
80	80	45	6	8	8	4	11,0	8,64	1,45	2,67	106	26,5	3,10	19,4	6,36	1,33
100	100	50	6	8,5	8,5	4,5	13,5	10,6	1,55	2,93	206	41,2	3,91	29,3	8,49	1,47
120	120	55	7	9	9	4,5	17,0	13,4	1,60	3,03	364	60,7	4,62	43,2	11,1	1,59
140	140	60	7	10	10	5	20,4	16,0	1,75	3,37	605	86,4	5,45	62,7	14,8	1,75
160	160	65	7,5	10,5	10,5	5,5	24,0	18,8	1,84	3,56	925	116	6,21	85,3	18,3	1,89
180	180	70	8	11	11	5,5	28,0	22,0	1,92	3,75	1350	150	6,95	114	22,4	2,02
200	200	75	8,5	11,5	11,5	6	32,2	25,3	2,01	3,94	1910	191	7,70	148	27,0	2,14
220	220	80	9	12,5	12,5	6,5	37,4	29,4	2,14	4,20	2690	245	8,48	197	33,6	2,30
240	240	85	9,5	13	13	6,5	42,3	33,2	2,23	4,39	3600	300	9,22	248	39,6	2,42
260	260	90	10	14	14	7	48,3	37,9	2,36	4,66	4820	371	9,99	317	47,7	2,56
280	280	95	10	15	15	7,5	53,3	41,8	2,53	5,02	6280	448	10,9	399	57,2	2,74
300	300	100	10	16	16	8	58,8	46,2	2,70	5,41	8030	535	11,7	495	67,8	2,90
320	320	100	14	17,5	17,5	8,75	75,8	59,5	2,60	4,82	10870	679	12,1	597	80,6	2,81
350	350	100	14	16	16	8	77,3	60,6	2,40	4,45	12840	734	12,9	570	75,0	2,72
380	380	102	13,5	16	16	8	80,4	63,1	2,38	4,58	15760	829	14,0	615	78,7	2,77
400	400	110	14	18	18	9	91,5	71,8	2,65	5,11	20350	1020	14,9	846	102	3,04

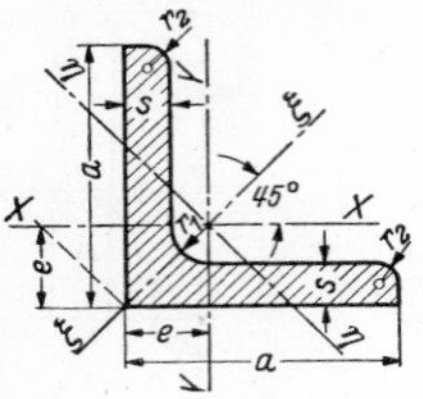

Warmgewalzter gleichschenkliger rundkantiger Winkelstahl

(Auszug aus DIN 1028, Okt. 1963 ×)

Herstellängen zwischen 3 und 12 m

I = Trägheitsmoment
W = Widerstandsmoment
$i = \sqrt{I/F}$ = Trägheitshalbmesser
} bezogen auf die zugehörige Biegeachse
$r_2 = r_1/2$ (auf halbe mm gerundet)

Abmessungen in mm			Querschnitt F	Gewicht G		Für die Biegeachse							
						$X-X=Y-Y$			$\xi-\xi$		$\eta-\eta$		
a	s	r_1	cm²	kp/m	e cm	I_x cm⁴	W_x cm³	i_x cm	I_ξ cm⁴	i_ξ cm	I_η cm⁴	W_η cm³	i_η cm
20	3	3,5	1,12	0,88	0,60	0,39	0,28	0,59	0,62	0,74	0,15	0,18	0,37
	4		1,45	1,14	0,64	0,48	0,35	0,58	0,77	0,73	0,19	0,21	0,36
	3		1,42	1,12	0,73	0,79	0,45	0,75	1,27	0,95	0,31	0,30	0,47
25	4	3,5	1 85	1,45	0,76	1,01	0,58	0,74	1,61	0,93	0,40	0,37	0,47
	5		2,26	1,77	0,80	1,18	0,69	0,72	1,87	0,91	0,50	0,44	0,47
	3		1,74	1,36	0,84	1,41	0,65	0,90	2,24	1,14	0,57	0,48	0,57
30	4	5	2,27	1,78	0,89	1,81	0,86	0,89	2,85	1,12	0,76	0,61	0,58
	5		2,78	2,18	0,92	2,16	1,04	0,88	3,41	1,11	0,91	0,70	0,57
	4		2,67	2,10	1,00	2,96	1,18	1,05	4,68	1,33	1,24	0,88	0,68
35	5	5	3,28	2,57	1,04	3,56	1,45	1,04	5,63	1,31	1,49	1,10	0,67
	6		3,87	3,04	1,08	4,14	1,71	1,04	6,50	1,30	1,77	1,16	0,68
	4		3,08	2,42	1,12	4,48	1,56	1,21	7,09	1,52	1,86	1,18	0,78
40	5	6	3,79	2,97	1,16	5,43	1,91	1,20	8,64	1,51	2,22	1,35	0,77
	6		4,48	3,52	1,20	6,33	2,26	1,19	9,98	1,49	2,67	1,57	0,77
45	5	7	4,30	3,38	1,28	7,83	2,43	1,35	12,4	1,70	3,25	1,80	0,87
	7		5,86	4,60	1,36	10,4	3,31	1,33	16,4	1,67	4,39	2,29	0,87
	5		4,80	3,77	1,40	11,0	3,05	1,51	17,4	1,90	4,59	2,32	0,98
	6		5,69	4,47	1,45	12,8	3,61	1,50	20,4	1,89	5,24	2,57	0,96
50	7	7	6,56	5,15	1,49	14,6	4,15	1,49	23,1	1,88	6,02	2,85	0,96
	9		8,24	6,47	1,56	17,9	5,20	1,47	28,1	1,85	7,67	3,47	0,97
	6		6,31	4,95	1,56	17,3	4,40	1,66	27,4	2,08	7,24	3,28	1,07
55	8	8	8,23	6,46	1,64	22,1	5,72	1,64	34,8	2,06	9,35	4,03	1,07
	10		10,1	7,90	1,72	26,3	6,97	1,62	41,4	2,02	11,3	4,65	1,06
	6		6,91	5,42	1,69	22,8	5,29	1,82	36,1	2,29	9,43	3,95	1,17
60	8	8	9,03	7,09	1,77	29,1	6,88	1,80	46,1	2,26	12,1	4,84	1,16
	10		11,1	8,69	1,85	34,9	8,41	1,78	55,1	2,23	14,6	5,57	1,15
	7		8,70	6,83	1,85	33,4	7,18	1,96	53,0	2,47	13,8	5,27	1,26
65	9	9	11,0	8,62	1,93	41,3	9,04	1,94	65,4	2,44	17,2	6,30	1,25
	11		13,2	10,3	2,00	48,8	10,8	1,91	76,8	2,42	20,7	7,31	1,25
	7		9,40	7,38	1,97	42,4	8,43	2,12	67,1	2,67	17,6	6,31	1,37
70	9	9	11,9	9,34	2,05	52,6	10,6	2,10	83,1	2,64	22,0	7,59	1,36
	11		14,3	11,2	2,13	61,8	12,7	2,08	97,6	2,61	26,0	8,64	1,35

Abmessungen in mm			Querschnitt F	Gewicht G		Für die Biegeachse							
						$X - X = Y - Y$			$\xi - \xi$		$\eta - \eta$		
a	s	r_1	cm^2	kp/m	e cm	I_x cm^4	W_x cm^3	i_x cm	I_ξ cm^4	i_ξ cm	I_η cm^4	W_η cm^3	i_η cm
75	7	10	10,1	7,94	2,09	52,4	9,67	2,28	83,6	2,88	21,1	7,15	1,45
	8		11,5	9,03	2,13	58,9	11,0	2,26	93,3	2,85	24,4	8,11	1,46
	10		14,1	11,1	2,21	71,4	13,5	2,25	113	2,83	29,8	9,55	1,45
	12		16,7	13,1	2,29	82,4	15,8	2,22	130	2,79	34,7	10,7	1,44
80	8	10	12,3	9,66	2,26	72,3	12,6	2,42	115	3,06	29,6	9,25	1,55
	10		15,1	11,9	2,34	87,5	15,5	2,41	139	3,03	35,9	10,9	1,54
	12		17,9	14,1	2,41	102	18,2	2,39	161	3,00	43,0	12,6	1,53
	14		20,6	16,1	2,48	115	20,8	2,36	181	2,96	48,6	13,9	1,54
90	9	11	15,5	12,2	2,54	116	18,0	2,74	184	3,45	47,8	13,3	1,76
	11		18,7	14,7	2,62	138	21,6	2,72	218	3,41	57,1	15,4	1,75
	13		21,8	17,1	2,70	158	25,1	2,69	250	3,39	65,9	17,3	1,74
	16		26,4	20,7	2,81	186	30,1	2,66	294	3,34	79,1	19,9	1,73
100	10	12	19,2	15,1	2,82	177	24,7	3,04	280	3,82	73,3	18,4	1,95
	12		22,7	17,8	2,90	207	29,2	3,02	328	3,80	86,2	21,0	1,95
	14		26,2	20,6	2,98	235	33,5	3,00	372	3,77	98,3	23,4	1,94
110	10	12	21,2	16,6	3,07	239	30,1	3,36	379	4,23	98,6	22,7	2,16
	12		25,1	19,7	3,15	280	35,7	3,34	444	4,21	116	26,1	2,15
	14		29,0	22,8	3,21	319	41,0	3,32	505	4,18	133	29,3	2,14
120	11	13	25,4	19,9	3,36	341	39,5	3,66	541	4,62	140	29,5	2,35
	13		29,7	23,3	3,44	394	46,0	3,64	625	4,59	162	33,3	2,34
	15		33,9	26,6	3,51	446	52,5	3,63	705	4,56	186	37,5	2,34
130	12	14	30,0	23,6	3,64	472	50,4	3,97	750	5,00	194	37,7	2,54
	14		34,7	27,2	3,72	540	58,2	3,94	857	4,97	223	42,4	2,53
	16		39,3	30,9	3,80	605	65,8	3,92	959	4,94	251	46,7	2,52
140	13	15	35,0	27,5	3,92	638	63,3	4,27	1010	5,38	262	47,3	2,74
	15		40,0	31,4	4,00	723	72,3	4,25	1150	5,36	298	52,7	2,73
150	14	16	40,3	31,6	4,21	845	78,2	4,58	1340	5,77	347	58,3	2,94
	16		45,7	35,9	4,29	949	88,7	4,56	1510	5,74	391	64,4	2,93
	18		51,0	40,1	4,36	1050	99,3	4,54	1670	5,70	438	71,0	2,93
	20		56,3	44,2	4,44	1150	109	4,51	1820	5,68	477	76,0	2,91
160	15	17	46,1	36,2	4,49	1100	95,6	4,88	1750	6,15	453	71,3	3,14
	17		51,8	40,7	4,57	1230	108	4,86	1950	6,13	506	78,3	3,13
	19		57,5	45,1	4,65	1350	118	4,84	2140	6,10	558	84,8	3,12
180	16	18	55,4	43,5	5,02	1680	130	5,51	2690	6,96	679	95,5	3,50
	18		61,9	48,6	5,10	1870	145	5,49	2970	6,93	757	105	3,49
	20		68,4	53,7	5,18	2040	160	5,47	3260	6,90	830	113	3,49
200	16	18	61,8	48,5	5,52	2340	162	6,15	3740	7,78	943	121	3,91
	18		69,1	54,3	5,60	2600	181	6,13	4150	7,75	1050	133	3,90
	20		76,4	59,9	5,68	2850	199	6,11	4540	7,72	1160	144	3,89
	24		90,6	71,1	5,84	3330	235	6,06	5280	7,64	1380	167	3,90
	28		105	82,0	5,99	3780	270	6,02	5990	7,57	1580	186	3,89

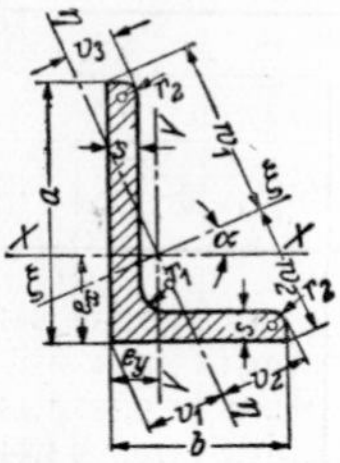

Warmgewalzter ungleichschenkliger rundkantiger Winkelstahl

(Auszug aus DIN 1029, Okt. 1963 ×)

Herstellängen zwischen 3 und 12 m

I = Trägheitsmoment
W = Widerstandsmoment
$i = \sqrt{I/F}$ = Trägheitshalbmesser
$r_2 = r_1/2$ (auf halbe mm gerundet)

} bezogen auf die zugehörige Biegeachse

Abmessungen in mm				Quer-schnitt	Ge-wicht	Abstände von den Achsen		Lage der Achse	Für die Biegeachse									
				F	G				$X-X$			$Y-Y$			$\xi-\xi$		$\eta-\eta$	
a	b	s	r_1	cm²	kp/m	e_x cm	e_y cm	$\eta-\eta$ tan α	I_x cm⁴	W_x cm³	i_x cm	I_y cm⁴	W_y cm³	i_y cm	I_ξ cm⁴	i_ξ cm	I_η cm⁴	i_η cm
30	20	3	3,5	1,42	1,11	0,99	0,50	0,431	1,25	0,62	0,94	0,44	0,29	0,56	1,43	1,00	0,25	0,
		4		1,85	1,45	1,03	0,54	0,423	1,59	0,81	0,93	0,55	0,38	0,55	1,81	0,99	0,33	0,
40	20	3	3,5	1,72	1,35	1,43	0,44	0,259	2,79	1,08	1,27	0,47	0,30	0,52	2,96	1,31	0,30	0,
		4		2,25	1,77	1,47	0,48	0,252	3,59	1,42	1,26	0,60	0,39	0,52	3,79	1,30	0,39	0,
45	30	3	4,5	2,19	1,72	1,43	0,70	0,436	4,47	1,46	1,43	1,60	0,70	0,86	5,15	1,53	0,93	0,
		4		2,87	2,25	1,48	0,74	0,436	5,78	1,91	1,42	2,05	0,91	0,85	6,65	1,52	1,18	0,
		5		3,53	2,77	1,52	0,78	0,430	6,99	2,35	1,41	2,47	1,11	0,84	8,02	1,51	1,44	0,
50	30	5	4,5	3,78	2,96	1,73	0,74	0,353	9,41	2,88	1,58	2,54	1,12	0,82	10,4	1,66	1,56	0,
50	40	4	4	3,46	2,71	1,52	1,03	0,629	8,54	2,47	1,57	4,86	1,64	1,19	10,9	1,78	2,46	0,
		5		4,27	3,35	1,56	1,07	0,625	10,4	3,02	1,56	5,89	2,01	1,18	13,3	1,76	3,02	0,
60	30	5	6	4,29	3,37	2,15	0,68	0,256	15,6	4,04	1,90	2,60	1,12	0,78	16,5	1,96	1,69	0,
		7		5,85	4,59	2,24	0,76	0,248	20,7	5,50	1,88	3,41	1,52	0,76	21,8	1,93	2,28	0,
60	40	5	6	4,79	3,76	1,96	0,97	0,437	17,2	4,25	1,89	6,11	2,02	1,13	19,8	2,03	3,50	0,
		6		5,68	4,46	2,00	1,01	0,433	20,1	5,03	1,88	7,12	2,38	1,12	23,1	2,02	4,12	0,
		7		6,55	5,14	2,04	1,05	0,429	23,0	5,79	1,87	8,07	2,74	1,11	26,3	2,00	4,73	0,
65	50	5	6,5	5,54	4,35	1,99	1,25	0,583	23,1	5,11	2,04	11,9	3,18	1,47	28,8	2,28	6,21	1,
		7		7,60	5,97	2,07	1,33	0,574	31,0	6,99	2,02	15,8	4,31	1,44	38,4	2,25	8,37	1,
		9		9,58	7,52	2,15	1,41	0,567	38,2	8,77	2,00	19,4	5,39	1,42	47,0	2,22	10,5	1,
75	50	5	6,5	6,04	4,74	2,40	1,17	0,437	34,4	6,74	2,39	12,3	3,21	1,43	39,6	2,56	7,10	1,
		7		8,30	6,51	2,48	1,25	0,433	46,4	9,24	2,36	16,5	4,39	1,41	53,3	2,53	9,56	1,
		9		10,5	8,23	2,56	1,32	0,427	57,4	11,6	2,34	20,2	5,49	1,39	65,7	2,50	11,9	1,
75	55	5	7	6,30	4,95	2,31	1,33	0,530	35,5	6,84	2,37	16,2	3,89	1,60	43,1	2,61	8,68	1,
		7		8,66	6,80	2,40	1,41	0,525	47,9	9,39	2,35	21,8	5,32	1,59	57,9	2,59	11,8	1,
		9		10,9	8,59	2,47	1,48	0,518	59,4	11,8	2,33	26,8	6,66	1,57	71,3	2,55	14,8	1,
80	40	6	7	6,89	5,41	2,85	0,88	0,259	44,9	8,73	2,55	7,59	2,44	1,05	47,6	2,63	4,90	0,
		8		9,01	7,07	2,94	0,95	0,253	57,6	11,4	2,53	9,68	3,18	1,04	60,9	2,60	6,41	0,
80	65	6	8	8,41	6,60	2,39	1,65	0,649	52,8	9,41	2,51	31,2	6,44	1,93	68,5	2,85	15,6	1,
		8		11,0	8,86	2,47	1,73	0,645	68,1	12,3	2,49	40,1	8,41	1,91	88,0	2,82	20,3	1,
		10		13,6	10,7	2,55	1,81	0,640	82,2	15,1	2,46	48,3	10,3	1,89	106	2,79	24,8	1,
90	60	6	7	8,69	6,82	2,89	1,41	0,442	71,7	11,7	2,87	25,8	5,61	1,72	82,8	3,09	14,6	1,
		8		11,4	8,96	2,97	1,49	0,437	92,5	15,4	2,85	33,0	7,31	1,70	107	3,06	19,0	1,
100	50	6	9	8,73	6,85	3,49	1,04	0,263	89,7	13,8	3,20	15,3	3,86	1,32	95,2	3,30	9,78	1,
		8		11,5	8,99	3,59	1,13	0,258	116	18,0	3,18	19,5	5,04	1,31	123	3,28	12,6	1,
		10		14,1	11,1	3,67	1,20	0,252	141	22,2	3,16	23,4	6,17	1,29	149	3,25	15,5	1,

Ungleichschenkliger Winkelstahl (Fortsetzung)

...messungen in mm			Querschnitt	Gewicht	Abstände von den Achsen		Lage der Achse	Für die Biegeachse									
								$X-X$			$Y-Y$			$\xi-\xi$		$\eta-\eta$	
			F	G	e_x	e_y	$\eta-\eta$	I_x	W_x	i_x	I_y	W_y	i_y	I_ξ	i_ξ	I_η	i_η
b	s	r_1	cm^2	kp/m	cm	cm	tan α	cm^4	cm^3	cm	cm^4	cm^3	cm	cm^4	cm	cm^4	cm
65	7	10	11,2	8,77	3,23	1,51	0,419	113	16,6	3,17	37,6	7,54	1,84	128	3,39	21,6	1,39
	9		14,2	11,1	3,32	1,59	0,415	141	21,0	3,15	46,7	9,52	1,82	160	3,36	27,2	1,39
	11		17,1	13,4	3,40	1,67	0,410	167	25,3	3,13	55,1	11,4	1,80	190	3,34	32,6	1,38
75	7	10	11,9	9,32	3,06	1,83	0,553	118	17,0	3,15	56,9	10,0	2,19	145	3,49	30,1	1,59
	9		15,1	11,8	3,15	1,91	0,549	148	21,5	3,13	71,0	12,7	2,17	181	3,47	37,8	1,59
	11		18,2	14,3	3,23	1,99	0,545	176	25,9	3,11	84,0	15,3	2,15	214	3,44	45,4	1,58
80	8	11	15,5	12,2	3,83	1,87	0,441	226	27,6	3,82	80,8	13,2	2,29	261	4,10	45,8	1,72
	10		19,1	15,0	3,92	1,95	0,438	276	34,1	3,80	98,1	16,2	2,27	318	4,07	56,1	1,71
	12		22,7	17,8	4,00	2,03	0,433	323	40,4	3,77	114	19,1	2,25	371	4,04	66,1	1,71
	14		26,2	20,5	4,08	2,10	0,429	368	46,4	3,75	130	22,0	2,23	421	4,01	75,8	1,70
65	8	11	15,1	11,9	4,56	1,37	0,263	263	31,1	4,17	44,8	8,72	1,72	280	4,31	28,6	1,38
	10		18,6	14,6	4,65	1,45	0,259	321	38,4	4,15	54,2	10,7	1,71	340	4,27	35,0	1,37
	12		22,1	17,3	4,74	1,53	0,255	376	45,5	4,12	63,0	12,7	1,69	397	4,24	41,2	1,37
75	8	10,5	15,9	12,5	4,36	1,65	0,339	276	31,9	4,17	68,3	11,7	2,08	303	4,37	41,3	1,61
	10		19,6	15,4	4,45	1,73	0,336	337	39,4	4,14	82,9	14,4	2,06	369	4,34	50,6	1,61
	12		23,3	18,3	4,53	1,81	0,332	395	46,6	4,12	96,5	17,0	2,04	432	4,31	59,6	1,60
90	10	12	21,2	16,6	4,15	2,18	0,472	358	40,5	4,11	141	20,6	2,58	420	4,46	78,5	1,93
	12		25,1	19,7	4,24	2,26	0,468	420	48,0	4,09	165	24,4	2,56	492	4,43	92,6	1,92
75	9	10,5	19,5	15,3	5,28	1,57	0,265	455	46,8	4,83	78,3	13,2	2,00	484	4,98	50,0	1,60
	11		23,6	18,6	5,37	1,65	0,261	545	56,6	4,80	93,0	15,9	1,98	578	4,95	59,8	1,59
100	10	13	24,2	19,0	4,80	2,34	0,442	552	54,1	4,78	198	25,8	2,86	637	5,13	112	2,15
	12		28,7	22,6	4,89	2,42	0,439	650	64,2	4,76	232	30,6	2,84	749	5,10	132	2,15
	14		33,2	26,1	4,97	2,50	0,435	744	74,1	4,73	264	35,2	2,82	856	5,07	152	2,14
80	10	13	23,2	18,2	5,63	1,69	0,263	611	58,9	5,14	104	16,5	2,12	648	5,29	67,0	1,70
	12		27,5	21,6	5,72	1,77	0,259	720	70,0	5,11	122	19,6	2,10	763	5,26	78,9	1,69
	14		31,8	25,0	5,81	1,85	0,256	823	80,7	5,09	139	22,5	2,09	871	5,23	90,5	1,69
90	10	14	26,2	20,6	6,28	1,85	0,262	880	75,1	5,80	151	21,2	2,40	934	5,97	97,4	1,93
	12		31,2	24,5	6,37	1,93	0,261	1040	89,3	5,77	177	25,1	2,38	1100	5,94	114	1,92
	14		36,1	28,3	6,46	2,01	0,259	1190	103	5,75	202	28,9	2,37	1260	5,92	131	1,91
100	10	15	29,2	23,0	6,93	2,01	0,266	1220	93,2	6,46	210	26,3	2,68	1300	6,66	133	2,14
	12		34,8	27,3	7,03	2,10	0,264	1440	111	6,43	247	31,3	2,67	1530	6,63	158	2,13
	14		40,3	31,6	7,12	2,18	0,262	1650	128	6,41	282	36,1	2,65	1760	6,60	181	2,12
	16		45,7	35,9	7,20	2,26	0,259	1860	145	6,38	316	40,8	2,63	1970	6,57	204	2,11
90	10	15	33,2	26,1	9,45	1,56	0,154	2170	140	8,08	161	21,7	2,20	2220	8,17	112	1,84
	12		39,6	31,1	9,55	1,65	0,153	2570	166	8,05	189	25,8	2,19	2630	8,14	132	1,83
	14		45,9	36,0	9,65	1,73	0,152	2960	192	8,03	216	29,7	2,17	3020	8,11	152	1,82
	16		52,1	40,9	9,74	1,81	0,150	3330	218	8,00	242	33,6	2,15	3400	8,08	171	1,81

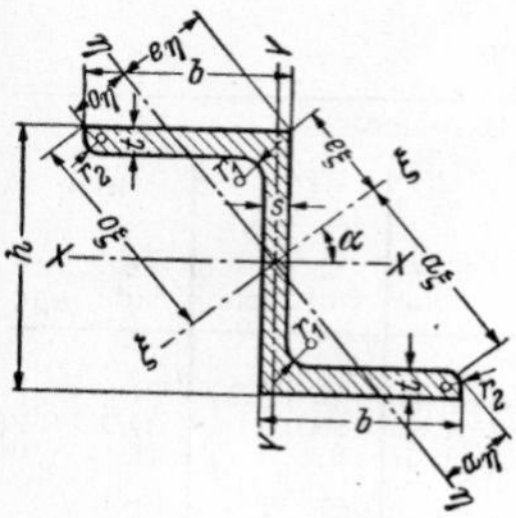

Warmgewalzter rundkantiger ˥-Stahl

(DIN 1027, Okt. 1963 ×)

Herstellängen zwischen 3 und 15 m

I = Trägheitsmoment
W = Widerstandsmoment
$i = \sqrt{I/F}$ = Trägheitshalbmesser

} bezogen auf die zugehörige Biegeachse

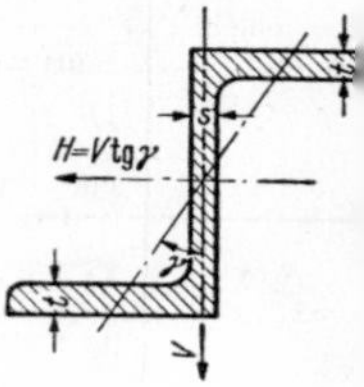

Abmessungen, Querschnitte F und Metergewichte G

Kurzzeichen ˥	Abmessungen mm h	b	s	t	r_1	r_2	Querschnitt F cm²	Gewicht G kp/m	Lage der Achse $\eta-\eta$ tan α	Abstände in cm von den Achsen $\xi-\xi$ und $\eta-\eta$: o_ξ	o_η	e_ξ	e_η	a_ξ	a_η
30	30	38	4	4,5	4,5	2,5	4,32	3,39	1,655	3,86	0,58	0,61	1,39	3,54	0,8
40	40	40	4,5	5	5	2,5	5,43	4,26	1,181	4,17	0,91	1,12	1,67	3,82	1,1
50	50	43	5	5,5	5,5	3	6,77	5,31	0,939	4,60	1,24	1,65	1,89	4,21	1,4
60	60	45	5	6	6	3	7,91	6,21	0,779	4,98	1,51	2,21	2,04	4,56	1,7
80	80	50	6	7	7	3,5	11,1	8,71	0,588	5,83	2,02	3,30	2,29	5,35	2,2
100	100	55	6,5	8	8	4	14,5	11,4	0,492	6,77	2,43	4,34	2,50	6,24	2,6
120	120	60	7	9	9	4,5	18,2	14,3	0,433	7,75	2,80	5,37	2,70	7,16	3,0
140	140	65	8	10	10	5	22,9	18,0	0,385	8,72	3,18	6,39	2,89	8,08	3,3
160	160	70	8,5	11	11	5,5	27,5	21,6	0,357	9,74	3,51	7,39	3,09	9,04	3,7
180	180	75	9,5	12	12	6	33,3	26,1	0,329	10,7	3,86	8,40	3,27	9,99	4,0
200	200	80	10	13	13	6,5	38,7	30,4	0,313	11,8	4,17	9,39	3,47	11,0	4,3

Statische Werte

˥	Für die Biegeachse $X-X$: I_x cm⁴	W_x cm³	i_x cm	$Y-Y$: I_y cm⁴	W_y cm³	i_y cm	$\xi-\xi$: I_ξ cm⁴	W_ξ cm³	i_ξ cm	$\eta-\eta$: I_η cm⁴	W_η cm³	i_η cm	Zentrifugalmoment I_{xy} cm⁴	Bei lotrechter Belastung V und bei Verhinderung seitl. Ausbiegung durch H: W_x cm²	$\frac{H}{V}=\tan\gamma$	fr. Ausb. W cm³
30	5,96	3,97	1,17	13,7	3,80	1,78	18,1	4,69	2,04	1,54	1,11	0,60	7,35	3,97	1,227	1,2
40	13,5	6,75	1,58	17,6	4,66	1,80	28,0	6,72	2,27	3,05	1,83	0,75	12,2	6,75	0,913	2,2
50	26,3	10,5	1,97	23,8	5,88	1,88	44,9	9,76	2,57	5,23	2,76	0,88	19,6	10,5	0,752	3,6
60	44,7	14,9	2,38	30,1	7,09	1,95	67,2	13,5	2,81	7,60	3,73	0,98	28,8	14,9	0,647	5,2
80	109	27,3	3,13	47,4	10,1	2,07	142	24,4	3,58	14,7	6,44	1,15	55,6	27,3	0,509	10,1
100	222	44,4	3,91	72,5	14,0	2,24	270	39,8	4,31	24,6	9,26	1,30	97,2	44,4	0,438	16,8
120	402	67,0	4,70	106	18,8	2,42	470	60,6	5,08	37,7	12,5	1,44	158	67,0	0,392	25,6
140	676	96,6	5,43	148	24,3	2,54	768	88,0	5,79	56,4	16,6	1,57	239	96,6	0,353	38,0
160	1060	132	6,20	204	31,0	2,72	1180	121	6,57	79,5	21,4	1,70	349	132	0,330	52,9
180	1600	178	6,92	270	38,4	2,84	1760	164	7,26	110	27,0	1,82	490	178	0,307	72,4
200	2300	230	7,71	357	47,6	3,04	2510	213	8,06	147	33,4	1,95	674	230	0,293	94,1

Anordnung I
Für Stützen, Fachwerke u. Blechträger

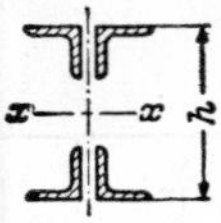

Gültig für Achse $x-x$

Statische Werte für 4 L-Eisen mit veränderlichem Höhenmaß *h*

(Auszug)[1]

I = Flächenträgheitsmoment in cm^4
W = Widerstandsmoment in cm^3
i = Trägheitshalbmesser in cm

Anordnung II
Für Stützen und Gittermaste

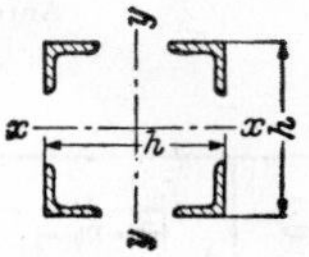

Gültig für Achse $x-x$ und $y-y$

L mm	F cm²	Wert	Abstand *h* der L-Eisen in mm									
			300	400	500	600	700	800	900	1 000	1 100	1 200
50·50·5	19,2	*I*	3 590	6 690	10 740	15 750	21 720	—	—	—	—	—
		W	240	334	430	525	621	—	—	—	—	—
		i	13,7	18,7	23,7	28,6	33,6	—	—	—	—	—
55·55·6	25,2	*I*	4 630	8 650	13 940	20 480	28 290	37 360	47 700	—	—	—
		W	309	433	557	683	808	934	1 060	—	—	—
		i	13,6	18,5	23,5	28,5	33,5	38,5	43,5	—	—	—
60·60·6	27,6	*I*	4 990	9 360	15 110	22 240	30 760	40 660	51 940	64 600	—	—
		W	333	468	604	741	879	1 020	1 150	1 290	—	—
		i	13,4	18,4	23,4	28,4	33,4	38,4	43,3	48,3	—	—
65·65·7	34,8	*I*	6 150	11 600	18 780	27 710	38 380	50 780	64 930	80 810	—	—
		W	410	580	751	924	1 100	1 270	1 440	1 620	—	—
		i	13,3	18,3	23,2	28,2	33,2	38,2	43,2	48,2	—	—
70·70·7	37,6	*I*	6 550	12 390	20 110	29 710	41 190	54 550	69 790	86 910	—	—
		W	437	620	804	990	1 180	1 360	1 550	1 740	—	—
		i	13,2	18,2	23,1	28,1	33,1	38,1	43,1	48,1	—	—
75·75·7	40,4	*I*	6 940	13 170	21 410	31 680	43 970	58 270	74 600	92 940	113 300	135 700
		W	463	659	856	1 060	1 260	1 460	1 660	1 860	2 060	2 260
		i	13,1	18,1	23,0	28,0	33,0	38,0	43,0	48,0	53,0	58,0
80·80·8	49,2	*I*	8 270	15 810	25 730	38 150	53 030	70 360	90 160	112 400	137 100	164 300
		W	552	789	1 030	1 270	1 510	1 760	2 000	2 250	2 490	2 740
		i	13,0	17,9	22,9	27,8	32,8	37,8	42,8	47,8	52,8	57,8
90·90·9	62,0	*I*	10 090	19 360	31 740	47 210	65 790	87 470	112 200	140 100	171 100	205 200
		W	673	968	1 270	1 570	1 880	2 190	2 490	2 800	3 110	3 420
		i	12,8	17,7	22,6	27,6	32,6	37,6	42,5	47,5	52,5	57,5
100·100·10	76,8	*I*	12 100	23 380	38 490	57 440	80 240	106 900	137 300	171 700	209 800	251 800
		W	807	1 170	1 540	1 910	2 290	2 670	3 050	3 430	3 810	4 200
		i	12,6	17,4	22,4	27,3	32,3	37,3	42,3	47,3	52,3	57,3
110·110·10	84,8	*I*	13 020	25 260	41 740	62 460	87 410	116 600	150 000	187 700	229 600	275 800
		W	868	1 260	1 670	2 080	2 500	2 920	3 330	3 750	4 170	4 600
		i	12,4	17,3	22,2	27,1	32,1	37,1	42,1	47,0	52,0	57,0
120·120·11	102	*I*	15 130	29 500	48 940	73 470	103 100	137 800	177 500	222 400	272 300	327 300
		W	1 010	1 470	1 960	2 450	2 950	3 440	3 940	4 450	4 950	5 450
		i	12,2	17,0	21,9	26,8	31,8	36,8	41,7	46,7	51,7	56,6

[1] Aus: Stahl im Hochbau, 13. Aufl., S. 173. Düsseldorf: Stahleisen 1967.

Anreißmaße und Lochabstände

Anreißmaße (Wurzelmaße) für Formstahl und Stabstahl

Auszug aus DIN 997 (Mai 1963)

Maße in mm

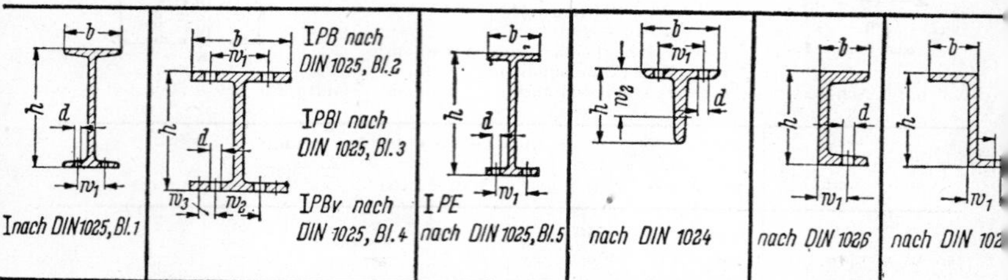

I h	* d	einreihig w_1
80	6,4	22
100	6,4	28
120	8,4	32
140	11	34
160	11	40
180	13	44
200	13	48
220	13	52
240	17	56
260	17	60
280	17	62
300	21	64
320	21	70
340	21	74
360	23	76
380	23	82
400	23	86
425	25	88
450	25	94
475	28	96
500	28	100
550	28	110
600	28	120

I PB, I PBl, I PBv h	* d	einreihig w_1	zweireihig w_2	zweireihig w_3
—	—	—	—	—
100	13	55	—	—
120	17	65	—	—
140	21	75	—	—
160	23	85	—	—
180	25	100[1]	—	—
200	25	110[2]	—	—
220	25	120[3]	—	—
240	25	—	90	35
260	25	—	100	40
280	25	—	110	45
300	25	—	120	50
320	25	—	120	50
340	25	—	120	50
360	25	—	120	50
400	25	—	120	50
450	25	—	120	50
500	28	—	120	45[4]
550	28	—	120	45[4]
600	28	—	120	45[4]
650	28	—	120	45[4]
700	28	—	120	45[4]
800	28	—	120	45[4]
900	28	—	120	45[4]
1000	28	—	120	45[4]

I PE h	* d	einreihig w_1
80	6,4	25
100	8,4	30
120	8,4	35
140	11	40
160	13	44
180	13	48
200	13	52
220	17	58
240	17	65
270	21	72
300	23	80
330	25	85
360	25	90
400	28	95
450	28	100
500	28	110
550	28	115
600	28	120

T h = b	* d	w_1	w_2
20	3,2	—	—
25	3,2	15	14
30	4,3	17	17
35	4,3	19	19
40	6,4	21	22
45	6,4	24	25
50	6,4	30	30
60	8,4	34	35
70	11	38	40
80	11	45	45
90	13	50	50
100	13	60	60
120	17	70	70
140	21	80	75
T B $h = 1/2\,b$	**breitfüßig**		
30	8,4	34	—
35	11	37	—
40	11	45	—
50	13	55	—
60	17	65	—

[h	* d	w_1
30	8,4	18
40	11	18
50	11	20
65	11	25
70	11	25
80	13	25
100	13	30
120	17	30
140	17	35
160	21	35
180	21	40
200	23	40
220	23	45
240	25	45
260	25	50
280	25	50
300	25	55
320	25	55
350	25	55
380	25	60
400	25	60

Z h	* d	w_1
30	11	[illegible]
40	11	[illegible]
50	11	[illegible]
60	13	[illegible]
80	13	[illegible]
100	17	[illegible]
120	17	35
140	17	35
160	21	35
180	23	40
200	23	45

← Die I B-Reihe (mit geneigten inneren Flanschflächen, fü *h* = 100, 120, 140, 160 u. 180 mm), DIN 1025, Bl. 2 (s. Bd. I S. 906/07) hat die gleichen *d*- und w_1-Maße wie die I PB-Reih für *h* = 100, 120, 140, 160 u. 180 mm.

* Größtmaß. Für Niete und Schrauben von kleinerem Durchmesser können die gleichen Anreißmaße an gewendet werden. — [1–4] Abweichungen für I PBv: bei w_1 [1] 95 [2] 105 [3] 115; bei w_3 [4] 50.

In einem — noch nicht gültigen — Entwurf von Mai 1968 wurde der Anwendungsbereich auf HV-Schrauben erweitert; die dadurch bei etwa 30% der Profile erforderlichen Lochdurchmesser- bzw. Anreißmaß-Korrekturen wurden eingearbeitet, und der Anwendungsbereich des größten Lochdurchmessers 28 mm wurde bei den Breitflanschträgern erweitert und bei den U-Trägern neu eingeführt.

Anreißmaße und Lochabstände für gleichschenklige Winkelstähle

Auszug aus DIN 997 bzw. 999 (Mai 1963)

Maße in mm

Gleich- u. ungleichsch. Winkelstähle

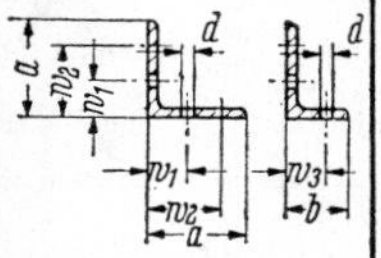

nach DIN 1028 und 1029

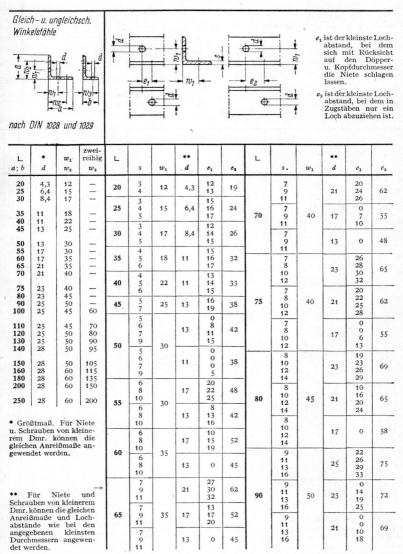

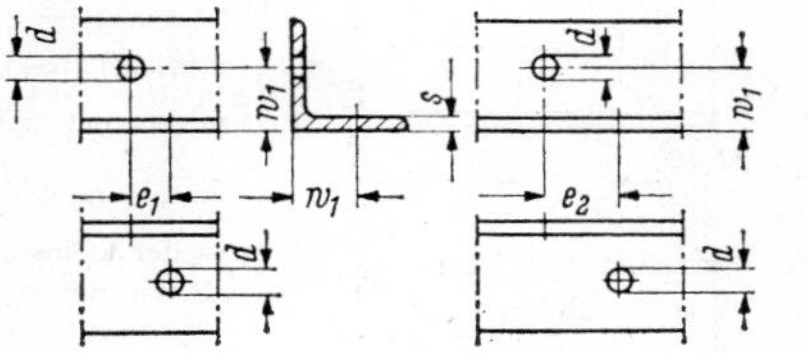

e_1 ist der kleinste Lochabstand, bei dem sich mit Rücksicht auf den Döpper- u. Kopfdurchmesser die Niete schlagen lassen.

e_2 ist der kleinste Lochabstand, bei dem in Zugstäben nur ein Loch abzuziehen ist.

L a; b	* d	w_1 w_3	zweireihig w_2
20	4,3	12	—
25	6,4	15	—
30	8,4	17	—
35	11	18	—
40	11	22	—
45	13	25	—
50	13	30	—
55	17	30	—
60	17	35	—
65	21	35	—
70	21	40	—
75	23	40	—
80	23	45	—
90	25	50	—
100	25	45	60
110	25	45	70
120	25	50	80
130	25	50	90
140	28	50	95
150	28	50	105
160	28	60	115
180	28	60	135
200	28	60	150
250	28	60	200

* Größtmaß. Für Niete u. Schrauben von kleinerem Dmr. können die gleichen Anreißmaße angewendet werden.

** Für Niete und Schrauben von kleinerem Dmr. können die gleichen Anreißmaße und Lochabstände wie bei den angegebenen kleinsten Durchmessern angewendet werden.

L	s	w_1	** d	e_1	e_2
20	3 4	12	4,3	12 13	19
25	3 4 5	15	6,4	15 16 17	24
30	3 4 5	17	8,4	12 14 15	26
35	4 5 6	18	11	15 16 17	32
40	4 5 6	22	11	13 14 15	33
45	5 7	25	13	16 19	38
50	5 6 7 9	30	13	0 8 11 15	42
	5 6 7 9		11	0 0 0 5	38
55	6 8 10	30	17	20 22 25	48
	6 8 10		13	8 13 16	42
60	6 8 10	35	17	10 15 19	52
	6 8 10		13	0	45
65	7 9 11	35	21	27 30 32	62
	7 9 11		17	13 17 20	52
	7 9 11		13	0	45

L	s	w_1	** d	e_1	e_2
70	7 9 11	40	21	20 24 26	62
	7 9 11		17	0 7 10	55
	7 9 11		13	0	48
75	7 8 10 12	40	23	26 28 30 32	65
	7 8 10 12		21	20 22 25 28	62
	7 8 10 12		17	0 0 6 13	55
80	8 10 12 14	45	23	19 23 26 29	69
	8 10 12 14		21	10 16 20 24	65
	8 10 12 14		17	0	58
90	9 11 13 16	50	25	22 26 29 33	75
	9 11 13 16		23	0 14 19 25	72
	9 11 13 16		21	0 0 10 18	69

Für zweireihige Lochanordnungen (von a = 100 bis 200 mm) wird auf DIN 999 verwiesen.

Lochabstände für ungleichschenklige Winkelstähle

Auszug aus DIN 998 (Mai 1963)

Maße in mm

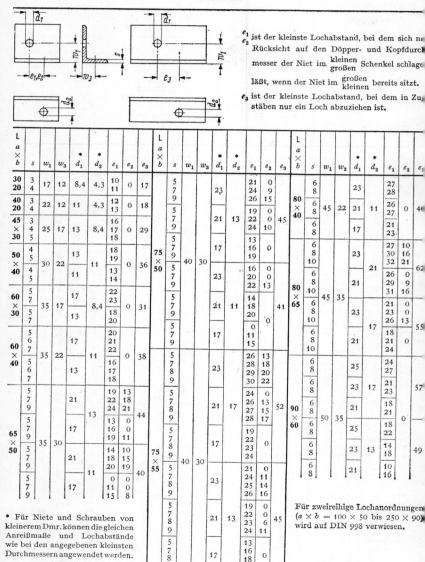

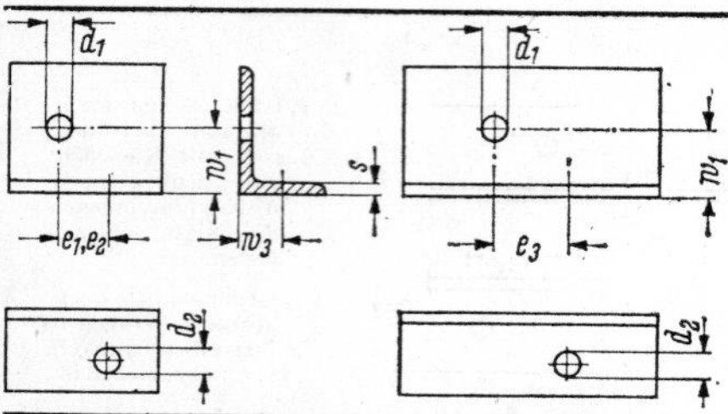

e_1, e_2 ist der kleinste Lochabstand, bei dem sich n… Rücksicht auf den Döpper- und Kopfdurc… messer der Niet im kleinen / großen Schenkel schlage… läßt, wenn der Niet im großen / kleinen bereits sitzt.

e_3 ist der kleinste Lochabstand, bei dem in Zu… stäben nur ein Loch abzuziehen ist.

L a × b	s	w_1	w_3	d_1 *	d_2 *	e_1	e_2	e_3
30 × 20	3 4	17	12	8,4	4,3	10 11	0	17
40 × 20	3 4	22	12	11	4,3	12 13	0	18
45 × 30	3 4 5	25	17	13	8,4	16 17 18	0	29
50 × 40	4 5	30	22	13	11	18 19	0	36
	4 5			11		13 14		
60 × 30	5 7	35	17	17	8,4	22 23	0	31
	5 7			13		18 20		
60 × 40	5 6 7	35	22	17	11	20 21 22	0	38
	5 6 7			13		16 17 18		
65 × 50	5 7 9	35	30	21	13	19 22 24	13 18 21	44
	5 7 9			17		13 16 19	0 0 11	
	5 7 9			21	11	14 18 20	10 15 19	40
	5 7 9			17		0 11 15	0 0 8	

L a × b	s	w_1	w_3	d_1 *	d_2 *	e_1	e_2	e_3
75 × 50	5 7 9	40	30	23	13	21 24 26	0 9 15	45
	5 7 9			21		19 22 24	0 0 10	
	5 7 9			17		13 16 19	0	
	5 7 9			23	11	16 20 22	0 0 13	41
	5 7 9			21		14 18 20	0	
	5 7 9			17		0 11 15		
75 × 55	5 7 8 9	40	30	23	17	26 28 29 30	13 18 20 22	52
	5 7 8 9			21		24 26 27 28	0 13 15 17	
	5 7 8 9			17		19 22 23 24	0	
	5 7 8 9			23	13	21 24 25 26	0 11 14 16	45
	5 7 8 9			21		19 22 23 24	0 0 6 11	
	5 7 8 9			17		13 16 18 19	0	

L a × b	s	w_1	w_3	d_1 *	d_2 *	e_1	e_2	e_3
80 × 40	6 8	45	22	23	11	27 28	0	4
	6 8			21		26 27		
	6 8			17		21 23		
80 × 65	6 8 10	45	35	23	21	27 30 32	10 16 21	62
	6 8 10			21		26 29 31	0 9 16	
	6 8 10			23	17	21 23 26	0 0 13	55
	6 8 10			21		18 21 24	0	
90 × 60	6 8	50	35	25	17	24 27	0	57
	6 8			23		21 23		
	6 8			21		18 21		
	6 8			25	13	18 22		49
	6 8			23		14 18		
	6 8			21		10 16		

* Für Niete und Schrauben von kleinerem Dmr. können die gleichen Anreißmaße und Lochabstände wie bei den angegebenen kleinsten Durchmessern angewendet werden.

Für zweireihige Lochanordnungen ($a \times b$ = 100 × 50 bis 250 × 90) wird auf DIN 998 verwiesen.

Gewichtstafeln für Walzerzeugnisse und Drähte

Band- und Flachstahl[1]. Gew. in kp/m bei 1 mm Dicke. $\gamma = 7{,}85$ kp/dm^3

Breite mm	Gewicht kp/m	Breite mm	Gewicht kp/m	Breite mm	Gewicht kp/m	Breite mm	Gewicht kp/m
10	0,079	34	0,267	56	0,440	120	0,942
12	0,094	35	0,275	58	0,455	130	1,020
14	0,110	36	0,283	60	0,471	140	1,099
15	0,118	38	0,298	62	0,487	150	1,177
16	0,126	40	0,314	64	0,502	160	1,256
18	0,141	42	0,330	65	0,510	170	1,334
20	0,157	44	0,345	70	0,549	180	1,413
22	0,173	45	0,353	75	0,589	190	1,492
24	0,188	46	0,361	80	0,628	200	1,570
25	0,196	48	0,377	85	0,667	210	1,649
26	0,204	50	0,392	90	0,707	220	1,727
28	0,220	52	0,408	95	0,746	230	1,806
30	0,236	54	0,424	100	0,785	240	1,884
32	0,251	55	0,432	110	0,864	250	1,962

Für einen anderen Werkstoff mit dem spez. Gew. γ^* ergibt sich das Gewicht durch Multiplikation mit $\gamma^*/7{,}85$.

Metallplatten. Gew. in kp/m^2 bei 1 mm Dicke

Werkstoff	Gußeisen	Stahl	Kupfer	Messing	Bronze	Zink	Blei	Aluminium
Gewicht	7,25	7,85	8,90	8,50	8,6	7,2	11,34	2,73

Rund-, Quadrat- und Sechskantstahl[1]. Gew. in kp/m. $\gamma = 7{,}85$ kp/dm^3

d *a* *s* mm	Gewicht in kp/m			*d* *a* *s* mm	Gewicht in kp/m			*d* *a* *s* mm	Gewicht in kp/m		
	d	*a*	*s*		*d*	*a*	*s*		*d*	*a*	*s*
5	0,154	0,196	0,170	**30**	5,549	7,065	6,118	**80**	39,458	50,240	43,509
6	0,222	0,283	0,245	**32**	6,313	8,038	6,961	**85**	44,545	56,716	49,118
7	0,302	0,385	0,333	**34**	7,127	9,075	7,859	**90**	49,940	63,585	55,067
8	0,395	0,502	0,435	**36**	7,990	10,174	8,811	**95**	55,643	70,846	61,355
9	0,499	0,636	0,551	**38**	8,903	11,335	9,817	**100**	61,654	78,500	67,983
10	0,617	0,785	0,680	**40**	9,865	12,560	10,877	**105**	67,973	86,546	74,951
11	0,746	0,950	0,823	**42**	10,876	13,847	11,992	**110**	74,601	94,985	82,260
12	0,888	1,130	0,979	**44**	11,936	15,198	13,162	**115**	81,537	103,816	89,908
13	1,042	1,327	1,149	**46**	13,046	16,611	14,385	**120**	88,781	113,040	97,896
14	1,208	1,539	1,332	**48**	14,205	18,086	15,663	**125**	96,334	122,656	106,224
15	1,387	1,766	1,530	**50**	15,413	19,625	16,995	**130**	104,195	132,665	114,891
16	1,578	2,010	1,740	**52**	16,671	21,226	18,383	**135**	112,364	143,066	123,899
17	1,782	2,269	1,965	**54**	17,978	22,891	19,824	**140**	120,841	153,860	133,247
18	1,998	2,543	2,203	**56**	19,335	24,618	21,320	**145**	129,627	165,046	142,934
19	2,226	2,834	2,454	**58**	20,740	26,407	22,870	**150**	138,721	176,625	152,962
20	2,466	3,140	2,719	**60**	22,195	28,260	24,474	**155**	148,123	188,596	163,329
21	2,719	3,462	2,998	**62**	23,700	30,175	26,133	**160**	157,834	200,960	174,036
22	2,984	3,799	3,290	**64**	25,253	32,154	27,846	**165**	167,852	213,716	185,084
23	3,261	4,153	3,596	**66**	26,856	34,195	29,614	**170**	178,179	226,865	196,471
24	3,551	4,522	3,916	**68**	28,509	36,298	31,436	**175**	188,815	240,406	208,198
25	3,853	4,906	4,249	**70**	30,210	38,465	33,312	**180**	199,758	254,340	220,265
26	4,168	5,307	4,596	**72**	31,961	40,694	35,243	**185**	211,010	268,665	232,638
27	4,495	5,723	4,956	**74**	33,762	42,987	37,228	**190**	222,570	283,385	245,419
28	4,834	6,154	5,330	**76**	35,611	45,342	39,267	**195**	234,438	298,496	258,506
29	5,185	6,602	5,717	**78**	37,510	47,759	41,361	**200**	246,615	314,000	271,932

Für einen anderen Werkstoff mit dem spez. Gew. γ^* ergibt sich das Gewicht durch Multiplikation mit $\gamma^*/7{,}85$.

[1] Von obigen Angaben sind nicht alle Sorten stets erhältlich. Bei Lieferfirmen rückfragen.

Drähte (und Stangen) aus Stahl, Kupfer und Aluminium. Gewicht in kp/1000 m

d mm	Stahl d DIN 177[1]	Kupfer d DIN 1757[2]	Aluminium d DIN 59675[3]
0,1	0,0616	0,0699	
0,11	0,0746	—	
0,12	0,0887	0,101	
0,14	0,121	0,137	
0,16	0,158	0,179	
0,18	0,199	0,226	
0,2	0,246	0,280	
0,22	0,298	0,338	
0,25	0,385	0,437	
0,28	0,484	0,548	
0,3	—	0,629	
0,32	0,631	—	
0,36	0,718	0,906	
0,4	0,989	1,12	
0,45	1,25	1,42	
0,5	1,54	1,75	
0,56	1,93	2,19	
0,6	—	2,52	
0,63	2,45	—	
0,7	—	3,42	
0,71	3,11	—	
0,8	3,95	4,47	
0,9	4,99	5,66	
1	6,16	6,99	2,04
1,12	7,69	—	—
1,2	—	10,1	—
1,25	9,66	—	—
1,4	12,1	13,7	4,04
1,6	15,8	17,9	—
1,7	—	—	5,97
1,8	19,9	22,7	—
2	24,6	28,0	8,23
2,2	—	33,8	—
2,24	30,9	—	—

d a s mm	Stahl d DIN 177[1]	Kupfer d DIN 1757[2]	Kupfer a DIN 1757[2]	Kupfer s DIN 1757[2]	Aluminium d DIN 59675[3]	Aluminium a DIN 59700[4]	Aluminium s DIN 59701[5]
2,5	38,5	43,7	—	—	—		
2,6	—	—	—	—	13,9		
2,8	48,4	54,8	—	—	—		
3	—	62,9	80,1	69,4	18,4		
3,15	61,2	—	—	—	—		
3,2	—	71,6	—	—	—		
3,5	—	85,6	109	94,4	25,2		
3,55	77,7	—	—	—	—		
4	98,9	112	142	123	32,9		
4,5	125	142	180	156	—		
5	154	175	222	193	51,5		
5,5	—	211	269	233	—		
5,6	193	—	—	—	—		
6	—	252	320	277	74,3		
6,3	245	—	—	—	—		
6,5	—	295	—	—	—		
7	—	342	436	378	101		
7,1	311	—	—	—	—		
8	395	447	570	493	132		
9	499	566	721	624	167		
10	616	699	890	771	206	270	234
11	—	846	1077	933	—	327	283
11,2	773	—	—	—	—	—	—
12	—	1010	1282	1110	297	389	337
12,5	966	—	—	—	—	—	—
13	—	—	1504	1303	349	456	395
14	1210	1370	1744	1510	404	529	458
15	—	—	—	—	—	607	526
16	1580	1790	2278	—	527	—	—
17	—	—	2572	2238	—	780	676
18	1990	2265	—	—	667	—	—
19	—	—	—	—	744	975	844
20	2460	—	—	—	825	—	—
22	—	—	—	—	998	1310	1130
24	—	—	—	—	1221	1560	1350

[1] DIN 177 (Mai 1967) Stahldraht kaltgezogen; für die Durchmesser wurde die Grundreihe nach DIN 323 eingeführt. Gewicht errechnet mit $\gamma = 7{,}85$ kp/dm³.
[2] DIN 1757 (Febr. 1967) Drähte aus Kupfer und Kupfer-Knetlegierungen ($\gamma = 8{,}9$ kp/dm³).
[3] DIN 59675 (Mai 1967) Drähte und Stangen für Niete aus Aluminium ($\gamma = 2{,}7$ kp/dm³).
[4] DIN 59700 (Febr. 1968) Vierkantstangen aus Aluminium ($\gamma = 2{,}7$ kp/dm³).
[5] DIN 59701 (Febr. 1968) Sechskantstangen aus Aluminium ($\gamma = 2{,}7$ kp/dm³).

Drahtgewebe

Die Drahtgewebe für Prüfsiebe sind nach DIN 4188 Bl. 1 (Febr. 1957) genormt; vgl. S. 903.

In Bl. 2, „Prüfsiebe; Technische Lieferbedingungen und Prüfung" (Juni 1962) sind die Lieferbedingungen für Drahtgewebe in Rollen, Rollenabschnitten oder in zugeschnittenen Stücken und Angaben über die zulässigen Webfehler, ferner die Lieferbedingungen für Prüfsiebe (in Rahmen fertig eingespannte Prüfsiebgewebe) und Einzelheiten über die Kennzeichnung der Prüfsiebe enthalten.

Ferner wird behandelt die Prüfung der Drahtgewebe für Prüfsiebe, der Drahtgewebe in Prüfsieben (Prüfung auf Webfehler, Prüfung der Maschenweite). Auch die Prüfeinrichtungen (Projektionsgerät, Meßmikroskop, Schieblehren, Interferenzprüfplatten) sind dort festgelegt.

Lastannahmen für Bauten

Berechnungsgewicht in kp/m³ und Winkel der inneren Reibung

Auszug aus DIN 1055 Bl. 1 (März 1963) und Bl. 2 (Juni 1963)

Mauerwerk aus natürlichen Steinen (einschl. Fugenmörtel)

Granit, Syenit, Porphyr	2800	Kalksteine, dicht	2700
Basalt, Gneis	3000	Kalksteine, porig	2400
Basaltlava	2300	Sandsteine	2600

Mauerwerk aus künstlichen Steinen

Klinker	1800—2000	Leichtbeton-Vollsteine	1000—1700
Mauerziegel	1800	Leichtbeton-Hohlblocksteine	1000—1400
Porenziegel	1200—1500	Wandbausteine aus dampfgehärtetem Gas- u. Schaumbeton	800—1000
Kalksand-Vollsteine	1700—2000	Magnesitsteine	2800
„ -Lochsteine	1400—1700	Feuerfeste u. Hüttensteine	2000
„ -Hohlblocksteine	1200—1400		

Mauer- und Putzmörtel

Gipsmörtel	1200	Kalkzementmörtel u. Kalktraßmörtel	2000
Kalk- u. Kalkgipsmörtel	1800	Lehmmörtel	2000
Zement- u. Zementtraßmörtel	2100		

Beton aus

Bimskies ohne Sand	1000	Hochofenschlacke } ohne Sand	1600
„ mit Sand	1400	Ziegelsplitt } mit Sand	1900
„ mit Stahleinlagen	1600	Ziegelsplitt mit Stahleinlagen	2100
Kies, Splitt	2300	Ziegelschotter	1800
Kies, Splitt mit Stahleinlagen	2500	Kesselschlacke mit Sand	1900

Bauhölzer (gegen Witterungs- und Feuchtigkeitseinflüsse geschützt)[1]

Nadelholz, allgemein	600	Fichtenholz im Holzleimbau	500
Laubholz	800	Harthölzer aus Übersee	800—1000

Lagerstoffe

Aktengerüste mit Inhalt	600	Papier, geschichtet	1100
Bücher, Akten, geschichtet	850	Papier in Rollen	1500
Glas in Tafeln	2500	Streutorf, lose	100
Kalk in Säcken	1000	„ eingerüttelt	150
Zement in Säcken	1600	„ in Ballen	300

Bodenarten

Gartenerde, Mutterboden	1700	25°	Steinschotter	1700	35°
Sand, Kies, erdfeucht	1800	30°	Ton, steif	2000	15°
Sand, Kies, naß	2000	35°	„ , sandig	2100	22,5°

Schüttgüter

Baustoffe			Brennstoffe		
Hochofenschlacke, stückig	1800	40°	Torf (Schwarztorf), getrocknet		
Hochofenschlacke, granuliert	1100	25°	lose geschüttet	300	45°
Kesselschlacke, Flugasche	1000	45°	fest gepackt	500	—
Zement in Pulverform	1700	20°	Braunkohle, trocken	800	35°
Kalk (Luftkalk), stückig	700	45°	„ Briketts, geschüttet	800	30°
„ (Luftkalk), gemahlen	700	25°	„ Briketts, gestapelt	1300	
„ (hydraulisch), stückig	1200	45°	„ Staubkohle	500	25°
„ (hydraulisch), gemahlen	1200	25°	Steinkohle, Rohkohle	1000	35°
Kieselgur	250	25°	„ Staubkohle	700	25°
Bimskies, erdfeucht	900	35°	„ Eierbriketts	850	30°
Gips, gemahlen	1500	25°	Steinkohlenbriketts, geschüttet	800	35°
Ziegelsand, -splitt	1500	35°	Steinkohlenbriketts, gestapelt	1300	—

[1] Bei Hölzern ohne solchen Schutz ist das Gewicht um 50 kp/m³ höher anzusetzen.

Schalltechnik

Spektrum der mechanischen Schwingungen

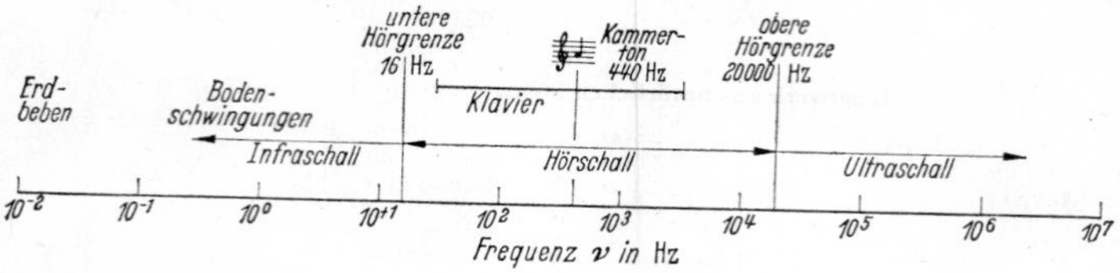

Schallgeschwindigkeit

Schallgeschwindigkeit in trockener Luft bei t°C und 760 mm Torr

$$c = 331{,}3 + 0{,}6t \text{ in m/sec}$$

bei −20 °C $c = 317{,}72$ m/sec ≙ 1143,8 km/h
bei −10 °C $c = 324{,}67$ m/sec ≙ 1168,8 km/h
bei 0 °C $c = 331{,}3$ m/sec ≙ 1192,7 km/h
bei 10 °C $c = 337{,}93$ m/sec ≙ 1216,5 km/h
bei 15 °C $c = 341{,}24$ m/sec ≙ 1228,4 km/h
bei 20 °C $c = 344{,}55$ m/sec ≙ 1240,4 km/h

Schallgeschwindigkeit (Longitudinalwellen) in m/sec in:

Blei	1200	Eisen	5120	Dieselöl	1500
Messing	3370	Stahl	5180	Naturkautschuk	45
Kupfer	3700	Wasser 15 °C	1460	Buna N	2000
Magnesium	4750	Eis −4 °C	3230	Kunststoff (Polyamid)	2620
Aluminium	5100	Glas	3500 bis 5200	Holz (∥ Faser)	3000 bis 5000

Die Schallgeschwindigkeit bei Transversalwellen beträgt ≈48% der obigen Werte, bei Oberflächenwellen (Lamb- und Rayleigh-Wellen) ist sie noch etwas niedriger.

Logarithmierte Verhältnisgrößen (vgl. a. DIN 5493, Sept. 1966)

Bei einer ebenen Welle von bestimmter Frequenz oder in einem anzugebenden Frequenzbereich versteht man unter Dämpfungsmaß D das logarithmierte Verhältnis der Amplituden A_1 und A_2 einer Energie- bzw. Feldgröße an zwei in Richtung der Wellenausbreitung hintereinanderliegenden Punkten. Anwendung in Schalltechnik und elektrischer Nachrichtentechnik.

Energiegrößen sind Größen, die der Energie proportional sind, z. B. Schallstärke I, Energiedichte, Leistung usw. *Feldgrößen* sind Größen, deren Quadrate der Energie proportional sind, z. B. Schalldruck p, Spannung (Ein- und Ausgangsspannung) usw.

Der Vergleich je solcher Größen-Amplituden baut auf logarithmischen Skalen auf, und zwar bildet man den

10fachen Zehner-Logarithmus des Verhältnisses von Energiegrößen bzw. den
20fachen Zehner-Logarithmus
1fachen natürl. Logarithmus des Verhältnisses von Feldgrößen.

Bei Benutzung des Zehner-Logarithmus gibt man der Maßzahl die Kennzeichnung *Dezibel* (dB); es entspricht $^1/_{10}$ der für die Praxis unbequem großen Einheit *Bel* (B). Bei Benutzung des natürlichen Logarithmus kennzeichnet man die Maßzahl als *Neper* (Np). Also

$$D = 10 \lg (I_1/I_2) = 10 \lg (p_1^2/p_2^2) = 20 \lg (p_1/p_2) \text{ in dB},$$
$$D = {}^1/_2 \ln (I_1/I_2) = {}^1/_2 \ln (p_1^2/p_2^2) = \ln (p_1/p_2) \text{ in Np}.$$
$$1 \text{ dB} = [(\ln 10)/20] \text{ Np} = [2{,}3026/20] \text{ Np} = 0{,}115 \text{ Np},$$
$$1 \text{ Np} = [2/\ln 10] \text{ B} = 0{,}868 \text{ B} = [20/\ln 10] \text{ dB} = 8{,}686 \text{ dB}.$$

Positive dB- bzw. Np-Werte bedeuten Dämpfung ($A_1 > A_2$), negative Werte Verstärkung ($A_1 < A_2$). Soll die Verstärkung in positiven dB-Werten angegeben werden, so muß man die Amplituden vertauschen, also vom Verhältnis A_2/A_1 ausgehen.

	dB	A_1/A_2	dB	A_1/A_2	dB	A_1/A_2	dB	A_1/A_2
dB-Werte für $20 \lg (A_1/A_2)$	0	1,0	10	3,2	0	1,0	−10	0,32
	1	1,12	11	3,5	−1	0,89	−11	0,28
	2	1,26	12	4,0	−2	0,79	−12	0,25
	3	1,4	13	4,5	−3	0,71	−13	0,22
	4	1,6	14	5,0	−4	0,63	−14	0,20
	5	1,8	15	5,6	−5	0,56	−15	0,18
	6	2,0	16	6,3	−6	0,50	−16	0,16
	7	2,2	17	7,1	−7	0,45	−17	0,14
	8	2,5	18	7,9	−8	0,40	−18	0,126
	9	2,8	19	8,9	−9	0,35	−19	0,112
	10	3,2	20	10,0	−10	0,32	−20	0,10

Extrapolation für dB-Werte außerhalb der Tabelle:

dB	A_1/A_2	dB	A_1/A_2
$27 = 20 + 7$	$10 \cdot 2{,}2 = 22$	$-25 = -20 - 5$	$0{,}1 \cdot 0{,}56 = 0{,}056$
$38 = 20 + 18$	$10 \cdot 7{,}9 = 79$	$-38 = -20 - 18$	$0{,}1 \cdot 0{,}126 = 0{,}0126$
$46 = 20 + 20 + 6$	$10 \cdot 10 \cdot 2 = 200$	$-46 = -20 - 20 - 6$	$0{,}1 \cdot 0{,}1 \cdot 0{,}5 = 0{,}005$

Eine logarithmische Verhältnisgröße heißt *Pegel*, wenn die Nennergröße des Verhältnisses eine festgelegte Bezugsgröße ist. Beim Schalldruck z. B. ist der Bezugsschalldruck $p_0 = {}^1/_{5000}$ dyn/cm² $= 2 \cdot 10^{-4}$ μbar festgelegt.

Die Schallempfindung, die *Lautstärke*, ist bei gleichem Schallpegel frequenzabhängig; sie liegt in den Grenzen *Hörschwelle* und *Schmerzschwelle*, die bei der Frequenz 1000 Hz (für diese ist das Ohr am empfindlichsten) am weitesten auseinanderliegen.

Bei Bezug auf diese Frequenz 1000 Hz erhält man mit dem Ausdruck $20 \lg (p/p_0)$ die Lautstärke in der Einheit phon. Für die Frequenz 1000 Hz ist also der Schallpegel in dB und die Lautstärke in phon zahlenwertgleich.

Hörschwelle = 0 phon, Schmerzschwelle = 130 phon.

Lautstärke-Skala

Lautstärke phon	Art der Geräusche
120	Flugzeug, Preßluftwerkzeuge, in unmittelbarer Nähe
100	Laute Maschinenräume, D-Zug bei 100 km/h in 3 m Entfernung
90	Hupen
80	Werkzeugmaschinenräume, Großstadt-Verkehrslärm
70	Lautes Sprechen
50–60	Umgangssprache
40	Wohngeräusche
30	Flüstern
10	Blätterrauschen

Zulässige Störgeräusche in Räumen

Art der Räume	Zulässige Störgeräusche phon
Rundfunkstudio, Tonfilmatelier	10–15
Räume in Krankenhäusern, Arbeitszimmer (je besonders ruhig)	20–30
Büro	30–40
Bürosäle	40–50
Ruhige Werkstätten	40–60
Restaurants	45–65
Industriebetriebe	bis 90
Flugzeugkabinen	bis 95

Stufen der Windstärke nach Beaufort

Windstärke		0	1	2	3	4	5	6
Geschwindigkeit	m/sec	0–0,5	0,6–1,7	1,8–3,3	3,4–5,2	5,3–7,4	7,5–9,8	9,9–12,4
	km/h	0–1	2–6	7–12	13–18	19–26	27–35	36–44

Windstärke		7	8	9	10	11	12
Geschwindigkeit	m/sec	12,5–15,2	15,3–18,2	18,3–21,5	21,6–25,1	25,2–29,0	29,1 und
	km/h	45–54	55–65	66–77	78–90	91–104	105 mehr

Umrechnung von Temperaturen in °F, °C und °K

Umrechnung auf °F ←	Gegebene Temperatur in °F bzw. °C	Umrechnung → auf °C	Umrechnung → auf °K
	−459,67	−273,15	0
	−450	−267,78	5,37
	−400	−240,0	33,15
	−350	−212,22	60,93
	−300	−184,44	88,71
−459,67	**−273,15**	−169,53	103,62
−418	**−250**	−156,67	116,48
−328	**−200**	−128,89	144,26
−238	**−150**	−101,11	172,04
−148	**−100**	− 73,33	199,82
− 58	**− 50**	− 45,56	227,59
0	**− 17,78**	− 27,66	245,49
+ 32	0	− 17,78	255,37
89,6	**+ 32**	0	273,15
122	**50**	+ 10,0	283,15
212	**100**	37,78	310,93
302	**150**	65,56	338,71
392	**200**	93,33	366,48
413,6	**212**	100,0	373,15
482	**250**	121,11	394,26
572	**300**	148,89	422,04
662	**350**	176,67	449,82
752	**400**	204,44	477,59
842	**450**	232,22	505,37
932	**500**	260,0	533,15
1022	**550**	287,78	560,93
1112	**600**	315,56	588,71
1202	**650**	343,33	616,48
1292	**700**	371,11	644,26
1382	**750**	398,89	672,04

Umrechnung auf °F ←	Gegebene Temperatur in °F bzw. °C	Umrechnung → auf °C	Umrechnung → auf °K
1472	**800**	426,67	699,82
1562	**850**	454,44	727,59
1652	**900**	482,22	755,37
1742	**950**	510,0	783,15
1832	**1000**	537,78	810,93
1922	**1050**	565,56	838,71
2012	**1100**	593,33	866,48
2102	**1150**	621,11	894,26
2192	**1200**	648,89	922,04
2282	**1250**	676,67	949,82
2372	**1300**	704,44	977,59
2462	**1350**	732,22	1005,37
2552	**1400**	760,0	1033,15
2642	**1450**	787,78	1060,93
2732	**1500**	815,56	1088,71
2822	**1550**	843,33	1116,48
2912	**1600**	871,11	1144,26
3002	**1650**	898,89	1172,04
3092	**1700**	926,67	1199,82
3182	**1750**	954,44	1227,59
3272	**1800**	982,22	1255,37
3362	**1850**	1010,0	1283,15
3452	**1900**	1037,78	1310,93
3542	**1950**	1065,56	1338,71
3632	**2000**	1093,33	1366,48
3722	**2050**	1121,11	1394,26
3812	**2100**	1148,89	1422,04
3902	**2150**	1176,67	1449,82
3992	**2200**	1204,44	1477,59
4082	**2250**	1232,22	1505,37
4172	**2300**	1260,0	1533,15
4262	**2350**	1287,78	1560,93
4352	**2400**	1315,56	1588,71
4442	**2450**	1343,33	1616,48
4532	**2500**	1371,11	1644,26

Berechnung von Temperatur-Intervallen

entspricht grd F ←	grd F bzw. grd C	entspricht → grd C
1,8	**1**	0,555
3,6	**2**	1,111
5,4	**3**	1,666
7,2	**4**	2,222
9,0	**5**	2,777
10,8	**6**	3,333
12,6	**7**	3,888
14,4	**8**	4,444
16,2	**9**	5,000
18,0	**10**	5,555

Erläuterung

a) zur obigen Tafel

Die Temperatur-Skala (halbfett) reicht vom abs. Nullpunkt bis 2500°C, die Intervalle betragen 50 grd, einige markante Temperatur-Werte sind zwischengeschaltet.
Zur Umrechnung von Temperaturen in °F auf die entsprechende °C- bzw. °K-Skala geht man von der halbfetten Skala in Richtung →, bei Umrechnung von °C auf °F in Richtung ←.

b) zur nebenstehenden Tafel

Sie dient dazu, Temperaturwerte, die in der obigen Skala nicht enthalten sind, durch Addition bzw. Subtraktion der entsprechenden Intervall-Werte zu ermitteln.

Umrechnung von Maßeinheiten

Vorsätze zur Bezeichnung von dezimalen Vielfachen und Teilen der Einheiten

Die Zehnerpotenzen können nach DIN 1301 in Verbindung mit Einheiten durch folgende Vorsätze bezeichnet werden:

T	Tera	$= 10^{12}$	d	Dezi	$= 10^{-1}$
G	Giga	$= 10^{9}$	c	Zenti	$= 10^{-2}$
M	Mega	$= 10^{6}$	m	Milli	$= 10^{-3}$
k	Kilo	$= 10^{3}$	μ*	Mikro	$= 10^{-6}$
h	Hekto	$= 10^{2}$	n	Nano	$= 10^{-9}$
da	Deka	$= 10^{1}$	p	Piko	$= 10^{-12}$
			f	Femto	$= 10^{-15}$
			a	Atto	$= 10^{-18}$

* Die Bedeutung des μ als Vorsatz schließt seine Benutzung als Bezeichnung für die Länge $^{1}/_{1000}$ mm aus; diese wird mit μm bezeichnet.

Extreme Längeneinheiten

Kleine: 1 Fermi $= 10^{-15}$ m
1 X $= 1{,}00202 \cdot 10^{-13}$ m (eine aus der Röntgenspektroskopie stammende Einheit, *Siegbahn*sche Wellenlänge)
1 Å (Angström) $= 10^{-10}$ m
1 μm (Mikron) $= 10^{-6}$ m

Große: 1 Lichtjahr (L. J.) $= 9{,}4605 \cdot 10^{15}$ m
1 Parsec (pc) [= 3,263 Lichtjahre] $= 3{,}087 \cdot 10^{16}$ m

Geographische Längeneinheiten

1 Seemeile (≙ 1 Meridian-Minute) = 1852,01 m
1 geograph. Meile (≙ 4 Äquator-Minuten) = 7421,6 m

1 km = 0,53995 ≈ 0,54 Seemeile
1 km = 0,1348 geograph. Meile

Drücke. Vgl. a. DIN 1314 (März 1966)

	N/m^2	bar $=10^6$ dyn/cm²	μbar = 1 dyn/cm²	kp/m^2	at (techn.) = kp/cm²	atm (physik.) = 760 Torr
N/m^2	1	10^{-5}	10	$1{,}01972 \cdot 10^{-1}$	$1{,}01972 \cdot 10^{-5}$	$0{,}986923 \cdot 10^{-5}$
bar $=10^6$ dyn/cm²	10^{5}	1	10^{6}	$1{,}01972 \cdot 10^{4}$	1,01972	0,986923
μbar = 1 dyn/cm²	10^{-1}	10^{-6}	1	$1{,}01972 \cdot 10^{-2}$	$1{,}01972 \cdot 10^{-6}$	$0{,}986923 \cdot 10^{-6}$
kp/m^2	9,80665	$9{,}80665 \cdot 10^{-5}$	$9{,}80665 \cdot 10$	1	10^{-4}	$0{,}967841 \cdot 10^{-4}$
at (techn.) = 1 kp/cm²	$9{,}80665 \cdot 10^{4}$	$9{,}80665 \cdot 10^{-1}$	$9{,}80665 \cdot 10^{5}$	10^{4}	1	0,967841
atm (physik.) = 760 Torr	$1{,}01325 \cdot 10^{5}$	1,01325	$1{,}01325 \cdot 10^{6}$	$1{,}033227 \cdot 10^{4}$	1,033227	1
Torr = 1 mm QS	$1{,}333224 \cdot 10^{2}$	$1{,}333224 \cdot 10^{-3}$	$1{,}333224 \cdot 10^{3}$	$1{,}359510 \cdot 10$	$1{,}359510 \cdot 10^{-3}$	$1{,}315789 \cdot 10^{-3}$
m WS	$9{,}80665 \cdot 10^{3}$	$9{,}80665 \cdot 10^{-2}$	$9{,}80665 \cdot 10^{4}$	10^{3}	10^{-1}	$0{,}967841 \cdot 10^{-1}$
$kcal_{15°}/m^3$	$0{,}41855 \cdot 10^{4}$	$0{,}41855 \cdot 10^{-1}$	$0{,}41855 \cdot 10^{5}$	$0{,}42680 \cdot 10^{3}$	$0{,}42680 \cdot 10^{-1}$	$0{,}41310 \cdot 10^{-1}$
lb/sq.in = 1 pound/sq.in (psi)	$0{,}68948 \cdot 10^{4}$	$0{,}68948 \cdot 10^{-1}$	$0{,}68948 \cdot 10^{5}$	$0{,}70307 \cdot 10^{3}$	$0{,}70307 \cdot 10^{-1}$	$0{,}68046 \cdot 10^{-1}$

1 kp/mm² ≈ 1 hbar (hbar = Hektobar)

	Torr = 1 mm QS	mWS	$kcal_{15°}/m^3$	lb/sq.in (psi)
N/m^2	$0{,}750062 \cdot 10^{-2}$	$1{,}01972 \cdot 10^{-4}$	$2{,}38927 \cdot 10^{-4}$	$14{,}5038 \cdot 10^{-5}$
bar $= 10^6$ dyn/cm²	$0{,}750062 \cdot 10^{3}$	$1{,}01972 \cdot 10$	$2{,}38927 \cdot 10$	14,5038
μbar = 1 dyn/cm²	$0{,}750062 \cdot 10^{-3}$	$1{,}01972 \cdot 10^{-5}$	$2{,}38927 \cdot 10^{-5}$	$14{,}5038 \cdot 10^{-6}$
kp/m^2	$0{,}735559 \cdot 10^{-1}$	10^{-3}	$2{,}34307 \cdot 10^{-3}$	$14{,}2234 \cdot 10^{-4}$
at (techn.) = 1 kp/cm²	$0{,}735559 \cdot 10^{3}$	10	$2{,}34307 \cdot 10$	14,2234
atm (physik.) = 760 Torr	$0{,}760 \cdot 10^{3}$	$1{,}033227 \cdot 10$	$2{,}42093 \cdot 10$	14,6960
Torr = 1 mm QS	1	$1{,}359510 \cdot 10^{-2}$	$3{,}18543 \cdot 10^{-2}$	$19{,}3368 \cdot 10^{-3}$
m WS	$0{,}735559 \cdot 10^{2}$	1	2,34307	$14{,}2234 \cdot 10^{-1}$
$kcal_{15°}/m^3$	$3{,}1393 \cdot 10$	0,42680	1	0,60704
lb/sq.in = 1 pound/sq.in (psi)	$5{,}1715 \cdot 10$	0,70307	1,64734	1

Barometrischer Luftdruck

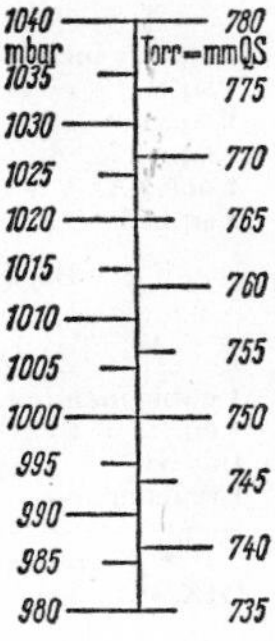

Geschwindigkeiten

1 m/sec = 3,6 km/h
1 kn (Knoten) = 1 Seemeile/h = 1852 m/h = 0,5144 m/sec

1 km/h = 0,2778 m/sec
1 m/sec = 1,944 kn

Energieeinheiten

Einheit	J	kpm	$kcal_{15°}$	$kcal_{IT}$	kWh
1 J = 10^7 erg	1	0,10197	$2{,}3892 \cdot 10^{-4}$	$2{,}3885 \cdot 10^{-4}$	$2{,}7778 \cdot 10^{-7}$
1 kpm	9,80665	1	$2{,}3430 \cdot 10^{-3}$	$2{,}3423 \cdot 10^{-3}$	$2{,}7241 \cdot 10^{-6}$
1 $kcal_{15°}$	4185,5	426,80	1	0,9997	$1{,}1626 \cdot 10^{-3}$
1 $kcal_{IT}$	4186,8	426,94	1,0003	1	$1{,}1630 \cdot 10^{-3}$
1 kWh	3600000	367097,8	860,11	859,845	1
1 PSh	2647796	270000	632,61	632,416	0,7355
1 MeV*	$1{,}602 \cdot 10^{-13}$	$1{,}634 \cdot 10^{-14}$	$3{,}827 \cdot 10^{-17}$	$3{,}826 \cdot 10^{-17}$	$4{,}45 \cdot 10^{-20}$
1 B.t.u.	1055,06	107,586	0,252074	0,251996	$2{,}9307 \cdot 10^{-4}$

	PSh	MeV*	B.t.u.
1 J	$3{,}7767 \cdot 10^{-7}$	$6{,}242 \cdot 10^{12}$	$9{,}4782 \cdot 10^{-4}$
1 mks	$3{,}7037 \cdot 10^{-6}$	$6{,}124 \cdot 10^{13}$	$9{,}2949 \cdot 10^{-3}$
1 $kcal_{15°}$	$1{,}5808 \cdot 10^{-3}$	$2{,}613 \cdot 10^{16}$	3,9671
1 $kcal_{IT}$	$1{,}5811 \cdot 10^{-3}$	$2{,}614 \cdot 10^{16}$	3,9683
1 kWh	1,3596	$2{,}247 \cdot 10^{19}$	3412,14
1 PSh	1	$1{,}653 \cdot 10^{19}$	2509,63
1 MeV*	$6{,}052 \cdot 10^{-20}$	1	$1{,}518 \cdot 10^{-16}$
1 B.t.u.	$3{,}9847 \cdot 10^{-4}$	$6{,}586 \cdot 10^{15}$	1

* 1 eV ist die Energie, die ein Elektron beim Durchlaufen einer Potentialdifferenz von 1 Volt aus dem Feld aufnimmt.

Leistungseinheiten

Einheit	erg/sec	kpm/sec	PS	kW
1 erg/sec	1	$1{,}0197 \cdot 10^{-8}$	$1{,}3596 \cdot 10^{-10}$	$1 \cdot 10^{-10}$
1 kpm/sec	$9{,}8067 \cdot 10^{7}$	1	$1{,}3333 \cdot 10^{-2}$	$9{,}8067 \cdot 10^{-3}$
1 PS	$7{,}355 \cdot 10^{9}$	75	1	0,7355
1 kW	$1 \cdot 10^{10}$	101,97	1,3596	1

Britische (UK) und USA-Maßeinheiten

Länge

1 inch (in.) * = 2,54 cm
1 mil = $^1/_{1000}$ in. = $2{,}54 \cdot 10^{-3}$ cm
1 microinch = 1 μin. = $2{,}54 \cdot 10^{-2}$ μm

1 cm = 0,3937 in. *
1 mm = 39,37 mil
1 μm = 39,37 μin.

In USA werden die Mittenrauhwerte in μin. angegeben; z. B. 32 μin. rms (root mean square). rms ist der geometrische Mittenrauhwert, in Deutschland mit R_s bezeichnet.

1 foot (ft.) = 12 in. = 30,48 cm
1 yard (yd.) = 3 ft. = 91,44 cm
1 rod (rd.) = 5,5 yd. = 5,0292 m
1 mile (statute) = 1,60934 km
1 mile (nautical) = 1,853 km

1 cm = 0,0328 ft.
1 m = 1,0936 yd.
1 m = 0,1988 rd.
1 km = 0,62138 mile (stat.)
1 km = 0,54 mile (naut.)

Fläche

1 square inch (sq.in.) = 6,4516 cm²
1 sq.ft. = 144 in.² = 0,0929 m²
1 sq.yd. = 9 ft.² = 0,8361 m²
1 sq.rd. = 25,293 m²
1 acre (A) = 4840 sq.yd. = 40,4687 ha
1 sq.mile = 2,58999 km²

1 cm² = 0,1550 sq.in.
1 m² = 10,76386 sq.ft.
1 m² = 1,195985 sq.yd.
1 m² = 0,0395 sq.rd.
1 a = 0,0247 acre = 119,6 sq.yd.
1 km² = 0,387 sq.mile

1 Barn (zur Angabe von Wirkungsquerschnitten in der Kernphysik) = 10^{-24} cm²

Volumen

1 cubic inch (cu.in.) = 16,387 cm³
1 cu.ft. = 1728 cu.in. = 0,02832 m³
1 cu.yd. = 0,76456 m³
1 register ton = 2,8317 m³

1 cm³ = 0,061023 cu.in.
1 m³ = 35,3156 cu.ft.
1 m³ = 1,3079 cu.yd.
1 m³ = 0,3531 reg.ton

* Umrechnungen inch → mm DIN 4890, Bl. 1/4 u. DIN 4892, Bl. 1/3 und mm → inch DIN 4893 (Ausgaben 1964 u. 1965).

Hohlmaße

Britisches Weltreich, ohne Kanada (Vorsatz British oder Imperial)	USA und Kanada (Vorsatz USA) fluid = Flüssigkeitsmaße	dry = Trockenmaße
1 minim = 0,0592 mlit	1 minim = 0,06161 mlit	—
1 dram = 60 minim = 3,5515 mlit	1 dram = 3,6967 mlit	—
1 pint = 568,26 mlit	1 pint = 473,18 mlit	= 550,61 mlit
1 quart = 2 pint = 1,1365 lit	1 quart = 0,94636 lit	= 1,1012 lit
1 gallon = 4 quart = 4,5461 lit	1 gallon = 3,785 lit	= 4,41 lit
1 bushel = 8 gallon = 36,369 lit	1 bushel = 35,239 lit	= 35,239 lit
1 barrel = 36 gallon = 163,66 lit	1 barrel = —	= 115,63 lit
1 quarter = 8 bushels = 290,95 lit	1 quarter = —	= 242 lit
	1 barrel petroleum = 158,98 lit	

Masse

1 grain (gr.) = 0,0648 g	1 g = 15,4323 gr.
1 dram (dr.) = 1,7718 g	1 g = 0,56439 dr.
1 ounce (oz.) = 28,3495 g	1 g = 0,03527 oz.
1 pound-mass (lb.-mass) = 0,45359 kg	1 kg = 2,205 lb.-mass
1 slug = 14,5939 kg	1 kg = 0,0685 slug
1 ton (long) = 1016,0469 kg	1 kg = 0,000984 ton long
1 ton (short) USA = 907,1848 kg	1 kg = 0,001102 ton short

Dichte

1 pound-mass/in.^{3} = 27,680 g/cm^3	1 g/cm^3 = 0,362 lb.-mass/in.^{3}
1 pound-mass/ft.^{3} = 0,01602 g/cm^3	1 g/cm^3 = 62,4 lb.-mass/ft.^{3}
1 pound-mass/imp. gallon = 0,09978 g/cm^3	1 g/cm^3 = 10,022 lb.-mass/imp. gallon
1 pound-mass/U.S. gallon = 0,1198 g/cm^3	1 g/cm^3 = 8,35 lb.-mass/U.S. gallon

Geschwindigkeit

1 ft./sec = 30,48 cm/sec = 1,0973 km/h	1 km/h = 0,911327 ft./sec
1 ft./min = 0,508 cm/sec = 0,0183 km/h	1 km/h = 54,681 ft./min
1 mile/h = 44,704 cm/sec = 1,6093 km/h	1 km/h = 0,621388 mile/h

Beschleunigung

1 ft./sec^2 = 30,48 cm/sec^2 = 0,3048 m/sec^2	1 m/sec^2 = 3,2808 ft./sec^2

Normwert der Fallbeschleunigung g = 32,17405 ft./sec^2 = 386,088 in/sec^2 = 9,80665 m/sec^2

Kraft

1 grain weight (gr.-wt.) = 0,0648 p	1 p = 15,4 grain weight
1 pound weight (lbf) = 0,45359 kp	1 kp = 2,204 lbf
1 poundal (pdl) = 0,0141 kp	1 kp = 70,937 pdl
1 ton weight (2000 lbf) = 0,907185 Mp	1 Mp = 1,1023 ton wt. short
1 ton weight (2240 lbf) = 1,016 Mp	1 Mp = 0,984 ton wt. long

Druck

1 lbf/ft.^{2} = 0,000488 kp/cm^2	1 kp/cm^2 = 2048 lb./ft.^{2}
1 lbf/in.^{2} * = 0,070307 kp/cm^2	1 kp/cm^2 = 14,223 lbf./in.^{2}
1 in. of water = 0,002539 kp/cm^2	1 kp/cm^2 = 394 in. of water
1 in. of mercury = 0,03453 kp/cm^2	1 kp/cm^2 = 28,96 in. of mercury

* Abgekürzt auch psi (= pound/sq. in.). 1 kips = 1000 psi = 0,703 kp/mm^2 = 70,3 kp/cm^2

Arbeit, Leistung

1 ft.-lbf = 0,1383 kpm	1 kpm = 7,233 ft.-lb.
1 B.t.u. = 107,58 kpm	1 kpm = 0,009295 B.t.u.
1 HP = 0,7458 kW_{IT} = 76,04 kpm/sec = 1,014 PS	1 PS = 75 kpm/sec = 0,9863 HP

Wärmetechnische Einheiten

1 B.t.u. (Brit. thermal unit) = 0,252 kcal	1 kcal = 3,968 B.t.u.
1 B.t.u./pound-mass = 0,556 kcal/kg	1 kcal/kg = 1,800 B.t.u./lb.-mass
1 B.t.u./in.h deg F = 17,87 kcal/m h grd	1 kcal/m h grd = 0,056 B.t.u./in.h deg F
1 B.t.u./ft.h deg F = 1,488 kcal/m h grd	1 kcal/m h grd = 0,672 B.t.u./ft.h deg F
1 B.t.u./in.^{2}h deg F = 703,08 kcal/m^{2}h grd	1 kcal/m^{2}h grd = 0,00142 B.t.u./in.^{2}h deg F
1 B.t.u./ft.^{2}h deg F = 4,88 kcal/m^{2}h grd	1 kcal/m^{2}h grd = 0,204 B.t.u./ft.^{2}h deg F

Griechisches Alphabet

Α α	*a* Alpha	Ι ι	*i* Iota	Ρ ϱ	*r* Rho
Β β	*b* Beta	Κ ϰ	*k* Kappa	Σ σ	*s* Sigma
Γ γ	*g* Gamma	Λ λ	*l* Lambda	Τ τ	*t* Tau
Δ δ	*d* Delta	Μ μ	*m* Mü	Υ υ	*y* Ypsilon
Ε ε (kurz)	*e* Epsilon	Ν ν	*n* Nü	Φ φ	*ph* Phi
Ζ ζ	(*z*) Zeta	Ξ ξ	(*x*) Ksi	Χ χ	*ch* Chi
Η η (lang)	*e* Eta	Ο ο (kurz)	*o* Omikron	Ψ ψ	*ps* Psi
Θ ϑ	*th* Theta	Π π	*p* Pi	Ω ω (lang)	*o* Omega

Internationale Atomgewichte 1961

Die eingeklammerten Atomgewichte entsprechen der Massenzahl des Hauptisotopes

	Ordn.-Zahl	Symbol	rel. Atommasse		Ordn.-Zahl	Symbol	rel. Atommasse
Actinium	89	Ac	(227)	Natrium	11	Na	22,9898
Aluminium	13	Al	26,9815	Neodym	60	Nd	144,24
Americium	95	Am	(243)	Neon	10	Ne	20,183
Antimon	51	Sb	121,75	Neptunium	93	Np	(237)
Argon	18	Ar	39,948	Nickel	28	Ni	58,71
Arsen	33	As	74,9216	Niobium	41	Nb	92,906
Astatin	85	At	(210)	Osmium	76	Os	190,2
Barium	56	Ba	137,34	Palladium	46	Pd	106,4
Berkelium	97	Bk	(249)	Phosphor	15	P	30,9738
Beryllium	4	Be	9,0122	Platin	78	Pt	195,09
Blei	82	Pb	207,19	Plutonium	94	Pu	(242)
Bor	5	B	10,811	Polonium	84	Po	(210)
Brom	35	Br	79,909	Praseodym	59	Pr	140,907
Cadmium	48	Cd	112,40	Promethium	61	Pm	(145)
Caesium	55	Cs	132,905	Protactinium	91	Pa	(231)
Calcium	20	Ca	40,08	Quecksilber	80	Hg	200,59
Californium	98	Cf	(251)	Radium	88	Ra	(226,05)
Cer	58	Ce	140,12	Radon	86	Rn	(222)
Chlor	17	Cl	35,453	Rhenium	75	Re	186,2
Chrom	24	Cr	51,996	Rhodium	45	Rh	102,905
Curium	96	Cm	(247)	Rubidium	37	Rb	85,47
Dysprosium	66	Dy	162,50	Ruthenium	44	Ru	101,07
Einsteinium	99	Es	(254)	Samarium	62	Sm	150,35
Eisen	26	Fe	55,847	Sauerstoff	8	O	15,9994
Erbium	68	Er	167,26	Scandium	21	Sc	44,956
Europium	63	Eu	151,96	Schwefel	16	S	32,064
Fermium	100	Fm	(252)	Selen	34	Se	78,96
Fluor	9	F	18,9984	Silber	47	Ag	107,870
Francium	87	Fr	(223)	Silicium	14	Si	28,086
Gadolinium	64	Gd	157,25	Stickstoff	7	N	14,0067
Gallium	31	Ga	69,72	Strontium	38	Sr	87,62
Germanium	32	Ge	72,59	Tantal	73	Ta	180,948
Gold	79	Au	196,967	Technetium	43	Tc	(99)
Hafnium	72	Hf	178,49	Tellur	52	Te	127,60
Helium	2	He	4,0026	Terbium	65	Tb	158,924
Holmium	67	Ho	164,930	Thallium	81	Tl	204,37
Indium	49	In	114,82	Thorium	90	Th	232,038
Iridium	77	Ir	192,2	Thulium	69	Tm	168,934
Jod	53	J	126,9044	Titan	22	Ti	47,90
Kalium	19	K	39,102	Uran	92	U	238,03
Kobalt	27	Co	58,9332	Vanadium	23	V	50,942
Kohlenstoff	6	C	12,01115	Wasserstoff	1	H	1,00797
Krypton	36	Kr	83,80	Wismut	83	Bi	208,980
Kupfer	29	Cu	63,54	Wolfram	74	W	183,85
Lanthan	57	La	138,91	Xenon	54	Xe	131,30
Lithium	3	Li	6,939	Ytterbium	70	Yb	173,04
Lutetium	71	Lu	174,97	Yttrium	39	Y	88,905
Magnesium	12	Mg	24,312	Zink	30	Zn	65,37
Mangan	25	Mn	54,9380	Zinn	50	Sn	118,69
Mendelevium	101	Md	(256)	Zirkonium	40	Zr	91,22
Molybdän	42	Mo	95,94				

Wichtige chemische Verbindungen

Gewerbliche Bezeichnung	Chemische Benennung	Formel
Aceton	Aceton	$CH_3 \cdot CO \cdot CH_3$
Acetylen	Acetylen	C_2H_2
Alaun	Kaliumaluminiumsulfat	$KAl(SO_4)_2 + 12\,H_2O$
Ammoniak	Ammoniak	NH_3
Äther	Äthyläther	$(C_2H_5)_2O$
Ätzkali	Kaliumhydroxid	KOH
Ätzkalk	Calciumhydroxid	$Ca(OH)_2$
Ätznatron	Natriumhydroxid	$NaOH$
Bauxit	Tonerdehydrat	$Al_2O_3 \cdot 2\,H_2O$
Benzin	Benzin	(C_nH_{2n+2})
Benzol	Benzol	C_6H_6
Bittersalz	Magnesiumsulfat	$MgSO_4 \cdot 7\,H_2O$
Bleiglätte	Bleioxid	PbO
Bleimennige	Bleimennige	Pb_3O_4
Bleiweiß	bas. Bleikarbonat	$Pb(OH)_2 \cdot 2\,PbCO_3$
Blutlaugensalz, gelbes	Kaliumferrocyanid	$K_4Fe(CN)_6 \cdot 3\,H_2O$
Blutlaugensalz, rotes	Kaliumferricyanid	$K_3Fe(CN)_6$
Borax	Natriumtetraborat	$Na_2B_4O_7 + 10\,H_2O$
Borsäure	Borsäure	H_3BO_3
Braunstein	Mangandioxid	MnO_2
Bromsilber	Silberbromid	$AgBr$
Calciumcarbid	Calciumcarbid	CaC_2
Chilesalpeter	Natriumnitrat	$NaNO_3$
Chlorcalcium	Chlorcalcium	$CaCl_2 + 6\,H_2O$
Chlorkalk	Chlorkalk	$CaCl(OCl)$
Dolomit	Calciummagnesiumkarbonat	$CaMg(CO_3)_2$
Eisenoxid	Eisenoxid	Fe_2O_3
Eisenvitriol	Ferrosulfat	$FeSO_4 + 7\,H_2O$
Essig	Essigsäure	$C_2H_4O_2$
Fixiersalz	Natriumthiosulfat	$Na_2S_2O_3 \cdot 5\,H_2O$
Gips	schwefelsaures Calcium	$CaSO_4 + 2\,H_2O$
Glaubersalz	Natriumsulfat	Na_2SO_4
Glycerin	Glycerin	$C_3H_8O_3$
Grubengas	Methan	CH_4
Kalilauge	Ätzkali in wäss. Lösg.	KOH
Kalk, gebrannter	Calciumoxid	CaO
„ gelöschter	s. Ätzkalk	
„ phosphorsaurer	Calciumphosphat	$Ca_3(PO_4)_2$
Kalkstein	Calciumcarbonat	$CaCO_3$
Kalzinierte Soda	Natriumcarbonat, wasserfrei	Na_2CO_3
Karborund	Siliziumkarbid	SiC

Gewerbliche Bezeichnung	Chemische Benennung	Formel
Kaustische Soda	s. Ätznatron	
Kochsalz	Chlornatrium	$NaCl$
Kohlenoxid	Kohlenoxid	CO
Kohlensäure	Kohlendioxid	CO_2
Korund (Schmirgel)	Aluminiumoxid	Al_2O_3
Kreide	Calciumkarbonat	$CaCO_3$
Kupfervitriol	Kupfersulfat	$CuSO_4 + 5\,H_2O$
Lithopone	Gemisch von Zinksulfid und Bariumsulfat	ZnS $BaSO_4$
Lötwasser	wäss. Lösung von Zinkchlorid	
Magnesia	Magnesiumoxid	MgO
Marmor	s. Kalkstein	
Mennige	s. Bleimennige	
Natron, doppelkohlensaures	Natriumbikarbonat	$NaHCO_3$
Natronlauge	Ätznatron in wäss. Lsg.	$NaOH$
Phosphorsaurer Kalk	Calciumorthophosphat	$Ca_3(PO_4)_2$
Polierrot	Ferrioxid	Fe_2O_3
Porzellanton	Kaolin	$Al_2O_3 \cdot 2\,SiO_2 \cdot 2\,H_2O$
Pottasche	kohlensaures Kalium	K_2CO_3
Rost	Eisenoxydhydrat	$Fe(OH)_3$
Salmiak	Chlorammonium	NH_4Cl
Salmiakgeist	Ammoniak	NH_3
Salpetersäure	Salpetersäure	HNO_3
Salzsäure	Chlorwasserstoffsäure	HCl
Scheidewasser	s. Salpetersäure	
Schmirgel	s. Korund	
Schwefelsäure	Schwefelsäure	H_2SO_4
Schwefelwasserstoff	Schwefelwasserstoff	H_2S
Schweflige Säure	Schwefeldioxid	SO_2
Soda, kristall.	kohlensaures Natrium	Na_2CO_3
Tetra	Tetrachlorkohlenstoff	CCl_4
Tonerde	Aluminiumoxid	Al_2O_3
Tri	Trichloräthylen	C_2HCl_3
Vitriolöl	Konz. Schwefelsäure	H_2SO_4
Wasserglas	kieselsaures Natrium oder Kalium	Na_4SiO_4 od. Na_2SiO_3 K_4SiO_4 od. K_2SiO_3
Zink, salzsaures	Zinkchlorid, Chlorzink	$ZnCl_2$
Zinnchlorid, Chlorzinn	Zinnchlorid	$SnCl_4$
Zinnober	Mercurisulfid	HgS

Sachverzeichnis des ersten Bandes

* an der Seitenangabe verweist auf Tabellen und auf Zahlenwerte in Tabellen, Text oder Bildern. Unter „geometr. Formeln" sind die Angaben über Umfang, Flächeninhalt, Ober- u. Mantelfläche, Volumen und Schwerpunkt- Koordinaten (zusammengestellt auf S. 201/06) zu verstehen. Die Abkürzungen Fl.Tr.M., M.Tr.M. und W.M. stehen für Flächenträgheitsmoment, Massenträgheitsmoment bzw. Widerstandsmoment.